FUNDAMENTOS DA
BIOLOGIA CELULAR

Tradução:

Ardala Elisa Breda Andrade (Caps. 4, 11)
Research Scientist, Texas A&M University. Mestre e Doutora em Biologia Celular e Molecular pela Pontifícia Universidade Católica do Rio Grande Sul (PUCRS).

Carlos Termignoni (Caps. 2, 3)
Professor titular do Departamento de Bioquímica e pesquisador do Centro de Biotecnologia da Universidade Federal do Rio Grande do Sul (UFRGS). Doutor em Biologia Molecular pela Universidade Federal de São Paulo (UNIFESP).

Cláudia Paiva Nunes (Caps. 8, 9)
Pesquisadora do Laboratório de Genética Humana e Molecular da PUCRS.
Mestre e Doutora em Ciências Biológicas: Bioquímica pela UFRGS.

Cristiano Valim Bizarro (Caps. 6, 13)
Professor adjunto da PUCRS. Mestre e Doutor em Biologia Celular e Molecular pela UFRGS.

Denise Cantarelli Machado (Caps. 5, 20)
Professora titular da Escola de Medicina da PUCRS.
Pesquisadora do Instituto de Pesquisas Biomédicas da PUCRS. Especialista em Biotecnologia pela UFRGS.
Mestre em Genética pela UFRGS. Doutora em Imunologia Molecular pela University of Sheffield, UK.
Pós-Doutora em Imunologia Molecular pelo National Institutes of Health (NIH), USA.

Gaby Renard (Iniciais, Caps. 1, 10, 15, 18, Glossário)
Pesquisadora sênior do Centro de Pesquisas em Biologia Molecular e Funcional da PUCRS.
Mestre e Doutora em Ciências Biológicas: Bioquímica pela UFRGS.

Gustavo Roth (Índice)
Professor adjunto da Faculdade de Engenharia da PUCRS. Mestre em Biologia Molecular e Celular pela PUCRS.
Doutor em Ciências Naturais (Dr. rer. nat.) pela Universidade de Hanover.
Pós-Doutorado na Quatro G Pesquisa e Desenvolvimento Ltda, TECNOPUC.

José Artur B. Chies (Caps. 7, 17, 19)
Professor titular do Departamento de Genética da UFRGS. Mestre em Genética e Biologia Molecular pela UFRGS.
Doutor em Sciences de La Vie Specialité en Immunologie pela Université de Paris VI (Pierre et Marie Curie).

Leandro Vieira Astarita (Cap. 14)
Professor adjunto da Faculdade de Biociências da PUCRS. Doutor em Botânica pela Universidade de São Paulo (USP). Pós-Doutor pela Kansas State University.

Paula Eichler (Cap. 12)
Mestre em Ciências Biológicas: Fisiologia pela UFRGS. Doutora em Ciências Biológicas: Fisiologia Humana pela USP.
Pós-Doutora em Bioquímica pela UFRGS. Pós-Doutora em Biologia Celular e Molecular pela PUCRS.

Rosane Machado Scheibe (Cap. 6)
Doutora em Biologia Molecular pela University of Sheffield, Inglaterra.

Sandra Estrazulas Farias (Cap. 16)
Doutora em Bioquímica e Biologia Molecular pela UNIFESP. Professora associada do Departamento de Fisiologia e pesquisadora do Centro de Biotecnologia da UFRGS.

F981 Fundamentos da biologia celular / Bruce Alberts ... [et al.] ; [tradução: Ardala Elisa Breda Andrade ... et al.] ; revisão técnica: Ardala Elisa Breda Andrade, Gaby Renard. – 4. ed. – Porto Alegre : Artmed, 2017.
xxvi, 838 p. : il. color. ; 28 cm.

ISBN 978-85-8271-405-8

1. Biologia. 2. Biologia celular. I. Alberts, Bruce. II. Título.

CDU 576

Catalogação na publicação: Poliana Sanchez de Araujo – CRB 10/2094

ALBERTS • BRAY • HOPKIN • JOHNSON
LEWIS • RAFF • ROBERTS • WALTER

FUNDAMENTOS DA BIOLOGIA CELULAR

4ª Edição

Revisão técnica:

Ardala Elisa Breda Andrade

Research Scientist, Texas A&M University. Mestre e Doutora em Biologia Celular e Molecular pela Pontifícia Universidade Católica do Rio Grande Sul (PUCRS).

Gaby Renard

Pesquisadora sênior do Centro de Pesquisas em Biologia Molecular e Funcional da PUCRS. Mestre e Doutora em Ciências Biológicas: Bioquímica pela Universidade Federal do Rio Grande do Sul (UFRGS).

Reimpressão 2019

artmed

2017

Obra originalmente publicada sob o título *Essential cell biology*, 4th edition.
ISBN 9780815344544

Gerente editorial: *Letícia Bispo de Lima*

Colaboraram nesta edição:

Coordenador editorial: *Alberto Schwanke*

Preparação de originais: *Heloísa Stefan e Maria Regina Borges-Osório*

Leitura final: *Heloísa Stefan e Maria Regina Borges-Osório*

Arte sobre capa original: *Kaéle Finalizando Ideias*

Editoração: *Clic Editoração Eletrônica Ltda.*

As ciências biológicas estão em constante evolução. À medida que novas pesquisas e a própria experiência ampliam o nosso conhecimento, novas descobertas são realizadas. Os autores desta obra consultaram as fontes consideradas confiáveis, num esforço para oferecer informações completas e, geralmente, de acordo com os padrões aceitos à época da sua publicação.

Reservados todos os direitos de publicação, em língua portuguesa, à
ARTMED EDITORA LTDA., uma empresa do GRUPO A EDUCAÇÃO S.A.
Av. Jerônimo de Ornelas, 670 – Santana
90040-340 Porto Alegre RS
Fone: (51) 3027-7000 Fax: (51) 3027-7070

Unidade São Paulo
Rua Doutor Cesário Mota Jr., 63 – Vila Buarque
01221-020 São Paulo SP
Fone: (11) 3221-9033

SAC 0800 703-3444 – www.grupoa.com.br

IMPRESSO NO BRASIL
PRINTED IN BRAZIL

Autores

Bruce Alberts é Ph.D. pela Harvard University e ocupa a posição de Chancellor's Leadership Chair em bioquímica e biofísica para ciências e educação na University of California, San Francisco. Foi editor-chefe da revista *Science* entre 2008-2013 e por 12 anos atuou como Presidente da U.S. National Academy of Sciences (1993-2005).

Dennis Bray é Ph.D. pelo Massachusetts Institute of Technology e atualmente é professor emérito ativo da University of Cambridge.

Karen Hopkin é Ph.D. em bioquímica pelo Albert Einstein College of Medicine e escritora na área de ciências em Somerville, Massachusetts. Contribui para o podcast diário *Scientific American, 60-Second Science*, e para o livro-texto digital de biologia *Life on Earth,* de E. O. Wilson.

Alexander Johnson é Ph.D. pela Harvard University e professor de microbiologia e imunologia na University of California, San Francisco.

Julian Lewis é DPhil pela University of Oxford e cientista emérito no London Research Institute of Cancer Research, UK.

Martin Raff é M.D. pela McGill University e atua na Medical Research Council Laboratory for Molecular Cell Biology and Cell Biology Unit do University College, London.

Keith Roberts é Ph.D. pela University of Cambridge e ocupou a posição de Deputy Director no John Innes Centre, Norwich. Atualmente é professor emérito na University of East Anglia.

Peter Walter é Ph.D. pela The Rockefeller University em Nova York, professor no Department of Biochemistry and Biophysics na University of California, San Francisco, e pesquisador do Howard Hughes Medical Institute.

Agradecimentos

Agradecemos as diversas contribuições de professores e estudantes do mundo todo na criação desta 4ª edição. Em particular, somos gratos aos estudantes que participaram dos grupos focais e trouxeram *feedback* e sugestões inestimáveis sobre suas experiências usando o livro e os recursos complementares, muitas delas implementadas nesta edição.

Gostaríamos de agradecer também aos professores que ajudaram a organizar os grupos focais em suas faculdades: Nancy W. Kleckner do Bates College, Kate Wright e Dina Newman do Rochester Institute of Technology, David L. Gard da University of Utah, e Chris Brandl e Derek McLachlin da University of Western Ontario. Agradecemos muito sua hospitalidade e a oportunidade de aprender com seus estudantes.

Recebemos também revisões detalhadas de professores que utilizaram a 3ª edição e gostaríamos de agradecê-los por suas contribuições: Devavani Chatterjea, Macalester College; Frank Hauser, University of Copenhagen; Alan Jones, University of North Carolina at Chapel Hill; Eugene Mesco, Savannah State University; M. Scott Shell, University of California Santa Barbara; Grith Lykke Sørensen, University of Southern Denmark; Marta Bechtel, James Madison University; David Bourgaize, Whittier College; John Stephen Horton, Union College; Sieirn Lim, Nanyang Technological University; Satoru Kenneth Nishimoto, University of Tennessee Health Science Center; Maureen Peters, Oberlin College; Johanna Rees, University of Cambridge; Gregg Whitworth, Grinnell College; Karl Fath, Queens College, City University of New York; Barbara Frank, Idaho State University; Sarah Lundin-Schiller, Austin Peay State University; Marianna Patrauchan, Oklahoma State University; Ellen Rosenberg, University of British Columbia; Leslie Kate Wright, Rochester Institute of Technology; Steven H. Denison, Eckerd College; David Featherstone, University of Illinois at Chicago; Andor Kiss, Miami University; Julie Lively, Sewanee, The University of the South; Matthew Rainbow, Antelope Valley College; Juliet Spencer, University of San Francisco; Christoph Winkler, National University of Singapore; Richard Bird, Auburn University; David Burgess, Boston College; Elisabeth Cox, State University of New York, College at Geneseo; David L. Gard, University of Utah; Beatrice Holton, University of Wisconsin Oshkosh; Glenn H. Kageyama, California State Polytechnic University, Pomona; Jane R. Dunlevy, University of North Dakota; Matthias Falk, Lehigh University. Também agradecemos James Hadfield do Cancer Research UK Cambridge Institute por sua revisão do conteúdo sobre metodologia.

Um agradecimento especial a David Morgan, coautor de *Biologia molecular da célula*, por sua ajuda nos capítulos sobre sinalização e divisão celular.

Somos muito gratos também aos leitores que nos alertaram sobre erros encontrados na edição anterior.

Muitos membros da equipe da Garland contribuíram na elaboração deste livro e fizeram com que fosse um prazer trabalhar nele. Primeiramente, temos uma dívida especial com Michael Morales, nosso editor, que coordenou todo o projeto. Ele organizou a revisão inicial e os grupos focais, trabalhou muito próximo aos autores nos seus capítulos, estimulou-nos quando estávamos atrasados e teve um grande papel no *design*, na montagem e na produção dos materiais complementares. Monica Toledo administrou o andamento dos capítulos durante o processo de produção e supervisionou o desenvolvimento das questões de revisão. Lamia Harik contribuiu com assistência editorial. Nigel Orme tomou os desenhos originais criados pelo autor Keith Roberts e os redesenhou no computador, ou ocasionalmente à mão, com habilidade e aptidão. Para Matt McClements vai o crédito pelo projeto gráfico do livro e a criação das aberturas de capítulo. Assim como em edições anteriores, Emma Jeffcock fez um trabalho brilhante na editoração do livro inteiro e na correção dos nossos intermináveis erros. Adam Sendroff e Lucy Brodie reuniram informações de usuários e as analisaram para tornar a obra mais universal. Denise Schanck, vice-presidente da Garland Science, participou de todos os nossos retiros autorais e orquestrou tudo com magnífico gosto e diplomacia. Agradecemos a todos dessa extensa lista.

Por último, mas não com menos importância, somos gratos, mais uma vez, às nossas famílias e aos nossos colegas pelo apoio e tolerância incondicionais.

Os autores

Prefácio

No nosso mundo, não existe forma de matéria mais espantosa do que uma célula viva: pequenina, frágil, maravilhosamente complexa, que se renova continuamente, porém ainda preserva no seu DNA informações datando de mais de três bilhões de anos, um tempo no qual nosso planeta mal havia esfriado dos materiais quentes do sistema solar nascente. Incessantemente "reengenhada e diversificada" pela evolução, extraordinariamente versátil e adaptável, a célula ainda retém um complexo mecanismo químico de autorreplicação que é compartilhado e repetido de maneira interminável em todos os organismos vivos na face da Terra, em todo animal, em toda folha, em toda bactéria em um pedaço de queijo e em toda levedura no barril de vinho.

A curiosidade, por si só, deveria nos levar a estudar biologia celular; precisamos entender a biologia celular para entender a nós mesmos. Porém, também existem razões práticas para que a biologia celular faça parte da educação de cada um. Somos feitos de células, nos alimentamos de células, e nosso mundo é habitável por causa das células. O desafio para os cientistas é aprofundar o conhecimento e descobrir novas maneiras de aplicá-lo. Todos nós, como cidadãos, precisamos saber algo a respeito e acompanhar o mundo moderno, tanto quando se trata de nossa saúde como também quando se envolvem grandes problemas públicos, como mudanças no meio ambiente, tecnologia biomédica, agricultura e doenças epidêmicas.

A biologia celular é um assunto amplo e está ligado a quase todos os outros ramos da ciência. Portanto, o estudo da biologia celular fornece uma grande educação científica. Contudo, com o avanço da ciência, é fácil perder-se nos detalhes e distrair-se com a sobrecarga de informações e terminologia técnica. Neste livro, apresentamos os fundamentos de modo claro, digerível e confiável. Procuramos explicar, de uma maneira que até um leitor que se aproxima da biologia pela primeira vez entenda, como uma célula viva funciona: mostrar como as moléculas da célula – especialmente as moléculas de proteína, DNA e RNA – cooperam, criando esse notável sistema que se alimenta, responde a estímulos, move-se, cresce, divide-se e replica-se.

A necessidade de uma descrição clara dos fundamentos da biologia celular se tornou aparente enquanto estávamos escrevendo o *Biologia molecular da célula (BMC)*, atualmente na sua 6ª edição. O BMC é um livro extenso para estudantes avançados de graduação e de pós-graduação que buscam especialização nas ciências da vida ou em medicina. Muitos estudantes que precisam de uma descrição mais introdutória à biologia celular encontrariam no BMC informações muito detalhadas para suas necessidades. O *Fundamentos da biologia celular* (FBC), em contrapartida, foi desenvolvido para conter as informações essenciais da biologia celular necessárias para entender assuntos tanto da biomedicina quanto da biologia mais ampla que afeta nossas vidas.

Esta 4ª edição foi extensamente revisada. Atualizamos cada parte do livro com novas informações sobre RNAs reguladores, células-tronco pluripotentes induzidas, suicídio e reprogramação celular, genoma humano e até mesmo DNA Neanderthal. Em resposta ao *feedback* de estudantes, melhoramos nossas discussões sobre fotossíntese e reparo de DNA. Adicionamos muitas figuras novas e atualizamos a cobertura sobre técnicas experimentais estimulantes – incluindo RNAi, optogenética, aplicações de novas tecnologias de sequenciamento de DNA e uso de organismos mutantes para sondar os defeitos subjacentes às doenças humanas. Ao mesmo tempo, as seções "Como Sabemos" continuam a apresentar dados e projetos experimentais, ilustrando com exemplos específicos como os biólogos enfrentam questões importantes e como seus resultados experimentais moldam ideias futuras.

Como anteriormente, os diagramas do FBC enfatizam conceitos centrais e são desprovidos de detalhes desnecessários. Os termos-chave introduzidos em cada capítulo estão destacados quando aparecem pela primeira vez e foram reunidos no final do livro em um glossário amplo e ilustrado.

Uma característica central deste livro são as diversas questões apresentadas nas margens do texto e ao final de cada capítulo. Elas são formuladas para instigar os estudantes a pensar no que leram e encorajá-los a fazer uma pausa e testar seu aprendizado. Muitas questões desafiam o estudante a colocar o conhecimento recém-adquirido em um contexto biológico mais amplo, e algumas delas têm mais de uma resposta válida; outras permitem especulação. Respostas para todas as questões são apresentadas ao final do livro: em muitos casos, fornecem um comentário ou uma alternativa para o que foi apresentado no texto principal.

Para aqueles que querem aprofundar seus conhecimentos em biologia celular, recomendamos o *Molecular biology of the cell: The problems book*, de John Wilson e Tim Hunt. Embora tenha sido escrito para complementar o BMC, esse livro contém questões de todos os níveis de dificuldade e é uma ótima fonte de problemas para reflexão de professores e alunos. Recorremos a ele para algumas questões do FBC e somos muito gratos aos autores.

Aqueles que procuram referências para leitura adicional poderão encontrá-las na página do FBC na internet (garlandscience.com/ECB4-students). Contudo, para as revisões mais recentes na literatura atual sugerimos o uso de páginas de busca, como PubMed (www.ncbi.nlm.nih.gov) ou Google Scholar (scholar.google.com).

Como no BMC, cada capítulo do FBC é produto de grande esforço, com esboços individuais circulando de um autor para outro. Além disso, muitas pessoas nos ajudaram e são creditadas nos agradecimentos. Apesar de tudo isso, é inevitável que existam erros no livro. Encorajamos os leitores que os encontrarem a nos contatarem para que possamos corrigi-los na próxima impressão.

Os autores

Recursos Didáticos

Recursos de aprendizagem estão disponíveis online na página* do *Fundamentos da biologia celular*. Acesse o *site* **grupoa.com.br**, encontre a página do livro por meio do campo de busca e localize a área de Material Complementar para acessar os arquivos. Chamadas para **Animações** relevantes estão distribuídas ao longo dos capítulos. Não é possível observar as células rastejando, se dividindo, segregando seus cromossomos ou rearranjando sua superfície sem sentir-se maravilhado com os mecanismos moleculares responsáveis por esses processos. Para uma sensação vívida dos espetáculos que a ciência revela, é difícil superar uma animação de replicação de DNA. Esses recursos foram cuidadosamente desenhados para tornar o aprendizado da biologia celular mais fácil e recompensador.

ÁREA DO PROFESSOR

Professores podem fazer *download* do material complementar exclusivo (em português). Acesse nosso site, **grupoa.com.br**, cadastre-se gratuitamente como professor, encontre a página do livro por meio do campo de busca e clique no *link* Material do Professor.

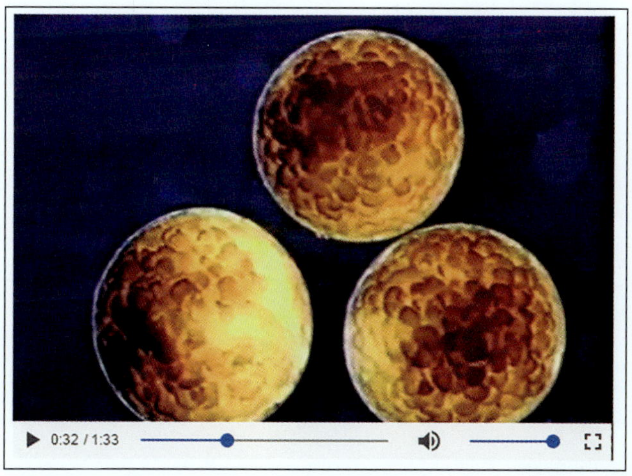

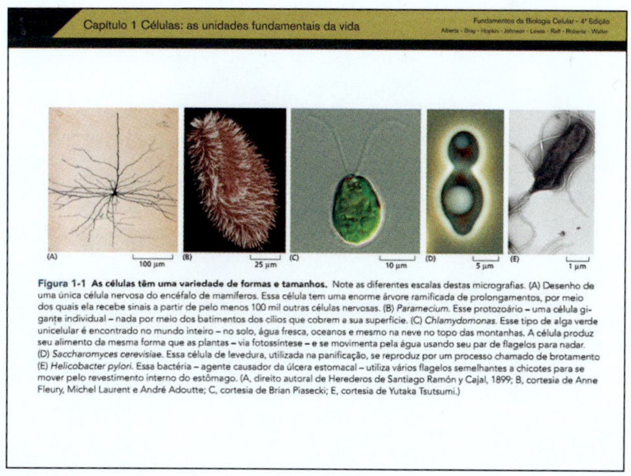

Capítulo 1 Células: as unidades fundamentais da vida
Fundamentos da Biologia Celular - 4ª Edição
(A)
100 μm
(B)
25 μm
(C)
10 μm
(D)
5 μm
(E)
1 μm
Figura 1-1 As células têm uma variedade de formas e tamanhos. Note as diferentes escalas destas micrografias. (A) Desenho de uma única célula nervosa do encéfalo de mamíferos. Essa célula tem uma enorme árvore ramificada de prolongamentos, por meio dos quais ela recebe sinais a partir de pelo menos 100 mil outras células nervosas. (B) Paramecium. Esse protozoário – uma célula gigante individual – nada por meio dos batimentos dos cílios que cobrem a sua superfície. (C) Chlamydomonas. Esse tipo de alga verde unicelular é encontrado no mundo inteiro – no solo, água fresca, oceanos e mesmo na neve no topo das montanhas. A célula produz seu alimento da mesma forma que as plantas – via fotossíntese – e se movimenta pela água usando seu par de flagelos para nadar. (D) Saccharomyces cerevisiae. Essa célula de levedura, utilizada na panificação, se reproduz por um processo chamado de brotamento (E) Helicobacter pylori. Essa bactéria – agente causador da úlcera estomacal – utiliza vários flagelos semelhantes a chicotes para se mover pelo revestimento interno do estômago. (A, direito autoral de Herederos de Santiago Ramón y Cajal, 1899; B, cortesia de Anne Fleury, Michel Laurent e André Adoutte; C, cortesia de Brian Piasecki; E, cortesia de Yutaka Tsutsumi.)

*A manutenção e a disponibilização das animações são de responsabilidade da Garland Science, Taylor & Francis Group, LLC.

Sumário Resumido

Sumário

Capítulo 16
Sinalização celular 525

Capítulo 17
O citoesqueleto 565

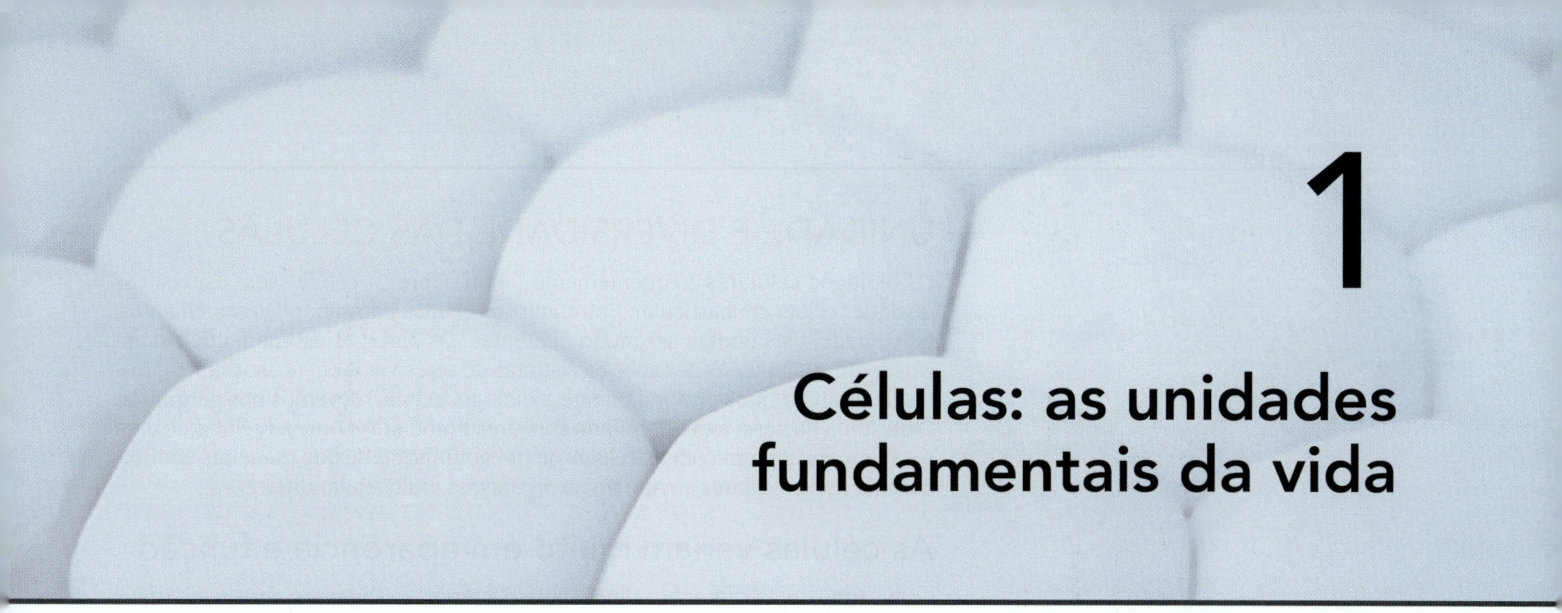

1

Células: as unidades fundamentais da vida

O que significa estar vivo? Petúnias, pessoas e algas estão vivas; pedras, areia e brisa de verão não estão. Contudo, quais são as principais propriedades que caracterizam os organismos vivos e os distinguem da matéria sem vida?

A resposta inicia com um fato básico, que é dado como certo no momento, mas marcou uma revolução no pensamento quando estabelecido, pela primeira vez, há 175 anos. Todas as coisas vivas (ou *organismos*) são compostas por **células**: pequenas unidades delimitadas por membranas, preenchidas com uma solução aquosa concentrada de compostos e dotadas de uma capacidade extraordinária de criar cópias delas mesmas pelo seu crescimento e pela sua divisão em duas. As formas mais simples de vida são células solitárias. Organismos superiores, inclusive nós, são comunidades de células originadas por crescimento e divisão de uma única célula fundadora. Cada animal ou planta é uma vasta colônia de células individuais, cada uma realizando uma função especializada que é regulada por sistemas complicados de comunicação de uma célula para outra.

As células, portanto, são as unidades fundamentais da vida. Assim, a fim de estudar as células e sua estrutura, função e comportamento, precisamos considerar a *biologia celular* para responder a pergunta do que é a vida e como ela funciona. Com uma compreensão mais profunda das células, poderemos abordar os grandes problemas históricos da vida na Terra: as suas origens misteriosas, a sua maravilhosa diversidade produzida por bilhões de anos de evolução e a sua invasão em cada hábitat imaginável. Ao mesmo tempo, a biologia celular pode nos fornecer as respostas para as questões que temos sobre nós mesmos: de onde viemos? Como nos desenvolvemos a partir de um único óvulo fertilizado? Como cada um de nós é similar, e ainda diferente, de qualquer outro na Terra? Por que ficamos doentes, envelhecemos e morremos?

Neste capítulo, iniciamos considerando a grande variedade de formas que as células podem apresentar e também abordamos brevemente a maquinaria química que todas as células têm em comum. Então, consideramos como as células se tornam visíveis sob o microscópio e o que vemos quando observamos atentamente o seu interior. Por fim, discutimos como podemos explorar as similaridades entre os seres vivos para alcançar uma compreensão coerente de todas as formas de vida na Terra – a partir da bactéria mais minúscula até o imenso carvalho.

UNIDADE E DIVERSIDADE DAS CÉLULAS

Os biólogos celulares frequentemente falam sobre "a célula" sem especificar qualquer célula em particular. Entretanto, as células não são todas semelhantes; na verdade, elas podem ser muito diferentes. Os biólogos estimam que devam existir até 100 milhões de espécies distintas de seres vivos em nosso planeta. Antes de analisar mais profundamente a biologia celular, devemos nos perguntar: O que uma bactéria tem em comum com uma borboleta? O que as células de uma rosa têm em comum com as células de um golfinho? E de que maneiras a infinidade de tipos celulares em um único organismo multicelular difere?

As células variam muito em aparência e função

Comecemos pelo tamanho. Uma célula bacteriana – digamos um *Lactobacillus* em um pedaço de queijo – tem poucos **micrômetros**, ou µm, de comprimento. Isso é cerca de 25 vezes menor do que a espessura de um fio de cabelo humano. Um ovo de rã – que também é uma célula única – possui um diâmetro de cerca de 1 milímetro. Se aumentássemos a escala de modo que o *Lactobacillus* tivesse o tamanho de uma pessoa, o ovo de rã teria 800 metros de altura.

As células variam muito em seu formato (**Figura 1-1**). Uma célula nervosa típica em seu encéfalo, por exemplo, é enormemente estendida; ela envia seus sinais elétricos ao longo de uma protrusão fina que possui o comprimento 10.000 vezes maior do que a espessura, e ela recebe sinais de outras células nervosas por meio de uma massa de processos mais curtos que brotam de seu corpo como os ramos de uma árvore (ver Figura 1-1A). Um *Paramecium* em uma gota de água parada tem a forma de um submarino e está coberto por milhares de *cílios* – extensões semelhantes a pelos, cujos batimentos sinuosos arrastam a célula para frente, induzindo a sua rotação à medida que ela se locomove (Figura 1-1B). Uma célula na camada superficial de uma planta é achatada e imóvel, envolta por uma membrana rígida de celulose com uma cobertura externa de cera à prova d'água. Um neutrófilo ou um macrófago no corpo de um animal, ao contrário, se arrasta pelos tecidos, mudando de forma constantemente, enquanto procura e engolfa resíduos celulares, microrganismos estranhos e células mortas ou em processo de morte. E assim por diante.

As células também são muito diversas nas suas necessidades químicas. Algumas requerem oxigênio para viver; para outras, o oxigênio é letal. Algumas

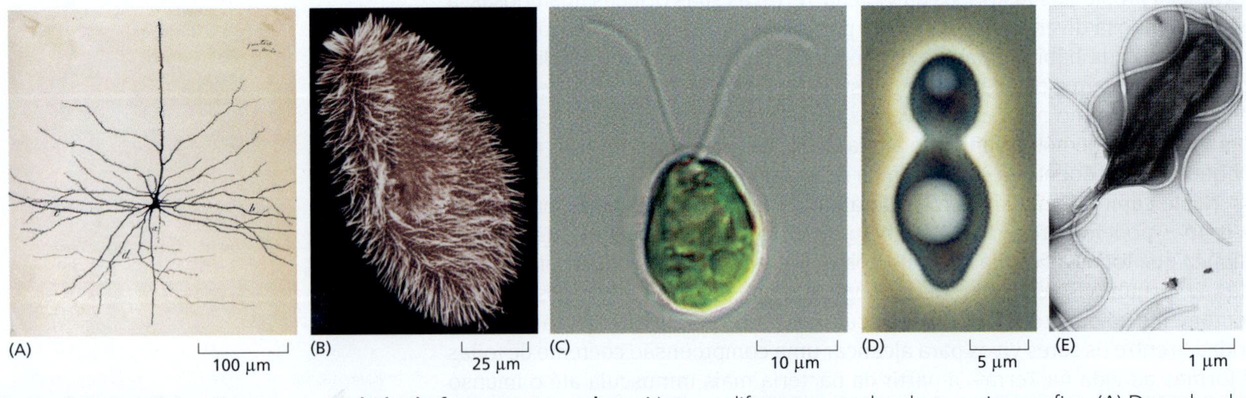

Figura 1-1 As células têm uma variedade de formas e tamanhos. Note as diferentes escalas destas micrografias. (A) Desenho de uma única célula nervosa do encéfalo de mamíferos. Essa célula tem uma enorme árvore ramificada de prolongamentos, por meio dos quais ela recebe sinais a partir de pelo menos 100 mil outras células nervosas. (B) *Paramecium*. Esse protozoário – uma célula gigante individual – nada por meio dos batimentos dos cílios que cobrem a sua superfície. (C) *Chlamydomonas*. Esse tipo de alga verde unicelular é encontrado no mundo inteiro – no solo, água fresca, oceanos e mesmo na neve no topo das montanhas. A célula produz seu alimento da mesma forma que as plantas – via fotossíntese – e se movimenta pela água usando seu par de flagelos para nadar. (D) *Saccharomyces cerevisiae*. Essa célula de levedura, utilizada na panificação, se reproduz por um processo chamado de brotamento. (E) *Helicobacter pylori*. Essa bactéria – agente causador da úlcera estomacal – utiliza vários flagelos semelhantes a chicotes para se mover pelo revestimento interno do estômago. (A, direito autoral de Herederos de Santiago Ramón y Cajal, 1899; B, cortesia de Anne Fleury, Michel Laurent e André Adoutte; C, cortesia de Brian Piasecki; E, cortesia de Yutaka Tsutsumi.)

células consomem um pouco mais do que ar, luz solar e água como matéria-prima; outras necessitam de uma mistura complexa de moléculas produzidas por outras células.

Essas diferenças em tamanho, forma e necessidades químicas muitas vezes refletem as diferenças na função celular. Algumas são fábricas especializadas para a produção de determinadas substâncias, como os hormônios, o amido, a gordura, o látex ou os pigmentos. Outras são máquinas, como as células musculares, que queimam combustível para realizar o trabalho mecânico. Ainda outras são geradores elétricos, como as células musculares modificadas na enguia elétrica.

Algumas modificações tornam as células tão especializadas, que elas perdem as suas chances de deixar qualquer descendente. Essa especialização não teria sentido para uma célula que viveu uma vida solitária. Em um organismo multicelular, entretanto, existe uma divisão de trabalho entre as células, permitindo que algumas se tornem especializadas em um grau extremo para determinadas tarefas, deixando-as dependentes das suas células companheiras para várias necessidades básicas. Até mesmo a necessidade mais básica de todas, a de passar as informações genéticas do organismo para a próxima geração, está delegada para especialistas – o óvulo e o espermatozoide.

QUESTÃO 1-1

A "vida" é fácil de ser reconhecida, mas difícil de definir. De acordo com um livro popular de biologia, os organismos vivos:

1. São altamente organizados comparados a objetos naturais inanimados.
2. Exibem homeostase, mantendo um meio interno relativamente constante.
3. Reproduzem-se.
4. Crescem e se desenvolvem a partir de princípios simples.
5. Tomam energia e matéria a partir do meio e as transformam.
6. Respondem a estímulos.
7. Mostram adaptação ao seu ambiente.

Defina você mesmo uma pessoa, um aspirador de pó e uma batata com relação a essas características.

Todas as células vivas têm uma química básica similar

Apesar da extraordinária diversidade dos vegetais e animais, as pessoas reconheceram, desde tempos imemoriais, que esses organismos têm algo em comum, algo que permite que sejam chamados de seres vivos. No entanto, embora parecesse muito fácil reconhecer a vida, era extraordinariamente difícil dizer em que sentido todos os seres vivos eram semelhantes. Os livros-texto precisaram ser ajustados para definir a vida em termos gerais abstratos relacionados com crescimento, reprodução e uma capacidade de responder ao meio ambiente.

As descobertas dos bioquímicos e biólogos moleculares forneceram uma solução elegante para essa situação estranha. Embora as células de todos os seres vivos sejam infinitamente variadas quando vistas de fora, elas são fundamentalmente similares por dentro. Agora sabemos que as células se parecem umas com as outras em um grau estonteante de detalhes na sua química. Elas são compostas pelos mesmos tipos de moléculas que participam nos mesmos tipos de reações químicas (discutido no Capítulo 2). Em todos os organismos, a informação genética – na forma de *genes* – é codificada nas moléculas de DNA. Essa informação é escrita no mesmo código químico, composta a partir dos mesmos blocos químicos de construção, interpretada essencialmente pela mesma maquinaria química e replicada de igual maneira quando um organismo se reproduz. Desse modo, em cada célula, as longas cadeias de polímeros de **DNA** são compostas pelo mesmo conjunto de quatro monômeros, chamados de *nucleotídeos*, ligados uns aos outros em diferentes sequências, como as letras de um alfabeto, para codificar diferentes informações. Em cada célula, as informações codificadas no DNA são lidas, ou *transcritas*, em um grupo de polímeros relacionados quimicamente chamado de **RNA**. Um subconjunto dessas moléculas de RNA, por sua vez, é *traduzido* em ainda outro tipo de polímero chamado de **proteína**. Esse fluxo de informação – do DNA para o RNA e do RNA para a proteína – é tão importante para a vida, que é referido como o *dogma central* (**Figura 1-2**).

A aparência e o comportamento de uma célula são determinados em grande parte por suas moléculas proteicas, que servem como suporte estrutural,catalisadores químicos, motores moleculares e assim por diante. As proteínas são compostas por *aminoácidos*, e cada organismo utiliza o mesmo grupo de 20 aminoácidos para sintetizar suas proteínas. Os aminoácidos estão ligados em diferentes sequências, conferindo a cada tipo de molécula proteica diferentes formas tridimensionais, ou *conformação*, assim como diferentes sequências de letras significam diferentes palavras. Dessa maneira, a mesma maquinaria bioquímica básica serviu para gerar toda uma gama de vida na Terra (**Figura 1-3**).

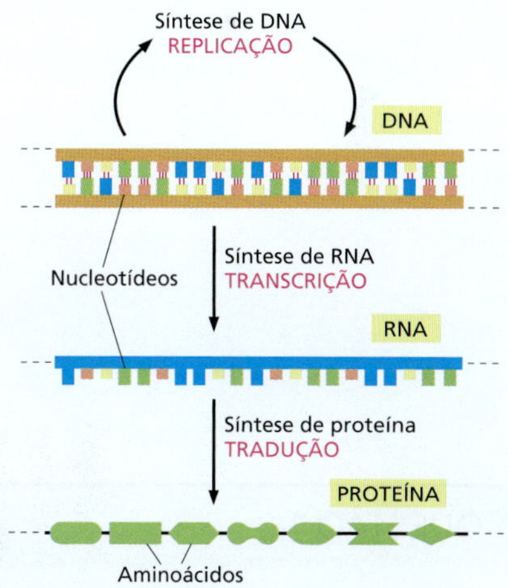

Figura 1-2 Em todas as células vivas, a informação genética flui do DNA para o RNA (transcrição) e do RNA para a proteína (tradução) – uma sequência conhecida como *dogma central*. A sequência de nucleotídeos em um determinado segmento de DNA (um gene) é transcrita em uma molécula de RNA que pode então ser traduzida em uma sequência linear de aminoácidos de uma proteína. Apenas uma pequena parte do gene, RNA e proteína é mostrada.

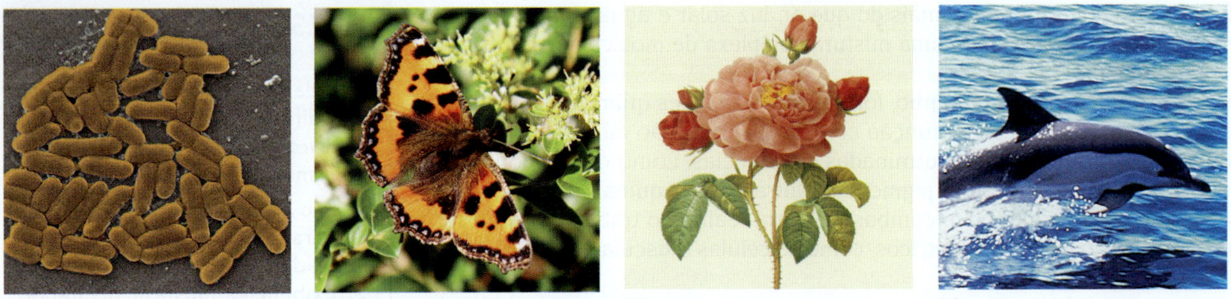

Figura 1-3 Todos os organismos vivos são compostos por células. Uma colônia de bactérias, uma borboleta, uma rosa e um golfinho são todos compostos por células que têm uma química fundamental similar e funcionam de acordo com os mesmos princípios básicos. (A, cortesia de Janice Carr; C, cortesia de John Innes Foundation; D, cortesia de Jonathan Gordon, IFAW.)

Uma discussão mais detalhada da estrutura e da função de proteínas, RNA e DNA pode ser encontrada do Capítulo 4 ao Capítulo 8.

Se as células são a principal unidade da matéria viva, então, nada menos do que uma célula pode ser verdadeiramente chamada de viva. Os vírus, por exemplo, são pacotes compactos de informação genética – na forma de DNA ou RNA – delimitados por proteína, mas eles não têm capacidade de se reproduzir sozinhos. Em vez disso, apenas conseguem ser copiados parasitando a maquinaria reprodutiva das células que eles invadem. Desse modo, os vírus são zumbis químicos: inertes e inativos fora da sua célula hospedeira, mas podem exercer um controle maligno sobre uma célula, uma vez que estejam no seu interior.

Todas as células atuais aparentemente evoluíram da mesma célula ancestral

Uma célula se reproduz pela replicação do seu DNA e depois se divide em duas, passando uma cópia das informações genéticas codificadas no seu DNA para cada uma das suas células-filhas. Por isso, as células-filhas se parecem com as células parentais. Entretanto, a cópia nem sempre é perfeita, e as informações são ocasionalmente corrompidas por *mutações* que alteram o DNA. Por essa razão, as células-filhas nem sempre se comparam exatamente com as células parentais.

As mutações podem criar descendentes que são alterados para pior (em que eles são menos capazes de sobreviver e se reproduzir); alterados para melhor (em que eles são mais capazes de sobreviver e se reproduzir); ou alterados de forma neutra (em que eles são geneticamente diferentes, mas igualmente viáveis). A luta pela sobrevivência elimina os primeiros, favorece os segundos e tolera os terceiros. Os genes da próxima geração serão os genes dos sobreviventes.

Às vezes, o padrão dos descendentes pode ser complicado pela reprodução sexual, na qual duas células da mesma espécie se fusionam, combinando seu DNA. As cartas genéticas são então embaralhadas, relançadas e distribuídas em novas combinações para a próxima geração, para serem testadas novamente por sua habilidade em promover a sobrevivência e a reprodução.

Esses princípios simples de alteração e seleção genética, aplicados repetidamente durante bilhões de gerações de células, são a base da **evolução** – o processo pelo qual as espécies vivas se modificam gradualmente e se adaptam ao seu meio de maneiras cada vez mais sofisticadas. A evolução oferece uma explicação surpreendente, mas convincente, do motivo pelo qual as células dos dias de hoje são tão semelhantes nos seus fundamentos: todas herdaram as suas informações genéticas do mesmo ancestral comum. Estima-se que essa célula ancestral existiu entre 3,5 e 3,8 bilhões de anos atrás, e devemos supor que ela continha um protótipo da maquinaria universal de toda a vida atual na Terra. Por meio de um processo muito longo de mutações e seleção natural, os descendentes dessa célula ancestral divergiram gradualmente para preencher cada hábitat na Terra com organismos que exploram o potencial da maquinaria em uma infinita variedade de maneiras.

QUESTÃO 1-2

As mutações são erros no DNA que alteram o plano genético a partir da geração anterior. Imagine uma fábrica de sapatos. Você esperaria que erros (p. ex., alterações não intencionais) na cópia do desenho do sapato levassem a melhorias nos sapatos produzidos? Justifique sua resposta.

Os genes fornecem as instruções para a forma, a função e o comportamento complexo das células

O **genoma** da célula – isto é, toda a sequência de nucleotídeos do DNA de um organismo – fornece um programa genético que instrui a célula a respeito de como se comportar. Para as células de embriões de plantas e animais, o genoma determina o crescimento e o desenvolvimento de um organismo adulto com centenas de tipos diferentes de células. Dentro de uma planta ou animal individual, essas células podem ser extraordinariamente variadas, como discutimos no Capítulo 20. Células adiposas, células da pele, células dos ossos e células nervosas parecem tão diferentes quanto quaisquer células poderiam ser. Contudo, todos esses *tipos diferenciados de células* são gerados durante o desenvolvimento embrionário a partir de um óvulo fertilizado, e todas contêm cópias idênticas do DNA da espécie. Suas características variadas se originam do modo pelo qual as células individuais utilizam suas informações genéticas. Células diferentes *expressam* genes diferentes: isto é, elas usam seus genes para produzir algumas proteínas e não outras, dependendo do seu estado interno e de estímulos que elas e suas células ancestrais receberam do seu entorno – principalmente sinais oriundos de outras células no organismo.

O DNA, portanto, não é apenas uma lista de compras especificando as moléculas que cada célula deve fazer, e uma célula não é apenas uma combinação de todos os itens da lista. Cada célula é capaz de realizar uma variedade de tarefas biológicas, dependendo do seu ambiente e da sua história, e utiliza seletivamente a informação codificada no seu DNA para guiar as suas atividades. Mais adiante, neste livro, veremos com detalhes como o DNA define tanto a lista das partes da célula como as regras que decidem quando e onde essas partes devem ser sintetizadas.

CÉLULAS SOB O MICROSCÓPIO

Hoje possuímos a tecnologia para decifrar os princípios subjacentes que governam a estrutura e a atividade da célula. Mas a biologia celular teve início sem essas ferramentas. Os primeiros biólogos celulares começaram simplesmente observando tecidos e células, então abrindo-os e cortando-os para investigar o seu conteúdo. Para eles, o que viram era bastante confuso – uma coleção de objetos minúsculos quase não visíveis, cuja relação com as propriedades da matéria viva pareciam um mistério impenetrável. No entanto, esse tipo de investigação visual foi o primeiro passo em direção ao entendimento das células, e permanece essencial no estudo da biologia celular.

As células não eram visíveis até o século XVII, quando o **microscópio** foi inventado. Por centenas de anos depois, tudo o que se sabia sobre as células foi descoberto utilizando esse instrumento. Os *microscópios ópticos* utilizam a luz visível para iluminar as amostras, e permitiram aos biólogos observar pela primeira vez a estrutura complicada comum a todos os seres vivos.

Embora esses instrumentos agora incorporem muitas melhorias sofisticadas, as propriedades da própria luz colocam um limite para a nitidez de detalhes que eles revelam. Os *microscópios eletrônicos*, inventados na década de 1930, vão além desse limite, pela utilização de feixes de elétrons, em vez de feixes de luz como fonte de iluminação, aumentando grandemente a sua capacidade para a visualização de finos detalhes das células e até mesmo tornando algumas moléculas grandes visíveis individualmente. Essas e outras formas de microscopia permanecem ferramentas vitais no laboratório moderno de biologia celular, onde continuam a revelar detalhes novos e às vezes surpreendentes sobre as maneiras em que as células são compostas e como elas funcionam.

A invenção do microscópio óptico levou à descoberta das células

O desenvolvimento do microscópio óptico dependeu dos avanços na produção das lentes de vidro. No século XVII, as lentes tinham poder suficiente para perceber detalhes invisíveis a olho nu. Utilizando um instrumento equipado com tais lentes, Robert Hooke examinou um pedaço de rolha e, em 1665, relatou à Royal Society of London que a rolha era composta de uma massa de minúsculas câmaras. Ele chamou essas câmaras de "células", com base na sua semelhança a cômodos simples ocupados pelos monges em um mosteiro. O nome "célula" foi estendido até para as estruturas que Hooke descreveu, que eram, na verdade, as paredes celulares que permaneceram, depois que as células vegetais vivas no seu interior morreram. Mais tarde, Hooke e seu contemporâneo holandês Antoni van Leeuwenhoek foram capazes de observar células vivas, vendo pela primeira vez um mundo pululante com organismos microscópicos móveis.

Por quase 200 anos, tais instrumentos – os primeiros microscópios ópticos – permaneceram equipamentos exóticos, disponíveis apenas para poucos indivíduos prósperos. Foi apenas no século XIX que eles começaram a ser amplamente utilizados para visualizar células. A emergência da biologia celular como uma ciência distinta foi um processo gradual para o qual vários indivíduos contribuíram, mas o seu nascimento oficial foi marcado por duas publicações: uma pelo botânico Matthias Schleiden, em 1838, e a outra pelo zoólogo Theodor Schwann, em 1839. Nesses artigos, Schleiden e Schwann documentaram os resultados de uma investigação sistemática de tecidos vegetais e animais com o microscópio óptico, mostrando que as células eram os blocos universais de construção de todos os tecidos vivos. O seu trabalho e o de outros microscopistas do século XIX lentamente conduziram à compreensão de que todas as células vivas eram formadas pelo crescimento e divisão de células existentes – um princípio algumas vezes

(A)

(B)

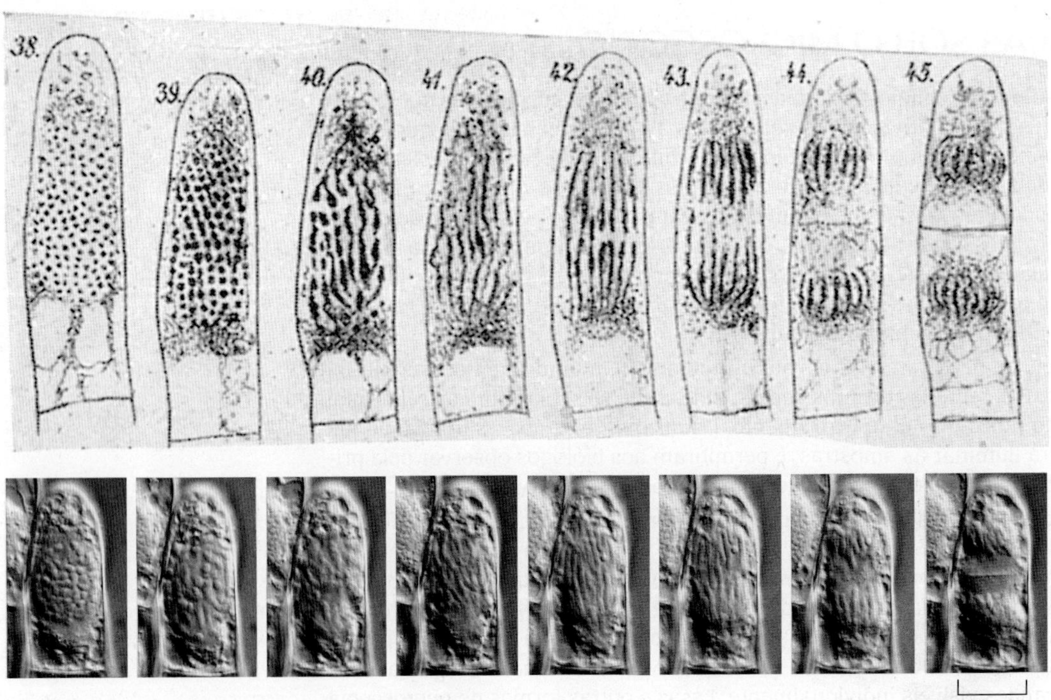

Figura 1-4 Novas células formadas pelo crescimento e divisão de células existentes. (A) Em 1880, Eduard Strasburger desenhou uma célula vegetal viva (uma célula ciliada de uma flor de *Tradescantia*), a qual ele observou se dividindo em duas células-filhas durante um período de 2,5 horas. (B) Uma célula viva de planta equivalente, fotografada recentemente por um microscópio óptico moderno. (B, cortesia de Peter Hepler.)

chamado de a *teoria celular* (**Figura 1-4**). A dedução de que organismos vivos não surgem espontaneamente, mas são gerados apenas a partir de organismos existentes, foi bastante contestada, mas foi finalmente confirmada na década de 1860 por um conjunto elegante de experimentos realizados por Louis Pasteur.

O princípio de que as células são geradas apenas a partir de células preexistentes e herdam suas características a partir delas fundamenta toda a biologia e lhe confere um aspecto único: em biologia, as questões sobre o presente estão inevitavelmente ligadas às questões sobre o passado. Para entender por que as células e os organismos de hoje se comportam dessa maneira, precisamos entender a sua história, todo o caminho até as origens das primeiras células sobre a Terra. Charles Darwin forneceu a ideia-chave que torna compreensível essa história. Sua teoria sobre a evolução, publicada em 1859, explica como a variação aleatória e a seleção natural dão origem à diversidade dos organismos que compartilham um ancestral comum. Quando combinada com a teoria celular, a teoria da evolução nos levou a ver toda a vida, desde seu início até os dias atuais, como uma grande árvore genealógica de células individuais. Embora este livro aborde principalmente a maneira pela qual as células funcionam hoje, o tema da evolução será abordado mais vezes.

QUESTÃO 1-3

Você se envolveu em um ambicioso projeto de pesquisa: criar vida em um tubo de ensaio. Você ferve uma mistura rica de extrato de levedura e aminoácidos em um frasco, junto com uma quantidade de sais inorgânicos sabidamente essenciais para a vida. Você sela o frasco e deixa que ele esfrie. Após vários meses, o líquido está translúcido como sempre e não existem sinais de vida. Um amigo sugere que a exclusão de ar foi um erro, já que a vida, como sabemos, requer oxigênio. Você repete o experimento, mas dessa vez deixa o frasco aberto à atmosfera. Para o seu grande prazer, o líquido se torna turvo após poucos dias e, sob o microscópio, você visualiza lindas e pequenas células que claramente estão crescendo e se dividindo. Esse experimento prova que você conseguiu gerar uma nova forma de vida? Como você planejaria de novo o seu experimento para permitir a entrada de ar no seu frasco, eliminando, contudo, a possibilidade de que a contaminação seja a explicação para os resultados? (Para uma resposta correta, consulte os experimentos clássicos de Louis Pasteur.)

Os microscópios ópticos permitem examinar as células e alguns de seus componentes

Se cortarmos uma fatia muito fina de um tecido vegetal ou animal e o observarmos usando um microscópio óptico, veremos que os tecidos são divididos em milhares de células pequenas. Estas poderão estar compactadas umas às outras ou separadas por uma *matriz extracelular*, um material denso frequentemente composto por fibras proteicas embebidas em um gel polissacarídico (**Figura 1-5**). Cada célula tem normalmente cerca de 5 a 20 μm de diâmetro. Se tomarmos o cuidado de manter vivas as células de nossa amostra, seremos capazes de ver partículas se movendo dentro das células individuais. E se observarmos com paciência, podemos até mesmo ver uma célula mudar de formato lentamente e se dividir em duas (ver Figura 1-4 e um vídeo acelerado da divisão celular em um embrião de rã na **Animação 1.1**).

Visualizar a estrutura interna de uma célula é difícil, não apenas porque as partes são pequenas, mas também porque elas são transparentes e na maioria das vezes incolores. Uma maneira de contornar o problema é marcar as células com corantes que dão cor a determinados componentes de forma diferente (ver Figura 1-5). Alternativamente, pode-se aproveitar o fato de que os componen-

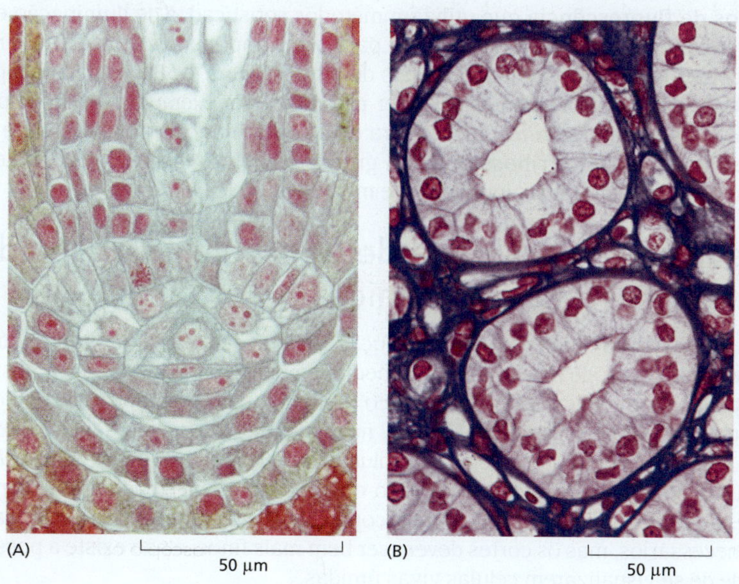

Figura 1-5 As células formam tecidos em plantas e animais. (A) Células na ponta de uma raiz de samambaia. Os núcleos estão corados em *vermelho*, e cada célula está envolta por uma delgada parede celular (*azul-claro*). (B) Células no túbulo coletor de urina dos rins. Cada túbulo aparece nessa secção transversal como um anel de células compactadas (com os núcleos corados em *vermelho*). O anel está envolto por matriz extracelular, corada de *roxo*. (A, cortesia de James Mauseth; B, de P.R. Wheater et al., Functional Histology, 2. ed. Edinburgh: Churchill Livingstone, 1987. Com permissão de Elsevier.)

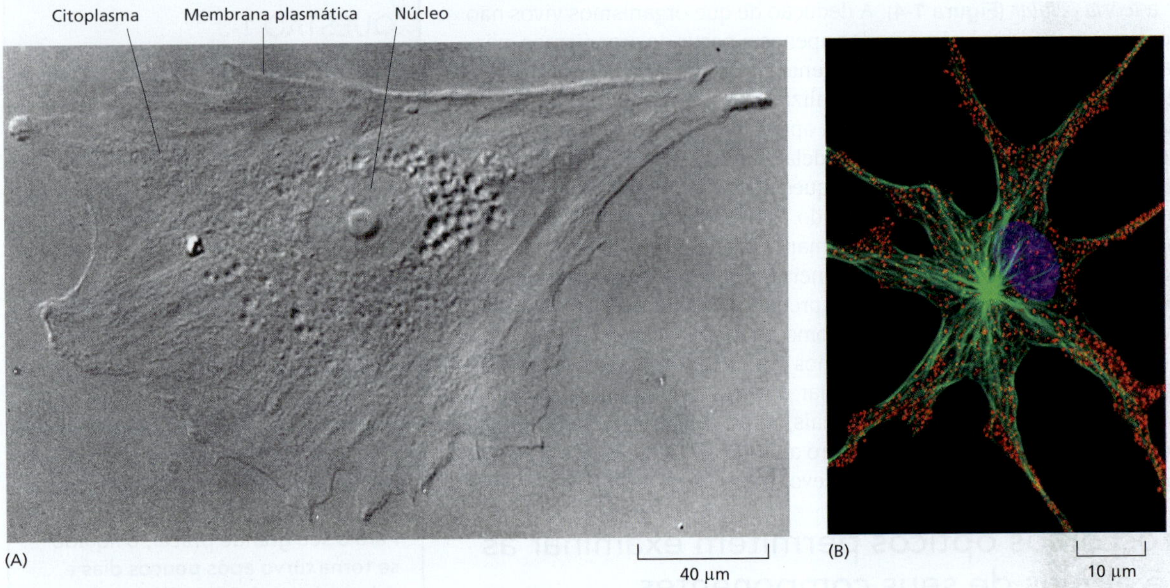

Figura 1-6 Algumas estruturas internas de uma célula viva podem ser visualizadas sob um microscópio óptico. (A) Uma célula obtida da pele humana e crescida em cultura foi fotografada com um microscópio óptico utilizando lentes de contraste de interferência (ver Painel 1-1, p. 10-11). O núcleo está especialmente proeminente. (B) Uma célula de pigmento de uma rã, marcada com corantes fluorescentes e visualizada com um microscópio de fluorescência confocal (ver Painel 1-1). O núcleo está mostrado em *roxo* , os grânulos de pigmento, em *vermelho*, e os microtúbulos – uma classe de filamentos compostos por moléculas proteicas no citoplasma –, em *verde*. (A, cortesia de Casey Cunningham; B, cortesia de Stephen Rogers e do Imaging Technology Group do Beckman Institute, University of Illinois, Urbana.)

tes celulares diferem levemente um do outro no índice de refração, assim como o vidro difere no índice de refração da água, fazendo com que os raios de luz sejam defletidos à medida que passam de um meio para o outro. As pequenas diferenças no índice de refração podem tornar-se visíveis por técnicas ópticas especializadas, e as imagens resultantes podem ser melhoradas posteriormente por processamento eletrônico.

A célula revelada desse modo tem uma anatomia distinta (**Figura 1-6A**). Ela tem um limite claramente definido, indicando a presença de uma membrana que a cerca. No meio, uma estrutura grande e redonda, o *núcleo*, está saliente. Em volta do núcleo e preenchendo o interior da célula está o **citoplasma**, uma substância transparente contendo o que inicialmente parece uma mistura de minúsculos objetos heterogêneos. Com um bom microscópio óptico, pode-se começar a distinguir e classificar alguns dos componentes específicos no citoplasma, mas estruturas menores do que cerca de 0,2 μm – cerca da metade do comprimento de onda da luz visível – não podem ser resolvidas normalmente; pontos mais próximos disso não são distinguíveis e aparecem como um único borrão.

Entretanto, nos últimos anos, têm sido desenvolvidos novos tipos de **microscópios de fluorescência** que utilizam métodos sofisticados de iluminação e de processamento eletrônico da imagem para ver componentes celulares marcados com fluorescência com muito mais detalhes (**Figura 1-6B**). Os microscópios de fluorescência mais recentes de super-resolução, por exemplo, podem ampliar ainda mais os limites de resolução, para cerca de 20 nanômetros (nm). Esse é o tamanho de um único **ribossomo**, um grande complexo macromolecular composto de 80 a 90 proteínas individuais e moléculas de RNA.

A estrutura detalhada de uma célula é revelada por microscopia eletrônica

Para um maior aumento e melhor resolução, deve-se recorrer a um **microscópio eletrônico**, que pode revelar detalhes medindo poucos nanômetros. As amostras de células para o microscópio eletrônico requerem uma preparação trabalhosa. Até mesmo para a microscopia óptica, normalmente um tecido deve ser *fixado* (i.e., preservado por imersão em uma solução química reativa) e, então, *embebido* em uma cera sólida ou resina, cortado ou *seccionado* em finas fatias e *corado* antes de ser visualizado. Para a microscopia eletrônica, procedimentos similares são necessários, mas os cortes devem ser bem mais finos, e não existe a possibilidade de se visualizarem células vivas úmidas.

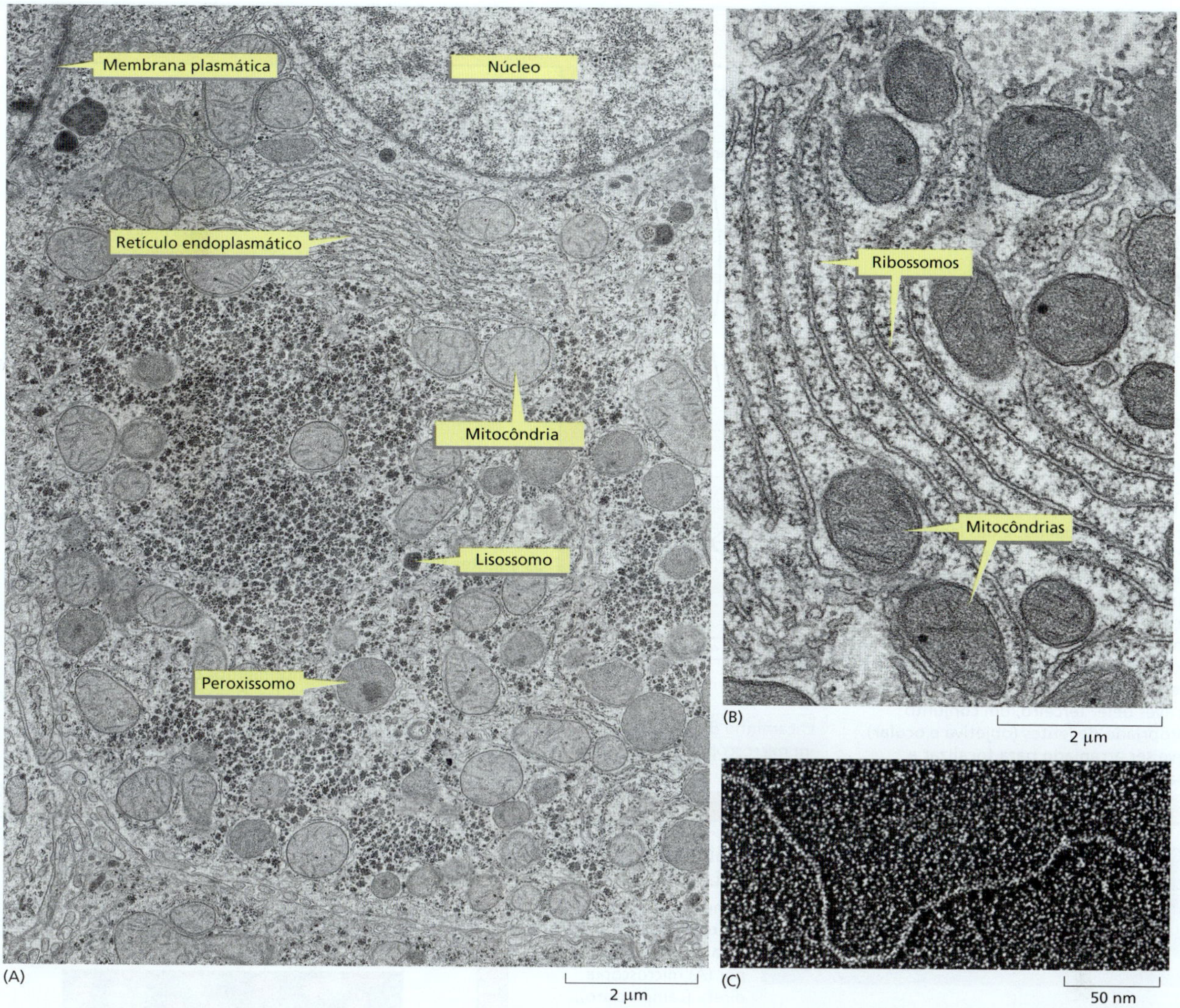

Figura 1-7 A estrutura detalhada de uma célula pode ser visualizada em um microscópio eletrônico de transmissão. (A) Secção fina de uma célula do fígado mostrando a enorme quantidade de detalhes que são visíveis. Alguns dos componentes a serem discutidos mais adiante no capítulo estão marcados; eles são identificáveis pelo seu tamanho e forma. (B) Uma pequena região do citoplasma com um maior aumento. As estruturas menores, claramente visíveis, são os ribossomos, cada um formado por cerca de 80 a 90 moléculas grandes individuais. (C) Porção de uma molécula longa de DNA em forma de cordão, isolada a partir de uma célula e vista por microscopia eletrônica. (A e B, cortesia de Daniel S. Friend; C, cortesia de Mei Lie Wong.)

Quando finas camadas são cortadas, coradas e colocadas no microscópio eletrônico, grande parte da miscelânea dos componentes celulares se torna claramente resolvida em **organelas** distintas – estruturas individuais, reconhecíveis e com funções especializadas, que muitas vezes só são vagamente definidas com um microscópio óptico. Uma delicada membrana, com apenas cerca de 5 nm de espessura, é visível cercando a célula, e membranas similares formam o limite de várias organelas no seu interior (**Figura 1-7A, B**). A membrana que separa o interior da célula do seu meio externo é chamada de **membrana plasmática**, enquanto as membranas que envolvem as organelas são chamadas de *membranas internas*. Todas essas membranas têm apenas duas moléculas de espessura (como discutido no Capítulo 11). Com um microscópio eletrônico, até mesmo grandes moléculas individuais podem ser visualizadas (**Figura 1-7C**).

O tipo de microscópio eletrônico utilizado para observar secções finas de tecido é conhecido como *microscópio eletrônico de transmissão*. Esse é, em princípio, semelhante a um microscópio óptico, exceto por transmitir um feixe de elétrons, em vez de um feixe de luz, através da amostra. Outro tipo de microscópio eletrônico – o *microscópio eletrônico de varredura* – dispersa elétrons da superfície da amostra e, desse modo, é utilizado para visualizar os detalhes da superfície das células e outras estruturas. Um panorama dos principais tipos de microscopia utilizados para examinar células se encontra no **Painel 1-1** (p. 10-11).

O MICROSCÓPIO ÓPTICO

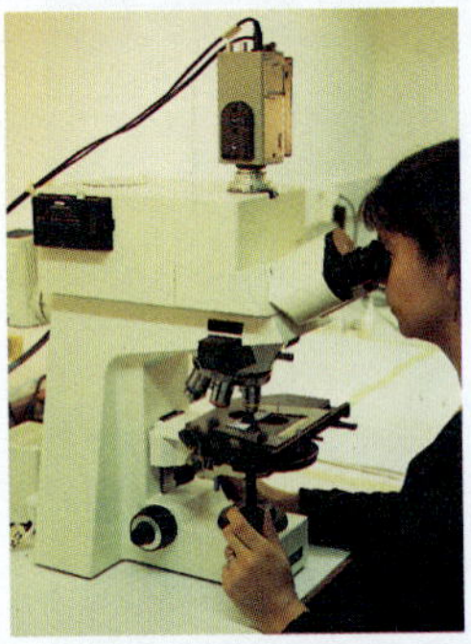

O microscópio óptico nos permite aumentar as células até 1.000 vezes e resolver detalhes tão pequenos quanto 0,2 μm (uma limitação imposta pela natureza do comprimento de onda da luz, não pela qualidade das lentes). Três fatores são necessários para visualizar células em um microscópio óptico. Primeiro, uma luz incandescente deve ser focalizada sobre o espécime por lentes no condensador. Segundo, o espécime deve ser cuidadosamente preparado para permitir que a luz passe através dele. Terceiro, um conjunto apropriado de lentes (objetiva e ocular) deve ser arranjado para focalizar a imagem do espécime no olho.

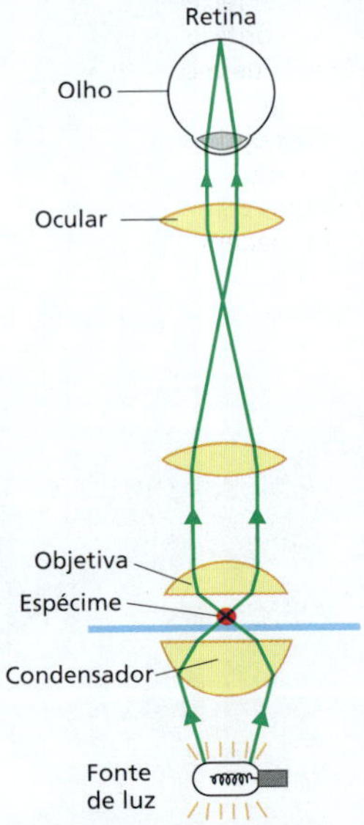

O caminho da luz em um microscópio óptico

MICROSCOPIA DE FLUORESCÊNCIA

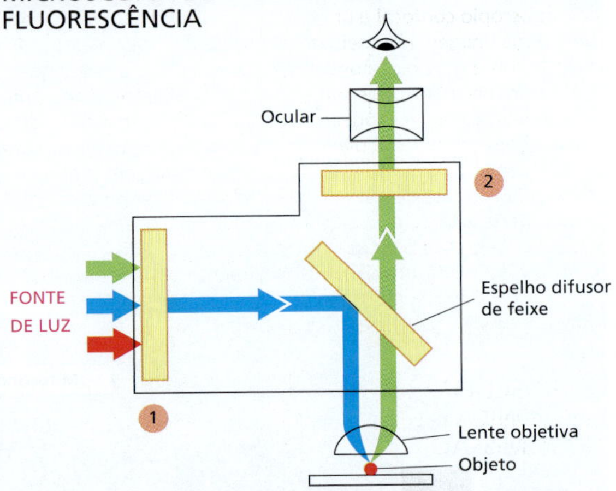

Os agentes fluorescentes utilizados para corar as células são detectados com a ajuda de um *microscópio de fluorescência*. Este é similar a um microscópio óptico comum, com a exceção de que a luz que ilumina atravessa dois conjuntos de filtros. O primeiro (1) filtra a luz antes que ela alcance o espécime, passando apenas aqueles comprimentos de onda que excitam o agente fluorescente em particular. O segundo (2) bloqueia essa luz, e passam apenas aqueles comprimentos de onda emitidos quando o agente fluorescente emite fluorescência. Os objetos corados aparecem com cor brilhante sobre um fundo escuro.

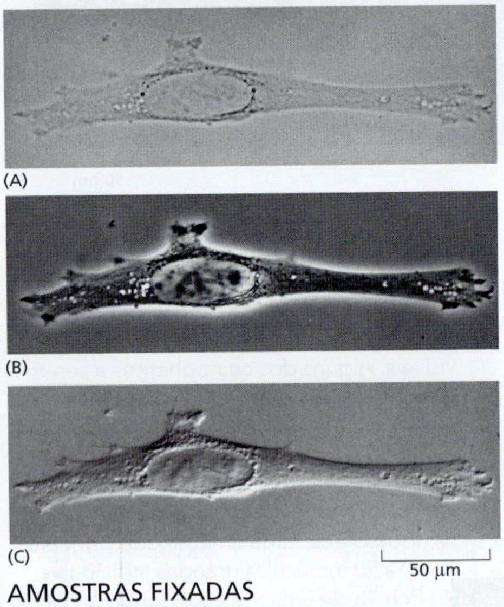

VISUALIZANDO AS CÉLULAS VIVAS

A mesma célula animal (fibroblasto) viva não corada, em cultura, vista por (A) microscopia direta (campo claro); (B) microscopia de contraste de fase; (C) microscopia de contraste de interferência. Os dois últimos sistemas exploram as diferenças na maneira como a luz viaja pelas regiões da célula com diferentes índices de refração. As três imagens podem ser obtidas no mesmo microscópio, simplesmente trocando-se os componentes ópticos.

AMOSTRAS FIXADAS

A maioria dos tecidos não é suficientemente pequena nem transparente para ser examinada diretamente pelo microscópio. Portanto, em geral, eles são quimicamente fixados e cortados em fatias muito finas, ou *secções*, que podem ser montadas sobre uma lâmina de vidro para microscópio e subsequentemente coradas para revelar os diferentes componentes das células. Uma secção corada da ponta de uma raiz de uma planta é mostrada aqui (D). (Cortesia de Catherine Kidner.)

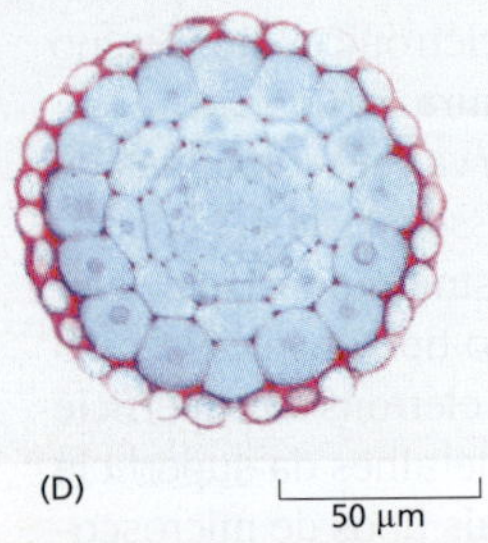

SONDAS FLUORESCENTES

Os núcleos em divisão de um embrião de mosca, visualizados sob um microscópio de fluorescência, depois de serem corados com um agente fluorescente específico.

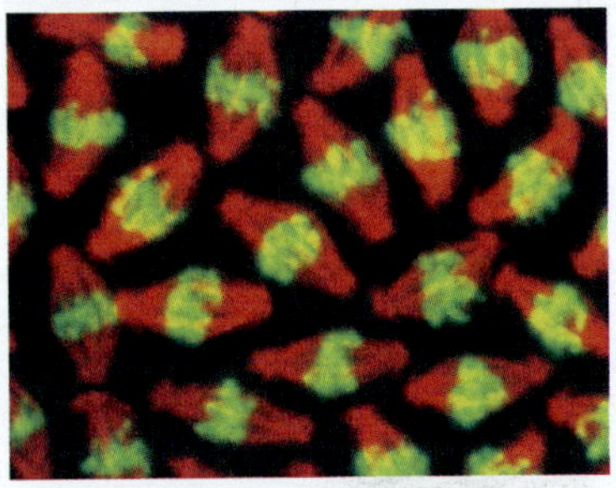

Os agentes fluorescentes absorvem luz em um comprimento de onda e a emitem em outro comprimento de onda mais longo. Alguns desses agentes se ligam especificamente a determinadas moléculas nas células e podem revelar a sua localização, quando examinadas sob um microscópio de fluorescência. Um exemplo é o corante para DNA mostrado aqui (*verde*). Outros corantes podem ser ligados a moléculas de anticorpos, que então servem como reagentes corantes altamente específicos e versáteis que, por sua vez, se ligam seletivamente a macromoléculas específicas, permitindo-nos visualizar a sua distribuição na célula. No exemplo mostrado, uma proteína de microtúbulo no fuso mitótico está corada de *vermelho* com um anticorpo fluorescente. (Cortesia de William Sullivan.)

MICROSCOPIA CONFOCAL

Um microscópio confocal é um tipo especializado de microscópio de fluorescência que monta uma imagem por meio da varredura do espécime com um feixe de *laser*. Esse feixe é focado sobre um único ponto a uma profundidade específica no espécime, e um orifício de abertura no detector permite que apenas a fluorescência emitida a partir desse mesmo ponto seja incluída na imagem. A varredura do feixe através do espécime gera uma imagem bem-definida do plano de foco – uma secção *óptica*. Uma série de secções ópticas a diferentes profundidades permite que uma imagem tridimensional seja construída. Um embrião intacto de inseto é mostrado aqui corado com uma sonda fluorescente para filamentos de actina. (A) A microscopia convencional de fluorescência gera uma imagem borrada pela presença de estruturas fluorescentes acima e abaixo do plano de foco. (B) A microscopia confocal fornece uma secção óptica mostrando células individuais com clareza. (Cortesia de Richard Warn e Peter Shaw.)

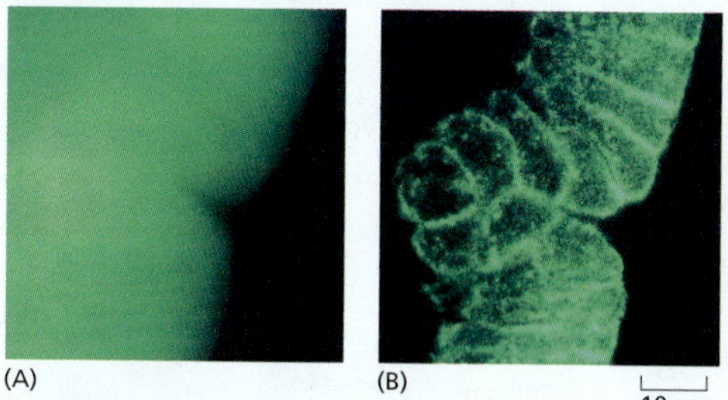

(A) (B) 10 μm

MICROSCOPIA ELETRÔNICA DE TRANSMISSÃO

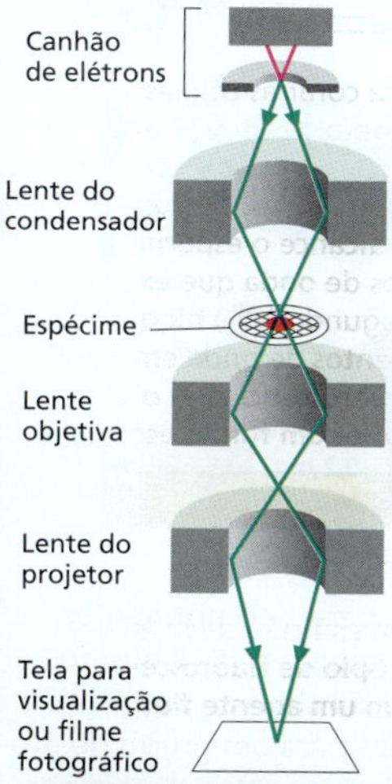

Cortesia de Phillips Electron Optics, com permissão de FEI Co.

A micrografia eletrônica abaixo mostra uma pequena região de uma célula em um fragmento de testículo. O tecido foi fixado quimicamente, embebido em plástico e cortado em secções finas que foram coradas com sais de urânio e chumbo. (Cortesia de Daniel S. Friend.)

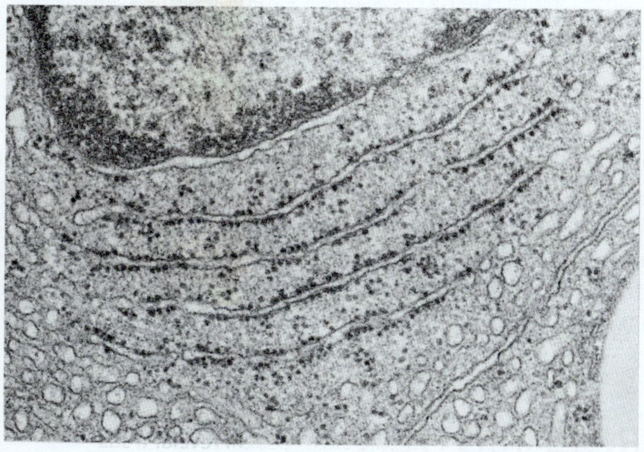

0,5 μm

O microscópio eletrônico de transmissão (TEM, de *transmission electron microscope*) é, em princípio, similar a um microscópio óptico, mas ele utiliza um feixe de elétrons, em vez de um feixe de luz, e bobinas magnéticas para focar o feixe, em vez das lentes de vidro. O espécime, que é colocado no vácuo, deve ser muito fino. O contraste normalmente é introduzido corando-se o espécime com metais pesados densos de elétrons, que absorvem ou espalham localmente os elétrons, removendo-os do feixe à medida que atravessam o espécime. O TEM apresenta um poder de aumento útil de até um milhão de vezes, e com espécimes biológicos pode resolver detalhes tão pequenos como cerca de 1 nm.

MICROSCOPIA ELETRÔNICA DE VARREDURA

Cortesia de Phillips Electron Optics, com permissão de FEI Co.

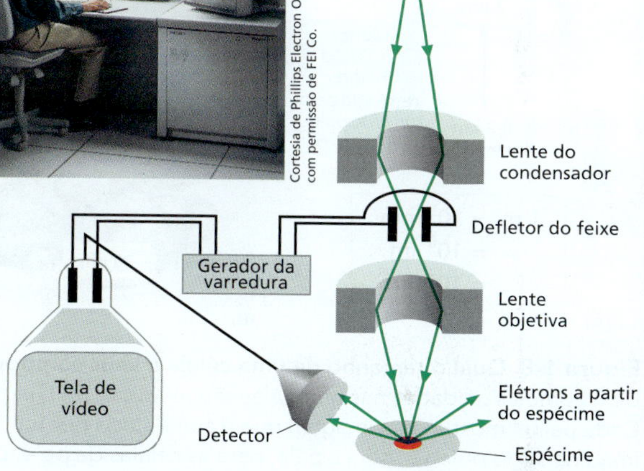

No microscópio eletrônico de varredura (SEM, de *scanning electron microscope*), o espécime, que foi coberto com um filme muito fino de um metal pesado, é varrido por um feixe de elétrons focalizados no espécime por bobinas eletromagnéticas que agem como lentes. A quantidade de elétrons varridos ou emitidos à medida que o feixe bombardeia cada ponto sucessivo na superfície do espécime é medida pelo detector e utilizada para controlar a intensidade dos pontos sucessivos em uma imagem montada na tela de vídeo. O microscópio cria imagens impressionantes de objetos tridimensionais com grande profundidade de foco e pode resolver detalhes entre 3 nm e 20 nm, dependendo do instrumento.

1 μm

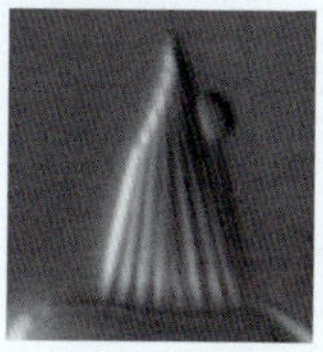

5 μm

Micrografia eletrônica de varredura de estereocílios projetando-se a partir de uma célula ciliada na orelha interna (*esquerda*). Para comparar, a mesma estrutura é mostrada por microscopia óptica, no limite da sua resolução (*acima*). (Cortesia de Richard Jacobs e James Hudspeth.)

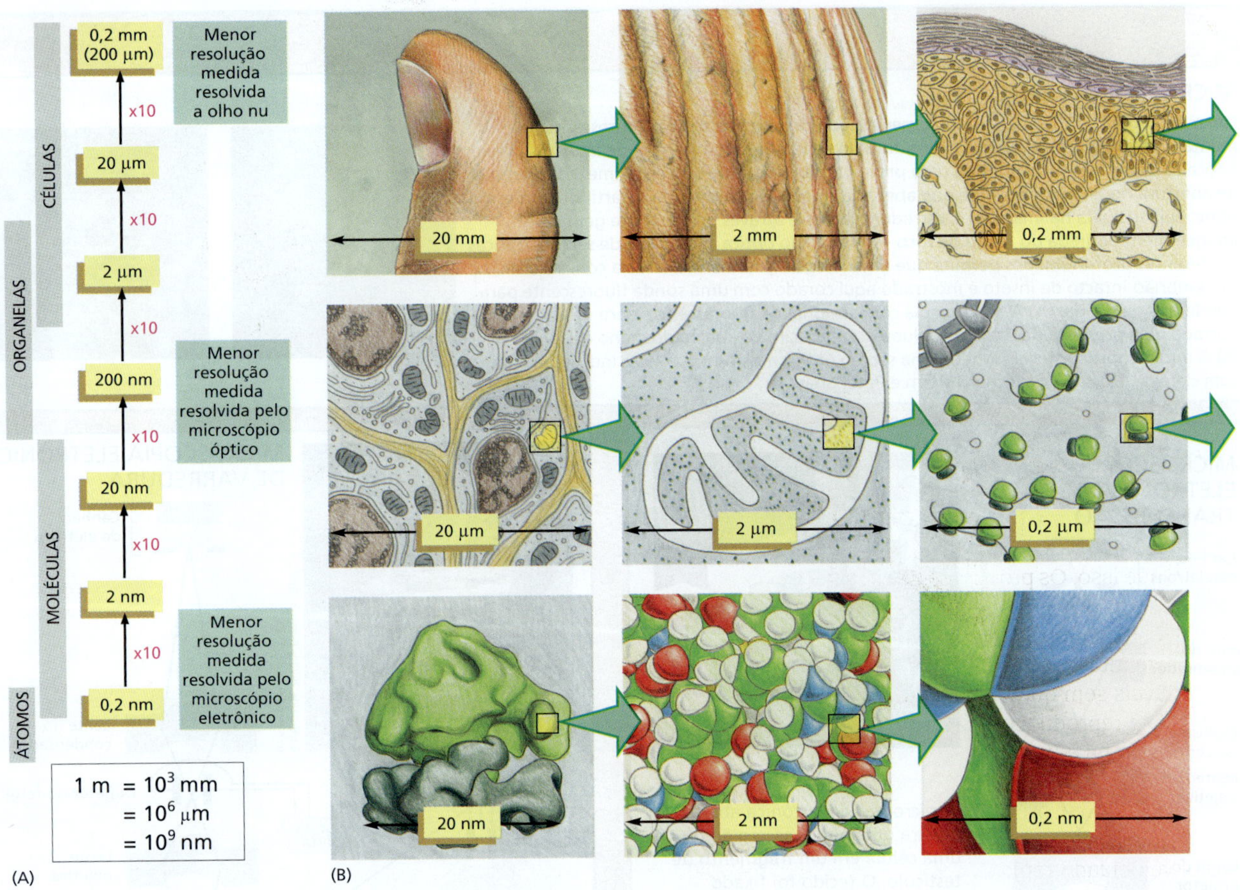

Figura 1-8 Qual o tamanho de uma célula e seus componentes? (A) Os tamanhos das células e das suas partes componentes, bem como as unidades nas quais elas são medidas. (B) Diagrama para transmitir um sentido de escala entre células vivas e átomos. Cada painel mostra uma imagem que é aumentada por um fator de 10 comparado ao seu antecessor – produzindo uma progressão imaginária do polegar, para a pele, para as células da pele, para a mitocôndria, para o ribossomo e finalmente para um grupo de átomos formando parte de uma das várias moléculas proteicas em nossos corpos. Note que os ribossomos estão presentes dentro das mitocôndrias (como mostrado aqui), assim como no citoplasma. Os detalhes da estrutura molecular, como mostrado nos dois últimos painéis, estão além do poder de resolução de um microscópio eletrônico.

Até mesmo os mais poderosos microscópios eletrônicos, entretanto, não podem visualizar os átomos individuais que formam as moléculas biológicas (**Figura 1-8**). Para estudar os componentes-chave da célula em detalhe atômico, os biólogos desenvolveram ferramentas ainda mais sofisticadas. Uma técnica chamada cristalografia de difração de raios X, por exemplo, é utilizada para determinar a estrutura tridimensional precisa das moléculas proteicas (discutido no Capítulo 4).

A CÉLULA PROCARIÓTICA

De todos os tipos de células reveladas pelo microscópio, as *bactérias* têm a estrutura mais simples e quase chegam a nos mostrar a vida no seu aspecto mais essencial. As bactérias basicamente não contêm organelas – nem mesmo um núcleo para conter o seu DNA. Essa propriedade – a presença ou ausência de um núcleo – é utilizada como base para uma classificação simples, mas fundamental, para todos os organismos vivos. Os organismos cujas células têm um núcleo são chamados de **eucariotos** (a partir das palavras gregas *eu*, significando "verdadeiro" ou "real", e *karyon*, uma "parte central" ou "núcleo"). Os organismos cujas células não têm um núcleo são chamados de **procariotos** (de *pro*, significando

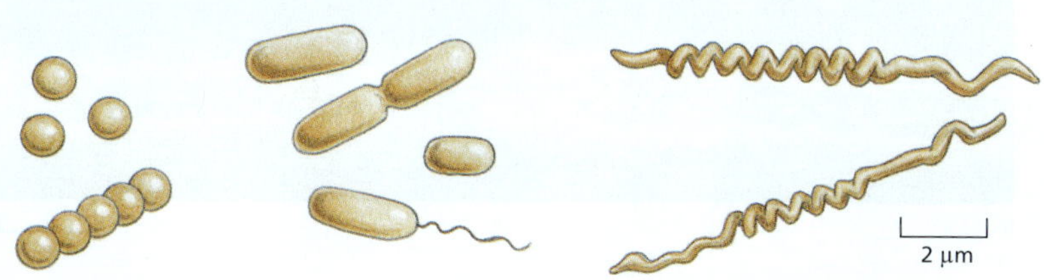

Figura 1-9 As bactérias possuem diferentes formas e tamanhos. Bactérias típicas esféricas, em forma de bastão e espiraladas estão representadas em escala. As células espirais mostradas são os organismos que causam a sífilis.

"antes"). Os termos "bactéria" e "procarioto" são frequentemente utilizados de forma alternada, embora vejamos que a categoria dos procariotos também inclui outra classe de células, as *arqueias*, que são tão remotamente relacionadas às bactérias que lhes é dado um nome separado.

Os procariotos normalmente são esféricos, em forma de bastão, ou em forma espiralada (**Figura 1-9**). Eles também são pequenos – normalmente apenas alguns micrômetros, embora existam algumas espécies gigantes 100 vezes mais longas do que isso. Os procariotos frequentemente têm uma cobertura protetora resistente, ou parede celular, circundando a membrana plasmática, que envolve um único compartimento contendo o citoplasma e o DNA. Ao microscópio eletrônico, esse interior da célula normalmente aparece como uma matriz de texturas variáveis sem qualquer estrutura interna óbvia organizada (**Figura 1-10**). As células se reproduzem rapidamente, dividindo-se em duas. Sob condições ideais, quando há alimento abundante, diversas células procarióticas podem se duplicar em apenas 20 minutos. Em 11 horas, por divisões repetidas, um único procarioto pode dar origem a mais de 8 bilhões de descendentes (o que excede o número total de humanos presentes sobre a Terra). Graças ao seu grande número, velocidade rápida de crescimento e capacidade de trocar porções de material genético por um processo similar ao sexo, as populações de células procarióticas podem desenvolver-se velozmente, adquirindo de forma rápida a capacidade de utilizar uma nova fonte de alimento ou resistir à morte induzida por um antibiótico novo.

QUESTÃO 1-4

Uma bactéria pesa cerca de 10^{-12} g e pode dividir-se a cada 20 minutos. Se uma única célula bacteriana continuasse a dividir-se a essa velocidade, quanto tempo levaria antes que a massa de bactérias se igualasse à da Terra (6×10^{24} kg)? Compare seu resultado com o fato de que as bactérias se originaram há no mínimo 3,5 bilhões de anos e têm se dividido desde então. Explique o paradoxo aparente. (O número N de células em uma cultura no tempo t é descrito pela equação $N = N_0 \times 2^{t/G}$, onde N_0 é o número de células no tempo zero, e G é o tempo de duplicação da população.)

Os procariotos são as células mais diversas e numerosas na Terra

A maioria dos procariotos vive como um organismo unicelular, embora alguns se unam para formar cadeias, grupos ou outras estruturas multicelulares organizadas. Na forma e na estrutura, os procariotos podem parecer simples e limitados, mas em termos de química eles são a classe mais diversa e criativa de células. Os membros dessa classe exploram uma ampla variedade de hábitats, desde poças quentes de lama vulcânica até o interior de outras células vivas, e excedem amplamente todos os organismos eucarióticos sobre a Terra. Alguns são aeróbios, utilizando oxigênio para oxidar moléculas de alimento; outros são estritamente

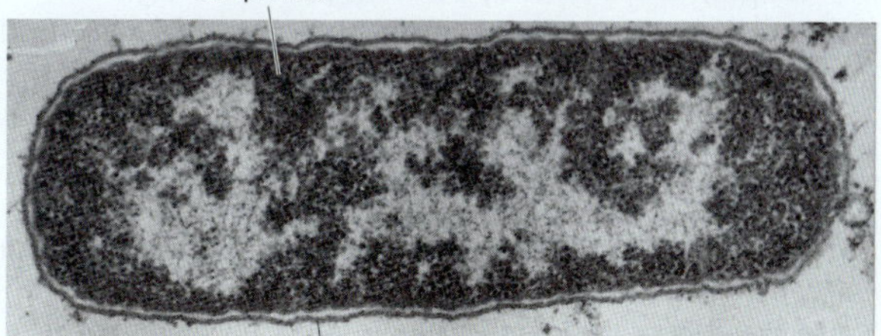

Figura 1-10 A bactéria *Escherichia coli* (*E. coli*) é um importante organismo-modelo. Uma micrografia eletrônica de uma secção longitudinal é mostrada aqui; o DNA da célula está concentrado na região mais clara. (Cortesia de E. Kellenberger.)

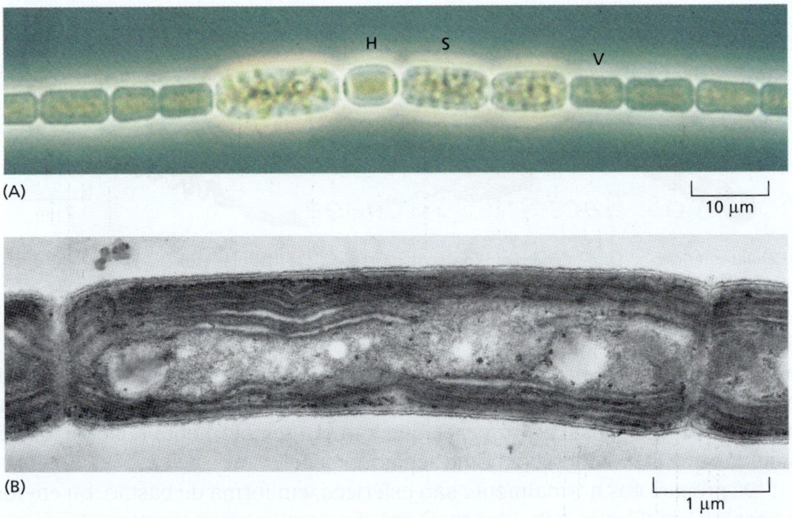

Figura 1-11 Algumas bactérias são fotossintéticas. (A) A bactéria *Anabaena cylindrica* forma longos filamentos multicelulares. Esta micrografia óptica apresenta células especializadas que fixam nitrogênio (i.e., capturam N_2 da atmosfera e o incorporam em compostos orgânicos; marcados por *H*), fixam CO_2 pela fotossíntese (marcados por *V*) ou se tornam esporos resistentes (marcados por *S*). (B) Uma micrografia eletrônica de *Phormidium laminosum* mostra as membranas intracelulares onde a fotossíntese ocorre. Estas micrografias ilustram que até mesmo alguns procariotos podem formar organismos multicelulares simples. (A, cortesia de David Adams; B, cortesia de D.P. Hill e C.J. Howe.)

anaeróbios e morrem à mínima exposição ao oxigênio. Como discutimos mais adiante neste capítulo, acredita-se que as *mitocôndrias* – as organelas que geram energia em células eucarióticas – tenham evoluído a partir de bactérias aeróbias que viviam no interior dos ancestrais anaeróbios das células eucarióticas atuais. Desse modo, nosso próprio metabolismo com base em oxigênio pode ser considerado como produto das atividades de células bacterianas.

Praticamente, qualquer material orgânico que contém carbono – desde a madeira até o petróleo – pode ser usado como alimento por um tipo ou outro de bactéria. Ainda mais extraordinariamente, alguns procariotos podem viver inteiramente em substâncias inorgânicas: eles obtêm seu carbono a partir do CO_2 na atmosfera, seu nitrogênio a partir do N_2 atmosférico e seus átomos de oxigênio, hidrogênio, enxofre e fósforo a partir do ar, da água e de minerais inorgânicos. Algumas dessas células procarióticas, como as células vegetais, realizam a *fotossíntese*, usando energia da luz solar para produzir moléculas orgânicas a partir de CO_2 (**Figura 1-11**); outras obtêm energia da reatividade química de substâncias inorgânicas no meio ambiente (**Figura 1-12**). De qualquer forma, esses procariotos realizam uma parte única e fundamental na economia da vida na Terra: outros seres vivos dependem dos compostos orgânicos que essas células geram a partir de materiais inorgânicos.

As plantas também podem capturar energia da luz solar e carbono do CO_2 atmosférico. Entretanto, as plantas, quando não auxiliadas pelas bactérias, não podem capturar N_2 a partir da atmosfera, e, de certa maneira, até mesmo

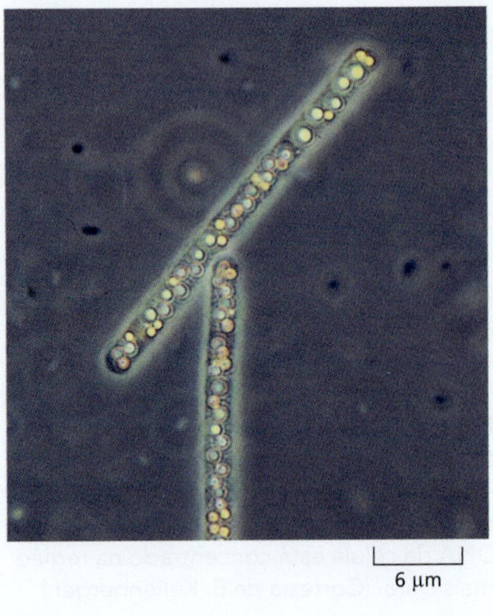

Figura 1-12 Uma sulfobactéria obtém a sua energia a partir de H_2S. *Beggiatoa* – um procarioto que vive em meios com enxofre – oxida H_2S e pode fixar carbono até mesmo no escuro. Nesta micrografia óptica, os depósitos amarelos de enxofre podem ser visualizados no interior de ambas as células. (Cortesia de Ralph W. Wolfe.)

as plantas dependem das bactérias para a fotossíntese. É quase certo que as organelas das células vegetais que realizam a fotossíntese – os *cloroplastos* – evoluíram de bactérias fotossintéticas que há muito tempo encontraram um lar no interior do citoplasma das células vegetais.

O mundo dos procariotos é dividido em dois domínios: *Bacteria* e *Archaea*

Tradicionalmente, todos os procariotos eram classificados juntos em um grande grupo. No entanto, estudos moleculares revelaram que existe uma linha divisória na classe dos procariotos que a divide em dois *domínios* distintos, chamados de ***Bacteria*** e ***Archaea***. Extraordinariamente, em nível molecular, os membros desses dois domínios diferem tanto um do outro quanto dos eucariotos. A maioria dos procariotos familiares do dia a dia – as espécies que vivem no solo ou nos fazem adoecer – pertence ao domínio *Bacteria*. Os procariotos do domínio *Archaea* não são apenas encontrados nesses ambientes, mas também em meios que são muito hostis para a maioria das outras células: alta concentração de sal, fontes vulcânicas ácidas e quentes, profundezas rarefeitas de sedimentos marinhos, o lodo proveniente de indústrias de tratamento de detritos, lagoas abaixo da superfície congelada da Antártica, e no ambiente anaeróbico ácido do estômago de bovinos, onde é degradada a celulose e gerado o gás metano. Muitos desses ambientes extremos lembram as condições severas que devem ter existido na Terra primitiva, onde os seres vivos se desenvolveram inicialmente, antes que a atmosfera se tornasse rica em oxigênio.

A CÉLULA EUCARIÓTICA

As células eucarióticas, em geral, são maiores e mais complexas do que *Bacteria* e *Archaea*. Algumas apresentam vidas independentes, como organismos unicelulares, como as amebas e as leveduras (**Figura 1-13**); outras vivem em agrupamentos multicelulares. Todos os organismos multicelulares mais complexos – incluindo plantas, animais e fungos – são formados a partir de células eucarióticas.

Por definição, todas as células eucarióticas possuem um núcleo. Mas a posse de um núcleo acompanha a posse de uma variedade de outras organelas, das quais a maioria é envolta por membrana e comum a todos os organismos eucarióticos. Nesta seção, abordamos as principais organelas encontradas nas células eucarióticas, do ponto de vista de suas funções, e consideramos como vieram a exercer os papéis que elas têm na vida da célula eucariótica.

O núcleo é o depósito de informações da célula

O **núcleo** é normalmente a organela mais proeminente em uma célula eucariótica (**Figura 1-14**). Ele está envolvido por duas membranas concêntricas que formam o *envelope nuclear* e contém moléculas de DNA – polímeros extremamente longos que codificam as informações genéticas do organismo. Ao microscópio óptico, essas moléculas gigantes de DNA se tornam visíveis como **cromossomos** individuais, quando se tornam mais compactas antes da divisão da célula em duas células-filhas (**Figura 1-15**). O DNA também carrega a informação genética nas células procarióticas; essas células não apresentam um núcleo distinto, não

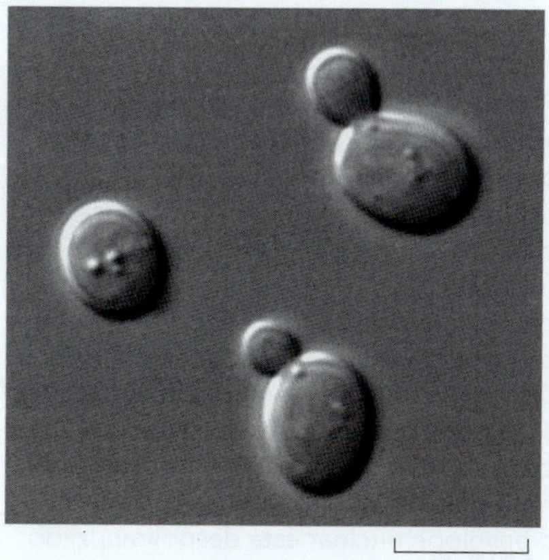

Figura 1-13 Leveduras são eucariotos simples de vida livre. As células mostradas nesta micrografia pertencem à espécie de levedura *Saccharomyces cerevisiae*, utilizada para fazer a massa de pão crescer e transformar o suco de malte de cevada em cerveja. Como pode ser visto nesta imagem, as células se reproduzem por brotamento e então se dividem assimetricamente em uma célula-mãe maior e uma célula-filha menor; por essa razão são chamadas de leveduras de brotamento.

Figura 1-14 O núcleo contém a maioria do DNA em uma célula eucariótica. (A) Este desenho de uma célula animal típica mostra seu sistema extensivo de organelas delimitadas por membranas. O núcleo está colorido em *marrom*, o envelope nuclear em *verde* e o citoplasma (o interior da célula fora do núcleo) em *branco*. (B) Uma micrografia eletrônica do núcleo em uma célula de mamífero. Não são visíveis cromossomos individuais, pois neste estágio do crescimento celular suas moléculas de DNA estão dispersas como finos filamentos pelo núcleo. (B, cortesia de Daniel S. Friend.)

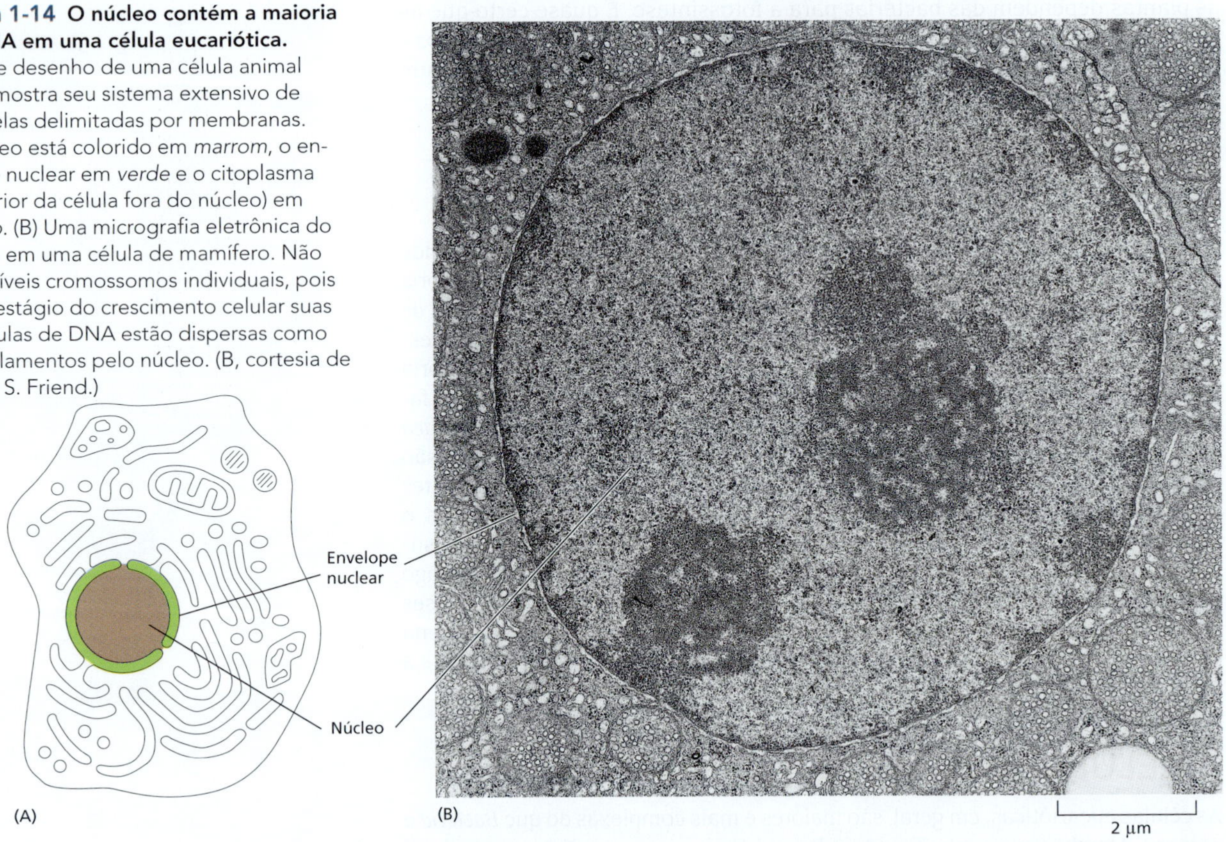

porque não têm DNA, mas porque elas não o mantêm dentro de um envelope nuclear, segregado do resto do conteúdo da célula.

As mitocôndrias geram energia útil a partir de nutrientes para sustentar a célula

As **mitocôndrias** estão presentes em essencialmente todas as células eucarióticas e estão entre as organelas mais evidentes no citoplasma (ver Figura 1-7B). Em um microscópio de fluorescência, elas aparecem como estruturas vermiformes que muitas vezes formam redes ramificadas (**Figura 1-16**). Quando visualizadas sob um microscópio eletrônico, as mitocôndrias individuais aparecem envoltas por duas membranas individuais, com a membrana interna formando dobras que se projetam para o interior da organela (**Figura 1-17**).

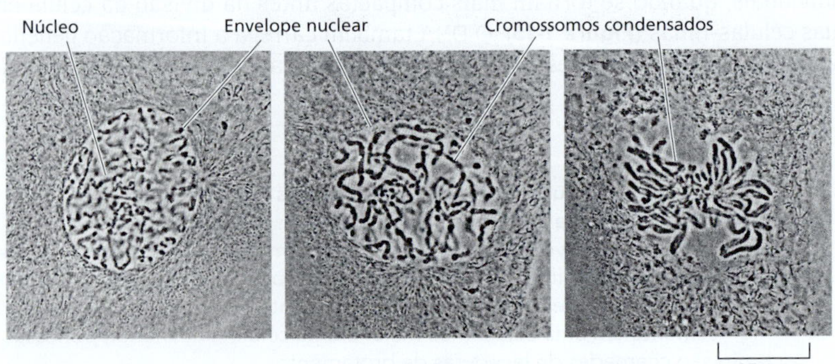

Figura 1-15 Os cromossomos se tornam visíveis quando uma célula está pronta para se dividir. Enquanto uma célula eucariótica se prepara para se dividir, suas moléculas de DNA se tornam progressivamente mais compactadas (condensadas), formando cromossomos semelhantes a cordões que podem ser distinguidos ao microscópio óptico. As fotografias mostram três etapas sucessivas nesse processo em uma célula cultivada dos pulmões de uma salamandra; note que, na última micrografia à direita, o envelope nuclear está despolimerizado. (Cortesia de Conly L. Rieder.)

Figura 1-16 As mitocôndrias podem variar em formato e tamanho. Esta célula de levedura em brotamento, que contém uma proteína verde fluorescente nas suas mitocôndrias, foi visualizada em um microscópio confocal de fluorescência de super-resolução. Nesta imagem tridimensional, observa-se que as mitocôndrias formam redes ramificadas complexas. (De A. Egner et al., *Proc. Natl Acad. Sci. USA* 99:3370–3375, 2002. Com permissão de National Academy of Sciences.)

Entretanto, a observação por microscopia por si só fornece pouca indicação sobre a função das mitocôndrias. Sua função foi descoberta com o rompimento das células e então centrifugação da sopa de fragmentos celulares em uma centrífuga; isso separa as organelas de acordo com seu tamanho e densidade. As mitocôndrias purificadas foram então testadas para se saber quais os processos químicos que elas poderiam realizar. Os testes revelaram que as mitocôndrias são geradoras de energia química para a célula. Elas aproveitam a energia a partir da oxidação de moléculas de alimento, como os açúcares, para produzir *trifosfato de adenosina*, ou *ATP* – o combustível químico básico que fornece energia para a maioria das atividades das células. Como as mitocôndrias consomem oxigênio e liberam dióxido de carbono no curso das suas atividades, todo o processo é chamado de *respiração celular* – fundamentalmente, respiração em um nível celular.

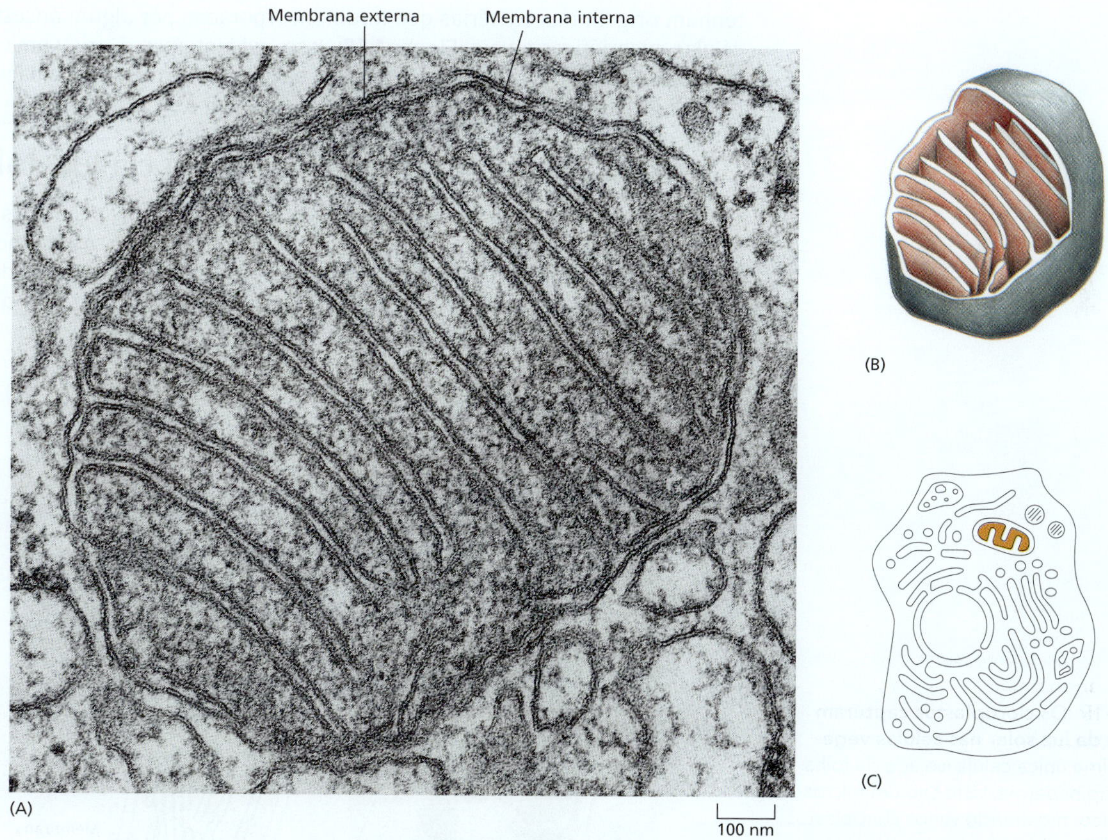

Figura 1-17 As mitocôndrias possuem uma estrutura característica. (A) Uma micrografia eletrônica de um corte transversal de uma mitocôndria revela o dobramento extensivo da membrana interna. (B) Esta representação tridimensional da organização das membranas mitocondriais mostra a membrana externa lisa (*cinza*) e a membrana interna convoluta (*vermelho*). A membrana interna contém a maioria das proteínas responsáveis pela respiração celular – uma das funções mais importantes das mitocôndrias – e é dobrada para fornecer uma grande área de superfície para sua atividade. (C) Nesta célula esquemática, o espaço interno da mitocôndria está corado (*laranja*). (A, cortesia de Daniel S. Friend.)

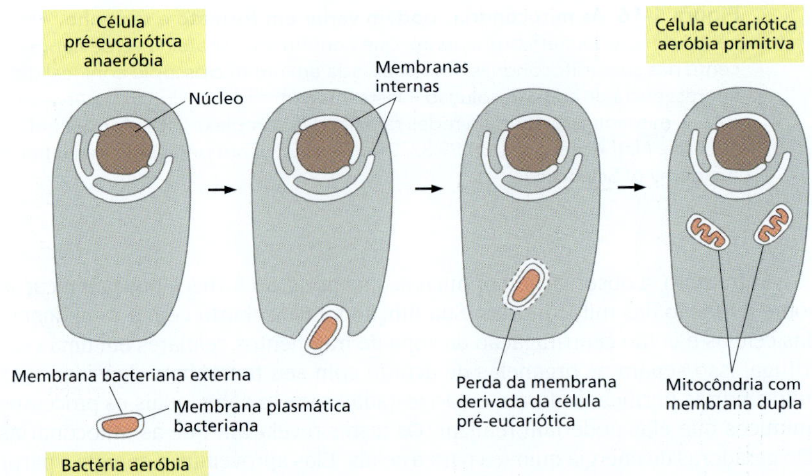

Figura 1-18 As mitocôndrias provavelmente se desenvolveram a partir de bactérias incorporadas. É praticamente certo que as mitocôndrias se originaram de bactérias que foram incorporadas por uma célula pré-eucariótica ancestral e sobreviveram no seu interior, vivendo em simbiose com a célula hospedeira. Acredita-se que a membrana dupla das mitocôndrias atuais tenha derivado da membrana plasmática e da membrana externa da bactéria incorporada.

Sem as mitocôndrias, os animais, os fungos e as plantas seriam incapazes de utilizar o oxigênio para extrair a energia de que precisam a partir das moléculas de alimento que as nutrem. O processo de respiração celular é considerado com mais detalhes no Capítulo 14.

As mitocôndrias contêm seu próprio DNA e se reproduzem dividindo-se em duas. Como elas se parecem com bactérias de diversas maneiras, acredita-se que tenham origem nas bactérias que foram incorporadas por algum ancestral das células eucarióticas atuais (**Figura 1-18**). Isso, evidentemente, criou uma relação *simbiótica* – um relacionamento em que o eucarioto hospedeiro e a bactéria incorporada beneficiaram um ao outro para sobreviver e se reproduzir.

Os cloroplastos capturam energia da luz solar

Os **cloroplastos** são grandes organelas verdes encontradas apenas nas células de vegetais e algas, e não nas células de animais ou fungos. Essas organelas têm uma estrutura ainda mais complexa do que a das mitocôndrias: além das duas membranas que as envolvem, possuem pilhas internas de membranas contendo o pigmento verde *clorofila* (**Figura 1-19**).

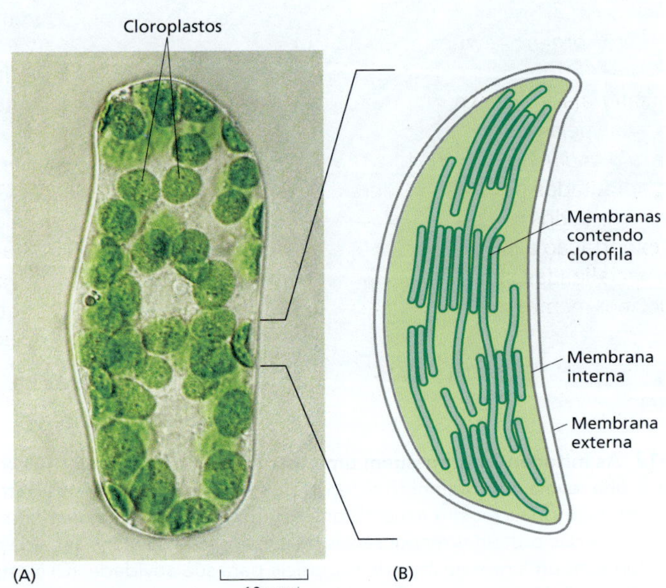

Figura 1-19 Os cloroplastos capturam a energia da luz solar nas células vegetais. (A) Uma única célula isolada da folha de uma angiosperma, vista sob um microscópio óptico, mostrando vários cloroplastos verdes. (B) Desenho de um dos cloroplastos, mostrando as membranas interna e externa, assim como o sistema de membranas internas bastante dobrado, contendo as moléculas verdes de clorofila que absorvem a energia luminosa. (A, cortesia de Preeti Dahiya.)

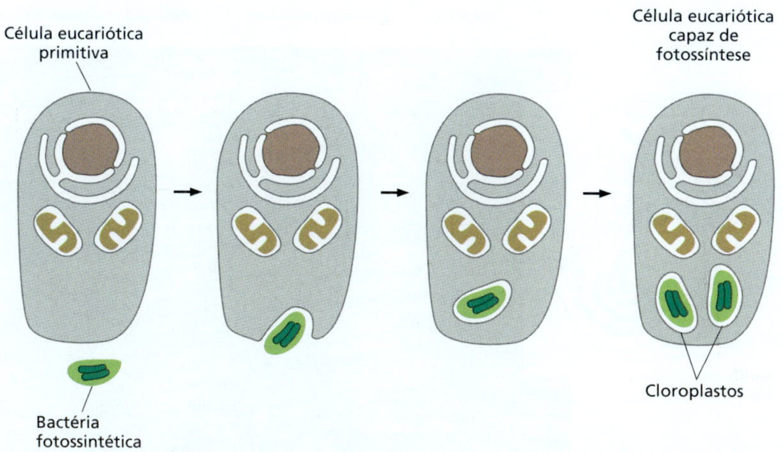

Figura 1-20 Os cloroplastos provavelmente se desenvolveram a partir de bactérias fotossintéticas incorporadas. Acredita-se que as bactérias tenham sido incorporadas por células eucarióticas primitivas que já continham mitocôndrias.

Os cloroplastos realizam a **fotossíntese** – armazenando a energia da luz solar nas suas moléculas de clorofila e usando essa energia para promover a produção de moléculas de açúcar ricas em energia. No processo, eles liberam oxigênio como um subproduto molecular. Quando necessário, as células vegetais podem então extrair essa energia química armazenada, pela oxidação desses açúcares em suas mitocôndrias, assim como as células animais o fazem. Assim, os cloroplastos permitem que as plantas obtenham sua energia diretamente da luz solar. E permitem que as plantas produzam as moléculas de alimento, e o oxigênio, que as mitocôndrias utilizam para gerar energia química na forma de ATP. O modo como essas organelas trabalham em conjunto é discutido no Capítulo 14.

Assim como as mitocôndrias, os cloroplastos contêm o seu próprio DNA, reproduzem-se dividindo-se em dois, e supõe-se que se tenham desenvolvido a partir de bactérias – nesse caso, a partir de bactérias fotossintéticas que foram de algum modo incorporadas por células eucarióticas primitivas (**Figura 1-20**).

As membranas internas dão origem a compartimentos intracelulares com diferentes funções

Núcleo, mitocôndrias e cloroplastos não são as únicas organelas delimitadas por membranas no interior das células eucarióticas. O citoplasma contém uma profusão de outras organelas que são envoltas por membranas simples (ver Figura 1-7A). A maioria dessas estruturas está relacionada com a capacidade celular de importar materiais crus e exportar tanto as substâncias úteis como as inúteis que são produzidas pelas células.

O *retículo endoplasmático* (*RE*) é um labirinto irregular de espaços interconectados delimitados por uma membrana (**Figura 1-21**). É o local onde são produzidos a maioria dos componentes da membrana celular e os materiais destinados para exportação a partir da célula. Essa organela é bastante aumentada nas células especializadas para a secreção de proteínas. Pilhas de sacos achatados delimitados por membrana constituem o *aparelho de Golgi* (**Figura 1-22**), que modifica e empacota moléculas produzidas no RE que são destinadas à secreção pelas células ou ao transporte para outro compartimento celular. Os *lisossomos* são organelas pequenas e irregulares, nas quais ocorre a digestão intracelular, liberando nutrientes a partir de partículas alimentares ingeridas e degradando moléculas indesejadas para reciclagem dentro das células ou excreção a partir das células. De fato, muitas das moléculas grandes e pequenas no interior das células estão constantemente sendo degradadas e sintetizadas novamente. Os *peroxissomos* são pequenas vesículas delimitadas por membranas, que fornecem um meio seguro para uma variedade de reações nas quais o peróxido de hidrogênio é utilizado para inativar moléculas tóxicas. As membranas também formam

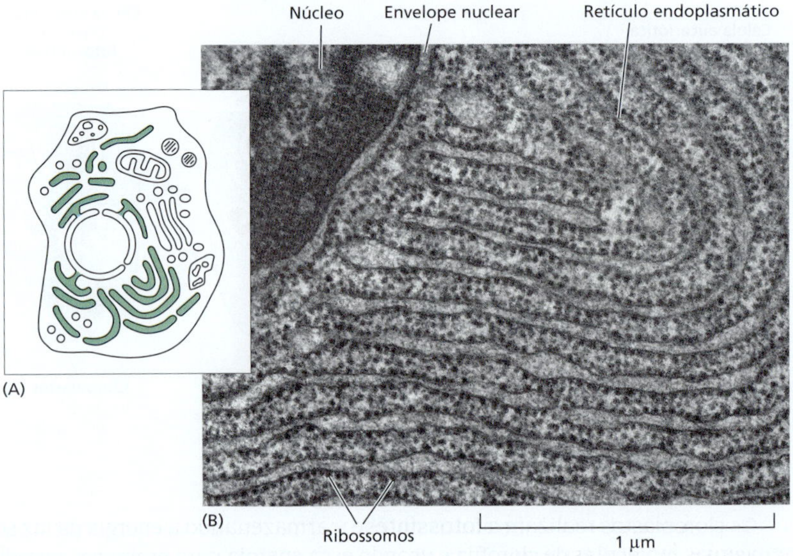

Figura 1-21 O retículo endoplasmático produz muitos dos componentes de uma célula eucariótica. (A) Diagrama esquemático de uma célula animal mostrando o retículo endoplasmático (RE) em *verde*. (B) Micrografia eletrônica de uma secção fina de uma célula pancreática de mamífero mostrando uma pequena parte do RE, do qual existem grandes quantidades nesse tipo de célula, que é especializada em secreção de proteínas. Note que o RE é contínuo com as membranas do envelope nuclear. As partículas pretas embebidas em uma determinada região do RE, mostradas aqui, são os ribossomos, estruturas que traduzem RNAs em proteínas. Por causa da sua aparência, o RE coberto por ribossomos é, muitas vezes, chamado de "RE rugoso", para distingui-lo do "RE liso", que não tem ribossomos ligados a ele. (B, cortesia de Lelio Orci.)

muitos tipos diferentes de pequenas *vesículas de transporte* que carregam materiais entre uma e outra organela delimitada por membrana. Todas essas organelas envoltas por membrana estão esquematizadas na **Figura 1-23A**.

Uma troca contínua de materiais ocorre entre o RE, o aparelho de Golgi, os lisossomos e o exterior da célula. A troca é mediada por vesículas de transporte envolvidas por membrana, que brotam a partir da membrana de uma organela e se fusionam com outra, como minúsculas bolhas de sabão que se formam e depois se unem em bolhas maiores. Na superfície da célula, por exemplo, porções da membrana plasmática se dobram para dentro e se destacam para formar vesí-

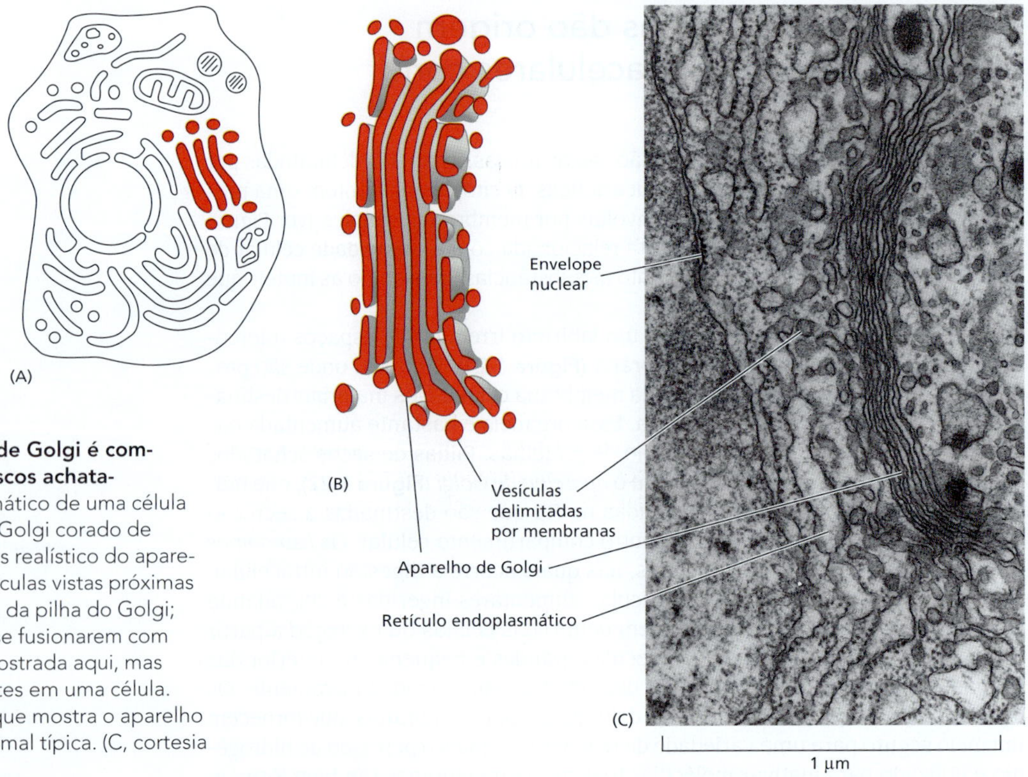

Figura 1-22 O aparelho de Golgi é composto de uma pilha de discos achatados. (A) Diagrama esquemático de uma célula animal com o aparelho de Golgi corado de *vermelho*. (B) Desenho mais realístico do aparelho de Golgi. Algumas vesículas vistas próximas ao aparelho se destacaram da pilha do Golgi; outras estão destinadas a se fusionarem com ele. Apenas uma pilha é mostrada aqui, mas várias podem estar presentes em uma célula. (C) Micrografia eletrônica que mostra o aparelho de Golgi de uma célula animal típica. (C, cortesia de Brij J. Gupta.)

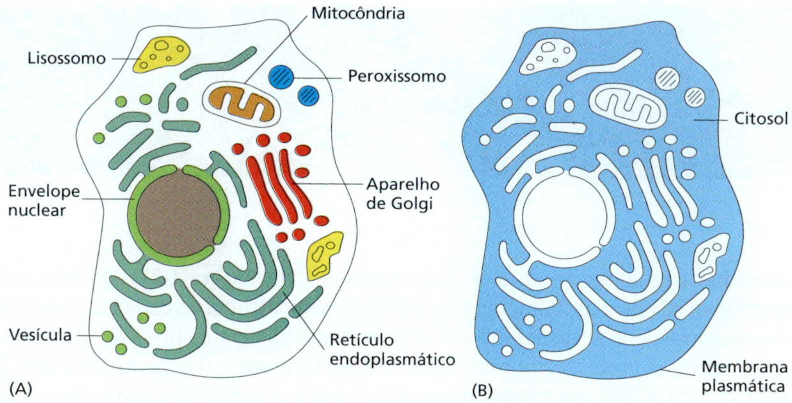

Figura 1-23 Organelas envolvidas por membrana estão distribuídas pelo citoplasma eucariótico. (A) Cada uma das organelas envolvidas por membrana, mostradas em cores diferentes, é especializada para realizar uma função diferente. (B) O citoplasma que preenche o espaço externo a essas organelas é chamado de citosol (em *azul*).

culas que transportam material capturado no meio externo para dentro da célula – um processo chamado de *endocitose* (**Figura 1-24**). As células animais podem incorporar partículas muito grandes ou até mesmo células estranhas inteiras por endocitose. No processo contrário, chamado de *exocitose*, vesículas do interior da célula se fusionam com a membrana plasmática e liberam seu conteúdo no meio externo (ver Figura 1-24); a maioria dos hormônios e moléculas-sinal que permitem que as células se comuniquem umas com as outras é secretada a partir das células por exocitose. O modo como as organelas delimitadas por membrana movem proteínas e outras moléculas de um lugar para outro dentro da célula é discutido com detalhes no Capítulo 15.

O citosol é um gel aquoso concentrado, formado por moléculas grandes e pequenas

Se conseguíssemos retirar a membrana plasmática de uma célula eucariótica e então remover todas as suas organelas delimitadas por membranas, incluindo o núcleo, o RE, o aparelho de Golgi, as mitocôndrias e os cloroplastos, ficaríamos com o **citosol** (ver Figura 1-23B). Em outras palavras, o citosol é a parte do citoplasma que não é contida por membranas intracelulares. Na maioria das células, o citosol é o maior compartimento único, contendo um grande número de moléculas grandes e pequenas, associadas tão intimamente que ele se comporta mais como um gel à base de água do que como uma solução líquida (**Figura 1-25**). Ele é o local de várias reações químicas fundamentais para a existência da célula. As etapas iniciais da quebra das moléculas nutrientes ocorrem no citosol, por exemplo, e é aqui que a maioria das proteínas é produzida pelos ribossomos.

O citoesqueleto é responsável pelos movimentos celulares direcionados

O citoplasma não é apenas uma sopa desorganizada de compostos e organelas. Sob o microscópio eletrônico, pode-se ver que, nas células eucarióticas, o citosol é cruzado por filamentos longos e finos. Frequentemente, os filamentos podem ser vistos ancorados em uma extremidade à membrana plasmática ou irradiando-se a partir de um local central adjacente ao núcleo. Esse sistema de filamentos proteicos, chamado de **citoesqueleto**, é composto de três tipos principais de filamentos (**Figura 1-26**). Os filamentos mais finos são os *filamentos de actina*; eles são abundantes em todas as células eucarióticas, mas estão presentes em grande quantidade no interior das células musculares, onde servem como parte central da maquinaria responsável pela contração muscular. Os filamentos mais espessos no citosol são chamados de *microtúbulos*, porque têm a forma de diminutos tubos ocos. Eles se reorganizam em disposições espetaculares nas células em divisão, ajudando a puxar os cromossomos duplicados em direções opostas e dis-

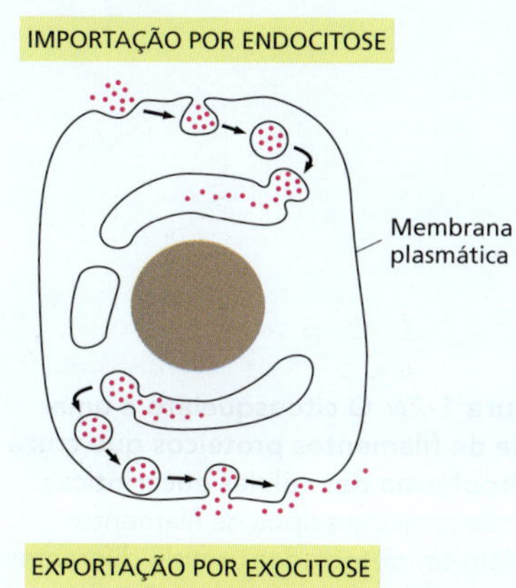

Figura 1-24 Células eucarióticas comprometidas em endocitose e exocitose contínuas. Elas importam materiais extracelulares por endocitose e secretam materiais intracelulares por exocitose.

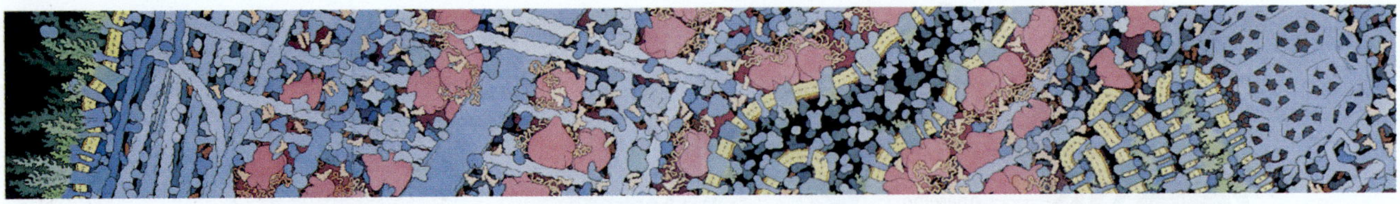

Figura 1-25 O citoplasma é preenchido por organelas e uma grande quantidade de moléculas grandes e pequenas. Este desenho esquemático, que se estende por duas páginas e é baseado nos tamanhos e concentrações conhecidas das moléculas no citosol, mostra o quão densamente populoso é o citoplasma. Proteínas em *azul*, lipídeos de membrana em *amarelo* e ribossomos e DNA em *cor de rosa*. O panorama inicia-se à esquerda na membrana plasmática, desloca-se pelo RE, aparelho de Golgi e por uma mitocôndria, e termina à direita no núcleo. (Cortesia de D. Goodsell.)

tribuindo-os igualmente entre as duas células-filhas (**Figura 1-27**). De espessura intermediária, entre os filamentos de actina e os microtúbulos, estão os *filamentos intermediários*, que servem para reforçar a célula. Esses três tipos de filamentos, assim como as proteínas que se ligam a eles, formam um sistema de vigas, de cabos e de motores que conferem à célula o reforço mecânico, controlam o seu formato e promovem e guiam seus movimentos (**Animação 1.2** e **Animação 1.3**).

Como o citoesqueleto controla a organização interna da célula, assim como as suas características externas, ele é tão necessário para a célula vegetal – contida em um espaço delimitado por uma parede resistente de matriz celular – como o é para uma célula animal que se dobra, estica, nada ou arrasta livremente. Em uma célula vegetal, por exemplo, organelas como as mitocôndrias são orientadas por uma corrente constante pelo interior celular ao longo das trilhas citoesqueléticas (**Animação 1.4**). As células animais e as células vegetais dependem também do citoesqueleto para separar seus componentes internos em duas células-filhas durante a divisão celular (ver Figura 1-27).

O papel do citoesqueleto na divisão celular pode ser sua função mais antiga. Até mesmo as bactérias contêm proteínas que são distantemente relacionadas àquelas dos filamentos de actina e microtúbulos eucarióticos, formando filamentos que contribuem na divisão celular procariótica. Examinamos o citoesqueleto em detalhes no Capítulo 17, discutimos seu papel na divisão celular no Capítulo 18 e revisamos como ele responde a sinais externos à célula no Capítulo 16.

> **QUESTÃO 1-5**
>
> **Sugira por que seria vantajoso para as células eucarióticas desenvolverem sistemas internos elaborados de membranas que lhes permitissem importar substâncias do meio externo, como mostrado na Figura 1-24.**

O citoplasma não é estático

O interior da célula está em constante movimento. O citoesqueleto é uma selva dinâmica de cordões proteicos que estão continuamente sendo tensionados e afastados; seus filamentos podem se polimerizar e depois desaparecer em questão de minutos. As *proteínas motoras* utilizam a energia armazenada nas moléculas de ATP para se deslocar ao longo dessas trilhas e cabos, carregando organelas e proteínas pelo citoplasma, percorrendo toda a célula em segundos. Além disso, as pequenas e grandes moléculas que preenchem cada espaço livre na célula são movidas de um lado para outro por movimento térmico aleatório, colidindo constantemente umas com as outras e com outras estruturas no citoplasma congestionado da célula (**Animação 1.5**).

Nem a natureza alvoroçada do interior da célula, nem os detalhes da estrutura da célula foram apreciados quando os cientistas observaram pela pri-

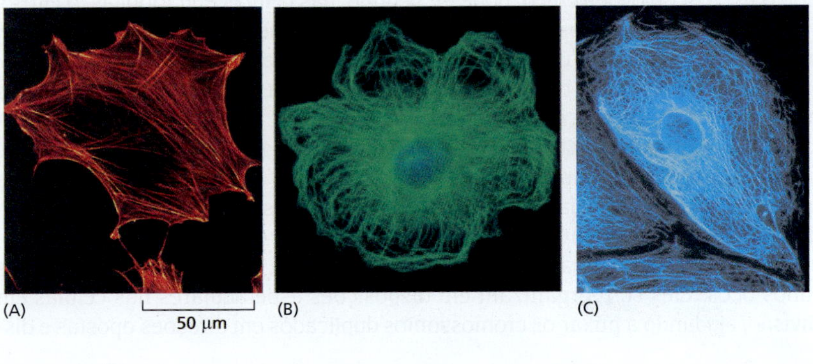

Figura 1-26 O citoesqueleto é uma rede de filamentos proteicos que cruza o citoplasma das células eucarióticas. Os três principais tipos de filamentos podem ser detectados usando diferentes corantes fluorescentes. Aqui são mostrados (A) os filamentos de actina, (B) os microtúbulos e (C) os filamentos intermediários. (A, cortesia de Simon Barry e Chris D'Lacey; B, cortesia de Nancy Kedersha; C, cortesia de Clive Lloyd.)

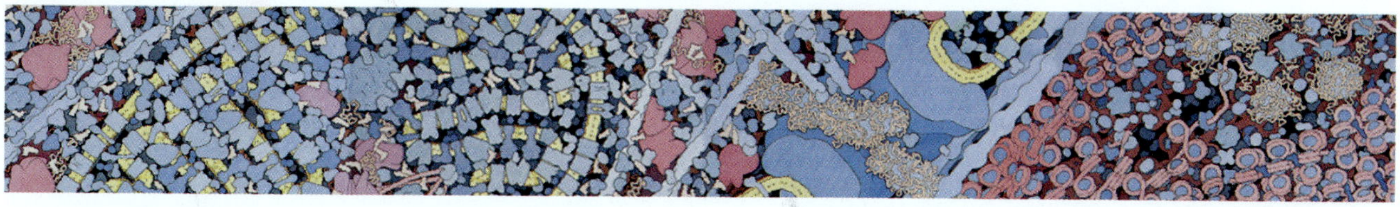

meira vez as células por um microscópio; nossa compreensão sobre a estrutura da célula foi-se acumulando lentamente. Algumas das descobertas-chave estão listadas na **Tabela 1-1**. Além disso, o **Painel 1-2** resume as diferenças entre as células animais, vegetais e bacterianas.

As células eucarióticas podem ter se originado como predadoras

As células eucarióticas têm geralmente 10 vezes o comprimento e 1.000 vezes o volume das células procarióticas, embora exista uma grande variação de tamanho em cada categoria. Elas também possuem uma coleção inteira de características – um citoesqueleto, mitocôndrias e outras organelas – que as separa das bactérias e arqueias.

Quando e como os eucariotos desenvolveram esses sistemas permanece um mistério. Embora eucariotos, bactérias e arqueias tenham divergido uns dos outros muito cedo na história da vida na Terra (discutido no Capítulo 14), os eucariotos não adquiriram todas as suas características distintas no mesmo momento (**Figura 1-28**). De acordo com uma teoria, a célula eucariótica ancestral era um predador que se alimentava pela captura de outras células. Este estilo de vida requer um grande tamanho, uma membrana flexível e um citoesqueleto para ajudar na movimentação e na alimentação da célula. O compartimento nuclear pode ter se desenvolvido para manter o DNA à parte desses processos físicos e químicos, assim como para permitir um controle mais delicado e complexo de como a célula lê sua informação genética.

Essa célula primitiva, com um núcleo e um citoesqueleto, era provavelmente o tipo de célula que incorporava as bactérias de vida livre que consumiam oxigênio e que eram provavelmente as ancestrais das mitocôndrias (ver Figura 1-18). Supõe-se que essa parceria se tenha estabelecido há 1,5 bilhão de anos, quando a atmosfera da Terra se tornou rica em oxigênio pela primeira vez. Um subgrupo dessas células mais tarde adquiriu cloroplastos pela incorporação de bactérias

QUESTÃO 1-6

Discuta as vantagens e desvantagens relativas da microscopia óptica e eletrônica. Como você poderia visualizar melhor (a) uma célula viva da pele, (b) uma mitocôndria de levedura, (c) uma bactéria e (d) um microtúbulo?

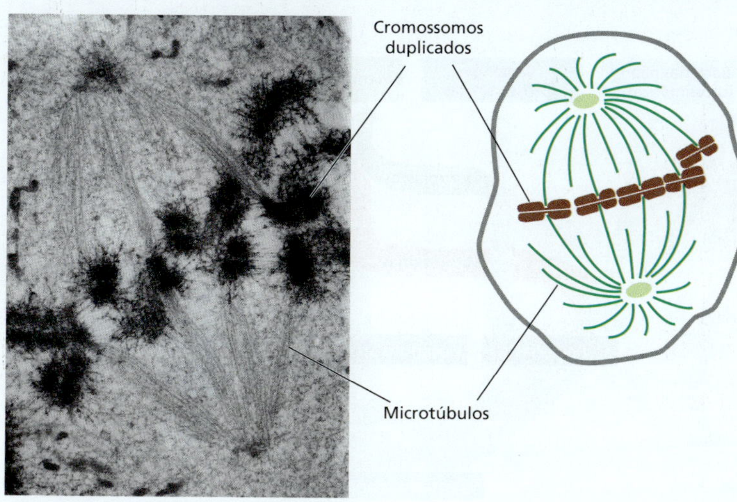

Figura 1-27 Os microtúbulos ajudam a distribuir os cromossomos em uma célula em divisão. Quando uma célula se divide, seu envelope nuclear se desfaz e seu DNA condensa em cromossomos visíveis, que se duplicaram para formar um par de cromossomos unidos que no final serão separados um do outro pelos microtúbulos, em células individuais. Na micrografia eletrônica de transmissão (*esquerda*), os microtúbulos se irradiam a partir de pontos focais em extremidades opostas da célula em divisão. (Fotomicrografia cortesia de Conly L. Rieder.)

TABELA 1-1 Marcos históricos na determinação da estrutura celular

1665	Hooke utiliza um microscópio primitivo para descrever os pequenos poros em cortes de cortiça que ele chamou de "células".
1674	Leeuwenhoek relata a sua descoberta dos protozoários. Nove anos mais tarde, ele visualiza bactérias pela primeira vez.
1833	Brown publica as suas observações de orquídeas ao microscópio, descrevendo claramente o núcleo da célula.
1839	Schleiden e Schwann propõem a teoria celular, estabelecendo que a célula nucleada é a unidade básica universal dos tecidos vegetais e animais.
1857	Kölliker descreve as mitocôndrias em células musculares.
1879	Flemming descreve com clareza o comportamento dos cromossomos durante a mitose em células animais.
1881	Cajal e outros histologistas desenvolvem métodos de coloração que revelam a estrutura das células nervosas e a organização do tecido neuronal.
1898	Golgi visualiza e descreve pela primeira vez o aparelho de Golgi pela coloração de células com nitrato de prata.
1902	Boveri associa cromossomos e hereditariedade pela observação do comportamento dos cromossomos durante a reprodução sexuada.
1952	Palade, Porter e Sjöstrand desenvolvem métodos de microscopia eletrônica que permitiram que várias estruturas intracelulares fossem visualizadas pela primeira vez. Em uma das primeiras aplicações dessas técnicas, Huxley mostra que o músculo contém arranjos de filamentos de proteínas – a primeira evidência do citoesqueleto.
1957	Robertson descreve a estrutura de bicamada da membrana celular, vista pela primeira vez ao microscópio eletrônico.
1960	Kendrew descreve detalhadamente a primeira estrutura proteica (mioglobina de baleias cachalotes) a uma resolução de 0,2 nm, utilizando cristalografia de difração de raios X. Perutz propõe uma estrutura para a hemoglobina a uma resolução menor.
1965	Christian de Duve e seus colegas utilizam a técnica de fracionamento celular para separar os peroxissomos, as mitocôndrias e os lisossomos a partir de uma preparação de fígado de rato.
1968	Petran e colaboradores constroem o primeiro microscópio confocal.
1970	Frye e Edidin utilizam anticorpos fluorescentes para mostrar que as moléculas da membrana plasmática podem difundir-se no plano da membrana, indicando que as membranas celulares são fluidas.
1974	Lazarides e Weber desenvolvem o uso de anticorpos fluorescentes para corar o citoesqueleto.
1994	Chalfie e colaboradores introduzem a proteína verde fluorescente (GFP) como um marcador para acompanhar o comportamento das proteínas nas células vivas.

fotossintéticas (ver Figura 1-20). A provável história desses eventos endossimbióticos está ilustrada na Figura 1-28.

O comportamento de vários dos microrganismos ativamente móveis de vida livre, chamados de **protozoários**, sustenta a hipótese de que os eucariotos

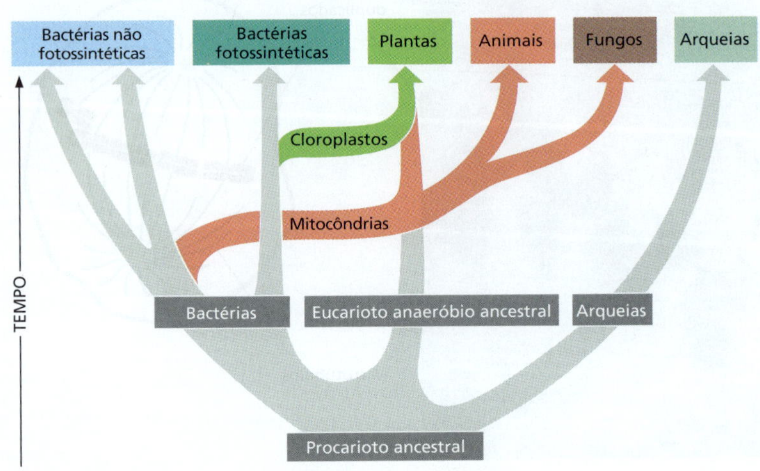

Figura 1-28 De onde vêm os eucariotos? As linhagens eucarióticas, bacterianas e arqueanas divergiram umas das outras muito cedo na evolução da vida na Terra. Acredita-se que, algum tempo depois, os eucariotos tenham adquirido mitocôndrias; mais tarde ainda, um subgrupo de eucariotos adquiriu cloroplastos. As mitocôndrias são essencialmente as mesmas nas plantas, nos animais e nos fungos, e por isso supõe-se que elas foram adquiridas antes que essas linhagens divergissem.

CÉLULA ANIMAL

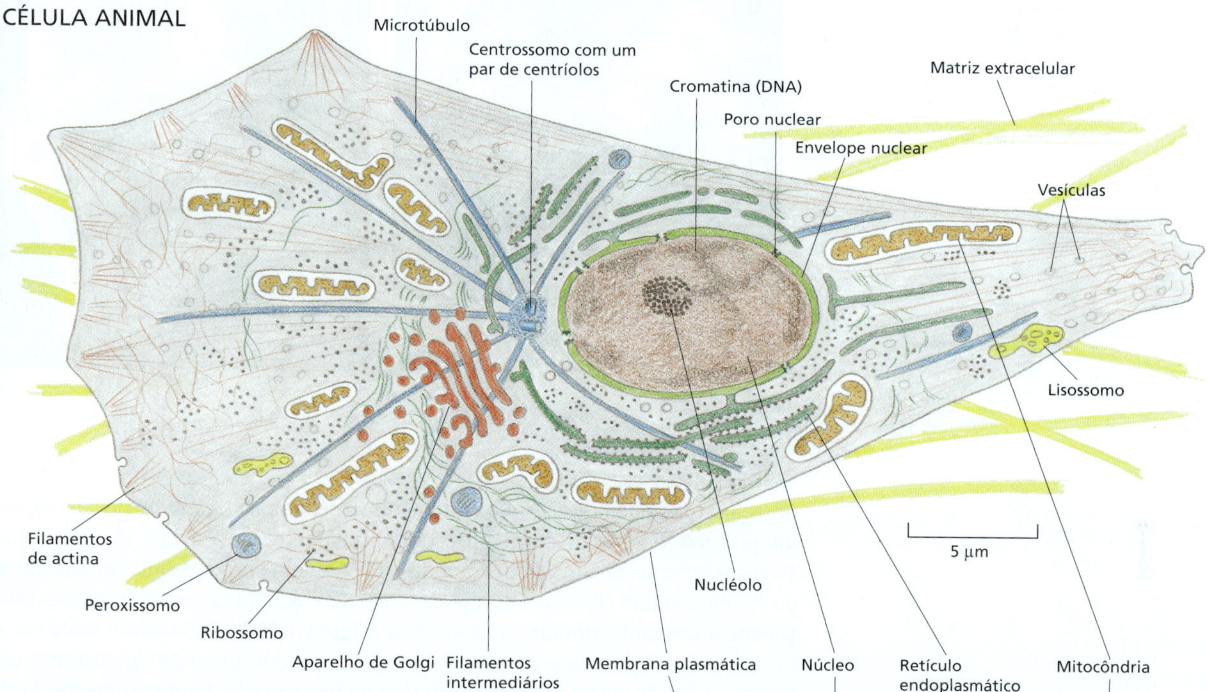

Três tipos de células estão desenhados aqui de maneira mais realista do que no desenho esquemático da Figura 1-23. De qualquer modo, as mesmas cores são utilizadas para distinguir as organelas da célula. O desenho da célula animal se baseia em um fibroblasto, uma célula que habita o tecido conectivo e deposita matriz extracelular. Uma micrografia de um fibroblasto vivo é mostrada na Figura 1-6A. O desenho da célula vegetal é típico de uma célula de folha jovem. A bactéria ilustrada tem formato de bastonete e possui um único flagelo para mobilidade; note seu tamanho muito menor (compare as barras de escala).

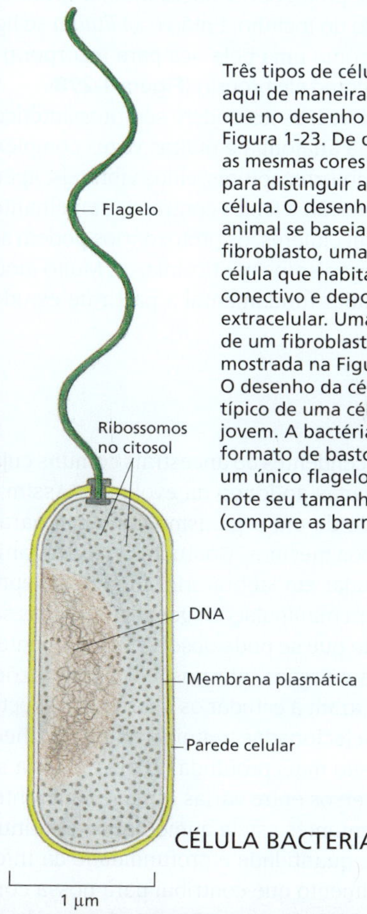

CÉLULA BACTERIANA

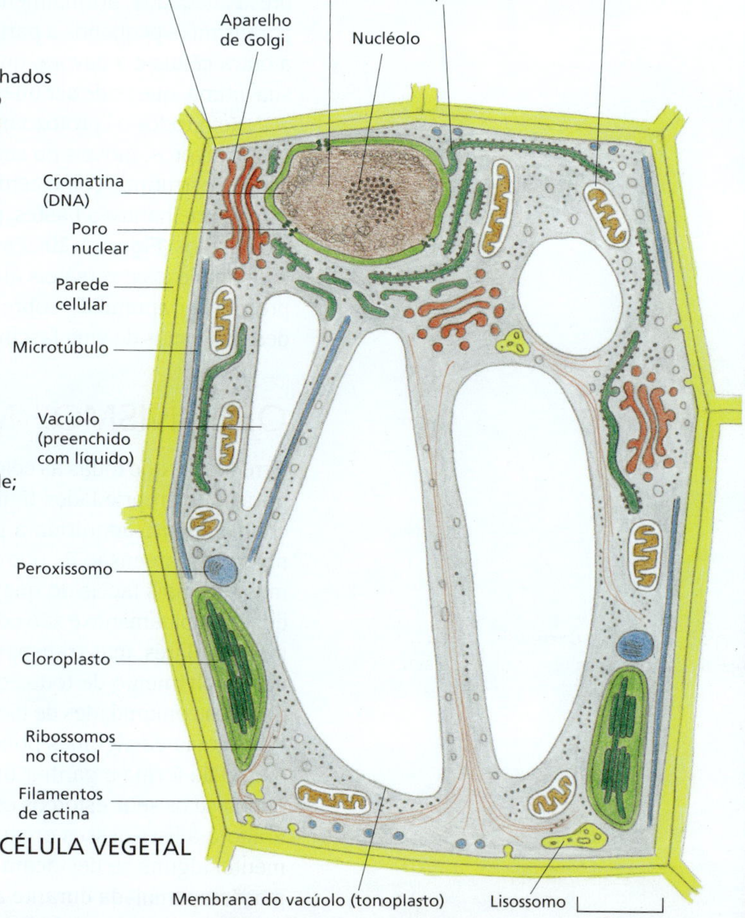

CÉLULA VEGETAL

Figura 1-29 Um protozoário devorando outro. (A) A micrografia eletrônica de varredura mostra o *Didinium* tal como é, com seus anéis circunferenciais de cílios vibráteis e seu "focinho" no topo. (B) O *Didinium* é visualizado ingerindo outro protozoário ciliado, um *Paramecium*. (Cortesia de D. Barlow.)

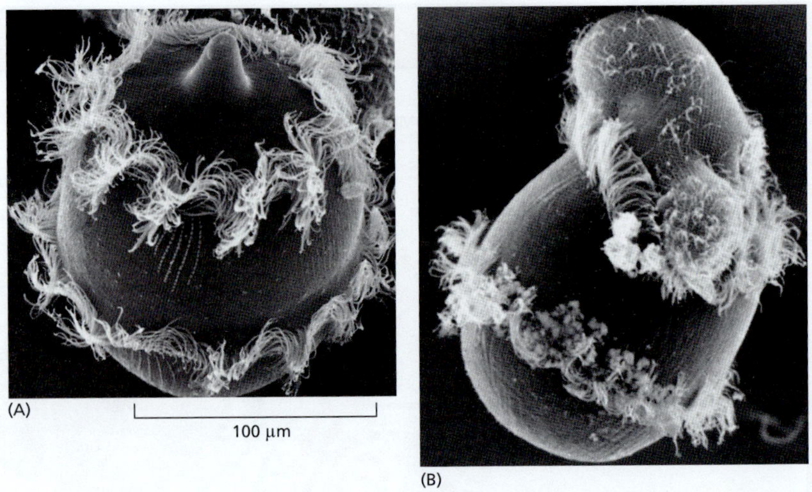

unicelulares podem atacar e devorar outras células. O *Didinium*, por exemplo, é um protozoário grande carnívoro, com um diâmetro de cerca de 150 μm – talvez 10 vezes a média de uma célula humana. Ele tem um corpo globular envolvido por duas camadas de cílios, e a sua parte anterior é achatada, exceto por uma única saliência um tanto similar a um focinho (**Figura 1-29A**). O *Didinium* nada em altas velocidades por meio do batimento dos seus cílios. Quando ele encontra uma presa adequada, normalmente outro tipo de protozoário, libera inúmeros dardos paralisantes pequenos a partir da sua região do focinho. Então o *Didinium* se liga à outra célula e a devora, invaginando-se como uma bola oca para incorporar a sua vítima, que pode ser quase tão grande como ele próprio (**Figura 1-29B**).

Nem todos os protozoários são predadores. Esses podem ser fotossintéticos ou carnívoros, móveis ou sedentários. A sua anatomia é muitas vezes complexa e inclui estruturas como cerdas sensoriais, fotorreceptores, cílios vibráteis, apêndices semelhantes a hastes, partes bucais, ferrão e feixes contráteis semelhantes a músculos (**Figura 1-30**). Embora sejam unicelulares, os protozoários podem ser tão complexos e versáteis quanto vários organismos multicelulares. Muito ainda precisa ser aprendido sobre a biologia celular fundamental a partir de estudos dessas formas de vida fascinantes.

ORGANISMOS-MODELO

Acredita-se que todas as células sejam descendentes de ancestrais comuns cujas principais propriedades têm sido conservadas ao longo da evolução. Assim, o conhecimento adquirido a partir do estudo de um organismo contribui para a nossa compreensão de outros, incluindo nós mesmos. Contudo, certos organismos são mais fáceis do que outros de estudar em laboratório. Alguns se reproduzem rapidamente e são convenientes para manipulações genéticas; outros são multicelulares, mas transparentes, de modo que se pode observar diretamente o desenvolvimento de todos os seus tecidos e órgãos internos. Por essas razões, grandes comunidades de biólogos se dedicaram a estudar os diferentes aspectos da biologia de algumas poucas espécies selecionadas, reunindo o seu conhecimento de forma a ganhar uma compreensão mais profunda do que poderia ser obtida se os seus esforços estivessem dispersos entre várias espécies diferentes. Embora a lista desses organismos representantes esteja aumentando continuamente, alguns se destacam em termos de quantidade e profundidade da informação acumulada durante anos – conhecimento que contribui para nossa compreensão de como todas as células funcionam. Nesta seção, estudamos alguns

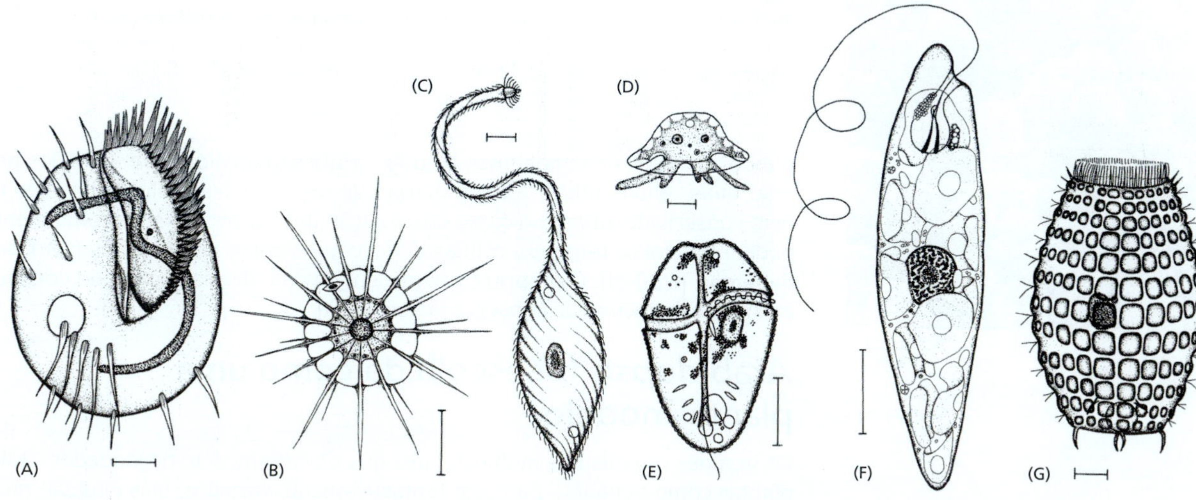

Figura 1-30 Este conjunto de protozoários ilustra a enorme diversidade nesta classe de microrganismos unicelulares. Esses desenhos foram realizados em diferentes escalas, mas em cada caso a barra de escala representa 10 μm. Os organismos em (A), (C) e (G) são ciliados; (B) é um heliozoário; (D) é uma ameba; (E) é um dinoflagelado; e (F) é um euglenoide. Para ver esse último em ação, veja a **Animação 1.6**. (De M.A. Sleigh, The Biology of Protozoa. London: Edward Arnold, 1973. Com permissão de Edward Arnold.)

desses **organismos-modelo** e revemos os benefícios que cada um oferece para estudar a biologia celular e, em muitos casos, para promover a saúde humana.

Os biólogos moleculares concentraram-se na *E. coli*

Em termos moleculares, compreendemos o funcionamento da bactéria *Escherichia coli* – *E. coli* – mais exaustivamente do que o de qualquer outro organismo vivo (ver Figura 1-10). Essa pequena célula em forma de bastão normalmente vive no intestino de humanos e outros vertebrados, mas também cresce bem e se reproduz rapidamente em um frasco de cultura com meio nutriente simples.

A maior parte do nosso conhecimento acerca dos principais mecanismos de vida – incluindo como as células replicam o seu DNA e como elas decodificam essas instruções genéticas para sintetizar proteínas – foi obtida de estudos com *E. coli*. Pesquisas subsequentes confirmaram que esses processos básicos ocorrem essencialmente da mesma forma nas nossas próprias células como ocorrem em *E. coli*.

A levedura das cervejarias é uma célula eucariótica simples

Tendemos a nos preocupar com eucariotos porque nós mesmos somos eucariotos. Mas as células humanas são complicadas e se reproduzem relativamente devagar. Para se assimilar a biologia fundamental das células eucarióticas, muitas vezes é vantajoso estudar uma célula mais simples que se reproduz mais rapidamente. Uma escolha popular tem sido a levedura de brotamento *Saccharomyces cerevisiae* (**Figura 1-31**) – o mesmo microrganismo que é utilizado para fermentar cerveja e assar pão.

S. cerevisiae é um fungo unicelular pequeno que no mínimo é tão relacionado aos animais quanto às plantas. Como outros fungos, ele tem uma parede celular rígida, é relativamente imóvel e possui mitocôndrias, mas não cloroplastos. Quando os nutrientes estão abundantes, o *S. cerevisiae* se reproduz quase tão rapidamente como uma bactéria. Ainda realiza todas as tarefas básicas que cada célula eucariótica deve realizar. Estudos genéticos e bioquímicos em leveduras têm sido cruciais para entender vários mecanismos básicos nas células eucarióticas, incluindo o ciclo de divisão celular – a cadeia de eventos pela qual o núcleo

QUESTÃO 1-7

Seu vizinho de porta doou R$ 200,00 em apoio à pesquisa do câncer e está horrorizado em saber que o dinheiro está sendo gasto no estudo de levedura de cervejaria. Como você poderia tranquilizá-lo?

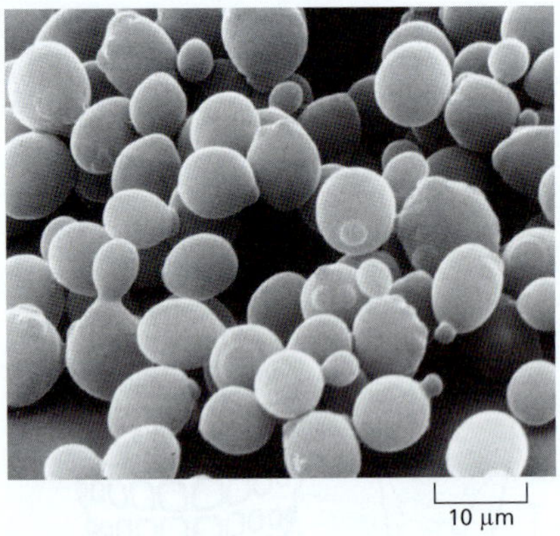

Figura 1-31 A levedura *Saccharomyces cerevisiae* é um eucarioto-modelo. Nesta micrografia eletrônica de varredura, algumas células de levedura são vistas no processo de divisão por brotamento. Outra micrografia da mesma espécie é mostrada na Figura 1-13. (Cortesia de Ira Herskowitz e Eric Schabatach.)

e todos os outros componentes de uma célula são duplicados e divididos para criar duas células-filhas. A maquinaria que rege a divisão celular tem sido tão bem conservada durante o curso da evolução que vários dos seus componentes podem funcionar tanto em células de leveduras como de humanos (ver **Como Sabemos**, p. 30-31). O próprio Darwin, sem dúvida, ficaria espantado com esse exemplo espetacular de conservação evolutiva.

Arabidopsis foi escolhida como uma planta-modelo

Os grandes organismos multicelulares que observamos ao nosso redor – tanto plantas como animais – parecem fantasticamente variados, mas eles são muito próximos uns dos outros nas suas origens evolucionárias e mais similares na sua biologia celular básica do que a grande variedade de organismos unicelulares microscópicos. Enquanto as bactérias, arqueias e eucariotos separaram-se uns dos outros há mais de 3 bilhões de anos, as plantas, animais e fungos divergiram há apenas cerca de 1,5 bilhão de anos e as diferentes espécies de plantas fanerógamas há menos de 200 milhões de anos.

A relação evolucionária próxima entre todos os vegetais com flores significa que podemos ter uma ideia do interior de suas células e da biologia molecular concentrando-se em apenas algumas espécies convenientes para uma análise detalhada. Entre algumas centenas de milhares de espécies de plantas com flores na Terra atualmente, os biólogos moleculares concentraram seus esforços em uma pequena erva daninha, o agrião-de-parede comum *Arabidopsis thaliana* (**Figura 1-32**), que pode ser crescida em ambientes fechados em grandes quantidades: uma planta pode produzir milhares de descendentes dentro de 8 a 10 semanas. Como os genes encontrados na *Arabidopsis* possuem genes equivalentes nas espécies agrícolas, o estudo dessa erva simples fornece informações sobre o desenvolvimento e a fisiologia de plantas cultiváveis das quais nossas vidas dependem, assim como sobre a evolução de todas as outras espécies de plantas que dominam quase todos os ecossistemas na Terra.

Os animais-modelo incluem moscas, peixes, vermes e camundongos

Os animais multicelulares representam a maioria das espécies identificadas de organismos vivos, e a maioria das espécies animais é de insetos. Por essa razão, um inseto, a pequena mosca-da-fruta *Drosophila melanogaster* (**Figura 1-33**), deveria ocupar um lugar central na pesquisa biológica. De fato, os fundamentos da genética clássica foram construídos em grande parte com base nos estudos com esse inseto. Há mais de 80 anos, análises genéticas com a mosca-da-fruta forneceram provas definitivas de que os genes – as unidades da hereditariedade – estão localizados nos cromossomos. Mais recentemente, a *Drosophila*, mais do que qualquer outro organismo, nos mostrou como as instruções genéticas codificadas nas moléculas de DNA controlam o desenvolvimento de um óvulo fertilizado (ou *zigoto*) em um organismo adulto multicelular contendo um grande número de tipos celulares diferentes organizados de maneira precisa e previsível. Mutantes

Figura 1-32 *Arabidopsis thaliana*, o comum agrião-de-parede, é uma planta-modelo. Esta pequena erva daninha se tornou o organismo favorito para os biólogos moleculares e do desenvolvimento de plantas. (Cortesia de Toni Hayden e John Innes Centre.)

Figura 1-33 ***Drosophila melanogaster* é uma das favoritas entre os biólogos do desenvolvimento e os geneticistas.** Estudos genéticos moleculares sobre essa pequena mosca têm fornecido a chave para entender como todos os animais se desenvolvem. (Cortesia de E.B. Lewis.)

de *Drosophila* com partes do corpo no lugar errado ou com padrão estranho têm fornecido informações essenciais para identificar e caracterizar os genes que são necessários para a formação de um corpo adulto apropriadamente estruturado, com intestino, asas, pernas, olhos e todas as outras partes nos seus locais corretos. Esses genes – que são copiados e transmitidos para cada célula no corpo – definem como cada célula se comportará nas suas interações com suas irmãs e primas, controlando assim as estruturas que as células podem criar. Além disso, os genes responsáveis pelo desenvolvimento de *Drosophila* revelaram ser similares àqueles de humanos – muito mais similares do que se esperaria a partir das aparências externas. Desse modo, a mosca serve como um importante modelo para estudar o desenvolvimento humano e as doenças.

Outro organismo amplamente estudado é o verme nematódeo *Caenorhabditis elegans* (**Figura 1-34**), um parente inofensivo dos nematódeos que atacam as raízes de plantações. Menor e mais simples que a *Drosophila*, essa criatura se desenvolve, com a precisão de um relógio, a partir de um óvulo fertilizado até um adulto com exatamente 959 células no corpo (mais um número variável de óvulos e espermatozoides) – um grau anormal de regularidade para um animal. Agora temos uma descrição minuciosamente detalhada da sequência de eventos desse processo – à medida que a célula se divide, move e se torna especializada, de acordo com regras precisas e previsíveis. E uma variedade de mutantes está disponível para testar como os genes dos vermes controlam o processo do desenvolvimento. Cerca de 70% dos genes humanos possuem algum gene correspondente no verme, e *C. elegans*, assim como *Drosophila*, provou ser um modelo de valor para vários

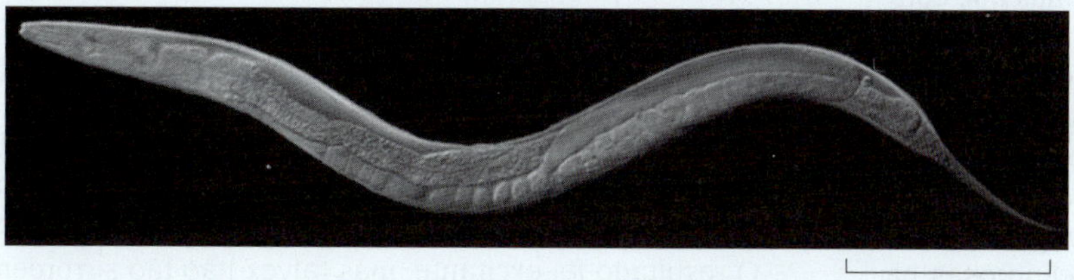

Figura 1-34 ***Caenorhabditis elegans* é um verme pequeno que normalmente vive no solo.** A maioria dos indivíduos é hermafrodita, produzindo tanto espermatozoides quanto óvulos (esses últimos podem ser observados ao longo da parte de baixo do animal). *C. elegans* foi o primeiro organismo multicelular cujo genoma completo foi sequenciado. (Cortesia de Maria Gallegos.)

MECANISMOS COMUNS DA VIDA

Todos os seres vivos são compostos por células, e todas as células – como discutimos neste capítulo – são fundamentalmente semelhantes no seu interior: elas armazenam suas instruções genéticas nas moléculas de DNA, que controlam a produção de moléculas de RNA, que, por sua vez, controlam a produção de proteínas. São principalmente as proteínas que realizam as reações químicas nas células, conferem o seu formato e controlam seu comportamento. Porém, até onde vão essas similaridades entre as células e os organismos que elas constituem? Seriam as partes de um organismo permutáveis por partes de outro? Uma enzima que degrada glicose em uma bactéria é capaz de digerir o mesmo açúcar se ela fosse colocada em uma célula de levedura, ou em uma célula de lagosta ou humana? E quanto às maquinarias moleculares que copiam e interpretam a informação genética? Elas são funcionalmente equivalentes de um organismo para outro? Foram obtidos conhecimentos a partir de muitas fontes, mas a resposta mais surpreendente e dramática veio de experimentos realizados nas modestas células de levedura. Esses estudos, que chocaram a comunidade biológica, concentraram-se em um dos processos mais fundamentais para vida – a divisão celular.

Divisão e descoberta

Todas as células se originam de outras células, e a única maneira de formar uma célula nova é pela divisão de uma célula preexistente. Para se reproduzir, uma célula parental deve realizar uma sequência ordenada de reações pelas quais ela duplica o seu conteúdo e se divide em duas. Esse processo crítico de duplicação e divisão – conhecido como *ciclo da divisão celular*, ou somente *ciclo celular* – é complexo e cuidadosamente controlado. Defeitos em qualquer uma das proteínas envolvidas podem ser devastadores para a célula.

Felizmente para os biólogos, essa forte dependência das proteínas cruciais as torna fáceis de identificar e estudar. Se uma proteína for essencial para determinado processo, uma mutação que resulte em uma proteína anormal – ou na ausência de proteína – pode impedir a célula de realizar o processo. Por meio do isolamento de organismos que são defeituosos no seu ciclo de divisão celular, os cientistas fizeram um trabalho retrógrado para descobrir as proteínas que controlam o progresso do ciclo.

O estudo dos mutantes do ciclo celular foi particularmente bem-sucedido em leveduras. As leveduras são fungos unicelulares e organismos populares para esses estudos genéticos. Eles são eucariotos, como nós, mas são pequenos, simples, de reprodução rápida e fáceis de manipular geneticamente. As leveduras mutantes que são defeituosas na sua capacidade de completar a divisão celular levaram à descoberta de muitos genes que controlam o ciclo de divisão celular – os assim chamados genes *Cdc* – e forneceram uma compreensão detalhada de como esses genes, e as proteínas por eles codificadas, realmente funcionam.

Paul Nurse e colegas utilizaram essa abordagem para identificar os genes *Cdc* na levedura *Schizosaccharomyces pombe*, que foi assim denominada de acordo com a cerveja africana da qual ela foi isolada pela primeira vez. *S. pombe* é uma célula em forma de bastão, que cresce por alongamento das suas extremidades e se divide por fissão, por meio da formação de uma partição no centro do bastão. Os pesquisadores observaram que um dos genes *Cdc* que eles identificaram, chamado de *Cdc2*, era necessário para ativar alguns eventos-chave do ciclo de divisão celular. Quando esse gene era inativado por uma mutação, as células de levedura não se dividiam. E quando as células recebiam uma cópia normal do gene, sua capacidade reprodutiva era restaurada.

É óbvio que substituir um gene *Cdc2* defeituoso em *S. pombe* por um gene *Cdc2* em funcionamento da mesma espécie de levedura deveria reparar o dano e permitir a divisão normal da célula. Mas se usarmos um gene similar de divisão celular de um organismo diferente? Essa é a pergunta que a equipe de Nurse abordou em seguida.

Parente próximo

Saccharomyces cerevisiae é outro tipo de levedura e é um dos organismos-modelo que os biólogos escolheram para estudar e expandir seu conhecimento sobre como as células funcionam. Também utilizada para fermentar cerveja, *S. cerevisiae* se divide formando um pequeno broto que cresce constantemente até se separar da célula-mãe (ver Figuras 1-13 e 1-31). Embora *S. cerevisiae* e *S. pombe* difiram no seu estilo de divisão, ambas contam com uma rede complexa de proteínas que interagem para realizar o trabalho. Mas as proteínas de um tipo de levedura poderiam substituir aquelas de outro?

Para descobrir, Nurse e colegas prepararam DNA de *S. cerevisiae* saudável e o introduziram nas células de *S. pombe* que continham uma mutação no gene *Cdc2* que impedia que as células se dividissem quando a temperatura era elevada. Os pesquisadores observaram que algumas das células mutantes de *S. pombe* recuperaram a capacidade de se proliferar quando aquecidas. Quando espalhadas sobre uma placa de cultura contendo meio para o crescimento, as células resgatadas puderam dividir-se, formando colônias visíveis, cada uma com milhões de células de levedura individuais (**Figura 1-35**). Sob um olhar mais minucioso, os pesquisadores descobriram que essas células de levedura "resgatadas" receberam um fragmento de DNA que continha a versão de *Cdc2* de *S. cerevisiae* – um gene que foi descoberto em estudos pioneiros sobre o ciclo celular por Lee Hartwell e colaboradores.

O resultado foi excitante, mas talvez não tão surpreendente. Afinal, quão diferente uma levedura pode ser da outra? Um teste mais desafiador seria usar DNA de um parente mais distante. Assim, a equipe de Nurse repetiu o experimento, desta vez usando DNA humano. E os resultados foram os mesmos. O equivalente humano do gene *Cdc2* de *S. pombe* foi

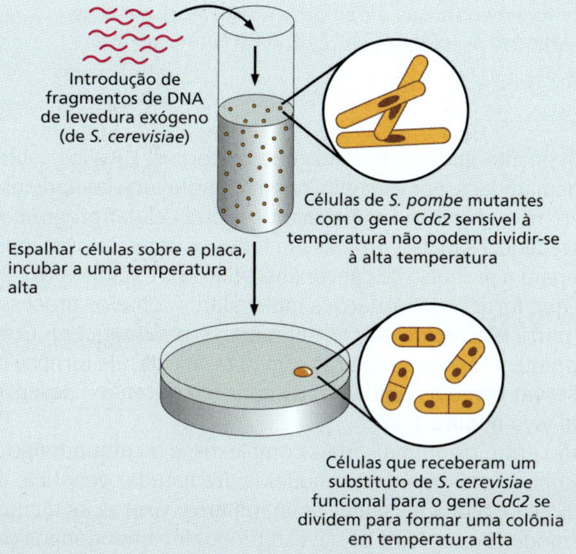
Introdução de fragmentos de DNA de levedura exógeno (de *S. cerevisiae*)
Células de *S. pombe* mutantes com o gene *Cdc2* sensível à temperatura não podem dividir-se à alta temperatura
Espalhar células sobre a placa, incubar a uma temperatura alta
Células que receberam um substituto de *S. cerevisiae* funcional para o gene *Cdc2* se dividem para formar uma colônia em temperatura alta

Figura 1-35 Mutantes *de S. pombe* defeituosos em um gene do ciclo celular podem ser recuperados pelo gene equivalente de *S. cerevisiae*. O DNA de *S. cerevisiae* é coletado e clivado em fragmentos grandes, que são introduzidos em uma cultura de células de *S. pombe* mutantes que estão se dividindo à temperatura ambiente. Discutimos como o DNA pode ser manipulado e transferido para diferentes tipos de células no Capítulo 10. As células de levedura são então espalhadas sobre uma placa contendo um meio de cultura adequado e são incubadas a uma temperatura alta, na qual a proteína mutante Cdc2 é inativa. As raras células que sobrevivem e proliferam sobre essas placas foram resgatadas pela incorporação de um gene exógeno que permite que elas se dividam normalmente a temperaturas mais altas.

capaz de resgatar as células de levedura mutantes, permitindo que se dividissem normalmente.

Leitura de genes

Este resultado foi muito mais surpreendente – mesmo para Nurse. Os ancestrais de leveduras e humanos divergiram há aproximadamente 1,5 bilhão de anos. Portanto, era difícil acreditar que esses dois organismos iriam orquestrar a divisão celular de uma maneira tão similar. Mas os resultados mostraram claramente que as proteínas humanas e de leveduras são funcionalmente equivalentes. Além disso, Nurse e colaboradores demonstraram que as proteínas são quase do mesmo tamanho e são compostas por aminoácidos unidos em uma ordem muito semelhante; a proteína Cdc2 humana é idêntica à proteína Cdc2 de *S. pombe* em 63% dos seus aminoácidos e é idêntica à proteína equivalente de *S. cerevisiae* em 58% dos seus aminoácidos (**Figura 1-36**). Junto com Tim Hunt, que descobriu uma proteína diferente do ciclo celular, chamada de ciclina, Nurse e Hartwell compartilharam o Prêmio Nobel em 2001 por seus estudos de reguladores-chave do ciclo celular.

Os experimentos de Nurse mostraram que proteínas de eucariotos muito diferentes podem ser intercambiáveis funcionalmente e sugeriram que o ciclo celular é controlado de uma maneira similar em cada organismo eucarioto vivo atualmente. Aparentemente, as proteínas que orquestram o ciclo nos eucariotos são tão fundamentalmente importantes que têm sido conservadas quase sem modificações por mais de um bilhão de anos de evolução dos eucariotos.

O mesmo experimento também realça outro ponto até mais básico. As células mutantes de levedura foram resgatadas não pela injeção direta da proteína humana, mas pela introdução de um pedaço de DNA humano. Portanto, as células de leveduras puderam ler e utilizar essa informação corretamente, indicando que, nos eucariotos, a maquinaria molecular para ler a informação codificada no DNA também é similar de célula para célula e de organismo para organismo. Uma célula de levedura possui todo o equipamento necessário para interpretar as instruções codificadas em um gene humano e para usar essa informação para direcionar a produção de uma proteína humana totalmente funcional.

A história da Cdc2 é apenas um de milhares de exemplos de como a pesquisa nas células de levedura revelou aspectos críticos da biologia humana. Embora possa soar paradoxal, o caminho mais eficiente e curto para melhorar a saúde humana muitas vezes iniciará com estudos detalhados da biologia de organismos simples como a levedura da cerveja ou do pão.

Humano ···FGLARAFGIPIRVYTHEVVTLWYRSPEVLLGSARYSTPVDIWSIGTIFAELATKLPLFHGDSEIDQLFRIPRALGTPNNEVWPEVESLQDYKNTFP···
S. pombe ···FGLARSFGVPLRNYTHEIVTLWYRAPEVLLGSRHYSTGVDIWSVGCIFAENIRRSPLFPGDSEIDEIFKIPQVLGTPNEEVWPGVTLLQDYKSTFP···
S. cerevisiae ···FGLARAFGVPLRAYTHEIVTLWYRAPEVLLGGKQYSTGVDTWSIGCIFAEHCNRLPIFSGDSEIDQIFKIPRVLGTPNEAIWPDIVYLPDFKPSFP···

Figura 1-36 As proteínas do ciclo de divisão celular de leveduras e de humanos são muito similares nas suas sequências de aminoácidos. As identidades entre as sequências de aminoácidos de uma região da proteína Cdc2 humana e uma região similar da proteína equivalente em *S. pombe* e *S. cerevisiae* estão marcadas em *verde*. Cada aminoácido está representado por uma única letra.

Figura 1-37 Os peixes-zebra são modelos populares para estudar o desenvolvimento de vertebrados. (A) Esses pequenos peixes tropicais resistentes são básicos em qualquer aquário doméstico. Mas também são ideais para estudos do desenvolvimento, uma vez que seus embriões transparentes (B) tornam fácil observar as células se movimentando e mudando suas características no organismo vivo à medida que ele se desenvolve. (A, cortesia de Steve Baskauf; B, de M. Rhinn et al., *Neural Dev.* 4:12, 2009. Com permissão de BioMed Central Ltd.)

processos do desenvolvimento que ocorrem nos nossos corpos. Estudos sobre o desenvolvimento dos nematódeos, por exemplo, possibilitaram uma compreensão molecular detalhada sobre a *apoptose*, uma forma de morte celular programada pela qual as células excedentes são descartadas em todos os animais – um tópico de grande importância para a pesquisa de câncer (discutido nos Capítulos 18 e 20).

Outro organismo que fornece informações moleculares sobre os processos do desenvolvimento, particularmente nos vertebrados, é o *peixe-zebra*. Como essa criatura é transparente nas duas primeiras semanas de vida, ele fornece um sistema ideal para observar como as células se comportam durante o desenvolvimento em um animal vivo (**Figura 1-37**).

Os mamíferos estão entre os animais mais complexos, e o camundongo foi utilizado por muito tempo como organismo-modelo para estudar genética, desenvolvimento, imunologia e biologia celular de mamíferos. Graças às técnicas de biologia molecular modernas, agora é possível reproduzir camundongos com mutações realizadas deliberadamente em qualquer gene específico, ou com genes construídos artificialmente introduzidos nos camundongos. Dessa forma, pode-se testar para quê um gene é necessário e como ele funciona. Quase todo gene humano tem um gene equivalente em camundongos, com sequência de DNA e função similares. Dessa forma, esse animal provou ser um modelo excelente para estudar genes que são importantes tanto na saúde como nas doenças humanas.

Os biólogos também estudam os seres humanos e suas células diretamente

Humanos não são camundongos – ou peixes ou moscas ou vermes ou leveduras – e, portanto, também estudamos os próprios seres humanos. Assim como as bactérias ou leveduras, nossas células individuais podem ser coletadas e crescidas em cultura, onde podemos estudar sua biologia e examinar mais de perto os genes que controlam suas funções. Dadas as condições adequadas, a maioria das células humanas – verdadeiramente, a maioria das células animais ou vegetais – sobreviverá, se proliferará e até expressará propriedades especializadas em uma placa de cultura. Os experimentos que usam essas células cultivadas muitas vezes são realizados *in vitro* (literalmente, "dentro do vidro"), para contrastá-los com experimentos em organismos intactos, quando se diz que são realizados *in vivo* (literalmente, "dentro do vivo").

Embora não seja verdadeiro para todos os tipos de células, muitos tipos de células crescidas em cultura apresentam as propriedades diferenciadas apropriadas de acordo com sua origem: fibroblastos, o principal tipo de célula no tecido conectivo, continuam a secretar colágeno; células derivadas do músculo esquelético embrionário se fundem para formar fibras musculares, que se contraem espontaneamente na placa de cultura; células nervosas estendem axônios que são excitáveis eletricamente e fazem sinapses com outras células nervosas; e células epiteliais formam camadas extensas, com muitas das propriedades de um epitélio intacto (**Figura 1-38**). Como as células em cultura são mantidas em um meio controlado, elas são acessíveis a estudos que muitas vezes não são possíveis *in vivo*. Por exemplo, células cultivadas podem ser expostas a hormônios ou fatores de crescimento, e os efeitos que essas moléculas-sinal têm sobre o formato ou o comportamento das células podem ser facilmente explorados.

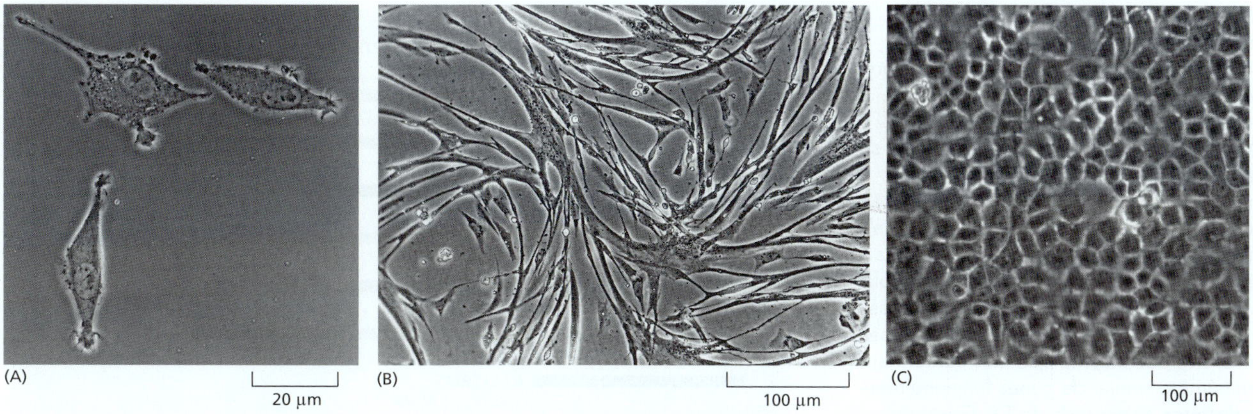

Figura 1-38 Células em cultura frequentemente apresentam características que refletem a sua origem. (A) Micrografia de contraste de fase de fibroblastos em cultura. (B) Micrografia de mioblastos em cultura, sendo que alguns se fusionaram para formar células musculares multinucleadas que se contraem espontaneamente em cultura. (C) Células epiteliais em cultura formando uma camada de células. A **Animação 1.7** mostra uma célula muscular cardíaca individual com batimentos em cultura. (A, cortesia de Daniel Zicha; B, cortesia de Rosalind Zalin; C, de K.B. Chua et al., *Proc. Natl Acad. Sci. USA* 104:11424–11429, 2007, com permissão de National Academy of Sciences.)

Além de estudar as células humanas em cultura, os humanos também podem ser examinados diretamente em estudos clínicos. Muito da pesquisa sobre a biologia humana foi promovida por interesses médicos, e o banco de dados médicos sobre a espécie humana é enorme. Embora as mutações que ocorrem naturalmente nos genes humanos sejam raras, as consequências de muitas mutações estão bem documentadas. Isso ocorre porque os humanos são os únicos, entre os animais, que relatam e registram seus próprios defeitos genéticos: em nenhuma outra espécie existem bilhões de indivíduos tão intensivamente examinados, descritos e investigados.

Contudo, a extensão de nossa ignorância ainda é assustadora. O corpo dos mamíferos é muito complexo, sendo formado por trilhões de células, e ainda alguém poderia considerar desesperador achar que algum dia entenderemos como o DNA em um óvulo fertilizado de camundongo gera um camundongo em vez de um peixe, ou como o DNA em um óvulo humano promove o desenvolvimento de um ser humano em vez de um camundongo. Agora, as revelações da biologia molecular fizeram a tarefa parecer eminentemente acessível. De tal modo, esse novo otimismo vem da constatação de que os genes de um tipo de animal têm uma contraparte próxima na maioria dos outros tipos de animais, aparentemente cumprindo funções similares (**Figura 1-39**). Todos temos uma origem evolutiva comum, e, superficialmente, parece que compartilhamos os mesmos mecanismos moleculares. Moscas, peixes, vermes, camundongos e humanos fornecem, dessa forma, a chave para entender como os animais em geral são formados e como as suas células funcionam.

A comparação de sequências do genoma revelou a hereditariedade comum da vida

Em nível molecular, as alterações evolutivas têm sido notavelmente lentas. Podemos observar, nos organismos dos dias de hoje, várias características que foram

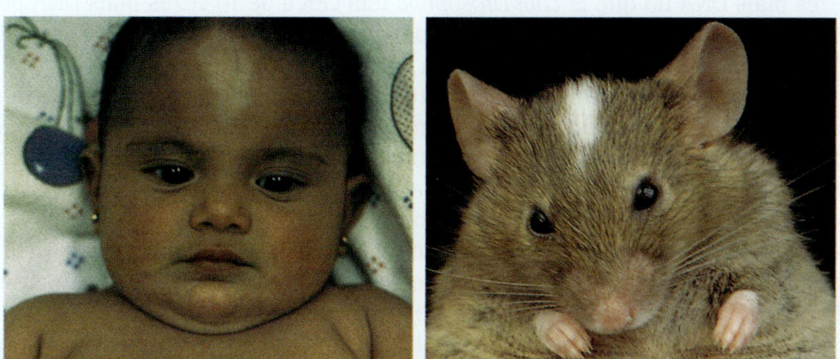

Figura 1-39 Espécies diferentes compartilham genes similares. O bebê humano e o camundongo mostrados aqui têm manchas brancas similares nas suas testas porque ambos têm defeitos no mesmo gene (denominado *Kit*), necessário para o desenvolvimento e a manutenção de algumas células de pigmento. (Cortesia de R.A. Fleischman, de *Proc. Natl Acad. Sci. USA* 88:10885–10889, 1991. Com permissão de National Academy of Sciences.)

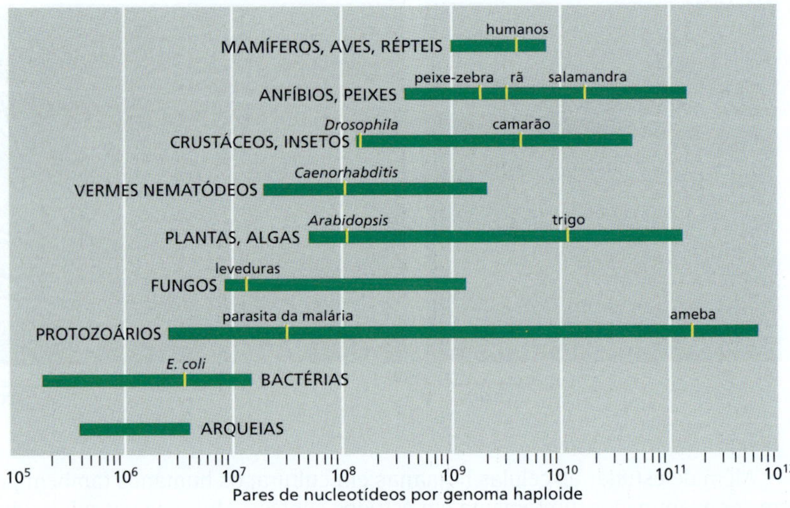

Figura 1-40 Os organismos variam muito no tamanho dos seus genomas. O tamanho do genoma é medido em pares de bases de DNA por genoma haploide, isto é, por uma única cópia do genoma. (As células corporais de organismos que se reproduzem sexualmente como nós mesmos são geralmente diploides: elas contêm duas cópias do genoma, uma herdada da mãe, a outra, do pai.) Organismos de relação próxima podem variar de forma ampla na quantidade de DNA em seus genomas (como indicado pelo comprimento das barras em *verde*), mesmo que eles contenham um número similar de genes funcionalmente distintos. (Adaptada de T.R. Gregory, 2008, Animal Genome Size Database: www.genomesize.com)

preservadas por mais de 3 bilhões de anos de vida na Terra – cerca de um quinto da idade do universo. Essa conservação evolutiva fornece o fundamento sobre o qual o estudo da biologia molecular é construído. Para estabelecer o cenário para os capítulos que se seguem, entretanto, terminamos este capítulo considerando, com um pouco mais de detalhes, os relacionamentos familiares e as semelhanças básicas entre todos os seres vivos. Esse tópico foi bastante esclarecido nos últimos anos pelos avanços tecnológicos que nos permitiram determinar as sequências genômicas completas de milhares de organismos, incluindo nossa própria espécie (como discutido com mais detalhes no Capítulo 9).

A primeira coisa que notamos quando olhamos para o genoma de um organismo é o seu tamanho geral e a quantidade de genes que ele acomoda dentro daquela extensão de DNA. Os procariotos carregam pouquíssima bagagem genética supérflua e, nucleotídeo por nucleotídeo, acomodam muita informação no seu genoma relativamente pequeno. *E. coli*, por exemplo, carrega suas instruções genéticas em uma única molécula de DNA circular de fita dupla que contém 4,6 milhões de pares de nucleotídeos e 4.300 genes. A bactéria mais simples conhecida contém apenas cerca de 500 genes, mas a maioria dos procariotos possui genomas que contêm no mínimo 1 milhão de pares de nucleotídeos e 1.000 a 8.000 genes. Com esses poucos milhares de genes, os procariotos são capazes de se desenvolver até mesmo no mais hostil meio sobre a Terra.

Os genomas compactos de bactérias típicas são diminutos se comparados aos genomas de eucariotos típicos. O genoma humano, por exemplo, contém cerca de 700 vezes mais DNA do que o genoma de *E. coli*, e o genoma de uma ameba contém cerca de 100 vezes mais do que o nosso (**Figura 1-40**). O resto dos organismos-modelo que descrevemos possui genomas que se encaixam entre o de *E. coli* e o humano em termos de tamanho. *S. cerevisiae* contém cerca de 2,5 vezes mais DNA do que *E. coli*; *Drosophila* tem cerca de 10 vezes mais DNA por célula do que as leveduras; e os camundongos possuem cerca de 20 vezes mais DNA por célula do que a mosca-da-fruta (**Tabela 1-2**).

Em termos de número de genes, entretanto, as diferenças não são tão grandes. Temos apenas cerca de seis vezes mais genes que *E. coli*. Além disso, muitos de nossos genes – e as proteínas codificadas por eles – se classificam em grupos de famílias relacionadas, como a família das hemoglobinas, que possui nove membros relacionados nos humanos. Assim, o número de proteínas fundamentalmente diferente em um humano não é realmente muitas vezes maior do que em uma bactéria, e o número de genes humanos que têm contrapartes identificáveis nas bactérias é uma fração significativa do total.

Esse grau alto de "semelhança familiar" é impressionante quando comparamos as sequências dos genomas de diferentes organismos. Quando dois genes

TABELA 1-2 Alguns organismos-modelo e seus genomas

Organismo	Tamanho do genoma* (pares de nucleotídeos)	Número aproximado de genes
Homo sapiens (humano)	3.200×10^6	30.000
Mus musculus (camundongo)	2.800×10^6	30.000
Drosophila melanogaster (mosca-da-fruta)	200×10^6	15.000
Arabidopsis thaliana (planta)	220×10^6	29.000
Caenorhabditis elegans (verme cilíndrico)	130×10^6	21.000
Saccharomyces cerevisiae (levedura)	13×10^6	6.600
Escherichia coli (bactéria)	$4,6 \times 10^6$	4.300

*O tamanho do genoma inclui uma estimativa para a quantidade de sequências de DNA altamente repetitivas ausentes nos bancos de dados genômicos.

de organismos diferentes possuem sequências nucleotídicas muito semelhantes, é muito provável que ambos tenham descendido de um gene ancestral comum. Tais genes (e seus produtos proteicos) são considerados **homólogos**. Agora que temos as sequências genômicas completas de vários organismos diferentes dos três domínios da vida – arqueias, bactérias e eucariotos – podemos procurar sistematicamente por homologias que se estendem sobre essa enorme divisão evolucionária. Fazendo um balanço da herança comum de todos os seres vivos, os cientistas estão tentando rastrear as origens da vida até as células ancestrais primitivas.

Os genomas contêm mais do que apenas genes

Embora nossa visão sobre sequências genômicas tenda a ser "genecêntrica", nossos genomas contêm muito mais do que apenas genes. A grande maioria do nosso DNA não codifica proteínas ou moléculas de RNA funcional. Em vez disso, ele inclui uma mistura de sequências que ajudam a regular a atividade gênica, além de sequências que parecem ser dispensáveis. A grande quantidade de DNA regulador contida nos genomas de organismos multicelulares eucariotos prevê uma enorme complexidade e sofisticação no modo em que diferentes genes são colocados em ação em diferentes momentos e locais. Contudo, no final, a lista básica de partes – o conjunto de proteínas que as células podem sintetizar, como especificado pelo DNA – não é muito mais longa do que a lista das partes de um automóvel, e várias dessas partes são comuns não apenas para todos os animais, mas também para todo o mundo vivo.

É verdadeiramente surpreendente que o DNA possa programar o crescimento, desenvolvimento e reprodução das células vivas e dos organismos complexos. No restante deste livro, tentamos explicar o que se sabe sobre o funcionamento das células – estudando suas partes componentes, como essas partes funcionam juntas e como o genoma de cada célula controla a produção das partes de que a célula precisa para funcionar e se reproduzir.

CONCEITOS ESSENCIAIS

- **As células são as unidades fundamentais da vida. Acredita-se que todas as células atuais se desenvolveram a partir de uma célula ancestral que existiu há mais de 3 bilhões de anos.**
- **Todas as células são envolvidas por uma membrana plasmática que separa o interior da célula do seu ambiente.**

- Todas as células contêm DNA como um depósito de informação genética e o utilizam para promover a síntese de moléculas de RNA e proteínas.
- Mesmo que todas as células de um organismo multicelular contenham o mesmo DNA, elas podem ser muito diferentes. Elas ativam diferentes grupos de genes de acordo com sua história do desenvolvimento e estímulos ou sinais que recebem do seu meio.
- As células animais e vegetais normalmente têm 5 a 20 μm de diâmetro e podem ser observadas ao microscópio óptico, que também pode revelar alguns de seus componentes internos, incluindo as organelas maiores.
- O microscópio eletrônico revela até as menores organelas, mas os espécimes requerem uma preparação elaborada e não podem ser visualizados enquanto estiverem vivos.
- Moléculas grandes específicas podem ser localizadas nas células fixadas ou vivas com um microscópio de fluorescência.
- As células vivas atuais mais simples são procarióticas: embora contenham DNA, não têm um núcleo nem outras organelas, e provavelmente se parecem mais com a célula ancestral.
- Diferentes espécies de procariotos são diversas nas suas capacidades químicas e habitam uma ampla variedade de hábitats. Duas subdivisões evolucionárias fundamentais são reconhecidas: *Bacteria* e *Archaea*.
- As células eucarióticas possuem um núcleo e outras organelas não encontradas nos procariotos. Elas provavelmente evoluíram em uma série de etapas, incluindo a aquisição das mitocôndrias por incorporação de bactérias aeróbias e (para células vegetais) a aquisição de cloroplastos por incorporação de bactérias fotossintéticas.
- O núcleo contém a informação genética do organismo eucarioto armazenada em moléculas de DNA.
- O citoplasma inclui todo o conteúdo das células, exceto o núcleo, e contém uma variedade de organelas delimitadas por membranas com funções especializadas: as mitocôndrias realizam a oxidação final das moléculas de alimento; nas plantas, os cloroplastos realizam a fotossíntese; o retículo endoplasmático e o aparelho de Golgi sintetizam moléculas complexas para exportação a partir da célula e para inserção nas membranas celulares; os lisossomos digerem moléculas grandes.
- Ao redor das organelas delimitadas por membranas no citoplasma está o citosol, uma mistura muito concentrada de moléculas grandes e pequenas que realizam vários processos bioquímicos essenciais.
- O citoesqueleto é composto de filamentos de proteína que se estendem pelo citoplasma e são responsáveis pelo formato e movimento celular e pelo transporte de organelas e outros complexos moleculares grandes de um local para outro.
- Microrganismos unicelulares de vida livre são células complexas que podem nadar, se reproduzir, caçar e devorar outros microrganismos.
- Animais, plantas e alguns fungos consistem em tipos celulares eucarióticos diversos, todos derivados de um único óvulo fertilizado; o número dessas células que cooperam para formar um organismo multicelular grande, como um humano, chega a trilhões.
- Os biólogos escolheram um pequeno número de organismos-modelo para estudar com mais detalhes, incluindo a bactéria *E. coli*, a levedura da cerveja, um verme nematódeo, uma mosca, uma pequena planta, um peixe, um camundongo e o próprio ser humano.
- A célula mais simples conhecida é uma bactéria com cerca de 500 genes, mas a maioria das células contém um número significativamente maior de genes. O genoma humano tem cerca de 25.000 genes, o que é apenas cerca de duas vezes a quantidade de genes de uma mosca e seis vezes a quantidade de genes em *E. coli*.

TERMOS-CHAVE

arqueia	evolução	núcleo
bactéria	fotossíntese	organela
célula	genoma	organismo-modelo
citoesqueleto	homólogo	procarioto
citoplasma	membrana plasmática	proteína
citosol	micrômetro	protozoário
cloroplasto	microscópio	ribossomo
cromossomo	microscópio de fluorescência	RNA
DNA	microscópio eletrônico	
eucarioto	mitocôndria	

TESTE SEU CONHECIMENTO

QUESTÃO 1-8

Agora você deve estar familiarizado com os seguintes componentes celulares. Defina brevemente o que eles são e quais as funções que realizam nas células.

A. citosol
B. citoplasma
C. mitocôndrias
D. núcleo
E. cloroplastos
F. lisossomos
G. cromossomos
H. aparelho de Golgi
I. peroxissomos
J. membrana plasmática
K. retículo endoplasmático
L. citoesqueleto

QUESTÃO 1-9

Quais das seguintes afirmativas estão corretas? Justifique sua resposta.

A. A informação hereditária de uma célula é transmitida pelas suas proteínas.
B. O DNA bacteriano é encontrado no citosol.
C. As plantas são compostas por células procarióticas.
D. Todas as células de um mesmo organismo têm o mesmo número de cromossomos (com exceção dos óvulos e dos espermatozoides).
E. O citosol contém organelas delimitadas por membranas, como os lisossomos.
F. O núcleo e as mitocôndrias estão delimitados por uma dupla membrana.
G. Os protozoários são organismos complexos com um grupo de células especializadas que formam tecidos, como os flagelos, partes bucais, ferrões e apêndices semelhantes a pernas.
H. Os lisossomos e os peroxissomos são os locais de degradação de materiais indesejáveis.

QUESTÃO 1-10

Para se ter uma percepção do tamanho das células (e usar o sistema métrico), considere o seguinte: o encéfalo humano pesa cerca de 1 kg e contém cerca de 10^{12} células. Calcule o tamanho médio de uma célula do encéfalo (embora saibamos que os seus tamanhos variam amplamente), assumindo que cada célula está inteiramente preenchida com água (1 cm^3 de água pesa 1 g). Qual seria o comprimento de um lado dessa célula de tamanho médio do encéfalo, se ela fosse um simples cubo? Se as células fossem espalhadas em uma fina camada que tem apenas uma célula de espessura, quantas páginas deste livro esta camada cobriria?

QUESTÃO 1-11

Identifique as diferentes organelas indicadas com letras na micrografia eletrônica de uma célula vegetal mostrada na figura a seguir. Estime o comprimento da barra de escala na figura.

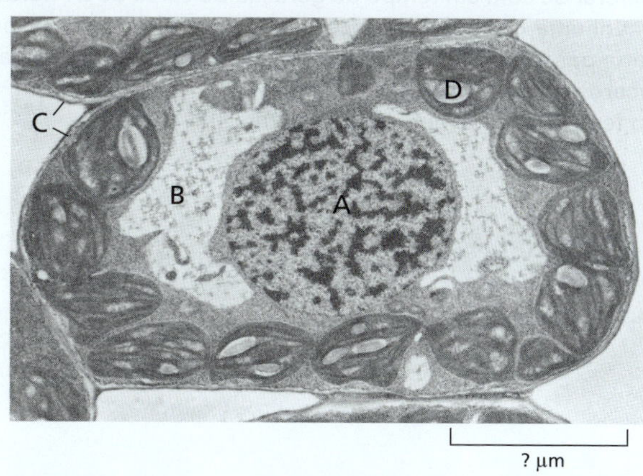

QUESTÃO 1-12

Existem três classes principais de filamentos que compõem o citoesqueleto. Quais são elas e quais são as diferenças nas suas funções? Quais filamentos do citoesqueleto seriam mais abundantes em uma célula muscular ou em uma célula da epiderme, que compõe a camada externa da pele? Justifique sua resposta.

QUESTÃO 1-13

A seleção natural é uma força muito poderosa na evolução, pois até mesmo as células com uma pequena vantagem no crescimento rapidamente superam as suas competidoras. Para ilustrar esse processo, considere uma cultura de células que contém 1 milhão de células bacterianas que se duplicam a cada 20 minutos. Uma única célula, nessa cultura, adquire uma mutação que lhe permite dividir-se mais rapidamente, com um tempo de geração de apenas 15 minutos. Supondo que existe um suprimento ilimitado de nutrientes e nenhuma morte celular, quanto tempo levaria para que a progênie da célula mutante se tornasse predominante na cultura? (Antes de começar a calcular, faça uma suposição: você acha que isso levaria cerca de um dia, uma semana, um mês ou um ano?) Quantas células de cada tipo estariam presentes na cultura nesse momento? (O número de células N na cultura no tempo t é descrito pela equação $N = N_0 \times 2^{t/G}$, onde N_0 é o número de células no tempo zero, e G é o tempo de geração.)

QUESTÃO 1-14

Quando as bactérias são cultivadas sob condições adversas, isto é, na presença de um veneno como um antibiótico, a maioria das células cresce e se prolifera lentamente. Contudo, não é incomum que a velocidade de crescimento de uma cultura bacteriana mantida na presença do veneno seja restabelecida, após alguns dias, para a velocidade observada na sua ausência. Sugira uma explicação para este fenômeno.

QUESTÃO 1-15

Aplique o princípio do crescimento exponencial, como descrito na Questão 1-13, às células em um organismo multicelular como você mesmo. Existem cerca de 10^{13} células no seu corpo. Assuma que uma célula adquira uma mutação que lhe permite dividir-se de maneira descontrolada (i.e., ela se torna uma célula cancerosa). Algumas células cancerosas podem proliferar-se com um tempo de geração de cerca de 24 horas. Se nenhuma das células cancerosas morreu, quanto tempo levaria para que as 10^{13} células no seu corpo fossem células cancerosas? (Use a equação $N = N_0 \times 2^{t/G}$, com t, o tempo, e G, o tempo de cada geração. Sugestão: $10^{13} \approx 2^{43}$.)

QUESTÃO 1-16

Discuta a seguinte afirmativa: "A estrutura e a função de uma célula viva são determinadas por leis da física e da química".

QUESTÃO 1-17

Quais são, se houver alguma, as vantagens de ser multicelular?

QUESTÃO 1-18

Desenhe, em escala, um esquema de duas células esféricas, a primeira, uma bactéria com 1 μm de diâmetro, a outra, uma célula animal com um diâmetro de 15 μm. Calcule o volume, a área de superfície e a proporção entre superfície e volume para cada célula. Como essa proporção se alteraria, se você incluísse as membranas internas da célula no cálculo da área de superfície (considere que as membranas internas tenham 15 vezes a área da membrana plasmática)? (O volume de uma esfera é dado por $4\pi r^3/3$, e a sua superfície, por $4\pi r^2$, onde r é o raio.) Discuta a seguinte hipótese: "As membranas internas permitiram que células maiores evoluíssem".

QUESTÃO 1-19

Quais são os argumentos para a afirmativa "todas as células vivas se desenvolveram a partir de uma célula ancestral comum"? Considere os primórdios da evolução da vida na Terra. Você assumiria que a célula ancestral primordial foi a primeira e única célula a se formar?

QUESTÃO 1-20

Na Figura 1-25, as proteínas estão em azul, os ácidos nucleicos estão em rosa, os lipídeos estão em amarelo, e os polissacarídeos estão em verde. Identifique as principais organelas e outras estruturas celulares importantes mostradas nessa secção de uma célula eucariótica.

QUESTÃO 1-21

Observando água de uma poça sob o microscópio, você percebe uma célula não familiar, em forma de bastonete, com cerca de 200 μm de comprimento. Sabendo que algumas bactérias excepcionais podem ser grandes assim ou até mesmo maiores, você gostaria de saber se a sua célula é uma bactéria ou um eucarioto. Como você vai decidir? Se não for um eucarioto, como você descobrirá se é uma bactéria ou uma arqueia?

2

Componentes químicos das células

LIGAÇÕES QUÍMICAS

MOLÉCULAS PEQUENAS NAS CÉLULAS

MACROMOLÉCULAS NAS CÉLULAS

À primeira vista, é difícil aceitar a ideia de que os organismos vivos sejam meramente um sistema químico. A inacreditável diversidade das suas formas, de seus comportamentos aparentes de autodeterminação e sua capacidade para crescerem e se reproduzirem parecem colocá-los à parte do mundo dos sólidos, líquidos e gases que a química normalmente descreve. Até o século XIX, foi aceito amplamente que os animais tinham uma força vital – um "animus" – que era responsável pelas suas propriedades características.

Hoje se sabe que nada há nos organismos vivos que desobedeça às leis da química e da física. Entretanto, a química da vida, sem dúvida, é de um tipo muito especial. Primeiro, ela se baseia fundamentalmente em compostos de carbono, cujo estudo é conhecido como *química orgânica*. Em segundo lugar, ela depende quase exclusivamente de reações que ocorrem em soluções *aquosas* e na faixa de temperatura relativamente estreita que existe na Terra. Em terceiro, a química das células é extremamente complexa: mesmo a mais simples das células tem uma química muito mais complicada do que qualquer outro sistema químico conhecido. Quarto, ela é dominada e coordenada por cadeias enormes de *moléculas poliméricas* (cadeias formadas por **subunidades** ligadas em sucessão) cujas propriedades únicas permitem que as células e os organismos cresçam e se reproduzam e ainda façam todas as outras coisas que são peculiares à vida. Por fim, a química da vida é finamente regulada: as células se organizam com um grande número de mecanismos para assegurar que todas as suas reações químicas ocorram corretamente no espaço e no tempo.

Devido ao fato de que a química é central para toda a biologia, este capítulo revisa brevemente a química das células vivas. Aqui são vistas as moléculas que formam as células e também examinadas as suas estruturas, formas e propriedades químicas. Essas moléculas determinam o tamanho, a estrutura e as funções das células vivas. Entendendo como elas interagem, começamos a ver como elas exploram as leis da química e da física para sobreviver, crescer e se reproduzir.

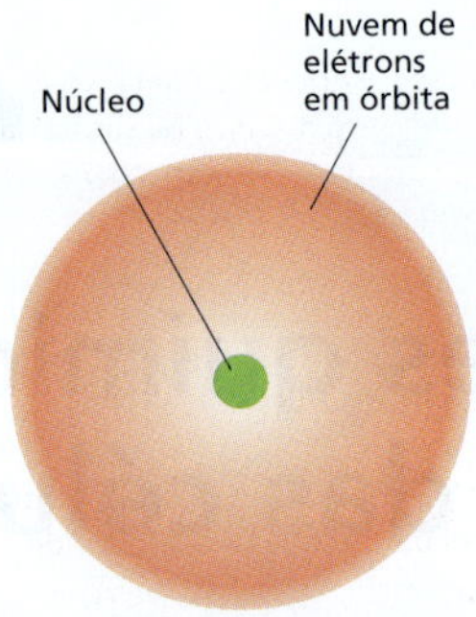

Figura 2-1 O átomo é formado por um núcleo rodeado por uma nuvem de elétrons. O núcleo, denso e carregado positivamente, contém a maior parte da massa do átomo. Os elétrons, muito mais leves e carregados negativamente, ocupam o espaço ao redor do núcleo, de acordo com as leis da mecânica quântica. Os elétrons estão representados como uma nuvem contínua porque não há maneira de predizer com exatidão onde o elétron se encontra a cada instante. Na figura, a densidade do sombreamento da nuvem indica a probabilidade de que os elétrons sejam encontrados nessa região. O diâmetro da nuvem de elétrons varia entre 0,1 nm (para o hidrogênio) e 0,4 nm (para átomos de número atômico elevado). O núcleo é muito menor, cerca de 5×10^{-6} nm para o carbono, por exemplo.

LIGAÇÕES QUÍMICAS

A matéria é formada por combinações de *elementos* – substâncias como o hidrogênio ou o carbono que não podem ser desmembrados ou convertidos uns nos outros por reações químicas. A menor partícula de um elemento que ainda retém as propriedades características desse elemento é o *átomo*. Entretanto, as características de outras substâncias que não são elementos puros – incluindo os materiais que formam as células vivas – dependem de quais são os átomos que formam essas substâncias e da maneira pela qual eles estão ligados entre si, em agrupamentos que formam as *moléculas*. Portanto, para entender os organismos vivos é fundamental que se conheça como são formadas as ligações químicas que mantêm os átomos unidos, formando moléculas.

As células são formadas por relativamente poucos tipos de átomos

Cada **átomo** tem, em sua região central, um núcleo denso e com carga positiva, que é rodeado, a uma certa distância, por uma nuvem de **elétrons** carregados negativamente, os quais são mantidos nessa nuvem ao redor do núcleo por atração eletrostática (**Figura 2-1**). Por sua vez, o núcleo dos átomos é constituído por dois tipos de partículas subatômicas: **prótons**, que são carregados positivamente, e *nêutrons*, que são eletricamente neutros. O número de prótons no núcleo de um átomo determina o seu *número atômico*. Um átomo de hidrogênio tem o núcleo composto de um único próton. O hidrogênio, portanto, com o número atômico 1, é o mais leve dos elementos. Um átomo de carbono tem seis prótons no seu núcleo e um número atômico 6 (**Figura 2-2**). A carga elétrica que um próton carrega é exatamente igual e oposta à carga de um elétron. Como o átomo, na sua totalidade, é eletricamente neutro, o número de elétrons negativamente carregados que rodeiam o núcleo é igual ao número de prótons carregados positivamente que estão contidos no núcleo, e assim o número de elétrons de um átomo é exatamente igual ao seu número atômico. Todos os átomos de um mesmo elemento têm o mesmo número atômico, e veremos brevemente que é esse número que determina o comportamento químico do átomo.

Os nêutrons têm, essencialmente, a mesma massa que os prótons. Eles contribuem para a estabilidade estrutural do núcleo – se forem em número muito pequeno ou elevado, o núcleo pode desintegrar-se por decaimento radioativo –, mas não alteram as propriedades químicas do átomo. Assim, um elemento pode existir sob distintas formas físicas, mas quimicamente idênticas. Essas formas são denominadas *isótopos*, e têm um número de nêutrons diferente, porém com um mesmo número de prótons. Quase todos os elementos ocorrem, na natureza, na forma de vários isótopos, inclusive alguns que são instáveis – e, portanto, radioativos. Por exemplo, enquanto a maior parte do carbono que existe na Terra está na forma de isótopo de carbono 12, com seis prótons e seis nêutrons, o

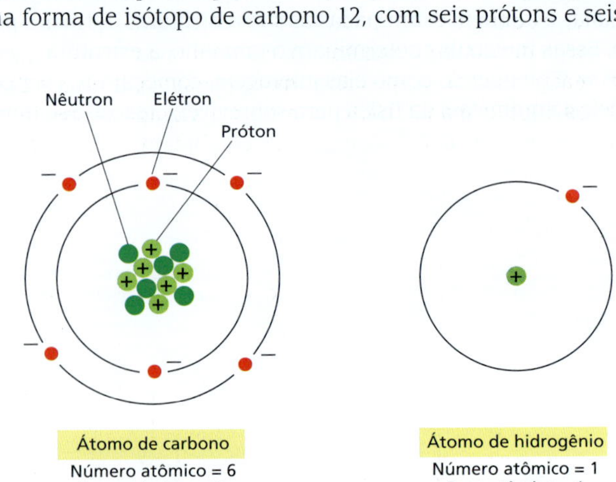

Figura 2-2 O número de prótons de um átomo determina seu número atômico. Representação esquemática de um átomo de carbono e de um átomo de hidrogênio. O núcleo de cada átomo, exceto no hidrogênio, consiste em prótons carregados positivamente e nêutrons eletricamente neutros. O peso atômico é igual ao número de prótons mais o número de nêutrons. O número de elétrons de um átomo é igual ao número de prótons, de modo que o átomo não tem carga líquida. Diferentemente da Figura 2-1, aqui os elétrons estão representados como partículas individuais. Os círculos *pretos* concêntricos representam de forma altamente esquemática as "órbitas" (i.e., as diferentes distribuições) dos elétrons. Os nêutrons, os prótons e os elétrons têm, na realidade, um tamanho mínimo em relação ao átomo como um todo; neste esquema, os seus tamanhos estão em uma escala desproporcionalmente maior.

carbono também existe em pequenas quantidades como um isótopo instável, o carbono 14, que tem seis prótons e oito nêutrons. O carbono 14 sofre decaimento radioativo, em velocidade lenta, mas constante. Isso permite que arqueólogos estimem a idade de materiais orgânicos.

O **peso atômico** de um átomo, ou o **peso molecular** de uma molécula, é a relação entre a sua massa e a massa do átomo de hidrogênio. Ela é essencialmente igual ao número de prótons mais o número de nêutrons que o átomo ou a molécula contém, pois os elétrons são tão leves que sua contribuição para a massa total é praticamente zero. Assim, o principal isótopo do carbono tem peso atômico de 12 e é escrito como ^{12}C. O isótopo instável do carbono recém-mencionado tem peso atômico de 14 e é escrito como ^{14}C. A massa de um átomo ou molécula é frequentemente especificada em *dáltons* – um dálton sendo a unidade de massa atômica aproximadamente igual à massa do átomo de hidrogênio.

Os átomos são tão pequenos que é difícil imaginar o seu tamanho. Um átomo de carbono, grosseiramente, possui um diâmetro de 0,2 nm, de maneira que seria preciso uma linha de cerca 5 milhões deles para cobrir uma distância de um milímetro. Um próton, ou um nêutron, pesa aproximadamente $1/(6 \times 10^{23})$ gramas. Como o hidrogênio possuí apenas um único próton, ele tem peso atômico 1 e então 1 grama de hidrogênio contém 6×10^{23} átomos. No caso do carbono, com seis prótons e seis nêutrons e peso atômico igual a 12, 12 gramas contêm 6×10^{23} átomos. Esse número enorme, denominado **número de Avogadro**, permite que se relacionem as quantidades de substâncias químicas encontradas na vida quotidiana com o número de átomos ou moléculas individuais. Se uma substância tiver um peso molecular de *M*, *M* gramas dessa substância conterão 6×10^{23} moléculas da mesma. Essa quantidade é chamada de um *mol* de substância (**Figura 2-3**). O conceito de mol é amplamente usado na química como uma maneira de representar o número de moléculas disponíveis para participar das reações químicas.

Existem cerca de 90 elementos que ocorrem naturalmente, cada um deles diferindo dos demais pelo número de prótons e elétrons de seus átomos. Os organismos vivos, entretanto, são formados apenas por um pequeno e selecionado grupo de elementos, mas somente quatro deles – carbono (C), hidrogênio (H), nitrogênio (N) e oxigênio (O) – perfazem 96% do peso dos organismos vivos. Essa composição difere muito daquela do ambiente inorgânico não vivo na Terra (**Figura 2-4**) e é uma das evidências de um tipo de química muito particular.

Um mol são *X* gramas de uma substância, onde *X* é o peso atômico da substância. Um mol contém 6×10^{23} moléculas da substância.

1 mol de carbono pesa 12 g
1 mol de glicose pesa 180 g
1 mol de cloreto de sódio pesa 58 g

Uma solução 1 molar tem a concentração de 1 mol da substância em 1 litro de solução. Uma solução 1 M de glicose, por exemplo, contém 180 g/L e uma solução 1 milimolar (1 mM) contém 180 mg/L.

A abreviação padrão para grama é g e para litro é L.

Figura 2-3 O que é um mol? Exemplos de cálculos envolvendo mols e soluções molares.

Os elétrons da camada mais externa determinam como os átomos interagem

Para entender como os átomos se ligam entre si para formar as moléculas que compõem os organismos vivos, deve-se prestar atenção especial aos seus elétrons. Prótons e nêutrons são mantidos firmemente unidos uns aos outros no núcleo de um átomo, e trocam de parceiro somente em condições extremas, por exemplo, durante o decaimento radioativo, ou no interior do sol, ou ainda no interior de um reator nuclear. Nos tecidos vivos, apenas os elétrons dos átomos sofrem rearranjos. Eles formam a parte externa dos átomos e especificam as regras da química segundo as quais os átomos se combinam, formando moléculas.

Os elétrons estão permanentemente se movimentando ao redor do núcleo. Entretanto, a motilidade nesse nível submicroscópico obedece a leis diferentes daquelas com que se está acostumado na vida quotidiana. Essas leis determinam que os elétrons podem estar presentes e se movimentar apenas em determinadas regiões dos átomos, em órbitas individuais. Ainda mais, há um limite específico do número de elétrons que pode ser acomodado em um determinado tipo de órbita, a assim chamada *camada eletrônica*. Aqueles elétrons que, em média, estão mais próximos do núcleo positivo são atraídos mais fortemente pelo núcleo, e então ocupam a região mais interna e estão ligados à camada eletrônica com maior afinidade. Essa camada pode ter, no máximo, dois elétrons. A segunda camada está mais afastada do núcleo e pode abrigar até oito elétrons. A terceira camada também pode conter até oito elétrons, que estão ligados com afinidade menor.

Figura 2-4 A distribuição dos elementos na crosta terrestre difere radicalmente daquela encontrada nos organismos vivos. A abundância de cada elemento está expressa como porcentagem do número total de átomos presentes em amostras biológicas e geológicas, inclusive a água. Assim, por exemplo, mais de 60% dos átomos presentes no corpo humano são átomos de hidrogênio e praticamente 30% dos átomos da crosta terrestre são átomos de silício (Si). A abundância relativa dos elementos é semelhante em todos os seres vivos.

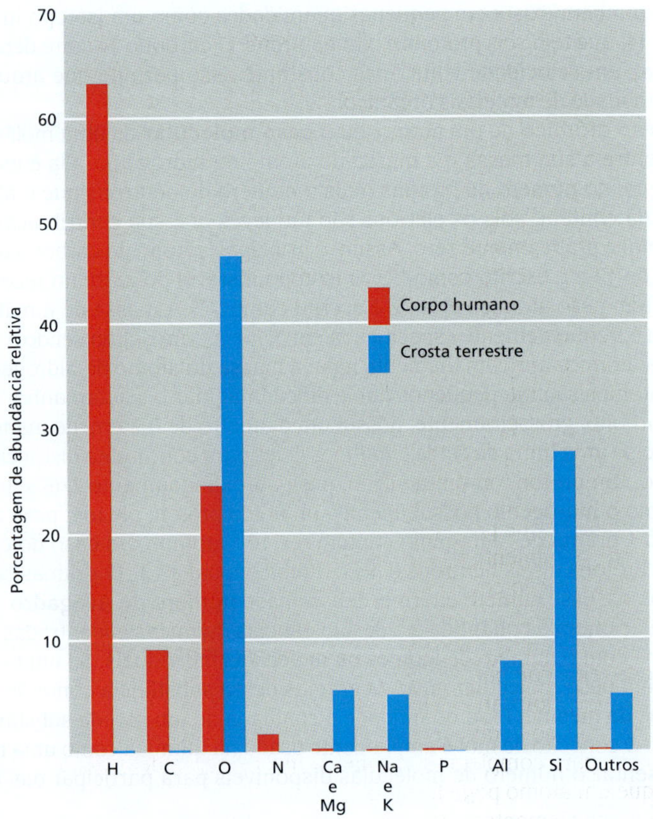

QUESTÃO 2-1

Uma xícara de água contendo exatamente 18 g, ou 1 mol, de água foi esvaziada no Mar Egeu há 3 mil anos. Qual seria a chance de a mesma quantidade de água, tirada do Oceano Pacífico hoje, incluir pelo menos uma dessas moléculas antigas de água? Considere uma mistura perfeita e que o volume aproximado dos oceanos da Terra seja de 1,5 bilhão de quilômetros cúbicos ($1{,}5 \times 10^9$ km^3).

A quarta e a quinta camadas podem conter 18 elétrons cada uma. A presença de átomos com mais de quatro camadas é muito rara nas moléculas biológicas.

O arranjo eletrônico de um átomo é mais estável quando todos os seus elétrons estiverem em um estado no qual possam ligar-se com a maior afinidade possível, isto é, quando ocupam as camadas mais internas, próximas ao núcleo. Portanto, exceto no caso de átomos muito grandes, os elétrons de um átomo preenchem os orbitais ordenadamente: a primeira camada antes da segunda, a segunda antes da terceira e assim por diante. Átomos cuja camada mais externa esteja completamente preenchida por elétrons são particularmente estáveis e, portanto, quimicamente inertes. São exemplos o hélio, que possui dois elétrons (número atômico 2), o neônio, que possui 2 + 8 elétrons (número atômico 10) e o argônio, que possui 2 + 8 + 8 elétrons (número atômico 18); esses três elementos são gases inertes. De maneira oposta, o hidrogênio, que possui apenas um elétron e, consequentemente, apenas meia camada externa preenchida, é extremamente reativo. Todos os átomos presentes nos seres vivos possuem a camada mais externa preenchida incompletamente e, portanto, são capazes de reagir com algum outro átomo para formarem moléculas (**Figura 2-5**).

Uma vez que uma camada eletrônica preenchida incompletamente é menos estável do que uma que esteja completamente preenchida, os átomos com a camada mais externa incompleta têm uma forte tendência a interagir com outros átomos, de modo a que cada um ganhe ou perca elétrons para completarem as suas respectivas camadas mais externas. Essa troca de elétrons pode ocorrer tanto por transferência de elétrons de um átomo a outro, quanto pelo compartilhamento de elétrons entre dois átomos. Essas duas estratégias levam a dois tipos de **ligações químicas** entre os átomos. Quando os elétrons são doados de um átomo para outro átomo, ocorre a formação de uma *ligação iônica*; quando dois átomos compartilham um mesmo par de elétrons, há a formação de uma *ligação covalente* (**Figura 2-6**).

Número atômico

	Elemento	I	II	III	IV
1	Hidrogênio (H)	●			
2	Hélio (He)	●●			
6	Carbono (C)	●●	●●●●		
7	Nitrogênio (N)	●●	●●●●●		
8	Oxigênio (O)	●●	●●●●●●		
10	Neônio (Ne)	●●	●●●●●●●●		
11	Sódio (Na)	●●	●●●●●●●●	●	
12	Magnésio (Mg)	●●	●●●●●●●●	●●	
15	Fósforo (P)	●●	●●●●●●●●	●●●●●	
16	Enxofre (S)	●●	●●●●●●●●	●●●●●●	
17	Cloro (Cl)	●●	●●●●●●●●	●●●●●●●	
18	Argônio (Ar)	●●	●●●●●●●●	●●●●●●●●	
19	Potássio (K)	●●	●●●●●●●●	●●●●●●●●	●
20	Cálcio (Ca)	●●	●●●●●●●●	●●●●●●●●	●●

(Camada eletrônica: I, II, III, IV)

Figura 2-5 A reatividade química de um elemento depende de como sua camada eletrônica mais externa está preenchida. Todos os elementos geralmente encontrados nos seres vivos possuem suas camadas mais externas não totalmente preenchidas com elétrons (*vermelho*) e, portanto, podem participar de reações químicas com outros átomos. Os gases inertes (*amarelo*), por outro lado, têm suas camadas mais externas completas e, portanto, não são reativos.

O átomo de H, que precisa de somente mais um elétron para completar sua camada única, geralmente adquire esse elétron por compartilhamento. Com isso, ele forma uma ligação covalente com algum outro átomo. Nas células vivas, os outros elementos mais comuns são C, N e O (que possuem a segunda camada incompleta), e P e S (que possuem a terceira camada incompleta) (ver Figura 2-5). Desse modo, eles compartilham elétrons para completarem a camada externa com oito elétrons, formando assim várias ligações covalentes. O número de elétrons que um átomo adquire ou perde, tanto por compartilhamento quanto por transferência, para completar sua camada mais externa determina o número de ligações que um átomo pode formar.

Quando os elementos são listados segundo a ordem crescente de seus números atômicos, observa-se uma periodicidade recorrente de elementos com propriedades semelhantes, pois é o estado da camada eletrônica mais externa que determina as propriedades químicas do elemento. Um elemento que tem a segunda camada incompleta, contendo um elétron, se comporta praticamente da mesma maneira que um elemento que tem sua segunda camada totalmente preenchida e a terceira camada incompleta, também contendo um elétron. Os metais, por exemplo, têm suas camadas mais externas incompletas, contendo apenas um ou poucos elétrons, ao passo que, como foi visto, os gases inertes contêm suas camadas mais externas totalmente preenchidas. Esse ordenamento deu origem à *tabela periódica dos elementos*, representada na **Figura 2-7**, que mostra os elementos encontrados nos seres vivos destacados com cores diferentes.

QUESTÃO 2-2

Um átomo de carbono contém seis prótons e seis nêutrons.

A. Quais são o seu número atômico e o seu peso atômico?
B. Quantos elétrons ele tem?
C. Quantos elétrons a mais devem ser adicionados para completar a sua camada eletrônica mais externa? Como isso afeta o comportamento químico do carbono?
D. O carbono com peso atômico 14 é radioativo. Como isso modifica sua estrutura em relação ao carbono não radioativo? Como isso afeta o comportamento químico do carbono?

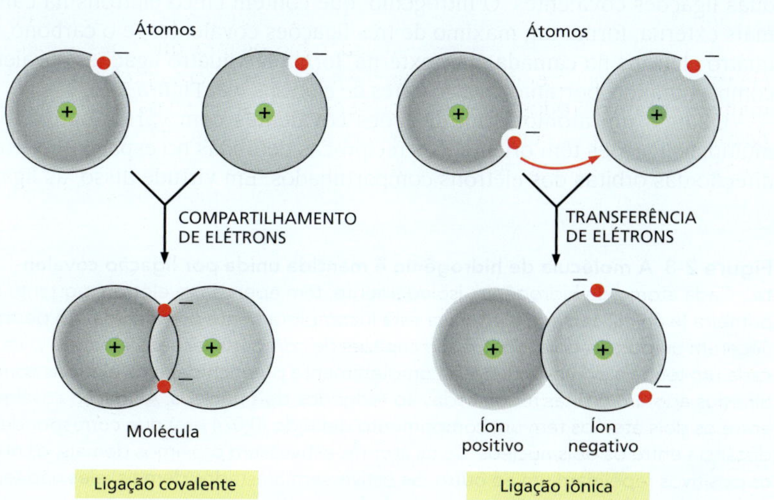

Figura 2-6 Os átomos podem alcançar uma organização mais estável de elétrons na camada mais externa pela interação com outro átomo. Uma ligação covalente é formada quando os elétrons são compartilhados entre dois átomos. Uma ligação iônica é formada quando os elétrons são transferidos de um átomo a outro. Os dois casos mostrados representam extremos; frequentemente, as ligações covalentes se formam com uma transferência parcial (compartilhamento desigual de elétrons), resultando em uma ligação covalente polar, conforme discutido a seguir.

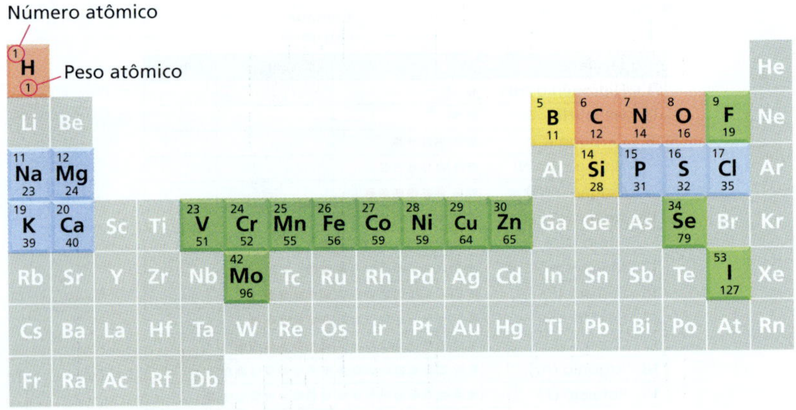

Figura 2-7 A química da vida é predominantemente a química dos elementos mais leves. Quando ordenados segundo seus números atômicos na *tabela periódica*, os elementos formam grupos que apresentam propriedades similares, com base no número de elétrons que cada elemento possui na camada mais externa. Átomos posicionados na mesma coluna vertical devem ganhar ou perder o mesmo número de elétrons para completarem a sua camada mais externa, e assim se comportam de maneira semelhante. Portanto, tanto o magnésio (Mg) quanto o cálcio (Ca) tendem a doar os dois elétrons de suas respectivas camadas mais externas, formando ligações iônicas, para átomos como o cloro (Cl), que necessitam de elétrons extras para completarem suas camadas mais externas.

Os quatro elementos marcados em *vermelho* constituem 99% do número total dos átomos presentes no corpo humano e cerca de 96% do seu peso total. Um grupo de sete elementos, marcados em *azul*, representa, em conjunto, cerca de 0,9% do número total de átomos. Outros elementos, mostrados em *verde*, são necessários em quantidades-traço para o ser humano. Ainda não está claro se os elementos mostrados em *amarelo* são essenciais ou não para o homem.

Os pesos atômicos aqui mostrados são os dos isótopos mais comuns para cada elemento.

As ligações covalentes são formadas por compartilhamento de elétrons

Todas as características de uma célula dependem das moléculas que ela possui. **Moléculas** são um agregado de átomos unidos por **ligações covalentes**, isto é, os átomos que as formam completam suas camadas mais externas por compartilhamento de elétrons, não por troca de elétrons. Os elétrons compartilhados completam as camadas mais externas dos átomos que estão interagindo. Na molécula mais simples que pode existir, a molécula de hidrogênio (H_2), dois átomos de H, cada um com seu único elétron, compartilham esses elétrons, completando assim suas camadas mais externas. Esses elétrons compartilhados formam uma nuvem de carga negativa que é mais densa na região localizada entre os dois núcleos de carga positiva. Essa densidade de elétrons ajuda a manter os núcleos unidos, por opor-se à repulsão mútua entre suas cargas positivas, o que, de outro modo, forçaria o afastamento dos átomos. As forças de atração e de repulsão estão balanceadas de tal forma, que os núcleos ficam afastados um do outro por uma distância característica, chamada de *comprimento de ligação* (**Figura 2-8**).

Enquanto um átomo de H pode formar apenas uma única ligação covalente, os outros átomos que comumente formam ligações covalentes nas células (O, N, S, P e o importantíssimo C) podem formar mais de uma ligação. As camadas mais externas desses átomos, como visto anteriormente, podem acomodar até oito elétrons e, então, formam ligações covalentes com tantos outros átomos quantos forem necessários para alcançar esse número de elétrons. O oxigênio, com seis elétrons na sua camada externa, é mais estável quando adquire dois elétrons extras pelo compartilhamento com outros átomos; portanto, forma até duas ligações covalentes. O nitrogênio, que contém cinco elétrons na camada mais externa, forma um máximo de três ligações covalentes, e o carbono, com quatro elétrons na camada mais externa, forma até quatro ligações covalentes, compartilhando, portanto, quatro pares de elétrons (ver Figura 2-5).

Quando um átomo forma ligações covalentes com vários outros, essas múltiplas ligações têm orientações recíprocas definidas no espaço e refletem a direção das órbitas dos elétrons compartilhados. Em virtude disso, as ligações

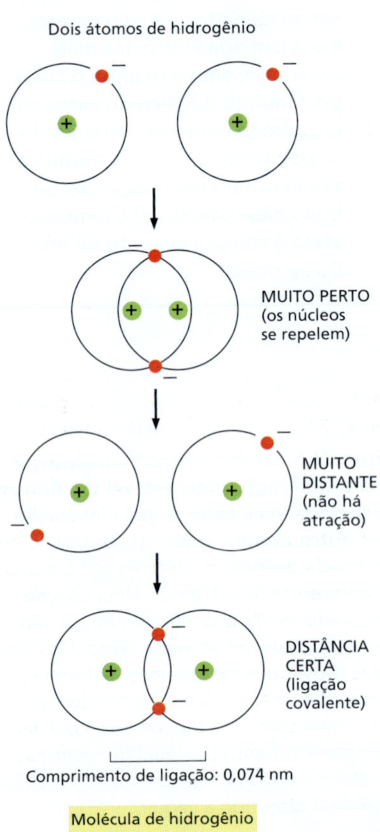

Figura 2-8 A molécula de hidrogênio é mantida unida por ligação covalente. Cada átomo de hidrogênio, isoladamente, tem apenas um elétron, portanto sua primeira (e única) camada eletrônica está incompletamente preenchida. Ao permanecerem unidos, os dois átomos são capazes de compartilhar seus elétrons, para que cada um tenha a primeira camada completamente preenchida, e os elétrons compartilhados adotam órbitas modificadas ao redor dos dois núcleos. A ligação covalente entre os dois átomos tem um comprimento definido (0,074 nm) que corresponde à distância entre os dois núcleos. Se os átomos estivessem próximos demais, os núcleos positivos repeliriam um ao outro. Se estivessem afastados demais, eles não teriam a capacidade de compartilhar elétrons de forma eficaz.

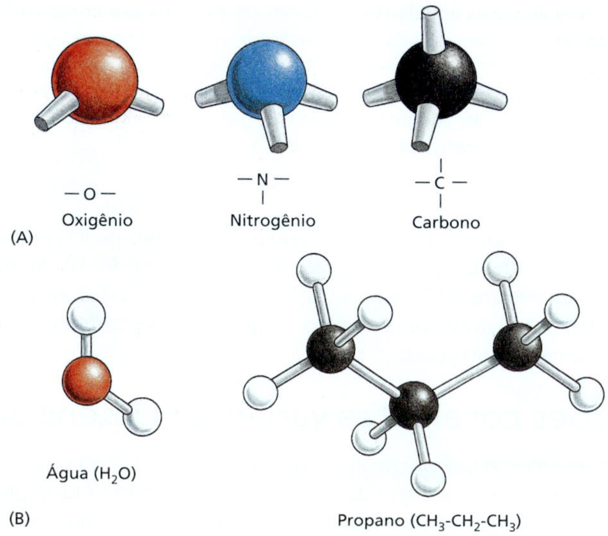

Figura 2-9 As ligações covalentes são caracterizadas por geometrias específicas. (A) Arranjos espaciais das ligações covalentes que podem ser formadas pelo oxigênio, pelo nitrogênio e pelo carbono. (B) As moléculas formadas por esses átomos têm uma estrutura tridimensional precisa, definida pelo ângulo e pelo comprimento de cada ligação covalente. A molécula de água, por exemplo, tem a forma de "V", com um ângulo próximo de 109°.

No modelo de esfera-bastão, as esferas coloridas são átomos diferentes e os bastões, as ligações covalentes. As cores tradicionalmente usadas para representar os diferentes átomos – *preto* para o carbono, *branco* para o hidrogênio, *azul* para o nitrogênio e *vermelho* para o oxigênio – foram estabelecidas pelo químico August Wilhelm Hofmann, em 1865, quando ele utilizou um conjunto de bolas usadas em jogo de croqué para fazer modelos moleculares para uma palestra pública sobre o "poder combinatório" dos átomos.

covalentes entre vários átomos são caracterizadas por ângulos de ligação, comprimento de ligação e energia de ligação específicos (**Figura 2-9**). As quatro ligações covalentes que podem ser formadas ao redor de um átomo de carbono, por exemplo, estão organizadas na direção dos quatro cantos de um tetraedro regular. A precisão da orientação das ligações covalentes ao redor do átomo de carbono produz a geometria tridimensional das moléculas orgânicas.

Existem diferentes tipos de ligações covalentes

A maioria das ligações covalentes envolve o compartilhamento de dois elétrons, cada um doado por um dos átomos participantes. Essas ligações são denominadas *ligações simples*. Algumas ligações covalentes, entretanto, envolvem o compartilhamento de mais de um par de elétrons. Por exemplo, quatro elétrons podem ser compartilhados, dois oriundos de cada um dos átomos participantes. Esse tipo de ligação é denominado *ligação dupla*. As ligações duplas são mais curtas e mais fortes do que as ligações simples e têm um efeito característico sobre a geometria tridimensional das moléculas que as contêm. Uma ligação covalente simples entre dois átomos geralmente permite a rotação, ao redor do eixo de ligação, de uma parte da molécula em relação à outra. Uma ligação dupla impede tal rotação, produzindo um arranjo de átomos mais rígido e menos flexível (**Figura 2-10**). Essa restrição tem influência fundamental sobre a forma tridimensional de muitas macromoléculas. O **Painel 2-1** (p. 66-67) revisa as ligações covalentes comumente observadas nas moléculas biológicas.

Algumas moléculas possuem átomos que compartilham elétrons de modo a formarem ligações de caráter intermediário entre as ligações simples e duplas. Por exemplo, a molécula do benzeno, que é altamente estável, é formada por um anel de seis átomos de carbono onde os elétrons participantes das ligações estão distribuídos uniformemente (embora, algumas vezes, o arranjo seja representado esquematicamente como uma sequência alternada de ligações simples e ligações duplas, como pode ser visto no Painel 2-1).

Quando os átomos unidos por uma ligação covalente simples pertencem a elementos diferentes, os dois átomos geralmente atraem, em diferentes graus, os elétrons compartilhados. As ligações covalentes nas quais os elétrons são compartilhados de maneira não equitativa são conhecidas como *ligações covalentes polares*. Uma estrutura **polar** (no sentido elétrico) é uma estrutura com carga positiva concentrada ao redor de uma das extremidades da molécula (o polo positivo) e carga negativa concentrada ao redor da outra extremidade (o polo negativo). Os átomos de oxigênio e de nitrogênio, por exemplo, atraem elétrons com uma força relativamente intensa, enquanto o átomo de hidrogênio atrai elétrons

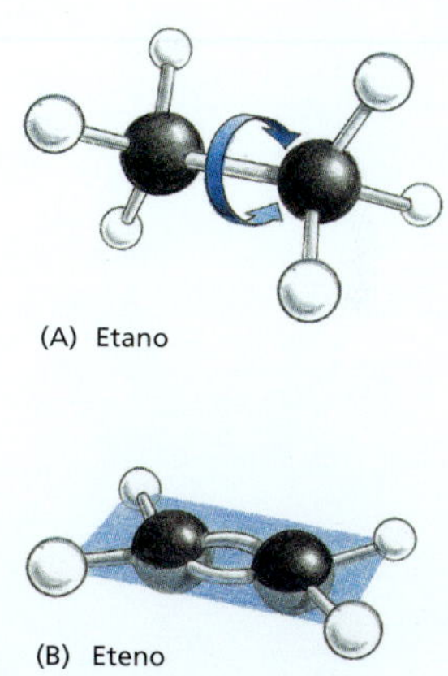

Figura 2-10 As ligações duplas carbono-carbono são mais curtas e mais rígidas do que as ligações simples carbono-carbono. (A) A molécula de etano, com uma ligação covalente simples entre os dois átomos de carbono, apresenta um arranjo tetraédrico das três ligações covalentes simples entre cada átomo de carbono e os três átomos de H ligados a cada um deles. Os grupos CH_3, ligados pela ligação covalente C-C, podem girar, um em relação ao outro, ao redor do eixo da ligação. (B) A ligação dupla entre os dois átomos de carbono da molécula de eteno (etileno) altera a geometria da ligação dos átomos de carbono e mantém todos os átomos em um mesmo plano (*azul*); a ligação dupla impede a rotação de um grupo CH_2 em relação ao outro.

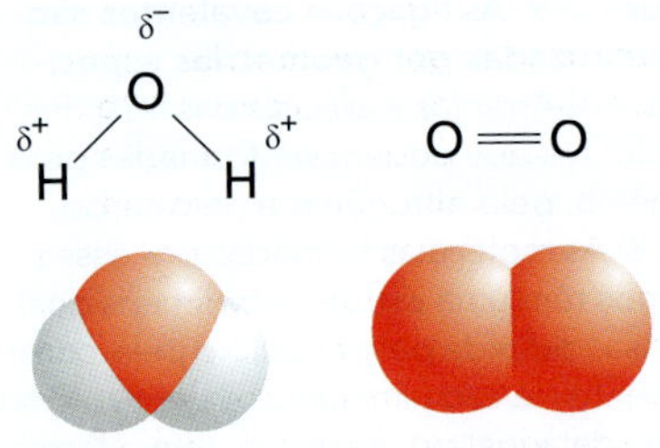

Figura 2-11 Nas ligações covalentes polares, os elétrons são compartilhados de maneira desigual. Comparação da distribuição de elétrons entre as ligações covalentes polares em uma molécula de água (H_2O) e as ligações covalentes não polares em uma molécula de oxigênio (O_2). Na H_2O, os elétrons são mais fortemente atraídos pelo núcleo do oxigênio do que pelo núcleo do H, como está indicado pela distribuição das cargas parciais negativa (δ^-) e positiva (δ^+).

mais fracamente (devido às diferenças relativas nas cargas positivas dos núcleos de C, O, N e H). Assim, as ligações covalentes entre O e H (O-H) ou entre N e H (N-H) são polares (**Figura 2-11**). Ao contrário, o átomo de C e o átomo de H atraem elétrons mais equitativamente. Portanto, a ligação entre carbono e hidrogênio (C-H) é relativamente não polar.

> **QUESTÃO 2-3**
>
> Discuta se a seguinte afirmação está correta: "Uma ligação iônica pode, a princípio, ser entendida como uma ligação covalente muito polar. As ligações covalentes polares, então, situam-se entre as ligações iônicas, em um extremo do espectro, e as ligações covalentes apolares, no outro extremo."

As ligações covalentes variam em intensidade

Foi visto anteriormente que a ligação covalente entre dois átomos tem um comprimento característico que depende dos átomos envolvidos. Outra propriedade crucial de qualquer ligação química é a sua força (ou intensidade). A *força de ligação* é medida pela quantidade de energia que deve ser gasta para romper a ligação; geralmente, essa energia é expressa em unidades de quilocalorias por mol (kcal/mol) ou de quilojoules por mol (kJ/mol). Uma quilocaloria é a quantidade de energia necessária para elevar em um grau centígrado a temperatura de um litro de água. Assim, se, para romper 6×10^{23} ligações de determinado tipo (i.e., um mol de ligações), é necessário empregar 1 quilocaloria, a força dessa ligação é de 1 kcal/mol. Uma quilocaloria equivale aproximadamente a 4,2 kJ, que é a unidade de energia universalmente empregada pelos físicos e também, cada vez mais, pelos biólogos moleculares.

Para se ter uma ideia do que significa força de ligação, é útil compará-la com a energia média dos impactos que as moléculas sofrem constantemente quando colidem com as demais moléculas presentes no mesmo ambiente: sua energia cinética ou calor. As ligações covalentes comuns são mais fortes do que essas energias cinéticas por um fator de 100, assim elas são resistentes ao rompimento pelo calor. Nos organismos vivos, elas são normalmente rompidas apenas durante reações químicas específicas que são cuidadosamente controladas por proteínas catalisadoras altamente especializadas, denominadas *enzimas*.

Na presença de água, as ligações covalentes são muito mais fortes do que as ligações iônicas. Nas ligações iônicas, os elétrons são transferidos, em vez de serem compartilhados, como discutido a seguir.

As ligações iônicas se formam por ganho e perda de elétrons

As **ligações iônicas**, em geral, são formadas entre átomos que podem completar totalmente a camada mais externa, doando elétrons para outro átomo ou então aceitando elétrons de outro átomo, em vez de compartilhando elétrons. Por exemplo, retornando à Figura 2-5, observa-se que um átomo de sódio (Na) pode completar sua camada mais externa doando o único elétron que possui na terceira camada. De maneira oposta, o átomo de cloro (Cl) pode completar sua camada mais externa ganhando apenas um elétron. Consequentemente, se um átomo de Na encontrar um átomo de Cl, um elétron pode pular do Na para o Cl, de modo que os dois átomos ficarão com suas respectivas camadas mais externas completas. O resultado desse casamento entre o sódio, um metal macio e extremamente reativo, e o cloro, um gás tóxico de cor verde, é o sal de cozinha (NaCl).

Quando um elétron pula do Na para o Cl, ambos os átomos se tornam **íons** eletricamente carregados. O átomo de Na, que perdeu um elétron, possui agora um elétron a menos do que o número de prótons no núcleo. Portanto, ele tem uma carga positiva (Na^+). O átomo de Cl, que ganhou um elétron, tem agora um elétron a mais do que o número de prótons, ficando com uma carga negativa

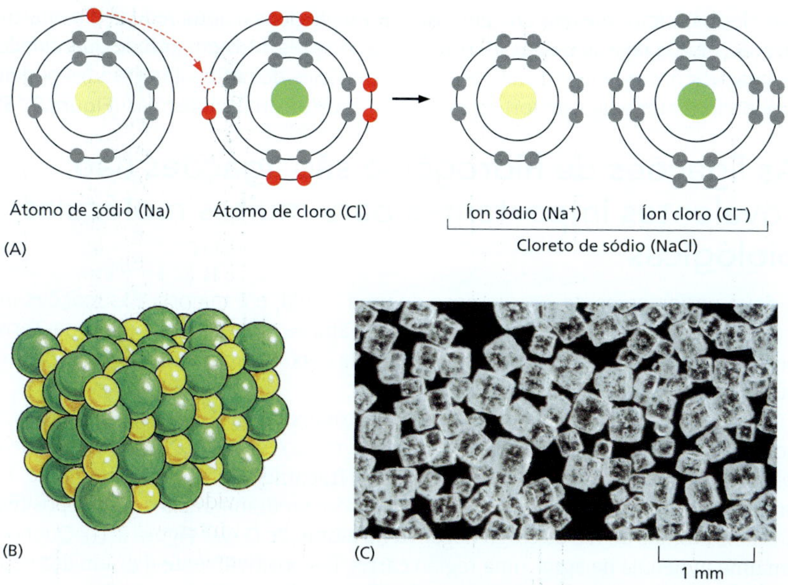

Figura 2-12 O cloreto de sódio é mantido unido por ligações iônicas. (A) Um átomo de sódio (Na) reage com um átomo de cloro (Cl). Os elétrons de cada átomo estão mostrados em suas diferentes camadas; os elétrons da camada quimicamente reativa (incompleta), a camada mais externa, estão mostrados em *vermelho*. A reação ocorre pela transferência de um único elétron do sódio para o cloro, formando dois átomos eletricamente carregados, ou íons, cada um com um jogo de elétrons completo na última camada. Os dois íons têm cargas opostas e são mantidos unidos por meio de atração eletrostática. (B) O produto da reação entre o sódio e o cloro, cloreto de sódio cristalino, constitui-se de íons de sódio e de cloro muito compactados, segundo um arranjo regular no qual as cargas estão perfeitamente balanceadas. (C) Fotografia colorida de cristais de cloreto de sódio.

(Cl^-). Devido a suas cargas opostas, os íons Na^+ e Cl^- se atraem e, dessa maneira, são mantidos unidos por uma ligação iônica (**Figura 2-12A**). Íons mantidos unidos apenas por ligações iônicas são geralmente denominados *sais*, em vez de moléculas. Um cristal de NaCl contém um número astronômico de Na^+ e Cl^- mantidos em uma estrutura tridimensional bem precisa, na qual as cargas opostas estão perfeitamente balanceadas: um cristal com lados de apenas 1 mm contém cerca de 2×10^{19} íons de cada tipo (**Figura 2-12B e C**).

Em virtude da interação favorável que há entre íons e moléculas de água (que são polares), muitos sais (inclusive o NaCl) são altamente solúveis em água. Eles se dissociam nos íons individuais (como Na^+ e Cl^-), cada um deles sendo rodeado por um grupo de moléculas de água. Os íons positivos são denominados *cátions*, e os íons negativos são denominados *ânions*. Íons inorgânicos pequenos como Na^+, Cl^-, K^+ e Ca^{2+} desempenham papéis importantes em vários processos biológicos, incluindo a atividade elétrica das células nervosas, como discutido no Capítulo 12.

QUESTÃO 2-4

O que está errado, se é que há algo errado, na seguinte afirmativa: "Quando o NaCl se dissolve em água, as moléculas de água mais próximas aos íons tendem a se orientar preferencialmente de maneira tal que os seus átomos de oxigênio fiquem voltados para os íons sódio e voltados para o lado oposto nos íons cloreto"? Explique sua resposta.

As ligações não covalentes ajudam a manter as moléculas unidas nas células

Em soluções aquosas, as ligações iônicas são de 10 a 100 vezes mais fracas do que as ligações covalentes que mantêm os átomos unidos em moléculas. Mas o fato de serem fracas tem sua importância: grande parte da biologia depende de interações específicas, embora transitórias, entre moléculas. Essas associações são mediadas por **ligações não covalentes**. Embora individualmente as ligações não covalentes sejam fracas, a soma da energia de muitas ligações pode criar uma força realmente efetiva entre duas moléculas.

As ligações iônicas que mantêm Na^+ e Cl^- unidos em um sal cristalino (ver Figura 2-12) são uma forma de ligação não covalente denominada *atração eletrostática*. As **atrações eletrostáticas** são mais fortes quando os átomos envolvidos são totalmente carregados, como, por exemplo, Na^+ e Cl^-. Entretanto, atrações eletrostáticas mais fracas também ocorrem entre moléculas que contenham ligações covalentes polares (ver Figura 2-11). As ligações covalentes polares são extremamente importantes na biologia, porque elas possibilitam que as moléculas interajam por meio de forças elétricas. Qualquer molécula grande que tenha muitos grupos polares terá um padrão de cargas positivas e negativas na sua superfície. Quando uma molécula desse tipo encontra uma segunda molécula com um conjunto de cargas complementares, as duas se atraem mutuamente por atra-

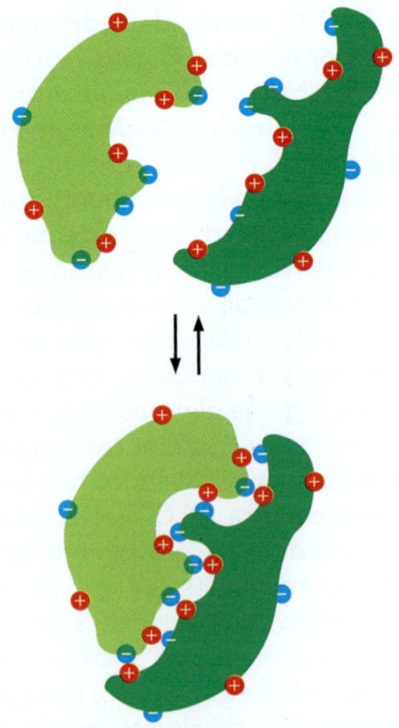

Figura 2-13 Moléculas grandes como as proteínas podem ligar-se entre si por meio das cargas complementares presentes na superfície de cada molécula. No ambiente aquoso das células, as muitas atrações eletrostáticas individuais devem ajudar as duas proteínas a se manterem ligadas uma à outra.

ção eletrostática – mesmo que em situações biológicas a água reduza em muito a atração mútua dessas cargas. Portanto, quando presentes em grande quantidade, as ligações não covalentes fracas entre superfícies de moléculas grandes podem proporcionar uma ligação forte e específica entre as duas moléculas (**Figura 2-13**).

As ligações de hidrogênio são ligações não covalentes importantes para muitas moléculas biológicas

A água perfaz cerca de 70% do peso de uma célula, e a maioria das reações intracelulares ocorre em ambiente aquoso. Sabe-se que a vida iniciou na Terra nos oceanos. Assim, as propriedades da água deixaram uma marca indelével na química dos seres vivos.

Nas moléculas de água (H_2O), os dois átomos de H se ligam ao átomo de O por ligações covalentes. As duas ligações H–O são altamente polares, porque o O atrai fortemente os elétrons, e o H os atrai fracamente. Consequentemente, há uma distribuição de elétrons não equitativa, com predominância de carga positiva nos dois átomos de H e de carga negativa no átomo de O (ver Figura 2-11). Quando, em uma molécula de água, uma região carregada positivamente (i.e., um dos seus átomos de H) se aproxima de uma região carregada negativamente (i.e., o átomo de O) de uma segunda molécula de água, a atração elétrica entre elas estabelece uma ligação fraca denominada **ligação de hidrogênio** (**Figura 2-14**). Essas ligações são muito mais fracas do que as ligações covalentes e são facilmente rompidas pela energia cinética aleatória gerada pelo calor das moléculas. Assim, cada ligação tem um tempo de vida extremamente curto. Entretanto, o efeito combinado de um grande número dessas ligações está longe de ser inexpressivo. Cada molécula de água pode formar ligações de hidrogênio por meio de seus dois átomos de H, com duas outras moléculas de água, formando assim uma rede na qual as ligações de hidrogênio estão sendo continuamente rompidas e formadas. Em virtude dessa rede de ligações, a água, à temperatura ambiente, é um líquido com alto ponto de ebulição e alta tensão superficial, e não um gás. Sem ligações de hidrogênio, a vida, como a conhecemos, não poderia existir. O significado biológico das propriedades da água está revisado no **Painel 2-2** (p. 68-69).

As ligações de hidrogênio não se limitam à água. Geralmente, há formação de uma ligação de hidrogênio quando um átomo de H carregado positivamente (unido à molécula por ligação covalente polar) fica próximo a um átomo de carga negativa (normalmente de oxigênio ou nitrogênio) pertencente a outra molécula (ver Figura 2-14). As ligações de hidrogênio podem ocorrer também entre partes diferentes de uma mesma molécula grande, e geralmente ajudam essa molécula a se enovelar em uma conformação específica. Na **Tabela 2-1**, estão comparados o comprimento e a força das ligações de hidrogênio e das ligações iônicas com essas mesmas características nas ligações covalentes.

Moléculas como as dos alcoóis, que possuem ligações covalentes polares e então podem formar ligações de hidrogênio com a água, se misturam facilmente

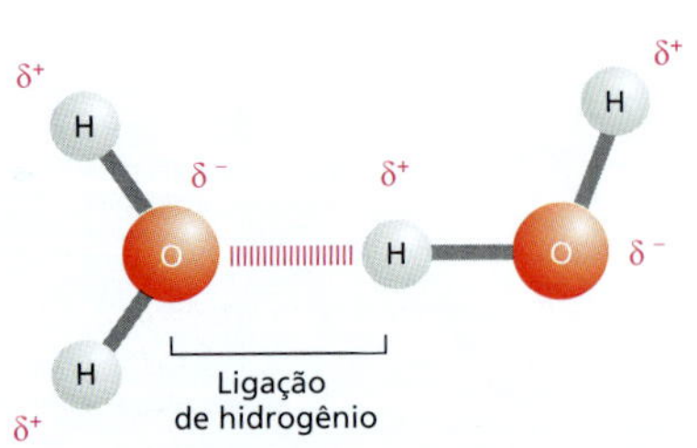

Figura 2-14 Pode haver a formação de uma ligação de hidrogênio entre duas moléculas de água. Essas ligações são as principais responsáveis pelas propriedades da água que sustentam a vida, inclusive sua capacidade de existir na forma líquida nas temperaturas internas típicas do organismo dos mamíferos.

TABELA 2–1 Comprimento e força de algumas ligações químicas

Tipo de ligação	Comprimento* (nm)	Força (kcal/mol) no vácuo	Força (kcal/mol) na água
Covalente	0,10	90 [377]**	90 [377]
Não covalente: ligação iônica	0,25	80 [335]	3 [12,6]
Não covalente: ligação de hidrogênio	0,17	4 [16,7]	1 [4,2]

*As forças (ou intensidades) e os comprimentos das ligações listadas são aproximados, porque os valores exatos dependem dos átomos envolvidos.

**Os valores entre colchetes estão em kJ/mol. 1 caloria = 4,184 joules.

com a água. Igualmente, como foi mencionado, moléculas que possuem cargas positivas ou negativas (íons) se dissolvem facilmente na água. Essas moléculas são denominadas **hidrofílicas**, para indicar que são moléculas que "gostam de água". Uma proporção muito grande das moléculas presentes no ambiente aquoso das células, incluindo os açúcares, o DNA, o RNA e a maioria das proteínas, pertence a essa categoria. Moléculas **hidrofóbicas** (moléculas que "não gostam de água") não são carregadas e formam poucas ligações ou nenhuma ligação de hidrogênio; portanto, não se dissolvem em água.

Os hidrocarbonetos são importantes constituintes hidrofóbicos das células (ver Painel 2-1, p. 66-67). Nessas moléculas, os átomos de H são unidos covalentemente a átomos de C por meio de ligações não polares. Uma vez que os átomos de H praticamente não possuem qualquer carga positiva, não podem formar ligações de hidrogênio efetivas com outras moléculas. Isso torna os hidrocarbonetos completamente hidrofóbicos, propriedade que é aproveitada pelas células: as membranas das células são formadas principalmente por *moléculas de lipídeos* que possuem longas caudas hidrocarbonadas. Como os lipídeos não se dissolvem em água, podem formar uma membrana fina que serve de barreira para manter o interior aquoso das células separado do ambiente aquoso circundante, como discutido posteriormente.

Algumas moléculas polares formam ácidos e bases na água

Um dos tipos de reações químicas mais simples que existe, e de suma importância para as células, ocorre quando uma molécula que possui alguma ligação covalente altamente polar entre um hidrogênio e um segundo átomo se dissolve na água. O átomo de hidrogênio dessa molécula doou quase completamente seu elétron para o átomo parceiro. Portanto, ele existe como um núcleo de hidrogênio, despido de elétrons e carregado positivamente, ou, em outras palavras, um *próton* (H^+). Quando uma molécula polar é envolta por moléculas de água, o próton é atraído pela carga negativa parcial do átomo de oxigênio de uma molécula de água adjacente (ver Figura 2-11). Esse próton pode separar-se da molécula original e associar-se ao átomo de oxigênio da molécula de água, gerando um **íon hidrônio** (H_3O^+) (**Figura 2-15A**). A reação inversa também ocorre prontamente, de modo que se pode imaginar um estado de equilíbrio no qual bilhões de prótons estão constantemente sendo transferidos entre uma e outra molécula da solução aquosa.

As substâncias que, ao se dissolverem em água, liberam prótons, formando H_3O^+, são denominadas **ácidos**. Quanto maior a concentração de H_3O^+, mais ácida é a solução. O H_3O^+ está presente mesmo na água pura (a uma concentração de 10^{-7} M) devido ao movimento dos prótons entre as moléculas de água (**Figura 2-15B**). Por tradição, a concentração de H_3O^+ é normalmente referida como concentração de H^+, embora quase todo o H^+ presente em uma solução aquosa esteja na forma de H_3O^+. Para evitar o uso de números inconvenientes de manusear, a

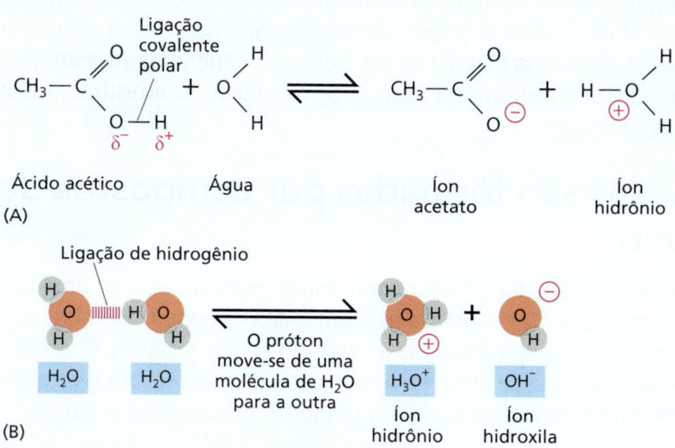

Figura 2-15 Em solução aquosa, os prótons movem-se continuamente de uma molécula de água para outra. (A) Reação que ocorre quando uma molécula de ácido acético se dissolve em água. Em pH 7, praticamente todas as moléculas de ácido acético estão presentes como íon acetato. (B) As moléculas de água permanecem continuamente trocando prótons entre si, formando íons hidrônio e hidroxila. Por sua vez, esses íons se recombinam rapidamente, formando moléculas de água.

concentração de H_3O^+ é expressa usando-se uma escala logarítmica denominada **escala de pH**, como está ilustrado no Painel 2-2. A água pura tem pH 7,0 e, portanto, é neutra, isto é, nem ácida (pH< 7) nem básica (pH> 7).

Os ácidos são classificados como fortes ou fracos, dependendo da facilidade com que eles doam prótons para a água. Os ácidos fortes, como o HCl, por exemplo, perdem os prótons muito facilmente. O ácido acético, por outro lado, é um ácido fraco, porque tende a manter mais firmemente o seu próton quando dissolvido em água. Muitos ácidos importantes para as células, como as moléculas que contêm o grupo carboxila (COOH), são ácidos fracos (ver Painel 2-2, p. 68-69). Sua tendência a doar prótons com certa relutância é uma característica útil, pois possibilita que as moléculas sejam sensíveis a mudanças de pH nas células, uma propriedade que pode ser explorada para regular funções.

Devido ao fato de que os prótons podem passar facilmente para vários dos tipos de moléculas presentes nas células, e assim alterar as características dessas moléculas, a concentração de H^+ no interior das células (o pH) deve ser muito bem controlada. Os ácidos, principalmente os ácidos fracos, doam seus prótons mais facilmente se a concentração de H^+ for baixa e tendem a aceitá-los de volta se a concentração de H^+ for alta.

O contrário do ácido é a **base**. Portanto, base é qualquer molécula que aceita um próton, quando dissolvida em água. Da mesma forma que a propriedade que define um ácido é sua tendência de doar prótons para moléculas de água, aumentando a concentração de íons H_3O^+, a propriedade que define uma base é sua capacidade de aumentar a concentração de íons hidroxila (OH^-) pela remoção de prótons das moléculas de água. Assim, o hidróxido de sódio (NaOH) é básico (o termo *alcalino* também é usado), porque, em solução aquosa, se dissocia formando íons Na^+ e OH^- e, por fazer isso facilmente, é uma base forte. As bases fracas, que mostram fraca tendência a aceitar um próton de uma molécula de água, são mais importantes para as células. Muitas bases fracas biologicamente importantes contêm um grupo amino (NH_2) que pode gerar OH^- por extrair um próton da água: $-NH_2 + H_2O \rightarrow -NH_3^+ + OH^-$ (*ver* Painel 2-2, p. 68-69).

Já que um íon OH^- se combina com um próton para formar uma molécula de água, um aumento na concentração de OH^- provoca uma diminuição na concentração de H^+, e vice-versa. Uma solução de água pura contém, portanto, uma concentração igual dos dois íons (10^{-7} M) e, por não ser ácida, nem básica, é classificada como neutra (pH 7). O interior das células é mantido próximo da neutralidade pela presença de **tampões**: misturas de ácidos fracos e bases fracas que ajustam a concentração de prótons em torno do pH 7, pela liberação de prótons (ácidos) ou pela captação de prótons (bases). Esse toma lá dá cá mantém o pH das células relativamente constante sob várias condições.

> **QUESTÃO 2-5**
>
> A. Em água pura, em pH neutro (i.e., pH = 7,0), há a presença de alguns íons H_3O^+? Se sua resposta for afirmativa, como esses íons são formados?
>
> B. Se eles estiverem presentes, qual é a relação entre a quantidade de íons H_3O^+ e a quantidade de moléculas de H_2O, em pH neutro? (Observação: o peso molecular da água é 18, e 1 litro de água pesa 1 kg.)

MOLÉCULAS PEQUENAS NAS CÉLULAS

Até agora, foram vistas as maneiras pelas quais os átomos se combinam formando moléculas pequenas e como essas moléculas se comportam em ambiente aquoso. Agora examinamos as principais classes de moléculas pequenas encontradas nas células e os seus papéis biológicos. Apenas poucas categorias básicas de moléculas, formadas a partir de um número pequeno de elementos diferentes, originam toda a extraordinária riqueza de formas e comportamentos que os seres vivos apresentam.

As células são formadas por compostos de carbono

Deixando de lado a água, praticamente todas as moléculas de uma célula têm o carbono como base. Em comparação com todos os demais elementos, o carbono é inigualável na sua capacidade de formar moléculas grandes. O silício, elemento com o mesmo número de elétrons na sua camada mais externa, vem em segundo lugar, mas muito atrás. Em razão do tamanho pequeno do átomo de carbono e do fato de possuir quatro elétrons e quatro vacâncias na última camada, ele pode formar quatro ligações covalentes com outros átomos (ver Figura 2-9). Mais importante ainda, um átomo de carbono pode unir-se a outros átomos de carbono por meio da ligação covalente C-C, que é altamente estável, e assim formar cadeias e anéis e, consequentemente, moléculas grandes e complexas. Não existe um limite imaginável para o tamanho das moléculas que podem ser formadas dessa maneira. Os compostos de carbono, tanto grandes quanto pequenos, formados pelas células são denominados **moléculas orgânicas**. Em contraste, todas as demais moléculas, inclusive a água, são **inorgânicas**.

Certas combinações de átomos, como as dos grupos metila ($-CH_3$), hidroxila ($-OH$), carboxila ($-COOH$), carbonila ($-C{=}O$), fosforila ($-PO_3^{2-}$) e amino ($-NH_2$), ocorrem repetidamente nas moléculas orgânicas. Cada um desses **grupos químicos** tem propriedades químicas e físicas próprias que influem no comportamento da molécula na qual o grupo ocorre, inclusive na tendência que essa molécula tem para ganhar ou perder elétrons e com quais outras moléculas irá interagir. O conhecimento desses grupos e de suas propriedades químicas simplifica enormemente o entendimento da química da vida. Os grupos químicos mais comuns e algumas das suas propriedades estão resumidos no Painel 2-1 (p. 66-67).

As células contêm quatro famílias principais de moléculas orgânicas pequenas

As moléculas orgânicas pequenas das células são compostos de carbono, que possuem pesos moleculares na faixa entre 100 e 1.000, contendo até 30 ou mais átomos de carbono. São geralmente encontradas livres em solução no citosol e têm várias funções diferentes. Algumas são usadas como *monômeros*, subunidades para construir as moléculas poliméricas gigantes das células, as *macromoléculas*, isto é, proteínas, ácidos nucleicos e grandes polissacarídeos. Outras servem como fonte de energia e são degradadas e transformadas em outras moléculas pequenas por meio de uma rede elaborada de vias metabólicas intracelulares. Muitas têm mais de um papel na célula, por exemplo, agindo tanto como subunidade de alguma macromolécula quanto como fonte de energia. As moléculas orgânicas pequenas são muito menos abundantes do que as macromoléculas orgânicas, perfazendo somente cerca de um décimo do total da massa de matéria orgânica das células. Grosseiramente, uma célula animal típica pode ter um milhar de tipos diferentes dessas moléculas orgânicas pequenas.

Todas as moléculas orgânicas são sintetizadas, e degradadas, a partir do mesmo conjunto de compostos simples. Tanto a síntese quanto a degradação dessas moléculas ocorrem por meio de sequências de modificações químicas que têm uma variedade limitada e seguem regras bem definidas. Como consequência, os compostos presentes nas células são quimicamente relacionados e podem ser classificados em um pequeno grupo de famílias distintas. De maneira geral, as células contêm quatro famílias principais de moléculas orgânicas pequenas: os *açúcares*, os *ácidos graxos*, os *aminoácidos* e os *nucleotídeos* (**Figura 2-16**). Embora muitos dos compostos presentes nas células não se enquadrem nessas categorias, essas quatro famílias de moléculas orgânicas pequenas, juntamente com as macromoléculas formadas pela ligação entre elas em longas cadeias, correspondem a uma grande proporção da massa celular (**Tabela 2-2**).

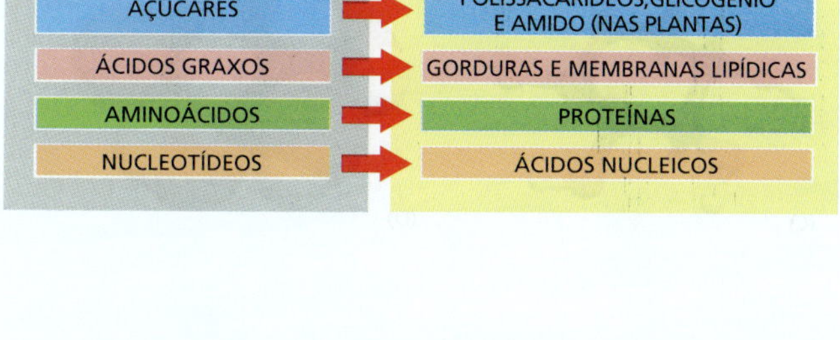

Figura 2-16 Os açúcares, os ácidos graxos, os aminoácidos e os nucleotídeos são as quatro principais famílias de moléculas orgânicas pequenas encontradas nas células. Eles formam os monômeros, que são as unidades fundamentais, ou subunidades, que formam as moléculas orgânicas grandes, inclusive as macromoléculas e outros agrupamentos moleculares das células. Alguns deles, como os açúcares e os ácidos graxos, também são fontes de energia.

TABELA 2–2 Composição química de uma célula bacteriana

	Porcentagem do peso total da célula	Número aproximado de tipos de cada classe de molécula
Água	70	1
Íons inorgânicos	1	20
Açúcares e precursores	1	250
Aminoácidos e precursores	0,4	100
Nucleotídeos e precursores	0,4	100
Ácidos graxos e precursores	1	50
Outras moléculas pequenas	0,2	300
Fosfolipídeos	2	4*
Macromoléculas (ácidos nucleicos, proteínas e polissacarídeos)	24	3.000

*Existem quatro classes de fosfolipídeos, cada uma com muitas variantes.

Os açúcares são fontes de energia e subunidades dos polissacarídeos

Os **açúcares** mais simples, os *monossacarídeos*, são compostos que têm a fórmula geral $(CH_2O)_n$, em que *n* é geralmente 3, 4, 5 ou 6. Em virtude dessa fórmula básica, os açúcares e as moléculas grandes formadas a partir deles são denominados *carboidratos*. A glicose, por exemplo, tem a fórmula $C_6H_{12}O_6$ (**Figura 2-17**). Essa fórmula, entretanto, não define completamente a molécula: o mesmo conjunto de carbonos, hidrogênios e oxigênios pode juntar-se em uma mesma molécula por ligações covalentes diferentes, criando estruturas com diversas formas. A glicose, portanto, pode ser convertida em açúcares diferentes – manose ou galactose – simplesmente pela troca da orientação, em relação ao resto da molécula, de grupos OH específicos (**Painel 2-3**, p. 70-71). Cada um desses açúcares pode existir em duas formas, chamadas de forma D- e forma L-, que são imagens especulares uma da outra. Os grupos de moléculas que têm a mesma fórmula química, mas estruturas diferentes, são chamados de *isômeros*, e o conjunto de moléculas que forma pares especulares é denominado *isômero óptico*. Os isômeros são amplamente distribuídos entre as moléculas orgânicas em geral, tendo um papel funda-

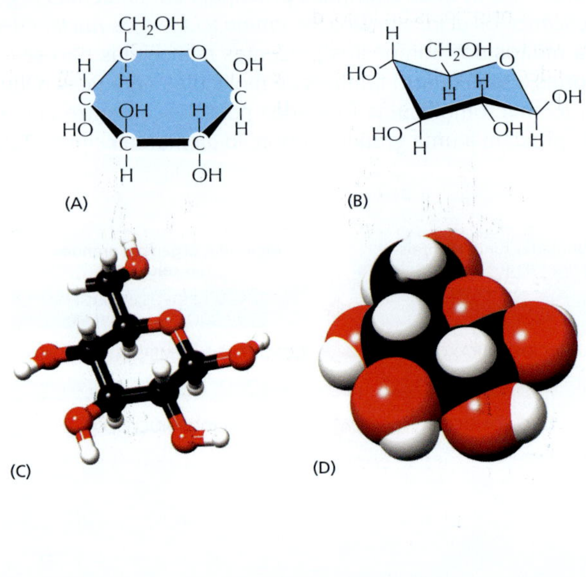

Figura 2-17 A estrutura da glicose, um monossacarídeo, pode ser representada de diversas maneiras. (A) Fórmula estrutural, na qual os átomos são mostrados como símbolos químicos ligados por linhas sólidas representando ligações covalentes. As linhas espessas indicam o plano do anel do açúcar, para enfatizar que os grupos –H e –OH não estão no mesmo plano do anel. (B) Outro tipo de fórmula estrutural, que mostra a estrutura tridimensional da glicose na assim denominada "configuração em cadeira". (C) Modelo de esfera-bastão, no qual é mostrado o arranjo espacial dos átomos. (D) Um modelo de preenchimento espacial que indica o arranjo tridimensional dos átomos e dá uma ideia dos seus tamanhos relativos e do contorno da superfície da molécula (**Animação 2.1**). Os átomos em (C) e (D) estão coloridos como na Figura 2-9: C em *preto*, H em *branco*, O em *vermelho*. Essas são as cores que representam esses átomos conforme o código convencionado usado ao longo deste livro.

mental na geração da enorme variedade de açúcares. Uma visão mais completa da estrutura dos açúcares e de sua química se encontra no Painel 2-3.

Os monossacarídeos podem ser unidos por ligações covalentes, denominadas ligações glicosídicas, formando, assim, os carboidratos grandes. Dois monossacarídeos ligados entre si formam um dissacarídeo, como é o caso da sacarose, que é composta por uma unidade de glicose e uma unidade de frutose. Os grandes polímeros de açúcar variam desde os *oligossacarídeos* (trissacarídeos, tetrassacarídeos e assim por diante) até os gigantescos *polissacarídeos*, que podem conter milhares de unidades monossacarídicas. Em muitos casos, o prefixo *oligo-* é usado para se referir a moléculas com um número pequeno de subunidades, geralmente de 2 a 10, no caso dos oligossacarídeos. Os polímeros, por outro lado, podem conter centenas ou milhares de subunidades.

A maneira pela qual os açúcares se ligam entre si formando polímeros ilustra algumas das características comuns na formação das ligações bioquímicas. Uma ligação é formada entre um grupo –OH de um açúcar e um grupo –OH de outro açúcar por uma **reação de condensação**, havendo a liberação de uma molécula de água quando a ligação é formada. Em outros polímeros biológicos, incluindo os ácidos nucleicos e as proteínas, as subunidades também são ligadas por reações de condensação nas quais há liberação de água. As ligações criadas por todas essas reações de condensação podem ser rompidas por **hidrólise**, o processo inverso no qual há consumo de moléculas de água (**Figura 2-18**).

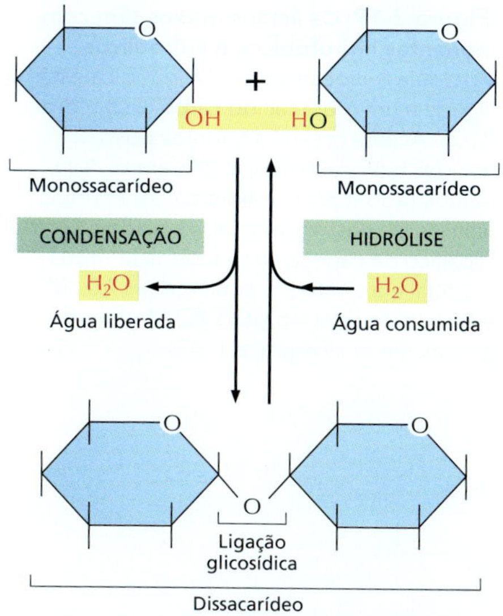

Figura 2-18 Dois monossacarídeos ligados por uma ligação covalente glicosídica formam um dissacarídeo. Esta reação pertence a uma categoria geral de reações denominadas *reações de condensação*, nas quais duas moléculas se unem em consequência da perda de uma molécula de água. A reação inversa (na qual há adição de água) é denominada *hidrólise*.

Uma vez que cada monossacarídeo tem vários grupos hidroxila livres que podem formar uma ligação com outro monossacarídeo (ou com algum outro composto), os açúcares podem ser ramificados, e, consequentemente, o número possível de estruturas de polissacarídeos é extremamente grande. Devido a isso, é muito mais difícil determinar como os açúcares se arranjam em um polissacarídeo complexo do que determinar a sequência de nucleotídeos de uma molécula de DNA ou a sequência de aminoácidos de uma proteína, nas quais cada unidade está ligada à unidade seguinte exatamente da mesma maneira.

O monossacarídeo *glicose* tem um papel importante como fonte de energia para as células. Em uma série de reações, a glicose é degradada a moléculas menores, liberando energia, que pode ser aproveitada pela célula para fazer algum trabalho útil, como explicado no Capítulo 13. As células utilizam polissacarídeos simples, compostos apenas de unidades de glicose – principalmente *glicogênio* nos animais e *amido* nas plantas – como reservas de longo prazo para produzir energia.

Os açúcares não funcionam somente na produção e no armazenamento de energia. Eles também são usados, por exemplo, para conferir sustentação mecânica. O composto químico mais abundante na Terra, a *celulose*, que forma a parede das células vegetais, é um polissacarídeo de glicose. Outra substância orgânica extraordinariamente abundante, a *quitina* do exoesqueleto de insetos e da parede das células dos fungos, também é um polissacarídeo, nesse caso, um polímero linear de um derivado da glicose denominado *N*-acetilglicosamina (ver Painel 2-3, p. 70-71). Polissacarídeos de vários outros tipos e que tendem a ser pegajosos quando úmidos são os componentes principais do limo, do muco e da cartilagem dos animais.

Os oligossacarídeos pequenos podem ser ligados a proteínas, formando *glicoproteínas*, e a lipídeos, formando *glicolipídeos* (**Painel 2-4**, p. 72-73), ambos encontrados nas membranas celulares. Sabe-se que as cadeias laterais de açúcar ligadas a glicoproteínas e glicolipídeos da membrana plasmática ajudam a proteger a superfície celular e frequentemente auxiliam na aderência de uma célula a outra. As diferenças entre os tipos de açúcares da superfície das células constituem a base molecular para as diferenças entre os distintos grupos sanguíneos humanos.

Cadeias de ácidos graxos são componentes das membranas das células

Uma molécula de **ácido graxo**, como o *ácido palmítico*, tem duas regiões quimicamente distintas. Uma dessas regiões é formada por uma longa cadeia hidrocarbonada, que é hidrofóbica e não tem muita reatividade química. A outra região é um grupo carboxila (-COOH), que se comporta como um ácido (ácido carboxílico): ele

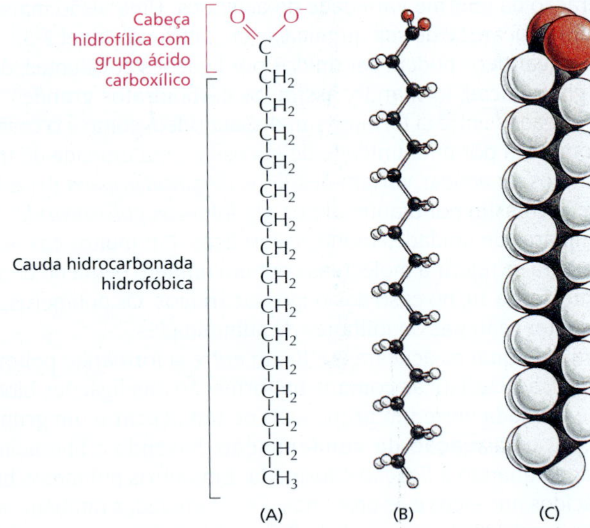

Figura 2-19 Os ácidos graxos têm componentes hidrofóbicos e hidrofílicos. A cadeia hidrocarbonada hidrofóbica está ligada a um grupo ácido carboxílico hidrofílico. Ácidos graxos diferentes possuem caudas hidrocarbonadas diferentes. Aqui é mostrado o ácido palmítico. (A) Fórmula estrutural mostrando o grupo ácido carboxílico da cabeça na sua forma ionizada, na qual ela existe em água em pH 7,0. (B) Modelo de esfera-bastão. (C) Modelo de preenchimento espacial (**Animação 2.2**).

se ioniza ($-COO^-$) em solução aquosa e é extremamente hidrofílico e quimicamente reativo (**Figura 2-19**). A quase totalidade das moléculas de ácidos graxos das células está ligada covalentemente a outras moléculas pelo seu grupo carboxila (ver Painel 2-4, p. 72-73). Moléculas como as dos ácidos graxos, que possuem tanto regiões hidrofóbicas como hidrofílicas, são denominadas *anfipáticas*.

A cauda hidrocarbonada do ácido palmítico é *saturada*: não há ligações duplas entre os seus átomos de carbono, e ela contém o número máximo possível de hidrogênios. Outros ácidos graxos, como o ácido oleico, possuem caudas *insaturadas*, com uma ou mais ligações duplas ao longo da cadeia. As ligações duplas produzem dobras na cauda hidrocarbonada, interferindo na capacidade de compactação dessas caudas entre si. É a presença ou a ausência dessas ligações duplas que produz a diferença entre a margarina cremosa (poli-insaturada) e a sólida (saturada). As caudas de ácidos graxos também são encontradas nas membranas celulares, em que o grau de sua compactação determina a fluidez das membranas. O grande número de ácidos graxos diferentes encontrados nas células varia entre si somente quanto ao comprimento das suas cadeias hidrocarbonadas e quanto ao número e à posição das ligações duplas carbono-carbono (ver Painel 2-4).

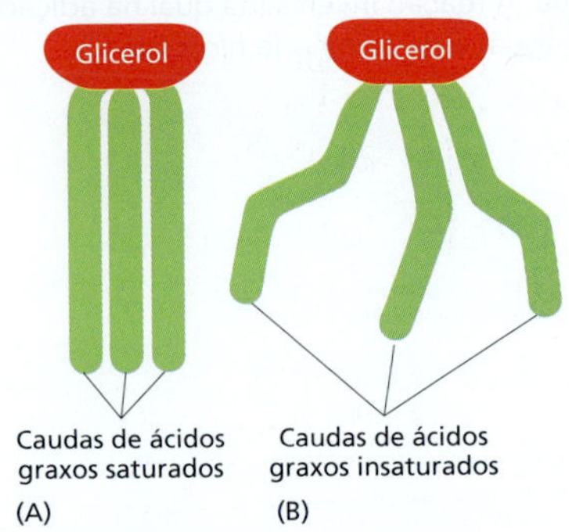

Figura 2-20 As propriedades das gorduras dependem do comprimento e do grau de saturação das cadeias de ácidos graxos nelas contidas. Os ácidos graxos são armazenados no citoplasma de muitas células na forma de gotículas de moléculas de *triacilglicerol*, formadas por três cadeias de ácidos graxos, ligadas a uma molécula de glicerol. (A) A gordura saturada é encontrada na carne e em produtos lácteos. (B) Os óleos vegetais, como o óleo de milho, contêm ácidos graxos insaturados, que podem ser monoinsaturados (contêm uma ligação dupla) ou poli-insaturados (contêm mais de uma ligação dupla); por esse motivo, os óleos vegetais encontram-se no estado líquido em temperatura ambiente. Embora a gordura seja essencial na dieta, os ácidos graxos não o são. Eles provocam aumento na concentração de colesterol no sangue e isso leva a uma tendência de obstrução de artérias, aumentando o risco de infartos e acidentes vasculares encefálicos.

Nas células, os ácidos graxos funcionam como uma reserva concentrada de alimento, porque sua degradação produz cerca de seis vezes mais energia utilizável do que a degradação da glicose (relação peso/peso). Os ácidos graxos são armazenados no citoplasma de muitas células na forma de gotículas de gordura compostas por moléculas de *triacilglicerol* – composto formado por três cadeias de ácidos graxos, ligadas covalentemente a uma molécula de glicerol (**Figura 2-20**, e ver Painel 2-4). Os triacilgliceróis são as gorduras animais encontradas na carne, na manteiga, no creme de leite e nos óleos vegetais como o óleo de milho e o azeite de oliva. Quando as células necessitam de energia, as cadeias de ácidos graxos podem ser liberadas dos triacilgliceróis e degradadas até unidades de dois carbonos. Essas unidades de dois carbonos são idênticas àquelas derivadas da degradação da glicose e entram na mesma sequência de reações que leva à produção de energia, como descrito no Capítulo 13.

Os ácidos graxos e os seus derivados, incluindo os triacilgliceróis, são exemplos de **lipídeos**. Os lipídeos são definidos basicamente como moléculas insolúveis em água e solúveis em gorduras e em solventes orgânicos como o benzeno. Caracteristicamente, eles contêm uma longa cadeia hidrocarbonada, como nos ácidos graxos, ou então múltiplos anéis aromáticos ligados, como nos *esteroides* (ver Painel 2-4).

A função mais exclusiva dos ácidos graxos é a formação de **bicamadas lipídicas**, que constituem a base de todas as membranas das células. Essas camadas finas, que englobam todas as células e suas organelas internas, são compostas em grande parte por *fosfolipídeos* (**Figura 2-21**).

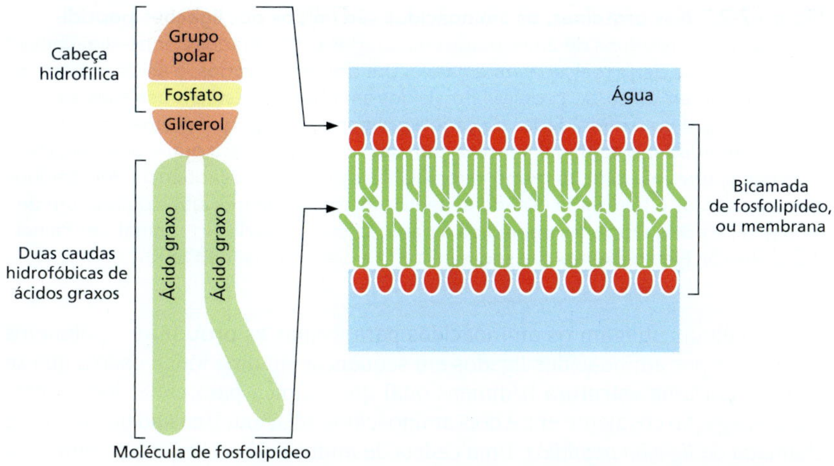

Figura 2-21 Os fosfolipídeos podem agregar-se, formando as membranas celulares. Os fosfolipídeos são compostos de duas caudas hidrofóbicas de ácidos graxos, unidas a uma cabeça hidrofílica. Em ambiente aquoso, as caudas hidrofóbicas podem compactar-se entre si, excluindo água e formando, então, uma bicamada lipídica, com as regiões hidrofílicas das moléculas de fosfolipídeos na parte externa exposta para o ambiente aquoso e com as caudas hidrofílicas na parte interna.

Assim como os triacilgliceróis, a maior parte dos fosfolipídeos é constituída principalmente de ácidos graxos e glicerol. Nesses fosfolipídeos, o glicerol está ligado a duas cadeias de ácidos graxos, em vez de três, como nos triacilgliceróis. O grupo –OH remanescente do glicerol é ligado a um grupo fosfato (hidrofílico) que, por sua vez, liga-se a um composto hidrofílico pequeno como, por exemplo, a colina (ver Painel 2-4, p. 72-73). Os fosfolipídeos, devido às suas duas caudas de ácidos graxos hidrofóbicas e à cabeça hidrofílica que contém fosfato, são altamente anfipáticos. Essa composição anfipática característica e a forma da molécula dão aos fosfolipídeos as propriedades físicas e químicas que os diferenciam dos triacilgliceróis, que são predominantemente hidrofóbicos. Além de fosfolipídeos, as membranas das células contêm diferentes quantidades de outros lipídeos, incluindo *glicolipídeos*, que têm ligados um ou mais açúcares em vez do grupo fosfato.

Graças à sua natureza anfipática, os fosfolipídeos prontamente formam membranas na água. Esses lipídeos se espalham na superfície da água formando uma monocamada com as suas caudas hidrofóbicas voltadas para o ar e as regiões apicais hidrofílicas em contato com a água. Duas dessas camadas moleculares podem facilmente se combinar cauda com cauda e formar um sanduíche de fosfolipídeos, que é a bicamada lipídica (ver Capítulo 11).

Os aminoácidos são as subunidades das proteínas

Os **aminoácidos** são pequenas moléculas orgânicas com uma propriedade que os define: todos possuem um grupo carboxila e um grupo amino, ambos ligados ao seu átomo de carbono α (**Figura 2-22**). Cada aminoácido também tem uma cadeia lateral ligada ao carbono α. Cada aminoácido se distingue dos demais pelas características próprias e únicas da cadeia lateral.

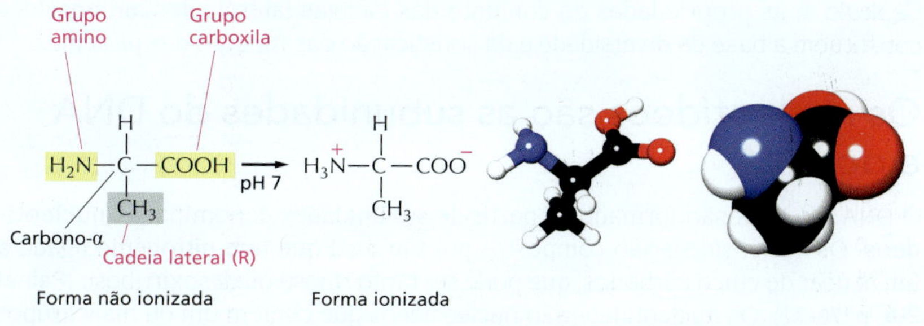

Figura 2-22 Todos os aminoácidos têm um grupo amino, um grupo carboxila e uma cadeira lateral (R) ligada ao átomo de carbono α. Nas células, onde o pH é próximo de 7, os aminoácidos livres existem nas suas formas ionizadas. Entretanto, as cargas dos grupos amino e carboxila desaparecem quando os aminoácidos são incorporados em uma cadeia polipeptídica. (A) O aminoácido mostrado é a alanina, um dos aminoácidos mais simples, que tem um grupo metila (CH_3) como cadeia lateral. (B) Modelo de esfera-bastão e (C) modelo de preenchimento espacial da alanina. Em (B) e (C), o átomo de nitrogênio está em *azul*.

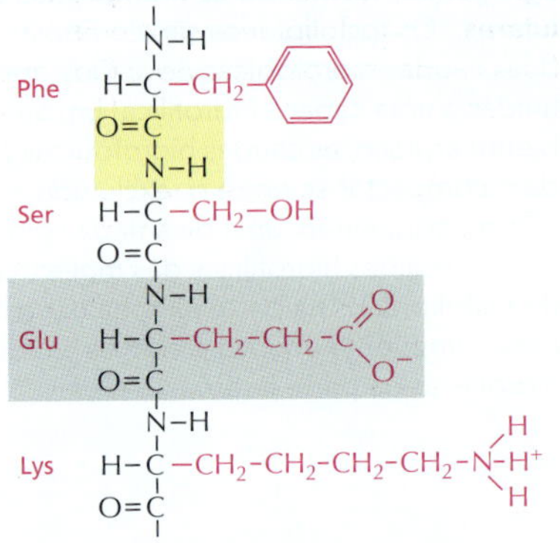

Figura 2-23 Nas proteínas, os aminoácidos são unidos por ligações peptídicas. Os quatro resíduos de aminoácidos mostrados estão ligados por três ligações peptídicas, uma delas realçada em *amarelo*. Um dos aminoácidos, o ácido glutâmico, está marcado em *cinza*. As cadeias laterais dos aminoácidos estão mostradas em *vermelho*. As duas extremidades da cadeia polipeptídica são quimicamente distintas. Uma extremidade, N-terminal, termina com um grupo amino e a outra, a extremidade C-terminal, termina com um grupo carboxila. Nas proteínas, a sequência dos resíduos de aminoácidos é abreviada usando-se tanto um código de três letras quanto um de uma letra, e a sequência é sempre lida a partir da extremidade N-terminal (ver Painel 2-5, p. 74-75). Nesse exemplo, a sequência é Phe-Ser-Glu-Lys (ou FSEK).

As células utilizam os aminoácidos para formar as **proteínas** – polímeros compostos por aminoácidos ligados em sequência em uma longa cadeia que se enovela em uma estrutura tridimensional que é única para cada tipo de proteína. A ligação covalente entre dois aminoácidos adjacentes na cadeia proteica é chamada de *ligação peptídica*. Uma cadeia de aminoácidos também é conhecida como *polipeptídeo*. As ligações peptídicas são formadas pelas reações de condensação que unem cada aminoácido ao seguinte. Não importando quais sejam os aminoácidos de que é composto, um polipeptídeo sempre tem um grupo amino (NH_2) em uma das extremidades – a extremidade *N-terminal* – e um grupo carboxila (COOH) na outra extremidade – a extremidade C-terminal (**Figura 2-23**). Essa diferença entre as duas extremidades dá ao polipeptídeo uma direcionalidade definida – uma polaridade estrutural (comparando com a eletricidade).

Normalmente, são encontrados 20 tipos de aminoácidos nas proteínas, cada um deles com uma cadeia diferente ligada ao átomo de carbono α (**Painel 2-5**, p. 74-75). Os mesmos 20 aminoácidos são encontrados em todas as proteínas, sejam elas de bactérias, plantas ou animais. A maneira como esse conjunto específico de 20 aminoácidos foi escolhido pela natureza é um dos mistérios relacionados à evolução da vida. Não existe qualquer razão óbvia dos motivos pelos quais outros aminoácidos não servissem igualmente para essa finalidade. Uma vez que a escolha foi feita, não pode ter havido mais mudanças, por causa da quantidade de química que evoluiu para explorar essas estruturas. A mudança dos tipos de aminoácidos usados pelas células exigiria que um ser vivo reequipasse seu metabolismo inteiramente para estar à altura das dificuldades advindas dessas novas unidades fundamentais de moléculas.

À semelhança dos açúcares, todos os aminoácidos, com exceção da glicina, existem como isômeros ópticos nas formas D e L (ver Painel 2-5). Entretanto, apenas formas L são encontradas nas proteínas (embora os D-aminoácidos ocorram como parte das paredes celulares de bactérias e em alguns antibióticos, e a D-serina seja usada como molécula sinalizadora no encéfalo). A origem do uso de apenas L-aminoácidos na construção de proteínas é mais um dos mistérios da evolução.

A versatilidade química que os 20 aminoácidos-padrão possibilitam é de importância vital para a função das proteínas. Cinco dos 20 aminoácidos, inclusive lisina e ácido glutâmico (mostrados na Figura 2-23), possuem cadeias laterais que podem formar íons quando em solução e, consequentemente, podem ter carga. Os demais aminoácidos não têm carga. Alguns são polares e hidrofílicos, e outros são não polares e hidrofóbicos (ver Painel 2-5). Conforme discutido no Capítulo 4, as propriedades do conjunto das cadeias laterais dos aminoácidos constituem a base da diversidade e da sofisticação das funções das proteínas.

QUESTÃO 2-6

Por que se supõe que apenas aminoácidos na forma L, e não uma mistura de aminoácidos nas formas L e D, são utilizados para compor as proteínas?

Os nucleotídeos são as subunidades do DNA e do RNA

O DNA e o RNA são formados a partir de subunidades denominadas **nucleotídeos**. Os *nucleosídeos* são compostos por um anel que tem nitrogênio ligado a um açúcar de cinco carbonos, que pode ser tanto ribose ou desoxirribose (**Painel 2-6**, p. 76-77). Os nucleotídeos são nucleosídeos que contêm um ou mais grupos fosfato ligados ao açúcar, sendo que existem dois tipos principais: os que contêm

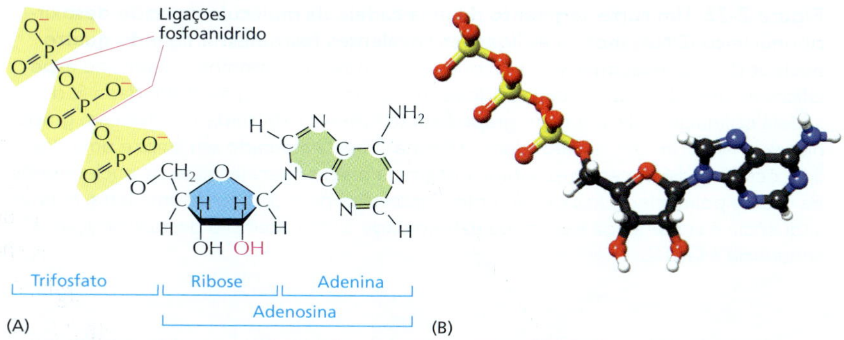

Figura 2-24 O trifosfato de adenosina (ATP) é um carreador de energia de crucial importância para as células. (A) Fórmula estrutural com os três grupos fosfato marcados em *amarelo*. (B) Modelo de esfera-bastão (**Animação 2.3**). Em (B), os átomos de fósforo estão em *amarelo*.

ribose são denominados *ribonucleotídeos*, e os que contêm desoxirribose são denominados *desoxirribonucleotídeos*.

Os anéis contendo o átomo de nitrogênio de todas essas moléculas são genericamente denominados *bases* devido a razões históricas: em condições ácidas e solução aquosa, cada um deles pode ligar um H^+ (próton) e assim aumentar a concentração de íons OH^-. Há uma grande semelhança familiar entre as diferentes bases dos nucleotídeos. *Citosina* (C), *timina* (T) e *uracila* (U) são denominadas *pirimidinas*, porque elas são derivadas de um anel de pirimidina com seis átomos; *guanina* (G) e *adenina* (A) são chamadas de *purinas*, pois possuem um segundo anel de cinco átomos fusionado ao anel de seis átomos. Cada nucleotídeo é denominado de acordo com a base que contém (ver Painel 2-6, p. 76-77).

Os nucleotídeos podem atuar como carreadores de energia de curto prazo. Mais do que qualquer outro carreador de energia, o ribonucleotídeo **trifosfato de adenosina**, ou **ATP** (**Figura 2-24**), é usado para transferir energia em centenas de reações metabólicas. O ATP é formado por reações impelidas pela energia que é liberada pela degradação oxidativa dos alimentos. Os seus três fosfatos são ligados em série por duas *ligações fosfoanidrido* (ver Painel 2-6). A ruptura dessas ligações de fosfato libera grande quantidade de energia útil. O grupo fosfato terminal é geralmente liberado por hidrólise (**Figura 2-25**). Em muitas situações, a transferência desse fosfato para outras moléculas libera energia para reações biossintéticas que requerem energia. Outros derivados de nucleotídeos servem de carreadores para a transferência de certos grupos químicos. Isso tudo está descrito no Capítulo 3.

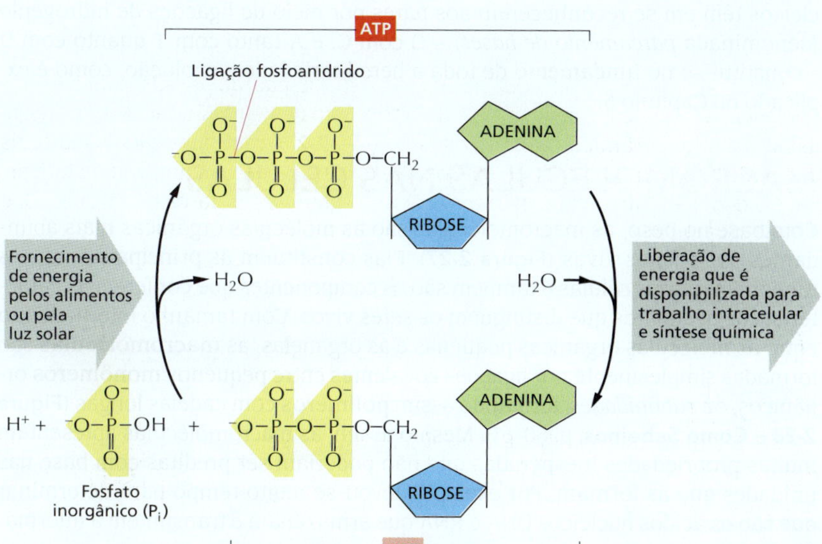

Figura 2-25 O ATP é sintetizado a partir de ADP e fosfato inorgânico, e libera energia quando é hidrolisado de volta a ADP e fosfato inorgânico. A energia necessária para a síntese de ATP provém tanto da oxidação dos alimentos, que produz energia nas células dos animais, fungos e de algumas bactérias como da captação da luz (nas plantas e em algumas bactérias). A hidrólise do ATP fornece a energia para impulsionar diversos processos nas células. Conjuntamente, essas duas reações formam o ciclo do ATP.

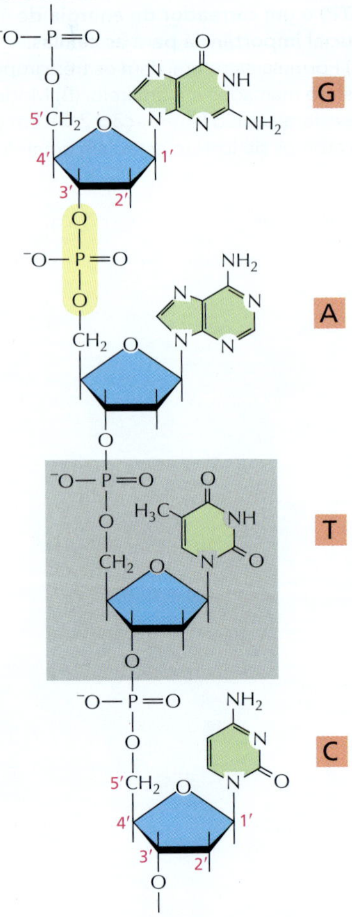

Figura 2-26 Um curto segmento de uma cadeia da molécula de ácido desoxirribonucleico (DNA) mostra as ligações covalentes fosfodiéster ligando quatro nucleotídeos consecutivos. Dado que as ligações unem átomos de carbono específicos no anel de açúcar – conhecidos como átomos 5′ e 3′ –, a extremidade 5′ da cadeia polinucleotídica tem um grupo fosfato livre e a extremidade 3′ tem um grupo hidroxila livre. Um dos nucleotídeos, a timina (T), está marcado em *cinza* e uma das ligações fosfodiéster está ressaltada em *amarelo*. A sequência linear de nucleotídeos da cadeia polinucleotídica geralmente é abreviada pelo código de uma letra, e essa sequência é sempre lida a partir da extremidade 5′. No exemplo desta ilustração, a sequência é GATC.

Os nucleotídeos também têm um papel fundamental no armazenamento e recuperação da informação biológica. Eles servem como blocos modulares na construção dos *ácidos nucleicos* – polímeros longos nos quais as subunidades nucleotídicas são ligadas pela formação de *ligações fosfodiéster* covalentes entre grupos fosfato ligados ao açúcar de um nucleotídeo com um grupo hidroxila do açúcar do nucleotídeo seguinte (**Figura 2-26**). As cadeias de ácidos nucleicos são sintetizadas a partir de trifosfatos de nucleosídeos (que são ricos em energia) por uma reação de condensação que libera pirofosfato inorgânico durante a formação da ligação fosfodiéster (Painel 2-6, p. 76-77).

Existem dois tipos principais de ácidos nucleicos, que se diferenciam quanto ao tipo de açúcar presente nas suas respectivas cadeias principais açúcar-fosfato. Os nucleotídeos com base no açúcar ribose são conhecidos como **ácidos ribonucleicos**, ou **RNA**, e contêm as bases A, G, C e U. Aqueles com base na desoxirribose (onde a hidroxila da posição 2′ no anel de carbonos da ribose é substituída por um hidrogênio) são conhecidos como **ácidos desoxirribonucleicos**, ou **DNA**, e contêm as bases A, G, C e T (T é quimicamente semelhante a U do RNA; ver Painel 2-6). O RNA geralmente ocorre nas células sob a forma de uma cadeia polinucleotídica de fita simples, mas o DNA praticamente sempre está na forma de uma molécula de fita dupla: a dupla-hélice de DNA é composta por duas cadeias polinucleotídicas dispostas em direções opostas e são mantidas unidas entre si por ligações de hidrogênio formadas entre as bases das duas cadeias (**Painel 2-7**, p. 78-79).

A sequência linear dos nucleotídeos no DNA e no RNA codifica a informação genética. Os dois ácidos nucleicos, entretanto, possuem papéis diferentes nas células. O DNA, que é mais estável, com suas hélices mantidas por ligações de hidrogênio, funciona como depositário da informação hereditária de longo prazo, e o RNA de fita simples geralmente é um carreador transitório de instruções moleculares. A capacidade que as bases das moléculas dos diferentes ácidos nucleicos têm em se reconhecerem aos pares por meio de ligações de hidrogênio (denominada *pareamento de bases*) – G com C, e A tanto com T quanto com U – constitui-se no fundamento de toda a hereditariedade e evolução, como é explicado no Capítulo 5.

MACROMOLÉCULAS NAS CÉLULAS

Com base no peso, as macromoléculas são as moléculas orgânicas mais abundantes nas células vivas (**Figura 2-27**). Elas constituem as principais unidades fundamentais das células e também são os componentes que conferem as características peculiares que distinguem os seres vivos. Com tamanho intermediário entre as moléculas orgânicas pequenas e as organelas, as **macromoléculas** são formadas simplesmente por ligações covalentes entre pequenos **monômeros** orgânicos, ou *subunidades*, formando assim **polímeros** com cadeias longas (**Figura 2-28** e **Como Sabemos**, p. 60-61). Mesmo assim, as macromoléculas apresentam muitas propriedades inesperadas que não poderiam ser preditas com base nas unidades que as formam. Por exemplo, levou-se muito tempo para determinar que são os ácidos nucleicos DNA e RNA que armazenam e transmitem a informação genética (ver Como Sabemos, p. 174-176).

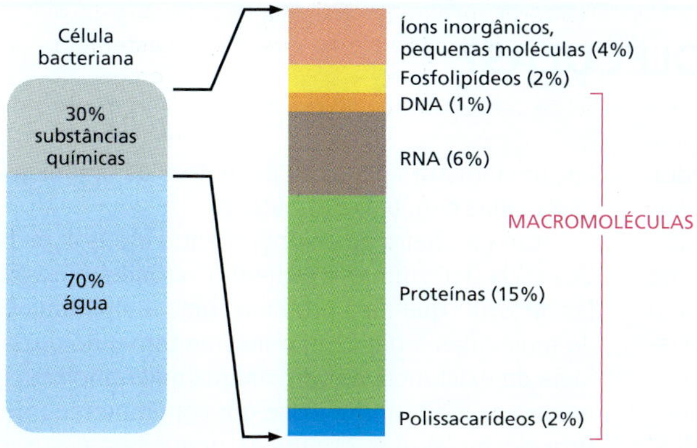

Figura 2-27 As macromoléculas são abundantes nas células. Aqui está mostrada a composição (em massa) aproximada de uma célula bacteriana. A composição das células animais é semelhante.

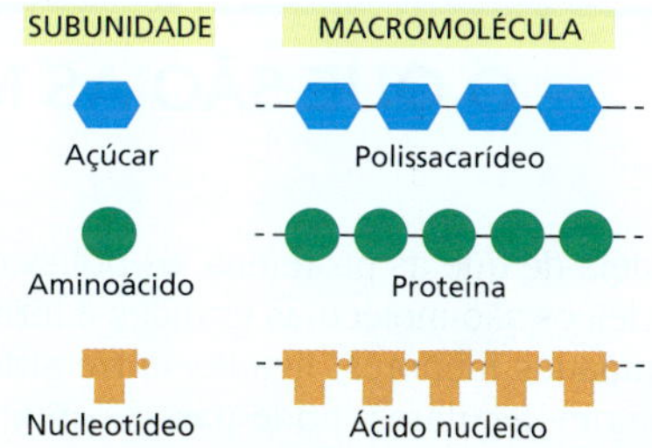

Figura 2-28 Polissacarídeos, proteínas e ácidos nucleicos são formados a partir de subunidades monoméricas. Cada macromolécula é um polímero formado por moléculas pequenas (denominadas monômeros ou subunidades) unidas entre si por ligações covalentes.

As proteínas são especialmente versáteis e desempenham milhares de funções diferentes nas células. Muitas proteínas atuam como enzimas e catalisam as reações químicas que ocorrem nas células. Por exemplo, uma enzima de plantas, denominada ribulose-bifosfato-carboxilase, converte CO_2 em açúcar, formando, assim, a maior parte da matéria orgânica utilizada pelo restante do mundo vivo. Outras proteínas são usadas para formar componentes estruturais: a tubulina, por exemplo, se auto-organiza formando microtúbulos longos e rígidos (ver Figura 1-27B), e as proteínas do grupo das histonas se auto-organizam em uma estrutura tipo carretel que ajuda a enrolar o DNA dos cromossomos das células. Outras proteínas, ainda, como a miosina, agem como motor molecular para produzir força e movimento. As bases moleculares de muitas dessas várias funções serão examinadas nos próximos capítulos. Aqui, são considerados alguns princípios da química macromolecular que possibilitam todas essas atividades.

Cada macromolécula contém uma sequência específica de subunidades

Embora as reações químicas que adicionam subunidades a cada polímero (proteínas, ácidos nucleicos e polissacarídeos) tenham detalhes diferentes, elas compartilham características comuns importantes. O crescimento dos polímeros ocorre pela adição de um monômero à extremidade da cadeia polimérica por uma reação de condensação, na qual uma molécula de água é liberada cada vez que uma subunidade é adicionada (**Figura 2-29**). Em todos os casos, as reações são catalisadas por enzimas específicas que asseguram que apenas o monômero correto seja incorporado.

A polimerização pela adição dos monômeros, um a um, para formar cadeias longas é a mais simples das maneiras de fazer uma molécula grande e complexa, pois as subunidades são formadas por uma mesma reação que é executada repetidamente muitas e muitas vezes pelo mesmo conjunto de enzimas. Em certo sentido, o processo se assemelha às operações repetitivas realizadas por uma máquina em uma fábrica, mas com diferenças importantes. Primeira, exceto no caso de alguns polissacarídeos, a maior parte das macromoléculas é formada a partir de um conjunto de monômeros que diferem muito pouco entre si. Por exemplo, as proteínas são formadas a partir de 20 aminoácidos diferentes (ver Painel 2-5, p. 74-75). Segunda, e mais importante, a cadeia polimérica não é polimerizada aleatoriamente com essas subunidades; ao contrário, as subunidades são adicionadas em uma determinada ordem, ou **sequência**.

As funções biológicas das proteínas, dos ácidos nucleicos e de muitos polissacarídeos são totalmente dependentes da sequência específica das subunidades na cadeia linear. Variando a sequência das subunidades, as células podem sintetizar uma grande diversidade de moléculas poliméricas. Assim, para uma cadeia

QUESTÃO 2-7

O que se entende por "polaridade" de uma cadeia polipeptídica e por "polaridade" de uma ligação química? Como os dois significados diferem?

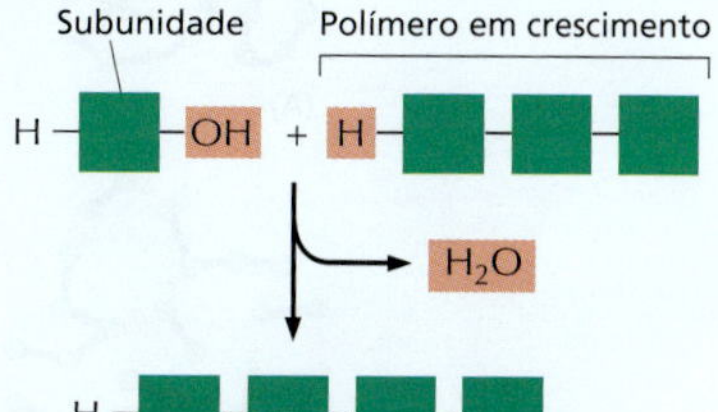

Figura 2-29 As macromoléculas são formadas pela adição de subunidades em uma das extremidades. Nas reações de condensação, uma molécula de água é liberada cada vez que um monômero é adicionado a uma das extremidades da cadeia crescente. A reação inversa, a quebra do polímero, ocorre pela adição de água (hidrólise). Ver também Figura 2-18.

O QUE SÃO AS MACROMOLÉCULAS?

A ideia de que as proteínas, os polissacarídeos e os ácidos nucleicos são moléculas grandes e formadas a partir de subunidades menores, ligadas entre si formando longas cadeias moleculares, pode parecer muito óbvia nos dias de hoje. Entretanto, não foi sempre assim. No início do século XX, poucos eram os cientistas que aceitavam a ideia da existência de tais polímeros biológicos, formados por unidades repetitivas mantidas unidas por ligações covalentes. A noção de que macromoléculas tão "espantosamente grandes" pudessem ser formadas a partir de unidades fundamentais simples era considerada completamente "revoltante" pelos químicos da época. Ao contrário, eles pensavam que as proteínas e outras moléculas orgânicas igualmente grandes seriam simplesmente agregados heterogêneos de moléculas orgânicas pequenas unidas por "forças de associação fracas" (**Figura 2-30**).

A primeira sugestão de que as proteínas e outros polímeros orgânicos fossem moléculas grandes veio da observação dos seus comportamentos em solução. Naquela época, os cientistas estavam trabalhando com uma variedade de proteínas e hidratos de carbono provenientes de alimentos e materiais naturais – albumina da clara do ovo, caseína do leite, colágeno da gelatina e celulose da madeira. As composições químicas pareciam muito simples, semelhantes às de outras moléculas orgânicas: elas continham carbono, hidrogênio, oxigênio e, no caso das proteínas, nitrogênio. Contudo, elas tinham um comportamento estranho em solução, apresentando, por exemplo, uma incapacidade de se difundirem por meio de um filtro de pequeno diâmetro de poro.

Explicar o motivo do comportamento inesperado dessas moléculas em solução era um quebra-cabeça. Seriam elas realmente moléculas gigantes formadas por um número incomumente grande de átomos ligados por ligações covalentes? Seriam mais como uma suspensão coloidal de partículas, uma mistura pegajosa de moléculas orgânicas pequenas associadas com baixa afinidade?

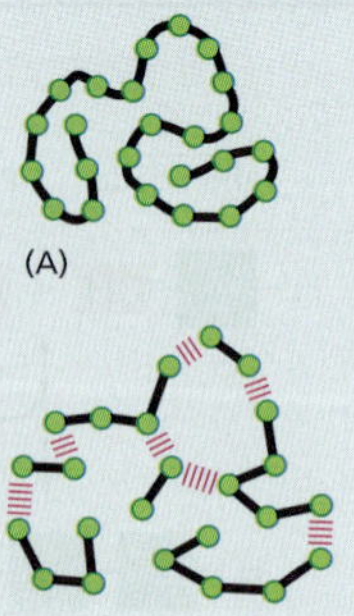

Figura 2-30 Como as macromoléculas orgânicas podem ser compostas? No início do século XX, os químicos debateram se as proteínas, os polissacarídeos e outras moléculas orgânicas aparentemente grandes seriam (A) partículas independentes compostas por um número incomumente grande de átomos ligados covalentemente, ou seriam (B) um agregado de baixa afinidade e heterogêneo de pequenas moléculas orgânicas mantidas unidas por meio de forças de associação fracas.

Uma maneira de distinguir entre essas duas possibilidades seria determinar o tamanho verdadeiro dessas moléculas. Mostrar que uma proteína como a albumina é composta de moléculas todas com o mesmo tamanho daria suporte à ideia da existência de verdadeiras macromoléculas. Opostamente, se a albumina fosse um conglomerado de uma mistura de moléculas orgânicas pequenas, essas moléculas, quando em solução, seriam vistas como uma ampla gama de tamanhos moleculares.

Infelizmente, nos primeiros anos do século XX, as técnicas disponíveis aos cientistas não eram ideais para determinar o tamanho de moléculas tão grandes. Alguns químicos estimavam o tamanho das proteínas determinando o quanto elas diminuíam o ponto de congelamento de uma solução. Outros mediam a pressão osmótica de soluções de proteínas. Esses métodos eram suscetíveis a erros experimentais e davam resultados variados. Diferentes técnicas, por exemplo, sugeriam que a celulose teria uma massa entre 6.000 e 103.000 dáltons (1 dálton é aproximadamente igual à massa de um átomo de hidrogênio). Esses resultados ajudaram a reforçar a hipótese de que os carboidratos e as proteínas seriam agregados de pequenas moléculas, e não a hipótese de que fossem macromoléculas verdadeiras.

Muitos cientistas simplesmente tinham problemas em acreditar que pudessem existir moléculas maiores do que cerca de 4.000 dáltons, o tamanho do maior composto que os químicos orgânicos tinham sintetizado. Considere o caso da hemoglobina, a proteína carreadora de oxigênio dos eritrócitos. Os pesquisadores tentavam estimar o seu tamanho quebrando-a em seus componentes químicos. Além de carbono, hidrogênio, nitrogênio e oxigênio, a hemoglobina possui uma pequena quantidade de ferro. Trabalhando com porcentagens, parecia que a hemoglobina tinha um átomo de ferro para cada 712 átomos de carbono, portanto, um peso mínimo de 16.700 dáltons. Poderia uma molécula com centenas de átomos de carbono em uma longa cadeia permanecer intacta em uma célula e desempenhar funções específicas? Emil Fischer, o químico orgânico que determinou que os aminoácidos, nas proteínas, são ligados por ligações peptídicas, pensava que uma cadeia polipeptídica não pudesse crescer mais do que 30 ou 40 aminoácidos. No caso da hemoglobina, a cadeia teria 700 átomos de carbono. A existência de moléculas com cadeias com "comprimentos verdadeiramente fantásticos" era considerada pelos químicos proeminentes da época como "muito improvável".

O final do debate teve de esperar pelo desenvolvimento de novas técnicas. Evidências convincentes de que as proteínas são macromoléculas vieram de estudos realizados com o uso da ultracentrífuga – aparelho que utiliza a força centrífuga para separar moléculas de acordo com os seus tamanhos (ver Painel 4-3, p. 164-165). Theodor Svedberg foi quem desenhou o equipamento em 1925 e realizou os primeiros estudos. Se uma proteína realmente fosse um agregado de moléculas pequenas – ele raciocinou –, ela deveria aparecer como um rastro de moléculas de diferentes tamanhos quando sedimentada em uma ultracentrífuga. Usando a hemoglobina como sua proteína-teste, Svedberg verificou que a amostra centrifugada aparecia como uma única banda bem definida e com um peso molecular de 68.000 dáltons. Os seus resultados forneceram forte suporte para a teoria de que as proteínas são verdadeiras macromoléculas (**Figura 2-31**).

Evidências adicionais continuaram a se acumular durante a década de 1930, à medida que outros pesquisadores começaram a preparar cristais de proteínas puras que puderam ser estudados por difração de raios X. Apenas moléculas com tamanho e forma uniformes podem formar cristais altamente ordenados que difratam raios X de maneira tal que a estrutura tridimensional pode ser determinada, como discutido no Capítulo 4. Uma suspensão heterogênea não poderia ser estudada dessa maneira.

Hoje, tem-se como certo que as macromoléculas grandes desempenham muitas das mais importantes funções das células vivas. Mas, antigamente, os químicos viam a existência de tais polímeros com o mesmo ceticismo que os zoologistas devem ter mostrado ao ouvirem que "na África, existem elefantes com 100 metros de comprimento e 20 metros de altura". Passaram-se décadas até que os cientistas dominassem as técnicas necessárias para que todos se convencessem de que as moléculas 10 vezes maiores do que qualquer outra que eles tinham encontrado até então fossem um dos alicerces da biologia. Como será visto ao longo deste livro, um caminho tão trabalhoso de descobertas não é incomum, e o progresso científico é frequentemente promovido por avanços tecnológicos.

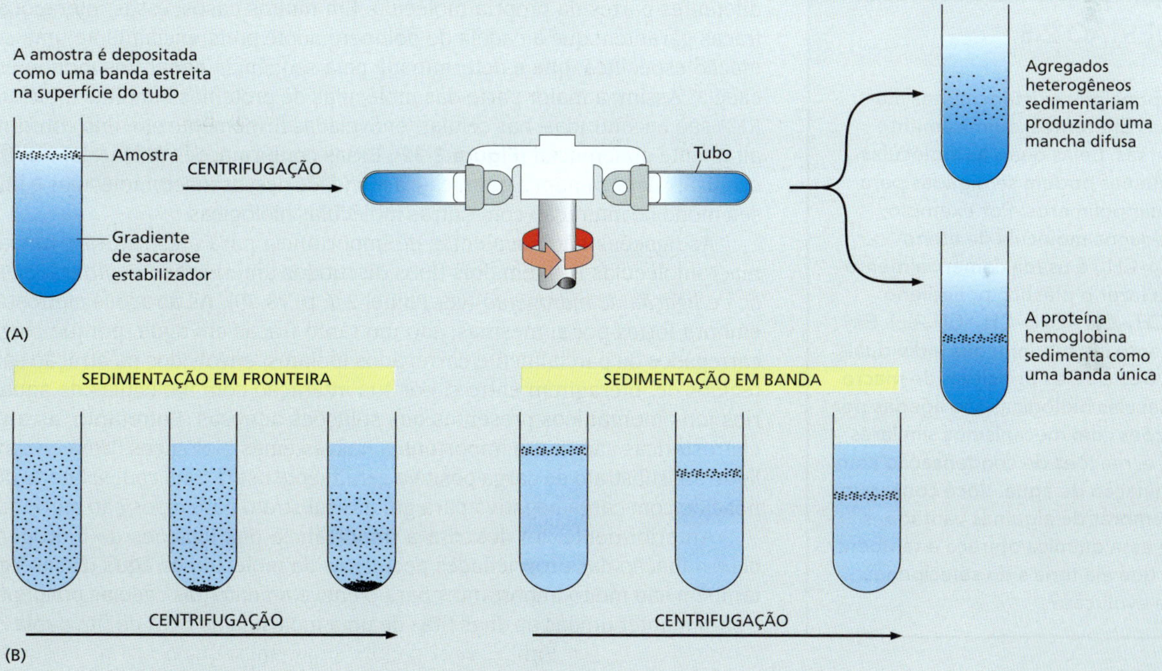

Figura 2-31 **A ultracentrífuga ajudou a encerrar o debate sobre a natureza das macromoléculas.** Em uma ultracentrífuga, forças centrífugas que ultrapassam a força da gravidade em mais de 500.000 vezes podem ser usadas para separar proteínas e outras moléculas grandes. (A) Em uma ultracentrífuga moderna, as amostras são depositadas em uma fina camada no topo de um gradiente de uma solução de sacarose formado em um tubo. O tubo é colocado em um rotor de metal que gira em alta velocidade. Moléculas de diferentes tamanhos sedimentam em velocidades diferentes. Assim, essas moléculas se moverão como bandas distintas no tubo. Se a hemoglobina fosse um agregado de baixa afinidade de peptídeos heterogêneos, depois da centrifugação, ela formaria uma mancha dispersa de tamanhos variados (*tubo superior*). Em vez disso, ela aparece como uma banda bem definida com um peso molecular de 68.000 dáltons (*tubo inferior*). Embora na maioria dos laboratórios de bioquímica de hoje a ultracentrífuga seja um equipamento padrão comum, quase que elementar, sua construção foi um desafio tecnológico enorme. O rotor da centrífuga deve ser capaz de girar a altas rotações por horas a fio, sob temperatura constante e com alta estabilidade, pois, de outro modo, ocorreria convecção na solução sob sedimentação, o que inutilizaria o experimento. Em 1926, Svedberg ganhou o Prêmio Nobel de Química por seu projeto de ultracentrífuga e de suas aplicações na química. (B) No experimento que fez, Svedberg encheu um tubo especial de uma ultracentrífuga com uma solução homogênea de hemoglobina. Pela iluminação através do tubo, ele podia monitorar cuidadosamente o limite móvel entre as moléculas de proteínas em sedimentação e a solução aquosa límpida deixada para trás (a denominada sedimentação em fronteira). O método desenvolvido mais recentemente (mostrado em A) é uma forma de sedimentação em banda.

proteica de 200 aminoácidos, existem 20^{200} combinações possíveis (20 × 20 × 20 × 20..., multiplicando 200 vezes), ao passo que, para uma molécula de DNA com um comprimento de 10.000 nucleotídeos (pequena para os padrões de DNA), com os seus quatro diferentes nucleotídeos, existem $4^{10.000}$ possibilidades diferentes, um número extremamente elevado. Assim, a maquinaria de polimerização deve estar submetida a um controle muito sensível, que lhe permita especificar exatamente quais as subunidades que devem ser adicionadas na etapa seguinte do crescimento do polímero. Os mecanismos que especificam a sequência das subunidades das moléculas de DNA e RNA e também das proteínas são discutidos nos Capítulos 6 e 7.

A forma exata das macromoléculas é determinada por ligações não covalentes

A maioria das ligações covalentes simples que ligam as subunidades das macromoléculas entre si permite rotação entre os átomos que formam a ligação. Portanto, a cadeia polimérica possui grande flexibilidade. Em princípio, isso permite que uma macromolécula formada por uma só cadeia adote uma quantidade praticamente ilimitada de formas, ou **conformações**, à medida que a cadeia do polímero se contorce e gira sob a influência da energia térmica aleatória. Entretanto, as formas da maior parte das macromoléculas biológicas são altamente condicionadas pelas várias ligações não covalentes, mais fracas, formadas entre diferentes partes da própria molécula. Em muitos casos, essas interações mais fracas garantem que a cadeia do polímero adote preferencialmente uma conformação específica, que é determinada pela sequência linear dos monômeros na cadeia. Assim, a maior parte das moléculas de proteínas e muitas moléculas de RNA são encontradas, nas células, enoveladas firmemente em uma conformação altamente preferencial (**Figura 2-32**). Essas conformações únicas, lapidadas pela evolução, determinam a química e a atividade dessas macromoléculas e impõem seu modo de interação com outras moléculas biológicas.

As ligações não covalentes de importância para a estrutura e função das macromoléculas incluem dois tipos discutidos anteriormente: *atração eletrostática* e *ligação de hidrogênio* (ver Painel 2-7, p. 78-79). As atrações eletrostáticas, embora fortes por si mesmas, são um tanto fracas em água, porque os grupos carregados ou parcialmente carregados (polares) envolvidos na atração são protegidos de interagirem entre si por sua interação com moléculas de água e vários íons inorgânicos presentes nas soluções aquosas. Entretanto, as atrações eletrostáticas são muito importantes nos sistemas biológicos. Uma enzima que ligue um substrato de carga positiva geralmente usará uma cadeia lateral de aminoácido com carga negativa para guiar o substrato para a posição apropriada.

Anteriormente, foi descrita a importância das ligações de hidrogênio na determinação das propriedades peculiares da molécula de água. Essas ligações também são muito importantes para o enovelamento das cadeias polipeptídicas e para manter unidas as duas fitas de uma molécula de DNA de fita dupla.

QUESTÃO 2-8

Em princípio, existem muitas maneiras diferentes, quimicamente diversas, pelas quais as moléculas pequenas podem ser ligadas para formar polímeros. Por exemplo, a pequena molécula de eteno ($CH_2{=}CH_2$) é usada comercialmente para fazer o plástico polietileno (...-CH_2-CH_2-CH_2-CH_2-CH_2-...). Entretanto, as subunidades individuais das três classes principais de macromoléculas biológicas são ligadas por reações com mecanismos similares, isto é, reações de condensação com eliminação de água. Você consegue se lembrar de algumas vantagens que essa química ofereça e também por que ela teria sido selecionada pela evolução?

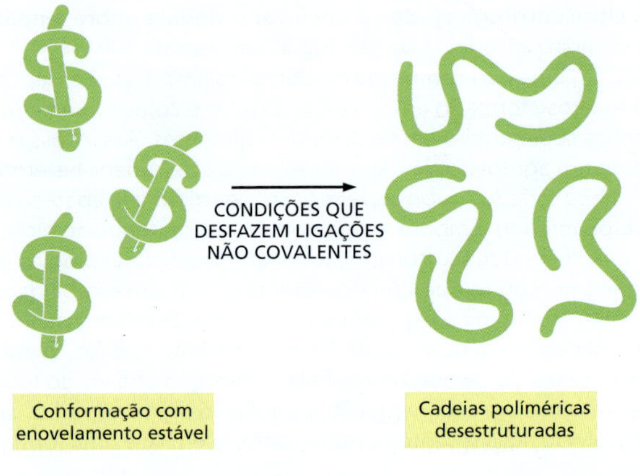

Figura 2-32 A maioria das moléculas de proteína e muitas moléculas de RNA se enovelam em uma forma tridimensional específica estável, ou conformação. Essa forma é determinada principalmente por numerosas ligações intramoleculares não covalentes fracas. Caso a macromolécula com a forma assim determinada seja submetida a condições que desfaçam essas ligações não covalentes, a molécula torna-se uma cadeia flexível que perde tanto sua conformação quanto sua atividade biológica.

Um terceiro tipo de interação não covalente resulta das **atrações de van der Waals**, que são uma forma de atração elétrica causada pelo aparecimento de cargas elétricas oscilantes quando dois átomos se aproximam por uma distância muito pequena. Embora as atrações de van der Waals sejam mais fracas do que as ligações de hidrogênio, quando estão em grande número elas desempenham um papel importante na atração de macromoléculas que tenham formas complementares. Todas essas ligações não covalentes estão revistas no Painel 2-7, p. 78-79.

A estrutura tridimensional da água cria outra interação não covalente importante, que força as porções hidrofóbicas das moléculas dissolvidas em água a ficarem juntas e assim minimizar a perturbação da rede de ligações de hidrogênio das moléculas de água (ver Painel 2-7, p. 78-79, e Painel 2-2, p. 68-69). Essa expulsão da solução aquosa gera o que é algumas vezes conhecido como um quarto tipo de ligação não covalente, denominado **interação hidrofóbica**. Por exemplo, essas interações mantêm as moléculas de fosfolipídeos unidas nas membranas celulares e têm um participação crucial no enovelamento das moléculas de proteínas formando uma estrutura globular compacta.

As ligações não covalentes permitem que as macromoléculas se liguem a outras moléculas selecionadas

Como já foi discutido, embora as ligações não covalentes sejam individualmente fracas, elas podem ajudar a criar uma atração forte entre duas moléculas, quando essas moléculas se encaixarem muito ajustadamente, como uma luva na mão, de modo que possam ser formadas várias ligações não covalentes entre elas (ver Painel 2-7). Essa forma de interação molecular é responsável pela grande especificidade das ligações entre macromoléculas e outras moléculas (pequenas ou grandes), porque os múltiplos pontos de contatos necessários para haver uma ligação forte possibilitam que uma macromolécula selecione apenas uma entre os vários milhares de moléculas diferentes presentes em uma célula. Mais ainda, é possível que se formem associações de praticamente qualquer intensidade, porque a força de ligação depende do número de ligações não covalentes que são formadas.

Ligações desse tipo possibilitam que as proteínas funcionem como enzimas. Essas ligações também podem estabilizar associações entre quaisquer macromoléculas, desde que as suas superfícies se complementem perfeitamente (**Figura 2-33** e **Animação 2.4**). Em virtude disso, as ligações não covalentes permitem que as macromoléculas sejam usadas como unidades fundamentais na formação de estruturas muito maiores. Por exemplo, as proteínas geralmente se ligam en-

QUESTÃO 2-9

Por que as ligações covalentes não poderiam ser usadas no lugar das ligações não covalentes para mediar a maior parte das interações das macromoléculas?

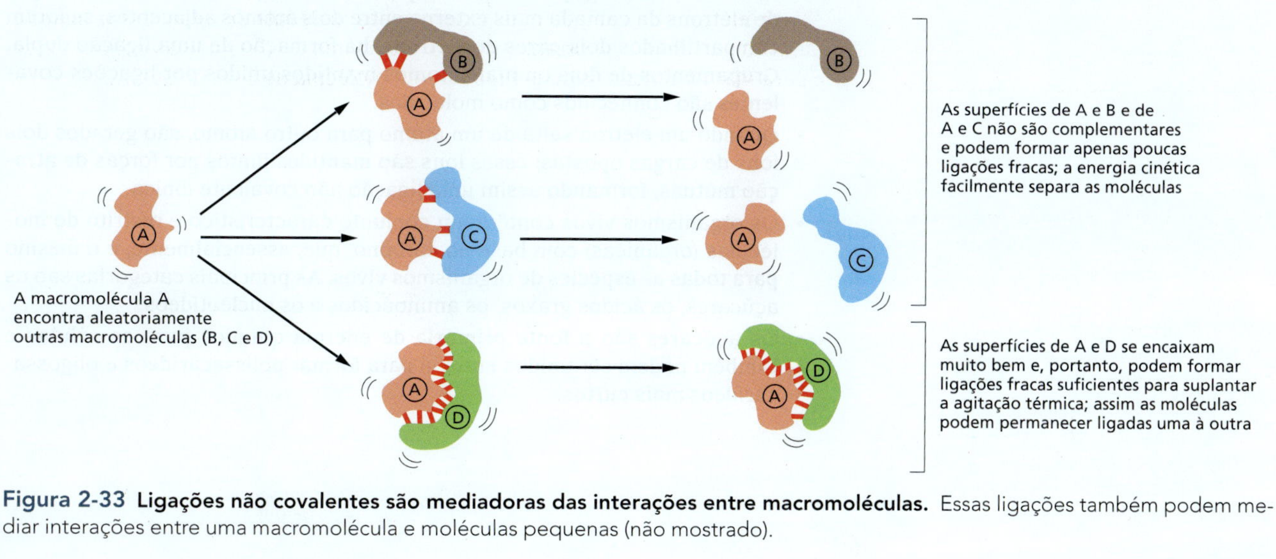

Figura 2-33 Ligações não covalentes são mediadoras das interações entre macromoléculas. Essas ligações também podem mediar interações entre uma macromolécula e moléculas pequenas (não mostrado).

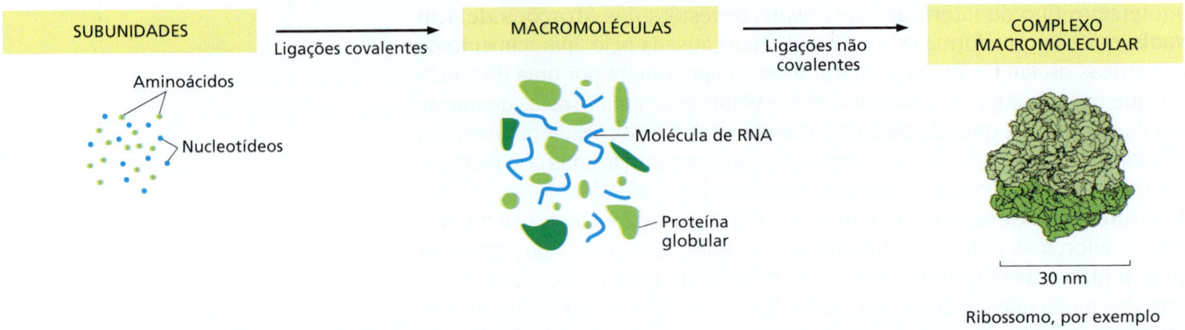

Figura 2-34 Para a formação de um complexo macromolecular, tal como um ribossomo, é necessário haver tanto ligações covalentes quanto ligações não covalentes. As ligações covalentes permitem que as moléculas orgânicas pequenas se unam entre si, constituindo macromoléculas que podem se associar formando grandes complexos macromoleculares via ligações não covalentes. Os ribossomos são grandes máquinas macromoleculares que sintetizam proteínas no interior das células. Cada ribossomo é composto por cerca de 90 macromoléculas (moléculas de proteína e de RNA) e é grande o suficiente para ser observado em um microscópio eletrônico (ver Figura 7-31). Subunidades, macromoléculas e ribossomos estão mostrados em uma escala aproximada.

tre si em complexos multiproteicos que funcionam como máquinas intrincadas com muitas partes móveis e, assim, podem desempenhar funções complexas como a replicação do DNA e a síntese de proteínas (**Figura 2-34**). Realmente, as ligações não covalentes desse tipo respondem pela grande atividade da química altamente complexa que torna a vida possível.

CONCEITOS ESSENCIAIS

- As células vivas obedecem às mesmas leis da física e da química que regem os objetos não vivos. Como todas as demais formas de matéria, elas são compostas por átomos, que são as menores unidades dos elementos químicos que mantêm as propriedades químicas características de cada elemento.
- As células são compostas por um número limitado de elementos, quatro dos quais (C, H, N e O) perfazem cerca de 96% da massa das células.
- Cada átomo tem um núcleo com carga positiva, que é rodeado por uma nuvem de elétrons carregados negativamente. As propriedades químicas de um átomo são determinadas pelo número e pelo arranjo dos seus elétrons: o átomo é mais estável quando a sua camada mais externa de elétrons está preenchida completamente.
- Há formação de ligação covalente quando há compartilhamento de um par de elétrons da camada mais externa entre dois átomos adjacentes; se forem compartilhados dois pares de elétrons, há formação de uma ligação dupla. Grupamentos de dois ou mais átomos mantidos unidos por ligações covalentes são conhecidos como moléculas.
- Quando um elétron salta de um átomo para outro átomo, são gerados dois íons de cargas opostas; esses íons são mantidos juntos por forças de atração mútuas, formando assim uma ligação não covalente iônica.
- Os organismos vivos contêm um conjunto característico e restrito de moléculas (orgânicas) com base no carbono, que, essencialmente, é o mesmo para todas as espécies de organismos vivos. As principais categorias são os açúcares, os ácidos graxos, os aminoácidos e os nucleotídeos.
- Os açúcares são a fonte primária de energia química para as células e também podem ser unidos entre si para formar polissacarídeos e oligossacarídeos mais curtos.

- Os ácidos graxos são uma fonte de energia ainda mais rica do que os açúcares, mas a sua principal, e essencial, função é formar moléculas de lipídeos que se organizam em membranas celulares.
- A vasta maioria da matéria seca de uma célula é formada por macromoléculas, principalmente polissacarídeos, proteínas e ácidos nucleicos (DNA e RNA). Essas macromoléculas são formadas como polímeros de açúcares, aminoácidos e nucleotídeos, respectivamente.
- As proteínas formam a classe mais diversificada e versátil de macromoléculas. Elas são formadas por 20 tipos de aminoácidos ligados covalentemente por ligações peptídicas em longas cadeias polipeptídicas.
- Os nucleotídeos desempenham um papel central em reações de transferência de energia no interior das células. Eles também se ligam para formar moléculas de RNA e DNA contendo informações, sendo que cada um deles é formado por apenas quatro tipos de nucleotídeos.
- As moléculas de proteína, RNA e DNA são sintetizadas a partir de subunidades por meio de repetidas reações de condensação, e é a sequência específica de subunidades que determina as suas funções particulares.
- Quatro tipos de ligações não covalentes fracas – ligações de hidrogênio, atrações eletrostáticas, atrações de van der Waals e interações hidrofóbicas – possibilitam que as macromoléculas se liguem especificamente a outras macromoléculas ou a um grupo selecionado de moléculas pequenas.
- Os mesmos quatro tipos de ligações não covalentes entre diferentes regiões de um polipeptídeo ou de uma cadeia de RNA possibilitam que essas cadeias se enovelem em suas formas específicas (conformações).

TERMOS-CHAVE

ácido
ácido graxo
aminoácido
átomo
ATP
atração de van der Waals
atração eletrostática
açúcar
base
bicamada lipídica
conformação
DNA
elétron
escala de pH
grupo químico
hidrofílico
hidrofóbico
hidrólise
interação hidrofóbica
íon
íon hidrônio
ligação covalente
ligação de hidrogênio
ligação iônica
ligação não covalente
ligação química
lipídeo
macromolécula
molécula
molécula inorgânica
molécula orgânica
monômero
nucleotídeo
número de Avogadro
peso atômico
peso molecular
polar
polímero
proteína
próton
reação de condensação
RNA
sequência
subunidade
tampão

CADEIAS PRINCIPAIS DE CARBONO

O carbono tem um papel único nas células devido à sua capacidade de formar ligações covalentes fortes com outros átomos de carbono. Assim, os átomos de carbono podem unir-se, formando:

Cadeias

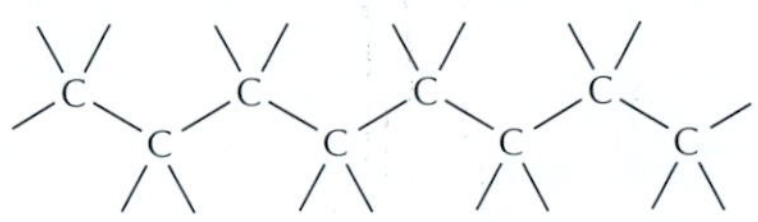

Também representado por 

Árvores ramificadas

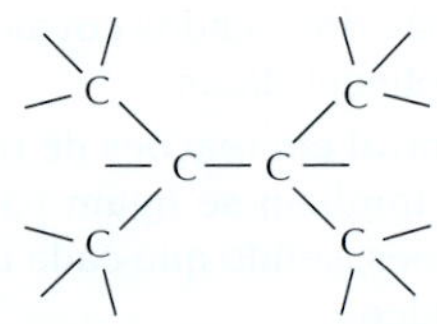

Também representado por 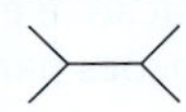

Anéis

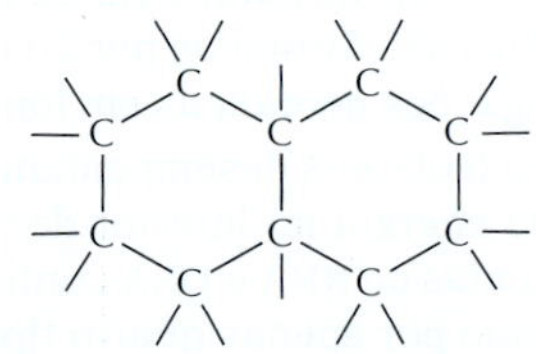

Também representado por 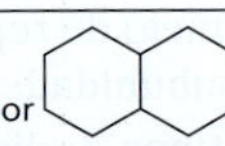

LIGAÇÕES COVALENTES

Há formação de uma ligação covalente quando dois átomos se aproximam muito e compartilham um ou mais elétrons das suas camadas mais externas. Cada átomo forma um número fixo de ligações covalentes em um arranjo espacial definido.

LIGAÇÃO SIMPLES: são compartilhados dois elétrons por ligação

LIGAÇÃO DUPLA: são compartilhados quatro elétrons por ligação

O arranjo espacial preciso das ligações covalentes influencia a estrutura tridimensional e a química das moléculas. Neste painel de revisão, está mostrado como as ligações covalentes são usadas em várias moléculas biológicas.

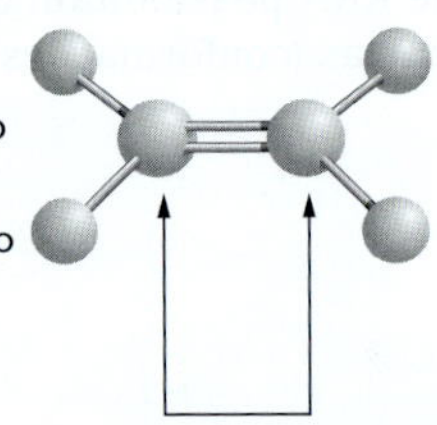

Átomos ligados por duas ou mais ligações covalentes não podem girar livremente em torno do eixo da ligação. Essa restrição tem grande influência na forma tridimensional de diversas macromoléculas.

COMPOSTOS C-H

Juntos, o carbono e o hidrogênio podem formar compostos (ou grupos) muito estáveis, denominados hidrocarbonetos. Eles são não polares, não formam ligações de hidrogênio e geralmente são insolúveis em água.

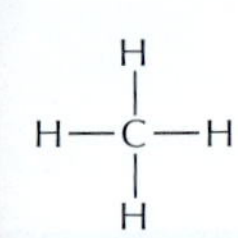

Metano

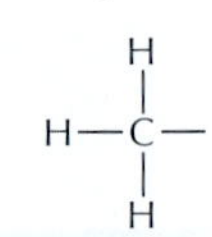

Grupo metila

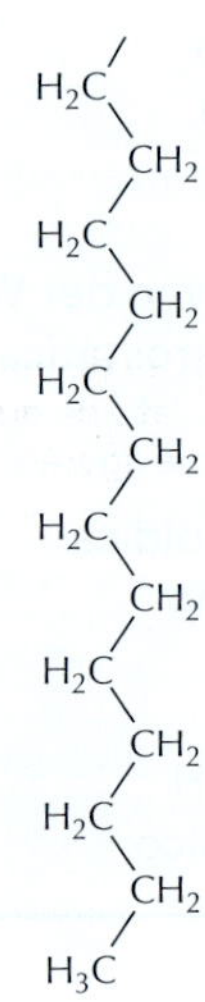

Parte da "cauda" hidrocarbonada de uma molécula de ácido graxo

LIGAÇÕES DUPLAS ALTERNADAS

As cadeias de carbono podem incluir ligações duplas. Caso essas ligações ocorram em átomos de carbono alternados, os elétrons que participam dessas ligações movem-se dentro da molécula, estabilizando a estrutura por um fenômeno denominado *ressonância*.

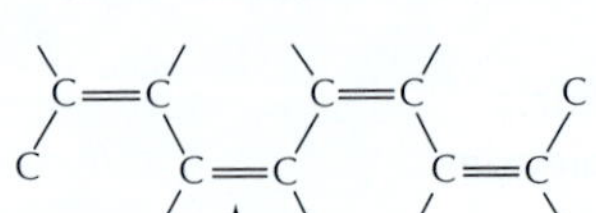

A estrutura real corresponde a um ponto intermediário entre essas duas estruturas

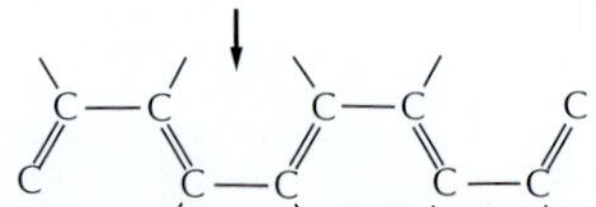

Ligações duplas em um anel podem gerar uma estrutura muito estável.

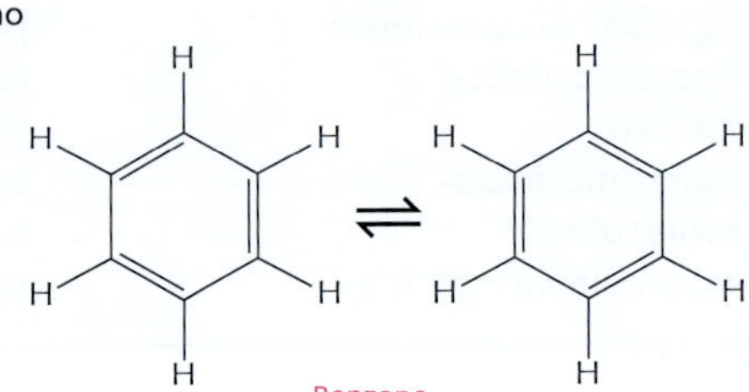

Benzeno

Geralmente representado como 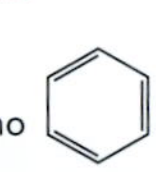

COMPOSTOS C-O

Vários compostos biológicos contêm um carbono ligado covalentemente a um oxigênio. Por exemplo,

Álcool

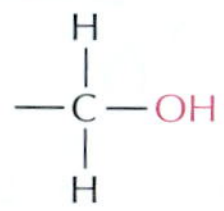

O grupo –OH é denominado grupo hidroxila.

Aldeído

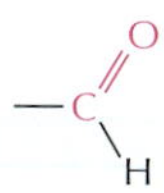

Cetona

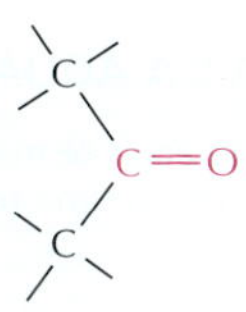

O grupo C=O é denominado grupo carbonila.

Ácido carboxílico

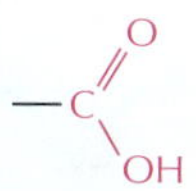

O grupo –COOH é denominado grupo carboxila. Em água, esse grupo perde um íon H^+ e torna-se $–COO^-$.

Ésteres

Os ésteres são formados pela combinação de um ácido e um álcool.

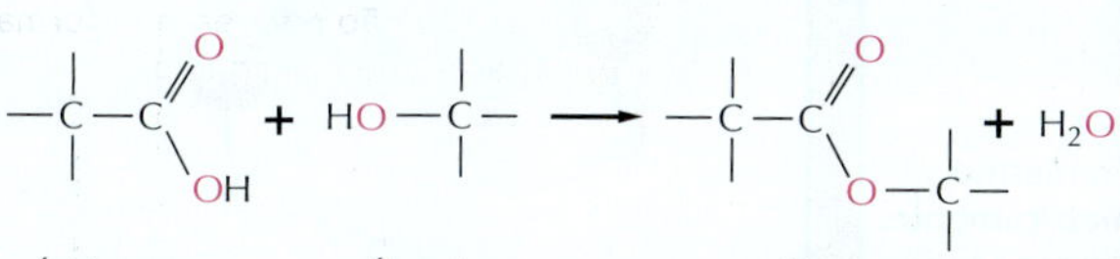

Ácido Álcool Éster

COMPOSTOS C-N

Aminas e amidas são dois exemplos importantes de grupos contendo um carbono ligado a um nitrogênio.

Em água, as aminas combinam-se com um íon H^+, tornando-se carregadas positivamente.

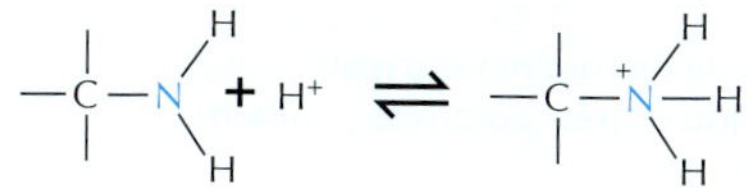

As amidas são formadas pela combinação de um ácido com uma amina. Ao contrário das aminas, as amidas não possuem carga quando em água. Um exemplo é a ligação peptídica que liga dois aminoácidos nas proteínas.

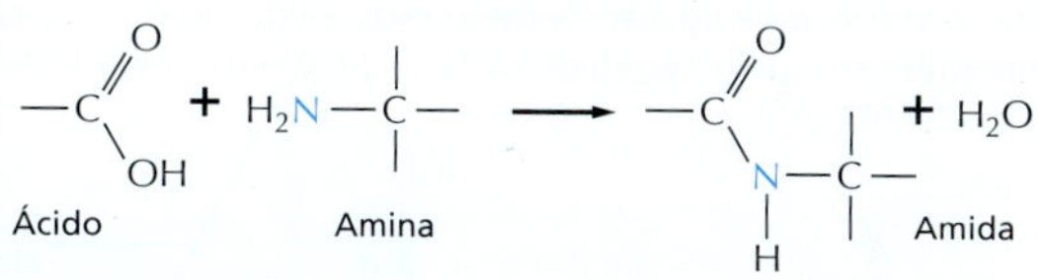

O nitrogênio ocorre também em vários compostos cíclicos, incluindo importantes constituintes dos ácidos nucleicos: purinas e pirimidinas.

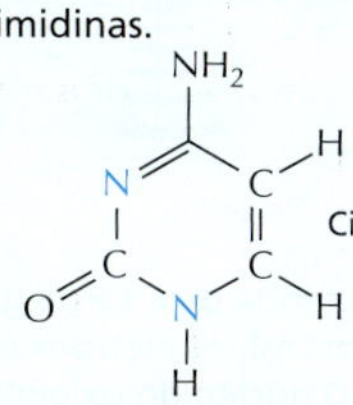

Citosina (uma pirimidina)

FOSFATOS

O fosfato inorgânico é um íon estável, formado a partir do ácido fosfórico, H_3PO_4. Ele também é representado por P_i.

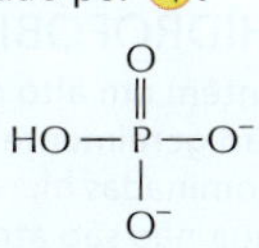

Podem-se formar ésteres de fosfato entre um fosfato e um grupo hidroxila livre. Os grupos fosfato geralmente estão ligados covalentemente a proteínas desta maneira.

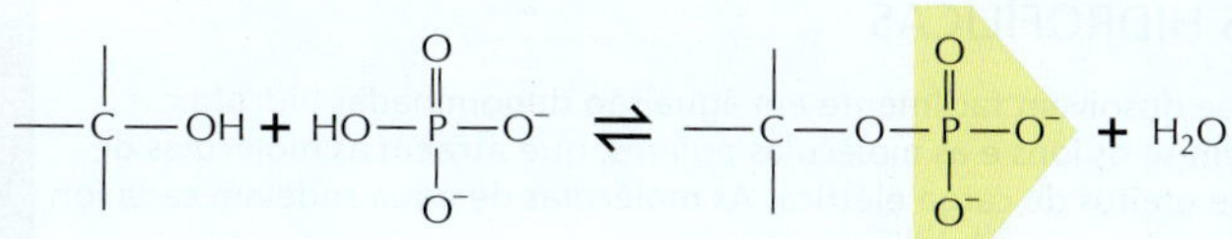

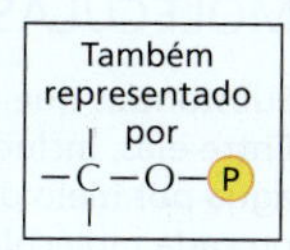

A combinação de um grupo fosfato com um grupo carboxila, ou com dois ou mais grupos fosfato, origina um anidrido ácido. Devido ao fato de que compostos desse tipo liberam grande quantidade de energia quando hidrolisados nas células, diz-se que eles contêm uma ligação "rica em energia".

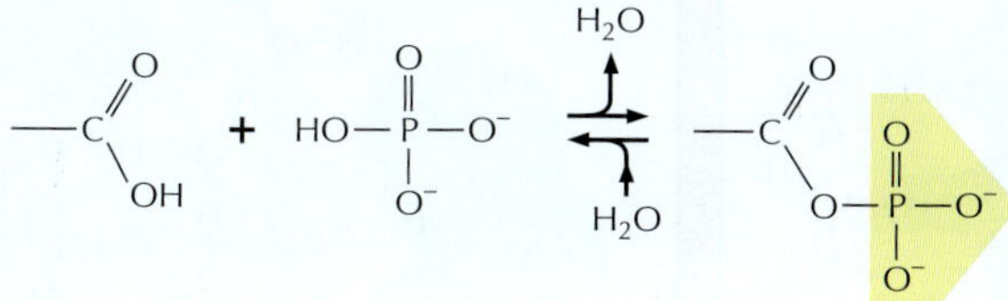

Ligação acil-fosfato (ácido anidrido carboxílico – fosfórico) de alta energia encontrada em alguns metabólitos

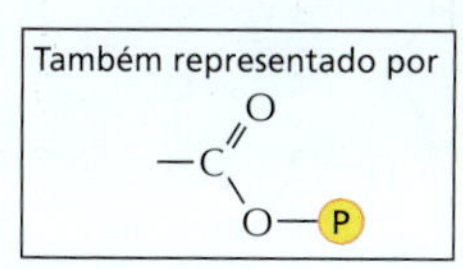

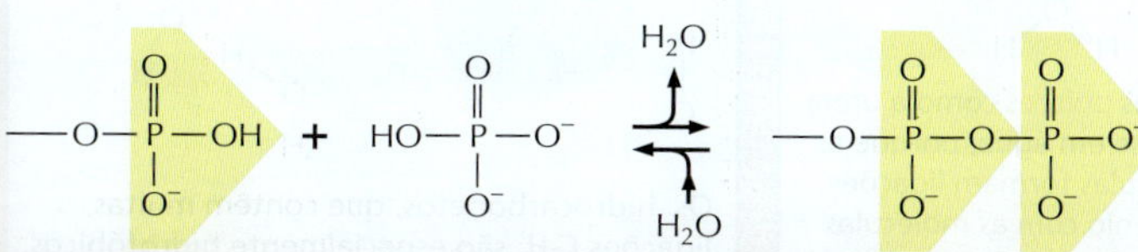

Ligação fosfoanidrido de alta energia encontrada em moléculas como o ATP

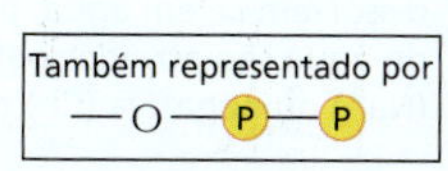

LIGAÇÕES DE HIDROGÊNIO

Por serem polares, duas moléculas adjacentes de H_2O podem formar uma ligação não covalente conhecida como ligação de hidrogênio. As ligações de hidrogênio possuem apenas 1/20 da força de uma ligação covalente.

As ligações de hidrogênio são mais fortes quando os três átomos se alinham em uma reta.

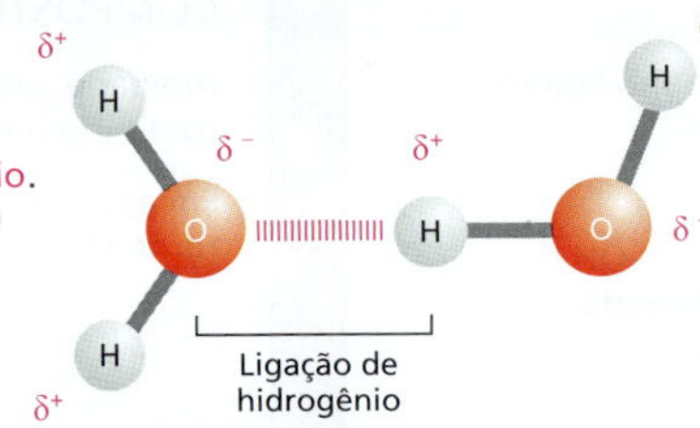

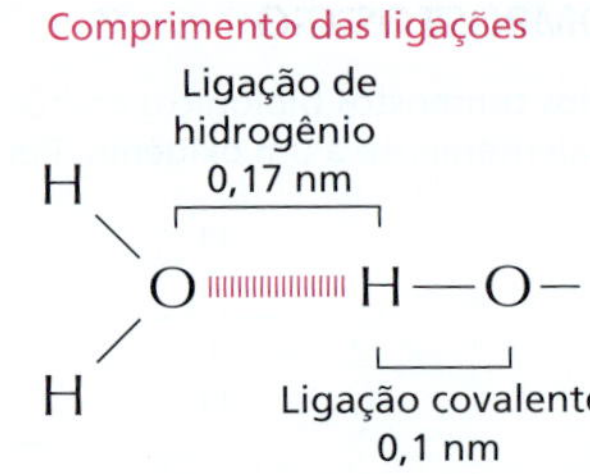

ÁGUA

Dois átomos ligados por ligação covalente podem exercer atrações diferentes sobre os elétrons da ligação. Nesses casos, a ligação é polar, com um lado levemente carregado negativamente (δ^-) e o outro lado levemente carregado positivamente (δ^+).

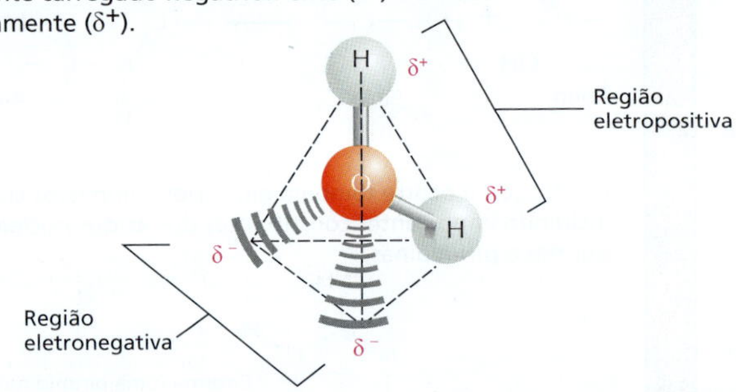

Embora a molécula de água tenha uma carga geral negativa (por ter o mesmo número de elétrons e de prótons), os elétrons estão distribuídos assimetricamente, tornando a molécula polar. O núcleo do oxigênio desloca elétrons para mais longe dos núcleos do hidrogênio, deixando os núcleos do hidrogênio com uma carga líquida levemente positiva. A densidade excessiva de elétrons no átomo de oxigênio cria regiões fracamente negativas nos outros dois pontos de um tetraedro imaginário. Nestas páginas, as propriedades químicas da água são revisadas e é visto como a água influi no comportamento das moléculas biológicas.

ESTRUTURA DA ÁGUA

As moléculas de água se mantêm unidas transitoriamente em uma rede de ligações de hidrogênio.

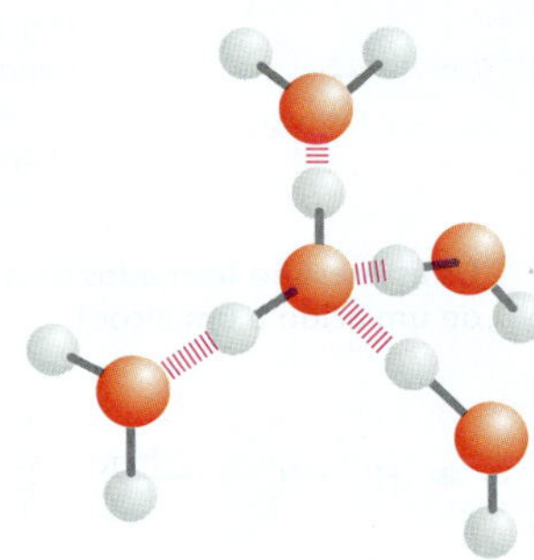

A natureza coesiva da água é responsável por muitas das suas propriedades peculiares, tais como alta tensão superficial, alto calor específico e alto calor de vaporização.

MOLÉCULAS HIDROFÍLICAS

Substâncias que se dissolvem facilmente em água são denominadas hidrofílicas. Entre elas, incluem-se os íons e as moléculas polares, que atraem as moléculas de água por meio de efeitos de carga elétrica. As moléculas de água rodeiam cada íon ou cada molécula polar e os solubilizam.

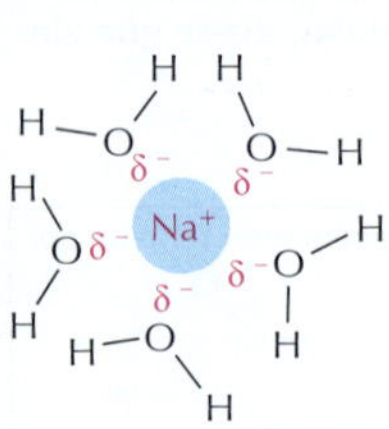

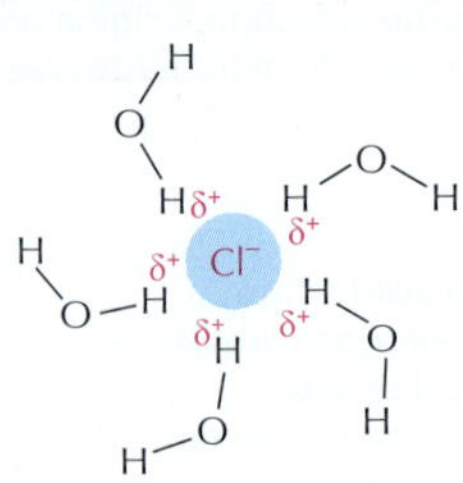

Substâncias iônicas como o cloreto de sódio dissolvem-se em água, porque as moléculas de água são atraídas pela carga positiva (Na^+) ou negativa (Cl^-) de cada íon.

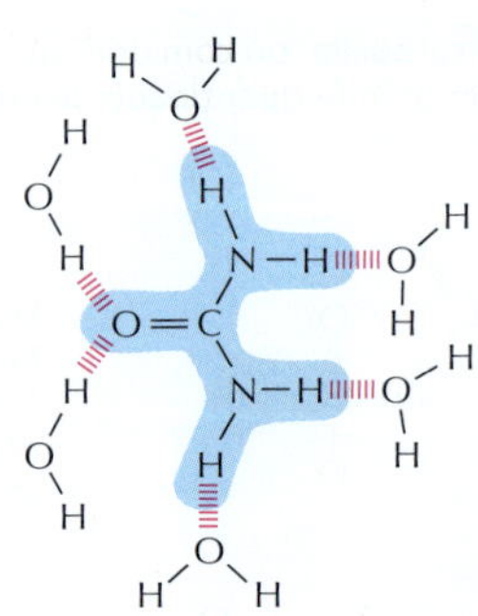

Substâncias polares como a ureia dissolvem-se em água, porque as suas moléculas formam ligações de hidrogênio com as moléculas de água circundantes.

MOLÉCULAS HIDROFÓBICAS

Substâncias que contêm um alto número de ligações apolares são geralmente insolúveis em água e são denominadas hidrofóbicas. As moléculas de água não são atraídas por moléculas hidrofóbicas e têm baixa tendência a solvatarem e solubilizarem essas moléculas.

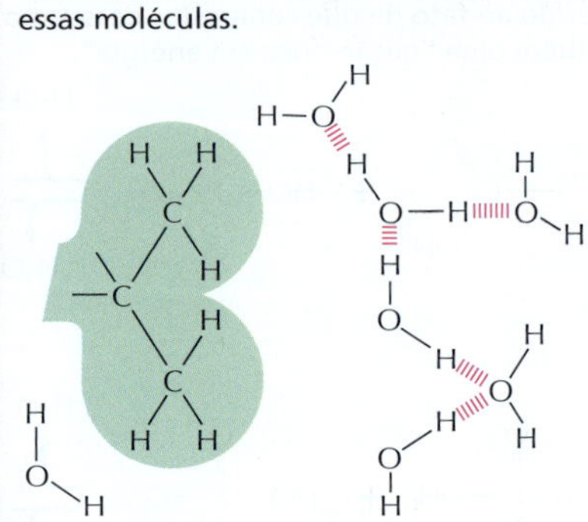

Os hidrocarbonetos, que contêm muitas ligações C-H, são especialmente hidrofóbicos.

ÁGUA COMO SOLVENTE

Muitas substâncias, como o açúcar de cozinha (sacarose), se dissolvem em água. Isto é, as suas moléculas se separam umas das outras, cada uma tornando-se solvatadas por moléculas de água.

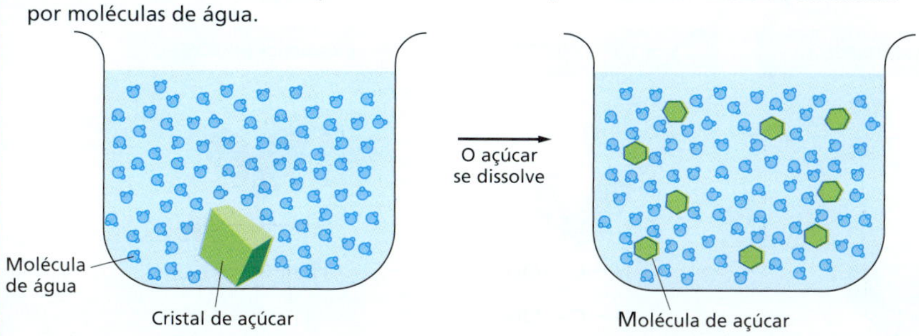

Quando uma substância se dissolve em um líquido, a mistura é denominada solução. A substância dissolvida (no caso, o açúcar) é denominada soluto e o líquido que faz a dissolução (no caso, a água) é denominado solvente. A água é um solvente excelente para substâncias hidrofílicas, devido às suas ligações polares.

ÁCIDOS

Substâncias que liberam íons hidrogênio (prótons) em uma solução são denominadas ácidos.

$$HCl \longrightarrow H^+ + Cl^-$$

HCl: ácido clorídrico (ácido forte); H^+: íon hidrogênio; Cl^-: íon cloreto

Muitos ácidos de importância para as células não se dissociam completamente e, por isso, são denominados ácidos fracos – por exemplo, o grupo carboxila (-COOH), que se dissocia e doa um íon hidrogênio para a solução.

(ácido fraco)

Observe que essa reação é reversível.

TROCA DE ÍON HIDROGÊNIO

Íons hidrogênio carregados positivamente (H^+) podem mover-se espontaneamente de uma a outra molécula de água, criando assim duas espécies iônicas.

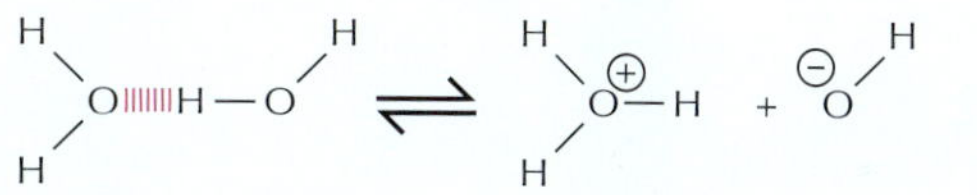

Geralmente representado por:

$$H_2O \rightleftharpoons H^+ + OH^-$$

H^+: íon hidrogênio; OH^-: íon hidroxila

Uma vez que esse processo é rapidamente reversível, os íons hidrogênio estão continuamente trocando de uma molécula de água a outra. A água pura contém quantidades iguais de íons hidrônio e íons hidroxila (10^{-7} M cada um).

pH

A acidez de uma solução é definida como a concentração de íons hidrônio (H_3O^+) que ela possui, geralmente abreviada como H^+. Por ser mais conveniente, usa-se a escala de pH, em que

$$pH = -\log_{10}[H^+]$$

para a água pura

$$[H^+] = 10^{-7} \text{ mol/litro}$$

$$pH = 7{,}0$$

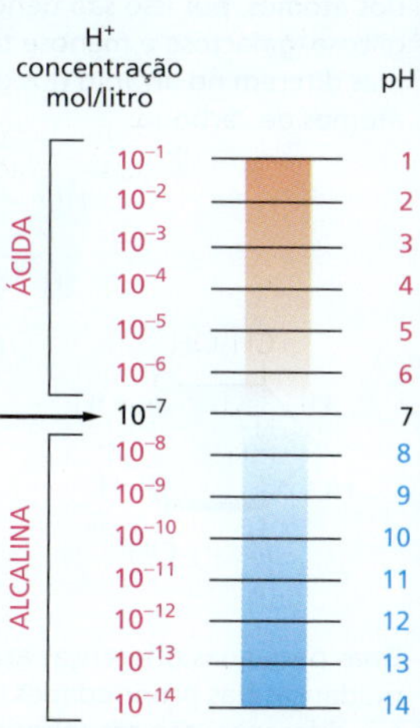

BASES

Substâncias que reduzem o número de íons hidrogênio na solução são denominadas bases. Algumas bases, como a amônia, combinam-se diretamente com íons hidrogênio.

$$NH_3 + H^+ \longrightarrow NH_4^+$$

NH_3: amônia; H^+: íon hidrogênio; NH_4^+: íon amônio

Outras bases, como o hidróxido de sódio, reduzem o número de íons H^+ indiretamente, ao produzirem íons OH^-, que então se combinam diretamente com os íons H^+, formando água.

$$NaOH \longrightarrow Na^+ + OH^-$$

NaOH: hidróxido de sódio (base forte); Na^+: íon sódio; OH^-: íon hidroxila

Muitas bases encontradas nas células estão parcialmente associadas com íons H^+ e são denominadas bases fracas. Isso é verdadeiro para compostos contendo um grupo amino ($-NH_2$), que tem uma tendência fraca a aceitar reversivelmente íons H^+ da água, aumentando assim a concentração de íons OH^- livres.

$$-NH_2 + H^+ \rightleftharpoons -NH_3^+$$

MONOSSACARÍDEOS

Normalmente os monossacarídeos têm a fórmula geral $(CH_2O)_n$, onde *n* pode ser 3, 4, 5 ou 6, e possuem dois ou mais grupos hidroxila. Esses monossacarídeos contêm um grupo aldeído ($-C\overset{O}{\underset{H}{\lessgtr}}$) e são denominados aldoses, ou um grupo cetona ($>C=O$) e são denominados cetoses.

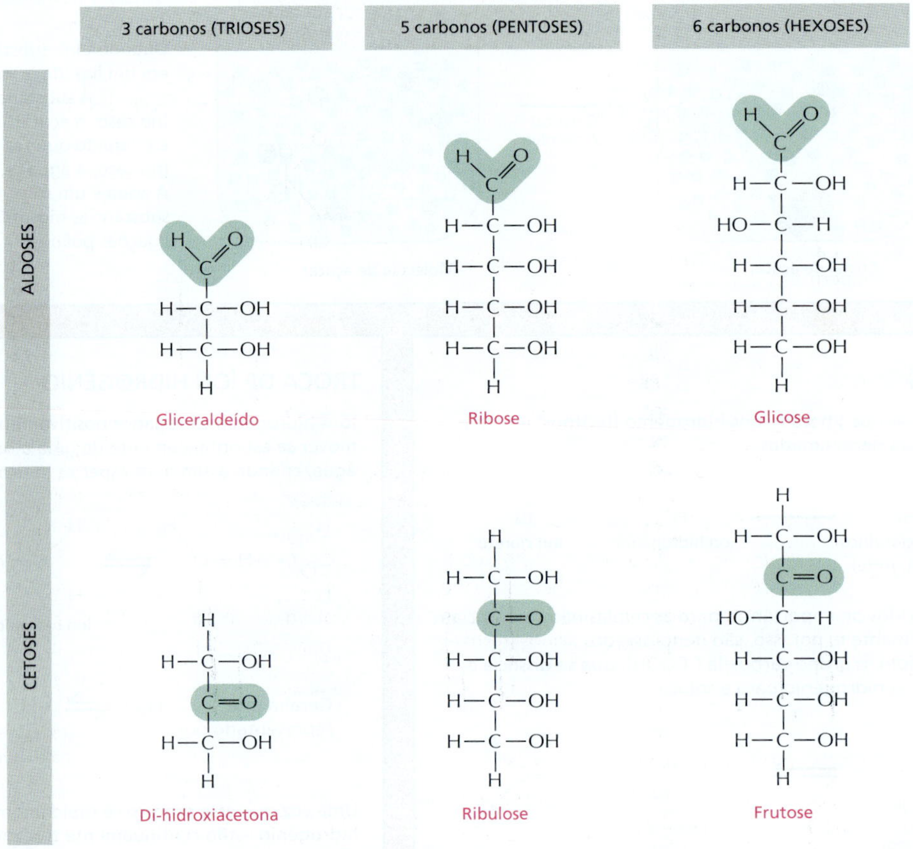

FORMAÇÃO DE ANEL

Em soluções aquosas, o grupo aldeído ou o grupo cetona de uma molécula de açúcar tende a reagir com um grupo hidroxila da mesma molécula, convertendo a molécula em um anel.

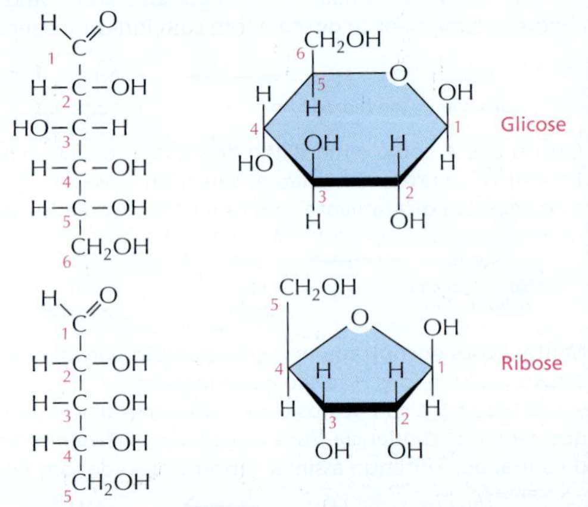

Observe que cada átomo de carbono é numerado.

ISÔMEROS

Muitos monossacarídeos diferem apenas no arranjo espacial dos átomos, por isso são denominados isômeros. Por exemplo, glicose, galactose e manose têm a mesma fórmula ($C_6H_{12}O_6$), mas diferem no arranjo dos grupos ao redor de um ou dois átomos de carbono.

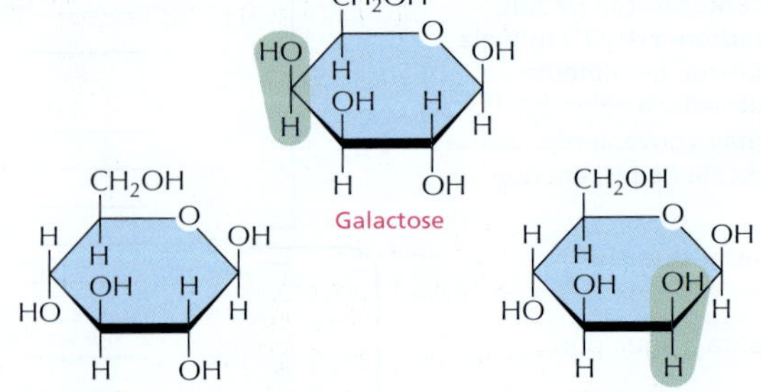

Essas pequenas diferenças acarretam somente pequenas mudanças nas propriedades químicas dos açúcares. Entretanto, tais diferenças são reconhecidas pelas enzimas e outras proteínas, e portanto podem ter efeitos biológicos significativos.

LIGAÇÕES α E β

Os grupos hidroxila do carbono que carrega o grupo de aldeído ou cetona podem rapidamente trocar de uma posição para a outra. Essas duas posições são denominadas α e β.

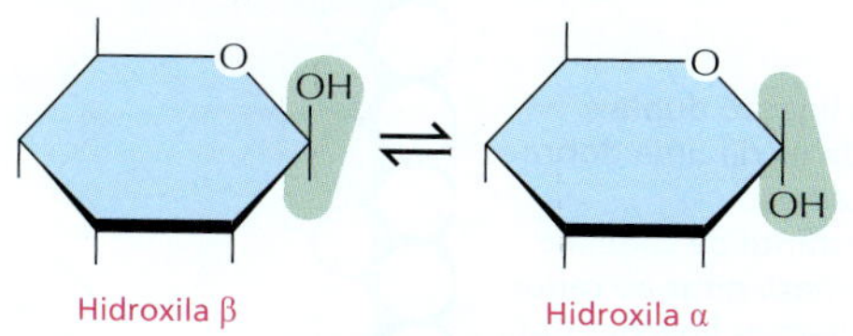

Tão logo um açúcar é ligado a outro açúcar, as formas α ou β se tornam permanentes.

DERIVADOS DE AÇÚCAR

Os grupos hidroxila de um monossacarídeo simples, como a glicose, podem ser substituídos por outros grupos.

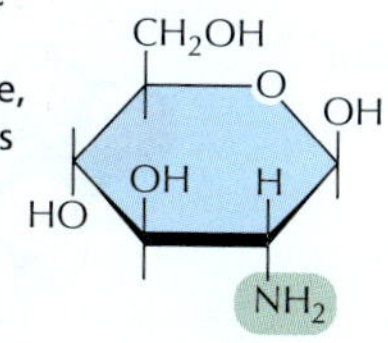

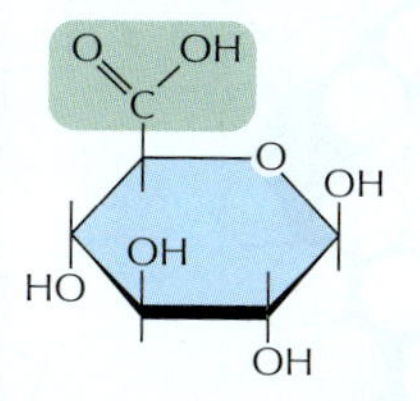

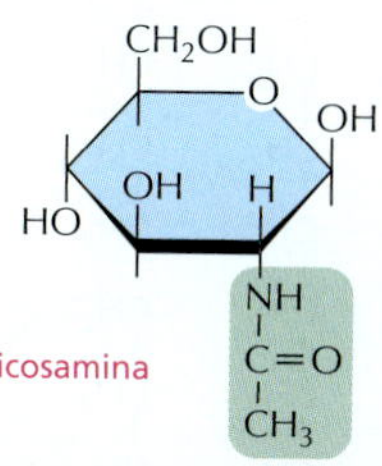

DISSACARÍDEOS

O carbono ligado ao aldeído ou à cetona pode reagir com qualquer grupo hidroxila de uma segunda molécula de açúcar, formando um dissacarídeo.
Os três dissacarídeos comuns são:

- maltose (glicose + glicose)
- lactose (galactose + glicose)
- sacarose (glicose + frutose)

A reação de formação da sacarose está mostrada ao lado.

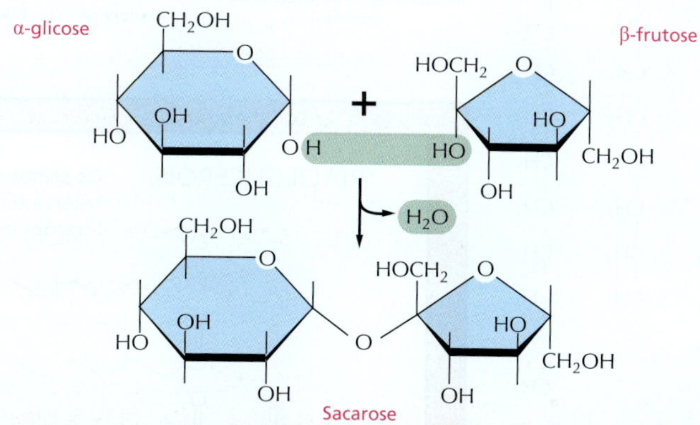

OLIGOSSACARÍDEOS E POLISSACARÍDEOS

Moléculas grandes e lineares podem ser formadas pela simples repetição de unidades de açúcar. As cadeias curtas são denominadas oligossacarídeos e as cadeias longas são denominadas polissacarídeos. O glicogênio, por exemplo, é um polissacarídeo composto inteiramente pela ligação de unidades de glicose.

Pontos de ramificação

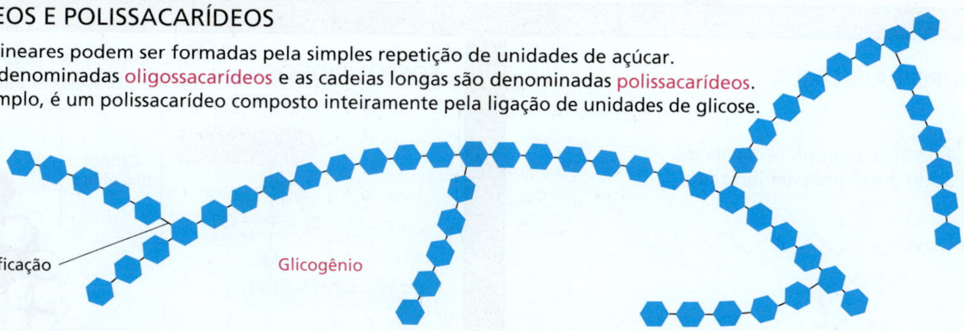

OLIGOSSACARÍDEOS COMPLEXOS

Em muitos casos, a sequência de açúcares não é repetitiva. São possíveis muitas moléculas diferentes. Oligossacarídeos complexos desse tipo são geralmente ligados a proteínas ou lipídeos, como este oligossacarídeo (aqui mostrado), que faz parte de uma molécula de superfície celular responsável pela determinação de um grupo sanguíneo específico.

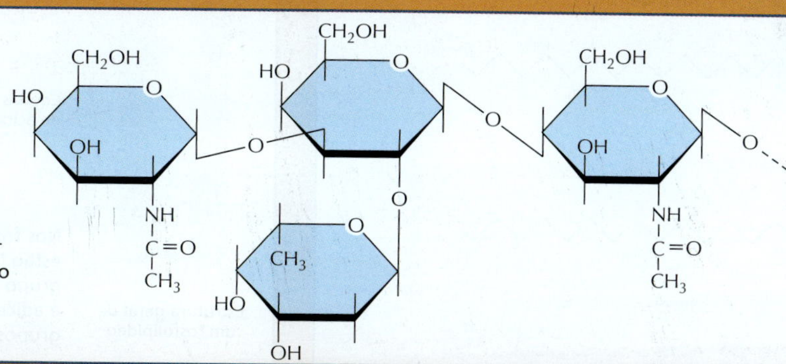

ÁCIDOS GRAXOS

Todos os ácidos graxos têm grupos carboxila em uma extremidade e longas caudas hidrocarbonadas na outra.

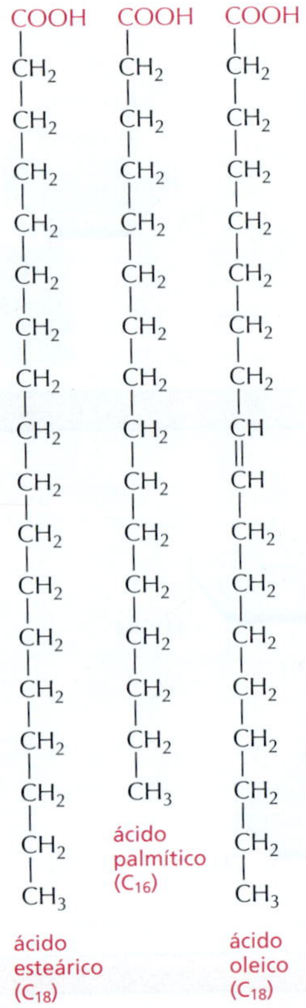

Existem centenas de tipos diferentes de ácidos graxos. Alguns têm uma ou mais ligações duplas nas caudas hidrocarbonadas e são denominados insaturados. Os ácidos graxos sem ligação dupla são saturados.

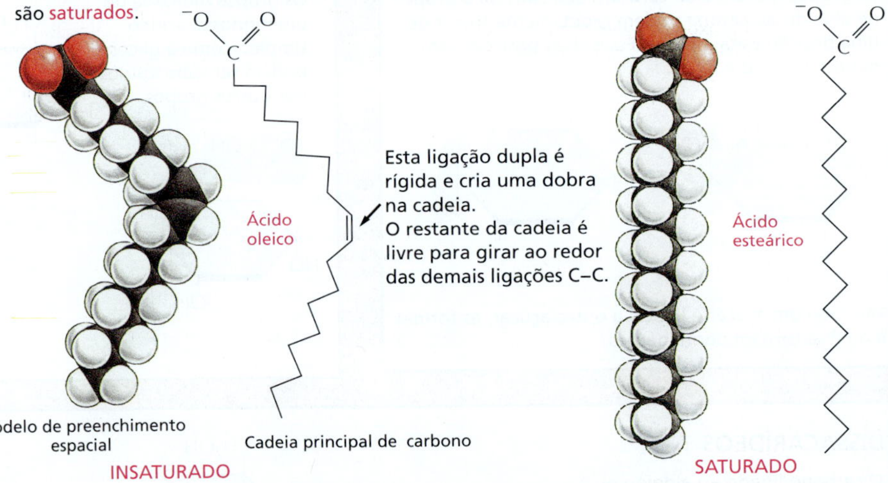

TRIACILGLICERÓIS

Os ácidos graxos são armazenados nas células como reserva de energia (ácidos graxos e óleos) por meio de ligações éster ao glicerol, formando triacilgliceróis.

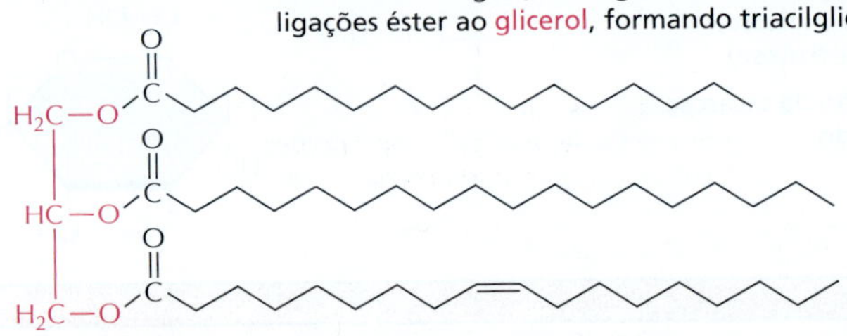

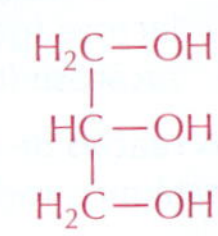

GRUPO CARBOXILA

Quando livre, o grupo carboxila de um ácido graxo pode ser ionizado.

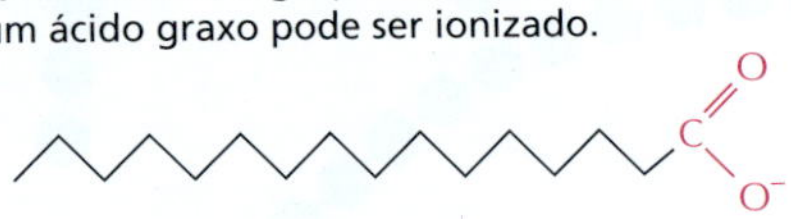

Mas geralmente ele está ligado a outros grupos, na forma de ésteres

ou amidas.

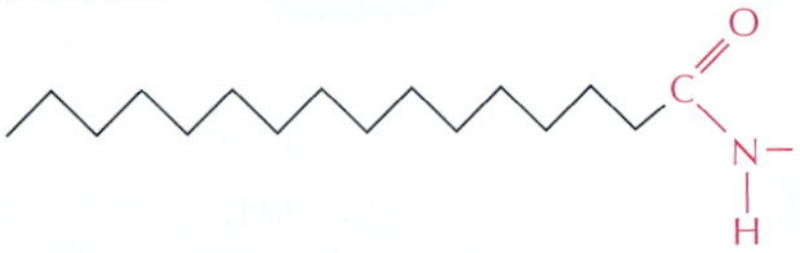

FOSFOLIPÍDEOS

Fosfolipídeos são os principais componentes das membranas celulares.

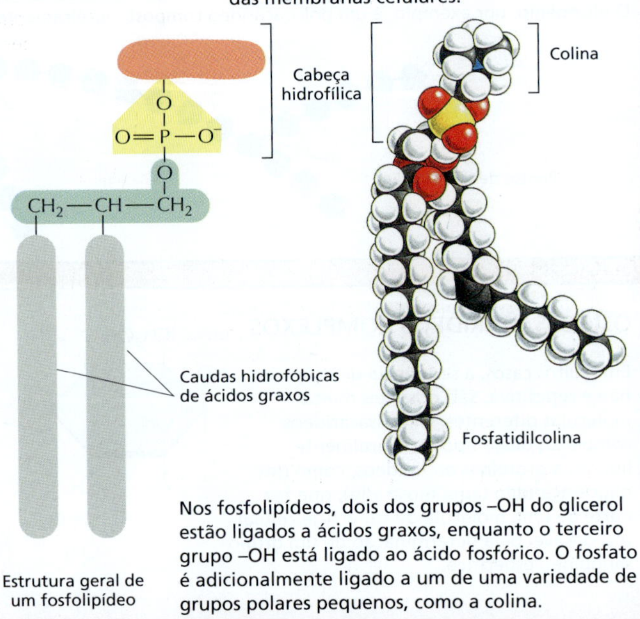

Nos fosfolipídeos, dois dos grupos –OH do glicerol estão ligados a ácidos graxos, enquanto o terceiro grupo –OH está ligado ao ácido fosfórico. O fosfato é adicionalmente ligado a um de uma variedade de grupos polares pequenos, como a colina.

AGREGADOS DE LIPÍDEOS

Os ácidos graxos possuem uma cabeça hidrofílica e uma cauda hidrofóbica.

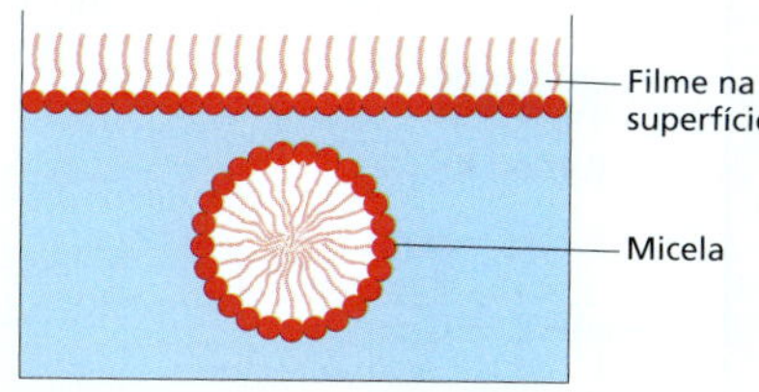

Em água, eles podem formar tanto um filme na superfície como pequenas micelas esféricas.

Os seus derivados podem formar grandes agregados, mantidos coesos por forças hidrofóbicas.

Os triacilgliceróis formam grandes gotículas de gordura no citoplasma das células.

Os fosfolipídeos e os glicolipídeos formam *bicamadas lipídicas* autosselantes que se constituem na base de todas as membranas celulares.

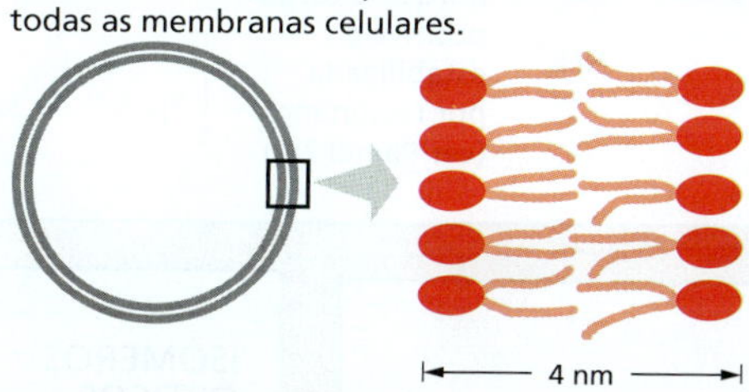

OUTROS LIPÍDEOS

Os lipídeos são definidos como moléculas insolúveis em água e solúveis em solventes orgânicos. Dois outros tipos comuns de lipídeos são os esteroides e os poli-isoprenoides. Ambos são compostos por unidades de isopreno.

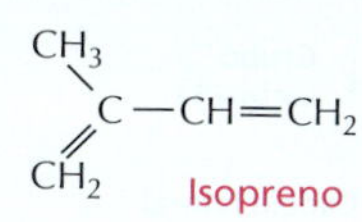

Isopreno

ESTEROIDES

Os esteroides têm em comum uma estrutura com múltiplos anéis.

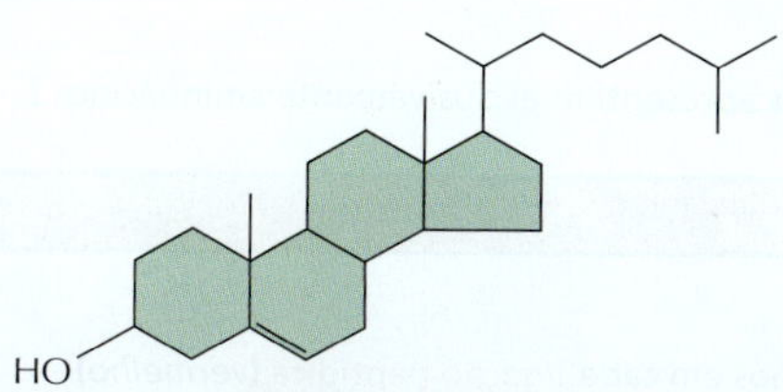

Colesterol – encontrado em muitas membranas celulares

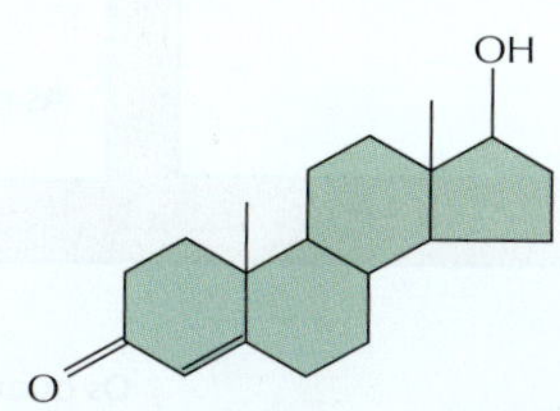

Testosterona – hormônio sexual masculino

GLICOLIPÍDEOS

Assim como os fosfolipídeos, esses compostos são formados por uma região hidrofóbica, contendo duas longas caudas hidrocarbonadas, e uma região polar que contém um ou mais açúcares; mas, ao contrário dos fosfolipídeos, não contêm fosfato.

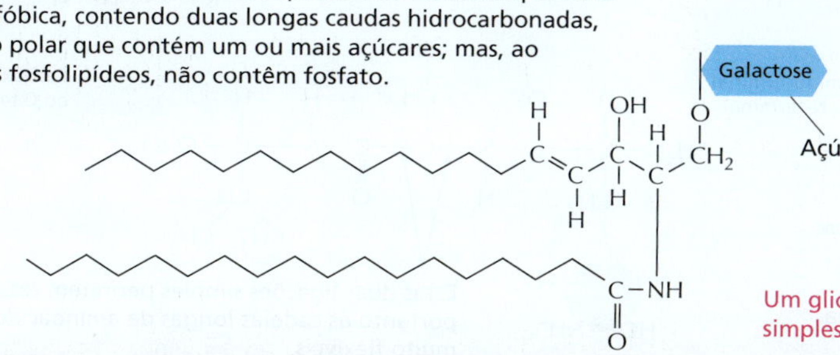

Um glicolipídeo simples

POLI-ISOPRENOIDES

Polímeros formados por longas cadeias de isopreno

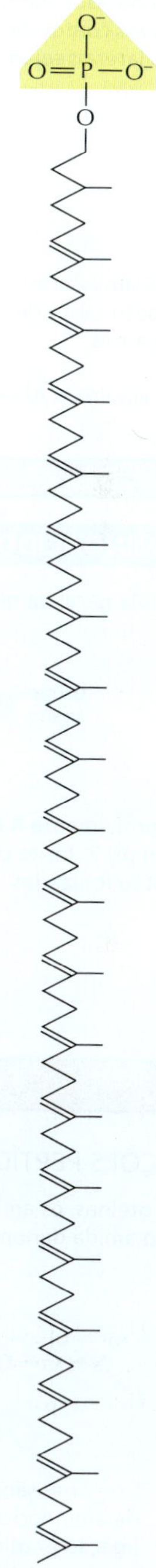

Dolicol-fosfato – usado como carreador de açúcares ativados na síntese de glicoproteínas e alguns polissacarídeos, associada à membrana

FAMÍLIAS DE AMINOÁCIDOS

Os aminoácidos comuns são agrupados conforme suas cadeias laterais sejam

- ácidas
- básicas
- polares não carregadas
- não polares

Esses 20 aminoácidos recebem abreviação tanto de uma como de três letras.

Então: alanina = Ala = A

CADEIAS LATERAIS BÁSICAS

Lisina (Lys ou K)

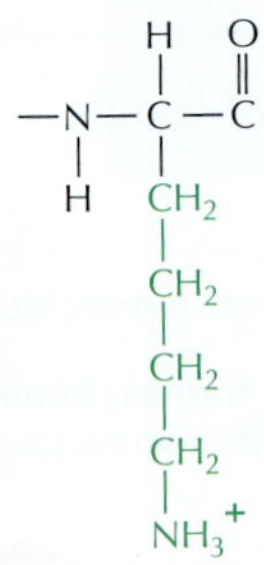

Arginina (Arg ou R)

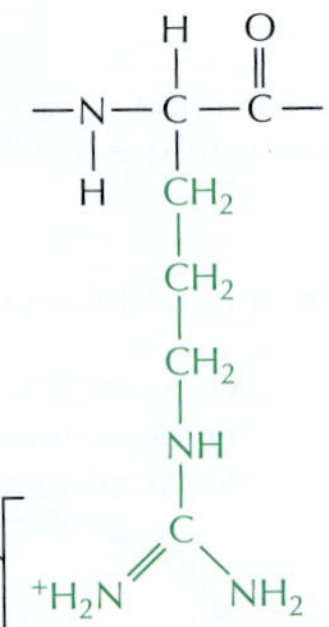

Este grupo é muito básico porque a carga positiva é estabilizada por ressonância (ver Painel 2-1).

Histidina (His ou H)

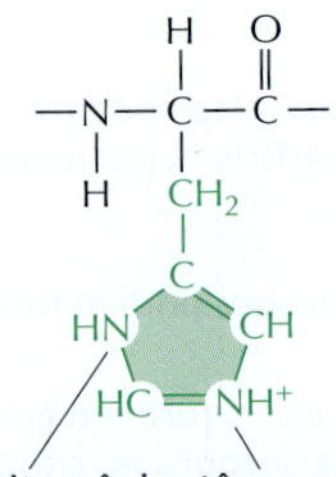

Estes nitrogênios têm uma afinidade relativamente fraca por H^+ e são apenas parcialmente positivos em pH neutro.

O AMINOÁCIDO

A fórmula geral de um aminoácido é

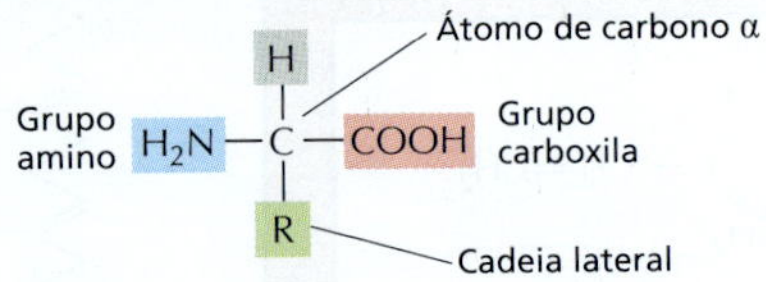

Normalmente R é uma das 20 diferentes cadeias laterais. Em pH 7, tanto o grupo amino quanto o grupo carboxila estão ionizados.

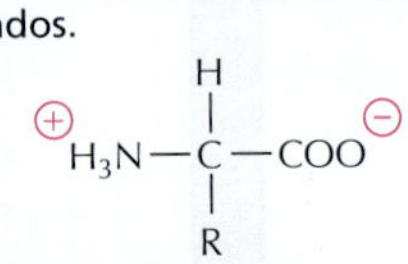

ISÔMEROS ÓPTICOS

O átomo de carbono α é assimétrico, permitindo assim dois isômeros de imagem especular (ou estereoisômeros), L e D.

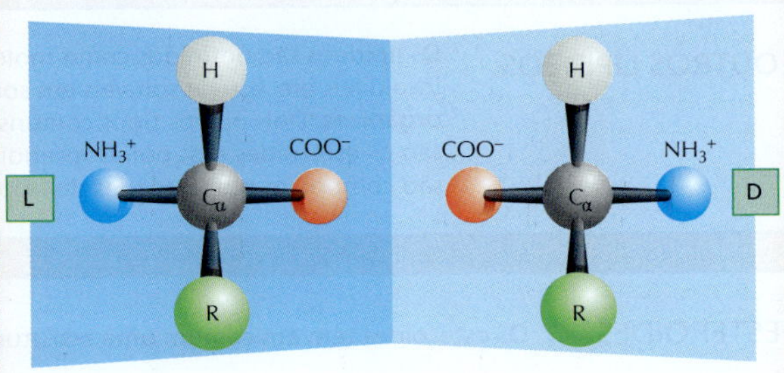

As proteínas apresentam exclusivamente aminoácidos L.

LIGAÇÕES PEPTÍDICAS

Nas proteínas, os aminoácidos são mantidos ligados por uma ligação amida denominada ligação peptídica.

Os quatro átomos em cada ligação peptídica (*vermelho*) formam uma unidade plana rígida. Não há rotação ao redor da ligação C-N.

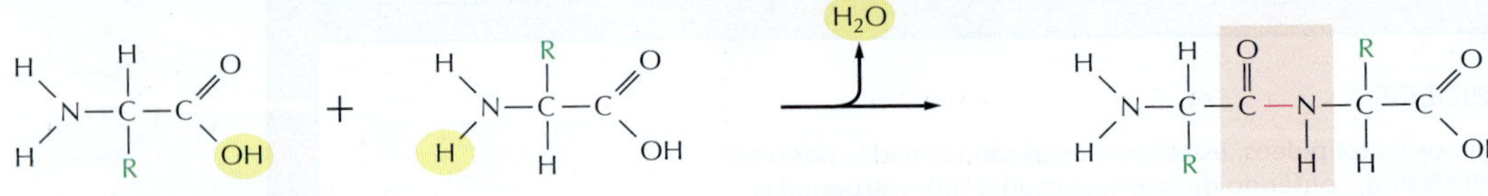

Proteínas são polímeros longos de aminoácidos ligados por ligação peptídica, e elas são sempre escritas com a extremidade N-terminal no lado esquerdo. Peptídeos são mais curtos, geralmente com comprimento menor do que 50 aminoácidos. A sequência deste tripeptídeo é histidina-cisteína-valina.

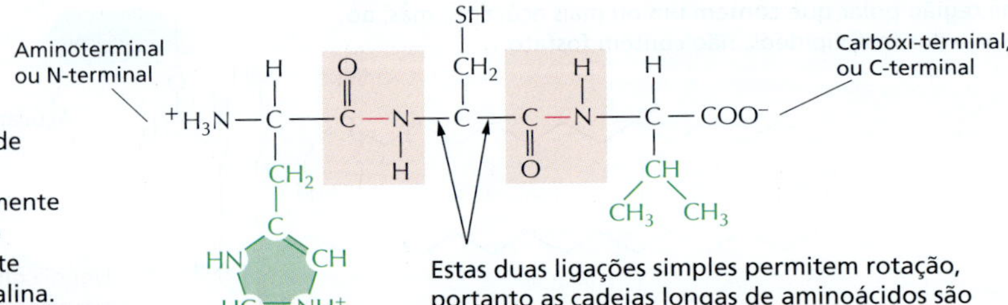

Estas duas ligações simples permitem rotação, portanto as cadeias longas de aminoácidos são muito flexíveis.

CADEIAS LATERAIS ÁCIDAS

Ácido aspártico

(Asp ou D)

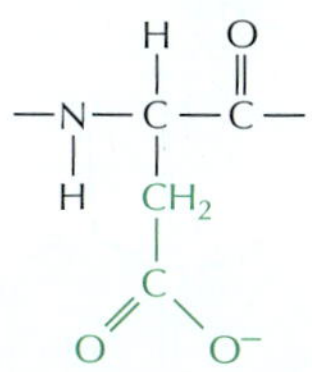

Ácido glutâmico

(Glu ou E)

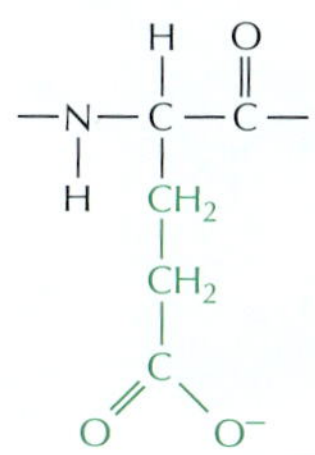

CADEIAS LATERAIS POLARES SEM CARGA

Asparagina

(Asn ou N)

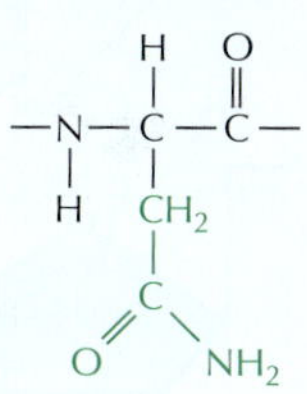

Glutamina

(Gln ou Q)

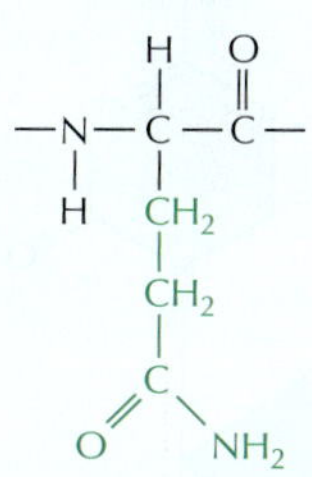

Embora o N da amida seja não carregado em pH neutro, esse N é polar.

Serina

(Ser ou S)

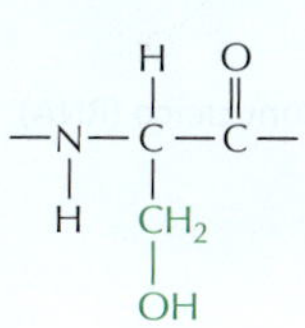

Treonina

(Thr ou T)

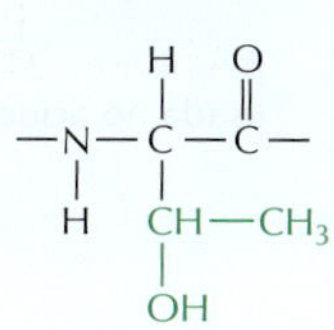

Tirosina

(Tyr ou Y)

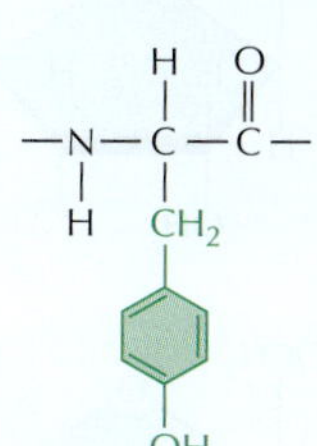

O grupo –OH é polar.

CADEIAS LATERAIS NÃO POLARES

Alanina

(Ala ou A)

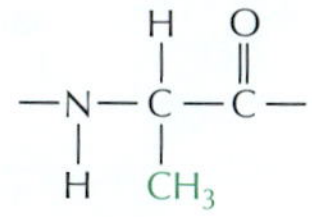

Valina

(Val ou V)

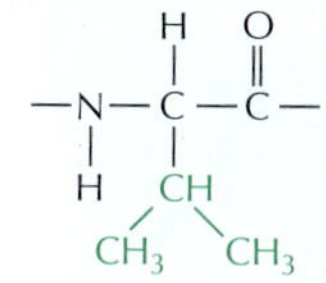

Leucina

(Leu ou L)

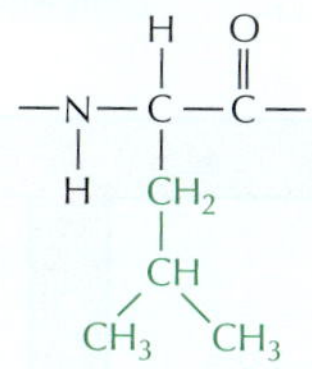

Isoleucina

(Ile ou I)

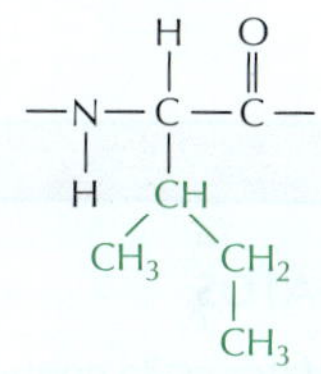

Prolina

(Pro ou P)

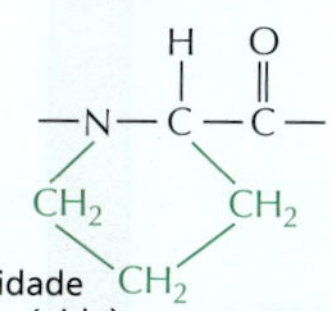

(na realidade um iminoácido)

Fenilalanina

(Phe ou F)

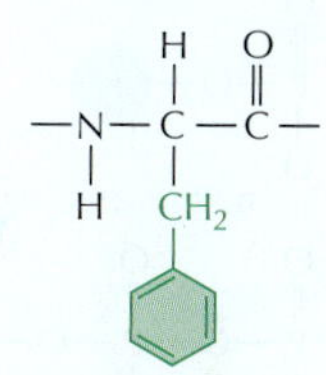

Metionina

(Met ou M)

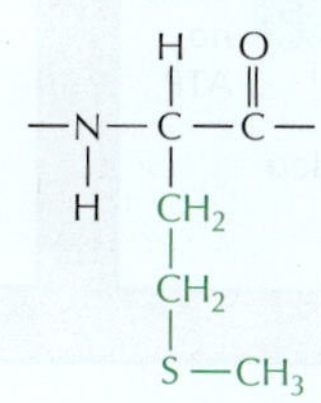

Triptofano

(Trp ou W)

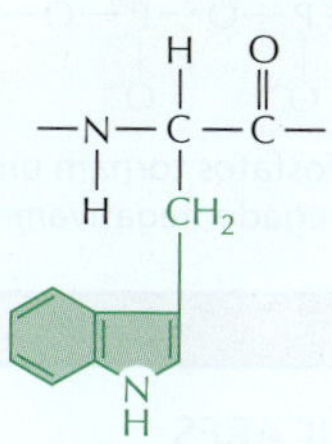

Glicina

(Gly ou G)

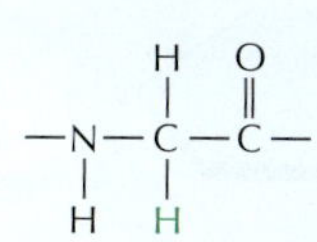

Cisteína

(Cys ou C)

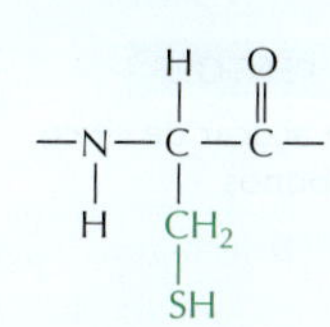

Entre duas cadeias laterais de cisteína, nas proteínas, pode haver formação de pontes dissulfeto.

$- -CH_2- S - S - CH_2- -$

PAINEL 2-6 RESUMO DOS NUCLEOTÍDEOS

BASES

As bases, tanto purinas quanto pirimidinas, são compostos em anéis contendo nitrogênio.

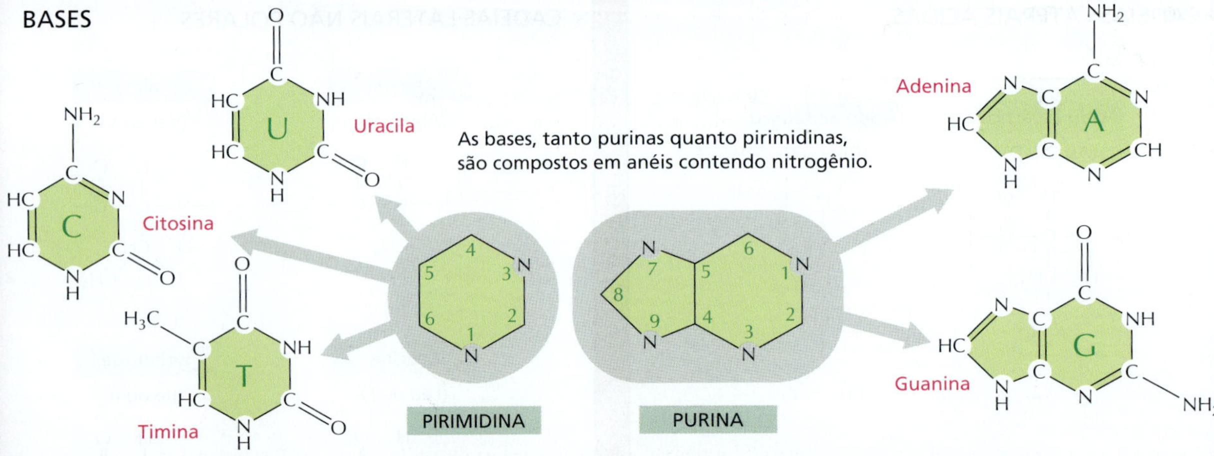

FOSFATOS

Os fosfatos estão normalmente ligados à hidroxila C5 do açúcar ribose ou do açúcar desoxirribose (especificado como 5'). Os mais comuns são mono-, di- e trifosfatos.

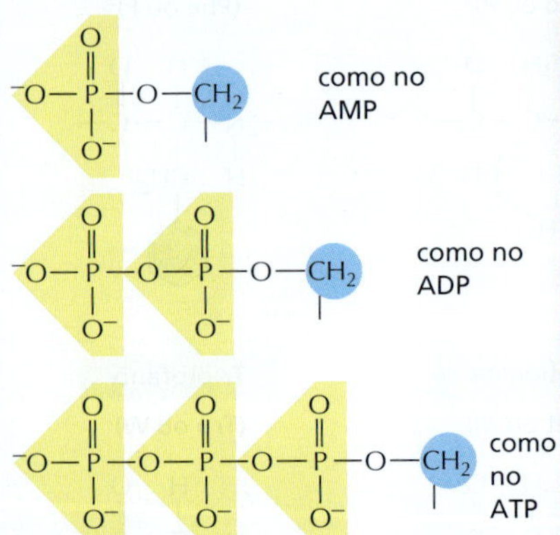

Os fosfatos tornam um nucleotídeo carregado negativamente.

NUCLEOTÍDEOS

Um nucleotídeo consiste em uma base contendo nitrogênio, um açúcar de cinco carbonos e um ou mais grupos fosfato.

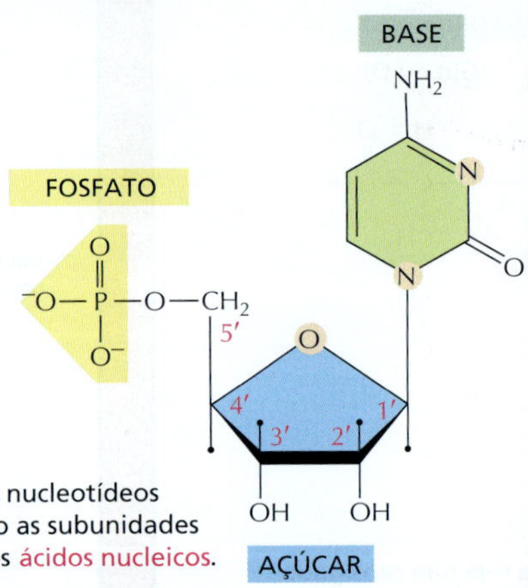

Os nucleotídeos são as subunidades dos ácidos nucleicos.

LIGAÇÃO BASE-AÇÚCAR

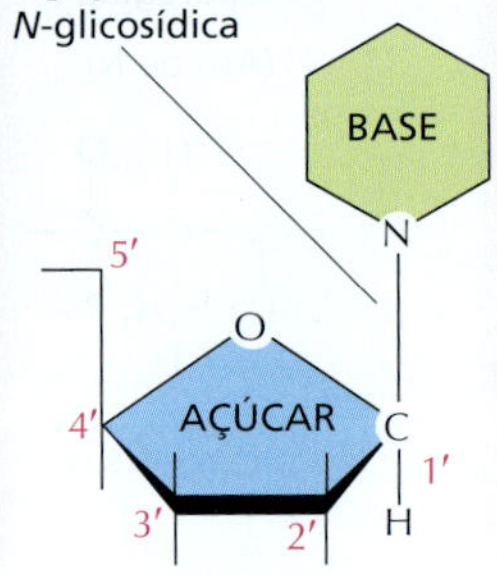

A base é ligada ao mesmo carbono (C1) usado nas ligações açúcar-açúcar.

AÇÚCARES

PENTOSE

Um açúcar de cinco carbonos

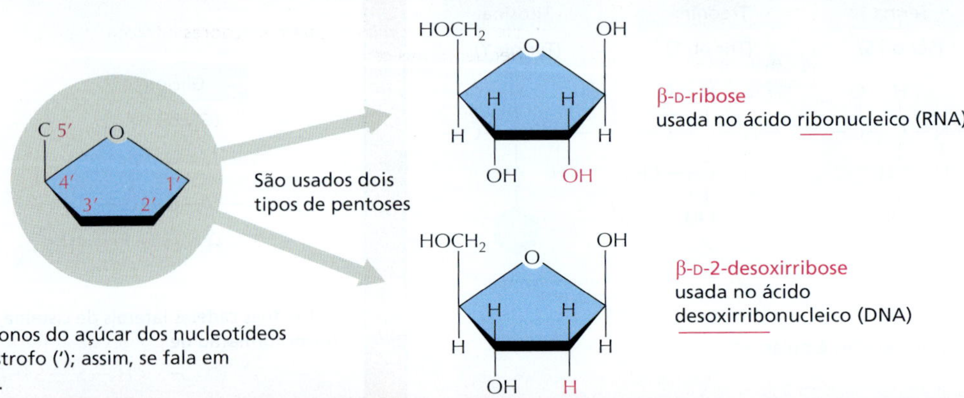

A numeração dos carbonos do açúcar dos nucleotídeos é seguida por um apóstrofo ('); assim, se fala em "carbono 5-linha", etc.

NOMENCLATURA

Os nomes podem ser confusos, mas as abreviaturas são claras.

BASE	NUCLEOSÍDEO	ABREV.
Adenina	Adenosina	A
Guanina	Guanosina	G
Citosina	Citidina	C
Uracila	Uridila	U
Timina	Timidina	T

Os nucleotídeos são abreviados por três letras maiúsculas. A seguir, estão alguns exemplos:

AMP = monofosfato de adenosina
dAMP = monofosfato de desoxiadenosina
UDP = difosfato de uridina
ATP = trifosfato de adenosina

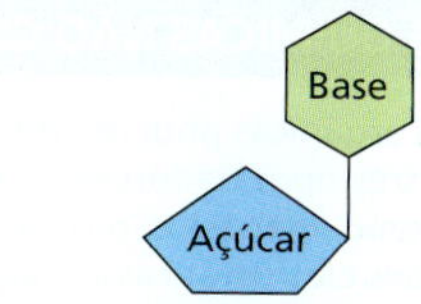

BASE + AÇÚCAR = NUCLEOSÍDEO

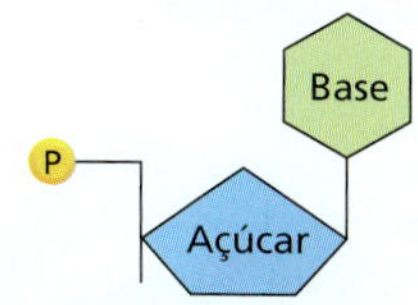

BASE + AÇÚCAR + FOSFATO = NUCLEOTÍDEO

ÁCIDOS NUCLEICOS

Os nucleotídeos são ligados por ligações fosfodiéster entre os átomos de carbono 5'e 3' do anel do açúcar, através de um grupo fosfato, formando ácidos nucleicos. A sequência linear de nucleotídeos na cadeia de ácido nucleico é normalmente abreviada pelo código de uma letra, como AGCTTACA, com a extremidade 5' da cadeia no lado esquerdo.

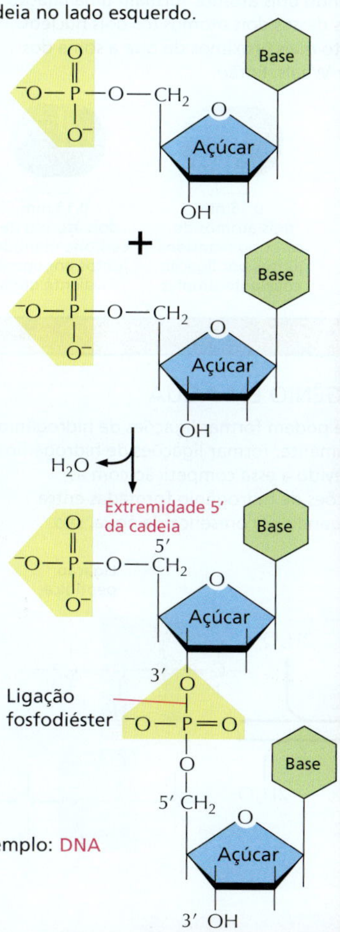

Exemplo: DNA

OS NUCLEOTÍDEOS TÊM VÁRIAS OUTRAS FUNÇÕES

1 Eles carregam energia química em suas ligações fosfoanidrido altamente hidrolisáveis.

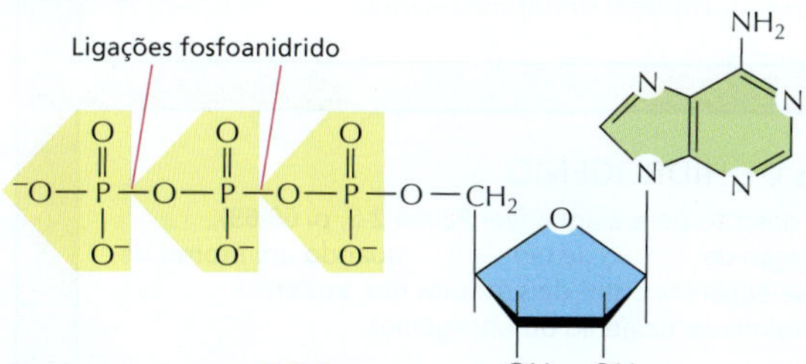

Exemplo: ATP (ou ATP)

2 Eles se combinam com outras moléculas para formar coenzimas.

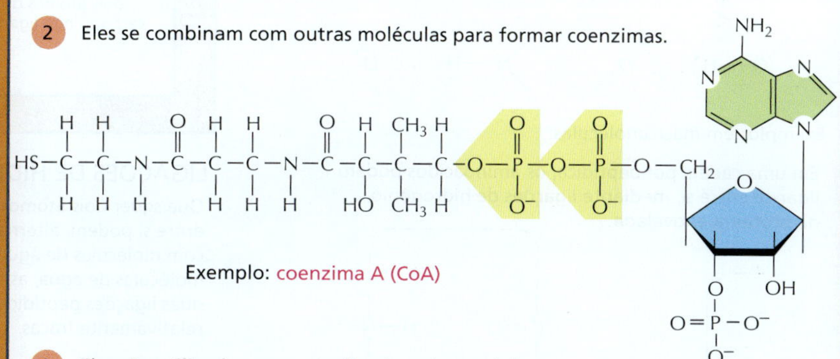

Exemplo: coenzima A (CoA)

3 Eles são utilizados como sinalizadores intracelulares pequenos nas células.

Exemplo: AMP cíclico

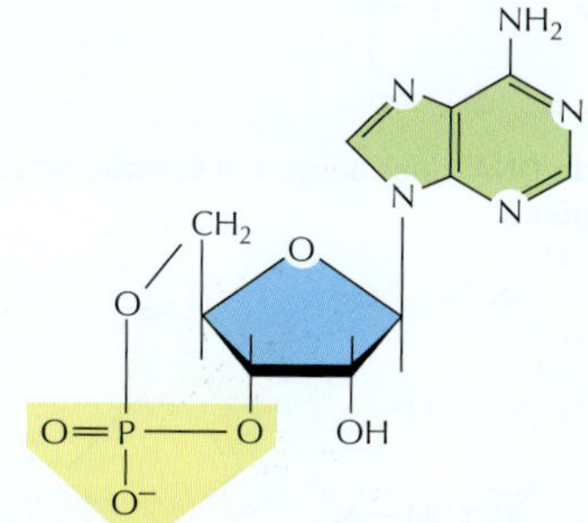

LIGAÇÕES QUÍMICAS NÃO COVALENTES FRACAS

As moléculas orgânicas podem interagir umas com as outras por meio de três tipos de forças de atração de curto alcance, conhecidas como *ligações não covalentes*: atrações de van der Waals, atrações eletrostáticas e ligações de hidrogênio. A repulsão de grupos hidrofóbicos pela água também é importante para essas interações e para o enovelamento de macromoléculas biológicas.

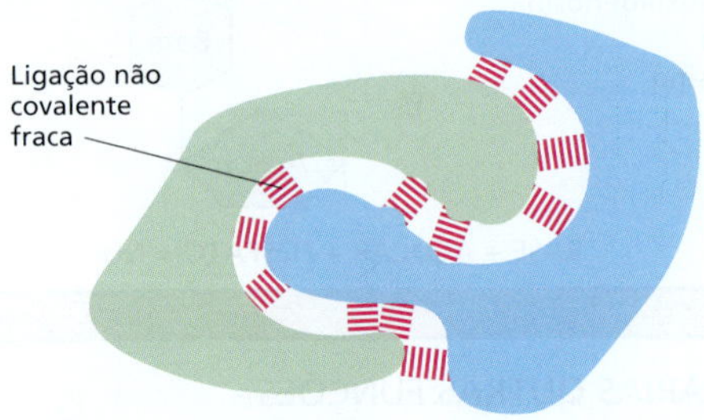

As ligações não covalentes fracas têm menos de 1/20 da força de uma ligação covalente forte. Elas são fortes para proporcionar uma ligação de alta afinidade apenas quando muitas delas se formarem simultaneamente.

LIGAÇÕES DE HIDROGÊNIO

Como já foi descrito para a água (ver Painel 2-2, p. 68-69), ocorre formação de ligação de hidrogênio quando um átomo de hidrogênio se encontra entre dois átomos que atraem elétrons (geralmente oxigênio ou nitrogênio).

As ligações de hidrogênio são mais fortes quando os átomos estiverem alinhados em uma reta:

Exemplos em macromoléculas:

Em uma cadeia polipeptídica, os aminoácidos podem ligar-se entre si, mediante ligações de hidrogênio, na proteína enovelada.

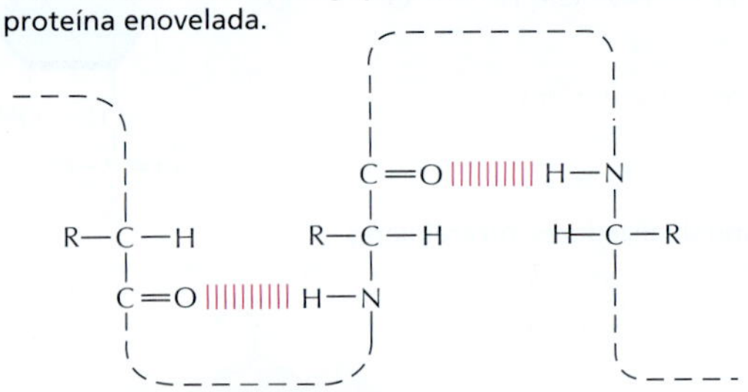

Na dupla-hélice do DNA, duas bases, G e C, estão ligadas por ligação de hidrogênio.

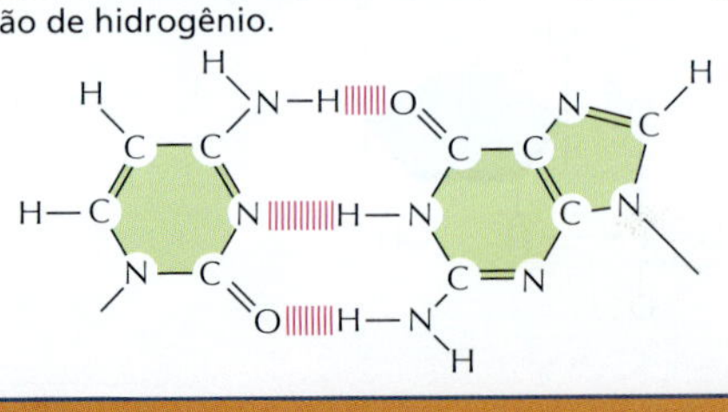

ATRAÇÕES DE VAN DER WAALS

Se dois átomos estiverem muito próximos, eles se repelirão mutuamente com muita força. Devido a isso, em geral um átomo pode ser tratado como uma esfera com um raio fixo. O "tamanho" característico de cada átomo é especificado pelo seu raio de van der Waals. A distância de contato entre dois átomos ligados não covalentemente é a soma de seus raios de van der Waals.

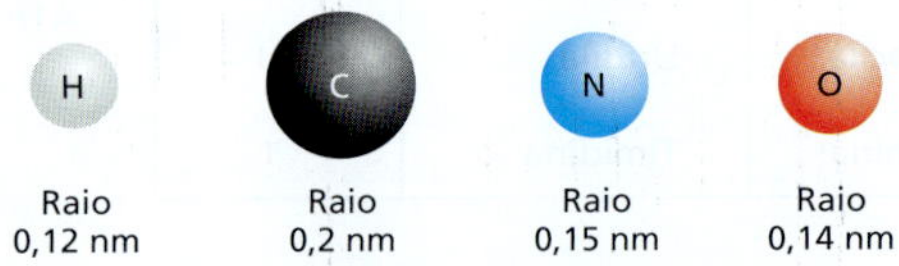

Em distâncias muito curtas, dois átomos quaisquer apresentam interações de ligações fracas devido a flutuações nas suas cargas elétricas. Os dois átomos serão atraídos um ao outro dessa maneira, até que a distância entre os seus núcleos seja aproximadamente igual à soma dos seus raios de van der Waals. Embora sejam individualmente muito fracas, as atrações de van der Waals podem tornar-se importantes quando as superfícies de duas macromoléculas se encaixarem precisamente, pois há o envolvimento de muitos átomos.

Observe-se que, quando dois átomos formam uma ligação covalente, os centros desses dois átomos (os dois núcleos atômicos) estão muito mais próximos do que a soma dos dois raios de van der Waals. Então,

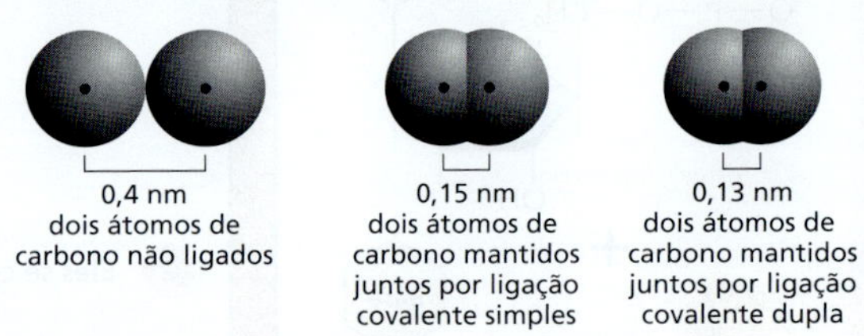

LIGAÇÕES DE HIDROGÊNIO EM ÁGUA

Quaisquer dois átomos que podem formar ligações de hidrogênio entre si podem, alternativamente, formar ligações de hidrogênio com moléculas de água. Devido a essa competição com as moléculas de água, as ligações de hidrogênio formadas entre duas ligações peptídicas, quando em presença de água, são relativamente fracas.

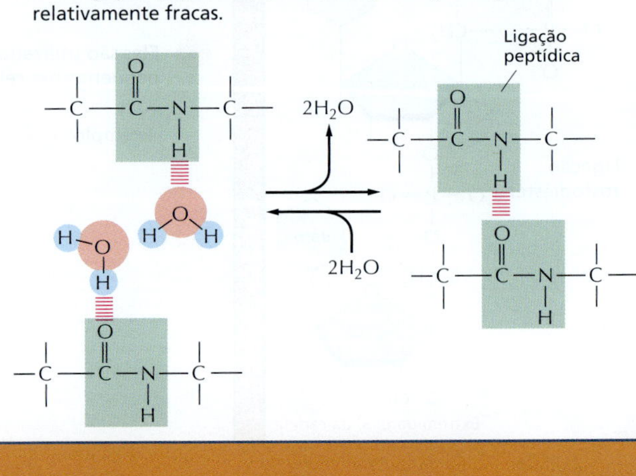

ATRAÇÕES ELETROSTÁTICAS

Podem ocorrer forças atrativas entre dois grupos totalmente carregados (ligação iônica) e entre grupos parcialmente carregados de moléculas polares.

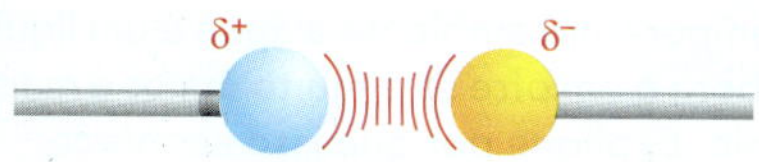

A força de atração entre duas cargas parciais, δ^+ e δ^-, diminui rapidamente à medida que a distância entre as cargas aumenta.

Na ausência de água, as ligações iônicas são muito fortes. Elas são responsáveis pela dureza de minerais como o mármore e a ágata e pela formação de cristais no sal de cozinha (NaCl).

Cristal de NaCl

ATRAÇÕES ELETROSTÁTICAS EM SOLUÇÕES AQUOSAS

Grupos carregados são revestidos por interações com moléculas de água. Portanto, as atrações eletrostáticas são muito fracas na água.

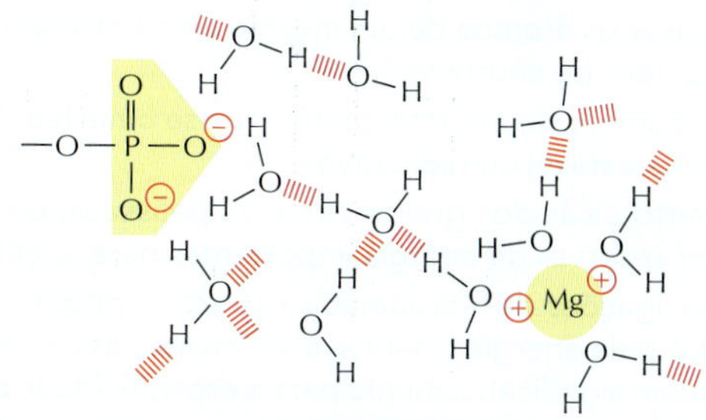

Íons inorgânicos em solução podem formar agregados ao redor de grupos carregados e enfraquecem mais ainda essas atrações eletrostáticas.

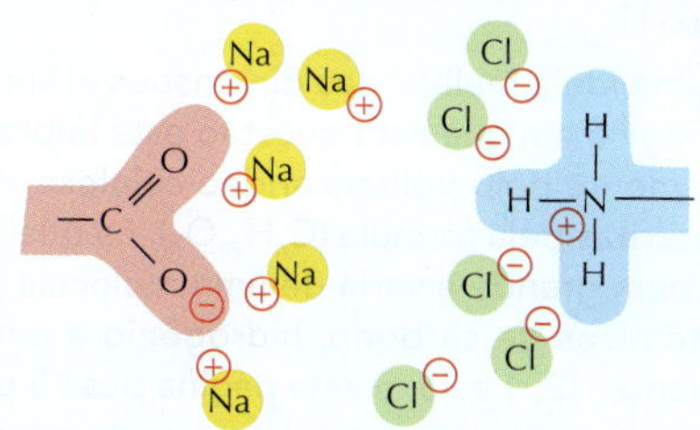

Apesar de serem enfraquecidas por água e por íons inorgânicos, as interações eletrostáticas são muito importantes para os sistemas biológicos. Por exemplo, uma enzima que se ligue a um substrato carregado positivamente em geral terá, em um posicionamento apropriado, um aminoácido com cadeia lateral carregada negativamente.

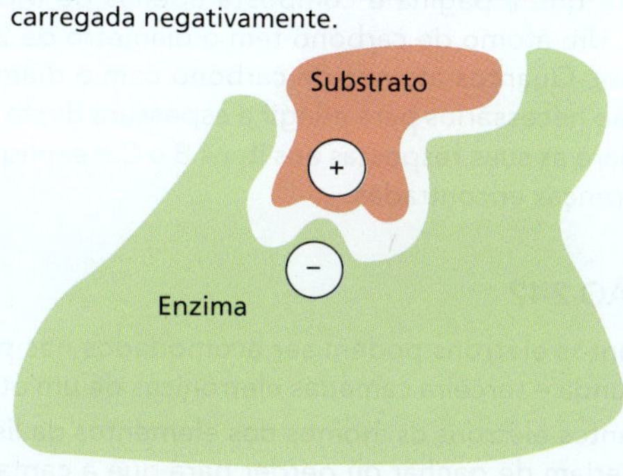

INTERAÇÕES HIDROFÓBICAS

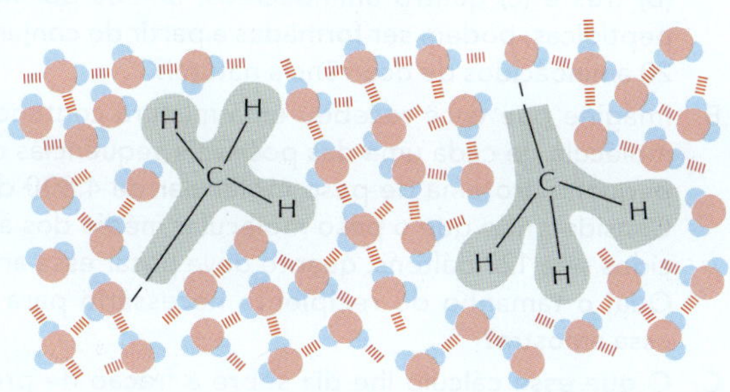

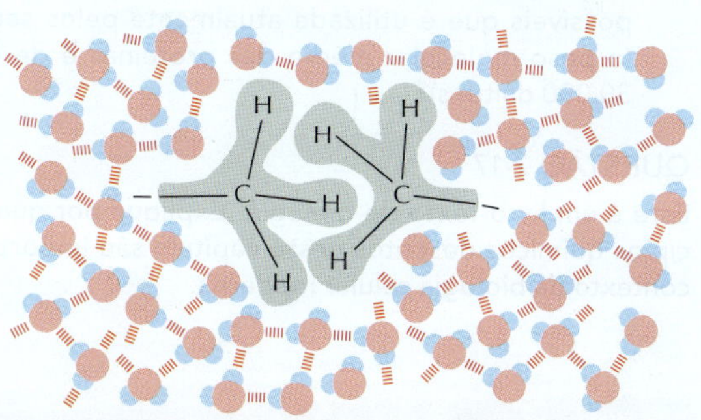

A água força os grupos hidrofóbicos a ficarem juntos, de modo a minimizar os efeitos de perturbação na rede de água formada pelas ligações de hidrogênio entre as moléculas de água. Algumas vezes, diz-se que os grupos hidrofóbicos mantidos juntos dessa maneira são assim mantidos por "ligações hidrofóbicas", mesmo que a atração na realidade seja causada por uma repulsão pela água.

TESTE SEU CONHECIMENTO

QUESTÃO 2-10

Quais das seguintes afirmativas estão corretas? Justifique suas repostas.

A. O núcleo atômico contém prótons e nêutrons.
B. Um átomo possui mais elétrons do que prótons.
C. O núcleo é delimitado por uma membrana dupla.
D. Todos os átomos de um mesmo elemento têm o mesmo número de nêutrons.
E. O número de nêutrons determina se o núcleo de um átomo é estável ou radioativo.
F. Tanto os ácidos graxos como os polissacarídeos podem ser reservas de energia importantes para as células.
G. As ligações de hidrogênio são fracas e podem ser rompidas pela energia cinética, mas, mesmo assim, elas contribuem significativamente para a especificidade das interações entre macromoléculas.

QUESTÃO 2-11

Para obter uma ideia melhor das dimensões atômicas, considere que a página em que esta questão está impressa é composta inteiramente pelo polissacarídeo celulose, cujas moléculas são descritas pela fórmula ($C_nH_{2n}O_n$), na qual *n* pode ser um número bem grande e varia de uma molécula para outra. Os pesos atômicos de carbono, hidrogênio e oxigênio são, respectivamente, 12, 1 e 16, e esta página pesa 5 g.

A. Quantos átomos de carbono existem nesta página?

B. Na celulose, quantos átomos de carbono devem ser sobrepostos para cobrir a espessura desta página (o tamanho da página é de 21,2 cm × 27,6 cm, e a espessura é de 0,07 mm)?

C. Considere agora o problema sob um ângulo diferente. Considere que a página é composta apenas de átomos de carbono. Um átomo de carbono tem o diâmetro de 2×10^{-10} m (0,2 nm). Quantos átomos de carbono com o diâmetro de 0,2 nm são necessários para atingir a espessura desta página?

D. Compare as suas respostas aos itens B e C e explique algumas diferenças encontradas.

QUESTÃO 2-12

A. Quantos elétrons podem ser acomodados nas primeira, segunda e terceira camadas eletrônicas de um átomo?
B. Quantos elétrons os átomos dos elementos da lista abaixo teriam de ganhar ou perder para que a camada mais externa fique completamente preenchida?

hélio	ganha__	perde__
oxigênio	ganha__	perde__
carbono	ganha__	perde__
sódio	ganha__	perde__
cloro	ganha__	perde__

C. O que essas respostas dizem sobre a reatividade do hélio e sobre as ligações que podem se formar entre o sódio e o cloro?

QUESTÃO 2-13

Os elementos oxigênio e enxofre têm propriedades químicas similares, porque ambos possuem seis elétrons em suas camadas eletrônicas mais externas. Efetivamente, ambos os elementos formam moléculas com dois átomos de hidrogênio, água (H_2O) e sulfeto de hidrogênio (H_2S). De maneira estranha, à temperatura ambiente a água é um líquido e o H_2S é um gás, embora o enxofre seja muito maior e mais pesado do que o oxigênio. Explique por que isso acontece.

QUESTÃO 2-14

Escreva a fórmula química da reação de condensação de dois aminoácidos formando uma ligação peptídica. Escreva também a fórmula da hidrólise.

QUESTÃO 2-15

Quais das seguintes afirmativas estão corretas? Explique suas respostas.

A. As proteínas são tão extraordinariamente diversas, porque cada uma é sintetizada a partir de uma mistura específica de aminoácidos que são ligados segundo uma ordem aleatória.
B. As bicamadas lipídicas são macromoléculas compostas principalmente por subunidades fosfolipídicas.
C. Os ácidos nucleicos contêm grupos açúcar.
D. Muitos aminoácidos possuem cadeias laterais hidrofóbicas.
E. As caudas hidrofóbicas das moléculas de fosfolipídeos são repelidas pela água.
F. O DNA contém quatro bases diferentes: A, G, U e C.

QUESTÃO 2-16

A. Quantas moléculas diferentes compostas de (a) dois, (b) três e (c) quatro aminoácidos, unidos por ligações peptídicas, podem ser formadas a partir do conjunto dos 20 aminoácidos de ocorrência natural?
B. Imagine que você recebeu uma mistura contendo uma molécula de cada uma das possíveis sequências de uma pequena proteína de peso molecular de 4.800 dáltons. Considerando que o peso molecular médio dos aminoácidos seja 120 dáltons, quanto deve pesar essa amostra? Qual o tamanho do recipiente necessário para conter essa amostra?
C. O que esse cálculo lhe diz sobre a fração de proteínas possíveis que é utilizada atualmente pelos seres vivos (o peso molecular médio das proteínas é de cerca de 30.000 dáltons)?

QUESTÃO 2-17

Este é um livro-texto de biologia. Explique por que os princípios químicos descritos neste capítulo são importantes no contexto da biologia celular moderna.

QUESTÃO 2-18

A. Descreva as semelhanças e as diferenças entre as atrações de van der Waals e as ligações de hidrogênio.

B. Qual das duas ligações pode ser formada (a) entre dois átomos de hidrogênio ligados a átomos de carbono, (b) entre um átomo de nitrogênio e um hidrogênio ligado a um átomo de carbono e (c) entre um átomo de nitrogênio e um hidrogênio ligado a um átomo de oxigênio?

QUESTÃO 2-19

Quais são as forças que determinam que o enovelamento das macromoléculas tenha uma forma específica?

QUESTÃO 2-20

Diz-se que os ácidos graxos são "anfipáticos". O que esse termo significa? Como uma molécula anfipática se comporta em água? Desenhe um diagrama para ilustrar a sua resposta.

QUESTÃO 2-21

As fórmulas da Figura Q2-21 estão corretas ou incorretas? Explique a resposta dada para cada caso.

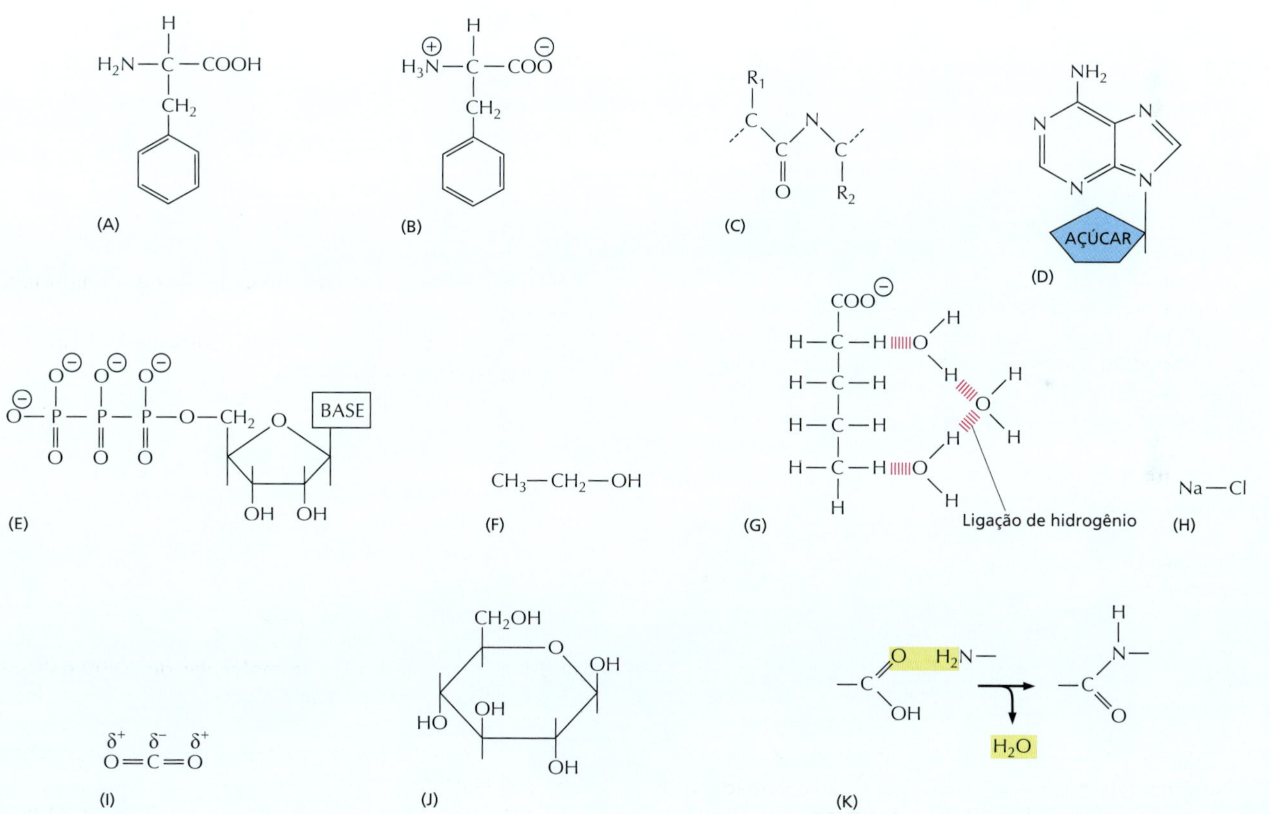

Figura Q2-21

3

Energia, catálise e biossíntese

Uma característica, mais do que qualquer outra, leva os seres vivos, quase que miraculosamente, a parecerem diferentes da matéria não viva: eles criam e mantêm ordem em um universo que está sempre tendendo a aumentar a desordem. Para realizarem esse grande feito, as células dos organismos vivos devem conduzir uma infindável sequência de reações químicas que produzam as moléculas de que os organismos necessitam para o seu metabolismo. Em algumas dessas reações, moléculas orgânicas pequenas – aminoácidos, açúcares, nucleotídeos e lipídeos – são utilizados diretamente ou modificadas para suprir as células de todas as demais moléculas pequenas de que elas necessitam. Em outras reações, essas moléculas pequenas são usadas para construir a gama enorme e diversa de moléculas maiores, incluindo proteínas, ácidos nucleicos e outras macromoléculas que conferem aos seres vivos todas as características específicas dos sistemas vivos. A célula pode ser vista como se fosse uma minúscula indústria química, executando muitos milhões dessas reações a cada segundo.

Para realizar esse número enorme de reações químicas para se sustentarem, os organismos vivos necessitam tanto de uma fonte de átomos na forma de moléculas de alimento, como de uma fonte de energia. Tanto os átomos como a energia devem vir, ao final das contas, do ambiente não vivo. Neste capítulo, discutimos por que as células precisam de energia e como elas usam essa energia e átomos do meio ambiente para criar a ordem molecular que torna a vida possível.

A maioria das reações químicas que as células executam ocorreria normalmente apenas em temperaturas muito maiores do que as que existem no interior das células. Em razão disso, cada reação requer um acelerador específico das reatividades químicas para possibilitar que as reações ocorram rapidamente no interior das células. Essa aceleração é proporcionada por proteínas especializadas, denominadas *enzimas*, sendo que cada uma delas acelera, ou *catalisa*, apenas um dos inúmeros tipos possíveis de reações que uma determinada molécula pode sofrer. Reações catalisadas por enzimas geralmente são conectadas em série, de modo que o produto de uma reação se torna o material de partida da reação seguinte (**Figura 3-1**). As longas vias lineares de reação resultantes, ou *vias metabólicas*, são interligadas umas às outras, formando uma rede complexa de reações interconectadas.

Mais do que ser uma inconveniência, a necessidade de *catálise* é benéfica, pois permite que a célula controle com precisão o seu **metabolismo**, ou seja, o somatório de todas as reações químicas que ela precisa executar para sobreviver, crescer e se reproduzir. Esse controle é central na química da vida.

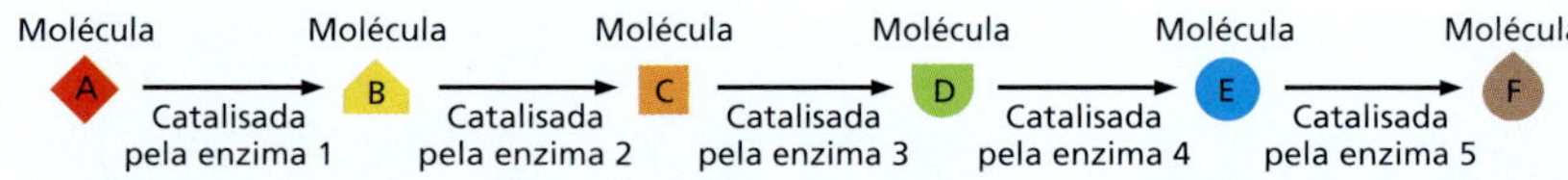

Figura 3-1 A série de reações catalisadas por enzimas forma uma via metabólica. Cada enzima catalisa uma reação química envolvendo uma determinada molécula. Neste exemplo, um conjunto de enzimas age em série para converter a molécula A na molécula F, compondo em uma via metabólica.

Duas tendências opostas de reações ocorrem nas células: as *vias catabólicas* e as *vias anabólicas*. As vias catabólicas (**catabolismo**) degradam os alimentos em moléculas menores, gerando tanto uma forma de energia utilizável pela célula, como também as moléculas pequenas de que as células necessitam como unidades fundamentais de outras moléculas. As vias anabólicas ou *biossintéticas* (**anabolismo**) usam a energia do catabolismo acoplada à força motriz para a síntese das diversas moléculas que formam as células. O conjunto desses dois grupos de reações constitui o metabolismo celular (**Figura 3-2**).

Os detalhes relativos às reações individuais que compõem o metabolismo celular fazem parte do objeto de estudo da *bioquímica*, e não há necessidade de abordá-los aqui. Entretanto, os princípios gerais pelos quais as células obtêm energia do ambiente e o uso que fazem dela para criar ordem são pontos centrais da biologia celular. Este capítulo começa discutindo por que, para que os organismos vivos possam se manter, é necessário um suprimento constante de energia. A seguir, discutimos como as enzimas catalisam as reações que produzem a ordem biológica. Finalmente, são descritas as moléculas que carreiam a energia que torna possível a vida.

O USO DE ENERGIA PELAS CÉLULAS

As estruturas não vivas, se deixadas por elas mesmas, tornam-se desordenadas: os edifícios desmoronam e os organismos mortos se desintegram. As células vivas, pelo contrário, não apenas mantêm, mas, na realidade, também criam ordem em todos os níveis, desde estruturas em grande escala, como uma borboleta ou uma flor, até a organização das moléculas que formam os organismos (**Figura 3-3**). Essa propriedade da vida é possível devido a mecanismos moleculares elaborados que extraem energia do ambiente e a convertem em energia armazenada em ligações químicas. Portanto, as estruturas biológicas são capazes de manter suas formas, mesmo que os materiais de que são formadas estejam continuamente sendo quebrados, substituídos e reciclados. Seu corpo tem a mesma estrutura básica que tinha 10 anos atrás, mesmo que a maioria dos átomos que estão presentes agora não estivesse no seu corpo naquela época.

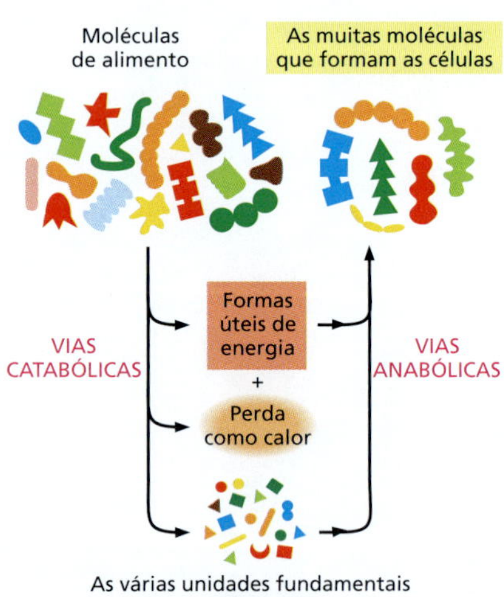

Figura 3-2 As vias catabólicas e as anabólicas, em conjunto, constituem o metabolismo celular. Observe que a maior parte da energia armazenada nas ligações químicas das moléculas dos alimentos é dissipada na forma de calor. Assim, apenas parte dessa energia pode ser convertida nas formas de energia úteis de que as células necessitam para sintetizarem novas moléculas.

A ordem biológica se torna possível devido à liberação de energia cinética (calor) pelas células

A tendência universal de as coisas se tornarem desordenadas é expressa em uma lei fundamental da física – a *segunda lei da termodinâmica*. Essa lei diz que, no universo, ou em qualquer sistema isolado (um conjunto de matéria que está completamente isolado do resto do universo), o grau de desordem somente pode crescer. Essa lei tem implicações tão profundas para os seres vivos que merece ser interpretada de várias maneiras.

Pode-se apresentar a segunda lei em termos de probabilidades e dizer que *os sistemas mudarão espontaneamente em sistemas cuja organização apresente maior probabilidade*. Considere-se, por exemplo, uma caixa contendo 100 moedas com a face da cara virada para cima. Uma sequência de acidentes que perturbem a caixa fará com que o arranjo se altere para uma mistura com 50 moedas com a cara para cima e 50 com a coroa para cima. A razão é simples: existe um número enorme de arranjos possíveis na mistura nos quais cada moeda individualmente pode chegar a um resultado de 50 a 50, mas existe somente um arranjo que mantém todas as moedas orientadas com cara para cima. Como a mistura 50 a

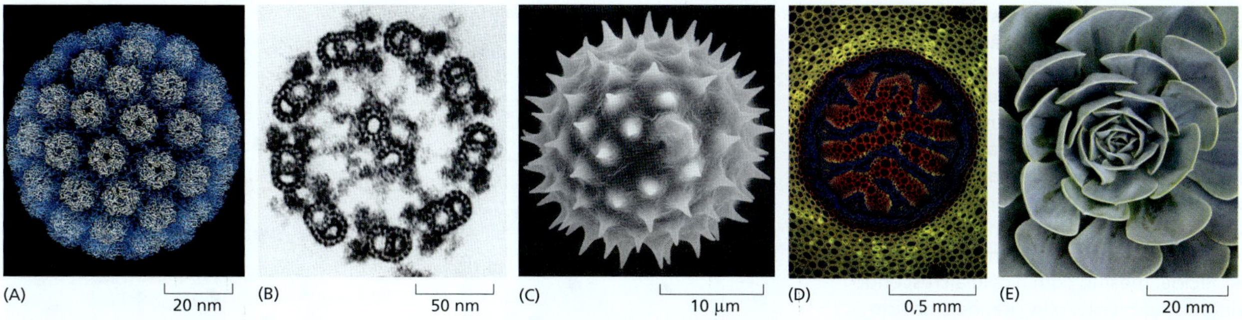

Figura 3-3 As estruturas biológicas são altamente organizadas. Padrões espaciais bem definidos e rebuscados podem ser vistos em cada um dos níveis de organização dos seres vivos. Em ordem crescente de tamanho: (A) moléculas de proteínas do envelope de um vírus (parasita que, embora tecnicamente não seja vivo, contém os mesmos tipos de moléculas encontradas nas células vivas); (B) arranjo regular dos microtúbulos da cauda de um espermatozoide, vistos em secção transversal; (C) superfície de um grão de pólen (uma única célula); (D) secção transversal do caule de samambaia, mostrando o padrão da organização das células; e (E) flor com pétalas em arranjo espiralado, cada uma formada por milhões de células (A, cortesia de Robert Grant, Stéphane Crainic e James M. Hogle; B, cortesia de Lewis Tilney; C, cortesia de Colin MacFarlane e Chris Jeffree; D, cortesia de Jim Haseloff.)

50 ocorre em função de um grande número de probabilidades e coloca poucas restrições na orientação de cada moeda individualmente, diz-se que ela é "mais desordenada". Pela mesma razão, a casa de cada pessoa se torna cada vez mais desordenada se não for feito um esforço intencional para arrumá-la. O movimento em direção à desordem é um processo espontâneo, necessitando de uma entrada periódica de energia para revertê-lo (**Figura 3-4**).

A medida do estado de desordem de um sistema é denominada **entropia** do sistema, sendo que quanto maior a desordem, maior a entropia. Assim, uma terceira maneira de expressar a segunda lei da termodinâmica é dizer que o sistema mudará espontaneamente para o estado de organização que tiver maior entropia. As células vivas, ao sobreviverem, crescerem, formarem comunidades complexas e mesmo organismos inteiros, geram ordem e então podem dar a impressão de que elas desafiam a segunda lei da termodinâmica. Mas não é assim, porque as células não são sistemas isolados. Pelo contrário, tomam energia dos ambientes em que estejam, na forma de alimento, moléculas inorgânicas e fótons do sol, e usam essa energia para gerar ordem para elas mesmas, formando novas ligações químicas e construindo grandes macromoléculas. Durante a realização das reações químicas que geram a ordem, alguma energia é perdida sob a forma de calor. O calor (ou energia cinética) é a energia na sua forma mais desordenada: a colisão aleatória entre moléculas (analogamente às moedas que estão na caixa). Devido ao fato de que as células não são sistemas isolados, o calor gerado nessas reações é rapidamente disperso pelos arredores das células, onde aumen-

Figura 3-4 Experiência quotidiana da tendência espontânea à desordem. Reverter essa tendência natural à desordem requer um esforço intencional e um suprimento de energia. A partir da segunda lei da termodinâmica, pode-se ter certeza de que é necessário haver intervenção humana para liberar calor para o ambiente em quantidade suficiente para compensar o restabelecimento da ordem neste quarto.

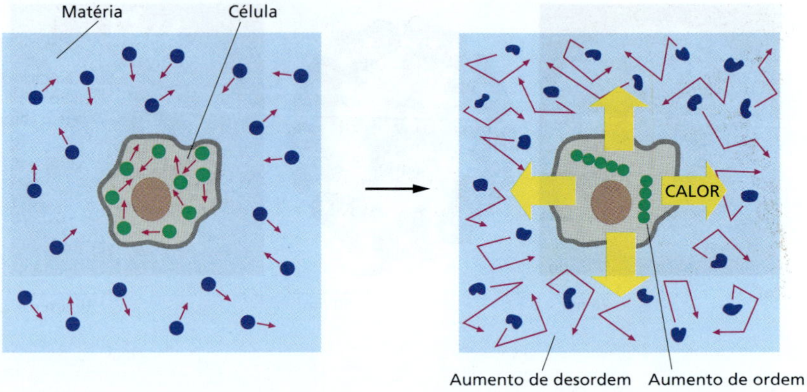

Figura 3-5 As células vivas não desafiam a segunda lei da termodinâmica. No diagrama da *esquerda*, as moléculas, tanto da célula como do restante do universo (o ambiente), estão desenhadas em um estado de relativa desordem. No diagrama da *direita*, a célula obteve energia das moléculas dos alimentos e liberou calor ao executar as reações que ordenaram as moléculas que possui. A segunda lei da termodinâmica é obedecida, mesmo com a célula crescendo e sintetizando moléculas grandes, devido ao fato de que o calor aumenta a desordem do ambiente em torno da célula (desenhado como setas longas e com curvas, para representar a energia térmica, e como moléculas distorcidas, para indicar o aumento da vibração e da rotação moleculares).

ta a intensidade do movimento das moléculas próximas, aumentando assim a entropia do ambiente (**Figura 3-5**).

A quantidade de calor liberado pela célula deve ser grande o suficiente para que o aumento de ordem gerado no interior da célula seja mais do que compensado pelo aumento da desordem gerada no ambiente. Somente nesse caso é que a segunda lei da termodinâmica é obedecida, porque a entropia total do sistema – a da célula somada à do ambiente – aumenta em consequência das reações químicas do interior da célula.

As células podem converter uma forma de energia em outra

De acordo com a *primeira lei da termodinâmica*, a energia não pode ser criada ou destruída, mas pode ser convertida de uma forma a outra (**Figura 3-6**). As células obedecem a esta lei da termodinâmica, por exemplo, quando convertem a energia da luz solar em energia de ligações químicas, presente em açúcares e outras moléculas orgânicas pequenas, durante a fotossíntese. Embora as reações químicas que abastecem essas conversões de energia possam mudar o quanto de energia está presente em uma ou em outra forma, a primeira lei diz que a quantidade total de energia do universo deve permanecer sempre a mesma.

Quando uma célula animal degrada um alimento, parte da energia presente nas ligações químicas das moléculas desse alimento (energia de ligação química) é convertida em movimento térmico de moléculas (energia cinética). Essa conversão de energia química em energia cinética leva o universo como um todo a ficar mais desordenado, como exigido pela segunda lei da termodinâmica. Entretanto, as células não podem aproveitar a energia térmica produzida, a menos que as reações de geração de calor estejam diretamente associadas a processos que mantenham a ordem no interior das células. É o acoplamento estreito entre a produção de calor e o aumento na ordem que distingue o metabolismo de uma célula do desperdício que ocorre na queima de um combustível em uma fogueira. Posteriormente, neste capítulo, mostramos como esse acoplamento ocorre. Por enquanto, é suficiente reconhecer que é o acoplamento direto entre a "queima" das moléculas de alimentos com a geração de ordem biológica que possibilita que as células sejam capazes de criar e manter ilhas de ordem em um universo que tende ao caos.

Os organismos fotossintéticos utilizam a luz solar para sintetizar moléculas orgânicas

A vida de todos os animais se baseia na energia armazenada nas ligações químicas de moléculas orgânicas, que são ingeridas na forma de alimento. As moléculas dos alimentos também fornecem os átomos de que os animais necessitam

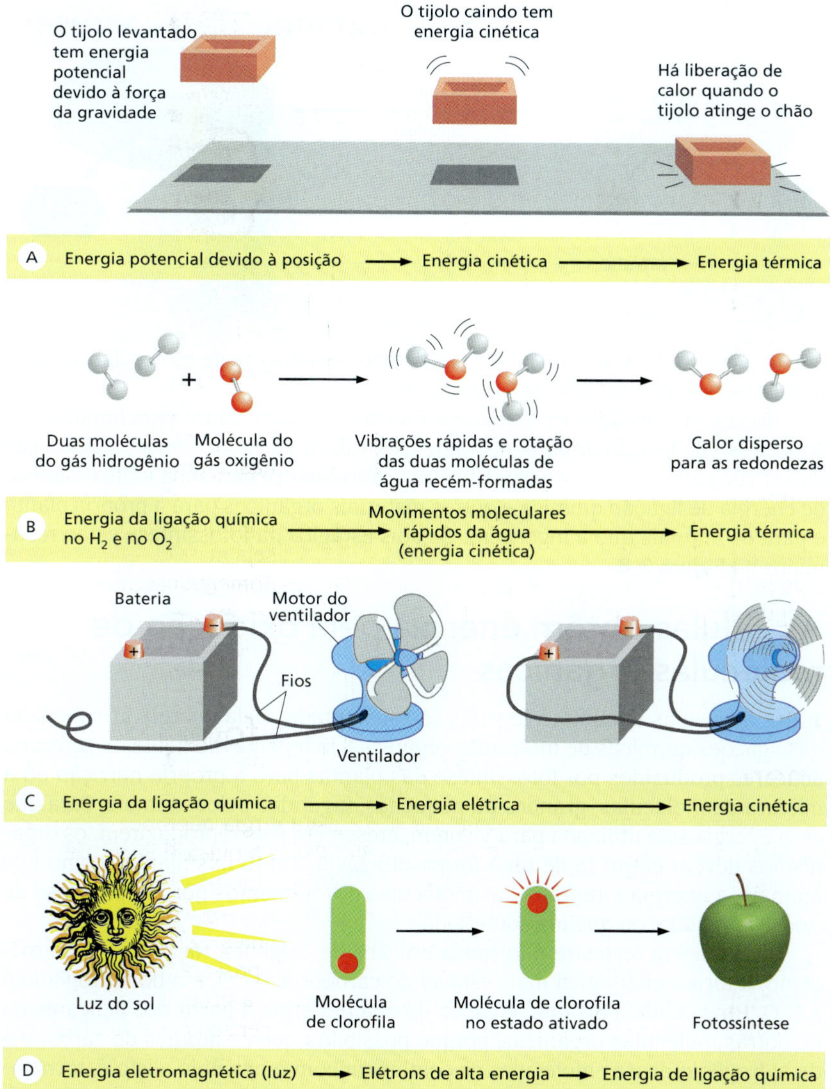

Figura 3-6 As diferentes formas de energia são interconversíveis, mas a quantidade total de energia é conservada. Em (A), a altura e o peso do tijolo podem ser utilizados para predizer exatamente quanto calor será liberado quando o tijolo cair no chão. Em (B), a grande quantidade de energia química liberada quando água (H_2O) é formada a partir de H_2 e O_2 e inicialmente convertida no movimento térmico muito rápido das duas novas moléculas de H_2O. Entretanto, colisões com outras moléculas de H_2O quase instantaneamente distribuem essa energia cinética pelas redondezas (transferência de calor) e fazem com que as novas moléculas de H_2O não se distingam das que já estavam presentes. (C) As células podem converter a energia da ligação química em energia cinética para impulsionar, por exemplo, proteínas que sejam motores moleculares. Isso ocorre sem a conversão intermediária em energia elétrica que um aparelho construído pelo homem, como este ventilador, necessita. (D) Algumas células também podem coletar energia luminosa para formar ligações químicas por meio da fotossíntese.

para fazerem nova matéria viva. Alguns animais obtêm o alimento comendo outros animais, outros comem plantas. As plantas, ao contrário, obtêm a energia de que precisam diretamente da luz solar. No final das contas, a energia que os animais obtêm do consumo de plantas ou de outros animais que ingeriram plantas vem do sol (**Figura 3-7**).

A energia solar é incorporada no mundo dos seres vivos pela **fotossíntese** – processo que, nas células, converte a energia eletromagnética da luz do sol em energia de ligação química. Os organismos fotossintéticos, que incluem as plantas, as algas e algumas bactérias, usam a energia proveniente da luz do sol para sintetizarem pequenos módulos químicos como os açúcares, os aminoácidos, os nucleotídeos e os ácidos graxos. Essas moléculas pequenas, por sua vez, são convertidas em proteínas, em ácidos nucleicos, polissacarídeos e lipídeos que formam as plantas.

Os mecanismos elegantes da fotossíntese são discutidos no Capítulo 14. De maneira geral, as reações da fotossíntese ocorrem em dois estágios. No primeiro estágio, a energia da luz solar é capturada e armazenada transitoriamente na forma de energia de ligação química de moléculas especializadas, denominadas *carreadores ativados*, discutidos mais detalhadamente neste capítulo. Todo

Figura 3-7 Com poucas exceções, a energia radiante da luz solar sustenta toda a vida. Capturada por plantas e alguns microrganismos pela fotossíntese, a luz solar é a fonte primária de toda a energia para o homem e os outros animais. (*Campo de Trigo nos Fundos do Hospital Saint-Paul com Ceifeiro*, de Vincent van Gogh. Cortesia do Museu Folkwang, Essen.)

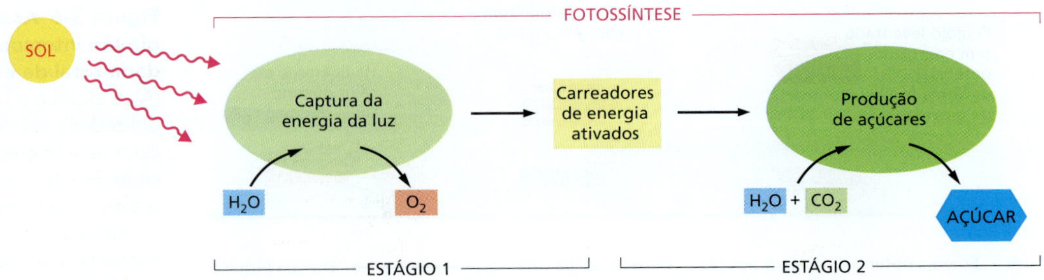

Figura 3-8 A fotossíntese ocorre em dois estágios. No primeiro estágio, são gerados carreadores ativados, que são duas moléculas discutidas brevemente: ATP e NADPH.

o oxigênio (O_2) do ar que respiramos é gerado pela quebra de moléculas de água durante o primeiro estágio da fotossíntese.

No segundo estágio, os carreadores ativados são utilizados para impulsionar o processo de *fixação do carbono*, onde há produção de açúcares a partir do gás dióxido de carbono (CO_2). Dessa maneira, a fotossíntese gera uma fonte essencial de energia de ligação química e outros materiais orgânicos para a própria planta e para os animais que a ingerirem. Os dois estágios da fotossíntese estão resumidos na **Figura 3-8**.

> **QUESTÃO 3-1**
>
> **Considerando a equação energia luminosa + CO_2 + $H_2O \rightarrow$ açúcares + O_2 + energia térmica Espera-se que essa reação ocorra em uma única etapa? Por que a reação deve gerar calor? Explique suas respostas.**

As células obtêm energia pela oxidação de moléculas orgânicas

Todas as células animais e vegetais são sustentadas pela energia armazenada nas ligações químicas de moléculas orgânicas, independentemente de serem os açúcares produzidos por fotossíntese das plantas para a própria nutrição ou a mistura de moléculas, grandes ou pequenas, ingeridas pelos animais. Para que essa energia seja utilizada para viverem, crescerem e se reproduzirem, os organismos devem extraí-la de uma forma utilizável. Tanto nas plantas como nos animais, a energia é retirada das moléculas dos alimentos por um processo de *oxidação* gradual ou queima controlada.

A atmosfera terrestre é formada por 21% de oxigênio. Na presença de oxigênio, a forma energética mais estável do carbono é o CO_2 e a do hidrogênio é a H_2O. Uma célula, portanto, é capaz de obter energia a partir dos açúcares ou de outras moléculas orgânicas, porque possibilita que os átomos de carbono e de hidrogênio dessas moléculas se combinem com o oxigênio – isto é, tornem-se *oxidadas* –, produzindo CO_2 e H_2O, respectivamente, processo este conhecido como **respiração** celular.

A fotossíntese e a respiração celular são processos complementares (**Figura 3-9**). Isso significa que as interações entre plantas e animais não têm uma única direção. As plantas, os animais e os microrganismos convivem neste planeta já por tanto tempo, que se tornaram parte essencial do ambiente de cada um. O oxigênio liberado pela fotossíntese é consumido por praticamente todos os outros organismos para a degradação oxidativa das moléculas orgânicas. Assim, algumas das moléculas de CO_2 que hoje são incorporadas em moléculas orgânicas pela fotossíntese em uma folha verde serão liberadas amanhã na atmosfera pela respiração de um animal, de um fungo, da própria planta ou pela queima de combustíveis fósseis. Desse modo, a utilização do carbono forma um gigantesco ciclo envolvendo a *biosfera* (conjunto de todos os organismos vivos da Terra) como um todo, cruzando as fronteiras entre organismos individuais (**Figura 3-10**).

A oxidação e a redução envolvem transferência de elétrons

As células não oxidam as moléculas orgânicas em uma única etapa, como acontece quando uma molécula orgânica é queimada no fogo. Com o uso de catalisadores enzimáticos, o metabolismo direciona as moléculas por meio de um

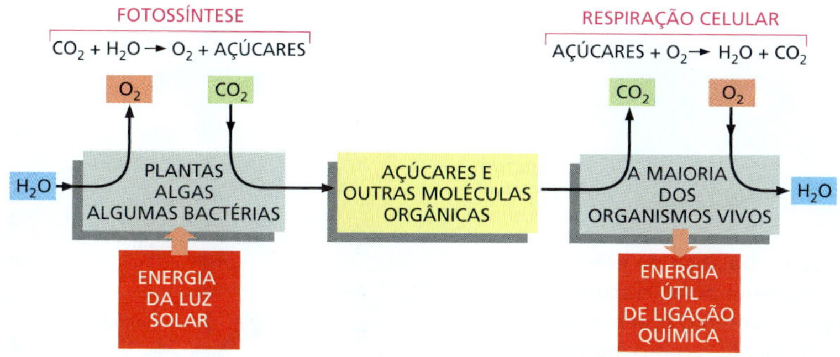

Figura 3-9 A fotossíntese e a respiração celular são processos complementares do mundo vivo. O lado *esquerdo* do diagrama mostra como a fotossíntese, que ocorre nas plantas e nos microrganismos fotossintéticos, utiliza a energia da luz do sol para produzir açúcares e outras moléculas orgânicas a partir dos átomos de carbono do CO_2 da atmosfera. Esses organismos, por sua vez, servem de alimento para outros organismos. O lado *direito* do diagrama mostra como a respiração celular de vários organismos, inclusive plantas e microrganismos fotossintéticos, usa O_2 para oxidar as moléculas de alimentos, liberando os mesmos átomos de carbono, na forma de CO_2, de volta para a atmosfera. Nesse processo, os organismos obtêm a energia de ligação química útil de que eles precisam para sobreviver. Acredita-se que as primeiras células que apareceram na Terra não eram capazes de fazer fotossíntese, nem de respirarem (discutido no Capítulo 14). A fotossíntese deve ter aparecido na Terra antes da respiração, porque existem evidências fortes de que seriam necessários bilhões de anos para liberar O_2 suficiente para criar uma atmosfera capaz de suportar a respiração.

grande número de reações, sendo que poucas delas envolvem a adição direta de oxigênio. Então, antes de examinar algumas dessas reações, deve-se explicar o que se entende por oxidação.

Literalmente, o termo **oxidação** significa adição de átomos de oxigênio a uma molécula. De maneira mais geral, entretanto, diz-se que ocorre oxidação em qualquer reação na qual haja transferência de elétrons de um átomo a outro. Oxidação, nesse sentido, refere-se à remoção de elétrons de um átomo. A reação oposta, denominada **redução**, envolve a adição de elétrons a um átomo. Assim, o Fe^{2+} é oxidado quando perde um elétron (tornando-se Fe^{3+}), e o átomo de cloro é reduzido ao ganhar um elétron, tornando-se Cl^-. Uma vez que em uma reação química o número de elétrons é conservado (sem perda ou ganho líquido), oxidação e redução sempre ocorrem simultaneamente, isto é, se uma molécula ganha um elétron na reação (redução), uma segunda molécula deverá perder um elétron (oxidação). Quando uma molécula de açúcar é oxidada até CO_2 e H_2O, por exemplo, a molécula de O_2 envolvida na formação de H_2O ganha elétrons, e assim se diz que ela foi reduzida.

Os termos "oxidação" e "redução" são aplicados mesmo quando ocorre apenas troca parcial de elétrons entre átomos ligados por ligação covalente. Quando um átomo de carbono se liga covalentemente a átomos com maior afinidade por elétrons (p. ex., oxigênio, cloro ou enxofre), há mais do que um compartilhamento de elétrons equitativo: há formação de uma *ligação covalente polar*. A carga positiva do núcleo do carbono agora é um pouco maior do que a carga negativa conferida pelos seus elétrons. Então, o átomo de carbono adquire uma carga parcialmente positiva (δ^+) e é dito oxidado. Concomitantemente, o átomo de carbono da ligação C–H tem algo mais além dos elétrons compartilhados; ele adquire uma carga parcialmente negativa (δ^-) e é dito reduzido (**Figura 3-11A**).

Geralmente, quando uma molécula presente em uma célula ganha um elétron (e^-), ao mesmo tempo ela também ganha um próton (H^+) (os prótons estão

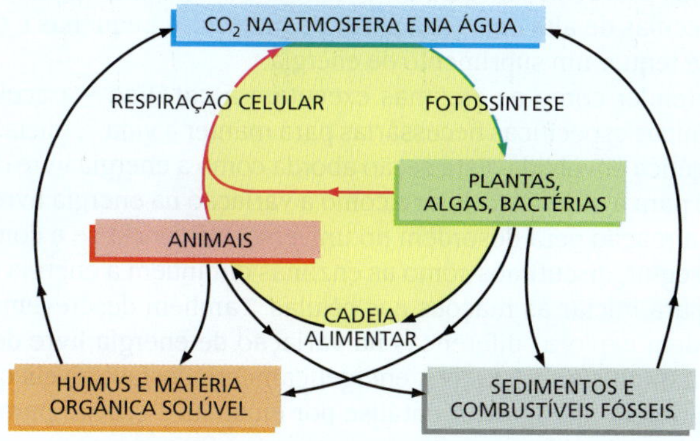

Figura 3-10 Os átomos de carbono são reciclados continuamente na biosfera. Os átomos de carbono são incorporados nas moléculas orgânicas do mundo vivo por meio da atividade fotossintética das plantas, das algas e das bactérias. Eles então passam para os animais e para os microrganismos, assim como para a matéria orgânica dos solos e oceanos, e são finalmente restituídos para a atmosfera na forma de CO_2 quando as moléculas orgânicas são oxidadas pelas células durante a respiração ou quando, na forma de combustíveis fósseis, são queimadas pelo homem.

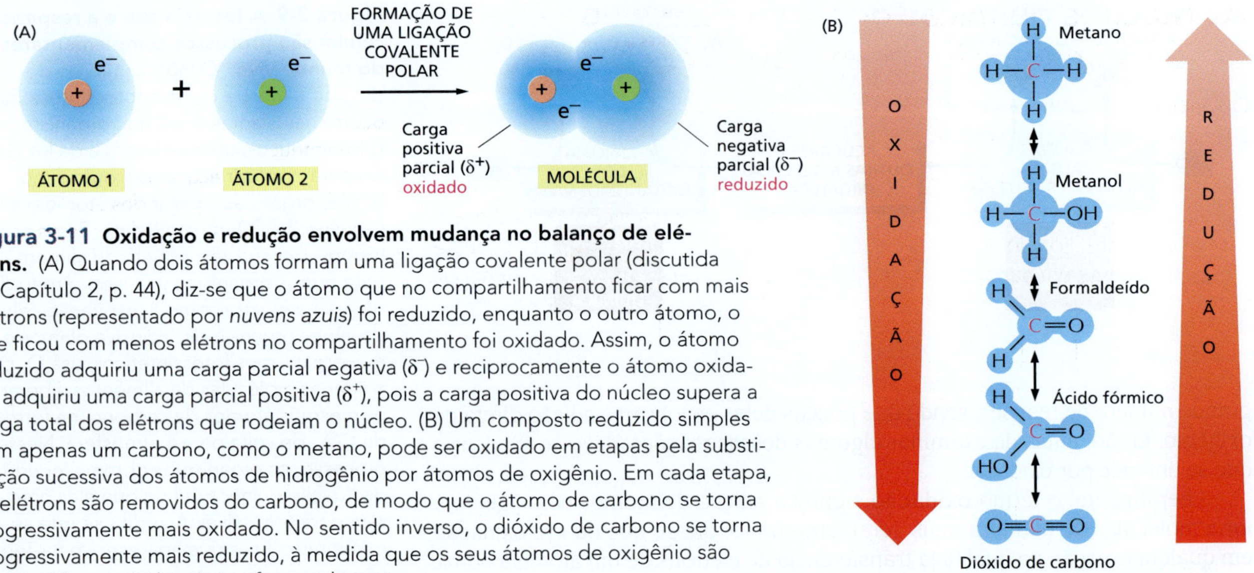

Figura 3-11 Oxidação e redução envolvem mudança no balanço de elétrons. (A) Quando dois átomos formam uma ligação covalente polar (discutida no Capítulo 2, p. 44), diz-se que o átomo que no compartilhamento ficar com mais elétrons (representado por *nuvens azuis*) foi reduzido, enquanto o outro átomo, o que ficou com menos elétrons no compartilhamento foi oxidado. Assim, o átomo reduzido adquiriu uma carga parcial negativa (δ^-) e reciprocamente o átomo oxidado adquiriu uma carga parcial positiva (δ^+), pois a carga positiva do núcleo supera a carga total dos elétrons que rodeiam o núcleo. (B) Um composto reduzido simples com apenas um carbono, como o metano, pode ser oxidado em etapas pela substituição sucessiva dos átomos de hidrogênio por átomos de oxigênio. Em cada etapa, os elétrons são removidos do carbono, de modo que o átomo de carbono se torna progressivamente mais oxidado. No sentido inverso, o dióxido de carbono se torna progressivamente mais reduzido, à medida que os seus átomos de oxigênio são substituídos por hidrogênios, formando metano.

totalmente disponíveis na água). Nesse caso, o efeito líquido é a adição de um átomo de hidrogênio à molécula

$$A + e^- + H^+ \rightarrow AH$$

Mesmo havendo o envolvimento de um próton e de um elétron (no lugar de apenas um elétron), tais reações de *hidrogenação* são reduções, e as reações inversas, de *desidrogenação*, são oxidações. Uma maneira fácil de determinar quando uma molécula orgânica é oxidada ou reduzida é contar o número de ligações C–H: há redução quando o número de ligações C–H aumenta, ao passo que há oxidação quando o número de ligações C–H diminui (**Figura 3-11B**).

Será visto mais adiante, neste capítulo, e no Capítulo 13, que as células utilizam enzimas para catalisarem a oxidação de moléculas orgânicas em pequenas etapas, por meio de uma sequência de reações que permite o aproveitamento da energia de uma forma útil.

ENERGIA LIVRE E CATÁLISE

Assim como as células, as enzimas obedecem à segunda lei da termodinâmica. Embora elas possam acelerar reações energeticamente favoráveis, isto é, reações que levam ao aumento na desordem do universo, as enzimas não podem por si mesmas forçar a ocorrência de uma reação energeticamente desfavorável. As células, entretanto, devem fazer exatamente isso para crescerem e se dividirem ou para apenas sobreviverem. Elas devem sintetizar moléculas altamente organizadas e moléculas de alta energia a partir de moléculas pequenas e simples, um processo que requer um suprimento de energia.

Para entender como as enzimas executam a **catálise** – a aceleração das reações químicas específicas necessárias para manter a vida –, inicialmente será vista a energética envolvida. Esta seção aborda como a energia livre das moléculas contribui para a química celular e como a variação na energia livre, que reflete o quanto a reação gera desordem no universo, influencia se e como a reação ocorrerá. A seguir, discutimos como as enzimas diminuem a energia de ativação necessária para iniciar as reações nas células. Também descrevemos como as enzimas podem explorar diferenças na variação de energia livre de diferentes reações para impulsionar reações energeticamente desfavoráveis que levam a aumento na ordem biológica. A catálise por enzimas é crucial para as células: sem ela, não haveria vida.

As reações químicas ocorrem no sentido que produz diminuição na energia livre

O papel queima com facilidade, liberando para a atmosfera água e dióxido de carbono na forma de gases, enquanto simultaneamente libera energia como calor:

$$\text{papel} + O_2 \rightarrow \text{fumaça} + \text{cinzas} + \text{calor} + CO_2 + H_2O$$

Essa reação ocorre em apenas uma direção: nunca fumaça e cinzas tomam espontaneamente dióxido de carbono e água da atmosfera aquecida e se reconstituem novamente em papel. Quando o papel queima, grande parte da sua energia química é dissipada como calor: ela não é perdida pelo universo, pois a energia não pode ser criada ou destruída. Em vez disso, ela é irremediavelmente dispersada pelo movimento térmico caótico e aleatório das moléculas. Ao mesmo tempo, os átomos e as moléculas do papel ficam dispersos e desordenados. Na linguagem da termodinâmica, há liberação de *energia livre*, isto é, a energia que pode ser aproveitada para fazer trabalho ou para fazer reações químicas. Essa liberação reflete a perda da organização no modo em que energia e moléculas estavam armazenadas no papel. Mais adiante, a energia livre será discutida brevemente. Entretanto, o princípio geral pode ser resumido da seguinte maneira: as reações químicas ocorrem apenas na direção que leva a uma diminuição de energia livre. Em outras palavras, a direção espontânea de qualquer reação é a direção negativa. Nesse sentido, uma reação com variação negativa de energia é classificada como energeticamente favorável.

QUESTÃO 3-2

Em quais das seguintes reações o átomo em *vermelho* sofre oxidação?

A. Na → Na^+ (átomo de Na → íon Na^+)
B. Cl → Cl^- (átomo de Cl → íon Cl^-)
C. $CH_3CH_2OH \rightarrow CH_3CHO$ (etanol → aldeído acético)
D. $CH_3CHO \rightarrow CH_3COO^-$ (aldeído acético → ácido acético)
E. $CH_2{=}CH_2 \rightarrow CH_3CH_3$ (eteno → etano)

As enzimas reduzem a energia necessária para iniciar reações espontâneas

Embora, em condições normais, a forma energeticamente mais favorável do carbono seja como CO_2, e a do hidrogênio, como H_2O, os organismos vivos não se desfazem subitamente em fumaça, e também este livro não queima repentinamente em chamas nas mãos do leitor. Isso se deve ao fato de que as moléculas, tanto as dos seres vivos como as do livro, estão em estados relativamente estáveis, e elas não podem passar para um estado de menor energia, a menos que recebam certa dose de energia. Em outras palavras, as moléculas necessitam de ajuda para ultrapassar uma barreira energética antes de sofrer uma reação química que as leve a um estado de menor energia (mais estável) (**Figura 3-12A**). Esse impulso é conhecido como **energia de ativação**. No caso da queima do livro, a energia de ativação é fornecida pelo calor de um palito de fósforo aceso. Por outro lado, as células não podem aumentar suas temperaturas para impulsionar as reações biológicas. Dentro das células, esse salto sobre a barreira energética é auxiliado por uma classe especializada de proteínas, as **enzimas**.

Cada enzima se liga firmemente a uma ou mais moléculas denominadas **substratos**, prendendo-os de tal maneira que reduzem em muito a energia de ativação necessária para facilitar determinada interação química que possa ocorrer

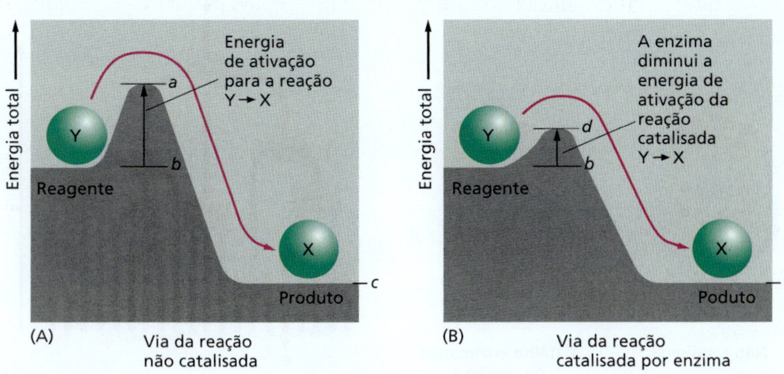

Figura 3-12 Mesmo as reações energeticamente favoráveis precisam de energia de ativação para que ocorram. (A) O composto Y (reagente) está em um estado relativamente estável, e há necessidade de energia para convertê-lo no composto X (produto), mesmo que X esteja em um menor estado energético geral do que Y. Essa conversão não ocorrerá, a menos que o composto Y adquira das suas vizinhanças uma *energia de ativação* suficiente (*energia a* menos *energia b*) para que a reação que o converterá em X ocorra. Essa energia pode ser suprida por meio de uma colisão energeticamente incomum com outras moléculas. No caso da reação inversa, X → Y, a energia de ativação necessária será muito maior (*energia a* menos *energia c*); a ocorrência dessa reação será ainda mais rara. As energias de ativação são sempre positivas. A variação total de energia para a reação energeticamente favorável Y → X é *energia c* menos *energia b*, um número negativo que corresponde a uma perda de energia livre. (B) As barreiras energéticas de determinadas reações podem ser diminuídas por catalisadores (indicado pela linha marcada com *d*). As enzimas são catalisadores especialmente eficientes, porque reduzem enormemente a energia de ativação das reações que catalisam.

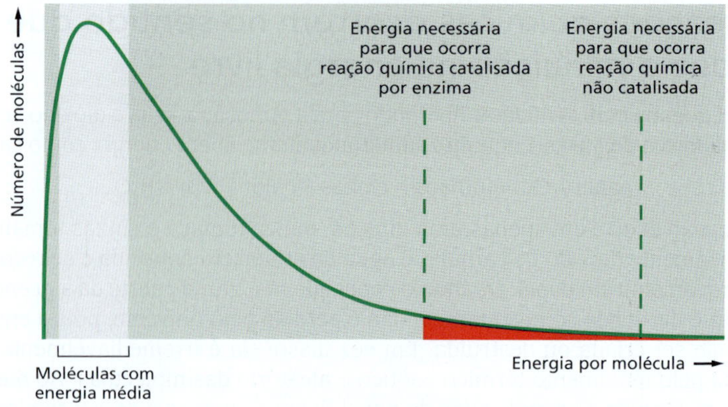

Figura 3-13 A diminuição na energia de ativação aumenta enormemente a probabilidade da ocorrência de uma reação. A cada momento, as energias das moléculas presentes em uma população de moléculas de determinado substrato se distribuem em uma faixa conforme mostrado no gráfico. Essas variações de energia decorrem de colisões com moléculas das proximidades, que levam as moléculas do substrato a oscilarem, vibrarem e girarem. Para uma molécula participar de uma reação química, a sua energia deve ser maior do que a barreira da energia de ativação da reação (*linhas tracejadas*). Na maioria das reações biológicas, isso nunca acontece, a menos que haja catálise enzimática. Mesmo com a catálise enzimática, apenas uma pequena fração das moléculas do substrato alcança um estado energético suficientemente grande para que as moléculas do substrato reajam (área destacada *em vermelho*).

entre elas (**Figura 3-12B**). Qualquer substância que diminua a energia de ativação de uma reação é denominada **catalisador**. Os catalisadores aumentam as velocidades das reações químicas, porque permitem a ocorrência de uma proporção muito maior de colisões entre as moléculas das redondezas e os substratos, que suplantam a barreira energética (ilustrado nas **Figuras 3-13** e **3-14A**). As enzimas estão incluídas entre os catalisadores mais eficientes que se conhece. Elas aceleram reações por fatores tão grandes como 10^{14} (trilhões de vezes mais rápidos do que a velocidade com que a mesma reação ocorreria sem catálise enzimática). Portanto, as enzimas possibilitam que ocorram reações que, sem sua participação, não ocorreriam a grande velocidade na temperatura normal das células.

Ao contrário dos efeitos da temperatura, as enzimas são altamente seletivas. Normalmente, cada enzima acelera apenas uma determinada reação entre as várias reações possíveis que essa molécula de substrato pode sofrer. Dessa forma, as enzimas direcionam cada uma das inúmeras moléculas presentes em uma célula para vias de reações específicas (**Figura 3-14B e C**), produzindo os compostos de que a célula precisa.

Assim como todos os catalisadores, as moléculas de enzima permanecem inalteradas após participarem de uma reação, de modo que elas podem atuar

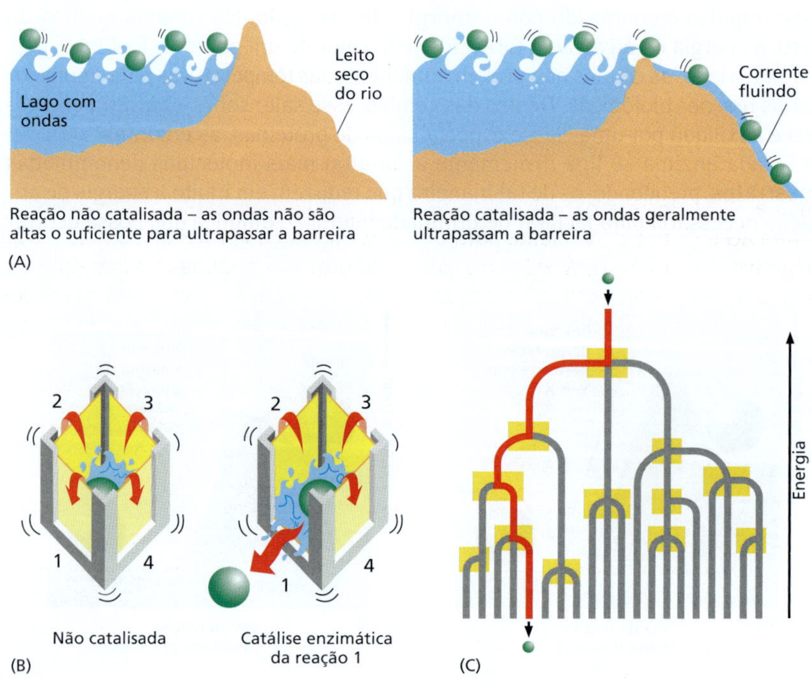

Figura 3-14 As enzimas catalisam reações por diminuírem a barreira da energia de ativação. (A) A barragem representa a energia de ativação, que é diminuída pela catálise enzimática. As *esferas* verdes representam uma molécula de um substrato potencial com o nível energético oscilando para cima e para baixo ao sabor das ondas. Isso é uma analogia com o bombardeamento térmico que as moléculas de substratos recebem das moléculas de água que estão próximas. Quando a barreira – a energia de ativação – é diminuída de modo significativo, as esferas (moléculas de substratos) que possuem energia suficiente podem descer morro abaixo, um movimento energeticamente favorável. (B) As quatro paredes da caixa representam a energia de ativação de quatro reações químicas diferentes, todas energeticamente favoráveis, pois os produtos têm menor nível energético do que os substratos. Na caixa da esquerda, nenhuma das reações ocorre, porque mesmo as ondas mais altas não são grandes o suficiente para ultrapassar qualquer uma das barreiras energéticas. Na caixa do lado direito, a catálise enzimática diminui apenas a energia de ativação da reação número 1, e agora a movimentação das ondas permite que as moléculas do substrato ultrapassem essa barreira energética, possibilitando que a reação 1 ocorra (**Animação 3.1**). (C) Um rio com ramificações e com um conjunto de represas (caixas *amarelas*) serve para ilustrar como uma série de reações catalisadas por enzimas determina com toda a exatidão as vias de reações que serão seguidas individualmente pelas moléculas da célula, controlando especificamente qual reação ocorre em cada junção.

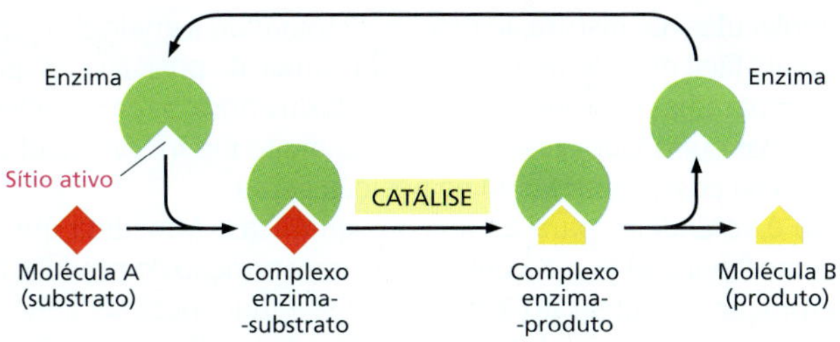

Figura 3-15 As enzimas convertem substratos em produtos e não são modificadas. Cada enzima tem um sítio ativo ao qual se ligam uma ou mais moléculas de substrato, formando um complexo enzima--substrato. A reação ocorre no sítio ativo e produz um complexo enzima-produto. O produto é então liberado, possibilitando que a enzima se ligue a outras moléculas de substrato e repita a reação. Desse modo, a enzima age como catalisador e, normalmente, forma ou rompe uma ligação covalente simples da molécula de substrato.

novamente por muitos e muitos ciclos (**Figura 3-15**). No Capítulo 4, depois que a estrutura molecular das proteínas for examinada, discutimos aprofundadamente como as enzimas realizam sua atividade.

A variação da energia livre de uma reação determina se ela pode ocorrer

De acordo com a segunda lei da termodinâmica, uma reação química pode ocorrer apenas se resultar em um aumento líquido (total) na desordem do universo (ver Figura 3-5). A desordem aumenta quando a energia útil que poderia ser acoplada à realização de um trabalho é dissipada como calor. A energia útil de um sistema é conhecida como a sua **energia livre**, ou ***G***. Como as reações químicas envolvem a transição de um estado molecular a outro, o termo que mais interessa aos químicos e aos biólogos moleculares é a **variação da energia livre**, representada por **Δ*G*** ("delta *G*").

Considerando uma população de moléculas, *G* mede a quantidade de desordem criada no universo quando ocorre uma reação envolvendo essas moléculas. Reações *energeticamente favoráveis*, por definição, são aquelas que criam desordem por diminuírem a energia livre do sistema a que pertencem, ou, em outras palavras, aquelas que têm um Δ*G negativo* (**Figura 3-16**).

Uma reação ocorre espontaneamente apenas se o seu Δ*G* for negativo. Considerando uma escala macroscópica, uma reação energeticamente favorável com Δ*G* negativo é o relaxamento de uma mola que esteja comprimida para o estado expandido, liberando sua energia elástica armazenada como calor para as redondezas. Em uma escala microscópica, ocorre uma reação energeticamente favorável com Δ*G* negativo quando o sal (NaCl) se dissolve em água. Deve-se ter em conta que apenas o fato de que a reação pode ocorrer espontaneamente não significa que ela ocorra rapidamente. O decaimento do diamante para grafite é um processo espontâneo, mas leva milhões de anos.

Opostamente, reações *energeticamente desfavoráveis* criam ordem no universo: elas têm Δ*G* positivo. Essas reações, como, por exemplo, a formação de uma ligação peptídica entre dois aminoácidos, não podem ocorrer espontaneamente. Elas ocorrem apenas se estiverem acopladas a uma segunda reação que tenha Δ*G* negativo o suficiente para que o Δ*G* líquido do processo completo seja negativo (**Figura 3-17**). A vida só é possível porque as enzimas podem criar ordem biológica, pois acoplam reações energeticamente desfavoráveis a reações energeticamente favoráveis. Esses conceitos fundamentais estão resumidos, com exemplos, no **Painel 3-1** (p. 96-97).

Δ*G* muda à medida que a reação segue em direção ao equilíbrio

É fácil verificar que, quando uma mola tensionada é deixada livre, ela relaxa e libera a energia que tem armazenada, na forma de calor. As reações químicas, porém, são um pouco mais complexas e difíceis de serem entendidas de forma intuitiva. Isso porque se a reação ocorrerá ou não ocorrerá depende não apenas da energia armazenada em cada uma das moléculas, mas também das concen-

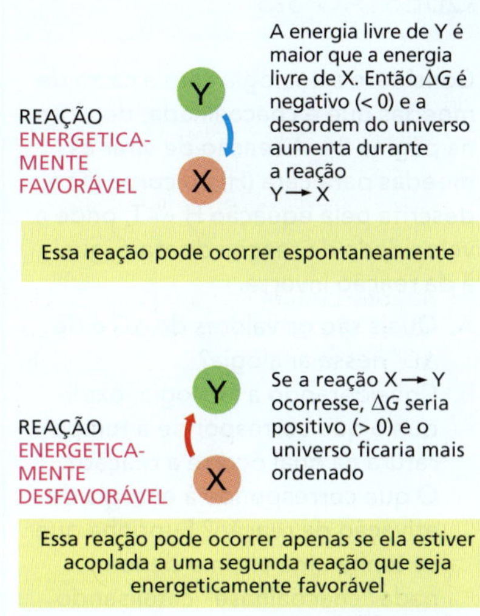

Figura 3-16 Reações energeticamente favoráveis possuem Δ*G* negativo, enquanto reações energeticamente desfavoráveis possuem Δ*G* positivo.

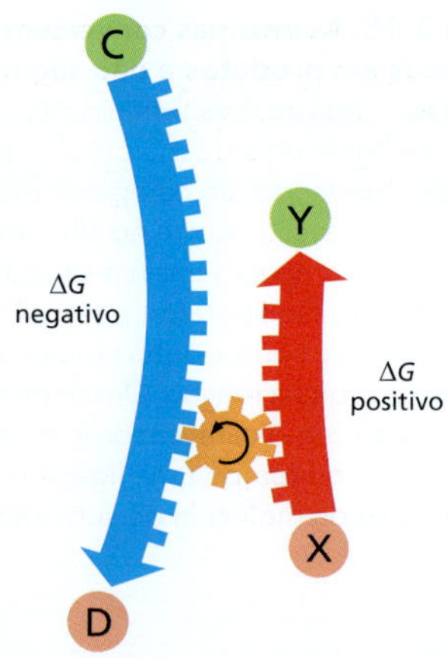

Figura 3-17 O acoplamento de reações pode impulsionar uma reação energeticamente desfavorável. A reação energeticamente desfavorável ($\Delta G > 0$) X → Y não poderá ocorrer, a menos que esteja acoplada à reação energeticamente favorável ($\Delta G < 0$) C → D, de maneira tal que a variação líquida de energia livre das reações acopladas seja negativa (menor que 0).

trações das moléculas na mistura de reação. Retomando a analogia com as moedas, é muito mais fácil que alguma das moedas mude da posição cara para coroa se o cesto de embaralhar moedas tiver 90 moedas na posição cara e apenas 10 na posição coroa. Por outro lado, esse evento será muito menos provável se o cesto tiver 10 moedas na posição cara e 90 na posição coroa.

O mesmo é verdadeiro para as reações químicas. À medida que a reação energeticamente favorável Y → X continua, a concentração do produto X aumenta e a concentração do substrato Y diminui. Essa mudança nas concentrações relativas do substrato e do produto provoca a redução da proporção de Y para X, tornando o ΔG, inicialmente favorável, cada vez menos negativo. A reação irá diminuindo até parar, a não ser que se adicione mais Y.

Como ΔG varia à medida que os produtos se acumulam e os substratos se esgotam, as reações químicas geralmente seguem até alcançarem o estado de **equilíbrio**. Nesse ponto, a velocidade da reação direta e a velocidade da reação inversa serão iguais, e não haverá mais mudança líquida nas concentrações do substrato ou do produto (**Figura 3-18**). Para reações em equilíbrio químico, $\Delta G = 0$, portanto a reação não ocorre no sentido direto, nem no sentido inverso, e nenhum trabalho poderá ser realizado.

Um estado de inatividade química é incompatível com a vida. As células vivas evitam atingir o estado de completo equilíbrio químico, porque estão constantemente trocando materiais com o ambiente: ingerindo nutrientes e eliminando produtos de excreção. Muitas das reações da complexa rede metabólica das células também existem em desequilíbrio, porque os produtos de uma reação são continuamente usados como substratos na reação subsequente. Raramente os produtos e substratos alcançam concentrações nas quais as velocidades da reação direta e da reação inversa sejam iguais.

A variação na energia livre padrão, $\Delta G°$, permite que se compare a energética de diferentes reações

ΔG não é uma medida útil para comparar as energias relativas de diferentes tipos de reações, pois depende das concentrações das moléculas presentes na mistura de reação em cada momento que a reação ocorre. Porém, algumas estimativas da energética são necessárias, por exemplo, para predizer o quanto uma reação energeticamente favorável provavelmente teria um ΔG negativo o suficiente para impulsionar uma reação energeticamente desfavorável. Para comparar reações quanto a esse aspecto, é necessário utilizar a *variação de energia livre padrão* da reação, $\Delta G°$. $\Delta G°$ não depende da concentração; depende apenas das características intrínsecas das moléculas que reagem; baseia-se no comportamento dessas moléculas em condições ideais, onde a concentração de cada um dos reagentes é fixada no valor de 1 mol/litro.

Um grande volume de dados termodinâmicos foi coletado, e com eles se pode calcular $\Delta G°$ para a maioria das reações metabólicas. No Painel 3-1 (p. 96-97), algumas reações comuns são comparadas quanto aos valores de $\Delta G°$.

O ΔG de uma reação pode ser calculado a partir dos valores de $\Delta G°$, se as concentrações dos reagentes e as concentrações dos produtos forem conhecidas. Para a reação simples Y → X, sua relação segue a seguinte equação:

$$\Delta G = \Delta G° + RT \ln \frac{[X]}{[Y]}$$

onde ΔG está em quilocalorias por mol, [Y] e [X] denotam as concentrações de Y e de X em mols/litro, ln é o logaritmo natural, e RT é o produto da constante dos gases, R, pela temperatura absoluta (T). A 37°C, $RT = 0{,}616$. (Um mol é 6×10^{23} moléculas de substância).

Dessa equação, pode-se observar que, quando as concentrações dos reagentes e dos produtos forem iguais, em outras palavras, $[X]/[Y] = 1$, o valor de ΔG é igual ao valor de $\Delta G°$ (porque $\ln 1 = 0$). Então, quando os reagentes e os produ-

QUESTÃO 3-3

Considere a analogia com a caixa de moedas que é chacoalhada, descrita na página 84. A reação de virar as moedas para cara (H) ou coroa (T) é descrita pela equação H ↔ T, onde a velocidade da reação direta é igual à da reação inversa.

A. Quais são os valores de ΔG e de $\Delta G°$ nessa analogia?

B. Considerando a analogia, explique o que corresponde à temperatura na qual ocorre a reação? O que corresponde à energia de ativação da reação? Suponha que se tenha uma enzima denominada "chacoalhase" catalisando a reação. Qual seria o efeito da chacoalhase e o que, mecanicamente, poderia fazer a chacoalhase nessa analogia?

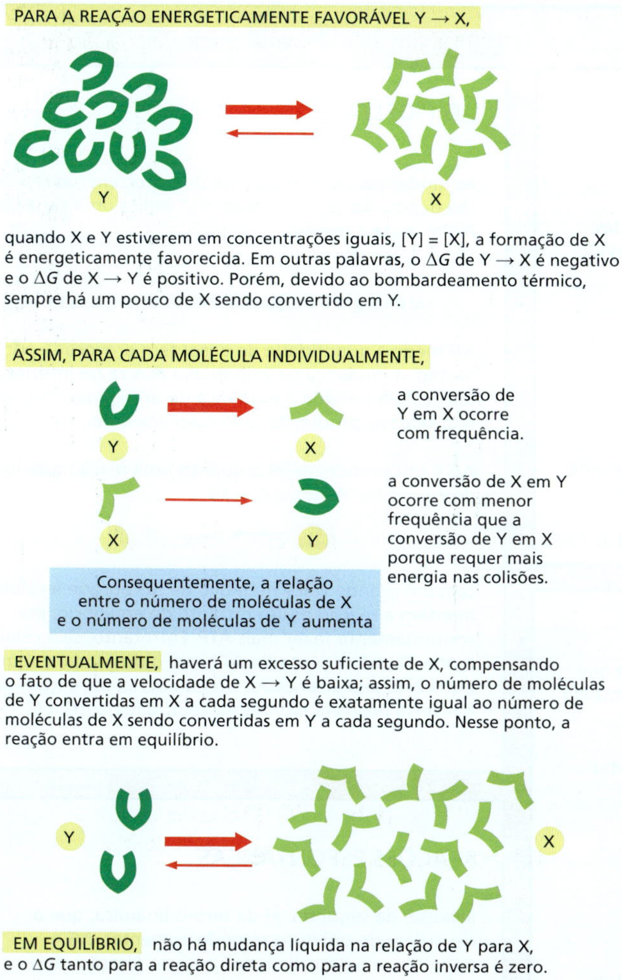

PARA A REAÇÃO ENERGETICAMENTE FAVORÁVEL Y → X,
Y
X
quando X e Y estiverem em concentrações iguais, [Y] = [X], a formação de X é energeticamente favorecida. Em outras palavras, o ΔG de Y → X é negativo e o ΔG de X → Y é positivo. Porém, devido ao bombardeamento térmico, sempre há um pouco de X sendo convertido em Y.
ASSIM, PARA CADA MOLÉCULA INDIVIDUALMENTE,
Y
X
a conversão de Y em X ocorre com frequência.
X
Y
a conversão de X em Y ocorre com menor frequência que a conversão de Y em X porque requer mais energia nas colisões.
Consequentemente, a relação entre o número de moléculas de X e o número de moléculas de Y aumenta
EVENTUALMENTE, haverá um excesso suficiente de X, compensando o fato de que a velocidade de X → Y é baixa; assim, o número de moléculas de Y convertidas em X a cada segundo é exatamente igual ao número de moléculas de X sendo convertidas em Y a cada segundo. Nesse ponto, a reação entra em equilíbrio.
Y
X
EM EQUILÍBRIO, não há mudança líquida na relação de Y para X, e o ΔG tanto para a reação direta como para a reação inversa é zero.

Figura 3-18 Eventualmente, as reações alcançam um equilíbrio químico. Nesse ponto, os fluxos das moléculas reagentes em ambos os sentidos serão iguais e opostos. A espessura das setas indica as velocidades relativas de conversão de *cada molécula*.

tos estiverem presentes em concentrações iguais, a direção da reação depende inteiramente das propriedades intrínsecas das moléculas.

A constante de equilíbrio é diretamente proporcional à $\Delta G°$

Como já foi mencionado, todas as reações químicas tendem ao equilíbrio. Sabendo-se qual é a situação de equilíbrio de determinada reação, pode-se saber para qual direção a reação seguirá e quão longe poderá ir. Por exemplo, se uma reação está em equilíbrio quando a concentração do produto for dez vezes maior do que a concentração do substrato, e iniciando com um fornecimento de substrato e pouco ou nenhum produto, a reação seguirá no sentido direto por algum tempo. Para a reação simples Y → X, esse valor, a proporção entre as concentrações do substrato e do produto em equilíbrio, é chamada **constante de equilíbrio** da reação, ***K***. Expressa na forma de equação:

$$K = \frac{[X]}{[Y]}$$

onde [X] é a concentração do produto e [Y] é a concentração do substrato em equilíbrio.

Mas, como se pode saber em quais concentrações de substrato e de produto a reação alcança o equilíbrio? Devem-se verificar as propriedades intrínsecas das moléculas envolvidas, expressas por $\Delta G°$. Vejamos por quê.

ENERGIA LIVRE

Este painel revisa o conceito de energia livre e dá exemplos, mostrando como mudanças na energia livre determinam se e como as reações biológicas ocorrem.

As moléculas das células vivas possuem energia devido a suas vibrações, rotações e movimentos ao longo do espaço e devido à energia que é armazenada nas ligações entre os átomos individuais.

A energia livre, *G* (em kcal/mol), é uma medida da energia de uma molécula que, em princípio, pode ser usada para realizar trabalho útil, à temperatura constante, como ocorre nas células vivas. A energia também pode ser expressa em joules (1 cal = 4,184 joules).

REAÇÕES PRODUZEM DESORDEM

Considere-se uma reação química ocorrendo em uma célula que tem temperatura e volume constantes. Essa reação pode produzir desordem de duas maneiras.

1 Mudanças na energia de ligação das moléculas reagentes podem produzir liberação de calor, que desorganiza o ambiente ao redor da célula.

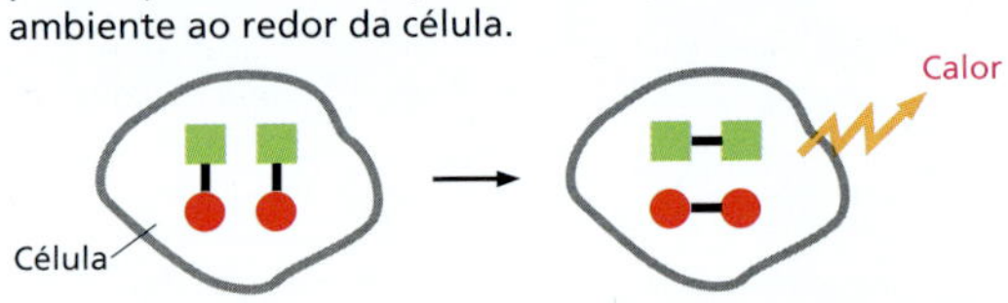

2 A reação pode diminuir a quantidade de ordem na célula, por exemplo, por quebrar uma longa cadeia de moléculas e deixar essas moléculas separadas, ou por perturbar uma interação que evita rotações nas ligações.

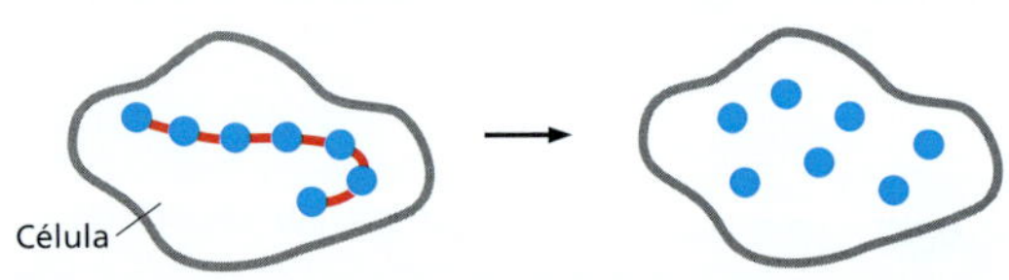

PREVENDO REAÇÕES

Para prever a ocorrência de uma reação (Ela seguirá para a direita ou para a esquerda? Em que ponto ela parará?), deve-se medir a variação de energia livre padrão ($\Delta G°$). Essa grandeza representa o ganho ou a perda de energia livre quando um mol de reagente é convertido em um mol de produto sob "condições padrão" (todas as moléculas estão presentes na concentração de 1 M e no pH 7,0).

$\Delta G°$ para algumas reações (Força motora)

Glicose-1-P ⟶ glicose-6-P	–1,7 kcal/mol
Sacarose ⟶ glicose + frutose	–5,5 kcal/mol
ATP ⟶ ADP + P_i	–7,3 kcal/mol
Glicose + $6O_2$ ⟶ $6CO_2 + 6H_2O$	–686 kcal/mol

ΔG ("DELTA *G*")

As mudanças de energia livre que ocorrem nas reações são denotadas por ΔG, onde "Δ" indica uma variação. Assim, para a reação

$$A + B \longrightarrow C + D$$

ΔG = energia livre (C+ D) menos energia livre (A + B)

ΔG mede a quantidade de desordem provocada por uma reação: a mudança na ordem que ocorre no interior de uma célula somada à mudança de ordem nas redondezas, produzida pelo calor liberado.

ΔG é útil porque mede o quanto uma reação está longe do equilíbrio. Assim, a reação

$$\text{ATP} \longrightarrow \text{ADP} + P_i$$

tem um grande valor negativo de ΔG porque a célula mantém a reação muito distante do equilíbrio, por continuamente fazer mais ATP. Entretanto, se a célula morrer, a maior parte do ATP será hidrolisada, até que o equilíbrio seja alcançado. No equilíbrio, as reações direta e inversa ocorrem na mesma velocidade e $\Delta G = 0$.

REAÇÕES ESPONTÂNEAS

Sabe-se, da segunda lei da termodinâmica, que a desordem do universo só pode aumentar. ΔG é *negativo* se a desordem do universo (reação mais redondezas) *aumentar*.

Em outras palavras, qualquer reação química que ocorra espontaneamente deve ter ΔG negativo:

$$G_{produtos} - G_{reagentes} = \Delta G < 0$$

EXEMPLO: A diferença na energia livre entre 100 mL de sacarose 10 mM (açúcar comum) e 100 mL de glicose 10 mM mais frutose 10 mM é cerca de –5,5 calorias. Por isso, a reação de hidrólise que produz dois monossacarídeos a partir de um dissacarídeo (sacarose → glicose + frutose) pode ocorrer espontaneamente.

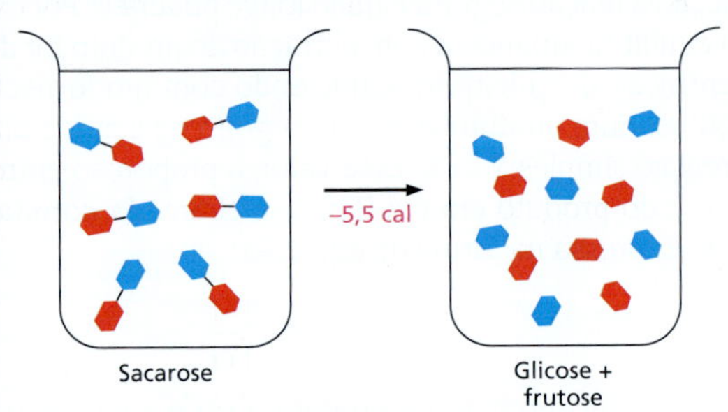

De maneira oposta, a reação inversa (glicose + frutose → sacarose), que tem ΔG de +5,5 calorias, não poderia ocorrer sem um suprimento de energia fornecido por uma reação acoplada.

VELOCIDADES DE REAÇÃO

Uma reação espontânea não é necessariamente uma reação instantânea: uma reação com variação de energia (ΔG) livre negativa necessariamente não é rápida por si só. Considerando, por exemplo, a combustão de glicose em oxigênio.

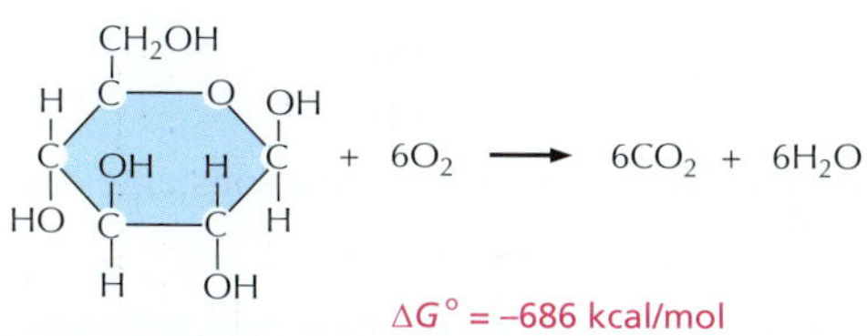

$\Delta G° = -686$ kcal/mol

Mesmo essa reação altamente favorável pode não ocorrer durante séculos, a menos que haja enzimas para acelerar o processo. As enzimas são capazes de catalisar reações e aumentar suas velocidades, mas não podem alterar o $\Delta G°$ das reações.

EQUILÍBRIOS QUÍMICOS

Existe uma relação fixa entre a variação de energia livre padrão de uma reação, $\Delta G°$, e a sua constante de equilíbrio, K. Por exemplo, a reação reversível

$$Y \rightleftharpoons X$$

seguirá até que a relação de concentrações [X]/[Y] seja igual a K (observar que os colchetes [ ] indicam concentração). Nesse ponto, a energia livre do sistema terá seu valor mais baixo.

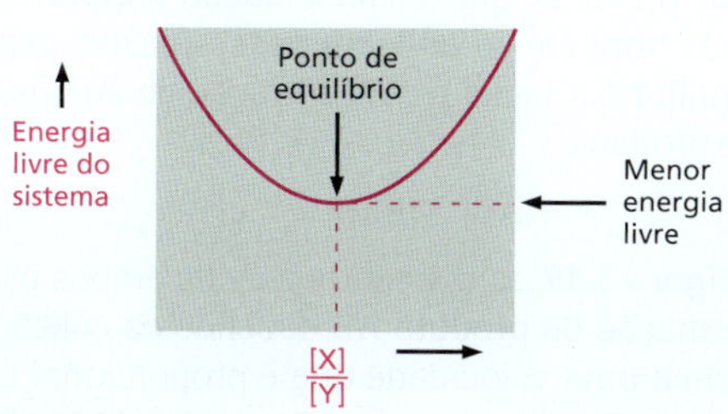

A 37°C, $\Delta G° = -1{,}42 \log_{10} K$ (ver texto, p. 98)

$$K = 10^{-\Delta G°/1{,}42}$$

Por exemplo, a reação

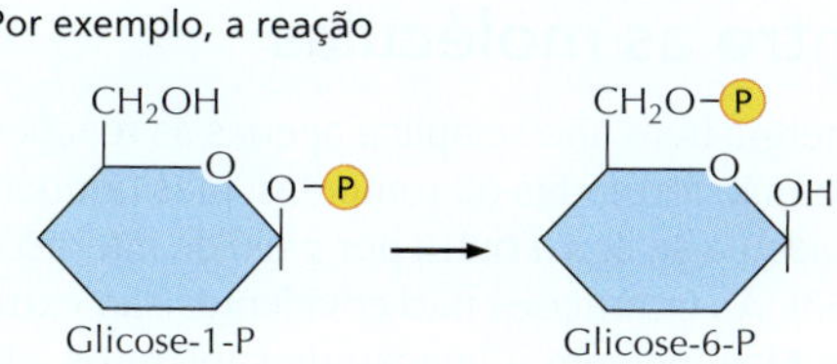

tem $\Delta G° = -1{,}74$ kcal/mol. Portanto, a sua constante de equilíbrio

$$K = 10^{(1{,}74/1{,}42)} = 10^{(1{,}23)} = 17$$

Portanto, a reação estará em equilíbrio quando

[glicose-6-P]/[glicose-1-P] = 17

REAÇÕES ACOPLADAS

As reações podem ser "acopladas" se compartilharem um ou mais intermediários. Nesse caso, a variação de energia livre total será simplesmente a soma dos valores individuais de $\Delta G°$. Devido a isso, uma reação desfavorável (que tem $\Delta G°$ positivo) pode ser impulsionada por uma segunda reação, desde que esta seja uma reação altamente favorável.

REAÇÃO SIMPLES

$\Delta G° =$ +5,5 kcal/mol

RESULTADO FINAL: a reação não ocorre

ATP → ADP + (P) $\Delta G° = -7{,}3$ kcal/mol

RESULTADO FINAL: a reação é altamente favorável

REAÇÕES ACOPLADAS

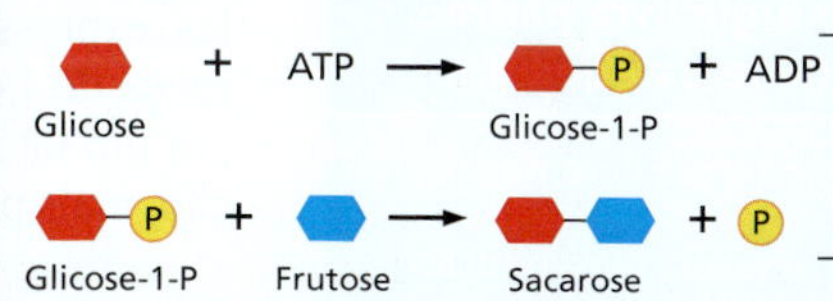

$\Delta G° =$ 5,5 – 7,3 = –1,8 kcal/mol

RESULTADO FINAL: a formação de sacarose é impulsionada pela hidrólise de ATP

LIGAÇÕES DE ALTA ENERGIA

A hidrólise, rompimento de uma ligação covalente pela adição de água, é uma das reações mais comuns nas células.

O $\Delta G°$ para essa reação é, por vezes, vagamente denominado de "energia de ligação". Diz-se que compostos como o acetilfosfato e o ATP, que possuem um $\Delta G°$ muito negativo para a hidrólise em soluções aquosas, possuem ligações "de alta energia".

				$\Delta G°$ (kcal/mol)
Acetila (P)	→	acetato	+ P_i	–10,3
ATP	→	ADP	+ P_i	–7,3
Glicose-6-P	→	glicose	+ P_i	–3,3

(Observe que, para simplificar, H_2O foi omitida nas equações acima.)

No equilíbrio, a velocidade da reação direta é exatamente balanceada pela velocidade da reação inversa. Nesse ponto, $\Delta G = 0$, e não há variação líquida na energia livre para impulsionar a reação para qualquer das direções (ver Painel 3-1, p. 96-97).

Agora, voltando para a equação apresentada na p. 94,

$$\Delta G = \Delta G° + RT \ln \frac{[X]}{[Y]}$$

observa-se que, no equilíbrio a 37°C, onde $\Delta G = 0$ e a constante $RT = 0{,}616$, a equação torna-se:

$$\Delta G° = -0{,}616 \ln \frac{[X]}{[Y]}$$

Em outras palavras, $\Delta G°$ é diretamente proporcional à constante de equilíbrio, K:

$$\Delta G° = -0{,}616 \ln K$$

Convertendo o logaritmo natural (ln) para o logaritmo mais utilizado, o logaritmo com base 10 (log), tem-se:

$$\Delta G° = -1{,}42 \log K$$

Essa equação revela o quanto a relação entre Y e X no equilíbrio, expressa como constante de equilíbrio (K), depende das características intrínsecas das moléculas, expressas pelo valor de $\Delta G°$ (**Tabela 3-1**). Ela demonstra que, para cada diferença de 1,42 kcal/mol na energia livre, a 37°C, a constante de equilíbrio muda por um fator de 10. Assim, quanto mais energeticamente favorável for uma reação, mais produto será acumulado até que a reação alcance o equilíbrio.

TABELA 3-1 Relação entre a variação de energia livre padrão, $\Delta G°$, e a constante de equilíbrio

Constante de equilíbrio $\frac{[X]}{[Y]}$	Energia livre padrão ($\Delta G°$) de X menos energia livre padrão de Y em kcal/mol
10^5	-7,1
10^4	-5,7
10^3	-4,3
10^2	-2,8
10	-1,4
1	0
10^{-1}	1,4
10^{-2}	2,8
10^{-3}	4,3
10^{-4}	5,7
10^{-5}	7,1

Os valores da constante de equilíbrio foram calculados para a reação química simples Y ↔ X, usando a equação apresentada no texto.

Os valores de $\Delta G°$ dados aqui estão em quilocalorias por mol a 37°C. Como explicado no texto, $\Delta G°$ representa a diferença de energia livre sob condições padrão (onde todos os componentes estão presentes a uma concentração de 1,0 mol/litro).

Dessa tabela, pode-se observar que se houver uma mudança favorável de -4,3 kcal/mol na energia livre para a transição Y → X, o número de moléculas de X, quando a reação estiver no equilíbrio, será 1.000 vezes maior do que o número de moléculas de Y.

Nas reações complexas, a constante de equilíbrio inclui as concentrações de todos os reagentes e produtos

Até agora se discutiu apenas a mais simples das reações, Y → X, na qual um único substrato é convertido em um só produto. Mas, no interior das células, é mais comum que dois reagentes se combinem para formar um único produto: A + B ⇌ AB. Como se pode prever de que forma a reação seguirá?

Os mesmos princípios também se aplicam nesses casos, exceto pelo fato de que a constante de equilíbrio K inclui a concentração de ambos os reagentes, além da concentração do produto.

$$K = [AB] / [A][B]$$

Como está ilustrado na **Figura 3-19**, as concentrações de ambos os reagentes se multiplicam, porque a formação do produto AB depende da colisão entre A e B, e esses encontros ocorrem a uma velocidade que é proporcional a [A] x [B]. Do mesmo modo que para as reações simples, a 37°C, $\Delta G° = -1{,}42 \log K$.

A constante de equilíbrio indica a intensidade das interações entre as moléculas

O conceito da variação de energia livre não se aplica apenas às reações químicas em que as ligações covalentes são formadas ou rompidas, mas também se aplica a interações em que uma molécula se liga a outra por meio de interações não covalentes (ver Capítulo 2, p. 63). As interações não covalentes são extremamente importantes para as células. Elas incluem a ligação de substratos a enzimas, a ligação de proteínas reguladoras de genes ao DNA e a ligação entre duas proteínas entre si para formarem os inúmeros complexos proteicos com estruturas e funções diferentes que operam nas células vivas.

Duas moléculas se ligarão uma à outra se a variação na energia livre da interação for negativa; isto é, a energia livre do complexo resultante é menor do que

Figura 3-19 A constante de equilíbrio (*K*) da reação A + B → AB depende das constantes das velocidades de associação e de dissociação. As moléculas A e B devem colidir uma com a outra para que possam interagir, e a velocidade de associação é, portanto, proporcional ao produto das concentrações individuais dos reagentes, [A] × [B]. Como a figura mostra, a razão entre as constantes de velocidades de associação (k_{ON}) e de dissociação (k_{OFF}), respectivamente, é igual à constante de equilíbrio (*K*) da interação. No caso de interação entre dois componentes, *K* envolve as concentrações dos dois substratos, além da concentração do produto. No entanto, a relação entre *K* e $\Delta G°$ é a mesma que a Tabela 3-1 mostra. Quanto maior o valor de *K*, maior será a força de ligação entre A e B.

a soma das energias livres das duas parceiras quando não estão ligadas. Uma vez que a constante de equilíbrio de uma reação está diretamente relacionada com $\Delta G°$, normalmente se emprega *K* como medida da força de ligação de uma interação não covalente entre duas moléculas. A força de ligação é uma grandeza muito útil, porque ela também indica o quão específica é a interação entre duas moléculas.

Considere a reação mostrada na Figura 3-19, em que a molécula A interage com a molécula B, formando o complexo AB. A reação ocorre até alcançar o equilíbrio, ponto no qual o número de eventos de associação é exatamente igual ao número de eventos de dissociação. Nesse ponto, as concentrações dos reagentes A e B e do complexo AB podem ser utilizadas para determinar a constante de equilíbrio *K*.

K se torna maior, à medida que a *energia de ligação*, isto é, a energia liberada na interação de associação, aumenta. Em outras palavras, quanto maior for *K*, maior será a diferença de energia livre entre os estados dissociado e associado e mais firmemente as moléculas estarão ligadas. Mesmo a mudança de poucas ligações não covalentes pode ter um grande efeito na interação da associação, como está ilustrado na **Figura 3-20**. Nesse exemplo, a eliminação de poucas ligações de hidrogênio que participam de uma interação pode causar uma diminuição drástica na quantidade de complexo que existe no equilíbrio.

No caso de reações em sequência, as variações de energia livre são aditivas

Retornando à questão original: como é que as enzimas catalisam reações energeticamente desfavoráveis? Uma das maneiras é acoplar diretamente reações energeticamente desfavoráveis a reações energeticamente favoráveis. Considere, por exemplo, duas reações em sequência,

$$X \rightarrow Y \text{ e } Y \rightarrow Z$$

com valores de $\Delta G°$ de + 5 e -13 kcal/mol, respectivamente. (Relembre que um mol é igual a 6×10^{23} moléculas de substância.) A reação desfavorável, X → Y, não ocorrerá espontaneamente. Entretanto, ela pode ser impelida pela reação favorável Y → Z, desde que essa segunda reação ocorra a seguir. Isso porque a variação de energia livre total das reações acopladas é igual à soma das variações de energia livre de cada reação individualmente. Nesse caso, o $\Delta G°$ para as reações acopladas será -8 kcal/mol, tornando a via total energeticamente favorável.

Assim, as células podem induzir a ocorrência de uma transição energicamente desfavorável (X → Y), caso, além da enzima que catalisa a reação X → Y, exista também uma segunda enzima que catalise a reação energicamente favorável, Y → Z. Realmente, a reação Y → Z atuará como se fosse um "sifão", que

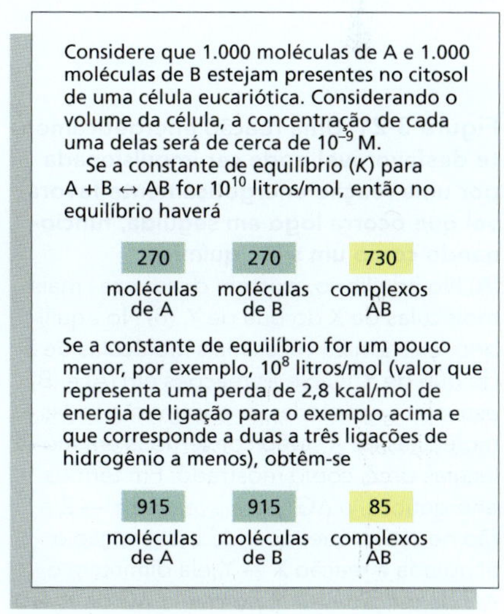

Considere que 1.000 moléculas de A e 1.000 moléculas de B estejam presentes no citosol de uma célula eucariótica. Considerando o volume da célula, a concentração de cada uma delas será de cerca de 10^{-9} M.
Se a constante de equilíbrio (*K*) para A + B ↔ AB for 10^{10} litros/mol, então no equilíbrio haverá
270 moléculas de A
270 moléculas de B
730 complexos AB
Se a constante de equilíbrio for um pouco menor, por exemplo, 10^8 litros/mol (valor que representa uma perda de 2,8 kcal/mol de energia de ligação para o exemplo acima e que corresponde a duas a três ligações de hidrogênio a menos), obtêm-se
915 moléculas de A
915 moléculas de B
85 complexos AB

Figura 3-20 Pequenas mudanças no número de ligações fracas podem ter efeitos drásticos na ligação de interação. Este exemplo ilustra o efeito notável da presença ou ausência de ligações não covalentes fracas sobre a interação entre duas proteínas citosólicas.

permite a conversão de todas as moléculas de X em moléculas de Y, e então a conversão dessas últimas em moléculas Z (**Figura 3-21**). Por exemplo, várias reações da longa via que converte os açúcares em CO_2 e H_2O são energeticamente desfavoráveis. Apesar disso, a via ocorre rapidamente até completar-se, porque o $\Delta G°$ total para toda a série de reações em sequência tem um enorme valor negativo.

Por outro lado, para muitas finalidades, a formação de uma via sequencial não é a resposta adequada para todas as necessidades metabólicas. Com frequência, a via desejada é apenas X → Y, sem que Y seja posteriormente convertido a outro produto. Felizmente, existem ainda outros meios de usar enzimas para acoplar reações, que envolvem a produção de carreadores ativados que desviam energia do sítio de uma reação para outra. Esses sistemas são discutidos resumidamente. Antes disso, porém, examinamos como as enzimas encontram e reconhecem seus substratos e como é que as reações catalisadas por enzimas ocorrem. Afinal, as considerações termodinâmicas apenas estabelecem se uma reação química pode ocorrer. São as enzimas que efetivamente fazem com que essas reações ocorram.

QUESTÃO 3-4

Para as reações mostradas na Figura 3-21, faça um esquema mostrando um diagrama de energia semelhante ao da Figura 3-12 para as duas reações isoladamente e para as reações combinadas. Indique as variações da energia livre padrão para as reações X → Y, Y → Z e X → Z do gráfico. Indique como as enzimas que catalisam essas reações poderiam modificar o diagrama de energia.

A energia cinética (movimento térmico) possibilita que as enzimas encontrem seus substratos

As enzimas e os seus substratos estão presentes em um número relativamente pequeno no citosol das células. Mesmo assim, uma enzima típica pode capturar e processar cerca de milhares de moléculas de substrato a cada segundo. Isso significa que as enzimas são capazes de liberar seu produto e ligar novos substratos em frações de milissegundos. Como é que essas moléculas podem se encontrar tão rapidamente no congestionado citosol das células?

A ligação rápida é possível porque os movimentos das moléculas são extremamente rápidos. Devido à energia cinética, as moléculas estão em constante movimento e, consequentemente, percorrendo todo o espaço do citosol com muita eficiência por vagarem aleatoriamente, um processo denominado **difusão**.

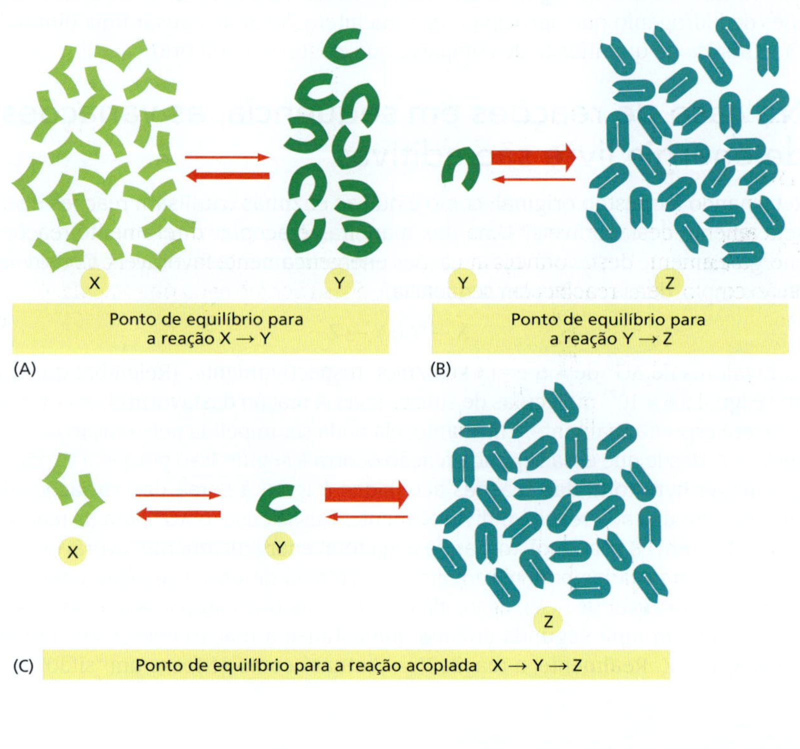

Figura 3-21 Uma reação energeticamente desfavorável pode ser impulsionada por uma reação energeticamente favorável que ocorra logo em seguida, funcionando como um sifão químico. (A) No equilíbrio, existem duas vezes mais moléculas de X do que de Y. (B) No equilíbrio, existem 25 vezes mais moléculas de Z do que de Y. (C) Se as reações em (A) e (B) estiverem acopladas, praticamente todas as moléculas de X serão convertidas em moléculas de Z, como mostrado. Em termos energéticos, o $\Delta G°$ para a reação Y → Z é tão negativo que, quando essa reação é acoplada à reação X → Y, ela diminuirá o ΔG da reação X → Y, porque o ΔG de X → Y diminuirá à medida que a relação entre o número de moléculas de Y e de X diminuir. Como mostrado na Figura 3-18, a espessura das setas reflete as velocidades relativas da conversão das moléculas, e o comprimento das setas é o mesmo nas duas direções para indicar que não há fluxo líquido em nenhum dos sentidos da reação.

Figura 3-22 As moléculas atravessam o citosol em uma trajetória aleatória. Em uma solução, as moléculas se movem de maneira aleatória em razão dos constantes golpes que recebem pelas colisões com outras moléculas. Esse movimento possibilita que as moléculas pequenas se difundam rapidamente pelo citosol das células (**Animação 3.2**).

Dessa maneira, cada uma das moléculas presentes no citosol colidirá com um grande número de moléculas a cada segundo. À medida que as moléculas presentes em um líquido colidirem entre si e se empurrarem mutuamente, cada uma delas se moverá primeiro em uma direção e depois em outra. Assim, o percurso será um *caminho aleatório* (**Figura 3-22**).

Embora o citosol das células seja densamente preenchido com moléculas de vários tamanhos e formas (**Figura 3-23**), as moléculas orgânicas pequenas se difundem nesse gel aquoso praticamente com a mesma rapidez quanto se difundem em água. Isso foi demonstrado por meio de experimentos nos quais corantes fluorescentes e outras moléculas marcadas foram injetadas no citosol. Uma molécula orgânica pequena, como um substrato, leva apenas cerca de um quinto de segundo, em média, para difundir-se a uma distância de 10 μm. A difusão é, portanto, um modo eficiente que as moléculas pequenas têm para se moverem a distâncias limitadas no interior das células.

A velocidade com que uma enzima encontra o seu substrato depende da concentração do substrato, pois as proteínas se difundem no citosol muito mais vagarosamente que as moléculas pequenas. Os substratos mais abundantes estão presentes nas células em concentrações de aproximadamente 0,5 mM. Uma vez que a concentração da água pura é de 55 M, há, nas células, apenas uma dessas moléculas de substrato para cada 10^5 moléculas de água. Apesar disso, o sítio da enzima que se liga ao substrato é bombardeado pelo substrato por cerca de 500.000 colisões aleatórias por segundo. Para uma concentração de substrato dez vezes menor (0,05 mM), o número de colisões diminui para 50.000 por segundo, e assim por diante.

Os encontros aleatórios entre uma enzima e o seu substrato geralmente levam à formação de um complexo enzima-substrato. Essa associação é estabilizada pela formação de múltiplas ligações fracas entre a enzima e o substrato. Essas interações fracas, que podem incluir ligações de hidrogênio, atrações de van der Waals e atrações eletrostáticas (discutidas no Capítulo 2), persistem até que a energia cinética faça com que as moléculas se dissociem novamente. Quando as duas moléculas que colidem possuem superfícies que não se ajustam bem, são formadas poucas ligações não covalentes, e a energia total é desprezível, em comparação com a energia cinética. Nesse caso, as duas moléculas se dissociam tão rapidamente quanto se associaram (ver Figura 2-33). É isso que evita associações incorretas e indesejadas entre moléculas que não se ajustam entre si, como ocorre entre uma enzima e um substrato errado. Entretanto, caso a enzima e o substrato se encaixem bem, formam muitas interações fracas que permitem que enzima e substrato permaneçam unidos um tempo suficiente para que uma ligação covalente, na molécula do substrato, possa ser formada ou rompida. O conhecimento das velocidades com as quais as moléculas colidem e se afastam e também da rapidez com que as ligações podem ser formadas ou rompidas contribui para que a velocidade da catálise enzimática pareça menos impressionante.

QUESTÃO 3-5

A enzima anidrase carbônica é uma das enzimas mais rápidas conhecidas. Ela catalisa a rápida conversão de CO_2 gasoso em íon bicarbonato (HCO_3^-), muito mais solúvel. A reação:

$$CO_2 + H_2O \leftrightarrow HCO_3^- + H^+$$

é muito importante para um transporte eficiente de CO_2 dos tecidos, onde o CO_2 é produzido pela respiração, para os pulmões, onde é exalado. A anidrase carbônica acelera a reação em 10^7 vezes, hidratando, na velocidade máxima, 10^5 moléculas de CO_2 por segundo. O que se pode supor sobre o fator limitante da velocidade dessa enzima? Faça um esquema análogo ao mostrado na Figura 3-13 para representar a aceleração de 10^7 vezes.

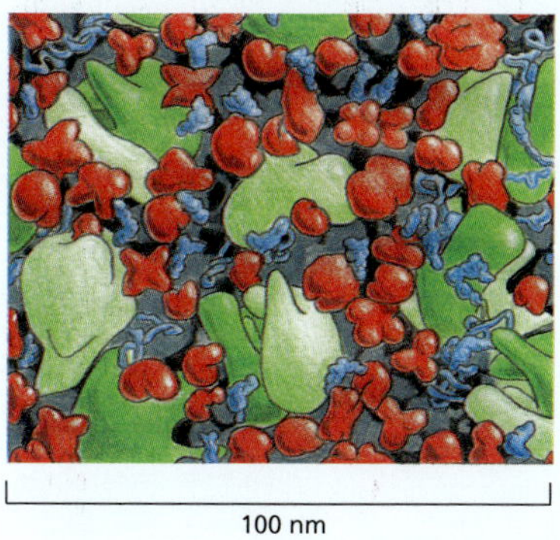

Figura 3-23 O citosol é repleto de moléculas distintas. Estão mostradas, em escala, apenas as macromoléculas. RNA em *azul*, ribossomos em *verde* e proteínas em *vermelho*. Enzimas e outras macromoléculas se difundem relativamente pouco no citosol, em parte porque elas interagem com uma grande quantidade de outras macromoléculas. As moléculas pequenas, ao contrário, podem difundir-se quase tão rapidamente quanto se difundem em água. (Adaptada de D.S. Goodsell, *Trends Biochem. Sci.* 16:203–206, 1991. Com autorização de Elsevier.)

$V_{máx}$ e K_M são medidas do desempenho das enzimas

Para catalisar uma reação, a enzima, inicialmente, tem de se ligar ao seu substrato. A seguir, o substrato sofre uma reação, e há formação do produto que, a princípio, permanece ligado à enzima. Por fim, o produto é liberado e se difunde da enzima, deixando-a livre para ligar-se a outra molécula de substrato e catalisar novamente uma reação (ver Figura 3-15). As velocidades das diferentes etapas variam enormemente conforme a enzima, podendo ser medidas misturando-se, em tubo de ensaio, enzimas purificadas com os substratos sob condições rigorosamente definidas (ver **Como Sabemos**, p. 104-106).

Nesse tipo de experimento, o substrato é adicionado em quantidades crescentes a uma solução contendo uma concentração fixa de enzima. Inicialmente, a concentração do complexo enzima-substrato, e consequentemente a velocidade na qual o produto é formado, aumenta em uma relação direta com o aumento da concentração do substrato. Entretanto, à medida que mais e mais moléculas de enzimas se tornam ocupadas pelo substrato, esse aumento de velocidade vai diminuindo até que, em concentrações muito altas de substrato, a velocidade atinge um valor máximo, denominado $V_{máx}$. Nesse ponto, os sítios ativos das moléculas de enzima presentes na amostra estão totalmente ocupados com moléculas de substrato e a velocidade da formação do produto depende apenas da rapidez com que a molécula de substrato sofre a reação de formação do produto. Para muitas enzimas, esse **número de renovação** é da ordem de 1.000 moléculas de substrato por segundo, embora já tenham sido encontrados números de renovação variando entre 1 e 100.000.

Devido ao fato de que não se pode definir com clareza a concentração do substrato na qual se possa considerar que uma enzima esteja totalmente ocupada, os bioquímicos usam um parâmetro diferente para aferir a concentração do substrato necessária para que uma enzima trabalhe com eficiência. Essa grandeza é denominada **constante de Michaelis**, K_M, que recebeu esse nome em homenagem a um dos bioquímicos que trabalharam no estudo dessa relação. O K_M de uma enzima é definido como a concentração do substrato na qual a enzima trabalha a metade da sua velocidade máxima (**Figura 3-24**). Em geral, um K_M pequeno indica que o substrato se liga muito fortemente à enzima e um K_M grande indica ligação fraca.

Embora uma enzima (ou qualquer outro catalisador) funcione diminuindo a energia de ativação de uma reação, como, por exemplo, Y → X, é importante

QUESTÃO 3-6

Nas células, uma enzima catalisa a reação AB → A + B. Entretanto, ela foi isolada como uma enzima que executa a reação oposta, A + B → AB. Explique esse paradoxo.

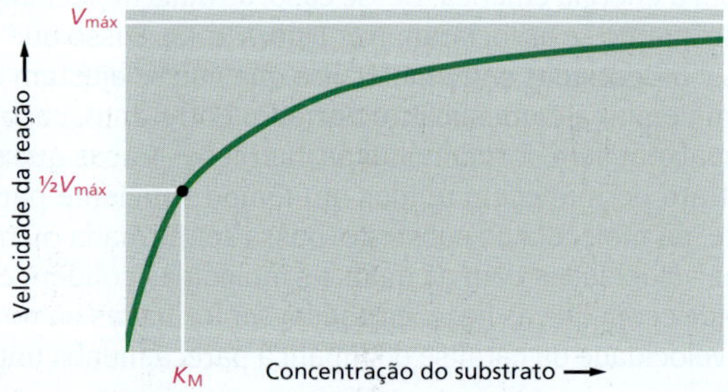

Figura 3-24 O desempenho das enzimas depende de quão rapidamente elas podem processar seus substratos. A velocidade de uma reação enzimática (V) aumenta à medida que a concentração do substrato aumenta, até alcançar um valor máximo ($V_{máx}$). Nesse ponto, todos os sítios de ligação ao substrato das moléculas de enzima estão completamente ocupados, e a velocidade da reação é limitada pela velocidade do processo catalítico que ocorre na superfície da enzima. Para a maioria das enzimas, a concentração do substrato na qual a velocidade de reação é igual à metade da velocidade máxima (K_M) é uma medida direta da afinidade de ligação do substrato. Um alto valor de K_M (requer uma grande quantidade de substrato) corresponde a uma ligação fraca.

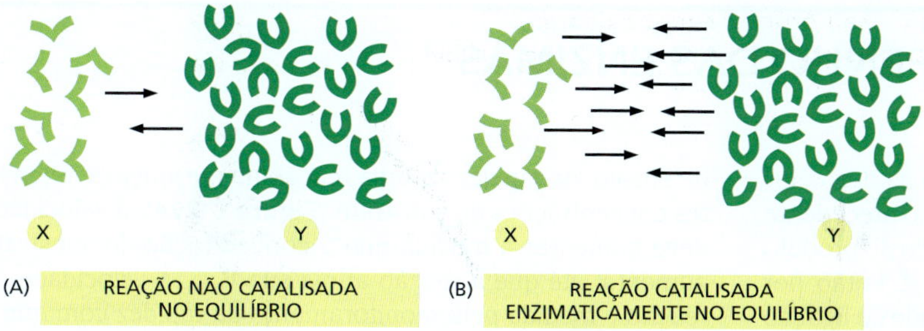

Figura 3-25 As enzimas não mudam o ponto de equilíbrio das reações. As enzimas, assim como qualquer catalisador, aumentam a velocidade das reações direta e inversa pelo mesmo valor. Assim, tanto para a reação não catalisada (A) como para a reação catalisada (B) mostradas aqui, o número de moléculas que sofre a transição X → Y é igual ao número de moléculas que sofre transição de Y → X, quando a relação entre moléculas de Y e de X for de 3,5 para 1, como ilustrado. Em outras palavras, tanto a reação catalisada quanto a reação não catalisada alcançarão o mesmo ponto de equilíbrio, embora a reação catalisada alcance o ponto de equilíbrio muito mais rapidamente.

observar que a enzima também diminui a energia de ativação da reação inversa, X → Y, exatamente pelo mesmo valor. Assim, as enzimas aceleram as reações direta e inversa pelo mesmo fator, e o ponto de equilíbrio da reação e, portanto, $\Delta G°$ permanecem os mesmos (**Figura 3-25**).

CARREADORES ATIVADOS E BIOSSÍNTESE

A energia liberada por reações energeticamente favoráveis, como a oxidação das moléculas dos alimentos, pode ser temporariamente armazenada antes de ser usada pelas células para suprir reações energeticamente desfavoráveis, tais como a síntese de todas as demais moléculas de que a célula necessita. Na maioria dos casos, a energia é armazenada como energia de ligação química em um conjunto de *carreadores ativados*, moléculas orgânicas pequenas que contêm uma ou mais ligações covalentes ricas em energia. Essas moléculas difundem-se rapidamente e carreiam a sua energia de ligação de sítios onde há geração de energia para sítios nos quais a energia é usada para a **biossíntese** ou para outras atividades que necessitam de energia (**Figura 3-26**).

Os **carreadores ativados** armazenam energia de uma forma facilmente intercambiável, tanto como um grupo químico facilmente transferível ou como elétrons ("de alta energia") facilmente transferíveis. Eles podem possuir um papel duplo para reações de biossíntese, como fonte de energia e de grupos químicos. Os carreadores ativados mais importantes são o *ATP* e duas moléculas muito relacionadas entre si, *NADH* e *NADPH*. As células usam os carreadores ativados como se fosse dinheiro para pagar pelas reações energeticamente desfavoráveis que, não fosse isso, não poderiam ocorrer.

A formação de carreadores ativados é acoplada a reações energeticamente favoráveis

Quando uma molécula de combustível, como a glicose, é oxidada nas células, as reações catalisadas por enzimas asseguram que uma grande parte da energia livre liberada seja capturada em uma forma quimicamente útil, em vez de ser liberada

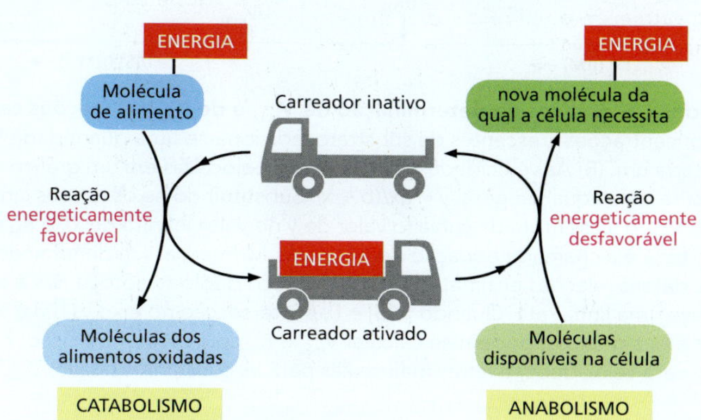

Figura 3-26 Os carreadores ativados podem armazenar e transferir energia em uma forma utilizável pelas células. Os carreadores ativados, por servirem de transportadores intracelulares de energia, desempenham suas funções como intermediários que conectam a liberação de energia da quebra das moléculas de alimentos (catabolismo) com as reações de biossíntese tanto de moléculas pequenas quanto de moléculas grandes, que requerem energia (anabolismo).

MEDINDO O DESEMPENHO DAS ENZIMAS

À primeira vista, parece que as vias metabólicas das células foram muito bem mapeadas, com cada reação precedente predizendo a próxima – o substrato X é convertido no produto Y que passa ao longo da via até chegar à enzima Z. Então, por que é necessário conhecer exatamente a afinidade de ligação de uma enzima ao substrato ou saber se ela pode processar 100 ou 1.000 moléculas de substrato por segundo?

Na realidade, os mapas metabólicos elaborados são meras sugestões de quais vias podem ocorrer em uma célula, à medida que ela converte nutrientes em moléculas pequenas, em energia química e nas maiores unidades fundamentais da vida. Assim como os mapas das redes de estradas, os mapas metabólicos não predizem a densidade do tráfego em situações específicas: quais vias são usadas quando a célula está em jejum, quando ela está bem alimentada, quando o oxigênio é escasso, quando ela está sob estresse ou quando decide dividir-se. O estudo da *cinética* enzimática – o quão rapidamente a enzima opera, como manipula seus substratos e como sua atividade é controlada – permite prever como um determinado catalisador atuará e como interagirá com outras enzimas da rede. Esse conhecimento leva a uma compreensão profunda da biologia celular e abre as portas para o entendimento de como proceder para que as enzimas executem as reações desejadas.

Velocidade

A primeira etapa para entender como uma enzima opera envolve a determinação da velocidade máxima, $V_{máx}$, da reação que ela catalisa. Isso é obtido pela medição, em tubo de ensaio, da rapidez de uma reação na presença de diferentes concentrações de substrato (**Figura 3-27A**): a velocidade deve aumentar à medida que a concentração do substrato aumenta, até que a reação atinja sua $V_{máx}$. A velocidade da reação é medida pelo monitoramento da rapidez com que o substrato é consumido ou com que o produto se acumula. Em muitos casos, o aparecimento do produto ou o desaparecimento do substrato pode ser observado diretamente com um espectrofotômetro. Esse instrumento detecta a presença de moléculas que absorvem luz em determinados comprimentos de onda. O NADH, por exemplo, absorve luz em 340 nm, ao passo que, na forma oxidada (NAD^+), não a absorve. Assim, se uma reação gerar NADH (pela redução de NAD^+), ela pode ser acompanhada em um espectrofotômetro a 340 nm, seguindo a formação de NADH.

Para determinar a $V_{máx}$ de uma reação, prepara-se uma série de tubos de ensaio, cada um contendo uma diferente concentração do substrato. Em cada tubo, adiciona-se a mesma quantidade de enzima e mede-se então a velocidade das reações – o número de micromols de substrato consumido ou de produto gerado por minuto. Uma vez que esses números tendem a diminuir com o tempo, a velocidade que deve ser usada é a velocidade medida logo no início da reação. Esses valores de velocidades iniciais (v) são, então, colocados em um gráfico, contra a concentração de substrato, e produzem uma curva como a que pode ser vista na **Figura 3-27B**.

Olhando-se esse gráfico, entretanto, é difícil determinar o valor exato da $V_{máx}$, porque não fica claro onde a velocidade da reação atinge seu platô. Para contornar esse problema, os

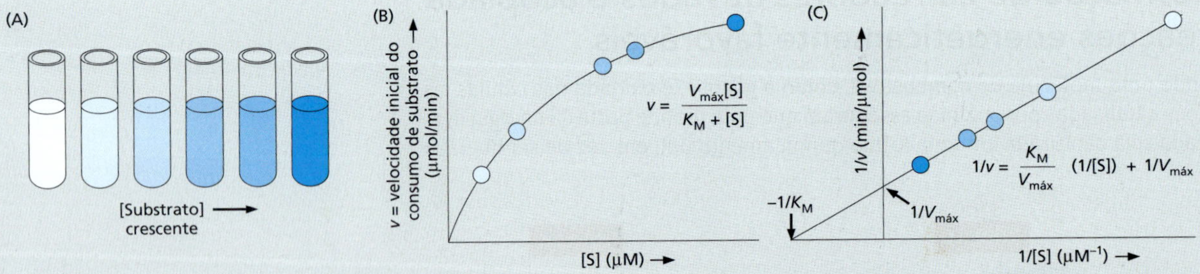

Figura 3-27 Valores de velocidades das reações são usados em gráficos de determinação de $V_{máx}$ e de K_M das reações catalisadas por enzimas. (A) Prepara-se uma série de tubos com concentrações crescentes de substrato, adiciona-se uma quantidade fixa de enzima e determina-se a velocidade inicial das reações em cada um. (B) As velocidades iniciais (v) são colocadas em um gráfico contra a concentração de substrato [S], produzindo uma curva descrita pela equação geral $y = ax/(b + x)$. Substituindo-se os termos cinéticos, a equação da velocidade torna-se $v = V_{máx}[S]/(K_M + [S])$, onde $V_{máx}$ é a assíntota da curva (o valor de y no valor infinito de x), e K_M é igual à concentração do substrato quando v for a metade de $V_{máx}$. Essa é a chamada *equação de Michaelis-Menten*, assim denominada em homenagem aos bioquímicos que forneceram as evidências dessas relações enzimáticas. (C) No gráfico duplo-recíproco, $1/v$ é colocado contra 1/[S]. A equação $(1/v = (K_M/V_{máx})(1/[S]) + 1/V_{máx})$ descreve uma linha reta. Quando 1/[S] = 0, a intersecção no eixo y ($1/v$) é $1/V_{máx}$. Quando $1/v = 0$, a intersecção no eixo x (1/[S]) é $-1/K_M$. Com esses gráficos, podem-se calcular $V_{máx}$ e K_M com melhor precisão. Por convenção, usam-se letras minúsculas para as variáveis (assim, v para velocidade) e letras maiúsculas para as constantes (assim, $V_{máx}$).

dados são convertidos nas suas recíprocas e colocados em um gráfico "duplo-recíproco", onde o inverso da velocidade ($1/v$) é colocado no eixo y, e o inverso da concentração do substrato ($1/[S]$) é colocado no eixo x (**Figura 3-27C**). Esse gráfico produz uma linha reta, onde a intersecção com o eixo y (o ponto onde a linha cruza o eixo y) representa $1/V_{máx}$ e a intersecção com o eixo x corresponde a $-1/K_M$. Esses valores são, então, facilmente convertidos em $V_{máx}$ e K_M.

Os enzimologistas usam essa técnica para determinar os parâmetros cinéticos de muitas das reações catalisadas por enzimas (embora, hoje, programas de computador façam o gráfico de forma automática, determinando diretamente o valor procurado). Algumas reações, entretanto, são muito rápidas para serem monitoradas dessa maneira. Essencialmente, a reação se completa (o substrato é completamente consumido) em milésimos de segundo. No caso dessas reações, um equipamento especial deve ser usado para acompanhar o que ocorre durante os primeiros milissegundos após a enzima e o substrato se encontrarem (**Figura 3-28**).

Controle

Os substratos não são as únicas moléculas que podem influenciar o quão bem e quão rapidamente as enzimas atuam. Em muitos casos, produtos, moléculas semelhantes ao substrato, inibidores e outras moléculas pequenas também podem aumentar ou diminuir a atividade de uma enzima. Tal regulação permite que as células controlem quando e com que rapidez as várias reações ocorrem. Esse processo é considerado mais detalhadamente no Capítulo 4.

A determinação de como um inibidor diminui a atividade de uma enzima pode revelar como a via metabólica é regulada e pode sugerir maneiras pelas quais esses pontos de controle possam ser evitados, planejando cuidadosamente mutações em determinados genes.

O efeito de um inibidor sobre a atividade da enzima é monitorado da mesma maneira com que se mede a cinética enzimática. Primeiro se determina uma curva mostrando a velocidade da reação não inibida entre a enzima e o substrato. Novas curvas são determinadas, a seguir, para reações nas quais a molécula do inibidor é incluída na mistura de reação.

A comparação das curvas das reações na presença e na ausência do inibidor pode também revelar como um determinado inibidor afeta a atividade enzimática. Por exemplo, alguns inibidores se ligam ao mesmo sítio da enzima que o substrato. Esses *inibidores competitivos* bloqueiam a atividade enzimática pelo fato de competirem diretamente com o substrato pela atenção da enzima. Eles se assemelham ao substrato o suficiente para se ligarem à enzima, mas têm alguma diferença na estrutura que evita serem convertidos em produto. Esse bloqueio pode ser suplantado pela adição de uma quantidade de substrato suficiente para que seja mais provável que a enzima encontre a molécula de substrato do que a molécula do inibidor. A partir dos dados cinéticos, pode-se ver que um inibidor competitivo não modifica a $V_{máx}$ da reação. Em outras palavras, adicionando-se bastante substrato, a enzima encontrará preferencialmente moléculas de substrato e atingirá sua velocidade máxima (**Figura 3-29**).

Os inibidores competitivos podem ser usados para tratar pacientes de envenenamento por etilenoglicol, um ingredien-

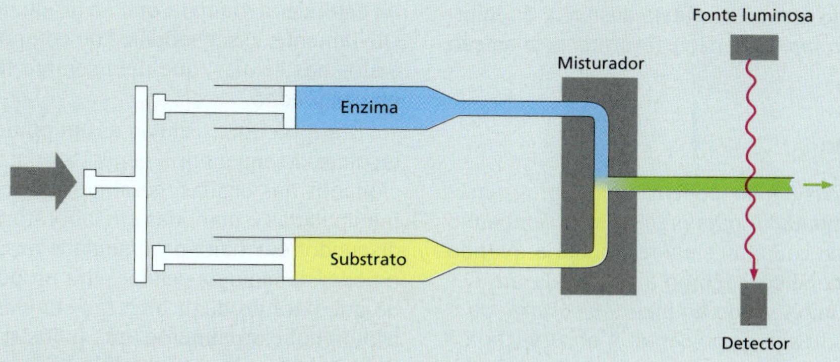

Figura 3-28 Usa-se um equipamento de fluxo interrompido (*stopped-flow*) para observar as reações durante seus primeiros milissegundos. Nesse equipamento, a enzima e o substrato são rapidamente injetados por duas seringas em uma câmara de mistura. A enzima e o substrato se encontram quando se chocam no misturador com um fluxo que facilmente pode chegar a 1.000 cm/s. Eles passam então para outro tubo e, repentinamente, atravessam um detector que monitora o aparecimento do produto. Se o detector for localizado a 1 cm do ponto em que inicialmente a enzima e o substrato se encontram, as reações podem ser observadas quando elas têm o tempo somente de alguns milissegundos.

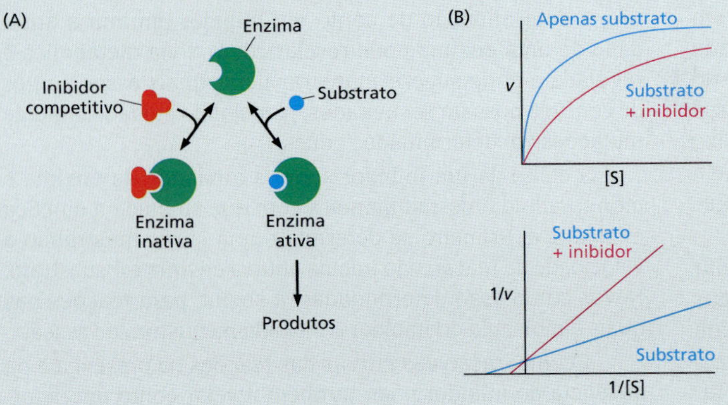

Figura 3-29 Inibidores competitivos bloqueiam diretamente a ligação do substrato à enzima. (A) O sítio ativo da enzima pode ligar-se tanto a um inibidor competitivo quanto ao substrato, mas não a ambos simultaneamente. (B) O gráfico superior mostra que a inibição por um inibidor competitivo pode ser suplantada pelo aumento da concentração do substrato. O gráfico duplo-recíproco, embaixo, mostra que a $V_{máx}$ da reação não é modificada na presença de inibidores competitivos: a intersecção em *y* é a mesma nas duas curvas.

te dos anticongelantes disponíveis no mercado para uso, por exemplo, em radiadores de automóveis. Embora o etilenoglicol não seja fatalmente tóxico por si só, um subproduto do seu metabolismo, o ácido oxálico, pode ser letal. Para evitar a formação de ácido oxálico, dá-se ao paciente uma grande dose (embora não intoxicante) de etanol. O etanol compete com o etilenoglicol pela ligação com a álcool-desidrogenase, a primeira enzima na via de formação do ácido oxálico. Em consequência, a maior parte do etilenoglicol não é metabolizada e é eliminada com segurança pelo organismo.

Outros tipos de inibidores podem interagir com sítios da enzima, distantes daquele ao qual o substrato se liga. Como visto no Capítulo 4, muitas enzimas de vias biossintéticas são reguladas mediante inibição por retroalimentação (*feedback*), em que uma enzima do início da via é inibida por um produto gerado em uma etapa posterior dessa via. Como esse tipo de inibidor se liga a um sítio regulador diferente do sítio ativo da enzima, o substrato ainda se ligará à enzima, mas muito mais vagarosamente do que ocorreria na ausência do inibidor. Essa *inibição não competitiva* não é revertida pela adição de mais substrato.

Planejamento

Tendo os dados cinéticos à mão, podem-se usar programas de modelagem em computador para predizer o desempenho de uma enzima e ainda como a célula responderia quando exposta a diferentes condições, como a adição de um determinado açúcar ou aminoácido ao meio de cultura, ou a adição de um veneno ou agente poluente. A observação de como a célula administra seus recursos – quais vias são favorecidas na resposta a determinado desafio bioquímico – pode também indicar estratégias para planejar catalisadores melhores para reações de importância médica ou comercial (p. ex., para produzir moléculas de medicamentos ou desintoxicar resíduos industriais). Usando-se essas táticas, bactérias foram manipuladas geneticamente para produzir índigo – o corante originalmente extraído de plantas que confere a cor azul ao denim.

Foram desenvolvidos programas de computador para facilitar a dissecção de vias de reações complexas. Esses programas precisam ser abastecidos com informações sobre os componentes das vias, das enzimas participantes, incluindo K_M e $V_{máx}$, e as concentrações das enzimas, substratos, produtos inibidores e outras moléculas reguladoras. O programa prediz como as moléculas fluirão pela via metabólica, quais os produtos que serão gerados e onde os gargalos podem estar. O processo não é diferente de uma equação algébrica balanceada, na qual cada átomo de carbono, nitrogênio e oxigênio e demais detalhes podem ser ajustados. Um cálculo bem feito possibilita que se planejem racionalmente maneiras de manipular a via de modo a contornar os gargalos, eliminar inibidores importantes, redirecionar as reações para favorecer preferencialmente a produção de um produto ou estender a via para que se produza uma molécula nova. Obviamente, esses modelos de computador devem ser validados nas células, que nem sempre têm o comportamento que foi predito.

Para produzir células assim planejadas, é preciso usar técnicas de engenharia genética para introduzir genes selecionados nas células, geralmente bactérias que podem ser manipuladas e mantidas em laboratório. Esses métodos são discutidos em maior profundidade no Capítulo 10. Aproveitar o poder da biologia celular para propósitos industriais (ainda que para produzir algo tão simples como o aminoácido triptofano) é atualmente uma indústria de vários bilhões de dólares. Além disso, à medida que mais dados sobre genomas surgem, aparecem mais enzimas para serem exploradas. Não está longe o dia em que tanques de bactérias produzidas sob medida serão processados para obter medicamentos e produtos químicos que representam o equivalente biológico ao ouro puro.

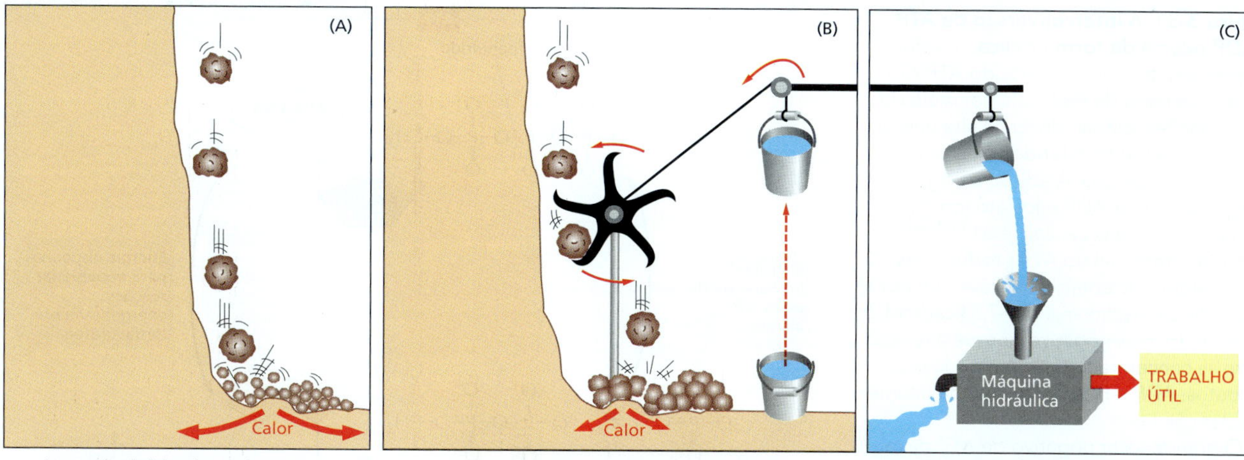

A energia cinética das pedras que caem é transformada apenas em energia térmica

Parte da energia cinética é usada para levantar um balde com água, e uma quantidade de energia proporcionalmente menor é transformada em calor

A energia potencial armazenada no balde de água levantado pode ser usada para impulsionar uma máquina hidráulica que desempenhe várias tarefas úteis

Figura 3-30 Modelo mecânico ilustrativo do princípio de acoplamento entre reações químicas. A reação espontânea mostrada em (A) pode servir de analogia para a oxidação direta de glicose até CO_2 e H_2O, que produz apenas calor. Em (B), a mesma reação, quando acoplada a uma segunda reação que serve de analogia para a síntese de carreadores ativados. A energia que é produzida em (B) está em uma forma muito mais útil do que a produzida em (A), e pode ser usada para que ocorra uma variedade de reações que, de outra maneira, seriam energeticamente desfavoráveis (C).

inutilmente como calor. (A oxidação de açúcar nas células possibilita suprir energia para reações metabólicas, enquanto a queima de uma barra de chocolate como se fosse cera de uma vela não leva a lugar algum, pois não produz energia utilizável metabolicamente.) Nas células, a captura de energia é conseguida por meio de **reações acopladas**, nas quais uma reação energeticamente favorável é usada para impulsionar uma reação energeticamente desfavorável que produza um carreador ativado ou alguma outra molécula útil. Esse acoplamento requer enzimas, que são fundamentais para toda a transferência de energia que ocorre nas células.

A natureza das reações acopladas pode ser ilustrada por uma analogia mecânica (**Figura 3-30**), na qual uma reação química energeticamente favorável é representada por pedras que caem de um penhasco. Normalmente, a energia cinética da queda das pedras é toda liberada na forma de calor, gerado pela fricção quando as pedras batem no solo (Figura 3-30A). Com um planejamento cuidadoso, entretanto, parte dessa energia pode ser usada para movimentar uma pá giratória que enche um balde com água (Figura 3-30B). Uma vez que agora as pedras só podem atingir o solo depois de moverem a pá giratória, diz-se que a reação energeticamente favorável da queda das pedras está diretamente acoplada à reação energeticamente desfavorável de enchimento do balde de água. Em virtude do fato de que parte da energia é usada para fazer trabalho em (B), as pedras atingem o solo com uma velocidade menor do que em (A), e, correspondentemente, menos energia é perdida como calor. A energia necessária para a elevação do balde de água pode então ser usada para realizar um trabalho útil (Figura 3-30C).

Um processo análogo ocorre nas células, onde as enzimas fazem o papel da pá giratória da Figura 3-30B. Por meio dos mecanismos discutidos no Capítulo 13, as enzimas acoplam a oxidação dos alimentos a reações energeticamente desfavoráveis, como a produção de carreadores ativados. Em consequência, a quantidade de calor liberada nas reações de oxidação é diminuída exatamente pela mesma quantidade de energia que é armazenada nas ligações covalentes ricas em energias, presentes no carreador ativado. Essa energia economizada pode então ser usada em reações químicas em outras partes da célula.

O ATP é o carreador ativado mais amplamente usado

O mais importante e versátil dos carreadores ativados das células é o **ATP** (5′-trifosfato de adenosina). Exatamente da mesma maneira que a energia armazenada no balde de água elevado da Figura 3-30B pode ser empregada para movimentar máquinas hidráulicas dos tipos mais variados, o ATP funciona como um depósito

QUESTÃO 3-7

Utilize a Figura 3-30B para ilustrar a seguinte reação impelida pela hidrólise de ATP:

$$X + ATP \rightarrow Y + ADP + P_i$$

A. Nesse caso, qual molécula ou quais moléculas seriam análogas a: (i) pedras no topo do penhasco; (ii) fragmentos de pedras quebradas presentes no fundo do penhasco; (iii) balde no seu ponto mais alto; (iv) balde no chão?

B. O que seria análogo (i) às pedras atingindo o chão na ausência da pá giratória da Figura 3-30A e (ii) à máquina hidráulica da Figura 3-30C?

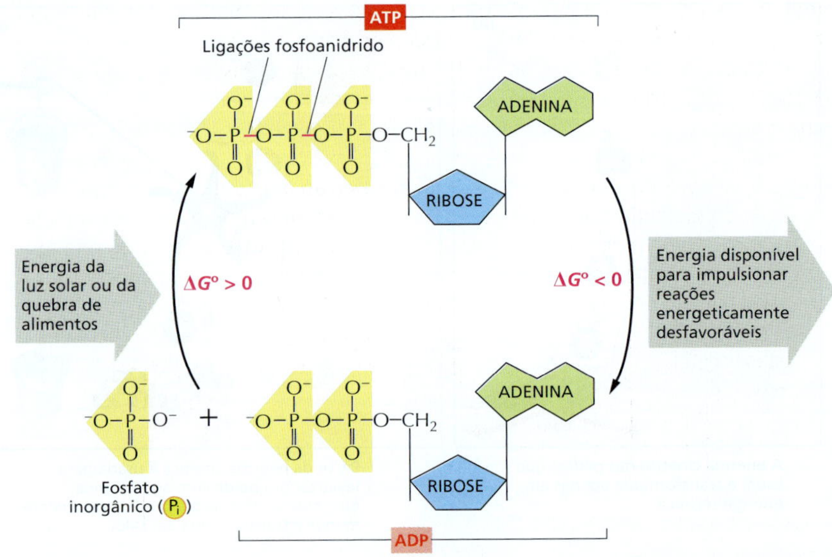

Figura 3-31 A interconversão de ATP e ADP ocorre de forma cíclica. Os dois grupos fosfato mais externos do ATP são ligados ao resto da molécula por meio de duas ligações fosfoanidrido de alta energia e são facilmente transferidos para outras moléculas orgânicas. A adição de água ao ATP pode formar ADP e fosfato inorgânico (P_i). No interior das células, essa hidrólise do fosfato terminal do ATP produz entre 11 e 13 kcal/mol de energia utilizável. Embora o $\Delta G°$ dessa reação seja de –7,3 kcal/mol, o ΔG é muito mais negativo porque a relação entre as concentrações de ATP e de seus produtos, ADP e P_i, é muito grande no interior das células.

O grande valor negativo de $\Delta G°$ da reação provém de vários fatores. A liberação do grupo fosfato terminal elimina uma repulsão desfavorável entre cargas negativas que estão adjacentes. Além disso, o íon fosfato inorgânico (P_i) liberado é estabilizado pela formação de ligações de hidrogênio com a água. A formação de ATP a partir de ADP e P_i reverte a reação de hidrólise; pelo fato de tal reação de condensação ser uma reação energeticamente desfavorável, ela só poderá ocorrer se for acoplada a uma reação energeticamente mais favorável.

de energia conveniente e versátil, uma forma de moeda corrente, para possibilitar que uma grande variedade de reações químicas ocorra nas células. O ATP, como é mostrado na **Figura 3-31**, é sintetizado em uma reação de *fosforilação* energeticamente desfavorável, na qual um grupo fosfato é adicionado ao **ADP** (5'-difosfato de adenosina). Quando necessário, o ATP doa essa porção de energia por meio de sua hidrólise, que é energeticamente favorável, formando ADP e fosfato inorgânico (P_i). O ADP assim regenerado fica então disponível para ser utilizado em um novo ciclo da reação de fosforilação que forma ATP, criando um ciclo de ATP dentro das células.

A reação energeticamente favorável da hidrólise do ATP é acoplada a muitas outras reações que, sem esse acoplamento, seriam desfavoráveis, nas quais são sintetizadas outras moléculas. Neste capítulo, são vistas várias dessas reações e exatamente como é que isso ocorre. A hidrólise do ATP é geralmente acoplada à transferência do fosfato terminal do ATP para outra molécula, conforme ilustrado na **Figura 3-32**. Qualquer reação que envolva a transferência de um grupo fosfato para outra molécula é denominada reação de fosforilação. As reações de fosforilação são exemplos de **reações de condensação** (ver Figura 2-25), e elas ocorrem em muitos processos celulares importantes: ativam substratos, são

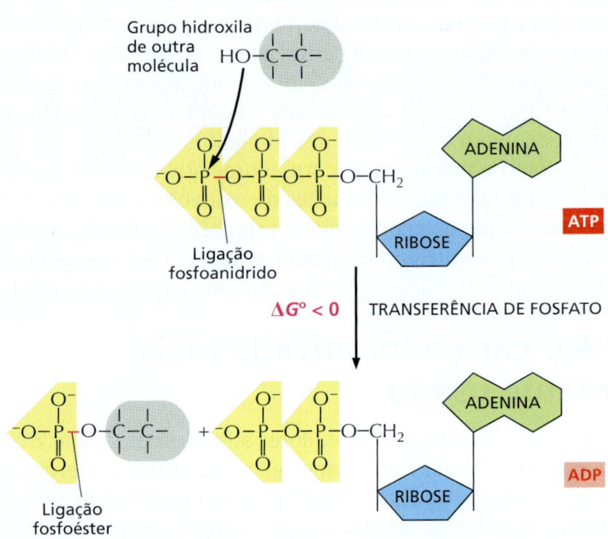

Figura 3-32 O fosfato terminal do ATP pode ser facilmente transferido para outras moléculas. Uma vez que, no ATP, uma ligação fosfoanidrido rica em energia é convertida em uma ligação fosfoéster menos rica em energia na molécula aceptora do grupo fosfato, essa reação é energeticamente favorável, tendo um grande $\Delta G°$ negativo (ver Painel 3-1, p. 96-97). Reações de fosforilação desse tipo estão envolvidas na síntese de fosfolipídeos e nas etapas iniciais da degradação dos açúcares, assim como em muitas outras vias metabólicas e de sinalização intracelular.

mediadoras na troca de energia química e servem de constituintes-chave em processos de sinalização celular (discutidos no Capítulo 16).

O ATP é o carreador ativado mais abundante nas células. Ele é usado, por exemplo, para suprir de energia as várias bombas que transportam ativamente substâncias para dentro ou para fora das células (discutido no Capítulo 12). O ATP também dá energia para os motores moleculares que possibilitam que as células musculares se contraiam e as células nervosas transportem materiais ao longo dos axônios (discutido no Capítulo 17). Por que, entre tantos outros, a evolução escolheu esse nucleotídeo específico como o principal carreador de energia ainda permanece um mistério. O nucleotídeo GTP, embora similar, tem funções muito diferentes nas células, conforme discutido em capítulos posteriores.

QUESTÃO 3-8

A ligação fosfoanidrido que liga dois grupos fosfato no ATP em ligação de alta energia tem $\Delta G°$ de – 7,3 kcal/mol. A hidrólise dessa ligação em uma célula libera de 11 a 13 kcal/mol de energia utilizável. Como é que isso pode acontecer? Por que foi dada uma faixa de energias, e não um número exato, como para $\Delta G°$?

A energia armazenada no ATP é geralmente utilizada para promover a ligação entre duas moléculas

Um tipo muito comum de reação biossintética é aquela em que duas moléculas, A e B, são ligadas por uma ligação covalente, produzindo A-B, em uma reação de condensação energeticamente desfavorável:

$$\text{A–H} + \text{B–OH} \rightarrow \text{A–B} + H_2O$$

A hidrólise do ATP pode ser acoplada indiretamente a essa reação para garantir sua ocorrência. Nesse caso, a energia da hidrólise do ATP é primeiramente usada para converter B–OH em um composto intermediário de alta energia, que então reage diretamente com A–H, produzindo A–B. O mecanismo mais simples envolve a transferência de um fosfato do ATP para B–OH, produzindo $\text{B–O–}PO_3$. Nesse caso, a via de reação conterá apenas duas etapas:

1. $\text{B–OH} + \text{ATP} \rightarrow \text{B–O–}PO_3 + \text{ADP}$
2. $\text{A–H} + \text{B–O–}PO_3 \rightarrow \text{A–B} + P_i$

Resultado líquido: $\text{B–OH} + \text{ATP} + \text{A–H} \rightarrow \text{A–B} + \text{ADP} + P_i$

A reação de condensação, que por si mesma é energeticamente desfavorável, é forçada a ocorrer, porque ela está diretamente acoplada à hidrólise do ATP em uma via de reações catalisadas por enzimas (**Figura 3-33A**).

Uma reação biossintética desse tipo é usada para sintetizar o aminoácido glutamina, conforme ilustrado na **Figura 3-33B**. Será visto, em breve, que mecanismos muito similares, porém mais complexos, são usados na síntese de praticamente todas as moléculas grandes das células.

Tanto o NADH quanto o NADPH são carreadores ativados de elétrons

Outros carreadores ativados importantes participam em reações de oxidação-redução e são geralmente componentes de reações celulares acopladas. Esses carreadores ativados são especializados no transporte de elétrons de alta energia e átomos de hidrogênio. Os mais importantes desses *carreadores de elétrons* são o **NADH** (nicotinamida adenina dinucleotídeo) e o **NADPH** (nicotinamida adenina dinucleotídeo fosfato), duas moléculas bastante similares. Tanto o NADH quanto o NADPH carregam energia na forma de dois elétrons de alta energia e um próton (H^+), os quais, em conjunto, formam um íon hidreto (H^-). Quando esses carreadores ativados transferem as suas energias (na forma de íon hidreto) a uma molécula doadora, eles tornam-se oxidados e formam $\textbf{NAD}^+$ e $\textbf{NADP}^+$, respectivamente.

Assim como o ATP, o NADH é um carreador ativado que participa de muitas reações biossintéticas importantes que, de outra forma, seriam energeticamente desfavoráveis. O NADPH é produzido segundo o esquema geral mostrado na **Figura 3-34A**. No correr de um conjunto especial de reações catabólicas altamente produtoras de energia, um íon hidreto é removido da molécula de substrato e adicionado ao anel nicotinamida do $NADP^+$, formando NADPH. Essa é uma reação de oxirredução típica; o substrato é oxidado, e o $NADP^+$ é reduzido.

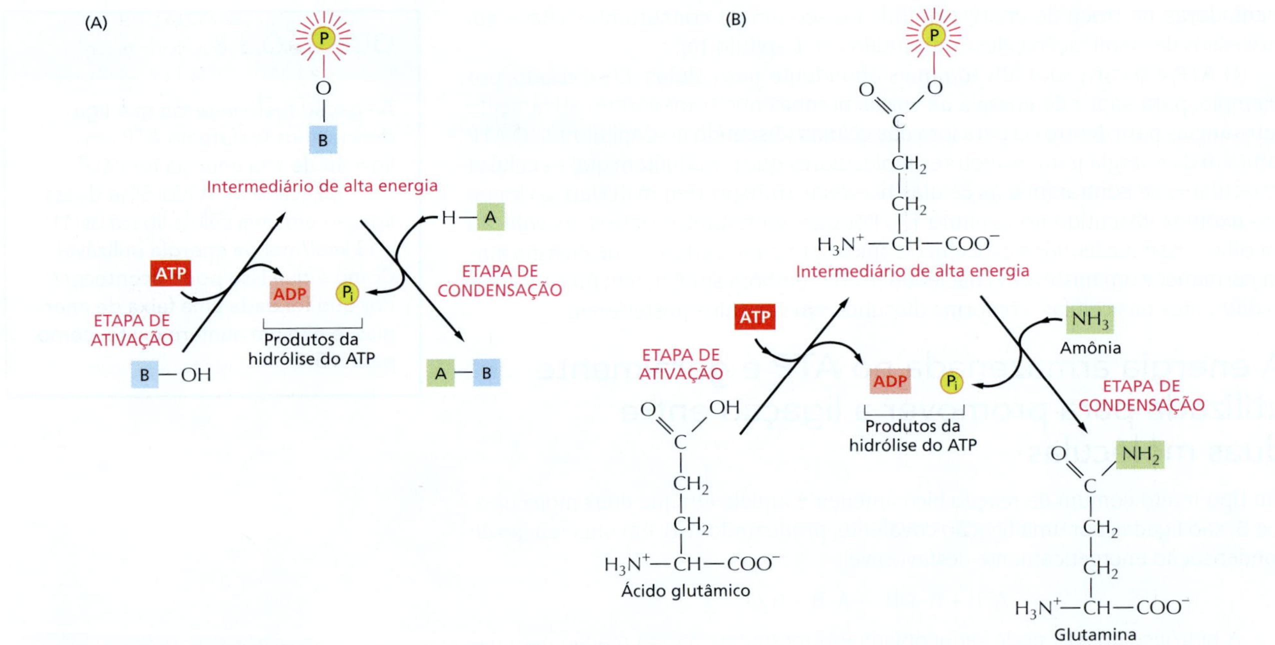

Figura 3-33 Uma reação biossintética energeticamente desfavorável pode ser impulsionada pela hidrólise do ATP. (A) Ilustração esquemática da formação de A-B pela reação de condensação descrita no texto. (B) A biossíntese do aminoácido glutamina a partir do ácido glutâmico. Inicialmente, o ácido glutâmico é convertido em um intermediário fosforilado de alta energia (correspondendo ao composto B-O-PO_3 descrito no texto) que então reage com amônia (correspondendo a A-H), formando glutamina. Nesse exemplo, as duas etapas ocorrem na superfície da mesma enzima, a glutamina-sintetase (não mostrada). Para efeito de clareza, a cadeia lateral do ácido glutâmico é mostrada em sua forma não carregada. A hidrólise do ATP pode impulsionar essa reação energeticamente desfavorável, porque ela libera mais energia ($\Delta G°$ de –7,3 kcal/mol) do que a energia necessária para a síntese de glutamina a partir do ácido glutâmico e NH_3 ($\Delta G°$ de +3,4 kcal/mol).

O íon hidreto carregado pelo NADPH é prontamente doado na reação de oxirredução subsequente, pois sem íon hidreto o anel fica com um arranjo de elétrons mais estável. Nessas reações subsequentes, que regeneram $NADP^+$, o NADPH se torna oxidado, e o substrato fica reduzido, completando assim o ciclo do NADPH. O NADPH é um doador eficiente de íon hidreto para outras moléculas, pela mesma razão pela qual o ATP transfere fosfato com facilidade. Em ambos os casos, a transferência é acompanhada por uma grande variação negativa na energia livre. Um exemplo do uso do NADPH na biossíntese é mostrado na **Figura 3-35**.

O NADPH e o NADH exercem papéis diferentes nas células

O NADPH e o NADH diferem por apenas um único grupo fosfato, que se localiza longe da região envolvida na transferência de elétrons no NADPH (**Figura 3-34B**). Embora esse grupo fosfato não tenha participação nas propriedades de transferência de elétrons do NADPH em comparação com o NADH, ele é crucial para os seus papéis específicos, e dá ao NADPH uma forma levemente diferente da forma do NADH. Essa diferença sutil na conformação torna possível que esses dois carreadores se liguem, como substratos, a conjuntos diferentes de enzimas, e assim eles doam os seus elétrons (na forma de íons hidreto) a diferentes moléculas-alvo.

Por que existe essa divisão de trabalho? A resposta se baseia na necessidade de se regular independentemente dois conjuntos de reações de transferência de elétrons. O NADPH funciona principalmente com enzimas que catalisam reações anabólicas, provendo os elétrons de alta energia que são necessários para a síntese de moléculas biológicas ricas em energia. O NADH, ao contrário, tem um papel específico como intermediário no sistema de reações catabólicas que geram ATP pela

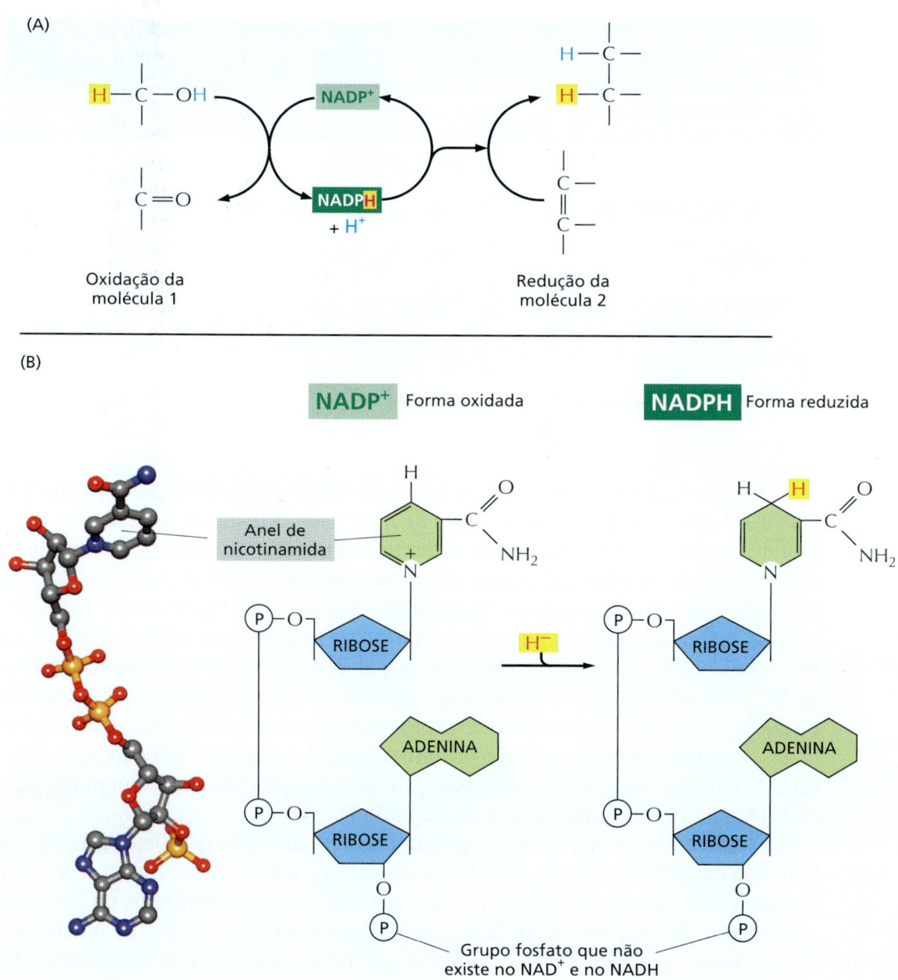

Figura 3-34 O NADPH é um carreador ativado de elétrons. (A) NADPH é produzido em reações do tipo geral mostrado no lado esquerdo, nas quais há remoção de dois átomos de hidrogênio de um substrato. A forma oxidada da molécula carreadora, $NADP^+$, recebe um átomo de hidrogênio e um elétron (um íon hidreto), enquanto o próton (H^+) do outro átomo de H é liberado para a solução. Como o NADPH mantém seu íon hidreto por meio de uma ligação de alta energia, esse íon pode ser facilmente transferido para outras moléculas, como é mostrado no lado direito. (B) Estrutura do $NADP^+$ e do NADPH. À esquerda, o $NADP^+$ está mostrado segundo o modelo de esfera-bastão. A parte da molécula de $NADP^+$ conhecida como anel de nicotinamida aceita dois elétrons juntamente com um próton (o equivalente a um íon hidreto, H^-), formando, assim, NADPH. NAD^+ e NADH são estruturas idênticas ao $NADP^+$ e NADPH, respectivamente, exceto pela ausência do grupo fosfato, como indicado.

oxidação das moléculas dos alimentos, como discutido no Capítulo 13. A geração de NADH a partir de NAD^+ e a geração de NADPH a partir de $NADP^+$ se dão por vias diferentes que são reguladas independentemente, de modo que as células podem ajustar o suprimento de elétrons para essas duas finalidades antagônicas de maneira independente. No interior da célula, a razão de NAD^+ para NADH é mantida elevada, enquanto a razão de $NADP^+$ para NADPH é mantida baixa. Isso mantém uma enorme disponibilidade de NAD^+ para funcionar como agente oxidante, e NADPH em abundância para agir como agente redutor, como é exigido pelas suas funções específicas no catabolismo e no anabolismo, respectivamente.

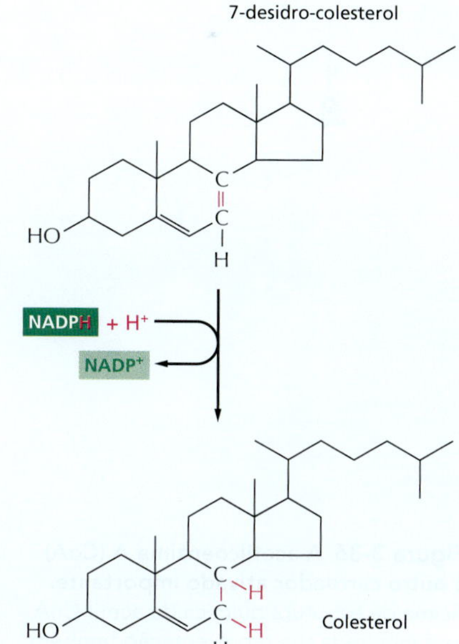

Figura 3-35 O NADPH participa do estágio final de uma das rotas biossintéticas que leva ao colesterol. A redução de ligações C=C, como muitas outras reações de biossíntese, é efetuada pela transferência de um íon hidreto do carreador ativado NADPH e mais um próton (H^+) da solução.

As células utilizam outros carreadores ativados

Além do ATP (que transfere um fosfato) e de NADPH e NADH (que transferem elétrons e hidrogênio), as células fazem uso de outros carreadores ativados que selecionam e carreiam um grupo químico por meio de uma ligação de alta energia facilmente transferível. Da mesma forma que NADH e NADPH, *$FADH_2$* carreia hidrogênios e elétrons de alta energia (ver Figura 13-13B). Mas outras reações importantes envolvem a transferência de grupos acetila, metila, carboxila e glicose de carreadores ativados com o objetivo de biossíntese (**Tabela 3-2**). A coenzima A, por exemplo, pode carrear um grupo acetila por meio de uma ligação prontamente transferível. Esse carreador ativado, denominado **acetil-CoA** (acetilcoenzima A), está mostrado na **Figura 3-36**. A acetil-CoA é utilizada para adicionar unidades de dois carbonos. Ela é usada, por exemplo, para adicionar sequencialmente unidades de dois carbonos na biossíntese das caudas hidrocarbonadas dos ácidos graxos.

TABELA 3-2 Alguns carreadores ativados amplamente utilizados no metabolismo

Carreadores ativados	Grupo carreado na ligação de alta energia
ATP	Fosfato
NADH, NADPH, $FADH_2$	Elétrons e hidrogênios
Acetil-CoA	Grupo acetila
Biotina carboxilada	Grupo carboxila
S-adenosilmetionina	Grupo metila
Uridina difosfato glicose	Glicose

O grupo transferível na acetil-CoA e nos outros carreadores ativados da Tabela 3-2 é apenas uma pequena parte da molécula. O restante consiste em uma grande porção orgânica que serve como um "portador", facilitando o reconhecimento da molécula carreadora por enzimas específicas. Assim como no caso da acetil-CoA, geralmente essa porção portadora contém um nucleotídeo. Esse fato curioso talvez seja um resquício dos primórdios da evolução. Acredita-se que os principais catalisadores das primeiras formas de vida na Terra foram moléculas de RNA (ou seus parentes próximos), e que as proteínas vieram mais tarde na evolução. É tentador especular que muitos dos carreadores ativados encontrados hoje se originaram de um mundo primitivo de RNA, onde a parte nucleotídica teria sido capaz de ligar esses carreadores a catalisadores baseados em moléculas de RNA, ou *ribozimas* (discutidas no Capítulo 7).

Os carreadores ativados são geralmente gerados por reações acopladas à hidrólise de ATP, como visto para a biotina na **Figura 3-37**. Desse modo, a energia que possibilita que esses grupos possam ser usados em biossínteses, no final das contas, vem de reações catabólicas que produzem ATP. Na síntese de macromoléculas muito grandes (ácidos nucleicos, proteínas e polissacarídeos) ocorrem processos similares.

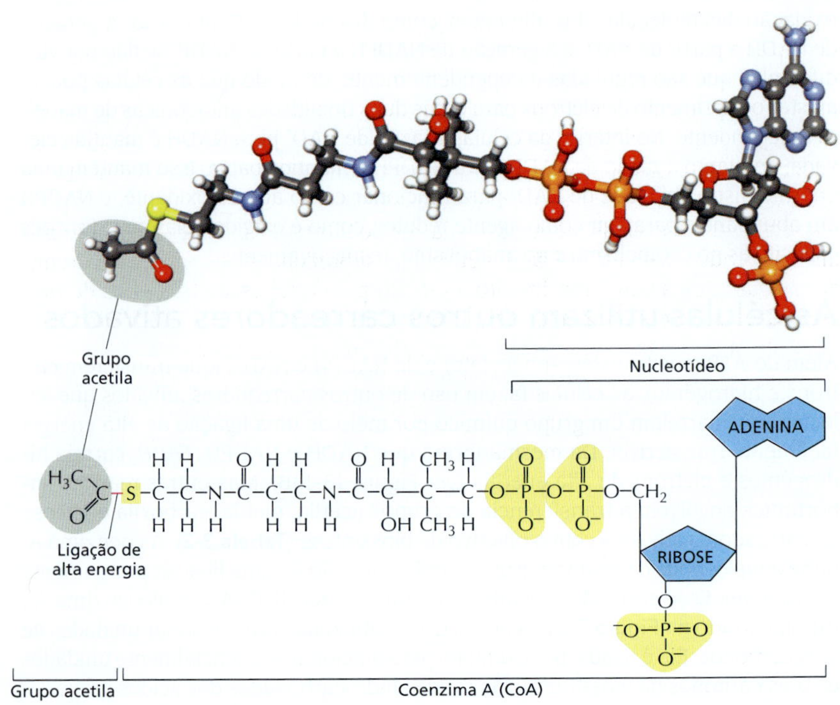

Figura 3-36 A acetilcoenzima A (CoA) é outro carreador ativado importante. Acima da estrutura química da acetil-CoA, está mostrada sua representação também no modelo de esfera-bastão. O átomo de enxofre (*amarelo*) forma uma ligação tioéster com o acetato. Como a ligação tioéster é de alta energia, ela libera uma grande quantidade de energia livre quando é hidrolisada, e assim o grupo acetila carregado pela CoA pode ser facilmente transferido para outras moléculas.

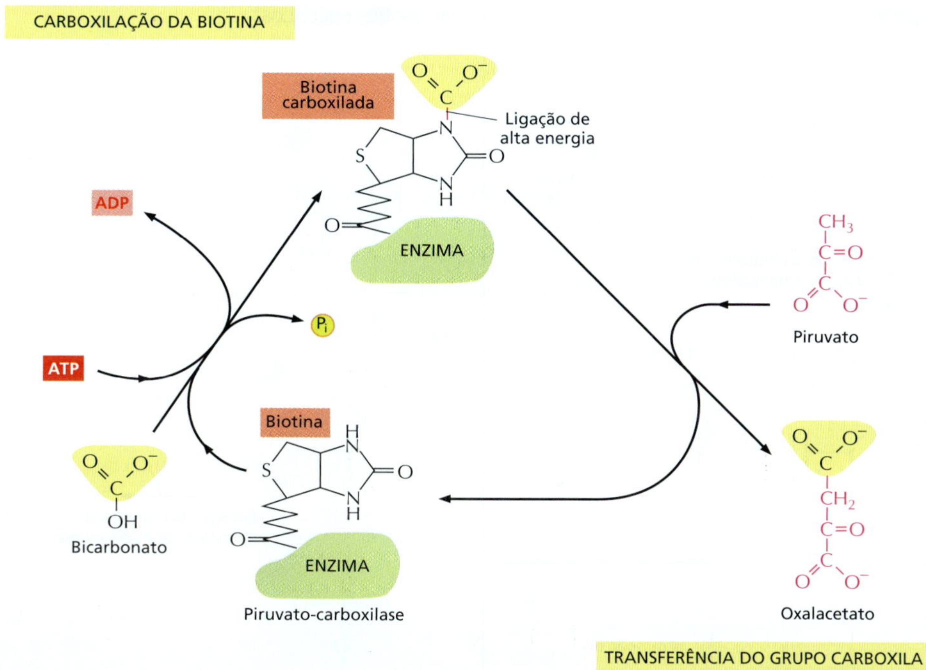

Figura 3-37 Transferência de um grupo carboxila a um substrato por um carreador ativado. A biotina é uma vitamina utilizada por várias enzimas, incluindo a *piruvato-carboxilase* mostrada aqui. Uma vez carboxilada, a biotina pode transferir o grupo carboxila para outra molécula. Aqui, ela transfere um grupo carboxila para o piruvato, produzindo oxalacetato, uma molécula necessária ao ciclo do ácido cítrico (discutido no Capítulo 13). Outras enzimas também usam a biotina para transferir grupos carboxila para determinadas moléculas aceptoras. Observe-se que a síntese de biotina carboxilada requer energia derivada da hidrólise de ATP, uma propriedade geral de muitos carreadores ativados.

A síntese dos polímeros biológicos requer consumo de energia

As macromoléculas são responsáveis pela maior parte da massa seca das células, isto é, a massa que não é proveniente da água presente nas células. Essas moléculas são constituídas por *subunidades* (ou monômeros) ligadas entre si por ligações formadas durante reações de condensação catalisadas por enzimas. A reação inversa – a quebra dos polímeros – ocorre por meio de reações de hidrólise catalisada por enzimas. Essas reações de hidrólise são energeticamente favoráveis, enquanto as reações biossintéticas necessitam de fornecimento de energia e são mais complexas (**Figura 3-38**).

Os ácidos nucleicos (DNA e RNA), as proteínas e os polissacarídeos são polímeros produzidos pela adição repetitiva de subunidades em uma das extremidades das cadeias em crescimento. O modo pelo qual esses três tipos de macromoléculas são sintetizados está esquematizado na **Figura 3-39**. Como está indicado, a etapa de condensação em cada um desses casos depende da energia proveniente da hidrólise de um trifosfato de nucleosídeo. E, no entanto, não há qualquer grupo fosfato nas moléculas do produto final, exceto no caso dos ácidos nucleicos. Como, então, a energia da hidrólise do ATP é acoplada à síntese dos polímeros?

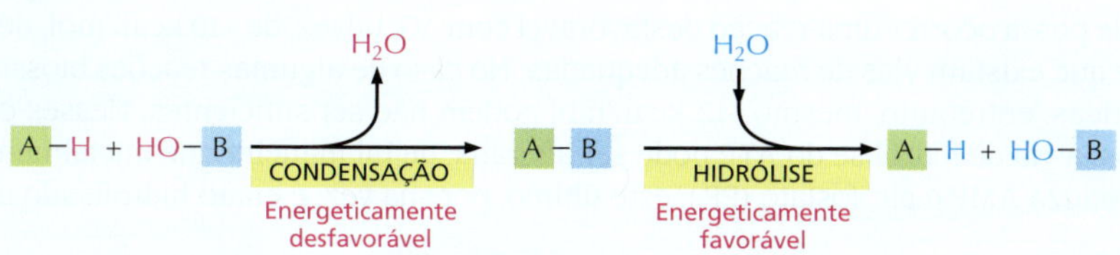

Figura 3-38 Nas células, as macromoléculas são sintetizadas por reações de condensação e degradadas por reações de hidrólise. As reações de condensação costumam ser energeticamente desfavoráveis, enquanto as reações de hidrólise em geral são energeticamente favoráveis.

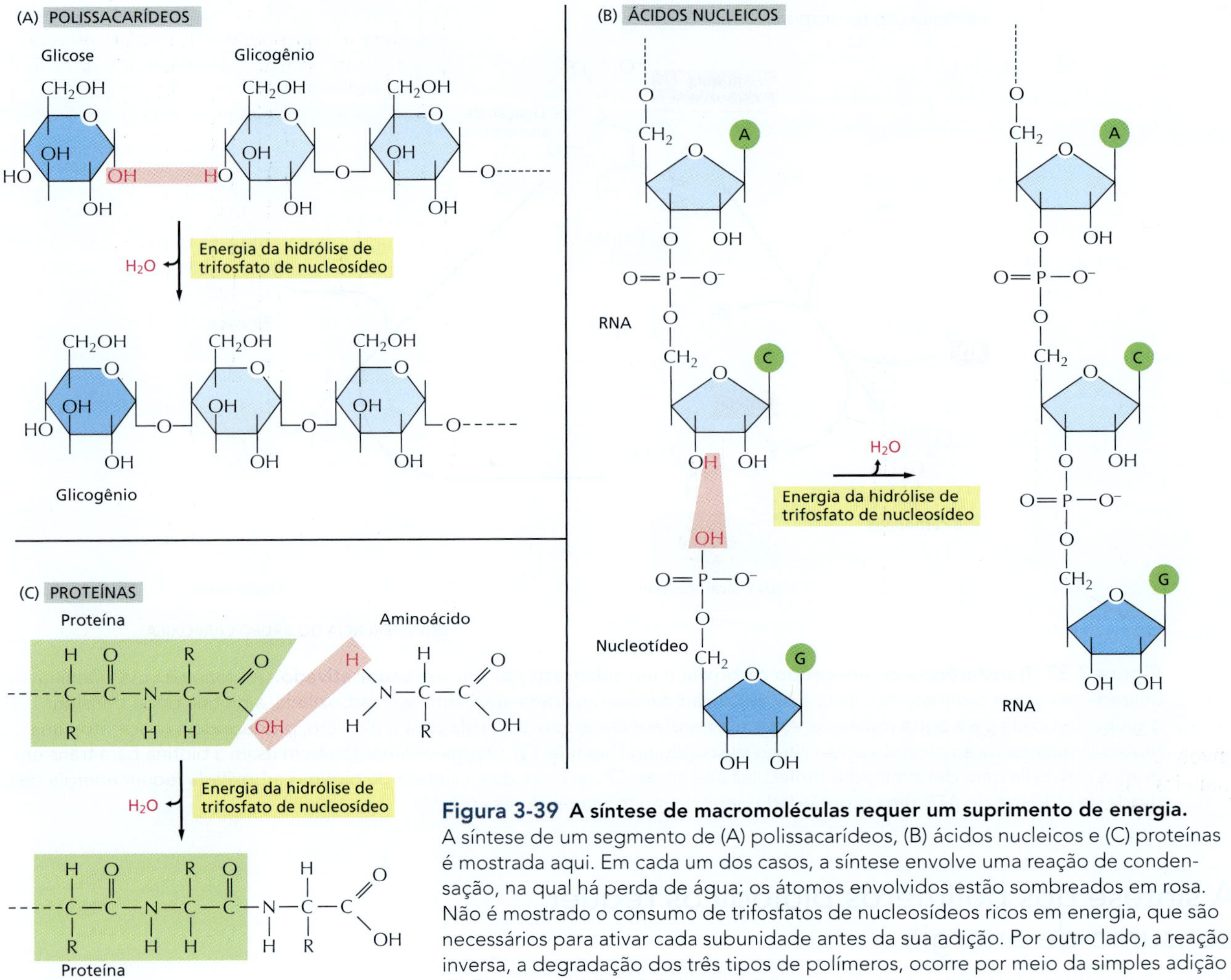

Figura 3-39 A síntese de macromoléculas requer um suprimento de energia. A síntese de um segmento de (A) polissacarídeos, (B) ácidos nucleicos e (C) proteínas é mostrada aqui. Em cada um dos casos, a síntese envolve uma reação de condensação, na qual há perda de água; os átomos envolvidos estão sombreados em rosa. Não é mostrado o consumo de trifosfatos de nucleosídeos ricos em energia, que são necessários para ativar cada subunidade antes da sua adição. Por outro lado, a reação inversa, a degradação dos três tipos de polímeros, ocorre por meio da simples adição de água, ou hidrólise (não mostrado).

Para a síntese de cada tipo de macromolécula existe uma via catalisada por enzimas que se assemelha àquela discutida previamente na síntese do aminoácido glutamina (ver Figura 3-33). O princípio é exatamente o mesmo, no qual o grupo –OH que será removido na reação de condensação é inicialmente ativado pelo envolvimento em uma ligação rica em energia com uma segunda molécula. Entretanto, os mecanismos usados para atrelar a hidrólise de ATP à síntese das proteínas e de polissacarídeos são mais complexos do que o usado na síntese de glutamina. Nas vias biossintéticas das macromoléculas, uma série de intermediários de alta energia gera a ligação rica em energia que finalmente é quebrada durante a etapa de condensação (discutida no Capítulo 7 para a síntese proteica).

Existem limitações na capacidade que cada carreador ativado tem para favorecer a biossíntese. Por exemplo, o valor de ΔG para a hidrólise de ATP a ADP e fosfato inorgânico (P_i) depende das concentrações de todos os reagentes, mas, nas concentrações geralmente encontradas nas células, esse valor situa-se entre –11 e –13 kcal/mol. Em princípio, essa reação de hidrólise pode ser usada para que possa ocorrer uma reação desfavorável com ΔG, talvez, de +10 kcal/mol, desde que existam vias de reações adequadas. No caso de algumas reações biossintéticas, entretanto, mesmo –13 kcal/mol podem não ser suficientes. Nesses casos, a via de hidrólise do ATP pode ser alterada, de tal maneira que inicialmente produza AMP e pirofosfato (PP_i); este último, por sua vez, é então hidrolisado em

QUESTÃO 3-9

Quais das seguintes reações ocorrerão apenas se estiverem acopladas a uma segunda reação que seja energeticamente favorável?

A. glicose + $O_2 \rightarrow CO_2 + H_2O$
B. $CO_2 + H_2O \rightarrow$ glicose + O_2
C. trifosfatos de nucleosídeos → DNA
D. bases de nucleotídeos → trifosfatos de nucleosídeos
E. ADP + $P_i \rightarrow$ ATP

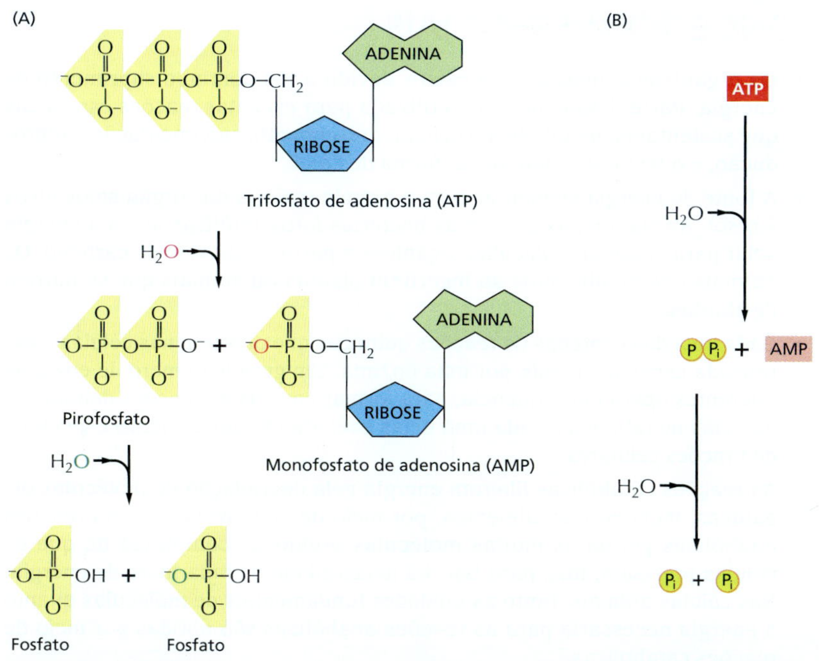

Figura 3-40 Em uma rota alternativa para a hidrólise de ATP, inicialmente há formação de pirofosfato, que depois é hidrolisado. Essa rota libera cerca de duas vezes mais energia livre do que a reação mostrada anteriormente, na Figura 3-31. (A) Em cada uma das duas reações de hidrólise sucessivas, cada átomo de oxigênio da molécula de água que participa da reação é retido nos produtos, ao passo que os átomos de hidrogênio da água formam íons de hidrogênio livres, H^+. (B) A reação geral mostrada de forma resumida.

uma etapa subsequente (**Figura 3-40**). Esse processo, como um todo, disponibiliza uma variação de energia livre de cerca de –26 kcal/mol. A reação biossintética envolvida na síntese de ácidos nucleicos (polinucleotídeos) é impulsionada dessa maneira (**Figura 3-41**).

O ATP aparecerá de muitas maneiras, ao longo deste livro, nesse papel de molécula que impulsiona reações nas células. Os Capítulos 13 e 14 discutem como as células utilizam a energia dos alimentos para gerar ATP. No capítulo seguinte, será visto mais sobre as proteínas que tornam essas reações possíveis.

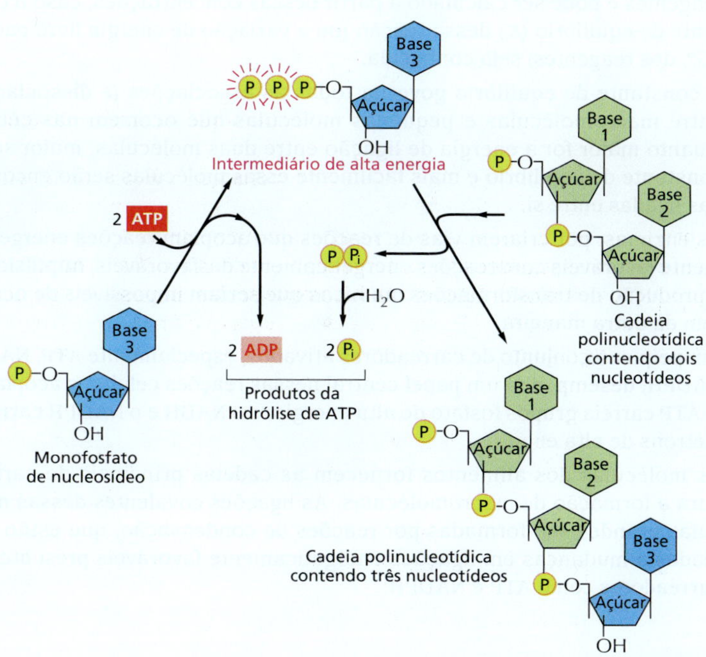

Figura 3-41 A síntese de um polinucleotídeo, RNA ou DNA, é um processo de muitas etapas impulsionado pela hidrólise de ATP. Na primeira etapa, um monofosfato de nucleosídeo é ativado pela transferência sequencial de dois grupos fosfatos terminais de duas moléculas de ATP. O intermediário de alta energia formado, um trifosfato de nucleosídeo, existe em forma livre na solução até reagir com a extremidade crescente da cadeia de RNA ou de DNA, liberando o pirofosfato. A hidrólise do pirofosfato a fosfato inorgânico é altamente favorável e ajuda a impulsionar a reação total na direção da síntese do polinucleotídeo.

CONCEITOS ESSENCIAIS

- Os organismos vivos podem existir devido a um contínuo suprimento de energia. Parte dessa energia é utilizada para executar reações essenciais que sustentam o metabolismo celular, crescimento, movimentação e reprodução, e o restante é perdido na forma de calor.
- A fonte de energia elementar para a grande maioria dos organismos vivos é o sol. As plantas, as algas e as bactérias fotossintéticas usam a energia solar para produzir moléculas orgânicas a partir do dióxido de carbono. Os animais obtêm alimentos ao ingerirem plantas ou animais que se nutrem de plantas.
- Cada uma das centenas de reações químicas que ocorrem nas células é catalisada especificamente por uma enzima. Um grande número de enzimas diferentes opera em sequência, para formar cadeias de reações denominadas vias metabólicas, cada uma delas executando um conjunto específico de funções celulares.
- As reações catabólicas liberam energia pela degradação de moléculas orgânicas, incluindo os alimentos, por meio de vias oxidativas. As reações anabólicas geram as muitas moléculas orgânicas complexas de que as células precisam, mas para isso há necessidade de uma fonte de energia. Nas células animais, tanto as unidades fundamentais de moléculas quanto a energia necessária para as reações anabólicas são obtidas por meio de reações catabólicas.
- As enzimas catalisam reações por se ligarem a moléculas de substrato específicas, de tal maneira que diminuem a energia de ativação essencial para formar e romper ligações covalentes específicas.
- A velocidade com que as enzimas catalisam as reações dependem da rapidez com que elas encontram seus substratos e de quão prontamente os produtos se formam e se dissociam das enzimas. Essas velocidades variam enormemente de uma enzima a outra.
- As únicas reações químicas que podem ocorrer são as que provocam aumento na quantidade total de desordem do universo. A variação de energia livre de uma reação, ΔG, mede essa desordem, que deve ser menor do que zero para que a reação ocorra espontaneamente.
- O ΔG de uma reação química depende das concentrações das moléculas reagentes e pode ser calculado a partir dessas concentrações, caso a constante de equilíbrio (K) dessa reação (ou a variação de energia livre padrão, $\Delta G°$, dos reagentes) seja conhecida.
- A constante de equilíbrio governa todas as associações (e dissociações) entre macromoléculas e pequenas moléculas que ocorrem nas células. Quanto maior for a energia de ligação entre duas moléculas, maior será a constante de equilíbrio e mais facilmente essas moléculas serão encontradas ligadas entre si.
- As enzimas, por criarem vias de reações que acoplam reações energeticamente favoráveis com reações energeticamente desfavoráveis, impulsionam a produção de transformações químicas que seriam impossíveis de ocorrerem de outra maneira.
- Um pequeno conjunto de carreadores ativados, especialmente ATP, NADH e NADPH, desempenha um papel central nessas reações celulares acopladas. O ATP carreia grupos fosfato de alta energia, e o NADH e o NADPH carreiam elétrons de alta energia.
- As moléculas dos alimentos fornecem as cadeias principais de carbono para a formação de macromoléculas. As ligações covalentes dessas moléculas grandes são formadas por reações de condensação, que estão acopladas a mudanças em ligações energeticamente favoráveis presentes em carreadores como ATP e NADPH.

TERMOS-CHAVE

acetil-CoA	energia de ativação	número de renovação
ADP, ATP	energia livre (*G*)	oxidação
anabolismo	entropia	reação acoplada
biossíntese	enzima	reação de condensação
carreador ativado	equilíbrio	redução
catabolismo	fotossíntese	respiração
catalisador	hidrólise	substrato
catálise	K_M	variação de energia livre padrão, $\Delta G°$
constante de equilíbrio (*K*)	metabolismo	variação de energia livre, ΔG
constante de Michaelis (K_M)	NAD^+, NADH	$V_{máx}$
difusão	$NADP^+$, NADPH	

TESTE SEU CONHECIMENTO

QUESTÃO 3-10

Quais das seguintes afirmativas estão corretas? Justifique suas respostas.

A. Algumas reações catalisadas por enzimas cessam completamente se as enzimas envolvidas estiverem ausentes.

B. Elétrons de alta energia (como aqueles encontrados nos carreadores ativados de NADH e NADPH) se movem com mais rapidez ao redor do núcleo atômico.

C. A hidrólise de ATP para formar AMP pode fornecer praticamente o dobro da energia da hidrólise do ATP a ADP.

D. Um átomo de carbono parcialmente oxidado tem um diâmetro menor do que o de um átomo mais reduzido.

E. Algumas moléculas carreadoras ativadas podem transferir energia e grupos químicos para outra molécula.

F. A regra de que oxidações liberam energia e reduções requerem fornecimento de energia se aplica a todas as reações químicas, e não apenas àquelas que ocorrem nas células vivas.

G. Animais de sangue frio têm uma desvantagem energética porque dão menos energia ao ambiente do que animais de sangue quente. Isso diminui suas capacidades de formarem macromoléculas ordenadas.

H. O acoplamento da reação X → Y à segunda reação, energeticamente favorável, Y → Z altera a constante de equilíbrio da primeira reação.

QUESTÃO 3-11

Considerando a transição X → Y, suponha que a única diferença entre X e Y seja a presença de três ligações de hidrogênio em Y, que não ocorrem em X. Qual é a relação entre X e Y quando a reação está em equilíbrio? Para obter uma resposta aproximada, use a Tabela 3-1 (p. 98) e o valor de 1 kcal/mol para a energia de cada ligação de hidrogênio. Como seria essa relação, caso Y tivesse seis ligações de hidrogênio que não existem em X?

QUESTÃO 3-12

A proteína A se liga à proteína B para formar o complexo AB. No equilíbrio, no interior da célula, as concentrações de A, B e AB são todas iguais a 1 μM.

A. Tomando como referência a Figura 3-19, calcule a constante de equilíbrio para a reação A + B ⇌ AB.

B. Qual seria a constante de equilíbrio se A, B e AB estiverem em equilíbrio e presentes, cada um, em concentrações muito menores do que 1 nM?

C. Quantas ligações de hidrogênio a mais seriam necessárias para manter A e B ligadas entre si nessa baixa concentração, de modo a ser encontrada uma proporção similar de moléculas no complexo AB? (Lembre-se de que cada ligação de hidrogênio contribui com cerca de 1 kcal/mol.)

QUESTÃO 3-13

Discuta a seguinte afirmativa: "Independentemente de que o valor de ΔG de uma reação seja maior, menor ou igual ao $\Delta G°$, ele depende da concentração dos compostos que participam da reação".

QUESTÃO 3-14

A. Qual é o número máximo de moléculas de ATP que pode ser gerado a partir de uma molécula de glicose, se a oxidação completa de 1 mol de glicose a CO_2 e H_2O produz 686 kcal de energia livre, e a energia química útil disponível na ligação fosfato de alta energia em 1 mol de ATP é de 12 kcal?

B. Como será visto no Capítulo 14 (Tabela 14-1), a respiração produz 30 mols de ATP a partir de 1 mol de glicose. Compare esse número com a resposta dada no item (A). Qual é a eficiência total da produção de ATP a partir da glicose?

C. Se as células do seu próprio corpo oxidarem 1 mol de glicose, em quantos graus a temperatura corporal subiria, se o calor não fosse dissipado para o ambiente (considere que seu corpo seja constituído de 75 kg de água)? Relembre que uma quilocaloria (kcal) é definida como a quantidade de energia que aumenta a temperatura de 1 kg de água em 1°C.

D. Quais seriam as consequências, se as células do seu corpo convertessem a energia dos alimentos com uma eficiência de apenas 20%? Seu corpo, na forma como ele é formado atualmente, estaria trabalhando perfeitamente, superaquecido ou congelado?

E. Uma pessoa em repouso hidrolisa cerca de 40 kg de ATP a cada 24 horas. Quanto de glicose precisa ser oxidado para produzir essa quantidade de energia? (Dica: examine a estrutura do ATP, na Figura 2-24, para calcular o peso molecular. Os pesos atômicos de H, C, N, O e P são 1, 12, 14, 16 e 31, respectivamente.)

QUESTÃO 3-15

Um cientista renomado afirmou ter isolado uma célula mutante que pode transformar 1 molécula de glicose em 57 moléculas de ATP. Essa descoberta deve ser comemorada, ou será que há algo errado aí? Justifique sua resposta.

QUESTÃO 3-16

Na reação simples $A \rightleftharpoons A^*$, uma molécula é interconvertida entre duas formas que diferem quanto à energia livre padrão ($G°$) em 4,3 kcal/mol, sendo que A^* tem a maior $G°$.

A. Use a Tabela 3-1 (p. 98) para achar o número de moléculas que, no equilíbrio, estarão no estado A*, em comparação com o número de moléculas que estarão no estado A.

B. Se uma enzima diminuir a energia de ativação em 2,8 kcal/mol, qual seria a mudança na relação A/A*?

QUESTÃO 3-17

Em uma via metabólica biossintética de etapa única, presente em um cogumelo, existe uma reação muito desfavorável energeticamente que converte um metabólito em veneno com alto poder de criar dependência (metabólito $\rightleftharpoons$ veneno). A reação é impulsionada pela hidrólise de ATP. Considere uma mutação, nessa enzima, que a impeça de utilizar ATP, mas ainda permite que catalise a reação.

A. Seria seguro ingerir o cogumelo que carrega essa mutação? Baseie a resposta em uma estimativa de quanto menos veneno o cogumelo mutante produziria, e ainda supondo que a reação esteja em equilíbrio e que grande parte da energia armazenada no ATP seja usada para impulsionar a reação desfavorável nos cogumelos não mutantes.

B. A resposta seria a mesma para outra enzima mutante que acoplasse a reação de hidrólise de ATP, mas fosse 100 vezes mais lenta?

QUESTÃO 3-18

Considere o efeito de duas enzimas, A e B. A enzima A catalisa a reação

$$ATP + GDP \rightleftharpoons ADP + GTP$$

e a enzima B catalisa a reação

$$NADH + NADP^+ \rightleftharpoons NAD^+ + NADPH$$

Discuta se essas enzimas seriam benéficas ou prejudiciais para as células.

QUESTÃO 3-19

Discuta a seguinte afirmativa: "Enzimas e calor se assemelham, porque ambos podem aumentar a velocidade de reações que, embora termodinamicamente possíveis, não ocorreriam a uma velocidade apreciável, porque necessitam de alta energia de ativação. Doenças que aparentemente se beneficiam da aplicação cuidadosa de calor, como tomar uma canja quente, portanto provavelmente se devem à atividade insuficiente de uma enzima".

QUESTÃO 3-20

A curva mostrada na Figura 3-24 é descrita pela equação de Michaelis-Menten:

$$\text{velocidade } (v) = V_{máx}\,[S]/([S] + K_M)$$

Você está convencido de que as características descritas qualitativamente no texto são perfeitamente representadas por essa equação? De modo específico, como a equação pode ser simplificada, quando a concentração do substrato [S] estiver nas seguintes faixas: (A) [S] for muito menor que K_M, (B) [S] for igual a K_M, e (C) [S] for muito maior que K_M?

QUESTÃO 3-21

A velocidade de uma reação enzimática comum é dada pela equação de Michaelis-Menten padrão:

$$\text{velocidade } (v) = V_{máx}+[S]/([S] + K_M)$$

Se a $V_{máx}$ de uma enzima for 100 μmol /s e a K_M for 1 mM, qual é a concentração do substrato na qual a velocidade seja 50 μmol/s? Faça gráficos da velocidade *versus* concentração do substrato (S) para [S] variando de 0 a 10 mM. Converta esses gráficos em gráficos 1/velocidade *versus* 1/[S]. Por que o último gráfico é uma linha reta?

QUESTÃO 3-22

Selecione as opções corretas dentre as que seguem e explique suas escolhas. Se [S] for muito menor do que K_M, o sítio ativo da enzima estará mais ocupado/desocupado. Se [S] for muito maior do que K_M, a velocidade da reação é limitada pela enzima/concentração do substrato.

QUESTÃO 3-23

A. As velocidades da reação S → P catalisada pela enzima E foram determinadas sob condições nas quais apenas pouco produto foi formado. Essas determinações forneceram os seguintes dados:

Concentração de substrato (μM)	Velocidade de reação (μmol/min)
0,08	0,15
0,12	0,21
0,54	0,7
1,23	1,1
1,82	1,3
2,72	1,5
4,94	1,7
10,00	1,8

Faça um gráfico com os dados acima. Use esse gráfico para estimar os valores de K_M e $V_{máx}$ da enzima.

B. Relembre de "Como Sabemos" (p. 104-106) que, para determinar esses valores com mais precisão, o truque geralmente utilizado é transformar a equação de Michaelis-Menten de forma a usar os dados para que o gráfico origine uma reta. Um simples rearranjo leva a

$$1/\text{velocidade} = (K_M/V_{máx})\,(1/[S] + 1/V_{máx}$$

isto é, leva a uma equação com a forma $y = ax + b$. Calcule 1/velocidade e 1/[S] para os dados da parte (A) e então faça um novo gráfico de 1/velocidade *versus* 1/[S]. Determine os valores de K_M e de $V_{máx}$ a partir do ponto de intersecção da linha com o eixo, onde 1/[S] = 0, e da inclinação da curva. Os resultados obtidos concordam com as estimativas feitas a partir do primeiro gráfico, feito com os dados brutos?

C. Observe que a parte (A) da questão afirma que apenas uma quantidade muito pequena do produto foi formada nas condições da reação. Por que isso é importante?

D. Suponha que a enzima seja regulada de modo que, quando fosforilada, seu valor de K_M aumenta por um fator de 3 sem mudança na $V_{máx}$. Isso é uma ativação ou uma inibição? Faça gráficos com o que se espera para a enzima fosforilada para os itens A e B.

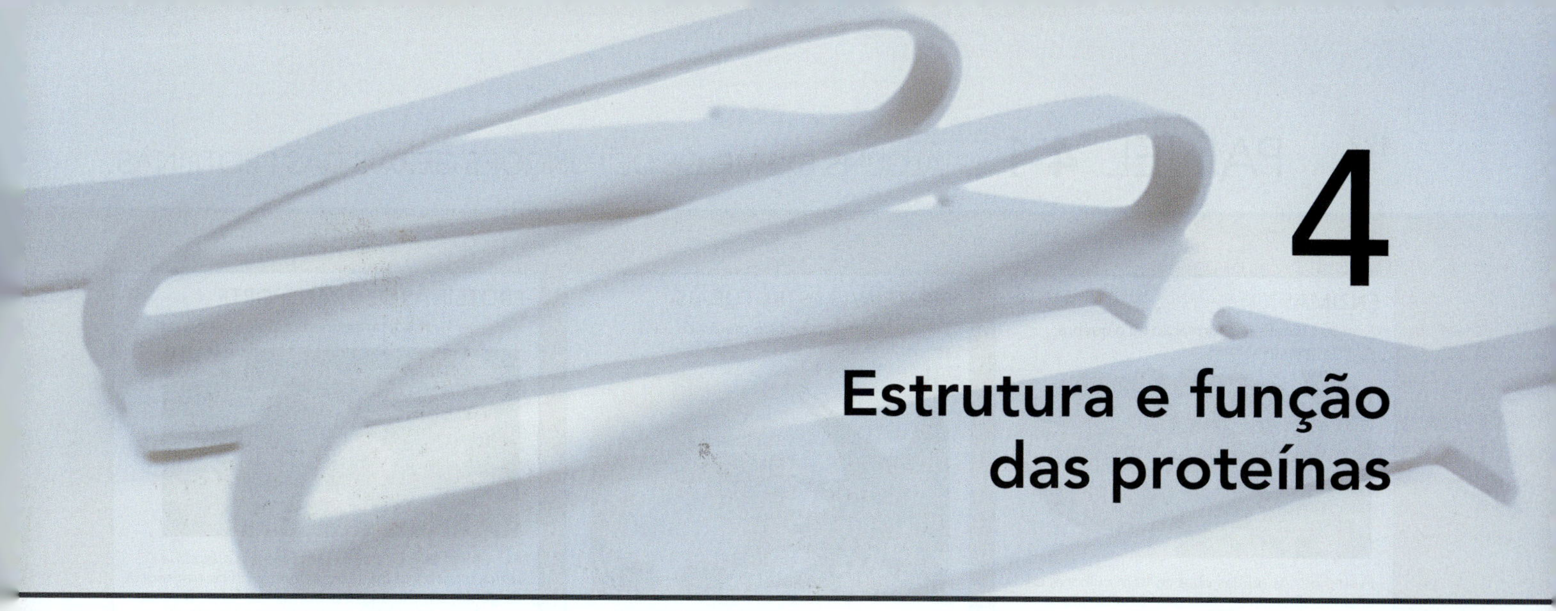

4

Estrutura e função das proteínas

Quando observamos uma célula em um microscópio ou analisamos sua atividade bioquímica ou elétrica, estamos, em essência, observando a atividade de proteínas. As **proteínas** são os principais blocos de construção dos quais as células são compostas, e constituem a maior parte da massa celular seca. Além de conferirem à célula sua forma e estrutura, as proteínas também participam de quase todas as funções celulares. As *enzimas* realizam reações químicas intracelulares por meio de suas intrincadas superfícies moleculares, formadas por saliências e fendas capazes de ligar ou excluir moléculas específicas. As proteínas embebidas na membrana plasmática formam canais e bombas que controlam a passagem de nutrientes e outras pequenas moléculas para o interior ou para o exterior da célula. Outras proteínas carregam mensagens de uma célula a outra ou, ainda, agem como integradoras de sinais, transmitindo informações a partir da membrana plasmática para o núcleo de células individuais. Algumas proteínas atuam como motores que propelem organelas por todo o citoplasma, e outras atuam como componentes de minúsculas máquinas celulares com partes móveis precisamente calibradas. Proteínas especializadas também podem atuar como anticorpos, toxinas, hormônios, moléculas anticongelantes, fibras elásticas e geradores de luminescência. Antes de compreendermos como os genes funcionam, como os músculos se contraem, como as células nervosas conduzem a eletricidade, como os embriões se desenvolvem ou como o nosso corpo funciona, é necessário entender as proteínas.

As diversas funções realizadas pelas proteínas (**Painel 4-1**, p. 122) se devem ao grande número de conformações que elas são capazes de adotar. Assim, começamos a descrição dessas notáveis macromoléculas pela discussão da sua estrutura tridimensional e das propriedades que tais estruturas lhes conferem. Na sequência, verificamos como as proteínas funcionam: como enzimas catalisam reações químicas, como algumas proteínas agem como "interruptores" moleculares e como outras geram movimentos ordenados. Então examinamos como a célula controla a atividade e a localização das proteínas. Por fim, apresentamos uma breve descrição das técnicas utilizadas por biólogos para trabalhar com proteínas, incluindo métodos de purificação – a partir de tecidos ou cultura de células – e de determinação das suas estruturas.

ENZIMAS

Função: Catalisar a formação ou a quebra de ligações covalentes.

Exemplos: As células vivas contêm milhares de enzimas diferentes, cada uma catalisando (acelerando) uma reação específica. Exemplos incluem: *triptofano-sintase* – sintetiza o aminoácido triptofano; *pepsina* – degrada, no estômago, as proteínas ingeridas na dieta; *ribulose-bifosfato-carboxilase* – nas plantas, atua na conversão de dióxido de carbono em açúcar; *DNA-polimerase* – copia a molécula de DNA; *proteína-cinase* – adiciona grupos fosfato a moléculas proteicas.

PROTEÍNAS ESTRUTURAIS

Função: Fornecer suporte mecânico para células e tecidos.

Exemplos: No meio extracelular: o *colágeno* e a *elastina* são constituintes comuns da matriz extracelular; formam fibras em tendões e ligamentos. No meio intracelular: a *tubulina* forma microtúbulos longos e rígidos; a *actina* forma filamentos que acompanham e sustentam a membrana plasmática; a *queratina* forma fibras que reforçam as células epiteliais e é a proteína predominante em cabelos e chifres.

PROTEÍNAS DE TRANSPORTE

Função: Transportar pequenas moléculas ou íons.

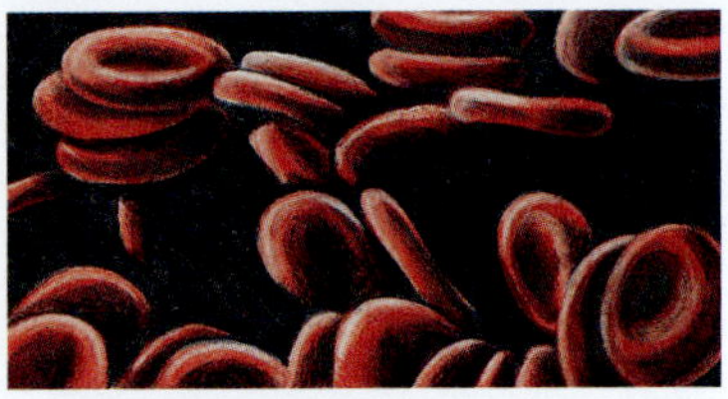

Exemplos: Na circulação sanguínea, a *albumina sérica* transporta lipídeos; a *hemoglobina* transporta oxigênio; e a *transferrina* transporta ferro. Diversas proteínas embebidas na membrana plasmática transportam íons ou pequenas moléculas de um lado ao outro da membrana. Por exemplo, a proteína bacteriana *bacteriorrodopsina* é uma bomba de prótons ativada pela luz que transporta íons H^+ para fora da célula; os *transportadores de glicose* transferem glicose para dentro e para fora das células; e a *bomba de Ca^{2+}* elimina o Ca^{2+} do citosol de células musculares, após esses íons terem desencadeado a contração muscular.

PROTEÍNAS MOTORAS

Função: Gerar movimento em células e tecidos.

Exemplos: A *miosina*, nas células da musculatura esquelética, fornece a força motora necessária para o movimento em humanos; a *cinesina* interage com microtúbulos para movimentar organelas no interior da célula; a *dineína* promove o batimento de cílios e flagelos nas células eucarióticas.

PROTEÍNAS DE ARMAZENAMENTO

Função: Armazenar aminoácidos ou íons.

Exemplos: O ferro é armazenado, no fígado, ligado à proteína *ferritina*; a *ovoalbumina*, proteína da clara do ovo, é utilizada como fonte de aminoácidos pelo embrião de aves; a *caseína*, proteína do leite, é utilizada como fonte de aminoácidos por bebês de mamíferos.

PROTEÍNAS SINALIZADORAS

Função: Transportar sinais extracelulares de uma célula para outra.

Exemplos: Diversos hormônios e fatores de crescimento que coordenam funções fisiológicas em animais são proteínas; a *insulina*, por exemplo, é uma pequena proteína que controla os níveis de glicose no sangue; a *netrina* atrai axônios de células nervosas em crescimento para locais específicos no desenvolvimento da medula espinal; o *fator de crescimento dos nervos* (*nerve growth factor* – NGF) estimula o desenvolvimento de axônios em alguns tipos de células nervosas; o *fator de crescimento epidérmico* (*epidermal growth factor* – EGF) estimula o crescimento e a divisão de células epiteliais.

PROTEÍNAS RECEPTORAS

Função: Detectar sinais e transmiti-los à maquinaria de resposta celular.

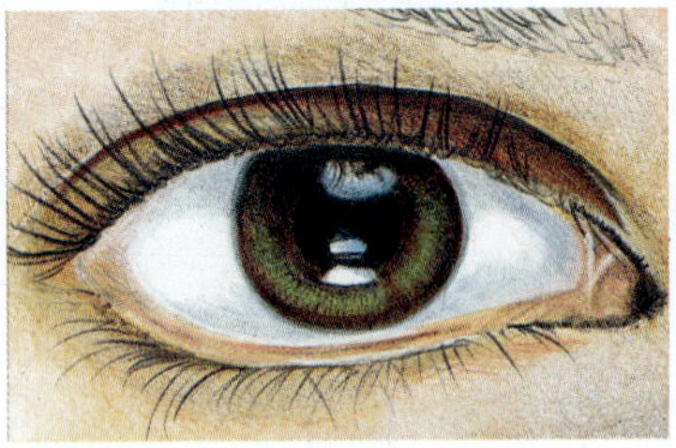

Exemplos: A *rodopsina*, na retina, detecta a luz; o *receptor de acetilcolina*, na membrana de células musculares, é ativado pela acetilcolina liberada por terminações nervosas; os *receptores de insulina* permitem que as células respondam ao hormônio insulina com a absorção de glicose; os *receptores adrenérgicos*, no músculo cardíaco, aumentam a taxa de batimentos cardíacos ao se ligarem à adrenalina.

PROTEÍNAS DE REGULAÇÃO GÊNICA

Função: Ligar-se ao DNA, ativando ou reprimindo a transcrição gênica.

Exemplos: O *repressor de lactose*, em bactérias, silencia o gene para a enzima responsável pela degradação da lactose; várias *proteínas homeodomínio* agem como "interruptores" genéticos que controlam o desenvolvimento em organismos multicelulares, incluindo humanos.

PROTEÍNAS DE FINALIDADES ESPECÍFICAS

Função: Bastante variável.

Exemplos: Os organismos produzem diversas proteínas altamente especializadas. Essas moléculas ilustram a vasta gama de funções que uma proteína pode desempenhar. *Proteínas anticongelantes* evitam o congelamento do sangue de peixes árticos e antárticos; a *proteína verde fluorescente* das águas-vivas emite uma luz verde; a *monelina*, proteína encontrada em plantas africanas, possui intenso sabor doce; os mexilhões e outros organismos marinhos secretam *proteínas adesivas* que os mantêm firmemente aderidos a rochas, mesmo quando submersos na água marinha.

A FORMA E A ESTRUTURA DAS PROTEÍNAS

Do ponto de vista químico, as proteínas são as moléculas mais complexas e funcionalmente sofisticadas de que se tem conhecimento. Isso talvez não seja surpreendente, levando-se em consideração que a estrutura e a atividade de cada proteína tenham sido desenvolvidas e refinadas ao longo de bilhões de anos de evolução. Começamos considerando como a posição de cada aminoácido, na longa cadeia peptídica que compõe uma proteína, determina sua forma tridimensional, que é estabilizada por interações não covalentes entre diferentes partes da molécula. A compreensão da estrutura de uma proteína em nível atômico nos permite entender como a sua conformação específica determina a sua função.

A forma de uma proteína é especificada por sua sequência de aminoácidos

As proteínas, como se pode recordar do Capítulo 2, são constituídas principalmente a partir de um conjunto de 20 aminoácidos diferentes, cada um com propriedades químicas distintas. Uma molécula proteica é composta por uma longa cadeia de aminoácidos mantidos juntos por meio de **ligações peptídicas** covalentes (**Figura 4-1**). As proteínas são, portanto, denominadas **polipeptídeos**, e suas cadeias de aminoácidos são chamadas de **cadeias polipeptídicas**. Em cada tipo de proteína, os aminoácidos estão presentes em uma ordem única, chamada de **sequência de aminoácidos**, que é exatamente a mesma em cada molécula desse tipo de proteína. Uma molécula de insulina humana, por exemplo, possui a mesma sequência de aminoácidos que qualquer outra molécula de insulina humana. Milhares de proteínas já foram identificadas, cada uma com sua própria sequência de aminoácidos.

Cada cadeia polipeptídica é composta por uma cadeia principal ligada a uma variedade de cadeias laterais químicas. Essa **cadeia principal polipeptídica** é formada pela repetição de uma sequência de átomos centrais (-N-C-C-) presentes em todos os aminoácidos (ver Figura 4-1). Como as duas terminações de cada aminoácido são quimicamente diferentes – uma terminação apresenta um grupo amino (NH_3^+, também representado como NH_2), e a outra terminação apresenta um grupo carboxila (COO^-, também representado como COOH) – cada cadeia po-

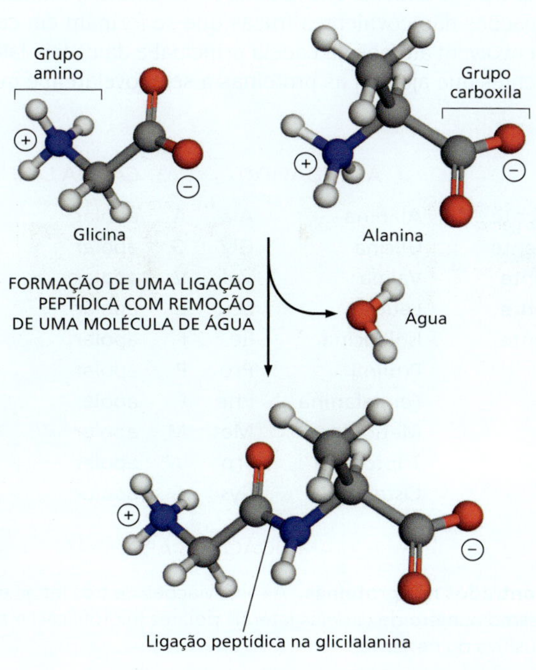

Figura 4-1 Os aminoácidos são conectados por ligações peptídicas. Uma ligação peptídica covalente se forma quando o átomo de carbono do grupo carboxila de um aminoácido (como a glicina) compartilha elétrons com o átomo de nitrogênio (*azul*) do grupo amino de um segundo aminoácido (como a alanina). Como uma molécula de água é eliminada, a formação de uma ligação peptídica é classificada como uma reação de condensação (ver Figura 2-29). No diagrama, os átomos de carbono estão representados em *cinza*, átomos de nitrogênio em *azul*, átomos de oxigênio em *vermelho* e átomos de hidrogênio em *branco*.

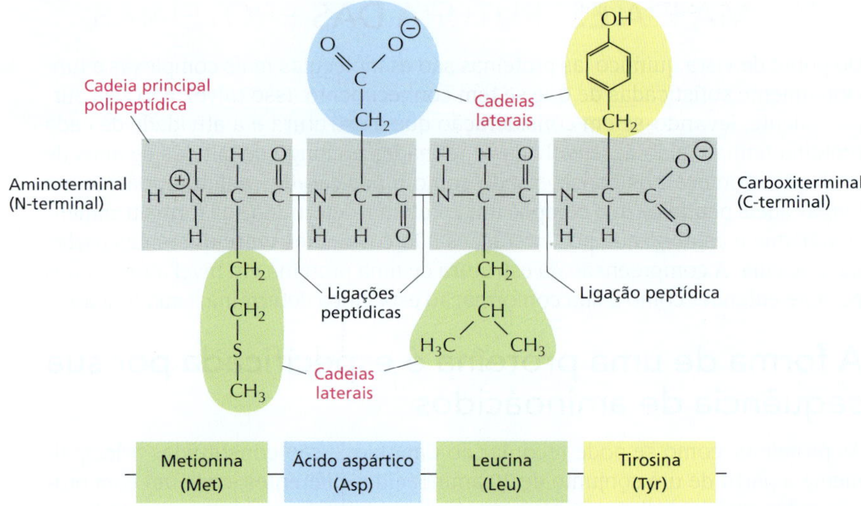

Figura 4-2 As proteínas são formadas por aminoácidos unidos em uma cadeia polipeptídica. Os aminoácidos são unidos por ligações peptídicas (ver Figura 4-1), formando uma cadeia principal polipeptídica de estrutura repetitiva (blocos *cinza*), a partir da qual as cadeias laterais dos aminoácidos se projetam. As propriedades e sequência das cadeias laterais quimicamente distintas – por exemplo, cadeias laterais apolares (*verde*), polares não carregadas (*amarelo*), e de carga negativa (*azul*) – conferem a cada proteína as suas propriedades distintas e individuais. Um pequeno polipeptídeo de apenas quatro aminoácidos é mostrado na figura. As proteínas são normalmente compostas por cadeias de diversas centenas de aminoácidos, cuja sequência é sempre representada a partir da extremidade N-terminal, da esquerda para a direita.

lipeptídica possui direcionalidade: a extremidade que apresenta o grupo amino é chamada de aminoterminal, ou **N-terminal**, e a extremidade que apresenta o grupo carboxila é chamada de carboxiterminal, ou **C-terminal**.

A partir da cadeia principal polipeptídica se projetam as **cadeias laterais** de aminoácidos – a porção de um aminoácido que não está envolvida com a formação de ligações peptídicas (**Figura 4-2**). As cadeias laterais conferem a cada aminoácido as suas propriedades únicas: algumas são apolares (ou não polares) e hidrofóbicas (repelem a água), algumas apresentam carga negativa ou positiva, e outras podem ser quimicamente reativas, etc. A fórmula atômica para cada um dos 20 aminoácidos presentes em proteínas está representada no Painel 2-5 (p. 74-75), e uma lista resumida dos 20 aminoácidos de ocorrência mais comum, com suas abreviações, está disponível na **Figura 4-3**.

As longas cadeias polipeptídicas são bastante flexíveis, tanto quanto as ligações covalentes que unem os átomos de carbono na cadeia principal polipeptídica permitem a rotação livre dos átomos que estão ligados. Dessa maneira, as proteínas podem, em princípio, enovelar-se em uma variedade de formas. A forma de cada uma dessas cadeias enoveladas é, no entanto, limitada por vários conjuntos de ligações não covalentes fracas que se formam em cada proteína. Essas ligações envolvem átomos da cadeia principal e da cadeia lateral. As ligações não covalentes que ajudam as proteínas a se enovelarem e que mantêm a

AMINOÁCIDOS POLARES

AMINOÁCIDO			CADEIA LATERAL
Ácido aspártico	Asp	D	carregada negativamente
Ácido glutâmico	Glu	E	carregada negativamente
Arginina	Arg	R	carregada positivamente
Lisina	Lys	K	carregada positivamente
Histidina	His	H	carregada positivamente
Asparagina	Asn	N	polar não carregada
Glutamina	Gln	Q	polar não carregada
Serina	Ser	S	polar não carregada
Treonina	Thr	T	polar não carregada
Tirosina	Tyr	Y	polar não carregada

AMINOÁCIDOS APOLARES

AMINOÁCIDO			CADEIA LATERAL
Alanina	Ala	A	apolar
Glicina	Gly	G	apolar
Valina	Val	V	apolar
Leucina	Leu	L	apolar
Isoleucina	Ile	I	apolar
Prolina	Pro	P	apolar
Fenilalanina	Phe	F	apolar
Metionina	Met	M	apolar
Triptofano	Trp	W	apolar
Cisteína	Cys	C	apolar

Figura 4-3 Vinte aminoácidos diferentes são comumente encontrados nas proteínas. As abreviações de três letras e de uma letra estão listadas, assim como o caráter da cadeia lateral. Existe o mesmo número de cadeias laterais polares (hidrofílicas) e apolares (hidrofóbicas), e metade das cadeias laterais polares possui carga positiva ou negativa.

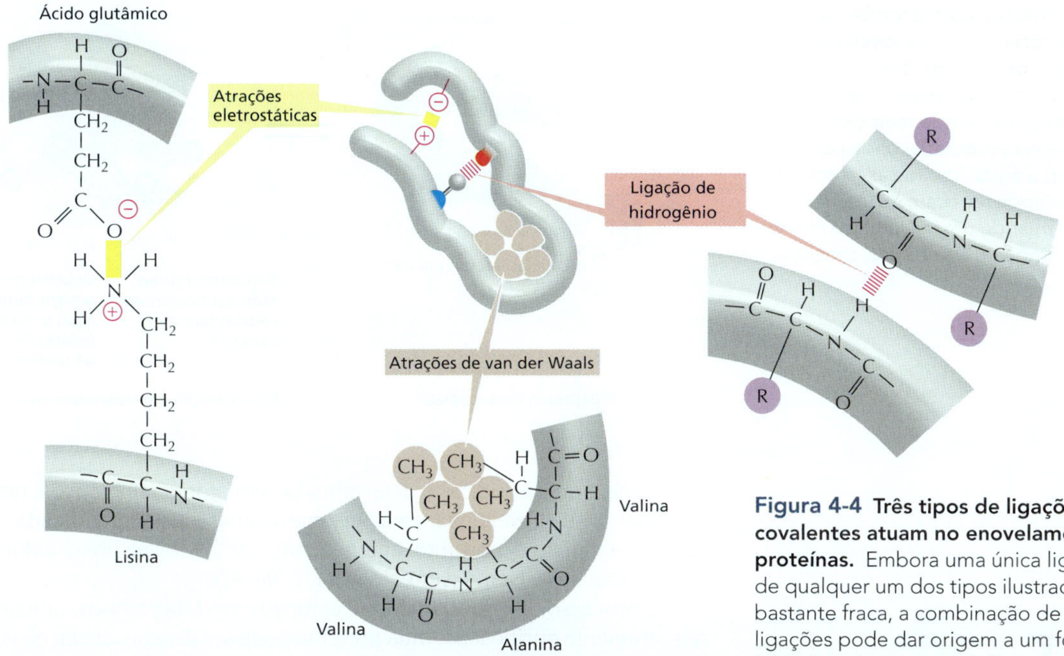

Figura 4-4 Três tipos de ligações não covalentes atuam no enovelamento de proteínas. Embora uma única ligação de qualquer um dos tipos ilustrados seja bastante fraca, a combinação de diversas ligações pode dar origem a um forte arranjo de ligações que estabiliza conformações tridimensionais específicas, conforme mostrado para o pequeno polipeptídeo ilustrado no *centro* da figura. R é utilizado com frequência como uma designação geral para uma cadeia lateral de aminoácido. O enovelamento de proteínas também é mediado por interações hidrofóbicas, como mostrado na Figura 4-5.

sua conformação incluem as ligações de hidrogênio, atrações eletrostáticas, e atrações de van der Waals, descritas no Capítulo 2 (ver Painel 2-7, p. 78-79). Como uma ligação não covalente é muito mais fraca do que uma ligação covalente, são necessárias diversas ligações não covalentes para manter unidas duas regiões de uma cadeia polipeptídica, com alta afinidade. A estabilidade de cada conformação enovelada é grandemente influenciada pela força combinada de um grande número de ligações não covalentes (**Figura 4-4**).

Uma quarta força, a *interação hidrofóbica*, desempenha também um papel central na determinação da forma de uma proteína. Em um ambiente aquoso, moléculas hidrofóbicas, incluindo cadeias laterais de resíduos de aminoácidos apolares, tendem a agrupar-se para minimizar o efeito disruptivo na rede de ligações de hidrogênio das moléculas da água circundante (ver Painel 2-2, p. 68-69). Portanto, um fator importante que rege o enovelamento de qualquer proteína é a distribuição de aminoácidos polares e apolares ao longo da sua cadeia polipeptídica. Cadeias laterais apolares (hidrofóbicas) – como as pertencentes aos resíduos de aminoácidos fenilalanina, leucina, valina e triptofano (ver Figura 4-3) – tendem a agrupar-se no interior de proteínas enoveladas (da mesma forma que gotículas de óleo tendem a coalescer para formar uma gota maior). Protegidas no interior de uma proteína enovelada, as cadeias laterais hidrofóbicas podem evitar contato com o citosol aquoso que as circunda no interior das células. Em contraste, as cadeias laterais polares – como as pertencentes aos resíduos de aminoácidos arginina, glutamina e histidina – tendem a localizar-se na parte mais externa da proteína na sua forma enovelada, onde podem formar pontes de hidrogênio com a água circundante ou com outras moléculas polares (**Figura 4-5**). Quando os aminoácidos polares se encontram no interior de proteínas, estão frequentemente ligados a outros aminoácidos polares ou mesmo à cadeia principal polipeptídica (**Figura 4-6**).

As proteínas se enovelam em uma conformação de energia mínima

Cada tipo de proteína possui uma estrutura tridimensional característica determinada pela ordem em que seus aminoácidos estão dispostos ao longo da cadeia polipeptídica. A estrutura final enovelada, ou **conformação**, adotada por qual-

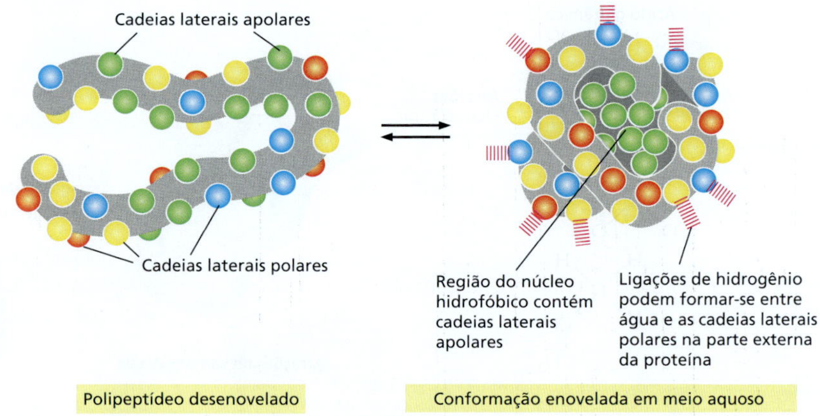

Figura 4-5 Interações hidrofóbicas ajudam as proteínas a se enovelarem em conformações compactas. Cadeias laterais de aminoácidos polares tendem a ficar dispostas na porção mais externa de uma proteína enovelada, onde podem interagir com a água; as cadeias laterais de aminoácidos apolares ficam no interior da molécula, formando um núcleo hidrofóbico altamente compacto de átomos, protegidos da água.

quer cadeia polipeptídica, é determinada por fatores energéticos: uma proteína geralmente se enovela na forma cuja energia livre (G) é minimizada. O processo de enovelamento é, portanto, energeticamente favorável; libera calor e aumenta a desordem do universo (ver Painel 3-1, p. 96-97).

O processo de enovelamento é estudado em laboratórios, utilizando proteínas altamente purificadas. Uma proteína pode ser desenovelada, ou *desnaturada,* por meio de solventes que rompem as interações não covalentes que a mantinham enovelada. Esse tratamento converte a proteína enovelada em uma cadeia polipeptídica flexível pela perda da sua forma natural. Em condições adequadas, quando o solvente desnaturante é removido, a proteína com frequência se enovela novamente de modo espontâneo na sua conformação original – um processo chamado de *renaturação* (**Figura 4-7**). O fato de que uma proteína desnaturada pode, por si só, reenovelar na sua conformação correta indica que todas as informações necessárias para a conformação tridimensional de uma proteína estão contidas na sua sequência de aminoácidos.

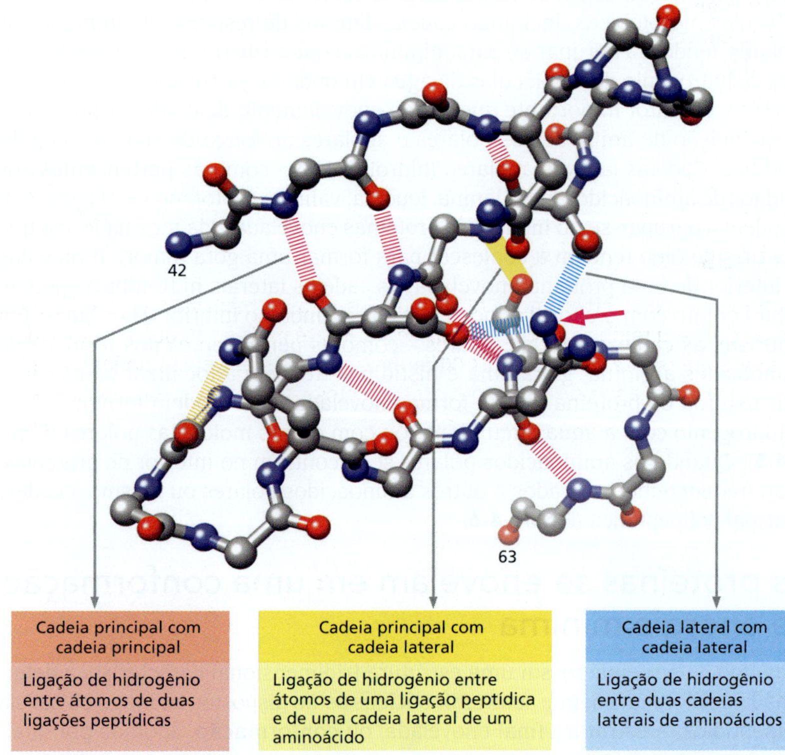

Figura 4-6 Ligações de hidrogênio entre os átomos de uma proteína ajudam a estabilizar a sua conformação enovelada. Um grande número de ligações de hidrogênio se forma entre regiões adjacentes de uma cadeia polipeptídica enovelada. A estrutura mostrada é uma parte da enzima lisozima. As ligações de hidrogênio entre os átomos da cadeia principal estão representadas em *vermelho*; as ligações formadas entre a cadeia principal e uma cadeia lateral estão representadas em *amarelo*; e as ligações formadas entre átomos de duas cadeias laterais estão representadas em *azul*. Note que uma mesma cadeia lateral de um aminoácido pode fazer diversas ligações de hidrogênio (*setas vermelhas*). Os átomos estão coloridos como na Figura 4-1, e os átomos de hidrogênio não estão representados. (Adaptada de C.K. Mathews, K.E. van Holde e K.G. Ahern, Biochemistry, 3rd ed. San Francisco: Benjamin Cummings, 2000.)

Figura 4-7 Proteínas desnaturadas podem frequentemente retornar à sua conformação nativa. Este tipo de experimento demonstra que a conformação de uma proteína é determinada apenas pela sua sequência de aminoácidos. O processo de renaturação requer condições corretas e sua ocorrência é melhor para proteínas pequenas.

Cada proteína normalmente se enovela em uma única conformação estável. Entretanto, essa conformação pode variar ligeiramente quando a proteína interage com outras moléculas da célula. Essa maleabilidade na forma é essencial para que a proteína exerça sua função, como veremos a seguir.

Quando as proteínas se enovelam de maneira errônea, pode ocorrer a formação de agregados que costumam danificar as células e até mesmo os tecidos. Acredita-se que as proteínas mal enoveladas contribuam para uma série de distúrbios neurodegenerativos, como a doença de Alzheimer e a doença de Huntington. Algumas doenças neurodegenerativas infecciosas – como *scrapie* em ovelhas, encefalopatia espongiforme bovina (ou doença da "vaca louca") no gado e a doença de Creutzfeldt-Jakob em humanos – são causadas por proteínas mal enoveladas chamadas de príons. A forma priônica mal enovelada de uma proteína pode converter versões da proteína enoveladas corretamente presentes no cérebro infectado na sua conformação anormal. Isso permite que os príons mal enovelados, que tendem a formar agregados, espalhem-se rapidamente de uma célula a outra, causando finalmente a morte do animal ou humano infectado (**Figura 4-8**). Os príons são considerados "infecciosos", pois podem também se espalhar de um indivíduo infectado para um indivíduo normal por meio da alimentação, sangue, ou instrumentos cirúrgicos, por exemplo.

Embora uma cadeia proteica possa se enovelar na sua conformação correta sem auxílio externo, o enovelamento de proteínas em células vivas pode ser auxiliado por proteínas especiais, denominadas *proteínas chaperonas*. Algumas dessas chaperonas se ligam a cadeias parcialmente enoveladas e as ajudam a se enovelar de modo energeticamente mais favorável (**Figura 4-9**). Outras chaperonas formam "câmaras de isolamento", onde uma cadeia polipeptídica individual pode se enovelar sem o risco de formar agregados nas condições citoplasmáticas onde diversas proteínas estão presentes (**Figura 4-10**). Em ambos os casos, a conformação final tridimensional da proteína é especificada pela sua sequência de aminoácidos: as chaperonas apenas tornam o processo de enovelamento mais eficiente e confiável.

QUESTÃO 4-1

A ureia utilizada no experimento mostrado na Figura 4-7 é uma molécula que rompe a rede de ligações de hidrogênio entre as moléculas de água. Por que altas concentrações de ureia podem desnaturar proteínas? A estrutura da ureia é mostrada aqui.

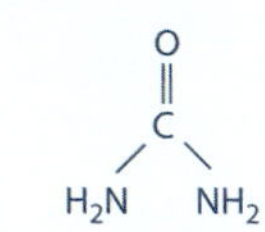

As proteínas existem em uma variedade de formas complicadas

As proteínas são as macromoléculas cuja estrutura é a mais variável nas células. Apesar de o seu tamanho poder variar desde 30 até mais de 10.000 aminoácidos, a maioria apresenta entre 50 e 2.000 aminoácidos. As proteínas podem ser globulares ou fibrosas, e podem formar filamentos, lâminas (ou folhas), anéis ou esferas (**Figura 4-11**). Muitas dessas estruturas são mencionadas neste capítulo e ao longo deste livro.

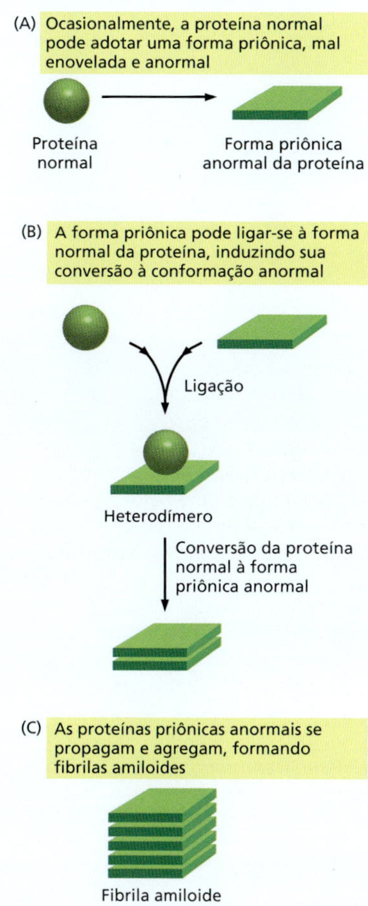

Figura 4-8 As doenças priônicas são causadas por proteínas cuja forma erroneamente enovelada é infecciosa. (A) A proteína sofre uma rara alteração conformacional que origina a forma priônica anormalmente enovelada. (B) A forma anormal induz a conversão das proteínas normais, presentes no cérebro do hospedeiro, na forma priônica mal enovelada. (C) Os príons formam agregados de fibrilas amiloides que afetam o funcionamento cerebral, causando distúrbios neurodegenerativos, como a doença da "vaca louca" (ver também Figura 4-18).

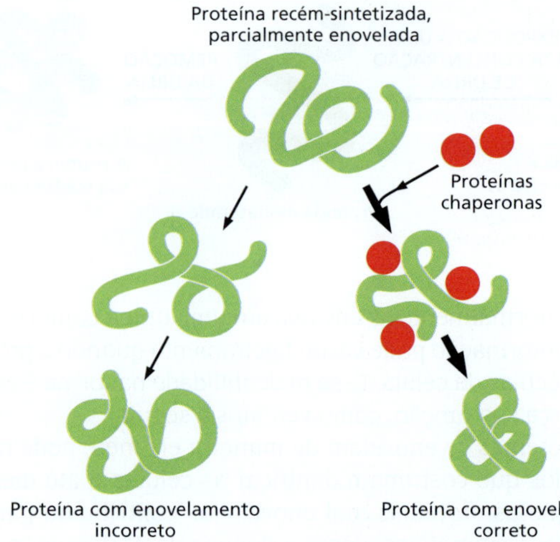

Figura 4-9 Proteínas chaperonas podem auxiliar o enovelamento de cadeias polipeptídicas recém-sintetizadas. As chaperonas se ligam às cadeias polipeptídicas recém-sintetizadas ou parcialmente enoveladas e as auxiliam no processo de enovelamento mais energeticamente favorável. A associação destas chaperonas à proteína-alvo requer aporte de energia, fornecida pela hidrólise de ATP.

Atualmente, a estrutura de cerca de 100.000 proteínas diferentes já foi determinada. Discutimos como os cientistas determinam essas estruturas adiante neste capítulo. A maioria das proteínas possui conformações tridimensionais tão complicadas, que um capítulo inteiro seria necessário para sua descrição em detalhes. Podemos ter uma ideia de como a estrutura de polipeptídeos é intrincada pela análise da conformação de uma proteína relativamente pequena, como a proteína bacteriana de transporte *HPr*.

Essa pequena proteína, de apenas 88 aminoácidos, atua como uma proteína carreadora que facilita o transporte de açúcar para o interior das células bacterianas. Na **Figura 4-12**, a estrutura tridimensional da proteína HPr está representada de quatro maneiras diferentes, cada uma enfatizando diferentes características da proteína. O modelo de cadeia principal (Figura 4-12A) representa a organização geral da cadeia polipeptídica e é um método rápido e direto de comparar as estruturas de proteínas relacionadas. O modelo de fitas (Figura 4-12B) representa a cadeia principal polipeptídica, enfatizando o seu enovelamento, descrito em detalhes a seguir. O modelo de palitos (Figura 4-12C) inclui a posição de todas as cadeias laterais de aminoácidos; essa representação é especialmente útil para a predição dos aminoácidos que podem estar envolvidos na atividade da proteína. Por fim, o modelo de preenchimento espacial (Figura 4-12D) corresponde ao mapa de contorno da superfície da proteína, revelando quais aminoácidos estão expos-

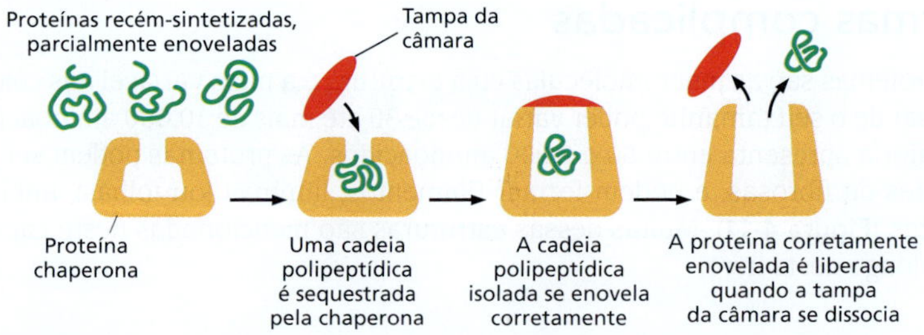

Figura 4-10 Outras proteínas chaperonas atuam como câmaras de isolamento que auxiliam o enovelamento de polipeptídeos. Neste exemplo, a proteína chaperona, no formato de um barril, forma uma câmara isolada na qual uma cadeia polipeptídica recém-sintetizada pode se enovelar sem que haja risco de formação de agregados nas condições citoplasmáticas, onde outras moléculas estão presentes. Este sistema também requer aporte de energia oriunda da hidrólise de ATP, principalmente para a associação e subsequente dissociação da tampa que fecha a câmara da chaperona.

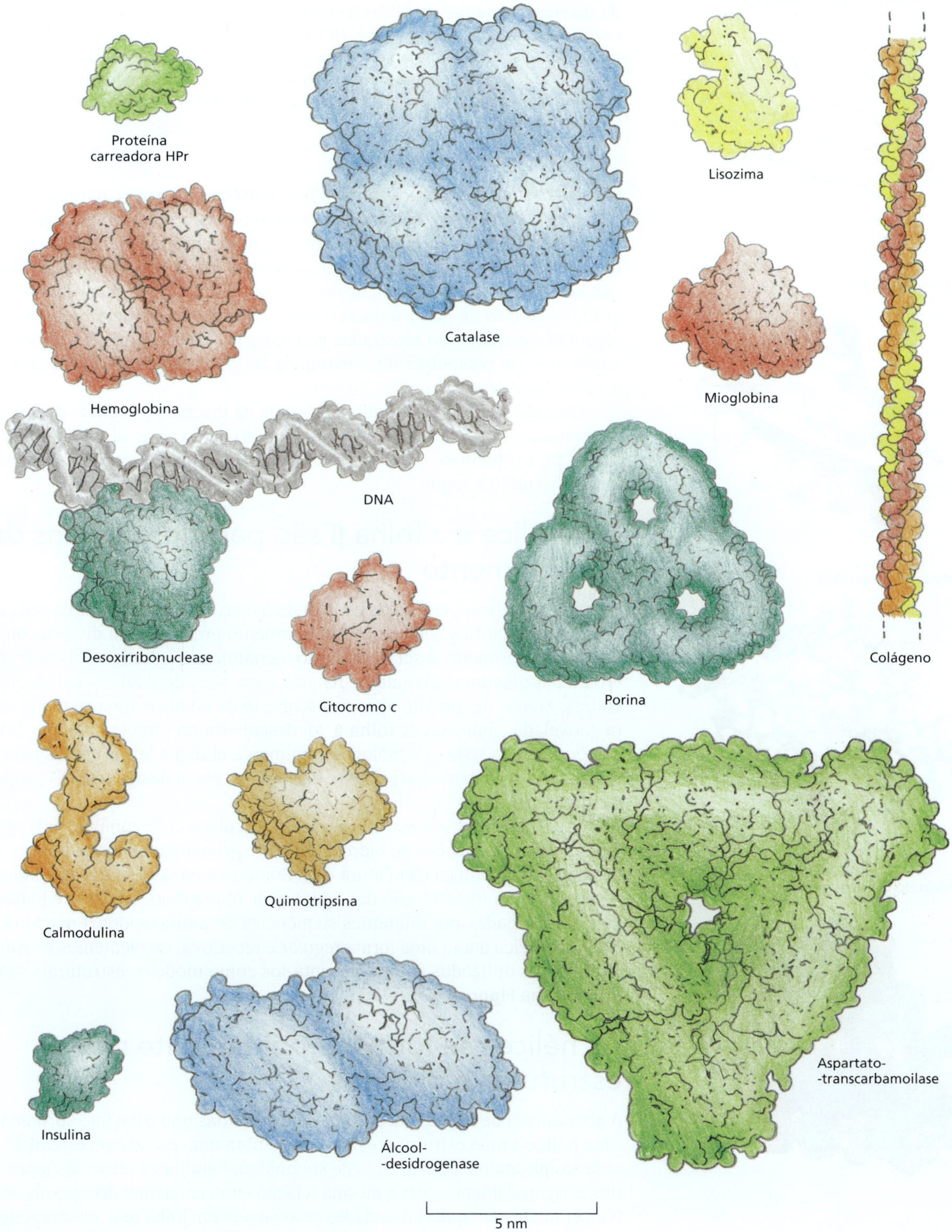

Figura 4-11 As proteínas existem em uma variedade de formas e de tamanhos. Cada polipeptídeo enovelado está representado no modelo de preenchimento espacial e na mesma escala. No *canto superior esquerdo* está a proteína HPr, a pequena proteína representada em detalhes na Figura 4-12. Para comparação, também está ilustrada uma porção de uma molécula de DNA (*cinza*) ligada à proteína desoxirribonuclease. (Adaptada de David S. Goodsell, Our Molecular Nature. New York: Springer-Verlag, 1996. Com permissão de Springer Science e Business Media.)

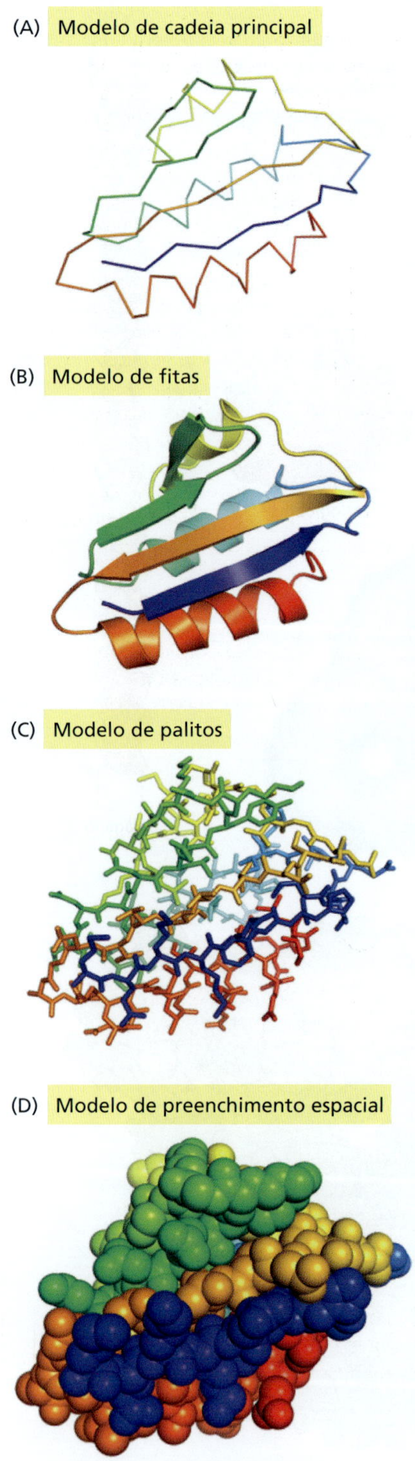

Figura 4-12 A conformação de uma proteína pode ser representada de diversas maneiras. Aqui é representada a estrutura de uma pequena proteína bacteriana de transporte, HPr. As imagens estão coloridas de modo a permitir a fácil identificação do sentido da cadeia polipeptídica. Nestes modelos, a região da cadeia polipeptídica correspondente à extremidade N-terminal está representada em *roxo*, e a extremidade C-terminal está representada em *vermelho*.

tos na sua superfície, e mostrando como a proteína se parece para uma molécula pequena, como a água, ou para outra macromolécula presente na célula.

A estrutura de proteínas maiores – ou de complexos multiproteicos – é ainda mais complexa. Para a visualização dessas estruturas detalhadas e complexas, cientistas desenvolveram diversas ferramentas e programas de visualização gráfica capazes de gerar uma variedade de imagens de uma proteína, apenas algumas das quais são mostradas na Figura 4-12. Essas imagens podem ser visualizadas em computadores e manipuladas e ampliadas para visualização dos detalhes da estrutura (**Animação 4.1**).

Quando as estruturas tridimensionais de diversas proteínas diferentes são comparadas, fica claro que, embora a conformação geral de cada proteína seja única, alguns padrões regulares de enovelamento podem ser identificados, conforme discutido a seguir.

A α-hélice e a folha β são padrões comuns de enovelamento

Há mais de 60 anos, cientistas estudando a estrutura do cabelo e da seda descobriram dois padrões comuns de enovelamento presentes em diversas proteínas distintas. O primeiro a ser descoberto, denominado **α-hélice**, foi observado na proteína α-*queratina*, abundante na pele e em seus derivados – cabelo, unhas e chifres. Menos de um ano após a descoberta da α-hélice, uma segunda estrutura enovelada, chamada de **folha β**, foi descoberta na proteína *fibroína*, principal componente da seda. (Os biólogos geralmente utilizam letras gregas para denominar suas descobertas; o primeiro exemplo recebe a designação α, o segundo β, e assim por diante.)

Esses dois motivos estruturais são particularmente comuns, pois resultam da formação de ligações de hidrogênio entre grupamentos N-H e C=O na cadeia principal polipeptídica (ver Figura 4-6). Como as cadeias laterais de aminoácidos não participam na formação das ligações de hidrogênio, α-hélices e folhas β podem ser formadas por diferentes sequências de aminoácidos. Em cada caso, a cadeia proteica adota uma forma regular e repetitiva. Os elementos estruturais e os símbolos utilizados para representá-los como modelos estruturais são apresentados na **Figura 4-13.**

As hélices se formam rapidamente nas estruturas biológicas

A abundância de hélices encontradas em proteínas não é um fato surpreendente. Uma **hélice** é uma estrutura regular que lembra uma escada em espiral. Ela é gerada simplesmente pelo arranjo de subunidades similares próximas umas às outras e, rigorosamente, com a mesma relação entre cada uma dessas subunidades. Por ser muito raro que subunidades se arranjem em linha reta, essa repetição em geral resulta na formação de uma hélice (**Figura 4-14**). Dependendo do giro – da rotação da hélice –, ela pode ser dextrógira ou levógira (Figura 4-14E). Essa orientação não é afetada virando a hélice de cabeça para baixo, mas se inverte na sua imagem especular.

Uma α-hélice é formada quando uma única cadeia polipeptídica gira em torno do seu eixo para formar um cilindro estruturalmente rígido. Uma ligação de hidrogênio se forma a cada quatro aminoácidos, conectando o C=O de uma ligação

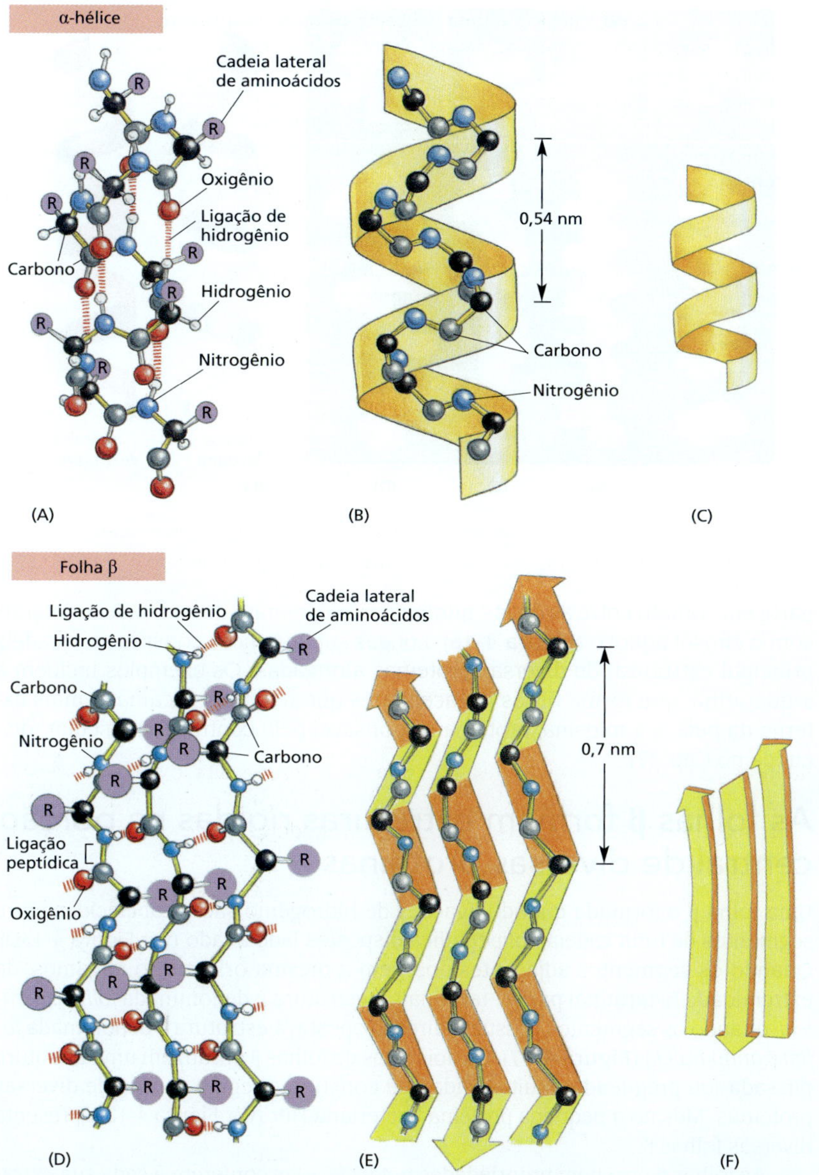

Figura 4-13 As cadeias polipeptídicas geralmente se enovelam em uma das duas formas repetitivas conhecidas como α-hélice e folha β. (A-C) Em uma α-hélice, o N–H de cada ligação peptídica está ligado por uma ligação de hidrogênio ao C=O da ligação peptídica do resíduo de aminoácido situado quatro posições à frente na mesma cadeia. (D-F) Em uma folha β, diversos elementos (fitas) de uma cadeia polipeptídica individual são mantidos unidos por meio de ligações de hidrogênio entre ligações peptídicas em fitas adjacentes. As cadeias laterais de aminoácidos de cada fita se projetam de modo alternado acima e abaixo do plano da folha β. No exemplo mostrado, as cadeias adjacentes possuem sentidos opostos, formando uma *folha β antiparalela*. (A) e (D) mostram todos os átomos da cadeia principal polipeptídica, mas as cadeias laterais dos aminoácidos estão indicadas por R. (B) e (E) mostram apenas os átomos de carbono (*preto* e *cinza*) e nitrogênio (*azul*) da cadeia principal, enquanto (C) e (F) correspondem à representação esquemática da α-hélice e da folha β, utilizada no modelo de fitas de estruturas de proteínas (ver Figura 4-12B).

peptídica com o N-H da outra (ver Figura 4-13A). Isso dá origem a uma hélice regular dextrógira com uma volta completa a cada 3,6 aminoácidos (**Animação 4.2**).

Regiões curtas de α-hélice são especialmente abundantes em proteínas embebidas nas membranas celulares, como as proteínas de transporte e as receptoras. Veremos, no Capítulo 11, que essas porções da proteína de membrana que atravessam a bicamada lipídica em geral formam uma α-hélice composta principalmente por aminoácidos de cadeia lateral apolar. A cadeia principal do polipeptídeo, que é hidrofílica, forma ligações de hidrogênio entre os átomos que compõem a própria α-hélice e permanece protegida do ambiente lipídico e hidrofóbico da membrana pelas suas cadeias laterais apolares que se protraem (**Figura 4-15**).

Algumas vezes, duas (ou três) α-hélices podem enrolar-se uma sobre a outra, formando uma estrutura estável conhecida como **super-hélice** (*coiled-coil*). Essa estrutura se forma quando as α-hélices possuem a maior parte das cadeias laterais de seus aminoácidos apolares (hidrofóbicos) voltados para um mesmo lado, de modo que elas possam se enrolar dispondo essas cadeias laterais na

QUESTÃO 4-2

Tendo em mente que as cadeias laterais de aminoácidos de cada cadeia polipeptídica se projetam alternadamente acima e abaixo do plano da folha β (ver Figura 4-13D), considere a seguinte sequência proteica: Leu-Lys-Val-Asp-Ile-Ser-Leu--Arg-Leu-Lys-Ile-Arg-Phe-Glu. Você vê algo notável no arranjo desses aminoácidos quando incorporados em uma folha β? Você pode fazer alguma previsão de como essa folha β pode estar disposta em uma proteína? Dica: consulte as propriedades dos aminoácidos listadas na Figura 4-3.

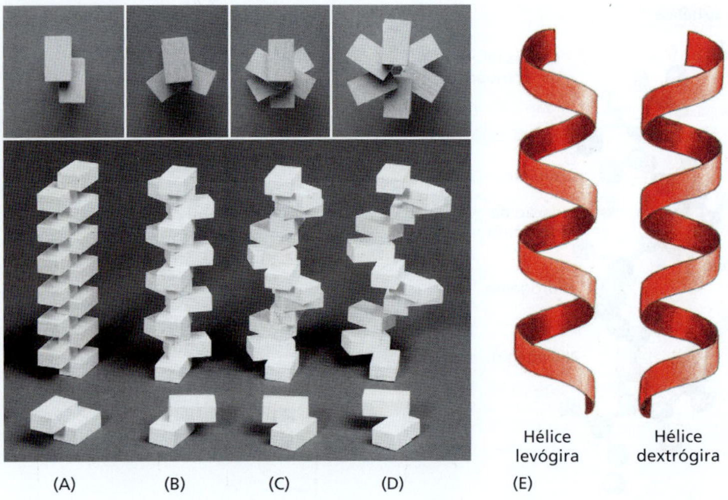

Figura 4-14 A hélice é uma estrutura biológica regular e comum. Uma hélice se forma quando várias subunidades similares se ligam umas às outras de maneira regular e em série. Na parte inferior, são mostradas a interação entre duas subunidades e atrás delas as hélices resultantes. Essas hélices possuem duas (A), três (B) ou seis (C e D) subunidades por volta da hélice. Na parte superior, uma vista de cima do arranjo das subunidades das hélices. Note que a hélice em (D) possui um passo maior do que a hélice em (C), mas o mesmo número de subunidades por volta. (E) Uma hélice pode ser dextrógira ou levógira. Apenas como referência, é útil lembrar que os parafusos metálicos padrão são dextrógiros, ou seja, são parafusados no sentido horário. Portanto, para definir a lateralidade de uma hélice, imagine-a sendo parafusada em uma parede. Note que a hélice mantém a sua orientação mesmo quando virada de cabeça para baixo.

parte em contato entre as duas – minimizando o contato dessas cadeias laterais com o citosol aquoso (**Figura 4-16**). Longas super-hélices constituem a cadeia principal estrutural de diversas proteínas alongadas. Os exemplos incluem a α-queratina, que forma fibras intracelulares que reforçam a camada mais externa da pele, e a miosina, proteína responsável pela contração muscular (discutida no Cap. 17).

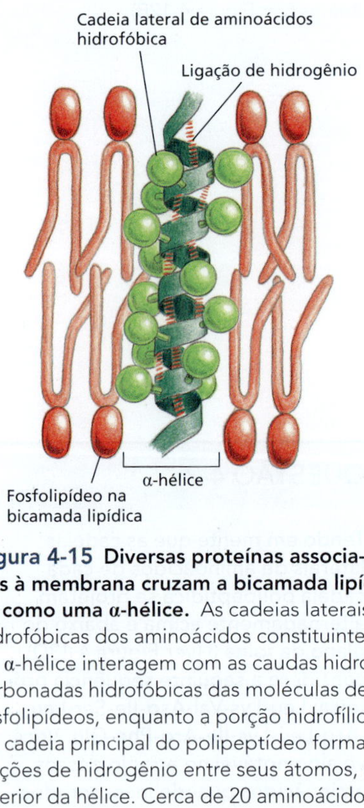

Figura 4-15 Diversas proteínas associadas à membrana cruzam a bicamada lipídica como uma α-hélice. As cadeias laterais hidrofóbicas dos aminoácidos constituintes da α-hélice interagem com as caudas hidrocarbonadas hidrofóbicas das moléculas de fosfolipídeos, enquanto a porção hidrofílica da cadeia principal do polipeptídeo forma ligações de hidrogênio entre seus átomos, no interior da hélice. Cerca de 20 aminoácidos são necessários para atravessar a membrana transversalmente. Observe que, apesar de parecer haver um espaço interno na hélice nesta representação esquemática, a hélice não é um canal: íons e pequenas moléculas não são capazes de atravessar o interior de uma hélice.

As folhas β formam estruturas rígidas na porção central de diversas proteínas

Uma folha β é formada quando ligações de hidrogênio são estabelecidas entre segmentos de uma cadeia polipeptídica dispostos lado a lado (ver Figura 4-13D). Quando os segmentos adjacentes possuem a mesma orientação (digamos, da extremidade N-terminal para C-terminal), a estrutura é denominada *folha β paralela*; quando os segmentos possuem direção oposta, a estrutura é denominada *folha β antiparalela* (**Figura 4-17**). Os dois tipos de folhas β produzem uma estrutura plissada (ou pregueada) muito rígida que constitui a região central de diversas proteínas. Mesmo a pequena proteína bacteriana HPr (ver Figura 4-12) apresenta diversas folhas β.

As folhas β possuem propriedades notáveis. Elas conferem à seda sua extraordinária força elástica. Elas também permitem a formação de *fibras amiloides* – agregados insolúveis de proteínas, incluindo aqueles associados a distúrbios neurodegenerativos, como a doença de Alzheimer e as doenças priônicas (ver Figura 4-8). Essas estruturas, compostas por proteínas de enovelamento anormal, são estabilizadas por folhas β que se associam com alta afinidade, com suas cadeias laterais de aminoácidos interdigitadas, como os dentes em um zíper (**Figura 4-18**). Embora exista a tendência de se associar fibras amiloides a doenças, diversos organismos aproveitam essas estruturas estáveis para desempenhar novas funções. Bactérias infecciosas, por exemplo, podem utilizar fibras amiloides para formar biofilmes que as ajudam a colonizar os tecidos de hospedeiros. Outros tipos de bactérias filamentosas utilizam as fibras amiloides para projetar filamentos no ar, permitindo a dispersão de esporos a longas distâncias.

As proteínas possuem vários níveis de organização

A estrutura de uma proteína não se limita a α-hélices e folhas β; há ainda níveis superiores de organização. Esses níveis de organização não são independentes;

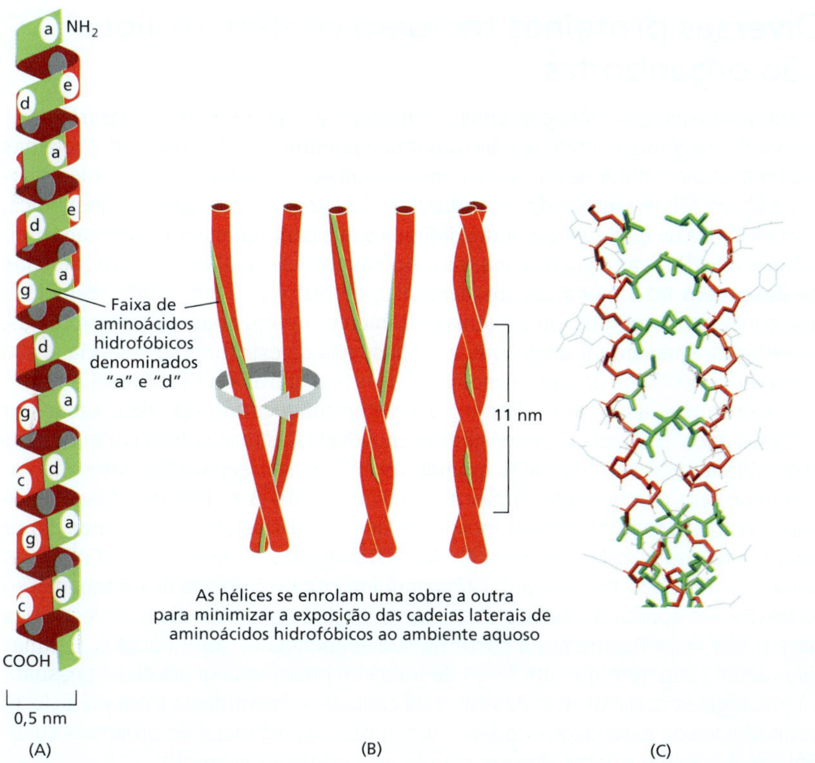

Figura 4-16 As α-hélices entrelaçadas podem formar as super-hélices rígidas. (A) Uma α-hélice é mostrada com as cadeias laterais de seus aminoácidos marcados como heptâmeros "abcdefg" repetidos. Aminoácidos "a" e "d", nesta sequência, ficam dispostos próximos na superfície cilíndrica, formando uma faixa (em *verde*) que se desloca lentamente em torno da α-hélice. Proteínas que formam super-hélices possuem aminoácidos apolares nas posições "a" e "d". Consequentemente, como mostrado em (B), duas α-hélices podem enrolar-se, com as cadeias laterais apolares de uma interagindo com as cadeias laterais apolares da outra, e as cadeias laterais mais hidrofílicas (em *vermelho*) permanecem expostas ao ambiente aquoso. (C) Um segmento da super-hélice, composta por duas α-hélices, representada em sua estrutura atômica determinada por cristalografia de raios X. Nessa estrutura, os átomos que compõem a cadeia principal das hélices estão representados em *vermelho*; as cadeias laterais que interagem entre si estão representadas em *verde*, e as demais cadeias laterais estão representadas em *cinza*. Super-hélices também podem ser compostas por três α-hélices (**Animação 4.3**).

são construídos um após o outro para estabelecer a estrutura tridimensional final da proteína. Uma estrutura proteica começa com sua sequência de aminoácidos, que é considerada sua **estrutura primária**. O próximo nível de organização inclui as α-hélices e as folhas β que se formam em alguns segmentos da cadeia polipeptídica; esses motivos estruturais são elementos da **estrutura secundária** da proteína. A conformação completa, tridimensional, formada por toda a cadeia polipeptídica – incluindo α-hélices, folhas β, espirais aleatórias e qualquer outra alça ou dobra que se forme entre as extremidades N e C terminais –, é chamada de **estrutura terciária**. Por fim, se a molécula proteica é formada por um complexo de mais de uma cadeia polipeptídica, então a estrutura completa desse complexo é designada **estrutura quaternária**.

Estudos de conformação, função e evolução de proteínas revelaram a importância de um nível de organização distinto dos quatro anteriormente descritos. Esse elemento de organização é chamado de **domínio proteico**, e é definido como qualquer segmento da cadeia polipeptídica capaz de se enovelar de forma independente em uma estrutura estável e compacta. Um domínio proteico geralmente é composto por 40 a 350 aminoácidos – enovelados em α-hélices e folhas β, e outros elementos de estrutura secundária – e corresponde à unidade modular a partir da qual proteínas maiores são compostas (**Figura 4-19**). Os diferentes domínios de uma proteína são frequentemente associados a diferentes funções. Por exemplo, em bactérias, a *proteína ativadora de catabólitos* (*CAP – catabolite activator protein*), ilustrada na Figura 4-19, possui dois domínios: o menor se liga ao DNA, e o maior se liga ao AMP cíclico, um pequeno sinalizador intracelular. Quando o domínio maior se liga ao AMP cíclico, causa uma mudança conformacional na proteína, que permite ao domínio menor ligar-se a uma sequência específica de DNA, promovendo assim a expressão de um gene adjacente. Para fornecer uma ideia do número de diferentes estruturas de domínios proteicos observados em proteínas, os modelos de fitas de três domínios diferentes estão representados na **Figura 4-20**.

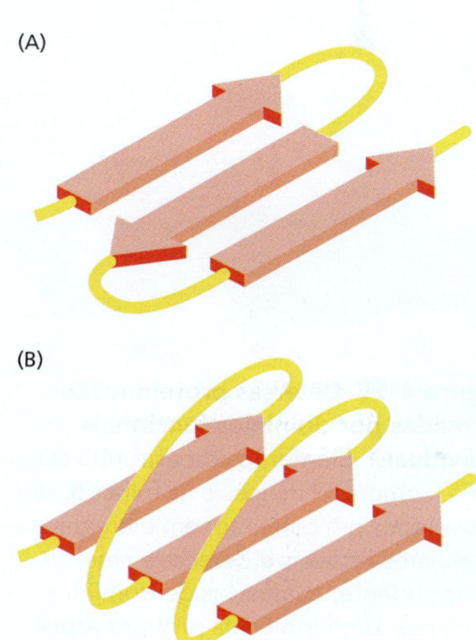

Figura 4-17 Há dois tipos de folhas β. (A) Folha β antiparalela (ver também Figura 4-13D). (B) Folha β paralela. Ambas as estruturas são comuns em proteínas. Por convenção, a seta aponta na direção C-terminal da cadeia polipeptídica (**Animação 4.4**).

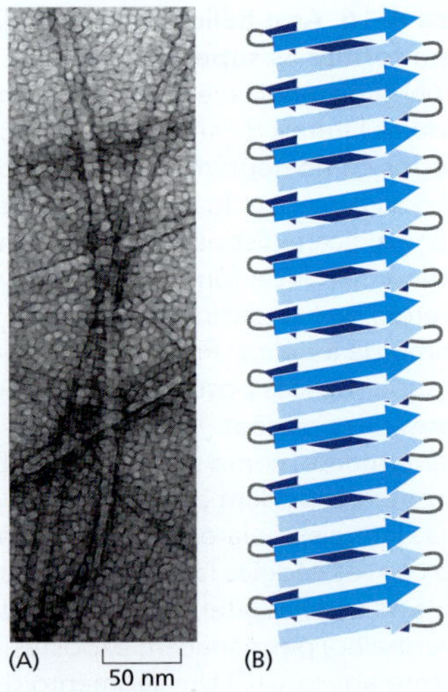

Figura 4-18 O empilhamento de folhas β permite que proteínas mal enoveladas se agreguem em fibras amiloides. (A) Micrografia eletrônica mostrando uma fibra amiloide formada por um segmento de uma proteína priônica de leveduras. (B) Representação esquemática mostrando o empilhamento de folhas β que estabiliza as fibras amiloides individuais. (A, cortesia de David Eisenberg.)

Diversas proteínas também contêm regiões não organizadas

Pequenas moléculas proteicas, como a mioglobina, a proteína muscular transportadora de oxigênio, contêm apenas um único domínio (ver Figura 4-11). Proteínas maiores podem conter dezenas de domínios, em geral conectados por cadeias polipeptídicas relativamente desestruturadas. Tais regiões da cadeia polipeptídica, com ausência de qualquer estrutura definida e que continuamente se dobram e flexionam devido à variação térmica, são abundantes nas células. Essas **sequências de desordem intrínseca** são frequentemente observadas em curtos segmentos que conectam domínios em proteínas altamente organizadas. Outras proteínas, no entanto, apresentam quase que total ausência de estrutura secundária, e são observadas na forma de cadeias polipeptídicas não enoveladas no citosol.

As sequências de desordem intrínseca permaneceram não detectadas por diversos anos. A ausência de estruturas enoveladas as torna alvos para enzimas proteolíticas que são liberadas quando as células são separadas para o isolamento de seus componentes moleculares (ver Painel 4-3, p. 164-165). Sequências não estruturadas também são incapazes de formar cristais de proteínas e, por essa razão, não receberam atenção de cristalógrafos de raios X (ver Como Sabemos, p. 162-163). De fato, a existência ubíqua de sequências desordenadas só passou a ser apreciada após o desenvolvimento de métodos de bioinformática para o seu reconhecimento a partir da sua sequência de aminoácidos. Estimativas atuais sugerem que um terço de todas as proteínas eucarióticas possuam longas regiões não estruturadas em suas cadeias polipeptídicas (com mais de 30 aminoácidos de extensão), enquanto um número substancial de proteínas eucarióticas é, na maior parte, desorganizado em condições normais.

As sequências não estruturadas possuem várias funções importantes nas células. Como são capazes de se flexionar e dobrar, elas podem envolver uma ou mais proteínas-alvo, estabelecendo ligações de alta especificidade e baixa afinidade (**Figura 4-21**). Por meio da formação de aprisionamentos flexíveis entre domínios compactos em uma proteína, essas regiões propiciam flexibilidade e aumentam a frequência de contato entre os domínios (Figura 4-21). Elas podem auxiliar as *proteínas de suporte* a unir proteínas em vias de sinalização intracelular, facilitando as suas interações (Figura 4-21). Também conferem propriedades

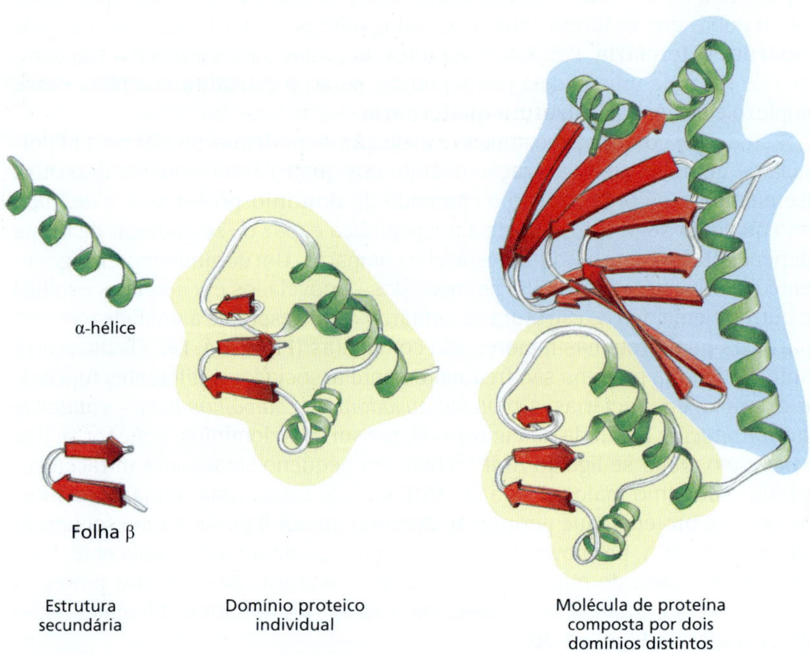

Figura 4-19 Diversas proteínas são formadas por domínios funcionais individuais. Elementos da estrutura secundária, como as α-hélices e as folhas β, são enovelados em conjunto, em elementos globulares estáveis e de enovelamento independente, chamados de domínios proteicos. Uma molécula proteica representativa é formada por um ou mais domínios, geralmente conectados por regiões relativamente desestruturadas da cadeia polipeptídica. O modelo de fitas à direita representa a proteína CAP bacteriana de regulação da transcrição com um domínio maior (destacado em *azul*) e um domínio menor (destacado em *amarelo*).

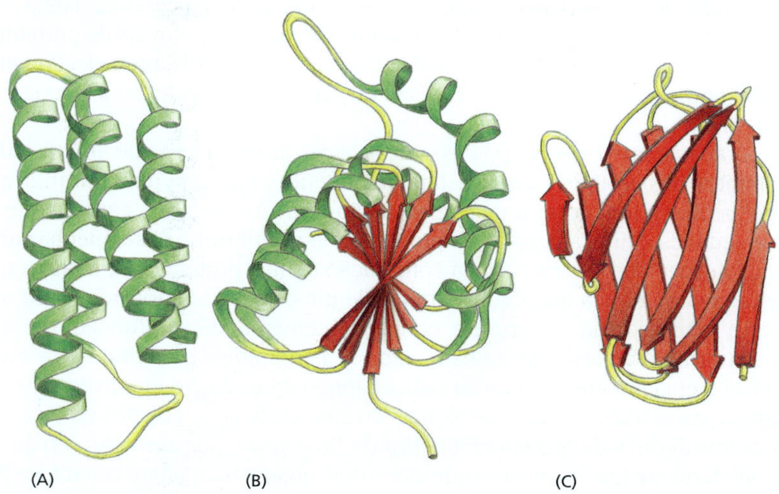

Figura 4-20 Modelo de fitas de três diferentes domínios proteicos. (A) O citocromo b_{562} é uma proteína composta por um único domínio e está envolvida com a transferência de elétrons em *E. coli*. Essa proteína é composta quase inteiramente por α-hélices. (B) O domínio de ligação de NAD da enzima desidrogenase láctica é composto por uma mistura de α-hélices e folhas β. (C) Um domínio de imunoglobulina de uma molécula de anticorpo é composto por um sanduíche de duas folhas β antiparalelas. Nesses exemplos, as α-hélices são representadas em *verde*, e as cadeias que compõem as folhas β são representadas como *setas vermelhas*. As regiões de alças protuberantes (*amarelo*) são geralmente não estruturadas e podem formar sítios de ligação para outras moléculas. (Modificada a partir dos originais cordialmente cedidos por Jane Richardson.)

elásticas a fibras como a elastina, permitindo que nossos tendões e nossa pele sejam capazes de retornar às suas conformações relaxadas após serem distendidos. Além de fornecerem flexibilidade estrutural, as sequências não estruturadas também são substratos ideais para a adição de grupos químicos que controlam o comportamento de diversas proteínas – tópico discutido em detalhes adiante neste capítulo.

Dentre as muitas cadeias polipeptídicas possíveis, poucas serão úteis

Teoricamente, um enorme número de cadeias polipeptídicas pode ser formado a partir de 20 aminoácidos diferentes. Como cada aminoácido é quimicamente distinto e poderia, em princípio, ocupar qualquer posição, uma cadeia polipeptídica composta por quatro aminoácidos tem 20 x 20 x 20 x 20 = 160.000 diferentes sequências. Em outras palavras, para um peptídeo formado por *n* aminoácidos, há 20^n possíveis cadeias polipeptídicas diferentes. Para uma proteína típica, com 300 aminoácidos, mais de 20^{300} (ou seja, 10^{390}) cadeias polipeptídicas diferentes são, em teoria, possíveis.

Do inimaginável grande número de potenciais sequências polipeptídicas, apenas uma minúscula fração realmente está presente nas células. Isso ocorre porque diversas funções biológicas requerem proteínas com conformações tridimensionais estáveis e bem definidas. Essas necessidades restringem o número de sequências polipeptídicas possíveis. Outra restrição é que as proteínas

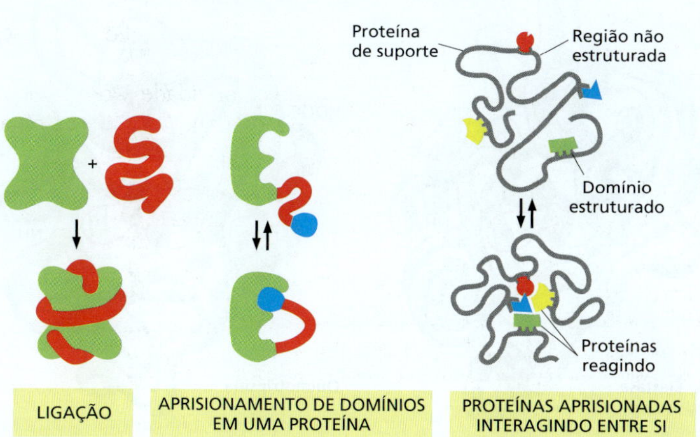

Figura 4-21 Regiões não estruturadas de uma cadeia polipeptídica podem desempenhar diversas funções. Algumas dessas funções estão ilustradas aqui.

QUESTÃO 4-3

Mutações aleatórias raramente resultam em mudanças que melhoram a utilidade de uma proteína para a célula e, quando ocorrem, são selecionadas na evolução. Como essas mudanças são muito raras, para cada mutação útil, há inúmeras mutações que não resultam em melhoria, ou resultam em formas inativas da proteína. Por que então as células não contêm milhões de proteínas sem função?

funcionais devem ser "bem comportadas" e não estabelecerem associações com outras proteínas da célula – formando agregados insolúveis de proteínas, por exemplo. Muitas proteínas potenciais seriam eliminadas por seleção natural pelo processo de tentativa e erro em que se baseia a evolução (discutido no Cap. 9).

Graças a esse rigoroso processo de seleção, as sequências de aminoácidos de muitas das proteínas que existem atualmente evoluíram para garantir que o polipeptídeo irá adotar uma conformação estável – uma que garanta que as propriedades químicas exatas da proteína irão permitir-lhe desempenhar uma função específica. A precisão na construção de tais proteínas é tamanha que basta uma mudança em alguns átomos de um de seus aminoácidos para que ocorra perda da sua estrutura e, consequentemente, da sua função. De fato, a estrutura de diversas proteínas – e de seus domínios constituintes – é tão estável e eficiente que foi conservada ao longo da evolução em diversos organismos. As estruturas tridimensionais do sítio de ligação ao DNA da proteína α2 de leveduras e da proteína *Engrailed* de *Drosophila*, por exemplo, são quase completamente iguais, mesmo que esses dois organismos sejam separados por mais de um bilhão de anos de evolução. Outras proteínas, no entanto, alteraram sua estrutura e função ao longo do processo de evolução, como discutimos a seguir.

As proteínas podem ser classificadas em famílias

Uma vez que uma proteína tenha evoluído para uma conformação estável e com propriedades úteis, a sua estrutura pode ser modificada ao longo do tempo para que ela desempenhe novas funções. Sabemos que esse processo ocorreu com certa frequência durante a evolução, pois muitas proteínas presentes hoje podem ser agrupadas em **famílias de proteínas**, nas quais cada membro de uma família possui sequência de aminoácidos e conformação tridimensional que se assemelham às dos demais membros da família.

Considere, por exemplo, as *serinas-protease*, uma família de enzimas proteolíticas que inclui as enzimas digestivas quimotripsina, tripsina e elastase, bem como as diversas proteases envolvidas na coagulação sanguínea. Quando duas dessas proteínas são comparadas entre si, porções das suas sequências de aminoácidos são praticamente iguais. A similaridade das suas conformações tridimensionais é ainda mais notável: a maioria das voltas e torções em suas cadeias polipeptídicas é exatamente idêntica (**Figura 4-22**). Não obstante, as serinas-protease possuem atividades enzimáticas distintas, cada uma clivando diferentes proteínas ou a ligação peptídica entre diferentes tipos de aminoácidos.

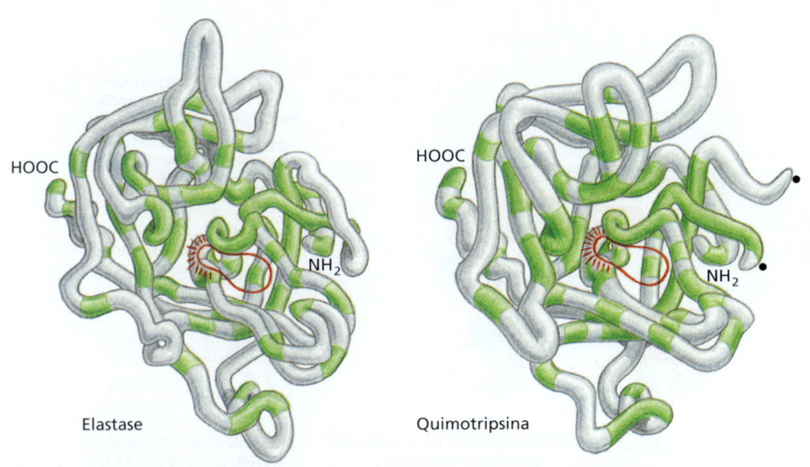

Figura 4-22 Serinas-protease compõem uma família de enzimas proteolíticas. Representação do modelo da cadeia principal de duas serinas-protease, elastase e quimotripsina. Embora apenas as sequências de aminoácidos que compõem a cadeia polipeptídica ilustradas em *verde* sejam idênticas nas duas proteínas, as duas conformações são bastante similares na sua totalidade. No entanto, as duas proteases diferem na sua preferência de substratos. O sítio ativo de cada enzima – onde o substrato se liga e é clivado – está destacado em *vermelho*.

O nome das serinas-protease deriva do aminoácido serina, que participa diretamente da reação de clivagem. Os dois *círculos pretos* no *lado direito* da molécula de quimotripsina indicam as duas extremidades livres criadas onde a enzima clivou a sua própria cadeia principal.

As moléculas grandes de proteínas contêm normalmente mais de uma cadeia polipeptídica

Os mesmos tipos de ligações não covalentes fracas que permitem que uma cadeia polipeptídica se enovele em uma conformação específica também promovem a ligação de proteínas umas às outras, produzindo estruturas celulares maiores. Qualquer região na superfície de uma proteína que interaja com outra molécula por meio de uma série de ligações não covalentes é denominada *sítio de ligação*. Uma proteína pode conter sítios de ligação para diferentes moléculas, grandes e pequenas. Caso o sítio de ligação de uma proteína reconheça a superfície de uma segunda proteína, a ligação dessas duas cadeias polipeptídicas irá originar uma molécula proteica maior, cuja estrutura quaternária possui geometria precisamente definida. Cada cadeia polipeptídica nessa proteína é chamada de **subunidade**, e cada subunidade pode conter mais de um domínio.

No caso mais simples, duas cadeias polipeptídicas idênticas e enoveladas se ligam uma à outra, formando um complexo simétrico de duas subunidades proteicas (chamado de *dímero*) mantidas unidas pela interação dos dois sítios de ligação iguais. A proteína CAP encontrada em células bacterianas é um dímero (**Figura 4-23A**) formado por duas cópias idênticas da subunidade mostrada anteriormente na Figura 4-19. Vários outros complexos proteicos simétricos, formados por múltiplas cópias de uma mesma cadeia polipeptídica, são comumente encontrados nas células. A enzima *neuraminidase*, por exemplo, é formada por quatro subunidades idênticas, unidas como um anel (**Figura 4-23B**).

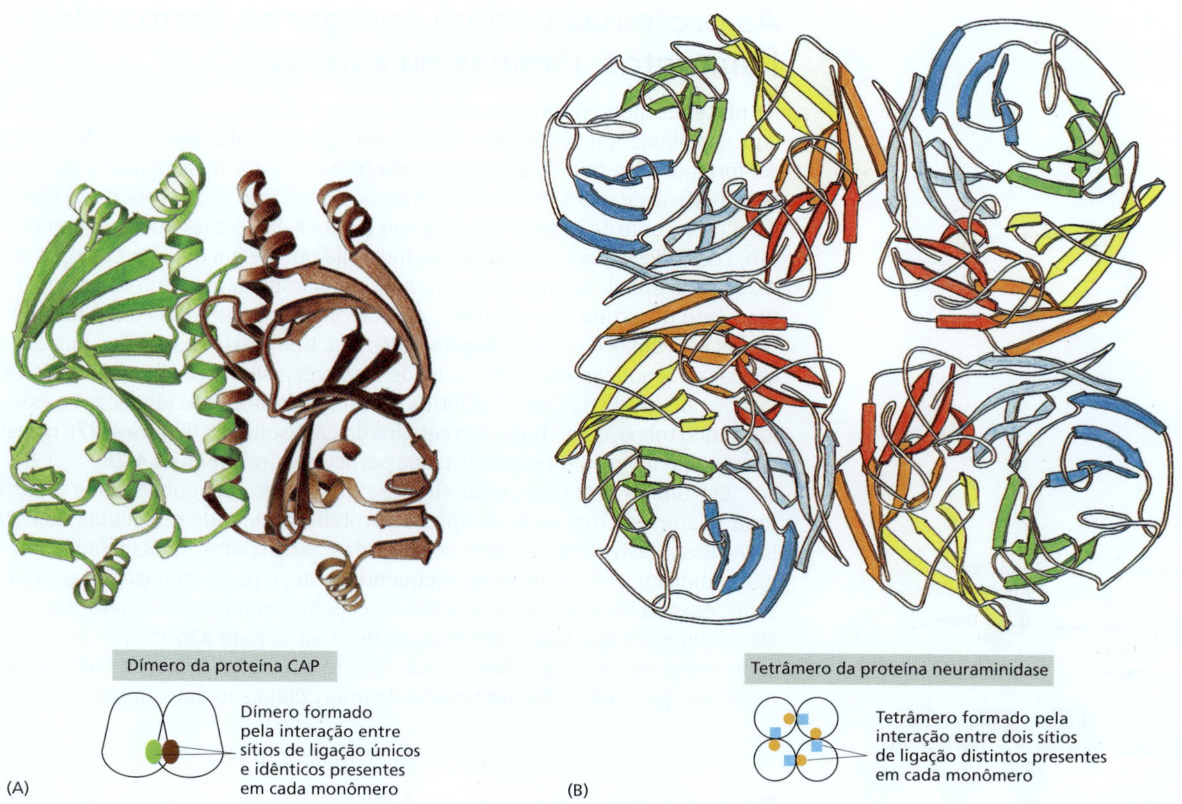
Dímero da proteína CAP
Dímero formado pela interação entre sítios de ligação únicos e idênticos presentes em cada monômero
(A)
Tetrâmero da proteína neuraminidase
Tetrâmero formado pela interação entre dois sítios de ligação distintos presentes em cada monômero
(B)

Figura 4-23 Várias moléculas proteicas contêm múltiplas cópias da mesma subunidade. (A) Um dímero simétrico. A proteína CAP é um complexo de duas cadeias polipeptídicas idênticas (ver também Figura 4-19). (B) Um homotetrâmero simétrico. A enzima neuraminidase é um anel composto de quatro subunidades da mesma cadeia polipeptídica. Para (A) e (B), um pequeno esquema abaixo das suas estruturas enfatiza como o uso repetido do mesmo sítio de ligação forma a estrutura. Em (A), o uso do mesmo sítio de ligação em cada monômero (representado pelas *elipses* em *marrom* e *verde*) induz à formação de um dímero simétrico. Em (B), um par de sítios de ligação não idênticos (representados pelos *círculos laranja* e *quadrados azuis*) induz a formação do tetrâmero simétrico.

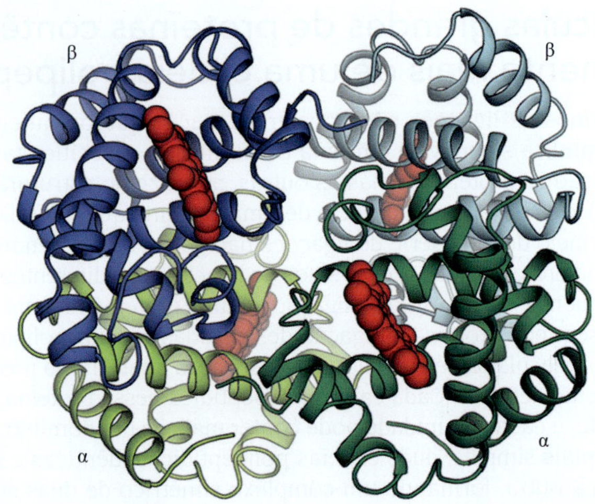

Figura 4-24 Algumas proteínas são formadas pelo conjunto simétrico de duas subunidades diferentes. A hemoglobina, proteína carreadora de oxigênio abundante nos eritrócitos, contém duas cópias de α-globina (*verde*) e duas cópias de β-globina (*azul*). Cada uma das quatro cadeias polipeptídicas contém uma molécula de heme (*vermelho*), local de ligação do oxigênio (O_2). Assim, cada molécula de hemoglobina é capaz de transportar quatro moléculas de oxigênio.

Outras proteínas contêm duas ou mais cadeias polipeptídicas diferentes. A *hemoglobina*, a proteína carreadora de oxigênio nos eritrócitos, é um exemplo muito estudado. Essa proteína contém duas subunidades idênticas de α-globina e outras duas subunidades idênticas de β-globina, simetricamente arranjadas (**Figura 4-24**). Diversas proteínas são compostas por múltiplas subunidades, podendo ser muito grandes (**Animação 4.5**).

As proteínas podem agregar-se, formando filamentos, lâminas ou esferas

As proteínas podem formar conjuntos ainda maiores do que os já discutidos até aqui. Da maneira mais simples, uma cadeia de moléculas proteicas idênticas pode ser formada se o sítio de ligação de uma proteína for complementar à outra região na superfície de outra molécula do mesmo tipo. Como cada proteína se liga à molécula adjacente da mesma maneira (ver Figura 4-14), essas cadeias assumem o arranjo de hélice e podem estender-se indefinidamente em qualquer direção (**Figura 4-25**). Esse tipo de arranjo pode produzir uma proteína filamentosa estendida. Um filamento de actina, por exemplo, é uma longa estrutura helicoidal formada por várias moléculas de actina (**Figura 4-26**). A actina é extremamente abundante em células eucarióticas, onde forma um dos maiores sistemas de filamentos do citoesqueleto (discutido no Cap. 17). Outros conjuntos de proteínas idênticas se associam formando tubos, como nos microtúbulos do citoesqueleto (**Figura 4-27**), ou esferas ocas, como no envoltório proteico das partículas virais (**Figura 4-28**).

Estruturas grandes, como vírus e ribossomos, são construídas a partir de uma mistura de um ou mais tipos de proteínas, além de moléculas de DNA ou RNA. Essas estruturas podem ser isoladas, purificadas e dissociadas em suas macromoléculas constituintes. Frequentemente, é possível misturar esses constituintes isolados e vê-los se arranjando espontaneamente na sua forma original. Isso demonstra que toda a informação necessária para a formação dessas estruturas complexas está contida em suas macromoléculas. Experimentos desse tipo mostram que muitas das estruturas de uma célula são auto-organizáveis: se as

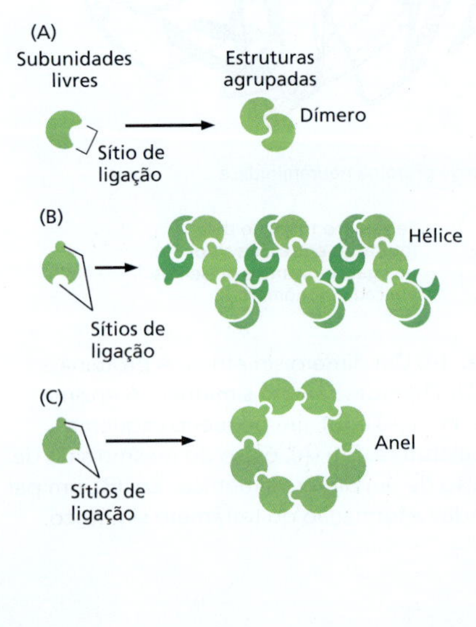

Figura 4-25 Subunidades proteicas idênticas podem organizar-se em estruturas complexas. (A) Uma proteína com apenas um sítio de ligação pode formar um dímero com outra proteína idêntica. (B) Proteínas idênticas com dois sítios de ligação diferentes frequentemente formarão um longo filamento helicoidal. (C) Se os dois sítios de ligação estiverem dispostos apropriadamente, uma em relação à outra, as subunidades proteicas formarão um anel fechado, e não uma hélice (ver também a Figura 4-23B).

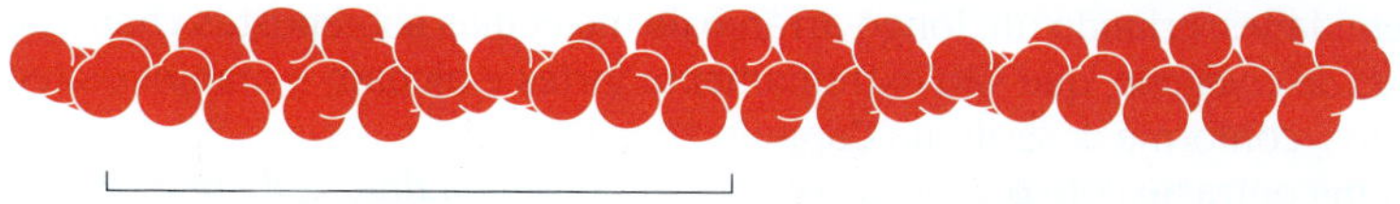

Figura 4-26 Um filamento de actina é composto por subunidades proteicas idênticas. O arranjo helicoidal das moléculas de actina em um filamento frequentemente contém milhares de moléculas e se estende por micrômetros na célula.

proteínas necessárias forem produzidas na quantidade necessária, as estruturas apropriadas serão formadas automaticamente.

Alguns tipos de proteínas possuem formas fibrosas alongadas

Muitas proteínas discutidas até aqui são **proteínas globulares**, nas quais a cadeia polipeptídica se enovela em uma estrutura compacta, como uma bola de superfície irregular. As enzimas, por exemplo, tendem a ser proteínas globulares: embora muitas possuam formatos grandes e complicados, com múltiplas subunidades, elas têm, em sua maioria, uma estrutura quaternária de forma arredondada (ver Figura 4-11). Em contraste, outras proteínas, para atuar nas células, precisam atravessar longas distâncias. Essas proteínas geralmente possuem estrutura tridimensional simples e alongada, e são chamadas de **proteínas fibrosas**.

Uma grande classe de proteínas fibrosas intracelulares se assemelha à α-queratina, estrutura que já mencionamos na introdução da α-hélice. Filamentos de queratina são extremamente estáveis: estruturas como cabelo, chifres e unhas são compostos principalmente por essa proteína. Uma molécula de α-queratina é um dímero de subunidades idênticas, com uma longa α-hélice de cada subunidade formando uma super-hélice (ver Figura 4-16). Essas regiões de super-hélices são revestidas nas duas extremidades por domínios globulares contendo sítios de ligação que permitem a sua associação em *filamentos intermediários* semelhantes a cordões – um dos componentes do citoesqueleto que conferem força mecânica às células (discutido no Cap. 17).

As proteínas fibrosas são especialmente abundantes no meio extracelular, onde formam a *matriz extracelular* coloidal que ajuda as células a permanecerem unidas, formando tecidos. Essas proteínas são secretadas pelas células no meio que as circunda, onde são mantidas juntas como lâminas ou longas fibrilas. O *colágeno* é a mais abundante dessas proteínas fibrosas extracelulares em tecidos animais. Uma molécula de colágeno é formada por três longas cadeias polipeptídicas, cada uma contendo o aminoácido apolar glicina a cada três resíduos. Essa estrutura regular permite que as cadeias se enrolem, formando uma longa hélice tripla com os resíduos de glicina localizados no seu centro (**Figura 4-29A**). Muitas dessas moléculas de colágeno se ligam umas às outras, lado a lado e em suas

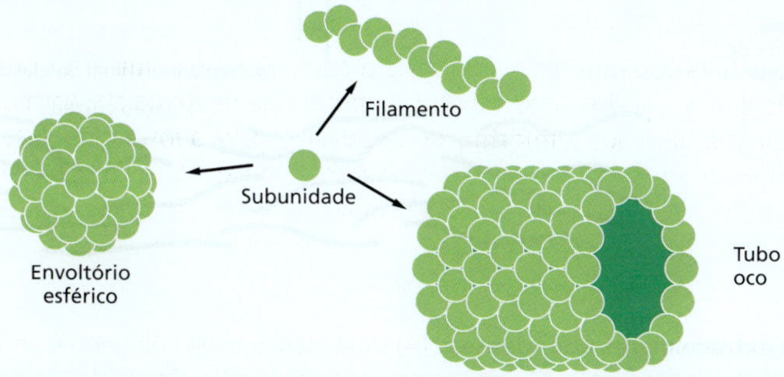

Figura 4-27 Um único tipo de subunidade proteica pode associar-se para formar um filamento, um tubo oco, ou um envoltório esférico. Subunidades de actina, por exemplo, podem formar filamentos de actina (ver Figura 4-26), enquanto subunidades de tubulina formam microtúbulos ocos, e algumas proteínas virais formam um envoltório esférico (capsídeo) que reveste o genoma viral (ver Figura 4-28).

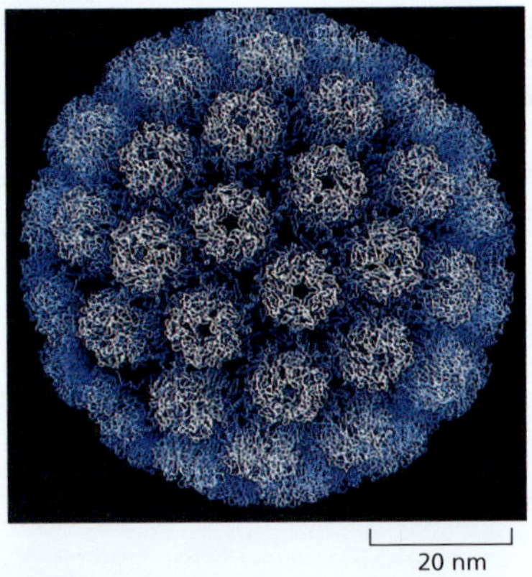

Figura 4-28 Diversos capsídeos virais são conjuntos mais ou menos esféricos de proteínas. Os capsídeos são formados por múltiplas cópias de um pequeno conjunto de subunidades proteicas. O ácido nucleico do vírus (DNA ou RNA) fica encapsulado por essa estrutura. A estrutura do vírus SV40 de símios, mostrada aqui, foi determinada por cristalografia de raios X e é conhecida em detalhes atômicos. (Cortesia de Robert Grant, Stephan Crainic e James M. Hogle.)

extremidades, criando um longo arranjo de moléculas sobrepostas chamadas de *fibrilas de colágeno*, que são extremamente fortes e ajudam a manter os tecidos íntegros, conforme descrito no Capítulo 20.

Em contraste com o colágeno está outra proteína fibrosa da matriz extracelular, a *elastina*. As moléculas de elastina são formadas por cadeias polipeptídicas relativamente desestruturadas ligadas covalentemente a outras moléculas, formando uma rede elástica e frouxa. Essas *fibras elásticas* permitem à pele e a outros tecidos, como artérias e pulmão, esticarem e retornarem ao tamanho original sem se romper. Como ilustrado na **Figura 4-29B**, essa elasticidade se deve à capacidade de cada molécula proteica de retornar à sua conformação original toda vez que for esticada.

As proteínas extracelulares são frequentemente estabilizadas por ligações covalentes cruzadas

Diversas proteínas podem estar ligadas à face externa da membrana plasmática ou fazer parte da matriz extracelular, sendo expostas a condições extracelulares. Para ajudar a manter suas estruturas, as cadeias polipeptídicas dessas proteínas são geralmente estabilizadas por ligações covalentes cruzadas. Essas ligações podem manter unidos dois aminoácidos de uma mesma cadeia polipeptídica, ou unir diversas cadeias polipeptídicas em um grande complexo proteico – como nas fibras de colágeno e nas fibras elásticas descritas anteriormente.

A ligação covalente cruzada mais comum nas proteínas são as **pontes dissulfeto**. Essas ligações dissulfeto (também chamadas de *ligações S-S*) são formadas antes de a proteína ser secretada, por uma enzima do retículo endoplasmático que une dois grupos –SH de cadeias laterais de cisteína adjacentes na estrutura enovelada da proteína (**Figura 4-30**). As ligações dissulfeto não alteram a conformação de uma proteína, mas atuam como um estabilizador atômico, reforçando a conformação mais favorável de uma proteína. Por exemplo, a lisozima – proteína presente nas lágrimas, na saliva e em outras secreções capazes de

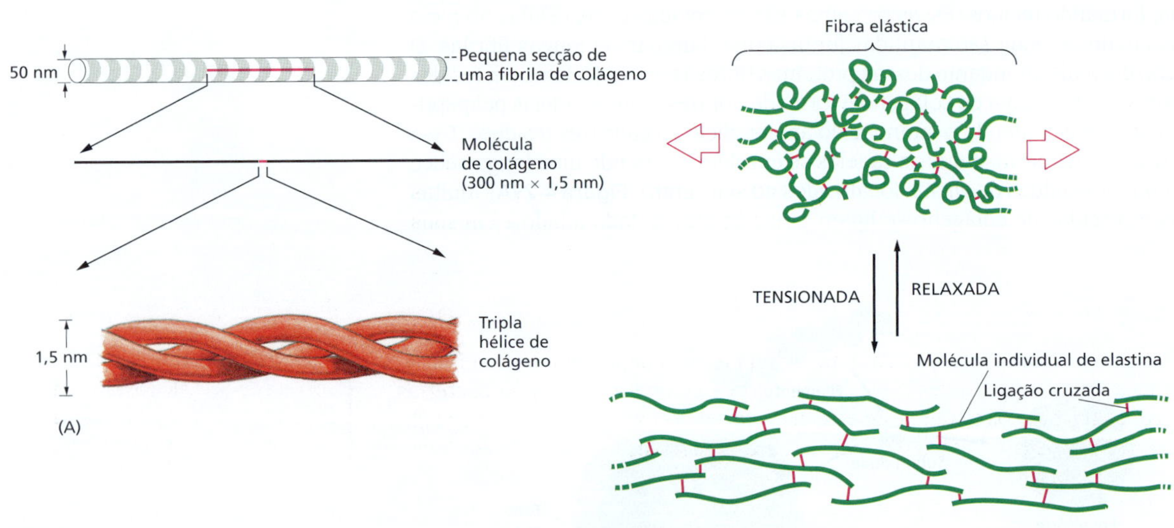

Figura 4-29 Colágeno e elastina são proteínas fibrosas extracelulares abundantes. (A) Uma molécula de colágeno é uma hélice tripla formada por três cadeias de proteínas estendidas e enroladas juntas. Muitas moléculas de colágeno são unidas no espaço extracelular, formando as fibrilas de colágeno (*parte superior*) que possuem a força tensora igual à do aço. As listras da fibrila de colágeno se devem à repetição regular das moléculas de colágeno dentro da fibrila. (B) As moléculas de elastina são mantidas unidas por ligações cruzadas covalentes (*vermelho*), formando fibras elásticas semelhantes à borracha. Cada cadeia polipeptídica de elastina se desenovela em uma conformação distendida quando a fibra é tracionada, e volta à sua conformação nativa espontaneamente quando a força tensora é eliminada.

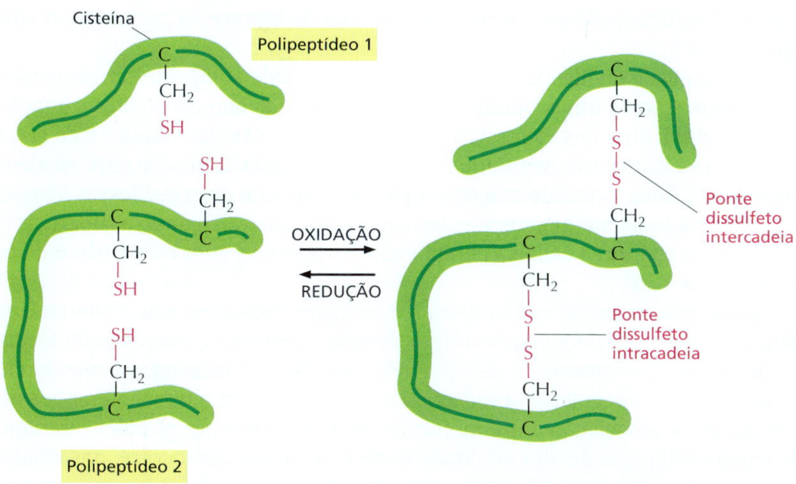

Figura 4-30 Pontes dissulfeto ajudam a estabilizar a conformação nativa de uma proteína. Este diagrama ilustra como as pontes dissulfeto covalentes se formam entre cadeias laterais adjacentes de cisteína por meio da oxidação de seus grupos –SH. Conforme indicado, essas ligações cruzadas podem unir duas partes de uma mesma cadeia polipeptídica ou duas cadeias diferentes. Como a energia necessária para romper uma ligação covalente é muito maior do que a energia necessária para romper todo o conjunto de ligações não covalentes (ver Tabela 2-1, p. 48), uma ponte dissulfeto tem grande efeito estabilizador na estrutura de uma proteína enovelada (**Animação 4.6**).

romper a parede celular bacteriana – mantém sua atividade bactericida por longo tempo, pois é estabilizada por essas ligações cruzadas dissulfeto.

As pontes dissulfeto em geral não se formam no citosol, onde a alta concentração de agentes redutores converteria as pontes novamente em grupos –SH de cisteínas. Aparentemente, as proteínas não requerem esse tipo de reforço estrutural nas condições relativamente amenas do citosol.

COMO AS PROTEÍNAS FUNCIONAM

Conforme vimos, as proteínas são compostas por uma grande variedade de sequências de aminoácidos e se enovelam em conformações únicas. A superfície topográfica das cadeias laterais de uma proteína confere função única a cada proteína, com base nas suas propriedades químicas. O efeito conjunto da estrutura, química e função confere às proteínas a capacidade extraordinária de desempenhar o grande número de processos dinâmicos que ocorrem nas células.

Para as proteínas, a forma e a função estão inexoravelmente ligadas. Mas uma questão fundamental ainda permanece: como as proteínas funcionam? Nesta seção, descrevemos como a atividade das proteínas depende da sua capacidade de se ligar a moléculas específicas, o que permite que atuem como catalisadoras, suporte estrutural, pequenos motores, entre outras funções. Os exemplos que revisamos aqui não cobrem todo o repertório funcional das proteínas. No entanto, as funções especializadas das proteínas que você encontrará ao longo deste livro se baseiam em princípios similares aos aqui descritos.

Todas as proteínas se ligam a outras moléculas

As propriedades biológicas de uma molécula proteica dependem da sua interação física com outras moléculas. Os anticorpos se ligam a vírus ou bactérias como um sinal para os sistemas de defesa do corpo, a enzima hexocinase liga glicose e ATP para então catalisar a reação entre eles, moléculas de actina se ligam umas às outras para formar longos filamentos, e assim por diante. De fato, todas as proteínas aderem, ou se ligam, a outras moléculas de uma maneira específica. Em alguns casos, essas ligações são muito fortes; em outros, elas são fracas e de curta duração. Conforme visto no Capítulo 3, a afinidade de uma enzima pelo seu substrato se reflete no seu valor de K_M: quanto menor o valor de K_M, maior a força da ligação.

Independentemente de sua força, a ligação de uma proteína a outra molécula biológica sempre apresenta grande *especificidade*: cada proteína pode ligar-se a uma ou a poucas moléculas, entre as milhares a que está exposta. Qualquer substância que está ligada a uma proteína – seja um íon, uma pequena molécula

QUESTÃO 4-4

O cabelo é composto principalmente por fibras de queratina. Fibras individuais de queratina são ligadas umas às outras por meio de diversas pontes dissulfeto covalentes cruzadas (S-S). Se um cabelo crespo for tratado com agentes redutores suaves, que rompem algumas dessas ligações cruzadas, e então alisado e oxidado novamente, ele permanecerá liso. Desenhe um diagrama que ilustre as três etapas desse processo químico e mecânico no nível dos filamentos de queratina, com ênfase nas pontes dissulfeto. O que aconteceria se o cabelo fosse tratado com um agente redutor forte, capaz de romper todas as pontes dissulfeto?

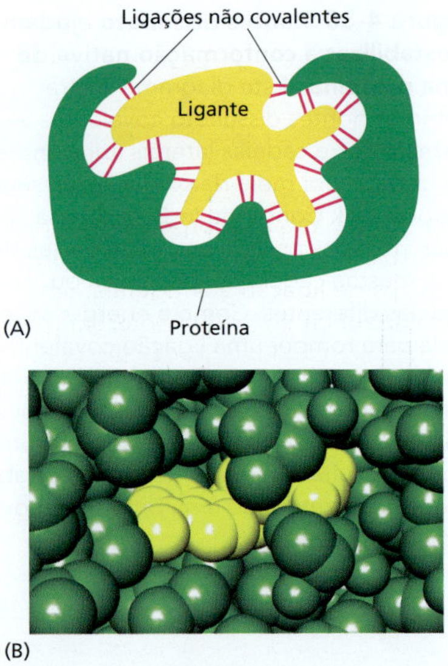

Figura 4-31 A ligação de uma proteína a outra molécula é extremamente seletiva. Muitas interações fracas são necessárias para que uma proteína se ligue fortemente a uma segunda molécula (um ligante). O ligante deve encaixar-se perfeitamente no sítio de ligação, como a mão em uma luva; assim, um grande número de interações não covalentes pode ser formado entre a proteína e o ligante. (A) Representação esquemática mostrando a ligação de uma proteína hipotética e o ligante; (B) modelo de preenchimento espacial.

orgânica ou uma macromolécula – é chamada de **ligante** da proteína (do latim *ligare*, "ligar").

A habilidade da ligação seletiva e a alta afinidade ao ligante são dependentes da formação de um conjunto de interações fracas não covalentes – ligações de hidrogênio, atrações eletrostáticas e atrações de van der Waals – e de forças hidrofóbicas favoráveis (ver Painel 2-7, p. 78-79). Cada interação não covalente individual é fraca, portanto a ligação efetiva requer que diversas dessas ligações sejam formadas simultaneamente. Isso apenas é possível quando a superfície da molécula do ligante se encaixa perfeitamente à proteína, como uma mão em uma luva (**Figura 4-31**).

Quando as superfícies da proteína e do ligante possuem pouca similaridade para o encaixe, ocorrem poucas interações não covalentes, e as duas moléculas se dissociam rapidamente. É isso que evita associações incorretas e indesejadas entre pares de moléculas. Por outro lado, ao se formarem muitas interações não covalentes, a associação entre moléculas pode perdurar por grandes intervalos de tempo. A ligação de alta afinidade entre duas moléculas ocorre, nas células, sempre que uma função biológica requeira que as moléculas permaneçam ligadas com alta afinidade por um longo período de tempo – por exemplo, quando um conjunto de macromoléculas se associa para formar uma estrutura subcelular funcional, como um ribossomo.

A região de uma proteína que se associa ao ligante, conhecida como **sítio de ligação**, geralmente é formada por uma cavidade, na superfície da proteína, composta por um arranjo específico de cadeias laterais de aminoácidos. Essas cadeias laterais podem pertencer a aminoácidos bastante distantes na cadeia polipeptídica linear, mas que estão próximos na proteína enovelada (**Figura 4-32**). Outras regiões da superfície frequentemente formam sítios de ligação para ligantes diferentes que regulam a atividade da proteína, conforme discutido adiante. Outras partes da proteína podem ser necessárias para atrair ou fixar essa proteína em um local específico na célula, por exemplo, as α-hélices hidrofóbicas de uma proteína transmembrânica permitem que ela esteja inserida na bicamada lipídica de uma membrana celular (como discutido no Cap. 11).

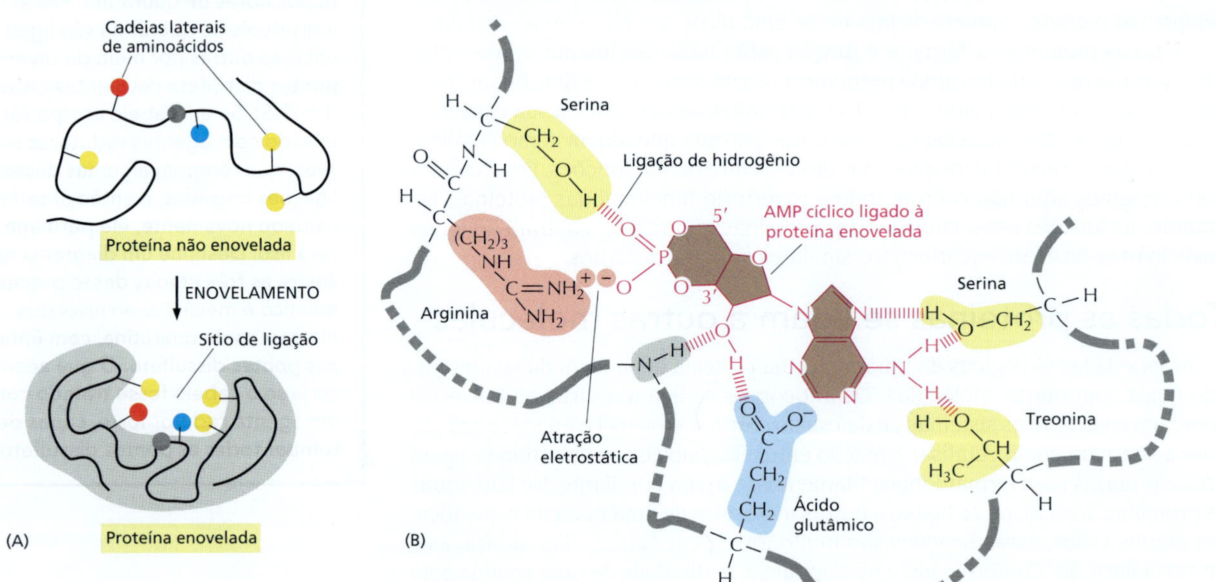

Figura 4-32 Os sítios de ligação permitem a interação entre proteínas e ligantes específicos. (A) O enovelamento da cadeia polipeptídica geralmente dá origem a cavidades ou reentrâncias na superfície da proteína enovelada, onde cadeias laterais de aminoácidos específicos se encontram próximas umas às outras, de modo que são capazes de estabelecer ligações não covalentes apenas com ligantes específicos. (B) Visão mais detalhada de um sítio de ligação real, mostrando as ligações de hidrogênio e interações eletrostáticas formadas entre a proteína e seu ligante (neste exemplo, o ligante é o AMP cíclico, representado em *marrom*).

Embora os aminoácidos do interior de uma proteína não façam contato direto com o ligante, eles compõem o arcabouço estrutural essencial que confere à superfície da proteína a sua estrutura e propriedades químicas. Mesmo pequenas alterações nos aminoácidos localizados no interior de uma proteína podem alterar a sua conformação tridimensional e impedir a sua função.

Existem bilhões de anticorpos diferentes, cada um com um sítio de ligação distinto

Todas as proteínas precisam se associar aos seus ligantes específicos para exercerem suas funções. Para os anticorpos, o conjunto de possíveis ligantes é ilimitado. Cada um de nós tem a capacidade de produzir uma imensa variedade de anticorpos que serão capazes de reconhecer e ligar com alta afinidade quase qualquer molécula imaginável.

Anticorpos são proteínas imunoglobulínicas produzidas pelo sistema imune em resposta a moléculas não próprias, especialmente aquelas presentes na superfície de microrganismos invasores. Cada anticorpo se liga firmemente a um alvo em particular, promovendo sua inativação direta ou marcando-o para degradação. Um anticorpo reconhece seu alvo – chamado de **antígeno** – com notável especificidade, e, havendo bilhões de possíveis antígenos a que uma pessoa pode estar exposta, devemos ser capazes de produzir bilhões de diferentes anticorpos.

Os anticorpos são moléculas com formato da letra Y, com dois sítios idênticos de ligação a antígenos, cada um complementar a uma pequena região da superfície de uma molécula do antígeno. Examinando detalhadamente os sítios de ligação para o antígeno, percebe-se que são formados por diversas alças da cadeia polipeptídica que se projetam a partir de um par de domínios proteicos justapostos (**Figura 4-33**). A sequência de aminoácidos nessas alças pode variar grandemente sem alterar a estrutura básica do anticorpo. Uma grande diversidade de sítios de ligação pode ser gerada, modificando apenas o comprimento da

Figura 4-33 Um anticorpo apresenta o formato da letra Y e possui dois sítios idênticos de ligação a antígenos, um em cada braço do Y. (A) Representação esquemática de uma típica molécula de anticorpo. A proteína é composta por quatro cadeias polipeptídicas (duas cadeias polipeptídicas pesadas idênticas e duas cadeias leves e menores, também idênticas) mantidas unidas por pontes dissulfeto (*vermelho*). Cada cadeia é constituída por vários domínios similares, aqui destacados em *azul* ou *cinza*. O sítio de ligação ao antígeno é formado no ponto em que um domínio variável da cadeia pesada (V_H) e um domínio variável da cadeia leve (V_L) se encontram. Esses dois domínios diferem na sua sequência de aminoácidos entre anticorpos distintos – e desse fato deriva o seu nome. (B) Representação, no modelo de fitas, de uma única cadeia leve, mostrando as partes mais variáveis da cadeia polipeptídica (*laranja*) se projetando como alças em uma das extremidades do domínio variável (V_L) que forma metade de um sítio de ligação a antígenos da molécula de anticorpo representada em (A). Observe que tanto o domínio constante quanto o variável são compostos por um sanduíche de duas folhas β antiparalelas (ver também Figura 4-20C), conectados por uma ponte dissulfeto (*vermelho*).

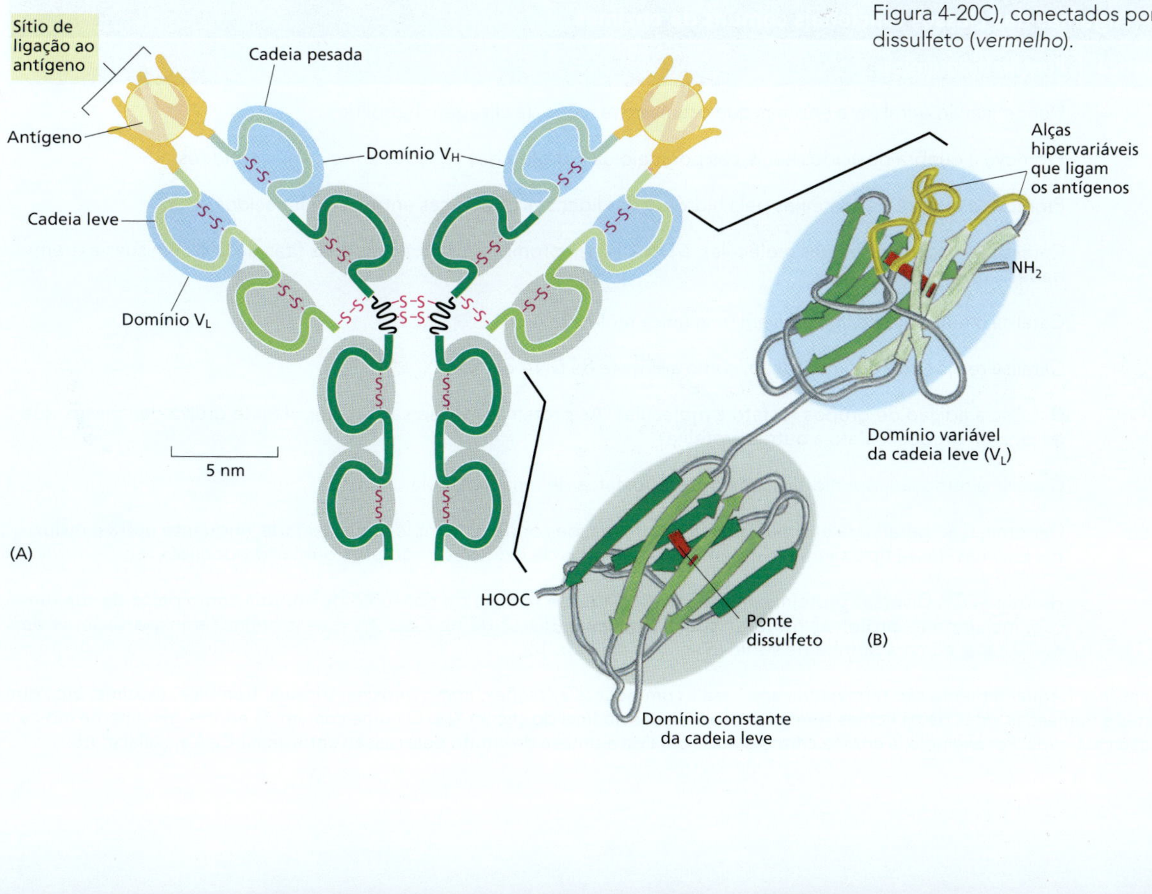

sequência de aminoácidos das alças, o que explica a diversidade de anticorpos que pode ser gerada (**Animação 4.7**).

Com a sua combinação única de especificidade e diversidade, os anticorpos não são apenas indispensáveis para o combate a infecções, mas também são valiosas ferramentas para uso em laboratórios, onde podem ser utilizados para identificar, purificar e estudar outras moléculas (**Painel 4-2**, p. 146-147).

As enzimas são catalisadores potentes e altamente específicos

Para muitas proteínas, a ligação a outra molécula é sua principal função. Uma molécula de actina, por exemplo, apenas precisa se associar a outras moléculas de actina para formar um filamento. Há outras proteínas, entretanto, nas quais a ligação à outra molécula é apenas o primeiro passo da sua função. Esse é o caso das **enzimas**, uma grande e importante classe de proteínas. Essas moléculas notáveis são responsáveis por quase todas as transformações químicas que ocorrem nas células. Enzimas se ligam a um ou mais ligantes, chamados de **substratos**, e os convertem em produtos modificados quimicamente, repetindo essa ação muitas e muitas vezes, com extrema rapidez. Conforme visto no Capítulo 3, as enzimas aceleram reações, frequentemente com um fator de um milhão ou mais, sem sofrer alterações – ou seja, enzimas agem como *catalisadores* que permitem à célula formar ou romper ligações covalentes. A catálise de sequências organizadas de reações químicas cria e mantém a célula, tornando a vida possível.

As enzimas podem ser agrupadas em classes funcionais, com base no tipo de reações químicas que catalisam (**Tabela 4-1**). Cada tipo de enzima é altamente específico, catalisando apenas um tipo de reação. Por exemplo, a *hexocinase* adiciona grupos fosfato à D-glicose, mas não ao seu isômero óptico, L-glicose; a enzima de coagulação sanguínea *trombina* cliva um tipo de proteína de coagulação sanguínea entre um resíduo especifico de arginina e o resíduo de glicina adjacente, e nenhuma outra ligação peptídica. Como discutido em detalhes no

QUESTÃO 4-5

Utilize desenhos para explicar como uma enzima (como a hexocinase, mencionada no texto) pode distinguir entre seu substrato normal (neste exemplo, a D-glicose) do seu isômero óptico, L-glicose, que não é substrato da enzima. (Dica: lembre-se de que um átomo de carbono forma quatro ligações simples arranjadas como um tetraedro e que isômeros ópticos são imagens especulares um do outro. Desenhe o substrato como um tetraedro e seus quatro diferentes vértices e então desenhe sua imagem especular. Utilizando este desenho, explique por que apenas um isômero óptico pode se ligar à representação esquemática do sítio ativo de uma enzima.)

TABELA 4-1 Algumas das classes funcionais comuns de enzimas

Classe enzimática	Função bioquímica
Hidrolase	Denominação geral para enzimas que catalisam reações de clivagem hidrolítica.
Nuclease	Promove a quebra de ácidos nucleicos por meio da hidrólise das ligações entre os nucleotídeos.
Protease	Promove a quebra de proteínas pela hidrólise das ligações peptídicas entre os aminoácidos.
Ligase	Catalisa a ligação entre duas moléculas; a DNA-ligase promove a ligação de duas fitas de DNA em suas extremidades.
Isomerase	Catalisa o rearranjo de ligações em uma única molécula.
Polimerase	Catalisa reações de polimerização, como a síntese de DNA e RNA.
Cinase	Catalisa a adição de grupos fosfato a moléculas. As proteínas-cinase são um importante grupo de cinases que adicionam grupos fosfato a outras proteínas.
Fosfatase	Catalisa a remoção, por hidrólise, de grupos fosfatos de uma molécula.
Oxidorredutase	Denominação geral para enzimas que catalisam reações onde uma molécula é oxidada, enquanto outra é reduzida. Enzimas desse tipo são frequentemente chamadas de oxidases, redutases ou desidrogenases.
ATPase	Hidrolisa ATP. Diversas proteínas possuem atividade de ATPase de consumo de energia como parte da sua função, incluindo as proteínas motoras como a miosina (discutida no Cap. 17) e as proteínas transportadoras de membrana, como a bomba de sódio (discutida no Cap. 12).

Os nomes das enzimas frequentemente são terminados em "-ase", com poucas exceções, como pepsina, tripsina, trombina, lisozima, etc., que foram descobertas e nomeadas antes de os nomes serem convencionados no final do século XIX. O nome comum da enzima geralmente indica a natureza da reação catalisada. Por exemplo, a enzima citrato-sintase catalisa a síntese de citrato pela reação entre acetil-CoA e oxalacetato.

Capítulo 3, as enzimas geralmente trabalham em conjunto, sendo o produto de uma enzima o substrato da enzima seguinte. O resultado é uma intrincada rede de *vias metabólicas* que fornecem energia à célula, gerando as muitas moléculas grandes e pequenas de que a célula necessita.

A lisozima ilustra como uma enzima funciona

Para explicar como as enzimas catalisam reações químicas, usaremos como exemplo a **lisozima** – uma enzima que age como um antibiótico natural na clara-do-ovo, na saliva, nas lágrimas e em outras secreções. A lisozima cliva as cadeias polissacarídicas que formam a parede celular de bactérias. Como a célula bacteriana está sob pressão devido às forças osmóticas intracelulares, a clivagem de mesmo um pequeno número de cadeias polissacarídicas induz a ruptura da parede celular e a lise da bactéria. A lisozima é uma proteína relativamente pequena e estável, facilmente isolada em grandes quantidades. Por essa razão, já foi intensamente estudada e foi a primeira enzima cuja estrutura foi determinada em detalhes atômicos por cristalografia de raios X.

A reação catalisada pela lisozima é uma hidrólise: a enzima adiciona uma molécula de água na ligação simples entre dois açúcares adjacentes na cadeia polissacarídica, causando a quebra da ligação. Essa reação é energeticamente favorável, porque a energia livre da cadeia clivada é menor do que a energia livre da cadeia intacta. Entretanto, polissacarídeos puros podem permanecer por anos na água sem serem hidrolisados. Isso ocorre porque há uma barreira energética nesse tipo de reação, chamada de *energia de ativação* (discutida no Cap. 3, p. 91-93). Para uma molécula de água clivar a ligação entre dois açúcares, a molécula do polissacarídeo precisa estar distorcida em um ângulo específico – **estado de transição** –, no qual os átomos ao redor da ligação possuem geometria e distribuição eletrônica alteradas. Para gerar essa distorção, uma quantidade de energia precisa ser fornecida por colisões moleculares aleatórias. Em uma solução aquosa, à temperatura ambiente, a energia das colisões raramente excede à da energia de ativação; como consequência, a hidrólise será extremamente lenta, se ocorrer.

É nesse ponto que as enzimas atuam. Como qualquer enzima, a lisozima possui um sítio específico de ligação em sua superfície, chamado de **sítio ativo**, que reconhece e se encaixa ao redor da molécula que serve como seu substrato. É no sítio ativo que ocorre a catálise da reação química. Como o seu substrato é um polímero, o sítio ativo da lisozima é um longo sulco capaz de se ligar a seis moléculas interligadas de açúcar da cadeia polissacarídica ao mesmo tempo. Assim que o complexo enzima-substrato é formado, a enzima cliva o polissacarídeo por meio da catálise da adição de uma molécula de água a uma das ligações açúcar-açúcar. A cadeia clivada é então liberada rapidamente, deixando a enzima livre para novos ciclos de clivagem (**Figura 4-34**).

O processo químico responsável pela ligação da lisozima ao seu substrato é o mesmo responsável pela ligação do anticorpo ao seu antígeno: a formação de múltiplas ligações não covalentes. Entretanto, a lisozima liga seu substrato polissacarídico de forma que um dos dois açúcares da ligação a ser clivada tem sua conformação normal, mais estável, distorcida. A ligação que será rompida é mantida na proximidade de dois aminoácidos com cadeias laterais ácidas – um

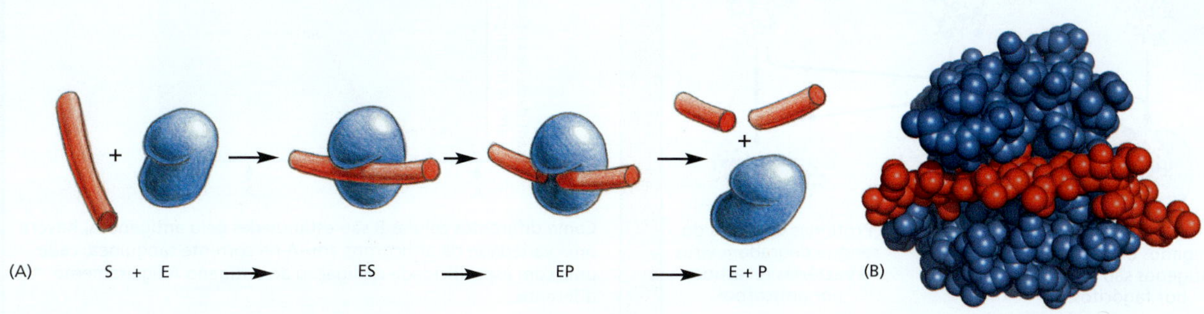

Figura 4-34 A lisozima cliva cadeias polissacarídicas. (A) Representação esquemática da lisozima (E), que catalisa a clivagem de uma molécula de substrato polissacarídico (S). Inicialmente, a enzima se liga ao polissacarídeo para formar um complexo enzima-substrato (ES), e então catalisa a clivagem de uma ligação covalente específica na cadeia principal do polissacarídeo. O complexo enzima-produto (EP) resultante se dissocia rapidamente, liberando os produtos (P) e deixando a enzima livre para ligar outra molécula de substrato. (B) Modelo de preenchimento espacial da lisozima ligada a uma cadeia polissacarídica curta antes da sua clivagem. (B, cortesia de Richard J. Feldmann.)

A MOLÉCULA DE ANTICORPO

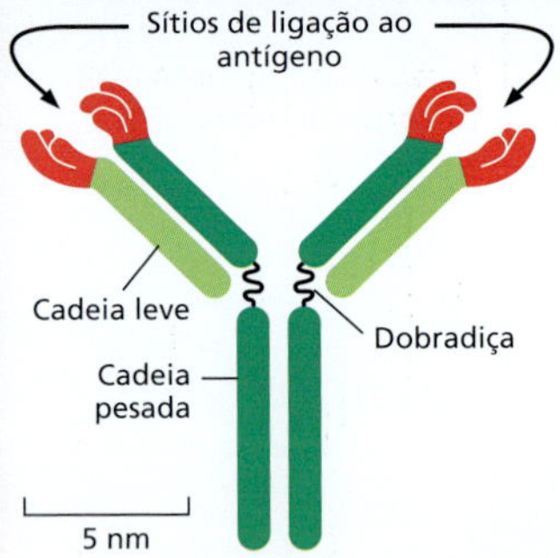

Anticorpos são proteínas que se ligam com alta afinidade aos seus alvos (antígenos). Essas moléculas são produzidas em vertebrados como defesa contra infecções. Cada molécula de anticorpo é formada por duas cadeias leves idênticas e duas cadeias pesadas, também idênticas; assim, os dois sítios de ligação ao antígeno são iguais.

ESPECIFICIDADE DO ANTICORPO

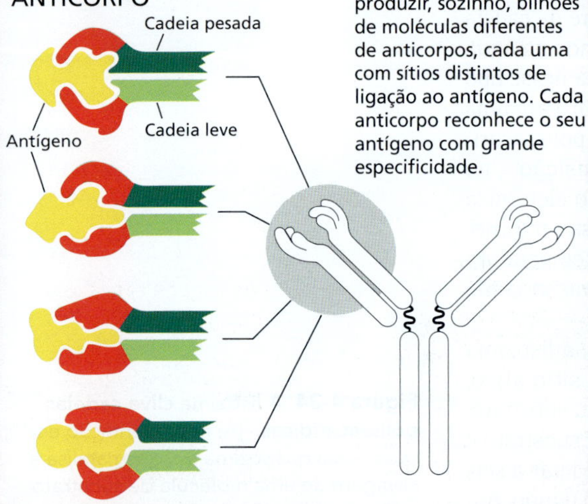

Um ser humano pode produzir, sozinho, bilhões de moléculas diferentes de anticorpos, cada uma com sítios distintos de ligação ao antígeno. Cada anticorpo reconhece o seu antígeno com grande especificidade.

ANTICORPOS NOS DEFENDEM CONTRA INFECÇÕES

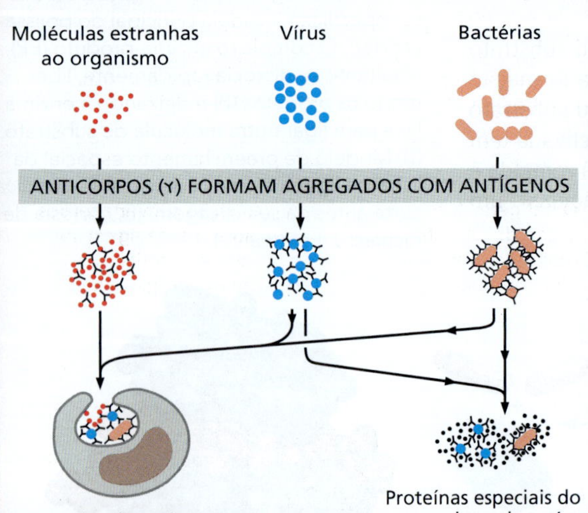

Agregados de anticorpos e antígenos são ingeridos por fagócitos.

Proteínas especiais do sangue degradam vírus e bactérias revestidos por anticorpos.

CÉLULAS B PRODUZEM ANTICORPOS

Os anticorpos são produzidos por um dos tipos de células brancas do sangue, chamadas de linfócitos B, ou células B. Cada célula B não ativada possui anticorpos diferentes ligados à superfície de suas membranas, servindo como receptores para o reconhecimento de antígenos específicos. Quando um antígeno se liga a esses receptores, a célula B é estimulada a se dividir e secretar grandes quantidades do mesmo anticorpo na forma solúvel.

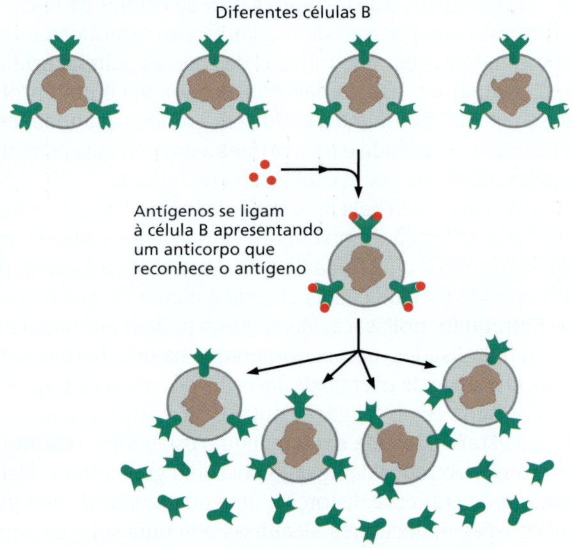

Células B são estimuladas a proliferar e a produzir mais moléculas do mesmo anticorpo

PRODUZINDO ANTICORPOS EM ANIMAIS

Os anticorpos podem ser produzidos em laboratório, injetando um antígeno A em um animal (geralmente, camundongo, coelho, ovelha ou cabra).

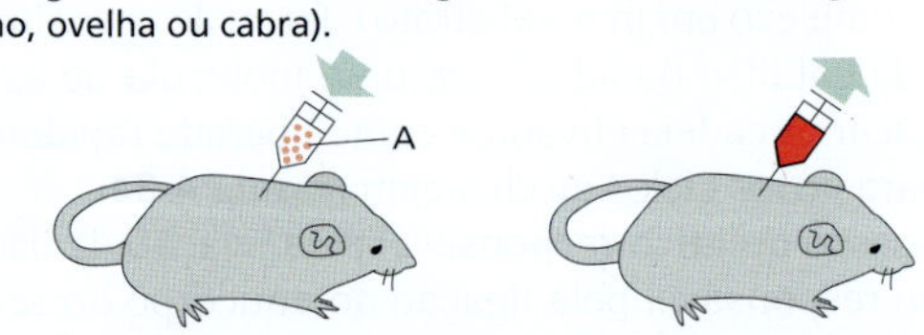

Injeção do antígeno A

Posterior coleta de sangue

Injeções repetidas do mesmo antígeno, em intervalos de várias semanas, estimulam as células B específicas a secretarem grandes quantidades de anticorpos anti-A na corrente sanguínea.

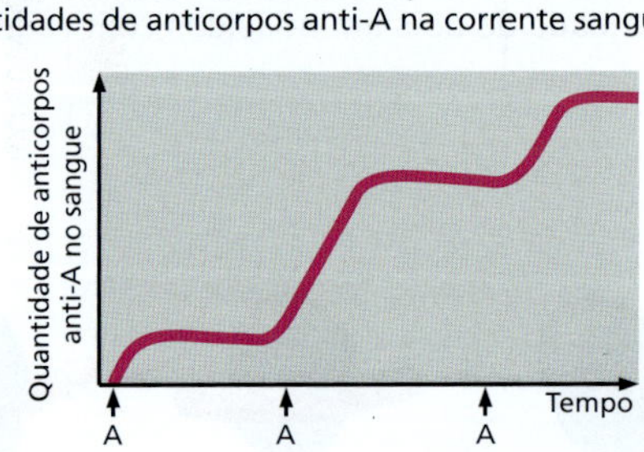

Como diferentes células B são estimuladas pelo antígeno A, haverá uma variedade de anticorpos anti-A na corrente sanguínea, cada uma com especificidade de ligação ao antígeno A ligeiramente diferente.

USANDO ANTICORPOS PARA PURIFICAR MOLÉCULAS

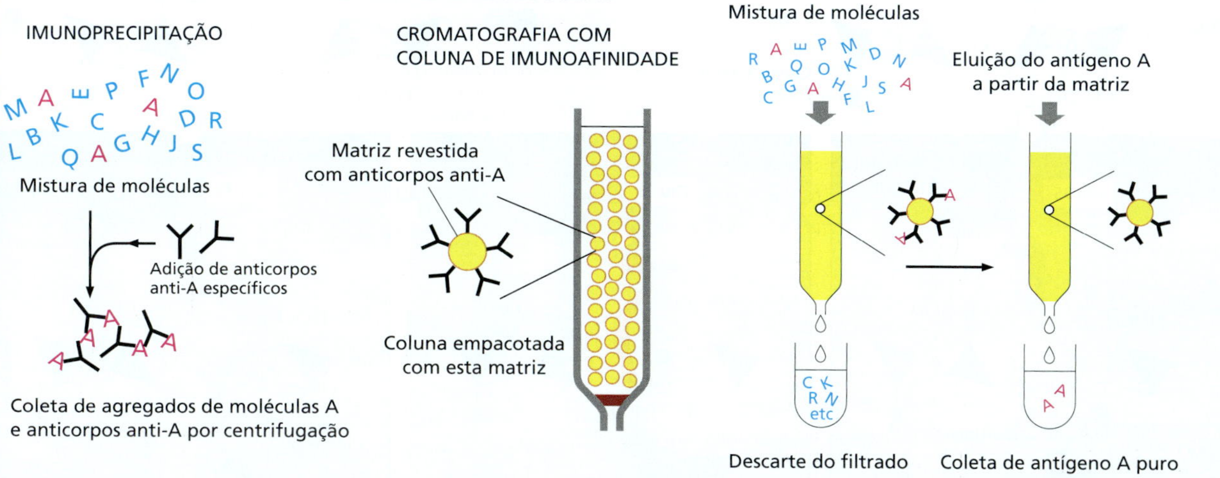

ANTICORPOS MONOCLONAIS

Grandes quantidades de um único tipo de anticorpo podem ser obtidas pela fusão de uma célula B (retirada de um animal injetado com o antígeno A) com uma célula de tumor. A célula híbrida resultante se divide indefinidamente e secreta anticorpos anti-A de um único tipo (monoclonais).

A célula B de um animal injetado com antígeno A produz anticorpos anti-A, mas não se divide indefinidamente.

Células de tumor em cultura se dividem indefinidamente, mas não produzem anticorpos.

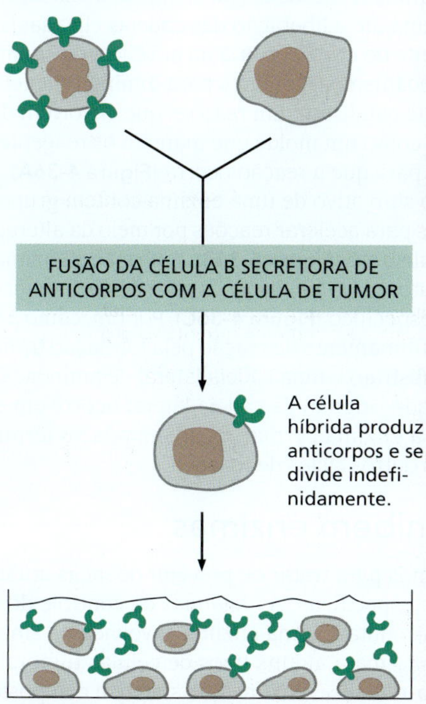

ANTICORPOS COMO MARCADORES MOLECULARES

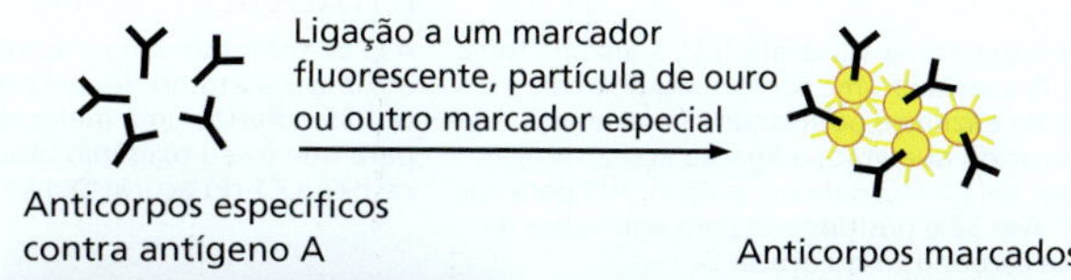

DETECÇÃO MICROSCÓPICA

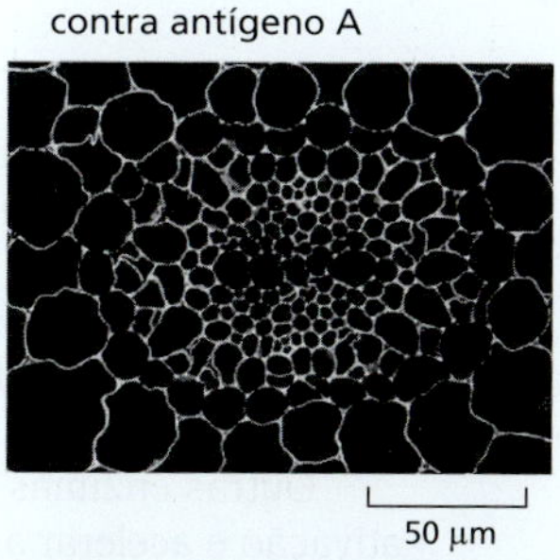

Anticorpos fluorescentes se ligam ao antígeno A no tecido e são detectados por microscopia de fluorescência. Aqui, o antígeno é a pectina, presente na parede celular de um corte histológico de um tecido vegetal.

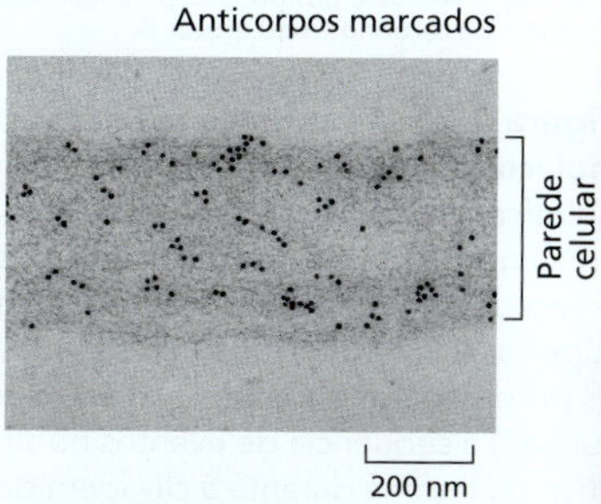

Anticorpos marcados com partículas de ouro se ligam ao antígeno A no tecido e são detectados por microscopia eletrônica. O antígeno é a pectina, presente na parede celular de uma única célula vegetal.

DETECÇÃO BIOQUÍMICA

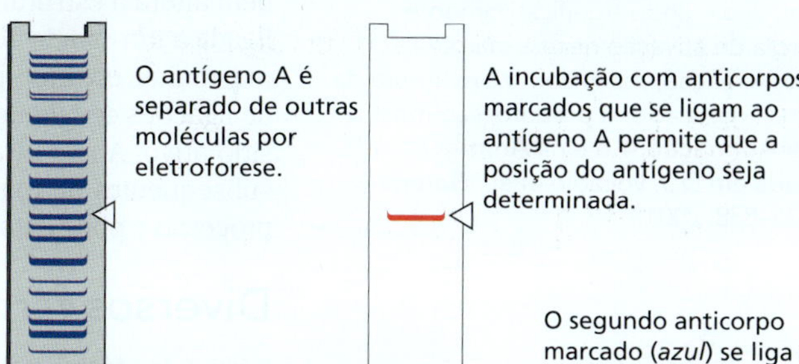

O antígeno A é separado de outras moléculas por eletroforese.
A incubação com anticorpos marcados que se ligam ao antígeno A permite que a posição do antígeno seja determinada.

Nota: Em todos os casos, a sensibilidade da técnica pode ser aumentada com o uso de várias camadas de anticorpos. Esse método de "sanduíche" permite que um pequeno número de moléculas de antígeno seja detectado.

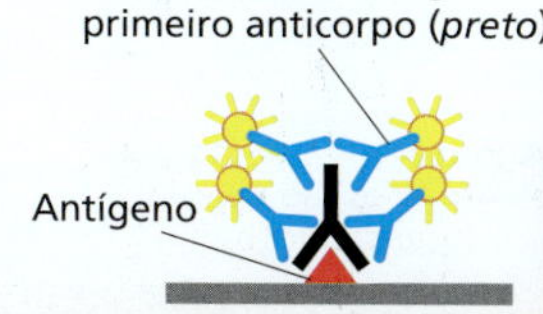

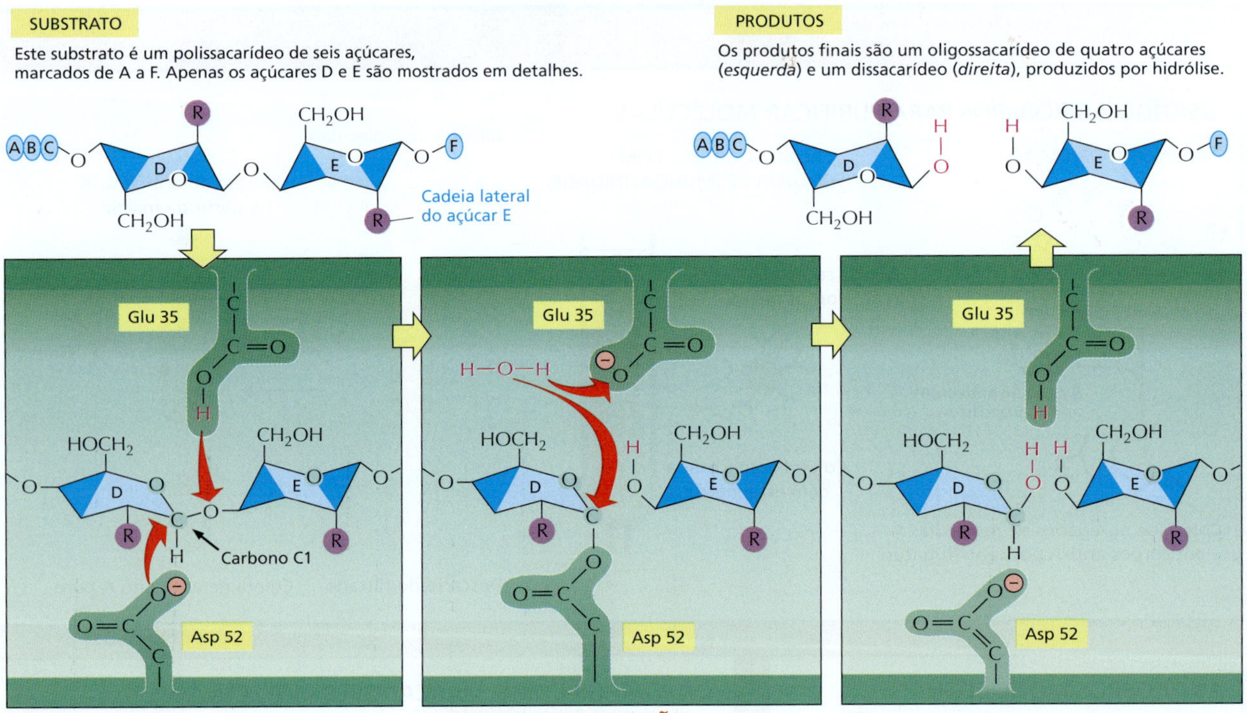
SUBSTRATO
Este substrato é um polissacarídeo de seis açúcares, marcados de A a F. Apenas os açúcares D e E são mostrados em detalhes.
Cadeia lateral do açúcar E
PRODUTOS
Os produtos finais são um oligossacarídeo de quatro açúcares (*esquerda*) e um dissacarídeo (*direita*), produzidos por hidrólise.
Glu 35
Asp 52
Carbono C1

ES
No complexo enzima-substrato (ES), a enzima força o açúcar D a assumir uma conformação linear. O Glu 35 na enzima é posicionado para servir como um ácido que ataca a ligação açúcar-açúcar adjacente, pela doação de um próton (H^+) para o açúcar E. Asp 52 é posicionado para agir sobre o átomo de carbono C1 do açúcar D.

ESTADO DE TRANSIÇÃO
Asp 52 forma uma ligação covalente entre a enzima e o átomo de carbono C1 do açúcar D. Glu 35 polariza uma molécula de água (*vermelho*) para que o seu oxigênio ataque o átomo de carbono C1 do açúcar D, liberando Asp 52.

EP
A reação com a molécula de água (*vermelho*) completa a hidrólise e retorna a enzima ao seu estado inicial, formando o complexo final enzima-produto (EP).

Figura 4-35 As enzimas se ligam às moléculas do substrato e as alteram quimicamente. No sítio ativo da lisozima, uma ligação covalente da molécula de polissacarídeo é curvada e rompida. A parte superior da imagem mostra o substrato e os produtos livres. Os três painéis inferiores ilustram a sequência de eventos no sítio ativo da enzima durante a clivagem da ligação covalente açúcar-açúcar. Observe a mudança na conformação do açúcar D no complexo enzima-substrato em comparação com a sua conformação no substrato livre. Essa conformação favorece a formação do estado de transição ilustrado no painel central, diminuindo significativamente a energia de ativação necessária para a reação. A reação, assim como a estrutura da lisozima ligada ao seu produto, são mostradas na **Animação 4.8** e na **Animação 4.9**. (Baseada em D.J. Vocadlo et al., *Nature* 412:835–838, 2001.)

ácido glutâmico e um ácido aspártico – localizados no sítio ativo da enzima. No microambiente do sítio ativo da lisozima, são criadas condições que reduzem significativamente a energia de ativação necessária para que ocorra a hidrólise (**Figura 4-35**). Toda essa reação química, desde a ligação inicial do substrato polissacarídico à superfície da enzima até a liberação das cadeias clivadas, ocorre milhões de vezes mais rapidamente do que ocorreria na ausência da enzima.

Outras enzimas utilizam mecanismos similares para diminuir a energia de ativação e acelerar as reações que catalisam. Em reações que envolvem dois ou mais substratos, o sítio ativo age como um molde que mantém os reagentes próximos e na orientação adequada para que a reação ocorra (**Figura 4-36A**). Como vimos no exemplo da lisozima, o sítio ativo de uma enzima contém grupos químicos precisamente posicionados para acelerar reações por meio da alteração da distribuição de elétrons no seu substrato (**Figura 4-36B**). A ligação à enzima também altera a estrutura do substrato, curvando ligações para deslocar a molécula ligada a um estado de transição específico (**Figura 4-36C**). Por fim, como a lisozima, muitas enzimas participam intimamente da reação pela formação transitória de ligações covalentes entre o substrato e uma cadeia lateral de aminoácidos no sítio ativo. A restauração do estado original da cadeia lateral ocorre em etapas subsequentes da reação; assim, a enzima permanece inalterada ao término do processo e pode catalisar muitos outros ciclos de reações.

Diversos fármacos inibem enzimas

Vários dos fármacos que utilizamos para tratar ou prevenir doenças atuam bloqueando a atividade de enzimas específicas. As *estatinas* de controle do colesterol inibem a enzima HMG-CoA-redutase, uma enzima envolvida na síntese de colesterol no fígado. O *metotrexato* mata alguns tipos de células tumorais pela inibição da enzima di-hidrofolato-redutase, enzima que sintetiza compostos ne-

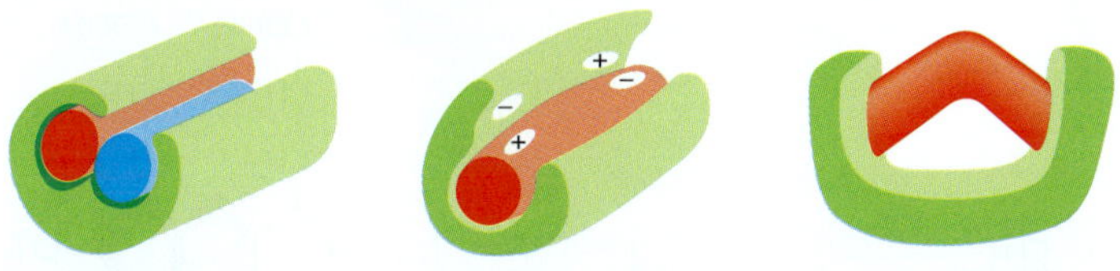

(A) A enzima liga duas moléculas de substrato e as orienta de forma a garantir que a reação entre elas ocorra.

(B) A ligação do substrato à enzima provoca um reordenamento de seus elétrons, criando cargas parciais negativas e positivas que favorecem a reação.

(C) A enzima distorce a molécula de substrato ligada, forçando-a ao estado de transição que favorece a reação.

Figura 4-36 As enzimas podem promover uma reação de diversas formas. (A) Mantendo as moléculas de substrato ligadas em uma orientação específica. (B) Reorganizando a distribuição de cargas no intermediário da reação. (C) Alterando ângulos de ligação no substrato, para acelerar a taxa de uma reação específica.

cessários para a síntese de DNA durante a divisão celular. Como as células cancerosas perdem importantes sistemas intracelulares de controle, algumas delas são particularmente sensíveis a tratamentos que interrompem a replicação dos cromossomos, o que as torna suscetíveis ao metotrexato.

As companhias farmacêuticas desenvolvem, com frequência, medicamentos utilizando inicialmente métodos automáticos de seleção de compostos a partir de grandes bancos de dados de compostos químicos, em busca de compostos que sejam capazes de inibir a atividade de uma enzima de interesse. Os compostos químicos mais promissores selecionados podem então ser modificados para se tornarem ainda mais eficazes, aumentando a sua afinidade de ligação e especificidade pela enzima-alvo. Como veremos no Capítulo 20, a medicação para o tratamento de câncer Gleevec® (mesilato de imatinibe) foi planejada para inibir especificamente uma enzima cujo comportamento aberrante é necessário para o crescimento de um tipo de câncer chamado de leucemia mielocítica crônica. O fármaco se liga com alta afinidade ao sítio de ligação do substrato da enzima, bloqueando a sua atividade (ver Figura 20-56).

Pequenas moléculas ligadas com alta afinidade adicionam funções extras às proteínas

Apesar de a sequência de aminoácidos das proteínas determinar a forma e versatilidade funcional dessas macromoléculas, em alguns casos os aminoácidos não são suficientes para que a proteína realize a sua função. Do mesmo modo que utilizamos ferramentas para aumentar e melhorar as habilidades de nossas mãos, as proteínas frequentemente utilizam pequenas moléculas não proteicas para desempenhar funções que de outra maneira seriam muito difíceis ou mesmo impossíveis apenas com os aminoácidos. Por exemplo, a proteína fotorreceptora *rodopsina*, que é uma proteína sensível à luz presente nos bastonetes da retina, detecta a luz por meio de uma pequena molécula, *retinal*, que está ligada à proteína por uma ligação covalente com uma cadeia lateral de lisina (**Figura 4-37A**). A molécula de retinal muda sua forma quando absorve um fóton de luz, e essa mudança é amplificada pela proteína, disparando uma cascata de reações que podem originar um sinal elétrico a ser transmitido para o encéfalo.

Outro exemplo de uma proteína que contém uma porção não proteica essencial para a sua função é a *hemoglobina* (ver Figura 4-24). Uma molécula de hemoglobina carrega quatro grupos *heme*, moléculas em forma de anel, cada qual com um único átomo central de ferro, ligados por meio de ligações não covalentes (**Figura 4-37B**). O grupo heme confere à hemoglobina (e ao sangue) a sua cor vermelha. Mediante a ligação reversível do oxigênio dissolvido ao átomo de ferro, o grupo heme permite que a hemoglobina absorva oxigênio nos pulmões e o libere nos tecidos onde é necessário.

Quando essas pequenas moléculas estão ligadas à proteína, elas se tornam parte integrante da molécula proteica. Discutimos no Capítulo 11 como as proteínas são ligadas às membranas celulares por meio de moléculas lipídicas ligadas à proteína de modo covalente e como as proteínas secretadas pela célula ou ligadas à sua superfície podem ser modificadas de modo covalente pela adição de açúcares e oligossacarídeos.

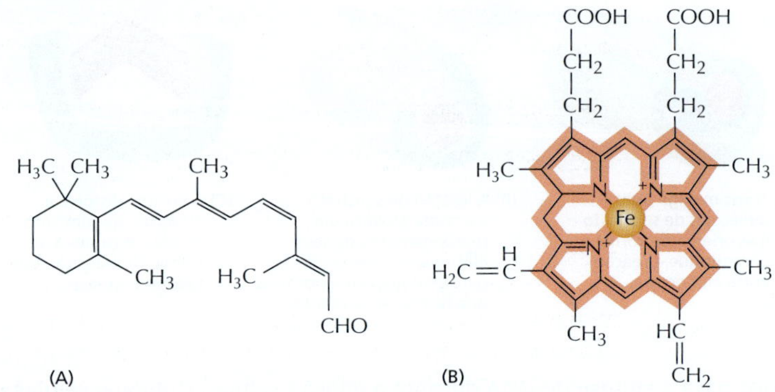

Figura 4-37 O retinal e o grupo heme são necessários para a função de determinadas proteínas. (A) A estrutura do retinal, a molécula sensível à luz ligada de modo covalente à proteína rodopsina, presente nos nossos olhos. (B) A estrutura do grupo heme, mostrada com o anel de heme e seus carbonos coloridos em *vermelho* e o átomo de ferro no centro, em *laranja*. O grupo heme é ligado com alta afinidade, mas não de modo covalente, a cada uma das quatro cadeias polipeptídicas da hemoglobina, a proteína carreadora de oxigênio, cuja estrutura é mostrada na Figura 4-24.

As enzimas também usam moléculas não proteicas: elas frequentemente utilizam pequenas moléculas ou átomos de metal firmemente associados ao seu sítio ativo que as auxiliam na sua função catalítica. A *carboxipeptidase*, uma enzima que cliva cadeias polipeptídicas, possui um íon de zinco em seu sítio ativo. Durante a quebra da ligação peptídica, o íon de zinco forma uma ligação transitória com um dos átomos do substrato, colaborando na reação de hidrólise. Em outras enzimas, pequenas moléculas orgânicas servem a propósitos similares. A *biotina*, por exemplo, é encontrada em enzimas que transferem um grupo carboxila (–COO–) de uma molécula a outra (ver Figura 3-37). A biotina participa nesse processo, formando uma ligação covalente transitória com o grupo –COO– a ser transferido, e originando assim um carreador ativado (ver Tabela 3-2, p. 112). Essa pequena molécula desempenha tal função de maneira mais eficiente do que qualquer aminoácido encontrado nas proteínas. Como a biotina não pode ser sintetizada por humanos, ela deve ser obtida na dieta, sendo classificada como *vitamina*. Outras vitaminas também são necessárias para produzir pequenas moléculas que são componentes essenciais de nossas proteínas; a vitamina A, por exemplo, deve ser obtida na dieta para formar retinal, o componente sensível à luz da rodopsina, discutido antes.

COMO AS PROTEÍNAS SÃO CONTROLADAS

Até aqui, examinamos como as proteínas exercem seus papéis: como a ligação a outras proteínas ou pequenas moléculas lhes permite desempenhar suas funções específicas. Contudo, no interior das células, muitas enzimas e proteínas não trabalham de forma contínua, ou ainda com toda a sua capacidade. A atividade de proteínas e enzimas é controlada, e, dessa forma, a célula pode manter-se em condições ótimas, produzindo apenas as moléculas que são necessárias em uma dada condição. Controlando quando – e a que velocidade – as proteínas funcionam, a célula evita a depleção das suas reservas energéticas pelo acúmulo de moléculas que não são necessárias ou o gasto de substratos essenciais. Consideramos agora como as células controlam a atividade das suas enzimas e outras proteínas.

A regulação da atividade proteica ocorre em diferentes níveis. Em um nível, a célula controla a quantidade de proteína que contém. Isso pode ser realizado pela regulação da expressão do gene que codifica a proteína (discutida no Cap. 8) e pela regulação da taxa de degradação da enzima (discutida no Cap. 7). A célula pode também controlar a atividade de uma enzima confinando conjuntos de enzimas em compartimentos subcelulares específicos, frequentemente – mas nem sempre – delimitados por membranas (discutidos nos Caps. 14 e 15). No entanto, o mecanismo geral e mais rápido utilizado para controlar a atividade de proteínas ocorre no nível da própria proteína. Embora as proteínas possam ser ativadas e inativadas de diversas maneiras, como veremos a seguir, todos esses mecanismos induzem alterações na conformação da proteína, e consequentemente na sua função.

As atividades catalíticas de enzimas são frequentemente reguladas por outras moléculas

Uma célula viva contém milhares de enzimas diferentes, muitas delas operando ao mesmo tempo no mesmo volume limitado do citosol. Pela sua ação catalítica, as enzimas geram uma rede intrincada de vias metabólicas, cada uma composta por reações químicas em cadeia, em que o produto de uma enzima se torna o substrato da próxima. Nesse labirinto de vias metabólicas, há vários pontos de ramificação nos quais diferentes enzimas competem pelo mesmo substrato. Esse sistema é tão complexo que formas elaboradas de controle são necessárias para regular quando e a que velocidade cada reação deve ocorrer.

Um tipo comum de controle ocorre quando uma molécula diferente do substrato da enzima se liga especificamente a uma enzima em um *sítio regulador* especial, alterando a velocidade com que a enzima converte seu substrato em produto. Na **retroalimentação negativa**, por exemplo, uma enzima de uma etapa inicial de uma via metabólica é inibida pelo produto de uma etapa posterior da via. Assim, quando grandes quantidades do produto final se acumulam, o produto se liga à primeira enzima, diminuindo sua atividade catalítica, e limitando a entrada de mais substrato na via metabólica (**Figura 4-38**). Em pontos onde uma via se ramifica ou intercepta outra, costuma haver múltiplos fatores de controle por diferentes produtos finais, cada um regulando sua própria síntese (**Figura 4-39**). A retroalimentação negativa tem efeito quase imediato, sendo rapidamente revertido quando as concentrações do produto diminuem.

Esse tipo de retroalimentação é uma *regulação negativa*: ela impede a ação da enzima. As enzimas também podem sofrer *regulação positiva*, na qual a atividade enzimática é estimulada por uma molécula regulatória, e não inibida. A regulação positiva ocorre quando o produto de uma das ramificações de uma via metabólica estimula a atividade da enzima em outra via.

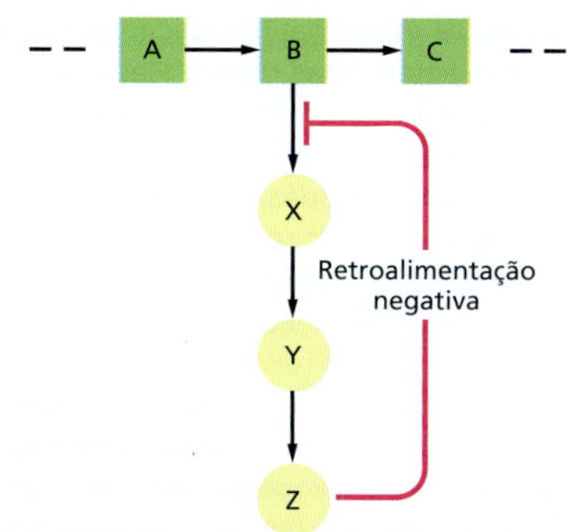

Figura 4-38 A inibição da retroalimentação regula o fluxo de vias biossintéticas. B é o primeiro metabólito da via cujo produto final é Z. Z inibe a primeira enzima da via que é específica para a sua própria síntese, limitando a sua própria concentração na célula. Essa forma de regulação negativa é chamada de inibição da retroalimentação, ou de retroalimentação negativa.

As enzimas alostéricas possuem dois ou mais sítios de ligação que se influenciam mutuamente

Uma característica da retroalimentação negativa foi inicialmente bastante confusa para os pesquisadores. Diferentemente do comportamento esperado para inibidores competitivos (ver Figura 3-29), a molécula reguladora com frequência apresenta estrutura completamente distinta da estrutura do substrato preferido pela enzima. Dessa forma, quando esse tipo de regulação foi descoberto, na década de 1960, ele foi chamado de *alosteria* (do grego *allo*, "outro", e *stere*, "sólido" ou "forma"). Conforme foram descobertos mais detalhes sobre a retroalimentação negativa, os pesquisadores perceberam que muitas enzimas possuem pelo menos dois sítios de ligação em sua superfície: o sítio ativo que reconhece o substrato e um ou mais sítios que reconhecem moléculas regulatórias. E todos esses sítios de ligação, de alguma maneira, se "comunicam", permitindo que os eventos catalíticos no sítio ativo sejam influenciados pela ligação de uma molécula de regulação em um sítio independente.

Atualmente é sabido que a interação entre sítios de ligação localizados em diferentes regiões de uma molécula proteica é dependente de *alterações conformacionais* na proteína: a associação de um ligante a um dos sítios induz uma alteração na estrutura da proteína de uma conformação enovelada para outra conformação enovelada ligeiramente distinta, o que altera a ligação de uma molécula ao segundo sítio de ligação. Diversas enzimas possuem duas confor-

QUESTÃO 4-6

Considere o fluxograma da Figura 4-38. O que acontecerá se, em vez do controle negativo indicado:

A. o controle negativo de Z afetar apenas a reação B → C?
B. o controle negativo de Z afetar apenas a reação Y → Z?
C. Z for um controlador positivo da reação B → X?
D. Z for um controlador positivo da reação B → C?

Para cada caso, discuta a utilidade desses controles para a célula.

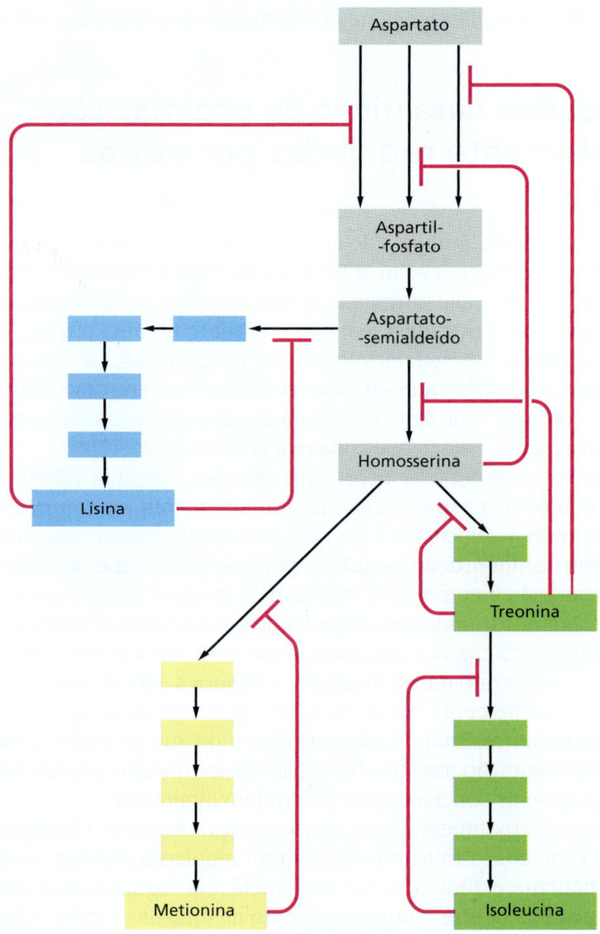

Figura 4-39 A retroalimentação negativa em múltiplas enzimas regula vias metabólicas relacionadas. As vias de biossíntese de quatro diferentes aminoácidos em bactérias são mostradas, iniciando com o aminoácido aspartato. As linhas *vermelhas* indicam os locais onde os produtos da via realizam retroalimentação negativa e os retângulos coloridos representam intermediários de cada via. Neste exemplo, cada aminoácido controla a primeira enzima específica para a sua própria síntese, limitando a sua própria concentração e evitando o desperdício de intermediários. Alguns dos produtos também podem individualmente inibir o conjunto inicial de reações comuns a todas as vias de síntese. Três diferentes enzimas catalisam a reação inicial de conversão de aspartato em aspartil-fosfato, e cada uma dessas enzimas é inibida por um produto diferente.

mações que diferem quanto à sua atividade, cada uma estabilizada por ligantes distintos. Durante a retroalimentação negativa, por exemplo, a ligação de um inibidor em um sítio regulador promove a mudança da proteína para uma conformação em que seu sítio ativo – localizado em outro local da proteína – se torna menos favorável à ligação do seu substrato (**Figura 4-40**).

Diversas – se não a maioria – das moléculas das proteínas são **alostéricas**: elas são capazes de adotar duas ou mais conformações ligeiramente distintas uma da outra. Isso é verdade não apenas para as enzimas, mas também para diversas outras proteínas. A química aqui envolvida se baseia em um conceito muito simples: como cada conformação da proteína possui uma superfície um pouco diferente, os sítios de ligação para cada um dos ligantes será afetado pelas mudanças conformacionais da enzima. Cada ligante estabiliza a conformação a que se liga com maior afinidade, e, em concentrações altas o suficiente, um ligante tenderá a mudar a população de proteínas para a conformação que o favorece (**Figura 4-41**).

A fosforilação pode controlar a atividade enzimática pela indução de mudanças conformacionais

As enzimas são controladas apenas pela ligação de pequenas moléculas. Outro método que as células eucarióticas utilizam com frequência para regular a atividade de proteínas envolve a ligação covalente de grupos fosfato a uma ou mais cadeias laterais de aminoácidos da proteína. Como cada grupo fosfato possui

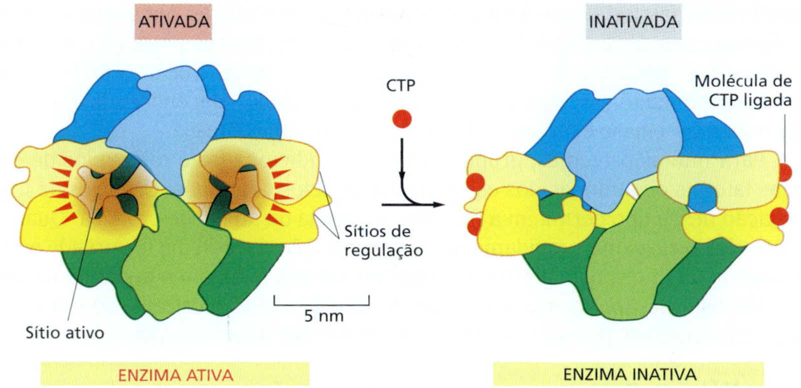

Figura 4-40 A retroalimentação negativa dispara uma mudança conformacional em uma enzima. A enzima mostrada, aspartato-transcarbamoilase de *E. coli*, foi o modelo de estudo inicial para a regulação alostérica. Essa grande enzima composta por múltiplas subunidades (ver Figura 4-11) catalisa uma importante reação que inicia a síntese do anel de pirimidina dos nucleotídeos C, U e T (ver Painel 2-6, p. 76-77). Um dos produtos finais desta via, trifosfato de citosina (CTP), liga-se à enzima e a inativa quando CTP está presente em grande quantidade. Este diagrama mostra a alteração conformacional que ocorre quando a enzima é inativada pela ligação de CTP aos seus quatro sítios de regulação, que são diferentes do sítio ativo, onde ocorre a ligação do substrato. Note que a aspartato-transcarbamoilase, na Figura 4-11, é mostrada vista de cima. Nesta figura, a enzima é mostrada na sua visão lateral.

duas cargas negativas, a adição de um grupo fosfato, catalisada por uma enzima, causa uma grande alteração conformacional na proteína-alvo, por exemplo, por meio da atração de um conjunto de aminoácidos com cadeias laterais de carga positiva presentes em outros locais da proteína. Essa mudança conformacional pode afetar a ligação do substrato ou de outros ligantes à superfície da proteína, alterando sua atividade. A remoção do grupo fosfato por uma segunda enzima retorna a proteína à sua conformação original, restaurando sua atividade inicial.

A **fosforilação** reversível de proteínas controla a atividade de diversos tipos de proteínas nas células eucarióticas; de fato, essa forma de controle é utilizada tão extensivamente que mais de um terço das cerca de 10 mil proteínas que em geral são observadas em células de mamíferos é fosforilado em algum momento. A adição e a remoção de grupos fosfato de uma proteína geralmente ocorrem em resposta a mudanças específicas no estado da célula. Por exemplo, a série de eventos desencadeados durante a divisão celular é regulada principalmente dessa forma (discutida no Cap. 18). Diversas vias de sinalização intracelular ativadas por sinais extracelulares, como os hormônios, são dependentes de cascatas de fosforilação de proteínas (discutidas no Cap. 16).

A fosforilação de uma proteína ocorre pela transferência, catalisada por uma enzima, de um grupo fosfato terminal do ATP para um grupo hidroxila da cadeia lateral de uma serina, treonina ou tirosina. Essa reação é catalisada por uma **proteína-cinase**. A reação reversa – a remoção do grupo fosfato ou *desfosforilação* – é catalisada por uma **proteína-fosfatase** (**Figura 4-42A**). A fosforilação pode estimular ou inibir a atividade proteica, dependendo da proteína envolvida e do sítio de fosforilação (**Figura 4-42B**). As células contêm centenas de proteínas-cinase diferentes, cada uma responsável pela fosforilação de uma proteína diferente ou de um conjunto de proteínas. Células também contêm um conjunto menor de dife-

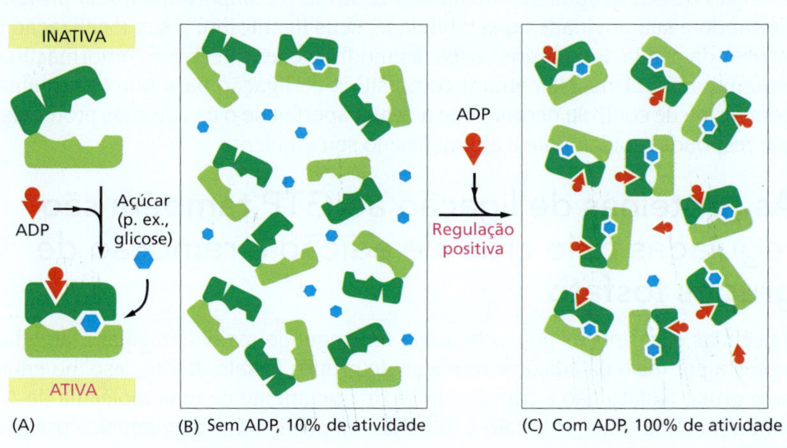

Figura 4-41 O equilíbrio entre duas conformações de uma proteína é afetado pela ligação de um ligante regulador. (A) Diagrama esquemático de uma enzima hipotética alostérica para a qual o aumento da concentração de moléculas de ADP (*vermelho*) aumenta a taxa com que a enzima catalisa a oxidação de moléculas de açúcar (hexágonos *azuis*). (B) Na ausência de ADP, apenas uma pequena fração das moléculas adota espontaneamente a conformação ativa (fechada); a maioria permanece inativa (aberta). (C) Como o ADP só é capaz de se ligar à conformação fechada e ativa da proteína, o aumento da concentração de ADP mantém quase todas as moléculas de enzima na sua conformação ativa. Uma enzima com esse comportamento pode ser utilizada, por exemplo, para perceber variações na concentração de ADP na célula – geralmente um sinal de decréscimo de concentração de ATP. Dessa maneira, o aumento de ADP pode induzir o aumento da oxidação de açúcares para obtenção de mais energia para a síntese de ATP a partir de ADP – um exemplo de regulação positiva.

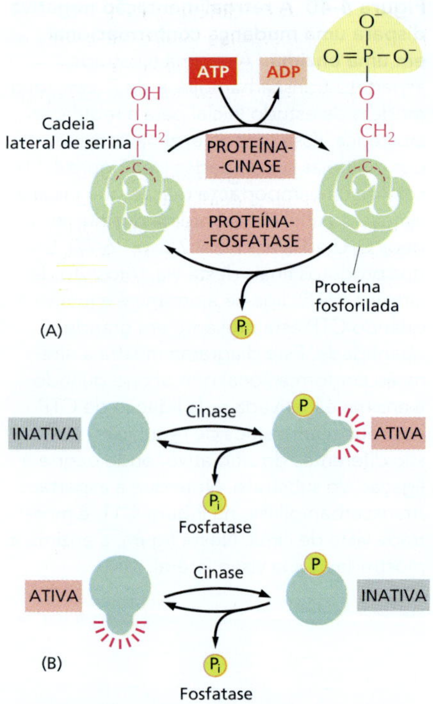

Figura 4-42 A fosforilação de proteínas é um mecanismo bastante comum para a regulação da atividade proteica. Milhares de proteínas em uma célula eucariótica típica são modificadas pela adição covalente de um ou mais grupos fosfato. (A) A reação geral, mostrada aqui, envolve a transferência de um grupo fosfato do ATP para a cadeia lateral de um aminoácido da proteína-alvo da proteína-cinase. A remoção do grupo fosfato é catalisada por uma segunda enzima, a proteína-fosfatase. Neste exemplo, o grupo fosfato é adicionado à cadeia lateral do resíduo de serina; em outros exemplos, o grupo fosfato pode ser adicionado ao grupo –OH da cadeia lateral de um resíduo de treonina ou tirosina. (B) A fosforilação pode aumentar ou diminuir a atividade proteica, dependendo do local da fosforilação e da estrutura da proteína.

rentes proteínas-fosfatase; algumas são altamente específicas, removendo grupos fosfato apenas de um tipo de proteína, ou de muito poucas proteínas, e outras atuam sobre conjuntos de proteínas. O estado de fosforilação de uma proteína em um dado momento – e consequentemente sua atividade – dependem da atividade das proteínas-cinase e proteínas-fosfatase que atuam sobre ela.

Para muitas proteínas, grupos fosfato são adicionados e removidos de cadeias laterais de aminoácidos específicos em ciclos contínuos. Os ciclos de fosforilação desse tipo permitem a modulação rápida da atividade proteica. Quanto mais veloz o ciclo, mais rapidamente a concentração de proteína fosforilada pode ser alterada em resposta a estímulos repentinos que induzam o aumento da sua taxa de fosforilação. No entanto, a manutenção do ciclo de fosforilação é energeticamente custosa, pois uma molécula de ATP é hidrolisada a cada ciclo.

Modificações covalentes também controlam a localização e a interação de proteínas

A fosforilação pode exercer mais funções do que o controle da atividade de uma proteína; ela pode criar sítios de ligação para outras proteínas, promovendo a formação de grandes complexos proteicos. Por exemplo, quando sinais extracelulares estimulam uma classe de proteínas transmembrânicas da superfície celular, chamadas de *tirosinas-cinase receptoras*, essas proteínas realizam a sua própria fosforilação em resíduos de tirosina. Os resíduos de tirosina fosforilados atuam como sítios de ligação e de ativação de várias proteínas de sinalização intracelular, que transmitem o sinal extracelular no interior da célula, alterando o seu comportamento (ver Figura 16-32).

A fosforilação não é a única forma de modificação covalente que pode afetar a atividade ou localização de uma proteína. Mais de 100 tipos de modificações covalentes podem ocorrer em uma célula, cada uma desempenhando uma função de regulação proteica. Diversas proteínas podem ser modificadas pela adição de um grupo acetila à cadeia lateral de um resíduo de lisina. A adição do ácido graxo palmitato à cadeia lateral de um resíduo de cisteína induz o deslocamento de uma proteína para as membranas celulares. A adição da ubiquitina, um polipeptídeo de 76 aminoácidos, pode marcar uma proteína para a degradação, como discutido no Capítulo 7. Cada um desses grupos modificadores é adicionado ou removido por uma enzima, dependendo das necessidades da célula.

Um grande número de proteínas é modificado em uma ou mais cadeias laterais de aminoácidos. A proteína p53, que desempenha papel central no controle da resposta celular a danos no DNA e outros fatores estressantes, pode ser modificada em 20 locais (**Figura 4-43**). Como um grande número de combinações dessas 20 modificações é possível, o comportamento da proteína pode, em princípio, ser alterado de diversas formas.

O conjunto de modificações covalentes presentes em uma proteína em um dado momento representa uma importante forma de regulação. A ligação ou a remoção desses grupos modificadores controla o comportamento da proteína, alterando a sua atividade ou estabilidade, seus ligantes ou a sua localização no interior da célula. Em alguns casos, as modificações alteram a conformação da proteína; em outros, elas atuam como sítios de ligação para outras proteínas. Essa forma de controle permite que a célula aperfeiçoe o uso de suas proteínas, e que responda rapidamente a alterações no seu ambiente.

As proteínas de ligação ao GTP também são reguladas pelo ciclo de adição e remoção de grupos fosfato

As células eucarióticas possuem ainda um segundo meio de regular a atividade proteica por meio da adição e remoção de grupos fosfato. Nesse caso, no entanto, o grupo fosfato não é transferido enzimaticamente de uma molécula de ATP para a proteína. Aqui, o fosfato é parte de um nucleotídeo de guanina – trifosfato

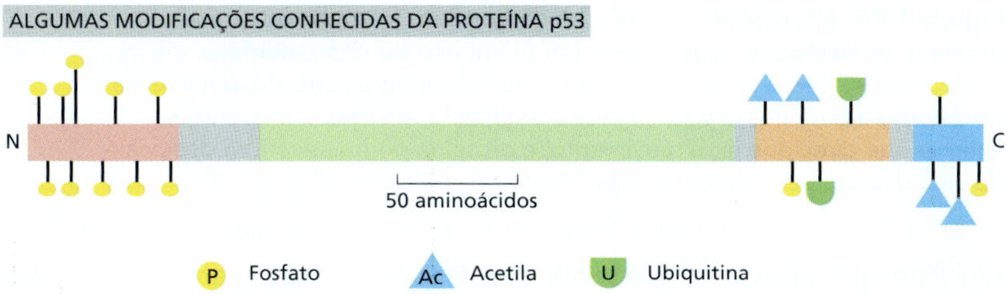

Figura 4-43 A modificação de uma proteína em múltiplos locais pode controlar o comportamento da proteína. Este diagrama mostra algumas das modificações covalentes que controlam a atividade e a degradação da proteína p53, uma importante proteína de regulação gênica que controla a resposta celular a danos (discutida no Cap. 18). Nem todas essas modificações estão presentes ao mesmo tempo. As cores variadas ao longo da cadeia proteica indicam seus diferentes domínios, incluindo o domínio de ligação ao DNA (*verde*) e o domínio que ativa a transcrição gênica (*cor-de-rosa*). Todas as modificações indicadas se localizam em regiões relativamente não estruturadas da cadeia polipeptídica.

de guanosina (GTP) – que se liga com alta afinidade a vários tipos de **proteínas de ligação ao GTP**. Essas proteínas atuam como interruptores moleculares: estão presentes na sua conformação ativa quando ligadas a GTP, mas também são capazes de hidrolisar este GTP em GDP, que libera um fosfato e faz a proteína voltar à sua conformação inativa (**Animação 4.10**). Assim como a fosforilação de proteínas, esse processo é reversível: a conformação ativa é retomada com a dissociação do GDP seguida pela ligação de uma nova molécula de GTP (**Figura 4-44**).

Uma grande variedade dessas proteínas de ligação ao GTP atua como interruptores moleculares nas células. A dissociação de GDP e a sua troca por um novo GTP que ativa a proteína geralmente são estimuladas em resposta a um sinal recebido pela célula. Por sua vez, as proteínas de ligação ao GTP se ligam a outras proteínas, controlando a sua atividade; seu papel essencial nas vias de sinalização intracelular é discutido em detalhes no Capítulo 16.

A hidrólise de ATP permite que as proteínas motoras realizem movimento direcionado nas células

Vimos até aqui que mudanças conformacionais em proteínas são importantes na regulação enzimática e na sinalização celular. Entretanto, as alterações conformacionais também desempenham outro papel importante no funcionamento das células eucarióticas: elas permitem que algumas proteínas especializadas realizem movimentos direcionados da própria célula e de seus componentes. Essas **proteínas motoras** geram a força responsável pela contração muscular e pela maior parte dos movimentos da célula eucariótica. Elas também medeiam o movimento intracelular de organelas e macromoléculas. Por exemplo, as proteínas motoras podem mediar o deslocamento dos cromossomos para extremidades opostas da célula durante a mitose (discutido no Cap. 18) e o movimento de organelas ao longo da estrutura do citoesqueleto (discutido no Cap. 17).

Como a conformação dessas proteínas é alterada para dar origem a esses movimentos ordenados? Se, por exemplo, uma proteína deve se deslocar ao longo de uma fibra do citoesqueleto, ela pode se movimentar passando por uma série de alterações da sua conformação. No entanto, se essas alterações não forem organizadas em uma sequência ordenada, tais mudanças conformacionais podem ser perfeitamente reversíveis. Dessa maneira, a proteína iria apenas oscilar aleatoriamente para frente e para trás (**Figura 4-45**).

Para que as alterações conformacionais sejam unidirecionais – e para que todo o ciclo de movimento seja forçado a prosseguir em apenas uma direção – é

QUESTÃO 4-7

Explique como a fosforilação e a ligação de um nucleotídeo (como ATP ou GTP) podem regular a atividade de uma proteína. Quais seriam as vantagens dessas formas de regulação?

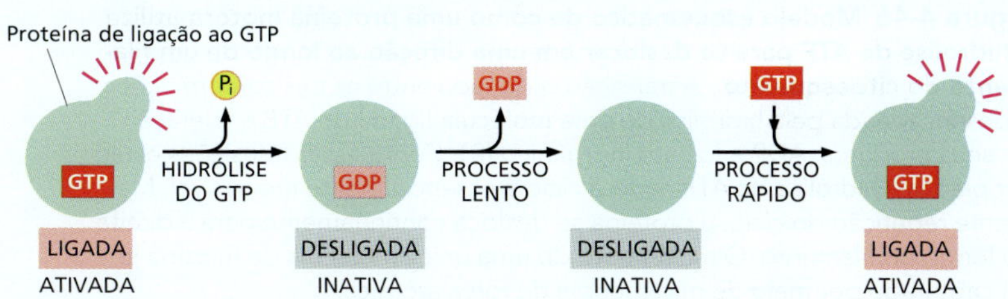

Figura 4-44 Proteínas de ligação ao GTP atuam como interruptores moleculares. Uma proteína de ligação ao GTP requer a presença de uma molécula de GTP ligada com alta afinidade para estar ativa (*interruptor ligado*). A proteína ativa pode se inativar com a hidrólise do GTP ligado em GDP e fosfato inorgânico (P_i), o que converte a proteína na sua conformação inativa (*interruptor desligado*). Para que a proteína seja reativada, o GDP ligado com alta afinidade deve se dissociar da proteína, uma etapa lenta que pode ser acelerada por sinais específicos; uma vez que a molécula de GDP se dissocie, uma molécula de GTP pode se ligar à proteína rapidamente, retornando a proteína para a sua conformação ativa.

Figura 4-45 Alterações na conformação podem permitir que uma proteína se desloque ao longo de um filamento do citoesqueleto. As três conformações dessa proteína permitem que ela se desloque aleatoriamente para frente e para trás quando ligada a um filamento. Sem um aporte de energia que direcione esse movimento, a proteína permanecerá se deslocando sem direção, sem chegar a lugar algum.

suficiente que uma das etapas seja irreversível. Para a maior parte das proteínas capazes de se deslocar em uma única direção por longas distâncias, a irreversibilidade é atingida pelo acoplamento de uma das alterações conformacionais à hidrólise de uma molécula de ATP ligada à proteína – e por essa razão as proteínas motoras são também ATPases. Uma grande quantidade de energia livre é liberada quando o ATP é hidrolisado, fazendo com que seja bastante improvável a reversão da alteração conformacional da proteína – como seria necessário para o movimento retroceder. (A reversão do movimento iria requerer a reversão da hidrólise do ATP mediante a adição de uma molécula de fosfato ao ADP, formando ATP.) Como consequência, a proteína se desloca continuamente à frente (**Figura 4-46**).

Diversas proteínas motoras estabelecem um movimento direcional pelo uso da hidrólise de uma molécula de ATP ligada com alta afinidade para desencadear uma série ordenada de alterações conformacionais. Esses movimentos podem ser rápidos: a proteína motora muscular *miosina* se desloca ao longo do filamento de actina a 6 μm/s durante a contração muscular (conforme discutido no Cap. 17).

As proteínas frequentemente formam grandes complexos que funcionam como máquinas proteicas

Com a evolução a partir de uma pequena proteína, formada por um só domínio, até grandes moléculas proteicas formadas por diversos domínios, a função que uma proteína pode desempenhar também se torna mais elaborada. As tarefas mais complexas são desempenhadas por agregados de proteínas, formados por muitas moléculas. Atualmente é possível reconstruir processos biológicos em sistemas livres de células em tubos de ensaio; essa metodologia tornou claro que cada processo essencial em uma célula – incluindo replicação do DNA, transcrição gênica, síntese de proteínas, formação de vesículas e sinalização transmembrânica – é catalisado por um conjunto de diversas proteínas unidas e altamente coordenadas. Na maioria dessas **máquinas proteicas**, é a hidrólise de trifosfatos de nucleosídeos ligados (ATP ou GTP) que direciona e ordena séries de mudanças na conformação em algumas das subunidades individualmente, permitindo que todo o conjunto se mova de forma coordenada. Dessa maneira, as enzimas apropriadas podem ser posicionadas de modo a realizar sucessivas reações em série – como durante a síntese de proteínas em um ribossomo, por exemplo (discutido no Cap. 7). De modo semelhante, um grande complexo multiproteico se desloca rapidamente ao longo do DNA para a replicação da dupla-hélice durante a divisão celular (discutido no Cap. 6). Uma simples analogia mecânica é ilustrada na **Figura 4-47**.

As células desenvolveram um grande número de máquinas proteicas diferentes, durante o seu processo evolutivo, aperfeiçoadas para desempenhar uma

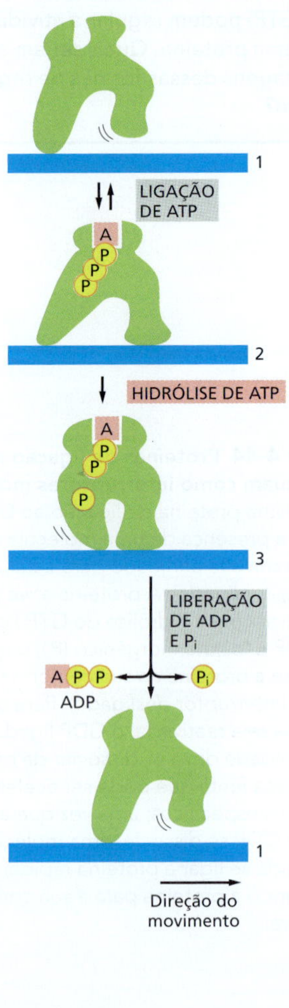

Figura 4-46 Modelo esquemático de como uma proteína motora utiliza a hidrólise de ATP para se deslocar em uma direção ao longo de um filamento do citoesqueleto. A transição ordenada entre as três conformações é desencadeada pela hidrólise de uma molécula ligada de ATP e liberação de seus produtos: ADP e fosfato inorgânico (P_i). Como essas transições estão acopladas à hidrólise de ATP, todo o ciclo é essencialmente irreversível. Mediante repetição do ciclo, a proteína se desloca continuamente para a direita ao longo do filamento. O movimento de uma única molécula de miosina já foi capturado por meio de microscopia de força atômica.

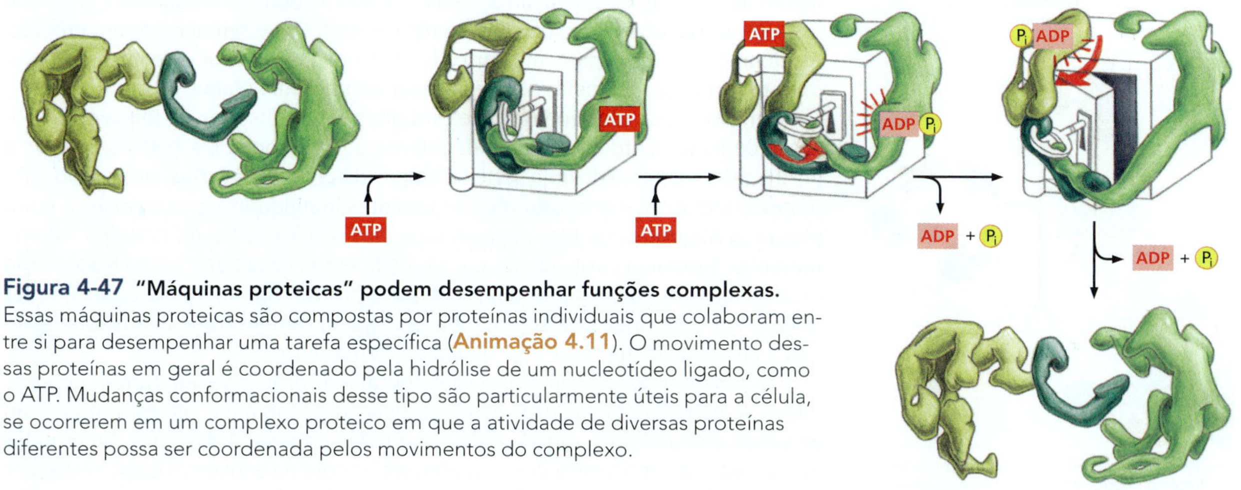

Figura 4-47 "Máquinas proteicas" podem desempenhar funções complexas. Essas máquinas proteicas são compostas por proteínas individuais que colaboram entre si para desempenhar uma tarefa específica (**Animação 4.11**). O movimento dessas proteínas em geral é coordenado pela hidrólise de um nucleotídeo ligado, como o ATP. Mudanças conformacionais desse tipo são particularmente úteis para a célula, se ocorrerem em um complexo proteico em que a atividade de diversas proteínas diferentes possa ser coordenada pelos movimentos do complexo.

variedade de funções biológicas. As células utilizam essas máquinas proteicas pelos mesmos motivos que nós, humanos, criamos máquinas elétricas e mecânicas: para qualquer trabalho, o emprego de processos coordenados espacial e temporalmente é muito mais eficiente do que o uso sequencial de ferramentas individuais.

COMO AS PROTEÍNAS SÃO ESTUDADAS

Compreender como uma proteína funciona exige análises bioquímicas e estruturais detalhadas – e ambas requerem grandes quantidades de proteína na forma pura. No entanto, isolar um único tipo de proteína a partir de milhares de outras proteínas presentes na célula não é uma tarefa trivial. Por muitos anos, as proteínas foram purificadas diretamente de suas fontes – os tecidos em que eram expressas em maior quantidade. Essa técnica era bastante inconveniente, exigindo, por exemplo, viagens diárias a abatedouros. Ainda de maior importância, a complexidade dos tecidos intactos e dos órgãos é uma grande desvantagem no processo de purificação de moléculas específicas, pois uma longa série de etapas cromatográficas se faz necessária. Esses procedimentos não apenas requerem semanas para a sua realização, como também apresentam rendimento de poucos miligramas de proteína purificada.

Hoje, as proteínas são frequentemente isoladas de células cultivadas em laboratório (ver, p. ex., Figura 1-38). Essas células costumam ser alteradas para a produção de grandes quantidades de uma dada proteína, utilizando técnicas de engenharia genética descritas no Capítulo 10. Essas células modificadas permitem, com frequência, a obtenção de grandes quantidades de proteína pura em apenas poucos dias.

Nesta seção, descrevemos como as proteínas podem ser extraídas e purificadas a partir de células em cultura e outras fontes. Descrevemos como essas proteínas são analisadas para a determinação da sua sequência de aminoácidos e da sua estrutura tridimensional. Por fim, discutimos como os avanços técnicos permitem que as proteínas sejam analisadas, catalogadas, manipuladas e mesmo planejadas a partir de uma sequência linear de aminoácidos.

> **QUESTÃO 4-8**
>
> **Explique por que as proteínas hipotéticas da Figura 4-47 apresentam uma grande vantagem no processo de abertura do cofre se exercerem suas funções em conjunto na forma de um complexo proteico, em comparação a exercerem suas funções de modo individual, de maneira sequencial mas independente.**

Proteínas podem ser purificadas a partir de células e tecidos

Seja a partir de um pedaço de fígado, ou a partir de uma cultura de células, de bactérias, leveduras, ou células animais modificadas para produzir uma proteína de interesse, a primeira etapa de qualquer procedimento de purificação é o rompi-

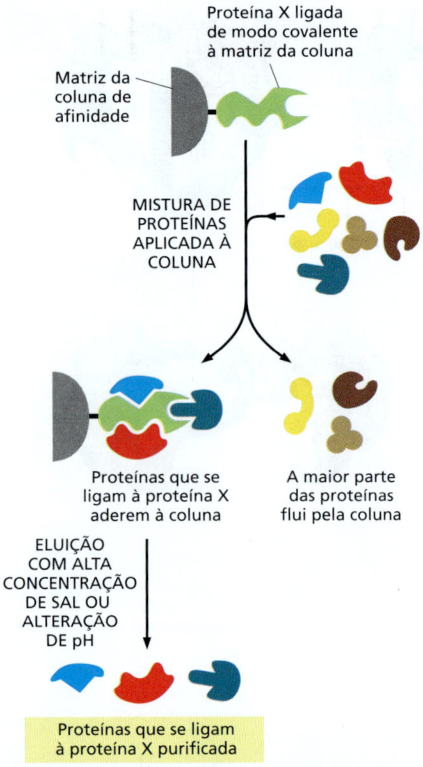

Figura 4-48 A cromatografia de afinidade pode ser utilizada para isolar proteínas que apresentam afinidade pela proteína de interesse. A proteína de interesse purificada (proteína X) é ligada de modo covalente à matriz da coluna cromatográfica. Um extrato contendo uma mistura de proteínas é aplicado na coluna. As proteínas que se associam à proteína X no interior da célula geralmente irão se ligar a ela na coluna. As proteínas que não interagem com a proteína X irão passar pela coluna, e as proteínas ligadas à proteína X poderão ser eluídas com alterações no pH ou na composição iônica do tampão de lavagem.

mento das células e a liberação do seu conteúdo. O produto resultante é chamado *homogenato celular* ou *extrato*. Esse rompimento físico é seguido por um procedimento inicial de fracionamento para o isolamento das moléculas de interesse – por exemplo, todas as proteínas solúveis presentes na célula (**Painel 4-3**, p. 164-165).

Uma vez que esse conjunto de proteínas esteja disponível, inicia-se o processo de isolamento da proteína de interesse. A metodologia-padrão envolve a purificação por meio de uma série de etapas de **cromatografias**, utilizando diferentes materiais para separar os componentes individuais de uma mistura complexa em alíquotas, ou *frações*, com base nas propriedades da proteína – como tamanho, forma ou carga elétrica. Após cada etapa de separação, as frações são examinadas para determinar quais contêm a proteína de interesse. Essas frações podem ser combinadas e submetidas a etapas cromatográficas adicionais até que a proteína de interesse seja obtida na forma pura.

As formas mais eficientes de cromatografia de proteínas separam os polipeptídeos de acordo com sua capacidade de ligação a uma molécula específica – um processo chamado de *cromatografia de afinidade* (**Painel 4-4**, p. 166). Se grandes quantidades de anticorpos que reconhecem a proteína estiverem disponíveis, por exemplo, eles podem ser ligados a uma matriz da coluna cromatográfica e utilizados para extrair a proteína a partir de uma mistura (ver Painel 4-2, p. 146-147).

A cromatografia de afinidade também pode ser utilizada para isolar proteínas que interagem fisicamente com a proteína em estudo. Neste caso, a proteína de interesse purificada é ligada com alta afinidade à matriz da coluna, e as proteínas que se ligam a ela serão retidas na coluna, e podem então ser removidas com a alteração da composição do tampão de lavagem (**Figura 4-48**).

As proteínas também podem ser separadas por **eletroforese**. Nessa técnica, uma mistura de proteínas é aplicada em um polímero na forma de gel e submetida a um campo elétrico; os polipeptídeos então migrarão no gel em diferentes velocidades, dependendo do seu tamanho e da sua carga total (**Painel 4-5**, p. 167). Caso muitas proteínas estejam presentes na amostra, ou se elas apresentarem uma taxa de migração muito similar, podem ser separadas em uma etapa subsequente, utilizando a técnica de eletroforese bidimensional em gel (ver Painel 4-5). Esses métodos de eletroforese geram um conjunto de bandas, ou pontos, que podem ser visualizados por coloração; cada banda ou ponto contém uma proteína diferente. A cromatografia e a eletroforese foram desenvolvidas há mais de 50 anos e aprimoradas desde então – e são essenciais no estudo e compreensão da forma e comportamento das proteínas (**Tabela 4-2**). Essas duas técnicas ainda são bastante utilizadas em laboratórios.

Uma vez que a proteína tenha sido obtida na sua forma pura, ela pode ser utilizada em ensaios bioquímicos para estudo dos detalhes da sua atividade. Também pode ser submetida a técnicas que revelam a sua sequência de aminoácidos e estrutura tridimensional em detalhes.

A determinação da estrutura de uma proteína inicia-se com a determinação da sua sequência de aminoácidos

A tarefa de determinação da sequência de aminoácidos de uma proteína pode ser realizada de diversas maneiras. Por muitos anos, o sequenciamento de proteínas foi realizado pela análise direta dos aminoácidos de proteínas purificadas. Inicialmente, a proteína era clivada em segmentos menores, utilizando proteases seletivas; a enzima tripsina, por exemplo, cliva cadeias polipeptídicas no lado da carboxila de uma lisina ou arginina. A identidade de cada aminoácido do segmento era então determinada quimicamente. A primeira proteína sequenciada dessa maneira foi o hormônio *insulina*, em 1955.

Uma forma mais rápida de determinar a sequência de aminoácidos de proteínas isoladas de organismos cuja sequência genômica é conhecida é a metodologia conhecida como **espectrometria de massas**. Essa técnica determina a massa exata de cada fragmento peptídico de uma proteína purificada, o que

TABELA 4-2 Marcos históricos no conhecimento das proteínas

1838	O nome "proteína" (do grego *proteios* – primário) é sugerido por Berzelius para designar as substâncias complexas, ricas em nitrogênio, descobertas nas células de todos os animais e plantas.
1819-1904	A maioria dos 20 aminoácidos de ocorrência mais comum nas proteínas é descoberta.
1864	Hoppe-Seyler cristaliza e batiza a proteína hemoglobina.
1894	Fischer propõe a analogia chave-fechadura para as interações entre enzima e substrato.
1897	Buchner e Buchner demonstram que extratos acelulares de leveduras podem processar sacarose em dióxido de carbono e etanol, determinando o princípio da enzimologia.
1926	Sumner cristaliza a proteína urease na sua forma pura, demonstrando que proteínas podem possuir atividade catalítica de enzimas; Svedberg desenvolve a primeira ultracentrífuga analítica e a usa para estimar o peso molecular correto da hemoglobina.
1933	Tiselius introduz o uso de eletroforese para separar proteínas em solução.
1934	Bernal e Crowfoot apresentam os primeiros padrões de difração de raios X detalhados de uma proteína, obtidos a partir de cristais da enzima pepsina.
1942	Martin e Synge desenvolvem a cromatografia, técnica hoje amplamente utilizada para separar proteínas.
1951	Pauling e Corey propõem a estrutura da conformação helicoidal de uma cadeia de aminoácidos – a α-hélice – e a estrutura da folha β, ambas posteriormente descobertas em diversas proteínas.
1955	Sanger determina a ordem dos aminoácidos da insulina, a primeira proteína cuja sequência de aminoácidos foi determinada.
1956	Ingram produz a primeira "impressão digital" de uma proteína, mostrando que a diferença entre a hemoglobina falciforme e a normal se deve à mudança de um único aminoácido (**Animação 4.12**).
1960	Kendrew descreve a primeira estrutura tridimensional detalhada de uma proteína (a mioglobina de esperma de baleia), com uma resolução de 0,2 nm; Perutz propõe uma estrutura de melhor resolução para a hemoglobina.
1963	Monod, Jacob e Changeux reconhecem que muitas enzimas são reguladas por modificações alostéricas em suas conformações.
1966	Phillips descreve a estrutura tridimensional da lisozima por meio de cristalografia de raios X, a primeira enzima a ser analisada em nível atômico.
1973	Nomura reconstitui um ribossomo bacteriano funcional a partir de seus componentes purificados.
1975	Henderson e Unwin determinam a primeira estrutura tridimensional de uma proteína transmembrânica (bacteriorrodopsina), utilizando reconstrução computacional a partir de micrografias eletrônicas.
1976	Neher e Sakmann desenvolvem o método de registro de *patch-clamp* para medir a atividade de proteínas únicas do canal iônico.
1984	Wüthrich utiliza a espectroscopia de ressonância magnética nuclear (RMN) para determinar a estrutura tridimensional da proteína de esperma em solução.
1988	Tanaka e Fenn desenvolvem, individualmente, métodos para a análise de proteínas e outras macromoléculas biológicas.
1996-2013	Mann, Aebersold, Yates e outros desenvolvem métodos eficientes de uso de espectrometria de massas para a identificação de proteínas em misturas complexas, explorando a disponibilidade de sequências genômicas completas.

então permite que a proteína seja identificada a partir de um banco de dados que contém uma lista com todas as proteínas codificadas pelo genoma do organismo em estudo. Esses bancos de dados são gerados com a sequência genômica do organismo e a aplicação do código genético (discutido no Cap. 7).

Para realizar o experimento de espectrometria de massas, os peptídeos derivados da digestão por tripsina são incididos com *laser*. Esse tratamento aquece os peptídeos, que se tornam eletricamente carregados (ionizados) e são ejetados na forma gasosa. Os peptídeos ionizados são acelerados em um forte campo

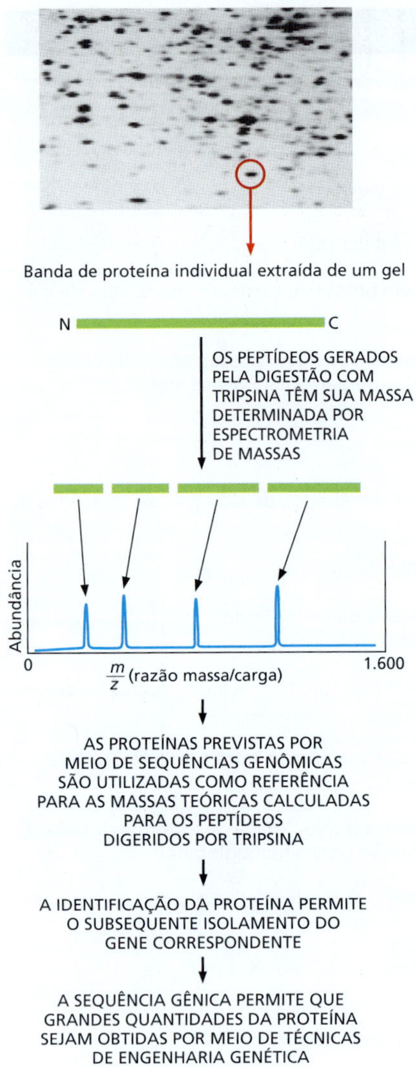

Figura 4-49 A espectrometria de massas pode ser utilizada para identificar proteínas pela determinação precisa da massa dos peptídeos delas derivados. Conforme indicado, esta metodologia permite então a produção de grandes quantidades de proteína, necessárias para a determinação da sua estrutura tridimensional. Neste exemplo, a proteína de interesse é extraída de um gel de poliacrilamida após eletroforese bidimensional (ver Painel 4-5, p. 167) e então digerida com tripsina. Os fragmentos peptídicos são analisados em um espectrômetro de massas, e suas massas exatas são determinadas. Bancos de dados de sequências de genomas são utilizados como referência para a identificação da proteína codificada pelo organismo em estudo, cujos dados equivalem aos dados experimentais. Misturas de proteínas também podem ser analisadas dessa forma. (Imagem por cortesia de Patrick O'Farrell.)

magnético, e se deslocam na direção do detector; o tempo que o peptídeo leva para atingir o detector é relacionado à sua massa e carga. (Quanto maior o peptídeo, mais lentamente ele se move; quanto maior a sua carga, maior a sua velocidade.) O conjunto exato de massas dos fragmentos de proteínas gerados pela digestão com tripsina serve como uma "impressão digital" para a identificação da proteína – e seu gene correspondente – a partir de bancos de dados de acesso público (**Figura 4-49**).

Essa metodologia pode ainda ser aplicada a misturas complexas de proteínas, por exemplo, um extrato contendo todas as proteínas produzidas por células de leveduras cultivadas em um conjunto específico de condições. A fim de alcançar a resolução necessária para diferenciar proteínas individuais, essas misturas são analisadas, com frequência, utilizando *espectrometria de massas sequencial*. Nesse caso, após os peptídeos passarem pelo primeiro espectrômetro de massas, eles são reduzidos a fragmentos ainda menores e analisados por um segundo espectrômetro de massas.

Embora toda a informação necessária para o enovelamento de uma proteína esteja contida na sua sequência de aminoácidos, ainda não foi desenvolvida uma técnica que permita a predição confiável de sua conformação tridimensional – o arranjo espacial de seus átomos – a partir apenas da sua sequência de aminoácidos. Atualmente, a única maneira precisa de determinar o padrão de enovelamento de uma proteína é a metodologia experimental de **cristalografia de raios X** ou **espectroscopia de ressonância magnética nuclear (RMN)** (**Como Sabemos**, p. 162-163).

Técnicas de engenharia genética permitem a produção em larga escala, alteração e análise de quase qualquer proteína

Avanços nas técnicas de engenharia genética permitem hoje a produção de grandes quantidades de quase qualquer proteína desejada. Além de facilitar a purificação de proteínas específicas, a habilidade de obtenção de grandes quantidades de proteínas originou toda uma indústria biotecnológica (**Figura 4-50**). Culturas de bactérias, leveduras e células de mamíferos são atualmente utilizadas para produzir uma grande variedade de proteínas terapêuticas, como a insulina, o hormônio de crescimento humano, e mesmo fármacos que estimulam a fertilidade, utilizadas para induzir a produção de óvulos em mulheres durante a fertilização *in vitro*. O preparo dessas proteínas costumava requerer a coleta e o processamento de grandes quantidades de tecidos e outros produtos biológicos – incluindo, no caso de fármacos que aumentam a fertilidade, a urina de freiras na pós-menopausa.

As mesmas técnicas de engenharia genética podem ser também aplicadas para a produção de novas proteínas e enzimas que contêm novas estruturas ou que desempenham funções não usuais: metabolização de resíduos tóxicos, síntese de fármacos capazes de salvar vidas, atividade em condições que normalmente destruiriam a maioria dos catalisadores biológicos (ver Cap. 3, Como Sabemos, p. 104-106). A maior parte desses catalisadores sintéticos não é tão efetiva como as enzimas de ocorrência natural quanto à sua capacidade de acelerar seletivamente reações químicas específicas. Porém, enquanto continuamos a aprender mais como as proteínas e enzimas exploram suas conformações únicas para desempenhar suas funções biológicas, nossa capacidade de produzir novas proteínas com funções úteis só tende a evoluir.

Obviamente, para sermos capazes de estudar a atividade de proteínas modificadas em organismos vivos – e sermos beneficiados por ela –, o DNA que codifica essas proteínas deve ser introduzido nas células de alguma maneira. Novamente, graças às técnicas de engenharia genética, somos capazes de realizar essa tarefa. Discutimos esses métodos em mais detalhes no Capítulo 10.

Figura 4-50 Companhias de biotecnologia produzem grandes quantidades de proteínas de aplicação prática. Na fotografia, são mostrados os fermentadores utilizados para o crescimento de células necessárias à produção de proteínas em grande escala. (Cortesia de Bioengineering AG, Suíça.)

A relação evolutiva entre proteínas ajuda a predizer a sua estrutura e função

Foi feito um enorme progresso no conhecimento da estrutura e da função de proteínas nos últimos 150 anos (ver Tabela 4-2, p. 159). Esses avanços são fruto de décadas de pesquisas no isolamento de proteínas, desenvolvidas com o trabalho incansável de cientistas sobre proteínas, ou sobre famílias de proteínas, algumas vezes ao longo de toda a sua carreira. No futuro, no entanto, mais e mais estudos acerca da conformação e atividade de proteínas poderão ser realizados em grande escala.

A evolução da capacidade de sequenciamento rápido de genomas completos, e o desenvolvimento de métodos como a espectrometria de massas, ampliaram a capacidade de determinação de sequências de aminoácidos para um gigantesco número de proteínas. Milhões de sequências únicas de proteínas para milhares de espécies distintas estão disponíveis em bancos de dados públicos, e espera-se que o número de dados dobre a cada dois anos. A comparação de sequências de aminoácidos de todas essas proteínas revela que a maioria pertence a famílias de proteínas que compartilham "padrões de sequências" específicos – sequências de aminoácidos que se enovelam em domínios distintos. Em algumas dessas famílias, as proteínas contêm apenas um único domínio estrutural. Em outras, as proteínas possuem múltiplos domínios organizados em combinações inéditas (**Figura 4-51**).

Embora o número de famílias com múltiplos domínios esteja crescendo rapidamente, a descoberta de novos domínios parece estar diminuindo. Essa diminuição sugere que a grande maioria das proteínas pode apresentar um número limitado de domínios estruturais – talvez algo em torno de 10.000 a 20.000. Para diversas famílias compostas por um único domínio, a estrutura de pelo menos um membro da família é conhecida. O conhecimento da estrutura de um dos membros da família permite algumas inferências acerca das estruturas dos demais membros. Por essa razão, quase três quartos de todas as proteínas presentes nos bancos de dados possuem alguma informação estrutural disponível (**Animação 4.13**).

Objetivos futuros incluem o desenvolvimento da capacidade de deduzir a estrutura de uma proteína a partir da sua sequência de aminoácidos e obter informações acerca de sua função. Estamos perto de sermos capazes de predizer a estrutura de uma proteína a partir de informações da sua sequência, mas ainda há um longo caminho a percorrer. Predições acerca do funcionamento de uma proteína individual, como parte de um complexo, ou como parte de uma via metabólica da célula, são mais difíceis. No entanto, conforme nos aproximamos destas respostas, mais perto estaremos de compreender as bases fundamentais da vida.

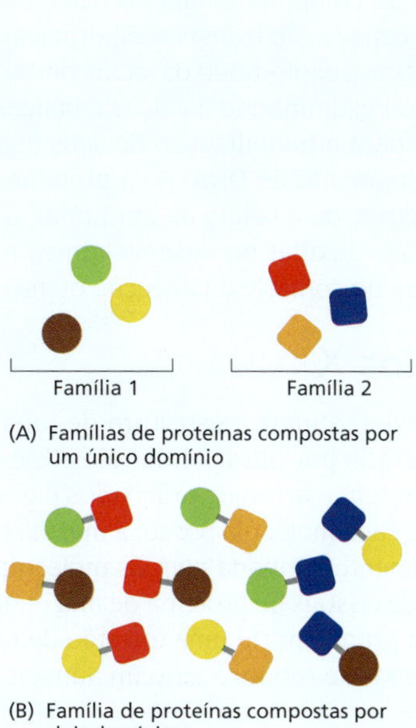

Figura 4-51 A maioria das proteínas pertence a famílias relacionadas estruturalmente. (A) Mais de dois terços de todas as proteínas bem caracterizadas contêm um único domínio estrutural. Os membros destas famílias de um único domínio podem apresentar diferentes sequências de aminoácidos, mas se enovelam em uma conformação similar. (B) Durante a evolução, domínios estruturais foram combinados de diferentes maneiras para dar origem às famílias de múltiplos domínios. Quase toda a originalidade na estrutura de uma proteína é derivada do modo como esses domínios estão organizados. O número de famílias de múltiplos domínios adicionado aos bancos de dados ainda está aumentando rapidamente, ao contrário do número de famílias de único domínio.

DETERMINANDO A ESTRUTURA DE PROTEÍNAS

Como você certamente já concluiu com a leitura deste capítulo, a estrutura tridimensional de diversas proteínas determina a sua função. Para aprendermos mais sobre como uma proteína funciona, é de grande auxílio sabermos exatamente como ela é.

A questão é que muitas proteínas são muito pequenas para serem observadas em detalhes, mesmo com potentes microscópios eletrônicos. Para seguir a direção de uma cadeia de aminoácidos dentro de uma grande molécula proteica, é necessário "ver" os átomos que formam cada um dos aminoácidos. Os cientistas utilizam principalmente dois métodos para mapear a localização dos átomos que compõem uma proteína. O primeiro método envolve o uso de raios X. Assim como a luz, os raios X são uma forma de radiação eletromagnética. Contudo, o seu comprimento de onda é muito menor: 0,1 nanômetro (nm), em comparação ao comprimento de onda de 400 a 700 nm da luz visível. Esse pequeno comprimento de onda – que é igual ao diâmetro aproximado do átomo de hidrogênio – permite aos cientistas a visualização de estruturas muito pequenas, em nível atômico.

Um segundo método, chamado de espectroscopia de ressonância magnética nuclear (RMN), baseia-se no fato de que, em diversos átomos, o núcleo é intrinsecamente magnético. Quando expostos a grandes campos magnéticos, esses núcleos agem como pequenas barras magnéticas e são alinhados com o campo magnético. Se forem excitados por ondas de rádio, os núcleos oscilarão ao redor dos seus eixos magnéticos, e, quando decaírem de volta ao seu nível energético original, cada núcleo originará um sinal que pode ser utilizado para revelar as suas posições relativas em uma proteína.

Empregando tais técnicas, os pesquisadores resolveram a estrutura de milhares de proteínas. Com o auxílio de programas computacionais gráficos, esses pesquisadores têm sido capazes de transpor superfícies e observar o interior de proteínas, explorando os locais onde o ATP se liga, por exemplo, ou examinando as alças e hélices que as proteínas utilizam para a imobilização de seus ligantes, ou para envolver um segmento de DNA. Se a proteína em estudo pertencer a um vírus, ou à célula de um tumor, o estudo da sua estrutura pode auxiliar no desenvolvimento de medicamentos que atuem no controle da infecção ou na eliminação do tumor.

Raios X

Para determinar a estrutura de uma proteína usando cristalografia por difração de raios X, é preciso formar cristais da proteína: arranjos ordenados e grandes da proteína pura, onde cada molécula possui a mesma conformação e está perfeitamente alinhada com as moléculas adjacentes. A obtenção de cristais de proteína de alta qualidade ainda é uma arte e em grande parte uma questão de tentativa e erro. Embora métodos de robótica tenham aumentado a eficiência do processo, ainda podem ser necessários anos para a determinação das condições ideais – e algumas proteínas simplesmente não formam cristais.

Se você tiver sorte suficiente para obter bons cristais, você está pronto para análises de raios X. Quando um estrito feixe de raios X incide em um cristal de proteína, os átomos das moléculas de proteínas difratam os raios X incidentes. Essas ondas que foram desviadas podem somar-se ou anular-se, produzindo um complexo padrão de difração que é captado por detectores eletrônicos. A intensidade e a posição de cada ponto captado contêm informações sobre a posição dos átomos no cristal da proteína (**Figura 4-52**).

Esses padrões de difração são tão complexos – mesmo uma pequena proteína pode gerar 25.000 pontos – que requerem o uso de computadores para serem interpretados e transformados, por meio de complexos cálculos matemáticos, em mapas que indicam a localização espacial relativa de cada átomo. Combinando as informações obtidas nesses mapas e a sequência de aminoácidos da proteína, um modelo atômico da sua estrutura pode ser gerado. Para determinar se a proteína sofre alguma mudança conformacional em presença de um ligante que ative sua função, deve-se tentar cristalizar a mesma proteína em presença desse ligante. Com cristais de qualidade suficiente, pequenos movimentos dos átomos podem ser detectados pela comparação das estruturas obtidas na presença e na ausência de ligantes estimuladores ou inibidores.

Magnetos

A dificuldade da cristalografia de raios X é a necessidade da obtenção de cristais. Nem todas as proteínas formam redes cristalinas ordenadas. Muitas proteínas possuem regiões de desordem intrínseca que são muito flexíveis para que o arranjo cristalino possa se formar. Outras proteínas podem não formar cristais na ausência de membranas em que normalmente estariam inseridas.

Uma metodologia alternativa para a determinação da estrutura de proteínas não requer a formação de cristais. Se for uma proteína pequena – de 50.000 dáltons ou menos –, você poderá determinar sua estrutura por espectroscopia de ressonância magnética nuclear (RMN). Nessa técnica, uma solução contendo a proteína pura concentrada é colocada em um forte campo magnético e então bombardeada com ondas de rádio de diferentes frequências. Os núcleos dos átomos de hidrogênio da proteína irão gerar um sinal de RMN que pode ser utilizado para determinar a distância entre os átomos em diferentes partes da proteína. Essa informação é então utilizada para a construção de um modelo do arranjo dos átomos de hidrogênio no espaço. Novamente, combinado à sequência de aminoácidos da proteína, o espectro de RMN permite a predição da estrutura tridimensional da proteína (**Figura 4-53**). Caso a proteína seja maior do que

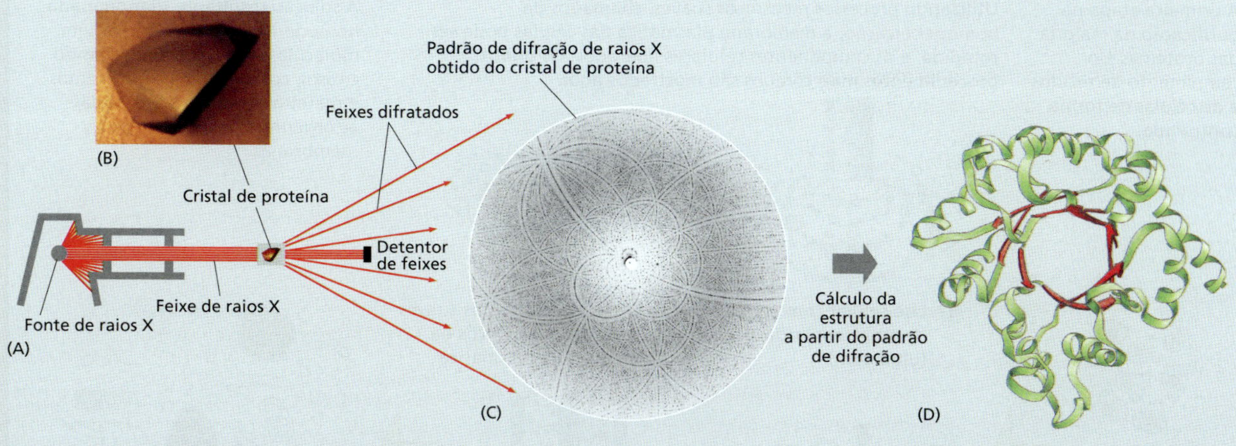

Figura 4-52 A estrutura de uma proteína pode ser determinada por cristalografia de difração de raios X. A ribulose-bifosfato--carboxilase é uma enzima que desempenha papel central na fixação de CO_2 durante a fotossíntese. (A) Aparelho de difração de raios X; (B) fotografia de um cristal; (C) padrão de difração; (D) estrutura tridimensional determinada a partir do padrão de difração (α-hélices estão representadas em *verde*, e folhas β estão representadas em *vermelho*). (B, cortesia de C. Branden; C, cortesia de J. Hajdu e I. Anderson; D, adaptada do original fornecido por B. Furugren.)

50.000 dáltons, pode tentar-se quebrá-la nos seus domínios funcionais e então realizar a análise por RMN de cada um desses domínios.

Como a determinação da conformação precisa de uma proteína requer muito tempo e é bastante dispendiosa – e seus resultados são valiosos –, os cientistas tornam públicas as estruturas que determinam, submetendo essas informações a bancos de dados de acesso público. Graças a esses bancos de dados, qualquer pessoa interessada na estrutura de, digamos, um ribossomo – um complexo formado por várias cadeias de RNA e por mais de 50 proteínas – pode obtê-la facilmente. No futuro, melhorias nas técnicas de cristalografia de raios X e RMN irão permitir análises mais rápidas de muitas proteínas e de complexos proteicos. Uma vez que estruturas suficientes estejam descritas, talvez seja possível gerar algoritmos que sejam capazes de predizer a estrutura de uma proteína, tendo como base apenas sua sequência de aminoácidos. Afinal, é essa sequência de aminoácidos que determina sozinha como a proteína se enovela na sua estrutura tridimensional.

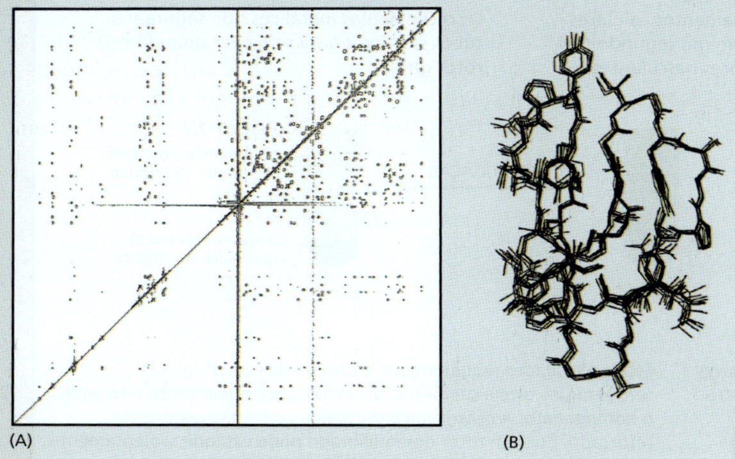

Figura 4-53 A espectroscopia por RMN pode ser utilizada para determinar a estrutura de pequenas proteínas ou de domínios proteicos. (A) Espectroscopia de RMN bidimensional determinada para o domínio C-terminal da enzima celulase, que cataboliza a celulose. Os pontos representam interações entre átomos próximos de hidrogênio. (B) O conjunto de estruturas sobrepostas mostrado satisfaz o critério das distâncias. (Cortesia de P. Kraulis.)

ROMPIMENTO DE CÉLULAS E TECIDOS

A primeira etapa na purificação da maioria das proteínas é o rompimento de tecidos e de células de forma controlada.

Utilizando processos mecânicos suaves, chamados de homogeneização, a membrana plasmática das células pode ser rompida, e os componentes celulares liberados. Os quatro procedimentos mais comuns são mostrados aqui.

A solução resultante (denominada homogenato ou extrato) contém moléculas grandes e pequenas do citosol, como enzimas, ribossomos e metabólitos, bem como todas as organelas delimitadas por membranas.

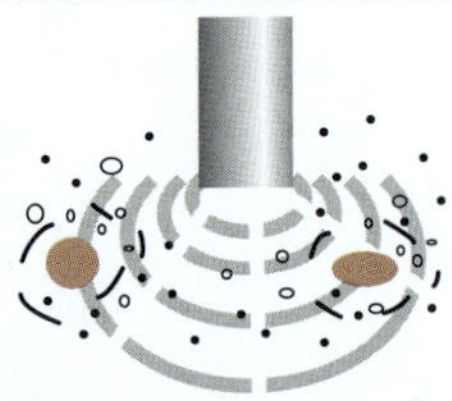

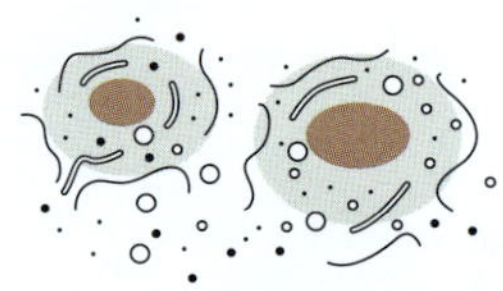

1 Lise celular com sons de alta frequência (ultrassom)

2 Uso de detergentes suaves para produzir poros na membrana plasmática

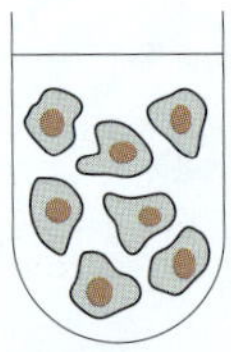

Suspensão de células ou tecido

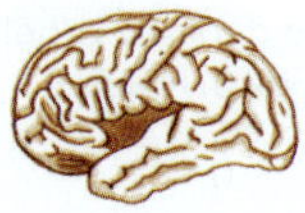

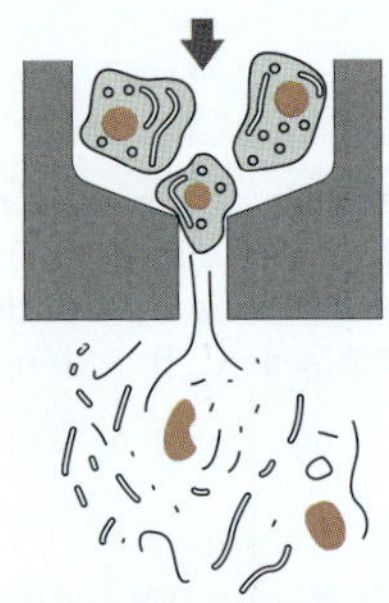

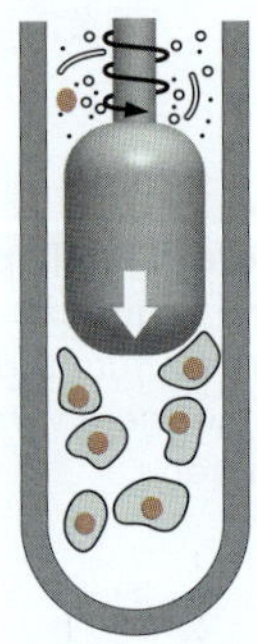

3 Passagem forçada das células por um pequeno orifício usando alta pressão

4 Compressão das células entre um êmbolo e as paredes de um tubo de vidro

Quando realizada cuidadosamente, a homogeneização mantém intacta a maioria das organelas delimitadas por membranas.

A CENTRÍFUGA

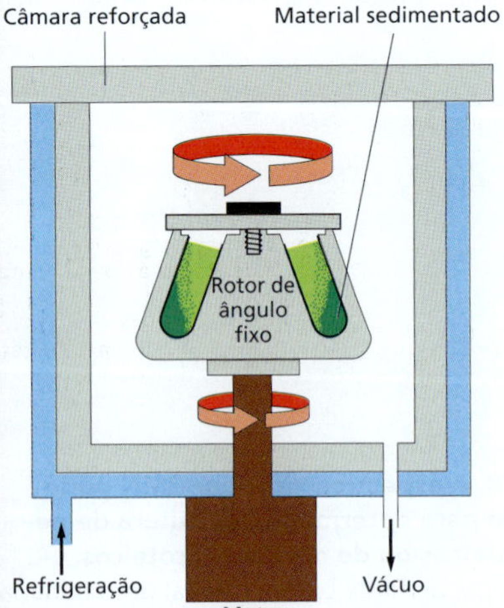

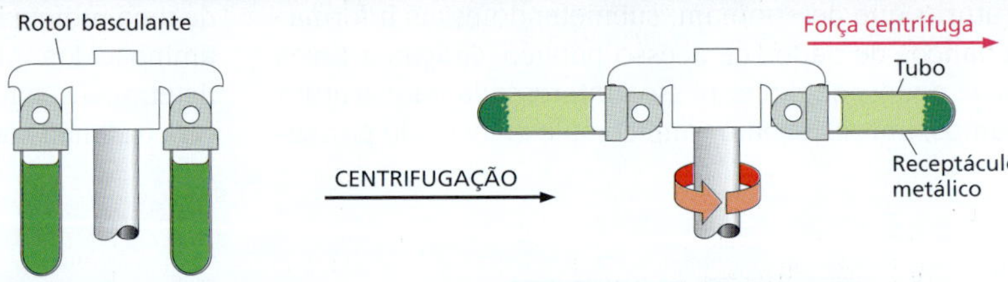

Diversos fracionamentos celulares são realizados em um segundo tipo de rotor, os rotores basculantes.

Os receptáculos metálicos que seguram os tubos são livres para se mover quando o rotor gira.

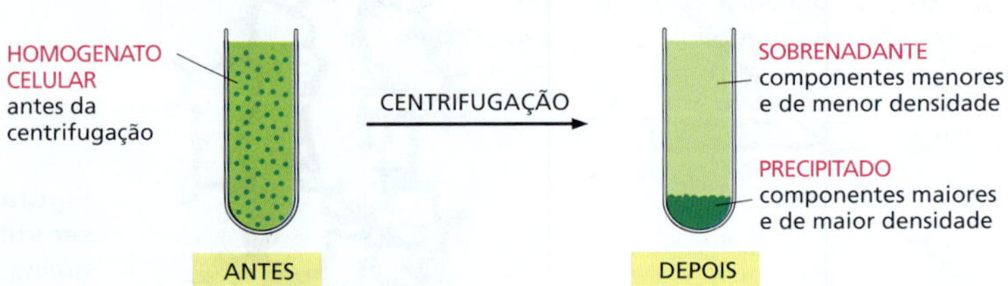

A centrifugação é o procedimento mais utilizado para a separação do homogenato em diferentes partes, ou frações. O homogenato é colocado em tubos de ensaio e centrifugado em altas velocidades em centrífuga ou ultracentrífuga. Ultracentrífugas atuais chegam a velocidades acima de 100.000 rpm e produzem forças de até 600.000 vezes a força da gravidade.

Essas velocidades requerem que a câmara da centrífuga seja refrigerada e esteja submetida ao vácuo, para que o atrito não aqueça o homogenato. A centrífuga é protegida por um revestimento reforçado, pois um rotor desequilibrado pode explodir violentamente. Rotores de ângulo fixo suportam volumes maiores do que rotores basculantes, porém a formação dos precipitados (a sedimentação do homogenato) é menos uniforme, conforme ilustrado.

CENTRIFUGAÇÃO DIFERENCIAL

Centrifugações repetidas com velocidades progressivamente maiores fracionam o homogenato celular em seus componentes.

A centrifugação separa os componentes celulares por tamanho e densidade. Componentes maiores e mais densos sofrem força centrífuga maior e se movem mais rapidamente. Esses componentes sedimentam formando um precipitado no fundo do tubo, e os componentes menores e menos densos permanecem em suspensão, na porção chamada de sobrenadante.

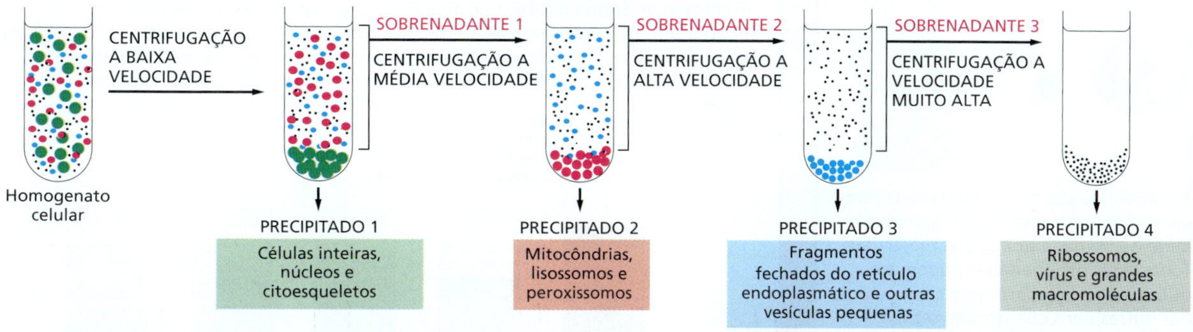

VELOCIDADE DE SEDIMENTAÇÃO

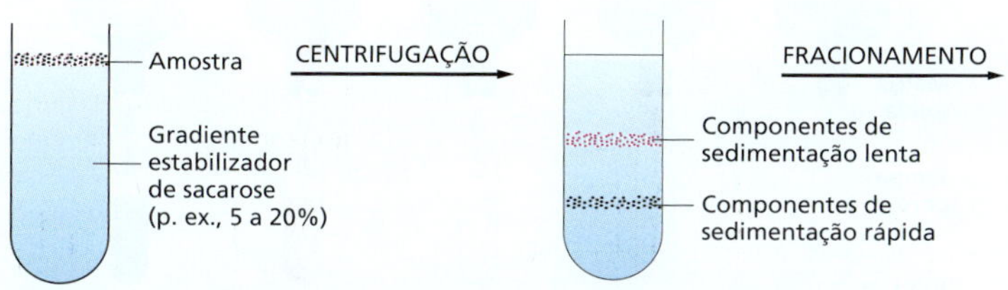

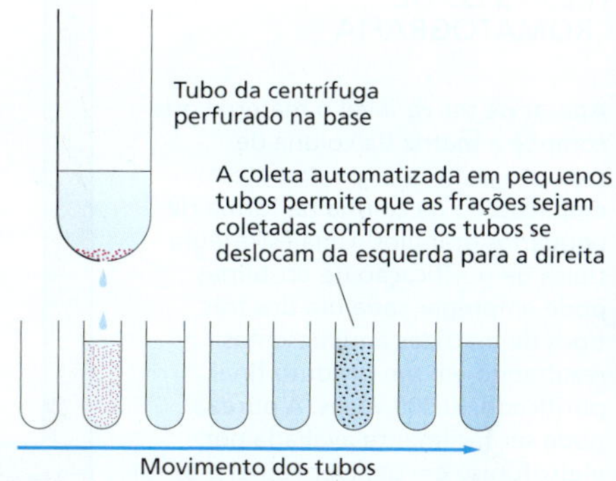

Componentes subcelulares sedimentam a diferentes taxas, de acordo com seus tamanhos, quando inseridos cuidadosamente em uma solução salina e centrifugados por meio dela. A solução contém um gradiente de sacarose que aumenta continuamente em direção ao fundo do tubo; assim, a sedimentação dos componentes pode ser estabilizada. A concentração de sacarose varia, geralmente, de 5 a 20%. Os diferentes componentes celulares são separados em bandas distintas quando sedimentados nesse gradiente de sacarose; as bandas formadas podem ser coletadas individualmente.

Após um tempo de centrifugação apropriado, as bandas podem ser coletadas; a forma mais simples de coletar cada banda é perfurando o tubo plástico centrifugado e coletando os resíduos do fundo, como mostrado aqui.

EQUILÍBRIO DE SEDIMENTAÇÃO

A ultracentrífuga também pode ser utilizada para separar componentes celulares de acordo com sua densidade de flutuação, independentemente do seu tamanho ou da sua forma. A amostra é colocada no topo ou dispersada no interior de um meio com gradiente de densidade contendo altas concentrações de sacarose ou cloreto de césio. Cada componente subcelular se desloca para cima ou para baixo durante a centrifugação e se estabiliza quando a sua densidade se equilibra com a do meio circundante. Uma série de bandas distintas é formada, e aquelas mais próximas do fundo do tubo contêm os componentes com maior densidade de flutuação. Esse método também é chamado de centrifugação por gradiente de densidade.

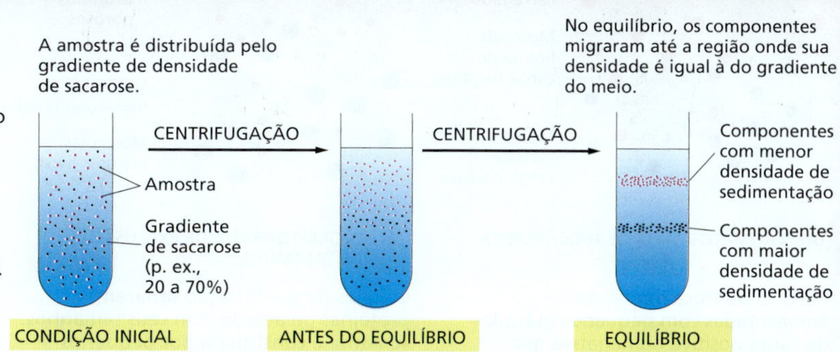

Um gradiente de sacarose é mostrado aqui, mas gradientes mais densos podem ser estabelecidos com cloreto de césio, particularmente útil quando se pretende separar ácidos nucleicos (DNA ou RNA).

As bandas finais podem ser coletadas a partir da base do tubo, como mostrado anteriormente para a velocidade de sedimentação.

SEPARAÇÃO DE PROTEÍNAS

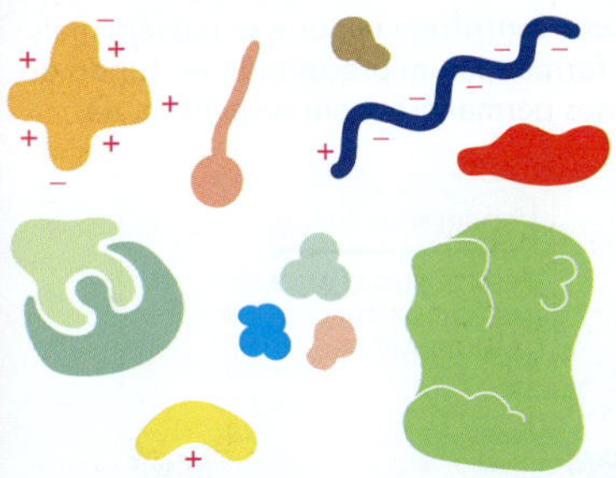

As proteínas são muito diversas. Diferem em tamanho, forma, carga, hidrofobicidade e afinidade por outras moléculas. Todas essas propriedades podem ser utilizadas para separar proteínas umas das outras para que possam ser estudadas individualmente.

COLUNAS CROMATOGRÁFICAS

As proteínas são geralmente fracionadas em colunas cromatográficas. Uma solução contendo uma mistura de proteínas é aplicada no topo de uma coluna cilíndrica com uma matriz sólida e permeável imersa em solvente. Então uma grande quantidade de solvente é bombeada para o interior da coluna. Como diferentes proteínas interagem de forma diferente com a matriz, elas podem ser coletadas separadamente conforme passam pela coluna e saem pelo seu fundo. A matriz pode ser escolhida conforme a característica escolhida para separar as proteínas: carga, hidrofobicidade, tamanho ou afinidade por determinados grupos químicos (ver a seguir).

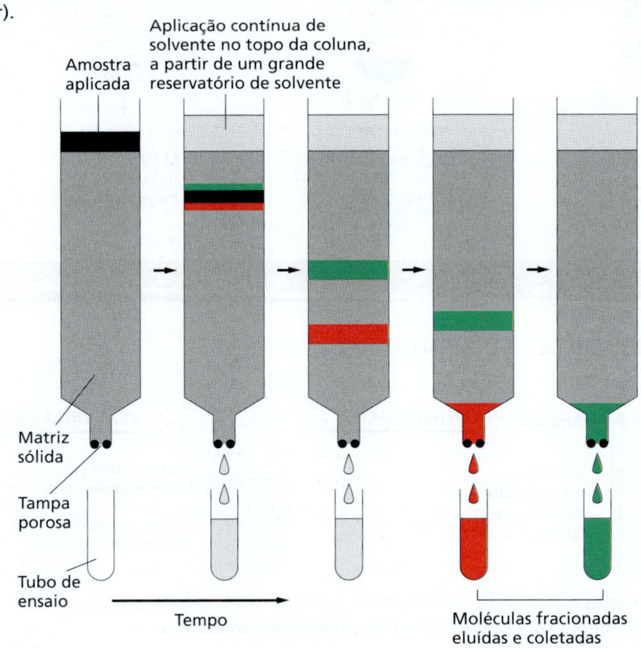

TRÊS TIPOS DE CROMATOGRAFIA

Apesar de ser variável o material que compõe a matriz da coluna de cromatografia, ele geralmente é empacotado na coluna na forma de pequenos grânulos. Uma estratégia típica de purificação de proteínas pode empregar cada um dos três tipos de matrizes aqui descritas, resultando em um produto final purificado 10.000 vezes. A pureza pode ser facilmente avaliada por eletroforese em gel (ver Painel 4-5).

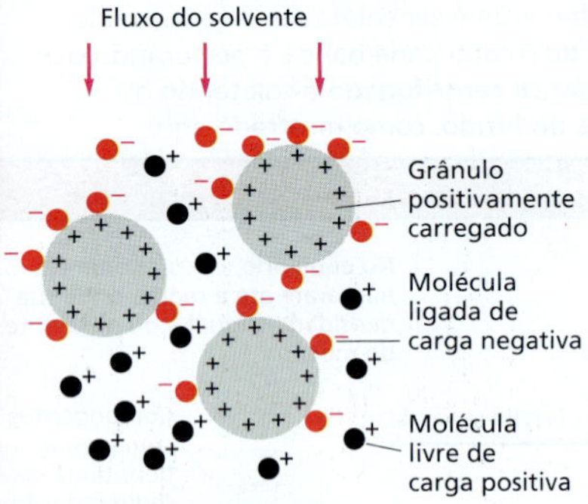

(A) CROMATOGRAFIA DE TROCA IÔNICA

Colunas de troca iônica são empacotadas com pequenos grânulos de carga positiva ou negativa que retêm proteínas com a carga oposta. A associação entre a proteína e a matriz depende do pH e da força iônica da solução passada pela coluna. Esses parâmetros podem ser variados de forma controlada para que se obtenha uma separação mais efetiva.

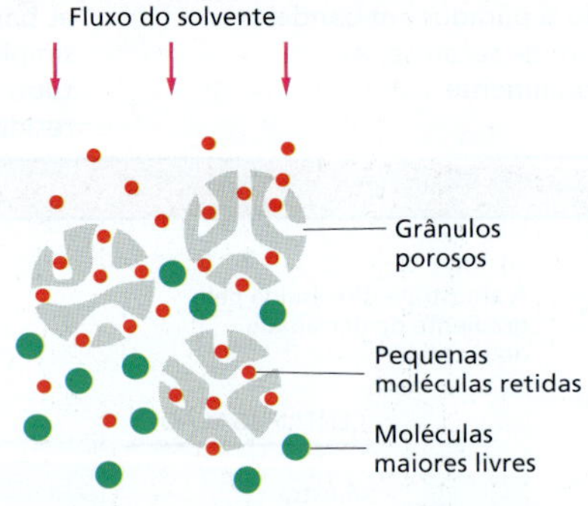

(B) CROMATOGRAFIA DE EXCLUSÃO DE TAMANHO

Colunas de gel-filtração separam proteínas de acordo com seus tamanhos. A matriz é constituída por pequenos grânulos porosos. Moléculas de proteína suficientemente pequenas para entrar nos poros dos grânulos difundem mais lentamente pela coluna. Proteínas maiores que não entram nos grânulos são eluídas mais rapidamente da coluna. Essas colunas também permitem uma estimativa do tamanho da proteína.

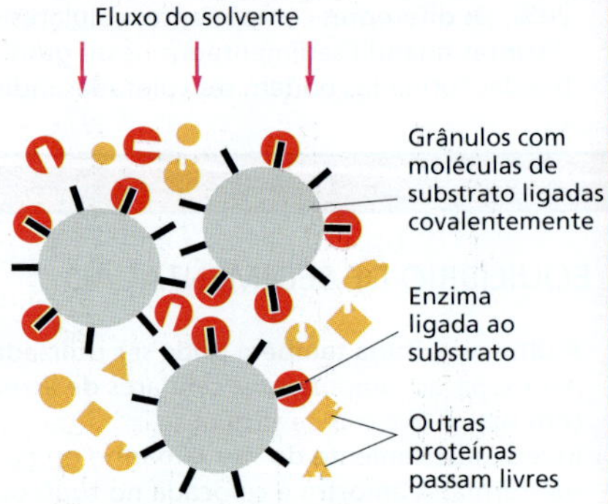

(C) CROMATOGRAFIA DE AFINIDADE

Colunas de afinidade contêm matrizes covalentemente ligadas a moléculas que interagem especificamente com a proteína de interesse (p. ex., um anticorpo ou o substrato de uma enzima). A proteína se liga especificamente à coluna e é depois eluída por mudança de pH ou concentração salina; o resultado é uma proteína altamente purificada (ver também Figura 4-48).

ELETROFORESE EM GEL

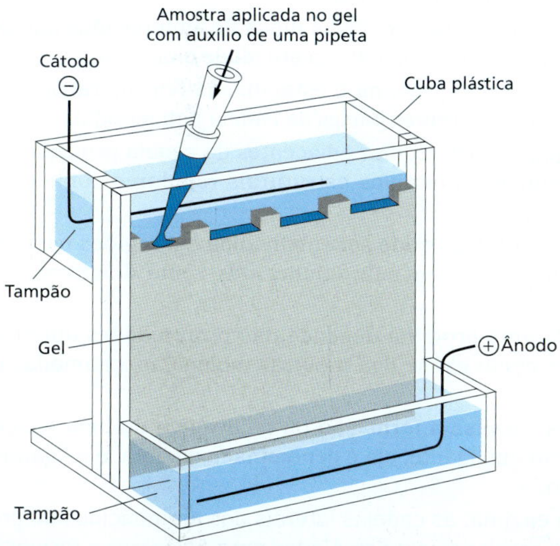

Quando um campo elétrico é aplicado a uma solução contendo moléculas proteicas, o tamanho e a carga das moléculas influenciam a direção para onde migram e a que velocidade. Essa é a base da técnica de eletroforese.

O detergente sódio-dodecil-sulfato (SDS) é utilizado para solubilizar proteínas para a eletroforese em gel de poliacrilamida com SDS.

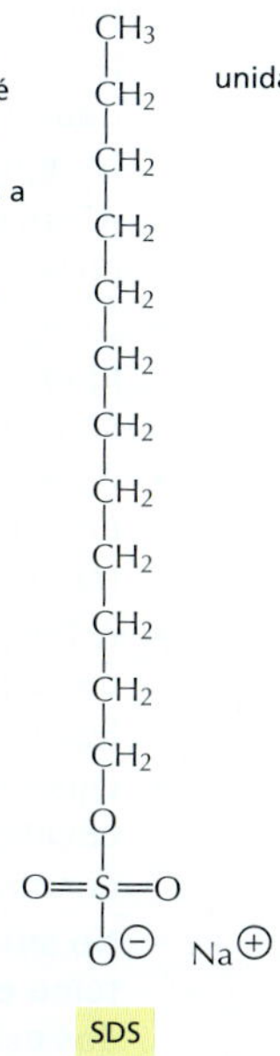

Eletroforese em gel de poliacrilamida com SDS (SDS-PAGE)

Cadeias polipeptídicas formam um complexo com moléculas negativamente carregadas de sódio-dodecil-sulfato (SDS), migrando pelos poros do gel de poliacrilamida como um complexo SDS-proteína de carga negativa. O aparato utilizado nessa técnica é mostrado acima (*à esquerda*). Um agente redutor (mercaptoetanol) é adicionado para romper as pontes S-S em uma mesma cadeia polipeptídica ou entre duas proteínas. Nessas condições, as cadeias polipeptídicas não enoveladas migram em uma velocidade que reflete seu peso molecular.

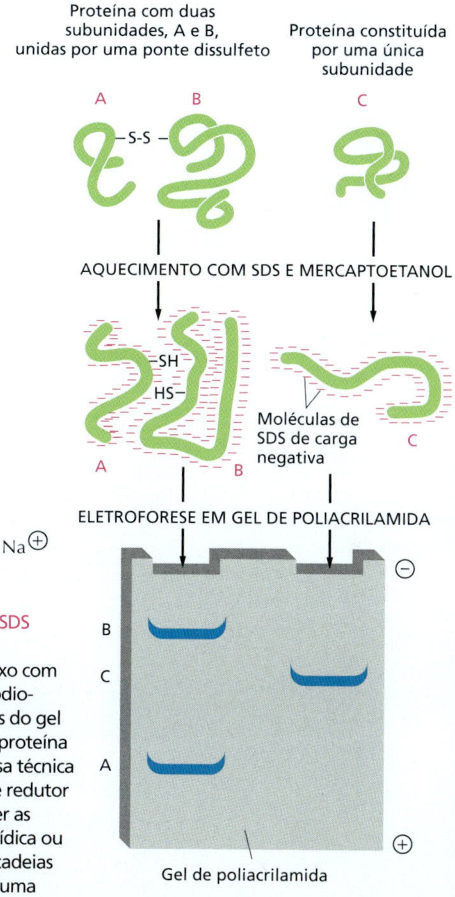

FOCALIZAÇÃO ISOELÉTRICA

Cada proteína possui um determinado valor de pH, chamado de ponto isoelétrico, em que ela não possui carga total; nesse ponto, ela não se move quando submetida a um campo elétrico. Na focalização isoelétrica, as proteínas são submetidas à eletroforese em um capilar preenchido por gel de poliacrilamida e onde um gradiente de pH é estabelecido por uma mistura de tampões específicos. Cada proteína migra até o gradiente correspondente ao seu ponto isoelétrico, onde permanece imóvel.

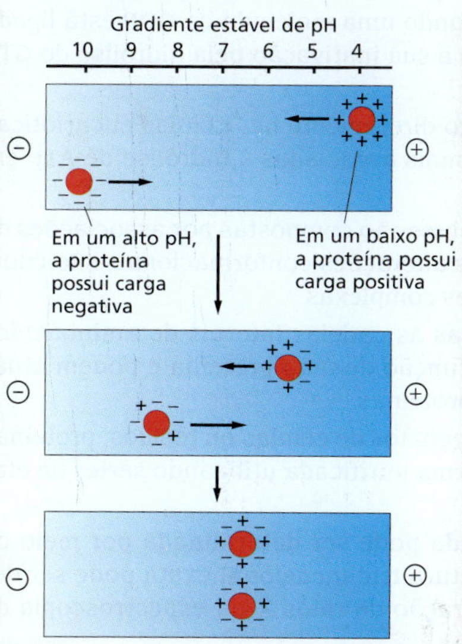

A proteína aqui mostrada tem ponto isoelétrico de 6,5.

ELETROFORESE BIDIMENSIONAL EM GEL DE POLIACRILAMIDA

Misturas complexas de proteínas não podem ser bem separadas em géis unidimensionais, mas a eletroforese bidimensional em gel, combinando dois métodos de separação, pode ser utilizada para separar até 1.000 proteínas em um mapa bidimensional. Na primeira etapa, as proteínas são separadas no gel em função das suas cargas elétricas intrínsecas, por meio da focalização isoelétrica (ver *à esquerda*). Na segunda etapa, o gel é submetido a uma SDS-PAGE (ver *anteriormente*) na direção perpendicular à da primeira etapa. Cada proteína migra formando bandas.

Todas as proteínas da bactéria *E. coli* estão separadas neste gel 2D; cada ponto corresponde a uma cadeia polipeptídica diferente. Elas estão separadas de acordo com seus pontos isoelétricos, da esquerda para a direita, e peso molecular, de cima para baixo. (Cortesia de Patrick O'Farrell.)

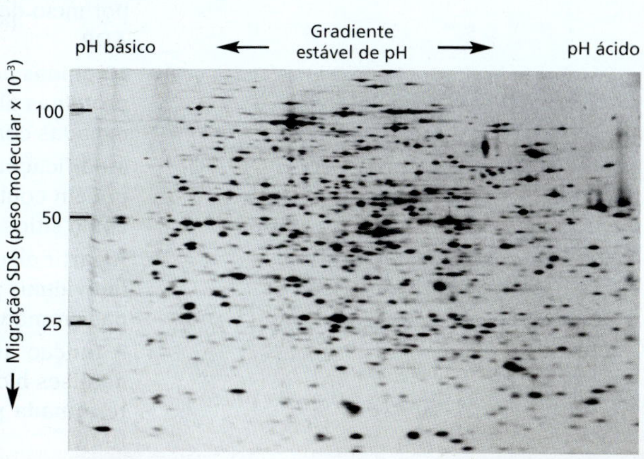

CONCEITOS ESSENCIAIS

- Células vivas contêm um conjunto amplamente diverso de moléculas proteicas, cada uma composta por uma cadeia linear de aminoácidos unidos por meio de ligações covalentes peptídicas.
- Cada tipo de proteína possui uma sequência única de aminoácidos que determina a sua estrutura tridimensional e sua atividade biológica.
- A estrutura enovelada de uma proteína é estabilizada por interações não covalentes múltiplas entre diferentes partes da cadeia polipeptídica.
- As ligações de hidrogênio entre regiões adjacentes da cadeia principal polipeptídica podem originar os motivos estruturais regulares conhecidos como α-hélices e folhas β.
- A estrutura de muitas proteínas pode ser subdividida em regiões menores de estrutura tridimensional compacta, conhecidas como domínios proteicos.
- A função biológica de uma proteína depende das propriedades químicas da sua superfície e de como ela se liga a outras moléculas, chamadas de ligantes.
- Quando uma proteína catalisa a formação ou a clivagem de uma ligação covalente específica em um ligante, ela é denominada enzima, e o ligante é denominado substrato.
- No sítio ativo de uma enzima, as cadeias laterais dos aminoácidos da proteína enovelada estão precisamente arranjadas para favorecer a formação dos estados de transição de alta energia, pelos quais o substrato deve passar para que possa ser convertido em produto.
- A estrutura tridimensional de muitas proteínas evoluiu de modo que a ligação de um pequeno ligante possa induzir mudanças significativas na sua forma.
- Diversas enzimas são proteínas alostéricas que existem em duas conformações, diferindo na sua atividade catalítica, e a enzima pode ser ativada e inibida por moléculas que se ligam a sítios regulatórios distintos, estabilizando tanto a sua conformação ativa quanto a inativa.
- A atividade de muitas enzimas no interior da célula é extremamente regulada. Uma das formas mais comuns de regulação é a retroalimentação negativa, em que uma enzima de uma via metabólica é inibida por um dos produtos finais dessa via.
- Vários milhares de proteínas em uma célula eucariótica típica são regulados por ciclos de fosforilação e desfosforilação.
- Proteínas de ligação ao GTP também regulam a atividade de proteínas em eucariotos; elas atuam como interruptores moleculares que são ativados pela ligação de GTP e inativados quando uma molécula de GDP está ligada à enzima; essas enzimas promovem a sua inativação pela hidrólise do GTP ligado em GDP.
- Proteínas motoras geram movimento diretamente nas células eucarióticas por meio de alterações conformacionais associadas à hidrólise de ATP em ADP.
- Máquinas proteicas altamente eficientes são compostas por associações de proteínas alostéricas onde as várias alterações conformacionais são coordenadas com a realização de funções complexas.
- Modificações covalentes adicionadas às cadeias laterais de aminoácidos podem controlar a localização e a função de uma proteína e podem atuar como sítios de ligação para outras proteínas.
- A partir de extratos brutos de homogenatos de células ou tecidos, proteínas individuais podem ser obtidas na forma purificada utilizando séries de etapas cromatográficas.
- A função de uma proteína purificada pode ser determinada por meio de análises bioquímicas, e a sua estrutura tridimensional exata pode ser determinada por cristalografia de difração de raios X ou espectroscopia de RMN.

TERMOS-CHAVE

α-hélice
alostérico
anticorpo
antígeno
C-terminal
cadeia lateral
cadeia principal polipeptídica
conformação
cristalografia de raios X
cromatografia
domínio proteico
eletroforese
enzima
espectrometria de massas
espectroscopia de ressonância magnética nuclear (RMN)
estado de transição
estrutura primária
estrutura quaternária
estrutura secundária
estrutura terciária
família de proteínas
folha β
fosforilação de proteínas
hélice
ligante
ligação peptídica
lisozima
máquina proteica
N-terminal
polipeptídeo, cadeia polipeptídica
ponte dissulfeto
proteína
proteína-cinase
proteína-fosfatase
proteína de ligação ao GTP
proteína fibrosa
proteína globular
proteína motora
retroalimentação negativa
sequência de aminoácidos
sequência de desordem intrínseca
substrato
subunidade
super-hélice
sítio ativo
sítio de ligação

TESTE SEU CONHECIMENTO

QUESTÃO 4-9

Observe os modelos de proteínas na Figura 4-12. A α-hélice em vermelho é dextrógira ou levógira? As três fitas que formam a folha β são paralelas ou antiparalelas? Começando pela porção N-terminal (extremidade *roxa*), siga ao longo da cadeia principal peptídica. Existe algum "nó"? Por quê? Ou por que não?

QUESTÃO 4-10

Quais das seguintes afirmativas estão corretas? Explique suas respostas.

A. O sítio ativo de uma enzima geralmente ocupa apenas uma pequena fração da superfície da enzima.
B. Em algumas enzimas, a catálise envolve a formação de uma ligação covalente entre a cadeia lateral de um de seus aminoácidos e a molécula de substrato.
C. Uma folha β pode conter até cinco fitas β, e não mais.
D. A especificidade de um anticorpo está contida exclusivamente nas voltas da superfície do domínio enovelado da cadeia leve.
E. A possibilidade de arranjos lineares de aminoácidos é tamanha que raramente ocorre a evolução de uma proteína a partir de outra preexistente.
F. Enzimas alostéricas possuem dois ou mais sítios de ligação.
G. Ligações não covalentes são fracas demais para afetar a estrutura tridimensional de macromoléculas.
H. A cromatografia de afinidade separa moléculas de acordo com sua carga intrínseca.
I. Na centrifugação de um homogenato celular, organelas menores sofrem menos atrito, sedimentando mais rapidamente do que organelas maiores.

QUESTÃO 4-11

Que características comuns das α-hélices e das folhas β fazem delas os motivos universais da estrutura de proteínas?

QUESTÃO 4-12

A estrutura de proteínas é determinada apenas pela sua sequência de aminoácidos. Uma proteína cuja ordem original dos seus aminoácidos é artificialmente invertida terá a mesma estrutura da proteína original?

QUESTÃO 4-13

Considere a seguinte sequência de uma α-hélice: Leu-Lys-Arg-Ile-Val-Asp-Ile-Leu-Ser-Arg-Leu-Phe-Lys-Val. Quantas voltas terá essa hélice? Você vê algo notável no arranjo de aminoácidos dessa sequência, quando enovelada em uma hélice? (Dica: consulte as propriedades dos aminoácidos na Figura 4-3.)

QUESTÃO 4-14

Reações enzimáticas simples geralmente ocorrem conforme a equação:

$$E + S \rightleftharpoons ES \rightarrow EP \rightleftharpoons E + P$$

onde E, S e P são enzima, substrato e produto, respectivamente.

A. O que ES representa nessa equação?
B. Por que a primeira etapa é mostrada com uma seta bidirecional e a segunda com uma seta unidirecional?
C. Por que E aparece no início e no fim da equação?
D. Frequentemente, uma alta concentração de P inibe a enzima. Sugira o porquê dessa ocorrência.
E. Se o composto X for similar a S e se ligar ao sítio ativo da enzima, mas não puder ser catalisado por ela, qual será o

efeito esperado da adição de X a essa reação? Compare os efeitos de X aos do acúmulo de P.

QUESTÃO 4-15

Quais dos seguintes aminoácidos você esperaria encontrar com maior frequência no centro de uma proteína globular enovelada? E quais você esperaria encontrar com maior frequência expostos ao meio externo? Explique sua resposta. Ser, Ser-P (serina fosforilada), Leu, Lys, Gln, His, Phe, Val, Ile, Met, Cys-S-S-Cys (duas cisteínas unidas por uma ponte dissulfeto) e Glu. Onde você esperaria encontrar os aminoácidos N-terminal e C-terminal?

QUESTÃO 4-16

Suponha que você deseja produzir e estudar fragmentos de uma proteína. Você espera que cada fragmento isolado da cadeia polipeptídica se enovele da mesma maneira que na proteína intacta? Considere a proteína mostrada na Figura 4-19. Quais dos fragmentos têm maior probabilidade de se enovelar corretamente?

QUESTÃO 4-17

As proteínas dos neurofilamentos se organizam em longos filamentos intermediários (discutidos no Cap. 17), observados em abundância e organizados ao longo do comprimento dos axônios das células nervosas. A região C-terminal dessas proteínas é um polipeptídeo não organizado, com centenas de aminoácidos de comprimento, e altamente modificado pela adição de grupos fosfato. O termo "escova de polímero" já foi aplicado a esta parte do neurofilamento. Você poderia sugerir o porquê?

QUESTÃO 4-18

Uma enzima isolada de uma bactéria mutante e cultivada a 20°C é ativa no tubo de ensaio a 20°C, mas não a 37°C (37°C é a temperatura do intestino, onde essa bactéria normalmente vive). Além disso, uma vez que essa enzima é exposta a altas temperaturas, ela não é mais funcional em temperaturas mais baixas. A mesma enzima, isolada de bactérias normais, é ativa nas duas temperaturas. O que você imagina que ocorra com a enzima mutante, em nível molecular, com o aumento da temperatura?

QUESTÃO 4-19

Uma proteína motora se move ao longo de um filamento de proteína na célula. Por que os elementos mostrados na figura não são suficientes para mediar um movimento direcionado (Figura Q4-19)? Usando como referência a Figura 4-46, adicione a essa ilustração os elementos necessários para tornar o movimento direcionado e justifique cada modificação feita.

Figura Q4-19

QUESTÃO 4-20

A cromatografia por exclusão de tamanho ou por gel-filtração separa moléculas de acordo com seus tamanhos (ver Painel 4-4, p. 166). Em solução, moléculas menores difundem-se mais rapidamente do que moléculas maiores; na coluna de gel-filtração, moléculas menores migram mais devagar do que moléculas maiores. Explique esse paradoxo. O que aconteceria com taxas de fluxo muito rápidas?

QUESTÃO 4-21

Conforme mostrado na Figura 4-16, as α-hélices e as estruturas de super-hélices podem-se formar a partir de estruturas helicoidais, mas elas possuem a mesma direção na figura? Explique.

QUESTÃO 4-22

Como é possível que a alteração de um único aminoácido em uma proteína composta por 1.000 aminoácidos possa impedir sua função, mesmo que esse aminoácido esteja localizado à distância do sítio de ligação de substratos?

5

DNA e cromossomos

A vida depende da capacidade das células em armazenar, recuperar e traduzir as instruções genéticas necessárias para produzir e manter o organismo vivo. Essa informação hereditária é passada da célula-mãe para as células-filhas durante a divisão celular e de geração em geração nos organismos multicelulares por meio das células reprodutoras, óvulos e espermatozoides. Essas instruções são armazenadas no interior de cada célula viva em seus *genes* – os elementos que contêm as informações que determinam as características de uma espécie como um todo e de cada indivíduo.

No início do século XX, quando a genética surgiu como uma ciência, os cientistas ficaram intrigados com a natureza química dos genes. A informação contida nos genes é copiada e transmitida de uma célula para suas células-filhas milhões de vezes durante a vida de um organismo multicelular, e sobrevive a esse processo sem alteração. Que tipo de molécula poderia ser capaz de tal replicação tão acurada e quase ilimitada, bem como ser capaz de controlar o desenvolvimento do organismo e a rotina diária de uma célula? Que tipos de instruções estão contidos na informação genética? Como essas instruções estão fisicamente organizadas de modo que a grande quantidade de informação necessária para o desenvolvimento e a manutenção, mesmo do mais simples organismo, possa estar contida no espaço tão pequeno de uma célula?

As respostas para algumas dessas questões começaram a surgir na década de 1940, quando foi descoberto, a partir de estudos com fungos simples, que a informação genética consistia, principalmente, em instruções para a produção de proteínas. As proteínas desempenham a maioria das funções celulares. Elas atuam como unidades básicas de construção para as estruturas celulares, formam as enzimas que catalisam as reações químicas das células, regulam a atividade dos genes e permitem que as células se movam e se comuniquem umas com as outras. É difícil imaginar que outro tipo de instruções a informação genética poderia conter.

O outro avanço crucial que ocorreu na década de 1940 foi o reconhecimento de que o ácido desoxirribonucleico (DNA) era, provavelmente, o portador dessa informação genética. Entretanto, o mecanismo pelo qual a informação hereditária é copiada para ser transmitida de uma geração de células para outra, e como as proteínas são definidas pelas instruções no DNA, permaneceram um mistério até 1953, quando a estrutura do DNA foi determinada por James Watson e Francis Crick. A estrutura revelou imediatamente como o DNA pode ser copiado ou replicado e forneceu os primeiros indícios a respeito de como a molécula de DNA pode codificar as instruções para a produção de proteínas. Atualmente, o fato de que o DNA é o material genético é tão fundamental para a nossa compreensão da vida, que é difícil avaliar o tamanho da lacuna intelectual preenchida por essa descoberta.

Iniciamos este capítulo descrevendo a estrutura do DNA. Veremos que, apesar de sua simplicidade química, a estrutura e as propriedades químicas do DNA o tornam adequado para ser o portador da informação genética. Os genes de cada célula na Terra são compostos por DNA, e o discernimento a respeito do relacionamento entre o DNA e os genes é o resultado de experimentos com uma variedade de organismos. A seguir, descrevemos como os genes e outros segmentos importantes do DNA estão organizados em uma única e longa molécula de DNA, que forma o centro de cada cromossomo na célula. Finalmente, examinamos como as células eucarióticas empacotam essas longas moléculas de DNA em cromossomos compactos dentro do núcleo. Esse empacotamento deve ser realizado de forma ordenada, de modo que os cromossomos possam ser replicados e distribuídos corretamente entre as duas células-filhas em cada divisão celular. Isso também deve permitir o acesso ao DNA pelas proteínas que replicam e reparam o DNA, e regulam a atividade de seus muitos genes.

Este é o primeiro de cinco capítulos que abordam os mecanismos genéticos básicos, isto é, as maneiras pelas quais a célula mantém e usa a informação genética contida no DNA. No Capítulo 6, analisamos os mecanismos utilizados pela célula para replicar e reparar precisamente o seu DNA. No Capítulo 7, discutimos a expressão gênica, ou seja, como os genes são usados para produzir moléculas de RNA e proteínas. No Capítulo 8, descrevemos como as células controlam a expressão gênica para assegurar que cada uma, dos milhares de proteínas codificados nesse DNA, seja produzida no momento e local adequados. No Capítulo 9, discutimos como os genes de hoje evoluíram a partir de seus ancestrais distantes, e no Capítulo 10 analisamos algumas técnicas experimentais usadas para estudar o DNA e a sua função nos processos celulares fundamentais.

Muito foi aprendido a respeito desses temas nos últimos 60 anos. Menos óbvio, mas igualmente importante, é que o nosso conhecimento ainda seja realmente incompleto; portanto, muito ainda tem de ser descoberto a respeito de como o DNA fornece as instruções para formar os organismos vivos.

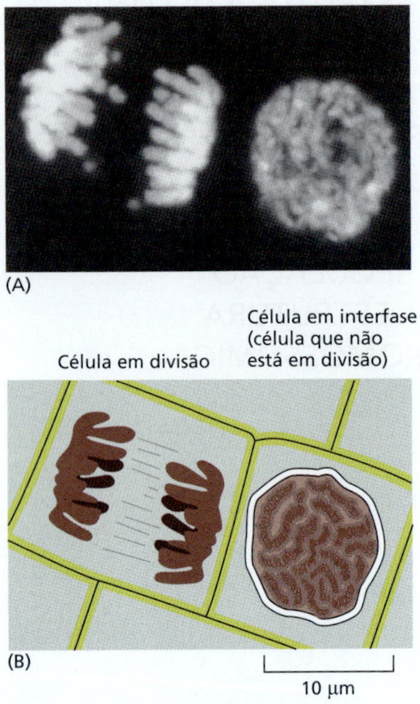

Figura 5-1 Os cromossomos se tornam visíveis quando a célula eucariótica se prepara para se dividir. (A) Duas células vegetais adjacentes fotografadas em um microscópio de fluorescência. O DNA é marcado com um corante fluorescente (DAPI) que se liga a ele. O DNA é compactado em cromossomos, os quais se tornam visíveis como estruturas distintas somente quando se condensam, na preparação para a divisão celular, como mostrado na figura, à *esquerda*. A célula à *direita*, que não está se dividindo, contém cromossomos idênticos, mas que não podem ser distinguidos como entidades individuais, porque o DNA está em uma conformação muito mais relaxada nesta fase do ciclo de vida da célula. (B) Diagrama esquemático das duas células com seus cromossomos. (A, cortesia de Peter Shaw.)

A ESTRUTURA DO DNA

Muito antes de entenderem a estrutura do DNA, os biólogos haviam reconhecido que as características hereditárias e os genes que as determinam estavam associados aos cromossomos. Os cromossomos (assim denominados a partir do termo grego *chroma*, "cor", por suas propriedades de coloração) foram descobertos no século XIX, como estruturas em forma de cordão, no núcleo das células eucarióticas, que se tornavam visíveis quando as células começavam a se dividir (**Figura 5-1**). Quando foi possível realizar uma análise bioquímica, os pesquisadores descobriram que os cromossomos continham o DNA e proteínas. No entanto, ainda não estava claro qual desses componentes codificava a informação genética dos organismos.

Agora sabemos que o DNA contém a informação hereditária das células, e que as proteínas que compõem os cromossomos atuam principalmente na compactação e controle dessas enormes moléculas de DNA. Contudo, os biólogos, na década de 1940, tinham dificuldade em aceitar que o DNA continha o material genético, em virtude da sua aparente simplicidade química (ver **Como Sabemos**, p. 174-176). Afinal de contas, o DNA é simplesmente um longo polímero composto por apenas quatro tipos de subunidades nucleotídicas, que são muito similares entre si.

Então, no início da década de 1950, o DNA foi examinado pela análise de difração de raios X, uma técnica para determinar a estrutura atômica tridimensional de uma molécula (ver Figura 4-52). Os primeiros resultados da difração de raios X indicaram que o DNA é composto por duas fitas enroladas em uma hélice. A observação de que o DNA é composto por uma fita dupla é de crucial significância. Ela forneceu um dos principais indícios que levaram, em 1953, ao modelo correto da estrutura do DNA. Essa estrutura imediatamente sugeriu como o DNA poderia codificar as instruções necessárias para a vida e como essas instruções poderiam ser copiadas e transmitidas quando as células se dividem. Nesta seção, examinamos a estrutura do DNA e explicamos, em termos gerais, como ela é capaz de armazenar a informação hereditária.

A molécula de DNA consiste em duas cadeias nucleotídicas complementares

A molécula do **ácido desoxirribonucleico** (**DNA**) consiste em duas longas cadeias polinucleotídicas. Cada *cadeia* ou *fita* é composta de quatro tipos de subunidades nucleotídicas, e as duas fitas são unidas por ligações de hidrogênio entre as bases dos nucleotídeos (**Figura 5-2**).

Como vimos no Capítulo 2 (Painel 2-6, p. 76-77), os nucleotídeos são compostos de uma base contendo nitrogênio e um açúcar com cinco carbonos, ao qual se ligam um ou mais grupos fosfatos. Nos casos dos nucleotídeos do DNA, o açúcar é uma desoxirribose (por isso, o nome ácido desoxirribonucleico), e a base pode ser *adenina* (*A*), *citosina* (*C*), *guanina* (*G*) ou *timina* (*T*). Os nucleotídeos são unidos covalentemente em uma cadeia por meio dos açúcares e fosfatos, os quais formam uma cadeia principal com açúcares e fosfatos alternados (ver Figura 5-2B). Cada fita polinucleotídica do DNA pode ser comparada com um colar: uma cadeia principal de açúcar e fosfato, com quatro tipos de contas diferentes (as quatro bases A, C, G e T), porque são somente as bases que diferem nas quatro subunidades nucleotídicas. Esses mesmos símbolos (A, C, G e T) também são normalmente utilizados para indicar os quatro diferentes nucleotídeos, isto é, as bases com seus açúcares e fosfatos ligados.

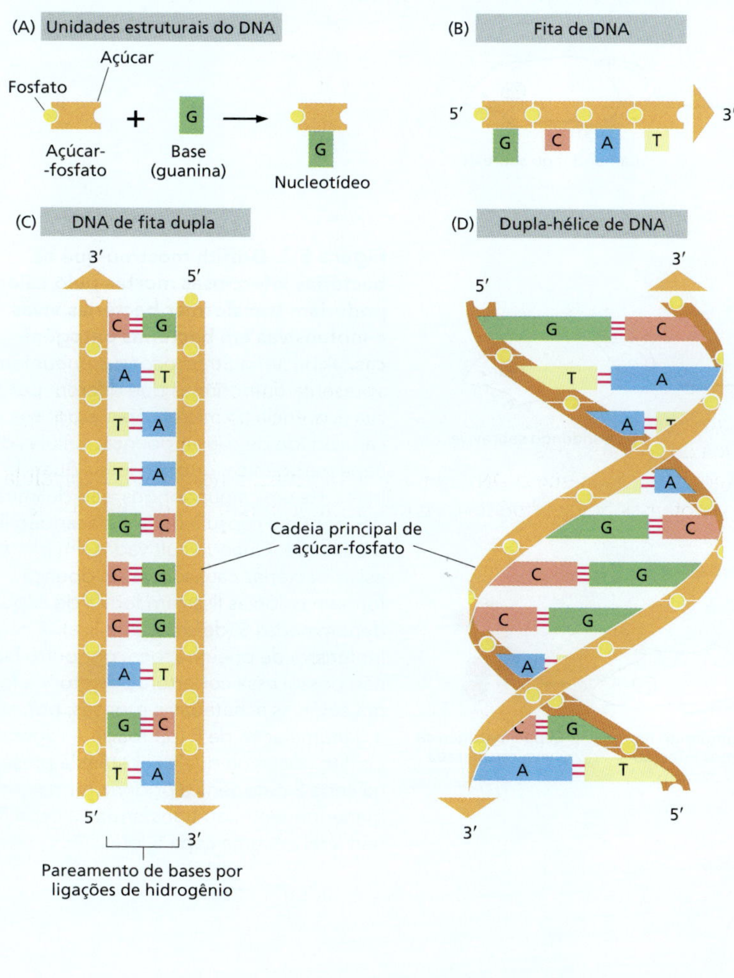

Figura 5-2 O DNA é formado por quatro unidades estruturais de nucleotídeos. (A) Cada nucleotídeo é composto de um açúcar-fosfato covalentemente ligado a uma base guanina (G) nesta figura. (B) Os nucleotídeos são covalentemente ligados em cadeias polinucleotídicas com uma cadeia principal de açúcar-fosfato de onde as bases (A, C, G e T) se projetam. A molécula de DNA é composta de duas cadeias polinucleotídicas (fitas de DNA) unidas por ligações de hidrogênio entre os pares de bases. As *setas* nas fitas de DNA indicam a polaridade das duas fitas, que são antiparalelas na molécula de DNA. (D) Embora o DNA esteja representado na forma linear em (C), na realidade, ele se organiza em uma dupla-hélice (D).

COMO SABEMOS

OS GENES SÃO COMPOSTOS POR DNA

Durante a década de 1920, os cientistas acreditavam que os genes estavam localizados nos cromossomos e sabiam que os cromossomos eram compostos por DNA e proteínas. Mas como o DNA é tão simples quimicamente, eles naturalmente assumiram que os genes deveriam ser compostos por proteínas, as quais são quimicamente mais diversas que as moléculas de DNA. Mesmo quando as evidências dos experimentos sugeriram o contrário, foi difícil de aceitar.

Mensagens dos mortos

As evidências acerca do DNA começaram a surgir no final da década de 1920, quando um oficial médico britânico chamado Fred Griffith fez uma descoberta surpreendente. Ele estava estudando a bactéria *Streptococcus pneumoniae* (pneumococo), que causa a pneumonia. Como os antibióticos ainda não tinham sido descobertos, a infecção por esse microrga-

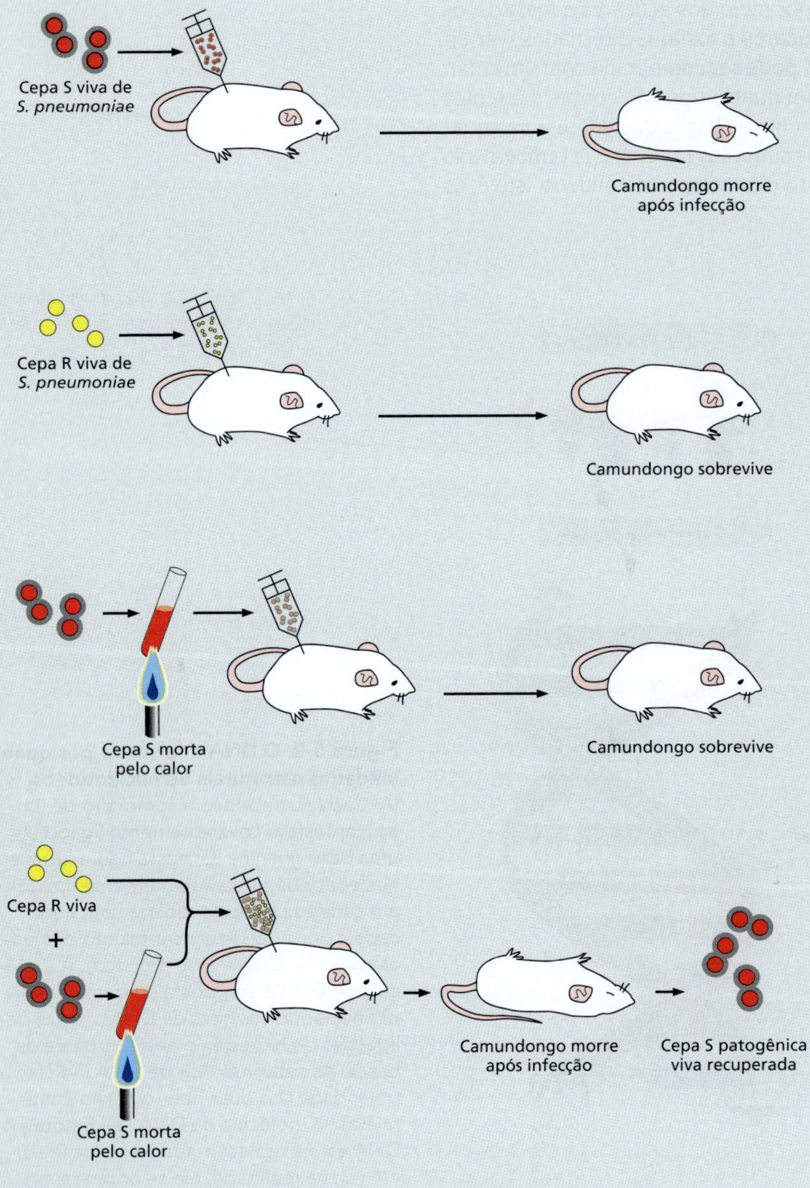

Figura 5-3 Griffith mostrou que as bactérias infecciosas mortas pelo calor poderiam transformar bactérias vivas e inofensivas em bactérias patogênicas. A bactéria *Streptococcus pneumoniae* apresenta duas formas que diferem por sua aparência ao microscópio e por sua capacidade de causar doença. Células da cepa patogênica, que são letais quando injetadas em camundongos, são delimitadas por uma cápsula de polissacarídeo lisa e brilhante. Quando cultivadas em placas, essas bactérias causadoras de doença formam colônias lisas em forma de cúpula, denominadas S (de *smooth* = lisa). A cepa inofensiva de pneumococo, por outro lado, não possui essa cobertura protetora e forma colônias achatadas e rugosas; por isso, a denominação de R (de *rough* = rugosa). Griffith observou que a substância presente na cepa S patogênica poderia mudar permanentemente, ou transformar, a cepa R não letal em uma cepa S letal.

nismo era normalmente fatal. Quando cultivados em laboratório, os pneumococos crescem em duas formas: uma forma patogênica, que causa uma infecção letal quando injetada em animais, e uma forma inofensiva, que é facilmente combatida pelo sistema imune do animal e não causa infecção.

Durante suas pesquisas, Griffith injetou várias preparações dessas bactérias em camundongos. Ele mostrou que os pneumococos patogênicos que tinham sido mortos pelo calor não eram mais capazes de causar infecção. A surpresa veio quando Griffith injetou os dois tipos de células, a patogênica morta pelo calor e a bactéria viva inofensiva, no mesmo camundongo. Essa mistura mostrou ser uma combinação letal: o animal não somente morreu de pneumonia, mas Griffith observou que seu sangue estava repleto de bactérias vivas da forma patogênica (**Figura 5-3**). Os pneumococos mortos pelo calor tinham, de alguma forma, convertido a bactéria inócua em uma forma letal. Além disso, Griffith observou que as mudanças eram permanentes: ele podia cultivar essas bactérias "transformadas" e elas permaneciam patogênicas. Entretanto, qual era esse material misterioso que transformava a bactéria inofensiva em uma bactéria letal? E como essas mudanças eram passadas para a progênie?

Transformação

As descobertas marcantes de Griffith deram início aos experimentos que iriam fornecer as primeiras evidências de que os genes são compostos por DNA. Um bacteriologista norte-americano, Oswald Avery, seguindo os trabalhos de Griffith, descobriu que os pneumococos inofensivos poderiam ser transformados em cepas patogênicas em cultura pela exposição a um extrato preparado com a cepa patogênica. Seriam necessários mais 15 anos para que Avery e seus colaboradores, Colin MacLeod e Maclyn McCarty, purificassem com sucesso o "princípio transformante" desse extrato solúvel, e para demonstrar que o ingrediente ativo era o DNA. Em virtude do fato de que o princípio transformante causava uma mudança hereditária nas bactérias que o recebiam, o DNA deveria ser o verdadeiro material do qual os genes são compostos.

Os 15 anos de atraso foram, em parte, decorrentes do clima acadêmico e da suposição difundida de que o material genético era constituído por proteínas. Devido às potenciais ramificações de seu trabalho, os pesquisadores queriam estar absolutamente certos de que o princípio transformante era o DNA antes de anunciar suas descobertas. Como Avery chamou a atenção em uma carta para seu irmão, também bacteriologista: "É divertido fazer bolhas de sabão, mas é mais sensato estourá-las antes que alguém mais tente fazê-lo". Assim, os pesquisadores submeteram o material transformante a uma bateria de testes químicos (**Figura 5-4**). Eles observaram que esse material possuía todas as propriedades químicas características do DNA. Adicionalmente, eles mostraram que as enzimas que destroem proteínas e RNA não afetavam a capacidade do extrato em transformar as bactérias, ao passo que as enzimas que destruíam DNA eram capazes de inativá-lo. Os investigadores descobriram que sua preparação purificada alterava permanentemente as bactérias, da mesma forma que Griffith já havia descrito. O DNA das cepas patogênicas era incorporado pelas cepas inofensivas, e essas mudanças eram passadas para as gerações bacterianas subsequentes.

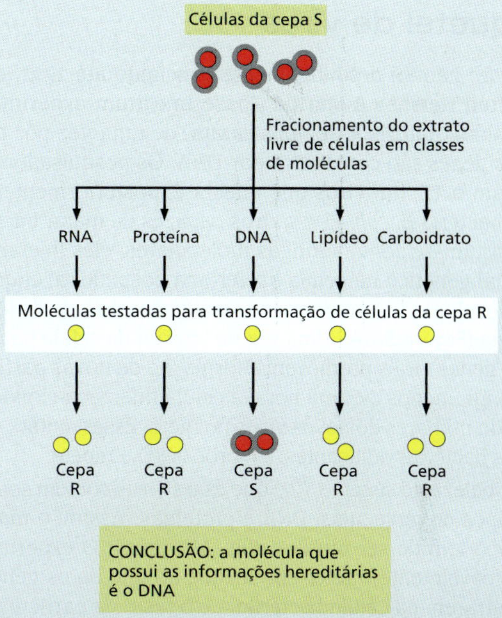

Figura 5-4 Avery, MacLeod e McCarty demonstraram que o DNA é o material genético. Esses pesquisadores prepararam um extrato da cepa de pneumococos S causadora de doença e mostraram que o "princípio transformante" capaz de transformar permanentemente a cepa de pneumococos R inofensiva na cepa S patogênica era o DNA. Essa foi a primeira evidência de que o DNA poderia atuar como material genético.

Esse estudo marcante apresentou provas rigorosas de que o DNA purificado poderia atuar como o material genético. No entanto, o artigo resultante, publicado em 1944, não chamou muito a atenção. Apesar do cuidado meticuloso com que esses experimentos foram conduzidos, os geneticistas não foram imediatamente convencidos de que o DNA era o material hereditário. Muitos argumentaram que isso poderia ter sido causado por alguns traços de proteína contaminante nas preparações. Ou que o extrato poderia conter um mutagênico que alterava o material genético da bactéria inofensiva, convertendo-a na forma patogênica, em vez de conter o próprio material genético.

Coquetel de vírus

O debate não foi definitivamente concluído até 1952, quando Alfred Hershey e Martha Chase iniciaram experimentos em seu laboratório e demonstraram, de uma vez por todas, que os genes são compostos por DNA. Os pesquisadores estudavam o T2, um vírus que infecta e, posteriormente, destrói a bactéria *E. coli*. Esses vírus capazes de matar bactérias comportam-se como seringas moleculares: eles injetam seu material genético na célula bacteriana hospedeira, enquanto seus envelopes vazios permanecem ligados do lado de fora da bactéria (**Figura 5-5A**). Uma vez no interior da célula bacteriana, os genes virais promovem a formação de novas partículas virais. Em menos de uma hora, a célula infectada explode, liberando milhares de novos vírus no meio. Esses, então, infectam as bactérias adjacentes, e o processo se repete.

A beleza do sistema T2 é que esses vírus contêm somente dois tipos de moléculas: DNA e proteínas. Assim, o material genético tem de ser um dos dois. Mas qual? O experimento foi razoavelmente direto. Em virtude do fato de os genes virais entrarem na célula bacteriana e o resto da partícula viral permanecer no exterior, os pesquisadores decidiram marcar a proteína radioativamente em um lote do vírus, e o DNA em outro. Tudo que eles tinham de fazer era detectar a radioatividade para verificar se era o DNA viral ou a proteína viral que se encontrava no interior da bactéria. Para isso, Hershey e Chase incubaram os vírus radiomarcados com *E. coli*; após esperar alguns minutos, para permitir a infecção, eles colocaram a mistura em um liquidificador. O liquidificador retirou os envelopes vazios dos vírus da superfície das células bacterianas. Os pesquisadores então centrifugaram a amostra para separar as bactérias infectadas, mais pesadas, que formaram um precipitado no fundo do tubo da centrífuga, das partículas virais vazias, as quais permaneceram em suspensão (**Figura 5-5B**).

Como você já deve ter adivinhado, Hershey e Chase concluíram que o DNA radioativo entrava nas células bacterianas, enquanto as proteínas radioativas permaneciam nos envelopes vazios dos vírus. Eles também observaram que esse DNA marcado radioativamente era incorporado à próxima geração de partículas virais.

Esse experimento demonstrou conclusivamente que o DNA viral entrava na célula hospedeira bacteriana, e as proteínas virais, não. Assim, o material genético desses vírus tinha de ser composto por DNA. Junto aos estudos realizados por Avery, MacLeod e McCarty, essas evidências concluíram o caso de que o DNA é o agente da hereditariedade.

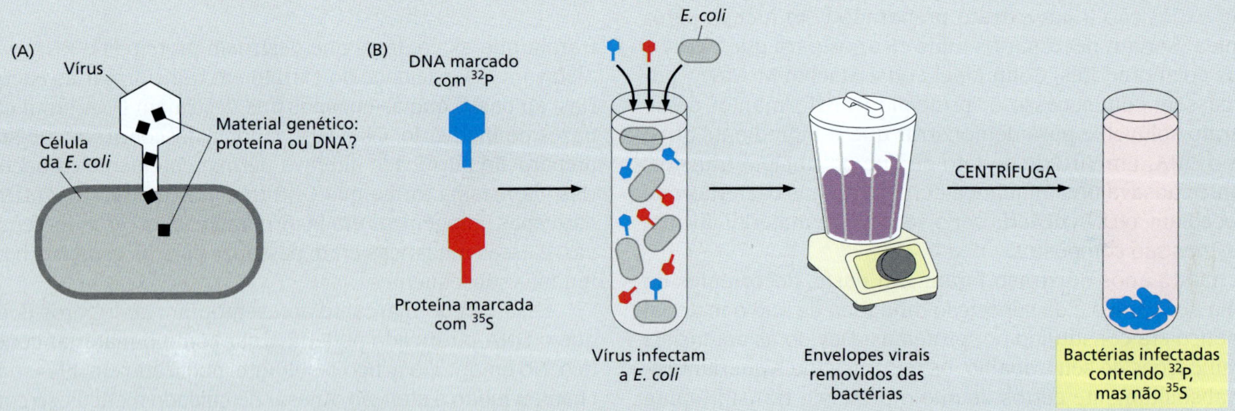

Figura 5-5 Hershey e Chase demonstraram definitivamente que os genes são compostos por DNA. (A) Os pesquisadores trabalharam com o vírus T2, o qual é constituído por proteína e DNA. Cada vírus atua como uma seringa molecular, injetando seu material genético na bactéria. A cápsula viral vazia permanece ligada ao exterior da célula bacteriana. (B) Para determinar se o material genético do vírus era proteína ou DNA, os pesquisadores marcaram radioativamente o DNA de um lote de vírus com ^{32}P, e as proteínas de um segundo lote de vírus com ^{35}S. Como o DNA não possui enxofre e as proteínas não possuem fósforo, esses isótopos radioativos proporcionaram uma maneira fácil para que os pesquisadores distinguissem esses dois tipos de moléculas. Bactérias *E. coli* foram infectadas por esses vírus marcados, que se replicaram em seu interior, e depois as bactérias foram rompidas por um pulso rápido em um liquidificador e separadas para isolar as bactérias infectadas dos envelopes virais vazios. Quando os pesquisadores mediram a radioatividade, descobriram que muito do DNA marcado com ^{32}P havia entrado nas células bacterianas, ao passo que a maioria das proteínas marcadas com ^{35}S permanecia em solução com o restante das partículas virais.

A forma pela qual as subunidades nucleotídicas são ligadas fornece à fita de DNA uma polaridade química. Se imaginarmos que cada nucleotídeo possui uma protuberância (o fosfato) e uma depressão (ver Figura 5-2A), cada fita completa formada pelo encaixe de protuberâncias e depressões terá todas as suas subunidades alinhadas e na mesma orientação. Além disso, as duas extremidades da fita são facilmente distinguíveis, pois uma possui a depressão (hidroxila 3'), e a outra, a protuberância (fosfato 5'). Essa polaridade da fita de DNA é indicada como extremidade 3' e extremidade 5', respectivamente. Tal convenção se baseia nos detalhes da ligação química entre as subunidades nucleotídicas.

As duas fitas polinucleotídicas da **dupla-hélice de DNA** são unidas por ligações de hidrogênio entre as bases das diferentes fitas. Todas as bases estão, portanto, no interior da dupla-hélice, com a cadeia principal de açúcares e fosfatos voltada para o exterior (ver Figura 5-2D). Entretanto, as bases não pareiam ao acaso: A sempre pareia com T, e C sempre pareia com G (**Figura 5-6**). Em cada caso, uma base maior formada por dois anéis (uma purina, ver Painel 2-6, p. 76-77) pareia com uma base de um único anel (uma pirimidina). Esses pares de purina-pirimidina são denominados **pares de bases**, e essa *complementaridade do pareamento de bases* permite que esses pares de bases sejam compactados em um arranjo mais favorável energeticamente no interior da dupla-hélice. Nesse arranjo, cada par de bases possui uma largura semelhante, assim mantendo as cadeias principais de açúcar-fosfato a uma distância igual entre elas ao longo da molécula de DNA. Os membros de cada par de bases podem encaixar perfeitamente na dupla-hélice, porque as duas hélices são *antiparalelas*, isto é, elas são orientadas com polaridades opostas (ver Figura 5-2C e D). As duas cadeias principais açúcar-fosfato antiparalelas se torcem ao redor uma da outra para formar uma dupla-hélice contendo 10 bases por volta (**Figura 5-7**). Essa torção também contribui para a conformação energeticamente favorável da dupla-hélice de DNA.

Uma consequência desses requisitos para o pareamento das bases é que cada dupla-hélice de DNA contém uma sequência de nucleotídeos que é exatamente **complementar** à sequência nucleotídica da fita antiparalela. Um A sempre pareia com um T na fita oposta, e um C sempre pareia com um G na fita oposta. Essa complementaridade é de crucial importância para a cópia e o reparo

Figura 5-6 As duas fitas da dupla-hélice de DNA são unidas por ligações de hidrogênio entre os pares de bases complementares. (A) A forma e a estrutura química das bases permitem que a formação de ligações de hidrogênio seja eficiente somente entre A e T e entre C e G, onde os átomos que são capazes de formar ligações de hidrogênio (ver Painel 2-2, p. 68-69) podem aproximar-se sem perturbar a dupla-hélice. Duas ligações de hidrogênio se formam entre A e T, e três entre C e G. As bases podem parear dessa forma apenas se as duas cadeias polinucleotídicas que as contêm estiverem na posição antiparalela, isto é, orientadas em direções opostas. (B)Vista lateral de uma pequena secção da dupla-hélice. São apresentados quatro pares de bases. Os nucleotídeos estão ligados por ligações fosfodiéster entre um grupo 3'-hidroxila (–OH) de um açúcar e o 5'-fosfato ($-OPO_3$) do nucleotídeo seguinte (ver Painel 2-6, p. 76-77, para revisar como são numerados os átomos de carbono nos anéis dos açúcares). Essa ligação confere polaridade química a cada fita polinucleotídica, isto é, as duas extremidades são quimicamente diferentes. A extremidade 3' possui um grupo –OH livre ligado à posição 3' do anel do açúcar. A extremidade 5' possui um grupo fosfato livre ligado à posição 5' do anel do açúcar.

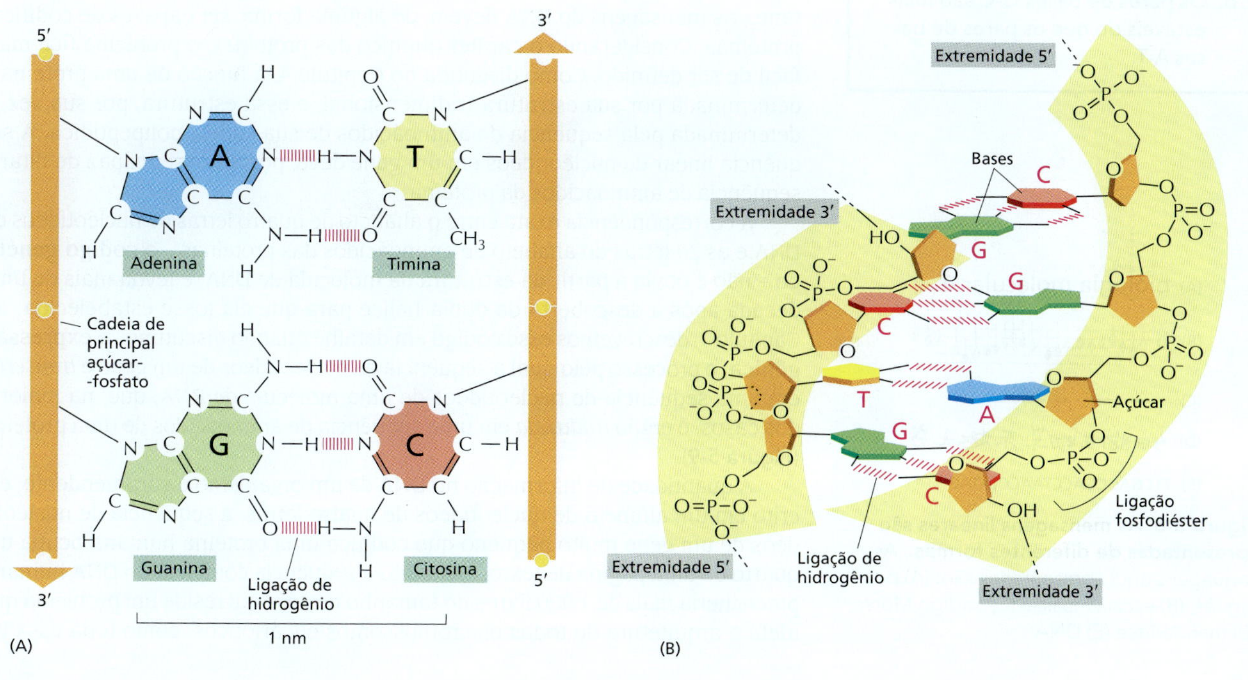

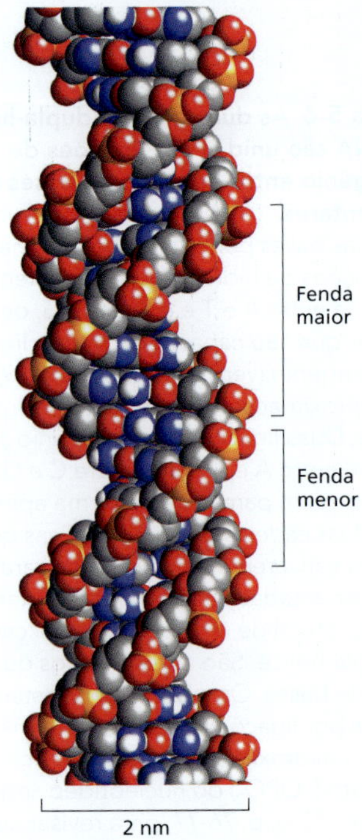

Figura 5-7 O modelo de preenchimento espacial apresenta a conformação da dupla-hélice de DNA. As duas fitas de DNA enrolam-se ao redor uma da outra, formando uma hélice que gira para a direita (ver Figura 4-14) com 10 pares de bases por volta. Na figura, está apresentada uma volta e meia de uma dupla-hélice de DNA. O enrolamento das duas fitas, uma ao redor da outra, cria duas fendas na dupla-hélice. A fenda mais larga é chamada de fenda maior, e a mais estreita, de fenda menor. As cores dos átomos são: N, *azul*; O, *vermelho*; P, *amarelo* e H, *branco*.

do DNA, conforme visto no Capítulo 6. Uma versão animada da estrutura do DNA pode ser vista na **Animação 5.1**.

A estrutura do DNA fornece um mecanismo para a hereditariedade

A necessidade de genes para codificar a informação que deve ser copiada e transmitida com precisão quando uma célula se divide levantou duas questões fundamentais: como a informação para especificar um organismo pode ser carreada sob a forma química, e como a informação pode ser copiada com precisão? A descoberta da estrutura da dupla-hélice de DNA foi um marco na biologia, porque imediatamente sugeriu as respostas e, portanto, resolveu o problema da hereditariedade no nível molecular. Neste capítulo, salientamos a resposta à primeira questão, e no próximo capítulo analisamos em detalhes a resposta à segunda questão.

A informação é codificada na ordem, ou sequência, dos nucleotídeos ao longo de cada fita de DNA. Cada base, A, C , T ou G, pode ser considerada como uma letra em um alfabeto de quatro letras que é usado para escrever as mensagens biológicas (**Figura 5-8**). Os organismos diferem uns dos outros porque as suas respectivas moléculas de DNA possuem diferentes *sequências nucleotídicas* e, consequentemente, diferentes mensagens biológicas. De que forma o alfabeto de nucleotídeos é usado para construir as mensagens e como elas são escritas?

Já havia sido estabelecido, algum tempo antes da determinação da estrutura do DNA, que os genes contêm as instruções para a produção de proteínas. Portanto, as mensagens do DNA devem, de alguma forma, ser capazes de codificar proteínas. Considerando o caráter químico das proteínas, o problema fica mais fácil de ser definido. Como discutida no Capítulo 4, a função de uma proteína é determinada por sua estrutura tridimensional, e essa estrutura, por sua vez, é determinada pela sequência de aminoácidos de sua cadeia polipeptídica. A sequência linear de nucleotídeos em um gene deve, portanto, ser capaz de ditar a sequência de aminoácidos da proteína.

A correspondência exata entre o alfabeto de quatro letras de nucleotídeos do DNA e as 20 letras do alfabeto de aminoácidos das proteínas – o **código genético** – não é óbvia a partir da estrutura da molécula de DNA, e levou mais de uma década após a descoberta da dupla-hélice para que ela fosse estabelecida. No Capítulo 7, descrevemos esse código em detalhe quando discutimos a **expressão gênica**, o processo pelo qual a sequência de nucleotídeos de um gene é *transcrita* em uma sequência de nucleotídeos de uma molécula de RNA, que, na maioria dos casos, é então *traduzida* em uma sequência de aminoácidos de uma proteína (**Figura 5-9**).

A quantidade de informação no DNA de um organismo é surpreendente: escrito em um alfabeto de nucleotídeos de quatro letras, a sequência de nucleotídeos de um gene muito pequeno que codifica uma proteína humana ocupa um quarto de uma página de texto, enquanto a sequência completa do DNA humano preencheria mais de 1.000 livros do tamanho deste. Aqui reside um problema que afeta a arquitetura de todos os cromossomos eucarióticos: como toda essa in-

QUESTÃO 5-1

Quais das seguintes afirmativas estão corretas? Justifique suas respostas.

A. Uma fita de DNA possui polaridade porque suas duas extremidades contêm bases distintas.

B. Os pares de bases G-C são mais estáveis do que os pares de bases A-T.

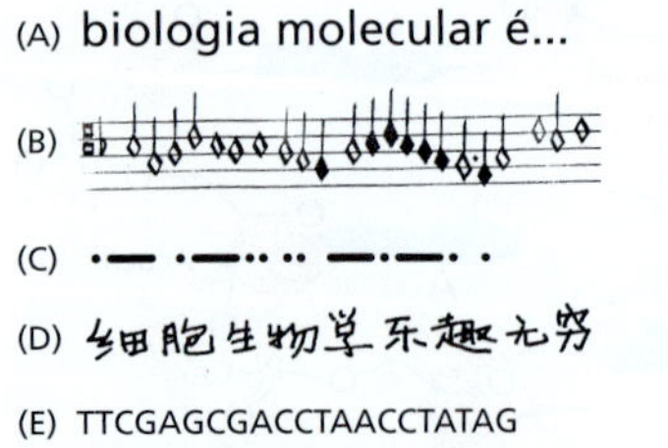

Figura 5-8 As mensagens lineares são apresentadas de diferentes formas. As linguagens aqui apresentadas são: (A) português, (B) escala musical (C) código Morse, (D) mandarim e (E) DNA.

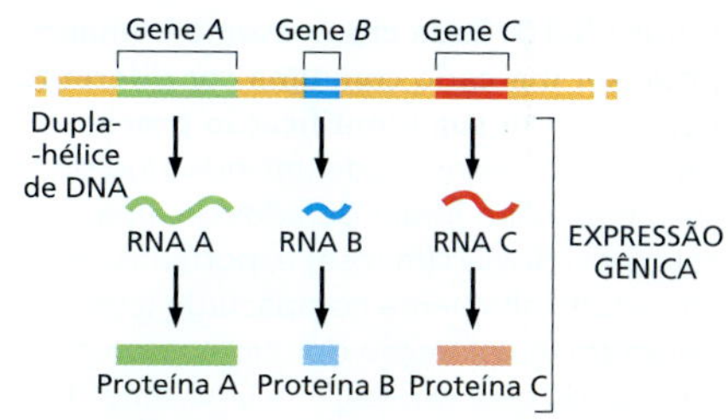

Figura 5-9 A maioria dos genes contém informação para a produção de proteínas. Como veremos no Capítulo 7, cada gene que codifica uma proteína é usado para produzir moléculas de RNA que então coordenam a produção de moléculas proteicas específicas.

formação pode ser compactada habilmente em cada núcleo celular? No restante deste capítulo, discutimos as respostas a essa questão.

A ESTRUTURA DOS CROMOSSOMOS EUCARIÓTICOS

São exigidas grandes quantidades de DNA para codificar todas as informações necessárias para fazer uma bactéria unicelular, e muito mais DNA é preciso para codificar a informação para produzir um organismo multicelular como você. Cada célula humana contém cerca de 2 metros de DNA, e o núcleo celular tem somente 5 a 8 μm de diâmetro. Duplicar todo esse material em um espaço tão pequeno é o equivalente a tentar enrolar 40 km de um fio extremamente fino em uma bola de tênis.

Em células eucarióticas, longas moléculas de DNA de fita dupla são compactadas em **cromossomos**. Essas moléculas de DNA não apenas cabem facilmente no núcleo, mas, depois da replicação, podem ser facilmente divididas entre as duas células-filhas a cada divisão celular. A tarefa complexa da compactação do DNA é realizada por proteínas especializadas que se ligam ao DNA e o dobram, produzindo uma série de espirais e alças que fornecem níveis cada vez mais elevados de organização, impedindo que o DNA se torne um emaranhado confuso. Surpreendentemente, o DNA é compactado de uma forma ordenada, tornando-se acessível a todas as enzimas e outras proteínas necessárias para sua replicação, reparo e controle da expressão de seus genes.

As bactérias normalmente possuem seus genes em uma única molécula de DNA circular. Essa molécula é também associada a proteínas que condensam o DNA, mas difere das proteínas que empacotam o DNA eucariótico. Embora seja frequentemente denominado "cromossomo" bacteriano, esse DNA procariótico não apresenta a mesma estrutura que o DNA dos cromossomos eucarióticos, e pouco se sabe a respeito de sua compactação. Nossa discussão a respeito da estrutura dos cromossomos, neste capítulo, concentra-se exclusivamente nos cromossomos eucarióticos.

O DNA de eucariotos é empacotado em múltiplos cromossomos

Nos eucariotos, como nós, o DNA do núcleo está distribuído em grupos de diferentes cromossomos. O DNA em um núcleo humano, por exemplo, contém cerca de $3,2 \times 10^9$ nucleotídeos distribuídos nos 23 ou 24 tipos diferentes de cromossomos (os homens, com o seu cromossomo Y, têm um tipo extra de cromossomo que as mulheres não têm). Cada cromossomo consiste em uma única e enorme molécula de DNA linear associada a proteínas que compactam e enovelam o fino cordão de DNA em uma estrutura mais compacta. O complexo de DNA e proteínas é denominado *cromatina*. Além das proteínas envolvidas na compactação do DNA, os cromossomos também estão associados com muitas outras proteínas envolvidas na replicação do DNA, no reparo do DNA e na expressão gênica.

Com exceção das células germinativas (espermatozoides e óvulos) e das células altamente especializadas que não possuem DNA (como os eritrócitos), cada célula humana contém duas cópias de cada cromossomo, uma herdada da mãe e a outra herdada do pai. Os cromossomos maternos e paternos de um par são denominados *cromossomos homólogos* (ou simplesmente *homólogos*). O único par de cromossomos não homólogos é o dos cromossomos sexuais nos homens, onde o

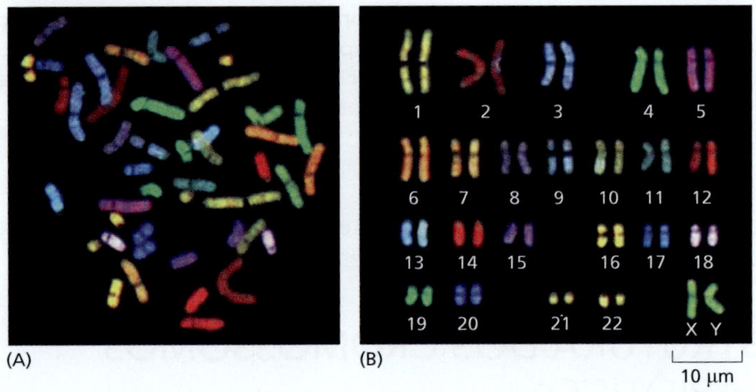

Figura 5-10 Cada cromossomo humano pode ser marcado com uma cor diferente para permitir sua identificação precisa. Os cromossomos de um indivíduo do sexo masculino foram isolados de uma célula em divisão (mitose) e, portanto, em um estado altamente compactado (condensado). A coloração dos cromossomos é realizada pela exposição a uma série de moléculas de DNA humano que foram ligadas a uma combinação de corantes fluorescentes. Por exemplo, moléculas de DNA do cromossomo 1 são marcadas com uma combinação específica de corantes, aquelas do cromossomo 2 com outra combinação, e assim por diante. Como o DNA marcado pode formar pares de bases (hibridizar) somente com seu cromossomo de origem (discutido no Capítulo 10), cada cromossomo é diferentemente colorido. Para estes experimentos, os cromossomos são tratados de modo que cada fita de DNA das moléculas de dupla-hélice de DNA seja parcialmente separada, permitindo o pareamento de bases com o DNA de fita simples marcado, mantendo a estrutura dos cromossomos relativamente intacta. (A) A fotomicrografia mostra o conjunto de cromossomos como originalmente espalhados a partir da célula lisada. (B) Os mesmos cromossomos artificialmente alinhados e ordenados. Neste *cariótipo*, os cromossomos homólogos são numerados e dispostos aos pares; a presença de um cromossomo Y revela que estes cromossomos vieram de um homem. (De E. Schröck et al, *Science* 273:494-497, 1996. Com permissão de AAAS.)

cromossomo Y é herdado do pai e o *cromossomo X* é herdado da mãe. (As mulheres herdam um cromossomo X de cada genitor, e não possuem o cromossomo Y.)

Além de serem de diversos tamanhos, os diferentes cromossomos humanos podem ser distinguidos uns dos outros por meio de várias técnicas. Cada cromossomo pode ser marcado com uma cor diferente, utilizando conjuntos de moléculas de DNA específicas de cada cromossomo ligadas a diferentes corantes fluorescentes (**Figura 5-10**). Isso envolve uma técnica conhecida como *hibridação de DNA*, que se baseia no pareamento das bases complementares, conforme descrito detalhadamente no Capítulo 10. A maneira mais tradicional de distinguir um cromossomo do outro é marcar os cromossomos com corantes que se ligam a certos tipos de sequências de DNA. Esses corantes distinguem principalmente o DNA que é rico em nucleotídeos A-T do DNA rico em pares G-C, e produzem um padrão de bandas previsível ao longo de cada tipo de cromossomo. Os padrões resultantes permitem que cada cromossomo seja identificado e numerado.

A apresentação organizada do conjunto completo dos 46 cromossomos humanos é denominada **cariótipo** humano (ver Figura 5-10). Se parte de um cromossomo é perdida ou trocada entre cromossomos, essas mudanças podem ser detectadas. Os citogeneticistas avaliam o cariótipo para detectar anormalidades cromossômicas que estão associadas com alguns defeitos hereditários (**Figura 5-11**) e com determinados tipos de câncer.

Os cromossomos contêm longas sequências de genes

A função mais importante dos cromossomos é a de portar os genes, a unidade funcional da hereditariedade (**Figura 5-12**). Um **gene** é geralmente definido como um segmento de DNA que contém as instruções para produzir uma determinada proteína ou molécula de RNA. A maioria das moléculas de RNA codificadas pelos genes é subsequentemente usada para produzir uma proteína (ver Figura 5-9). Entretanto, em alguns casos, a molécula de RNA é o produto final; como as proteínas, essas moléculas de RNA desempenham diversas funções na célula, incluindo funções estruturais, catalíticas e reguladoras de genes, conforme discutido em capítulos posteriores.

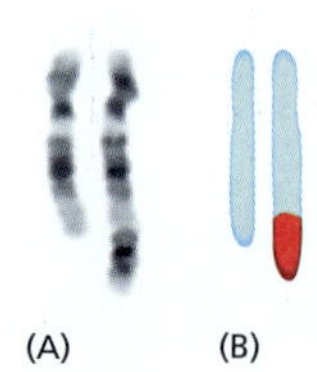

Figura 5-11 Cromossomos anormais estão associados a algum defeito genético hereditário. (A) Par de cromossomos 12 de um paciente com ataxia hereditária, uma doença encefálica genética caracterizada pela deterioração progressiva do sistema motor. O paciente tem um cromossomo 12 normal (*esquerda*) e um cromossomo 12 anormalmente longo, que contém uma parte do cromossomo 4, como identificado pelo seu padrão de bandas. (B) Esta interpretação foi confirmada por marcação cromossômica, na qual o cromossomo 12 foi marcado de *azul* e cromossomo 4 foi marcado de *vermelho*. (De E. Schröck et al, *Science* 273:494-497, 1996. Com permissão de AAAS.)

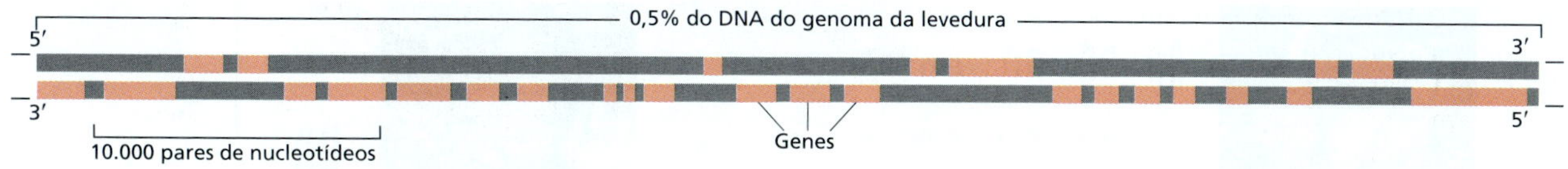

Figura 5-12 Os genes estão organizados ao longo dos cromossomos. Esta figura mostra um pequeno segmento da dupla-hélice de DNA de um cromossomo da levedura de brotamento *S. cerevisae*. O genoma de *S. cerevisiae* contém cerca de 12 milhões de pares de nucleotídeos e 6.600 genes distribuídos entre 16 cromossomos. Observe que, em cada gene, somente uma das duas fitas de DNA realmente codifica a informação para a produção de uma molécula de RNA, e isso pode ocorrer em qualquer uma das fitas, como indicado pelas barras em *vermelho-claro*. Entretanto, um gene costuma ser representado pela "fita codificadora" e seu complemento, como apresentado na Figura 5-9. A alta densidade de genes é característica de *S. cerevisiae*.

Em conjunto, a informação genética total contida em todos os cromossomos de uma célula ou organismo consiste em seu **genoma**. As sequências genômicas completas foram determinadas para milhares de organismos, da *E. coli* aos humanos. Como esperado, existe uma correlação entre a complexidade de um organismo e o número de genes em seu genoma. Por exemplo, o número total de genes varia entre menos de 500 em uma simples bactéria a cerca de 30.000 no homem. Bactérias e alguns eucariotos unicelulares, incluindo *S. cerevisiae*, possuem genomas especialmente compactos: as moléculas de DNA que compõem seus cromossomos são pouco mais do que sequências de genes estreitamente compactados (ver Figura 5-12). No entanto, cromossomos de muitos eucariotos, incluindo os humanos, contêm, além dos genes e das sequências nucleotídicas específicas necessárias para a expressão do gene normal, um grande excesso de DNA intercalante. Esse DNA extra é, às vezes, considerado "DNA lixo", pois sua utilidade para a célula ainda não foi demonstrada. Embora a sequência de nucleotídeos da maior parte desse DNA possa não ser importante, o próprio DNA, atuando como material espaçador, pode ser crucial para a evolução a longo prazo de espécies e para a atividade adequada dos genes. Além disso, comparações entre as sequências genômicas de muitas espécies diferentes mostraram que parte desse DNA extra é altamente conservada entre espécies relacionadas, indicando que ele desempenha funções importantes, embora ainda não saibamos quais.

Em geral, quanto mais complexo um organismo, maior é o seu genoma. Entretanto, essa relação nem sempre é verdadeira. O genoma humano, por exemplo, é 200 vezes maior do que o da levedura *S. cerevisiae*, mas 30 vezes menor do que os de algumas plantas e pelo menos 60 vezes menor do que os de algumas espécies de ameba (ver Figura 1-40). Além disso, a distribuição do DNA entre os cromossomos também varia de uma espécie para outra. Os seres humanos têm um total de 46 cromossomos (incluindo os dois conjuntos, o materno e o paterno), mas uma espécie de veados pequenos tem apenas 7, enquanto algumas espécies de carpas têm mais de 100. Espécies muito relacionadas, com genomas de tamanho similar, podem apresentar cromossomos que diferem em número e tamanho (**Figura 5-13**). Assim, embora o número de genes esteja grosseiramente relacionado com a complexidade da espécie, não há uma relação simples entre o número de genes, o número de cromossomos e o tamanho total do genoma. O genoma e os cromossomos das espécies modernas foram moldados por uma história exclusiva de eventos genéticos aparentemente aleatórios, influenciados por pressões seletivas específicas, conforme discutido no Capítulo 9.

Sequências especializadas de DNA são necessárias para a replicação do DNA e a segregação cromossômica

Para formar um cromossomo funcional, uma molécula de DNA deve fazer mais do que simplesmente portar os genes; ela deve ser capaz de se replicar, e as cópias

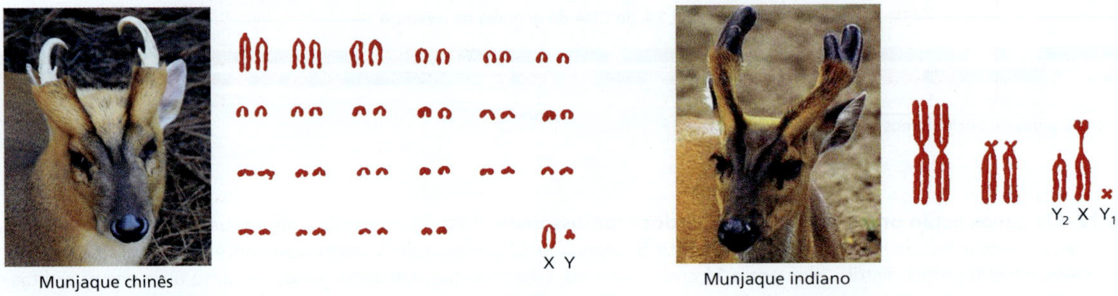

Figura 5-13 Duas espécies estreitamente relacionadas podem ter genomas de tamanhos semelhantes, mas números de cromossomos muito distintos. Na evolução do cervo indiano munjaque, os cromossomos que eram inicialmente separados, e que permanecem separados nas espécies chinesas, uniram-se sem causar um grande efeito no número de genes ou no animal. (Cortesia de Deborah Carreno, Natural Wonders Photography.)

replicadas devem ser separadas e distribuídas igualmente entre as duas células-filhas a cada divisão celular. Esses processos ocorrem por meio de uma série ordenada de eventos, conhecida como **ciclo celular**. Esse ciclo de crescimento e divisão celular está resumido na **Figura 5-14** e é discutido em detalhes no Capítulo 18. Apenas duas grandes etapas do ciclo celular precisam nos preocupar neste capítulo: a *interfase*, quando os cromossomos são duplicados, e a *mitose*, quando eles são distribuídos, ou segregados, para os núcleos das duas células-filhas.

Durante a interfase, os cromossomos estão distendidos como longas e finas fitas emaranhadas de DNA no núcleo e não podem ser facilmente visualizados ao microscópio (ver Figura 5-1). Referimo-nos aos cromossomos nessa forma relaxada como *cromossomos interfásicos*. Como discutimos no Capítulo 6, as sequências de DNA especializadas encontradas em todos os eucariotos garantem que a replicação do DNA ocorra de forma eficiente durante a interfase. Um tipo de sequência de nucleotídeos atua como uma **origem de replicação**, onde inicia a replicação do DNA; os cromossomos eucarióticos contêm muitas origens de replicação, para garantir que as longas moléculas de DNA sejam rapidamente replicadas (**Figura 5-15**). Outra sequência de DNA forma os **telômeros** em cada uma das extremidades dos cromossomos. Os telômeros contêm sequências repetidas de nucleotídeos que são necessárias para que as extremidades dos cromossomos sejam replicadas. Eles também protegem as extremidades da molécula de DNA, impedindo que sejam confundidas pela célula como uma quebra no DNA exigindo reparo.

Os cromossomos eucarióticos também contêm um terceiro tipo de sequência especializada de DNA, chamada de **centrômero**, que permite que os

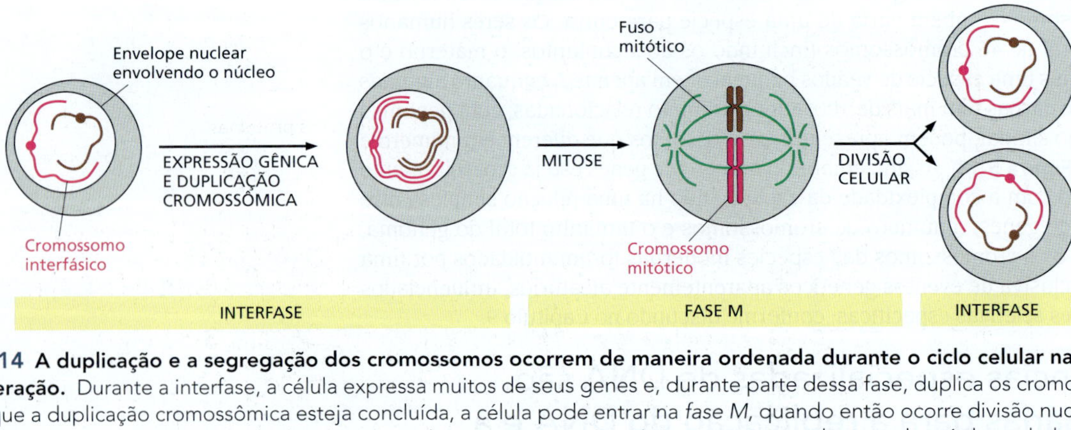

Figura 5-14 A duplicação e a segregação dos cromossomos ocorrem de maneira ordenada durante o ciclo celular nas células em proliferação. Durante a interfase, a célula expressa muitos de seus genes e, durante parte dessa fase, duplica os cromossomos. Uma vez que a duplicação cromossômica esteja concluída, a célula pode entrar na *fase M*, quando então ocorre divisão nuclear, ou mitose. Na mitose, os cromossomos duplicados se condensam, a expressão gênica cessa, o envelope nuclear é degradado, e o fuso mitótico é formado pelos microtúbulos e outras proteínas. Os cromossomos condensados são então capturados pelo fuso mitótico, um conjunto completo é puxado para cada extremidade da célula, e um envelope nuclear se forma em torno de cada conjunto cromossômico. Na etapa final da fase M, a célula divide-se para produzir duas células-filhas. Para simplificar, mostramos aqui apenas dois cromossomos diferentes.

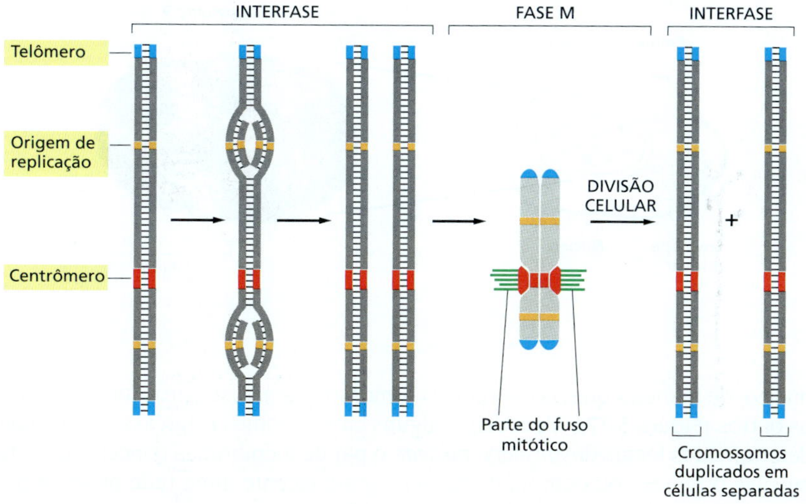

Figura 5-15 Três elementos das sequências de DNA são necessários para produzir um cromossomo eucariótico que pode ser replicado e depois segregado durante a mitose. Cada cromossomo possui múltiplas origens de replicação, um centrômero e dois telômeros. No desenho esquemático, está descrita a sequência de eventos que um cromossomo típico sofre durante o ciclo celular. O DNA replica-se na interfase, a partir das origens de replicação e seguindo bidirecionalmente por todo o cromossomo. Na fase M, o centrômero liga os cromossomos duplicados ao fuso mitótico, de modo que uma cópia de cada cromossomo seja distribuída para cada célula-filha após a divisão celular. Antes da divisão celular, o centrômero também ajuda a manter unidos os cromossomos duplicados compactados, até que estejam prontos para serem separados. Os telômeros, que formam as estruturas especiais nas pontas dos cromossomos, auxiliam na replicação dessas extremidades.

cromossomos duplicados sejam separados durante a fase M (ver Figura 5-15). Durante essa fase do ciclo celular, o DNA enrola-se, formando uma estrutura cada vez mais compacta, em última análise formando os *cromossomos mitóticos* altamente compactados ou condensados. Esse é o estado em que os cromossomos duplicados podem ser mais facilmente visualizados (**Figura 5-16** e ver Figuras 5-1 e 5-14). Uma vez que os cromossomos se condensaram, o centrômero liga o fuso mitótico a cada cromossomo duplicado, de modo a permitir que uma cópia de cada cromossomo seja segregada para cada célula-filha (ver Figura 5-15B). Descrevemos o papel central dos centrômeros na divisão celular no Capítulo 18.

Os cromossomos interfásicos não estão distribuídos aleatoriamente no núcleo

No interior do núcleo, os cromossomos interfásicos, embora mais longos e finos que os cromossomos mitóticos, estão organizados de várias formas. Primeiramente, cada cromossomo interfásico tende a ocupar uma determinada região no

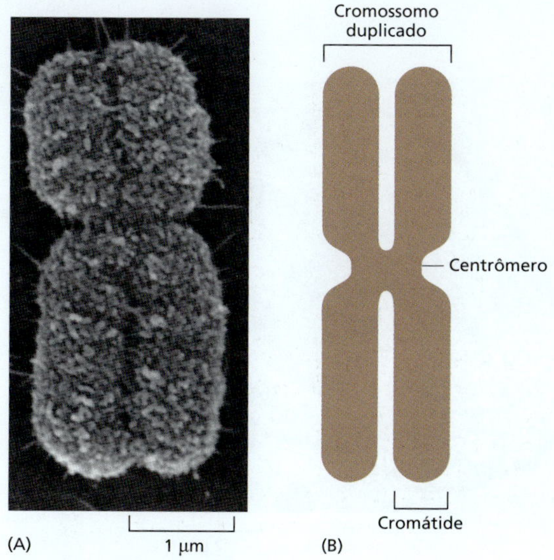

Figura 5-16 O típico cromossomo duplicado mitótico é altamente compactado. Como o DNA é replicado durante a interfase, cada cromossomo mitótico duplicado contém duas moléculas-filhas idênticas de DNA (ver Figura 5-15A). Cada uma dessas longas moléculas de DNA, com as suas proteínas associadas, é denominada *cromátide*. Assim que as duas cromátides-irmãs se separam, elas são consideradas *cromossomos individuais*. (A) Micrografia eletrônica de varredura de um cromossomo mitótico. As duas cromátides estão fortemente unidas. A região de constrição indica a posição do centrômero. (B) Desenho esquemático do cromossomo mitótico. (A, cortesia de Terry D. Allen.)

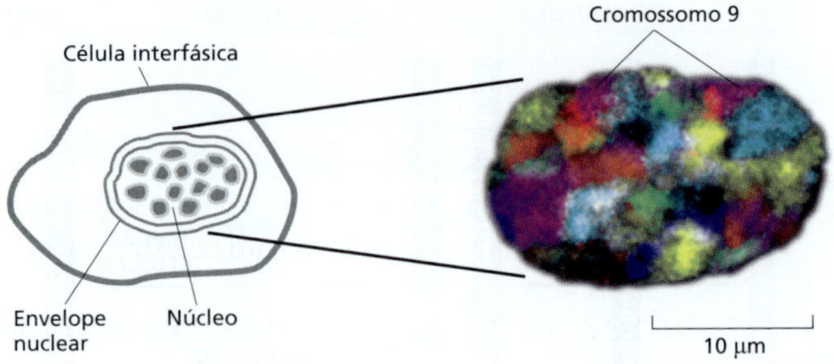

Figura 5-17 Os cromossomos interfásicos ocupam territórios distintos no núcleo. Foram usadas sondas de DNA ligadas a diferentes marcadores fluorescentes para destacar cromossomos interfásicos específicos em uma célula humana. Quando observados no microscópio de fluorescência, cada cromossomo interfásico se localiza em territórios distintos no núcleo, em vez de estar misturado com outros cromossomos como um espaguete em uma tigela. Observe que os pares de cromossomos homólogos, como as duas cópias do cromossomo 9 indicadas, geralmente não estão localizados na mesma posição. (De M.R. Speicher e N. P. Carter, *Nat Rev. Genet.* 6:782-792, 2005. Com permissão de Macmillan Publishers Ltd.)

núcleo, de maneira que os diferentes cromossomos não se enrosquem uns com os outros (**Figura 5-17**). Além disso, alguns cromossomos estão associados com determinados locais do *envelope nuclear*, o par de membranas concêntricas que envolve o núcleo, ou com a *lamina nuclear* subjacente, uma rede proteica que sustenta o envelope (discutido no Capítulo 17).

O exemplo mais óbvio de organização cromossômica no núcleo interfásico é o **nucléolo** (**Figura 5-18**). O nucléolo é onde estão agrupadas as regiões contendo os genes que codificam os *RNAs ribossômicos* dos diferentes cromossomos. Aqui, os RNAs ribossômicos são sintetizados e combinados com proteínas para formar os ribossomos, a maquinaria de síntese proteica das células. Como discutimos no Capítulo 7, os RNAs ribossômicos desempenham funções estruturais e catalíticas no ribossomo.

O DNA nos cromossomos é sempre muito condensado

Como vimos, todas as células eucarióticas, seja em interfase, seja em mitose, compactam seu DNA em cromossomos. O cromossomo humano 22, por exemplo, contém cerca de 48 milhões de pares de nucleotídeos. Estendido de ponta a ponta, o seu DNA mediria aproximadamente 1,5 cm. No entanto, durante a mitose, o cromossomo 22 mede apenas 2 μm de comprimento, isto é, cerca de 10.000 vezes mais compacto do que o DNA seria se estivesse esticado. Essa característica marcante de compressão é realizada por proteínas que torcem e enovelam o DNA em níveis cada vez mais altos de organização. O DNA dos cromossomos interfásicos, embora cerca de 20 vezes menos condensado do que o DNA dos cromossomos mitóticos (**Figura 5-19**), é ainda fortemente compactado.

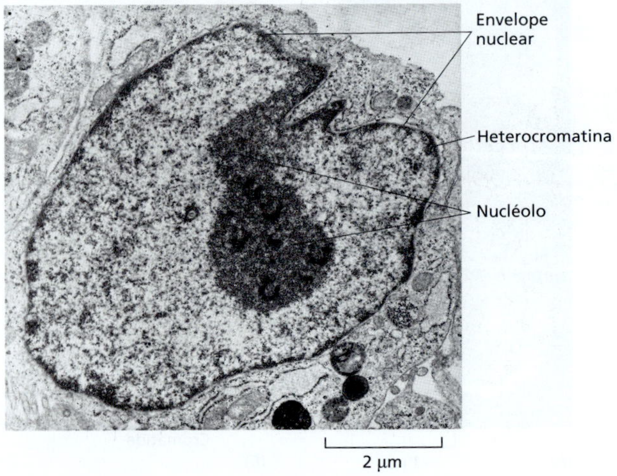

Figura 5-18 O nucléolo é a estrutura mais evidente no núcleo interfásico. Micrografia eletrônica de uma fina secção do núcleo de um fibroblasto humano. O núcleo é circundado pelo envelope nuclear. No interior do núcleo, a cromatina aparece como uma massa difusa, com regiões especialmente densas, denominadas heterocromatina (coloração escura). A heterocromatina contém poucos genes e situa-se, principalmente, na periferia do núcleo, logo abaixo do envelope nuclear. As grandes regiões escuras são os nucléolos, que contêm os genes para os RNAs ribossômicos, os quais estão localizados em vários cromossomos que se agrupam no nucléolo. (Cortesia de E.G. Jordan e J. McGovern.)

Nas próximas seções, apresentamos as proteínas especializadas que tornam possível essa compactação. Deve-se ter em mente que os cromossomos são estruturas dinâmicas. Os cromossomos não somente condensam e descondensam durante o ciclo celular, mas sua compactação deve ser suficientemente flexível para permitir o rápido acesso a diferentes regiões do cromossomo em interfase, descondensando-o suficientemente para permitir o acesso de complexos proteicos a sequências especificas de DNA, para replicação, reparo ou expressão gênica.

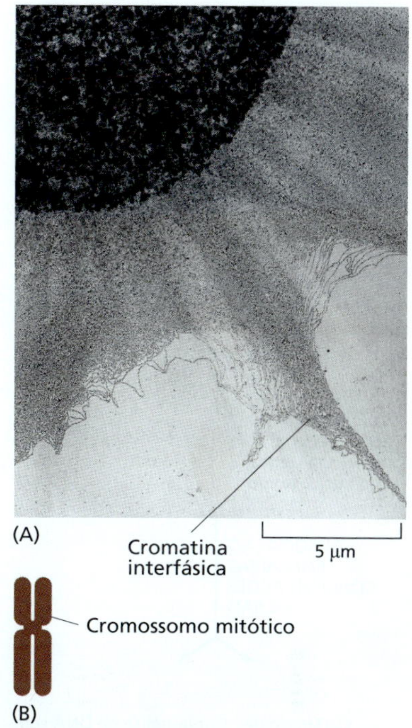

Figura 5-19 O DNA dos cromossomos na interfase é menos compacto que nos cromossomos mitóticos. (A) Micrografia eletrônica mostrando um grande emaranhado de cromatina (DNA com suas proteínas associadas) saindo do núcleo interfásico lisado. (B) Desenho esquemático de um cromossomo mitótico humano na mesma escala. (Cortesia de Victoria Foe.)

Os nucleossomos são as unidades básicas da estrutura do cromossomo eucariótico

As proteínas que se ligam ao DNA para formar os cromossomos eucarióticos são tradicionalmente divididas em duas classes gerais: as **histonas** e as *proteínas cromossômicas não histonas*. As histonas estão presentes em enormes quantidades (mais de 60 milhões de moléculas de diferentes tipos em cada célula), e sua massa total nos cromossomos é quase igual à do próprio DNA. O complexo das duas classes de proteínas com o DNA nuclear é denominado **cromatina**.

As histonas são responsáveis pelo primeiro nível fundamental de compactação da cromatina, o **nucleossomo**, o qual foi descoberto em 1974. Quando os núcleos interfásicos são rompidos com cuidado e seu conteúdo é examinado no microscópio eletrônico, grande parte da cromatina está na forma de *fibras de cromatina*, com um diâmetro de cerca de 30 nm (**Figura 5-20A**). Se essa cromatina for submetida a tratamentos que a descompactem parcialmente, então pode ser visualizada ao microscópio eletrônico como um "colar de contas" (**Figura 5-20B**). O cordão é o DNA, e as contas são as *partículas do centro do nucleossomo*, que consiste no DNA enrolado em um núcleo de proteínas formado pelas histonas.

A estrutura da partícula central do nucleossomo foi determinada após o primeiro isolamento de nucleossomos, tratando a cromatina descompactada, na forma de "colar de contas", com enzimas chamadas nucleases, que quebram o DNA desfazendo as ligações fosfodiéster entre os nucleotídeos. Após a digestão por um curto período, apenas o DNA exposto entre as partículas centrais – o *DNA de ligação* – é degradado, permitindo que essas partículas sejam isoladas. Uma partícula central do nucleossomo individual consiste em um complexo de oito proteínas histonas – duas moléculas de histonas H2A, H2B, H3 e H4 – e um segmento de DNA de fita dupla, com 147 pares de nucleotídeos de comprimento, que se enrola ao redor desse *octâmero de histonas* (**Figura 5-21**). A estrutura de alta resolução da partícula do centro do nucleossomo foi determinada em 1997, revelando os detalhes atômicos do octâmero de histonas em forma de disco ao redor do qual o DNA está firmemente preso, fazendo 1,7 volta em uma hélice levógira (**Figura 5-22**).

O DNA de ligação entre cada partícula do centro do nucleossomo pode variar em comprimento, de poucos pares de nucleotídeos até cerca de 80. (O termo

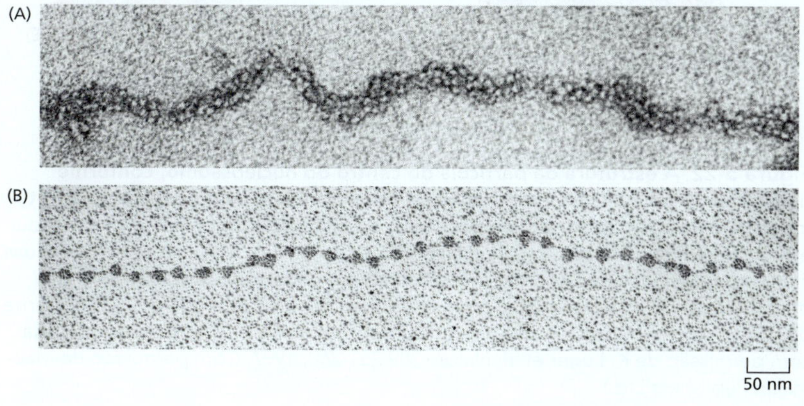

Figura 5-20 Os nucleossomos podem ser visualizados por meio de microscopia eletrônica. (A) A cromatina isolada diretamente de um núcleo interfásico aparece ao microscópio eletrônico como uma fibra de cromatina com cerca de 30 nm de espessura; uma parte de uma dessas fibras é mostrada aqui. (B) Esta micrografia eletrônica mostra o comprimento de uma fibra de cromatina que foi experimentalmente desempacotada, ou descondensada, após o isolamento, para mostrar o aspecto de "colar de contas" dos nucleossomos. (A, cortesia de Barbara Hamkalo; B, cortesia de Victoria Foe).

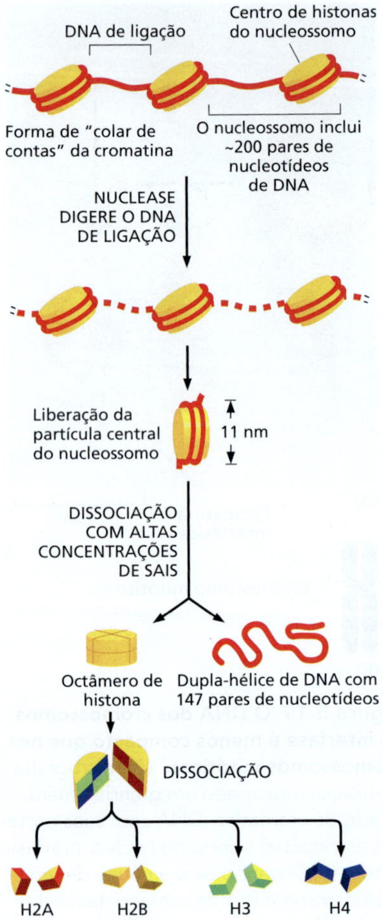

Figura 5-21 Os nucleossomos contêm o DNA enrolado ao redor de um centro de proteínas contendo oito moléculas de histonas. Em um tubo de ensaio, a partícula central do nucleossomo pode ser liberada da cromatina por digestão do DNA de ligação com uma nuclease que degrada o DNA exposto, mas não o DNA firmemente ligado ao redor do cerne do nucleossomo. O DNA em torno de cada partícula central do nucleossomo isolada pode então ser liberado, e seu tamanho pode ser determinado. Com 147 pares de nucleotídeos em cada fragmento, o DNA faz quase duas voltas ao redor de cada octâmero de histona.

nucleossomo tecnicamente refere-se a uma partícula central de nucleossomo e ao DNA de ligação adjacente, como mostrado na Figura 5-21, mas é muitas vezes usado para se referir à própria partícula central do nucleossomo.) A formação de nucleossomos transforma uma molécula de DNA em uma fibra de cromatina com cerca de um terço do comprimento do DNA inicial e confere o primeiro nível de empacotamento do DNA.

Todas as quatro histonas que fazem parte do octâmero são proteínas relativamente pequenas, com uma alta proporção de aminoácidos carregados positivamente (lisina e arginina). As cargas positivas auxiliam as histonas a se ligarem fortemente à cadeia principal de fosfatos e açúcares negativamente carregados do DNA. Essas numerosas interações eletrostáticas explicam, em parte, por que o DNA de praticamente qualquer sequência pode-se ligar a um octâmero de his-

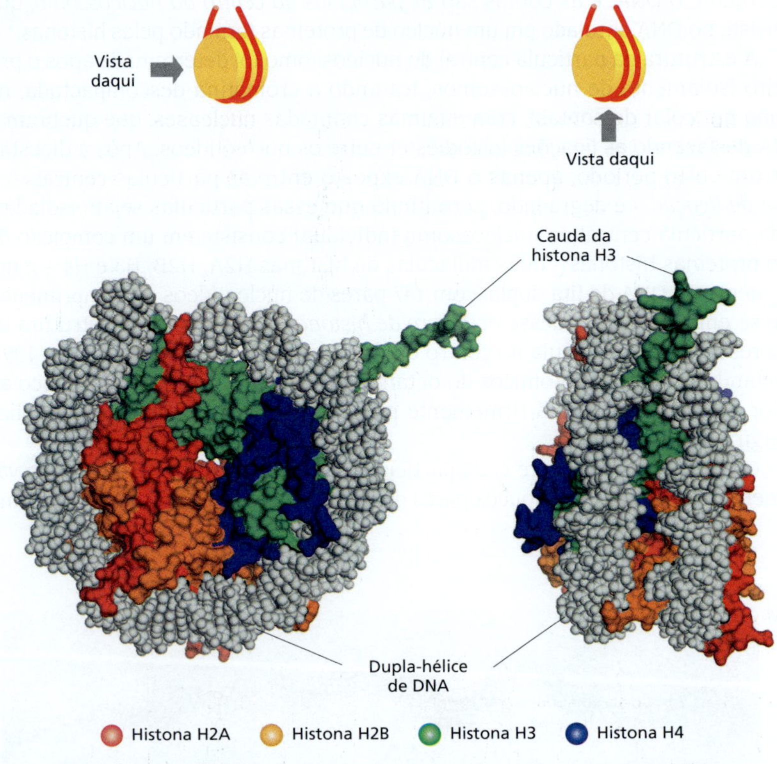

Figura 5-22 A estrutura da partícula do centro do nucleossomo, conforme determinado pela análise de difração de raios X, revela como o DNA está fortemente enrolado ao redor de um octâmero de histonas em forma de disco. Aqui estão apresentadas duas vistas de uma partícula do centro do nucleossomo. As duas fitas da dupla-hélice de DNA são apresentadas em *cinza*. É possível observar uma porção da cauda da histona H3 (*verde*) prolongando-se a partir da partícula do cerne do nucleossomo, mas as caudas das outras histonas estão truncadas. (Reproduzida com permissão de K. Luger et al, *Nature* 389:251-260, 1997. Com permissão de Macmillan Publishers Ltd.)

tona. Cada uma das histonas do octâmero também possui uma cauda não estruturada de aminoácido aminoterminal que se projeta da partícula central do nucleossomo (ver Figura 5-22). Essas caudas de histonas estão sujeitas a vários tipos de modificações químicas covalentes reversíveis, que controlam muitos aspectos da estrutura da cromatina.

As histonas que formam o centro do nucleossomo estão entre as mais conservadas de todas as proteínas conhecidas de eucariotos. Há somente duas diferenças entre as sequências de aminoácidos da histona H4 da ervilha e de bovinos, por exemplo. Essa extrema conservação evolutiva reflete o papel estrutural vital das histonas no controle da estrutura do cromossomo eucariótico.

O empacotamento dos cromossomos ocorre em múltiplos níveis

Embora sejam formadas longas fitas de nucleossomos na maior parte do DNA cromossômico, a cromatina, nas células vivas, raramente adota a forma estendida de colar de contas, como mostra a Figura 5-20B. Em vez disso, os nucleossomos são adicionalmente empacotados em cima uns dos outros, formando uma estrutura mais compacta, como a fibra de cromatina mostrada na Figura 5-20A e **Animação 5.2**. Essa compactação adicional dos nucleossomos em uma fibra de cromatina depende de uma quinta histona, chamada de histona H1, que liga os nucleossomos adjacentes, formando um arranjo regular e repetitivo. Essa histona de conexão altera a direção da cadeia de DNA ao emergir do nucleossomo, formando uma fibra de cromatina mais condensada (**Figura 5-23**).

Vimos anteriormente que, durante a mitose, a cromatina torna-se tão condensada que os cromossomos individuais podem ser visualizados no microscópio de luz. Como uma fibra de cromatina é condensada para produzir os cromossomos mitóticos? A resposta ainda não é conhecida em detalhes, mas sabe-se que a fibra de cromatina é enovelada em uma série de alças e que essas alças são adicionalmente condensadas para formar o cromossomo em interfase. Finalmente, acredita-se que esse colar compacto de alças sofra, pelo menos, mais um nível de compactação para formar o cromossomo mitótico (**Figuras 5-24** e **5-25**).

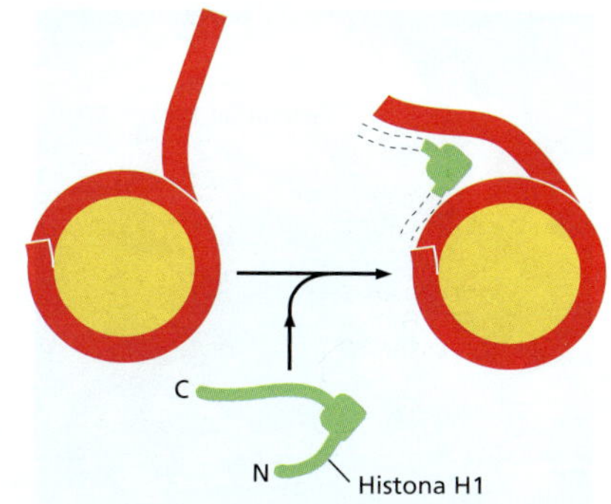

Figura 5-23 A histona de conexão atua na ligação dos nucleossomos e no seu empacotamento em uma fibra de cromatina mais compacta. A histona H1 é formada por uma região globular e um par de longas caudas nas suas porções C- e N-terminais. A região globular comprime 20 pares de bases adicionais de DNA no local em que ele sai do cerne do nucleossomo, uma atividade que se acredita ser importante para a formação da fibra de cromatina. A longa cauda C-terminal é necessária para que a H1 se ligue à cromatina. As posições das caudas N- e C-terminais dos nucleossomos não são conhecidas.

QUESTÃO 5-2

Assumindo que o octâmero de histonas (mostrado na Figura 5-21) forme um cilindro de 9 nm de diâmetro e 5 nm de altura e que o genoma humano forme 32 milhões de nucleossomos, que volume nuclear (6 μm de diâmetro) seria ocupado pelos octâmeros de histonas? (O volume de um cilindro é $\pi r^2 h$; o volume de uma esfera é $4/3\ \pi r^3$.) Que fração do volume nuclear total é ocupada pelos octâmeros de histonas? Como isso se compara ao volume do núcleo ocupado pelo DNA humano?

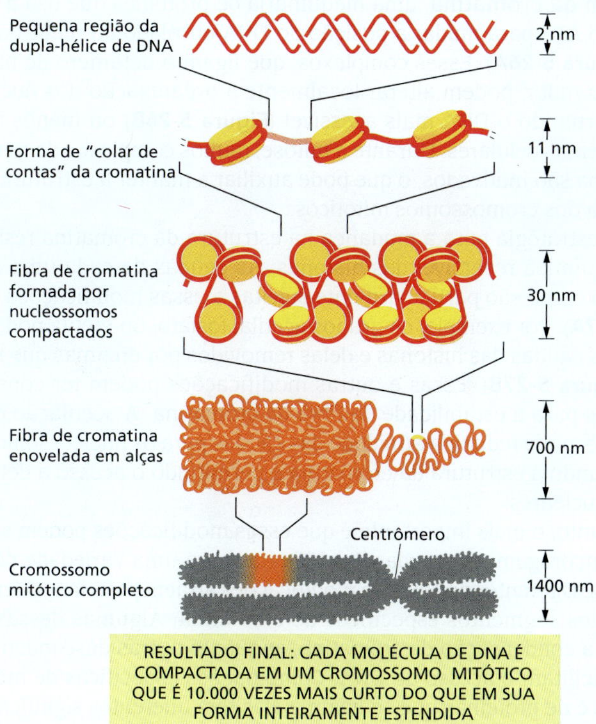

Figura 5-24 O empacotamento do DNA ocorre em vários níveis nos cromossomos. Este desenho esquemático mostra alguns dos níveis de compactação que, se acredita, ocorrem para formar o cromossomo mitótico altamente condensado. A verdadeira estrutura ainda não é completamente conhecida.

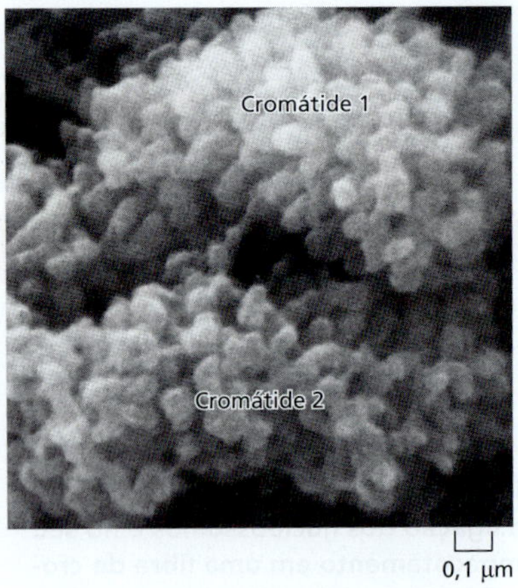

Figura 5-25 Os cromossomos mitóticos contêm cromatina muito compactada. Esta micrografia eletrônica de varredura mostra a região próxima a uma das extremidades de um típico cromossomo mitótico. Cada projeção em forma nodular representa a ponta de uma alça de cromatina. O cromossomo se duplicou, formando duas cromátides-irmãs que ainda estão unidas (ver Figura 5-16). As extremidades das duas cromátides estão facilmente visíveis à direita desta foto. (De M.P. Marsden e U.K. Laemmli, Cell 17:849–858, 1989. Com permissão de Elsevier.)

A REGULAÇÃO DA ESTRUTURA CROMOSSÔMICA

Até o momento, discutimos como o DNA é firmemente compactado em cromatina. Agora analisamos como essa compactação pode ser regulada de modo a permitir o rápido acesso ao DNA subjacente. O DNA celular possui uma enorme quantidade de informações codificadas, e as células devem ser capazes de obtê-las sempre que necessário.

Nesta seção, discutimos como uma célula pode alterar a estrutura de sua cromatina para expor determinadas regiões do DNA e permitir o acesso a proteínas específicas e complexos proteicos, principalmente aos envolvidos na expressão gênica e no reparo e na replicação do DNA. A seguir, discutimos como a estrutura da cromatina é estabelecida e mantida, e como uma célula pode transmitir algumas formas dessa estrutura para suas descendentes. A regulação e a herança da estrutura da cromatina desempenham um papel crucial no desenvolvimento dos organismos eucarióticos.

QUESTÃO 5-3

As proteínas histonas estão entre as proteínas mais conservadas dos eucariotos. As proteínas histonas H4 de uma ervilha e de uma vaca, por exemplo, diferem em apenas 2 dos 102 aminoácidos. Uma comparação das sequências gênicas mostrou mais diferenças, porém somente duas alterações na sequência de aminoácidos. Essas observações indicam que mutações que alteram o aminoácido devem ter sido eliminadas por seleção durante a evolução. Por que você acha que as mutações dos genes das histonas que alteram os aminoácidos dessas proteínas são deletérias?

As alterações na estrutura dos nucleossomos permitem o acesso ao DNA

As células eucarióticas apresentam várias maneiras de ajustar rapidamente a estrutura local de sua cromatina. Uma delas beneficia-se dos **complexos de remodelagem da cromatina**, uma maquinaria de proteínas que usa a energia da hidrólise do ATP para mudar a posição do DNA enrolado ao redor dos nucleossomos (**Figura 5-26A**). Esses complexos, que ligam o octâmero de histonas e o DNA ao seu redor, podem alterar localmente a organização dos nucleossomos no DNA, tornando o DNA mais acessível (**Figura 5-26B**) ou menos acessível a outras proteínas celulares. Durante a mitose, muitos complexos de remodelagem da cromatina são inativados, o que pode auxiliar a manter a estrutura altamente compactada dos cromossomos mitóticos.

Outra estratégia para a mudança na estrutura da cromatina reside na modificação química reversível das histonas. As caudas de cada uma das quatro histonas do cerne são particularmente sujeitas a essas modificações covalentes (**Figura 5-27A**). Por exemplo, os grupos acetila, fosfato, ou metila podem ser adicionados às caudas das histonas e delas removidos por enzimas que residem no núcleo (**Figura 5-27B**). Essas e outras modificações podem ter consequências importantes para a estabilidade da fibra de cromatina. A acetilação das lisinas, por exemplo, pode reduzir a afinidade das caudas para os nucleossomos adjacentes, afrouxando a estrutura da cromatina e permitindo o acesso a determinadas proteínas nucleares.

Entretanto, o mais importante é que essas modificações podem servir como locais de ancoragem nas caudas das histonas para uma variedade de proteínas reguladoras. Diferentes padrões de modificações atraem proteínas diferentes para determinados segmentos específicos de cromatina. Algumas dessas proteínas promovem a condensação da cromatina, enquanto outras descondensam a cromatina e facilitam o acesso ao DNA. Combinações específicas de modificações nas caudas e de proteínas que se ligam a elas têm diferentes significados para a célula. Por exemplo, um padrão indica que um determinado segmento da croma-

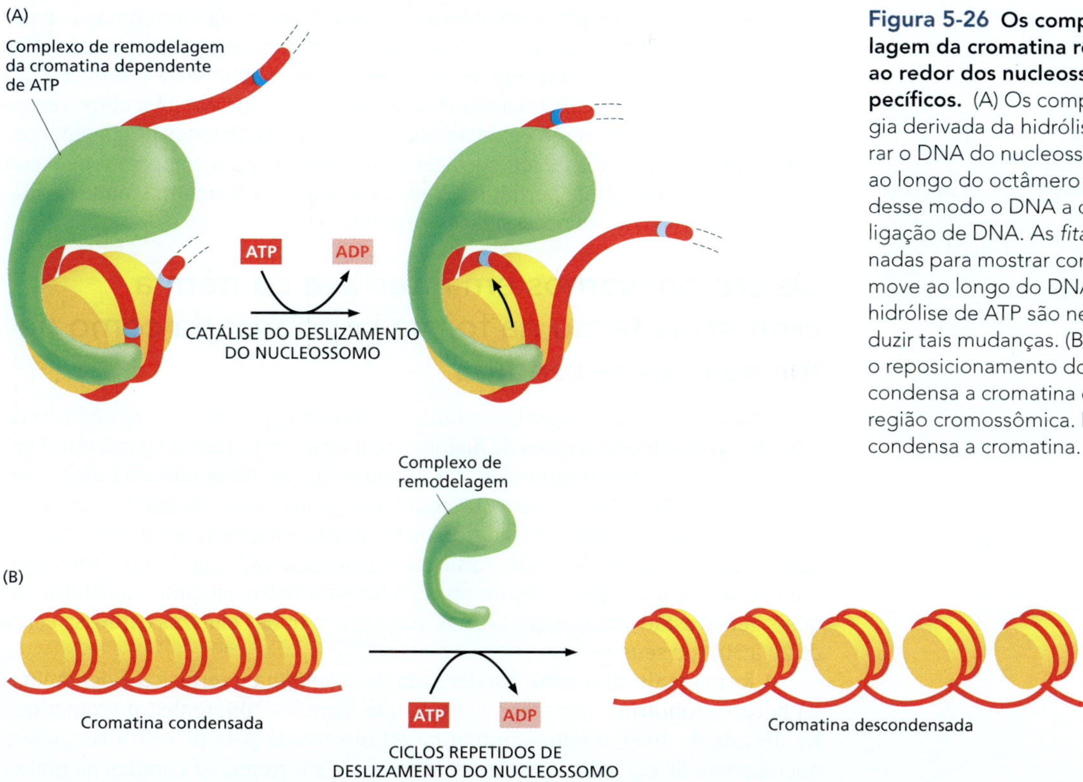

Figura 5-26 Os complexos de remodelagem da cromatina reposicionam o DNA ao redor dos nucleossomos em locais específicos. (A) Os complexos usam a energia derivada da hidrólise do ATP para liberar o DNA do nucleossomo e empurrá-lo ao longo do octâmero de histona, expondo desse modo o DNA a outras proteínas de ligação de DNA. As *fitas azuis* foram adicionadas para mostrar como o nucleossomo se move ao longo do DNA. Muitos ciclos de hidrólise de ATP são necessários para produzir tais mudanças. (B) No caso mostrado, o reposicionamento dos nucleossomos descondensa a cromatina em uma determinada região cromossômica. Em outros casos, ele condensa a cromatina.

tina foi recentemente replicado; outro indica que os genes dessa região da cromatina devem ser expressos; outros ainda indicam que os genes próximos devem ser silenciados (**Figura 5-27C**).

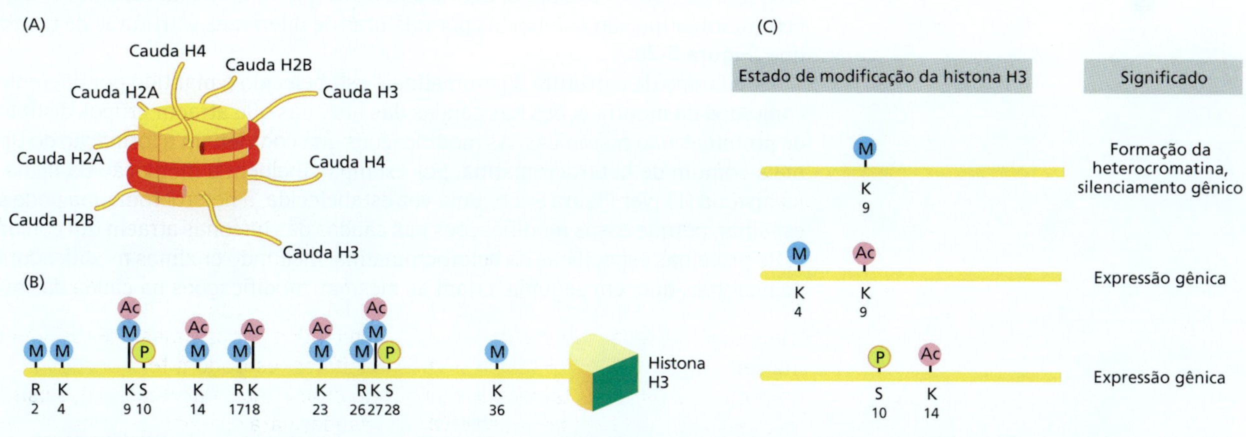

Figura 5-27 O padrão de modificação das caudas das histonas pode definir como um determinado segmento de cromatina é tratado pela célula. (A) Desenho esquemático mostrando as posições das caudas das histonas que se projetam a partir de cada nucleossomo. (B) Cada histona pode ser modificada por uma ligação covalente a diferentes grupos químicos, principalmente nas caudas. A histona H3, por exemplo, pode receber um grupo acetila (Ac), um grupo metila (M) , ou um grupo fosfato (P). Os números indicam as posições dos aminoácidos modificados, na cadeia proteica, com cada um dos aminoácidos designados pelo seu código de uma letra. Observe que algumas posições, como as das lisinas (K) 9, 14, 23 e 27, podem ser modificadas em mais de uma maneira. Além disso, as lisinas podem ser modificadas por um, dois ou três grupos metila (não apresentado). Observe que a histona H3 contém 135 aminoácidos, a maioria dos quais se encontra em sua região globular (*verde*), e que a maioria das modificações está em sua cauda N-terminal (*laranja*). (C) Diferentes combinações de modificações nas caudas das histonas podem conferir um significado específico aos segmentos de cromatina onde elas ocorrem, como indicado. Somente alguns "significados" dessas modificações são conhecidos.

Assim como ocorre nos complexos de remodelagem da cromatina, as enzimas que modificam as caudas das histonas são cuidadosamente reguladas. Elas são levadas a determinadas regiões da cromatina principalmente por interações com as proteínas que se ligam a sequências específicas do DNA (discutimos essas proteínas no Capítulo 8). As enzimas que modificam as histonas atuam em conjunto com os complexos de remodelagem da cromatina para compactar e relaxar segmentos de cromatina, permitindo que a estrutura da cromatina mude rapidamente de acordo com as necessidades da célula.

Os cromossomos em interfase contêm a cromatina tanto na forma condensada como na forma mais estendida

A alteração da compactação localizada da cromatina por meio de complexos de remodelagem e modificações de histonas tem efeito importante na estrutura geral dos cromossomos interfásicos. Na interfase, a cromatina não está uniformemente compactada. Nas regiões que contêm os genes que estão sendo expressos, geralmente ela está mais relaxada, ao passo que nas regiões com genes silenciados ela está mais condensada. Assim, a estrutura detalhada de um cromossomo interfásico pode diferir de um tipo celular para outro, ajudando a determinar quais genes estão sendo expressos. A maioria dos tipos celulares expressa cerca de 20 a 30% de seus genes.

A forma mais altamente condensada da cromatina interfásica é denominada **heterocromatina** (do grego *heteros*, que significa "diferente", e cromatina). Na década de 1930, a heterocromatina foi observada pela primeira vez, sob o microscópio de luz, como regiões descontínuas e fortemente coradas na massa de cromatina. A heterocromatina normalmente compõe cerca de 10% do cromossomo interfásico e, nos cromossomos de mamíferos, concentra-se ao redor da região dos centrômeros e nos telômeros, nas extremidades dos cromossomos (ver Figura 5-15).

O restante da cromatina interfásica é denominado **eucromatina** (do grego *eu*, significando "verdadeiro" ou "normal", e cromatina). Apesar de usarmos o termo eucromatina para a cromatina que existe em um estado mais descondensado do que o da heterocromatina, agora está claro que tanto a eucromatina como a heterocromatina são compostas por misturas de diferentes estruturas de cromatina (**Figura 5-28**).

Cada tipo de estrutura da cromatina é estabelecido e mantido por diferentes conjuntos de modificações nas caudas das histonas que atraem grupos distintos de proteínas não histônicas. As modificações que coordenam a formação do tipo mais comum de heterocromatina, por exemplo, incluem a metilação da lisina 9 na histona H3 (ver Figura 5-27). Uma vez estabelecida, a heterocromatina pode se espalhar, porque essas modificações nas caudas das histonas atraem um conjunto de proteínas específicas da heterocromatina, incluindo enzimas modificadoras de histonas, que, em seguida, criam as mesmas modificações na cauda das his-

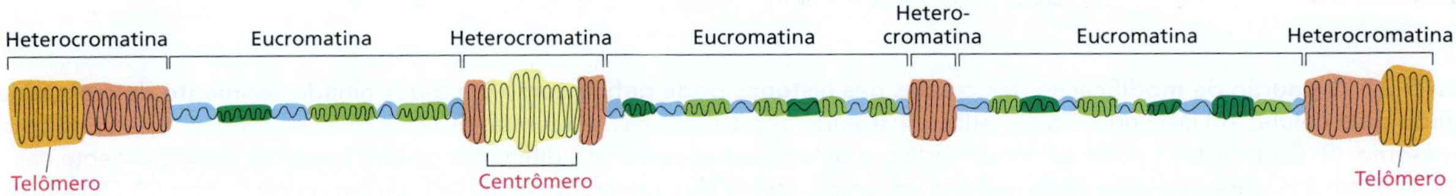

Figura 5-28 A estrutura da cromatina varia ao longo de um único cromossomo interfásico. Como esquematicamente indicado pelas diferentes cores (e ao longo da molécula de DNA, representado pela *linha preta* central), a heterocromatina e a eucromatina representam, cada uma, um conjunto de diferentes estruturas de cromatina, com distintos graus de condensação. Geralmente, a heterocromatina está mais condensada do que a eucromatina.

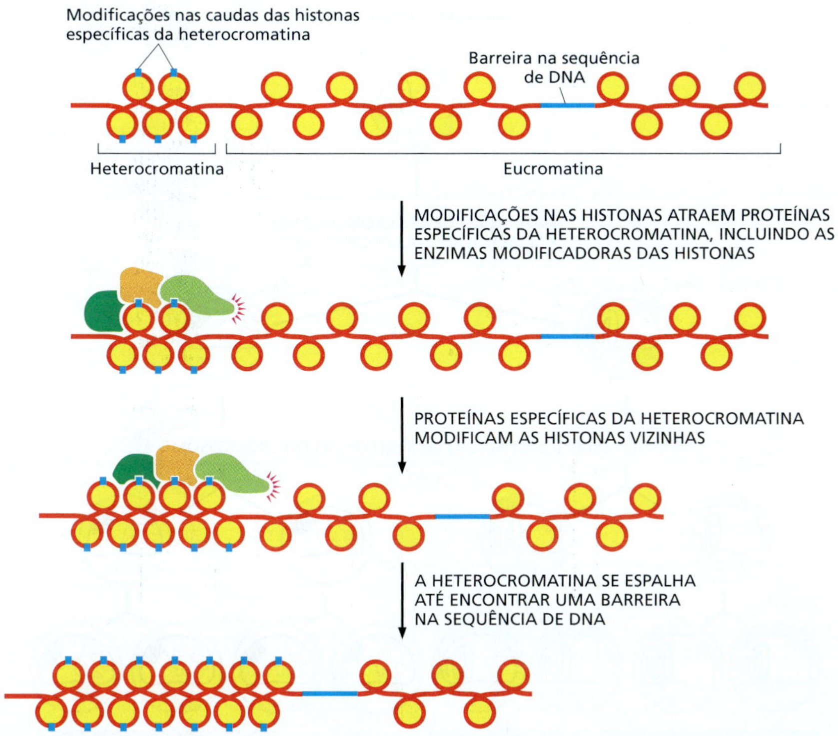

Figura 5-29 Modificações específicas da heterocromatina permitem que a heterocromatina se forme e se espalhe. Essas modificações atraem proteínas específicas da heterocromatina que reproduzem as mesmas modificações nas histonas vizinhas. Dessa maneira, a heterocromatina pode se espalhar até encontrar uma barreira na sequência de DNA, que bloqueia a sua propagação para as regiões de eucromatina.

tonas dos nucleossomos adjacentes. Essas modificações, por sua vez, recrutam mais proteínas específicas da heterocromatina, causando uma onda de propagação de cromatina condensada ao longo do cromossomo. Essa heterocromatina continuará a se espalhar, até encontrar uma barreira na sequência de DNA que impeça a propagação (**Figura 5-29**). Desse modo, podem formar-se extensas regiões de heterocromatina ao longo do DNA.

A maior parte do DNA que está permanentemente compactada em heterocromatina na célula não contém genes. Em razão do alto grau de compactação da heterocromatina, os genes que acidentalmente se tornam compactados na heterocromatina em geral não podem ser expressos. Essa compactação inadequada dos genes na heterocromatina pode causar doenças. Nos seres humanos, o gene que codifica a β-globina, que faz parte da hemoglobina que transporta a molécula de oxigênio, está situado próximo a uma região de heterocromatina. Se, em virtude de uma deleção hereditária do DNA, a heterocromatina se espalhar, o gene da β-globina se tornará pouco expresso, e o indivíduo desenvolve uma forma grave de anemia.

Talvez o exemplo mais marcante do uso da heterocromatina para manter os genes inibidos ou *silenciados* seja encontrado no cromossomo X interfásico das fêmeas de mamíferos. Nos mamíferos, as células das fêmeas contêm dois cromossomos X, enquanto as células dos machos contêm um X e um Y. Uma vez que uma dose dupla de produtos do cromossomo X seria letal, as fêmeas de mamíferos desenvolveram um mecanismo para inativar permanentemente um dos dois cromossomos X em cada célula. Ao acaso, um ou outro cromossomo X em cada célula se torna altamente condensado em heterocromatina no início do desenvolvimento embrionário. Desde então, o estado inativado e condensado daquele cromossomo X é herdado em todas as descendentes dessas células (**Figura 5-30**).

Quando uma célula se divide, geralmente transmite suas modificações nas histonas, estrutura da cromatina e padrões de expressão gênica para as duas células-filhas. Essa "memória celular" é fundamental para o estabelecimento e a manutenção de diferentes tipos celulares durante o desenvolvimento de um organismo multicelular complexo. Discutimos os mecanismos envolvidos na memória celular no Capítulo 8, onde apresentamos o controle da expressão gênica.

QUESTÃO 5-4

As mutações em um determinado gene do cromossomo X resultam em daltonismo em homens. Por outro lado, a maioria das mulheres portadoras da mutação possui visão para cores, mas enxerga os objetos coloridos com resolução reduzida, já que suas células cone funcionais (as células fotorreceptoras responsáveis pela visão em cores) estão mais distantes umas das outras na retina do que o normal. Você pode dar uma explicação plausível para essa observação? Se uma mulher é daltônica, o que você poderia dizer a respeito de seu pai? E a respeito de sua mãe? Explique suas respostas.

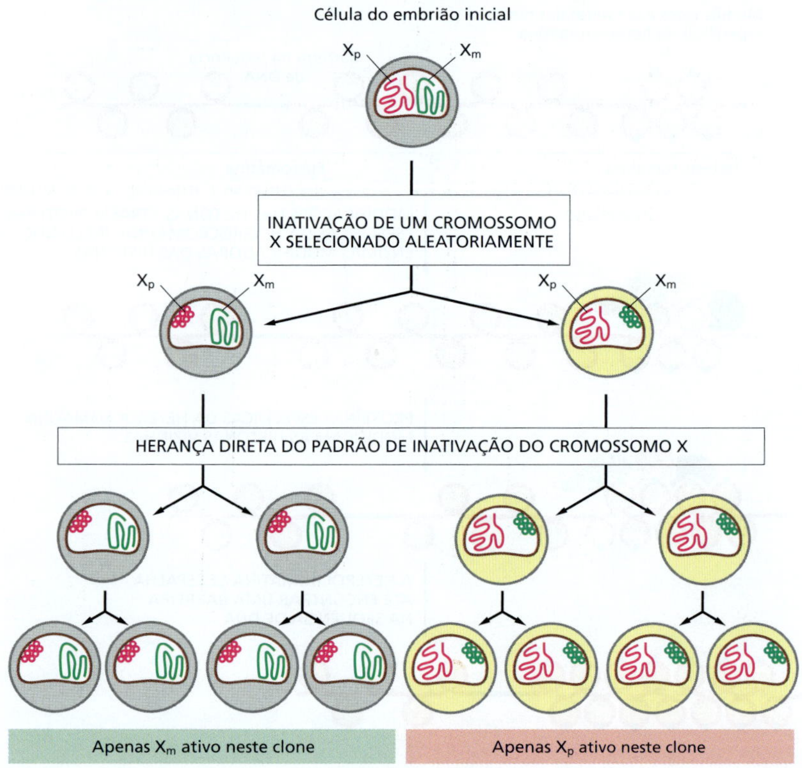

Figura 5-30 Um dos dois cromossomos X está inativado nas células das fêmeas de mamíferos pela formação da heterocromatina. Cada célula de uma fêmea contém dois cromossomos X, um da mãe (X_m) e outro do pai (X_p). Nos primeiros estágios do desenvolvimento embrionário, um desses dois cromossomos, em cada célula, torna-se condensado em heterocromatina, aparentemente de modo aleatório. A cada divisão celular, o mesmo cromossomo X torna-se condensado (e inativado) em todas as células descendentes daquela célula original. Assim, as fêmeas apresentam uma mistura (mosaico) de células que contêm cromossomos X inativados maternos ou paternos. Na maioria dos tecidos e órgãos, cerca de metade das células será de um tipo e a outra metade será de outro.

CONCEITOS ESSENCIAIS

- A vida depende do armazenamento e da herança estável da informação genética.
- A informação genética está localizada em moléculas de DNA muito longas e é codificada em uma sequência linear de quatro nucleotídeos: A, T, G e C.
- Cada molécula de DNA é uma dupla-hélice composta por um par de fitas de DNA complementares e antiparalelas que são unidas por ligações de hidrogênio entre os pares de bases G-C e A-T.
- O material genético de uma célula eucariótica está contido em um conjunto de cromossomos, cada um formado por uma única e longa molécula de DNA que contém muitos genes.
- Quando um gene é expresso, parte de sua sequência de nucleotídeos é transcrita em moléculas de RNA, muitas das quais são traduzidas em proteínas.
- O DNA que forma cada cromossomo eucariótico contém, além dos genes, muitas origens de replicação, um centrômero e dois telômeros. Essas sequências especiais de DNA asseguram que, antes da divisão celular, cada cromossomo possa ser duplicado de forma eficiente, e que os cromossomos resultantes sejam distribuídos igualmente para as duas células-filhas.
- Nos cromossomos eucarióticos, o DNA é intensamente condensado ao se associar a um conjunto de proteínas histonas e não histonas. Esse complexo de DNA e proteínas é chamado de cromatina.
- As histonas compactam o DNA em um arranjo repetitivo de partículas de DNA e proteínas, denominadas nucleossomos, os quais subsequentemente se condensam ainda mais, formando a estrutura mais compacta de cromatina.
- Uma célula pode regular sua estrutura de cromatina, condensando ou descondensando temporariamente determinadas regiões de seus cromossomos, mediante uso de complexos de remodelagem da cromatina e de enzimas que modificam covalentemente, de diversas maneiras, as caudas das histonas.

- O relaxamento da cromatina para um estado mais descondensado permite que as proteínas envolvidas na expressão gênica, na replicação do DNA e no reparo do DNA tenham acesso às sequências de DNA necessárias.
- Algumas formas de cromatina possuem um padrão de modificação das caudas de histonas que leva o DNA a se tornar tão condensado, que seus genes não podem ser expressos para produzir RNAs. Tal condensação ocorre em todos os cromossomos durante a mitose e na heterocromatina dos cromossomos em interfase.

TERMOS-CHAVE

ácido desoxirribonucleico (DNA)	cromossomo	histona
cariótipo	código genético	nucleossomo
centrômero	dupla-hélice	nucléolo
ciclo celular	eucromatina	origem de replicação
complementaridade	expressão gênica	par de bases
complexo de remodelagem da cromatina	gene	telômero
cromatina	genoma	
	heterocromatina	

TESTE SEU CONHECIMENTO

QUESTÃO 5-5

A. A sequência de nucleotídeos de uma das fitas de uma dupla-hélice de DNA é

5′-GGATTTTTGTCCACAATCA-3′.

Qual é a sequência da fita complementar?

B. No DNA de certas células bacterianas, 13% dos nucleotídeos são adeninas. Qual é a porcentagem dos outros nucleotídeos?

C. Quantas sequências de nucleotídeos são possíveis para um segmento de DNA de *N* nucleotídeos de comprimento, se ele for (a) de fita simples ou (b) de fita dupla?

D. Suponha que você tenha um método para cortar o DNA em sequências específicas de nucleotídeos. Quantos nucleotídeos de comprimento (em média) essa sequência teria para fazer apenas um corte no genoma bacteriano de 3×10^6 pares de nucleotídeos? A resposta seria diferente para o genoma de uma célula animal que contém 3×10^9 pares de nucleotídeos?

QUESTÃO 5-6

Um par de bases A-T é estabilizado por somente duas ligações de hidrogênio. Os esquemas de ligações de hidrogênio de forças muito semelhantes também podem ser feitos entre outras combinações de bases que normalmente não ocorrem nas moléculas de DNA, tais como os pares A-C e A-G mostrados na Figura Q5-6. O que aconteceria se esses pares se formassem durante a replicação do DNA e se as bases inadequadas fossem incorporadas? Discuta por que isso não acontece frequentemente. (Dica: ver **Figura 5-6**.)

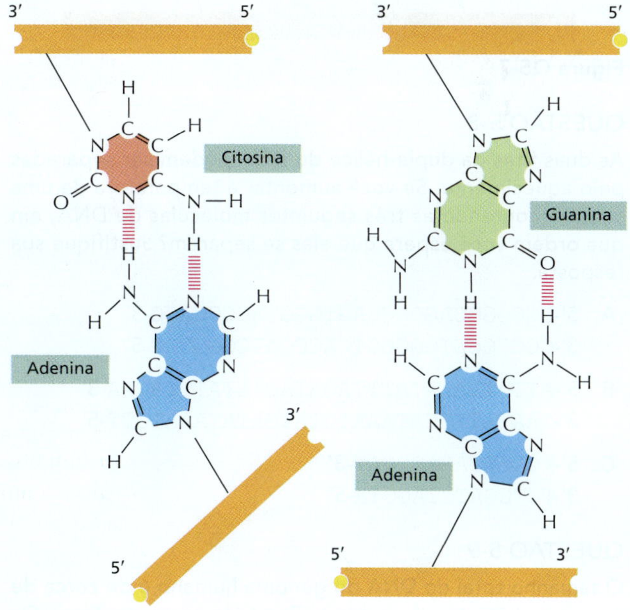

Figura Q5-6

QUESTÃO 5-7

A. Uma macromolécula isolada de uma fonte extraterrestre assemelha-se superficialmente ao DNA, mas uma análise mais detalhada revelou que as bases possuem estruturas muito distintas (**Figura Q5-7**). As bases V, W, X e Y substituem as bases A, T, G e C. Observe essas estruturas mais atentamente. Essas moléculas semelhantes ao DNA poderiam ter sido originadas de um organismo vivo que usa princípios de herança genética similares aos usados pelos organismos da Terra?

B. Julgando simplesmente pelo potencial das ligações de hidrogênio, poderiam essas bases extraterrestres substituir as bases terrestres A, T, G e C no DNA terrestre? Justifique sua resposta.

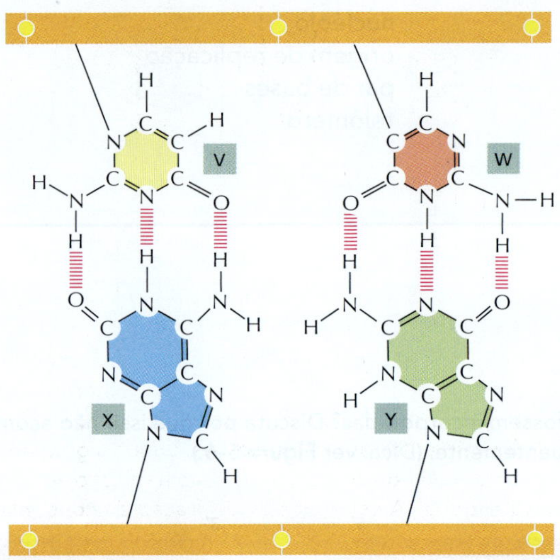

Figura Q5-7

QUESTÃO 5-8

As duas fitas da dupla-hélice do DNA podem ser separadas pelo aquecimento. Se você aumentar a temperatura de uma solução contendo as três seguintes moléculas de DNA, em que ordem você espera que elas se separem? Justifique sua resposta.

A. 5'-GCGGGCCAGCCCGAGTGGGTAGCCCAGG-3'
3'-CGCCCGGTCGGGCTCACCCATCGGGTCC-5'

B. 5'-ATTATAAAATATTTAGATACTATATTTACAA-3'
3'-TAATATTTTATAAATCTATGATATAAATGTT-5'

C. 5'-AGAGCTAGATCGAT-3'
3'-TCTCGATCTAGCTA-5'

QUESTÃO 5-9

O tamanho total do DNA do genoma humano é de cerca de 1 m, e o diâmetro da dupla-hélice é de cerca de 2 nm. Os nucleotídeos da dupla-hélice de DNA estão posicionados (ver Figura 5-6B) a intervalos de 0,34 nm. Se o DNA for aumentado de modo que seu diâmetro seja equivalente ao de uma extensão de fio elétrico (5 mm), qual será o comprimento da extensão de ponta a ponta (assumindo que ela esteja completamente esticada)? Quão próximas estarão as bases do DNA? Qual seria o comprimento de um gene de 1.000 pares de nucleotídeos?

QUESTÃO 5-10

Um CD (disco compacto) armazena cerca de $4{,}8 \times 10^9$ bites de informação em 96 cm^2 de área. Essa informação é armazenada como um código binário, isto é, cada bite é 0 ou 1.

A. Quantos bites seriam necessários para especificar cada par de nucleotídeos em uma sequência de DNA?

B. Quantos CDs seriam necessários para armazenar a informação contida no genoma humano?

QUESTÃO 5-11

Quais das seguintes afirmativas estão corretas? Justifique suas respostas.

A. Cada cromossomo eucarioto deve conter os seguintes elementos na sequência de DNA: múltiplas origens de replicação, dois telômeros e um centrômero.

B. Uma partícula central do nucleossomo possui 30 nm de diâmetro.

QUESTÃO 5-12

Defina os seguintes termos e as relações entre eles:

A. Cromossomo interfásico
B. Cromossomo mitótico
C. Cromatina
D. Heterocromatina
E. Histonas
F. Nucleossomo

QUESTÃO 5-13

Considere cuidadosamente o resultado mostrado na **Figura Q5-13**. Cada uma das duas colônias *à esquerda* são agrupamentos de aproximadamente 100 mil células de levedura que cresceram a partir de uma única célula que agora se encontra em algum local no centro da colônia. As duas colônias de levedura são geneticamente diferentes, como mostram os mapas cromossômicos à direita.

O gene *Ade2* de levedura codifica uma das enzimas necessárias para a biossíntese de adenina, e a ausência do produto do gene *Ade2* causa o acúmulo de pigmento vermelho. Na sua localização cromossômica normal, o gene *Ade2* é expresso em todas as células. Quando posicionado próximo ao telômero, que é extremamente condensado, o *Ade2* não é mais expresso. Como você acha que surgiram os setores brancos? O que você pode concluir a respeito da propagação do estado transcricional do gene *Ade2* da célula-mãe para as células-filhas?

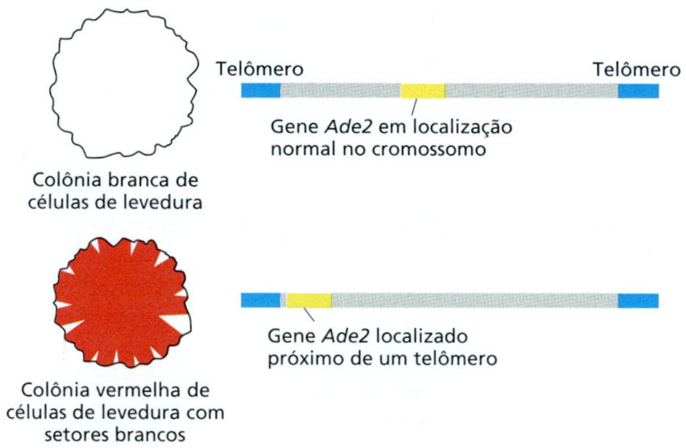

Figura Q5-13

QUESTÃO 5-14

As duas micrografias eletrônicas na **Figura Q5-14** mostram o núcleo de dois tipos celulares diferentes. Você pode dizer, observando estas figuras, qual das duas células está transcrevendo mais os seus genes? Explique como você chegou a essa resposta. (Micrografias cortesia de Don W. Fawcett.)

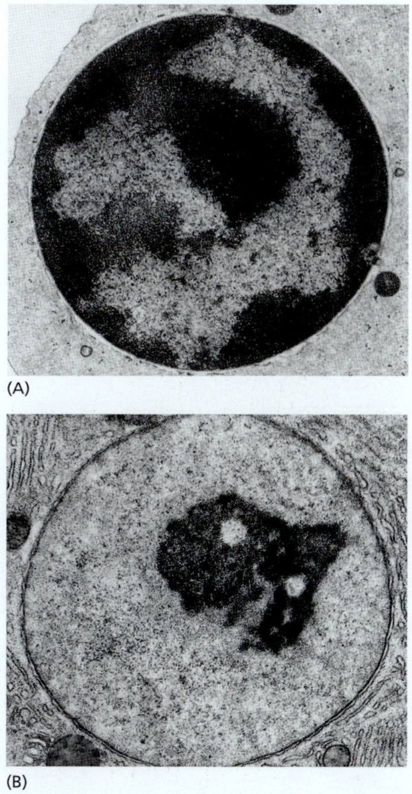

Figura Q5-14

QUESTÃO 5-15

O DNA forma uma hélice dextrógira. Mostre qual das hélices apresentadas na **Figura Q5-15** possui uma hélice dextrógira.

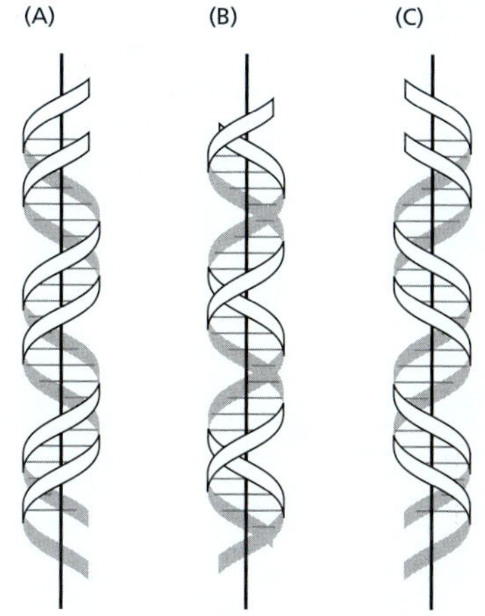

Figura Q5-15

QUESTÃO 5-16

Uma única partícula central do nucleossomo possui 11 nm de diâmetro e contém 147 pb de DNA (a dupla-hélice de DNA mede 0,34 nm/pb). Qual é a taxa de compactação (comprimento do DNA em relação ao diâmetro do nucleossomo) que o DNA atinge ao enrolar-se ao redor do octâmero de histonas? Assumindo que há 54 pb adicionais que compõem o DNA de ligação entre os nucleossomos, qual é o grau de condensação do "colar de contas" de DNA em relação ao comprimento total do DNA estendido? Que fração da condensação de 10 mil vezes que ocorre na mitose é representada por esse primeiro grau de compactação?

6

Replicação, reparo e recombinação de DNA

A capacidade de uma célula sobreviver e proliferar em um ambiente caótico depende da duplicação precisa da vasta quantidade de informação genética transportada no seu DNA. Esse processo de duplicação, denominado *replicação do DNA*, deve ocorrer antes que uma célula possa se dividir para produzir duas células-filhas geneticamente idênticas. Para manter a ordem em uma célula, são também necessários vigilância e reparo continuados da sua informação genética, uma vez que o DNA está sujeito a danos inevitáveis por agentes químicos e radiação do ambiente e por moléculas reativas que são geradas dentro da célula. Neste capítulo, descrevemos as máquinas proteicas que replicam e reparam o DNA celular. Essas máquinas catalisam alguns dos processos mais precisos e rápidos que ocorrem dentro das células, e as estratégias desenvolvidas para alcançar essa façanha são maravilhas de elegância e eficiência.

Apesar da existência desses sistemas que protegem o DNA celular de erros de cópia e danos acidentais, mudanças permanentes – ou *mutações* – ocorrem algumas vezes. Ainda que a maioria das mutações não afete o organismo de forma perceptível, algumas têm consequências profundas. Ocasionalmente, essas mudanças podem beneficiar o organismo: por exemplo, mutações podem tornar as bactérias resistentes a antibióticos que são usados para matá-las. Além disso, mudanças na sequência de DNA podem produzir pequenas variações que são a base das diferenças entre indivíduos da mesma espécie (**Figura 6-1**); quando acumuladas ao longo de milhões de anos, tais mudanças fornecem a variedade no material genético que torna cada espécie distinta das outras, como discutimos no Capítulo 9.

Entretanto, as mutações têm uma probabilidade muito maior de serem prejudiciais do que benéficas: em humanos, elas são responsáveis por milhares de doenças genéticas, incluindo o câncer. A sobrevivência de uma célula ou organismo, portanto, depende de se manter as mudanças no seu DNA em um mínimo. Na ausência das máquinas proteicas que continuamente monitoram e reparam danos no DNA, é questionável se a vida poderia existir de algum modo.

REPLICAÇÃO DO DNA

A cada divisão celular, uma célula deve copiar seu genoma com precisão extraordinária. Nesta seção, exploramos como a célula realiza essa façanha, enquanto duplica seu DNA a taxas tão altas quanto 1.000 nucleotídeos por segundo.

Figura 6-1 A informação genética é passada de uma geração para a seguinte. Diferenças no DNA podem produzir as variações subjacentes às diferenças entre indivíduos da mesma espécie – ou, ao longo do tempo, às diferenças entre uma espécie e outra. Nesta foto de família, as crianças se assemelham mais uma à outra e a seus pais do que a outras pessoas, porque elas herdaram seus genes de seus pais. O gato compartilha muitas características com os humanos, mas, durante os milhões de anos de evolução que separaram humanos e gatos, ambos acumularam muitas mudanças nos seus DNAs que agora produzem duas espécies diferentes. A galinha é um parente ainda mais distante.

O pareamento de bases possibilita a replicação do DNA

No capítulo anterior, vimos que cada fita de uma dupla-hélice de DNA contém uma sequência de nucleotídeos que é exatamente complementar à sequência de nucleotídeos da sua fita parceira. Cada fita, portanto, pode servir como um **molde** para a síntese de uma nova fita complementar. Em outras palavras, se designarmos as duas fitas de DNA como S e S′, a fita S pode servir como um molde para fazer uma nova fita S′, enquanto a fita S′ pode servir como um molde para fazer uma nova fita S (**Figura 6-2**). Portanto, a informação genética no DNA pode ser copiada com precisão pelo processo belamente simples no qual a fita S se separa da fita S′, e cada fita separada então serve como um molde para a produção de uma nova fita parceira complementar que é idêntica à sua parceira anterior.

A capacidade de cada fita de uma molécula de DNA de agir como um molde para produzir uma fita complementar possibilita à célula copiar, ou *replicar*, seus genes antes de passá-los para suas descendentes. Mas a tarefa é quase inacreditável, uma vez que pode envolver a cópia de bilhões de pares de nucleotídeos a cada vez que uma célula se divide. O processo de cópia deve ser realizado com precisão e velocidade incríveis: em cerca de 8 horas, uma célula animal em divisão irá copiar o equivalente a 1.000 livros como este e, em média, não produzirá mais do que poucas letras erradas. Essa proeza impressionante é realizada por um grupo de proteínas que em conjunto formam uma *máquina de replicação*, também chamada de *maquinaria de replicação*.

A replicação do DNA produz duas duplas-hélices completas a partir da molécula de DNA original, com cada uma das novas hélices de DNA sendo idêntica em sequência nucleotídica (exceto pelos raros erros de cópia) à dupla-hélice de DNA original (ver Figura 6-2). Como cada fita parental serve como o molde para uma nova fita, cada uma das duplas-hélices de DNA filhas termina com uma das fitas de DNA originais (velha) e uma fita que é completamente nova; diz-se que esse estilo de replicação é *semiconservativo* (**Figura 6-3**). Em Como Sabemos, p. 200-202, discutimos os experimentos que pela primeira vez demonstraram que o DNA é replicado dessa maneira.

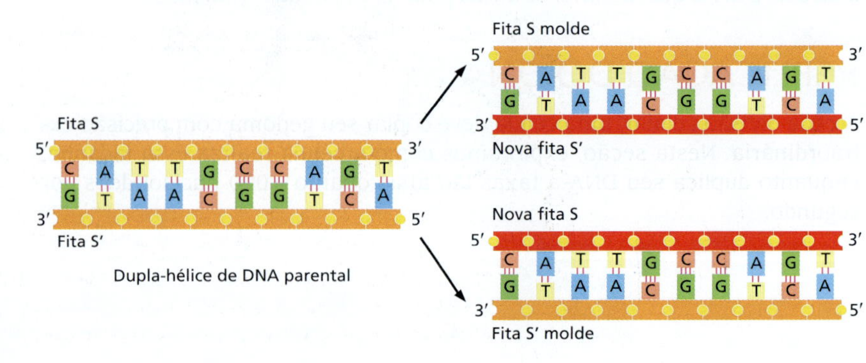

Figura 6-2 O DNA atua como um molde para a sua própria duplicação. Como o nucleotídeo A irá parear com sucesso somente com o T, e o G com o C, cada fita de uma dupla-hélice de DNA – marcadas aqui como a fita S e a sua fita S′ complementar – pode servir como um molde para especificar a sequência de nucleotídeos na sua fita complementar. Dessa maneira, ambas as fitas de uma dupla-hélice de DNA podem ser copiadas com precisão.

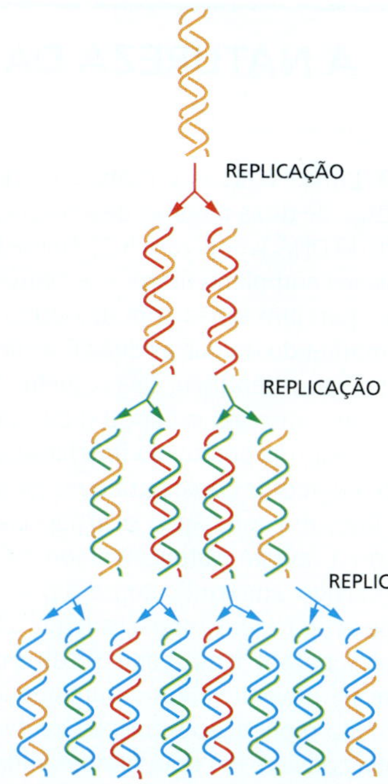

Figura 6-3 Em cada ciclo de replicação do DNA, cada uma das duas fitas de DNA é usada como um molde para a formação de uma fita complementar nova. A replicação do DNA é "semiconservativa", porque cada dupla-hélice de DNA filha é constituída de uma fita conservada e outra recém-sintetizada.

A síntese de DNA inicia-se nas origens de replicação

A dupla-hélice de DNA é normalmente muito estável: as duas fitas de DNA são firmemente unidas uma à outra por um grande número de ligações de hidrogênio entre as bases de ambas as fitas (ver Figura 5-2). Em consequência, somente temperaturas próximas à da água em ebulição fornecem energia térmica suficiente para separar as duas fitas. Entretanto, para ser usada como um molde, a dupla-hélice precisa primeiramente ser aberta e as duas fitas separadas para expor as bases não pareadas. Como isso ocorre nas temperaturas encontradas nas células vivas?

O processo de síntese de DNA é iniciado por *proteínas iniciadoras* que se ligam a sequências de DNA específicas denominadas **origens de replicação**. Nelas, as proteínas iniciadoras afastam as duas fitas de DNA, quebrando as ligações de hidrogênio entre as bases (**Figura 6-4**). Ainda que as ligações de hidrogênio coletivamente tornem a hélice de DNA muito estável, cada ligação de hidrogênio é individualmente fraca (como discutido no Cap. 2). Dessa forma, a separação de uma pequena porção de DNA de cada vez, de poucos pares de base, não requer uma grande quantidade de energia, e as proteínas iniciadoras podem prontamente abrir a dupla-hélice a temperaturas normais.

Em células simples, tais como bactérias ou leveduras, as origens de replicação compreendem aproximadamente 100 pares de nucleotídeos. Elas são compostas de sequências de DNA que atraem proteínas iniciadoras e são especialmente fáceis de serem abertas. Vimos, no Capítulo 5, que um par de bases A-T é mantido unido por um número menor de ligações de hidrogênio que um par de bases G-C. Portanto, o DNA rico em pares de bases A-T é relativamente fácil de ser separado, e segmentos de DNA ricos em A-T costumam ser encontrados nas origens de replicação.

Um genoma bacteriano, que normalmente está contido em uma molécula de DNA circular de vários milhões de pares de nucleotídeos, possui uma única origem de replicação. O genoma humano, que é muito maior, possui aproximadamente 10.000 dessas origens – uma média de 220 origens por cromossomo. Ao iniciar a replicação do DNA em muitos pontos diferentes de uma só vez, o tempo que uma célula necessita para copiar seu genoma inteiro é grandemente diminuído.

Uma vez que uma proteína iniciadora se ligue ao DNA em uma origem de replicação e localmente abra a dupla-hélice, ela atrai um grupo de proteínas que realizam a replicação do DNA. Essas proteínas formam uma máquina de replicação, na qual cada proteína desempenha uma função específica.

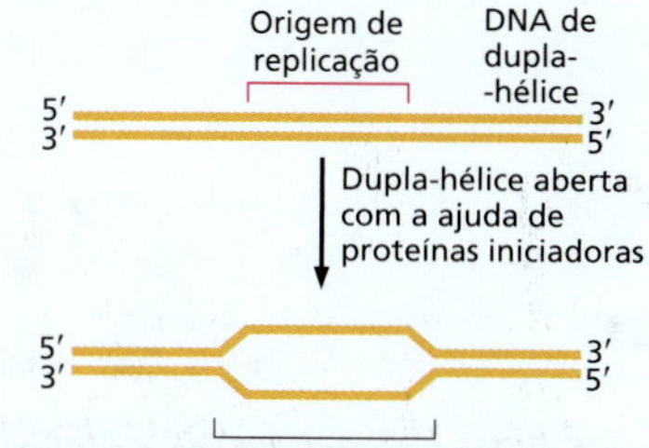

Figura 6-4 Uma dupla-hélice de DNA é aberta nas origens de replicação. As sequências de DNA, nas origens de replicação, são reconhecidas por proteínas iniciadoras (não mostradas), que localmente afastam as duas fitas da dupla-hélice. As fitas simples expostas podem então servir como moldes para a cópia do DNA.

Duas forquilhas de replicação são formadas em cada origem de replicação

As moléculas de DNA no processo de serem replicadas contêm junções na forma de Y, denominadas **forquilhas de replicação**. Duas forquilhas de replicação são formadas em cada origem de replicação (**Figura 6-8**). Em cada forquilha, uma máquina de replicação move-se ao longo do DNA, abrindo as duas fitas da dupla-hélice e usando cada fita como um molde para produzir uma nova fita-filha. As duas forquilhas afastam-se da origem em direções opostas, abrindo a dupla-hélice e replicando o DNA à medida que se movem (**Figura 6-9**). A replicação do DNA em cromossomos bacterianos e eucarióticos é, portanto, denominada *bidirecional*. As

A NATUREZA DA REPLICAÇÃO

Em 1953, James Watson e Francis Crick publicaram seu famoso artigo de duas páginas descrevendo um modelo para a estrutura do DNA (ver Figura 5-2). Nesse modelo, propuseram que as bases complementares – adenina e timina, guanina e citosina – pareiam umas com as outras no centro da dupla-hélice, mantendo unidas as duas fitas de DNA. Ao final desse sucinto sucesso científico, eles comentaram, quase como um detalhe, que "não nos escapou o fato de que o pareamento específico por nós postulado imediatamente sugere um possível mecanismo de cópia para o material genético."

De fato, um mês após o artigo clássico ter aparecido impresso na revista *Nature*, Watson e Crick publicaram um segundo artigo, sugerindo como o DNA poderia ser duplicado. Nesse artigo, eles propuseram que as duas fitas da dupla-hélice se separam, e que cada fita atua como um molde para a síntese de uma fita-filha complementar. Em seu modelo, denominado replicação *semiconservativa*, cada molécula de DNA nova consiste em uma fita derivada da molécula parental original e uma fita recém-sintetizada (**Figura 6-5A**).

Sabemos hoje que o modelo de Watson e Crick para a replicação do DNA estava correto – mas não foi universalmente aceito a princípio. Por um lado, o respeitado físico que se tornou geneticista, Max Delbrück, ficou atordoado com o que denominou "o problema do desenrolamento", ou seja: como poderiam as duas fitas de uma dupla-hélice, enroladas uma ao redor da outra tantas vezes ao longo de sua grande extensão, ser separadas sem gerar uma grande confusão de entrelaçamentos? A proposta de Watson e Crick de uma dupla-hélice abrindo como um zíper parecia, para Delbrück, fisicamente improvável e simplesmente "muito deselegante para ser eficiente."

Em vez disso, Delbrück propôs que a replicação do DNA ocorria por meio de uma série de quebras e reuniões, nas quais a cadeia principal do DNA era quebrada e as fitas eram copiadas em pequenos segmentos – possivelmente de apenas 10 nucleotídeos de cada vez – antes de serem reunidas. Nesse modelo, que foi posteriormente denominado *dispersivo*, as cópias resultantes seriam como coleções de remendos de DNA novo e antigo, cada fita contendo uma mistura de ambos (**Figura 6-5B**). Nenhum desenrolamento seria necessário.

Ainda um terceiro grupo promoveu a ideia de que a replicação do DNA poderia ser *conservativa*: que a hélice parental poderia de algum modo permanecer inteiramente intacta após o processo de cópia, e que a molécula-filha conteria duas fitas de DNA inteiramente novas (**Figura 6-5C**). Para determinar qual desses modelos era o correto, era necessária a realização de um experimento que revelasse a composição das fitas de DNA recém-sintetizadas. Foi aí que Matt Meselson e Frank Stahl apareceram.

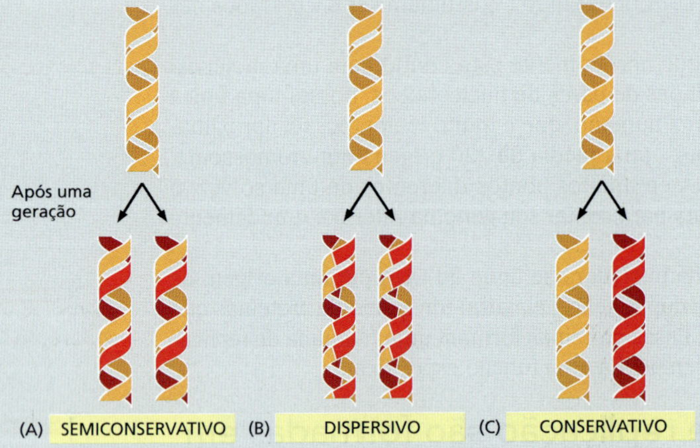

Figura 6-5 Três modelos para a replicação do DNA produzem predições diferentes. (A) No modelo semiconservativo, cada fita parental atua como um molde para a síntese de uma nova fita-filha. O primeiro ciclo de replicação deveria produzir duas moléculas híbridas, cada uma contendo uma fita parental original além de uma fita recém-sintetizada. Um ciclo subsequente de replicação deveria resultar em duas moléculas híbridas e duas moléculas que nada contêm do DNA parental original (ver Figura 6-3). (B) No modelo dispersivo, cada geração de DNA filho conteria uma mistura de DNA das fitas parentais e o DNA recém-sintetizado. (C) No modelo conservativo, a molécula parental permanece intacta após ser copiada. Nesse caso, o primeiro ciclo de replicação iria resultar na dupla-hélice parental original e em uma dupla-hélice inteiramente nova. Para cada modelo, as moléculas de DNA parentais são mostradas em *laranja*; o DNA recém-replicado é mostrado em *vermelho*. Observe que é mostrado somente um segmento muito pequeno do DNA para cada modelo.

Como estudante de pós-graduação trabalhando para Linus Pauling, Meselson estava explorando um método para conhecer a diferença entre proteínas novas e velhas. Após conversar com Delbrück sobre o modelo de replicação de Watson e Crick, ocorreu a Meselson que a abordagem que ele cogitou para explorar a síntese de proteínas poderia também funcionar para estudar o DNA. No verão de 1954, Meselson encontrou Stahl, que era então um estudante de pós-graduação em Rochester, NY, e os dois concordaram em colaborar. Levaram alguns anos para conseguir que tudo funcionasse, mas ambos finalmente realizaram aquele que ficou conhecido como "o experimento mais bonito da biologia."

Em retrospecto, sua abordagem foi incrivelmente direta. Eles iniciaram fazendo crescer duas culturas de bactérias *E. coli*, uma em um meio contendo um isótopo pesado do nitrogênio, ^{15}N, a outra em um meio contendo o isótopo normal e mais leve, ^{14}N. O nitrogênio presente no meio nutritivo é incorporado às bases nucleotídicas e, a partir daí, passa para o DNA do organismo. Após o crescimento das culturas bacterianas por muitas gerações em meio contendo ^{15}N ou ^{14}N, os pesquisadores obtiveram dois frascos de bactérias, um cujo DNA era pesado, e outro cujo DNA era leve. Meselson e Stahl romperam então as células bacterianas e aplicaram o DNA obtido em tubos contendo uma alta concentração do sal cloreto de césio. Quando esses tubos são centrifugados a uma alta velocidade, o cloreto de césio forma um gradiente de densidade, e as moléculas de DNA flutuam ou afundam na solução até alcançarem o ponto no qual suas densidades equivalem ao da solução salina circundante (ver Painel 4-3, p. 164-165). Usando esse método, denominado centrifugação de densidade de equilíbrio, Meselson e Stahl descobriram que podiam distinguir entre o DNA pesado (contendo ^{15}N) e o DNA leve (contendo ^{14}N), observando as posições do DNA dentro do gradiente de cloreto de césio. Como o DNA pesado era mais denso que o DNA leve, ele se acumulava em uma posição mais próxima do fundo do tubo de centrífuga (**Figura 6-6**).

Uma vez estabelecido esse método para diferenciar entre DNA leve e pesado, Meselson e Stahl começaram a testar as várias hipóteses propostas para a replicação do DNA. Para tanto, prepararam um frasco de bactérias crescidas em nitrogênio pesado e transferiram essas bactérias para um meio contendo o isótopo leve. No início do experimento, todas as moléculas de DNA seriam pesadas. Mas, à medida que as bactérias se dividiam, o DNA recém-sintetizado seria mais leve. Eles poderiam então monitorar o acúmulo de DNA leve e avaliar qual modelo, se algum deles, melhor descrevia os dados. Após uma geração de crescimento, os pesquisadores descobriram que as moléculas de DNA parentais, pesadas – aquelas constituídas por duas fitas contendo ^{15}N – desapareceram e foram substituídas por uma nova espécie de DNA que gerava uma banda a uma densidade intermediária entre o ^{15}N-DNA e o ^{14}N-DNA (**Figura 6-7**). Essas hélices-filhas recém-sintetizadas, de acordo com Meselson e Stahl, deveriam ser híbridas – contendo tanto isótopos pesados quanto leves.

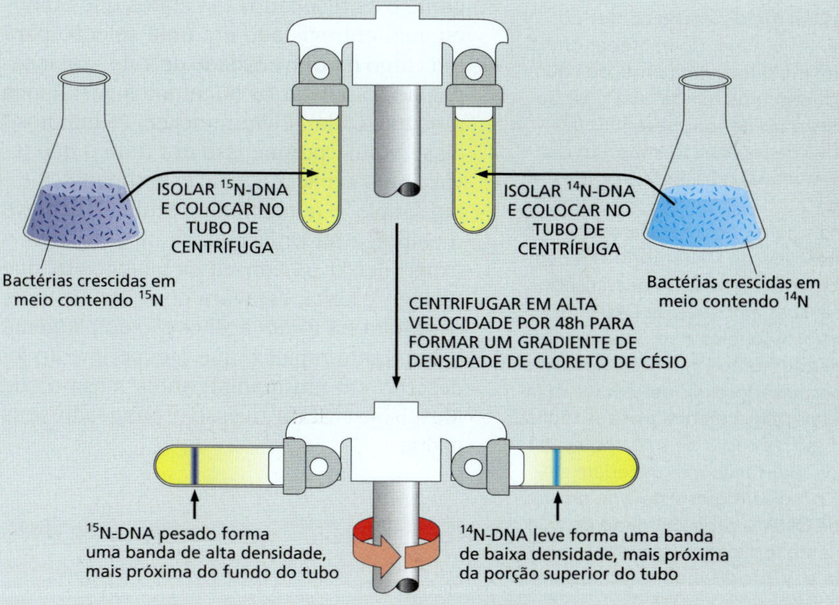

Figura 6-6 A centrifugação em um gradiente de cloreto de césio possibilita a separação de DNA leve e pesado. Bactérias crescidas por várias gerações em um meio contendo ^{15}N (o isótopo pesado) ou ^{14}N (o isótopo leve) para marcar seu DNA. As células são então rompidas, e o DNA é colocado em um tubo de ultracentrífuga contendo uma solução salina de cloreto de césio. Esses tubos são centrifugados a altas velocidades por dois dias para que o DNA possa acumular-se em uma região na qual sua densidade corresponda à do sal que o cerca. As moléculas de DNA pesadas e leves são acumuladas em posições diferentes no tubo.

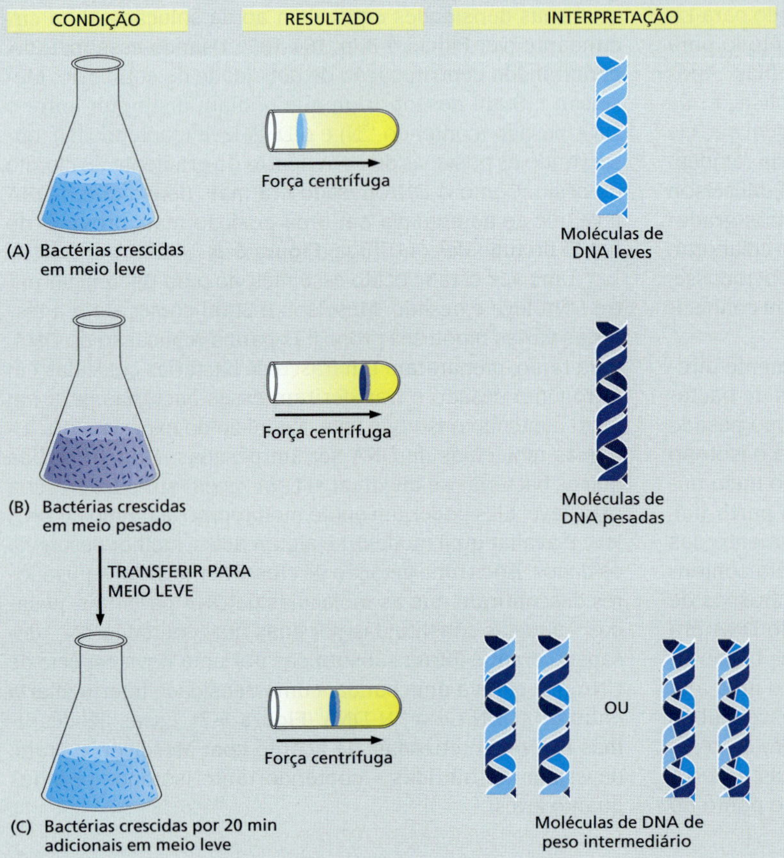

Figura 6-7 A primeira parte do experimento de Meselson-Stahl descartou o modelo conservativo da replicação do DNA. (A) Bactérias crescidas em meio leve (contendo ^{14}N) produzem DNA que forma uma banda na porção superior do tubo de centrífuga, enquanto bactérias crescidas em meio pesado contendo ^{15}N (B) produzem DNA que migra mais para baixo no tubo. Quando bactérias crescidas em um meio pesado são transferidas para um meio leve em condições que permitam que continuem se dividindo, elas produzem uma banda cuja posição é aproximadamente intermediária às posições das duas bandas parentais (C). Esses resultados descartam o modelo conservativo de replicação, mas não distinguem entre os modelos dispersivo e semiconservativo, pois ambos predizem a formação de moléculas de DNA filhas híbridas.

O fato de terem saído tão claros os resultados – com bandas separadas formando-se nas posições esperadas para as moléculas de DNA híbridas recém-sintetizadas – foi um feliz acidente do protocolo experimental. Os pesquisadores usaram uma seringa hipodérmica para colocar suas amostras de DNA nos tubos de ultracentrífuga (ver Figura 6-6). Nesse processo, eles involuntariamente romperam o grande cromossomo bacteriano em fragmentos menores. Se os cromossomos tivessem permanecido intactos, os pesquisadores poderiam ter isolado moléculas de DNA que foram replicadas apenas parcialmente, porque muitas células teriam sido apanhadas no meio do processo de cópia de suas moléculas de DNA. Moléculas em tal etapa intermediária de replicação não se teriam separado nessas bandas individuais. Mas como os pesquisadores estavam, em vez disso, trabalhando com pequenos fragmentos de DNA, a probabilidade de que um fragmento qualquer tivesse sido completamente replicado – e contivesse uma fita-filha e uma fita parental completas – era alta, produzindo, portanto, resultados claros e elegantes.

Imediatamente, essa observação descartava o modelo conservativo de replicação do DNA, que predizia que o DNA parental iria permanecer inteiramente pesado, enquanto o DNA recém-sintetizado seria inteiramente leve (ver Figura 6-5C). Os dados estavam de acordo com o modelo semiconservativo, que predizia a formação de moléculas híbridas contendo uma fita de DNA pesado e uma fita de DNA leve (ver Figura 6-5A). Os resultados, entretanto, também eram compatíveis com o modelo dispersivo, no qual fitas híbridas de DNA iriam conter uma mistura de DNA leve e DNA pesado (ver Figura 6-5B).

Para distinguir entre esses dois modelos, Meselson e Stahl aumentaram a temperatura. Quando o DNA é submetido a altas temperaturas, as ligações de hidrogênio que mantêm as duas fitas unidas são quebradas, e a hélice se separa, resultando em uma coleção de DNAs de fita simples. Quando os pesquisadores aqueceram suas moléculas híbridas antes de centrifugá-las, descobriram que uma fita de DNA era pesada, enquanto a outra era leve. Essa observação sustentava somente o modelo semiconservativo; se o modelo dispersivo estivesse correto, as fitas resultantes, cada uma contendo um arranjo misturado de DNA leve e pesado, iriam gerar uma única banda em uma densidade intermediária.

De acordo com o historiador Frederic Lawrence Holmes, o experimento foi tão elegante e os resultados tão claros que Stahl – quando entrevistado em uma seleção para um cargo na Universidade de Yale – foi incapaz de completar os 50 minutos destinados para a sua fala. "Eu terminei em 25 minutos," disse Stahl, "porque isso era tudo o que levava para explicar aquele experimento. Ele é tão simples e autocontido." Stahl não obteve o emprego na Universidade de Yale, mas o experimento convenceu os biólogos de que Watson e Crick estavam corretos. De fato, os resultados foram aceitos tão amplamente e com tanta rapidez, que o experimento foi descrito em um manual antes mesmo que Meselson e Stahl tivessem publicado seus dados.

forquilhas se movem muito rapidamente – a cerca de 1.000 pares de nucleotídeos por segundo em bactérias e 100 pares de nucleotídeos por segundo em humanos. A taxa mais lenta de movimento da forquilha em humanos (de fato, em todos os eucariotos) pode ser decorrente das dificuldades para replicar o DNA ao longo da estrutura mais complexa da cromatina dos cromossomos eucarióticos.

Figura 6-8 A síntese do DNA ocorre em junções em forma de Y, denominadas forquilhas de replicação. Duas forquilhas de replicação são formadas em cada origem de replicação.

A DNA-polimerase sintetiza DNA usando uma fita parental como molde

O movimento de uma forquilha de replicação é impulsionado pela ação da máquina de replicação, no coração da qual reside uma enzima denominada **DNA-polimerase**. Essa enzima catalisa a adição de nucleotídeos à extremidade 3′ de uma fita de DNA em crescimento, usando uma das fitas de DNA parentais como um molde. O pareamento de bases entre um nucleotídeo que chega ao local de síntese e a fita molde determina qual dos quatro nucleotídeos (A, G, T ou C) será selecionado. O produto final é uma nova fita de DNA que é complementar em sequência nucleotídica ao molde (**Figura 6-10**).

A reação de polimerização envolve a formação de uma ligação fosfodiéster entre a extremidade 3′ de uma cadeia de DNA crescente e o grupo 5′-fosfato do nucleotídeo a ser incorporado, que entra na reação como um *trifosfato de desoxirribonucleosídeo*. A energia para a polimerização é fornecida pelo próprio trifosfato de desoxirribonucleosídeo: a hidrólise de uma de suas ligações de fosfato de alta energia abastece a reação que acopla os monômeros de nucleotídeos à cadeia, liberando pirofosfato (**Figura 6-11**). O pirofosfato é, por sua vez, hidrolisado a fosfato inorgânico (P_i), o que torna a reação de polimerização efetivamente irreversível (ver Figura 3-41).

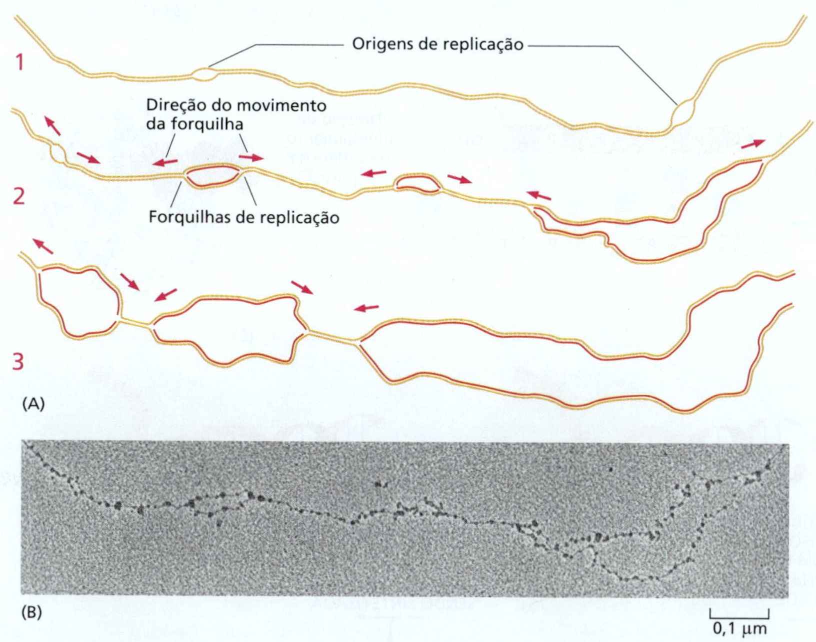

Figura 6-9 Duas forquilhas de replicação afastam-se de cada origem de replicação em direções opostas. (A) Estes esquemas representam a mesma porção de uma molécula de DNA como ela poderia parecer em diferentes momentos durante a replicação. As linhas em *laranja* representam as duas fitas de DNA parental; as linhas *vermelhas* representam as fitas de DNA recém-sintetizadas. (B) Uma micrografia eletrônica mostrando o DNA em replicação em um embrião inicial de mosca. As partículas visíveis ao longo do DNA são nucleossomos, estruturas formadas de DNA e complexos proteicos ao redor dos quais o DNA é enrolado (discutidos no Cap. 5). O cromossomo, nesta micrografia, é o que foi redesenhado no esquema (2) acima. (Micrografia eletrônica cortesia de Victoria Foe.)

QUESTÃO 6-1

Observe cuidadosamente a micrografia e o desenho 2 na Figura 6-9.

A. Usando a barra de escalas, estime os tamanhos das fitas de DNA entre as forquilhas de replicação. Numerando as forquilhas de replicação sequencialmente a partir da esquerda, quanto tempo irá levar até que as forquilhas 4 e 5, e as forquilhas 7 e 8, respectivamente, colidam umas com as outras? (Lembre-se de que a distância entre as bases no DNA é de 0,34 nm, e as forquilhas de replicação eucarióticas movem-se a cerca de 100 nucleotídeos por segundo.) Para esta questão, desconsidere os nucleossomos vistos na micrografia e assuma que o DNA esteja completamente estendido.

B. O genoma da mosca contém cerca de 1,8 x 10^8 pares de nucleotídeos de tamanho. Qual fração do genoma é mostrada na micrografia?

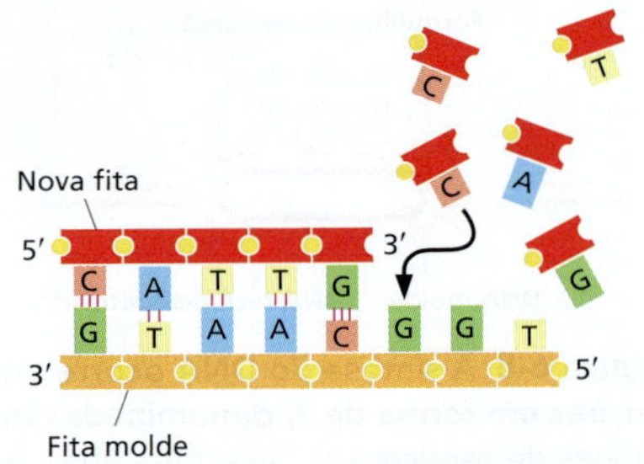

Figura 6-10 Uma nova fita de DNA é sintetizada na direção 5′-3′. A cada passo, o nucleotídeo apropriado é selecionado por meio da formação de pares de base com o nucleotídeo seguinte da fita molde: A com T, T com A, C com G, e G com C. Cada um é adicionado à extremidade 3′ da nova fita em crescimento, como indicado.

A DNA-polimerase não se dissocia do DNA a cada vez que adiciona um novo nucleotídeo à fita em crescimento; em vez disso, ela permanece associada com o DNA e se move ao longo da fita molde de modo gradual por muitos ciclos de polimerização (**Animação 6.1**). Veremos posteriormente que uma proteína especial mantém a polimerase associada ao DNA, à medida que ela adiciona novos nucleotídeos à fita em crescimento.

A forquilha de replicação é assimétrica

A direção 5′-3′ da reação de polimerização do DNA cria um problema na forquilha de replicação. Como ilustrado na Figura 5-2, a cadeia principal açúcar-fosfato de cada fita de uma dupla-hélice de DNA possui uma única direção química, ou polaridade, determinada pelo modo de cada resíduo de açúcar ser acoplado ao seguinte, e as duas fitas na dupla-hélice são antiparalelas; ou seja, elas seguem em direções opostas. Como consequência, em cada forquilha de replicação, uma nova fita de DNA está sendo produzida sobre um molde que segue em uma direção (3′ para 5′), enquanto a outra nova fita está sendo produzida em um molde que segue na direção oposta (5′ para 3′) (**Figura 6-12**). A forquilha de replicação é, portanto, assimétrica. Ao se observar a Figura 6-9A, entretanto, parece que as duas novas fitas de DNA estão sendo sintetizadas na mesma direção; ou seja, a direção na qual a forquilha de replicação está se movendo. Essa observação sugere que uma fita esteja sendo sintetizada na direção 5′-3′ e a outra na direção 3′-5′.

A célula possuirá dois tipos de DNA-polimerase, um para cada direção? A resposta é não: todas as DNA-polimerases adicionam novas subunidades somente à extremidade 3′ de uma fita de DNA (ver Figura 6-11A). Consequentemen-

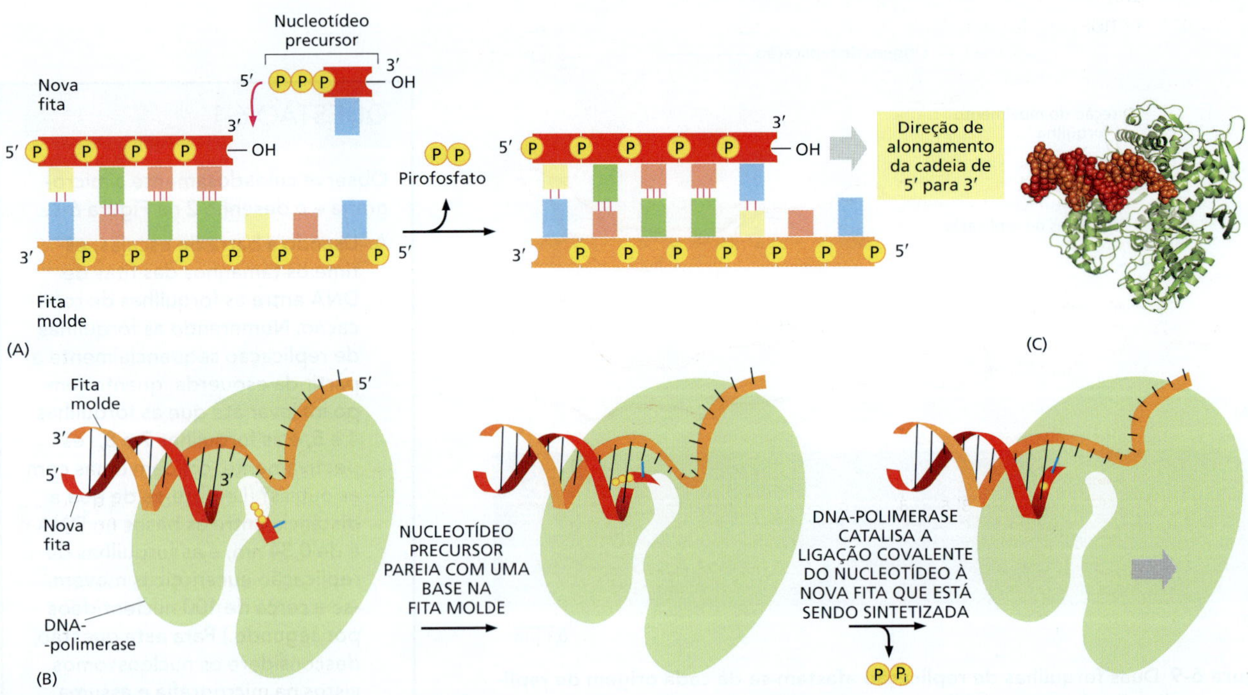

Figura 6-11 A DNA-polimerase adiciona um desoxirribonucleotídeo à extremidade 3′ de uma cadeia de DNA em crescimento. (A) Os nucleotídeos entram na reação como trifosfatos de desoxirribonucleosídeo. Esse nucleotídeo a ser incorporado forma um par de bases com seu parceiro da fita molde. Ele é então acoplado à hidroxila 3′ livre na fita de DNA em crescimento. A nova fita de DNA é, portanto, sintetizada na direção 5′-3′. A quebra de uma ligação de fosfato de alta energia do trifosfato de nucleosídeo que está entrando – acompanhado pela liberação de pirofosfato – fornece a energia para a reação de polimerização. (B) A reação é catalisada pela enzima DNA-polimerase (*verde-claro*). A polimerase guia o nucleotídeo a ser incorporado para a fita molde e o posiciona de tal modo que seu fosfato 5′ terminal seja capaz de reagir com o grupo hidroxila 3′ na fita que está sendo sintetizada. A *seta cinza* indica a direção de movimento da polimerase. (C) Estrutura da DNA-polimerase, determinada por cristalografia de raios X, que mostra o posicionamento da dupla-hélice de DNA. A fita molde é a maior das duas fitas de DNA (**Animação 6.1**).

te, uma nova cadeia de DNA pode ser sintetizada somente na direção 5'-3'. Isso pode facilmente explicar a síntese de uma das duas fitas de DNA na forquilha de replicação, mas o que ocorre com a outra? Esse enigma foi resolvido pelo uso de um artifício de "pesponto". A fita de DNA que parece crescer na direção 3'-5' incorreta é de fato produzida *descontinuamente*, em pequenas porções, separadas e sucessivas – com a DNA-polimerase movendo-se para trás com respeito à direção do movimento da forquilha de replicação, de tal modo que cada novo fragmento de DNA possa ser polimerizado na direção 5'-3'.

As pequenas porções de DNA resultantes – denominadas **fragmentos de Okazaki** em alusão ao bioquímico que os descobriu – são posteriormente unidas para formar uma nova fita contínua. A fita de DNA que é produzida descontinuamente desse modo é denominada **fita retardada** (*lagging*), porque o pesponto resulta em um pequeno atraso na sua síntese; a outra fita, que é sintetizada continuamente, é denominada **fita líder** (*leading*) (**Figura 6-13**).

Ainda que difiram em detalhes sutis, as forquilhas de replicação de todas as células, procarióticas e eucarióticas, possuem fitas líder e retardadas. Essa característica comum é resultante do fato de que todas as DNA-polimerases funcionam somente na direção 5'-3' – uma restrição que fornece às células uma importante vantagem, como discutimos a seguir.

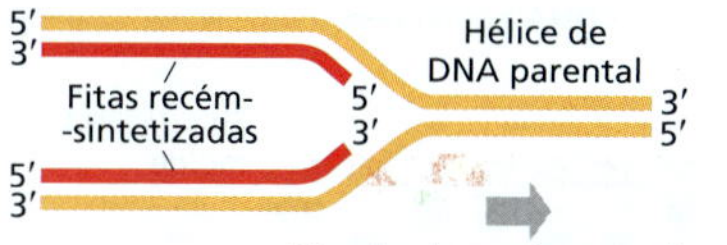

Figura 6-12 Na forquilha de replicação, as duas fitas de DNA recém-sintetizadas são de polaridades opostas. Isso se deve ao fato de que as duas fitas molde são orientadas em direções opostas.

A DNA-polimerase é autocorretiva

A DNA-polimerase é tão precisa, que produz somente cerca de um erro a cada 10^7 pares de nucleotídeos que ela copia. Essa taxa de erros é muito mais baixa do que aquela que poderia ser explicada simplesmente pela precisão dos pareamentos de bases complementares. Ainda que A-T e C-G sejam de longe os pares de bases mais estáveis, outros pares de bases, menos estáveis – G-T e C-A, por exemplo – também podem ser formados. Tais pares de bases incorretos são formados de modo muito menos frequente do que os corretos, mas, se mantidos, resultariam em um acúmulo de mutações. Esse desastre é evitado, porque a DNA-polimerase possui duas qualidades especiais que aumentam amplamente a precisão da replicação do DNA. Primeiro, a enzima monitora cuidadosamente o pareamento de bases entre o nucleotídeo a ser incorporado e a fita molde. Somente quando a correspondência for correta a DNA-polimerase irá catalisar a reação de adição do nucleotídeo. Segundo, quando a DNA-polimerase comete um raro engano e adiciona um nucleotídeo errado, ela pode corrigir o erro por meio de uma atividade denominada **autocorreção** (*proofreading*).

A atividade de autocorreção ocorre durante a síntese de DNA. Antes que a enzima adicione o nucleotídeo seguinte a uma fita de DNA em crescimento,

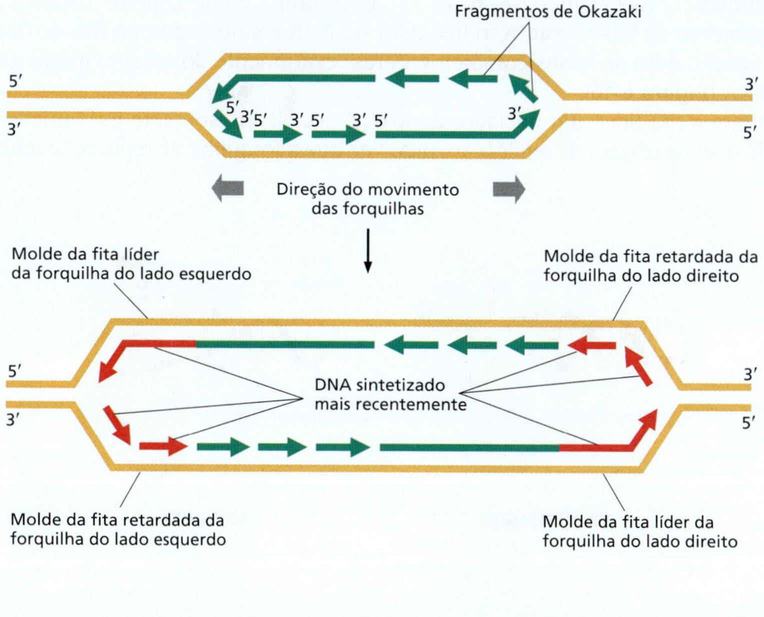

Figura 6-13 Em cada forquilha de replicação, a fita de DNA retardada (*lagging*) é sintetizada em pedaços. Como ambas as fitas novas são sintetizadas na direção 5'-3', na forquilha de replicação, a fita retardada do DNA deve ser produzida inicialmente como uma série de pequenas fitas de DNA, que são posteriormente unidas.O diagrama superior mostra duas forquilhas de replicação se movendo em direções opostas; o diagrama inferior mostra as mesmas forquilhas em um curto período de tempo depois. Para replicar a fita retardada, a DNA-polimerase usa um mecanismo de pesponto: ela sintetiza pequenos pedaços de DNA (denominados fragmentos de Okazaki) na direção 5'-3' e então se move de volta ao longo da fita molde (em direção à forquilha) antes de sintetizar o fragmento seguinte.

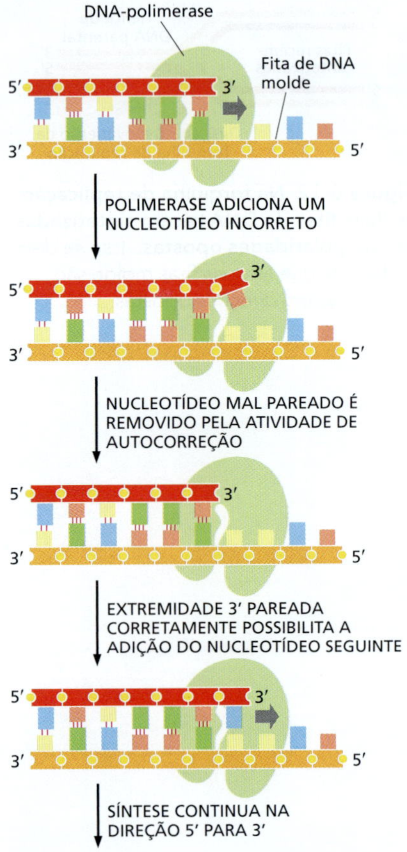

Figura 6-14 Durante a síntese de DNA, a DNA-polimerase realiza uma autocorreção do seu trabalho. Se um nucleotídeo incorreto é adicionado a uma fita que está em crescimento, a DNA-polimerase o remove da fita e o substitui por um nucleotídeo correto antes de continuar a síntese.

ela confere se o nucleotídeo previamente adicionado pareia corretamente com a fita molde. Caso isso ocorra, a polimerase adiciona o nucleotídeo seguinte; caso contrário, a polimerase remove o nucleotídeo mal pareado e tenta novamente (**Figura 6-14**). Essa autocorreção é realizada por uma nuclease que cliva a cadeia principal fosfodiéster. A polimerização e a autocorreção são rigidamente coordenadas, e as duas reações são desempenhadas por diferentes domínios catalíticos contidos na mesma molécula de polimerase (**Figura 6-15**).

Esse mecanismo de autocorreção explica por que as DNA-polimerases sintetizam DNA somente na direção 5′-3′, apesar de tal necessidade impor um mecanismo de pesponto complicado na forquilha de replicação (ver Figura 6-13). Uma DNA-polimerase hipotética que sintetize na direção 3′-5′ (e iria desse modo prescindir do mecanismo de pesponto) não seria capaz de realizar a autocorreção: se removesse um nucleotídeo pareado incorretamente, a polimerase criaria um impasse químico – uma cadeia que não poderia mais ser alongada. Portanto, para uma DNA-polimerase funcionar como uma enzima autocorretiva que remove seus próprios erros de polimerização à medida que se move ao longo do DNA, ela deve seguir somente na direção 5′-3′.

Pequenos trechos de RNA atuam como iniciadores para a síntese de DNA

Vimos que a precisão da replicação do DNA depende da exigência da DNA-polimerase por uma extremidade 3′ com pareamento correto de bases antes que ela possa adicionar mais nucleotídeos a uma fita de DNA que está sendo sintetizada. Como então a polimerase pode iniciar uma fita de DNA completamente nova? Para que o processo seja iniciado, uma enzima diferente é necessária – uma que possa iniciar uma nova fita polinucleotídica simplesmente unindo dois nucleotídeos, sem a exigência de uma extremidade com bases pareadas. Essa enzima, entretanto, não sintetiza DNA. Ela produz um pequeno fragmento de um tipo de ácido nucleico intimamente relacionado – **RNA (ácido ribonucleico)** –, usando a fita de DNA como um molde. Esse pequeno fragmento de RNA, de cerca de 10 nucleotídeos de tamanho, pareia com a fita molde e fornece uma extremidade 3′ pareada como um sítio de início para a DNA-polimerase. Desse modo, esse pequeno segmento de RNA atua como um iniciador (ou *primer*) para a síntese de DNA, e a enzima que sintetiza o iniciador de RNA é conhecida como *primase*.

A **primase** é um exemplo de uma *RNA-polimerase*, uma enzima que sintetiza RNA usando DNA como um molde. Uma fita de RNA é quimicamente muito similar a uma fita simples de DNA, exceto que é constituída por subunidades de ribonucleotídeos, nos quais o açúcar é a ribose, e não a desoxirribose; o RNA também difere do DNA no fato de que contém a base uracila (U), em vez de timina (T) (ver Painel 2-6, p. 76-77). Entretanto, como U pode formar um pareamento de bases com A, o iniciador de RNA é sintetizado na fita de DNA por pareamento de bases complementares, exatamente do mesmo modo que no DNA (**Figura 6-16**).

Para a fita líder, um iniciador de RNA é necessário somente para iniciar a replicação na origem de replicação; uma vez que a forquilha de replicação tenha

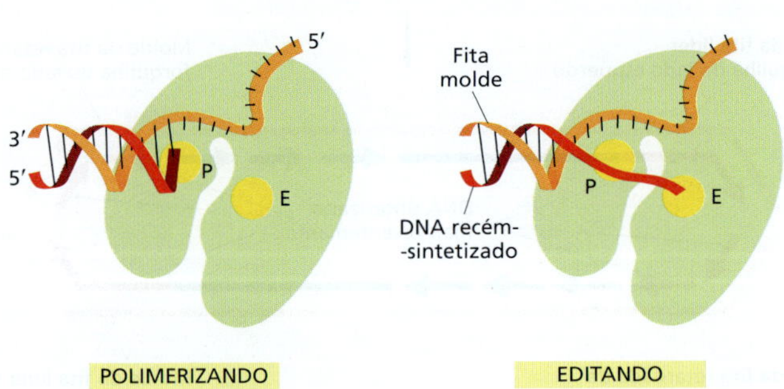

Figura 6-15 A DNA-polimerase contém sítios separados para a síntese de DNA e a autocorreção. Os diagramas são baseados na estrutura de uma molécula da DNA-polimerase de *E. coli*, determinada por cristalografia de raios X. A DNA-polimerase é mostrada com a molécula de DNA sendo replicada e a polimerase no modo de polimerização (*esquerda*) e no modo de autocorreção (*direita*). Os sítios catalíticos para a atividade de polimerização (P) e a autocorreção (E) estão indicados. Quando a polimerase adiciona um nucleotídeo incorreto, a fita de DNA recém-sintetizada (*em vermelho*) transitoriamente deixa de se parear com a fita molde (*em laranja*), e sua extremidade 3′ se move para dentro do sítio catalítico corretor de erros (E), para que o nucleotídeo incorreto seja removido.

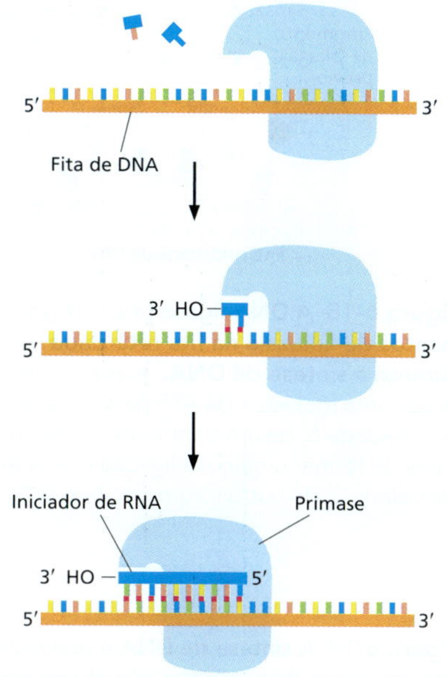

Figura 6-16 Os iniciadores de RNA são sintetizados por uma RNA--polimerase denominada primase, que usa uma fita de DNA como molde. Como a DNA-polimerase, a primase trabalha na direção 5'-3'. Diferentemente da DNA-polimerase, entretanto, a primase pode iniciar uma nova cadeia polinucleotídica por meio da união de dois trifosfatos de nucleosídeos sem a necessidade de uma extremidade 3' pareada como sítio de início. (Nesse caso, são trifosfatos de ribonucleosídeos, em vez de trifosfatos de desoxirribonucleosídeos, que fornecem os nucleotídeos a serem incorporados).

sido estabelecida, a DNA-polimerase é continuamente apresentada a uma extremidade 3' pareada, à medida que ela se desloca ao longo da fita molde. Mas na fita retardada, na qual a síntese do DNA é descontínua, novos iniciadores são necessários para que a polimerização seja mantida (ver Figura 6-13). O movimento da forquilha de replicação continuamente expõe bases não pareadas no molde da fita retardada, e novos iniciadores de RNA são adicionados, a intervalos, ao longo do segmento de fita simples recém-exposto. A DNA-polimerase adiciona um desoxirribonucleotídeo à extremidade 3' de cada iniciador para iniciar um novo fragmento de Okazaki, e ela continuará a alongar esse fragmento até encontrar o próximo iniciador de RNA (**Figura 6-17**).

Para produzir uma nova fita de DNA contínua, a partir de vários fragmentos separados de ácidos nucleicos produzidos na fita retardada, três enzimas adicionais são necessárias. Essas enzimas atuam rapidamente para remover o iniciador de RNA, substituí-lo por DNA, e unir os fragmentos de DNA. Portanto, uma nuclease degrada o iniciador de RNA, uma DNA-polimerase denominada *polimerase de reparo* então substitui esse RNA por DNA (usando a extremidade do fragmento de Okazaki adjacente como um iniciador), e a enzima *DNA-ligase* une a extremidade 5'-fosfato de um fragmento de DNA à extremidade 3'-hidroxila adjacente do seguinte (**Figura 6-18**).

A primase pode iniciar novas cadeias polinucleotídicas, mas essa atividade é possível porque a enzima não realiza a autocorreção do seu trabalho. Como consequência, os iniciadores frequentemente contêm erros. No entanto, como esses iniciadores são feitos de RNA, em vez de DNA, eles se destacam como "cópias suspeitas", para serem removidas automaticamente e substituídas por DNA. As DNA-polimerases de reparo que sintetizam esse DNA, assim como as polimerases replicativas, realizam a autocorreção à medida que o sintetizam. Desse modo, a maquinaria de replicação celular é capaz de iniciar novas cadeias de DNA e, ao mesmo tempo, garantir que todo o DNA seja copiado com fidelidade.

As proteínas na forquilha de replicação cooperam para formar uma máquina de replicação

A replicação do DNA requer a cooperação de um grande número de proteínas que atuam em conjunto para abrir a dupla-hélice e sintetizar DNA novo. Essas

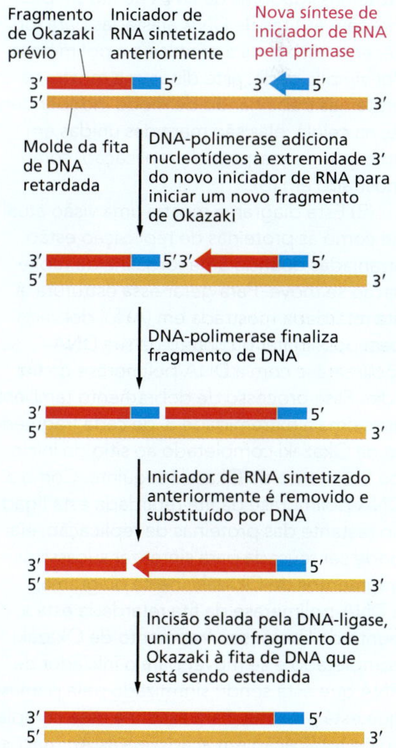

Figura 6-17 Múltiplas enzimas são necessárias para sintetizar os fragmentos de Okazaki na fita de DNA retardada. Em eucariotos, os iniciadores de RNA são produzidos em intervalos de cerca de 200 nucleotídeos na fita retardada, e cada iniciador de RNA contém aproximadamente 10 nucleotídeos. Esses iniciadores são removidos por nucleases que reconhecem uma fita de RNA em uma hélice de RNA/DNA e a degradam; isso deixa espaços que são preenchidos por uma DNA-polimerase de reparo que pode realizar a autocorreção à medida que preenche os espaços. Os fragmentos completos são finalmente unidos por uma enzima denominada DNA-ligase, que catalisa a formação de uma ligação fosfodiéster entre a extremidade 3'-OH de um fragmento e a extremidade 5'-fosfato do seguinte, acoplando desse modo as cadeias principais açúcar-fosfato. Essa reação de "vedação dos pontos de corte" (*nick sealing*) requer o fornecimento de energia na forma de ATP (não mostrado; ver Figura 6-18).

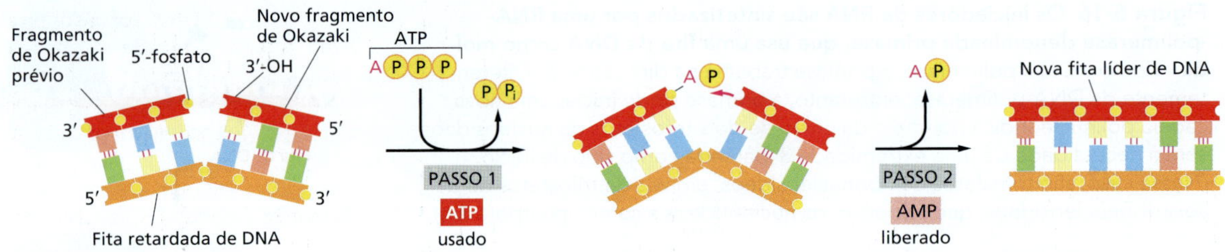

Figura 6-18 A DNA-ligase une os fragmentos de Okazaki na fita retardada durante a síntese de DNA. A enzima ligase usa uma molécula de ATP para ativar a extremidade 5' de um fragmento (passo 1) antes de formar uma nova ligação com a extremidade 3' de outro fragmento (passo 2).

proteínas fazem parte de uma máquina de replicação notavelmente complexa. O primeiro problema enfrentado pela máquina de replicação está em acessar os nucleotídeos que se encontram no centro da hélice. Para que a replicação do DNA possa ocorrer, a dupla-hélice deve ser aberta à frente da forquilha de replicação, de tal modo que os nucleosídeos trifosfatados que chegam possam parear com cada uma das fitas molde. Dois tipos de proteínas de replicação – *DNA-helicases* e *proteínas ligadoras de DNA de fita simples* – cooperam para executar essa tarefa. A helicase acomoda-se bem na frente da máquina de replicação, onde usa a energia da hidrólise de ATP para se autopropelir, separando as duas fitas da dupla-hélice à medida que se desloca ao longo do DNA (**Figura 6-19A** e **Animação 6.2**). Proteínas ligadoras de DNA de fita simples se unem ao DNA de fita simples exposto pela helicase, impedindo transitoriamente que as fitas tornem a formar os pares de bases e mantendo-as em uma forma alongada, de tal modo que possam servir como moldes eficientes.

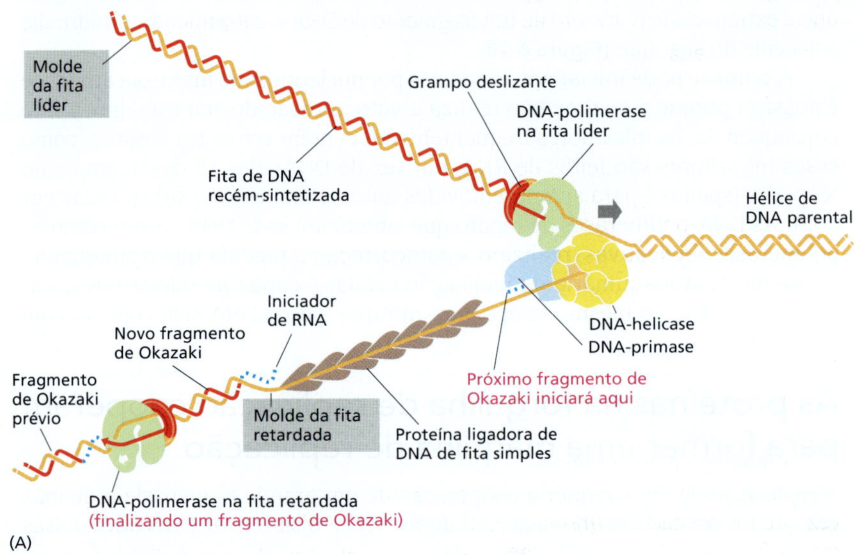

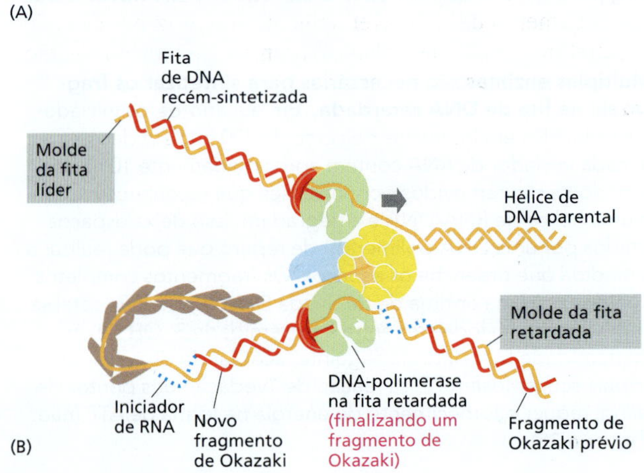

Figura 6-19 A síntese de DNA é realizada por um grupo de proteínas que atuam em conjunto como uma máquina de replicação. (A) As DNA-polimerases são mantidas nas fitas líder e retardadas por grampos proteicos circulares que permitem às polimerases escorregar. Na fita molde retardada, o grampo se desprende a cada vez que a polimerase completa um fragmento de Okazaki. O carregador do grampo (não mostrado) é necessário para acoplar um grampo deslizante a cada vez que a síntese de um novo fragmento de Okazaki é iniciada. À frente da forquilha, uma DNA-helicase desenrola as fitas da dupla-hélice de DNA parental. Proteínas ligadoras de DNA de fita simples mantêm as fitas de DNA afastadas para fornecer acesso para a primase e a polimerase. Por simplicidade, este diagrama mostra as proteínas trabalhando de modo independente; na célula, elas são mantidas unidas em uma grande máquina de replicação, como mostrado em (B).

(B) Este diagrama mostra uma visão atual de como as proteínas de replicação estão arranjadas quando uma forquilha de replicação se move. Para gerar essa estrutura, a fita retardada mostrada em (A) foi dobrada para possibilitar o contato da sua DNA-polimerase com a DNA-polimerase da fita líder. Esse processo de dobramento também aproxima a extremidade 3' de cada fragmento de Okazaki completado ao sítio de início do fragmento de Okazaki seguinte. Como a DNA-polimerase da fita retardada está ligada ao restante das proteínas de replicação, ela pode ser reusada para sintetizar sucessivos fragmentos de Okazaki; neste diagrama, a DNA-polimerase da fita retardada está a ponto de liberar seu fragmento de Okazaki completado e se mover para o iniciador de RNA que está sendo sintetizado pela primase que está próxima. Para assistir a esse complexo de replicação em ação, veja as **Animações 6.4** e **6.5**.

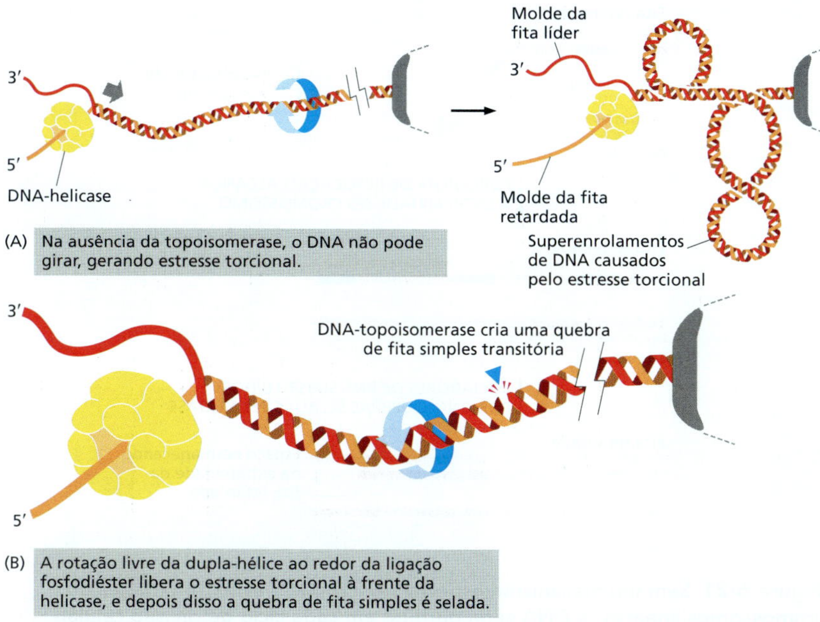

Figura 6-20 As DNA-topoisomerases aliviam a tensão gerada na frente de uma forquilha de replicação. (A) À medida que a DNA-helicase desenrola a dupla-hélice de DNA, gera um segmento de DNA supertorcido. Gera-se tensão, porque o cromossomo é grande demais para rotar com rapidez suficiente para liberar o estresse torcional gerado. As "barras quebradas" no painel da esquerda representam aproximadamente 20 voltas de DNA. (B) DNA-topoisomerases aliviam esse estresse gerando quebras temporárias no DNA.

Esse desenrolamento localizado da dupla-hélice de DNA representa, por si só, um problema. À medida que a helicase separa o DNA dentro da forquilha de replicação, o DNA no outro lado da forquilha fica mais firmemente enrolado. Esse excesso de voltas na frente da forquilha de replicação cria uma tensão no DNA que – se deixada aumentar – torna o desenrolamento da dupla-hélice crescentemente difícil e impede o movimento para frente da maquinaria de replicação (**Figura 6-20A**). As células usam proteínas denominadas *DNA-topoisomerases* para aliviar essa tensão. Essas enzimas produzem quebras de cadeia simples transitórias no DNA, que liberam temporariamente a tensão; a seguir, refazem essas ligações antes de se desligar do DNA (**Figura 6-20B**).

Uma proteína de replicação adicional, denominada *grampo deslizante* (*sliding clamp*), mantém a DNA-polimerase firmemente presa ao molde enquanto ela sintetiza novas fitas de DNA. Deixadas por si sós, a maioria das DNA-polimerases iria sintetizar somente uma pequena sequência de nucleotídeos antes de se desligar da fita molde de DNA. O grampo deslizante forma um anel ao redor da dupla-hélice de DNA recém-formada e, ao prender firmemente a polimerase, possibilita que a enzima se mova ao longo da fita molde sem se desprender da mesma, à medida que sintetiza uma nova fita de DNA (ver Figura 6-19A e **Animação 6.3**).

A montagem do grampo ao redor do DNA requer a atividade de outra proteína de replicação, o *carregador do grampo* (*clamp loader*), que hidrolisa ATP a cada vez que ele prende um grampo deslizante ao redor de uma dupla-hélice de DNA recém-formada. Esse carregamento deve ocorrer somente uma vez por ciclo de replicação na fita líder; entretanto, na fita retardada, o grampo é removido e então reacoplado a cada vez que um novo fragmento de Okazaki é produzido.

A maioria das proteínas envolvidas na replicação do DNA é mantida unida em um grande complexo multienzimático que se move como uma unidade ao longo da dupla-hélice de DNA parental, permitindo que o DNA seja sintetizado em ambas as fitas de modo coordenado. Esse complexo pode ser comparado a uma máquina de costura em miniatura, composta por partes proteicas e impulsionada pela hidrólise de nucleosídeos trifosfatados (Figura 6-19B e **Animações 6.4** e **6.5**).

QUESTÃO 6-2

Discuta a seguinte afirmativa: "A primase é uma enzima desleixada, que comete muitos erros. No final, os iniciadores de RNA que ela produz são removidos e substituídos por DNA sintetizado por uma polimerase com maior fidelidade. Isso é um desperdício. Seria mais eficiente energeticamente se uma DNA-polimerase fizesse uma cópia precisa em primeiro lugar."

A telomerase replica as extremidades dos cromossomos eucarióticos

Tendo discutido como a replicação do DNA inicia-se nas origens e como o movimento de uma forquilha de replicação segue adiante, passamos agora para o

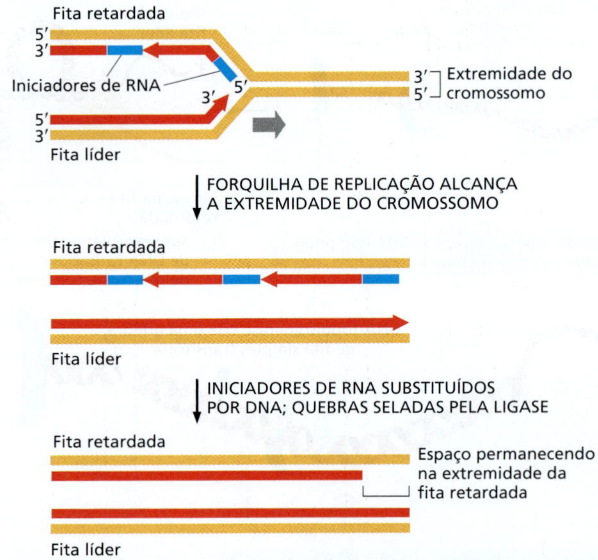

Figura 6-21 Sem um mecanismo especial para replicar as extremidades dos cromossomos lineares, o DNA seria perdido em cada ciclo de divisão celular. A síntese de DNA inicia-se nas origens de replicação e continua até a maquinaria de replicação alcançar as extremidades do cromossomo. A fita líder é reproduzida em sua íntegra. Mas as extremidades da fita retardada não podem ser completadas, porque, uma vez que o último iniciador de RNA tenha sido removido, não existe forma de substituí-lo por DNA. Essas lacunas nas extremidades da fita retardada devem ser preenchidas por um mecanismo especial, para evitar que as extremidades dos cromossomos encurtem a cada ciclo de divisão celular.

QUESTÃO 6-3

Um gene que codifica uma das proteínas envolvidas na replicação do DNA foi inativado por uma mutação em uma célula. Na ausência dessa proteína, a célula tenta replicar seu DNA. O que ocorreria durante o processo de replicação do DNA se cada uma das seguintes proteínas estivesse faltando?

A. DNA-polimerase
B. DNA-ligase
C. Grampo deslizante (*sliding clamp*) para a DNA-polimerase
D. Nuclease que remove os iniciadores de RNA
E. DNA-helicase
F. Primase

problema especial de replicar as verdadeiras extremidades dos cromossomos. Como discutido anteriormente, uma vez que a replicação do DNA se dá somente na direção 5'-3', a fita retardada da forquilha de replicação deve ser sintetizada na forma de fragmentos de DNA descontínuos, cada um dos quais iniciado com um iniciador de RNA adicionado por uma primase (ver Figura 6-17). Entretanto, um sério problema surge quando a forquilha de replicação se aproxima da extremidade de um cromossomo: ainda que a fita líder possa ser replicada ao longo de toda a sua extensão até a extremidade do cromossomo, a fita retardada não pode. Quando o último iniciador de RNA na fita retardada é removido, não há como substituí-lo (**Figura 6-21**). Sem uma estratégia para lidar com esse problema, a fita retardada se tornaria mais curta em cada ciclo de replicação do DNA; após repetidas divisões celulares, os cromossomos iriam encolher – e por fim perder informação genética valiosa.

As bactérias resolveram esse problema da "replicação das pontas" tendo moléculas de DNA circulares como cromossomos. Os eucariotos solucionaram esse problema possuindo sequências nucleotídicas longas e repetidas nas extremidades dos seus cromossomos, que são incorporadas em estruturas denominadas **telômeros**. Essas sequências de DNA teloméricas atraem uma enzima denominada **telomerase** às extremidades dos cromossomos. Usando um molde de RNA que é parte da própria enzima, a telomerase estende as extremidades da fita retardada que está sendo replicada, adicionando múltiplas cópias da mesma sequência de DNA curta à fita molde. Esse molde estendido possibilita que a replicação da fita retardada seja completada pela replicação de DNA convencional (**Figura 6-22**).

Além de permitirem a replicação das extremidades dos cromossomos, os telômeros formam estruturas que marcam as verdadeiras extremidades de um cromossomo. Isso possibilita que a célula possa distinguir, sem equívocos, entre as extremidades naturais dos cromossomos e as quebras em fitas duplas de DNA que

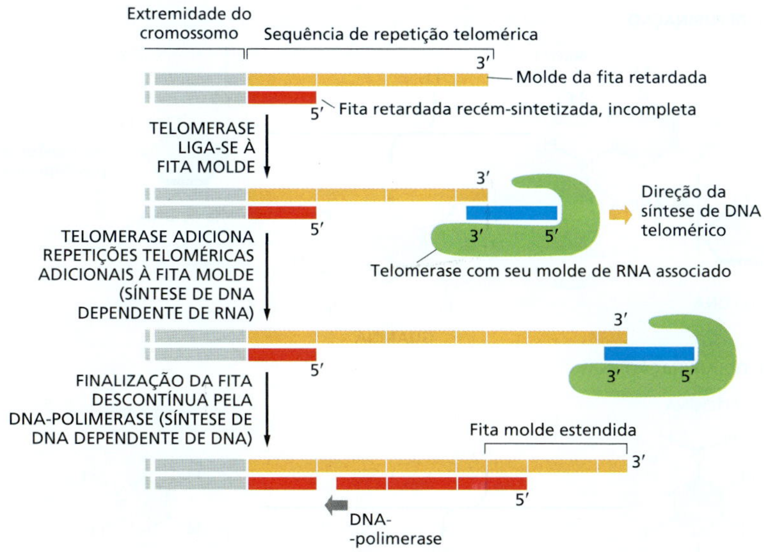

Figura 6-22 Telômeros e telomerase impedem que os cromossomos eucarióticos lineares encurtem a cada ciclo de divisão celular. Para facilitar o entendimento, somente o DNA molde (*laranja*) e o DNA recém-sintetizado (*vermelho*) da fita retardada são mostrados (ver parte inferior da Figura 6-21). Para completar a replicação da fita retardada nas extremidades de um cromossomo, a fita molde é primeiramente estendida para além do DNA que deverá ser copiado. Para conseguir isso, a enzima telomerase adiciona mais repetições nas sequências repetidas teloméricas na extremidade 3′ da fita molde, o que então possibilita que a fita retardada seja completada pela DNA-polimerase, como mostrado. A enzima telomerase porta um pequeno fragmento de RNA (*azul*) com uma sequência que é complementar à sequência repetida de DNA; esse RNA atua como um molde para a síntese de DNA telomérico. Após a replicação da fita retardada ser completada, um pequeno trecho de DNA de fita simples permanece nas extremidades do cromossomo, como mostrado. Para ver a telomerase em ação, assista à **Animação 6.6**.

às vezes ocorrem acidentalmente no meio dos cromossomos. Essas quebras são perigosas, e devem ser imediatamente reparadas, como veremos na seção seguinte.

REPARO DO DNA

A diversidade de organismos vivos e seu sucesso em colonizar praticamente toda a superfície da Terra dependem de mudanças genéticas acumuladas gradualmente ao longo de milhões de anos. Algumas dessas mudanças possibilitam aos organismos se adaptarem a novas condições e a prosperar em novos hábitats. Entretanto, em curto prazo, e a partir da perspectiva de um organismo individual, as alterações genéticas podem ser prejudiciais. Em um organismo multicelular, tais mudanças permanentes no DNA – denominadas mutações – podem perturbar o desenvolvimento e a fisiologia do organismo, que são extremamente complexos e finamente ajustados.

Para sobreviver e se reproduzir, os indivíduos devem ser geneticamente estáveis. Essa estabilidade é conseguida não somente por meio do mecanismo extremamente preciso de replicação do DNA, que recém discutimos, mas também por meio da ação de uma variedade de máquinas proteicas que continuamente examinam o genoma em busca de danos e os corrigem quando ocorrem. Ainda que algumas mudanças surjam a partir de raros equívocos no processo de replicação, a maioria dos danos ao DNA é uma consequência não intencional do vasto número de reações químicas que ocorrem no interior das células.

A maior parte dos danos ao DNA é somente temporária, porque são imediatamente corrigidos pelos processos coletivamente denominados **reparo do DNA**. A importância desses processos de reparo do DNA é evidente a partir das consequências do seu mau funcionamento. Seres humanos com a doença genética *xeroderma pigmentar*, por exemplo, não podem reparar os danos causados pela radiação ultravioleta (UV), porque herdaram um gene defeituoso para uma das proteínas envolvidas nesse processo de reparo. Tais indivíduos desenvolvem lesões de pele graves, incluindo câncer de pele, devido ao acúmulo de danos ao DNA em células que são expostas à luz solar e às consequentes mutações que surgem nessas células.

Nesta seção, descrevemos alguns dos mecanismos especializados que as células usam para reparar os danos ao DNA. A seguir, consideramos exemplos do que acontece quando esses mecanismos falham – e finalmente discutimos como a fidelidade da replicação e do reparo do DNA está refletida no nosso genoma.

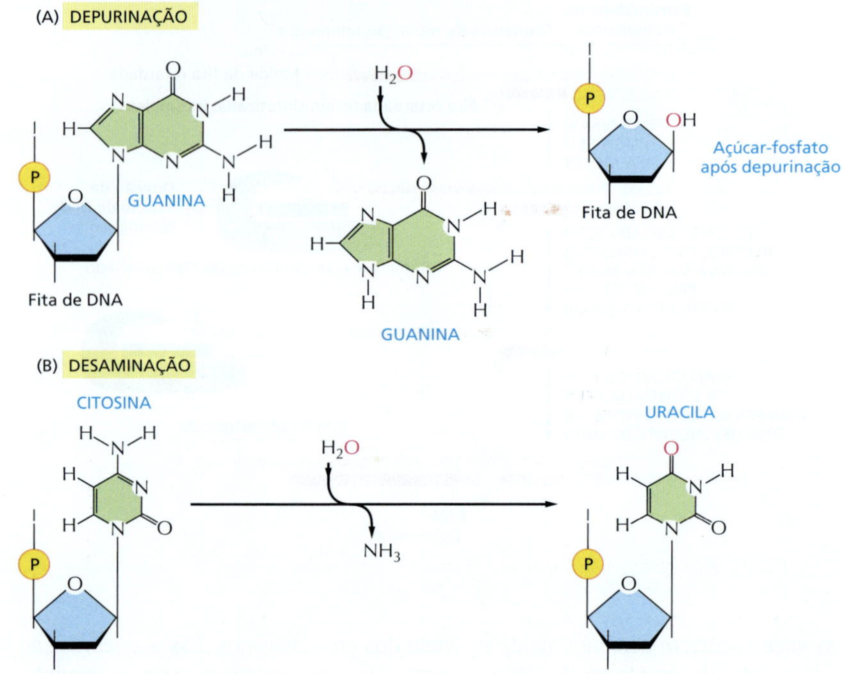

Figura 6-23 Depurinação e desaminação são as reações químicas conhecidas mais frequentes que criam sérios danos ao DNA nas células. (A) A depurinação pode remover guaninas (ou adeninas) do DNA. (B) O principal tipo de reação de desaminação converte citosina em uma base de DNA alterada, a uracila; entretanto, a desaminação também pode ocorrer em outras bases. Tanto a depurinação quanto a desaminação ocorrem no DNA de dupla-hélice, e nenhuma delas quebra a cadeia principal de fosfodiéster.

Danos ao DNA ocorrem continuamente nas células

Assim como qualquer outra molécula na célula, o DNA está continuamente sujeito a colisões térmicas com outras moléculas, o que em geral resulta em mudanças químicas importantes no DNA. Por exemplo, durante o tempo que leva para ler esta sentença, as moléculas de DNA nas células do seu corpo perderão um total de cerca de um trilhão (10^{12}) de bases púricas (A e G), por uma reação espontânea denominada *depurinação* (**Figura 6-23A**). A depurinação não quebra a cadeia principal de fosfodiéster do DNA mas, em vez disso, remove uma base púrica de um nucleotídeo, dando origem a lesões que se assemelham a dentes perdidos (ver Figura 6-25B). Outra reação comum é a perda espontânea de um grupo amino (*desaminação*) de uma citosina no DNA para produzir a base uracila (**Figura 6-23B**). Alguns subprodutos quimicamente reativos do metabolismo celular também reagem ocasionalmente com as bases no DNA, alterando-as de tal modo que suas propriedades de pareamento são modificadas.

A radiação ultravioleta da luz solar é também danosa para o DNA; ela promove a ligação covalente entre duas bases pirimídicas adjacentes, formando, por exemplo, o *dímero de timina* mostrado na **Figura 6-24**. É a falha em reparar os dímeros de timina que se traduz em problemas para os indivíduos portadores da doença xeroderma pigmentar.

> **QUESTÃO 6-4**
>
> Discuta a seguinte afirmativa: "As enzimas de reparo do DNA que reparam os danos de desaminação e depurinação devem reconhecer preferencialmente tais danos nas fitas de DNA recém-sintetizadas."

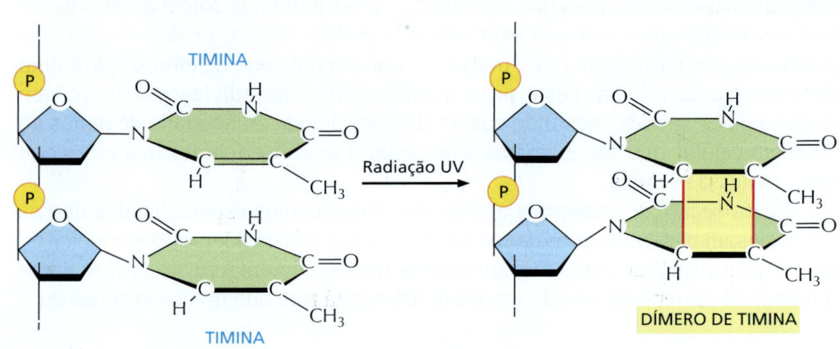

Figura 6-24 A radiação ultravioleta na luz solar pode causar a formação de dímeros de timina. Duas bases de timina adjacentes acabaram de se unir covalentemente, dando origem a um dímero de timina. Células da pele que são expostas à luz solar são especialmente suscetíveis a esse tipo de dano ao DNA.

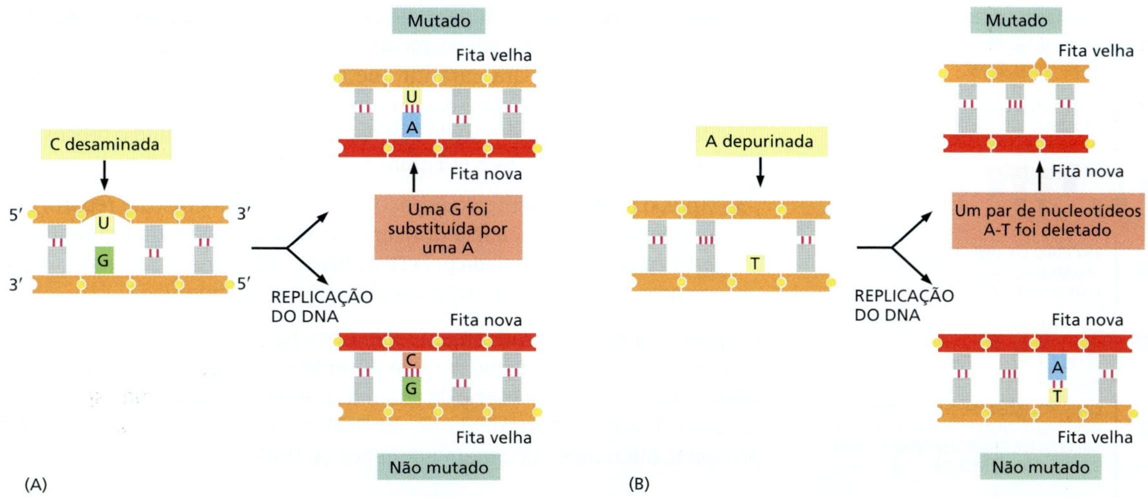

Figura 6-25 Modificações químicas de nucleotídeos, se deixadas sem reparo, produzem mutações. (A) A desaminação da citosina, se não corrigida, resulta na substituição de uma base por outra quando o DNA é replicado. Como mostrado na Figura 6-23B, a desaminação da citosina produz uracila. A uracila difere da citosina nas suas propriedades de pareamento de bases e preferencialmente pareia com adenina. A maquinaria de replicação do DNA insere, portanto, uma adenina quando ela encontra uma uracila na fita molde. (B) A depurinação, se não corrigida, pode levar à perda de um par de nucleotídeos. Quando a maquinaria de replicação encontra um sítio apurínico na fita molde, ela pode saltar para o próximo nucleotídeo completo, como mostrado, produzindo desse modo uma molécula de DNA filha que perdeu um par de nucleotídeos. Em outros casos (não mostrados), a maquinaria de replicação adiciona um nucleotídeo incorreto na posição da base faltante, novamente resultando em uma mutação.

Essas são somente algumas das muitas mudanças químicas que podem ocorrer no nosso DNA. Se deixadas sem reparo, muitas delas levariam à substituição de um par de nucleotídeos por outro como resultado do pareamento de bases incorreto durante a replicação (**Figura 6-25A**) ou à deleção de um ou mais pares de nucleotídeos na fita de DNA filha após a replicação do DNA (**Figura 6-25B**). Alguns tipos de danos ao DNA (dímeros de timina, p. ex.) podem parar a maquinaria de replicação do DNA no sítio do dano.

Além desse dano químico, o DNA também pode ser alterado pelo próprio processo de replicação. A maquinaria de replicação que copia o DNA pode, raramente, incorporar um nucleotídeo incorreto que ela não consegue corrigir pela autocorreção (ver Figura 6-14).

Para cada uma dessas formas de danos ao DNA, as células possuem um mecanismo de reparo, com discutimos a seguir.

As células possuem uma variedade de mecanismos para reparar o DNA

Os milhares de mudanças químicas aleatórias que ocorrem todos os dias no DNA de uma célula humana – por meio de colisões químicas ou exposição a subprodutos metabólicos reativos, agentes químicos que causam danos ao DNA, ou radiação – são reparados por uma variedade de mecanismos, cada um catalisado por um conjunto diferente de enzimas. Praticamente todos esses mecanismos de reparo dependem da estrutura em dupla-hélice do DNA, que fornece duas cópias da informação genética – uma em cada fita da dupla-hélice. Portanto, se a sequência de uma fita é danificada acidentalmente, a informação não é perdida de modo irrecuperável, porque uma cópia de segurança da fita alterada permanece na sequência complementar de nucleotídeos da outra fita. A maioria dos danos ao DNA cria estruturas que nunca são encontradas em uma fita de DNA não danificada; portanto, a fita correta é facilmente distinguida da incorreta.

A via básica para reparar danos ao DNA, ilustrada esquematicamente na **Figura 6-26**, envolve três passos básicos:

1. O DNA danificado é reconhecido e removido por um de vários mecanismos. Esses envolvem nucleases, que clivam as ligações covalentes que unem os nucleotídeos danificados ao restante da fita de DNA, deixando um pequeno espaço em uma fita da dupla-hélice de DNA na região danificada.
2. Uma *DNA-polimerase de reparo* liga-se à extremidade hidroxila 3' da fita de DNA clivada. Essa polimerase de reparo então preenche o espaço, produzindo uma cópia complementar da informação armazenada na fita não danificada. Ainda que sejam diferentes da DNA-polimerase que replica o DNA, as

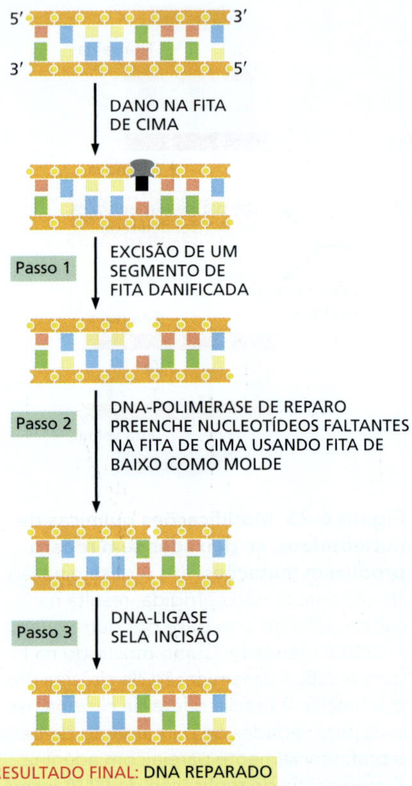

Figura 6-26 O mecanismo básico de reparo do DNA envolve três passos. No passo 1 (excisão), o dano é removido por uma de uma série de nucleases, cada uma especializada em um tipo de dano ao DNA. No passo 2 (ressíntese), a sequência de DNA original é restabelecida por uma DNA-polimerase de reparo, que preenche a falha criada pelos eventos de excisão. No passo 3 (ligação), a DNA-ligase veda os pontos de quebra deixados na cadeia principal de açúcar-fosfato da fita reparada. A vedação dos pontos de quebra, que requer energia proveniente da hidrólise do ATP, refaz as ligações fosfodiéster quebradas entre os nucleotídeos adjacentes (ver Figura 6-18).

DNA-polimerases de reparo sintetizam fitas de DNA do mesmo modo. Por exemplo, estendem cadeias na direção 5'-3' e têm o mesmo tipo de atividade de autocorreção para garantir que a fita molde seja copiada de modo preciso. Em muitas células, essa é a mesma enzima que preenche os espaços deixados após a remoção dos iniciadores de RNA durante o processo normal de replicação do DNA (ver Figura 6-17).

3. Após o preenchimento do espaço pela DNA-polimerase de reparo, uma quebra permanece na cadeia principal de açúcar-fosfato da fita reparada. Essa quebra na hélice é selada pela DNA-ligase, a mesma enzima que une os fragmentos de Okazaki durante a replicação da fita retardada.

Os passos 2 e 3 são praticamente idênticos para a maioria dos danos de DNA, incluindo os raros erros que surgem durante a replicação do DNA. Entretanto, o passo 1 depende de uma série de enzimas diferentes, cada uma especializada em remover diferentes tipos de danos ao DNA. Os humanos produzem centenas de proteínas diferentes que atuam no reparo de DNA.

Um sistema de reparo do mau pareamento de bases de DNA remove erros de replicação que escapam da autocorreção

Ainda que a alta fidelidade e a autocorreção da maquinaria de replicação celular geralmente previnam a ocorrência de erros de replicação, raros erros ocorrem. Felizmente, a célula tem um sistema de cópia de segurança – denominado **reparo do mau pareamento** – que é dedicado a corrigir esses erros. A maquinaria de replicação produz aproximadamente um erro a cada 10^7 nucleotídeos copiados; o reparo do mau pareamento de bases corrige 99% desses erros de replicação, aumentando a acurácia geral para um erro em 10^9 nucleotídeos copiados. Esse nível de acurácia é muito alto, muito superior ao encontrado em nossas vidas diárias (**Tabela 6-1**).

Sempre que a maquinaria de replicação comete um erro de cópia, ela deixa para trás um nucleotídeo mal pareado (comumente chamado *mau pareamento*). Se deixado sem ser corrigido, o mau pareamento resultará em uma mutação permanente no próximo ciclo de replicação do DNA (**Figura 6-27**). Um complexo de proteínas de reparo do mau pareamento reconhece tal pareamento errado do DNA, remove o segmento da fita de DNA que contém o erro, e então ressintetiza o DNA faltante. Esse mecanismo de reparo restabelece a sequência correta (**Figura 6-28**).

Para ser eficiente, o sistema de reparo do mau pareamento deve ser capaz de reconhecer qual das fitas de DNA contém o erro. Se removesse um segmento da fita de DNA que contém a sequência correta, o sistema de reparo iria somente aumentar o erro. Para solucionar esse problema, o sistema de reparo do mau

TABELA 6-1 Taxas de erro

Entrega dentro do tempo estipulado do Serviço Postal dos Estados Unidos para correspondências locais de primeira classe	13 entregas atrasadas para cada 100 pacotes
Sistema de bagagens de companhia aérea	1 bagagem perdida para cada 150
Um digitador profissional digitando 120 palavras por minuto	1 erro a cada 250 caracteres
Dirigir um carro nos Estados Unidos	1 morte a cada 10^4 pessoas por ano
Replicação do DNA (sem autocorreção)	1 erro a cada 10^5 nucleotídeos copiados
Replicação do DNA (com autocorreção; sem reparo do mau pareamento de bases)	1 erro a cada 10^7 nucleotídeos copiados
Replicação do DNA (com reparo do mau pareamento de bases)	1 erro a cada 10^9 nucleotídeos copiados

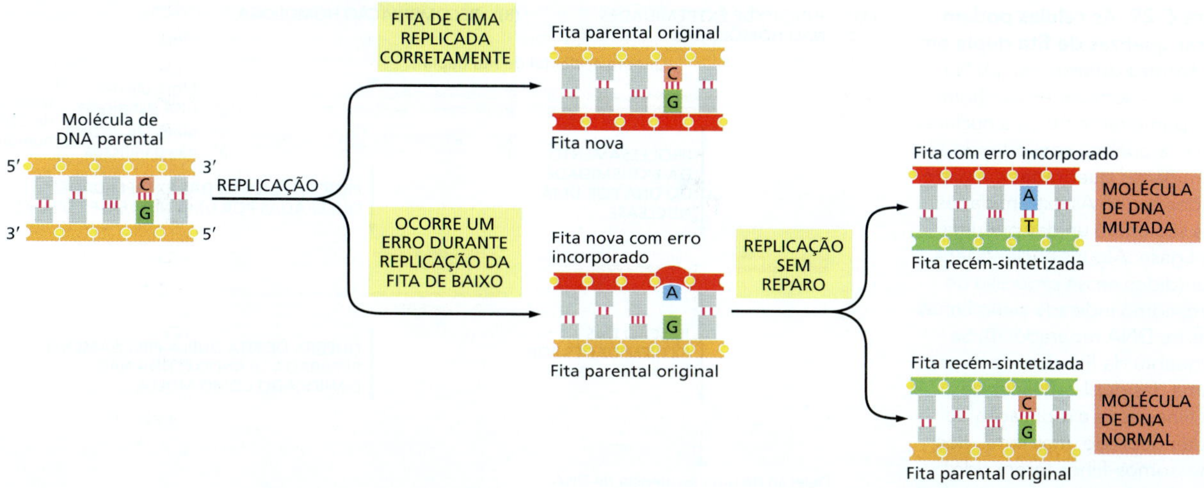

Figura 6-27 Erros ocorridos durante a replicação do DNA devem ser corrigidos para evitar mutações. Se não corrigido, um mau pareamento de bases irá levar a uma mutação permanente em uma das duas moléculas de DNA produzidas no ciclo seguinte de replicação do DNA.

pareamento sempre remove um segmento da fita de DNA recém-sintetizada. Nas bactérias, o DNA recém-sintetizado não contém um tipo de modificação química que está presente no DNA parental preexistente. Outras células usam estratégias diferentes para distinguir seu DNA parental da fita recém-replicada.

O reparo do mau pareamento desempenha um importante papel na prevenção do câncer. Uma predisposição hereditária a certos tipos de câncer (especialmente alguns tipos de câncer de cólon) é causada por mutações em genes que codificam proteínas de reparo do mau pareamento. Os humanos herdam duas cópias desses genes (um do pai e um da mãe), e indivíduos que herdam um gene de reparo do mau pareamento de bases danificado não são afetados, até que a cópia não danificada do mesmo gene seja mutada aleatoriamente em uma célula somática. Essa célula mutante – e toda a sua progênie – são então deficientes em reparo do mau pareamento de bases; portanto, acumulam mutações mais rapidamente do que as células normais. Como o câncer surge de células que acumularam múltiplas mutações, uma célula deficiente em reparo do mau pareamento tem uma chance muito aumentada de se tornar cancerosa. Desse modo, a herança de um gene de reparo do mau pareamento de bases danificado predispõe fortemente um indivíduo a desenvolver câncer.

Quebras do DNA de fita dupla requerem uma estratégia diferente de reparo

Os mecanismos de reparo discutidos até o momento se baseiam na redundância genética presente em cada dupla-hélice de DNA. Se os nucleotídeos de uma fita forem danificados, eles podem ser reparados usando a informação presente na fita complementar.

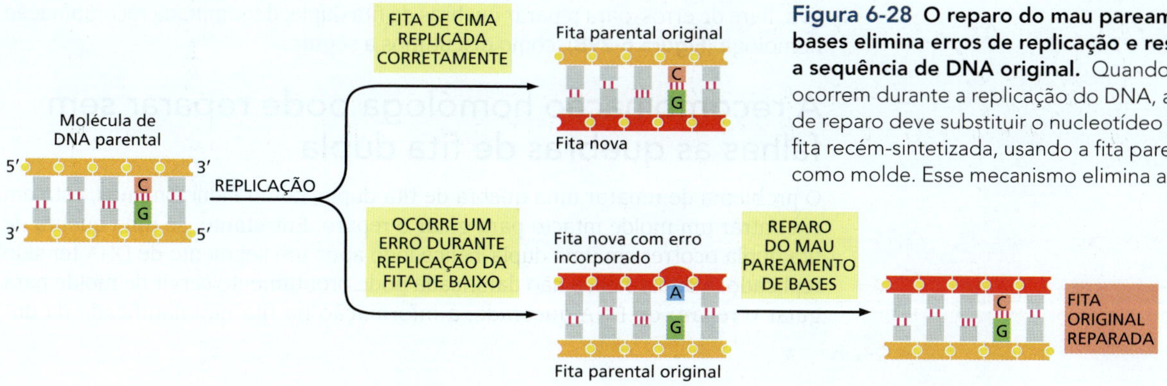

Figura 6-28 O reparo do mau pareamento de bases elimina erros de replicação e restabelece a sequência de DNA original. Quando os erros ocorrem durante a replicação do DNA, a maquinaria de reparo deve substituir o nucleotídeo incorreto na fita recém-sintetizada, usando a fita parental original como molde. Esse mecanismo elimina a mutação.

Figura 6-29 As células podem reparar quebras de fita dupla em duas formas diferentes. (A) Na união de extremidades não homólogas, primeiramente uma nuclease "limpa" a quebra, convertendo as extremidades quebradas em extremidades cegas. As extremidades cegas são então unidas por uma DNA-ligase. Alguns nucleotídeos são perdidos nesse processo de reparo, como indicado pelas linhas pretas no DNA reparado. (B) Se uma quebra de fita dupla ocorrer em uma das duplas-hélices de DNA filhas após a replicação do DNA ter ocorrido, mas antes dos cromossomos-filhos terem sido separados, a dupla-hélice não danificada pode ser prontamente usada como um molde para reparar a dupla-hélice danificada, por meio de recombinação homóloga. Esse é um processo mais elaborado que a união de extremidades não homólogas, mas ele restabelece de modo preciso a sequência de DNA original no sítio da quebra. O mecanismo detalhado está apresentado na Figura 6-30.

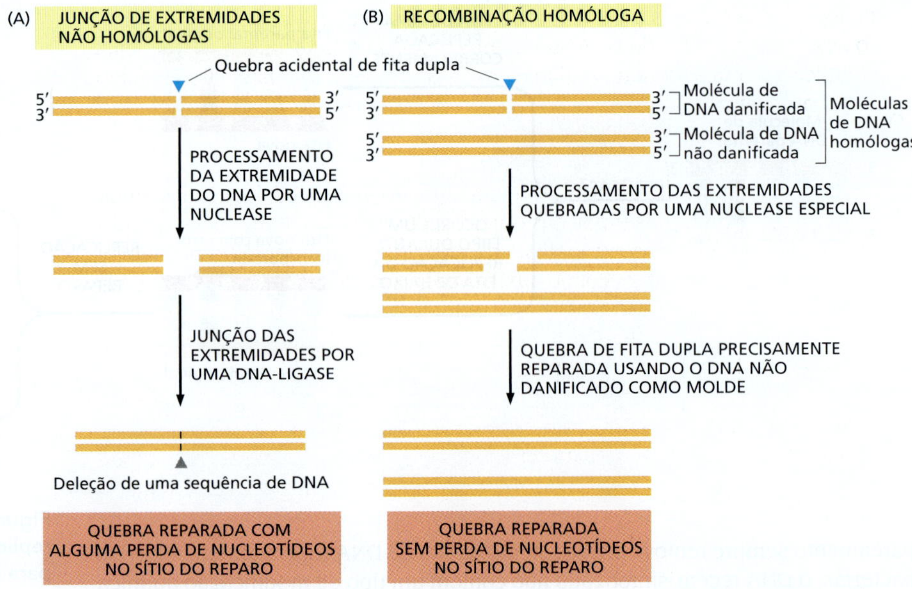

Mas o que ocorre quando ambas as fitas da dupla-hélice são danificadas ao mesmo tempo? Radiação, problemas na forquilha de replicação e vários ataques químicos podem fraturar a cadeia principal do DNA, criando *quebras de fita dupla*. Tais lesões são particularmente perigosas, porque podem levar à fragmentação dos cromossomos e subsequente perda de genes.

Esse tipo de dano é especialmente difícil de ser reparado. Cada cromossomo contém uma informação particular; se um cromossomo sofrer uma quebra de fita dupla, e as peças quebradas vierem a se separar, a célula não possui uma cópia de reposição que possa usar para reconstruir a informação que agora está faltando.

Para lidar com esse tipo de dano potencialmente desastroso ao DNA, as células desenvolveram duas estratégias básicas. A primeira envolve unir rapidamente as extremidades quebradas, antes que os fragmentos de DNA se separem e se percam. Esse mecanismo de reparo, denominado **união de extremidades não homólogas**, ocorre em muitos tipos celulares, e é realizado por um grupo especializado de enzimas que "limpam" as extremidades quebradas e as unem novamente por ligação de DNA. Esse mecanismo "rápido e sujo" repara rapidamente o dano, mas tem um preço: ao "limpar" a quebra e prepará-la para a ligação, frequentemente se perdem nucleotídeos no sítio de reparo (**Figura 6-29A**).

Na maioria dos casos, esse mecanismo de reparo emergencial resolve o dano sem criar problemas adicionais. Mas se o reparo imperfeito alterar a atividade de um gene, a célula poderia sofrer graves consequências. Portanto, a união de extremidades não homólogas pode ser uma estratégia arriscada para consertar cromossomos quebrados. Assim, as células possuem uma estratégia alternativa, livre de erros, para reparar quebras de fita dupla, denominada recombinação homóloga (**Figura 6-29B**), como discutimos a seguir.

A recombinação homóloga pode reparar sem falhas as quebras de fita dupla

O problema de reparar uma quebra de fita dupla, como mencionamos, está em encontrar um molde intacto para guiar o reparo. Entretanto, se uma quebra de fita dupla ocorrer em uma dupla-hélice logo após um segmento de DNA ter sido replicado, a dupla-hélice não danificada pode prontamente servir de molde para guiar o reparo do DNA quebrado: a informação na fita não danificada da dupla-hélice intacta é usada para reparar a fita quebrada complementar na outra. Como as duas moléculas de DNA são homólogas – ou seja, possuem sequências nucleotídicas idênticas fora da região de quebra –, esse mecanismo é conhecido como **recombinação homóloga**. Ele resulta em um reparo de quebras de fita dupla livre de falhas, sem perda de informação genética (ver Figura 6-29B).

A recombinação homóloga frequentemente ocorre logo após o DNA celular ter sido replicado antes da divisão da célula, quando as hélices duplicadas ainda estão fisicamente próximas umas das outras (**Figura 6-30A**). Para iniciar o reparo, uma nuclease remove as extremidades 5′ das duas fitas quebradas no sítio de quebra (**Figura 6-30B**). Então, com o auxílio de enzimas especializadas, uma das extremidades 3′ quebradas "invade" o dúplex de DNA homólogo não quebrado e faz uma busca por uma sequência complementar por meio de pareamento de bases (**Figura 6-30C**). Uma vez que um pareamento extensivo e preciso seja encontrado, a fita invasora é alongada por uma DNA-polimerase de reparo, usando a fita complementar como um molde (**Figura 6-30D**). Após a polimerase de reparo ultrapassar o ponto onde a quebra ocorreu, a fita recém-reparada é unida novamente à sua parceira original, formando pareamentos de bases que mantêm unidas as duas fitas da dupla-hélice quebrada (**Figura 6-30E**). O reparo é então completado pela síntese de DNA adicional nas extremidades 3′ de ambas as fi-

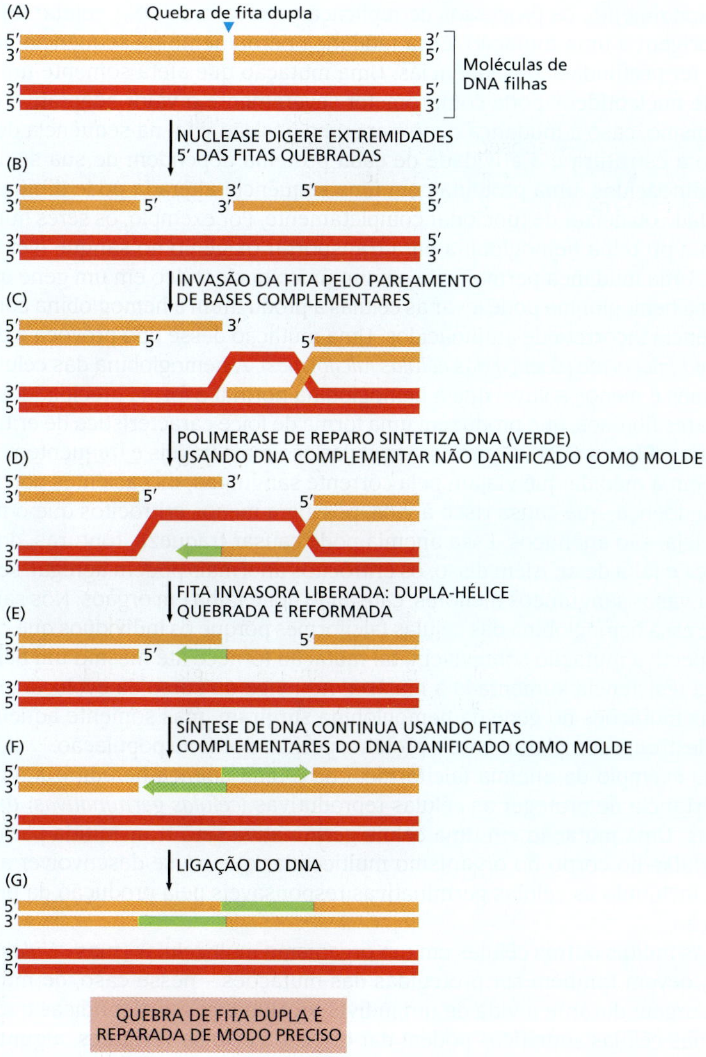

Figura 6-30 A recombinação homóloga possibilita o reparo livre de erros de quebras de fita dupla do DNA. Esse é o método preferido para reparar quebras de fita dupla que surgem logo após o DNA ter sido replicado, mas antes de a célula ter se dividido. Ver o texto para detalhes. (Adaptada de M. McVey et al., *Proc. Natl. Acad. Sci. USA* 101:15694–15699, 2004. Com permissão da Academia Nacional de Ciências.)

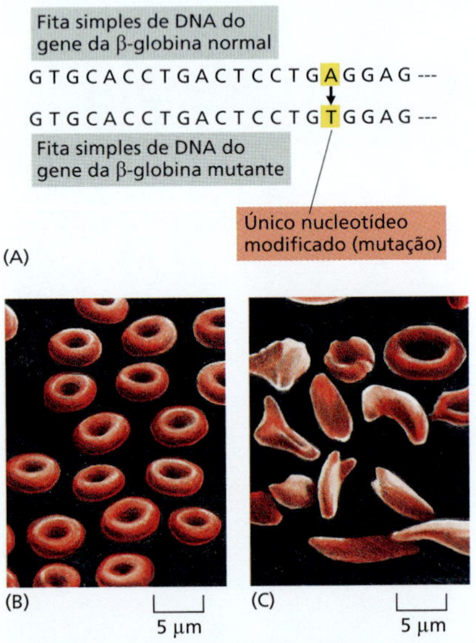

Figura 6-31 Uma única mudança nucleotídica provoca a anemia falciforme. (A) A β-globina é um dos dois tipos de subunidades proteicas que formam a hemoglobina (ver Figura 4-24). Uma única mudança nucleotídica (mutação) no gene da β-globina produz uma subunidade de β-globina que difere da β-globina normal somente por uma mudança de ácido glutâmico para valina na sexta posição da cadeia polipeptídica. (Somente uma pequena porção do gene é mostrada aqui; a subunidade da β-globina contém um total de 146 aminoácidos.) Os humanos portam duas cópias de cada gene (um herdado de cada um dos genitores); uma mutação causadora da anemia falciforme em somente um dos dois genes de β-globina geralmente não causa problemas para o indivíduo, uma vez que é compensada pelo gene normal. Entretanto, um indivíduo que herda duas cópias do gene de β-globina mutante irá apresentar anemia falciforme. Os eritrócitos normais são mostrados em (B), e aqueles provenientes de um indivíduo que sofre de anemia falciforme são mostrados em (C). Ainda que a anemia falciforme seja uma doença que cause risco à vida, a mutação responsável por ela pode também ser benéfica. Indivíduos que apresentam a doença, e aqueles que portam um gene normal e um mutante para a anemia falciforme, são mais resistentes à malária que indivíduos não afetados, porque os parasitas causadores da malária crescem muito pouco em eritrócitos que contêm a forma falciforme da hemoglobina.

tas da dupla-hélice quebrada (**Figura 6-30F**), seguida de ligação do DNA (**Figura 6-30G**). O resultado final são duas hélices de DNA intactas, onde a informação genética de uma foi usada como um molde para reparar a outra.

A recombinação homóloga também pode ser usada para reparar muitos outros tipos de danos do DNA, tornando-a possivelmente o mecanismo de reparo do DNA mais conveniente e disponível para a célula: é necessário unicamente um cromossomo homólogo intacto para ser usado como parceiro – uma situação que ocorre transitoriamente a cada vez que um cromossomo é duplicado. A natureza universal do reparo mediante recombinação homóloga provavelmente explica a razão de esse mecanismo e as proteínas que o realizam terem sido conservados em praticamente todas as células existentes na Terra.

A recombinação homóloga é versátil e desempenha um papel crucial na troca de informação genética durante a formação das células germinativas – espermatozoide e óvulo. Esse processo especializado, denominado *meiose*, promove a geração de diversidade genética dentro de uma espécie durante a reprodução sexuada. Discutimos a meiose quando falamos sobre sexo no Capítulo 19.

Falhas no reparo de danos ao DNA podem ter consequências graves para uma célula ou organismo

Ocasionalmente, os processos de replicação e reparo do DNA celular falham e dão origem a uma mutação. Essa mudança permanente na sequência de DNA pode ter profundas consequências. Uma mutação que afeta somente um único par de nucleotídeos pode comprometer severamente o valor adaptativo de um organismo, caso a mudança ocorra em uma posição vital na sequência de DNA. Como a estrutura e a atividade de cada proteína dependem de sua sequência de aminoácidos, uma proteína com uma sequência alterada pode diminuir sua atividade ou deixar de funcionar completamente. Por exemplo, os seres humanos usam a proteína hemoglobina para transportar oxigênio no sangue (ver Figura 4-24). Uma mudança permanente em um único nucleotídeo em um gene que codifica a hemoglobina pode levar as células a produzirem a hemoglobina com uma sequência incorreta de aminoácidos. Uma mutação desse tipo provoca a doença *anemia falciforme (doença das células falciformes)*. A hemoglobina das células falciformes é menos solúvel que a hemoglobina normal e forma precipitados intracelulares fibrosos, que produzem uma forma de foice característica de eritrócitos afetados (**Figura 6-31**). Como essas células são mais frágeis e frequentemente se rompem à medida que viajam pela corrente sanguínea, os pacientes portadores dessa doença, que causa risco à vida, possuem menos eritrócitos que o normal – ou seja, são anêmicos. Essa anemia pode causar fraqueza, tonturas, dores de cabeça e falta de ar. Além disso, os eritrócitos anormais podem agregar-se e bloquear vasos sanguíneos menores, causando dor e falha em órgãos. Nós sabemos sobre essa hemoglobina das células falciformes porque os indivíduos que contêm a respectiva mutação sobrevivem; tal mutação fornece até mesmo um benefício – uma resistência aumentada à malária. Ao longo do curso da evolução, muitas outras mutações no gene da hemoglobina surgiram, mas somente aquelas que não destroem completamente a proteína permanecem na população.

O exemplo da anemia falciforme, que é uma doença hereditária, ilustra a importância de proteger as células reprodutivas (*células germinativas*) das mutações. Uma mutação em uma célula germinativa será transmitida para todas as células no corpo do organismo multicelular que irá se desenvolver a partir dela, incluindo as células germinativas responsáveis pela produção da próxima geração.

As muitas outras células em um organismo multicelular (suas *células somáticas*) devem também ser protegidas das mutações – nesse caso, de mutações que surgem durante a vida de um indivíduo. Mudanças nucleotídicas que ocorrem nas células somáticas podem dar origem a células variantes, algumas das quais crescem e se dividem de forma descontrolada à custa das outras células no organismo. No caso extremo, tem-se como resultado uma proliferação celular descontrolada conhecida como **câncer**. Os diferentes tipos de câncer são responsáveis por cerca de 30% das mortes que ocorrem na Europa e América do Norte, e são causados principalmente por um acúmulo gradual de mutações aleatórias em uma célula somática e na sua progênie (**Figura 6-32**). O aumento da frequência de mutações em até mesmo duas ou três vezes pode causar um aumento desastroso na incidência de câncer, por acelerar a taxa de surgimento de tais variantes de células somáticas.

Desse modo, a alta fidelidade com a qual as sequências de DNA são replicadas e mantidas é importante tanto para as células reprodutivas, que transmitem os genes para a geração seguinte, quanto para as células somáticas, que normalmente funcionam como membros cuidadosamente regulados da complexa comunidade de células em um organismo multicelular. Portanto, não nos devemos surpreender com o fato de todas as células possuírem um conjunto muito sofisticado de mecanismos para reduzir o número de mutações que ocorrem no seu DNA, dedicando centenas de genes a esses processos de reparo.

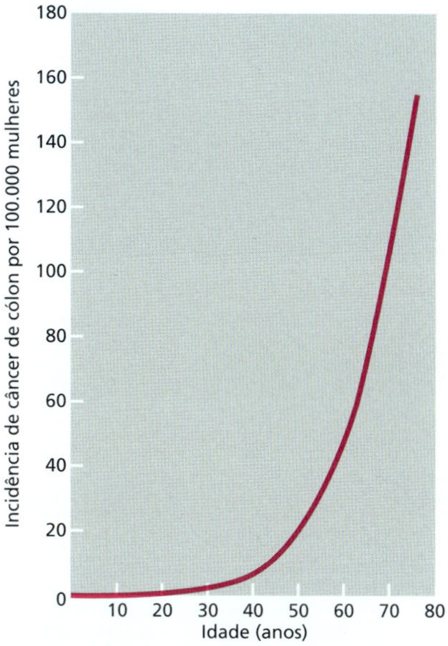

Figura 6-32 A incidência de câncer aumenta drasticamente com a idade. O número de novos casos diagnosticados de câncer de cólon em mulheres na Inglaterra e no País de Gales em um ano é plotado como uma função da idade no momento do diagnóstico. O câncer de cólon, assim como a maioria dos cânceres humanos, é causado pelo acúmulo de múltiplas mutações. Como as células estão continuamente sofrendo mudanças acidentais no seu DNA – que se acumulam e são transmitidas para as células da progênie quando as células mutantes se dividem –, a probabilidade de que uma célula irá se tornar cancerosa aumenta muito com a idade. (Dados de C. Muir et al., Cancer Incidence in Five Continents, Vol. V. Lyon: International Agency for Research on Cancer, 1987.)

Um registro da fidelidade da replicação e do reparo do DNA é preservado nas sequências dos genomas

Ainda que a maioria das mutações não prejudique nem beneficie um organismo, aquelas que apresentam consequências prejudiciais são geralmente eliminadas da população por meio da seleção natural; indivíduos que portam o DNA alterado podem morrer ou apresentar fertilidade reduzida, e nesses casos essas mudanças serão perdidas. Ao contrário, mudanças favoráveis tenderão a persistir e se espalhar.

Mas mesmo onde não houver seleção alguma – nos muitos sítios do DNA nos quais uma mudança nos nucleotídeos não tem qualquer efeito no valor adaptativo do organismo –, a mensagem genética tem sido preservada com fidelidade ao longo de dezenas de milhões de anos. Portanto, humanos e chimpanzés, após cerca de 5 milhões de anos de evolução divergente, ainda possuem sequências de DNA que têm pelo menos 98% de identidade. Mesmo humanos e baleias, após 10 ou 20 vezes essa quantidade de tempo evolutivo, possuem cromossomos que são inequivocamente similares em suas sequências de DNA, e muitas proteínas contêm sequências de aminoácidos que são praticamente idênticas (**Figura 6-33**). Desse modo, nosso genoma – e os dos nossos parentes – contêm uma mensagem do passado distante. Graças à fidelidade da replicação e do reparo do DNA, 100 milhões de anos de evolução pouco alteraram o seu conteúdo essencial.

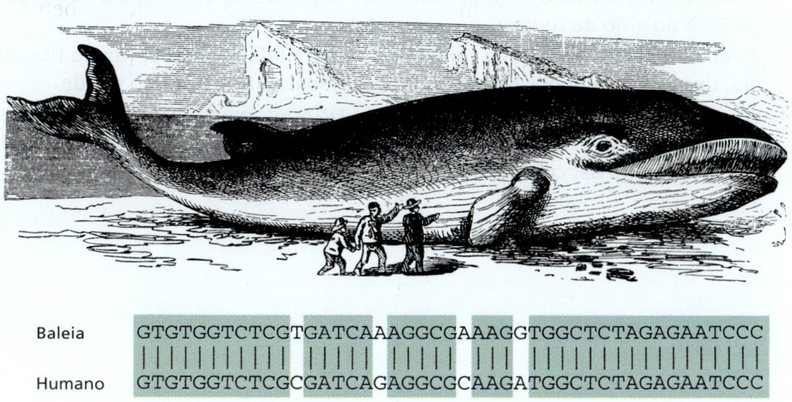

Figura 6-33 Os genes de determinação do sexo de humanos e baleias são inequivocamente similares. Ainda que seus planos corporais sejam muito diferentes, humanos e baleias são construídos a partir das mesmas proteínas. Apesar de muitos milhões de anos terem passado desde que os humanos e as baleias divergiram, as sequências de nucleotídeos de muitos dos seus genes são bastante similares. São mostradas as sequências de DNA de uma parte do gene que determina masculinidade em humanos e em baleias, uma sobre a outra; as posições nas quais as duas sequências são idênticas estão sombreadas em *verde*.

CONCEITOS ESSENCIAIS

- Antes de uma célula se dividir, ela deve replicar de modo preciso a vasta quantidade de informação genética presente no seu DNA.
- Como as duas fitas de uma dupla-hélice de DNA são complementares, cada fita pode atuar como um molde para a síntese da outra. Portanto, a replicação do DNA produz duas moléculas de DNA de dupla-hélice idênticas, possibilitando que a informação genética seja copiada e transmitida de uma célula para suas células-filhas e de um progenitor para sua prole.
- Durante a replicação, as duas fitas de uma dupla-hélice de DNA são afastadas em uma origem de replicação para formar as forquilhas de replicação em forma de Y. DNA-polimerases, em cada forquilha, produzem uma nova fita de DNA complementar a partir de cada fita parental.
- A DNA-polimerase replica um molde de DNA com fidelidade impressionante, cometendo somente cerca de um erro a cada 10^7 nucleotídeos copiados. Essa precisão é possível, em parte, devido a um processo de autocorreção, no qual a enzima corrige seus próprios erros à medida que se move ao longo do DNA.
- Como a DNA-polimerase sintetiza um novo DNA somente em uma direção, apenas a fita líder (*leading*) na forquilha de replicação pode ser sintetizada de um modo contínuo. Na fita retardada (*lagging*), o DNA é sintetizado em um processo de "pesponto" descontínuo, produzindo pequenos fragmentos de DNA que são posteriormente unidos pela DNA-ligase.
- A DNA-polimerase é incapaz de iniciar uma nova cadeia de DNA desde o princípio. Em vez disso, a síntese de DNA é iniciada por uma RNA-polimerase denominada primase, que produz pequenos fragmentos de iniciadores de RNA que são então alongados pela DNA-polimerase. Esses iniciadores são subsequentemente removidos e substituídos por DNA.
- A replicação do DNA requer a cooperação de muitas proteínas que formam uma máquina de replicação multienzimática que copia ambas as fitas de DNA à medida que se move ao longo da dupla-hélice.
- Em eucariotos, uma enzima especial denominada telomerase replica o DNA nas extremidades dos cromossomos.
- Os raros erros no processo de cópia que escapam à autocorreção são solucionados pelas proteínas de reparo do mau pareamento, que aumentam a precisão da replicação do DNA para um erro a cada 10^9 nucleotídeos copiados.
- Danos a uma das duas fitas de DNA, causados por reações químicas inevitáveis, são reparados por uma variedade de enzimas de reparo do DNA que reconhecem o DNA danificado e excisam um pequeno trecho da fita danificada. O DNA faltante é então ressintetizado por uma DNA-polimerase de reparo, usando a fita não danificada como molde.
- Se ambas as fitas de DNA são quebradas, a quebra de fita dupla pode ser reparada rapidamente pelo mecanismo de união de extremidades não homólogas. Nucleotídeos são perdidos nesse processo, alterando a sequência do DNA no sítio de reparo.
- A recombinação homóloga pode reparar sem falhas as quebras de fita dupla, usando uma dupla-hélice homóloga não danificada como molde.
- Os processos de replicação e reparo do DNA altamente precisos desempenham um papel-chave em nos proteger do crescimento descontrolado de células somáticas, conhecido como câncer.

TERMOS-CHAVE

autocorreção
câncer
DNA-ligase
DNA-polimerase
fita líder
fita retardada
forquilha de replicação
fragmento de Okazaki
molde
mutação
origem de replicação
primase
recombinação homóloga
reparo do DNA
reparo do mau pareamento
replicação do DNA
RNA (ácido ribonucleico)
telomerase
telômero
união de extremidades não homólogas

TESTE SEU CONHECIMENTO

QUESTÃO 6-5

As enzimas de reparo do mau pareamento do DNA reparam preferencialmente as bases presentes na fita de DNA recém-sintetizada, usando a fita de DNA velha como molde. Se os maus pareamentos de bases fossem simplesmente reparados sem considerar qual fita seviu como molde, esse processo iria reduzir os erros de replicação? Justifique sua resposta.

QUESTÃO 6-6

Suponha que uma mutação afete uma enzima que seja necessária para reparar os danos causados ao DNA pela perda de bases púricas. A perda de uma purina ocorre cerca de 5.000 vezes no DNA de cada uma de suas células diariamente. Como a diferença média na sequência de DNA entre humanos e chimpanzés é de cerca de 1%, quanto tempo iria levar para você se tornar um macaco? O que está errado nesse raciocínio?

QUESTÃO 6-7

Quais das seguintes afirmativas estão corretas? Justifique suas respostas.

A. Uma forquilha de replicação bacteriana é assimétrica porque contém duas moléculas de DNA-polimerase que são estruturalmente distintas.
B. Os fragmentos de Okazaki são removidos por uma nuclease que degrada o RNA.
C. A taxa de erro da replicação do DNA é reduzida tanto pela autocorreção feita pela DNA-polimerase quanto pelo reparo do mau pareamento do DNA.
D. Na ausência de reparo do DNA, os genes são instáveis.
E. Nenhuma das bases aberrantes formadas pela desaminação ocorre naturalmente no DNA.
F. O câncer pode resultar do acúmulo de mutações em células somáticas.

QUESTÃO 6-8

A velocidade da replicação do DNA na forquilha de replicação é de cerca de 100 nucleotídeos por segundo em células humanas. Qual é o número mínimo de origens de replicação que uma célula humana deve ter para replicar seu DNA a cada 24 horas? Lembre-se de que uma célula humana contém duas cópias do genoma humano, uma herdada da mãe, a outra do pai, cada uma consistindo em 3×10^9 pares de nucleotídeos.

QUESTÃO 6-9

Observe cuidadosamente a Figura 6-11 e as estruturas dos compostos mostrados na **Figura Q6-9.**

A. O que você esperaria se ddCTP fosse adicionado a uma reação de replicação do DNA em grande excesso com relação à concentração disponível de trifosfato de desoxicitosina (dCTP), o trifosfato de desoxicitosina normal?
B. O que aconteceria se ddCTP fosse adicionado a 10% da concentração de dCTP disponível?
C. Que efeitos você esperaria se ddCMP fosse adicionado sob as mesmas condições?

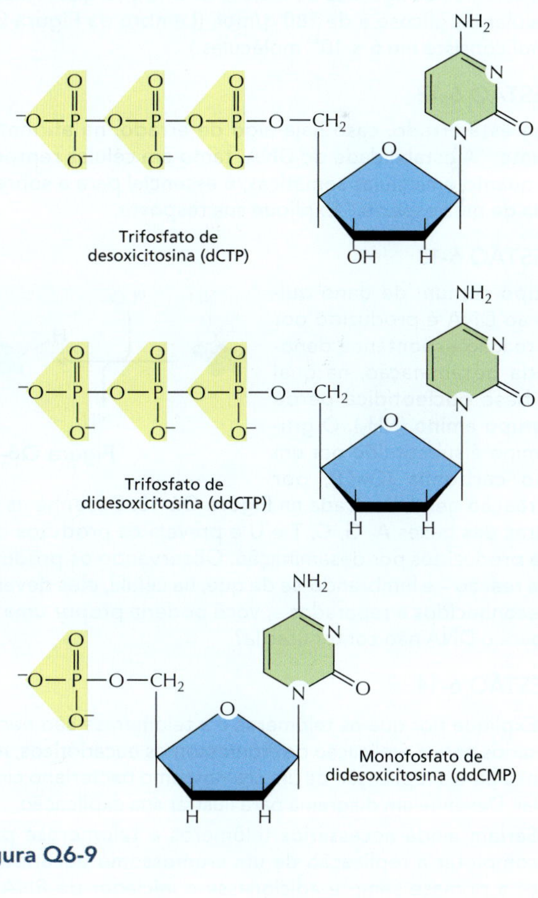

Figura Q6-9

QUESTÃO 6-10

A **Figura Q6-10** mostra uma fotografia de uma forquilha de replicação, na qual o iniciador de RNA foi recém-adicionado à fita retardada. Usando este diagrama como um guia, esboce o caminho do DNA à medida que o fragmento de Okazaki seguinte é sintetizado. Indique o grampo deslizante e a proteína ligadora de DNA de fita simples quando apropriado.

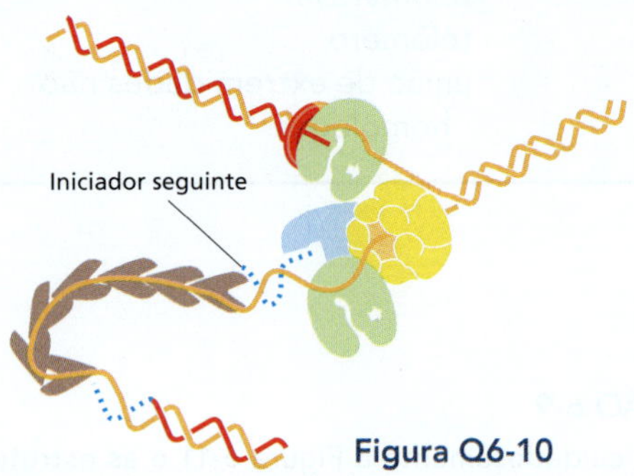

Figura Q6-10

QUESTÃO 6-11

Aproximadamente quantas ligações de alta energia a DNA-polimerase usa para replicar um cromossomo bacteriano (ignorando helicase e outras enzimas associadas com a forquilha de replicação)? Comparado com seu próprio peso seco de 10^{-12} g, quanto de glicose necessita uma única bactéria para fornecer energia suficiente para copiar seu DNA uma vez? O número de pares de nucleotídeos no cromossomo bacteriano é de 3×10^6. A oxidação de uma molécula de glicose resulta em cerca de 30 ligações de fosfato de alta energia. A massa molecular da glicose é de 180 g/mol. (Lembre da Figura 2-3: um mol consiste em 6×10^{23} moléculas.)

QUESTÃO 6-12

O que está errado, caso haja algo de errado, na afirmativa seguinte: "A estabilidade do DNA, tanto em células reprodutivas quanto em células somáticas, é essencial para a sobrevivência de uma espécie." Explique sua resposta.

QUESTÃO 6-13

Um tipo comum de dano químico ao DNA é produzido por uma reação espontânea denominada *desaminação*, na qual uma base nucleotídica perde um grupo amino (NH_2). O grupo amino é substituído por um grupo carbonila (C=O), por uma reação geral mostrada na **Figura Q6-13**. Desenhe as estruturas das bases A, G, C, T e U e preveja os produtos que serão produzidos por desaminação. Observando os produtos dessa reação – e lembrando-se de que, na célula, eles deverão ser reconhecidos e reparados –, você poderia propor uma razão para o DNA não conter uracila?

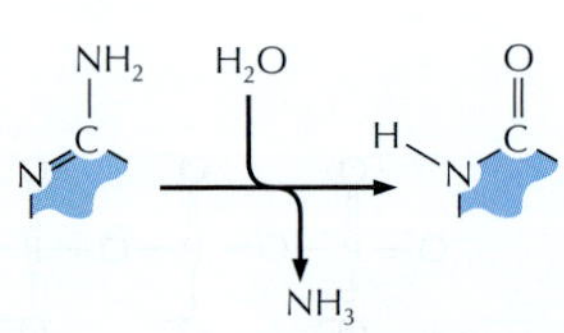

Figura Q6-13

QUESTÃO 6-14

A. Explique por que os telômeros e a telomerase são necessários para a replicação de cromossomos eucarióticos, mas não para a replicação de um cromossomo bacteriano circular. Desenhe um diagrama para ilustrar sua explicação.

B. Seriam ainda necessários telômeros e telomerase para completar a replicação de um cromossomo eucariótico, se a primase sempre adicionasse o iniciador de RNA na própria extremidade 3′ terminal do molde para a fita retardada?

QUESTÃO 6-15

Descreva as consequências decorrentes caso um cromossomo eucariótico

A. Contivesse apenas uma origem de replicação:
   (i) no centro exato do cromossomo
   (ii) em uma das extremidades do cromossomo
B. Não tivesse um ou ambos os telômeros
C. Não tivesse um centrômero

Assuma que o cromossomo possua 150 milhões de pares de nucleotídeos em extensão, um tamanho típico para um cromossomo animal, e que a replicação do DNA em células animais ocorra a cerca de 100 nucleotídeos por segundo.

QUESTÃO 6-16

Como a DNA-polimerase atua somente na direção 5′-3′, a enzima é capaz de corrigir seus próprios erros de polimerização à medida que se move ao longo do DNA (**Figura Q6-16**). Uma DNA-polimerase hipotética que sintetizasse na direção 3′-5′ seria incapaz de realizar autocorreção. Dado o que você sabe sobre a química dos ácidos nucleicos e a síntese de DNA, desenhe um esboço similar à Figura Q6-16 que mostre o que aconteceria se uma DNA-polimerase, operando na direção 3′-5′, fosse remover um nucleotídeo incorreto de uma fita de DNA que esteja sendo sintetizada. Por que a fita editada não seria capaz de ser alongada?

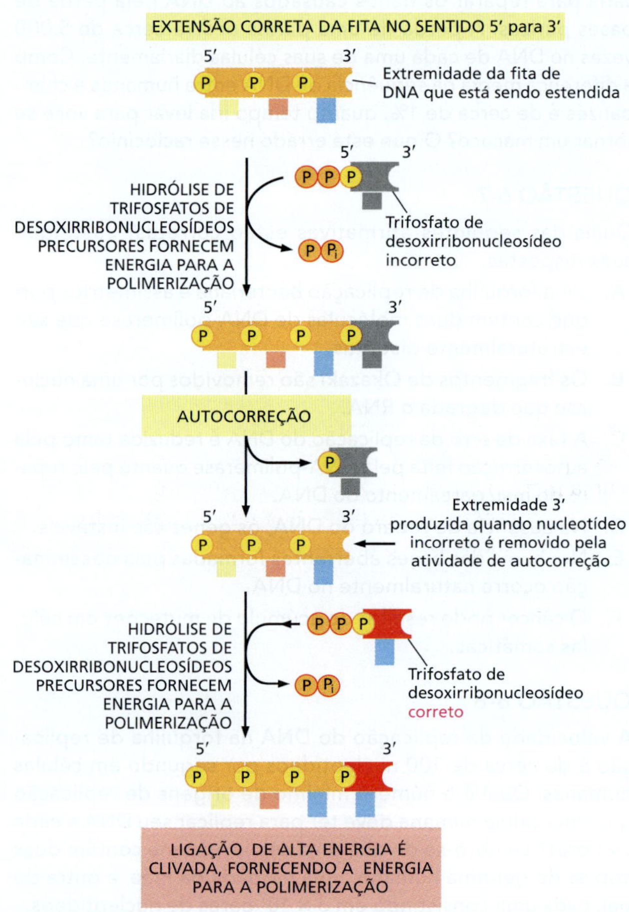

Figura Q6-16

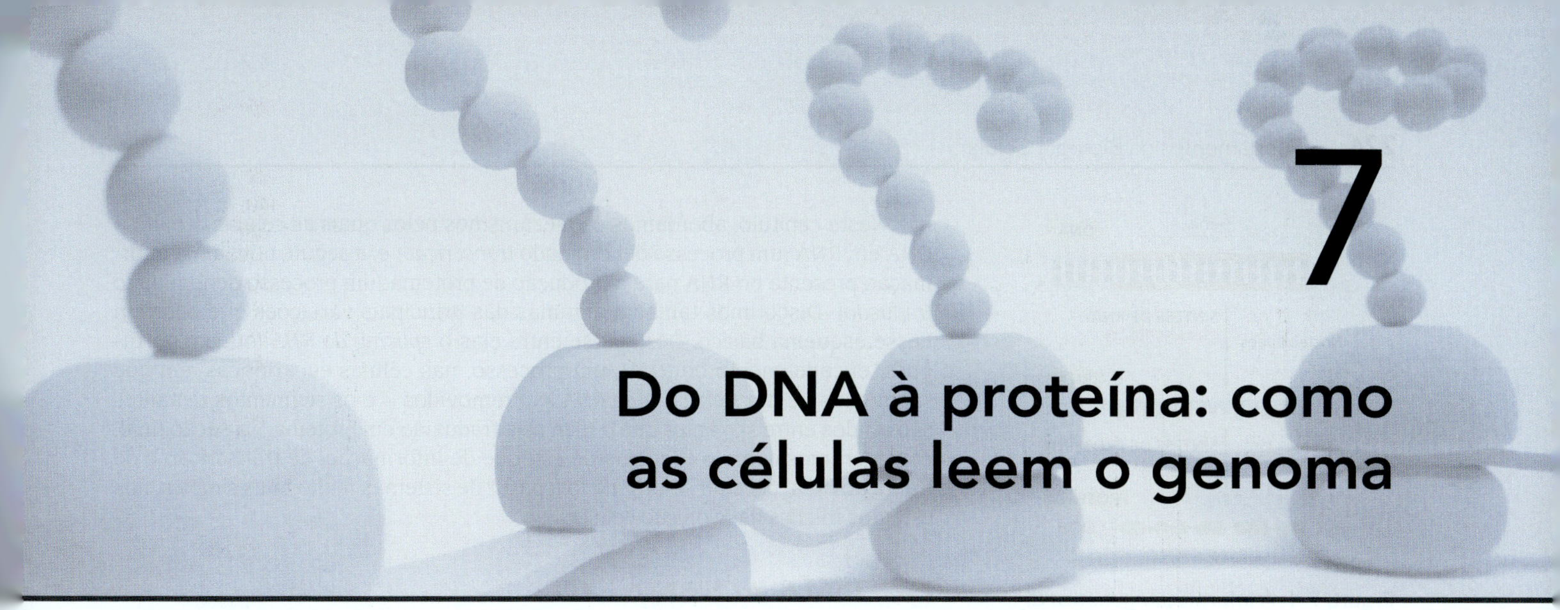

7

Do DNA à proteína: como as células leem o genoma

Uma vez que a estrutura de dupla-hélice do DNA (ácido desoxirribonucleico) foi determinada no início da década de 1950, tornou-se claro que a informação hereditária nas células está codificada na ordem linear – ou *sequência* – das quatro subunidades de nucleotídeos diferentes que compõem o DNA. Vimos, no Capítulo 6, como essa informação pode ser transmitida, de modo conservado, de uma célula às suas descendentes pelo processo de replicação do DNA. No entanto, como uma célula decodifica e usa essa informação? Como as instruções genéticas escritas sob a forma de um alfabeto de apenas quatro "letras" podem levar à formação de uma bactéria, uma mosca-da-fruta ou um ser humano? Se ainda temos muito a aprender a respeito de como a informação estocada nos genes de um organismo leva à produção até da mais simples bactéria unicelular, o que não dizer de como ela pode direcionar o desenvolvimento de organismos multicelulares complexos, como nós mesmos? Mas o próprio código do DNA foi decifrado, e já percorremos um longo caminho na compreensão de como as células o leem.

Mesmo antes de termos decifrado o código do DNA, sabíamos que a informação contida nos genes, de alguma forma, era responsável pelo direcionamento da síntese de proteínas. As proteínas são os principais constituintes das células e determinam não apenas a estrutura celular, mas também as suas funções. Nos capítulos anteriores, deparamo-nos com alguns dos milhares de tipos diferentes de proteínas que podem ser produzidos pelas células. Vimos, no Capítulo 4, que as propriedades e funções de uma molécula de proteína são determinadas pela sequência das 20 diferentes subunidades de aminoácidos em sua cadeia polipeptídica: cada tipo de proteína tem a sua sequência de aminoácidos característica, que dita como a cadeia vai dobrar-se para dar origem a uma molécula com forma e características químicas definidas. As instruções genéticas transportadas pelo DNA devem, portanto, especificar a sequência dos aminoácidos nas proteínas. No presente capítulo, vamos ver como isso realmente acontece.

O DNA *per se* não sintetiza proteínas, mas atua como um gerente, delegando as diferentes tarefas a uma equipe de trabalhadores. Quando uma determinada proteína é necessária para a célula, a sequência de nucleotídeos do segmento apropriado de uma molécula de DNA é inicialmente copiada para outra forma de ácido nucleico – o RNA (*ácido ribonucleico*). Esse segmento de DNA é denominado **gene**, e as cópias de RNA resultantes são utilizadas para dirigir a síntese da proteína. Milhares dessas conversões de DNA para proteína ocorrem a cada segundo em cada uma das células do nosso organismo. O fluxo da informação genética nas células segue, portanto, uma rota do DNA para o RNA e deste para a proteína (**Figura 7-1**). Todas as células, de bactérias a seres humanos, expressam suas informações genéticas dessa forma – um princípio tão fundamental que foi denominado *dogma central* da biologia molecular.

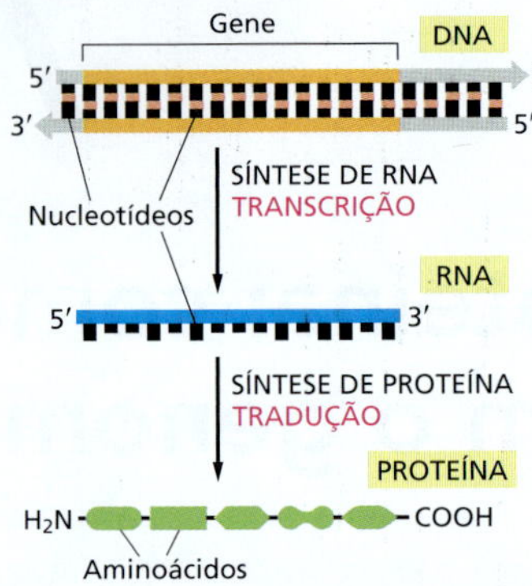

Figura 7-1 A informação genética direciona a síntese de proteínas. O fluxo de informação genética do DNA ao RNA (transcrição) e do RNA à proteína (tradução) ocorre em todas as células vivas. Foi Francis Crick que apelidou esse fluxo de informação de "o dogma central". Os segmentos de DNA que são transcritos em RNA são chamados de genes.

Neste capítulo, abordamos os mecanismos pelos quais as células copiam o DNA em RNA (um processo denominado *transcrição*) e, a seguir, utilizam a informação presente no RNA para a produção de proteína (um processo denominado *tradução*). Discutimos também algumas das principais variações que ocorrem nesse esquema básico. Destaca-se entre elas o *splicing do RNA* (ou, em português, encadeamento do RNA), um processo, nas células eucarióticas, em que segmentos de um *transcrito de RNA* são removidos – e os segmentos restantes são unidos entre si – antes que o RNA seja traduzido em proteína. Na seção final, consideramos como o esquema de estoque de informação, de transcrição e de tradução atual deve ter se originado a partir de sistemas muito mais simples, nos estágios iniciais da evolução celular.

DO DNA AO RNA

A transcrição e a tradução são os processos pelos quais as células leem, ou *expressam*, as instruções escritas em seus *genes*. Várias cópias idênticas de RNA podem ser feitas a partir de um mesmo gene, e cada molécula de RNA pode direcionar a síntese de várias cópias idênticas de uma molécula proteica. Essa amplificação sucessiva permite que as células sintetizem rapidamente, e no momento necessário, grandes quantidades de proteína. Ao mesmo tempo, cada gene pode ser transcrito, e seu RNA traduzido, a diferentes taxas, possibilitando que a célula produza grandes quantidades de algumas proteínas e pequenas quantidades de outras (**Figura 7-2**). Além disso, como discutido no Capítulo 8, uma célula pode alterar (ou regular) a expressão de cada um dos seus genes de acordo com as necessidades do momento. Nesta seção, discutimos a produção do RNA – a primeira etapa da *expressão gênica*.

Segmentos da sequência de DNA são transcritos em RNA

O primeiro passo que uma célula dá para expressar um dos seus milhares de genes é a cópia da sequência nucleotídica desse gene sob a forma de RNA. Esse processo é denominado **transcrição**, pois a informação, apesar de copiada sob uma nova forma química, permanece escrita essencialmente na mesma linguagem – a linguagem dos nucleotídeos. Assim como o DNA, o **RNA** é um polímero linear composto por quatro diferentes subunidades nucleotídicas unidas entre si por ligações fosfodiéster. Ele se diferencia do DNA, em termos químicos, sob dois aspectos: (1) os nucleotídeos no RNA são *ribonucleotídeos* – ou seja, eles contêm o açúcar ribose (origem do nome ácido *ribo*nucleico), em vez de desoxirribose; (2) embora, como o DNA, o RNA contenha as bases adenina (A), guanina (G) e citosina (C), ele contém uracila (U) em vez da timina (T) encontrada no DNA (**Figura**

QUESTÃO 7-1

Considere a expressão "dogma central", referente ao fluxo da informação genética do DNA para o RNA e, a seguir, para proteína. A palavra "dogma" é apropriada nesse contexto?

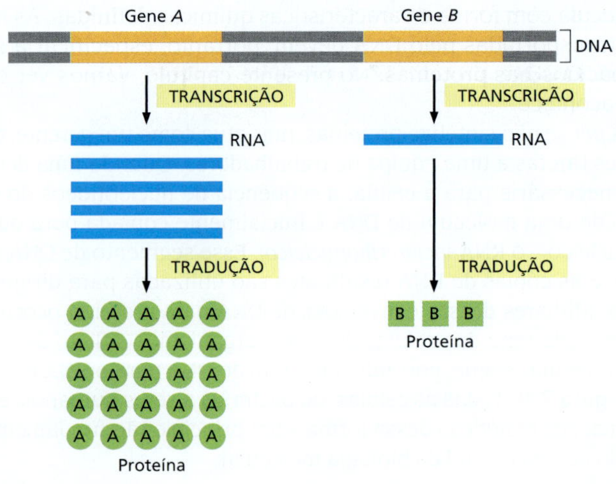

Figura 7-2 Uma célula pode expressar diferentes genes em diferentes taxas. Nesta figura, e nas seguintes, as porções não transcritas do DNA são mostradas em *cinza*.

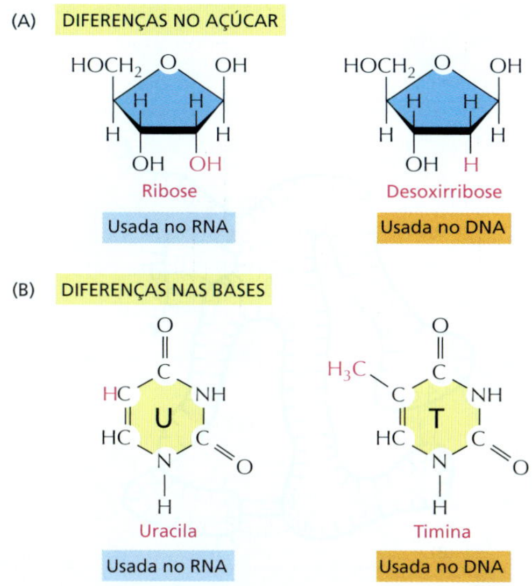

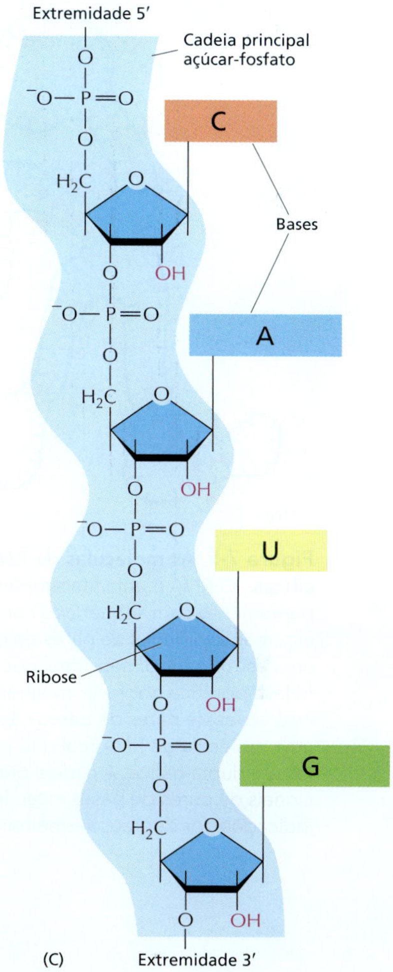

Figura 7-3 A estrutura química do RNA se diferencia ligeiramente da estrutura do DNA. (A) O RNA contém o açúcar ribose, o qual difere da desoxirribose, o açúcar utilizado no DNA, pela presença de um grupo -OH adicional. (B) O RNA contém a base uracila, a qual difere da timina, a base equivalente no DNA, pela ausência de um grupo $-CH_3$. (C) Um pequeno segmento de RNA. A ligação química entre os nucleotídeos no RNA – uma ligação fosfodiéster – é a mesma que no DNA.

7-3). Visto que U, assim como T, pode formar pares de bases pelo estabelecimento de ligações de hidrogênio com A (**Figura 7-4**), as propriedades de complementaridade de bases descritas para o DNA no Capítulo 5 também se aplicam ao RNA.

Apesar de apresentarem composição química bastante semelhante, a estrutura geral do DNA e do RNA difere drasticamente. Enquanto o DNA sempre ocorre nas células sob a forma de uma hélice de fita dupla, o RNA se apresenta como fita simples. Essa diferença tem importantes consequências funcionais. Visto que a cadeia de RNA é de fita simples, ela pode dobrar-se sobre ela própria, adquirindo diferentes conformações, exatamente como ocorre com o dobramento de uma cadeia polipeptídica na estruturação fina de uma proteína (**Figura 7-5**); o DNA de fita dupla não pode dobrar-se desse modo. Como discutimos mais adiante, a capacidade de dobrar-se em estruturas tridimensionais complexas permite que o RNA desempenhe várias funções na célula que vão muito além das de simples intermediário de informações entre DNA e proteína. Enquanto as funções do DNA limitam-se ao estoque de informação, alguns RNAs possuem funções estruturais, reguladoras ou catalíticas.

A transcrição produz um RNA que é complementar a uma das fitas do DNA

Todo o RNA de uma célula é produzido a partir da transcrição, um processo que apresenta certas similaridades com a replicação do DNA (discutida no Cap. 6). A transcrição tem início com a abertura e a desespiralização de uma pequena

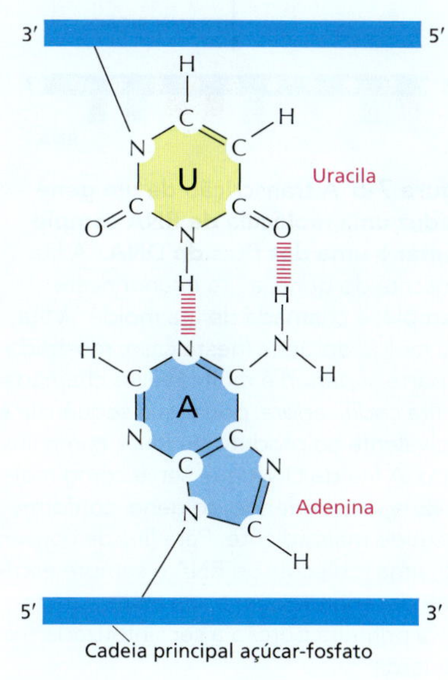

Figura 7-4 A uracila forma pares de bases com a adenina. As ligações de hidrogênio que mantêm unido um par de bases são mostradas em *vermelho*. A uracila tem as mesmas propriedades de pareamento de bases que a timina. Assim, pares de bases U-A no RNA assemelham-se a pares de bases A-T no DNA (ver Figura 5-6A).

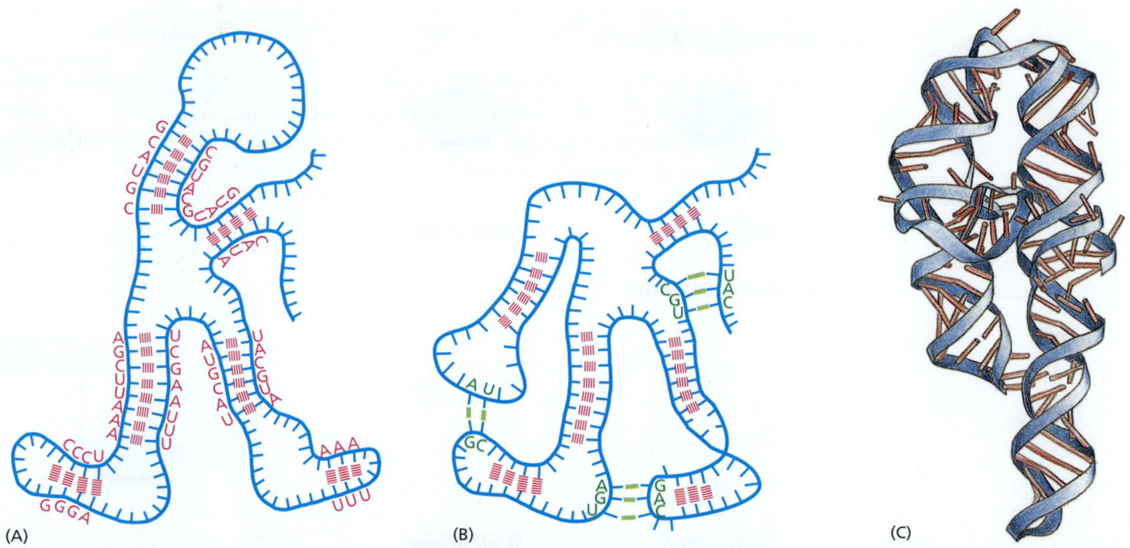

Figura 7-5 As moléculas de RNA podem formar pares de bases intramolecularmente e se dobrar em estruturas específicas. O RNA é uma fita simples, mas frequentemente contém pequenos segmentos de nucleotídeos que podem sofrer pareamento com sequências complementares encontradas em outras regiões da mesma molécula. Essas interações, junto a algumas interações de pares de base "não convencionais" (p. ex., A-G), permitem que uma molécula de RNA se dobre em uma estrutura tridimensional que é determinada pela sua sequência de nucleotídeos. (A) Um diagrama de uma estrutura de RNA hipotética dobrada, mostrando apenas interações convencionais de pares de bases (G-C e A-U). (B) A incorporação de interações de pares de bases não convencionais (*verde*) altera a estrutura do RNA hipotético ilustrado em (A). (C) Estrutura de uma molécula de RNA real que está envolvida no *splicing* de RNA. Esse RNA contém uma quantidade considerável de estruturas em dupla-hélice. A cadeia principal de açúcar-fosfato está indicada em *azul* e as bases em *vermelho*; as interações convencionais de pares de bases estão indicadas por "degraus" vermelhos contínuos, e os pares de bases não convencionais estão indicados por degraus vermelhos interrompidos. Para visualização adicional da estrutura do RNA, ver **Animação 7.1**.

porção da dupla-hélice de DNA para que as bases de ambas as fitas do DNA sejam expostas. A seguir, uma das duas fitas do DNA de dupla-hélice atuará como molde para a síntese do RNA. Os ribonucleotídeos são adicionados, um a um, à cadeia de RNA em crescimento; da mesma forma que ocorre na replicação do DNA, a sequência nucleotídica da cadeia é determinada pelo pareamento por complementaridade de bases com o DNA molde. Quando um pareamento correto é feito, o ribonucleotídeo recém-chegado é ligado covalentemente à cadeia de RNA em crescimento pela enzima *RNA-polimerase*. A cadeia de RNA produzida pela transcrição – o **transcrito de RNA** – é, desse modo, estendida nucleotídeo a nucleotídeo e apresenta sequência nucleotídica exatamente complementar à fita de DNA usada como molde (**Figura 7-6**).

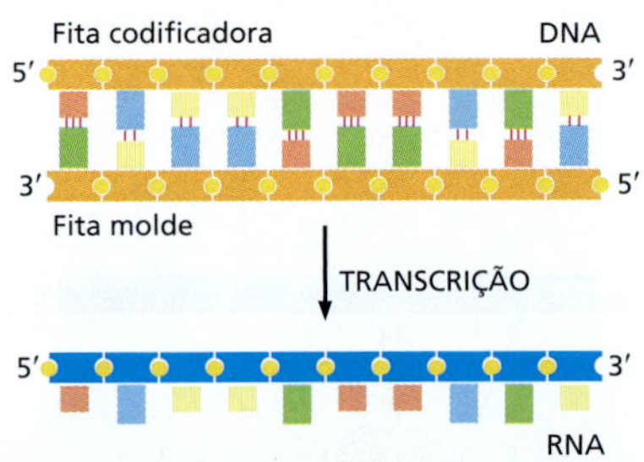

Figura 7-6 A transcrição de um gene produz uma molécula de RNA complementar a uma das fitas do DNA. A fita transcrita do gene, a fita *inferior* neste exemplo, é chamada de fita molde. A fita não molde do gene (neste caso, mostrada na parte *superior*) é muitas vezes chamada de *fita codificadora*, pois a sua sequência é equivalente ao produto de RNA, como ilustrado. A fita de DNA que serve como molde varia, dependendo do gene, conforme discutido mais adiante. Para fins de convenção, uma molécula de RNA é sempre escrita ou desenhada com a sua extremidade 5' – a primeira porção a ser sintetizada – à esquerda.

A transcrição difere da replicação de DNA em vários aspectos essenciais. Diferentemente de uma fita de DNA recém-formada, a fita de RNA não permanece ligada à fita de DNA molde. Em vez disso, em uma região imediatamente além da região onde os ribonucleotídeos estão sendo inseridos, a cadeia de RNA é deslocada e a hélice de DNA é reestruturada. Por essa razão – e considerando que apenas uma das fitas da molécula de DNA é transcrita, as moléculas de RNA são constituídas de fita simples. Além disso, como os RNAs são copiados somente a partir de uma região definida do DNA, as moléculas de RNA são muito mais curtas do que as moléculas de DNA; as moléculas de DNA em um cromossomo humano podem alcançar um comprimento de até 250 milhões de pares de nucleotídeos, ao passo que a maioria dos RNAs não possui um comprimento maior do que poucos milhares de nucleotídeos, sendo muitos deles ainda bem menores do que isso.

Assim como a DNA-polimerase que catalisa a replicação do DNA (discutida no Cap. 6), as **RNA-polimerases** catalisam a formação de ligações fosfodiéster que unem os nucleotídeos e formam a cadeia principal de açúcar-fosfato de uma cadeia de RNA (ver Figura 7-3). A RNA-polimerase se move paulatinamente sobre o DNA, desenrolando a hélice de DNA à sua frente e expondo a nova região da fita molde para que ocorra o pareamento por complementaridade de bases. Des-

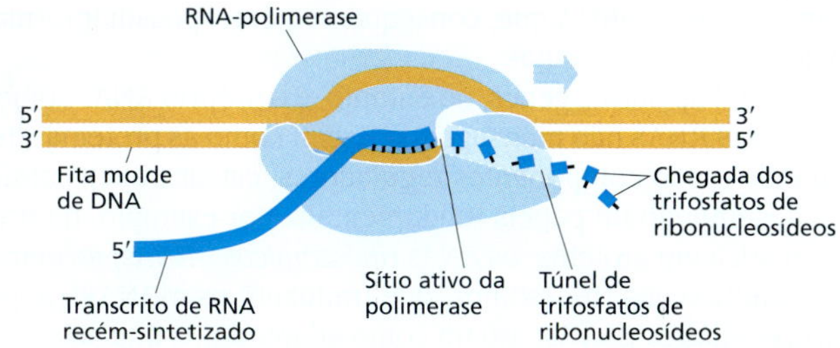

Figura 7-7 O DNA é transcrito em RNA pela enzima RNA-polimerase. A RNA-polimerase (*azul-claro*) se move paulatinamente ao longo do DNA, desespiralizando a hélice de DNA à sua frente. À medida que avança, a polimerase adiciona ribonucleotídeos, um a um, à cadeia de RNA, utilizando uma fita exposta do DNA como molde. O transcrito de RNA resultante é, portanto, uma fita simples e complementar a essa fita molde (ver Figura 7-6). Conforme a polimerase se move ao longo do DNA molde (no sentido 3' para 5'), ela desloca o RNA recém-formado, permitindo que as duas fitas de DNA atrás da polimerase se reassociem. Uma região curta de hélice híbrida DNA/RNA (com cerca de nove nucleotídeos de comprimento) é formada temporariamente, fazendo com que uma "janela" da hélice DNA/RNA se mova ao longo do DNA junto à polimerase (**Animação 7.2**).

se modo, a cadeia de RNA em crescimento é estendida nucleotídeo a nucleotídeo na direção de 5' para 3' (**Figura 7-7**). Os trifosfatos de ribonucleosídeos recém-chegados (ATP, CTP, UTP e GTP) fornecem a energia necessária para a continuidade da reação (ver Figura 6-11).

A liberação quase imediata da fita de RNA recém-sintetizada da fita de DNA molde permite que muitas cópias de RNA possam ser feitas a partir de um único gene, em um intervalo de tempo relativamente curto; a síntese do próximo RNA é geralmente iniciada antes que a primeira cópia de RNA tenha sido completada (**Figura 7-8**). Um gene de tamanho mediano – digamos, de 1.500 pares de nucleotídeos – leva aproximadamente 50 segundos para ser transcrito por uma molécula de RNA-polimerase (**Animação 7.2**). Em um momento específico qualquer, podem existir dúzias de polimerases percorrendo esse pequeno segmento de DNA, umas nos calcanhares das outras, o que permite a síntese de mais de 1.000 transcritos no período de uma hora. Na maioria dos genes, entretanto, a taxa de transcrição é bem mais baixa do que essa.

Embora a RNA-polimerase catalise essencialmente a mesma reação química que a DNA-polimerase, existem algumas diferenças importantes entre essas duas enzimas. A primeira, e mais óbvia, é que a RNA-polimerase usa ribonucleosídeos como substrato para fosfatos e, portanto, ela catalisa a ligação de ribonucleotídeos, e não desoxirribonucleotídeos. A segunda é que, contrariamente à DNA-polimerase, envolvida na replicação de DNA, as RNA-polimerases podem dar início à síntese de uma cadeia de RNA na ausência de um iniciador. Essa diferença provavelmente evoluiu porque a transcrição não precisa ser tão exata quanto a replicação do DNA; diferentemente do DNA, o RNA não é usado como a forma de armazenamento permanente de informação genética nas células, de modo que erros em transcritos de RNA apresentarão consequências relativamente menores para uma célula. As RNA-polimerases cometem aproximadamente um erro a cada 10^4 nucleotídeos copiados em RNA, ao passo que as DNA-polimerases cometem apenas um erro a cada 10^7 nucleotídeos copiados.

QUESTÃO 7-2

Na micrografia eletrônica da Figura 7-8, as moléculas de RNA-polimerase estão se movendo da direita para a esquerda ou da esquerda para a direita? Por que os transcritos de RNA são muito mais curtos do que os segmentos de DNA (genes) que os codificam?

As células produzem vários tipos de RNA

A grande maioria dos genes presentes no DNA de uma célula especifica as sequências de aminoácidos das proteínas. As moléculas de RNA codificadas por esses genes – que em última instância dirigem a síntese das proteínas – são chamadas de **RNAs mensageiros** (**mRNAs**). Em eucariotos, cada mRNA geralmente contém a informação transcrita a partir de um único gene, que codifica uma única proteína. Em bactérias, um conjunto de genes adjacentes é frequentemente

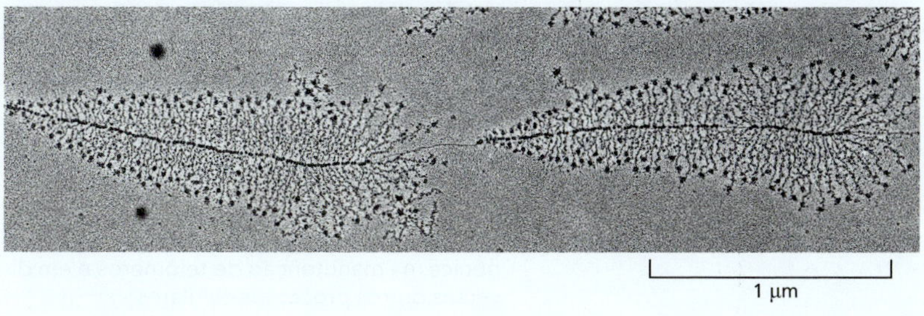

Figura 7-8 A transcrição pode ser visualizada sob microscopia eletrônica. A micrografia mostra muitas moléculas de RNA-polimerase transcrevendo simultaneamente dois genes ribossômicos adjacentes em uma única molécula de DNA. As moléculas de RNA-polimerase estão pouco visíveis, como uma série de pequenos pontos ao longo da coluna da molécula de DNA; cada polimerase produz um transcrito de RNA (uma linha fina e curta) que irradia dela. As moléculas de RNA que estão sendo transcritas a partir dos dois genes ribossômicos – RNAs ribossômicos (rRNAs) – não são traduzidas em proteína, mas serão usadas diretamente como componentes dos ribossomos, máquinas macromoleculares feitas de RNAs e proteínas. Acredita-se que as partículas grandes que podem ser vistas nas extremidades 5' livres de cada transcrito de rRNA sejam proteínas ribossômicas que se associaram às extremidades dos transcritos em crescimento. (Cortesia de Ulrich Scheer.)

transcrito em um único mRNA que, consequentemente, possui informação para a produção de diferentes proteínas.

O produto final de outros genes, no entanto, é o próprio RNA. Como veremos mais adiante, esses RNAs não mensageiros, assim como as proteínas, têm várias funções, atuando como componentes reguladores, estruturais e catalíticos das células. Eles desempenham papéis fundamentais, por exemplo, na tradução da mensagem genética em proteína: os *RNAs ribossômicos* (*rRNAs*) formam o núcleo estrutural e catalítico dos ribossomos, que traduzem os mRNAs em proteína, e os *RNAs transportadores* (*tRNAs*) atuam como adaptadores que selecionam aminoácidos específicos e os posicionam adequadamente sobre um ribossomo para serem incorporados em uma proteína. Outros pequenos RNAs, denominados *microRNAs* (*miRNAs*), atuam como importantes reguladores da expressão gênica em eucariotos, como discutiremos no Capítulo 8. Os tipos mais comuns de RNAs estão listados na **Tabela 7-1**.

Em seu sentido mais amplo, o termo **expressão gênica** se refere ao processo pelo qual a informação codificada na sequência de DNA é traduzida em um produto que desencadeia um efeito determinado em uma célula ou organismo. Nos casos em que o produto final do gene é uma proteína, a expressão gênica inclui tanto a transcrição quanto a tradução. Quando uma molécula de RNA é o produto final do gene, entretanto, a expressão gênica não requer a tradução.

Sinais no DNA indicam os pontos de início e de término de transcrição para a RNA-polimerase

A iniciação da transcrição é um processo especialmente importante, pois é o principal momento no qual a célula seleciona quais proteínas ou RNAs deverão ser produzidos. Para dar início à transcrição, a RNA-polimerase deve ser capaz de reconhecer o início de um gene e ligar-se firmemente ao DNA sobre esse ponto. O modo pelo qual as RNA-polimerases reconhecem o *sítio de início de transcrição* de um gene difere consideravelmente entre bactérias e eucariotos. Visto que essa situação é mais simples em bactérias, inicialmente nos deteremos no sistema procariótico.

Quando uma RNA-polimerase colide aleatoriamente com uma molécula de DNA, a enzima adere fracamente à dupla-hélice e, em seguida, desliza rapidamente sobre ela. A RNA-polimerase adere fortemente ao DNA somente após ter encontrado uma região do gene chamada de **promotor**, que contém uma sequência específica de nucleotídeos posicionada imediatamente a montante do ponto de início para a síntese do RNA. Uma vez ligada firmemente a essa sequência, a RNA-polimerase separa a dupla-hélice imediatamente em frente ao promotor para expor os nucleotídeos de um segmento curto de cada fita de DNA. Uma das duas fitas de DNA expostas funciona como um molde para o pareamento de bases complementares com os trifosfatos de ribonucleotídeos que aí chegam, e dois desses ribonucleotídeos são unidos pela polimerase para dar início à síntese da cadeia de RNA. Por meio desse sistema, a extensão, ou alongamento, da cadeia

TABELA 7-1 Tipos de RNAs produzidos nas células

Tipo de RNA	Função
RNAs mensageiros (mRNAs)	Codificam proteínas
RNAs ribossômicos (rRNAs)	Formam a região central da estrutura do ribossomo e catalisam a síntese proteica
microRNAs (miRNAs)	Regulam a expressão dos genes
RNAs transportadores (tRNAs)	Usados como adaptadores entre o mRNA e os aminoácidos durante a síntese proteica
Outros RNAs não codificadores	Usados no *splicing* do mRNA, na regulação gênica, na manutenção de telômeros e em diversos outros processos celulares

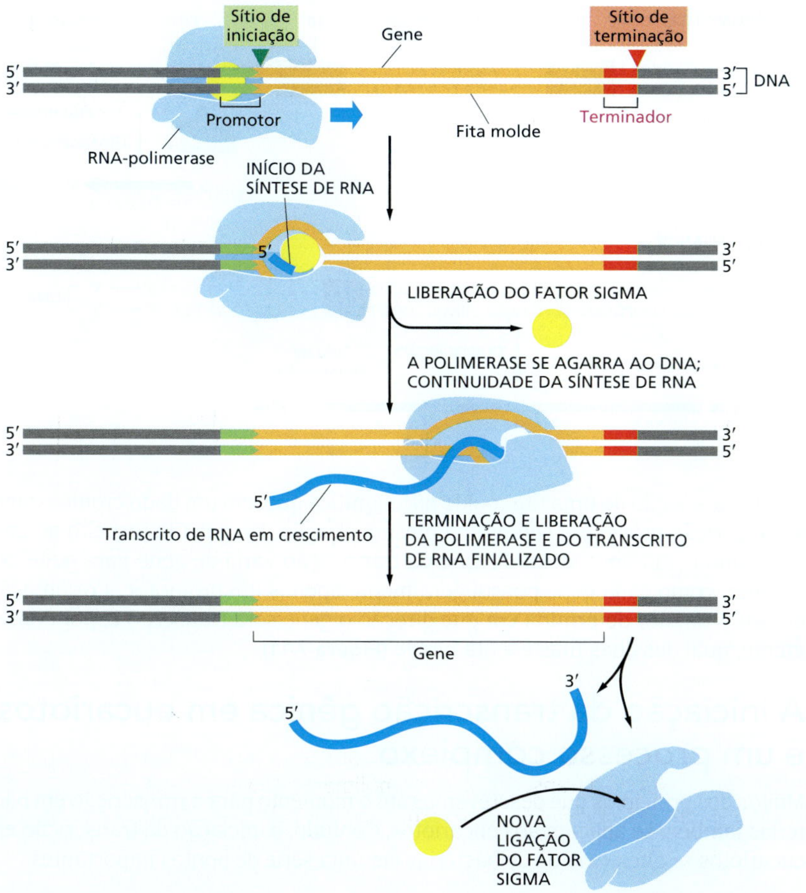

Figura 7-9 Sinais na sequência de nucleotídeos de um gene indicam à RNA--polimerase bacteriana onde iniciar e terminar a transcrição. A RNA-polimerase bacteriana (*azul-claro*) contém uma subunidade denominada fator sigma (*amarelo*), que reconhece o promotor de um gene (*verde*). Uma vez que a transcrição tenha iniciado, o fator sigma é liberado e a polimerase move-se para frente e continua a sintetizar RNA. O alongamento da cadeia prossegue até que a polimerase encontre uma sequência, no gene, denominada terminador (*vermelho*). Nesse ponto, a enzima para e libera tanto o DNA molde quanto o transcrito de RNA recém-sintetizado. A seguir, a polimerase se reassocia a um fator sigma livre e recomeça a busca por outro promotor para reiniciar o processo.

continua até que a enzima encontre um segundo sinal sobre o DNA, o *terminador* (sítio de parada, terminação ou término), onde a polimerase se detém e libera tanto o DNA molde quanto o transcrito de RNA recém-sintetizado (**Figura 7-9**). Essa sequência terminadora está contida no gene e é transcrita na extremidade 3′ do RNA recém-sintetizado.

Visto que a polimerase deve ligar-se fortemente antes de poder começar a transcrição, um segmento de DNA só será transcrito se for precedido por um promotor. Isso assegura a transcrição em RNA das porções da molécula de DNA que contêm um gene. As sequências nucleotídicas de um promotor típico – e de um terminador típico – estão representadas na **Figura 7-10**.

Em bactérias, uma subunidade da RNA-polimerase, o *fator sigma* (σ) (ver Figura 7-9), é o principal responsável pelo reconhecimento da sequência promotora no DNA. Mas como pode esse fator "ver" o promotor, se os pares de bases em questão estão escondidos no interior da dupla-hélice do DNA? O fato é que cada base apresenta características específicas na porção voltada para o exterior da dupla-hélice, permitindo que o fator sigma encontre a sequência do promotor sem que haja a necessidade de separar as fitas espiralizadas do DNA.

O problema seguinte que uma RNA-polimerase enfrenta é determinar qual das duas fitas de DNA utilizar como molde para a transcrição: cada fita tem uma sequência diferente de nucleotídeos e irá produzir um transcrito de RNA distinto. O segredo da escolha reside na estrutura do próprio promotor. Cada promotor tem uma polaridade determinada: ele contém duas sequências diferentes de nucleotídeos, a montante do sítio de início da transcrição, que posicionam a RNA--polimerase, assegurando que ela se ligue ao promotor sob uma única orientação (ver Figura 7-10A). Visto que a polimerase só pode sintetizar RNA na direção 5′ para 3′, ao ser posicionada a enzima deverá necessariamente usar a fita de DNA orientada no sentido 3′ para 5′ como molde.

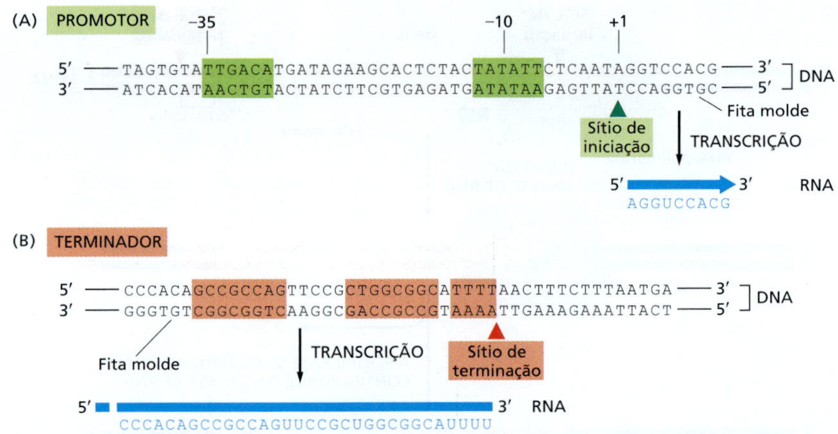

Figura 7-10 Promotores e terminadores bacterianos possuem sequências nucleotídicas específicas que são reconhecidas pela RNA-polimerase. (A) As regiões sombreadas em *verde* representam as sequências de nucleotídeos que especificam um promotor. Os números acima do DNA indicam a posição do nucleotídeo, contada a partir do primeiro nucleotídeo transcrito, o qual é denominado +1. A polaridade do promotor orienta a polimerase e determina a fita de DNA a ser transcrita. Todos os promotores bacterianos possuem sequências de DNA a −10 e a −35 que se assemelham bastante às aqui ilustradas. (B) As regiões sombreadas em *vermelho* representam as sequências no gene que sinalizam o término da transcrição para a RNA-polimerase. Observe que as regiões transcritas em RNA incluem o terminador, mas não as sequências de nucleotídeos do promotor. Por questão de convenção, a sequência de um gene é aquela referente à fita não molde, visto que essa fita apresenta a mesma sequência do RNA transcrito (com T nos sítios referentes a U).

Essa seleção de uma fita molde não significa que, em um dado cromossomo, a transcrição procederá sempre na mesma direção. No que diz respeito ao cromossomo como um todo, a direção da transcrição varia de gene para gene. No entanto, como cada gene possui geralmente apenas um promotor, a orientação do seu promotor determina em que direção o gene será transcrito e, por conseguinte, qual das duas fitas é a fita molde (**Figura 7-11**).

A iniciação da transcrição gênica em eucariotos é um processo complexo

Muitos dos princípios que descrevemos até o momento para a transcrição em bactérias também se aplicam aos eucariotos. Contudo, a iniciação da transcrição em eucariotos se diferencia da de bactérias em uma série de pontos importantes:

- A primeira diferença reside nas próprias RNA-polimerases. Enquanto as bactérias contêm um único tipo de RNA-polimerase, as células de eucariotos possuem três: *RNA-polimerase I*, *RNA-polimerase II* e *RNA-polimerase III*. Essas polimerases são responsáveis pela transcrição de diferentes tipos de genes. As RNA-polimerases I e III transcrevem os genes que codificam os RNAs transportadores, os RNAs ribossômicos e vários outros RNAs que desempenham papéis estruturais e catalíticos nas células (**Tabela 7-2**). A RNA-polimerase II transcreve a ampla maioria dos genes de eucariotos, incluindo todos aqueles que codificam proteínas e miRNAs (**Animação 7.3**). Nossa discussão subsequente tem como foco, portanto, a RNA-polimerase II.
- Uma segunda diferença é que, enquanto a RNA-polimerase bacteriana (em conjunto à sua subunidade sigma) é capaz de dar início ao processo de transcrição de forma independente, as RNA-polimerases de eucariotos necessitam da assistência de um grande número de proteínas acessórias. Entre essas proteínas acessórias, são essenciais os *fatores gerais de transcrição*, que devem associar-se a cada promotor, em conjunto com a polimerase, antes que essa enzima possa iniciar a transcrição.
- Uma terceira característica que diferencia a transcrição em eucariotos é que os mecanismos que controlam a sua iniciação são muito mais complexos do que os existentes em procariotos – um ponto que será amplamente discutido no Ca-

Figura 7–11 Em um cromossomo, alguns genes são transcritos usando uma das fitas do DNA como molde, enquanto outros são transcritos a partir da outra fita do DNA. A RNA-polimerase sempre se move no sentido de 3' para 5' e a escolha da fita molde é determinada pela orientação do promotor (pontas de seta *verdes*) no início de cada gene. Assim, os genes transcritos da esquerda para a direita utilizam a fita inferior de DNA como molde (ver Figura 7-10); aqueles transcritos da direita para a esquerda utilizam a fita superior como molde.

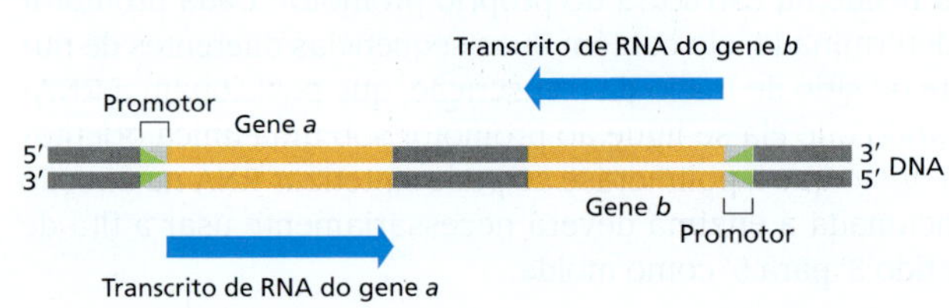

TABELA 7-2 As três RNA-polimerases de células eucarióticas

Tipo de polimerase	Genes transcritos
RNA-polimerase I	A maioria dos genes de rRNAs
RNA-polimerase II	Todos os genes codificadores de proteínas, os genes de miRNA, além dos genes para outros RNAs não codificadores (p. ex., aqueles do spliceossomo)
RNA-polimerase III	Genes do tRNA Gene do rRNA 5S Genes de diversos outros pequenos RNAs

QUESTÃO 7-3

Poderia a RNA-polimerase usada na transcrição ser usada como polimerase para produzir o iniciador de RNA necessário para a replicação de DNA (discutida no Cap. 6)?

pítulo 8. Em bactérias, os genes tendem a se organizar sobre o DNA próximos uns dos outros, com apenas pequenas regiões de DNA não transcritas entre eles. No entanto, tanto no DNA vegetal quanto no de animais, inclusive em seres humanos, os genes se encontram amplamente dispersos, existindo regiões de DNA não transcrito com comprimento de até 100.000 pares de nucleotídeos entre um gene e o seguinte. Essa arquitetura permite que um único gene seja controlado por uma ampla variedade de *sequências de DNA reguladoras* distribuídas ao longo do DNA, e permite que os eucariotos utilizem formas de regulação transcricional muito mais complexas do que as das bactérias.

- Por último, mas não menos importante, a iniciação da transcrição em eucariotos deve levar em consideração o empacotamento do DNA em *nucleossomos* e em formas de cromatina estruturalmente mais compactas, como descrito no Capítulo 8.

Agora, voltamos aos fatores gerais de transcrição e discutimos como eles auxiliam a RNA-polimerase II dos eucariotos na iniciação da transcrição.

A RNA-polimerase de eucariotos requer fatores gerais de transcrição

A descoberta inicial de que, ao contrário da RNA-polimerase bacteriana, uma RNA-polimerase II eucariótica purificada não podia, sozinha, iniciar a transcrição em um tubo de ensaio levou à descoberta e à purificação dos **fatores gerais de transcrição**. Essas proteínas acessórias organizam-se sobre o promotor, onde posicionam a RNA-polimerase, e separam a dupla-hélice do DNA para expor a fita molde, permitindo que a polimerase inicie a transcrição. Assim, os fatores gerais de transcrição têm um papel na transcrição eucariótica semelhante ao do fator sigma na transcrição bacteriana.

A **Figura 7-12** ilustra como ocorre a montagem e a ligação dos fatores gerais de transcrição sobre um promotor reconhecido pela RNA-polimerase II. O proces-

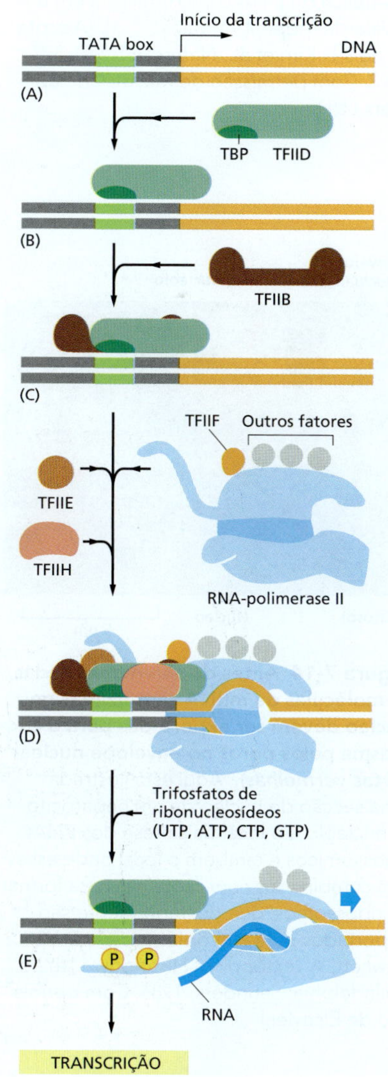

Figura 7-12 Para dar início à transcrição, a RNA-polimerase II eucariótica necessita de um conjunto de fatores gerais de transcrição. Esses fatores de transcrição são denominados TFIIB, TFIID e assim por diante. (A) Diversos promotores eucariotos contêm uma sequência de DNA chamada de TATA box. (B) O TATA box é reconhecido por uma subunidade do fator geral de transcrição TFIID, denominada proteína de ligação ao TATA (TBP). Por questões de simplificação, a distorção do DNA produzida pela ligação do TBP (ver Figura 7-13) não foi ilustrada. (C) A ligação do TFIID permite a ligação adjacente do TFIIB. Os demais fatores gerais de transcrição, assim como a própria RNA-polimerase, se associam ao promotor. (E) Em seguida, o TFIIH separa a dupla-hélice no ponto de iniciação da transcrição, utilizando a energia da hidrólise do ATP, o que expõe a fita molde do gene (não ilustrada). TFIIH também fosforila a RNA-polimerase II, liberando a polimerase da maioria dos fatores gerais de transcrição, para que ela possa dar início à transcrição. O sítio de fosforilação consiste em uma longa "cauda" polipeptídica que se estende a partir da polimerase.

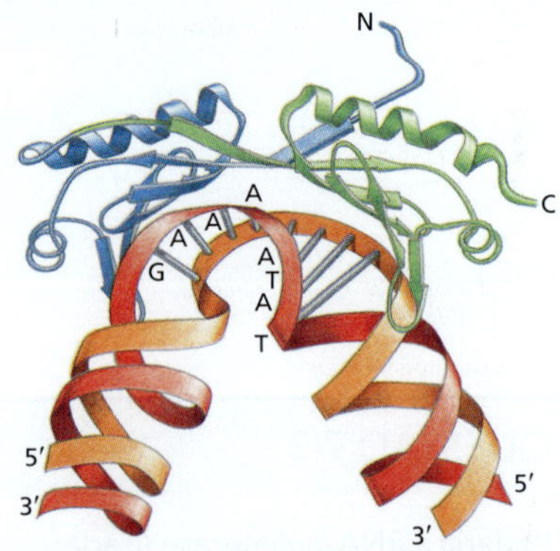

Figura 7-13 A proteína de ligação ao TATA (TBP) liga-se ao TATA box (indicado por letras) e flexiona a dupla-hélice do DNA. Essa distorção única do DNA causada pela TBP, que é uma subunidade do TFIID (ver Figura 7-12), ajuda a atrair os demais fatores gerais de transcrição. A TBP é uma cadeia polipeptídica única dobrada em dois domínios bastante similares (*azul* e *verde*). A proteína posiciona-se sobre a dupla-hélice do DNA como uma sela em um cavalo de rodeio (**Animação 7.4**). (Adaptada de J.L. Kim et al., *Nature* 365:520–527, 1993. Com permissão de Macmillan Publishers Ltd.)

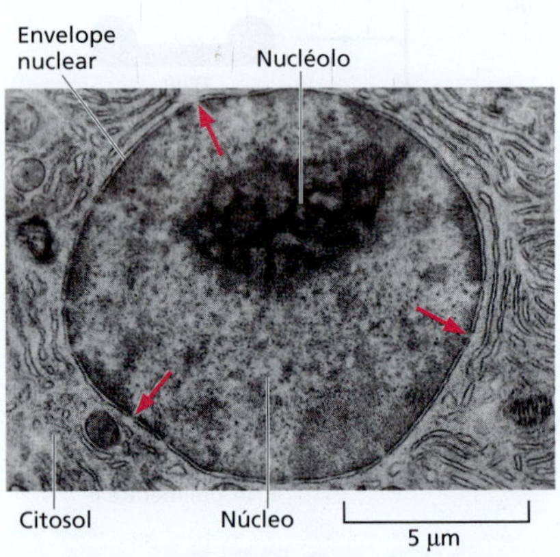

Figura 7-14 Antes de serem traduzidas, as moléculas de mRNA sintetizadas no núcleo devem ser exportadas para o citoplasma pelos poros no envelope nuclear (*setas vermelhas*). Aqui está ilustrada uma secção do núcleo de um hepatócito. O nucléolo é o local da síntese dos RNAs ribossômicos e também o local onde esses são combinados com proteínas para formar os ribossomos, que posteriormente são exportados para o citoplasma. (De D.W. Fawcett, A Textbook of Histology, 11th ed. Philadelphia: Saunders, 1986. Com permissão de Elsevier.)

so de montagem começa geralmente com a ligação do fator geral de transcrição TFIID a um segmento curto da dupla-hélice do DNA constituído principalmente por nucleotídeos T e A; devido à sua composição, essa porção do promotor é conhecida como *TATA box*. Por meio de sua ligação ao DNA, o TFIID provoca uma grande distorção local na dupla-hélice de DNA (**Figura 7-13**), a qual atua como uma marca sinalizadora para a subsequente montagem e agregação de outras proteínas sobre o promotor. O TATA box é um componente crucial de diversos promotores reconhecidos pela RNA-polimerase II, e se encontra geralmente localizado a uma distância de 25 nucleotídeos antes do sítio de início da transcrição. Uma vez que o TFIID tenha se ligado ao TATA box, os demais fatores se organizam, juntamente com a RNA-polimerase II, para formar um *complexo de iniciação de transcrição* completo. Embora a Figura 7-12 ilustre os fatores gerais de transcrição associando-se sobre o promotor em uma ordem determinada, a sequência exata de montagem é provavelmente diferente em distintos promotores.

Depois de a RNA-polimerase II ter sido posicionada no promotor, ela deve ser liberada do complexo de fatores gerais de transcrição para começar a sua tarefa de síntese de uma molécula de RNA. Um passo essencial na liberação da RNA-polimerase é a adição de grupos fosfato à sua "cauda" (ver Figura 7-12E). Essa liberação é iniciada pelo fator geral de transcrição TFIIH, que contém uma de suas subunidades com atividade de proteína-cinase. Uma vez que a transcrição tenha começado, muitos dos fatores gerais de transcrição irão se dissociar do DNA, tornando-se, em seguida, disponíveis para iniciar outro ciclo de transcrição com uma nova molécula de RNA-polimerase. Quando a RNA-polimerase II termina a transcrição de um gene, ela é também liberada do DNA; os fosfatos na sua cauda são removidos por proteínas-fosfatase, e a polimerase está disponível para buscar um novo promotor. Apenas a forma desfosforilada da RNA-polimerase II é capaz de dar início à síntese de RNA.

Os mRNAs eucarióticos são processados no núcleo

Apesar de todos os organismos utilizarem o mesmo princípio de molde de DNA para a transcrição do RNA, o modo segundo o qual os transcritos são manipulados antes de poderem ser utilizados pela célula para a síntese proteica difere bastante entre bactérias e eucariotos. O DNA bacteriano é diretamente exposto no citoplasma, onde se localizam os *ribossomos* nos quais a síntese proteica ocorre. Em uma bactéria, assim que uma molécula de mRNA começa a ser sintetizada, os ribossomos imediatamente se ligam à extremidade 5′ livre do transcrito de RNA e começam a tradução da proteína.

Nas células eucarióticas, em contraste, o DNA está isolado dentro do *núcleo*. A transcrição ocorre no núcleo, mas a síntese de proteínas ocorre nos ribossomos, que se encontram no citoplasma. Desse modo, antes que um mRNA eucariótico possa ser traduzido em proteína, ele deverá ser transportado para fora do núcleo por pequenos poros existentes no envelope nuclear (**Figura 7-14**). Antes que possa ser exportado para o citoplasma, no entanto, um RNA eucariótico deve passar por várias etapas de **processamento do RNA**, que incluem o *capeamento*, o *splicing* (*encadeamento*) e a *poliadenilação*, como discutimos a seguir. Essas etapas acontecem enquanto o RNA está sendo sintetizado. As enzimas responsáveis pelo processamento do RNA são transportadas sobre a cauda fosforilada da RNA-polimerase II eucariótica conforme ela sintetiza uma molécula de RNA (ver Figura 7-12), e processam o transcrito à medida que ele emerge da polimerase (**Figura 7-15**).

Diferentes tipos de RNA são processados de diferentes formas antes de sair do núcleo. Duas etapas do processamento, o capeamento e a poliadenilação, ocorrem somente em transcritos de RNA destinados a se tornarem moléculas de mRNA (denominadas *mRNAs precursores*, ou *pré-mRNAs*).

1. O **capeamento do RNA** modifica a extremidade 5′ do transcrito de RNA, que é a primeira a ser sintetizada. O RNA é capeado pela adição de um nucleotídeo atípico – um nucleotídeo guanina (G) contendo um grupo metila, que

é ligado à extremidade 5′ do RNA de uma forma não habitual (**Figura 7-16**). Esse capeamento ocorre após a RNA-polimerase II ter sintetizado cerca de 25 nucleotídeos do RNA, muito antes de completar a transcrição de todo o gene.

2. A **poliadenilação** insere uma estrutura especial na extremidade 3′ do mRNA recentemente transcrito. Em contraste com as bactérias, em que a extremidade 3′ de um mRNA é simplesmente o final da cadeia sintetizada pela RNA-polimerase, a extremidade 3′ de um mRNA eucarioto é inicialmente clivada por uma enzima que corta a cadeia de RNA em uma sequência determinada de nucleotídeos. O transcrito é então modificado por uma segunda enzima que adiciona uma série de repetições de nucleotídeos adenina (A) à extremidade cortada. Essa *cauda poli-A* geralmente possui um comprimento de algumas centenas de nucleotídeos (ver Figura 7-16A).

Estas duas modificações – capeamento e poliadenilação – aumentam a estabilidade de uma molécula de mRNA eucariótico, facilitando a sua exportação do núcleo para o citoplasma, e geralmente identificam a molécula de RNA como um mRNA. Elas também são utilizadas pela maquinaria de síntese de proteínas, antes do início da síntese, como um indicador de que ambas as extremidades do mRNA estão presentes e, consequentemente, de que essa mensagem está completa.

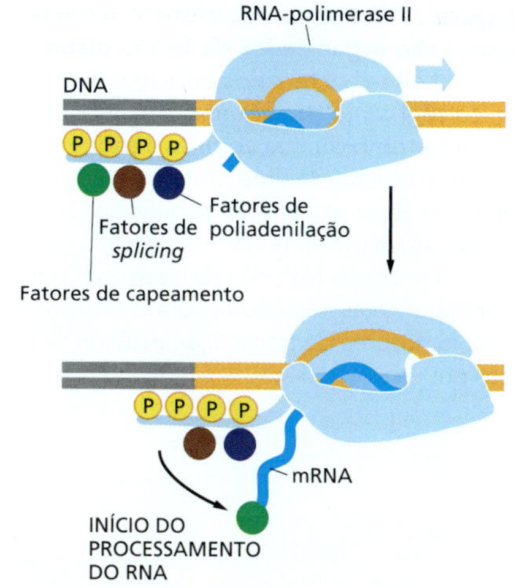

Figura 7-15 A fosforilação da cauda da RNA-polimerase II permite o arranjo das proteínas de processamento do RNA. Observe que os fosfatos aqui ilustrados são suplementares aos necessários para a iniciação da transcrição (ver Figura 7-12). Capeamento, poliadenilação e *splicing* são modificações que ocorrem durante o processamento do RNA no núcleo.

Em eucariotos, genes codificadores de proteínas são interrompidos por sequências não codificadoras denominadas íntrons

A maioria dos pré-mRNAs eucarióticos passa por uma etapa adicional de processamento antes de se tornar mRNA funcional. Essa etapa envolve uma modificação muito mais radical do transcrito de pré-mRNA do que simplesmente o capeamento e a poliadenilação, e é a consequência de uma característica surpreendente da maioria dos genes eucarióticos. Em bactérias, a maioria das proteínas é codificada por um segmento ininterrupto da sequência de DNA que é transcrito para um mRNA e que, sem qualquer processamento adicional, pode ser traduzido em proteína. A maioria dos genes eucarióticos que codificam proteínas, ao contrário, tem suas sequências codificadoras interrompidas por *sequências intervenientes* longas e não codificadoras, chamadas de **íntrons** (do inglês, *intervening sequences*). As porções codificadoras dispersas – chamadas de *sequências expressas* ou **éxons** (do inglês, *expressed sequences*) – são geralmente mais curtas do que os íntrons, e muitas vezes representam apenas uma pequena fração do comprimento total do gene (**Figura 7-17**). Os íntrons variam em comprimento de um único nucleotídeo a mais de 10.000 nucleotídeos. Alguns genes eucarióticos que codificam proteínas não possuem íntrons, e alguns têm apenas poucos íntrons; mas a maioria desses genes possui numerosos íntrons (**Figura 7-18**). Observe que os termos "éxon" e "íntron" aplicam-se tanto ao DNA quanto às sequências correspondentes no RNA.

Figura 7-16 As moléculas do pré-mRNA eucariótico são modificadas pelo capeamento e pela poliadenilação. (A) Um mRNA eucariótico possui um quepe na extremidade 5′ e uma cauda poli-A na extremidade 3′. Lembre-se de que nem todos os transcritos de RNA codificam proteínas. (B) A estrutura do quepe 5′. Diversos quepes de mRNAs eucarióticos apresentam uma modificação adicional: a metilação de um grupo 2′- hidroxila do segundo açúcar ribose no mRNA (não ilustrada).

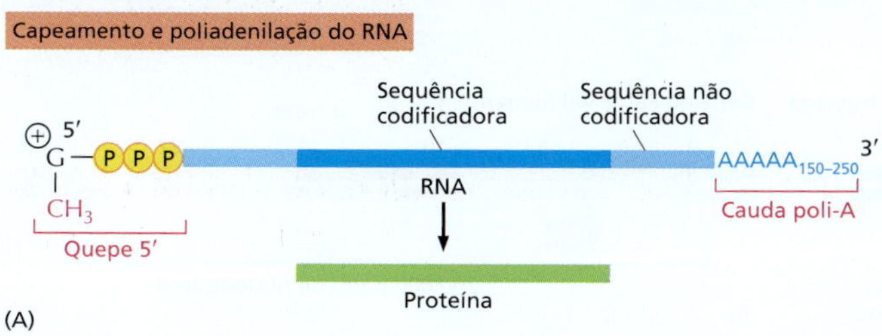

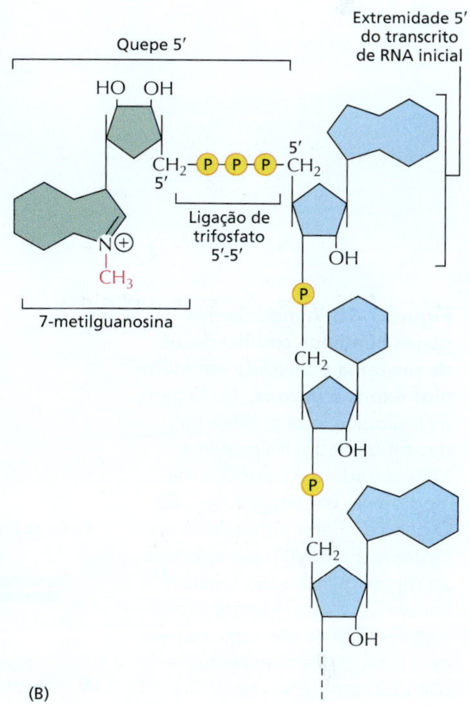

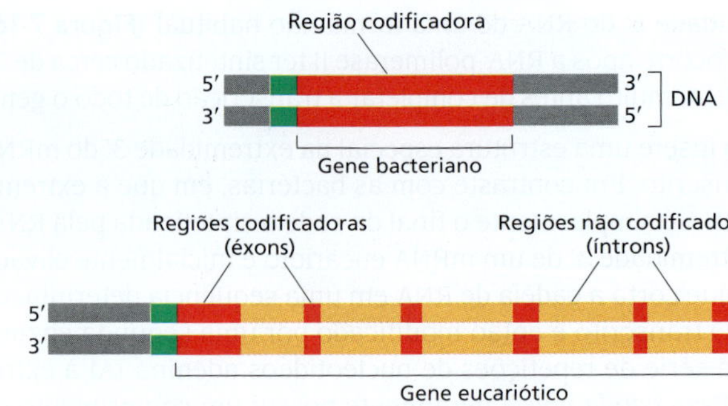

Figura 7-17 Genes eucarióticos e bacterianos são organizados de forma distinta. Um gene bacteriano consiste em um único segmento de sequência nucleotídica não interrompido que codifica a sequência de aminoácidos de uma proteína (ou mais de uma). Em contraste, as sequências codificadoras de proteínas da maioria dos genes eucarióticos (*éxons*) são interrompidas por sequências não codificadoras (*íntrons*). Os promotores de transcrição estão indicados em *verde*.

Os íntrons são removidos de pré-mRNAs pelo *splicing* do RNA

Para produzir um mRNA em uma célula eucariótica, o gene, em sua totalidade, incluindo tanto íntrons quanto éxons, é transcrito em RNA. Após o capeamento, e conforme a RNA-polimerase II continua a transcrever o gene, tem início o processo de ***splicing*** (ou **encadeamento**) **do RNA**, durante o qual os íntrons são removidos do RNA recém-sintetizado e seus éxons são unidos. Finalmente, cada transcrito recebe uma cauda poli-A; em alguns casos, essa etapa ocorre após o *splicing*, ao passo que em outros casos essa etapa ocorre antes que as reações de *splicing* estejam completas. Se um transcrito já sofreu *splicing* e ambas as extremidades 5' e 3' foram modificadas, esse RNA é agora uma molécula funcional que pode então deixar o núcleo e ser traduzida em proteína.

Como a célula determina quais segmentos do transcrito de RNA serão removidos durante o *splicing*? Diferentemente da sequência codificadora de um éxon, a maior parte da sequência nucleotídica de um íntron parece não ser importante. Apesar de, em geral, existir pouca semelhança entre as sequências nucleotídicas de diferentes íntrons, cada íntron contém poucas sequências nucleotídicas curtas essenciais que direcionam sua remoção do pré-mRNA. Essas sequências especiais se encontram nos limites do íntron ou próximas a eles, e são idênticas ou bastante similares entre todos os íntrons (**Figura 7-19**). Guiada por essas sequências, uma elaborada maquinaria de *splicing* remove o íntron sob a forma de uma estrutura em "laço" (**Figura 7-20**) produzida a partir da reação do nucleotídeo "A" salientado em vermelho nas Figuras 7-19 e 7-20.

Não vamos descrever a maquinaria do *splicing* em detalhes, mas vale a pena notar que, ao contrário das outras etapas de produção do mRNA que discutimos, o *splicing* do RNA é realizado em grande parte por moléculas de RNA, em vez de proteínas. Essas moléculas de RNA, chamadas de **pequenos RNAs nucleares** (**snRNAs**), estão unidas a proteínas adicionais para formar *pequenas ribonucleoproteínas nucleares* (*snRNPs*). As snRNPs (cuja pronúncia é "snurps") reconhecem sequências de sítios de *splicing* pelo pareamento de bases complementares entre os seus componentes de RNA e as sequências no pré-mRNA, e também participam intimamente na química do *splicing* (**Figura 7-21**). Juntas, essas snRNPs formam a região central do **spliceossomo** (ou **encadeossomo**), o grande arranjo

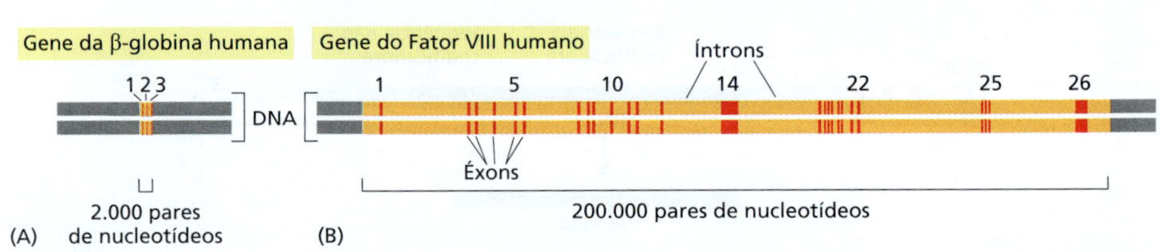

Figura 7-18 A maioria dos genes humanos codificadores de proteína é dividida em múltiplos éxons e íntrons. (A) O gene da β-globina, que codifica uma das subunidades da proteína transportadora de oxigênio hemoglobina, contém 3 éxons. (B) O gene do Fator VIII codifica uma proteína (Fator VIII) que opera na via da coagulação sanguínea e contém 26 éxons. Mutações nesse grande gene são responsáveis pela forma mais prevalente do distúrbio sanguíneo hemofilia.

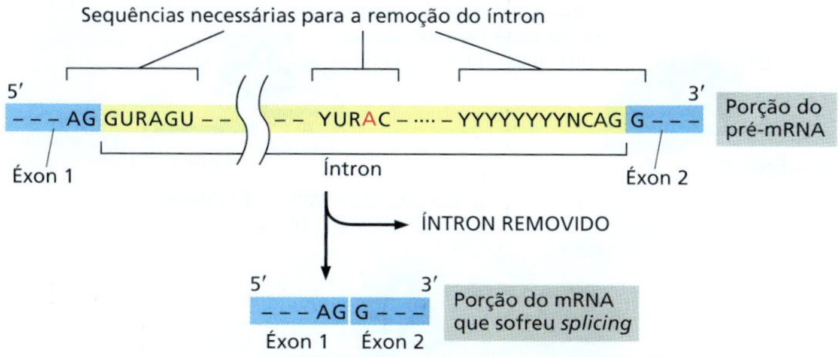

Figura 7-19 Sequências especiais de nucleotídeos em um transcrito de pré-mRNA sinalizam o início e o final de um íntron. Apenas as sequências de nucleotídeos apresentadas são necessárias para a remoção de um íntron; as demais posições em um íntron podem ser ocupadas por quaisquer nucleotídeos. As sequências especiais são reconhecidas principalmente por pequenas ribonucleoproteínas nucleares (snRNPs), que dirigem a clivagem do RNA nos limites éxon-íntron e catalisam a ligação covalente das sequências dos éxons. Aqui, além dos símbolos padrão dos nucleotídeos (A, C, G, U), R significa A ou G; Y significa C ou U; e N representa qualquer nucleotídeo. O A ilustrado em *vermelho* forma o ponto de forquilha do laço produzido na reação de *splicing* mostrada na Figura 7-20. As distâncias sobre o RNA, entre as três sequências de *splicing*, são extremamente variáveis; entretanto, a distância entre o ponto de forquilha e a junção 5' do *splicing* é caracteristicamente muito maior do que a distância entre a junção 3' do *splicing* e o ponto de forquilha (ver Figura 7-20). As sequências de *splicing* ilustradas se referem a humanos; sequências similares direcionam o *splicing* do RNA em outros organismos eucarióticos.

de RNA e de moléculas proteicas que realiza o *splicing* no núcleo. Para visualizar o spliceossomo em ação, veja a **Animação 7.5**.

Esse tipo de arranjo do gene em eucariotos envolvendo íntrons e éxons pode, à primeira vista, parecer um processo dispendioso e desnecessário. No entanto, ele contém uma série de importantes benefícios. Em primeiro lugar, os transcritos de diversos genes eucarióticos podem ser processados por *splicing* sob diferentes formas, cada uma delas levando à produção de uma proteína distinta. Esse tipo de ***splicing* alternativo** permite, portanto, que diferentes proteínas sejam produzidas a partir de um mesmo gene (**Figura 7-22**). Acredita-se que cerca de 95% dos genes humanos sofram *splicing* alternativo. Dessa forma, o *splicing* do RNA permite que os eucariotos elevem astronomicamente o potencial de codificação de seus genomas.

O *splicing* do RNA também fornece outra vantagem aos eucariotos, uma que provavelmente desempenhou um papel extremamente importante na história evolutiva inicial dos genes. Como discutimos em detalhes no Capítulo 9, acredita-se que a estrutura íntron-éxon dos genes tenha acelerado o surgimento de proteínas novas e úteis: novas proteínas parecem ter surgido pela mistura e recombinação de diferentes éxons de genes preexistentes, analogamente à montagem de um novo tipo de máquina a partir de um *kit* de componentes funcionais preexistentes. Efetivamente, várias proteínas presentes nas células atuais se assemelham a uma colcha de retalhos, composta a partir de um conjunto padrão de peças proteicas, denominadas *domínios proteicos* (ver Figura 4-51).

Os mRNAs eucarióticos maduros são exportados do núcleo

Vimos como a síntese e o processamento do pré-mRNA ocorrem de forma ordenada dentro do núcleo da célula. No entanto, esses eventos criam um problema específico para as células eucarióticas: do número total de transcritos do pré-mRNA que são sintetizados, apenas uma pequena fração – o mRNA maduro – será útil para a célula. Os fragmentos remanescentes de RNA – íntrons excisados, RNAs quebrados e transcritos erroneamente unidos – não são apenas inúteis, mas podem ser perigosos para a célula se forem autorizados a sair do núcleo.

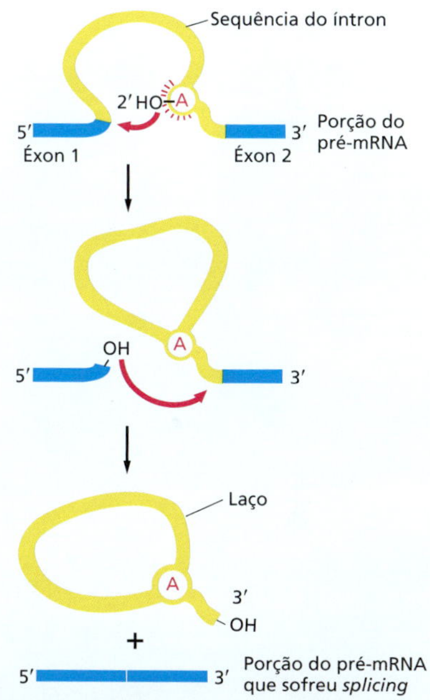

Figura 7-20 Um íntron em uma molécula de pré-mRNA forma uma estrutura ramificada durante o *splicing* do RNA. No primeiro passo, a adenina do ponto de forquilha (A em *vermelho*), na sequência do íntron, ataca o sítio 5' de *splicing* e corta a cadeia principal de açúcar-fosfato do RNA nesse ponto (essa é a mesma adenina que está salientada em *vermelho* na Figura 7-19). Neste processo, a extremidade 5' cortada do íntron é covalentemente ligada ao grupo 2'-OH da ribose do nucleotídeo A para formar uma estrutura em forquilha. A seguir, a extremidade 3'-OH livre, da sequência do éxon, reage com a sequência inicial do éxon seguinte, o que une os dois éxons em uma sequência codificadora contínua e libera o íntron sob a forma de um laço, o qual é então degradado no núcleo.

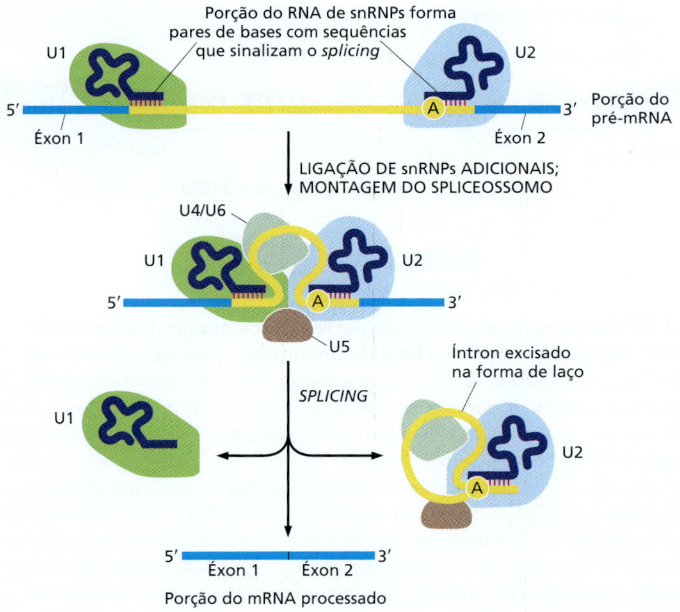

Figura 7-21 O *splicing* é realizado por uma série de complexos RNA-proteína chamados de snRNPs. Há cinco snRNPs, denominadas U1, U2, U4, U5 e U6. Como mostrado aqui, U1 e U2 ligam-se ao sítio 5′ de *splicing* (U1) e ao ponto de forquilha do laço (U2) por meio de pareamento por complementaridade de bases. Outras snRNPs são atraídas para o sítio de *splicing*, e interações entre seus componentes proteicos dirigem a montagem completa do spliceossomo. A seguir, rearranjos dos pares de bases que unem as snRNPs e o transcrito de RNA reorganizam o spliceossomo para formar o sítio ativo que excisa o íntron, dando origem ao mRNA processado (ver também Figura 7-20).

Como, então, a célula distingue entre as moléculas de mRNA maduras relativamente raras que devem ser exportadas para o citosol e a enorme quantidade de detritos gerados pelo processamento do RNA?

A resposta é que o transporte de mRNA do núcleo para o citoplasma, onde os mRNAs são traduzidos em proteína, é altamente seletivo: apenas mRNAs processados corretamente são exportados. Esse transporte seletivo é mediado por *complexos do poro nuclear*, que conectam o nucleoplasma ao citosol e agem como portões que controlam as macromoléculas que podem entrar ou sair do núcleo (discutido no Cap. 15). Para estar "pronta para exportação", uma molécula de mRNA deve estar ligada a um conjunto apropriado de proteínas, cada qual capaz de reconhecer partes diferentes de uma molécula madura de mRNA. Essas proteínas incluem proteínas de ligação à poli-A, um complexo de ligação ao quepe, e proteínas que se ligam a mRNAs que tenham sofrido *splicing* correto (**Figura 7-23**). É o conjunto completo de proteínas ligadas, e não uma única proteína, que, em última instância, determina se uma molécula de mRNA deixará o núcleo. Os "resíduos de RNAs" que ficam para trás no núcleo são degradados, e seus "blocos construtores", os nucleotídeos, são reutilizados para a transcrição.

As moléculas de mRNA são finalmente degradadas no citosol

Visto que uma única molécula de mRNA pode ser traduzida diversas vezes, gerando várias cópias da proteína (ver Figura 7-2), o intervalo de tempo que uma molécula madura de mRNA permanece na célula afeta a quantidade de proteína produzida.

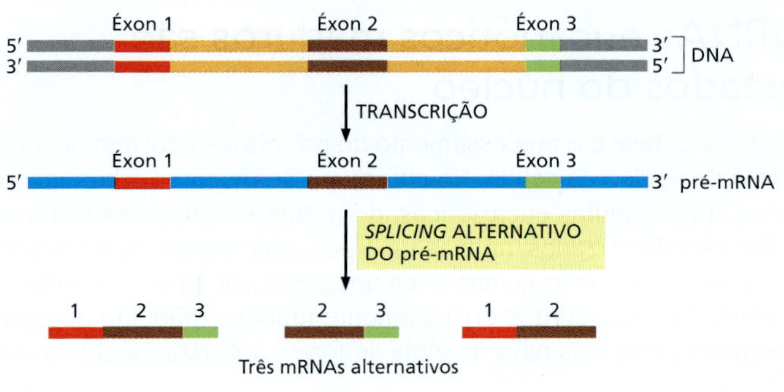

Figura 7-22 Alguns pré-mRNAs sofrem *splicing* alternativo do RNA para produzir vários mRNAs e proteínas a partir do mesmo gene. Apesar de todos os éxons estarem presentes em um pré-mRNA, alguns podem ser excluídos da molécula de mRNA final. Neste exemplo, três de quatro possíveis mRNAs são produzidos. Os quepes 5′ e as caudas poli-A dos mRNAs não estão ilustrados.

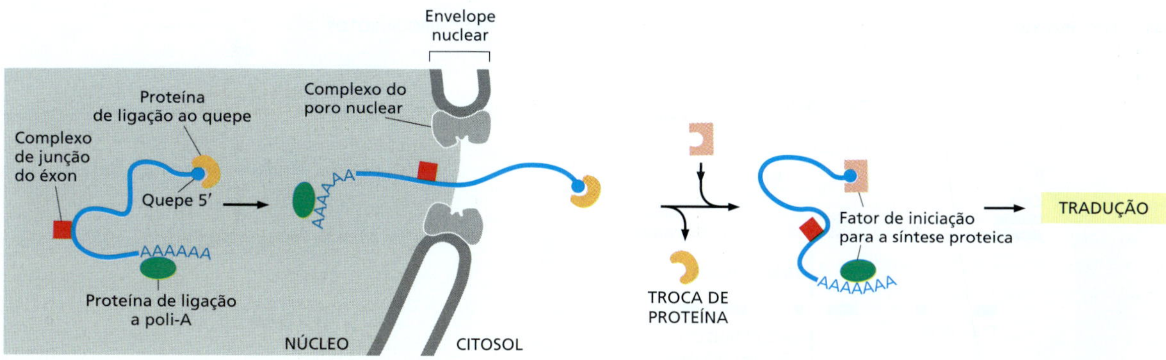

Figura 7-23 Um conjunto especializado de proteínas de ligação ao RNA sinaliza que o mRNA maduro está pronto para ser exportado para o citosol. Como indicado à esquerda, o quepe e a cauda poli-A de uma molécula madura de mRNA estão "marcados" por proteínas que reconhecem essas modificações. Além disso, um grupo de proteínas chamado de complexo de junção do éxon é depositado sobre o pré-mRNA após a ocorrência de cada *splicing* bem-sucedido. Quando o mRNA é considerado "pronto para exportação", um receptor de transporte nuclear (discutido no Cap.15) se associa ao mRNA, guiando-o pelo poro nuclear. No citosol, o mRNA pode perder algumas dessas proteínas e ligar-se a novas, que, com a proteína de ligação à poli-A, atuam como fatores de iniciação para a síntese de proteínas, como discutimos adiante.

Cada molécula de mRNA, finalmente, é degradada em nucleotídeos por ribonucleases (RNases) presentes no citosol, mas o tempo de vida médio de moléculas de mRNA difere consideravelmente, dependendo da sequência de nucleotídeos do mRNA e do tipo de célula. Em bactérias, a maioria dos mRNAs é rapidamente degradada, apresentando um tempo de vida médio típico de cerca de 3 minutos. Os mRNAs em células eucarióticas normalmente persistem por mais tempo: alguns, como os que codificam a β-globina, têm tempo de vida médio de mais de 10 horas, ao passo que outros têm tempo de vida médio inferior a 30 minutos.

Esses tempos de vida média distintos são, em parte, controlados por sequências de nucleotídeos presentes no próprio mRNA, frequentemente localizadas na porção do RNA denominada *região 3' não traduzida*, que se situa entre a extremidade 3' da sequência codificadora e a cauda poli-A. Os diferentes tempos de vida média de mRNAs ajudam a célula a controlar a quantidade de cada proteína que ela sintetiza. Em geral, as proteínas produzidas em grande quantidade, como a β-globina, são traduzidas a partir de mRNAs que apresentam tempos de vida média longos, enquanto as proteínas feitas em quantidades menores, ou cujos níveis devem ser rapidamente alterados em resposta a sinais específicos, são em geral sintetizadas a partir de mRNAs de curta duração.

As primeiras células devem ter possuído íntrons em seus genes

O processo de transcrição é universal: todas as células usam RNA-polimerase e o sistema de complementaridade de bases para sintetizar RNA a partir de DNA. Além disso, as RNA-polimerases bacterianas e eucarióticas são praticamente idênticas em termos gerais de suas estruturas, e certamente evoluíram a partir de uma polimerase ancestral comum. Portanto, pode ter parecido desafiador explicar por que os transcritos de RNA resultantes são tratados de maneira tão diferente em eucariotos e em procariotos (**Figura 7-24**). Em particular, o *splicing* do RNA parece marcar uma diferença fundamental entre esses dois tipos de células. Mas, afinal, como teve origem essa diferença tão marcante?

Como vimos, o *splicing* do RNA proporciona aos eucariotos a capacidade de produzir uma ampla variedade de proteínas a partir de um único gene. Isso também lhes permite desenvolver novos genes por meio da mistura e recombinação de éxons de genes preexistentes, como discutimos no Capítulo 9. No entanto, essas vantagens vêm acompanhadas de um custo: a célula deve manter um genoma maior e descartar uma grande fração do RNA por ela sintetizado sem tê-lo usado. De acordo com uma linha de pensamento, as células primordiais – os ancestrais comuns de procariotos e eucariotos – continham íntrons que foram perdidos pelos procariotos ao longo de sua evolução subsequente. Pelo abandono de seus íntrons e adoção de um genoma menor, mais fluido, os procariotos foram capazes de se reproduzir mais rapidamente e de maneira eficiente. Corroborando essa ideia, eucariotos simples que se reproduzem rapidamente (p. ex., algumas

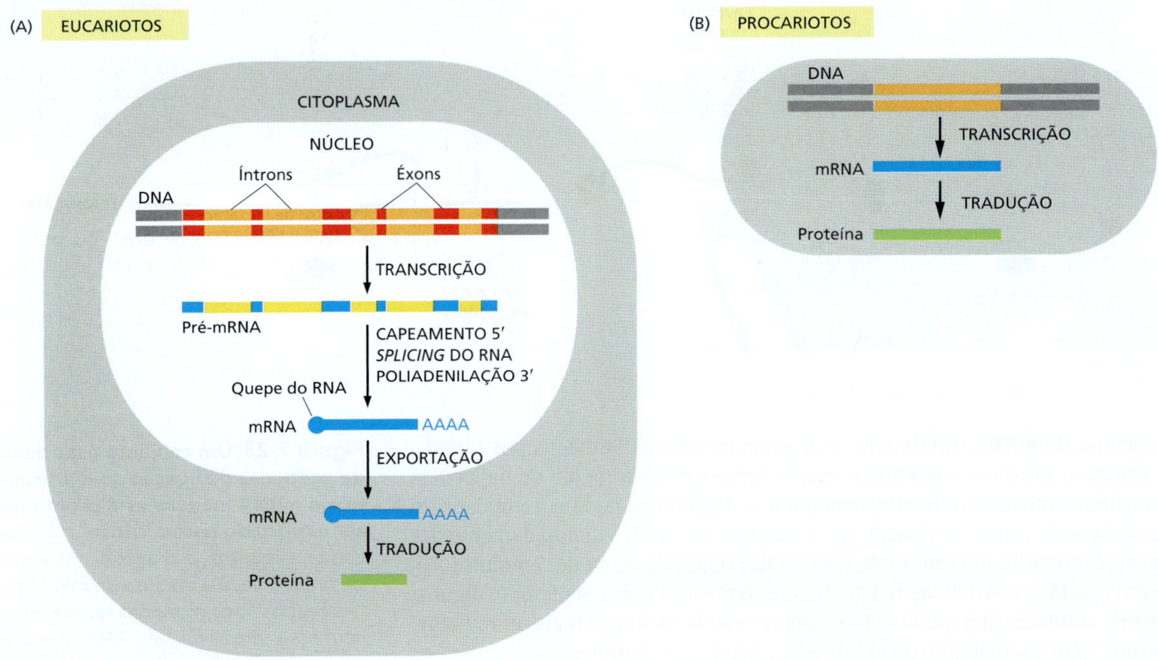

Figura 7-24 Procariotos e eucariotos "manipulam" diferentemente seus transcritos de RNA. (A) Em células eucarióticas, a molécula de pré-RNA, produzida pela transcrição, contém tanto sequências de íntrons quanto de éxons. Suas duas extremidades sofrem modificações, e os íntrons são removidos pelo *splicing* do RNA. A seguir, o mRNA resultante é transportado do núcleo para o citoplasma, onde é traduzido em proteína. Embora esses passos estejam representados como ocorrendo em sequência, um de cada vez, na realidade eles ocorrem simultaneamente. Por exemplo, a adição do quepe do RNA costuma ocorrer antes de a transcrição estar concluída. O mesmo se dá com o início do *splicing* do RNA. Devido a essa sobreposição, transcritos inteiros do gene (incluindo todos os íntrons e éxons) em geral não são encontrados na célula. (B) Em procariotos, a produção de moléculas de mRNA é mais simples. A extremidade 5' de uma molécula de RNA é produzida na iniciação da transcrição pela RNA-polimerase, e a extremidade 3' é produzida pelo término da transcrição. Visto que células procarióticas não possuem núcleo, a transcrição e a tradução ocorrem em um mesmo compartimento. Assim, a tradução de um mRNA bacteriano tem início antes que sua síntese esteja completa. Tanto em procariotos quanto em eucariotos, a quantidade de uma proteína em uma célula depende das taxas de cada uma dessas etapas, bem como das taxas de degradação do mRNA e das moléculas de proteína.

leveduras) possuem relativamente poucos íntrons, e esses íntrons são em geral muito menores do que os encontrados em eucariotos superiores.

Por outro lado, alguns argumentam que os íntrons se originaram a partir de elementos genéticos móveis parasitas (discutidos no Cap. 9) que invadiram um ancestral eucariótico primordial e colonizaram seu genoma. Essas células hospedeiras replicaram involuntariamente as sequências "clandestinas" de nucleotídeos juntamente com o seu próprio DNA, e os eucariotos modernos simplesmente não se preocupam em eliminar a desordem genética deixada por essas infecções antigas. A questão, no entanto, está longe de ser definida; se os íntrons evoluíram no início – e foram perdidos pelos procariotos – ou evoluíram tardiamente nos eucariotos ainda é uma questão atual de debate científico, sobre a qual retornaremos no Capítulo 9.

DO RNA À PROTEÍNA

No final da década de 1950, os biólogos haviam demonstrado que a informação codificada no DNA era inicialmente copiada em RNA e a seguir em proteína. O debate estava centrado no "problema da codificação": como uma informação sob a forma de uma sequência linear de nucleotídeos em uma molécula de RNA era traduzida para a forma de uma sequência linear de um conjunto de subunidades quimicamente tão distintas – os aminoácidos – em uma proteína? Essa fascinante questão intrigava os cientistas da época. Ali estava um quebra-cabeça proposto pela natureza que, após mais de 3 bilhões de anos de evolução, poderia ser resolvido por um dos produtos dessa evolução – os seres humanos! E foi o que aconteceu, não apenas o código foi finalmente decifrado e compreendido em nível molecular, como foram também estabelecidas as principais características da maquinaria por meio da qual as células leem esse código.

Uma sequência de mRNA é decodificada em grupos de três nucleotídeos

A transcrição como forma de transferência de informação é simples de compreender: o DNA e o RNA são química e estruturalmente similares, e o DNA pode atuar diretamente como molde para a síntese de RNA pelo sistema de parea-

Códons	GCA GCC GCG GCU	AGA AGG CGA CGC CGG CGU	GAC GAU	AAC AAU	UGC UGU	GAA GAG	CAA CAG	GGA GGC GGG GGU	CAC CAU	AUA AUC AUU	UUA UUG CUA CUC CUG CUU	AAA AAG	AUG	UUC UUU	CCA CCC CCG CCU	AGC AGU UCA UCC UCG UCU	ACA ACC ACG ACU	UGG	UAC UAU	GUA GUC GUG GUU	UAA UAG UGA
Aminoácidos	Ala	Arg	Asp	Asn	Cys	Glu	Gln	Gly	His	Ile	Leu	Lys	Met	Phe	Pro	Ser	Thr	Trp	Tyr	Val	Terminação
	A	R	D	N	C	E	Q	G	H	I	L	K	M	F	P	S	T	W	Y	V	

Figura 7-25 A sequência nucleotídica de um mRNA é traduzida para a sequência de aminoácidos de uma proteína pelo uso de um código genético. Todos os códons de três nucleotídeos em mRNAs que determinam um dado aminoácido estão listados sobre esse aminoácido, o qual está representado tanto pela abreviação de uma letra quanto pela abreviação em sigla de três letras (ver Painel 2-5, p. 74-75 para o nome completo de cada aminoácido e a sua estrutura). Como as moléculas de RNA, os códons são sempre escritos com o nucleotídeo 5′-terminal à esquerda. Observe que a maioria dos aminoácidos é representada por mais de um códon e que existem algumas regularidades no conjunto de códons que especificam cada aminoácido. Códons para o mesmo aminoácido contêm, em geral, os mesmos nucleotídeos na primeira e na segunda posições, e podem variar em sua terceira posição. Existem três códons que não especificam aminoácidos, mas atuam como sítios de terminação (*códons de terminação*), sinalizando o final da sequência codificadora de proteína em um mRNA. Um códon – AUG – age tanto como códon de iniciação, sinalizando o início de uma mensagem que codifica uma proteína, quanto como códon que especifica o aminoácido metionina.

mento de bases por complementaridade. Como o termo transcrição diz, é como se uma mensagem manuscrita estivesse sendo convertida, digamos, em um texto datilografado. A linguagem *per se* e a forma da mensagem não foram alteradas, e os símbolos utilizados são bastante semelhantes.

Em contraste, a conversão da informação contida no RNA para proteína representa uma **tradução** da informação em outra linguagem, composta por símbolos diferentes. Tendo em vista que existem apenas quatro nucleotídeos diferentes no mRNA, mas 20 tipos diferentes de aminoácidos em uma proteína, essa tradução não pode acontecer por um sistema de correspondência direto entre um nucleotídeo no RNA e um aminoácido na proteína. As regras pelas quais a sequência de nucleotídeos de um gene, passando por uma molécula intermediária de mRNA, é traduzida na sequência de aminoácidos de uma proteína são conhecidas como o **código genético**.

Em 1961, foi descoberto que a sequência de nucleotídeos em uma molécula de mRNA é lida, consecutivamente, em grupos de três. Visto que o RNA é constituído de quatro diferentes nucleotídeos, existem $4 \times 4 \times 4 = 64$ combinações possíveis de três nucleotídeos: AAA, AUA, AUG, e assim por diante. No entanto, apenas 20 aminoácidos diferentes são geralmente encontrados em proteínas. Dessa forma, ou alguns tripletes de nucleotídeos nunca são usados, ou o código é redundante, com alguns aminoácidos sendo especificados por mais de um triplete. A segunda possibilidade mostrou-se correta, conforme mostrado no código genético completamente decifrado apresentado na **Figura 7-25**. Cada grupo de três nucleotídeos consecutivos sobre o RNA é denominado **códon**, e cada um desses códons especifica um aminoácido. A estratégia utilizada para decifrar esse código está descrita em **Como Sabemos**, p. 240-241.

O mesmo código genético é usado por quase todos os organismos da atualidade. Apesar de algumas diferenças terem sido descritas, estas ocorrem principalmente no mRNA mitocondrial e em alguns fungos e protozoários. As mitocôndrias têm as suas próprias maquinarias de replicação de DNA, de transcrição e de síntese proteica, que operam independentemente das maquinarias correspondentes do restante da célula (discutido no Cap. 14), e essas organelas foram capazes de acomodar pequenas alterações àquele que é um código genético praticamente universal. Mesmo no caso de fungos e protozoários, as similaridades do código são muito superiores às poucas diferenças.

Em princípio, uma sequência de mRNA pode ser traduzida em qualquer uma de três diferentes **fases de leitura**, dependendo do ponto de início do processo de decodificação (**Figura 7-26**). No entanto, apenas uma das três possíveis fases de leitura sobre um mRNA codifica a proteína correta. Discutimos adiante como um sinal de pontuação especial, no início de cada molécula de mRNA, determina a fase de leitura correta.

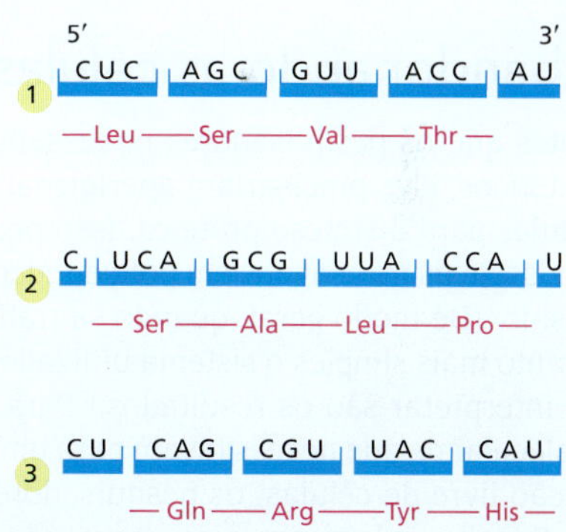

Figura 7-26 Uma molécula de mRNA pode ser traduzida em três fases de leitura diferentes. No processo de tradução de uma sequência nucleotídica (*azul*) em uma sequência de aminoácidos (*vermelho*), a sequência de nucleotídeos na molécula de mRNA é lida da extremidade 5′ para a 3′ em grupos consecutivos de três nucleotídeos. Em princípio, portanto, a mesma sequência de mRNA pode determinar três sequências de aminoácidos completamente diferentes, dependendo do local onde começa a tradução, isto é, da fase de leitura utilizada. Na realidade, porém, apenas uma dessas fases de leitura codifica a mensagem real e, portanto, é usada na tradução, como discutimos adiante.

DECIFRANDO O CÓDIGO GENÉTICO

No início da década de 1960, o *dogma central* havia sido aceito como representativo da via pela qual a informação fluía do gene para a proteína. Estava claro que os genes codificavam as proteínas, que os genes eram feitos de DNA, e que o mRNA atuava como um intermediário, levando a informação do DNA para o ribossomo, no qual o RNA era traduzido em proteína.

Até mesmo o formato geral do código genético estava compreendido: cada um dos 20 aminoácidos encontrados nas proteínas é representado por um códon (triplete) em uma molécula de mRNA. No entanto, um desafio ainda maior permanecia: biólogos, químicos e mesmo físicos concentravam seus esforços tentando decifrar o código – tentando desvendar qual aminoácido era codificado por cada um dos 64 possíveis tripletes de nucleotídeos. A via mais segura para a solução dessa questão seria a comparação da sequência de um segmento de DNA ou mRNA com seu produto polipeptídico correspondente. Contudo, as técnicas de sequenciamento de ácidos nucleicos só ficariam disponíveis no final da década de 1960.

Assim, os cientistas decidiram que, para decifrar o código genético, eles teriam de sintetizar suas próprias moléculas simples de RNA. Se pudessem direcionar essas moléculas de RNA para os ribossomos – as máquinas produtoras de proteínas – e a seguir analisar o produto proteico resultante, então estariam no rumo certo em relação à compreensão dos tripletes que correspondiam aos aminoácidos.

Abandonando as células

Antes que os pesquisadores pudessem testar seus mRNAs sintéticos, eles precisariam aperfeiçoar um sistema livre de células para a síntese proteica. Isso permitiria que eles traduzissem as mensagens em polipeptídeos dentro de tubos de ensaio. (De modo geral, quando se trabalha em laboratório, quanto mais simples o sistema utilizado, mais claros e fáceis de interpretar são os resultados.) Para isolar a maquinaria molecular de que necessitavam para um dado sistema de tradução livre de células, os pesquisadores romperam células de *E. coli* e colocaram o seu conteúdo em uma centrífuga. A centrifugação dessas amostras, em alta velocidade, fazia com que as membranas e outros grandes fragmentos celulares fossem levados para o fundo do tubo; os componentes celulares necessários para a síntese de proteínas, mais leves, como mRNA, tRNA, ribossomos, enzimas e outras moléculas pequenas, permaneciam em suspensão no sobrenadante. Os pesquisadores descobriram que a simples adição de aminoácidos radioativos a essa "sopa" celular poderia induzir a produção de polipeptídeos radiomarcados. Por meio de uma nova centrifugação desse sobrenadante, sob uma velocidade maior, era possível forçar a deposição dos ribossomos, e dos peptídeos recém-sintetizados a eles conectados, no fundo do tubo; os polipeptídeos marcados podiam então ser detectados, medindo-se a radioatividade remanescente no sedimento do tubo após descarte da fase aquosa superior.

O problema com esse sistema específico era que ele produzia proteínas codificadas por mRNAs próprios da célula, já presentes no extrato, e os pesquisadores queriam usar suas próprias mensagens sintéticas para dirigir a síntese de proteínas. Esse problema foi resolvido quando Marshall Nirenberg descobriu que poderia destruir o RNA celular presente no extrato pela adição de uma pequena quantidade de ribonuclease – uma enzima que degrada o RNA. Agora tudo o que ele precisava fazer era preparar grandes quantidades de mRNA sintético, adicioná-las ao sistema livre de células, e analisar os peptídeos resultantes.

Falsificando a mensagem

A produção de polinucleotídeos com uma sequência definida não foi tão simples como se pretendia. Mais uma vez, seriam necessários anos até que químicos e bioengenheiros desenvolvessem máquinas capazes de sintetizar uma determinada sequência de ácidos nucleicos de forma rápida e barata. Nirenberg decidiu utilizar a polinucleotídeo-fosforilase, uma enzima que unia ribonucleotídeos entre eles, sem a presença de um molde. Assim, a sequência de RNA resultante dependeria exclusivamente dos nucleotídeos que estivessem disponíveis para a enzima. Uma mistura de nucleotídeos poderia ser sintetizada em uma sequência aleatória; mas um único tipo de nucleotídeo produziria um polímero homogêneo, contendo apenas um nucleotídeo. Assim, Nirenberg, trabalhando com seu colaborador Heinrich Matthaei, produziu inicialmente mRNAs sintéticos feitos inteiramente de uracila – poli-U.

Juntos, esses pesquisadores colocaram esse poli-U sobre o sistema de tradução livre de células. Eles então adicionaram aminoácidos radioativamente marcados sobre a mistura. Depois de testar cada aminoácido – um de cada vez, em 20 diferentes experimentos – eles determinaram que poli-U dirige a síntese de um polipeptídeo contendo apenas fenilalanina (**Figura 7-27**). Com esse resultado eletrizante, a primeira palavra do código genético foi decifrada (ver Figura 7-25).

Nirenberg e Matthaei repetiram esse experimento com poli-A e poli-C, e determinaram que AAA codificava lisina e CCC codificava prolina. O significado de poli-G não pôde ser determinado por tal método, porque esse polinucleotídeo forma uma hélice de cadeia tripla incomum, que não atua como molde em um sistema livre de células.

Alimentar ribossomos com RNAs sintéticos parecia uma técnica bastante interessante. Mas, com as possibilidades de nucleotídeos únicos esgotadas, os pesquisadores haviam decifrado apenas três códons; e eles ainda tinham outros 61 para descobrir. Os outros códons, no entanto, eram mais difíceis de decifrar, e foi necessária uma nova abordagem sintética. Na década de 1950, o químico orgânico Gobind Khorana havia desenvolvido métodos de preparo de misturas polinucleotídicas com sequência definida – mas essa técnica funcionava apenas com DNA. Quando soube do trabalho de Nirenberg com RNAs sintéticos, Khorana direcionou suas energias e ha-

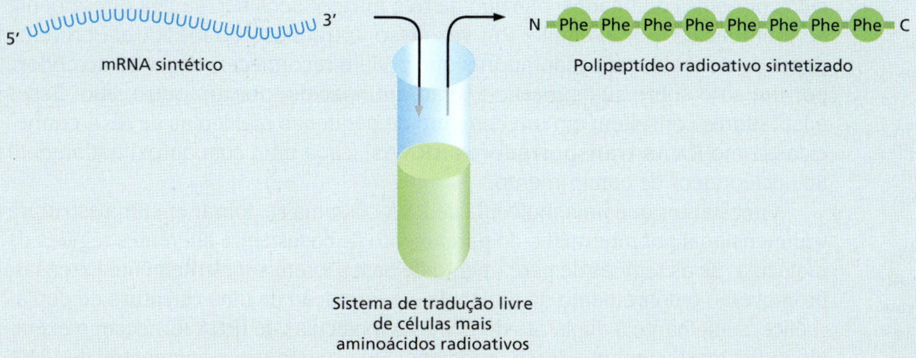

Figura 7-27 UUU codifica uma fenilalanina. Os mRNAs sintéticos são adicionados em um sistema de tradução livre de células que contém ribossomos bacterianos, tRNAs, enzimas e outras moléculas pequenas. Aminoácidos radioativos são adicionados a essa mistura, e os polipeptídeos resultantes são analisados. Nesse caso, é demonstrado que um poli-U codifica um polipeptídeo que contém apenas fenilalanina.

bilidades para a produção de polirribonucleotídeos. Ele descobriu que se fizesse DNAs de uma sequência definida, ele poderia usar a RNA-polimerase para produzir RNAs a partir deles. Dessa forma, Khorana preparou um conjunto de diferentes RNAs de sequências repetitivas definidas: ele gerou sequências de dinucleotídeos (como poli-UC), trinucleotídeos (como poli-UUC) ou tetranucleotídeos (como poli-UAUC).

Entretanto, esses polinucleotídeos geraram resultados muito mais difíceis de decodificar do que os gerados pelas sequências mononucleotídicas utilizadas por Nirenberg. Vejamos, por exemplo, a poli-UG. Quando esse dinucleotídeo é adicionado a um sistema de tradução, os pesquisadores podem observar que ele gera um polipeptídeo de cisteínas e valinas alternadas. Esse RNA contém, obviamente, dois códons alternados diferentes: UGU e GUG. Dessa forma, os pesquisadores podiam dizer que UGU e GUG codificavam cisteína e valina; no entanto, eram incapazes de definir exatamente quem codificava o quê. Assim, essas mensagens mistas forneceram informações úteis, mas não revelaram definitivamente quais códons especificavam quais aminoácidos (**Figura 7-28**).

Aprisionando os tripletes

Essas ambiguidades finais no código foram resolvidas quando Nirenberg e um jovem estudante de medicina chamado Phil Leder descobriram que fragmentos de RNA de apenas três nucleotídeos de comprimento – o tamanho de um único códon – podiam ligar-se a um ribossomo e atrair a molécula adequada de tRNA carregada para a maquinaria de síntese de proteína. Esses complexos – contendo um ribossomo, um códon de mRNA e um tRNA-aminoacil radiomarcado – podiam então ser capturados em um filtro de papel, sendo o aminoácido identificado a seguir.

Seu teste-piloto feito com UUU – a primeira palavra definida – funcionou maravilhosamente. Leder e Nirenberg carregaram o sistema tradicional de tradução livre de células com fragmentos de UUU. Esses trinucleotídeos se ligaram aos ribossomos, e tRNAs-Phe se ligaram ao UUU. O novo sistema estava pronto, funcionava, e os pesquisadores haviam confirmado que UUU codificava fenilalanina.

Só restava aos pesquisadores produzir todos os 64 possíveis códons – uma tarefa rapidamente realizada tanto no laboratório de Nirenberg quanto no de Khorana. Visto que esses pequenos trinucleotídeos eram muito mais simples de ser sintetizados quimicamente e que os testes de aprisionamento de tripletes eram de aplicação e análise bem mais fáceis do que os experimentos anteriores de decodificação, os pesquisadores foram capazes de decifrar o código genético completo no decorrer do ano seguinte.

MENSAGEM	PEPTÍDEOS PRODUZIDOS	CORRELAÇÃO DE CÓDONS	
Poli-UG	...Cys–Val–Cys–Val...	UGU GUG	Cys, Val*
Poli-AG	...Arg–Glu–Arg–Glu...	AGA GAG	Arg, Glu
Poli-UUC	...Phe–Phe–Phe... + ...Ser–Ser–Ser... + ...Leu–Leu–Leu...	UUC UCU CUU	Phe, Ser, Leu
Poli-UAUC	...Tyr–Leu–Ser–Ile...	UAU CUA UCU AUC	Tyr, Leu, Ser, Ile

* Um códon determina Cys, o outro, Val, mas qual é qual? A mesma ambiguidade existe nas outras determinações de códons aqui ilustradas.

Figura 7-28 O uso de RNAs sintéticos de sequências ribonucleotídicas repetitivas com mais de um tipo de nucleotídeo permitiu que os cientistas afunilassem ainda mais as possibilidades de codificação. Embora essas mensagens mistas produzissem polipeptídeos mais complexos, elas não permitiram a atribuição inequívoca de um códon determinado a um aminoácido específico. Por exemplo, no caso de poli-UG, o experimento não possibilita distinguir se UGU ou GUG é o códon que codifica a cisteína. Como indicado, o mesmo tipo de ambiguidade complica a interpretação de todos os experimentos que usam di-, tri- e tetranucleotídeos.

As moléculas de tRNA conectam os aminoácidos e os códons no mRNA

Os códons de uma molécula de mRNA não reconhecem diretamente os aminoácidos por eles codificados: o grupo de três nucleotídeos não se liga diretamente ao aminoácido, por exemplo. Em vez disso, a tradução do mRNA em proteína depende de moléculas adaptadoras que podem reconhecer e ligar-se ao códon, por um sítio sobre sua superfície, e ao aminoácido, por um outro sítio. Esses adaptadores consistem em um conjunto de pequenas moléculas de RNA conhecidas como **RNAs transportadores** (**tRNAs**), cada uma com aproximadamente 80 nucleotídeos de comprimento.

Vimos antes que uma molécula de RNA costuma se dobrar em uma estrutura tridimensional por intermédio do pareamento de bases entre diferentes regiões da molécula. Se as regiões de pareamento de bases forem suficientemente extensas, promoverão o dobramento da molécula e a formação de uma estrutura de dupla-hélice, semelhante à dupla fita do DNA. As moléculas de tRNA fornecem o exemplo mais impressionante desse fenômeno. Quatro pequenos segmentos de tRNA adquirem estrutura de dupla-hélice, produzindo uma molécula que se assemelha a uma folha de trevo quando desenhada esquematicamente (**Figura 7-29A**). Por exemplo, uma sequência 5′-GCUC-3′ em uma parte de uma cadeia polinucleotídica pode formar pares com uma sequência 5′-GAGC-3′ presente em uma outra região dessa mesma molécula. A folha de trevo sofre outros dobramentos, originando uma estrutura compacta em forma de L que se mantém por ligações de hidrogênio adicionais entre as diferentes regiões da molécula (**Figura 7-29B e C**).

Duas regiões nucleotídicas não pareadas, situadas cada uma em uma das extremidades da molécula de tRNA estruturada em L, são essenciais para o funcionamento dos tRNAs durante a síntese proteica. Uma dessas regiões forma o **anticódon**, um conjunto de três nucleotídeos consecutivos, que sofre pareamento com o códon complementar sobre a molécula de um mRNA. A outra é uma região curta, de fita simples, que se situa na extremidade 3′ da molécula; esse é o sítio onde o aminoácido que é codificado pelo códon se liga covalentemente ao tRNA.

Vimos, na seção anterior, que o código genético é redundante; ou seja, vários códons diferentes podem determinar um mesmo aminoácido (ver Figura 7-25). Essa redundância implica ou que exista mais de um tRNA para muitos dos ami-

Figura 7-29 Moléculas de tRNA são adaptadores moleculares, que conectam os aminoácidos aos códons. Nesta série de diagramas, a mesma molécula de tRNA – neste caso, um tRNA específico para o aminoácido fenilalanina (Phe) – é ilustrada sob diferentes representações. (A) A estrutura convencional em "folha de trevo" mostra o pareamento por complementaridade de bases (*linhas vermelhas*) que cria as regiões em dupla-hélice da molécula. A alça do anticódon (*azul*) contém a sequência de três nucleotídeos (*letras vermelhas*) que forma pares de bases com um códon no mRNA. O aminoácido correspondente ao par códon-anticódon está ligado à extremidade 3′ do tRNA. Os tRNAs contêm algumas bases incomuns, as quais são produzidas por alterações químicas após a síntese do tRNA. As bases identificadas como Ψ (de pseudouridina) e D (de di-hidrouridina) são derivadas da uracila. (B e C) Vistas da molécula real em forma de L, com base em análise de difração de raios X. Estas duas imagens estão posicionadas em ângulo de 90° uma em relação à outra. (D) Representação esquemática do tRNA, enfatizando o anticódon, que será utilizada nas figuras subsequentes. (E) A sequência linear de nucleotídeos da molécula de tRNA, com as regiões no mesmo código de cores usado em A, B e C.

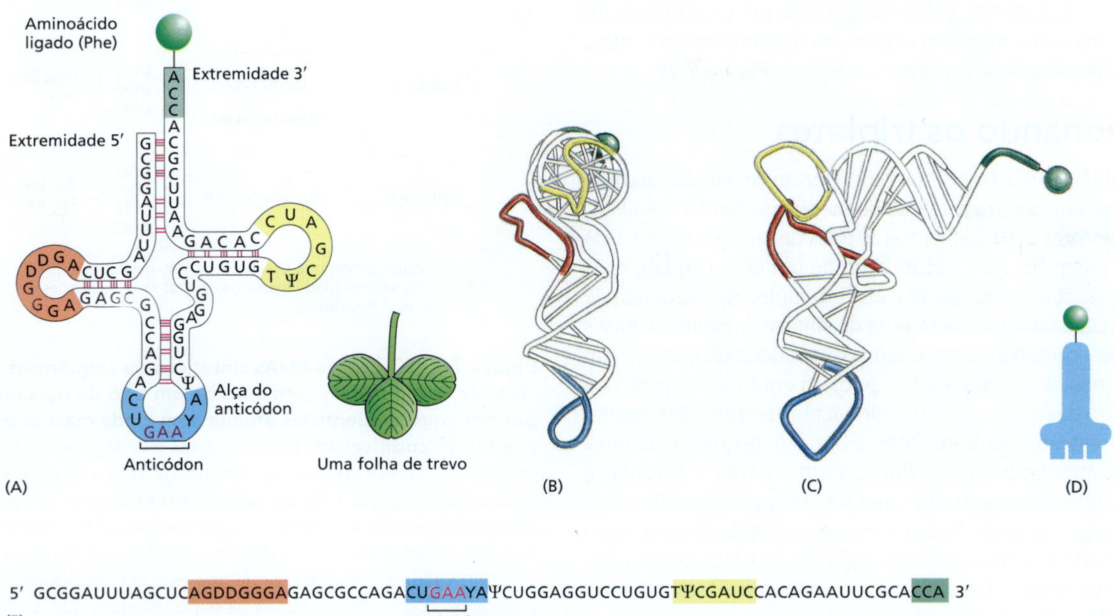

noácidos, ou que algumas moléculas de tRNA possam ligar-se por complementaridade de bases a mais de um códon. Na verdade, ambas as situações ocorrem. Alguns aminoácidos possuem mais de um tRNA e alguns tRNAs são construídos de tal forma que eles exigem um pareamento de bases exato apenas às duas primeiras posições do códon, podendo tolerar um pareamento inexato (ou *oscilação*) sobre a terceira posição. Esse pareamento oscilante pode explicar por que tantos entre os códons alternativos de um aminoácido diferem apenas em seus nucleotídeos da terceira posição (ver Figura 7-25). Os pareamentos oscilantes tornam possível adaptar os 20 aminoácidos a seus 61 códons com apenas 31 tipos diferentes de moléculas de tRNA. O número exato de diferentes tipos de tRNA, entretanto, difere entre as espécies. Por exemplo, humanos possuem quase 500 diferentes genes de tRNA, mas, entre esses, apenas 48 anticódons estão representados.

Enzimas específicas acoplam os tRNAs aos aminoácidos corretos

Para que uma molécula de tRNA desempenhe o seu papel como um adaptador, ela deve ser ligada a – ou carregada com – um aminoácido correto. De que forma cada molécula de tRNA reconhece, entre os 20 aminoácidos possíveis, seu parceiro correto e ideal? O reconhecimento e a ligação do aminoácido correto é dependente de enzimas denominadas **aminoacil-tRNA-sintetases**, que acoplam covalentemente cada aminoácido ao seu conjunto adequado de moléculas de tRNA. Na maioria dos organismos, há uma enzima sintetase diferente para cada aminoácido. Isso significa que existem 20 sintetases ao todo: uma liga a glicina a todos os tRNAs que reconhecem os códons para a glicina, outra liga a fenilalanina a todos os tRNAs que reconhecem códons para a fenilalanina, e assim por diante. Cada enzima sintetase reconhece nucleotídeos específicos, tanto no anticódon quanto no braço aceptor de aminoácidos do tRNA correto (**Animação 7.6**). As sintetases são, portanto, tão importantes quanto os tRNAs no processo de decodificação, pois é a ação combinada das sintetases e dos tRNAs que permite que cada códon na molécula de mRNA especifique o seu aminoácido adequado (**Figura 7-30**).

A reação catalisada pela sintetase que liga o aminoácido à extremidade 3′ do tRNA é uma das muitas reações celulares acoplada à liberação de energia pela hidrólise de ATP (ver Figura 3-33). A reação produz uma ligação de alta energia entre o tRNA carregado e o aminoácido. A energia dessa ligação é posteriormente usada para ligar o aminoácido covalentemente à cadeia polipeptídica em crescimento.

Figura 7-30 O código genético é traduzido pela atuação conjunta de dois adaptadores: aminoacil-tRNA- sintetases e tRNAs. Cada sintetase acopla um aminoácido específico a seus tRNAs correspondentes, em um processo chamado de carregamento. O anticódon da molécula de tRNA carregada forma pares de bases com o códon apropriado no mRNA. Um erro, seja na etapa de carregamento, seja na etapa de ligação do tRNA carregado ao seu códon, fará com que o aminoácido errado seja incorporado em uma cadeia de proteína. Na sequência de eventos ilustrada, o aminoácido triptofano (Trp) é selecionado pelo códon UGG no mRNA.

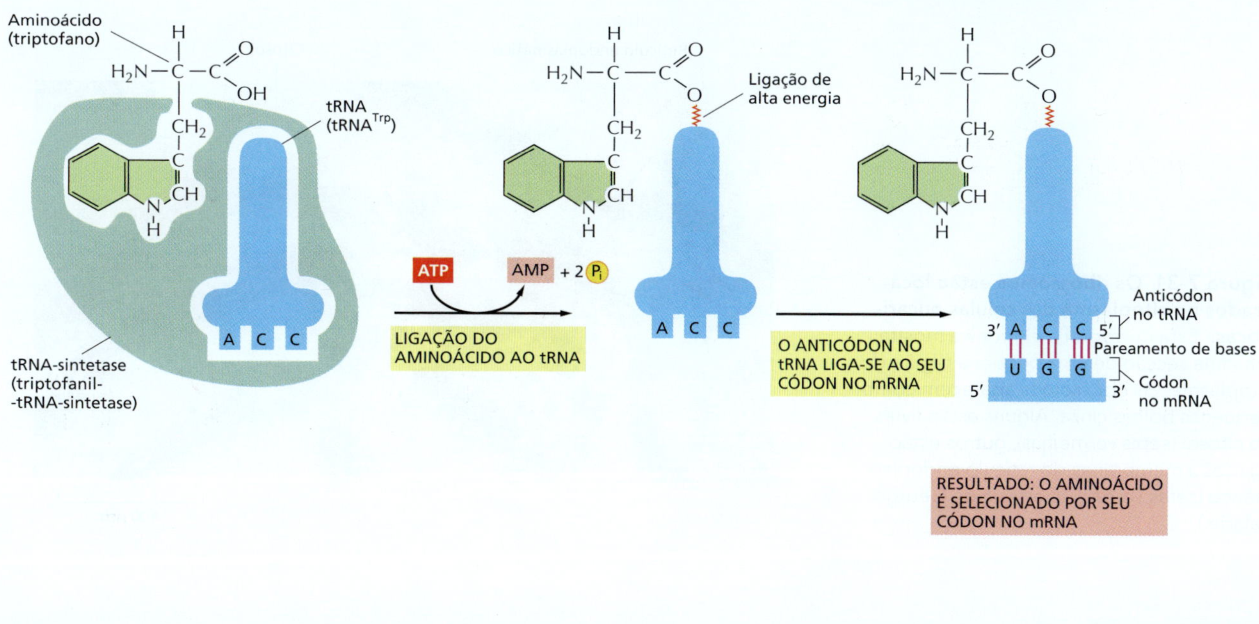

A mensagem do mRNA é decodificada por ribossomos

O reconhecimento de um códon pelo anticódon presente sobre uma molécula de tRNA depende do mesmo tipo de pareamento de bases por complementaridade usado na replicação do DNA e na transcrição. No entanto, a tradução precisa e rápida do mRNA em proteína requer uma maquinaria molecular capaz de mover-se ao longo do mRNA, capturar moléculas de tRNA complementares, manter os tRNAs em posição, e ainda ligar covalentemente os aminoácidos por eles transportados para formar uma cadeia polipeptídica. Tanto em procariotos quanto em eucariotos, a maquinaria que dá início ao processo é o **ribossomo** – um grande complexo composto por dezenas de pequenas proteínas (as *proteínas ribossômicas*) e várias moléculas essenciais de RNA, chamadas de **RNAs ribossômicos** (**rRNAs**). Uma célula eucariótica típica contém milhões de ribossomos em seu citoplasma (**Figura 7-31**).

Os ribossomos de eucariotos e procariotos são bastante semelhantes em estrutura e função. Ambos são compostos por uma subunidade grande e uma subunidade pequena que se encaixam para a formação do ribossomo completo, o qual possui uma massa de vários milhões de dáltons (**Figura 7-32**); para comparação, uma proteína de tamanho médio possui uma massa igual a 30.000 dáltons. A subunidade ribossômica pequena pareia os tRNAs aos códons do mRNA, ao passo que a subunidade grande catalisa a formação das ligações peptídicas que unem os aminoácidos uns aos outros, formando a cadeia polipeptídica. Essas duas subunidades se reúnem sobre uma molécula de mRNA, próximo de sua extremidade 5', para iniciar a síntese de uma proteína. O mRNA é então puxado ao longo do ribossomo como uma longa fita. Conforme o mRNA avança na direção de 5' para 3', o ribossomo traduz a sua sequência de nucleotídeos em uma sequência de aminoácidos, um códon de cada vez, utilizando os tRNAs como adaptadores. Cada aminoácido é acrescentado, na sequência correta, à extremidade final da cadeia polipeptídica em crescimento (**Animação 7.7**). Quando a síntese da proteína é finalizada, as duas subunidades do ribossomo se separam. Os ribossomos operam com uma incrível eficiência: um ribossomo eucarioto adiciona cerca de 2 aminoácidos por segundo a uma cadeia polipeptídica; um ribossomo bacteriano opera ainda mais rapidamente, adicionando cerca de 20 aminoácidos por segundo.

Como os ribossomos conseguem orquestrar todos os movimentos necessários para a tradução? Além de um sítio de ligação para uma molécula de mRNA, cada ribossomo contém três sítios de ligação para moléculas de tRNA, denominados sítio A, sítio P e sítio E (**Figura 7-33**). Para adicionar um aminoácido à

QUESTÃO 7-4

Em um inteligente experimento realizado em 1962, uma cisteína já associada ao seu tRNA foi quimicamente convertida em alanina. Essas moléculas de tRNA "híbridas" foram adicionadas depois a um sistema de tradução livre de células do qual tRNAs-cisteína normais haviam sido removidos. Quando a proteína resultante foi analisada, determinou-se que havia sido inserida alanina em todos os pontos da cadeia polipeptídica onde deveria existir uma cisteína. Discuta o que esse experimento nos revela sobre a função das aminoacil-tRNA-sintetases na tradução normal do código genético.

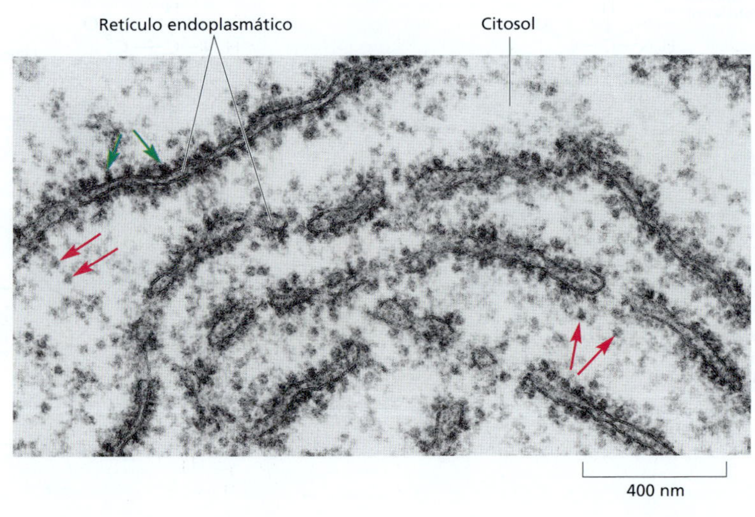

Figura 7-31 Os ribossomos estão localizados no citoplasma das células eucarióticas. Esta micrografia eletrônica mostra uma fina secção de uma pequena região do citoplasma. Os ribossomos aparecem como pequenas bolhas cinza. Alguns estão livres no citosol (*setas vermelhas*); outros estão ligados a membranas do retículo endoplasmático (*setas verdes*). (Cortesia de George Palade.)

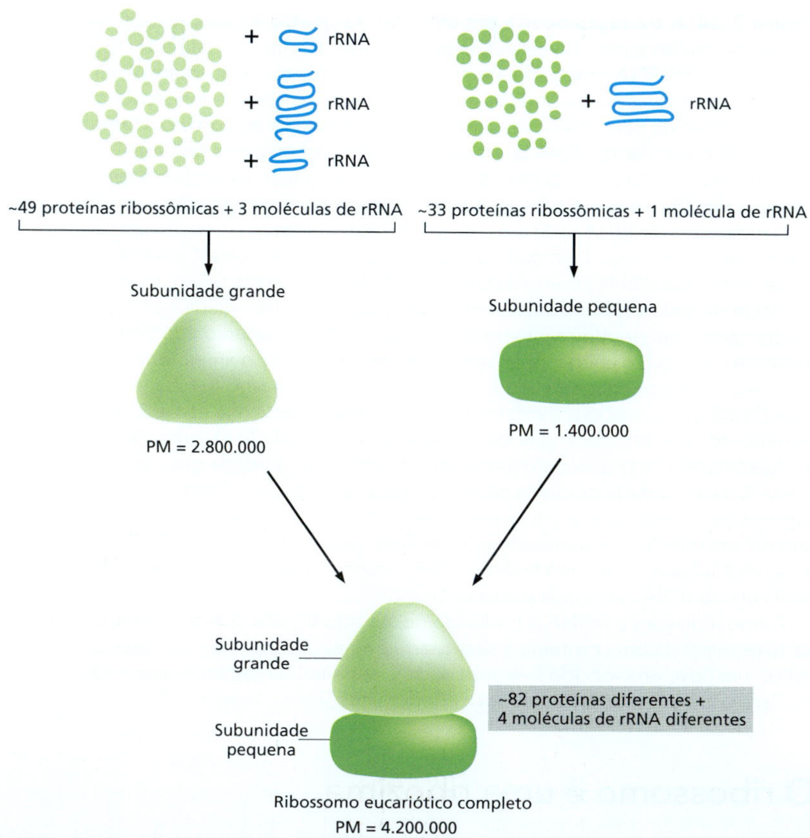

Figura 7-32 O ribossomo eucarioto é um grande complexo de quatro rRNAs e mais de 80 pequenas proteínas. Os ribossomos procarióticos são muito semelhantes: ambos são formados a partir de uma subunidade grande e uma subunidade pequena, que só se unem após a pequena subunidade estar ligada a um mRNA. Embora as proteínas ribossômicas sejam mais numerosas do que os rRNAs, os RNAs são responsáveis pela maior parte da massa do ribossomo e por sua forma e estrutura gerais.

cadeia polipeptídica em crescimento, o tRNA adequadamente carregado penetra no sítio A por pareamento de bases com o códon complementar que se encontra na molécula de mRNA. Seu aminoácido é, então, ligado à cadeia peptídica mantida em posição pelo tRNA que se encontra no sítio P adjacente. Em seguida, a subunidade ribossômica grande desloca-se para frente, movendo o tRNA usado para o sítio E antes de ejetá-lo (**Figura 7-34**). Esse ciclo de reações é repetido cada vez que um aminoácido é adicionado à cadeia polipeptídica, com a nova proteína crescendo de sua extremidade amino para sua extremidade carboxila até que um códon de terminação seja encontrado no mRNA.

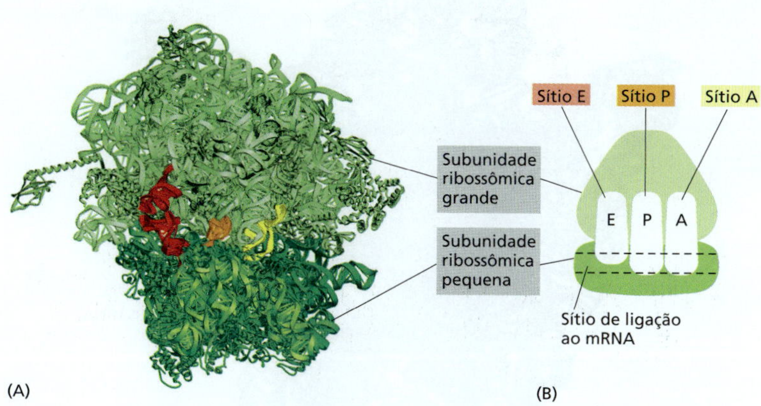

Figura 7-33 Cada ribossomo possui um sítio de ligação para mRNA e três sítios de ligação para tRNA. Os sítios de ligação ao tRNA são designados sítios A, P e E (sigla para aminoacil-tRNA, peptidil-tRNA e saída – *exit*, respectivamente). (A) Estrutura tridimensional de um ribossomo bacteriano, determinada por cristalografia de raios X, com a subunidade pequena em *verde-escuro*, e a subunidade grande em *verde-claro*. Tanto rRNAs quanto proteínas ribossômicas estão ilustrados em *verde*. Os tRNAs estão representados ligados ao sítio E (*vermelho*), ao sítio P (*laranja*) e ao sítio A (*amarelo*). Embora, na ilustração, os três sítios de ligação de tRNA estejam ocupados, durante o processo de síntese proteica não mais do que dois desses sítios contêm moléculas de tRNA simultaneamente (ver Figura 7-34). (B) Representação altamente esquemática de um ribossomo (na mesma orientação de A), que será utilizada nas figuras subsequentes. Observe que tanto a subunidade pequena quanto a grande estão envolvidas na formação dos sítios A, P e E, enquanto apenas a subunidade pequena forma o sítio de ligação para um mRNA. (B, adaptada de M.M. Yusupov et al., *Science* 292:883–896, 2001, com permissão de AAAS. Cortesia de Albion Baucom e Harry Noller.)

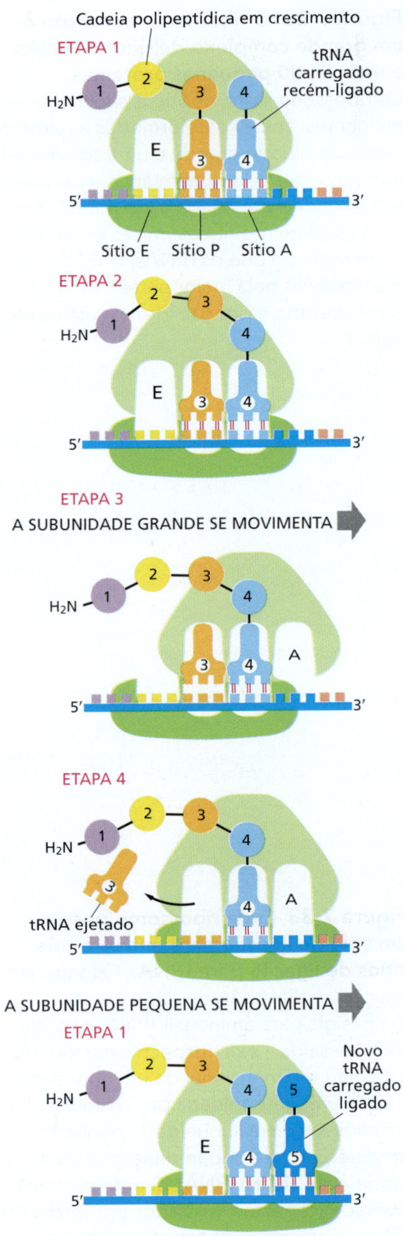

Figura 7-34 A tradução ocorre em um ciclo de quatro etapas. Este ciclo é repetido muitas e muitas vezes durante a síntese de uma cadeia proteica. Na *etapa 1*, um tRNA carregado, transportando o próximo aminoácido a ser adicionado à cadeia polipeptídica, se liga ao sítio A vazio sobre o ribossomo pela formação de pares de bases com o códon do mRNA ali exposto. Como apenas as moléculas de tRNA apropriadas podem formar pares de bases com um dado códon, esse códon determina o aminoácido específico a ser incorporado. Os sítios A e P estão suficientemente próximos para que as duas moléculas de tRNA ali fixadas sejam forçadas a formar pares de bases com códons contíguos, sem que fique qualquer base entre eles. Esse posicionamento dos tRNAs assegura que a fase de leitura correta seja mantida ao longo de toda a síntese da proteína. Na *etapa 2*, a extremidade carboxila da cadeia polipeptídica (aminoácido 3 na etapa 1) é separada do tRNA presente no sítio P e unida por ligações peptídicas ao grupo amino livre do aminoácido que se encontra ligado ao tRNA presente no sítio A. Essa reação é catalisada por um sítio enzimático na subunidade grande. Na *etapa 3*, um movimento da subunidade grande em relação à subunidade pequena leva os dois tRNAs a se posicionarem nos sítios E e P da subunidade grande. Na *etapa 4*, a subunidade pequena se move exatamente três nucleotídeos sobre a molécula de mRNA, o que a reposiciona novamente em sua conformação original em relação à subunidade grande. Esse movimento ejeta o tRNA usado e reinicializa o ribossomo com um sítio A vazio, de tal forma que uma nova molécula de tRNA carregada possa se ligar (**Animação 7.8**).

Como indicado, o mRNA é traduzido no sentido 5′ para 3′, e a extremidade N-terminal de uma proteína é sintetizada primeiro, com cada ciclo adicionando um novo aminoácido à extremidade C-terminal da cadeia polipeptídica. Para visualizar o ciclo da tradução em detalhes, ver **Animação 7.9**.

O ribossomo é uma ribozima

O ribossomo é uma das maiores e mais complexas estruturas da célula, sendo seu peso composto por dois terços de RNA e um terço de proteína. A determinação, no ano 2000, da estrutura tridimensional completa de suas subunidades grande e pequena foi um dos grandes triunfos da biologia moderna. A estrutura confirmou evidências anteriores de que os rRNAs – e não as proteínas – são responsáveis pela estrutura geral do ribossomo e por sua capacidade de coreografar e catalisar a síntese de proteínas.

Os rRNAs estão dobrados em estruturas tridimensionais altamente precisas e compactas que formam o cerne do ribossomo (**Figura 7-35**). Em marcante contraste ao posicionamento central do rRNA, as proteínas ribossômicas estão geralmente localizadas na superfície, onde preenchem as fendas e frestas do RNA dobrado. A principal função das proteínas ribossômicas parece ser auxiliar na

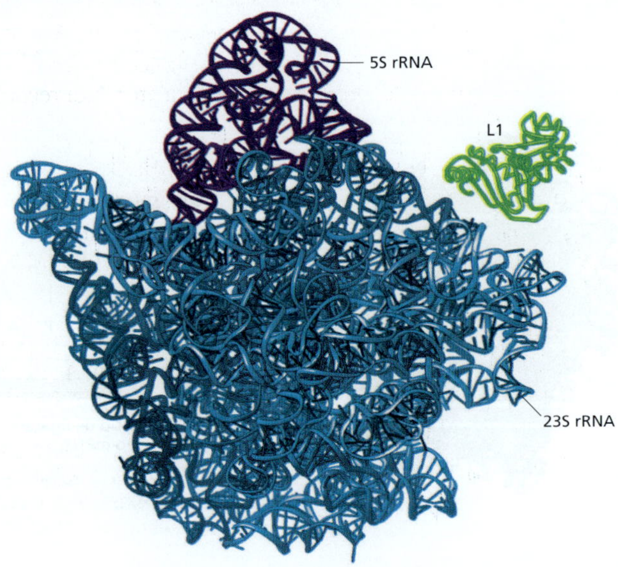

Figura 7-35 Os RNAs ribossômicos conferem ao ribossomo sua forma geral. São ilustradas as estruturas detalhadas dos dois rRNAs que formam a região central da subunidade grande de um ribossomo bacteriano – rRNA 23S (*azul*) e rRNA 5S (*roxo*). Uma das subunidades proteicas do ribossomo (L1) está incluída como ponto de referência, visto que essa proteína é responsável por uma protuberância característica na superfície ribossômica. Os componentes ribossomais são geralmente designados por seu "valor S", o qual se refere à taxa de sedimentação em ultracentrifugação. (Adaptada de N. Ban et al., *Science* 289:905–920, 2000. Com permissão de AAAS.)

manutenção da estrutura e da estabilidade do núcleo de RNA, permitindo ainda que aconteçam as alterações na conformação do rRNA necessárias para que esse RNA catalise de maneira eficiente a síntese proteica.

Não apenas os três sítios de ligação do tRNA (os sítios A, P e E) no ribossomo são primariamente formados por rRNAs, mas também o sítio catalítico para a formação da ligação peptídica é formado pelo rRNA 23S da subunidade grande; a proteína ribossômica mais próxima está localizada a uma distância muito grande, o que impede que ela faça contato com o tRNA carregado recém-chegado ou com a cadeia polipeptídica em crescimento. O sítio catalítico nesse rRNA – uma peptidil-transferase – é, em muitos aspectos, semelhante ao encontrado em algumas enzimas proteicas: consiste em uma fenda altamente estruturada que orienta precisamente os dois reagentes – o polipeptídeo em crescimento e o tRNA carregado –, dessa forma fortemente incrementando a probabilidade de uma reação produtiva.

As moléculas de RNA que possuem atividade catalítica são denominadas **ribozimas**. Mais tarde, na seção final deste capítulo, consideramos outras ribozimas e discutimos o que a catálise com base em RNA deve ter significado para a evolução inicial da vida na Terra. No momento, iremos apenas salientar que existe uma boa razão para suspeitar que RNAs, em vez de moléculas proteicas, atuaram como os primeiros catalisadores em células vivas. Se isso for verdade, o ribossomo, com seu núcleo de RNA catalítico, pode ser considerado como uma relíquia do período inicial da história da vida, quando as células eram dirigidas quase exclusivamente por ribozimas.

QUESTÃO 7-5

Uma fita de DNA com a seguinte sequência de nucleotídeos – 5′-TTAACGGCTTTTTTC-3′ – foi usada como molde para a síntese de um mRNA que, a seguir, foi traduzido em proteína. Determine o aminoácido C-terminal e o aminoácido N-terminal do polipeptídeo resultante. Assuma que o mRNA é traduzido sem a necessidade de um códon de iniciação.

Códons específicos no mRNA sinalizam para o ribossomo os pontos de início e final da síntese proteica

Em um tubo de ensaio, os ribossomos podem ser forçados a traduzir qualquer molécula de RNA (ver Como Sabemos, p. 240-241). Em uma célula, no entanto, um sinal específico é necessário para a iniciação da tradução. O ponto sobre o qual a síntese proteica tem início no mRNA é essencial, pois ele determina a fase de leitura que será seguida em toda a extensão da mensagem. Nessa etapa, um erro de um nucleotídeo em qualquer dos sentidos fará com que cada códon subsequente da mensagem seja erroneamente lido, de tal forma que será sintetizada uma proteína não funcional, composta por uma sequência equivocada de aminoácidos (ver Figura 7-26). A taxa de iniciação determina a taxa na qual a proteína é sintetizada a partir do mRNA.

A tradução de um mRNA tem início com o códon AUG, e um tRNA especialmente carregado é necessário para a iniciação da tradução. Esse **tRNA iniciador** sempre carrega o aminoácido metionina (ou uma forma modificada da metionina, a formil-metionina, em bactérias). Assim, todas as proteínas recentemente sintetizadas possuem uma metionina como o primeiro aminoácido na sua extremidade N-terminal, a extremidade onde é iniciada a síntese de uma proteína. Essa metionina é, em geral, removida posteriormente pela ação de uma protease específica.

Em eucariotos, um tRNA iniciador, carregado com metionina, é inicialmente inserido no sítio P da subunidade ribossômica pequena, juntamente com proteínas adicionais denominadas **fatores de iniciação da tradução** (**Figura 7-36**). O tRNA iniciador é distinto dos tRNAs que normalmente transportam metionina. De todos os tRNAs na célula, apenas uma molécula de tRNA iniciador carregada é capaz de se ligar firmemente ao sítio P na ausência da subunidade ribossômica

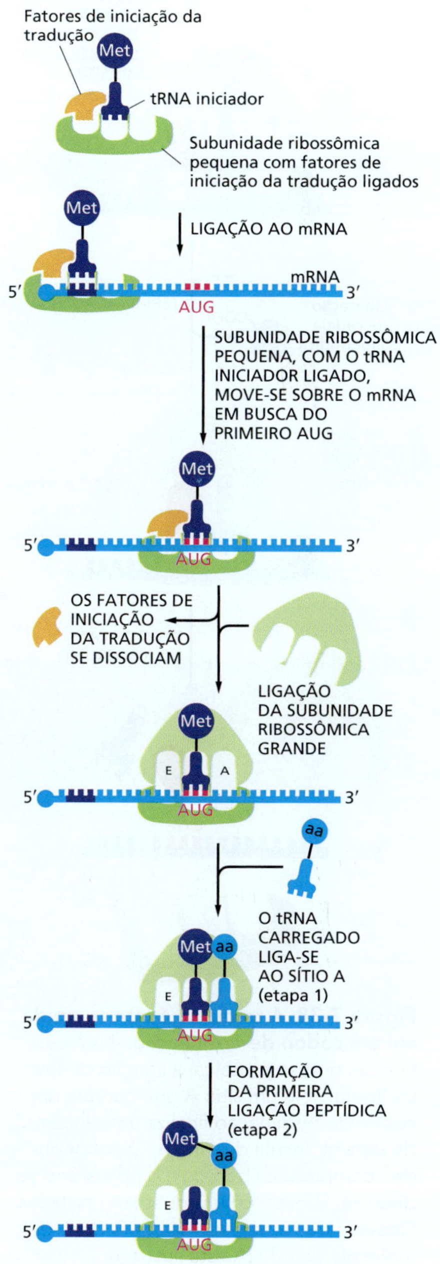

Figura 7-36 A iniciação da síntese de proteínas em eucariotos requer fatores de iniciação da tradução e um tRNA iniciador especial. Apesar de não estarem aqui ilustradas, uma iniciação de tradução eficiente também requer proteínas adicionais ligadas ao quepe 5′ e à cauda poli-A do mRNA (ver Figura 7-23). Dessa maneira, o aparato de tradução se certifica de que ambas as extremidades do mRNA estejam intactas antes da iniciação da tradução. Após a iniciação, a proteína é sintetizada pelas reações descritas na Figura 7-34.

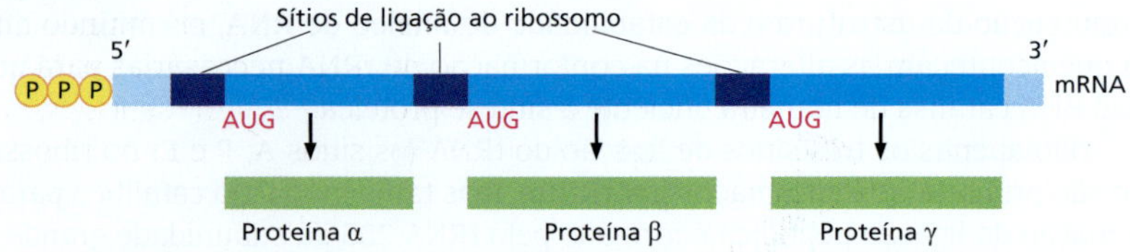

Figura 7-37 Uma única molécula de mRNA procariótico pode codificar várias proteínas diferentes. Em procariotos, genes envolvidos em diferentes passos de um mesmo processo se encontram frequentemente organizados em grupos (óperons) que são transcritos em conjunto sob a forma de um único mRNA. Um mRNA procariótico não tem o mesmo tipo de quepe 5′ que está presente nos mRNAs eucarióticos, apresentando em seu lugar um trifosfato na extremidade 5′. Os ribossomos procarióticos iniciam a tradução em sítios de ligação ao ribossomo (*azul-escuro*), que podem estar localizados no interior de uma molécula de mRNA. Essa característica permite que os procariotos sintetizem diferentes proteínas a partir de uma única molécula de mRNA, sendo cada proteína produzida por um ribossomo diferente.

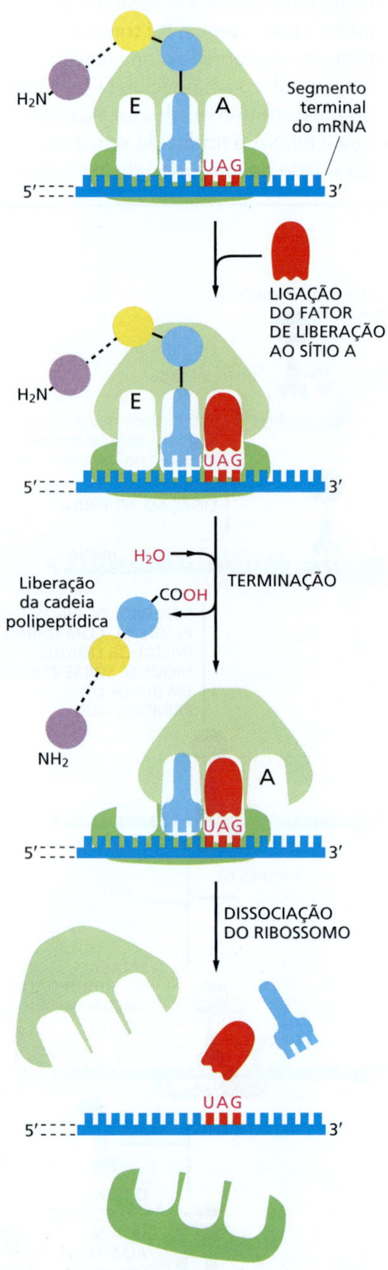

Figura 7-38 A tradução é interrompida em um códon de terminação. Na fase final da síntese proteica, a ligação do fator de liberação a um sítio A que contém um códon de terminação finaliza a tradução de uma molécula de mRNA. O polipeptídeo completo é liberado e o ribossomo se dissocia, liberando suas duas subunidades. Observe que apenas a extremidade 3′ da molécula de mRNA está ilustrada.

grande. Em seguida, a subunidade ribossômica pequena carregada com o tRNA iniciador liga-se à extremidade 5′ de uma molécula de mRNA, que está identificada pelo quepe 5′ presente em todos os mRNAs eucarióticos (ver Figura 7-16). A subunidade ribossômica pequena então se move para frente (de 5′ para 3′) sobre o mRNA, à procura do primeiro códon AUG. Quando esse AUG é encontrado e reconhecido pelo tRNA iniciador, vários fatores de iniciação dissociam-se da subunidade ribossômica pequena abrindo caminho para a ligação da subunidade ribossômica grande e para a montagem completa do ribossomo. Estando o tRNA iniciador ligado ao sítio P, a síntese proteica está pronta para ter início, pela adição do próximo tRNA acoplado a seu aminoácido sobre o sítio A (ver Figura 7-34).

Em bactérias, o mecanismo de seleção de um códon de iniciação é diferente. Os mRNAs bacterianos não possuem o quepe 5′ para indicar ao ribossomo onde iniciar a busca pelo ponto de início da tradução. Em vez dessa estrutura, eles contêm sequências específicas de ligação a ribossomos, com comprimento de até seis nucleotídeos, que estão localizadas poucos nucleotídeos à montante dos AUGs sobre os quais a tradução deve ter início. Diferentemente de um ribossomo eucariótico, um ribossomo procariótico pode, com facilidade, ligar-se diretamente a um códon de iniciação localizado no interior de um mRNA, desde que um sítio de ligação ao ribossomo o preceda em vários nucleotídeos. Tais sequências de ligação ao ribossomo são necessárias em bactérias, pois os mRNAs procarióticos são frequentemente *policistrônicos* – ou seja, eles codificam várias proteínas diferentes, todas sendo traduzidas a partir da mesma molécula de mRNA (**Figura 7-37**). Em contraste, um mRNA eucariótico geralmente transporta informação referente a uma única proteína.

O fim da tradução tanto em procariotos quanto em eucariotos é sinalizado pela presença de um de vários códons, denominados *códons de terminação*, presentes no mRNA (ver Figura 7-25). Os códons de terminação – UAA, UAG e UGA – não são reconhecidos por um tRNA e não especificam um aminoácido, mas, em vez disso, sinalizam o término da tradução para o ribossomo. Proteínas conhecidas como *fatores de liberação* ligam-se a qualquer códon de terminação que chegue a um sítio A do ribossomo, e essa ligação altera a atividade da peptidil-transferase no ribossomo, fazendo com que seja catalisada a adição de uma molécula de água, em vez de um aminoácido ao peptidil-tRNA (**Figura 7-38**). Essa reação libera a extremidade carboxila da cadeia polipeptídica de sua conexão à molécula de tRNA; considerando-se que esse era o único elo de ligação que mantinha o polipeptídeo em crescimento associado ao ribossomo, a cadeia proteica completa é imediatamente liberada. Nesse momento, o ribossomo também libera o mRNA e dissocia suas duas subunidades, que poderão, posteriormente, unir-se sobre outra molécula de mRNA para dar início a um novo ciclo de síntese proteica.

Vimos, no Capítulo 4, que muitas proteínas podem dobrar-se espontaneamente, adquirindo uma estrutura tridimensional definida, e que algumas realizam esse dobramento enquanto ainda estão sendo sintetizadas no ribossomo. A maioria das proteínas, no entanto, requer *proteínas chaperonas* para ajudá-las a dobrar corretamente na célula. As chaperonas podem "ciceronear" as proteínas ao longo de vias produtivas de dobramento e impedir que ocorra agregação dentro da célula (ver Figuras 4-9 e 4-10). As proteínas recém-sintetizadas são frequentemente interceptadas por suas chaperonas conforme emergem do ribossomo.

As proteínas são produzidas em polirribossomos

A síntese da maior parte das moléculas proteicas leva entre 20 segundos e alguns minutos. Mas mesmo durante este curto período, vários ribossomos normalmente se ligam a cada molécula de mRNA a ser traduzida. Se o mRNA está sendo traduzido de maneira eficiente, um novo ribossomo é montado sobre a extremidade 5′ de uma molécula de mRNA quase imediatamente após o ribossomo precedente ter traduzido uma sequência nucleotídica longa o suficiente para não mais o atrapalhar. As moléculas de mRNA que estão sendo traduzidas são, por conseguinte, normalmente encontradas sob a forma de *polirribossomos*, também conhecidos como *polissomos*. Esses grandes arranjos citoplasmáticos são compostos de muitos ribossomos espaçados por aproximadamente 80 nucleotídeos ao longo de uma única molécula de mRNA (**Figura 7-39**). Visto que múltiplos ribossomos podem atuar simultaneamente sobre um único mRNA, muito mais moléculas de proteína podem ser feitas em um dado tempo do que seria possível se fosse necessário completar cada polipeptídeo antes de poder-se iniciar a síntese do polipeptídeo seguinte.

Os polissomos operam tanto em bactérias quanto em eucariotos, mas as bactérias podem acelerar ainda mais a taxa de síntese proteica. Visto que o mRNA bacteriano não precisa ser processado e também se encontra fisicamente acessível aos ribossomos mesmo durante a síntese, os ribossomos se ligarão à extremidade livre de uma molécula de mRNA bacteriano e começarão a traduzi-la antes mesmo do término da transcrição do RNA. Esses ribossomos seguem o encalço da RNA-polimerase, conforme esta se move sobre o DNA.

Os inibidores da síntese proteica de procariotos são utilizados como antibióticos

A capacidade de traduzir de maneira eficiente o mRNA em proteínas é uma característica fundamental à toda a vida na Terra. Embora o ribossomo e outras moléculas que levam a cabo essa tarefa complexa sejam muito semelhantes entre os organismos, vimos que existem algumas diferenças sutis na forma como as bactérias e os eucariotos sintetizam RNA e proteínas. Apesar de ser uma peculiaridade evolutiva, essas diferenças formam a base de um dos mais importantes avanços da medicina moderna.

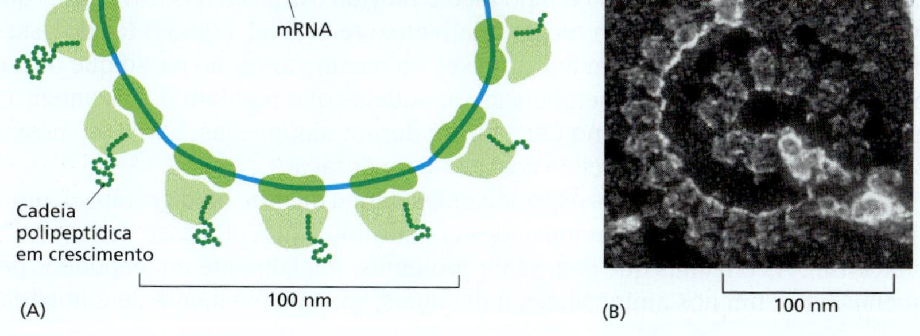

Figura 7-39 As proteínas são sintetizadas em polirribossomos. (A) Desenho esquemático mostrando como uma série de ribossomos pode traduzir simultaneamente a mesma molécula de mRNA (**Animação 7.10**). (B) Micrografia eletrônica de um polirribossomo no citosol de uma célula eucariótica. (B, cortesia de John Heuser.)

TABELA 7-3 Antibióticos que inibem a síntese proteica ou de RNA bacteriano

Antibiótico	Efeito específico
Tetraciclina	Bloqueia a ligação da aminoacil-tRNA ao sítio A do ribossomo (etapa 1 na Figura 7-34)
Estreptomicina	Impede a transição do complexo de iniciação para o alongamento da cadeia (ver Figura 7-36); também pode causar erros de decodificação
Cloranfenicol	Bloqueia a reação da peptidil-transferase nos ribossomos (etapa 2 na Figura 7-34)
Ciclo-heximida	Bloqueia a reação de movimentação (translocação) nos ribossomos (etapa 3 na Figura 7-34)
Rifamicina	Bloqueia a iniciação da transcrição por meio de ligação à RNA-polimerase

Muitos dos nossos antibióticos mais eficazes são compostos que atuam na inibição da síntese proteica e na síntese do RNA bacteriano, mas não do eucariótico. Alguns desses fármacos exploram pequenas diferenças estruturais e funcionais existentes entre os ribossomos bacterianos e eucarióticos, de tal forma que interferem preferencialmente na síntese proteica bacteriana. Esses compostos podem, assim, ser ingeridos em doses suficientemente elevadas para matar as bactérias sem que apresentem toxicidade para os seres humanos. Visto que diferentes antibióticos se ligam a diferentes regiões sobre o ribossomo bacteriano, essas medicações frequentemente inibem passos diferentes do processo de síntese proteica. Alguns dos antibióticos que inibem a síntese proteica e de RNA em bactérias estão listados na **Tabela 7-3**.

Diversos antibióticos comumente utilizados foram inicialmente isolados de fungos. Fungos e bactérias em geral ocupam os mesmos nichos ecológicos; para ter uma vantagem competitiva, os fungos desenvolveram, ao longo do tempo, toxinas potentes que matam bactérias, mas são inócuas a eles próprios. Como os fungos e os seres humanos são ambos eucariotos e, portanto, mais intimamente relacionados entre si do que às bactérias (ver Figura 1-28), tivemos a oportunidade de tomar emprestadas essas armas para combater os nossos próprios inimigos bacterianos.

Uma degradação proteica controlada ajuda a regular a quantidade de cada proteína na célula

Depois de uma proteína ser liberada do ribossomo, uma célula pode controlar a sua atividade e longevidade de diversas formas. O número de cópias de uma proteína em uma célula depende, assim como ocorre em uma população humana, não apenas de quão rapidamente novos indivíduos podem ser gerados, mas também de quanto tempo eles sobreviverão. Assim, o controle da degradação das proteínas em seus aminoácidos constituintes ajuda as células a regularem a quantidade de cada proteína em particular. As proteínas diferem enormemente em relação à sua duração, ou tempo médio de vida. As proteínas estruturais que passam a fazer parte de um tecido relativamente estável, como o tecido ósseo ou o tecido muscular, podem durar meses ou mesmo anos, ao passo que outras proteínas, como enzimas metabólicas ou aquelas que regulam o crescimento e a divisão celular (discutida no Cap. 18), só duram alguns dias, horas ou mesmo poucos segundos. Como a célula controla essa duração?

As células possuem vias especializadas para a quebra, ou digestão, enzimática de proteínas em seus aminoácidos constituintes (um processo denominado *proteólise*). As enzimas que degradam proteínas, inicialmente em peptídeos pequenos e por fim nos aminoácidos individuais, são coletivamente denominadas

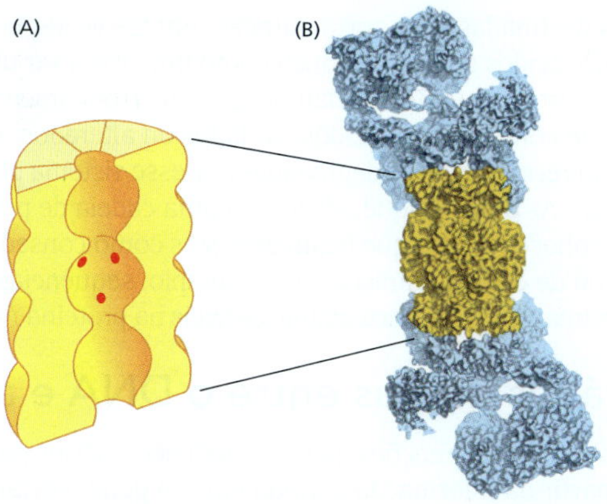

Figura 7-40 Um proteassomo degrada proteínas de curta duração ou proteínas erroneamente dobradas. As estruturas mostradas foram determinadas por cristalografia de raios X. (A) Uma vista em corte do cilindro central do proteassomo, com os sítios ativos das proteases indicados por *pontos vermelhos*. (B) A estrutura completa do proteassomo, na qual o acesso ao cilindro central (*amarelo*) é regulado por uma "rolha" (*azul*) em cada extremidade. (B, adaptado de P.C.A. da Fonseca et al., *Mol. Cell* 46:54–66, 2012.)

proteases. As proteases atuam pela clivagem (hidrólise) das ligações peptídicas entre os aminoácidos (ver Painel 2-5, p. 74-75). Uma das funções das vias proteolíticas é a rápida degradação das proteínas que devem ter curta duração. Outra função envolve o reconhecimento e a remoção de proteínas que estejam danificadas ou erroneamente dobradas. A eliminação das proteínas incorretamente dobradas é crítica para um organismo, pois proteínas deformadas tendem a se agregar, e agregados de proteína podem danificar as células ou mesmo desencadear a morte celular. Finalmente, todas as proteínas, até mesmo as de longa duração, acumulam danos e são degradadas por proteólise.

Em células eucarióticas, as proteínas são quebradas por grandes máquinas proteicas denominadas **proteassomos**, presentes tanto no citosol quanto no núcleo. Um proteassomo contém um cilindro central formado por proteases cujos sítios ativos estão dirigidos para a face interna de uma câmara. Cada extremidade desse cilindro é tampada por um grande complexo proteico formado por pelo menos 10 tipos de subunidades proteicas (**Figura 7-40**). Essas "rolhas proteicas" se ligam às proteínas destinadas à degradação e, em seguida, utilizando a energia da hidrólise de ATP, desdobram as proteínas condenadas à degradação e as inserem na câmara interna do cilindro. Uma vez no interior da câmara, as proteínas são clivadas por proteases em pequenos peptídeos que, a seguir, serão ejetados por ambas as extremidades do proteassomo. O uso de câmaras de destruição com proteases isoladas em seu interior impede que essas enzimas atuem inespecificamente e promovam danos na célula.

Como os proteassomos selecionam quais proteínas celulares deverão sofrer degradação? Em eucariotos, os proteassomos atuam principalmente sobre proteínas que foram marcadas para destruição pela ligação covalente a uma pequena proteína denominada *ubiquitina*. Enzimas especializadas marcam as proteínas selecionadas com uma cadeia curta de moléculas de ubiquitina; estas proteínas ubiquitinadas são, então, reconhecidas, desdobradas e entregues aos proteassomos por proteínas específicas da "rolha" (*stopper*) dessa estrutura (**Figura 7-41**).

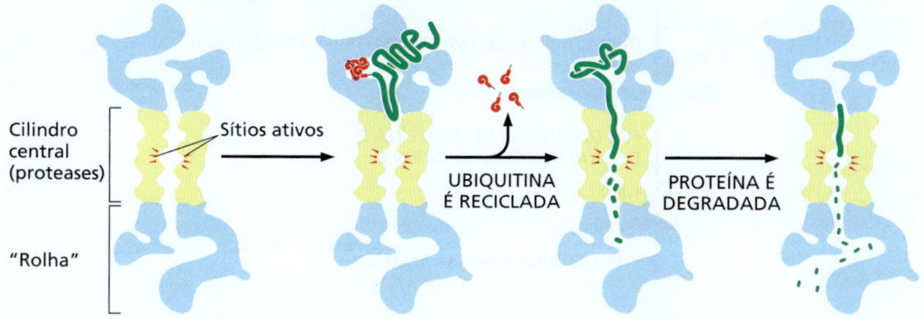

Figura 7-41 As proteínas marcadas por uma cadeia de poliubiquitina são degradadas pelo proteassomo. Proteínas na rolha do proteassomo (*azul*) reconhecem as proteínas-alvo marcadas por um tipo específico de cadeia de poliubiquitina. A rolha, em seguida, desenrola a proteína-alvo e insere-a no cilindro central do proteassomo (*amarelo*), que é revestido por proteases que cortam a proteína em pequenos pedaços.

As proteínas destinadas a ter curta duração, muitas vezes, contêm uma curta sequência de aminoácidos que as identifica como um alvo a ser ubiquitinado e degradado nos proteassomos. Proteínas danificadas ou erroneamente dobradas, bem como proteínas que contêm aminoácidos oxidados ou alterados de qualquer outro modo, são também reconhecidas e degradadas por esse sistema proteolítico dependente de ubiquitina. As enzimas que adicionam uma cadeia de poliubiquitina a essas proteínas reconhecem sinais que ficam expostos como consequência do dobramento incorreto ou de danos químicos – por exemplo, sequências de aminoácidos ou motivos conformacionais internos ou inacessíveis na proteína normal "saudável".

Existem várias etapas entre o DNA e a proteína

Já vimos que muitos tipos de reações químicas são necessários para a produção de uma proteína a partir da informação contida em um gene. Portanto, a concentração final de uma proteína em uma célula depende da taxa de reação de cada um dos diversos passos (**Figura 7-42**). Além disso, várias proteínas – depois de serem liberadas no ribossomo – precisam de outras alterações para que possam ser úteis às células. Exemplos de tais *modificações pós-traducionais* incluem as modificações covalentes (como a fosforilação), a ligação de cofatores de pequenas moléculas, ou a associação com outras subunidades proteicas, muitas vezes necessárias para que uma proteína recém-sintetizada se torne plenamente funcional (**Figura 7-43**).

Veremos, no próximo capítulo, que as células possuem a capacidade de alterar os níveis da maior parte de suas proteínas de acordo com suas necessidades. Em princípio, todos os passos da Figura 7-42 podem ser regulados pela célula – e,

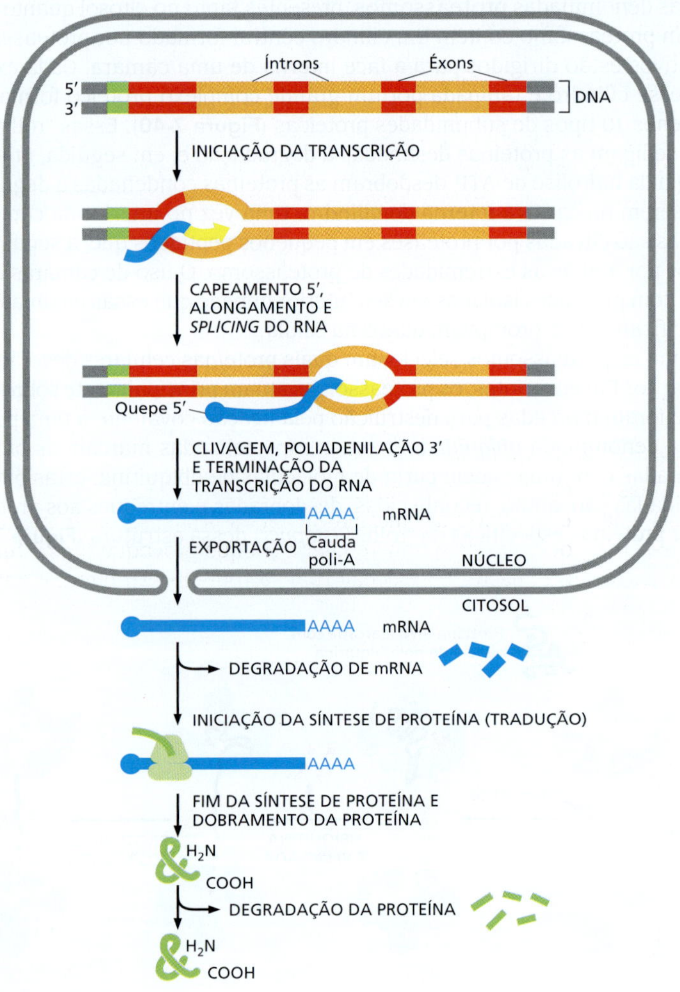

Figura 7-42 A produção de uma proteína em uma célula eucariótica requer diversas etapas. A concentração final de cada proteína depende da velocidade de cada etapa indicada. Mesmo após a produção de um mRNA e da sua proteína correspondente, suas concentrações podem ser reguladas via degradação. Embora não ilustradas, a atividade da proteína pode também ser regulada por outras modificações pós-traducionais ou pela ligação de pequenas moléculas (ver Figura 7-43).

de fato, muitos deles o são. Todavia, como veremos no próximo capítulo, a iniciação da transcrição é o ponto mais comum usado pelas células para regular a expressão dos seus genes.

A transcrição e a tradução são processos universais que se localizam na base da vida. No entanto, quando os cientistas começaram a considerar como o fluxo de informações do DNA para proteína deve ter se originado, surgiram algumas conclusões inesperadas.

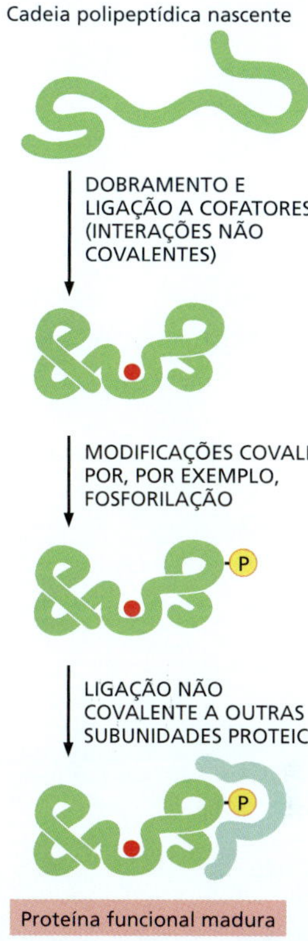

Figura 7-43 Muitas proteínas precisam de diversas modificações antes de se tornarem totalmente funcionais. Para ser útil para a célula, um polipeptídeo sintetizado deve dobrar-se corretamente, assumindo a sua conformação tridimensional exata e, em seguida, ligar-se a eventuais cofatores necessários (*vermelho*) ou outras proteínas – por meio de ligações não covalentes. Muitas proteínas também necessitam de uma ou mais modificações covalentes para se tornarem ativas – ou para serem recrutadas para membranas ou organelas específicas (não ilustrado). Apesar de a fosforilação e a glicosilação serem as alterações mais comuns, mais de 100 diferentes tipos de modificações covalentes são conhecidos para as proteínas.

RNA E A ORIGEM DA VIDA

O dogma central – de que o DNA dá origem ao RNA que, por sua vez, dá origem às proteínas – apresenta um intrincado e paradoxal quebra-cabeça aos biólogos evolutivos: se os ácidos nucleicos são necessários para dirigir a síntese das proteínas, e as proteínas são necessárias para sintetizar os ácidos nucleicos, como poderia esse sistema de componentes interdependentes ter surgido? Uma visão alternativa sugere a existência de um **mundo de RNA** na Terra antes do aparecimento das células que contêm DNA e proteínas. De acordo com essa hipótese, o RNA – que hoje atua predominantemente como intermediário entre os genes e as proteínas – tanto estocava informação genética quanto catalisava reações químicas nas células primitivas. Apenas tardiamente, em termos evolutivos, o DNA suplantou o RNA como material genético, e as proteínas se tornaram os principais componentes catalisadores e estruturais das células (**Figura 7-44**). Se essa ideia estiver correta, então, a transição do mundo de RNA nunca foi completa; como vimos, o RNA ainda catalisa várias reações fundamentais nas células atuais. Esses RNA catalíticos, ou ribozimas, incluindo os que operam no ribossomo e na maquinaria de *splicing* de RNA, podem, assim, ser considerados fósseis moleculares de um mundo ancestral.

A vida requer autocatálise

A origem da vida necessitou de moléculas que possuíssem, pelo menos em certo nível, uma propriedade essencial: a capacidade de catalisar reações que levassem – direta ou indiretamente – à produção de mais moléculas idênticas a elas. Catalisadores com essa propriedade de autorreprodução, uma vez surgidos por acaso, poderiam utilizar matérias-primas provenientes da produção de outras substâncias para fazer cópias de si próprios. Dessa maneira, podemos imaginar o desenvolvimento gradual de um sistema químico de crescente complexidade, composto de monômeros e polímeros orgânicos que funcionariam em conjunto para a geração de mais moléculas semelhantes, abastecido por um suplemento de matérias-primas simples presentes no ambiente primitivo da Terra. Um sistema *autocatalítico* dessa natureza deveria ter muitas das propriedades que consideramos como características da matéria viva: o sistema deve conter uma seleção não aleatória de moléculas interativas; ele deve tender à própria reprodução; deve competir com outros sistemas dependentes das mesmas matérias-primas; e, se privado de suas matérias-primas ou mantido a uma temperatura que provoque um distúrbio no balanço das taxas de reação, deve decair rumo ao equilíbrio químico e "morrer".

Quais moléculas podem ter apresentado tais propriedades autocatalíticas? Nas células vivas atuais, os catalisadores mais versáteis são as proteínas – capazes de adotar diferentes conformações tridimensionais que formam sítios quimicamente

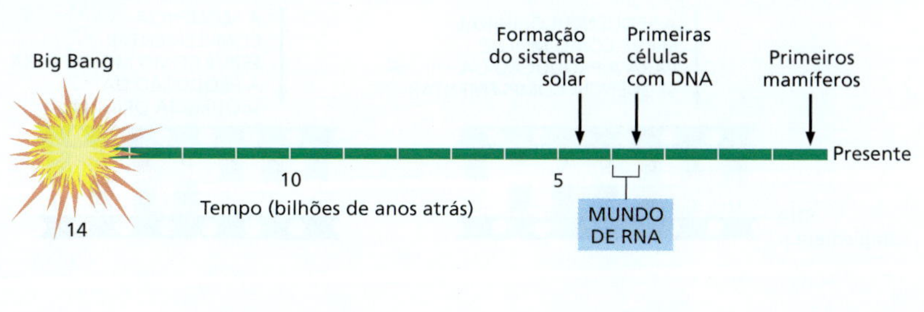

Figura 7-44 Um mundo de RNA pode ter existido antes da existência das células modernas com DNA e proteínas.

reativos em sua superfície. No entanto, não é conhecido qualquer meio pelo qual uma proteína possa reproduzir a si própria diretamente. As moléculas de RNA, em contrapartida, podem – pelo menos teoricamente – catalisar sua própria síntese.

O RNA pode tanto estocar informação como catalisar reações químicas

Vimos que o pareamento de bases complementares permite que um ácido nucleico atue como molde para a formação de outro ácido nucleico. Assim, uma fita simples de RNA ou DNA pode determinar a sequência de um polinucleotídeo complementar, o qual, por sua vez, pode determinar a sequência da molécula original, permitindo que o ácido nucleico original seja replicado (**Figura 7-45**). Esses mecanismos de molde por complementaridade formam a base da replicação do DNA e da transcrição nas células atuais.

Contudo, a síntese eficiente de polinucleotídeos por meio de tais mecanismos de molde por complementaridade também necessita de catalisadores que promovam a reação de polimerização: sem catalisadores, a formação do polímero é lenta, sujeita a erros e ineficiente. Atualmente, a polimerização de nucleotídeos é catalisada por proteínas enzimáticas – como as DNA-polimerases e as RNA-polimerases. No entanto, como poderiam ter sido catalisadas essas reações antes da existência de proteínas que contivessem a especificidade catalítica adequada? O começo de uma resposta foi obtido em 1982, quando foi descoberto que as próprias moléculas de RNA podem atuar como catalisadoras. Acredita-se que o potencial sem igual das moléculas de RNA, tornando-as capazes de atuar como carreadoras de informação e como catalisadoras, tenha permitido que essas moléculas desempenhassem um papel central na origem da vida.

Nas células atuais, o RNA é sintetizado sob a forma de uma molécula de fita simples, e vimos que pareamentos por complementaridade de bases podem ocorrer entre nucleotídeos pertencentes à própria fita. Esses pareamentos de base, em conjunto a ligações de hidrogênio não convencionais, podem levar cada molécula de RNA a se dobrar na forma de uma estrutura específica, que é determinada por sua sequência nucleotídica (ver Figura 7-5). Tais associações produzem conformações tridimensionais complexas.

Como discutimos no Capítulo 4, as enzimas são proteínas capazes de catalisar reações bioquímicas, pois possuem uma superfície com contornos específicos e propriedades químicas características. Do mesmo modo, as moléculas de RNA, com as suas formas dobradas características, podem atuar como catalisadoras (**Figura 7-46**). Os RNAs não apresentam a mesma diversidade estrutural e funcional das enzimas proteicas; afinal, eles são constituídos a partir de apenas quatro subunidades diferentes. Apesar dessa limitação, as ribozimas podem catalisar um espectro bastante variado de reações químicas. Visto que existe um número relativamente pequeno de RNAs catalíticos nas células atuais, a maioria das ribozimas estudadas foi produzida em laboratório e selecionada com base em sua atividade catalítica em tubos de ensaio (**Tabela 7-4**). No entanto, os processos em que os RNAs catalíticos ainda parecem desempenhar um papel importante incluem algumas das etapas mais fundamentais da expressão da informa-

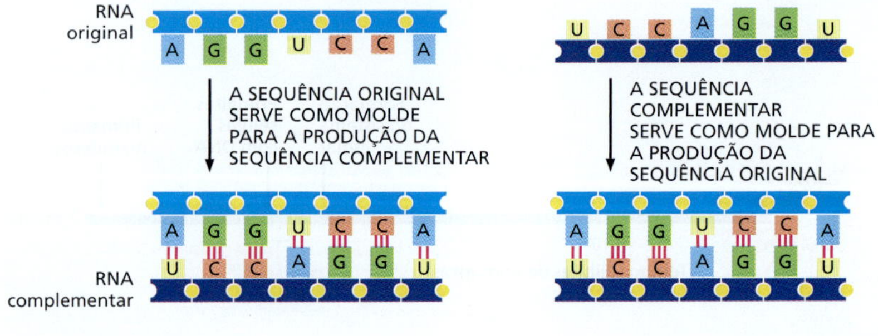

Figura 7-45 Uma molécula de RNA pode, em princípio, direcionar a formação de uma cópia exatamente igual a ela. Na primeira etapa, a molécula original de RNA atua como molde para formar uma molécula de RNA de sequência complementar. Na segunda etapa, essa molécula de RNA complementar recém-produzida atua como molde para formar uma molécula de RNA com a sequência original. Visto que cada molécula molde pode produzir diversas cópias da fita complementar, essas reações podem resultar na multiplicação da sequência original.

TABELA 7-4 Reações bioquímicas que podem ser catalisadas por ribozimas

Atividade	Ribozimas
Formação da ligação peptídica na síntese de proteínas	RNA ribossômico (rRNA)
Ligação de DNA	RNA selecionado *in vitro*
Splicing do RNA	RNAs de *autosplicing*, pequenos RNAs nucleares (snRNAs)
Polimerização de RNA	RNA selecionado *in vitro*
Fosforilação de RNA	RNA selecionado *in vitro*
Aminoacilação de RNA	RNA selecionado *in vitro*
Alquilação de RNA	RNA selecionado *in vitro*
Rotação de ligação C-C (isomerização)	RNA selecionado *in vitro*

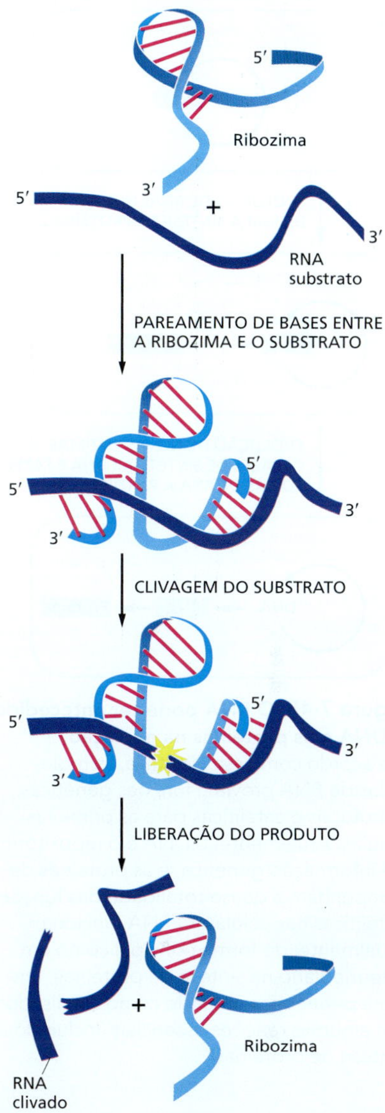

Figura 7-46 Uma ribozima é uma molécula de RNA que possui atividade catalítica. A molécula de RNA ilustrada catalisa a clivagem de uma segunda molécula de RNA em um sítio específico. Ribozimas similares são encontradas incorporadas em grandes genomas de RNA – chamados de viroides – que infectam plantas, nos quais a reação de clivagem é uma das etapas para a replicação do viroide. (Adaptada de T.R. Cech e O.C. Uhlenbeck, *Nature* 372:39–40, 1994. Com permissão de Macmillan Publishers Ltd.)

ção genética – especialmente aquelas etapas onde as próprias moléculas de RNA sofrem *splicing* ou são traduzidas em proteínas.

Assim, o RNA possui todas as características necessárias a uma molécula que pode catalisar sua própria síntese (**Figura 7-47**). Embora os sistemas de autorreplicação de moléculas de RNA não tenham sido encontrados na natureza, mesmo assim os cientistas estão confiantes de que eles possam ser construídos em laboratório. Ainda que essa demonstração não prove que as moléculas de RNA autorreplicadoras foram essenciais para a origem da vida na Terra, ela certamente estabeleceria que um cenário assim é possível.

O RNA provavelmente antecedeu o DNA na evolução

As primeiras células na Terra presumivelmente devem ter sido bem menos complexas e menos eficientes na sua reprodução, se comparadas mesmo às mais simples das células atuais. Elas devem ter sido compostas por pouco mais do que uma simples membrana delimitando um conjunto de moléculas de autorreplicação e alguns outros componentes necessários para fornecer materiais e energia para essa replicação autocatalítica. Se o papel evolutivo proposto anteriormente para o RNA estiver correto, essas células ancestrais também difeririam fundamentalmente das células que conhecemos hoje, pelo fato de terem suas informações hereditárias armazenadas no RNA, e não no DNA.

Evidências que indicam o surgimento do RNA antes do DNA na evolução podem ser encontradas nas diferenças químicas existentes entre eles. A ribose (ver

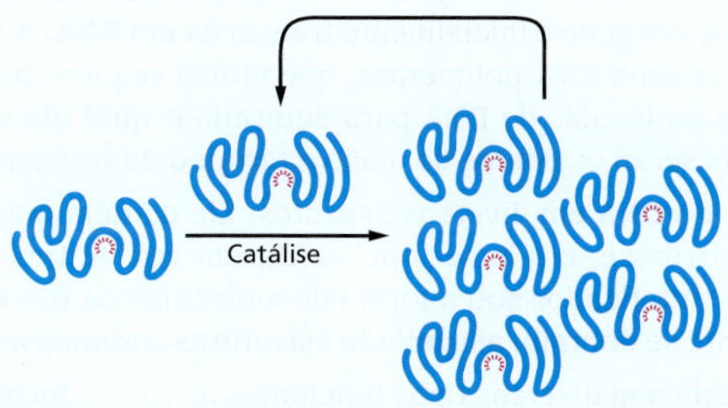

Figura 7-47 Pode uma molécula de RNA catalisar sua própria síntese? Esse processo hipotético exigiria que o RNA catalisasse ambas as etapas mostradas na Figura 7-45. Os *raios vermelhos* representam o sítio ativo dessa ribozima.

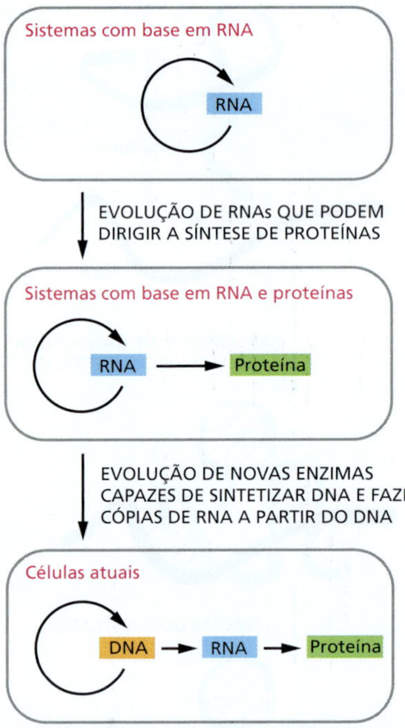

Figura 7-48 O RNA pode ter antecedido o DNA e as proteínas na evolução. De acordo com essa hipótese, as moléculas de RNA proviam funções genéticas, estruturais e catalíticas para as primeiras células. Atualmente, o DNA é o repositório de informação genética, e as proteínas desempenham a quase totalidade das funções catalíticas nas células. O RNA funciona, atualmente, de forma principal como um intermediário na síntese de proteínas, embora permaneça atuando como catalisador em algumas reações essenciais (incluindo a síntese de proteínas).

Figura 7-3A), assim como a glicose e outros carboidratos simples, é facilmente formada a partir de formaldeído (HCHO), que é um dos principais produtos formados em experimentos que simulam as condições na Terra primitiva. O açúcar desoxirribose é mais difícil de ser obtido e, nas células atuais, é produzido a partir da ribose, por uma reação catalisada por uma enzima proteica, sugerindo que a ribose antecedeu a desoxirribose nas células. Presumivelmente, o DNA entrou em cena depois do RNA, e então se mostrou mais adaptado do que o RNA como repositório permanente de informação genética. Em particular, a desoxirribose, em sua cadeia principal de açúcar-fosfato, torna as cadeias de DNA muito mais estáveis quimicamente do que as cadeias de RNA, de modo que moléculas mais longas de DNA podem ser mantidas sem que ocorram quebras.

As outras diferenças entre o RNA e o DNA – a estrutura em dupla-hélice do DNA e o uso de timina em vez de uracila – aumentam ainda mais a estabilidade do DNA, ao tornarem essa molécula mais fácil de reparar. Vimos, no Capítulo 6, que um nucleotídeo lesado sobre uma fita da dupla-hélice do DNA pode ser reparado, usando-se a outra fita como molde. Além disso, a desaminação, uma das alterações químicas deletérias mais comuns que ocorrem em polinucleotídeos, é mais fácil de ser detectada e reparada no DNA do que no RNA (ver Figura 6-23). Isso acontece porque o produto da desaminação da citosina é, por acaso, a uracila, a qual ocorre normalmente no RNA, portanto seria impossível que as enzimas de reparo detectassem tal alteração na molécula de RNA. No entanto, no DNA, que possui timina em vez de uracila, qualquer uracila produzida pela degradação acidental de citosina é facilmente detectada e reparada.

Em conjunto, as evidências que discutimos apoiam a ideia de que o RNA, com a sua capacidade para desempenhar funções genéticas, estruturais e catalíticas, tenha precedido o DNA na evolução. É possível que, conforme células mais semelhantes às células atuais foram surgindo, muitas das funções desempenhadas originalmente pelo RNA tenham sido assumidas pelo DNA e pelas proteínas: o DNA se sobrepôs na função genética principal, as proteínas se tornaram as principais catalisadoras, e o RNA permaneceu predominantemente como um intermediário, conectando-os (**Figura 7-48**). Com o advento do DNA, as células puderam tornar-se mais complexas, pois podiam conter e transmitir uma maior quantidade de informação genética, quando comparada àquela que poderia ser mantida de forma estável unicamente pelo RNA. Tendo em vista a maior complexidade química das proteínas e a maior diversidade das reações químicas que elas podiam catalisar, a substituição (apesar de incompleta) do RNA pelas proteínas também forneceu uma fonte muito mais rica de componentes estruturais e enzimas. Isso permitiu que as células evoluíssem a ampla diversidade estrutural e funcional que vemos nos seres vivos da atualidade.

QUESTÃO 7-6

Discuta a seguinte afirmação: "Ao longo da evolução da vida na Terra, o RNA perdeu sua gloriosa posição de primeiro catalisador de autorreplicação. Sua função atual é de mero mensageiro no fluxo de informações entre o DNA e as proteínas".

CONCEITOS ESSENCIAIS

- **O fluxo de informação genética em todas as células vivas é DNA → RNA → proteína. A conversão das instruções genéticas do DNA para os RNAs e proteínas é denominada expressão gênica.**
- **Para expressar a informação genética transportada no DNA, a sequência nucleotídica de um gene é inicialmente transcrita em RNA. A transcrição é catalisada pela enzima RNA-polimerase, que utiliza sequências de nucleotídeos presentes nas moléculas de DNA para determinar qual fita será usada como molde, e quais serão os pontos de início e término da transcrição.**
- **O RNA difere do DNA em diversos aspectos. Ele contém o açúcar ribose, em vez de desoxirribose, e a base uracila (U), em vez de timina (T). Os RNAs celulares são sintetizados sob a forma de moléculas de fita simples, as quais frequentemente se dobram, assumindo estruturas tridimensionais complexas.**
- **As células produzem diversos tipos funcionais de RNAs, incluindo RNAs mensageiros (mRNAs), que carregam as instruções para fazer proteínas; RNAs ribossômicos (rRNAs), que são componentes essenciais dos ribossomos; e RNAs**

transportadores (tRNAs), que agem como moléculas adaptadoras na síntese de proteínas.

- Para dar início à transcrição, a RNA-polimerase se liga a sítios específicos sobre o DNA, denominados promotores, situados imediatamente à montante dos genes. Para a iniciação da transcrição, as RNA-polimerases eucarióticas necessitam da montagem de um complexo de fatores gerais de transcrição sobre o promotor, ao passo que a RNA-polimerase bacteriana necessita apenas de uma subunidade adicional, denominada fator sigma.
- Em células eucarióticas, a maioria dos genes codificadores de proteínas é composta de regiões codificadoras, denominadas éxons, intercaladas com regiões não codificadoras maiores, chamadas de íntrons. Quando um gene eucarioto é transcrito do DNA para o RNA, tanto os éxons quanto os íntrons são copiados.
- Os íntrons são removidos dos transcritos de RNA no núcleo por *splicing* do RNA, em uma reação catalisada por pequenos complexos ribonucleoproteicos conhecidos como snRNPs. O *splicing* remove os íntrons do RNA e une os éxons – frequentemente em diferentes combinações, permitindo que múltiplas proteínas sejam produzidas a partir do mesmo gene.
- Pré-mRNAs eucarióticos passam por várias etapas adicionais de processamento do RNA antes de saírem do núcleo como mRNAs, incluindo o capeamento 5′ do RNA e a poliadenilação da extremidade 3′. Essas reações, junto ao *splicing*, ocorrem conforme o pré-mRNA está sendo transcrito.
- A tradução da sequência de nucleotídeos do mRNA em proteína ocorre no citoplasma em grandes agregados ribonucleoproteicos denominados ribossomos. À medida que o mRNA se move pelo ribossomo, a sua mensagem é traduzida em proteína.
- A sequência de nucleotídeos do mRNA é lida em grupos de três nucleotídeos (códons), cada códon correspondendo a um aminoácido.
- A correspondência entre os aminoácidos e os códons é determinada pelo código genético. As possíveis combinações dos 4 diferentes nucleotídeos no RNA originam 64 diferentes códons no código genético. A maioria dos aminoácidos é determinada por mais de um códon.
- Os tRNAs atuam como moléculas adaptadoras na síntese proteica. Enzimas denominadas aminoacil-tRNA-sintetases acoplam covalentemente os aminoácidos aos tRNAs adequados. Cada tRNA contém uma sequência de três nucleotídeos, o anticódon, que reconhece um códon no mRNA pelo pareamento por complementaridade de bases.
- A síntese proteica inicia-se quando um ribossomo é organizado sobre um códon de iniciação (AUG) de uma molécula de mRNA, em um processo que depende de proteínas conhecidas como fatores de iniciação da tradução. A cadeia proteica completa é liberada do ribossomo quando um códon de terminação (UAA, UAG ou UGA) no mRNA é alcançado.
- A ligação sucessiva e passo a passo de aminoácidos em uma cadeia polipeptídica é catalisada por uma molécula de rRNA da subunidade ribossômica grande, que atua assim como uma ribozima.
- A concentração de uma proteína em uma célula depende das taxas nas quais o mRNA e a proteína são sintetizados e degradados. A degradação de proteína no citoplasma e no núcleo ocorre no interior de grandes complexos proteicos chamados de proteassomos.
- Considerando nosso conhecimento dos organismos atuais e das moléculas que eles contêm, parece razoável afirmar que a vida na Terra se originou a partir da evolução de moléculas de RNA capazes de catalisar sua própria replicação.
- Foi proposto que, nas primeiras células, o RNA tenha atuado tanto como genoma quanto como catalisador, antes que o DNA o substituísse como uma molécula mais estável para o armazenamento da informação genética, e que as proteínas substituíssem os RNAs como os principais componentes estruturais e catalíticos. Acredita-se que os RNAs catalíticos das células modernas possam nos dar um vislumbre desse mundo antigo, baseado em RNA.

TERMOS-CHAVE

aminoacil-tRNA-sintetase
anticódon
capeamento do RNA
código genético
códon
éxon
expressão gênica
fase de leitura
fator de iniciação da tradução
fator geral de transcrição
gene
íntron
mundo de RNA
pequenos RNAs nucleares (snRNA)
poliadenilação
processamento do RNA
promotor
protease
proteassomo
ribossomo
ribozima
RNA
RNA-polimerase
RNA mensageiro (mRNA)
RNA ribossômico (rRNA)
RNA transportador (tRNA)
spliceossomo
splicing (ou encadeamento) alternativo
splicing (ou encadeamento) do RNA
tradução
transcrito de RNA
transcrição
tRNA iniciador

TESTE SEU CONHECIMENTO

QUESTÃO 7-7

Quais das seguintes afirmativas estão corretas? Explique suas respostas.

A. Um determinado ribossomo pode fazer apenas um tipo de proteína.
B. Todos os mRNAs se dobram, adquirindo estruturas tridimensionais particulares, as quais são necessárias para sua tradução.
C. As subunidades grande e pequena de um dado ribossomo permanecem sempre unidas entre elas e nunca substituem a subunidade acompanhante.
D. Os ribossomos são organelas citoplasmáticas encapsuladas por uma membrana única.
E. Visto que as duas fitas do DNA são complementares, o mRNA de um dado gene pode ser sintetizado utilizando-se qualquer uma das duas fitas como molde.
F. Um mRNA pode conter a sequência **ATTGACCCCGGTCAA**.
G. A quantidade de proteína presente em uma célula depende da taxa de síntese dessa proteína, de sua atividade catalítica e de sua taxa de degradação.

QUESTÃO 7-8

A proteína Lacheinmal é uma proteína hipotética que faz as pessoas sorrirem mais frequentemente. Ela se encontra inativa em muitos indivíduos cronicamente infelizes. O mRNA isolado a partir de vários diferentes indivíduos infelizes da mesma família revelou a ausência de um segmento interno de 173 nucleotídeos, que estava presente no mRNA Lacheinmal isolado dos membros felizes da mesma família. As sequências do DNA dos genes *Lacheinmal* de membros felizes e infelizes dessa família foram determinadas e comparadas. Essas sequências diferiam em apenas um nucleotídeo, que se encontrava em um íntron. O que pode ser sugerido a respeito da base molecular da infelicidade nessa família?

(Dicas: [1] Você pode sugerir um mecanismo molecular pelo qual uma alteração em um único nucleotídeo de um gene pudesse causar a deleção observada no mRNA? Observe que essa é uma deleção *interna* ao mRNA. [2] Assumindo-se que as 173 bases deletadas removem sequências codificadoras do mRNA Lacheinmal, quais seriam as diferenças entre a proteína Lacheinmal de pessoas felizes e a de pessoas infelizes?)

QUESTÃO 7-9

Utilize o código genético ilustrado na Figura 7-25 para identificar quais das seguintes sequências nucleotídicas codificarão uma sequência de arginina-glicina-ácido aspártico:

1. 5′-AGA-GGA-GAU-3′
2. 5′-ACA-CCC-ACU-3′
3. 5′-GGG-AAA-UUU-3′
4. 5′-CGG-GGU-GAC-3′

QUESTÃO 7-10

"As ligações que se formam entre o anticódon de uma molécula de tRNA e os três nucleotídeos de um códon sobre o mRNA são _________." Complete essa sentença com cada uma das opções seguintes e explique o porquê de as frases estarem corretas ou incorretas.

A. Ligações covalentes formadas por hidrólise de GTP.
B. Ligações de hidrogênio que se formam quando o tRNA está no sítio A.
C. Quebradas pela movimentação do ribossomo ao longo do mRNA.

QUESTÃO 7-11

Liste as definições comuns encontradas em dicionário para os termos *replicação*, *transcrição* e *tradução*. Ao lado de cada definição, liste o significado específico de cada um desses termos aplicado a células vivas.

QUESTÃO 7-12

Em um mundo alienígena, o código genético é escrito em pares de nucleotídeos. Quantos aminoácidos esse código pode determinar? Em outro mundo, um código de tripletes é usado, mas a sequência dos nucleotídeos não é importante, somente importando saber quais nucleotídeos estão presentes. Quantos aminoácidos esse código genético poderia determinar? Você poderia imaginar algum problema referente à tradução desses códigos?

QUESTÃO 7-13

Uma característica impressionante do código genético é o fato de aminoácidos que apresentam propriedades químicas similares frequentemente possuem códons similares. Desse modo, códons com U ou C como segundo nucleotídeo tendem a especificar aminoácidos hidrofóbicos. Você pode sugerir uma explicação plausível para esse fenômeno, considerando a evolução inicial da maquinaria de síntese proteica?

QUESTÃO 7-14

Uma mutação no DNA gera um códon de terminação UGA no meio de um mRNA que codifica uma determinada proteína. Uma segunda mutação no DNA da célula leva à alteração de um único nucleotídeo em um tRNA, que permite a tradução correta da proteína; ou seja, essa segunda mutação "suprime" o defeito causado pela primeira. O tRNA alterado traduz o UGA como triptofano. Que alteração nucleotídica provavelmente ocorreu na molécula mutante de tRNA? Quais as consequências potenciais da presença de tal tRNA mutado na tradução dos genes normais dessa célula?

QUESTÃO 7-15

O carregamento de um tRNA com um aminoácido pode ser representado pela seguinte equação:

$$\text{aminoácido} + \text{tRNA} + \text{ATP} \rightarrow \text{aminoacil-tRNA} + \text{AMP} + \text{PP}_i$$

onde PP_i representa o pirofosfato (ver Figura 3-40). No aminoacil-tRNA, o aminoácido e o tRNA estão ligados por uma ligação covalente de alta energia; uma grande parte da energia derivada da hidrólise de ATP é estocada desse modo nessa ligação, e está disponível para conduzir a formação de ligações peptídicas em estágios posteriores da síntese proteica. A alteração da energia livre da reação de carregamento ilustrada na equação é próxima de zero e, consequentemente, não se esperaria que favorecesse a associação do aminoácido ao tRNA. Você pode sugerir a etapa suplementar que direcionaria a ocorrência da reação completa?

QUESTÃO 7-16

A. O peso molecular médio das proteínas de uma célula é de aproximadamente 30.000 dáltons. Algumas proteínas, no entanto, são muito maiores. A maior cadeia polipeptídica conhecida produzida por uma célula se refere à proteína denominada titina (produzida em células musculares de mamíferos), que possui um peso molecular de 3.000.000 dáltons. Estime o tempo necessário para que uma célula muscular traduza uma molécula de mRNA que codifica a titina (considere o peso molecular médio de um aminoácido igual a 120 e uma taxa de tradução de dois aminoácidos por segundo para células eucarióticas).

B. A síntese proteica é bastante exata: é cometido apenas um erro a cada 10.000 aminoácidos unidos. Quais são as frações de moléculas proteicas de tamanho médio e de moléculas de titina que são sintetizadas sem qualquer erro? (Dica: a probabilidade *P* de obter uma proteína livre de erros é dada por $P = (1 - E)^n$, onde *E* é a taxa de erros e *n* o número de aminoácidos.)

C. O peso molecular combinado de todas as proteínas ribossômicas eucarióticas é de aproximadamente $2{,}5 \times 10^6$ dáltons. Seria vantajoso sintetizá-las sob a forma de uma única proteína?

D. A transcrição ocorre a uma taxa de aproximadamente 30 nucleotídeos por segundo. Seria possível calcular o tempo necessário para a síntese do mRNA da titina a partir das informações anteriormente fornecidas?

QUESTÃO 7-17

Quais dos seguintes tipos de mutações podem ser considerados como deletérios para um organismo? Explique suas respostas.

A. Inserção de um único nucleotídeo próximo ao fim da sequência codificadora.

B. Deleção de um único nucleotídeo próximo ao início da sequência codificadora.

C. Deleção de três nucleotídeos consecutivos na região mediana da sequência codificadora.

D. Deleção de quatro nucleotídeos consecutivos na região mediana da sequência codificadora.

E. Substituição de um nucleotídeo por outro na região mediana da sequência codificadora.

8 Controle da expressão gênica

O DNA de um organismo codifica todas as moléculas de RNA e proteína que são necessárias para fazer as suas células. No entanto, uma descrição completa da sequência de DNA de um organismo – seja ela de alguns milhões de nucleotídeos de uma bactéria, seja de poucos bilhões de nucleotídeos de cada célula humana – não nos capacitaria mais a reconstruir um organismo do que uma lista de todas as palavras em inglês de um dicionário nos tornaria capazes de reconstruir uma peça de Shakespeare. Precisamos saber como os elementos em uma sequência de DNA ou as palavras em uma lista atuam em conjunto para produzir uma obra-prima.

Para as células, esta tarefa envolve a *expressão gênica*. Mesmo a bactéria unicelular mais simples pode usar os seus genes seletivamente – por exemplo, ativando e inibindo genes de maneira a produzir as enzimas necessárias para digerir as diferentes fontes de alimento disponíveis. Em plantas e animais multicelulares, contudo, a expressão gênica está sob um controle muito mais elaborado. Durante o desenvolvimento embrionário, um óvulo fertilizado origina muitos tipos celulares que diferem drasticamente tanto em estrutura como em função. As diferenças entre uma célula nervosa processando uma informação e um leucócito combatendo uma infecção, por exemplo, são tão extremas, que é difícil imaginar que essas duas células contenham o mesmo DNA (**Figura 8-1**). Por essa razão, e porque as células em um organismo adulto raramente perdem as suas características distintivas, os biólogos suspeitaram que determinados genes poderiam ser seletivamente perdidos quando uma célula se tornava especializada. Sabemos hoje, entretanto, que praticamente todas as células de um organismo multicelular contêm o mesmo genoma. A *diferenciação* celular é, em vez disso, obtida por mudanças na expressão gênica.

Em mamíferos, centenas de tipos celulares diferentes desempenham uma ampla gama de funções especializadas que dependem de genes que são ativados em um tipo celular, mas não o são na maioria dos outros: por exemplo, as células β do pâncreas produzem o hormônio proteico insulina, e as células α do pâncreas produzem o hormônio glucagon. Os linfócitos B do sistema imune produzem anticorpos, enquanto os eritrócitos em desenvolvimento produzem a hemoglobina, proteína de transporte de oxigênio. As diferenças entre um neurônio, um leucócito, uma célula β pancreática e um eritrócito dependem do controle preciso da expressão gênica. Uma típica célula diferenciada expressa apenas cerca de metade dos genes de seu repertório total.

Neste capítulo, discutimos as principais vias de regulação da expressão gênica, com foco nos genes que codificam proteínas como seu produto final. Embora alguns desses mecanismos de controle estejam presentes tanto em eucariotos como em procariotos, as células eucarióticas – com sua estrutura cromossômica mais complexa – possuem algumas vias de controle da expressão gênica que não estão presentes em bactérias.

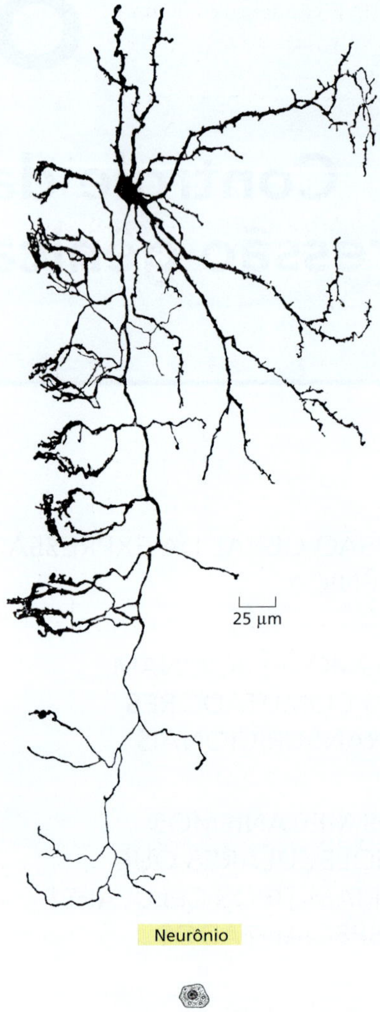

Figura 8-1 Um neurônio e uma célula hepática compartilham o mesmo genoma. As longas ramificações desse neurônio da retina permitem que ele receba sinais elétricos de muitos outros neurônios e os transmita para vários neurônios adjacentes. A célula hepática, que está desenhada na mesma escala, está envolvida em muitos processos metabólicos, incluindo digestão e desintoxicação de álcool e outras drogas. Ambas as células contêm o mesmo genoma, mas elas expressam diversas moléculas diferentes de RNA e proteínas. (Neurônio adaptado de S. Ramón y Cajal, Histologie du Système Nerveux de l'Homme et de Vertébrés, 1909–1911. Paris: Maloine; reimpressa, Madrid: C.S.I.C., 1972.)

VISÃO GERAL DA EXPRESSÃO GÊNICA

A **expressão gênica** é um processo complexo pelo qual as células controlam seletivamente a síntese de muitos milhares de proteínas e RNAs codificados pelo seu genoma. Entretanto, como as células coordenam e controlam tal processo intrincado – e como uma célula individual especifica qual dos seus genes expressar? Essa decisão é um problema especialmente importante para os animais porque, à medida que se desenvolvem, suas células se tornam altamente especializadas, dando origem a um conjunto de células musculares, nervosas e células do sangue, bem como a centenas de outros tipos de células observadas no adulto. Essa **diferenciação** celular surge porque as células produzem e acumulam diferentes conjuntos de moléculas de RNA e proteína, ou seja, elas expressam genes diferentes.

Os diferentes tipos celulares de um organismo multicelular contêm o mesmo DNA

A evidência de que as células têm a capacidade de modificar os genes que expressam sem alterar a sequência nucleotídica de seu DNA vem de experimentos nos quais o genoma de uma célula diferenciada promove o desenvolvimento de um organismo completo. Se os cromossomos de células diferenciadas fossem alterados irreversivelmente durante o desenvolvimento, eles não seriam capazes de realizar essa façanha.

Considere, por exemplo, um experimento no qual o núcleo de uma célula epidérmica de uma rã adulta é retirado e injetado em um ovo de rã cujo núcleo tenha sido removido. Em alguns casos, o ovo adulterado irá desenvolver um girino normal (**Figura 8-2**). Assim, o núcleo de célula epidérmica transplantado não pode ter perdido quaisquer sequências essenciais de DNA. Experimentos de transplante nuclear feitos com células diferenciadas de mamíferos adultos – incluindo ovelhas, vacas, porcos, cabras e camundongos – têm mostrado resultados semelhantes. Em plantas, células individuais removidas de uma cenoura, por exemplo, podem regenerar uma planta de cenoura adulta inteira. Esses experimentos mostram que o DNA de tipos celulares especializados de organismos multicelulares ainda contém o conjunto de instruções completo e necessário para formar um organismo inteiro. Os vários tipos de células de um organismo, dessa forma, diferem não porque contenham genes diferentes, mas porque os expressam diferentemente.

Diferentes tipos celulares produzem diferentes conjuntos de proteínas

A extensão das diferenças na expressão gênica entre tipos celulares distintos pode ser avaliada pela comparação da composição proteica das células de fígado, coração, encéfalo, e assim por diante. No passado, tais análises eram feitas por eletroforese em gel bidimensional (ver Painel 4-5, p. 167). Atualmente, o conteúdo total de proteínas de uma célula pode ser rapidamente analisado por uma metodologia chamada de espectrometria de massas (ver Figura 4-49). Essa técnica é muito mais sensível que a eletroforese e permite a detecção até de proteínas que são produzidas em menor quantidade.

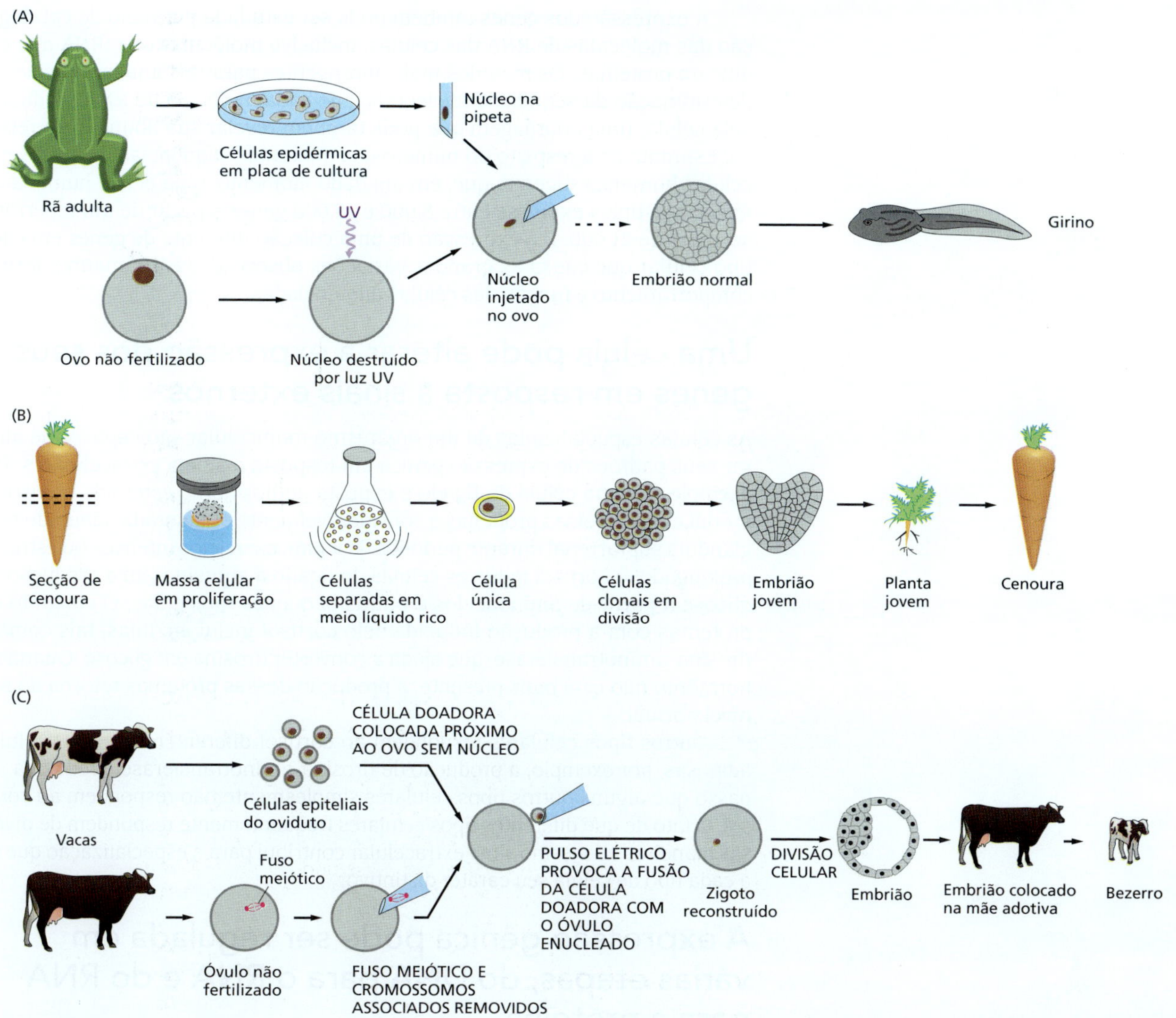

Figura 8-2 Células diferenciadas contêm todas as instruções genéticas necessárias para promover a formação de um organismo completo. (A) O núcleo de uma célula epidérmica de uma rã adulta transplantado para um ovo que teve seu núcleo destruído pode dar origem a um girino completo. A seta tracejada indica que, para dar ao genoma transplantado tempo para ajustar-se ao meio embrionário, um passo de transferência adicional é necessário, no qual um dos núcleos é retirado do embrião inicial que começa o seu desenvolvimento e é recolocado em um segundo ovo que teve o núcleo retirado. (B) Em muitos tipos de plantas, as células diferenciadas retêm a capacidade de reverter sua diferenciação, de forma que uma única célula pode proliferar para formar um clone de células progenitoras que, mais tarde, darão origem a uma planta completa. (C) Um núcleo removido de uma célula diferenciada de uma vaca adulta pode ser introduzido em um ovo enucleado de uma vaca diferente para dar origem a um bezerro. Diferentes bezerros produzidos a partir da mesma célula doadora diferenciada são todos clones de um doador e são, portanto, geneticamente idênticos. (A, modificada de J.B. Gurdon, *Sci. Am.* 219:24–35, 1968, com permissão do Estado de Bunji Tagawa.)

Ambas as técnicas revelam que muitas proteínas são comuns a todas as células de um organismo multicelular. Essas proteínas de manutenção, ou *housekeeping*, incluem, por exemplo, as proteínas estruturais dos cromossomos, RNA-polimerases, enzimas de reparo do DNA, proteínas dos ribossomos, enzimas envolvidas na glicólise e outros processos metabólicos básicos e muitas das proteínas que formam o citoesqueleto. Além disso, cada tipo celular diferente também produz proteínas especializadas que são responsáveis pelas propriedades distintivas das células. Em mamíferos, por exemplo, a hemoglobina é sintetizada quase exclusivamente em eritrócitos imaturos.

A expressão dos genes também pode ser estudada por meio de catalogação das moléculas de RNA das células, inclusive moléculas de mRNA que codificam proteínas. Os métodos mais abrangentes para tais análises incluem a determinação da sequência nucleotídica de cada molécula de RNA produzida pela célula, uma abordagem que pode também revelar sua abundância relativa. Estimativas a respeito do número das diferentes sequências de mRNA nas células humanas sugerem que, em um dado momento, uma célula humana diferenciada típica expresse entre 5.000 e 15.000 genes a partir de um repertório ao redor de 21.000. É a expressão de uma coleção diferente de genes em cada tipo celular que causa as grandes variações observadas em tamanho, forma, comportamento e função das células diferenciadas.

Uma célula pode alterar a expressão dos seus genes em resposta a sinais externos

As células especializadas de um organismo multicelular são capazes de alterar seus padrões de expressão gênica em resposta a sinais extracelulares. Por exemplo, se uma célula do fígado é exposta ao hormônio esteroide cortisol, a produção de diversas proteínas é consideravelmente aumentada. Liberado pela glândula suprarrenal durante períodos de jejum, exercícios intensos ou estresse prolongado, o cortisol induz as células do fígado a aumentarem a produção de glicose a partir de aminoácidos e outras pequenas moléculas. O conjunto de proteínas com a produção induzida pelo cortisol inclui enzimas, tais como a tirosina-aminotransferase, que ajuda a converter tirosina em glicose. Quando o hormônio não está mais presente, a produção dessas proteínas retorna ao seu nível normal.

Outros tipos celulares respondem ao cortisol diferentemente. Nas células adiposas, por exemplo, a produção de tirosina-aminotransferase é reduzida, ao passo que alguns outros tipos celulares simplesmente não respondem ao cortisol. O fato de que diferentes tipos celulares frequentemente respondem de diversas maneiras ao mesmo sinal extracelular contribui para a especialização que dá a cada tipo de célula seu caráter distintivo.

A expressão gênica pode ser regulada em várias etapas, do DNA para o RNA e do RNA para a proteína

Se as diferenças entre os vários tipos celulares de um organismo dependem de genes particulares que a célula expressa, em qual nível o controle da expressão gênica é exercido? Como vimos no último capítulo, existem muitos passos no caminho que leva do DNA à proteína, e todos eles podem, em princípio, ser regulados. Assim, a célula pode controlar as proteínas que contém (1) controlando quando e quantas vezes um dado gene é transcrito, (2) controlando como um transcrito de RNA sofre *splicing* ou outro processamento, (3) selecionando quais moléculas de mRNA são exportadas do núcleo para o citosol, (4) regulando o quão rapidamente certas moléculas de mRNA são degradadas, (5) selecionando quais moléculas de mRNA são traduzidas em proteínas pelos ribossomos, ou (6) regulando quão rapidamente proteínas específicas são destruídas após terem sido produzidas; além disso, a atividade de proteínas individuais pode também ser regulada em uma variedade de maneiras. Essas etapas são ilustradas na **Figura 8-3**.

A expressão gênica pode ser regulada em cada uma dessas etapas. Para a maioria dos genes, entretanto, o controle da transcrição (etapa número 1 na Figura 8-3) é da maior importância. Isso faz sentido, porque somente o controle transcricional pode garantir que nenhum intermediário não essencial seja sintetizado. Então, é a regulação da transcrição – e os componentes do DNA e das proteínas que determinam quais genes uma célula transcreve em RNA – que abordamos primeiramente.

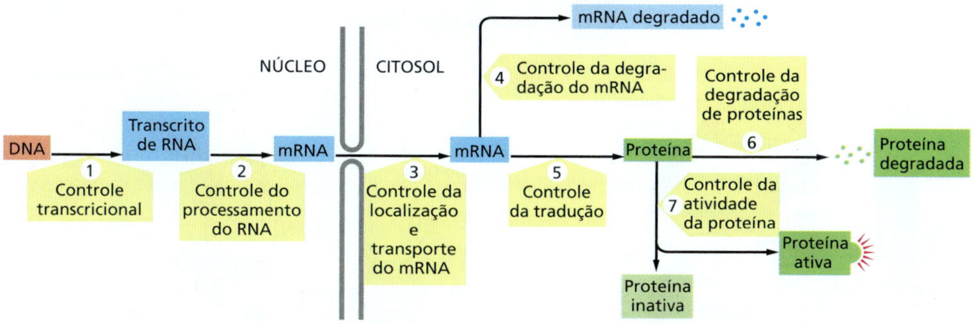

Figura 8-3 A expressão gênica em células eucarióticas pode ser controlada em várias etapas. São conhecidos exemplos de regulação em cada uma dessas etapas, embora para a maioria dos genes o principal ponto de controle seja a etapa 1– transcrição de uma sequência de DNA em RNA.

COMO FUNCIONAM OS COMUTADORES TRANSCRICIONAIS

Até 50 anos atrás, a ideia de que os genes poderiam ser ativados e inativados era revolucionária. Esse conceito foi um grande avanço e surgiu originalmente a partir dos estudos de como as bactérias *E. coli* se adaptam a mudanças na composição de seu meio de cultura. Muitos dos mesmos princípios se aplicam às células eucarióticas. Entretanto, a enorme complexidade da regulação gênica nos organismos superiores, combinada com o empacotamento do seu DNA na cromatina, cria desafios especiais e novas oportunidades de controle, como veremos mais adiante. Começamos com a discussão dos *reguladores da transcrição*, proteínas que se ligam ao DNA e controlam a transcrição de genes.

Os reguladores da transcrição se ligam a sequências de DNA regulador

O controle da transcrição é normalmente exercido na etapa em que o processo é iniciado. No Capítulo 7, vimos que a região **promotora** de um gene se liga à enzima *RNA-polimerase* e orienta corretamente essa enzima a iniciar sua tarefa de fazer uma cópia de RNA do gene. Tanto os promotores dos genes de bactérias como os dos genes de eucariotos incluem um *sítio de início da transcrição*, onde a síntese de RNA começa, e uma sequência de aproximadamente 50 pares de nucleotídeos anterior ao sítio de início. Essa região cadeia acima contém sítios que são necessários para a RNA- polimerase reconhecer o *promotor*, embora não se liguem diretamente à RNA-polimerase. Em vez disso, essas sequências contêm sítios de reconhecimento para proteínas que se associam com a polimerase ativa – o fator sigma em bactérias (ver Figura 7-9) ou os fatores gerais de transcrição em eucariotos (ver Figura 7-12).

Além do promotor, praticamente todos os genes, tanto bacterianos como eucarióticos, possuem **sequências de DNA regulador** que são usadas para ativar ou inativar um gene. Algumas sequências de DNA regulador são tão curtas quanto 10 pares de nucleotídeos e agem como interruptores simples que respondem a um único sinal; tais interruptores reguladores simples predominam em bactérias. Outras sequências de DNA regulador, especialmente as de eucariotos, são muito longas (às vezes, abrangendo mais de 10.000 pares de nucleotídeos) e agem como microprocessadores moleculares, integrando a informação de uma variedade de sinais em um comando que determina com que frequência a transcrição do gene é iniciada.

As sequências de DNA regulador não atuam sozinhas. Para funcionarem, essas sequências precisam ser reconhecidas por proteínas chamadas de **reguladores da transcrição**. É a ligação de um regulador da transcrição a uma sequência de DNA regulador que age como um interruptor para controlar a transcrição.

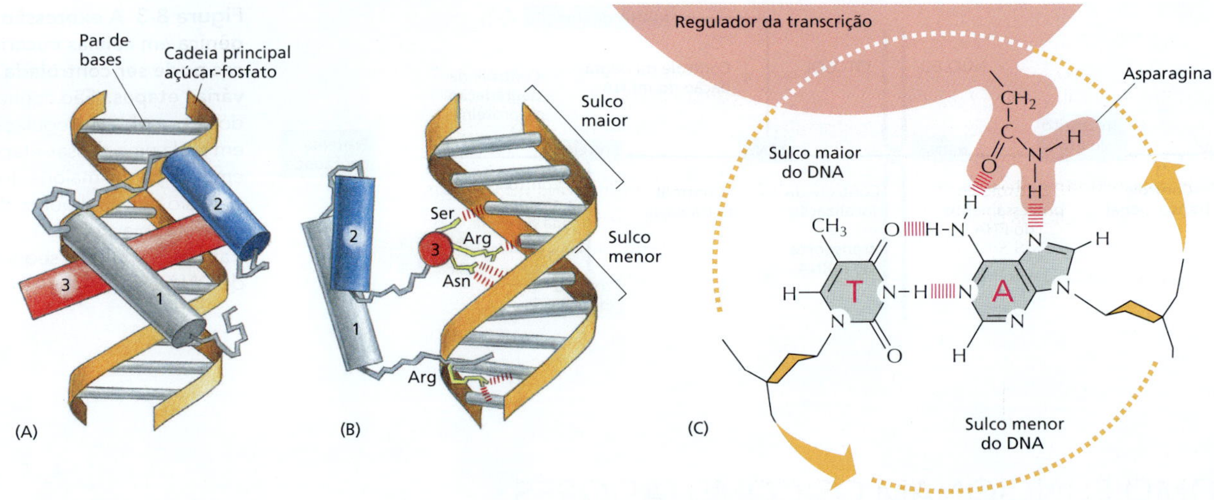

Figura 8-4 Um regulador da transcrição interage com o sulco maior da dupla-hélice do DNA. (A) Este regulador reconhece o DNA por meio de três α-hélices, representadas como cilindros numerados, as quais permitem que a proteína se encaixe no sulco maior e forme associações com um curto segmento de pares de bases do DNA. Esse motivo estrutural particular, chamado de *homeodomínio*, é encontrado em várias proteínas de ligação ao DNA de muitos eucariotos (**Animação 8.1**). (B) A maioria dos contatos com as bases do DNA é feita pela α-hélice 3 (*vermelho*), que é mostrada aqui em vista axial. A proteína interage com as extremidades dos nucleotídeos, sem romper as ligações de hidrogênio que mantêm os pares de bases unidos. (C) Um resíduo de asparagina da α-hélice 3 forma duas ligações de hidrogênio com a adenina em um par de bases A-T. A dupla-hélice do DNA está representada em vista axial, e o contato da proteína com o par de bases A-T se dá a partir do sulco maior. Para simplificar, apenas um contato aminoácido-base é mostrado; na realidade, os reguladores da transcrição formam ligações de hidrogênio (como mostrado aqui), ligações iônicas e interações hidrofóbicas com bases individuais no sulco maior. Normalmente, a interface proteína-DNA deve consistir em 10 a 20 de tais contatos, cada um envolvendo um aminoácido diferente e contribuindo para a força total da interação proteína-DNA.

Uma simples bactéria produz centenas de diferentes reguladores da transcrição, sendo que cada um deles reconhece uma sequência de DNA diferente e assim regula um conjunto distinto de genes. Os seres humanos produzem muito mais – vários milhares –, indicando a importância e complexidade dessa forma de regulação gênica no desenvolvimento e função de organismos complexos.

As proteínas que reconhecem uma sequência nucleotídica específica o fazem porque a superfície da proteína se combina com alta afinidade com as características de superfície da dupla-hélice de DNA naquela região. Como essas características da superfície irão variar, dependendo da sequência de nucleotídeos, diferentes proteínas de ligação ao DNA irão reconhecer diferentes sequências de nucleotídeos. Em muitos casos, a proteína se insere no sulco maior da dupla-hélice do DNA e forma uma série de contatos moleculares com os pares de nucleotídeos nesse sulco (**Figura 8-4**). Embora cada contato individual seja fraco, os 10 a 20 contatos que costumam ser formados em uma interface proteína-DNA se combinam para garantir que a interação seja tanto altamente específica quanto de alta afinidade. De fato, as interações proteína-DNA estão entre as interações moleculares mais específicas e de maior afinidade conhecidas na biologia.

Muitos reguladores da transcrição ligam-se à hélice de DNA como dímeros (**Figura 8-5**). Tal dimerização duplica aproximadamente a área de contato com o DNA, aumentando, assim, a força e a especificidade da interação proteína-DNA.

Os comutadores transcricionais permitem que as células respondam a modificações do ambiente

Os exemplos mais simples e mais bem entendidos de regulação gênica ocorrem em bactérias e nos vírus que as infectam. O genoma da bactéria *E. coli* consiste em uma única molécula circular de DNA de aproximadamente 4,6 × 10[6] pares de nucleotídeos. Esse DNA codifica aproximadamente 4.300 proteínas, embora apenas uma fração delas seja sintetizada a qualquer tempo. As bactérias regulam a expressão de muitos dos seus genes de acordo com as fontes de alimento disponíveis no ambiente. Por exemplo, em *E. coli*, cinco genes codificam as enzimas que produzem o aminoácido triptofano. Esses genes são arranjados em um grupamento no cromossomo e são transcritos a partir de um único promotor como uma longa molécula de mRNA; tais grupamentos transcritos coordenadamente são chamados de *óperons* (**Figura 8-6**). Embora os óperons sejam comuns em bactérias, eles são raros em eucariotos, onde os genes são transcritos e regulados individualmente (ver Figura 7-2).

Quando as concentrações de triptofano são baixas, o óperon é transcrito; o mRNA resultante é traduzido para produzir um conjunto completo de enzimas biossintéticas, que trabalham em série para sintetizar o triptofano. No entanto, quando o triptofano é abundante – por exemplo, quando uma bactéria está no estômago de um mamífero que acabou de ingerir uma refeição rica em proteína –, o aminoácido é importado para a célula e interrompe a produção de enzimas, que não são mais necessárias.

Compreendemos agora, com detalhe considerável, como essa repressão do óperon triptofano acontece. No promotor do óperon, está uma sequência curta de DNA, chamada de *operador* (ver Figura 8-6), que é reconhecida por um regulador da transcrição. Quando esse regulador se liga ao operador, impede o acesso da RNA-polimerase ao promotor, impedindo a transcrição do óperon e a produção das enzimas produtoras do triptofano. O regulador da transcrição é conhecido como *repressor do triptofano* e é regulado de forma engenhosa: o repressor pode se ligar ao DNA somente se ele também estiver ligado a várias moléculas de triptofano (**Figura 8-7**).

O repressor do triptofano é uma proteína alostérica (ver Figura 4-41): a ligação do triptofano induz uma sutil alteração na sua estrutura tridimensional, de maneira que ela pode agora se ligar à sequência do operador. Quando a concentração do triptofano livre na bactéria diminui, o repressor se dissocia do DNA, e o óperon triptofano é transcrito. O repressor é, dessa forma, um simples mecanismo que ativa e inativa a produção de um conjunto de enzimas biossintéticas, de acordo com a disponibilidade do produto final da via que as enzimas catalisam.

A proteína repressora do triptofano está sempre presente na célula. O gene que a codifica é continuamente transcrito em um nível baixo, de maneira que uma pequena quantidade da proteína repressora está sempre sendo produzida. Assim, a bactéria pode responder rapidamente ao aumento da concentração do triptofano.

Figura 8-5 Muitos reguladores da transcrição ligam-se ao DNA como dímeros. Esse regulador da transcrição contém um motivo *zíper de leucina*, que é formado por duas α-hélices, cada uma composta por uma subunidade proteica diferente. As proteínas zíper de leucina se ligam ao DNA como dímeros, segurando a dupla-hélice como um prendedor de roupas (**Animação 8.2**).

Os repressores inativam os genes e os ativadores ativam os genes

O repressor do triptofano, como seu nome sugere, é uma proteína **repressora transcricional**: na sua forma ativa, ela inibe os genes ou os *reprime*. Outras proteínas bacterianas reguladoras da transcrição operam de maneira oposta: ativando os genes. Essas proteínas **ativadoras transcricionais** interagem com promotores que – ao contrário do promotor do óperon triptofano – são apenas marginalmente capazes de se associar e posicionar na RNA-polimerase. Entretanto, esses promotores pouco funcionais podem tornar-se totalmente funcionais por efeito de proteínas ativadoras

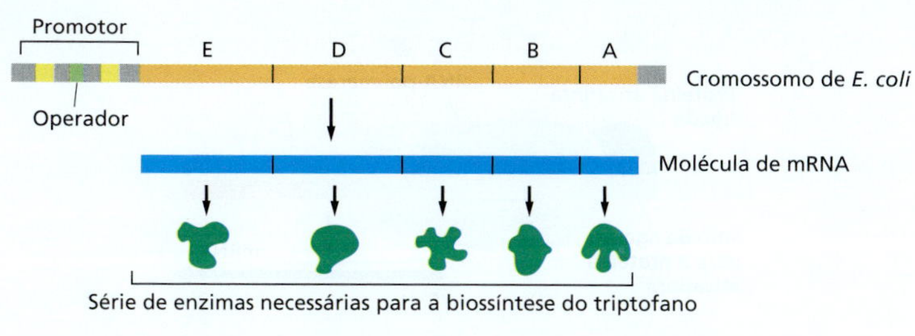

Figura 8-6 Um grupamento de genes bacterianos pode ser transcrito a partir de um único promotor. Cada um destes cinco genes codifica uma enzima diferente; todas as enzimas são necessárias para a síntese do aminoácido triptofano. Os genes são transcritos como uma única molécula de mRNA, uma característica que permite que a sua expressão seja controlada coordenadamente. Grupamentos de genes transcritos como uma única molécula de mRNA são comuns em bactérias. Cada um desses grupamentos é chamado de *óperon* porque sua expressão é controlada por uma sequência de DNA reguladora chamada de *operador* (*verde*), situada no promotor. Os blocos *amarelos* no promotor representam sequências de DNA que se ligam à RNA-polimerase.

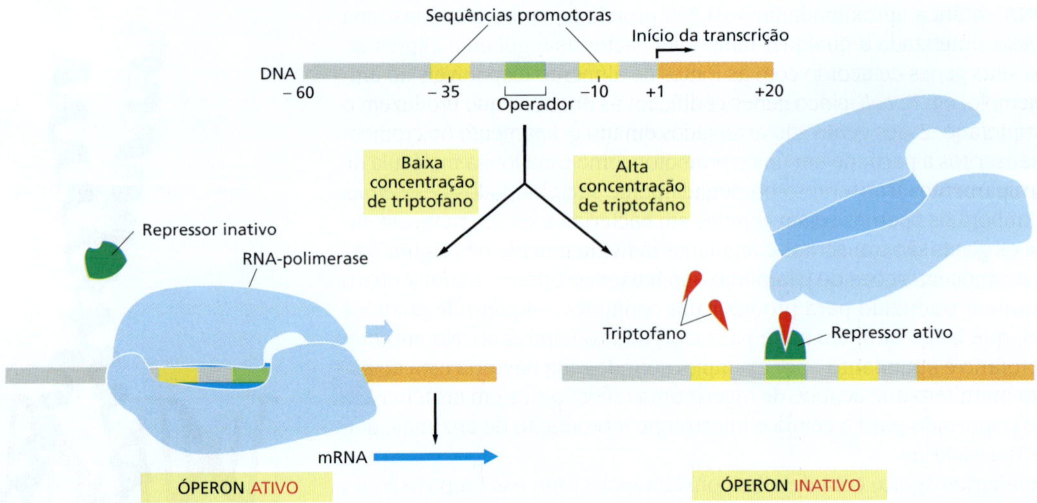

Figura 8-7 Os genes podem ser inativados por proteínas repressoras. Se a concentração do triptofano dentro da bactéria for baixa (*esquerda*), a RNA-polimerase (*azul*) liga-se ao promotor e transcreve os cinco genes do óperon triptofano. Porém, se a concentração de triptofano for alta (*direita*), a proteína repressora (*verde-escuro*) torna-se ativa e se liga ao operador (*verde-claro*), onde impede a ligação da RNA-polimerase ao promotor. Sempre que a concentração de triptofano intracelular diminuir, o repressor se desliga do DNA, permitindo que a polimerase transcreva novamente o óperon. O promotor contém dois blocos essenciais de informação da sequência de DNA, as regiões -35 e -10, marcadas em *amarelo*, que são reconhecidas pela RNA-polimerase (ver Figura 7-10). O óperon completo é mostrado na Figura 8-6.

que se ligam em sua vizinhança e fazem contatos com a RNA-polimerase, auxiliando o início da transcrição (**Figura 8-8**).

Como o repressor do triptofano, as proteínas ativadoras frequentemente interagem com uma segunda molécula para se ligar ao DNA. Por exemplo, a proteína ativadora bacteriana *CAP* precisa se associar ao AMP cíclico (cAMP) antes que possa se ligar ao DNA (ver Figura 4-19). Genes ativados por CAP são ativados em resposta ao aumento intracelular da concentração de cAMP, que se eleva quando a glicose, fonte de carbono preferida das bactérias, não está mais disponível; em consequência, a CAP promove a produção de enzimas que permitem à bactéria digerir outros açúcares.

Um ativador e um repressor controlam o óperon *Lac*

Em muitos momentos, a atividade de um único promotor pode ser controlada por dois reguladores da transcrição diferentes. O *óperon Lac* em *E. coli,* por exemplo, é controlado pelo *repressor Lac* e pela proteína ativadora CAP, que acabamos de discutir. O óperon *Lac* codifica as proteínas necessárias para importar e digerir o dissacarídeo lactose. Na ausência da glicose, a bactéria faz cAMP, que ativa a CAP, a qual, por sua vez, ativa os genes que permitem que a célula utilize fontes alternativas de carbono – incluindo a lactose. No entanto, seria um desperdício CAP induzir a expressão do óperon *Lac* se a lactose não estivesse presente. Assim, o repressor Lac assegura que o óperon está inibido na ausência

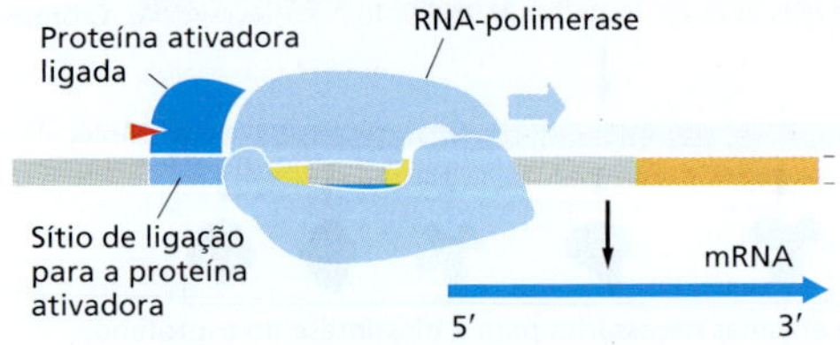

Figura 8-8 Os genes podem ser ativados por proteínas ativadoras. Uma proteína ativadora se liga a uma sequência de DNA reguladora e então interage com a RNA-polimerase para auxiliar a iniciação da transcrição. Sem a presença da proteína ativadora, o promotor falha em iniciar a transcrição de maneira eficiente. Em bactérias, a ligação da proteína ativadora ao DNA é frequentemente controlada pela interação de um metabólito ou outra pequena molécula (triângulo *vermelho*) com a proteína ativadora. O óperon *Lac* funciona dessa maneira, como discutimos em breve.

de lactose. Esse arranjo permite que a região de controle do óperon *Lac* integre dois sinais diferentes, de modo que esse óperon seja expresso apenas quando duas condições são encontradas: a glicose deve estar ausente e a lactose deve estar presente (**Figura 8-9**). Esse circuito genético se comporta como um comutador que conduz uma operação lógica em um computador. Quando a lactose está presente e a glicose está ausente, a célula executa o programa apropriado – nesse caso, a transcrição dos genes que permitam a captação e utilização da lactose.

A lógica elegante do óperon *Lac* atraiu inicialmente a atenção dos biólogos há mais de 50 anos. A base molecular do comutador em *E. coli* foi descoberta por uma combinação de genética e bioquímica, fornecendo o primeiro indício de como a transcrição é controlada. Em uma célula eucariótica, dispositivos de regulação da transcrição similares são combinados para gerar circuitos cada vez mais complexos, incluindo aqueles que permitem que um óvulo fertilizado forme os tecidos e órgãos de um organismo multicelular.

Os reguladores transcricionais eucarióticos controlam a expressão gênica à distância

Os eucariotos também usam reguladores transcricionais – ativadores e repressores – para regular a expressão dos seus genes. Os sítios de DNA aos quais os ativadores de genes eucariotos se ligam são chamados de *estimuladores* (*enhancers*), porque sua presença aumenta extraordinariamente a taxa de transcrição. Foi surpreendente para os biólogos quando, em 1979, se descobriu que essas proteínas ativadoras poderiam estimular a transcrição, mesmo estando ligadas

QUESTÃO 8-1

As bactérias podem captar o aminoácido triptofano (Trp) do ambiente ou, se houver um suprimento ineficiente externo, elas podem sintetizar o triptofano a partir de outras pequenas moléculas. O repressor de Trp é uma proteína reguladora da transcrição que inativa a transcrição de genes que codificam as enzimas necessárias para a síntese do triptofano (ver Figura 8-7).

A. O que aconteceria com a regulação do óperon triptofano em células que expressam uma forma mutante do repressor do triptofano que (1) não pode se ligar ao DNA, (2) não pode se ligar ao triptofano, ou (3) se liga ao DNA mesmo na ausência de triptofano?

B. O que aconteceria nos cenários (1), (2) e (3) se a célula, além disso, produzisse a proteína normal repressora do triptofano, a partir de um segundo gene normal?

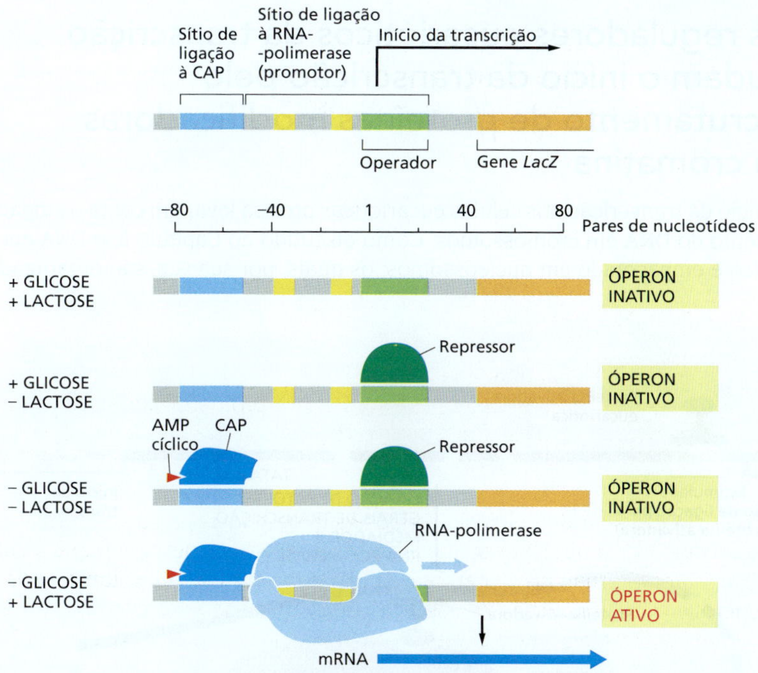

Figura 8-9 O óperon *Lac* é controlado por dois reguladores da transcrição, o repressor Lac e a ativadora CAP. Quando a lactose está ausente, o repressor *Lac* se liga ao operador *Lac*, impedindo a expressão do óperon. A adição de lactose aumenta a concentração intracelular de um composto relacionado, a alolactose; a alolactose se liga ao repressor Lac, provocando uma modificação conformacional que libera o seu controle sobre o DNA do operador (não mostrado). Quando a glicose está ausente, o AMP cíclico (triângulo *vermelho*) é produzido pela célula, e CAP se liga ao DNA. *LacZ*, o primeiro gene do óperon, codifica a enzima β-galactosidase, a qual quebra a lactose em galactose e glicose.

QUESTÃO 8-2

Explique como as proteínas de ligação ao DNA podem fazer contatos específicos de sequência com uma molécula de DNA de fita dupla sem romper as ligações de hidrogênio que mantêm as bases unidas. Indique como, através de tais contatos, uma proteína pode distinguir um par T-A de um C-G. Indique as partes dos pares de bases nucleotídicas que poderiam formar interações não covalentes – ligações de hidrogênio, atrações eletrostáticas ou interações hidrofóbicas (ver Painel 2-7, p. 78-79) – com uma proteína de ligação ao DNA. As estruturas de todos os pares de bases no DNA são fornecidas na Figura 5-6.

a milhares de pares de nucleotídeos à distância do promotor do gene. Além disso, os ativadores eucarióticos poderiam influenciar a transcrição de um gene quando ligados em posições cadeia acima ou cadeia abaixo. Essas observações levantaram muitas questões. Como as sequências estimuladoras e as proteínas ligadas a elas atuam ao longo dessas grandes distâncias? Como elas se comunicam com o promotor?

Muitos modelos para a "ação à distância" têm sido propostos, porém o mais simples deles parece aplicar-se à maioria dos casos. O DNA entre o estimulador e o promotor forma uma alça para permitir que as proteínas ativadoras eucarióticas influenciem diretamente os eventos que ocorrem no promotor (**Figura 8-10**). Assim, o DNA age como um grupo de ancoragem, permitindo que uma proteína ligada a um estimulador – mesmo uma que esteja a milhares de pares de nucleotídeos – interaja com proteínas na vizinhança do promotor – incluindo a RNA-polimerase e os fatores gerais de transcrição (ver Figura 7-12). Frequentemente, proteínas adicionais servem para interligar os reguladores transcricionais distantes ao promotor; o mais importante desses reguladores é um grande complexo de proteínas conhecido como *Mediador* (ver Figura 8-10). Uma dessas vias nas quais essas proteínas funcionam é auxiliando na associação dos fatores gerais de transcrição e da RNA-polimerase para formar o grande *complexo de iniciação de transcrição* no promotor. As proteínas repressoras eucarióticas podem fazer o oposto: podem diminuir a transcrição, impedindo a formação desse complexo proteico.

Além de ativar – ou reprimir – a associação do complexo de iniciação de transcrição diretamente, as proteínas eucarióticas reguladoras da transcrição possuem um mecanismo adicional de ação: elas atraem as proteínas que modificam a estrutura da cromatina e afetam assim a acessibilidade do promotor aos fatores gerais de transcrição e à RNA-polimerase, como discutido a seguir.

Os reguladores eucarióticos da transcrição ajudam o início da transcrição pelo recrutamento de proteínas modificadoras da cromatina

O início da transcrição nas células eucarióticas precisa levar em conta o empacotamento do DNA em cromossomos. Como discutido no Capítulo 5, o DNA eucariótico é empacotado em nucleossomos, os quais, por sua vez, são organizados

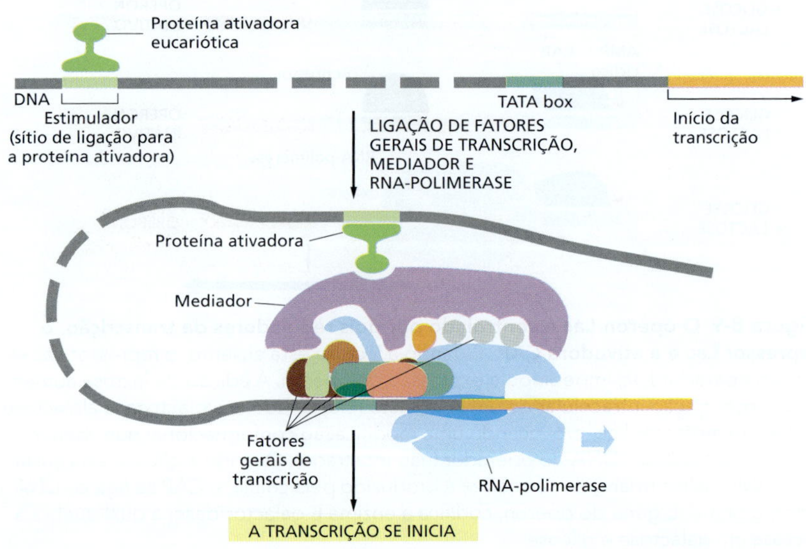

Figura 8-10 Em eucariotos, a ativação gênica pode ocorrer à distância. Uma proteína ativadora ligada a um estimulador distante atrai a RNA-polimerase e os fatores gerais de transcrição para o promotor. A alça do DNA interveniente permite o contato entre a ativadora e o complexo de iniciação da transcrição ligado ao promotor. No caso mostrado aqui, um grande complexo proteico, chamado de Mediador, serve como intermediário. A região descontínua do DNA significa que o comprimento do DNA entre o estimulador e o início da transcrição varia, algumas vezes alcançando dezenas de milhares de pares de nucleotídeos. O TATA box é uma sequência de reconhecimento do DNA para o primeiro fator geral de transcrição que se liga ao promotor (ver Figura 7-12).

em estruturas de ordem mais elevada. Como os reguladores da transcrição, os fatores gerais de transcrição e a RNA-polimerase ganham acesso a esse DNA? Os nucleossomos podem inibir o início da transcrição, se estiverem posicionados sobre o promotor, porque eles, de forma física, bloqueiam a associação dos fatores gerais de transcrição ou da RNA-polimerase sobre o promotor. Tal empacotamento da cromatina pode ter evoluído em parte para prevenir a expressão gênica defeituosa, bloqueando o início da transcrição na ausência de proteínas ativadoras apropriadas.

Nas células eucarióticas, as proteínas ativadoras e repressoras exploram a estrutura da cromatina para auxiliar os genes a serem ativados e inativados. Como vimos no Capítulo 5, a estrutura da cromatina pode ser alterada por complexos de remodelagem da cromatina e enzimas que covalentemente modificam as proteínas histonas que formam o centro do nucleossomo (ver Figuras 5-26 e 5-27). Muitos ativadores de genes tiram vantagem desses mecanismos, recrutando tais proteínas modificadoras da cromatina aos promotores. Por exemplo, o recrutamento de *histona-acetiltransferases* promove a ligação de grupos acetila a lisinas selecionadas na cauda de proteínas histonas. Essa modificação altera a estrutura da cromatina, permitindo maior acessibilidade ao DNA envolvido; além disso, os próprios grupos acetila atraem proteínas que promovem a transcrição, incluindo alguns dos fatores gerais de transcrição (**Figura 8-11**).

Da mesma forma, as proteínas de repressão gênica podem modificar a cromatina de maneira que reduzam a eficiência do início da transcrição. Por exemplo, muitos repressores atraem *histona-desacetilases* – enzimas que removem os grupos acetila das caudas das histonas, revertendo, dessa forma, os efeitos positivos que a acetilação tem no início da transcrição. Embora algumas proteínas repressoras eucarióticas trabalhem em uma base de gene por gene, outras podem orquestrar a formação de grandes espirais de cromatina transcricionalmente inativa contendo muitos genes. Como discutimos no Capítulo 5, essas regiões de DNA resistentes à transcrição incluem a heterocromatina encontrada nos cromossomos em interfase e no cromossomo X inativo nas células das fêmeas de mamíferos.

QUESTÃO 8-3

Alguns reguladores transcricionais se ligam ao DNA e induzem a dupla-hélice a se curvar em um ângulo agudo. Tais "proteínas de curvamento" podem estimular o início da transcrição sem contatar tanto a RNA-polimerase, como qualquer um dos fatores gerais de transcrição ou qualquer outra proteína de regulação gênica. Você poderia imaginar uma explicação plausível sobre como essas proteínas poderiam modular a transcrição? Desenhe uma figura que ilustre a sua explicação.

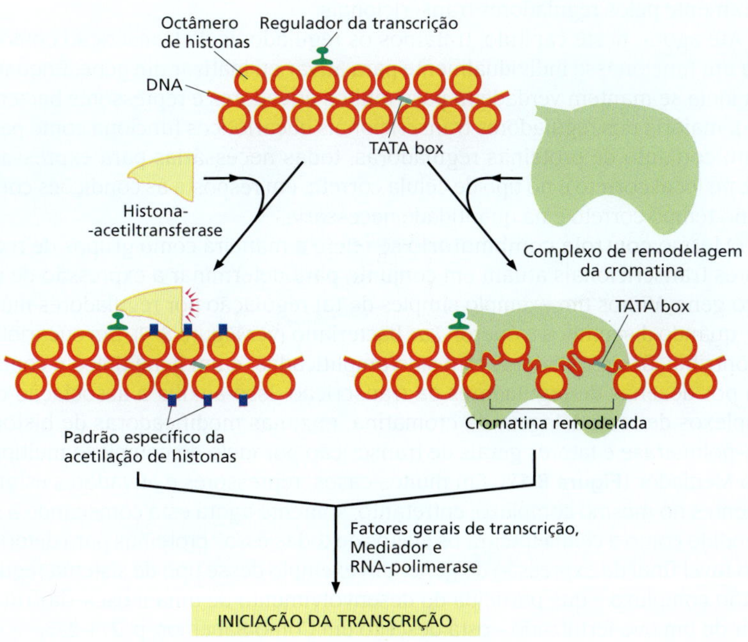

Figura 8-11 Ativadores transcricionais eucarióticos podem recrutar proteínas modificadoras de cromatina para ajudar a iniciar a transcrição gênica. À direita, os complexos de remodelagem da cromatina tornam o DNA empacotado em cromatina mais acessível a outras proteínas na célula, incluindo aquelas necessárias para o início da transcrição; note, por exemplo, a exposição aumentada do TATA box. À esquerda, o recrutamento de enzimas modificadoras de histona, como as histona-acetiltransferases, adiciona grupos acetila a histonas específicas, que podem então servir como sítios de ligação para proteínas que estimulam o início da transcrição (não mostrado).

OS MECANISMOS MOLECULARES QUE CRIAM TIPOS CELULARES ESPECIALIZADOS

Todas as células são capazes de ativar e inativar genes em resposta a mudanças em seus ambientes. Mas as células dos organismos multicelulares aperfeiçoaram essa capacidade a um grau extremo e de maneiras altamente especializadas para formar arranjos organizados de tipos celulares diferenciados. Em particular, uma vez que uma célula de um organismo multicelular se torna comprometida a se diferenciar em um tipo celular específico, a escolha do destino é normalmente mantida por divisões celulares subsequentes. Isso significa que as alterações na expressão gênica, que são frequentemente disparadas por um sinal transitório, precisam ser relembradas pela célula. Esse fenômeno de *memória celular* é um pré-requisito para a criação de tecidos organizados e para a manutenção de tipos celulares estavelmente diferenciados. De modo diferente, as modificações mais simples na expressão de genes, tanto em eucariotos como em bactérias, são frequentemente apenas transitórias; o repressor do triptofano, por exemplo, inibe o óperon triptofano em bactérias apenas na presença do triptofano; tão logo esse aminoácido seja removido do meio, os genes são novamente ativados, e as células descendentes não têm memória de que suas antecessoras tenham sido expostas ao triptofano.

Nesta seção, discutimos algumas características especiais da regulação transcricional que são encontradas nos organismos multicelulares. Nosso foco será em como esses mecanismos criam e mantêm os tipos celulares especializados que conferem a um verme, uma mosca ou um ser humano as suas características distintivas.

Os genes eucarióticos são controlados por combinações de reguladores da transcrição

Como os reguladores transcricionais eucarióticos podem controlar a transcrição quando ligados ao DNA a muitos pares de bases de distância do promotor, as sequências de nucleotídeos que controlam a expressão de um gene podem estar espalhadas por longos segmentos de DNA. Em animais e plantas, não é incomum encontrar as sequências de DNA regulador de um gene dispersas entre distâncias superiores a dezenas de milhares de pares de nucleotídeos, embora boa parte do DNA interveniente sirva como sequência "espaçadora" e não seja reconhecida diretamente pelos reguladores transcricionais.

Até agora, neste capítulo, tratamos os reguladores da transcrição como se cada um funcionasse individualmente para ativar ou inativar um gene. Enquanto essa ideia se mantém verdadeira para muitos ativadores e repressores bacterianos, a maioria dos reguladores transcricionais eucarióticos funciona como parte de um conjunto de proteínas reguladoras, todas necessárias para expressar o gene no local correto e no tipo de célula correta, em resposta às condições corretas, no tempo correto e na quantidade necessária.

O termo **controle combinatório** se refere à maneira como grupos de reguladores transcricionais atuam em conjunto para determinar a expressão de um único gene. Vimos um exemplo simples de tal regulação por reguladores múltiplos, quando discutimos o óperon *Lac* bacteriano (ver Figura 8-9). Em eucariotos, as contribuições reguladoras têm sido amplificadas, e um gene típico é controlado por dezenas de reguladores da transcrição. Isso auxilia a associação dos complexos de remodelagem da cromatina, enzimas modificadoras de histona, RNA-polimerase e fatores gerais de transcrição por meio do complexo multiproteico Mediador (**Figura 8-12**). Em muitos casos, repressores e ativadores estarão presentes no mesmo complexo; entretanto, somente agora está começando a ser entendido como a célula integra os efeitos de todas essas proteínas para determinar o nível final da expressão do gene. Um exemplo desse tipo de sistema regulador tão complexo – que participa do desenvolvimento de uma mosca-da-fruta a partir de um ovo fertilizado – está descrito em Como Sabemos, p. 274-275.

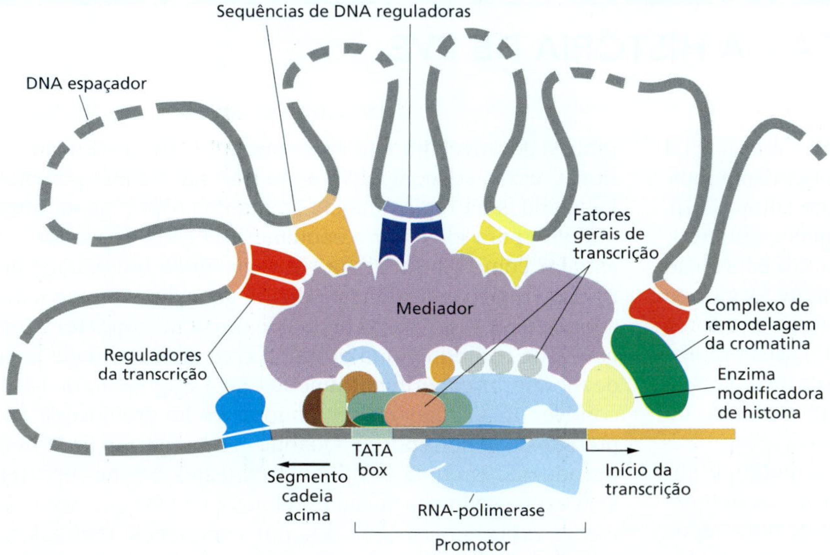

Figura 8-12 Os reguladores da transcrição atuam em conjunto para controlar a expressão de um gene eucariótico. Enquanto os fatores gerais de transcrição que se associam ao promotor são os mesmos para todos os genes transcritos pela RNA-polimerase (ver Figura 7-12), os reguladores da transcrição e as localizações dos seus sítios de ligação ao DNA em relação aos promotores são diferentes para os diferentes genes. Esses reguladores, em conjunto com proteínas modificadoras da cromatina, se associam ao promotor pela açao do Mediador. Os efeitos dos múltiplos reguladores da transcrição se combinam para determinar a taxa final da iniciação da transcrição.

A expressão de diferentes genes pode ser coordenada por uma única proteína

Além de serem capazes de ativar e inibir genes individuais, todas as células – tanto procarióticas como eucarióticas – devem coordenar a expressão de diferentes genes. Quando uma célula eucariótica recebe um sinal para se dividir, por exemplo, uma quantidade de genes até agora não expressos é ativada para programar em conjunto os eventos que finalmente levam à divisão celular (discutida no Capítulo 18). Como examinado anteriormente, uma maneira de as bactérias coordenarem a expressão de um conjunto de genes é agrupando-os em um óperon sob o controle de um único promotor (ver Figura 8-6). Esse agrupamento não é observado em células eucarióticas, onde cada gene é transcrito e regulado individualmente. Portanto, como essas células coordenam a expressão gênica? Em particular, dado que uma célula eucariótica utiliza um conjunto de proteínas reguladoras para controlar cada um de seus genes, como ela pode ativar ou inibir grandes grupos de genes de modo rápido e decisivo?

A resposta é que, mesmo sendo um controle combinatório da expressão gênica, o efeito de uma única proteína de regulação gênica pode ainda ser decisivo em ativar ou inativar um determinado gene, simplesmente por completar a combinação necessária para ativar ou reprimir aquele gene. Isso seria como discar o número final de uma fechadura de combinação: a fechadura irá abrir se os outros números tiverem sido inseridos previamente. Assim como o mesmo número pode completar a combinação para diferentes fechaduras, a mesma proteína pode completar a combinação para muitos genes diferentes. Contanto que os diferentes genes contenham sequências de DNA reguladoras que sejam reconhecidas pelo mesmo regulador de transcrição, eles podem ser ativados ou inativados em conjunto, como uma unidade coordenada.

Um exemplo de tal regulação coordenada em humanos pode ser observado na *proteína receptora do cortisol*. Para ligar-se aos sítios reguladores no DNA, essa proteína de regulação gênica precisa primeiramente formar um complexo com a molécula de cortisol (ver Tabela 16-1, p. 529). Em resposta ao cortisol, as células do fígado aumentam a expressão de muitos genes, um dos quais codifica a enzima tirosina-aminotransferase, como discutido anteriormente. Todos esses genes são regulados pela ligação do complexo receptor-cortisol à sequência reguladora no DNA de cada gene. Quando a concen-

REGULAÇÃO GÊNICA – A HISTÓRIA DE *EVE*

A capacidade para regular a expressão gênica é essencial para o desenvolvimento apropriado de um organismo multicelular a partir de um ovo fertilizado até um adulto fértil. A partir dos momentos iniciais do desenvolvimento, uma sucessão de programas transcricionais determina a expressão diferencial de genes que permite que um animal forme seu plano corporal apropriado – ajudando a distinguir seu dorso do seu abdome, e sua cabeça de sua cauda. Esses programas, por fim, determinam o posicionamento correto de uma asa ou uma perna, uma boca ou um ânus, um neurônio ou uma célula sexual.

Um desafio central no desenvolvimento, então, é entender como um organismo gera esses padrões de expressão dos genes, que são estabelecidos dentro de horas após a fertilização. Entre os mais importantes genes envolvidos nesses estágios iniciais de desenvolvimento estão os que codificam reguladores da transcrição. Pela interação com diferentes sequências de DNA reguladoras, essas proteínas instruem cada célula no embrião a ativar os genes que são apropriados para aquela célula em cada período durante o desenvolvimento. Como pode uma proteína, ao ligar-se a um segmento de DNA, auxiliar diretamente o desenvolvimento de um organismo multicelular complexo? Para ilustrar como podemos abordar essa grande questão, revisamos a história de *Eve*.

Compreendendo *Eve*

Even-skipped – *Eve*, abreviado – é um gene cuja expressão desempenha uma função importante no desenvolvimento do embrião de *Drosophila*. Se esse gene for inativado por mutação, muitas partes do embrião falham em se formar, e a larva da mosca morre precocemente em seu desenvolvimento. Mas *Eve* não é expresso uniformemente por todo o embrião. Ao contrário, a proteína Eve é produzida em uma série impressionante de sete faixas paralelas, cada uma das quais ocupa uma posição muito precisa ao longo do comprimento do embrião. Essas sete faixas correspondem a sete dos quatorze segmentos que definem o plano corporal da mosca – três para a cabeça, três para o tórax e oito para o abdome.

Esse padrão nunca varia: Eve pode ser encontrada nos mesmos lugares em cada embrião de *Drosophila* (ver Figura 8-13B). Como a expressão de um gene pode ser regulada com tal precisão espacial – de tal modo que uma célula irá produzir uma proteína, enquanto uma célula vizinha não a produz? Para descobrir, os pesquisadores realizaram uma série de experimentos.

Dissecando o DNA

Como vemos neste capítulo, as sequências reguladoras de DNA controlam quais são as células de um organismo que irão expressar um gene particular, e em que ponto durante o desenvolvimento este gene será ativado. Em eucariotos, essas sequências reguladoras são frequentemente localizadas na região cadeia acima do próprio gene. Uma maneira para localizar a sequência de DNA regulador – e estudar como ela funciona – é removendo um pedaço de DNA da região cadeia acima de um gene de interesse e inserindo esse DNA cadeia acima de um **gene-repórter** – um gene que codifique uma proteína com uma atividade fácil de monitorar experimentalmente. Se o fragmento de DNA contiver uma sequência reguladora, ela irá promover a expressão do gene-repórter. Quando este construto de DNA é introduzido em uma célula ou organismo, o gene-repórter será expressado nas mesmas células e tecidos que normalmente expressam o gene do qual a sequência reguladora foi derivada (ver Figura 10-31).

Por excisão de vários segmentos de sequências de DNA cadeia acima de *Eve,* e ligando-os a um gene-repórter, os pesquisadores verificaram que a expressão do gene é controlada por uma série de sete módulos reguladores – cada um deles especificando uma única faixa de expressão de *Eve*. Dessa maneira, esses pesquisadores identificaram, por exemplo, um único fragmento do DNA regulador que especifica a faixa 2. Excisaram esse segmento regulador e o ligaram a um gene-repórter, introduzindo a seguir tal segmento de DNA resultante na mosca. Quando eles examinaram o embrião que carregava esse DNA modificado, foi verificado que o gene-repórter é expresso na posição precisa da faixa 2 (**Figura 8-13**). Experimentos semelhantes revelaram a existência de outros seis módulos reguladores, um para cada uma das outras faixas de Eve.

A próxima questão é: como cada um desses sete segmentos reguladores promove a formação de uma única faixa em uma posição específica? A resposta que os pesquisadores encontraram é que cada segmento contém uma única combinação de sequências reguladoras associadas a diferentes combinações de reguladores da transcrição. Esses reguladores, como a própria proteína Eve, são distribuídos em padrões únicos no embrião – alguns em direção à cabeça, alguns na direção posterior, alguns na porção central.

O segmento regulador que define a faixa 2, por exemplo, contém sequências de DNA reguladoras para quatro reguladores da transcrição: dois que ativam a transcrição de *Eve* e dois que a reprimem (**Figura 8-14**). Na porção estreita de tecido que constitui a faixa 2, isso só acontece porque as proteínas repressoras não estão presentes, de modo que o gene *Eve* é expresso; nas porções de tecido de cada lado dessa faixa, os repressores mantêm *Eve* silencioso. E por isso a faixa 2 é formada.

Acredita-se que os segmentos reguladores que controlam as outras faixas funcionam em moldes semelhantes; cada segmento regulador lê a "informação posicional" fornecida por alguma combinação única de reguladores da

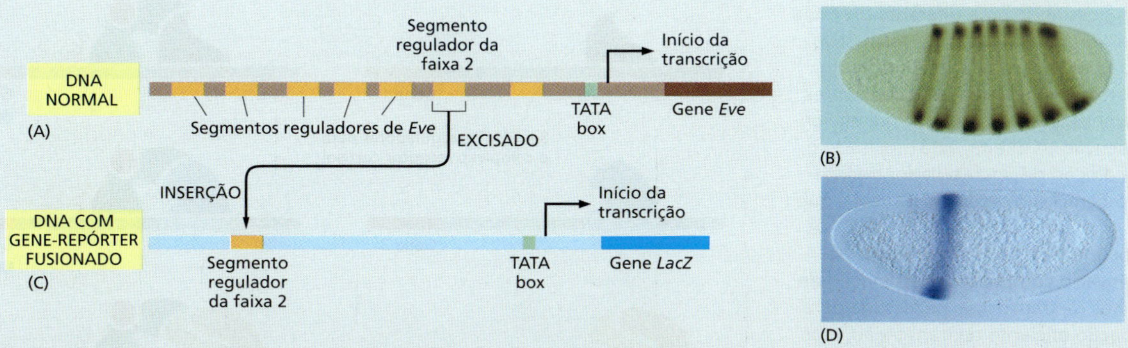

Figura 8-13 Uma abordagem experimental que envolve o uso de um gene-repórter revela a organização modular da região reguladora do gene *Eve*. (A) A expressão do gene *Eve* é controlada por uma série de segmentos reguladores (*laranja*) que promovem a produção da proteína Eve em faixas ao longo do embrião. (B) Embriões corados com anticorpos para a proteína Eve mostram as sete faixas características da expressão de Eve. (C) No laboratório, o segmento regulador que promove a formação da faixa 2 pode ser excisado do DNA mostrado na parte A e inserido cadeia acima do gene *LacZ* de *E. coli*, que codifica a enzima β-galactosidase (ver Figura 8-9). (D) Quando o DNA modificado, que contém o segmento regulador da faixa 2, é introduzido no genoma da mosca-das--frutas, o embrião resultante expressa a β-galactosidase precisamente na posição da segunda faixa de *Eve*. A atividade enzimática é detectada pela adição de X-gal, um açúcar modificado que, quando clivado pela β-galactosidase, gera um produto azul insolúvel. (B e D, cortesia de Stephen Small e Michael Levine.)

transcrição no embrião e expressa *Eve* baseado nesta informação. A região reguladora inteira é distribuída ao longo de 20.000 pares de nucleotídeos de DNA e, em conjunto, liga mais de 20 reguladores da transcrição. Essa grande região reguladora é construída a partir de uma série de pequenos segmentos reguladores, cada um deles consistindo em um único arranjo de sequências de DNA regulador reconhecidas por reguladores da transcrição específicos. Dessa maneira, o gene *Eve* pode responder a uma enorme combinação de informações.

A proteína Eve é ela própria um regulador transcricional, e – em combinação com muitas outras proteínas reguladoras – controla eventos fundamentais no desenvolvimento da mosca-da-fruta. Essa complexa organização de uma quantidade de elementos reguladores individuais começa a explicar como o desenvolvimento de um organismo inteiro pode ser orquestrado por aplicações repetidas de alguns princípios básicos.

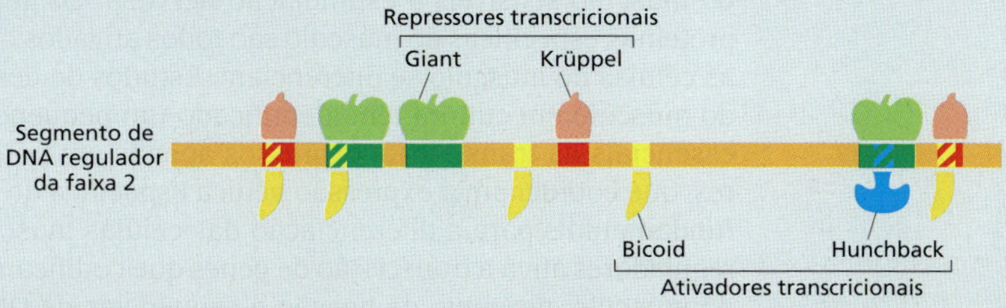

Figura 8-14 O segmento regulador que especifica a faixa 2 de Eve contém sítios de ligação para quatro diferentes reguladores da transcrição. Os quatro reguladores da transcrição são responsáveis pela expressão apropriada de *Eve* na faixa 2. As moscas que são deficientes em dois ativadores, Bicoid e Hunchback, não formam a faixa 2 de maneira eficiente; nas moscas deficientes em qualquer um dos dois repressores, Giant e Krüppel, a faixa 2 se expande e cobre uma região anormalmente ampla do embrião. Como indicado no diagrama, em alguns casos, os sítios de ligação para os reguladores da transcrição se sobrepõem, e as proteínas podem competir pela ligação ao DNA. Por exemplo, acredita-se que as ligações de Bicoid e Krüppel ao sítio mais à direita sejam mutuamente exclusivas. O segmento regulador tem 480 pares de bases de comprimento.

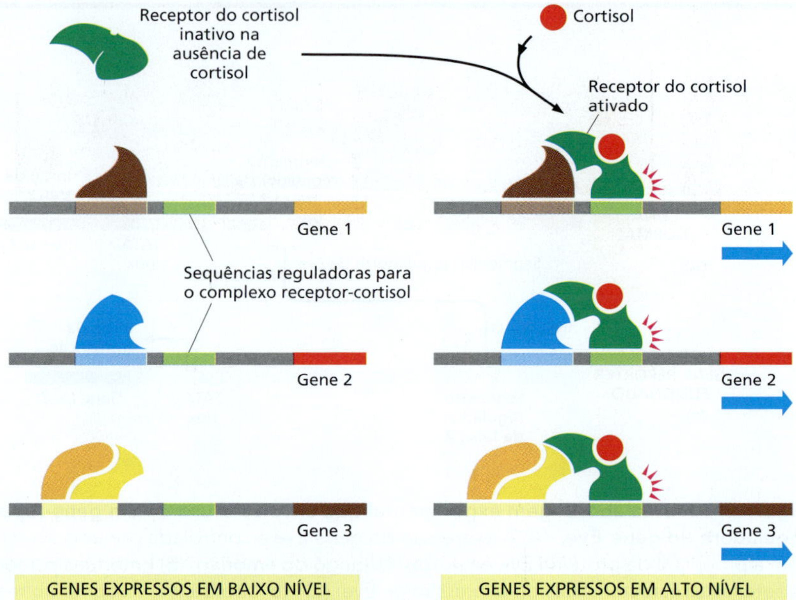

Figura 8-15 Um único regulador da transcrição pode coordenar a expressão de muitos genes diferentes. É ilustrada a ação da proteína receptora do cortisol. À esquerda, está uma série de genes, cada um deles possuindo uma diferente proteína ativadora do gene ligada à sua respectiva sequência de DNA regulador. Entretanto, essas proteínas ligadas não são suficientes para, sozinhas, ativarem de maneira eficiente a transcrição. À direita, está mostrado o efeito da adição de um regulador transcricional – o complexo receptor-cortisol – que pode se ligar à mesma sequência de DNA regulador em cada gene. O receptor de cortisol ativado completa a combinação de reguladores da transcrição necessária para uma iniciação eficiente da transcrição, e os genes são agora ativados em conjunto.

tração de cortisol diminui novamente, a expressão de todos os genes volta ao seu nível normal. Dessa maneira, um único regulador transcricional pode coordenar a expressão de muitos genes diferentes (**Figura 8-15**).

O controle combinatório também pode gerar diferentes tipos celulares

A capacidade de ativar e inativar muitos genes diferentes, usando um número limitado de reguladores da transcrição, não é útil apenas na regulação do dia a dia da função celular. Ela é também um dos meios pelos quais as células eucarióticas se diversificam em tipos particulares de células durante o desenvolvimento embrionário. Um exemplo notável é o desenvolvimento de células do músculo. Uma célula de músculo esquelético de mamíferos se diferencia de outras células pela produção de um grande número de proteínas características, tais como formas específicas de actina e miosina do músculo que compõem o aparelho contrátil (discutido no Capítulo 17), bem como proteínas receptoras e proteínas do canal de íons na membrana plasmática, que tornam as células do músculo sensíveis à estimulação nervosa. Os genes que codificam essas proteínas específicas do músculo são todos ativados coordenadamente quando as células do músculo se diferenciam. Estudos de desenvolvimento de células do músculo em cultura têm identificado um pequeno número de reguladores essenciais da transcrição, expressos apenas em potenciais células musculares, que coordenam a expressão gênica específica do músculo e são, portanto, fundamentais para a diferenciação das células musculares. Esse conjunto de reguladores ativa a transcrição de genes que codificam as proteínas específicas do músculo, por meio da ligação a sequências de DNA específicas presentes nas suas regiões reguladoras.

Alguns reguladores da transcrição podem até converter um tipo de célula especializada em outro. Por exemplo, quando o gene que codifica o regulador transcricional MyoD é artificialmente introduzido em cultura de fibroblastos de tecido conectivo da pele, os fibroblastos formam células semelhantes às células musculares. Parece que os fibroblastos, os quais são derivados da mesma ampla classe de células embrionárias das células musculares, já haviam acumulado vários dos outros reguladores da transcrição necessários para o con-

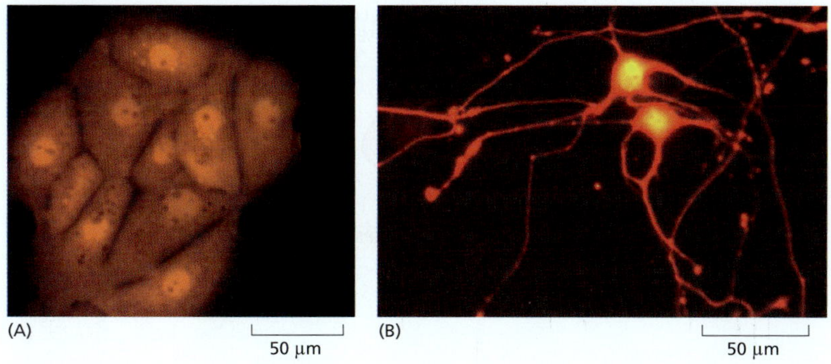

Figura 8-16 Um pequeno número de reguladores da transcrição pode converter um tipo de célula diferenciado diretamente em outro. Neste experimento, células do fígado crescidas em cultura (A) foram convertidas em células neuronais (B) pela introdução artificial de três reguladores da transcrição específicos de neurônios. As células são marcadas com corante fluorescente. (De S. Marro e colaboradores, *Cell Stem Cell* 9:374–378, 2011. Com permissão de Elsevier.)

trole combinatório dos genes específicos dos músculos, e que a adição de MyoD completa a combinação específica necessária para direcionar as células a se tornarem musculares.

Esse tipo de reprogramação pode produzir efeitos ainda mais extraordinários. Por exemplo, um conjunto de reguladores da transcrição específicos dos neurônios, quando artificialmente expressos em cultura de células do fígado, pode convertê-las em neurônios funcionais (**Figura 8-16**). Tais resultados notáveis sugerem que, algum dia, pode ser possível produzir em laboratório qualquer tipo celular para o qual a correta combinação de reguladores da transcrição possa ser identificada. Como esses reguladores da transcrição podem, então, levar à geração de diferentes tipos celulares é ilustrado esquematicamente na **Figura 8-17**.

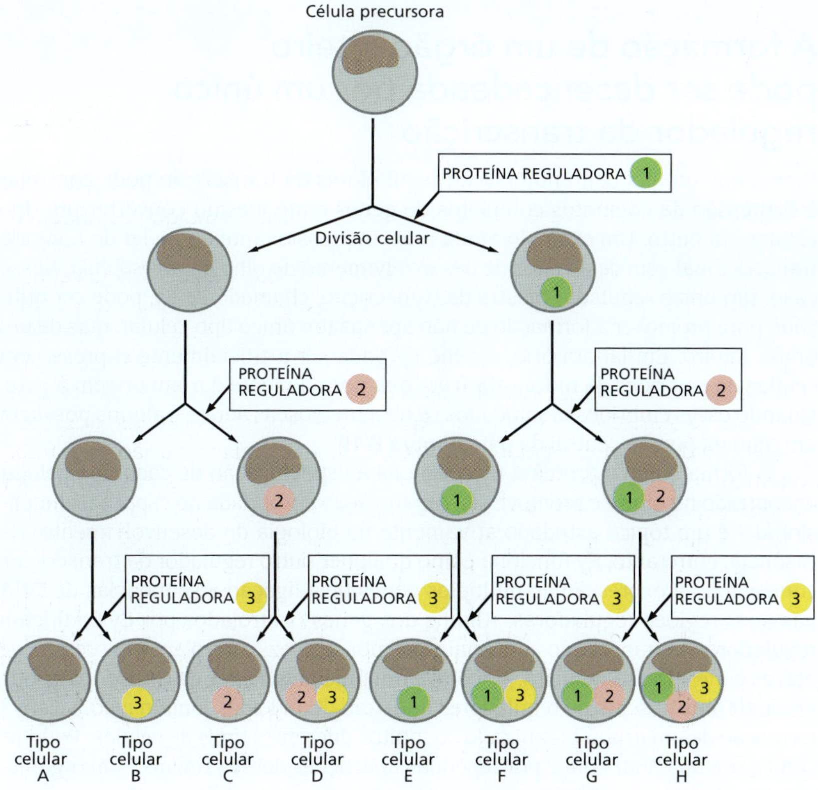

Figura 8-17 Combinações de poucos reguladores transcricionais podem gerar vários tipos celulares durante o desenvolvimento. Neste esquema simples, é tomada uma "decisão" para fazer um novo regulador transcricional (mostrado como círculos *numerados*) após cada ciclo de divisão celular. A repetição dessa regra simples pode gerar oito tipos celulares (A até H), usando apenas três reguladores transcricionais. Cada um desses tipos celulares hipotéticos poderia, então, expressar muitos genes diferentes, pela combinação de reguladores da transcrição que cada tipo de célula produz.

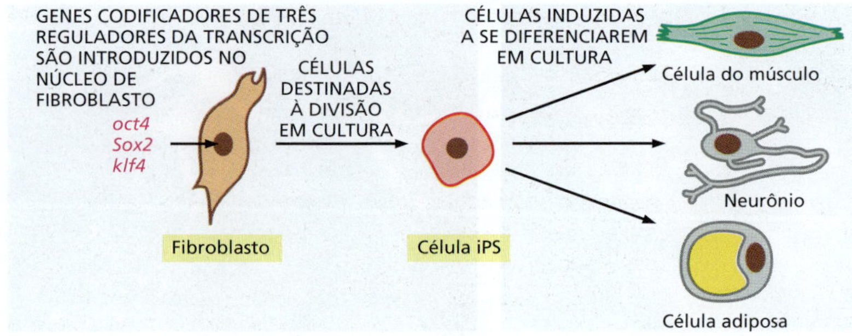

Figura 8-18 Uma combinação de reguladores da transcrição pode induzir uma célula diferenciada a reverter sua diferenciação em uma célula pluripotente. A expressão artificial de um conjunto de quatro genes, cada um codificando um regulador transcricional, pode reprogramar um fibroblasto em uma célula pluripotente com propriedades semelhantes às das células ES. Como as células ES, tais *células iPS* podem proliferar indefinidamente em cultura e podem ser estimuladas por moléculas apropriadas de sinalizadores extracelulares a se diferenciarem em quase todos os tipos celulares do corpo.

Tipos de células especializadas podem ser experimentalmente reprogramados para se tornar células-tronco pluripotentes

Vimos que, em alguns casos, um tipo de célula diferenciada pode experimentalmente ser convertido em outro tipo celular pela expressão artificial de reguladores da transcrição específicos (ver Figura 8-16). Ainda mais surpreendente, os reguladores da transcrição podem induzir várias células diferenciadas a reverterem sua diferenciação em *células-tronco pluripotentes*, que são capazes de dar origem a todos os tipos de células especializadas do organismo, muito semelhantes às células-tronco embrionárias (células ES), discutidas no Capítulo 20 (ver p. 708-711).

Usando um conjunto definido de reguladores da transcrição, fibroblastos de camundongo em cultura têm sido programados para se tornarem *células-tronco pluripotentes induzidas* (*iPS*) – células que parecem e se comportam como células ES pluripotentes derivadas de embriões (**Figura 8-18**). O método foi rapidamente adaptado para produzir células iPS de uma variedade de tipos celulares especializados, incluindo células retiradas de seres humanos. Tais células iPS humanas podem, então, ser destinadas a gerar uma população de células diferenciadas para uso no estudo ou tratamento de doenças, como discutido no Capítulo 20.

A formação de um órgão inteiro pode ser desencadeada por um único regulador da transcrição

Figura 8-19 A expressão artificialmente induzida do gene *Ey*, de *Drosophila*, nas células precursoras da pata desencadeia o desenvolvimento equivocado de um olho na pata de uma mosca. (Cortesia de Walter Gehring.)

Vimos que um pequeno número de reguladores da transcrição pode controlar a expressão de conjuntos completos de genes e até mesmo converter um tipo celular em outro. Um exemplo ainda mais impressionante do poder do controle transcricional vem de estudos de desenvolvimento do olho em *Drosophila*. Nesse caso, um único regulador mestre da transcrição, chamado de Ey, pode ser utilizado para promover a formação de não apenas um único tipo celular, mas de um órgão inteiro. Em laboratório, o gene *Ey* pode ser artificialmente expresso em células de embriões da mosca-da-fruta que normalmente dariam origem à pata. Quando esses embriões modificados se tornam moscas adultas, alguns possuem um olho na porção central da pata (**Figura 8-19**).

A forma como a proteína Ey coordena a especificação de cada tipo celular encontrado no olho – e promove sua organização apropriada no espaço tridimensional – é um tópico estudado ativamente na biologia do desenvolvimento. Na essência, entretanto, Ey funciona como qualquer outro regulador da transcrição, controlando a expressão de múltiplos genes pela ligação a sequências de DNA nas suas regiões reguladoras. Alguns dos genes controlados por Ey codificam reguladores da transcrição adicionais que, por sua vez, controlam a expressão de outros genes. Dessa maneira, a ação de um único regulador da transcrição pode produzir uma cascata de reguladores que, trabalhando em combinação, levam à formação de um grupo organizado de muitos diferentes tipos de células. Pode-se começar a imaginar como, por repetidas aplicações desse princípio, um organismo complexo se organiza, parte a parte.

Mecanismos epigenéticos permitem que as células diferenciadas mantenham sua identidade

Uma vez que uma célula se tenha diferenciado em um tipo celular específico, ela normalmente se mantém diferenciada, e todas as células da progênie serão do mesmo tipo celular. Algumas células altamente especializadas, incluindo células do músculo esquelético e nervosas, não se dividem novamente, uma vez que se tenham diferenciado - ou seja, elas são *terminalmente diferenciadas* (como discutido no Capítulo 18). Contudo, muitas outras células diferenciadas - como fibroblastos, células musculares lisas e células do fígado - irão dividir-se muitas vezes na vida de um indivíduo. Quando o fazem, esses tipos celulares especializados dão origem apenas a células que lhes são idênticas: células de músculo liso não dão origem a células do fígado, nem células do fígado dão origem a fibroblastos.

Para uma célula em proliferação manter sua identidade - uma propriedade chamada de *memória celular* - os padrões responsáveis pela expressão gênica para tal identidade devem ser relembrados e transmitidos para suas células-filhas ao longo de todas as divisões celulares subsequentes. Assim, no modelo ilustrado na Figura 8-17, a produção de cada regulador transcricional, uma vez iniciada, deve ser continuada nas células-filhas de cada divisão celular. Como tal perpetuação ocorre?

As células possuem várias maneiras de garantir que as células-filhas "lembrem" que tipo de células elas são. Uma das mais simples e mais importantes é por intermédio do **ciclo de retroalimentação positiva**, onde um regulador mestre da transcrição ativa a transcrição de seu próprio gene, além dos demais genes específicos a esta célula. Cada vez que uma célula se divide, o regulador é distribuído para as duas células-filhas, onde continua a estimular o ciclo de retroalimentação positiva. A estimulação continuada assegura que o regulador continuará a ser produzido em gerações celulares subsequentes. A proteína Ey, discutida anteriormente, apresenta esse tipo de ciclo de retroalimentação positiva. A retroalimentação positiva é fundamental para o estabelecimento de circuitos "autossustentáveis" de expressão gênica que permitem a uma célula comprometer-se com um destino particular - e depois transmitir a informação para a sua descendência (**Figura 8-20**).

Embora os ciclos de retroalimentação positiva sejam provavelmente a via mais prevalente de assegurar que as células-filhas lembrem que tipo de células

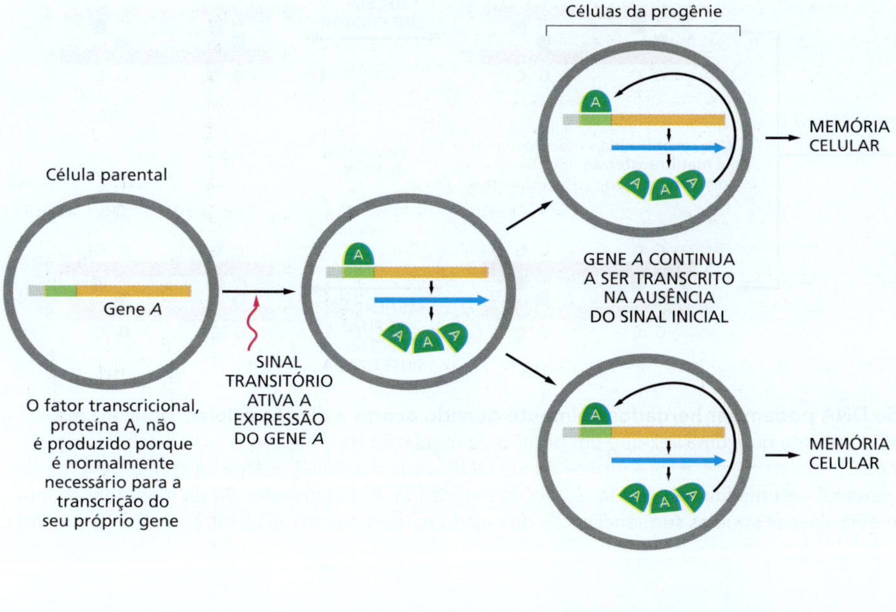

Figura 8-20 Um ciclo de retroalimentação positiva pode criar a memória celular. A proteína A é um regulador mestre da transcrição que ativa a transcrição de seu próprio gene – bem como a de outros genes específicos de tipos celulares (não mostrado). Todas as descendentes da célula original irão, dessa maneira, "lembrar-se" de que a célula progenitora experimentou um sinal transitório que iniciou a produção da proteína A.

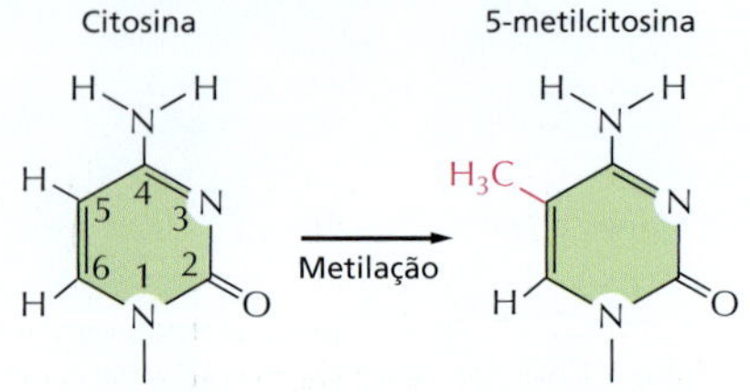

Figura 8-21 A formação de 5-metilcitosina ocorre por metilação da base citosina na dupla-hélice de DNA. Em vertebrados, essa modificação é confinada a nucleotídeos citosina (C) que ficam ao lado de uma guanina (G) na sequência CG.

se destinam a ser, existem outras vias que reforçam a identidade celular. Uma delas envolve a metilação do DNA. Em células de vertebrados, a **metilação do DNA** ocorre em certas bases citosinas (**Figura 8-21**). Essa modificação covalente geralmente inativa os genes pela atração de proteínas que se ligam a citosinas metiladas e impedem a transcrição gênica. Os padrões de metilação do DNA são transmitidos para a progênie celular pela ação de uma enzima que copia o padrão de metilação da fita de DNA parental para a fita de DNA filha logo após sua síntese (**Figura 8-22**).

Outro mecanismo de herança de padrões da expressão gênica envolve modificações de histonas. Quando uma célula replica seu DNA, cada dupla-hélice filha recebe metade das proteínas histonas da dupla-hélice parental, as quais contêm as modificações covalentes do cromossomo parental. As enzimas responsáveis por essas modificações podem se ligar às histonas parentais e conferir as mesmas modificações às novas histonas adjacentes. Esse ciclo de modificações restabelece o padrão da estrutura da cromatina encontrado no cromossomo parental (**Figura 8-23**).

Todos esses mecanismos de memória celular transmitem padrões de expressão gênica da célula parental para a célula-filha, sem alterar a sequência nucleotídica real do DNA, e por isso eles são considerados formas de **herança epigenética**. Tais modificações epigenéticas desempenham um papel importante no controle dos padrões da expressão gênica, permitindo que sinais transitórios do ambiente sejam permanentemente lembrados por nossas células – um fato que tem importantes implicações para o entendimento de como as células operam e como elas funcionam mal em doenças.

CONTROLES PÓS-TRANSCRICIONAIS

Vimos que os reguladores da transcrição controlam a expressão gênica promovendo ou dificultando a transcrição de genes específicos. A grande maioria dos genes em todos os organismos é regulada dessa maneira. Mas muitos pontos adicionais de controle podem entrar em jogo mais tarde na via do DNA até a proteína, dando às células mais uma oportunidade de regular a quantidade ou a atividade do produto do gene por elas produzido (ver Figura 8-3). Esses **controles pós-transcricionais**, que operam depois que a transcrição tenha iniciado, têm um papel essencial na regulação da expressão de quase todos os genes.

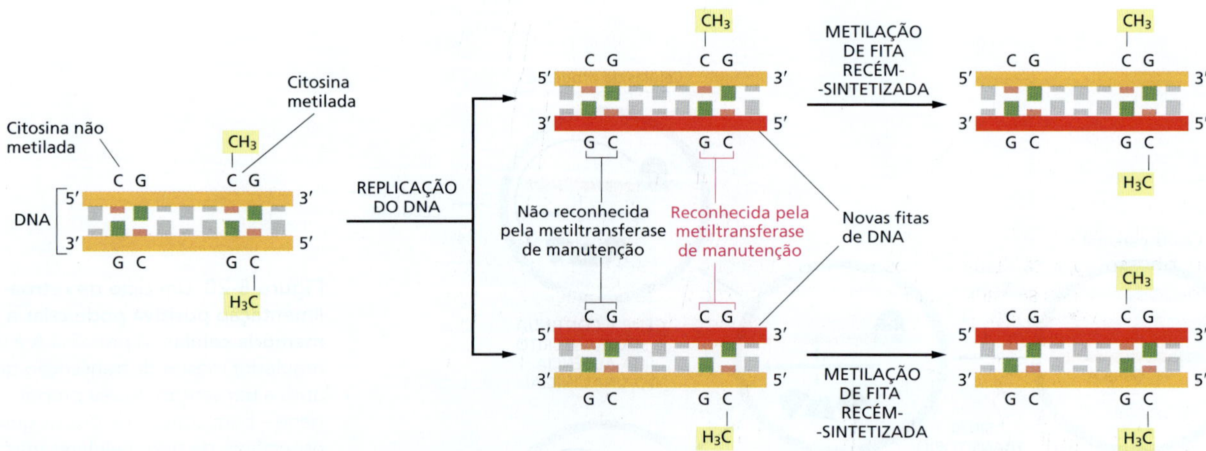

Figura 8-22 Os padrões de metilação do DNA podem ser herdados fielmente quando ocorre a divisão celular. Uma enzima denominada metiltransferase de manutenção garante que, uma vez que um padrão de metilação de DNA tenha sido estabelecido, ele seja herdado pelo DNA recém-sintetizado. Imediatamente após a replicação do DNA, cada dupla-hélice filha irá conter uma fita de DNA metilada – herdada da dupla-hélice parental – e uma fita não metilada, recém-sintetizada. A metiltransferase de manutenção interage com essas duplas-hélices híbridas e metila apenas aquelas sequências CG que estão pareadas com uma sequência CG já metilada.

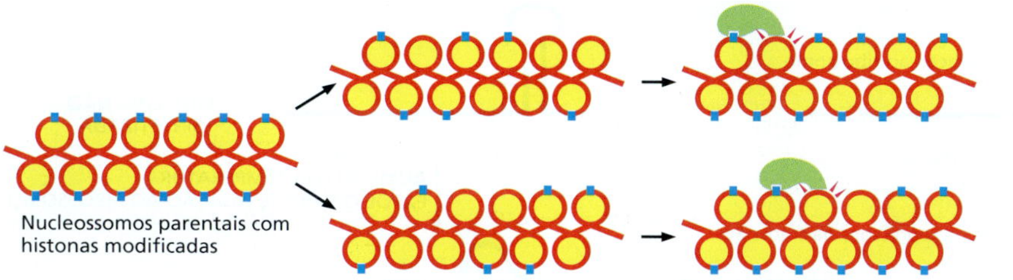

Figura 8-23 As modificações nas histonas podem ser herdadas pelos cromossomos-filhos. Quando um cromossomo é replicado, as suas histonas originais são distribuídas mais ou menos aleatoriamente entre as duas duplas-hélices de DNA. Assim, cada cromossomo-filho irá herdar cerca de metade do conjunto parental de histonas modificadas. Os outros segmentos de DNA receberão histonas ainda não modificadas, recém-sintetizadas. Se as enzimas responsáveis por cada tipo de modificação se ligarem à variante específica por elas originadas, elas podem catalisar a distribuição dessa modificação nas novas histonas. Tal ciclo de modificação e reconhecimento pode restaurar o padrão de modificação da histona parental e, em última instância, permitir a herança da estrutura da cromatina parental. Esse mecanismo pode ser aplicável a alguns tipos de modificações nas histonas, mas não a todos.

Já encontramos alguns exemplos de tais controles pós-transcricionais. Vimos como o *splicing* alternativo do RNA permite que diferentes formas de uma proteína, codificadas pelo mesmo gene, sejam produzidas em diferentes tecidos (Figura 7-22). E discutimos como várias modificações pós-transcricionais de uma proteína podem regular sua concentração e atividade (ver Figura 4-43). No restante deste capítulo, consideramos vários outros exemplos – alguns apenas recentemente descobertos – de muitas maneiras pelas quais as células podem manipular a expressão de um gene após o início da transcrição.

Cada molécula de mRNA controla sua própria degradação e tradução

Quanto mais tempo uma molécula de mRNA persistir na célula antes de ser degradada, mais proteína ela irá produzir. Em bactérias, a maioria das moléculas de mRNA permanece apenas poucos minutos antes de ser destruída. Essa instabilidade permite que a bactéria se adapte rapidamente às mudanças do ambiente. As moléculas de mRNA eucariótico são geralmente mais estáveis. O mRNA que codifica a β-globina, por exemplo, tem meia-vida de mais de 10 horas. A maior parte das moléculas de mRNA eucariótico, entretanto, possuem meias-vidas de menos de 30 minutos, e as moléculas de mRNA de vidas mais curtas são as que codificam proteínas cujas concentrações devem ser alteradas rapidamente, com base nas necessidades da célula, tais como os reguladores da transcrição. Quer bacteriano ou eucariótico, o tempo de vida de um mRNA é ditado por sequências nucleotídicas específicas, localizadas nas regiões não traduzidas cadeia acima ou cadeia abaixo da proteína. Essas sequências muitas vezes contêm sítios de ligação para proteínas que estão envolvidas na degradação do RNA.

Além das sequências nucleotídicas que regulam suas meias-vidas, cada mRNA possui sequências que ajudam a controlar a frequência e a eficiência de sua tradução em proteína. Essas sequências controlam a iniciação da tradução. Embora os detalhes difiram entre eucariotos e bactérias, a estratégia geral é similar para ambos.

As moléculas de mRNA bacteriano contêm uma pequena sequência para ligação ao ribossomo, localizada poucos pares de nucleotídeos cadeia acima do códon AUG onde a tradução se inicia (ver Figura 7-37). Essa sequência de ligação forma pares de base com o RNA na subunidade ribossômica pequena, posicionando corretamente o códon AUG de início da tradução no ribossomo. Visto que essa interação é necessária para uma iniciação da tradução eficiente, ela se torna um alvo ideal para o controle traducional. Ao bloquear – ou expor – a sequência de ligação ao ribossomo, a bactéria pode inibir – ou promover – a tradução de um mRNA (**Figura 8-24**).

As moléculas de mRNA eucariótico possuem uma sequência 5′ que auxilia a direcionar o ribossomo para o primeiro AUG, o códon onde a tradução irá iniciar (ver Figura 7-36). Proteínas repressoras eucarióticas podem inibir a iniciação da tradução pela ligação a sequências nucleotídicas específicas na região não traduzida 5′ do mRNA, impedindo assim o ribossomo de encontrar o primeiro có-

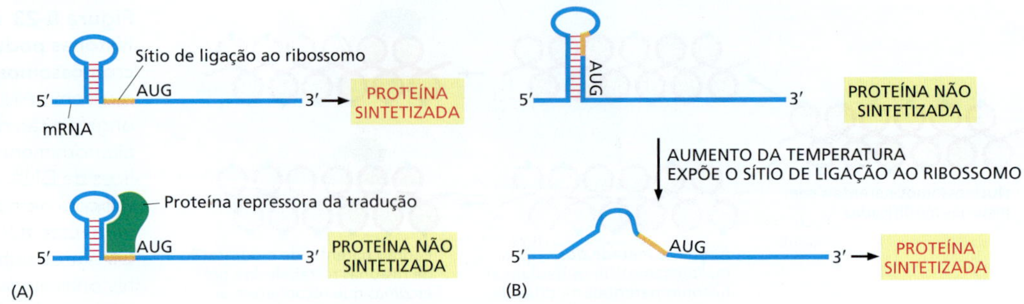

Figura 8-24 A expressão de um gene bacteriano pode ser controlada pela regulação da tradução de seu mRNA. (A) Proteínas de ligação a sequências específicas do RNA podem reprimir a tradução de moléculas específicas de mRNA, impedindo o ribossomo de se ligar à sequência de ligação ao ribossomo (*laranja*) no mRNA. Algumas proteínas ribossômicas usam esse mecanismo para inibir a tradução de seu próprio mRNA. Dessa maneira, proteínas extrarribossômicas – aquelas não incorporadas nos ribossomos – servem como um sinal para inibir a sua síntese. (B) Uma molécula de mRNA do patógeno *Listeria monocytogenes* contém uma sequência de RNA "termossensora" que controla a tradução de um conjunto de moléculas de mRNA produzidas a partir de genes de virulência. Na temperatura mais elevada que a bactéria encontra no interior do seu hospedeiro humano, a sequência termossensora desnatura, expondo a sequência de ligação ao ribossomo, e assim são produzidas as proteínas de virulência.

don AUG – um mecanismo similar àquele das bactérias. Quando as condições se modificam, a célula pode inativar o repressor para iniciar a tradução do mRNA.

RNAs reguladores controlam a expressão de milhares de genes

Como vimos no Capítulo 7, as moléculas de RNA executam muitos papéis importantes na célula. Além das moléculas de mRNA que codificam proteínas, os *RNAs não codificadores* têm várias funções. Há muito se sabe que alguns possuem papéis essenciais estruturais e catalíticos, particularmente na síntese de proteínas pelos ribossomos (ver p. 246-247). Mas uma série recente de descobertas surpreendentes revelou várias classes novas de moléculas de RNA não codificador, e mostrou que esses RNAs são mais prevalentes do que previamente se esperava.

O que, então, esses novos RNAs não codificadores recentemente descobertos fazem? Muitos exercem funções inesperadas, porém importantes, na regulação da expressão gênica, e são referidos, assim, como **RNAs reguladores**. Existem pelo menos três principais tipos de RNAs reguladores – *microRNAs, pequenos RNAs de interferência* e *longos RNAs não codificadores*. Discutiremos cada um individualmente.

Os microRNAs promovem a destruição de mRNAs-alvo

Os **microRNAs**, ou **miRNAs**, são pequenas moléculas de RNA que controlam a expressão gênica pelo pareamento de bases com mRNAs específicos, reduzindo sua estabilidade e sua tradução em proteína. Em humanos, acredita-se que miRNAs regulem a expressão de ao menos um terço de todos os genes que codificam proteínas.

Como outros RNAs não codificadores, tais como o tRNA e o rRNA, um transcrito de miRNA precursor é submetido a um tipo especial de processamento para produzir a molécula do miRNA maduro e funcional, que possui cerca de 22 nucleotídeos de extensão apenas. Esse pequeno miRNA maduro se associa a proteínas especializadas para formar um *complexo de silenciamento induzido por RNA* (RISC, do inglês *RNA-induced silencing complex*), que patrulha o citoplasma em busca de mRNAs que sejam complementares à molécula de miRNA ligada (**Figura 8-25**). Uma vez que o mRNA-alvo forme pares de bases com um miRNA, ele é degradado imediatamente por uma nuclease presente no RISC, ou a sua tradução é bloqueada. Nesse último caso, a molécula de mRNA ligada é transferida a uma região do citoplasma onde outras nucleases a degradam. A degradação do mRNA libera o RISC e permite que ele ligue novos alvos de mRNA. Desse modo, um único miRNA – como parte do complexo RISC – pode eliminar uma molécula de mRNA atrás da outra, bloqueando de maneira eficiente a produção da proteína codificada por estas moléculas de mRNA.

Duas características dos miRNAs os tornam reguladores da expressão gênica especialmente úteis. A primeira é que um único miRNA pode inibir a transcrição de um conjunto completo de diferentes mRNAs, uma vez que todos os mRNAs apresentam uma sequência comum, geralmente localizada nas regiões

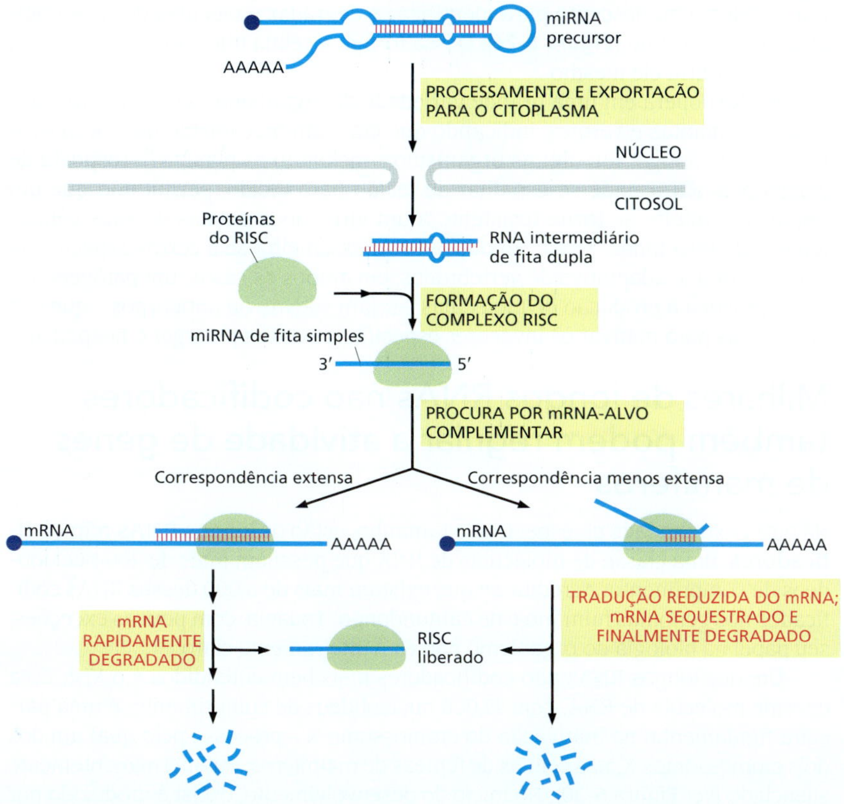

Figura 8-25 Um miRNA marca uma molécula de mRNA complementar para degradação. Cada transcrito de miRNA precursor é processado para formar uma dupla-fita intermediária, que é processada em seguida para formar um miRNA maduro de fita simples. Esse miRNA se associa a um conjunto de proteínas em um complexo denominado RISC, que então procura por mRNAs que tenham uma sequência nucleotídica complementar à do miRNA ligado. Dependendo de quão longa é a região complementar, o mRNA-alvo é rapidamente degradado por uma nuclease do próprio complexo RISC ou é transferido para uma área do citoplasma onde outras nucleases celulares farão a degradação.

não traduzidas 5′ ou 3′. Em humanos, algumas moléculas específicas de miRNA influenciam a transcrição de centenas de diferentes moléculas de mRNA dessa maneira. A segunda característica é que um gene que codifica um miRNA ocupa relativamente pouco espaço no genoma, quando comparado com um gene que codifica um regulador da transcrição. Na verdade, seu pequeno tamanho é uma das razões pelas quais os miRNAs foram descobertos apenas recentemente. Acredita-se que existam ao redor de 500 diferentes miRNAs codificados pelo genoma humano. Embora estejamos apenas começando a entender o impacto global desses miRNAs, está claro que eles desempenham uma parte crítica na regulação da expressão gênica e assim influenciam diversas funções da célula.

Pequenos RNAs de interferência são produzidos a partir de RNAs estranhos de fita dupla para proteger as células contra infecções

Alguns dos mesmos componentes que processam e empacotam os miRNAs também desempenham outra parte importante na vida da célula: eles servem como um forte mecanismo de defesa celular. Nesse caso, o sistema é usado para eliminar moléculas de RNA "estranhas" – em particular, RNAs de fita dupla produzidos por vários elementos genéticos transponíveis e por vírus (discutidos no Capítulo 9). O processo é denominado **interferência de RNA** (**RNAi**).

Na primeira etapa do RNAi, os RNAs de fita dupla estranhos são cortados em pequenos fragmentos (aproximadamente 22 pares de nucleotídeos) por uma proteína denominada Dicer – a mesma proteína usada para gerar o RNA intermediário de fita dupla na produção de miRNA (ver Figura 8-25). Os fragmentos de RNA de fita dupla resultantes, chamados de **pequenos RNAs de interferência** (**siRNAs**), se associam aos mesmos complexos RISC que carregam os miRNAs. O complexo RISC descarta uma das fitas do siRNA de fita dupla e usa o RNA de

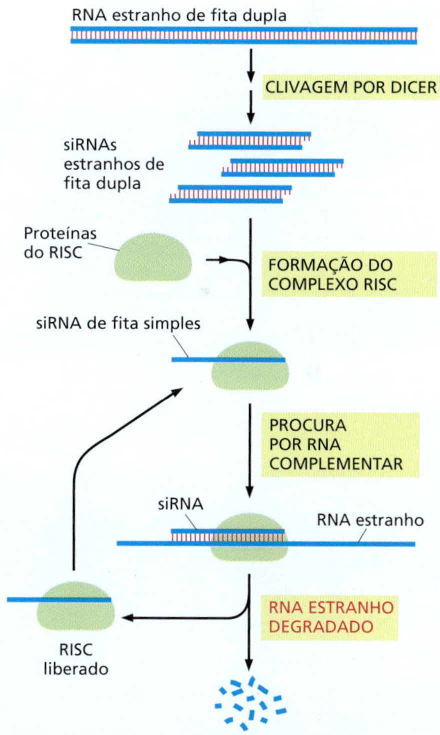

Figura 8-26 Os siRNAs são produzidos a partir de RNAs estranhos de fita dupla, no processo de interferência de RNA. Os RNAs de fita dupla, de um vírus ou de um elemento geneticamente transponível, são inicialmente clivados por uma nuclease denominada Dicer. Os fragmentos de fita dupla resultantes são incorporados aos complexos RISC, que descartam uma fita do RNA estranho de fita dupla e usam a outra fita para localizar e destruir RNAs estranhos com uma sequência complementar.

fita simples remanescente para identificar e degradar moléculas de RNA complementar estranho (**Figura 8-26**). Dessa forma, a célula infectada utiliza o RNA estranho contra ele mesmo.

A RNAi opera em uma grande variedade de organismos, como fungos unicelulares, plantas e vermes, indicando que ela é um mecanismo de defesa evolutivamente antigo. Em alguns organismos, incluindo as plantas, a resposta de defesa pela RNAi pode se espalhar de tecido para tecido, permitindo que um organismo inteiro se torne resistente a um vírus após poucas de suas células terem sido infectadas. Nesse sentido, a RNAi assemelha-se a certos aspectos da resposta imune adaptativa de vertebrados; em ambos os casos, um patógeno invasor provoca a produção de moléculas – sejam siRNAs ou anticorpos – que são produzidas para inativar os invasores específicos e assim proteger o hospedeiro.

Milhares de longos RNAs não codificadores também podem regular a atividade de genes de mamíferos

Na outra extremidade do espectro do tamanho, estão os **longos RNAs não codificadores**, uma classe de moléculas de RNA que possuem mais de 200 nucleotídeos de comprimento. Acredita-se que existam mais de 8.000 desses RNAs codificados nos genomas humano e de camundongo. Todavia, com poucas exceções, seu papel na biologia do organismo não está inteiramente claro.

Um dos longos RNAs não codificadores mais bem entendidos é o *Xist*. Essa enorme molécula de RNA, com 17.000 nucleotídeos de comprimento, é uma parceira fundamental na inativação do cromossomo X – processo pelo qual um dos dois cromossomos X, nas células de fêmeas de mamíferos, está permanentemente silenciado (ver Figura 5-30). No início do desenvolvimento, o Xist é produzido por apenas um dos cromossomos X em cada núcleo feminino. O transcrito então permanece no mesmo local, cobrindo o cromossomo e presumivelmente atraindo as enzimas e os complexos de remodelagem da cromatina que promovem a formação da heterocromatina altamente condensada. Outros longos RNAs não codificadores podem promover o silenciamento de genes específicos de maneira similar.

Alguns longos RNAs não codificadores surgem de regiões do genoma que codificam proteínas, mas são transcritos da fita "errada" do DNA. Sabe-se que alguns desses transcritos *antissenso* se ligam às moléculas de mRNA produzidas a partir desse segmento de DNA, regulando sua tradução e estabilidade – em alguns casos por meio da produção de siRNAs (ver Figura 8-26).

Independentemente de como os vários longos RNAs não codificadores operam – ou o que exatamente eles fazem –, a descoberta dessa grande classe de RNAs reforça a ideia de que o genoma eucariótico apresenta vários níveis de informações que fornecem não apenas um inventário de moléculas e estruturas que cada célula deve ter, mas um conjunto de instruções sobre como e quando agrupar essas partes para guiar o crescimento e o desenvolvimento de um organismo completo.

CONCEITOS ESSENCIAIS

- **Uma célula eucariótica típica expressa somente uma fração dos seus genes, e os distintos tipos de células dos organismos multicelulares surgem porque diferentes conjuntos de genes são expressos ao longo da diferenciação celular.**
- **Em princípio, a expressão gênica pode ser controlada em qualquer etapa entre um gene e seu produto final funcional. Para a maioria dos genes, entretanto, o início da transcrição é o ponto de controle mais importante.**
- **A transcrição de genes individuais é ativada e inibida nas células por proteínas reguladoras da transcrição, as quais se ligam a pequenos trechos de DNA chamados sequências de DNA regulador.**
- **Em bactérias, os reguladores da transcrição geralmente se ligam a sequências de DNA regulador próximas à sequência de ligação da RNA-polimerase.**

Essa ligação pode ativar ou reprimir a transcrição do gene. Em eucariotos, essas sequências de DNA regulador estão frequentemente separadas do promotor por muitos milhares de pares de nucleotídeos.

- Os reguladores transcricionais eucarióticos atuam de duas maneiras principais: (1) eles podem afetar diretamente o processo de associação da RNA-polimerase e dos fatores gerais de transcrição ao promotor, e (2) eles podem modificar localmente a estrutura da cromatina das regiões promotoras.
- Nos eucariotos, a expressão de um gene é geralmente controlada pela combinação de diferentes proteínas reguladoras da transcrição.
- Nas plantas e nos animais multicelulares, a produção de diferentes reguladores da transcrição em diferentes tipos celulares garante a expressão somente daqueles genes apropriados para o tipo particular de célula.
- Um tipo celular diferenciado pode ser convertido em outro pela expressão artificial de um conjunto de reguladores da transcrição apropriado. Uma célula diferenciada pode também ser convertida normalmente em uma célula-tronco pela expressão artificial de um conjunto particular de tais reguladores.
- Células de organismos multicelulares têm mecanismos que permitem às suas progênies "lembrar" que tipo de célula elas deveriam ser. Um mecanismo proeminente para propagação da memória celular depende de reguladores transcricionais que perpetuam a transcrição de seus próprios genes – uma forma de retroalimentação positiva.
- Um regulador mestre da transcrição, se expressado na célula precursora apropriada, pode desencadear a formação de um tipo celular especializado ou mesmo um órgão inteiro.
- O padrão de metilação do DNA pode ser transmitido de uma geração de células para a próxima, produzindo uma forma de herança epigenética que ajuda a célula a lembrar o estado da expressão gênica na sua célula parental. Existe também a evidência para uma forma de herança epigenética baseada na transmissão de estruturas da cromatina.
- As células podem regular a expressão gênica, controlando eventos que ocorrem depois que a transcrição tenha se iniciado. Muitos desses mecanismos pós-transcricionais dependem de moléculas de RNA que podem influenciar sua própria estabilidade ou tradução.
- MicroRNAs (miRNAs) controlam a expressão gênica pelo pareamento de bases com moléculas específicas de mRNA, inibindo sua estabilidade e tradução.
- As células possuem um mecanismo de defesa para a destruição de RNAs de fita dupla "estranhos", muitos dos quais são produzidos por vírus. Esse mecanismo de defesa faz uso de pequenos RNAs de interferência (siRNAs) que são produzidos a partir de RNAs estranhos, em um processo chamado de interferência de RNA (RNAi).
- Cientistas podem aproveitar-se do RNAi para inativar genes específicos de interesse.
- Recentes descobertas de milhares de longos RNAs não codificadores em mamíferos abriram uma nova possibilidade para os papéis do RNA na regulação gênica.

TERMOS-CHAVE

ativador transcricional
ciclo de retroalimentação positiva
controle combinatório
controle pós-transcricional
diferenciação
expressão gênica
gene-repórter
herança epigenética
interferência de RNA (RNAi)
longo RNA não codificador
metilação do DNA
microRNA (miRNA)
pequeno RNA de interferência (siRNA)
promotor
regulador da transcrição
repressor transcricional
RNA regulador
sequência de DNA regulador

TESTE SEU CONHECIMENTO

QUESTÃO 8-4

Um vírus que cresce em bactérias (vírus bacterianos são chamados de bacteriófagos) pode se replicar de uma ou duas maneiras. No estado lisogênico (prófago), o DNA viral é inserido no cromossomo bacteriano e é copiado com o genoma da bactéria cada vez que a célula se divide. No estado lítico, o DNA viral é liberado do cromossomo bacteriano e se replica muitas vezes na célula. Esse DNA viral produz proteínas do envelope viral que, junto ao DNA replicado, formam muitas novas partículas virais que rompem a bactéria, sendo então liberadas. Essas duas formas de crescimento são controladas por dois reguladores transcricionais, denominados c1 ("c um") e Cro, que são codificados pelo vírus. No prófago, c1 é expresso; no estado lítico, Cro é expresso. Além de regular a expressão de outros genes, c1 reprime o gene *Cro*, e *Cro* reprime o gene *c1* (**Figura Q8-4**). Quando bactérias contendo o fago no estado lisogênico (prófago) são brevemente irradiadas com luz UV, a proteína c1 é degradada.

A. O que acontecerá em seguida?
B. As modificações em (A) serão revertidas quando a luz UV for desligada?
C. Por que essa resposta à luz UV pode ter se desenvolvido?

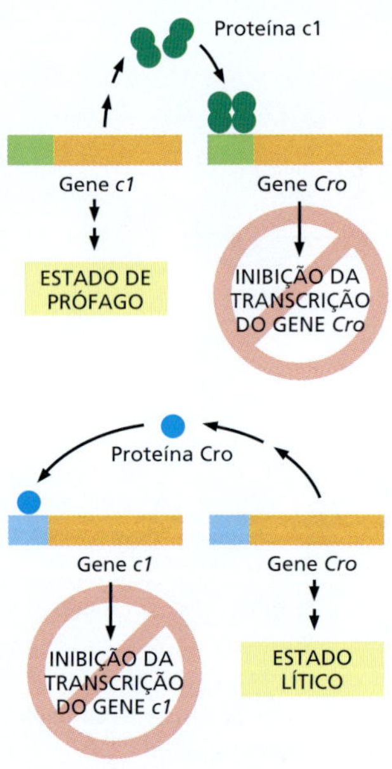

Figura Q8-4

QUESTÃO 8-5

Quais das seguintes afirmativas estão corretas? Justifique suas respostas.

A. Em bactérias, mas não em eucariotos, muitos mRNAs contêm a região codificadora para mais de um gene.
B. A maioria das proteínas de ligação ao DNA se liga ao sulco maior da dupla-hélice de DNA.
C. Dos principais pontos de controle da expressão gênica (transcrição, processamento de RNA, transporte de RNA, tradução e controle de uma atividade proteica), o início da transcrição é um dos mais comuns.

QUESTÃO 8-6

Sua tarefa no laboratório do Professor Quasímodo é determinar quão longe um estimulador (um sítio de ligação para uma proteína estimuladora) poderia ser deslocado a partir do promotor do gene *straightspine* e ainda ativar a transcrição. Você sistematicamente varia o número de pares de nucleotídeos entre esses dois sítios e então quantifica a transcrição pela medição da produção do mRNA de Straightspine. Em um primeiro momento, os seus dados parecem confusos (**Figura Q8-6**). O que você esperaria para os resultados desse experimento? Você consegue salvar a sua reputação e explicar os seus resultados para o Professor Quasímodo?

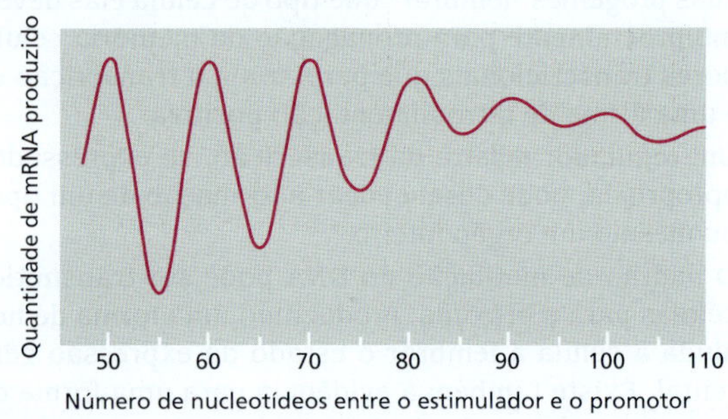

Figura Q8-6

QUESTÃO 8-7

O repressor λ se liga na forma de dímero a locais críticos no genoma de λ, a fim de manter os genes líticos do vírus inativos. Isso é necessário para estabilizar o estado de prófago (integrado). Cada molécula do repressor consiste em um domínio N-terminal de ligação ao DNA e um domínio C-terminal responsável pela dimerização (**Figura Q8-7**). Sob indução (p. ex., por irradiação com luz UV), os genes para crescimento lítico são expressos, a progênie de λ é produzida, e a célula bacteriana é rompida (ver Questão 8-4). A indução é iniciada pela clivagem do repressor λ em um local entre o domínio de ligação ao DNA e o domínio responsável pela dimerização, que leva o repressor a se dissociar do DNA. Na ausência de repressor ligado, a RNA-polimerase se liga e inicia o crescimento lítico. Dado que o número (concentração) de domínios de ligação ao DNA não é alterado pela clivagem do repressor, por que você supõe que a sua clivagem resulta na sua dissociação do DNA?

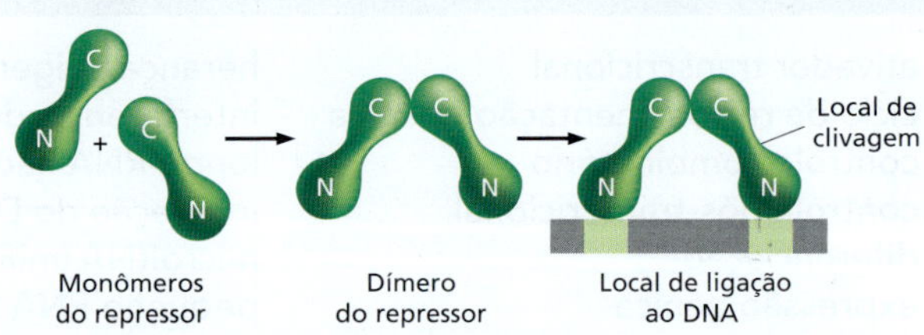

Figura Q8-7

QUESTÃO 8-8

Os genes que codificam as enzimas para a biossíntese de arginina estão localizados em diversas posições no genoma de *E. coli*, e são regulados coordenadamente por um regulador transcricional codificado pelo gene *ArgR*. A atividade da proteína ArgR é modulada pela arginina. Com a ligação da arginina, ArgR altera a sua conformação, modificando drasticamente sua afinidade pelas sequências reguladoras nos promotores dos genes das enzimas de biossíntese de arginina. Dado que ArgR é um repressor gênico, você esperaria que ArgR se ligasse com maior ou menor afinidade às sequências reguladoras quando a arginina estiver abundante? Se, em vez disso, ArgR funcionasse como um ativador gênico, você esperaria que a ligação da arginina aumentasse ou diminuísse a sua afinidade pelas sequências reguladoras? Explique suas respostas.

QUESTÃO 8-9

Quando inicialmente se descobriu que os estimuladores influenciam a transcrição de promotores localizados a vários milhares de pares de nucleotídeos de distância, dois modelos principais foram propostos para explicar essa ação à distância. No modelo de "alça de DNA", interações diretas entre as proteínas ligadas aos estimuladores e promotores foram propostas, como os estimuladores do início da transcrição. Nos modelos de "sondagem" ou "sítio de entrada", foi proposto que a RNA-polimerase (ou outro componente da maquinaria de transcrição) se liga ao estimulador e sonda o DNA até encontrar o promotor. Esses dois modelos foram testados, usando um estimulador em um segmento de DNA e um gene de β-globina e promotor em um segundo segmento de DNA (**Figura Q8-9**). O gene de β-globina não foi expresso a partir da mistura dos segmentos. Entretanto, quando os dois segmentos de DNA foram unidos por meio de um ligante (uma proteína que se liga a uma pequena molécula chamada de biotina), o gene da β-globina foi expressado. Como esse experimento diferencia o modelo de alça de DNA e o modelo de sondagem? Justifique sua resposta.

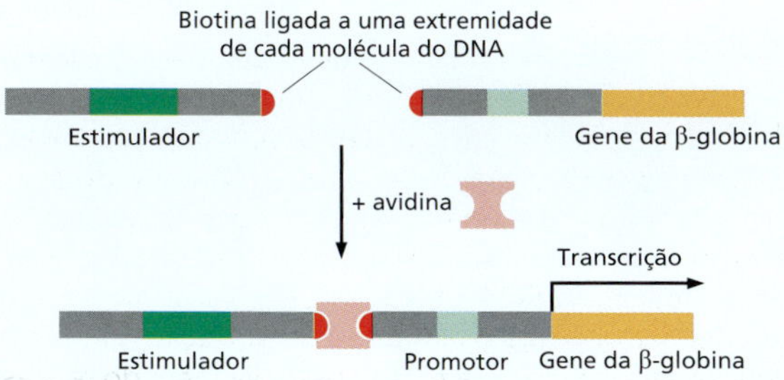

Figura Q8-9

QUESTÃO 8-10

As células diferenciadas de um organismo contêm os mesmos genes. (Entre as poucas exceções a essa regra estão células do sistema imune de mamíferos, no qual a formação de células especializadas se baseia em pequenos rearranjos no genoma.) Descreva um experimento que comprove a primeira afirmação dessa questão e explique seu raciocínio.

QUESTÃO 8-11

A Figura 8-17 mostra um esquema simples pelo qual três reguladores transcricionais poderiam ser usados, durante o desenvolvimento, para criar oito tipos celulares diferentes. Quantos tipos celulares você poderia criar, usando as mesmas regras, com quatro reguladores transcricionais diferentes? Como descrito no texto, MyoD é um regulador transcricional que por si próprio é suficiente para induzir expressão de genes específicos de miócitos nos fibroblastos. Como essa observação se encaixa no esquema da Figura 8-17?

QUESTÃO 8-12

Imagine as duas situações mostradas na **Figura Q8-12**. Na célula I, um sinal transitório induz a síntese da proteína A, a qual é um ativador transcricional que ativa muitos genes, incluindo o seu próprio. Na célula II, um sinal transitório induz a síntese da proteína R, a qual é um repressor transcricional que inibe muitos genes, incluindo o seu próprio. Em qual dessas situações, se é que isso ocorre, os descendentes da célula original irão "lembrar-se" de que a célula progenitora recebeu o sinal transitório? Explique o seu raciocínio.

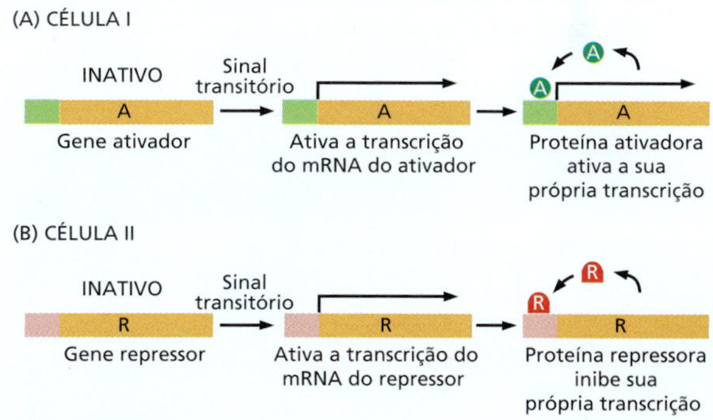

Figura Q8-12

QUESTÃO 8-13

Discuta o seguinte argumento: "Se a expressão de cada gene depende de um conjunto de reguladores transcricionais, então, a expressão desses reguladores também precisa depender da expressão de outros reguladores e a sua expressão precisa depender de ainda outros reguladores, e assim por diante. As células iriam, dessa maneira, necessitar de um número infinito de genes, a maioria dos quais codificaria reguladores transcricionais". Como a célula consegue controlar sua expressão gênica de modo satisfatório?

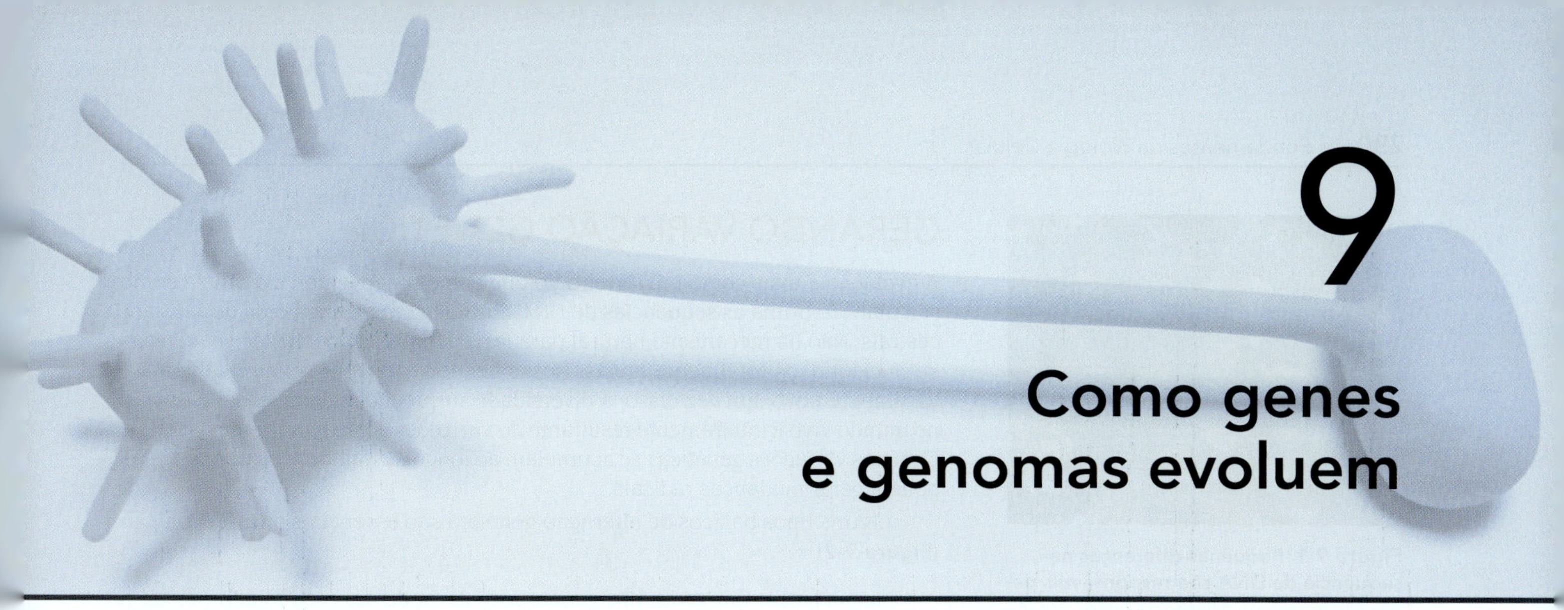

9

Como genes e genomas evoluem

Para um determinado indivíduo, a sequência de nucleotídeos do genoma é a mesma em quase todas as suas células. No entanto, compare o DNA de dois indivíduos – mesmo pai e filho – e esse não é mais o caso: os genomas de indivíduos da mesma espécie contêm informações levemente diferentes. Entre membros de diferentes espécies, as variações são ainda mais amplas.

Tais diferenças na sequência de DNA são responsáveis pela diversidade da vida na Terra, desde as sutis variações na cor do cabelo, cor dos olhos e cor da pele que caracterizam os membros de nossa própria espécie (**Figura 9-1**) até as diferenças extraordinárias nos fenótipos que distinguem um peixe de um fungo ou um tordo de uma rosa. Mas se toda a vida provém de um ancestral comum – um organismo unicelular que existiu há cerca de 3,5 bilhões de anos –, de onde surgiram essas variações genéticas? Como elas apareceram, por que foram preservadas e como contribuem para a extraordinária diversidade biológica que nos cerca?

Avanços nos métodos utilizados para sequenciar e analisar genomas inteiros – desde baiacus e bactérias até pessoas de todo o mundo – estão nos permitindo agora responder a algumas dessas questões. No Capítulo 10, descrevemos essas tecnologias revolucionárias, que continuam a transformar a era moderna da genômica. Neste capítulo, apresentamos alguns dos frutos dessas inovações tecnológicas. Nossa capacidade para comparar os genomas de um grande número de organismos tem gerado confirmações notáveis das explicações de Darwin para a diversidade da vida na Terra – revelando como os processos de mutação e seleção natural têm modificado as sequências de DNA durante bilhões de anos, dando origem à espetacular mistura de formas de vida presentes hoje em todos os cantos do planeta.

Neste capítulo, discutimos como os genes e os genomas se alteram com o decorrer do tempo. Analisamos os mecanismos moleculares que geram a diversidade genética e consideramos como as informações dos genomas atuais podem ser interpretadas para gerar um registro histórico dos processos evolutivos que têm moldado essas sequências de DNA. Abordamos brevemente os elementos genéticos móveis e consideramos como esses elementos, junto aos vírus atuais, podem transportar informações genéticas de lugar para outro e de organismo para organismo. Finalizamos o capítulo com uma ênfase maior no genoma humano, abordando o que a nossa própria sequência de DNA nos diz a respeito do que somos e de onde viemos.

Figura 9-1 Pequenas diferenças na sequência de DNA são responsáveis pelas diferenças na aparência entre um indivíduo e outro. Um grupo de estudantes ingleses apresenta uma amostra das características que definem a unidade e a diversidade de nossa própria espécie. (Cortesia de Fiona Pragoff, Wellcome Images.)

GERANDO VARIAÇÃO GENÉTICA

A evolução é mais como um ferreiro do que como um inventor: ela utiliza como sua matéria-prima as sequências de DNA que cada organismo herda de seus ancestrais. Não há mecanismo natural para fazer longos segmentos de sequências de nucleotídeos totalmente novas. Nesse cenário, nenhum gene ou genoma é totalmente novo. Em vez disso, a diversidade surpreendente em forma e função no mundo vivo é inteiramente resultante de variações sobre temas preexistentes. Como as variações genéticas se acumulam ao longo de milhões de gerações, elas podem gerar mudanças radicais.

Alguns tipos básicos de alteração genética são essenciais para a evolução (**Figura 9-2**):

- *Mutações em um gene:* Um gene existente pode ser modificado por uma mutação que troque um único nucleotídeo, delete ou duplique um ou mais nucleotídeos. Essas mutações podem alterar o *splicing* de um transcrito do gene ou mudar a sua estabilidade, atividade, localização ou interações da proteína ou produto de RNA codificados.
- *Mutações na sequência do DNA regulador:* Quando e onde um gene é expresso pode ser afetado por uma mutação em segmentos das sequências de DNA que regulam a atividade do gene (descrito no Capítulo 8). Por exemplo, humanos e peixes têm um número surpreendente grande de genes em comum, mas modificações na regulação de tais genes compartilhados constituem a base das diferenças mais drásticas entre estas espécies.
- *Duplicação gênica:* Um gene existente, um segmento maior de DNA, ou mesmo um genoma inteiro podem ser duplicados, criando um conjunto de genes intimamente relacionados dentro de uma única célula. À medida que essa célula e suas descendentes se dividem, a sequência de DNA original e a sua sequência duplicada podem adquirir mutações adicionais e, assim, assumir novas funções e novos padrões de expressão.
- *Embaralhamento de éxons:* Dois ou mais genes existentes podem ser quebrados e religados para formarem um gene híbrido contendo segmentos de DNA que originalmente pertenciam a genes independentes. Em eucariotos, a quebra e a reunião ocorrem frequentemente dentro de longas sequências de íntrons, os quais não codificam proteínas. Devido ao fato de as sequências de íntrons serem removidas pelo *splicing* de RNA, a quebra e a junção não precisam ser precisas para resultar em um gene funcional.
- *Elementos genéticos móveis:* Sequências específicas de DNA que podem se mover de um local do cromossomo para outro podem alterar a atividade ou a regulação de um gene; podem promover também a duplicação gênica, o embaralhamento de éxons e outros rearranjos genômicos.
- *Transferência horizontal de genes:* Um segmento de DNA pode ser transferido do genoma de uma célula para outra – até para o genoma de outra espécie. Esse processo, que é raro entre eucariotos, porém comum em bactérias, difere da transferência "vertical" de informação genética comum de genitor para a prole.

Cada uma dessas formas de variação genética – das mutações simples que ocorrem em um gene às mais extensas duplicações, deleções, rearranjos e adições que ocorrem em um genoma – tem desempenhado um papel importante na evolução dos organismos modernos. E elas ainda desempenham esse papel, pois os organismos continuam a evoluir. Nesta seção, discutimos esses mecanismos básicos de alteração genética e consideramos as suas consequências para a evolução genômica. Contudo, primeiro, fazemos uma pausa para considerar a contribuição do sexo – mecanismo que muitos organismos usam para transmitir a informação genética para as gerações futuras.

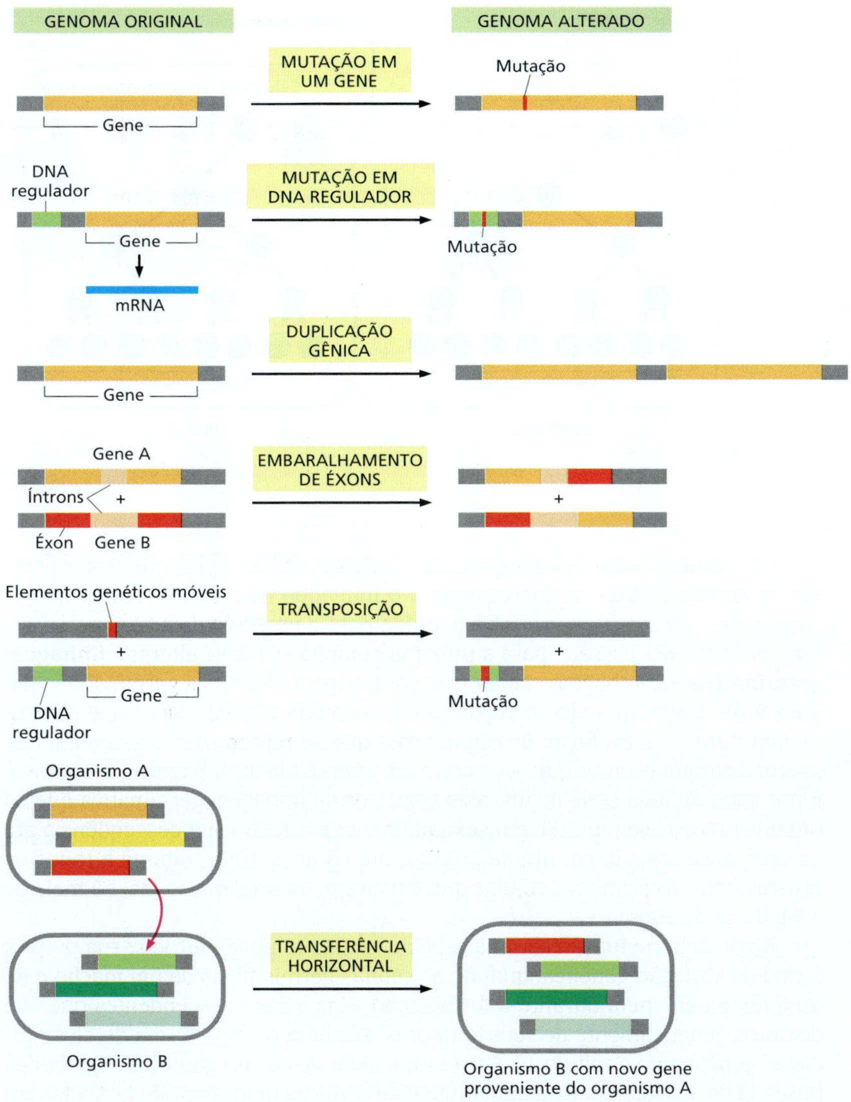

Figura 9-2 Genes e genomas podem ser alterados por diferentes mecanismos. Pequenas mutações, duplicações, deleções, rearranjos e mesmo a adição de material genético novo contribuem para a evolução do genoma. Embora os elementos genéticos móveis aqui ilustrados estejam interrompendo uma sequência gênica reguladora, o movimento desses elementos parasitas pode promover diferentes variações genéticas, incluindo duplicação gênica, embaralhamento de éxons e outras alterações reguladoras e estruturais.

Em organismos de reprodução sexuada, apenas as modificações na linhagem germinativa são transmitidas para a progênie

Para bactérias e organismos unicelulares que se reproduzem principalmente de forma assexuada, a herança da informação genética é bastante simples. Cada indivíduo duplica seu genoma e doa uma cópia para cada célula-filha quando se divide em dois. A árvore genealógica de tais organismos unicelulares é simplesmente um diagrama de ramificações de divisões celulares que liga diretamente cada indivíduo à sua progênie e aos seus ancestrais.

Para um organismo multicelular que se reproduz sexuadamente, porém, as conexões genealógicas são mais complexas. Embora as células individuais neste organismo se dividam, apenas as células especificamente reprodutivas – as **células germinativas** – transferem a cópia de seu genoma para a próxima geração do organismo (discutido no Capítulo 19). Todas as outras células do corpo – as **células somáticas** – estão fadadas a morrer sem deixar descendentes evolutivas de si mesmas (**Figura 9-3**). De certo modo, as células somáticas existem apenas para auxiliar as células germinativas a sobreviver e se propagar.

QUESTÃO 9-1

Neste capítulo, questiona-se se a variabilidade genética é benéfica para uma espécie porque aumenta sua habilidade em se adaptar a condições modificadas. Por que, então, você acha que essas células não medem esforços para garantir a fidelidade da replicação do DNA?

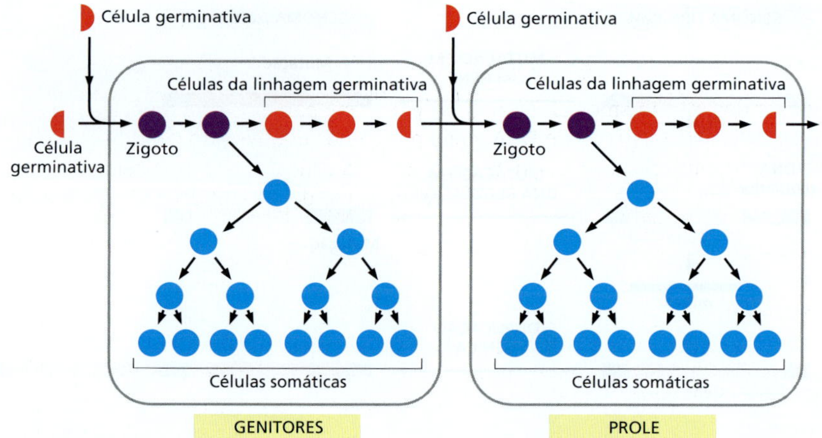

Figura 9-3 Células da linhagem germinativa e células somáticas têm fundamentalmente funções diferentes. Em organismos que se reproduzem sexuadamente, a informação genética é propagada para a próxima geração exclusivamente por células da linhagem germinativa (*vermelho*). Essa linhagem celular inclui células reprodutivas especializadas – as células germinativas (óvulos e espermatozoides, semicírculos *vermelhos*) –, as quais contêm apenas a metade do número de cromossomos que as outras células do corpo (esferas) contêm. Quando duas células germinativas se unem durante a fertilização, formam um óvulo fertilizado ou zigoto (*roxo*), que novamente contém um conjunto completo de cromossomos (discutido no Capítulo 19). O zigoto dá origem tanto às células da linhagem germinativa quanto às células somáticas (*azul*). As células somáticas formam o corpo do organismo, porém não contribuem com seu DNA para a próxima geração.

Uma mutação que ocorra em uma célula somática – apesar de poder apresentar consequências desastrosas para o indivíduo no qual ela ocorra (p. ex., causando o câncer) – não será transmitida para a progênie do organismo. Para uma mutação ser passada para a próxima geração, ela deve alterar a **linhagem germinativa** – a linhagem celular que dará origem às células germinativas (**Figura 9-4**). Assim, quando acompanhamos as mudanças genéticas que se acumulam durante a evolução de organismos que se reproduzem sexuadamente, procuramos por eventos que ocorreram em uma célula da linhagem germinativa. É por meio de uma série de divisões celulares da linhagem germinativa que os organismos que se reproduzem sexuadamente rastreiam sua descendência até os seus ancestrais e, em última análise, até os ancestrais comuns a todos os organismos – as primeiras células que existiram, na origem da vida, há mais de 3,5 bilhões de anos.

Além da perpetuação de uma espécie, o sexo também introduz sua própria forma de variação genética: quando as células germinativas de um macho e de uma fêmea se unem durante a fertilização, elas geram descendentes que são distintos geneticamente de seus genitores. Discutimos essa forma de diversificação genética no Capítulo 19. Entretanto, além dessa reorganização genômica baseada no acasalamento, a qual influencia como as mutações são herdadas em organismos que se reproduzem sexuadamente, a maioria dos mecanismos que geram a variação genética é a mesma para todos os seres vivos, como discutimos a seguir.

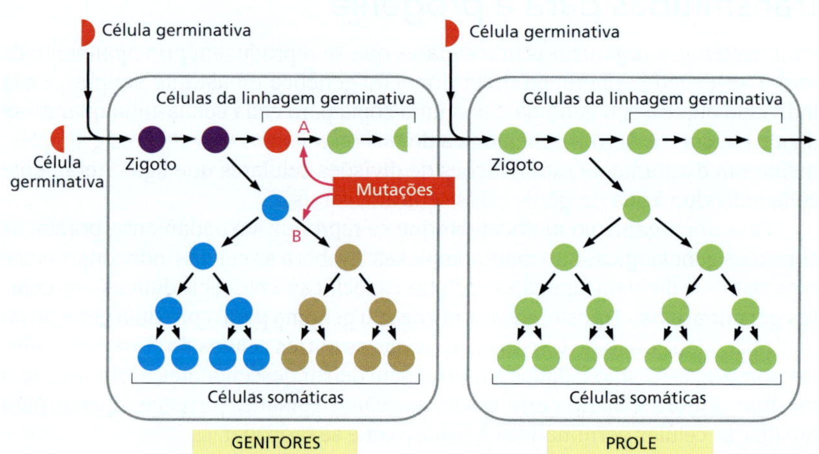

Figura 9-4 Mutações nas células da linhagem germinativa e nas células somáticas têm diferentes consequências. Uma mutação que ocorre em uma célula da linhagem germinativa (A) pode ser transmitida para a progênie dessa célula e, finalmente, para a progênie do organismo (*verde*). Em contraste, uma mutação que surge em uma célula somática (B) afeta apenas a progênie dessa célula (*laranja*) e não será transmitida para a progênie do organismo. Como discutido no Capítulo 20, as mutações somáticas são responsáveis pela maioria dos cânceres humanos (ver p. 714-717).

Mutações pontuais são causadas por falhas dos mecanismos normais de cópia e reparo do DNA

Apesar dos mecanismos elaborados que existem para copiar e reparar com alta fidelidade as sequências de DNA, cada par de nucleotídeos no genoma do organismo corre um pequeno risco de ser alterado a cada vez que uma célula se divide. As alterações que afetam apenas um único par de nucleotídeos são chamadas de **mutações pontuais**. Essas alterações geralmente surgem de pequenos erros na replicação ou no reparo do DNA (discutidos no Capítulo 6).

A taxa de mutações pontuais foi diretamente determinada em experimentos com bactérias, como *Escherichia coli*. Em condições de laboratório, a *E. coli* se divide cerca de uma vez a cada 20 a 25 minutos; em menos de um dia, uma única *E. coli* pode produzir mais descendentes do que o número de seres humanos na Terra – o suficiente para fornecer uma boa chance para que qualquer mutação pontual possível ocorra. Uma cultura contendo 10^9 células de *E. coli* abriga milhões de células mutantes cujos genomas diferem sutilmente da célula ancestral. Algumas dessas mutações podem conferir uma vantagem seletiva a células individuais: a resistência a um veneno, por exemplo, ou a capacidade para sobreviver quando privada de um nutriente básico. Expondo a cultura a uma condição seletiva – adicionando um antibiótico ou removendo um nutriente essencial, por exemplo – é possível isolar os eventos raros de mutação: as células que sofreram uma mutação específica que lhes possibilita sobreviver em condições onde as células originais não podem (**Figura 9-5**). Tais experimentos revelaram que a frequência geral de mutações pontuais em *E. coli* é em torno de 3 alterações nucleotídicas por 10^{10} pares de nucleotídeos a cada geração celular. Em humanos, a taxa de mutação, obtida mediante comparação das sequências de DNA da prole com a de seus genitores (e estimando-se quantas vezes as células germinativas dos genitores se dividiram), é em torno de um terço da de *E. coli* – o que sugere que os mecanismos que evoluíram para manter a integridade do genoma operam

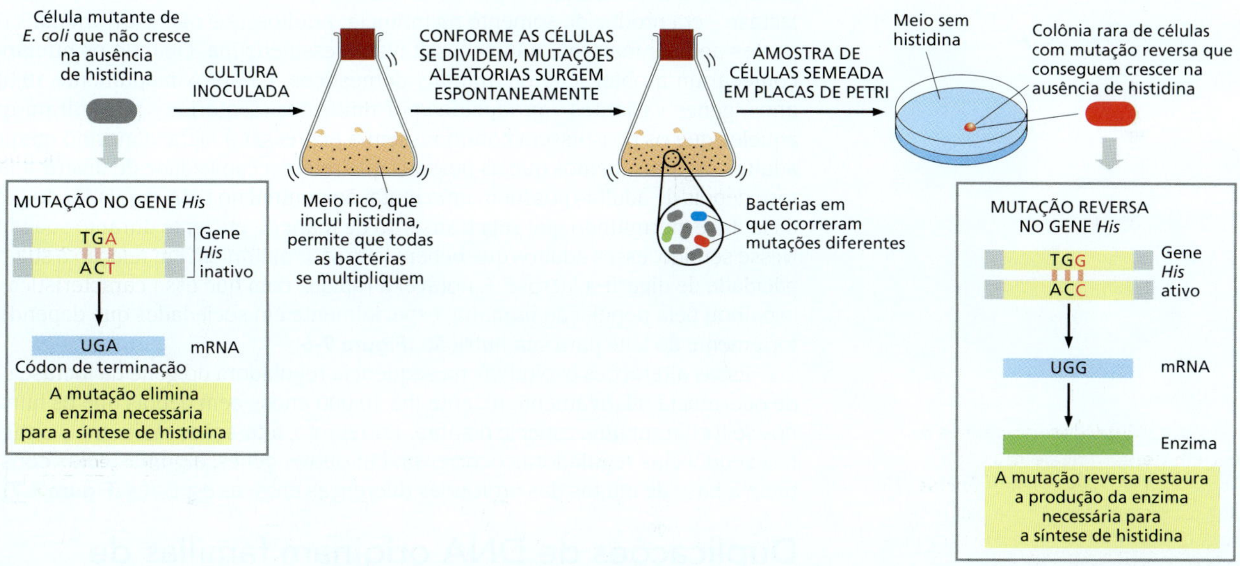

Figura 9-5 As taxas de mutação podem ser determinadas experimentalmente. Neste experimento, é utilizada uma cepa de *E. coli* que carrega uma mutação pontual deletéria no gene *His* – o qual é necessário para a síntese do aminoácido histidina. A mutação converte o par de nucleotídeos G-C em um A-T, resultando em um sinal de terminação prematuro no mRNA produzido a partir do gene mutante (inserto à *esquerda*). Tão logo a histidina seja fornecida ao meio de crescimento, essa cepa pode crescer e dividir-se normalmente. Se um grande número de células mutantes (como 10^{10}) for semeado em uma placa com ágar sólido que não possua histidina, a maioria das células irá morrer. As raras sobreviventes conterão a mutação "reversa" (na qual o par de nucleotídeos A-T é alterado novamente para o G-C). Essa reversão corrige o defeito original e permite, agora, que a bactéria produza a enzima necessária para ela sobreviver na ausência de histidina. Tais mutações ocorrem por acaso e apenas raramente, mas a habilidade em trabalhar com um grande número de células de *E. coli* possibilita detectar tal alteração e medir sua frequência com exatidão.

com uma eficiência que não difere significativamente até mesmo em espécies distantemente relacionadas.

As mutações pontuais podem destruir a atividade de um gene ou – muito raramente – aumentá-la (como ilustrado na Figura 9-5). Com maior frequência, entretanto, não fazem uma coisa, nem outra. Em diversos locais do genoma, uma mutação pontual não produz efeito algum na aparência, viabilidade ou capacidade de reprodução do organismo. Tais *mutações neutras* frequentemente ocorrem em regiões do gene onde a sequência de DNA não é importante, incluindo a maior parte de uma sequência de íntrons. Nos casos em que ocorrem em um éxon, as mutações neutras podem modificar o nucleotídeo da terceira posição de um códon, de tal modo que o aminoácido específico não seja alterado – ou seja tão similar que a função da proteína não é afetada.

Mutações pontuais podem alterar a regulação de um gene

Mutações nas sequências codificadoras dos genes são relativamente fáceis de detectar, pois modificam a sequência de aminoácidos da proteína codificada, de um modo previsível. No entanto, mutações no DNA regulador são mais difíceis de reconhecer, porque não afetam a sequência da proteína e podem estar distantes da sequência codificadora do gene.

Apesar dessas dificuldades, foram descobertos diversos exemplos em que as mutações pontuais no DNA regulador têm um efeito profundo na produção de proteínas e, assim, sobre o organismo. Por exemplo, um pequeno número de pessoas é resistente à malária em virtude de uma mutação pontual que afeta a expressão de um receptor de superfície celular ao qual o parasita da malária, *Plasmodium vivax*, se liga. Essa mutação impede que o receptor seja produzido nos eritrócitos, tornando os indivíduos portadores da mutação imunes à infecção.

Mutações pontuais no DNA regulador possuem também um papel na nossa capacidade de digerir a lactose, o principal açúcar do leite. Nossos ancestrais eram intolerantes à lactose, porque a enzima que cliva a lactose – denominada lactase – era produzida somente na infância. Adultos, que não estavam mais expostos ao leite materno, não necessitavam dessa enzima. Quando os humanos começaram a obter leite de animais domésticos, há aproximadamente 10.000 anos, genes variantes – produzidos por mutações aleatórias – permitiram que aqueles que os possuíssem continuassem a expressar a lactase mesmo quando adultos. Agora sabemos que as pessoas que retêm a capacidade de digerir a lactose depois de adultas possuem uma mutação pontual no DNA regulador do gene da lactase, permitindo que seja transcrito de maneira eficiente durante sua vida. Nesse sentido, esses adultos que bebem leite são "mutantes" em relação à sua capacidade de digerir a lactose. É notável a rapidez com que essa característica se espalhou pela população humana, especialmente em sociedades que dependem fortemente do leite para sua nutrição (**Figura 9-6**).

Essas alterações evolutivas na sequência reguladora do gene da lactase são de ocorrência relativamente recente (há 10.000 anos), bem depois que os humanos se tornaram uma espécie distinta. Entretanto, alterações muito mais antigas nas sequências reguladoras ocorreram em outros genes; algumas delas constituem a base de muitas das profundas diferenças entre as espécies (**Figura 9-7**).

Duplicações de DNA originam famílias de genes relacionados

As mutações pontuais podem influenciar a atividade de um gene existente, mas como os novos genes com novas funções começam a existir? A duplicação gênica é, talvez, o mais importante mecanismo para a geração de novos genes a partir de genes antigos. Uma vez que um gene é duplicado, cada uma das duas cópias é livre para acumular mutações que lhes permitam realizar uma função um pouco diferente – contanto que a função original do gene não seja perdida. Essa especialização de genes duplicados em geral ocorre gradualmente, com o acúmulo de

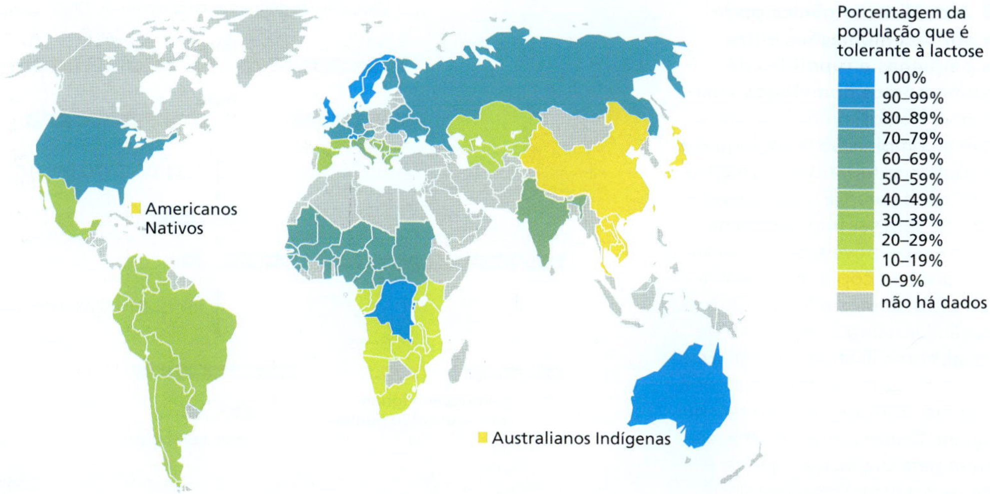

Figura 9-6 A capacidade de humanos adultos para digerir o leite acompanhou a domesticação do gado. Há aproximadamente 10.000 anos, os humanos da Europa Setentrional e da África Central começaram a criar gado. A subsequente disponibilidade de leite de vacas – particularmente durante períodos de fome – proporcionou uma vantagem seletiva para aqueles indivíduos capazes de digerir a lactose quando adultos. Duas mutações pontuais independentes que permitiram a expressão da lactase em adultos se originaram em populações humanas – uma na Europa Setentrional e outra na África Central. Desde então, essas mutações têm-se espalhado em diferentes regiões do mundo. Por exemplo, a migração dos europeus do norte para a América do Norte e a Austrália explica por que a maioria das pessoas que vivem nesses locais consegue digerir a lactose depois de adultos; as populações nativas da América do Norte e da Austrália, porém, permanecem intolerantes à lactose.

mutações nos descendentes da célula original na qual a duplicação gênica ocorreu. Por meio de ciclos repetidos desse processo de **duplicação e divergência gênicas**, durante milhões de anos, um gene pode dar origem a toda uma família de genes, cada um com uma função especializada, em um único genoma. A análise das sequências genômicas revela muitos exemplos de tais **famílias gênicas**: em *Bacillus subtilis*, por exemplo, aproximadamente a metade dos genes possui uma ou mais isoformas semelhantes em algum local do genoma. E em vertebrados, a família de genes das globinas, a qual codifica proteínas carregadoras de oxigênio,

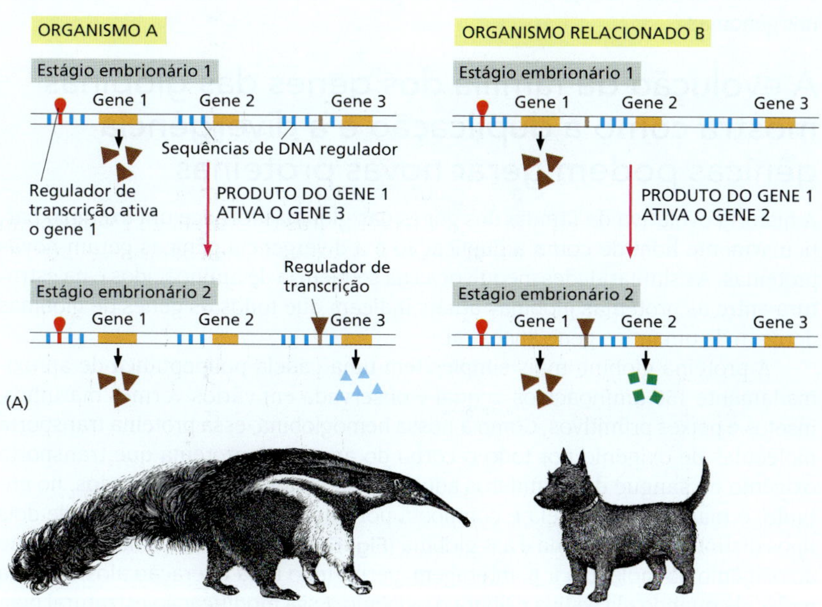

Figura 9-7 Alterações em sequências de DNA regulador podem ter consequências drásticas para o desenvolvimento de um organismo. (A) Neste exemplo hipotético, os genomas dos organismos A e B contêm os mesmos três genes (1, 2 e 3) e codificam os mesmos dois reguladores de transcrição (*oval vermelho, triângulo marrom*). No entanto, o DNA regulador que controla a expressão dos genes 2 e 3 é diferente nesses dois organismos. Embora ambos expressem o mesmo gene – gene 1 – durante o estágio embrionário 1, as diferenças em seu DNA regulador causam a expressão de diferentes genes no estágio 2. (B) Em princípio, um conjunto de tais alterações na sequência do DNA regulador pode ter um efeito profundo no programa de desenvolvimento de um organismo – e, em última instância, na aparência do organismo adulto.

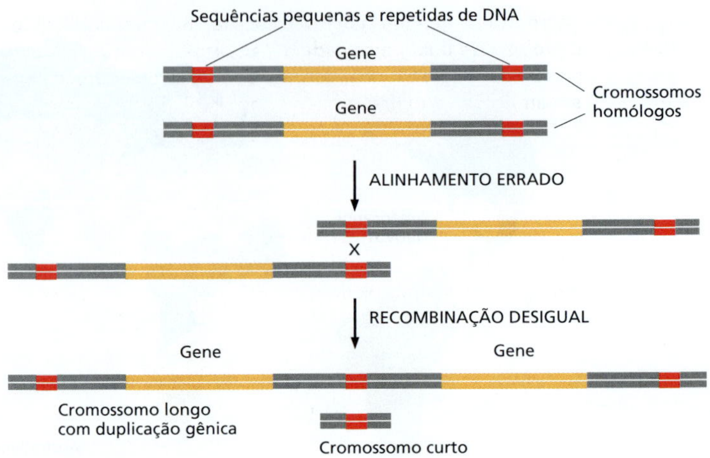

Figura 9-8 A duplicação gênica pode ser gerada por recombinações entre sequências pequenas e repetidas de DNA em cromossomos homólogos adjacentes. Os dois cromossomos ilustrados aqui sofreram recombinação homóloga em pequenas sequências repetidas (*vermelho*), adjacentes ao gene (*laranja*). Essas sequências repetidas podem ser fragmentos de elementos genéticos móveis, os quais estão presentes em diversas cópias no genoma humano, como discutimos adiante. Quando a recombinação (*crossing-over*) ocorre de forma desigual, como ilustrado, um dos cromossomos herdará as duas cópias do gene, enquanto o outro cromossomo não receberá cópia alguma. O tipo de recombinação homóloga que gera duplicação gênica é chamado de *recombinação* ou *crossing-over desigual*, visto que os produtos resultantes são de tamanhos diferentes. Se esse processo ocorrer na linhagem germinativa, uma parte da progênie irá herdar o cromossomo longo, ao passo que a outra parte irá herdar o curto.

surgiu evidentemente a partir de um único gene primordial, como veremos a seguir. Mas como a duplicação gênica ocorreu inicialmente?

Acredita-se que diversas duplicações gênicas são geradas por *recombinação homóloga*. Como discutido no Capítulo 6, a recombinação homóloga propicia um mecanismo importante para reparar uma quebra da dupla-hélice; ela permite que um cromossomo intacto seja utilizado como molde para reparar a sequência danificada no seu homólogo. A recombinação homóloga normalmente ocorre apenas depois que dois longos segmentos de DNA quase idênticos estejam pareados, de modo que a informação no segmento intacto de DNA possa ser utilizada para "restaurar" a sequência no DNA danificado. Entretanto, em raras exceções, o evento de recombinação pode ocorrer entre curtas sequências de DNA pareadas – idênticas ou muito similares – localizadas em uma das extremidades de um gene. Se essas pequenas sequências não estiverem apropriadamente alinhadas durante a recombinação, pode ocorrer uma troca assimétrica da informação genética. Essa *recombinação desigual* pode gerar um cromossomo que possua uma cópia extra do gene e outro sem cópia alguma (**Figura 9-8**). Uma vez que um gene seja duplicado dessa forma, eventos de recombinação desigual subsequentes podem facilmente adicionar cópias extras ao conjunto duplicado pelo mesmo mecanismo. Como consequência, é comum encontrar conjuntos inteiros de genes relacionados, arranjados em série, nos genomas.

A evolução da família dos genes das globinas mostra como a duplicação e a divergência gênicas podem gerar novas proteínas

A história evolutiva da família dos genes das globinas fornece um exemplo particularmente bom de como a duplicação e a divergência gênicas geram novas proteínas. As similaridades inequívocas na sequência de aminoácidos e na estrutura entre as proteínas globinas atuais indicam que todos os genes de globinas derivam de um único gene ancestral.

A proteína globina mais simples tem uma cadeia polipeptídica de aproximadamente 150 aminoácidos, a qual é observada em vários vermes marinhos, insetos e peixes primitivos. Como a nossa hemoglobina, essa proteína transporta moléculas de oxigênio por todo o corpo do animal. A proteína que transporta oxigênio no sangue de mamíferos adultos e na maioria dos vertebrados, no entanto, é mais complexa; ela é composta por quatro cadeias de globina de dois tipos distintos – a α-globina e a β-globina (**Figura 9-9**). Os quatro sítios de ligação ao oxigênio na molécula $\alpha_2\beta_2$ interagem, permitindo uma alteração alostérica na molécula quando ela se liga e libera o oxigênio. Essa modificação estrutural possibilita à molécula de hemoglobina de quatro cadeias absorver e liberar quatro

Figura 9-9 Acredita-se que um gene de globina ancestral codificando uma molécula de globina de uma única cadeia deu origem ao par de genes que produz a proteína hemoglobina de quatro cadeias, presente nos humanos e em outros mamíferos. A molécula de hemoglobina dos mamíferos é um complexo de duas cadeias de globinas α e duas cadeias β. Cada cadeia possui um grupo heme (*vermelho*) que é responsável pela ligação do oxigênio.

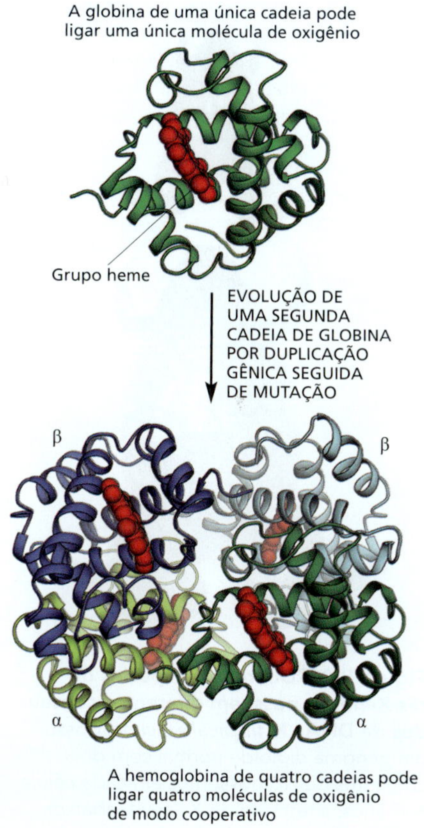

moléculas de oxigênio de maneira mais eficiente do que a forma composta por uma única cadeia. Essa eficiência é particularmente importante para animais multicelulares grandes, os quais não podem contar com a difusão simples do oxigênio pelo corpo para oxigenar seus tecidos adequadamente.

Os genes que codificam as cadeias α e β da globina são resultantes de duplicação gênica que ocorreu cedo na evolução dos vertebrados. Análises genômicas sugerem que um dos nossos ancestrais tinha um único gene de globina. Acredita-se, porém, que há cerca de 500 milhões de anos duplicações gênicas seguidas de mutações deram origem aos dois genes de globina levemente diferentes, um codificando a α-globina e outro codificando a β-globina. Ainda mais tarde, quando os diferentes mamíferos começaram a divergir de seu ancestral comum, o gene que codifica a cadeia β sofreu também duplicação e divergência para originar um segundo gene que codifica uma cadeia tipo β que é expressa especificamente no feto (**Figura 9-10**). A molécula de hemoglobina fetal resultante possui uma afinidade maior por oxigênio do que a hemoglobina adulta, uma propriedade que auxilia a transferência do oxigênio da mãe para o feto.

Subsequentes ciclos de duplicações nos genes das α e β-globinas deram origem a membros adicionais dessas famílias. Cada um desses genes duplicados foi modificado por mutações pontuais que afetam as propriedades da molécula de hemoglobina final, e por alterações nas sequências de DNA reguladoras que determinam quando – e com que intensidade – cada gene é expresso. Em consequência, cada globina difere levemente em sua capacidade de ligação e liberação de oxigênio e no estágio de desenvolvimento durante o qual ela é expressa.

Além desses genes de globina especializados, existem várias sequências de DNA duplicadas nos grupamentos gênicos das α e β-globinas que não são genes funcionais. Elas são similares, quanto à sequência de DNA, aos genes funcionais de globina, porém perderam sua função pelo acúmulo de diversas mutações. A existência de tais *pseudogenes* torna claro que, como esperado, nem toda duplicação gênica leva a um novo gene funcional. A maioria dos eventos de duplicação gênica não é bem-sucedida, pois uma cópia é gradualmente inativada por mutações. Embora tenhamos nos concentrado aqui na evolução dos genes de globina, ciclos similares de duplicação e divergência gênica existem em muitas outras famílias de genes presentes no genoma humano.

Figura 9-10 Acredita-se que ciclos repetidos de duplicação e mutações geraram a família gênica da globina em humanos. Há cerca de 500 milhões de anos, um gene de globina ancestral se duplicou e originou a família gênica de β-globina (incluindo os cinco genes mostrados) e a família gênica relacionada de α-globina. Na maioria dos vertebrados, uma molécula de hemoglobina (ver Figura 9-9) é formada por duas cadeias de α-globina e por duas cadeias de β-globina – a qual pode ser qualquer um dos cinco subtipos da família β, listados aqui.

O esquema evolutivo mostrado foi formulado pela comparação dos genes de globina de vários organismos diferentes. As sequências de nucleotídeos dos genes γ^G e γ^A – os quais produzem as cadeias semelhantes às de β-globina, formadas na hemoglobina fetal – são muito mais similares entre si do que qualquer uma delas ao gene β adulto. E o gene da δ-globina, que surgiu durante a evolução dos primatas, codifica uma forma de β-globina menor que está presente apenas em primatas adultos. Em humanos, os genes da β-globina estão localizados em um grupamento no cromossomo 11. Acredita-se que um subsequente evento de quebra cromossômica, o qual ocorreu há 300 milhões de anos, separou os genes da α-globina e da β-globina; os genes da α-globina agora encontram-se no cromossomo 16 (não ilustrado).

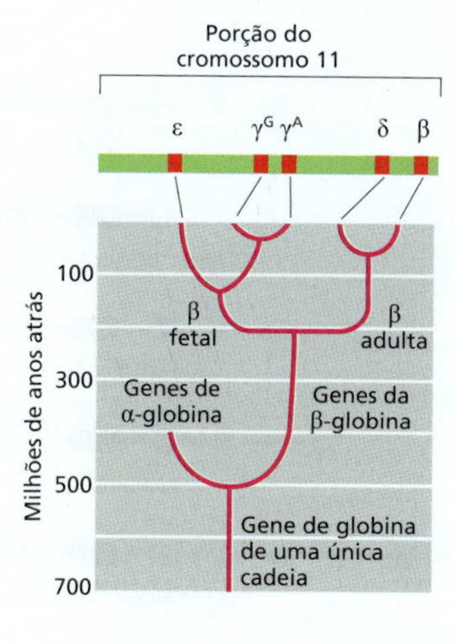

Figura 9-11 Diferentes espécies de rãs *Xenopus* possuem diferentes conteúdos de DNA. *X. tropicalis* (*acima*) possui um genoma diploide normal com dois conjuntos de cromossomos em cada célula somática; a tetraploide *X. laevis* (*abaixo*) possui um genoma duplicado contendo o dobro de DNA por célula. (Cortesia de Enrique Amaya.)

Duplicações de genomas inteiros moldaram a história evolutiva de muitas espécies

Quase todos os genes, no genoma dos vertebrados, existem em múltiplas versões, sugerindo que, além de genes únicos serem duplicados de um modo independente, os genomas inteiros de vertebrados foram duplicados há muitos anos de uma só vez. Em um estágio anterior na evolução dos vertebrados, parece que o genoma inteiro realmente sofreu duas duplicações sucessivas, originando quatro cópias de cada gene. Em alguns grupos de vertebrados, como os peixes das famílias do salmão e da carpa (incluindo o peixe-zebra; ver Figura 1-37), pode ter havido ainda outra duplicação, criando uma quantidade oito vezes maior de genes.

A história precisa da duplicação do genoma inteiro na evolução de vertebrados é difícil de determinar em virtude das muitas outras alterações que ocorreram desde esses eventos evolutivos ancestrais. Em alguns organismos, entretanto, duplicações de genomas completos são especialmente óbvias, pois ocorreram de forma relativamente recente – em termos de tempos evolutivos. O gênero de rãs *Xenopus*, por exemplo, compreende um conjunto de espécies bastante semelhantes, relacionadas umas com as outras por duplicações ou triplicações repetidas de todo o genoma (**Figura 9-11**). Tais duplicações em grande escala podem acontecer se a divisão celular não ocorrer após um ciclo de replicação do genoma na linhagem germinativa de um indivíduo particular. Uma vez que ocorra uma replicação acidental do genoma em uma linhagem celular germinativa, ela será passada fielmente para as células germinativas da progênie naquele indivíduo e, consequentemente, a qualquer descendente que essa célula poderá produzir.

Novos genes podem ser originados pelo embaralhamento de éxons

Como discutimos no Capítulo 4, várias proteínas são compostas por um conjunto de *domínios* funcionais menores. Em eucariotos, cada um desses domínios proteicos é em geral codificado por um éxon individual, que é delimitado por longos segmentos de íntrons não codificadores (ver Figuras 7-17 e 7-18). Essa organização dos genes eucarióticos pode facilitar a evolução de novas proteínas, ao permitir que éxons de um gene sejam adicionados a outro gene – um processo denominado **embaralhamento de éxons**.

A duplicação e o movimento dos éxons são promovidos pelo mesmo tipo de recombinação que dá origem às duplicações gênicas (ver Figura 9-8). Nesse caso, a recombinação ocorre nas sequências dos íntrons que delimitam os éxons. Se os íntrons em questão forem de dois genes diferentes, essa recombinação pode gerar um gene híbrido que possui os éxons completos de ambos. Os resultados presumíveis de tal embaralhamento de éxons são observados em muitas proteínas atuais, as quais contêm uma mistura de vários domínios proteicos diferentes (**Figura 9-12**).

Tem sido proposto que todas as proteínas codificadas pelo genoma humano (em torno de 21.000) surgiram da duplicação e do embaralhamento de alguns milhares de éxons distintos, cada um codificando um domínio proteico de aproximadamente 30 a 50 aminoácidos. Essa ideia surpreendente sugere que a grande diversidade das estruturas proteicas é gerada a partir de uma "lista de partes" universal muito pequena, organizadas em diferentes combinações.

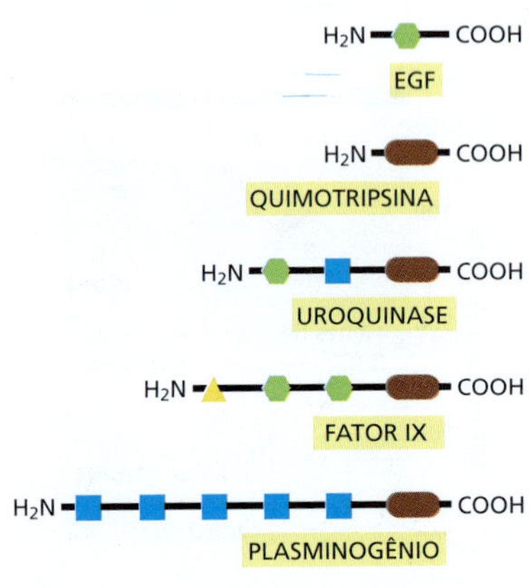

Figura 9-12 O embaralhamento de éxons durante a evolução pode dar origem a proteínas com novas combinações de domínios proteicos. Cada tipo de símbolo colorido representa um domínio proteico diferente. Acredita-se que esses domínios diferentes foram unidos por meio do embaralhamento de éxons, durante a evolução, para criar as proteínas humanas atuais ilustradas aqui.

A evolução dos genomas tem sido profundamente influenciada pelo movimento dos elementos genéticos móveis

Os *elementos genéticos móveis* – sequências de DNA que podem se mover de um local do cromossomo para outro – são uma importante fonte de modificação genômica, e têm afetado profundamente a estrutura dos genomas modernos. Essas sequências parasitárias de DNA podem colonizar um genoma e depois se espalhar dentro dele. Nesse processo, frequentemente interrompem a função ou alteram a regulação de genes existentes; algumas vezes, podem até mesmo criar novos genes por meio de fusões entre as sequências móveis e segmentos de genes existentes.

Essa inserção de um elemento genético móvel em uma sequência codificadora de um gene ou em uma região reguladora pode gerar as mutações "espontâneas" que hoje são observadas em muitos organismos. Os elementos genéticos móveis podem interromper a atividade de um gene se eles se inserirem diretamente em uma sequência codificadora. Tal *mutação de inserção* destrói a capacidade do gene de codificar uma proteína útil – como é o caso de diversas mutações que causam a hemofilia em humanos, por exemplo.

A atividade dos elementos genéticos móveis também pode alterar o modo de regulação dos genes existentes. A inserção de um elemento em uma região de DNA regulador, por exemplo, muitas vezes tem um efeito surpreendente sobre onde e como os genes são expressos (**Figura 9-13**). Muitos elementos genéticos móveis carregam sequências de DNA que são reconhecidas por reguladores transcricionais específicos; se esses elementos se inserirem perto de um gene, tal gene pode passar a estar sob o controle desses reguladores de transcrição, mudando, assim, o padrão da expressão do gene. Assim, os elementos genéticos móveis podem ser uma importante fonte de alterações no desenvolvimento. Acredita-se que eles tenham sido particularmente importantes na evolução dos planos corporais de plantas e animais multicelulares.

Finalmente, os elementos genéticos móveis também fornecem oportunidades para rearranjos genômicos, por servirem de alvos de recombinação homóloga (ver Figura 9-8). Por exemplo, acredita-se que as duplicações que deram origem ao grupamento gênico da β-globina ocorreram por recombinações entre elementos genéticos móveis abundantes, espalhados por todo o genoma humano. Mais adiante, neste capítulo, descrevemos esses elementos em maior detalhe e discutimos os mecanismos que lhes permitiram se estabelecer e se dispersar no nosso genoma.

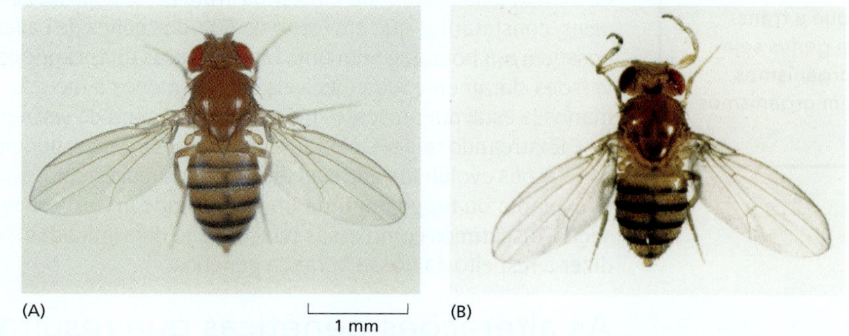

Figura 9-13 Mutações derivadas de elementos móveis podem induzir alterações drásticas no plano corporal de um organismo. (A) Uma mosca-da-fruta normal (*Drosophila melanogaster*). (B) Uma mosca mutante, cujas antenas se transformaram em patas devido a uma mutação na sequência de DNA regulador que causa a ativação dos genes para a formação de pernas nas posições normalmente reservadas para as antenas. Embora essa mudança particular não seja vantajosa para a mosca, ela ilustra como o deslocamento de um elemento de transposição pode produzir grandes mudanças na aparência de um organismo. (A, cortesia de E.B. Lewis; B, cortesia de Matthew Scott.)

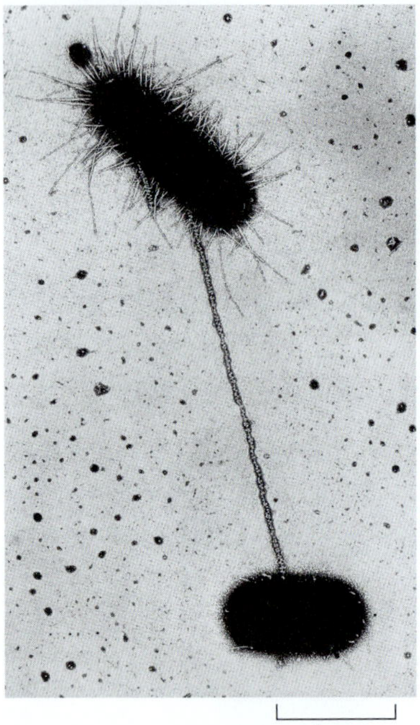

Figura 9-14 Células bacterianas podem trocar DNA por meio de conjugação. A conjugação inicia-se quando a célula doadora (*parte superior*) se adere a uma célula recipiente (*parte inferior*) por um fino apêndice, chamado de pilo sexual. O DNA da célula doadora é transferido, ao longo do pilo sexual, para a célula recipiente. Nesta fotomicrografia eletrônica, o pilo foi marcado por vírus que se aderem especificamente a ele, para tornar a estrutura mais visível. A conjugação é uma das várias maneiras pelas quais bactérias realizam a transferência horizontal de genes. (Cortesia de Charles C. Brinton Jr. e Judith Carnahan.)

QUESTÃO 9-2

Por que você supõe que a transferência horizontal de genes seja mais prevalente em organismos unicelulares do que em organismos multicelulares?

Os genes podem ser trocados entre os organismos pela transferência horizontal de genes

Até agora consideramos as alterações genéticas que ocorrem no genoma de um organismo individual. Entretanto, genes e outras porções dos genomas também podem ser trocados entre indivíduos de espécies diferentes. Esse mecanismo de **transferência horizontal de genes** é raro entre eucariotos, porém comum entre bactérias, as quais podem trocar DNA pelo processo de conjugação (**Figura 9-14** e **Animação 9.1**).

A *E.* coli, por exemplo, adquiriu pelo menos um quinto do seu genoma a partir de outras espécies bacterianas nos últimos 100 milhões de anos. Essas trocas genéticas são hoje responsáveis pela origem de cepas novas e potencialmente perigosas de bactérias resistentes aos fármacos. Os genes que conferem resistência a antibióticos são facilmente transferidos de espécies para espécies, proporcionando à bactéria que os recebe uma enorme vantagem seletiva de resistência a compostos antimicrobianos que constituem a linha de ataque da medicina moderna contra infecções bacterianas. Como resultado, muitos antibióticos não são mais eficazes contra as infecções bacterianas comuns para as quais eles eram originalmente utilizados; a maioria das cepas de *Neisseria gonorrhoeae*, a bactéria que causa a gonorreia, é resistente à ampicilina, que já não é mais a escolha de primeira linha para o tratamento dessa doença.

RECONSTRUINDO A ÁRVORE GENEALÓGICA DA VIDA

Vimos como os genomas podem mudar ao longo da evolução. As sequências de nucleotídeos presentes hoje nos genomas geram um registro dessas mudanças que conferiram sucesso biológico. Comparando genomas de uma variedade de organismos vivos, podemos começar a decifrar nossa história evolutiva, vendo como nossos ancestrais desviaram-se para novas direções que nos levaram até onde estamos hoje.

A revelação mais surpreendente de tal comparação de genomas foi a de que os **genes homólogos** – genes que são similares em sequência de nucleotídeos devido à sua ancestralidade comum – podem ser reconhecidos mesmo a grandes distâncias evolutivas. Homólogos inequívocos de muitos genes humanos são fáceis de detectar em organismos como vermes, moscas-da-fruta, leveduras e mesmo bactérias. Apesar de se acreditar que a linhagem que deu origem à evolução dos vertebrados divergiu daquela que deu origem a vermes e insetos há mais de 600 milhões de anos, quando comparamos os genomas do nematódeo *Caenorhabditis elegans*, da mosca-da-fruta *Drosophila melanogaster* e do *Homo sapiens*, constatamos que em torno de 50% dos genes de cada uma dessas espécies possuem um homólogo em uma ou nas outras duas espécies. Em outras palavras, versões claramente reconhecíveis de pelo menos a metade de todos os genes humanos já estavam presentes no ancestral comum de vermes, moscas e humanos.

Rastreando tais relacionamentos entre os genes, podemos começar a definir as relações evolutivas entre as diferentes espécies, colocando cada bactéria, animal, planta ou fungo em uma única e grande árvore genealógica da vida. Nesta seção, discutimos como essas relações são determinadas e o que elas podem nos dizer a respeito da nossa herança genética.

As alterações genéticas que resultam em vantagens seletivas têm maior probabilidade de serem preservadas

Normalmente se acredita que a evolução seja progressiva, mas uma grande parte do processo, em nível molecular, é aleatória. Considere o destino de uma mutação pontual que ocorre em uma célula da linhagem germinativa. Em raras ocasiões, a mutação poderia causar uma mudança para melhor. Na maioria das vezes, porém, ou ela não terá consequências, ou causará danos graves. Mutações do primeiro tipo tenderão a ser perpetuadas, pois o organismo que as herda terá uma probabilidade aumentada de se reproduzir. Mutações que são *seletivamente neutras* podem ou não ser passadas adiante; e mutações que são deletérias serão perdidas. Por meio de repetições intermináveis desses ciclos de tentativa e erro – de mutação e seleção natural –, os organismos gradualmente evoluem. Seus genomas mudam e eles desenvolvem novos modos de explorar o ambiente – para competir com os outros e reproduzir-se com sucesso.

Evidentemente, algumas partes do genoma podem acumular mutações com mais facilidade do que outras no curso da evolução. Um segmento de DNA que não codifica proteína ou RNA e não possui uma função reguladora importante fica livre para alterar-se em uma taxa limitada somente pela frequência das mutações aleatórias. Em contraste, alterações deletérias em um gene que codifica uma proteína ou uma molécula de RNA essencial não podem ser toleradas tão facilmente: quando as mutações ocorrem, o organismo defeituoso será quase sempre eliminado ou incapaz de se reproduzir. Genes desse último tipo são, portanto, *altamente conservados*; ou seja, as proteínas que eles codificam são muito semelhantes de organismo para organismo. Ao longo dos 3,5 bilhões de anos ou mais de história evolutiva, a maioria dos genes altamente conservados permanece perfeitamente reconhecível em todas as espécies vivas. Esses genes codificam proteínas cruciais, como a DNA-polimerase e a RNA-polimerase, e eles serão aqueles que procuraremos quando quisermos identificar relações filogenéticas entre os organismos mais distantemente relacionados na árvore genealógica.

QUESTÃO 9-3

Genes altamente conservados, como os do RNA ribossômico, estão presentes em todos os organismos na Terra como genes relacionados claramente reconhecíveis; dessa forma, eles evoluíram muito lentamente ao longo do tempo. Esses genes "nasceram" perfeitos?

Organismos de relação próxima possuem genomas que são similares em organização e sequência

Para espécies de relação próxima, costuma ser mais informativo concentrar-se em mutações seletivamente neutras. Essas mutações se acumulam de forma constante a uma taxa que não é restringida pela pressão seletiva e fornecem um mecanismo de quantificação da divergência entre as espécies modernas e seus ancestrais. Tais comparações das mudanças de nucleotídeos permitem construir uma **árvore filogenética**, um diagrama que detalha as relações evolutivas entre um grupo de organismos. A **Figura 9-15** ilustra uma árvore filogenética que estabelece as relações entre os primatas superiores.

Está claro, a partir dessa figura, que os chimpanzés são nossos parentes vivos mais próximos entre os primatas superiores. Os chimpanzés não apenas parecem ter essencialmente os mesmos conjuntos de genes que nós temos, mas seus genes estão organizados praticamente do mesmo modo. A única exceção substancial é o cromossomo 2 humano, o qual surgiu da fusão de dois cromossomos que permanecem separados no chimpanzé, no gorila e no orangotango. Humanos e

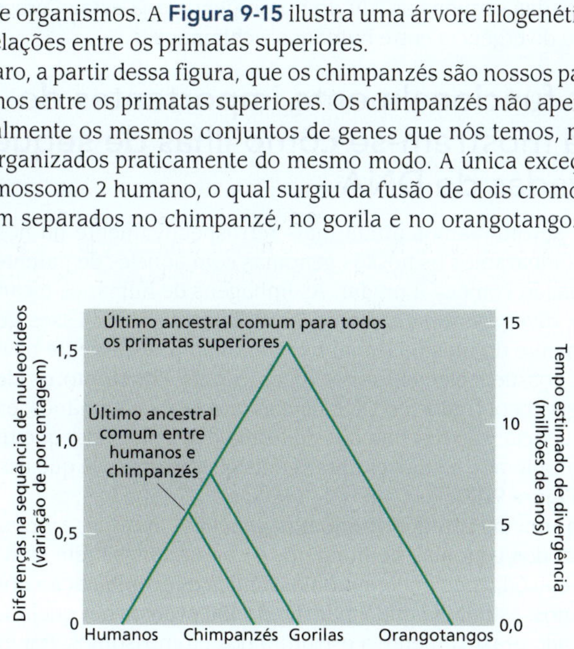

Figura 9-15 As árvores filogenéticas mostram as relações entre as formas de vida atuais. Na árvore genealógica dos primatas superiores, os humanos aparecem mais próximos de chimpanzés do que de gorilas ou orangotangos, pois, quando se comparam as sequências de DNA, existem menos diferenças entre humanos e chimpanzés do que entre humanos e gorilas ou humanos e orangotangos. Como indicado, estima-se que as sequências dos genomas de cada uma dessas quatro espécies difiram da sequência do último ancestral comum dos primatas superiores em torno de 1,5%. Visto que as alterações ocorrem independentemente em cada linhagem, a divergência entre quaisquer duas espécies será o dobro da quantidade de alterações que ocorrem entre cada espécie e seu último ancestral comum. Por exemplo, embora humanos e orangotangos difiram em torno de 1,5% do seu ancestral comum em termos de sequência de nucleotídeos, eles diferem um do outro em cerca de 3%; o genoma de humanos e chimpanzés difere em torno de 1,2%. Embora tal árvore filogenética se baseie apenas nas sequências nucleotídicas, as datas estimadas de divergência, mostradas no lado *direito* do gráfico, derivam de dados obtidos a partir de registros fósseis. (Modificada de F.C. Chen e W.H. Li, *Am. J. Hum. Genet.* 68:444–456, 2001. Com permissão de Elsevier.)

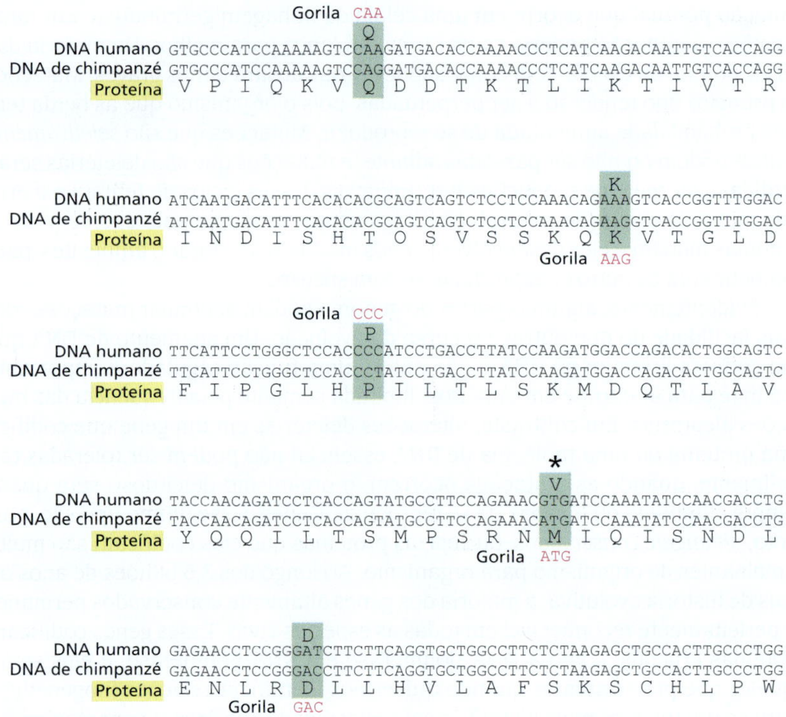

Figura 9-16 Sequências gênicas ancestrais podem ser reconstruídas pela comparação das sequências de espécies atuais com relação evolutiva próxima. Em cinco segmentos de DNA contíguos, estão aqui ilustradas as sequências nucleotídicas da região codificadora do gene da proteína leptina de humanos e chimpanzés. A leptina é um hormônio que regula a ingestão alimentar e a utilização de energia. Como indicado pelos códons coloridos em *verde*, somente 5 de um total de 441 nucleotídeos diferem entre as sequências de chimpanzés e humanos. Somente uma dessas alterações (marcada com um *asterisco*) resulta em uma mudança na sequência de aminoácidos. A sequência nucleotídica do último ancestral comum era provavelmente igual às sequências de humanos e chimpanzés onde elas coincidem; nos poucos lugares em que não coincidem, a sequência de gorila (*vermelho*) pode ser utilizada como "denominador comum." Essa estratégia se baseia na relação mostrada na Figura 9-15: as diferenças entre humanos e chimpanzés refletem eventos relativamente recentes na história evolutiva, e a sequência do gorila revela a sequência mais provável do precursor. Por conveniência, somente os primeiros 300 nucleotídeos da sequência codificadora da leptina são mostrados. Os últimos 141 nucleotídeos são idênticos entre humanos e chimpanzés.

chimpanzés têm relação evolutiva tão próxima, que é possível usar comparações da sequência de DNA para reconstruir a sequência de genes que deveria estar presente no agora extinto ancestral comum entre as duas espécies (**Figura 9-16**).

Até o rearranjo de genomas por recombinação, que descrevemos anteriormente, produziu apenas pequenas diferenças entre os genomas humanos e de primatas. Por exemplo, ambos os genomas contêm um milhão de cópias de um tipo de elemento genético móvel denominado sequência *Alu*. Mais de 99% desses elementos estão em posições correspondentes em ambos os genomas, indicando que a maioria das sequências *Alu* do nosso genoma já estava presente no seu local antes da divergência entre humanos e chimpanzés.

Regiões funcionalmente importantes do genoma mostram-se como ilhas de sequências conservadas de DNA

Quando nos aprofundamos ainda mais retrospectivamente na nossa história evolutiva e comparamos os nossos genomas com aqueles de parentes mais distantes, a situação começa a mudar. As linhagens de humanos e camundongos, por exemplo, divergiram há cerca de 75 milhões de anos. Esses genomas são aproximadamente do mesmo tamanho, contendo praticamente os mesmos genes, e ambos possuem elementos genéticos móveis. Entretanto, os elementos genéticos móveis encontrados no DNA de camundongos e humanos, embora similares em sequência, são distribuídos de forma diferente, visto que tiveram mais tempo para proliferar e se mover nesses dois genomas desde que essas espécies divergiram (**Figura 9-17**).

Além do movimento dos elementos genéticos móveis, a organização em grande escala dos genomas de humanos e camundongos tem sido modificada por diversos episódios de quebra cromossômica e recombinação nos últimos 75 milhões de anos: estima-se que em torno de 180 eventos de "quebras e junções" tenham alterado drasticamente a estrutura dos cromossomos. Por exemplo, nos

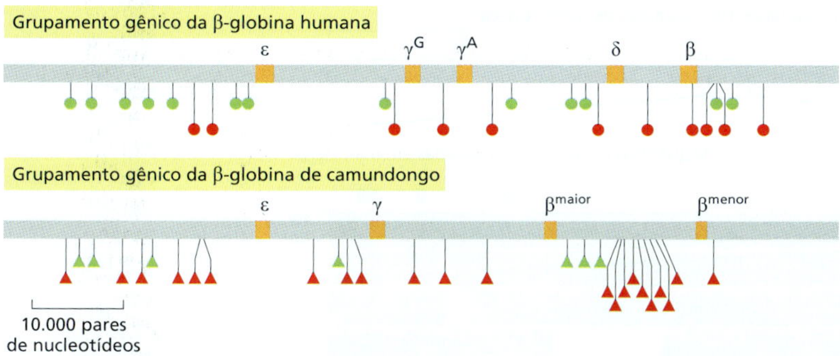

Figura 9-17 As posições dos elementos genéticos móveis nos genomas humano e de camundongo refletem o longo tempo de evolução separando as duas espécies. Esta região do cromossomo 11 humano (apresentado na Figura 9-10) contém cinco genes funcionais semelhantes aos da β-globina (*laranja*); a região comparável do genoma de camundongo possui somente quatro. As posições dos dois tipos de elementos genéticos móveis – sequência *Alu* (*verde*) e sequência *L1* (*vermelho*) – são mostradas em cada genoma. Embora os elementos genéticos móveis em humanos (*círculos*) e em camundongos (*triângulos*) não sejam idênticos, eles são intimamente relacionados. A ausência desses elementos nos genes da globina pode ser atribuída à seleção natural, a qual provavelmente eliminou alguma inserção que comprometia a função dos genes. (O elemento genético móvel inserido no gene da β-globina humana (*à direita*) está atualmente localizado em um íntron.) (Cortesia de Ross Hardison e Webb Miller.)

humanos, a maior parte dos centrômeros localiza-se próximo ao centro de um cromossomo, ao passo que, em camundongos, os centrômeros são encontrados nas extremidades cromossômicas.

Apesar desse significante grau de embaralhamento genético, podem-se ainda reconhecer muitos blocos de **sintenia conservada**, isto é, regiões onde genes correspondentes são mantidos em conjunto na mesma ordem em ambas as espécies. Esses genes eram adjacentes na espécie ancestral, e, apesar de toda a modificação cromossômica, ainda ocupam posições adjacentes nas duas espécies até o momento. Mais de 90% dos genomas de camundongos e humanos podem ser divididos nessas regiões correspondentes de sintenia conservada. Dentro dessas regiões, podemos alinhar o DNA do camundongo com o de humanos para comparar as sequências nucleotídicas em detalhe. Tais comparações de sequências amplas de genomas revelam que, nos estimados 75 milhões de anos desde que humanos e camundongos divergiram a partir do seu ancestral comum, cerca de 50% de nucleotídeos foram alterados. Apesar dessas diferenças, entretanto, pode-se começar a identificar muito claramente as regiões onde as mudanças não são toleradas, de modo que as sequências de humanos e camundongos têm permanecido muito semelhantes (**Figura 9-18**). Aqui, as sequências têm sido conservadas pela **seleção purificadora** – ou seja, pela eliminação dos indivíduos carregando mutações que interferem em funções importantes.

A eficiência da *genômica comparativa* pode ser aumentada pelo estudo comparativo de nosso genoma com genomas de outros animais, incluindo rato, galinha e cachorro. Tais comparações aproveitam os resultados do "experimento natural" que tem durado centenas de milhões de anos, destacando algumas das mais importantes regiões desses genomas. Essas comparações revelam que aproximadamente 4,5% do genoma humano consistem em sequências de DNA que são altamente conservadas em vários outros vertebrados (**Figura 9-19**). Surpreendentemente, apenas cerca de um terço dessas sequências codifica proteínas. Algumas das sequências não codificadoras conservadas correspondem ao DNA regulador, enquanto outras são transcritas para produzir moléculas de RNA que não são traduzidas em uma proteína, mas possuem funções reguladoras (discutido no Capí-

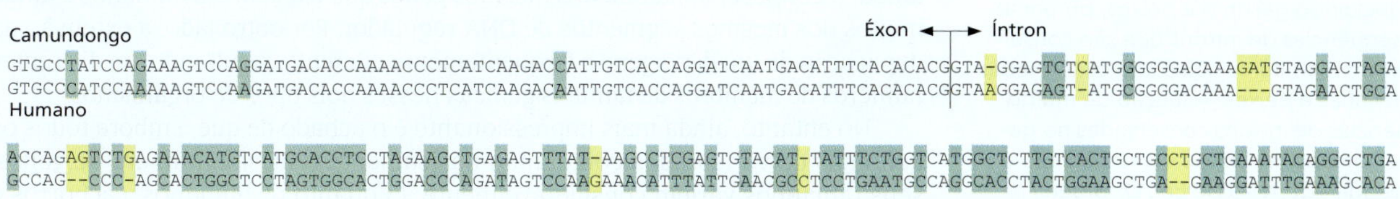

Figura 9-18 O acúmulo de mutações resultou em uma considerável divergência nas sequências nucleotídicas dos genomas humano e de camundongo. São mostradas aqui porções das sequências gênicas da leptina de humanos e camundongos em dois segmentos de DNA contíguos. As posições onde as sequências diferem por uma única substituição de nucleotídeos estão indicadas em *verde*, e as posições onde elas diferem pela adição ou deleção de nucleotídeos estão indicadas em *amarelo*. Note que a sequência codificadora do éxon é muito mais conservada do que a sequência do íntron adjacente.

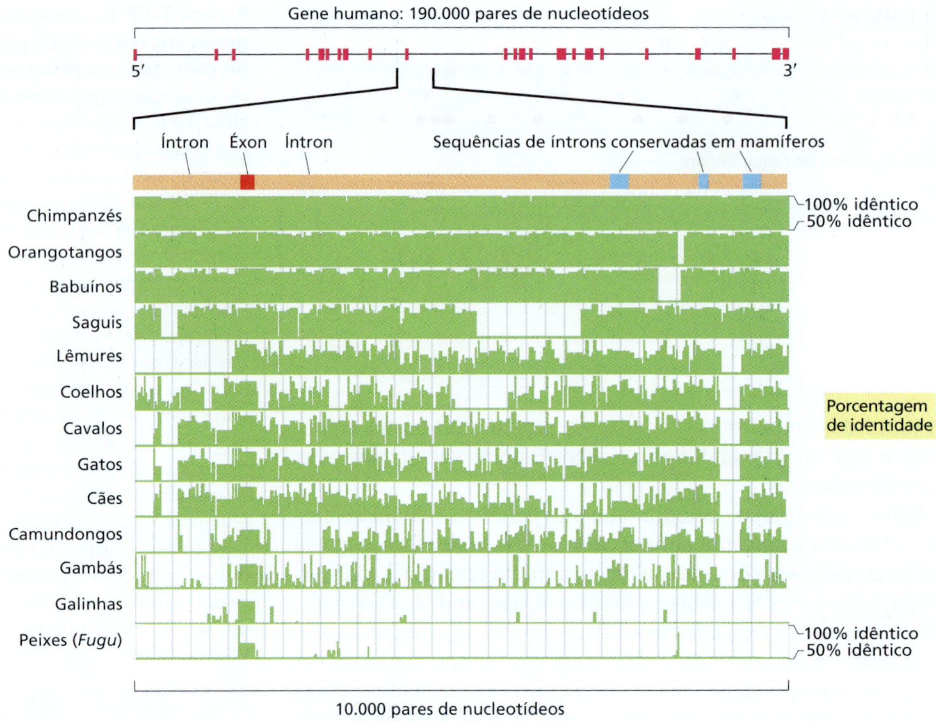

Figura 9-19 A comparação de sequências de nucleotídeos de diferentes vertebrados revela regiões de alta conservação. As sequências de nucleotídeos examinadas neste diagrama são um pequeno segmento de um gene humano que codifica uma proteína transportadora da membrana plasmática. Os éxons no gene completo (*acima*) e na região expandida do gene estão indicados em *vermelho*. Os três blocos de sequência de íntrons que são conservados em mamíferos estão ilustrados em *azul*. Na parte inferior da figura, a sequência de DNA humano expandida está alinhada com as sequências correspondentes dos diferentes vertebrados; a porcentagem de identidade com a sequência humana para sucessivos segmentos de 100 pares de nucleotídeos está destacada em *verde*, apenas com identidades acima de 50% ilustradas. Note que a sequência de éxons é altamente conservada em todas as espécies, incluindo galinhas e peixes, porém as três sequências de íntrons que são conservadas em mamíferos não estão conservadas em galinhas e peixes. A função de muitas sequências de íntrons conservadas no genoma humano (incluindo essas três) não é conhecida. (Cortesia de Eric D. Green.)

tulo 8). As funções da maioria dessas sequências não codificadoras conservadas, porém, ainda são desconhecidas. A descoberta inesperada dessas misteriosas sequências conservadas de DNA sugere que sabemos muito menos sobre a biologia celular de mamíferos do que imaginávamos. Com a queda nos custos e a grande aceleração do sequenciamento completo do genoma, podemos esperar muitas outras surpresas que irão nos levar a uma melhor compreensão nos próximos anos.

Comparações genômicas mostram que os genomas de vertebrados ganham e perdem DNA rapidamente

Voltando atrás mais ainda na evolução, podemos comparar nosso genoma com os daqueles vertebrados ainda mais distantemente relacionados. As linhagens de peixes e mamíferos divergiram há cerca de 400 milhões de anos. Isso é o suficiente para que a deriva genética e as diferentes pressões de seleção tenham apagado praticamente todos os traços de similaridade entre as sequências nucleotídicas, exceto quando a seleção purificadora tenha operado para impedir mudanças. Regiões conservadas do genoma entre humanos e peixes, assim, destacam-se ainda mais do que as conservadas entre diferentes mamíferos. Nos peixes, pode-se, ainda, reconhecer a maioria dos mesmos genes que existem em humanos e ainda muitos dos mesmos segmentos de DNA regulador. Por outro lado, a extensão da duplicação de um dado gene é frequentemente diferente, resultando em diferentes números de membros de famílias gênicas nesses dois tipos de organismos.

No entanto, ainda mais impressionante é o achado de que, embora todos os genomas de vertebrados contenham basicamente o mesmo número de genes, seus tamanhos variem consideravelmente. Enquanto os humanos, cachorros e camundongos têm todos a mesma escala de tamanho de genoma (cerca de 3×10^9 pares de nucleotídeos), o genoma de galinha tem apenas um terço desse tamanho. Um exemplo extremo de compressão do genoma é o peixe baiacu, *Fugu rubripes* (**Figura 9-20**), cujo genoma tem um décimo do tamanho dos genomas de mamíferos, em virtude do pequeno tamanho de seus íntrons. Os íntrons de

Fugu, assim como outros segmentos não codificadores no genoma do animal, não possuem o DNA repetitivo que aumenta o genoma de muitos mamíferos. Apesar de tudo, as posições de muitos íntrons de *Fugu* são perfeitamente conservadas, quando comparadas com suas posições nos genomas de mamíferos (**Figura 9-21**). A estrutura dos íntrons de muitos genes de vertebrados já estava presente no ancestral comum de peixes e mamíferos.

Que fatores poderiam ser responsáveis pelas diferenças de tamanho entre os genomas de vertebrados modernos? Comparações detalhadas de muitos genomas têm levado ao achado inesperado de que pequenos blocos de sequências estão sendo perdidos e adicionados a genomas em uma taxa surpreendentemente rápida. Parece provável, por exemplo, que o genoma de *Fugu* seja tão pequeno porque ele perdeu sequências de DNA mais rapidamente do que as ganhou. Ao longo de grandes períodos, esse desequilíbrio aparentemente removeu essas sequências de DNA cuja perda poderia ser tolerada. Esse processo de "limpeza" tem sido muito útil para os biólogos: por "reduzir o excesso" do genoma do *Fugu*, a evolução providenciou uma versão convenientemente enxuta de um genoma de vertebrado no qual apenas as sequências de DNA que permaneceram são as propensas a ter funções importantes.

Figura 9-20 O baiacu, *Fugu rubripes*, possui um genoma surpreendentemente compacto. Com apenas 400 milhões de pares de nucleotídeos, o genoma do *Fugu* corresponde a somente um quarto do tamanho do genoma do peixe-zebra, mesmo que as duas espécies possuam quase os mesmos genes. (A partir de uma xilogravura de Hiroshige, cortesia de Arts and Designs of Japan.)

A conservação de sequências nos permite rastrear até mesmo as relações evolutivas mais distantes

À medida que remontamos ainda mais aos genomas dos nossos parentes cada vez mais distantes – além dos grandes primatas, camundongos, peixes, moscas, vermes, plantas e leveduras até as bactérias –, encontramos cada vez menos semelhanças com o nosso próprio genoma. Todavia, mesmo por meio dessa enorme divisão evolutiva, a seleção purificadora tem mantido algumas centenas de genes fundamentalmente importantes. Pela comparação das sequências desses genes em diferentes organismos, e considerando o tempo de divergência, podemos tentar construir uma árvore filogenética que retroceda até os ancestrais originais – as células da origem da vida, das quais todos nós derivamos.

Para construir tal árvore, os biólogos concentraram-se em um gene particular que está conservado em todas as espécies vivas: o gene que codifica o RNA ribossômico (rRNA) que é encontrado na subunidade ribossômica menor (ver Figura 7-32). Como o processo de tradução é fundamental a todas as células vivas, esse componente do ribossomo tem sido altamente conservado desde cedo na história da vida na Terra (**Figura 9-22**).

Pela aplicação dos mesmos princípios usados para construir a árvore genealógica dos primatas (ver Figura 9-15), as sequências nucleotídicas do rRNA da subunidade ribossômica menor foram usadas para criar uma única e abrangente

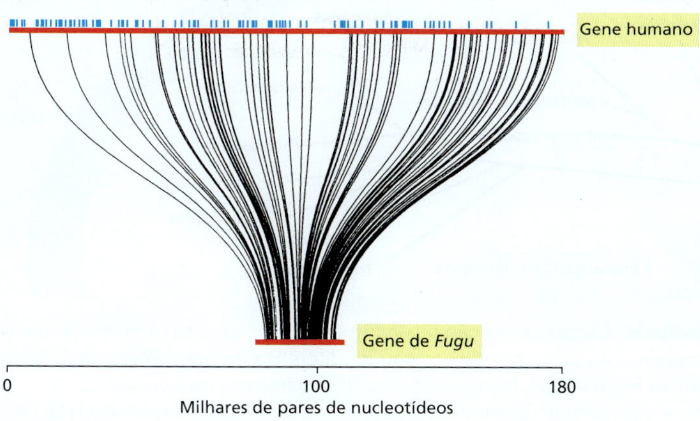

Figura 9-21 As posições dos íntrons e éxons estão conservadas entre *Fugu* e humanos. Comparação das sequências nucleotídicas dos genes que codificam a proteína huntingtina em humanos e em *Fugu*. Ambos os genes (*vermelho*) contêm 67 pequenos éxons, os quais se alinham em uma correspondência de 1:1 entre eles; os éxons correspondentes estão conectados pelas linhas curvas em preto. O gene humano é 7,5 vezes maior do que o gene do *Fugu* (180.000 contra 24.000 pares de nucleotídeos), em virtude, inteiramente, da presença de íntrons maiores na sequência humana. O tamanho maior dos íntrons humanos é resultado, em parte, da presença de elementos genéticos móveis, cujas posições estão representadas por linhas verticais *azuis*. Esses elementos estão ausentes no *Fugu*. Nos humanos, mutações nesse gene causam a doença de Huntington – uma doença cerebral neurodegenerativa hereditária. (Adaptada de S. Baxendale et al., *Nat. Genet.* 10:67–76, 1995. Com permissão de Macmillan Publishers Ltd.)

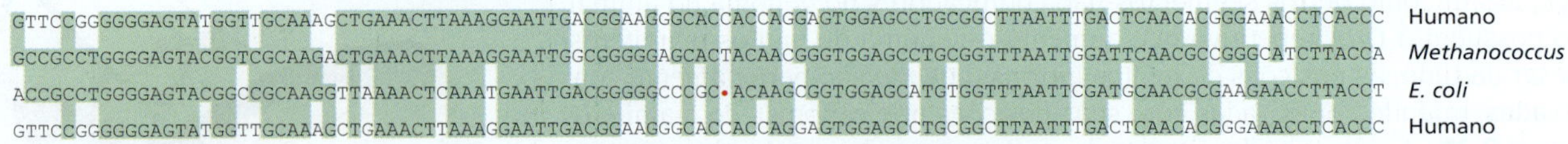

Figura 9-22 Algumas informações genéticas têm sido conservadas desde o início da vida. Uma parte do gene para o rRNA da subunidade ribossômica menor (ver Figura 7-32) é aqui mostrada. Os segmentos correspondentes da sequência nucleotídica desse gene em três espécies de relação distante (*Methanococcus jannaschii*, uma arqueia; *Escherichia coli*, uma bactéria, e *Homo sapiens*, um eucarioto) estão alinhados em paralelo. Os sítios onde os nucleotídeos são idênticos entre as espécies estão destacados em *verde*; a sequência humana está repetida na parte de baixo do alinhamento de maneira que os três tipos de comparações possam ser vistos. Um ponto vermelho na metade da sequência de *E. coli* significa um sítio onde um nucleotídeo foi deletado da linhagem bacteriana durante o curso da evolução, ou inserido nas outras duas linhagens. Note que as três sequências diferem uma da outra em graus levemente semelhantes, apesar de ainda conservarem similaridades indiscutíveis.

árvore da vida. Embora muitos aspectos dessa árvore filogenética tenham sido antecipados pela taxonomia clássica (a qual se baseia na aparência externa dos organismos), houve também muitas surpresas. Talvez a mais importante tenha sido a percepção de que alguns dos organismos que eram tradicionalmente classificados como "bactérias" são tão amplamente divergentes nas suas origens evolutivas quanto qualquer procarioto o é de qualquer eucarioto. Como discutido no Capítulo 1, parece, agora, que os procariotos incluem dois grupos distintos – *Bacteria* e *Archaea* – que divergiram precocemente na história da vida na Terra. O mundo vivo, dessa forma, possui três divisões ou *domínios* principais: *Bacteria*, *Archaea* e Eucariotos (**Figura 9-23**).

Embora nós, humanos, estejamos classificando o mundo visível desde a antiguidade, agora percebemos que a maior parte da diversidade genética da vida se localiza no mundo dos organismos microscópicos. Esses micróbios tendem a passar despercebidos, a não ser que causem doenças ou apodreçam as madeiras de nossas casas. Contudo, eles constituem a maior parte da massa total de matéria viva em nosso planeta. Muitos desses organismos não conseguem crescer em condições de laboratório. Dessa forma, é apenas por meio de análises da sequência de DNA, obtidas ao redor do mundo, que estamos começando a obter um entendimento mais detalhado de toda a vida na Terra – conhecimento esse que é menos distorcido por nossas perspectivas tendenciosas enquanto grandes animais terrestres.

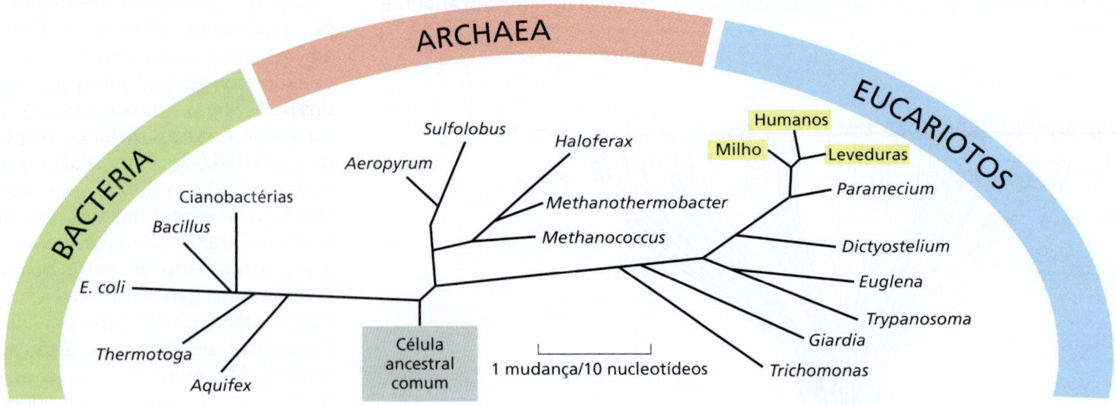

Figura 9-23 A árvore da vida possui três divisões principais. Cada ramificação na árvore é identificada com o nome de um membro representativo do grupo, e o comprimento de cada ramificação corresponde ao grau de diferença nas sequências de DNA que codificam seus rRNAs da subunidade ribossômica menor (ver Figura 9-22). Note que todos os organismos que podemos ver a olho nu – animais, plantas e alguns fungos (realçados em *amarelo*) – representam somente um pequeno subconjunto da diversidade da vida.

TRANSPÓSONS E VÍRUS

A árvore da vida ilustrada na Figura 9-23 inclui representantes das vertentes mais distantes da vida, das cianobactérias que liberam oxigênio na atmosfera aos animais, como nós, que utilizam esse oxigênio para realizar seu metabolismo. Entretanto, o que o diagrama não inclui são os elementos genéticos parasitários que operam na periferia da vida. Embora esses elementos sejam construídos a partir dos mesmos ácidos nucleicos encontrados em todas as formas de vida, e possam multiplicar-se e mover-se de um lugar para outro, eles não cruzam o limiar de realmente estarem vivos. No entanto, devido à sua prevalência e ao seu comportamento, esses parasitas genéticos possuem grandes implicações para a evolução das espécies e para a saúde humana.

Os **elementos genéticos móveis**, informalmente conhecidos como genes saltadores, são encontrados em quase todas as células. Suas sequências de DNA compreendem cerca de metade do genoma humano. Embora possam inserir-se praticamente em qualquer sequência de DNA, a maior parte dos elementos genéticos móveis não pode sair da célula na qual reside. Esse não é o caso de seus parentes, os *vírus*. Não sendo muito mais do que uma sequência de genes envolvidos em uma camada protetora, os vírus podem escapar de uma célula e infectar outra.

Nesta seção, discutimos brevemente os elementos genéticos móveis, assim como os vírus. Revisamos suas estruturas e como eles operam – e vamos considerar os efeitos que eles têm na expressão de um gene, na evolução do genoma e na transmissão de doenças.

Os elementos genéticos móveis codificam os componentes necessários para o próprio movimento

Os elementos genéticos móveis, também chamados de **transpósons**, são normalmente classificados de acordo com o mecanismo que permite seu movimento ou *transposição*. Em bactérias, os elementos genéticos móveis mais comuns são os *transpósons de DNA*. O nome é derivado do fato de que o elemento se move de um lugar para outro como um segmento de DNA, em vez de ser convertido em um RNA intermediário – que é o caso de outro tipo de elemento móvel que discutimos a seguir. As bactérias contêm vários transpósons de DNA diferentes. Alguns transpósons se movem ao sítio-alvo usando um mecanismo simples de corte-e-colagem, no qual os elementos são simplesmente removidos do genoma e inseridos em um sítio diferente; outros transpósons de DNA replicam seu DNA antes de inseri-lo no novo sítio cromossômico, deixando uma cópia original intacta na localização original (**Figura 9-24**).

Cada elemento genético móvel codifica geralmente uma enzima especializada, chamada de *transposase*, que medeia sua translocação. Essas enzimas reconhecem

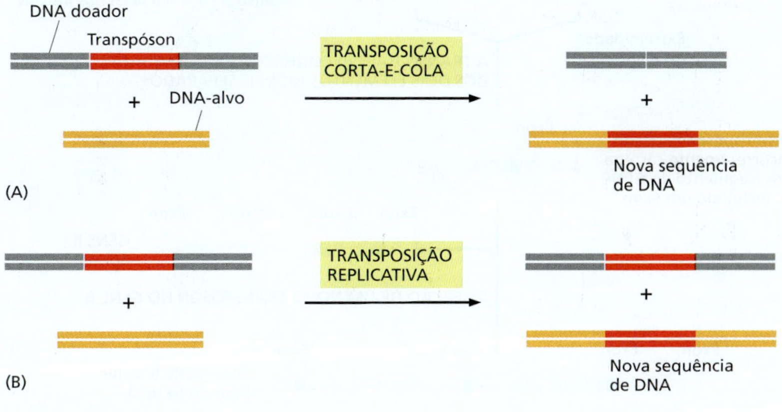

Figura 9-24 Os elementos genéticos móveis mais comuns em bactérias, os transpósons de DNA, movem-se mediante dois tipos de mecanismo. (A) Em uma transposição corta-e-cola, o elemento é cortado do DNA doador e inserido no DNA-alvo, deixando para trás uma molécula de DNA doadora quebrada, a qual é reparada subsequentemente. (B) Em uma transposição replicativa, o elemento genético móvel é copiado por replicação do DNA. A molécula doadora permanece inalterada e a molécula-alvo recebe uma cópia do elemento genético móvel. Em geral, um tipo particular de transpóson se move por apenas um desses dois mecanismos. Entretanto, os dois mecanismos possuem muitas semelhanças enzimáticas, e alguns transpósons podem usar ambos os mecanismos. O DNA doador e o DNA-alvo podem ser parte de uma mesma molécula de DNA, ou pertencerem a moléculas diferentes de DNA.

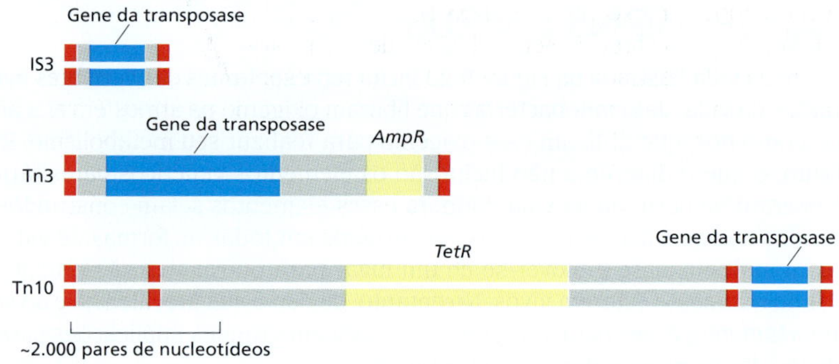

Figura 9-25 Os transpósons contêm os componentes necessários para sua transposição. Estão ilustrados aqui os três tipos de transpósons de DNA bacterianos. Cada um carrega um gene que codifica uma transposase (*azul*) – a enzima que catalisa a transposição do elemento –, assim como as sequências de DNA (*vermelho*) que são reconhecidas pela transposase.

Alguns transpósons carregam genes adicionais (*amarelo*), que codificam enzimas que inativam antibióticos como a ampicilina (*AmpR*) e a tetraciclina (*TetR*). A propagação desses transpósons é um grave problema na medicina, pelo fato de permitir que muitas doenças bacterianas se tornem resistentes aos antibióticos desenvolvidos durante o século XX.

e atuam em sequências de DNA únicas, localizadas em cada elemento genético móvel. Diversos elementos genéticos móveis também carregam genes adicionais: alguns elementos genéticos móveis, por exemplo, carregam genes de resistência a antibióticos, os quais têm contribuído fortemente para a extensiva disseminação de resistência a antibióticos em populações bacterianas (**Figura 9-25**).

Além de realocar-se, os elementos genéticos móveis ocasionalmente rearranjam as sequências de DNA no genoma no qual eles estão inseridos. Por exemplo, se dois elementos genéticos móveis que são reconhecidos pela mesma transposase se integrarem em regiões adjacentes do mesmo cromossomo, o DNA entre eles pode ser excisado acidentalmente e inserido em um gene ou cromossomo diferente (**Figura 9-26**). Em genomas eucarióticos, tais transposições acidentais originam uma via para a geração de novos genes, tanto alterando a expressão de genes como duplicando genes já existentes.

QUESTÃO 9-4

Vários transpósons se movem dentro de um genoma por mecanismos replicativos (como aqueles mostrados na Figura 9-24B). Portanto, eles aumentam o número de suas cópias a cada vez que se transpõem. Embora os eventos de transposição individual sejam raros, diversos transpósons são encontrados em cópias múltiplas nos genomas. O que você acredita que evita que os transpósons ocupem completamente o genoma de seus hospedeiros?

O genoma humano contém duas famílias principais de sequências transponíveis

O sequenciamento do genoma humano revelou muitas surpresas, como descrevemos em detalhe na próxima seção. Entretanto, uma das mais espetaculares foi o achado de que uma grande parte do nosso DNA não é totalmente nossa. Aproximadamente metade do genoma humano é constituído de elementos genéticos móveis, na escala de milhões de pares de bases. Alguns elementos genéticos móveis se moveram de um lugar para outro no genoma humano usando o mecanismo de corte-e-colagem discutido anteriormente (ver Figura 9-24A). Entretanto, a

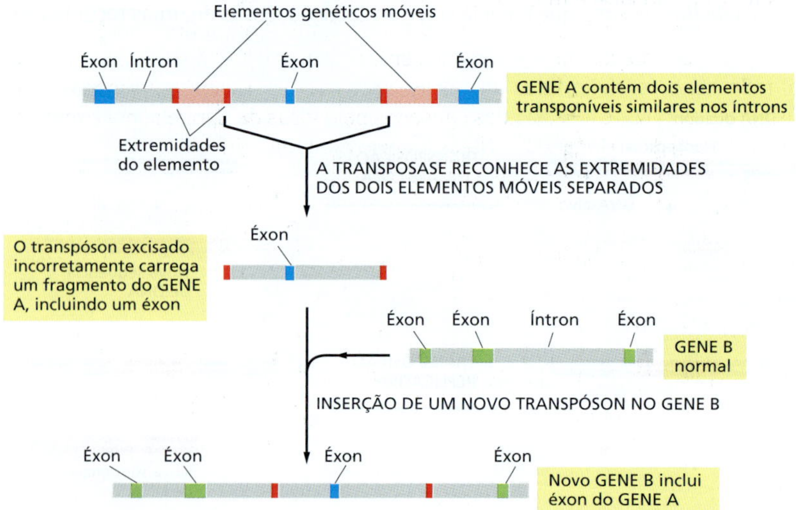

Figura 9-26 Os elementos genéticos móveis podem mover éxons de um gene para outro. Quando dois elementos genéticos móveis de um mesmo tipo (*vermelho*) se inserirem próximos um do outro em um cromossomo, o mecanismo de transposição poderá ocasionalmente reconhecer as extremidades de dois elementos diferentes (em vez das duas extremidades do mesmo elemento). Consequentemente, o DNA cromossômico que se situa entre os elementos genéticos móveis é excisado e se move para um novo local. Essa transposição acidental do DNA cromossômico pode gerar novos genes, como mostrado, ou alterar a regulação gênica (não ilustrada).

maioria se moveu não como DNA, mas por meio de um RNA intermediário. Esses **retrotranspósons** parecem ser exclusivos de eucariotos.

Um retrotranspóson humano abundante, o ***elemento L1*** (algumas vezes referido como *LINE-1*, do inglês *long interspersed nuclear element*), é transcrito em um RNA por uma RNA-polimerase da célula hospedeira. Uma cópia de DNA de fita dupla desse RNA é sintetizada pela enzima **transcriptase reversa**, uma DNA-polimerase incomum que utiliza o RNA como molde. A transcriptase reversa é codificada pelo próprio elemento *L1*. A cópia de DNA do elemento é livre para se reintegrar em outro local no genoma (**Figura 9-27**).

Os elementos *L1* constituem cerca de 15% do genoma humano. Embora a maioria das cópias tenha sido imobilizada pelo acúmulo de mutações deletérias, algumas ainda possuem a capacidade de efetuar a transposição. Sua transposição pode causar doenças: por exemplo, em torno de 40 anos atrás, o movimento de um elemento *L1* para a sequência de um gene que codifica o Fator VIII – uma proteína essencial para a coagulação sanguínea adequada – gerou hemofilia em um indivíduo sem história familiar da doença.

Outro tipo de retrotranspóson, a **sequência *Alu***, está presente em aproximadamente 1 milhão de cópias, ocupando 10% do nosso genoma. Os elementos *Alu* não codificam sua própria transcriptase reversa e, portanto, dependem de enzimas já presentes na célula para promover seu movimento.

Comparações entre as sequências e a localização dos elementos *L1* e *Alu* presentes em diferentes mamíferos sugerem que essas sequências se multiplicaram nos primatas em um passado relativamente recente na história evolutiva (ver Figura 9-17). Dado que a localização dos elementos genéticos móveis pode ter efeitos profundos na expressão gênica, é constrangedor contemplar quantas de nossas qualidades exclusivamente humanas devemos a esses parasitas genéticos prolíficos.

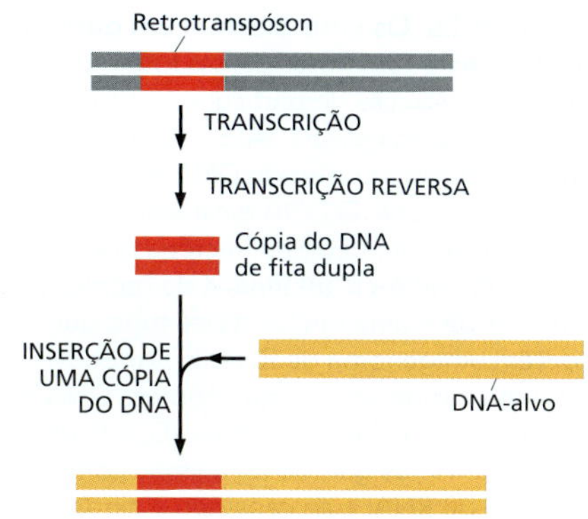

Figura 9-27 Os retrotranspósons se movem por meio de um RNA intermediário. Esses elementos transponíveis são inicialmente transcritos em um RNA intermediário. A seguir, uma cópia de DNA de fita dupla desse RNA é sintetizada pela enzima transcriptase reversa. Essa cópia do DNA é então inserida em um local-alvo, que pode estar na mesma molécula de DNA ou em outra. O retrotranspóson do doador permanece no seu sítio original, de forma que é duplicado a cada vez que se transpõe. Esses elementos genéticos móveis são chamados de retrotranspósons porque em uma etapa da sua transposição o fluxo da informação genética é revertido de RNA a DNA.

Os vírus podem mover-se entre células e organismos

Os **vírus** também são móveis, porém, diferentemente dos transpósons que discutimos até agora, eles podem escapar das células e mover-se para outras células ou organismos. Os vírus foram inicialmente classificados como agentes causadores de doenças, que, em virtude do seu tamanho diminuto, passavam por meio de filtros ultrafinos capazes de reter mesmo as menores células bacterianas. Sabemos agora que os vírus são essencialmente genomas envoltos por uma capa proteica protetora, e que eles devem entrar em uma célula e utilizar sua maquinaria molecular para expressar seus genes, sintetizar suas proteínas e se reproduzir. Embora os primeiros vírus descobertos tenham sido os que atacam células de mamíferos, agora se sabe que existem diversos tipos de vírus e praticamente todos os organismos – incluindo plantas, animais e bactérias – podem servir de hospedeiros.

A reprodução viral é frequentemente letal para a célula hospedeira; em muitos casos, a célula infectada se rompe (ou é lisada), liberando a progênie dos vírus, que pode infectar as células adjacentes. Muitos dos sintomas da infecção viral refletem esse efeito lítico dos vírus. As erupções doloridas formadas pelo vírus herpes simples e as vesículas causadas pelo vírus da varicela, por exemplo, refletem a destruição local das células da pele humana.

A maioria dos vírus que causam doenças humanas possui genomas compostos de DNA de fita dupla ou RNA de fita simples (**Tabela 9-1**). Entretanto, também são conhecidos genomas virais compostos de DNA de fita simples ou RNA de fita dupla. O vírus mais simples encontrado na natureza tem um genoma pequeno, composto por três genes, envoltos por uma capa proteica construída a partir de uma única cadeia polipeptídica. Vírus mais complexos possuem genomas maiores, de até centenas de genes, envoltos por uma elaborada capa composta por várias proteínas diferentes (**Figura 9-28**). A quantidade de material genético que pode ser empacotada na capa viral proteica é limitada. Como essas capas são muito pequenas para codificar várias enzimas e outras proteínas necessárias para replicar até o mais simples dos vírus, os vírus devem apropriar-se da maquinaria bioquímica do hospedeiro para se reproduzirem (**Figura 9-29**). O genoma

QUESTÃO 9-5

Discuta a seguinte afirmativa: "Os vírus existem no limiar da vida: fora das células são apenas um conjunto morto de moléculas; dentro das células, porém, estão bem vivos".

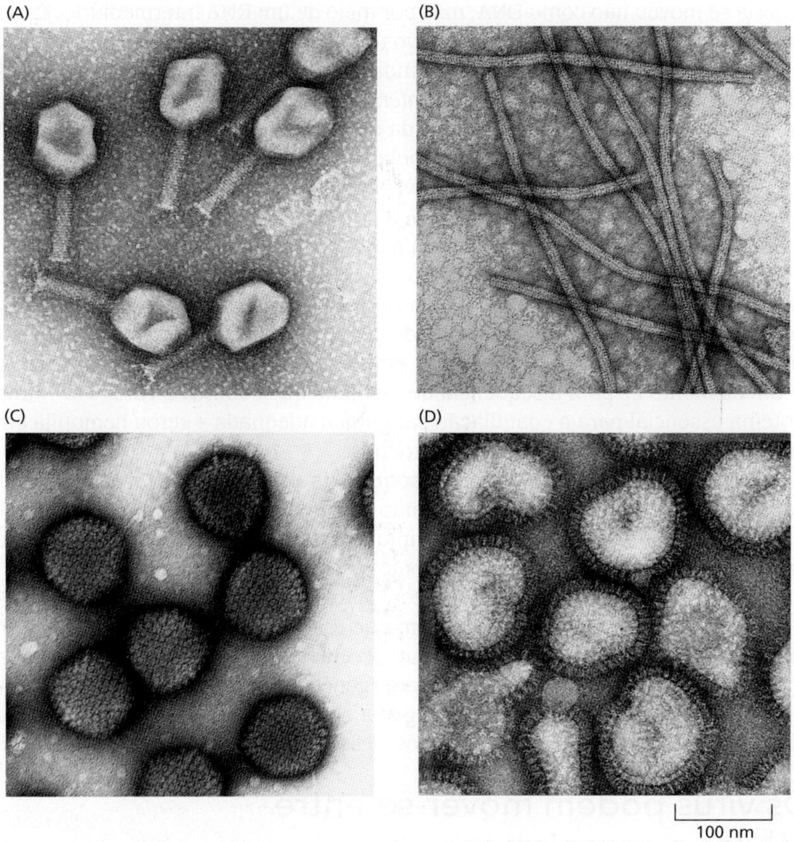

Figura 9-28 Os vírus existem em diferentes formas e tamanhos. Estas fotomicrografias eletrônicas de partículas virais estão todas na mesma escala. (A) Bacteriófago T4, um grande vírus contendo DNA que infecta células de *E. coli.* O DNA é estocado na cabeça viral e injetado na bactéria por meio da cauda cilíndrica. (B) Vírus X da batata, um vírus de planta em forma de tubo que contém um genoma de RNA. (C) Adenovírus, um vírus de animal, que contém DNA e pode infectar células humanas. (D) Influenzavírus, um vírus grande de animal, com genoma de RNA, cujo capsídeo é ainda revestido por um envelope composto por uma bicamada lipídica. As espículas que se projetam a partir do envelope são proteínas da capa viral inseridas na bicamada lipídica. (A, cortesia de James R. Paulson; B, cortesia de Graham Hills; C, cortesia de Mei Lie Wong; D, cortesia de R.C. Williams e H.W. Fisher.)

viral irá geralmente codificar tanto proteínas da capa viral como proteínas que os auxiliem a utilizar as enzimas do hospedeiro necessárias para replicar seu material genético.

Os retrovírus revertem o fluxo normal da informação genética

Embora existam diversas similaridades entre vírus bacterianos e eucarióticos, uma importante classe de vírus – os **retrovírus** – é encontrada apenas em células eucarióticas. Em vários aspectos, os retrovírus lembram os retrotranspósons que acabamos de discutir. Uma característica-chave do ciclo de vida de ambos é uma etapa na qual o DNA é sintetizado utilizando um RNA como molde – daí o prefixo *retro*, o qual se refere ao fluxo reverso da informação de DNA para RNA. Acredita-se que os retrovírus derivaram de um retrotranspóson que há muito tempo adquiriu genes adicionais que codificam o capsídeo proteico e outras proteínas necessárias para formar uma partícula viral. O estágio de RNA do seu ciclo replicativo poderia então ser empacotado em uma partícula viral que poderia deixar a célula. O ciclo vital completo de um retrovírus é apresentado na **Figura 9-30**.

Assim como os retrotranspósons, os retrovírus utilizam a enzima transcriptase reversa para converter o RNA em DNA. A enzima é codificada pelo genoma retroviral, e algumas moléculas da enzima são empacotadas juntamente com o genoma de RNA em cada partícula viral. Quando o genoma de RNA de fita simples do retrovírus entra na célula, a transcriptase reversa trazida com ele sintetiza uma fita de DNA complementar formando uma dupla-hélice híbrida RNA/DNA. A fita de RNA é removida, e a transcriptase reversa (que pode utilizar tanto DNA como RNA como molde) agora sintetiza uma fita de DNA complementar, produzindo uma dupla-hélice de DNA. A seguir, esse DNA é inserido, ou integrado, em um sítio selecionado aleatoriamente no genoma do hospedeiro, pela

TABELA 9-1 Vírus que causam doenças humanas

Vírus	Tipo de genoma	Doença
Vírus herpes simples	DNA de fita dupla	Herpes labial
Vírus Epstein-Barr (EBV)	DNA de fita dupla	Mononucleose infecciosa
Vírus varicela-zóster	DNA de fita dupla	Varicela e herpes-zóster
Vírus da varíola	DNA de fita dupla	Varíola
Vírus da hepatite B	Partes de DNA de fita dupla e partes de DNA de fita simples	Hepatite sorológica
Vírus da imunodeficiência humana (HIV)	RNA de fita simples	Síndrome da imunodeficiência adquirida (Aids)
Vírus influenza tipo A	RNA de fita simples	Doença respiratória (gripe)
Poliovírus	RNA de fita simples	Poliomielite
Rinovírus	RNA de fita simples	Resfriado comum
Vírus da hepatite A	RNA de fita simples	Hepatite A
Vírus da hepatite C	RNA de fita simples	Hepatite tipo não A, não B
Vírus da febre amarela	RNA de fita simples	Febre amarela
Vírus da raiva	RNA de fita simples	Encefalite da raiva
Vírus da caxumba	RNA de fita simples	Caxumba
Vírus do sarampo	RNA de fita simples	Sarampo

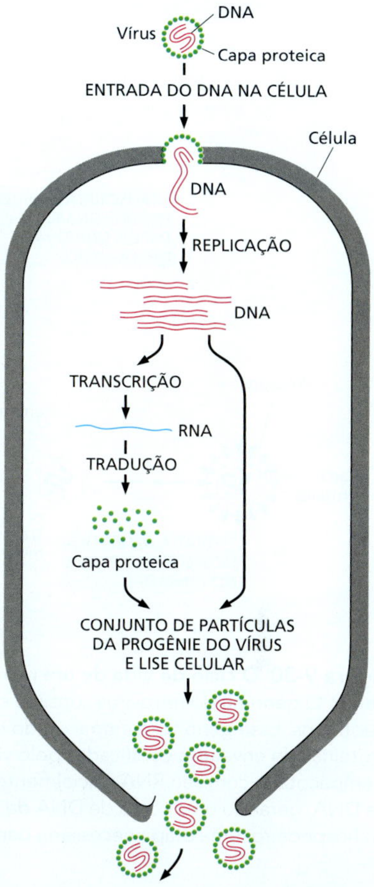

Figura 9-29 Os vírus utilizam a maquinaria molecular da célula hospedeira para se replicarem. O vírus simples e hipotético, ilustrado aqui, consiste em uma molécula de DNA de fita dupla que codifica um único tipo de proteína do capsídeo viral. Para se reproduzir, o genoma viral deve primeiro entrar na célula hospedeira, onde será replicado para produzir múltiplas cópias, as quais são transcritas e traduzidas para produzir a capa proteica viral. Os genomas virais podem então se associar espontaneamente com o capsídeo proteico para formar novas partículas de vírus, que escapam da célula ao lisá-la.

enzima *integrase* codificada pelo vírus. Nesse estado, o vírus está *latente*: cada vez que a célula se dividir, ela transmite uma cópia do genoma viral integrado, conhecido como *provírus*, às células-filhas.

A próxima etapa na replicação de um retrovírus – que pode ocorrer muito tempo após sua integração no genoma hospedeiro – é a cópia, do DNA viral integrado, em RNA por uma enzima RNA-polimerase da célula hospedeira, que produz grandes quantidades de RNA de fita simples idêntico ao seu genoma infectante original. Esses RNAs virais são então traduzidos pelos ribossomos da célula hospedeira e produzem as proteínas do capsídeo viral, proteínas do envelope e transcriptase reversa – essas proteínas e o genoma de RNA são combinados em novas partículas virais.

O vírus da imunodeficiência humana (HIV), causador da Aids, é um retrovírus. Assim como outros retrovírus, o genoma do HIV pode persistir em um estado latente como um provírus incorporado nos cromossomos de uma célula infectada. Essa capacidade de se esconder nas células hospedeiras complica as tentativas de tratar a infecção com fármacos antivirais. Mas como a transcriptase reversa do HIV não é utilizada pelas células para qualquer propósito próprio, é um dos alvos principais dos fármacos atualmente utilizados para tratar a Aids.

ANALISANDO O GENOMA HUMANO

O genoma humano contém uma enorme quantidade de informação sobre quem somos e de onde viemos (**Figura 9-31**). São $3{,}2 \times 10^9$ pares de nucleotídeos, distribuídos ao longo de um conjunto de 23 cromossomos – 22 autossomos e um par de cromossomos sexuais (X e Y) –, fornecendo as instruções necessárias para ge-

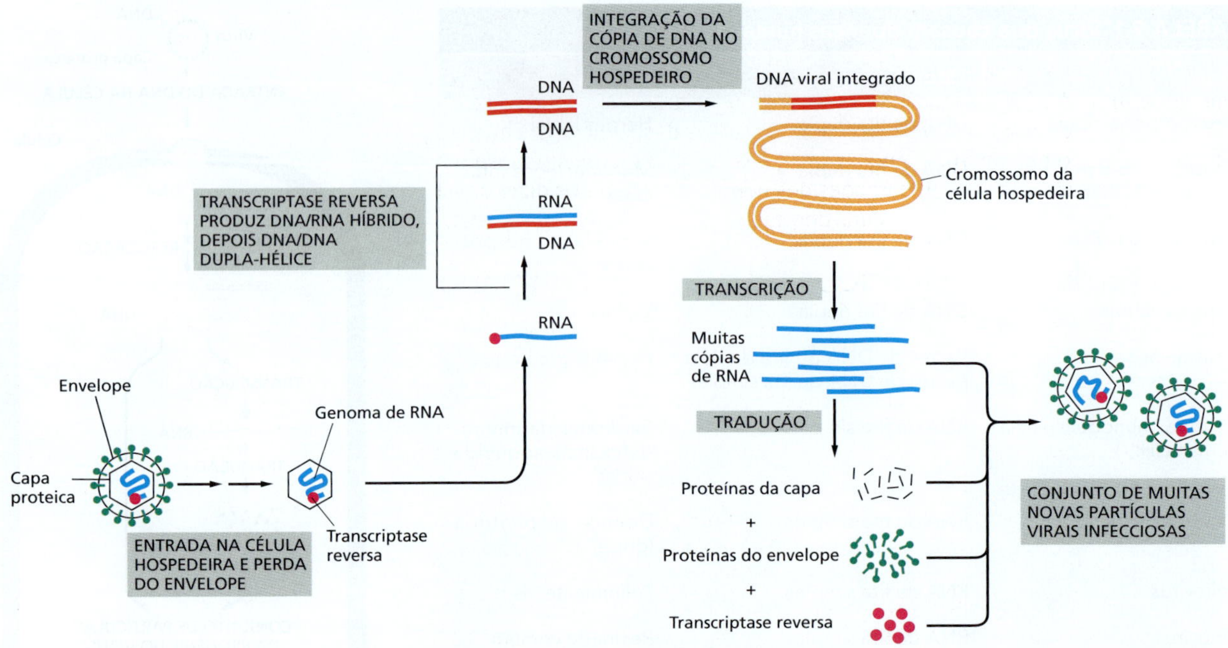

Figura 9-30 O ciclo de vida de um retrovírus inclui transcrição reversa e integração do genoma viral no DNA da célula hospedeira. O genoma do retrovírus consiste em uma molécula de RNA (*azul*) que tem tipicamente um tamanho entre 7.000 e 12.000 nucleotídeos. Esse genoma é empacotado em um capsídeo proteico, o qual é envolto por um envelope à base de lipídeos que contém proteínas do envelope codificadas pelo vírus (*verde*). A enzima transcriptase reversa (círculos *vermelhos*), codificada pelo genoma viral e empacotada com seu RNA, inicialmente faz um cópia de DNA de fita simples da molécula de RNA do vírus e depois a segunda fita de DNA, gerando uma cópia de DNA de fita dupla do genoma de RNA. Essa dupla-hélice de DNA é então integrada ao cromossomo do hospedeiro, uma etapa necessária para a síntese de novas moléculas de RNA virais pela RNA-polimerase da célula hospedeira.

rar um ser humano. No entanto, 25 anos atrás, os biólogos discutiram ativamente o valor da determinação da *sequência do genoma humano* – a lista completa de nucleotídeos contidos em nosso DNA.

O trabalho não foi simples. Um consórcio internacional de investigadores trabalhou incansavelmente por quase uma década – e gastou aproximadamente 3 bilhões de dólares – para nos proporcionar o primeiro vislumbre sobre esse projeto genético. Entretanto, os esforços empregados compensaram os custos, visto que os dados continuam a moldar nosso pensamento sobre como nosso genoma funciona e como ele evoluiu.

A primeira sequência do genoma humano foi apenas o começo. Avanços espetaculares em tecnologias de sequenciamento, junto a novas ferramentas poderosas para manipular vastas quantidades de dados, estão levando a genômica a um nível completamente novo. O custo do sequenciamento de DNA reduziu-se em torno de 100.000 vezes desde que o Projeto Genoma Humano foi lançado, em 1990, tanto que um genoma humano inteiro agora pode ser sequenciado em alguns dias e por aproximadamente 1.000 dólares. Investigadores ao redor do mundo estão colaborando para coletar e comparar sequências de nucleotídeos de

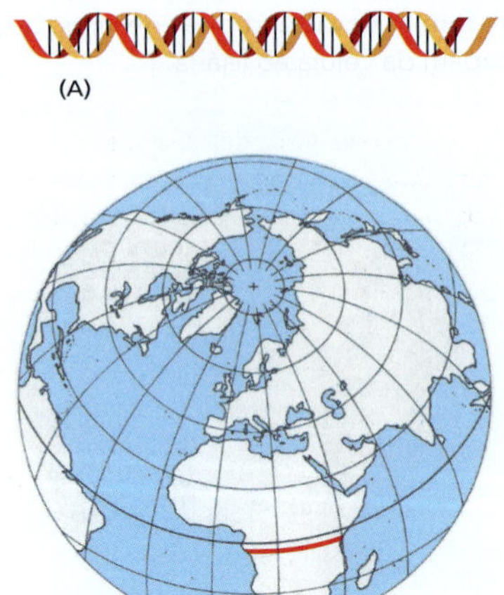

Figura 9-31 Os 3 bilhões de pares de nucleotídeos do genoma humano contêm uma vasta quantidade de informações, incluindo informações sobre nossas origens. Se cada par de nucleotídeos é desenhado para ocupar 1 mm, como ilustrado em (A), o genoma humano teria uma extensão de 3.200 km (aproximadamente 2.000 milhas) – tamanho suficiente para atravessar a África Central, onde os humanos surgiram inicialmente (linha *vermelha* em B). Nessa escala, haveria, em média, um gene codificador de proteína a cada 150 m. Um gene médio poderia estender-se por 30 m, porém as sequências codificadoras (éxons) desse gene somariam um pouco mais de 1 metro; todo o restante seriam íntrons.

milhares de genomas humanos. Essa avalanche de dados resultantes nos promete revelar o que nos faz humanos e o que torna cada um de nós único.

Ainda que se levem décadas para analisar os dados genômicos que são rapidamente acumulados, os resultados recentes já influenciaram o conteúdo de cada capítulo deste livro. Nesta seção, descrevemos algumas das características mais marcantes do genoma humano – muitas das quais eram inteiramente inesperadas. Vamos revisar o que as comparações dos genomas podem nos dizer sobre como evoluímos, e vamos discutir alguns dos mistérios que ainda permanecem.

A sequência de nucleotídeos do genoma humano mostra como nossos genes estão organizados

Quando a sequência de DNA do cromossomo 22 humano, um dos menores cromossomos humanos, foi completada em 1999, foi possível, pela primeira vez, visualizar exatamente como os genes estão arranjados ao longo de um cromossomo inteiro de vertebrado (**Figura 9-32**). A publicação subsequente de toda a sequência do genoma humano – a primeira versão em 2001 e uma versão final em 2004 – gerou uma visão mais panorâmica da organização genética completa, incluindo quantos genes nós temos, com o quê esses genes se parecem e como eles são distribuídos ao longo do genoma (**Tabela 9-2**).

A primeira característica notável do genoma humano é o quão pouco dele – menos de 2% – codifica proteínas (**Figura 9-33**). Além disso, quase metade de nosso DNA é constituído de elementos genéticos móveis que colonizaram nosso genoma ao longo da evolução. Visto que esses elementos acumularam mutações, a maioria não pode mais se mover; em vez disso, eles se tornaram relíquias de uma era evolutiva anterior, quando o movimento dos transpósons era frequente em nosso genoma.

Foi uma surpresa descobrir que nosso genoma na verdade contém tão poucos genes que codificam proteínas. Estimativas anteriores estavam próximas de 100.000 (ver **Como Sabemos**, p. 316-317). Embora o número exato ainda esteja sendo refinado, atualmente estima-se em torno de 21.000 os genes humanos que codificam proteínas. Talvez outros 9.000 genes codifiquem RNAs funcionais que não são traduzidos em proteínas. Uma estimativa de 30.000 genes totais nos aproxima do número de genes para animais multicelulares mais simples – por exemplo, 13.000 para *Drosophila*, 21.000 para *C. elegans* e 28.000 para a erva daninha *Arabidopsis* (ver Tabela 1-2).

O número de genes codificadores de proteínas pode ser inesperadamente pequeno, porém seu tamanho relativo é impressionantemente grande. Apenas

> **QUESTÃO 9-6**
>
> **Elementos genéticos móveis, como as sequências *Alu*, são encontrados como múltiplas cópias no DNA humano. De que forma a presença de uma sequência *Alu* poderia afetar um gene próximo?**

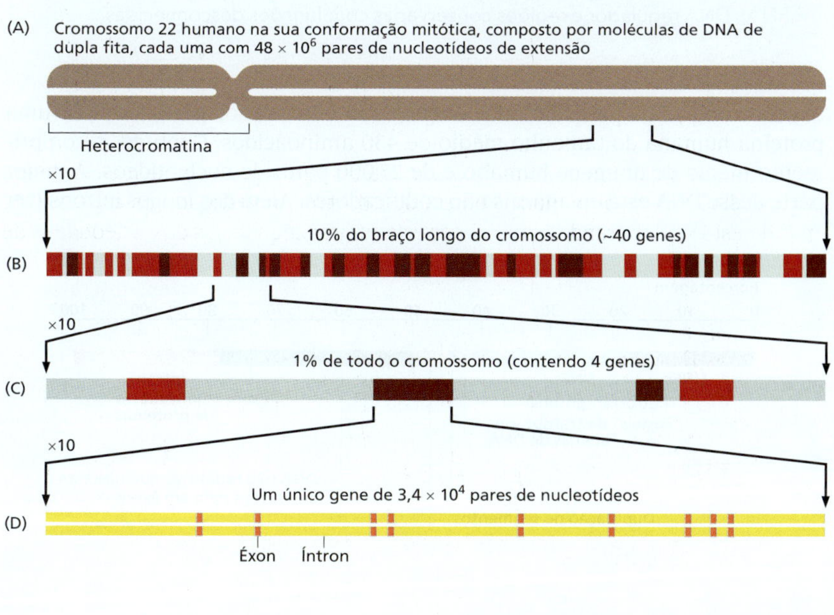

Figura 9-32 A sequência do cromossomo 22 mostra como os cromossomos humanos são organizados. (A) O cromossomo 22, um dos menores cromossomos humanos, contém 48×10^6 pares de nucleotídeos e corresponde a aproximadamente 1,5% do total do genoma humano. A maior parte do braço esquerdo (braço curto) do cromossomo 22 consiste em pequenas sequências repetidas de DNA que são empacotadas em uma maneira particularmente compacta de cromatina (heterocromatina), como discutido no Capítulo 5. (B) Uma expansão de dez vezes de uma parte do cromossomo 22 mostra em torno de 40 genes. Genes conhecidos estão mostrados em *marrom-escuro*; genes preditos estão em *vermelho*. (C) Uma porção expandida de (B) mostra o comprimento total de vários genes. (D) O arranjo íntron-éxon de um gene típico é mostrado após uma expansão adicional de dez vezes. Cada éxon (*laranja*) codifica uma porção da proteína, e a sequência de DNA dos íntrons (*amarelo*) é relativamente sem importância. (Adaptada de The International Human Genome Sequencing Consortium, *Nature* 409:860–921, 2001. Com permissão de Macmillan Publishers Ltd.)

TABELA 9-2 Estatísticas vitais para o genoma humano

Comprimento do DNA	$3{,}2 \times 10^9$ pares de nucleotídeos*
Número de genes codificadores de proteínas	Aproximadamente 21.000
Número de genes não codificadores de proteínas**	Aproximadamente 9.000
Maior gene	$2{,}4 \times 10^6$ pares de nucleotídeos
Tamanho médio dos genes	27.000 pares de nucleotídeos
Menor número de éxons por gene	1
Maior número de éxons por gene	178
Número médio de éxons por gene	10,4
Maior tamanho de éxon	17.106 pares de nucleotídeos
Tamanho médio dos éxons	145 pares de nucleotídeos
Número de pseudogenes***	Aproximadamente 11.000
Porcentagem da sequência de DNA em éxons (sequências codificadoras de proteínas)	1,5%
Porcentagem de DNA conservado com outros mamíferos, o qual não codifica proteínas****	3,5%
Porcentagem de DNA em elementos repetitivos de alto número de cópias	Aproximadamente 50%

* A sequência de 2,85 bilhões de pares de nucleotídeos é precisamente conhecida (taxa de erro por volta de apenas um em 100.000 nucleotídeos). O DNA remanescente consiste principalmente em sequências curtas altamente repetidas em série, com o número de repetições diferindo de um indivíduo para outro.

**Esses incluem genes que codificam RNAs estruturais, catalíticos e reguladores.

***Um pseudogene é uma sequência de DNA que se assemelha muito àquela de um gene funcional, porém contém inúmeras mutações que impedem a sua expressão. A maioria dos pseudogenes surge da duplicação de um gene funcional, seguida pela acumulação de mutações danosas a uma das cópias.

****Inclui DNA codificador de UTRs 5′ e 3′ (regiões não traduzidas de moléculas de mRNA), DNA regulador e regiões conservadas com funções desconhecidas.

em torno de 1.300 pares de nucleotídeos são necessários para codificar uma proteína humana do tamanho médio de 430 aminoácidos. Contudo, o comprimento médio de um gene humano é de 27.000 pares de nucleotídeos. A maior parte desse DNA está em íntrons não codificadores. Além dos longos íntrons (ver

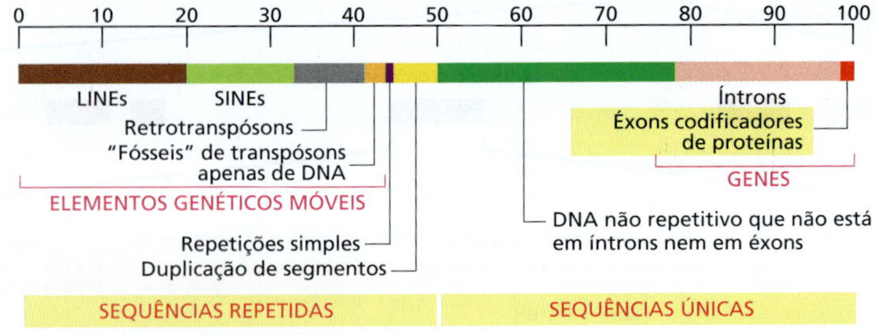

Figura 9-33 A maior parte do genoma humano é constituída de sequências de nucleotídeos repetidas e outro DNA não codificador. Os LINEs (que incluem a sequência *L1*), SINEs (elementos intercalares curtos, que incluem a sequência *Alu*), retrotranspósons e transpósons de DNA são elementos genéticos móveis que se multiplicaram em nosso genoma, replicando-se e inserindo as novas cópias em diferentes posições. As repetições simples são sequências nucleotídicas curtas (com menos de 14 pares de nucleotídeos) que são repetidas muitas vezes por longas regiões. As duplicações de segmentos são grandes blocos do genoma (1.000 a 200.000 pares de nucleotídeos) que estão presentes em dois ou mais locais no genoma. As sequências únicas que não fazem parte de nenhum íntron ou éxon (*verde-escuro*) incluem sequências gênicas reguladoras, sequências que codificam RNA funcional e sequências cujas funções ainda são desconhecidas. A maioria dos blocos de DNA altamente repetidos presentes na heterocromatina ainda não foi completamente sequenciada; então, cerca de 10% das sequências de DNA humano não estão representados nesse diagrama. (Dados cortesia de E.H. Margulies.)

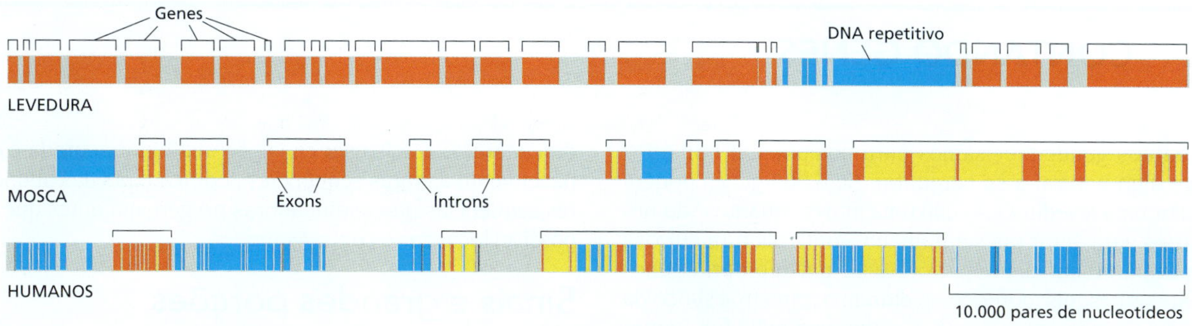

Figura 9-34 Os genes são distribuídos esparsamente no genoma humano. Comparado com outros genomas eucarióticos, o genoma humano é menos denso em relação aos genes. Aqui estão mostrados os segmentos de DNA em torno de 50.000 pares de nucleotídeos de comprimento de levedura, *Drosophila* e humano. O segmento humano contém apenas 4 genes, comparado com os 26 da levedura e os 11 da mosca. Os éxons estão destacados em *laranja*, os íntrons em *amarelo*, os elementos repetitivos em *azul* e o DNA espaçador em *cinza*. Os genes de levedura e da mosca são geralmente mais compactos, com menos íntrons, do que os genes humanos.

Figura 9-32D), cada gene está associado com sequências de DNA regulador que garantem que o gene é expresso em nível, tempo e local apropriados. Em humanos, essas sequências de DNA regulador são intercaladas geralmente ao longo de dezenas de milhares de pares de nucleotídeos, muitos dos quais parecem ser "DNA espaçador". De fato, comparado com outros vários genomas eucarióticos, o genoma humano é muito menos densamente empacotado (**Figura 9-34**).

Embora os éxons e suas sequências reguladoras associadas aos genes compreendam menos de 2% do genoma humano, estudos comparativos indicam que em torno de 5% do genoma humano é altamente conservado, quando comparado com outros genomas de mamíferos (ver Figura 9-19). Um adicional de 4% do genoma mostra uma variação reduzida na população humana, como foi determinado pela comparação das sequências de DNA de milhares de indivíduos. Considerada em conjunto, essa conservação sugere que em torno de 9% do genoma humano contêm sequências que provavelmente deverão ter importância funcional – porém não sabemos ainda qual é a função da maior parte desse DNA.

Modificações aceleradas nas sequências do genoma conservado ajudam a revelar o que nos torna humanos

Quando a sequência do genoma de chimpanzés se tornou disponível, em 2005, os cientistas começaram a buscar por sequências de DNA que pudessem explicar as diferenças marcantes entre nós e eles (**Figura 9-35**). Com aproximadamente 3 bilhões de pares de nucleotídeos para comparar entre as duas espécies, a tarefa é assustadora. No entanto, a busca foi muito mais fácil quando se restringiu a comparação àquelas sequências que são altamente conservadas entre as múltiplas espécies de mamíferos (ver Figura 9-19). Essas sequências conservadas representam partes do genoma que provavelmente são funcionalmente importantes – e desse modo são áreas de interesse particular, quando procuramos por mudanças genéticas que tornam os humanos diferentes dos seus primos mamíferos.

Embora essas sequências sejam conservadas, elas não são idênticas: quando a versão de um mamífero é comparada com a de outro, elas normalmente são separadas por uma pequena quantidade, a qual corresponde ao tempo decorrido desde a divergência das espécies durante a evolução. Em uma pequena fração dos casos, porém, as sequências mostram sinais de um surto evolutivo súbito. Por exemplo, algumas sequências de DNA que são altamente conservadas na maioria das espécies de mamíferos mostram uma mudança excepcionalmente rápida durante os últimos seis milhões de anos da evolução humana. Acredita-se que tais *regiões humanas aceleradas* refletem funções que são especialmente importantes em nos tornar únicos.

Um estudo identificou cerca de 50 desses locais – um quarto dos quais está localizado próximo a genes associados ao desenvolvimento encefálico. A sequência exibindo mais mudanças rápidas (18 mudanças entre humanos e chimpanzés, comparadas com apenas duas mudanças entre chimpanzés e galinhas) foi examinada minuciosamente, e verificou-se codificar um RNA curto que não codifica de proteína, que é produzido no córtex cerebral humano em um período crítico durante o desenvolvimento encefálico. Embora a função desse RNA ainda não

Figura 9-35 Sequências de DNA que mudaram rapidamente ao longo de 6 milhões de anos podem ser a razão das diferenças entre chimpanzés e humanos. Muitas dessas mudanças podem ter afetado o modo de desenvolvimento do encéfalo humano. Ilustramos aqui a antropóloga Jane Goodall com um dos seus chimpanzés. (Cortesia de Jane Goodall Institute of Canada.)

CONTANDO GENES

De quantos genes precisamos para compor um humano? Parece algo natural a se perguntar. Se 6.000 genes podem produzir uma levedura e 13.000 uma mosca, quantos são necessários para gerar um ser humano – uma criatura curiosa e inteligente o suficiente para estudar o seu próprio genoma? Até os pesquisadores completarem o primeiro esboço da sequência genômica humana, a estimativa mais frequentemente citada era de 100.000, mas de onde veio essa dedução? E como se originou a estimativa revisada de apenas 21.000 genes codificadores de proteína?

Walter Gilbert, um físico que se tornou biólogo e ganhou o Prêmio Nobel por desenvolver técnicas de sequenciamento de DNA, foi um dos primeiros a elaborar uma estimativa aproximada do número de genes humanos. Na metade da década de 1980, Gilbert sugeriu que os humanos poderiam possuir 100.000 genes, em uma estimativa com base no tamanho médio de poucos genes conhecidos naquele tempo (cerca de 3×10^4 pares de nucleotídeos) e no tamanho de nosso genoma (cerca de 3×10^9 pares de nucleotídeos). Esse cálculo grosseiro produziu um número tão redondo e plausível que ele seria amplamente utilizado em artigos e manuais.

O cálculo fornece uma estimativa do número de genes que um humano poderia ter, em princípio, mas ele não aborda a questão de quantos genes realmente possuímos. Como se demonstrou, aquela questão não era tão fácil de responder, mesmo com a sequência do genoma completo nas mãos. O problema é: como alguém pode identificar um gene? Considere genes codificadores de proteínas, os quais correspondem a apenas 1,5% do genoma humano. Olhando para um segmento específico da sequência bruta de DNA – um filamento aparentemente aleatório de As, Ts, Gs e Cs – como alguém pode dizer qual parte representa uma sequência codificadora? É preciso ser capaz de distinguir acurada e confiavelmente as raras sequências codificadoras das abundantes sequências não codificadoras no genoma antes que seja possível localizar e contar genes.

Sinais e grandes porções

Como sempre, a situação é mais simples em bactérias e eucariotos simples, como as leveduras. Nesses genomas, os genes que codificam proteínas são identificados pela busca em toda a sequência de DNA, à procura das **fases de leitura aberta (ORFs)**. Essas são sequências longas – digamos, 100 códons ou mais – que não possuem códons de parada ou terminação. Uma sequência aleatória de nucleotídeos irá codificar um códon de parada em torno de uma vez a cada 20 códons (pois há três códons de terminação no conjunto de 64 possíveis códons – ver Figura 7-25). Assim, encontrar uma ORF – uma sequência de nucleotídeos contínua que codifica mais de 100 aminoácidos – é a primeira etapa na identificação de um bom candidato para um gene codificador de proteína. Atualmente, programas computadorizados são utilizados para procurar pelas ORFs, as quais começam com um códon iniciador, normalmente ATG, e terminam com um códon de terminação, TAA, TAG ou TGA (**Figura 9-36**).

Em animais e plantas, o processo de identificação de ORFs é complicado pela presença de grandes sequências de íntrons, as quais interrompem as porções codificadoras dos genes. Como temos visto, esses íntrons são geralmente muito maiores do que os éxons, que correspondem a apenas uma pequena porcentagem do gene. No DNA humano, os éxons algumas vezes contêm tão pouco quanto 50 códons (150 pares de nucleotídeos), e os íntrons podem ultrapassar 10.000 pares de nucleo-

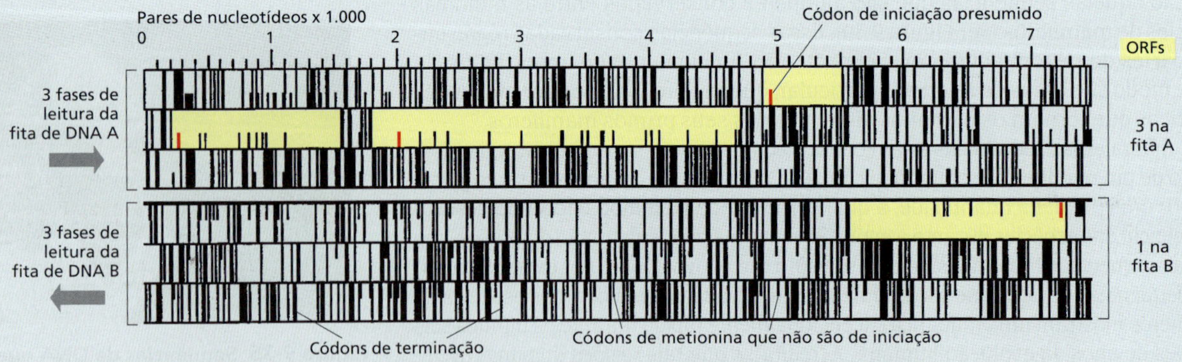

Figura 9-36 Programas computacionais são utilizados para identificar genes codificadores de proteína. Neste exemplo, uma sequência de DNA de 7.500 pares de nucleotídeos da levedura patogênica *Candida albicans* foi analisada em um computador, o qual calculou as prováveis proteínas, em teoria, geradas a partir de cada uma das seis possibilidades de fase de leitura – três em cada uma das duas fitas (ver Figura 7-26). O resultado mostra a localização dos códons de iniciação e de terminação para cada fase de leitura. As fases de leitura são dispostas em colunas horizontais. Os códons de parada, ou terminação (TGA, TAA, TAG), são representados por linhas pretas altas, e os códons de metionina (ATG) são representados por linhas pretas curtas. Quatro fases de leitura aberta, ou ORFs (destacadas em *amarelo*), podem ser claramente identificadas pela ausência significativa de códons de parada. Para cada ORF, o presumível códon de iniciação (ATG) está indicado em *vermelho*. Os códons adicionais ATG nas ORFs codificam resíduos de metionina da proteína.

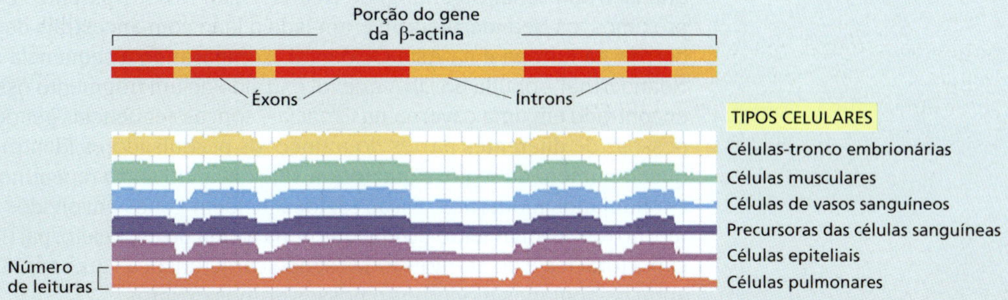

Figura 9-37 O sequenciamento de RNA pode ser utilizado para identificar genes codificadores de proteína. Aqui está ilustrado um conjunto de dados correspondentes às moléculas de RNA produzidas a partir de um segmento do gene da β-actina, o qual está representado esquematicamente na parte superior da figura. Milhões de "leituras de sequências" de RNA, cada uma com aproximadamente 200 nucleotídeos de tamanho, foram coletadas de uma variedade de tipos celulares (*direita*) e combinadas com sequências de DNA do gene da β-actina. A altura de cada traço é proporcional à frequência com que cada sequência aparece na leitura. Sequências de éxons estão presentes em níveis elevados, refletindo sua presença nas moléculas maduras de mRNA da β-actina. Sequências de íntrons estão presentes em níveis baixos, refletindo sua presença nas moléculas de pré-mRNA que ainda não sofreram *splicing* ou íntrons que sofreram *splicing* e que ainda não foram degradados.

tídeos em comprimento. Cinquenta códons não são suficientes para gerar um "sinal de ORF" estatisticamente significativo, e não é incomum que 50 códons ao acaso não apresentem um sinal de parada. Além disso, os íntrons são tão longos que é provável que eles contenham ao acaso um pouco de "ruído de ORF," regiões numerosas de sequência sem códons de parada. Encontrar as verdadeiras ORFs nesse mar de informação, no qual o ruído frequentemente prevalece sobre o sinal, pode ser difícil. Para tornar a tarefa mais fácil de gerir, computadores são utilizados para procurar por outras características distintivas que marcam a presença de um gene codificador. Isso inclui sequências de *splicing* que sinalizam a transição íntron-éxon (ver Figura 7-19), sequências de regulação gênica ou conservação com sequências codificadoras de outros organismos.

Em 1992, pesquisadores utilizaram um programa de computador para predizer regiões codificadoras de proteínas em uma sequência humana preliminar. Encontraram dois genes em um segmento de 58.000 pares de nucleotídeos do cromossomo 4 e cinco genes em um segmento de 106.000 pares de nucleotídeos do cromossomo 19; ou seja, uma média de 1 gene para cada 23.000 pares de nucleotídeos. Extrapolando a partir dessa densidade, para todo o genoma, os humanos possuiriam aproximadamente 130.000 genes. Revelou-se, entretanto, que os cromossomos que os pesquisadores analisaram haviam sido escolhidos para o sequenciamento precisamente porque eles pareciam ser ricos em genes. Quando a estimativa foi ajustada para levar em conta as regiões pobres em genes do genoma humano – imaginando que metade do genoma humano tivesse talvez um décimo daquela densidade gênica –, o número caiu para 71.000.

Combinando RNAs

Claro que essas estimativas são baseadas em como assumimos que os genes são; para contornar esse viés, devemos ter o foco mais direto, usando métodos baseados em experimentos para localizar genes. Uma vez que os genes são transcritos em RNA, a estratégia preferida para identificar genes envolve isolar todo o RNA produzido por um tipo celular particular e determinar sua sequência de nucleotídeos – uma técnica chamada de RNA-Seq (sequenciamento de RNA). Essas sequências são então mapeadas de volta ao genoma para localizar seus genes. Para genes que codificam proteínas, segmentos de éxons são mais bem representados entre os transcritos sequenciados, visto que as sequências de íntrons tendem a ser removidas e degradadas. Devido ao fato de que tipos celulares diferentes expressam genes distintos e realizam diferentes *splicing* de seus transcritos de RNA, uma variedade de tipos celulares é utilizada para as análises (**Figura 9-37**).

O RNA-Seq oferece também alguns benefícios adicionais. Primeiro, a abundância relativa de cada sequência pode ser utilizada para avaliar o quão elevada é a expressão do gene. Além disso, tal abordagem também localiza genes que não codificam proteínas, porém codificam RNAs funcionais ou reguladores. Diversos RNAs não codificadores foram identificados pela primeira vez com o uso da técnica RNA-Seq.

Contagem decrescente dos genes humanos

Com base na combinação de todas essas técnicas computacionais e experimentais, atualmente estima-se que o número de genes humanos está em torno de 30.000. Podem-se passar muitos anos, porém, até que tenhamos a resposta final para quantos genes são necessários para compor um ser humano. No final, saber o número exato não será tão importante quanto entender as funções de cada gene e como eles interagem para gerar um organismo vivo.

seja conhecida, tal achado está estimulando estudos que devem ajudar a explicar características do encéfalo humano que nos distinguem dos chimpanzés.

Estudos similares identificaram genes que podem ter um papel até mesmo na recente evolução humana. Em 2010, os investigadores completaram suas análises do primeiro genoma de Neanderthal. Nossos parentes evolutivos mais próximos, os Neanderthais viveram lado a lado com ancestrais de humanos modernos na Europa e na Ásia Ocidental. Comparando a sequência do genoma de Neanderthal – obtida do DNA que foi extraído de um fragmento ósseo fossilizado encontrado em uma caverna na Croácia – com as sequências genômicas de cinco pessoas de diferentes partes do mundo, os pesquisadores identificaram um pequeno número de regiões que foram sujeitas a um surto repentino de mudanças em humanos modernos. Essas regiões incluem genes envolvidos no metabolismo, no desenvolvimento do encéfalo e na forma do esqueleto, particularmente da caixa torácica e do crânio – todas sendo características que, acredita-se, diferem entre os humanos modernos e nossos primos extintos.

Digno de nota, esses estudos também revelaram que alguns humanos modernos – aqueles que se originam da Europa e da Ásia – compartilham de 1 a 4% de seus genomas com os Neanderthais. Essa sobreposição genética sugere que nossos ancestrais podem ter se reproduzido com Neanderthais – antes de competirem com eles ou os exterminarem ativamente – no caminho para fora da África, uma relação que deixou uma marca permanente no genoma humano.

A variação genômica contribui para nossa individualidade – mas como?

Com a exceção de alguns gêmeos idênticos, ninguém possui exatamente a mesma sequência genômica. Quando a mesma região do genoma de dois humanos diferentes é comparada, as sequências nucleotídicas normalmente diferem em torno de 0,1%. Essa pode ser uma variação insignificante, porém, considerando o tamanho do genoma humano, essa porcentagem pode ser correspondente a 3 milhões de diferenças genéticas por genoma entre uma pessoa e outra. Análises detalhadas de variações genéticas humanas sugerem que o tamanho dessa variação já estava presente antes na evolução, talvez em torno de 100.000 anos atrás, quando a população humana ainda era pequena. Isso significa que uma grande parte das variações genéticas encontradas hoje em humanos foi herdada de nossos primeiros ancestrais humanos.

A maior parte da variação genética no genoma humano toma a forma de alterações de bases únicas chamadas de **polimorfismos de nucleotídeo único** (**SNPs**, de *single nucleotide polymorphisms*). Esses polimorfismos são simplesmente pontos no genoma que diferem na sequência nucleotídica entre uma porção da população e outra – posições onde mais de 1% da população possui um par de nucleotídeos G-C, por exemplo, e outra possui um A-T (**Figura 9-38**). Dois genomas escolhidos ao acaso na população mundial diferirão por aproximadamente $2,5 \times 10^6$ SNPs que estão dispersos por todo o genoma.

Outra fonte importante de variação que foi herdada de nossos ancestrais envolve a duplicação e a deleção de grandes segmentos de DNA. Quando o genoma de qualquer pessoa é comparado com um genoma padrão de referência, observam-se cerca de 100 casos nos quais um segmento relativamente grande de DNA foi adquirido ou perdido. Algumas dessas **variações do número de cópias** (**CNVs**, *copy-number variations*) são muito comuns, enquanto outras estão presentes na minoria da população. A partir de uma amostra inicial, quase a metade desses segmentos contém genes conhecidos e pode afetar a suscetibilidade a certas doenças. Em retrospecto, esse tipo de variação estrutural não é surpreendente, dada a extensa história da adição e da perda de DNA em genomas de vertebrados, discutida antes. No entanto, como ela contribui exatamente para a nossa individualidade ainda não foi determinado.

Além dos SNPs e das CNVs que herdamos de nossos ancestrais, os humanos também possuem sequências nucleotídicas repetitivas que são particularmente propensas a novas mutações. Repetições CA, por exemplo, são sequências am-

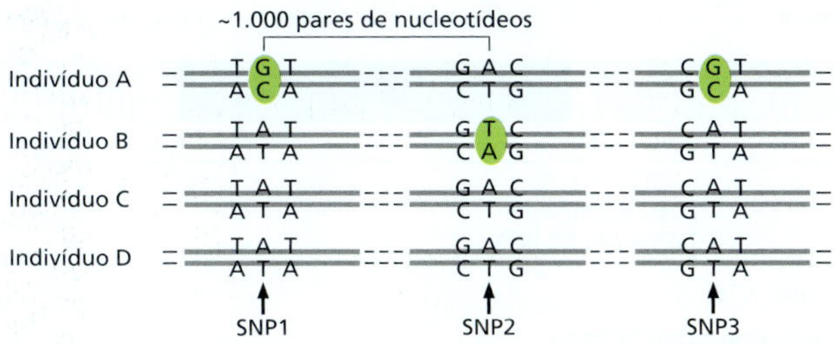

Figura 9-38 Polimorfismos de nucleotídeo único (SNPs) são pontos no genoma que diferem por um único par de nucleotídeos entre um subconjunto da população e outro. Por convenção, para ser um polimorfismo, a diferença genética deve estar presente em pelo menos 1% da população total da espécie. A maioria desses SNPs, mas não todos, no genoma humano, ocorre em regiões onde a função do gene não é afetada. Como indicado, quando comparados quaisquer dois humanos, encontra-se, em média, cerca de um SNP a cada 1.000 pares de nucleotídeos.

plamente encontradas no genoma humano. Sequências de DNA que contêm um grande número de repetições CA frequentemente são replicadas inadequadamente (imagine tentar copiar uma palavra que não seja nada além de CACACACAC...); assim, o tamanho preciso de tais repetições pode variar bastante entre indivíduos e pode aumentar de uma geração para outra. Pelo fato de apresentarem uma variabilidade excepcional e porque essa variabilidade surgiu tão recentemente na história humana, as repetições CA, e outras como essas, geram marcadores ideais para distinguir o DNA de indivíduos humanos. Por esse motivo, diferenças no número de *repetições curtas em sequência* em diferentes posições no genoma são utilizadas para identificar os indivíduos por meio da técnica de *perfil digital de DNA* (*DNA fingerprint*) em investigações criminais, casos de paternidade e outras aplicações forenses (ver Figura 10-18).

A maioria das variações na sequência genômica humana são geneticamente silenciosas, quando se localizam em regiões não críticas do genoma. Tais variações não possuem efeitos em como nos parecemos ou como nossas células funcionam. Isso significa que apenas um pequeno subconjunto de variações observado em nosso DNA é responsável por diferenças hereditárias da individualidade humana. Permanece um grande desafio identificar as variações genéticas que são importantes para a funcionalidade – um problema ao qual retornaremos no Capítulo 19.

Diferenças na regulação gênica podem ajudar a explicar como os animais com genomas similares podem ser tão diferentes

O achado de que humanos, chimpanzés e camundongos contêm essencialmente os mesmos genes codificadores gerou uma questão fundamental: O que torna essas criaturas tão diferentes?

Em grande parte, as instruções necessárias para produzir um animal multicelular a partir de um ovo fertilizado são fornecidas por DNAs reguladores associados a cada gene. Essas sequências de DNA não codificador contêm, espalhadas entre elas, dezenas de elementos reguladores individuais, incluindo segmentos curtos de DNA que servem como sítios de ligação para reguladores específicos da transcrição (discutidos no Capítulo 8). Em última análise, os DNAs reguladores determinam cada programa de desenvolvimento do organismo – as regras que as células seguem para proliferar, avaliar suas posições no embrião e diferenciar-se por meio da ativação ou não de genes em momento e lugar corretos. A evolução das espécies tem mais a ver com inovação na sequência reguladora de genes do que com proteínas ou com RNAs funcionais desses genes codificadores.

Embora tenhamos realizado grande progresso em reconhecer diversas dessas sequências reguladoras em meio a um excesso de DNA "espaçador" não importante, ainda não sabemos como "ler" essas sequências para que possamos prever exatamente como elas operam nas células para controlar o desenvolvimento. Por exemplo, um mesmo curto segmento de DNA regulador pode ser reconhecido por diferentes reguladores de transcrição, de modo que o simples conhecimento da sua sequência de nucleotídeos não irá revelar qual regulador de transcrição – ou reguladores – podem ligar-se na sequência em uma determinada célula e em um determinado tempo e local. Além disso, a expressão gênica

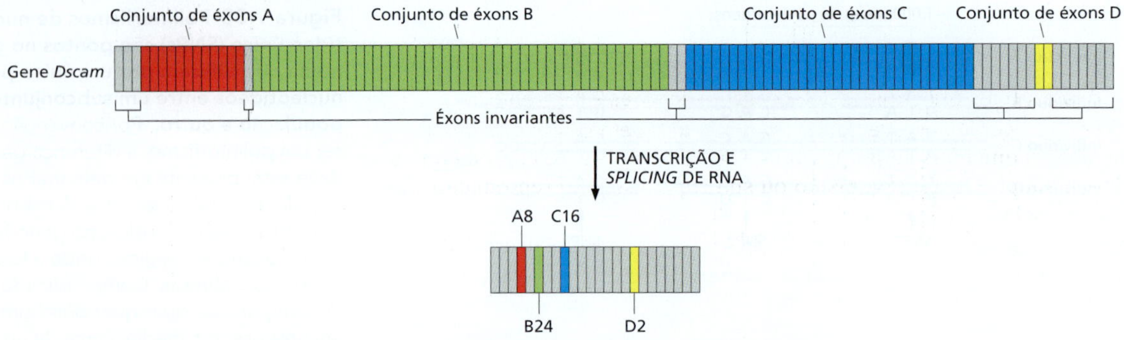

Figura 9-39 O *splicing* alternativo de transcritos de RNA pode produzir muitas proteínas distintas. As proteínas Dscam de *Drosophila* são receptoras que auxiliam as células nervosas a fazerem as conexões apropriadas. O transcrito de mRNA final contém 24 éxons, quatro dos quais (indicados por A, B, C, e D) estão presentes no gene *Dscam* como arranjos de éxons alternativos. Cada mRNA maduro contém 1 de 12 alternativas para o éxon A (*vermelho*), 1 de 48 alternativas para o éxon B (*verde*), 1 de 33 alternativas para o éxon C (*azul*), 1 de 2 alternativas para o éxon D (*amarelo*) e todas as alternativas para os 19 éxons invariantes (*cinza*). Se todas as combinações de *splicing* possíveis fossem usadas, 38.016 proteínas diferentes poderiam, em princípio, ser produzidas a partir do gene *Dscam*. Somente um dos muitos possíveis padrões de *splicing* e mRNA maduro que ele produz está indicado. (Adaptada de D.L. Black, *Cell* 103:367–370, 2000. Com permissão de Elsevier.)

é controlada por combinações complexas de proteínas (ver Figura 8-12), as quais complicam mais nossas tentativas de decifrar quando, no desenvolvimento, e em qual tipo celular determinado gene será expresso.

Mesmo que possamos predizer quando um gene codificador de uma determinada proteína seria expresso, não seríamos necessariamente capazes de predizer qual proteína aquele gene iria produzir. Estudos recentes sugerem que mais de 90% dos genes humanos passam por *splicing* alternativo de RNA, o qual permite às células produzir uma gama de proteínas relacionadas, porém distintas, a partir de um único gene (ver Figura 7-22). O *splicing* de RNA é frequentemente regulado, assim uma forma de uma proteína é produzida em um tipo de célula, enquanto outras formas são preferencialmente produzidas em outros tipos celulares. Em um exemplo extremo, em *Drosophila* um único gene pode gerar milhares variantes de diferentes proteínas por meio de *splicing* alternativo de RNA (**Figura 9-39**). Assim, um organismo pode produzir muito mais proteínas do que o número de genes que ele tem. Ainda não sabemos o suficiente sobre o *splicing* alternativo para prever exatamente quais genes humanos estão sujeitos a esse processo – e quando, onde e como essa regulação ocorre durante o desenvolvimento. Entretanto, parece provável que essas diferenças no *splicing* alternativo de RNA possam ajudar a explicar como os animais com genes codificadores de proteína tão similares se desenvolvem de um modo tão diferente.

Outra parte da explicação pode envolver RNAs reguladores, como os microRNAs e RNAs longos não codificadores, discutidos no Capítulo 8. Assim, por exemplo, os microRNAs possuem diversos papéis no controle da expressão gênica, especialmente durante o desenvolvimento. Eles regulam um terço de todos os genes humanos, por exemplo, mas poucos deles já foram estudados em detalhe – e novos microRNAs ainda estão sendo encontrados. E se sabe ainda menos sobre os RNAs longos não codificadores.

A informação que guia incontáveis decisões feitas pelas células em desenvolvimento, como se dividir e diferenciar, está toda contida na sequência do genoma de um organismo. Todavia, estamos apenas no começo do aprendizado da gramática e das regras pelas quais essa informação genética orquestra o desenvolvimento. Decifrar esse código – que tem sido moldado pela evolução e refinado pela variação individual – é um dos grandes desafios da próxima geração de biólogos celulares.

CONCEITOS ESSENCIAIS

- **Comparando as sequências de DNA e de proteínas de organismos atuais, estamos começando a reconstruir como os genomas têm evoluído nesses bilhões de anos que decorreram desde o aparecimento das primeiras células.**

- A variação genética – a matéria-prima para mudanças evolutivas – surge por meio de uma diversidade de mecanismos que alteram a sequência de nucleotídeos do genoma. Essas mudanças na sequência variam de simples mutações pontuais até grandes deleções, duplicações e rearranjos.
- As alterações genéticas que conferem uma vantagem seletiva a um organismo são as que mais se perpetuam. As alterações que comprometem a saúde e a adaptação do organismo ou sua capacidade de reprodução são eliminadas pela seleção natural.
- A duplicação gênica é uma das mais importantes fontes de diversidade genética. Uma vez duplicado, os dois genes podem acumular mutações diferentes e, assim, diversificar-se para realizar funções diferentes.
- Ciclos repetidos de duplicação gênica e divergência durante a evolução produziram grandes famílias gênicas.
- Acredita-se que a evolução de novas proteínas tenha sido facilitada imensamente pela permuta de éxons entre os genes para criar proteínas híbridas com novas funções.
- O genoma humano contém $3,2 \times 10^9$ pares de nucleotídeos distribuídos ao longo dos 23 pares de cromossomos – 22 autossomos e um par de cromossomos sexuais. Menos de um décimo desse DNA é transcrito para produzir proteínas ou RNAs funcionais.
- Indivíduos humanos diferem uns dos outros por uma média de 1 par de nucleotídeos a cada 1.000; essa e outras variações genéticas desencadeiam a maioria das nossas individualidades e gera a base para a identificação de indivíduos por meio de análises de DNA.
- Quase metade do genoma humano consiste em elementos genéticos móveis que podem se mover de um lugar para outro no genoma. Duas classes desses elementos se multiplicaram em números de cópias altíssimos.
- Os vírus são genes revestidos por capas protetoras que podem mover-se de célula para célula e de organismo para organismo, porém eles necessitam das células hospedeiras para se reproduzirem.
- Alguns vírus têm RNA em vez de DNA como seu material genético. Os retrovírus copiam seus genomas de RNA em DNA antes de integrá-lo no genoma da célula hospedeira.
- A comparação das sequências genômicas de diferentes espécies nos fornece uma forma poderosa de identificar sequências de DNA conservadas e funcionalmente importantes.
- Espécies relacionadas, como seres humanos e camundongos, possuem diversos genes em comum; mudanças evolutivas em sequências de DNA reguladoras que afetam o modo de expressão desses genes são especialmente importantes na determinação das diferenças entre espécies.

TERMOS-CHAVE

árvore filogenética
célula germinativa
célula somática
divergência
duplicação e divergência gênicas
elemento genético móvel
elemento *L1*
embaralhamento de éxons
família gênica
fase de leitura aberta (ORF)
gene homólogo
linhagem germinativa
mutação pontual
polimorfismo de nucleotídeo único (SNP)
retrotranspóson
retrovírus
seleção purificadora
sequência *Alu*
sintenia conservada
transcriptase reversa
transferência horizontal de genes
transpóson
variação do número de cópias
vírus

TESTE SEU CONHECIMENTO

QUESTÃO 9-7

Discuta a seguinte afirmativa: "Os elementos genéticos móveis são parasitas. Eles são danosos ao organismo hospedeiro e, dessa forma, o colocam em desvantagem evolutiva".

QUESTÃO 9-8

O cromossomo humano 22 (48×10^6 pares de nucleotídeos de comprimento) possui cerca de 700 genes que codificam proteínas, com cerca de 19.000 pares de nucleotídeos de comprimento e contendo em média 5,4 éxons, cada um dos quais possui 266 pares de nucleotídeo em média. Qual fração aproximada de um gene que codifica uma proteína é convertida em mRNA? Qual fração do cromossomo os genes ocupam?

QUESTÃO 9-9

Verdadeiro ou falso? A maior parte do DNA humano é lixo sem importância. Justifique sua resposta.

QUESTÃO 9-10

Os elementos genéticos móveis compõem quase metade do genoma humano e estão inseridos mais ou menos aleatoriamente por todo esse genoma. Entretanto, em alguns pontos, esses elementos são raros, como ilustrado para o grupamento gênico denominado *HoxD*, no cromossomo 2 (**Figura Q9-10**). Esse conjunto apresenta em torno de 100 kb de comprimento e contém nove genes, cuja expressão diferencial ao longo do comprimento do embrião em desenvolvimento estabelece o plano corporal básico para humanos (e para outros animais). Por que você suporia que os elementos genéticos móveis são tão raros nesse grupamento? Na Figura Q9-10, as linhas que se projetam para *cima* indicam éxons de genes conhecidos. As linhas que se projetam para *baixo* indicam elementos genéticos móveis; eles são tão numerosos que se fundem em um bloco sólido fora do grupamento *Hox*. Para comparação, é mostrada uma região equivalente do cromossomo 22.

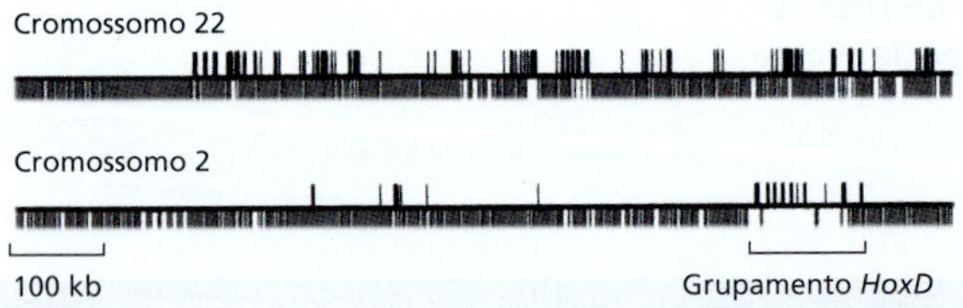

Figura Q9-10

QUESTÃO 9-11

Um antigo método gráfico para comparar sequências de nucleotídeos – o chamado gráfico de diagonais – continua sendo uma das melhores comparações visuais de sequências relacionadas. Um exemplo está ilustrado na **Figura Q9-11**, onde o gene da β-globina humana é comparado ao cDNA humano para β-globina (que contém somente a porção codificadora do gene; Figura Q9-11A) e ao gene da β-globina de camundongo (Figura Q9-11B). O gráfico de diagonais é gerado pela comparação de segmentos de sequências; nesse caso, segmentos de 11 nucleotídeos de cada vez. Se 9 ou mais dos nucleotídeos corresponderem, um ponto é colocado no diagrama, nas coordenadas que correspondem aos segmentos que estão sendo comparados. Uma comparação de todos os possíveis segmentos gera diagramas como aqueles mostrados na Figura Q9-11, na qual as homologias de sequência são mostradas como linhas diagonais.

A. A partir da comparação do gene da β-globina humana com o cDNA da β-globina humana (Figura Q9-11A), você pode deduzir as posições dos éxons e íntrons no gene da β-globina?

B. Os éxons do gene da β-globina humana (indicados pelo sombreamento na Figura Q9-11B) são similares aos do gene da β-globina de camundongo? Identifique e explique quaisquer diferenças importantes.

C. Existe alguma similaridade de sequência entre os genes das β-globinas humana e de camundongo que se localize fora dos éxons? Se houver, identifique a sua localização e ofereça uma explicação para a sua preservação durante a evolução.

D. Algum dos genes mencionados em (C) sofreu alterações no tamanho de íntrons durante a sua divergência evolutiva? Como você pode saber?

QUESTÃO 9-12

Sua orientadora, uma brilhante especialista em bioinformática, possui grande confiança em seu intelecto e criatividade. Ela sugere que você escreva um programa de computador que irá identificar os éxons dos genes que codificam proteínas diretamente a partir da sequência do genoma humano. Na preparação para a tarefa, você decide listar as características que deveriam distinguir as sequências codificadoras de proteínas e as do DNA intrônico, bem como de outras sequências do genoma. Quais características você deve listar?

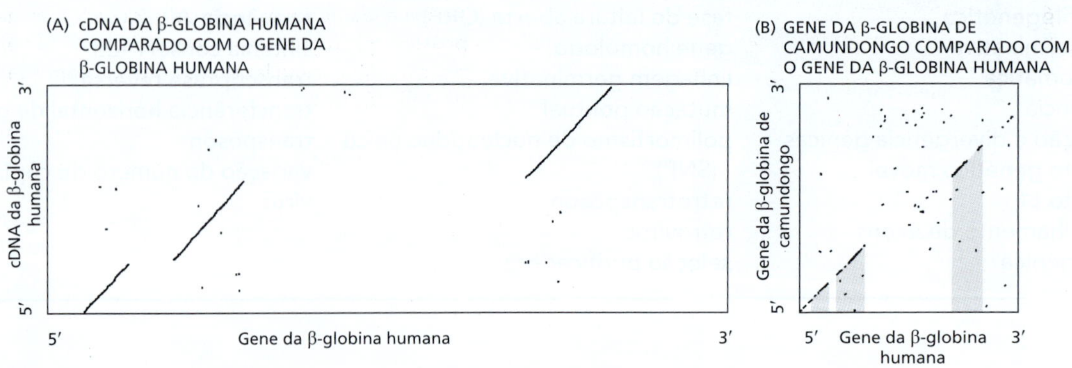

Figura Q9-11

(Você pode revisar os aspectos básicos da expressão gênica no Capítulo 7.)

QUESTÃO 9-13

Você está interessado em descobrir a função de um gene particular no genoma de camundongo. Você determinou a sequência nucleotídica do gene, definiu a porção que codifica o seu produto proteico e pesquisou o banco de dados para comparação com sequências similares; entretanto, nem o gene, nem a proteína se parecem com outras sequências presentes no banco de dados. Quais tipos de informação a respeito do gene ou da proteína codificada você gostaria de conhecer, de forma a restringir suas possíveis funções, e por quê? Concentre-se na informação que você deseja, em vez de em quais técnicas você deveria usar para obter aquela informação.

QUESTÃO 9-14

Por que você esperaria encontrar um códon de terminação (ou parada) a cada 20 códons ou mais em uma sequência aleatória de DNA?

QUESTÃO 9-15

O código genético (ver Figura 7-25) relaciona a sequência de nucleotídeos do mRNA à sequência de aminoácidos das proteínas codificadas. Desde que o código foi decifrado, alguns conclamaram que ele deveria ser um acidente estático, isto é, o sistema aleatoriamente foi originado em algum organismo ancestral e perpetuado inalterado ao longo da evolução; outros argumentam que o código foi moldado pela seleção natural.

Uma característica surpreendente do código genético é a sua inerente resistência aos efeitos de mutação. Por exemplo, uma mudança na terceira posição de um códon frequentemente especifica o mesmo aminoácido ou um aminoácido com propriedades químicas semelhantes. Contudo, esse código natural é mais resistente a mutações do que outras versões possíveis? A resposta é um enfático "Sim", como ilustrado na **Figura Q9-15**. Somente um em um milhão de códigos gerados "ao acaso" por computador é mais resistente a erros do que o código genético natural. A resistência a mutações do código genético real sinaliza em favor da sua origem como derivada de um acidente estático ou como resultado de seleção natural? Explique o seu raciocínio.

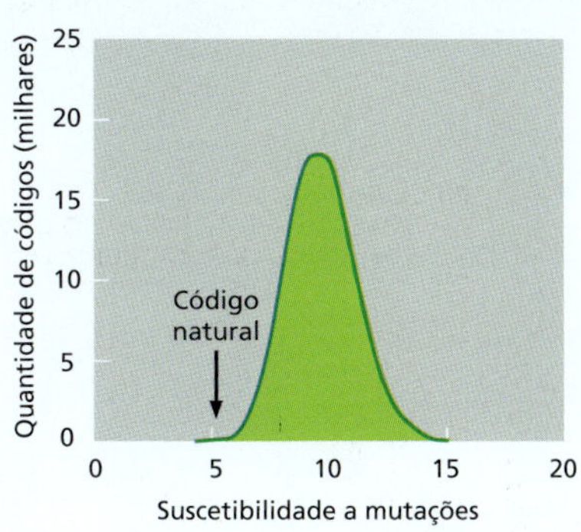

Figura Q9-15

QUESTÃO 9-16

Quais dos processos listados a seguir contribuem significativamente para a evolução de novos genes codificadores de proteínas?

A. Duplicação de genes para criar cópias extras que podem adquirir novas funções.
B. Formação de genes novos *de novo* a partir de DNA não codificador no genoma.
C. Transferência horizontal de DNA entre células de diferentes espécies.
D. Mutação de genes existentes para criar novas funções.
E. Embaralhamento de domínios proteicos por rearranjos gênicos.

QUESTÃO 9-17

Alguns genes evoluem mais rapidamente que outros. Mas como isso pode ser demonstrado? Uma metodologia é comparar vários genes entre duas espécies, como mostrado para ratos e humanos na tabela a seguir. Duas medidas de taxas de substituição nucleotídica estão indicadas na tabela. As alterações não sinônimas se referem a alterações em nucleotídeos únicos, na sequência de DNA, que alteram o aminoácido codificado (ATC → TTC, que substitui isoleucina → fenilalanina, p. ex.). Alterações sinônimas se referem àquelas que não alteram o aminoácido codificado (ATC → ATT, que codifica isoleucina → isoleucina, p. ex.). (Como pode ser visto no código genético, Figura 7-25, existem muitos casos onde vários códons correspondem ao mesmo aminoácido.)

Gene	Aminoácidos	Taxas de mutação	
		Não sinônimas	Sinônimas
Histona H3	135	0,0	4,5
α-hemoglobina	141	0,6	4,4
Interferona γ	136	3,1	5,5

As taxas foram determinadas mediante comparação de sequências humanas e de ratos, e são expressas como trocas de nucleotídeos por sítio por 10^9 anos. A taxa média de mudanças não sinônimas para várias dezenas de genes de ratos e genes humanos é aproximadamente 0,8.

A. Por que existem diferenças tão grandes entre as taxas sinônimas e não sinônimas de substituição nucleotídica?
B. Considerando que as taxas de alterações sinônimas são aproximadamente as mesmas para os três genes, como é possível que o gene da histona H3 resista tão efetivamente às mudanças nucleotídicas que alteram sua sequência de aminoácidos?
C. Em princípio, uma proteína poderia ser altamente conservada porque o gene que a codifica encontra-se em um sítio "privilegiado" no genoma, sendo sujeito a taxas muito baixas de mutação. Qual característica dos dados na tabela depõe contra essa possibilidade para a proteína histona H3?

QUESTÃO 9-18

As hemoglobinas de plantas foram identificadas inicialmente em legumes, onde elas são ativas nos nódulos das raízes para diminuir a concentração de oxigênio, de maneira que as bactérias residentes possam fixar o nitrogênio. Essas hemoglobinas conferem uma cor rosada característica aos nódulos das raízes. A descoberta da hemoglobina em plantas foi inicialmente surpreendente, porque os cientistas consideravam a hemoglobina como uma característica distintiva do sangue animal. Foi gerada a hipótese de que o gene vegetal havia sido adquirido por transferência horizontal a partir de algum animal. Muitos outros genes de hemoglobina, de vários organismos, já foram sequenciados, e uma árvore filogenética das hemoglobinas é mostrada na **Figura Q9-18**.

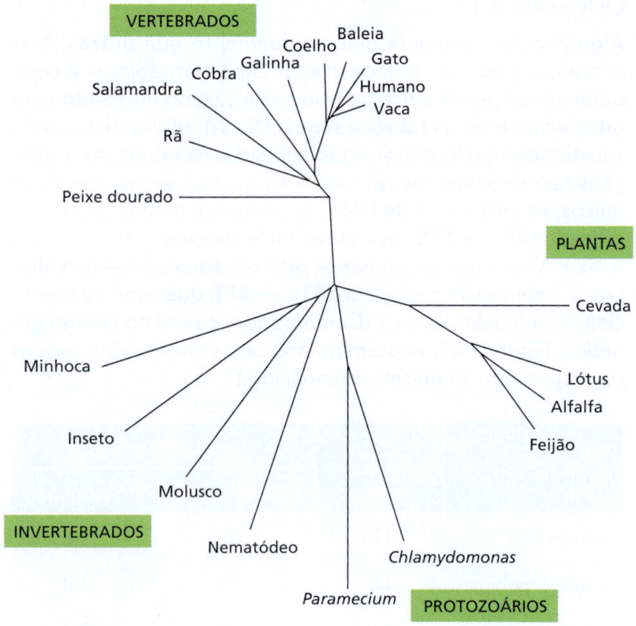

Figura Q9-18

A. A evidência dessa árvore reforça ou refuta a hipótese de que as hemoglobinas vegetais surgiram por transferência horizontal de genes?

B. Supondo que os genes de hemoglobinas vegetais foram originalmente derivados por transferência horizontal (de um nematódeo parasita, p. ex.), como você esperaria que a árvore filogenética se parecesse?

QUESTÃO 9-19

A fidelidade da replicação do DNA é tal que, em média, somente cerca de 0,6 em 6 bilhões de nucleotídeos em uma célula germinativa humana sofre alteração em cada divisão celular. Como a maior parte de nosso DNA não está sujeita a qualquer restrição precisa em sua sequência, a maioria dessas alterações é seletivamente neutra. Quaisquer dois humanos modernos, escolhidos ao acaso, irão apresentar em torno de 1 diferença de sequência nucleotídica a cada 1.000 nucleotídeos. Suponha que sejamos todos descendentes de um único par de ancestrais – Adão e Eva – que eram geneticamente idênticos e homozigotos (cada cromossomo era idêntico ao seu homólogo). Assumindo que todas as mutações da linhagem germinativa originadas são preservadas em seus descendentes, quantas gerações celulares devem ter decorrido desde os tempos de Adão e Eva para ter sido acumulada 1 diferença por 1.000 nucleotídeos nos descendentes modernos? Assumindo que cada geração humana corresponda a uma média de 200 ciclos de divisões celulares na linhagem de células germinativas e considerando-se 30 anos por geração humana, há quantos anos teria esse casal ancestral vivido?

QUESTÃO 9-20

A transcriptase reversa não faz a leitura de autocorreção à medida que sintetiza DNA a partir de um molde de RNA. Quais são as consequências disso para o tratamento da Aids?

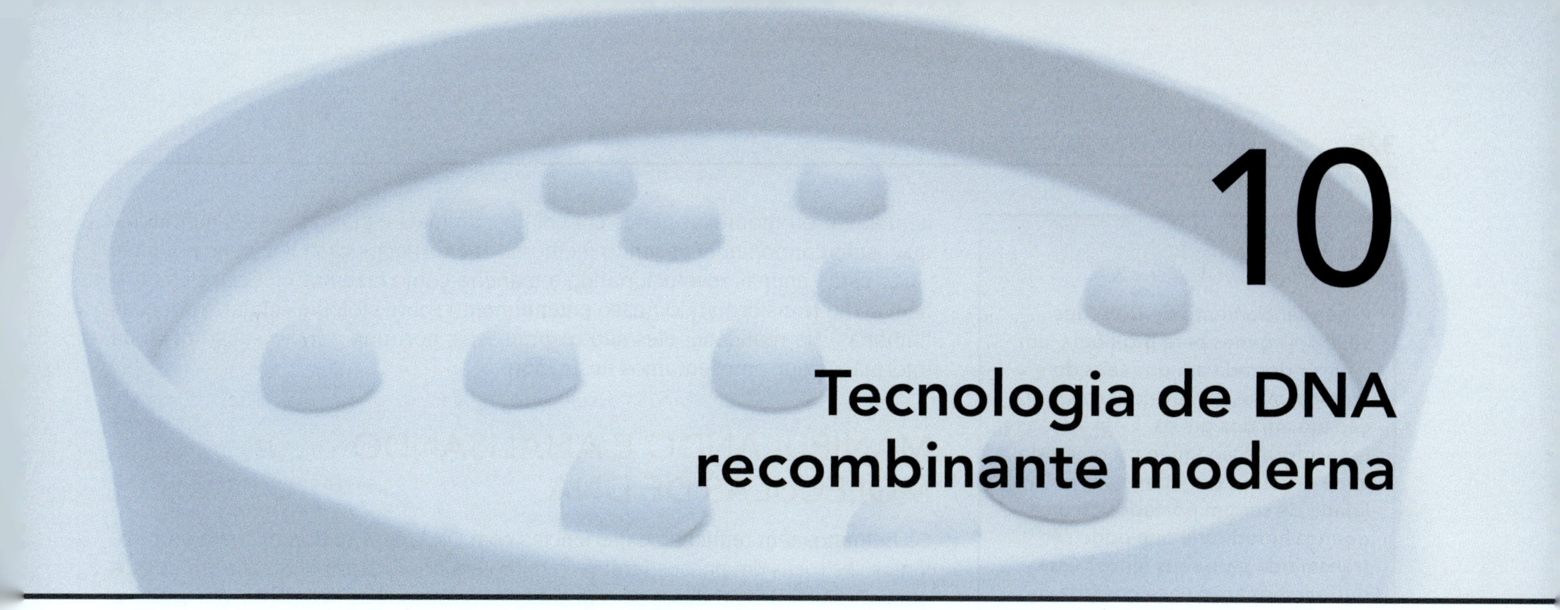

10

Tecnologia de DNA recombinante moderna

MANIPULANDO E ANALISANDO MOLÉCULAS DE DNA

CLONAGEM DE DNA EM BACTÉRIAS

CLONAGEM DE DNA POR PCR

DESVENDANDO E EXPLORANDO A FUNÇÃO GÊNICA

Desde a virada do século, os biólogos acumularam uma riqueza sem precedentes de informações sobre os genes que controlam o desenvolvimento e o comportamento dos seres vivos. Graças aos avanços em nossa capacidade para determinar rapidamente a sequência de nucleotídeos de genomas inteiros, agora temos acesso aos mapas moleculares completos de milhares de organismos diferentes, desde o ornitorrinco até a bactéria da peste negra, e de milhares de pessoas diferentes de todo o mundo.

Tal explosão de informações não teria sido possível sem a revolução tecnológica que nos permitiu manipular as moléculas de DNA. No início dos anos 1970, tornou-se possível, pela primeira vez, isolar um segmento selecionado de DNA a partir de muitos milhares de pares de nucleotídeos em um cromossomo típico – e replicar, sequenciar e modificar seu DNA. Essas moléculas de DNA modificadas puderam então ser introduzidas no genoma de outro organismo, onde se tornaram parte funcional e hereditária das instruções genéticas desse organismo.

Esses avanços técnicos – chamados de **tecnologia do DNA recombinante** ou *engenharia genética* – tiveram um impacto substancial sobre todos os aspectos da biologia celular. Eles avançaram nossa compreensão sobre a organização e história evolutiva dos genomas eucarióticos complexos (como discutido no Capítulo 9) e levaram à descoberta de novas classes de genes, RNAs e proteínas. Essa tecnologia continua a gerar novas formas de determinar as funções de genes e proteínas nos organismos vivos e fornece um conjunto de ferramentas importantes para desvendar os mecanismos, ainda pouco compreendidos, pelos quais um organismo complexo pode se desenvolver a partir de um único ovo fertilizado.

A tecnologia do DNA recombinante também teve uma influência profunda sobre nosso entendimento e tratamento de doenças: utilizada, por exemplo, para detectar as mutações nos genes humanos que são responsáveis por doenças hereditárias ou que nos predispõem a uma variedade de doenças comuns, incluindo o câncer; também é utilizada para produzir um número cada vez maior de fármacos, como insulina para diabéticos e proteínas da coagulação sanguínea para hemofílicos. Mas a tecnologia do DNA recombinante também tem aplicações fora da clínica. Ela permite, por exemplo, que a ciência forense identifique ou absolva suspeitos de um crime. Mesmo nossos detergentes de roupas contêm proteases termoestáveis removedoras de manchas, cortesia da tecnologia do DNA. De todas as descobertas descritas neste livro, aquelas que levam ao desenvolvimento da tecnologia do DNA recombinante são as de maior impacto no dia a dia de nossas vidas.

Neste capítulo, apresentamos uma breve revisão de como aprendemos a manipular o DNA, identificar os genes e produzir muitas cópias de qualquer sequência nucleotídica no laboratório. Discutimos algumas abordagens para explorar a função gênica, incluindo novas maneiras de monitorar a expressão gênica e

QUESTÃO 10-1

O sequenciamento de DNA dos seus dois genes para β-globina (um a partir de cada um dos seus dois cromossomos 11) revelou uma mutação em um dos genes. Com apenas essa informação, quão preocupado você deveria estar com a possibilidade de ser um portador de uma doença hereditária que pode ser transmitida para seus filhos? Que outra informação você gostaria de ter para estimar o seu risco?

de inativar ou modificar genes em células, animais e plantas. Esses métodos – que estão continuamente sendo melhorados e tornados cada vez mais potentes – não estão apenas revolucionando a maneira como fazemos ciência; eles também estão transformando nosso entendimento sobre biologia celular e doenças humanas. Na realidade, eles são responsáveis por uma porção substancial da informação que apresentamos neste livro.

MANIPULANDO E ANALISANDO MOLÉCULAS DE DNA

Os humanos têm realizado experiências com DNA, sem se darem conta, por milênios. As rosas em nossos jardins, o milho em nosso prato e os cães em nossos quintais são todos produtos de cruzamentos seletivos que ocorreram por várias e várias gerações (**Figura 10-1**). Mas somente depois do desenvolvimento das técnicas de DNA recombinante, na década de 1970, é que pudemos começar a modificar organismos com propriedades desejáveis, alterando diretamente seus genes.

Isolar e manipular genes individuais não é um assunto trivial. Diferentemente de uma proteína, um gene não existe como uma entidade separada nas células; ele é um curto segmento de uma molécula de DNA muito maior. Até mesmo os genomas de bactérias, que são muito menos complexos do que os cromossomos de eucariotos, são muito longos. O genoma de *E. coli*, por exemplo, contém 4,6 milhões de pares de nucleotídeos.

Então, como um único gene pode ser separado a partir do genoma eucariótico – que é consideravelmente maior – de modo que possa ser manipulado no laboratório? A solução para esse problema surgiu, em grande parte, com a descoberta de uma classe de enzimas bacterianas conhecidas como *nucleases de restrição*. Essas enzimas podem cortar o DNA de fita dupla em determinadas sequências, podendo, assim, ser utilizadas para produzir um grupo reproduzível de fragmentos de DNA específicos a partir de qualquer genoma. Nesta seção, descrevemos como essas enzimas trabalham e como os fragmentos de DNA que elas produzem podem ser isolados e visualizados. Então, discutimos como esses fragmentos podem ser analisados para identificar aqueles que contêm a sequência de DNA de interesse.

As nucleases de restrição cortam as moléculas de DNA em sítios específicos

Assim como as ferramentas da tecnologia do DNA recombinante as nucleases de restrição foram descobertas por pesquisadores que estavam tentando compreender um fenômeno biológico intrigante. Observou-se que certas bactérias

(A) (B)

Figura 10-1 Por meio do cruzamento de plantas e animais, os humanos estiveram, sem querer, realizando experimentos com DNA por milênios. (A) O desenho mais antigo conhecido de uma rosa na arte ocidental, do palácio de Knossos em Creta, de aproximadamente 2.000 a.C. As rosas modernas são o resultado de séculos de cruzamentos entre essas rosas selvagens. (B) Os cães têm sido cruzados para exibir uma ampla variedade de características, incluindo diferentes formatos de cabeça, cores de pelagem e tamanho. Todos os cães, independentemente da raça, pertencem a uma única espécie que foi domesticada a partir do lobo cinzento há cerca de 10.000 a 15.000 anos. (B, de A.L. Shearin & E.A. Ostrander, *PLoS Biol.* 8:e1000310, 2010.)

sempre degradavam esse DNA "estranho" que era introduzido nelas experimentalmente. Uma procura pelo mecanismo responsável revelou uma nova classe de nucleases bacterianas que clivam o DNA em sequências nucleotídicas específicas. O próprio DNA bacteriano é protegido da clivagem pela modificação química dessas sequências específicas. Visto que essas enzimas funcionam para restringir a transferência de DNA entre cepas de bactérias, elas foram chamadas de **nucleases de restrição**. O estudo desse aparente mistério biológico promoveu o desenvolvimento de tecnologias que mudaram para sempre a maneira como os biólogos celulares e moleculares estudam os seres vivos.

Espécies bacterianas diferentes produzem nucleases de restrição distintas, cada uma cortando em uma sequência nucleotídica específica diferente (**Figura 10-2**). Como essas suas sequências-alvo são curtas – em geral 4 a 8 pares de nucleotídeos –, muitos sítios de clivagem ocorrerão, meramente por acaso, em qualquer molécula longa de DNA. A razão pela qual as nucleases de restrição são tão úteis no laboratório é que cada enzima cortará determinada molécula de DNA nos mesmos sítios. Assim, para determinada amostra de DNA, uma nuclease de restrição em particular gerará confiavelmente o mesmo conjunto de fragmentos de DNA.

O tamanho dos fragmentos resultantes depende das sequências-alvo das nucleases de restrição. Como mostrado na Figura 10-2, a enzima HaeIII corta em uma sequência de quatro pares de nucleotídeos; espera-se que uma sequência desse comprimento ocorra por acaso aproximadamente uma vez a cada 256 pares de nucleotídeos (1 em 4^4). Em comparação, seria esperado que uma nuclease de restrição com uma sequência-alvo que tem oito pares de nucleotídeos de comprimento clivasse o DNA uma vez a cada 65.536 pares de nucleotídeos (1 em 4^8), em média. Essa diferença na seletividade pela sequência torna possível clivar uma molécula longa de DNA em tamanhos de fragmentos que são mais apropriados para determinada aplicação.

A eletroforese em gel separa fragmentos de DNA de diferentes tamanhos

Depois que uma molécula grande de DNA é clivada em segmentos menores com uma nuclease de restrição, os fragmentos de DNA podem ser separados uns dos outros com base no seu comprimento por eletroforese em gel – o mesmo método utilizado para separar misturas de proteínas (ver Painel 4-5, p. 167). Uma mistura de fragmentos de DNA é aplicada a uma das extremidades de um bloco de gel de agarose ou de poliacrilamida, que contém uma rede microscópica de poros. Quando uma voltagem é aplicada em todo o gel, os fragmentos de DNA carregados negativamente migram em direção ao eletrodo positivo; os fragmentos maiores migram mais lentamente, pois seu progresso é impedido em grande parte pela matriz do gel. Após algumas horas, os fragmentos de DNA ficam distribuídos ao longo do gel de acordo com o tamanho, formando uma escada de bandas individuais, cada uma composta por uma coleção de moléculas de DNA

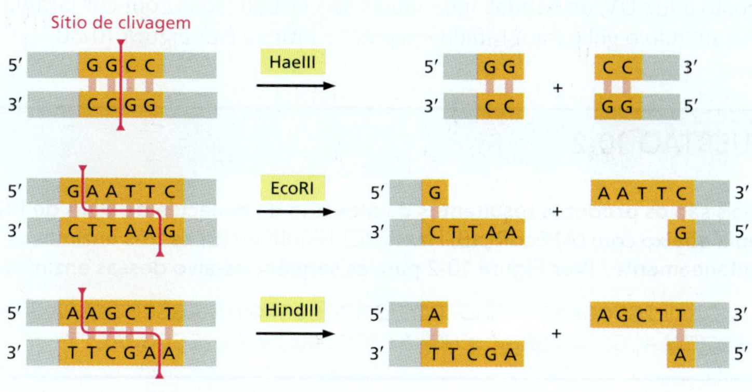

Figura 10-2 Nucleases de restrição clivam o DNA em sequências nucleotídicas específicas. Frequentemente, as sequências-alvo são palindrômicas (i.e., a sequência nucleotídica é simétrica em torno de um ponto central). Aqui, ambas as fitas da dupla-hélice de DNA são cortadas em pontos específicos na sequência-alvo (*laranja*). Algumas enzimas, como HaeIII, cortam transversalmente dupla-hélice e dão origem a duas moléculas de DNA com extremidades cegas; com outras enzimas, como EcoRI e HindIII, os cortes em cada extremidade são assimétricos. Esses cortes assimétricos geram "extremidades coesivas", curtas, projeções de fita simples que ajudam as moléculas cortadas a se unirem pelo pareamento das bases complementares. Essa nova união das moléculas de DNA se torna importante para a clonagem de DNA, como discutimos adiante. As nucleases de restrição costumam ser obtidas de bactérias, e seus nomes refletem as suas origens: por exemplo, a enzima EcoRI vem de *Escherichia coli*.

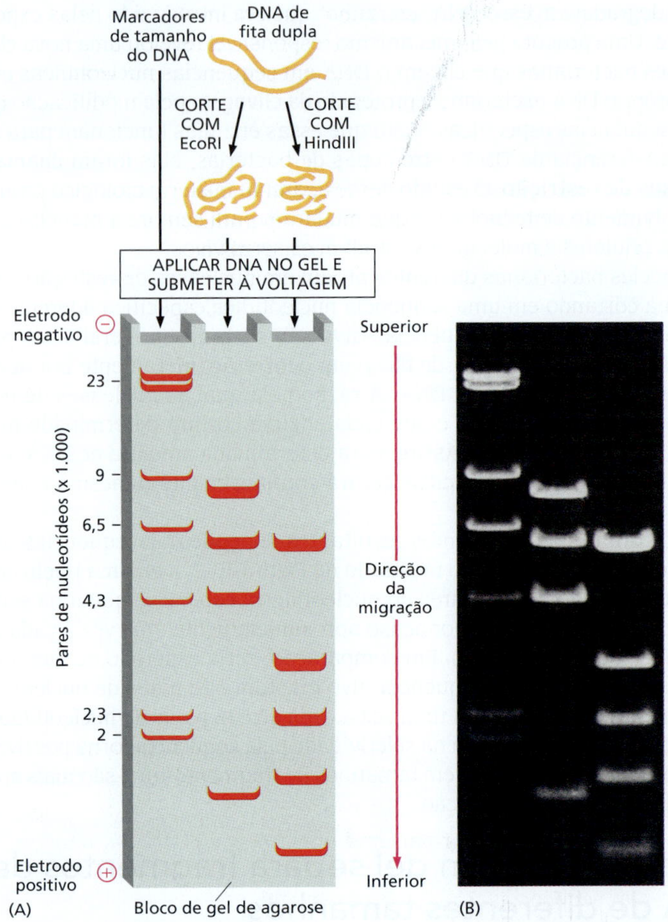

Figura 10-3 As moléculas de DNA podem ser separadas por tamanho utilizando eletroforese em gel. (A) A ilustração esquemática compara os resultados do corte da mesma molécula de DNA (neste caso, o genoma de um vírus que infecta vespas) com duas nucleases de restrição diferentes, EcoRI (*centro*) e HindIII (*à direita*). Os fragmentos são, então, separados por eletroforese em gel. Como os fragmentos maiores migram mais lentamente do que os menores, as bandas inferiores no gel contêm os menores fragmentos de DNA. Os tamanhos dos fragmentos podem ser estimados comparando-os com um conjunto de fragmentos de DNA de tamanhos conhecidos (*à esquerda*). (B) A fotografia de um gel mostra as posições das bandas de DNA que foram marcadas com um corante fluorescente. (B, de U. Albrecht et al., *J. Gen. Virol.* 75:3353–3363, 1994.)

de comprimentos idênticos (**Figura 10-3**). Para isolar o fragmento de DNA desejado, uma pequena parte do gel que contém a banda com o DNA é excisada com uma lâmina de bisturi e o DNA é então extraído do gel.

Bandas do DNA no gel podem ser visualizadas utilizando corantes fluorescentes ou radioisótopos

As bandas de DNA separadas no gel de agarose ou poliacrilamida não são visíveis por si só. Para visualizar essas bandas, o DNA precisa ser marcado ou corado de alguma forma. Um método sensível envolve a exposição do gel a um corante que fluoresce sob luz ultravioleta (UV) quando está ligado ao DNA. Quando o gel é exposto à luz UV, as bandas individuais são visualizadas com cor laranja – ou branca quando o gel é fotografado em preto e branco (ver Figura 10-3B).

QUESTÃO 10-2

Quais são os produtos resultantes da digestão da molécula de DNA de fita dupla *abaixo* com (A) EcoRI, (B) HaeIII, (C) HindIII ou (D) as três enzimas simultaneamente? (Ver Figura 10-2 para as sequências-alvo dessas enzimas.)

5′-AAGAATTGCGGAATTCGGGCCTTAAGCGCCGCGTCGAGGCCTTAAA-3′
3′-TTCTTAACGCCTTAAGCCCGGAATTCGCGGCGCAGCTCCGGAATTT-5′

Um método ainda mais sensível de detecção envolve a incorporação de um radioisótopo nas moléculas de DNA antes de serem separadas por eletroforese; ^{32}P é frequentemente utilizado, uma vez que pode ser incorporado nos fosfatos do DNA. Como as partículas β emitidas a partir do ^{32}P podem ativar as partículas sensíveis à radiação no filme fotográfico, uma folha de filme colocada sobre o gel de agarose irá mostrar a posição de todas as bandas de DNA, quando revelado.

Expor um gel a um corante fluorescente que se liga ao DNA – ou iniciar com um DNA que foi pré-marcado com ^{32}P – permitirá que cada banda de DNA no gel seja visualizada. Mas isso não revela quais dessas bandas contêm uma sequência de DNA de interesse. Para tanto, uma sonda é desenhada para se ligar especificamente à sequência nucleotídica desejada por pareamento de bases complementares, como vemos a seguir.

A hibridização fornece um meio sensível de detectar sequências nucleotídicas específicas

Em condições normais, as duas fitas da dupla-hélice de DNA estão unidas por ligações de hidrogênio entre os pares de bases complementares (ver Figura 5-6). Porém, essas ligações não covalentes relativamente fracas podem ser facilmente rompidas. Essa *desnaturação do DNA* separará as duas fitas, mas não romperá as ligações covalentes que mantêm unidos os nucleotídeos em cada fita. É possível que a maneira mais simples de obter tal separação envolva o aquecimento do DNA até cerca de 90°C. Quando as condições são revertidas – pela diminuição lenta da temperatura –, as fitas complementares se unirão prontamente para formar outra vez a dupla-hélice. Essa **hibridização**, ou *renaturação do DNA*, é promovida pela formação das ligações de hidrogênio entre os pares de base complementares (**Figura 10-4**).

Essa capacidade fundamental de uma molécula de ácido nucleico de fita simples, DNA ou RNA, de formar uma dupla-hélice com uma molécula de fita simples de sequência complementar é a base de uma técnica poderosa e sensível para detectar sequências nucleotídicas específicas tanto no DNA como no RNA. Hoje, simplesmente escolhemos uma *sonda de DNA* de fita simples, curta, que é complementar à sequência nucleotídica de interesse. Como as sequências nucleotídicas de tantos genomas são conhecidas – e são armazenadas em bancos de dados acessíveis ao público –, a escolha dessas sondas é um processo simples. A sonda desejada pode então ser sintetizada no laboratório – normalmente por uma organização comercial ou uma instituição acadêmica centralizada. Tais sondas possuem uma marca fluorescente ou radioativa para facilitar a detecção da sequência nucleotídica na qual elas se ligam.

Uma vez que uma sonda apropriada foi obtida, ela pode ser utilizada em uma variedade de situações para identificar ácidos nucleicos com uma sequência complementar – por exemplo, encontrar uma sequência de interesse entre fragmentos de DNA que foram separados em um gel de agarose. Nesse caso, os fragmentos são inicialmente transferidos para uma folha de papel especial, que então é exposta à sonda marcada. Essa técnica comum, denominada *Southern blotting* (em português, denominada transferência de Southern), foi assim chamada em homenagem ao seu inventor (**Figura 10-5**).

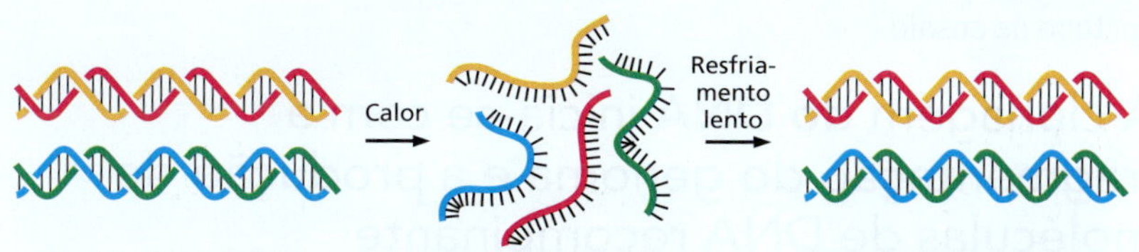

Figura 10-4 Uma molécula de DNA pode sofrer desnaturação e renaturação (hibridização). Para que duas moléculas de fita simples hibridizem, elas precisam ter sequências de nucleotídeos complementares que permitam o pareamento de bases. Neste exemplo, as fitas em *laranja* e *vermelho* são complementares entre si, e as fitas em *azul* e *verde* são complementares entre si. Embora a desnaturação pelo calor seja mostrada, o DNA também pode ser renaturado após ser desnaturado por tratamento alcalino. A descoberta em 1961 de que DNAs de fita simples poderiam sem grande esforço formar novamente uma dupla-hélice dessa forma foi uma grande surpresa para os cientistas.

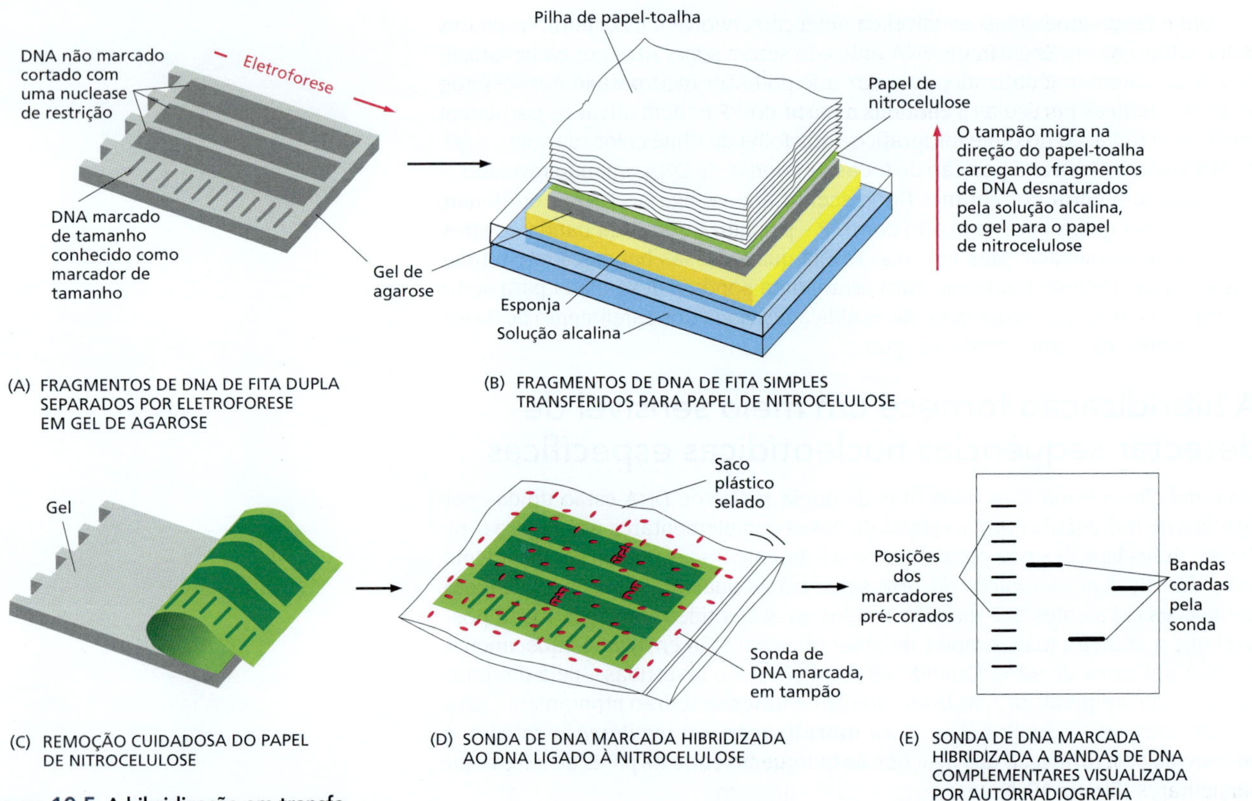

Figura 10-5 A hibridização em transferência de gel – ou *Southern blotting* – é utilizada para detectar fragmentos de DNA específicos. (A) A mistura de fragmentos de DNA de fita dupla gerada pelo tratamento do DNA com nucleases de restrição é separada de acordo com o tamanho por eletroforese em gel. (B) Uma folha de papel de nitrocelulose é colocada sobre o gel, e os fragmentos de DNA separados são desnaturados com uma solução alcalina e transferidos para a folha. Nesse processo, uma pilha de papel-toalha absorvente é utilizada para sugar o tampão para cima através do gel, transferindo os fragmentos de DNA de fita simples do gel para o papel de nitrocelulose. (C) A folha de nitrocelulose é cuidadosamente retirada do gel. (D) Essa folha contendo os fragmentos de DNA de fita simples ligados é exposta a uma sonda de DNA de fita simples radioativa específica para a sequência de DNA de interesse sob condições que favorecem a hibridização. (E) A folha é lavada completamente, de modo que apenas as moléculas de sonda que hibridizaram com o DNA sobre a folha permaneçam ligadas. Depois da autorradiografia, o DNA que hibridizou com a sonda marcada aparecerá como uma banda na autorradiografia. Uma adaptação dessa técnica, usada para detectar sequências de RNA específicas, é chamada de *Northern blotting*. Nesse caso, as moléculas de RNA são submetidas à eletroforese através do gel, e a sonda é normalmente uma molécula de DNA de fita simples. Os mesmos procedimentos podem ser realizados com sondas não radioativas, usando um método apropriado de detecção.

As sondas de DNA são amplamente usadas na biologia celular. Adiante, neste capítulo, vemos como elas podem ser utilizadas para determinar em quais tecidos e em quais estágios do desenvolvimento um gene é transcrito. Contudo, primeiro consideramos como a hibridização facilita o processo de clonagem de DNA.

CLONAGEM DE DNA EM BACTÉRIAS

O termo **clonagem de DNA** se refere à produção de várias cópias idênticas de uma sequência de DNA. É essa amplificação que torna possível separar um segmento definido de DNA – muitas vezes um gene de interesse – a partir do resto do genoma da célula. A clonagem de DNA é uma das proezas mais importantes da tecnologia do DNA recombinante, já que é o ponto inicial para a compreensão da função de qualquer segmento de DNA de um genoma.

Nesta seção, descrevemos a abordagem clássica para clonagem de DNA, na qual todo o DNA de uma célula ou tecido é copiado e então se encontra e isola o DNA específico de interesse. Depois discutimos como o desenvolvimento da *reação em cadeia da polimerase* (*PCR*) facilitou uma abordagem mais direta para a clonagem, permitindo a cópia somente do fragmento de DNA de interesse em um tubo de ensaio.

A clonagem do DNA inicia-se com a fragmentação do genoma e a produção de moléculas de DNA recombinante

Genomas inteiros, mesmo os pequenos, são muito grandes e difíceis de manipular para serem facilmente estudados no laboratório. Assim, a primeira etapa na clonagem de qualquer gene é a fragmentação do genoma em segmentos menores mais manipuláveis. Esses fragmentos podem então ser unidos, ou recombinados, para produzir as moléculas de DNA que serão amplificadas. Nossa capacidade de gerar tais **moléculas de DNA recombinante** é possível pelo uso de ferramentas moleculares que são fornecidas pelas próprias células.

Como discutimos antes, as nucleases de restrição bacterianas podem ser utilizadas para cortar moléculas longas de DNA em fragmentos de tamanho mais apropriado (ver Figura 10-2). Esses fragmentos podem ser unidos uns aos outros – ou a qualquer pedaço de DNA – usando **DNA-ligase**, uma enzima que religa as quebras que surgem na cadeia principal do DNA durante a replicação do DNA e o reparo do DNA nas células (ver Figura 6-18). A DNA-ligase permite aos pesquisadores unir dois segmentos de DNA em um tubo de ensaio, produzindo moléculas de DNA recombinante que não são encontradas na natureza (**Figura 10-6**).

A produção de moléculas de DNA recombinante dessa maneira é uma etapa-chave na abordagem clássica para clonagem de DNA. Ela permite que fragmentos de DNA gerados pelo tratamento com uma nuclease de restrição possam ser inseridos em outra molécula de DNA especial que serve como carreadora, ou *vetor*, que pode ser copiado – e, portanto, amplificado – dentro da célula, como discutimos a seguir.

O DNA recombinante pode ser inserido em vetores plasmideais

Os vetores normalmente utilizados para clonagem gênica são moléculas de DNA circular, relativamente pequenas, denominadas **plasmídeos** (**Figura 10-7**). Cada plasmídeo contém uma origem de replicação que lhe permite replicar-se em uma célula bacteriana independentemente do cromossomo bacteriano. Ele também tem sítios de corte para nucleases de restrição comuns, de maneira que o plasmídeo pode ser linearizado convenientemente e um fragmento de DNA estranho pode ser inserido.

Os plasmídeos utilizados para clonagem são basicamente versões otimizadas de plasmídeos que ocorrem naturalmente em várias bactérias. Os plasmídeos bacterianos foram reconhecidos pela primeira vez por médicos e cientistas, pois muitas vezes esses plasmídeos carregam genes que conferem resistência a um ou mais antibióticos a seus hospedeiros microbianos. Antibióticos historicamente potentes – penicilina, por exemplo – já não são mais efetivos contra várias das infecções bacterianas atuais, porque os plasmídeos que conferem resistência aos antibióticos se espalharam entre as espécies de bactérias por transferência gênica horizontal (ver Figura 9-14).

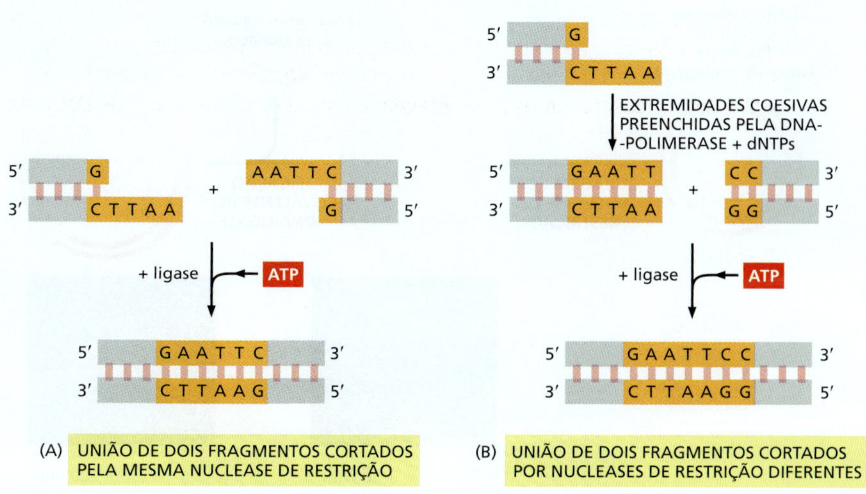

Figura 10-6 A DNA-ligase pode unir dois fragmentos de DNA *in vitro* para produzir moléculas de DNA recombinante. O ATP fornece a energia necessária para a ligase restabelecer a cadeia principal de açúcar-fosfato de DNA. (A) A DNA-ligase pode ligar prontamente dois fragmentos de DNA produzidos pela mesma nuclease de restrição, neste caso EcoRI. Note que as extremidades coesivas produzidas por essa enzima permitem que as extremidades dos dois fragmentos formem pares de bases corretamente uma com a outra, facilitando muito a sua união. (B) A DNA-ligase também pode ser usada para unir fragmentos de DNA produzidos por diferentes nucleases de restrição – por exemplo, EcoRI e HaeIII. Nesse caso, antes de os fragmentos sofrerem a ligação, a DNA-polimerase e uma mistura de trifosfatos de desoxirribonucleosídeos (dNTPs), são utilizadas para preencher a extremidade coesiva produzido pela EcoRI. Cada fragmento de DNA mostrado na figura é orientado de maneira que as extremidades 5′ correspondem à extremidade esquerda da fita superior e à extremidade direita da fita inferior, conforme indicado.

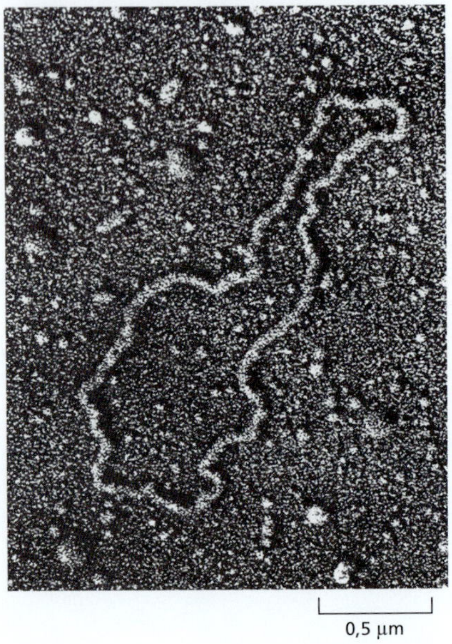

Figura 10-7 Plasmídeos bacterianos são normalmente utilizados como vetores de clonagem. Essa molécula circular de DNA de fita dupla foi o primeiro plasmídeo para clonagem de DNA; ela contém cerca de nove mil pares de nucleotídeos. O procedimento de coloração usado para produzir DNA visível nesta micrografia eletrônica faz o DNA aparecer mais espesso do que realmente é. (Cortesia de Stanley N. Cohen, Stanford University.)

Para clonar um fragmento de DNA em um vetor plasmideal, o DNA plasmideal purificado é linearizado por uma nuclease de restrição que o cliva em um único sítio, e o fragmento de DNA a ser clonado é então inserido nesse sítio utilizando DNA-ligase (**Figura 10-8**). Essa molécula de DNA recombinante está agora pronta para ser introduzida em uma bactéria, onde ela será copiada e amplificada, conforme vemos a seguir.

O DNA recombinante pode ser copiado no interior de células bacterianas

Para introduzir o DNA recombinante em uma célula bacteriana, os pesquisadores aproveitam-se do fato de que algumas bactérias naturalmente captam moléculas de DNA presentes no seu meio. O mecanismo que controla essa captação é chamado de **transformação**, porque observações anteriores sugeriram que ele poderia "transformar" uma cepa bacteriana em outra. De fato, a primeira prova de que os genes são compostos por DNA veio de um experimento no qual o DNA purificado a partir de uma cepa patogênica de pneumococo foi usado para transformar uma bactéria inócua em uma letal (ver Como Sabemos, p. 174-176).

Em uma população natural de bactérias, uma fonte de DNA para transformação é fornecida por bactérias que morreram e liberaram o seu conteúdo, incluindo DNA, para o meio. Entretanto, em um tubo de ensaio, bactérias como *E. coli* podem ser induzidas a captar DNA recombinante que foi criado no laboratório. Essas bactérias podem então ser suspensas em um meio rico em nutrientes para proliferar.

Toda vez que a população bacteriana duplica – a cada 30 minutos, aproximadamente – o número de cópias da molécula de DNA recombinante também duplica. Portanto, em 24 horas, as células modificadas produzirão centenas de milhões de cópias do plasmídeo, junto com o fragmento de DNA que ele contém. A bactéria pode então ser rompida (lisada) e o DNA plasmideal purificado a partir do restante do conteúdo celular, incluindo o grande cromossomo bacteriano (**Figura 10-9**).

O fragmento de DNA pode ser prontamente recuperado por meio da clivagem do DNA plasmideal com a mesma nuclease de restrição que foi utilizada

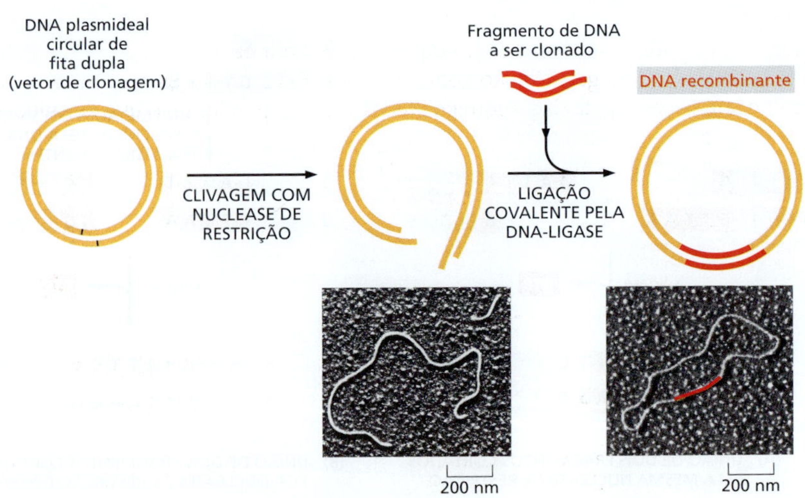

Figura 10-8 Um fragmento de DNA é inserido em um plasmídeo bacteriano utilizando a enzima DNA-ligase. O plasmídeo é inicialmente cortado em um único sítio com uma nuclease de restrição (neste caso, uma que produza extremidades coesivas) para ser linearizado. O plasmídeo é então é misturado ao fragmento de DNA a ser clonado , que foi cortado com a mesma nuclease de restrição. DNA-ligase e ATP também são adicionados à mistura. As extremidades coesivas fazem o pareamento de bases, e os cortes na cadeia principal do DNA são restabelecidos pela DNA-ligase para produzir uma molécula de DNA recombinante completa. Nas micrografias, o fragmento de DNA foi colorido em *vermelho* para facilitar a visualização. (Micrografias, cortesia de Huntington Potter e David Dressler.)

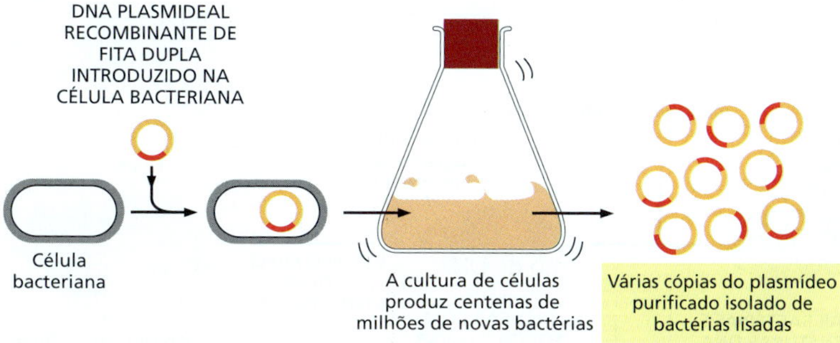

Figura 10-9 Um fragmento de DNA pode ser replicado em uma célula bacteriana. Para clonar um determinado fragmento de DNA, ele é inicialmente inserido em um vetor plasmideal, como mostrado na Figura 10-8. O plasmídeo de DNA recombinante resultante é então introduzido em uma bactéria, onde é replicado milhões de vezes quando a bactéria se multiplica. Para simplificar, o genoma da célula bacteriana não é mostrado.

para inseri-lo, e então separá-lo do DNA plasmideal por eletroforese em gel (ver Figura 10-3). Juntas, essas etapas permitem a amplificação e a purificação de qualquer segmento de DNA a partir do genoma de qualquer organismo.

Os genes podem ser isolados a partir de bibliotecas de DNA

Até aqui, descrevemos a amplificação de um único fragmento de DNA. Na verdade, quando um genoma é cortado por uma nuclease de restrição, milhões de fragmentos diferentes de DNA são gerados. Como o único fragmento que contém o DNA de interesse pode ser isolado a partir dessa coleção? A solução envolve a introdução de todos os fragmentos nas bactérias e então a seleção dessas células bacterianas que contêm a molécula de DNA amplificada desejada.

Toda a coleção de fragmentos de DNA pode ser ligada a vetores plasmideais, usando condições que favorecem a inserção de um único fragmento de DNA em cada molécula de plasmídeo. Esses plasmídeos recombinantes são então introduzidos em *E. coli* a uma concentração que assegura que apenas uma molécula de plasmídeo seja captada por bactéria. A coleção de fragmentos de DNA clonados nessa cultura bacteriana é conhecida como **biblioteca de DNA**. Como os fragmentos de DNA são derivados diretamente do DNA cromossômico do organismo de interesse, a coleção resultante – chamada de **biblioteca genômica** – deve representar todo o genoma daquele organismo (**Figura 10-10**).

Para encontrar um determinado gene nessa biblioteca, pode-se utilizar uma sonda de DNA marcada projetada para se ligar especificamente à parte do DNA da sequência gênica. Usando uma sonda dessas, os raros clones bacterianos, na biblioteca de DNA, que contêm o gene – ou uma parte deste – podem ser identificados por hibridização (**Figura 10-11**).

Mas antes de um gene ser clonado, como se pode selecionar uma sonda para detectá-lo? Quando o processo de clonagem começou a ser utilizado, os pesquisadores que queriam estudar um gene que codifica proteína determinavam primeiro ao menos uma parte da sequência de aminoácidos da proteína. Pela aplicação do código genético ao contrário, eles podiam usar essa sequência de aminoácidos para deduzir a sequência gênica correspondente, o que permitia a geração de uma sonda de DNA apropriada.

Muitos genes foram identificados originalmente e clonados usando variações dessa abordagem básica. Entretanto, agora que as sequências genômicas completas de muitos organismos, incluindo os seres humanos, são conhecidas,

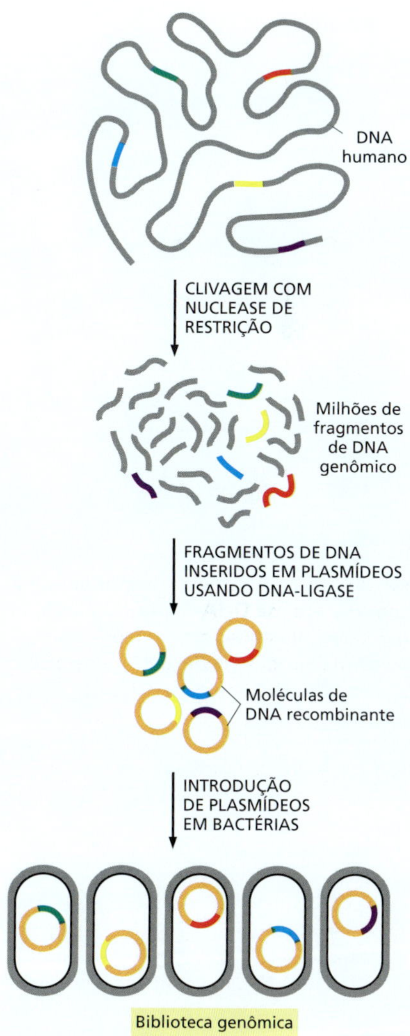

Figura 10-10 Bibliotecas genômicas humanas contendo fragmentos de DNA que representam todo o genoma humano podem ser construídas usando nucleases de restrição e DNA-ligase. Tal biblioteca genômica consiste em um conjunto de bactérias, cada uma carregando um pequeno fragmento diferente de DNA humano. Para simplificação, apenas os fragmentos de DNA *coloridos* são mostrados na biblioteca; todos os diferentes fragmentos em *cinza* também estarão presentes.

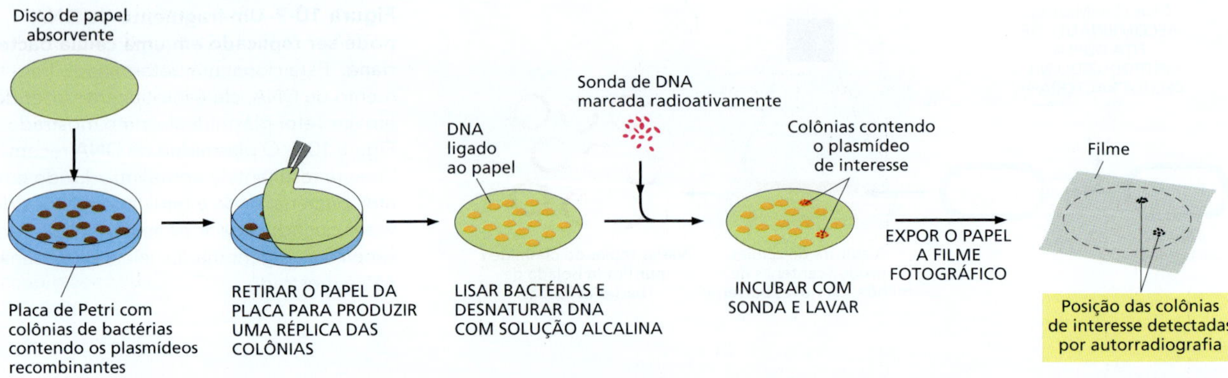

Figura 10-11 Uma colônia bacteriana que carrega um determinado clone de DNA pode ser identificada por hibridização. Uma réplica do arranjo de colônias bacterianas (clones) sobre a placa de Petri é obtida pressionando-se um disco de papel absorvente contra a superfície da placa. Essa réplica é tratada com uma solução alcalina (para lisar as células e dissociar o DNA plasmideal em fitas simples), e o papel é então hibridizado com uma sonda de DNA altamente radioativa. Aquelas colônias bacterianas que se ligaram à sonda são identificadas por autorradiografia. Células bacterianas vivas que contêm o plasmídeo podem ser isoladas a partir da placa de Petri original.

a clonagem gênica é muito mais fácil, rápida e econômica. A sequência de qualquer gene em um organismo pode ser consultada em um banco de dados eletrônico, tornando simples a tarefa de seleção de uma sonda que pode ser sintetizada comercialmente. Como discutimos brevemente, hoje a clonagem gênica costuma ser realizada diretamente a partir da amostra original de DNA, contornando totalmente o uso de uma biblioteca de DNA.

As bibliotecas de cDNA representam as moléculas de mRNA produzidas por células específicas

Para muitas aplicações – por exemplo, quando se quer clonar um gene que codifica proteína, é vantajoso obter o gene na forma que contém apenas a sequência codificadora; isto é, a forma que não tem íntrons de DNA. Para alguns genes, o clone genômico completo – incluindo os íntrons e éxons – é muito grande e complicado de ser manipulado convenientemente no laboratório (ver, por exemplo, Figura 7-18B). Além disso, as células bacterianas, ou de levedura em geral, utilizadas para amplificar o DNA clonado, são incapazes de remover os íntrons dos transcritos de RNA dos mamíferos. Então, se o objetivo é usar um gene clonado de mamífero para produzir grandes quantidades da proteína codificada por ele, é essencial utilizar apenas a sequência codificadora do gene. Felizmente é relativamente simples isolar um gene livre de todos os seus íntrons pelo uso de um tipo diferente de biblioteca de DNA, chamada de **biblioteca de cDNA**.

Uma biblioteca de cDNA é similar a uma biblioteca genômica, no sentido de que ela também possui numerosos clones contendo várias sequências de DNA diferentes. Entretanto, ela difere em um aspecto importante. O DNA na biblioteca de cDNA não é DNA genômico; é DNA copiado a partir das moléculas de mRNA presentes em um determinado tipo de célula. Para preparar uma biblioteca de **cDNA**, todas as moléculas de mRNA são extraídas e cópias de DNA de fita dupla destas moléculas de mRNA são produzidas pelas enzimas *transcriptase reversa* e DNA-polimerase (**Figura 10-12**). Essas moléculas de **DNA complementar** – ou **cDNA** – são então introduzidas nas bactérias e amplificadas, como descrito para os fragmentos de DNA genômico (ver Figura 10-10). O gene de interesse – nesse caso, sem seus íntrons – pode então ser isolado, usando-se uma sonda que hibridiza com a sequência de DNA (ver Figura 10-11). Discutimos adiante como essas moléculas de cDNA podem ser utilizados para produzir proteínas purificadas em escala comercial.

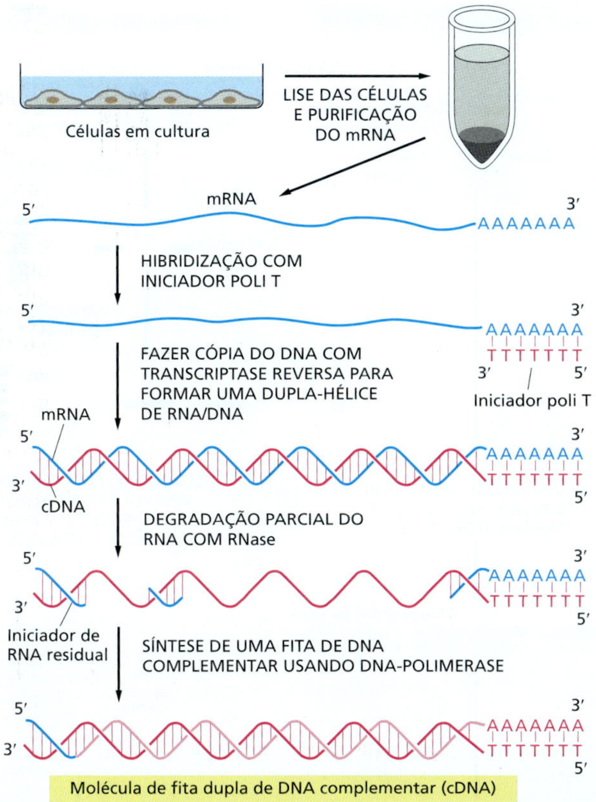

Figura 10-12 DNA complementar (cDNA) é preparado a partir de mRNA. O mRNA é extraído de um tipo selecionado de célula, e o DNA complementar (cDNA) de fita dupla é produzido usando transcriptase reversa (ver Figura 9-30) e DNA-polimerase. Para simplificação, a cópia de apenas uma dessas moléculas de mRNA em cDNA é ilustrada aqui. Observe que um fragmento de RNA que permanece hibridizado à primeira fita de cDNA após digestão parcial com RNase serve como o iniciador necessário para que a DNA-polimerase inicie a síntese da fita de DNA complementar.

Existem várias diferenças importantes entre os clones de DNA genômico e os clones de cDNA, como ilustrado na **Figura 10-13**. Os clones genômicos representam uma amostra aleatória de todas as sequências de DNA encontradas no genoma de um organismo e, com raras exceções, conterão as mesmas sequências independentemente do tipo celular a partir do qual o DNA proveio. Além disso, os clones genômicos de eucariotos contêm grandes quantidades de DNA não codificador, sequências de DNA repetitivo, íntrons, DNA regulador e DNA espaçador; as sequências que codificam proteínas compõem apenas uma pequena porcentagem da biblioteca (ver Figura 9-33). Em contraste, os clones de cDNA contêm predominantemente sequências codificadoras de proteína e apenas aqueles genes que foram transcritos em mRNA nas células das quais o cDNA foi produzido. Como diferentes tipos de células produzem conjuntos distintos de moléculas de mRNA, cada uma gera uma biblioteca diferente de cDNA. Ademais, os padrões de expressão gênica mudam durante o desenvolvimento, de modo que as células em diferentes estágios do seu desenvolvimento também gerarão diferentes bibliotecas de cDNA.

Como discutimos a seguir, os cDNAs são utilizados para avaliar quais genes são expressos em células específicas, em determinados momentos no desenvolvimento ou sob um determinado conjunto de condições. Em contraste, os clones genômicos – que incluem íntrons e éxons, assim como sequências de DNA reguladoras – fornecem o material inicial para determinar a sequência nucleotídica completa do genoma de um organismo.

> **QUESTÃO 10-3**
>
> **Discuta a seguinte afirmativa: "A partir da sequência de nucleotídeos de um clone de cDNA, a sequência completa de aminoácidos de uma proteína pode ser deduzida pela aplicação do código genético. Assim, a bioquímica de proteínas se tornou supérflua, pois não existe mais nada para ser aprendido pelo estudo das proteínas".**

CLONAGEM DE DNA POR PCR

As bibliotecas genômicas e de cDNA já foram a única via para clonagem gênica, e ainda são utilizadas para clonagem de genes muito grandes e para o sequenciamento de genomas inteiros. Entretanto, um método poderoso e versátil para amplificar DNA, conhecido como **reação em cadeia da polimerase** (PCR, do inglês *polymerase chain reaction*), fornece uma abordagem mais rápida e direta para

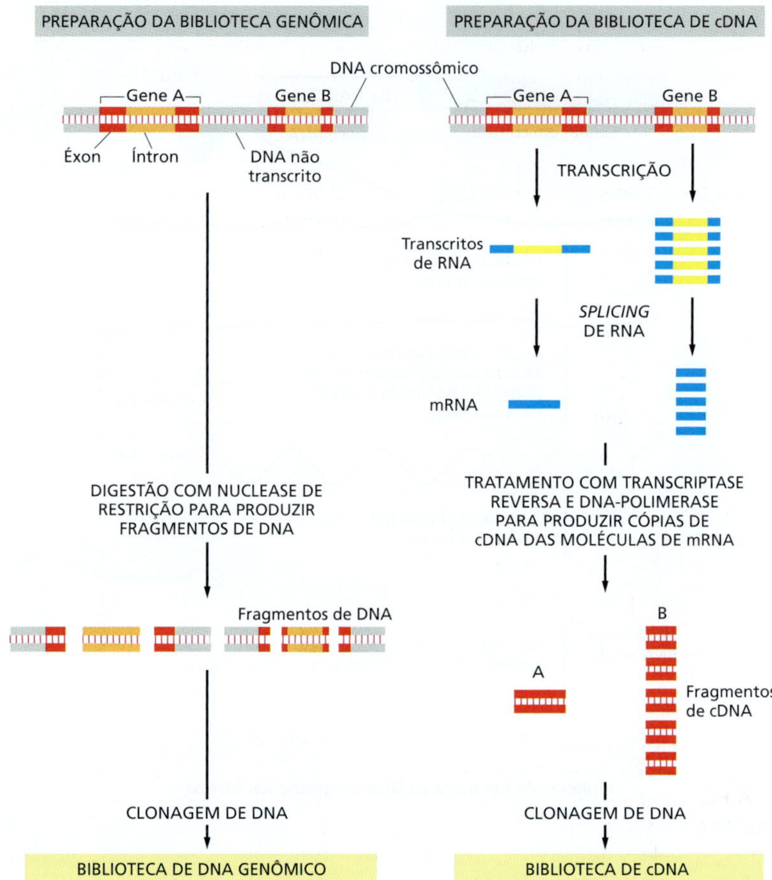

Figura 10-13 Os clones de DNA genômico e clones de cDNA derivados da mesma região do genoma são diferentes. Neste exemplo, o gene A é transcrito com pouca frequência, ao passo que o gene B é frequentemente transcrito, e ambos os genes contêm íntrons (*laranja*). Na biblioteca de DNA genômico, ambos os íntrons e o DNA não transcrito (*cinza*) são incluídos nos clones, e a maioria dos clones irá conter uma sequência não codificadora ou apenas parte da sequência codificadora de um gene (*vermelho*); as sequências de DNA que regulam a expressão de cada gene também estão incluídas (não indicado). Nos clones de cDNA, as sequências de íntrons foram removidas pelo *splicing* do RNA durante a formação do mRNA (*azul*), e uma sequência codificadora contínua está, por isso, presente em cada clone. Como o gene B é transcrito com maior frequência do que o gene A nas células a partir das quais a biblioteca de cDNA foi sintetizada, ele estará representado com muito mais frequência do que A na biblioteca de cDNA. Em contraste, os genes A e B devem estar igualmente representados na biblioteca genômica.

clonar DNA, particularmente em organismos cuja sequência genômica completa é conhecida. Hoje, a maioria dos genes é clonada via PCR.

Inventada nos anos de 1980, a PCR revolucionou a maneira como o DNA e o RNA são analisados. A técnica pode amplificar qualquer sequência de nucleotídeos de forma rápida e seletiva. Diferente da abordagem tradicional de clonagem usando vetores – que conta com bactérias para produzir cópias das sequências de DNA desejadas –, a PCR é realizada totalmente em um tubo de ensaio. A eliminação da necessidade de bactérias torna a PCR conveniente e incrivelmente rápida – bilhões de cópias de uma sequência nucleotídica podem ser geradas em questão de horas. Ao mesmo tempo, a PCR é muito sensível: o método pode ser utilizado para detectar quantidades traço de DNA em uma gota de sangue deixada em uma cena de crime ou algumas cópias de um genoma viral em uma amostra de sangue de paciente. Por causa da sua sensibilidade, velocidade e facilidade de uso, a PCR possui muitas aplicações além da clonagem de DNA, incluindo abordagens forenses e de diagnóstico.

Nesta seção, fornecemos uma breve visão geral de como a PCR funciona e como ela é utilizada para uma variedade de propósitos que requerem a amplificação de sequências específicas de DNA.

A PCR utiliza uma DNA-polimerase para amplificar sequências selecionadas de DNA em um tubo de ensaio

O sucesso da PCR depende da excelente seletividade da hibridização do DNA, aliada à capacidade da DNA-polimerase de copiar com fidelidade um molde de DNA, por meio de ciclos repetidos de replicação *in vitro*. A enzima funciona pela adição de nucleotídeos na extremidade 3′ de uma fita de DNA crescente (ver Figura 6-11). Para iniciar uma reação, a polimerase requer um iniciador (*primer*) – uma sequência curta de nucleotídeos que fornece uma extremidade 3′ a partir da qual a síntese pode iniciar. A beleza da PCR é que os iniciadores que são adicionados à mistura de reação não servem apenas como ponto inicial; eles também direcionam a polimerase para a sequência de DNA específica a ser amplificada. Esses iniciadores, assim como as sondas usadas para identificar sequências nucleotídicas específicas como discutido anteriormente, são selecionados pelo pesquisador com base na sequência de DNA de interesse e então sintetizados quimicamente. Portanto, a PCR pode apenas ser utilizada para clonar um segmento de DNA do qual se conhece a sequência. Com o grande número crescente de sequências genômicas disponíveis em bancos de dados públicos, essa necessidade raramente é um obstáculo.

Múltiplos ciclos de amplificação *in vitro* geram bilhões de cópias da sequência nucleotídica desejada

A PCR é um processo iterativo no qual o ciclo de amplificação é repetido dúzias de vezes. No início de cada ciclo, as duas fitas do molde de DNA de fita dupla são separadas e um único iniciador é anelado a cada fita. Então a DNA-polimerase replica cada fita independentemente (**Figura 10-14**). Nos ciclos subsequentes, todas as moléculas de DNA recém-sintetizadas pela polimerase servem como molde para o próximo ciclo de replicação (**Figura 10-15**). Por meio desse processo iterativo de amplificação, muitas cópias da sequência original podem ser produzidas – bilhões após cerca de 20 a 30 ciclos.

A PCR é o método de escolha para a clonagem de fragmentos de DNA relativamente curtos (digamos, abaixo de 10.000 pares de nucleotídeos). Cada ciclo leva apenas cerca de 5 minutos, e a automação de todo o procedimento permite a clonagem, livre de células, de um fragmento de DNA em poucas horas, comparado com os vários dias necessários para a clonagem em bactérias. O molde original para a PCR pode ser DNA ou RNA, de modo que esse método pode ser utilizado para obter um clone genômico completo (com íntrons e éxons) ou uma cópia de cDNA a partir de mRNA (**Figura 10-16**). Um dos principais benefícios da PCR é que os genes podem ser clonados diretamente a partir de qualquer fragmento de DNA ou RNA sem o tempo e o esforço necessários para inicialmente construir uma biblioteca de DNA.

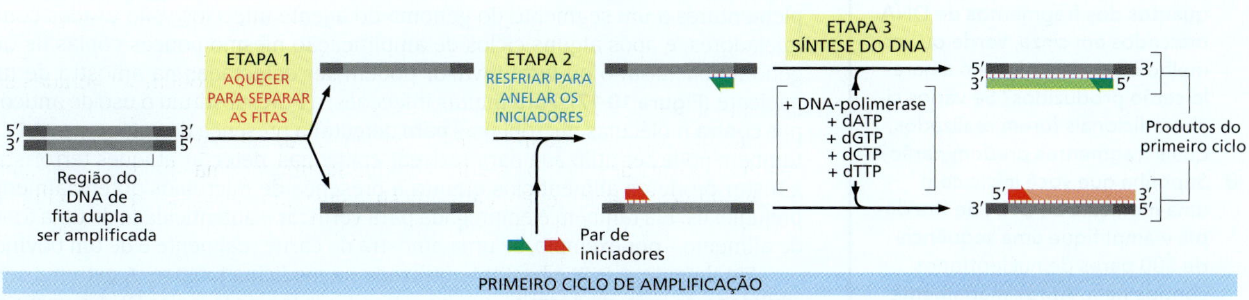

Figura 10-14 Um par de iniciadores de PCR direciona a amplificação de um segmento desejado de DNA em um tubo de ensaio. Cada ciclo da PCR inclui três etapas: (1) O DNA de fita dupla é aquecido brevemente para separar as duas fitas. (2) O DNA é exposto a uma grande quantidade de um par de iniciadores específicos – selecionados para abranger a região do DNA a ser amplificada – e a mesma amostra é resfriada para permitir que os iniciadores se hibridizem às sequências complementares nas duas fitas de DNA. (3) Essa mistura é incubada com DNA-polimerase e os quatro trifosfatos de desoxirribonucleosídeos, de maneira que o DNA possa ser sintetizado, iniciando a partir dos dois iniciadores. O ciclo pode então ser repetido pelo reaquecimento da amostra para separar as fitas de DNA recém-sintetizadas (ver Figura 10-15).

A técnica depende do uso de uma DNA-polimerase especial, isolada de uma bactéria termofílica; essa polimerase é mais estável, em temperaturas muito mais altas, do que as DNA-polimerases eucarióticas, por isso ela não é desnaturada pelo tratamento térmico mostrado na etapa 1. Desse modo, a enzima não precisa ser adicionada novamente depois de cada ciclo.

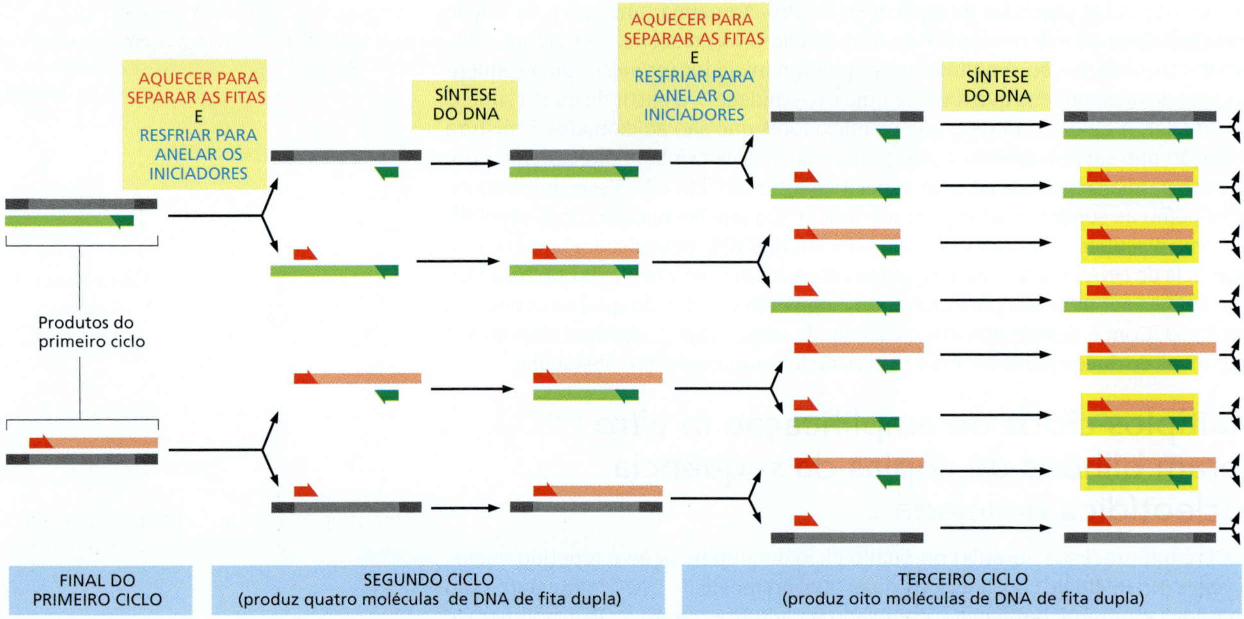

Figura 10-15 A PCR utiliza ciclos repetidos de separação, hibridização e síntese das fitas para amplificar o DNA. À medida que o procedimento esboçado na Figura 10-14 é repetido, todos os fragmentos recém-sintetizados servem como molde na sua vez. Como a polimerase e os iniciadores permanecem na amostra após o primeiro ciclo, a PCR envolve simplesmente o aquecimento e então o resfriamento da mesma amostra, no mesmo tubo de ensaio, de novo e de novo. Cada ciclo duplica a quantidade de DNA sintetizado no ciclo anterior, para que, após alguns ciclos, o DNA predominante seja idêntico à sequência molde inicial delimitada pelos dois iniciadores, incluindo os dois iniciadores. No exemplo ilustrado aqui, três ciclos de reação produzem 16 cadeias de DNA, oito das quais (marcadas em *amarelo*) correspondem exatamente a uma ou à outra fita da sequência original. Depois de mais quatro ciclos, 240 das 256 cadeias de DNA corresponderão exatamente à sequência original e, após mais alguns ciclos, essencialmente todas as fitas de DNA terão esse comprimento. O procedimento completo é mostrado na **Animação 10.1**.

QUESTÃO 10-4

A. Se a PCR mostrada na Figura 10-15 for realizada com dois ciclos adicionais de amplificação, quantos dos fragmentos de DNA marcados em cinza, verde ou vermelho ou destacados em amarelo serão produzidos? Se vários ciclos adicionais forem realizados, quais fragmentos predominarão?

B. Suponha que você inicie com uma molécula de DNA de fita dupla e amplifique uma sequência de 500 pares de nucleotídeos contida nela. Aproximadamente quantos ciclos de amplificação por PCR você irá precisar para produzir 100 ng desse DNA? 100 ng é uma quantidade que pode ser facilmente detectada após a coloração com um agente fluorescente. (Dica: para esse cálculo, você precisa saber que cada nucleotídeo tem uma massa molecular média de 330 g/mol.)

A PCR também é utilizada para aplicações forenses e de diagnóstico

Além do seu uso na clonagem gênica, a PCR é frequentemente empregada para amplificar DNA com outros propósitos mais práticos. Por causa da sua sensibilidade extraordinária, a PCR pode ser utilizada para detectar microrganismos invasores em estágios iniciais da infecção. Nesse caso, sequências curtas complementares a um segmento do genoma do agente infeccioso são usadas como iniciadores, e após alguns ciclos de amplificação mesmo poucas cópias de um genoma bacteriano ou viral invasor podem ser detectadas na amostra de um paciente (**Figura 10-17**). Para muitas infecções, a PCR substituiu o uso de anticorpos contra moléculas microbianas para detectar a presença de patógenos. A PCR também pode ser utilizada para rastrear epidemias, detectar ataques terroristas e testar produtos alimentícios quanto à presença de micróbios potencialmente prejudiciais. Ela também é empregada para verificar a autenticidade de uma fonte de alimento – por exemplo, se uma amostra de carne realmente é de um bovino.

Finalmente, a PCR é bastante utilizada na medicina forense. A extrema sensibilidade do método permite aos investigadores forenses isolar DNA a partir de traços mínimos de sangue humano ou outro tecido para obter o *perfil digital de DNA* (*DNA fingerprint*) da pessoa que deu origem à amostra. Com a possível exceção de gêmeos idênticos, o genoma de cada ser humano difere na sequência de DNA daquele de qualquer outra pessoa na Terra. Utilizando pares de iniciadores que têm como alvo sequências genômicas conhecidas por serem bastante variáveis na população humana, a PCR torna possível gerar um perfil digital de DNA distinto para qualquer indivíduo (**Figura 10-18**). Tais análises forenses podem ser utilizadas não apenas para ajudar a identificar aqueles que fizeram algo de errado, mas também – com a mesma importância – para absolver aqueles que foram acusados injustamente.

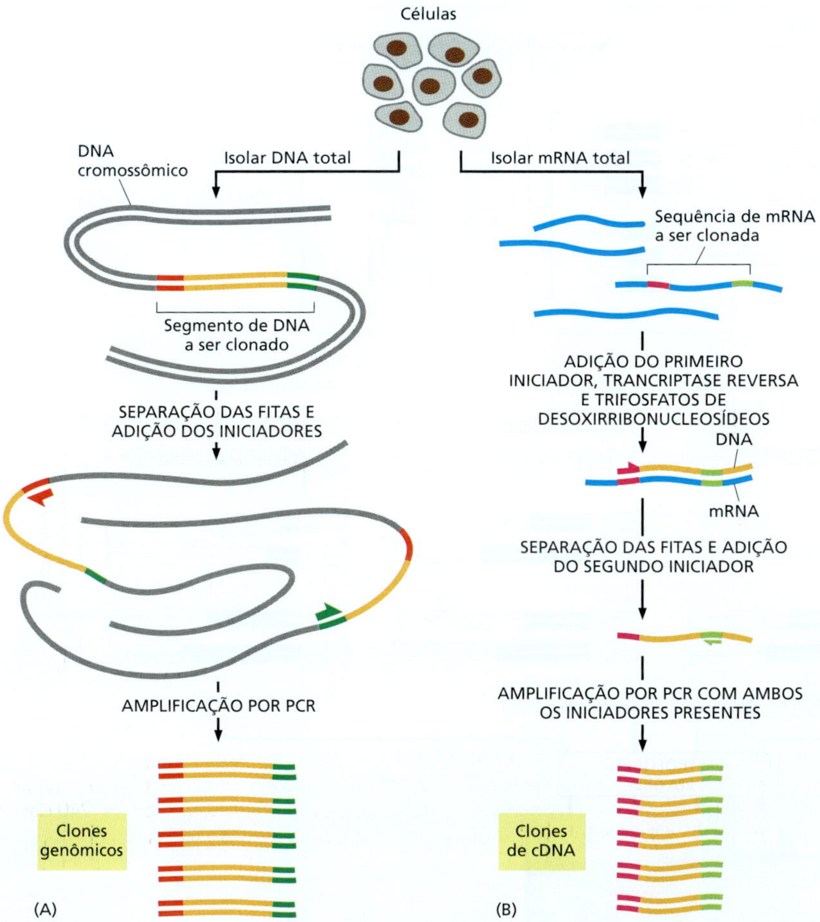

Figura 10-16 A PCR pode ser utilizada para obter clones genômicos ou de cDNA. (A) Para usar PCR para clonar um segmento de DNA cromossômico, o DNA total é inicialmente purificado a partir das células. Iniciadores para PCR que flanqueiam a extensão de DNA a ser clonada são adicionados, e vários ciclos da PCR são completados (ver Figura 10-15). Como apenas o DNA entre (e inclusive) os iniciadores é amplificado, a PCR fornece um meio para obter seletivamente qualquer extensão curta de DNA cromossômico em uma forma efetivamente pura. (B) Para usar PCR para obter um clone de cDNA de um gene, o mRNA total é inicialmente purificado a partir de células. O primeiro iniciador é adicionado a uma população de mRNAs, e a transcriptase reversa é utilizada para produzir uma fita de DNA complementar à sequência de RNA específica de interesse. O segundo iniciador é, então, adicionado, e a molécula de DNA é amplificada por vários ciclos da PCR.

DESVENDANDO E EXPLORANDO A FUNÇÃO GÊNICA

Os procedimentos descritos até agora permitem aos biólogos obter grandes quantidades de DNA em uma forma fácil de ser trabalhada no laboratório. Seja presente como fragmentos armazenados em uma biblioteca de DNA em bactérias ou como uma coleção de produtos de PCR em um tubo de ensaio, esse DNA também fornece o material bruto para experimentos planejados com o objetivo de revelar como os genes individuais – e as moléculas de RNA e proteínas que eles codificam – funcionam nas células e nos organismos.

Aqui é onde a criatividade entra. Existem tantas maneiras para estudar a função gênica quanto cientistas interessados em estudá-la. As técnicas que um

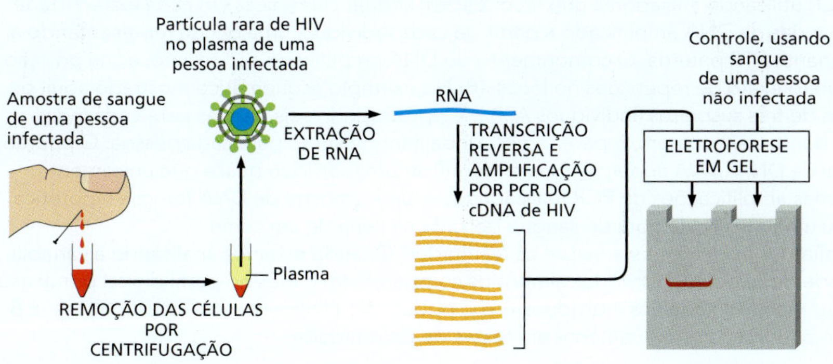

Figura 10-17 A PCR pode ser utilizada para detectar a presença de um genoma de vírus em uma amostra de sangue. Devido à sua capacidade de amplificar muito o sinal a partir de cada molécula única de ácido nucleico, a PCR é um método extraordinariamente sensível para detectar quantidades mínimas de vírus em uma amostra de sangue ou tecido sem a necessidade de purificar o vírus. Para o HIV, o vírus causador da Aids, o genoma é uma molécula de RNA de fita simples, como ilustrado aqui. Além do HIV, vários outros vírus que infectam humanos são agora detectados dessa maneira.

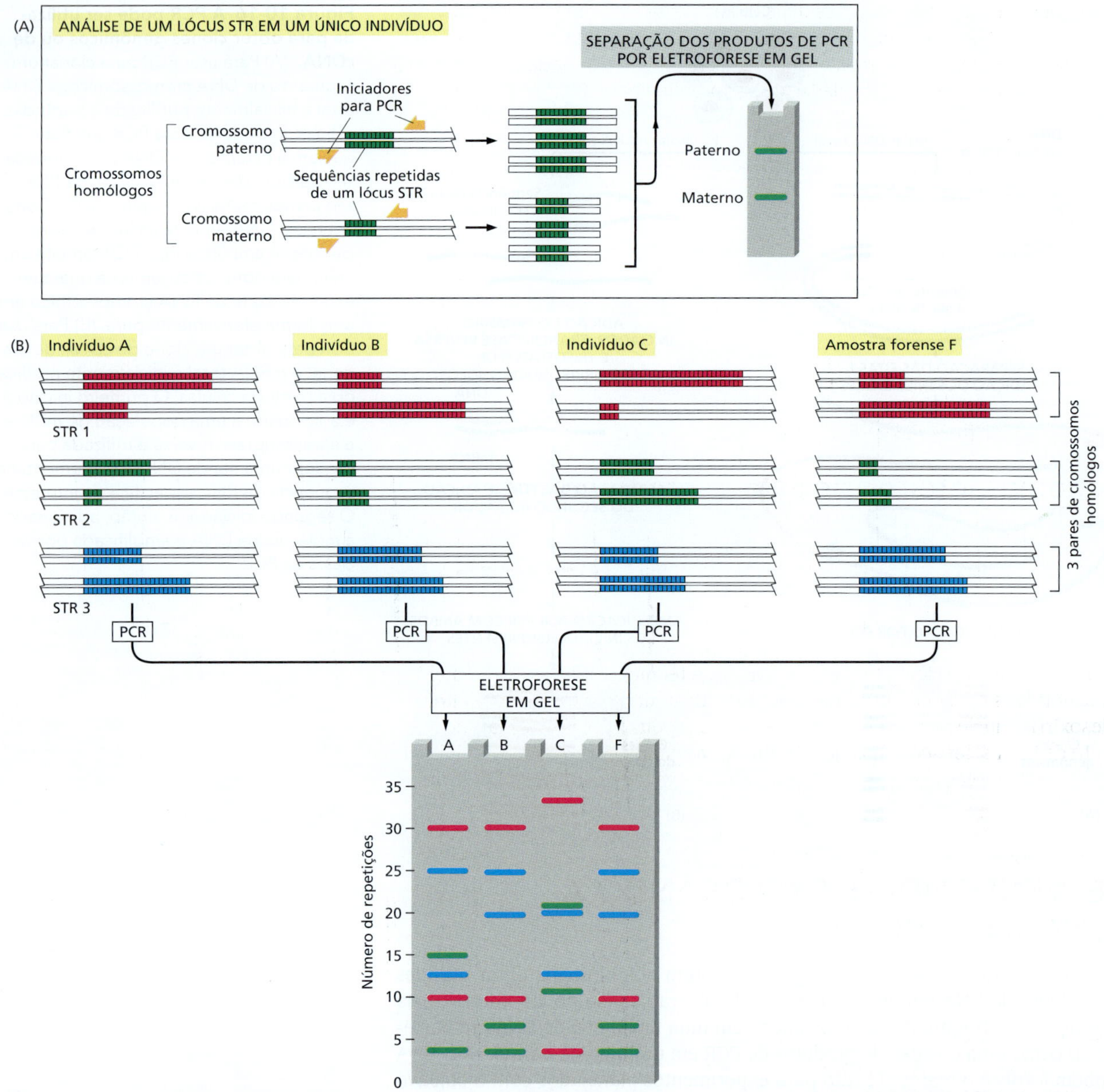

Figura 10-18 A PCR é utilizada na ciência forense para distinguir um indivíduo de outro. As sequências de DNA analisadas são repetições curtas em sequência (STRs) compostas de sequências como CACACA… ou GTGTGT…. As STRs são encontradas em várias posições (lócus) no genoma humano. O número de repetições em cada lócus STR é bastante variável na população, variando de 4 a 40 em indivíduos diferentes. Por causa da variabilidade nessas sequências, os indivíduos em geral herdarão um número diferente de repetições em cada lócus STR de sua mãe e de seu pai; dois indivíduos não relacionados, portanto, raramente contêm o mesmo par de sequências em determinado lócus STR. (A) A PCR utilizando iniciadores que reconhecem sequências únicas em cada extremidade de um determinado lócus STR produz um par de bandas de DNA amplificado a partir de cada indivíduo, uma banda representando a variante STR materna e a outra representando a variante STR paterna. O comprimento do DNA amplificado e, portanto, a sua posição depois da eletroforese em gel dependerão do número exato de repetições no lócus. (B) No exemplo esquemático mostrado aqui, os mesmos três lócus STR são analisados em amostras de três suspeitos (indivíduos A, B e C), produzindo seis bandas para cada indivíduo. Embora pessoas diferentes possam ter várias bandas em comum, o padrão geral é bastante distinto para cada pessoa. O padrão de bandas pode então servir como um *perfil digital* de DNA (*DNA fingerprint*) para identificar um indivíduo quase que unicamente. A quarta canaleta (F) contém os produtos das mesmas amplificações de PCR realizadas com uma amostra de DNA forense hipotética, que poderia ter sido obtida de um fio de cabelo ou uma minúscula gota de sangue deixada na cena de um crime.

Quanto mais lócus forem examinados, mais confiantes podemos estar sobre os resultados. Quando estamos analisando a variabilidade em 5 a 10 lócus STR diferentes, a probabilidade de que dois indivíduos aleatórios compartilhem o mesmo perfil digital por acaso é de aproximadamente uma em 10 bilhões. No caso mostrado aqui, os indivíduos A e C podem ser eliminados das investigações, e B é um suspeito claro. Uma abordagem similar é, agora, utilizada rotineiramente em testes de paternidade.

investigador escolhe muitas vezes dependem da sua experiência e treinamento: um geneticista, por exemplo, pode construir organismos mutantes nos quais a atividade do gene foi interrompida, enquanto um bioquímico pode usar o mesmo gene e produzir grandes quantidades de sua proteína para determinar sua estrutura tridimensional.

Nesta seção apresentamos alguns dos métodos que os investigadores atualmente usam para estudar a função de um gene – todos dependem da tecnologia do DNA recombinante. Como a atividade de um gene é especificada por sua sequência nucleotídica, começamos delineando as técnicas utilizadas para determinar – e começar a interpretar – a sequência nucleotídica de um segmento do DNA. Então exploramos uma variedade de abordagens para investigar quando e onde um gene é expresso. Descrevemos como a interrupção da atividade de um gene em uma célula, tecido ou planta ou animal inteiro pode fornecer indícios sobre a função normal do gene. Por fim, explicamos como a tecnologia do DNA recombinante pode ser aproveitada para produzir grandes quantidades de qualquer proteína. Em conjunto, os métodos que discutimos revolucionaram todos os aspectos da biologia celular.

Genomas inteiros podem ser rapidamente sequenciados

No final da década de 1970, os pesquisadores desenvolveram protocolos experimentais para determinar, de forma simples e rápida, a sequência nucleotídica de qualquer fragmento de DNA purificado. O método que se tornou mais utilizado é chamado de **sequenciamento didesóxi** ou **sequenciamento de Sanger** (em homenagem ao cientista que o inventou). A técnica utiliza DNA-polimerase e nucleotídeos especiais terminadores de cadeia, denominados trifosfatos de didesoxirribonucleosídeos (**Figura 10-19**), para produzir cópias parciais do fragmento de DNA a ser sequenciado. Por fim, é produzida uma coleção de diferentes cópias da molécula de DNA, que terminam em cada posição da sequência de DNA original.

Até recentemente, essas cópias de DNA, que diferem em tamanho por um único nucleotídeo, seriam então separadas por eletroforese em gel, e a sequência de nucleotídeos do DNA original seria determinada manualmente a partir da ordem dos fragmentos de DNA marcados no gel (**Figura 10-20**). Entretanto, atualmente o sequenciamento de Sanger é totalmente automatizado: equipamentos robotizados misturam os reagentes – incluindo os quatro didesoxirribonucleotídeos diferentes terminadores de cadeia, cada um marcado com um corante fluorescente de cor diferente – e aplicam as amostras da reação em géis capilares finos e longos, que substituíram os géis planos utilizados desde a década de 1970. Um detector então registra a cor de cada banda no gel, e um computador traduz a informação em uma sequência de nucleotídeos (**Figura 10-21**). A forma como essa informação da sequência é então analisada para determinar a sequência do genoma completo – por exemplo, o primeiro esboço do genoma humano – está descrita em **Como Sabemos**, p. 344-345.

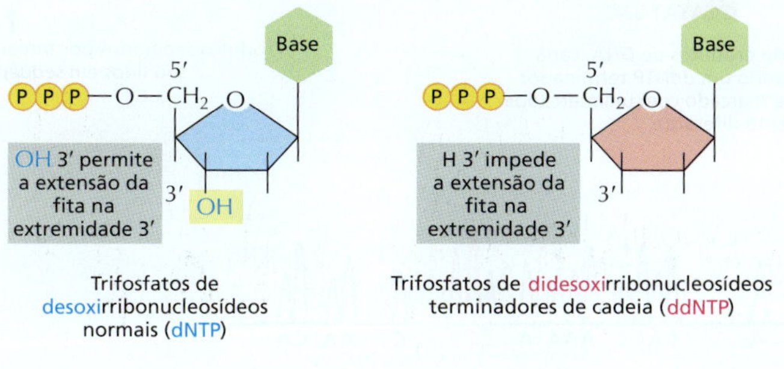

Figura 10-19 O método didesóxi, ou de Sanger, de sequenciamento de DNA depende de trifosfatos de didesoxirribonucleosídeos de terminação de cadeia (ddNTPs). Esses ddNTPs são derivados dos trifosfatos de desoxirribonucleosídeos normais que não possuem o grupamento hidroxila 3′. Quando incorporados em uma fita de DNA crescente, eles bloqueiam o subsequente alongamento daquela fita.

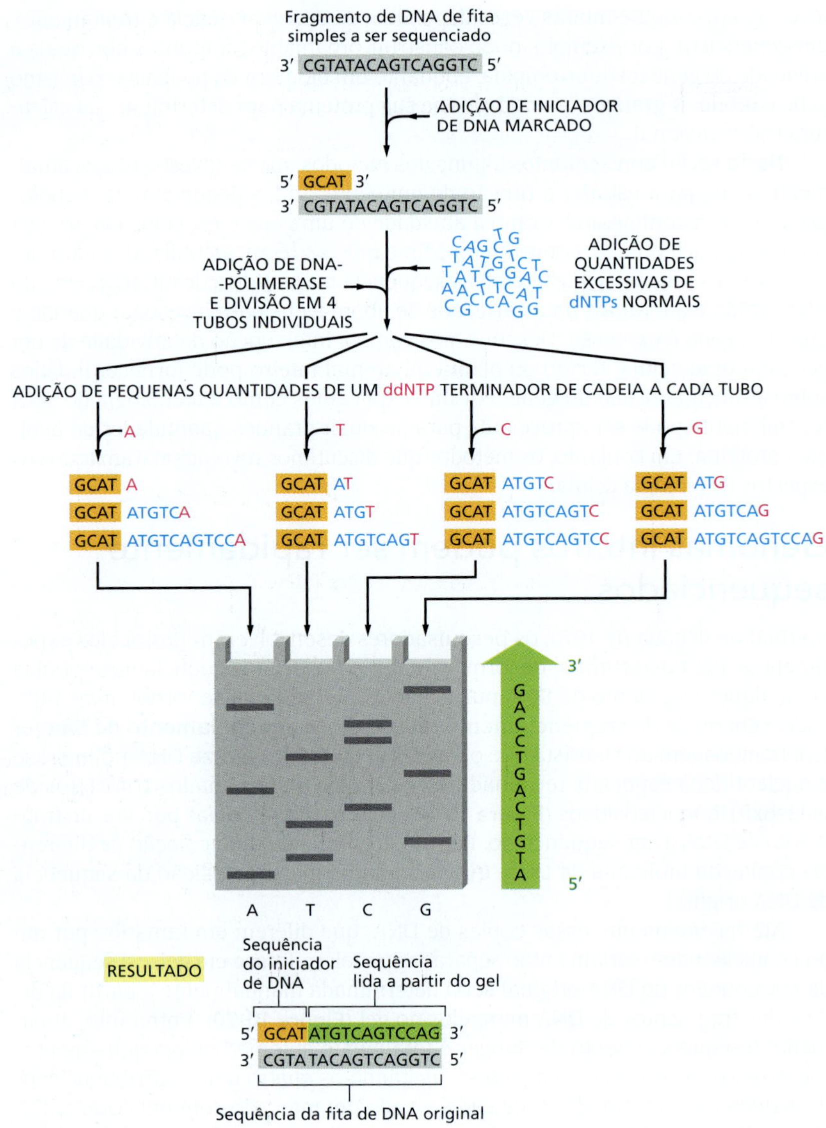

Figura 10-20 O método de Sanger produz quatro conjuntos de moléculas de DNA marcadas. Para determinar a sequência completa de um fragmento de DNA de fita simples (*cinza*), o DNA é inicialmente hibridizado a um iniciador curto de DNA (*laranja*) que é marcado com um corante fluorescente ou radioisótopo. A DNA-polimerase e um excesso dos quatro trisfosfatos de desoxirribonucleosídeos normais (A, C, G e T, em *azul*) são adicionados ao DNA com o iniciador, que são então divididos em quatro tubos de reação. Cada tubo recebe uma pequena quantidade de um trifosfato de didesoxirribonucleosídeo terminador de cadeia (A, C, G ou T, em *vermelho*). Como os ddNTPs terminadores de cadeia serão incorporados apenas ocasionalmente, cada reação produz um conjunto de cópias de DNA que terminam em pontos diferentes da sequência. Os produtos dessas quatro reações são separados por eletroforese em quatro canaletas paralelas de um gel de poliacrilamida (marcadas aqui A, T, C e G). Em cada canaleta, as bandas representam fragmentos que terminaram em um determinado nucleotídeo (p. ex., A na canaleta à esquerda), mas em diferentes posições no DNA. Fazendo a leitura das bandas em ordem, iniciando na parte inferior do gel e lendo todas as bandas em todas as canaletas até em cima, a sequência da fita recém-sintetizada de DNA pode ser determinada. A sequência, mostrada na *seta verde* à direita do gel, é complementar à sequência de DNA de fita simples original em *cinza*, como mostrado na parte inferior.

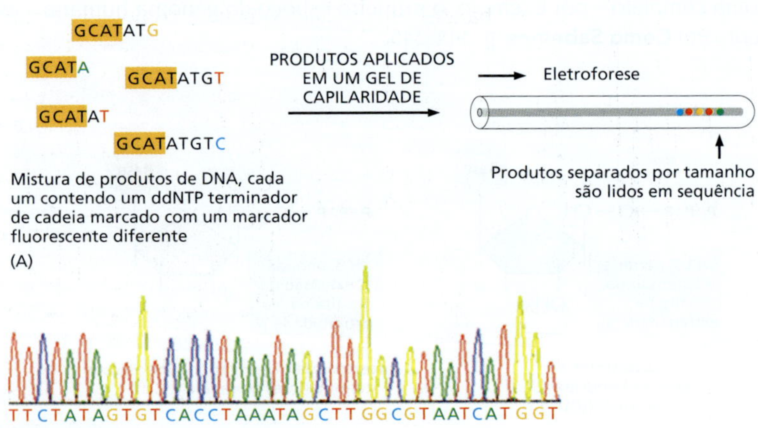

Figura 10-21 Máquinas totalmente automatizadas podem estabelecer e correr reações de sequenciamento de Sanger. (A) O método automático utiliza uma quantidade excessiva de dNTPs normais mais uma mistura de quatro ddNTPs terminadores de cadeia diferentes, cada um marcado com uma marca fluorescente de cor diferente. Os produtos da reação são aplicados em um gel capilar fino e longo e separados por eletroforese. Uma câmera faz a leitura das cores de cada banda no gel e transfere os dados para um computador que monta a sequência (não mostrado). (B) Uma pequena parte dos dados de um sequenciamento automático. Cada pico colorido representa um nucleotídeo na sequência de DNA.

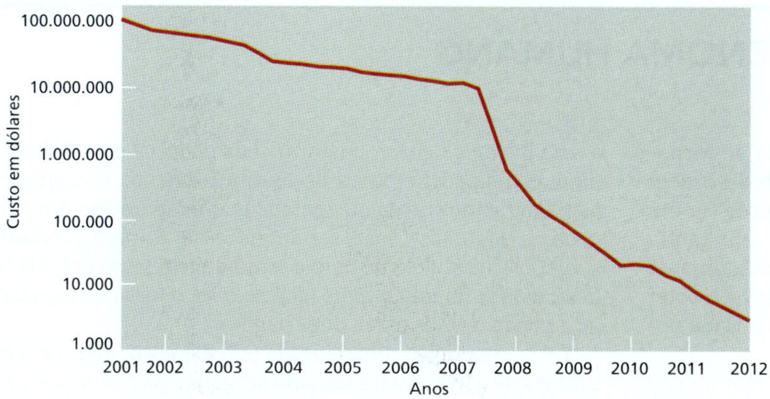

Figura 10-22 O custo do sequenciamento do DNA diminuiu muito desde o surgimento das tecnologias de sequenciamento de nova geração. Aqui estão mostrados os custos do sequenciamento do genoma humano que era de 100 milhões de dólares em 2001 e não muito mais do que alguns milhares de dólares no final de 2012. (Dados do National Human Genome Research Initiative.)

As técnicas de sequenciamento de nova geração tornam o sequenciamento do genoma mais rápido e econômico

O método de Sanger tornou possível sequenciar os genomas de humanos e de muitos outros organismos, incluindo a maioria daqueles discutidos neste livro. Porém, métodos mais recentes, desenvolvidos desde 2005, tornaram o sequenciamento de genomas ainda mais rápido e muito mais econômico. Com tais métodos de sequenciamento, chamados de *métodos de sequenciamento de segunda geração*, o custo do sequenciamento de DNA diminuiu drasticamente (**Figura 10-22**). Ao mesmo tempo, o número de genomas que foram sequenciados aumentou muito. Esses métodos rápidos permitem que múltiplos genomas sejam sequenciados em paralelo em questão de semanas, permitindo aos investigadores examinar milhares de genomas humanos, catalogar as variações nas sequências de nucleotídeos de pessoas ao redor do mundo e descobrir mutações que aumentam o risco de várias doenças – do câncer ao autismo – como discutimos no Capítulo 19.

Embora cada método difira em detalhes, a maioria conta com a amplificação por PCR de uma coleção aleatória de fragmentos de DNA ligados a um suporte sólido, como uma lâmina de vidro ou uma placa de micropoços. Para cada fragmento, a amplificação gera um "grupamento" que contém cerca de 1.000 cópias de um fragmento de DNA individual. Os grupamentos – dos quais dezenas de milhões podem se encaixar em apenas uma lâmina ou placa – são então sequenciados ao mesmo tempo (**Figura 10-23**).

Mais incríveis ainda são os mais novos *métodos de sequenciamento de terceira geração*, que permitem o sequenciamento a partir de apenas uma molécula de

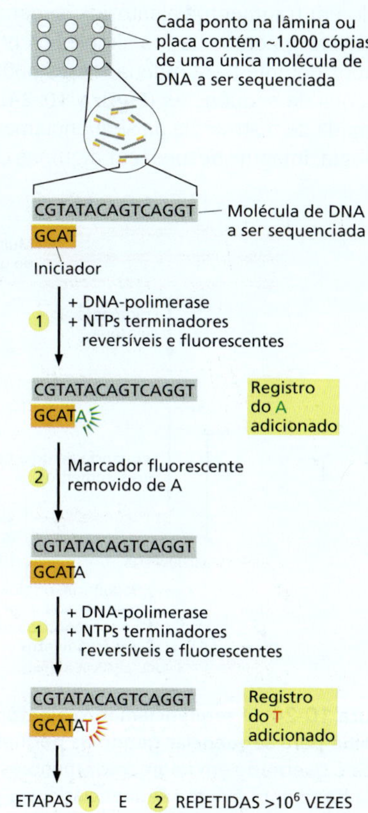

Figura 10-23 Os métodos de sequenciamento de segunda geração são baseados em reações de sequenciamento massivamente paralelas realizadas em grupamentos de DNA amplificados por PCR. Cada ponto sobre uma lâmina ou placa contém cerca de milhares de cópias de um único fragmento de DNA. Na primeira etapa, a placa é incubada com DNA-polimerase e um conjunto especial de quatro trifosfatos de nucleosídeos (NTPs) que terminam a síntese de DNA de maneira reversível, cada um carregando um marcador fluorescente de cor diferente; dNTPs normais não estão presentes. Uma câmera então capta a imagem e registra a fluorescência em cada posição sobre a placa. Na segunda etapa, o DNA é tratado quimicamente para remover os marcadores fluorescentes e bloqueadores químicos de cada nucleosídeo; a síntese das fitas então continua depois que um novo lote de NTPs fluorescentes é adicionado. Essas etapas são repetidas até que a sequência esteja completa. As imagens de cada ciclo de síntese são compiladas pelo computador para gerar a sequência do grupamento de fragmentos localizado em cada uma das milhões de posições potenciais sobre a placa.

SEQUENCIANDO O GENOMA HUMANO

Quando as técnicas de sequenciamento de DNA se tornaram totalmente automatizadas, a determinação da ordem dos nucleotídeos em um fragmento de DNA deixou de ser um projeto de tese de doutorado elaborado para ser uma tarefa de rotina de laboratório. Alimentar com DNA a máquina de sequenciamento, adicionar os reagentes necessários e obter o resultado procurado: a ordem dos As, Ts, Gs e Cs. Nada poderia ser mais simples.

Então por que o sequenciamento do genoma humano foi uma tarefa tão formidável? Muito por causa do seu tamanho. Os métodos de sequenciamento de DNA empregados na época eram limitados pelo tamanho físico do gel utilizado para separar os fragmentos marcados (ver Figura 10-20). Quando muito, apenas algumas centenas de nucleotídeos podiam ser lidas a partir de um único gel. Como, então, você lidaria com um genoma que contém bilhões de pares de nucleotídeos?

A solução é romper o genoma em fragmentos e sequenciar esses segmentos menores. O principal desafio, então, está na organização dos fragmentos curtos na ordem correta para gerar uma sequência ampla de um cromossomo inteiro e, por fim, todo um genoma. Existem duas estratégias principais para realizar a quebra e reorganização do genoma: o método aleatório e a abordagem clone por clone.

Sequenciamento aleatório (*shotgun*)

A abordagem mais direta para sequenciar o genoma é quebrá-lo em fragmentos aleatórios, separar e sequenciar cada um dos fragmentos de fita simples e então utilizar um computador potente para ordenar esses pedaços, usando sobreposições de sequências (**Figura 10-24**). Essa abordagem é chamada de "estratégia do sequenciamento aleatório". Como analogia, imagine despedaçar algumas cópias do *Fundamentos da Biologia Celular*, misturar seus pedaços e então tentar montar uma cópia inteira do livro novamente, combinando as palavras ou frases ou sentenças que aparecem em cada pedaço. (Algumas cópias seriam necessárias para gerar uma sobreposição suficiente para a remontagem.) Isso poderia ser feito, mas seria muito mais fácil se o livro fosse do tamanho de, apenas, vamos dizer, duas páginas.

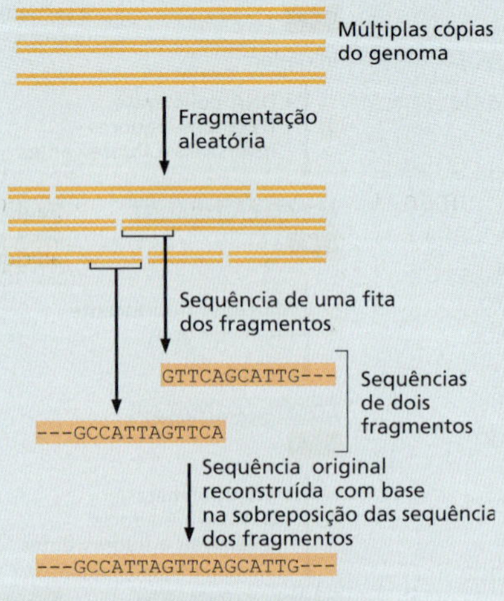

Figura 10-24 O sequenciamento aleatório é o método de escolha para sequenciar genomas pequenos. Primeiro, o genoma é quebrado em fragmentos menores que se sobrepõem. Cada fragmento é então sequenciado, e o genoma é organizado com base nas sequências que se sobrepõem.

Por essa razão, uma abordagem aleatória direta é a estratégia de escolha para sequenciar genomas pequenos. Esse método provou o seu valor em 1995, quando foi utilizado para sequenciar o genoma da bactéria infecciosa *Haemophilus influenzae*, o primeiro organismo a ter determinada a sua sequência genômica completa. O problema com o sequenciamento aleatório é que o processo de remontagem pode ficar confuso com sequências repetitivas de nucleotídeos. Embora raras em bactérias, essas sequências fazem parte de uma grande fração dos genomas de vertebrados (ver Figura 9-33). Segmentos de DNA altamente repetitivos tornam difícil reorganizar as sequências de DNA com acuidade (**Figura 10-25**). Retornando à analogia com o *Fundamentos*, apenas este capítulo contém mais do que alguns exemplos do sintagma "o genoma humano". Imagine que uma tira de papel do *Fundamentos* rasgado contenha a informação: "Então por que o sequenciamento do genoma humano" (que aparece no início desta seção); e outra contenha a informação: "o consórcio de sequenciamento do genoma humano combinou o sequenciamento aleatório com uma abordagem clone por clone" (que aparece a seguir). Você poderia estar tentado a unir esses dois fragmentos com base no sintagma sobreposto "o genoma humano". Entretanto, você concluiria com a sentença sem sentido: "Então por que o consórcio de sequenciamento do genoma humano combinou o sequenciamento aleatório com uma abordagem clone por clone". Você também perderia vários parágrafos de texto importantes que originalmente apareciam entre esses dois exemplos de "o genoma humano".

E isso apenas nesta seção. O sintagma "o genoma humano" aparece em vários capítulos deste livro. Essas repetições compõem o problema de colocar cada fragmento no seu contexto correto. Para evitar esses problemas de organização, os pesquisadores no consórcio de sequenciamento do genoma humano combinaram o sequenciamento aleatório com a abordagem clone por clone.

Sequenciamento e clone por clone

Nessa abordagem, os pesquisadores iniciaram preparando uma biblioteca de DNA genômico. Eles quebraram o genoma humano em fragmentos que se sobrepunham, de 100 a 200 pares de quilobases de tamanho. A seguir, ligaram esses segmentos a cromossomos artificiais bacterianos (BACs, de *bacterial artificial chromosomes*) e os inseriram em *E. coli*. (BACs são similares aos plasmídeos bacterianos discutidos anteriormente, com exceção de que podem carregar fragmentos de DNA muito maiores.) À medida que as bactérias se dividem, elas copiam os BACs, produzindo, dessa forma, uma coleção de fragmentos clonados que se sobrepõem (ver Figura 10-10).

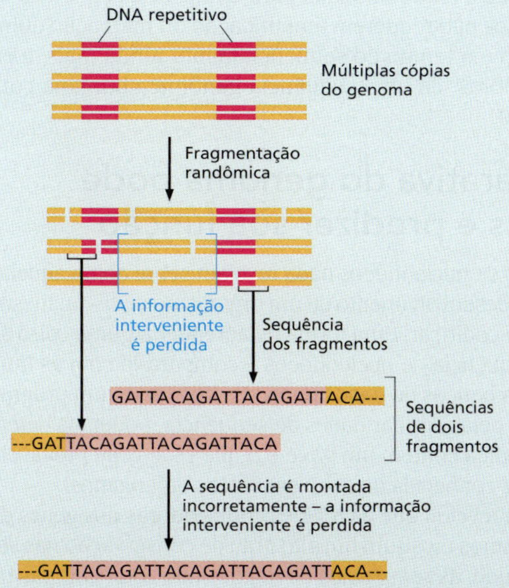

Figura 10-25 Sequências de DNA repetitivo no genoma tornam difícil o ordenamento correto dos fragmentos. Neste exemplo, o DNA contém dois segmentos de DNA repetitivo, cada um composto por várias cópias da sequência GATTACA. Quando as sequências resultantes são analisadas, dois fragmentos a partir de duas partes diferentes do DNA parecem sobrepor-se. A organização incorreta dessas sequências resultaria na perda de informação (entre colchetes) que está entre as repetições originais.

Os pesquisadores então determinaram onde cada um desses fragmentos de DNA se encaixa no mapa existente do genoma humano. Para fazer isso, diferentes nucleases de restrição foram utilizadas para cortar cada clone, a fim de gerar uma "assinatura" única do sítio de restrição (perfil de restrição). As localizações dos sítios de restrição em cada fragmento permitiram aos pesquisadores mapear cada clone de BAC em um mapa de restrição de um genoma humano inteiro que foi gerado previamente usando o mesmo conjunto de nucleases de restrição (**Figura 10-26**).

Sabendo as posições relativas dos fragmentos clonados, os pesquisadores selecionaram cerca de 30.000 BACs, cortaram cada um em fragmentos menores e determinaram a sequência de nucleotídeos de cada BAC separadamente utilizando o método aleatório. Eles puderam então montar a sequência genômica inteira ordenando as sequências de milhares de BACs individuais que perfazem o comprimento do genoma.

A beleza dessa abordagem era a relativa facilidade em determinar com precisão a que parte do genoma os fragmentos de BAC pertencem. Essa etapa de mapeamento reduz a probabilidade de que regiões que contenham sequências repetitivas sejam ordenadas de forma incorreta, e ela praticamente elimina a possibilidade de que as sequências de diferentes cromossomos sejam unidas por engano. Retornando para a analogia com o livro-texto, a abordagem com base em BAC é semelhante a primeiro separar as suas cópias do *Fundamentos* em páginas individuais e então rasgar cada página em sua pilha individual. Seria muito fácil montar o livro novamente quando uma pilha de fragmentos contém palavras da página 1, uma segunda pilha da página 2 e assim por diante. E, praticamente, não existe chance de se colar de forma errônea uma sentença da página 40 no meio de um parágrafo na página 412.

Métodos combinados

A abordagem clone por clone produziu o primeiro esboço da sequência do genoma humano em 2000, e a sequência completa, em 2004. Como o grupo de instruções que especifica todas as moléculas de RNA e de proteínas necessárias para construir um ser humano, essa cadeia de dados genéticos retém os segredos do desenvolvimento e fisiologia humanos. Mas a sequência também foi de grande valor para pesquisadores interessados na genômica comparativa ou na fisiologia de outros organismos: ela facilitou a montagem das sequências de nucleotídeos de outros genomas de mamíferos – camundongos, ratos, cães e outros primatas. Ela também tornou muito mais fácil a determinação das sequências nucleotídicas dos genomas de humanos individuais, por fornecer uma estrutura na qual as novas sequências poderiam ser simplesmente sobrepostas.

A primeira sequência humana foi o único genoma de mamífero completado dessa forma metodológica. Mas o projeto do genoma humano teve sucesso em fornecer as técnicas, confiança e interesse que promoveram o desenvolvimento dos métodos de sequenciamento de DNA de nova geração, que agora estão transformando rapidamente todas as áreas da biologia.

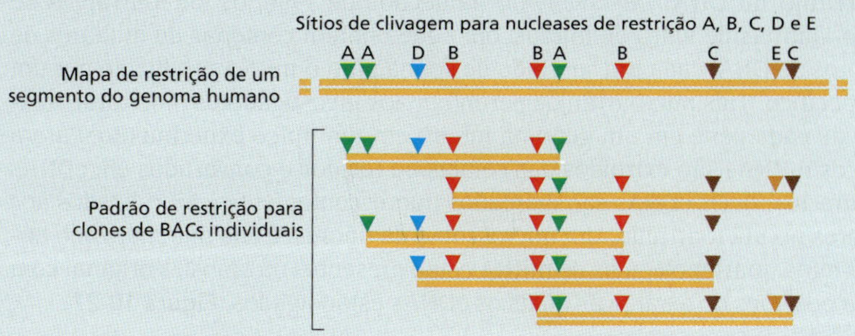

Figura 10-26 Clones de BACs individuais são posicionados no mapa físico da sequência do genoma humano com base no seu perfil de restrição. Os clones são digeridos com cinco nucleases de restrição diferentes, e os sítios nos quais as diferentes enzimas cortam cada clone são identificados. O padrão distinto dos sítios de restrição permite que os investigadores ordenem os fragmentos e os localizem em um mapa de restrição do genoma humano que foi previamente gerado usando as mesmas nucleases

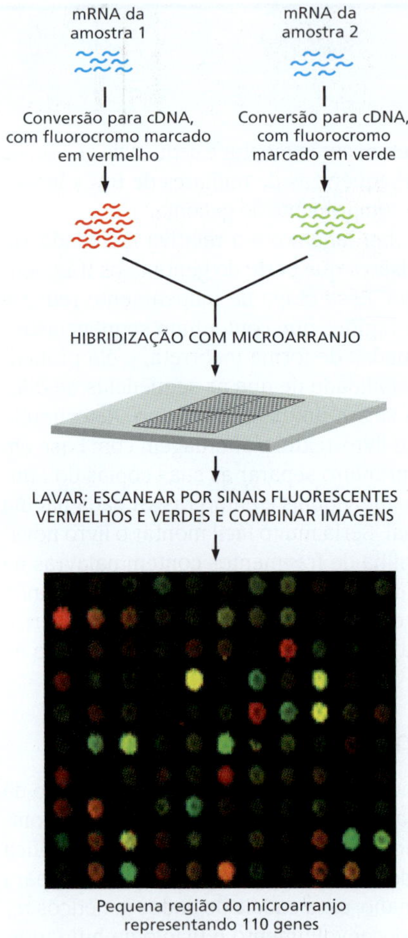

Figura 10-27 Microarranjos de DNA são utilizados para analisar a produção de milhares de mRNAs diferentes em um único experimento. Neste exemplo, o mRNA é coletado de duas amostras de DNA diferentes – por exemplo, células tratadas com um hormônio e células não tratadas do mesmo tipo – para permitir uma comparação direta de genes específicos expressos sob ambas as condições. Os mRNAs são convertidos em cDNAs, que são marcados com um corante fluorescente vermelho para uma amostra e um corante fluorescente verde para a outra. As amostras marcadas são misturadas e, então, hibridizadas ao microarranjo. Após a incubação, o arranjo é lavado, e a fluorescência detectada. Apenas uma pequena porção do microarranjo é mostrada, representando 110 genes. Os pontos *vermelhos* indicam que o gene na amostra 1 é expresso em um nível mais alto do que o gene correspondente na amostra 2, e os pontos *verdes* indicam o contrário. Os pontos *amarelos* revelam genes que são expressos em níveis iguais em ambas as amostras celulares. A intensidade da fluorescência fornece uma estimativa de quanto RNA do gene está presente. Os pontos *escuros* indicam pouca ou nenhuma expressão do gene cujo fragmento está localizado naquela posição no arranjo.

DNA. Em uma dessas técnicas, por exemplo, cada molécula de DNA passa lentamente por um canal muito estreito, como uma linha pelo buraco de uma agulha. Como cada um dos quatro nucleotídeos possui uma forma característica diferente, a maneira pela qual o nucleotídeo obstrui o poro na sua passagem revela sua identidade – informação que é então utilizada para compilar a sequência da molécula de DNA. Tais métodos não requerem amplificação ou marcação química e, portanto, reduzem o custo e o tempo do sequenciamento ainda mais, tornando possível a obtenção, em horas, de uma sequência genômica humana completa por menos de US$ 1.000,00.

A análise comparativa do genoma pode identificar genes e predizer sua função

À primeira vista, extensões de nucleotídeos nada revelam sobre como aquela informação genética controla o desenvolvimento de um organismo vivo – ou mesmo que tipo de organismo ela pode codificar. Uma forma de aprender alguma coisa sobre a função de determinada sequência de nucleotídeos é compará-la com as inúmeras sequências disponíveis nos bancos de dados públicos. Utilizando um programa de computador para procurar pelas similaridades de sequência, podemos determinar se uma sequência nucleotídica contém um gene e o que esse gene provavelmente faz – com base na atividade conhecida do gene em outros organismos.

A análise comparativa revelou que as regiões codificadoras dos genes de uma ampla variedade de organismos mostram um alto grau de conservação nas sequências (ver Figura 9-19). Contudo, as sequências de regiões não codificadoras tendem a divergir com o tempo evolutivo (ver Figura 9-18). Portanto, uma pesquisa por similaridade de sequências pode muitas vezes indicar a partir de qual organismo determinado fragmento de DNA derivou e quais espécies estão mais intimamente relacionadas. Tal informação é de particular utilidade quando a origem de uma amostra de DNA é desconhecida – pois foi extraída, por exemplo, de uma amostra de solo ou água do mar ou sangue de um paciente com uma infecção não diagnosticada.

Mas saber de onde vem uma sequência nucleotídica – ou mesmo qual a sua atividade – é apenas a primeira etapa na determinação de qual é o seu papel no desenvolvimento ou na fisiologia do organismo. O conhecimento de que determinada sequência de DNA codifica um regulador da transcrição, por exemplo, não revela quando e onde aquela proteína é produzida, ou quais genes ela pode regular. Para aprender isso, os pesquisadores tiveram que voltar para o laboratório.

Análises dos mRNAs por microarranjo ou RNA-Seq fornecem uma visão momentânea da expressão gênica

Como discutido no Capítulo 8, uma célula expressa apenas um subconjunto de vários milhares de genes disponíveis no seu genoma. Esses subconjuntos diferem de um tipo de célula para outro. Uma forma de determinar quais genes estão sendo expressos por uma população de células ou um tecido é analisar quais moléculas de mRNA estão sendo produzidas.

A primeira ferramenta que permitiu aos pesquisadores analisar simultaneamente os milhares de RNAs diferentes produzidos pelas células ou tecidos foi o **microarranjo de DNA**. Desenvolvido na década de 1990, os microarranjos de DNA são lâminas de vidro de microscópio que contêm centenas de milhares de fragmentos de DNA, cada um servindo de sonda para o mRNA produzido por um gene específico. Tais microarranjos permitem aos investigadores monitorar a expressão de cada gene em um genoma inteiro em um único experimento. Para a análise, os mRNAs são extraídos das células ou tecidos e convertidos em cDNAs (ver Figura 10-12). Os cDNAs são marcados fluorescentemente e hibridizados aos fragmentos no microarranjo. Um microscópio de fluorescência automatizado então determina quais moléculas de mRNA estão presentes na amostra original com base nas posições do arranjo às quais os cDNAs estão ligados (**Figura 10-27**).

Embora os microarranjos sejam relativamente baratos e fáceis de usar, eles têm uma desvantagem óbvia: as sequências das amostras de mRNA a serem analisadas devem ser previamente conhecidas e representadas por uma sonda correspondente no arranjo. Com o desenvolvimento das tecnologias de sequenciamento de última geração, os pesquisadores cada vez mais utilizam uma abordagem mais direta para catalogar os RNAs produzidos por uma célula. Os RNAs são convertidos em cDNAs, que são então sequenciados utilizando métodos de sequenciamento de segunda geração. A abordagem chamada **RNA-Seq** fornece uma análise mais quantitativa do *transcriptoma* – a coleção completa de RNAs produzidos por uma célula sob determinado conjunto de condições. Também determina o número de vezes que determinada sequência aparece em uma amostra e detecta mRNAs raros, transcritos de RNA que sofrem *splicing* alternativo, mRNAs que carregam variações de sequências e RNAs não codificadores. Por essas razões, o RNA-Seq está substituindo os microarranjos como o método de escolha para analisar o transcriptoma.

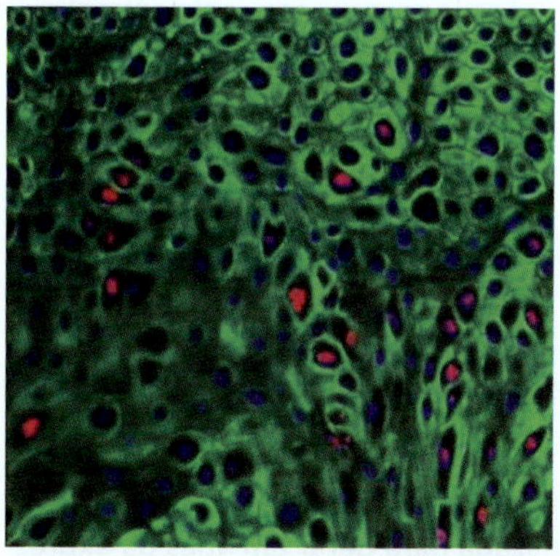

Figura 10-28 A hibridização *in situ* pode ser utilizada para detectar a presença de um vírus nas células. Nesta micrografia, os núcleos de células epiteliais em cultura infectadas com o papilomavírus humano (HPV) estão corados em *rosa* por uma sonda fluorescente que reconhece uma sequência de DNA viral. O citoplasma de todas as células está corado em *verde*. (Cortesia de Hogne Røed Nilsen.)

A hibridização *in situ* pode revelar onde e quando um gene é expresso

Embora os microarranjos e RNA-Seq forneçam uma lista de genes que estão sendo expressos por uma célula ou tecido, eles não revelam exatamente onde, na célula ou no tecido, aqueles mRNAs são produzidos. Para determinar onde uma molécula específica de RNA é produzida, os pesquisadores utilizam uma técnica chamada de **hibridização *in situ*** (do latim *in situ*, "no local"), que permite que determinada sequência de ácidos nucleicos – DNA ou RNA – seja visualizada no seu local original.

A hibridização *in situ* usa sondas de DNA ou RNA de fita simples, marcadas com corantes fluorescentes ou isótopos radioativos, para detectar sequências de ácidos nucleicos complementares no tecido, na célula (**Figura 10-28**) ou mesmo em um cromossomo isolado (**Figura 10-29**). A última aplicação é utilizada na clínica para determinar, por exemplo, se fetos carregam cromossomos anormais.

A hibridização *in situ* costuma ser utilizada para estudar os padrões de expressão de determinado gene ou grupo de genes em um tecido adulto ou em desenvolvimento. Em um projeto particularmente ambicioso, neurocientistas estão usando o método para montar um mapa tridimensional de todos os genes expressos tanto no encéfalo de camundongos como no de humanos (**Figura 10-30**). Saber onde e quando um gene é expresso pode fornecer pistas sobre sua função.

Genes-repórter permitem que proteínas específicas sejam rastreadas em células vivas

Para um gene que codifica uma proteína, a localização da proteína na célula, tecido ou organismo fornece indícios para a função gênica. Tradicionalmente, a maneira mais eficiente de visualizar uma proteína em uma célula ou tecido envolvia o uso de um anticorpo marcado. Essa abordagem requer a geração de um anticorpo que reconhece especificamente a proteína de interesse – um processo que pode levar tempo e não tem garantia de sucesso.

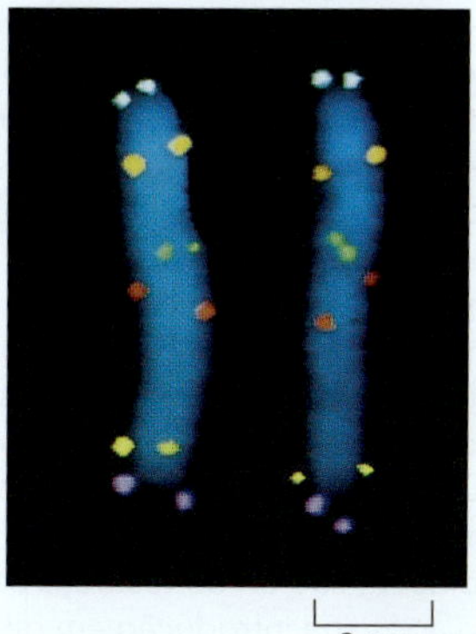

Figura 10-29 A hibridização *in situ* pode ser usada para localizar genes em cromossomos isolados. Aqui, seis sondas de DNA diferentes foram utilizadas para marcar a localização das suas sequências nucleotídicas respectivas no cromossomo 5 humano isolado de uma célula mitótica em metáfase (ver Figura 5-16 e Painel 18-1, p. 622-623). As sondas de DNA foram marcadas com diferentes grupamentos químicos e são detectadas usando anticorpos fluorescentes específicos para aqueles grupos. As cópias materna e paterna do cromossomo 5 são mostradas, alinhadas lado a lado. Cada sonda produz dois pontos sobre cada cromossomo, porque cromossomos que estão sofrendo mitose já replicaram o seu DNA; portanto, cada cromossomo contém duas hélices de DNA idênticas. A técnica empregada aqui é chamada FISH (do inglês, *fluorescence* in situ *hybridization* – hibridização *in situ* por fluorescência) (Cortesia de David C. Ward.)

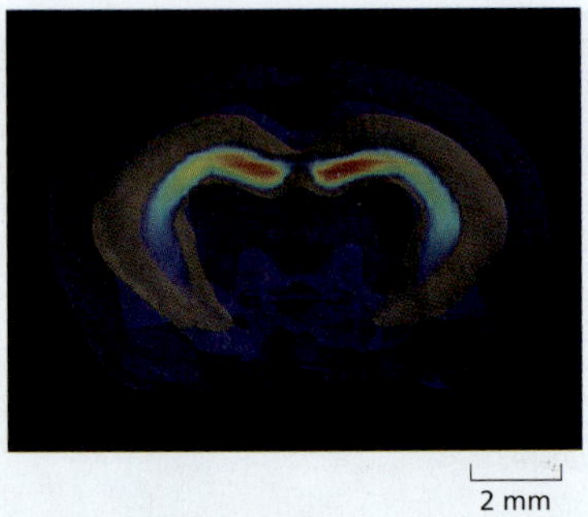

Figura 10-30 A hibridização *in situ* foi utilizada para gerar um atlas da expressão gênica no encéfalo de camundongo. Esta imagem gerada pelo computador mostra a expressão de genes específicos em uma área do encéfalo associada com aprendizado e memória. Mapas similares dos padrões de expressão de todos os genes conhecidos no encéfalo do camundongo estão compilados no projeto do atlas encefálico, que está disponível de forma gratuita *on-line*. (De M. Hawrylycz et al., *PLoS Comput. Biol.* 7:e1001065, 2011.)

Uma abordagem alternativa é utilizar as sequências de DNA reguladoras de um gene que codifique uma proteína para promover a expressão de algum tipo de **gene-repórter**, um gene que codifique uma proteína que pode ser facilmente monitorada por sua fluorescência ou atividade enzimática. Um gene recombinante desse tipo normalmente mimetiza a expressão do gene de interesse, produzindo uma proteína-repórter quando, onde e nas mesmas quantidades que a proteína normal seria produzida (**Figura 10-31A**). A mesma abordagem pode ser utilizada para estudar as sequências de DNA reguladoras que controlam a expressão gênica (**Figura 10-31B**).

Uma das proteínas-repórter mais populares utilizadas na atualidade é a **proteína verde fluorescente** (**GFP**, de *green fluorescent protein*), a molécula que confere às águas-vivas luminescentes o seu brilho esverdeado. Em muitos casos, o gene que codifica a GFP é simplesmente ligado a uma extremidade do gene de interesse. A *proteína de fusão com GFP* resultante muitas vezes se comporta da mesma forma que a proteína normal produzida pelo gene de interesse, e sua localização pode ser monitorada por microscopia de fluorescência (**Figura 10-32**). A fusão com GFP se tornou uma estratégia-padrão para rastrear não apenas a localização, mas também o movimento de proteínas específicas nas células vivas. Além disso, o uso de múltiplas variantes de GFP que fluorescem em diferentes comprimentos de onda pode fornecer percepções de como diferentes células interagem em um tecido vivo (**Figura 10-33**).

O estudo de mutantes pode ajudar a revelar a função de um gene

Embora possa parecer contraintuitivo, uma das melhores maneiras de determinar a função de um gene é observar as consequências em um organismo quando

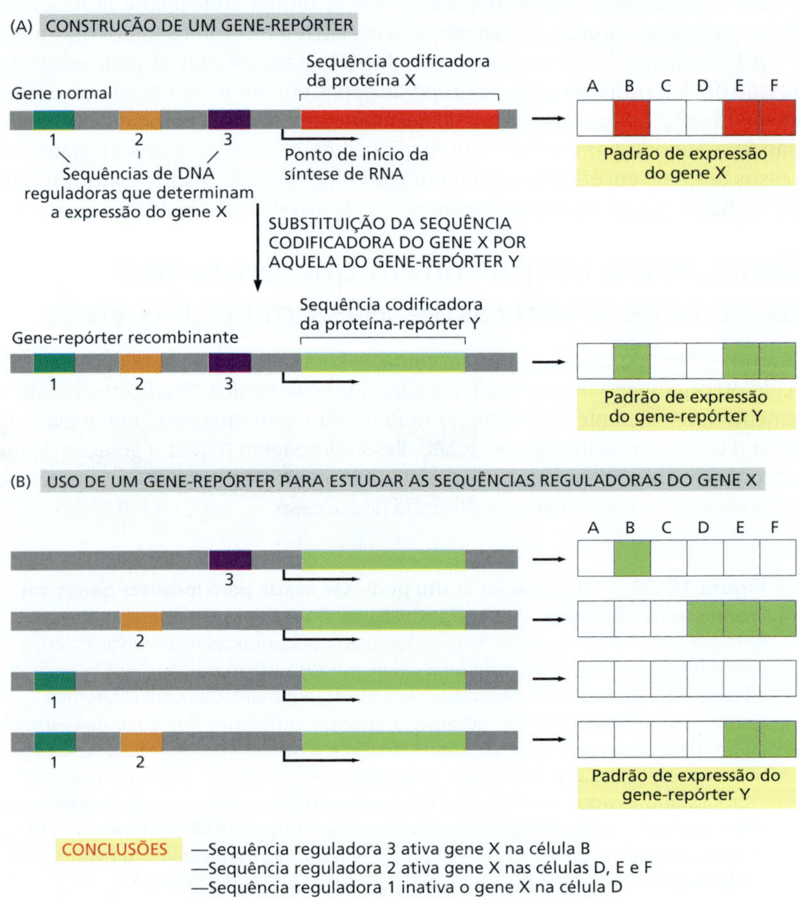

Figura 10-31 Genes-repórter podem ser utilizados para determinar o padrão de expressão de um gene. (A) Suponha que o objetivo é encontrar quais tipos de células (A–F) expressam a proteína X, mas que esta proteína seja difícil de detectar diretamente – com anticorpos, por exemplo. Usando técnicas de DNA recombinante, a sequência codificadora da proteína X pode ser substituída pela sequência codificadora da proteína-repórter Y, que pode ser facilmente monitorada visualmente; duas proteínas-repórter comumente utilizadas são a enzima β-galactosidase (ver Figura 8-13C) e a proteína verde fluorescente (GFP, ver Figura 10-32). A expressão da proteína-repórter Y agora será controlada pelas sequências reguladoras (aqui marcadas como 1, 2 e 3) que controlam a expressão da proteína X normal. (B) Para determinar quais sequências reguladoras costumam controlar a expressão do gene X em determinados tipos de células, repórteres com várias combinações das regiões reguladoras associadas ao gene X podem ser construídas. Essas moléculas de DNA recombinante são então testadas para expressão após sua introdução em diferentes tipos de células.

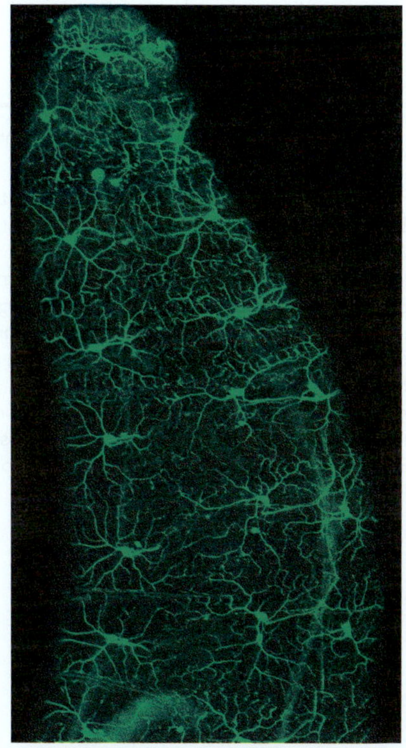

Figura 10-32 A proteína verde fluorescente (GFP) pode ser utilizada para identificar células específicas em um animal vivo. Para este experimento, realizado na mosca-da-fruta, técnicas de DNA recombinante foram utilizadas para ligar o gene que codifica GFP às sequências de DNA reguladoras que controlam a produção de uma determinada proteína de *Drosophila*. Tanto a GFP como a proteína normal da mosca são produzidas apenas em um conjunto especializado de neurônios. Esta imagem de um embrião vivo de mosca foi obtida por um microscópio de fluorescência e mostra cerca de 20 neurônios, cada um com longas projeções (axônios e dendritos) que se comunicam com outras células (não fluorescentes). Esses neurônios, localizados logo abaixo da superfície do embrião, permitem que o organismo perceba seu meio adjacente. (De W.B. Grueber et al., *Curr. Biol.* 13:618–626, 2003. Com permissão de Elsevier.)

o gene é inativado por uma mutação. Antes do advento da clonagem gênica, os geneticistas estudaram os organismos mutantes que surgiram espontaneamente em uma população. Os mutantes de maior interesse muitas vezes foram selecionados por causa do seu *fenótipo* incomum – moscas-da-fruta com olhos brancos ou asas enroladas, por exemplo. O gene responsável pelo fenótipo mutante pode então ser estudado por experimentos de cruzamentos, como Gregor Mendel fez com as ervilhas no século XIX (discutido no Capítulo 19).

Ainda que organismos mutantes possam surgir de maneira espontânea, isso não é frequente. O processo pode ser acelerado tratando organismos com radiação ou mutágenos químicos, que de forma aleatória interrompem a atividade gênica. Essa mutagênese aleatória gera grandes quantidades de organismos mutantes, cada um dos quais podendo ser estudado individualmente. Essa "abordagem genética clássica", que discutimos em detalhes no Capítulo 19, é mais aplicável a organismos que se reproduzem rapidamente e podem ser analisados geneticamente no laboratório – como bactérias, leveduras, vermes nematódeos e moscas-da-fruta –, embora também tenha sido usada em peixes-zebra e camundongos.

A interferência de RNA (RNAi) inibe a atividade de genes específicos

A tecnologia do DNA recombinante tornou possível uma abordagem genética mais direcionada para estudar a função gênica. Em vez de utilizar um mutante gerado de modo aleatório, e então identificar o gene responsável, um gene de sequência conhecida pode ser inativado deliberadamente e os efeitos no fenótipo da célula ou organismo podem ser observados. Como essa estratégia é essencialmente o contrário da usada na genética clássica – que vai de mutantes a genes –, ela muitas vezes é chamada de *genética reversa*.

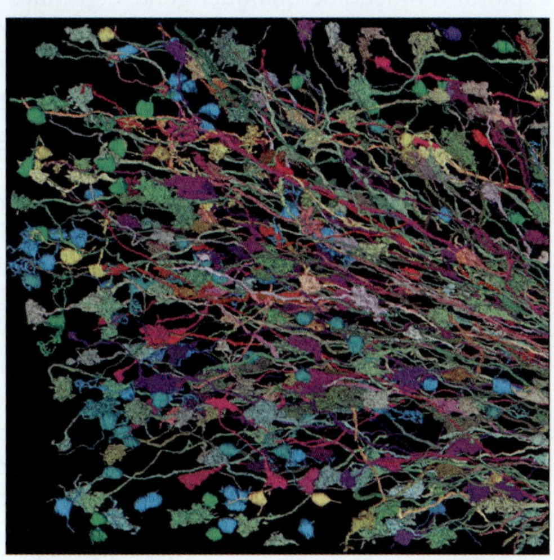

Figura 10-33 As GFPs que fluorescem em diferentes comprimentos de onda ajudam a revelar as conexões que os neurônios individuais formam no encéfalo. Esta imagem mostra neurônios coloridos diferentemente em uma região do encéfalo de um camundongo. Os neurônios expressam, aleatoriamente, combinações diferentes de GFPs coloridas de forma distinta, tornando possível distinguir e rastrear vários neurônios individuais em uma população. A aparência maravilhosa desses neurônios marcados deu a esses animais o apelido colorido de "camundongos arco-íris". (De J. Livet et al., *Nature* 450:56–62, 2007. Com permissão de Macmillan Publishers Ltd.)

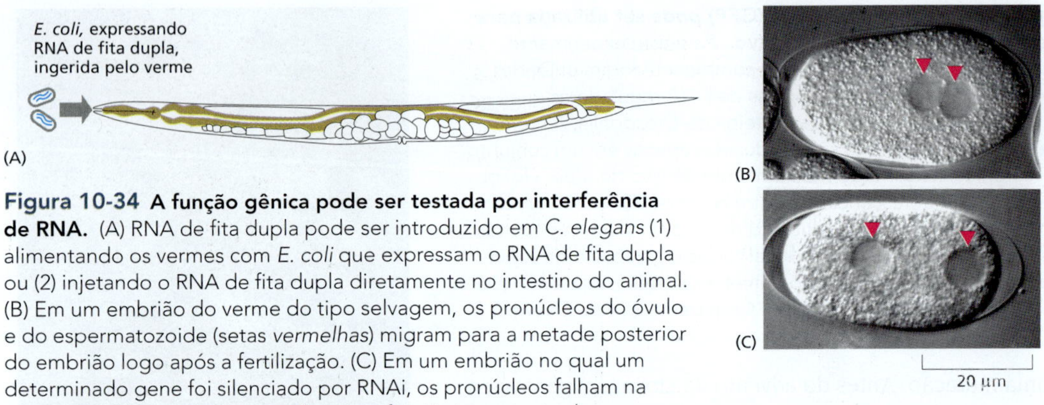

Figura 10-34 A função gênica pode ser testada por interferência de RNA. (A) RNA de fita dupla pode ser introduzido em *C. elegans* (1) alimentando os vermes com *E. coli* que expressam o RNA de fita dupla ou (2) injetando o RNA de fita dupla diretamente no intestino do animal. (B) Em um embrião do verme do tipo selvagem, os pronúcleos do óvulo e do espermatozoide (setas *vermelhas*) migram para a metade posterior do embrião logo após a fertilização. (C) Em um embrião no qual um determinado gene foi silenciado por RNAi, os pronúcleos falham na migração. Tal experimento revelou uma função importante desse gene no desenvolvimento embrionário, antes desconhecida. (B e C, de P. Gönczy et al., *Nature* 408:331–336, 2000. Com permissão de Macmillan Publishers Ltd.)

Uma das maneiras mais rápidas e fáceis de silenciar genes em células e organismos é via **interferência de RNA** (**RNAi**). Descoberta em 1998, a RNAi explora um mecanismo natural utilizado em uma ampla variedade de plantas e animais para se proteger contra certos vírus e a proliferação dos elementos genéticos móveis (discutidos no Capítulo 9). A técnica envolve a introdução, em uma célula ou organismo, de moléculas de RNA de fita dupla com uma sequência de nucleotídeos que pareia com o gene a ser inativado. O RNA de fita dupla é clivado e processado por uma maquinaria de RNAi especial para produzir fragmentos de fita dupla mais curtos, chamados de pequenos RNAs de interferência (siRNAs, do inglês, *small interfering RNAs*). Esses siRNAs são separados para formar fragmentos de RNA de fita simples que hibridizam com o mRNA do gene-alvo e promovem sua degradação (ver Figura 8-26). Em alguns organismos, os mesmos fragmentos podem promover a produção de mais siRNAs permitindo a inativação de forma contínua dos mRNAs-alvo.

A RNAi frequentemente é utilizada para inativar genes em linhagens celulares cultivadas de mamíferos, *Drosophila* e o nematódeo *C. elegans*. A introdução de RNAs de fita dupla em *C. elegans* é particularmente fácil: o verme pode se alimentar de *E. coli* que foram modificadas por engenharia genética para produzir os RNAs de fita dupla que acionam a RNAi (**Figura 10-34**). Esses RNAs se convertem em siRNAs, que se distribuem pelo corpo do animal para inibir a expressão do gene-alvo em vários tecidos. Para muitos organismos cujos genomas foram completamente sequenciados, a RNAi pode, em princípio, ser usada para explorar a função de qualquer gene, e grandes coleções de vetores de DNA que produzem esses RNAs de fita dupla estão disponíveis para algumas espécies.

Um gene conhecido pode ser removido ou substituído por uma versão alterada

Apesar da sua utilidade, a RNAi tem algumas limitações. Genes que não são alvo algumas vezes são inibidos junto com o gene de interesse, e certos tipos de células são totalmente resistentes à RNAi. Mesmo para tipos celulares nos quais o mecanismo funciona de maneira eficiente, a inativação gênica via RNAi muitas vezes é temporária, recebendo a descrição de atenuação gênica (do inglês, *gene knockdown*).

Felizmente, existem outros meios, mais específicos e eficazes, de eliminar a atividade gênica em células e organismos. Com o uso de técnicas de DNA recombinante, a sequência codificadora de um gene clonado pode ser alterada *in vitro* para modificar as propriedades funcionais do seu produto proteico. De modo alternativo, a região codificadora pode ser mantida intacta e a região reguladora do gene alterada, de maneira que a quantidade de proteína produzida seja alterada ou o gene seja expresso em um tipo diferente de célula ou em um momento diferente durante o desenvolvimento. Ao introduzir esse gene alterado de volta no organismo do qual ele proveio originalmente, é possível produzir um organismo mutante que pode ser estudado para determinar a função gênica. Muitas vezes o gene alterado é inserido no genoma das células reprodutoras, de modo que possa ser herdado de forma estável pelas gerações subsequentes. Organismos cujos genomas foram alterados dessa maneira são conhecidos como **organismos transgênicos**, ou *organismos geneticamente modificados* (*GMOs*, do inglês, *genetically modified organisms*); o gene introduzido é chamado de *transgene*.

Para estudar a função de um gene que foi alterado *in vitro*, idealmente seria preferível gerar um organismo no qual o gene normal fosse substituído por um alterado. Dessa forma, a função de uma proteína mutante pode ser analisada na ausência da proteína normal. Uma forma comum de se fazer isso em camundongos usa células-tronco embrionárias (ES) cultivadas (discutido no Capítulo 20). Essas células são primeiramente submetidas à substituição gênica direcionada, antes de serem transplantadas para um embrião em desenvolvimento para produzir um camundongo mutante como ilustrado na **Figura 10-35**.

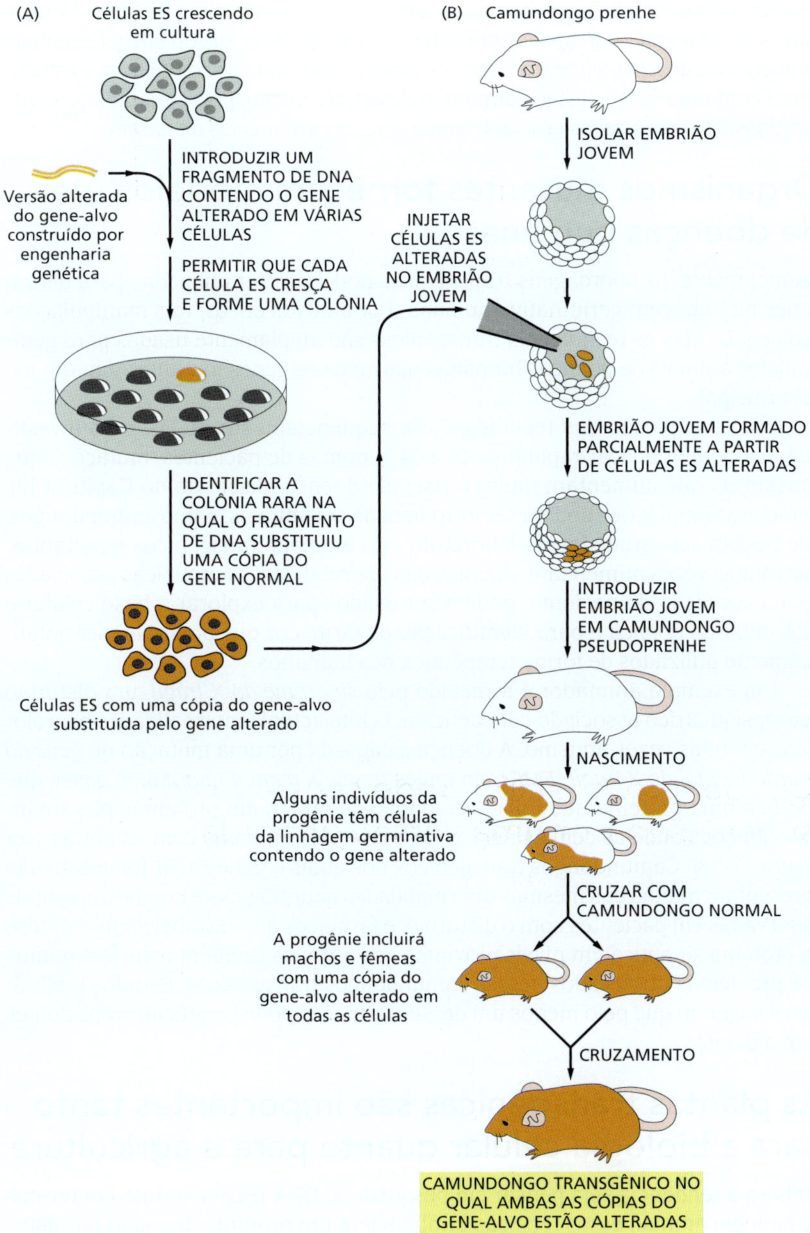

Figura 10-35 A substituição direcionada de genes em camundongos utiliza células-tronco embrionárias (ES). (A) Primeiro, uma versão alterada do gene é introduzida em células ES (células-tronco embrionárias) em cultura. Em apenas algumas raras células ES, o gene alterado substituirá o gene normal correspondente por meio de recombinação homóloga. Embora o procedimento seja muitas vezes laborioso, essas células raras podem ser identificadas e cultivadas para produzir vários descendentes, e cada um carrega um gene alterado no lugar de um dos seus dois genes normais correspondentes. (B) A seguir, as células ES alteradas são injetadas em um embrião de camundongo muito jovem; as células são incorporadas no embrião em crescimento, que então se desenvolve em um camundongo que contém algumas células somáticas (indicadas em *laranja*) que carregam o gene alterado. Alguns desses camundongos também irão conter células da linhagem germinativa que possuem o gene alterado; quando cruzados com um camundongo normal, alguns camundongos dessa progênie irão conter uma cópia do gene alterado em todas as suas células. Esse camundongo é chamado de camundongo "transformado". Se dois camundongos transformados forem cruzados, pode-se obter uma progênie que contém duas cópias do gene alterado – uma em cada cromossomo – em todas as suas células.

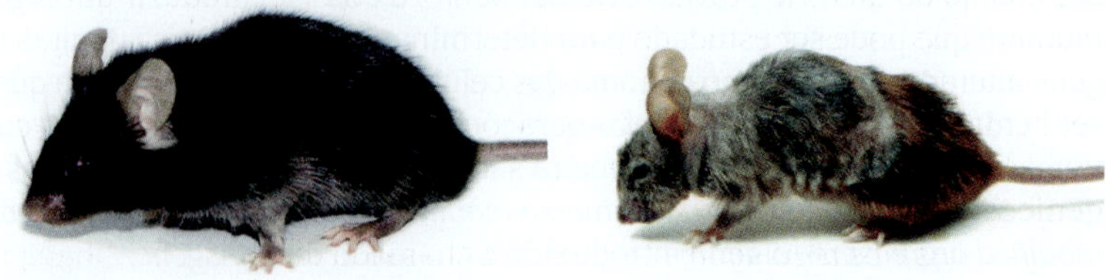

Figura 10-36 Camundongo transgênico com uma DNA-helicase mutante apresenta envelhecimento precoce. A helicase, codificada pelo gene *Xpd*, está envolvida tanto na transcrição quanto no reparo do DNA. Comparado com um camundongo do tipo selvagem (A), um camundongo transgênico que expressa uma versão defeituosa de *Xpd* (B) exibe vários dos sintomas de envelhecimento precoce, incluindo osteoporose, emagrecimento, branqueamento precoce dos pelos, infertilidade e tempo de vida reduzido. A mutação em *Xpd* utilizada aqui prejudica a atividade da helicase e mimetiza uma mutação humana que causa tricotiodistrofia, um distúrbio caracterizado por cabelo quebradiço, anormalidades esqueléticas e uma expectativa de vida bastante reduzida. Esses resultados sustentam a hipótese de que um acúmulo de danos no DNA contribui para o processo de envelhecimento tanto em humanos como em camundongos. (De J. de Boer et al., *Science* 296:1276–1279, 2002. Com permissão de AAAS.)

Utilizando uma estratégia semelhante, a atividade de ambas as cópias de um gene também pode ser totalmente eliminada, criando um "**nocaute gênico**". Para isso, pode-se introduzir uma versão mutante inativa do gene nas células ES em cultura ou deletar o gene. A habilidade de usar células ES para produzir esse "camundongo nocaute" revolucionou o estudo da função gênica, e a técnica está hoje sendo empregada para determinar sistematicamente a função de cada gene do camundongo (**Figura 10-36**). Uma variação dessa técnica é utilizada para produzir *camundongos nocaute condicionais*, nos quais um gene conhecido pode ser interrompido mais seletivamente – em apenas um determinado tipo de célula ou em determinado momento do desenvolvimento. Esses nocautes condicionais são úteis para estudar genes com uma função crítica durante o desenvolvimento, pois camundongos que não possuem esses genes cruciais muitas vezes morrem antes de nascer.

Organismos mutantes fornecem modelos úteis de doenças humanas

Tecnicamente, as abordagens transgênicas poderiam ser utilizadas para alterar genes na linhagem germinativa humana. Por motivos éticos, tais manipulações são ilegais. Mas as tecnologias transgênicas são amplamente usadas para gerar modelos animais de doenças humanas nas quais os genes mutantes têm um papel principal.

Com a explosão das tecnologias de sequenciamento do DNA, os investigadores podem buscar rapidamente, nos genomas de pacientes, mutações que causam ou que aumentam muito o risco da doença (discutido no Capítulo 19). Então essas mutações podem ser introduzidas em animais, como camundongos, que podem ser estudados no laboratório. Os animais transgênicos resultantes, que muitas vezes mimetizam algumas das anormalidades fenotípicas associadas com a condição do paciente, podem ser usados para explorar a base celular e molecular da doença e para identificação de fármacos que poderiam ser potencialmente utilizados de forma terapêutica nos humanos.

Um exemplo animador é fornecido pela *síndrome do X frágil*, um distúrbio neuropsiquiátrico associado com deficiência intelectual, anormalidades neurológicas e muitas vezes autismo. A doença é causada por uma mutação no *gene do retardo mental do X frágil* (*FMR1*, do inglês *fragile X mental retardation gene*), que codifica uma proteína que inibe a tradução de mRNA em proteínas nas sinapses – junções onde as células nervosas se comunicam umas com as outras (ver Figura 12-38). Camundongos transgênicos nos quais o gene *FMR1* foi desativado apresentam muitas das mesmas anormalidades neurológicas e comportamentais observadas em pacientes com o distúrbio, e fármacos que restabelecem a síntese da proteína sináptica em níveis próximos aos normais também revertem muitos dos problemas observados nesses camundongos transgênicos. Estudos preliminares sugerem que pelo menos um desses fármacos pode beneficiar os pacientes com a doença.

As plantas transgênicas são importantes tanto para a biologia celular quanto para a agricultura

Embora a tendência seja pensar em pesquisa de DNA recombinante em termos de biologia animal, essas técnicas também têm um profundo impacto nos estudos com plantas. Na verdade, certas características de plantas as tornam especialmente acessíveis para os métodos de DNA recombinante.

Quando um pedaço de tecido vegetal é cultivado em um meio estéril contendo nutrientes e reguladores de crescimento apropriados, algumas das células são estimuladas a proliferar indefinidamente de maneira desorganizada, produzindo uma massa de células relativamente indiferenciadas chamada de *calo*. Se os nutrientes e os reguladores do crescimento são cuidadosamente manipulados, pode-se induzir a formação de um broto dentro do calo, e em várias espécies, uma planta nova completa pode ser regenerada a partir dessas células. Em várias plantas – incluindo tabaco, petúnia, cenoura, batata e *Arabidopsis* –, uma única célula de um desses calos pode ser cultivada até um pequeno aglomerado de células a partir do qual uma planta completa pode ser regenerada (ver Figura 8-2B). Assim como um camundongo mutante pode ser originado por manipulação genética a partir de células-tronco embrionárias em cultura, as plantas transgênicas podem ser criadas a partir de células vegetais transfectadas com DNA em cultura (**Figura 10-37**).

A capacidade de produzir plantas transgênicas acelerou muito o progresso em várias áreas da biologia celular de plantas. Ela tem uma parte importante, por exemplo, no isolamento de receptores para os reguladores do crescimento e na análise de mecanismos de morfogênese e da expressão gênica nas plantas. Essas técnicas também abriram várias novas possibilidades na agricultura que poderiam beneficiar tanto o produtor quanto o consumidor. Elas tornaram possível, por exemplo, modificar a proporção entre lipídeo, amido e proteína nas sementes, conferir às plantas resistência a pestes e a vírus e criar plantas modificadas que toleram ambientes extremos, como pântanos salgados ou solos alagados. Uma variedade de arroz foi modificada geneticamente para produzir β-caroteno, o precursor da vitamina A. Caso esse arroz substituísse o arroz convencional, esse "arroz de ouro" – assim chamado pela sua cor levemente amarela – poderia aliviar a deficiência grave de vitamina A, que causa cegueira em centenas de milhares de crianças nos países em desenvolvimento a cada ano.

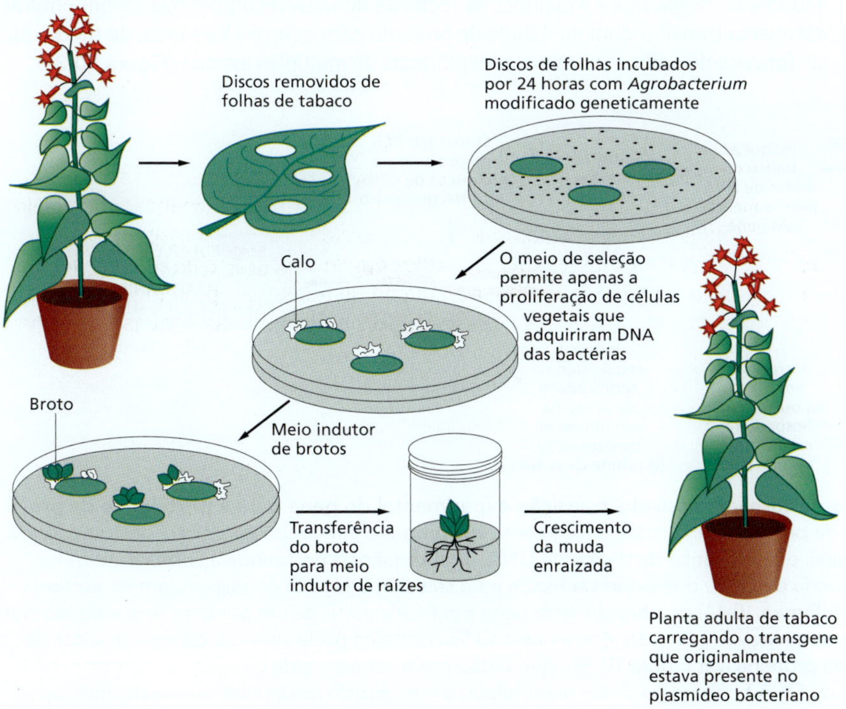

Figura 10-37 Plantas transgênicas podem ser produzidas utilizando técnicas de DNA recombinante otimizadas para plantas. Um disco é cortado de uma folha e é incubado em uma cultura de *Agrobacterium* que carrega um plasmídeo recombinante com um marcador de seleção, e o gene desejado modificado geneticamente. As células vegetais lesionadas nas extremidades do disco liberam substâncias que atraem as bactérias, que injetam seu DNA nas células das plantas. Apenas aquelas células vegetais que captam o DNA apropriado e expressam o gene do marcador de seleção sobrevivem para proliferar e formar o calo. A manipulação dos fatores de crescimento suplementados para o calo o induzem a formar brotos que, subsequentemente, formam raízes e crescem em plantas adultas carregando o gene modificado.

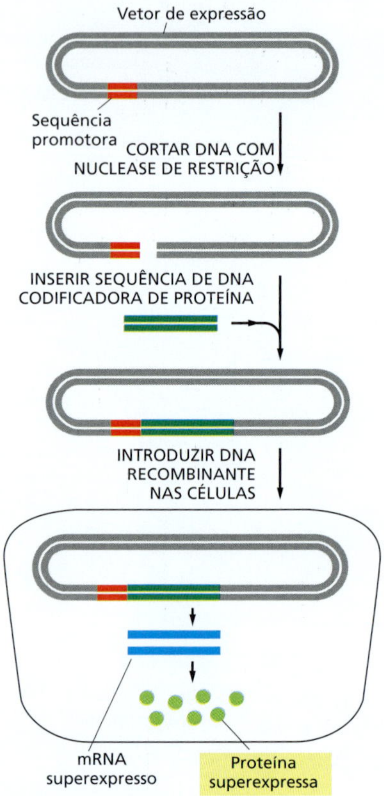

Figura 10-38 Grandes quantidades de uma proteína podem ser produzidas a partir de uma sequência de DNA que codifica e é uma proteína inserida em um vetor de expressão que é introduzido em células. Aqui, um vetor plasmideal foi modificado por engenharia genética para conter um promotor bastante ativo, que faz grandes quantidades incomuns de mRNA serem produzidas a partir do gene codificador de proteína inserido. Dependendo das características do vetor de clonagem, o plasmídeo é introduzido em células de bactérias, leveduras, insetos ou mamíferos, onde o gene inserido é eficientemente transcrito e traduzido em proteína.

Até proteínas raras podem ser sintetizadas em grandes quantidades utilizando DNA clonado

Uma das contribuições mais importantes da clonagem de DNA e da engenharia genética para a biologia celular é que elas tornaram possível a produção de qualquer proteína, incluindo as raras, em quantidades quase ilimitadas. Essa alta produção costuma ser alcançada pela utilização de vetores especialmente projetados, conhecidos como *vetores de expressão*. Esses vetores incluem sinais de transcrição e tradução que fazem um gene inserido ser expresso em níveis muito altos. Diferentes vetores de expressão são projetados para uso em células bacterianas, de leveduras, insetos ou mamíferos, cada um contendo as sequências reguladoras apropriadas para transcrição e tradução nessas células (**Figura 10-38**). O vetor de expressão é replicado a cada ciclo de divisão celular, de modo que as células transfectadas na cultura sejam capazes de sintetizar grandes quantidades da proteína de interesse – muitas vezes abrangendo 1 a 10% do total da proteína celular. Normalmente é fácil purificar essa proteína das outras proteínas produzidas pela célula hospedeira.

Essa tecnologia atualmente é usada para produzir grandes quantidades de muitas proteínas úteis na medicina, incluindo hormônios (como insulina), fatores de crescimento e proteínas do envelope viral para uso em vacinas. Os vetores de expressão também permitem aos cientistas produzir muitas proteínas de interesse biológico em quantidades grandes o suficiente para estudos estruturais e funcionais detalhados que já foram impossíveis – em especial para proteínas que normalmente estão presentes em quantidades muito pequenas, como alguns receptores e reguladores da transcrição. Portanto, as técnicas de DNA recombinante permitem aos cientistas transitar com facilidade de proteína para gene e vice-versa, de modo que as funções de ambos possam ser exploradas de múltiplas formas (**Figura 10-39**).

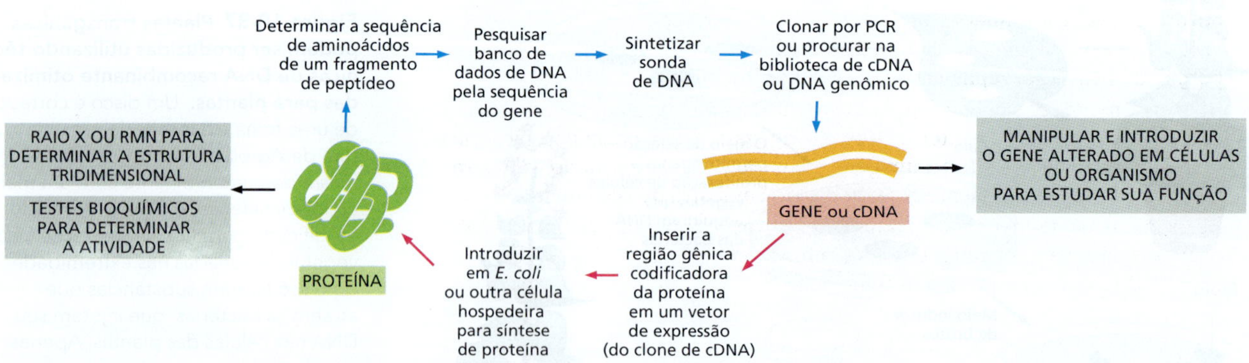

Figura 10-39 As técnicas de DNA recombinante tornam possível a transição experimental do gene para a proteína, e da proteína para o gene. Uma pequena quantidade de proteína purificada ou fragmento de peptídeo é utilizada para obter uma sequência de aminoácidos parcial, que é usada para procurar, em um banco de dados de DNA, uma sequência nucleotídica correspondente. Essa sequência é utilizada para sintetizar uma sonda de DNA, que pode ser usada para selecionar o gene correspondente a partir da biblioteca de DNA por hibridização do DNA (ver Figura 10-11) ou para clonar o gene por PCR a partir de um genoma sequenciado (ver Figura 10-16). Uma vez que o gene foi isolado e sequenciado, sua sequência que codifica proteína pode ser inserida em um vetor de expressão para produzir grandes quantidades da proteína (ver Figura 10-38), que então pode ser estudada bioquímica ou estruturalmente. Além de produzir uma proteína, o gene ou DNA também pode ser manipulado e introduzido nas células ou organismos para estudar sua função. (RMN, ressonância magnética nuclear; ver Como Sabemos, p. 162-163.)

CONCEITOS ESSENCIAIS

- A tecnologia de DNA recombinante revolucionou o estudo das células, tornando possível selecionar, à vontade, qualquer gene a partir de milhares de genes em uma célula e determinar sua sequência nucleotídica.
- Um elemento crucial nessa tecnologia é a capacidade de cortar uma grande molécula de DNA em um conjunto específico e reproduzível de fragmentos de DNA utilizando nucleases de restrição, cada uma das quais cortando a dupla-hélice de DNA apenas em uma determinada sequência de nucleotídeos.
- Os fragmentos de DNA podem ser separados uns dos outros, com base no seu tamanho, utilizando eletroforese em gel.
- A hibridização de ácidos nucleicos pode detectar qualquer sequência de DNA ou RNA em uma mistura de fragmentos de ácidos nucleicos. Essa técnica depende do pareamento de bases altamente específico entre a sonda de DNA ou RNA de fita simples marcados e outro ácido nucleico com uma sequência complementar.
- As técnicas de clonagem de DNA permitem que qualquer sequência de DNA seja selecionada a partir de milhões de outras sequências e produzida em quantidade ilimitada, na forma pura.
- Fragmentos de DNA podem ser unidos *in vitro* utilizando DNA-ligase para formar moléculas de DNA recombinante não encontradas na natureza.
- Fragmentos de DNA podem ser mantidos e amplificados por meio da sua inserção em uma molécula de DNA maior, capaz de se replicar, como um plasmídeo. Essa molécula de DNA recombinante é, então, introduzida em uma célula hospedeira que se divide rapidamente, em geral uma bactéria, de modo que o DNA é replicado a cada divisão celular.
- Uma coleção de fragmentos clonados de DNA cromossômico, representando o genoma completo de um organismo, é conhecida como biblioteca genômica. A biblioteca muitas vezes é mantida como milhões de clones de bactérias, com cada clone diferente carregando um fragmento diferente do genoma do organismo.
- As bibliotecas de cDNA contêm cópias de DNA clonado a partir do mRNA total de um determinado tipo de célula ou tecido. Diferentemente dos clones de DNA genômico, os clones de cDNA contêm predominantemente sequências codificadoras de proteínas; eles não possuem íntrons, sequências de DNA reguladoras e promotores. Dessa forma, eles são úteis quando o gene clonado é necessário para produzir proteína.
- A reação em cadeia da polimerase (PCR) é uma forma potente de amplificação de DNA que é realizada *in vitro*, utilizando uma DNA-polimerase purificada. A PCR requer um conhecimento prévio da sequência a ser amplificada, pois dois oligonucleotídeos iniciadores sintéticos que delimitam a porção de DNA a ser replicada devem ser sintetizados.
- Historicamente, os genes eram clonados utilizando técnicas de hibridização para identificar as bactérias que carregavam a sequência desejada em uma biblioteca de DNA. Hoje, um gene em geral é clonado usando PCR para amplificá-lo especificamente a partir de uma amostra de DNA ou mRNA.
- As técnicas de sequenciamento de DNA se tornaram cada vez mais rápidas e econômicas, de modo que os genomas inteiros de milhares de organismos diferentes agora são conhecidos, incluindo milhares de humanos individuais.
- Com o uso de técnicas de DNA recombinante, uma proteína pode ser ligada a um marcador molecular, como a proteína verde fluorescente (GFP), que permite que seu movimento seja rastreado dentro da célula e, em alguns casos, dentro de um organismo vivo.
- A hibridização de ácidos nucleicos *in situ* pode ser utilizada para detectar a localização precisa de genes nos cromossomos e dos RNAs nas células e nos tecidos.
- Microarranjos de DNA e RNA-Seq podem ser usados para monitorar a expressão de dezenas de milhares de genes de uma só vez.

- Genes clonados podem ser alterados *in vitro* e inseridos de forma estável no genoma de uma célula ou de um organismo para estudar sua função. Tais mutantes são chamados de organismos transgênicos.
- A expressão de determinados genes pode ser inibida em células ou organismos pela técnica de interferência de RNA (RNAi), que impede que um mRNA seja traduzido em proteína.
- Bactérias, leveduras e células de mamíferos podem ser modificadas para sintetizar grandes quantidades de qualquer proteína cujo gene tenha sido clonado, tornando possível estudar proteínas que de outra maneira seriam raras ou difíceis de isolar.

TERMOS-CHAVE

biblioteca de cDNA
biblioteca de DNA
biblioteca de DNA genômico
cDNA
clonagem de DNA
DNA-ligase
DNA recombinante
gene-repórter
hibridização
hibridização *in situ*
interferência de RNA (RNAi)
microarranjo de DNA
nocaute gênico
nuclease de restrição
organismo transgênico
plasmídeo
proteína verde fluorescente (GFP)
reação em cadeia da polimerase (PCR)
RNA-Seq
sequenciamento de DNA didesóxi (Sanger)
substituição gênica
tecnologia de DNA recombinante
transformação

TESTE SEU CONHECIMENTO

QUESTÃO 10-5

Quais são as consequências para uma reação de sequenciamento de DNA se a proporção de trifosfatos de didesoxirribonucleosídeos para trifosfatos de desoxirribonucleosídeos for aumentada? O que aconteceria se essa proporção fosse diminuída?

QUESTÃO 10-6

Quase todas as células em um animal contêm genomas idênticos. Em um experimento, um tecido composto de vários tipos diferentes de células é fixado e submetido à hibridização *in situ* com uma sonda de DNA para um determinado gene. Para sua surpresa, o sinal de hibridização é muito mais forte em algumas células do que em outras. Como você poderia explicar esse resultado?

QUESTÃO 10-7

Após décadas de trabalho, o Dr. Ricky M. isolou uma pequena quantidade de atratase – uma enzima que produz um feromônio humano potente – a partir de amostras de cabelo de celebridades de Hollywood. Com o objetivo de tirar vantagem da atratase para seu uso pessoal, ele obteve um clone genômico completo do gene para atratase, conectado a um forte promotor bacteriano em um plasmídeo de expressão e introduziu o plasmídeo em células de *E. coli*. Ele ficou desolado ao perceber que nenhuma atratase fora produzida pelas células. Qual é a possível explicação para a falha?

QUESTÃO 10-8

Quais das seguintes afirmativas estão corretas? Justifique sua resposta.

A. Nucleases de restrição cortam o DNA em sítios específicos que estão sempre localizados entre os genes.
B. O DNA migra em direção ao eletrodo positivo durante a eletroforese.
C. Clones isolados de bibliotecas de cDNA contêm sequências promotoras.
D. A PCR utiliza uma DNA-polimerase termoestável, porque, para cada etapa de amplificação, o DNA de fita dupla deve ser desnaturado pelo calor.
E. A digestão do DNA genômico com AluI, uma enzima de restrição que reconhece uma sequência de quatro nucleotídeos, produz fragmentos que possuem exatamente 256 nucleotídeos de comprimento.
F. Para fazer uma biblioteca de cDNA, tanto uma DNA-polimerase como uma transcriptase reversa devem ser utilizadas.
G. O perfil de DNA gerado por PCR se baseia no fato de que indivíduos diferentes têm diferentes números de repetições nas regiões STR no seu genoma.
H. É possível que uma região codificadora de um gene esteja representada em uma biblioteca genômica preparada a partir de um determinado tecido, mas não esteja representada em uma biblioteca de cDNA preparada a partir do mesmo tecido.

QUESTÃO 10-9

A. Determine a sequência do DNA que foi utilizada na reação de sequenciamento exibida na **Figura Q10-9**. As quatro canaletas mostram os produtos das reações de sequenciamento que continham ddG (canaleta 1), ddA (canaleta 2), ddT (canaleta 3) e ddC (canaleta 4). Os números à direita da autorradiografia representam as posições dos fragmentos de DNA de 50 e 116 nucleotídeos.

B. O DNA derivou do meio de um clone de cDNA de uma proteína de mamífero. Utilizando a tabela do código genético (ver Figura 7-25), você pode determinar a sequência de aminoácidos dessa porção da proteína?

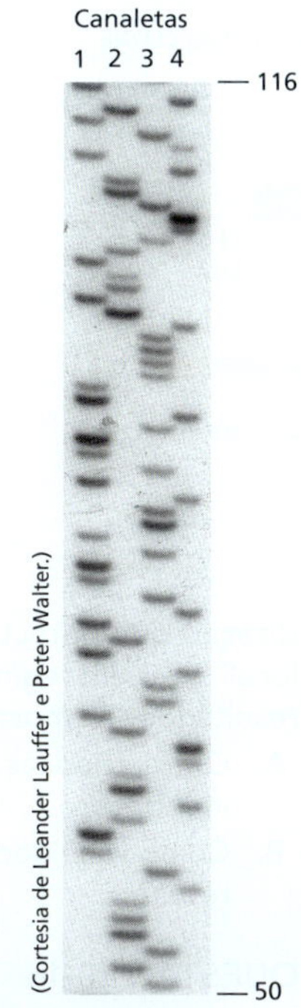

Figura Q10-9

QUESTÃO 10-10

A. Quantos fragmentos de DNA diferentes você esperaria obter se clivasse DNA genômico humano com HaeIII? (Relembre que existem 3 × 10^9 pares de nucleotídeos por genoma haploide.) Quantos fragmentos você esperaria com EcoRI?

B. Bibliotecas genômicas humanas utilizadas para sequenciamento de DNA costumam ser compostas por fragmentos obtidos pela clivagem de DNA humano com HaeIII, de modo que o DNA é apenas clivado parcialmente, isto é, nem todos os sítios para HaeIII foram clivados. Qual seria a possível razão para se fazer isso?

QUESTÃO 10-11

Uma molécula de DNA de fita dupla foi clivada com nucleases de restrição, e os produtos resultantes foram separados por eletroforese em gel (**Figura Q10-11**). Os fragmentos de DNA de tamanhos conhecidos foram submetidos à eletroforese no mesmo gel para serem utilizados como marcadores de tamanho (canaleta da *esquerda*). O tamanho dos marcadores de DNA é dado em pares de quilobases (kb), onde 1 kb = 1.000 pares de nucleotídeos. A utilização de marcadores de tamanho como guia estima o tamanho de cada fragmento de restrição obtido. A partir dessas informações, deduza um mapa da molécula original de DNA que indique as posições relativas de todos os sítios de clivagem das enzimas de restrição.

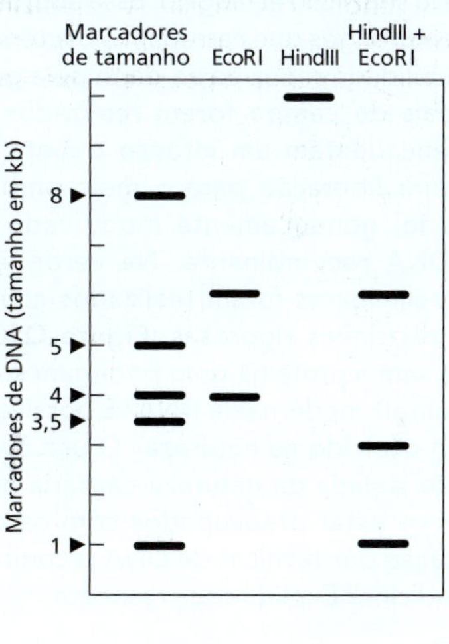

Figura Q10-11

QUESTÃO 10-12

Você isolou uma pequena quantidade de uma proteína rara, clivou a proteína em fragmentos utilizando proteases, separou alguns dos fragmentos por cromatografia e determinou a sua sequência de aminoácidos. Infelizmente, como costuma ser o caso quando apenas pequenas quantidades de proteína estão disponíveis, você obteve apenas três extensões curtas da sequência de aminoácidos da proteína:

1. Trp-Met-His-His-Lys
2. Leu-Ser-Arg-Leu-Arg
3. Tyr-Phe-Gly-Met-Gln

A. Usando o código genético (ver Figura 7-25), desenhe um conjunto de sondas de DNA específicas para cada peptídeo, que poderiam ser utilizadas para detectar o gene em uma biblioteca de cDNA por hibridização. Qual dessas sondas de oligonucleotídeos seria preferível para usar primeiro? Justifique sua resposta. (Dica: o código genético é redundante, de modo que cada peptídeo possui múltiplas sequências codificadoras em potencial.)

B. Você também foi capaz de determinar que a Gln do seu peptídeo número 3 é o aminoácido C-terminal (i.e., o final) da sua proteína. Como você faria para planejar oligonucleotídeos iniciadores que poderiam ser utilizados para amplificar uma porção do gene a partir de uma biblioteca de cDNA usando PCR?

C. Suponha que a amplificação por PCR em (B) gerou um DNA que tem precisamente 300 nucleotídeos de comprimento. Após determinar a sequência de nucleotídeos desse DNA, você encontrou a sequência CTATCACGCCTTAGG aproximadamente no meio. O que você concluiria a partir dessas observações?

QUESTÃO 10-13

Suponha que uma reação de sequenciamento de DNA é realizada como mostrado na Figura 10-20, exceto pelo fato de que os quatro trifosfatos de didesoxirribonucleosídeos diferentes são modificados de modo que cada um contenha um corante de cor diferente ligado covalentemente (o que não interfere na sua incorporação na cadeia de DNA). Quais seriam os produtos se você adicionasse uma mistura dos quatro trifosfatos de didesoxirribonucleosídeos marcados juntamente com os quatro trifosfatos de desoxirribonucleosídeos não marcados em uma única reação de sequenciamento? Como os resultados se pareceriam se você submetesse tais produtos à eletroforese em uma única canaleta de um gel?

QUESTÃO 10-14

Clones de DNA genômico costumam ser utilizados para "caminhar" ao longo do cromossomo. Nessa abordagem, um DNA clonado é usado para isolar outros clones que contêm sequências de DNA sobrepostas (**Figura Q10-14**). Empregando tal método, é possível montar um longo segmento da

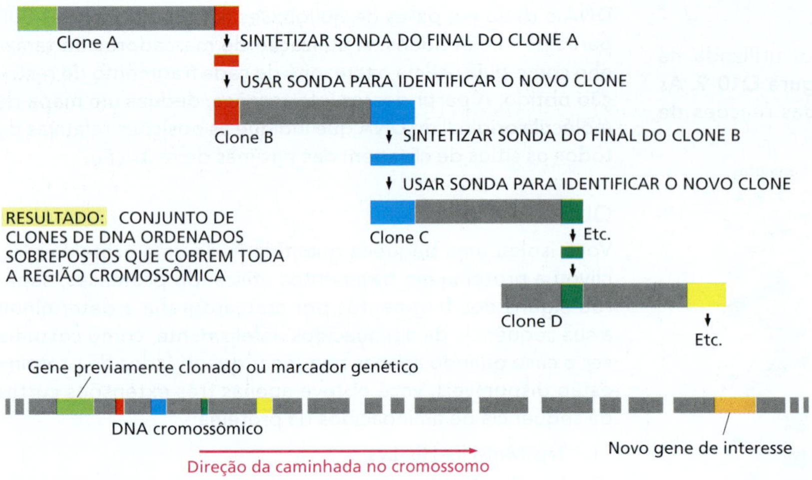

Figura Q10-14

Figura Q10-16

sequência de DNA e, dessa forma, identificar novos genes próximos a um gene clonado previamente.

A. Seria mais rápido usar clones de cDNA nesse método porque eles não contêm qualquer sequência de íntron?

B. Quais seriam as consequências se você encontrasse uma sequência repetitiva de DNA, como o transpóson L1 (ver Figura 9-17), que é encontrado em várias cópias e em muitos locais diferentes no genoma?

QUESTÃO 10-15

Ocorreu uma situação muito confusa na ala da maternidade do seu hospital local. Quatro grupos de meninos gêmeos, nascidos no intervalo de uma hora, foram misturados inadvertidamente na excitação ocasionada pelo evento improvável. Você foi chamado para esclarecer a situação. Como primeiro passo, você quer parear os gêmeos. (Vários recém-nascidos se parecem, portanto, você não iria querer basear-se apenas na aparência.) Para isso, você analisa uma pequena amostra de sangue de cada criança utilizando uma sonda para hibridização que detecta repetições curtas em sequência (STRs) localizadas em regiões amplamente dispersas do genoma. Os resultados são mostrados na **Figura Q10-15**.

Figura Q10-15

A. Quais crianças são irmãos gêmeos? Quais são gêmeos idênticos?

B. Como você poderia parear o par de gêmeos aos pais corretos?

QUESTÃO 10-16

Um dos primeiros organismos geneticamente modificado utilizando a tecnologia do DNA recombinante foi uma bactéria que normalmente vive na superfície de plantas do morango. Essa bactéria sintetiza uma proteína, chamada de proteína-gelo, que causa a formação eficiente de cristais de gelo ao seu redor quando a temperatura cai um pouco abaixo do congelamento. Assim, os morangos que carregam essa bactéria são particularmente suscetíveis ao dano pela geada, porque as suas células são destruídas pelos cristais de gelo. Como consequência, produtores de morangos têm um interesse considerável na prevenção da cristalização do gelo. Uma versão geneticamente modificada dessa bactéria foi construída, na qual o gene para a proteína-gelo foi nocauteado. A bactéria mutante foi então introduzida em grandes quantidades nas lavouras de morango, onde elas deslocaram a bactéria normal mediante competição pelo seu nicho ecológico. Essa abordagem tem sido bem-sucedida: morangos que carregam a bactéria mutante mostraram suscetibilidade reduzida ao dano pela geada. Quando os testes iniciais de campo foram realizados pela primeira vez, eles desencadearam um intenso debate, pois representavam a primeira liberação para o meio ambiente de um organismo que foi geneticamente modificado utilizando tecnologia de DNA recombinante. Na verdade, todos os experimentos preliminares foram realizados com cuidados extremos e em restrições rigorosas (**Figura Q10-16**). Você acha que bactérias sem a proteína-gelo poderiam ser isoladas sem o uso da tecnologia moderna de DNA? É possível que tais mutações já tenham ocorrido na natureza? O uso de uma cepa bacteriana mutante isolada da natureza causaria menor preocupação? Deveríamos estar preocupados com os riscos apresentados pela aplicação das técnicas de DNA recombinante na agricultura e na medicina? Explique sua resposta.

11 A estrutura das membranas

Uma célula viva é um sistema de moléculas autorreplicativas mantidas no interior de um envoltório. Esse envoltório é a **membrana plasmática** – uma camada de lipídeos, com proteínas associadas, tão fina que não pode ser visualizada diretamente com microscopia óptica. Toda célula na Terra utiliza uma membrana para separar e proteger seus constituintes químicos do ambiente externo. Sem membranas, não haveria células, e como consequência não haveria vida.

A estrutura da membrana plasmática é simples: ela é composta por uma camada dupla de moléculas lipídicas com cerca de 5 nm – ou 50 átomos – de espessura, na qual proteínas estão inseridas. Suas propriedades, porém, diferem das de qualquer outra bicamada constituída por outros materiais com que estamos familiarizados em nosso cotidiano. Embora ela atue como uma barreira para impedir que o conteúdo celular extravase e se misture ao meio circundante (**Figura 11-1**), a membrana plasmática tem muitas outras funções. Para uma célula sobreviver e crescer, os nutrientes precisam atravessar a membrana plasmática de fora para dentro, assim como os resíduos devem ser eliminados. Para facilitar essas trocas, a membrana plasmática possui canais altamente seletivos e proteínas transportadoras que permitem a importação e exportação de pequenas moléculas e íons específicos. Outras proteínas de membrana atuam como sensores, ou receptores, e permitem que a célula receba informações sobre alterações no seu ambiente e responda de modo adequado. As propriedades mecânicas da membrana plasmática são igualmente notáveis. Quando uma célula cresce ou muda de forma, sua membrana também o faz: ela aumenta sua área pela adição de novos segmentos de membrana sem que ocorra perda da sua continuidade, e ela pode se deformar sem se romper (**Figura 11-2**). Se a membrana é perfurada, ela não colapsa como um balão nem permanece rompida; em vez disso, ela rapidamente sela o local da perfuração.

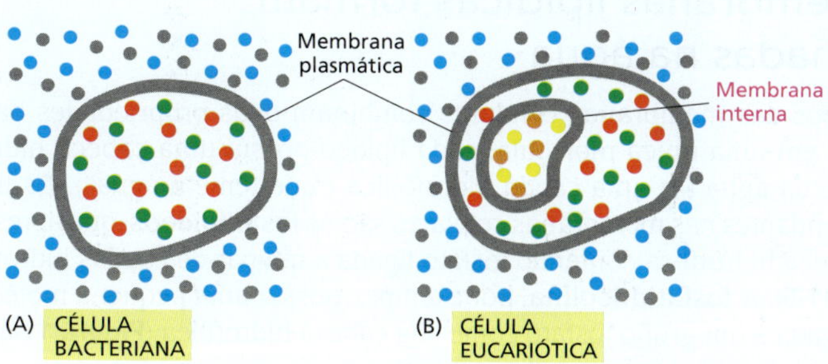

Figura 11-1 As membranas celulares funcionam como barreiras seletivas. A membrana plasmática separa a célula do seu ambiente, permitindo que a composição molecular da célula seja diferente da do seu ambiente. (A) Em algumas bactérias, a membrana plasmática é a única membrana. (B) As células eucarióticas também possuem membranas internas delimitando organelas individuais. Todas as membranas da célula impedem que as moléculas delimitadas pela membrana se misturem com as moléculas do ambiente externo, conforme indicado esquematicamente pelos pontos coloridos.

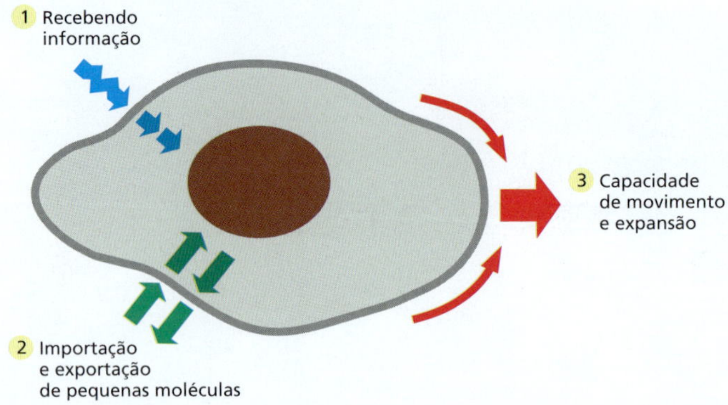

Figura 11-2 A membrana plasmática está envolvida na comunicação celular, na importação e exportação de moléculas, no crescimento celular e na sua mobilidade. (1) Proteínas receptoras na membrana plasmática permitem que a célula receba sinais do ambiente; (2) proteínas de transporte na membrana possibilitam a importação e exportação de pequenas moléculas; (3) a flexibilidade da membrana e a sua capacidade de expansão permitem que a célula cresça, altere sua forma e se mova.

Conforme mostrado na Figura 11-1, as bactérias mais simples possuem apenas uma única membrana – a membrana plasmática –, ao passo que as células eucarióticas possuem membranas internas que delimitam compartimentos intracelulares. As membranas internas formam diversas organelas, incluindo o retículo endoplasmático, o aparelho de Golgi e as mitocôndrias (**Figura 11-3**). Embora essas membranas internas sejam construídas com bases nos mesmos princípios da membrana plasmática, existem diferenças sutis na sua composição, sobretudo quanto às suas proteínas de membrana.

Independentemente da sua localização, todas as membranas celulares são compostas por lipídeos e proteínas e dividem uma estrutura geral comum (**Figura 11-4**). Os componentes lipídicos estão arranjados em duas lâminas justapostas, formando a *bicamada lipídica* (ver Figura 11-4B e C). Essa bicamada lipídica é uma barreira para a permeabilidade da maior parte das moléculas solúveis em água. As proteínas realizam as demais funções da membrana e conferem características específicas a diferentes membranas.

Neste capítulo, consideramos a estrutura e a organização dos dois principais constituintes das membranas biológicas: os lipídeos e as proteínas. Apesar de nos concentrarmos principalmente na membrana plasmática, muitos dos conceitos aqui discutidos se aplicam também às membranas intracelulares. As funções das membranas celulares, incluindo seu papel no transporte de pequenas moléculas e na geração de energia, são consideradas em capítulos posteriores.

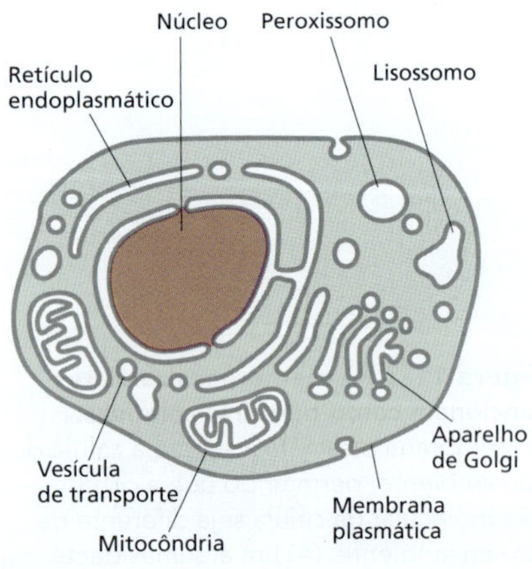

Figura 11-3 As membranas internas formam diversos compartimentos em uma célula eucariótica. Algumas das principais organelas delimitadas por membranas encontradas normalmente em uma célula animal são mostradas aqui. Note que o núcleo e as mitocôndrias são delimitados por duas membranas.

A BICAMADA LIPÍDICA

Como as células são preenchidas com – e cercadas por – água, a estrutura das membranas celulares é determinada pelo comportamento dos lipídeos de membrana em ambientes aquosos. Nesta seção, estudamos com mais detalhes a **bicamada lipídica**, que constitui a estrutura fundamental de todas as membranas celulares. Consideramos como as bicamadas lipídicas se formam, como são mantidas e como as suas propriedades estabelecem as propriedades gerais de todas as membranas celulares.

As membranas lipídicas formam bicamadas na água

Os lipídeos das membranas celulares combinam duas propriedades bastante distintas em uma única molécula: cada lipídeo possui uma cabeça hidrofílica ("amante da água") e uma cauda hidrofóbica ("que teme a água"). Os lipídeos mais abundantes nas membranas celulares são os **fosfolipídeos**, que apresentam uma cabeça hidrofílica contendo fosfato ligada a um par de caudas hidrofóbicas (**Figura 11-5**). A **fosfatidilcolina**, por exemplo, possui uma pequena molécula de colina ligada a um grupo fosfato como sua cabeça hidrofílica (**Figura 11-6**).

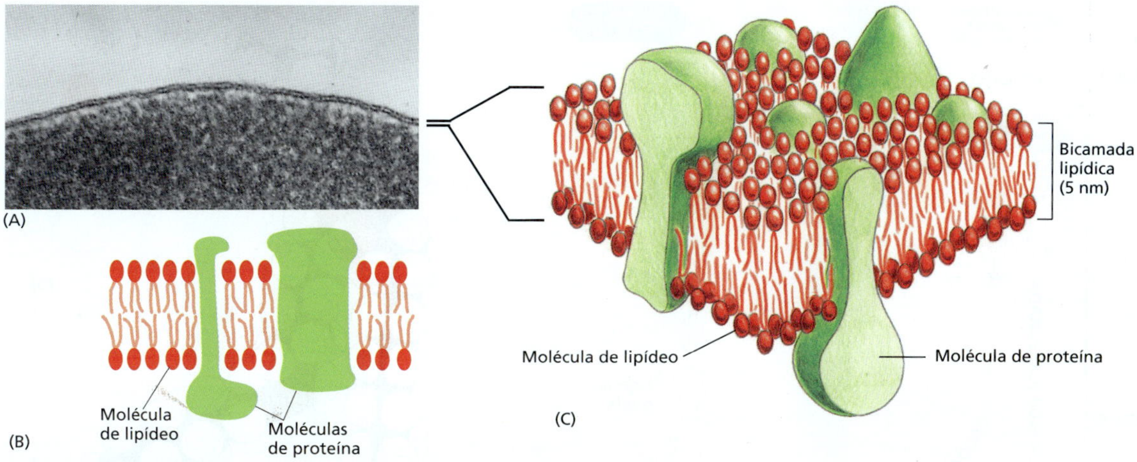

Figura 11-4 A membrana celular pode ser observada de diversas formas. (A) Eletromicrografia da membrana plasmática de um eritrócito humano, em secção transversal. (B e C) Desenhos esquemáticos mostrando vistas bi e tridimensionais de uma membrana celular. (A, cortesia de Daniel S. Friend.)

Moléculas com partes hidrofílicas e hidrofóbicas são denominadas **anfipáticas**, uma propriedade compartilhada com outros tipos de lipídeos de membranas, incluindo o colesterol, presente nas membranas das células animais, e os glicolipídeos, que possuem açúcares como parte da sua cabeça hidrofílica (**Figura 11-7**). A presença de partes hidrofóbicas e hidrofílicas tem papel crucial no arranjo das moléculas lipídicas como bicamadas em ambientes aquosos.

Conforme discutido no Capítulo 2 (ver Painel 2-2, p. 68-69), as moléculas hidrofílicas se dissolvem rapidamente em água, pois contêm grupos carregados ou grupos polares não carregados que podem formar atrações eletrostáticas ou ligações de hidrogênio com as moléculas de água (**Figura 11-8**). Em contraste, as moléculas hidrofóbicas são insolúveis em água, pois todos os seus átomos – ou a maioria deles – não possuem carga ou são apolares; dessa forma, eles não podem formar interações favoráveis com moléculas de água. Essas moléculas hidrofóbicas fazem as moléculas de água adjacentes se reorganizarem em um arcabouço, uma estrutura similar a uma gaiola, ao redor delas (**Figura 11-9**). Como essa estrutura de arcabouço é muito mais ordenada do que o restante das moléculas de água, a sua formação requer energia livre. O custo energético é minimizado quando as moléculas hidrofóbicas se agrupam, limitando o seu contato com as moléculas de água circundantes. Assim, moléculas puramente hidrofóbicas, como lipídeos encontrados em adipócitos de animais e os óleos encontrados em sementes de plantas (**Figura 11-10**), coalescem em uma única gota quando postos em água.

As moléculas anfipáticas, como os fosfolipídeos, estão submetidas a duas forças contraditórias: a cabeça hidrofílica é atraída pelas moléculas de água, enquanto a cauda hidrofóbica tende a repelir a água e se agregar com outras moléculas hidrofóbicas. Esse conflito é resolvido com a formação da bicamada lipídica – um arranjo que satisfaz ambas as partes e é energeticamente mais favorável. As cabeças hidrofílicas permanecem expostas à água nas duas superfícies da bicamada; mas as caudas hidrofóbicas ficam protegidas da água e justapostas no interior, como o recheio em um sanduíche (**Figura 11-11B**).

As mesmas forças que atuam sobre as moléculas anfipáticas para que formem bicamadas também ajudam a conferir a propriedade de autosselamento das bicamadas. Qualquer ruptura na bicamada cria uma extremidade livre exposta à água. Como isso é energeticamente desfavorável, as moléculas da bicamada se rearranjam de maneira espontânea para eliminar a extremidade livre. Caso a ruptura seja pequena, esse rearranjo espontâneo irá excluir as moléculas de

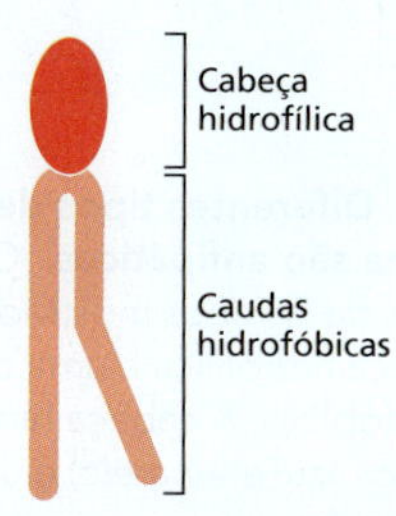

Figura 11-5 Uma típica molécula lipídica de membrana possui uma cabeça hidrofílica e duas caudas hidrofóbicas.

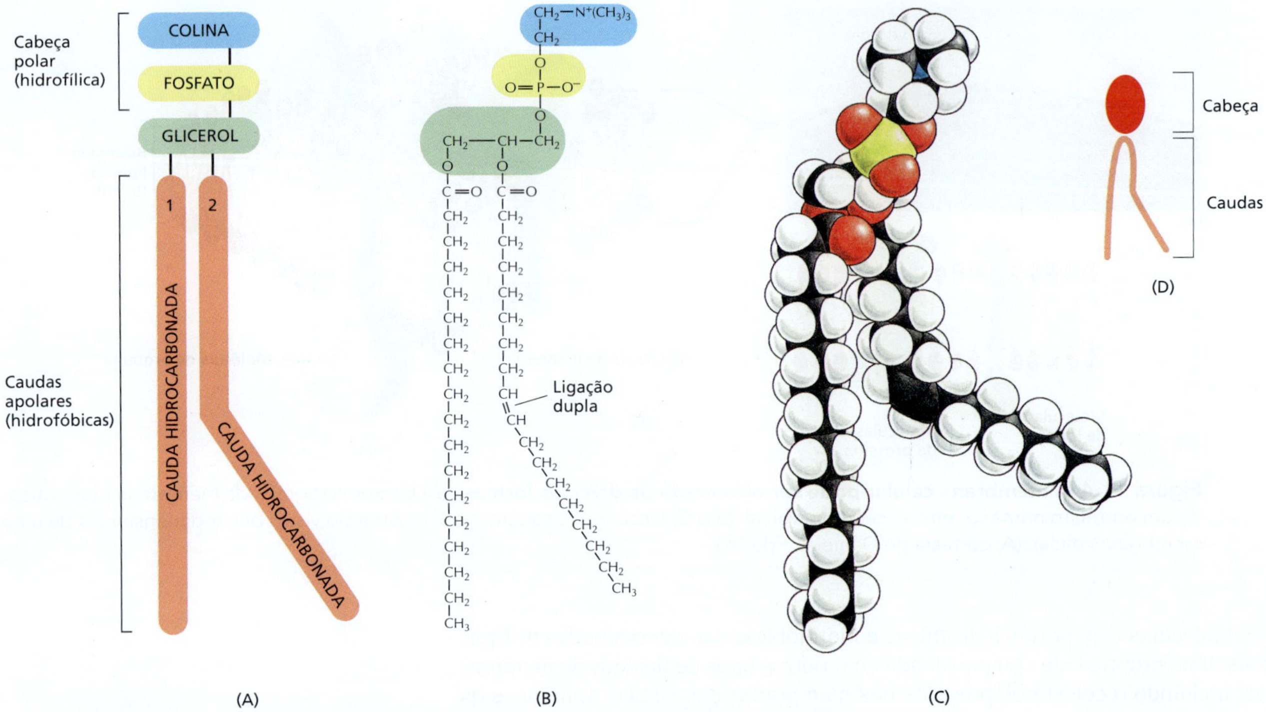

Figura 11-6 A fosfatidilcolina é o fosfolipídeo mais comum em membranas celulares. A molécula é representada esquematicamente em (A), com sua fórmula química em (B), no modelo de preenchimento espacial em (C), e seu símbolo está representado em (D). Este fosfolipídeo em particular é composto por cinco partes: a cabeça hidrofílica, composta por uma molécula de *colina* ligada a um *grupo fosfato*; duas *cadeias hidrocarbonadas*, que compõem as caudas hidrofóbicas; e uma molécula de *glicerol*, que conecta a cabeça às caudas. Cada uma das caudas hidrofóbicas é um *ácido graxo* – uma cadeia hidrocarbonada com um grupo –COOH em uma extremidade – que medeia a ligação à molécula de glicerol. A formação de um ângulo em uma das cadeias hidrocarbonadas ocorre onde há a constituição de uma ligação dupla entre dois átomos de carbono. A porção "fosfatidil" do nome dos fosfolipídeos se refere à porção fosfato-glicerol-ácido graxo da molécula.

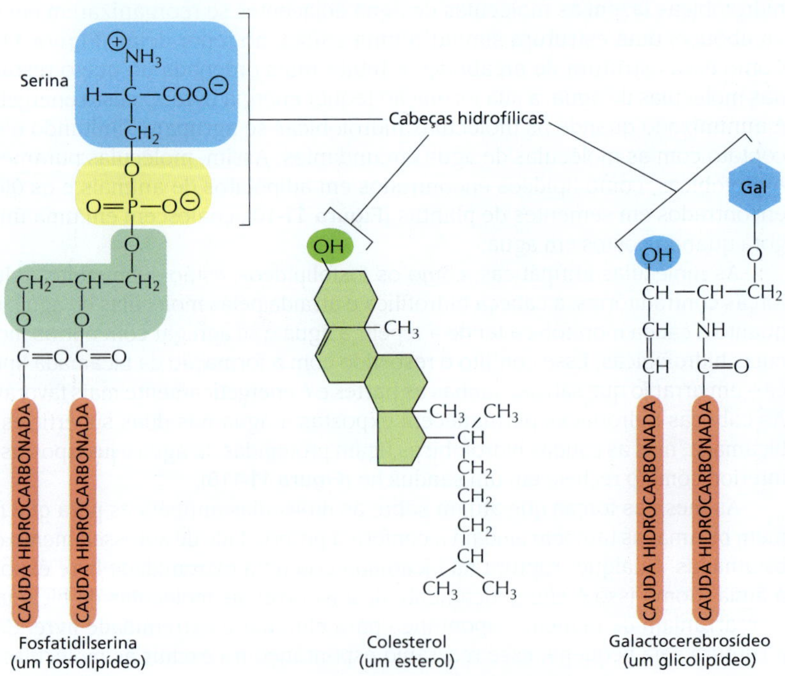

Figura 11-7 Diferentes tipos de lipídeos de membrana são anfipáticos. Cada um dos três tipos de lipídeos mostrados possui uma cabeça hidrofílica e uma ou duas caudas hidrofóbicas. A cabeça hidrofílica (destacada em *azul* e *amarelo*) é um fosfato de serina na fosfatidilserina, um grupo –OH no colesterol e um açúcar (galactose) e um grupo –OH no galactocerebrosídeo. Ver também Painel 2-4, p. 72-73.

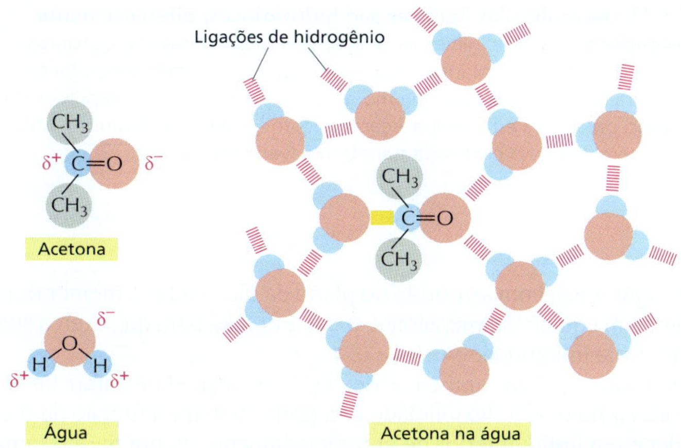

Figura 11-8 Uma molécula hidrofílica atrai moléculas de água. A acetona e a água são moléculas polares: a acetona se dissolve rapidamente em água. Os átomos polares estão representados em *vermelho* e *azul*, com δ^- indicando carga parcial negativa e δ^+ indicando carga parcial positiva. As ligações de hidrogênio (*vermelho*) e uma atração eletrostática (*amarelo*) se formam entre as moléculas de acetona e de água circundantes. Os grupos apolares estão representados em *cinza*.

água e reparar a bicamada, restaurando a lâmina contínua. Se a ruptura for grande, a lâmina pode dobrar-se sobre ela mesma e se quebrar em pequenas vesículas fechadas. Nos dois casos, as extremidades livres são prontamente eliminadas.

A não ocorrência de extremidades livres tem uma profunda consequência: a única maneira que uma lâmina anfipática finita tem de evitar extremidades livres é curvar e selar, formando uma esfera fechada (**Figura 11-12**). Por conseguinte, as moléculas anfipáticas como os fosfolipídeos necessariamente se arranjam em compartimentos autosselantes fechados. Esse comportamento notável, fundamental para a criação de uma célula viva, é, em essência, simplesmente resultado da estrutura de cada molécula, hidrofílica em uma das terminações e hidrofóbica na outra.

QUESTÃO 11-1

Diz-se que as moléculas de água se arranjam como um arcabouço ao redor de compostos hidrofóbicos (p. ex., Figura 11-9). Isso parece paradoxal, já que moléculas de água não interagem com compostos hidrofóbicos. Portanto, como as moléculas de água reconhecem a diferença entre compostos hidrofílicos e hidrofóbicos e mudam seu comportamento para interagir de forma diferente com cada um deles? Discuta seu argumento e desenvolva um conceito claro do significado de "estrutura em arcabouço". Como ela pode ser comparada ao gelo? Por que essa estrutura é energeticamente desfavorável?

A bicamada lipídica é um líquido bidimensional flexível

O ambiente aquoso dentro e fora da célula evita que os lipídeos da membrana escapem da bicamada, mas nada impede que essas moléculas se movam e tro-

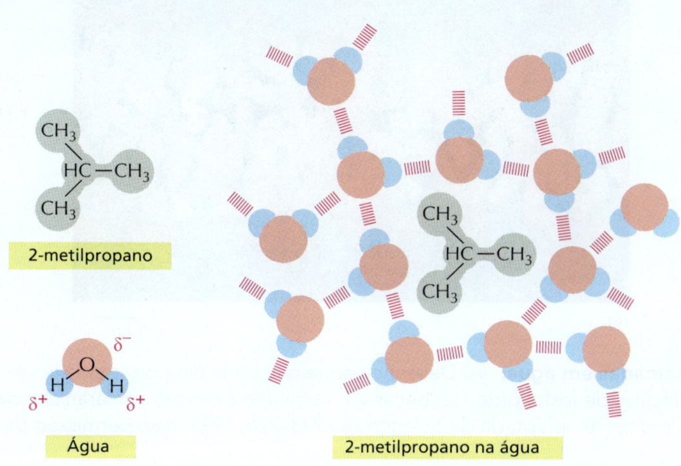

Figura 11-9 Uma molécula hidrofóbica tende a evitar contato com a água. Como a molécula de 2-metilpropano é completamente hidrofóbica, ela não é capaz de formar interações favoráveis com a água. Isso faz as moléculas adjacentes de água se organizarem em uma estrutura de arcabouço ao redor do 2-metilpropano para maximizar as suas ligações de hidrogênio umas com as outras.

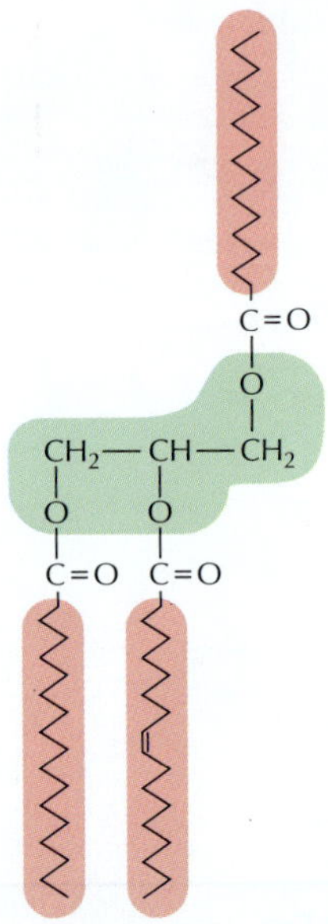

Figura 11-10 As moléculas lipídicas são hidrofóbicas, diferentemente dos fosfolipídeos. Os triacilgliceróis, principais constituintes das gorduras em animais e dos óleos em plantas, são moléculas totalmente hidrofóbicas. Aqui, a terceira cauda hidrofóbica da molécula de triacilglicerol é representada apontando para cima em comparação ao fosfolipídeo (ver Figura 11-6A), embora em geral seja representada para baixo (ver Painel 2-4, p. 72-73).

quem de lugar umas com as outras no plano da bicamada. A membrana se comporta como um líquido bidimensional, o que é crucial para que exerça sua função e mantenha sua integridade (**Animação 11.1**).

A bicamada lipídica também é flexível – ou seja, ela é capaz de se curvar. Assim como a fluidez, a flexibilidade é importante para a função da membrana e estabelece um limite inferior de aproximadamente 25 nm para o tamanho de uma vesícula que as membranas celulares são capazes de formar.

A fluidez das bicamadas lipídicas pode ser estudada utilizando bicamadas lipídicas sintéticas, que são facilmente produzidas pela agregação espontânea em água de moléculas de lipídeos anfipáticos. Fosfolipídeos puros, por exemplo, irão formar vesículas esféricas fechadas, chamadas de lipossomos, quando expostos à água; tais vesículas variam em tamanho de aproximadamente 25 nm até 1 mm de diâmetro (**Figura 11-13**).

Essas bicamadas sintéticas simples permitem que os movimentos das moléculas de lipídeos sejam mensurados. Tais medidas revelam que alguns tipos de movimentos são raros, enquanto outros são frequentes e rápidos. Assim, em bicamadas lipídicas sintéticas, as moléculas de fosfolipídeo raramente trocam de posição de uma monocamada (uma metade da bicamada) para a outra. Sem proteínas que facilitem o processo, estima-se que esse evento, chamado de *flip-flop*, ocorra com uma frequência menor do que uma vez ao mês para uma molécula lipídica, em condições similares às da célula. Por outro lado, como resultado de movimentos térmicos aleatórios, as moléculas lipídicas trocam de lugar com as moléculas adjacentes continuamente na mesma monocamada. Essas trocas de posição medeiam a difusão lateral rápida de moléculas lipídicas no plano de cada monocamada, e, por exemplo, um lipídeo em uma bicamada artificial pode se difundir por uma extensão igual à extensão total de uma célula bacteriana (~2 μm) em cerca de um segundo.

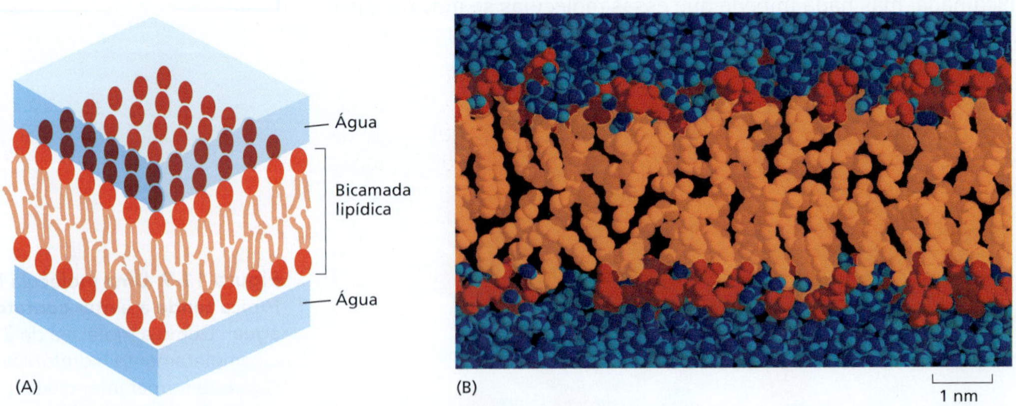

Figura 11-11 Os fosfolipídeos anfipáticos formam bicamadas em água. (A) Desenho esquemático de uma bicamada lipídica em água. (B) Simulação computacional mostrando moléculas de fosfolipídeo (cabeças em *vermelho* e caudas em *laranja*) e de água (*azul*) ao redor, em secção transversal da bicamada lipídica. (B, adaptada de *Science* 262:223–228, 1993, com permissão de AAAS; cortesia de R. Venable e R. Pastor.)

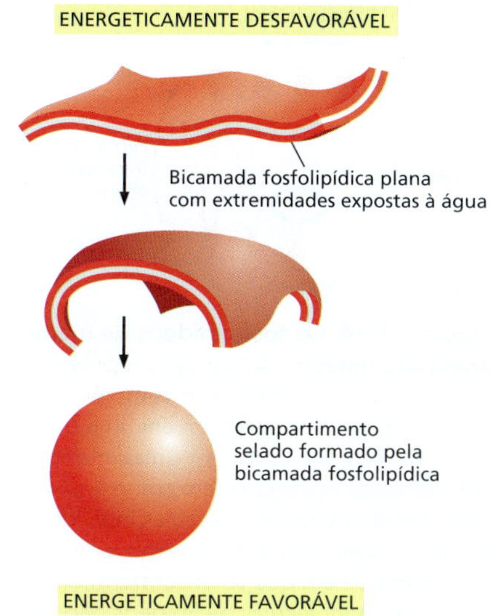

Figura 11-12 As bicamadas de fosfolipídeos se fecham de maneira espontânea sobre elas mesmas, formando compartimentos selados. A estrutura fechada é estável porque evita a exposição das caudas hidrocarbonadas hidrofóbicas à água, o que seria energeticamente desfavorável.

Estudos similares indicam que moléculas individuais de lipídeos não apenas curvam suas caudas hidrocarbonadas, mas também giram rapidamente ao longo de seu eixo – algumas atingindo velocidade igual a 500 revoluções por segundo. Estudos em células intactas – e membranas celulares isoladas – indicam que as moléculas lipídicas das membranas celulares apresentam os mesmos movimentos observados nas bicamadas sintéticas. Os movimentos das moléculas de fosfolipídeos de membrana estão resumidos na **Figura 11-14**.

A fluidez da bicamada lipídica depende da sua composição

A fluidez da membrana celular – a facilidade com que as moléculas lipídicas se movem no plano da bicamada – é importante para as funções da membrana, devendo ser mantida dentro de certos limites. O quão fluida uma bicamada lipídica é em uma dada temperatura depende da sua composição de fosfolipídeos e, em particular, da natureza das caudas hidrocarbonadas: quanto mais próximas e mais regular for o empacotamento das caudas, mais viscosa e menos fluida será a bicamada. Duas propriedades principais das caudas hidrocarbonadas afetam o grau de empacotamento da bicamada: o seu comprimento e o número de ligações duplas que apresentam.

Cadeias mais curtas reduzem a tendência de formação de interações entre as caudas hidrocarbonadas, aumentando, assim, a fluidez da bicamada. As caudas hidrocarbonadas dos fosfolipídeos de membrana variam no comprimento entre 14 e 24 átomos de carbono, sendo 18 a 20 átomos o habitual. A maioria dos fosfolipídeos contém uma cauda hidrocarbonada com uma ou mais ligações duplas entre átomos de carbono adjacentes, e a outra cauda com apenas ligações simples (ver Figura 11-6). As cadeias com ligações duplas não possuem o número máximo de átomos de hidrogênio que poderiam, em princípio, estar ligados à cadeia principal carbônica; por isso, são chamadas de **insaturadas** em relação ao hidrogênio. A cauda hidrocarbonada sem ligações duplas possui um conjunto completo de átomos de hidrogênio e é dita **saturada**. Cada ligação dupla em uma cauda insaturada cria uma pequena "dobra" (ver Figura 11-6) que torna mais difícil o empacotamento das caudas umas contra as outras. Por essa razão, uma bicamada lipídica que contenha uma grande proporção de caudas hidrocarbonadas insaturadas será mais fluida do que as que possuem menores proporções.

Em células de bactérias e leveduras, que se adaptam a diferentes temperaturas, tanto o comprimento quanto a insaturação das caudas hidrocarbonadas da bicamada são periodicamente ajustados para manter a fluidez constante da membrana: em temperaturas mais altas, por exemplo, a célula produz lipídeos de membrana com caudas mais longas e poucas ligações duplas. Uma estratégia similar é utilizada na produção de margarina a partir de óleos vegetais. Gorduras produzidas por plantas em geral são insaturadas e, portanto, líquidas à temperatura ambiente, ao contrário das gorduras animais, como manteiga ou banha, que são saturadas e sólidas à temperatura ambiente. A margarina é feita

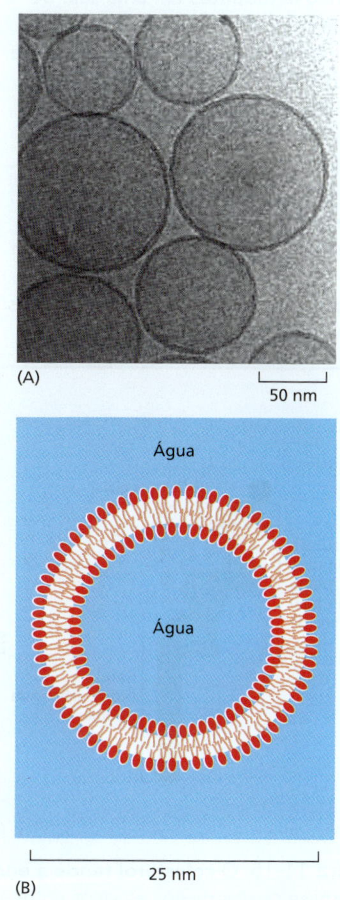

Figura 11-13 Fosfolipídeos puros podem formar lipossomos fechados e esféricos. (A) Eletromicrografia de vesículas de fosfolipídeos (lipossomos) mostrando a estrutura em bicamada da membrana. (B) Desenho de um pequeno lipossomo esférico em secção transversal. (A, cortesia de Jean Lepault.)

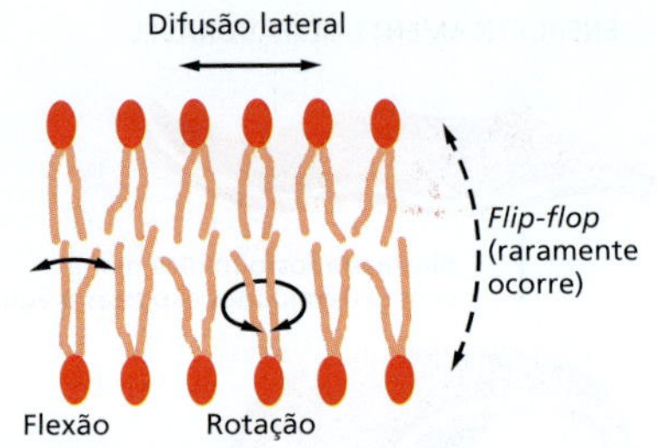

Figura 11-14 Os fosfolipídeos de membrana são móveis. A ilustração representa os tipos de movimentos que as moléculas de fosfolipídeos apresentam em uma bicamada lipídica. Devido a esses movimentos, as bicamadas se comportam como líquidos bidimensionais, onde moléculas individuais de lipídeos são capazes de se mover na monocamada em que se encontram. Observe que as moléculas de lipídeos não se movem espontaneamente de uma monocamada para a outra.

de óleos vegetais hidrogenados, cujas ligações duplas foram removidas pela adição de átomos de hidrogênio, tornando-a mais sólida e semelhante à manteiga em temperatura ambiente.

Em células animais, a fluidez da membrana é modulada pela inclusão de moléculas do esterol **colesterol**. Essas moléculas estão presentes em grandes quantidades na membrana plasmática, representando aproximadamente 20% dos lipídeos do total do peso da membrana. Como as moléculas de colesterol são pequenas e rígidas, elas preenchem os espaços vazios entre as moléculas vizinhas de fosfolipídeos, originados pelas dobras das suas caudas hidrocarbonadas insaturadas (**Figura 11-15**). Portanto, o colesterol tende a tornar a bicamada mais rígida, menos flexível e menos permeável. As propriedades químicas dos lipídeos de membrana – e como elas afetam a fluidez da membrana – são revisadas na **Animação 11.2**.

Para todas as células, a fluidez da membrana é importante por muitas razões. Ela permite a rápida difusão de muitas proteínas de membrana no plano da bicamada e a sua interação com outras proteínas, fator crucial, por exemplo, na sinalização celular (discutida no Capítulo 16). Também permite a difusão de lipídeos e proteínas dos locais da membrana nos quais são inseridos logo após sua síntese para outras regiões da célula. Além disso, garante que todas as moléculas da membrana sejam distribuídas de modo homogêneo entre as células-filhas quando a célula se divide. E, em condições apropriadas, permite que as membranas se fusionem com outras membranas e que suas moléculas se misturem (discutido no Capítulo 15). Se as membranas biológicas não fossem fluidas, ficaria difícil imaginar como as células poderiam viver, crescer e se reproduzir.

QUESTÃO 11-2

Cinco estudantes em uma sala de aula sempre se sentam juntos na primeira fila de carteiras. Isso pode ocorrer porque (A) eles realmente gostam uns dos outros, ou (B) nenhum outro aluno quer se sentar junto deles. Qual das duas explicações também se aplica à formação da bicamada lipídica? Explique. Suponha que a segunda explicação se aplique às moléculas lipídicas. Como isso afetaria as propriedades da bicamada lipídica?

A formação da membrana inicia-se no retículo endoplasmático

Nas células eucarióticas, novos fosfolipídeos são sintetizados por enzimas ligadas à superfície citosólica do *retículo endoplasmático* (*RE*; ver Figura 11-3). Utilizando ácidos graxos livres como substrato (ver Painel 2-4, p. 72-73), as enzimas inserem os fosfolipídeos recém-sintetizados exclusivamente na metade citosólica da bicamada.

Apesar dessa diferença, as membranas celulares crescem de modo homogêneo. Como os novos fosfolipídeos chegam à monocamada oposta? Conforme vimos na Figura 11-14, a transferência espontânea de lipídeos de uma monocamada para a outra ocorre raramente. Essa transferência é catalisada por enzimas chamadas de *scramblases*, que removem aleatoriamente fosfolipídeos específicos de uma metade da bicamada lipídica e os inserem na outra metade. Como resultado dessa mistura, fosfolipídeos recém-sintetizados são redistribuídos igualmente entre as monocamadas da membrana do retículo endoplasmático (**Figura 11-16A**).

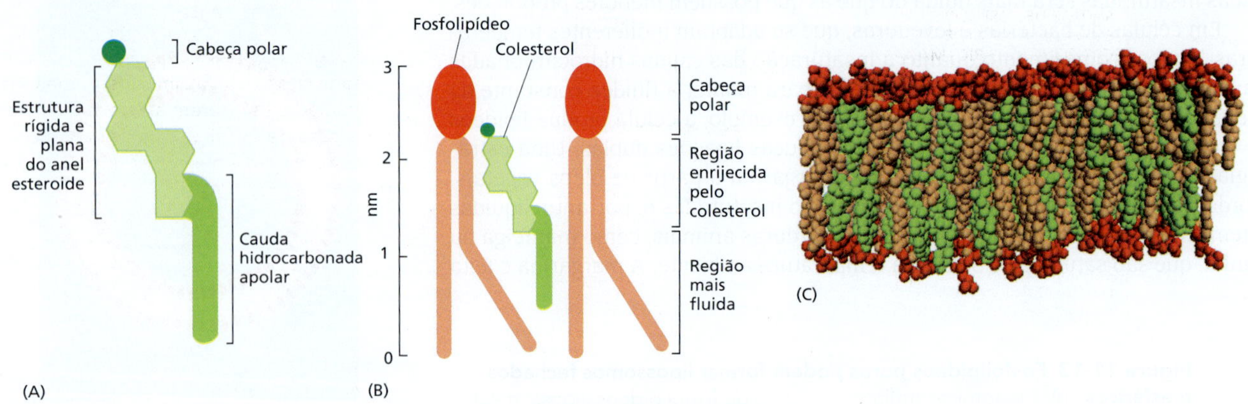

Figura 11-15 O colesterol tende a enrijecer as membranas celulares. (A) A estrutura da molécula de colesterol. (B) Como o colesterol se posiciona nos espaços entre as moléculas de fosfolipídeos na bicamada lipídica. (C) Modelo de preenchimento espacial da bicamada, com as moléculas de colesterol representadas em *verde*. A fórmula química do colesterol é mostrada na Figura 11-7. (C, de H.L. Scott, *Curr. Opin. Struct. Biol.* 12:499, 2002.)

Parte dessa membrana recém-formada irá permanecer no retículo endoplasmático; o restante será utilizado para suprir outros compartimentos da célula com segmentos novos de membrana. Porções da membrana são continuamente destacadas do RE para formar pequenas vesículas esféricas que se fusionam a outras membranas, como as membranas do aparelho de Golgi. Vesículas adicionais se destacam do aparelho de Golgi e são incorporadas à membrana plasmática. Discutimos esse processo dinâmico de transporte de membrana em detalhes no Capítulo 15.

Certos fosfolipídeos estão confinados a um lado da membrana

A maior parte das membranas celulares é assimétrica: as duas metades da bicamada com frequência apresentam conjuntos distintos de fosfolipídeos. Se as membranas são formadas a partir do RE com um conjunto homogêneo de fosfolipídeos, como a assimetria é originada? Ela tem início no aparelho de Golgi. A membrana do aparelho de Golgi contém outra família de enzimas que modificam fosfolipídeos, as *flipases*. Tais enzimas removem fosfolipídeos específicos da metade da bicamada voltada para o espaço externo e os introduzem na monocamada voltada para o citosol (**Figura 11-16B**).

A ação das flipases – e enzimas similares presentes na membrana plasmática – inicia e mantém o arranjo assimétrico dos fosfolipídeos que é característico das membranas das células animais. Tal assimetria é preservada quando as membranas brotam de uma organela e se fusionam com outra – ou com a membrana plasmática. Isso significa que todas as membranas celulares apresentam um lado "interno" e um lado "externo": a monocamada citosólica sempre está voltada para o citosol, enquanto a camada não citosólica está exposta ao meio externo da célula – no caso da membrana plasmática – ou ao espaço interno (*lúmen*) de uma organela. Essa conservação de orientação se aplica não apenas aos fosfolipídeos que compõem a membrana, mas também a qualquer proteína que possa estar inserida na membrana (**Figura 11-17**). Para as proteínas de membra-

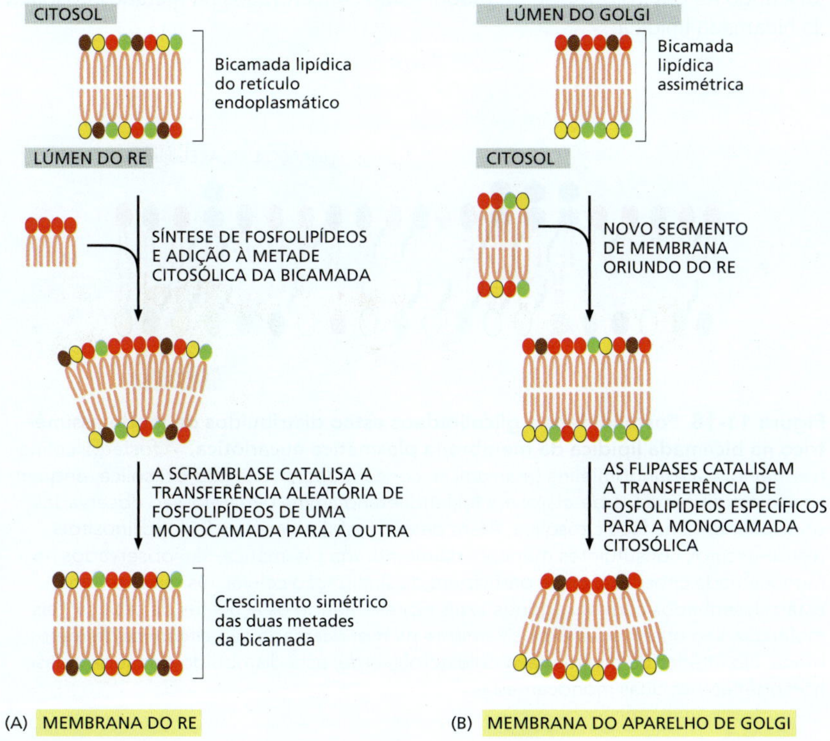

Figura 11-16 Fosfolipídeos recém-sintetizados são adicionados à face citosólica da membrana do RE e então redistribuídos por enzimas que catalisam a sua transferência de uma metade da bicamada lipídica para a outra. (A) Enzimas biossintéticas ligadas à monocamada citosólica da membrana do RE (não representadas) sintetizam novos fosfolipídeos a partir de ácidos graxos livres e os inserem na monocamada citosólica. Enzimas denominadas scramblases transferem aleatoriamente as moléculas de fosfolipídeos de uma monocamada para a outra, permitindo que a membrana cresça como uma bicamada. (B) Quando as membranas se separam do RE e são incorporadas ao aparelho de Golgi, elas encontram enzimas chamadas de flipases, que seletivamente removem a fosfatidilserina (*verde-claro*) e a fosfatidiletanolamina (*amarelo*) da monocamada não citosólica e as inserem na camada citosólica. Essa transferência concentra a fosfatidilcolina (*vermelho*) e a esfingomielina (*marrom*) na monocamada não citosólica. A curvatura resultante da membrana ajuda a mediar a subsequente formação de vesículas.

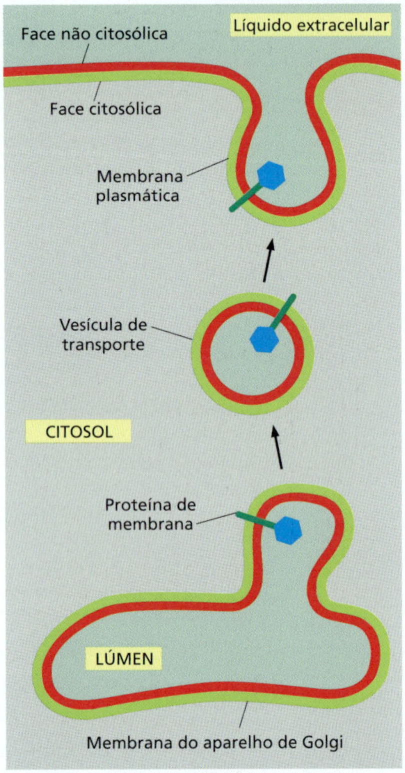

Figura 11-17 As membranas mantêm sua orientação durante a sua transferência entre os compartimentos celulares. As membranas são transportadas mediante processos de brotamento e fusão. Aqui, é mostrada uma vesícula brotando a partir do aparelho de Golgi e se fusionando à membrana plasmática. Observe que a orientação dos lipídeos de membrana e das proteínas é preservada durante o processo: a face citosólica original da bicamada lipídica (*verde*) é mantida voltada para o citosol, e a face não citosólica (*vermelha*) não é exposta ao citosol, estando voltada para o lúmen do aparelho de Golgi ou da vesícula de transporte – ou para o espaço extracelular. De modo semelhante, a glicoproteína representada em *azul* mantém a sua orientação, com o grupo açúcar ligado voltado para a face não citosólica.

QUESTÃO 11-3

Parece paradoxal que a bicamada lipídica seja líquida e assimétrica. Explique.

na, tal posicionamento é muito importante, pois a sua orientação na bicamada lipídica costuma ser essencial para a sua função (ver Figura 11-19).

Entre os lipídeos, aqueles com distribuição assimétrica mais acentuada nas membranas celulares são os glicolipídeos, que estão localizados principalmente na membrana plasmática, e apenas na metade não citosólica da bicamada (**Figura 11-18**). O seu grupo açúcar está voltado para o exterior da célula, onde faz parte de um revestimento contínuo de carboidratos que circundam e protegem as células animais. As moléculas de glicolipídeos adquirem seu grupo açúcar no aparelho de Golgi, onde as enzimas que catalisam essa modificação estão confinadas . Essas enzimas estão posicionadas de modo que os grupos açúcar são adicionados apenas às moléculas de lipídeo localizadas na metade não citosólica da bicamada. Uma vez que as moléculas de glicolipídeos tenham sido criadas dessa forma, elas permanecem nessa monocamada, pois não há flipases que as transfiram para a metade citosólica. Portanto, quando uma molécula de glicolipídeo se encontra na membrana plasmática, o seu grupo açúcar está exposto ao meio externo da célula.

Outras moléculas lipídicas apresentam diferentes tipos de distribuição assimétrica, relacionada com sua função específica. Por exemplo, os fosfolipídeos de inositol – um componente menor da membrana plasmática – possuem papéis específicos na transmissão de sinais da superfície celular para o interior da célula (discutido no Capítulo 16); desse modo, estão concentrados na metade citosólica da bicamada lipídica.

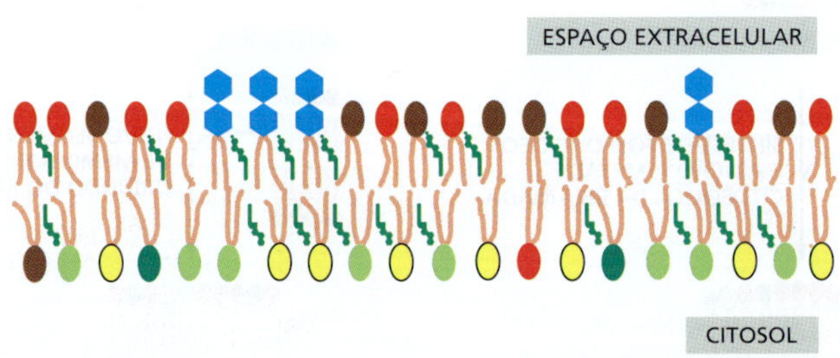

Figura 11-18 Fosfolipídeos e glicolipídeos estão distribuídos de modo assimétrico na bicamada lipídica da membrana plasmática eucariótica. A fosfatidilcolina (*vermelho*) e a esfingomielina (*marrom*) se concentram na face não citosólica, enquanto a fosfatidilserina (*verde-claro*) e a fosfatidiletanolamina (*amarelo*) são observadas principalmente na face citosólica. Além desses fosfolipídeos, os fosfatidilinositóis (*verde-escuro*), constituintes menores da membrana plasmática, são observados na monocamada citosólica, onde participam da sinalização celular. Os glicolipídeos estão desenhados com hexágonos *azuis* representando os açúcares da cabeça; tais moléculas são observadas exclusivamente na monocamada não citosólica da membrana. No interior da bicamada, o colesterol (*verde*) está distribuído de modo quase homogêneo nas duas monocamadas.

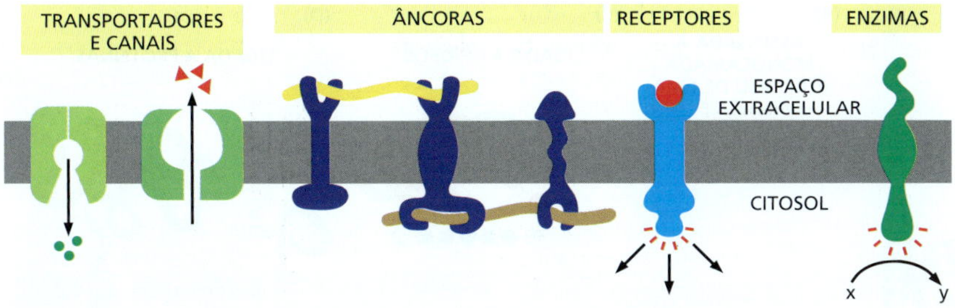

Figura 11-19 As proteínas da membrana plasmática desempenham uma variedade de funções.

PROTEÍNAS DE MEMBRANA

Apesar de a bicamada lipídica compor a estrutura básica de todas as membranas celulares e servir como barreira semipermeável a moléculas hidrofílicas nas suas duas faces, a maior parte das funções da membrana são desempenhadas pelas **proteínas de membrana**. Nos animais, as proteínas constituem cerca de 50% da massa da maioria das membranas plasmáticas, o restante correspondendo a lipídeos e quantidades relativamente pequenas de carboidratos ligados a determinados lipídeos (glicolipídeos) e a diversas proteínas (glicoproteínas). Como as moléculas de lipídeo são muito menores do que as proteínas, uma membrana celular em geral contém 50 vezes mais lipídeos do que proteínas (ver Figura 11-4C).

As proteínas de membrana desempenham diversas funções. Algumas transportam nutrientes, metabólitos e íons através da membrana. Outras ancoram a membrana a macromoléculas presentes em ambas as faces. E outras proteínas ainda atuam como receptores que detectam sinais químicos no ambiente celular e os transmitem ao interior da célula, ou atuam como enzimas que catalisam reações específicas na membrana (**Figura 11-19** e **Tabela 11-1**). Cada tipo de membrana celular contém um conjunto diferente de proteínas, refletindo as funções especializadas de cada tipo de membrana em particular. Nesta seção, discutimos a estrutura das proteínas de membrana e como elas se associam à bicamada lipídica.

TABELA 11-1 Alguns exemplos de proteínas de membrana e suas funções

Classe funcional	Exemplo	Função específica
Transportadoras	Bomba de Na^+	Bombeia de forma ativa Na^+ para fora da célula e K^+ para o interior da célula (discutido no Capítulo 12)
Canais iônicos	Canal de vazamento de K^+	Permite que íons K^+ se desloquem para o exterior da célula, possuindo grande influência na excitação celular (discutido no Capítulo 12)
Âncoras	Integrinas	Ligam filamentos intracelulares de actina a proteínas extracelulares da matriz (discutido no Capítulo 20)
Receptoras	Receptor do fator de crescimento derivado de plaquetas (PDGF, de *platelet-derived growth factor*)	Liga PDGF extracelular e, como consequência, gera sinais intracelulares que induzem o crescimento e a divisão celular (discutido nos Capítulos 16 e 18)
Enzimas	Adenilato-ciclase	Catalisa a produção intracelular de cAMP, pequena molécula de sinalização intracelular, em resposta a sinais extracelulares (discutido no Capítulo 16)

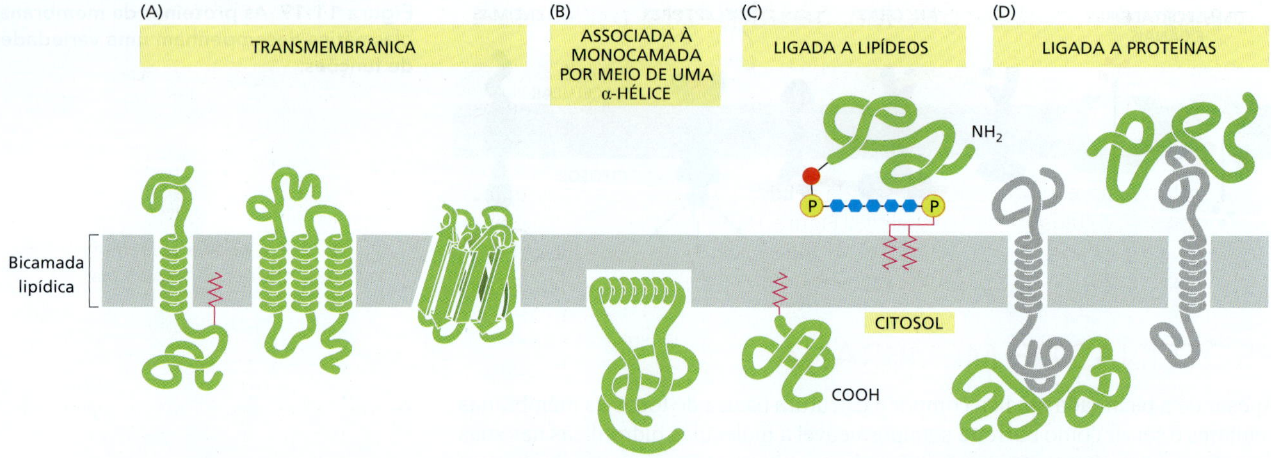

Figura 11-20 As proteínas de membrana podem se associar à bicamada lipídica de diversas maneiras. (A) As proteínas transmembrânicas se estendem pela bicamada como uma única α-hélice, ou múltiplas α-hélices, ou como folhas β associadas (chamadas de barril β). (B) Algumas proteínas de membrana estão ancoradas à metade citosólica de uma bicamada lipídica por uma α-hélice anfipática. (C) Outras estão associadas a qualquer lado da bicamada apenas pela ligação covalente a uma molécula lipídica (linhas em *vermelho*). (D) Várias proteínas estão ligadas à membrana apenas por interações não covalentes e relativamente fracas com outras proteínas de membrana. Todos os exemplos, exceto (D), são *proteínas integrais de membrana.*

As proteínas de membrana se associam à bicamada lipídica de formas diferentes

As proteínas podem se associar à bicamada lipídica de uma membrana celular por meio de um dos modos ilustrados na **Figura 11-20**.

1. Muitas proteínas de membrana se estendem pela bicamada lipídica, com parte da sua massa nos dois lados da bicamada (Figura 11-20A). Assim como os lipídeos adjacentes, essas *proteínas transmembrânicas* são anfipáticas, apresentando regiões hidrofóbicas e hidrofílicas. Suas regiões hidrofóbicas ficam no interior da bicamada, dispostas contra as caudas hidrofóbicas das moléculas lipídicas. Suas regiões hidrofílicas ficam expostas ao ambiente aquoso nos dois lados da membrana.
2. Outras proteínas de membrana estão localizadas quase inteiramente no citosol e se associam à metade citosólica da bicamada lipídica por meio de uma α-hélice anfipática exposta na superfície da proteína (Figura 11-20B).
3. Algumas proteínas estão inteiramente externas à bicamada lipídica, de um lado ou de outro, conectadas à membrana apenas por um ou mais grupos lipídicos covalentemente ligados (Figura 11-20C).
4. Há ainda proteínas ligadas indiretamente a uma das faces da membrana ou à outra, mantidas no lugar apenas por meio de interações com outras proteínas de membrana (Figura 11-20D).

As proteínas que estão diretamente ligadas à bicamada lipídica – sejam elas transmembrânicas, associadas à monocamada lipídica, ou ligadas a um lipídeo – podem ser removidas apenas pela ruptura da bicamada com detergentes, conforme discutido a seguir. Essas proteínas são conhecidas como *proteínas integrais de membrana.* As demais proteínas de membrana são conhecidas como *proteínas periféricas de membrana*; elas podem ser liberadas da membrana por procedimentos de extração mais amenos, que afetam interações proteína-proteína, mas mantêm a bicamada lipídica intacta.

Uma cadeia polipeptídica geralmente atravessa a bicamada lipídica como uma α-hélice

Todas as proteínas de membrana possuem uma única orientação na bicamada lipídica, que é essencial para a sua função. Em uma proteína receptora transmembrânica, por exemplo, a porção da proteína que recebe o sinal do ambiente precisa estar sempre exposta ao exterior da célula, e a porção que transmite o sinal deve estar voltada para o citosol (ver Figura 11-19). Essa orientação é uma consequência do modo como as proteínas de membrana são sintetizadas (discutido no Capítulo 15). As porções da proteína transmembrânica que permanecem na face externa da bicamada lipídica são conectadas a segmentos especializados da cadeia polipeptídica que transpassam a membrana (ver Figura 11-20A). Esses segmentos, que atravessam o ambiente hidrofóbico do interior da bicamada lipídica, são compostos principalmente por aminoácidos de cadeias laterais hidrofóbicas. Como essas cadeias laterais não formam interações favoráveis com as moléculas de água, elas preferem interagir com as caudas hidrofóbicas das moléculas lipídicas, onde a água está ausente.

Ao contrário das cadeias laterais hidrofóbicas, as ligações peptídicas que unem aminoácidos sucessivos em uma proteína são normalmente polares, tornando hidrofílica a cadeia principal do polipeptídeo (**Figura 11-21**). Como não há moléculas de água no interior da bicamada lipídica, os átomos que constituem a cadeia principal formam ligações de hidrogênio uns com os outros. As ligações de hidrogênio são maximizadas se a cadeia polipeptídica formar uma α-hélice regular, e, dessa forma, a maior parte dos segmentos de cadeias polipeptídicas que atravessa membranas o faz como α-hélices (ver Figura 4-13). Nessas α-hélices transmembrânicas, as cadeias laterais hidrofóbicas estão expostas no exterior da hélice, onde fazem contato com as caudas hidrofóbicas dos lipídeos, e os átomos da cadeia principal polipeptídica formam ligações de hidrogênio uns com os outros no interior da hélice (**Figura 11-22**).

Em muitas proteínas transmembrânicas, a cadeia polipeptídica atravessa a membrana apenas uma vez (ver Figura 11-20A). Diversas dessas proteínas de *passagem única* são receptores de sinais extracelulares. Outras proteínas transmembrânicas atuam como canais, formando poros aquosos transversais à bicamada lipídica, que permitem a passagem através da membrana de pequenas moléculas solúveis em água. Esses canais não podem ser formados por proteínas com uma única α-hélice transmembrânica. Ao contrário, geralmente são compostos por uma série de α-hélices que cruzam a bicamada diversas vezes (ver Figura 11-20A). Em várias dessas proteínas transmembrânicas de *passagem múltipla*, uma ou mais regiões que atravessam a membrana são anfipáticas – formadas por α-hélices que contêm cadeias laterais de aminoácidos hidrofóbicas e hidrofílicas. Esses aminoácidos estão dispostos de modo que as cadeias laterais hidrofóbicas estão localizadas de um lado da hélice, e as cadeias laterais hidrofílicas se concentram no outro lado da hélice. No ambiente hidrofóbico da bicamada lipídica, essas α-hélices tendem a agrupar-se formando um anel, com as cadeias laterais hidrofóbicas expostas aos lipídeos da membrana, e as cadeias laterais hidrofílicas formando a superfície interna do canal hidrofílico que transpassa a bicamada lipídica (**Figura 11-23**). O funcionamento desses canais no transporte seletivo de pequenas moléculas solúveis em água, especialmente íons inorgânicos, é discutido no Capítulo 12.

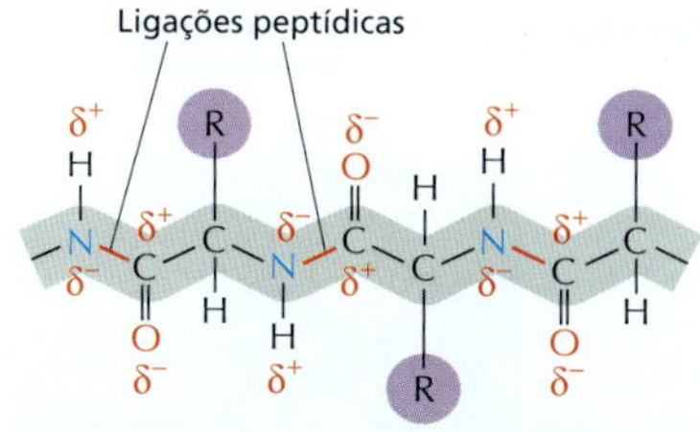

Figura 11-21 A cadeia principal de uma cadeia polipeptídica é hidrofílica. Os átomos nos dois lados de uma ligação peptídica (*linha vermelha*) são polares e apresentam carga parcial positiva ou cargas negativas (δ^+ ou δ^-). Essas cargas permitem que tais átomos formem ligações de hidrogênio uns com os outros quando o polipeptídeo se enovela em uma α-hélice que atravessa a bicamada lipídica (ver Figura 11-22).

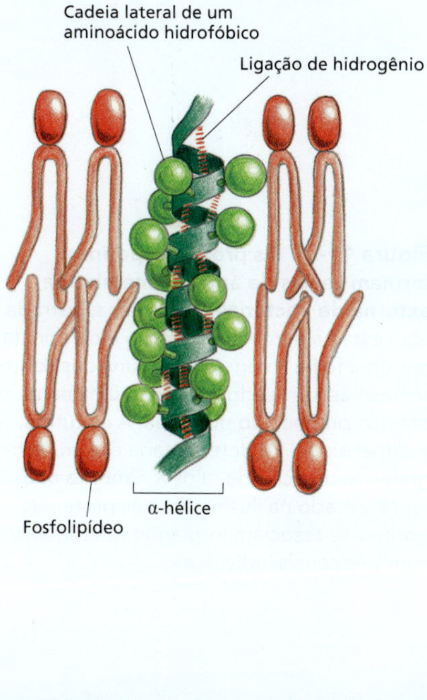

Figura 11-22 Uma cadeia polipeptídica transmembrânica em geral atravessa a bicamada lipídica como uma α-hélice. Neste segmento de uma proteína transmembrânica, as cadeias laterais hidrofóbicas (*verde-claro*) dos aminoácidos que compõem a α-hélice fazem contato com as caudas hidrocarbonadas hidrofóbicas das moléculas de fosfolipídeo, e as partes hidrofílicas da cadeia principal polipeptídica formam ligações de hidrogênio umas com as outras no interior da hélice. Cerca de 20 aminoácidos são necessários para uma α-hélice atravessar completamente uma membrana celular em orientação transversal.

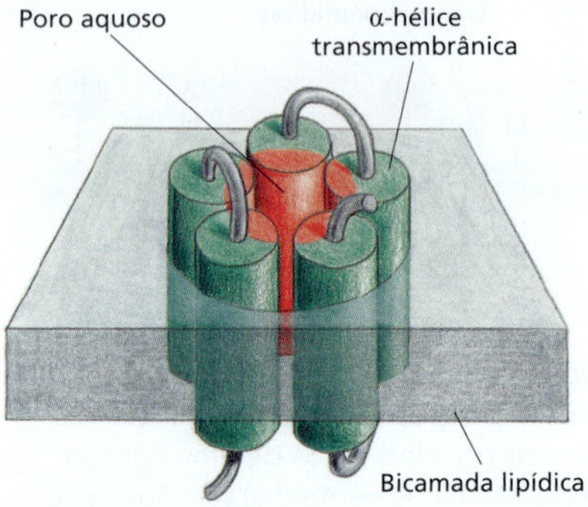

Figura 11-23 Um poro transmembrânico hidrofílico pode ser formado por múltiplas α-hélices anfipáticas. Neste exemplo, cinco α-hélices transmembrânicas formam um canal de água que atravessa a bicamada lipídica. As cadeias laterais de aminoácidos hidrofóbicas (*verde*) de um lado de cada hélice fazem contato com as caudas lipídicas hidrofóbicas, ao passo que as cadeias laterais hidrofílicas (*vermelho*) no lado oposto das hélices formam o poro aquoso .

QUESTÃO 11-4

Explique por que a cadeia polipeptídica da maioria das proteínas transmembrânicas atravessa a bicamada lipídica como α-hélices ou barris β.

Embora a α-hélice seja a forma mais comum com que cadeias polipeptídicas atravessam a bicamada lipídica, a cadeia polipeptídica de algumas proteínas transmembrânicas o faz como uma folha β enrolada em um cilindro, formando uma estrutura oca chamada de *barril* β (ver Figura 11-20A). Como seria de se esperar, as cadeias laterais de aminoácidos voltadas para o interior do barril e que, dessa forma, delimitam o canal de água são principalmente hidrofílicas. As cadeias laterais voltadas para o exterior do barril e que fazem contato com o núcleo hidrofóbico da bicamada lipídica são exclusivamente hidrofóbicas. O exemplo mais marcante da estrutura do barril β é encontrado na proteína *porina*, que forma grandes canais de água nas membranas externas de mitocôndrias e bactérias (**Figura 11-24**). As mitocôndrias e algumas bactérias são revestidas por uma membrana dupla, e as porinas permitem a passagem de pequenos nutrientes, metabólitos e íons inorgânicos através da membrana externa, enquanto evitam a passagem de moléculas maiores indesejadas.

As proteínas de membrana podem ser solubilizadas com detergentes

Para compreender uma proteína completamente, é necessário conhecer a sua estrutura em detalhes. Para proteínas de membrana, essa tarefa apresenta problemas específicos. A maioria dos procedimentos bioquímicos é desenvolvida para estudar moléculas dissolvidas em solução aquosa. As proteínas de membrana, porém, são arranjadas de forma a operar em ambientes parcialmente aquosos e lipídicos; extraí-las desse ambiente e purificá-las preservando sua estrutura não é um desafio simples.

Antes de uma proteína individual poder ser estudada em detalhes, ela deve ser separada de todas as demais proteínas celulares. Para muitas proteínas de membrana, a primeira etapa do processo de separação envolve a solubilização da membrana por agentes que desfazem a bicamada lipídica rompendo suas associações hidrofóbicas. Os agentes mais utilizados nesse processo são os **detergentes** (**Animação 11.3**). Essas pequenas moléculas anfipáticas e semelhantes a lipídeos diferem dos fosfolipídeos de membrana por apresentarem apenas uma única cauda hidrofóbica (**Figura 11-25**). Como possuem apenas uma cauda, as moléculas de detergentes apresentam formato cônico; em água elas tendem a se agregar em pequenos conjuntos chamados de *micelas*, e não formam bicamadas como os fosfolipídeos que, com suas duas caudas, apresentam formato mais cilíndrico.

Quando uma grande quantidade de detergente é misturada a membranas, as caudas hidrofóbicas das moléculas de detergente interagem com as regiões hidrofó-

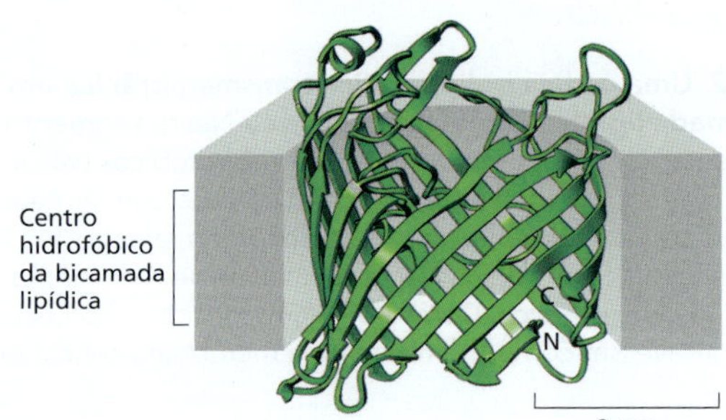

Figura 11-24 As proteínas porinas formam canais de água na membrana externa de bactérias. A proteína ilustrada aqui está presente em *E. coli*, e é composta por uma folha β com 16 fitas curvadas sobre si mesmas formando um canal transmembrânico preenchido por água. A estrutura tridimensional foi determinada por cristalografia de difração de raios X. Embora não representado na ilustração, três proteínas porinas se associam formando um trímero com três canais individuais.

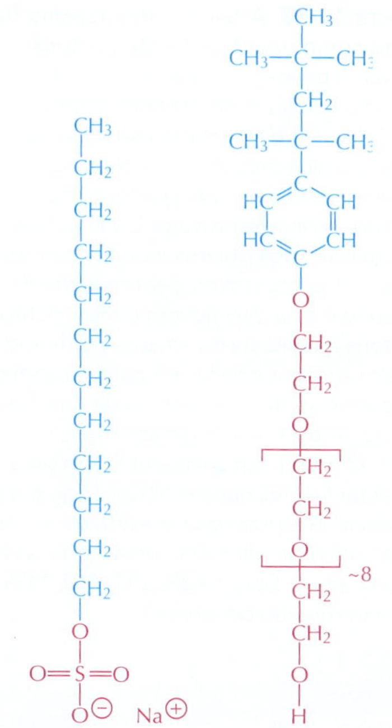

Sódio-dodecil--sulfato (SDS) Triton X-100

Figura 11-25 SDS e Triton X-100 são dois detergentes comumente utilizados. O sódio-dodecil-sulfato (SDS) é um detergente iônico forte – ou seja, ele possui grupos ionizados (carregados) na sua terminação hidrofílica. O Triton X-100 é um detergente não iônico suave – isto é, apresenta grupos não ionizados polares na sua extremidade hidrofílica. A porção hidrofóbica de cada detergente é mostrada em *azul*, e a porção hidrofílica em *vermelho*. A porção entre colchetes na estrutura do Triton X-100 é repetida cerca de oito vezes. Detergentes iônicos fortes, como o SDS, não apenas separam proteínas e lipídeos das membranas, como também desdobram as proteínas (ver Painel 4-5, p. 167).

bicas dos segmentos das proteínas transmembrânicas, bem como com as caudas hidrofóbicas das moléculas de fosfolipídeo, rompendo a estrutura da bicamada e separando, assim, as proteínas dos fosfolipídeos. Como a outra extremidade da molécula de detergente é hidrofílica, essas interações solubilizam as proteínas de membrana na forma de complexos proteína-detergente; ao mesmo tempo, o detergente solubiliza os fosfolipídeos (**Figura 11-26**). Os complexos proteína-detergente podem ser separados uns dos outros e dos complexos lipídeo-detergente para estudos adicionais.

Conhecemos a estrutura completa de relativamente poucas proteínas de membrana

Por muitos anos, muito do que sabíamos sobre a estrutura de proteínas de membrana fora aprendido por meios indiretos. O método-padrão para a determinação da estrutura tridimensional de proteínas é a cristalografia por difração de raios X (ver Figura 4-52), método que requer a formação de arranjos cristalinos ordenados da molécula de proteína. Como as proteínas de membrana precisam ser purificadas em micelas de detergente que com frequência são heterogêneas em tamanho, elas são mais difíceis de cristalizar do que as proteínas que normalmente são encontradas no citosol da célula ou em líquidos extracelulares. Mesmo assim, com os avanços recentes na preparação de proteínas para a cristalografia de raios X, a estrutura de um número crescente de proteínas de membrana pode ser determinada com alta resolução.

Um exemplo é a bacteriorrodopsina, cuja estrutura revelou exatamente como as α-hélices atravessam a bicamada lipídica. A **bacteriorrodopsina** é uma pequena proteína (de cerca de 250 aminoácidos) encontrada em grandes quantidades na membrana plasmática da arqueia *Halobacterium halobium*, que habita pântanos salgados. A bacteriorrodopsina funciona como uma proteína de membrana transportadora que bombeia H^+ (prótons) para fora da célula. O bombeamento requer energia, e a bacteriorrodopsina obtém sua energia diretamente da

QUESTÃO 11-5

Para os dois detergentes mostrados na Figura 11-25, explique por que as porções das moléculas em vermelho são hidrofílicas, e as azuis, hidrofóbicas. Desenhe um segmento de cadeia polipeptídica composto por três aminoácidos com cadeias laterais hidrofóbicas (ver Painel 2-5, p. 74-75) e aplique um esquema de cores similar.

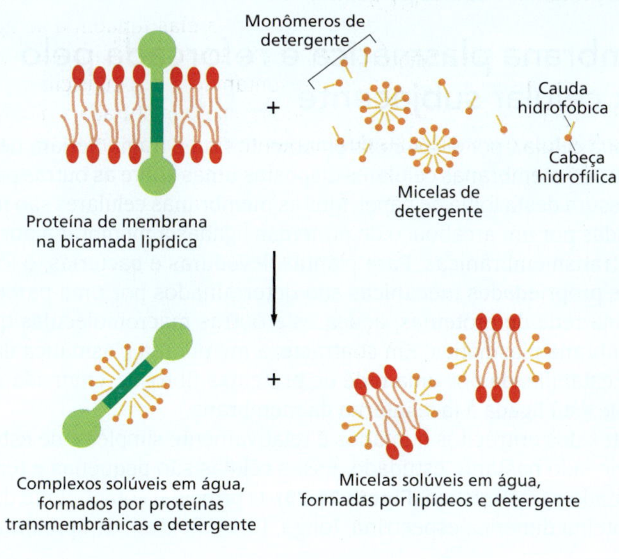

Figura 11-26 As proteínas de membrana podem ser solubilizadas por detergentes suaves como o Triton X-100. As moléculas de detergente (*laranja*) são mostradas como monômeros e micelas, a forma com que essas moléculas tendem a se agrupar quando em água. Detergentes rompem a bicamada lipídica e tornam as proteínas solúveis na forma de complexos proteína-detergente. Conforme ilustrado, os fosfolipídeos de membrana também são solubilizados pelo detergente, formando micelas de lipídeos e detergente.

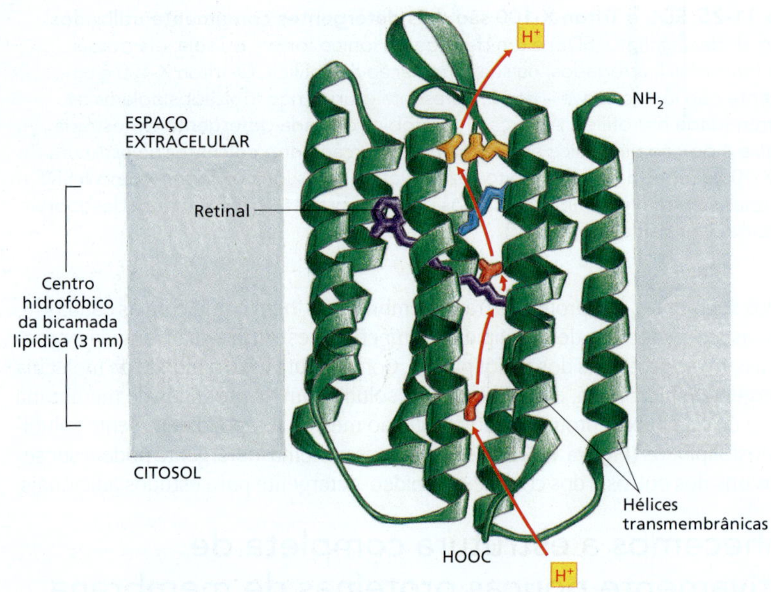

Figura 11-27 A bacteriorrodopsina funciona como uma bomba de prótons. A cadeia polipeptídica atravessa a bicamada lipídica como sete α-hélices. A localização do retinal (*roxo*) e a provável trajetória dos prótons durante o ciclo de bombeamento ativado por luz (setas *vermelhas*) estão destacadas. Cadeias laterais de aminoácidos polares estrategicamente localizados, representadas em *vermelho*, *amarelo* e *azul*, promovem o movimento de prótons através da bicamada, permitindo que os prótons não façam contato com o ambiente lipídico. As etapas da transferência de prótons são mostradas na **Animação 11.4**. O retinal também é utilizado para detectar luz nos nossos olhos, onde ele está ligado a uma proteína de estrutura similar à da bacteriorrodopsina. (Adaptada de H. Luecke et al., *Science* 286:255–260, 1999. Com permissão de AAAS.)

luz solar. Cada molécula de bacteriorrodopsina contém uma única molécula não proteica capaz de absorver luz, denominada *retinal*, que confere à proteína – e à arqueia – uma coloração intensa roxa. Essa pequena molécula hidrofóbica está ligada de modo covalente a uma das sete α-hélices transmembrânicas da bacteriorrodopsina (**Figura 11-27**). Quando o retinal absorve um fóton de luz, ele muda de forma e, ao fazê-lo, causa uma série de pequenas modificações conformacionais nas proteínas embebidas na bicamada lipídica. Tais alterações resultam na transferência de um H^+ do retinal para fora do organismo (ver Figura 11-27). O retinal é então regenerado recebendo um H^+ do citosol, trazendo a proteína de volta à sua conformação original de modo que o ciclo possa ser repetido. O resultado líquido é a transferência de um H^+ para fora da bactéria.

Na presença de luz solar, milhares de moléculas de bacteriorrodopsina bombeiam H^+ para fora da célula, gerando um gradiente de concentração de H^+ através da membrana plasmática. As células utilizam esse gradiente de prótons para armazenar energia e convertê-la em ATP, como discutido em detalhes no Capítulo 14. A bacteriorrodopsina é uma proteína bomba, uma classe de proteínas transmembrânicas que transfere ativamente pequenas moléculas orgânicas e íons inorgânicos para dentro e para fora das células (ver Figura 11-19). Descrevemos outras proteínas bombas no Capítulo 12.

A membrana plasmática é reforçada pelo córtex celular subjacente

A membrana celular, por si só, é extremamente fina e frágil. Seriam necessárias cerca de 10.000 membranas celulares dispostas umas sobre as outras para alcançar a espessura desta folha de papel. Muitas membranas celulares são reforçadas e sustentadas por um arcabouço de proteínas ligadas à membrana por meio das proteínas transmembrânicas. Para plantas, leveduras e bactérias, o formato da célula e as propriedades mecânicas são determinados por uma parede celular rígida – uma rede de proteínas, açúcares e outras macromoléculas que revestem a membrana plasmática. Em contraste, a membrana plasmática das células animais é estabilizada por uma rede de proteínas fibrosas, chamada de **córtex celular**, que está ligada à face interna da membrana.

O córtex dos eritrócitos humanos é relativamente simples e de estrutura regular, tendo sido bastante estudado. Essas células são pequenas e têm um formato achatado característico (**Figura 11-28**). O principal componente do seu córtex é a proteína dimérica espectrina, longa, fina e flexível, de aproximadamente

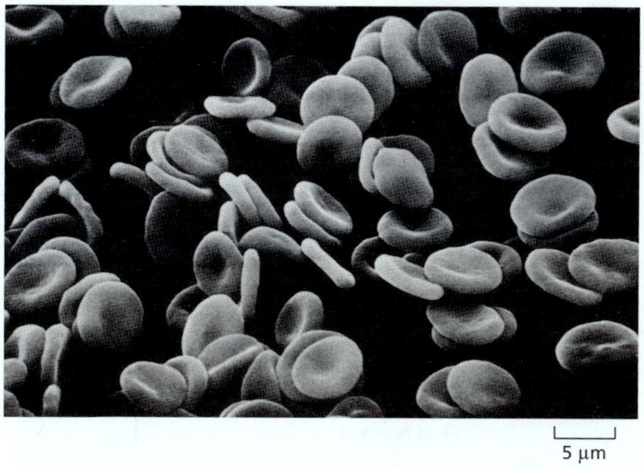

Figura 11-28 Os eritrócitos humanos possuem formato achatado e bicôncavo característico, conforme visto nesta micrografia eletrônica de varredura. Essas células não possuem núcleo, nem outras organelas intracelulares. (Cortesia de Bernadette Chailley.)

QUESTÃO 11-6

Observe atentamente as proteínas transmembrânicas mostradas na Figura 11-29. O que se pode dizer acerca de sua mobilidade na membrana?

100 nm de comprimento. Essa proteína forma uma rede que dá suporte à membrana plasmática e mantém o formato bicôncavo da célula. A rede de espectrina é conectada à membrana por meio de proteínas intracelulares de ligação que ligam as espectrinas a proteínas transmembrânicas específicas (**Figura 11-29** e **Animação 11.5**). A importância dessa rede pode ser observada em camundongos e humanos portadores de anomalias genéticas na estrutura da espectrina. Esses indivíduos são anêmicos: possuem uma quantidade menor que a normal de eritrócitos. Os eritrócitos que eles possuem são esféricos, e não achatados, e são anormalmente frágeis.

Proteínas semelhantes à espectrina e suas proteínas associadas estão presentes no córtex da maioria das células animais. Mas o córtex dessas células é especialmente rico em actina e na proteína motora *miosina*, e é muito mais complexo do que o córtex dos eritrócitos. Enquanto os eritrócitos utilizam seu córtex principalmente para fornecer suporte mecânico enquanto são bombeados ao longo dos vasos sanguíneos, outras células também usam seu córtex para a absorção seletiva de materiais do ambiente, para alterar ativamente seu formato e para se moverem, como discutimos no Capítulo 17. Além disso, as células utilizam o córtex para restringir a difusão de proteínas na membrana plasmática, conforme discutimos a seguir.

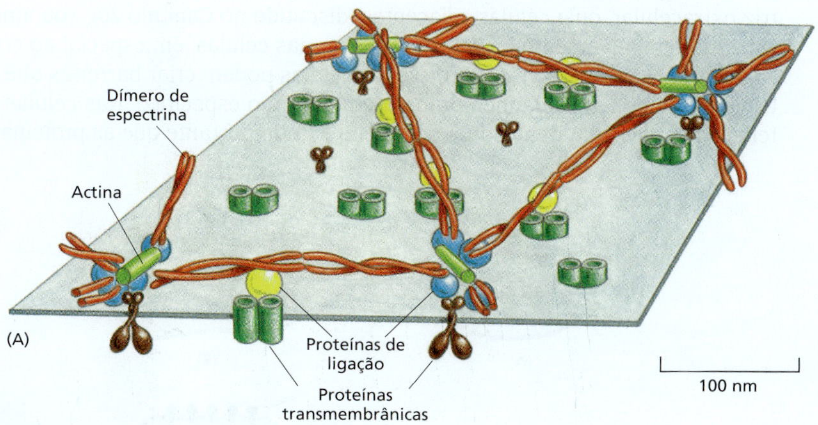

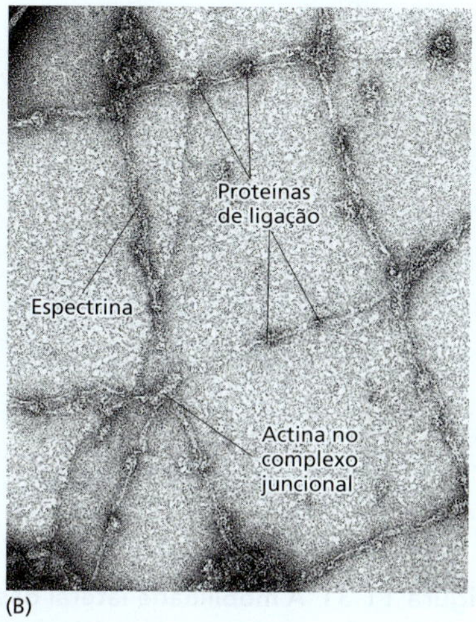

Figura 11-29 Uma rede de espectrina forma o córtex celular nos eritrócitos humanos. (A) Dímeros de espectrina estão unidos por suas extremidades, formando longos tetrâmeros. Os tetrâmeros de espectrina, em conjunto com um pequeno número de moléculas de actina, são unidos em uma rede. Essa rede está ligada à membrana plasmática por pelo menos dois tipos de proteínas de ligação (ilustradas aqui em *amarelo* e *azul*), e dois tipos de proteínas transmembrânicas (ilustrados em *verde* e *marrom*). (B) Micrografia eletrônica mostrando a rede de espectrina na face citoplasmática da membrana de um eritrócito . A rede foi estendida para melhor observação de detalhes da sua estrutura; quando não estendida, a rede é muito mais compacta e ocuparia apenas um décimo dessa área. (B, cortesia de T. Byers e D. Branton, *Proc. Natl. Acad. Sci. USA* 82:6.153–6.157, 1985. Com permissão de National Academy of Sciences.)

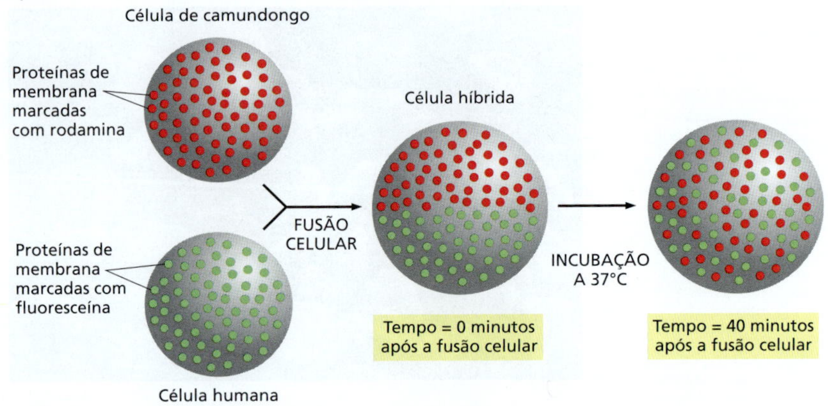

Figura 11-30 A formação de células híbridas de humanos e camundongos mostra que algumas proteínas de membrana podem se deslocar lateralmente na bicamada lipídica. Quando uma célula de camundongo e uma célula humana são inicialmente fusionadas, as suas proteínas permanecem confinadas nas suas metades originais na membrana plasmática da célula híbrida recém-formada. Após um curto intervalo de tempo, as proteínas começam a se misturar. Para monitorar o movimento de um grupo específico de proteínas, as células foram marcadas com anticorpos que se ligam às proteínas de camundongo ou humanas; os anticorpos estão associados a dois marcadores fluorescentes distintos – rodamina (*vermelho*) e fluoresceína (*verde*) – e podem ser diferenciados por microscopia de fluorescência (ver Painel 4-2, p. 146-147). Baseado em experimentos de L.D. Frye e M. Edidin, *J. Cell Sci.* 7:319–335, 1970. Com permissão de The Company of Biologists Ltd.)

Uma célula pode restringir o movimento de suas proteínas de membrana

Como a membrana é um líquido bidimensional, muitas das suas proteínas, assim como os lipídeos, podem se mover livremente no plano da bicamada lipídica. Essa difusão lateral foi inicialmente demonstrada pela fusão experimental de uma célula de camundongo com uma célula humana, formando uma célula híbrida com o dobro do tamanho, e com o monitoramento da distribuição de proteínas específicas da membrana plasmática de camundongos e humanos. No início, as proteínas humanas e do camundongo permanecem confinadas nas suas metades da nova célula; após aproximadamente meia hora, os dois conjuntos de proteínas começam a se misturar por toda a superfície celular (**Figura 11-30**). Descrevemos algumas outras técnicas modernas de estudo do movimento de proteínas de membrana em **Como Sabemos**, p. 378-379.

A imagem de uma membrana celular como um mar de lipídeos onde proteínas circulam livremente é muito simplista. As células possuem mecanismos para o confinamento de proteínas específicas em áreas localizadas da membrana em bicamada, criando regiões de funções especializadas, ou **domínios de membrana**, na superfície da célula ou de organelas.

Conforme ilustrado na **Figura 11-31**, as proteínas da membrana plasmática podem se prender a estruturas extracelulares – por exemplo, a moléculas da matriz extracelular, ou a células adjacentes (discutido no Capítulo 20) – ou ainda a estruturas relativamente imóveis no interior das células, em especial ao córtex celular (ver Figura 11-29). Além disso, as células podem criar barreiras que restrinjam componentes da membrana a um domínio específico. Nas células epiteliais que revestem o intestino, por exemplo, é importante que as proteínas de

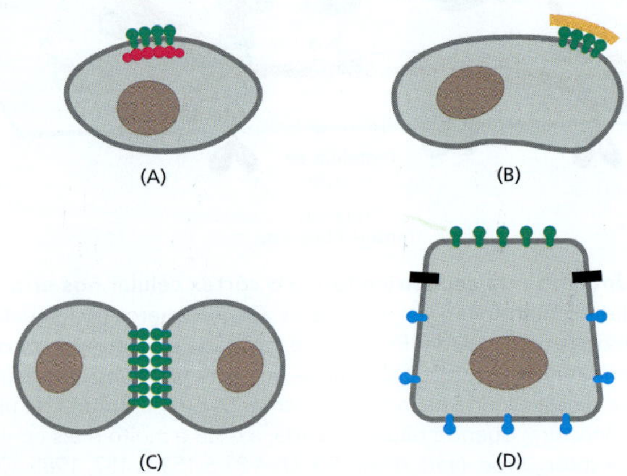

Figura 11-31 A mobilidade lateral das proteínas da membrana plasmática pode ser limitada de diversas maneiras. As proteínas podem ser presas ao córtex celular dentro da célula (A), a moléculas da matriz extracelular (B), ou a proteínas da superfície de outra célula (C). Barreiras de difusão (mostradas como barras *pretas*) podem restringi-las a um domínio de membrana específico (D).

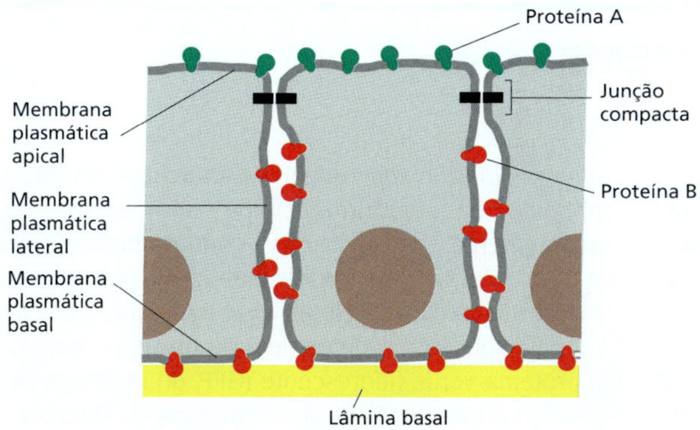

Figura 11-32 As proteínas de membrana são restritas a domínios específicos da membrana plasmática de células epiteliais do intestino. A proteína A (na membrana apical) e a proteína B (nas membranas basal e lateral) podem difundir-se lateralmente nos seus domínios de membrana, mas não podem adentrar outros domínios pela limitação imposta por junções celulares especializadas, denominadas junções compactas. A lâmina basal é composta pela matriz extracelular que sustenta todas as camadas epiteliais (discutido no Capítulo 20).

transporte envolvidas na absorção de nutrientes do intestino estejam confinadas na região *apical* das células (a superfície voltada para o lúmen do intestino) e que as demais proteínas de transporte, envolvidas na exportação de solutos das células epiteliais para os tecidos e a circulação sanguínea, estejam confinadas nas superfícies *basais* e *laterais* (ver Figura 12-17). Essa distribuição assimétrica de proteínas de membrana é mantida pela barreira formada pela linha de junção de células epiteliais adjacentes, chamada de *junção compacta* (**Figura 11-32**). Nesses locais, proteínas de junção especializadas formam um cinturão contínuo ao redor da célula, onde ela faz contato com as células vizinhas, criando um local de selamento entre as membranas plasmáticas adjacentes (ver Figura 20-23). Proteínas de membrana não podem se difundir por essas junções.

A superfície celular é revestida por carboidratos

Vimos que em células eucarióticas alguns lipídeos da camada externa da membrana plasmática possuem açúcares covalentemente ligados a eles. O mesmo pode ser dito para a maioria das proteínas da membrana plasmática. A maior parte dessas proteínas tem pequenas cadeias de açúcares, chamados de oligossacarídeos, ligadas a elas, e essas proteínas são então denominadas *glicoproteínas*. Outras proteínas de membrana, os *proteoglicanos,* contêm uma ou mais cadeias polissacarídicas longas. Todo o carboidrato nas glicoproteínas, nos proteoglicanos e nos glicolipídeos está localizado na face externa da membrana plasmática, onde forma o revestimento de açúcar chamado de *camada de carboidratos* ou **glicocálice** (**Figura 11-33**).

Essa camada de carboidratos ajuda na proteção da superfície celular contra danos mecânicos. À medida que os oligossacarídeos e polissacarídeos adsorvem água, eles conferem à célula uma superfície lubrificada, que auxilia as células

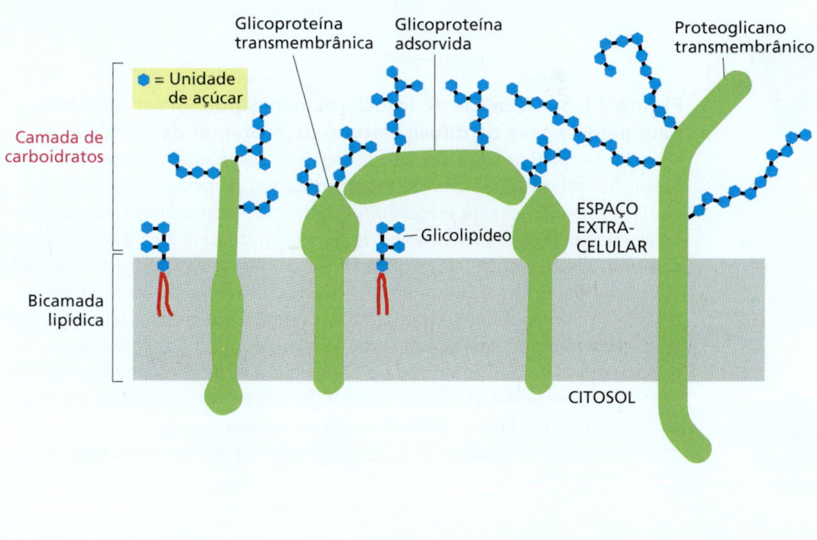

Figura 11-33 As células eucarióticas são revestidas por açúcares. A camada de carboidratos é feita de cadeias laterais de oligossacarídeos ligados a glicolipídeos de membrana e glicoproteínas e de cadeias polissacarídicas de proteoglicanos de membrana. Conforme ilustrado, as glicoproteínas que foram secretadas pela célula e então adsorvidas novamente à sua superfície também compõem a camada de carboidratos. Note que todos os carboidratos estão na superfície externa (não citosólica) da membrana plasmática.

MEDINDO OS FLUXOS DA MEMBRANA

Uma característica essencial da bicamada lipídica é a sua fluidez, que é crucial para a integridade e a função da membrana celular. Tal propriedade permite que diversas proteínas embebidas na membrana se desloquem lateralmente no plano da bicamada para que possam estabelecer diversas interações proteína-proteína das quais a célula é dependente. A natureza fluida das membranas celulares é tão essencial para o seu funcionamento adequado que é surpreendente que essa característica não fosse conhecida até o início da década de 1970.

Dada sua importância na estrutura e na função da membrana, como mensuramos e estudamos a fluidez das membranas celulares? Os métodos mais comuns são visuais: algumas moléculas constituintes da membrana são marcadas, e seus movimentos, observados. Essa metodologia foi a primeira a demonstrar o movimento lateral das proteínas de membrana previamente marcadas com anticorpos (ver Figura 11-30). Esse experimento parecia sugerir que as proteínas de membrana eram capazes de livre difusão, sem restrições, em um mar aberto de lipídeos. Sabemos que essa imagem não é completamente correta. Para examinar a fluidez da membrana com mais profundidade, os pesquisadores precisaram desenvolver métodos mais acurados para a observação dos movimentos das proteínas em membranas, como a membrana plasmática de células vivas.

A técnica FRAP

Um desses métodos, chamado de recuperação da fluorescência após fotoclareamento (FRAP, do inglês *fluorescence recovery after photobleaching*), envolve a marcação uniforme dos componentes da membrana celular – seus lipídeos ou, mais frequentemente, suas proteínas – com um marcador fluorescente. A marcação das proteínas de membrana pode ser realizada mediante incubação de células vivas com anticorpos fluorescentes ou pela ligação covalente de uma proteína fluorescente como a proteína verde fluorescente (GFP, do inglês *green fluorescent protein*) a uma proteína de membrana de interesse utilizando técnicas de DNA recombinante (discutido no Capítulo 10).

Uma vez que a proteína tenha sido marcada, uma pequena região da membrana é irradiada com um pulso intenso de luz emitida por um feixe de *laser*. Esse tratamento "clareia" de modo irreversível as proteínas marcadas nesta pequena região da membrana, em geral uma área de aproximadamente 1 μm quadrado. A fluorescência da membrana irradiada é monitorada em um microscópio de fluorescência, e o tempo necessário para que as proteínas de áreas adjacentes, não irradiadas, migrem para a área clareada é medido (**Figura 11-34**). O tempo dessa "recuperação da fluorescência" é a medida direta da taxa com que as proteínas se difundem na membrana (**Animação 11.6**). Esses experimentos revelaram que, de modo geral, uma membrana celular possui viscosidade semelhante à do azeite de oliva.

Um a um

Uma limitação da técnica FRAP é que ela monitora o movimento de grandes quantidades de proteínas – centenas ou milhares – por uma área da membrana relativamente grande. Com essa técnica é impossível monitorar o movimento

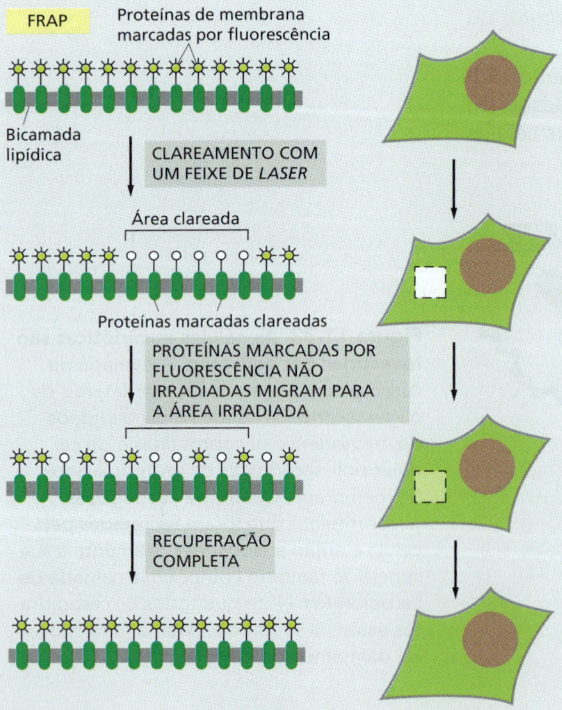

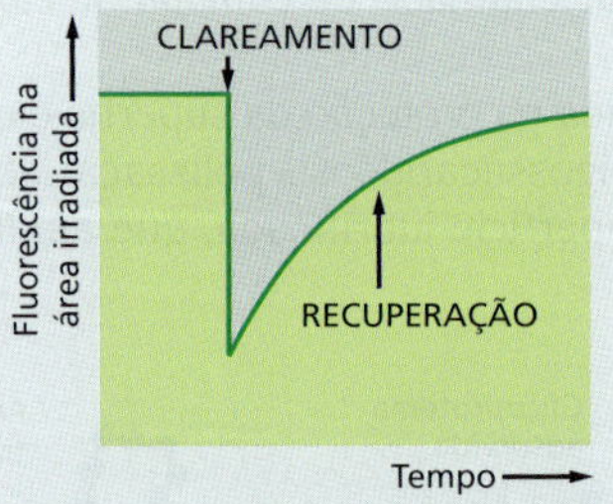

Figura 11-34 Técnicas de fotoclareamento podem ser utilizadas para medir a taxa de difusão lateral de proteínas da membrana. Uma proteína específica de interesse pode ser marcada com um anticorpo fluorescente (conforme mostrado aqui) ou pode ser produzida – utilizando técnicas de engenharia genética – como uma proteína de fusão marcada com proteína verde fluorescente (GFP), que é intrinsecamente fluorescente. Na técnica FRAP, as moléculas fluorescentes são clareadas em uma pequena área utilizando um feixe de *laser*. A intensidade da fluorescência é recuperada conforme as moléculas clareadas se difundem a partir da área irradiada e moléculas não clareadas e fluorescentes se difundem para a área irradiada (representada aqui em vista lateral e superior). O coeficiente de difusão é calculado a partir do gráfico da taxa de recuperação de fluorescência: quanto maior o coeficiente de difusão de uma proteína de membrana, mais rápida será a recuperação.

de moléculas individuais. Se a proteína marcada não migrar para a zona irradiada ao longo do intervalo de tempo do experimento de FRAP, por exemplo, ela é relativamente imóvel, estando ancorada a um local da membrana? Ou, de modo alternativo, os movimentos dessa proteína estão restritos a uma pequena região delimitada por proteínas do citoesqueleto, e a proteína de interesse parece imóvel?

Para solucionar esse problema, os pesquisadores desenvolveram métodos de marcação e observação de movimento de moléculas individuais, ou de um pequeno conjunto de moléculas. Uma dessas técnicas, chamada de microscopia de rastreamento de partículas individuais (*SPT*, do inglês *single-particle tracking*), baseia-se na marcação de moléculas proteicas com anticorpos revestidos por nanopartículas de ouro. As partículas de ouro parecem pequenos pontos pretos quando observadas em microscopia óptica, e seu movimento, e portanto o movimento das moléculas proteicas individualmente marcadas, podem ser monitorados utilizando microscopia.

A partir dos estudos já desenvolvidos, as proteínas de membrana podem apresentar uma série de padrões de movimento, desde a difusão aleatória até a completa imobilidade (**Figura 11-35**). Algumas proteínas rapidamente alternam entre os diferentes tipos de movimentos.

Livre de células

Em diversos casos, os pesquisadores desejam estudar o comportamento de uma proteína específica de membrana em uma bicamada lipídica sintética, na ausência de outras proteínas que poderiam restringir o seu movimento ou alterar a sua atividade. Para tais estudos, as proteínas de membrana podem ser isoladas das células e as proteínas de interesse

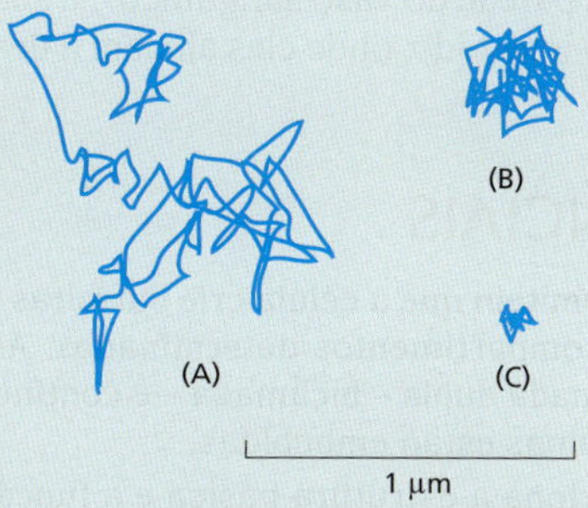

Figura 11-35 As proteínas mostram diferentes padrões de difusão. Estudos de rastreamento de uma única partícula revelaram alguns dos padrões de deslocamento de proteínas na superfície de células vivas. Aqui são mostradas algumas trajetórias representativas de diferentes proteínas da membrana plasmática. (A) Trajetória de uma proteína de difusão livre e aleatória na bicamada lipídica. (B) Trajetória de uma proteína restrita a um pequeno domínio de membrana, por associações com outras proteínas. (C) Trajetória de uma proteína presa ao citoesqueleto e, portanto, essencialmente imóvel. O movimento das proteínas é monitorado na escala de tempo de segundos.

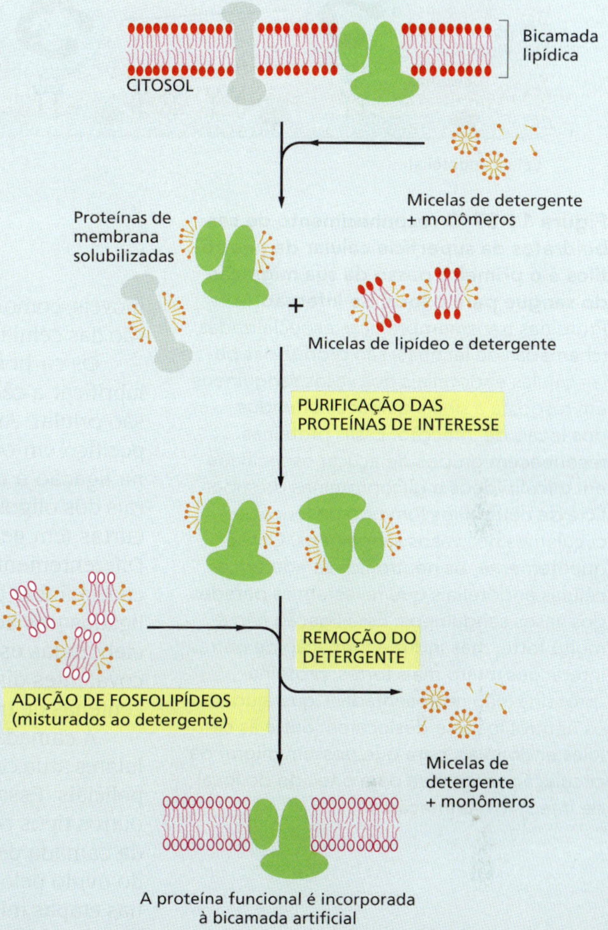

Figura 11-36 Detergentes suaves podem ser utilizados para solubilizar e reconstituir proteínas de membranas funcionais.

podem ser purificadas e reconstituídas em vesículas fosfolipídicas artificiais (**Figura 11-36**). Esses lipídeos permitem que a proteína purificada mantenha sua estrutura correta e sua função, de modo que sua atividade e comportamento podem ser analisados em detalhes.

Pode-se observar, a partir desses estudos, que as proteínas de membrana se difundem mais livre e mais rapidamente nas bicamadas lipídicas artificiais do que nas membranas celulares. O fato de que a maioria das proteínas apresenta mobilidade reduzida em uma membrana celular faz sentido, uma vez que tais membranas possuem muitos tipos de proteínas e contêm uma variedade maior de lipídeos do que as bicamadas lipídicas artificiais. Além disso, diversas proteínas de membrana em uma célula estão presas a proteínas da matriz extracelular, ou ancoradas ao córtex celular subjacente à membrana plasmática, ou ainda, ambos (conforme ilustrado na Figura 11-31).

Considerados em conjunto, esses estudos revolucionaram nosso entendimento acerca das proteínas de membrana e da arquitetura e organização das membranas celulares.

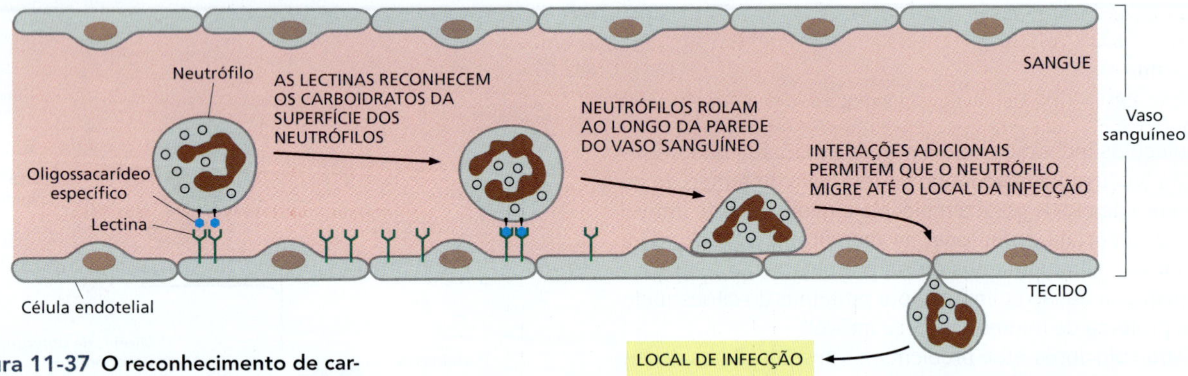

Figura 11-37 O reconhecimento de carboidratos da superfície celular de neutrófilos é o primeiro passo da sua migração do sangue para o local de infecção. Proteínas transmembrânicas especializadas (chamadas de lectinas) são produzidas pelas células endoteliais dos vasos sanguíneos em resposta a sinais químicos oriundos dos locais de infecção. Essas proteínas reconhecem grupos de açúcar específicos em glicolipídeos e glicoproteínas da superfície de neutrófilos (um tipo de leucócito) circulantes nos vasos sanguíneos. Consequentemente, os neutrófilos se aderem às células endoteliais que revestem as paredes dos vasos sanguíneos. Essa ligação não é muito forte, mas induz a formação de outras interações muito mais fortes, proteína-proteína (não representadas), que ajudam os neutrófilos a se deslocarem entre as células endoteliais para que possam migrar da circulação sanguínea para o tecido do local de infecção (**Animação 11.7**).

móveis, como os leucócitos, a se deslocarem em espaços pequenos e evita a adesão das células sanguíneas entre si ou à parede dos vasos sanguíneos.

Os carboidratos da superfície celular fazem mais do que apenas proteger e lubrificar a célula. Eles possuem importante papel no reconhecimento e na adesão celular. Assim como diversas proteínas reconhecem um sítio de ligação específico em outra proteína, proteínas chamadas de *lectinas* são especializadas na ligação a cadeias laterais específicas de oligossacarídeos. As cadeias laterais dos oligossacarídeos presentes em glicoproteínas e glicolipídeos, apesar de curtas (em geral com menos de 15 unidades de açúcar), são bastante variadas. Diferentemente das proteínas, cujos aminoácidos estão ligados todos em uma cadeia linear por meio de ligações peptídicas idênticas, os açúcares podem estar ligados uns aos outros em vários arranjos distintos, frequentemente formando elaboradas estruturas ramificadas (ver Painel 2-3, p. 70-71). Utilizando ligações covalentes distintas, mesmo a combinação de três açúcares pode dar origem a centenas de trissacarídeos diferentes.

A camada de carboidratos na superfície das células de organismos multicelulares atua como um tipo de revestimento de diferenciação, como o uniforme de policiais. Essa camada é característica de cada tipo celular e é reconhecida por outros tipos celulares que interagem com a célula. Oligossacarídeos específicos da camada de carboidratos estão envolvidos, por exemplo, no reconhecimento do óvulo pelo espermatozoide (discutido no Capítulo 19). De modo semelhante, nas etapas iniciais de infecções bacterianas, a camada de carboidratos da superfície dos leucócitos chamados *neutrófilos* é reconhecida pela lectina das células que revestem os vasos sanguíneos no local da infecção; tal reconhecimento induz a aderência dos neutrófilos à parede do vaso sanguíneo e a sua migração da corrente sanguínea para o tecido infectado, onde eles ajudam a destruir a bactéria invasora (**Figura 11-37**).

CONCEITOS ESSENCIAIS

- **As membranas celulares permitem que a célula crie barreiras que confinam moléculas específicas em compartimentos determinados. As membranas são compostas por uma camada dupla – bicamada – e contínua de moléculas lipídicas na qual as proteínas estão embebidas.**
- **A bicamada lipídica proporciona a estrutura básica e a função de barreira para todas as membranas celulares.**
- **As moléculas lipídicas das membranas são anfipáticas, possuindo regiões hidrofílicas e hidrofóbicas. Tais propriedades promovem a sua organização espontânea em bicamadas quando expostas à água, formando compartimentos fechados que selam espontaneamente se rompidos.**
- **Há três classes principais de moléculas de lipídeos de membrana: fosfolipídeos, esteróis e glicolipídeos.**
- **A bicamada lipídica é fluida, e as moléculas lipídicas podem difundir-se individualmente na sua monocamada; essas moléculas não podem, porém, trocar espontaneamente de uma monocamada para a outra.**

- As duas monocamadas lipídicas de uma membrana celular apresentam composição distinta, refletindo as diferentes funções das duas faces da membrana.
- Uma célula exposta a diferentes temperaturas mantém a fluidez da sua membrana pela modificação da composição lipídica das suas membranas.
- As proteínas de membrana são responsáveis pela maioria das funções das membranas celulares, incluindo o transporte de pequenas moléculas solúveis em água através da bicamada lipídica.
- As proteínas transmembrânicas se estendem pela bicamada lipídica geralmente como uma ou mais α-hélices, mas em alguns casos como uma folha β enrolada na forma de um barril.
- Outras proteínas de membrana não atravessam a bicamada lipídica, mas estão ligadas a uma das faces da membrana, seja por associação não covalente com outras proteínas da membrana, pela ligação covalente de lipídeos, ou pela associação de uma α-hélice anfipática exposta com uma única monocamada lipídica.
- A maioria das membranas celulares é reforçada por uma rede de proteínas. Um exemplo particularmente importante é a rede de proteínas fibrosas que compõem o córtex celular abaixo da membrana plasmática.
- Apesar de muitas proteínas de membrana poderem se difundir rapidamente no plano da membrana, as células possuem meios de confinar proteínas em domínios de membrana específicos. As células podem também imobilizar proteínas de membrana específicas pela sua ligação a macromoléculas intracelulares ou extracelulares.
- Diversas proteínas e alguns lipídeos expostos na superfície celular estão ligados a cadeias de açúcar, formando uma camada de carboidratos que ajuda a proteger e lubrificar a superfície celular, estando ainda envolvidos no reconhecimento celular específico.

TERMOS-CHAVE

anfipática	detergente	insaturado
bacteriorrodopsina	domínio de membrana	membrana plasmática
bicamada lipídica	fosfatidilcolina	proteína de membrana
colesterol	fosfolipídeo	saturado
córtex celular	glicocálice	

TESTE SEU CONHECIMENTO

QUESTÃO 11-7

Descreva os diferentes métodos que as células utilizam para restringir as proteínas a regiões específicas da membrana plasmática. Uma membrana com diversas proteínas com movimento restrito ainda é fluida?

QUESTÃO 11-8

Quais das seguintes sentenças estão corretas? Justifique sua resposta.

A. Os lipídeos da bicamada lipídica giram rapidamente em torno de seu eixo longo.

B. Os lipídeos da bicamada lipídica trocam de posição rapidamente uns com os outros na mesma monocamada.

C. Os lipídeos da bicamada lipídica não fazem movimentos de *flip-flop* de uma monocamada para a outra.

D. As ligações de hidrogênio que se formam entre grupos cabeça dos lipídeos e moléculas de água são continuamente quebradas e novamente formadas.

E. Os glicolipídeos se deslocam entre diferentes compartimentos delimitados por membranas durante sua síntese, mas permanecem restritos a uma das faces da bicamada lipídica.

F. A margarina contém mais lipídeos saturados do que os óleos vegetais dos quais é feita.

G. Algumas proteínas de membrana são enzimas.

H. A camada de açúcar que recobre as células as torna células mais viscosas.

QUESTÃO 11-9

O que significa o termo "líquido bidimensional"?

QUESTÃO 11-10

A estrutura da bicamada lipídica é determinada pelas propriedades particulares das suas moléculas lipídicas. O que aconteceria se:

A. Os fosfolipídeos tivessem apenas uma cauda hidrocarbonada, e não duas?
B. As caudas hidrocarbonadas fossem mais curtas do que o normal, digamos com o comprimento de 10 átomos de carbono?
C. Todas as caudas hidrocarbonadas fossem saturadas?
D. Todas as caudas hidrocarbonadas fossem insaturadas?
E. A bicamada contivesse uma mistura de dois tipos de moléculas fosfolipídicas, um tipo com as duas caudas hidrocarbonadas saturadas e o outro com as duas caudas hidrocarbonadas insaturadas?
F. Cada molécula de fosfolipídeo fosse ligada de modo covalente pelo átomo de carbono terminal de uma das suas caudas hidrocarbonadas à cauda de um fosfolipídeo da monocamada oposta?

QUESTÃO 11-11

Quais são as diferenças entre as moléculas fosfolipídicas e as moléculas de detergente? Qual modificação precisaria ser feita em uma molécula fosfolipídica para que se torne um detergente?

QUESTÃO 11-12

A. As moléculas de lipídeo da membrana trocam de lugar com os lipídeos adjacentes a cada 10^{-7} segundos. Uma molécula lipídica difunde de uma extremidade à outra de uma célula bacteriana de 2 μm de comprimento em cerca de 1 segundo. Esses números estão de acordo (assuma que o diâmetro do grupo cabeça da molécula lipídica meça 0,5 nm)? Caso não estejam de acordo, qual seria o motivo dessa diferença?
B. Para avaliar a grande velocidade da difusão molecular, assuma que o grupo cabeça de uma molécula lipídica tenha aproximadamente o tamanho de uma bola de pingue-pongue (4 cm de diâmetro) e que o chão de uma sala (6 m x 6 m) esteja coberto inteiramente por essas bolas. Se duas bolas adjacentes trocarem de posição a cada 10^{-7} segundos, qual seria sua velocidade em quilômetros por hora? Quanto tempo uma bola levaria para se deslocar de um lado ao outro da sala?

QUESTÃO 11-13

Por que a membrana plasmática dos eritrócitos precisa de proteínas transmembrânicas?

QUESTÃO 11-14

Considere uma proteína transmembrânica que forme um poro hidrofílico na membrana plasmática de uma célula eucariótica, permitindo a entrada de Na^+ na célula, quando ativado por um ligante específico, na face extracelular. O poro é composto por cinco subunidades transmembrânicas similares, cada uma contendo uma α-hélice que atravessa a membrana, com suas cadeias laterais de aminoácidos hidrofóbicos voltados todos para um mesmo lado da hélice e suas cadeias laterais de aminoácidos hidrofílicos para o lado oposto. Considerando a função da proteína, de canal iônico que permite a entrada na célula de íons Na^+, proponha um arranjo possível para as cinco α-hélices na membrana.

QUESTÃO 11-15

Na membrana dos eritrócitos humanos, a proporção de massa de proteínas (peso molecular médio de 50.000) para massa de fosfolipídeos (peso molecular de 800) e para colesterol (peso molecular de 386) é de 2:1:1. Quantas moléculas de lipídeos existem para cada molécula proteica?

QUESTÃO 11-16

Desenhe um diagrama esquemático de duas membranas plasmáticas se aproximando durante a fusão celular, como mostrado na Figura 11-30. Mostre as proteínas da face externa da membrana de cada uma das células que foram marcadas com anticorpos fluorescentes de diferentes cores. Indique no seu desenho o destino desses marcadores com a fusão das células. Os marcadores permanecerão na face externa da célula híbrida após a fusão, e permanecerão nesta camada após a mistura das proteínas de membrana que ocorre durante a incubação a 37°C? Qual seria o resultado do experimento se a incubação fosse feita a 0°C?

QUESTÃO 11-17

Compare as forças hidrofóbicas que mantêm uma proteína de membrana na bicamada lipídica com as forças que ajudam no enovelamento das proteínas em uma estrutura tridimensional única.

QUESTÃO 11-18

Qual dos seguintes organismos apresentará a maior porcentagem de fosfolipídeos insaturados nas suas membranas? Justifique a sua resposta.

A. Peixe antártico
B. Cobra do deserto
C. Ser humano
D. Urso polar
E. Bactéria termofílica que habita fontes termais a 100°C

QUESTÃO 11-19

Qual das três sequências de vinte aminoácidos mostradas adiante, com o código de uma letra, é a melhor candidata a formar uma região transmembrânica (α-hélice) em uma proteína transmembrânica? Justifique sua resposta.

A. I T L I Y F G N M S S V T Q T I L L I S
B. L L L I F F G V M A L V I V V I L L I A
C. L L K K F F R D M A A V H E T I L E E S

12

Transporte através de membranas celulares

Para sobreviver e crescer, as células devem ser capazes de trocar moléculas com seu ambiente. Devem importar nutrientes, como açúcares e aminoácidos, e eliminar produtos metabólicos residuais. Também devem regular as concentrações de uma variedade de íons inorgânicos em seu citosol e organelas. Algumas moléculas, como CO_2 e O_2, podem simplesmente se difundir pela bicamada lipídica da membrana plasmática. Mas a grande maioria não pode. Em vez disso, sua transferência depende de **proteínas de transporte de membrana** especializadas que se estendem pela bicamada lipídica, propiciando passagens privativas ao longo da membrana para substâncias selecionadas (**Figura 12-1**).

Neste capítulo, consideramos como as membranas celulares controlam o tráfego de íons inorgânicos e pequenas moléculas solúveis em água para dentro e para fora da célula e de suas organelas envoltas por membranas. As células também podem transferir seletivamente macromoléculas, como proteínas, através de suas membranas, mas esse transporte requer uma maquinaria mais elaborada e é discutido no Capítulo 15.

Começamos delineando alguns dos princípios gerais que dirigem a passagem de íons e pequenas moléculas através das membranas celulares. Examinamos então as duas classes principais de proteínas de membrana que medeiam essa transferência: transportadores e canais. Os *transportadores* deslocam pequenas moléculas orgânicas ou íons inorgânicos de um lado da membrana para o outro por mudança de sua forma. Os *canais*, por sua vez, formam pequenos poros hidrofílicos que cruzam a membrana, através dos quais as substâncias podem passar por difusão. A maioria dos canais permite somente a passagem de íons inorgânicos, motivo pelo qual são chamados de *canais iônicos*. Tendo em vista que esses íons são eletricamente carregados, seus movimentos podem criar uma força iônica poderosa – ou voltagem – através da membrana. Na parte final do capítulo, discutimos como essas diferenças de voltagem permitem que as células nervosas se comuniquem – e, em última análise, modelem o nosso comportamento.

OS PRINCÍPIOS DO TRANSPORTE TRANSMEMBRÂNICO

Como vimos no Capítulo 11, o interior hidrofóbico da bicamada lipídica cria uma barreira à passagem da maioria das moléculas hidrofílicas, incluindo todos os íons. Essas moléculas são tão avessas a entrar em um ambiente lipídico quanto as moléculas hidrofóbicas são avessas a entrar na água. Mas as células e as organelas também precisam permitir a passagem de muitas moléculas hidrofílicas solúveis em água, como íons inorgânicos, açúcares, aminoácidos, nucleotídeos e outros metabólitos celulares. Tais moléculas cruzam as bicamadas lipídicas muito lentamente por *difusão simples*, de modo que sua passagem através das

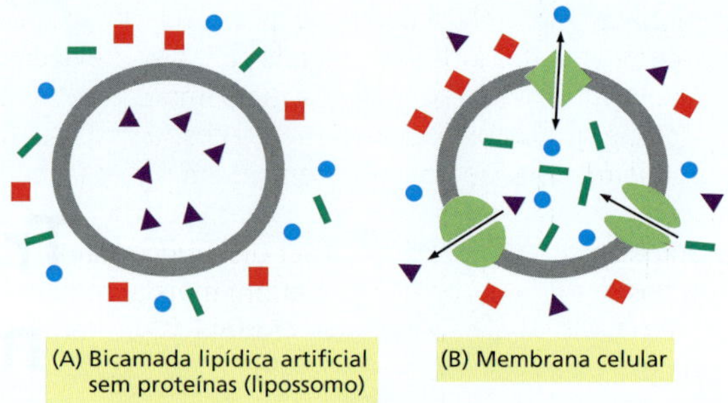

Figura 12-1 As membranas celulares contêm proteínas de transporte de membrana especializadas que facilitam a passagem de pequenas moléculas solúveis em água. (A) As bicamadas lipídicas artificiais sem proteínas, como os lipossomos (ver Figura 11-13), são impermeáveis à maioria das moléculas solúveis em água. (B) As membranas celulares, por sua vez, contêm proteínas transportadoras, e cada uma delas transfere um tipo particular de molécula. Esse transporte seletivo pode incluir o bombeamento ativo de moléculas específicas tanto para fora (*triângulos roxos*) quanto para dentro (*barras verdes*) da célula. A ação combinada das diferentes proteínas de transporte permite que um conjunto específico de solutos se forme dentro de um compartimento envolto por membrana, como o citosol ou uma organela.

membranas celulares deve ser acelerada por proteínas de transporte de membrana especializadas – um processo chamado de *transporte facilitado*. Nesta seção, revisamos os princípios básicos de tal transporte transmembrânico e introduzimos vários tipos de proteínas de transporte de membrana que promovem esse movimento. Também discutimos por que o transporte de íons inorgânicos, em particular, tem importância tão fundamental para todas as células.

As bicamadas lipídicas são impermeáveis aos íons e à maioria das moléculas polares não carregadas

Dado tempo suficiente, praticamente qualquer molécula se difundirá através de uma bicamada lipídica. A velocidade na qual ela se difunde, contudo, varia enormemente dependendo do tamanho da molécula e de suas características de solubilidade. Em geral, quanto menor a molécula e mais hidrofóbica, ou apolar, mais rapidamente ela se difundirá pela membrana.

Claro, muitas dessas moléculas de interesse para as células são polares e solúveis em água. Esses *solutos* – substâncias que, neste caso, estão dissolvidas na água – são incapazes de atravessar a bicamada lipídica sem o auxílio de proteínas transportadoras de membrana. A relativa facilidade com que uma variedade de solutos pode atravessar as membranas celulares é mostrada na **Figura 12-2**.

1. *Moléculas apolares pequenas*, como oxigênio molecular (O_2, massa molecular de 32 dáltons) e dióxido de carbono (CO_2, 44 dáltons), se dissolvem rapidamente nas bicamadas lipídicas e por isso se difundem com rapidez através delas; de fato, as células dependem dessa permeabilidade a gases para os processos de respiração celular discutidos no Capítulo 14.
2. *Moléculas polares não carregadas* (moléculas com uma distribuição desigual de carga elétrica) também se difundem prontamente através da bicamada se elas forem pequenas o suficiente. A água (H_2O, 18 dáltons) e o etanol (46 dáltons), por exemplo, atravessam a uma velocidade mensurável, enquanto o glicerol (92 dáltons) atravessa menos rapidamente. Moléculas polares sem cargas maiores, como a glicose (180 dáltons), dificilmente atravessam a bicamada.
3. Em contraste, as bicamadas lipídicas são altamente impermeáveis a todas as *moléculas carregadas*, incluindo todos os íons inorgânicos, não importando quão pequenos sejam. Essas cargas das moléculas e sua forte atração elétrica às moléculas de água inibem a sua entrada na fase hidrocarbonada interna da bicamada. Assim, as bicamadas lipídicas sintéticas são um bilhão (10^9) de vezes mais permeáveis à água do que a pequenos íons como Na^+ e K^+.

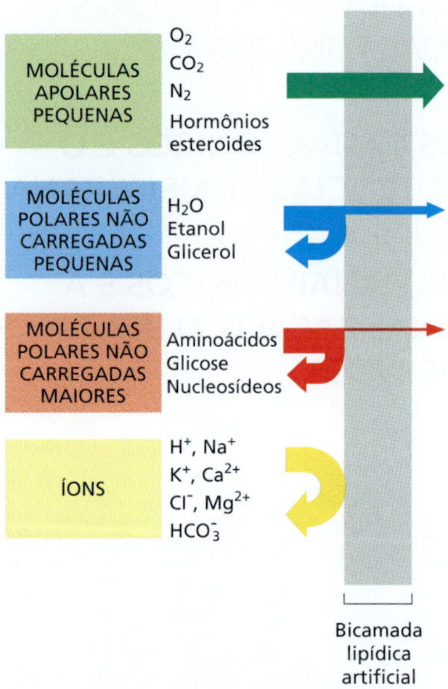

Figura 12-2 A velocidade com que uma molécula atravessa uma bicamada lipídica artificial sem proteínas por difusão simples depende do seu tamanho e solubilidade. Quanto menor a molécula e, mais importante, quanto menos interações favoráveis com a água ela tiver (i.e., quanto menos polar ela for), mais rapidamente a molécula se difunde através da bicamada. Observe que muitas das moléculas orgânicas que a célula utiliza como nutrientes (sombreado em *vermelho*) são grandes e polares demais para passar através de uma bicamada lipídica artificial que não possui as proteínas de transporte de membrana apropriadas.

As concentrações iônicas dentro de uma célula são muito diferentes daquelas fora da célula

Em razão de as membranas celulares serem impermeáveis aos íons inorgânicos, as células vivas são capazes de manter concentrações internas de íons que são muito diferentes das concentrações iônicas nos meios que as cercam. Tais diferenças na concentração dos íons são cruciais para a sobrevivência e o funcionamento da célula. Entre os íons inorgânicos mais importantes para as células, estão Na^+, K^+, Ca^{2+}, Cl^- e H^+ (prótons). O movimento desses íons através das membranas celulares desempenha uma parte essencial em muitos processos biológicos, mas é, talvez, mais impressionante na produção de ATP por todas as células e na comunicação pelas células nervosas (a ser discutido adiante).

O Na^+ é o íon positivamente carregado (cátion) mais abundante fora da célula, enquanto o K^+ é o mais abundante dentro (**Tabela 12-1**). Para que uma célula não seja destruída por forças elétricas, a quantidade de carga positiva dentro da célula deve ser balanceada por uma quantidade de carga negativa quase exatamente igual, e o mesmo vale para a carga do líquido circundante. A alta concentração de Na^+ fora da célula é eletricamente balanceada sobretudo pelo Cl^- extracelular, ao passo que a alta concentração de K^+ dentro dela é balanceada por uma variedade de íons orgânicos e inorgânicos de carga negativa (ânions), incluindo ácidos nucleicos, proteínas e muitos metabólitos celulares (ver Tabela 12-1).

Diferenças na concentração de íons inorgânicos através de uma membrana celular criam um potencial de membrana

Embora as cargas elétricas dentro e fora da célula em geral sejam mantidas em equilíbrio, ocorrem pequenos excessos de carga positiva ou negativa, concentradas na vizinhança da membrana plasmática. Tais desequilíbrios elétricos geram uma diferença de voltagem através da membrana chamada de **potencial de membrana**.

Quando uma célula estiver "em repouso", a troca de ânions e cátions através da membrana será precisamente balanceada. Nessas condições basais, a diferença de voltagem através da membrana celular – chamada de *potencial de membrana em repouso* – mantém-se estável. Mas não é zero. Nas células animais, por exemplo, o potencial de membrana em repouso pode estar entre –20 e –200 milivolts (mV), dependendo do organismo e do tipo celular. O valor é expresso como um número negativo porque o interior da célula é mais negativamente carregado que o exterior. Esse potencial de membrana permite que as células promovam o transporte de certos metabólitos e que sejam excitáveis como formas de se comunicar com suas vizinhas.

TABELA 12-1 Comparação das concentrações iônicas dentro e fora de uma célula comum de mamífero

Componente	Concentração intracelular (mM)	Concentração extracelular (mM)
Cátions		
Na^+	5-15	145
K^+	140	5
Mg^{2+}	0,5*	1-2
Ca^{2+}	10^{-4}*	1-2
H^+	7×10^{-5} ($10^{-7,2}$ M ou pH 7,2)	4×10^{-5} ($10^{-7,4}$ M ou pH 7,4)
Ânions**		
Cl^-	5-15	110

*As concentrações de Mg^{2+} e Ca^{2+} dadas correspondem aos íons livres. Há um total de cerca de 20 mM de Mg^{2+} e 1 a 2 mM de Ca^{2+} nas células, mas esses íons estão principalmente ligados a proteínas e outras moléculas orgânicas e, para o Ca^{2+}, armazenados dentro de várias organelas.

**Além do Cl^-, uma célula contém muitos outros ânions não listados nesta tabela. De fato, muitos dos constituintes celulares são carregados negativamente (HCO_3^-, PO_4^{3-}, proteínas, ácidos nucleicos, metabólitos contendo grupos fosfato e carboxila, etc.).

É a atividade das proteínas de transporte de membrana embebidas na bicamada que permite que as células estabeleçam e mantenham seu potencial de membrana, como discutimos a seguir.

As células contêm duas classes de proteínas transportadoras de membrana: transportadores e canais

As proteínas de transporte de membrana ocorrem em muitas formas e estão presentes em todas as membranas celulares. Cada uma fornece um portal privativo através da membrana para uma pequena molécula hidrossolúvel em particular – um íon, açúcar ou aminoácido, por exemplo. A maioria dessas proteínas permite apenas a passagem de membros selecionados de uma determinada classe de moléculas: algumas permitem o trânsito de Na^+ mas não de K^+, outras de K^+ mas não de Na^+, e assim por diante. Cada tipo de membrana celular possui seu próprio conjunto de proteínas de transporte característico, que determina exatamente que solutos podem passar para dentro e para fora da célula ou de uma organela.

Como discutido no Capítulo 11, a maioria das proteínas de transporte de membrana possui cadeias polipeptídicas que atravessam a bicamada lipídica múltiplas vezes – ou seja, elas são proteínas transmembrânicas de passagem múltipla (ver Figura 11-23). Pelo cruzamento de vai e vem através da bicamada, a cadeia polipeptídica forma um caminho contínuo de proteínas alinhadas que permite que pequenas moléculas hidrofílicas selecionadas atravessem a membrana sem entrar em contato direto com o interior hidrofóbico da bicamada lipídica.

Há duas classes principais de proteínas de transporte de membrana: os transportadores e os canais. Essas proteínas se distinguem no modo como elas diferenciam os solutos, transportando alguns, mas não outros (**Figura 12-3**). Os *canais* discriminam sobretudo com base no tamanho e na carga elétrica: quando um canal está aberto, qualquer íon ou molécula que seja suficientemente pequeno e carregue a carga apropriada pode atravessar. Um *transportador*, por sua vez, transfere apenas aquelas moléculas ou íons que servem nos seus sítios de ligação específicos na proteína. Os transportadores se ligam aos seus solutos com grande especificidade, da mesma maneira que as enzimas se ligam aos seus substratos, e é esta necessidade de ligação específica que confere aos transportadores a sua seletividade.

Os solutos atravessam as membranas por transporte passivo ou ativo

Os transportadores e os canais permitem que pequenas moléculas hidrofílicas atravessem a membrana celular, mas o que controla o movimento desses solutos para dentro ou para fora da célula ou organela? Em muitos casos, a direção do transporte depende apenas das concentrações relativas do soluto em ambos os lados da membrana. As moléculas fluirão espontaneamente "com a correnteza" de uma região de alta concentração para uma de baixa concentração, desde que haja um caminho. Tais movimentos são denominados passivos, porque não precisam de uma força motora adicional. Se, por exemplo, um soluto estiver pre-

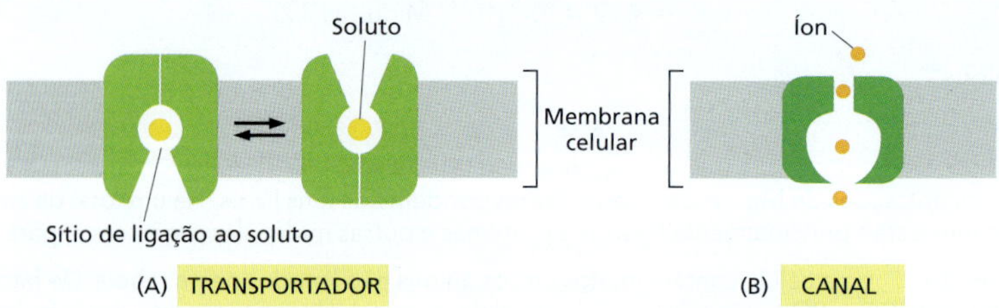

Figura 12-3 Íons inorgânicos e moléculas orgânicas polares pequenas podem atravessar a membrana celular por meio de um transportador ou um canal. (A) Um transportador sofre uma série de mudanças conformacionais para transferir pequenos solutos através da bicamada lipídica. (B) Um canal, quando aberto, forma um poro através da bicamada, pelo qual íons inorgânicos específicos ou, em alguns casos, moléculas orgânicas polares, podem se difundir. Como é de se esperar, os canais transferem solutos a uma velocidade muito maior do que os transportadores.

Os canais iônicos podem existir tanto na conformação aberta como na fechada, e eles transportam somente na conformação aberta, que é mostrada aqui. A abertura e o fechamento do canal são normalmente controlados por um estímulo externo ou pelas condições presentes dentro da célula.

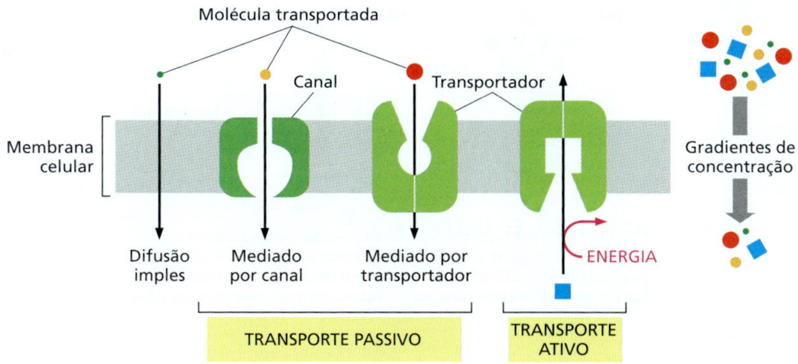

Figura 12-4 Os solutos atravessam as membranas celulares por transporte passivo ou ativo. Algumas moléculas pequenas e apolares, como o CO_2 (ver Figura 12-2), podem se mover passivamente com o seu gradiente de concentração através da bicamada lipídica por difusão simples, sem a ajuda de uma proteína transportadora. A maioria dos solutos, entretanto, necessita da assistência de um canal ou transportador. O transporte passivo, que permite que as moléculas se movam a favor dos seus gradientes de concentração, ocorre de modo espontâneo; já o transporte ativo, contra o gradiente de concentração, exige um aporte de energia. Somente os transportadores podem realizar o transporte ativo.

sente em uma concentração mais alta fora da célula do que dentro, e um canal ou transportador apropriado estiver presente na membrana plasmática, o soluto se moverá para dentro da célula por **transporte passivo**, sem gasto de energia pela proteína transportadora. Isso acontece porque, mesmo que o soluto se mova em ambas as direções pela membrana, mais soluto se moverá para dentro do que para fora até que as duas concentrações se equilibrem. Todos os canais e muitos transportadores funcionam como condutos para tal transporte passivo.

Para mover um soluto contra seu gradiente de concentração, uma proteína de transporte de membrana deve atuar: ela deve mover o fluxo "contra a corrente" pelo seu acoplamento a algum outro processo que forneça uma entrada de energia (como discutido no Capítulo 3 para as reações catalisadas por enzimas). O movimento de um soluto contra o seu gradiente de concentração dessa forma é denominado **transporte ativo**, e é realizado por tipos especiais de transportadores chamados de *bombas*, que fornecem a fonte de energia para promover o processo de transporte (**Figura 12-4**). Como discutido adiante, tal energia pode vir da hidrólise de ATP, de um gradiente iônico transmembrânico ou da luz solar.

Tanto o gradiente de concentração quanto o potencial de membrana influenciam o transporte passivo de solutos carregados

Para uma molécula não carregada, a direção do transporte passivo é determinada somente pelo seu gradiente de concentração, como sugerimos antes. Mas para as moléculas carregadas eletricamente, sejam íons inorgânicos ou moléculas orgânicas pequenas, forças adicionais entram em ação. Como já mencionado, a maioria das membranas celulares possui uma voltagem por toda a sua extensão – uma diferença de carga referida como potencial de membrana. O potencial de membrana exerce uma força sobre qualquer molécula que carrega uma carga elétrica. O lado citosólico da membrana plasmática costuma estar com um potencial negativo em relação ao lado extracelular, de modo que o potencial de membrana tende a puxar solutos carregados positivamente para dentro da célula e mover os negativamente carregados para fora.

Ao mesmo tempo, um soluto carregado também tenderá a se mover a favor do seu gradiente de concentração. A força líquida direcionando um soluto carregado através da membrana celular é, dessa forma, um composto de duas forças, uma devida ao gradiente de concentração e a outra devida ao potencial de membrana. Tal força motriz líquida, chamada de **gradiente eletroquímico** do soluto, determina a direção que cada soluto seguirá pela membrana por transporte passivo. Para alguns íons, a voltagem e o gradiente de concentração funcionam na mesma direção, criando um gradiente eletroquímico relativamente grande (**Figura 12-5A**). Esse é o caso do Na^+, que é positivamente carregado e em maior concentração no lado de fora das células do que dentro (ver Tabela 12-1). Portanto, se tiver oportuni-

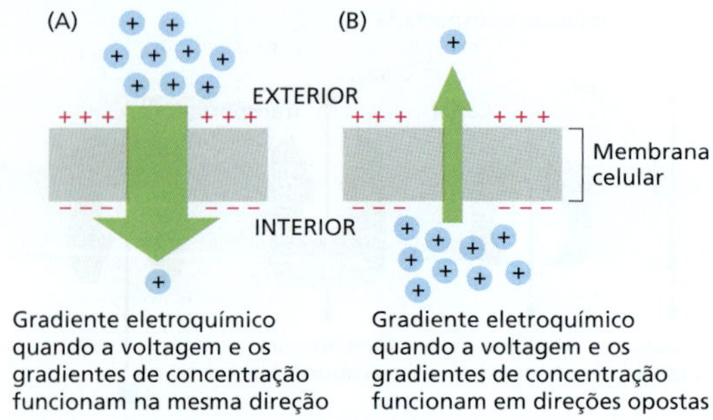

Figura 12-5 Um gradiente eletroquímico possui dois componentes. A força motriz líquida (gradiente eletroquímico) que tende a mover um soluto carregado (íon) através da membrana celular é a soma da força do gradiente de concentração do soluto e da força do potencial de membrana. O potencial de membrana está representado aqui pelos sinais + e – nos lados opostos da membrana. A largura da seta *verde* representa a magnitude do gradiente eletroquímico para um soluto positivamente carregado em duas situações diferentes. Em (A), o gradiente de concentração e o potencial de membrana atuam juntos para aumentar a força motriz para o movimento do soluto. Em (B), o potencial de membrana age contra o gradiente de concentração, diminuindo a força motriz eletroquímica.

dade, o Na^+ tende a entrar nas células. Se, no entanto, a voltagem e o gradiente de concentração tiverem efeitos opostos, o gradiente eletroquímico resultante pode ser pequeno (**Figura 12-5B**). Esse é o caso do K^+, que está presente em uma concentração muito maior dentro das células do que fora. Devido ao seu pequeno gradiente eletroquímico pela membrana plasmática em repouso, há pouco movimento de K^+ através da membrana, mesmo quando os canais de K^+ estão abertos.

A água se move passivamente através da membrana celular a favor do seu gradiente de concentração – um processo denominado osmose

As células são constituídas principalmente de água (em geral cerca de 70% do peso), e assim o movimento da água através das membranas celulares é de crucial importância para os seres vivos. Como as moléculas de água são pequenas e não carregadas, elas podem se difundir diretamente pela bicamada lipídica – embora de modo lento (ver Figura 12-2). Entretanto, algumas células também possuem proteínas canais especializadas, chamadas de *aquaporinas,* na sua membrana plasmática, o que facilita muito o fluxo (**Figura 12-6** e **Animação 12.1**).

Mas para que lado a água tende a fluir? Como vimos na Tabela 12-1, as células contêm uma alta concentração de solutos, incluindo muitas moléculas e íons carregados. Portanto, a concentração total de partículas de soluto dentro da célula – também referida como sua *osmolaridade* – costuma exceder a concentração de soluto fora da célula. O gradiente osmótico resultante tende a "puxar" água para dentro da célula. Esse movimento de água a favor do seu gradiente de concentração – de uma área de baixa concentração de soluto (alta concentração de água) para uma área de alta concentração de soluto (baixa concentração de água) – é chamado de **osmose**.

A osmose, se ocorrer sem limitação, pode fazer a célula inchar. Diferentes células lidam com esse desafio osmótico de diferentes maneiras. A maioria das células animais possui um citoplasma semelhante a um gel (ver Figura 1-25) que resiste ao intumescimento osmótico. Alguns protozoários de água-doce, como a ameba, eliminam o excesso de água utilizando vacúolos contráteis que descarregam periodicamente o seu conteúdo no exterior (**Figura 12-7A**). As células vegetais não intumescem devido às suas paredes celulares resistentes e, desse

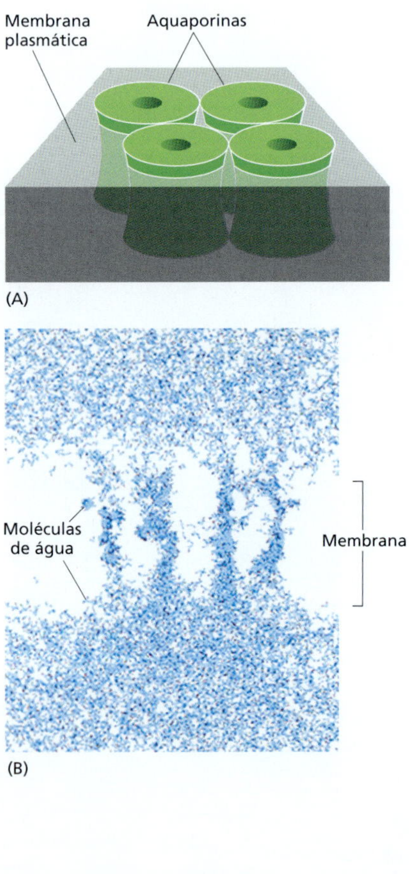

Figura 12-6 As moléculas de água se difundem rapidamente pelos canais de aquaporinas na membrana plasmática de algumas células. (A) Com forma de ampulheta, cada canal de aquaporina cria um poro através da bicamada, permitindo a passagem seletiva de moléculas de água. Mostrado aqui, há um tetrâmero de aquaporina, a forma biologicamente ativa da proteína. (B) Nesta foto instantânea, obtida de uma simulação dinâmica molecular em tempo real, quatro colunas de moléculas de água podem ser vistas passando pelos poros de um tetrâmero de aquaporina (não mostrado). O espaço onde se localizaria a membrana está indicado. (B, adaptada de B. de Groot e H. Grubmüller, *Science* 294:2353–2357, 2001.)

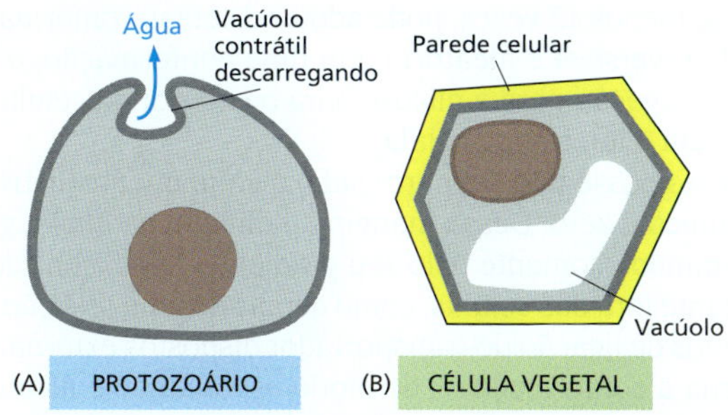

Figura 12-7 As células usam diferentes táticas para evitar o intumescimento osmótico. (A) Uma ameba de água-doce evita o intumescimento pela ejeção periódica da água que entra na célula e se acumula nos vacúolos contráteis. Primeiro o vacúolo contrátil acumula solutos, o que leva a água a seguir por osmose; ele, então, bombeia a maioria dos solutos de volta para o citosol antes de esvaziar seu conteúdo na superfície celular. (B) A parede celular rígida da planta evita o intumescimento.

modo, podem tolerar uma grande diferença osmótica através de suas membranas plasmáticas (**Figura 12-7B**); de fato, as células vegetais utilizam a pressão osmótica de intumescimento, ou *pressão de turgescência*, para manter suas paredes celulares tensas, de forma que os caules da planta fiquem rígidos e suas folhas sejam estendidas. Se a pressão de turgescência for perdida, a planta irá murchar.

OS TRANSPORTADORES E SUAS FUNÇÕES

Os **transportadores** são responsáveis pelo movimento da maioria das moléculas orgânicas pequenas e solúveis em água e de alguns íons inorgânicos através das membranas celulares. Cada transportador é altamente seletivo, muitas vezes transferindo somente um tipo de molécula. Para guiar e impulsionar o complexo tráfego de solutos para dentro e para fora da célula e entre o citosol e as diferentes organelas envoltas por membrana, cada membrana celular contém um conjunto característico de diferentes transportadores apropriados àquela membrana específica. Por exemplo, a membrana plasmática contém transportadores que importam nutrientes como açúcares, aminoácidos e nucleotídeos; a membrana do lisossomo contém um transportador de H^+ que importa H^+ para acidificar o interior do lisossomo e outros transportadores que movem os produtos da digestão do lisossomo para o citosol; a membrana interna das mitocôndrias contém transportadores para importar o piruvato que as mitocôndrias utilizam como combustível para geração de ATP, assim como transportadores para exportar o ATP uma vez que este é sintetizado (**Figura 12-8**).

Nesta seção, descrevemos os princípios gerais que governam a função dos transportadores e apresentamos uma visão mais detalhada dos mecanismos moleculares que direcionam o movimento de alguns solutos fundamentais.

Os transportadores passivos movem um soluto a favor do seu gradiente eletroquímico

Um importante exemplo de um transportador que realiza transporte passivo é o *transportador de glicose* na membrana plasmática de muitos tipos celulares de mamíferos. A proteína, que consiste em uma cadeia polipeptídica que atravessa

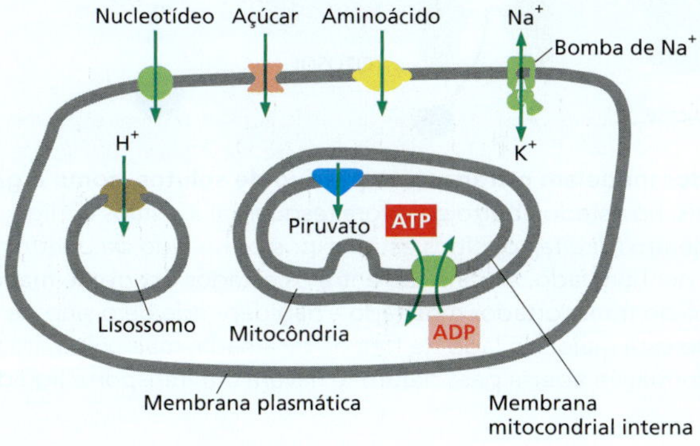

Figura 12-8 Cada membrana celular possui seu próprio conjunto característico de transportadores. Somente alguns deles estão indicados aqui.

QUESTÃO 12-1

Uma reação enzimática simples pode ser descrita pela equação $E + S \rightleftarrows ES \rightleftarrows E + P$, onde E é a enzima; S, o substrato; P, o produto; e ES, o complexo enzima-substrato.

A. Escreva uma equação correspondente que descreva o funcionamento de um transportador (T) que medeie o transporte de um soluto (S) a favor de seu gradiente de concentração.

B. O que essa equação lhe informa sobre a função de um transportador?

C. Por que essa equação seria uma descrição inadequada da função de um canal?

a membrana pelo menos 12 vezes, pode adotar diversas conformações – e ela as alterna de modo reversível e aleatório. Em uma conformação, o transportador expõe os sítios de ligação para a glicose para o exterior da célula; em outra, ele expõe os sítios para o interior da célula.

Pelo fato de a glicose não ser carregada, o componente elétrico do seu gradiente eletroquímico é zero. Dessa maneira, a direção na qual a glicose é transportada é determinada somente pelo seu gradiente de concentração. Quando a glicose é abundante fora das células, como depois de uma refeição, o açúcar ligado se liga aos sítios de ligação do transportador dispostos externamente; quando a proteína alterna a conformação – de modo espontâneo e aleatório –, ela carrega o açúcar para dentro e o libera no citosol, onde a concentração de glicose é baixa (**Figura 12-9**). Reciprocamente, quando os níveis sanguíneos de glicose estão baixos, como quando você está com fome, o hormônio glucagon estimula as células do fígado a produzir grandes quantidades de glicose pela degradação de glicogênio. Em consequência, a concentração de glicose é mais alta dentro das células do fígado do que fora. Essa glicose se liga aos sítios de ligação do transportador dispostos internamente. Quando a proteína alterna a conformação na direção oposta, a glicose é transportada para fora das células, onde se torna disponível para outros a importarem. O fluxo líquido de glicose pode, assim, seguir qualquer caminho, de acordo com a direção do gradiente de concentração de glicose através da membrana plasmática: para dentro, se a glicose está mais concentrada fora da célula do que dentro, e para fora, se o oposto for verdadeiro.

Embora os transportadores passivos desse tipo não desempenhem papel algum na determinação da direção do transporte, eles são altamente seletivos. Por exemplo, os sítios de ligação do transportador de glicose ligam-se somente à D-glicose, e não à sua imagem especular, a L-glicose, que a célula não pode utilizar para a glicólise.

As bombas transportam ativamente um soluto contra o seu gradiente eletroquímico

As células não podem depender somente do transporte passivo. Um transporte ativo de solutos contra seu gradiente eletroquímico é essencial para manter a composição iônica intracelular apropriada das células e para importar solutos que estão em uma concentração mais baixa do lado de fora da célula do que do lado de dentro. Para tais propósitos, as células dependem de **bombas** transmembrânicas, que podem realizar o transporte ativo de três formas principais (**Figura 12-10**): (i) *Bombas dependentes de ATP* hidrolisam o ATP para conduzir o transporte contra a corrente. (ii) *Bombas acopladas* ligam o transporte contra a corrente de um soluto

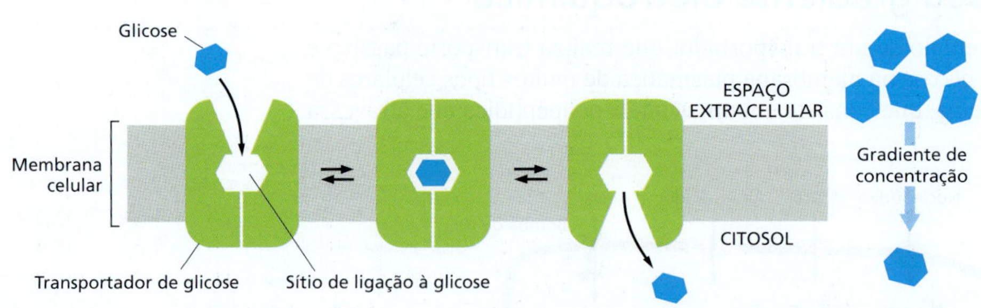

Figura 12-9 Mudanças conformacionais em um transportador medeiam o transporte passivo de solutos, como a glicose. O transportador está mostrado em três estados conformacionais: no estado aberto para fora (*esquerda*), os sítios de ligação para o soluto estão expostos no lado de fora; no estado aberto para dentro (*direita*), os sítios estão expostos no lado de dentro da bicamada, e no estado fechado (*centro*), os sítios não estão acessíveis por nenhum lado. A transição entre os estados ocorre de maneira aleatória, é completamente reversível e – o mais importante para a função do transportador mostrado – não depende de o sítio de ligação ao soluto estar ocupado. Desse modo, se a concentração do soluto está maior do lado de fora da bicamada, mais soluto irá se ligar ao transportador na conformação aberta para fora do que na conformação aberta para dentro, e haverá um transporte líquido de glicose a favor do seu gradiente de concentração.

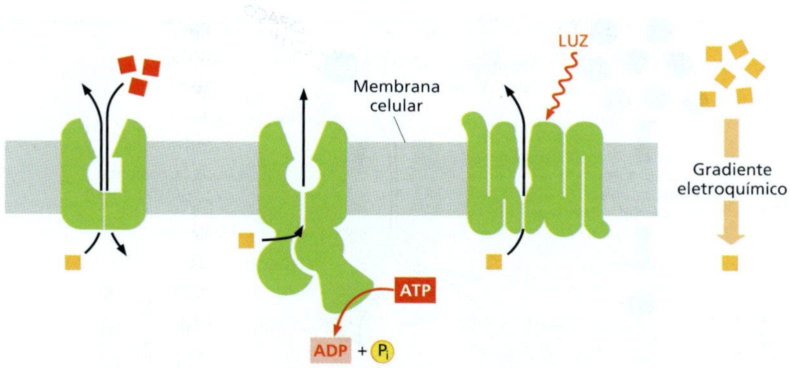

Figura 12-10 As bombas realizam o transporte ativo por meio de três modos principais. A molécula genérica transportada ativamente é mostrada em *amarelo*, e a fonte de energia é mostrada em *vermelho*.

através da membrana ao transporte a favor da corrente de outro soluto. (iii) *Bombas dependentes de luz*, que são encontradas principalmente em células bacterianas, usam energia derivada da luz solar para conduzir o transporte contra a corrente, como discutido no Capítulo 11 para a bacteriorrodopsina (ver Figura 11-27).

As diferentes formas do transporte ativo em geral estão ligadas. Assim, na membrana plasmática de uma célula animal, uma bomba de Na^+ movida por ATP transporta o Na^+ para fora da célula contra seu gradiente eletroquímico; esse Na^+ pode, então, fluir de volta para dentro da célula, de acordo com seu gradiente eletroquímico. À medida que o íon flui de volta para dentro por meio de várias bombas acopladas ao Na^+, o influxo de Na^+ fornece a energia para o transporte ativo de muitas outras substâncias para dentro das células contra os seus gradientes eletroquímicos. Se a bomba de Na^+ parasse de operar, o gradiente de Na^+ decairia rapidamente, e o transporte por meio de bombas acopladas ao Na^+ seria interrompido. Por essa razão, a bomba de Na^+ dependente de ATP tem um papel central no transporte ativo de pequenas moléculas através da membrana plasmática das células animais. As células vegetais, de fungos e de diversas bactérias utilizam bombas de H^+ dependentes de ATP de maneira análoga: ao bombear H^+ para fora da célula, essas proteínas criam um gradiente eletroquímico de H^+ através da membrana plasmática que é subsequentemente utilizado para o transporte de solutos, como discutimos adiante.

A bomba de Na^+ nas células animais utiliza energia fornecida por ATP para expelir Na^+ e trazer K^+

A **bomba de Na^+** dependente de ATP desempenha um papel tão central na economia de energia pelas células animais que ela costuma ser responsável por 30% ou mais do seu consumo total de ATP. Essa bomba utiliza a energia derivada da hidrólise do ATP para transportar Na^+ para fora da célula ao mesmo tempo em que carrega K^+ para dentro. A bomba é, portanto, também conhecida como *bomba Na^+/K^+ ATPase* ou *bomba Na^+/K^+*.

A energia da hidrólise do ATP induz uma série de mudanças conformacionais da proteína que direcionam a troca de íons Na^+/K^+. Como parte do processo, o grupo fosfato removido do ATP é transferido para a própria bomba (**Figura 12-11**).

O transporte dos íons (Na^+ para fora, K^+ para dentro) envolve um ciclo de reação, no qual cada etapa depende da anterior. Se qualquer uma das etapas individuais for impedida de ocorrer, o ciclo inteiro cessa. A toxina ouabaína, por exemplo, inibe a bomba impedindo a ligação do K^+ extracelular, detendo o ciclo. O processo é muito eficiente: o ciclo total leva apenas 10 milissegundos. Além disso, o firme acoplamento entre as etapas no ciclo de bombeamento permite que a bomba opere somente quando os íons apropriados estão disponíveis para serem transportados, evitando, desse modo, a hidrólise de ATP sem necessidade.

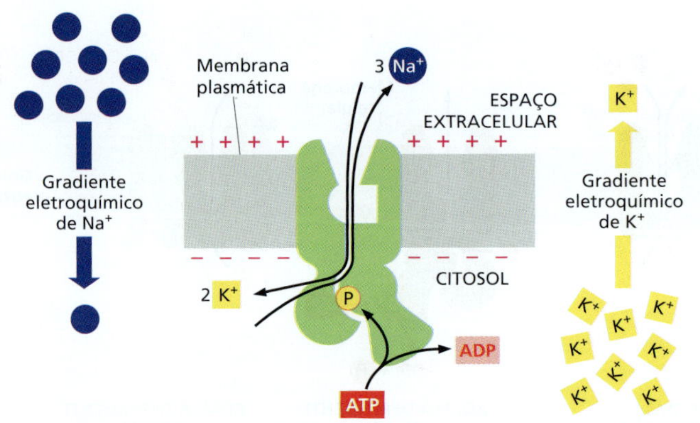

Figura 12-11 A bomba de Na^+ utiliza a energia da hidrólise do ATP para bombear Na^+ para fora das células animais e K^+ para dentro. Dessa forma, a bomba ajuda a manter as concentrações citosólicas de Na^+ baixas e de K^+ altas (**Animação 12.2**).

A bomba de Na^+ gera um gradiente de concentração acentuado de Na^+ através da membrana plasmática

A bomba de Na^+ funciona como uma bomba de porão em um barco com vazamento, expelindo incessantemente o Na^+ que está constantemente entrando na célula por outros transportadores e canais iônicos na membrana plasmática. Dessa maneira, a bomba mantém a concentração de Na^+ no citosol cerca de 10 a 30 vezes mais baixa do que no líquido extracelular e a concentração de K^+ cerca de 10 a 30 vezes mais alta (ver Tabela 12-1, p. 385).

O acentuado gradiente de concentração de Na^+ através da membrana plasmática age em conjunto com o potencial de membrana para criar um grande gradiente eletroquímico de Na^+, que tende a atrair o Na^+ de volta para a célula (ver Figura 12-5A). Essa alta concentração de Na^+ presente no exterior da célula, no lado desfavorável de seu gradiente eletroquímico, assemelha-se a um grande volume de água atrás de uma represa alta: ele representa um estoque muito grande de energia (**Figura 12-12**). Mesmo que a operação da bomba de Na^+ seja parada artificialmente com a ouabaína, essa energia armazenada é suficiente para manter por muitos minutos as várias bombas da membrana plasmática que são direcionadas pelo fluxo de Na^+ a favor da corrente, como discutimos brevemente.

Figura 12-12 A alta concentração de Na^+ no exterior da célula é como a água atrás de uma represa alta. A água na represa possui energia potencial, a qual pode ser usada para impulsionar processos que requerem energia. Da mesma forma, um gradiente iônico através de uma membrana pode ser usado para impulsionar processos ativos em uma célula, incluindo o transporte ativo de outras moléculas através da membrana plasmática. Aqui está mostrada a Represa Table Rock em Branson, Missouri, EUA. (Cortesia de K. Trimble.)

As bombas de Ca^{2+} mantêm a concentração citosólica de Ca^{2+} baixa

O Ca^{2+}, assim como o Na^+, também é mantido a uma baixa concentração no citosol, comparado com sua concentração no líquido extracelular, mas é bem menos abundante do que o Na^+, tanto no interior como no exterior das células (ver Tabela 12-1). O movimento do Ca^{2+} através das membranas celulares não deixa de ser crucial, pois o Ca^{2+} pode ligar-se firmemente a uma variedade de proteínas na célula, alterando suas atividades. Um influxo de Ca^{2+} para dentro do citosol pelos canais de Ca^{2+}, por exemplo, é utilizado por diferentes células como um sinal intracelular para desencadear vários processos celulares, como a contração muscular (discutida no Capítulo 17), a fertilização (discutida nos Capítulos 16 e 19) e a comunicação das células nervosas, discutida adiante.

Quanto menor a concentração basal de Ca^{2+} livre no citosol, mais sensível é a célula a um aumento no Ca^{2+} citosólico. Desse modo, as células eucarióticas, em geral, mantêm uma concentração muito baixa de Ca^{2+} livre em seu citosol (cerca de 10^{-4} mM), face a uma concentração extracelular de Ca^{2+} muito mais alta (em geral 1 a 2 mM). Essa enorme diferença de concentração é obtida principalmente por meio de **bombas de Ca^{2+}** dependentes de ATP tanto na membrana plasmática como na membrana do retículo endoplasmático, que ativamente bombeiam Ca^{2+} para fora do citosol.

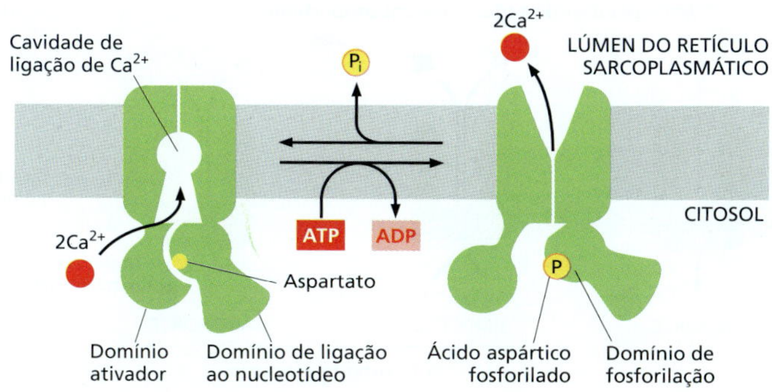

Figura 12-13 A bomba de Ca^{2+} no retículo sarcoplasmático foi a primeira bomba iônica dependente de ATP a ter sua estrutura tridimensional determinada por cristalografia de raios X. Quando uma célula muscular é estimulada, o Ca^{2+} oriundo do retículo sarcoplasmático – uma forma especializada de retículo endoplasmático – inunda o citosol. O influxo de Ca^{2+} estimula a célula a se contrair; para se recuperar da contração, o Ca^{2+} deve ser bombeado de volta para o retículo sarcoplasmático por essa bomba de Ca^{2+}.

A bomba de Ca^{2+} utiliza ATP para se autofosforilar, induzindo uma série de mudanças conformacionais que – quando a bomba está aberta para o lúmen do retículo sarcoplasmático – eliminam os sítios de ligação ao Ca^{2+}, ejetando os dois íons Ca^{2+} dentro da organela.

As bombas de Ca^{2+} são ATPases que atuam quase da mesma forma que as bombas de Na^+ retratadas na Figura 12-11. A principal diferença é que as bombas de Ca^{2+} retornam para a sua conformação original sem a necessidade de ligação e transporte de um segundo íon (**Figura 12-13**). As bombas de Na^+ e de Ca^{2+} movidas por ATP possuem sequências de aminoácidos e estruturas semelhantes, indicando que compartilham uma origem evolutiva comum.

As bombas acopladas aproveitam os gradientes dos solutos para mediar o transporte ativo

Um gradiente de qualquer soluto através de uma membrana, como o gradiente eletroquímico de Na^+ gerado pela bomba de Na^+, pode ser usado para mover o transporte ativo de uma segunda molécula. O movimento do primeiro soluto a favor do seu gradiente fornece energia para impulsionar o transporte do segundo soluto contra a corrente. Os transportadores ativos que trabalham dessa maneira são chamados de **bombas acopladas** (ver Figura 12-10). Elas podem acoplar o movimento de um íon inorgânico ao movimento de outro, o movimento de um íon inorgânico ao de uma molécula orgânica pequena ou o movimento de uma molécula orgânica pequena ao movimento de outra. Se a bomba desloca os dois solutos na mesma direção através da membrana, ela é denominada *simporte*. Se ela os desloca em direções opostas, é denominada *antiporte*. Um transportador que transporta somente um tipo de soluto através da membrana (e, portanto, não é um transportador acoplado) é denominado *uniporte* (**Figura 12-14**). O transportador passivo de glicose descrito antes (ver Figura 12-9) é um exemplo de uniporte.

O gradiente eletroquímico de Na^+ controla bombas acopladas na membrana plasmática de células animais

Os **simportes** que se valem do influxo de Na^+ de acordo com seu acentuado gradiente eletroquímico possuem papel especialmente importante em promover o aporte de outros solutos para dentro das células animais. As células epiteliais que revestem o intestino, por exemplo, bombeiam glicose do lúmen intestinal através do epitélio intestinal e, por fim, para dentro do sangue. Se essas células tivessem somente o transportador passivo de glicose uniporte, como foi mencionado, elas liberariam glicose no intestino após jejum tão livremente quanto a captam do intestino depois de um banquete (ver Figura 12-9). Mas tais células epiteliais também possuem um transportador *simporte Na^+/glicose* que elas podem utilizar para captar glicose do lúmen intestinal, mesmo quando a concentração de glicose estiver maior no citosol das células do que no lúmen do intestino. Dado que o gradiente eletroquímico do Na^+ é acentuado, quando o Na^+ se move para dentro da célula a favor do seu gradiente, a glicose é, de certa forma, "arrastada" com ele para dentro da célula. Como a ligação do Na^+ e da glicose é cooperativa – a ligação de um aumenta a ligação do outro –, se um dos dois solutos estiver ausente,

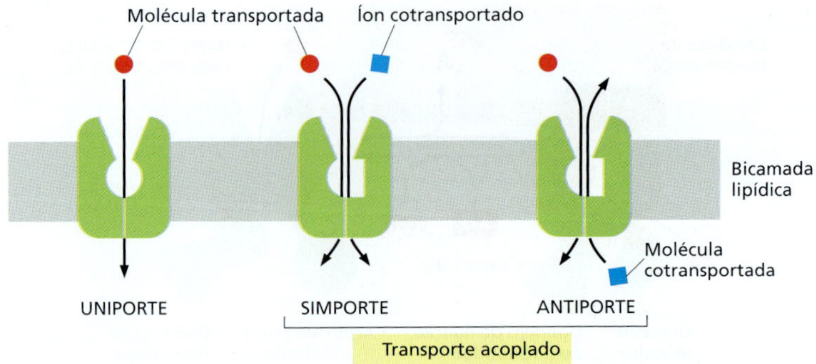

Figura 12-14 Os transportadores podem funcionar como uniportes, simportes ou antiportes. Os transportadores que movem um único soluto através da membrana são denominados uniportes. Os transportadores que movem múltiplos solutos são chamados de transportadores acoplados. No transporte acoplado, os solutos podem ser transferidos tanto na mesma direção, por simportes, como na direção oposta, por antiportes (**Animação 12.3**). Os uniportes, simportes e antiportes podem ser utilizados tanto para o transporte passivo quanto para o transporte ativo. Alguns transportadores acoplados, por exemplo, agem como bombas, acoplando o transporte desfavorável de um soluto ao transporte favorável de outro.

o outro falha em se ligar; portanto, ambas as moléculas devem estar presentes para que o transporte acoplado ocorra (**Figura 12-15**).

Contudo, se as células epiteliais intestinais possuíssem apenas esse simporte, elas nunca poderiam liberar glicose para o uso das outras células do corpo. Assim, essas células possuem dois tipos de transportadores de glicose localizados em extremidades opostas da célula. No domínio apical da membrana plasmática, que está voltado para o lúmen intestinal, elas possuem os simportes Na^+/glicose. Estes últimos captam glicose ativamente, criando uma concentração alta de glicose no citosol. Nos domínios basal e lateral da membrana plasmática, as células possuem os uniportes passivos de glicose, que liberam a glicose a favor de seu gradiente de concentração para o uso por outros tecidos (**Figura 12-16**). Como mostrado na figura, os dois tipos de transportadores de glicose são mantidos separados nos seus domínios apropriados da membrana plasmática por uma barreira de difusão formada por uma junção compacta próximo ao ápice da célula. Isso impede a mistura dos componentes da membrana entre os dois domínios, como discutido no Capítulo 11 (ver Figura 11-32).

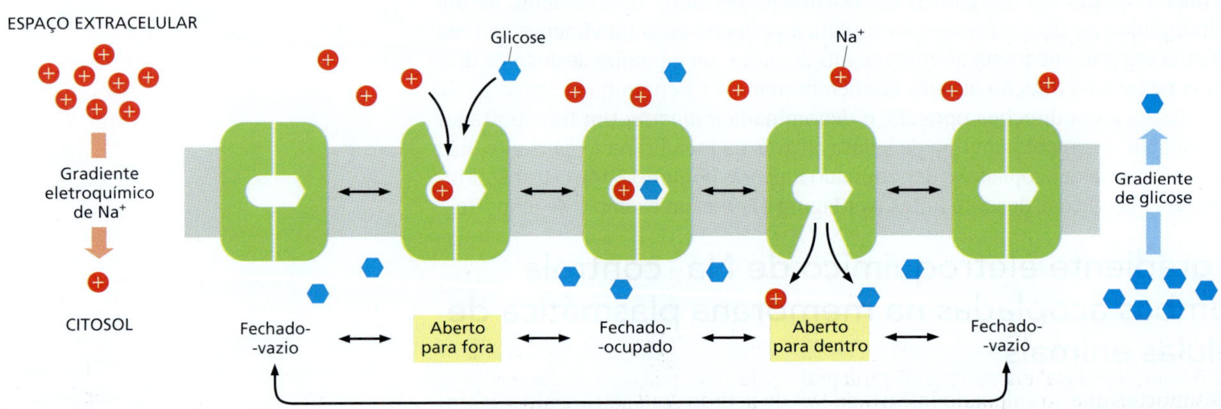

Figura 12-15 A proteína simporte Na^+/glicose utiliza o gradiente eletroquímico do Na^+ para dirigir a importação ativa de glicose. A bomba oscila aleatoriamente entre estados alternados. Em um estado ("aberto para fora"), a proteína está aberta para o espaço extracelular; em outro estado ("aberto para dentro"), está aberta para o citosol. Embora o Na^+ e a glicose possam cada um se ligar à bomba em qualquer desses estados "abertos", a bomba pode fazer a transição entre os estados apenas por meio de um estado "fechado". Para o seu simporte, o estado fechado só pode ser alcançado quando tanto o Na^+ como a glicose estiverem ligados ("fechado-ocupado") ou quando nenhum estiver ligado ("fechado-vazio"). Uma vez que a concentração do Na^+ é alta no espaço extracelular, o sítio de ligação ao Na^+ é prontamente ocupado no estado aberto para fora, e o transportador terá de esperar que uma rara molécula de glicose se ligue. Quando isso acontece, a bomba alterna para o estado fechado-ocupado, prendendo ambos os solutos.

Como as transições conformacionais são reversíveis, uma de duas coisas pode acontecer: o transportador pode alternar de volta para o estado aberto para fora. Neste caso, os solutos se dissociariam e nada seria ganho. De maneira alternativa, poderia alternar para o estado aberto para dentro, expondo os sítios de ligação aos solutos para o citosol, onde a concentração de Na^+ é muito baixa. Dessa forma, o sódio prontamente se dissocia e é, então, bombeado de volta para fora da célula pela bomba de Na^+ (mostrada na Figura 12-11) para manter o acentuado gradiente de Na^+. O transportador está agora preso com um sítio de ligação parcialmente ocupado até que a molécula de glicose também se dissocie. Neste ponto, sem ligação ao soluto, ele pode fazer a transição para o estado "fechado-vazio" e daí de volta ao estado aberto para fora para repetir o ciclo de transporte.

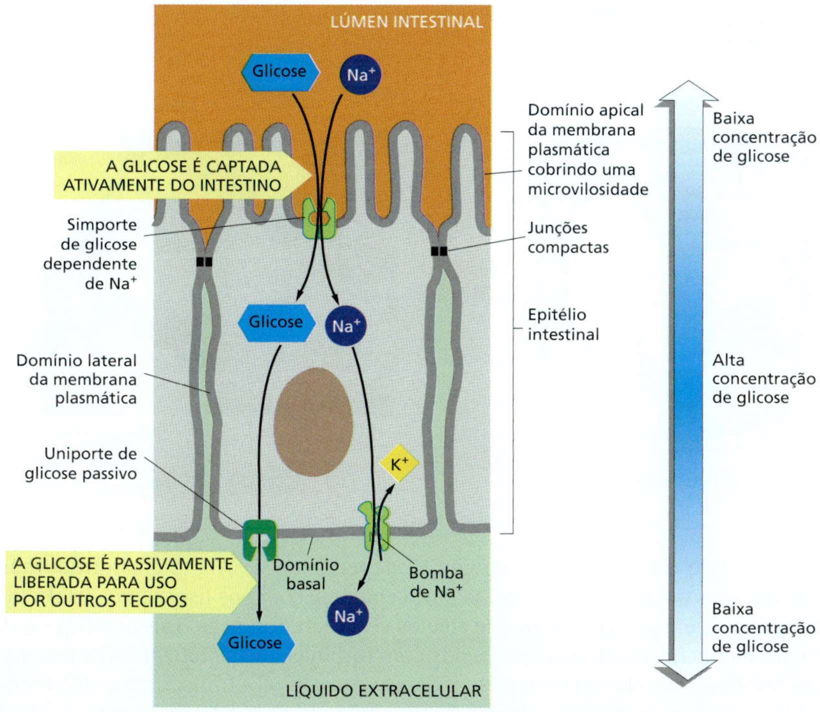

Figura 12-16 Dois tipos de transportadores de glicose possibilitam que as células epiteliais intestinais transfiram glicose através do revestimento epitelial do intestino. Além disso, para manter a concentração de Na^+ no citosol baixa – e o gradiente eletroquímico do Na^+ acentuado – o Na^+ que entra na célula via simporte de glicose movido a Na^+ é bombeado para fora por bombas de Na^+ nas membranas plasmáticas basal e lateral, como indicado. A dieta proporciona bastante Na^+ no lúmen intestinal para mover o simporte de glicose acoplado ao Na^+. O processo é mostrado na **Animação 12.4**.

As células do revestimento do intestino e de vários outros órgãos, incluindo o rim, contêm uma variedade de simportes ativos na sua membrana plasmática que são semelhantemente movidos pelo gradiente eletroquímico de Na^+; cada uma dessas bombas acopladas importa especificamente um pequeno grupo de açúcares relacionados ou aminoácidos para dentro da célula. Entretanto, as bombas dependentes de Na^+ que operam como antiportes também são importantes para as células. Por exemplo, o *trocador* Na^+/H^+ na membrana plasmática de muitas células animais utiliza o influxo favorável de Na^+ para bombear H^+ para fora da célula; este é um dos principais dispositivos que as células animais usam para controlar o pH de seu citosol – evitando que o interior celular se torne ácido demais.

Gradientes eletroquímicos de H^+ controlam as bombas acopladas em vegetais, fungos e bactérias

As células vegetais, as bactérias e os fungos (incluindo as leveduras) não possuem bombas de Na^+ em sua membrana plasmática. Em vez de um gradiente eletroquímico de Na^+, elas dependem principalmente de um gradiente eletroquímico de H^+ para importar os solutos para dentro da célula. O gradiente é criado pelas **bombas de H^+** na membrana plasmática que bombeiam o H^+ para fora da célula, assim formando um gradiente protônico eletroquímico através dessa membrana e criando um pH ácido no meio ao redor da célula. A importação de muitos açúcares e aminoácidos para dentro das células bacterianas é mediado, então, por simportes com H^+, que usam o gradiente eletroquímico de H^+ quase da mesma forma como as células animais utilizam o gradiente eletroquímico do Na^+ para importar esses nutrientes.

Em algumas bactérias fotossintetizantes, o gradiente de H^+ é criado pela atividade de bombas de H^+ dependentes de luz, como a bacteriorrodopsina (ver Figura 11-27). Em outras bactérias, fungos e vegetais, o gradiente de H^+ é gerado por bombas de H^+ na membrana plasmática, que utilizam a energia da hidrólise do ATP para bombear H^+ para fora da célula; essas bombas de H^+ assemelham-se às bombas de Na^+ e bombas de Ca^{2+} nas células animais discutidas antes.

QUESTÃO 12-2

Um aumento na concentração intracelular de Ca^{2+} causa a contração das células musculares. Além da bomba de Ca^{2+} dependente de ATP, as células musculares que contraem rápida e regularmente, como as do coração, possuem um tipo adicional de bomba de Ca^{2+} – um antiporte que troca Ca^{2+} por Na^+ extracelular através da membrana plasmática. A maioria dos íons Ca^{2+} que entra na célula durante a contração é rapidamente bombeada de volta para fora da célula por esse antiporte, permitindo, assim, que a célula relaxe. A ouabaína e os digitálicos são utilizados para tratar pacientes com doença cardíaca, pois eles fazem as células musculares contraírem-se mais fortemente. Ambos funcionam inibindo parcialmente a bomba de Na^+ na membrana plasmática dessas células. Você pode propor uma explicação para os efeitos de tais fármacos nos pacientes? O que acontecerá se uma quantidade excessiva de um desses fármacos for administrada?

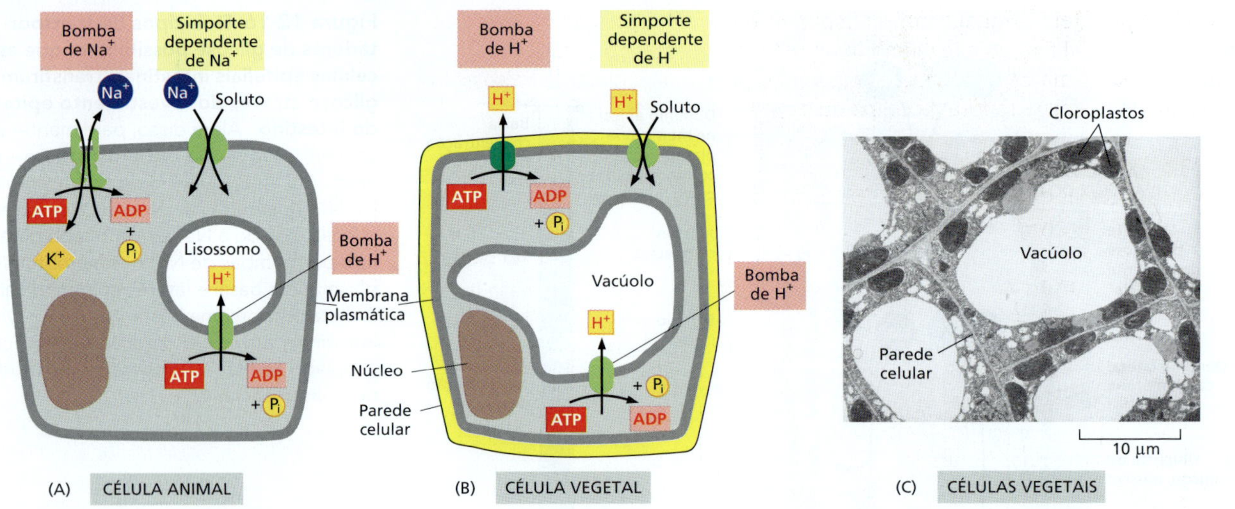

Figura 12-17 As células animais e vegetais utilizam uma variedade de bombas transmembrânicas para mover o transporte ativo de solutos. (A) Nas células animais, um gradiente eletroquímico de Na^+ através da membrana plasmática gerado pela bomba de Na^+ é utilizado por transportadores simportes para importar vários solutos. (B) Nas células vegetais, um gradiente eletroquímico de H^+, criado por uma bomba de H^+, costuma ser utilizado para esse propósito; uma estratégia semelhante é usada pelas bactérias e fungos (não mostrado). Os lisossomos das células animais e os vacúolos das células vegetais e fúngicas contêm uma bomba de H^+ semelhante em sua membrana, que bombeia H^+ para dentro, ajudando a manter ácido o ambiente interno dessas organelas. (C) Micrografia eletrônica mostrando o vacúolo em células vegetais de uma folha jovem de tabaco. (C, cortesia de J. Burgess.)

Um tipo diferente de bomba de H^+ dependente de ATP é encontrado nas membranas de algumas organelas intracelulares, como os lisossomos das células animais e o vacúolo central de células vegetais e fúngicas. Tais bombas – que se assemelham às enzimas parecidas com turbinas que sintetizam ATP nas mitocôndrias e nos cloroplastos (discutido no Capítulo 14) – transportam ativamente H^+ para fora do citosol e dentro da organela, desse modo ajudando a manter neutro o pH do citosol e ácido o pH do interior da organela. O ambiente ácido é crucial ao funcionamento de muitas organelas, como discutimos no Capítulo 15.

Algumas bombas transmembrânicas consideradas neste capítulo estão mostradas na **Figura 12-17** e listadas na **Tabela 12-2**.

OS CANAIS IÔNICOS E O POTENCIAL DE MEMBRANA

Em princípio, o modo mais simples de permitir que uma pequena molécula hidrossolúvel atravesse de um lado ao outro de uma membrana é criar um canal

TABELA 12-2 Alguns exemplos de bombas transmembrânicas

Transportador	Localização	Fonte de energia	Função
Bomba de glicose controlada por Na^+ (simporte Na^+/glicose)	Membrana plasmática apical de células do rim e intestino	Gradiente de Na^+	Importação ativa de glicose
Trocador Na^+/H^+	Membrana plasmática de células animais	Gradiente de Na^+	Exportação ativa de íons H^+, regulação do pH
Bomba de Na^+ (Na^+/K^+ ATPase)	Membrana plasmática da maioria das células animais	Hidrólise de ATP	Exportação ativa de Na^+ e importação de K^+
Bomba de Ca^{2+} (Ca^{2+} ATPase)	Membrana plasmática de células eucarióticas	Hidrólise de ATP	Exportação ativa de Ca^{2+}
Bomba de Ca^{2+} (Ca^{2+} ATPase)	Membrana do retículo sarcoplasmático de células musculares e retículo endoplasmático da maioria das células animais	Hidrólise de ATP	Importação ativa de Ca^{2+} para dentro do retículo sarcoplasmático
Bomba de H^+ (H^+ ATPase)	Membrana plasmática de células de plantas, fungos e algumas bactérias	Hidrólise de ATP	Exportação ativa de H^+
Bomba de H^+ (H^+ ATPase)	Membranas de lisossomos em células animais e de vacúolos em células de plantas e fungos	Hidrólise de ATP	Exportação ativa de H^+ do citosol para dentro do vacúolo
Bacteriorrodopsina	Membrana plasmática de algumas bactérias	Luz	Exportação ativa de H^+

hidrofílico por meio do qual a molécula possa passar. As proteínas canal, ou **canais**, realizam tal função nas membranas celulares, formando poros transmembrânicos que permitem o movimento passivo de pequenas moléculas hidrossolúveis para dentro ou para fora da célula ou da organela.

Alguns canais formam poros aquosos relativamente grandes: exemplos são as proteínas que formam as *junções tipo fenda* entre duas células adjacentes (ver Figura 20-29) e as *porinas* que formam poros na membrana externa das mitocôndrias e de algumas bactérias (ver Figura 11-24). Entretanto, tais canais grandes e permissivos levariam a vazamentos desastrosos se conectassem diretamente o citosol de uma célula ao espaço extracelular. Assim, a maioria dos canais na membrana plasmática forma poros estreitos e altamente seletivos. As *aquaporinas* discutidas antes, por exemplo, facilitam o fluxo de água através da membrana plasmática de algumas células procarióticas e eucarióticas. Esses poros são estruturados de tal modo que permitem a difusão passiva de moléculas de água não carregadas, enquanto impedem o movimento de íons, incluindo até mesmo o menor íon, o H^+.

A maior parte dos canais da célula facilita a passagem de íons inorgânicos selecionados. São esses *canais iônicos* que discutimos na presente seção.

Os canais iônicos são seletivos para íons e controlados

Duas propriedades importantes distinguem os **canais iônicos** de simples orifícios na membrana. Primeiro, eles exibem *seletividade iônica*, permitindo que alguns íons inorgânicos passem, mas outros, não. A seletividade iônica depende do diâmetro e da forma do canal iônico e da distribuição dos aminoácidos carregados que o revestem. Cada íon em uma solução aquosa está cercado por uma pequena camada de moléculas de água, cuja maioria deve ser retirada para os íons passarem, em fila única, pelo filtro seletivo na parte mais estreita do canal (**Figura 12-18**). Um canal iônico é suficientemente estreito em certos lugares para forçar o contato dos íons com a parede do canal, de modo que somente aqueles íons de tamanho e carga apropriados sejam capazes de passar (**Animação 12.5**).

A segunda distinção importante entre simples orifícios e os canais iônicos é que os canais iônicos não estão continuamente abertos. O transporte iônico não teria valor para a célula se os muitos milhares de canais estivessem abertos o tempo todo e se não houvesse meio de controlar o fluxo de íons através deles. Em vez disso, os canais iônicos se abrem brevemente e então se fecham de novo (**Figura 12-19**). Como discutimos adiante, a maioria dos canais iônicos é *controlada*: um estímulo específico os aciona para que alternem entre um estado fechado e um estado aberto por uma mudança em sua conformação.

QUESTÃO 12-3

Uma proteína transmembrânica apresenta as seguintes propriedades: ela possui dois sítios de ligação, um para o soluto A e um para o soluto B. A proteína pode sofrer uma mudança conformacional para alternar entre dois estados: ou ambos os sítios de ligação estão expostos exclusivamente em um lado da membrana, ou ambos os sítios de ligação estão expostos exclusivamente no outro lado da membrana. A proteína pode alternar entre os dois estados conformacionais apenas se ambos os sítios de ligação estiverem ocupados ou se ambos os sítios de ligação estiverem vazios, mas não pode alternar se somente um sítio de ligação estiver ocupado.

A. Que tipo de proteína essas propriedades definem?
B. Você precisa especificar quaisquer propriedades adicionais para transformar essa proteína em um simporte que acopla o movimento do soluto A contra seu gradiente de concentração ao movimento do soluto B a favor de seu gradiente eletroquímico?
C. Escreva um conjunto de regras que defina um antiporte.

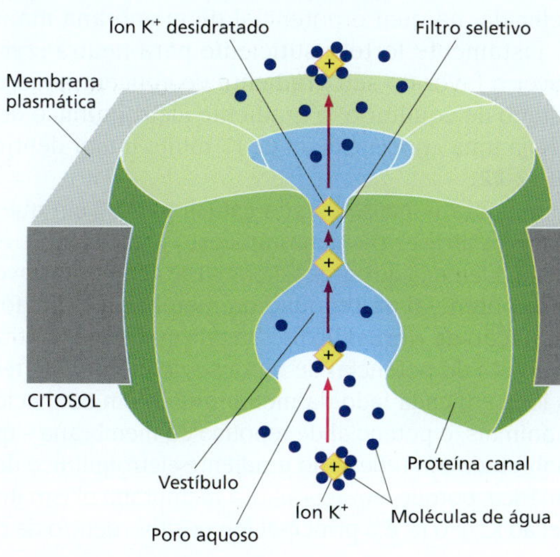

Figura 12-18 Um canal iônico possui um filtro de seletividade que controla quais íons inorgânicos ele permitirá que atravessem a membrana. É mostrada aqui uma porção de um canal de K^+ bacteriano. Uma das quatro subunidades proteicas foi omitida do desenho para expor a estrutura interior do poro (*azul*). Do lado citosólico, o poro se abre em um vestíbulo que se situa no meio da membrana. Os íons K^+ no vestíbulo ainda estão parcialmente cobertos com suas moléculas de água associadas. O estreito filtro seletivo, que conecta o vestíbulo com o lado de fora da célula, é revestido de grupos polares (não mostrado) que formam sítios de ligação transitórios para os íons K^+, uma vez que os íons tenham descartado seu revestimento de água. Para observar essa seletividade em ação, ver **Animação 12.5**. (Adaptada de D.A. Doyle et al., *Science* 280:69–77, 1998. Com permissão de AAAS.)

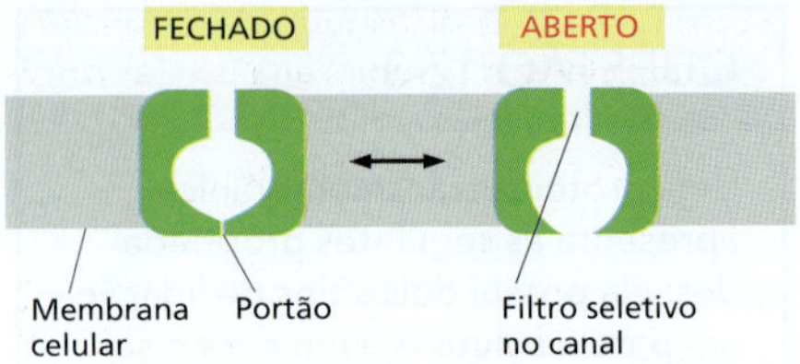

Figura 12-19 Um canal iônico típico oscila entre uma conformação fechada e uma aberta. O canal mostrado aqui em secção transversal forma um poro hidrofílico através da bicamada lipídica apenas na conformação "aberta". Como ilustrado na Figura 12-18, o poro se estreita em dimensões atômicas no filtro seletivo, onde a seletividade iônica do canal é em grande parte determinada.

Diferente de um transportador, um canal iônico aberto não precisa sofrer mudanças conformacionais com cada íon que ele passa, e dessa maneira ele tem uma grande vantagem sobre um transportador em relação à sua velocidade máxima de transporte. Mais de um milhão de íons podem passar por um canal aberto a cada segundo, o que é 1.000 vezes maior do que a velocidade de transferência mais rápida conhecida para qualquer transportador. Por outro lado, os canais não podem acoplar o fluxo iônico a uma fonte de energia para desempenhar o transporte ativo: a maioria simplesmente torna a membrana transitoriamente permeável a íons inorgânicos selecionados, sobretudo Na^+, K^+, Ca^{2+} ou Cl^-.

Graças ao transporte ativo pelas bombas, as concentrações da maioria dos íons estão longe do equilíbrio através de uma membrana celular. Quando um canal iônico se abre, portanto, os íons em geral fluem por meio dele, movendo-se rapidamente a favor dos seus gradientes eletroquímicos. Essa rápida mudança de íons modifica o potencial de membrana, como discutimos a seguir.

O potencial de membrana é determinado pela permeabilidade da membrana a íons específicos

As alterações no potencial de membrana são a base da sinalização elétrica em muitos tipos de células, sejam elas células nervosas ou musculares nos animais, ou células sensíveis ao toque de uma planta carnívora (**Figura 12-20**). Tais mudanças elétricas são mediadas por alterações na permeabilidade das membranas aos íons. Em uma célula animal que está no estado não estimulado, ou em "repouso", as cargas negativas nas moléculas orgânicas dentro da célula estão, em grande parte, balanceadas pelo K^+, o íon intracelular predominante (ver Tabela 12-1). O K^+ é ativamente importado para dentro da célula pela bomba de Na^+ que gera um gradiente de K^+ através da membrana plasmática. Contudo, a membrana plasmática também contém um conjunto de canais de K^+ conhecidos como **canais de vazamento (ou de escape) de K^+**. Esses canais oscilam de forma aleatória entre os estados aberto e fechado, independentemente das condições presentes no interior ou no exterior celular; quando estão abertos, permitem que o K^+ se mova livremente. Em uma célula em repouso, esses são os principais canais iônicos abertos na membrana plasmática, conferindo à membrana bem mais permeabilidade ao K^+ do que a outros íons.

Quando os canais estão abertos, o K^+ tem a tendência de fluir para fora da célula a favor do seu acentuado gradiente de concentração. Essa transferência de K^+ através da membrana plasmática deixa para trás, no outro lado, cargas negativas não balanceadas, criando uma diferença de voltagem, ou potencial de membrana (**Figura 12-21**). Como tal desequilíbrio de cargas fará oposição a qualquer movimento adicional do K^+ para fora da célula, uma condição de equilíbrio é estabelecida, na qual o potencial de membrana mantendo o K^+ dentro da célula é justamente forte o suficiente para neutralizar a tendência do K^+ de se mover a favor do seu gradiente de concentração e para fora da célula. Nesse estado de equilíbrio, o gradiente eletroquímico do K^+ é zero, mesmo que ainda haja uma concentração de K^+ muito maior dentro da célula do que fora (**Figura 12-22**).

O potencial de membrana nesse estado estacionário – em que o fluxo de íons positivos e negativos através da membrana está precisamente equilibrado, de modo que nenhuma diferença de carga adicional se acumula através da membrana – é chamado de **potencial de repouso da membrana**. Uma fórmula simples, denominada **equação de Nernst**, expressa tal equilíbrio quantitativamente e torna possível o cálculo do potencial de repouso da membrana teórico se as concentrações dos íons em cada lado da membrana forem conhecidas (**Figura 12-23**). Nas células animais, o potencial de repouso da membrana – que varia de –20 a –200 mV – é sobretudo um reflexo do gradiente eletroquímico de K^+ através da membrana plasmática, porque, em repouso, a membrana plasmática é principalmente permeável ao K^+, e o K^+ é o principal íon positivo dentro da célula.

Figura 12-20 Uma dioneia (Vênus papa-mosca) usa a sinalização elétrica para capturar sua presa. As folhas se fecham repentinamente em menos de meio segundo quando um inseto se move sobre elas. A resposta é desencadeada pelo toque em dois dos três pelos de disparo em sucessão no centro de cada folha. Esse estímulo mecânico abre os canais iônicos na membrana plasmática e estabelece um sinal elétrico, que, por um mecanismo desconhecido, leva a uma rápida mudança na pressão de turgescência que fecha a folha. (Cortesia de Gabor Izso, Getty Images.)

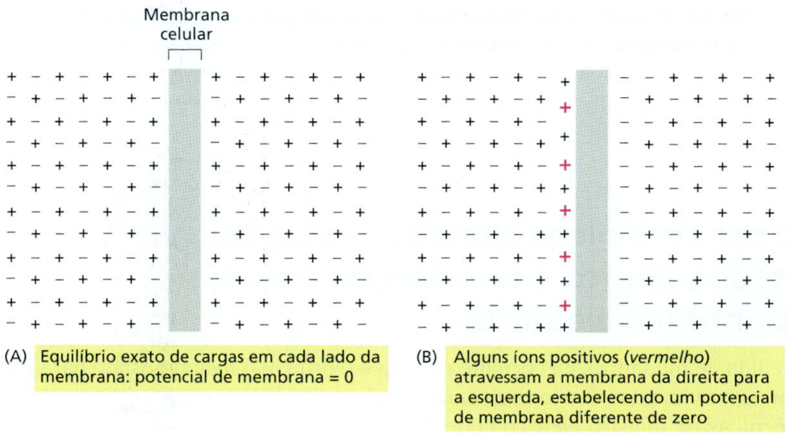

Membrana
celular
(A) Equilíbrio exato de cargas em cada lado da membrana: potencial de membrana = 0
(B) Alguns íons positivos (*vermelho*) atravessam a membrana da direita para a esquerda, estabelecendo um potencial de membrana diferente de zero

Figura 12-21 A distribuição dos íons em qualquer lado da membrana celular origina seu potencial de membrana. O potencial de membrana resulta de uma camada fina (<1 nm) de íons perto da membrana, mantida no lugar por sua atração elétrica a íons de carga oposta no outro lado da membrana. (A) Quando há um balanço exato de cargas em ambos os lados da membrana, não há potencial de membrana. (B) Quando os íons de um tipo cruzam a membrana, eles estabelecem uma diferença de carga entre os dois lados da membrana que cria um potencial de membrana. O número de íons que deve atravessar a membrana para estabelecer um potencial de membrana é uma fração muito pequena do total em cada lado. No caso da membrana plasmática das células animais, por exemplo, 6.000 íons K^+ atravessando 1 μm^2 de membrana são suficientes para alterar o potencial de membrana em cerca de 100 mV; o número de íons K^+ em 1 μm^3 de citosol é 70.000 vezes maior do que isso.

Quando uma célula é estimulada, outros canais iônicos da membrana plasmática se abrem, mudando a permeabilidade da membrana a esses íons. A entrada dos íons na célula, ou sua saída, depende da direção de seus gradientes eletroquímicos. Portanto, o potencial de membrana a qualquer momento depende tanto do estado dos canais iônicos da membrana como das concentrações dos íons em cada lado da membrana plasmática. Grandes mudanças nas concentrações iônicas não podem ocorrer depressa o bastante para promover as rápidas mudanças no potencial de membrana que estão associadas com a sinalização elétrica. Em vez disso, são a rápida abertura e o rápido fechamento dos canais iônicos, que ocorrem em milissegundos, que têm mais importância para esse tipo de sinalização celular.

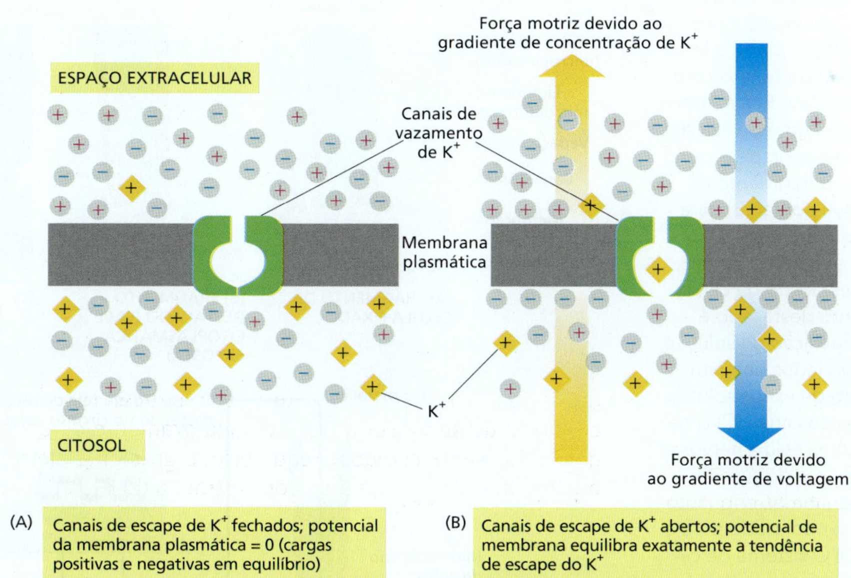

Figura 12-22 O gradiente de concentração de K^+ e os canais de escape de K^+ desempenham papéis fundamentais na geração do potencial de repouso da membrana através da membrana plasmática nas células animais. (A) Uma situação hipotética na qual os canais de escape de K^+ estão fechados e o potencial de membrana é zero. (B) Assim que os canais se abrem, o K^+ tenderá a deixar a célula, movendo-se a favor de seu gradiente de concentração. Assumindo que a membrana não possui outros canais abertos para outros íons, o K^+ atravessará a membrana, mas íons negativos serão incapazes de o seguir. O desequilíbrio de cargas resultante origina o potencial de membrana que tende a mover o K^+ de volta para dentro da célula. Em equilíbrio, o efeito do gradiente de concentração do K^+ é exatamente equilibrado pelo efeito do potencial de membrana, e não há movimento líquido de K^+ através da membrana.

A bomba de Na^+ também contribui para o potencial de repouso – tanto por ajudar a estabelecer o gradiente de K^+ como por bombear 3 íons Na^+ para fora da célula a cada 2 íons K^+ para dentro (ver Figura 12-11), auxiliando, dessa forma, a manter o interior da célula mais negativo do que o exterior (não mostrado aqui).

A força que tende a mover um íon através da membrana é composta por dois componentes: um devido ao potencial de membrana elétrico e o outro devido ao gradiente de concentração do íon. Em equilíbrio, as duas forças estão balanceadas e satisfazem uma relação matemática simples dada pela

equação de Nernst

$$V = 62 \log_{10} (C_o / C_i)$$

onde V é o potencial de membrana em milivolts, e C_o e C_i são as concentrações externa e interna do íon, respectivamente. Esta forma da equação assume que o íon carrega uma única carga positiva e que a temperatura é 37°C.

Figura 12-23 A equação de Nernst pode ser usada para calcular o potencial de repouso de uma membrana. As concentrações relevantes de íons são aquelas em cada lado da membrana. A partir dessa equação, vemos que cada modificação na ordem de dez vezes na razão de concentração dos íons (C_o/C_i) altera o potencial de membrana em 62 milivolts.

Os canais iônicos alternam entre os estados aberto e fechado de modo repentino e aleatório

A medida de mudanças na corrente elétrica é o principal método usado para estudar os movimentos iônicos e os canais iônicos em células vivas. Incrivelmente, as técnicas de registro elétrico podem detectar e medir a corrente elétrica que flui através de uma única molécula do canal. O procedimento desenvolvido para isso é conhecido como técnica de **registro *patch-clamp***, e ela fornece uma imagem direta e surpreendente de como os canais iônicos individuais se comportam.

Na técnica de registro *patch-clamp*, um tubo fino de vidro é utilizado como um *microelétrodo* para isolar e fazer contato elétrico com uma pequena área da membrana na superfície da célula (**Figura 12-24**). A técnica torna possível o registro da atividade dos canais iônicos em todos os tipos celulares – particularmente em células nervosas e musculares grandes, que são famosas por suas atividades elétricas. Pela variação das concentrações dos íons em cada lado da área isolada, pode-se testar quais íons passarão pelos canais no fragmento. Com o circuito eletrônico apropriado, a voltagem através da região da membrana – ou

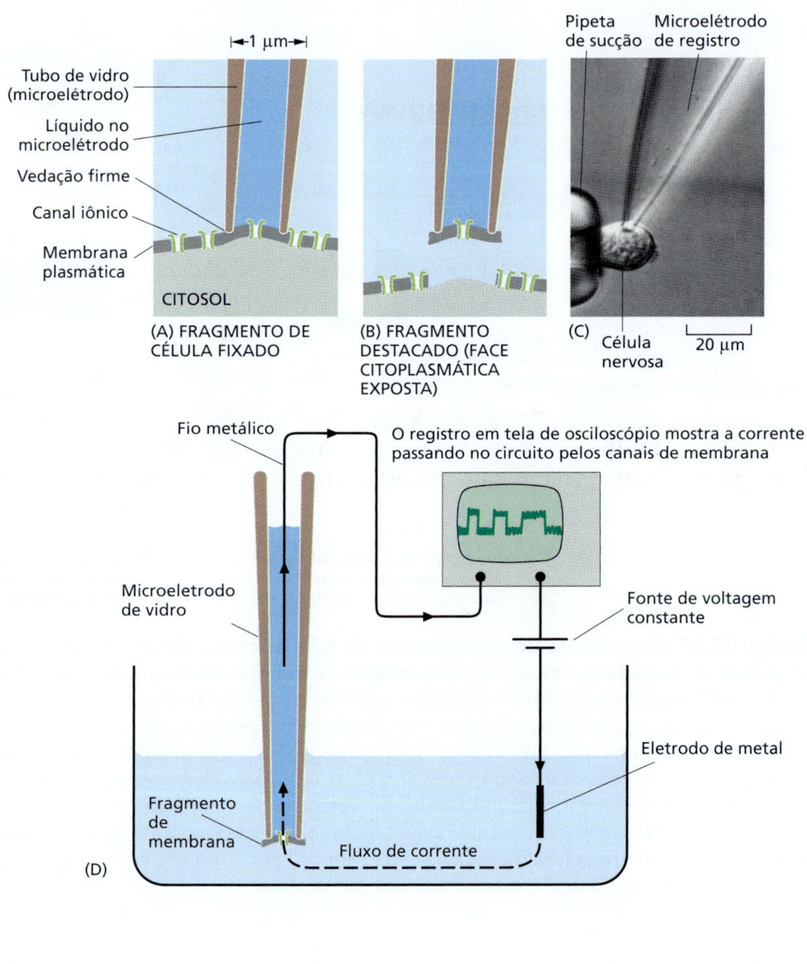

Figura 12-24 A técnica de registro *patch-clamp* é usada para monitorar a atividade dos canais iônicos. Primeiro, um microelétrodo é feito a partir do aquecimento de um tubo de vidro, que é puxado para criar uma ponta extremamente fina com um diâmetro de não mais do que alguns micrômetros; o tubo é, então, preenchido com uma solução condutora aquosa, e a ponta é pressionada contra a superfície celular. (A) Com uma sucção suave, forma-se uma vedação elétrica firme onde a membrana celular faz contato com a boca do microelétrodo. Devido à extrema vedação, a corrente pode entrar ou sair do microelétrodo apenas passando pelo canal iônico (ou pelos canais) no fragmento da membrana cobrindo a sua ponta. (B) Para expor a face citosólica da membrana, o fragmento da membrana mantido no microelétrodo pode ser destacado da célula. A vantagem do fragmento destacado é que é fácil alterar a composição da solução em qualquer um dos dois lados da membrana para testar o efeito de vários solutos sobre o comportamento do canal. (C) Uma micrografia mostrando uma célula nervosa isolada presa em uma pipeta de sucção (cuja ponta aparece à esquerda), enquanto um microelétrodo está sendo usado para o registro *patch-clamp*. (D) O sistema de circuitos para o registro *patch-clamp*. Um fio metálico é inserido na extremidade aberta do microelétrodo. A corrente que entra no microelétrodo pelos canais iônicos no pequeno fragmento de membrana cobrindo a sua ponta passa pelo fio, pelos instrumentos de medição, de volta para o banho de meio circundando a célula ou o fragmento destacado. (C, de T.D. Lamb, H.R. Mathews e V. Torre, *J. Physiol.* 37:315–349, 1986. Com permissão de Blackwell Publishing.)

seja, o potencial de membrana – também pode ser estabelecida e mantida fixa ("*clamp*") em qualquer valor escolhido (por isso o termo *patch-clamp*, algo como fragmento pinçado, em português). A capacidade de expor a membrana a diferentes voltagens torna possível examinar como as mudanças no potencial de membrana afetam a abertura e o fechamento dos canais iônicos na membrana.

Com uma área suficientemente pequena de membrana no fragmento destacado, às vezes apenas um único canal iônico estará presente. Os instrumentos elétricos modernos são sensíveis o suficiente para revelar o fluxo através de um único canal, detectado como uma unidade mínima de corrente elétrica (na ordem de 10^{-12} amperes ou 1 picoampere). Assim, a monitoração de canais iônicos individuais revelou algo surpreendente sobre a forma como eles se comportam: mesmo quando as condições são mantidas constantes, as correntes abruptamente aparecem e desaparecem, como se um interruptor liga/desliga estivesse sendo acionado de maneira aleatória (**Figura 12-25**). Esse comportamento indica que o canal possui partes móveis que vão e vêm entre as conformações aberta e fechada (ver Figura 12-19) à medida que o canal é alterado de uma conformação para a outra pelos movimentos térmicos aleatórios das moléculas no seu ambiente. O registro *patch-clamp* foi a primeira técnica que pôde monitorar tais mudanças conformacionais, e sabe-se agora que o cenário que ela forma – uma peça de maquinaria sacolejante sujeita aos constantes contratempos externos – também se aplica para outras proteínas com partes móveis.

A atividade de cada canal iônico é do tipo "tudo ou nada": quando um canal iônico está aberto, ele está completamente aberto; quando está fechado, ele está completamente fechado. Isso origina uma questão fundamental: se os canais iônicos alternam entre as conformações aberta e fechada de modo repentino e aleatório mesmo quando as condições em cada lado da membrana são mantidas constantes, como seu estado pode ser regulado pelas condições do interior ou do exterior da célula? A resposta é que, quando as condições apropriadas mudam, o comportamento aleatório continua, mas com uma tendência muito modificada: se as condições alteradas tendem a abrir o canal, por exemplo, o canal agora passará uma proporção muito maior de seu tempo na conformação aberta, embora ele não permaneça aberto continuamente (ver Figura 12-25).

Diferentes tipos de estímulos influenciam a abertura e o fechamento dos canais iônicos

Há mais de cem tipos de canais iônicos, e mesmo organismos simples podem ter muitos tipos diferentes. O verme nematódeo *C. elegans*, por exemplo, possui genes que codificam 68 canais de K^+ diferentes, porém relacionados. Os canais iônicos diferem uns dos outros primariamente em relação à sua *seletividade iônica* – o tipo de íons que eles permitem passar – e ao seu *controle* – as condições que influenciam a sua abertura e o seu fechamento. Para um **canal controlado por voltagem**, a probabilidade de ser aberto é controlada pelo potencial de membrana (**Figura 12-26A**). Para um **canal controlado por ligante**, a probabilidade de ser aberto é controlada pela ligação de alguma molécula (o ligante) ao canal

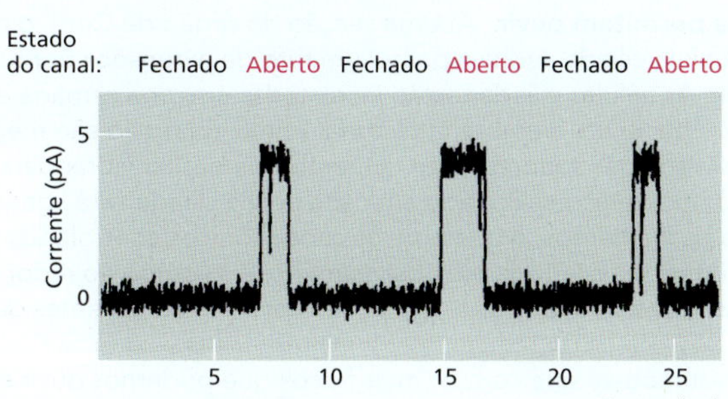

Figura 12-25 O comportamento de um único canal iônico pode ser observado usando a técnica patch-clamp. A voltagem (o potencial de membrana) através do fragmento de membrana isolado é mantida constante durante o registro. Neste exemplo, o neurotransmissor acetilcolina está presente, e a porção presa da membrana de uma célula muscular contém uma única proteína canal que é responsiva à acetilcolina (discutido adiante, ver Figura 12-41). Como visto, este canal iônico se abre para permitir a passagem de íons positivos quando a acetilcolina se liga à face exterior do canal. Porém, mesmo quando a acetilcolina está ligada ao canal, como é o caso durante as três aberturas do canal mostradas aqui, o canal não permanece aberto todo o tempo. Em vez disso, ele alterna entre os estados aberto e fechado. Observe que o tempo durante o qual o canal permanece aberto é variável. Se a acetilcolina não estivesse presente, o canal só ficaria aberto raramente. (Cortesia de David Colquhoun.)

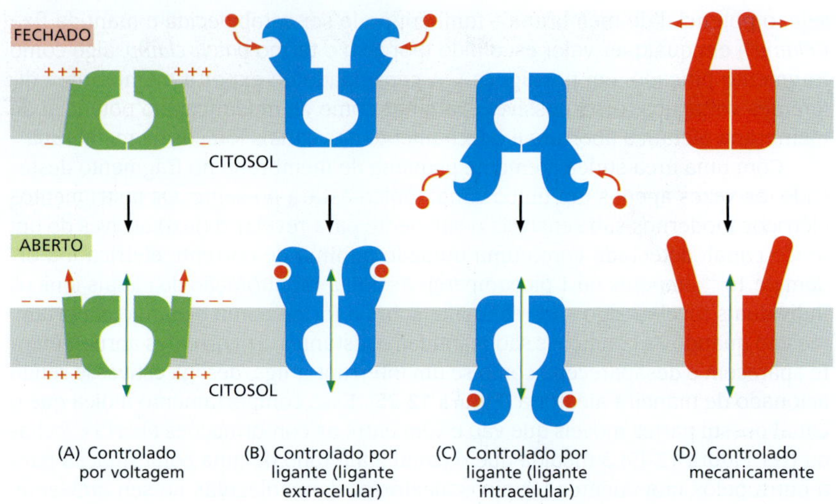

Figura 12-26 Diferentes tipos de canais iônicos controlados respondem a diferentes tipos de estímulos. Dependendo do tipo de canal, a probabilidade do canal se abrir é controlada (A) por uma mudança na diferença de voltagem através da membrana, (B) pela ligação de um ligante químico à face extracelular de um canal, (C) pela ligação de ligante à face intracelular do canal, ou (D) pelo estresse mecânico.

(**Figura 12-26B e C**). Para um **canal controlado mecanicamente**, a abertura é controlada por uma força mecânica aplicada ao canal (**Figura 12-26D**).

As células *ciliadas auditivas* na orelha são um exemplo importante de células que dependem de canais controlados mecanicamente. As vibrações sonoras provocam a abertura dos canais, causando o fluxo de íons para dentro das células ciliadas; isso estabelece um sinal elétrico que é transmitido da célula ciliada até o nervo auditivo, o qual conduz o sinal ao encéfalo (**Figura 12-27**).

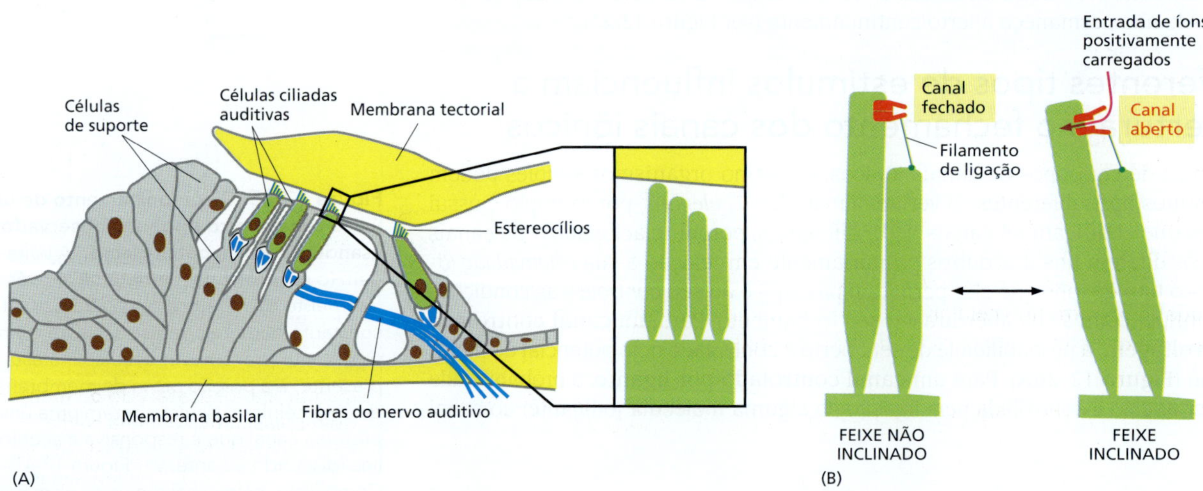

Figura 12-27 Canais iônicos controlados mecanicamente nos permitem ouvir. A) Uma secção do órgão de Corti, o qual se estende por toda a cóclea, a porção auditiva da orelha interna. Cada célula ciliada auditiva possui um tufo de extensões pontudas, denominadas estereocílios, que se projetam de sua superfície superior. As células ciliadas estão incrustadas em uma camada epitelial de células de suporte, que está encaixada entre a *membrana basilar* abaixo e a *membrana tectorial* acima. (Elas não são membranas da bicamada lipídica, mas sim lâminas de matriz extracelular.) (B) As vibrações sonoras fazem a membrana basilar vibrar para cima e para baixo, causando a inclinação dos estereocílios. Cada estereocílio no arranjo escalonado em cada célula ciliada está ligado ao próximo estereocílio mais curto por um filamento fino. A inclinação estica os filamentos, o que abre os canais iônicos controlados mecanicamente na membrana plasmática dos estereocílios, permitindo que os íons carregados positivamente no líquido ao redor entrem na célula (**Animação 12.6**). O influxo de íons ativa as células ciliadas, que estimulam as terminações nervosas subjacentes das fibras nervosas auditivas que transmitem o sinal auditivo para o encéfalo.

O mecanismo cílio-célula é impressionantemente sensível: estimou-se que os sons mais fracos que podemos ouvir estiquem os filamentos por uma média de cerca de 0,04 nm, o que é menor que o diâmetro de um íon de hidrogênio (**Animação 12.7**).

Figura 12-28 Tanto os canais iônicos mecanicamente controlados quanto os controlados por voltagem fundamentam a resposta de fechamento de folha da planta sensitiva ao toque, *Mimosa pudica*. (A) Folha em repouso. (B e C) Respostas sucessivas ao toque. Alguns segundos após a folha ser tocada, os folíolos se fecham repentinamente. A resposta envolve a abertura de canais iônicos controlados mecanicamente nas células sensoriais sensíveis ao toque, que então passam um sinal para as células contendo os canais iônicos controlados por voltagem, gerando um impulso elétrico. Quando o impulso alcança células de junção especializadas na base de cada folíolo, ocorre uma perda rápida de água por essas células, fazendo com que os folíolos se dobrem em uma conformação fechada súbita e progressivamente abaixo da haste foliar.

Os canais iônicos controlados por voltagem respondem ao potencial de membrana

Os canais iônicos controlados por voltagem desempenham um papel central na propagação de sinais elétricos ao longo de todos os processos das células nervosas, como aqueles que transmitem sinais do nosso encéfalo até os nossos músculos dos pés. Entretanto, os canais iônicos controlados por voltagem estão presentes em muitos outros tipos celulares também, incluindo células musculares, óvulos, protozoários e até mesmo células vegetais, onde permitem que os sinais elétricos viajem de uma parte da planta para outra, como acontece na resposta de fechamento de folha da planta *Mimosa pudica* (**Figura 12-28**).

Os canais iônicos controlados por voltagem possuem domínios denominados *sensores de voltagem* que são extremamente sensíveis a mudanças no potencial de membrana: mudanças acima de certo valor limiar exercem força elétrica suficiente nesses domínios para estimular o canal a trocar de sua conformação fechada para a aberta. Como discutido antes, uma mudança no potencial de membrana não afeta o quanto o canal é aberto, mas sim a probabilidade de ele se abrir (ver Figura 12-25). Desse modo, em uma região grande de membrana contendo muitas moléculas de proteína canal, pode-se observar que em média 10% estão abertos a qualquer dado instante quando a membrana está em um potencial, enquanto 90% estão abertos depois que esse potencial muda.

Quando um tipo de canal iônico controlado por voltagem se abre, o potencial de membrana da célula pode mudar. Isso, por sua vez, pode ativar ou inativar outros canais iônicos controlados por voltagem. Esse circuito de controle a partir de canais iônicos → potencial de membrana → canais iônicos, é fundamental a toda a sinalização elétrica nas células. Para ver como tal circuito pode ser usado para sinalização elétrica, agora nos voltamos às células nervosas: elas – mais do que qualquer outro tipo celular – fizeram da sinalização elétrica uma profissão e empregam os canais iônicos de formas muito sofisticadas.

OS CANAIS IÔNICOS E A SINALIZAÇÃO CELULAR NERVOSA

A tarefa fundamental de uma célula nervosa, ou **neurônio**, é receber, integrar e transmitir sinais. Os neurônios carregam sinais dos órgãos sensoriais, como olhos e orelhas, para dentro do *sistema nervoso central* – o encéfalo e a medula espinal. No sistema nervoso central, os neurônios sinalizam uns aos outros por meio de redes de enorme complexidade, permitindo ao encéfalo e à medula espinal analisar, interpretar e responder aos sinais que chegam dos órgãos sensoriais.

Cada neurônio consiste em um *corpo celular*, que contém o núcleo e possui uma quantidade de extensões finas e longas que se irradiam para fora deste. Em geral, um neurônio possui uma extensão longa denominada **axônio**, que conduz sinais elétricos para fora do corpo celular em direção a células-alvo distantes; ele também costuma ter diversas extensões ramificadas mais curtas chamadas de **dendritos**, que se irradiam do corpo celular como antenas e fornecem uma área

QUESTÃO 12-4

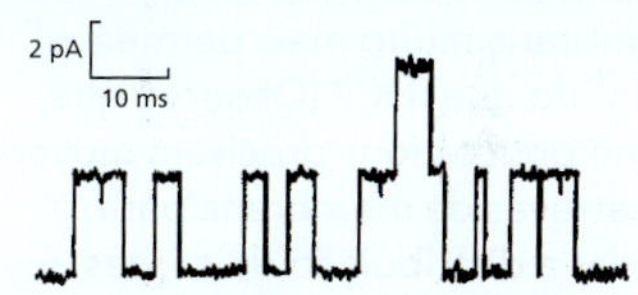

A Figura Q12-4 (acima) mostra o registro de um experimento *patch-clamp* no qual a corrente elétrica que passa ao longo de um fragmento de membrana é medida em função do tempo. O fragmento de membrana foi destacado da membrana plasmática de uma célula muscular pela técnica mostrada na Figura 12-24 e contém moléculas do receptor de acetilcolina, que é um canal de cátion controlado por ligante, aberto pela ligação de acetilcolina à face extracelular do canal. Para obter um registro, a acetilcolina foi adicionada à solução dentro do microelétrodo. (A) Descreva o que você pode deduzir sobre os canais a partir desse registro. (B) Como o registro se diferenciaria se a acetilcolina fosse (i) omitida ou (ii) adicionada à solução somente do lado de fora do microelétrodo?

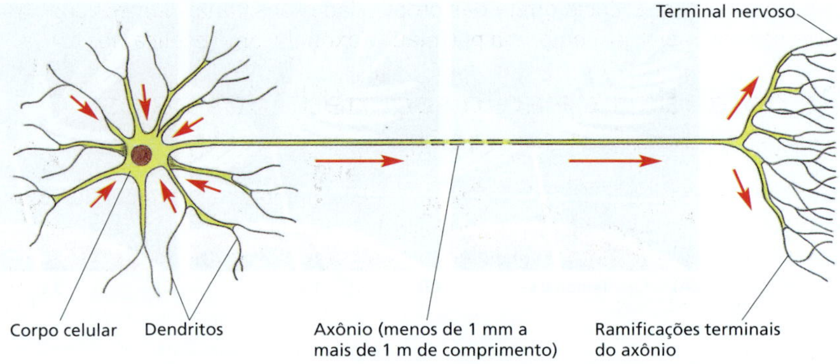

Figura 12-29 Um neurônio típico possui um corpo celular, um único axônio e múltiplos dendritos. O axônio conduz sinais elétricos a partir do corpo celular para suas células-alvo, ao passo que os múltiplos dendritos recebem sinais provenientes dos axônios de outros neurônios. As setas *vermelhas* indicam a direção na qual os sinais viajam.

de superfície aumentada para receber os sinais dos axônios de outros neurônios (**Figura 12-29**). O axônio costuma se dividir, na sua porção final, em muitos ramos, cada um dos quais acabando em um **terminal nervoso**, para que a mensagem dos neurônios possa ser passada simultaneamente para muitas células-alvo – células musculares ou glandulares ou outros neurônios. Da mesma forma, as ramificações dos dendritos podem ser extensas e, em alguns casos, suficientes para receber até 100.000 entradas de informação em um único neurônio.

Independentemente do significado do sinal que um neurônio carrega – seja uma informação visual proveniente do olho, um comando motor para um músculo ou uma etapa em uma rede complexa de processamento neuronal no encéfalo –, a forma do sinal sempre é a mesma: ela consiste em mudanças no potencial elétrico através da membrana plasmática do neurônio.

QUESTÃO 12-5

Utilizando a equação de Nernst e as concentrações iônicas dadas na Tabela 12-1 (p. 385), calcule o potencial de membrana de equilíbrio de K^+ e Na^+ – ou seja, o potencial de membrana no qual não haveria movimento líquido de íons através da membrana plasmática (suponha que a concentração intracelular de Na^+ seja 10 mM). Que potencial de membrana você esperaria em uma célula animal em repouso? Explique sua resposta. O que aconteceria se um grande número de canais de Na^+ se abrisse subitamente, tornando a membrana muito mais permeável a Na^+ do que a K^+? (Observe que, como poucos íons precisam mover-se através da membrana para mudar a distribuição de cargas ao longo da membrana drasticamente, você pode supor que as concentrações iônicas em qualquer um dos dois lados da membrana não se alteram de maneira significativa.) Se os canais de Na^+ se fechassem novamente, o que você esperaria que acontecesse depois?

Os potenciais de ação permitem comunicação rápida a longa distância ao longo dos axônios

Um neurônio é estimulado por um sinal – em geral de outro neurônio – transferido a um sítio localizado em sua superfície. Esse sinal inicia uma mudança no potencial de membrana naquele local. Para transmitir o sinal adiante, essa mudança local no potencial de membrana deve se espalhar a partir deste ponto, que costuma ser em um dendrito ou no corpo celular, para os terminais axonais, que transmitem o sinal para as próximas células na via – formando um *circuito neuronal*. As distâncias necessárias podem ser substanciais: um sinal que deixa um neurônio motor da sua medula espinal pode precisar viajar um metro ou mais antes que alcance um músculo em seu pé.

A mudança local no potencial de membrana gerada por um sinal pode se espalhar passivamente ao longo de um axônio ou um dendrito para regiões adjacentes da membrana plasmática. Tal sinal passivamente distribuído, entretanto, rapidamente enfraquece com o aumento da distância da sua fonte. Em distâncias curtas, esse enfraquecimento não é importante. No entanto, na comunicação a longa distância, tal *propagação passiva* é inadequada.

Os neurônios resolveram esse problema de comunicação a longa distância empregando um mecanismo de sinalização ativa. Aqui, um estímulo elétrico local com força suficiente desencadeia uma explosão de atividade elétrica na membrana plasmática que se propaga rapidamente ao longo da membrana de um axônio, renovando-se continuamente ao longo da via. Essa onda itinerante de excitação elétrica, conhecida como **potencial de ação** ou *impulso nervoso*, pode carregar uma mensagem, sem o enfraquecimento do sinal, de uma extremidade de um neurônio para a outra a velocidades que chegam a 100 metros por segundo.

A pesquisa inicial que estabeleceu esse mecanismo de sinalização elétrica ao longo dos axônios foi realizada no axônio gigante de lula (**Figura 12-30**). Esse axônio possui um diâmetro tão grande que é possível registrar sua atividade elétrica a partir de um eletrodo inserido diretamente nele (**Como Sabemos**, p. 406-407). A partir de tais estudos, foi deduzido como os potenciais de ação são consequência direta das propriedades dos canais iônicos controlados por voltagem da membrana plasmática axonal, como explicamos agora.

Os potenciais de ação são mediados pelos canais de cátions controlados por voltagem

Quando um neurônio é estimulado, o potencial de membrana da membrana plasmática alterna para um valor menos negativo (i.e., em direção a zero). Se essa **despolarização** for grande o suficiente, ela fará com que **canais de Na^+ controlados por voltagem** se abram na membrana transitoriamente nesse local. Quando esses canais abrem-se rapidamente, eles permitem que uma pequena quantidade de Na^+ entre na célula de acordo com o seu acentuado gradiente eletroquímico. O influxo de carga positiva despolariza mais a membrana (i.e., torna o potencial de membrana ainda menos negativo), abrindo, dessa maneira, canais de Na^+ controlados por voltagem adicionais e causando ainda mais despolarização. Esse processo continua de uma forma explosiva e autoamplificadora até que, dentro de aproximadamente um milissegundo, o potencial de membrana na região localizada da membrana plasmática do neurônio tenha alternado do seu valor de repouso de cerca de −60 mV para +40 mV (**Figura 12-31**).

A voltagem de +40 mV é próxima do potencial de membrana no qual a força motriz eletroquímica para a movimentação do Na^+ através da membrana é zero – ou seja, na qual os efeitos do potencial de membrana e o gradiente de concentração do Na^+ são iguais e opostos, de modo que o Na^+ não possui mais tendência a entrar na célula ou sair dela. Se os canais continuassem a responder ao potencial de membrana alterado, a célula ficaria trancada com a maioria dos canais de Na^+ controlados por voltagem abertos.

A célula é salva desse destino porque os canais de Na^+ possuem um mecanismo de inativação automático – uma espécie de "cronômetro" que os leva a rapidamente adotar (em cerca de um milissegundo) uma conformação inativada especial, na qual o canal é fechado, mesmo que a membrana ainda esteja despolarizada. Os canais de Na^+ permanecem nesse *estado inativado* até que o potencial de membrana retorne ao seu valor negativo inicial. Uma ilustração esquemática desses três estados distintos do canal de Na^+ controlado por voltagem –*fechado*, *aberto* e *inativado* – é apresentada na **Figura 12-35**. A forma como eles contribuem para o aumento e a queda de um potencial de ação está mostrada na **Figura 12-36**.

Figura 12-30 A lula *Loligo* possui um sistema nervoso que é capaz de responder rapidamente a ameaças no ambiente do animal. Entre as células nervosas que formam esse sistema de escape, há uma que possui um "axônio gigante", com um diâmetro bastante grande. Muito antes de a técnica *patch-clamp* permitir registros de canais iônicos únicos em células pequenas (ver Figura 12-24), o axônio gigante de lula era rotineiramente utilizado para registrar e estudar potenciais de ação.

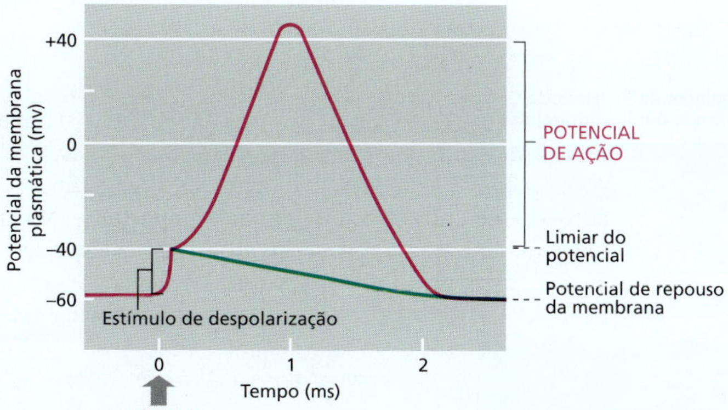

Figura 12-31 Um potencial de ação é desencadeado por uma despolarização da membrana plasmática de um neurônio. O potencial de repouso da membrana neste neurônio é −60 mV, e um estímulo que despolariza a membrana plasmática para cerca de −40 mV (limiar do potencial) é suficiente para abrir os canais de Na^+ controlados por voltagem na membrana e assim desencadear um potencial de ação. A membrana rapidamente despolariza ainda mais, e o potencial de membrana (curva *vermelha*) oscila acima de zero, alcançando +40 mV antes que retorne ao seu valor de repouso negativo quando o potencial de ação termina. A curva *verde* mostra como o potencial de membrana teria simplesmente diminuído de volta ao valor de repouso após o estímulo inicial de despolarização, se não houvesse amplificação pelos canais iônicos controlados por voltagem na membrana plasmática.

A LULA REVELA OS SEGREDOS DA EXCITABILIDADE DA MEMBRANA

A cada primavera, a espécie *Loligo pealei* migra para as águas rasas de Cape Cod, na costa leste dos Estados Unidos. Lá, ela desova, lançando a próxima geração de lulas. Entretanto, mais do que apenas se acasalar e procriar, esses animais proporcionam aos neurocientistas veraneando no Laboratório de Biologia Marinha em Woods Hole, Massachusetts, uma oportunidade de ouro para estudar o mecanismo de sinalização elétrica ao longo dos axônios.

Como a maioria dos animais, a lula sobrevive capturando presas e escapando de predadores. Reflexos rápidos e uma capacidade de acelerar rapidamente e fazer mudanças súbitas na direção do nado ajudam o animal a evitar o perigo enquanto está perseguindo uma refeição satisfatória. As lulas obtêm sua velocidade e agilidade de um sistema biológico especializado de propulsão a jato: elas puxam água para dentro de sua cavidade do manto e então contraem sua parede corporal muscular, a fim de expelir rapidamente a água coletada por meio de um sifão tubular, propelindo-se, desse modo, pela água.

O controle dessa contração muscular tão rápida e coordenada requer um sistema nervoso capaz de transmitir sinais com grande velocidade ao longo da extensão do corpo do animal. De fato, a *Loligo pealei* possui alguns dos maiores axônios de células nervosas encontrados na natureza. Os axônios gigantes da lula podem alcançar 10 cm de comprimento e têm mais de 100 vezes o diâmetro de um axônio de mamífero – em torno da largura de um grafite de lápis. Em termos gerais, quanto maior o diâmetro de um axônio, mais rapidamente os sinais podem migrar ao longo de sua extensão.

Na década de 1930, os cientistas começaram a tirar proveito do axônio gigante da lula para estudar a eletrofisiologia da célula nervosa. Devido ao seu tamanho relativamente grande, um pesquisador pode isolar um axônio individual e inserir um eletrodo dentro dele para medir o potencial de membrana do axônio e monitorar sua atividade elétrica. Esse sistema experimental permitiu aos pesquisadores abordarem uma variedade de questões, incluindo a de saber quais íons são importantes para estabelecer o potencial de repouso da membrana e para iniciar e propagar um potencial de ação, e como as mudanças no potencial de membrana controlam a permeabilidade iônica.

Estrutura para ação

Como o axônio da lula é tão longo e largo, um eletrodo feito de um tubo capilar de vidro contendo uma solução condutora pode ser inserido ao longo do eixo do axônio isolado, de modo que sua ponta fique fundo no citoplasma (**Figura 12-32A**). Esse arranjo permitiu que os pesquisadores medissem a diferença de voltagem entre o interior e o exterior do axônio – ou seja, o potencial de membrana – quando um potencial de ação passasse pela extremidade do eletrodo (**Figura 12-32B**). O potencial de ação em si foi desencadeado pela aplicação de um breve estímulo elétrico a uma extremidade do axônio. Não importava qual extremidade era estimulada, já que o potencial de ação poderia viajar em qualquer direção; também não importava o tamanho do estímulo, desde que excedesse certo limiar (ver Figura 12-31), indicando que um potencial de ação é tudo ou nada.

Assim que os pesquisadores puderam gerar e medir um potencial de ação de modo confiável, eles usaram a preparação para responder outras questões sobre a excitabilidade da membrana. Por exemplo, quais íons são fundamentais para um potencial de ação? Os três íons mais abundantes, tanto no interior como no exterior do axônio, são Na^+, K^+ e Cl^-. Eles têm importância igual no que se refere ao potencial de ação?

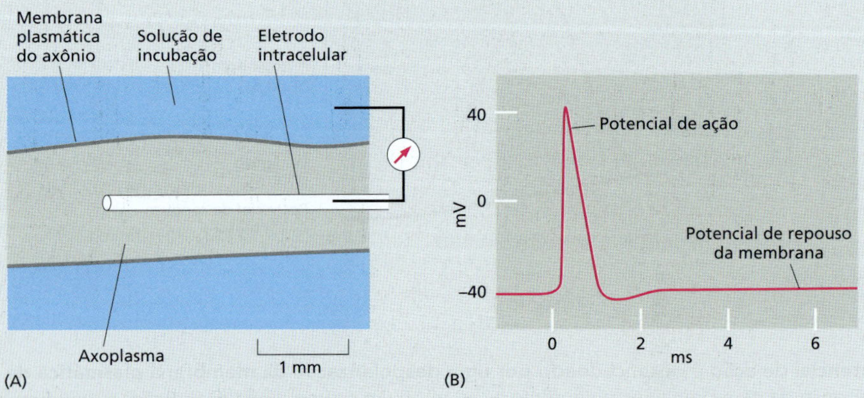

Figura 12-32 Os cientistas podem estudar a excitabilidade das células nervosas utilizando um axônio isolado de lula. Um eletrodo pode ser inserido dentro do citoplasma (axoplasma) de um axônio gigante de lula (A) para medir o potencial de repouso da membrana e monitorar os potenciais de ação induzidos quando o axônio é eletricamente estimulado (B).

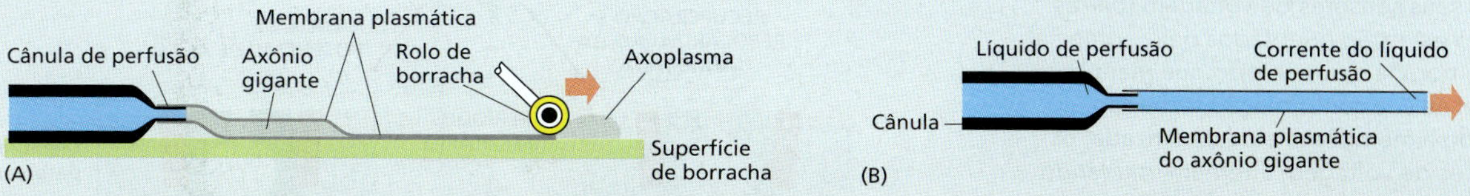

Figura 12-33 O citoplasma de um axônio de lula pode ser removido e substituído por uma solução artificial somente com íons. (A) O citoplasma do axônio é expelido usando um rolo de borracha. (B) Um líquido de perfusão contendo a concentração desejada de íons é delicadamente bombeado ao longo do axônio esvaziado.

Como o axônio da lula é tão grande e robusto, foi possível expelir o citoplasma do axônio como o creme dental de um tubo (**Figura 12-33A**). O axônio esvaziado pôde, então, ser repreenchido por perfusão com uma solução pura de Na^+, K^+, ou Cl^- (**Figura 12-33B**). Dessa forma, os íons dentro do axônio e do meio de incubação (ver Figura 12-32) poderiam ser variados independentemente. Assim, os pesquisadores poderiam mostrar que o axônio geraria um potencial de ação normalmente se, e somente se, as concentrações de Na^+ e K^+ se aproximassem das naturais encontradas dentro e fora da célula. Portanto, concluiu-se que os componentes celulares cruciais ao potencial de ação são a membrana plasmática, os íons Na^+ e K^+ e a energia propiciada pelos gradientes de concentração desses íons através da membrana; todos os outros componentes, incluindo outras fontes de energia metabólica, foram presumivelmente removidos pela perfusão.

Tráfego pelos canais

Como o Na^+ e o K^+ tinham sido apontados como críticos para um potencial de ação, a questão então passou a ser esta: como cada um desses íons contribui para o potencial de ação? Quão permeável é a membrana para cada um deles e como a permeabilidade da membrana se altera com a passagem de um potencial de ação? Mais uma vez, o axônio gigante da lula forneceu algumas respostas. As concentrações de Na^+ e K^+ dentro e fora do axônio poderiam ser alteradas, e os efeitos dessas alterações no potencial de ação poderiam ser medidos diretamente. A partir desses estudos, foi determinado que, em repouso, o potencial de membrana de um axônio é próximo ao potencial de equilíbrio do K^+: quando a concentração externa de K^+ era variada, o potencial de repouso do axônio se alterava bruscamente de acordo com a equação de Nernst (ver Figura 12-23). Os pesquisadores concluíram que, em repouso, a membrana era permeável principalmente ao K^+; agora sabemos que os canais de vazamento de K^+ fornecem a principal via que esses íons usam na membrana plasmática em repouso.

A situação do Na^+ é muito diferente. Quando a concentração externa de Na^+ era variada, não havia efeito sobre o potencial de repouso do axônio. No entanto, a altura do pico do potencial de ação variava com a concentração de Na^+ fora do axônio (**Figura 12-34**). Durante o potencial de ação, dessa forma, a membrana parecia ser permeável sobretudo ao Na^+, presumivelmente como resultado da abertura dos canais de Na^+. No final do potencial de ação, a permeabilidade ao Na^+ diminuía e o potencial de membrana revertia a um valor negativo, que dependia da concentração externa de K^+. À medida que a membrana perdia a sua permeabilidade ao Na^+, ela se tornava ainda mais permeável ao K^+ do que antes, provavelmente devido aos canais de K^+ adicionais abertos, acelerando a redefinição do potencial da membrana ao estado de repouso, e redefinindo a membrana para o próximo potencial de ação.

Esses estudos com o axônio gigante de lula contribuíram enormemente para o nosso entendimento sobre a excitabilidade das células nervosas, e os pesquisadores que fizeram essas descobertas nas décadas de 1940 e 1950 – Alan Hodgkin e Andrew Huxley – receberam um Prêmio Nobel em 1963. Entretanto, passaram-se anos antes que as várias proteínas de canais iônicos que eles supunham existir fossem bioquimicamente identificadas. Agora conhecemos as estruturas tridimensionais de muitas dessas proteínas canais, o que nos permite admirar a beleza fundamental dessas máquinas moleculares.

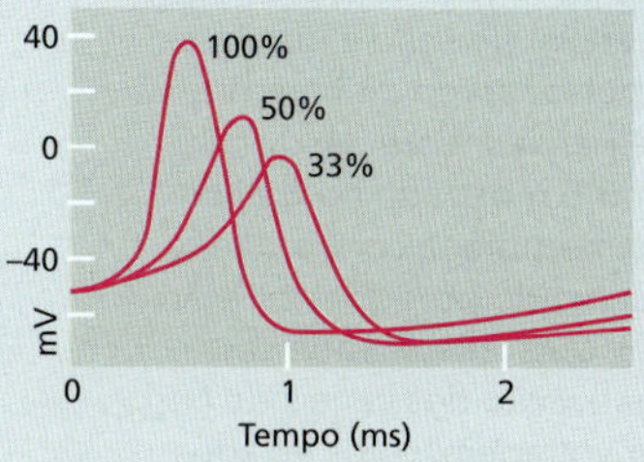

Figura 12-34 O perfil do potencial de ação depende da concentração de Na^+ fora do axônio da lula. Aqui estão mostrados potenciais de ação registrados quando os meios externos continham 100%, 50% ou 33% da concentração normal extracelular de Na^+.

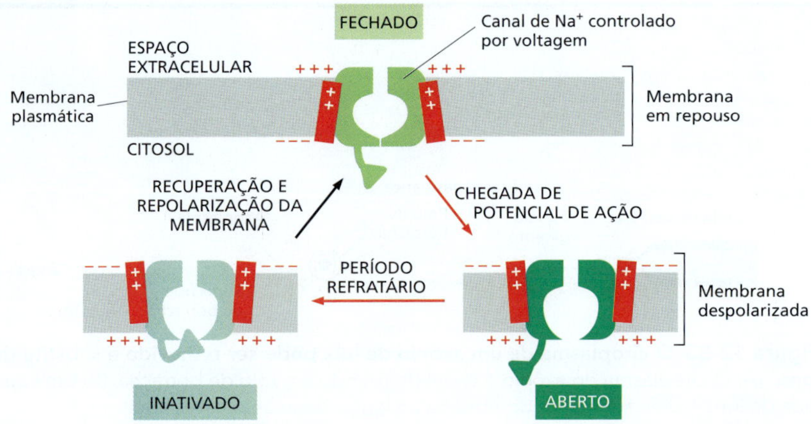

Figura 12-35 Um canal de Na^+ controlado por voltagem pode alternar de uma conformação para outra, dependendo do potencial de membrana. Quando a membrana está em repouso e altamente polarizada, aminoácidos carregados positivamente nos seus sensores de voltagem (*barras vermelhas*) estão orientados pelo potencial de membrana de um modo que mantém o canal na sua conformação fechada. Quando a membrana é despolarizada, os sensores de voltagem alternam, mudando a conformação do canal de maneira que o canal tenha alta probabilidade de abertura. Entretanto, na membrana despolarizada, a conformação inativada é ainda mais estável que a conformação aberta, e assim, depois de um rápido período na conformação aberta, o canal se torna temporariamente inativado e não pode se abrir. As setas *vermelhas* indicam a sequência que se segue a uma despolarização súbita, e as setas *pretas* indicam o retorno à conformação original após a repolarização da membrana.

Durante um potencial de ação, os canais de Na^+ não agem sozinhos. A membrana axonal despolarizada é auxiliada a retornar ao seu potencial de repouso pela abertura dos *canais de K^+ controlados por voltagem*. Esses também se abrem em resposta à despolarização, mas não tão rapidamente quanto os canais de Na^+, e eles permanecem abertos enquanto a membrana permanecer despolarizada. Quando a despolarização local atinge seu pico, os íons K^+ (carregando carga positiva), então, começam a fluir para fora da célula pelos canais de K^+ recém-abertos, a favor do seu gradiente eletroquímico, temporariamente sem a oposição do potencial de membrana negativo que normalmente os restringe na célula em repouso. O rápido efluxo de K^+ pelos canais de K^+ controlados por voltagem traz a membrana de volta ao estado de repouso muito mais rapidamente do que poderia ser atingido apenas pelo efluxo de K^+ pelos canais de vazamento de K^+.

Uma vez que começa, a despolarização autoamplificadora de uma pequena porção da membrana plasmática rapidamente se espalha para fora: o Na^+ que flui para dentro pelos canais de Na^+ abertos começa a despolarizar a região vizinha da membrana, que então entra no mesmo ciclo autoamplificador. Dessa forma, um potencial de ação se propaga adiante como uma onda itinerante a partir do ponto inicial de despolarização, alcançando, por fim, os terminais axonais (**Figura 12-37**).

Ante as consequências dos fluxos de Na^+ e K^+ causadas pela passagem de um potencial de ação, as bombas de Na^+ na membrana plasmática do axônio trabalham continuamente para restabelecer os gradientes iônicos da célula em repouso. É notável que o encéfalo humano consuma 20% da energia total gerada pelo metabolismo do alimento principalmente para suprir essa bomba.

QUESTÃO 12-6

Explique o mais precisamente que puder, em não mais do que 120 palavras, as bases iônicas de um potencial de ação e como ele é transmitido ao longo de um axônio.

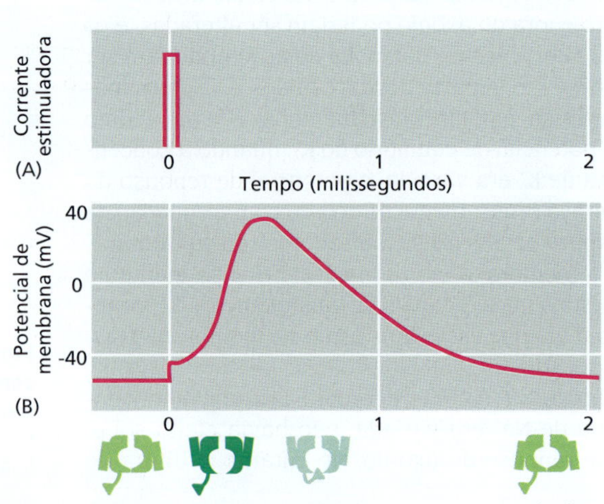

Figura 12-36 Os canais de Na^+ controlados por voltagem mudam sua conformação durante um potencial de ação. Neste exemplo, o potencial de ação é desencadeado por um pulso rápido de corrente elétrica (A), que parcialmente despolariza a membrana, como mostrado no gráfico do potencial de membrana contra o tempo em (B). (B) Curso do potencial de ação (curva *vermelha*), que reflete a abertura e subsequente inativação dos canais de Na^+ controlados por voltagem, cujos estados estão mostrados em (C). Mesmo se reestimulada, a membrana plasmática não pode produzir um segundo potencial de ação até que os canais de Na^+ tenham retornado de sua conformação inativada para a fechada (ver Figura 12-35). Até então, a membrana é resistente, ou refratária, à estimulação.

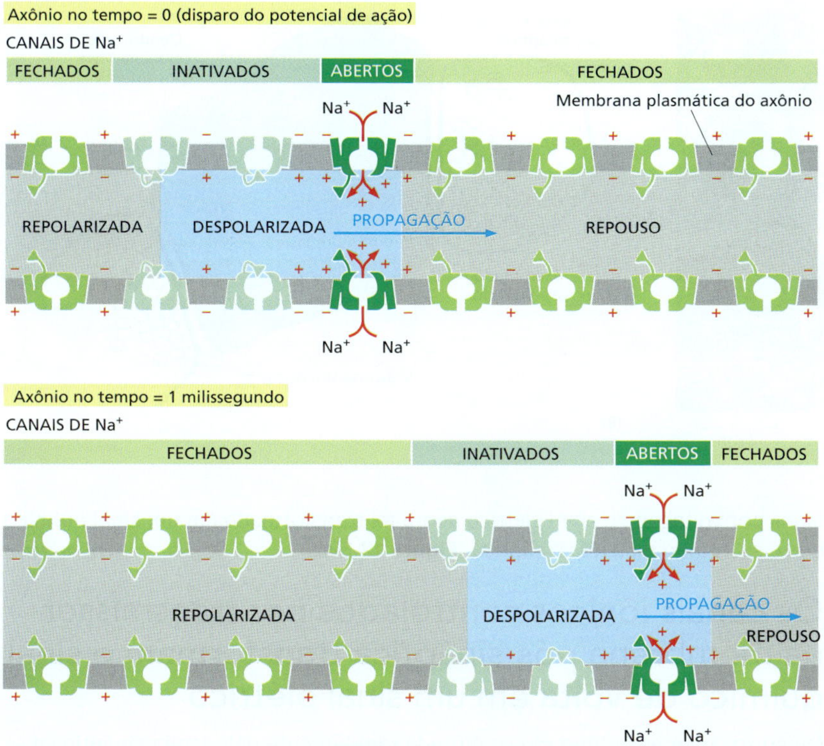

Figura 12-37 Um potencial de ação se propaga ao longo do comprimento do axônio. As mudanças nos canais de Na^+ e o consequente fluxo de Na^+ através da membrana (setas *vermelhas*) alteram o potencial de membrana e originam o potencial de ação itinerante, como mostrado aqui e na **Animação 12.8**. A região do axônio com a membrana despolarizada está sombreada em *azul*. Note que um potencial de ação somente pode viajar para adiante do local de despolarização. Isso ocorre porque a inativação do canal de Na^+ consequente a um potencial de ação evita que a frente de avanço da despolarização se propague para trás (ver também Figura 12-36).

Os canais de Ca^{2+} controlados por voltagem nas terminações nervosas transformam um sinal elétrico em um sinal químico

Quando um potencial de ação alcança os terminais nervosos na extremidade de um axônio, o sinal deve ser, de alguma forma, transmitido para as *células-alvo* com as quais os terminais estão em contato – em geral neurônios ou células musculares. O sinal é transmitido às células-alvo em junções especializadas conhecidas como **sinapses**. Na maioria das sinapses, as membranas plasmáticas das células que transmitem e recebem a mensagem – as células *pré-sinápticas* e *pós-sinápticas*, respectivamente – são separadas uma da outra por uma estreita *fenda sináptica* (em geral com 20 nm de distância), a qual o sinal elétrico não pode atravessar. Para transmitir a mensagem por esse espaço, o sinal elétrico é transformado em um sinal químico, na forma de uma pequena molécula sinalizadora secretada, conhecida como **neurotransmissor**. Os neurotransmissores são armazenados inicialmente nos terminais nervosos dentro de **vesículas sinápticas** envoltas por membranas (**Figura 12-38**).

Quando um potencial de ação alcança o terminal nervoso, algumas das vesículas sinápticas se fundem com a membrana plasmática, liberando os seus neurotransmissores para dentro da fenda sináptica. Essa ligação entre a chegada de um potencial de ação e a secreção do neurotransmissor exige mais um tipo de canal de cátion controlado por voltagem. A despolarização da membrana plasmática do terminal nervoso, causada pela chegada do potencial de ação, abre transitoriamente os *canais de Ca^{2+} controlados por voltagem*, que estão concentrados na membrana plasmática do terminal nervoso pré-sináptico. Como a concentração de Ca^{2+} no exterior do terminal é mais de 1.000 vezes maior do que a concentração de Ca^{2+} livre no seu citosol (ver Tabela 12-1), o Ca^{2+} penetra rapidamente no terminal nervoso pelos canais abertos. O aumento resultante na concentração de Ca^{2+} no citosol do terminal imediatamente desencadeia a fusão de membrana que libera o neurotransmissor. Graças aos canais de Ca^{2+} contro-

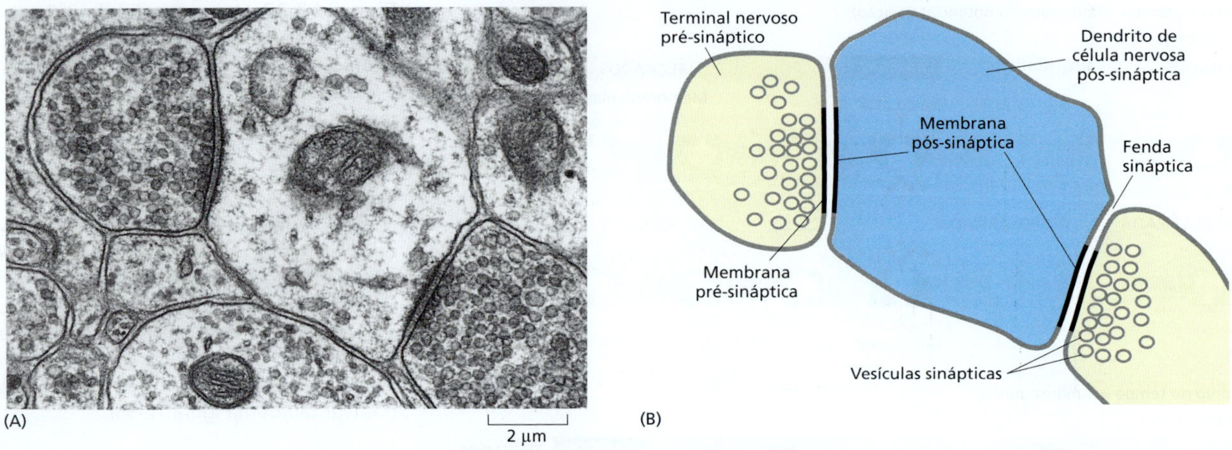

Figura 12-38 Neurônios conectados às suas células-alvo nas sinapses. Uma micrografia eletrônica (A) e um desenho (B) de uma secção transversal de dois terminais nervosos (*amarelo*) formando sinapses em um único dendrito de célula nervosa (*azul*) no encéfalo de mamífero. Os neurotransmissores carregam o sinal pela fenda sináptica que separa as células pré-sináptica e pós-sináptica. O neurotransmissor no terminal pré-sináptico está contido em vesículas sinápticas, que o liberam dentro da fenda sináptica. Note que as membranas pré-sináptica e pós-sináptica são mais espessas e altamente especializadas na sinapse. (A, cortesia de Cedric Raine.)

lados por voltagem, o sinal elétrico agora foi transformado em um sinal químico que é secretado na fenda sináptica (**Figura 12-39**).

Os canais iônicos controlados por transmissor na membrana pós-sináptica transformam o sinal químico de volta em um sinal elétrico

O neurotransmissor liberado se difunde rapidamente pela fenda sináptica e se liga aos *receptores do neurotransmissor* concentrados na membrana plasmática pós-sináptica da célula-alvo. A ligação do neurotransmissor aos seus receptores produz uma mudança no potencial de membrana da célula-alvo, que – se grande o suficiente – leva a célula a disparar um potencial de ação. O neurotransmissor é, então, rapidamente removido da fenda sináptica – tanto por enzimas que o destroem, bombeando-o de volta aos terminais nervosos que o liberaram, quanto pela captação para dentro de células vizinhas não neuronais. Essa rápida remoção do neurotransmissor limita a duração e a propagação do sinal e garante que, quando a célula pré-sináptica parar de reagir, a célula pós-sináptica fará o mesmo.

Os receptores de neurotransmissores podem ser de vários tipos; alguns promovem efeitos relativamente lentos na célula-alvo, ao passo que outros desencadeiam respostas mais rápidas. As respostas rápidas – em uma escala de tempo de milissegundos – dependem de receptores que são **canais iônicos controlados**

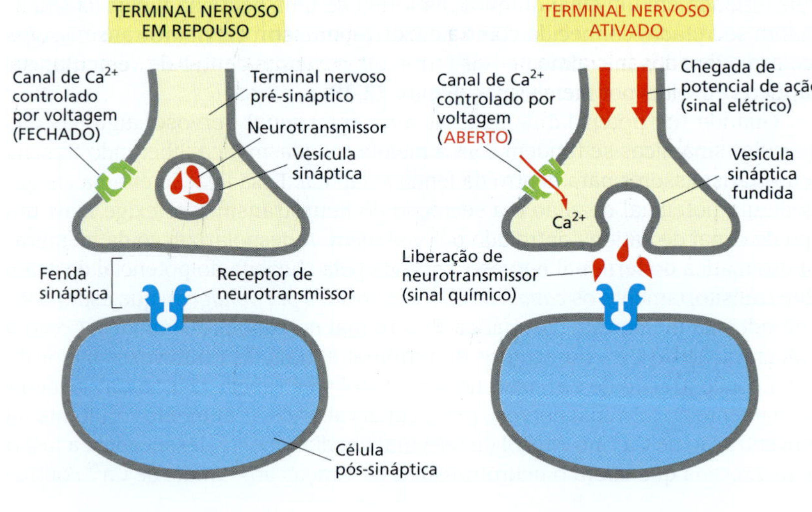

Figura 12-39 Um sinal elétrico é transformado em um sinal químico secretado em um terminal nervoso. Quando um potencial de ação alcança um terminal nervoso, ele abre canais de Ca^{2+} controlados por voltagem na membrana plasmática, permitindo o fluxo de Ca^{2+} para dentro do terminal. O aumento de Ca^{2+} no terminal nervoso estimula as vesículas sinápticas a se fundirem com a membrana plasmática, liberando seu neurotransmissor dentro da fenda sináptica – um processo chamado exocitose (discutido no Capítulo 15).

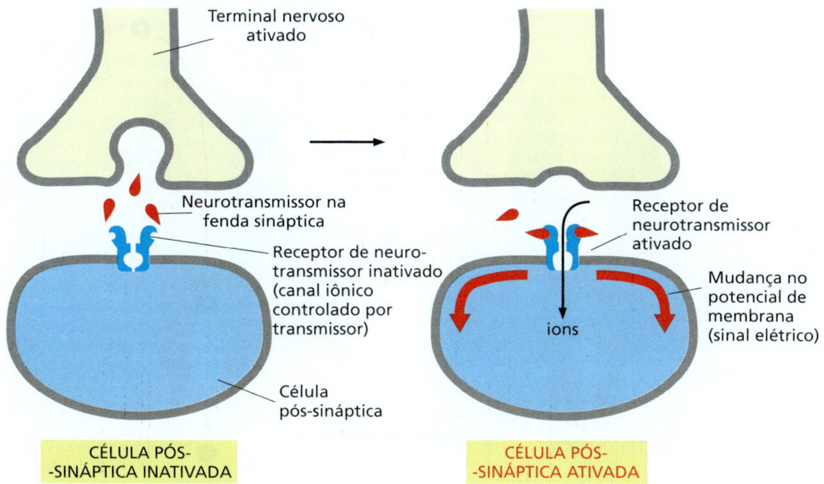

Figura 12-40 Um sinal químico é transformado em um sinal elétrico pelos canais iônicos controlados por transmissor pós-sináptico em uma sinapse. O neurotransmissor liberado se liga nos canais iônicos controlados por transmissor na membrana plasmática da célula pós-sináptica e os abre. O fluxo iônico resultante altera o potencial de membrana da célula pós-sináptica, transformando, assim, o sinal químico novamente em um sinal elétrico (**Animação 12.9**).

por transmissor (também denominados receptores acoplados a canais iônicos). Esses canais constituem uma subclasse dos canais iônicos controlados por ligante (ver Figura 12-26B), e sua função é transformar o sinal químico carregado por um neurotransmissor novamente em um sinal elétrico. Os canais se abrem transitoriamente em resposta à ligação do neurotransmissor, alterando, assim, a permeabilidade iônica da membrana pós-sináptica. Isso, por sua vez, provoca uma mudança no potencial de membrana (**Figura 12-40**). Se a mudança for grande o suficiente, ela despolarizará a membrana pós-sináptica e desencadeará um potencial de ação na célula pós-sináptica.

Um exemplo bem estudado de canal iônico controlado por transmissor é encontrado na *junção neuromuscular* – a sinapse especializada formada entre um neurônio motor e uma célula muscular esquelética. Nos vertebrados, o neurotransmissor aqui é a *acetilcolina*, e o canal iônico controlado por transmissor é um *receptor de acetilcolina* (**Figura 12-41**). Entretanto, nem todos os neurotransmissores excitam a célula pós-sináptica, como consideramos a seguir.

Os neurotransmissores podem ser excitatórios ou inibitórios

Os neurotransmissores podem tanto excitar quanto inibir uma célula pós-sináptica, e é o caráter do receptor que reconhece o neurotransmissor que determina como a célula pós-sináptica irá responder. Os principais receptores para os neurotransmissores excitatórios, como a *acetilcolina* e o *glutamato*, são canais de cátions controlados por ligante. Quando um neurotransmissor se liga, esses canais se abrem para permitir um influxo de Na^+, que despolariza a membrana plasmática e, assim, tende a ativar a célula pós-sináptica, encorajando-a a disparar um potencial de ação. Já os principais receptores para os neurotransmissores inibitórios, como o *ácido γ-aminobutírico* (*GABA*) e a *glicina*, são canais de Cl^- controlados por ligante. Quando os neurotransmissores se ligam, esses canais se abrem, aumentando a permeabilidade da membrana ao Cl^-; essa mudança na permeabilidade inibe a célula pós-sináptica por dificultar a despolarização da membrana plasmática.

As toxinas que se ligam a um desses receptores de neurotransmissores excitatórios ou inibitórios podem ter efeitos dramáticos nos humanos. O *curare*, por exemplo, causa paralisia muscular por bloqueio de receptores de acetilcolina excitatórios na junção neuromuscular. Essa substância era usada pelos índios sul-americanos para fazer flechas envenenadas e ainda é utilizada por cirurgiões para relaxar os músculos durante uma operação. Em contraste, a *estricnina* – um ingrediente comum em venenos para ratos – causa espasmos musculares, convulsões e morte por bloqueio de receptores de glicina inibitórios nos neurônios do encéfalo e da medula espinal.

QUESTÃO 12-7

Na miastenia grave, o corpo humano produz – por engano – anticorpos contra as suas próprias moléculas receptoras de acetilcolina. Esses anticorpos se ligam aos receptores de acetilcolina e os inativam na membrana plasmática das células musculares. A doença leva a um enfraquecimento progressivo devastador das pessoas afetadas. Logo no início, elas podem ter dificuldade de abrir suas pálpebras, por exemplo, e, em um modelo animal da doença, coelhos têm dificuldade de manter suas orelhas em pé. À medida que a doença progride, a maioria dos músculos enfraquece, e as pessoas com miastenia grave têm dificuldade de falar e engolir. Por fim, a respiração debilitada pode levar à morte. Explique qual etapa da função muscular é afetada.

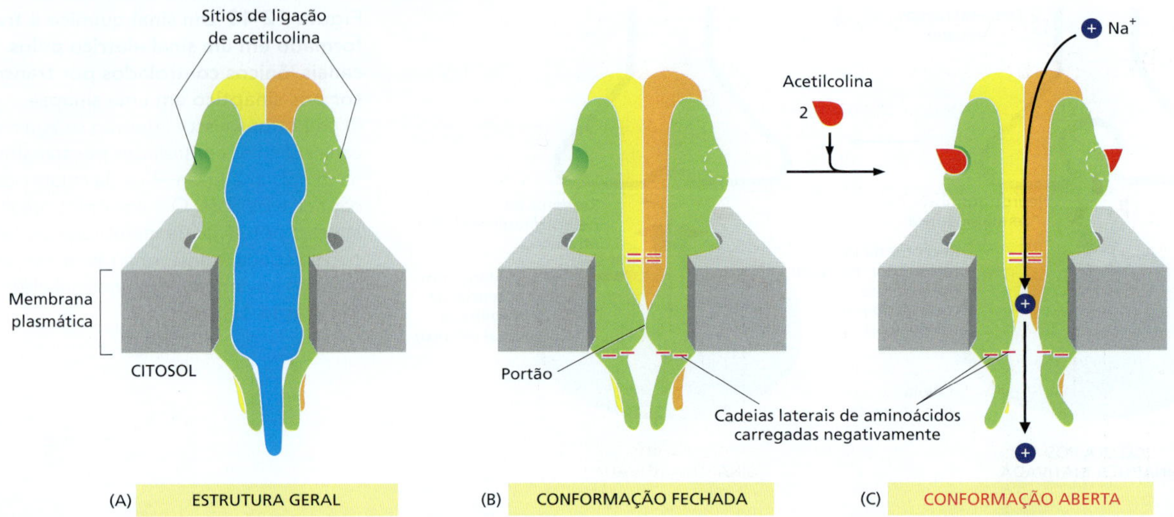

Figura 12-41 O receptor de acetilcolina na membrana plasmática de células musculares esqueléticas de vertebrados se abre quando se liga ao neurotransmissor acetilcolina. (A) Esse canal iônico controlado por transmissor é composto de cinco subunidades proteicas transmembrânicas, duas das quais (*verde*) são idênticas. As subunidades se combinam para formar um poro aquoso controlado por transmissor que atravessa a bicamada lipídica. O poro é revestido por cinco α-hélices transmembrânicas, uma contribuição de cada subunidade. Há dois sítios de ligação para a acetilcolina, um formado por partes de uma subunidade *verde* e *azul*, e outro por partes de uma subunidade *verde* e *laranja*, como mostrado. (B) Conformação fechada. A subunidade *azul* foi removida aqui e em (C) para mostrar o interior do poro. (B) As cadeias laterais de aminoácidos negativamente carregados em cada uma das duas extremidades do poro (indicadas aqui por sinais negativos *vermelhos*) asseguram que apenas os íons positivamente carregados, sobretudo Na^+ e K^+, podem passar. Entretanto, quando a acetilcolina não está ligada e o canal está na sua conformação fechada, o poro está obstruído (bloqueado) pelas cadeias laterais de aminoácidos hidrofóbicos na região chamada portão. (C) Conformação aberta. Quando a acetilcolina, liberada por um neurônio motor, liga-se a ambos os sítios de ligação, o canal sofre uma mudança conformacional; as cadeias laterais hidrofóbicas se afastam e o portão se abre, permitindo que o Na^+ flua pela membrana a favor do seu gradiente eletroquímico, despolarizando a membrana. Mesmo com a acetilcolina ligada, o canal oscila aleatoriamente entre os estados aberto e fechado (ver Figura 12-25); sem a ligação de acetilcolina, ele raras vezes se abre.

As localizações e funções dos canais iônicos discutidos neste capítulo estão resumidas na **Tabela 12-3**.

TABELA 12-3 Alguns exemplos de canais iônicos

Canal iônico	Localização típica	Função
Canal de vazamento de K^+	Membrana plasmática da maioria das células animais	Manutenção do potencial de repouso da membrana
Canal de Na^+ controlado por voltagem	Membrana plasmática do axônio de células nervosas	Geração de potenciais de ação
Canal de K^+ controlado por voltagem	Membrana plasmática do axônio de células nervosas	Retorno da membrana ao potencial de repouso após a iniciação de um potencial de ação
Canal de Ca^{2+} controlado por voltagem	Membrana plasmática do terminal nervoso	Estimulação da liberação de neurotransmissor
Receptor de acetilcolina (canal de cátions controlado por acetilcolina)	Membrana plasmática de células musculares (em junções neuromusculares)	Sinalização sináptica excitatória
Receptores de glutamato (canais de cátions controlados por glutamato)	Membrana plasmática de muitos neurônios (em sinapses)	Sinalização sináptica excitatória
Receptor de GABA (canal de Cl^- controlado por GABA)	Membrana plasmática de muitos neurônios (em sinapses)	Sinalização sináptica inibitória
Receptor de glicina (canal de Cl^- controlado por glicina)	Membrana plasmática de muitos neurônios (em sinapses)	Sinalização sináptica inibitória
Canal de cátions controlado mecanicamente	Células auditivas ciliadas na orelha interna	Detecção de vibrações sonoras

A maioria dos fármacos psicoativos afeta a sinalização sináptica pela ligação a receptores de neurotransmissores

Muitos fármacos utilizados no tratamento de insônia, ansiedade, depressão e esquizofrenia agem pela sua ligação a canais iônicos controlados por transmissor no encéfalo. Os sedativos e os tranquilizantes como os barbitúricos, diazepam, zolpidem e temazepam, por exemplo, ligam-se aos canais de Cl^- controlados por GABA. Sua ligação torna os canais mais fáceis de serem abertos pelo GABA, deixando o neurônio mais sensível à ação inibitória do GABA. Em contraste, o antidepressivo cloridrato de fluoxetina bloqueia o simporte dependente de Na^+ responsável pela recaptação do neurotransmissor excitatório *serotonina*, aumentando a quantidade de serotonina disponível nas sinapses que a usam. Esse fármaco mudou a vida de muitas pessoas que sofrem de depressão – embora não se saiba ainda por que aumentar a serotonina pode melhorar o humor.

O número de tipos diferentes de receptores de neurotransmissores é muito grande, embora eles se enquadrem em um pequeno número de famílias. Existem, por exemplo, muitos subtipos de receptores de acetilcolina, glutamato, GABA, glicina e serotonina; eles costumam estar localizados em diferentes neurônios e muitas vezes diferem apenas sutilmente quanto às suas propriedades eletrofisiológicas. Com tamanha variedade de receptores, pode ser possível projetar uma nova geração de fármacos psicoativos que agirão mais seletivamente em conjuntos específicos de neurônios para aliviar as doenças mentais que assolam a vida de tantas pessoas. Um por cento da população humana, por exemplo, tem esquizofrenia, 1% tem transtorno bipolar, cerca de 1% tem transtorno autista e muitos mais sofrem de transtornos de ansiedade ou depressão. Mutações em genes que afetam a função sináptica podem aumentar muito o risco do mais grave desses transtornos. O fato de tais transtornos serem tão prevalentes sugere que a complexidade da sinalização sináptica possa tornar o encéfalo especialmente vulnerável a anormalidades genéticas. Entretanto, a complexidade também fornece algumas vantagens distintas, como discutimos a seguir.

QUESTÃO 12-8

Quando um neurotransmissor inibitório como o GABA abre os canais de Cl^- na membrana plasmática de um neurônio pós-sináptico, por que fica mais difícil para um neurotransmissor excitatório estimular o neurônio?

A complexidade da sinalização sináptica nos capacita a pensar, agir, aprender e lembrar

Para um processo tão crítico para a sobrevivência animal, o mecanismo que rege a sinalização sináptica parece desnecessariamente pesado, bem como sujeito a erros. Para um sinal passar de um neurônio para o próximo, o terminal nervoso da célula pré-sináptica deve transformar um sinal elétrico em uma substância química secretada. Esse sinal químico deve, então, difundir-se pela fenda sináptica para que a célula pós-sináptica possa transformá-lo novamente em um sinal elétrico. Por que a evolução teria favorecido tal forma aparentemente ineficiente e vulnerável de passar um sinal entre células? Pareceria mais eficiente e robusto haver uma conexão elétrica direta entre elas – ou acabar completamente com a sinapse e usar uma célula única contínua.

O valor das sinapses que dependem de sinais químicos secretados fica claro quando consideramos como eles funcionam no contexto do sistema nervoso – uma rede enorme de neurônios, interconectados por muitos circuitos ramificados, realizando cálculos complexos, armazenando memórias e gerando planos de ação. Para realizar essas funções, os neurônios precisam fazer mais do que meramente gerar e transmitir sinais: eles também devem combiná-los, interpretá-los e registrá-los. As sinapses químicas tornam essas atividades possíveis. Um neurônio motor na medula espinal, por exemplo, recebe entradas de informação de centenas ou milhares de outros neurônios que fazem sinapses com ele (**Figura 12-42**). Alguns desses sinais tendem a estimular o neurônio, enquanto outros o inibem. O neurônio motor deve combinar toda essa informação que ele recebe e reagir, seja estimulando um músculo a se contrair ou a permanecer quieto.

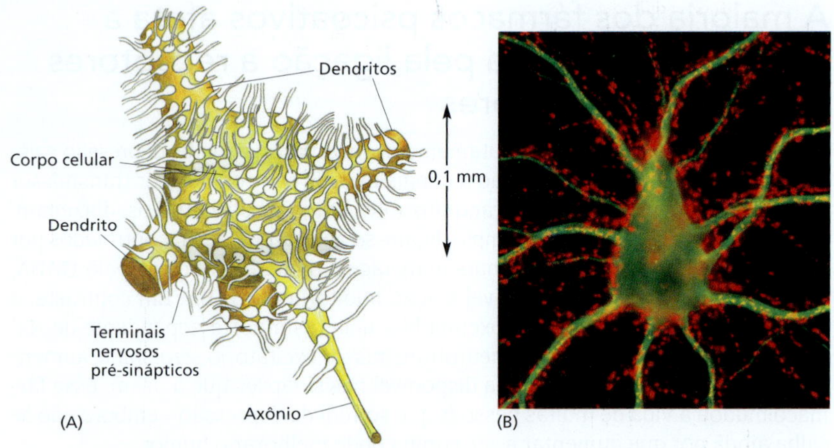

Figura 12-42 Milhares de sinapses se formam no corpo celular e nos dendritos de um neurônio motor na medula espinal. (A) Muitos milhares de terminais nervosos fazem sinapse nesse neurônio, transmitindo sinais de outras partes do animal para controlar o disparo de potenciais de ação ao longo do axônio do neurônio. (B) Uma célula nervosa de rato em cultura. Seu corpo celular e os dendritos (*verde*) estão corados com um anticorpo fluorescente que reconhece uma proteína do citoesqueleto. Milhares de terminais axonais (*vermelho*) de outras células nervosas (não visíveis) fazem sinapses na superfície da célula; eles estão corados com anticorpo fluorescente que reconhece uma proteína das vesículas sinápticas, que estão localizadas nos terminais (ver Figura 12-38). (B, cortesia de Olaf Mundigl e Pietro de Camilli.)

Essa tarefa de calcular uma saída apropriada para a balbúrdia de entradas de informação é realizada por uma interação complicada entre os diferentes tipos de canais iônicos presentes na membrana plasmática do neurônio. Cada uma das centenas de tipos de neurônios em seu encéfalo possui seu próprio conjunto característico de receptores e canais iônicos que permite à célula responder de modo específico a certo conjunto de entradas de informação e, assim, realizar sua tarefa especializada.

Além de integrar uma variedade de entradas químicas, uma sinapse também pode ajustar a magnitude de sua resposta – reagindo mais (ou menos) vigorosamente a um potencial de ação que chega – baseado em quão intensamente essa sinapse tenha sido utilizada no passado. Essa habilidade de se adaptar, chamada de **plasticidade sináptica**, é desencadeada pela entrada de Ca^{2+} pelos canais catiônicos especiais na membrana plasmática pós-sináptica, que pode levar a alterações funcionais em qualquer lado da sinapse – na quantidade de neurotransmissor liberado pelo terminal axonal, na forma com que a célula pós-sináptica responde ao transmissor, ou em ambas. Essas alterações sinápticas podem durar horas, dias, semanas ou mais, e acredita-se que elas desempenhem um papel importante no aprendizado e na memória.

As sinapses são, assim, componentes críticos da maquinaria que nos capacita a agir, pensar, sentir, falar, aprender e lembrar. Considerando que elas atuam nos circuitos neuronais que são tão assustadoramente complexos, será possível entender em profundidade os circuitos que movem os comportamentos humanos complexos? Embora a solução desse problema em humanos esteja em um futuro distante, agora possuímos maneiras cada vez mais poderosas de estudar os circuitos neuronais – e as moléculas – que embasam o comportamento em animais experimentais. Uma das técnicas mais promissoras utiliza um tipo de canal iônico controlado por luz emprestado de algas unicelulares, como discutimos agora.

A optogenética utiliza canais iônicos controlados por luz para ativar ou inativar transitoriamente os neurônios em animais vivos

As algas verdes fotossintetizantes utilizam os canais controlados por luz para perceber a luz solar e navegar em sua direção. Em resposta à luz azul, um desses canais – chamado *canal de rodopsina* – permite que o Na^+ flua para dentro da célula. Isso despolariza a membrana plasmática e, por fim, modula o batimento dos flagelos que as células usam para nadar. Embora esses canais sejam peculiares às algas verdes unicelulares, eles continuam a funcionar de modo apropriado mesmo quando artificialmente transferidos para dentro de outros tipos celulares, conferindo sensibilidade à luz a tais células.

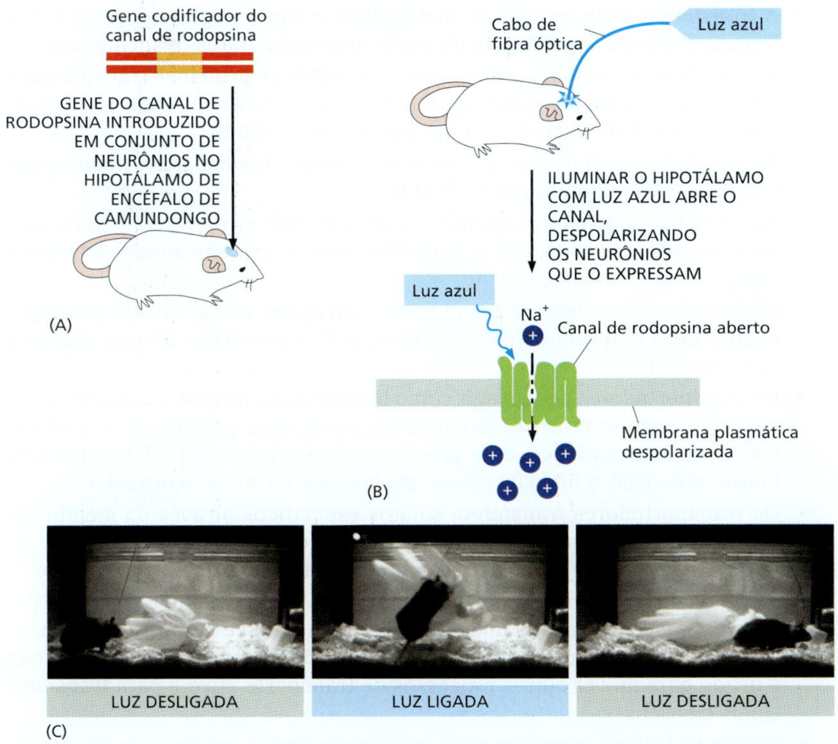

Figura 12-43 Os canais iônicos controlados por luz podem controlar a atividade de neurônios específicos em um animal vivo. (A) Nesse experimento, o gene codificador do canal de rodopsina foi introduzido em um subconjunto de neurônios no hipotálamo do camundongo. (B) Quando os neurônios são expostos à luz azul com o uso de um pequeno cabo de fibra óptica implantado no encéfalo do animal, os canais de rodopsina se abrem, despolarizando e estimulando os neurônios contendo os canais. (C) Quando a luz é ligada, o camundongo imediatamente se torna agressivo; quando a luz é desligada, seu comportamento imediatamente retorna ao normal. (C, de D. Lin et al., *Nature* 470:221–226, 2011. Com permissão de Macmillan Publishers Ltd.)

Uma vez que as células nervosas são ativadas por um influxo de Na^+ despolarizante (ver Figura 12-36), o canal de rodopsina pode ser utilizado para manipular a atividade dos neurônios e circuitos neuronais. Ele foi até mesmo utilizado para controlar o comportamento dos animais vivos. Em um experimento particularmente impressionante, o gene do canal de rodopsina foi introduzido em uma subpopulação selecionada de neurônios do hipotálamo de camundongo – uma região encefálica envolvida em muitas funções, incluindo a agressividade. Quando os canais eram subsequentemente iluminados por uma fina fibra óptica implantada no encéfalo do animal, o camundongo atacava qualquer objeto no seu caminho – incluindo outros camundongos ou, em um momento cômico, uma luva de borracha inflada. Quando a luz era apagada, os neurônios silenciavam e o comportamento do camundongo imediatamente retornava ao normal (**Figura 12-43** e **Animação 12.10**).

Como a abordagem utiliza a luz para controlar os neurônios nos quais os canais de rodopsina – ou qualquer outro canal controlado por luz – foram introduzidos por técnicas de engenharia genética (discutido no Capítulo 10), o método foi chamado de **optogenética**. Essa nova ferramenta está revolucionando a neurobiologia, permitindo aos pesquisadores dissecar os circuitos neuronais que regem até mesmo os comportamentos mais complexos em uma variedade de animais experimentais, de moscas-da-fruta a macacos. Entretanto, suas implicações se estendem além do laboratório. À medida que os estudos genéticos continuam a identificar os genes associados a vários distúrbios humanos neurológicos e psiquiátricos, a capacidade de explorar os canais controlados por luz para estudar onde e como esses genes funcionam em organismos-modelo promete avançar muito nosso entendimento sobre as bases moleculares e celulares do comportamento humano.

CONCEITOS ESSENCIAIS

- **A bicamada lipídica das membranas celulares é altamente permeável a moléculas apolares pequenas, como o oxigênio e o dióxido de carbono, e, em menor grau, a moléculas polares muito pequenas, como a água. Ela é altamente impermeável à maioria das moléculas grandes solúveis em água e a todos os íons.**

- A transferência de nutrientes, metabólitos e íons inorgânicos pelas membranas celulares depende das proteínas transportadoras da membrana.
- As membranas celulares contêm uma variedade de proteínas transportadoras que funcionam como transportadores ou como canais, cada um responsável pela transferência de um tipo particular de soluto.
- As proteínas canal formam poros pela bicamada lipídica pelos quais os solutos podem se difundir passivamente.
- Tanto os transportadores quanto os canais podem mediar o transporte passivo, no qual um soluto não carregado se move espontaneamente a favor do seu gradiente de concentração.
- Para o transporte passivo de um soluto carregado, seu gradiente eletroquímico é mais determinante da sua direção de movimento do que apenas a sua concentração.
- Os transportadores podem agir como bombas para mediar o transporte ativo, no qual os solutos são movidos contra os seus gradientes de concentração ou eletroquímico; esse processo exige energia que é fornecida pela hidrólise de ATP, o fluxo favorável dos íons Na^+ ou H^+, ou a luz solar.
- Os transportadores transferem solutos específicos através da membrana submetendo-se a mudanças conformacionais que expõem o sítio de ligação ao soluto primeiro em um lado da membrana e depois no outro.
- A bomba de Na^+ na membrana plasmática das células animais é uma ATPase; ela transporta Na^+ ativamente para fora da célula e K^+ para dentro, mantendo um gradiente de Na^+ acentuado através da membrana plasmática, que é usado para mover outros processos de transporte ativo e para transmitir sinais elétricos.
- Os canais iônicos permitem que íons inorgânicos de tamanho e carga apropriados atravessem a membrana. A maioria é controlada e abre-se transitoriamente em resposta a um estímulo específico.
- Mesmo quando ativados por um estímulo específico, os canais iônicos não permanecem constantemente abertos: eles alternam aleatoriamente entre as conformações aberta e fechada. Um estímulo ativador aumenta a proporção de tempo em que o canal passa no estado aberto.
- O potencial de membrana é determinado pela distribuição desigual de íons carregados nos dois lados de uma membrana celular; ele é alterado quando esses íons fluem pelos canais iônicos abertos na membrana.
- Na maioria das células animais, o valor negativo do potencial de membrana em repouso através da membrana plasmática depende principalmente do gradiente de K^+ e da operação de canais de vazamento seletivo de K^+; nesse potencial de repouso, a força motriz para o movimento de K^+ através da membrana é quase zero.
- Os neurônios propagam impulsos elétricos na forma de potenciais de ação, que podem percorrer grandes distâncias ao longo de um axônio sem enfraquecerem. Os potenciais de ação são mediados pelos canais de Na^+ controlados por voltagem que se abrem em resposta à despolarização da membrana plasmática.
- Os canais de Ca^{2+} controlados por voltagem em um terminal nervoso acoplam a chegada de um potencial de ação à liberação de neurotransmissor em uma sinapse. Os canais iônicos controlados por transmissor transformam esse sinal químico novamente em um sinal elétrico na célula-alvo pós-sináptica.
- Os neurotransmissores excitatórios abrem os canais de cátions controlados por transmissor que permitem o influxo de Na^+, que despolariza a membrana plasmática da célula pós-sináptica e estimula a célula a disparar um potencial de ação. Os neurotransmissores inibitórios abrem os canais de Cl^- controlados por transmissor na membrana plasmática da célula pós-sináptica, dificultando a despolarização da membrana e o disparo de um potencial de ação.
- Conjuntos complexos de células nervosas no encéfalo humano exploram todos os mecanismos que tornam os comportamentos humanos possíveis.

TERMOS-CHAVE

antiporte
axônio
bomba
bomba de Ca^{2+} (ou Ca^{2+}-ATPase)
bomba de H^+ (H^+/ATPase)
bomba de Na^+ (ou Na^+/K^+ ATPase)
bombas acopladas
canais de vazamento de K^+
canal
canal controlado mecanicamente
canal controlado por ligante
canal controlado por voltagem
canal de Na^+ controlado por voltagem
canal iônico
canal iônico controlado por transmissor
dendrito
despolarização
equação de Nernst
gradiente eletroquímico
neurotransmissor
neurônio
optogenética
osmose
plasticidade sináptica
potencial de ação
potencial de membrana
potencial de repouso da membrana
proteína de transporte de membrana
registro *patch-clamp*
simporte
sinapse
terminal nervoso
transporte ativo
transporte passivo
vesícula sináptica

TESTE SEU CONHECIMENTO

QUESTÃO 12-9

O diagrama da Figura 12-9 mostra um transportador passivo que medeia a transferência de um soluto a favor de seu gradiente de concentração através da membrana. O que você precisaria mudar no diagrama para transformar o transportador em uma bomba que move o soluto contra seu gradiente de concentração pela hidrólise de ATP? Explique a necessidade de cada uma das etapas em sua nova ilustração.

QUESTÃO 12-10

Quais das seguintes afirmativas estão corretas? Explique sua resposta.

A. A membrana plasmática é altamente impermeável a todas as moléculas carregadas.
B. Os canais possuem bolsos de ligação específicos para as moléculas de soluto que eles deixam passar.
C. Os transportadores permitem que os solutos atravessem uma membrana a taxas muito mais rápidas do que os canais.
D. Certas bombas de H^+ são abastecidas por energia luminosa.
E. A membrana plasmática de muitas células animais contém canais de K^+ abertos, ainda que a concentração de K^+ no citosol seja muito mais alta do que no exterior da célula.
F. Um simporte funcionaria como um antiporte se sua orientação na membrana fosse invertida (i.e., se a porção da molécula normalmente exposta ao citosol se voltasse para o lado de fora da célula).
G. O potencial de membrana de um axônio fica temporariamente mais negativo quando um potencial de ação o excita.

QUESTÃO 12-11

Liste os seguintes compostos em ordem crescente de permeabilidade da bicamada lipídica: RNA, Ca^{2+}, glicose, etanol, N_2, água.

QUESTÃO 12-12

Cite pelo menos uma semelhança e uma diferença entre os seguintes termos (pode ser útil revisar as definições dos termos usando o Glossário):

A. Simporte e antiporte
B. Transporte ativo e transporte passivo
C. Potencial de membrana e gradiente eletroquímico
D. Bomba e transportador
E. Axônio e linha telefônica
F. Soluto e íon

QUESTÃO 12-13

Discuta a seguinte afirmativa: "As diferenças entre um canal e um transportador são como as diferenças entre uma ponte e uma balsa".

QUESTÃO 12-14

O neurotransmissor acetilcolina é produzido no citosol e então transportado para dentro de vesículas sinápticas, onde sua concentração é mais de 100 vezes maior do que no citosol. Quando as vesículas sinápticas são isoladas dos neurônios, elas podem absorver mais acetilcolina adicionada à solução na qual se encontram suspensas, mas apenas quando o ATP está presente. Os íons Na^+ não são necessários para a captação, porém, curiosamente, a elevação no pH da solução na qual as vesículas sinápticas estão suspensas aumenta a velocidade de captação.

Além disso, o transporte é inibido quando fármacos que tornam a membrana permeável a íons H^+ são adicionados. Sugira um mecanismo que seja compatível com todas essas observações.

QUESTÃO 12-15

O potencial de membrana em repouso de uma célula animal típica é cerca de –70 mV, e a espessura de uma bicamada lipídica é cerca de 4,5 nm. Qual é a força do campo elétrico através da membrana em V/cm? O que supostamente aconteceria se você aplicasse essa força do campo a dois eletrodos metálicos separados por um espaço, com ar, de 1 cm?

QUESTÃO 12-16

As bicamadas fosfolipídicas formam vesículas esféricas seladas na água (discutido no Capítulo 11). Suponha que você tenha construído vesículas lipídicas que contenham bombas de Na^+ como as únicas proteínas de membrana e que, a título de simplicidade, cada bomba transporte um Na^+ em uma direção e um K^+ na outra direção em cada ciclo de bombeamento. Todas as bombas de Na^+ têm a porção da molécula que normalmente se volta para o citosol orientada em direção ao exterior das vesículas. Com a ajuda da Figura 12-11, determine o que aconteceria se:

A. Suas vesículas fossem suspensas em uma solução contendo tanto íons Na^+ como íons K^+ e tivessem uma solução com a mesma composição iônica dentro delas.
B. Você adicionasse ATP à suspensão descrita em (A).
C. Você adicionasse ATP, mas a solução – tanto no exterior como no interior das vesículas – contivesse apenas íons Na^+ e nenhum íon K^+.
D. As concentrações de Na^+ e K^+ fossem como em (A), mas a metade das moléculas de bomba embebidas na membrana de cada vesícula fossem orientadas para o outro lado, para que as porções normalmente citosólicas dessas moléculas estivessem orientadas para o interior das vesículas. Você, então, adiciona ATP à suspensão.
E. Você adicionasse ATP à suspensão descrita em (A), mas, além das bombas de Na^+, a membrana de suas vesículas também contivesse canais de vazamento de K^+.

QUESTÃO 12-17

Cite os três modos pelos quais um canal iônico pode ser controlado.

QUESTÃO 12-18

Mil canais de Ca^{2+} se abrem na membrana plasmática de uma célula que tem 1.000 μm^3 de tamanho e uma concentração citosólica de Ca^{2+} de 100 nM. Por quanto tempo os canais precisariam permanecer abertos, a fim de que a concentração citosólica de Ca^{2+} subisse para 5 μM? Há praticamente Ca^{2+} ilimitado disponível no meio externo (a concentração extracelular de Ca^{2+} na qual a maioria das células animais vive é de alguns milimolares) e, por canal, passam 10^6 íons Ca^{2+} por segundo.

QUESTÃO 12-19

Os aminoácidos são absorvidos pelas células animais usando um simporte na membrana plasmática. Qual é o íon mais provável cujo gradiente eletroquímico direciona a importação? É consumido ATP no processo? Em caso afirmativo, como?

QUESTÃO 12-20

Conforme visto no Capítulo 15, os endossomos, que são organelas intracelulares envoltas por membrana, precisam de um lúmen ácido para funcionarem. A acidificação é obtida por uma bomba de H^+ na membrana endossômica, que também possui canais de Cl^-. Se os canais não funcionarem apropriadamente (p. ex., em razão de uma mutação nos genes codificadores das proteínas canal), a acidificação também será prejudicada.

A. Você pode explicar como os canais de Cl^- poderiam ajudar na acidificação?
B. De acordo com sua explicação, os canais de Cl^- seriam absolutamente necessários para diminuir o pH dentro do endossomo?

QUESTÃO 12-21

Algumas células bacterianas podem crescer tanto com etanol (CH_3CH_2OH) quanto com acetato (CH_3COO^-) como sua única fonte de carbono. O Dr. Schwips mediu a velocidade na qual os dois compostos atravessam a membrana plasmática bacteriana, mas, em razão da inalação excessiva de um dos compostos (qual deles?), não anotou seus dados corretamente.

A. Represente graficamente os dados da seguinte tabela.

Concentração da fonte de carbono (mM)	Velocidade de transporte (μmol/min)	
	Composto A	Composto B
0,1	2	18
0,3	6	46
1	20	100
3	60	150
10	200	182

B. Determine, a partir de seu gráfico, se os dados que descrevem o composto A correspondem à captação de etanol ou acetato.
C. Determine as velocidades de transporte para os compostos A e B a 0,5 mM e 100 mM. (Esta parte da questão exige que você esteja familiarizado com os princípios de cinética enzimática discutidos no Capítulo 3.)

Explique sua resposta.

QUESTÃO 12-22

Os canais de cátions controlados por acetilcolina não distinguem entre os íons Na^+, K^+ e Ca^{2+}, permitindo que todos passem livremente por eles. Então, por que, quando a acetilcolina se liga a essa proteína na membrana plasmática das células musculares, o canal se abre e há um grande influxo líquido sobretudo de íons Na^+?

QUESTÃO 12-23

Os canais iônicos que são regulados pela ligação de transmissores, como a acetilcolina, o glutamato, o GABA ou a glicina, possuem uma estrutura geral semelhante. Ainda assim, cada classe desses canais consiste em um conjunto muito diverso de subtipos com diferentes afinidades aos transmissores, diferentes condutâncias nos canais e diferentes velocidades de abertura e fechamento. Você supõe que essa diversidade extrema seja algo bom ou ruim do ponto de vista da indústria farmacêutica?

13

Como as células obtêm energia do alimento

A QUEBRA E A UTILIZAÇÃO DE AÇÚCARES E GORDURAS

A REGULAÇÃO DO METABOLISMO

Como discutimos no Capítulo 3, as células requerem um suprimento constante de energia para gerar e manter a ordem biológica que lhes possibilita crescer, dividir-se e desempenhar suas atividades diárias. Essa energia provém da energia de ligações químicas presentes em moléculas do alimento, que desse modo funcionam como combustíveis para as células.

Talvez as moléculas mais importantes como combustíveis sejam os açúcares. As plantas produzem seus próprios açúcares a partir de CO_2 pela fotossíntese. Os animais obtêm açúcares – e outras moléculas orgânicas que podem ser transformadas quimicamente em açúcares – alimentando-se de plantas e outros organismos. Apesar disso, o processo pelo qual todos esses açúcares são degradados para gerar energia é muito semelhante em animais e plantas. Em ambos os casos, as células do organismo obtêm energia útil a partir da energia de ligações químicas armazenadas em açúcares, à medida que essas moléculas de açúcares são quebradas e oxidadas a dióxido de carbono (CO_2) e água (H_2O) – um processo denominado **respiração celular**. A energia liberada durante essas reações é capturada na forma de ligações químicas de "alta energia" – ligações covalentes que liberam grandes quantidades de energia quando hidrolisadas – presentes em *carreadores ativados* como ATP e NADH. Esses carreadores, por sua vez, atuam como fontes portáteis de grupos químicos e elétrons necessários para a biossíntese (discutido no Capítulo 3).

Neste capítulo, delineamos as principais etapas na degradação de açúcares e mostramos como ATP, NADH e outros carreadores ativados são produzidos ao longo do caminho. Concentramo-nos na degradação da glicose porque ela gera a maior parte da energia produzida na maioria das células animais. Uma via muito similar opera em plantas, fungos e muitas bactérias. Outras moléculas, como ácidos graxos e proteínas, também podem servir como fontes energéticas se forem canalizadas por vias enzimáticas apropriadas. Vamos observar como as células usam muitas das moléculas geradas pela quebra de açúcares e gorduras como pontos de partida para produzirem outras moléculas orgânicas.

Finalmente, examinamos como as células regulam o seu metabolismo e como elas armazenam moléculas dos alimentos para futuras necessidades metabólicas. Deixamos nossa discussão acerca do mecanismo elaborado usado pelas células para produzir a maior parte de seu ATP para o Capítulo 14.

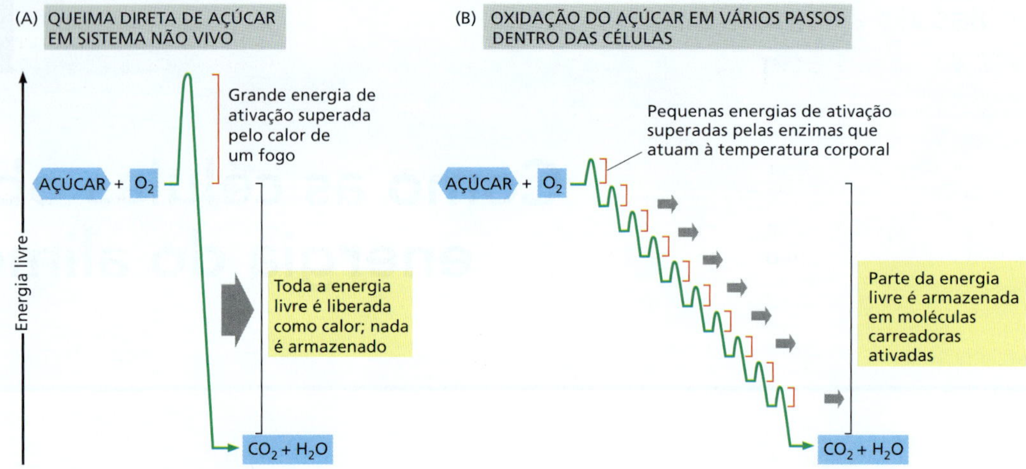

Figura 13-1 A oxidação em etapas, de modo controlado, do açúcar nas células captura energia útil, diferentemente da simples queima das mesmas moléculas de combustível. (A) A queima direta de açúcar em sistemas não vivos gera mais energia do que aquela que pode ser armazenada em qualquer molécula carreadora. Essa energia é, portanto, liberada como calor. (B) Em uma célula, as enzimas catalisam a quebra dos açúcares por meio de uma série de pequenos passos, nos quais uma porção da energia livre liberada é capturada pela formação de carreadores ativados – mais frequentemente ATP e NADH. Cada passo é catalisado por uma enzima que diminui a barreira da energia de ativação que deve ser sobreposta pela colisão aleatória de moléculas na temperatura das células (temperatura corporal), de modo a permitir que a reação ocorra. A energia livre total liberada pela quebra oxidativa da glicose – 686 kcal/mol (2.880 kJ/mol) – é exatamente a mesma em (A) e (B).

A QUEBRA E A UTILIZAÇÃO DE AÇÚCARES E GORDURAS

Se uma molécula combustível como a glicose fosse oxidada a CO_2 e H_2O em uma única etapa – pela aplicação direta de fogo, por exemplo –, ela iria liberar uma quantidade de energia muitas vezes superior àquela que qualquer molécula carreadora poderia capturar (**Figura 13-1A**). Em vez disso, as células usam enzimas para realizar a oxidação de açúcares em uma série fortemente controlada de reações. Graças à ação das enzimas – que operam a temperaturas típicas dos seres vivos –, as células degradam cada molécula de glicose passo a passo, disponibilizando energia em pequenos pacotes para os carreadores ativados por meio de reações acopladas (**Figura 13-1B**). Desse modo, grande parte da energia liberada pela quebra da glicose é salva na forma de ligações de alta energia do ATP e outros carreadores ativados, que podem então se tornar disponíveis para realizar trabalho útil na célula.

As células animais produzem ATP de dois modos. Primeiro, certas reações catalisadas por enzimas, favoráveis energeticamente e envolvidas na quebra dos alimentos, são diretamente acopladas à reação energeticamente desfavorável **ADP** + Pi → **ATP**. Portanto, a oxidação de moléculas do alimento pode fornecer energia para a produção intermediária de ATP. A maior parte da síntese de ATP, entretanto, requer um intermediário. Nessa segunda via para produzir ATP, a energia de outros carreadores ativados é usada para impulsionar a produção de ATP. Esse processo, denominado *fosforilação oxidativa*, ocorre na membrana mitocondrial interna (**Figura 13-2**) e é descrito em detalhes no Capítulo 14. Neste capítulo, concentramo-nos na primeira sequência de reações pelas quais as moléculas do alimento são oxidadas – tanto no citosol quanto na matriz mitocondrial (ver Figura 13-2). Essas reações produzem ATP e os carreadores ativados adicionais que subsequentemente ajudarão a impulsionar a produção de quantidades muito maiores de ATP por meio da fosforilação oxidativa.

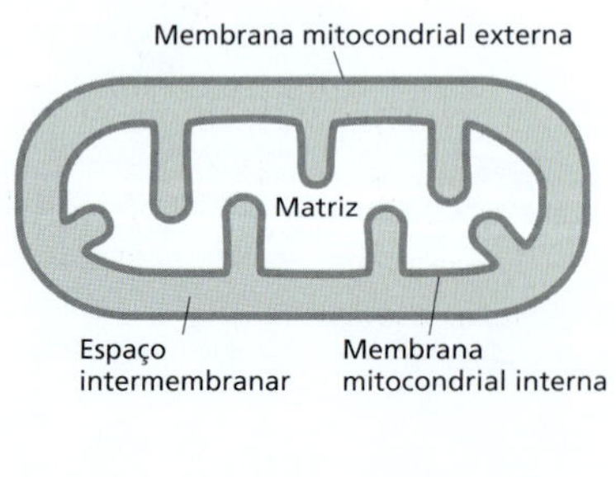

Figura 13-2 Uma mitocôndria tem duas membranas e um grande espaço interno denominado matriz. A maior parte da energia proveniente das moléculas de alimento é aproveitada na mitocôndria – tanto na matriz quanto na membrana mitocondrial interna.

As moléculas do alimento são quebradas em três etapas

As proteínas, as gorduras e os polissacarídeos, que constituem a maior parte do alimento que comemos, devem ser quebrados em moléculas menores antes de nossas células poderem usá-las – seja como fonte de energia ou como blocos de construção para produzir outras moléculas orgânicas. Esse processo de quebra – no qual enzimas degradam moléculas orgânicas complexas em outras mais simples – é denominado **catabolismo**. O processo ocorre em três etapas, como ilustrado na **Figura 13-3**.

(A)

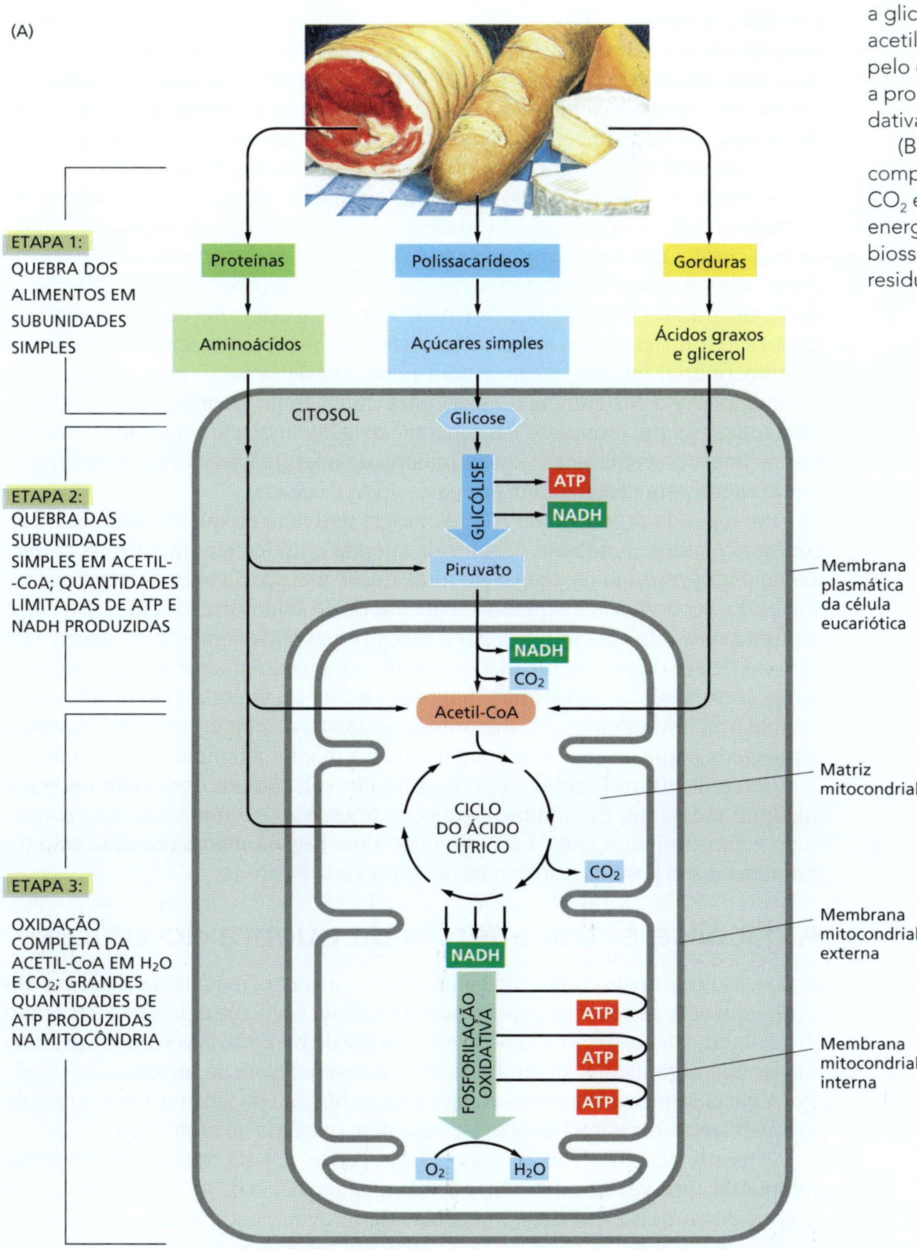

(B) RESULTADO LÍQUIDO: ALIMENTO + O_2 → ATP + NADH + CO_2 + H_2O

Figura 13-3 A quebra das moléculas de alimento ocorre em três etapas. (A) A etapa 1 ocorre principalmente fora das células na boca e no intestino – ainda que lisossomos intracelulares possam também digerir grandes moléculas orgânicas. A etapa 2 ocorre sobretudo no citosol, exceto pelo passo final de conversão do piruvato nos grupos acetila da acetil-CoA, que ocorre na matriz mitocondrial. A etapa 3 inicia-se com o ciclo do ácido cítrico na matriz mitocondrial e é concluída com a fosforilação oxidativa na membrana mitocondrial interna. O NADH gerado na etapa 2 – durante a glicólise e a conversão de piruvato em acetil-CoA – soma-se ao NADH produzido pelo ciclo do ácido cítrico para impulsionar a produção de ATP pela fosforilação oxidativa.

(B) Os produtos líquidos da oxidação completa do alimento incluem ATP, NADH, CO_2 e H_2O. O ATP e o NADH fornecem a energia e os elétrons necessários para a biossíntese; o CO_2 e o H_2O são produtos residuais.

Na *etapa 1* do catabolismo, enzimas convertem grandes moléculas poliméricas do alimento em subunidades monoméricas menores: proteínas em aminoácidos, polissacarídeos em açúcares, e gorduras em ácidos graxos e glicerol. Essa etapa – também denominada *digestão* – ocorre no lado de fora das células (no intestino) ou em organelas especializadas dentro das células denominadas lisossomos (discutidos no Capítulo 15). Após a digestão, as moléculas orgânicas menores derivadas do alimento entram no citosol de uma célula, onde sua quebra oxidativa gradual se inicia.

Na *etapa 2* do catabolismo, uma cadeia de reações denominada *glicólise* quebra cada molécula de *glicose* em duas moléculas menores de *piruvato*. Açúcares diferentes da glicose também podem ser usados, após serem primeiramente convertidos em um dos intermediários dessa via de quebra de açúcares. A glicólise é realizada no citosol e, além de produzir piruvato, gera dois tipos de carreadores ativados: ATP e NADH. O piruvato é transportado do citosol para o maior compartimento mitocondrial interno, denominado *matriz*. Lá, um complexo enzimático gigante converte cada molécula de piruvato em CO_2 e *acetil-CoA*, outro dos carreadores ativados discutidos no Capítulo 3 (ver Figura 3-36). No mesmo compartimento, grandes quantidades de acetil-CoA também são produzidas por meio da quebra oxidativa realizada passo a passo dos ácidos graxos derivados das gorduras (ver Figura 13-3).

A *etapa 3* do catabolismo ocorre inteiramente dentro das mitocôndrias. O grupo acetila da acetil-CoA é transferido a uma molécula de oxalacetato para formar citrato, que entra em uma série de reações denominadas *ciclo do ácido cítrico*. Nessas reações, o grupo acetila transferido é oxidado em CO_2 com a produção de grandes quantidades de NADH. Por fim, os elétrons de alta energia do NADH são transferidos ao longo de uma série de enzimas presentes na membrana mitocondrial interna, a *cadeia transportadora de elétrons*, na qual a energia liberada nessa transferência é usada para impulsionar a fosforilação oxidativa – um processo que produz ATP e consome oxigênio molecular (gás O_2). É nessas etapas finais do catabolismo que a maioria da energia liberada pela oxidação é armazenada para produzir a maior parte do ATP celular.

Por meio da produção de ATP, a energia derivada da quebra de açúcares e gorduras é redistribuída em pacotes de energia química em uma forma conveniente para ser usada na célula. No total, quase metade da energia que poderia, em teoria, ser derivada da quebra da glicose ou de ácidos graxos em H_2O e CO_2 é capturada e usada para impulsionar a reação energeticamente desfavorável ADP + $P_i \rightarrow$ ATP. Em contraste, um dispositivo de combustão moderno, como um motor de carro, pode converter não mais do que 20% da energia disponível no seu combustível em trabalho útil. Em ambos os casos, a energia restante é liberada como calor, o que no caso dos animais ajuda a manter a temperatura corporal.

Cerca de 10^9 moléculas de ATP estão em solução em uma célula típica a qualquer momento. Em muitas células, todo esse ATP é renovado (i.e., consumido e substituído) a cada 1 a 2 minutos. Uma pessoa média em descanso irá hidrolisar o seu peso em moléculas de ATP a cada 24 horas.

A glicólise extrai energia da quebra do açúcar

O processo central da etapa 2 do catabolismo é a quebra oxidativa da **glicose** em uma sequência de reações denominada **glicólise**. A glicólise produz ATP sem o envolvimento de oxigênio. Ela ocorre no citosol da maioria das células, incluindo muitos microrganismos anaeróbicos que se desenvolvem na ausência de oxigênio. A glicólise provavelmente evoluiu cedo na história da vida na Terra, antes de os organismos fotossintetizantes introduzirem oxigênio na atmosfera.

O termo "glicólise" vem do grego *glykys*, "doce", e *lysis*, "quebra". É um nome apropriado, uma vez que a glicólise divide uma molécula de glicose, que tem seis átomos de carbono, em duas moléculas de piruvato, cada uma contendo três átomos de carbono. A série de rearranjos químicos que, em última instância, produzem o piruvato libera energia porque os elétrons em uma molécula de piruvato estão, ao todo, em um estado de energia inferior ao daqueles presentes em uma molécula de glicose. Apesar disso, para cada molécula de glicose que entra

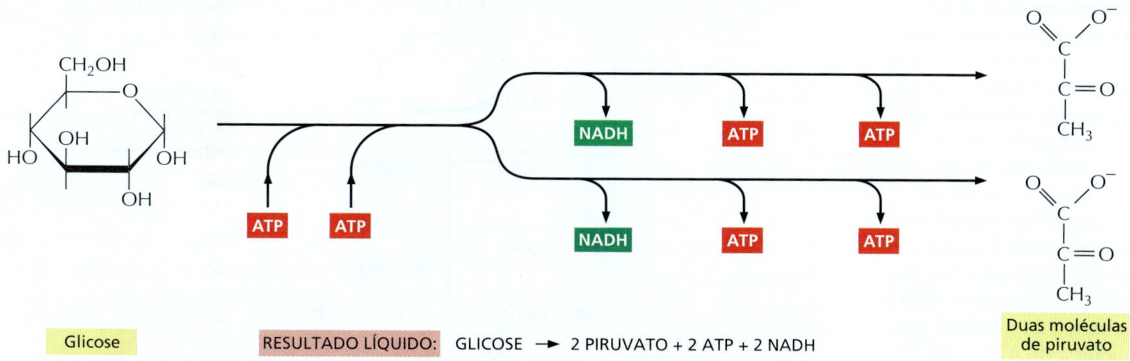

Figura 13-4 A glicólise divide uma molécula de glicose para formar duas moléculas de piruvato. O processo requer uma entrada de energia, na forma de ATP, no início. O investimento de energia é posteriormente compensado pela produção de dois NADHs e quatro ATPs.

em glicólise, duas moléculas de ATP são inicialmente consumidas para fornecer a energia necessária para preparar o açúcar a ser dividido. Esse investimento de energia é mais do que recuperado nas etapas subsequentes da glicólise, quando quatro moléculas de ATP são produzidas. A energia é também capturada nesta "fase de pagamento" na forma de NADH. Portanto, no final da glicólise, ocorre um ganho líquido de duas moléculas de ATP e duas moléculas de NADH para cada molécula de glicose quebrada (**Figura 13-4**).

A glicólise produz ATP e NADH

A determinação da via glicolítica completa nos anos de 1930 foi um dos principais triunfos da bioquímica, uma vez que a via consiste em uma sequência de 10 reações separadas, cada uma produzindo um intermediário de açúcar diferente e cada uma catalisada por uma enzima diferente. Assim como a maioria das enzimas, aquelas que catalisam a glicólise têm nomes terminados em *-ase* – como isomerase e desidrogenase –, que especificam o tipo de reação que catalisam (**Tabela 13-1**). As reações da via glicolítica estão apresentadas como um esboço na **Figura 13-5** e em detalhes no **Painel 13-1** (p. 428-429).

TABELA 13-1 Alguns tipos de enzimas envolvidas na glicólise

Tipo de enzima	Função geral	Papel na glicólise
Cinase	Catalisa a adição de um grupo fosfato às moléculas	Uma cinase transfere um grupo fosfato do ATP para um substrato nas etapas 1 e 3; outras cinases transferem um fosfato para o ADP para formar ATP nas etapas 7 e 10
Isomerase	Catalisa o rearranjo de ligações dentro de uma única molécula	Isomerases nas etapas 2 e 5 preparam moléculas para as alterações químicas que se seguirão
Desidrogenase	Catalisa a oxidação de uma molécula por meio da remoção de um átomo de hidrogênio e de um elétron (um íon hidreto, H^-)	A enzima gliceraldeído-3-fosfato-desidrogenase gera NADH na etapa 6
Mutase	Catalisa a mudança de um grupo químico de uma posição para outra dentro de uma molécula	O movimento de um fosfato pela fosfoglicerato-mutase na etapa 8 ajuda a preparar o substrato para transferir esse grupo para o ADP e produzir ATP na etapa 10

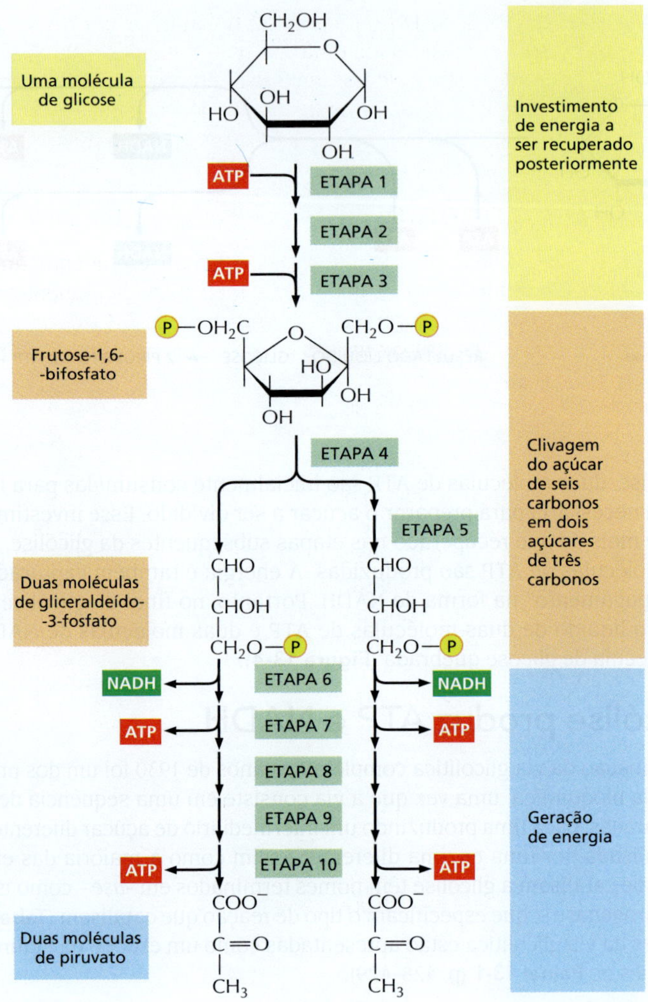

Figura 13-5 A quebra em etapas dos açúcares inicia-se com a glicólise. Cada uma das 10 etapas da glicólise é catalisada por uma enzima diferente. Observe que a etapa 4 cliva um açúcar de seis carbonos em dois açúcares de três carbonos, de modo que o número de moléculas em cada etapa posterior se duplica. Observe também que um dos produtos da etapa 4 deve ser modificado (isomerizado) na etapa 5 antes de prosseguir para a etapa 6 (ver Painel 13-1). Como indicado, a etapa 6 inicia a fase geradora de energia da glicólise, que resulta na síntese líquida de ATP e NADH (ver também Figura 13-4). A glicólise é também algumas vezes referida como a via de Embden-Meyerhof, assim denominada em referência aos químicos que a descreveram. Todas as etapas da glicólise estão revisadas na **Animação 13.1**.

Grande parte da energia liberada pela quebra da glicose é usada para impulsionar a síntese de moléculas de ATP a partir de ADP e P_i. Essa forma de síntese de ATP, que acontece nas etapas 7 e 10 da glicólise, é conhecida com *fosforilação em nível de substrato* porque ocorre por meio da transferência de um grupo fosfato diretamente de uma molécula do substrato – um dos intermediários de açúcares – para o ADP. Em contraste, a maioria das fosforilações nas células ocorre pela transferência do fosfato do ATP para uma molécula de substrato.

O restante da energia liberada durante a glicólise é armazenado nos elétrons na molécula de **NADH** produzida na etapa 6 por uma reação de oxidação. Como discutido no Capítulo 3, a oxidação nem sempre envolve oxigênio; ela ocorre em qualquer reação na qual elétrons são perdidos de um átomo e transferidos para outro. Desse modo, ainda que nenhum oxigênio molecular esteja envolvido na glicólise, a oxidação ocorre na etapa 6, pois um átomo de hidrogênio mais um elétron são removidos do intermediário de açúcar gliceraldeído-3-fosfato e transferidos ao **NAD^+**, produzindo NADH (ver Painel 13-1, p. 428).

Ao longo da glicólise, duas moléculas de NADH são formadas por molécula de glicose. Em organismos aeróbicos, essas moléculas de NADH doam seus elétrons para a cadeia transportadora de elétrons localizada na membrana mitocondrial interna, como descrito em detalhes no Capítulo 14. Tais transferências de elétrons liberam energia à medida que os elétrons caem de um estado de energia mais alto para um estado mais baixo. Os elétrons transferidos ao longo da cadeia transportadora de elétrons são por fim transferidos para o O_2, formando água.

Ao doar seus elétrons, NADH é convertido novamente em NAD^+, que fica então disponível para ser usado mais uma vez para a glicólise. Na ausência de oxigênio, NAD^+ pode ser regenerado por um tipo alternativo de reação produtora de energia, denominada fermentação, como discutimos a seguir.

As fermentações podem produzir ATP na ausência de oxigênio

Para a maioria das células animais e vegetais, a glicólise é apenas um prelúdio para a terceira e última etapa de quebra das moléculas do alimento, na qual grandes quantidades de ATP são geradas nas mitocôndrias pela fosforilação oxidativa, um processo que requer o consumo de oxigênio. Entretanto, para muitos microrganismos anaeróbicos, que podem crescer e se dividir na ausência de oxigênio, a glicólise é a principal fonte de ATP. O mesmo é verdadeiro para certas células animais, como as células musculoesqueléticas, que podem continuar a funcionar em baixos níveis de oxigênio.

Nessas condições anaeróbicas, o piruvato e o NADH produzidos na glicólise permanecem no citosol. O piruvato é convertido em produtos que são excretados da célula: lactato nas células musculares, por exemplo, ou etanol e CO_2 nas células de levedura usadas na preparação de cervejas e pães. O NADH doa seus elétrons no citosol, e é reconvertido ao NAD^+ requerido para manter as reações de glicólise (**Figura 13-6**). Tais vias geradoras de energia que degradam o açúcar na ausência de oxigênio são denominadas **fermentações**. Estudos científicos de fermentações comercialmente importantes realizadas por leveduras levaram aos fundamentos da bioquímica inicial.

QUESTÃO 13-1

À primeira vista, as etapas finais na fermentação parecem desnecessárias: a geração de lactato ou etanol não produz qualquer energia adicional para a célula. Explique por que as células que crescem na ausência de oxigênio não podem simplesmente descartar piruvato como um produto residual. Quais produtos derivados da glicose iriam acumular-se na célula incapaz de gerar lactato ou etanol pela fermentação?

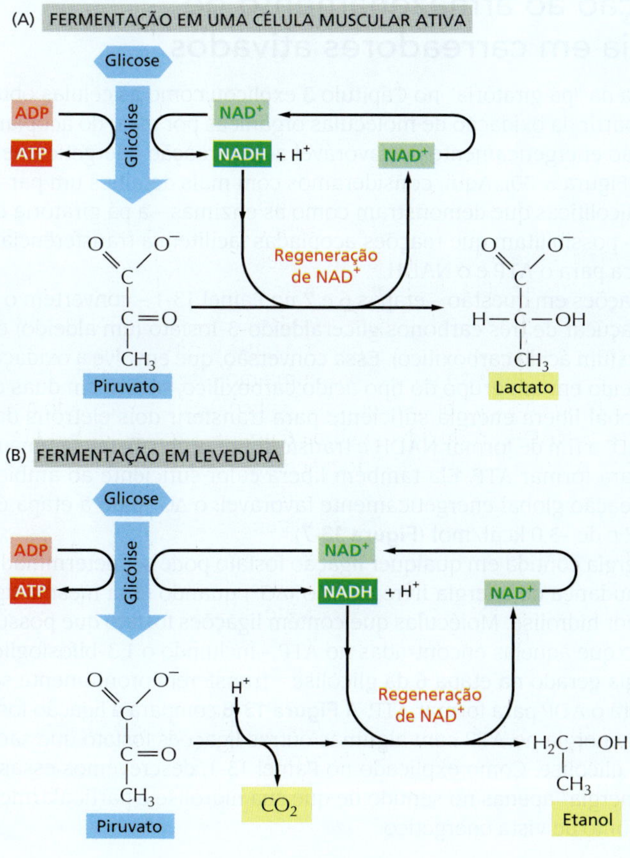

Figura 13-6 O piruvato é degradado na ausência de oxigênio por meio da fermentação. (A) Quando quantidades insuficientes de oxigênio estiverem presentes, por exemplo, em uma célula muscular sofrendo contração vigorosa, o piruvato produzido pela glicólise é convertido a lactato no citosol. Essa reação restabelece o NAD^+ consumido na etapa 6 da glicólise, mas a via como um todo produz muito menos energia do que a que seria produzida caso o piruvato fosse oxidado na mitocôndria. (B) Em microrganismos que podem crescer anaerobicamente, o piruvato é convertido em dióxido de carbono e etanol. Mais uma vez, essa via regenera NAD^+ a partir de NADH, como requerido para permitir que a glicólise prossiga. Tanto (A) quanto (B) são exemplos de fermentações. Observe que, em ambos os casos, para cada molécula de glicose que entra na glicólise, duas moléculas de piruvato são geradas (apenas um único piruvato é mostrado aqui). A fermentação dessas duas moléculas de piruvato subsequentemente produz duas moléculas de lactato – ou duas moléculas de CO_2 e etanol – mais duas moléculas de NAD^+.

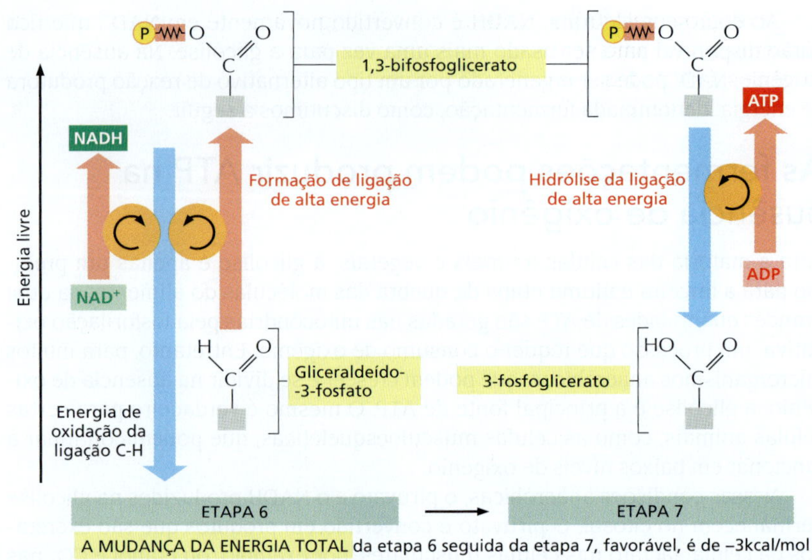

Figura 13-7 Um par de reações acopladas impulsiona a formação energeticamente desfavorável de ATP nas etapas 6 e 7 da glicólise. Neste diagrama, as reações energeticamente favoráveis são representadas com *setas azuis*; as reações energeticamente custosas, como *setas vermelhas*. Na etapa 6, a energia liberada pela oxidação energeticamente favorável da ligação C-H no gliceraldeído-3-fosfato (*seta azul*) é grande o suficiente para impulsionar duas reações energeticamente desfavoráveis: a formação de NADH e de uma ligação fosfato de alta energia no 1,3-bifosfoglicerato (*setas vermelhas*). A hidrólise energeticamente favorável subsequente dessa ligação fosfato de alta energia na etapa 7 impulsiona então a formação de ATP.

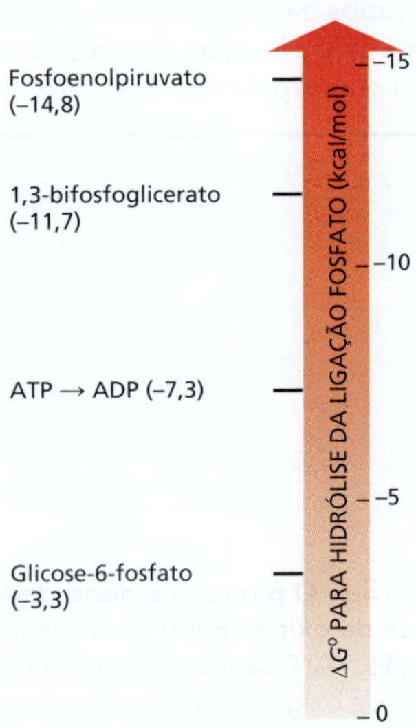

Figura 13-8 Diferenças nas energias de diferentes ligações de fosfato possibilitam a formação de ATP por fosforilação em nível de substrato. Exemplos de moléculas que contêm diferentes tipos de ligações de fosfato são mostrados, junto com a mudança de energia livre para a hidrólise dessas ligações em kcal/mol (1 kcal = 4,184 kJ). A transferência de um grupo fosfato de uma molécula para outra é energeticamente favorável se a diferença de energia livre padrão ($\Delta G°$) para hidrólise da ligação de fosfato for mais negativa para a molécula doadora do que para a aceptora. (As reações de hidrólise podem ser pensadas como a transferência do grupo fosfato para a água.) Portanto, um grupo fosfato é prontamente transferido do 1,3-bifosfoglicerato para o ADP para formar ATP. Reações de transferência envolvendo grupos fosfato nessas moléculas são detalhadas no Painel 13-1 (p. 428-429).

Muitas bactérias e arqueias também podem gerar ATP na ausência de oxigênio pela *respiração anaeróbica*, um processo que usa uma molécula diferente de oxigênio como uma aceptora final de elétrons. A respiração anaeróbica difere da fermentação pelo fato de envolver uma cadeia transportadora de elétrons embebida em uma membrana – nesse caso, a membrana plasmática do microrganismo.

As enzimas glicolíticas acoplam oxidação ao armazenamento de energia em carreadores ativados

A analogia da "pá giratória" no Capítulo 3 explicou como as células obtêm energia útil a partir da oxidação de moléculas orgânicas por meio do acoplamento de uma reação energeticamente desfavorável a uma reação energeticamente favorável (ver Figura 3-30). Aqui, consideramos com mais detalhes um par-chave de reações glicolíticas que demonstram como as enzimas – a pá giratória em nossa analogia – possibilitam que reações acopladas facilitem a transferência de energia química para o ATP e o NADH.

As reações em questão – etapas 6 e 7 no Painel 13-1 – convertem o intermediário de açúcar de três carbonos gliceraldeído-3-fosfato (um aldeído) em 3-fosfoglicerato (um ácido carboxílico). Essa conversão, que envolve a oxidação de um grupo aldeído em um grupo do tipo ácido carboxílico, ocorre em duas etapas. A reação global libera energia suficiente para transferir dois elétrons do aldeído para o NAD^+ a fim de formar NADH e transferir um grupo fosfato a uma molécula de ADP para formar ATP. Ela também libera calor suficiente ao ambiente para tornar a reação global energeticamente favorável: o $\Delta G°$ para a etapa 6 seguida da etapa 7 é de –3,0 kcal/mol (**Figura 13-7**).

A energia contida em qualquer ligação fosfato pode ser determinada medindo-se a mudança de energia livre padrão ($\Delta G°$) quando essa mesma ligação for rompida por hidrólise. Moléculas que contêm ligações fosfato que possuem mais energia do que aquelas encontradas no ATP – incluindo o 1,3-bifosfoglicerato de alta energia gerado na etapa 6 da glicólise – transferem prontamente seu grupo fosfato para o ADP para formar ATP. A **Figura 13-8** compara a ligação fosfoanidrido de alta energia no ATP com algumas outras ligações fosfato que são geradas durante a glicólise. Como explicado no Painel 13-1, descrevemos essas ligações de "alta energia" apenas no sentido de que sua hidrólise é particularmente favorável do ponto de vista energético.

A reação na etapa 6 é a única da glicólise que cria uma ligação fosfato de alta energia diretamente do fosfato inorgânico – um exemplo da fosforilação em nível de substrato mencionada antes. A forma como essa ligação de alta energia é gerada na etapa 6 – e então consumida na etapa 7 para produzir ATP – é detalhada na **Figura 13-9**.

QUESTÃO 13-2

O arseniato (AsO_4^{3-}) é quimicamente bastante parecido com o fosfato (PO_4^{3-}) e é usado como um substrato alternativo por muitas enzimas que requerem fosfato. Entretanto, ao contrário do fosfato, uma ligação anidrido entre o arseniato e o carbono é hidrolisada não enzimaticamente de modo muito rápido em água. Sabendo disso, sugira a razão para que o arseniato seja o composto de escolha para os assassinos, mas não para as células. Formule sua explicação no contexto da Figura 13-7.

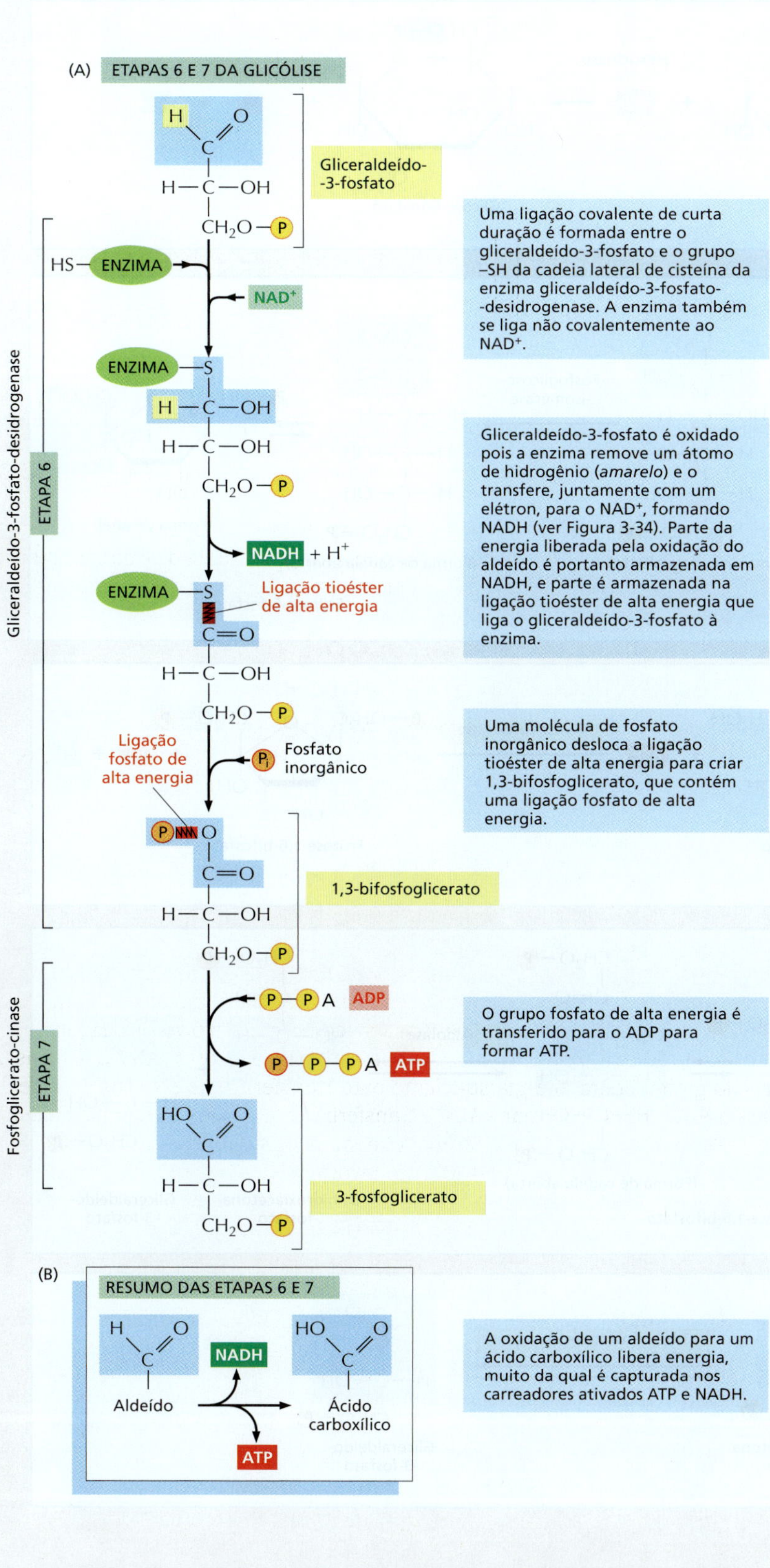

Figura 13-9 A oxidação do gliceraldeído-3-fosfato é acoplada à formação de ATP e NADH nas etapas 6 e 7 da glicólise. (A) Na etapa 6, a enzima gliceraldeído-3-fosfato-desidrogenase acopla a oxidação energeticamente favorável de um aldeído à formação energeticamente desfavorável de uma ligação fosfato de alta energia. Ao mesmo tempo, ela possibilita que a energia seja armazenada no NADH. A formação da ligação fosfato de alta energia é impulsionada pela reação de oxidação, e a enzima atua desse modo com um acoplador do tipo "pá giratória", como mostrado na Figura 3-30B. Na etapa 7, a ligação fosfato de alta energia recém-formada no 1,3-bifosfoglicerato é transferida para o ADP, formando uma molécula de ATP e deixando um grupo do tipo ácido carboxílico livre no açúcar oxidado. A parte da molécula que sofre uma mudança está sombreada em *azul*; o restante da molécula permanece sem modificações ao longo de todas essas reações. (B) Resumo da mudança química geral produzida pelas reações das etapas 6 e 7.

PAINEL 13-1 DETALHES DAS 10 ETAPAS DA GLICÓLISE

Para cada etapa, a parte da molécula que sofre uma mudança é sombreada em azul, e o nome da enzima que catalisa a reação está contido em uma caixa amarela. Para assistir a um vídeo das reações da glicólise, ver Animação 13.1.

Etapa 1 A glicose é fosforilada pelo ATP para formar um açúcar fosfatado. A carga negativa do fosfato impede a passagem do açúcar fosfatado através da membrana plasmática, prendendo a glicose dentro da célula.

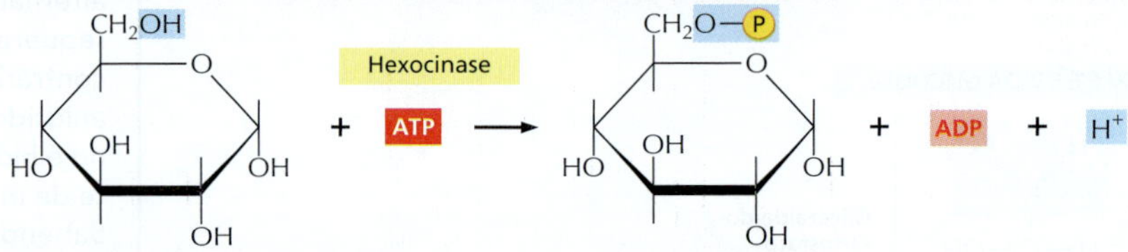

Glicose — Glicose-6-fosfato

Etapa 2 Um rearranjo prontamente reversível da estrutura química (isomerização) move o oxigênio da carbonila do carbono 1 para o carbono 2, formando uma cetose a partir de um açúcar aldose. (Ver Painel 2-3, p. 70-71.)

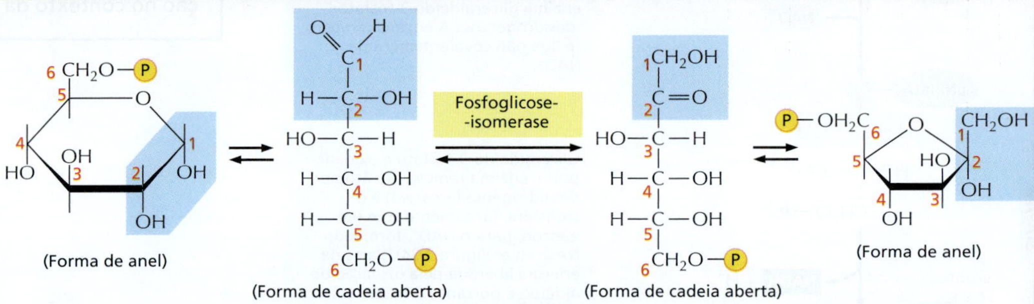

Glicose-6-fosfato — Frutose-6-fosfato

Etapa 3 O novo grupo hidroxila no carbono 1 é fosforilado pelo ATP, na preparação para a formação dos dois açúcares fosfatados de três carbonos. A entrada de açúcares na glicólise é controlada nesta etapa, por meio da regulação da enzima *fosfofrutocinase*.

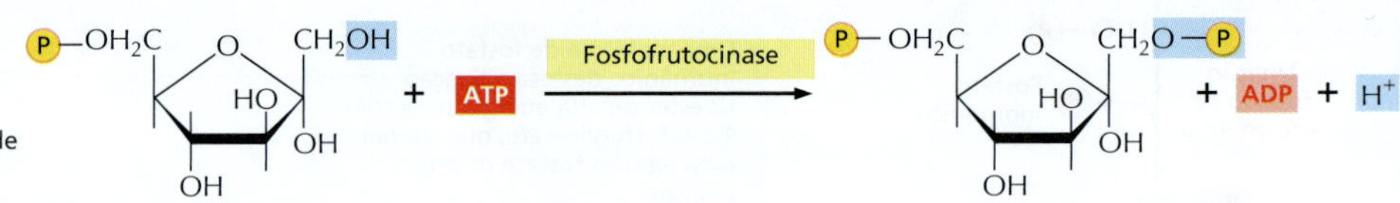

Frutose-6-fosfato — Frutose-1,6-bifosfato

Etapa 4 O açúcar de seis carbonos é clivado para produzir duas moléculas de três carbonos. Somente o gliceraldeído-3-fosfato pode prosseguir imediatamente por meio da glicólise.

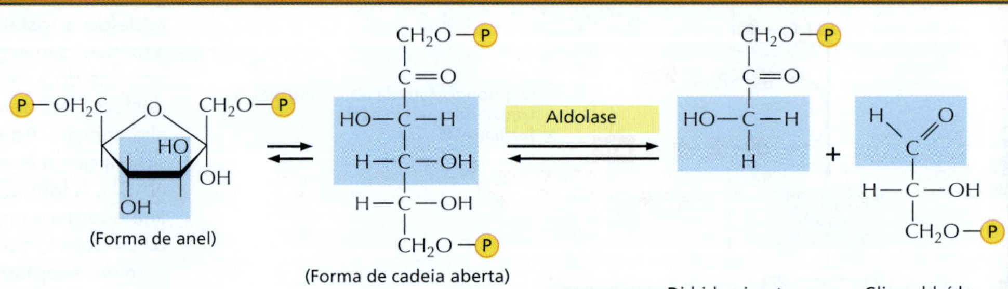

Frutose-1,6-bifosfato — Di-hidroxiacetona-fosfato — Gliceraldeído-3-fosfato

Etapa 5 O outro produto da etapa 4, di-hidroxiacetona-fosfato, é isomerizado para formar gliceraldeído-3-fosfato.

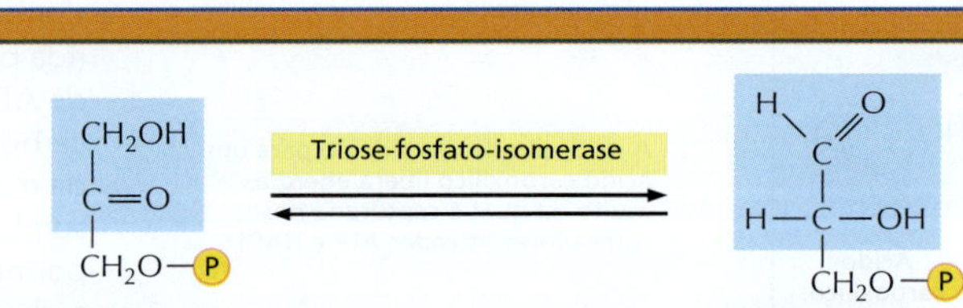

Di-hidroxiacetona-fosfato — Gliceraldeído-3-fosfato

Etapa 6 As duas moléculas de gliceraldeído-3-fosfato são oxidadas. A fase de geração de energia da glicólise se inicia, uma vez que NADH e uma nova ligação anidrido de alta energia ao fosfato são formadas (ver Figura 13-5).

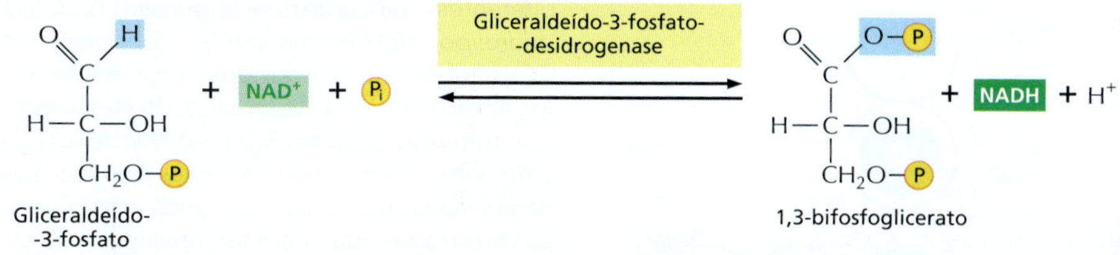

Etapa 7 A transferência para o ADP do grupo fosfato de alta energia que foi gerado na etapa 6 forma ATP.

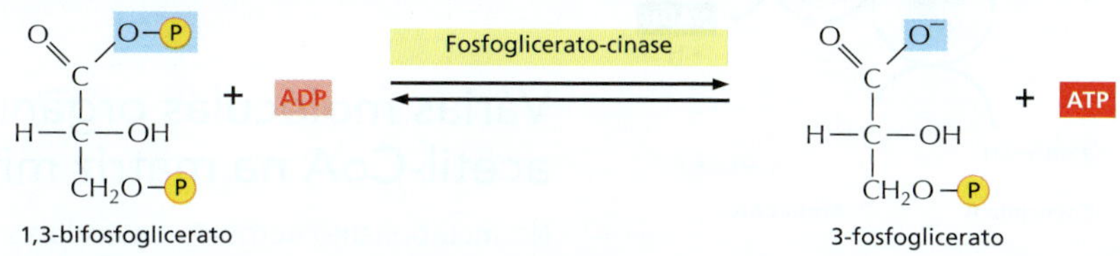

Etapa 8 A ligação fosfoéster remanescente no 3-fosfoglicerato, que possui uma energia livre de hidrólise relativamente baixa, é movida do carbono 3 para o carbono 2 para formar 2-fosfoglicerato.

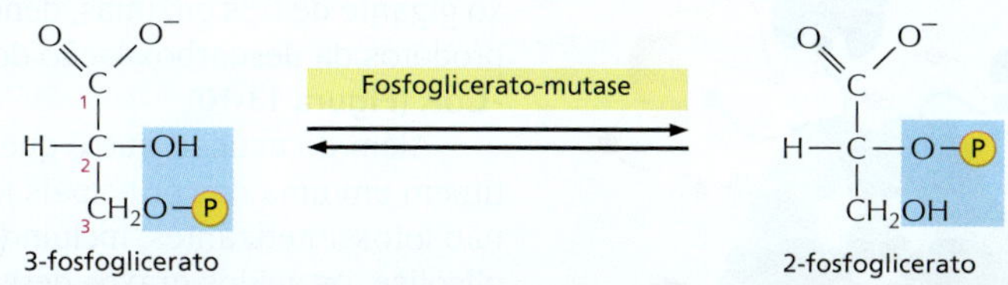

Etapa 9 A remoção da água do 2-fosfoglicerato cria uma ligação enol-fosfato de alta energia.

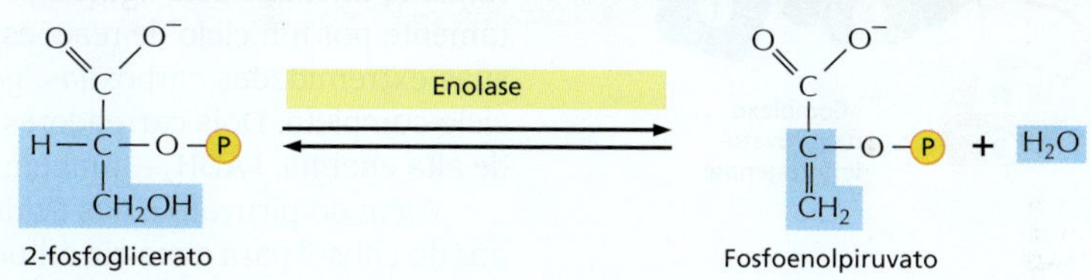

Etapa 10 A transferência para o ADP do grupo fosfato de alta energia que foi gerado na etapa 9 forma ATP, completando a glicólise.

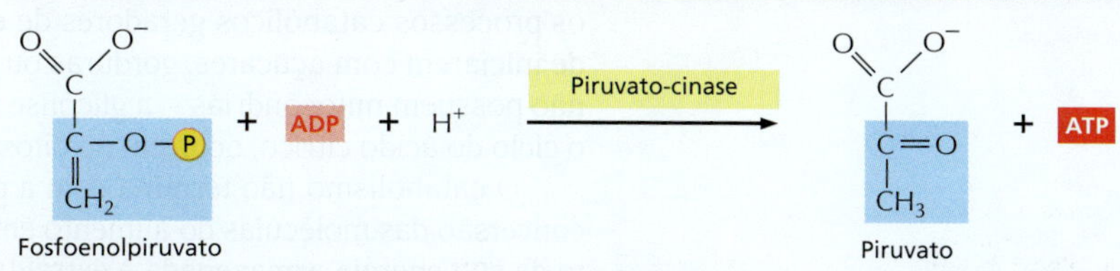

RESULTADO LÍQUIDO DA GLICÓLISE

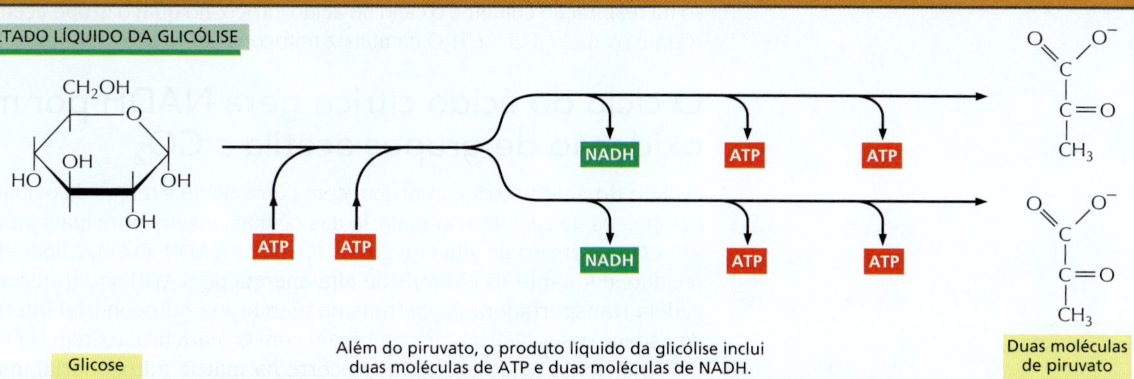

Além do piruvato, o produto líquido da glicólise inclui duas moléculas de ATP e duas moléculas de NADH.

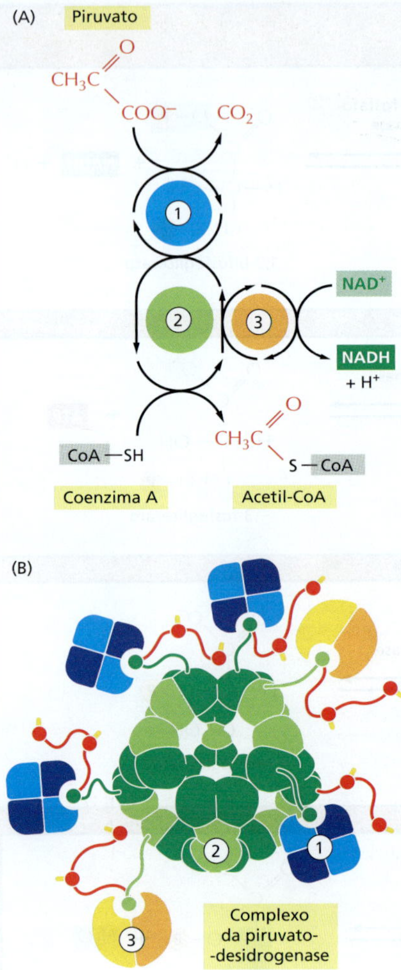

Figura 13-10 O piruvato é convertido em acetil-CoA e CO_2 pelo complexo da piruvato-desidrogenase na matriz mitocondrial. (A) O complexo da piruvato-desidrogenase, que contém múltiplas cópias de três enzimas diferentes – *piruvato-desidrogenase* (1), *di-hidrolipoil-transacetilase* (2) e *di-hidrolipoil-desidrogenase* (3) –, converte o piruvato a acetil-CoA; NADH e CO_2 também são produzidos nessa reação. O piruvato e seus produtos são mostrados em *letras vermelhas*. (B) Neste grande complexo multienzimático, os intermediários de reação são transferidos diretamente de uma enzima para outra por meio de conexões flexíveis. Somente um décimo das subunidades marcadas como 1 e 3, ancoradas ao cerne formado pela subunidade 2, são mostradas aqui. Para ter uma noção de escala, o complexo da piruvato-desidrogenase é maior que um ribossomo.

Várias moléculas orgânicas são convertidas a acetil-CoA na matriz mitocondrial

No metabolismo aeróbico nas células eucarióticas, o **piruvato** produzido pela glicólise é ativamente bombeado para dentro da matriz mitocondrial (ver Figura 13-3). Uma vez internalizado, ele sofre rápida descarboxilação por um complexo gigante de três enzimas, denominado *complexo da piruvato-desidrogenase*. Os produtos da descarboxilação do piruvato são CO_2 (um resíduo), NADH e **acetil-CoA** (**Figura 13-10**).

Além do açúcar, que é quebrado durante a glicólise, as **gorduras** se constituem em uma das principais fontes de energia para a maioria dos organismos não fotossintetizantes, incluindo humanos. Assim como o piruvato derivado da glicólise, os ácidos graxos derivados das gorduras também são convertidos em acetil-CoA na matriz mitocondrial (ver Figura 13-3). Os ácidos graxos são primeiramente ativados pela ligação covalente ao CoA e então são quebrados completamente por um ciclo de reações que remove dois carbonos por vez a partir das suas extremidades carboxilas, gerando uma molécula de acetil-CoA para cada ciclo completo. Dois carreadores ativados – NADH e outro carreador de elétrons de alta energia, $FADH_2$ – também são produzidos nesse processo (**Figura 13-11**).

Além do piruvato e dos ácidos graxos, alguns aminoácidos são transportados do citosol para a matriz mitocondrial, onde também são convertidos em acetil-CoA ou em um dos outros intermediários do ciclo do ácido cítrico (ver Figura 13-3). Portanto, na célula eucariótica, a mitocôndria é o centro para o qual todos os processos catabólicos geradores de energia se dirigem, independentemente de iniciarem com açúcares, gorduras ou proteínas. Em bactérias aeróbicas – que não possuem mitocôndrias –, a glicólise e a produção de acetil-CoA, assim como o ciclo do ácido cítrico, ocorrem no citosol.

O catabolismo não termina com a produção de acetil-CoA. No processo de conversão das moléculas do alimento em acetil-CoA, somente uma pequena parte da sua energia armazenada é extraída e convertida em ATP, NADH ou $FADH_2$. A maior parte dessa energia está ainda armazenada na acetil-CoA. O próximo passo na respiração celular é o ciclo do ácido cítrico, no qual o grupo acetila na acetil-CoA é oxidado a CO_2 e H_2O na matriz mitocondrial, como discutimos a seguir.

O ciclo do ácido cítrico gera NADH por meio da oxidação de grupos acetila a CO_2

O **ciclo do ácido cítrico** contribui com cerca de dois terços da oxidação total de compostos de carbono na maioria das células, e seus principais produtos finais são CO_2 e elétrons de alta energia na forma de NADH. O CO_2 é liberado como um resíduo, enquanto os elétrons de alta energia do NADH são transferidos para a cadeia transportadora de elétrons na membrana mitocondrial interna. No final da cadeia, esses elétrons se combinam com O_2 para produzirem H_2O.

O ciclo do ácido cítrico, que ocorre na matriz mitocondrial, não consome O_2. Entretanto, ele requer O_2 para prosseguir porque a cadeia transportadora de

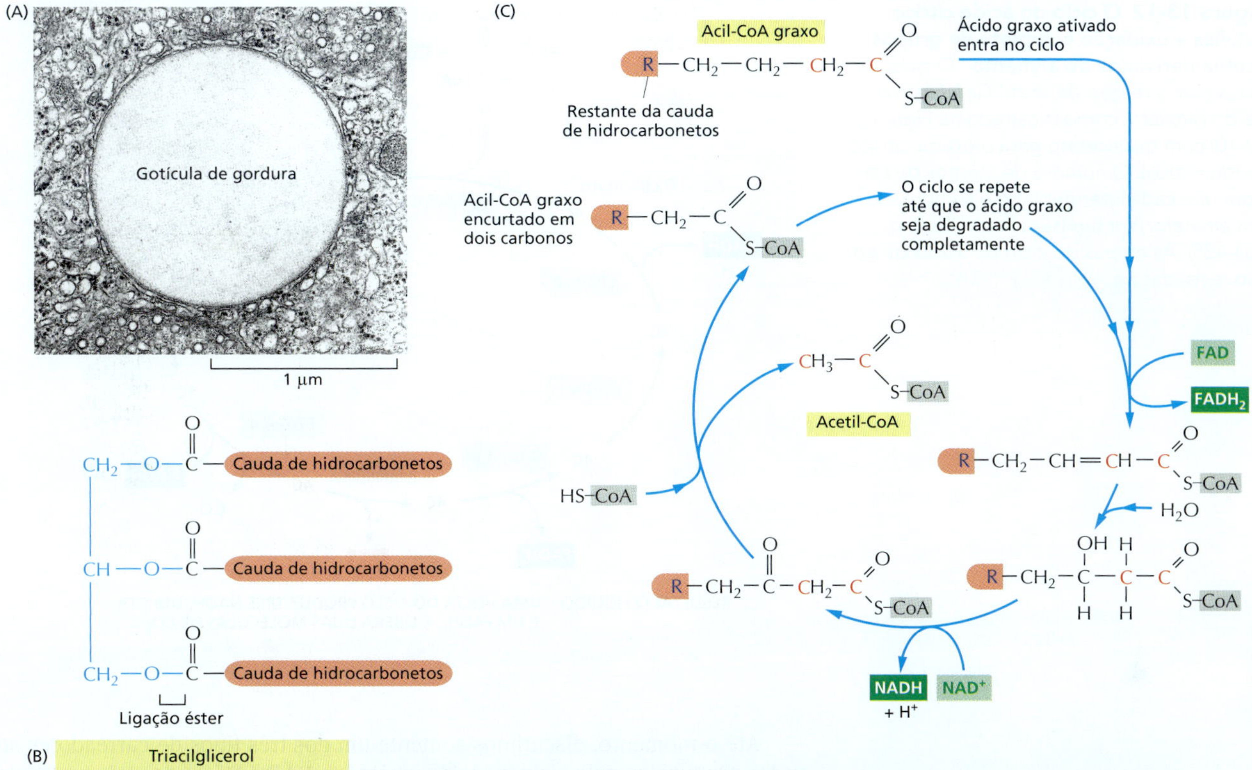

Figura 13-11 Ácidos graxos derivados das gorduras são também convertidos a acetil-CoA na matriz mitocondrial. (A) As gorduras são insolúveis em água e formam espontaneamente grandes gotículas lipídicas em células de gordura especializadas denominadas adipócitos. Esta micrografia eletrônica mostra uma gotícula de lipídeos no citoplasma de um adipócito. (B) As gorduras são armazenadas na forma de triacilglicerol. A porção glicerol, à qual três cadeias de ácidos graxos (sombreadas em *vermelho*) são ligadas por meio de ligações éster, é mostrada em *azul*. Enzimas denominadas lipases podem clivar as ligações éster que associam as cadeias de ácidos graxos ao glicerol quando os ácidos graxos são necessários para a produção de energia. (C) Os ácidos graxos são primeiramente acoplados à coenzima A em uma reação que requer ATP (não mostrado). As cadeias de ácidos graxos ativadas (acil-CoA-graxo) são então oxidadas em um ciclo contendo quatro enzimas. Cada volta no ciclo encurta uma molécula de acil-CoA-graxo em dois carbonos (*vermelho*) e gera uma molécula de acetil-CoA, uma molécula de NADH e uma de $FADH_2$. (A, cortesia de Daniel S. Friend.)

elétrons – que usa O_2 como seu aceptor final de elétrons – possibilita que o NADH se libere de seus elétrons e, portanto, regenere o NAD^+ necessário para manter o ciclo em funcionamento. Ainda que os organismos vivos tenham habitado a Terra nos últimos 3,5 bilhões de anos, acredita-se que o planeta tenha desenvolvido uma atmosfera contendo gás O_2 somente há 1 ou 2 bilhões de anos (ver Figura 14-45). Muitas das reações geradoras de energia do ciclo do ácido cítrico – também denominada *ciclo dos ácidos tricarboxílicos* ou *ciclo de Krebs* – são portanto de origem relativamente recente.

O ciclo do ácido cítrico catalisa a oxidação completa dos átomos de carbono dos grupos acetila em acetil-CoA, convertendo-os em CO_2. Entretanto, o grupo acetila não é oxidado diretamente. Em vez disso, ele é transferido da acetil-CoA para uma molécula maior de quatro carbonos, o *oxalacetato*, para formar o ácido tricarboxílico de seis carbonos, ácido cítrico, de onde provém o nome do ciclo de reações subsequentes. A molécula de ácido cítrico (também denominada citrato) é então oxidada progressivamente, e a energia da sua oxidação é aproveitada para produzir carreadores ativados de modo muito similar ao descrito para a glicólise. A cadeia de oito reações forma um ciclo, porque o oxalacetato que iniciou o processo é regenerado no final (**Figura 13-12**). O ciclo do ácido cítrico é apresentado em detalhes no **Painel 13-2** (p. 434-435), e os experimentos que pela primeira vez revelaram a natureza cíclica dessa série de reações oxidativas são descritos em **Como Sabemos**, p. 436-437.

QUESTÃO 13-3

Muitas reações catabólicas e anabólicas são baseadas em reações que são semelhantes, mas funcionam em direções opostas, como as reações de hidrólise e condensação descritas na Figura 3-38. Isso é verdadeiro para a degradação e a síntese de ácidos graxos. Partindo do que você sabe sobre o mecanismo de degradação dos ácidos graxos delineado na Figura 13-11, você esperaria que os ácidos graxos encontrados nas células contivessem, mais comumente, um número par ou ímpar de átomos de carbono?

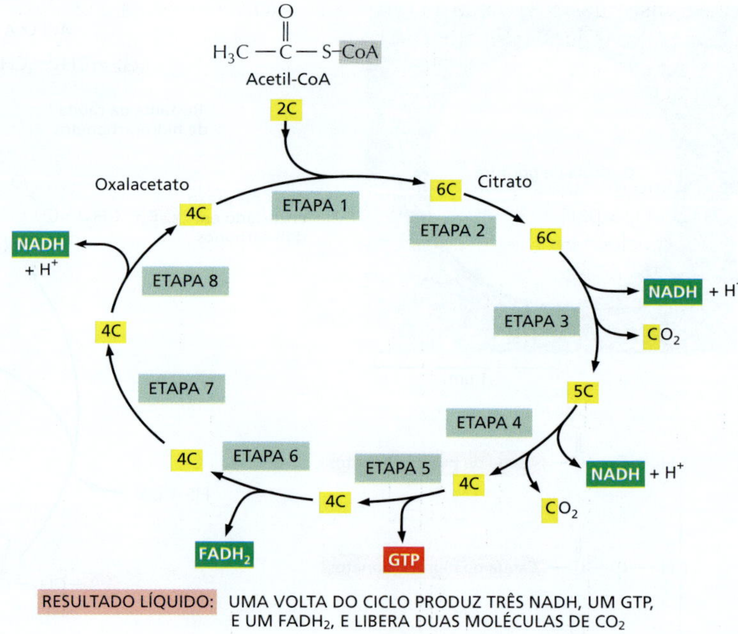

Figura 13-12 O ciclo do ácido cítrico catalisa a oxidação completa de grupos acetila derivados do alimento. O ciclo se inicia com a reação de acetil-CoA (derivada do piruvato, como mostrado na Figura 13-10) com oxalacetato para produzir citrato (ácido cítrico). O número de átomos de carbono em cada intermediário é sombreado em *amarelo*. (Ver também Painel 13-2, p. 434-435). As etapas do ciclo do ácido cítrico são revisadas na **Animação 13.2**.

Até o momento, discutimos somente um dos três tipos de carreadores ativados produzidos pelo ciclo do ácido cítrico – o NADH. Além das três moléculas de NADH, cada volta completa do ciclo também produz uma molécula de **$FADH_2$ (flavina adenina dinucleotídeo reduzido)** a partir do FAD e uma molécula do trifosfato do ribonucleosídeo **GTP (trifosfato de guanosina)** a partir de **GDP** (ver Figura 13-12). As estruturas desses dois carreadores ativados estão ilustradas na **Figura 13-13**. O GTP é similar ao ATP, e a transferência de um grupo fosfato terminal para o ADP produz uma molécula de ATP em cada ciclo. Assim como o NADH, o $FADH_2$ é um carreador de elétrons de alta energia e hidrogênio. Como discutido brevemente, a energia armazenada nos elétrons de alta energia pron-

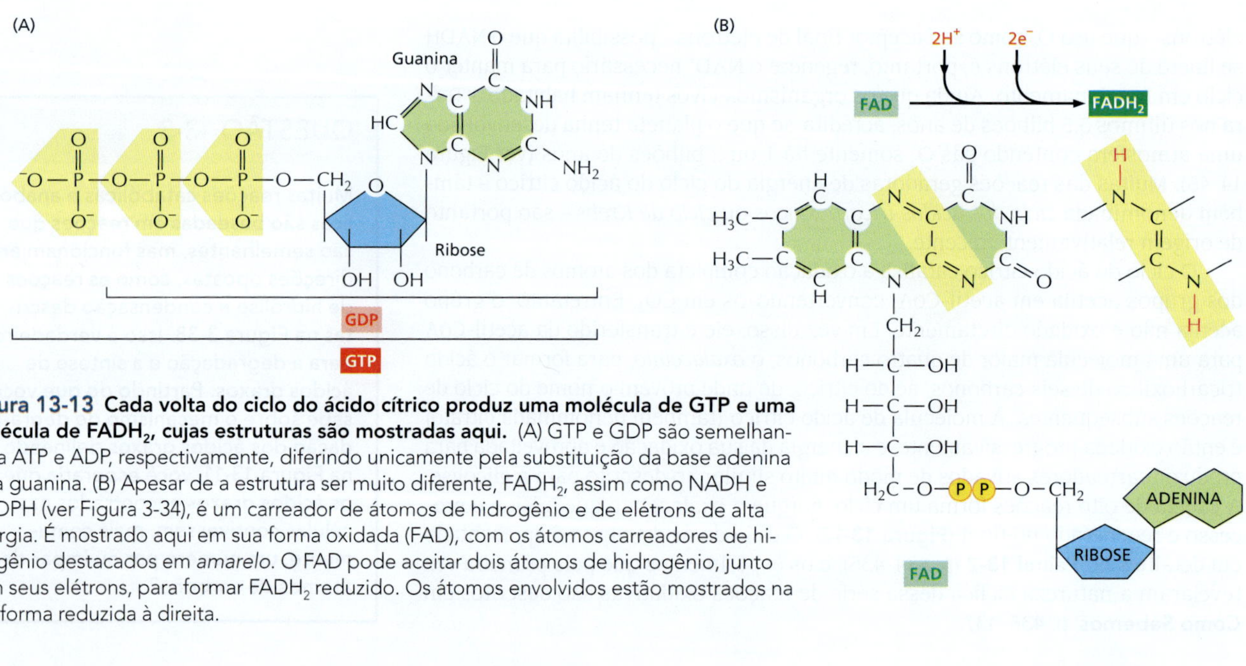

Figura 13-13 Cada volta do ciclo do ácido cítrico produz uma molécula de GTP e uma molécula de $FADH_2$, cujas estruturas são mostradas aqui. (A) GTP e GDP são semelhantes a ATP e ADP, respectivamente, diferindo unicamente pela substituição da base adenina pela guanina. (B) Apesar de a estrutura ser muito diferente, $FADH_2$, assim como NADH e NADPH (ver Figura 3-34), é um carreador de átomos de hidrogênio e de elétrons de alta energia. É mostrado aqui em sua forma oxidada (FAD), com os átomos carreadores de hidrogênio destacados em *amarelo*. O FAD pode aceitar dois átomos de hidrogênio, junto com seus elétrons, para formar $FADH_2$ reduzido. Os átomos envolvidos estão mostrados na sua forma reduzida à direita.

tamente transferidos do NADH e do $FADH_2$ é mais tarde usada para produzir ATP por meio da fosforilação oxidativa na membrana mitocondrial interna, a única etapa no catabolismo oxidativo dos produtos alimentares que requer diretamente O_2 da atmosfera.

Um equívoco frequente sobre o ciclo do ácido cítrico está em pensar que o O_2 atmosférico necessário para o processo prosseguir seja convertido no CO_2 que é liberado como um resíduo. Na verdade, os átomos de oxigênio necessários para produzir o CO_2 a partir dos grupos acetila que entram no ciclo do ácido cítrico não são fornecidos pelo O_2, mas sim pela água. Como ilustrado no Painel 13-2, três moléculas de água são rompidas a cada ciclo, e os átomos de oxigênio de algumas delas são por fim usados para produzir CO_2. Como analisamos brevemente, o O_2 que respiramos é de fato reduzido à água pela cadeia transportadora de elétrons; ele não é incorporado diretamente no CO_2 que expiramos.

QUESTÃO 13-4

Observando a química detalhada no Painel 13-2 (p. 434-435), por que você acha que seja útil acoplar o grupo acetila primeiramente a outra cadeia principal de carbono maior, o oxalacetato, antes de oxidar completamente ambos os carbonos a CO_2?

Muitas vias biossintéticas se iniciam com a glicólise ou o ciclo do ácido cítrico

Reações catabólicas, como as da glicólise e do ciclo do ácido cítrico, produzem tanto a energia para a célula quanto os blocos de construção a partir dos quais muitas outras moléculas orgânicas são produzidas. Até o momento, enfatizamos a produção de energia e não a provisão de materiais de partida para a biossíntese. No entanto, muitos dos intermediários formados na glicólise e no ciclo do ácido cítrico são desviados por tais **vias anabólicas**, nas quais são convertidos por uma série de reações catalisadas por enzimas em aminoácidos, nucleotídeos, lipídeos e outras pequenas moléculas orgânicas de que a célula necessita. Por exemplo, o oxalacetato e o α-cetoglutarato produzidos no ciclo do ácido cítrico são transferidos da matriz mitocondrial para o citosol, onde servem como precursores para a produção de muitas moléculas essenciais, como os aminoácidos ácido aspártico e ácido glutâmico, respectivamente. Uma ideia da complexidade desse processo pode ser obtida a partir da **Figura 13-14**, que ilustra algumas ramificações que levam das reações catabólicas centrais às biossínteses.

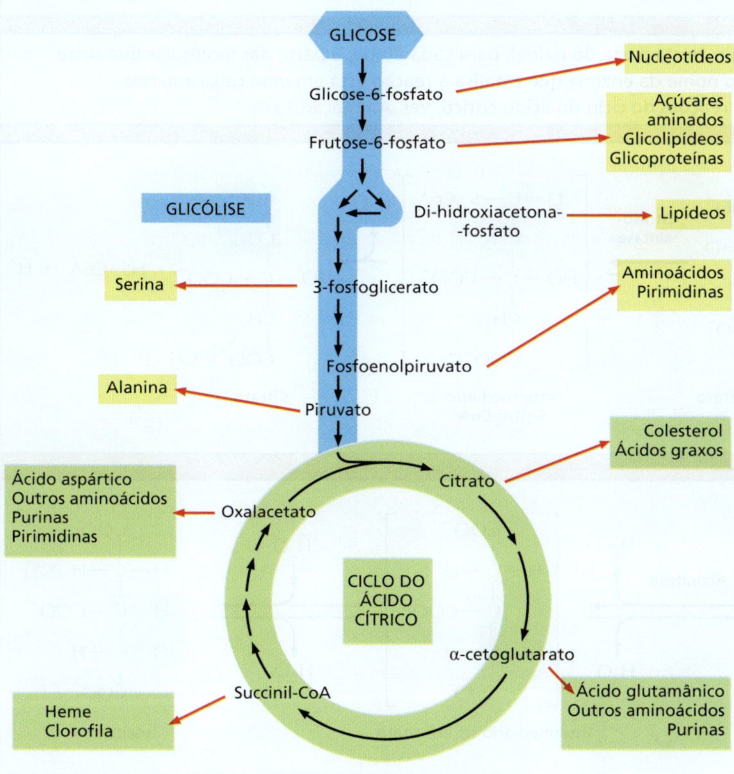

Figura 13-14 A glicólise e o ciclo do ácido cítrico fornecem os precursores necessários para a célula sintetizar muitas moléculas orgânicas importantes. Os aminoácidos, nucleotídeos, lipídeos, açúcares e outras moléculas – mostrados aqui como produtos – servem, por sua vez, como precursores para muitas macromoléculas celulares. Cada seta *preta* neste diagrama representa uma única reação catalisada enzimaticamente; as setas *vermelhas* representam vias com muitas etapas que são necessárias para produzir os produtos indicados.

Visão geral do ciclo do ácido cítrico completo. Os dois carbonos da acetil-CoA que entram nesta volta do ciclo (sombreados em vermelho) serão convertidos em CO_2 em voltas subsequentes do ciclo: os dois carbonos sombreados em azul são os que serão convertidos em CO_2 nesta volta do ciclo.

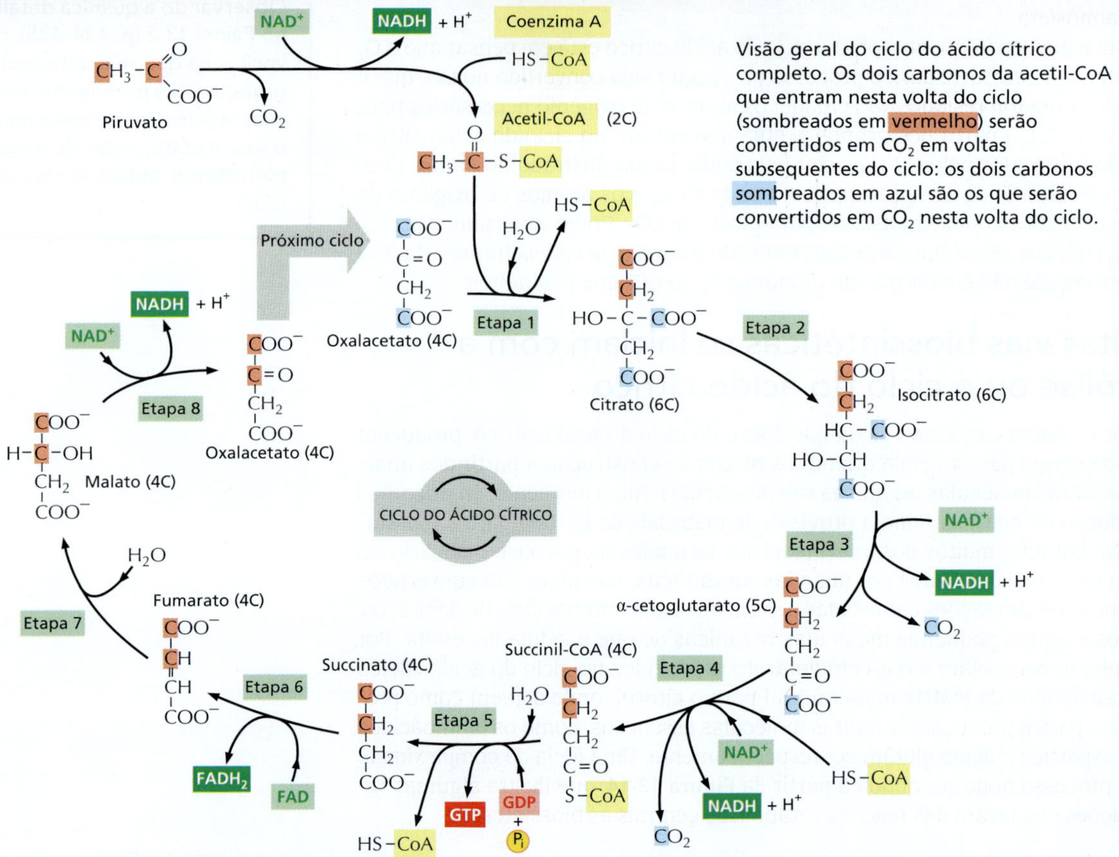

Detalhes dessas oito etapas são mostrados a seguir. Nesta parte do painel, para cada etapa, a parte das moléculas que sofre uma mudança está sombreada em azul, e o nome da enzima que catalisa a reação está em uma caixa amarela. Para assistir a um vídeo das reações do ciclo do ácido cítrico, ver **Animação 13.2**.

Etapa 1 Após a enzima remover um próton do grupo CH_3 da acetil-CoA, o CH_2^- carregado negativamente forma uma ligação a um carbono da carbonila do oxalacetato. A perda subsequente por hidrólise da coenzima A (HS-CoA) impulsiona fortemente a reação no sentido direto.

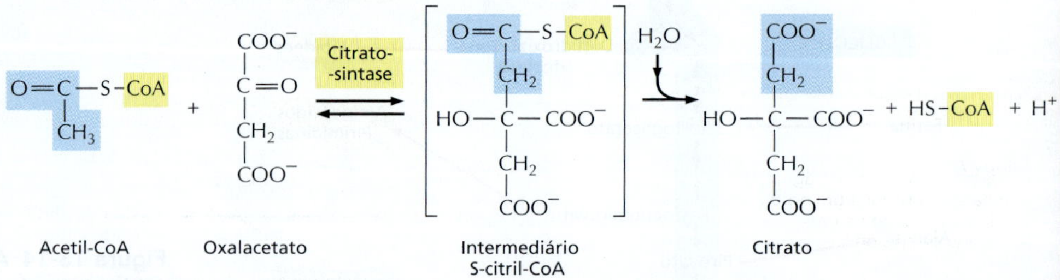

Etapa 2 Uma reação de isomerização, na qual a água é primeiramente removida e então adicionada de volta, move o grupo hidroxila de um átomo de carbono para o seu vizinho.

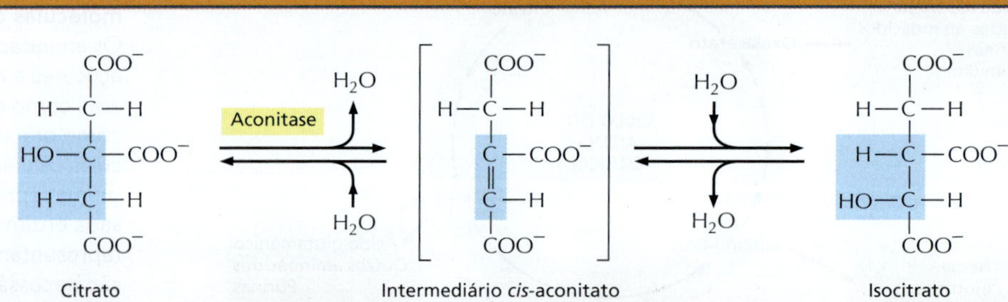

Etapa 3 Na primeira das quatro etapas de oxidação no ciclo, o carbono portando o grupo hidroxila é convertido a um grupo carbonila. O produto imediato é instável, perdendo CO_2, embora ainda ligado à enzima.

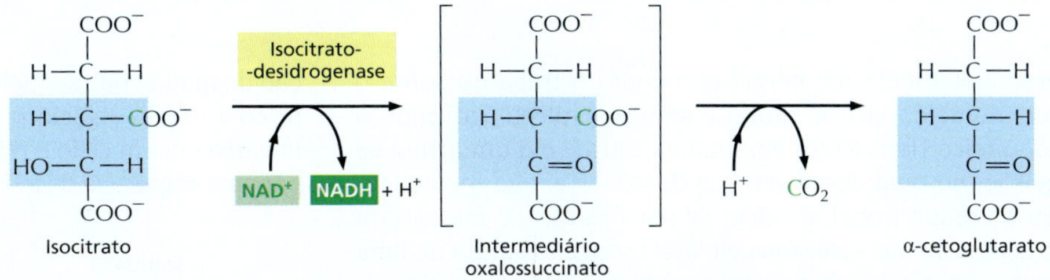

Etapa 4 O *complexo da α-cetoglutarato-desidrogenase* assemelha-se muito ao grande complexo enzimático que converte piruvato em acetil-CoA, o complexo da *piruvato-desidrogenase* mostrado na Figura 13-10. Ele também catalisa uma oxidação que produz NADH, CO_2 e uma ligação tioéster de alta energia à coenzima A (CoA).

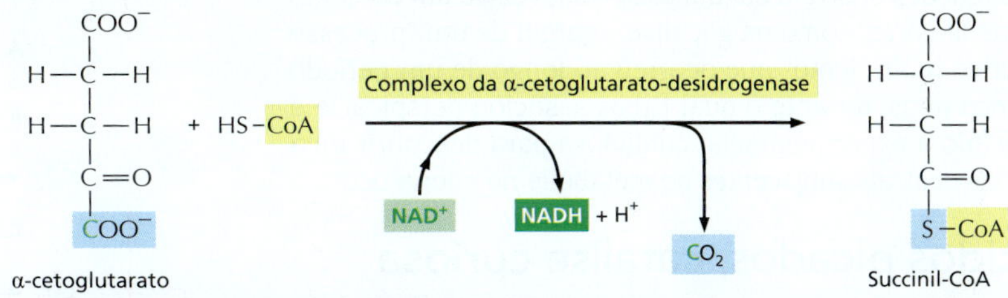

Etapa 5 Uma molécula de fosfato da solução desloca a CoA, formando uma ligação fosfato de alta energia ao succinato. Esse fosfato é então transferido para o GDP para formar GTP. (Em bactérias e plantas, é formado ATP em vez de GTP.)

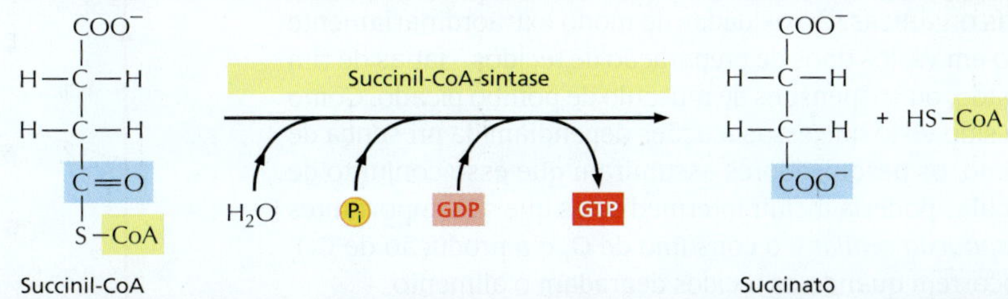

Etapa 6 Na terceira etapa de oxidação no ciclo, FAD recebe dois átomos de hidrogênio do succinato.

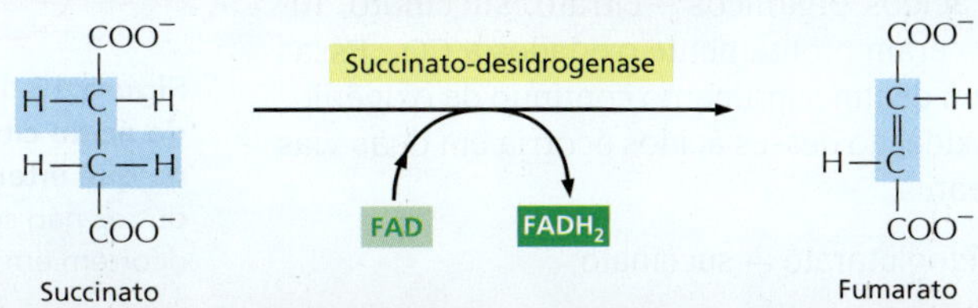

Etapa 7 A adição de água ao fumarato posiciona um grupo hidroxila ao lado de um carbono da carbonila.

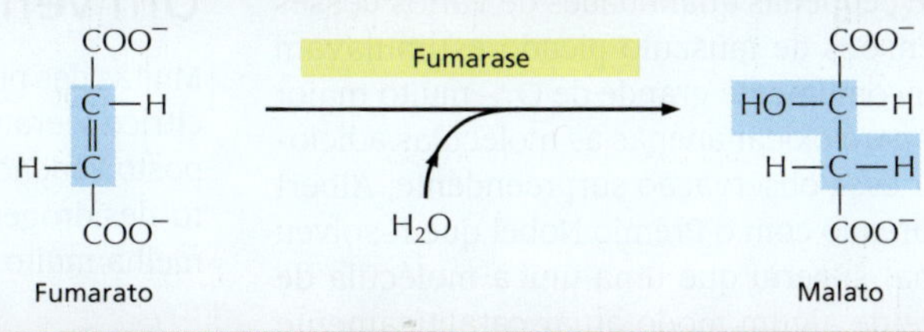

Etapa 8 Na última das quatro etapas de oxidação no ciclo, o carbono portando o grupo hidroxila é convertido a um grupo carbonila, regenerando o oxalacetato necessário para a etapa 1.

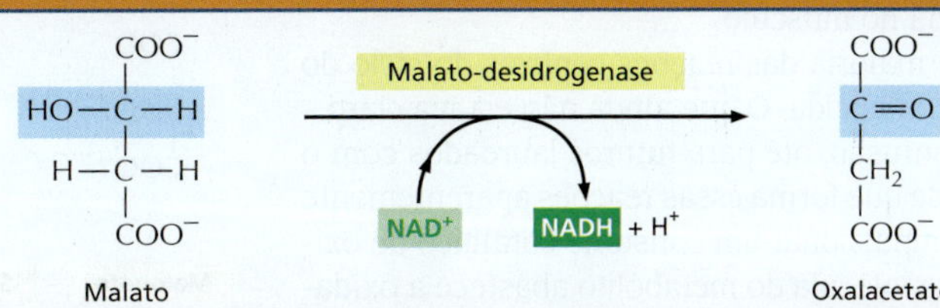

COMO SABEMOS

REVELANDO O CICLO DO ÁCIDO CÍTRICO

"Frequentemente me perguntam como o trabalho sobre o ciclo do ácido cítrico surgiu e se desenvolveu", afirmou o bioquímico Hans Krebs em uma palestra e em um artigo de revisão, no qual descreveu sua descoberta, que lhe concedeu o Prêmio Nobel, do ciclo de reações que se encontram no centro do metabolismo celular. O conceito surgiu de uma inspiração súbita, uma visão reveladora? "Não foi nada disso", respondeu Krebs. Ao contrário, sua compreensão de que essas reações ocorrem em um ciclo – em vez de um conjunto de vias lineares, como na glicólise – surgiu de um "processo evolutivo muito lento" que ocorreu ao longo de um período de cinco anos, durante o qual Krebs associou perspicácia e raciocínio à experimentação cuidadosa para descobrir uma das vias centrais subjacentes ao metabolismo energético.

Tecidos picados, catálise curiosa

No início da década de 1930, Krebs e outros pesquisadores descobriram que um conjunto selecionado de pequenas moléculas orgânicas são oxidadas de modo extraordinariamente rápido em vários tipos de preparação de tecidos – fatias de rim ou fígado, ou suspensões de músculo de pombo picado. Como havia sido visto que essas reações dependiam da presença de oxigênio, os pesquisadores assumiram que esse conjunto de moléculas poderia incluir intermediários que são importantes na *respiração celular* – o consumo de O_2 e a produção de CO_2 que ocorrem quando os tecidos degradam o alimento.

Usando preparações de tecido picado, Krebs e outros fizeram as seguintes observações. Primeiro, na presença de oxigênio, certos ácidos orgânicos – citrato, succinato, fumarato e malato – eram prontamente oxidados a CO_2. Essas reações dependiam de um suprimento contínuo de oxigênio.

Segundo, a oxidação desses ácidos ocorria em duas vias sequenciais e lineares:

citrato → α-cetoglutarato → succinato

e

succinato → fumarato → malato → oxalacetato

Terceiro, a adição de pequenas quantidades de vários desses compostos a suspensões de músculo picado estimulavam uma incorporação incomumente grande de O_2 – muito maior do que a necessária para oxidar apenas as moléculas adicionadas. Para explicar essa observação surpreendente, Albert Szent-Györgyi (o laureado com o Prêmio Nobel que resolveu a segunda via acima) sugeriu que uma única molécula de cada composto deve de algum modo atuar cataliticamente para estimular a oxidação de muitas moléculas de alguma substância endógena no músculo.

Nesse ponto, a maioria das reações centrais do ciclo do ácido cítrico já era conhecida. O que ainda não estava claro – e causou grande confusão, até para futuros laureados com o Prêmio Nobel – era de que forma essas reações aparentemente lineares poderiam impulsionar um consumo catalítico de oxigênio, no qual cada molécula do metabólito abastece a oxidação de muitas outras moléculas. Para simplificar a discussão de como Krebs solucionou esse enigma – associando reações lineares em um ciclo – referimo-nos às moléculas envolvidas por uma sequência de letras, de A até H (**Figura 13-15**).

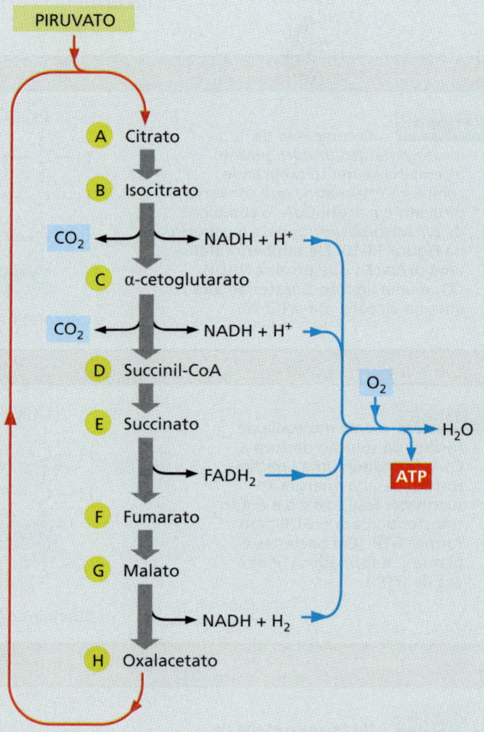

Figura 13-15 Nesta representação simplificada do ciclo do ácido cítrico, O_2 é consumido e CO_2 é liberado à medida que intermediários moleculares são oxidados. Krebs e outros não se deram conta inicialmente de que essas reações ocorrem em um ciclo, como mostrado aqui.

Um veneno sugere um ciclo

Muitas das pistas que levaram Krebs a resolver o ciclo do ácido cítrico vieram de experimentos usando malonato – um composto venenoso que inibe especificamente a enzima succinato-desidrogenase, que converte E em F. O malonato se assemelha muito ao succinato (E) na sua estrutura (**Figura 13-16**)

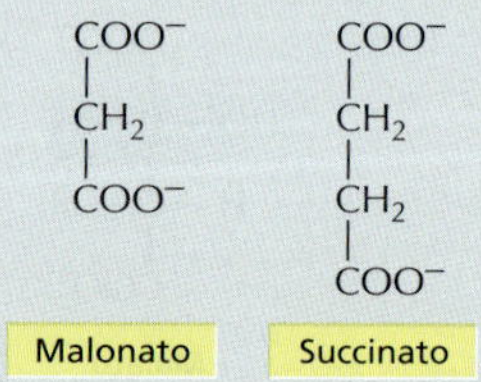

Figura 13-16 A estrutura do malonato assemelha-se intimamente à do succinato.

e funciona como um inibidor competitivo da enzima. Como a adição do malonato corrompe a respiração celular nos tecidos, Krebs concluiu que a succinato-desidrogenase (e a via inteira ligada a ela) deviam desempenhar um papel crítico no processo de respiração.

Krebs então descobriu que, quando A, B ou C eram adicionados às suspensões de tecido envenenadas com malonato, E acumulava (**Figura 13-17A**). Essa observação reforçou a importância da succinato-desidrogenase para a respiração celular. No entanto, ele descobriu que E também acumulava quando F, G ou H eram adicionados ao músculo envenenado com malonato (**Figura 13-17B**). Esse último resultado sugeria que deveria existir um conjunto adicional de reações que pudessem converter as moléculas F, G e H em E, uma vez que se mostrou previamente que E era um precursor de F, G e H, em vez de um produto das suas reações.

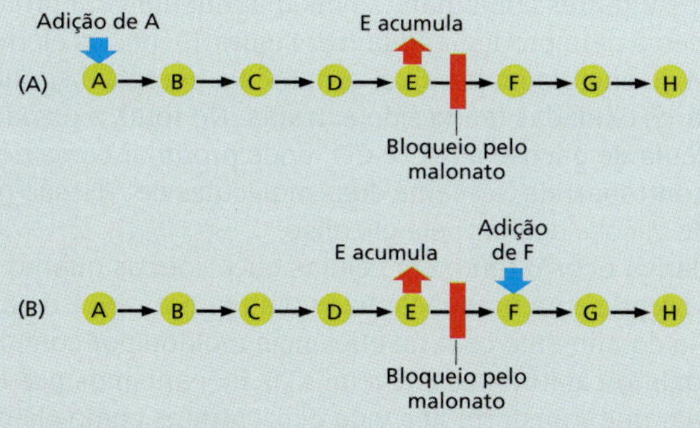

Figura 13-17 Preparações de músculo envenenado com malonato forneceram pistas da natureza cíclica dessas reações oxidativas. A) A adição de A (ou B ou C – não mostrado) ao músculo envenenado com malonato resulta no acúmulo de E. (B) A adição de F (ou G ou H – não mostrado) a uma preparação envenenada com malonato também resulta no acúmulo de E, sugerindo que reações enzimáticas podem transformar essas moléculas em E. A descoberta de que o citrato (A) pode ser formado a partir de oxalacetato (H) e piruvato permitiu que Krebs unisse essas duas vias de reação em um ciclo completo.

Nessa época, Krebs também determinou que, quando suspensões de músculo eram incubadas com piruvato e oxalacetato, o citrato era formado: piruvato + H → A.

Essa observação levou Krebs a postular que quando o oxigênio está presente, piruvato e H se condensam para formar A, convertendo a sequência delineada previamente de reações lineares em uma sequência cíclica (ver Figura 13-15).

Explicando os efeitos estimulatórios misteriosos

O ciclo de reações que Krebs propôs explicou claramente como a adição de pequenas quantidades de quaisquer dos intermediários A até H poderia causar um grande aumento na absorção de O_2 que foi observada. O piruvato é abundante em tecidos picados, sendo prontamente produzido pela glicólise (ver Figura 13-4), usando glicose derivada do glicogênio armazenado. Sua oxidação requer um ciclo do ácido cítrico funcional, no qual cada volta do ciclo resulte na oxidação de uma molécula de piruvato. Se os intermediários A até H estiverem em quantidades pequenas, a taxa na qual o ciclo inteiro funciona estará restrita. O fornecimento de qualquer um desses intermediários então terá um efeito drástico na taxa na qual o ciclo inteiro opera. Portanto, é fácil ver como um grande número de moléculas de piruvato pode ser oxidado, e uma grande quantidade de oxigênio consumida, para cada molécula de um intermediário do ciclo do ácido cítrico que for adicionada (**Figura 13-18**).

Krebs seguiu em frente para demonstrar que todas as reações enzimáticas individuais no seu postulado ciclo ocorriam em preparações de tecidos. Além disso, elas ocorriam a taxas suficientemente altas para justificar as taxas de consumo de piruvato e oxigênio nesses tecidos. Krebs concluiu, portanto, que essa série de reações é a principal, senão a única, via para a oxidação do piruvato – pelo menos no músculo. Juntando as peças de informação como em um quebra-cabeças, ele alcançou uma descrição coerente dos processos metabólicos intrincados responsáveis pela oxidação – e levou para casa uma coparticipação no Prêmio Nobel de Fisiologia ou Medicina de 1953.

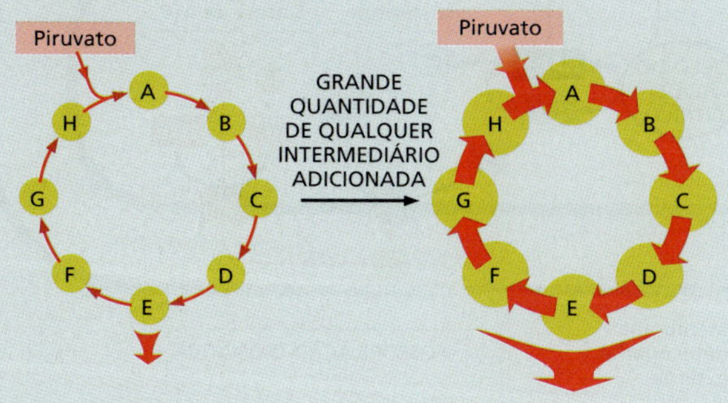

Figura 13-18 A recomposição do fornecimento de qualquer um dos intermediários resulta em um efeito dramático na taxa em que todo o ciclo do ácido cítrico opera. Quando as concentrações dos intermediários são limitantes, o ciclo opera lentamente e pouco piruvato é usado. A incorporação de O_2 é baixa porque somente pequenas quantidades de NADH e $FADH_2$ são produzidas para alimentar a fosforilação oxidativa (ver Figura 13-19). Mas quando uma grande quantidade de qualquer um dos intermediários é adicionada, o ciclo opera rapidamente; mais de todos os intermediários são produzidos, e a incorporação de O_2 passa a ser alta.

O transporte de elétrons impulsiona a síntese da maioria do ATP na maior parte das células

Agora retornamos brevemente para a etapa final na oxidação das moléculas alimentares: a **fosforilação oxidativa**. É nessa etapa que a energia química capturada pelos carreadores ativados produzidos durante a glicólise e o ciclo do ácido cítrico é usada para gerar ATP. Durante a fosforilação oxidativa, NADH e $FADH_2$ transferem seus elétrons de alta energia para a **cadeia transportadora de elétrons** – uma série de carreadores de elétrons embebidos na membrana mitocondrial interna nas células eucarióticas (e na membrana plasmática de bactérias aeróbicas). À medida que os elétrons passam pela série de moléculas aceptoras e doadoras de elétrons que formam a cadeia, eles caem sucessivamente para estados de energia mais baixos. Em sítios específicos da cadeia, a energia liberada é usada para impulsionar H^+ (prótons) através da membrana interna, a partir da matriz mitocondrial para o espaço intermembranar (ver Figura 13-2). Esse movimento gera um gradiente de prótons através da membrana interna, que funciona como uma fonte de energia (como uma bateria) que pode ser aproveitada para impulsionar uma variedade de reações que requerem energia (discutidas no Capítulo 12). A mais proeminente dessas reações é a fosforilação do ADP para gerar ATP no lado da matriz da membrana interna (**Figura 13-19**).

No final da cadeia transportadora, os elétrons são adicionados a moléculas de O_2 que se difundiram para dentro da mitocôndria, e as moléculas de oxigênio reduzidas resultantes combinam-se imediatamente com prótons (H^+) da solução que as cerca para produzir água (ver Figura 13-19). Os elétrons atingem então seu nível de energia mais baixo, com toda a energia disponível das moléculas alimentares oxidadas tendo sido extraída. No total, a oxidação completa de uma molécula de glicose a H_2O e CO_2 pode produzir cerca de 30 moléculas de ATP. Em contrapartida, somente duas moléculas de ATP são produzidas por molécula de glicose apenas pela glicólise.

A fosforilação oxidativa ocorre tanto em células eucarióticas quanto em bactérias aeróbicas. Ela representa uma façanha evolutiva notável, e a capacidade de extrair energia do alimento com tal eficiência moldou por completo a vida na Terra. No próximo capítulo, descrevemos os mecanismos por trás desse processo molecular que transformou a vida e discutimos como ele provavelmente tenha surgido.

QUESTÃO 13-5

O que está errado, caso algo esteja, com a seguinte afirmação: "O oxigênio consumido durante a oxidação da glicose em células animais é retornado como parte do CO_2 para a atmosfera." Como você poderia embasar a sua resposta experimentalmente?

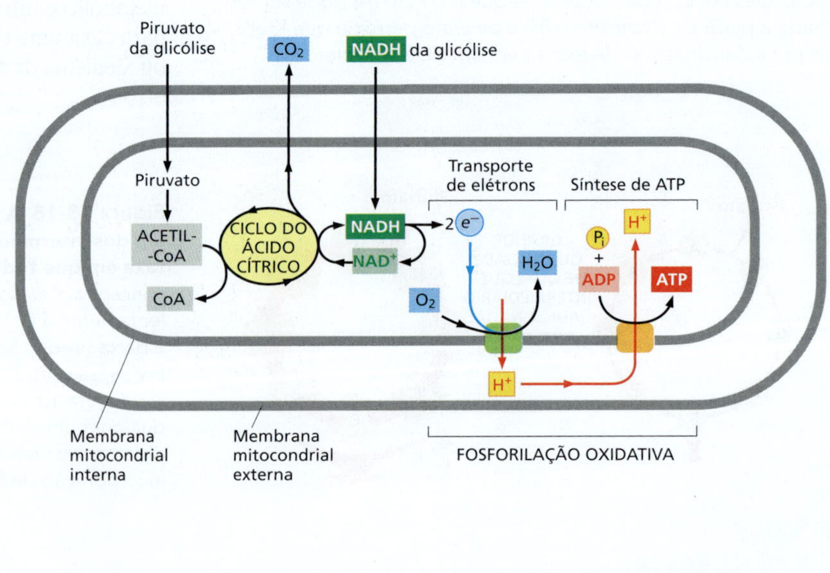

Figura 13-19 A fosforilação oxidativa completa o catabolismo das moléculas do alimento e gera a maior parte do ATP produzido pela célula. Carreadores ativados portando elétrons produzidos pelo ciclo do ácido cítrico e glicólise doam seus elétrons de alta energia para uma cadeia transportadora de elétrons na membrana mitocondrial interna (ou na membrana plasmática das bactérias aeróbicas). Essa transferência de elétrons bombeia prótons através da membrana interna (*setas vermelhas*). O gradiente de prótons resultante é então usado para impulsionar a síntese de ATP por meio do processo de fosforilação oxidativa.

A REGULAÇÃO DO METABOLISMO

Uma célula é uma máquina química intrincada, e nossa discussão do metabolismo – com um foco na glicólise e no ciclo do ácido cítrico – considerou somente uma pequena fração das muitas reações enzimáticas que ocorrem em uma célula a qualquer momento (**Figura 13-20**). Para todas essas vias funcionarem em conjunto, como é necessário para que a célula possa sobreviver e responder ao seu ambiente, a escolha de qual via cada metabólito irá seguir deve ser cuidadosamente regulada em cada ponto de ramificação.

Muitos conjuntos de reações devem ser coordenados e controlados. Por exemplo, para manter a ordem dentro das suas células, todos os organismos precisam preencher suas reservas de ATP continuamente por meio da oxidação de açúcares ou gorduras. Apesar disso, os animais têm acesso somente periódico ao alimento, e as plantas precisam sobreviver sem a luz solar durante a noite, quando não são capazes de produzir açúcar por meio da fotossíntese. Animais e plantas desenvolveram várias formas de lidar com esse problema. Uma delas consiste em sintetizar reservas de alimento em tempos de abundância que podem ser posteriormente consumidas quando outras fontes de energia estiverem escassas. Portanto, dependendo das condições, uma célula deve decidir se vai encaminhar metabólitos-chave para vias anabólicas ou catabólicas – em outras palavras, se vai usá-los para construir outras moléculas ou queimá-los para for-

QUESTÃO 13-6

Uma via de reações cíclicas requer que o material de partida seja regenerado e esteja disponível no final de cada ciclo. Se compostos do ciclo do ácido cítrico fossem desviados como blocos de construção para produzir outras moléculas orgânicas por meio de uma variedade de reações metabólicas, por que o ciclo do ácido cítrico não iria parar rapidamente em decorrência disso?

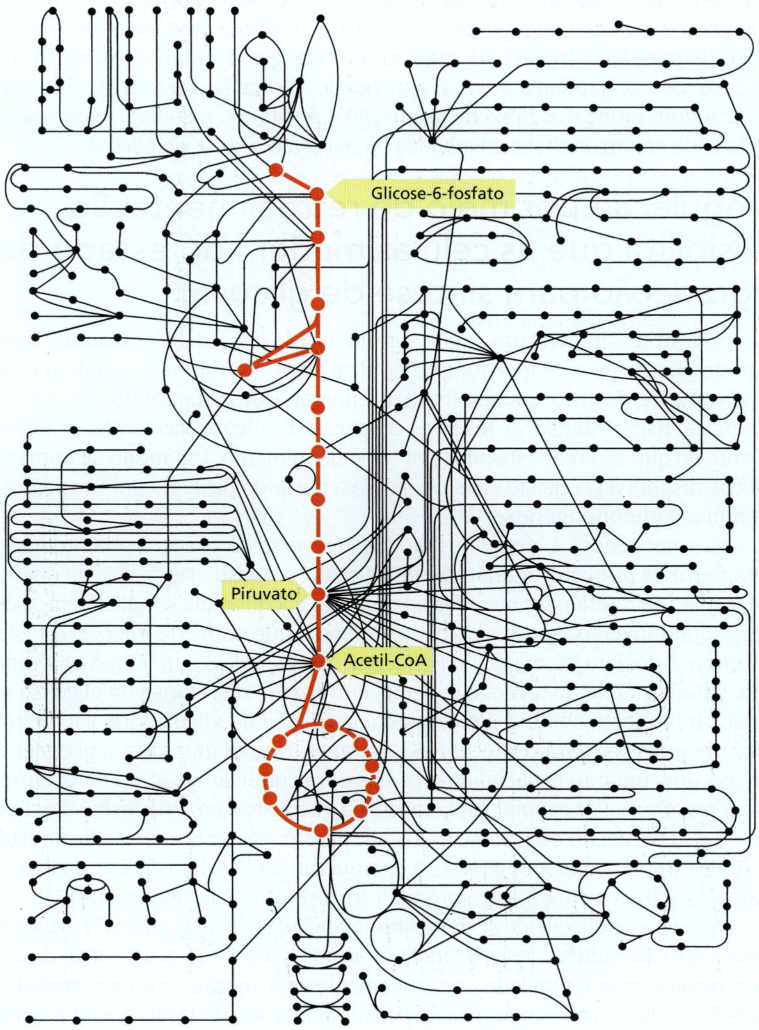

Figura 13-20 A glicólise e o ciclo do ácido cítrico constituem uma pequena fração das reações que ocorrem em uma célula. Neste diagrama, os círculos preenchidos representam moléculas em várias vias metabólicas, e as linhas que as conectam representam reações enzimáticas que transformam um metabólito em outro. As reações da glicólise e o ciclo do ácido cítrico são mostrados em *vermelho*. Muitas outras reações terminam nessas duas vias catabólicas centrais – fornecendo pequenas moléculas orgânicas que serão oxidadas para a obtenção de energia – ou partem dessas duas vias para vias anabólicas que fornecem compostos carbonados para a biossíntese.

necer energia imediatamente. Nesta seção, discutimos como uma célula regula sua teia intrincada de vias metabólicas interconectadas para melhor servir suas necessidades imediatas e de longo prazo.

As reações catabólicas e anabólicas são organizadas e reguladas

Todas as reações mostradas na Figura 13-20 ocorrem em uma célula que possui menos de 0,1 mm em diâmetro, e cada etapa requer uma enzima diferente. Para complicar ainda mais, o mesmo substrato costuma ser integrante de muitas vias diferentes. O piruvato, por exemplo, é um substrato de meia dúzia ou mais enzimas diferentes, cada uma das quais modificando-o quimicamente de um modo distinto. Já vimos que o complexo piruvato-desidrogenase converte piruvato em acetil-CoA, e que, durante a fermentação, a lactato-desidrogenase o converte em lactato. Uma terceira enzima converte piruvato a oxalacetato, uma quarta ao aminoácido alanina, e assim por diante. Todas essas vias competem pelas moléculas de piruvato, e competições semelhantes por milhares de outras moléculas pequenas estão ocorrendo ao mesmo tempo.

Para equilibrar as atividades dessas reações inter-relacionadas – e possibilitar que os organismos possam se adaptar rapidamente a mudanças na disponibilidade de alimentos ou gasto de energia –, uma rede elaborada de *mecanismos de controle* regula e coordena a atividade das enzimas que catalisam a miríade de reações metabólicas que ocorrem dentro de uma célula. Conforme discutido no Capítulo 4, a atividade das enzimas pode ser controlada por modificações covalentes –como a adição ou remoção de um grupo fosfato (ver Figura 4-41) – e pela ligação de pequenas moléculas reguladoras, em geral metabólitos (ver p. 150-151). Essa regulação pode aumentar a atividade de uma enzima ou inibi-la. Como visto a seguir, ambos os tipos de regulação – positiva e negativa – controlam a atividade de enzimas-chave envolvidas na quebra e síntese de glicose.

A regulação por meio de retroalimentação possibilita que as células mudem do estado de degradação para síntese de glicose

Os animais necessitam de um amplo suprimento de glicose. Músculos ativos precisam de glicose para impulsionar a contração, e neurônios dependem quase exclusivamente de glicose como fonte de energia. Durante períodos de jejum ou de exercício físico intenso, as reservas corporais de glicose são usadas mais rapidamente do que são reabastecidas por meio do alimento. Um modo de aumentar a glicose disponível consiste em sintetizá-la a partir do piruvato por um processo denominado **gliconeogênese**.

A gliconeogênese é, de muitos modos, o reverso da glicólise: ela produz glicose a partir de piruvato, enquanto a glicólise faz o oposto. De fato, a gliconeogênese faz uso de muitas das mesmas enzimas da glicólise; ela simplesmente ocorre no sentido inverso. Por exemplo, a isomerase que converte glicose-6-fosfato em frutose-6-fosfato na etapa 2 da glicólise (ver Painel 13-1, p. 428-429) prontamente catalisa a reação reversa. Existem, entretanto, três etapas na glicólise que favorecem tão fortemente a direção da degradação da glicose que são efetivamente irreversíveis. Para contornar essas etapas de uma única via, a gliconeogênese usa um conjunto especial de enzimas para catalisar "reações de contorno" (*bypass reactions*). Por exemplo, na etapa 3 da glicólise, a enzima fosfofrutocinase catalisa a fosforilação da frutose-6-fosfato para produzir o intermediário frutose-1,6-bifosfato. Na gliconeogênese, a enzima frutose-1,6-bifosfatase remove um fosfato desse intermediário para produzir frutose-6-fosfato (**Figura 13-21**).

Como uma célula decide se deve sintetizar glicose ou degradá-la? Parte dessa decisão está centrada nas reações mostradas na Figura 13-21. A atividade da enzima fosfofrutocinase é regulada alostericamente pela ligação de uma variedade de metabólitos, que fornecem *regulação por retroalimentação* tanto positiva quanto

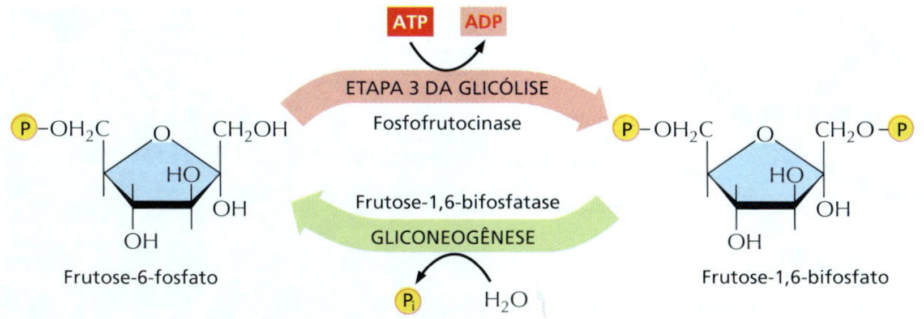

Figura 13-21 A gliconeogênese usa enzimas específicas para contornar as etapas na glicólise que são essencialmente irreversíveis. A enzima fosfofrutocinase catalisa a fosforilação da frutose-6-fosfato para formar frutose-1,6-bifosfato na etapa 3 da glicólise. Essa reação é tão favorável energeticamente que a enzima não irá funcionar no sentido reverso. Para produzir frutose-6-fosfato na gliconeogênese, a enzima frutose-1,6-bifosfatase remove o fosfato da frutose-1,6-bifosfato. A regulação por retroalimentação coordenada dessas duas enzimas ajuda a controlar o fluxo de metabólitos no sentido da síntese ou degradação de glicose.

negativa. A enzima é ativada por subprodutos da hidrólise do ATP, incluindo ADP, AMP e fosfato inorgânico, e é inibida pelo ATP. Portanto, quando o ATP é exaurido e seus subprodutos metabólicos se acumulam, a fosfofrutocinase é ativada e a glicólise prossegue para produzir ATP; quando o ATP é abundante, a enzima é inativada e a glicólise é interrompida. A enzima que catalisa a reação reversa, frutose-1,6-bifosfatase (ver Figura 13-21), é regulada pelas mesmas moléculas, porém na direção oposta. Portanto, essa enzima é ativada quando a fosfofrutocinase se encontra inativa, possibilitando que a gliconeogênese prossiga. Muitos mecanismos de regulação desse tipo permitem que uma célula responda rapidamente às condições em mudança e ajuste seu metabolismo de modo adequado.

Algumas das reações de contorno biossintéticas necessárias para a gliconeogênese são energeticamente dispendiosas. A produção de uma única molécula de glicose pela gliconeogênese consome quatro moléculas de ATP e duas moléculas de GTP. Portanto, uma célula deve regular firmemente o balanço entre a glicólise e a gliconeogênese. Se ambos os processos fossem prosseguir de forma simultânea, eles iriam lançar metabólitos para frente e para trás em um ciclo fútil que iria consumir grandes quantidades de energia e gerar calor sem objetivo algum.

As células armazenam moléculas de alimento em reservatórios especiais a fim de se prepararem para períodos de necessidade

Como vimos, a gliconeogênese é um processo custoso, que exige quantidades substanciais de energia derivada da hidrólise de ATP e GTP. Durante períodos de escassez de alimentos, esse modo dispendioso de produzir glicose é suprimido, caso existam alternativas disponíveis. Portanto, células em jejum podem mobilizar a glicose que foi armazenada na forma de **glicogênio**, um polímero de glicose ramificado (**Figura 13-22A** e ver Painel 2-3, p. 70-71). Esse grande polissacarídeo é armazenado como pequenos grânulos no citoplasma de muitas células animais, principalmente no fígado e nas células musculares (**Figura 13-22B**). A síntese e a degradação do glicogênio ocorrem por vias metabólicas separadas, que podem ser reguladas de modo coordenado e rápido de acordo com as necessidades. Quando mais ATP é necessário do que pode ser gerado a partir das moléculas de alimento obtidas da corrente sanguínea, as células degradam glicogênio em uma reação que é catalisada pela enzima *glicogênio-fosforilase*. Essa enzima produz *glicose-1-fosfato*, que é então convertida a *glicose-6-fosfato* que alimenta a via glicolítica (**Figura 13-22C**).

As vias de síntese e degradação do glicogênio são coordenadas pela regulação por retroalimentação. Enzimas em ambas as vias são reguladas alostericamente por glicose-6-fosfato, mas em direções opostas: a *glicogênio-sintase* na via de síntese é ativada por glicose-6-fosfato, enquanto a glicogênio-fosforilase, que degrada o glicogênio (ver Figura 13-22C), é inibida por glicose-6-fosfato, assim como por ATP. Essa regulação ajuda a impedir a degradação do glicogênio quando a célula estiver repleta de ATP e a favorecer a síntese de glicogênio quando a concentração de glicose-6-fosfato estiver alta. O balanço entre síntese e degradação de glicogênio é, além disso, regulado por vias de sinalização intracelulares

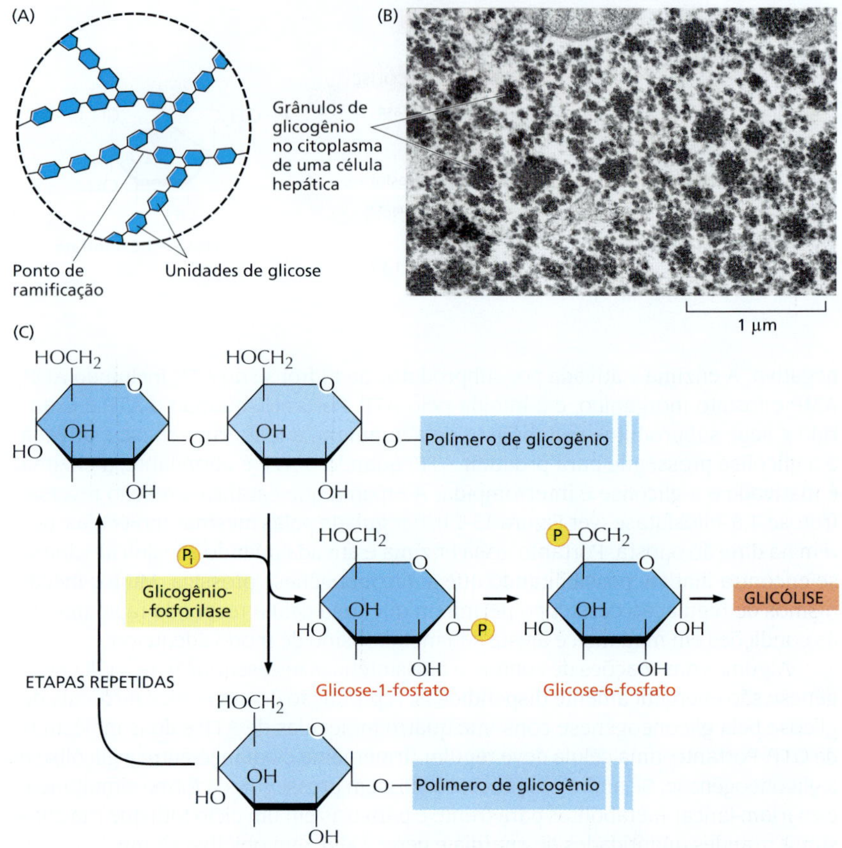

Figura 13-22 As células animais armazenam glicose na forma de glicogênio como uma reserva de energia para os momentos de necessidade. (A) A estrutura do glicogênio (o amido nas plantas é um polímero ramificado de glicose muito similar, porém com um número muito menor de pontos de ramificação). (B) Uma micrografia eletrônica mostrando grânulos de glicogênio no citoplasma de uma célula hepática; cada grânulo contém glicogênio e as enzimas necessárias para a síntese e degradação do glicogênio. (C) A enzima glicogênio-fosforilase degrada o glicogênio quando as células precisam de mais glicose. (B, cortesia de Robert Fletterick e Daniel S. Friend.)

que são controladas pelos hormônios insulina, adrenalina e glucagon (ver Tabela 16-1, p. 529 e Figura 16-25, p. 546).

Quantitativamente, a gordura é um material de armazenamento mais importante que o glicogênio, em parte porque a oxidação de um grama de gordura libera cerca de duas vezes a energia obtida da oxidação de um grama de glicogênio. Além disso, o glicogênio interage bastante com a água, produzindo uma diferença de seis vezes na massa de glicogênio que de fato é necessária para armazenar a mesma quantidade de energia das gorduras. Um humano adulto médio armazena glicogênio suficiente para somente cerca de um dia de atividade normal, mas gordura suficiente para quase um mês. Se nossas reservas de combustível principais tivessem de ser carregadas como glicogênio em vez de gordura, o peso corporal deveria ser aumentado em média por cerca de 30 quilos.

A maior parte da nossa gordura é armazenada como gotículas de triacilgliceróis insolúveis em água em células especializadas denominadas *adipócitos* (**Figura 13-23** e ver Figura 13-11 A e B). Em resposta a sinais hormonais, os ácidos graxos podem ser liberados desses depósitos para a corrente sanguínea para serem usados por outras células quando requerido. Essa necessidade surge após um período na ausência de alimentação. Mesmo um jejum de uma noite resulta na mobilização da gordura: pela manhã, a maioria da acetil-CoA que entra no ciclo do ácido cítrico é derivada dos ácidos graxos em vez da glicose. Entretanto, após uma refeição, a maior parte da acetil-CoA que entra no ciclo do ácido cítrico provém da glicose derivada do alimento, e qualquer excesso de glicose é usado para produzir glicogênio ou gordura (ainda que as células animais possam prontamente converter açúcares em gorduras, elas não podem converter ácidos graxos em açúcares).

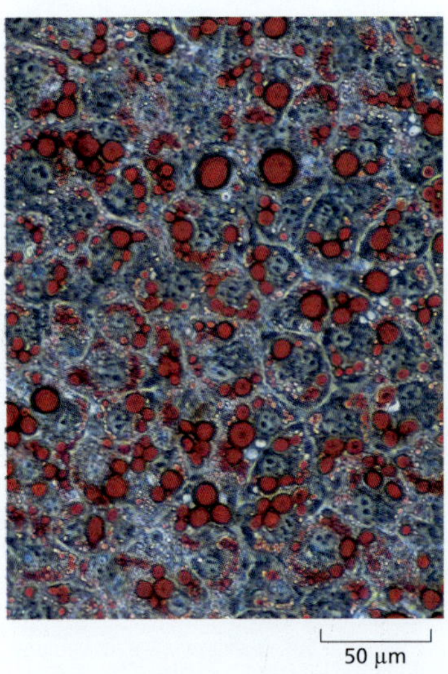

Figura 13-23 As gorduras são armazenadas na forma de gotículas de gordura nas células animais. As gotículas de gordura (coradas em *vermelho*) mostradas aqui estão no citoplasma de adipócitos em desenvolvimento. (Cortesia de Peter Tontonoz e Ronald M. Evans.)

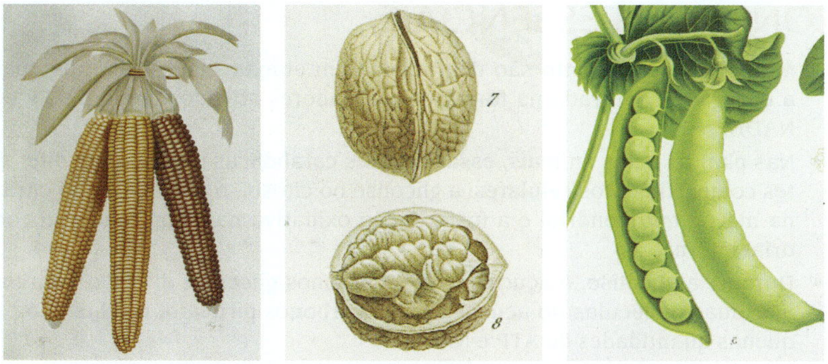

Figura 13-24 Algumas sementes de plantas são alimentos importantes para os humanos. Milho, nozes e ervilhas contêm ricas reservas de amido e gorduras, que fornecem ao embrião da planta contido na semente energia e blocos de construção para a biossíntese. (Cortesia da John Innes Foundation.)

As reservas de alimento tanto de animais quanto de plantas constituem parte vital da dieta humana. As plantas convertem alguns dos açúcares que elas produzem por meio da fotossíntese durante o dia em gorduras e em **amido**, um polímero ramificado de glicose muito similar ao glicogênio animal. As gorduras nas plantas são triacilgliceróis, assim como nos animais, e elas diferem apenas nos tipos de ácidos graxos que predominam (ver Figuras 2-19 e 2-20).

O embrião dentro de uma semente de planta deve sobreviver por um longo tempo apenas com as reservas de alimento armazenadas, até que a semente germine para produzir uma planta com folhas que possa aproveitar a energia da luz solar. O embrião usa essas reservas alimentares como fonte de energia e de pequenas moléculas para construir as paredes celulares e sintetizar muitas outras moléculas biológicas à medida que se desenvolve. Por essa razão, as sementes das plantas costumam conter quantidades especialmente grandes de gorduras e amido – o que faz delas uma das principais fontes de alimento dos animais, incluindo nós mesmos (**Figura 13-24**). Sementes em germinação convertem a gordura e o amido armazenados em glicose conforme a necessidade.

Nas células vegetais, gorduras e amido são armazenados nos cloroplastos – organelas especializadas que realizam a fotossíntese (**Figura 13-25**). Essas moléculas ricas em energia funcionam como reservatórios de alimento que são mobilizados pela célula para produzir ATP nas mitocôndrias durante períodos de escuridão. No próximo capítulo, analisamos com mais detalhes os cloroplastos e as mitocôndrias, e revisamos os mecanismos elaborados pelos quais eles aproveitam a energia da luz solar e do alimento.

QUESTÃO 13-7

Depois de observar as estruturas dos açúcares e ácidos graxos (discutidos no Capítulo 2), forneça uma explicação intuitiva de por que a oxidação de um açúcar resulta em somente metade da energia obtida na oxidação de uma quantidade equivalente em peso seco de um ácido graxo.

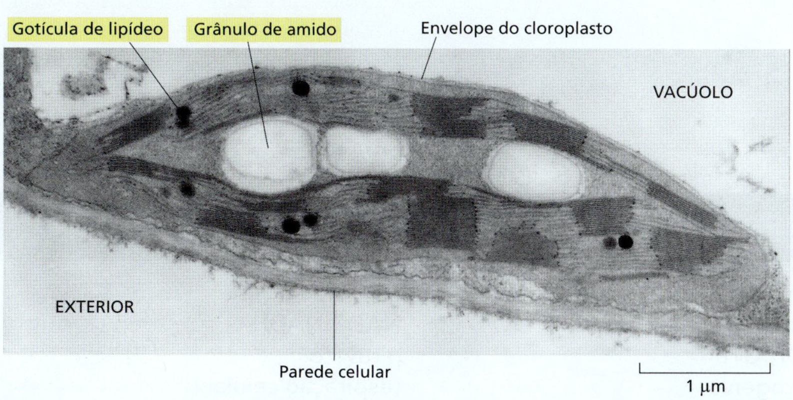

Figura 13-25 As células vegetais armazenam amido e gordura nos seus cloroplastos. Uma micrografia eletrônica de um único cloroplasto em uma célula vegetal mostra os grânulos de amido e as gotículas de lipídeos (gorduras) que foram sintetizadas na organela. (Cortesia de K. Plaskitt.)

CONCEITOS ESSENCIAIS

- Moléculas de alimento são degradadas em etapas sucessivas, nas quais a energia é capturada na forma de carreadores ativados como o ATP e o NADH.
- Nas plantas e nos animais, essas reações catabólicas ocorrem em diferentes compartimentos celulares: a glicólise no citosol, o ciclo do ácido cítrico na matriz mitocondrial e a fosforilação oxidativa na membrana mitocondrial interna.
- Durante a glicólise, o açúcar de seis carbonos glicose é dividido para formar duas moléculas do açúcar de três carbonos piruvato, produzindo pequenas quantidades de ATP e NADH.
- Na presença de oxigênio, as células eucarióticas transformam o piruvato em acetil-CoA e CO_2 na matriz mitocondrial. O ciclo do ácido cítrico converte então o grupo acetila da acetil-CoA em CO_2 e H_2O, capturando boa parte da energia liberada pelos elétrons de alta energia dos carreadores ativados NADH e $FADH_2$.
- Os ácidos graxos produzidos a partir da digestão das gorduras são também importados para a mitocôndria e convertidos em moléculas de acetil-CoA, que são então oxidados ainda mais por meio do ciclo do ácido cítrico.
- Na matriz mitocondrial, NADH e $FADH_2$ transferem seus elétrons de alta energia para uma cadeia transportadora de elétrons na membrana mitocondrial interna, onde uma série de transferências de elétrons é usada para impulsionar a formação de ATP. A maior parte da energia capturada durante a degradação das moléculas de alimento é aproveitada durante esse processo de fosforilação oxidativa (descrito em detalhes no Capítulo 14).
- Muitos intermediários da glicólise e do ciclo do ácido cítrico são pontos de partida para as vias anabólicas que levam à síntese de proteínas, ácidos nucleicos e muitas outras moléculas orgânicas da célula.
- Os milhares de reações diferentes realizados simultaneamente por uma célula são regulados e coordenados por mecanismos de retroalimentação positivos e negativos, possibilitando à célula se adaptar a condições variáveis; por exemplo, tais mecanismos de retroalimentação permitem que a célula passe do estado de degradação de glicose à síntese de glicose quando o alimento estiver escasso.
- As células podem armazenar moléculas de alimento em reservas especiais. Subunidades de glicose são armazenadas como glicogênio em células animais e como amido em células vegetais; tanto as células vegetais quanto as animais armazenam ácidos graxos como gorduras. As reservas de alimento armazenadas pelas plantas são as principais fontes de alimento para os animais, incluindo os humanos.

TERMOS-CHAVE

acetil-CoA
ADP, ATP
amido
cadeia transportadora de elétrons
catabolismo
ciclo do ácido cítrico
FAD, $FADH_2$
fermentação
fosforilação oxidativa
GDP, GTP
glicogênio
gliconeogênese
glicose
glicólise
gordura
NAD^+, NADH
piruvato
respiração celular
vias anabólicas

TESTE SEU CONHECIMENTO

QUESTÃO 13-8

A oxidação de moléculas de açúcares pela célula se dá de acordo com a reação geral $C_6H_{12}O_6$ (glicose) + $6O_2 \rightarrow 6CO_2$ + $6H_2O$ + energia. Quais das seguintes afirmativas estão corretas? Explique sua resposta.

A. Toda a energia é produzida na forma de calor.
B. Nada da energia é produzida na forma de calor.
C. A energia é produzida por um processo que envolve a oxidação de átomos de carbono.
D. A reação é essencial para o suprimento de água da célula.
E. Nas células, a reação ocorre em mais de uma etapa.
F. Muitas etapas na oxidação de moléculas de açúcar envolvem reação com o gás oxigênio.
G. Alguns organismos realizam a reação reversa.
H. Algumas células que crescem na ausência de O_2 produzem CO_2.

QUESTÃO 13-9

Um instrumento extremamente sensível (ainda por ser criado) mostra que um dos átomos de carbono no último suspiro de Charles Darwin reside na sua circulação sanguínea, onde esse átomo parte de uma molécula de hemoglobina. Sugira como esse átomo de carbono poderia ter viajado até você, e liste algumas das moléculas nas quais ele poderia ter entrado durante esse caminho.

QUESTÃO 13-10

Células de levedura crescem tanto na presença de O_2 (aerobicamente) quanto na sua ausência (anaerobicamente). Sob qual das duas condições você espera que as células cresçam de forma melhor? Explique sua resposta.

QUESTÃO 13-11

Durante o movimento, as células musculares requerem grandes quantidades de ATP para fornecer combustível para seus aparatos contráteis. Essas células contêm altos níveis de creatina-fosfato (**Figura Q13-11**), que possui uma diferença de energia livre padrão ($\Delta G°$) para a hidrólise da sua ligação fosfato de –10,3 kcal/mol. Por que esse é um composto útil para armazenar energia? Justifique sua resposta com a informação mostrada na Figura 13-8.

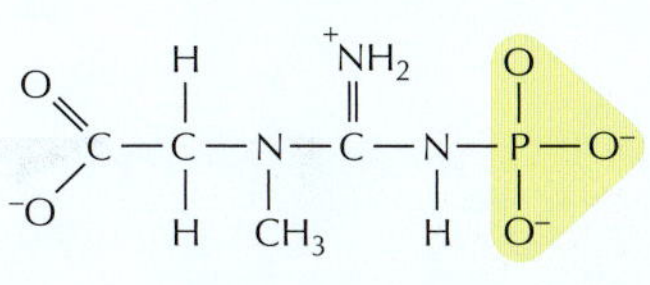

Creatina-fosfato

Figura Q13-11

QUESTÃO 13-12

Vias idênticas às que constituem a sequência complicada de reações da glicólise, mostrada no Painel 13-1 (p. 428-429), são encontradas na maioria das células vivas, de bactérias a humanos. Poderíamos imaginar, entretanto, incontáveis mecanismos de reação química alternativos que iriam possibilitar a oxidação de moléculas de açúcar e que poderiam, em princípio, ter evoluído para substituir a glicólise. Discuta esse fato no contexto da evolução.

QUESTÃO 13-13

Uma célula animal, de forma aproximadamente cúbica, com lados de 10 μm, usa 10^9 moléculas de ATP a cada minuto. Suponha que a célula substitua o seu ATP por meio da oxidação de glicose de acordo com a reação geral $6O_2 + C_6H_{12}O_6 \rightarrow 6CO_2 + 6H_2O$ e que a oxidação completa de cada molécula de glicose produza 30 moléculas de ATP. Quanto oxigênio a célula consome a cada minuto? Em quanto tempo a célula terá usado uma quantidade de gás oxigênio equivalente ao seu volume? (Lembre-se de que um mol de um gás tem um volume de 22,4 litros.)

QUESTÃO 13-14

Sob as condições existentes em uma célula, as energias livres das primeiras reações na glicólise (no Painel 13-1, p. 428-429) são:

etapa 1 $\Delta G = -8{,}0$ kcal/mol
etapa 2 $\Delta G = -0{,}6$ kcal/mol
etapa 3 $\Delta G = -5{,}3$ kcal/mol
etapa 4 $\Delta G = -0{,}3$ kcal/mol

Essas reações são energeticamente favoráveis? Usando esses valores, desenhe em escala um diagrama de energia (A) para a reação geral e (B) para a trajetória composta das quatro reações individuais.

QUESTÃO 13-15

A química da maioria das reações metabólicas foi decifrada por meio da síntese de metabólitos contendo átomos que são diferentes isótopos daqueles que ocorrem naturalmente. Os produtos das reações que se iniciam com metabólitos marcados com isótopos podem ser analisados para determinar precisamente quais átomos nos produtos são derivados de quais átomos do material de partida. Os métodos de detecção exploram, por exemplo, o fato de diferentes isótopos possuírem diferentes massas que podem ser distinguidas usando técnicas biofísicas como a espectrometria de massa. Além disso, alguns isótopos são radioativos e podem, portanto, ser prontamente reconhecidos com contadores eletrônicos ou filmes fotográficos que tenham sido expostos à radiação.

A. Suponha que o piruvato contendo ^{14}C radioativo no seu grupo carboxila seja adicionado a um extrato celular que pode realizar fosforilação oxidativa. Quais das moléculas produzidas deverão conter a vasta maioria do ^{14}C que foi adicionado?
B. Suponha que o oxalacetato contendo ^{14}C radioativo no seu grupo ceto (ver Painel 13-2, p. 434-435) seja adicionado ao extrato. Onde o átomo de ^{14}C deveria estar localizado após precisamente uma volta no ciclo?

QUESTÃO 13-16

Em células que podem crescer tanto aeróbica quanto anaerobicamente, a fermentação é inibida na presença de O_2. Sugira uma razão para essa observação.

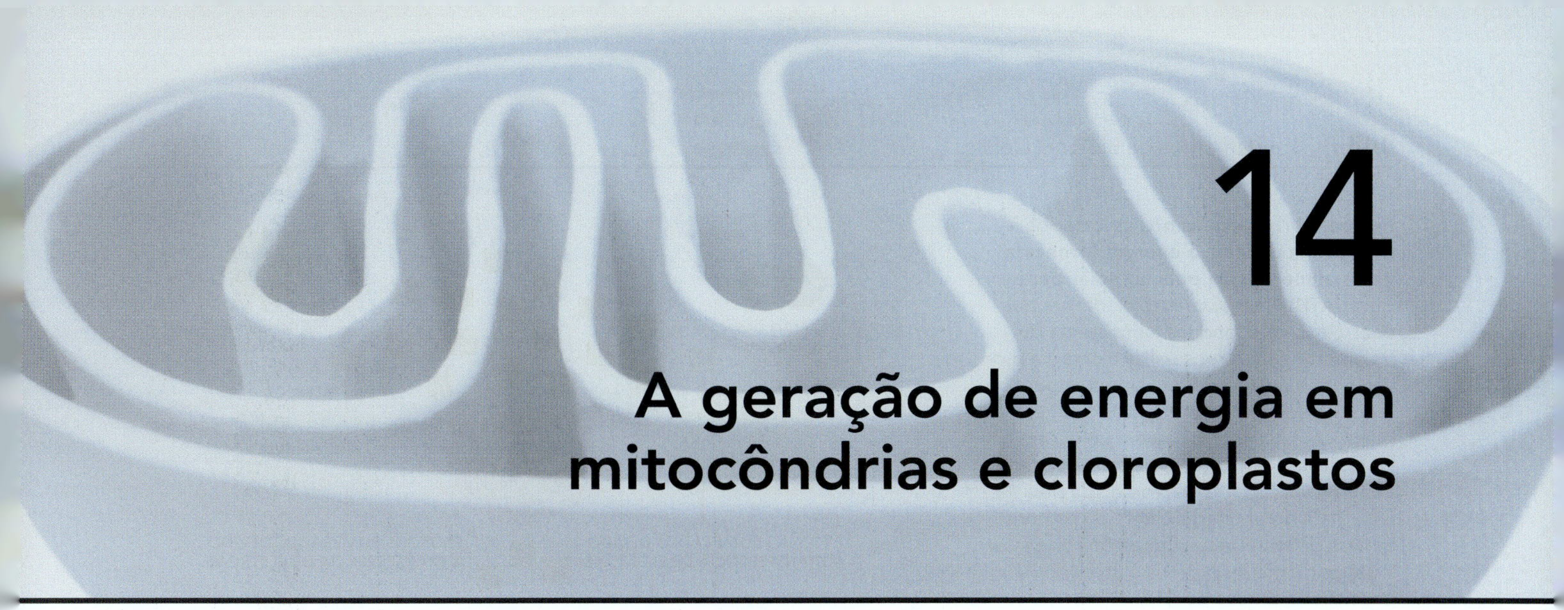

14

A geração de energia em mitocôndrias e cloroplastos

A necessidade fundamental de gerar energia de maneira eficiente determinou uma influência profunda na história da vida sobre a Terra. Muito da estrutura, função e evolução das células e dos organismos pode ser relacionado às suas necessidades de energia. Acredita-se que, na ausência do oxigênio atmosférico, as primeiras células devem ter produzido o oxigênio a partir da quebra de moléculas orgânicas formadas por processos geoquímicos. Tais reações de fermentação, discutidas no Capítulo 13, ocorrem no citosol das células atuais, onde utilizam a energia gerada da oxidação parcial de moléculas de alimento ricas em energia para formar ATP.

Contudo, no início da história da vida, surgiu um mecanismo muito mais eficiente para gerar energia e sintetizar ATP – baseado no transporte de elétrons ao longo das membranas. Bilhões de anos mais tarde, tal mecanismo é tão fundamental para a existência de vida na Terra que dedicamos este capítulo inteiro a ele. Como vamos observar, os mecanismos de transporte de elétrons associado à membrana são usados pelas células para extrair energia de uma grande variedade de fontes. Esses mecanismos são fundamentais tanto para a conversão da energia luminosa em energia de ligações químicas na fotossíntese quanto para a formação de grandes quantidades de ATP a partir dos alimentos durante a **respiração celular**. Embora o transporte de elétrons associado à membrana tenha surgido primeiro nas bactérias há mais de três bilhões de anos, atualmente os descendentes dessas células pioneiras ocupam todos os cantos e fendas da terra e dos oceanos de nosso planeta com uma diversidade de formas de vida. Talvez ainda mais notável, os remanescentes dessas bactérias sobrevivem dentro de cada célula eucariótica sob a forma de cloroplastos e mitocôndrias.

Neste capítulo, consideramos os mecanismos moleculares pelos quais o transporte de elétrons permite que as células produzam a energia necessária para sobreviver. Descrevemos como esses sistemas funcionam nas mitocôndrias e nos cloroplastos, e analisamos os princípios químicos que permitem que a transferência de elétrons libere grandes quantidades de energia. Por fim, traçamos os caminhos evolutivos que deram origem a esses mecanismos.

Mas em primeiro lugar, vamos dar uma breve olhada nos princípios gerais centrais para a geração de energia em todos os seres vivos: o uso de uma membrana para aproveitar a energia do movimento de elétrons.

As células obtêm a maior parte da sua energia a partir de um mecanismo baseado em membranas

A principal moeda corrente de energia química nas células é o ATP (ver Figura 3-32). Pequenas quantidades de ATP são geradas durante a glicólise no citosol de todas as células (discutido no Capítulo 13). Contudo, para a grande maioria das células, a maior parte do ATP é produzida por *fosforilação oxidativa*. A fosfo-

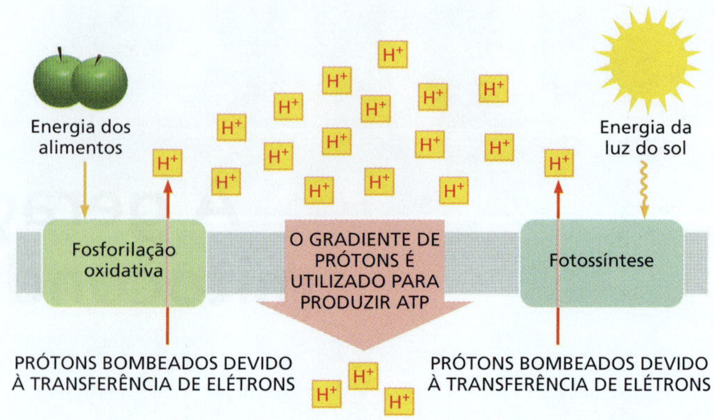

Figura 14-1 Mecanismos associados à membrana utilizam a energia fornecida pelos alimentos ou pela luz solar para gerar ATP. Na fosforilação oxidativa, que ocorre nas mitocôndrias, um sistema de transporte de elétrons utiliza a energia proveniente da oxidação de alimentos para gerar um gradiente de prótons (H^+) através da membrana. Na fotossíntese, que ocorre nos cloroplastos, um sistema de transporte de elétrons utiliza a energia fornecida pela luz solar para gerar um gradiente de prótons através da membrana. Em ambos os casos, esse gradiente de prótons é utilizado para promover a síntese de ATP.

rilação oxidativa gera o ATP de forma diferente da glicólise, na medida em que requer uma membrana. Nas células eucarióticas, a fosforilação oxidativa ocorre nas mitocôndrias. Essa depende do processo de transporte de elétrons que impulsiona o transporte de prótons (H^+) através da membrana mitocondrial interna. Um processo semelhante produz ATP durante a fotossíntese em plantas, algas e bactérias fotossintetizantes (**Figura 14-1**).

O processo de produção de ATP baseado em membrana consiste em duas fases conectadas: a primeira constitui um gradiente eletroquímico de prótons, que a outra fase utiliza para gerar ATP. Ambas as fases são levadas a cabo pelos complexos proteicos especiais na membrana.

1. Na fase 1, os elétrons de alta energia originados da oxidação de moléculas de alimentos (discutidos no Capítulo 13), da luz solar, ou de outras fontes (discutidas adiante) são transferidos ao longo de uma série de transportadores de elétrons – denominada **cadeia transportadora de elétrons** – incorporada à membrana. As transferências de elétrons liberam energia, que é usada para bombear prótons, derivados da água que está onipresente nas células, através da membrana e, portanto, gerando um gradiente eletroquímico de prótons (**Figura 14-2A**). Um gradiente de íons através de uma membrana representa uma forma de armazenar energia que pode ser aproveitada para produzir um trabalho útil quando os íons são permitidos a fluir de volta, através da membrana, a favor do seu gradiente eletroquímico (discutido no Capítulo 12).
2. Na fase 2 da fosforilação oxidativa, os prótons fluem de volta a favor do seu gradiente eletroquímico por meio de um complexo proteico chamado de *ATP-sintase*, que catalisa a síntese do ATP com gasto de energia a partir de ADP e fosfato inorgânico (Pi). Essa enzima onipresente funciona como uma turbina, permitindo que o gradiente de prótons propulsione a produção de ATP (**Figura 14-2B**).

Quando esse mecanismo de gerar energia foi inicialmente proposto em 1961, ele foi chamado de *hipótese quimiosmótica* devido à relação existente entre as reações de ligação química que sintetizam o ATP ("quimi-") com o processo de transporte da membrana que bombeia prótons ("osmótico", do grego *osmos*, empurrar). Graças ao mecanismo quimiosmótico, conhecido hoje como **acoplamento quimiosmótico**, as células podem aproveitar a energia da transferência de elétrons de maneira semelhante à capacidade de utilizar a energia armazenada em uma bateria para realizar trabalho útil (**Figura 14-3**).

O acoplamento quimiosmótico é um processo antigo, preservado nas células de hoje

O mecanismo quimiosmótico associado à membrana para produção de ATP surgiu muito cedo na história da vida. Exatamente o mesmo tipo de processo gera-

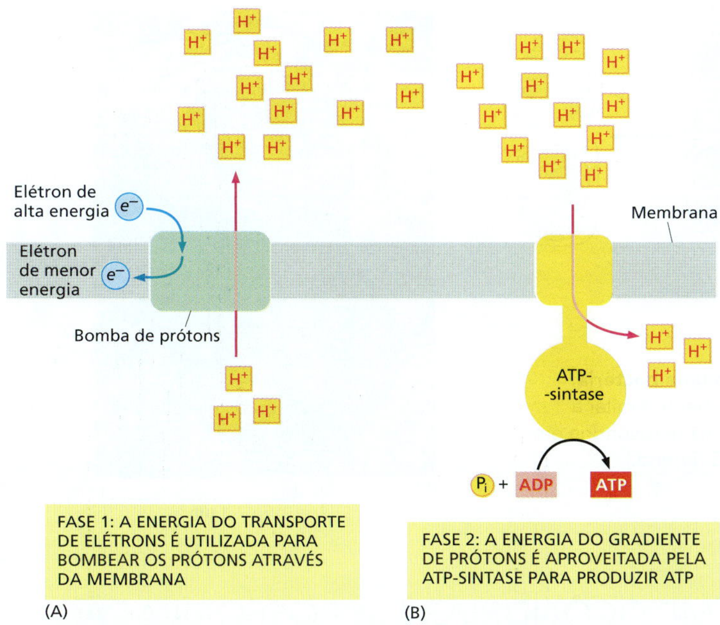

Figura 14-2 Sistemas associados à membrana utilizam a energia armazenada em um gradiente eletroquímico de prótons para produzir ATP. O processo ocorre em duas fases. (A) Na primeira fase, uma bomba de prótons aproveita a energia da transferência de elétrons (detalhes não apresentados aqui) para bombear prótons (H^+) derivados da água, criando um gradiente de prótons através da membrana. Uma *seta azul* indica o sentido de sua migração. Esses elétrons de alta energia podem vir de moléculas orgânicas ou inorgânicas, ou podem ser produzidos pela ação da luz sobre moléculas especiais, como a clorofila. (B) O gradiente de prótons produzidos em (A) serve como um armazenamento versátil de energia. Esse gradiente promove uma variedade de reações que requerem energia nas mitocôndrias, nos cloroplastos e nos procariotos – incluindo a síntese de ATP pela ATP-sintase.

dor de ATP ocorre na membrana plasmática de bactérias e arqueias modernas. Aparentemente, o mecanismo teve tanto sucesso que as suas características essenciais foram mantidas ao longo do processo evolutivo, desde os primeiros procariotos até as células atuais.

Essa notável semelhança pode ser atribuída em parte ao fato de que as organelas que produzem o ATP nas células eucarióticas – os cloroplastos e as mitocôndrias – evoluíram a partir de bactérias que foram incorporadas por células ancestrais há mais de um bilhão de anos (ver Figuras 1-18 e 1-20). Como evidência da sua linhagem bacteriana, tanto os cloroplastos quanto as mitocôndrias se reproduzem de maneira semelhante à da maioria dos procariotos (**Figura 14-4**). Eles também possuem maquinaria biossintética semelhante à das bactérias para produzir RNA e proteínas, além de manter seus próprios genomas (**Figura 14-5**). Muitos genes de cloroplastos são marcadamente semelhantes aos genes de cianobactérias, a bactéria fotossintetizante da qual se acredita que os cloroplastos sejam derivados.

Embora mitocôndrias e cloroplastos ainda possuam DNA, as bactérias que deram origem a essas organelas perderam muitos dos genes necessários para uma vida independente, desenvolvendo relações simbióticas que levaram à evolução de células eucarióticas animais e vegetais. Contudo, esses genes alijados não foram perdidos. Muitos foram transferidos para o núcleo da célula, onde continuam a produzir proteínas que as mitocôndrias e os cloroplastos importam para poderem desempenhar suas funções especializadas – incluindo a geração de ATP, um processo discutido em detalhes durante o restante do capítulo.

QUESTÃO 14-1

O dinitrofenol (DNP) é uma pequena molécula que torna as membranas permeáveis a prótons. Na década de 1940, pequenas quantidades desse composto altamente tóxico foram administradas a pacientes para induzir a perda de peso. O DNP foi efetivo na promoção da perda de peso, sobretudo das reservas lipídicas. Você poderia explicar como ele pôde causar tal perda? Como reação colateral indesejada, entretanto, os pacientes tiveram elevação da temperatura e suavam profusamente durante o tratamento. Forneça uma explicação para esses sintomas.

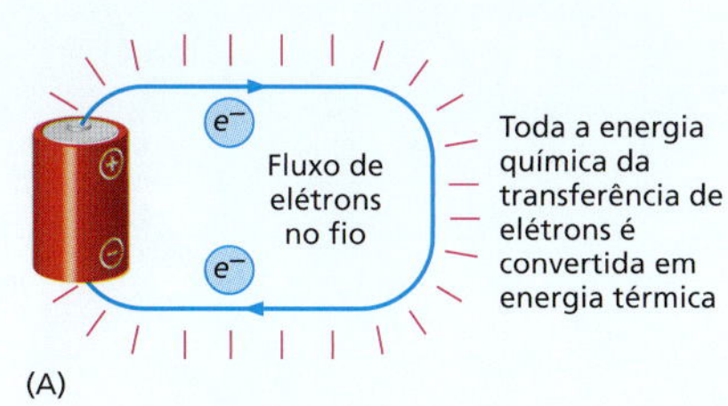

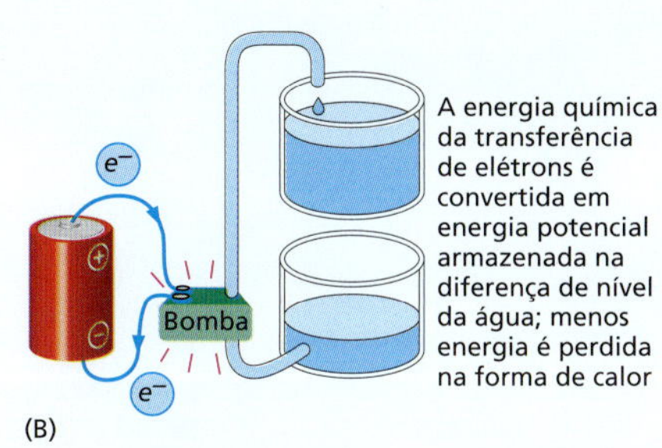

Figura 14-3 Baterias podem utilizar a energia de transferência de elétrons para realizar trabalho. (A) Se os terminais da bateria forem conectados diretamente um ao outro, a energia liberada pela transferência dos elétrons é totalmente convertida em calor. (B) Se a bateria for conectada a uma bomba, grande parte da energia liberada pela transferência dos elétrons pode ser aproveitada para realizar trabalho (nesse caso, uma bomba de água). As células, de maneira semelhante, podem aproveitar a energia de transferência de elétrons para realizar trabalho – por exemplo, para bombear H^+ (ver Figura 14-2A).

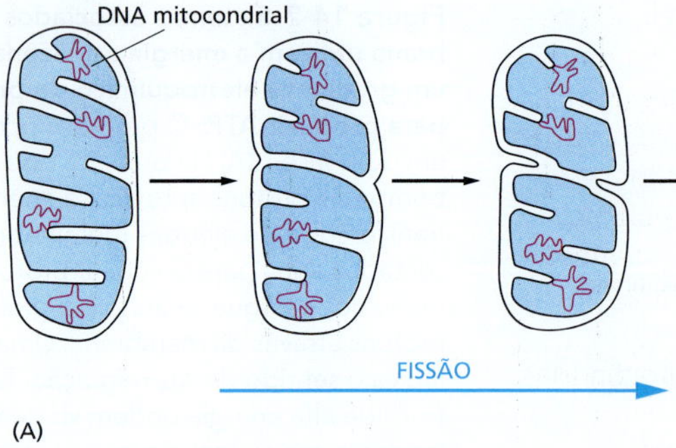

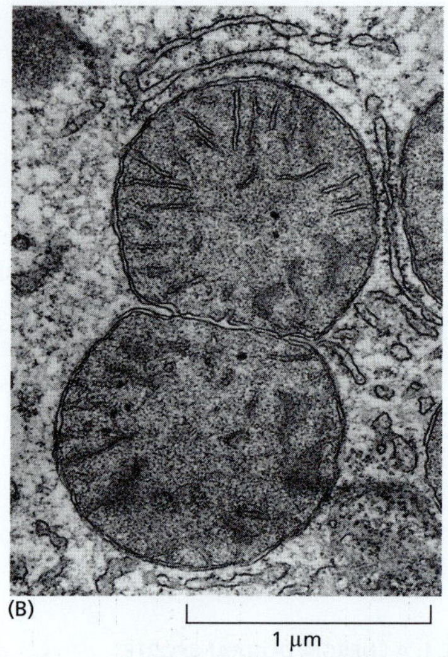

Figura 14-4 Uma mitocôndria pode se dividir como uma bactéria. (A) Ela é submetida a um processo de fissão conceitualmente similar à divisão bacteriana. (B) Uma micrografia eletrônica de uma mitocôndria em divisão em uma célula hepática. (B, cortesia de Daniel S. Friend.)

AS MITOCÔNDRIAS E A FOSFORILAÇÃO OXIDATIVA

As **mitocôndrias** estão presentes em quase todas as células eucarióticas, onde produzem a maior parte do ATP da célula. Sem as mitocôndrias, os eucariotos teriam de contar com o processo relativamente ineficiente da glicólise para a produção de todo o ATP. Quando a glicose é convertida em piruvato pela glicólise no citosol, o resultado líquido é que apenas duas moléculas de ATP são produzidas por molécula de glicose, o que representa menos de 10% do total de energia livre potencialmente disponível a partir da oxidação do açúcar. Em comparação, cerca de 30 moléculas de ATP são produzidas quando as mitocôndrias são utilizadas para completar a oxidação da glicose, que começa na glicólise. Se as células ancestrais não tivessem estabelecido relações com as bactérias que deram origem às mitocôndrias modernas, parece improvável que os organismos multicelulares complexos pudessem ter evoluído.

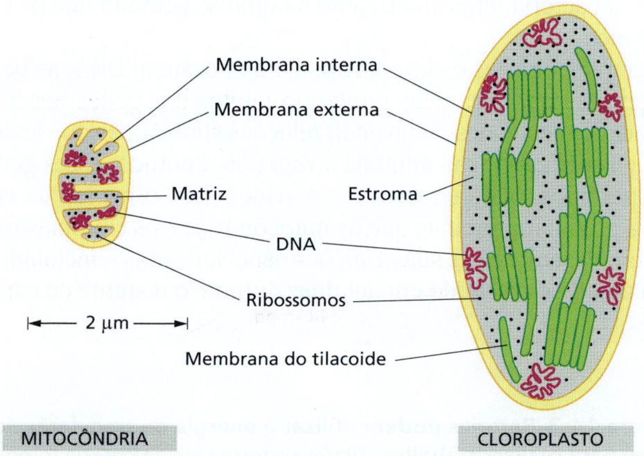

Figura 14-5 As mitocôndrias e os cloroplastos compartilham muitas das características de seus ancestrais bacterianos. Ambas as organelas possuem seu próprio genoma de DNA e os sistemas para copiar esse DNA e produzir RNA e proteínas. Os compartimentos internos dessas organelas – matriz mitocondrial e estroma dos cloroplastos – possuem DNA (*vermelho*) e um conjunto especial de ribossomos. As membranas de ambas as organelas – membrana mitocondrial interna e membrana do tilacoide – possuem os complexos de proteínas envolvidas na produção de ATP.

A importância das mitocôndrias é realçada pelas consequências desastrosas da disfunção mitocondrial. Por exemplo, os pacientes com uma doença hereditária chamada *epilepsia mioclônica com fibras vermelhas rotas* (MERRF, de *myoclonic epilepsy and ragged red fiber disease*) são deficientes em várias proteínas necessárias para o transporte de elétrons. Em consequência, eles costumam experimentar fraqueza muscular, problemas cardíacos, epilepsia e, muitas vezes, demência. As células musculares e nervosas são especialmente sensíveis a defeitos mitocondriais, pois necessitam de muito ATP para funcionar normalmente.

Nesta seção, fazemos uma revisão da estrutura e função das mitocôndrias. Descrevemos a forma como essa organela faz uso de uma cadeia transportadora de elétrons, incorporada na sua membrana interna, para gerar o gradiente de prótons necessário para promover a síntese de ATP. Também consideramos a eficiência global com a qual esse sistema associado à membrana converte a energia armazenada nas moléculas energéticas (alimentos) em energia armazenada nas ligações de fosfato do ATP.

As mitocôndrias podem mudar sua forma, localização e número para atender às necessidades celulares

As mitocôndrias isoladas são em geral semelhantes em tamanho e forma aos seus antepassados bacterianos. Embora não sejam mais capazes de viver de forma independente, as mitocôndrias são notáveis em se adaptar, ajustando sua localização, forma e número para atender às necessidades da célula. Em algumas células, as mitocôndrias permanecem fixas em um único local, onde fornecem ATP diretamente a uma região com consumo de energia excepcionalmente elevado. Em uma célula muscular cardíaca, por exemplo, as mitocôndrias estão localizadas próximas aos aparelhos contráteis, ao passo que, no espermatozoide, estão firmemente presas ao redor do flagelo motor (**Figura 14-6**). Em outras células, as mitocôndrias fundem-se, formando estruturas alongadas em redes tubulares dinâmicas, que são difusamente distribuídas pelo citoplasma (**Figura 14-7**). Essas redes são dinâmicas, quebrando-se continuamente por fissão (ver Figura 14-4) e se fundindo novamente.

As mitocôndrias estão presentes em grande número – 1.000 a 2.000 em uma célula do fígado, por exemplo. Mas os seus números variam dependendo do tipo celular e podem mudar com as necessidades de energia da célula. Nas células do músculo esquelético, as mitocôndrias podem se dividir até aumentar de cinco a dez vezes o seu número se o músculo for estimulado repetidamente a se contrair.

Independentemente da sua aparência variada, localização e número, todas as mitocôndrias têm a mesma estrutura interna básica – um modelo que mantém a produção eficiente de ATP, como vemos a seguir.

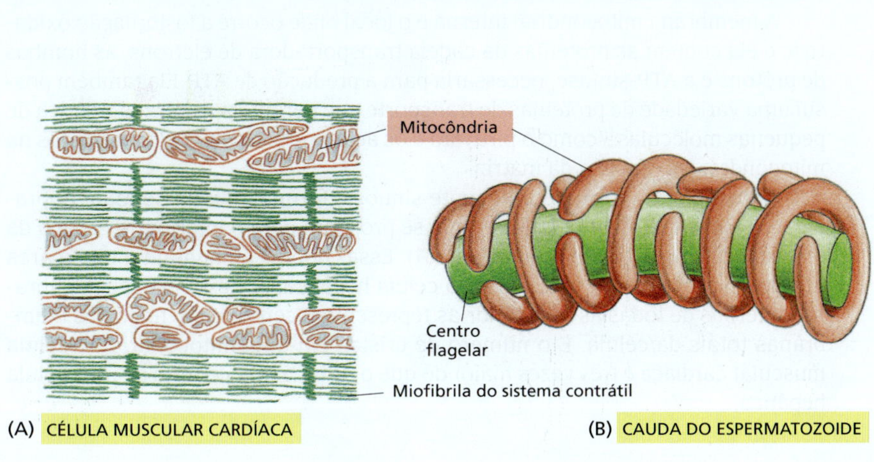

Figura 14-6 Algumas mitocôndrias estão localizadas próximas aos sítios de alta utilização de ATP. (A) Em uma célula muscular cardíaca, as mitocôndrias se situam próximas aos aparelhos contráteis, nos quais a hidrólise de ATP fornece a energia para a contração. (B) Em um espermatozoide, as mitocôndrias se encontram na cauda, ao redor de uma porção do flagelo motor que requer ATP para o seu movimento.

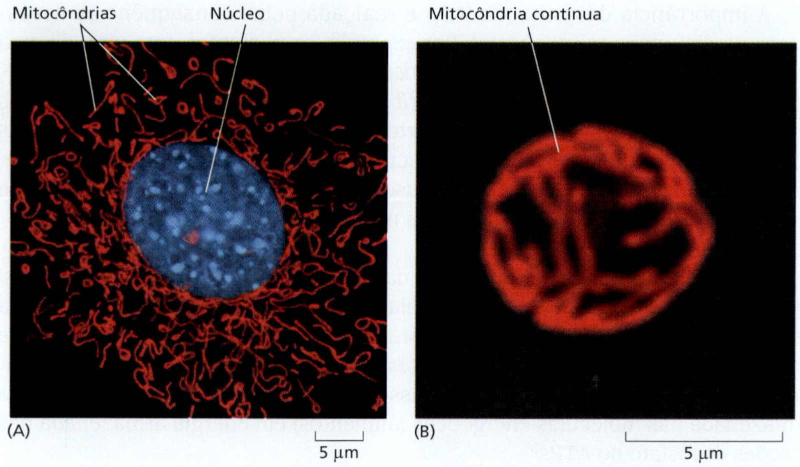

Figura 14-7 Muitas vezes as mitocôndrias se fundem para formar redes tubulares alongadas que podem se estender por todo o citoplasma. (A) As mitocôndrias (*vermelho*) estão marcadas com fluorescência nestes fibroblastos cultivados de camundongo. (B) Em uma célula de levedura, as mitocôndrias (*vermelho*) formam uma rede contínua, dobrada contra a membrana plasmática. (A, cortesia de Michael W. Davidson, Carl Zeiss Microscopy Online Campus; B, de J. Nunnari et al., *Mol. Biol. Cell.* 8:1233–1242, 1997. Com a permissão de The American Society for Cell Biology.)

Uma mitocôndria possui uma membrana externa, uma membrana interna e dois compartimentos internos

Uma mitocôndria é delimitada por duas membranas altamente especializadas – uma em torno da outra. Essas membranas, chamadas de membranas mitocondriais externa e interna, criam dois compartimentos mitocondriais: um grande espaço interno chamado de **matriz** e um *espaço intermembranar* muito mais estreito (**Figura 14-8**). Quando mitocôndrias isoladas são suavemente fracionadas, tendo os seus componentes separados e os seus conteúdos analisados (ver Painel 4-3, p. 164-165), cada uma das membranas, e os espaços que elas delimitam, apresentam um conjunto único de proteínas.

A *membrana externa* possui muitas moléculas de uma proteína de transporte denominada *porina*, a qual forma amplos canais aquosos pela bicamada lipídica (descritos no Capítulo 11). Como resultado, a membrana externa é como uma peneira, permeável a todas as moléculas de 5.000 dáltons ou menos, incluindo pequenas proteínas. Isso torna o espaço intermembranar quimicamente equivalente ao citosol em relação às pequenas moléculas e íons inorgânicos que ela contém. Em contrapartida, a *membrana interna*, como outras membranas da célula, é impermeável à passagem de íons e à maioria das pequenas moléculas, exceto onde uma rota é fornecida por proteínas de transporte de membrana específicas. A matriz mitocondrial, portanto, contém apenas moléculas que são seletivamente transportadas à matriz através da membrana interna, e então o seu conteúdo é altamente especializado.

A membrana mitocondrial interna é o local onde ocorre a fosforilação oxidativa, e ela contém as proteínas da cadeia transportadora de elétrons, as bombas de prótons e a ATP-sintase, necessária para a produção de ATP. Ela também possui uma variedade de proteínas de transporte que permitem a entrada seletiva de pequenas moléculas – como o piruvato e os ácidos graxos que serão oxidados na mitocôndria –no interior da matriz.

A membrana interna é altamente sinuosa, formando uma série de dobramentos conhecidos como *cristas* – que se projetam para o interior do espaço da matriz (ver Figura 14-8 e **Animação 14.1**). Essas dobras aumentam muito a área da superfície da membrana. Em uma célula hepática, por exemplo, as membranas internas de todas as mitocôndrias representam cerca de um terço das membranas totais da célula. E o número de cristas em uma mitocôndria de célula muscular cardíaca é três vezes maior do que o de uma mitocôndria de uma célula hepática.

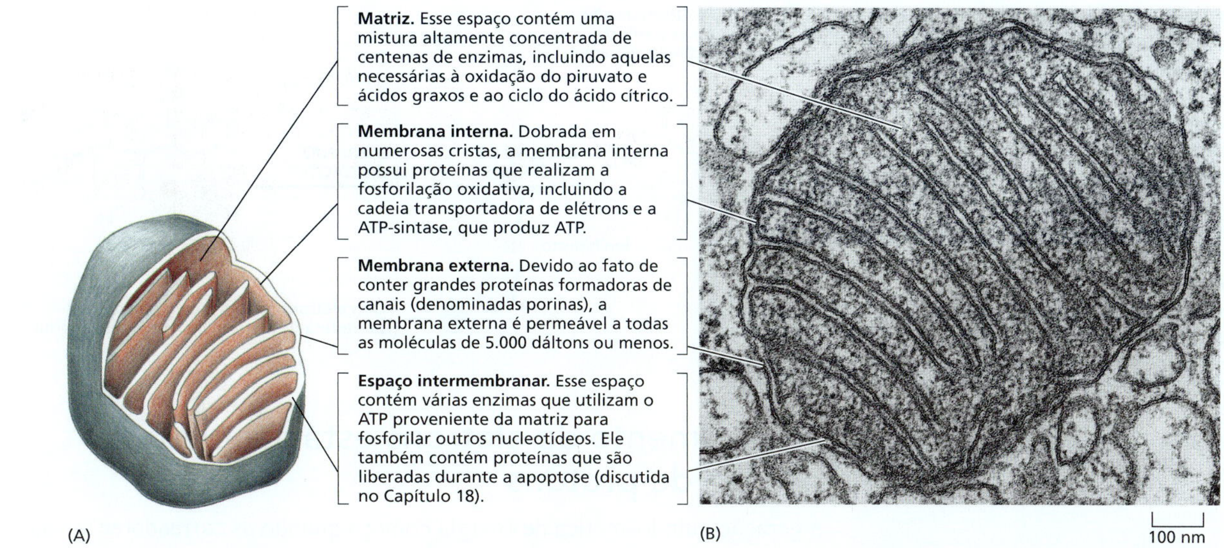

Matriz. Esse espaço contém uma mistura altamente concentrada de centenas de enzimas, incluindo aquelas necessárias à oxidação do piruvato e ácidos graxos e ao ciclo do ácido cítrico.
Membrana interna. Dobrada em numerosas cristas, a membrana interna possui proteínas que realizam a fosforilação oxidativa, incluindo a cadeia transportadora de elétrons e a ATP-sintase, que produz ATP.
Membrana externa. Devido ao fato de conter grandes proteínas formadoras de canais (denominadas porinas), a membrana externa é permeável a todas as moléculas de 5.000 dáltons ou menos.
Espaço intermembranar. Esse espaço contém várias enzimas que utilizam o ATP proveniente da matriz para fosforilar outros nucleotídeos. Ele também contém proteínas que são liberadas durante a apoptose (discutida no Capítulo 18).
(A)
(B)
100 nm

Figura 14-8 Uma mitocôndria é organizada em quatro compartimentos separados. (A) Um desenho esquemático e (B) uma micrografia eletrônica de uma mitocôndria. Cada compartimento possui um conjunto único de proteínas que permite a realização de suas funções distintas. Em mitocôndrias hepáticas, cerca de 67% das proteínas mitocondriais totais estão localizados na matriz, 21% estão localizados na membrana interna, 6%, na membrana externa, e 6%, no espaço intermembranar. (B, cortesia de Daniel S. Friend.)

O ciclo do ácido cítrico gera elétrons de alta energia necessários para a produção de ATP

A geração de ATP é promovida pelo fluxo de elétrons originados a partir da queima de carboidratos, gorduras e outras fontes durante a glicólise e o ciclo do ácido cítrico (discutido no Capítulo 13). Tais elétrons de alta energia são fornecidos pelos carreadores ativados gerados durante essas duas fases do catabolismo, sendo a maioria produzida pelo ciclo do ácido cítrico, que opera na matriz mitocondrial.

O ciclo do ácido cítrico recebe o combustível de que necessita para produzir esses carreadores ativados a partir de moléculas derivadas de alimentos que fazem o seu caminho do citosol para dentro da mitocôndria. Tanto o piruvato produzido pela glicólise, que ocorre no citosol, quanto os ácidos graxos originados a partir da quebra de gorduras (ver Figura 13-3) podem entrar no espaço intermembranar mitocondrial pelas porinas da membrana mitocondrial externa. Essas moléculas de combustível são, em seguida, transportadas através da membrana mitocondrial interna para o interior da matriz, onde são convertidas em acetil-CoA, o intermediário metabólico fundamental (**Figura 14-9**). Os grupos acetila da acetil-CoA são, em seguida, oxidados a CO_2 pelo ciclo do ácido cítrico (ver Figura 13-12). Parte da energia derivada dessa oxidação é armazenada na forma de elétrons de alta energia, representada pelos carreadores ativados NADH e $FADH_2$. Tais carreadores ativados podem doar seus elétrons de alta energia para a cadeia transportadora de elétrons localizada na membrana mitocondrial interna (**Figura 14-10**).

QUESTÃO 14-2

Fotomicrografias eletrônicas mostram que as mitocôndrias do músculo cardíaco possuem uma densidade muito maior de cristas do que as mitocôndrias das células da pele. Sugira uma explicação para essa observação.

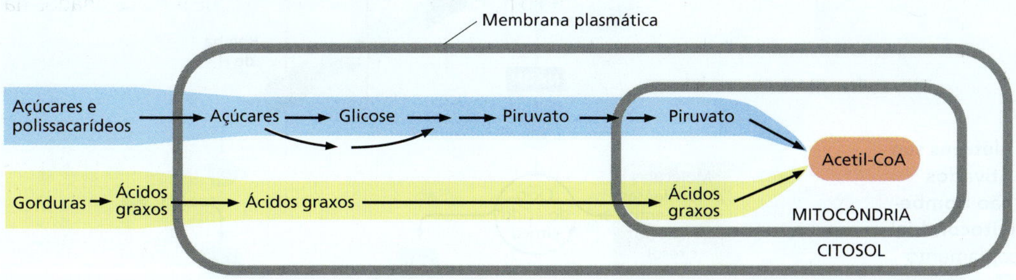

Figura 14-9 Nas células eucarióticas, a acetil-CoA é produzida nas mitocôndrias a partir de moléculas derivadas de açúcares e gorduras. A maioria das reações de oxidação da célula ocorre nessas organelas, e a maior parte do ATP é produzida aí.

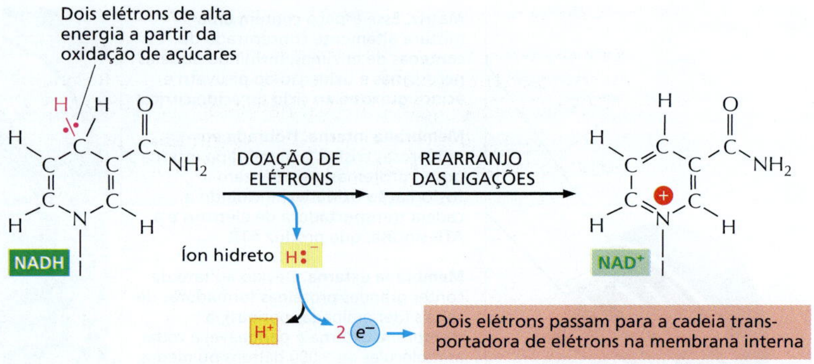

Figura 14-10 O NADH doa seus elétrons de alta energia para a cadeia transportadora de elétrons. Neste desenho, os elétrons que estão sendo transferidos são apresentados como dois *pontos vermelhos* em um átomo *vermelho* de hidrogênio. Um íon hidreto (um átomo de hidrogênio com um elétron extra) é removido do NADH e convertido em um próton e dois elétrons. É apresentada apenas a parte do NADH que transporta os elétrons de alta energia; para a estrutura completa e a conversão do NAD^+ de volta a NADH, ver a estrutura intimamente relacionada de NADPH na Figura 3-34. Os elétrons também são transportados de maneira semelhante por $FADH_2$, cuja estrutura é mostrada na Figura 13-13B.

O movimento de elétrons está acoplado à bomba de prótons

A geração quimiosmótica de energia começa quando os carreadores ativados NADH e $FADH_2$ doam seus elétrons de alta energia para a cadeia transportadora de elétrons na membrana mitocondrial interna, tornando-se oxidados a NAD^+ e FAD no processo (ver Figura 14-10). Os elétrons são rapidamente passados ao longo da cadeia até o oxigênio molecular (O_2) para formar água (H_2O). O movimento gradual desses elétrons de alta energia ao longo dos componentes da cadeia transportadora de elétrons libera energia que pode, então, ser utilizada para bombear prótons através da membrana interna (**Figura 14-11**). O gradiente de prótons resultante, por sua vez, é usado para promover a síntese de ATP. A sequência completa das reações pode ser vista na **Figura 14-12**. A membrana mitocondrial interna serve, assim, como um dispositivo que converte a energia contida nos elétrons de alta energia do NADH (e $FADH_2$) na ligação fosfato de moléculas de ATP (**Figura 14-13**). Esse mecanismo quimiosmótico para síntese do ATP é chamado de **fosforilação oxidativa** porque envolve tanto o consumo de O_2 quanto a síntese de ATP pela adição de um grupo fosfato ao ADP.

A fonte dos elétrons de alta energia que promove o bombeamento de prótons é muito diferente entre os diversos organismos e processos. Na respiração celular – que ocorre nas mitocôndrias e nas bactérias aeróbicas –, os elétrons de alta energia são, em última análise, derivados de açúcares ou de gorduras. Na fotossíntese, os elétrons de alta energia vêm do pigmento verde *clorofila*, que capta a energia da luz solar. Muitos organismos unicelulares (arqueias e bactérias) usam substâncias inorgânicas como o hidrogênio, o ferro e o enxofre como fonte de elétrons de alta energia, necessários para produzir o ATP (ver, por exemplo, a Figura 1-12).

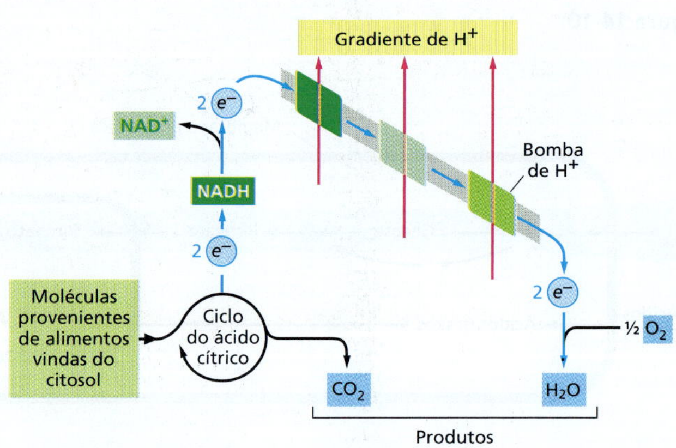

Figura 14-11 Conforme os elétrons são transferidos de carreadores ativados para o oxigênio, os prótons são bombeados através da membrana mitocondrial interna. Essa é a fase 1 do acoplamento quimiosmótico (ver Figura 14-2). A rota do fluxo de elétrons é indicada por *setas azuis*.

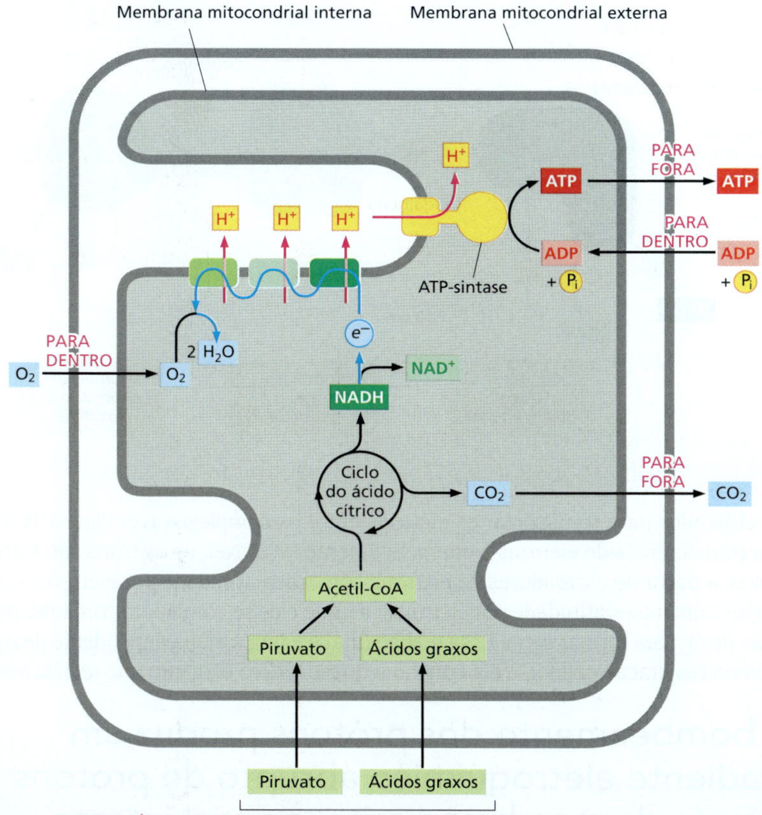

Figura 14-12 Carreadores ativados gerados durante o ciclo do ácido cítrico propulsionam a síntese de ATP. O piruvato e os ácidos graxos entram na matriz mitocondrial (*inferior*), onde são convertidos em acetil-CoA. A acetil-CoA é então metabolizada no ciclo do ácido cítrico, produzindo NADH (e $FADH_2$, não mostrado). Durante a fosforilação oxidativa, os elétrons de alta energia doados pelo NADH (e $FADH_2$) são transferidos ao longo da cadeia transportadora de elétrons, na membrana interna, para o oxigênio (O_2); esse transporte de elétrons gera um gradiente de prótons através da membrana interna, que é utilizado para promover a produção de ATP pela ATP-sintase. As proporções exatas de "reagentes" e "produtos" não estão indicadas neste diagrama: por exemplo, em breve veremos que são necessários de quatro elétrons, provenientes de quatro moléculas de NADH, para converter o O_2 em duas moléculas de H_2O.

Independentemente da fonte de elétrons, a grande maioria dos organismos vivos utiliza um mecanismo quimiosmótico para gerar ATP. Nas seções seguintes, descrevemos em detalhes como ocorre esse processo.

Os prótons são bombeados através da membrana mitocondrial interna por proteínas da cadeia transportadora de elétrons

A cadeia transportadora de elétrons – ou *cadeia respiratória* – que conduz a fosforilação oxidativa está presente em muitas cópias na membrana mitocondrial interna. Cada cadeia contém mais de 40 proteínas, agrupadas em três grandes **complexos enzimáticos respiratórios**. Cada complexo possui diversas proteínas individuais, incluindo as proteínas transmembrânicas que ancoram o complexo firmemente na membrana mitocondrial interna.

Os três complexos enzimáticos respiratórios, na ordem em que eles recebem elétrons, são: (1) *complexo NADH-desidrogenase*, (2) *complexo citocromo c-redutase* e (3) *complexo citocromo c-oxidase* (**Figura 14-14**). Cada complexo possui íons metálicos e outros grupos químicos que agem como trampolins para facilitar a passagem de elétrons. O movimento dos elétrons ao longo desses complexos respiratórios é acompanhado pelo bombeamento de prótons a partir da matriz mitocondrial para o espaço intermembranar. Assim, cada complexo pode ser considerado uma bomba de prótons.

O primeiro complexo enzimático respiratório, o NADH-desidrogenase, recebe elétrons do NADH. Esses elétrons são retirados do NADH, sob a forma de um íon hidreto (H^-), que é então convertido em um próton e dois elétrons de alta energia. Essa reação, $H^- \rightarrow H^+ + 2e^-$ (ver Figura 14-10), é catalisada pelo complexo NADH-desidrogenase. Os elétrons são então transferidos ao longo da cadeia para cada um dos outros complexos enzimáticos. Por sua vez, carreadores móveis de elétrons

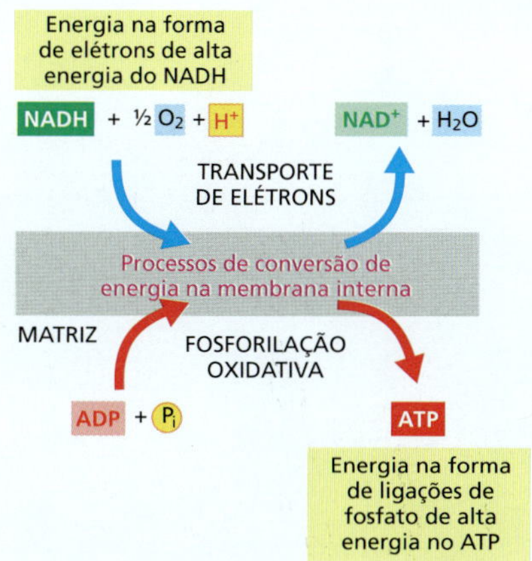

Figura 14-13 As mitocôndrias catalisam a principal conversão de energia. Na fosforilação oxidativa, a energia liberada pela oxidação de NADH para NAD^+ é aproveitada – por processos conversores de energia na membrana mitocondrial interna – para fornecer a energia necessária para fosforilar o ADP e formar ATP. A equação líquida desse processo, no qual dois elétrons passam do NADH para o oxigênio, é $2NADH + O_2 + 2H^+ \rightarrow 2NAD^+ + 2H_2O$.

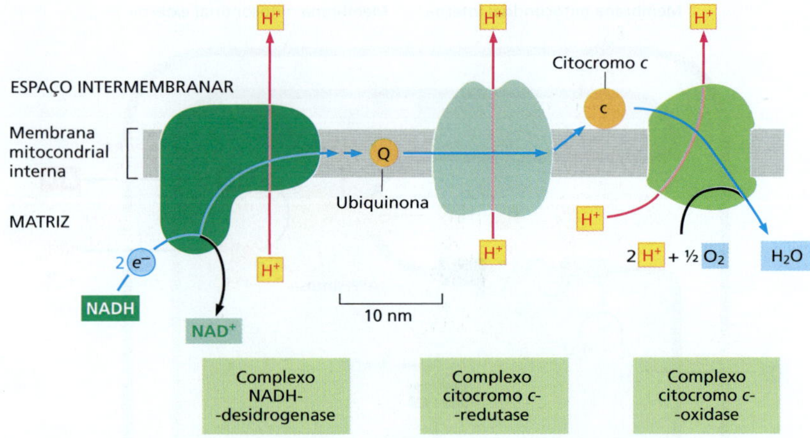

Figura 14-14 Os elétrons de alta energia são transferidos por meio de três complexos enzimáticos respiratórios na membrana mitocondrial interna. O tamanho relativo e a forma de cada complexo estão indicados, embora os vários componentes proteicos individuais que formam cada complexo, não. Durante a transferência de elétrons de alta energia do NADH para o oxigênio (*linhas azuis*), prótons derivados da água são bombeados através da membrana, da matriz para o espaço intermembranar, por todos os complexos (**Animação 14.2**). A ubiquinona (Q) e o citocromo *c* (*c*) servem como carreadores móveis que transportam os elétrons de um complexo para o próximo.

são utilizados para transportar os elétrons entre os complexos (ver Figura 14-14). Essa transferência de elétrons é energeticamente favorável: os elétrons são transferidos, a partir de carreadores de elétrons com fraca afinidade por elétrons, para aqueles com maior afinidade por elétrons, até que eles se combinem com uma molécula de O_2 para formar água. Essa reação final é a única etapa dependente de oxigênio na respiração celular, e ela consome quase todo o oxigênio que respiramos.

O bombeamento dos prótons produz um gradiente eletroquímico abrupto de prótons através da membrana mitocondrial interna

Sem um mecanismo para aproveitar a energia liberada pela transferência de elétrons energeticamente favorável do NADH para O_2, essa energia seria simplesmente liberada na forma de calor. As células são capazes de recuperar a maior parte dessa energia. Os três complexos enzimáticos respiratórios da cadeia transportadora de elétrons utilizam tal energia para bombear prótons através da membrana mitocondrial interna, a partir da matriz, para o interior do espaço intermembranar (ver Figura 14-14). Mais tarde, delineamos os mecanismos moleculares envolvidos. Por enquanto, são ressaltadas as consequências dessa elegante estratégia. Em primeiro lugar, o bombeamento de prótons gera um gradiente de H^+ – ou um gradiente de pH – através da membrana interna. Como consequência, o pH na matriz (em torno de 7,9) é cerca de 0,7 unidades mais elevado que no espaço intermembranar (que é de 7,2, o mesmo pH do citosol). Em segundo lugar, o bombeamento de prótons gera um gradiente de voltagem – ou potencial de membrana – através da membrana interna; como H^+ flui para fora, a região da membrana voltada para a matriz torna-se negativa, e a região voltada para o espaço intermembranar torna-se positiva.

Conforme discutido no Capítulo 12, a força que impulsiona o fluxo passivo de um íon através da membrana é proporcional ao *gradiente eletroquímico* do íon. A força do gradiente eletroquímico depende tanto da tensão através da membrana, como medida pelo potencial de membrana, quanto do gradiente de concentração iônica (ver Figura 12-5). Devido à carga positiva dos prótons, eles irão atravessar mais facilmente uma membrana se houver um excesso de carga negativa no outro lado. No caso da membrana mitocondrial interna, o gradiente de pH e o potencial de membrana agem juntos para criar um elevado gradiente eletroquímico de prótons, tornando energeticamente muito favorável o fluxo de H^+ de volta para a matriz mitocondrial. O potencial de membrana contribui de modo significativo para esta *força motriz protônica*, que puxa o H^+ de volta através da membrana; quanto maior for o potencial de membrana, mais energia é armazenada no gradiente de prótons (**Figura 14-15**).

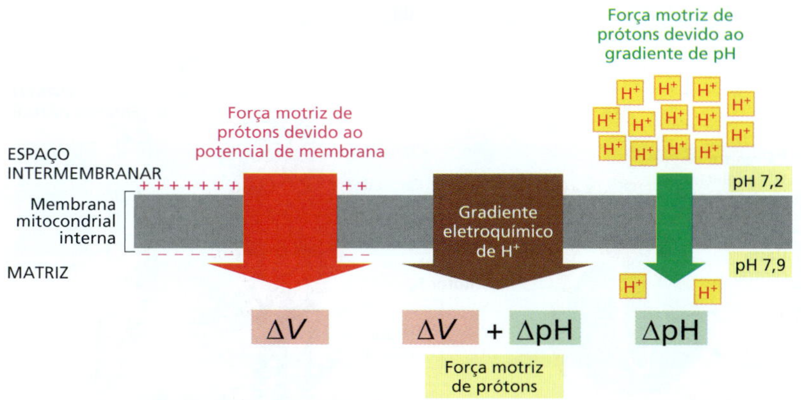

Figura 14-15 O gradiente eletroquímico de H^+ através da membrana mitocondrial interna compreende uma grande força, devido ao potencial de membrana (ΔV), e uma força menor, devido ao gradiente de concentração de H^+ – isto é, o gradiente de pH (ΔpH). Ambas as forças combinam-se para gerar a força motriz protônica, que puxa de volta o H^+ para a matriz mitocondrial. A relação matemática exata entre essas forças é expressa pela equação de Nernst (ver Figura 12-23).

A ATP-sintase utiliza a energia armazenada no gradiente eletroquímico de prótons para produzir ATP

Se fosse permitido que os prótons presentes no espaço intermembranar fluíssem livremente de volta para a matriz mitocondrial, a energia armazenada no gradiente eletroquímico de prótons seria perdida na forma de calor. Esse processo de aparente desperdício possibilita que os ursos mantenham-se aquecidos durante a hibernação, como discutimos adiante em Como Sabemos (p. 462-463). Na maioria das células, no entanto, o gradiente eletroquímico de prótons através da membrana mitocondrial interna é usado para promover a síntese de ATP a partir de ADP e P_i (ver Figura 2-25). O dispositivo que torna isso possível é a **ATP-sintase**, uma proteína grande, de múltiplas subunidades e incorporada na membrana mitocondrial interna.

A ATP-sintase tem origem remota; a mesma enzima gera ATP nas mitocôndrias de células animais, nos cloroplastos de plantas e algas e na membrana plasmática de bactérias. A região da proteína que catalisa a fosforilação do ADP tem a forma de uma cabeça de pirulito que se projeta na matriz mitocondrial; ela está ligada por uma haste central a um transportador de H^+ transmembrânico (**Figura 14-16**). A passagem de prótons pelo transportador promove uma rápida rotação do transportador e de sua haste, semelhante a um pequeno motor. Quando a haste gira, ela atrita contra as proteínas da cabeça estacionária, alterando suas conformações e levando-as a produzir ATP. Desse modo, uma deformação mecânica é convertida em energia de ligação química no ATP (**Animação 14.3**). Esta delicada sequência de interações permite que a ATP-sintase produza mais de 100 moléculas de ATP por segundo – 3 moléculas de ATP por revolução.

A ATP-sintase também pode funcionar no sentido inverso – utilizando a energia da hidrólise do ATP para bombear prótons "ladeira acima", contra o seu gradiente eletroquímico através da membrana (**Figura 14-17**). Nesse modo, a ATP-sintase funciona de forma semelhante à bomba de H^+ descrita no Capítulo 12. O fato de a ATP-sintase produzir principalmente ATP – ou consumir o ATP para bombear prótons – depende da magnitude do gradiente eletroquímico de prótons através da membrana na qual tal enzima está presente. Em muitas bactérias que podem crescer tanto em condições aeróbias quanto anaeróbias, a direção do funcionamento da ATP-sintase é rotineiramente revertida quando a bactéria fica sem O_2. Nessas condições, a ATP-sintase usa parte do ATP gerado no interior da célula pela glicólise para bombear prótons para fora da

QUESTÃO 14-3

Quando o fármaco dinitrofenol (DNP) é adicionado a mitocôndrias, a membrana interna se torna permeável a prótons (H^+). Em contrapartida, quando o fármaco nigericina é adicionado a mitocôndrias, a membrana interna se torna permeável a K^+. (A) Como o gradiente eletroquímico de prótons irá mudar em resposta ao DNP? (B) Como ele se modificará em resposta à nigericina?

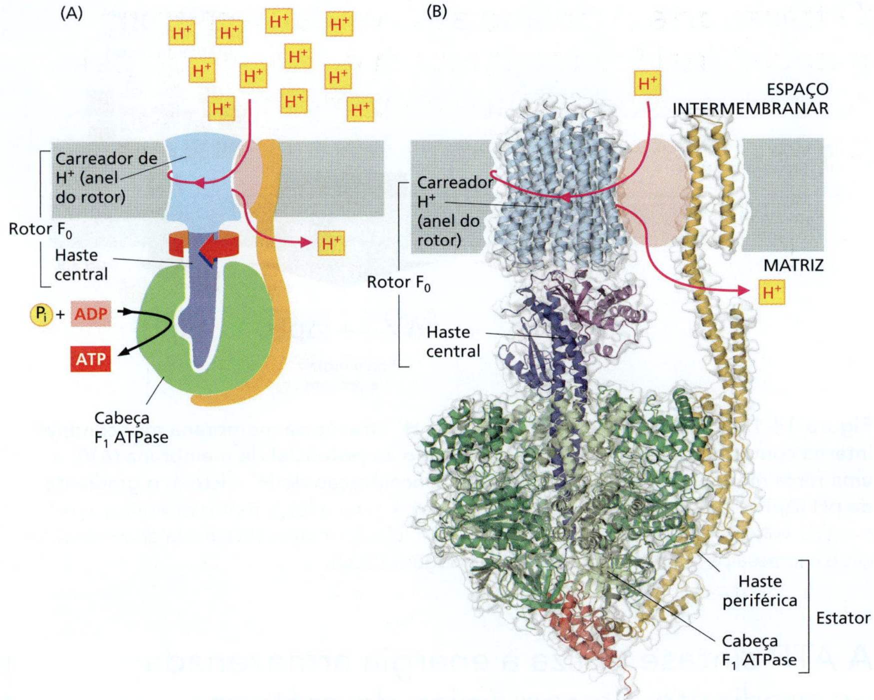

Figura 14-16 A ATP-sintase age como um motor, convertendo a energia dos prótons que fluem a favor do gradiente eletroquímico e gerando a energia de ligação química do ATP. (A) A proteína de múltiplas subunidades é composta por uma cabeça estacionária, denominada F_1 ATPase, e uma porção rotativa chamada de F_0. Tanto F_1 quanto F_0 são formadas de múltiplas subunidades. Impulsionada pelo gradiente eletroquímico de prótons, a subunidade F_0 da proteína – que consiste em um transportador transmembrânico de H^+ (*azul*) e uma haste central (*roxo*) – gira rapidamente dentro da cabeça estacionária F_1 ATPase (*verde*), promovendo a formação de ATP a partir de ADP e P_i. A cabeça estacionária está ancorada à membrana interna por um "braço", uma proteína alongada denominada haste periférica (*laranja*). A F_1 ATPase recebeu este nome porque pode realizar a reação inversa – a hidrólise de ATP formando ADP e P_i – quando separada da porção F_0 do complexo.

(B) A estrutura tridimensional da ATP-sintase, conforme determinado por cristalografia por raios X. A haste periférica está fixada à membrana com o auxílio da subunidade indicada pela forma oval *rosa*, que é a única parte do complexo onde faltam detalhes estruturais. Na sua outra extremidade, essa haste é fixada na cabeça F_1 ATPase por meio da subunidade *vermelha* pequena. (B, cortesia de K. Davies.)

célula, criando um gradiente de prótons de que a célula bacteriana precisa para importar seus nutrientes essenciais por transporte acoplado. Um mecanismo semelhante é usado para promover o transporte de pequenas moléculas para dentro e para fora da matriz mitocondrial, como discutimos a seguir.

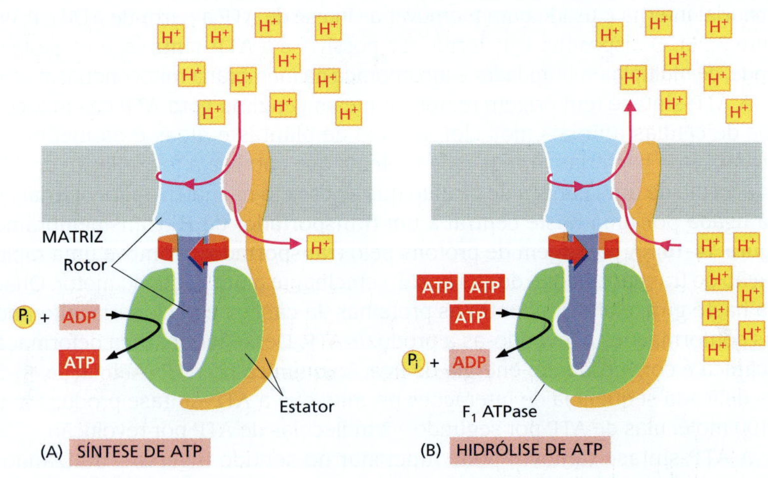

Figura 14-17 A ATP-sintase é um dispositivo de acoplamento reversível. Ela pode tanto sintetizar ATP por meio do aproveitamento do gradiente eletroquímico de H^+ (A) quanto bombear prótons contra esse gradiente eletroquímico, com hidrólise do ATP (B). A direção da operação em um dado momento depende do lucro líquido em energia livre (ΔG, discutido no Capítulo 3) para os processos acoplados de transferência de H^+ através da membrana e da síntese de ATP a partir de ADP e P_i. Por exemplo, se o gradiente eletroquímico de prótons cair abaixo de certo nível, o ΔG para o transporte do H^+ para a matriz já não será grande o suficiente para impulsionar a produção de ATP; em vez disso, o ATP será hidrolisado pela ATP-sintase, para restituir o gradiente de prótons. Um tributo à atividade da ATP-sintase é apresentado na **Animação 14.4**.

O transporte acoplado através da membrana mitocondrial interna também é promovido pelo gradiente eletroquímico de prótons

A síntese de ATP não é o único processo promovido pelo gradiente eletroquímico de prótons nas mitocôndrias. Muitas moléculas pequenas, eletricamente carregadas, como o piruvato, o ADP e o fosfato inorgânico (P_i), são importadas para a matriz mitocondrial a partir do citosol, enquanto outras, como o ATP, devem ser transportadas na direção oposta. Proteínas transportadoras, que se ligam a essas moléculas, podem acoplar o seu transporte ao fluxo energeticamente favorável de H^+ para o interior da matriz (ver os "transportadores associados" na Figura 12-14). O piruvato e o P_i, por exemplo, são cotransportados para dentro junto com os prótons, à medida que os prótons se movem para o interior da matriz a favor do seu gradiente eletroquímico.

Outros transportadores aproveitam o potencial de membrana gerado pelo gradiente eletroquímico de prótons, o qual deixa a face da membrana mitocondrial interna voltada para a matriz mitocondrial mais carregada negativamente do que a face da membrana que está voltada para o espaço intermembranar. Uma proteína transportadora antiporte explora esse gradiente de voltagem para exportar ATP a partir da matriz mitocondrial e para importar o ADP. Essa troca permite que o ATP sintetizado na mitocôndria seja rapidamente exportado (**Figura 14-18**).

Como consequência, o gradiente eletroquímico de prótons em células eucarióticas é usado tanto para promover a formação de ATP quanto para transportar metabólitos selecionados através da membrana mitocondrial interna. Em bactérias, o gradiente de prótons através da membrana plasmática é utilizado de forma semelhante, promovendo a síntese de ATP e o transporte de metabólitos. Contudo, ele também serve como uma importante fonte de energia diretamente utilizável: em bactérias com motilidade, por exemplo, o fluxo de prótons para dentro da célula promove a rápida rotação do flagelo bacteriano, que impulsiona a bactéria (**Animação 14.5**).

QUESTÃO 14-4

A propriedade marcante que faz a ATP-sintase funcionar em qualquer direção permite a interconversão, em uma ou outra direção, da energia armazenada no gradiente de H^+ ou a energia armazenada no ATP. (A) Se a ATP-sintase, produtora de ATP, fosse comparada a uma turbina hidrelétrica, produtora de energia elétrica, qual seria a analogia adequada quando ela funcionar na direção oposta? (B) Sob certas condições, poder-se-ia esperar que a ATP-sintase parasse, não girando para frente, nem para trás? (C) O que determina a direção de operação da ATP-sintase?

A rápida conversão de ADP em ATP nas mitocôndrias mantém uma alta razão ATP:ADP nas células

Em consequência da troca de nucleotídeos apresentada na Figura 14-18, as moléculas de ADP – produzidas pela hidrólise do ATP no citosol – são rapidamente

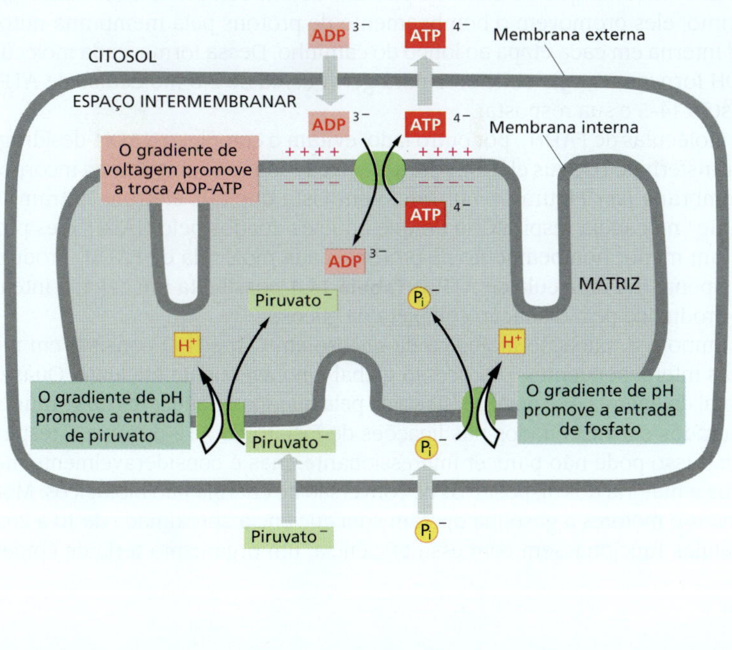

Figura 14-18 O gradiente eletroquímico de prótons pela membrana mitocondrial interna também é usado para conduzir alguns processos acoplados ao transporte. A carga de cada molécula transportada está indicada em comparação ao potencial de membrana, o qual é negativo internamente. O piruvato e o fosfato inorgânico (P_i) são deslocados para a matriz, junto com os prótons, tal como os prótons se movem a favor de seu gradiente eletroquímico. Ambos são carregados negativamente, sendo o seu movimento antagônico ao potencial negativo da membrana; no entanto, o gradiente de concentração de H^+ – o gradiente de pH – promove o seu transporte para dentro. O ADP é bombeado para dentro da matriz e o ATP é bombeado para fora por um processo de antiporte que utiliza o gradiente de voltagem através da membrana para promover essa troca. A membrana mitocondrial externa é livremente permeável para todos esses compostos devido à presença de porinas na membrana (não mostradas). O transporte ativo de moléculas através de membranas por proteínas carreadoras e a formação do potencial de membrana são discutidos no Capítulo 12.

devolvidas para dentro das mitocôndrias para a recarga, enquanto a maior parte das moléculas de ATP produzidas nas mitocôndrias é exportada para o citosol, onde são mais necessárias. (Uma pequena quantidade de ATP é utilizada dentro das próprias mitocôndrias como energia para a replicação do DNA, a síntese de proteínas e outras reações que consomem energia.) Com estas idas e vindas, uma molécula típica de ATP em uma célula humana irá sair da mitocôndria e para ela voltar (como ADP) mais de uma vez a cada minuto.

Como discutido no Capítulo 3, a maioria das enzimas biossintéticas realiza reações energeticamente desfavoráveis pelo acoplamento dessas reações à hidrólise energeticamente favorável do ATP (ver Figura 3-33A). O montante de ATP em uma célula é, assim, utilizado para promover uma enorme variedade de processos celulares, assim como uma bateria é usada para acionar um motor elétrico. Para ser útil, a concentração de ATP no citosol deve ser mantida cerca de 10 vezes mais elevada do que a de ADP. Se a atividade das mitocôndrias fosse interrompida, os níveis de ATP cairiam drasticamente e a "bateria" da célula ficaria descarregada. Por fim, reações energeticamente desfavoráveis não poderiam ser mantidas, levando à morte celular. O veneno cianeto, o qual bloqueia o transporte de elétrons na membrana mitocondrial interna, causa a morte celular exatamente por esse processo.

A respiração celular é surpreendentemente eficiente

A oxidação de açúcares para a produção de ATP pode parecer desnecessariamente complexa. Sem dúvida, o processo poderia ser realizado mais diretamente – talvez por meio da eliminação do ciclo do ácido cítrico ou de alguns dos passos da cadeia respiratória. Essa simplificação certamente facilitaria o aprendizado de química pelos alunos – mas isso seria uma má notícia para a célula. Como discutido no Capítulo 13, as vias oxidativas que permitem às células obterem e utilizarem de forma mais eficiente a energia dos alimentos envolvem muitos intermediários, cada um diferindo apenas ligeiramente do seu antecessor. Dessa forma, a enorme quantidade de energia armazenada nos alimentos pode ser parcelada em pequenos pacotes que podem ser aprisionados pelos carreadores ativados, como NADH e $FADH_2$ (ver Figura 13-1).

Grande parte da energia carregada por NADH e $FADH_2$ é finalmente convertida em energia de ligação do ATP. A quantidade de ATP que cada um desses carreadores ativados pode produzir depende de vários fatores, incluindo onde seus elétrons entram na cadeia respiratória. As moléculas de NADH produzidas na matriz mitocondrial durante o ciclo do ácido cítrico transferem seus elétrons de alta energia para o complexo NADH-desidrogenase – o primeiro complexo da cadeia. À medida que os elétrons passam de um complexo enzimático para o próximo, eles promovem o bombeamento de prótons pela membrana mitocondrial interna em cada etapa ao longo do caminho. Dessa forma, cada molécula de NADH fornece energia suficiente para gerar cerca de 2,5 moléculas de ATP (ver Questão 14-5 e sua resposta).

Moléculas de $FADH_2$, por outro lado, evitam o complexo NADH-desidrogenase, transferindo os seus elétrons para o carreador móvel ubiquinona incorporado à membrana (ver Figura 14-14). Tendo em vista que tais elétrons entram "mais adiante" na cadeia respiratória do que aqueles doados pelo NADH, eles promovem um menor bombeamento de prótons: cada molécula de $FADH_2$ produz, assim, apenas 1,5 molécula de ATP. A **Tabela 14-1** possibilita um cálculo inteiro do ATP produzido pela oxidação completa da glicose.

Embora a oxidação biológica da glicose em CO_2 e H_2O consista em muitas etapas interdependentes, o processo global é notavelmente eficiente. Quase 50% do total da energia que pode ser liberada pela queima de açúcares ou gorduras são capturados e armazenados nas ligações de fosfato do ATP durante a respiração celular. Isso pode não parecer impressionante, mas é consideravelmente melhor do que a maioria dos dispositivos de conversão de energia não biológicos. Motores elétricos e motores a gasolina operam com eficiência aproximada de 10 a 20%. Se as células funcionassem com essa eficiência, um organismo teria de comer vo-

TABELA 14-1 Rendimentos de produtos a partir da oxidação da glicose

Processo	Produto direto	Rendimento final de ATP por molécula de glicose
Glicólise	2 NADH (citosólico)	3*
	2 ATP	2
Oxidação do piruvato a acetil-CoA (dois por glicose)	2 NADH (matriz mitocondrial)	5
Oxidação completa do grupo acetila da acetil-CoA (dois por glicose)	6 NADH (matriz mitocondrial)	15
	2 $FADH_2$	3
	2 GTP	2
	TOTAL	30

*O NADH produzido no citosol rende menos moléculas de ATP do que o NADH produzido na matriz mitocondrial porque a membrana interna mitocondrial é impermeável ao NADH. O transporte do NADH para o interior da matriz mitocondrial – onde ele encontra NADH--desidrogenase – necessita de energia.

razmente apenas para se manter. Além disso, devido ao desperdício de energia liberada na forma de calor, grandes organismos (inclusive nós mesmos) necessitariam de melhores mecanismos de resfriamento. É difícil imaginar como os animais poderiam ter evoluído sem os elaborados mecanismos econômicos que permitem que as células extraiam a máxima quantidade de energia dos alimentos.

OS MECANISMOS MOLECULARES DO TRANSPORTE DE ELÉTRONS E DO BOMBEAMENTO DE PRÓTONS

Por muitos anos, os bioquímicos se esforçaram para entender por que as cadeias transportadoras de elétrons tinham de estar incorporadas às membranas para poderem funcionar produzindo ATP. Esse quebra-cabeça foi resolvido na década de 1960, quando se descobriu que o gradiente transmembrânico de prótons promove o processo. No entanto, o conceito de acoplamento quimiosmótico era tão novo que não foi amplamente aceito até muitos anos mais tarde, quando experimentos adicionais utilizando sistemas de geração de energia artificiais colocaram o gradiente de prótons à prova (ver **Como Sabemos**, p. 462-463).

Embora os investigadores da atualidade ainda estejam revelando muitos detalhes do acoplamento quimiosmótico em nível atômico, hoje os fundamentos estão claros. Nesta seção, apresentamos os princípios básicos que coordenam o movimento dos elétrons e explicamos, com detalhe molecular, como o transporte de elétrons pode gerar um gradiente de prótons. Devido à semelhança dos mecanismos usados por mitocôndrias, cloroplastos e procariotos, tais princípios aplicam-se a quase todos os seres vivos.

Os prótons são prontamente movidos pela transferência de elétrons

Embora os prótons se assemelhem a outros íons positivos, como Na^+ e K^+, no seu movimento pelas membranas, eles são únicos em outros aspectos. Os átomos de hidrogênio são disparadamente os mais abundantes átomos nos organismos vivos: estão presentes em profusão não apenas nas moléculas biológicas que contêm carbono, mas também nas moléculas de água que os cercam. Os prótons na

QUESTÃO 14-5

Calcule o número de moléculas de ATP utilizáveis produzidas por par de elétrons transferidos de NADH ao oxigênio se (i) cinco prótons são bombeados através da membrana mitocondrial interna para cada elétron passado pelos três complexos enzimáticos respiratórios; (ii) três prótons devem passar pela ATP-sintase para cada molécula de ATP produzida a partir de ADP e fosfato inorgânico dentro da mitocôndria; (iii) um próton é utilizado para produzir o gradiente de voltagem necessário ao transporte de cada molécula de ATP para fora da mitocôndria até o citosol onde é utilizada.

COMO O ACOPLAMENTO QUIMIOSMÓTICO CONDUZ A SÍNTESE DE ATP

Em 1861, Louis Pasteur descobriu que células de levedura crescem e se dividem com mais vigor na presença de ar, a primeira demonstração de que o metabolismo aeróbio é mais eficiente do que o metabolismo anaeróbio. Suas observações fazem sentido hoje, quando sabemos que a fosforilação oxidativa é um meio muito mais eficiente de gerar ATP do que a glicólise, produzindo cerca de 30 moléculas de ATP para cada molécula de glicose oxidada, em comparação com duas moléculas de ATP geradas pela glicólise sozinha. Entretanto, passaram-se outros 100 anos até que os pesquisadores determinassem que o processo de acoplamento quimiosmótico – usando bombeamento de prótons para fornecer energia para a síntese de ATP – permite às células gerar energia com tal eficiência.

Intermediários imaginários

Na década de 1950, muitos pesquisadores acreditavam que a fosforilação oxidativa que ocorre nas mitocôndrias gerava ATP por meio de um mecanismo semelhante ao que é usado na glicólise. Durante a glicólise, o ATP é produzido quando uma molécula de ADP recebe um grupo fosfato diretamente de um intermediário de "alta energia". Tal fosforilação em nível de substrato ocorre nas etapas 7 e 10 da glicólise, onde os grupos fosfato de alta energia do 1,3-bifosfoglicerato e do fosfoenolpiruvato, respectivamente, são transferidos ao ADP para formar ATP (ver Painel 13-1, p. 428-429). Acreditava-se que a cadeia transportadora de elétrons nas mitocôndrias geraria de forma semelhante algum intermediário fosforilado que poderia então doar seu grupo fosfato diretamente para o ADP. Esse modelo inspirou uma longa e frustrante busca por esse intermediário de alta energia. Investigadores ocasionalmente alegavam ter descoberto o intermediário procurado, mas os compostos se revelavam não relacionados ao transporte de elétrons ou, como um pesquisador observou em uma revisão da história da bioenergética, "produtos da imaginação de alta energia".

Capturando a força

Foi somente em 1961 que Peter Mitchell sugeriu que o "intermediário de alta energia" que seus colegas procuravam era, na verdade, o gradiente eletroquímico de prótons gerado pelo sistema de transporte de elétrons. Sua proposta, apelidada de hipótese quimiosmótica, afirma que a energia de um gradiente eletroquímico de prótons, formado durante a transferência de elétrons por meio da cadeia transportadora de elétrons, poderia ser aproveitada para promover a síntese de ATP.

Diversas linhas de evidência oferecem suporte para o mecanismo proposto por Mitchell. Primeiro, as mitocôndrias realmente geram um gradiente eletroquímico de prótons através da membrana interna. Contudo, por que elas formam esse gradiente – também denominado força motriz protônica? Se o gradiente é necessário para promover a síntese de ATP, conforme postula a hipótese quimiosmótica, o rompimento da membrana interna ou a eliminação do gradiente de prótons através dela deveria inibir a produção de ATP. Na verdade, os pesquisadores descobriram que ambas as previsões são verdadeiras. O rompimento físico da membrana mitocondrial interna cessa a síntese de ATP naquela organela. Do mesmo modo, a dissipação do gradiente de prótons por um agente químico "desacoplador", como o 2,4-dinitrofenol (DNP), também inibe a produção de ATP mitocondrial. Esses produtos químicos dissipadores de gradiente transportam o H^+ através da membrana mitocondrial interna, formando um sistema de transporte para a circulação do H^+ que ignora a ATP-sintase (**Figura 14-19**). Dessa forma, compostos como o DNP desacoplam o transporte de elétrons da síntese de ATP. Como resultado deste curto-circuito, a força motriz protônica é dissipada completamente e a organela não pode mais produzir ATP.

Tal desacoplamento ocorre naturalmente em algumas células adiposas especializadas. Nessas células, chamadas de *células adiposas marrons*, a maior parte da energia da oxi-

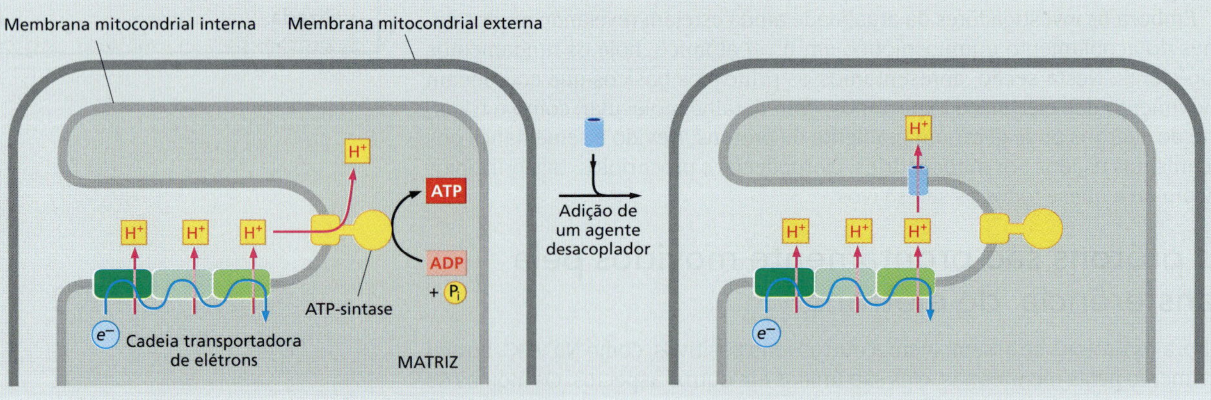

Figura 14-19 Agentes de desacoplamento são transportadores de H^+ que podem se inserir na membrana mitocondrial interna. Eles tornam a membrana permeável aos prótons, permitindo que o H^+ se mova para a matriz mitocondrial, sem passar pela ATP-sintase. Esse curto-circuito desacopla o transporte de elétrons da síntese eficiente do ATP.

dação de gordura é dissipada como calor, em vez de ser convertida em ATP. As membranas internas das grandes mitocôndrias dessas células contêm uma proteína carreadora que permite que os prótons se movam de acordo com seu gradiente eletroquímico, burlando a ATP-sintase. Como resultado, as células oxidam seus estoques de gordura rapidamente e produzem mais calor do que ATP. Tecidos contendo gordura marrom servem como aquecedores biológicos, ajudando a reavivar animais hibernantes e a proteger áreas sensíveis de bebês humanos recém-nascidos (como a nuca) do frio.

Geração artificial de ATP

Rompendo-se o gradiente eletroquímico de prótons através da membrana mitocondrial interna, anula-se a síntese de ATP; então, ao contrário, a geração de um gradiente de prótons artificial deveria estimular a síntese de ATP. Novamente, isso é o que acontece. Quando um gradiente de prótons é imposto artificialmente pela diminuição do pH na face externa da membrana mitocondrial interna, o ATP flui para o exterior.

Como esse gradiente eletroquímico de prótons promove a síntese de ATP? Neste momento, a ATP-sintase pode responder. Em 1974, Efraim Racker e Walther Stoeckenius demonstraram que podiam reconstituir um sistema artificial completo para gerar ATP por meio da combinação de uma ATP-sintase isolada a partir da mitocôndria do músculo cardíaco de vaca com uma bomba de prótons purificada a partir da membrana roxa do procarioto *Halobacterium halobium*. Como discutido no Capítulo 11, a membrana plasmática dessa arqueia é empacotada com bacteriorrodopsina, uma proteína que bombeia H^+ para fora da célula em resposta à luz solar (ver Figura 11-27).

Quando a bacteriorrodopsina foi reconstituída em vesículas lipídicas artificiais (lipossomos), Racker e Stoeckenius demonstraram que, na presença da luz, a proteína bombeava H^+ para as vesículas, gerando um gradiente de prótons. (A orientação da proteína é invertida nestas membranas, de modo que os prótons são transportados para o interior das vesículas; no organismo, os prótons são bombeados para fora.) Quando a ATP-sintase de bovino foi então incorporada a essas vesículas, para surpresa de muitos bioquímicos, o sistema catalisou a síntese de ATP a partir de ADP e fosfato inorgânico em resposta à luz. Essa síntese de ATP mostrou a dependência absoluta em um gradiente intacto de prótons, como se eliminando a bacteriorrodopsina presente no sistema ou adicionando agentes desacopladores, como o DNP, fosse abolir a síntese de ATP (**Figura 14-20**).

Esse experimento notável demonstrou sem sombra de dúvidas que um gradiente de prótons poderia estimular a ATP-sintase para produzir ATP. Assim, embora os bioquímicos tivessem inicialmente a esperança de descobrir um intermediário de alta energia envolvido na fosforilação oxidativa, a evidência experimental os convenceu de que sua busca foi em vão e que a hipótese quimiosmótica estava correta. Mitchell foi agraciado com o Prêmio Nobel em 1978.

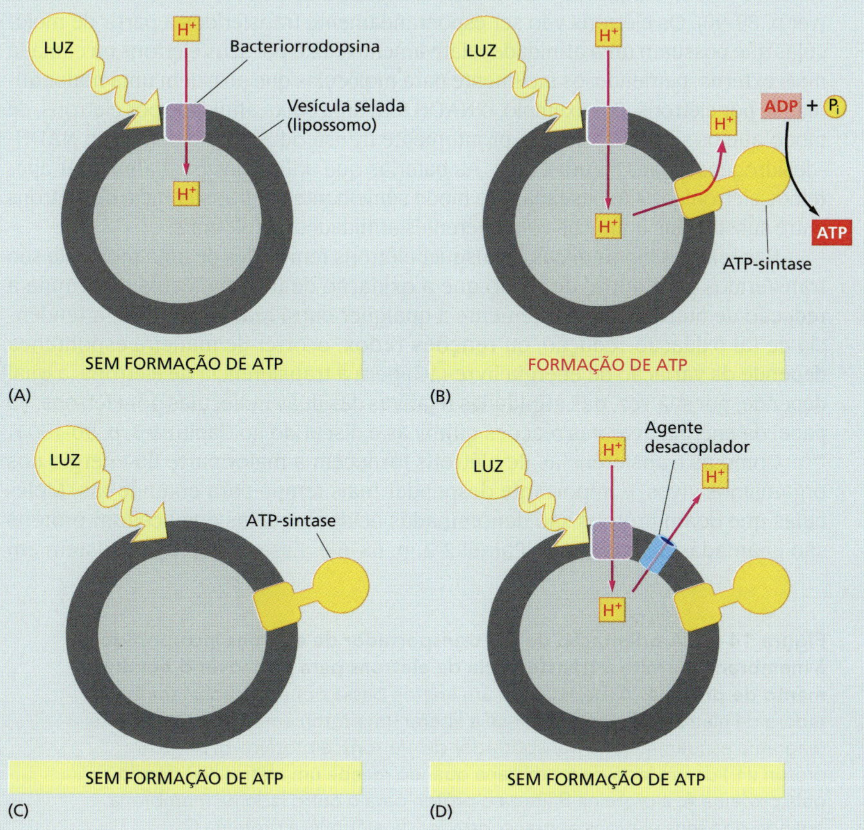

Figura 14-20 Os experimentos em que a bacteriorrodopsina e a ATP-sintase mitocondrial bovina foram introduzidas em lipossomos forneceram a evidência direta de que os gradientes de prótons podem promover a síntese de ATP. (A) Quando a bacteriorrodopsina é adicionada a vesículas lipídicas artificiais (lipossomos), a proteína gera um gradiente de prótons em resposta à luz. (B) Em vesículas artificiais contendo tanto bacteriorrodopsina quanto uma ATP-sintase, um gradiente de prótons gerado pela luz conduz à formação de ATP a partir de ADP e P_i. (C) Vesículas artificiais contendo apenas ATP-sintase não são capazes de produzir ATP em resposta à luz. (D) Em vesículas que possuem a bacteriorrodopsina e a ATP-sintase, os agentes de desacoplamento eliminam o gradiente de prótons e suprimem a síntese de ATP induzida pela luz.

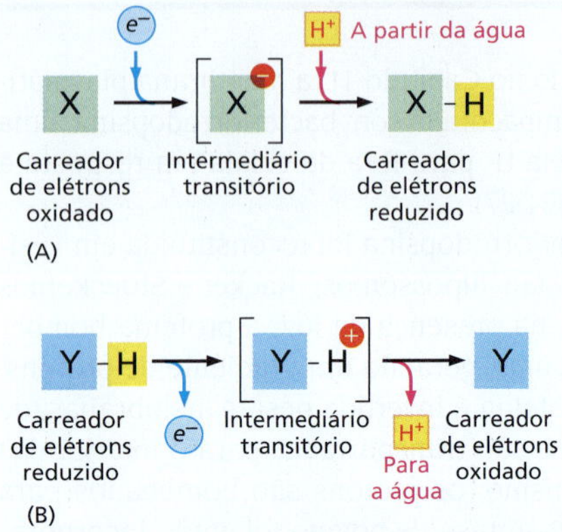

Figura 14-21 A transferência de elétrons pode causar o movimento de átomos inteiros de hidrogênio, porque os prótons são prontamente captados ou doados pela água intracelular. Nestes exemplos, uma molécula oxidada carreadora de elétrons, X, pega um elétron e um próton quando é reduzida (A), e uma molécula reduzida carreadora de elétrons, Y, perde um elétron e um próton quando é oxidada (B).

água são altamente móveis: devido à rápida dissociação e reassociação de uma molécula de água, os prótons podem mover-se rapidamente ao longo de uma rede de hidrogênios ligados nas moléculas de água (ver Figura 2-15B). Assim, a água, que está por toda a célula, serve como um reservatório imediato para a doação e a acepção de prótons.

Esses prótons muitas vezes acompanham os elétrons que são transferidos durante a oxidação e redução. Quando uma molécula é reduzida mediante aquisição de um elétron (e^-), o elétron traz consigo uma carga negativa; em muitos casos, essa carga é imediatamente neutralizada pela adição de um próton, a partir da água, de modo que o efeito final da redução é a transferência de um átomo inteiro de hidrogênio, $H^+ + e^-$ (**Figura 14-21A**). Do mesmo modo, quando uma molécula é oxidada, ocorre frequentemente a perda de um elétron de um dos seus átomos de hidrogênio: na maioria dos casos, o elétron é transferido para um transportador de elétrons, e o próton é transferido para a água (**Figura 14-21B**). Portanto, em uma membrana na qual os elétrons são levados ao longo de uma cadeia transportadora de elétrons, é um problema relativamente simples, em princípio, mover prótons de um lado para outro da membrana. Dessa maneira, é necessário somente que os transportadores de elétrons sejam orientados na membrana de tal forma que eles recebam um elétron – junto com um próton proveniente da água – em uma das faces da membrana, e, em seguida, liberem o próton do outro lado da membrana quando o elétron é transferido para a próxima molécula da cadeia transportadora de elétrons (**Figura 14-22**).

O potencial redox é uma medida das afinidades eletrônicas

As proteínas da cadeia respiratória direcionam os elétrons de forma que eles são sequencialmente movidos de um complexo enzimático para outro – sem curtos-circuitos que saltam um complexo. Cada elétron é transferido em uma reação de oxidação-redução: como descrito no Capítulo 3, a molécula ou o átomo doador de elétron se torna oxidado, e a molécula ou o átomo que o recebe se torna reduzido (ver p. 89-90). Os elétrons vão ser espontaneamente transferidos a partir de moléculas que possuam uma afinidade relativamente baixa por seus elétrons na camada mais externa, perdendo-os facilmente para moléculas que possuem uma maior afinidade por elétrons. Por exemplo, o NADH tem uma baixa afinidade por elétrons, de modo que os seus elétrons são prontamente transferidos para o complexo NADH-desidrogenase (ver Figura 14-14). As baterias que utilizamos para alimentar aparelhos eletrônicos são baseadas, de modo semelhante, na transferência de elétrons entre substâncias químicas com diferentes afinidades por elétrons.

Nas reações bioquímicas, quaisquer elétrons removidos de uma molécula são transferidos para outra, de modo que a oxidação de uma molécula determina a redução de outra. Semelhantemente a qualquer outra reação química, a tendência de tal oxidação-redução, ou **reações redox**, ocorrer de maneira espontânea depende da variação de energia livre (ΔG) para a transferência de elétrons, a qual depende, por sua vez, das afinidades relativas das duas moléculas por elétrons. (O papel da energia livre nas reações químicas é discutido no Capítulo 3, p. 90-100.)

Como as transferências de elétrons fornecem a maior parte da energia nos organismos vivos, é importante despender mais tempo para entendê-las. Moléculas que doam prótons são denominadas ácidos; aquelas que aceitam prótons são chamadas de bases (ver Painel 2-2, p. 68-69). Essas moléculas existem em

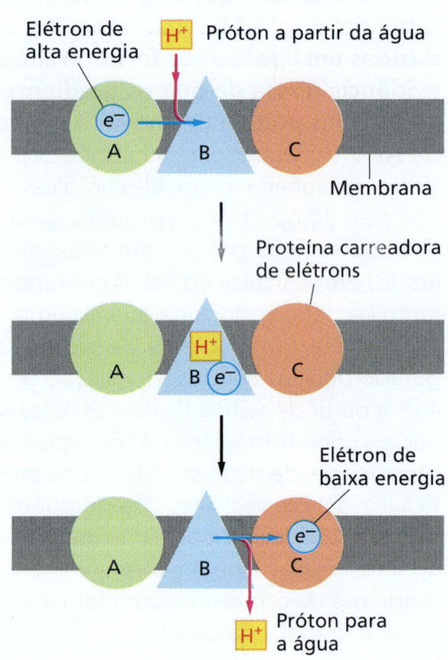

Figura 14-22 A orientação de um transportador de elétrons incorporado à membrana permite a transferência de elétrons para promover o bombeamento de prótons. À medida que um elétron passa por uma cadeia transportadora de elétrons, ele pode ligar-se e liberar um próton em cada etapa. Neste diagrama esquemático, o transportador de elétrons, a proteína B, pega um próton (H^+) de um lado da membrana quando recebe um elétron (e^-) doado pela proteína A; a proteína B libera o próton para o outro lado da membrana, quando doa seus elétrons ao transportador de elétrons, a proteína C.

pares conjugados ácido-base, onde o ácido é prontamente convertido na base pela perda de um próton. Por exemplo, o ácido acético (CH_3COOH) é convertido em sua base conjugada (CH_3COO^-) na reação:

$$CH_3COOH \rightleftharpoons CH_3COO^- + H^+$$

Da mesma forma, pares de compostos, como NADH e NAD^+, são chamados de **pares redox**, uma vez que NADH é convertido a NAD^+ pela perda de elétrons na reação:

$$NADH \rightleftharpoons NAD^+ + H^+ + 2e^-$$

O NADH é um forte doador de elétrons. Pode-se considerar que seus elétrons são mantidos com alta energia porque o ΔG para transferi-los para outras moléculas é favorável. Por outro lado, é difícil produzir elétrons de alta energia no NADH, portanto, seu parceiro, o NAD^+, é necessariamente um fraco aceptor de elétrons.

A tendência para um par redox como $NADH/NAD^+$ de doar ou receber elétrons pode ser determinada experimentalmente a partir da medição do seu **potencial redox** (**Painel 14-1**, p. 466). Os elétrons irão mover-se de forma espontânea de um par redox com baixo potencial redox (ou baixa afinidade por elétrons), como NADH/NAD^+, para um par redox com alto potencial redox (ou alta afinidade por elétrons), como O_2/H_2O. Assim, o NADH é uma excelente molécula para doar elétrons para a cadeia respiratória, enquanto o O_2 é apropriado para atuar como um "dreno" de elétrons no final da via. Como explicado no Painel 14-1, a diferença no potencial redox, $\Delta E_0'$, é uma medida direta da variação de energia livre padrão (ΔG_o) para a transferência de um elétron de uma molécula para outra. De fato, $\Delta E_0'$ é simplesmente igual a ΔG^o vezes um número negativo que é uma constante.

As transferências de elétrons liberam grandes quantidades de energia

A quantidade de energia que pode ser liberada em uma transferência de elétrons pode ser determinada pela comparação dos potenciais redox das moléculas envolvidas. Mais uma vez, vamos considerar a transferência de elétrons do NADH e do O_2. Como apresentado no Painel 14-1, uma mistura 1:1 de NADH e NAD^+ tem um potencial redox de -320 mV, indicando que o NADH tem uma fraca afinidade por elétrons – e uma forte tendência para doá-los; uma mistura 1:1 de H_2O e $\frac{1}{2}O_2$ tem um potencial redox de +820 mV, o que indica que o O_2 tem uma forte afinidade por elétrons – e uma forte tendência a recebê-los. A diferença de potencial redox entre esses dois pares é 1,14 volts (1.140 mV), ou seja, a transferência de cada elétron do NADH para o O_2 sob essas condições-padrão é extremamente favorável: o ΔG° para a transferência de elétrons é de -26,2 kcal/mol por elétron – ou -52,4 kcal/mol para os dois elétrons que são doados de cada molécula de NADH (ver Painel 14-1). Se compararmos tal variação de energia livre com a energia necessária para a formação das ligações fosfoanidrido do ATP nas células (cerca de 13 kcal/mol), podemos observar que é liberada energia suficiente pela oxidação de uma molécula de NADH para sintetizar um par de moléculas de ATP.

Os sistemas vivos poderiam ter desenvolvido enzimas que permitissem ao NADH doar elétrons diretamente para o O_2 para produzir água. Entretanto, em razão da brusca queda de energia livre, essa reação ocorreria com uma força quase explosiva, e aproximadamente toda a energia seria liberada na forma de calor. Em vez disso, como já vimos, a transferência de elétrons a partir do NADH para o O_2 é realizada em vários pequenos passos, ao longo da cadeia transportadora de elétrons, permitindo que quase a metade da energia liberada seja armazenada no gradiente de prótons, através da membrana interna, em vez de ser perdida para o ambiente na forma de calor.

Os metais fortemente ligados a proteínas formam carreadores versáteis de elétrons

Cada um dos três complexos enzimáticos respiratórios inclui átomos de metal que estão fortemente ligados às proteínas. Quando um elétron é doado a um

COMO OS POTENCIAIS REDOX SÃO MEDIDOS

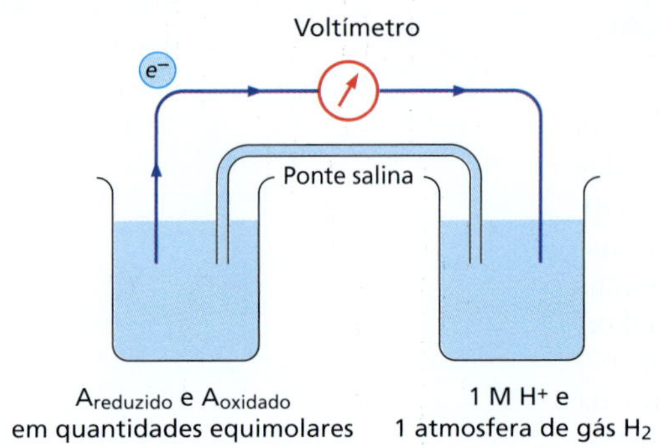

Um copo de Becker (*esquerda*) contém a substância A em uma mistura equimolar dos membros reduzido ($A_{reduzido}$) e oxidado ($A_{oxidado}$) do seu par redox. O outro Becker contém o padrão hidrogênio de referência ($2H^+ + 2e^- \rightleftharpoons H_2$), cujo potencial redox é arbitrariamente assumido como zero por acordo internacional. (Uma ponte salina formada por uma solução concentrada de KCl permite que os íons K^+ e Cl^- se movam entre os dois copos Becker, como necessário para neutralizar as cargas em cada Becker quando os elétrons fluem entre eles.) O cabo metálico (*azul-escuro*) propicia um caminho livre de resistências para os elétrons, e um voltímetro (*vermelho*) o potencial redox da substância A. Se os elétrons fluem de $A_{reduzido}$ para H^+, como aqui indicado, entende-se que o par redox formado pela substância A possui um potencial redox negativo. Se eles, ao contrário, fluírem do H_2 para $A_{oxidado}$, esse par redox terá um potencial redox positivo.

O POTENCIAL REDOX PADRÃO, E'_0

O potencial redox padrão para um par redox, definido como E_0, é medido em uma determinada condição padrão na qual todos os reagentes estão na concentração de 1 M, incluindo o H^+. Uma vez que as reações biológicas ocorrem em pH 7, os biólogos definem como condição padrão $A_{reduzido} = A_{oxidado}$ e $H^+ = 10^{-7}$ M. Esse potencial redox padrão é denominado E'_0 em vez do E_0.

Exemplos de reações redox	Potencial redox padrão E'_0
$NADH \rightleftharpoons NAD^+ + H^+ + 2e^-$	–320 mV
Ubiquinona reduzida $\rightleftharpoons$ Ubiquinona oxidada $+ 2H^+ + 2e^-$	+30 mV
Citocromo *c* reduzido $\rightleftharpoons$ Citocromo *c* oxidado $+ e^-$	+230 mV
$H_2O \rightleftharpoons \frac{1}{2}O_2 + 2H^+ + 2e^-$	+820 mV

CALCULANDO O $\Delta G°$ DE POTENCIAIS REDOX

Para determinar a mudança de energia da transferência de um elétron, deve-se calcular o $\Delta G°$ da reação (kcal/mol) conforme segue:

$\Delta G° = -n(0{,}023)\,\Delta E'_0$, onde n é o número de elétrons transferidos por uma variação de potencial redox de $\Delta E'_0$ milivolts (mV), e

$\Delta E'_0 = E'_0(\text{aceptor}) - E'_0(\text{doador})$

EXEMPLO:

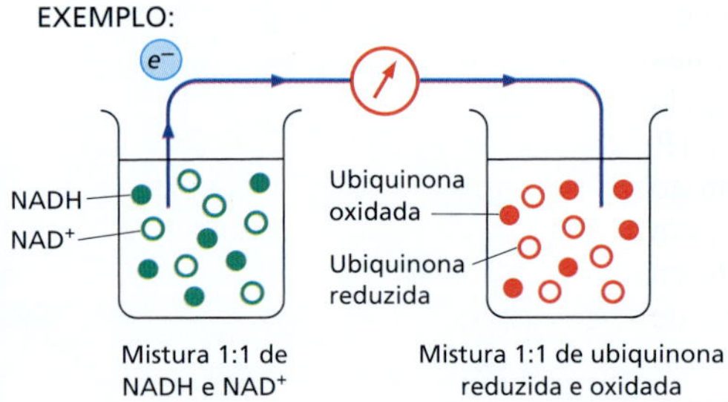

Para a transferência de um elétron do NADH para a ubiquinona:

$$\Delta E'_0 = +30 - (-320) = +350 \text{ mV}$$

$$\Delta G° = -n(0{,}023)\Delta E'_0 = -1(0{,}023)(350) = -8{,}0 \text{ kcal/mol}$$

O mesmo cálculo revela que a transferência de um elétron da ubiquinona para o oxigênio tem um $\Delta G°$ ainda mais favorável de –18,2 kcal/mol. O valor de $\Delta G°$ para a transferência de um elétron do NADH para o oxigênio é a soma desses dois valores, –26,2 kcal/mol.

EFEITO DAS ALTERAÇÕES DE CONCENTRAÇÃO

Como explicado no Capítulo 3 (ver p. 94), a real variação de energia livre para uma reação, ΔG, depende da concentração dos reagentes e em geral será diferente da variação de energia livre padrão, $\Delta G°$. Os potenciais redox padrão são para uma mistura 1:1 do par redox. Por exemplo, o potencial redox padrão de –320 mV é para uma mistura 1:1 de NADH e NAD^+.
Porém, quando há excesso de NADH sobre NAD^+, a transferência de elétrons de NADH para um aceptor de elétrons se torna mais favorável. Isso se reflete em um potencial redox mais negativo e um ΔG mais negativo para a transferência de elétrons.

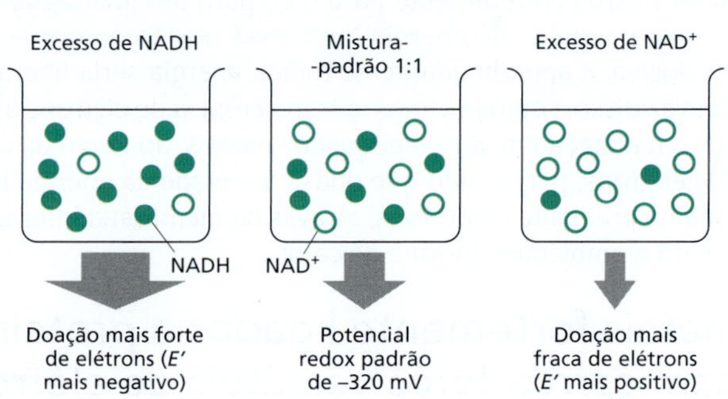

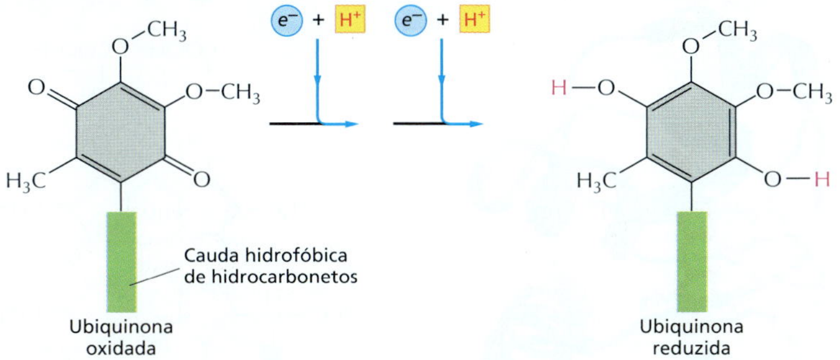

Figura 14-23 As quinonas transportam elétrons dentro da bicamada lipídica. A quinona na cadeia transportadora de elétrons mitocondrial é denominada ubiquinona. Ela capta um H^+ do ambiente aquoso para cada elétron que aceita, e pode carregar dois elétrons como parte dos seus átomos de hidrogênio (*vermelho*). Quando essa ubiquinona reduzida doa os seus elétrons para o próximo carreador da cadeia, esses prótons são liberados. Sua longa e hidrofóbica cauda de hidrocarboneto restringe a ubiquinona à membrana mitocondrial interna.

complexo respiratório, ele se move dentro do complexo saltando de um íon metálico para outro íon metálico com maior afinidade por elétrons.

Em contraste, ao passar de um complexo respiratório para o próximo, os elétrons são transferidos por transportadores de elétrons que se difundem livremente no interior da bicamada lipídica. Essas moléculas móveis pegam elétrons de um complexo e os entregam para o próximo na linha. Na cadeia respiratória mitocondrial, por exemplo, uma molécula pequena e hidrofóbica, denominada ubiquinona, pega os elétrons do complexo NADH-desidrogenase e os entrega para o complexo citocromo *c*-redutase (ver Figura 14-14). Funções semelhantes da **quinona** são observadas durante o transporte de elétrons na fotossíntese. A ubiquinona pode receber ou doar um ou dois elétrons, pegando um H^+ da água com o elétron que ele carrega (**Figura 14-23**). Seu potencial redox de +30 mV coloca a ubiquinona entre o complexo NADH-desidrogenase e o complexo citocromo *c*-redutase, em termos da sua tendência para ganhar ou perder elétrons – o que explica por que a ubiquinona recebe elétrons do primeiro complexo e os doa a este último (**Figura 14-24**). A ubiquinona também serve como ponto de entrada para os elétrons doados pelo $FADH_2$, que é produzido durante o ciclo do ácido cítrico e na oxidação de ácidos graxos (ver Figuras 13-11 e 13-12).

Os potenciais redox de diferentes complexos metálicos influenciam onde estes irão atuar ao longo da cadeia transportadora de elétrons. **Centros de ferro-enxofre** têm relativamente baixa afinidade por elétrons e, portanto, são predominantes nos transportadores de elétrons que funcionam no início da cadeia. Um centro de ferro-enxofre no complexo NADH-desidrogenase, por exemplo, transfere elétrons para a ubiquinona. Mais tarde na via, átomos de ferro dos

QUESTÃO 14-6

Em muitas etapas da cadeia transportadora de elétrons, os íons de Fe são utilizados como parte de grupamentos heme ou FeS para ligar os elétrons em trânsito. Por que esses grupos funcionais que conduzem a química das transferências de elétrons precisam estar ligados a proteínas? Forneça várias razões diferentes para explicar por que isso é necessário.

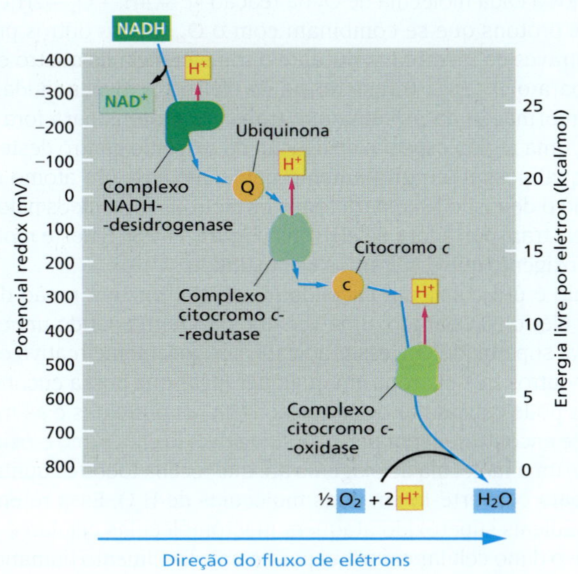

Figura 14-24 Os potenciais redox aumentam ao longo da cadeia transportadora de elétrons mitocondrial. O grande aumento no potencial redox ocorre ao longo de cada um dos três complexos enzimáticos respiratórios, conforme necessário para cada um deles bombear prótons. Para converter os valores de energia livre em kJ/mol, lembre que 1 quilocaloria é igual a cerca de 4,2 quilojoules.

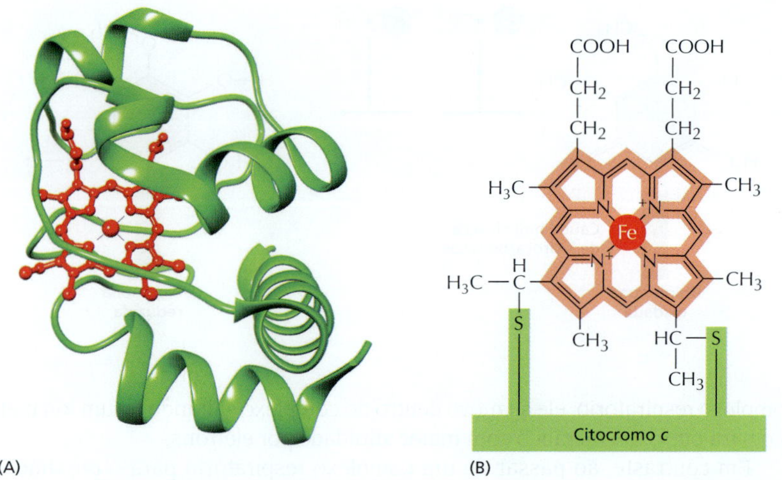

Figura 14-25 O ferro de um grupamento heme pode servir como um aceptor de elétrons. (A) A estrutura em fita mostra a posição do grupamento heme (*vermelho*) associado ao citocromo *c* (*verde*). (B) O anel de porfirina do grupamento heme (*vermelho claro*) está ligado covalentemente a cadeias laterais da proteína. Os grupamentos heme de diferentes citocromos têm diferentes afinidades eletrônicas pelo fato de diferirem ligeiramente em estrutura e estarem em locais diferentes dentro de cada proteína.

grupamentos heme ligados às proteínas do citocromo são em geral utilizados como transportadores de elétrons (**Figura 14-25**). Esses grupamentos heme conferem cor aos **citocromos**, como nos complexos citocromo *c*-redutase e citocromo *c*-oxidase ("citocromo" do grego *croma*, "cor"). À semelhança de outros transportadores de elétrons, o potencial redox das proteínas do citocromo vai aumentando quanto mais adiante eles estiverem localizados na cadeia transportadora de elétrons da mitocôndria. Por exemplo, o *citocromo c*, uma pequena proteína que recebe elétrons do complexo citocromo *c*-redutase e os transfere para o complexo citocromo *c*-oxidase, possui um potencial redox de +230 mV – um valor intermediário entre os dos citocromos com os quais ele interage (ver Figura 14-24).

O citocromo *c*-oxidase catalisa a redução do oxigênio molecular

O transportador final de elétrons na cadeia respiratória, **citocromo *c* oxidase**, possui o mais alto potencial redox de todos. Esse complexo proteico remove elétrons do citocromo *c*, causando sua oxidação – daí a denominação "citocromo-*c* oxidase." Esses elétrons são então transferidos ao O_2 para produzir H_2O. No total, quatro elétrons doados pelo citocromo *c* e quatro prótons do ambiente aquoso são adicionados a cada molécula de O_2 na reação $4e^- + 4H^+ + O_2 \rightarrow 2H_2O$.

Além dos prótons que se combinam com o O_2, quatro outros prótons são bombeados através da membrana durante a transferência de quatro elétrons do citocromo *c* para o O_2. Essa transferência de elétrons provoca mudanças alostéricas na conformação da proteína que transfere prótons para fora da matriz mitocondrial. Uma região especial de ligação do oxigênio dentro deste complexo proteico – a qual possui um grupamento heme, além de um átomo de cobre – funciona como o depósito final para todos os elétrons fornecidos pelo NADH no início da cadeia transportadora de elétrons (**Figura 14-26**). É neste momento que quase todo o oxigênio que respiramos é consumido.

O oxigênio é útil como um escoadouro de elétrons em razão da sua alta afinidade por elétrons. Contudo, uma vez que o O_2 tenha obtido um elétron, ele forma o radical superóxido O_2^-; esse radical é perigosamente reativo e irá avidamente captar outros três elétrons em qualquer lugar que possa encontrar – uma tendência que pode causar danos sérios ao DNA, às proteínas e às membranas lipídicas que se encontrarem por perto. O sítio ativo do citocromo *c*-oxidase prende firmemente uma molécula de oxigênio até que receba todos os quatro elétrons necessários para convertê-lo em duas moléculas de H_2O. Essa retenção ajuda a evitar que radicais superóxido ataquem macromoléculas celulares – tem sido postulado que o dano celular contribui para o envelhecimento humano.

QUESTÃO 14-7

Dois diferentes carreadores difusíveis de elétrons, ubiquinona e citocromo *c*, transportam elétrons entre os três complexos proteicos da cadeia transportadora de elétrons. Em princípio, os mesmos carreadores difusíveis poderiam ser utilizados em ambas as etapas? Justifique sua resposta.

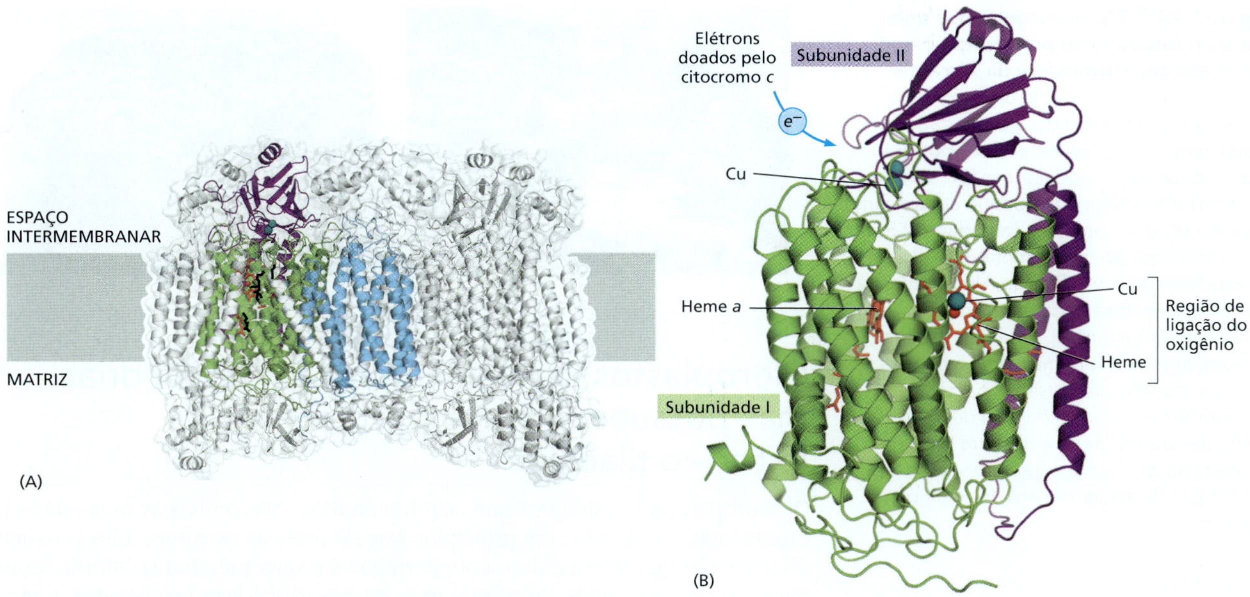

Figura 14-26 A citocromo *c*-oxidase é uma proteína precisamente regulada. A proteína é um dímero formado a partir de um monômero com 13 subunidades diferentes de proteína. (A) A proteína inteira é apresentada posicionada na membrana mitocondrial interna. As três subunidades coloridas que formam o núcleo funcional do complexo são codificadas pelo genoma mitocondrial; as subunidades restantes são codificadas pelo genoma nuclear. (B) À medida que os elétrons passam por essa proteína a caminho de se ligarem à molécula de O_2, eles promovem o bombeamento de prótons pela proteína através da membrana. Conforme indicado, o grupamento heme e um átomo de cobre (Cu) formam o local onde uma molécula de O_2 firmemente ligada é reduzida e forma H_2O.

A evolução do citocromo *c*-oxidase foi crucial para o desenvolvimento de células que possam utilizar o O_2 como aceptor de elétrons. Esse complexo proteico é, portanto, essencial para toda a vida aeróbia. Venenos como o cianeto são extremamente tóxicos porque se ligam firmemente aos complexos citocromo *c*-oxidase, bloqueando o transporte de elétrons e a produção de ATP.

OS CLOROPLASTOS E A FOTOSSÍNTESE

Praticamente todos os materiais orgânicos nas células vivas atuais são produzidos pela **fotossíntese** – séries de reações promovidas pela luz que criam moléculas orgânicas a partir do dióxido de carbono atmosférico (CO_2). Plantas, algas e bactérias fotossintetizantes, como as cianobactérias, usam elétrons da água e a energia da luz solar para converter CO_2 atmosférico em compostos orgânicos. Ao longo destas reações, as moléculas de água são divididas, liberando grandes quantidades de gás O_2 para a atmosfera. Esse oxigênio, por sua vez, subsidia a fosforilação oxidativa – não apenas em animais, mas também em plantas e bactérias aeróbias. Assim, a atividade das primeiras bactérias fotossintetizantes, que enchiam a atmosfera com oxigênio, permitiu a evolução das inumeráveis formas de vida que utilizam o metabolismo aeróbio para produzir ATP (**Figura 14-27**).

Nas plantas, a fotossíntese é realizada em uma organela intracelular especializada – o **cloroplasto**, que possui pigmentos, como o pigmento verde *clorofila*, que capturam a luz. Para a maioria das plantas, as folhas são os principais locais de fotossíntese. A fotossíntese ocorre apenas durante o dia, produzindo ATP e NADPH. Tais carreadores ativados podem então ser usados, em qualquer momento do dia, para converter o CO_2 em açúcar no cloroplasto – um processo denominado *fixação de carbono*.

Dado o papel central do cloroplasto na fotossíntese, iniciamos esta seção descrevendo a estrutura dessa organela altamente especializada. Em seguida, fornecemos uma visão geral da fotossíntese, seguida por uma contabilidade detalhada do mecanismo pelo qual os cloroplastos capturam a energia luminosa para produzir grandes quantidades de ATP e NADPH. A seguir, descrevemos como as plantas utilizam esses dois carreadores ativados para sintetizar açúcares e outras moléculas orgânicas usadas para sustentá-las – e aos muitos organismos que se alimentam de plantas.

Figura 14-27 Os microrganismos que realizam fotossíntese produzindo oxigênio mudaram a atmosfera da Terra. (A) Estromatólitos vivos de uma lagoa no oeste da Austrália. Estas estruturas são formadas em ambientes específicos por grandes colônias de cianobactérias fotossintéticas produtoras de oxigênio, que aprisionam areia ou minerais em finas camadas. (B) Secção transversal de um estromatólito atual mostrando sua estratificação. Uma estrutura semelhante é observada em estromatólitos fósseis (não mostrados). Essas formações antigas, algumas com mais de 3,5 bilhões de anos, contêm os restos de bactérias fotossintéticas cujas atividades de liberação de O_2 transformaram a atmosfera da Terra. (A, cortesia de Cambridge Carbonates Ltd.; B, cortesia de Roger Perkins, Virtual Fossil Museum.)

Cloroplastos assemelham-se a mitocôndrias, mas possuem um compartimento extra – o tilacoide

Os cloroplastos são maiores que as mitocôndrias, mas ambas as organelas são organizadas de acordo com princípios semelhantes de estrutura. Eles possuem uma membrana externa altamente permeável e uma membrana interna muito menos permeável, onde várias proteínas de transporte estão embebidas. Juntas, essas duas membranas – e o estreito espaço intermembranar entre elas – formam o envelope do cloroplasto. A membrana interna circunda um grande espaço denominado **estroma**, o qual é análogo à matriz mitocondrial e contém muitas enzimas metabólicas (ver Figura 14-5).

Existe, contudo, uma importante diferença entre a organização da mitocôndria e a do cloroplasto. A membrana interna do cloroplasto não possui a maquinaria fotossintética. Em vez disso, os sistemas de captura de luz, a cadeia transportadora de elétrons e a ATP-sintase, que produz ATP durante a fotossíntese, estão localizados na *membrana do tilacoide*. Essa terceira membrana é dobrada para formar um conjunto achatado, semelhante a sacos na forma de discos, denominados **tilacoides**, que estão dispostos em pilhas chamadas de *grana* (**Figura 14-28**). Considera-se que o espaço interno de cada tilacoide esteja conectado ao de outros tilacoides, formando um terceiro compartimento interno, o *espaço do tilacoide*, que é separado do estroma.

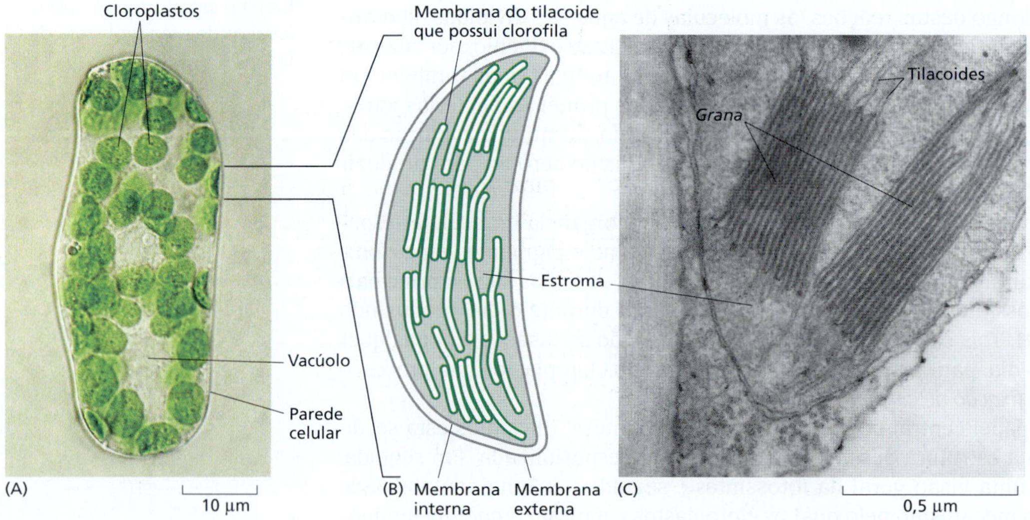

Figura 14-28 Os cloroplastos, assim como as mitocôndrias, possuem um conjunto de membranas e compartimentos especializados. (A) Micrografia mostrando cloroplastos (*verde*) na célula de uma angiosperma. (B) Desenho de um cloroplasto apresentando três conjuntos de membranas da organela, incluindo a membrana do tilacoide, a qual possui os sistemas de captura de luz e o sistema de geração do ATP. (C) Uma visão ampliada de uma micrografia eletrônica apresentando os tilacoides dispostos em pilhas denominadas *grana*; uma única pilha de tilacoides é chamada de *granum*. (A, cortesia de Preeti Dahiya; C, cortesia de K. Plaskitt.)

A fotossíntese produz e consome o ATP e o NADPH

A química realizada por fotossíntese pode ser resumida em uma simples equação:

$$\text{Energia luminosa} + CO_2 + H_2O \rightarrow \text{açúcares} + O_2 + \text{energia térmica}$$

Inicialmente, a equação representa com precisão o processo pelo qual a energia luminosa promove a síntese de açúcares a partir do CO_2. Mas essa representação inicial deixa de fora dois dos jogadores mais importantes da fotossíntese: os carreadores ativados ATP e NADPH. Na primeira fase da fotossíntese, a energia da luz solar é usada para a produção de ATP e NADPH; na segunda fase, esses carreadores ativados são consumidos para possibilitar a síntese de açúcares.

1. A *fase* 1 da fotossíntese é, em grande parte, o equivalente à fosforilação oxidativa que ocorre na membrana mitocondrial interna. Nessa fase, a cadeia transportadora de elétrons da membrana do tilacoide utiliza a energia do transporte de elétrons para bombear prótons para o interior do espaço do tilacoide; então, o gradiente de prótons gerado promove a síntese de ATP por meio da ATP-sintase. O que faz a fotossíntese diferente é que os elétrons de alta energia transferidos à *cadeia transportadora de elétrons da fotossíntese* vêm de uma molécula de **clorofila** que absorveu energia da luz solar. Assim, as reações de produção de energia da fase 1 são algumas vezes denominadas **reações de fase clara*** (**Figura 14-29**). Outra grande diferença entre a fotossíntese e a fosforilação oxidativa é o destino dos elétrons de alta energia: aqueles que percorrem a cadeia transportadora de elétrons da fotossíntese nos cloroplastos não são transferidos para o O_2, mas sim para o $NADP^+$, para produzir NADPH.
2. Na *fase* 2 da fotossíntese, o ATP e o NADPH produzidos nas reações de transferência de elétrons da fase 1 da fotossíntese são utilizados para promover a síntese de açúcares a partir do CO_2 (ver Figura 14-29). Tais reações de *fixação de carbono* podem ocorrer na ausência de luz e, assim, são denominadas **reações de fase escura****. Elas se iniciam no estroma do cloroplasto, onde geram um açúcar de três carbonos chamado de *gliceraldeído 3-fosfato*. Esse açúcar simples é exportado para o citosol, onde é usado para a produção de sacarose e uma grande quantidade de outras moléculas orgânicas nas folhas do vegetal.

Embora a produção de ATP e NADPH durante a fase 1 e a conversão do CO_2 em carboidratos durante a fase 2 sejam mediadas por dois conjuntos separados de reações, elas estão ligadas por mecanismos elaborados de retroalimentação que permitem ao vegetal produzir açúcares apenas quando é conveniente fazê-lo.

*N. de T. Reações de fase clara, reações luminosas ou reações fotoquímicas.
**N. de T. Reações de fase escura ou reações químicas.

QUESTÃO 14-8

Os cloroplastos possuem um terceiro compartimento interno, o espaço do tilacoide, delimitado pela membrana do tilacoide. Essa membrana contém os fotossistemas, os centros de reação, a cadeia transportadora de elétrons e a ATP-sintase. Já as mitocôndrias utilizam as suas membranas internas para o transporte de elétrons e a síntese de ATP. Em ambas as organelas, os prótons são bombeados para fora do maior compartimento interno (a matriz nas mitocôndrias e o estroma nos cloroplastos). O espaço do tilacoide é completamente isolado do resto da célula. Por que esse arranjo permite aos cloroplastos gradientes maiores de H^+ do que os que ocorrem nas mitocôndrias?

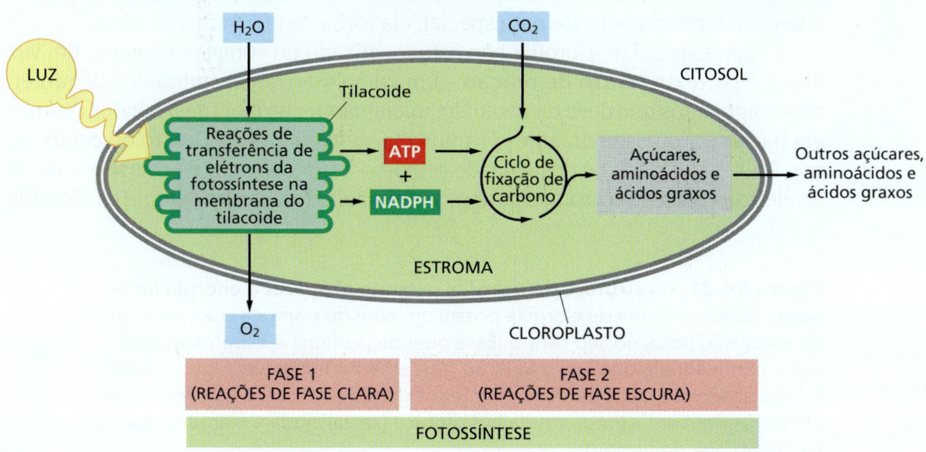

Figura 14-29 As duas fases da fotossíntese dependem do cloroplasto. Na fase 1, uma série de reações de transferência de elétrons na fotossíntese produz ATP e NADPH; no processo, os elétrons são retirados da água e o oxigênio é liberado como subproduto, como discutimos brevemente. Na fase 2, o dióxido de carbono é assimilado (fixado) para produzir açúcares e várias outras moléculas orgânicas. A fase 1 ocorre na membrana do tilacoide, enquanto a fase 2 se inicia no estroma do cloroplasto (como mostrado) e continua no citosol.

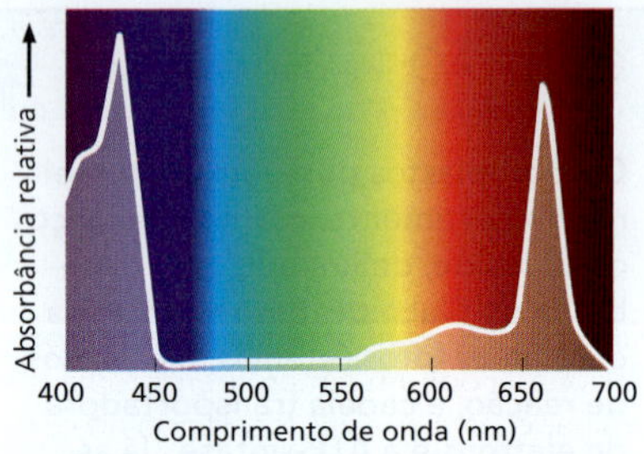

Figura 14-30 As clorofilas absorvem a luz de comprimentos de onda azul e vermelho. Como mostrado neste espectro de absorção, uma forma de clorofila absorve, preferencialmente, a luz em comprimentos de onda de cerca de 430 nm (*azul*) e 660 nm (*vermelho*). Em contrapartida, a luz verde é pouco absorvida por este pigmento. Outras clorofilas podem absorver a luz com comprimentos de onda ligeiramente diferentes.

Muitas das enzimas necessárias para a fixação do carbono, por exemplo, são inativadas no escuro e reativadas pelo transporte de elétrons estimulado pela luz.

As moléculas de clorofila absorvem energia da luz solar

A luz visível é uma forma de radiação eletromagnética composta de muitos comprimentos de onda, variando do violeta (comprimento de onda de 400 nm) ao vermelho-escuro (700 nm). Os melhores comprimentos de onda para a maioria das clorofilas absorver são o azul e o vermelho (**Figura 14-30**). Como esses pigmentos absorvem pouco a luz verde, os vegetais parecem verdes: a luz verde é refletida de volta para os nossos olhos.

A capacidade da clorofila de aproveitar a energia luminosa se deve à sua estrutura única. Os elétrons de uma molécula de clorofila são distribuídos em uma nuvem descentralizada em torno das moléculas do anel de porfirina, responsável pela absorção da luz (**Figura 14-31**). Quando a luz de um comprimento de onda apropriado alcança uma molécula de clorofila, ocorre a excitação dos elétrons nessa rede difusa, perturbando a forma como os elétrons estão distribuídos. Esse estado perturbado de alta energia é instável, e a molécula de clorofila tentará se livrar desse excesso de energia para poder retornar ao seu estado mais estável, não excitado.

Uma molécula isolada de clorofila, mantida em solução, irá simplesmente liberar a energia absorvida na forma de luz ou calor – não promovendo algo útil. No entanto, as moléculas de clorofila em um cloroplasto são capazes de converter a energia luminosa em uma forma de energia útil para a célula pelo fato de estarem associadas a um conjunto especial de proteínas fotossintéticas na membrana do tilacoide, como verificamos a seguir.

As moléculas excitadas de clorofila direcionam a energia a um centro de reação

Na membrana do tilacoide dos vegetais e na membrana plasmática das bactérias fotossintetizantes, as moléculas de clorofila são organizadas em grandes complexos multiproteicos chamados de **fotossistemas**. Cada fotossistema consiste em um conjunto de *complexos antena*, que capturam a energia luminosa, e um *centro de reação*, que converte a energia luminosa em energia química.

Em cada **complexo antena**, centenas de moléculas de clorofila estão dispostas de forma que a energia luminosa captada por uma molécula de clorofila possa ser transferida para uma molécula de clorofila adjacente no sistema. Dessa maneira, a energia é transferida aleatoriamente a partir de uma molécula de clorofila para a próxima – quer dentro da mesma antena ou de uma antena adjacente. Em algum momento, essa energia errante vai encontrar um dímero de clorofila denominado *par especial*, que segura os seus elétrons com uma menor energia em comparação com as outras moléculas de clorofila. Assim, quando a energia é recebida por este par especial, ela torna-se efetivamente presa.

O par especial de clorofila não está localizado no complexo antena. Em vez disso, é parte do **centro de reação** – um complexo transmembrânico de proteínas e pigmentos que deve ter evoluído, inicialmente, há mais de 3 bilhões de anos em bactérias fotossintetizantes primitivas (**Animação 14.6**). Dentro do centro de reação, o par especial é posicionado próximo a um conjunto de transportadores de elétrons que estão prontos para receber um elétron de alta energia da clorofila

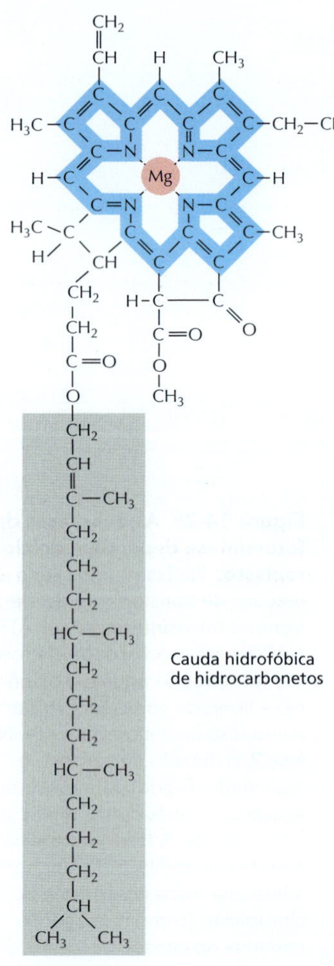

Figura 14-31 A estrutura da clorofila permite absorver a energia luminosa. Cada molécula de clorofila possui um anel de porfirina com um átomo de magnésio (*rosa*) no seu centro. Esse anel de porfirina é estruturalmente semelhante àquele que liga o ferro ao grupamento heme (ver Figura 14-25). A luz é absorvida pelos elétrons no interior da rede de ligações apresentada em *azul*, enquanto a longa cauda hidrofóbica (*cinza*) ajuda a manter a clorofila na membrana do tilacoide.

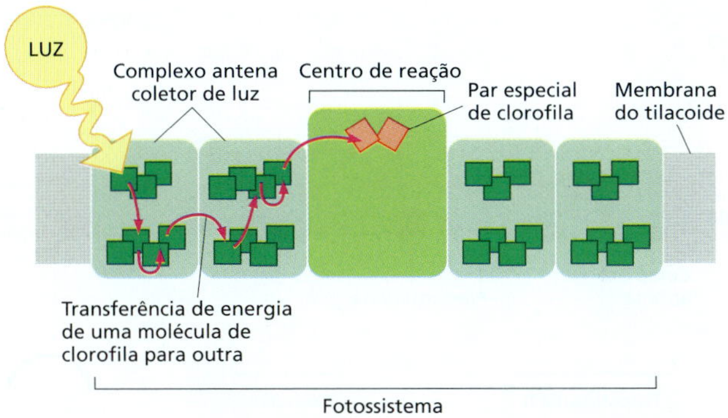

Figura 14-32 Um fotossistema consiste em um centro de reação rodeado por complexos antena que possuem clorofilas. Ocorrendo a captura da energia luminosa por uma molécula de clorofila de um complexo antena, ela será transferida aleatoriamente, de uma molécula de clorofila para outra (*linhas vermelhas*), até ser aprisionada por um dímero de clorofila denominado *par especial*, localizado no centro da reação. O par especial de clorofila segura seus elétrons com menor energia do que as clorofilas da antena. Desse modo, a energia transferida ao par especial, a partir da antena, fica aprisionada. Observe que, no complexo antena, somente a energia se move de uma molécula de clorofila para outra, sem o envolvimento de elétrons.

excitada do par especial (**Figura 14-32**). Essa transferência de elétrons representa a essência da fotossíntese, pois converte a energia luminosa, capturada no par especial, em energia química sob a forma de um elétron transferível. Assim que o elétron de alta energia é transferido, o par especial de clorofila fica positivamente carregado, e o transportador de elétrons, que recebeu o elétron, fica negativamente carregado. O rápido movimento desses elétrons ao longo de um conjunto de transportadores de elétrons no centro de reação gera uma *separação de cargas* que coloca em movimento um fluxo de elétrons a partir do centro de reação para a cadeia transportadora de elétrons (**Figura 14-33**).

Um par de fotossistemas cooperam para produzir ATP e NADPH

A fotossíntese é, em última análise, um processo de biossíntese que produz moléculas orgânicas a partir do CO_2. Para isso, a célula vegetal necessita de uma grande quantidade de energia sob a forma de ATP, e uma grande quantidade de poder redutor sob a forma do carreador ativado NADPH (ver Figura 3-34). Para gerar o ATP e o NADPH, as células vegetais – e os organismos fotossintetizantes de vida livre, como as cianobactérias – utilizam um par de fotossistemas que possuem estruturas semelhantes, mas que fazem coisas diferentes com os elétrons de alta energia que saem das clorofilas de seus centros de reação.

Quando o primeiro fotossistema (que, paradoxalmente, é chamado de fotossistema II por motivos históricos) absorve a energia luminosa, o seu centro de reação transfere elétrons para um transportador móvel de elétrons denominado *plastoquinona*. A plastoquinona faz parte da cadeia transportadora de elétrons da fotossíntese. Esse transportador transfere os elétrons de alta energia para uma bomba de prótons que – assim como as bombas de prótons na membrana mitocondrial interna – usa o movimento de elétrons para gerar um gradiente eletroquímico de prótons. O gradiente eletroquímico de prótons, em seguida, promove a síntese de ATP por meio de uma ATP-sintase localizada na membrana do tilacoide (**Figura 14-34**).

Ao mesmo tempo, um segundo fotossistema adjacente – denominado fotossistema I – também está ocupado capturando energia luminosa. O centro de reação desse fotossistema transfere os seus elétrons de alta energia para um transportador móvel de elétrons diferente. Então, esses elétrons são transferidos para uma enzima

Figura 14-33 No centro de reação, um elétron de alta energia é transferido do par especial para um transportador que se torna parte de uma cadeia transportadora de elétrons. Não é apresentado o conjunto de transportadores intermediários incorporados ao centro de reação que fornece o caminho, a partir do par especial, para este transportador (*laranja*). Tal como ilustrado, a transferência do elétron de alta energia da clorofila excitada do par especial deixa para trás uma carga positiva que cria um estado de separação de carga, convertendo assim a energia luminosa em energia química. Uma vez que o elétron do par especial seja restituído (um evento que em breve discutimos em detalhes), o transportador se difunde para longe do centro de reação, transferindo o elétron de alta energia para a cadeia transportadora.

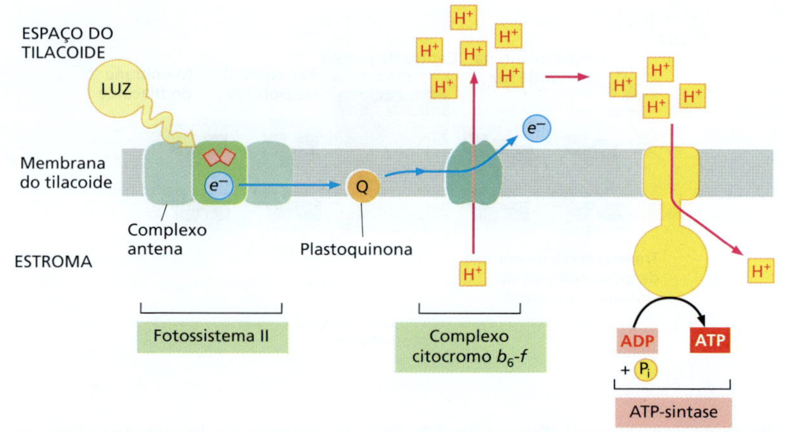

Figura 14-34 O fotossistema II fornece elétrons para a bomba de prótons da fotossíntese, levando à síntese de ATP pela ATP-sintase. Quando a energia luminosa é capturada pelo fotossistema II, um elétron de alta energia é transferido para um transportador móvel de elétrons denominado plastoquinona (Q), que se assemelha à ubiquinona das mitocôndrias. Esse transportador transfere os seus elétrons para uma bomba de prótons chamada de complexo citocromo b_6-*f*, que se assemelha ao complexo citocromo *c*-redutase das mitocôndrias. Este é o único lugar em que ocorre o bombeamento ativo de prótons na cadeia transportadora de elétrons do cloroplasto. Assim como nas mitocôndrias, uma ATP-sintase incorporada na membrana utiliza a energia do gradiente eletroquímico de prótons para a produção de ATP.

que os utiliza para reduzir $NADP^+$ a NADPH (**Figura 14-35**). A ação combinada desses dois fotossistemas produz, assim, tanto o ATP (fotossistema II) quanto o NADPH (fotossistema I), que serão usados na fase 2 da fotossíntese (ver Figura 14-29).

> **QUESTÃO 14-9**
>
> **Tanto o NADPH quanto a molécula carreadora relacionada NADH são fortes doadores de elétrons. Por que as células vegetais desenvolveram NADPH em detrimento de NADH para fornecer poder redutor para a fotossíntese?**

O oxigênio é produzido por um complexo associado ao fotossistema II que quebra a molécula de água

O modelo que foi descrito até agora para a fotossíntese ignorou um grande dilema químico. Quando um transportador móvel de elétrons retira um elétron de um centro de reação (tanto do fotossistema I quanto do fotossistema II), uma clorofila, de um par especial de clorofilas, fica positivamente carregada (ver Figura 14-33). Para restaurar o sistema e permitir que a fotossíntese prossiga, deve ocorrer a reposição desse elétron em falta.

No fotossistema II, o elétron em falta é restituído por um complexo proteico especial, que retira os elétrons da água. Esta *enzima que quebra a água* possui um conjunto de átomos de manganês que se liga a duas moléculas de água para retirar os elétrons, extraindo um de cada vez. Uma vez que os quatro elétrons foram removidos dessas duas moléculas de água – e utilizados para restituir os elétrons perdidos das quatro clorofilas excitadas do par especial de clorofilas –, o O_2 é produzido (**Figura 14-36**).

Tal "espera por quatro elétrons" garante que não haverá moléculas de água parcialmente oxidadas presentes como agentes perigosos altamente reativos. A mesma estratégia é usada pelo citocromo *c*-oxidase que catalisa a reação inversa – a transferência de elétrons ao O_2 para produzir água – durante a fosforilação oxidativa (ver Figura 14-26).

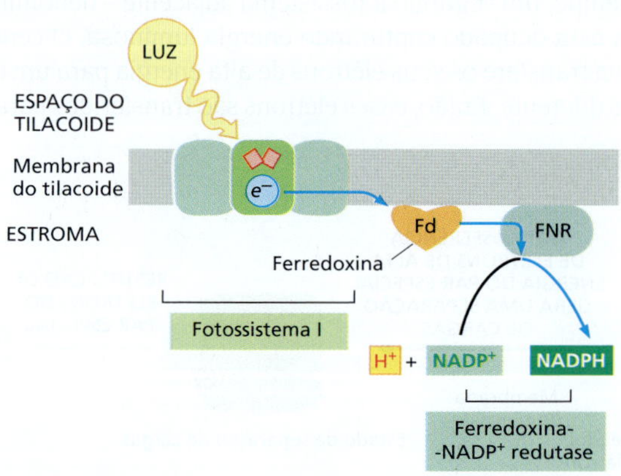

Figura 14-35 O fotossistema I transfere elétrons de alta energia para uma enzima que produz NADPH. Quando a energia luminosa é capturada pelo fotossistema I, um elétron de alta energia é transferido para um transportador móvel de elétrons denominado ferredoxina (Fd), uma pequena proteína que possui um núcleo ferro-enxofre. A ferredoxina transporta seus elétrons para a ferredoxina-$NADP^+$ redutase (FNR), a proteína final da cadeia transportadora de elétrons que vai formar o NADPH.

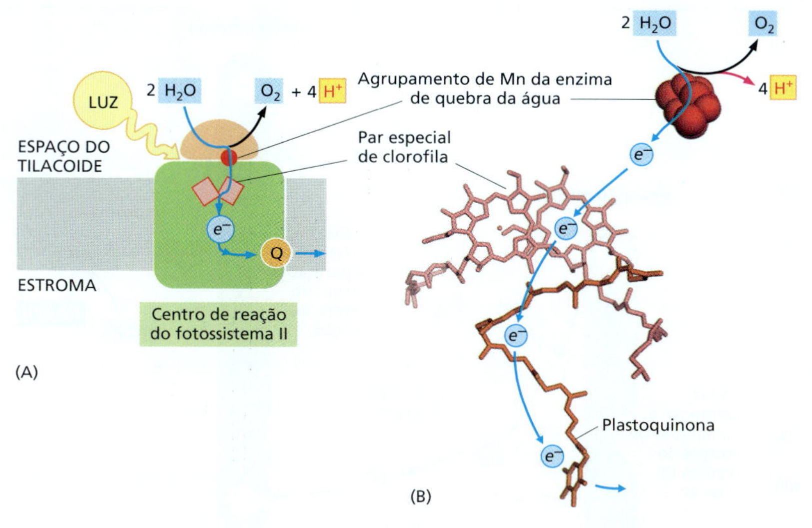

Figura 14-36 O centro de reação do fotossistema II inclui uma enzima que catalisa a retirada de elétrons da água. (A) Diagrama esquemático apresentando o fluxo de elétrons ao longo do centro de reação do fotossistema II. Quando a energia luminosa excita o par especial de clorofila, um elétron é transferido para o transportador móvel de elétrons, a plastoquinona (Q). Então, ocorre a restituição de um elétron ao par especial pela enzima que quebra a água, extraindo elétrons da água. O agrupamento de Mn que participa da extração de elétrons é apresentado como uma mancha vermelha. Uma vez que quatro elétrons tenham sido retirados de duas moléculas de água, o O_2 é liberado para a atmosfera. (B) Estrutura e posição de alguns dos transportadores de elétrons envolvidos.

É espantoso perceber que, essencialmente, todo o oxigênio da atmosfera da Terra foi produzido pela enzima que quebra a água do fotossistema II.

O par especial do fotossistema I recebe seus elétrons do fotossistema II

Vimos que o fotossistema II recebe elétrons da água. Contudo, de onde o fotossistema I obtém os elétrons de que necessita para restabelecer seu par especial? Ele os recebe do fotossistema II: o par especial de clorofilas do fotossistema I funciona como o aceptor final de elétrons da cadeia transportadora de elétrons que transporta os elétrons a partir do fotossistema II. O fluxo global de elétrons é apresentado na **Figura 14-37**. Os elétrons removidos da água pelo fotossistema II são transferidos, por meio de uma bomba de prótons (o complexo citocromo b_6-f), a um transportador móvel de elétrons denominado plastocianina. Então, a plastocianina transporta esses elétrons para o fotossistema I para restituir os elétrons perdidos pelo seu par especial de clorofilas excitadas. Quando a luz for novamente absorvida por esse fotossistema, este elétron será impulsionado para um nível muito alto de energia, necessário para reduzir $NADP^+$ a NADPH.

Ter esses dois fotossistemas operando em conjunto acopla efetivamente suas duas etapas de energização de elétrons. Este impulso extra de energia – fornecida pela luz absorvida por ambos os fotossistemas – permite que um elétron seja movido da água, que em geral segura firmemente seus elétrons (potencial redox

Figura 14-37 O movimento de elétrons ao longo da cadeia transportadora de elétrons da fotossíntese fornece energia para a produção de ATP e NADPH. Os elétrons são fornecidos para o fotossistema II pelo complexo de quebra da água que retira quatro elétrons de duas moléculas de água, gerando O_2 como um subproduto. Após a sua energia ser aumentada pelo processo de absorção de luz, esses elétrons impulsionam o bombeamento de prótons pelo complexo citocromo b_6-f. Depois que os elétrons passam por esse complexo, eles são transferidos para uma proteína que possui cobre, a plastocianina (pC), um transportador móvel de elétrons que então os transfere para o centro de reação do fotossistema I. Após um impulso adicional de energia luminosa, esses elétrons são utilizados para gerar NADPH. Uma visão geral destas reações é apresentada na **Animação 14.7**.

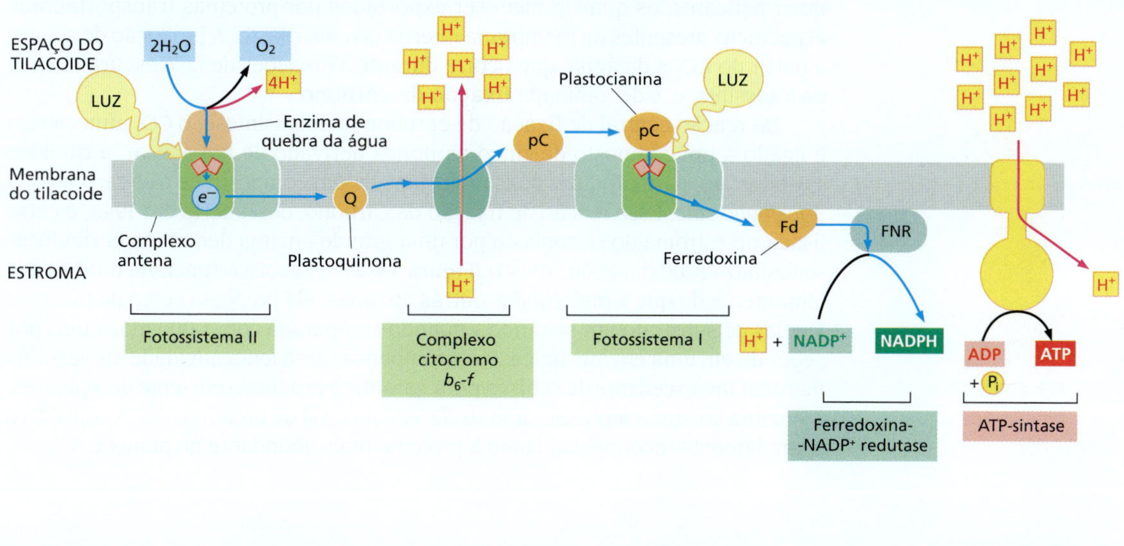

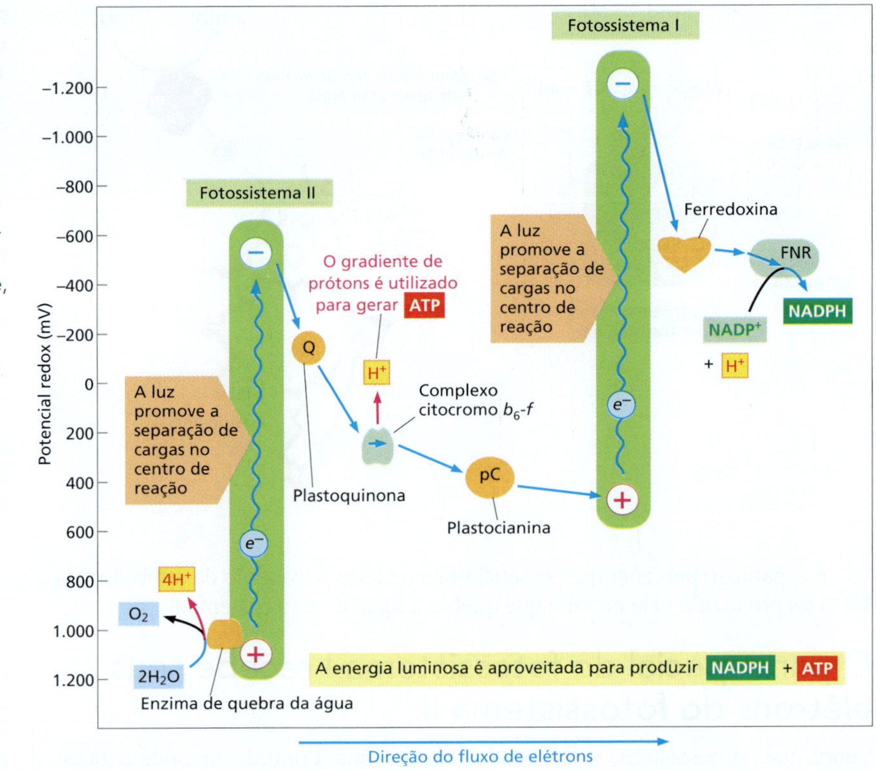

Figura 14-38 As ações combinadas dos fotossistemas I e II impulsionam elétrons para um nível de energia necessário para produzir ATP e NADPH. O potencial redox para cada molécula está indicado pela sua posição em relação ao eixo vertical. A transferência de elétrons é apresentada com *setas azuis* não onduladas. O fotossistema II transfere elétrons de seu par de clorofila excitado para uma cadeia transportadora de elétrons da membrana do tilacoide, levando esses elétrons até o fotossistema I (ver Figura 14-37). O fluxo de elétrons ao longo dos dois fotossistemas conectados em série é da água para o $NADP^+$, formando o NADPH.

= +820 mV), para o NADPH, que costuma segurar frouxamente seus elétrons (potencial redox = -320 mV). Há ainda sobra suficiente de energia para permitir que a cadeia transportadora de elétrons, que une os dois fotossistemas, bombeie H^+ através da membrana do tilacoide, de forma que a ATP-sintase possa aproveitar uma parte da energia derivada da luz para a produção de ATP (**Figura 14-38**).

A fixação de carbono utiliza ATP e NADPH para converter CO_2 em açúcares

As reações luminosas da fotossíntese geram ATP e NADPH no estroma do cloroplasto, como acabamos de ver. Contudo, a membrana interna do cloroplasto é impermeável a ambos os compostos, ou seja, eles não podem ser exportados diretamente para o citosol. Para fornecer energia e poder redutor para o restante da célula, o ATP e o NADPH são utilizados no estroma do cloroplasto para produzir açúcares, os quais podem ser exportados por proteínas transportadoras específicas presentes na membrana interna do cloroplasto. A produção de açúcar a partir do CO_2 e da água, que ocorre durante as reações de fase escura (fase 2) da fotossíntese, é denominada **fixação de carbono**.

Na reação central de fixação de carbono na fotossíntese, o CO_2 atmosférico é ligado a um composto de cinco carbonos derivado de um açúcar, a ribulose 1,5-bifosfato, para produzir duas moléculas de um composto de três carbonos, o *3-fosfoglicerato*. Essa reação de fixação de carbono, descoberta em 1948, é catalisada no estroma do cloroplasto por uma grande enzima denominada ribulose-bifosfato-carboxilase ou *rubisco* (**Figura 14-39**). A rubisco funciona muito mais lentamente do que a maioria das outras enzimas: ela processa cerca de três moléculas de substrato por segundo – quando comparada com 1.000 moléculas por segundo em uma enzima típica. Para compensar essa lenta atividade, os vegetais mantêm um excedente de rubisco para garantir a produção eficiente de açúcares. A enzima costuma representar mais de 50% do total de proteínas do cloroplasto e é amplamente reconhecida como a proteína mais abundante no planeta.

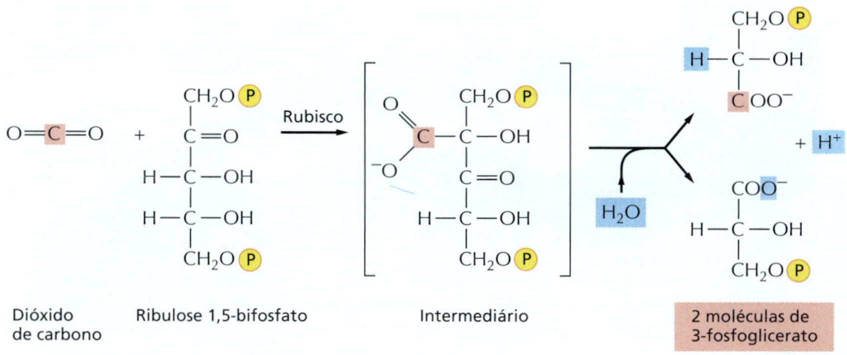

Figura 14-39 A fixação do carbono é catalisada pela enzima ribulose-bifosfato--carboxilase, também chamada de Rubisco. Nessa reação, que ocorre no estroma do cloroplasto, uma ligação covalente é formada entre o dióxido de carbono e uma molécula de ribulose-1,5-bifosfato rica em energia. Essa união resulta em um intermediário químico que reage com água (destacado em azul) para gerar duas moléculas de 3-fosfoglicerato.

Embora a produção de carboidratos a partir de CO_2 e H_2O seja energeticamente desfavorável, a fixação do CO_2 catalisada pela rubisco é energeticamente favorável. A fixação do carbono é energeticamente favorável devido ao contínuo fornecimento de ribulose 1,5-bifosfato, rica em energia. Uma vez que este composto é consumido – pela ligação ao CO_2 (ver Figura 14-39) – ele deve ser restaurado. A energia e o poder redutor necessários para regenerar a ribulose 1,5-bifosfato provêm do ATP e do NADPH produzidos nas reações fotossintéticas da fase clara.

A elaborada série de reações nas quais CO_2 se combina com ribulose 1,5-bifosfato para produzir um açúcar simples – parte desse açúcar sendo utilizado para regenerar a ribulose 1,5-bifosfato – forma um ciclo denominado *ciclo de fixação de carbono*, ou ciclo de Calvin (**Figura 14-40**). Para cada três moléculas de CO_2 que entram no ciclo, uma molécula de gliceraldeído 3-fosfato é produzida, e nove molécu-

QUESTÃO 14-10

A. Como as células das raízes dos vegetais sobrevivem, uma vez que elas não possuem cloroplastos e não estão expostas à luz?

B. Diferentemente das mitocôndrias, os cloroplastos não possuem um transportador que permita a exportação de ATP para o citosol. Como as células vegetais podem obter o ATP de que necessitam para conduzir as suas reações metabólicas dependentes de energia no citosol?

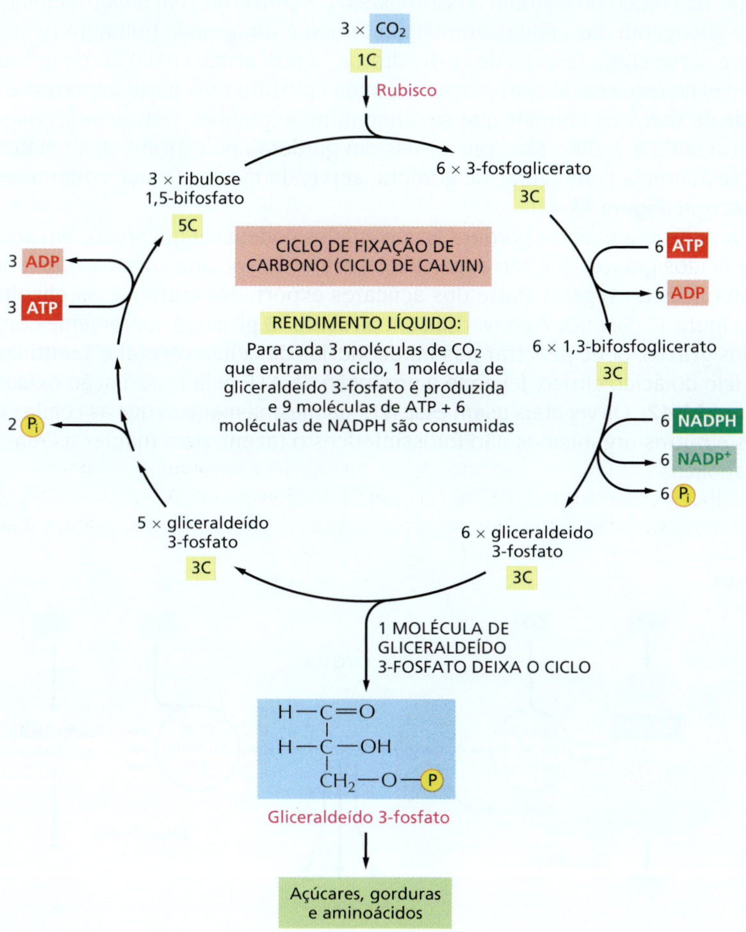

Figura 14-40 O ciclo de fixação de carbono consome ATP e NADPH para formar gliceraldeído 3-fosfato a partir de CO_2 e H_2O. Na primeira fase do ciclo, o CO_2 é adicionado à ribulose 1,5-bifosfato (como mostrado na Figura 14-39). Na segunda fase, o ATP e o NADPH são consumidos para produzir gliceraldeído 3-fosfato. Na fase final, uma parte do gliceraldeído 3-fosfato produzido é utilizado para regenerar a ribulose 1,5-bifosfato; o resto é transportado do estroma do cloroplasto para o citosol. O número de átomos de carbono em cada tipo de molécula está indicado em *amarelo*. Há muitos intermediários entre o gliceraldeído 3-fosfato e a ribulose 1,5-bifosfato, mas eles foram omitidos aqui para maior clareza. A entrada de água no ciclo não está representada.

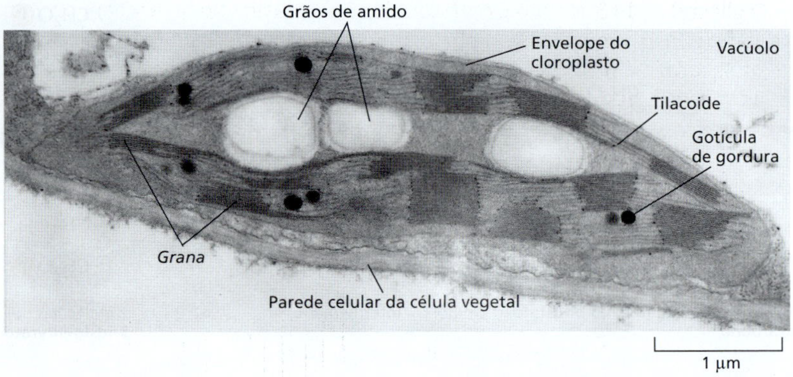

Figura 14-41 Os cloroplastos frequentemente contêm grandes quantidades de carboidratos e ácidos graxos. Uma micrografia eletrônica de uma secção fina de um único cloroplasto mostra o envelope do cloroplasto, grãos de amido e gotículas de gordura que se acumulam no estroma como resultado dos processos biossintéticos que lá ocorrem. (Cortesia de K. Plaskitt.)

las de ATP e seis moléculas de NADPH são consumidas. O *gliceraldeído 3-fosfato*, um açúcar de três carbonos, é o produto final do ciclo. Este açúcar representa o material de partida para a síntese de muitos outros açúcares e outras moléculas orgânicas.

Os açúcares gerados pela fixação de carbono podem ser armazenados como amido ou utilizados para produzir ATP

O gliceraldeído 3-fosfato produzido pela fixação de carbono no estroma dos cloroplastos pode ser usado de diferentes maneiras, dependendo da necessidade dos vegetais. Durante os períodos de intensa atividade fotossintética, muito deste açúcar fica retido no estroma do cloroplasto e é convertido em *amido*. Semelhante ao glicogênio das células animais, o amido é um grande polímero de glicose que serve como reserva de carboidratos, sendo armazenado como grânulos grandes no estroma do cloroplasto. O amido constitui uma parte importante das dietas de todos os animais que se alimentam de plantas. Outras moléculas de gliceraldeído 3-fosfato são convertidas em gorduras no estroma. Este material, que se acumula como gotas de gordura, serve, da mesma forma, como reserva de energia (**Figura 14-41**).

À noite, o amido e a gordura armazenados podem ser quebrados em açúcares e ácidos graxos, que são exportados para o citosol para suprir as demandas metabólicas do vegetal. Parte dos açúcares exportados entra na via glicolítica (ver Figura 13-5), onde é convertida em piruvato. O piruvato, juntamente com os ácidos graxos, pode penetrar nas mitocôndrias da célula vegetal e ser utilizado no ciclo do ácido cítrico, levando à produção de ATP pela fosforilação oxidativa (**Figura 14-42**). Os vegetais usam esse ATP da mesma maneira que as células animais e outros organismos não fotossintéticos o fazem, para manter as reações metabólicas.

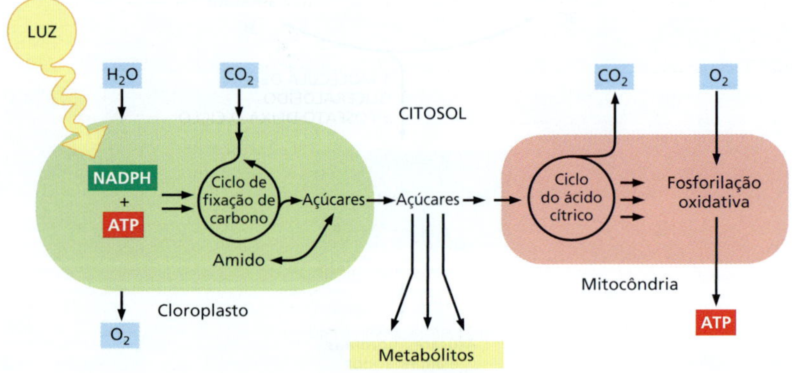

Figura 14-42 Nos vegetais, os cloroplastos e as mitocôndrias colaboram para suprir as células com metabólitos e ATP. A membrana interna dos cloroplastos é impermeável ao ATP e ao NADPH que são produzidos no estroma durante as reações luminosas da fotossíntese. Essas moléculas são direcionadas para o ciclo de fixação de carbono, onde são utilizadas na produção de açúcares. Os açúcares produzidos e seus metabólitos são armazenados dentro do cloroplasto – sob a forma de amido ou gordura – ou são exportados para as demais células do vegetal. Assim, eles podem entrar na via de geração de energia que termina na produção de ATP pelas mitocôndrias. As membranas mitocondriais são permeáveis ao ATP, como indicado. Observe que o O_2 liberado para a atmosfera pela fotossíntese dos cloroplastos é usado para a fosforilação oxidativa das mitocôndrias; do mesmo modo, o CO_2 liberado pelo ciclo do ácido cítrico nas mitocôndrias é utilizado para a fixação de carbono nos cloroplastos.

O gliceraldeído 3-fosfato exportado dos cloroplastos pode também ser convertido no citosol em muitos outros metabólitos, incluindo o dissacarídeo *sacarose*. A sacarose é a principal forma na qual o açúcar é transportado entre as células vegetais: assim como a glicose é transportada no sangue dos animais, a sacarose é exportada das folhas, pelos feixes vasculares, para fornecer carboidratos para o restante do vegetal.

A EVOLUÇÃO DOS SISTEMAS GERADORES DE ENERGIA

A capacidade de sequenciar os genomas de microrganismos difíceis –se não impossíveis –de crescer em cultura possibilitou a identificação de uma grande variedade de formas de vida anteriormente misteriosas. Alguns desses organismos unicelulares prosperaram nos hábitats mais inóspitos do planeta, incluindo fontes termais de enxofre e fontes hidrotermais localizadas no fundo dos oceanos. Nesses notáveis microrganismos, estamos encontrando pistas sobre a história da vida. Como impressões digitais deixadas na cena de um crime, as proteínas e pequenas moléculas produzidas por esses organismos fornecem evidências que permitem traçar a história de eventos biológicos antigos, incluindo aqueles que deram origem aos sistemas geradores de ATP, presentes nas mitocôndrias e nos cloroplastos de células eucarióticas modernas. Terminamos o capítulo com uma breve revisão do que se conhece sobre as origens dos atuais sistemas de captação de energia, que têm desempenhado um papel fundamental no fornecimento de energia para a evolução da vida na Terra.

A fosforilação oxidativa evoluiu em etapas

Como já mencionamos, as primeiras células vivas da Terra – tanto procariotos quanto eucariotos primitivos – muito provavelmente consumiam moléculas orgânicas produzidas geoquimicamente e geravam ATP pela fermentação. Em razão da falta do oxigênio na atmosfera, as reações anaeróbias de fermentação devem ter excretado ácidos orgânicos – como os ácidos láctico ou fórmico, por exemplo – no meio ambiente (ver Figura 13-6A).

Talvez esses ácidos tenham reduzido o pH do meio, favorecendo a sobrevivência de células que tivessem desenvolvido proteínas transmembrânicas com capacidade de bombear H^+ para fora do citosol, impedindo assim que a célula se tornasse demasiadamente ácida (etapa 1 na **Figura 14-43**). Uma dessas bombas pode ter usado a energia disponível da hidrólise de ATP para remover o H^+ da célula; tal bomba de prótons poderia ter sido o ancestral das ATP-sintases de hoje.

À medida que o suprimento de nutrientes fermentáveis da Terra começou a diminuir, os organismos que podiam encontrar uma forma de bombear H^+ sem consumir ATP estariam em vantagem: eles poderiam armazenar a pequena quantidade de ATP derivada da fermentação de nutrientes para abastecer outras importantes atividades celulares. Essa necessidade de conservar os recursos pode ter levado à evolução de proteínas transportadoras de elétrons, permitindo que as células utilizassem o movimento dos elétrons entre moléculas com potencial redox diferente como fonte de energia para o bombeamento de H^+ através da membrana plasmática (etapa 2 na Figura 14-43). Algumas dessas células poderiam ter usado os ácidos orgânicos não fermentáveis que as células vizinhas tinham excretado como resíduos para fornecer os elétrons necessários para alimentar este sistema de transporte de elétrons. Algumas bactérias de hoje crescem em ácido fórmico, por exemplo, usando a pequena quantidade de energia redox derivada da transferência de elétrons do ácido fórmico ao fumarato para bombear H^+.

Por fim, algumas bactérias teriam desenvolvido sistemas transportadores de elétrons bombeadores de H^+, os quais seriam tão eficientes que poderiam captar mais energia redox do que a necessária para manter seu pH interno. Tais células provavelmente teriam gerado grandes gradientes eletroquímicos de prótons, os quais poderiam então ser usados para produzir ATP. Os prótons poderiam escoar

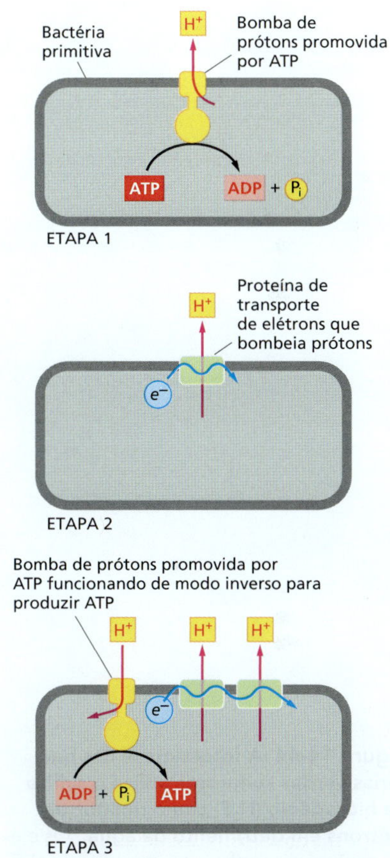

Figura 14-43 A fosforilação oxidativa deve ter evoluído em etapas. A primeira etapa pode ter incluído a evolução de uma ATPase que bombeava prótons para fora da célula utilizando a energia da hidrólise do ATP. A etapa 2 poderia ter incluído a evolução de uma bomba de prótons diferente, impulsionada por uma cadeia de transporte de elétrons. Na etapa 3 teria então ocorrido a união desses dois sistemas para gerar uma ATP-sintase que utiliza os prótons bombeados pela cadeia transportadora de elétrons para sintetizar ATP. Uma bactéria com esse sistema final teria uma vantagem seletiva sobre as bactérias com apenas um dos sistemas ou sem sistema algum.

de volta para o interior da célula por meio de bombas de H^+ promovidas por ATP (etapa 3 na Figura 14-43). Uma vez que essas células teriam requerido muito menos do cada vez mais escasso suprimento de nutrientes fermentáveis, elas teriam proliferado à custa de seus vizinhos.

As bactérias fotossintetizantes exigiram ainda menos dos seus ambientes

O maior avanço evolutivo no metabolismo energético, no entanto, foi provavelmente a formação de centros de reação fotoquímica que podiam usar a energia da luz solar para produzir moléculas como NADH. Acredita-se que esse desenvolvimento ocorreu no começo do processo de evolução celular – há mais de 3 bilhões de anos, nos ancestrais das bactérias verdes sulfurosas. As bactérias verdes sulfurosas de hoje usam a energia luminosa para transferir átomos de hidrogênio (um elétron mais um próton) do H_2S para o NADPH, criando, dessa forma, o forte poder redutor necessário para a fixação do carbono (**Figura 14-44**).

Considera-se que o próximo passo tenha envolvido a evolução de organismos capazes de utilizar a água em vez do H_2S como fonte de elétrons para a fotossíntese. Isso acarretou a evolução de uma enzima que quebra a água e a adição de um segundo fotossistema, agindo em conjunção com o primeiro, para superar a enorme diferença em potencial redox entre H_2O e NADPH (ver Figura 14-38). As consequências biológicas desse passo evolutivo foram de longo alcance. Pela primeira vez, havia organismos que tinham poucas demandas químicas de seu ambiente. Estas células – incluindo as primeiras cianobactérias (ver Figura 14-27) – poderiam ter se espalhado e evoluído de forma diferente das primeiras bactérias fotossintéticas que haviam falhado devido à dependência de H_2S, ácidos orgânicos ou outras moléculas como fonte de elétrons. Consequentemente, grandes quantidades de materiais orgânicos fermentáveis – produzidos por essas células e seus antepassados – começaram a se acumular. Além disso, o O_2 foi lançado na atmosfera em grandes quantidades (**Figura 14-45**).

A disponibilidade de O_2 tornou possível o desenvolvimento de bactérias que dependiam do metabolismo aeróbio para produzir ATP. Como foi apresentado antes, esses organismos podiam aproveitar a grande quantidade de energia liberada pela quebra de carboidratos e outras moléculas orgânicas reduzidas, todos no caminho do CO_2 e H_2O.

Conforme o material orgânico se acumulava como um subproduto da fotossíntese, algumas bactérias fotossintetizantes – incluindo os ancestrais da bactéria *E. coli* – perderam sua capacidade de sobreviver apenas da energia luminosa e passaram a depender inteiramente da respiração celular. A mitocôndria surgiu provavelmente quando uma célula pré-eucariótica incorporou uma bactéria ae-

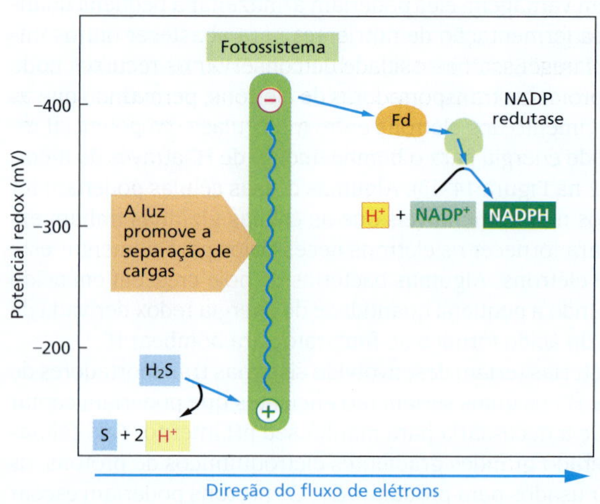

Figura 14-44 A fotossíntese nas bactérias verdes sulfurosas utiliza o sulfito de hidrogênio (H_2S) como doador de elétrons em detrimento da água. Os elétrons são mais facilmente retirados do H_2S do que da água, pois o H_2S possui um potencial redox muito maior (compare com a Figura 14-38). Portanto, somente um fotossistema é necessário para produzir NADPH, sendo formado como subproduto o enxofre elementar, em vez do O_2. O fotossistema na bactéria verde sulfurosa se assemelha ao fotossistema I em plantas e cianobactérias. Os dois fotossistemas usam uma série de centros ferro-enxofre como carreadores de elétrons que, por fim, doam seus elétrons de alta energia à ferredoxina (Fd). Um exemplo de uma bactéria desse tipo é a *Chlorobium tepidum*, que pode prosperar em altas temperaturas e com baixa intensidade luminosa nas fontes termais.

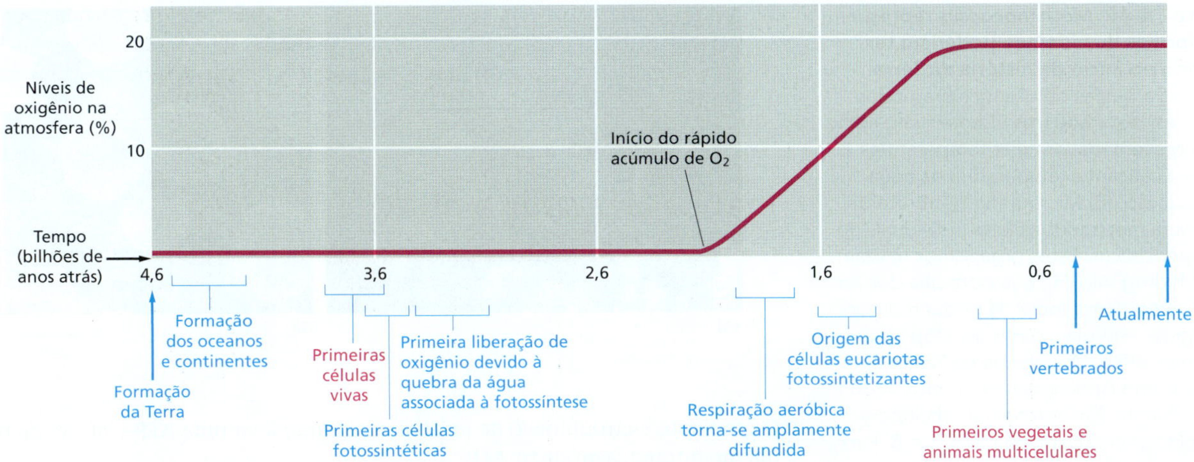

Figura 14-45 O oxigênio entrou na atmosfera da Terra há bilhões de anos. Com a evolução da fotossíntese em procariotos, há mais de 3 bilhões de anos, os organismos tornaram-se independentes de produtos químicos orgânicos pré-formados. Dessa forma, eles teriam condições de produzir suas próprias moléculas orgânicas a partir do CO_2. Acredita-se que a demora de mais de um bilhão de anos entre o surgimento da bactéria capaz de quebrar a água e liberar O_2 durante a fotossíntese e o acúmulo de altos níveis de O_2 na atmosfera é devida à reação inicial do O_2 com o abundante ferro (Fe^{2+}) dissolvido nos oceanos primitivos. Apenas quando o ferro foi esgotado, grandes quantidades de O_2 teriam começado a se acumular na atmosfera. Em resposta ao aumento da quantidade de O_2 na atmosfera, organismos não fotossintéticos aeróbicos apareceram, e a concentração de O_2 na atmosfera finalmente se equilibrou.

róbica (ver Figura 1-18). Os vegetais surgiram um pouco mais tarde, quando um descendente desses eucariotos aeróbios primitivos capturou uma bactéria fotossintetizante, a qual se tornou o precursor dos cloroplastos (ver Figura 1-20). Uma vez que os eucariotos adquiriram os simbiontes bacterianos que se tornaram mitocôndrias e cloroplastos, eles poderiam, então, embarcar no fantástico caminho da evolução que, por fim, levou aos organismos multicelulares complexos.

O estilo de vida do *Methanococcus* sugere que o acoplamento quimiosmótico seja um processo antigo

As condições de hoje que mais se assemelham àquelas sob as quais se acredita que as células viviam há 3,5 a 3,8 bilhões de anos podem ser as das fendas hidrotérmicas das profundezas oceânicas. Essas fendas representam lugares onde o manto fundido da Terra está rompendo a crosta, expandindo a largura do solo oceânico. De fato, os organismos modernos que aparentam ser os mais próximos a essas células hipotéticas das quais toda a vida evoluiu vivem em temperaturas de 75 a 95°C, perto da temperatura da água em ebulição. Essa capacidade de prosperar em tais temperaturas extremas sugere que o ancestral comum da vida – a célula que originou bactérias, arqueias e eucariotos – viveu sob condições anaeróbias muito quentes.

Uma dessas arqueias que vive hoje nesse ambiente é *Methanococcus jannaschii*. Originalmente isolado de uma fenda hidrotérmica localizada a mais de uma milha abaixo da superfície do oceano, esse organismo cresce na ausência completa de luz e oxigênio gasoso, utilizando gases inorgânicos como nutrientes – hidrogênio (H_2), CO_2 e nitrogênio (N_2) – que borbulham do respiradouro (**Figura 14-46**). Seu modo de existência nos dá uma dica de como as células primitivas poderiam ter usado o transporte de elétrons para produzir energia, e de como extraíram moléculas de carbono a partir de materiais inorgânicos que estavam livremente disponíveis na quente Terra primitiva.

O *Methanococcus* depende do gás N_2 como fonte de nitrogênio para produzir moléculas como aminoácidos. O organismo reduz o N_2 à amônia (NH_3) pela adição de hidrogênio, um processo chamado de **fixação de nitrogênio**. A fixação do azoto requer uma grande quantidade de energia, assim como o processo de fixação de carbono que converte CO_2 e H_2O em açúcares. Grande parte da energia de que *Methanococcus* necessita para ambos os processos é proveniente da transferência de elétrons do H_2 para o CO_2, com a liberação de grandes quantidades de metano (CH_4) como produto residual (produzindo, assim, o gás natural e dando seu nome ao organismo). Parte dessa transferência de elétrons ocorre na membrana plasmática e resulta no bombeamento de prótons (H^+) através dela.

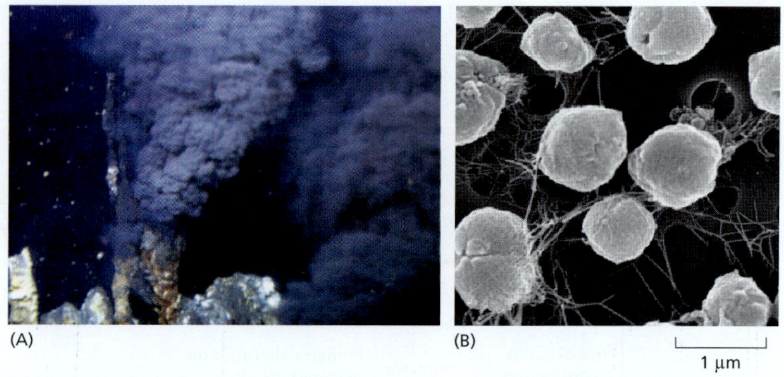

Figura 14-46 ***Methanococcus*** **representam formas de vida que poderiam ter existido no início da história da Terra.** (A) Estas arqueias de oceanos profundos vivem em respiradouros hidrotermais, como esta apresentada, onde as temperaturas quase alcançam a temperatura da água em ebulição. (B) Micrografia eletrônica de varredura mostrando células individuais de *Methanococcus*. Estes organismos utilizam o gás hidrogênio (H_2) que borbulha dos respiradouros, como fonte de poder redutor para gerar energia a partir do acoplamento quimiosmótico. (A, cortesia de National Oceanic and Atmospheric Administration's Pacific Marine Environmental Laboratory Vents Program; B, cortesia de Chan B. Park.)

O gradiente eletroquímico de prótons resultante leva uma ATP-sintase, da mesma membrana, a produzir ATP.

O fato de que existe esse acoplamento quimiosmótico em um organismo como o *Methanococcus* sugere que o armazenamento de energia em um gradiente de prótons, devido ao transporte de elétrons, é um processo extremamente antigo. Assim, o acoplamento quimiosmótico pode ter abastecido de energia a evolução de quase todas as formas de vida na Terra.

CONCEITOS ESSENCIAIS

- As mitocôndrias, os cloroplastos e muitos procariotos geram energia por um mecanismo baseado em membrana, conhecido como acoplamento quimiosmótico, que envolve a utilização de um gradiente eletroquímico de prótons para promover a síntese de ATP.
- As mitocôndrias produzem a maior parte do ATP das células animais, usando a energia derivada da oxidação de açúcares e ácidos graxos.
- As mitocôndrias possuem uma membrana interna e outra externa. A membrana interna encerra a matriz mitocondrial, na qual o ciclo do ácido cítrico produz grandes quantidades de NADH e $FADH_2$ a partir da oxidação de acetil-CoA.
- Na membrana mitocondrial interna, os elétrons de alta energia doados pelos NADH e $FADH_2$ são transferidos ao longo de uma cadeia transportadora de elétrons e, por fim, combinam-se com o oxigênio molecular (O_2) para formar água.
- Grande parte da energia liberada pela transferência de elétrons ao longo da cadeia transportadora de elétrons é aproveitada para bombear prótons (H^+) para fora da matriz mitocondrial, criando um gradiente eletroquímico de prótons. O bombeamento de prótons é conduzido por três grandes complexos enzimáticos respiratórios embebidos na membrana interna.
- O gradiente eletroquímico de prótons, através da membrana mitocondrial interna, é utilizado para produzir ATP quando os prótons se movem de volta para o interior da matriz, por meio de uma ATP-sintase localizada na membrana interna.
- O gradiente eletroquímico de prótons também promove o transporte ativo de metabólitos selecionados para dentro e para fora da matriz mitocondrial.
- Na fotossíntese realizada nos cloroplastos e nas bactérias fotossintéticas, a energia da radiação luminosa é capturada por moléculas de clorofila incorporadas em grandes complexos de proteínas denominados fotossistemas; nos vegetais, esses fotossistemas estão localizados nas membranas dos tilacoides dos cloroplastos nas células das folhas.
- As cadeias transportadoras de elétrons, associadas aos fotossistemas, transferem elétrons de alta energia da água para o $NADP^+$, para formar NADPH, gerando o O_2 como subproduto.
- As cadeias transportadoras de elétrons da fotossíntese nos cloroplastos também geram um gradiente de prótons através da membrana do tilacoide,

o qual é utilizado por uma ATP-sintase incorporada na membrana, para formar o ATP.

- O ATP e o NADPH, produzidos na fotossíntese, são usados no interior do estroma do cloroplasto para promover o ciclo de fixação de carbono que produz carboidratos a partir de CO_2 e água.
- O carboidrato é exportado do estroma para o citosol da célula, onde é utilizado como material de partida para a síntese de outras moléculas orgânicas.
- Acredita-se que tanto as mitocôndrias quanto os cloroplastos evoluíram de bactérias que foram endocitadas por outras células. Ambos mantêm seu próprio genoma e se dividem por processos que se assemelham à divisão celular bacteriana.
- Os mecanismos de acoplamento quimiosmótico têm origem muito antiga. Microrganismos modernos que vivem em ambientes semelhantes àqueles que supostamente existiam na Terra primitiva também utilizam o acoplamento quimiosmótico para produzir ATP.

TERMOS-CHAVE

acoplamento quimiosmótico	complexo antena	mitocôndria
ATP-sintase	complexo enzimático respiratório	par redox
cadeia transportadora de elétrons	estroma	potencial redox
centro de reação	fixação de carbono	quinona
centro ferro-enxofre	fixação de nitrogênio	reação redox
citocromo	fosforilação oxidativa	reações de fase clara
citocromo c-oxidase	fotossistema	reações de fase escura
clorofila	fotossíntese	respiração celular
cloroplasto	matriz	tilacoide

TESTE SEU CONHECIMENTO

QUESTÃO 14-11

Quais das seguintes afirmativas estão corretas? Justifique sua resposta.

A. Após um elétron ter sido removido pela luz, a afinidade por elétrons da clorofila carregada positivamente no centro de reação do primeiro fotossistema (fotossistema II) é comparativamente maior do que a afinidade por elétrons do O_2.

B. A fotossíntese é a transferência, promovida pela luz, de um elétron da clorofila para uma segunda molécula que costuma ter afinidade muito menor por elétrons.

C. Devido à necessidade de remover quatro elétrons para que ocorra a liberação de uma molécula de O_2 a partir de duas moléculas de H_2O, a enzima que quebra a água presente no fotossistema II precisa manter os intermediários da reação firmemente unidos para impedir reduções parciais e, portanto, minimizar o risco de escape de radicais superóxido.

QUESTÃO 14-12

Quais das seguintes afirmativas estão corretas? Justifique sua resposta.

A. Muitas reações de transferência de elétrons, porém não todas, envolvem íons metálicos.

B. A cadeia transportadora de elétrons gera um potencial elétrico através da membrana porque move elétrons do espaço intermembranar para a matriz.

C. O gradiente eletroquímico de prótons consiste em dois componentes: uma diferença de pH e um potencial elétrico.

D. A ubiquinona e o citocromo *c* são carreadores difusíveis de elétrons.

E. As plantas possuem cloroplastos e, portanto, podem sobreviver sem mitocôndrias.

F. Tanto a clorofila quanto o grupamento heme contêm um extenso sistema de ligações duplas que permitem absorver a luz visível.

G. A função da clorofila na fotossíntese é equivalente àquela do grupamento heme no transporte mitocondrial de elétrons.

H. A maior parte do peso seco de uma árvore vem dos minerais captados pelas raízes.

QUESTÃO 14-13

Um único próton que se move a favor do seu gradiente eletroquímico para o espaço da matriz mitocondrial libera 4,6 kcal/mol de energia livre (ΔG). Quantos prótons devem fluir através da membrana mitocondrial interna para sintetizar uma molécula de ATP se o ΔG para a síntese de ATP sob as condições intracelulares está entre 11 e 13 kcal/mol? (O ΔG foi discutido no Capítulo 3, p. 90-100.) Por que é dada uma aproximação para esse último valor, e não um número preciso? Sob que condições o valor mais baixo seria aplicado?

QUESTÃO 14-14

Na afirmação seguinte, escolha a alternativa correta em itálico e justifique a sua resposta. "Se não houver O_2 disponível, todos os componentes da cadeia transportadora de elétrons mitocondrial se acumularão nas suas formas *reduzidas/oxidadas*. Se o O_2 for adicionado novamente, os carreadores de elétrons no citocromo *c*-oxidase se tornarão *reduzidos/oxidados antes/depois* daqueles na NADH-desidrogenase".

QUESTÃO 14-15

Suponha que a conversão da ubiquinona oxidada em ubiquinona reduzida por NADH-desidrogenase ocorra na face interna da membrana mitocondrial voltada para a matriz, e que a sua oxidação pelo citocromo *c*-redutase ocorra na região do espaço intermembranar (ver Figuras 14-14 e 14-23). Quais são as consequências desse arranjo para a geração do gradiente de H^+ através da membrana?

QUESTÃO 14-16

Se uma voltagem é aplicada em dois eletrodos de platina imersos em água, as moléculas de água são quebradas nos gases H_2 e O_2. No eletrodo negativo, elétrons são doados, e o gás H_2 é liberado; no eletrodo positivo, elétrons são captados, e o gás O_2 é produzido. Quando bactérias fotossintetizantes e células vegetais quebram as moléculas de água, elas produzem somente O_2 e não H_2. Por quê?

QUESTÃO 14-17

Em um criterioso experimento realizado na década de 1960, cloroplastos foram primeiramente embebidos em uma solução ácida de pH 4, de forma que o estroma e o espaço do tilacoide foram acidificados (**Figura Q14-17**). Eles foram então transferidos para uma solução básica (pH 8). Isso levou a um rápido aumento do pH do estroma para 8, permanecendo o espaço do tilacoide temporariamente com pH 4. Uma explosão de síntese de ATP foi observada, e a diferença de pH entre o tilacoide e o estroma desapareceu.

A. Explique por que essas condições levaram à síntese de ATP.
B. É necessário luz para que ocorra o experimento?
C. O que aconteceria se as soluções fossem trocadas, de forma que a primeira incubação fosse na solução de pH 8, e a segunda, na solução de pH 4?
D. O experimento confirma ou questiona o modelo quimiosmótico?

Explique sua resposta.

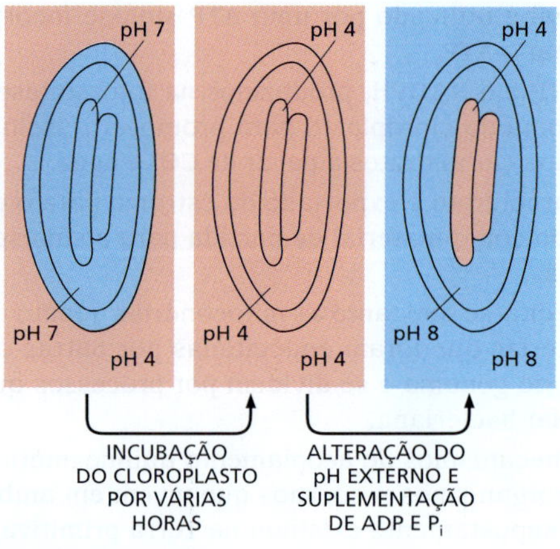

Figura Q14-17

QUESTÃO 14-18

Como seu primeiro experimento em laboratório, seu orientador lhe solicita que faça a reconstituição de bacteriorrodopsina purificada, uma bomba de H^+ promovida pela luz obtida de membranas plasmáticas de bactérias fotossintetizantes, e ATP-sintase, purificada de mitocôndrias do coração de bovino, juntas nas mesmas membranas de vesículas – como apresentado na **Figura Q14-18**. Você deve, então, adicionar ADP e P_i ao meio externo e irradiar luz sobre a suspensão de vesículas.

A. O que você observa?
B. O que você observa se nem todo o detergente é removido, e as membranas das vesículas permanecem permeáveis aos íons?
C. Você descreve a um amigo, durante o jantar, os seus novos experimentos, e ele questiona a validade de um ensaio que utiliza componentes tão divergentes, de organismos tão pouco relacionados: "Por que alguém iria misturar pudim de baunilha com líquido de freios?". Defenda os seus ensaios contra a crítica.

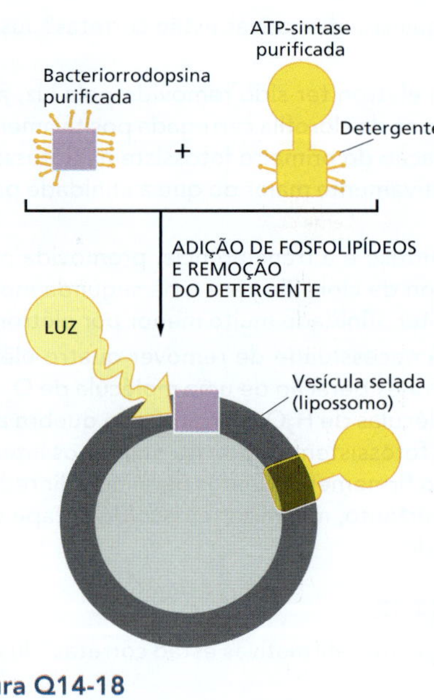

Figura Q14-18

QUESTÃO 14-19

O $FADH_2$ é produzido no ciclo do ácido cítrico por um complexo enzimático embebido na membrana, chamado de succinato-desidrogenase, que contém FAD ligado e conduz as reações:

$$\text{succinato} + \text{FAD} \rightarrow \text{fumarato} + \text{FADH}_2$$

e

$$\text{FADH}_2 \rightarrow \text{FAD} + 2\text{H}^+ + 2e^-$$

O potencial redox de $FADH_2$, entretanto, é de somente –220 mV. Com referência ao Painel 14-1 (p. 466) e à Figura 14-24, sugira um mecanismo plausível pelo qual os elétrons poderiam ser alimentados para a cadeia transportadora de elétrons. Desenhe um diagrama para ilustrar o seu mecanismo proposto.

QUESTÃO 14-20

Algumas bactérias se especializaram para viver em ambientes de alto pH (pH ~10). Você supõe que essas bactérias utilizam um gradiente de prótons através das suas membranas plasmáticas para produzir ATP? (Dica: todas as células devem manter os seus citoplasmas em um pH próximo à neutralidade.)

QUESTÃO 14-21

A **Figura Q14-21** resume o circuito utilizado por mitocôndrias e cloroplastos para interconverter diferentes formas de energia. Está correto afirmar

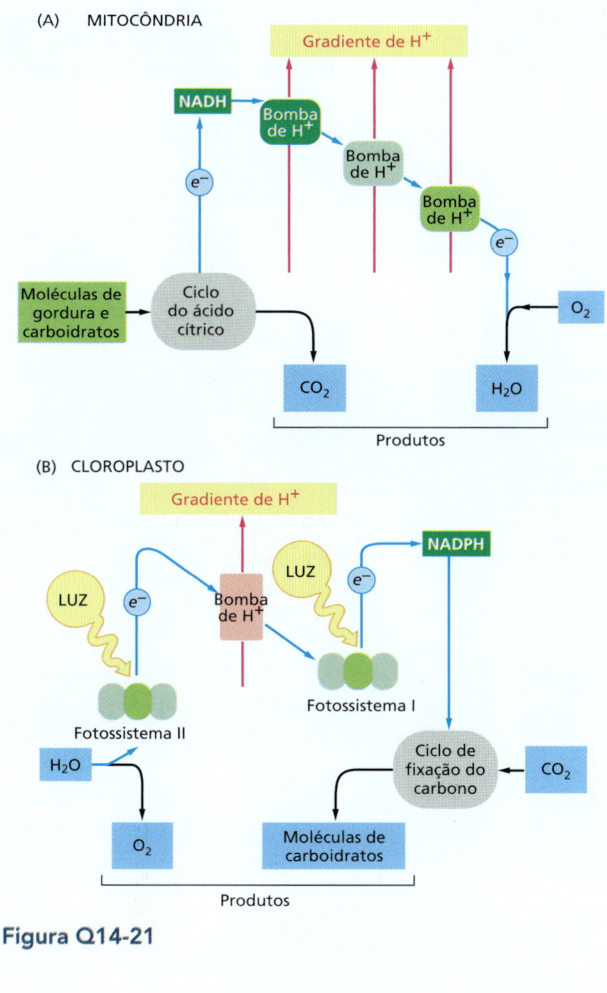

Figura Q14-21

A. que os produtos dos cloroplastos são os substratos para as mitocôndrias?
B. que a ativação de elétrons pelos fotossistemas permite aos cloroplastos promover a transferência de elétrons da H_2O para carboidratos, o que é a direção oposta da transferência de elétrons na mitocôndria?
C. que o ciclo do ácido cítrico é inverso ao ciclo normal de fixação do carbono?

QUESTÃO 14-22

Um original foi submetido para publicação em uma respeitada revista científica. No trabalho, os autores descrevem um experimento no qual eles aprisionaram uma molécula de ATP-sintase e rodaram, mecanicamente, a sua cabeça aplicando uma força sobre ela. Os autores demonstram que, ao rodar a cabeça da ATP-sintase, é produzido ATP, na ausência de um gradiente de H^+. O que isso significaria acerca do mecanismo pelo qual funciona a ATP-sintase? Esse original deveria ser considerado para publicação em uma das melhores revistas científicas?

QUESTÃO 14-23

Você mistura os componentes a seguir em uma solução. Supondo que os elétrons devem fluir pela rota especificada na Figura 14-14, em quais experimentos você esperaria uma transferência líquida de elétrons para o citocromo *c*? Discuta por que não ocorre transferência de elétrons em outros experimentos.

A. Ubiquinona reduzida e citocromo *c* oxidado
B. Ubiquinona oxidada e citocromo *c* oxidado
C. Ubiquinona reduzida e citocromo *c* reduzido
D. Ubiquinona oxidada e citocromo *c* reduzido
E. Ubiquinona reduzida, citocromo *c* oxidado e complexo citocromo *c*-redutase
F. Ubiquinona oxidada, citocromo *c* oxidado e complexo citocromo *c*-redutase
G. Ubiquinona reduzida, citocromo *c* reduzido e complexo citocromo *c*-redutase
H. Ubiquinona oxidada, citocromo *c* reduzido e complexo citocromo *c*-redutase

15

Compartimentos intracelulares e transporte de proteínas

A qualquer momento, uma típica célula eucariótica está executando milhares de reações químicas diferentes, sendo que muitas delas são mutuamente incompatíveis. Uma série de reações produz glicose, por exemplo, ao passo que outra a degrada; algumas enzimas sintetizam ligações peptídicas, enquanto outras as hidrolisam, e assim por diante. De fato, se as células de um órgão como o fígado fossem rompidas e seus constituintes misturados em um mesmo tubo de ensaio, o resultado seria um caos químico, e as enzimas celulares e outras proteínas seriam rapidamente degradadas pelas suas próprias enzimas proteolíticas. Para que a célula funcione de modo eficaz, os diversos processos intracelulares que ocorrem de maneira simultânea devem, de alguma forma, ser segregados.

As células desenvolveram várias estratégias para segregar e organizar as suas reações químicas. Uma estratégia utilizada tanto pelas células procarióticas como pelas eucarióticas é agregar as diferentes enzimas necessárias para catalisar uma determinada sequência de reações em um grande complexo proteico. Esses complexos multiproteicos são usados, por exemplo, na síntese de DNA, RNA e proteínas. Uma segunda estratégia, muito mais desenvolvida em células eucarióticas, consiste em confinar os diferentes processos metabólicos – e as proteínas necessárias para efetuá-los – em compartimentos delimitados por membranas. Como discutido nos Capítulos 11 e 12, as membranas celulares fornecem barreiras seletivamente permeáveis pelas quais o transporte da maior parte das moléculas pode ser controlado. Neste capítulo, consideramos essa estratégia da compartimentalização dependente de membrana.

Na primeira seção, descrevemos os principais compartimentos delimitados por membranas, ou *organelas delimitadas por membranas*, das células eucarióticas e consideramos, brevemente, as suas principais funções. Na segunda seção, discutimos como a composição proteica dos diferentes compartimentos é definida e mantida. Cada compartimento contém um conjunto único de proteínas, as quais devem ser transferidas seletivamente a partir do citosol, onde são produzidas, para o compartimento no qual elas são utilizadas. Esse processo de transferência, chamado de *distribuição de proteínas*, depende de sinais presentes na sequência de aminoácidos das proteínas. Na terceira seção, descrevemos como certos compartimentos delimitados por membranas de uma célula eucariótica se comunicam com outros pela formação de pequenos sacos membranosos, ou *vesículas*. Essas vesículas se destacam de um compartimento, movem-se pelo citosol e se fundem com outro compartimento em um processo chamado de *transporte vesicular*. Nas duas últimas seções, discutimos como esse tráfego constante de vesículas também fornece as principais rotas para a liberação de proteínas da célula pelo processo de *exocitose* e para sua importação pelo processo de *endocitose*.

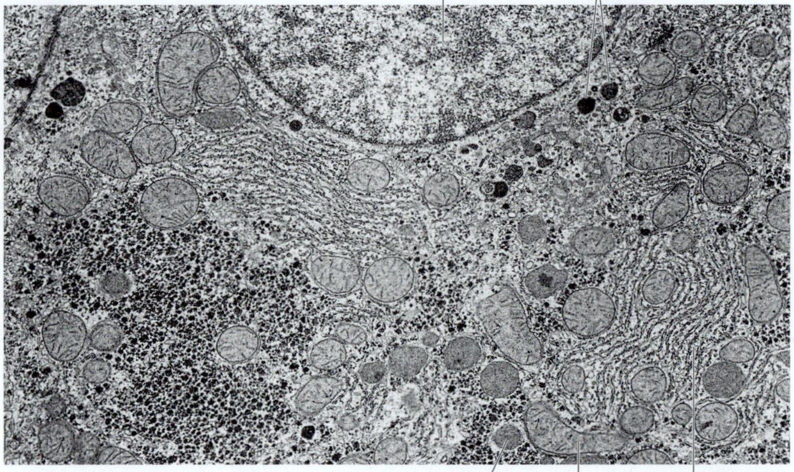

Figura 15-1 Nas células eucarióticas, as membranas internas criam compartimentos que segregam diferentes processos metabólicos. Exemplos de muitas das principais organelas delimitadas por membranas podem ser observados nesta micrografia eletrônica de parte de uma célula hepática, vista em secção transversal. Os pequenos grânulos pretos visualizados entre os compartimentos são agregados de glicogênio e as enzimas que controlam a sua síntese e degradação. (Cortesia de Daniel S. Friend.)

ORGANELAS DELIMITADAS POR MEMBRANAS

Enquanto uma célula procariótica consiste em um único compartimento que é envolvido pela membrana plasmática, as células eucarióticas são elaboradamente subdivididas por membranas internas. Quando uma secção transversal de uma célula vegetal ou animal é examinada por microscopia eletrônica, numerosos sacos definidos por membranas, tubos, esferas e estruturas de formato irregular podem ser visualizados, com frequência arranjados sem muita ordem aparente (**Figura 15-1**). Essas estruturas são todas organelas distintas delimitadas por membranas, ou partes de tais organelas, cada uma delas contendo um conjunto único de grandes e pequenas moléculas e desempenhando uma função especializada. Nesta seção, revisamos essas funções e discutimos como as diferentes organelas delimitadas por membranas podem ter evoluído.

As células eucarióticas contêm um conjunto básico de organelas delimitadas por membranas

As principais **organelas delimitadas por membranas** de uma célula animal estão ilustradas na **Figura 15-2**, e suas funções estão resumidas na **Tabela 15-1**. Essas organelas são circundadas pelo *citosol*, o qual é envolto pela membrana plasmática. O *núcleo* é em geral a mais proeminente das organelas nas células eucarióticas. Ele é circundado por uma dupla membrana conhecida por *envelope nuclear* e se comunica com o citosol pelos *poros nucleares* que transpassam o envelope. A membrana nuclear externa é contínua à membrana do *retículo endoplasmático* (*RE*), um sistema contínuo de sacos e tubos de membrana interconectados que, em geral, se estende pela maior parte da célula. O RE é o principal local de síntese de novas membranas na célula. Grandes áreas do RE possuem ribossomos ligados à superfície citosólica, sendo por isso chamado de *retículo endoplasmático rugoso* (*RE rugoso*). Os ribossomos sintetizam ativamente proteínas que são encaminhadas para dentro da membrana do RE ou para o interior do RE, um espaço chamado *lúmen*. O *retículo endoplasmático liso* (*RE liso*) não possui ribossomos. É relativamente escasso na maioria das células, porém é altamente desenvolvido em outras para realizar funções específicas: por exemplo, ele é o local de síntese dos hormônios esteroides em algumas células endócrinas da glândula suprarrenal e o local onde uma variedade de moléculas orgânicas, incluindo o álcool, é detoxificada nas células hepáticas. Em muitas células euca-

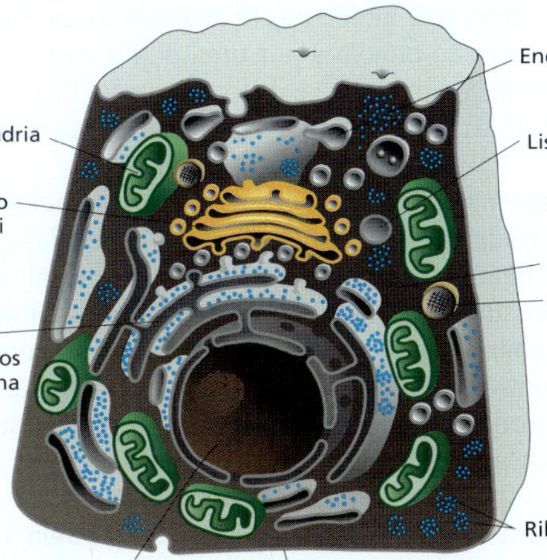

Figura 15-2 Uma célula do revestimento do intestino contém o conjunto básico de organelas delimitadas por membranas presentes na maioria das células animais. O núcleo, o retículo endoplasmático (RE), o aparelho de Golgi, os lisossomos, os endossomos, as mitocôndrias e os peroxissomos são compartimentos distintos separados do citosol (*cinza*) por pelo menos uma membrana seletivamente permeável. Os ribossomos são mostrados ligados à superfície citosólica de porções do RE, chamado de RE rugoso; o RE que não possui ribossomos é chamado de RE liso. Outros ribossomos podem ser encontrados livres no citosol.

rióticas, o RE liso também sequestra Ca^{2+} do citosol; a liberação e a recaptura de Ca^{2+} do RE liso estão envolvidas na rápida resposta a diversos sinais extracelulares, conforme discutido nos Capítulos 12 e 16.

O *aparelho (complexo) de Golgi*, situado normalmente próximo ao núcleo, recebe proteínas e lipídeos do RE, modifica-os e, então, despacha-os para outros destinos na célula. Pequenos sacos de enzimas digestivas denominados *lisossomos* degradam as organelas antigas, bem como macromoléculas e partículas captadas pela célula por endocitose. No seu caminho até os lisossomos, os materiais endocitados devem passar primeiro por uma série de compartimentos denominados *endossomos*, os quais distribuem algumas das moléculas ingeridas e as reciclam de volta para a membrana plasmática. Os *peroxissomos* são pequenas organelas que contêm enzimas utilizadas em uma variedade de reações oxidati-

TABELA 15-1 As principais funções dos compartimentos delimitados por membranas em uma célula eucariótica

Compartimento	Principal função
Citosol	Local de várias vias metabólicas (Capítulos 3 e 13); síntese de proteínas (Capítulo 7); o citoesqueleto (Capítulo 17)
Núcleo	Contém o genoma principal (Capítulo 5); síntese de DNA e RNA (Capítulos 6 e 7)
Retículo endoplasmático (RE)	Síntese da maior parte dos lipídeos (Capítulo 11); síntese de proteínas para distribuição às várias organelas e à membrana plasmática (este capítulo)
Aparelho de Golgi	Modificação, distribuição e empacotamento de proteínas e lipídeos para as suas secreções ou transporte para outra organela (este capítulo)
Lisossomos	Degradação intracelular (este capítulo)
Endossomos	Distribuição de materiais endocitados (este capítulo)
Mitocôndrias	Síntese de ATP pela fosforilação oxidativa (Capítulo 14)
Cloroplastos (em células vegetais)	Síntese de ATP e fixação de carbono pela fotossíntese (Capítulo 14)
Peroxissomos	Oxidação de moléculas tóxicas

vas que degradam lipídeos e moléculas tóxicas. As *mitocôndrias* e os *cloroplastos* (nas células vegetais) são envoltos por uma dupla membrana e são o local de ocorrência da fosforilação oxidativa e da fotossíntese, respectivamente (discutido no Capítulo 14); ambos contêm membranas internas especializadas na produção de ATP.

Diversas organelas delimitadas por membranas, incluindo o RE, o aparelho de Golgi, as mitocôndrias e os cloroplastos, são mantidas em seus locais relativos na célula por ligações ao citoesqueleto, em especial aos microtúbulos. Os filamentos do citoesqueleto fornecem vias para o movimento das organelas e para o direcionamento do tráfego de vesículas entre uma organela e outra. Esses transportes são controlados por proteínas motoras que usam a energia da hidrólise do ATP para propulsionar as organelas e vesículas ao longo dos filamentos, como discutido no Capítulo 17.

Em média, as organelas delimitadas por membranas ocupam, juntas, cerca de metade do volume de uma célula eucariótica (**Tabela 15-2**), e a quantidade total de membranas associadas a elas é enorme. Em uma típica célula de mamíferos, por exemplo, a área da membrana do RE é de 20 a 30 vezes maior do que a da membrana plasmática. Em termos de sua área e massa, a membrana plasmática corresponde somente a uma pequena fração do total de membranas na maioria das células eucarióticas.

Pode-se aprender muito sobre a composição e a função de uma organela a partir do seu isolamento das outras estruturas celulares. Na sua maioria, as organelas são muito pequenas para serem isoladas manualmente, porém é possível separar um tipo de organela das outras por centrifugação diferencial (conforme descrito no Painel 4-3, p. 164-165). Uma vez que uma amostra purificada de um tipo de organela tenha sido obtida, as proteínas das organelas podem ser identificadas. Em muitos casos, as próprias organelas podem ser incubadas em um tubo de ensaio sob condições que permitam o estudo de suas funções. Mitocôndrias isoladas, por exemplo, podem produzir ATP a partir da oxidação de piruvato em CO_2 e água, desde que sejam adequadamente supridas de ADP, fosfato inorgânico e O_2.

As organelas delimitadas por membranas evoluíram de maneiras diferentes

Ao tentar compreender as relações entre os compartimentos diferentes de uma célula eucariótica moderna, é útil considerar como eles evoluíram. Os compar-

TABELA 15-2 Os números e volumes relativos das principais organelas delimitadas por membranas em uma célula do fígado (hepatócito)

Compartimento intracelular	Percentual do volume celular total	Número aproximado por célula
Citosol	54	1
Mitocôndrias	22	1.700
Retículo endoplasmático	12	1
Núcleo	6	1
Aparelho de Golgi	3	1
Peroxissomos	1	400
Lisossomos	1	300
Endossomos	1	200

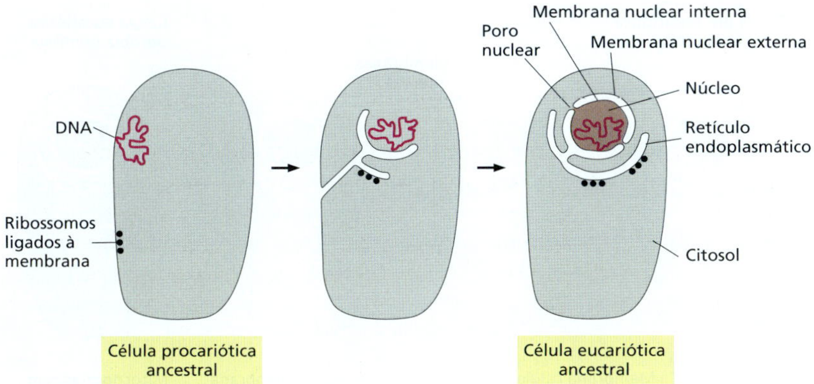

Figura 15-3 As membranas nucleares e o RE podem ter evoluído pela invaginação da membrana plasmática. Em bactérias, a única molécula de DNA costuma estar ligada à membrana plasmática. É possível que, em uma célula procariótica muito antiga, a membrana plasmática, que está ligada ao DNA, tenha invaginado e, em gerações subsequentes, formado um envelope de duas camadas circundando completamente o DNA. Presume-se que tal envelope por fim tenha se destacado completamente da membrana plasmática, dando origem a um compartimento nuclear transpassado por canais chamados de poros nucleares, que permitem a comunicação com o citosol. Outras porções da membrana invaginada podem ter formado o RE, o que poderia explicar por que o espaço entre as membranas nucleares interna e externa é contínuo com o lúmen do RE.

timentos provavelmente evoluíram em estágios. Acredita-se que os precursores das primeiras células eucarióticas tenham sido microrganismos simples, semelhantes a bactérias, com uma membrana plasmática e sem membranas internas. A membrana plasmática em tais células teria fornecido todas as funções dependentes de membranas, incluindo a síntese de ATP e a síntese de lipídeos, assim como faz a membrana plasmática da maioria das bactérias modernas. As bactérias podem sobreviver com esse arranjo devido ao seu pequeno tamanho, o que lhes confere uma grande proporção entre superfície e volume: portanto, a área da sua membrana plasmática é suficiente para sustentar todas as funções vitais para as quais as membranas são necessárias. As células eucarióticas dos dias atuais, entretanto, possuem volumes de 1.000 a 10.000 vezes maiores do que uma bactéria típica, como *E. coli*. Uma célula desse tipo possui uma razão superfície/volume pequena e presumivelmente não sobreviveria com a membrana plasmática como sua única membrana. Portanto, é provável que o aumento de tamanho típico de células eucarióticas não possa ter ocorrido sem o desenvolvimento de membranas internas.

Acredita-se que as organelas delimitadas por membranas tenham se originado de pelo menos duas maneiras na evolução. As membranas nucleares e as membranas do RE, aparelho de Golgi, endossomos e lisossomos provavelmente se originaram pela invaginação da membrana plasmática, como ilustrado para as membranas nuclear e do RE na **Figura 15-3**. O RE, aparelho de Golgi, peroxissomos, endossomos e lisossomos são todos parte do que é coletivamente chamado de **sistema de endomembranas**. Como discutimos adiante, o interior dessas organelas se comunica extensivamente entre elas e com o exterior da célula por meio de pequenas vesículas que se originam de uma das organelas e se fundem com as outras. Em concordância com essa proposta de origem evolutiva, o interior dessas organelas é considerado pela célula como sendo "extracelular", como observamos adiante. O esquema hipotético apresentado na Figura 15-3 também explica por que o núcleo é delimitado por duas membranas.

Acredita-se que as mitocôndrias e os cloroplastos tenham se originado de maneira diferente. Eles diferem de todas as outras organelas por possuírem os seus próprios pequenos genomas e por poderem sintetizar parte de suas próprias proteínas, como discutido no Capítulo 14. A similaridade dos seus genomas com os das bactérias e a grande semelhança de algumas de suas proteínas com proteínas bacterianas sugerem fortemente que ambas as organelas evoluíram a partir de bactérias que foram incorporadas por células pré-eucarióticas primitivas com as quais elas inicialmente viveram em simbiose (**Figura 15-4**). Como seria esperado de suas origens, as mitocôndrias e os cloroplastos permanecem isolados do intenso tráfego vesicular que conecta o interior da maioria das outras organelas delimitadas por membranas, umas com as outras, e com o exterior da célula.

QUESTÃO 15-1

Como apresentado nos desenhos da Figura 15-3, a bicamada lipídica das membranas nucleares interna e externa formam uma camada contínua, unida ao redor dos poros nucleares. Como as membranas são líquidos bidimensionais, isso implicaria que as proteínas de membrana poderiam difundir-se livremente entre as duas membranas nucleares. No entanto, cada uma dessas duas membranas possui uma composição proteica diferente, refletindo funções diferentes. Como você explicaria essa aparente contradição?

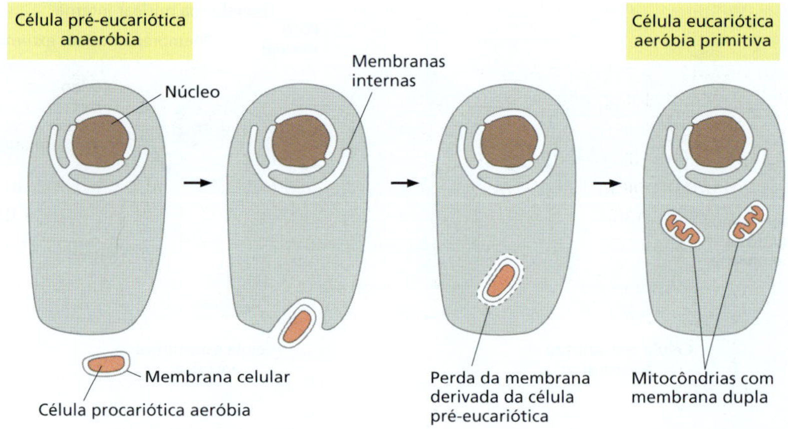

Figura 15-4 Acredita-se que as mitocôndrias tenham se originado quando um procarioto aeróbio foi incorporado por uma célula pré-eucariótica maior. Supõe-se que os cloroplastos tenham-se originado mais tarde de maneira semelhante, quando uma célula eucariótica contendo mitocôndrias incorporou um procarioto fotossintético. Tal teoria explicaria por que essas organelas têm duas membranas, possuem seus próprios genomas e não participam do tráfego vesicular que conecta os compartimentos do sistema de endomembranas.

DISTRIBUIÇÃO DE PROTEÍNAS

Antes de uma célula eucariótica se dividir, ela precisa duplicar suas organelas delimitadas por membranas. À medida que as células crescem, as organelas são aumentadas pela incorporação de novas moléculas; as organelas então se dividem e, na divisão celular, distribuem-se entre as duas células-filhas. O crescimento das organelas requer o suprimento de novos lipídeos para produzir mais membranas e o fornecimento das proteínas apropriadas – tanto proteínas de membrana como proteínas solúveis que ocuparão o interior da organela. Mesmo em células que não estão em divisão, as proteínas são produzidas continuamente. Essas proteínas recém-sintetizadas devem ser entregues às organelas de forma precisa – algumas para a eventual secreção pela célula e outras para substituir as proteínas de organelas que foram degradadas. Portanto, é necessário o direcionamento das proteínas recém-sintetizadas para sua organela correta para qualquer célula crescer e se dividir, ou simplesmente para funcionar de modo apropriado.

Para algumas organelas, incluindo mitocôndrias, cloroplastos, peroxissomos e o interior do núcleo, as proteínas são distribuídas diretamente a partir do citosol. Para outras, incluindo o aparelho de Golgi, os lisossomos, os endossomos e a membrana nuclear interna, as proteínas e os lipídeos são entregues indiretamente pelo RE, o qual é, ele próprio, o local principal de síntese de proteínas e lipídeos. As proteínas entram diretamente no RE a partir do citosol: algumas são retidas aqui, mas a maioria é transportada por vesículas para o aparelho de Golgi e então transferida para a membrana plasmática ou outras organelas. Os peroxissomos adquirem parte de suas proteínas de membrana do RE, mas grande parte de suas enzimas entram diretamente a partir do citosol.

Nesta seção, discutimos os mecanismos pelos quais as proteínas entram diretamente nas organelas delimitadas por membranas, a partir do citosol. As proteínas produzidas no citosol são despachadas para diferentes locais na célula de acordo com marcas específicas de localização que elas contêm nas suas sequências de aminoácidos. Uma vez no local correto, a proteína entra na membrana ou no interior do lúmen da sua organela designada.

As proteínas são transportadas até as organelas por meio de três mecanismos

A síntese de praticamente todas as proteínas da célula se inicia nos ribossomos no citosol. As exceções são algumas proteínas de mitocôndrias e cloroplastos sintetizadas por ribossomos dentro dessas organelas. A maior parte das proteínas das mitocôndrias e cloroplastos, entretanto, é sintetizada no citosol e, subsequentemente, importada. O destino de uma molécula proteica sintetizada no citosol depende de sua sequência de aminoácidos, a qual pode conter um *sinal de distribuição* que direciona a proteína para a organela onde é necessária. As proteínas que não possuem esses sinais permanecem no citosol; aquelas que possuem um sinal de distribuição são transportadas do citosol para a organela apropriada. Diferentes sinais de distribuição orientam as proteínas para o núcleo, mitocôndrias, cloroplastos (em plantas), peroxissomos e RE.

Quando uma organela delimitada por membrana importa uma proteína solúvel em água para o seu interior – a partir do citosol ou de outra organela –, ela enfrenta um problema: como pode transportar a proteína através da sua membrana (ou membranas), que costuma(m) ser impermeável(is) a macromoléculas hidrofílicas? Essa tarefa é realizada de distintas maneiras por diferentes organelas.

1. As proteínas que se movem do citosol para o núcleo são transportadas pelos poros nucleares que transpassam as membranas nucleares externa e interna. Esses poros funcionam como portões seletivos que transportam ativamente macromoléculas específicas, mas também permitem a difusão livre de moléculas menores (mecanismo 1 na **Figura 15-5**).
2. As proteínas que se movem do citosol para o RE, mitocôndrias ou cloroplastos são transportadas pelas membranas das organelas por *translocadores proteicos* localizados nas membranas. Diferentemente do transporte pelos poros nucleares, a proteína transportada normalmente deve se desdobrar (desenovelar, desnaturar) para atravessar a membrana com auxílio do translocador (mecanismo 2 na Figura 15-5). As bactérias possuem translocadores proteicos semelhantes nas suas membranas plasmáticas, que elas utilizam para exportar proteínas do citosol para o exterior da célula.
3. As proteínas transportadas a partir do RE – e de um compartimento do sistema de endomembranas para outro – são carreadas por um mecanismo que é essencialmente diferente. Essas proteínas são transportadas por *vesículas de transporte*, que se desprendem da membrana de um compartimento e então se fundem com a membrana de um segundo compartimento (mecanismo 3 na Figura 15-5). Nesse processo, as vesículas de transporte carregam proteínas solúveis, assim como as proteínas e lipídeos que fazem parte da membrana da vesícula.

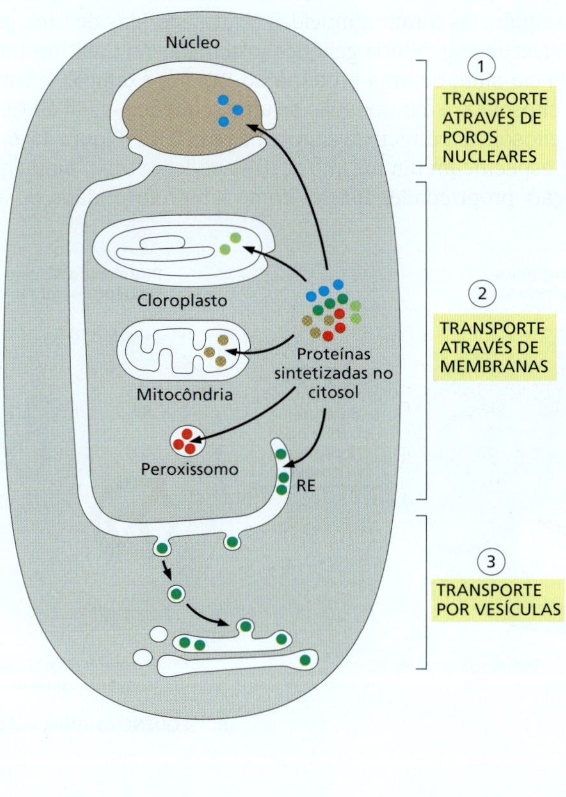

Figura 15-5 As organelas delimitadas por membranas importam proteínas por um destes três mecanismos. Todos esses processos requerem energia. A proteína permanece enovelada durante o transporte nos mecanismos 1 e 3, mas em geral deve ser desnaturada durante o mecanismo 2.

TABELA 15-3 Algumas sequências-sinal típicas

Função do sinal	Exemplo de sequência-sinal
Importação para o RE	$^{+}H_3N$-Met-Met-Ser-Phe-Val-Ser-Leu-Leu-Leu-Val-Gly-Ile-Leu-Phe-Trp-Ala-Thr-Glu-Ala-Glu-Gln-Leu-Thr-Lys-Cys-Glu-Val-Phe-Gln-
Retenção no lúmen do RE	-Lys-Asp-Glu-Leu-COO^-
Importação pelas mitocôndrias	$^{+}H_3N$-Met-Leu-Ser-Leu-Arg-Gln-Ser-Ile-Arg-Phe-Phe-Lys-Pro-Ala-Thr-Arg-Thr-Leu-Cys-Ser-Ser-Arg-Tyr-Leu-Leu-
Importação pelo núcleo	-Pro-Pro-Lys-Lys-Lys-Arg-Lys-Val-
Exportação a partir do núcleo	-Met-Glu-Glu-Leu-Ser-Gln-Ala-Leu-Ala-Ser-Ser-Phe-
Importação pelos peroxissomos	-Ser-Lys-Leu

Os aminoácidos positivamente carregados estão apresentados em *vermelho*, e os aminoácidos negativamente carregados, em *azul*. Aminoácidos hidrofóbicos importantes estão mostrados em *verde*. $^{+}H_3N$ indica a extremidade N-terminal de uma proteína; COO^- indica a extremidade C-terminal.

As sequências-sinal direcionam as proteínas para os compartimentos corretos

O sinal de distribuição típico em uma proteína é um segmento contínuo da sequência de aminoácidos, em geral com 15 a 60 aminoácidos de comprimento. Essa **sequência-sinal** é frequentemente (mas não sempre) removida da proteína madura, uma vez que a distribuição tenha sido executada. Algumas das sequências-sinal utilizadas para especificar os diferentes destinos na célula estão apresentadas na **Tabela 15-3**.

As sequências-sinal são, por si só, necessárias e suficientes para direcionar uma proteína para um determinado local. Isso foi demonstrado por experimentos nos quais as sequências foram removidas ou transferidas de uma proteína para outra por técnicas de engenharia genética (discutidas no Capítulo 10). A remoção de uma sequência-sinal de uma proteína do RE, por exemplo, a transforma em uma proteína citosólica, e a introdução de uma sequência-sinal de RE no início de uma proteína citosólica redireciona a proteína para o RE (**Figura 15-6**). As sequências-sinal que especificam um mesmo destino podem variar, ainda que possuam a mesma função: propriedades físicas, como a hidrofobicidade ou a posição de

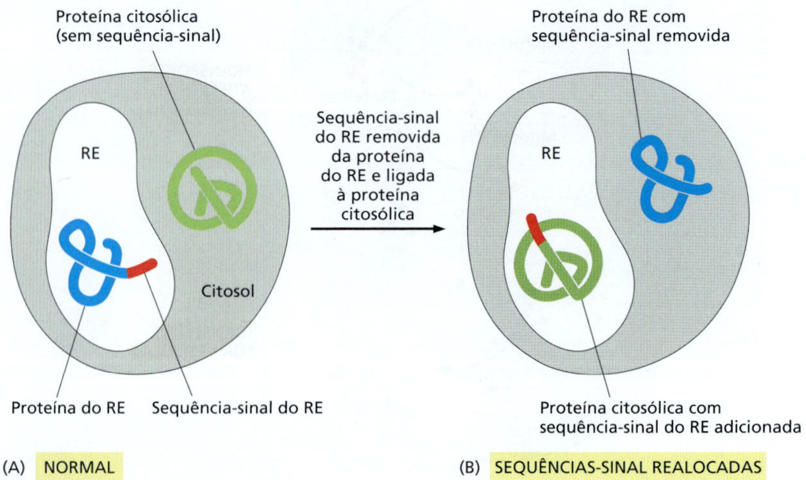

Figura 15-6 As sequências-sinal direcionam as proteínas aos destinos corretos. (A) As proteínas destinadas ao RE possuem uma sequência-sinal N-terminal que as direciona para aquela organela, ao passo que as proteínas destinadas a permanecer no citosol não possuem tal sequência-sinal. (B) Técnicas de DNA recombinante podem ser usadas para alterar o destino das duas proteínas: se a sequência-sinal é removida de uma proteína do RE e ligada a uma proteína citosólica, ambas as proteínas ocuparão para o local inapropriado esperado.

aminoácidos carregados, parecem frequentemente ser mais importantes para a função desses sinais do que a sequência exata dos aminoácidos.

As proteínas entram no núcleo pelos poros nucleares

O **envelope nuclear**, que envolve o DNA nuclear e define o compartimento nuclear, é formado a partir de duas membranas concêntricas. A *membrana nuclear interna* contém algumas proteínas que atuam como sítios de ligação para os cromossomos (discutido no Capítulo 5) e outras que fornecem sustentação para a *lâmina nuclear*, uma malha tecida de filamentos proteicos que se dispõe sobre a face interna dessa membrana e fornece um suporte estrutural para o envelope nuclear (discutido no Capítulo 17). A composição da *membrana nuclear externa* se assemelha muito à membrana do RE, com a qual é contínua (**Figura 15-7**).

Em todas as células eucarióticas, o envelope nuclear é perfurado por **poros nucleares**, os quais formam canais por onde todas as moléculas entram ou saem do núcleo. Um poro nuclear é uma estrutura grande e elaborada composta de um complexo de cerca de 30 proteínas diferentes (**Figura 15-8**). Muitas das proteínas que revestem o poro nuclear contêm extensas regiões não estruturadas nas quais as cadeias polipeptídicas estão bastante desordenadas. Esses segmentos desordenados formam uma rede delicada – como algas no oceano – que preenche o centro do canal, impedindo a passagem de grandes moléculas, mas permitindo que pequenas moléculas hidrossolúveis transitem livremente e de maneira não seletiva entre o núcleo e o citosol.

Moléculas maiores específicas e complexos macromoleculares também precisam passar pelos poros nucleares. As moléculas de RNA, que são sintetizadas no núcleo, e as subunidades ribossomais, que se associam no interior do núcleo, devem ser exportadas para o citosol (discutido no Capítulo 7). E as proteínas recém-sintetizadas que são destinadas para o núcleo devem ser importadas do citosol (**Animação 15.1**). Para conseguir entrar em um poro, essas grandes molé-

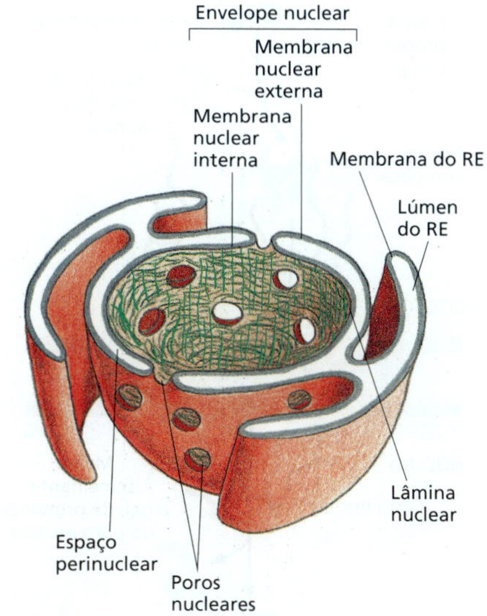

Figura 15-7 A membrana nuclear externa é contínua à membrana do RE. A membrana dupla do envelope nuclear é transpassada por poros nucleares. Os ribossomos que estão normalmente ligados à superfície citosólica da membrana do RE e à membrana nuclear externa não estão representados.

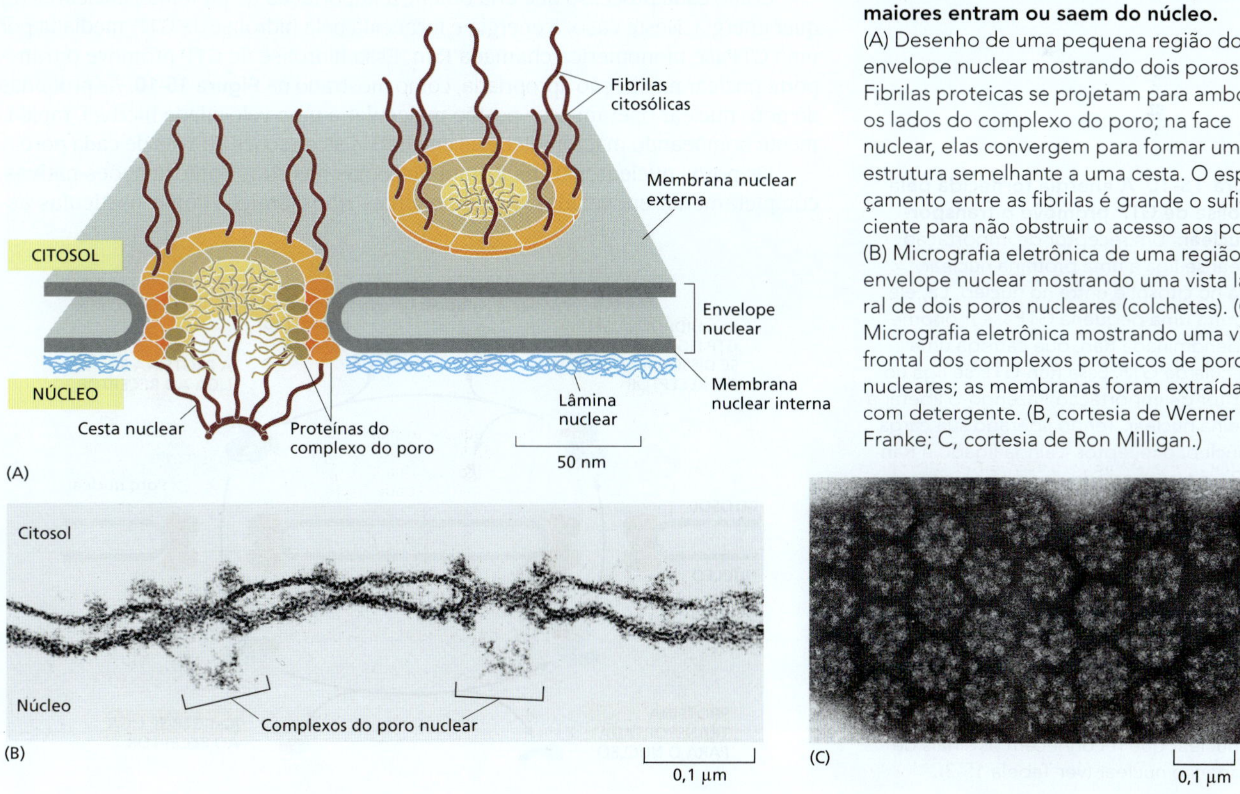

Figura 15-8 O complexo do poro nuclear forma uma passagem pela qual macromoléculas selecionadas e complexos maiores entram ou saem do núcleo. (A) Desenho de uma pequena região do envelope nuclear mostrando dois poros. Fibrilas proteicas se projetam para ambos os lados do complexo do poro; na face nuclear, elas convergem para formar uma estrutura semelhante a uma cesta. O espaçamento entre as fibrilas é grande o suficiente para não obstruir o acesso aos poros. (B) Micrografia eletrônica de uma região do envelope nuclear mostrando uma vista lateral de dois poros nucleares (colchetes). (C) Micrografia eletrônica mostrando uma vista frontal dos complexos proteicos de poros nucleares; as membranas foram extraídas com detergente. (B, cortesia de Werner W. Franke; C, cortesia de Ron Milligan.)

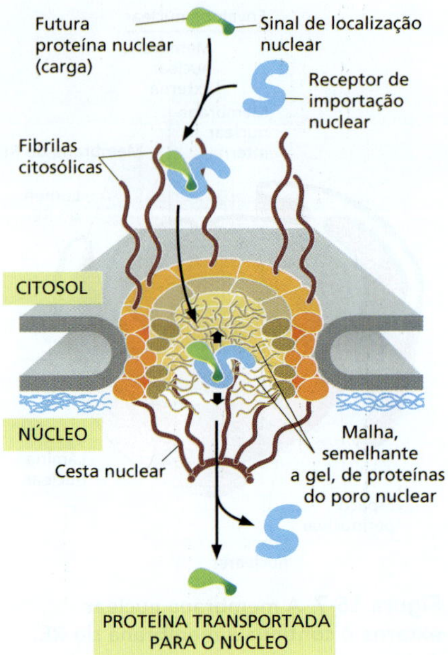

Figura 15-9 Proteínas nucleares são importadas do citosol pelos poros nucleares. As proteínas contêm um sinal de localização nuclear que é reconhecido pelos receptores de importação nuclear, que interagem com as fibrilas citosólicas que se estendem a partir da borda do poro. Como indicado pelas setas *pretas*, após serem capturados, os receptores se movem aleatoriamente com sua carga através da malha, semelhante a gel, formada a partir das regiões não estruturadas das proteínas do poro nuclear até que a sua localização no interior do núcleo promova a liberação da carga. Após a liberação da proteína-carga, os receptores retornam ao citosol pelo poro nuclear para serem reutilizados. Tipos semelhantes de receptores de transporte, operando na direção inversa, exportam mRNAs a partir do núcleo (ver Figura 7-23). Esses conjuntos de receptores de importação e exportação possuem estrutura básica similar.

culas e complexos macromoleculares devem apresentar um sinal de distribuição. A sequência-sinal que direciona uma proteína do citosol para o núcleo, chamada de *sinal de localização nuclear*, em geral consiste em uma ou duas sequências curtas contendo várias lisinas ou argininas carregadas positivamente (ver Tabela 15-3).

O sinal de localização nuclear nas proteínas destinadas ao núcleo é reconhecido por proteínas citosólicas denominadas *receptores de importação nuclear*. Esses receptores ajudam a direcionar uma proteína recém-sintetizada para um poro nuclear por meio da interação com as fibrilas em forma de tentáculos que se projetam a partir da borda do poro, para dentro do citosol (**Figura 15-9**). Uma vez lá, o receptor de importação nuclear penetra no poro ligando-se a sequências curtas repetidas de aminoácidos presentes nas proteínas nucleares que preenchem o centro do poro. Quando o poro nuclear está vazio, essas sequências repetidas se ligam umas às outras, formando um gel. Os receptores de importação nuclear interrompem essas interações, e abrem uma passagem pela malha. Os receptores de importação nuclear simplesmente colidem ao longo de uma sequência repetida para outra, até entrarem no núcleo e liberarem sua carga. O receptor dissociado então retorna para o citosol pelo poro nuclear para ser reutilizado (ver Figura 15-9).

Como cada processo que cria ordem, a importação de proteínas nucleares requer energia. Neste caso, a energia é fornecida pela hidrólise de GTP, mediada por uma GTPase monomérica chamada Ran. Essa hidrólise de GTP promove o transporte nuclear na direção apropriada, como mostrado na **Figura 15-10**. As proteínas do poro nuclear operam esse portão molecular a uma velocidade incrível, rapidamente bombeando macromoléculas em ambas as direções através de cada poro.

Os poros nucleares transportam proteínas nas suas conformações nativas, completamente enoveladas, e componentes ribossômicos como partículas as-

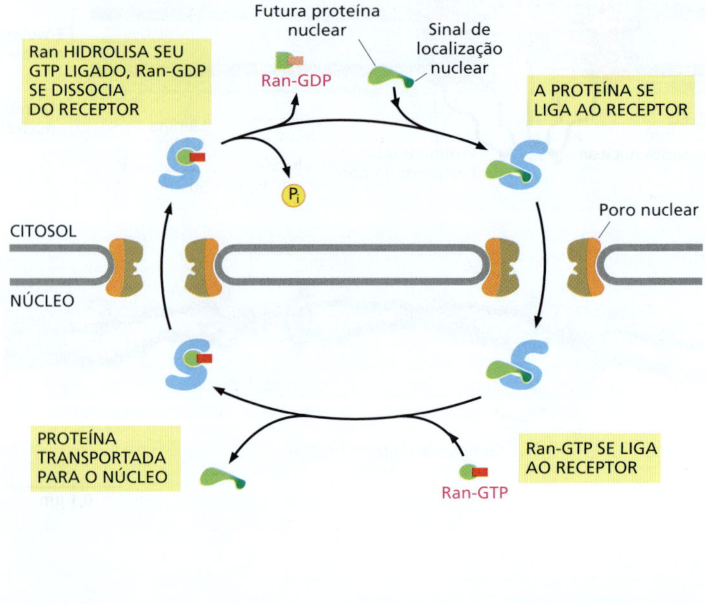

Figura 15-10 A energia fornecida pela hidrólise de GTP promove o transporte nuclear. Um receptor de importação nuclear se liga a uma proteína nuclear ainda no citosol e entra no núcleo. Lá, ele encontra uma pequena GTPase monomérica denominada Ran, que carrega uma molécula de GTP. Essa Ran-GTP se liga ao receptor de importação, fazendo-o liberar a proteína nuclear. Tendo liberado sua carga no núcleo, o receptor – ainda ligado a Ran-GTP – é transportado de volta ao citosol pelo poro. No citosol, uma proteína acessória (não mostrada) induz Ran a hidrolisar seu GTP ligado. Ran-GDP se dissocia do receptor de importação, que então está livre para se ligar a outra proteína destinada ao núcleo. Um ciclo semelhante (não mostrado) atua na exportação de moléculas de mRNA e subunidades ribossômicas do núcleo para o citosol, utilizando receptores de exportação nuclear que reconhecem os sinais de exportação nuclear (ver Tabela 15-3).

sociadas. Essa característica distingue o mecanismo de transporte nuclear dos mecanismos que transportam proteínas para o interior da maioria das outras organelas. As proteínas precisam se desnaturar para cruzar as membranas das mitocôndrias e dos cloroplastos, como discutimos a seguir.

As proteínas se desenovelam para entrar em mitocôndrias e cloroplastos

Tanto as mitocôndrias quanto os cloroplastos são delimitados por membranas internas e externas, e ambas as organelas são especializadas na síntese de ATP. Os cloroplastos também contêm um terceiro sistema de membranas conhecido como tilacoides ou membrana do tilacoide (discutido no Capítulo 14). Embora ambas as organelas contenham os seus próprios genomas e sintetizem parte de suas próprias proteínas, a maioria das proteínas mitocondriais e dos cloroplastos é codificada por genes do núcleo e importada do citosol. Essas proteínas normalmente possuem uma sequência-sinal na região N-terminal que lhes permite entrar na sua organela específica. Proteínas destinadas a essas organelas são translocadas simultaneamente por meio de ambas as membranas, externa e interna, em sítios especializados onde as duas membranas estão em contato uma com a outra. Cada proteína é desnaturada à medida que é transportada, e sua sequência-sinal é removida após a translocação ser completada (**Figura 15-11**).

As proteínas chaperonas (discutidas no Capítulo 4) dentro das organelas ajudam a transportar a proteína pelas duas membranas e enovelá-las, uma vez que estejam no interior da organela. O transporte subsequente a um determinado sítio interno da organela, como a membrana interna ou externa ou a membrana do tilacoide nos cloroplastos, costuma exigir outras sequências-sinal na proteína, as quais são em geral expostas somente após a remoção da primeira sequência-sinal. A inserção de proteínas transmembrânicas na membrana interna, por exemplo, é guiada por sequências-sinal na proteína que iniciam e param o processo de transferência pela membrana, como descrevemos adiante para a inserção de proteínas transmembrânicas na membrana do RE.

O crescimento e a manutenção das mitocôndrias e dos cloroplastos não exigem apenas a importação de novas proteínas, mas também de novos lipídeos para as membranas da organela. Acredita-se que a maior parte dos seus fosfolipídeos de membrana sejam importados do RE, o qual é o principal local de sínte-

> **QUESTÃO 15-2**
>
> Por que as células eucarióticas necessitam de um núcleo em um compartimento separado, ao passo que as células procarióticas podem funcionar perfeitamente sem tal separação?

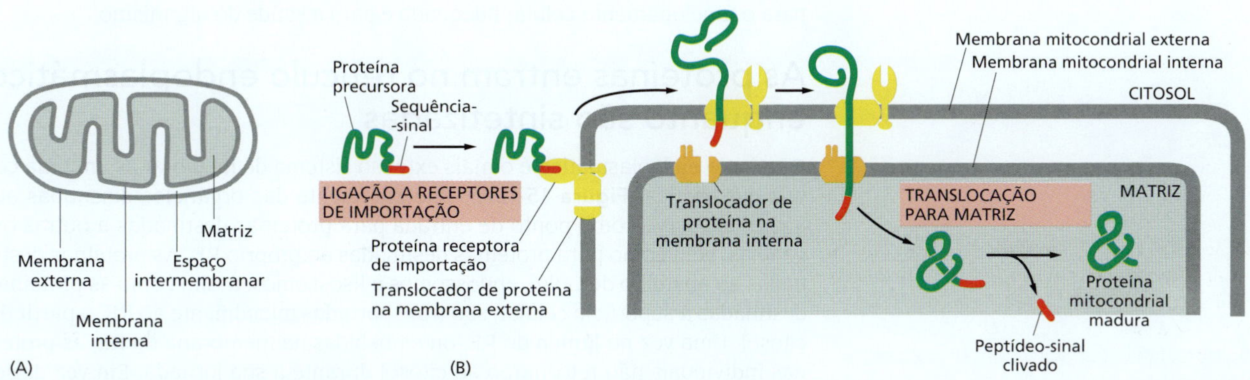

Figura 15-11 Proteínas mitocondriais precursoras são desnaturadas durante a importação. (A) A mitocôndria possui uma membrana interna e uma externa, que devem ser atravessadas para que uma proteína mitocondrial precursora entre na organela. (B) Para iniciar o transporte, a sequência-sinal mitocondrial na proteína mitocondrial precursora é reconhecida por um receptor na membrana mitocondrial externa. Esse receptor está associado com um translocador de proteína. O complexo de receptor, proteína precursora e translocador se difunde lateralmente na membrana externa até encontrar um segundo translocador na membrana interna. Os dois translocadores então transportam a proteína através das duas membranas, desnaturando a proteína nesse processo (Animação 15.2). Por fim, a sequência-sinal é clivada por uma peptidase-sinal na matriz mitocondrial. As proteínas são importadas para os cloroplastos por um mecanismo semelhante. As proteínas chaperonas, que auxiliam o deslocamento das proteínas através das membranas e as ajudam a se enovelar novamente, não estão representadas.

se de lipídeos na célula. Os fosfolipídeos são transportados para essas organelas por proteínas carreadoras de lipídeos que extraem uma molécula fosfolipídica de uma membrana e a entregam a outra. Esse transporte pode ocorrer em junções específicas onde as membranas mitocondriais e do RE são mantidas próximas. Graças a essas proteínas carreadoras de lipídeos, as diferentes membranas celulares são capazes de manter diferentes composições de lipídeos.

As proteínas entram nos peroxissomos a partir do citosol e do retículo endoplasmático

Os **peroxissomos** geralmente contêm uma ou mais enzimas que produzem peróxido de hidrogênio, razão de sua denominação. Essas organelas estão presentes em todas as células eucarióticas, onde degradam uma variedade de moléculas, incluindo toxinas, álcool e ácidos graxos. Elas também sintetizam certos fosfolipídeos, incluindo aqueles que são abundantes na bainha de mielina que isola os axônios das células nervosas.

Os peroxissomos adquirem grande parte de suas proteínas por meio do transporte seletivo a partir do citosol. Uma sequência curta de apenas três aminoácidos serve como um sinal de importação para muitas proteínas dos peroxissomos. Essa sequência é reconhecida por proteínas receptoras no citosol, das quais pelo menos uma transporta sua proteína carga por todo o caminho até o interior do peroxissomo antes de retornar ao citosol. Assim como as membranas das mitocôndrias e dos cloroplastos, a membrana do peroxissomo contém um translocador de proteína que auxilia no transporte. Entretanto, diferentemente do mecanismo que opera nas mitocôndrias e nos cloroplastos, as proteínas não precisam ser desnaturadas para entrar no peroxissomo – e o mecanismo de transporte ainda é um mistério.

Embora a maioria das proteínas dos peroxissomos – incluindo as embebidas na sua membrana – venha do citosol, algumas proteínas de membrana chegam por meio de vesículas que brotam da membrana do RE. As vesículas se fundem aos peroxissomos preexistentes ou importam as proteínas do peroxissomos do citosol, formando peroxissomos maduros.

A mais grave doença peroxissômica, conhecida como síndrome de Zellweger, é causada por mutações que bloqueiam a importação de proteínas pelos peroxissomos. Indivíduos com essa doença nascem com anormalidades graves no encéfalo, no fígado e nos rins. A maioria não sobrevive por mais de seis meses de vida – um lembrete cruel da importância crucial dessas organelas subestimadas para o funcionamento celular adequado e para a saúde do organismo.

As proteínas entram no retículo endoplasmático enquanto são sintetizadas

O retículo endoplasmático é o mais extenso sistema de membranas em uma célula eucariótica (**Figura 15-12A**). Diferentemente das organelas discutidas até agora, ele serve como ponto de entrada para proteínas destinadas a outras organelas, bem como para proteínas destinadas ao próprio RE. As proteínas destinadas ao aparelho de Golgi, endossomos e lisossomos, assim como as proteínas destinadas à superfície celular, são transportadas inicialmente ao RE, a partir do citosol. Uma vez no lúmen do RE, ou embebidas na membrana do RE, as proteínas individuais não retornarão ao citosol durante a sua jornada. Em vez disso, elas serão transportadas por vesículas de transporte, de organela para organela, no sistema de endomembranas, ou para a membrana plasmática.

Dois tipos de proteínas são transferidos do citosol para o RE: (1) as proteínas hidrossolúveis são completamente translocadas pela membrana do RE e liberadas no lúmen do RE; (2) as futuras proteínas transmembrânicas são translocadas apenas em parte pela membrana do RE e ficam nela embebidas. As proteínas hidrossolúveis são destinadas para secreção (pela liberação na superfície celular) ou para o lúmen de uma organela do sistema de endomembranas. As proteínas transmembrânicas são destinadas a residir na membrana de uma dessas orga-

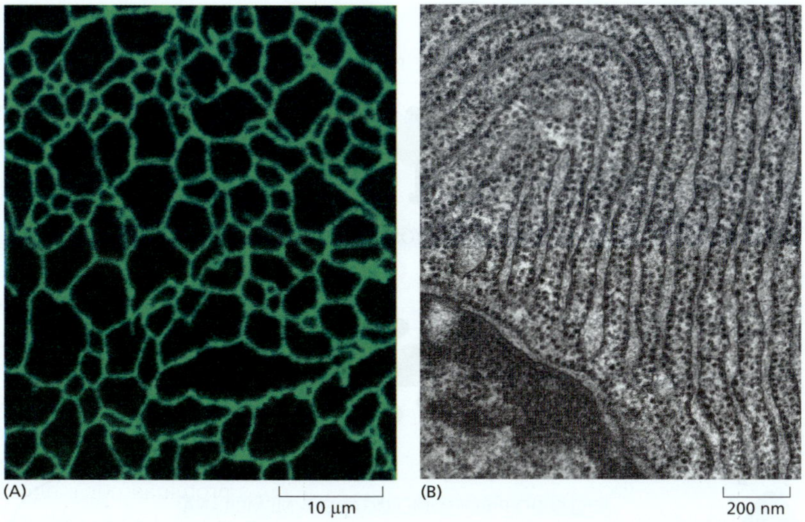

Figura 15-12 O retículo endoplasmático é a mais extensa rede de membranas das células eucarióticas. (A) Micrografia de fluorescência de uma célula vegetal viva mostrando o RE como uma complexa rede de tubos. As células mostradas aqui foram geneticamente modificadas de modo a conter uma proteína fluorescente no lúmen do RE. Apenas uma parte da rede do RE em uma célula é mostrada. (B) Micrografia eletrônica apresentando o RE rugoso em uma célula de pâncreas canino que produz e secreta grandes quantidades de enzimas digestivas. O citosol está preenchido com camadas firmemente empacotadas de RE, repleto de ribossomos. Uma porção do núcleo e seu envelope nuclear pode ser observada na parte inferior à esquerda; note que a membrana nuclear externa, que é contínua com o RE, também possui ribossomos. Para uma visão dinâmica da rede do RE, assista à **Animação 15.3** (A, cortesia de Petra Boevink e Chris Hawes; B, cortesia de Lelio Orci.)

nelas ou na membrana plasmática. Todas essas proteínas são inicialmente direcionadas ao RE por uma *sequência-sinal de RE*, um segmento de oito ou mais aminoácidos hidrofóbicos (ver Tabela 15-3, p. 494), o qual também está envolvido no processo de translocação por meio da membrana.

Ao contrário das proteínas que entram no núcleo, nas mitocôndrias, nos cloroplastos ou nos peroxissomos, a maior parte das proteínas que entram no RE inicia a sua rota por meio da membrana do RE antes que a cadeia polipeptídica esteja completamente sintetizada. Isso exige que os ribossomos que estejam sintetizando as proteínas fiquem presos à membrana do RE. Esses ribossomos ligados à membrana do RE cobrem a superfície do RE, criando regiões chamadas de **retículo endoplasmático rugoso**, em função da sua aparência granulosa característica quando visualizado em um microscópio eletrônico (**Figura 15-12B**).

Há, entretanto, duas populações separadas de ribossomos no citosol. Os *ribossomos ligados à membrana* estão associados à face citosólica da membrana do RE (e da membrana nuclear externa) e estão produzindo proteínas que serão translocadas ao RE. Os *ribossomos livres* não estão presos a qualquer membrana e sintetizam todas as demais proteínas codificadas pelo DNA nuclear. Os ribossomos ligados a membranas e os ribossomos livres são estrutural e funcionalmente idênticos; eles diferem unicamente pelas proteínas que estão sintetizando em um determinado momento. Quando um ribossomo está sintetizando uma proteína com uma sequência-sinal de RE, a sequência-sinal direciona o ribossomo à membrana do RE. Como as proteínas com uma sequência-sinal de RE são translocadas à medida que estão sendo sintetizadas, nenhuma energia adicional é necessária para seu transporte; o alongamento de cada polipeptídeo fornece o impulso necessário para empurrar a cadeia crescente pela membrana do RE.

À medida que uma molécula de mRNA é traduzida, muitos ribossomos se ligam a ela, formando um *polirribossomo* (discutido no Capítulo 7). No caso de uma molécula de mRNA codificante de uma proteína com uma sequência-sinal de RE, o polirribossomo permanece ligado à membrana do RE através da cadeia crescente do polipeptídeo, que está inserida na membrana do RE (**Figura 15-13**).

As proteínas solúveis sintetizadas no RE são liberadas no lúmen do RE

Dois componentes proteicos ajudam a guiar as sequências-sinal de RE para a membrana do RE: (1) uma *partícula de reconhecimento de sinal* (*SRP*, do inglês *signal-recognition particule*), presente no citosol, liga-se ao ribossomo e à sequência-sinal de RE quando emerge do ribossomo, e (2) um *receptor* de *SRP* integrado

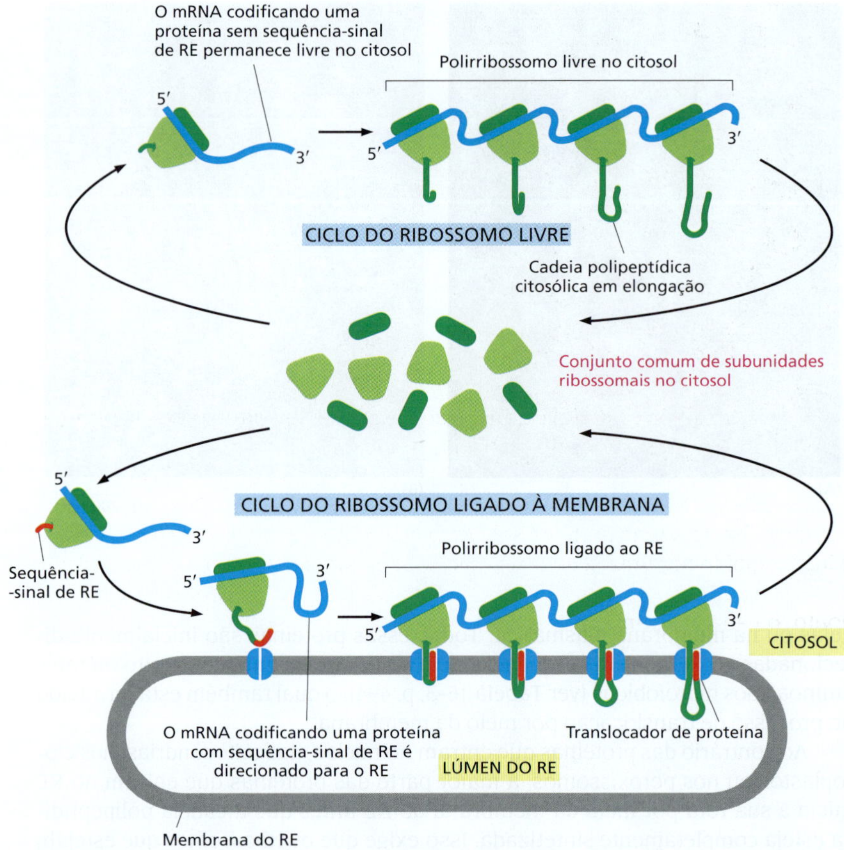

Figura 15-13 Um conjunto comum de ribossomos é utilizado para sintetizar todas as proteínas codificadas pelo genoma nuclear. Os ribossomos que estão traduzindo proteínas sem sequência-sinal de RE permanecem livres no citosol. Os ribossomos que estão traduzindo proteínas contendo uma sequência-sinal de RE (*vermelho*) na cadeia polipeptídica crescente serão direcionados para a membrana do RE. Muitos ribossomos se ligam a cada molécula de mRNA, formando um polirribossomo. Ao final de cada ciclo de síntese da proteína, as subunidades ribossomais são liberadas e se reúnem ao grupo comum no citosol. Como vimos recentemente, a maneira como o ribossomo e a sequência-sinal se ligam ao RE e ao canal de translocação é mais complicada do que o ilustrado aqui.

à membrana do RE reconhece a SRP. A ligação de uma SRP a um ribossomo que apresenta uma sequência-sinal de RE desacelera a síntese proteica daquele ribossomo até que a SRP se ligue ao receptor de SRP no RE. Uma vez ligada, a SRP é liberada, o receptor passa o ribossomo a um translocador de proteína na membrana do RE e a síntese proteica recomeça. O polipeptídeo é então conduzido através da membrana do RE por um *canal* no translocador (**Figura 15-14**). Dessa forma, a SRP e o receptor de SRP funcionam como acopladores moleculares, unindo ribossomos que estão sintetizando proteínas com uma sequência-sinal de RE e canais de translocação disponíveis na membrana do RE.

Além de direcionar as proteínas para o RE, a sequência-sinal – que para as proteínas solúveis está quase sempre no N-terminal, a primeira extremidade a ser sintetizada – funciona para abrir o canal no translocador de proteína. Essa sequência permanece ligada ao canal, ao passo que o restante da cadeia polipeptídica é introduzido pela membrana como uma grande alça. Ela é removida por uma peptidase-sinal transmembrânica, que possui um sítio ativo voltado para a face luminal da membrana do RE. A sequência-sinal clivada é então liberada do canal de translocação para dentro da bicamada lipídica e rapidamente degradada.

Uma vez que o C-terminal de uma proteína solúvel passou pelo canal de translocação, a proteína será liberada no interior do lúmen do RE (**Figura 15-15**).

QUESTÃO 15-3

Explique como uma molécula de mRNA pode permanecer ligada à membrana do RE, enquanto os ribossomos individuais que a traduzem se dissociam e retornam ao citosol após cada ciclo de tradução.

Sinais de início e de parada determinam o arranjo de uma proteína transmembrânica na bicamada lipídica

Nem todas as proteínas produzidas pelos ribossomos ligados ao RE são liberadas no lúmen do RE. Algumas permanecem integradas à membrana do RE, como proteínas transmembrânicas. O processo de translocação para tais proteínas é

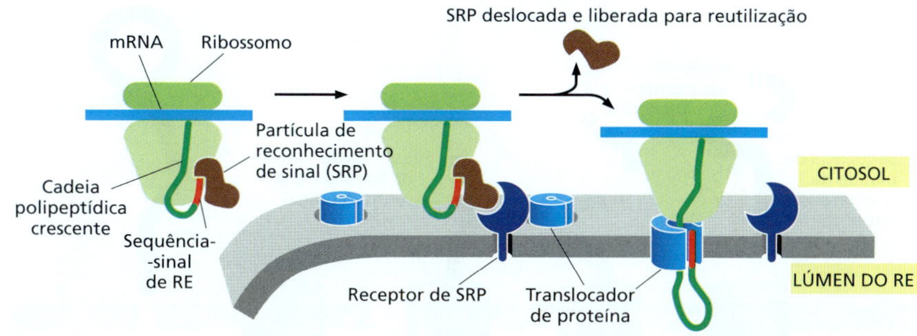

Figura 15-14 Uma sequência-sinal de RE e uma SRP direcionam o ribossomo para a membrana do RE. A SRP se liga à sequência-sinal de RE exposta e ao ribossomo, atrasando a síntese proteica pelo ribossomo. O complexo ribossomo-SRP então se liga ao receptor da SRP na membrana do RE. A SRP é liberada, passando o ribossomo de um receptor de SRP para um translocador de proteína na membrana do RE. A síntese proteica reinicia e o translocador inicia a transferência do polipeptídeo em crescimento por meio da bicamada lipídica.

mais complicado do que para proteínas solúveis, uma vez que algumas partes da cadeia polipeptídica devem ser translocadas completamente através da bicamada lipídica, enquanto outras permanecem ligadas à membrana.

No caso mais simples, em uma proteína transmembrânica com apenas um segmento transmembrânico, a sequência-sinal N-terminal inicia a translocação – como o faz para uma proteína solúvel. No entanto, o processo de translocação é interrompido por uma sequência adicional de aminoácidos hidrofóbicos, uma *sequência de parada de transferência*, mais adiante na cadeia polipeptídica. Neste ponto, o canal de translocação libera a cadeia polipeptídica crescente no interior da bicamada lipídica. A sequência-sinal N-terminal é clivada, enquanto a sequência de parada da transferência permanece na bicamada, onde forma um segmento α-helicoidal transmembrânico que ancora a proteína na membrana. Em consequência, a proteína se torna uma proteína transmembrânica de passagem única inserida na membrana com uma orientação definida – o N-terminal no lado luminal da bicamada lipídica e o C-terminal no lado citosólico (**Figura 15-16**). Uma vez inserida na membrana, a proteína transmembrânica não modifica a sua orientação, a qual é retida pelos eventos subsequentes de brotamento e fusão vesicular.

Em algumas proteínas transmembrânicas, uma sequência-sinal interna, em vez de uma N-terminal, é utilizada para iniciar a transferência da proteína; essa sequência-sinal interna, chamada de *sequência de início da transferência*, nunca é removida do polipeptídeo. Esse arranjo ocorre em algumas proteínas transmembrânicas nas quais a cadeia polipeptídica atravessa a bicamada lipídica. Nesses casos, acredita-se que as sequências-sinal hidrofóbicas trabalham aos pares: uma sequência interna de início da transferência serve para iniciar a translocação, que continua até que uma sequência de parada da transferência seja alcançada; as duas sequências hidrofóbicas são então liberadas na bicamada, onde permanecem como α-hélices transmembrânicas (**Figura 15-17**). Em

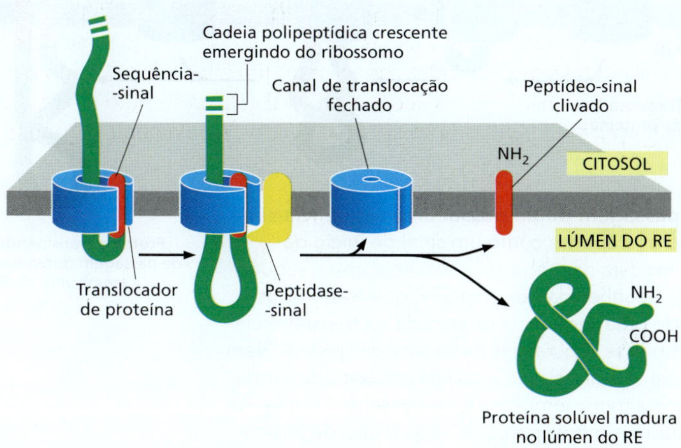

Figura 15-15 Uma proteína solúvel atravessa a membrana do RE e entra no lúmen. O translocador de proteína se liga à sequência-sinal e transfere o restante do polipeptídeo pela bicamada lipídica como uma alça. Em um dado momento, durante o processo de translocação, o peptídeo--sinal é clivado da proteína crescente por uma peptidase-sinal. Esta sequência-sinal clivada é liberada no interior da bicamada, onde é degradada. Uma vez completada a síntese proteica, o polipeptídeo translocado é liberado como uma proteína solúvel no lúmen do RE, e o poro do canal de translocação se fecha. O ribossomo ligado à membrana está omitido nesta e nas próximas duas figuras para maior clareza.

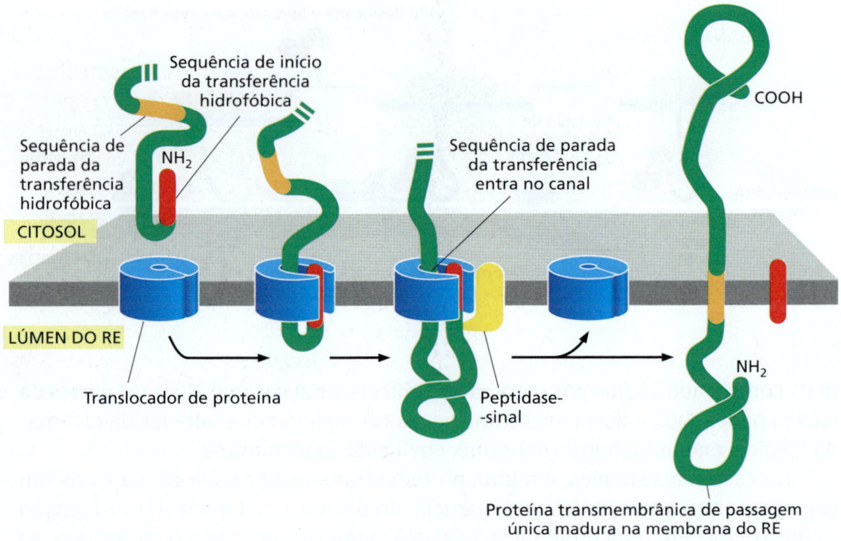

Figura 15-16 Uma proteína transmembrânica de passagem única é retida na bicamada lipídica. Uma sequência-sinal de RE N-terminal (*vermelho*) inicia a transferência como apresentado na Figura 15-15. Além disso, a proteína também possui uma segunda sequência hidrofóbica, que atua como uma sequência de finalização da transferência (*laranja*). Quando tal sequência entra no canal de translocação, o canal libera a cadeia polipeptídica em crescimento na bicamada lipídica. A sequência-sinal N-terminal é clivada, deixando a proteína transmembrânica ancorada à membrana (**Animação 15.4**). A síntese de proteínas na face citosólica continua até se completar.

QUESTÃO 15-4

A. Preveja a orientação na membrana de uma proteína que é sintetizada com uma sequência-sinal interna, não clivada (apresentada como a sequência de início da transferência *vermelha* na Figura 15-17), mas não contém uma sequência de parada da transferência.

B. Semelhantemente, preveja a orientação na membrana de uma proteína que é sintetizada com uma sequência-sinal N-terminal clivada seguida de uma sequência de parada da transferência, acompanhada por uma sequência de início da transferência.

C. Que arranjo de sequências-sinal permitiria a inserção de uma proteína de passagem múltipla com um número ímpar de segmentos transmembrânicos?

proteínas complexas de passagem múltipla, nas quais várias α-hélices hidrofóbicas se distribuem na bicamada, outros pares de sequências de início e de parada da transferência entram em ação: uma sequência reinicia a translocação mais adiante na cadeia polipeptídica e outra termina a translocação e determina a liberação do polipeptídeo, e assim por diante para inícios e paradas subsequentes. Portanto, proteínas de passagem múltipla pela membrana são embebidas na bicamada lipídica à medida que são sintetizadas por um mecanismo semelhante ao funcionamento de uma máquina de costura.

Tendo considerado como as proteínas entram no lúmen do RE ou ficam embebidas na membrana do RE, discutimos agora como elas são carregadas adiante pelo transporte vesicular.

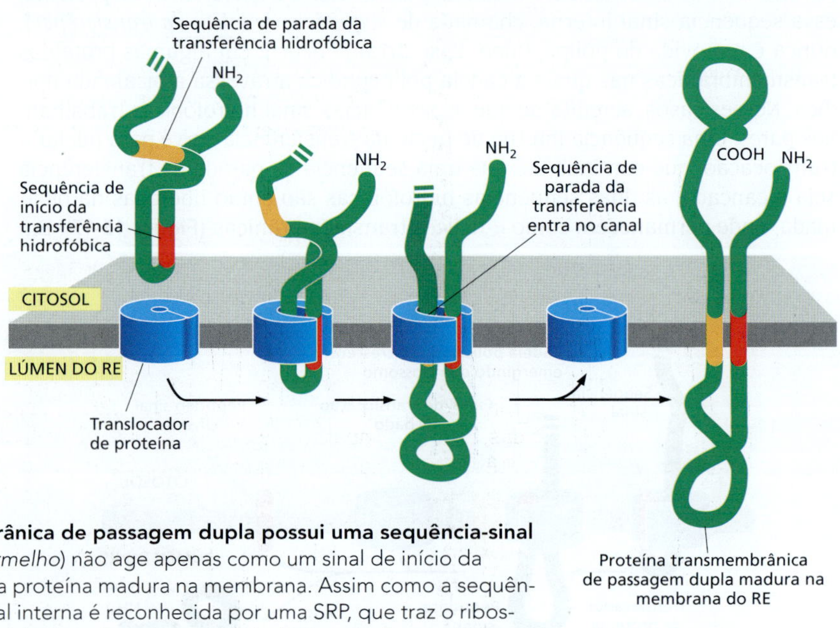

Figura 15-17 Uma proteína transmembrânica de passagem dupla possui uma sequência-sinal de RE interna. Esta sequência interna (*vermelho*) não age apenas como um sinal de início da transferência; ela também ajuda a ancorar a proteína madura na membrana. Assim como a sequência-sinal de RE N-terminal, a sequência-sinal interna é reconhecida por uma SRP, que traz o ribossomo para a membrana do RE (não mostrado). Quando uma sequência de parada da transferência (*laranja*) entra no canal de translocação, este libera ambas as sequências na bicamada lipídica. Nem a sequência de início, nem a de parada da transferência são clivadas, e a cadeia polipeptídica inteira permanece ancorada à membrana como uma proteína transmembrânica de passagem dupla. As proteínas que transpassam mais vezes a membrana contêm outros pares de sequências de início e de parada, e o mesmo processo é repetido para cada par.

TRANSPORTE VESICULAR

Em geral, a entrada no lúmen ou na membrana do RE é somente a primeira etapa de uma rota para outro destino. Esse destino, a princípio, costuma ser o aparelho de Golgi; lá, proteínas e lipídeos são modificados e distribuídos para outros locais. O transporte do RE para o aparelho de Golgi, e do aparelho de Golgi para outros compartimentos do sistema de endomembranas, é conduzido pelo brotamento contínuo e pela fusão de vesículas de transporte. O **transporte vesicular** se estende para fora do RE em direção à membrana plasmática e de dentro da membrana plasmática para os lisossomos, fornecendo, portanto, rotas de comunicação entre o interior da célula e o seu meio. Uma vez que as proteínas e os lipídeos são exportados por essas vias, muitos deles sofrem vários tipos de modificações químicas, como a adição de cadeias laterais de carboidratos.

Nesta seção, discutimos como as vesículas transportam proteínas e membranas entre os compartimentos celulares, permitindo às células comer, beber e secretar. Também consideramos como tais vesículas transportadoras são direcionadas para seu destino apropriado, sendo ele uma organela do sistema de endomembranas ou a membrana plasmática.

As vesículas transportadoras carregam proteínas solúveis e membranas entre compartimentos

O transporte vesicular entre compartimentos delimitados por membranas do sistema de endomembranas é altamente organizado. Uma *via secretória* principal inicia com a síntese de proteínas na membrana do RE e sua entrada no RE, e continua pelo aparelho de Golgi até a superfície celular; no aparelho de Golgi, uma rota paralela conduz o transporte ao longo dos endossomos até os lisossomos. Uma *via endocítica* principal responsável pela ingestão e degradação de moléculas extracelulares move materiais da membrana plasmática, por meio dos endossomos, para os lisossomos (**Figura 15-18**).

Para realizar sua função da melhor maneira possível, cada vesícula transportadora que brota de um compartimento deve levar somente as proteínas apropriadas para o seu destino e fundir-se com a membrana-alvo apropriada. Uma vesícula transportando uma carga do aparelho de Golgi para a membrana plasmática, por exemplo, precisa excluir proteínas que devem permanecer no aparelho de Golgi e fundir-se apenas com a membrana plasmática e não com qualquer

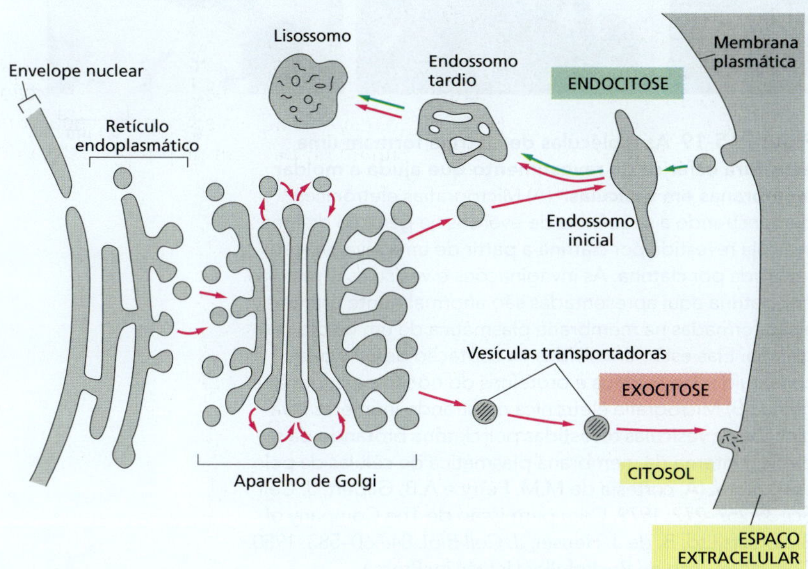

Figura 15-18 As vesículas transportadoras brotam de uma membrana e se fundem com outra, carregando componentes da membrana e proteínas solúveis entre os compartimentos do sistema de endomembranas e a membrana plasmática. A membrana de cada compartimento ou vesícula mantém sua orientação, de modo que o lado citosólico sempre está voltado para o citosol, e o lado não citosólico, para o lúmen do compartimento ou para o lado de fora da célula (ver Figura 11-18). O espaço extracelular e cada um dos compartimentos delimitados por membranas (sombreamento *cinza*) se comunicam uns com os outros por meio de vesículas transportadoras, como apresentado. Na via secretória (setas *vermelhas*), as moléculas proteicas são transportadas do RE, pelo aparelho de Golgi, para a membrana plasmática ou (via endossomos iniciais e tardios) aos lisossomos. Na via endocítica (setas *verdes*), as moléculas extracelulares são ingeridas (endocitadas) em vesículas derivadas da membrana plasmática e são encaminhadas para os endossomos iniciais e, normalmente, para os lisossomos por meio de endossomos tardios.

outra organela. Enquanto participa desse fluxo constante de componentes de membrana, cada organela deve manter a sua identidade distinta, ou seja, sua própria composição de proteínas e lipídeos. Todos esses eventos de reconhecimento dependem das proteínas presentes na superfície das vesículas transportadoras. Como vamos ver, diferentes tipos de vesículas de transporte migram entre as várias organelas, cada uma carregando um conjunto distinto de moléculas.

O brotamento de vesículas é promovido pela formação de uma camada de revestimento proteico

Em geral, as vesículas que brotam das membranas possuem uma camada de revestimento proteico distinto na sua superfície citosólica e são, por esse motivo, chamadas de **vesículas revestidas**. Depois de brotar de sua organela de origem, a vesícula perde o seu revestimento, permitindo que sua membrana interaja diretamente com a membrana à qual vai se fundir. As células produzem vários tipos de vesículas revestidas, cada uma com um tipo diferente de revestimento proteico. Esse revestimento ou capa serve para, no mínimo, duas funções: ajuda a moldar a membrana em um broto e captura moléculas para prosseguir o transporte.

As vesículas mais bem estudadas são aquelas que têm uma capa externa composta por **clatrina**. Essas *vesículas revestidas por clatrina* brotam do aparelho de Golgi, na via secretória, e da membrana plasmática, na via endocítica. Na membrana plasmática, por exemplo, cada vesícula se inicia como uma diminuta *invaginação revestida por clatrina.* As moléculas de clatrina se associam em uma rede de forma esférica na superfície citosólica da membrana, e é esse processo de associação que começa a dar o formato de vesícula à membrana (**Figura 15-19**).

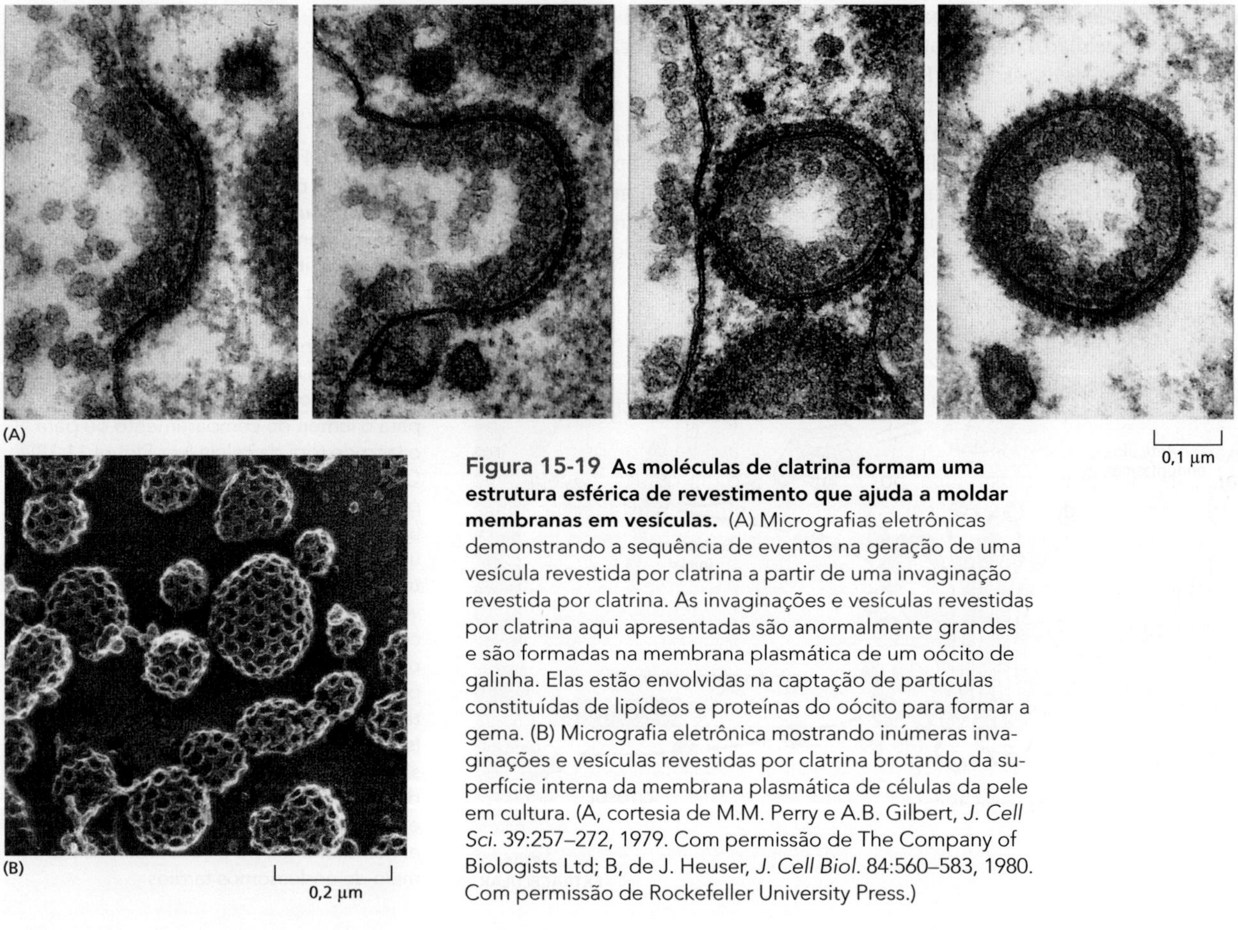

Figura 15-19 As moléculas de clatrina formam uma estrutura esférica de revestimento que ajuda a moldar membranas em vesículas. (A) Micrografias eletrônicas demonstrando a sequência de eventos na geração de uma vesícula revestida por clatrina a partir de uma invaginação revestida por clatrina. As invaginações e vesículas revestidas por clatrina aqui apresentadas são anormalmente grandes e são formadas na membrana plasmática de um oócito de galinha. Elas estão envolvidas na captação de partículas constituídas de lipídeos e proteínas do oócito para formar a gema. (B) Micrografia eletrônica mostrando inúmeras invaginações e vesículas revestidas por clatrina brotando da superfície interna da membrana plasmática de células da pele em cultura. (A, cortesia de M.M. Perry e A.B. Gilbert, *J. Cell Sci.* 39:257–272, 1979. Com permissão de The Company of Biologists Ltd; B, de J. Heuser, *J. Cell Biol.* 84:560–583, 1980. Com permissão de Rockefeller University Press.)

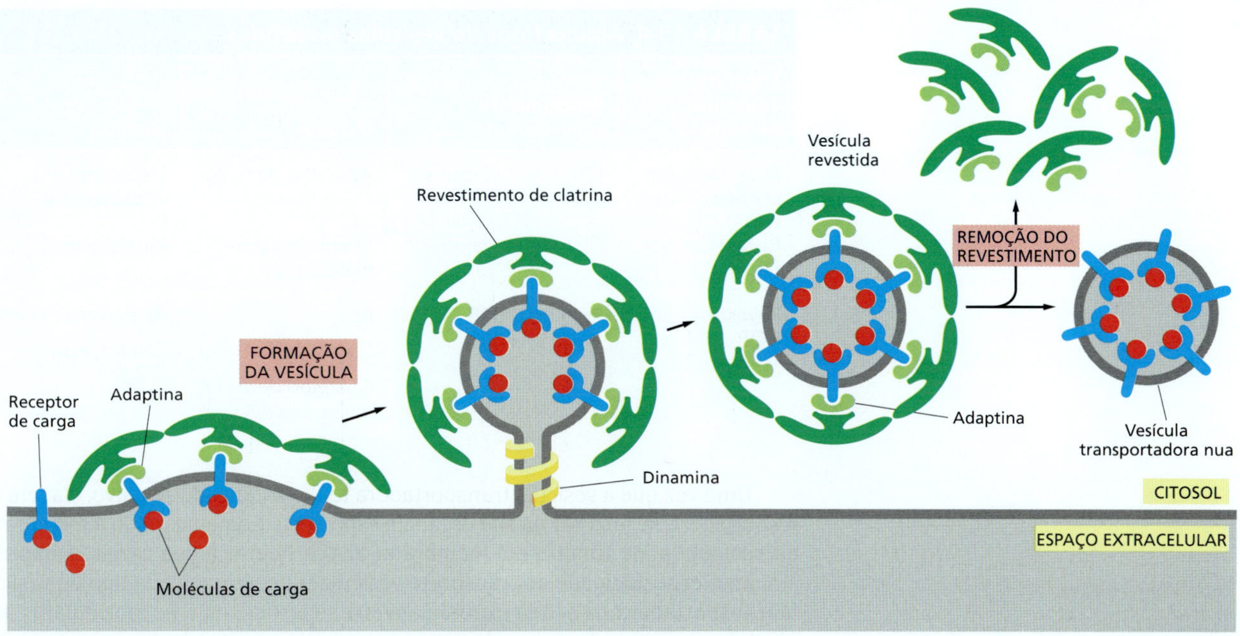

Figura 15-20 As vesículas revestidas por clatrina transportam moléculas de carga selecionadas. Aqui, como na Figura 15-19, as vesículas são mostradas brotando da membrana plasmática. Os receptores de carga, com as suas moléculas de carga ligadas, se ligam às adaptinas, as quais também ligam as moléculas de clatrina à superfície citosólica da vesícula em brotamento. (**Animação 15.5**). As proteínas dinaminas se associam em volta do pescoço das vesículas em brotamento; uma vez ligadas, as moléculas de dinamina – que são GTPases monoméricas (discutidas no Capítulo 16) – hidrolisam seu GTP ligado e, com o auxílio de outras proteínas recrutadas para o pescoço (não mostrado), destacam as vesículas. Após o brotamento estar completo, as proteínas de revestimento são removidas, e a vesícula nua pode fundir-se com a sua membrana-alvo. Proteínas funcionalmente semelhantes são encontradas em outros tipos de vesículas revestidas.

Uma pequena proteína de ligação a GTP, denominada *dinamina*, associa-se como um anel ao redor do pescoço de cada invaginação revestida na membrana. Junto a outras proteínas recrutadas para o pescoço da vesícula, a dinamina provoca a contração do anel, destacando a vesícula a partir da membrana parental. Outros tipos de vesículas transportadoras, com diferentes proteínas de revestimento, também estão envolvidos no transporte vesicular. Elas se formam de maneira semelhante e carregam seus próprios conjuntos característicos de moléculas entre o RE, o aparelho de Golgi e a membrana plasmática. Contudo, como uma vesícula transportadora seleciona a sua carga particular? O mecanismo é mais bem compreendido para as vesículas revestidas por clatrina.

A própria clatrina não toma parte na escolha de moléculas específicas para o transporte. Essa é a função de uma segunda classe de proteínas de revestimento chamadas de *adaptinas*, as quais fixam o revestimento de clatrina à membrana da vesícula e ajudam a selecionar as moléculas a serem transportadas. As moléculas para transporte carregam *sinais de transporte* específicos que são reconhecidos pelos *receptores de carga* no aparelho de Golgi ou na membrana plasmática. As adaptinas ajudam a capturar moléculas de carga específicas pela sua ligação aos receptores de carga que se ligam às moléculas de carga. Assim, um conjunto selecionado de moléculas de carga, ligadas aos seus receptores específicos, é incorporado ao lúmen de cada vesícula recém-formada revestida por clatrina (**Figura 15-20**). Existem tipos diferentes de adaptinas: as que ligam os receptores de carga na membrana plasmática, por exemplo, são diferentes daquelas que ligam os receptores de carga do aparelho de Golgi, refletindo as diferenças nas moléculas de carga a serem transportadas a partir de cada uma dessas fontes.

Outra classe de vesículas revestidas, chamadas de *vesículas revestidas por COP* (proteína de revestimento, de *coat protein*), está envolvida no transporte de moléculas entre o RE e o aparelho de Golgi, e de uma parte do aparelho de Golgi para outra (**Tabela 15-4**).

A fusão de vesículas depende de proteínas de conexão e SNAREs

Após o desprendimento de uma vesícula transportadora da membrana, ela deve encontrar o seu caminho para o destino correto, para entregar o seu conteúdo. Muitas vezes, a vesícula é ativamente transportada por proteínas motoras que se movem ao longo das fibras do citoesqueleto, como discutido no Capítulo 17.

TABELA 15-4 Alguns tipos de vesículas revestidas

Tipos de vesículas revestidas	Proteínas de revestimento	Origem	Destino
Revestidas por clatrina	Clatrina + adaptina 1	Aparelho de Golgi	Lisossomo (via endossomos)
Revestidas por clatrina	Clatrina + adaptina 2	Membrana plasmática	Endossomos
Revestidas por COP	Proteínas COP	RE Cisternas de Golgi Aparelho de Golgi	Aparelho de Golgi Cisternas de Golgi RE

Uma vez que a vesícula transportadora tenha alcançado seu alvo, ela tem de reconhecer e se ancorar na sua organela específica. Somente então a membrana da vesícula pode fundir-se à membrana-alvo e liberar a sua carga. A impressionante especificidade do transporte vesicular sugere que cada tipo de vesícula transportadora na célula exponha na sua superfície marcas moleculares que identificam a vesícula de acordo com a sua origem e conteúdo. Esses marcadores devem ser reconhecidos pelos receptores complementares localizados na membrana-alvo, incluindo a membrana plasmática.

O processo de identificação depende de uma família diversa de GTPases monoméricas denominadas **proteínas Rab**. Proteínas Rab específicas presentes na superfície de cada tipo de vesícula são reconhecidas por *proteínas de conexão* correspondentes presentes na superfície citosólica da membrana-alvo. Cada organela e cada tipo de vesícula transportadora possuem uma única combinação de proteínas Rab, que serve como marcador molecular para cada tipo de membrana. O sistema codificante para combinar Rab e as proteínas de conexão ajuda a assegurar que as vesículas transportadoras fundam-se apenas com a membrana correta.

Um reconhecimento é fornecido por uma família de proteínas transmembrânicas, chamadas de **SNAREs**. Uma vez que a proteína de conexão tenha reconhecido uma vesícula para ligação de alta afinidade com sua proteína Rab, as SNAREs presentes na vesícula (chamadas de v-SNAREs) interagem com SNAREs complementares presentes na membrana-alvo (chamadas de t-SNARES), ancorando firmemente a vesícula no seu local (**Figura 15-21**).

As mesmas SNAREs envolvidas na ancoragem também têm um papel central na catálise da fusão de membranas necessária para que uma vesícula transpor-

QUESTÃO 15-5

O brotamento de vesículas revestidas por clatrina pode ser observado em fragmentos de membranas plasmáticas eucarióticas quando adaptinas, clatrina e dinamina-GTP são adicionadas. O que você observaria caso fossem omitidas: (A) adaptinas, (B) clatrina ou (C) dinamina? (D) O que você observaria se os fragmentos de membrana plasmática fossem provenientes de uma célula procariótica?

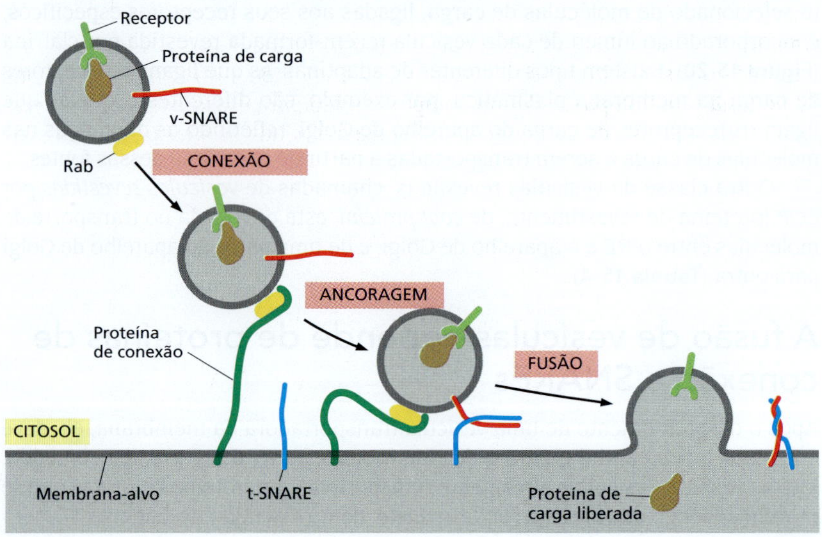

Figura 15-21 Proteínas Rab, proteínas de conexão e SNAREs ajudam a direcionar as vesículas transportadoras para suas membranas-alvo. Uma proteína filamentosa de conexão em uma membrana se liga à proteína Rab na superfície de uma vesícula. Essa interação permite a ancoragem da vesícula na membrana-alvo específica. A v-SNARE na vesícula então se liga a uma t-SNARE complementar na membrana-alvo. Enquanto as proteínas Rab e de conexão fornecem o reconhecimento inicial entre uma vesícula e sua membrana-alvo, proteínas SNAREs complementares asseguram que as vesículas transportadoras se fusionem às membranas-alvo apropriadas. Essas proteínas SNAREs também catalisam a fusão final das duas membranas (ver Figura 15-22).

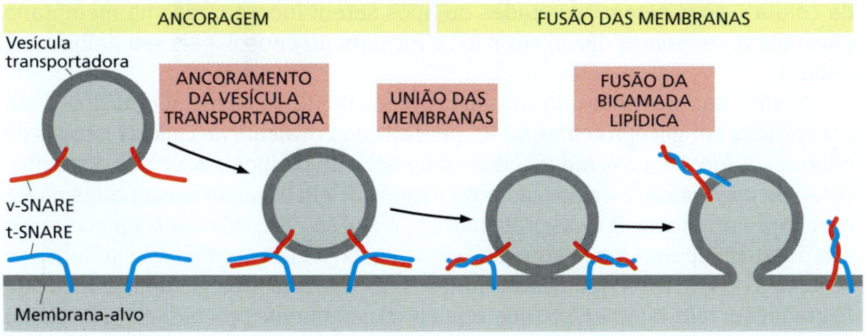

Figura 15-22 Após a ancoragem das vesículas, as proteínas SNAREs podem catalisar a fusão das membranas da vesícula e da membrana-alvo. Uma vez acionadas de maneira apropriada, a ligação de alta afinidade entre v-SNAREs e t-SNAREs aproxima as duas bicamadas lipídicas. A força das SNAREs se enrolando expulsa qualquer molécula de água que se mantenha entre as duas membranas, permitindo que seus lipídeos se fusionem para formar uma bicamada contínua. Em uma célula, outras proteínas recrutadas para o local da fusão ajudam a completar esse processo. Após a fusão, as SNAREs são separadas de modo que possam ser utilizadas novamente.

tadora libere sua carga. A fusão não só permite a liberação do conteúdo solúvel da vesícula no interior da organela-alvo, mas também adiciona a membrana da vesícula à membrana da organela (ver Figura 15-21). Após a ancoragem da vesícula, a fusão de uma vesícula com sua membrana-alvo às vezes requer um sinal estimulador especial. Enquanto a ancoragem exige apenas que as duas membranas se aproximem o suficiente para que haja a interação entre as proteínas SNAREs que se projetam das duas bicamadas lipídicas, a fusão requer uma aproximação ainda maior: as duas bicamadas lipídicas devem chegar a distâncias de 1,5 nm uma da outra, de modo que seus lipídeos possam misturar-se. Para tal aproximação, a água deve ser removida das superfícies hidrofílicas das membranas – um processo muito desfavorável energeticamente, evitando assim que membranas se fundam de forma aleatória. Todas as fusões de membranas nas células devem ser catalisadas por proteínas especializadas que se agrupam para formar um complexo de fusão, que fornece os meios para cruzar essa barreira de energia. As próprias proteínas SNAREs catalisam o processo de fusão: uma vez que a fusão é acionada, v-SNAREs e t-SNAREs se enrolam uma na outra, atuando, portanto, como um mecanismo de manivela que puxa as duas bicamadas lipídicas para perto uma da outra (**Figura 15-22**).

VIAS SECRETÓRIAS

O tráfego vesicular não está restrito ao interior da célula. Ele se estende para a e a partir da membrana plasmática. Proteínas, lipídeos e carboidratos recém-sintetizados são encaminhados a partir do RE, via aparelho de Golgi, para a superfície celular por vesículas transportadoras que se fundem com a membrana plasmática no processo de *exocitose* (ver Figura 15-18). Cada molécula que viaja ao longo dessa rota passa por uma sequência fixa de compartimentos delimitados por membranas e com frequência é quimicamente modificada durante a rota.

Nesta seção, seguimos a rota de exportação de proteínas à medida que migram do RE, onde elas são sintetizadas e modificadas, pelo aparelho de Golgi, sofrendo outras modificações e distribuições, até a membrana plasmática. Conforme uma proteína passa de um compartimento para outro, ela é monitorada para verificar se foi corretamente enovelada e associada às suas parceiras apropriadas, de modo que apenas as proteínas corretamente construídas cheguem à superfície celular. Associações incorretas, que muitas vezes são maioria, são degradadas dentro da célula. Aparentemente, qualidade é mais importante do que economia quando se trata de produção e transporte de proteínas por essa via.

A maior parte das proteínas é modificada covalentemente no RE

A maioria das proteínas que entram no RE é quimicamente modificada nesse compartimento. *Pontes dissulfeto* são formadas pela oxidação de pares de cadeias laterais de cisteínas (ver Figura 4-30), uma reação catalisada por uma enzima que reside no lúmen do RE. As pontes dissulfeto ajudam a estabilizar a estrutura das proteínas que encontrarão enzimas de degradação e variações de pH fora da célula – após serem secretadas ou após serem incorporadas na membrana plasmática. As pontes dissulfeto não se formam no citosol, pois seu ambiente é redutor.

Muitas das proteínas que entram no lúmen do RE ou na membrana do RE são convertidas em glicoproteínas no RE pela adição covalente de cadeias laterais de oligossacarídeos curtos ramificados compostos de múltiplos açúcares. Esse processo de *glicosilação* é catalisado por enzimas de glicosilação encontradas no RE e ausentes no citosol. Poucas proteínas do citosol são glicosiladas, e aquelas que o são possuem apenas um resíduo de açúcar ligado a elas. Os oligossacarídeos nas proteínas podem servir para várias funções. Eles podem proteger uma proteína da degradação, retê-la no RE até que seja apropriadamente processada (enovelada) ou auxiliar seu transporte para a organela apropriada, servindo como um sinal de transporte para o empacotamento da proteína em vesículas transportadoras adequadas. Quando presentes na superfície celular, os oligossacarídeos formam parte da camada externa de carboidratos, glicocálice (ver Figura 11-33) e podem atuar no reconhecimento de uma célula por outra.

No RE, os açúcares não são individualmente adicionados, um a um, à proteína para criar a cadeia lateral oligossacarídica. Ao contrário, um oligossacarídeo ramificado pré-formado, contendo um total de 14 açúcares, é anexado em bloco a todas as proteínas que possuem um sítio apropriado de glicosilação. O oligossacarídeo é originalmente ligado a um lipídeo especializado, chamado *dolicol*, na membrana do RE; então é transferido para o grupo amino (NH_2) de uma cadeia lateral de asparagina da proteína, logo após a imersão de uma asparagina-alvo no lúmen do RE durante a translocação proteica (**Figura 15-23**). A adição ocorre em uma única etapa enzimática que é catalisada por uma enzima ligada à membrana (uma oligossacaril-transferase) que tem seu sítio ativo exposto na face luminal da membrana do RE – o que explica por que as proteínas citosólicas não são glicosiladas dessa maneira. Uma sequência simples de três aminoácidos, na qual a asparagina é um deles, define quais resíduos de asparagina em uma proteína recebem o oligossacarídeo. As cadeias laterais oligossacarídicas ligadas ao grupo NH_2 da asparagina em uma proteína são ditas *N-ligadas* e são a forma mais comum de ligação encontrada em glicoproteínas.

A adição de um oligossacarídeo de 14 açúcares no RE é apenas a primeira etapa em uma série de modificações adicionais antes que a glicoproteína madura

QUESTÃO 15-6

Por que seria vantajoso adicionar um bloco de 14 açúcares polimerizado previamente a uma proteína no RE, em vez de polimerizar a cadeia de açúcar etapa por etapa na superfície da proteína, pela adição sequencial de açúcares mediada por enzimas individuais?

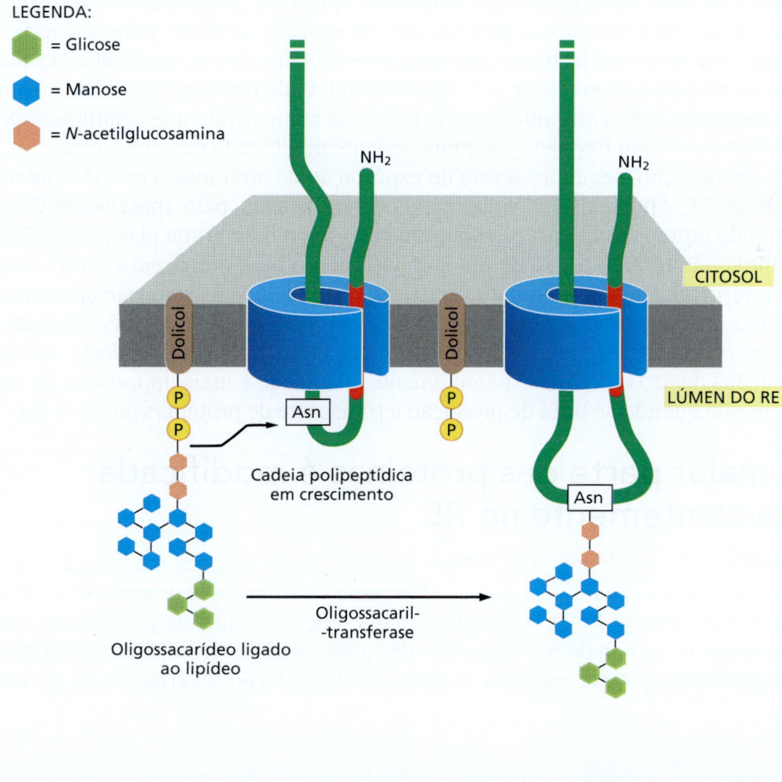

Figura 15-23 Muitas proteínas são glicosiladas nas asparaginas no RE. Quando uma asparagina apropriada entra no lúmen do RE, ela é glicosilada pela adição de uma cadeia lateral ramificada de oligossacarídeos. Cada cadeia oligossacarídica é transferida como uma unidade intacta para a asparagina a partir de um lipídeo denominado dolicol, em uma reação catalisada pela enzima oligossacaril-transferase. As asparaginas que são glicosiladas estão sempre presentes em uma sequência tripeptídica asparagina-X-serina ou asparagina-X-treonina, onde X pode ser praticamente qualquer aminoácido.

alcance a superfície celular. Apesar da similaridade inicial, os oligossacarídeos *N*-ligados em glicoproteínas maduras são muito diversos. Toda a diversidade é resultante de extensas modificações da estrutura precursora original apresentada na Figura 15-23. Esse processamento oligossacarídico inicia-se no RE e continua no aparelho de Golgi.

A saída do RE é controlada para garantir a qualidade proteica

Algumas proteínas produzidas no RE são destinadas a funcionar nessa organela. Elas são retidas no RE (e retornam ao RE quando escapam para o aparelho de Golgi) por uma sequência C-terminal de quatro aminoácidos chamada *sinal de retenção no RE* (ver Tabela 15-3, p. 494). Esse sinal de retenção é reconhecido por uma proteína receptora ligada à membrana no RE e no aparelho de Golgi. A maioria das proteínas que entra no RE, entretanto, é destinada a outros locais; elas são empacotadas em vesículas transportadoras que emergem do RE e se fundem com o aparelho de Golgi.

A saída do RE é bastante seletiva. Proteínas que não se enovelam corretamente e proteínas diméricas ou multiméricas que não se associam de forma apropriada são retidas ativamente no RE por meio da ligação a *proteínas chaperonas* residentes. As chaperonas mantêm tais proteínas no RE até que o correto enovelamento ou associação em estrutura quaternária ocorra. As chaperonas impedem que proteínas mal-enoveladas se agreguem, o que ajuda a guiar as proteínas ao longo do caminho em direção ao correto enovelamento (**Figura 15-24** e ver Figuras 4-9 e 4-10); se o correto enovelamento e associação em estrutura quaternária ainda falharem, as proteínas são exportadas para o citosol, onde são degradadas. Moléculas de anticorpos, por exemplo, são constituídas por quatro cadeias polipeptídicas (ver Figura 4-33) que se associam em uma molécula completa de anticorpo no RE. Os anticorpos parcialmente formados são retidos no RE até que as quatro cadeias polipeptídicas tenham sido adicionadas; qualquer molécula de anticorpo que falhe em associar-se adequadamente é degradada. Assim, o RE controla a qualidade das proteínas que exporta para o aparelho de Golgi.

Algumas vezes, entretanto, esse mecanismo de controle de qualidade pode ser prejudicial ao organismo. Por exemplo, a mutação predominante que causa a doença genética *fibrose cística*, que causa graves danos ao pulmão, produz uma proteína de transporte da membrana plasmática que é levemente mal-enovelada; apesar de a proteína mutante poder funcionar de modo perfeitamente normal como um canal de cloreto se alcançasse a membrana plasmática, ela é retida no RE, com drásticas consequências. Assim, essa doença devastadora ocorre não apenas porque a mutação altera uma proteína importante, mas também porque a proteína ativa é descartada pelas células antes que lhe seja dada a oportunidade de funcionar.

O tamanho do RE é controlado pela demanda de proteínas

Embora as chaperonas ajudem as proteínas no RE a se enovelarem apropriadamente e retêm aquelas que não o fazem, esse sistema de controle de qualidade pode se tornar saturado. Quando isso ocorre, as proteínas mal-enoveladas se

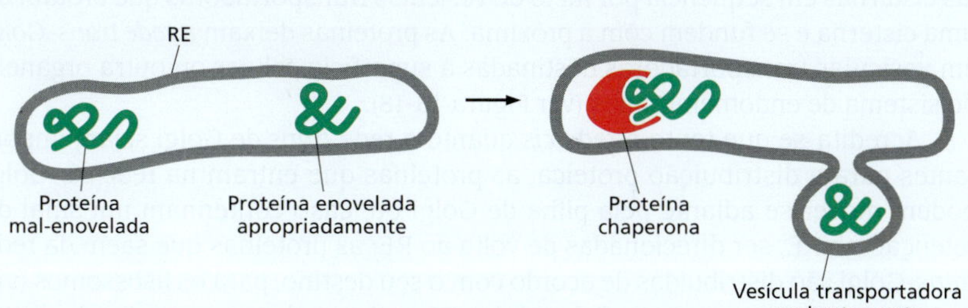

Figura 15-24 As chaperonas impedem que proteínas mal-enoveladas ou parcialmente polimerizadas deixem o RE. As proteínas malformadas se ligam a proteínas chaperonas do lúmen do RE e são lá retidas, ao passo que as proteínas normalmente processadas são transportadas em vesículas transportadoras para o aparelho de Golgi. Se as proteínas malformadas falham em reenovelar-se normalmente, elas são transportadas de volta para o citosol, onde são degradadas (não mostrado).

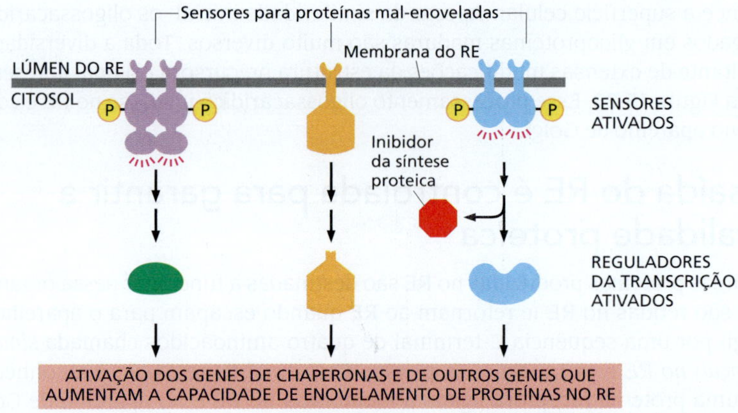

Figura 15-25 O acúmulo de proteínas mal-enoveladas no lúmen do RE aciona a resposta à proteína desenovelada (UPR). Essas proteínas mal-enoveladas são reconhecidas por alguns tipos de proteínas sensoras transmembrânicas na membrana do RE, onde cada uma ativa uma parte diferente da UPR. Alguns sensores estimulam a produção de reguladores da transcrição que ativam genes que codificam chaperonas ou outras proteínas do sistema de controle de qualidade do RE. Outro sensor também inibe a síntese proteica, reduzindo o fluxo de proteínas pelo RE.

acumulam no RE. Se o acúmulo é grande o suficiente, ele aciona um programa complexo chamado de **resposta à proteína desenovelada** (**UPR,** do inglês *unfolded protein response*). Tal programa incita a célula a produzir mais RE, incluindo mais chaperonas e outras proteínas envolvidas com o controle de qualidade (**Figura 15-25**).

A UPR permite que a célula ajuste o tamanho do seu RE de acordo com o volume de proteínas que entram na via secretória. Contudo, em alguns casos, mesmo um RE expandido não é suficiente, e a UPR aciona a autodestruição por apoptose. Uma situação dessas pode ocorrer no diabetes de início tardio em adultos, onde os tecidos se tornam gradualmente resistentes aos efeitos da insulina. Para compensar essa resistência, as células secretoras de insulina no pâncreas produzem mais e mais insulina. Por fim, seus REs alcançam o máximo de sua capacidade, ponto em que a UPR pode acionar a morte celular. Quanto mais células secretoras de insulina forem eliminadas, maior é a demanda das células sobreviventes, tornando mais provável que elas morram também, exacerbando a doença.

As proteínas sofrem modificações adicionais e são distribuídas pelo aparelho de Golgi

O **aparelho de Golgi** em geral está localizado próximo ao núcleo celular e, em células animais, costuma estar nas proximidades do centrossomo – uma pequena estrutura do citoesqueleto localizada próximo ao centro celular (ver Figura 17-12). O aparelho de Golgi consiste em um conjunto de sacos achatados delimitados por membrana, denominados cisternas, que estão amontoados como pilhas de pães pita. Cada pilha contém de 3 a 20 cisternas (**Figura 15-26**). O número de pilhas de Golgi por célula varia bastante dependendo do tipo celular: algumas células contêm uma única pilha grande, e outras contêm centenas de pilhas muito pequenas.

Cada pilha de Golgi possui duas faces distintas: uma face de entrada, ou *cis*, e uma face de saída, ou *trans*. A face *cis* é adjacente ao RE, e a face *trans* está voltada em direção à membrana plasmática. A cisterna mais externa de cada face está conectada a uma rede de vesículas e tubos membranosos interconectados (ver Figura 15-26A). As proteínas solúveis e de membrana entram na *rede cis-Golgi* pelas vesículas transportadoras derivadas do RE. As proteínas viajam pelas cisternas em sequência por meio de vesículas transportadoras que brotam de uma cisterna e se fundem com a próxima. As proteínas deixam a *rede trans-Golgi* em vesículas transportadoras destinadas à superfície celular ou outra organela do sistema de endomembranas (ver Figura 15-18).

Acredita-se que tanto a rede *cis* quanto a rede *trans* de Golgi sejam importantes para a distribuição proteica: as proteínas que entram na rede *cis*-Golgi podem mover-se adiante pela pilha de Golgi ou, caso contenham um sinal de retenção no RE, ser direcionadas de volta ao RE; as proteínas que saem da rede *trans*-Golgi são distribuídas de acordo com o seu destino, para os lisossomos (via endossomos) ou para a superfície celular. Discutimos alguns exemplos de distri-

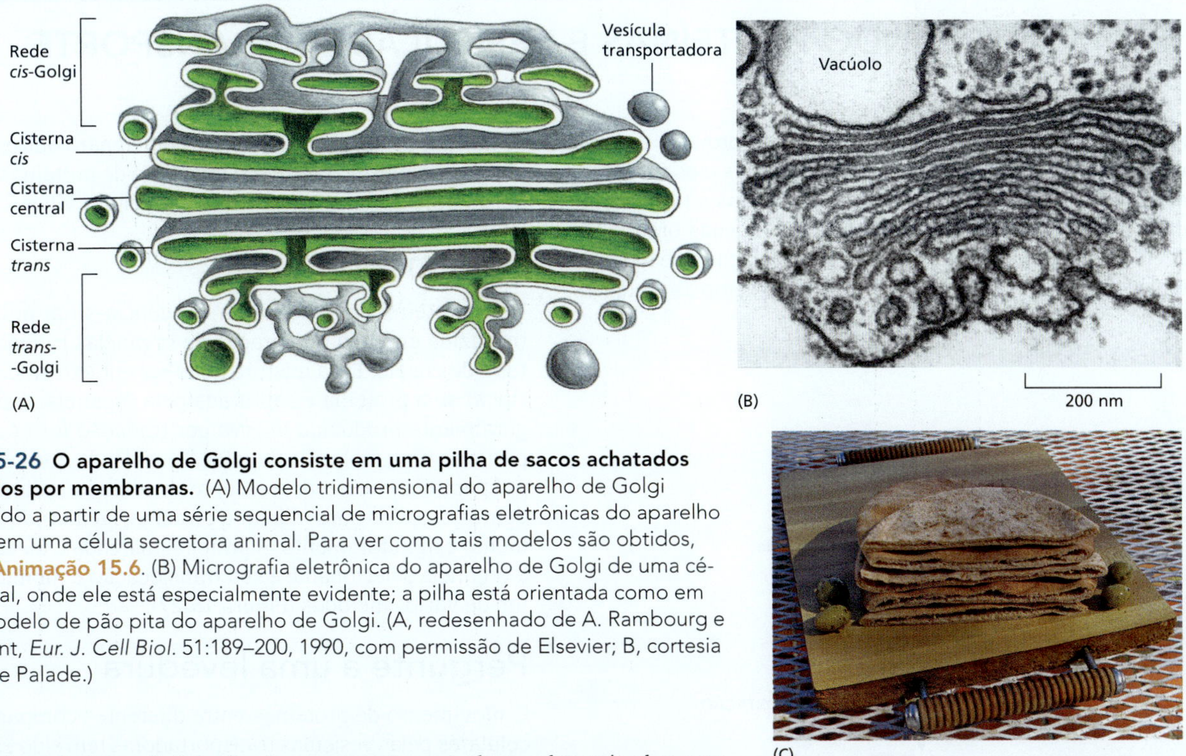

Figura 15-26 O aparelho de Golgi consiste em uma pilha de sacos achatados delimitados por membranas. (A) Modelo tridimensional do aparelho de Golgi reconstruído a partir de uma série sequencial de micrografias eletrônicas do aparelho de Golgi em uma célula secretora animal. Para ver como tais modelos são obtidos, assista à **Animação 15.6**. (B) Micrografia eletrônica do aparelho de Golgi de uma célula vegetal, onde ele está especialmente evidente; a pilha está orientada como em (A). (C) Modelo de pão pita do aparelho de Golgi. (A, redesenhado de A. Rambourg e Y. Clermont, *Eur. J. Cell Biol.* 51:189–200, 1990, com permissão de Elsevier; B, cortesia de George Palade.)

buição pela rede *trans*-Golgi adiante e apresentamos alguns dos métodos para rastrear proteínas por vias secretórias da célula em **Como Sabemos**, p. 512-513.

Muitas das cadeias de oligossacarídeos que são adicionadas às proteínas no RE (ver Figura 15-23) sofrem modificações posteriores no aparelho de Golgi. Em algumas proteínas, por exemplo, cadeias mais complexas de oligossacarídeos são criadas por processos bastante ordenados, em que açúcares são adicionados e removidos por uma série de enzimas que atuam em uma sequência rigidamente determinada à medida que as proteínas passam pela pilha de Golgi. Como seria esperado, as enzimas que atuam inicialmente na cadeia de eventos de processamento estão localizadas nas cisternas nas proximidades da face *cis*, enquanto as enzimas que atuam mais tarde estão localizadas nas cisternas próximas à face *trans*.

As proteínas secretórias são liberadas da célula por exocitose

Em todas as células eucarióticas, há uma corrente contínua de vesículas que são formadas a partir da rede *trans*-Golgi e que se fundem com a membrana plasmática no processo de **exocitose**. Essa *via constitutiva de exocitose* fornece à membrana plasmática lipídeos e proteínas recém-sintetizados (**Animação 15.7**), permitindo que a membrana plasmática se expanda antes da divisão celular e renove lipídeos e proteínas nas células que não estão em proliferação. A via constitutiva também carrega proteínas solúveis para a superfície celular a fim de serem liberadas ao exterior, um processo chamado de **secreção**. Algumas dessas proteínas permanecem ligadas à superfície celular; algumas são incorporadas à matriz extracelular; outras ainda se difundem para o líquido extracelular para nutrir ou sinalizar outras células. A entrada em uma via constitutiva não requer uma determinada sequência de sinais como aqueles que direcionam as proteínas para os endossomos ou para o transporte de volta ao RE.

Além da via constitutiva de exocitose, que opera continuamente em todas as células eucarióticas, há uma *via regulada de exocitose*, a qual atua apenas em células que são especializadas em secreção. Cada *célula secretória* especializada produz grandes quantidades de determinado produto – como um hormônio,

RASTREANDO PROTEÍNAS E VESÍCULAS DE TRANSPORTE

Ao longo dos anos, os biólogos têm tirado proveito de uma variedade de técnicas para desvendar as vias e os mecanismos pelos quais as proteínas são distribuídas e transportadas para dentro e para fora da célula e de suas organelas. Técnicas bioquímicas, genéticas, microscópicas e de biologia molecular fornecem meios para monitorar como as proteínas se movem de um compartimento celular para outro. Algumas podem até mesmo rastrear a migração de proteínas e vesículas de transporte em tempo real nas células vivas.

Em um tubo

Uma proteína contendo uma sequência-sinal pode ser introduzida em uma preparação de organelas isoladas em um tubo de ensaio. Essa mistura pode ser então testada para verificar se a proteína é capturada pela organela. A proteína é geralmente produzida *in vitro* por tradução fora da célula a partir de uma molécula de mRNA purificada que codifica um polipeptídeo; nesse processo, aminoácidos radioativos podem ser usados para marcar a proteína, facilitando seu isolamento e monitoramento. A proteína marcada é incubada com a organela selecionada, e sua translocação é monitorada por um de vários métodos (**Figura 15-27**).

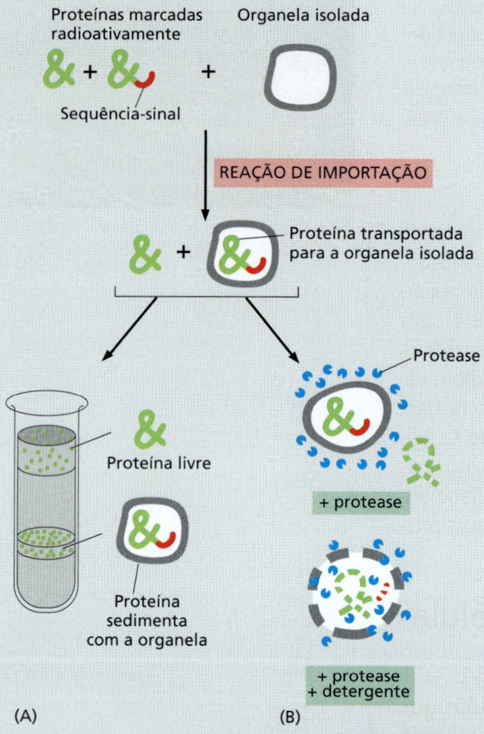

Figura 15-27 Alguns métodos podem ser utilizados para determinar se uma proteína marcada que carrega uma sequência-sinal em particular é transportada para o interior de uma preparação de organelas isoladas. (A) A proteína marcada com ou sem uma sequência-sinal é incubada com as organelas, e a preparação é centrifugada. Apenas as proteínas marcadas que contêm a sequência-sinal serão transportadas e, portanto, serão cofracionadas com as organelas. (B) As proteínas marcadas são incubadas com as organelas, e uma protease é adicionada à preparação. Uma proteína transportada será seletivamente protegida da digestão pela membrana da organela; a adição de um detergente que rompe a membrana da organela eliminará a proteção, e a proteína transportada também será degradada.

Pergunte a uma levedura

O movimento de proteínas entre diferentes compartimentos celulares pelas vesículas transportadoras tem sido extensivamente estudado usando técnicas genéticas. Estudos de células mutantes de leveduras que são defeituosas para secreção a temperaturas altas identificaram alguns genes envolvidos no transporte de proteínas do RE para a superfície celular. Muitos desses genes mutantes codificam proteínas sensíveis à temperatura (discutido no Capítulo 19). Essas proteínas mutantes podem funcionar normalmente a 25°C, mas quando as células de levedura são colocadas a 35°C elas são inativadas. Consequentemente, quando os pesquisadores aumentam a temperatura, as várias proteínas destinadas à secreção se acumulam inapropriadamente no RE, no aparelho de Golgi ou nas vesículas transportadoras, dependendo da mutação (**Figura 15-28**).

Nos filmes

O método mais comum para rastrear uma proteína enquanto ela se movimenta pela célula envolve a marcação do polipeptídeo com uma proteína fluorescente, como a proteína verde fluorescente (GFP, do inglês *green fluorescent protein*). Usando as técnicas de engenharia genética discutidas no Capítulo 10, essa pequena proteína pode ser fundida a outras proteínas celulares. Felizmente, para muitos estudos, a adição de GFP a uma ou a outra extremidade não perturba o funcionamento e o transporte normais da proteína. O movimento de uma proteína marcada com GFP pode ser, então, monitorado em uma célula viva com um microscópio de fluorescência. Em 2008, Martin Chalfie e Roger Tsien ganharam o prêmio Nobel em química pelo desenvolvimento e refinamento dessa tecnologia.

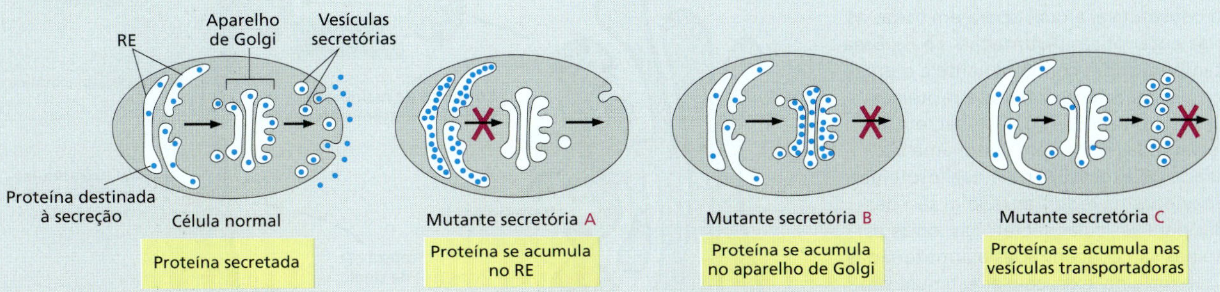

Figura 15-28 Mutantes sensíveis à temperatura têm sido utilizados para dissecar a via secretória de proteínas em leveduras. Mutações nos genes envolvidos em diferentes estágios do processo de transporte, como indicado pelo X *vermelho*, resultam no acúmulo de proteínas no RE, no aparelho de Golgi ou em outras vesículas transportadoras.

Tais proteínas fusionadas à GFP são amplamente utilizadas para estudar a localização e o movimento das proteínas nas células (**Figura 15-29**). A GFP fusionada a uma proteína que se movimenta para dentro e para fora do núcleo, por exemplo, pode ser usada para estudar eventos de transporte nuclear. A GFP fusionada a uma proteína da membrana plasmática pode ser usada para monitorar a cinética de seu movimento pela via secretória. (**Animação 15.1**, **Animação 15.7**, **Animação 15.8** e **Animação 15.11**).

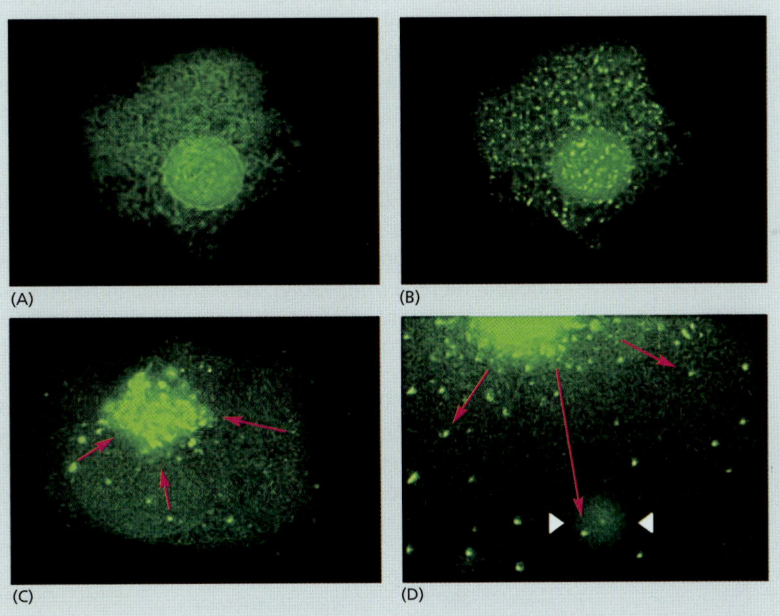

Figura 15-29 A marcação de uma proteína com GFP permite que a proteína de fusão resultante seja rastreada por toda a célula. Nesse experimento, a GFP está fusionada a uma proteína da capa viral e expressa em células animais em cultura. Em uma célula infectada, a proteína viral se move pela via secretória do RE para a superfície celular, onde as partículas virais são formadas. As setas *vermelhas* indicam a direção do movimento da proteína. A proteína da capa viral usada neste experimento contém uma mutação que permite a exportação pelo RE apenas em baixas temperaturas. (A) Em altas temperaturas, a proteína de fusão é detectada no RE. (B) À medida que a temperatura baixa, a proteína de fusão com GFP rapidamente se acumula nos sítios de saída do RE. (C) A proteína de fusão, então, desloca-se para o aparelho de Golgi. (D) Por fim, a proteína de fusão é liberada na membrana plasmática, mostrada aqui em uma visão mais próxima. O halo entre as duas setas *brancas* marca o ponto onde uma única vesícula foi fusionada, permitindo que a proteína de fusão se incorpore na membrana plasmática. Essas imagens são momentos captados da **Animação 15.7**. (A–D, cortesia de Jennifer Lippincott-Schwartz.)

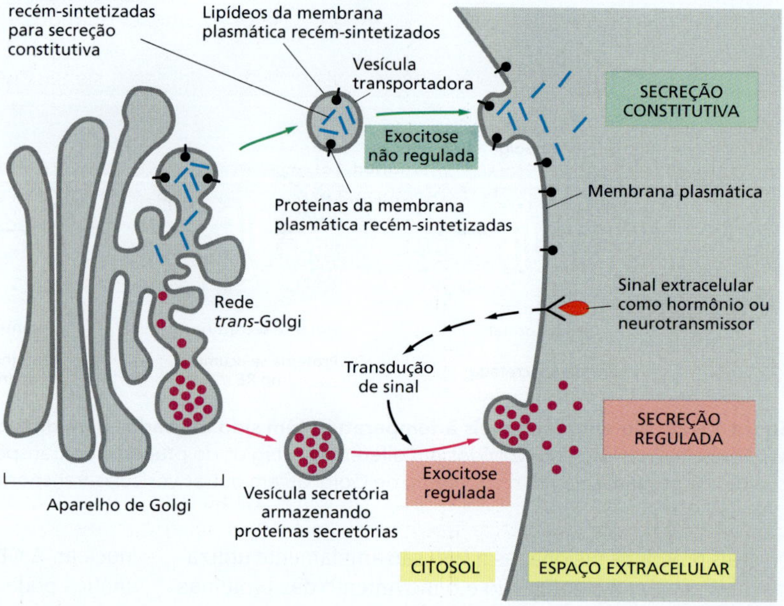

Figura 15-30 Em células secretoras, as vias regulada e constitutiva da exocitose divergem na rede *trans*-Golgi. Muitas proteínas solúveis são continuamente secretadas a partir da célula pela via secretória constitutiva, a qual opera em todas as células eucarióticas (**Animação 15.8**). Essa via também supre continuamente a membrana plasmática de lipídeos e proteínas recém-sintetizados. As células secretoras especializadas têm, além disso, uma via regulada de exocitose, pela qual proteínas selecionadas na rede *trans*-Golgi são desviadas para vesículas secretórias, onde as proteínas são concentradas e armazenadas até que um sinal extracelular estimule sua secreção. Não se sabe como esses determinados agregados de proteínas secretórias (*vermelho*) são segregados em vesículas secretórias. As vesículas secretórias têm proteínas ímpares em suas membranas; talvez algumas dessas proteínas atuem como receptores para agregados de proteínas secretórias na rede *trans*-Golgi.

muco ou enzimas digestivas – que são armazenadas em **vesículas secretórias** para posterior liberação. Essas vesículas, que fazem parte do sistema de endomembranas, brotam da rede *trans*-Golgi e se acumulam próximo à membrana plasmática. Lá, elas aguardam o sinal extracelular que irá estimulá-las a se fundir com a membrana plasmática e liberar seu conteúdo ao exterior celular por exocitose (**Figura 15-30**). Um aumento na glicose do sangue, por exemplo, sinaliza para as células endócrinas produtoras de insulina do pâncreas que elas devem secretar o hormônio (**Figura 15-31**).

As proteínas destinadas às vesículas secretórias são distribuídas e empacotadas na rede *trans*-Golgi. As proteínas que se movimentam por essa via têm propriedades de superfície especiais que as levam a se agregar umas com as outras sob as condições iônicas (pH ácido e alta concentração de Ca^{2+}) que prevalecem na rede *trans*-Golgi. As proteínas agregadas são empacotadas em vesículas secretórias, as quais se destacam da rede e aguardam por um sinal para se fusionarem com a membrana plasmática. As proteínas secretadas pela via constitutiva, ao contrário, não se agregam e são, portanto, carregadas automaticamente à membrana plasmática pelas vesículas transportadoras da via constitutiva. A agregação seletiva tem outra função: ela permite que as proteínas de secreção sejam empacotadas em vesículas secretórias em concentrações muito mais altas do que a concentração de proteínas não agregadas no lúmen do Golgi.

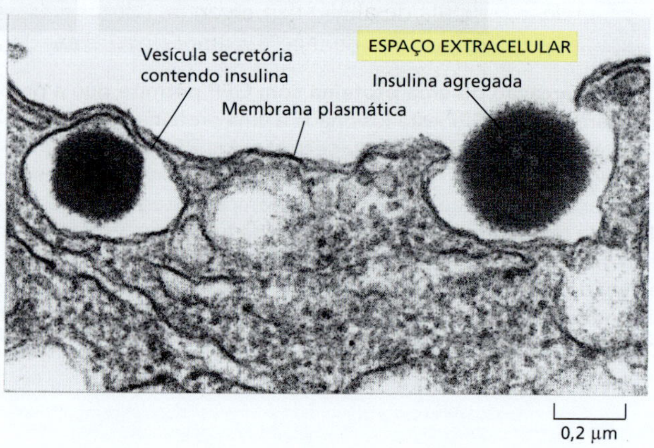

Figura 15-31 As vesículas secretórias armazenam insulina na célula β pancreática. A micrografia eletrônica mostra a liberação de insulina no espaço extracelular em resposta a um aumento dos níveis de glicose no sangue. A insulina em cada vesícula secretória é armazenada de forma agregada bastante concentrada. Após a secreção, os agregados de insulina dissolvem-se rapidamente no sangue. (Cortesia de Lelio Orci, de L. Orci, J.D. Vassali e A. Perrelet, *Sci. Am.* 259:85–94, 1988. Com permissão de Scientific American.)

O aumento da concentração pode ser de até 200 vezes, permitindo que células secretoras liberem grandes quantidades da proteína prontamente quando estimuladas (ver Figura 15-30).

Quando uma vesícula secretória ou vesícula transportadora se fusiona com a membrana plasmática e descarrega seu conteúdo por exocitose, sua membrana se torna parte da membrana plasmática. Embora isso devesse aumentar enormemente a área de superfície da membrana plasmática, tal fato acontece apenas de maneira transitória, porque componentes de membrana são removidos de outras regiões da superfície por endocitose de forma quase tão rápida quanto elas são adicionadas por exocitose. Essa remoção devolve tanto lipídeos como proteínas da membrana das vesículas à rede de Golgi, onde podem ser novamente utilizados.

> **QUESTÃO 15-7**
>
> O que você esperaria que acontecesse em células que secretam grandes quantidades de proteínas pela via secretória regulada se as condições iônicas no lúmen do RE pudessem ser mudadas para assemelhar-se às do lúmen da rede *trans*-Golgi?

VIAS ENDOCÍTICAS

As células eucarióticas estão continuamente capturando líquidos, bem como moléculas grandes e pequenas, pelo processo de **endocitose**. Células especializadas também são capazes de internalizar grandes partículas e até mesmo outras células. O material a ser ingerido é progressivamente circundado por uma pequena porção da membrana plasmática, que inicialmente é invaginado e então se destaca para formar uma *vesícula endocítica* intracelular. O material ingerido, incluindo os componentes da membrana, é encaminhado para os *endossomos*, a partir dos quais pode ser reciclado para a membrana plasmática, ou enviado para os lisossomos para digestão. Os metabólitos gerados pela digestão são transferidos diretamente para fora do lisossomo no citosol, onde podem ser usados pela célula.

Distinguem-se dois tipos principais de endocitose em função do tamanho das vesículas endocíticas formadas. A *pinocitose* ("o beber celular") envolve a ingestão de líquidos e moléculas por pequenas vesículas pinocíticas (<150 nm de diâmetro). A *fagocitose* ("o comer celular") envolve a ingestão de partículas grandes, como microrganismos e fragmentos celulares, por meio de grandes vesículas chamadas de *fagossomos* (em geral >250 nm de diâmetro). Enquanto todas as células eucarióticas estão continuamente ingerindo líquido e moléculas por pinocitose, grandes partículas são ingeridas principalmente por *células fagocíticas* especializadas.

Nesta seção final, seguimos o curso da via endocítica da membrana plasmática ao lisossomo. Começamos considerando a captura de grandes partículas por fagocitose.

As células fagocíticas especializadas ingerem grandes partículas

A forma mais notável de endocitose, a **fagocitose**, foi observada pela primeira vez há mais de cem anos. Nos protozoários, a fagocitose é uma forma de alimentação: esses eucariotos unicelulares ingerem partículas grandes como bactérias englobando-as em fagossomos (**Animação 15.9**). Os fagossomos então se fundem aos lisossomos, onde a partícula de alimento é digerida. Poucas células em organismos multicelulares são capazes de ingerir grandes partículas de maneira eficiente. No intestino animal, por exemplo, grandes partículas de comida devem ser decompostas em moléculas individuais por enzimas extracelulares antes que possam ser sorvidas por células absorventes do revestimento do intestino.

Entretanto, a fagocitose é importante na maioria dos animais para outros propósitos que não a nutrição. As **células fagocíticas** – incluindo os *macrófagos*, que estão amplamente distribuídos nos tecidos, e outros glóbulos brancos (leucócitos) do sangue, como os *neutrófilos* – nos defendem contra infecção pela ingestão de microrganismos invasores. Para serem fagocitadas pelos macrófagos ou neutrófilos, as partículas devem primeiro se ligar à superfície da célula fagocítica e ativar um de vários receptores de superfície. Alguns desses receptores reconhecem anticorpos, as proteínas que ajudam a nos proteger de infecções por se ligarem à superfície dos microrganismos. A ligação de uma bactéria revestida

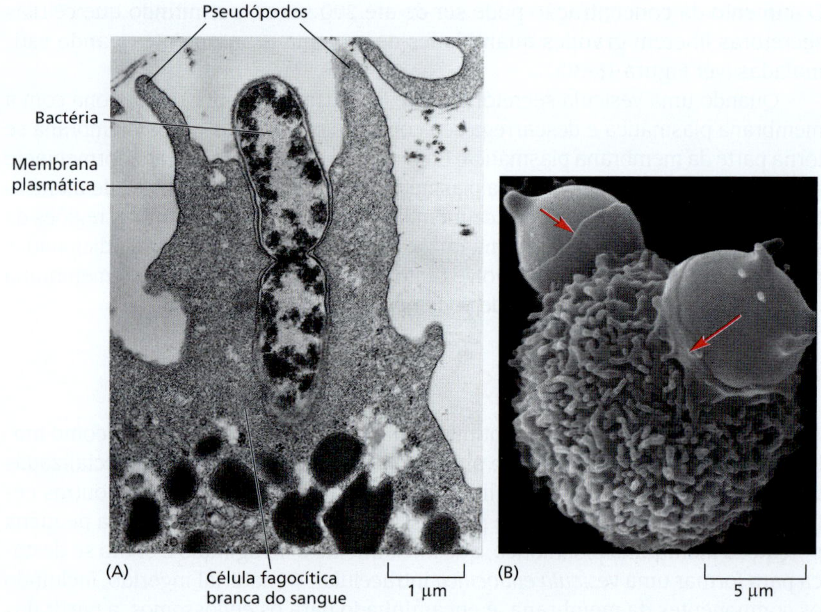

Figura 15-32 Células fagocíticas especializadas ingerem outras células. (A) Micrografia eletrônica de uma célula fagocítica branca do sangue (um neutrófilo) ingerindo uma bactéria, a qual está em processo de divisão. (B) Micrografia eletrônica de varredura mostrando um macrófago englobando um par de eritrócitos. As setas *vermelhas* apontam as extremidades dos pseudópodos que as células fagocíticas estão estendendo, semelhantes a colares, para envolver sua presa. (A, cortesia de Dorothy F. Bainton; B, cortesia de Jean Paul Revel.)

por anticorpos a esses receptores induz a célula fagocítica a estender projeções da membrana plasmática, chamadas de *pseudópodos*, que incorporam a bactéria (**Figura 15-32A**) e se fundem para formar um fagossomo. O fagossomo então se fusiona com um lisossomo e o microrganismo é destruído. Algumas bactérias patogênicas desenvolveram artifícios para subverter o sistema: por exemplo, *Mycobacterium tuberculosis*, o agente responsável pela tuberculose, pode inibir a fusão de membrana que une o fagossomo ao lisossomo. Em vez de ser destruído, o organismo incorporado sobrevive e se multiplica no macrófago. Embora esse mecanismo não seja completamente compreendido, a identificação das proteínas envolvidas fornecerá alvos terapêuticos para fármacos que poderiam restabelecer a capacidade do macrófago de eliminar a infecção.

As células fagocíticas também têm uma participação importante na limpeza de células mortas ou defeituosas e restos celulares. Os macrófagos, por exemplo, ingerem mais de 10^{11} de nossos eritrócitos mais antigos todos os dias (**Figura 15-32B**).

Os líquidos e as macromoléculas são captados por pinocitose

As células eucarióticas ingerem continuamente pequenas porções da sua membrana plasmática, junto a pequenas quantidades de líquido extracelular, no processo de **pinocitose**. A taxa na qual a membrana plasmática é internalizada nas **vesículas pinocíticas** varia entre os tipos celulares, mas costuma ser bastante grande. Um macrófago, por exemplo, engole 25% do seu próprio volume de líquidos a cada hora. Isso significa que ele remove 3% de sua membrana plasmática a cada minuto, ou 100% em cerca de meia hora. A pinocitose ocorre mais lentamente nos fibroblastos, porém com mais rapidez em algumas amebas fagocíticas. Uma vez que a área de superfície total e o volume de uma célula permanecem inalterados durante esse processo, a mesma quantidade de membrana é adicionada à superfície celular por exocitose e removida por endocitose (ver Figura 15-18). Não se sabe como as células eucarióticas mantêm esse equilíbrio notável.

A pinocitose é realizada principalmente por vesículas revestidas por clatrina, discutidas anteriormente (ver Figuras 15-19 e 15-20). Após se destacarem da membrana plasmática, as vesículas revestidas por clatrina rapidamente perdem seu revestimento e se fundem com um endossomo. O líquido extracelular fica preso na vesícula revestida em formação à medida que esta se invagina. Assim, as substâncias dissolvidas no líquido extracelular são internalizadas e entregues aos endossomos. Tal internalização do líquido pelas vesículas revestidas por clatrina e outros tipos de vesículas pinocíticas normalmente é equilibrada pela perda de líquido durante a exocitose.

A endocitose mediada por receptores fornece uma rota específica no interior das células animais

A pinocitose, como recém-descrita, é indiscriminada. As vesículas endocíticas simplesmente englobam quaisquer moléculas que por acaso estejam presentes no líquido extracelular e as carregam para o interior da célula. Na maioria das células animais, no entanto, a pinocitose mediada por vesículas revestidas por clatrina também fornece uma via eficiente para captar macromoléculas específicas do líquido extracelular. Essas macromoléculas se ligam a receptores complementares na superfície celular e entram na célula como complexos de receptor-macromolécula em vesículas revestidas por clatrina. Esse processo, chamado de **endocitose mediada por receptor**, fornece um mecanismo de concentração seletiva que aumenta a eficiência de internalização de determinadas macromoléculas mais de 1.000 vezes em comparação com o processo comum de pinocitose, de maneira que até mesmo componentes menos abundantes do líquido extracelular podem ser absorvidos em grandes quantidades sem a absorção de um grande volume correspondente de líquido extracelular. Um importante exemplo de endocitose mediada por receptor é a capacidade das células animais de captar o colesterol de que elas necessitam para produzir membranas novas.

O colesterol é um lipídeo extremamente insolúvel na água (ver Figura 11-7). Ele é transportado na corrente sanguínea ligado à proteína, na forma de partículas chamadas de lipoproteínas de baixa densidade, LDL (do inglês, *low-densitiy lipoproteins*). LDLs contendo colesterol, secretadas pelo fígado, ligam-se a receptores localizados na superfície celular, fazendo com que os complexos receptor–LDL sejam ingeridos por endocitose mediada por receptor e encaminhados aos endossomos. O interior dos endossomos é mais ácido do que o citosol circundante ou o líquido extracelular, e nesse ambiente ácido, a LDL se dissocia do seu receptor: os receptores são devolvidos à membrana plasmática em vesículas transportadoras para serem reutilizados, e a LDL é entregue aos lisossomos. Nos lisossomos, a LDL é quebrada por enzimas hidrolíticas. O colesterol é liberado e transferido para o citosol, onde está disponível para a síntese de novas membranas (**Figura 15-33**).

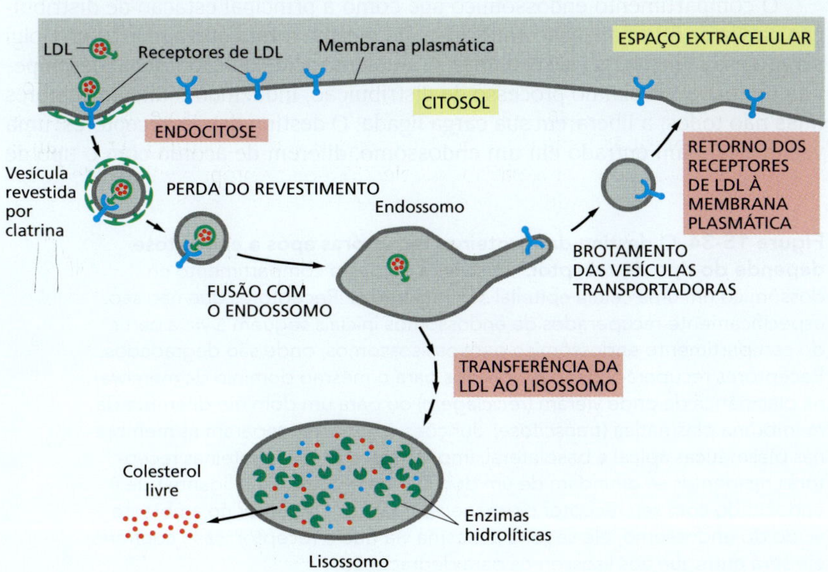

Figura 15-33 A LDL entra nas células por endocitose mediada por receptor. A LDL se liga aos receptores de LDL na superfície da célula e é internalizada em vesículas revestidas por clatrina. As vesículas perdem seu revestimento e então se fundem com os endossomos. No ambiente ácido dos endossomos, a LDL se dissocia de seus receptores. A LDL é transferida aos lisossomos, onde é degradada para liberar colesterol livre (*pontos vermelhos*), e os receptores de LDL são devolvidos à membrana plasmática pelas vesículas transportadoras para serem utilizados novamente (**Animação 15.10**). Para simplificar, apenas um receptor de LDL é mostrado entrando na célula e retornando à membrana plasmática. Quer seja ocupado ou não, um receptor de LDL em geral faz uma viagem de ida e volta para dentro da célula a cada 10 minutos, fazendo um total de várias centenas de viagens em suas 20 horas de vida.

QUESTÃO 15-8

O ferro (Fe) é um metal de traço essencial, necessário a todas as células. Ele é necessário, por exemplo, para a síntese de grupos heme e centros de ferro-enxofre que fazem parte do sítio ativo de muitas proteínas envolvidas nas reações de transferência de elétrons; ele também é necessário na hemoglobina, a principal proteína dos eritrócitos. O ferro é capturado pelas células pela endocitose mediada por receptor. O sistema de captação de ferro tem dois componentes, uma proteína solúvel denominada transferrina, que circula na corrente sanguínea, e um receptor de transferrina – uma proteína transmembrânica que, como o receptor de LDL na Figura 15-33, é continuamente endocitada e reciclada na membrana plasmática. Íons de Fe se ligam à transferrina em pH neutro, mas não em pH ácido. A transferrina se liga ao receptor de transferrina em pH neutro somente quando possui um íon Fe ligado, mas se liga ao receptor em um pH ácido mesmo na ausência de ferro ligado. A partir dessas propriedades, descreva como o ferro é capturado e discuta as vantagens desse esquema elaborado.

Essa via para captura de colesterol é interrompida em indivíduos que herdaram um gene codificador da proteína receptora de LDL defeituoso. Em alguns casos, os receptores não estão presentes; em outros, eles estão, porém não são funcionais. Em ambos os casos, como as células são deficientes na captação de LDL, o colesterol se acumula no sangue e predispõe os indivíduos a desenvolverem aterosclerose. A não ser que tomem medicação (estatinas) para reduzir seu colesterol sanguíneo, eles provavelmente morrerão em uma idade precoce por infarto, resultante do entupimento das artérias coronárias que suprem o músculo cardíaco.

A endocitose mediada por receptor também é usada para captar muitos outros metabólitos essenciais, como a vitamina B_{12} e o ferro, que as células não conseguem obter pelos processos de transporte transmembrânico discutidos no Capítulo 12. Tanto a vitamina B_{12} como o ferro são necessários, por exemplo, para a síntese de hemoglobina, que é a principal proteína nos eritrócitos; eles entram nos eritrócitos imaturos como parte de um complexo, com suas respectivas proteínas receptoras. Muitos receptores da superfície celular que se ligam a moléculas sinalizadoras extracelulares são também ingeridos por essa via: alguns são reciclados à membrana plasmática para serem reutilizados, e outros são degradados em lisossomos. Infelizmente, a endocitose mediada por receptor também pode ser explorada pelos vírus: o vírus da influenza, que causa a gripe, consegue entrar nas células dessa forma.

As macromoléculas endocitadas são distribuídas em endossomos

Uma vez que a maior parte do material extracelular capturado por pinocitose é rapidamente entregue aos **endossomos**, é possível visualizar o compartimento endossômico pela incubação de células vivas em líquido contendo marcadores de alta densidade eletrônica que poderão ser visualizados em um microscópio eletrônico. Quando examinado dessa maneira, o compartimento endossômico se revela um complexo conjunto de tubos de membrana e de grandes vesículas conectados. Dois conjuntos de endossomos podem ser distinguidos em tais experimentos: as moléculas marcadas aparecem primeiro em *endossomos iniciais*, pouco abaixo da membrana plasmática; 5 a 15 minutos mais tarde, aparecem em *endossomos tardios*, perto do núcleo (ver Figura 15-18). Endossomos iniciais amadurecem gradualmente em endossomos tardios à medida que se fundem uns com os outros ou com endossomos tardios preexistentes (**Animação 15.11**). O interior do compartimento endossômico é mantido ácido (pH 5 a 6) por uma bomba de H^+ (prótons) ativada por ATP na membrana endossômica que bombeia H^+ do citosol para o lúmen do endossomo.

O compartimento endossômico age como a principal estação de distribuição na via de internalização endocítica, da mesma forma que a rede *trans*-Golgi serve a essa função na via secretória. O ambiente ácido do endossomo desempenha um papel crucial no processo de distribuição, induzindo muitos receptores (mas não todos) a liberarem sua carga ligada. O destino desses receptores, uma vez que tenham entrado em um endossomo, diferem de acordo com o tipo de

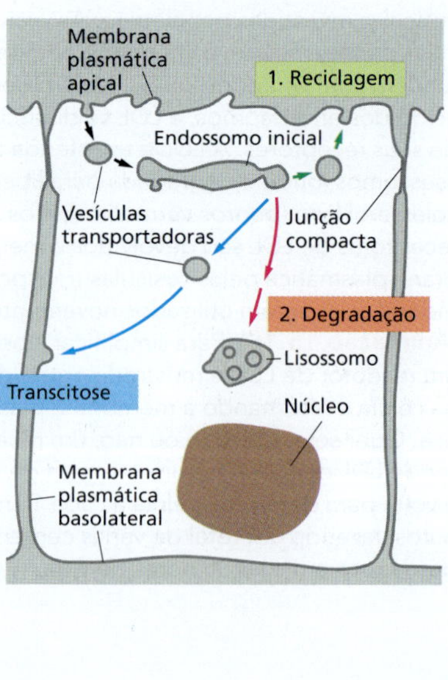

Figura 15-34 O destino das proteínas receptoras após a endocitose depende do tipo de receptor. Três vias a partir do compartimento endossômico em uma célula epitelial são mostradas. Receptores que não são especificamente recuperados de endossomos iniciais seguem a via a partir do compartimento endossômico para os lisossomos, onde são degradados. Receptores recuperados são devolvidos para o mesmo domínio da membrana plasmática de onde vieram (*reciclagem*) ou para um domínio diferente da membrana plasmática (*transcitose*). Junções compactas separam as membranas plasmáticas apical e basolateral, impedindo que suas proteínas receptoras residentes se difundam de um domínio para outro. Se o ligante que é endocitado com seu receptor permanecer ligado ao receptor no ambiente ácido do endossomo, ele seguirá a mesma via que o receptor; caso contrário, ele será entregue aos lisossomos para degradação.

receptor: (1) a maioria é devolvida ao mesmo domínio da membrana plasmática de onde veio, como é o caso do receptor do LDL discutido antes; (2) alguns são transportados para os lisossomos, onde são degradados; e (3) alguns prosseguem para um domínio diferente da membrana plasmática, transferindo suas moléculas de carga ligadas de um espaço extracelular para outro, um processo chamado de *transcitose* (**Figura 15-34**).

As proteínas de carga que permanecem ligadas aos seus receptores compartilham o seu destino. As moléculas que se dissociam dos receptores no endossomo estão destinadas à degradação nos lisossomos, assim como a maioria do conteúdo do lúmen dos endossomos. Os endossomos tardios contêm algumas enzimas lisossômicas, de modo que a digestão das proteínas de carga e de outras macromoléculas inicia-se no endossomo e continua à medida que o endossomo amadurece gradualmente em um lisossomo: uma vez que tenha digerido a maior parte do seu conteúdo ingerido, o endossomo fica com a aparência arredondada densa característica de um lisossomo maduro "clássico".

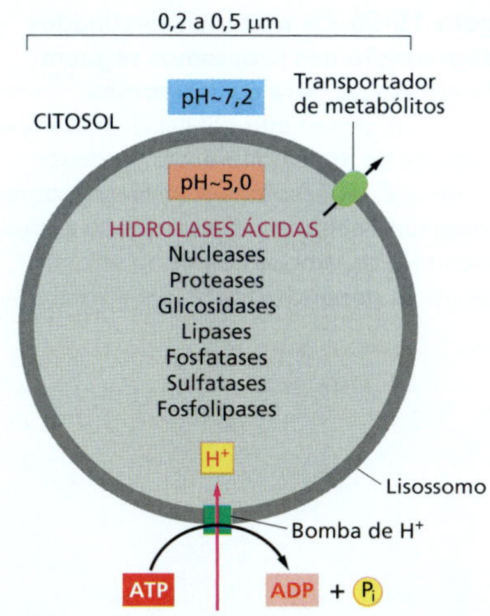

Figura 15-35 Um lisossomo contém uma grande variedade de enzimas hidrolíticas, que somente são ativas sob condições ácidas. O lúmen do lisossomo é mantido em um pH ácido por uma bomba de H^+ ativada por ATP na membrana, que hidrolisa ATP para bombear H^+ para o lúmen.

Os lisossomos são o principal local de digestão intracelular

Muitas partículas extracelulares e moléculas ingeridas pelas células são transportadas aos **lisossomos**, os quais são sacos membranosos de enzimas hidrolíticas que realizam a digestão intracelular controlada de materiais extracelulares e organelas antigas. Eles contêm cerca de 40 tipos de enzimas hidrolíticas, incluindo aquelas que degradam proteínas, ácidos nucleicos, oligossacarídeos e lipídeos. Todas essas enzimas são otimamente ativas nas condições ácidas (pH ~5) mantidas no interior dos lisossomos. A membrana do lisossomo em geral mantém essas enzimas de degradação fora do citosol (cujo pH é em torno de 7,2), mas a dependência de um pH ácido dessas enzimas protege o conteúdo do citosol contra danos mesmo que algum vazamento ocorra.

Como todas as outras organelas intracelulares, o lisossomo não apenas contém uma coleção única de enzimas, mas também possui uma membrana única circundante. A membrana lisossômica contém transportadores que permitem que os produtos finais da digestão de macromoléculas, como aminoácidos, açúcares e nucleotídeos, sejam transportados ao citosol, de onde eles podem ser excretados ou utilizados pela célula. A membrana também contém uma bomba de H^+ ativada por ATP, a qual, como na membrana endossômica, bombeia H^+ para dentro dos lisossomos, mantendo, assim, seu conteúdo em um pH ácido (**Figura 15-35**). A maioria das proteínas da membrana lisossômica sofre uma taxa incomumente alta de glicosilação; os açúcares, que cobrem grande parte da superfície das proteínas revestindo o lúmen, protegem as proteínas da digestão pelas proteases lisossômicas.

Enzimas digestivas especializadas e proteínas de membrana do lisossomo são sintetizadas no RE e transportadas pelo aparelho de Golgi para a rede *trans*-Golgi. Já no RE e na rede *cis*-Golgi, as enzimas são marcadas com um grupo específico de açúcares fosforilados (manose-6-fosfato), de modo que, quando chegam na rede *trans*-Golgi, são reconhecidas por um receptor apropriado – o receptor da manose-6-fosfato. Essa marcação permite que as enzimas lisossômicas sejam distribuídas e empacotadas em vesículas transportadoras, as quais se destacam e entregam seu conteúdo aos lisossomos por meio de endossomos (ver Figura 15-18).

Dependendo da sua fonte, os materiais seguem diferentes rotas para o lisossomo. Vimos que partículas extracelulares são capturadas em fagossomos, os quais se fundem com lisossomos, e que líquidos extracelulares e macromoléculas são capturados em vesículas endocíticas menores, que entregam seu conteúdo aos lisossomos por meio de endossomos.

As células possuem uma via adicional que fornece materiais para os lisossomos; essa via, denominada **autofagia**, é utilizada para degradar partes obsoletas da célula – a célula literalmente digere a si mesma. Em micrografias eletrônicas de células hepáticas, por exemplo, é possível ver lisossomos digerindo mitocôndrias, bem como outras organelas. O processo tem início com o englobamento

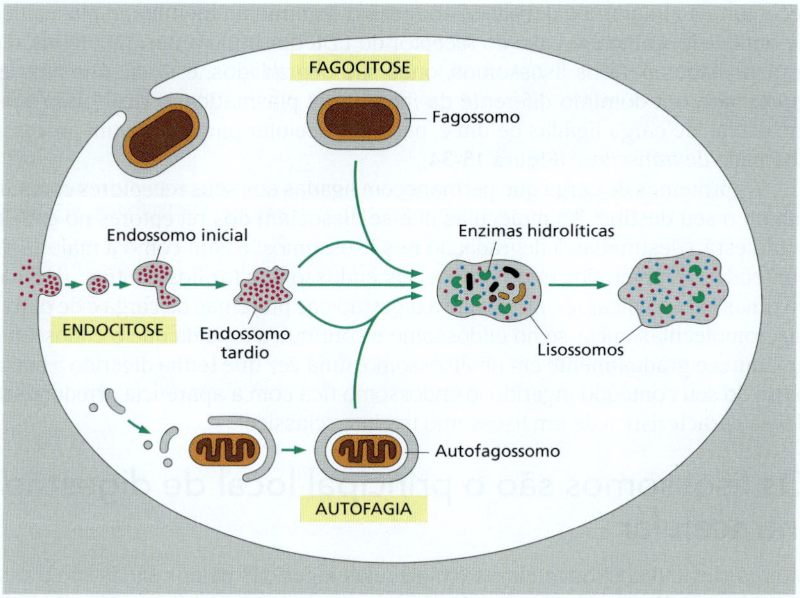

Figura 15-36 Os materiais destinados à degradação nos lisossomos seguem diferentes vias para os lisossomos. Cada via leva à digestão intracelular de materiais derivados de fontes diferentes. Endossomos iniciais, fagossomos e autofagossomos podem fundir-se com lisossomos ou endossomos tardios, ambos contendo enzimas hidrolíticas dependentes de pH ácido.

da organela por uma membrana dupla, criando um *autofagossomo*, o qual então se funde com um lisossomo (**Figura 15-36**). Ainda se discute de onde esses fragmentos de membrana se originam, ou de que maneira componentes celulares específicos são marcados para destruição, mas a autofagia de organelas e proteínas citosólicas aumenta quando as células eucarióticas estão famintas ou quando elas se autorremodelam consideravelmente durante o desenvolvimento. Os aminoácidos gerados por essa forma canibal de digestão podem então ser reciclados para permitir a síntese de novas proteínas.

CONCEITOS ESSENCIAIS

- **As células eucarióticas contêm diversas organelas delimitadas por membranas, incluindo núcleo, retículo endoplasmático (RE), aparelho de Golgi, lisossomos, endossomos, mitocôndrias, cloroplastos (em células vegetais) e peroxissomos. O RE, aparelho de Golgi, peroxissomos, endossomos e lisossomos fazem todos parte do *sistema de endomembranas*.**
- **A maioria das proteínas das organelas é produzida no citosol e transportada para a organela onde deve atuar. Os sinais de distribuição na sequência de aminoácidos guiam as proteínas à organela correta; proteínas que funcionam no citosol não possuem sinal e permanecem onde são produzidas.**
- **As proteínas nucleares contêm sinais de localização nuclear que as ajudam a direcionar seu transporte ativo do citosol para o núcleo pelos poros nucleares, os quais transpassam o envelope nuclear de membrana dupla. As proteínas são transportadas na sua conformação totalmente enovelada.**
- **A maioria das proteínas das mitocôndrias e dos cloroplastos é produzida no citosol, sendo então transportada para essas organelas por translocadores proteicos nas suas membranas. As proteínas são desnaturadas durante o processo de transporte.**
- **O RE produz a maioria dos lipídeos e muitas das proteínas da célula. As proteínas são sintetizadas pelos ribossomos que são direcionados para o RE por uma partícula de reconhecimento de sinal (SRP) no citosol, que**

reconhece uma sequência-sinal de RE na cadeia polipeptídica em crescimento. O complexo ribossomo-SRP se liga a um receptor na membrana do RE, que liga o ribossomo a um translocador de proteína que transporta o polipeptídeo crescente pela membrana do RE por meio de um canal de translocação.

- Proteínas hidrossolúveis destinadas à secreção ou ao lúmen de uma organela do sistema de endomembranas são completamente transferidas para o interior do lúmen do RE, enquanto proteínas transmembrânicas destinadas à membrana dessas organelas ou à membrana plasmática permanecem ancoradas na bicamada lipídica por uma ou mais α-hélices transmembrânicas.
- No lúmen do RE, as proteínas se enovelam, se associam a proteínas parceiras, formam pontes dissulfeto e são ligadas a cadeias de oligossacarídeos.
- A saída do RE é uma importante etapa do controle de qualidade; proteínas que falham no enovelamento ou na associação com suas parceiras normais são retidas no RE por proteínas chaperonas, que impedem sua agregação e as ajudam a se enovelar; proteínas que falham mais uma vez no enovelamento ou associação são transportadas para o citosol, onde são degradadas.
- O acúmulo excessivo de proteínas mal-enoveladas aciona uma resposta à proteína desnovelada que expande o RE, aumenta sua capacidade em enovelar novas proteínas apropriadamente e reduz a síntese proteica.
- O transporte proteico do RE ao aparelho de Golgi e do aparelho de Golgi a outros destinos é mediado por vesículas transportadoras que continuamente se destacam de uma membrana e se fundem com outra, um processo chamado de transporte vesicular.
- As vesículas transportadoras por brotamento possuem proteínas distintas de revestimento na sua superfície citosólica; a formação da camada de revestimento ajuda tanto na orientação do processo de brotamento como na incorporação dos receptores de carga, com suas moléculas carga ligadas, no interior das vesículas em formação.
- As vesículas revestidas rapidamente perdem seu revestimento proteico, permitindo que ancorem e se fusionem com determinada membrana-alvo; a ancoragem e a fusão são mediadas por proteínas na superfície da vesícula e membrana-alvo, incluindo proteínas Rab e SNARE.
- O aparelho de Golgi recebe proteínas recém-sintetizadas do RE; ele modifica os seus oligossacarídeos, distribui as proteínas e as despacha da rede *trans*-Golgi para a membrana plasmática, lisossomos (via endossomos) ou vesículas secretórias.
- Em todas as células eucarióticas, as vesículas transportadoras continuamente brotam da rede *trans*-Golgi e se fundem com a membrana plasmática; esse processo de exocitose constitutiva encaminha proteínas à superfície celular para secreção e incorpora lipídeos e proteínas à membrana plasmática.
- Células secretoras especializadas também possuem uma via regulada de exocitose, na qual moléculas concentradas e armazenadas em vesículas secretórias são liberadas da célula por exocitose quando a célula recebe um sinal estimulante.
- As células ingerem líquidos, moléculas e, algumas vezes, partículas por endocitose, na qual regiões da membrana plasmática se invaginam e se destacam para formar vesículas endocíticas.
- Grande parte do material que é endocitado é encaminhada para os endossomos, que amadurecem em lisossomos, nos quais o material é degradado por enzimas hidrolíticas; entretanto, a maioria dos componentes da vesícula endocítica é reciclada em vesículas transportadoras de volta para a membrana plasmática para reuso.

TERMOS-CHAVE

aparelho de Golgi	lisossomo	retículo endoplasmático (RE)
autofagia	organela delimitada por membrana	retículo endoplasmático rugoso
clatrina	peroxissomo	secreção
célula fagocítica	pinocitose	sequência-sinal
endocitose	poro nuclear	sistema de endomembranas
endocitose mediada por receptor	proteína chaperona	SNARE
endossomo	proteína Rab	transporte vesicular
envelope nuclear	resposta à proteína desenovelada (UPR)	vesícula secretória
exocitose		vesícula revestida
fagocitose		vesícula transportadora

TESTE SEU CONHECIMENTO

QUESTÃO 15-9

Quais das seguintes afirmativas estão corretas? Explique sua resposta.

A. Os ribossomos são estruturas citoplasmáticas que, durante a síntese proteica, se ligam a uma molécula de mRNA para formar polirribossomos.

B. A sequência de aminoácidos Leu-His-Arg-Leu-Asp-Ala--Gln-Ser-Lys-Leu-Ser-Ser é uma sequência-sinal que direciona as proteínas ao RE.

C. Todas as vesículas transportadoras na célula devem possuir uma proteína v-SNARE na sua membrana.

D. As vesículas transportadoras liberam proteínas e lipídeos na superfície celular.

E. Se o transporte de futuras proteínas lisossômicas da rede *trans*-Golgi aos endossomos tardios fosse bloqueado, as proteínas lisossômicas seriam secretadas pela via secretória constitutiva mostrada na Figura 15-30.

F. Os lisossomos digerem apenas substâncias que foram capturadas pela célula por endocitose.

G. As cadeias de açúcares *N*-ligadas são observadas em glicoproteínas voltadas para a superfície celular, assim como em glicoproteínas voltadas para o lúmen do RE, da rede *trans*-Golgi e da mitocôndria.

QUESTÃO 15-10

Algumas proteínas transitam entre o núcleo e o citosol. Elas necessitam de um sinal de exportação nuclear para sair do núcleo. Como você supõe que essas proteínas entram no núcleo?

QUESTÃO 15-11

Os influenzavírus são delimitados por uma membrana que contém uma proteína de fusão, que é ativada em pH ácido. Quando ativada, a proteína causa a fusão da membrana viral com as membranas celulares. Um velho remédio popular contra a gripe recomenda que se passe a noite em um estábulo de cavalos. Ainda que pareça bizarro, há uma explicação racional para esse conselho. O ar em estábulos contém amônia (NH_3) gerada por bactérias na urina dos cavalos. Esboce um esquema mostrando a via (em detalhe) pela qual o influenzavírus entra nas células, e especule sobre como NH_3 pode proteger as células da infecção por vírus. (Dica: NH_3 pode neutralizar soluções ácidas pela reação $NH_3 + H^+ \rightarrow NH_4^+$.)

QUESTÃO 15-12

Considere as v-SNAREs que direcionam as vesículas transportadoras da rede *trans*-Golgi à membrana plasmática. Elas, como todas as outras v-SNAREs, são proteínas transmembrânicas integrais da membrana do RE durante sua biossíntese e são, então, levadas por vesículas transportadoras ao seu destino. Dessa forma, as vesículas transportadoras brotando do RE contêm pelo menos dois tipos de v-SNAREs – aquelas que sinalizam as vesículas às cisternas *cis*-Golgi e aquelas que estão em trânsito para a rede *trans*-Golgi para serem empacotadas em diferentes vesículas transportadoras destinadas à membrana plasmática. (A) Por que isso poderia ser um problema? (B) Sugira possíveis meios para a célula resolvê-lo.

QUESTÃO 15-13

Um tipo particular de mutante de *Drosophila* fica paralisado quando há um aumento de temperatura. A mutação afeta a estrutura da dinamina, causando a sua inativação com o aumento da temperatura. De fato, a função da dinamina foi descoberta pela análise dos defeitos dessas moscas-da-fruta mutantes. A paralisia completa à temperatura elevada sugere que a transmissão sináptica entre o nervo e as células do músculo (discutida no Capítulo 12) está bloqueada. Sugira por que a transmissão sináptica na sinapse deve requerer dinamina. Com base na sua hipótese, o que você esperaria ver em micrografias eletrônicas das sinapses das moscas que são expostas a temperaturas elevadas?

QUESTÃO 15-14

Revise cada uma das afirmativas seguintes e, se necessário, torne-as verdadeiras: "Uma vez que as sequências de localização nuclear não são clivadas por proteases depois da importação da proteína pelo núcleo, elas podem ser reutilizadas para importar as proteínas nucleares após a mitose, quando as proteínas citosólicas e nucleares tiverem se misturado. Isso contrasta com as sequências-sinal para o RE, as quais são clivadas por uma peptidase-sinal assim que atingem o lúmen do RE. As sequências-sinal do RE não podem, portanto, ser reutilizadas para importar proteínas do RE após a mitose, quando as proteínas citosólicas e de RE tenham se misturado; essas proteínas do RE devem, portanto, ser degradadas e sintetizadas novamente".

QUESTÃO 15-15

Considere uma proteína que contém uma sequência-sinal do RE em sua porção N-terminal e uma sequência de localização nuclear no meio. Qual seria o destino dessa proteína? Justifique sua resposta.

QUESTÃO 15-16

Quais as semelhanças e diferenças entre a importação de proteínas para o RE e a importação para o núcleo. Liste pelo menos duas diferenças principais desses mecanismos e especule por que o mecanismo do RE não deve funcionar para a importação nuclear e vice-versa.

QUESTÃO 15-17

Durante a mitose, o envelope nuclear se desfaz em pequenas vesículas e as proteínas nucleares se misturam completamente com as proteínas citosólicas. Isso está de acordo com o esquema evolutivo proposto na Figura 15-3?

QUESTÃO 15-18

Uma proteína que inibe certas enzimas proteolíticas (proteases) é normalmente secretada na corrente sanguínea pelas células hepáticas. Essa proteína inibidora, a antitripsina, está ausente na corrente sanguínea de pacientes com uma mutação que resulta na alteração de um único aminoácido na proteína. A deficiência de antitripsina causa diversos problemas graves, em particular no tecido pulmonar, em função da atividade descontrolada das proteases. Surpreendentemente, quando a antitripsina mutante é sintetizada em laboratório, ela é ativa como a antitripsina normal em inibir proteases. Por que, então, a mutação causa a doença? Proponha mais de uma possibilidade e sugira maneiras pelas quais você poderia distingui-las.

QUESTÃO 15-19

A Dra. Outonalimb reivindica para si a descoberta de "esquecendo", uma proteína predominantemente produzida pela glândula pineal em adolescentes humanos. A proteína causa indiferença e perda de memória de curto prazo quando o sistema auditivo recebe afirmações como "Por favor, leve o lixo!". Sua hipótese é a de que "esquecendo" possui uma sequência-sinal de RE hidrofóbica em sua porção C-terminal que é reconhecida por uma SRP e causa a translocação pela membrana do RE por meio do mecanismo mostrado na Figura 15-14. Ela prevê que a proteína seja secretada pelas células pineais para a corrente sanguínea, de onde ela exerce seus efeitos sistêmicos devastadores. Você é membro de um comitê que vai decidir se ela deve receber financiamento para trabalhos futuros em sua hipótese. Critique sua proposta e lembre-se que revisões de projetos de financiamento devem ser polidas e construtivas.

QUESTÃO 15-20

Dando um passo à frente em relação ao esquema evolutivo da Figura 15-3, sugira como o aparelho de Golgi pode ter evoluído. Faça um esboço simples para ilustrar as suas ideias. Para o aparelho de Golgi ser funcional, o que mais seria necessário?

QUESTÃO 15-21

Se as proteínas de membrana estão integradas na membrana do RE por meio do translocador de proteína do RE (que também é composto por proteínas de membrana), como os primeiros canais de translocação de proteínas são incorporados na membrana do RE?

QUESTÃO 15-22

O esboço da **Figura Q15-22** é um desenho esquemático de uma micrografia eletrônica mostrada no terceiro painel da Figura 15-19A. Nomeie as estruturas que estão marcadas no esboço.

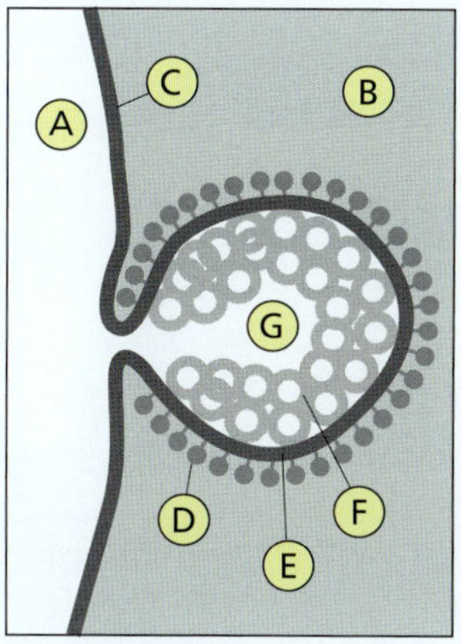

Figura Q15-22

QUESTÃO 15-23

O que aconteceria às proteínas destinadas ao núcleo se não houvesse energia suficiente para transportá-las?

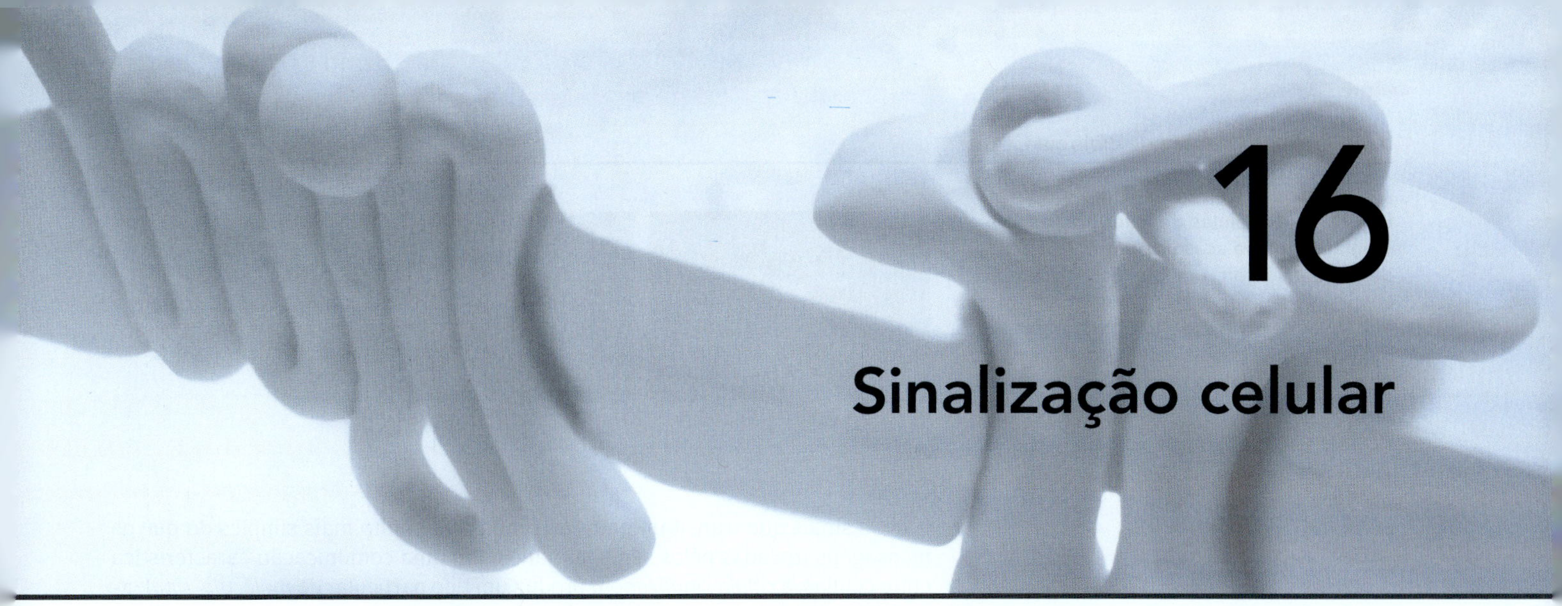

16 Sinalização celular

As células individuais, assim como os organismos multicelulares, precisam receber estímulos e responder ao seu ambiente. Uma célula de vida livre – mesmo uma bactéria primitiva – deve ser capaz de farejar nutrientes, perceber a diferença entre claro e escuro e evitar venenos e predadores. Se essa célula tiver algum tipo de "vida social", ela deve ser capaz de se comunicar com outras células. Quando uma célula de levedura está pronta para acasalar, por exemplo, ela secreta uma pequena proteína chamada de fator de acasalamento. As leveduras do "sexo" oposto detectam esse chamado químico de acasalamento e respondem interrompendo o progresso no ciclo celular e emitindo protrusões na direção da célula que emitiu o sinal (**Figura 16-1**).

Em um organismo multicelular, as coisas são muito mais complicadas. As células têm de interpretar a multiplicidade de sinais que recebem de outras células para auxiliar na coordenação de seu comportamento. Durante o desenvolvimento animal, por exemplo, as células do embrião trocam sinais para determinar qual função especializada cada célula deverá adotar, que posição ela deverá ocupar no animal e se deverá sobreviver, dividir-se ou morrer. Posteriormente, uma variedade de sinais coordena o crescimento do animal, assim como sua fisiologia e comportamento cotidiano. Nas plantas, as células também estão em comunicação constante umas com as outras. Essas interações célula-célula permitem à planta coordenar o que acontece em suas raízes, caule e folhas.

Neste capítulo examinamos alguns dos mecanismos mais importantes pelos quais as células enviam sinais e interpretam os sinais que recebem. Em primeiro lugar, apresentamos um resumo dos princípios gerais da sinalização celular. Consideramos, então, dois dos principais sistemas que as células animais utilizam para receber e interpretar os sinais, seguindo com uma breve discussão sobre os mecanismos de sinalização celular nas plantas. Por fim, consideramos de que maneira as extensas e intrincadas redes de sinalização interagem no controle de comportamentos complexos.

PRINCÍPIOS GERAIS DA SINALIZAÇÃO CELULAR

A informação pode vir de várias formas, e a comunicação frequentemente envolve a conversão dos sinais de informação de uma forma para outra. Quando você recebe uma chamada de um amigo em seu telefone celular, por exemplo, o telefone transforma os sinais de rádio que viajam pelo ar em ondas sonoras que você ouve. Esse processo de conversão é denominado **transdução de sinal** (**Figura 16-2**).

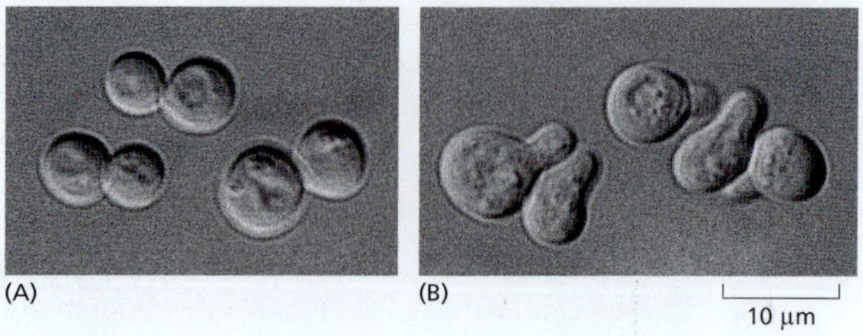

Figura 16-1 Células de levedura respondem ao fator de acasalamento. As células de levedura de brotamento (*Saccharomyces cerevisiae*) são normalmente esféricas (A), mas, quando expostas ao fator de acasalamento produzido pelas células de levedura vizinhas (B), formam protrusões na direção da fonte do fator. (Cortesia de Michael Snyder.)

Os sinais que transitam entre as células são muito mais simples do que as mensagens trocadas pelos seres humanos. Em uma comunicação característica entre células, a *célula sinalizadora* produz um tipo particular de *molécula-sinal extracelular* que é detectada pela *célula-alvo*. Assim como na conversação humana, a maioria das células animais envia e recebe sinais, e, portanto, pode atuar tanto como células sinalizadoras como célula-alvo.

As células-alvo possuem proteínas chamadas de *receptores* que reconhecem e respondem especificamente à molécula-sinal. A transdução do sinal inicia-se quando o receptor de uma célula-alvo recebe um sinal extracelular e o converte em *moléculas de sinalização intracelular* que alteram o comportamento celular. A maior parte deste capítulo trata da recepção e da transdução de sinal – os eventos que os biólogos celulares têm em mente quando se referem à **sinalização celular**. Em primeiro lugar, contudo, consideramos de maneira sucinta os diferentes tipos de sinais extracelulares que as células enviam umas às outras.

Os sinais podem atuar a distâncias curtas e longas

As células dos organismos multicelulares usam centenas de tipos de *moléculas de sinalização extracelulares* para se comunicar umas com as outras. As moléculas-sinal podem ser proteínas, peptídeos, aminoácidos, nucleotídeos, esteroides, derivados de ácidos graxos e até mesmo gases dissolvidos – mas todos contam com somente poucos tipos básicos de comunicação para transmitir as mensagens.

Nos organismos multicelulares, o mecanismo mais comum de comunicação célula-célula envolve a transmissão do sinal pelo corpo todo por sua secreção na corrente sanguínea dos animais ou na seiva das plantas. As moléculas de sinalização extracelular usadas dessa forma são chamadas de **hormônios**, e nos animais, as células que os produzem são chamadas de células *endócrinas* (**Figura 16-3A**). Por exemplo, parte do pâncreas é uma glândula endócrina que produz vários hormônios – incluindo a insulina, que regula a captação da glicose em todas as células do corpo.

Um pouco menos popular é o processo conhecido como *sinalização parácrina*. Nesse caso, em vez de entrar na corrente sanguínea, as moléculas-sinal se difundem localmente pelo líquido extracelular, permanecendo nas vizinhanças da célula que as secretou. Assim, elas atuam como **mediadores locais** sobre as células

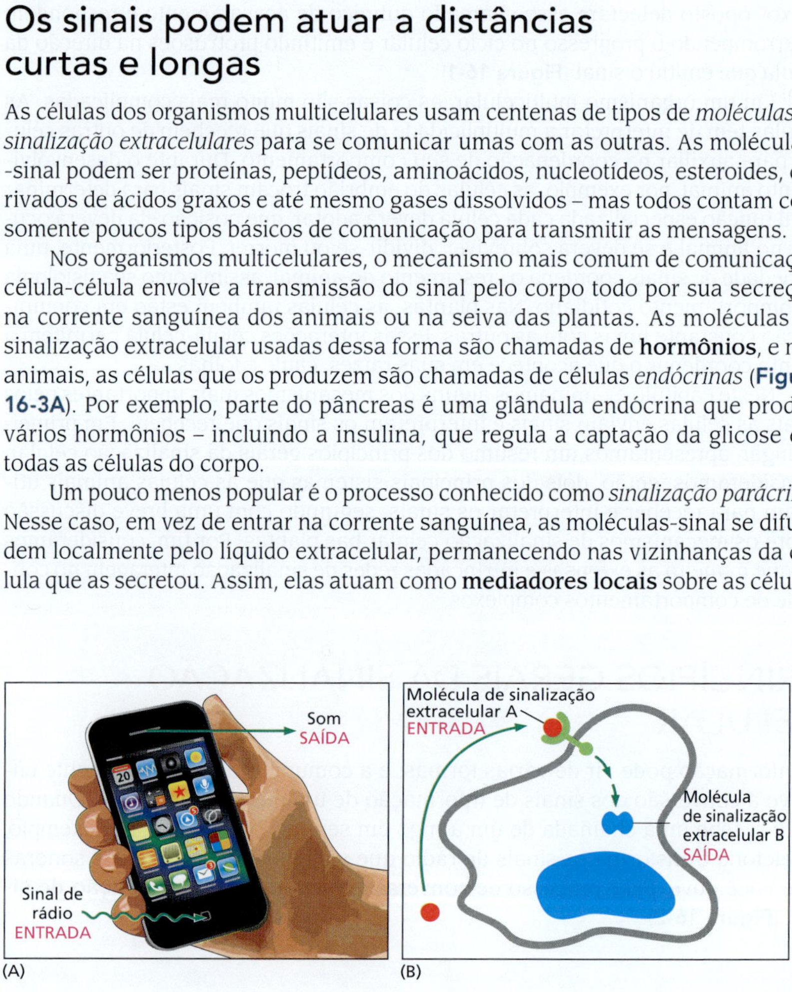

Figura 16-2 Transdução de sinal é o processo pelo qual um tipo de sinal é convertido em outro. (A) Quando um telefone celular recebe um sinal de rádio, ele o converte em um sinal sonoro; quando transmite o sinal, ele faz o inverso. (B) Uma célula-alvo converte uma molécula de sinalização extracelular (molécula A) em uma molécula de sinalização intracelular (molécula B).

próximas (**Figura 16-3B**). Muitas das moléculas-sinal que regulam a inflamação nos locais de infecção ou controlam a proliferação celular na cicatrização de um ferimento funcionam dessa maneira. Em alguns casos, as células podem responder aos mediadores que elas mesmas produzem, consistindo em uma forma de comunicação parácrina chamada de *sinalização autócrina*; as células cancerígenas às vezes promovem, assim, sua própria sobrevivência e proliferação.

A *sinalização neuronal* constitui uma terceira forma de comunicação celular. Assim como as células endócrinas, as células nervosas (neurônios) podem enviar mensagens a grandes distâncias. Contudo, no caso da sinalização neuronal, a mensagem não é amplamente distribuída, mas é liberada rápida e especificamente para as células-alvo individuais por meio de mecanismos específicos. Conforme descrito no Capítulo 12, o axônio de um neurônio forma junções especializadas (*sinapses*) com as células-alvo, que podem estar longe do corpo celular neuronal (**Figura 16-3C**). Os axônios que se estendem desde a medula espinal ao hálux do pé em um humano adulto, por exemplo, podem ter mais de 1 m de comprimento. Quando ativado por sinais provenientes do ambiente ou de outras células nervosas, o neurônio envia impulsos elétricos que correm ao longo do seu axônio a velocidades de até 100 m/s. Ao chegar ao terminal axônico, esses sinais elétricos são convertidos em uma forma química: cada impulso elétrico estimula a liberação, pelo terminal nervoso, de um pulso de uma molécula de sinalização extracelular chamada de **neurotransmissor**. O neurotransmissor se difunde pela fenda estreita (<100 nm) que existe entre a membrana do terminal axônico e a da célula-alvo, alcançando seu destino em menos de 1 milissegundo.

Um quarto estilo de comunicação célula-célula mediada por sinal – a mais específica e de mais curto alcance – não requer a liberação de uma molécula secretada. As células fazem contato direto por meio de moléculas-sinal localizadas na membrana plasmática das células sinalizadoras e proteínas receptoras inseridas na membrana plasmática da célula-alvo (**Figura 16-3D**). No desenvolvimento embrionário, por exemplo, essa *sinalização dependente de contato* permite que as células adjacentes inicialmente iguais se especializem para formar tipos celulares diferentes (**Figura 16-4**).

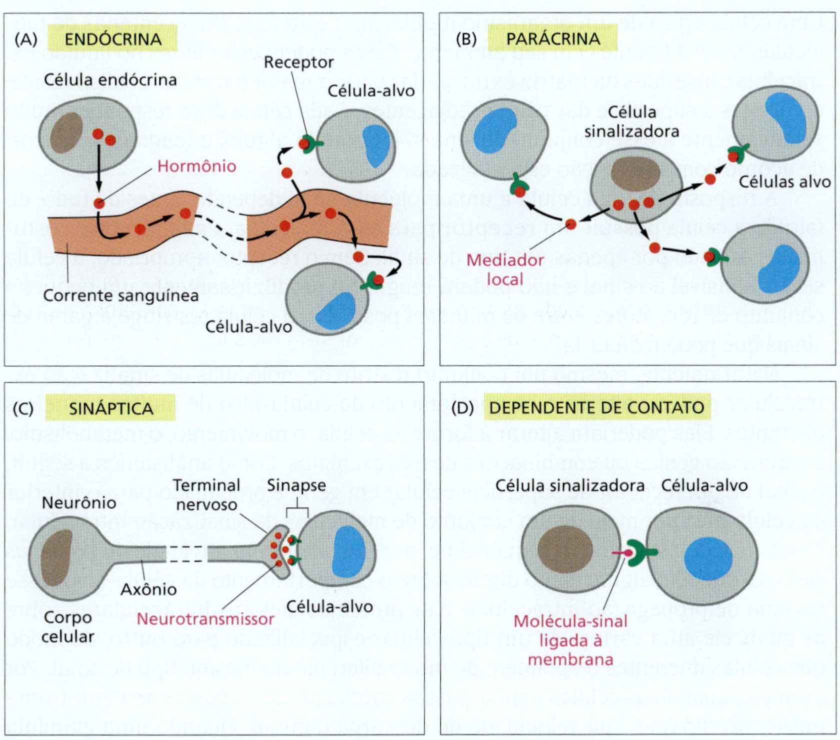

Figura 16-3 As células animais utilizam moléculas de sinalização extracelular para se comunicar umas com as outras de várias maneiras. (A) Os hormônios produzidos em glândulas endócrinas são secretados para a corrente sanguínea e amplamente distribuídos por todo o corpo. (B) Os sinais parácrinos são liberados pelas células para o meio extracelular adjacente e agem localmente. (C) Os sinais neuronais são transmitidos eletricamente ao longo do axônio da célula nervosa. Quando esse sinal elétrico chega ao terminal nervoso, provoca a liberação de neurotransmissores para células-alvo adjacentes. (D) Na sinalização dependente de contato, uma molécula sinalizadora da superfície celular se liga a uma proteína receptora na superfície de uma célula adjacente. Muitas moléculas-sinal do mesmo tipo são usadas na sinalização endócrina, parácrina e neuronal. As diferenças cruciais estão na velocidade e na seletividade com que os sinais são enviados aos seus alvos.

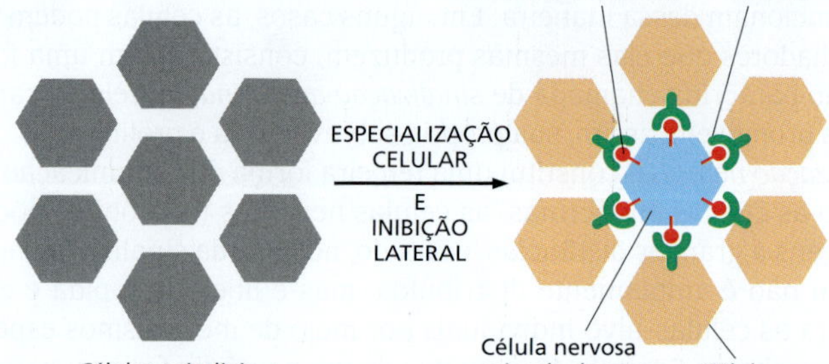

Figura 16-4 A sinalização dependente de contato controla o desenvolvimento das células nervosas em *Drosophila*. O sistema nervoso da mosca-da-fruta se origina no embrião a partir de uma camada de células epiteliais. Determinadas células nessa camada começam a se especializar em neurônios, ao passo que as células adjacentes não se diferenciam em neurônios, e mantêm a estrutura da camada epitelial. Os sinais que controlam esse processo são transmitidos por contato direto célula-célula: cada futuro neurônio libera um sinal inibitório às células que estão em contato com ele, impedindo que elas também se especializem em neurônios – um processo denominado inibição lateral. A molécula-sinal (Delta, neste caso) e a molécula receptora (chamada Notch) são proteínas transmembrânicas.

Para contrastar esses diferentes estilos de sinalização, imagine fazer propaganda de uma conferência potencialmente estimulante – ou um concerto, ou um jogo de futebol. Um sinal endócrino seria semelhante à transmissão da informação por uma estação de rádio. Um sinal parácrino localizado seria o equivalente a um panfleto afixado em um quadro de avisos no seu bairro. Os sinais neuronais – de longa distância, mas específicos – seriam similares a uma chamada telefônica, uma mensagem de texto ou um *e-mail*, e a sinalização dependente de contato seria como uma boa e antiga conversa face a face. Na sinalização autócrina, você poderia escrever um recado para lembrá-lo de comparecer ao evento.

Na **Tabela 16-1**, estão listados alguns exemplos de hormônios, mediadores locais, neurotransmissores e moléculas de sinalização dependente de contato. Os efeitos de várias dessas moléculas são discutidos em mais detalhes adiante neste capítulo.

Cada célula responde a um conjunto limitado de sinais extracelulares, dependendo do seu desenvolvimento e da sua condição atual

Uma célula típica de um organismo multicelular está exposta a centenas de moléculas-sinal diferentes em seu ambiente. Essas podem estar livres no líquido extracelular, inseridas na matriz extracelular onde a maior parte das células reside, ou ligadas à superfície das células adjacentes. Cada célula deve responder muito seletivamente a esse conjunto de sinais, ignorando alguns e reagindo a outros, de acordo com sua função especializada.

A resposta de uma célula a uma molécula-sinal depende, antes de tudo, do fato de a célula possuir um **receptor** para essa molécula. Cada receptor costuma ser ativado por apenas um tipo de sinal. Sem o receptor apropriado, a célula será insensível ao sinal e não poderá reagir. Ao produzir somente um pequeno conjunto de receptores entre os milhares possíveis, a célula restringe a gama de sinais que podem afetá-la.

Naturalmente, mesmo um conjunto restrito de moléculas de sinalização extracelular poderia alterar o comportamento da célula-alvo de muitas maneiras diferentes. Elas poderiam alterar a forma da célula, o movimento, o metabolismo, a expressão gênica ou combinações desses exemplos. Como analisamos a seguir, o sinal de um receptor de superfície celular em geral é propagado para o interior da célula-alvo por meio de um conjunto de moléculas de sinalização intracelular. Essas moléculas agem em sequência e, por fim, alteram a atividade de *proteínas efetoras*, que têm algum efeito direto sobre o comportamento da célula-alvo. Esse sistema de propagação intracelular e as proteínas efetoras intracelulares sobre as quais ele atua variam de um tipo celular especializado para outro, de modo que células diferentes respondem de modo diferente ao mesmo tipo de sinal. Por exemplo, quando as células marca-passos cardíacas são expostas ao neurotransmissor *acetilcolina,* sua velocidade de descarga diminui. Quando uma glândula

QUESTÃO 16-1

Para que se mantenham como estímulo local, as moléculas de sinalização parácrina devem ser impedidas de se difundir para muito longe de seus pontos de origem. Sugira diferentes formas pelas quais isso pode ser conseguido. Explique sua resposta.

TABELA 16-1 Alguns exemplos de moléculas de sinalização

Molécula-sinal	Local de origem	Natureza química	Algumas ações
Hormônios			
Adrenalina (epinefrina)	Glândula suprarrenal	Derivado do aminoácido tirosina	Aumenta a pressão arterial, o ritmo cardíaco e o metabolismo
Cortisol	Glândula suprarrenal	Esteroide (derivado do colesterol)	Afeta o metabolismo de proteínas, carboidratos e lipídeos na maioria dos tecidos
Estradiol	Ovário	Esteroide (derivado do colesterol)	Induz e mantém as características sexuais secundárias femininas
Insulina	Células β do pâncreas	Proteína	Estimula a captação de glicose, a síntese de proteínas e de lipídeos em vários tipos celulares
Testosterona	Testículos	Esteroide (derivado do colesterol)	Induz e mantém as características sexuais secundárias masculinas
Hormônio da tireoide (tiroxina)	Glândula tireoide	Derivado do aminoácido tirosina	Estimula o metabolismo em muitos tipos celulares
Mediadores locais			
Fator de crescimento epidérmico (EGF)	Várias células	Proteína	Estimula a proliferação de células epidérmicas e de muitos outros tipos celulares
Fator de crescimento derivado de plaquetas (PDGF)	Várias células, incluindo as plaquetas sanguíneas	Proteína	Estimula a proliferação de vários tipos celulares
Fator de crescimento neural (NGF)	Vários tecidos inervados	Proteína	Promove a sobrevivência de certas classes de neurônios; promove a sobrevivência e o crescimento de seus axônios
Histamina	Mastócitos	Derivado do aminoácido histidina	Promove dilatação dos vasos sanguíneos e os torna permeáveis, auxiliando a causar inflamação
Óxido nítrico (NO)	Células nervosas, células endoteliais que revestem os vasos sanguíneos	Gás dissolvido	Causa relaxamento das células musculares lisas; regula a atividade da célula nervosa
Neurotransmissores			
Acetilcolina	Terminais nervosos	Derivado da colina	Neurotransmissor excitatório em muitas sinapses neuromusculares e no sistema nervoso central
Ácido γ-aminobutírico (GABA)	Terminais nervosos	Derivado do aminoácido ácido glutâmico	Neurotransmissor inibitório no sistema nervoso central
Moléculas-sinal dependentes de contato			
Delta	Células que irão se diferenciar em neurônios; vários outros tipos celulares embrionários	Proteína transmembrânica	Impede células vizinhas de se tornarem especializadas como a célula sinalizadora

salivar é exposta ao mesmo sinal, ela secreta componentes da saliva, ainda que os receptores sejam os mesmos em ambos os tipos celulares. No músculo esquelético, a acetilcolina se liga a uma proteína receptora diferente, causando a contração da célula (**Figura 16-5**). Assim, a molécula de sinalização extracelular sozinha não é a mensagem: a informação transmitida pelo sinal depende de como a célula-alvo recebe e interpreta o sinal.

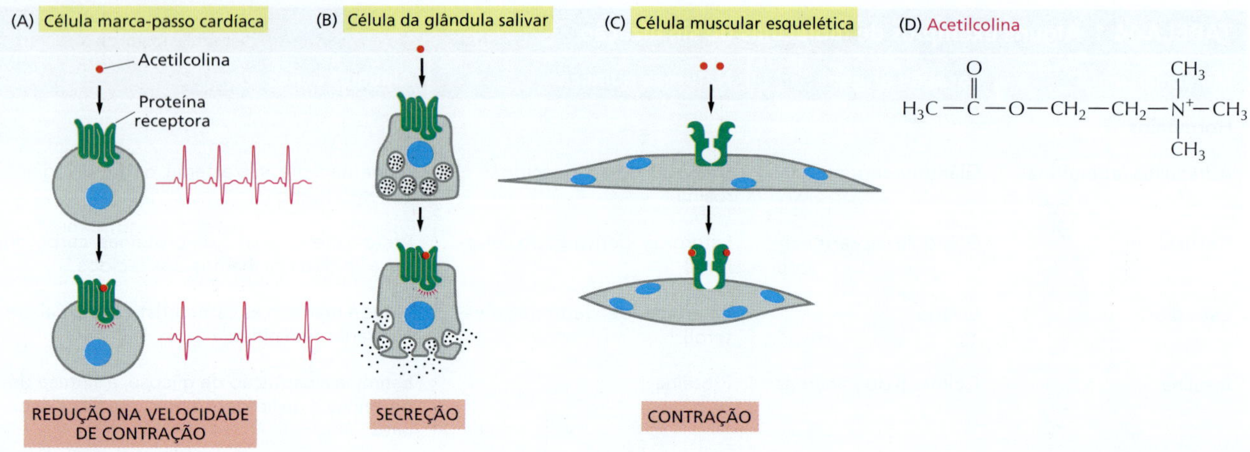

Figura 16-5 A mesma molécula-sinal pode induzir respostas distintas em células-alvo diferentes. Tipos celulares diferentes são configurados para responder ao neurotransmissor acetilcolina de modos distintos. A acetilcolina se liga a proteínas receptoras semelhantes nas células marca-passos cardíacas (A) e nas células das glândulas salivares (B), mas desencadeia respostas diferentes em cada um dos tipos celulares. As células musculares esqueléticas (C) produzem um tipo diferente de proteína receptora para o mesmo sinal. (D) Para uma molécula tão versátil, a acetilcolina tem uma estrutura química razoavelmente simples.

Uma célula típica possui muitos tipos de receptores, cada um presente em dezenas ou centenas de milhares de cópias. Tal variedade torna a célula sensível simultaneamente a vários sinais extracelulares e permite que um número relativamente pequeno de moléculas-sinal, em diferentes combinações, exerça um controle complexo e refinado sobre o comportamento celular. Uma combinação de sinais pode evocar uma resposta que é diferente da soma dos efeitos que cada sinal desencadearia isoladamente. Conforme discutimos adiante, tal "adaptação" da resposta celular ocorre, em parte, devido à interação entre os sistemas intracelulares de transmissão ativados pelos diferentes sinais. Desse modo, a presença de um sinal modifica, com frequência, os efeitos de outro. Uma combinação de sinais permite a sobrevivência da célula; outra combinação leva à diferenciação especializada, e outra promove a divisão celular. A maioria das células animais está programada para cometer suicídio na ausência de sinais (**Figura 16-6**).

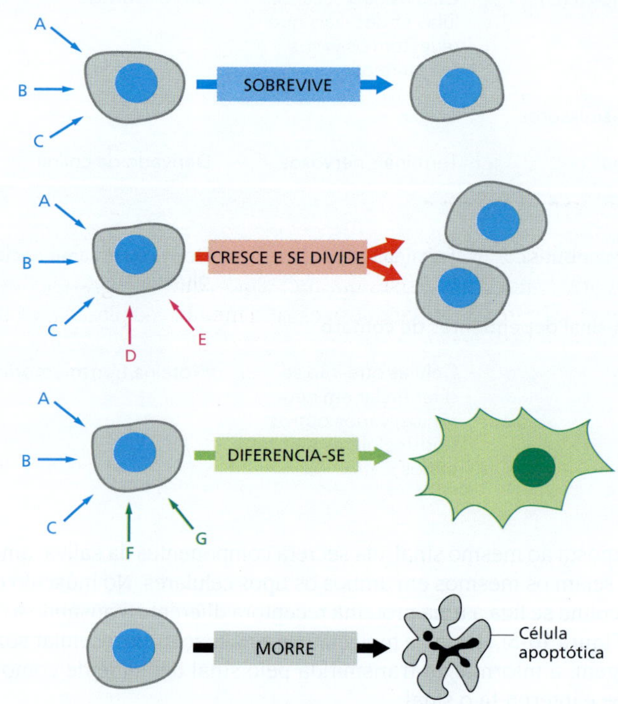

Figura 16-6 A célula animal depende de múltiplos sinais extracelulares. Cada tipo celular possui um conjunto de proteínas receptoras que lhe permite responder a um grupo específico de moléculas de sinalização produzido por outras células. Essas moléculas atuam em conjunto na regulação do comportamento celular. Como mostrado aqui, as células podem exigir sinais múltiplos (setas *azuis*) para sobreviver, sinais adicionais (setas *vermelhas*) para crescer e se dividir e ainda outros sinais (setas *verdes*) para se diferenciar. Caso privadas dos sinais de sobrevivência adequados, a maioria das células sofre uma espécie de suicídio conhecido como morte celular programada ou apoptose (discutida no Capítulo 18).

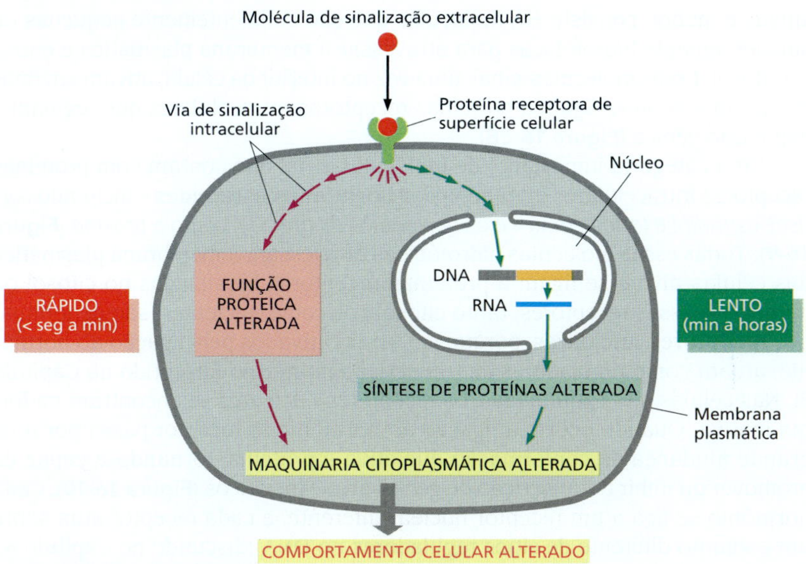

Figura 16-7 Os sinais extracelulares podem agir lenta ou rapidamente. Determinados tipos de respostas celulares – como a diferenciação celular ou o aumento do crescimento ou da divisão celular (ver Figura 16-6) – envolvem mudanças na expressão gênica e na síntese de novas proteínas. Por isso, essas respostas ocorrem de forma mais lenta. Outras respostas – como mudanças no movimento, na secreção ou no metabolismo celular – não precisam de mudanças na expressão gênica e, por isso, ocorrem rapidamente (ver Figura 16-5).

A resposta celular a um sinal pode ser rápida ou lenta

O tempo que uma célula leva para responder a um sinal extracelular varia muito, dependendo do que deve acontecer após a mensagem ter sido recebida. Alguns sinais extracelulares agem rapidamente: a acetilcolina estimula a contração do músculo esquelético no intervalo de milissegundos e a secreção das glândulas salivares dentro de mais ou menos um minuto. Tais respostas rápidas são possíveis porque, em cada caso, o sinal afeta a atividade de proteínas que já estão presentes no interior da célula-alvo, aguardando por sinais estimuladores.

Outras respostas levam mais tempo. O crescimento e a divisão celular, quando desencadeados pelas moléculas-sinal adequadas, podem levar muitas horas para ocorrer. Isso acontece porque a resposta a esses sinais extracelulares requer mudanças na expressão gênica e a produção de novas proteínas (**Figura 16-7**). Encontramos outros exemplos de respostas lentas e rápidas – e das moléculas-sinal que as estimulam – adiante neste capítulo.

Alguns hormônios atravessam a membrana plasmática e se ligam a receptores intracelulares

As **moléculas de sinalização extracelular** pertencem, em geral, a duas classes. A primeira, e maior, consiste em moléculas que são grandes demais ou demasiadamente hidrofílicas para atravessar a membrana plasmática da célula-alvo. Elas contam com receptores na superfície da célula-alvo para transmitir sua mensagem por meio da membrana (**Figura 16-8A**). A segunda classe de

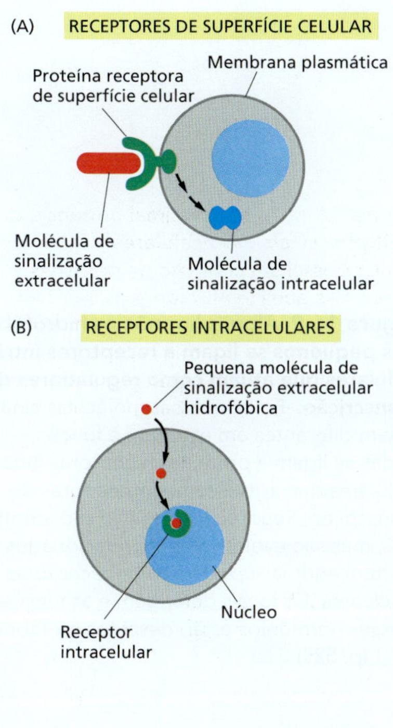

Figura 16-8 Moléculas de sinalização extracelular se ligam a receptores de superfície celular ou a receptores ou enzimas intracelulares. (A) A maioria das moléculas de sinalização extracelular são grandes e hidrofílicas e, por isso, são incapazes de atravessar a membrana plasmática. Elas se ligam aos receptores de superfície celular, os quais geram uma ou mais moléculasde sinalização intracelular na célula-alvo. (B) Algumas moléculas de sinalização extracelular pequenas e hidrofóbicas, ao contrário, difundem-se pela membrana plasmática da célula-alvo e ativam enzimas ou se ligam a receptores intracelulares – no citosol ou no núcleo (conforme mostrado aqui) – e regulam a transcrição gênica ou outras funções.

sinais, e menor, consiste em moléculas que são suficientemente pequenas ou suficientemente hidrofóbicas para atravessar a membrana plasmática e entrar no citosol. Essas moléculas-sinal, uma vez no interior da célula, ativam enzimas intracelulares ou se ligam a proteínas receptoras intracelulares que regulam a expressão gênica (**Figura 16-8B**).

Uma categoria importante de moléculas-sinal que contam com proteínas receptoras intracelulares é a família dos **hormônios esteroides** – incluindo *cortisol*, *estradiol* e *testosterona* – e os *hormônios da tireoide*, como a *tiroxina* (**Figura 16-9**). Todas essas moléculas hidrofóbicas atravessam a membrana plasmática das células-alvo e se ligam a proteínas receptoras localizadas no citosol ou no núcleo. Esses receptores, tanto citosólicos como nucleares, são denominados **receptores nucleares**, porque, ao serem ativados pela ligação ao hormônio, atuam como reguladores de transcrição no núcleo (discutido no Capítulo 8). Nas células não estimuladas, os receptores nucleares se encontram na forma inativa. Quando ocorre a ligação ao hormônio, o receptor passa por uma grande mudança de conformação que ativa a proteína, tornando-a capaz de promover ou inibir a transcrição de genes-alvo específicos (**Figura 16-10**). Cada hormônio se liga a um receptor nuclear diferente, e cada receptor atua sobre um conjunto diferente de sítios reguladores no DNA (discutido no Capítulo 8). Além disso, um dado hormônio geralmente regula diferentes grupos de genes em tipos celulares distintos, evocando, dessa forma, diferentes respostas fisiológicas em diferentes células-alvo.

Os receptores nucleares e os hormônios que os ativam são essenciais à fisiologia humana (ver Tabela 16-1, p. 529). A perda desses sistemas de sinalização pode ter consequências drásticas, conforme exemplificado pelo que acontece com indivíduos que perdem o receptor do hormônio sexual masculino, testosterona. Esse hormônio modela a formação da genitália externa em humanos e influencia o desenvolvimento encefálico do feto. Na puberdade, ele desencadeia o desenvolvimento das características sexuais secundárias masculinas. Alguns indivíduos, muito raros, são geneticamente machos (i.e., possuem um cromossomo Y e um X), mas não possuem o receptor para a testosterona em razão de uma mutação no gene correspondente. Eles produzem o hormônio, mas suas células não respondem a ele. Em consequência, esses indivíduos se desenvolvem como fêmeas, que é a rota do desenvolvimento sexual e encefálico que ocorreria na ausência dos hormônios masculinos e femininos. Essa inversão sexual demonstra o papel-chave do receptor para testosterona no desenvolvimento sexual, mostrando também que o receptor é necessário não somente em um tipo celular, mas em muitos tipos celulares para promover o desenvolvimento de toda a gama de características que distingue os homens das mulheres.

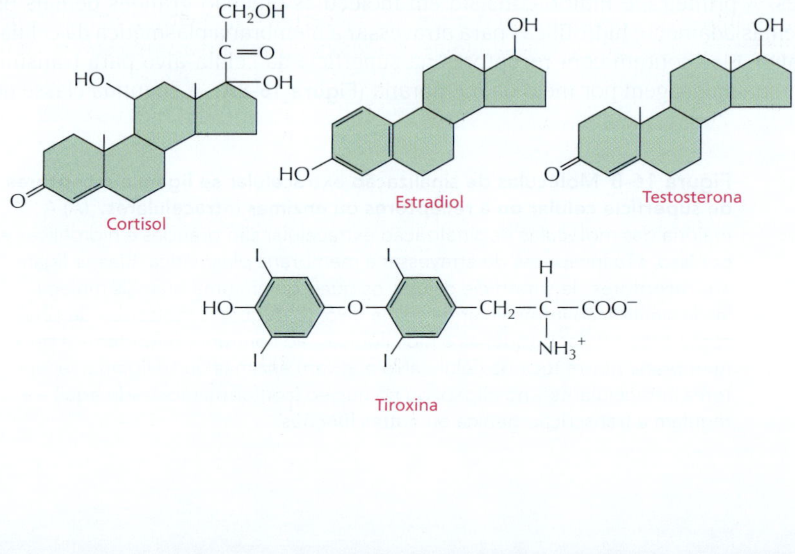

Figura 16-9 Alguns hormônios hidrofóbicos pequenos se ligam a receptores intracelulares que atuam como reguladores de transcrição. Embora essas moléculas-sinal sejam diferentes em estrutura e função, todas se ligam a proteínas receptoras intracelulares que agem como reguladores de transcrição. Seus receptores não são idênticos, mas são evolutivamente relacionados, pertencendo à *superfamília de receptores nucleares*. Os locais de origem e as funções desses hormônios estão descritos na Tabela 16-1 (p. 529).

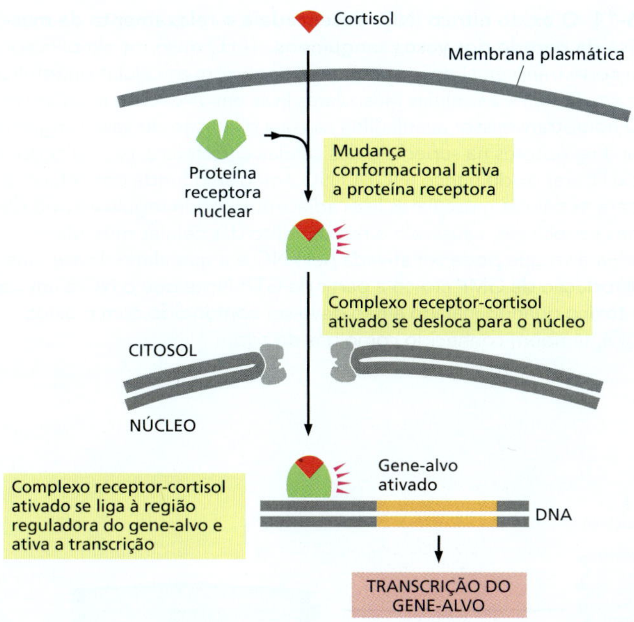

Figura 16-10 O hormônio esteroide cortisol atua pela ativação de um regulador de transcrição. O cortisol é um dos hormônios produzidos pelas glândulas suprarrenais em resposta ao estresse. Ele atravessa a membrana plasmática e se liga à sua proteína receptora que está no citosol. O complexo hormônio-receptor entra no núcleo pelos poros nucleares. A ligação do cortisol ativa o receptor, o que o torna capaz de se ligar a sequências reguladoras específicas no DNA e ativar (ou reprimir, não mostrado) a transcrição de genes-alvo específicos. Enquanto os receptores para o cortisol e para outros hormônios esteroides estão localizados no citosol, aqueles para outros hormônios esteroides e para hormônios da tireoide já estão ligados ao DNA no núcleo, mesmo na ausência do hormônio.

Alguns gases dissolvidos atravessam a membrana plasmática e ativam diretamente enzimas intracelulares

Os hormônios esteroides e os hormônios da tireoide não são as únicas moléculas de sinalização extracelular que podem atravessar a membrana plasmática. Alguns gases dissolvidos podem difundir-se através da membrana para o interior da célula e regular diretamente a atividade de proteínas intracelulares específicas. Essa ativação direta permite que esses sinais alterem uma célula-alvo dentro de poucos segundos ou minutos. O gás **óxido nítrico** (**NO**) age dessa maneira. O NO é sintetizado a partir do aminoácido arginina e se difunde facilmente do seu local de síntese para o interior de células adjacentes. O gás tem apenas efeito local porque é convertido, de forma rápida, em nitratos e nitritos (com uma meia-vida de 5 a 10 segundos), reagindo com o oxigênio e a água no exterior da célula.

As células endoteliais – as células achatadas que revestem os vasos sanguíneos – liberam NO em resposta a neurotransmissores secretados pelas terminações nervosas próximas. Esse sinal do NO causa o relaxamento da musculatura lisa do vaso adjacente, causando sua dilatação, de modo que o sangue possa fluir mais livremente (**Figura 16-11**). O efeito do NO nos vasos sanguíneos é o responsável pela ação da nitroglicerina, que tem sido usada há quase 100 anos no tratamento de pacientes com angina – dor causada pelo fluxo sanguíneo inadequado para o músculo cardíaco. No corpo, a nitroglicerina é convertida em NO, que rapidamente relaxa os vasos sanguíneos, reduzindo, assim, a carga sobre o coração e diminuindo a necessidade muscular por sangue rico em oxigênio. Muitas células nervosas também usam o NO para sinalizar para células adjacentes: o NO liberado pelas terminações nervosas no pênis, por exemplo, age como um mediador local para desencadear a vasodilatação responsável pela ereção peniana.

No interior de muitas células-alvo, o NO se liga à enzima *guanilato-ciclase* e estimula a formação de *GMP cíclico* a partir do nucleotídeo GTP (ver Figura 16-11B). O próprio GMP cíclico é uma molécula sinalizadora intracelular pequena que atua como mensageiro na próxima etapa na cadeia de sinalização do NO que leva à resposta celular final. O fármaco Viagra contra a impotência aumenta a ereção peniana porque bloqueia a enzima que degrada o GMP cíclico, prolongando o sinal do NO. O GMP cíclico é similar, em estrutura e mecanismo de ação, ao *AMP cíclico*, uma molécula sinalizadora intracelular muito mais utilizada, cujas ações são discutidas adiante.

QUESTÃO 16-2

Considere a estrutura do colesterol, uma pequena molécula hidrofóbica com uma cadeia principal de esterol semelhante ao de três dos hormônios mostrados na Figura 16-9, porém com menos grupos polares, como –OH, =O e –COO⁻. Caso o colesterol não fosse normalmente encontrado nas membranas celulares, ele poderia ser usado como um hormônio na presença de um receptor intracelular adequado?

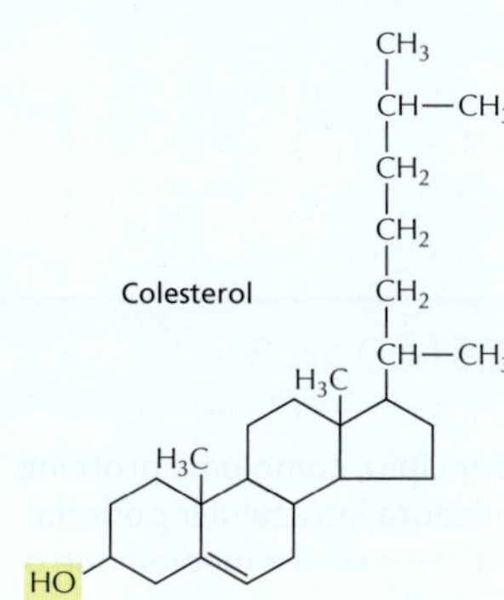

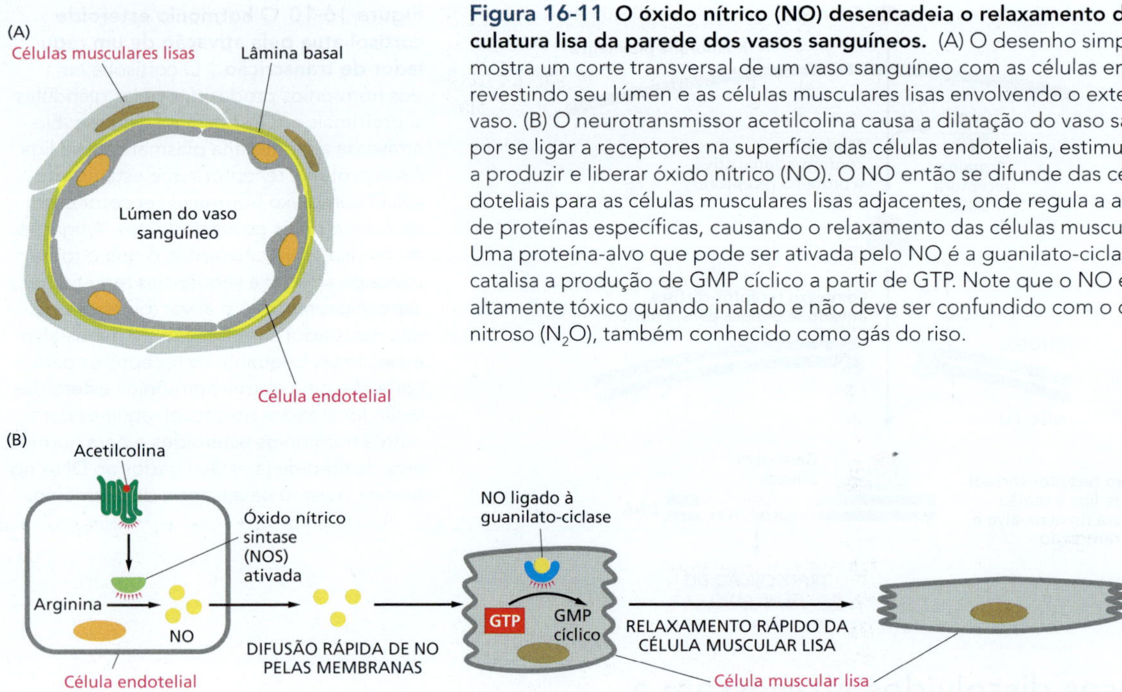

Figura 16-11 O óxido nítrico (NO) desencadeia o relaxamento da musculatura lisa da parede dos vasos sanguíneos. (A) O desenho simplificado mostra um corte transversal de um vaso sanguíneo com as células endoteliais revestindo seu lúmen e as células musculares lisas envolvendo o exterior do vaso. (B) O neurotransmissor acetilcolina causa a dilatação do vaso sanguíneo por se ligar a receptores na superfície das células endoteliais, estimulando-as a produzir e liberar óxido nítrico (NO). O NO então se difunde das células endoteliais para as células musculares lisas adjacentes, onde regula a atividade de proteínas específicas, causando o relaxamento das células musculares. Uma proteína-alvo que pode ser ativada pelo NO é a guanilato-ciclase, que catalisa a produção de GMP cíclico a partir de GTP. Note que o NO é um gás altamente tóxico quando inalado e não deve ser confundido com o óxido nitroso (N_2O), também conhecido como gás do riso.

Os receptores de superfície celular transmitem os sinais extracelulares por meio de vias de sinalização intracelular

A maior parte das moléculas-sinal, em contraste com o NO e com os hormônios esteroides e tireoidianos, são grandes demais ou muito hidrofílicas para atravessar a membrana plasmática das células-alvo. Essas proteínas, peptídeos e outras moléculas pequenas e hidrofílicas se ligam a proteínas receptoras da superfície celular que transpassam a membrana plasmática (ver Figura 16-8A). Os receptores transmembrânicos detectam o sinal na face externa da célula e transmitem a mensagem, utilizando uma molécula diferente, através membrana até o interior da célula.

A proteína receptora executa a etapa inicial na transdução do sinal: reconhece o sinal extracelular e, em resposta, gera novos sinais intracelulares (ver Figura 16-2B). O processo de sinalização intracelular resultante em geral funciona como uma corrida de revezamento molecular, na qual a mensagem passa de uma **molécula de sinalização intracelular** para outra, em que cada uma ativa ou gera a próxima molécula de sinalização até que, por exemplo, uma enzima metabólica seja posta em ação, o citoesqueleto seja forçado a assumir uma nova configuração ou um gene seja ativado ou inibido. Esse resultado é denominado resposta da célula (**Figura 16-12**).

Os componentes dessas **vias de sinalização intracelular** executam uma ou várias funções cruciais (**Figura 16-13**):

1. Podem simplesmente *transmitir* o sinal para diante e dessa forma auxiliar na sua propagação por toda a célula.
2. Podem *amplificar* o sinal recebido, tornando-o mais forte, de modo que poucas moléculas de sinalização extracelular sejam suficientes para evocar uma resposta intracelular intensa.
3. Podem detectar sinais de mais de uma via de sinalização intracelular e *integrá-los* antes de transmitir o sinal para diante.

QUESTÃO 16-3

Em princípio, como uma proteína sinalizadora intracelular poderia amplificar o sinal à medida que o transmite?

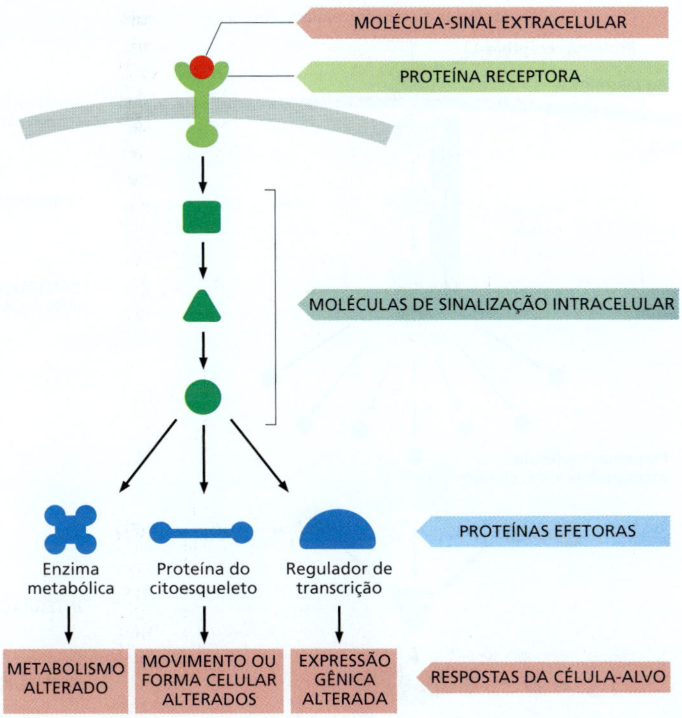

Figura 16-12 Muitos sinais extracelulares atuam via receptores de superfície celular e alteram o comportamento da célula-alvo. A proteína receptora ativa uma ou mais vias de sinalização intracelular, cada uma mediada por uma série de moléculas de sinalização intracelular, que podem ser proteínas ou moléculas mensageiras pequenas. A figura mostra somente uma via. As moléculas de sinalização no final interagem com *proteínas efetoras* específicas, alterando-as de forma a mudar de várias maneiras o comportamento celular.

4. Podem *distribuir* o sinal para mais de uma proteína efetora, criando ramificações no diagrama do fluxo de informações e evocando uma resposta complexa.

As etapas de uma via de sinalização estão geralmente sujeitas à modulação pela *regulação por retroalimentação.* Na retroalimentação positiva, um componente de etapas posteriores na via age sobre um componente prévio na mesma via para aumentar a resposta ao sinal inicial; na retroalimentação negativa, um componente de etapas posteriores da via age na inibição de um componente anterior para diminuir a resposta ao sinal inicial (**Figura 16-14**). Essa regulação por retroalimentação é muito comum nos sistemas biológicos e pode levar a respostas complexas: a retroalimentação positiva pode gerar respostas do tipo tudo-ou-nada, por exemplo, ao passo que a retroalimentação negativa pode gerar respostas oscilantes do tipo liga-desliga.

Algumas proteínas de sinalização intracelular atuam como interruptores moleculares

Muitas das proteínas de sinalização intracelular essenciais se comportam como **interruptores moleculares**: a recepção de um sinal causa sua alternância de um estado inativo para um estado ativo. Uma vez ativadas, essas proteínas podem estimular – ou em outros casos suprimir – outras proteínas na via de sinalização. Elas então permanecem no estado ativo até que algum outro processo as iniba.

A importância do processo dos interruptores moleculares é, com frequência, subestimada: imagine as consequências se uma via de sinalização que acelera seu batimento cardíaco permanecer ativa indefinidamente. Para que uma via de sinalização se recupere após transmitir um sinal e fique apta a transmitir outro, cada proteína ativada deve retornar ao seu estado original inativado. Portanto, para cada mecanismo de ativação ao longo da via, deve haver um mecanismo de inativação. Os dois são igualmente importantes para que uma via de sinalização seja útil.

As proteínas que atuam como interruptores moleculares pertencem principalmente a duas classes. A primeira, e de longe a maior, consiste em proteínas que são ativadas ou inativadas por fosforilação, uma modificação química dis-

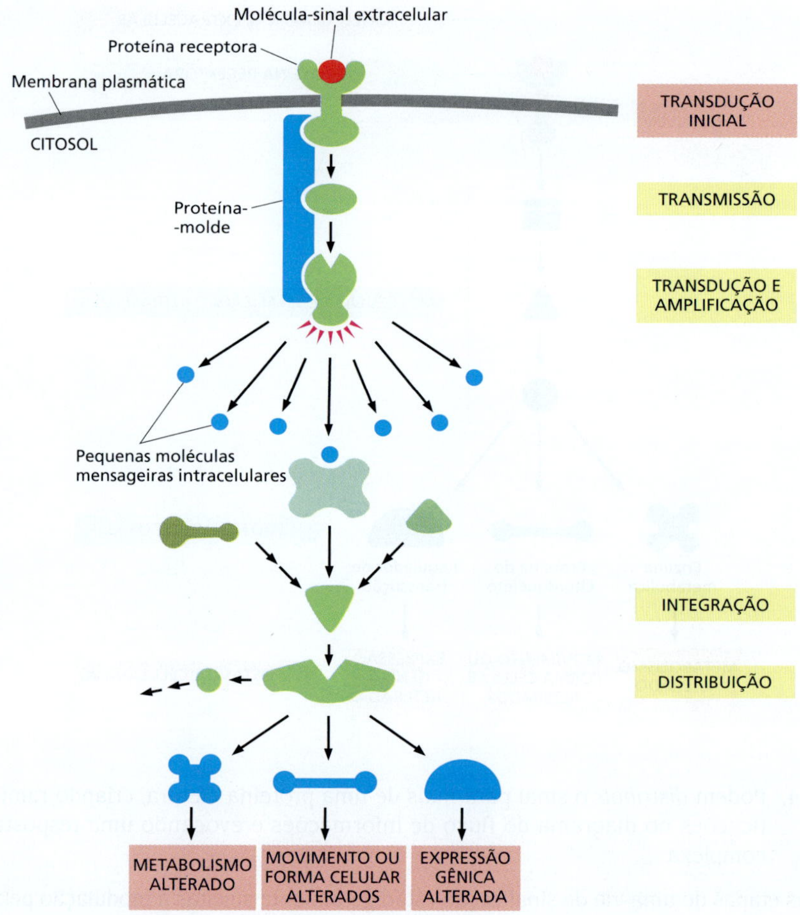

Figura 16-13 Proteínas de sinalização intracelular transmitem, amplificam, integram e distribuem o sinal recebido. Neste exemplo, uma proteína receptora localizada na superfície da célula transforma um sinal extracelular em um sinal intracelular, o qual inicia uma ou mais vias de sinalização intracelular que transmitem o sinal para o interior da célula. Cada via inclui proteínas de sinalização intracelular que podem funcionar das várias maneiras mostradas: algumas, por exemplo, integram os sinais de outras vias de sinalização intracelular. Muitas etapas do processo podem ser moduladas por outros eventos ou por outras moléculas na célula (não mostrado). Observe que algumas proteínas na via podem ser mantidas muito próximas por uma proteína-molde, permitindo que sejam ativadas em uma localização específica na célula e com maior velocidade, eficiência e seletividade. Discutimos a produção e a função das moléculas mensageiras intracelulares pequenas adiante neste capítulo.

cutida no Capítulo 4 (ver Figura 4-42). No caso dessas moléculas, o interruptor molecular é convertido em um estado específico por uma **proteína-cinase**, que liga covalentemente um grupo fosfato à proteína, e um estado diferente por uma **proteína-fosfatase**, que remove o fosfato (**Figura 16-15A**). A atividade de qualquer proteína que seja regulada por fosforilação depende – a cada momento – do equilíbrio entre as atividades das proteínas-cinase que a fosforilam e das proteínas-fosfatase que a desfosforilam.

Muitas dessas proteínas controladas por fosforilação são, elas próprias, proteínas-cinase e estão organizadas em *cascatas de fosforilação*: uma proteína-cinase ativada por fosforilação fosforila a cinase seguinte e assim por diante, transmitindo o sinal, e nesse processo ocorrem a amplificação, a distribuição e a regulação do sinal. Dois tipos principais de proteína-cinase atuam nas vias de sinalização intracelular: as mais comuns são as **serinas/treoninas-cinase**, as quais, como o nome indica, fosforilam serinas e treoninas; as outras são as **tirosinas-cinase**, que fosforilam os resíduos de tirosina das proteínas.

A outra classe de proteínas comutadoras envolvidas em vias de sinalização intracelular são as **proteínas de ligação ao GTP**. Estas alternam entre um estado ativo e um inativo na dependência de terem GTP ou GDP, respectivamente, ligados a elas (**Figura 16-15B**). Quando ativadas pela ligação ao GTP, essas proteínas apresentam atividade intrínseca de hidrólise de GTP (*GTPases*) e fazem autoinativação ao hidrolisarem seu GTP ligado em GDP.

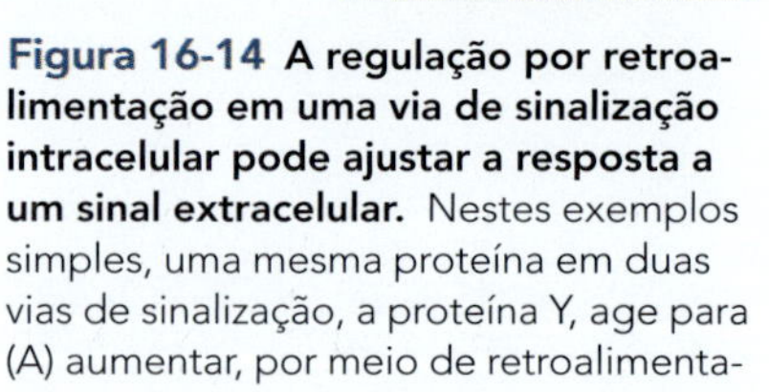

Figura 16-14 A regulação por retroalimentação em uma via de sinalização intracelular pode ajustar a resposta a um sinal extracelular. Nestes exemplos simples, uma mesma proteína em duas vias de sinalização, a proteína Y, age para (A) aumentar, por meio de retroalimentação positiva, ou (B) diminuir, por meio de retroalimentação negativa, a atividade da proteína que a ativou.

Dois tipos principais de proteínas de ligação a GTP participam nas vias de sinalização intracelular. As *proteínas triméricas de ligação ao GTP* (também chamadas *proteínas G*), grandes, transmitem mensagens a partir dos *receptores acoplados à proteína G;* discutimos em breve, em detalhe, essa importante classe de

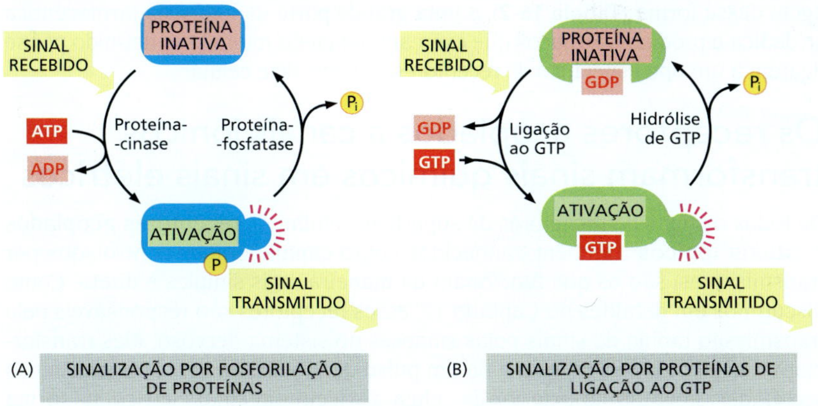

Figura 16-15 Muitas proteínas de sinalização intracelular funcionam como interruptores moleculares. Essas proteínas podem ser ativadas – ou, em alguns casos, inibidas – pela adição ou remoção de um grupo fosfato. (A) Em uma classe de proteínas comutadoras, o fosfato é adicionado de forma covalente por uma proteína-cinase, que transfere o grupo fosfato terminal do ATP para a proteína sinalizadora; o fosfato é removido por uma proteína-fosfatase. (B) Em outra classe, uma proteína de ligação ao GTP é ativada quando troca seu GDP ligado por GTP (o que, de certo modo, adiciona um fosfato à proteína); esta então é inativada pela hidrólise do GTP ligado em GDP.

proteínas. Outros receptores de superfície celular contam com *GTPases monoméricas,* pequenas, que ajudam na transmissão de seus sinais. Essas proteínas monoméricas de ligação ao GTP são auxiliadas por dois grupos de proteínas reguladoras. Os *fatores de troca do nucleotídeo guanina* (*GEFs*) ativam as proteínas comutadoras por promoverem a troca de GDP por GTP, e as *proteínas ativadoras de GTPase* (*GAPs*) as inativam por promoverem a hidrólise do GTP (**Figura 16-16**).

Os receptores de superfície celular pertencem a três classes principais

Todas as proteínas receptoras de superfície celular se ligam a uma molécula--sinal extracelular e transduzem sua mensagem para uma ou mais moléculas de sinalização intracelular que alteram o comportamento da célula. A maioria desses receptores pertence a três grandes classes, que diferem no mecanismo de transdução utilizado.

1. Os *receptores acoplados a canais iônicos* modificam a permeabilidade da membrana plasmática a íons específicos, alterando, dessa forma, o potencial de membrana e, se as condições forem corretas, produzindo uma corrente elétrica (**Figura 16-17A**).
2. Os *receptores acoplados à proteína G* ativam as proteínas triméricas de ligação ao GTP (proteínas G) ligadas à membrana, as quais ativam (ou inibem) uma enzima ou um canal iônico na membrana plasmática, iniciando uma cascata de sinalização intracelular (**Figura 16-17B**).
3. Os *receptores acoplados a enzimas* agem como enzimas ou se associam a enzimas no interior da célula (**Figura 16-17C**); quando estimulados, as enzimas podem ativar uma ampla variedade de vias de sinalização intracelular.

O número de tipos diferentes de receptores nessas três classes é ainda maior do que o número de sinais extracelulares que agem sobre eles. Isso ocorre porque, para muitas moléculas de sinalização extracelular, existe mais de um tipo de receptor, e estes podem pertencer a diferentes classes de receptores. O neurotransmissor acetilcolina, por exemplo, age nas células da musculatura esquelética por meio de um receptor acoplado a canais iônicos, enquanto nas células cardíacas ele age por meio de um receptor acoplado à proteína G. Esses dois tipos de receptores geram diferentes sinais intracelulares e assim possibilitam que os dois tipos de células reajam à acetilcolina de maneiras diferentes, aumentando a contração do músculo esquelético e reduzindo os batimentos cardíacos (ver Figura 16-5A e C).

Esse excesso de receptores de superfície celular também proporciona alvos para muitas substâncias estranhas que interferem com a nossa fisiologia, desde heroína e nicotina até tranquilizantes e pimentas. Tais substâncias bloqueiam ou superestimulam a atividade natural dos receptores. Vários fármacos e venenos

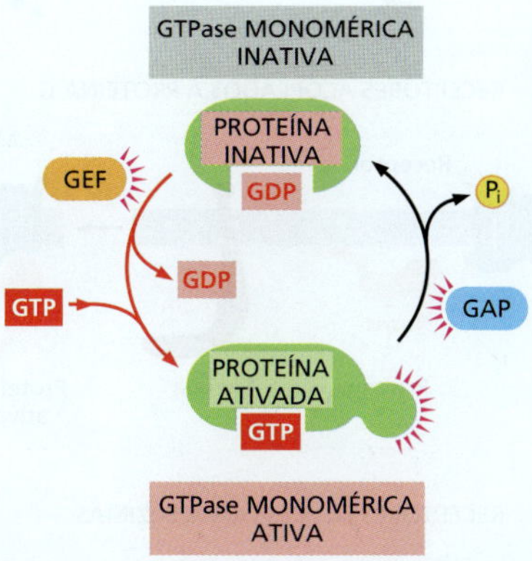

Figura 16-16 A atividade das proteínas monoméricas de ligação ao GTP é controlada por dois tipos de proteínas reguladoras. Os fatores de troca do nucleotídeo guanina (GEFs) promovem a troca de GDP por GTP, e dessa forma ativam a proteína de ligação ao GTP. As proteínas que ativam a GTPase (GAPs) estimulam a hidrólise do GTP em GDP, inativando, assim, a proteína de ligação ao GTP.

agem dessa forma (**Tabela 16-2**), e uma grande parte da indústria farmacêutica se dedica a produzir fármacos que exerçam um efeito muito bem definido por se ligarem a um tipo específico de receptores de superfície celular.

Os receptores acoplados a canais iônicos transformam sinais químicos em sinais elétricos

De todos os tipos de receptores de superfície celular, os **receptores acoplados a canais iônicos** (também conhecidos como canais iônicos controlados por transmissores) são os que funcionam da maneira mais simples e direta. Como discutimos em detalhes no Capítulo 12, esses receptores são responsáveis pela transmissão rápida de sinais pelas sinapses no sistema nervoso. Eles transformam o sinal químico, na forma de um pulso de moléculas neurotransmissoras secretadas, liberado no exterior da célula-alvo, em um sinal elétrico, na forma de uma alteração na voltagem ao longo da membrana plasmática dessa mesma célula (ver Figura 12-40). Esse tipo de receptor modifica sua conformação após a ligação do neurotransmissor, o que leva a abertura ou fechamento de um canal iônico para o fluxo de íons específicos – como Na^+, K^+ ou Ca^{2+} – na membrana plasmática (ver Figura 16-17A e **Animação 16.1**). Conduzidos por seus gradientes eletroquímicos, os íons se deslocam para dentro ou para fora da célula, criando, no tempo de milissegundos, uma mudança no potencial de membrana. Essa mudança no potencial pode desencadear um impulso nervoso, ou tornar mais fácil

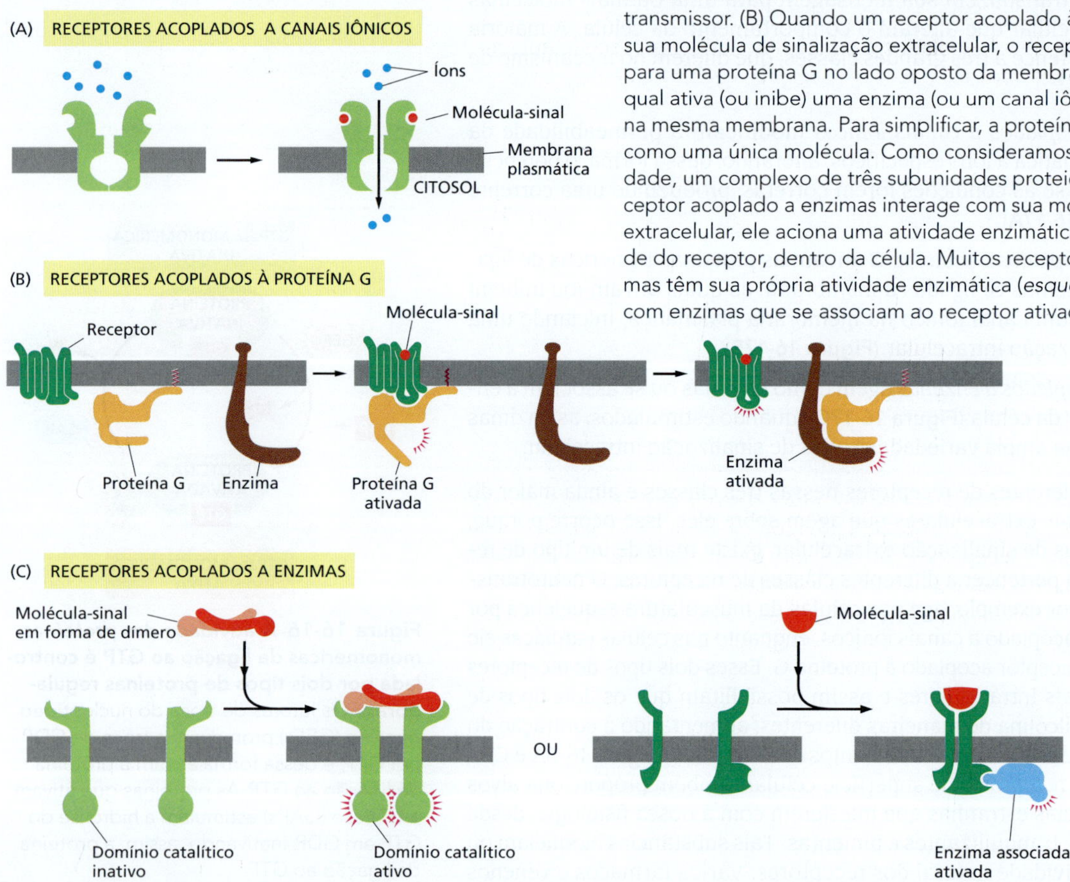

Figura 16-17 Os receptores de superfície celular pertencem a três classes principais. (A) Um receptor acoplado a um canal iônico abre em resposta à ligação de uma molécula de sinalização extracelular. Esses canais são também chamados de canais iônicos controlados por transmissor. (B) Quando um receptor acoplado à proteína G se liga à sua molécula de sinalização extracelular, o receptor ativado sinaliza para uma proteína G no lado oposto da membrana plasmática, a qual ativa (ou inibe) uma enzima (ou um canal iônico, não mostrado) na mesma membrana. Para simplificar, a proteína G é mostrada aqui como uma única molécula. Como consideramos adiante, ela é, na verdade, um complexo de três subunidades proteicas. (C) Quando um receptor acoplado a enzimas interage com sua molécula de sinalização extracelular, ele aciona uma atividade enzimática na outra extremidade do receptor, dentro da célula. Muitos receptores acoplados a enzimas têm sua própria atividade enzimática (*esquerda*), e outros contam com enzimas que se associam ao receptor ativado (*direita*).

TABELA 16-2 Algumas substâncias estranhas que agem sobre os receptores de superfície celular

Substância	Sinal normal	Ação sobre o receptor	Efeito
Barbituratos e benzodiazepínicos	Ácido γ-aminobutírico (GABA)	Estimula receptores acoplados a canais iônicos ativados por GABA	Alívio de ansiedade; sedação
Nicotina	Acetilcolina	Estimula receptores acoplados a canais iônicos ativados por acetilcolina	Constrição dos vasos sanguíneos; elevação da pressão arterial
Morfina e heroína	Endorfinas e encefalinas	Estimula receptores opiáceos acoplados à proteína G	Analgesia (alívio da dor); euforia
Curare	Acetilcolina	Bloqueia receptores acoplados a canais iônicos ativados por acetilcolina	Bloqueio da transmissão neuromuscular, resultando em paralisia
Estricnina	Glicina	Bloqueia receptores acoplados a canais iônicos ativados por glicina	Bloqueio das sinapses inibitórias na medula espinal e no encéfalo, resultando em espasmos musculares e convulsões
Capsaicina	Calor	Estimula receptores sensíveis à temperatura acoplados a canais iônicos	Induz sensação dolorosa de queimadura; exposição prolongada leva paradoxalmente à analgesia
Mentol	Frio	Estimula receptores sensíveis à temperatura acoplados a canais iônicos	Em quantidades moderadas, induz uma sensação de frio; em doses mais altas, pode causar dor de queimadura

(ou mais difícil) que outros neurotransmissores o façam. Conforme discutimos adiante, a abertura dos canais de Ca^{2+} tem efeitos adicionais importantes, uma vez que mudanças na concentração do íon no citosol da célula-alvo podem alterar profundamente as atividades de várias proteínas responsivas ao Ca^{2+}.

Enquanto os receptores acoplados a canais iônicos são especialmente importantes nas células nervosas e em outras células eletricamente excitáveis como as células musculares, os receptores acoplados à proteína G e os receptores acoplados a enzimas são importantes para quase todos os demais tipos celulares. A maior parte do restante deste capítulo é dedicada às famílias desses dois receptores e aos processos de transdução de sinal que eles utilizam.

QUESTÃO 16-4

Os mecanismos de sinalização usados por um receptor nuclear de hormônio esteroide e por um receptor acoplado a canais iônicos são relativamente simples porque possuem poucos componentes. Eles podem levar a uma amplificação do sinal inicial? Em caso afirmativo, explique como.

RECEPTORES ACOPLADOS À PROTEÍNA G

Os **receptores acoplados à proteína G** (**GPCRs**, de *G-protein-coupled receptors*) formam a família mais numerosa dos receptores de superfície celular. Existem mais de 700 GPCRs nos humanos, e os camundongos possuem cerca de 1.000 GPCRs envolvidos somente com o sentido do olfato. Esses receptores medeiam respostas a uma enorme diversidade de moléculas de sinalização extracelular, incluindo hormônios, mediadores locais e neurotransmissores. Essas moléculas são tão variadas em estrutura como o são em função: elas podem ser proteínas, pequenos peptídeos ou derivados de aminoácidos ou de ácidos graxos, e para cada uma delas existe um receptor ou um conjunto de receptores diferentes. Uma vez que os GPCRs estão envolvidos em uma variedade tão grande de processos celulares, eles são um alvo atraente para o desenvolvimento de fármacos para tratar vários distúrbios. Um terço de todos os fármacos utilizados atualmente age por meio dos GPCRs.

Apesar da diversidade das moléculas sinalizadoras que se ligam a eles, todos os GPCRs analisados possuem estrutura semelhante: cada um é formado por uma cadeia polipeptídica única que atravessa a bicamada lipídica sete vezes (**Figura 16-18**). Essa superfamília de *proteínas receptoras transmembrânicas de sete passagens* inclui a rodopsina (a proteína fotorreceptora ativada pela luz no olho dos vertebrados), os receptores olfatórios (de odor) nas fossas nasais dos vertebrados e os receptores que participam dos rituais de acasalamento das le-

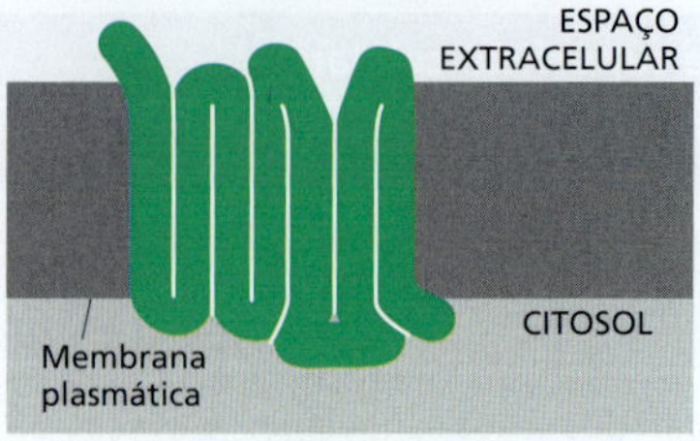

(A)

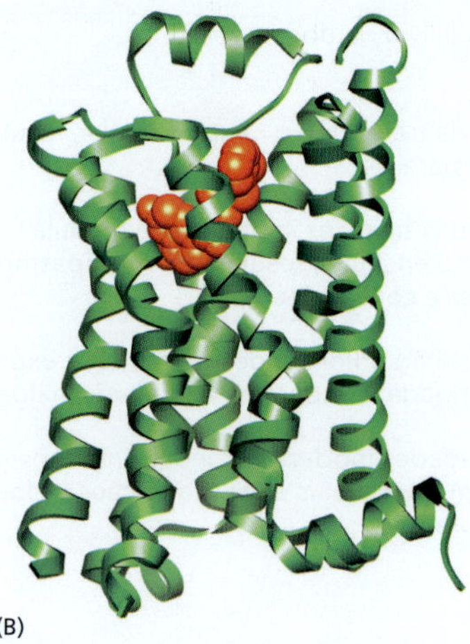
(B)

Figura 16-18 Todos os receptores acoplados à proteína G possuem estrutura similar. A cadeia polipeptídica atravessa a membrana na forma de sete α-hélices. As porções citoplasmáticas do receptor se ligam à proteína G no interior da célula. (A) No caso de receptores que reconhecem moléculas-sinal pequenas, como adrenalina ou acetilcolina, o ligante interage dentro do plano da membrana em um bolsão formado por aminoácidos de vários segmentos transmembrânicos. (B) Aqui é mostrada a estrutura de um GPCR que se liga à adrenalina (*vermelho*). A estimulação desse receptor pela adrenalina faz o coração bater mais rapidamente. Os receptores que reconhecem moléculas-sinal proteicas em geral possuem um domínio extracelular grande que, juntamente com alguns dos segmentos transmembrânicos, interage com o ligante proteico (não mostrado).

veduras unicelulares (ver Figura 16-1). Os receptores acoplados à proteína G são, evolutivamente, antigos: até os procariotos possuem proteínas de membrana estruturalmente semelhantes – como a bacteriorrodopsina que funciona como uma bomba de H^+ impulsionada pela luz (ver Figura 11-27). Embora lembrem os GPCRs eucarióticos, essas proteínas procarióticas não agem por meio de proteínas G, mas são acopladas a outros sistemas de transdução de sinal.

Iniciamos esta seção com a discussão de como as proteínas G são ativadas pelos GPCRs. Estudamos então como as proteínas G ativadas estimulam os canais iônicos e como regulam as enzimas ligadas à membrana que controlam as concentrações das pequenas moléculas mensageiras intracelulares, incluindo AMP cíclico e Ca^{2+} – as quais por sua vez controlam a atividade de proteínas de sinalização intracelular importantes. Encerramos com a discussão sobre como os GPCRs ativados pela luz nos fotorreceptores dos nossos olhos nos permitem ver.

A estimulação dos receptores acoplados à proteína G (GPCRs) ativa as subunidades dessa proteína

A ligação de uma molécula de sinalização extracelular ao GPCR induz nesse receptor uma mudança de conformação que lhe permite ativar uma **proteína G** localizada na fase cistosólica da membrana plasmática. Para explicar como essa ativação leva à transmissão do sinal, devemos considerar inicialmente como as proteínas G estão organizadas e como funcionam.

Existem vários tipos de proteínas G. Cada uma é específica para um grupo particular de receptores e para um grupo particular de enzimas-alvo ou canais iônicos na membrana plasmática. No entanto, todas essas proteínas G são semelhantes na sua estrutura geral e desempenham suas funções de modo semelhante. Essas proteínas são formadas por três subunidades – α, β e γ –, duas das quais estão ligadas à membrana plasmática por caudas lipídicas curtas. No estado não estimulado, a subunidade α possui uma molécula de GDP ligada, e a proteína G está inativa (**Figura 16-19A**). Quando uma molécula de sinalização extracelular se liga ao receptor, este se altera, causando a ativação da proteína G pela diminuição da afinidade da subunidade α por GDP, que é substituído por uma molécula de GTP. Em alguns casos, essa ativação separa as subunidades da proteína G, de forma que a subunidade α ativada se liga ao GTP e se dissocia do complexo βγ, que também é ativado (**Figura 16-19B**). As duas partes da proteína G ativadas – a subunidade α e o complexo βγ – podem, então, interagir diretamente com as proteínas-alvo localizadas na membrana plasmática, as quais, por sua vez, podem transmitir o sinal para outros destinos na célula. Quanto mais tempo essas proteínas-alvo permanecerem ligadas a uma subunidade α ou a uma βγ, mais prolongado será o sinal transmitido.

O intervalo de tempo em que as subunidades α e βγ permanecem "ativadas" – e, por isso, disponíveis para transmitir sinais – também determina o tempo de duração da resposta. Esse tempo é controlado pelo comportamento da subunidade α. Tal subunidade tem uma atividade de GTPase intrínseca, e hidrolisa o GTP em GDP, provocando o retorno da proteína G à sua conformação inativa original (**Figura 16-20**). A hidrólise do GTP e a inativação em geral ocorrem dentro de se-

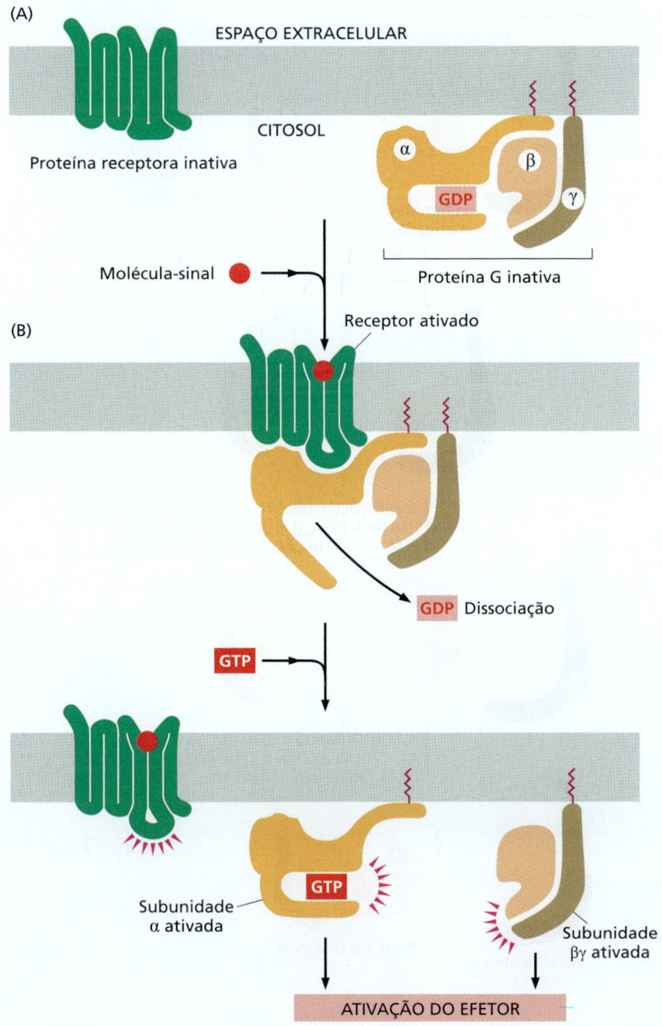

Figura 16-19 Um GPCR ativa proteínas G estimulando a dissociação do GDP da subunidade α e a ligação de uma molécula de GTP. (A) No estado não estimulado, o receptor e a proteína G estão inativos. Embora sejam mostrados aqui como entidades separadas na membrana plasmática, em alguns casos, pelo menos, eles estão associados em um complexo pré-formado. (B) A ligação de uma molécula de sinalização extracelular ao receptor muda sua conformação, o que, por sua vez, altera a configuração da proteína G que está ligada a ele. A alteração da subunidade α da proteína G permite que esta troque seu GDP por GTP. Essa troca desencadeia uma mudança adicional de conformação que ativa tanto a subunidade α quanto o complexo βγ, que se dissociam para interagir com suas proteínas-alvo específicas na membrana plasmática (**Animação 16.2**). O receptor permanece ativo enquanto a molécula-sinal externa estiver ligada a ele, e pode portanto catalisar a ativação de várias moléculas de proteína G. Note que as subunidades α e γ possuem moléculas lipídicas ligadas covalentemente (*vermelho*) que auxiliam sua ancoragem à membrana plasmática.

gundos após a ativação da proteína. A proteína G inativa agora está pronta para ser reativada por outro receptor ativo.

Algumas toxinas bacterianas causam doenças pela alteração da atividade das proteínas G

As proteínas G demonstram um princípio geral da sinalização celular mencionado antes: os mecanismos que interrompem um sinal são tão importantes quanto os mecanismos que os promovem (ver Figura 16-15B). Esses mecanismos de interrupção de sinais proporcionam muitas oportunidades para controle, bem como muitos riscos de erros. Considere, por exemplo, o cólera. A doença é causada por uma bactéria que se multiplica no intestino humano, onde produz uma proteína denominada *toxina do cólera*. Essa proteína entra nas células que revestem o intestino e modifica a subunidade α de uma proteína G chamada G_s – assim denominada porque *estimula* a enzima adenilato-ciclase, discutida adiante. A modificação impede que a G_s hidrolise o GTP, mantendo-a, assim, em seu estado ativo, no qual ela estimula continuamente a adenilato-ciclase. Essa estimulação provoca nas células intestinais um efluxo prolongado e excessivo de Cl^- e de água para o intestino, resultando em uma diarreia catastrófica e desidratação. A condição frequentemente leva à morte, a menos que sejam tomadas medidas urgentes para repor a água e os íons perdidos.

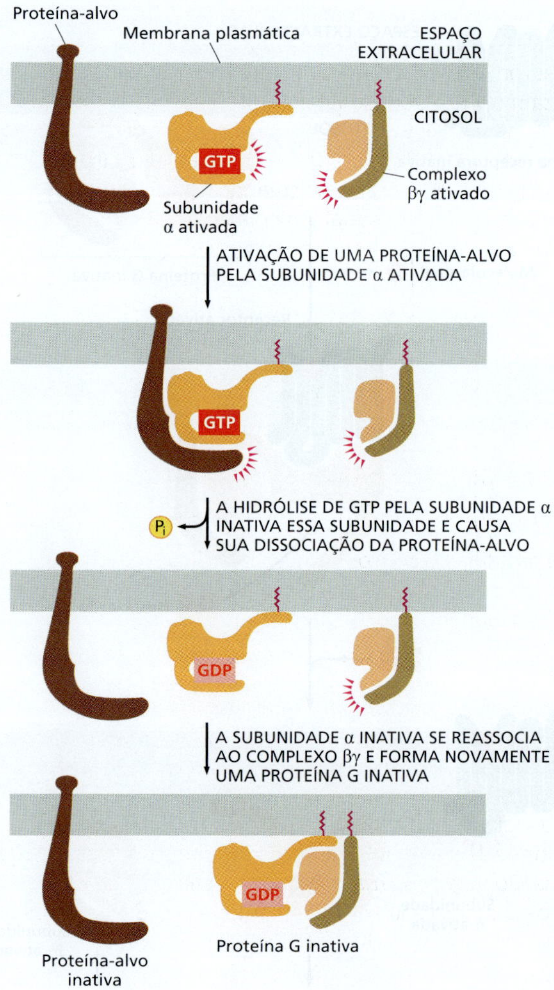

Figura 16-20 A subunidade α da proteína G se inativa ao hidrolisar o GTP ligado em GDP. Quando a subunidade α ativada interage com sua proteína-alvo, ela a ativa (ou, em alguns casos, a inativa; não mostrado) pelo período em que as duas proteínas permanecem ligadas uma à outra. Normalmente a subunidade α hidrolisa seu GTP em GDP em segundos. Essa perda de GTP inativa a subunidade α, que se dissocia da sua proteína-alvo e – se essa subunidade estiver separada do complexo βγ (como mostrado aqui) – reassocia-se ao complexo βγ, tornando a formar uma proteína G inativa. A proteína G está agora pronta para interagir com outro receptor ativado, como na Figura 16-19B. Tanto a subunidade α ativada como o complexo βγ ativado podem interagir com proteínas-alvo na membrana plasmática. Ver também **Animação 16.2**.

Uma situação semelhante ocorre na coqueluche (pertússis), uma infecção respiratória comum contra a qual as crianças são vacinadas rotineiramente hoje. Nesse caso, a bactéria causadora da doença coloniza o pulmão, onde produz uma proteína denominada *toxina pertússis*. Essa proteína altera a subunidade α de um tipo diferente de proteína G (chamada de G_i, porque *inibe* a adenilato-ciclase). Nesse caso, contudo, a modificação produzida pela toxina inativa a proteína G porque a mantém em seu estado inativo ligado ao GDP. A inibição da G_i, assim como a ativação da G_s, resultam na ativação prolongada e inadequada da adenilato-ciclase que, nesse caso, estimula a tosse. Os efeitos da toxina do cólera causando diarreia e os da toxina da pertússis no desencadeamento da tosse auxiliam as bactérias causadoras dessas doenças a se moverem de hospedeiro a hospedeiro.

QUESTÃO 16-5

Os receptores acoplados às proteínas G ativam essas proteínas porque reduzem sua afinidade da ligação a GDP. Isso resulta em uma dissociação rápida do GDP ligado, o qual é substituído por um GTP, que está presente no citosol em concentração muito mais alta do que o GDP. Quais seriam as consequências de uma mutação que causasse a redução da afinidade da subunidade α pelo GDP, sem mudança significativa na sua afinidade pelo GTP? Compare os efeitos dessa mutação com os efeitos da toxina do cólera.

Algumas proteínas G regulam diretamente os canais iônicos

As proteínas-alvo reconhecidas pelas subunidades da proteína G são canais iônicos ou enzimas ligados à membrana plasmática. Existem, nos mamíferos, cerca de 20 tipos diferentes de proteínas G, ativadas por conjuntos específicos de receptores de superfície celular e dedicadas a ativar um conjunto particular de proteínas-alvo. Como consequência, a ligação de uma molécula de sinalização extracelular a um receptor acoplado à proteína G gera efeitos nas atividades de um subgrupo específico de possíveis proteínas-alvo na membrana plasmática, provocando uma resposta apropriada para o determinado sinal e o determinado tipo celular.

Consideramos, em primeiro lugar, um exemplo de regulação direta de canais iônicos por proteína G. O batimento cardíaco nos animais é controlado por dois conjuntos de neurônios: um acelera o batimento e o outro o alentece. Os neurônios que sinalizam um alentecimento no batimento cardíaco o fazem pela liberação de acetilcolina (ver Figura 16-5A), que se liga a um GPCR na superfície das células de marca-passos cardíacas. Esse receptor ativa uma proteína G, G_i. Nesse caso, o complexo βγ se liga à face intracelular de um canal de K^+ na membrana da célula marca-passo, forçando o canal iônico a adquirir uma conformação aberta (**Figura 16-21A e B**). A abertura desse canal desacelera o batimento cardíaco pelo aumento da permeabilidade da membrana plasmática ao K^+, dificultando sua ativação elétrica, conforme explicado no Capítulo 12. O sinal original termina – e os canais de K^+ se fecham – quando a subunidade α se autoinativa pela hidrólise do GTP ligado, com o retorno da proteína G ao seu estado inativo (**Figura 16-21C**).

Muitas proteínas G ativam enzimas ligadas à membrana que produzem pequenas moléculas mensageiras

A interação das proteínas G com os canais iônicos causa uma mudança imediata no estado e no comportamento da célula. Suas interações com as enzimas, ao contrário, têm consequências que são não tão rápidas e mais complexas, uma vez que levam à produção de moléculas de sinalização intracelular adicionais. As duas enzimas-alvo mais frequentes das proteínas G são a *adenilato-ciclase*, que produz a **pequena molécula de sinalização intracelular** *AMP cíclico*, e a *fosfolipase C*, que gera as pequenas moléculas de sinalização intracelular *inositol-trifosfato* e *diacilglicerol*. O inositol trifosfato, por sua vez, promove o acúmulo de Ca^{2+} – também outra pequena molécula de sinalização intracelular.

A adenilato-ciclase e a fosfolipase C são ativadas por tipos diferentes de proteínas G, permitindo que as células acoplem a produção dessas pequenas moléculas de sinalização intracelular a diferentes sinais extracelulares. Embora esse acoplamento possa ser estimulador ou inibidor – conforme vimos na discussão

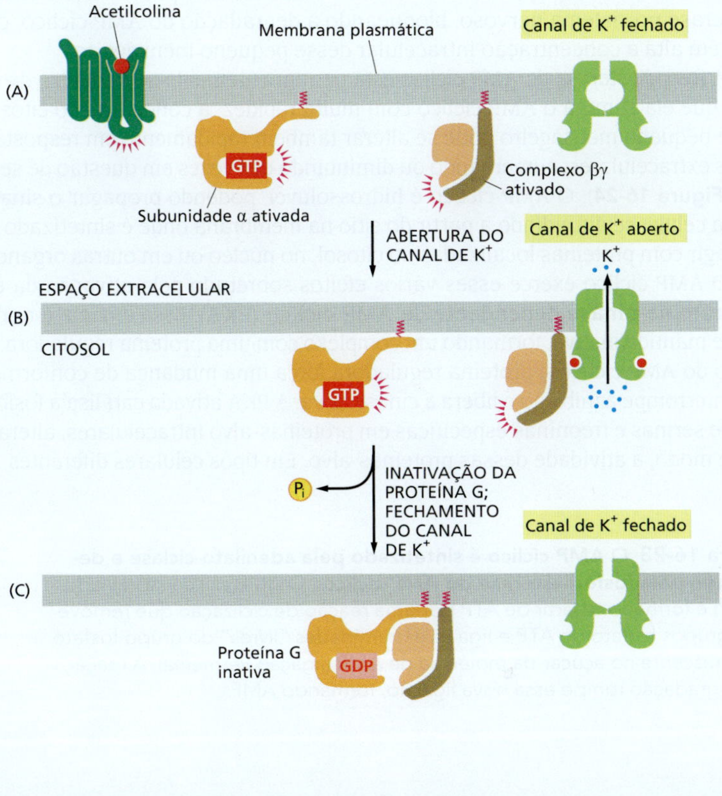

Figura 16-21 A proteína G_i acopla a ativação do receptor com a abertura dos canais de K^+ na membrana plasmática das células marca-passos cardíacas. (A) A ligação do neurotransmissor acetilcolina ao GPCR nas células cardíacas resulta na ativação da proteína G_i. (B) O complexo βγ ativado abre canais de K^+ na membrana plasmática, aumentando sua permeabilidade ao íon e, portanto, tornando mais difícil a ativação da membrana e desacelerando os batimentos cardíacos. (C) A inativação da subunidade α pela hidrólise do GTP ligado faz a proteína G retornar ao seu estado inativo, o que permite o fechamento dos canais de K^+.

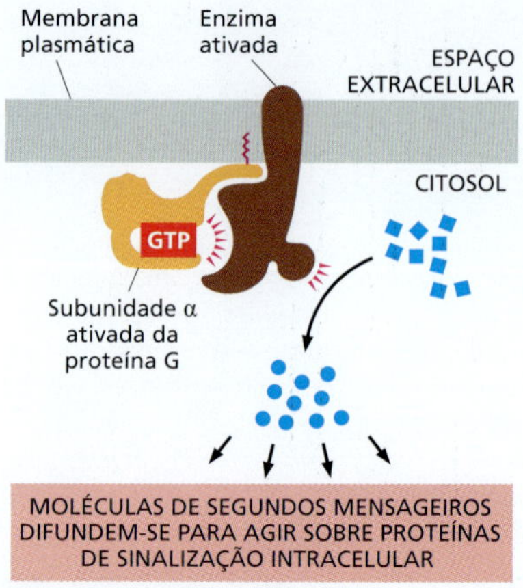

Figura 16-22 As enzimas ativadas por proteínas G catalisam a síntese de pequenas moléculas de sinalização intracelular. Como cada enzima ativada gera várias moléculas de segundos mensageiros, o sinal é muito amplificado nessa etapa da via (ver Figura 16-31). O sinal é passado adiante pelas moléculas de segundos mensageiros que se ligam a proteínas sinalizadoras específicas na célula e influenciam suas atividades.

sobre a atuação da toxina do cólera e da coqueluche –, vamos nos concentrar aqui nas proteínas G que estimulam a atividade enzimática.

As pequenas moléculas de sinalização intracelular geradas por essas enzimas são, com frequência, denominadas *pequenos mensageiros,* ou *segundos mensageiros* – sendo os "primeiros mensageiros" os sinais extracelulares que ativam as enzimas em primeiro lugar. Uma vez ativadas, as enzimas geram grandes quantidades de pequenos mensageiros, os quais se difundem rapidamente a partir da sua fonte, amplificando e propagando o sinal intracelular (**Figura 16-22**).

Pequenos mensageiros diferentes produzem respostas diferentes. Examinamos, em primeiro lugar, as consequências de um aumento nas concentrações citosólicas do AMP cíclico. Isso nos leva a um dos principais tipos de vias de sinalização que se origina da ativação dos GPCRs. Discutimos, então, as ações de outros três pequenos mensageiros – inositol-trifosfato, diacilglicerol e Ca^{2+} – os quais nos guiarão ao longo de vias de sinalização diferentes.

A via de sinalização do AMP cíclico ativa enzimas e genes

Muitos sinais extracelulares que atuam por meio de receptores associados à proteína G afetam a atividade da **adenilato-ciclase** e alteram, portanto, a concentração intracelular da molécula do pequeno mensageiro **AMP cíclico**. A subunidade α da proteína G estimulada ativa a adenilato-ciclase, causando um aumento súbito e drástico na síntese do AMP cíclico a partir de ATP (que está sempre presente na célula). Essa proteína G é denominada G_s porque estimula a ciclase. Uma segunda enzima, denominada *fosfodiesterase do AMP cíclico*, converte rapidamente o AMP cíclico em AMP para ajudar a eliminar o sinal (**Figura 16-23**). Um dos modos de atuação da cafeína como estimulante é pela inibição da fosfodiesterase no sistema nervoso, bloqueando a degradação do AMP cíclico, o que mantém alta a concentração intracelular desse pequeno mensageiro.

A fosfodiesterase do AMP cíclico está permanentemente ativa dentro da célula. Já que ela elimina o AMP cíclico com muita rapidez, a concentração citosólica desse pequeno mensageiro pode se alterar também rapidamente em resposta aos sinais extracelulares, aumentando ou diminuindo dez vezes em questão de segundos (**Figura 16-24**). O AMP cíclico é hidrossolúvel, podendo propagar o sinal por toda a célula, se difundindo a partir do sítio na membrana onde é sintetizado para interagir com proteínas localizadas no citosol, no núcleo ou em outras organelas.

O AMP cíclico exerce esses vários efeitos sobretudo pela ativação da enzima **proteína-cinase dependente de AMP cíclico (PKA)**. Essa enzima é normalmente mantida inativa, formando um complexo com uma proteína reguladora. A ligação do AMP cíclico à proteína reguladora força uma mudança de conformação que interrompe a inibição e libera a cinase ativa. A PKA ativada catalisa a fosforilação de serinas e treoninas específicas em proteínas-alvo intracelulares, alterando, desse modo, a atividade dessas proteínas-alvo. Em tipos celulares diferentes, gru-

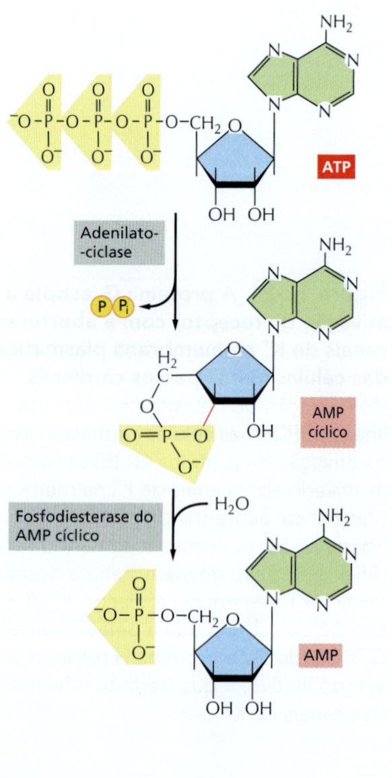

Figura 16-23 O AMP cíclico é sintetizado pela adenilato-ciclase e degradado pela fosfodiesterase do AMP cíclico. O AMP cíclico (abreviado cAMP) é formado a partir de ATP por uma reação de ciclização que remove dois grupos fosfato do ATP e liga as extremidades "livres" do grupo fosfato remanescente no açúcar da molécula de AMP (ligação *vermelha*). A reação de degradação rompe essa nova ligação, formando AMP.

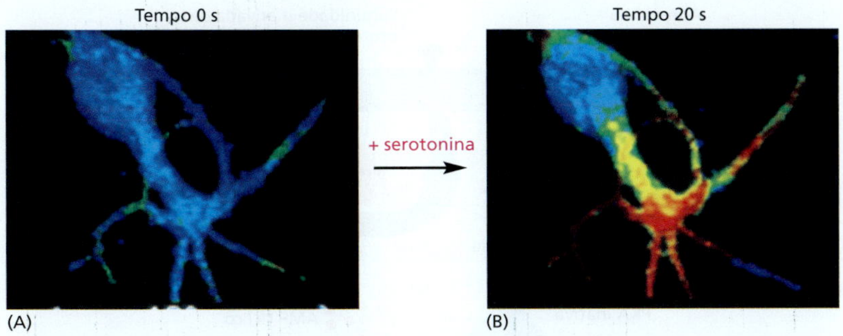

Figura 16-24 A concentração do AMP cíclico aumenta rapidamente em resposta a um sinal extracelular. Uma célula nervosa em cultura responde à ligação do neurotransmissor serotonina ao receptor acoplado à proteína G, sintetizando AMP cíclico. A concentração intracelular do AMP cíclico foi monitorada pela injeção, na célula, de uma proteína fluorescente cuja fluorescência muda quando ela se liga ao mensageiro. *Azul* indica um baixo nível de AMP cíclico, *amarelo* indica um nível intermediário, e *vermelho*, um alto nível. (A) Na célula em repouso, a concentração de AMP cíclico é de 5×10^{-8}M. (B) Vinte segundos após a adição de serotonina ao meio de cultura, a concentração de AMP cíclico aumenta mais de 20 vezes (para > 10^{-6}M) nas regiões da célula onde estão concentrados os receptores do neurotransmissor. (Cortesia de Roger Tsien.)

pos diferentes de proteínas estão disponíveis para serem fosforilados, o que explica por que os efeitos do AMP cíclico variam de acordo com o tipo de célula-alvo.

Vários tipos de respostas celulares são mediados pelo AMP cíclico; alguns estão listados na **Tabela 16-3**. Como a tabela mostra, células-alvo diferentes respondem de modo muito diverso a sinais extracelulares que alteram a concentração intracelular do pequeno mensageiro. Quando estamos amedrontados ou excitados, por exemplo, a glândula suprarrenal libera o hormônio *adrenalina*, que circula na corrente sanguínea e se liga a receptores acoplados à proteína G chamados receptores adrenérgicos (ver Figura 16-18B), que estão presentes em vários tipos de células. As consequências variam de um tipo de célula para outro, mas todas as respostas celulares ajudam o corpo a se preparar para uma ação rápida. No músculo esquelético, por exemplo, a adrenalina aumenta o AMP cíclico intracelular, causando a degradação do glicogênio – a forma polimérica de armazenamento da glicose. Isso é feito pela ativação da PKA, que leva à ativação de uma enzima que promove a degradação do glicogênio (**Figura 16-25**) e à inibição de uma enzima que promove a sua síntese. Pelo fato de estimular a degradação do glicogênio e inibir sua síntese, o aumento de AMP cíclico aumenta ao máximo a quantidade de glicose disponível como combustível para acelerar a atividade muscular. A adrenalina também age sobre as células de gordura, estimulando a degradação da gordura em ácidos graxos. Estes podem então ser exportados para servir de combustível para a síntese de ATP em outras células.

Em alguns casos, os efeitos do aumento do AMP cíclico são rápidos; no músculo esquelético, por exemplo, a degradação do glicogênio ocorre em segundos após a ligação da adrenalina ao seu receptor (ver Figura 16-25). Em outros casos, as respostas ao AMP cíclico envolvem mudanças na expressão gênica que demoram minutos ou horas para acontecer. Nessas respostas lentas, a PKA fosforila reguladores de transcrição que então ativam a transcrição de genes selecionados. Assim, um aumento do AMP cíclico em determinados neurônios no encéfalo controla a produção de proteínas envolvidas em algumas formas de aprendiza-

TABELA 16-3 Algumas respostas celulares mediadas pelo AMP cíclico

Molécula de sinalização extracelular*	Tecido-alvo	Resposta principal
Adrenalina	Coração	Aumento do ritmo cardíaco e da força de contração
Adrenalina	Músculo esquelético	Degradação do glicogênio
Adrenalina, glucagon	Tecido adiposo	Degradação de gordura
Hormônio adrenocorticotrópico (ACTH)	Glândula suprarrenal	Secreção de cortisol

*Embora todas as moléculas-sinal relacionadas aqui sejam hormônios, o AMP cíclico também faz a mediação de algumas respostas a mediadores locais e neurotransmissores.

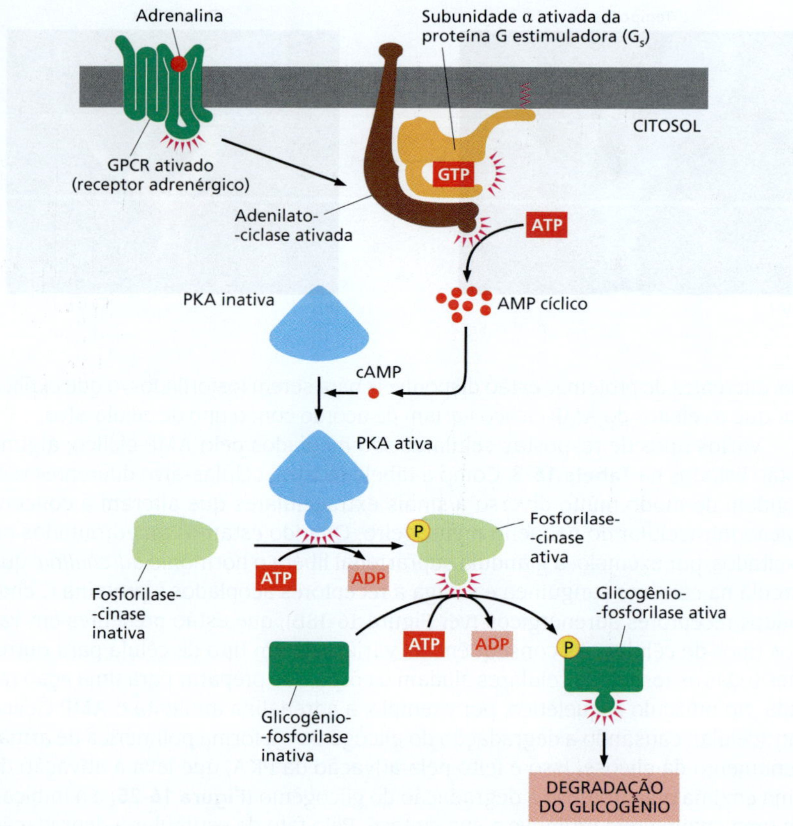

Figura 16-25 A adrenalina estimula a degradação do glicogênio nas células da musculatura esquelética. O hormônio ativa um GPCR, o qual ativa uma proteína G (G_s) que ativa a adenilato-ciclase para aumentar a produção de AMP cíclico. O aumento no AMP cíclico ativa a PKA, a qual fosforila e ativa a enzima fosforilase-cinase. Essa cinase ativa a glicogênio-fosforilase, a enzima que degrada o glicogênio. Essas reações ocorrem rapidamente, pois não envolvem mudanças na transcrição gênica, nem a síntese de novas proteínas.

gem. A **Figura 16-26** mostra uma típica via mediada por AMP cíclico desde a membrana plasmática até o núcleo.

Discutimos agora a outra via de sinalização mediada por enzimas que se origina nos GPCRs – a via que se inicia com a ativação da enzima *fosfolipase C* ligada à membrana e provoca um aumento nos pequenos mensageiros *diacilglicerol, inositol-trifosfato* e Ca^{2+}.

> **QUESTÃO 16-6**
>
> **Explique por que, para permitir uma sinalização rápida, o AMP cíclico tem de ser degradado rapidamente no interior das células.**

A via do fosfolipídeo de inositol desencadeia um aumento na concentração de Ca^{2+} intracelular

Alguns GPCRs exercem seus efeitos por meio de uma proteína G chamada G_q, que ativa a enzima ligada à membrana **fosfolipase C**, em vez da adenilato-ciclase. A **Tabela 16-4** contém exemplos de moléculas-sinal que agem por meio da fosfolipase C.

A fosfolipase C, uma vez ativada, propaga o sinal pela degradação de uma molécula lipídica que é um componente da membrana plasmática. A molécula é um **fosfolipídeo de inositol** (um fosfolipídeo com o açúcar inositol ligado à sua cabeça) que está presente em pequenas quantidades na camada citosólica da bicamada lipídica da membrana (ver Figura 11-18). Em razão do envolvimento desse fosfolipídeo, a via de sinalização que se inicia com a ativação da fosfolipase C é conhecida como a *via do fosfolipídeo de inositol*. Essa cascata de sinalização ocorre em quase todas as células eucarióticas e regula várias proteínas efetoras diferentes.

A ação da fosfolipase C gera dois pequenos mensageiros: **inositol 1,4,5-trifosfato** (**IP_3**) e **diacilglicerol** (**DAG**). Ambos têm um papel fundamental na transmissão do sinal (**Figura 16-27**).

O IP_3 é um açúcar fosfatado hidrossolúvel que é liberado no citosol, onde ele se liga aos canais de Ca^{2+} que estão na membrana do retículo endoplasmático (RE), abrindo-os. O Ca^{2+}, armazenado no RE, é então liberado para o citosol por meio desses canais abertos, causando um acentuado aumento na concentração citosó-

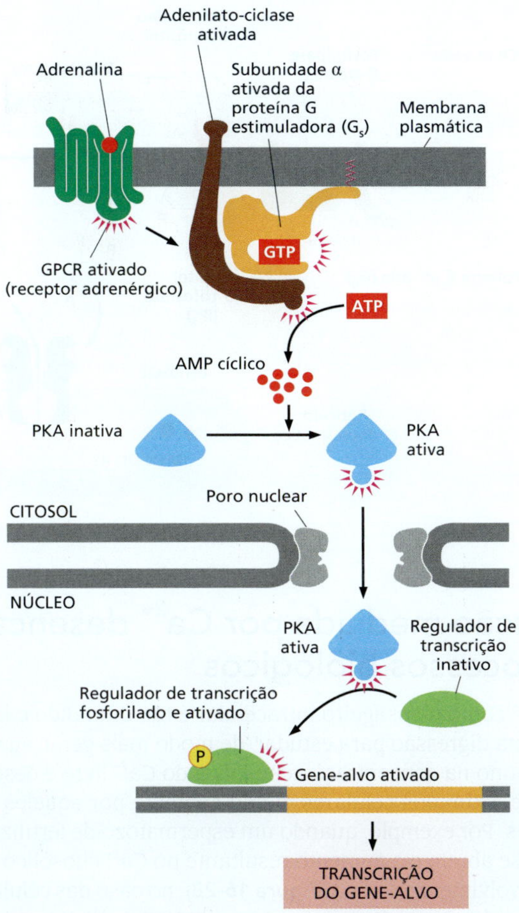

Figura 16-26 Um aumento no AMP cíclico intracelular pode ativar a transcrição gênica. A ligação de uma molécula-sinal ao seu receptor acoplado à proteína G pode levar à ativação da adenilato-ciclase e a um aumento na concentração citosólica de AMP cíclico. O aumento de AMP cíclico ativa PKA, a qual se desloca para o núcleo e fosforila reguladores de transcrição específicos. Essas proteínas, quando fosforiladas, estimulam a transcrição de um conjunto completo de genes-alvo (Animação 16.3). Esse tipo de via de sinalização controla diversos processos celulares, desde a síntese de hormônios pelas células endócrinas até a síntese de proteínas envolvidas com a memória de longa duração no cérebro. A PKA ativada também pode fosforilar e, dessa forma, promover a regulação de outras proteínas e enzimas no citosol (como mostrado na Figura 16-25).

lica do íon livre, a qual é, normalmente, muito baixa. Esse Ca^{2+}, por sua vez, atua como molécula sinalizadora para outras proteínas, conforme discutido a seguir.

O diacilglicerol é um lipídeo que permanece inserido na membrana plasmática após ser produzido pela fosfolipase C; na membrana plasmática ele atua auxiliando no recrutamento e ativação de uma proteína-cinase, que é translocada do citosol para a membrana plasmática. Essa enzima é denominada **proteína-cinase C (PKC)** porque também precisa ligar-se ao Ca^{2+} para se tornar ativa (ver Figura 16-27). A PKC, uma vez ativada, fosforila um conjunto de proteínas intracelulares que varia, dependendo do tipo celular. A PKC tem o mesmo mecanismo de ação da PKA, embora as proteínas que ela fosforila sejam diferentes.

TABELA 16-4 Algumas respostas celulares mediadas pela ativação da fosfolipase C

Molécula-sinal	Tecido-alvo	Resposta principal
Vasopressina (hormônio peptídico)	Fígado	Degradação do glicogênio
Acetilcolina	Pâncreas	Secreção de amilase (enzima digestiva)
Acetilcolina	Músculo liso	Contração
Trombina (enzima proteolítica)	Plaquetas sanguíneas	Agregação

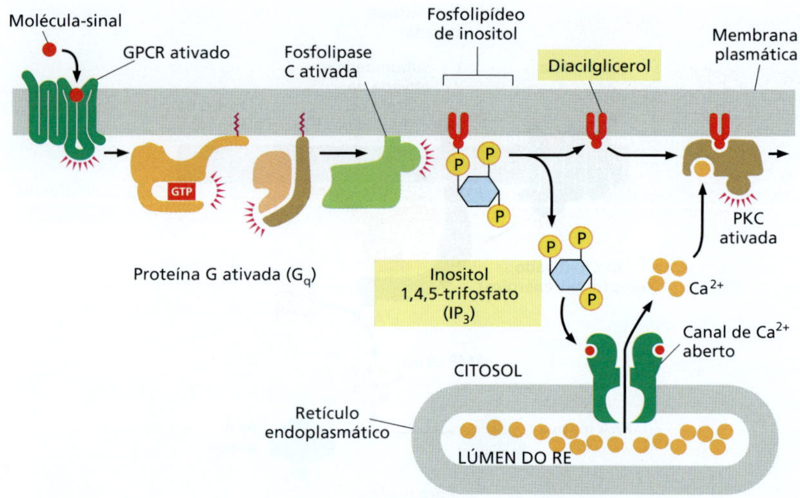

Figura 16-27 A fosfolipase C ativa duas vias de sinalização. A hidrólise de um fosfolipídeo de inositol de membrana por uma fosfolipase C ativada produz duas moléculas de pequenos mensageiros. O inositol 1,4,5-trifosfato (IP_3) se difunde pelo citosol e se liga aos canais especiais de Ca^{2+} na membrana do RE, abrindo-os e desencadeando a liberação do íon. O grande gradiente eletroquímico provoca a liberação rápida do Ca^{2+} do RE para o citosol. O diacilglicerol permanece na membrana e, juntamente com o Ca^{2+}, auxilia na ativação da proteína-cinase C (PKC), que é recrutada do citosol para a face citosólica da membrana plasmática. A PKC fosforila seu próprio conjunto de proteínas intracelulares, propagando o sinal. No início da via, as subunidades α e $\beta\gamma$ da proteína G_q estão envolvidas na ativação da fosfolipase C.

A sinalização mediada por Ca^{2+} desencadeia vários processos biológicos

O papel do Ca^{2+} como mensageiro intracelular é tão difundido e importante que vamos fazer uma digressão para estudar, de modo mais geral, suas funções. Um aumento repentino na concentração citosólica do Ca^{2+} livre é desencadeado por muitos tipos de estímulos celulares, e não somente por aqueles que agem por meio dos GPCRs. Por exemplo, quando um espermatozoide fertiliza um óvulo, os canais de Ca^{2+} se abrem e o aumento resultante no Ca^{2+} citosólico desencadeia o início do desenvolvimento do ovo (**Figura 16-28**); no caso das células musculares, o sinal do nervo desencadeia o aumento no Ca^{2+} citosólico que inicia a contração muscular; e, em muitas células secretoras, incluindo as células nervosas, o íon provoca secreção. O Ca^{2+} estimula todas essas respostas porque se liga a proteínas sensíveis a ele e influencia suas atividades.

A concentração de Ca^{2+} livre no citosol de uma célula não estimulada é extremamente baixa (10^{-7} M) comparada com sua concentração no líquido extracelular (10^{-3} M) e no RE. Tais diferenças são mantidas por bombas inseridas na membrana que removem ativamente o íon do citosol – enviando-o para o RE ou para fora da célula através da membrana plasmática. Consequentemente, existe um grande gradiente eletroquímico de Ca^{2+} através da membrana do RE e da membrana plasmática (discutido no Capítulo 12). Quando um sinal abre transitoriamente os canais de Ca^{2+} em qualquer uma dessas membranas, o íon se desloca a favor do seu gradiente eletroquímico, aumentando sua concentração no citosol, onde desencadeia mudanças nas proteínas responsivas ao Ca^{2+}. As mesmas bombas de Ca^{2+} que atuam na manutenção da concentração citosólica baixa de Ca^{2+} também auxiliam na interrupção da sinalização mediada por Ca^{2+}.

Os efeitos do Ca^{2+} no citosol são, basicamente, indiretos: eles são mediados pela interação do íon com vários tipos de proteínas de resposta ao Ca^{2+}. A mais comum e mais difundida delas é a **calmodulina**. Essa proteína está presente no citosol de todas as células eucarióticas estudadas até agora, inclusive em plantas, fungos e protozoários. A ligação da calmodulina ao Ca^{2+} induz uma mudança de conformação na proteína que a torna capaz de interagir com uma ampla gama de proteínas-alvo na célula e alterar suas atividades (**Figura 16-29**). Uma classe particularmente importante de alvos da calmodulina é a das **proteínas-cinase dependentes de Ca^{2+}/calmodulina** (**CaM-cinases**). Quando são ativadas pela ligação ao Ca^{2+} complexado com a calmodulina, essas proteínas influenciam outros processos na célula pela fosforilação de proteínas específicas. No encéfalo de mamíferos, por exemplo, existe uma CaM-cinase específica de neurônios que

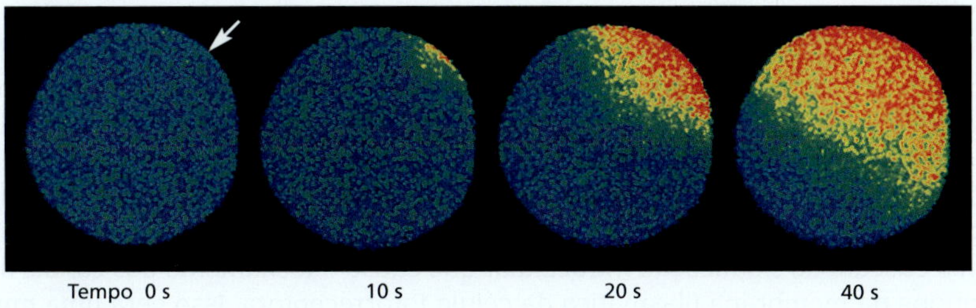

Figura 16-28 A fertilização de um óvulo por um espermatozoide desencadeia um aumento do Ca^{2+} citosólico no óvulo. Esse óvulo de estrela-do-mar foi injetado com um corante fluorescente sensível ao Ca^{2+} antes de ser fertilizado. Quando o espermatozoide penetra no óvulo, uma onda de Ca^{2+} citosólico (*vermelho*) – liberado do retículo endoplasmático – flui por todo o óvulo partindo do local de entrada do espermatozoide (*seta*). Essa onda de Ca^{2+} provoca uma mudança na superfície do óvulo (agora ovo), impedindo a entrada de outro espermatozoide, e inicia o desenvolvimento embrionário. Ver **Animação 16.4** para captar essa onda de Ca^{2+}. (Cortesia de Stephen A. Stricker.)

é abundante nas sinapses, onde se imagina que tenha uma função importante no aprendizado e na memória. Essa CaM-cinase é ativada pelos pulsos de sinais de Ca^{2+} que acontecem durante a atividade neural, e camundongos mutantes que não possuem a enzima mostram uma redução acentuada na sua memória.

Cascatas de sinalização intracelular desencadeadas por GPCRs alcançam velocidade, sensibilidade e adaptabilidade surpreendentes

As etapas das *cascatas de sinalização* conectadas aos receptores acoplados à proteína G levam tempo para ser descritas, mas frequentemente demoram apenas alguns segundos para ser executadas. Considere a rapidez com que uma emoção pode fazer seu coração disparar (quando a adrenalina estimula os GPCRs nas células marca-passos cardíacas), ou a rapidez com que o aroma da comida pode fazer sua boca se encher de saliva (por meio dos GPCRs para odores no seu nariz e os GPCRs para a acetilcolina nas células salivares, que estimulam a secreção). Entre as mais rápidas de todas as respostas mediadas por um receptor acoplado à proteína G, no entanto, está a resposta do olho à luz: demora somente 20 ms para que as mais rápidas células fotorreceptoras da retina (os cones, fotorreceptores responsáveis pela visão colorida no claro) produzam sua resposta elétrica a um súbito clarão de luz.

Essa excepcional velocidade é alcançada a despeito da necessidade de transmitir o sinal por múltiplas etapas de uma cascata de sinalização intracelular. Porém, os fotorreceptores também proporcionam um belo exemplo das vantagens positivas das cascatas de sinalização intracelular: tais cascatas per-

QUESTÃO 16-7

Por que você supõe que as células desenvolveram estoques intracelulares de Ca^{2+} para sinalização, mesmo com a existência de grande quantidade de Ca^{2+} extracelular?

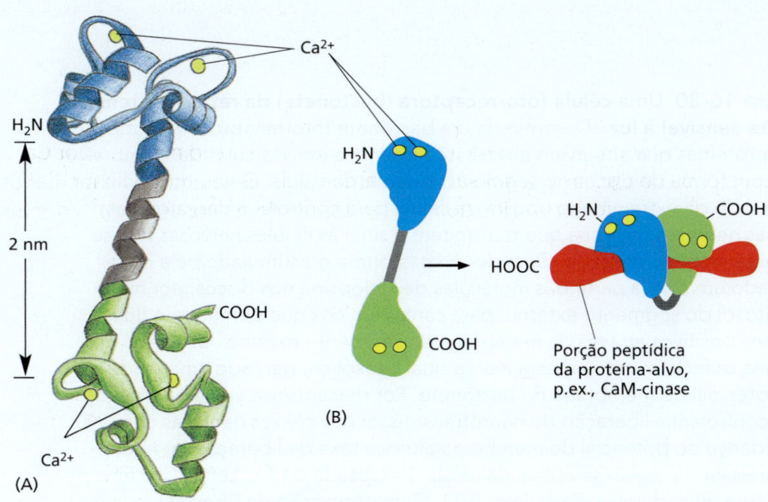

Figura 16-29 A ligação do cálcio altera a forma da proteína calmodulina. (A) A molécula de calmodulina tem a forma de um haltere, com duas extremidades globulares conectadas por uma α-hélice longa. Cada extremidade tem dois domínios de ligação ao Ca^{2+}. (B) Representação simplificada da estrutura, mostrando as mudanças de conformação na Ca^{2+}/calmodulina quando se liga a um segmento isolado de uma proteína-alvo. Note que a α-hélice se fecha ao redor do alvo (**Animação 16.5**). (A, de Y.S. Babu et al., *Nature* 315:37–40, 1985. Com permissão de Macmillan Publishers Ltd; B, de W.E. Meador, A.R. Means e F.A. Quiocho, *Science* 257:1251–1255, 1992, e M. Ikura et al., *Science* 256:632–638, 1992. Com permissão de AAAS.)

mitem uma espetacular amplificação do sinal inicial e também possibilitam que as células se adaptem para serem capazes de detectar sinais de intensidade muito variada. Os detalhes quantitativos foram totalmente analisados para os bastonetes do olho, os fotorreceptores responsáveis pela visão não colorida no escuro (**Figura 16-30**). Nesta célula fotorreceptora, a luz é percebida pela rodopsina, um receptor de luz acoplado à proteína G. A rodopsina ativada pela luz ativa uma proteína G chamada transducina. Sua subunidade α ativada inicia uma cascata de sinalização intracelular que causa o fechamento dos canais de cátions na membrana plasmática da célula fotorreceptora. Isso gera uma mudança no potencial de membrana, que altera a liberação do neurotransmissor e cuja consequência é o envio de um impulso nervoso para o encéfalo.

O sinal é amplificado repetidamente, à medida que é transmitido ao longo dessa via de sinalização (**Figura 16-31**). Quando as condições de iluminação são fracas, como em uma noite sem luar, a amplificação é enorme, e apenas uma dúzia de fótons absorvidos pela retina faz um sinal perceptível ser enviado para o encéfalo. Sob a luz do sol, quando os fótons inundam cada célula fotorreceptora a uma velocidade de bilhões por segundo, a cascata de sinalização passa por certa *adaptação*, reduzindo a amplificação em mais de 10.000 vezes. Dessa forma, as células não são sobrecarregadas e podem registrar aumentos e reduções na intensidade da luz. A adaptação depende de retroalimentação negativa: uma resposta intensa da célula fotorreceptora reduz a concentração do Ca^{2+} citosólico, inibindo as enzimas responsáveis pela amplificação do sinal.

A **adaptação** ocorre com frequência nas vias de sinalização intracelular que respondem a moléculas de sinalização extracelular, permitindo que as células respondam a flutuações na concentração de tais moléculas, não obstante estejam presentes em pequenas ou grandes quantidades. Beneficiando-se dos mecanismos de retroalimentação positiva e negativa (ver Figura 16-14), a adaptação permite que a célula responda tanto a mensagens de baixa intensidade como àquelas de intensidade muito alta.

O olfato e o paladar também dependem de receptores acoplados à proteína G. Parece provável que esse mecanismo de recepção de sinal, desenvolvido bem cedo na evolução dos eucariotos, tenha sua origem na necessidade básica e universal das células de perceber seu meio ambiente e responder a ele. Certamente os receptores acoplados à proteína G não são os únicos que ativam cascatas de sinalização intracelular. Vamos agora nos concentrar em outra classe de receptores de superfície celular – os receptores acoplados a enzimas – que têm um papel-chave no controle do número de células, na diferenciação celular e no movimento celular dos animais multicelulares, em especial durante o desenvolvimento.

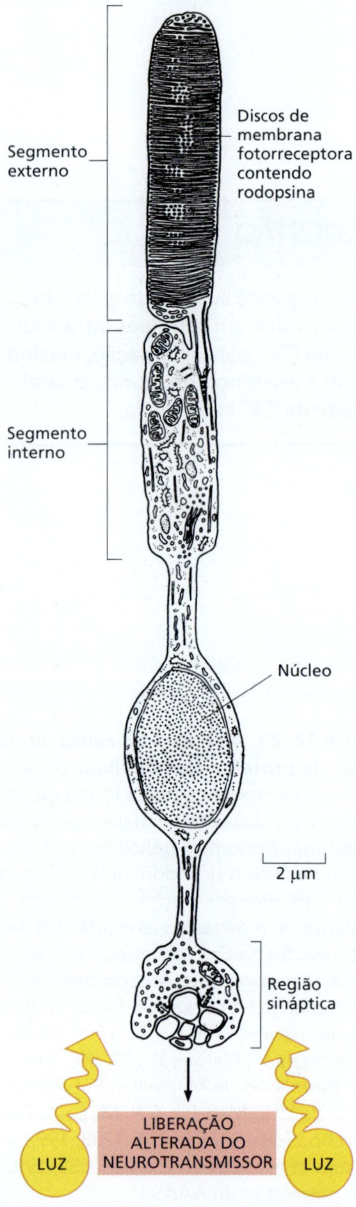

Figura 16-30 Uma célula fotorreceptora (bastonete) da retina é intensamente sensível à luz. Desenho de um bastonete fotorreceptor. As rodopsinas, proteínas que absorvem a luz, estão inseridas em vesículas de membranas com forma de discos no segmento externo da célula. O neurotransmissor é liberado da extremidade oposta da célula para controlar a descarga das células nervosas da retina que transmitem o sinal às células nervosas que se conectam com o encéfalo. Quando um bastonete é estimulado pela luz, é liberado um sinal a partir das moléculas de rodopsina nos discos, por meio do citosol do segmento externo, para canais iônicos que permitem o fluxo de íons positivos através da membrana do segmento externo. Os canais de cátions se fecham em resposta a esse sinal citosólico, gerando uma mudança no potencial de membrana do bastonete. Por mecanismos semelhantes aos que controlam a liberação do neurotransmissor nas células nervosas comuns, a mudança do potencial de membrana altera a taxa de liberação do neurotransmissor na região sináptica da célula. (Adaptada de T.L. Lentz, Cell Fine Structure. Philadelphia: Saunders, 1971. Com permissão de Elsevier.)

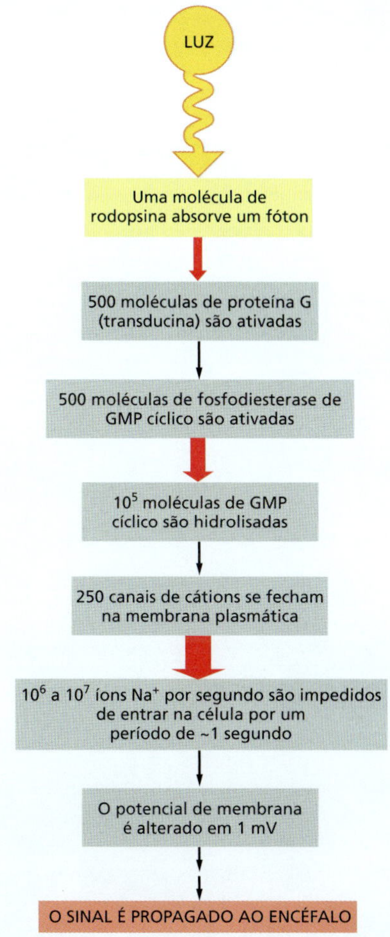
LUZ
Uma molécula de rodopsina absorve um fóton
500 moléculas de proteína G (transducina) são ativadas
500 moléculas de fosfodiesterase de GMP cíclico são ativadas
10^5 moléculas de GMP cíclico são hidrolisadas
250 canais de cátions se fecham na membrana plasmática
10^6 a 10^7 íons Na^+ por segundo são impedidos de entrar na célula por um período de ~1 segundo
O potencial de membrana é alterado em 1 mV
O SINAL É PROPAGADO AO ENCÉFALO

Figura 16-31 A cascata de sinalização induzida pela luz nas células fotorreceptoras (bastonetes) amplifica muito o sinal luminoso. Quando os bastonetes estão adaptados para luz de baixa intensidade, a amplificação do sinal é enorme. A via de sinalização intracelular iniciada pela proteína G transducina usa componentes que diferem daqueles das figuras anteriores. A cascata funciona da seguinte forma: na ausência de um sinal luminoso, a molécula do pequeno mensageiro GMP cíclico está sendo continuamente produzida por uma enzima no citosol da célula fotorreceptora. Este mensageiro se liga a canais de cátions na membrana plasmática da célula fotorreceptora, mantendo-os abertos. A ativação da rodopsina pela luz resulta na ativação de subunidades α de transducina. Estas ativam uma enzima chamada fosfodiesterase do GMP cíclico que o degrada a GMP (assim como a fosfodiesterase do AMP cíclico o degrada a AMP, ver Figura 16-23). A queda brusca na concentração citosólica de GMP cíclico causa a dissociação dessa molécula dos canais de cátions, os quais se fecham. O fechamento desses canais reduz o influxo de Na^+, alterando, assim, o gradiente de voltagem (potencial de membrana) através da membrana plasmática e, portanto, a taxa de liberação do neurotransmissor, conforme descrito no Capítulo 12. As *setas vermelhas* indicam as etapas onde ocorrem as amplificações, e a espessura das setas indica aproximadamente a magnitude da amplificação.

RECEPTORES ACOPLADOS A ENZIMAS

Tal como os receptores acoplados à proteína G, os **receptores acoplados a enzimas** são proteínas transmembrânicas com seus domínios de interação ao ligante expostos na superfície externa da membrana plasmática (ver Figura 16-17C). No entanto, em vez de se associar a uma proteína G, o domínio citoplasmático do receptor atua como uma enzima – ou forma um complexo com outra proteína com atividade enzimática. Os receptores acoplados a enzimas foram descobertos em função do seu papel em resposta às proteínas de sinalização extracelular ("fatores de crescimento") que regulam crescimento, proliferação, diferenciação e sobrevivência das células nos tecidos animais (ver exemplos na Tabela 16-1, p. 529). Muitas dessas proteínas-sinal funcionam como mediadores locais e podem agir em concentrações muito baixas (10^{-9} a 10^{-11}M). As respostas a elas são lentas (na ordem de horas), e seus efeitos podem exigir muitas etapas de transdução intracelular que levam geralmente a uma mudança na expressão gênica.

Os receptores acoplados a enzimas, contudo, podem também mediar reconfigurações diretas e rápidas do citoesqueleto, alterando a forma e o movimento da célula. Os sinais extracelulares que induzem tais mudanças em geral não são proteínas-sinal difusíveis, mas sim proteínas aderidas à superfície sobre a qual a célula está se deslocando.

A maior classe de receptores acoplados a enzimas consiste em receptores com um domínio citoplasmático que funciona como uma tirosina-cinase, que fosforila resíduos específicos de tirosina em proteínas de sinalização intracelular específicas. Tais receptores, denominados **receptores de tirosina-cinase** (RTKs, de *receptor tyrosine kinases*), são nosso principal assunto nesta seção.

Iniciamos com a discussão sobre como os RTKs são ativados em resposta a sinais extracelulares. Consideramos então como os RTKs ativados transmitem o sinal ao longo de duas vias principais de sinalização intracelular que terminam em várias proteínas efetoras na célula-alvo. Finalmente, descrevemos como alguns receptores acoplados a enzimas contornam tais cascatas de sinalização intracelular e usam um mecanismo mais direto para regular a transcrição gênica.

O crescimento celular, a proliferação, a diferenciação, a sobrevivência e a migração anormais são características de uma célula cancerígena, e as anormalidades na sinalização mediada por RTKs e outros receptores acoplados a enzimas desempenham papel principal no desenvolvimento da maioria dos tipos de câncer.

QUESTÃO 16-8

Uma característica importante de qualquer via de sinalização intracelular é sua capacidade de se desligar. Considere a via mostrada na Figura 16-31. Onde os pontos de regulação são necessários? Em sua opinião, quais são os mais importantes?

Os receptores tirosina-cinase ativados recrutam um complexo de proteínas de sinalização intracelular

Para funcionar como um transdutor de sinal, um receptor acoplado a enzimas tem de acionar a atividade enzimática de seu domínio intracelular (ou de uma enzima associada) quando uma molécula-sinal externa se liga ao seu domínio extracelular. Ao contrário dos GPCRs transmembrânicos de sete passagens, os receptores acoplados a enzimas em geral possuem somente um segmento transmembrânico, que atravessa a bicamada lipídica como uma única α-hélice. Aparentemente não há como induzir uma mudança de conformação em uma única α-hélice, de modo que esses receptores têm uma estratégia diferente para transduzir o sinal extracelular. Em muitos casos, a ligação de uma molécula-sinal extracelular induz a ligação de dois receptores na membrana plasmática, formando um dímero. Este pareamento reúne as duas caudas intracelulares dos receptores, ativando seus domínios de cinase de modo que uma das caudas fosforila a outra. No caso dos RTKs, as fosforilações ocorrem em tirosinas específicas.

Essa fosforilação das tirosinas desencadeia a formação de um complexo de sinalização intracelular, elaborado mas transitório, nas caudas citosólicas do receptor. As tirosinas fosforiladas servem como sítios de ancoragem para um amplo conjunto de proteínas de sinalização intracelular – talvez entre 10 e 20 moléculas diferentes (**Figura 16-32**). Algumas dessas proteínas se tornam fosforiladas e ativadas ao se ligarem ao receptor, e então propagam o sinal; outras funcionam somente como suporte, acoplando o receptor a outras proteínas de sinalização, ajudando assim a formar o complexo de sinalização ativo (ver Figura 16-13). Todas essas proteínas de sinalização intracelular ancoradas possuem um *domínio de interação* especializado, que reconhece tirosinas específicas fosforiladas na cauda do receptor. Outro domínio de interação permite que as proteínas de sinalização intracelular reconheçam lipídeos fosforilados que são produzidos no lado citosólico da membrana plasmática em resposta a determinados sinais, conforme discutido adiante.

Enquanto persistem, esses complexos proteicos de sinalização formados nas caudas citosólicas dos receptores tirosina-cinase transmitem um sinal ao longo de várias rotas simultaneamente para vários destinos no interior da célula e,

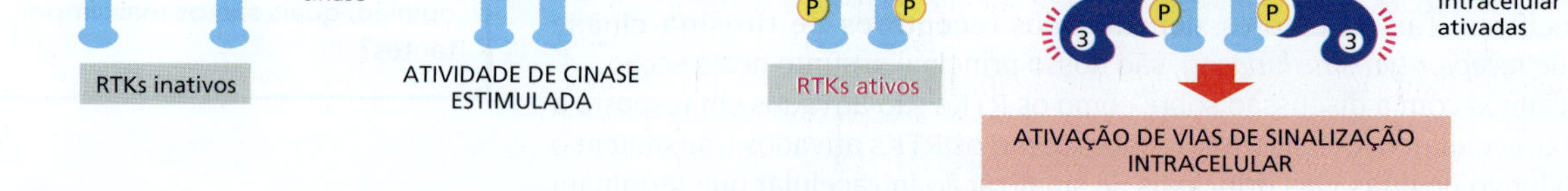

Figura 16-32 A ativação de um receptor tirosina-cinase (RTK) estimula a formação de um complexo de sinalização intracelular. A ligação de uma molécula-sinal ao domínio extracelular de um receptor tirosina-cinase provoca a associação de dois receptores formando um dímero. A molécula-sinal mostrada aqui é um dímero e, por isso, pode unir fisicamente dois receptores; outras moléculas-sinal induzem uma mudança de conformação nos RTKs, causando a dimerização dos receptores (não mostrado). Em ambos os casos, a formação do dímero propicia o contato dos domínios de cinase das caudas citosólicas dos receptores. Isso ativa as cinases e permite a fosforilação dos segmentos adjacentes em diversas tirosinas. Cada tirosina fosforilada serve como um sítio de ancoragem específico para uma proteína de sinalização intracelular diferente, a qual ajuda na transmissão do sinal para o interior da célula; estas proteínas possuem um domínio de interação especializado – neste caso, um módulo denominado domínio SH2 – que reconhece e se liga a tirosinas específicas fosforiladas no segmento citosólico de um RTK ativado ou em outra proteína de sinalização intracelular.

dessa maneira, ativam e coordenam as numerosas mudanças bioquímicas necessárias para desencadear uma resposta complexa como a proliferação ou a diferenciação celular. As fosforilações nas tirosinas são revertidas pelas proteínas tirosinas-fosfatase, que removem os fosfatos que foram adicionados aos resíduos de tirosina dos receptores tirosina-cinase e a outras proteínas de sinalização intracelular em resposta ao sinal extracelular, o que ajuda a extinguir a resposta. Em alguns casos, os receptores tirosina-cinase (assim como alguns GPCRs) são desativados de maneira mais drástica: eles são arrastados para o interior da célula por endocitose e destruídos, por digestão, nos lisossomos.

Receptores tirosina-cinase diferentes recrutam grupos distintos de proteínas de sinalização intracelular, produzindo diferentes efeitos. Determinados componentes, no entanto, são usados na maioria dos receptores tirosina-cinase. Entre eles está, por exemplo, uma fosfolipase que funciona da mesma maneira que a fosfolipase C ativada pelos GPCRs na ativação das vias de sinalização do fosfolipídeo de inositol (ver Figura 16-27). Outra proteína de sinalização intracelular ativada por quase todos os receptores tirosina-cinase é a pequena proteína de ligação a GTP denominada Ras, como discutimos a seguir.

A maioria dos receptores tirosina-cinase ativa a GTPase monomérica Ras

Conforme vimos, os RTKs ativados recrutam e ativam muitos tipos de proteínas de sinalização intracelular, levando à formação de grandes complexos de sinalização no segmento citosólico do RTK. Um dos principais membros desses complexos é a **Ras** – uma pequena proteína ligada à face citoplasmática da membrana plasmática por uma cauda lipídica. Praticamente todos os RTKs ativam Ras, incluindo os receptores do fator de crescimento derivado de plaquetas (PDGF), os quais medeiam a proliferação celular na cura de lesões, e os receptores do fator de crescimento neural (NGF), os quais têm um importante papel no desenvolvimento de determinados neurônios de vertebrados.

A proteína Ras pertence a uma grande família de pequenas proteínas ligadoras de GTP, frequentemente denominadas **GTPases monoméricas** para distingui-las das proteínas G triméricas que foram descritas anteriormente. A Ras se assemelha à subunidade α de uma proteína G e também funciona como um interruptor molecular. Ela alterna entre dois estados conformacionais distintos – ativa quando ligada a GTP e inativa quando ligada a GDP. A interação com uma proteína ativadora denominada Ras-GEF favorece a Ras na troca de seu GDP por GTP, levando a Ras ao seu estado ativado (**Figura 16-33**); após um intervalo de tempo, a Ras é inativada por uma proteína GAP denominada Ras-GAP (ver Figura 16-16), que promove a hidrólise do GTP em GDP (**Animação 16.6**).

Em seu estado ativado, a Ras inicia uma cascata de fosforilação, na qual uma série de serinas/treoninas-cinase fosforilam e ativam uma à outra em sequência, como se fosse um jogo de dominó molecular. Esse sistema de transmissão, que conduz o sinal da membrana plasmática para o núcleo, inclui um módulo de três proteínas-cinase chamado de **módulo de sinalização da MAP-cinase**, em homenagem à última cinase da cadeia (**MAP-cinase**, de *mitogen-activated protein kinase*). (Conforme discutido no Capítulo 18, *mitógenos* são moléculas de sinalização extracelular que estimulam a proliferação celular.) Nesta via, delineada na **Figura 16-34**, a MAP-cinase é fosforilada e ativada por uma enzima denominada, logicamente, MAP-cinase-cinase. Essa enzima é, por sua vez, ativada por uma MAP-cinase-cinase-cinase (a qual é estimulada por Ras). No final da cascata da MAP-cinase, esta enzima fosforila várias proteínas efetoras, incluindo reguladores de transcrição específicos, alterando sua capacidade de controlar a transcrição gênica. Tal mudança no padrão da expressão gênica pode estimular a proliferação, promover a sobrevivência ou induzir a diferenciação das células: a consequência exata vai depender de quais outros genes estão ativos e que outros sinais a célula está recebendo. A descrição de como os pesquisadores elucidaram essas complexas cascatas de sinalização consta em "**Como Sabemos**", p. 556-557.

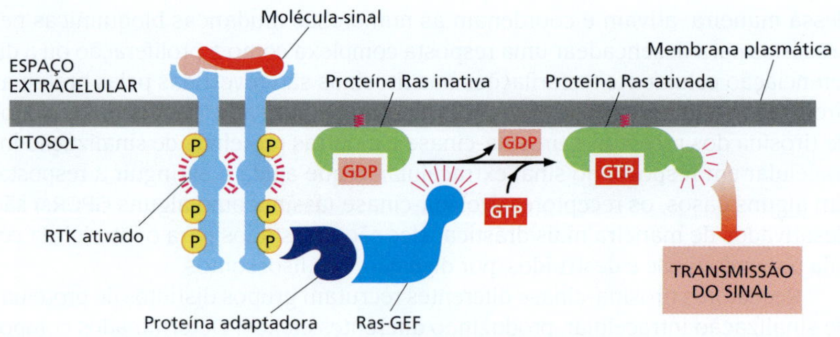

Figura 16-33 Os receptores tirosina-cinase ativam Ras. Uma proteína adaptadora se liga a uma fosfotirosina específica no receptor ativado (para simplificar, as outras proteínas de sinalização que são mostradas ligadas ao receptor na Figura 16-32 estão omitidas). O adaptador recruta um Ras-GEF (fator de troca do nucleotídeo guanina) que estimula Ras a trocar seu GDP por GTP. A Ras ativada estimula então várias vias de sinalização, uma das quais é mostrada na Figura 16-34. Note que a proteína Ras contém um grupo lipídico covalentemente ligado (*vermelho*) que auxilia na ancoragem da proteína à membrana plasmática.

Antes de ser descoberta em células normais, a proteína Ras foi identificada em células cancerosas humanas; a mutação inativa a atividade GTPásica da Ras, de forma que a proteína não pode se autoinativar, o que causa a proliferação celular descontrolada e o desenvolvimento do câncer. Cerca de 30% dos cânceres em humanos apresentam tais mutações ativadoras no gene de Ras; entre os que não as apresentam, muitos têm mutações em genes que codificam proteínas que agem na mesma via de sinalização da Ras. Vários genes que codificam proteínas de sinalização intracelular normais foram identificados inicialmente na procura por *oncogenes* promotores de câncer, discutidos no Capítulo 20.

Os receptores tirosina-cinase ativam a PI 3-cinase na produção de sítios lipídicos de ancoragem na membrana plasmática

Muitas proteínas de sinalização extracelular que estimulam a sobrevivência e o crescimento das células animais o fazem por meio de receptores tirosina-cinase. Entre elas estão as proteínas-sinal pertencentes à família do fator de crescimento semelhante à insulina (IGF, de *insuline-like growth factor*). Uma via de sinali-

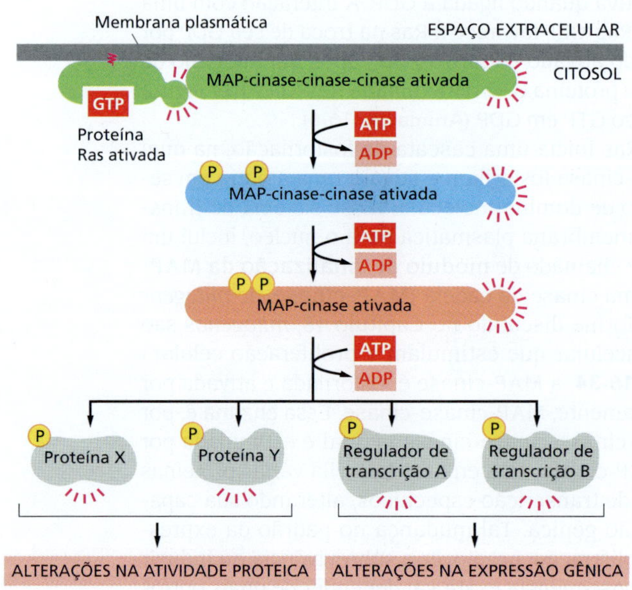

Figura 16-34 Ras ativa um módulo de sinalização da MAP-cinase. A proteína Ras ativada pelo processo mostrado na Figura 16-33 ativa um módulo de sinalização de três cinases, que propagam o sinal. A última cinase do módulo, a MAP-cinase, fosforila várias proteínas sinalizadoras ou efetoras adicionais.

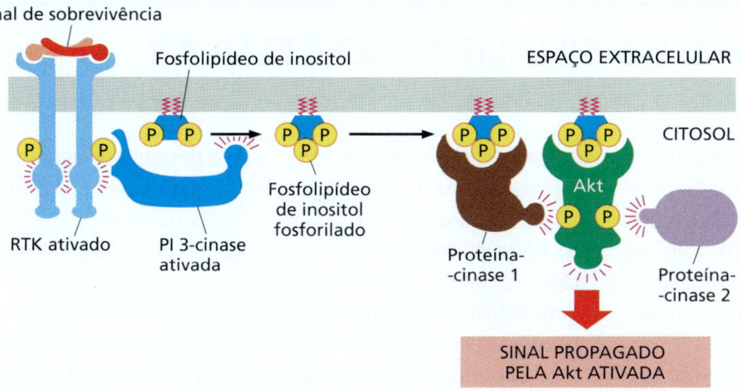

Figura 16-35 Os receptores tirosina--cinase ativam a via de sinalização PI 3-cinase-Akt. Um sinal extracelular de sobrevivência, como IGF, ativa um receptor tirosina-cinase, que recruta e ativa a PI 3-cinase. A PI 3-cinase fosforila um fosfolipídeo de inositol que está inserido no lado citosólico da membrana plasmática. Proteínas de sinalização intracelular, que possuem um domínio especial que reconhece o fosfolipídeo de inositol fosforilado, são atraídas por ele. Uma dessas proteínas é a Akt, uma proteína-cinase que é ativada, na membrana, por fosforilação mediada por outras duas proteínas-cinase (chamadas aqui de proteínas-cinase 1 e 2). A proteína-cinase 1 é recrutada também pelos sítios de ancoragem de lipídeos fosforilados. Quando ativada, a Akt é liberada da membrana plasmática e fosforila serinas e treoninas específicas de várias proteínas (não mostrado).

zação extremamente importante, ativada pelos receptores tirosina-cinase para promover o crescimento e a sobrevivência celular, conta com a enzima **fosfoinositídeo-3-cinase** (**PI 3-cinase**), que fosforila fosfolipídeos de inositol na membrana plasmática. Esses servem então como sítios de ancoragem para proteínas de sinalização intracelular específicas, que são transferidas do citosol para a membrana plasmática, onde se ativam mutuamente. Uma das mais importantes proteínas de sinalização transferidas nesse processo é a serina-treonina-cinase *Akt* (**Figura 16-35**).

A Akt, também denominada proteína-cinase B (PKB), promove a sobrevivência e o crescimento de vários tipos celulares, frequentemente pela inativação de proteínas de sinalização fosforiladas por ela. Por exemplo, Akt fosforila e inativa uma proteína citosólica denominada *Bad*. No seu estado ativo, Bad encoraja a célula a se matar por ativar indiretamente um programa de morte celular chamado de apoptose (discutido no Capítulo 18). Dessa forma, a fosforilação por Akt promove a sobrevivência celular pela inativação de uma proteína que promove a morte celular (**Figura 16-36**).

A *via de sinalização PI 3-cinase-Akt*, além de promover a sobrevivência celular, também estimula as células a crescerem em tamanho. Isso é feito pela ativação indireta de uma grande serina/treonina-cinase denominada *Tor*. Essa enzima estimula o crescimento das células pelo aumento da síntese proteica e pela inibição da degradação (**Figura 16-39**). O fármaco anticâncer rapamicina age na inativação de Tor, indicando a importância dessa via de sinalização na regulação da sobrevivência e do crescimento celular – e as consequências de sua desregulação no câncer.

QUESTÃO 16-9

Você esperaria ativar os RTKs ao expor o exterior da célula a anticorpos que se ligam às respectivas proteínas? Sua resposta seria diferente para os GPCRs? (Dica: ver Painel 4-3, p. 164-165, a respeito das propriedades das moléculas dos anticorpos.)

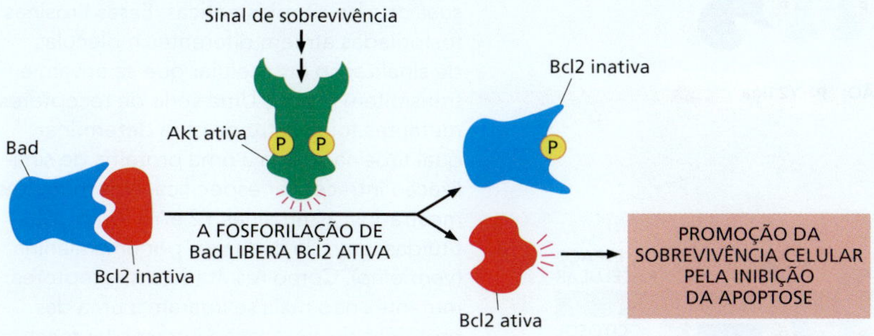

Figura 16-36 A Akt ativada promove a sobrevivência celular. Ela o faz por meio da fosforilação e consequente inibição da proteína denominada Bad. Esta, no seu estado não fosforilado, promove apoptose (uma forma de morte celular) por se ligar e inibir uma proteína, a Bcl2, a qual impede a apoptose. Ao ser fosforilada pela Akt, a Bad libera Bcl2, que agora bloqueia a apoptose, promovendo, assim, a sobrevivência celular.

A ELUCIDAÇÃO DAS VIAS DE SINALIZAÇÃO CELULAR

As vias de sinalização intracelular não foram mapeadas em um único experimento. Embora a insulina tenha sido isolada pela primeira vez na década de 1920, a partir do pâncreas de um cão, a cadeia de eventos que conecta a interação do hormônio ao seu receptor, com a ativação das proteínas transportadoras que captam glicose, levou décadas para ser esclarecida – e ainda não o foi totalmente.

Os investigadores determinaram, passo a passo, como todos os elos ao longo da cadeia atuam em conjunto – e como cada um deles contribui para a resposta celular a uma molécula de sinalização extracelular, como, por exemplo, o hormônio insulina. Aqui, discutimos os tipos de experimentos que permitiram aos cientistas identificar etapas individuais e, basicamente, compor vias de sinalização complexas.

Contatos imediatos

A maioria das vias de sinalização depende de proteínas que interagem fisicamente entre si. Existem várias maneiras de detectar esses contatos diretos. Uma delas envolve o uso de uma proteína como "isca". Por exemplo, para isolar o receptor que se liga à insulina, podemos ligar o hormônio a uma coluna de cromatografia. As células que respondem ao hormônio são rompidas e seu conteúdo é aplicado na coluna. As proteínas que se ligam à insulina ficarão presas na coluna e, mais tarde, podem ser eluídas e identificadas (ver Figura 4-48).

As interações proteína-proteína em uma via de sinalização também podem ser identificadas por *coimunoprecipitação*. Por exemplo, as células expostas a uma molécula de sinalização extracelular podem ser rompidas, e podem ser usados anticorpos para ligar a proteína receptora que reconhece a molécula-sinal (ver Painel 4-2, p. 146-147 e Painel 4-3, p. 164-165). Se o receptor estiver associado fortemente a outras proteínas, estas também serão capturadas. Dessa forma, os pesquisadores podem identificar quais proteínas interagem quando a célula é estimulada por uma molécula de sinalização extracelular.

Sabendo-se que duas proteínas interagem, o pesquisador pode usar a tecnologia de DNA recombinante para identificar quais as partes das proteínas necessárias para a interação. Por exemplo, para determinar a qual tirosina fosforilada de um receptor tirosina-cinase uma determinada proteína de sinalização intracelular se liga, é construída uma série de mutantes, cada um deles sem uma das tirosinas do seu domínio citoplasmático (**Figura 16-37**). Assim, podem ser determinadas as tirosinas específicas necessárias para a ligação. Pode-se determinar, de maneira semelhante, se esse sítio de ligação da fosfotirosina é necessário para a transmissão do sinal do receptor para a célula.

Obstrução da via

Basicamente, queremos identificar que função exerce uma proteína particular em uma via de sinalização. O primeiro passo pode envolver o uso da tecnologia do DNA recombinante para introduzir na célula um gene que codifica uma forma permanentemente ativa da proteína, para verificar se isso mimetiza o efeito da molécula de sinalização extracelular. Considere, por exemplo, Ras. A forma mutante de Ras envolvida em cânceres

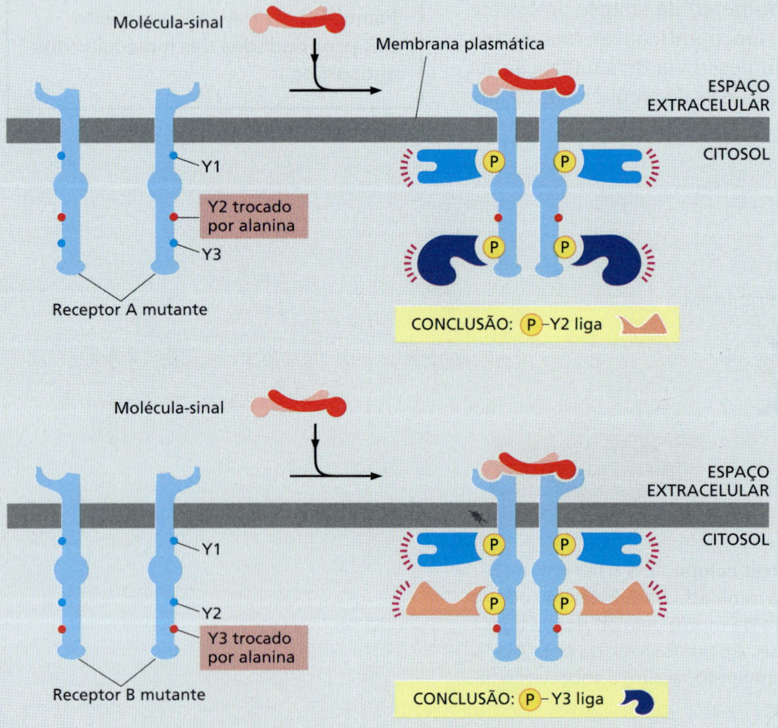

Figura 16-37 Proteínas mutantes podem ajudar a determinar o local exato de ligação de uma molécula de sinalização intracelular. Conforme mostrado na Figura 16-32, a ligação da molécula de sinalização extracelular provoca a associação de dois receptores tirosina-cinase seguida da fosforilação recíproca de tirosinas específicas das suas caudas citoplasmáticas. Essas tirosinas fosforiladas atraem diferentes moléculas de sinalização intracelular que se ativam e transmitem o sinal. Uma série de receptores mutantes foi construída para determinar qual tirosina se liga a uma proteína de sinalização intracelular específica. Nos mutantes mostrados, as tirosinas Y2 e Y3 foram substituídas, uma de cada vez, por uma alanina (*vermelho*). Como resultado, os receptores mutantes não mais se ligaram a uma das proteínas de sinalização intracelular mostradas na Figura 16-32. O efeito do sinal sobre a resposta celular pode então ser determinado. É importante que o receptor mutante seja testado em células que não possuam seus próprios receptores normais para a molécula-sinal.

humanos está constantemente ativa porque perdeu a capacidade de hidrolisar o GTP ligado que mantém a proteína ativada. Essa forma de Ras permanentemente ativa pode estimular a proliferação de algumas células, mesmo na ausência de um sinal de proliferação.

De modo inverso, uma proteína de sinalização específica pode ser inativada. No caso de Ras, por exemplo, pode-se "nocautear" a atividade do gene de Ras nas células por interferência de RNA (ver Figura 8-26). Tais células não proliferam em resposta a mitógenos extracelulares, indicando a importância da sinalização normal de Ras na resposta proliferativa.

A produção de mutantes

Uma estratégia poderosa usada pelos cientistas para identificar proteínas que participam na sinalização celular envolve a triagem de dezenas de milhares de animais – moscas-das-frutas ou nematódeos, por exemplo (discutido no Capítulo 19) – na busca de mutantes nos quais alguma via de sinalização não esteja funcionando de maneira adequada. Como resultado do exame de um número suficientemente grande de mutantes, podem ser identificados muitos dos genes que codificam proteínas envolvidas em cascatas de sinalização.

Essas triagens genéticas clássicas também revelam a ordem de atuação das proteínas de sinalização intracelular em uma determinada via. Suponha que uma triagem genética descubra um par de novas proteínas, X e Y, envolvidas na via de sinalização da Ras. Para determinar se essas proteínas estão antes ou depois de Ras na via, é possível criar células que expressam uma forma mutante, inativa, de cada uma delas, e verificar se essas células mutantes podem ser "resgatadas" pela adição de uma forma permanentemente ativa de Ras. Se tal forma de Ras superar o bloqueio criado pela proteína mutante, então esta deve agir antes de Ras na via (**Figura 16-38A**). Contudo, se Ras atuar antes da proteína, uma Ras ativada permanentemente será incapaz de transmitir um sinal para além da obstrução causada pela proteína defeituosa (**Figura 16-38B**). Por meio desses experimentos, até a mais complexa via de sinalização intracelular pode ser mapeada, uma etapa de cada vez (**Figura 16-38C**).

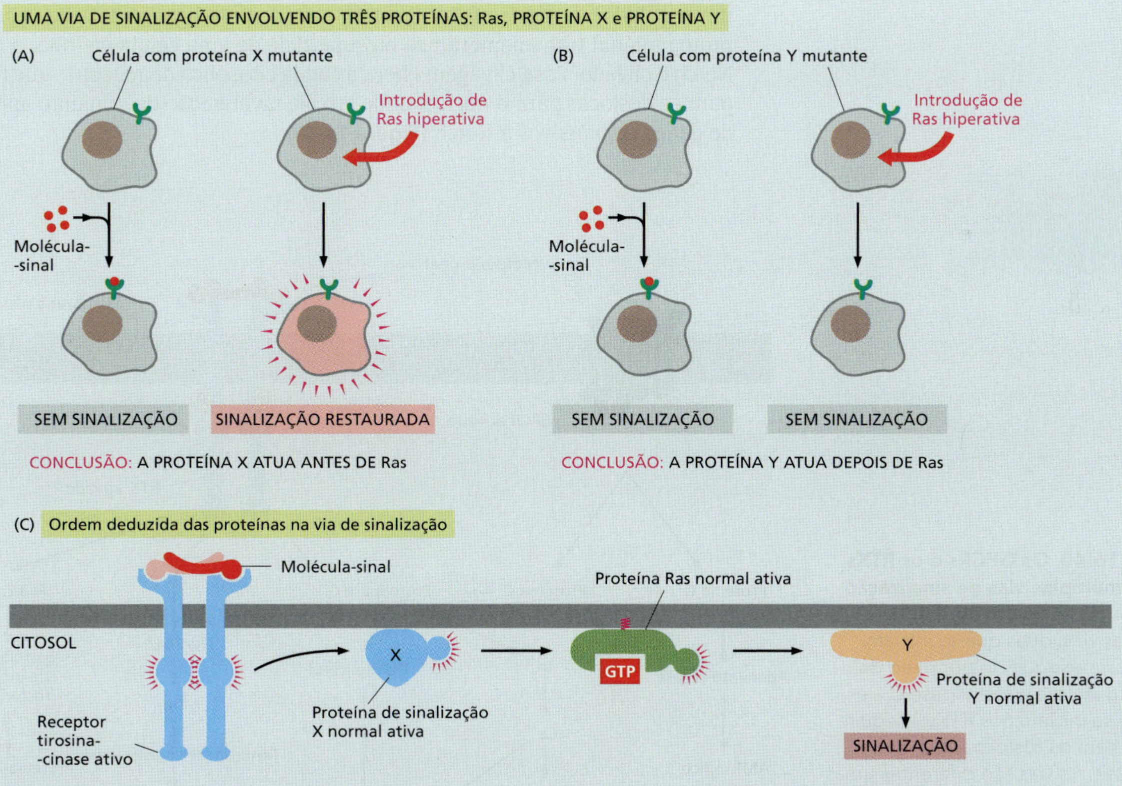

Figura 16-38 O uso de linhagens celulares mutantes e uma forma hiperativa de Ras pode ajudar a dissecar uma via de sinalização intracelular. Nesta via hipotética, Ras, proteína X e proteína Y são necessárias para uma sinalização adequada. (A) Nas células nas quais a proteína X foi inativada, a sinalização não ocorre. Contudo, este bloqueio na sinalização pode ser superado pela adição de uma forma hiperativa de Ras, de modo que a via é ativa mesmo na ausência da molécula de sinalização extracelular. Este resultado indica que a proteína X age antes de Ras na via. (B) A sinalização também é interrompida em células nas quais a proteína Y foi inativada. Neste caso, a introdução de uma Ras hiperativa não restaurará a sinalização normal, indicando que a proteína Y age depois de Ras. (C) Com base nestes resultados, é mostrada a ordem deduzida das enzimas nesta via de sinalização.

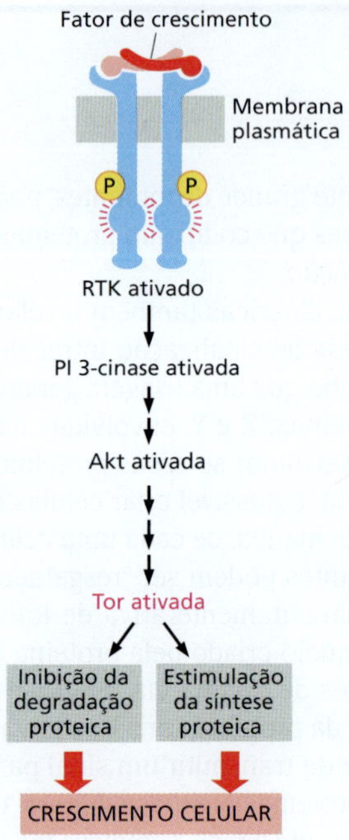

Figura 16-39 A Akt estimula o crescimento celular em tamanho pela ativação da serina/treonina-cinase Tor. A ligação de um fator de crescimento a um receptor tirosina-cinase ativa a via de sinalização PI 3-cinase-Akt (como é mostrado na Figura 16-35). A Akt então estimula indiretamente a Tor pela fosforilação e consequente inibição de uma proteína que ajuda a manter Tor inativa (não mostrado). A Tor estimula a síntese proteica e inibe a degradação de proteínas pela fosforilação de proteínas-chave nesses processos (não mostrado). O fármaco anticâncer rapamicina reduz o crescimento celular porque inibe Tor. A proteína Tor tem seu nome derivado do fato de ser um alvo da rapamicina (target of rapamycin).

A **Figura 16-40** resume as principais cascatas de sinalização intracelular ativadas por GPCRs e RTKs.

Alguns receptores ativam um caminho rápido para o núcleo

Nem todos os receptores desencadeiam cascatas de sinalização complexas para levar a mensagem até o núcleo. Alguns utilizam uma rota mais direta para controlar a expressão gênica. Um desses receptores é a proteína Notch.

A Notch é um receptor de importância crítica em todos os animais, tanto durante o desenvolvimento quanto nos adultos. Entre outras coisas, ela controla o desenvolvimento das células neurais em *Drosophila*, conforme mencionado antes (ver Figura 16-4). Nessa via de sinalização simples, o próprio receptor age como um regulador de transcrição. Quando ativado pela ligação a Delta, que é uma proteína-sinal transmembrânica na superfície de uma célula vizinha, o receptor Notch é clivado. Essa clivagem libera a cauda citosólica do receptor, que fica livre para se deslocar para o núcleo, onde auxilia na ativação do conjunto apropriado de genes responsivos a Notch (**Figura 16-41**).

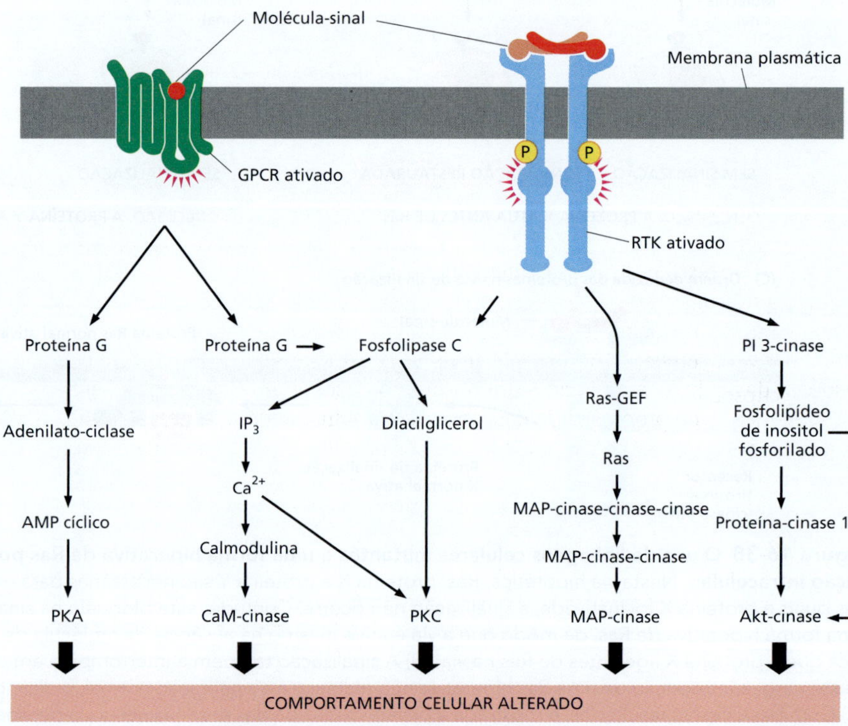

Figura 16-40 Os GPCRs e os RTKs ativam múltiplas vias de sinalização intracelular. A figura resume cinco dessas vias: duas que se iniciam nos GPCRs – seguindo por meio da adenilato-ciclase e fosfolipase C – e três que se iniciam nos RTKs – seguindo por meio da fosfolipase C, Ras e PI 3-cinase. As vias são diferentes umas das outras, apesar de usarem alguns componentes comuns para transmitir seus sinais. Uma vez que as cinco vias ativam proteínas-cinase, a impressão é que cada uma delas é capaz de, em princípio, regular praticamente qualquer processo na célula.

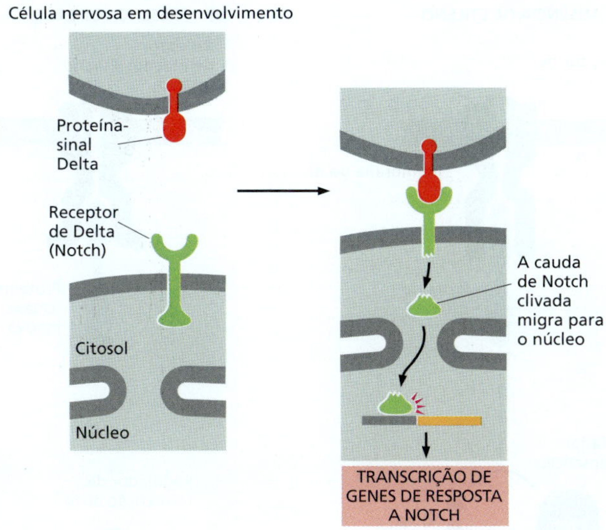

Figura 16-41 O receptor de Notch é, ele próprio, um regulador de transcrição. A ligação da proteína-sinal Delta, ligada à membrana, ao seu receptor Notch em uma célula adjacente causa a clivagem do receptor. A parte da cauda citosólica liberada vai para o núcleo, onde ativa os genes de resposta a Notch. A Figura 16-4 mostra uma consequência desse processo de sinalização.

A comunicação célula-célula evoluiu de forma independente nas plantas e nos animais

As plantas e os animais evoluíram independentemente por mais de um bilhão de anos, sendo que o último ancestral comum foi um eucarioto unicelular que provavelmente vivia por conta própria. Visto que esses reinos divergiram há tanto tempo – quando ainda era "cada célula por si mesma" –, cada um deles desenvolveu soluções moleculares próprias para se tornarem multicelulares. Assim, os mecanismos da comunicação célula-célula nas plantas e nos animais são em alguns aspectos totalmente diferentes. Contudo, ao mesmo tempo, as plantas e os animais iniciam com um conjunto comum de genes eucarióticos – incluindo alguns utilizados por organismos unicelulares para se comunicarem entre si – de modo que seus sistemas de sinalização mostram algumas semelhanças.

As plantas, como os animais, utilizam extensivamente receptores de superfície celular transmembrânicos – em especial receptores acoplados a enzimas. A planta *Arabidopsis thaliana* (ver Figura 1-32) possui centenas de genes que codificam *receptores serinas/treoninas-cinase.* Estes, no entanto, são estruturalmente diferentes dos encontrados nas células animais (não discutidos neste capítulo). Acredita-se que tais receptores desempenhem papel importante em vários processos de sinalização celular nas plantas, incluindo aqueles que regulam o crescimento, o desenvolvimento e a resistência a doenças. Ao contrário das células animais, as células vegetais aparentemente não usam receptores tirosina-cinase, nem receptores nucleares para hormônios esteroides, ou AMP cíclico, e aparentemente utilizam poucos receptores associados à proteína G.

Um dos sistemas de sinalização mais bem estudado em plantas medeia a resposta das células ao etileno – um hormônio gasoso que regula um conjunto diversificado de processos de desenvolvimento, incluindo a germinação das sementes e o amadurecimento dos frutos. Os produtores de tomate utilizam o etileno para amadurecer os frutos depois de terem sido colhidos. Embora os receptores do etileno não estejam relacionados evolutivamente com nenhuma das classes de proteínas receptoras que apresentamos até agora, eles agem como receptores acoplados a enzimas. Surpreendentemente, é o receptor não ligado que é ativo: na ausência do etileno, o receptor não ligado ativa uma proteína-cinase associada que inibe, no núcleo, os genes responsivos ao etileno; quando o etileno está presente, o receptor e a cinase são inativos, e os genes responsivos ao etileno são transcritos (**Figura 16-42**). Essa estratégia, pela qual os sinais atuam inibindo uma inibição da transcrição, é muito utilizada pelas plantas.

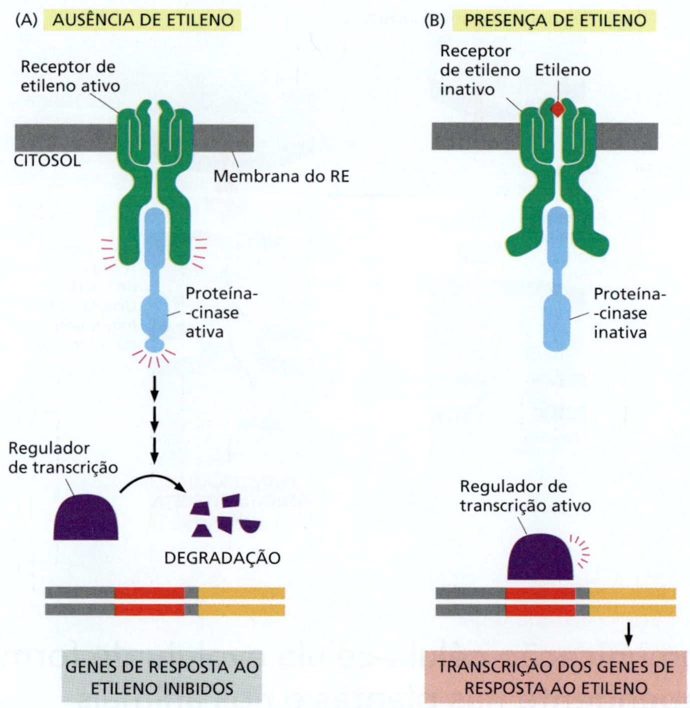

Figura 16-42 A via de sinalização do etileno ativa os genes pela remoção da inibição. (A) Na ausência do etileno, o receptor ativa diretamente uma proteína-cinase associada, que promove indiretamente a degradação do regulador de transcrição que é ativado nos genes responsivos ao etileno. Como consequência, os genes permanecem inibidos. (B) Na presença do etileno, o receptor e a cinase estão inativos, e o regulador de transcrição permanece intacto, podendo estimular a transcrição dos genes de resposta ao etileno. A cinase que interage com os receptores do etileno é uma serina/treonina-cinase muito semelhante à MAP-cinase-cinase-cinase observada nas células animais (ver Figura 16-34).

As redes de proteínas-cinase integram a informação para controlar comportamentos celulares complexos

Embora as vias de sinalização descritas até agora possam parecer extremamente complexas, a complexidade da sinalização celular é, na verdade, muito maior do que demos a entender. Em primeiro lugar, não apresentamos todas as vias de sinalização intracelular atuantes nas células, mesmo que muitas delas sejam críticas para o desenvolvimento normal. Em segundo lugar, apesar de descrevermos essas vias como lineares e autocontroladas, elas não agem independentemente umas das outras. Elas estão conectadas por muitos tipos de interações. As conexões mais abrangentes são aquelas mediadas pelas proteínas-cinase presentes em cada via. Essas cinases fosforilam, e assim regulam os componentes de outras vias de sinalização, além dos componentes da sua própria via. Dessa maneira, ocorre certo grau de interação entre as diferentes vias. Para dar uma ideia do grau de complexidade, os estudos de sequenciamento genômico sugerem que 2% dos nossos cerca de 21.000 genes codificadores de proteínas codificam proteínas-cinase; além disso, acredita-se que centenas de tipos diferentes de proteínas-cinase estejam presentes em uma única célula de mamífero. Como podemos dar sentido a essa rede entrelaçada de vias de sinalização interatuantes, e qual é a função dessa complexidade?

Uma célula recebe mensagens de diferentes origens, e ela deve integrar as informações para gerar uma resposta adequada: viver ou morrer, dividir-se ou diferenciar-se, alterar a forma, locomover-se, enviar, ela própria, uma mensagem química, e assim por diante (ver Figura 16-6 e **Animações 16.7 e 16.8**). Por meio da interação entre vias de sinalização, a célula é capaz de reunir múltiplas partículas de informação e reagir à sua combinação. Assim, algumas proteínas de sinalização intracelular atuam como dispositivos de integração, geralmente por possuírem vários sítios potenciais para fosforilação, e cada um deles pode ser fosforilado por uma proteína-cinase diferente. A informação recebida de diferentes fontes converge em tais proteínas, as quais então convertem os sinais recebidos em um único sinal transmitido (**Figura 16-43**, e ver Figura 16-13). As proteínas integradoras, por sua vez, distribuem um sinal para muitos alvos subsequentes. Dessa maneira, o

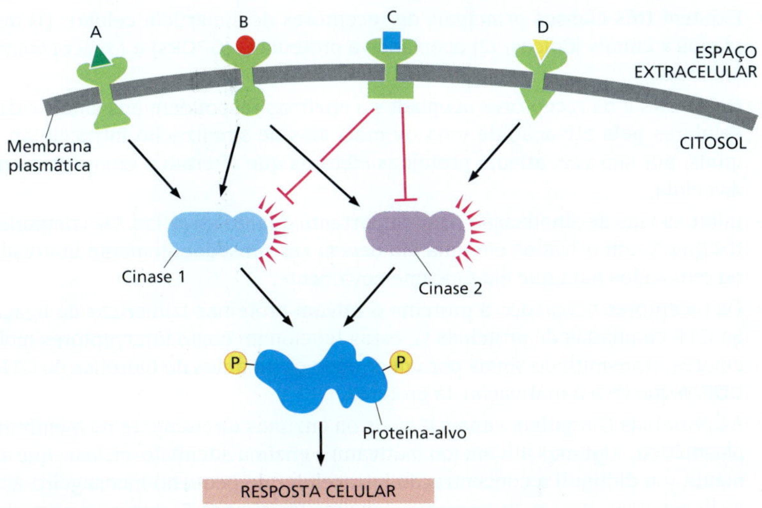

Figura 16-43 Proteínas de sinalização intracelular integram os sinais recebidos. Os sinais extracelulares A, B, C e D ativam diferentes receptores na membrana plasmática. Os receptores agem sobre duas proteínas-cinase, as quais eles ativam (seta) ou inibem (barra transversal). As cinases fosforilam a mesma proteína-alvo, a qual, quando totalmente fosforilada, desencadeia uma resposta celular.

Pode-se ver que a molécula-sinal B ativa ambas as proteínas-cinase e, por isso, produz uma resposta forte. Os sinais A e D ativam, cada um, uma cinase diferente e assim produzem uma resposta apenas se estiverem presentes simultaneamente. A molécula-sinal C inibe a resposta celular e compete com as demais moléculas-sinal. O resultado final depende do número de moléculas sinalizadoras e da intensidade de suas conexões. Em uma célula real, esses parâmetros foram determinados pela evolução.

sistema de sinalização intracelular pode atuar como uma rede de células nervosas no encéfalo – ou como uma coleção de microprocessadores em um computador –, interpretando informações complexas e gerando respostas complexas.

Nosso conhecimento sobre essas redes intrincadas ainda está evoluindo: ainda estamos descobrindo novas ligações nas cadeias, novos parceiros de sinalização, novas conexões e mesmo novas vias. O esclarecimento das vias de sinalização intracelular – nos animais e nas plantas – é uma das áreas mais ativas de pesquisa na biologia celular, e todos os dias se fazem novas descobertas. Os projetos de sequenciamento genômico continuam a fornecer longas listas de componentes envolvidos na transdução de sinal em uma grande variedade de organismos. Contudo, mesmo quando tivermos identificado todos os componentes, ainda permanecerá o grande desafio de imaginar como eles se combinam para permitir que as células integrem os diversos conjuntos de sinais do seu ambiente e respondam de maneira adequada.

De certa forma, saber como as células "pensam" é um problema que se assemelha a aprender como nós, os humanos, pensamos. Apesar de sabermos, por exemplo, como os neurotransmissores ativam determinados neurônios e como estas células se comunicam entre si, estamos longe de entender como todos esses componentes agem em conjunto para nos possibilitar raciocinar, conversar, rir, amar e tentar descobrir as características fundamentais da vida na Terra.

CONCEITOS ESSENCIAIS

- **As células dos organismos multicelulares se comunicam através de uma variedade de sinais químicos extracelulares.**
- **Nos animais, os hormônios são levados pelo sangue para células-alvo distantes, mas a maioria das outras moléculas de sinalização extracelular atua somente a uma curta distância. As células adjacentes frequentemente se comunicam por meio de contatos diretos célula-célula.**
- **Para que uma molécula de sinalização extracelular influencie uma célula-alvo, ela deve interagir com uma proteína receptora na superfície ou no interior da célula. Cada receptor reconhece uma molécula-sinal específica.**
- **Moléculas de sinalização extracelular, pequenas e hidrofóbicas, como os hormônios esteroides e o óxido nítrico, podem atravessar a membrana plasmática e ativar proteínas intracelulares, as quais são enzimas ou reguladores de transcrição.**
- **A maioria das moléculas de sinalização extracelular não atravessa a membrana plasmática. Elas se ligam a proteínas receptoras na superfície celular que convertem (transduzem) o sinal extracelular em diferentes sinais intracelulares, que em geral são organizados em vias de sinalização.**

- Existem três classes principais de receptores de superfície celular: (1) acoplados a canais iônicos, (2) acoplados à proteína G (GPCRs) e (3) acoplados a enzimas.
- Os GPCRs e os receptores acoplados a enzimas respondem aos sinais extracelulares pela ativação de uma ou mais vias de sinalização intracelular, as quais, por sua vez, ativam proteínas efetoras que alteram o comportamento da célula.
- Inibir as vias de sinalização é tão importante quanto ativá-las. Os componentes que foram ativados em uma via devem ser subsequentemente inativados ou removidos para que ela funcione novamente.
- Os receptores acoplados à proteína G ativam proteínas triméricas de ligação ao GTP chamadas de proteínas G; estas funcionam como interruptores moleculares, transmitindo sinais por um período curto antes da hidrólise do GTP a GDP, o que leva à inativação da proteína.
- As proteínas G regulam canais iônicos ou enzimas diretamente na membrana plasmática. Algumas ativam (ou inativam) a enzima adenilato-ciclase, que aumenta (ou diminui) a concentração intracelular do pequeno mensageiro AMP cíclico; outras ativam diretamente a enzima fosfolipase C, que gera os pequenos mensageiros inositol trifosfato (IP_3) e o diacilglicerol.
- O IP_3 abre os canais de Ca^{2+} da membrana do retículo endoplasmático, liberando um fluxo de íons Ca^{2+} livres no citosol. O próprio Ca^{2+} atua como um segundo mensageiro, alterando a atividade de uma ampla gama de proteínas responsivas ao íon. Estas incluem a calmodulina, que ativa várias proteínas-alvo como as proteínas-cinase dependentes de Ca^{2+}/calmodulina (CaM-cinases).
- Um aumento do AMP cíclico ativa a proteína-cinase A (PKA), e o Ca^{2+} e o diacilglicerol, em conjunto, ativam a proteína-cinase C (PKC).
- PKA, PKC e as CaM-cinases fosforilam serinas e treoninas de proteínas sinalizadoras e efetoras específicas, alterando sua atividade. Tipos celulares diferentes contêm conjuntos de proteínas sinalizadoras e efetoras diferentes e, por isso, são afetados de maneiras diferentes.
- Os receptores acoplados a enzimas têm domínios intracelulares que funcionam como enzimas ou estão associados com enzimas intracelulares. Muitos receptores acoplados a enzimas são receptores tirosina-cinase que fosforilam suas próprias tirosinas e as de proteínas intracelulares selecionadas. As fosfotirosinas dos RTKs servem como sítios de ancoragem para várias proteínas de sinalização intracelular.
- A maioria dos RTKs ativa a GTPase monomérica Ras, a qual, por sua vez, ativa o módulo de sinalização de três proteínas da MAP-cinase que ajuda na transmissão do sinal da membrana plasmática para o núcleo.
- As mutações em Ras estimulam a proliferação celular por manter Ras (e, como consequência, a via de sinalização da Ras-MAP-cinase) permanentemente ativa e são uma característica comum de muitos cânceres humanos.
- Alguns RTKs estimulam a sobrevivência e o crescimento celular por ativar a PI 3-cinase, que fosforila fosfolipídeos de inositol específicos na lâmina citosólica da bicamada lipídica da membrana plasmática. Tal fosforilação cria um sítio de ancoragem lipídico que atrai proteínas sinalizadoras específicas do citosol, incluindo a proteína-cinase Akt, que se torna ativa e atua na transmissão de sinais.
- Outros receptores, como Notch, têm uma via direta para o núcleo. Quando ativados, parte do receptor migra da membrana plasmática para o núcleo, onde regulam a transcrição de genes específicos.
- As plantas, assim como os animais, usam os receptores de superfície celular acoplados a enzimas para reconhecer as moléculas de sinalização extracelular que controlam seu crescimento e desenvolvimento; esses receptores agem, com frequência, na liberação da repressão da transcrição de genes específicos.
- Diferentes vias de sinalização intracelular interagem, permitindo que cada tipo celular produza a resposta apropriada a uma combinação de sinais extracelulares. Na ausência de tais sinais, a maioria das células animais é programada para matar a si mesmas por meio da apoptose.

- Estamos longe de entender como uma célula integra todos os sinais extracelulares que a bombardeiam para gerar uma resposta apropriada.

TERMOS-CHAVE

adaptação	molécula-sinal extracelular	Ras
adenilato-ciclase	módulo de sinalização da MAP-cinase	receptor
AMP cíclico	neurotransmissor	receptor acoplado a canal iônico
calmodulina	óxido nítrico (NO)	receptor acoplado a enzima
diacilglicerol (DAG)	pequena molécula de sinalização intracelular	receptor acoplado à proteína G (GPCR)
fosfoinositídeo-3-cinase (PI 3-cinase)	proteína-cinase	receptor nuclear
fosfolipase C	proteína-cinase C (PKC)	receptor serina/treonina-cinase
fosfolipídeo de inositol	proteína-cinase dependente de AMP cíclico (PKA)	receptor tirosina-cinase (RTK)
GTPase monomérica	proteína-cinase dependente de Ca^{2+}/calmodulina (CaM-cinase)	serina/treonina-cinase
hormônio	proteína-fosfatase	sinalização celular
hormônio esteroide	proteína de ligação a GTP	tirosina-cinase
inositol 1,4,5-trifosfato (IP_3)	proteína G	transdução de sinal
interruptor molecular		via de sinalização intracelular
MAP-cinase		
mediador local		

TESTE SEU CONHECIMENTO

QUESTÃO 16-10

Uma vez que os receptores de superfície celular, incluindo Notch, podem sinalizar rapidamente para o núcleo pela ativação de reguladores de transcrição na membrana plasmática, por que a maioria desses receptores usa cascatas de sinalização longas e indiretas para influenciar a transcrição gênica no núcleo?

QUESTÃO 16-11

Quais das seguintes afirmativas estão corretas? Explique sua resposta.

A. A molécula de sinalização extracelular acetilcolina tem efeitos diferentes em diferentes tipos celulares de um animal e se liga a diferentes moléculas receptoras nessas células.

B. Depois de ser secretada, a acetilcolina tem uma vida longa, pois precisa alcançar células-alvo em todo o corpo.

C. As subunidades α ligadas a GTP e os complexos $\beta\gamma$ sem o nucleotídeo – mas não a proteína G completa ligada a GDP – ativam outras moléculas em etapas posteriores à reação catalisada pelos GPCRs.

D. IP_3 é produzido pela hidrólise de um fosfolipídeo de inositol sem a incorporação de um grupo fosfato adicional.

E. A calmodulina regula a concentração intracelular de Ca^{2+}.

F. Diferentes sinais com origem na membrana plasmática podem ser integrados pela intercomunicação recíproca entre vias de sinalização diferentes no interior da célula.

G. A fosforilação de tirosinas serve para gerar sítios de ligação para que outras proteínas se liguem aos receptores tirosina-cinase.

QUESTÃO 16-12

A proteína Ras funciona como um interruptor molecular que é "ligado" por outras proteínas que a induzem a dissociar o seu GDP e ligar GTP. Uma proteína ativadora de GTPase a conduz ao seu estado "desligado" pela indução da hidrólise do GTP a GDP pela Ras muito mais rapidamente do que sem essa proteína. Assim, a Ras funciona como se fosse um interruptor de uma lâmpada que é ligada por uma pessoa e desligada por outra. Você tem uma célula mutante que não possui a atividade da proteína ativadora de GTPase. Que anormalidades você esperaria encontrar na resposta de Ras a sinais extracelulares?

QUESTÃO 16-13

A. Compare as semelhanças e diferenças entre a sinalização por neurônios, que secretam neurotransmissores nas sinapses, com a sinalização efetuada pelas células endócrinas, que secretam hormônios no sangue.

B. Discuta as vantagens relativas dos dois mecanismos.

QUESTÃO 16-14

Duas moléculas intracelulares, X e Y, são normalmente sintetizadas na célula, a uma taxa constante de 1.000 moléculas por segundo. A molécula X é degradada lentamente: cada uma sobrevive, em média, 100 segundos. A molécula Y é degradada 10 vezes mais rapidamente: cada uma sobrevive, em média, 10 segundos.

A. Calcule quantas moléculas X e Y a célula possui em um dado tempo.

B. Se a taxa de síntese for aumentada, subitamente, para 10.000 moléculas por segundo por célula – sem mudança na sua taxa de degradação –, quantas moléculas X e Y existirão após um segundo?
C. Quais seriam as moléculas preferidas para uma sinalização rápida?

QUESTÃO 16-15

"Um dos grandes reis do passado governava um enorme reino que era mais bonito do que qualquer outro no mundo. Cada planta resplandecia tão brilhantemente como jade polido, e as colinas suavemente onduladas eram tão lisas como as ondas do mar de verão. A sabedoria de todas as suas decisões era resultado de um fluxo de informação constante levado a ele, todos os dias, por mensageiros que relatavam cada detalhe do que ocorria no reino, de modo que ele podia agir rápida e adequadamente quando necessário. Apesar da abundância de beleza e eficiência, seu povo se sentia condenado sob seu governo, porque ele tinha um conselheiro que havia estudado transdução de sinal celular e administrava o Departamento de Informação real. O conselheiro implantou a política de que todos os mensageiros deveriam ser decapitados tão logo fossem localizados pela Guarda Real, porque o tempo de vida dos mensageiros deveria ser curto para que a sinalização fosse rápida. Seus apelos 'Não me machuque, sou apenas o mensageiro!' eram vãos, e o povo do reino sofria terrivelmente pela perda rápida de seus filhos e filhas." Por que a analogia na qual o conselheiro baseou sua política não é adequada? Discuta brevemente as características que regulam as vias de sinalização, não considerando a via de comunicação humana descrita na história.

QUESTÃO 16-16

Os genes que codificam formas mutantes de um receptor tirosina-cinase foram introduzidos na célula por uma série de experimentos. As células também expressam a forma normal do receptor, a partir do gene normal que o codifica, embora os genes mutantes tenham sido construídos de modo que o receptor tirosina-cinase mutante exiba concentrações consideravelmente mais altas do receptor do que o normal. Quais seriam as consequências da introdução de um gene mutante que codifica um receptor tirosina-cinase (A) sem o seu domínio extracelular, ou (B) sem o seu domínio intracelular?

QUESTÃO 16-17

Discuta a seguinte afirmativa: "As proteínas de membrana que a atravessam várias vezes são submetidas a uma mudança de conformação pela interação com o ligante que pode ser percebida no outro lado da membrana. Assim, moléculas proteicas individuais podem transmitir um sinal através da membrana. Em contraste, proteínas de membrana de passagem única não podem, individualmente, transmitir uma mudança de conformação através da membrana, exigindo oligomerização".

QUESTÃO 16-18

Quais são as semelhanças e as diferenças entre as reações que levam à ativação das proteínas G e as que levam à ativação da Ras?

QUESTÃO 16-19

Por que você supõe que a célula use o Ca^{2+} (que é mantido, pela bomba de Ca^{2+}, em uma concentração intracelular de 10^{-7} M) na sinalização intracelular, e não outro íon, como o Na^+ (que é mantido, pela bomba de Na^+, em uma concentração intracelular de 10^{-3} M)?

QUESTÃO 16-20

Parece anti-intuitivo que uma célula, mesmo tendo um suprimento abundante de nutrientes disponível, cometa suicídio se não for estimulada constantemente por sinais oriundos de outras células (ver Figura 16-6). Em sua opinião, quais poderiam ser as vantagens de uma regulação desse tipo?

QUESTÃO 16-21

A contração do sistema actina-miosina nas células musculares é desencadeada por um aumento na concentração intracelular de Ca^{2+}. As células musculares possuem canais especializados para liberação de Ca^{2+} – chamados de receptores de rianodina, em função da sua sensibilidade a esse fármaco – nas membranas do retículo sarcoplasmático, uma forma especializada de retículo endoplasmático. A molécula de sinalização que abre os receptores de rianodina é o próprio Ca^{2+}, ao contrário dos canais de Ca^{2+} controlados por IP_3 do retículo endoplasmático mostrados na Figura 16-27. Discuta as consequências da existência dos canais de rianodina para a contração muscular.

QUESTÃO 16-22

Duas proteínas-cinase, K1 e K2, atuam sequencialmente em uma cascata de sinalização intracelular. Se ambas as cinases possuírem uma mutação que as torne permanentemente não funcionais, a célula não responderá quando receber um sinal extracelular. Uma mutação diferente em K1 a torna permanentemente ativada, de modo que as células contendo essa mutação respondem mesmo na ausência de um sinal extracelular. Você caracteriza uma célula dupla-mutante que contém K2 com a mutação inativadora e K1 com a mutação ativadora. Você observa que a resposta acontece mesmo que nenhum sinal seja recebido pelas células. Na via de sinalização normal, K1 ativa K2 ou K2 ativa K1? Justifique sua resposta.

QUESTÃO 16-23

A. Esquematize as etapas de uma via de sinalização longa e indireta a partir do receptor da superfície celular até uma mudança na expressão gênica no núcleo.
B. Compare essa via com duas vias curtas e diretas que vão da superfície celular até o núcleo.

QUESTÃO 16-24

Como PI 3-cinase ativa a cinase Akt após a ativação do receptor tirosina-cinase?

QUESTÃO 16-25

As células animais e vegetais possuem mecanismos de sinalização intracelular muito diferentes, mas também compartilham alguns mecanismos comuns. Por que você imagina que isso ocorra?

17

O citoesqueleto

A capacidade de as células eucarióticas adotarem diversas formas, organizarem os vários componentes em seu interior, interagirem mecanicamente com o ambiente e realizarem movimentos coordenados é dependente do **citoesqueleto** – uma intrincada rede de filamentos proteicos que se estende pelo citoplasma (**Figura 17-1**). Essa arquitetura de filamentos ajuda a sustentar o grande volume do citoplasma, uma função que tem especial importância em células de animais, que não possuem parede celular. Apesar de alguns componentes do citoesqueleto estarem presentes em bactérias, o citoesqueleto é mais evidente nas grandes e estruturalmente complexas células eucarióticas.

Diferentemente de nosso esqueleto ósseo, no entanto, o citoesqueleto é uma estrutura altamente dinâmica que está sob contínua reorganização, conforme as células alteram suas formas, dividem-se e respondem ao ambiente. O citoesqueleto não funciona apenas como os "ossos" de uma célula, mas também como seus "músculos", sendo diretamente responsável por movimentos em larga escala, incluindo o deslizamento de células sobre uma superfície, a contração das células musculares e as alterações no formato celular que ocorrem ao longo do desenvolvimento de um embrião. Sem o citoesqueleto, as feridas nunca cicatrizariam, os músculos não contrairiam, e os espermatozoides jamais encontrariam o óvulo.

Como qualquer fábrica de um produto complexo, a célula eucariótica apresenta um compartimento interno altamente organizado, em que organelas que realizam funções especializadas estão concentradas em diferentes áreas e são conectadas por sistemas de transporte (discutidos no Capítulo 15). O citoesqueleto controla o posicionamento das organelas e fornece a maquinaria de transporte entre elas. Ele também é responsável pela segregação dos cromossomos nas duas células-filhas durante a divisão celular e pela separação dessas duas novas células no final da divisão, como discutimos no Capítulo 18.

O citoesqueleto é construído a partir de uma estrutura composta por três tipos de filamentos proteicos: *filamentos intermediários*, microtúbulos e *filamentos de actina*. Cada tipo de filamento apresenta propriedades mecânicas distintas e é formado por subunidades proteicas diferentes. Uma família de proteínas fibrosas forma os filamentos intermediários; subunidades de *tubulina* globular formam os microtúbulos; e subunidades de *actina* globular formam os filamentos de actina (**Figura 17-2**). Em cada caso, milhares de subunidades se organizam, agregando-se em finas redes de proteínas que, em alguns casos, se estendem por toda a célula.

Neste capítulo, consideramos a estrutura e a função de cada uma dessas redes de filamentos proteicos. Iniciamos com os filamentos intermediários, que fornecem resistência mecânica às células. Consideramos, então, como os microtúbulos organizam o citoplasma das células eucarióticas e formam os apêndices móveis semelhantes a pelos, que permitem que células como protozoários e es-

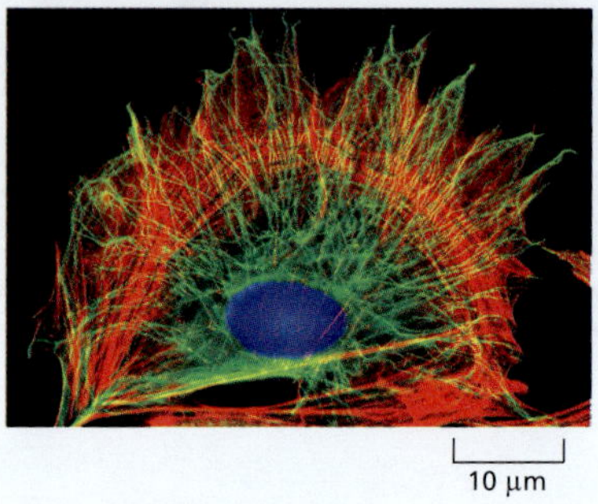

Figura 17-1 O citoesqueleto dá à célula sua forma e permite que ela organize seus componentes internos e se mova. Uma célula animal em cultura foi marcada para mostrar dois de seus principais sistemas citoesqueléticos, os microtúbulos (*verde*) e os filamentos de actina (*vermelho*). Onde os dois filamentos se sobrepõem há o aparecimento de coloração *amarela*. O DNA no núcleo está marcado em *azul*. (Cortesia de Albert Tousson.)

permatozoides possam nadar. A seguir, consideramos como o citoesqueleto de actina sustenta a superfície celular e permite que os fibroblastos e outras células movimentem-se por deslizamento. Por fim, discutimos como o citoesqueleto de actina permite a contração muscular.

FILAMENTOS INTERMEDIÁRIOS

Os **filamentos intermediários** apresentam uma grande resistência à tensão, e sua função principal é permitir que as células resistam ao estresse mecânico ocasionado quando são distendidas. Esses filamentos são denominados "intermediários" porque, nas células musculares lisas, as células nas quais foram originalmente identificados, seu diâmetro (cerca de 10 nm) está entre o diâmetro dos filamentos delgados de actina e aquele dos espessos *filamentos de miosina*. Os filamentos intermediários são os mais resistentes e duráveis dos filamentos

Figura 17-2 Os três tipos de filamentos de proteínas que formam o citoesqueleto diferem com relação a composição, propriedades mecânicas e funções no interior da célula. Eles estão aqui representados em células epiteliais, mas estão presentes em quase todas as células animais.

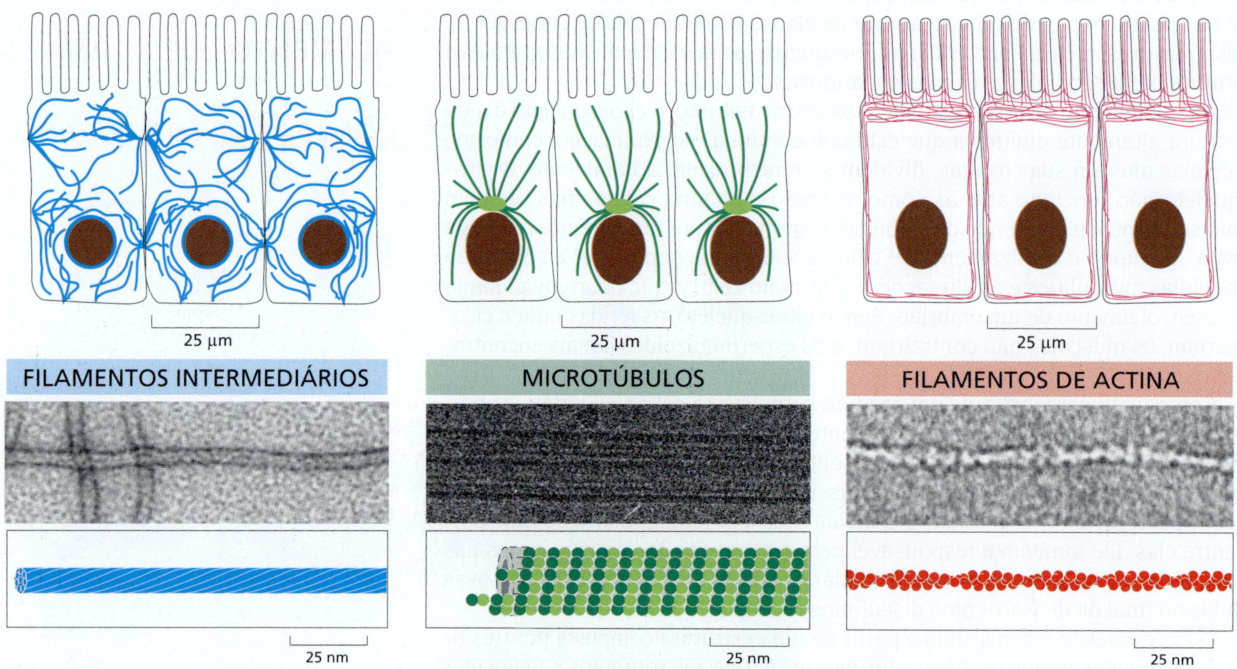

Filamentos intermediários são fibras semelhantes a cabos com um diâmetro de aproximadamente 10 nm; eles são compostos por proteínas fibrosas de filamentos intermediários. Um determinado tipo de filamento intermediário forma uma trama denominada lâmina nuclear logo abaixo da membrana nuclear interna. Outros tipos se estendem ao longo do citoplasma, conferindo resistência mecânica às células e distribuindo os estresses mecânicos pelo tecido epitelial via conexões que se estendem pelo citoplasma unindo as junções célula-célula. Os filamentos intermediários são bastante flexíveis e apresentam grande resistência à tensão. Eles deformam-se sob tensão, mas não se rompem. (Micrografia cortesia de Roy Quinlan.)

Microtúbulos são longos cilindros ocos formados pela proteína tubulina. Eles são longos e retos e em geral possuem uma das extremidades conectadas a um centro organizador denominado centrossomo. Apresentando um diâmetro externo de 25 nm, os microtúbulos são mais rígidos do que os filamentos de actina ou os filamentos intermediários, e se rompem quando submetidos a estiramento. (Micrografia cortesia de Richard Wade.)

Filamentos de actina (também conhecidos como *microfilamentos*) são polímeros helicoidais da proteína actina. Eles se apresentam sob a forma de estruturas flexíveis, com diâmetro de aproximadamente 7 nm, e estão organizados em uma ampla variedade de feixes lineares, redes bidimensionais e géis tridimensionais. Apesar de os filamentos de actina estarem dispersos por toda a célula, eles se encontram em maior concentração no *córtex*, a camada do citoplasma localizada logo abaixo da membrana plasmática. (Micrografia cortesia de Roger Craig.)

do citoesqueleto: quando as células são tratadas com soluções salinas concentradas e detergentes não iônicos, os filamentos intermediários permanecem intactos, ao passo que a maior parte restante do citoesqueleto é destruída.

Os filamentos intermediários são encontrados no citoplasma da maioria das células animais. Eles formam caracteristicamente uma rede no citoplasma, envolvendo o núcleo e se estendendo rumo à periferia da célula. Na periferia, eles costumam estar ancorados na membrana plasmática em junções célula-célula chamadas de *desmossomos* (discutidos no Capítulo 20), onde a membrana plasmática está conectada à membrana de outra célula (**Figura 17-3**). Os filamentos intermediários também são encontrados no interior do núcleo de todas as células eucarióticas. Nesse compartimento eles formam uma rede denominada de *lâmina nuclear*, que está subjacente ao envelope nuclear e o fortalece. Nesta seção, consideramos como a estrutura e a associação dos filamentos intermediários os tornam particularmente adequados para reforçar as células, protegendo-as contra rupturas e forças de estiramento.

Os filamentos intermediários são resistentes e semelhantes a cordas

Um filamento intermediário assemelha-se a uma corda, ou cabo, em que muitos fios longos são trançados para proporcionar resistência à tração (**Animação 17.1**). Os fios desse cabo são compostos de proteínas de filamentos intermediários, subunidades fibrosas contendo, cada uma, um domínio central em haste, alongado, com diferentes domínios não estruturados em cada uma das extremidades (**Figura 17-4A**). O domínio em haste consiste em uma região α-hélice estendida que permite que o pareamento de proteínas de filamentos intermediários forme dímeros estáveis por meio do enrolamento de um dímero sobre o outro, sob uma configuração supertorcida ou superenrolada (**Figura 17-4B**), como descrito no Capítulo 4. Dois desses dímeros supertorcidos, posicionados em sentidos opostos, associam-

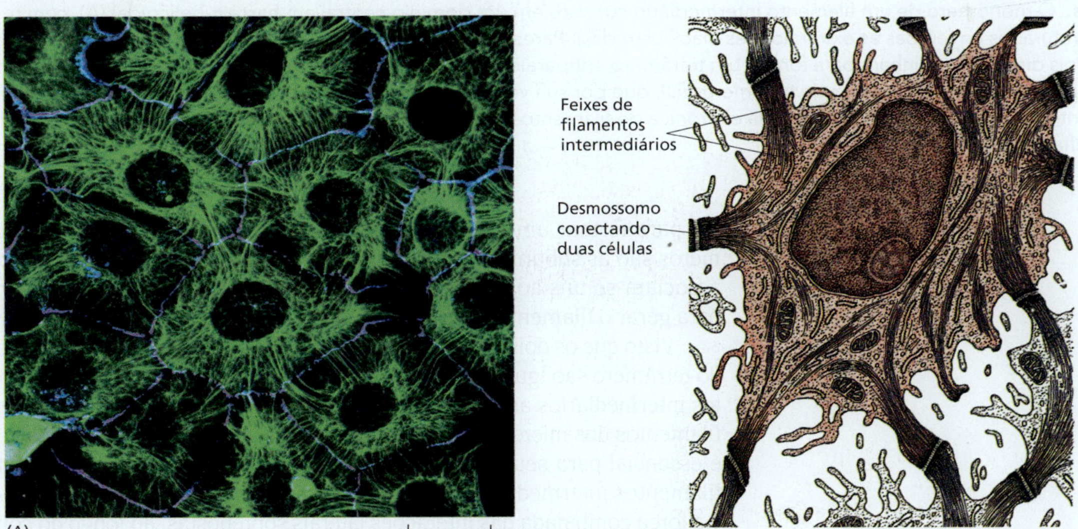

Figura 17-3 Os filamentos intermediários formam uma rede resistente e durável no citoplasma da célula. (A) Micrografia de imunofluorescência de uma camada de células epiteliais em cultura, coradas para mostrar a rede de filamentos intermediários de queratina (*verde*) que envolve os núcleos e se estende ao longo do citoplasma das células. Os filamentos de cada célula estão indiretamente conectados aos das células adjacentes pelos desmossomos, estabelecendo uma ligação mecânica contínua entre as células, por meio da camada epitelial. Uma segunda proteína (*azul*) foi corada para revelar a localização dos limites celulares. (B) Esquema a partir de micrografia eletrônica de uma secção de uma célula cutânea, mostrando os feixes de filamentos intermediários que atravessam o citoplasma e que estão inseridos nos desmossomos. (A, cortesia de Kathleen Green e Evangeline Amargo; B, de R.V. Krstić, Ultrastructure of the Mammalian Cell: An Atlas. Berlin: Springer, 1979. Com permissão de Springer-Verlag.)

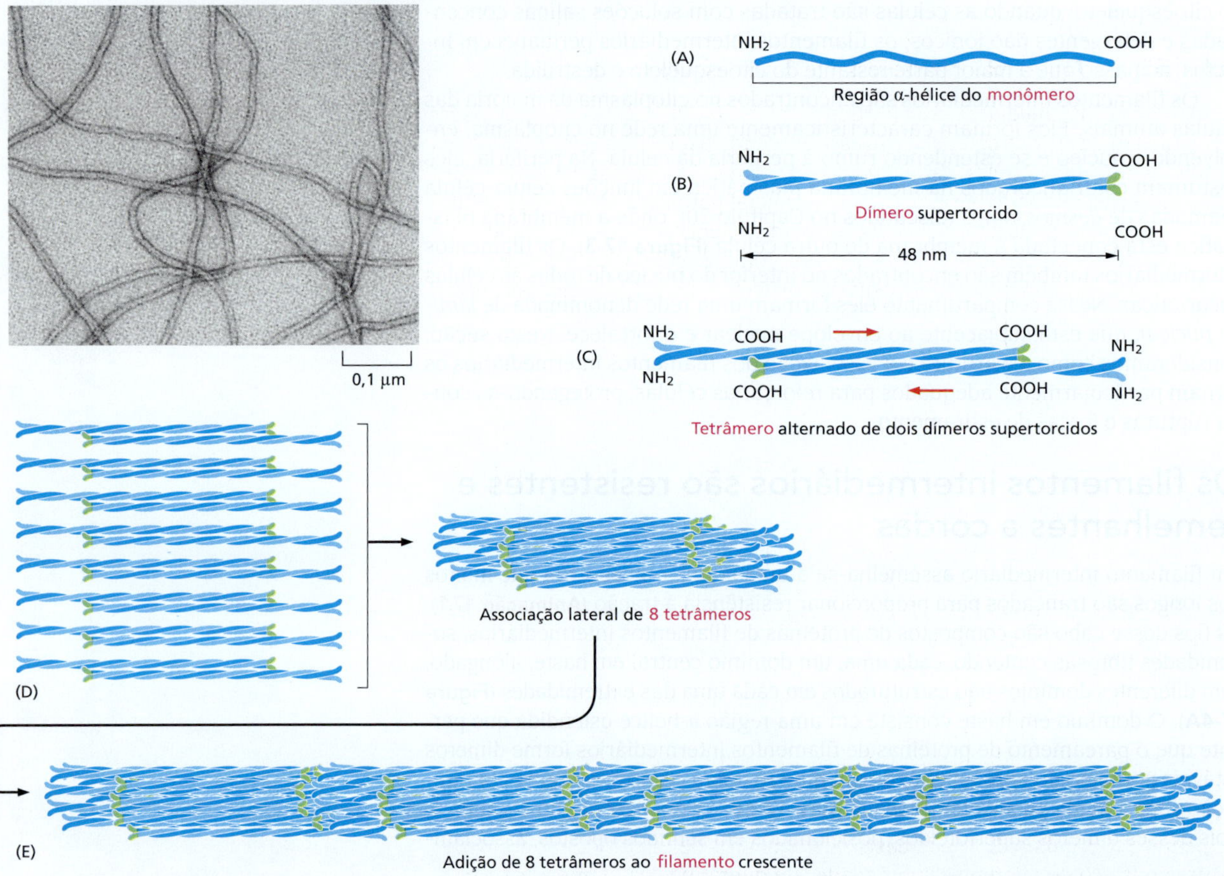

Figura 17-4 Filamentos intermediários são estruturas semelhantes a cabos formadas por longas fitas proteicas enroladas. O monômero de um filamento intermediário consiste em um domínio central em haste α-helicoidal (A), com regiões não estruturadas em ambas as extremidades (não ilustradas). Pares de monômeros se associam para a formação de um dímero (B), e dois dímeros se alinham para formar um tetrâmero antiparalelo alternado (C). Os tetrâmeros podem se unir em um arranjo helicoidal contendo oito fitas de tetrâmeros (D), que por sua vez se associam, formando o filamento intermediário final semelhante a um cabo (E). Uma micrografia eletrônica de filamentos intermediários é mostrada na parte superior esquerda. (Micrografia cortesia de Roy Quinlan.)

-se para formar um tetrâmero alternado (**Figura 17-4C**). Esses dímeros e tetrâmeros são as subunidades solúveis dos filamentos intermediários. Os tetrâmeros associam-se uns aos outros lado a lado (**Figura 17-4D**) e em seguida reúnem-se para gerar o filamento intermediário final, semelhante a um cabo (**Figura 17-4E**).

Visto que os dois dímeros apontam em direções opostas, as duas extremidades do tetrâmero são iguais, o mesmo aplicando-se às duas extremidades dos filamentos intermediários associados; como vamos ver, tal característica diferencia esses filamentos dos microtúbulos e dos filamentos de actina, cuja polaridade estrutural é essencial para seu funcionamento. Todas as interações entre as proteínas dos filamentos intermediários dependem exclusivamente de ligações não covalentes; é a força combinada das interações laterais sobrepostas, ao longo do comprimento das proteínas, que dá aos filamentos intermediários sua grande resistência à tração.

Os domínios centrais em haste das diferentes proteínas dos filamentos intermediários são similares tanto em tamanho quanto em sequência de aminoácidos, de tal modo que, quando empacotados em conjunto, sempre formam filamentos de diâmetro e estrutura interna semelhantes. Já os domínios terminais variam bastante em tamanho e sequência de aminoácidos de um tipo de proteína do filamento intermediário para outro. Esses domínios não estruturados estão expostos na superfície do filamento, permitindo a interação com componentes específicos no citoplasma.

Os filamentos intermediários reforçam as células contra estresses mecânicos

Os filamentos intermediários são particularmente proeminentes no citoplasma das células que são submetidas a estresses mecânicos. Eles estão presentes em grande número, por exemplo, ao longo do comprimento dos axônios das células nervosas, fornecendo um reforço interno essencial para essas extensões celulares extremamente finas e longas. Eles também são encontrados em abundância em células musculares e em células epiteliais, como as células da pele. Em todas essas células, os filamentos intermediários distribuem o efeito de forças aplicadas localmente, evitando assim que as células e suas membranas rompam-se ou rasguem em resposta a uma tensão mecânica. Um princípio semelhante é utilizado para o fortalecimento de materiais compostos, como o concreto armado ou a fibra de vidro, nos quais elementos lineares de sustentação de tensão, como fibras de carbono (na fibra de vidro), ou barras de aço (no concreto), são inseridos em uma matriz de preenchimento para dar resistência ao material.

Os filamentos intermediários podem ser agrupados em quatro classes: (1) *filamentos de queratina* em células epiteliais; (2) *filamentos de vimentina* e *relacionados à vimentina* em células do tecido conectivo, células musculares e células de sustentação do sistema nervoso (células da neuroglia); (3) *neurofilamentos* em neurônios; e (4) *laminas nucleares*, que fortalecem o envelope nuclear. Os três primeiros tipos de filamentos são encontrados no citoplasma, e o quarto tipo, no núcleo celular (**Figura 17-5**). Os filamentos de cada uma dessas classes são formados pela polimerização de suas respectivas subunidades de filamentos intermediários.

A mais diversificada classe de filamentos intermediários são os **filamentos de queratina**. Cada tipo de epitélio no corpo de um vertebrado – seja na língua, na córnea ou no revestimento do intestino – possui sua própria e distinta mistura de proteínas queratinas. Queratinas especializadas também ocorrem nos pelos, nas penas e nas unhas. Em cada caso, os filamentos de queratina são formados por uma mistura de diferentes subunidades de queratina. Os filamentos de queratina em geral se encontram no interior das células epiteliais, avançando de um lado ao outro da célula, estando os filamentos em células epiteliais adjacentes indiretamente ligados por meio de desmossomos (ver Figura 17-3B). As extremidades dos filamentos de queratina estão ancoradas nos desmossomos, e os filamentos associam-se lateralmente com outros componentes celulares por meio dos domínios da cabeça globular e da cauda que se projetam de sua superfície. Essa fiação de alta resistência à tensão, formada pelos filamentos ao longo da camada epitelial, distribui o estresse que ocorre quando a pele é esticada. A importância dessa função é ilustrada por uma rara doença genética em humanos, denominada *epidermólise bolhosa simples*, na qual mutações em genes da queratina interferem na formação dos filamentos de queratina da epiderme. Como consequência, a pele fica extremamente vulnerável a lesões mecânicas, e mesmo uma pressão leve pode levar à ruptura de células e à formação de bolhas na pele. A doença pode ser reproduzida em camundongos transgênicos que expressam um gene mutante de *queratina* na pele (**Figura 17-6**).

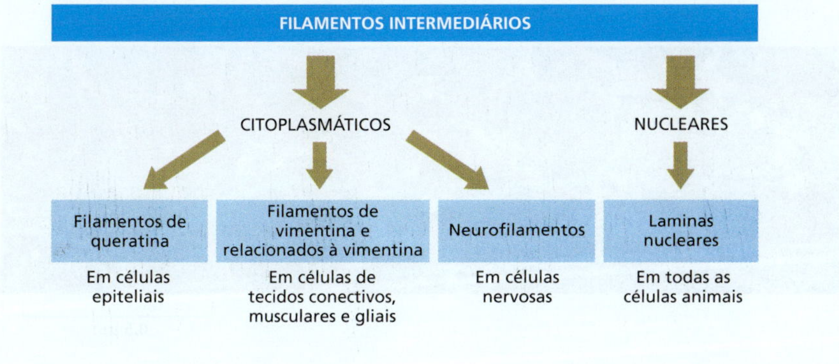

Figura 17-5 Os filamentos intermediários são divididos em quatro classes principais. Essas classes podem incluir vários subtipos. Os humanos, por exemplo, têm mais de 50 genes de queratina.

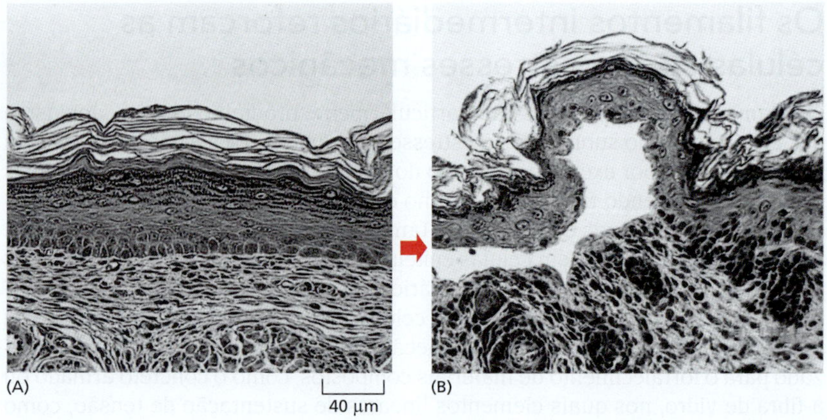

Figura 17-6 Uma forma mutante de queratina torna a pele mais propensa à formação de bolhas. Um gene mutante que codifica uma proteína de queratina truncada foi introduzido em um camundongo. A proteína defeituosa associa-se às queratinas normais e assim interrompe a rede de filamentos de queratina na pele. (A) Micrografia óptica de um corte transversal de pele normal, que é resistente a pressão mecânica. (B) Um corte transversal da pele do camundongo mutante mostra a formação de uma bolha, resultante da ruptura de células na camada basal da epiderme mutante (seta *vermelha* curta). (De P.A. Coulombe et al., *J. Cell Biol.* 115:1661–1674, 1991. Com permissão de The Rockefeller University Press.)

Vários filamentos intermediários são adicionalmente estabilizados e reforçados por proteínas acessórias, como a *plectina*, que interliga os filamentos em feixes e liga-os aos microtúbulos, aos filamentos de actina e a estruturas aderentes nos desmossomos (**Figura 17-7**). Mutações no gene da plectina levam a uma doença terrível em humanos que combina as características da epidermólise bolhosa simples (causada pela ruptura da queratina da pele), da distrofia muscular (causada pela disrupção dos filamentos intermediários nos músculos) e da neurodegeneração (causada pela ruptura de neurofilamentos). Camundongos que não possuem um gene funcional de plectina morrem poucos dias após seu nascimento, apresentando a pele enrugada, com bolhas e alterações da musculatura esquelética e cardíaca. Assim, apesar de a plectina não ser necessária para a formação inicial dos filamentos intermediários, sua ação de interligação é essencial para fornecer às células a resistência necessária para enfrentar o estresse mecânico.

QUESTÃO 17-1

Quais dos seguintes tipos de células você esperaria que contivessem a maior densidade de filamentos intermediários em seu citoplasma? Explique sua resposta.

A. *Amoeba proteus* (uma ameba de vida livre)
B. Célula epitelial da pele
C. Célula da musculatura lisa no trato digestório
D. *Escherichia coli*
E. Célula nervosa da medula espinal
F. Espermatozoide
G. Célula vegetal

O envelope nuclear é sustentado por uma rede de filamentos intermediários

Enquanto os filamentos intermediários citoplasmáticos formam estruturas semelhantes a cabos ou cordas, os filamentos intermediários que revestem e reforçam a superfície da membrana nuclear interna são organizados como uma rede bidimensional (**Figura 17-8**). Como mencionado antes, os filamentos intermediários que compõem essa forte **lâmina nuclear** são formados a partir de uma classe de proteínas de filamentos intermediários denominadas *laminas* (não confundir com laminina, que é uma proteína da matriz extracelular). A lâmina nuclear se dissocia e se reagrupa a cada divisão celular, quando o envelope nuclear é dissociado durante a mitose e reorganizado em cada célula-filha (discutido no Capítulo 18). Os filamentos intermediários citoplasmáticos também são dissociados na mitose.

A dissociação e a reorganização da lâmina nuclear são controladas pela fosforilação e desfosforilação das laminas. Quando as laminas são fosforiladas por proteínas-cinase (discutidas no Capítulo 4), as alterações conformacionais resultantes enfraquecem a ligação entre os tetrâmeros de laminas e causam a

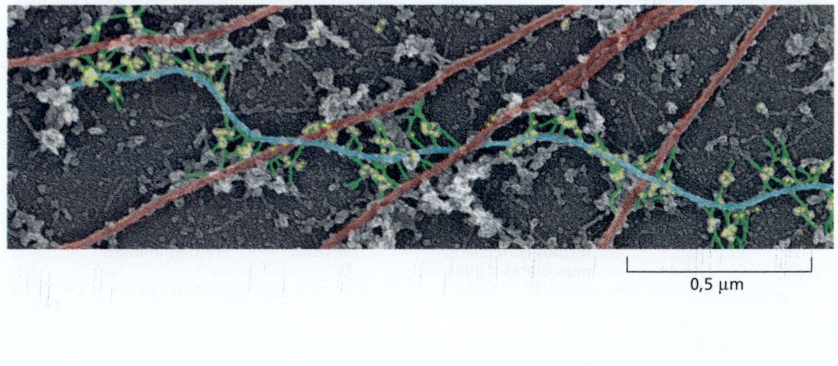

Figura 17-7 A plectina auxilia a formação de feixes de filamentos intermediários e conecta esses filamentos a outras redes proteicas do citoesqueleto. Nesta micrografia eletrônica de varredura da rede proteica do citoesqueleto de fibroblastos em cultura, os filamentos de actina foram removidos, e a plectina, os filamentos intermediários e os microtúbulos foram corados artificialmente. Observe como a plectina (*verde*) liga um filamento intermediário (*azul*) a três microtúbulos (*vermelho*). Os *pontos amarelos* são partículas de ouro ligadas a anticorpos que reconhecem a plectina. (De T.M. Svitkina and G.G. Borisy, *J. Cell Biol.* 135:991–1007, 1996. Com permissão de The Rockefeller University Press.)

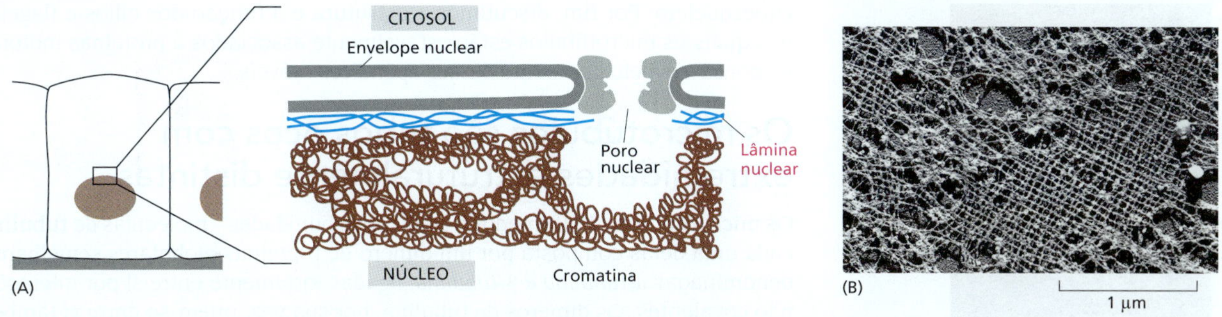

Figura 17-8 Filamentos intermediários sustentam e dão resistência ao envelope nuclear. (A) Corte transversal esquemático do envelope nuclear. Os filamentos intermediários da lâmina nuclear revestem a face interna do envelope nuclear e potencialmente fornecem sítios de ancoragem para os cromossomos. (B) Micrografia eletrônica de uma porção de lâmina nuclear de um ovo de rã. A lâmina forma um padrão quadriculado de filamentos intermediários compostos de laminas. (A lâmina nuclear em outros tipos celulares nem sempre apresenta um padrão tão regular e organizado como o aqui ilustrado.) (B, cortesia de Ueli Aebi.)

dissociação dos filamentos. A defosforilação por proteínas-fosfatase que ocorre no final da mitose promove a reassociação das laminas (ver Figura 18-30).

Defeitos em um tipo específico de lamina nuclear estão associados a certos tipos de *progéria* – doenças raras que levam os indivíduos afetados a apresentar envelhecimento prematuro. Crianças com progéria têm pele enrugada, perdem os dentes e cabelos e frequentemente desenvolvem doenças cardiovasculares graves ainda na adolescência (**Figura 17-9**). Ainda não se sabe como a perda de uma lamina nuclear pode resultar em uma condição tão devastadora, mas acredita-se que a instabilidade nuclear resultante leve a defeitos na divisão celular, morte celular aumentada, uma capacidade diminuída para a reparação de tecidos, ou mesmo alguma combinação desses efeitos.

MICROTÚBULOS

Os **microtúbulos** desempenham um papel essencial na organização de todas as células eucarióticas. Esses tubos proteicos longos, ocos e relativamente rígidos podem rapidamente sofrer dissociação em um determinado local e reassociação em outro. Em uma célula animal típica, os microtúbulos crescem a partir de uma pequena estrutura posicionada próximo ao centro da célula, denominada *centrossomo* (**Figura 17-10A e B**). Ao se estenderem para a periferia celular, os microtúbulos criam um sistema de vias dentro da célula ao longo do qual vesículas, organelas e outros componentes celulares podem ser transportados. Esses microtúbulos citoplasmáticos são a principal parte do citoesqueleto responsável pelo transporte e posicionamento de organelas delimitadas por membrana dentro da célula e pela organização do transporte intracelular de diversas macromoléculas citosólicas.

Quando uma célula entra em mitose, os microtúbulos citoplasmáticos se dissociam e a seguir se reassociam sob a forma de uma intrincada estrutura denominada *fuso mitótico*. Como discutimos no Capítulo 18, o fuso mitótico fornece a maquinaria que irá segregar os cromossomos igualmente entre as duas células-filhas momentos antes da divisão celular (**Figura 17-10C**). Os microtúbulos também podem gerar estruturas estáveis, como os *cílios* e os *flagelos* com seus batimentos ritmados (**Figura 17-10D**). Essas estruturas semelhantes a pelos se estendem a partir da superfície de diversos tipos de células eucarióticas, que as utilizam para locomoção ou para impulsionar líquidos sobre a sua superfície. A região central de um cílio ou flagelo eucariótico consiste em um feixe estável de microtúbulos altamente organizado. (Os flagelos bacterianos possuem uma estrutura completamente diferente e permitem que as células se movimentem por um mecanismo muito distinto.)

Nesta seção, consideramos primeiro a estrutura e a associação dos microtúbulos. A seguir, discutimos o seu papel na organização do citoplasma – uma habilidade que depende de sua associação a proteínas acessórias, em especial a *proteínas motoras*, que impulsionam organelas ao longo dos caminhos feitos pelo

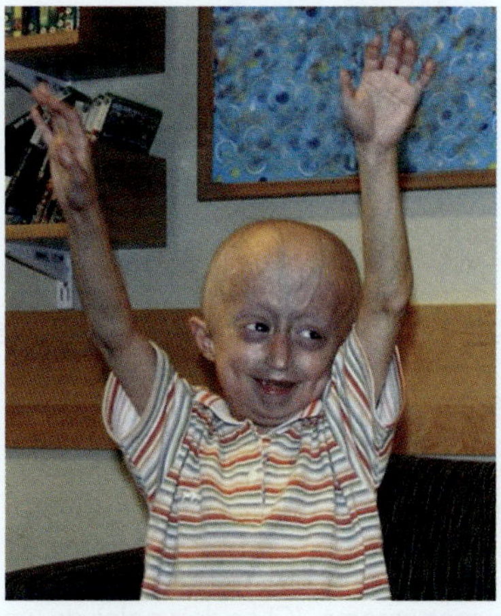

Figura 17-9 Defeitos em uma *lamina* nuclear podem causar uma classe rara de doenças de envelhecimento prematuro chamada progéria. As crianças com progéria começam a mostrar características de envelhecimento avançado entre 18 e 24 meses de idade. (Cortesia de Progeria Research Foundation.)

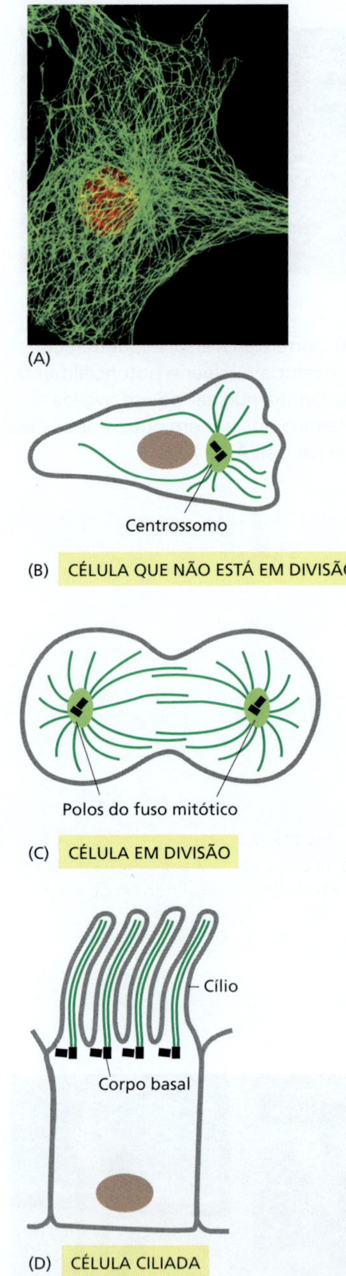

Figura 17-10 Os microtúbulos geralmente crescem a partir de um centro organizador. (A) Micrografia de fluorescência de um arranjo citoplasmático de microtúbulos em um fibroblasto em cultura. Ao contrário dos filamentos intermediários, os microtúbulos (*verde-escuro*) crescem a partir de centros organizadores, como (B) um centrossomo, (C) os dois polos de um fuso mitótico, ou (D) o corpo basal de um cílio. Eles também podem crescer a partir de fragmentos de microtúbulos já existentes (não ilustrado). (A, cortesia de Michael Davidson e The Florida State University Research Foundation.)

citoesqueleto. Por fim, discutimos a estrutura e a função dos cílios e flagelos, nos quais os microtúbulos estão estavelmente associados a proteínas motoras, responsáveis pelo batimento desses apêndices móveis.

Os microtúbulos são tubos ocos com extremidades estruturalmente distintas

Os **microtúbulos** são formados a partir de subunidades – moléculas de **tubulina**, cada uma delas composta por um dímero de proteínas globulares semelhantes denominadas *α-tubulina* e *β-tubulina*, ligadas fortemente entre si por interações não covalentes. Os dímeros de tubulina, por sua vez, unem-se entre si também por meio de ligações não covalentes, para a formação da parede de um microtúbulo cilíndrico oco. Essa estrutura semelhante a um cano é um cilindro composto por 13 protofilamentos paralelos, cada um deles composto por uma cadeia linear de dímeros de tubulina com α-tubulina e β-tubulina alternadas longitudinalmente (**Figura 17-11**). Cada protofilamento apresenta uma polaridade estrutural, com a α-tubulina exposta em uma extremidade, e a β-tubulina exposta na extremi-

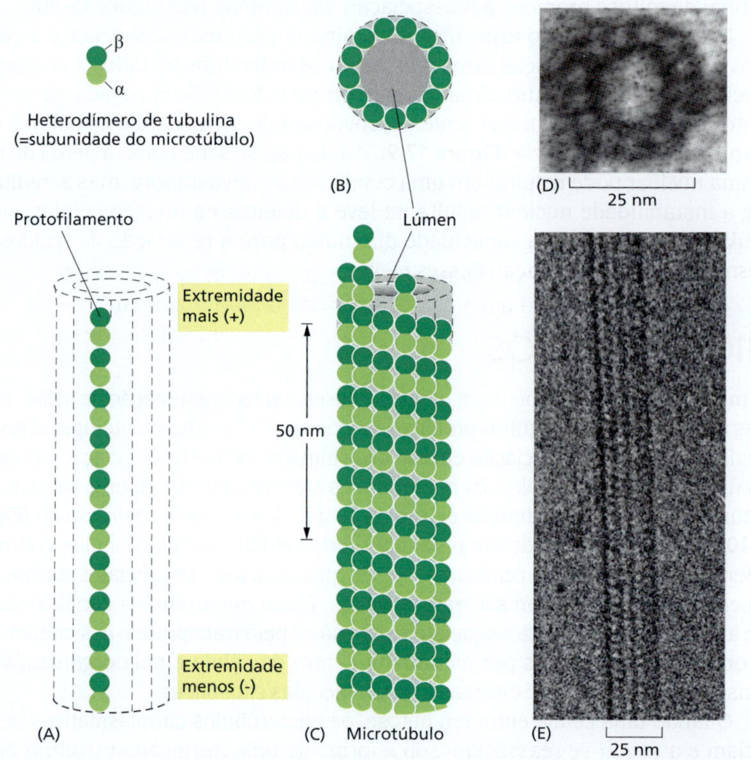

Figura 17-11 Os microtúbulos são tubos ocos feitos de subunidades de tubulina globular. (A) Uma subunidade de tubulina (um dímero αβ) e um protofilamento estão representados esquematicamente, junto com suas posições na parede de um microtúbulo. Observe que os dímeros de tubulina estão todos arranjados no protofilamento sob a mesma orientação. (B e C) Diagramas esquemáticos de um microtúbulo ilustrando como os dímeros de tubulina se encontram empacotados e agrupados na parede do microtúbulo. Na parte superior, 13 moléculas de β-tubulina são ilustradas em corte transversal. Abaixo delas, uma vista lateral de uma pequena secção de um microtúbulo mostra como os dímeros estão alinhados na mesma orientação em todos os protofilamentos; isso faz os microtúbulos apresentarem uma polaridade estrutural definida, com extremidades designadas como mais (+) e menos (-). (D) Micrografia eletrônica de uma secção transversal de um microtúbulo com seu anel de 13 subunidades distintas, cada uma das quais correspondendo a um dímero de tubulina. (E) Micrografia eletrônica de um microtúbulo visualizado longitudinalmente. (D, cortesia de Richard Linck; E, cortesia de Richard Wade.)

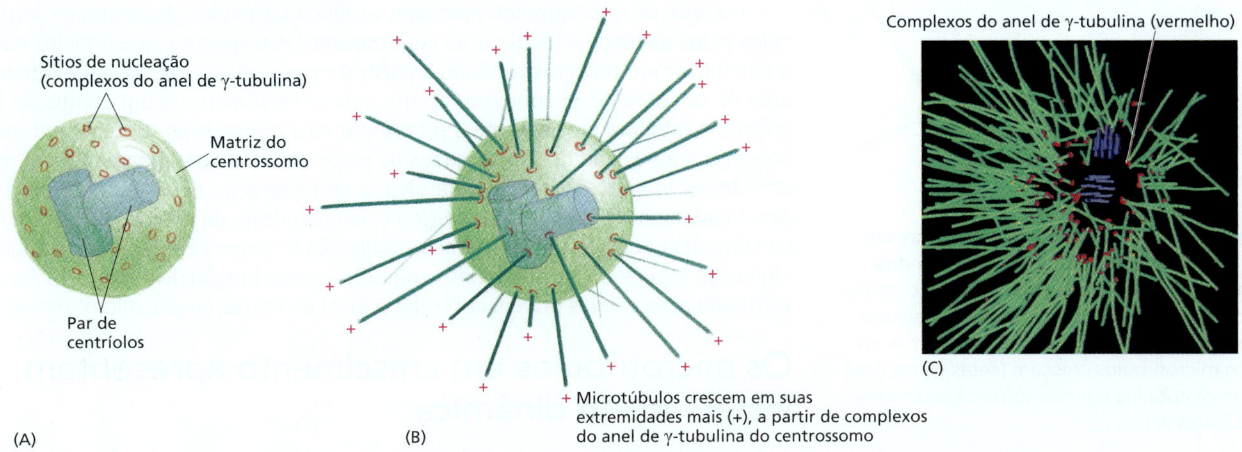

Figura 17-12 A tubulina polimeriza a partir de sítios de nucleação de um centrossomo. (A) Desenho esquemático mostrando que o centrossomo de uma célula animal consiste em uma matriz amorfa de várias proteínas, incluindo os anéis de γ-tubulina (*vermelho*) que promovem a nucleação do crescimento dos microtúbulos, envolvendo um par de centríolos orientado em ângulos retos entre si. Cada membro do par de centríolos é constituído por um arranjo cilíndrico de microtúbulos curtos. (B) Diagrama de um centrossomo com microtúbulos associados. A extremidade menos (-) de cada um dos microtúbulos está inserida no centrossomo, tendo crescido a partir de um complexo do anel de γ-tubulina, enquanto a extremidade mais (+) de cada microtúbulo se estende para dentro do citoplasma. (C) Uma imagem reconstruída de um centrossomo de uma célula de *C. elegans* mostrando um denso conjunto de microtúbulos que emanam de complexos do anel de γ-tubulina. Um par de centríolos (*azul*) pode ser visto no centro desta estrutura. (C, de E.T. O'Toole et al., *J. Cell Biol.* 163:451–456, 2003. Com permissão de The Rockefeller University Press.)

dade oposta, e essa **polaridade** – a direcionalidade intrínseca da estrutura – é a mesma em todos os protofilamentos, o que resulta em uma polaridade estrutural geral no microtúbulo. Uma extremidade do microtúbulo, potencialmente a extremidade β-tubulina, é denominada *extremidade mais* (+), e a outra, a extremidade α-tubulina, é denominada *extremidade menos* (-).

Em uma solução concentrada de tubulina pura em um tubo de ensaio, dímeros de tubulina serão adicionados a ambas as extremidades de um microtúbulo em crescimento. No entanto, eles são adicionados mais rapidamente à extremidade mais (+) do que à extremidade menos (-), razão pela qual as extremidades foram originalmente assim denominadas – e não por serem carregadas eletricamente. A polaridade do microtúbulo – o fato de sua estrutura ter uma direção definida, com duas extremidades química e funcionalmente distintas – é crucial tanto para a associação dos microtúbulos como para a sua função após terem sido associados. Se os microtúbulos não apresentassem polaridade, eles não poderiam, por exemplo, realizar o transporte intracelular direcionado.

O centrossomo é o principal centro organizador de microtúbulos em células animais

No interior das células, os microtúbulos crescem a partir de centros organizadores especializados que controlam o posicionamento, o número e a orientação dos microtúbulos. Em células animais, por exemplo, o **centrossomo** – que costuma estar nas proximidades do núcleo celular quando a célula não se encontra em mitose – organiza um arranjo de microtúbulos que se irradia em direção à periferia, pelo citoplasma (ver Figura 17-10B). O centrossomo consiste em um par de **centríolos** circundado por uma matriz proteica. A matriz do centrossomo inclui centenas de estruturas em forma de anel geradas a partir de um tipo especial de tubulina, chamado *γ-tubulina*, e cada *complexo do anel de γ-tubulina* atua como o ponto de partida, ou *sítio de nucleação*, para o crescimento de um microtúbulo (**Figura 17-12A**). Os dímeros αβ-tubulina são adicionados a cada complexo do anel de γ-tubulina em uma orientação específica, de tal maneira que a extremidade menos (-) de cada um dos microtúbulos está inserida no centrossomo e o crescimento ocorre apenas na extremidade mais (+), que se estende em direção ao citoplasma (**Figura 17-12B e C**).

Os centríolos pareados no centro do centrossomo de uma célula animal são estruturas curiosas; cada centríolo, posicionado perpendicularmente ao seu parceiro, é feito de um arranjo cilíndrico de microtúbulos curtos. Apesar da localização, os centríolos não desempenham qualquer papel na nucleação dos microtúbulos a partir do centrossomo (o complexo do anel de γ-tubulina *per se* é suficiente), e sua função permanece um mistério, sobretudo considerando sua inexistência em células vegetais. No entanto, os centríolos atuam como os centros organizadores dos microtúbulos em cílios e flagelos, onde são denominados *corpos basais* (ver Figura 17-10D), como discutimos adiante.

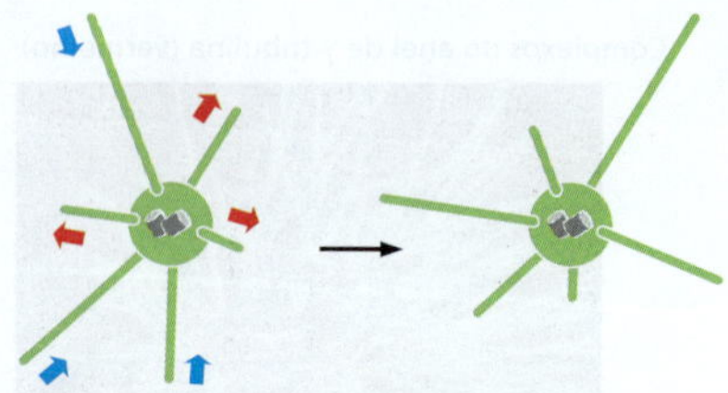

Figura 17-13 Cada microtúbulo cresce e encurta de forma independente dos microtúbulos adjacentes. O arranjo de microtúbulos ancorado em um centrossomo está em constante alteração, conforme novos microtúbulos crescem (*setas vermelhas*) e microtúbulos antigos sofrem encurtamento (*setas azuis*).

Por que os microtúbulos precisam de sítios de nucleação, como os fornecidos pelos anéis de γ-tubulina no centrossomo? A resposta é que é muito mais difícil iniciar um novo microtúbulo a partir do zero, associando inicialmente um anel de dímeros de αβ-tubulina, do que adicionar dímeros a um complexo de anel de γ-tubulina preexistente. Embora dímeros puros de αβ-tubulina em uma concentração elevada sejam capazes de polimerizar espontaneamente em microtúbulos *in vitro*, em uma célula viva, a concentração de αβ-tubulina livre é demasiadamente baixa para permitir a execução deste difícil passo de associação do anel inicial de um novo microtúbulo. Ao fornecer centros organizadores em locais específicos, e mantendo uma baixa concentração de dímeros livres de αβ-tubulina, as células podem controlar o local de formação dos microtúbulos.

Os microtúbulos em crescimento apresentam instabilidade dinâmica

Após a nucleação de um microtúbulo, ele costuma crescer em direção ao exterior a partir do centro organizador durante vários minutos pela adição de dímeros αβ-tubulina à sua extremidade mais (+). Então, sem aviso prévio, o microtúbulo pode repentinamente sofrer uma transição que provoca seu rápido encolhimento pela perda de dímeros de tubulina de sua extremidade mais (+) livre (**Animação 17.2**). Ele pode encurtar parcialmente e, não menos abruptamente, recomeçar a crescer, ou pode desaparecer completamente, para ser substituído por um novo microtúbulo que cresce a partir do mesmo complexo do anel de γ-tubulina (**Figura 17-13**).

Este incrível comportamento de alternância entre polimerização e despolimerização é conhecido como **instabilidade dinâmica**. Ele permite que os microtúbulos sofram uma rápida remodelação e é essencial para a função dessas estruturas. Em uma célula normal, o centrossomo (ou outro centro organizador) está continuamente emitindo novos microtúbulos em diferentes direções, de forma exploratória, muitos dos quais se retrairão. Um microtúbulo em crescimento a partir de um centrossomo pode, no entanto, ser impedido de sofrer dissociação se sua extremidade mais (+) estiver estabilizada pela ligação a outra molécula ou estrutura celular que bloqueie a sua despolimerização. Se houver uma estabilização pela ligação a outra estrutura existente em uma região mais distante da célula, o microtúbulo estabelecerá uma ponte relativamente estável, conectando essa estrutura ao centrossomo (**Figura 17-14**). O centrossomo pode ser comparado a um pescador que lança sua linha: se a isca não é fisgada, o pescador rapidamente recolhe a linha e torna a lançá-la; contudo, se um peixe morder a isca, a linha permanecerá estendida, unindo o pescador e sua presa. A estratégia simples de exploração aleatória e de estabilização seletiva permite que o centrossomo e outros centros nucleadores estabeleçam um sistema altamente organizado de microtúbulos em regiões específicas da célula. A mesma estratégia é utilizada para posicionar as organelas umas em relação às outras.

A instabilidade dinâmica é controlada por hidrólise de GTP

A instabilidade dinâmica dos microtúbulos deriva da capacidade intrínseca dos dímeros de tubulina de hidrolisar GTP. Cada dímero de tubulina livre contém uma molécula de GTP firmemente ligada à β-tubulina, que hidrolisa o GTP em GDP

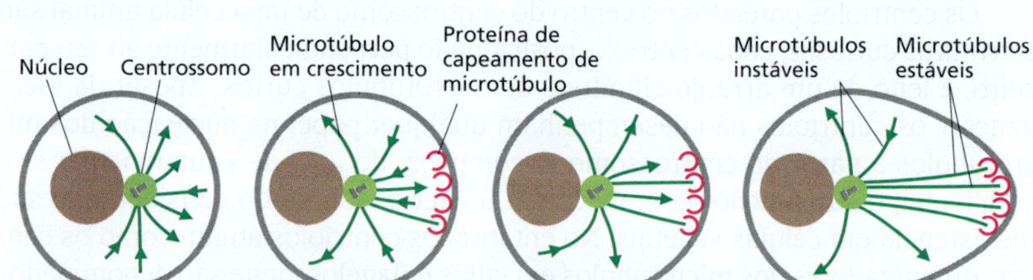

Figura 17-14 A estabilização seletiva de microtúbulos pode polarizar uma célula. Um microtúbulo recém-formado somente persistirá se suas duas extremidades estiverem protegidas contra a despolimerização. Nas células, as extremidades menos (-) dos microtúbulos costumam estar protegidas pelos centros organizadores a partir dos quais esses microtúbulos crescem. As extremidades mais (+) estão inicialmente livres, mas podem ser estabilizadas por ligação a proteínas específicas. Aqui, por exemplo, uma célula não polarizada é ilustrada em (A), com novos microtúbulos crescendo a partir de um centrossomo em diferentes direções antes de sofrerem encurtamento aleatoriamente. Se uma extremidade mais (+) encontrar uma proteína (proteína de capeamento) em uma região específica do córtex celular, ela será estabilizada (B). A estabilização seletiva em uma extremidade da célula irá polarizar a orientação do arranjo de microtúbulos (C) e, em última instância, irá converter a célula a uma forma fortemente polarizada (D).

Figura 17-15 A hidrólise de GTP controla a instabilidade dinâmica dos microtúbulos. (A) Dímeros de tubulina ligados a GTP (*vermelho*) se ligam mais fortemente uns aos outros do que dímeros de tubulina ligados a GDP (*verde-escuro*). Portanto, as extremidades mais (+) dos microtúbulos, com rápido crescimento, e que contêm dímeros de tubulina com GTP ligado recém-adicionados, tendem a continuar crescendo. (B) De vez em quando, no entanto, sobretudo se o crescimento dos microtúbulos for lento, os dímeros nesta capa protetora de GTP hidrolisarão o GTP em GDP antes que novos dímeros ligados ao GTP tenham sido adicionados. A capa de GTP será, então, perdida. Visto que os dímeros ligados ao GDP ligam-se menos firmemente ao polímero, os protofilamentos "desfiam" na extremidade mais (+), e os dímeros são liberados, provocando o encurtamento do microtúbulo (**Animação 17.3**).

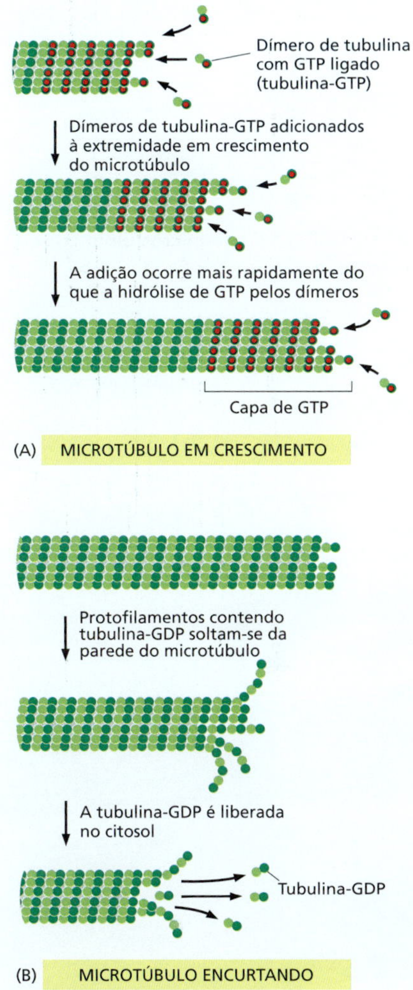

Dímero de tubulina com GTP ligado (tubulina-GTP)
Dímeros de tubulina-GTP adicionados à extremidade em crescimento do microtúbulo
A adição ocorre mais rapidamente do que a hidrólise de GTP pelos dímeros
Capa de GTP
(A) MICROTÚBULO EM CRESCIMENTO
Protofilamentos contendo tubulina-GDP soltam-se da parede do microtúbulo
A tubulina-GDP é liberada no citosol
Tubulina-GDP
(B) MICROTÚBULO ENCURTANDO

logo após a adição do dímero a um microtúbulo em crescimento. Esse GDP permanece firmemente ligado à β-tubulina. Quando a polimerização está ocorrendo rapidamente, os dímeros da tubulina são adicionados à extremidade do microtúbulo de maneira mais rápida do que a hidrólise do GTP a que estão ligados. Em consequência, a extremidade de um microtúbulo em rápido crescimento é composta inteiramente de dímeros de tubulina-GTP, que formam uma "capa de GTP". Dímeros associados ao GTP ligam-se mais fortemente a seus vizinhos no microtúbulo do que dímeros ligados ao GDP, e eles formam feixes de um modo mais eficiente. Assim, o microtúbulo continuará a crescer (**Figura 17-15A**).

Devido à aleatoriedade dos processos químicos, no entanto, ocasionalmente os dímeros de tubulina na extremidade livre do microtúbulo hidrolisarão seu GTP antes da adição dos dímeros seguintes, de tal forma que as extremidades livres dos protofilamentos estarão então compostas por tubulina-GDP. Esses dímeros com GDP associam-se mais fracamente, desequilibrando a balança a favor da despolimerização (**Figura 17-15B**). Considerando-se que o restante do microtúbulo é composto por tubulina-GDP, uma vez iniciada a despolimerização, esta tenderá a ter continuidade. O microtúbulo começará a encurtar rápida e continuamente, podendo, inclusive, desaparecer.

A tubulina-GDP que é liberada durante a despolimerização dos microtúbulos é incorporada ao conjunto de tubulinas não polimerizadas já presente no citosol. Em um fibroblasto típico, por exemplo, em um momento qualquer, aproximadamente metade da tubulina celular se encontra nos microtúbulos, ao passo que a outra metade se encontra livre no citosol, formando o conjunto de dímeros da tubulina disponíveis para o crescimento de microtúbulos. Os dímeros de tubulina incorporados ao conjunto de moléculas do citosol rapidamente substituem o GDP ligado por GTP, tornando-se, desse modo, novamente passíveis de serem adicionados a outro microtúbulo que se encontre em fase de crescimento.

A dinâmica dos microtúbulos pode ser modificada por fármacos

Fármacos que impedem a polimerização ou a despolimerização dos dímeros de tubulina podem ter um grande e rápido efeito sobre a organização dos microtúbulos e, como consequência, sobre o comportamento da célula. Considere o fuso mitótico, a maquinaria baseada em microtúbulos que orienta os cromossomos durante a mitose (ver Figura 17-10C). Se uma célula em mitose é exposta ao fármaco *colchicina*, que se liga fortemente a dímeros de tubulina livre e impede a sua polimerização nos microtúbulos, o fuso mitótico desaparece rapidamente, e as células ficam bloqueadas no meio da mitose, incapazes de dividir os cromossomos em dois grupos. Essa descoberta, e outras semelhantes, mostraram que o fuso mitótico é normalmente mantido por um balanço entre a adição e a perda de subunidades de tubulina: quando a adição de tubulina é bloqueada pela colchicina, a perda de tubulina continua até que o fuso desapareça.

O fármaco paclitaxel provoca o efeito oposto. Ele se liga fortemente aos microtúbulos, impedindo que estes percam subunidades. Visto que novas subunidades ainda podem ser adicionadas, os microtúbulos podem crescer, mas não

QUESTÃO 17-2

Por que você acha que é muito mais fácil adicionar tubulina a microtúbulos preexistentes do que dar início a um microtúbulo inteiramente novo a partir do zero? Explique como a γ-tubulina no centrossomo ajuda a superar essa dificuldade.

TABELA 17-1 Fármacos que afetam os microtúbulos

Fármacos específicos para microtúbulos	Ação
Paclitaxel	Liga-se aos microtúbulos e os estabiliza
Colchicina, colcemida	Liga-se a dímeros de tubulina e impede sua polimerização
Vimblastina, vincristina	Liga-se a dímeros de tubulina e impede sua polimerização

podem sofrer encurtamento. Entretanto, apesar dessa diferença no mecanismo de ação, o paclitaxel tem o mesmo efeito da colchicina, bloqueando a divisão das células em mitose. Tais experimentos mostram que, para o funcionamento do fuso mitótico, os microtúbulos devem ser capazes de fazer a associação e a dissociação de suas subunidades. Discutimos o comportamento do fuso em mais detalhes no Capítulo 18, ao estudarmos a mitose.

A inativação ou a destruição do fuso mitótico leva à morte da célula em divisão. Como as células cancerosas se dividem de forma menos controlada do que as células normais do corpo, elas podem às vezes ser mortas preferencialmente por *fármacos antimitóticos* estabilizadores ou desestabilizadores de microtúbulos. Entre esses fármacos estão a colchicina, o paclitaxel, a vincristina e a vimblastina – todos utilizados no tratamento do câncer em humanos (**Tabela 17-1**). Como discutimos em breve, também existem fármacos estabilizadores ou desestabilizadores dos filamentos de actina.

Os microtúbulos organizam o interior das células

As células são capazes de modificar a instabilidade dinâmica de seus microtúbulos para alcançar objetivos específicos. Quando uma célula entra em mitose, por exemplo, os microtúbulos se tornam inicialmente mais dinâmicos, intercalando crescimento e encurtamento com mais frequência do que normalmente o fariam os microtúbulos citoplasmáticos. Essa mudança permite que os microtúbulos se dissociem rapidamente e então se reassociem para a formação do fuso mitótico. Por outro lado, quando a célula se diferencia em um tipo celular especializado, a instabilidade dinâmica dos seus microtúbulos costuma ser suprimida por proteínas que se ligam a qualquer das extremidades, ou lateralmente aos microtúbulos, estabilizando-os contra a dissociação. Os microtúbulos assim estabilizados mantêm a organização da célula diferenciada.

A maioria das células animais diferenciadas apresenta polarização; ou seja, uma extremidade da célula é estrutural ou funcionalmente diferente da outra. As células nervosas, por exemplo, estendem um axônio a partir de uma extremidade da célula e dendritos a partir da outra (ver Figura 12-29). Células especializadas para secreção têm o seu aparelho de Golgi posicionado em direção ao local de secreção, e assim por diante. A polaridade da célula é um reflexo dos sistemas polarizados de microtúbulos em seu interior, que ajudam a posicionar as organelas nas regiões onde elas são necessárias e a orientar as vias de trânsito vesicu-

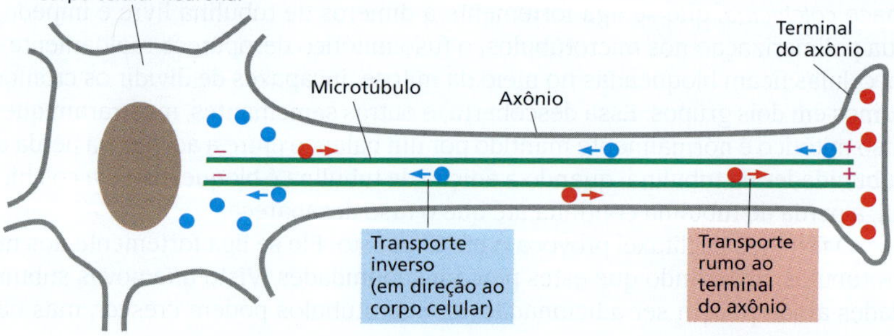

Figura 17-16 Os microtúbulos orientam o transporte de organelas, vesículas e macromoléculas em ambos os sentidos ao longo de um axônio neuronal. Todos os microtúbulos de um axônio estão orientados na mesma direção, com suas extremidades mais (+) direcionadas para o terminal do axônio. Os microtúbulos orientados funcionam como uma via para o transporte direcionado de materiais sintetizados no corpo celular, porém necessários no terminal do axônio. No caso de um axônio que vai da medula espinal para, por exemplo, um músculo do ombro, a duração do percurso é de aproximadamente dois dias. Além desse transporte para o exterior (*círculos vermelhos*), que é promovido por um conjunto de proteínas motoras, existe um transporte no sentido inverso (*círculos azuis*), dirigido por outro conjunto de proteínas motoras. O transporte inverso carregará mitocôndrias que apresentam desgastes e materiais ingeridos pelo terminal do axônio.

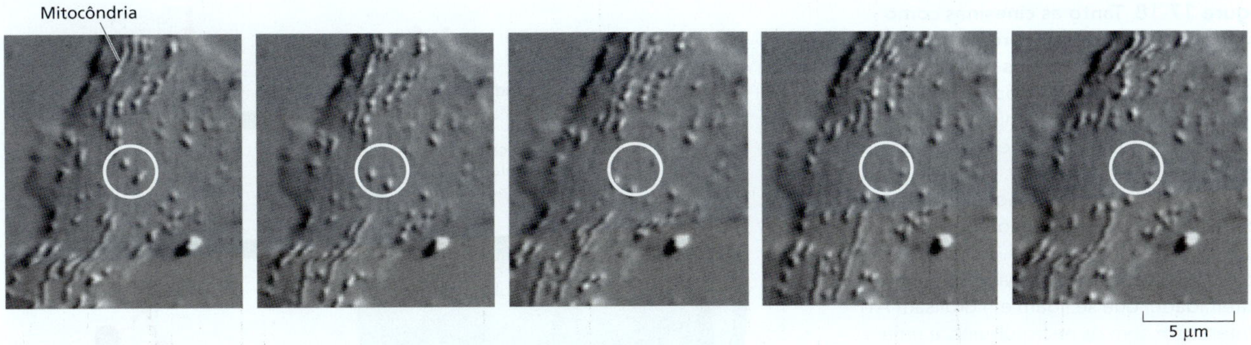

Figura 17-17 As organelas podem mover-se rápida e unidirecionalmente no axônio de uma célula nervosa. Nesta série de imagens de vídeo feitas a partir de uma região aplainada de um axônio neuronal de um invertebrado, numerosas vesículas delimitadas por membranas e mitocôndrias estão presentes, muitas das quais podem ser vistas em movimento. O *círculo branco* fornece uma referência fixa. Essas imagens foram realizadas em intervalos de 400 milissegundos. As duas vesículas no círculo estão se movendo para fora, com os microtúbulos, em direção ao terminal do axônio. (Cortesia de P. Forscher.)

lar e macromolecular que existem entre os diferentes compartimentos da célula. No neurônio, por exemplo, todos os microtúbulos no axônio apontam para a mesma direção, com as suas extremidades mais (+) rumo ao terminal do axônio; ao longo dessas rotas orientadas, a célula é capaz de transportar organelas, vesículas delimitadas por membrana e macromoléculas, seja a partir do corpo celular rumo ao terminal do axônio ou na direção oposta (**Figura 17-16**).

Parte do tráfego ao longo dos axônios ocorre em velocidades que excedem 10 cm por dia (**Figura 17-17**), ou seja, ainda é necessária uma semana ou mais para que certos materiais alcancem a extremidade de um longo axônio em grandes animais. No entanto, o movimento orientado por microtúbulos é incomensuravelmente mais rápido e mais eficiente do que o movimento dependente da difusão livre. Uma molécula proteica se movimentando por difusão livre poderia levar anos para alcançar a extremidade de um longo axônio, isso considerando que ela completasse o percurso (ver Questão 17-12).

Os microtúbulos nas células vivas não atuam isoladamente. O seu funcionamento, assim como o de outros filamentos do citoesqueleto, depende de uma ampla variedade de proteínas acessórias, as quais se ligam a eles. Algumas dessas **proteínas associadas aos microtúbulos**, por exemplo, estabilizam tais estruturas contra a dissociação, ao passo que outras conectam os microtúbulos a outros componentes celulares, incluindo-se aqui outros filamentos do citoesqueleto (ver Figura 17-7). Outras ainda são proteínas motoras que transportam ativamente organelas, vesículas e outras macromoléculas ao longo dos microtúbulos.

Proteínas motoras direcionam o transporte intracelular

Se uma célula viva é observada sob microscopia óptica, seu citoplasma se apresenta em constante movimento. As mitocôndrias e as pequenas vesículas e organelas delimitadas por membranas movimentam-se em passos pequenos e irregulares – movendo-se por um curto período de tempo, parando e, em seguida, movendo-se novamente. Esse movimento *saltatório* é muito mais sustentado e direcional do que os pequenos e contínuos movimentos brownianos causados por alterações térmicas aleatórias. Os movimentos saltatórios podem ocorrer tanto nos microtúbulos como nos filamentos de actina. Em ambos os casos, os movimentos são direcionados por **proteínas motoras**, que usam a energia derivada de ciclos repetidos de hidrólise de ATP para viajar continuamente ao longo do microtúbulo ou dos filamentos de actina em um sentido determinado (ver Figura 4-46). Uma vez que as proteínas motoras também se ligam a outros componentes celulares, elas podem transportar essa carga ao longo dos filamentos. Existem dezenas de proteínas motoras diferentes; elas diferem em relação ao tipo de filamento ao qual se ligam, à direção na qual se movimentam ao longo do filamento e à carga transportada.

As proteínas motoras que se movem ao longo dos microtúbulos citoplasmáticos, como os de um axônio de uma célula nervosa, pertencem a duas famílias: as **cinesinas** em geral se movem rumo à extremidade mais (+) de um microtú-

QUESTÃO 17-3

A instabilidade dinâmica faz os microtúbulos crescerem ou encurtarem rapidamente. Considere um microtúbulo individual que está em sua fase de encurtamento.

A. O que deve acontecer na extremidade do microtúbulo para que ele pare de encurtar e dê início ao crescimento?
B. Como uma alteração nas concentrações de tubulina afetaria essa mudança?
C. O que aconteceria se apenas o GDP estivesse presente na solução, estando o GTP ausente?
D. O que aconteceria se a solução contivesse um análogo de GTP que não pudesse ser hidrolisado?

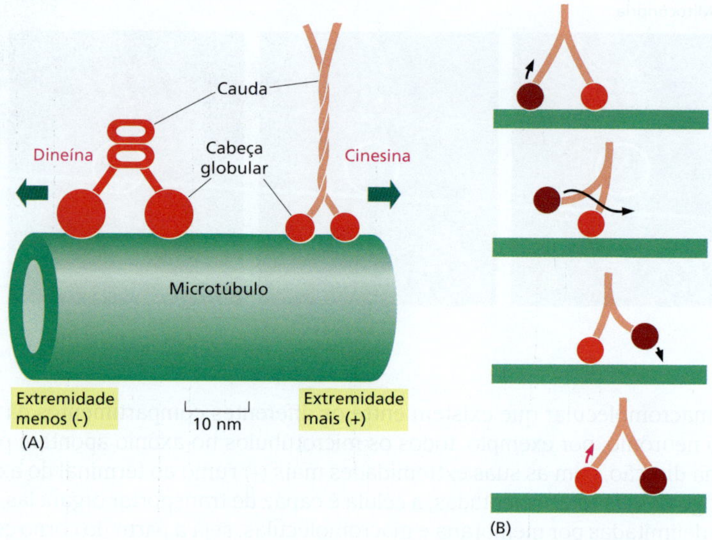

Figura 17-18 Tanto as cinesinas como as dineínas movem-se sobre os microtúbulos usando suas cabeças globulares. (A) Cinesinas e dineínas citoplasmáticas são proteínas motoras de microtúbulos que geralmente se movem em sentidos opostos sobre esse suporte. Cada uma dessas proteínas (aqui desenhadas em escala aproximada) é um dímero composto por duas subunidades idênticas. Cada dímero possui duas cabeças globulares em uma extremidade, que se ligam e hidrolisam ATP e interagem com os microtúbulos, e uma cauda única, na outra extremidade, a qual interage com a carga (não representada). (B) Diagrama esquemático de uma proteína motora genérica "caminhando" ao longo de um filamento; essas proteínas utilizam a energia da hidrólise do ATP para se mover unidirecionalmente ao longo do filamento, como ilustrado na Figura 4-46. (Ver também Figura 17-22B.)

bulo (rumo à periferia da célula na Figura 17-16); e as **dineínas** se movem em direção à extremidade menos (-) (rumo ao corpo celular na Figura 17-16). Tanto as cinesinas como as dineínas são geralmente dímeros que têm duas cabeças globulares de ligação a ATP e uma cauda única (**Figura 17-18A**). As cabeças interagem com os microtúbulos de maneira estereoespecífica, de modo que a proteína motora se conecte a um microtúbulo em um único sentido. A cauda de uma proteína motora costuma ligar-se de modo estável a algum componente celular, como uma vesícula ou uma organela, e, assim, determina o tipo de carga que a proteína motora pode transportar (**Figura 17-19**). As cabeças globulares das cinesinas e dineínas são enzimas com atividade de hidrólise de ATP (ATPase). Essa reação fornece a energia para a condução de uma série controlada de alterações conformacionais na cabeça, que permitem que ela se mova ao longo do microtúbulo por ciclos de ligação, liberação e religação a essa estrutura (ver Figura 17-18B e Figura 4-46). Para uma discussão sobre a descoberta e o estudo das proteínas motoras, ver **Como Sabemos**, p. 580-581.

Microtúbulos e proteínas motoras posicionam as organelas no citoplasma

Os microtúbulos e as proteínas motoras desempenham um papel importante no posicionamento das organelas no interior de uma célula eucariótica. Na maioria das células animais, por exemplo, os túbulos do retículo endoplasmático (RE) praticamente atingem os limites da célula (**Animação 17.4**), enquanto o aparelho de Golgi está localizado no interior da célula, perto do centrossomo (**Figura 17-20A**). O RE se estende a partir dos seus pontos de conexão com o envelope nuclear ao longo dos microtúbulos, que avançam do centrossomo, posicionado centralmente, até a membrana plasmática. Conforme uma célula cresce, cinesi-

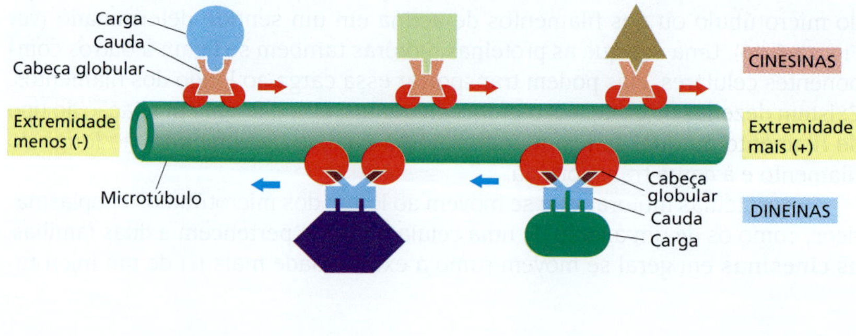

Figura 17-19 Diferentes proteínas motoras transportam diferentes tipos de cargas ao longo dos microtúbulos. A maior parte das cinesinas se move em direção à extremidade mais (+) de um microtúbulo, ao passo que as dineínas se movem rumo à extremidade menos (-) (**Animação 17.5**). Ambos os tipos de proteínas motoras de microtúbulos ocorrem sob diferentes formas, que supostamente são responsáveis pelo transporte de diferentes tipos de cargas. A cauda de uma proteína motora determina a carga que será transportada.

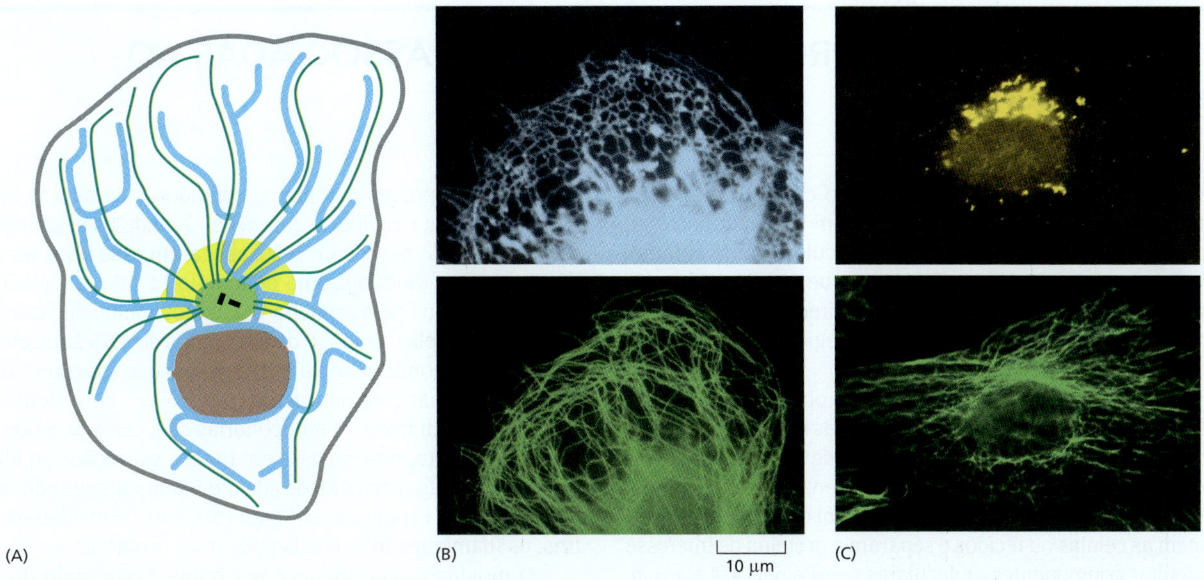

Figura 17-20 Os microtúbulos ajudam a posicionar as organelas em uma célula eucariótica. (A) Diagrama esquemático de uma célula mostrando o arranjo típico de microtúbulos citoplasmáticos (*verde-escuro*), o retículo endoplasmático (*azul*) e o aparelho de Golgi (*amarelo*). O núcleo está ilustrado em *marrom*, e o centrossomo, em *verde-claro*. (B) Uma porção de uma célula em cultura corada com anticorpos dirigidos contra o retículo endoplasmático (*azul, painel superior*) e contra os microtúbulos (*verde, painel inferior*). Proteínas motoras cinesinas impulsionam o retículo endoplasmático para fora ao longo dos microtúbulos. (C) Uma célula diferente em cultura, corada com anticorpos contra o aparelho de Golgi (*amarelo, painel superior*) e contra os microtúbulos (*verde, painel inferior*). Neste caso, dineínas citoplasmáticas empurram o aparelho de Golgi para o interior da célula, ao longo dos microtúbulos, rumo à sua posição perto do centrossomo, que não está visível mas se localiza, em relação ao núcleo, no mesmo lado do Golgi. (B, cortesia de Mark Terasaki, Lan Bo Chen e Keigi Fujiwara; C, cortesia de Viki Allan e Thomas Kreis.)

nas ligadas à face externa da membrana do RE (via proteínas receptoras) impulsionam o RE para fora, ao longo dos microtúbulos, esticando-o como uma rede (**Figura 17-20B**). *Dineínas* citoplasmáticas ligadas às membranas do Golgi puxam o aparelho de Golgi sobre os microtúbulos na direção oposta, rumo ao núcleo (**Figura 17-20C**). Desse modo, são criadas e mantidas diferenças regionais – essenciais para suas funções específicas – nestas membranas internas.

Quando as células são tratadas com colchicina, um fármaco que provoca a dissociação dos microtúbulos, tanto o RE quanto o aparelho de Golgi têm a sua localização drasticamente alterada. O RE, que está conectado ao envelope nuclear, colapsa em torno do núcleo; o aparelho de Golgi, que não está ligado a qualquer outra organela, sofre fragmentação em pequenas vesículas que se dispersam por todo o citoplasma. Quando a colchicina é removida, as organelas retornam às suas posições originais, impulsionadas por proteínas motoras que se movem ao longo dos microtúbulos reorganizados.

Os cílios e os flagelos contêm microtúbulos estáveis movimentados pela dineína

Mencionamos antes que diversos microtúbulos celulares estão estabilizados por meio de sua associação a outras proteínas e, consequentemente, não apresentam instabilidade dinâmica. As células usam esses microtúbulos estáveis como suportes rígidos na construção de uma ampla variedade de estruturas polarizadas, incluindo cílios e flagelos móveis. Os **cílios** são estruturas semelhantes a pelos, com cerca de 0,25 μm de diâmetro, cobertos por membrana plasmática, que se estendem a partir da superfície de diversos tipos de células eucarióticas; cada cílio contém um núcleo de microtúbulos estáveis dispostos em um feixe, que crescem a partir de um *corpo basal* citoplasmático, que atua como um centro organizador (ver Figura 17-10D).

PERSEGUINDO PROTEÍNAS MOTORAS ASSOCIADAS AO MICROTÚBULO

O movimento das organelas ao longo do citoplasma de uma célula tem sido observado e medido e tem fornecido material para especulações desde a metade do século XIX. No entanto, apenas na metade da década de 1980 é que os biólogos foram capazes de identificar as moléculas que direcionam esse movimento de organelas e vesículas de uma região para outra dentro da célula.

Qual o motivo desse intervalo entre a observação e a compreensão? O problema estava nas proteínas – ou, mais precisamente, na dificuldade de estudá-las isoladamente fora das células. Para investigar a atividade de uma enzima, por exemplo, os bioquímicos em primeiro lugar purificam o polipeptídeo: eles rompem as células ou tecidos e separam a proteína de interesse dos demais componentes moleculares (ver Painéis 4-4 e 4-5, p. 166-167). Eles podem, em seguida, estudar a proteína em um tubo de ensaio (*in vitro*), controlando a sua exposição a substratos, inibidores, ATP, e assim por diante. Infelizmente, essa abordagem não parece funcionar para estudos que envolvem a maquinaria de motilidade associada ao transporte intracelular. Não é possível romper uma célula e recuperar um sistema de transporte intacto completamente ativo, livre de materiais contaminantes, que mantenha a capacidade de transportar mitocôndrias e vesículas de um lugar a outro.

Esse problema foi resolvido por avanços técnicos em duas áreas distintas. No início, melhorias na microscopia permitiram aos biólogos compreender que um sistema de transporte operacional (com material extrínseco ainda ligado a ele) poderia ser obtido a partir do material espremido de um tipo adequado de célula viva. Simultaneamente, os bioquímicos perceberam que poderiam formar um sistema de transporte funcional começando do zero – usando filamentos do citoesqueleto, motores e cargas purificados – fora da célula. Tais descobertas tiveram início com uma lula.

Um citoplasma borbulhante

Neurocientistas interessados nas propriedades elétricas das membranas de células nervosas estudaram amplamente o axônio gigante de lula (ver Como Sabemos, p. 406-407). Em razão do seu grande tamanho, os pesquisadores observaram que era possível espremer o citoplasma de um axônio como se fosse um tubo de pasta de dentes e então estudar como os íons se moviam para dentro e para fora pelos diversos canais da membrana plasmática vazia que se assemelhava a um tubo (ver Figura 12-33). Os fisiologistas simplesmente descartavam o citoplasma gelatinoso, tendo em vista sua aparência inerte (e, como consequência, sem interesse) quando examinado sob microscopia óptica padrão.

Então surgiu a videomicroscopia. Este tipo de microscopia, desenvolvido por Shinya Inoué, Robert Allen e outros, permite detectar estruturas de tamanho inferior ao poder de resolução de microscópios ópticos padrão, que é apenas de cerca de 0,2 μm, ou 200 nm (ver Painel 1-1, p. 10-11). Imagens amostrais são capturadas por uma câmera de vídeo e depois aumentadas por processamento computadorizado para redução da interferência e realce do contraste. Quando os pesquisadores, no início da década de 1980, aplicaram essa nova técnica a preparações de citoplasma de axônio de lula (axoplasma), eles observaram, pela primeira vez, o movimento de vesículas e outras organelas ao longo de filamentos do citoesqueleto.

Sob a videomicroscopia, o axoplasma que sofreu extrusão parece borbulhar com minúsculas partículas – de vesículas de 30 a 50 nm de diâmetro a mitocôndrias com cerca de 5.000 nm de comprimento, movendo-se em todas as direções ao longo do citoesqueleto a velocidades de até 5 μm por segundo. Se o axoplasma for espalhado em uma espessura suficientemente fina, os filamentos individuais podem ser observados.

O movimento permanece por horas, permitindo que os pesquisadores manipulem a preparação e estudem os efeitos dessas manipulações. Ray Lasek e Scott Brady descobriram, por exemplo, que o movimento de organelas requer ATP. A substituição por análogos de ATP, como AMP-PNP, que se assemelham ao ATP, mas não podem ser hidrolisados (e, portanto, não fornecem energia), inibe a translocação.

Tubos serpenteantes

Foi necessário mais trabalho para a identificação dos componentes individuais que controlam o sistema de transporte nos axônios de lula. Que tipo de filamentos daria suporte a este movimento? Quais são os motores moleculares que transportam as vesículas e as organelas ao longo desses filamentos? A identificação dos filamentos foi relativamente fácil: o uso de anticorpos contra a tubulina revelou que eles são microtúbulos. E em relação às proteínas motoras? Com o objetivo de identificá-las, Ron Vale, Thomas Reese e Michael Sheetz desenvolveram um sistema por meio do qual seria possível "pescar" as proteínas que impulsionam o movimento de organelas.

Sua estratégia era simples, mas elegante: colocar em um mesmo local microtúbulos e organelas e então procurar por moléculas que induzissem movimento. Eles usaram microtúbulos purificados de encéfalo de lula, acrescentaram organelas isoladas de axônios de lula e mostraram que poderia ser desencadeado o movimento das organelas pela adição de um extrato de axoplasma de lula. Nessa preparação, os pesquisadores puderam tanto observar as organelas transitando ao longo dos microtúbulos como assistir ao serpentear de microtúbulos deslizando sobre a superfície de uma lamínula de vidro previamente revestida com um extrato de axoplasma (ver Questão 17-18). Seu desafio era isolar a proteína responsável pelo movimento nesse sistema reconstituído.

Para isso, Vale e seus colegas aproveitaram o trabalho anterior com o análogo de ATP, AMP-PNP. Embora esse análogo iniba o movimento de vesículas ao longo dos microtúbulos, ele ainda permite que as organelas se liguem aos filamentos dos microtúbulos. Assim, os pesquisadores incubaram o extrato de axoplasma com microtúbulos e organelas na presença de AMP-PNP; a seguir, purificaram os microtúbulos associados a

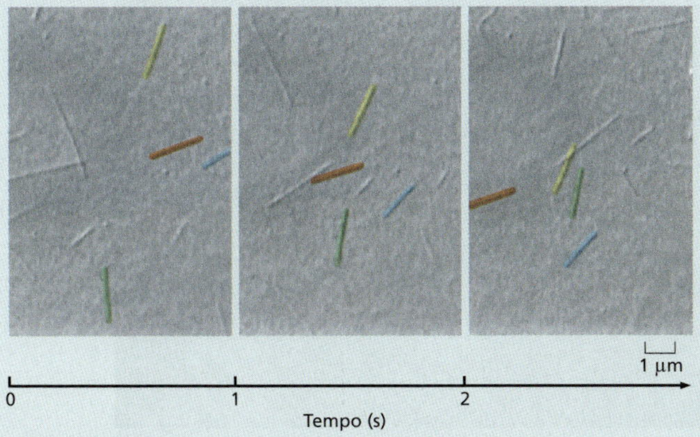

Figura 17-21 A cinesina provoca o deslizamento dos microtúbulos *in vitro*. Em um ensaio de motilidade *in vitro*, cinesina purificada é misturada com microtúbulos na presença de ATP. Quando uma gota dessa mistura é colocada sobre uma lâmina de vidro e observada por videomicroscopia, microtúbulos individuais podem ser vistos deslizando sobre a lâmina. Eles são movidos por moléculas de cinesina, que se ligam à lamínula de vidro pelas suas caudas. As imagens foram obtidas em intervalos de 1 segundo. Os microtúbulos artificialmente corados moveram-se a cerca de 1 a 2 µm/s. (Cortesia de Nick Carter e Rob Cross.)

moléculas que talvez fossem as proteínas motoras esperadas. Em seguida, Vale e sua equipe adicionaram ATP para liberar as proteínas ligadas e encontraram um polipeptídeo de 110 quilodáltons que podia estimular o deslizamento de microtúbulos sobre uma lamínula de vidro (**Figura 17-21**). Eles denominaram essa molécula cinesina (do grego *kinein*, "mover").

Ensaios de motilidade *in vitro* similares foram fundamentais para o estudo de outras proteínas motoras, como as miosinas, que se movem ao longo de filamentos de actina, como discutimos adiante. Estudos subsequentes mostraram que as cinesinas se movem ao longo dos microtúbulos a partir da extremidade menos (-) rumo à extremidade mais (+); eles também identificaram muitas outras proteínas motoras da família da cinesina.

Luzes, câmera, ação

Combinando esses ensaios com técnicas de microscopia cada vez mais refinadas, os pesquisadores podem, atualmente, monitorar o movimento de proteínas motoras individuais ao longo de um microtúbulo isolado, mesmo em células vivas.

A observação de moléculas de cinesina acopladas à proteína verde fluorescente (GFP) revelou que essa proteína motora move-se de forma processiva ao longo dos microtúbulos, isto é, cada molécula dá vários "passos" ao longo do filamento (100 ou mais) antes de desconectar-se. O comprimento de cada passo equivale a 8 nm, o que corresponde ao espaçamento dos dímeros de tubulina individuais ao longo do microtúbulo. A combinação dessas observações com ensaios de hidrólise de ATP permitiu aos investigadores confirmarem que uma molécula de ATP é hidrolisada a cada passo. A cinesina pode mover-se de modo processivo porque possui duas cabeças. Isso lhe permite caminhar rumo à extremidade mais (+) dos microtúbulos em um sistema "pé ante pé", cada cabeça repetidamente ligando-se ao filamento e sendo liberada do filamento conforme ultrapassa a cabeça ligada à sua frente (**Figura 17-22**). Tais estudos agora nos permitem seguir os passos dessas proteínas fascinantes e trabalhadoras – um passo molecular de cada vez.

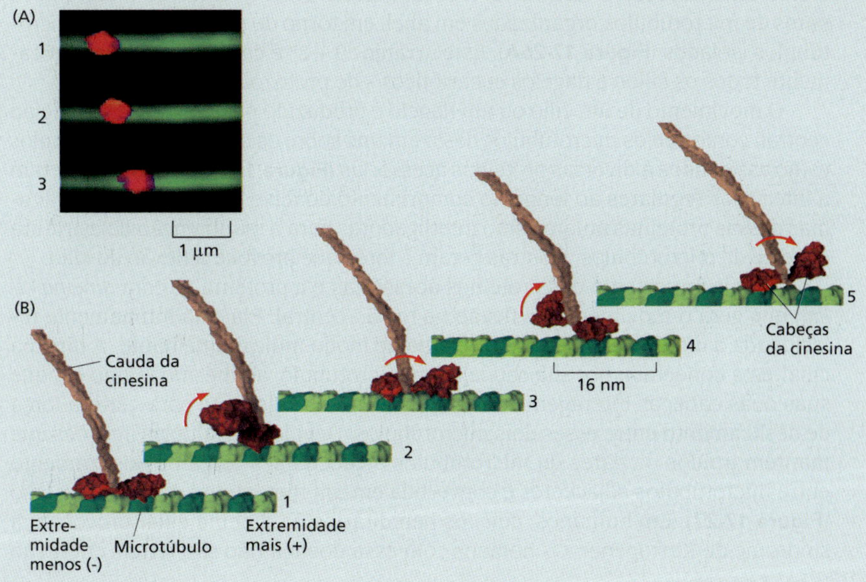

Figura 17-22 Uma molécula individual de cinesina que se move ao longo de um microtúbulo. (A) Três quadros, separados por intervalos de 1 segundo, mostram o movimento de uma molécula individual de cinesina-GFP (*vermelho*) ao longo de um dos microtúbulos (*verde*); a cinesina marcada move-se a uma velocidade de 0,3 µm/s. (B) Uma série de modelos moleculares das duas cabeças de uma molécula de cinesina, mostrando como se acredita que elas caminhem progressivamente ao longo de um microtúbulo, em uma série de passos de 8 nm, com as cabeças ultrapassando uma à outra (**Animação 17.6**). (A e B, cortesia de Ron Vale.)

Figura 17-23 Muitos cílios semelhantes a pelos projetam-se da superfície das células epiteliais que revestem o trato respiratório humano. Nesta micrografia eletrônica de varredura, tufos espessos de cílios podem ser vistos nestas células ciliadas, que estão intercaladas a células epiteliais não ciliadas com superfícies em forma de cúpula. (Reproduzida de R.G. Kessel e R.H. Karden, Tissues and Organs. San Francisco: W.H. Freeman & Co., 1979.)

Os cílios batem como chicotes, impulsionando líquidos sobre a superfície de uma célula ou impelindo células individuais por meio de um líquido. Alguns protozoários, por exemplo, utilizam cílios para a coleta de partículas de alimento, e outros os utilizam para a locomoção. Nas células epiteliais que revestem o trato respiratório humano (**Figura 17-23**), um grande número de cílios motores (mais de um bilhão por centímetro quadrado) varre camadas de muco contendo partículas de poeira e células mortas em direção à garganta, para que esse muco seja engolido e, por fim, eliminado do corpo. Da mesma forma, cílios motores nas células da parede do oviduto criam uma corrente que ajuda a transportar os óvulos ao longo do oviduto. Cada cílio atua como um pequeno remo, batendo em um ciclo repetido que gera o movimento do líquido sobre a superfície celular (**Figura 17-24**).

Os **flagelos** que impulsionam os espermatozoides e diversos tipos de protozoários são bastante semelhantes aos cílios no que diz respeito à sua estrutura interna, mas, em geral, são muito mais longos. Eles foram concebidos para mover toda a célula, em vez de movimentar líquidos sobre a superfície da célula. Os flagelos propagam ondas regulares ao longo de seu comprimento, impulsionando a célula à qual estão conectados (**Figura 17-25**).

Os microtúbulos dos cílios e flagelos são ligeiramente diferentes daqueles encontrados no citoplasma; eles estão organizados em um padrão distinto e curioso, o qual foi uma das mais impressionantes revelações à época do surgimento da microscopia eletrônica. A secção transversal de um cílio mostra nove pares de microtúbulos organizados em anel, em torno de um único par de microtúbulos isolados (**Figura 17-26A**). Este arranjo "9 + 2" é característico de praticamente todos os cílios e flagelos eucarióticos – de protozoários a humanos.

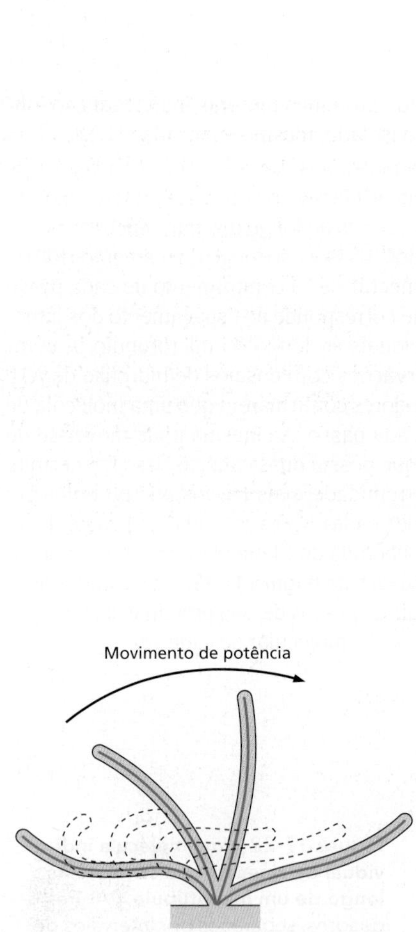

Figura 17-24 Um cílio bate efetuando ciclos repetitivos de movimentos que consistem em um movimento de potência seguido por um movimento de recuperação. No rápido movimento de potência, o cílio se encontra totalmente distendido, e o líquido é direcionado sobre a superfície da célula. No movimento de recuperação, mais lento, o cílio se recurva em uma posição que provoca o menor distúrbio possível no líquido adjacente. Cada ciclo requer em geral 0,1 a 0,2 segundos e gera uma força paralela à superfície da célula.

O movimento de um cílio ou um flagelo é produzido pela flexão de sua região central, conforme os microtúbulos deslizam uns sobre os outros. Os microtúbulos estão associados a diversas proteínas acessórias (**Figura 17-26B**), que se projetam a intervalos regulares ao longo do comprimento do feixe de microtúbulos. Algumas dessas proteínas atuam como interligadoras para a manutenção da estrutura do feixe de microtúbulos, e outras geram a força que provoca a flexão do cílio.

A mais importante das proteínas acessórias é a proteína motora *dineína ciliar*, que gera o movimento de flexão na região central. Ela está intimamente relacionada à dineína citoplasmática e atua de modo muito semelhante. A dineína ciliar está conectada por sua cauda a um microtúbulo, ao mesmo tempo em que suas duas cabeças interagem com um microtúbulo adjacente para gerar a força de deslizamento entre esses dois microtúbulos. Devido às múltiplas ligações que mantêm unidos os pares de microtúbulos adjacentes, a força de deslizamento entre microtúbulos adjacentes é convertida em um movimento de flexão no cílio (**Figura 17-27**). Em humanos, defeitos hereditários na dineína ciliar provocam a síndrome de Kartagener. Os homens com essa doença não são férteis em razão

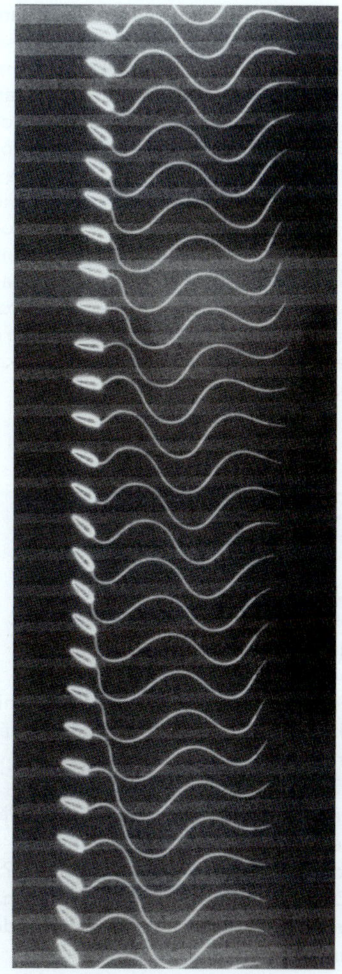

Figura 17-25 Os flagelos impulsionam uma célula ao longo de líquidos utilizando um movimento ondulatório repetitivo. O movimento de um único flagelo em um espermatozoide de um invertebrado é visto em uma série de imagens captadas por iluminação estroboscópica com velocidade de 400 disparos por segundo. (Cortesia de Charles J. Brokaw.)

da ausência de motilidade dos espermatozoides, e eles apresentam aumento na suscetibilidade a infecções brônquicas, pois os cílios que revestem seu trato respiratório se encontram inativos e, portanto, incapazes de eliminar bactérias ou outros resíduos dos pulmões.

Muitas células animais que não possuem cílios motores contêm um único *cílio primário* não móvel. Tal apêndice é muito mais curto do que um cílio motor e funciona como uma antena para a detecção de determinadas moléculas de sinalização extracelular.

FILAMENTOS DE ACTINA

Os **filamentos de actina**, os polímeros da proteína **actina**, estão presentes em todas as células eucarióticas e são essenciais para vários movimentos celulares, especialmente aqueles que envolvem a superfície da célula. Sem os filamentos de actina, por exemplo, uma célula animal não poderia migrar (ou deslizar) sobre uma superfície, englobar uma partícula grande por fagocitose ou dividir-se em duas. Assim como os microtúbulos, diversos filamentos de actina apresentam instabilidade, mas, associando-se a outras proteínas, eles também podem formar estruturas estáveis nas células, como os complexos contráteis nas células musculares. Os filamentos de actina interagem com uma grande quantidade de *proteínas de ligação à actina*, o que permite que desempenhem uma ampla gama de atividades nas células. Dependendo das proteínas associadas, os filamentos de actina podem formar estruturas rígidas e estáveis, como as *microvilosidades* nas células epiteliais que revestem o intestino (**Figura 17-28A**) ou os pequenos *feixes contráteis* que podem contrair e atuar como pequenos músculos na maioria das células animais (**Figura 17-28B**). Eles também podem formar estruturas temporárias, como as protrusões dinâmicas formadas na borda anterior de uma

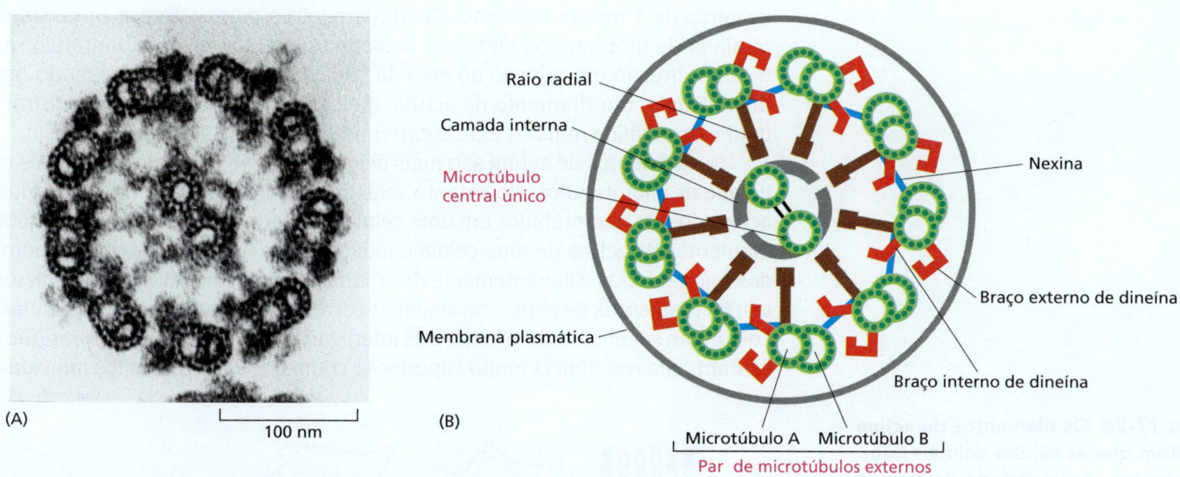

Figura 17-26 Os microtúbulos em um cílio ou flagelo estão organizados em um arranjo "9 + 2". (A) Micrografia eletrônica de um flagelo da alga unicelular *Chlamydomonas* mostrado em secção transversal, ilustrando a organização 9 + 2 característica dos microtúbulos. (B) Diagrama do corte transversal de um flagelo. Os nove microtúbulos externos (cada um deles uma estrutura pareada especial) apresentam duas colunas de moléculas de dineína. As cabeças de cada molécula de dineína aparecem nesta fotografia como braços que avançam em direção ao par de microtúbulos adjacente. Em cílios *in vivo*, essas cabeças de dineína fazem contato periodicamente com o par de microtúbulos adjacente e se movem ao longo dele, produzindo, assim, a força para o batimento ciliar. As diversas outras ligações e projeções ilustradas representam proteínas que servem para manter unido o feixe de microtúbulos e para converter a força de deslizamento produzida pelas dineínas em flexão, como ilustrado na Figura 17-27. (A, cortesia de Lewis Tilney.)

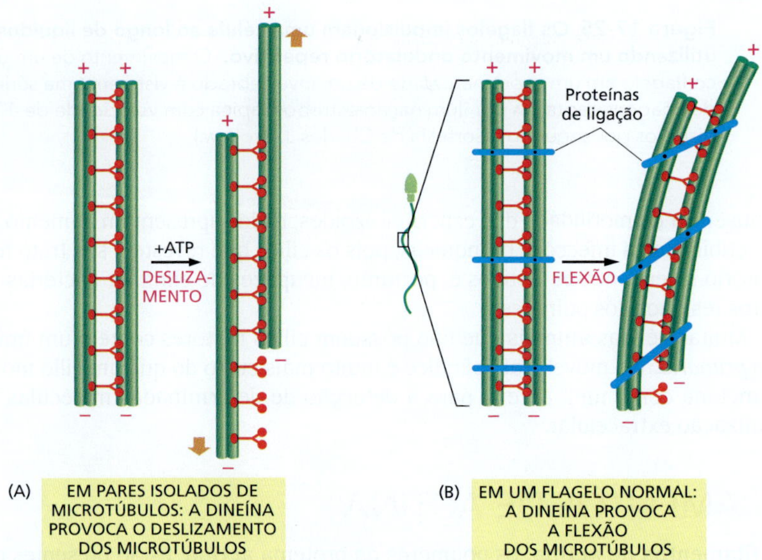
+ATP
DESLIZA-
MENTO
Proteínas
de ligação
FLEXÃO
(A) EM PARES ISOLADOS DE MICROTÚBULOS: A DINEÍNA PROVOCA O DESLIZAMENTO DOS MICROTÚBULOS
(B) EM UM FLAGELO NORMAL: A DINEÍNA PROVOCA A FLEXÃO DOS MICROTÚBULOS

Figura 17-27 O movimento da dineína provoca a flexão do flagelo. (A) Se os pares externos de microtúbulos e suas moléculas associadas de dineína são liberados dos outros componentes em um flagelo de um espermatozoide e a seguir são expostos ao ATP, ocorre o deslizamento linear de um par de microtúbulos sobre o outro, devido à ação repetida das dineínas a eles associadas. (B) Em um flagelo intacto, no entanto, os pares de microtúbulos estão conectados uns aos outros por meio de ligações proteicas flexíveis, de tal modo que a ação do sistema provoca um movimento de flexão, em vez de deslizamento.

> **QUESTÃO 17-4**
>
> **Os braços de dineína em um cílio estão arranjados de tal modo que, quando ativados, suas cabeças impulsionam os pares vizinhos externos para fora, em direção à extremidade do cílio. Considere uma secção transversal de um cílio (ver Figura 17-26). Por que não haveria formação de movimento de flexão no cílio se todas as moléculas de dineína fossem ativadas simultaneamente? Que padrão de atividade de dineína pode ser responsável pela flexão de um cílio em uma direção?**

célula que desliza (**Figura 17-28C**) ou o *anel contrátil*, que comprime o citoplasma separando-o em dois quando há divisão de uma célula animal (**Figura 17-28D**). Movimentos dependentes de actina em geral requerem a associação da actina a uma proteína motora denominada *miosina*.

Nesta seção, consideramos como os arranjos de filamentos de actina em uma célula dependem dos diferentes tipos de proteínas de ligação à actina presentes. Ainda que os filamentos de actina e microtúbulos sejam formados a partir de tipos não relacionados de subunidades proteicas, vamos ver que os princípios que ditam sua associação e dissociação, o controle da estrutura celular e o trabalho conjunto com proteínas motoras para a produção de movimento são incrivelmente semelhantes.

Os filamentos de actina são finos e flexíveis

Os filamentos de actina são visualizados sob microscopia eletrônica como fitas de cerca de 7 nm de diâmetro. Cada filamento é composto por uma cadeia espiralada de monômeros idênticos de actina globular, todos "apontando" para a mesma direção em relação ao eixo da cadeia. Assim, do mesmo modo que um microtúbulo, um filamento de actina apresenta uma polaridade estrutural, com uma extremidade mais (+) e uma extremidade menos (-) (**Figura 17-29**).

Os filamentos de actina são mais delgados e flexíveis e, em geral, mais curtos do que os microtúbulos. No entanto, existem muito mais filamentos individuais de actina do que microtúbulos em uma célula, de modo que o comprimento total dos filamentos de actina de uma célula é muitas vezes superior ao comprimento total dos microtúbulos. Diferentemente dos filamentos intermediários e dos microtúbulos, os filamentos de actina raramente ocorrem de forma isolada nas células: eles costumam ser encontrados em feixes interligados e em redes – estruturas que apresentam uma resistência muito superior se comparadas a filamentos individuais.

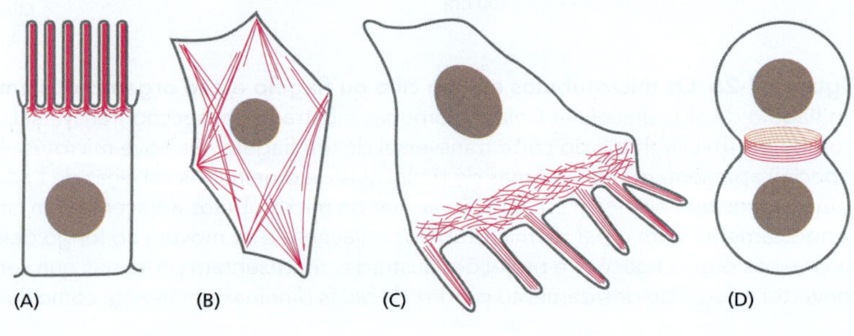
(A)
(B)
(C)
(D)

Figura 17-28 Os filamentos de actina permitem que as células animais adotem uma grande variedade de formas e desempenhem diferentes funções. Os filamentos de actina de quatro estruturas diferentes são mostrados em vermelho: (A) microvilosidades; (B) feixes contráteis no citoplasma; (C) filopódios semelhantes a dedos que se projetam na borda anterior de uma célula em movimento; e (D) anel contrátil durante a divisão celular.

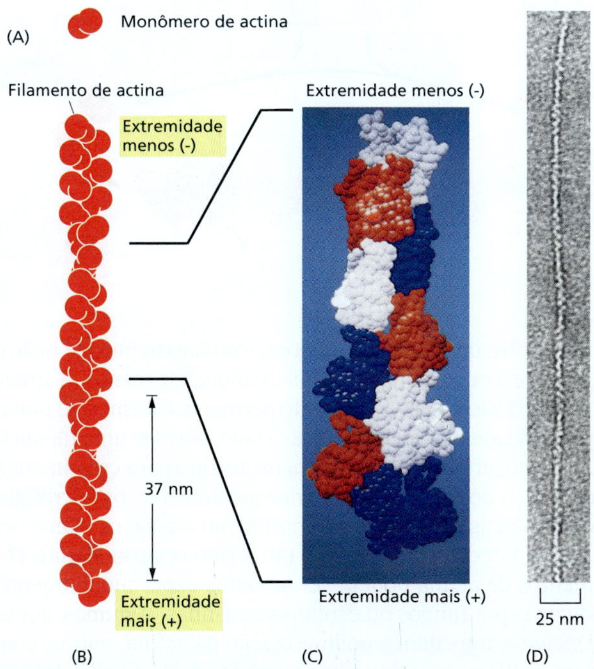

Figura 17-29 Os filamentos de actina são fibras proteicas finas e flexíveis. (A) A subunidade de cada um dos filamentos de actina é um monômero de actina. Uma fenda no monômero gera um sítio de ligação para ATP ou ADP. (B) Arranjo de monômeros de actina em um filamento. Cada filamento pode ser imaginado como uma hélice de fita dupla cuja volta completa se repete a cada 37 nm. Múltiplas interações laterais entre as duas fitas evitam que elas se separem. (C) As subunidades idênticas de um filamento de actina em cores diferentes para enfatizar as interações íntimas entre cada molécula de actina e suas quatro vizinhas mais próximas. (D) Micrografia eletrônica de um filamento de actina em coloração negativa. (C, de K.C. Holmes et al., *Nature* 347:44–49, 1990. Com permissão de Macmillan Publishers Ltd; D, cortesia de Roger Craig.)

A actina e a tubulina polimerizam por mecanismos semelhantes

Embora os filamentos de actina possam crescer pela adição de monômeros de actina em ambas as extremidades, assim como ocorre com os microtúbulos, a sua taxa de crescimento é mais rápida na extremidade mais (+) do que na extremidade menos (-). Um filamento de actina nu, da mesma forma que um microtúbulo sem suas proteínas associadas, é inerentemente instável e pode sofrer dissociação em ambas as extremidades. Em células vivas, monômeros de actina livre estão firmemente ligados a um nucleosídeo-trifosfato, neste caso o ATP. O monômero de actina hidrolisa o ATP ligado gerando ADP logo após ter sido incorporado ao filamento. Tal como acontece com a hidrólise de GTP em GDP no microtúbulo, a hidrólise de ATP em ADP em um filamento de actina reduz a força de ligação entre os monômeros, diminuindo assim a estabilidade do polímero. Desse modo, em ambos os casos, a hidrólise de nucleotídeos promove despolimerização, ajudando a célula a dissociar seus microtúbulos e filamentos de actina quando necessário.

Se a concentração de monômeros livres de actina for muito elevada, um filamento de actina vai crescer rapidamente, adicionando monômeros em ambas as extremidades. Em concentrações intermediárias de actina livre, no entanto, algo interessante acontece. Monômeros de actina são adicionados à extremidade mais (+) a uma taxa mais rápida do que o ATP ligado pode ser hidrolisado, de modo que a extremidade mais (+) cresce. Já na extremidade menos (-), o ATP é hidrolisado mais rapidamente do que os monômeros podem ser adicionados; visto que a actina-ADP desestabiliza a estrutura, o filamento perde subunidades da sua extremidade menos (-) ao mesmo tempo em que adiciona subunidades à sua extremidade mais (+) (**Figura 17-30**). Pelo fato de monômeros individuais poderem ser acompanhados, movendo-se pelo filamento, da sua extremidade mais (+) até sua extremidade menos (-), esse comportamento é chamado *treadmilling**.

Tanto o *treadmilling* dos filamentos de actina como a instabilidade dinâmica dos microtúbulos baseiam-se na hidrólise de um nucleosídeo-trifosfato ligado para regular o comprimento do polímero. Todavia, o resultado costuma ser diferente.

*N. de T. Em uma analogia ao contínuo movimento de uma roda d'água em um moinho.

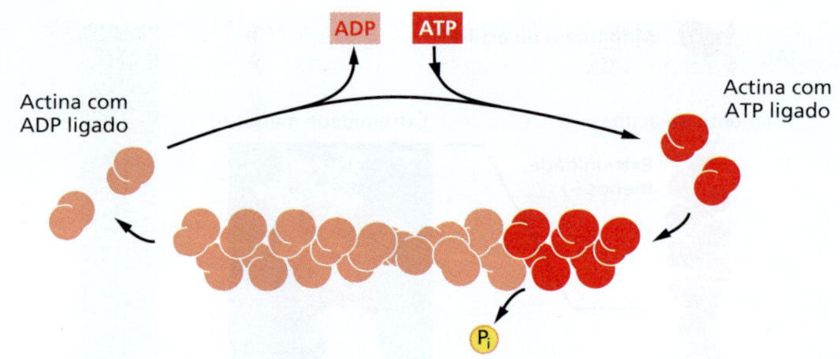

Figura 17-30 A hidrólise de ATP diminui a estabilidade do polímero de actina. Monômeros de actina no citosol carreiam ATP, o qual é hidrolisado em ADP logo após a sua inserção no filamento em crescimento. As moléculas de ADP ficam presas no filamento de actina, incapazes de serem trocadas por ATP, a menos que o monômero que as carreia seja dissociado do filamento.

O *treadmilling* envolve um ganho de monômeros na extremidade mais (+) de um filamento de actina e a perda simultânea na extremidade menos (-): quando as taxas de adição e de perda são iguais, o filamento permanece do mesmo tamanho (**Figura 17-31A**). A instabilidade dinâmica, por outro lado, envolve uma rápida transição de crescimento para encurtamento (ou de encurtamento para crescimento) apenas na extremidade mais (+) do microtúbulo. Consequentemente, os microtúbulos tendem a sofrer mudanças mais drásticas no comprimento do que os filamentos de actina, ora crescendo rapidamente, ora sofrendo um rápido colapso (**Figura 17-31B**).

Os filamentos de actina podem ser afetados experimentalmente por certas toxinas produzidas por fungos ou esponjas marinhas. Algumas, como a *citocalasina* e a *latrunculina*, impedem a polimerização da actina; outras, como a *faloidina*, estabilizam os filamentos de actina, tornando mais difícil a despolimerização (**Tabela 17-2**). A adição dessas toxinas ao meio de lavagem de células ou tecidos, mesmo sob concentrações reduzidas, bloqueia instantaneamente movimentos celulares, como a locomoção celular. Portanto, do mesmo modo que os microtúbulos, muitas das funções dos filamentos de actina dependem da capacidade de associação e dissociação do filamento, e a velocidade desses processos depende do equilíbrio dinâmico entre filamentos de actina, do conjunto de monômeros de actina e das várias proteínas de ligação à actina.

QUESTÃO 17-5

A formação de filamentos de actina no citosol é controlada por proteínas de ligação à actina. Algumas proteínas de ligação à actina aumentam significativamente a taxa de iniciação da formação de um filamento de actina. Proponha um mecanismo pelo qual isso possa ocorrer.

Diversas proteínas se ligam à actina e modificam suas propriedades

A actina corresponde a aproximadamente 5% da proteína total em uma célula animal típica; cerca de metade dessa actina está associada em filamentos, e a outra metade permanece sob a forma de monômeros de actina no citosol. Assim, distintamente da situação dos dímeros de tubulina, a concentração de monômeros de actina é alta – muito maior do que a concentração necessária para que monômeros de actina purificada polimerizem espontaneamente em um

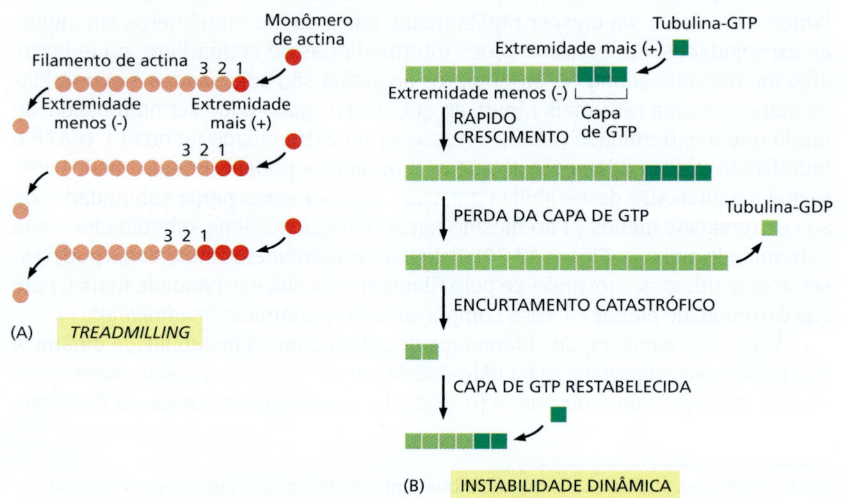

Figura 17-31 O *treadmilling* dos filamentos de actina e a instabilidade dinâmica dos microtúbulos regulam o comprimento do polímero de diferentes maneiras. (A) O *treadmilling* ocorre quando ATP-actina é adicionada à extremidade mais (+) de um filamento de actina ao mesmo tempo em que ADP-actina é perdida na extremidade menos (-). Quando as taxas de adição e perda são equivalentes, o comprimento do filamento permanece constante – embora monômeros de actina individuais (três dos quais estão numerados) se movam ao longo do filamento da extremidade mais (+) para a extremidade menos (-). (B) Na instabilidade dinâmica, GTP-tubulina é adicionada à extremidade mais (+) de um microtúbulo em crescimento. Como discutido antes, quando a adição de GTP-tubulina é mais rápida do que a hidrólise de GTP, forma-se uma capa de GTP nessa extremidade; quando a taxa de adição diminui, a capa de GTP é perdida e o filamento sofre encurtamento catastrófico devido à perda de GDP-tubulina nessa extremidade. O microtúbulo encurtará até que a capa de GTP seja reposta – ou até o desaparecimento do microtúbulo (ver Figura 17-15).

TABELA 17-2 Fármacos que afetam os filamentos de actina

Fármacos específicos para actina	
Faloidina	Liga-se aos filamentos e os estabiliza
Citocalasina	Promove o capeamento das extremidades mais (+) do filamento, impedindo que ali ocorra polimerização
Latrunculina	Liga-se a monômeros de actina e impede sua polimerização

tubo de ensaio. O que, então, evita a completa polimerização dos monômeros de actina em filamentos nas células? A resposta é que as células contêm pequenas proteínas, como a *timosina* e a *profilina*, que se ligam aos monômeros de actina do citosol, impedindo que estes sejam adicionados às extremidades dos filamentos de actina. Essas proteínas desempenham um papel central na regulação da polimerização da actina, mantendo uma reserva de monômeros de actina até o momento necessário. Quando são necessários filamentos de actina, outras proteínas de ligação à actina, como a *formina* e *proteínas relacionadas à actina* (*ARPs*), promovem a polimerização da actina.

Existe uma ampla gama de **proteínas de ligação à actina** nas células. A maioria dessas proteínas se liga a filamentos organizados de actina, em vez de se ligar aos monômeros de actina, e regula o comportamento de filamentos intactos (**Figura 17-32**). Proteínas de enfeixamento de actina, por exemplo, mantêm os filamentos de actina unidos em feixes paralelos nas microvilosidades; outras proteínas interligam os filamentos de actina em uma rede semelhante a um gel no interior do *córtex celular* – a camada especializada do citoplasma rica em fila-

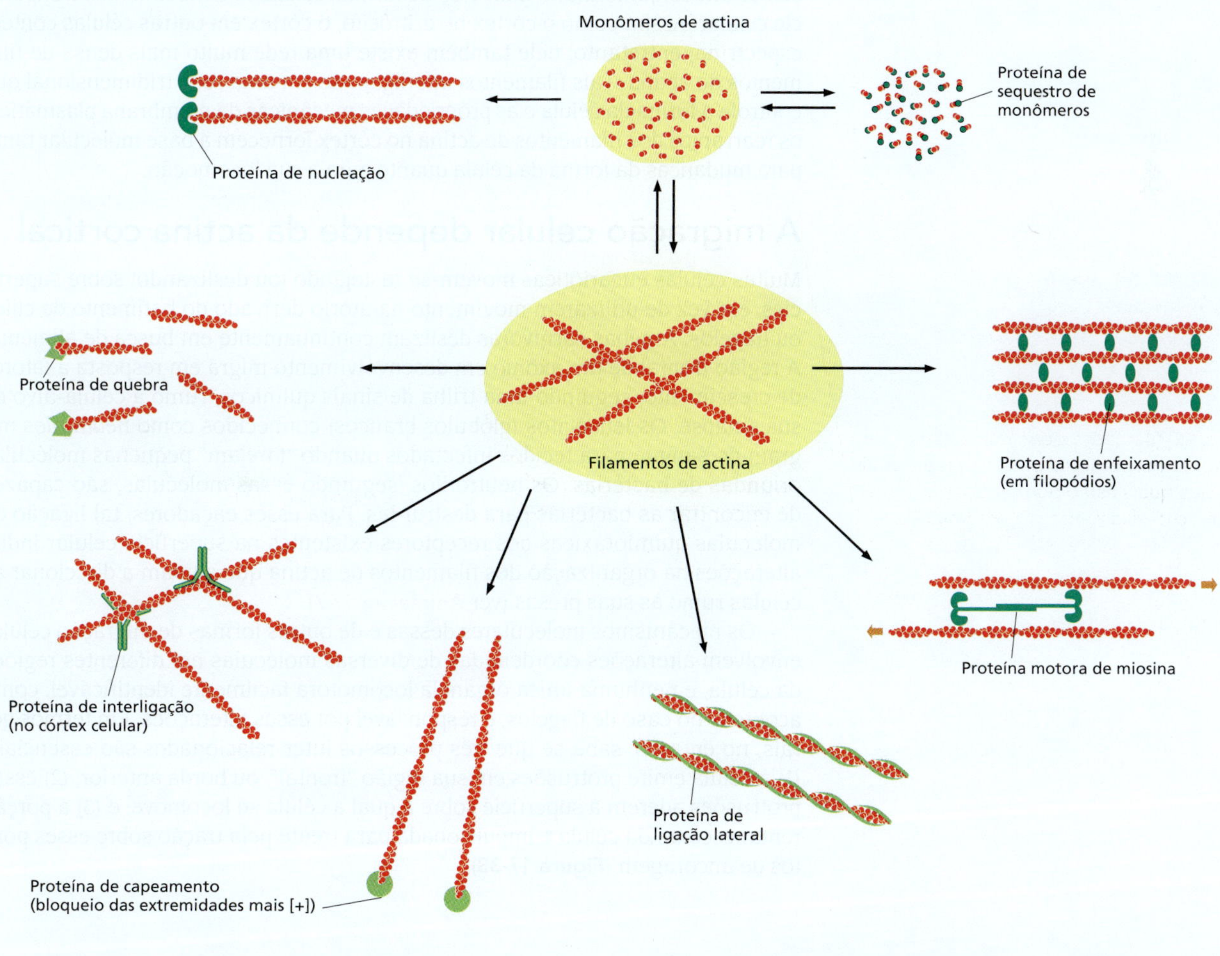

Figura 17-32 Proteínas de ligação à actina controlam o comportamento dos filamentos de actina em células de vertebrados. A actina está ilustrada em *vermelho*, e as proteínas de ligação à actina, em *verde*.

mentos de actina, subjacente à membrana plasmática. As proteínas de quebra dos filamentos de actina (*filament-severing proteins*) fragmentam esses filamentos e, portanto, podem converter um gel de actina a um estado mais líquido. Os filamentos de actina podem também associar-se a proteínas motoras de miosina para formar feixes contráteis, como ocorre em células musculares. Além disso, muitas vezes eles formam caminhos ao longo dos quais as proteínas motoras de miosina transportam organelas, uma função especialmente evidente nas células vegetais.

No restante deste capítulo, abordamos algumas estruturas características que os filamentos de actina podem formar e discutimos como diferentes tipos de proteínas de ligação à actina estão envolvidos em sua associação. Começamos com o córtex celular e seu papel na locomoção celular e concluímos com o aparato contrátil das células musculares.

Um córtex rico em filamentos de actina está subjacente à membrana plasmática da maioria das células eucarióticas

Apesar de a actina ser encontrada em todo o citoplasma de uma célula eucariótica, na maioria das células ela está concentrada em uma camada que existe exatamente abaixo da membrana plasmática. Nessa região, denominada **córtex celular**, filamentos de actina estão conectados por intermédio de proteínas de ligação à actina, formando uma trama que sustenta e confere resistência mecânica à membrana plasmática. Nos eritrócitos humanos, uma rede simples e regular de proteínas fibrosas, incluindo filamentos de actina e espectrina, conecta-se à membrana plasmática, fornecendo o suporte necessário para que as células mantenham sua forma discoide simples (ver Figura 11-29). O córtex celular de outras células animais, no entanto, é mais espesso e complexo, sendo capaz de proporcionar um conjunto muito mais rico de formas celulares e movimentos à superfície celular. Assim como o córtex no eritrócito, o córtex em outras células contém espectrina; entretanto, nele também existe uma rede muito mais densa de filamentos de actina. Tais filamentos interligam-se em uma rede tridimensional que controla a forma da célula e as propriedades mecânicas da membrana plasmática: os rearranjos dos filamentos de actina no córtex fornecem a base molecular tanto para mudanças da forma da célula quanto para a sua locomoção.

A migração celular depende da actina cortical

Muitas células eucarióticas movem-se rastejando (ou deslizando) sobre superfícies, em vez de utilizarem movimento natatório derivado do batimento de cílios ou flagelos. Amebas carnívoras deslizam continuamente em busca de alimento. A região frontal de um axônio em desenvolvimento migra em resposta a fatores de crescimento, seguindo uma trilha de sinais químicos, rumo à célula-alvo de sua sinapse. Os leucócitos (glóbulos brancos) conhecidos como *neutrófilos* migram do sangue para tecidos infectados quando "farejam" pequenas moléculas oriundas de bactérias. Os neutrófilos, seguindo essas moléculas, são capazes de encontrar as bactérias para destruí-las. Para esses caçadores, tal ligação de moléculas quimiotáxicas aos receptores existentes na superfície celular induz alterações na organização dos filamentos de actina que ajudam a direcionar as células rumo às suas presas (ver **Animação 17.7**).

Os mecanismos moleculares dessas e de outras formas de migração celular envolvem alterações coordenadas de diversas moléculas em diferentes regiões da célula, e nenhuma única organela locomotora facilmente identificável, como acontece no caso de flagelos, é responsável por essas alterações. Em termos gerais, no entanto, sabe-se que três processos inter-relacionados são essenciais: (1) a célula emite protrusões em sua região "frontal", ou borda anterior; (2) essas protrusões aderem à superfície sobre a qual a célula se locomove; e (3) a porção remanescente da célula é impulsionada para frente pela tração sobre esses pontos de ancoragem (**Figura 17-33**).

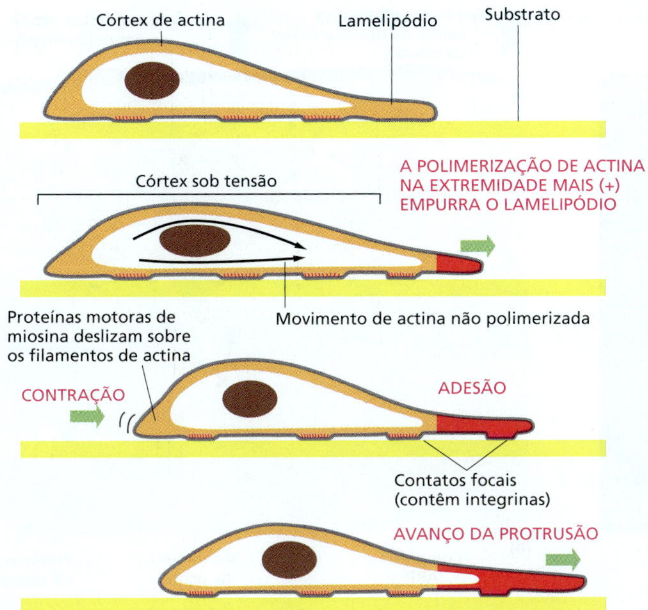

Figura 17-33 Forças geradas no córtex celular rico em filamentos de actina ajudam a impulsionar uma célula para frente. A polimerização de actina na borda anterior da célula *impulsiona* a membrana plasmática para frente (protrusão) e forma novas regiões de córtex de actina, ilustradas aqui em *vermelho*. Novos pontos de ancoragem são estabelecidos entre a parte inferior da célula e a superfície (substrato) sobre a qual a célula está deslizando (adesão). A seguir, uma contração na parte posterior da célula, mediada por proteínas motoras de miosina deslocando-se ao longo de filamentos de actina, puxa o corpo da célula para frente. Conforme a célula avança, novos pontos de ancoragem são estabelecidos na região anterior, sendo dissociados os pontos de ancoragem antigos, na região posterior. Esse mesmo ciclo é repetido várias vezes, fazendo a célula avançar passo a passo.

Todos esses processos envolvem a actina, mas de diferentes maneiras. O primeiro passo, a impulsão da superfície celular para frente, é promovido pela polimerização da actina. A borda anterior de um fibroblasto em movimento, em uma cultura de células, estende constantemente finos **lamelipódios** laminares, os quais contêm uma densa rede de filamentos de actina, orientados de tal modo que a maioria dos filamentos apresenta suas extremidades mais (+) próximo à membrana plasmática. Diversas células também desenvolvem protrusões finas e rígidas denominadas **filopódios**, tanto na região da borda anterior quanto ao longo de toda sua superfície (**Figura 17-34**). Essas estruturas apresentam em torno de 0,1 μm de largura e 5 a 10 μm de comprimento, contendo um feixe frouxo de 10 a 20 filamentos de actina (ver Figura 17-28C), também orientados com suas extremidades mais (+) apontando para o exterior. A região da célula que está avançando (o *cone de crescimento*) de um axônio neuronal em desenvolvimento estende filopódios ainda mais longos, que alcançam até 50 μm, os quais a auxiliam a sondar o ambiente e a encontrar o caminho correto que a levará à sua célula-alvo. Tanto os lamelipódios quanto os filopódios são estruturas móveis e exploratórias formadas e retraídas a grandes velocidades, movendo-se a aproximadamente 1 μm por segundo. Acredita-se que ambas as estruturas se originem pelo crescimento rápido e localizado de filamentos de actina, os quais se associam junto à membrana plasmática e se alongam pela adição de monômeros de

Figura 17-34 Os filamentos de actina permitem a migração de uma célula animal. (A) Desenho esquemático de um fibroblasto em movimento ilustrando lamelipódios achatados e filopódios finos se projetando de sua superfície, principalmente na região da borda anterior. (B) Micrografia eletrônica de varredura mostrando lamelipódios e filopódios da borda anterior de um fibroblasto humano migrando em uma cultura; a seta mostra a direção do movimento celular. À medida que a célula se move, os lamelipódios que não conseguem se ancorar ao substrato são arrastados para trás por sobre a superfície superior da célula – um movimento designado como ondulação. (B, cortesia de Julian Heath.)

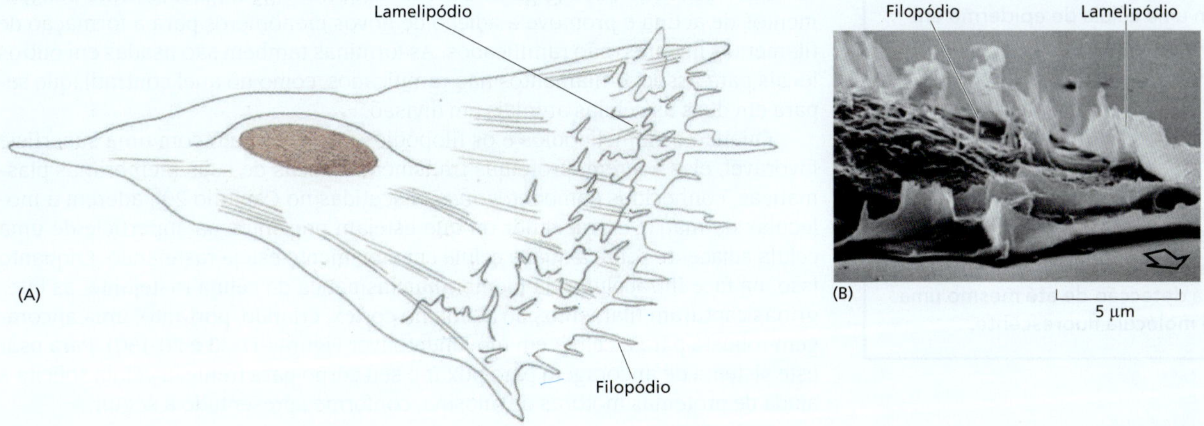

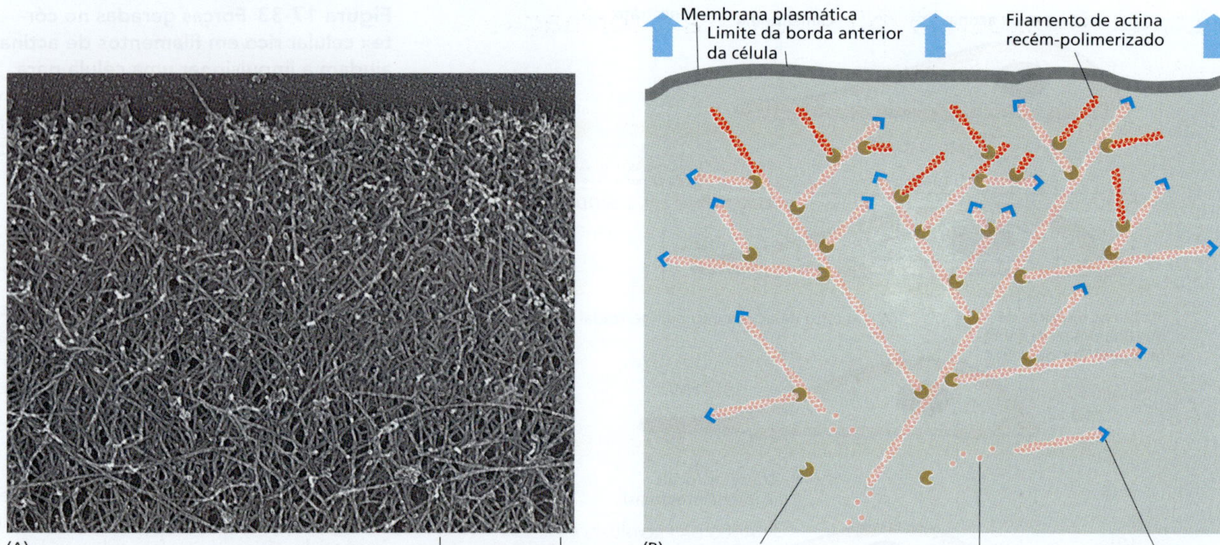

Figura 17-35 Uma rede de filamentos de actina em polimerização impulsiona a borda anterior de um lamelipódio para frente. (A) Um queratinócito de alta motilidade derivado de pele de rã foi fixado, seco e corado com platina para exame em microscopia eletrônica. Os filamentos de actina formam uma densa rede contendo filamentos com extremidades mais (+) de rápido crescimento que terminam na borda anterior do lamelipódio (parte superior da figura). (B) Desenho ilustrando como a nucleação de novos filamentos de actina (*vermelho*) é mediada pelos complexos ARP (*marrom*) ligados lateralmente a filamentos de actina preexistentes. As estruturas ramificadas resultantes impulsionam a membrana plasmática para frente. As extremidades mais (+) dos filamentos de actina são protegidas contra a despolimerização por proteínas de capeamento (*azul*), enquanto as extremidades menos (-) dos filamentos de actina mais próximas ao centro da célula sofrem dissociação continuada a partir da ação de proteínas despolimerizadoras (não ilustradas). Assim, a rede de actina, como um todo, apresenta um movimento contínuo para frente, mediado pela associação de filamentos na região anterior e pela dissociação na região posterior. Essa rede de actina está representada em uma escala diferente da rede ilustrada em (A). (A, cortesia de Tatyana Svitkina e Gary Borisy.)

actina em suas extremidades mais (+). Dessa maneira, os filamentos empurram a membrana para frente sem rasgá-la.

A formação e o crescimento de filamentos de actina na borda anterior de uma célula são auxiliados por diferentes proteínas de ligação à actina. As proteínas relacionadas à actina – ou ARPs – mencionadas antes promovem a formação de uma rede de filamentos de actina ramificados em lamelipódios. As ARPs formam complexos que se ligam às laterais de filamentos de actina preexistentes e promovem a nucleação e a formação de novos filamentos, que crescem angularmente, produzindo ramificações laterais. Com o auxílio de proteínas de ligação à actina adicionais, essa rede apresentará uma contínua associação na borda anterior e dissociação na região posterior, impulsionando o lamelipódio para frente (**Figura 17-35**).

O outro tipo de protrusão celular, o filopódio, depende da *formina*, uma proteína de nucleação que se liga às extremidades mais (+) em crescimento dos filamentos de actina e promove a adição de novos monômeros para a formação de filamentos lineares, não ramificados. As forminas também são usadas em outros locais para associar filamentos não ramificados, como no anel contrátil, que separa em duas as células animais em divisão.

Quando os lamelipódios e os filopódios fazem contato com uma superfície favorável, eles aderem: proteínas transmembrânicas de suas membranas plasmáticas, conhecidas como *integrinas* (discutidas no Capítulo 20), aderem a moléculas da matriz extracelular ou que estejam presentes na superfície de uma célula adjacente sobre a qual a célula em movimento esteja rastejando. Enquanto isso, na face intracelular da membrana plasmática da célula rastejante, as integrinas capturam filamentos de actina no córtex, criando, portanto, uma ancoragem robusta para a célula em movimento (ver Figuras 17-33 e 20-15C). Para usar este sistema de ancoragem para puxar o seu corpo para frente, a célula solicita a ajuda de proteínas motoras de miosina, conforme apresentado a seguir.

QUESTÃO 17-6

Suponha que as moléculas de actina em uma célula de epiderme em cultura tenham sido aleatoriamente marcadas de tal modo que 1 em cada 10.000 moléculas carreia um marcador fluorescente. O que você esperaria ver se examinasse o lamelipódio (borda anterior) dessa célula usando microscopia de fluorescência? Assuma que seu microscópio apresenta sensibilidade suficiente para a detecção de até mesmo uma única molécula fluorescente.

A actina se associa à miosina para a formação de estruturas contráteis

Todas as proteínas motoras dependentes de actina pertencem à família da **miosina**. Elas se ligam ao ATP, hidrolisando-o, o que fornece energia para seu movimento ao longo dos filamentos de actina em direção à extremidade mais (+). A miosina, assim como a actina, foi inicialmente identificada em músculo esquelético, e muitas das informações a respeito das interações que ocorrem entre essas duas proteínas provêm de estudos em células musculares. Existem vários tipos diferentes de miosina nas células, sendo as subfamílias da miosina-I e da miosina-II as mais abundantes. A miosina-I está presente em todos os tipos de células, ao passo que a miosina-II é uma forma especializada utilizada pelas células musculares. Por apresentar estrutura e mecanismo de ação mais simples, a miosina-I é o foco de nossa discussão inicial.

As moléculas de **miosina-I** possuem um domínio de cabeça e uma cauda (**Figura 17-36A**). O domínio da cabeça se liga a um filamento de actina e possui a atividade motora de hidrólise de ATP, que permite que ela se mova ao longo do filamento por ciclos repetitivos de ligação, dissociação e religação (**Animação 17.8**). A cauda varia entre os diferentes tipos de miosina-I e determina o tipo de carga que será transportado pela miosina. Por exemplo, a cauda pode ligar-se a um tipo particular de vesícula e propeli-la pela célula ao longo dos trilhos de filamentos de actina (**Figura 17-36B**), ou pode ligar-se à membrana plasmática e impulsioná-la modificando a sua forma (**Figura 17-36C**).

Os sinais extracelulares podem alterar a organização dos filamentos de actina

Vimos que a miosina e outras proteínas de ligação à actina podem regular o posicionamento, a organização e o comportamento dos filamentos de actina. No entanto, as atividades dessas proteínas são, por sua vez, controladas por sinais extracelulares, permitindo que a célula reorganize seu citoesqueleto de actina em resposta ao ambiente.

As moléculas de sinalização extracelular que regulam o citoesqueleto de actina ativam uma ampla variedade de proteínas receptoras da superfície celular, que por sua vez ativam diversas vias de sinalização intracelular. Essas vias muitas vezes convergem em um grupo de proteínas *GTPase monoméricas* intimamente relacionadas denominadas **família proteica Rho**. Como discutido no

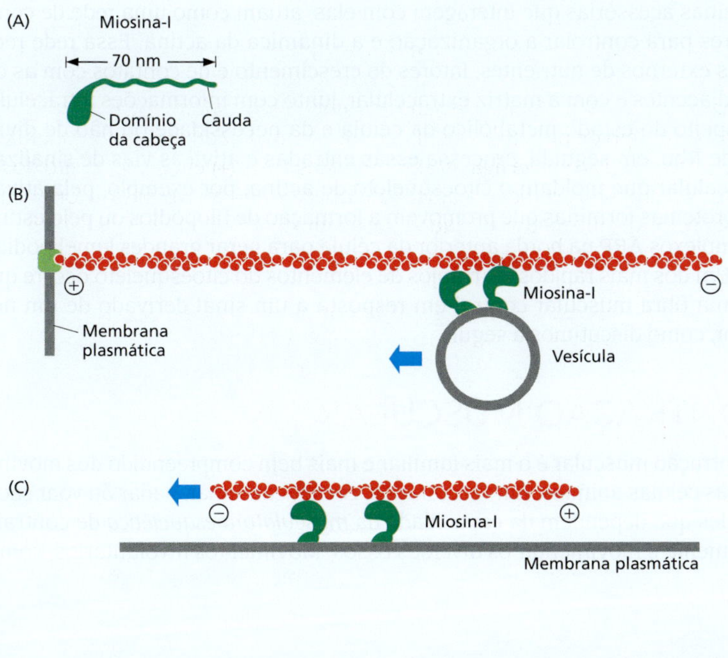

Figura 17-36 A miosina-I é a mais simples das miosinas. (A) A miosina-I possui uma cabeça globular única que se liga a um filamento de actina, e uma cauda que se liga a outra molécula ou organela na célula. (B) Este arranjo permite que o domínio da cabeça mova uma vesícula em relação a um filamento de actina, que neste caso está ancorado à membrana plasmática. (C) A miosina-I também pode ligar-se a um filamento de actina no córtex celular, o que resulta, em última análise, na modificação da forma da membrana plasmática. Observe que o grupo da cabeça sempre se movimenta em direção à extremidade mais (+) do filamento de actina.

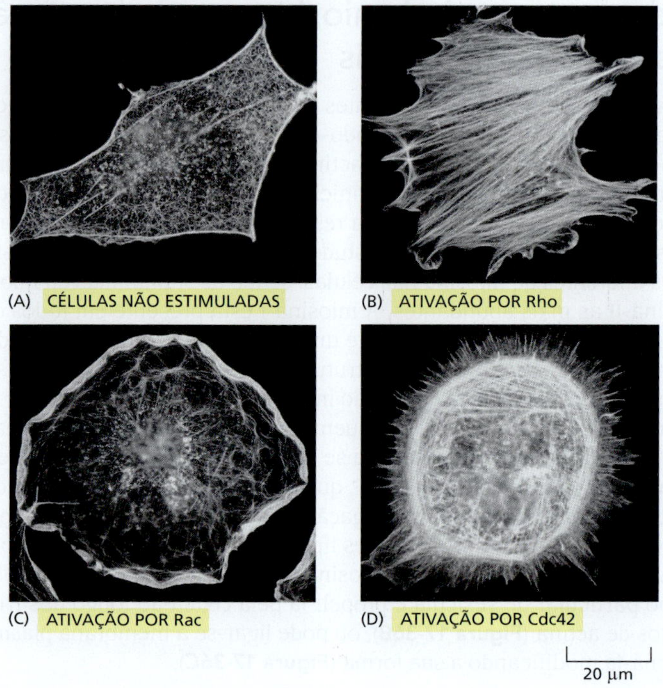

Figura 17-37 A ativação de GTPases da família Rho pode ter um efeito drástico sobre a organização dos filamentos de actina em fibroblastos. Nestas micrografias, a actina foi corada com faloidina, uma molécula que se liga especificamente a filamentos de actina, anteriormente marcada com fluorescência (ver Tabela 17-2, p. 587). (A) Fibroblastos não estimulados possuem filamentos de actina predominantemente no córtex. (B) A microinjeção de uma forma ativada de Rho promove a rápida associação de feixes de filamentos de actina longos e não ramificados; eles são contráteis, pois há miosina associada a esses feixes. (C) A microinjeção de uma forma ativada da proteína Rac, uma proteína de ligação a GTP semelhante a Rho, provoca a formação de um enorme lamelipódio que abrange toda a circunferência da célula. (D) A microinjeção de uma forma ativada de Cdc42, outro membro da família Rho, estimula a protrusão de diversos filopódios longos na periferia da célula. (De A. Hall, *Science* 279:509–514, 1998. Com permissão de AAAS.)

QUESTÃO 17-7

Na borda anterior de uma célula em migração, as extremidades mais (+) dos filamentos de actina estão posicionadas próximo à membrana plasmática, e os monômeros de actina são adicionados a essas extremidades e empurram a membrana para fora, formando os lamelipódios ou os filopódios. O que você acha que mantém os filamentos nas extremidades opostas à de adição de monômeros e evita que eles sejam empurrados para o interior da célula?

Capítulo 16, as GTPases monoméricas comportam-se como interruptores moleculares que controlam processos intracelulares pela alternância entre um estado ativo ligado a GTP e um estado inativo ligado a GDP (ver Figura 16-15B). No caso do citoesqueleto de actinas, a ativação de diferentes membros da família Rho afeta a organização dos filamentos de actina de diversas maneiras. Por exemplo, a ativação de um membro da família Rho desencadeia a polimerização da actina e o enfeixamento dos filamentos para formar filopódios; a ativação de outro membro promove a formação de lamelipódios e o ondulamento da membrana; e a ativação da própria Rho dirige a associação de filamentos de actina com a miosina-II e a agregação de integrinas da superfície celular, promovendo assim a locomoção da célula por deslizamento (**Figura 17-37**).

Essas alterações estruturais complexas e drásticas ocorrem porque as proteínas de ligação ao GTP da família Rho, em conjunto a proteínas-cinase e proteínas acessórias que interagem com elas, atuam como uma rede de computadores para controlar a organização e a dinâmica da actina. Essa rede recebe sinais externos de nutrientes, fatores de crescimento e de contatos com as células adjacentes e com a matriz extracelular, junto com informações intracelulares a respeito do estado metabólico da célula e da necessidade ou não de divisão. A rede Rho, em seguida, processa essas entradas e ativa as vias de sinalização intracelular que moldam o citoesqueleto de actina, por exemplo, pela ativação das proteínas forminas que promovem a formação de filopódios ou pelo estímulo a complexos ARP na borda anterior da célula para gerar grandes lamelipódios.

Um dos mais rápidos rearranjos de elementos do citoesqueleto ocorre quando uma fibra muscular contrai em resposta a um sinal derivado de um nervo motor, como discutimos a seguir.

CONTRAÇÃO MUSCULAR

A contração muscular é o mais familiar e mais bem compreendido dos movimentos das células animais. Em vertebrados, correr, caminhar, nadar ou voar são atividades que dependem da capacidade da *musculatura esquelética* de contrair-se fortemente e movimentar os diversos ossos. Movimentos involuntários, como os

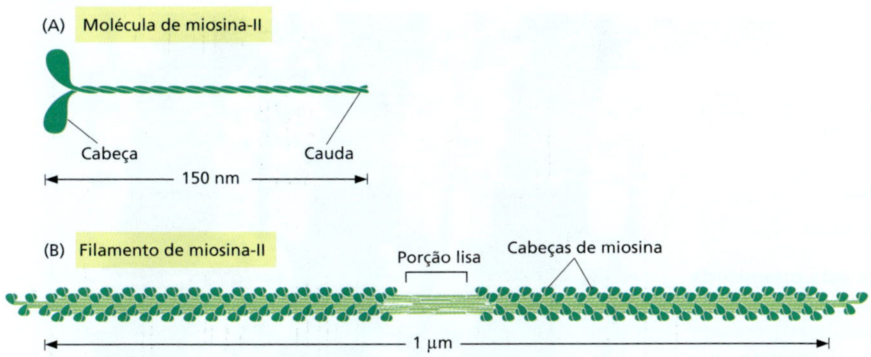

Figura 17-38 Moléculas de miosina-II podem associar-se umas com as outras para a formação de filamentos de miosina. (A) Uma molécula de miosina-II contém duas cadeias pesadas idênticas, cada uma com uma cabeça globular e uma cauda estendida. (Além disso, ela contém duas cadeias leves ligadas a cada uma das cabeças, mas estas não estão representadas aqui.) As caudas das duas cadeias pesadas produzem uma cauda única supertorcida. (B) As caudas supertorcidas das moléculas de miosina-II associam-se para formar um filamento de miosina bipolar, no qual as cabeças projetam-se da região central em sentidos opostos. A porção lisa na região central dos filamentos é composta unicamente pelas caudas.

batimentos cardíacos ou o peristaltismo do intestino, dependem da *musculatura cardíaca* e da *musculatura lisa*, respectivamente, as quais são formadas a partir de células musculares que diferem em relação à estrutura quando comparadas à musculatura esquelética, mas que também utilizam a actina e a miosina em mecanismos similares de contração. Apesar de as células musculares serem altamente especializadas, diversos movimentos celulares – da locomoção de células como um todo até a movimentação de alguns componentes no interior das células – também dependem de interações entre a actina e a miosina. Grande parte de nosso conhecimento referente aos mecanismos do movimento celular é proveniente de estudos sobre a contração de células musculares. Nesta seção, discutimos como a actina e a miosina interagem para produzir essa contração.

A contração muscular depende da interação entre filamentos de actina e miosina

A miosina do músculo pertence à subfamília da **miosina-II**, na qual todos os membros são dímeros, com duas cabeças globulares ATPase em uma extremidade e uma cauda única supertorcida na outra (**Figura 17-38A**). Grupos de moléculas de miosina-II se ligam uns aos outros por meio das suas caudas supertorcidas formando um **filamento de miosina** bipolar a partir do qual emergem as cabeças (**Figura 17-38B**).

O filamento de miosina é como uma flecha com duas pontas, onde os dois conjuntos de cabeças da miosina estão posicionados em sentidos opostos, a partir do centro da flecha. Um conjunto liga-se a filamentos de actina sob uma orientação e move os filamentos para um lado; o outro conjunto liga-se a outros filamentos de actina na orientação oposta e, como consequência, move os filamentos na direção oposta. Como resultado, um filamento de miosina desliza os conjuntos de filamentos de actina opostamente orientados uns sobre os outros (**Figura 17-39**). Podemos então compreender como os filamentos de actina e os filamentos de miosina, conjuntamente organizados em um feixe, fazem esse feixe ser capaz de gerar uma grande força de contração. Tal fenômeno é mais nitidamente observado na contração muscular, mas ele também ocorre nos *feixes contráteis* de filamentos de actina, que são bem menores, e nos filamentos de miosina II (ver Figura 17-28B) que se associam transitoriamente em células não musculares e no *anel contrátil*, fazendo uma célula se dividir em duas ao contrair-se e puxar a membrana plasmática para o interior (ver Figura 17-28D).

QUESTÃO 17-8

Se tanto os filamentos de actina quanto os filamentos de miosina do músculo são constituídos a partir de subunidades unidas entre elas por ligações não covalentes fracas, como é possível que um ser humano seja capaz de erguer objetos pesados?

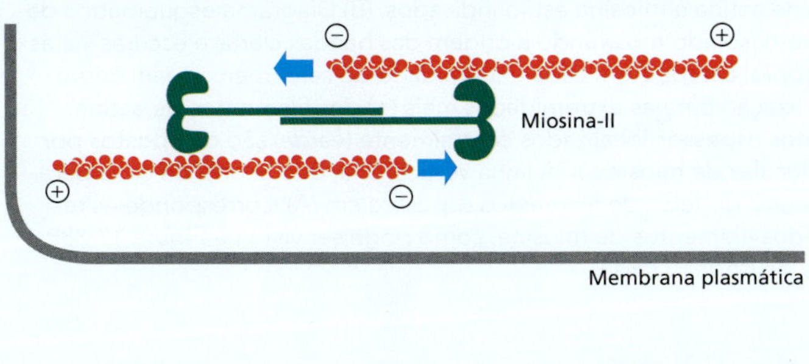

Figura 17-39 Um pequeno filamento bipolar de miosina-II pode deslizar dois filamentos de actina de orientação oposta mútua. Este movimento de deslizamento medeia a contração dos filamentos de actina e miosina-II tanto em células musculares quanto em células não musculares. Como acontece com a miosina-I, as cabeças de miosina-II caminham em direção à extremidade mais (+) do filamento de actina com o qual interagem.

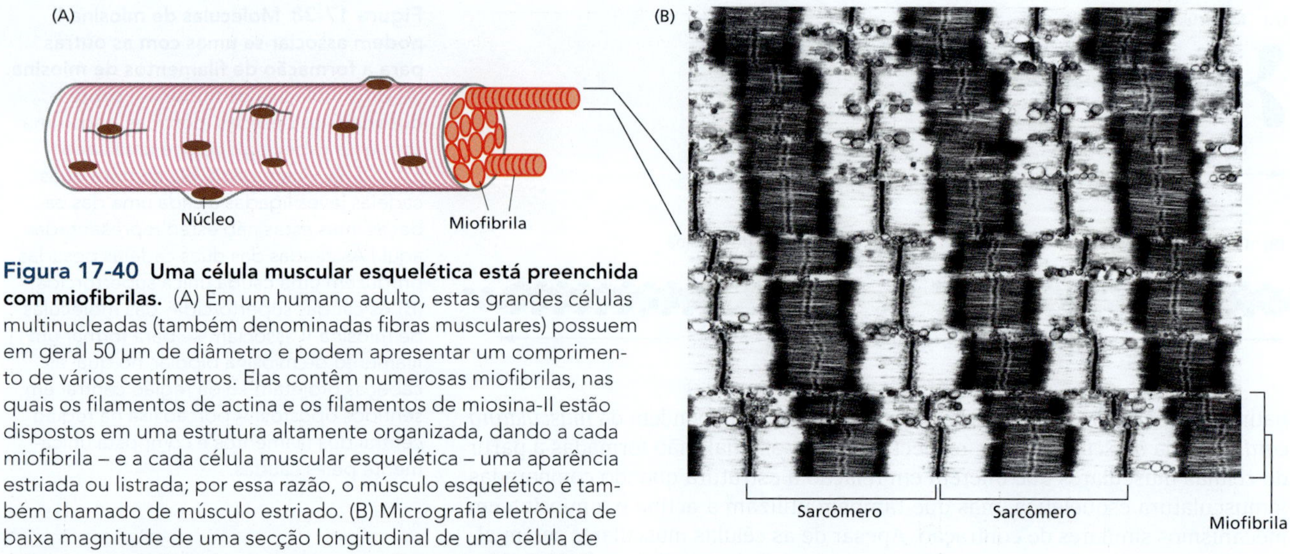

Figura 17-40 Uma célula muscular esquelética está preenchida com miofibrilas. (A) Em um humano adulto, estas grandes células multinucleadas (também denominadas fibras musculares) possuem em geral 50 µm de diâmetro e podem apresentar um comprimento de vários centímetros. Elas contêm numerosas miofibrilas, nas quais os filamentos de actina e os filamentos de miosina-II estão dispostos em uma estrutura altamente organizada, dando a cada miofibrila – e a cada célula muscular esquelética – uma aparência estriada ou listrada; por essa razão, o músculo esquelético é também chamado de músculo estriado. (B) Micrografia eletrônica de baixa magnitude de uma secção longitudinal de uma célula de músculo esquelético de coelho, mostrando que cada miofibrila consiste em uma sequência repetitiva de sarcômeros, as unidades contráteis das miofibrilas. (B, cortesia de Roger Craig.)

Filamentos de actina deslizam sobre filamentos de miosina durante a contração muscular

As *fibras musculares esqueléticas* são enormes células multinucleadas individuais formadas pela fusão de muitas pequenas células individuais. Os núcleos das células que contribuíram para sua formação permanecem retidos na fibra muscular e se posicionam exatamente abaixo da membrana plasmática. A maior parte do citoplasma é composta de **miofibrilas**, os elementos contráteis da célula muscular. Essas estruturas cilíndricas possuem um diâmetro de 1 a 2 µm e podem ser tão longas quanto a própria célula muscular (**Figura 17-40A**).

Uma miofibrila consiste em uma cadeia de minúsculas unidades contráteis idênticas, ou **sarcômeros**. Cada sarcômero possui em torno de 2,5 µm de comprimento, e o padrão relativo à repetição de sarcômeros dá à miofibrila de vertebrados sua aparência listrada (**Figura 17-40B**). Os sarcômeros são arranjos altamente organizados de dois tipos de filamentos – filamentos de actina e filamentos de miosina compostos de uma forma músculo-específica de miosina-II. Os filamentos de miosina (*filamentos espessos*) se posicionam na região central do sarcômero, ao passo que os filamentos de actina, mais finos (*filamentos delgados*), estendem-se para o interior a partir de cada uma das extremidades do sarcômero, onde estão ancorados pelas suas extremidades mais (+) a uma estrutura denominada *disco Z*. As extremidades menos (-) dos filamentos de actina se sobrepõem às extremidades dos filamentos de miosina (**Figura 17-41**).

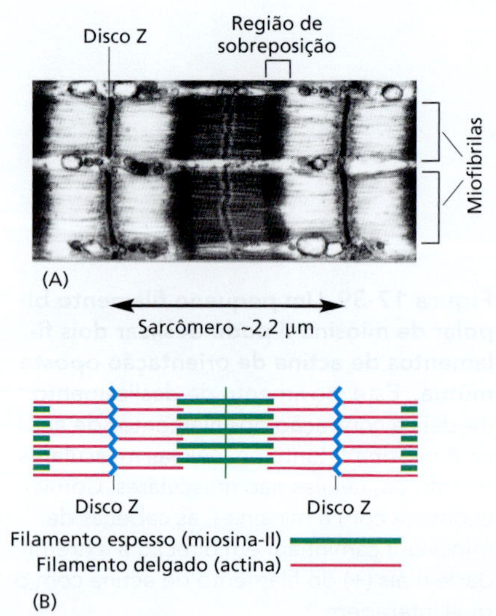

Figura 17-41 Os sarcômeros são as unidades contráteis do músculo. (A) Detalhe da micrografia eletrônica da Figura 17-40 mostrando duas miofibrilas; o comprimento de um sarcômero e a região de sobreposição entre os filamentos de actina e miosina estão indicados. (B) Diagrama esquemático de um sarcômero isolado mostrando a origem das bandas claras e escuras vistas no microscópio. Discos Z em cada extremidade do sarcômero atuam como pontos de fixação para as extremidades mais (+) dos filamentos de actina. Os filamentos espessos localizados centralmente (*verde*) são compostos por muitas moléculas de miosina-II. A linha vertical fina, que ocorre de cima para baixo no centro do feixe de filamentos espessos em (A), corresponde às regiões lisas dos filamentos de miosina, como pode ser visto na Figura 17-38B. (A, cortesia de Roger Craig.)

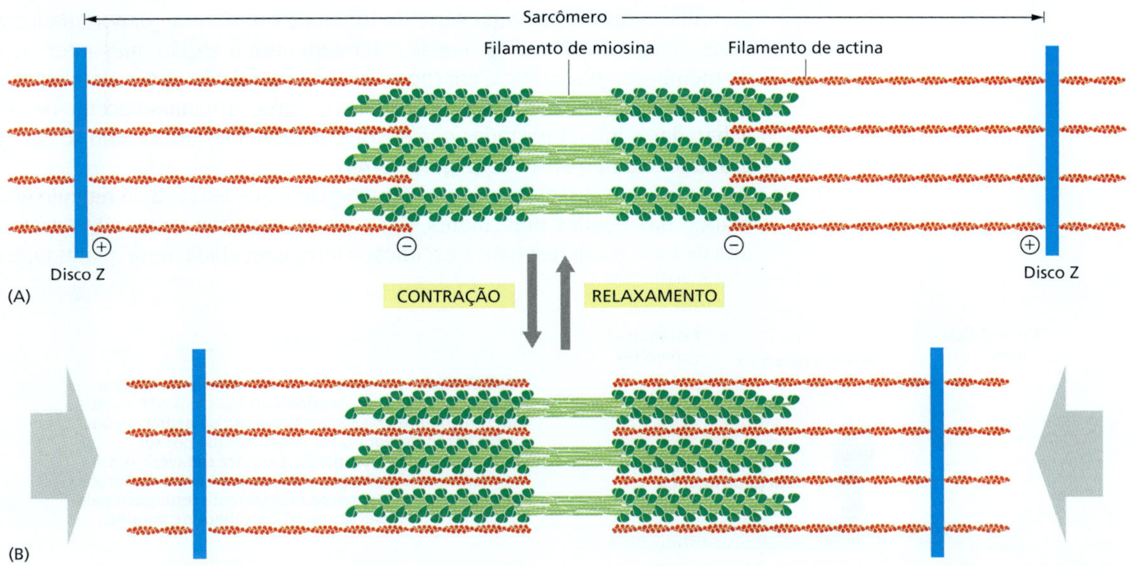

Figura 17-42 Os músculos se contraem por um mecanismo de deslizamento de filamentos. (A) Os filamentos de miosina e actina de um sarcômero se sobrepõem com a mesma polaridade relativa em ambos os lados de uma linha mediana. Lembre-se de que os filamentos de actina estão ancorados por suas extremidades mais (+) ao disco Z e os filamentos de miosina são bipolares. (B) Durante a contração, os filamentos de actina e miosina deslizam uns sobre os outros sem que eles próprios sofram encurtamento. O movimento de deslizamento é conduzido pela caminhada das cabeças de miosina rumo à extremidade de mais (+) dos filamentos de actina adjacentes (**Animação 17.9**).

A contração de uma célula muscular é causada por um encurtamento simultâneo de todos os sarcômeros da célula, provocado pelo deslizamento dos filamentos de actina em relação aos filamentos de miosina, sem que haja alteração no comprimento de qualquer um dos tipos de filamentos (**Figura 17-42**). O movimento de deslizamento é gerado pelas cabeças da miosina que se projetam lateralmente a partir do filamento de miosina e interagem com os filamentos adjacentes de actina (ver Figura 17-39). Quando um músculo é estimulado para a contração, as cabeças de miosina começam uma caminhada ao longo do filamento de actina por meio de ciclos repetidos de ligação e liberação. Durante cada ciclo, uma cabeça de miosina liga e hidrolisa uma molécula de ATP. Isso provoca uma série de alterações conformacionais que movem a ponta da cabeça cerca de 5 nm ao longo do filamento de actina em direção à extremidade mais (+). Esse movimento, repetido a cada ciclo de hidrólise de ATP, impulsiona a molécula de miosina unidirecionalmente sobre o filamento de actina (**Figura 17-43**). Assim, as cabeças de miosina tensionam o filamento de actina, fazendo-o deslizar ao longo do filamento de miosina. A ação conjunta de muitas cabeças de miosina tensionando os filamentos de actina e de miosina uns contra os outros leva à contração do sarcômero. Após a completa contração, todas as cabeças de miosina perdem contato com o filamento de actina, e o músculo sofre relaxamento.

Cada filamento de miosina possui cerca de 300 cabeças de miosina. Cada cabeça de miosina pode ligar-se e desconectar-se da actina aproximadamente cinco vezes por segundo, permitindo que os filamentos de actina e de miosina sofram um deslizamento a uma velocidade de até 15 μm por segundo. Essa velocidade é suficiente para levar um sarcômero de um estado de total extensão (3 μm) a um estado de contração total (2 μm) em menos de um décimo de segundo. Todos os sarcômeros de um músculo são acoplados juntos e são disparados de maneira simultânea pelo sistema de sinalização que descrevemos a seguir, de modo que o músculo como um todo se contrai quase instantaneamente.

A contração muscular é induzida por um aumento súbito de Ca^{2+} citosólico

A interação molecular geradora de força que ocorre entre os filamentos de actina e miosina só é desencadeada quando a musculatura esquelética recebe um sinal proveniente de um nervo motor. O neurotransmissor liberado pela terminação nervosa induz um potencial de ação (discutido no Capítulo 12) na membrana plasmática da célula muscular. Essa excitação elétrica se espalha em questão de milissegundos por uma série de tubos de membrana, denominados *túbulos transversos* (ou *túbulos T*), que se estendem para a região mais interna, a partir da membrana plasmática, em torno de cada miofibrila. A seguir, o sinal elétrico é enviado para o *retículo sarcoplasmático* – uma camada adjacente de vesículas achatadas e interconectadas que envolvem cada miofibrila como se fossem uma grande meia tipo arrastão (**Figura 17-44**).

O retículo sarcoplasmático é uma região especializada do retículo endoplasmático nas células musculares. Ele contém uma concentração extremamente alta de Ca^{2+}, e, em resposta à excitação elétrica recebida, uma quantidade signifi-

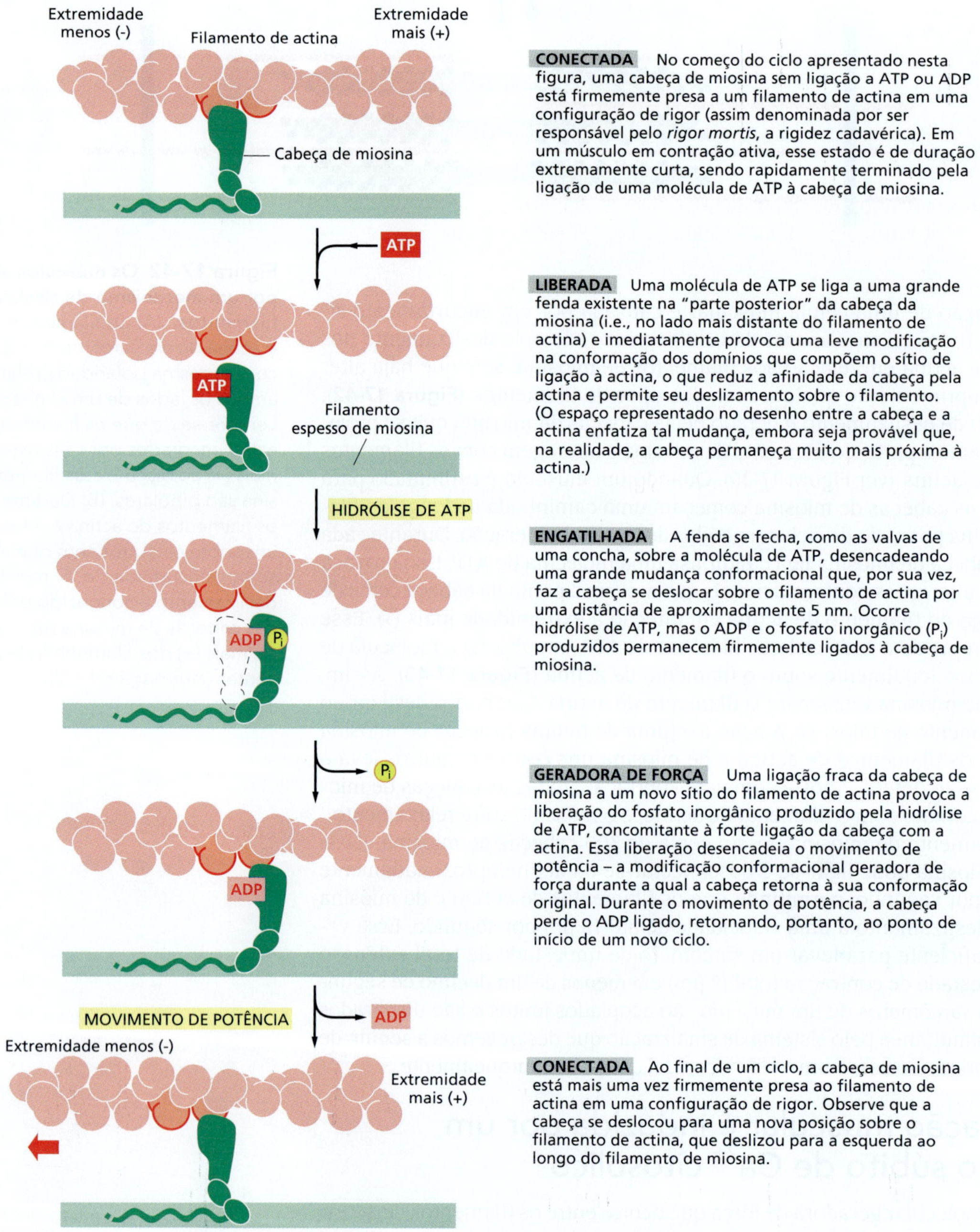

Extremidade menos (-)
Filamento de actina
Extremidade mais (+)
Cabeça de miosina
ATP
ATP
Filamento espesso de miosina
HIDRÓLISE DE ATP
ADP
Pi
Pi
ADP
MOVIMENTO DE POTÊNCIA
ADP
Extremidade menos (-)
Extremidade mais (+)
CONECTADA No começo do ciclo apresentado nesta figura, uma cabeça de miosina sem ligação a ATP ou ADP está firmemente presa a um filamento de actina em uma configuração de rigor (assim denominada por ser responsável pelo *rigor mortis*, a rigidez cadavérica). Em um músculo em contração ativa, esse estado é de duração extremamente curta, sendo rapidamente terminado pela ligação de uma molécula de ATP à cabeça de miosina.
LIBERADA Uma molécula de ATP se liga a uma grande fenda existente na "parte posterior" da cabeça da miosina (i.e., no lado mais distante do filamento de actina) e imediatamente provoca uma leve modificação na conformação dos domínios que compõem o sítio de ligação à actina, o que reduz a afinidade da cabeça pela actina e permite seu deslizamento sobre o filamento. (O espaço representado no desenho entre a cabeça e a actina enfatiza tal mudança, embora seja provável que, na realidade, a cabeça permaneça muito mais próxima à actina.)
ENGATILHADA A fenda se fecha, como as valvas de uma concha, sobre a molécula de ATP, desencadeando uma grande mudança conformacional que, por sua vez, faz a cabeça se deslocar sobre o filamento de actina por uma distância de aproximadamente 5 nm. Ocorre hidrólise de ATP, mas o ADP e o fosfato inorgânico (P_i) produzidos permanecem firmemente ligados à cabeça de miosina.
GERADORA DE FORÇA Uma ligação fraca da cabeça de miosina a um novo sítio do filamento de actina provoca a liberação do fosfato inorgânico produzido pela hidrólise de ATP, concomitante à forte ligação da cabeça com a actina. Essa liberação desencadeia o movimento de potência – a modificação conformacional geradora de força durante a qual a cabeça retorna à sua conformação original. Durante o movimento de potência, a cabeça perde o ADP ligado, retornando, portanto, ao ponto de início de um novo ciclo.
CONECTADA Ao final de um ciclo, a cabeça de miosina está mais uma vez firmemente presa ao filamento de actina em uma configuração de rigor. Observe que a cabeça se deslocou para uma nova posição sobre o filamento de actina, que deslizou para a esquerda ao longo do filamento de miosina.

Figura 17-43 A cabeça de uma molécula de miosina-II caminha ao longo de um filamento de actina por meio de um ciclo de mudanças conformacionais dependentes de ATP. Dois monômeros de actina estão destacados para melhor visualização do movimento do filamento de actina. A **Animação 17.10** mostra a actina e a miosina em ação. (Baseada em I. Rayment et al., *Science* 261:50–58, 1993.Com permissão de AAAS.)

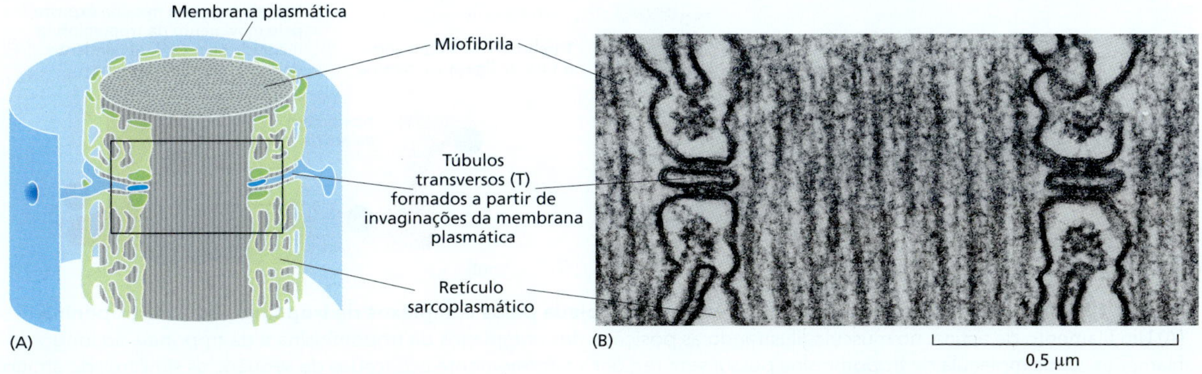

Figura 17-44 Os túbulos T e o retículo sarcoplasmático envolvem cada miofibrila. (A) Representação dos dois sistemas de membrana que transmitem o sinal de contração da membrana plasmática da célula muscular para todas as miofibrilas da célula muscular. (B) Micrografia eletrônica mostrando uma secção transversal de dois túbulos T e dos compartimentos do retículo sarcoplasmático adjacente. (B, cortesia de Clara Franzini-Armstrong.)

cativa desse Ca^{2+} é liberada no interior do citosol por um conjunto especializado de canais iônicos que se abrem na membrana do retículo sarcoplasmático em razão da alteração de voltagem na membrana plasmática e nos túbulos T (**Figura 17-45**). Como discutido no Capítulo 16, o Ca^{2+} é amplamente utilizado como um pequeno sinal intracelular para transmitir uma mensagem proveniente do exterior para o interior das células. No músculo, o aumento na concentração de Ca^{2+} citosólico ativa um interruptor molecular constituído por proteínas acessórias especializadas intimamente associadas aos filamentos de actina (**Figura 17-46A**). Uma dessas proteínas é a *tropomiosina*, uma molécula rígida, em forma de haste, que se liga na fenda da hélice de actina, impedindo que as cabeças de miosina se associem ao filamento de actina. Outra, a *troponina*, é um complexo proteico que inclui uma proteína sensível ao Ca^{2+} que está associada à extremidade de uma molécula de tropomiosina. Quando a concentração de Ca^{2+} se eleva no citosol, o Ca^{2+} se liga à troponina, induzindo uma alteração conformacional no complexo da troponina. Essa alteração, por sua vez, causa uma leve modificação das posições das moléculas de tropomiosina, permitindo que as cabeças da miosina se liguem aos filamentos de actina, iniciando a contração (**Figura 17-46B**).

Visto que o sinal proveniente da membrana plasmática é transmitido em milissegundos (via túbulos transversos e retículo sarcoplasmático) para cada um dos sarcômeros da célula, todas as miofibrilas dessa célula sofrerão contração simultaneamente. O aumento de Ca^{2+} no citosol é transitório, porque, quando o sinal do nervo é interrompido, o Ca^{2+} é rapidamente bombeado de volta para

QUESTÃO 17-9

Compare a estrutura de filamentos intermediários com a de filamentos de miosina-II das células musculares esqueléticas. Quais são suas principais semelhanças? Quais são suas principais diferenças? Como essas diferenças estruturais se relacionam às suas funções?

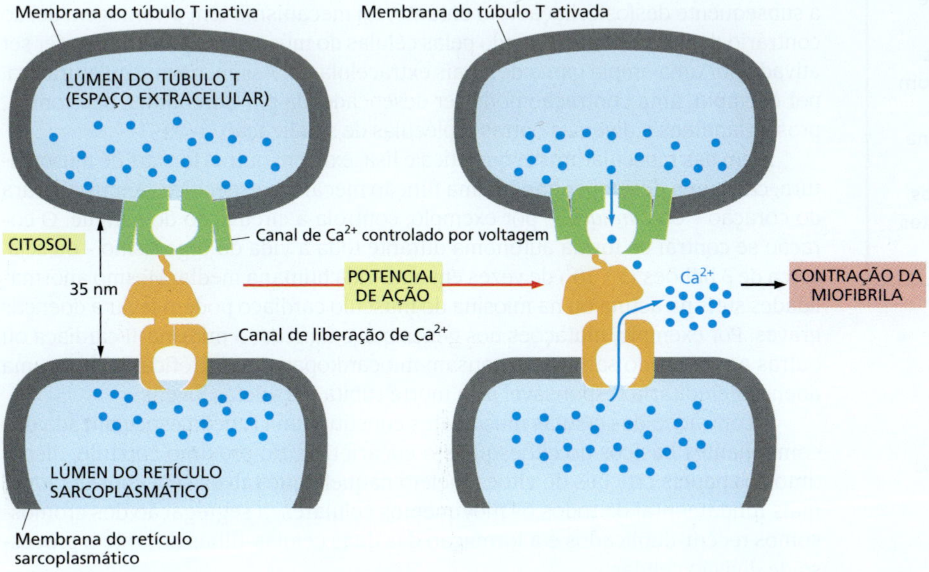

Figura 17-45 A contração do músculo esquelético é desencadeada pela liberação de Ca^{2+} do retículo sarcoplasmático no citosol. Este diagrama esquemático ilustra como se acredita que um canal de liberação de Ca^{2+} na membrana do retículo sarcoplasmático seja aberto pela ativação de um canal de Ca^{2+} controlado por voltagem presente na membrana do túbulo T.

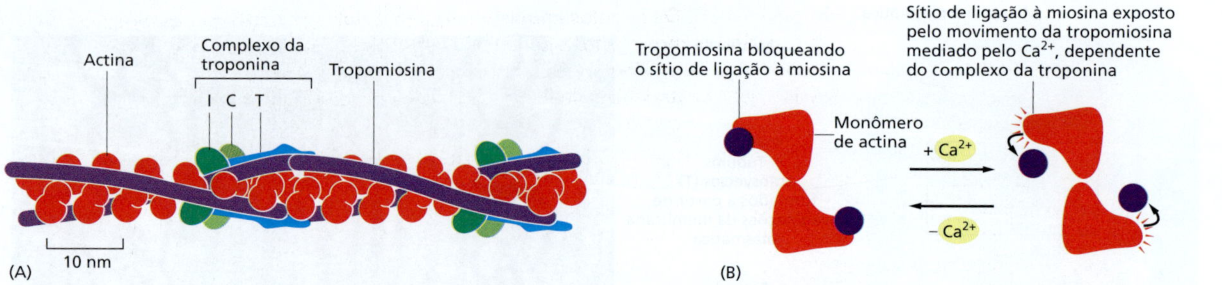

Figura 17-46 A contração do músculo esquelético é controlada pelos complexos da tropomiosina e da troponina. (A) Um filamento de actina, no músculo, ilustrando as posições dos complexos da tropomiosina e da troponina ao longo do filamento. Cada molécula de tropomiosina possui sete regiões uniformemente espaçadas de sequências similares de aminoácidos, cada uma das quais potencialmente capaz de se ligar a um monômero de actina no filamento. (B) Quando Ca^{2+} se liga a um complexo de troponina, o complexo move a tropomiosina, que na forma anterior bloqueava a interação da actina com as cabeças de miosina. Aqui, o filamento de actina de (A) é ilustrado em corte.

o retículo sarcoplasmático por bombas de Ca^{2+}, abundantes na sua membrana (discutido no Capítulo 12). Assim que a concentração de Ca^{2+} retorna ao nível de repouso, as moléculas de troponina e de tropomiosina retornam às suas posições originais. Essa reconfiguração novamente bloqueia a ligação da miosina aos filamentos de actina, provocando, portanto, o fim da contração.

Tipos distintos de células musculares desempenham funções diferentes

É provável que a maquinaria contrátil altamente especializada das células musculares tenha evoluído a partir dos feixes contráteis de filamentos de actina e miosina, bem mais simples, encontrados em todas as células eucarióticas. A miosina-II de células não musculares também é ativada por um aumento do Ca^{2+} citosólico, mas o mecanismo de ativação é diferente daquele que atua na miosina-II músculo-específica. Um aumento de Ca^{2+} induz a fosforilação da miosina-II não muscular, o que altera a conformação da miosina, permitindo que ela interaja com a actina. Um mecanismo de ativação semelhante opera no *músculo liso* presente nas paredes do estômago, intestino, útero e artérias, e em outras estruturas que realizam contrações involuntárias lentas e continuadas. Esse modo de ativação da miosina é relativamente lento, pois é necessário certo tempo para que moléculas de enzima se difundam para as cabeças da miosina e realizem a fosforilação e a subsequente desfosforilação. No entanto, tal mecanismo tem a vantagem de, ao contrário do mecanismo utilizado pelas células do músculo esquelético, poder ser ativado por uma ampla gama de sinais extracelulares. Assim, na musculatura lisa, por exemplo, uma contração pode ser desencadeada por adrenalina, serotonina, prostaglandinas e diversas outras moléculas de sinalização.

Além das musculaturas esquelética e lisa, existem outras formas de musculatura, cada uma desempenhando uma função mecânica específica. A musculatura do coração – ou *cardíaca* –, por exemplo, controla a circulação do sangue. O coração se contrai de forma autônoma durante toda a vida do organismo – ou seja, cerca de 3 bilhões (3×10^9) de vezes em uma vida humana média. Mesmo anormalidades sutis na actina ou na miosina do músculo cardíaco podem levar a doenças graves. Por exemplo, mutações nos genes que codificam a miosina-II cardíaca ou outras proteínas do sarcômero causam miocardiopatia hipertrófica familiar, uma doença hereditária responsável pela morte súbita em atletas jovens.

A contração das células musculares constitui uma função especializada dos componentes básicos do citoesqueleto eucariótico. No próximo capítulo, discutimos os papéis cruciais do citoesqueleto naquele que talvez seja considerado o mais fundamental de todos os movimentos celulares: a segregação dos cromossomos recém-duplicados e a formação das duas células-filhas durante o processo de divisão celular.

QUESTÃO 17-10

A. Observe que na Figura 17-46 as moléculas de troponina estão regularmente espaçadas ao longo de um filamento de actina, sendo uma molécula de troponina encontrada a cada sete moléculas de actina. Como as moléculas de troponina podem ser posicionadas de forma tão regular? O que isso nos ensina sobre a ligação da troponina aos filamentos de actina?

B. O que aconteceria se você misturasse filamentos de actina com (i) troponina isolada, (ii) tropomiosina isolada ou (iii) troponina mais tropomiosina, e a seguir adicionasse miosina? Os efeitos observados seriam dependentes de Ca^{2+}?

CONCEITOS ESSENCIAIS

- O citoplasma de uma célula eucariótica é sustentado e organizado pelo citoesqueleto composto por filamentos intermediários, microtúbulos e filamentos de actina.
- Filamentos intermediários são polímeros estáveis, semelhantes a cordas, construídos a partir de subunidades proteicas fibrosas, que dão resistência mecânica às células. Alguns filamentos intermediários formam a lâmina nuclear que sustenta e fortalece o envelope nuclear; outros estão distribuídos por todo o citoplasma.
- Os microtúbulos são tubos rígidos e ocos, formados por dímeros de tubulina globular. Eles são estruturas polarizadas que contêm uma extremidade menos (-) de crescimento mais lento e uma extremidade mais (+) de crescimento rápido.
- Os microtúbulos crescem a partir de centros organizadores, como o centrossomo, no qual as extremidades menos (-) permanecem inseridas.
- Vários microtúbulos exibem instabilidade dinâmica, alternando rapidamente entre crescimento e encurtamento. O encurtamento é promovido pela hidrólise do GTP que está fortemente ligado aos dímeros de tubulina, reduzindo a afinidade dos dímeros com seus vizinhos, e promovendo, portanto, a dissociação dos microtúbulos.
- Os microtúbulos podem ser estabilizados por proteínas localizadas que capturam as extremidades mais (+), contribuindo assim para posicionar os microtúbulos, vinculando-os a funções específicas.
- As cinesinas e as dineínas são proteínas motoras associadas ao microtúbulo que usam a energia da hidrólise de ATP para se movimentarem unidirecionalmente ao longo dos microtúbulos. Elas transportam organelas específicas, vesículas e outros tipos de carga para localizações específicas na célula.
- Os cílios e os flagelos de eucariotos contêm um feixe de microtúbulos estáveis. Seu batimento ritmado é causado pela flexão dos microtúbulos, sendo tal flexão dirigida pela proteína motora dineína ciliar.
- Os filamentos de actina são polímeros helicoidais de monômeros de actina globular. Eles são mais flexíveis do que os microtúbulos e frequentemente são encontrados em feixes ou redes.
- Como os microtúbulos, os filamentos de actina também são polarizados, com uma extremidade mais (+) de crescimento rápido e uma extremidade menos (-) de crescimento lento. A sua associação e dissociação é controlada pela hidrólise do ATP fortemente ligado a cada um dos monômeros de actina e por diversas proteínas de ligação à actina.
- Os diversos arranjos e funções dos filamentos de actina nas células resultam da diversidade de proteínas de ligação à actina, as quais podem controlar a polimerização da actina, interligar os filamentos de actina em redes frouxas ou feixes rígidos, conectar os filamentos de actina a membranas, ou mover dois filamentos adjacentes um em relação ao outro.
- Uma rede concentrada de filamentos de actina subjacente à membrana plasmática forma a principal parte do córtex celular, o qual é responsável pela definição da forma e do movimento da superfície da célula, incluindo os movimentos necessários para que uma célula deslize sobre uma superfície.
- As miosinas são proteínas motoras que utilizam a energia da hidrólise de ATP para se mover ao longo dos filamentos de actina. Em células não musculares, a miosina-I pode transportar organelas ou vesículas ao longo das trilhas de filamentos de actina, e a miosina-II pode fazer os filamentos de actina adjacentes deslizarem uns sobre os outros nos feixes contráteis.
- Em células do músculo esquelético, arranjos repetidos e sobrepostos de filamentos de actina e miosina-II formam miofibrilas altamente ordenadas, que contraem quando esses filamentos deslizam uns sobre os outros.
- A contração muscular é iniciada por um súbito aumento de Ca^{2+} citosólico, que sinaliza para as miofibrilas via proteínas de ligação ao Ca^{2+} associadas aos filamentos de actina.

TERMOS-CHAVE

centrossomo	filamento de miosina	miofibrila
centríolo	filamento de queratina	miosina
cinesina	filamento intermediário	polaridade
citoesqueleto	filopódio	proteína associada ao microtúbulo
cílio	flagelo	proteína de ligação à actina
córtex celular	instabilidade dinâmica	proteína motora
dineína	lamelipódio	sarcômero
família proteica Rho	lâmina nuclear	tubulina
filamento de actina	microtúbulo	

TESTE SEU CONHECIMENTO

QUESTÃO 17-11

Quais das seguintes afirmativas estão corretas? Explique sua resposta.

A. As cinesinas movimentam membranas do retículo endoplasmático ao longo dos microtúbulos de tal maneira que uma rede de túbulos do RE é estendida por toda a célula.

B. Sem actina, as células podem formar um fuso mitótico funcional e separar seus cromossomos, mas não podem sofrer divisão.

C. Lamelipódios e filopódios são "órgãos sensoriais" que uma célula estende com o objetivo de localizar pontos de ancoragem no substrato sobre o qual a célula está se movendo.

D. O GTP é hidrolisado pela tubulina para provocar a flexão dos flagelos.

E. As células que têm uma rede de filamentos intermediários que não pode sofrer despolimerização irão morrer.

F. As extremidades mais (+) dos microtúbulos crescem mais rapidamente, pois possuem uma capa de GTP maior.

G. Os túbulos transversos em células musculares são uma extensão da membrana plasmática, com a qual eles apresentam continuidade, e, de modo semelhante, o retículo sarcoplasmático é uma extensão do retículo endoplasmático.

H. A ativação do movimento da miosina sobre os filamentos de actina é mediada pela fosforilação da troponina em algumas situações e pela ligação de Ca^{2+} à troponina em outras.

QUESTÃO 17-12

O tempo médio necessário para uma molécula ou uma organela se difundir a uma distância *x* em cm é dado pela fórmula

$t = x^2/2D$

onde *t* equivale ao tempo em segundos, e *D* é uma constante denominada coeficiente de difusão para a molécula ou partícula. Usando a fórmula anterior, calcule o tempo necessário para que uma molécula pequena, uma proteína e uma vesícula de membrana se difundam de um lado para o extremo oposto de uma célula que apresenta 10 μm de diâmetro. Os coeficientes de difusão típicos, em unidades de cm^2/s, são, para uma molécula pequena, 5×10^{-6}; para uma molécula proteica, 5×10^{-7}; e para uma vesícula, 5×10^{-8}. Quanto tempo será necessário para que a vesícula de membrana consiga chegar à extremidade de um axônio de 10 cm de comprimento se movendo por difusão livre? Quanto tempo será necessário caso ela seja transportada sobre microtúbulos a uma velocidade de 1 μm/segundo?

QUESTÃO 17-13

Por que as células eucarióticas, e especialmente as células animais, possuem citoesqueletos tão grandes e complexos? Relacione as diferenças entre células animais e células bacterianas devidas ao citoesqueleto eucariótico.

QUESTÃO 17-14

Examine a estrutura de um filamento intermediário apresentada na Figura 17-4. O filamento apresenta uma polaridade característica, ou seja, podemos distinguir uma extremidade da outra em função de alguma característica química ou outra qualquer? Justifique sua resposta.

QUESTÃO 17-15

Não existem proteínas motoras conhecidas que se movam ao longo dos filamentos intermediários. Sugira uma explicação para isso.

QUESTÃO 17-16

Quando uma célula entra em mitose, seu arranjo preexistente de microtúbulos citoplasmáticos deve ser rapidamente dissociado e substituído pelo fuso mitótico que se forma para separar os cromossomos entre as duas células-filhas. A enzima catanina, que recebeu seu nome em homenagem às espadas dos samurais japoneses, é ativada no início da mitose e fragmenta os microtúbulos em pequenos pedaços. Após terem sido gerados pela catanina, o que acontece aos fragmentos de microtúbulos? Justifique sua resposta.

QUESTÃO 17-17

O fármaco paclitaxel, extraído da casca de uma conífera, apresenta efeito oposto ao do fármaco colchicina, um alcaloide extraído do açafrão-do-prado. O paclitaxel se liga fortemente aos microtúbulos e os estabiliza; quando adicionado a células, ele faz grande parte da tubulina livre se associar formando microtúbulos. Já a colchicina impede a formação de microtúbulos. O paclitaxel é tão prejudicial às células em divisão quanto a colchicina, e ambos são utilizados como fármacos anticancerígenos. Com base em seu conhecimento a respeito da dinâmica dos microtúbulos, como você explica que ambos os fármacos sejam tóxicos para as células em divisão apesar de exercerem ações opostas?

QUESTÃO 17-18

Uma técnica bastante útil para o estudo de motores de microtúbulos é conectá-los pelas suas caudas a lamínulas de vidro (o que pode ser realizado de forma bastante simples, pois as caudas apresentam grande avidez por uma superfície de vidro limpa) e, a seguir, permitir que os microtúbulos se assentem sobre elas. Os microtúbulos podem então ser observados sob microscopia óptica, conforme são propelidos sobre a superfície da lamínula, movidos pelas cabeças das proteínas motoras. Considerando que as proteínas motoras se ligam sob orientação aleatória à lamínula, como elas podem gerar o movimento coordenado de microtúbulos isolados, em vez de dar início a um cabo de guerra? Em que direção os microtúbulos migrarão sobre uma "cama" de moléculas de cinesina (i.e., os microtúbulos se moverão primeiro para a extremidade mais [+] ou para a extremidade menos [-])?

QUESTÃO 17-19

Na **Figura Q17-19**, pode ser observado um típico gráfico de tempo de polimerização e formação de microtúbulos a partir de tubulina purificada.

A. Explique as diferentes partes da curva (indicadas como A, B e C). Desenhe um diagrama que ilustre o comportamento das moléculas de tubulina em cada uma das três fases.
B. O que aconteceria com a curva da figura se fossem adicionados centrossomos à reação?

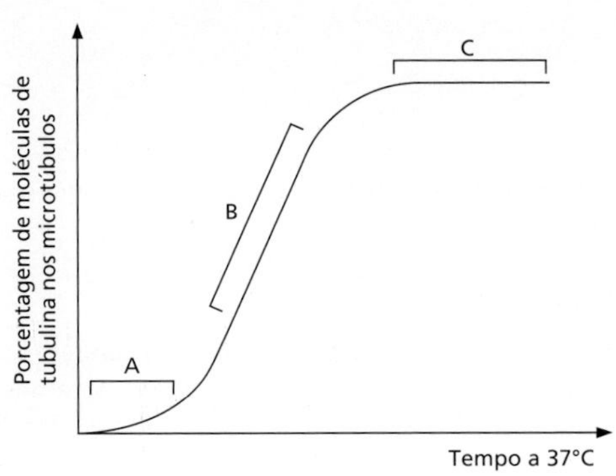

Figura Q17-19

QUESTÃO 17-20

As micrografias eletrônicas mostradas na **Figura Q17-20A** foram obtidas de uma população de microtúbulos que estavam em rápido crescimento. A **Figura Q17-20B** foi obtida de microtúbulos que estavam sofrendo encurtamento "catastrófico". Comente todas as diferenças existentes entre as imagens A e B e sugira explicações possíveis para as diferenças observadas.

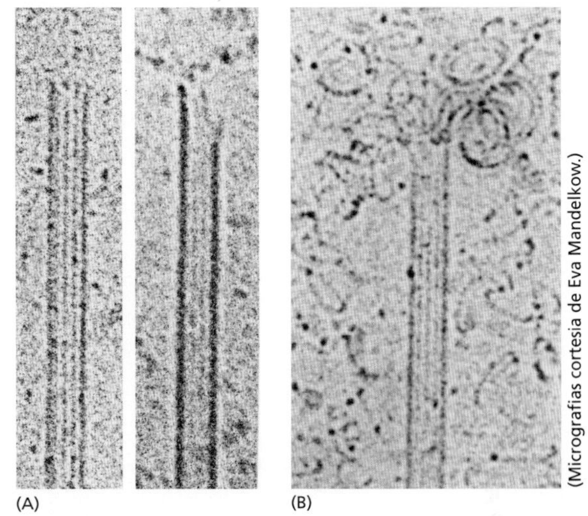

Figura Q17-20

QUESTÃO 17-21

A locomoção de fibroblastos em cultura é impedida imediatamente pela adição de citocalasina, ao passo que a adição de colchicina faz os fibroblastos pararem de se movimentar de forma direcionada e começarem a estender lamelipódios de modo aparentemente aleatório. A injeção de fibroblastos com anticorpos antivimentina não resulta em efeitos discerníveis relativos à sua capacidade de migração. O que os dados lhe sugerem em relação ao envolvimento dos três filamentos citoesqueléticos diferentes na locomoção de fibroblastos?

QUESTÃO 17-22

Complete a afirmação a seguir de forma exata, explicando a razão de haver escolhido ou refutado cada um dos quatro complementos (mais de um pode estar correto). A função do cálcio na contração muscular é:

A. Desligar as cabeças de miosina do filamento de actina.
B. Transmitir o potencial de ação da membrana plasmática para a maquinaria contrátil.
C. Ligar-se à troponina, fazendo-a mover a tropomiosina e, consequentemente, expor os filamentos de actina para as cabeças de miosina.
D. Manter a estrutura do filamento de miosina.

QUESTÃO 17-23

Qual das seguintes alterações ocorre na contração do músculo esquelético?

A. Os discos Z se distanciam.
B. Há contração dos filamentos de actina.
C. Há contração dos filamentos de miosina.
D. Há encurtamento dos sarcômeros.

18

O ciclo de divisão celular

"Onde surge uma célula, existia uma célula anteriormente, assim como os animais só podem surgir de animais, e as plantas, de plantas". Essa afirmação que aparece em um livro escrito pelo patologista alemão Rudolf Virchow em 1858 carrega consigo uma mensagem profunda para a continuidade da vida. Se cada célula se origina a partir de uma célula anterior, todos os organismos vivos – desde bactérias unicelulares a mamíferos multicelulares – são produtos de repetidos ciclos de crescimento e divisão celular que ocorrem desde o início da vida há mais de 3 bilhões de anos.

Uma célula se reproduz realizando uma sequência ordenada de eventos nos quais ela duplica seu conteúdo e então se divide em duas. Esse ciclo de duplicação e divisão, conhecido como **ciclo celular**, é o principal mecanismo pelo qual todos os seres vivos se reproduzem. Os detalhes do ciclo celular variam de organismo para organismo e ocorrem em diferentes momentos na vida de um determinado organismo. Nos organismos unicelulares, como bactérias e leveduras, cada divisão celular produz um organismo novo completo, ao passo que vários ciclos de divisão celular são necessários para produzir um novo organismo multicelular a partir de um óvulo fertilizado. Entretanto, certas características do ciclo celular são universais, uma vez que permitem que cada célula realize a tarefa fundamental de copiar e passar sua informação genética para a próxima geração de células.

Para explicar como as células se reproduzem, devemos considerar três questões principais: (1) Como as células duplicam seu conteúdo – incluindo os cromossomos, que carregam a informação genética? (2) Como elas repartem o conteúdo duplicado e se separam em duas? (3) Como elas coordenam todas as etapas e a maquinaria necessária para esses dois processos? O primeiro problema é discutido em outros capítulos deste livro: no Capítulo 6, discutimos como o DNA é replicado, e nos Capítulos 7, 11, 15 e 17, descrevemos como a célula eucariótica produz outros componentes, como as proteínas, as membranas, as organelas e os filamentos do citoesqueleto. Neste capítulo, lidamos com a segunda e a terceira questões: como uma célula eucariótica distribui – ou *segrega* – seu conteúdo duplicado para produzir duas células-filhas geneticamente idênticas, e como ela coordena as várias etapas desse ciclo reprodutivo.

Começamos com uma visão geral sobre os eventos que ocorrem durante o ciclo celular típico. Então, descrevemos o complexo sistema de proteínas reguladoras, chamado de *sistema de controle do ciclo celular*, que ordena e coordena esses eventos para assegurar que ocorram na sequência correta. Depois, discutimos em mais detalhes os principais estágios do ciclo celular, nos quais os cromossomos são duplicados e então segregados para as duas células-filhas. No final do capítulo, consideramos como os animais utilizam sinais extracelulares para controlar a sobrevivência, o crescimento e a divisão de suas células. Esses

QUESTÃO 18-1

Considere a seguinte afirmação: "Todas as células de hoje se originaram de uma série ininterrupta de divisões celulares, desde a primeira divisão celular". Isso é rigorosamente verdadeiro?

sistemas de sinalização permitem ao animal regular o tamanho e o número de suas células – e, por fim, o tamanho e a forma do próprio organismo.

VISÃO GERAL DO CICLO CELULAR

A função mais básica do ciclo celular é duplicar de maneira acurada a grande quantidade de DNA nos cromossomos e então segregar o DNA para as células-filhas geneticamente idênticas, de modo que cada célula receba uma cópia completa de todo o genoma (**Figura 18-1**). Na maioria dos casos, a célula também duplica suas outras macromoléculas e organelas e duplica seu tamanho antes de se dividir; caso contrário, a cada vez que a célula se dividisse ela ficaria cada vez menor. Assim, para manter o seu tamanho, as células em divisão coordenam o seu crescimento com a sua divisão. Retornamos a esse tópico sobre o controle do tamanho celular adiante no capítulo; aqui, nosso enfoque é a divisão celular.

A duração do ciclo celular varia muito de um tipo de célula para outro. Em um embrião jovem de rã, as células se dividem a cada 30 minutos, enquanto um fibroblasto de mamífero em cultura se divide em torno de uma vez ao dia (**Tabela 18-1**). Nesta seção, descrevemos brevemente a sequência de eventos que acontecem em células de mamíferos em divisão bastante rápida (proliferação). Fazemos uma introdução ao sistema de controle do ciclo celular que assegura que os vários eventos do ciclo ocorram na sequência e no momento corretos.

O ciclo celular eucariótico normalmente inclui quatro fases

Visto sob um microscópio, os dois eventos mais marcantes no ciclo celular são quando o núcleo se divide, um processo chamado de *mitose*, e quando a célula se divide em duas, um processo chamado de *citocinese*. Esses dois processos juntos constituem a **fase M** do ciclo. Em uma célula de mamífero típica, toda a fase M dura cerca de uma hora, que é apenas uma pequena fração do tempo total do ciclo celular (ver Tabela 18-1).

O período entre uma fase M e a próxima fase é chamado de **interfase**. Sob o microscópio, parece, ilusoriamente, um intervalo sem ocorrências especiais durante o qual a célula simplesmente aumenta em tamanho. Entretanto, a interfase é um momento muito atarefado para uma célula proliferativa e compreende as

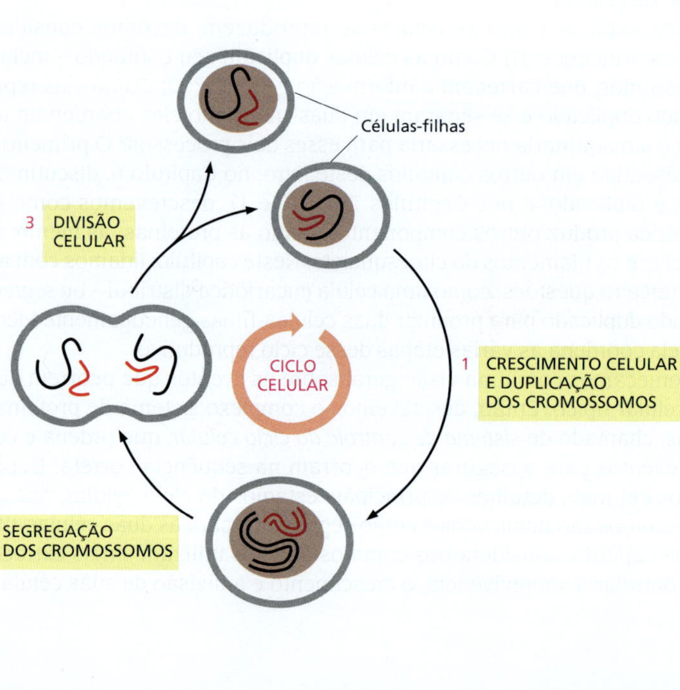

Figura 18-1 As células se reproduzem pela duplicação do seu conteúdo e pela divisão em duas, um processo chamado de ciclo celular. Para simplificar, usamos uma célula eucariótica hipotética – cada uma com apenas uma cópia de dois cromossomos diferentes – para ilustrar como cada ciclo celular produz duas células-filhas geneticamente idênticas. Cada célula-filha pode se dividir mais uma vez ao passar por outro ciclo celular, e assim por diante, de geração em geração.

TABELA 18-1 Tempo de duração de ciclos celulares de alguns eucariotos

Tipo celular	Duração do ciclo celular
Células jovens de embrião de rã	30 minutos
Células de leveduras	1,5 hora
Células epiteliais do intestino de mamíferos	~12 horas
Fibroblastos de mamíferos em cultura	~20 horas

três fases restantes do ciclo celular. Durante a **fase S** (S = síntese), a célula replica seu DNA. A fase S é precedida e sucedida por duas fases de intervalo – $\mathbf{G_1}$ e $\mathbf{G_2}$ (do inglês *gap*) – durante as quais a célula continua a crescer (**Figura 18-2**). Durante as fases de intervalo, a célula monitora tanto seu estado interno como o meio externo. Esse monitoramento assegura que as condições estejam adequadas para reprodução e que os preparativos estejam completos antes de a célula se comprometer com a principal revolução da fase S (após G_1) e a mitose (depois de G_2). Em determinados pontos em G_1 e G_2, a célula decide se vai prosseguir para a próxima fase ou interromper o processo para permitir mais tempo para se preparar.

Durante toda a interfase, uma célula em geral continua a transcrever genes, sintetizar proteínas e aumentar a massa. Junto com a fase S, G_1 e G_2 fornecem o tempo necessário para a célula crescer e duplicar suas organelas citoplasmáticas. Se a interfase durasse apenas o tempo suficiente para a replicação do DNA, a célula não teria tempo para duplicar sua massa antes de se dividir e consequentemente iria encolher a cada divisão celular. Em algumas circunstâncias especiais, é isso que ocorre. Por exemplo, em um embrião jovem de rã, as primeiras divisões celulares após a fertilização (chamadas de *divisões por clivagem*) servem para subdividir o óvulo gigante em várias células menores, o mais rapidamente possível (ver Tabela 18-1). Nesses ciclos celulares, as fases G_1 e G_2 são encurtadas drasticamente, e as células não crescem antes de se dividir.

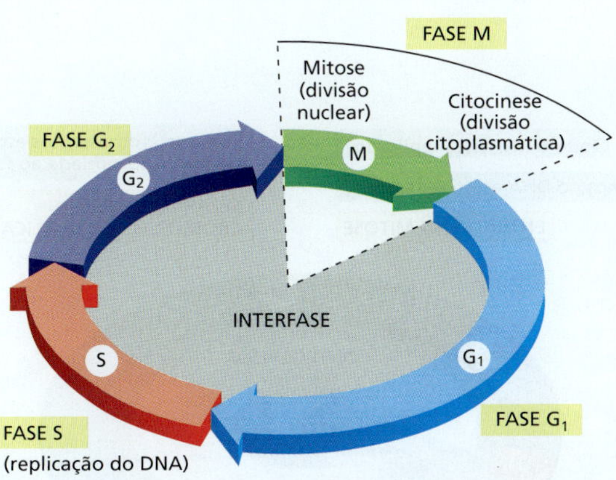

Figura 18-2 O ciclo celular eucariótico costuma ocorrer em quatro fases. A célula cresce continuamente na interfase, que consiste em três fases: G_1, S e G_2. A replicação do DNA está limitada à fase S. G_1 é o intervalo entre a fase M e a fase S, e G_2 é o intervalo entre a fase S e a fase M. Durante a fase M, o núcleo se divide em um processo denominado mitose; então o citoplasma se divide, em um processo chamado de citocinese. Nesta figura – e em figuras subsequentes no capítulo –, os comprimentos das várias fases não estão desenhados em escala: a fase M, por exemplo, em geral é muito mais curta e G_1 é muito mais longa do que o mostrado.

QUESTÃO 18-2

Uma população de células em proliferação é corada com um agente corante que se torna fluorescente quando o agente se liga ao DNA, de modo que a quantidade de fluorescência é diretamente proporcional à quantidade de DNA em cada célula. Para medir a quantidade de DNA em cada célula, as células são passadas por um citômetro de fluxo, um instrumento que mede a quantidade de fluorescência em células individuais. O número de células com um dado conteúdo de DNA é colocado no gráfico a seguir.

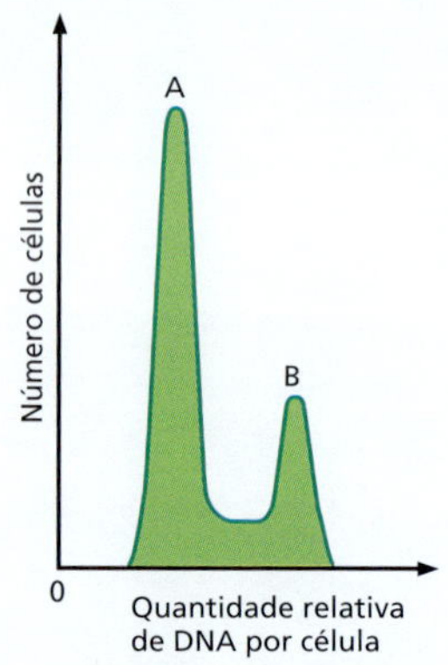

Indique no gráfico onde você esperaria encontrar células que estão em G_1, S, G_2 e mitose. Qual é a fase mais longa do ciclo celular nessa população de células?

Um sistema de controle do ciclo celular aciona os principais processos do ciclo celular

Para assegurar que replicarão todo o seu DNA e organelas e se dividirão de maneira ordenada, as células eucarióticas possuem uma rede complexa de proteínas reguladoras conhecidas como *sistema de controle do ciclo celular.* Esse sistema garante que os eventos do ciclo celular – replicação do DNA, mitose e assim por diante – ocorram na sequência estabelecida e que cada processo tenha sido completado antes que o próximo se inicie. Para realizar isso, o próprio sistema de controle é regulado em determinados pontos críticos do ciclo mediante retroalimentação a partir dos processos que estão sendo realizados. Sem essa retroalimentação, uma interrupção ou um atraso em qualquer dos processos poderia ser desastroso. Todo o DNA nuclear, por exemplo, deve ser replicado antes que o núcleo comece a se dividir, ou seja, uma fase S completa deve preceder à fase M. Se a síntese de DNA é desacelerada ou interrompida, a mitose e a divisão celular também devem ser atrasadas. De maneira semelhante, se o DNA é danificado, o ciclo deve interromper em G_1, S ou G_2, de modo que a célula possa reparar o dano antes que a replicação do DNA tenha sido iniciada ou completada, ou antes que a célula entre na fase M. O sistema de controle do ciclo celular consegue tudo isso empregando mecanismos moleculares, muitas vezes chamados de *pontos de verificação*, para pausar o ciclo em determinados pontos de transição. Assim, o sistema de controle não aciona a próxima etapa no ciclo, a não ser que a célula esteja preparada apropriadamente.

O sistema de controle do ciclo celular regula a progressão pelo ciclo celular em três pontos principais (**Figura 18-3**). Na transição de G_1 para a fase S, o sistema de controle confirma que o meio é favorável para a proliferação antes de prosseguir para a replicação do DNA. A proliferação celular em animais requer tanto nutrientes suficientes quanto moléculas-sinal específicas no meio extracelular; caso tais condições extracelulares sejam desfavoráveis, as células podem atrasar seu progresso por G_1 e até mesmo entrar em um estado especializado de repouso conhecido como G_0 (G zero). Na transição de G_2 para a fase M, o sistema de controle confirma que o DNA não apresenta danos e está totalmente replicado, assegurando que a célula não entre em mitose, a menos que o seu DNA esteja intacto. Por fim, durante a mitose, a maquinaria de controle do ciclo celular assegura que os cromossomos duplicados estão apropriadamente ligados a uma máquina citoesquelética, chamada de *fuso mitótico*, antes que o fuso separe os cromossomos e os segregue para as duas células-filhas.

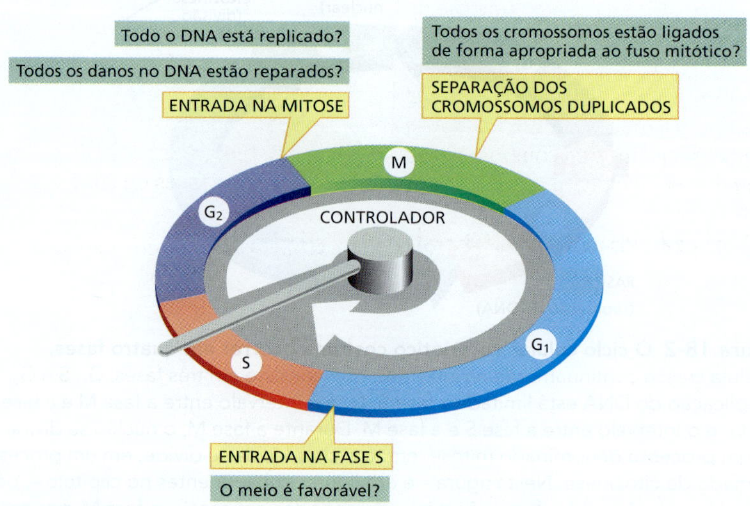

Figura 18-3 O sistema de controle do ciclo celular assegura que processos-chave no ciclo ocorram na sequência apropriada. O sistema de controle do ciclo celular é mostrado como um braço controlador que gira no sentido horário, acionando processos essenciais quando alcança determinados pontos de transição no disco externo. Esses processos incluem a replicação do DNA na fase S e a segregação dos cromossomos duplicados na mitose. O sistema de controle pode interromper temporariamente o ciclo em pontos de transição específicos – em G_1, G_2 e fase M – caso as condições extracelulares e intracelulares sejam desfavoráveis.

Nos animais, a transição de G_1 para a fase S é especialmente importante como um ponto no ciclo celular onde o sistema de controle é regulado. Sinais oriundos de outras células estimulam a proliferação celular quando mais células são necessárias – e bloqueiam quando não o são. Dessa forma, o sistema de controle do ciclo celular possui um papel central na regulação do número de células nos tecidos do corpo. Caso o sistema de controle não funcione de maneira correta de modo que a divisão celular seja excessiva, pode ocorrer câncer. Discutimos adiante como os sinais extracelulares influenciam nas decisões tomadas na transição de G_1 para S.

O controle do ciclo celular é semelhante em todos os eucariotos

Algumas características do ciclo celular, incluindo o tempo necessário para completar certos eventos, variam muito de um tipo de célula para outro, mesmo dentro de um mesmo organismo. Entretanto, a organização básica do ciclo é essencialmente a mesma em todas as células eucarióticas, e todos os eucariotos parecem usar maquinarias e mecanismos de controle semelhantes para ativar e regular os eventos do ciclo celular. As proteínas do sistema de controle do ciclo celular surgiram pela primeira vez há mais de um bilhão de anos, e elas foram tão bem conservadas durante o curso da evolução que várias delas funcionam perfeitamente quando são transferidas de uma célula humana para uma de levedura (ver Como Sabemos, p. 609-610).

Por causa dessa similaridade, os biólogos podem estudar o ciclo celular e sua regulação em uma variedade de organismos, e usar os achados de todos eles para montar um esquema unificado de como o ciclo funciona. Muitas descobertas sobre o ciclo celular vieram de uma procura sistemática por mutações que inativam componentes essenciais do sistema de controle do ciclo celular nas leveduras. Da mesma forma, estudos tanto de células de mamíferos em cultivo quanto de embriões de rãs e ouriços-do-mar têm sido críticos para examinar os mecanismos moleculares fundamentais do ciclo e seu controle nos organismos multicelulares, como os humanos, por exemplo.

O SISTEMA DE CONTROLE DO CICLO CELULAR

Dois tipos de maquinaria estão envolvidos na divisão celular: um produz os novos componentes da célula em crescimento, e o outro atrai os componentes para os seus locais corretos e os reparte apropriadamente quando a célula se divide em duas. O **sistema de controle do ciclo celular** ativa e inibe toda essa maquinaria nos momentos corretos e coordena as várias etapas do ciclo. O cerne do sistema de controle do ciclo celular é uma série de interruptores moleculares que operam em uma sequência definida e orquestram os eventos principais do ciclo, incluindo a replicação do DNA e a segregação de cromossomos duplicados. Nesta seção, revisamos os componentes proteicos do sistema de controle e discutimos como eles funcionam juntos para acionar as diferentes fases do ciclo.

O sistema de controle do ciclo celular depende de proteínas-cinase ativadas ciclicamente chamadas de Cdks

O sistema de controle do ciclo celular regula a maquinaria do ciclo celular pela ativação e pela inibição cíclicas das proteínas-chave e dos complexos proteicos que iniciam ou regulam a replicação de DNA, mitose e citocinese. Tal regulação é realizada em grande parte pela fosforilação e desfosforilação de proteínas envolvidas nesses processos essenciais.

Figura 18-4 A progressão pelo ciclo celular depende de proteínas-cinase dependentes de ciclinas (Cdks). Uma Cdk deve ligar-se a uma proteína reguladora denominada ciclina antes de se tornar enzimaticamente ativa. Essa ativação também requer a ativação por fosforilação da Cdk (não mostrado, mas ver **Animação 18.1**). Quando ativado, o complexo ciclina-Cdk fosforila proteínas-chave na célula que são necessárias para iniciar uma determinada etapa no ciclo celular. A ciclina também ajuda a direcionar a Cdk para suas proteínas-alvo que a Cdk fosforila.

Como discutido no Capítulo 4, a fosforilação seguida de desfosforilação é uma das maneiras mais comuns utilizadas pelas células para ativar e depois inibir a atividade de uma proteína (ver Figura 4-42), e o sistema de controle do ciclo celular emprega esse mecanismo extensa e repetidamente. As reações de fosforilação que controlam o ciclo celular são realizadas por um grupo específico de proteínas-cinase, ao passo que a desfosforilação é realizada por um grupo de proteínas-fosfatase.

As proteínas-cinase essenciais ao sistema de controle do ciclo celular estão presentes nas células em proliferação durante todo o ciclo celular. Contudo, elas são ativadas apenas em momentos apropriados no ciclo, após o qual elas são rapidamente inibidas. Assim, a atividade de cada uma dessas cinases aumenta e diminui de maneira cíclica. Algumas das proteínas-cinase, por exemplo, tornam-se ativas no final da fase G_1 e são responsáveis pela transição da célula para a fase S; outra cinase se torna ativa logo antes da fase M e promove o início do processo de mitose.

A ativação e a inibição das cinases no momento apropriado são de responsabilidade, em parte, de outro grupo de proteínas no sistema de controle – as **ciclinas**. As ciclinas não têm atividade enzimática por si mesmas, elas precisam ligar-se às cinases do ciclo celular antes que as cinases possam tornar-se enzimaticamente ativas. As cinases do sistema de controle do ciclo celular são, por isso, conhecidas como **proteínas-cinase dependentes de ciclina**, ou **Cdks** (**Figura 18-4**). As ciclinas são assim chamadas porque, diferentemente das Cdks, as suas concentrações variam de maneira cíclica durante o ciclo celular. As alterações cíclicas nas concentrações de ciclina ajudam a promover a formação cíclica e a ativação dos complexos ciclina-Cdk. Uma vez ativados, os complexos ciclina-Cdk desencadeiam vários eventos do ciclo celular, como a entrada na fase S ou na fase M (**Figura 18-5**). Discutimos como essas moléculas foram descobertas em **Como Sabemos**, p. 609-610.

Diferentes complexos ciclina-Cdk desencadeiam diferentes etapas do ciclo celular

Existem vários tipos de ciclinas e, na maioria dos eucariotos, diversos tipos de Cdks envolvidos no controle do ciclo celular. Diferentes complexos ciclina-Cdk promovem o início de diferentes etapas do ciclo celular. Conforme mostrado na Figura 18-5, a ciclina que atua em G_2 promovendo o início da fase M é chamada **ciclina M**, e o complexo ativo que ela forma com sua Cdk é chamado **M-Cdk**. Outras ciclinas, chamadas de **ciclinas S** e **ciclinas G_1/S**, ligam-se a proteínas Cdk distintas no final de G_1 para formar **S-Cdk** e **G_1/S-Cdk**, respectivamente; esses complexos ciclina-Cdk ajudam a progressão pela fase S. As ações de S-Cdk e M-Cdk estão indicadas na **Figura 18-8**. Outro grupo de ciclinas, denominadas **ciclinas G_1**, atua antes em G_1 e se liga a outras proteínas Cdk para formar **G_1-Cdks**, que promovem a transição da célula de G_1 à fase S. Observamos adiante que a formação dos complexos G_1-Cdks nas células animais em geral depende de moléculas de sinalização extracelular que estimulam as células a se dividirem. As principais ciclinas e suas Cdks estão listadas na **Tabela 18-2**.

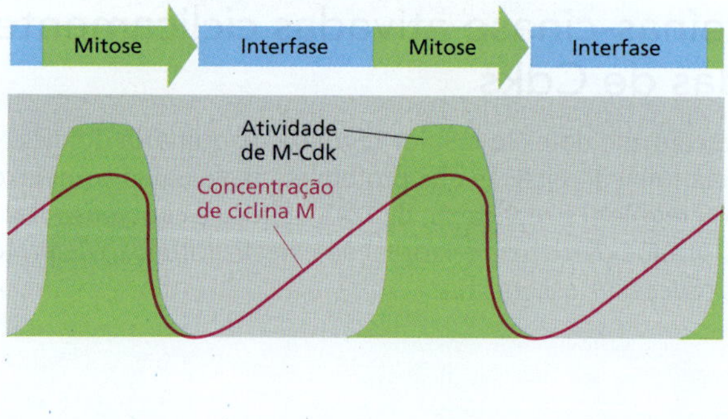

Figura 18-5 O acúmulo de ciclinas ajuda a regular a atividade das Cdks. A formação dos complexos ciclina-Cdk ativos desencadeia vários eventos do ciclo celular, incluindo a entrada na fase S ou na fase M. A figura mostra as alterações na concentração de ciclina e na atividade da proteína-cinase Cdk, responsável pelo controle da entrada na fase M. O aumento da concentração da ciclina relevante (chamada de ciclina M) ajuda a promover a formação do complexo ciclina-Cdk ativo (M-Cdk) que desencadeia o início da fase M. Embora a atividade enzimática de cada tipo de complexo ciclina-Cdk aumente e diminua durante o curso do ciclo celular, a concentração do componente Cdk não flutua (não mostrado).

A DESCOBERTA DAS CICLINAS E DAS Cdks

Durante vários anos, os biólogos celulares observaram o espetáculo da síntese de DNA, da mitose e da citocinese, mas não tinham ideia dos mecanismos de controle desses eventos. O sistema de controle do ciclo celular era simplesmente uma "caixa-preta" na célula. Não estava claro, até mesmo, se existia um sistema de controle separado ou se a maquinaria do ciclo celular se autocontrolava de alguma forma. Um avanço veio com a identificação das proteínas-chave do sistema de controle e a descoberta de que elas são distintas dos componentes da maquinaria do ciclo celular – as enzimas e outras proteínas que realizam os principais processos de replicação de DNA, segregação de cromossomos e assim por diante.

Os primeiros componentes do sistema de controle do ciclo celular a serem descobertos foram as ciclinas e as cinases dependentes de ciclinas (Cdks) que promovem a transição das células para a fase M. Eles foram encontrados nos estudos de divisão celular realizados em óvulos de animais.

De volta ao óvulo

Os óvulos fertilizados de vários animais são especialmente adequados para estudos bioquímicos do ciclo celular, pois são excepcionalmente grandes e se dividem de forma rápida. Um óvulo da rã *Xenopus*, por exemplo, tem apenas 1 mm de diâmetro (**Figura 18-6**). Após a fertilização, ele se divide rapidamente, para partir o óvulo em várias células menores. Esses ciclos celulares rápidos consistem principalmente em fases S e M repetidas, com fases G_1 ou G_2 muito curtas, ou mesmo ausentes, entre eles. Não existe nova transcrição de genes: todas as moléculas de mRNA e a maioria das proteínas necessárias para esse estágio inicial do desenvolvimento embrionário já estão presentes no interior do óvulo muito grande durante o seu desenvolvimento, como um oócito no ovário da mãe. Nos ciclos de divisão iniciais (*divisões por clivagem*), não ocorre crescimento da célula, e todas as células do embrião se dividem em sincronia, diminuindo progressivamente a cada divisão (ver **Animação 18.2**).

Devido à sincronia, é possível obter um extrato dos óvulos de rã que representa o estágio do ciclo celular no qual o extrato foi preparado. A atividade biológica de um extrato como esse pode então ser testada pela sua injeção em um oócito de *Xenopus* (o precursor imaturo do óvulo não fertilizado) e pela observação, microscopicamente, dos seus efeitos no comportamento do ciclo celular. O oócito de *Xenopus* é um sistema-teste especialmente conveniente para detectar uma atividade que conduza as células para a fase M, por causa do seu tamanho grande, e porque ele completou a replicação do DNA e se encontra no estágio de meiose do ciclo celular (discutido no Capítulo 19), que é equivalente à fase G_2 do ciclo celular mitótico.

Dê-nos um M

Em experimentos como este, Kazuo Matsui e colegas observaram que um extrato de óvulo na fase M promove instantaneamente a transição do oócito para a fase M, ao passo que o citoplasma de um óvulo em divisão em outras fases do ciclo não o faz. Quando fizeram tal descoberta, eles não conheciam as moléculas ou o mecanismo responsável, então se referiram ao agente não identificado como fator promotor da maturação, ou MPF (do inglês, *maturation promoting factor*) (**Figura 18-7**). Ao testar o citoplasma de diferentes estágios do ciclo celular, Matsui e colegas observaram que a atividade de MPF oscila drasticamente durante o curso de cada ciclo celular: ela aumenta rapidamente um pouco antes do início da mitose e cai rapidamente a zero até o final da mitose (ver Figura 18-5). Essa oscilação fez do MPF um forte candidato a um componente envolvido no controle do ciclo celular.

Quando o MPF foi finalmente purificado, observou-se que ele continha uma proteína-cinase que era necessária para a sua atividade. A porção MPF da cinase não atuava sozinha. Ela necessitava de uma proteína específica (agora sabidamente uma ciclina M) ligada a ela para que funcionasse. A ciclina M foi descoberta em um tipo diferente de experimento, envolvendo óvulos de molusco.

Figura 18-6 Um óvulo maduro de *Xenopus* fornece um sistema conveniente para estudar o ciclo celular. (Cortesia de Tony Mills.)

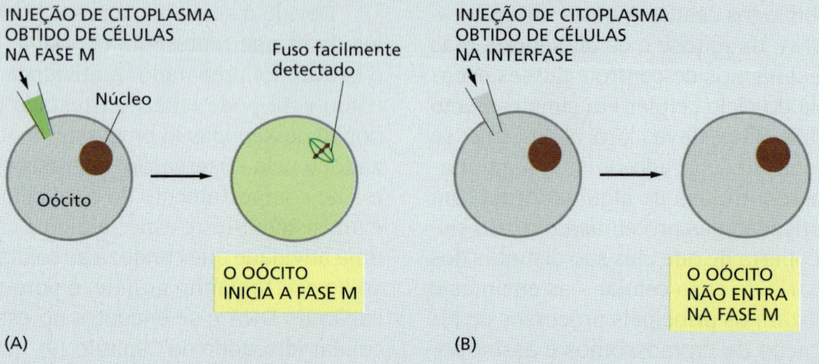

Figura 18-7 A atividade de MPF foi descoberta pela injeção de citoplasma de óvulos de *Xenopus* em oócitos de *Xenopus*. (A) Um oócito de *Xenopus* é injetado com o citoplasma coletado de um óvulo de *Xenopus* na fase M. O extrato celular promove a transição do oócito para a fase M da primeira divisão meiótica (um processo chamado de maturação), causando a degradação do grande núcleo e a formação de um fuso. (B) Quando o citoplasma injetado é coletado de um óvulo em clivagem na interfase, o oócito não entra na fase M. Portanto, o extrato em (A) deve conter alguma atividade – um fator promotor da maturação (MPF) – que promova o início da fase M.

Estudos em moluscos

Inicialmente, a ciclina M foi identificada por Tim Hunt como uma proteína cuja concentração aumentava de forma gradual durante a interfase e, então, diminuía rapidamente até zero à medida que os óvulos de moluscos em divisão passavam pela fase M (ver Figura 18-5). A proteína repetia essa atuação em cada ciclo celular. Entretanto, seu papel no controle do ciclo celular era obscuro inicialmente. A descoberta ocorreu quando se observou que a ciclina era um componente do MPF e necessária para a atividade do MPF. Assim, o MPF, que agora chamamos de M-Cdk, é um complexo proteico contendo duas subunidades – uma subunidade reguladora, a ciclina M, e uma subunidade catalítica, a Cdk mitótica. Depois que os componentes de M-Cdk foram identificados, outros tipos de ciclinas e Cdks foram isolados, cujas concentrações ou atividades, respectivamente, aumentavam e diminuíam em outros estágios do ciclo celular.

Todos na família

Enquanto os bioquímicos estavam identificando as proteínas que regulam os ciclos celulares dos embriões de rãs e moluscos, os geneticistas de leveduras – liderados por Lee Hartwell, estudando a levedura do pão (*S. cerevisiae*), e Paul Nurse, estudando as leveduras de fissão (*S. pombe*) – estavam usando uma abordagem genética para dissecar o sistema de controle do ciclo celular. Com base no estudo de mutantes que param ou que se portam mal em pontos específicos no ciclo celular, esses pesquisadores foram capazes de identificar vários genes responsáveis pelo controle do ciclo celular. Alguns desses genes codificam proteínas como ciclina ou Cdk, que são, de maneira clara, similares – tanto na sequência de aminoácidos como na função – às suas homólogas em rãs e moluscos. Genes semelhantes logo foram identificados em células humanas.

Vários dos genes de controle do ciclo celular se alteraram tão pouco durante a evolução, que a versão humana do gene funcionará perfeitamente em uma célula de levedura. Por exemplo, Nurse e colaboradores foram os primeiros a mostrar que uma levedura com uma cópia defeituosa do gene que codifica sua única Cdk não é capaz de se dividir, mas se divide normalmente se uma cópia do gene humano apropriado for introduzida artificialmente na célula defeituosa. Até mesmo Darwin ficaria atônito com uma evidência dessas, de que humanos e leveduras são primos. Apesar de bilhões de anos de evolução divergente, todas as células eucarióticas – no meio de leveduras, animais ou vegetais – usam essencialmente as mesmas moléculas para controlar os eventos do seu ciclo celular.

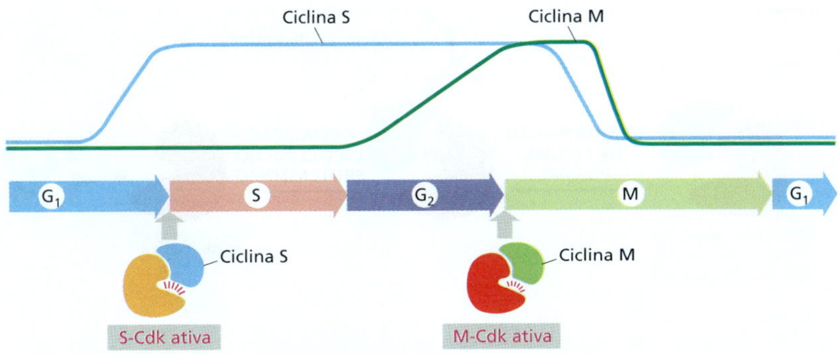

Figura 18-8 Cdks distintas se associam a diferentes ciclinas para acionar os diferentes eventos do ciclo celular. Para simplificar, apenas dois tipos de complexos ciclina--Cdk são mostrados – um que desencadeia a fase S e outro que desencadeia a fase M.

Cada um desses complexos ciclina-Cdk fosforila um grupo diferente de proteínas-alvo na célula. G_1-Cdks, por exemplo, fosforilam proteínas reguladoras que ativam a transcrição de genes necessários para a replicação do DNA. Por meio da ativação de diferentes conjuntos de proteínas-alvo, cada tipo de complexo promove o início de uma etapa de transição diferente no ciclo.

As concentrações de ciclina são reguladas pela transcrição e pela proteólise

Como discutido no Capítulo 7, a concentração de uma dada proteína na célula é determinada pela taxa na qual a proteína é sintetizada e pela taxa na qual ela é degradada. Durante o curso do ciclo celular, a concentração de cada tipo de ciclina aumenta gradualmente e então decai de maneira abrupta (ver Figura 18-8). O aumento gradual na concentração de ciclina é o resultado da transcrição aumentada dos genes de ciclina, enquanto o decaimento rápido na concentração de ciclina se deve à degradação específica da proteína.

A degradação abrupta das ciclinas M e S durante a fase M depende de um grande complexo enzimático denominado – por motivos que se tornarão claros adiante – **complexo promotor de anáfase** (**APC**, do inglês *anaphase-promoting complex*). Esse complexo marca essas ciclinas com uma cadeia de ubiquitina. Conforme discutido no Capítulo 7, as proteínas marcadas dessa forma são direcionadas aos proteassomos, onde são rapidamente degradadas (ver Figura 7-40). A ubiquitinação e a degradação da ciclina alteram a Cdk ao seu estado inativo (**Figura 18-9**).

A degradação da ciclina pode ajudar a promover a transição de uma fase do ciclo celular para a próxima. Por exemplo, a degradação da ciclina M e a inativação resultante da M-Cdk levam aos eventos moleculares que finalizam o processo de mitose.

TABELA 18-2 As principais ciclinas e Cdks de vertebrados

Complexo ciclina-Cdk	Ciclina	Componente Cdk
G_1-Cdk	Ciclina D*	Cdk4, Cdk6
G_1/S-Cdk	Ciclina E	Cdk2
S-Cdk	Ciclina A	Cdk2
M-Cdk	Ciclina B	Cdk1

*Existem três ciclinas D em mamíferos (ciclinas D1, D2 e D3).

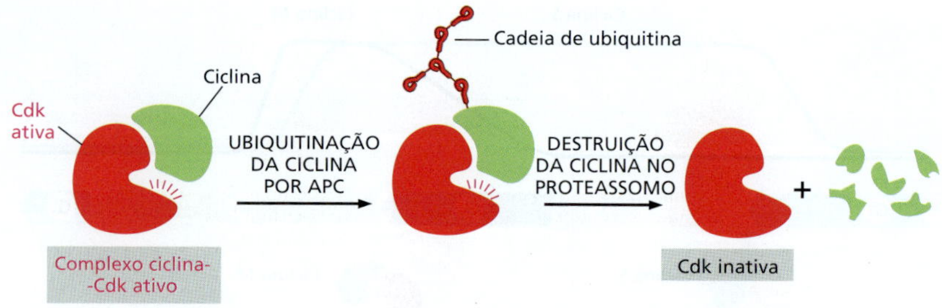

Figura 18-9 A atividade de algumas Cdks é regulada pela degradação da ciclina. A ubiquitinação da ciclina S ou ciclina M pelo APC marca a proteína para degradação nos proteassomos (como discutido no Capítulo 7). A perda de ciclina torna inativa sua Cdk parceira.

A atividade dos complexos ciclina-Cdk depende de fosforilação e desfosforilação

O aumento e a diminuição da concentração de proteínas ciclina têm um papel importante na regulação da atividade de Cdk durante o ciclo celular, mas deve haver mais nessa história: embora as concentrações de ciclina aumentem de forma gradual, a atividade dos complexos ciclina-Cdk associados tende a ser iniciada abruptamente no momento apropriado do ciclo celular (ver Figura 18-5). O que poderia acionar tal ativação abrupta desses complexos? Descobriu-se que o complexo ciclina-Cdk contém fosfatos inibidores, e que, para se tornar ativa, a Cdk deve ser desfosforilada por uma proteína-fosfatase específica (**Figura 18-10**). Portanto, as proteínas-cinase e as fosfatases regulam a atividade de complexos ciclina-Cdk específicos e ajudam a controlar a progressão pelo ciclo celular.

A atividade de Cdk pode ser bloqueada por proteínas inibidoras de Cdk

Além da fosforilação e da desfosforilação, a atividade das Cdks também pode ser modulada pela ligação de **proteínas inibidoras de Cdk**. O sistema de controle do ciclo celular utiliza esses inibidores para bloquear a formação ou a atividade de certos complexos ciclina-Cdk. Algumas proteínas inibidoras de Cdk, por exemplo, ajudam a manter as Cdks em um estado inativo durante a fase G_1 do ciclo, retardando, assim, a progressão para a fase S (**Figura 18-11**). A pausa nesse ponto de verificação dá à célula mais tempo para crescer, ou permite que ela espere até que as condições extracelulares sejam favoráveis para a divisão.

O sistema de controle do ciclo celular pode pausar o ciclo de várias formas

Como mencionado antes, o sistema de controle do ciclo celular pode atrasar transitoriamente o progresso pelo ciclo em vários pontos de transição para assegurar que os principais eventos do ciclo ocorram em uma ordem específica. Nessas transições, o sistema de controle monitora o estado interno da célula e as condições no seu ambiente, antes de permitir que a célula inicie a próxima etapa

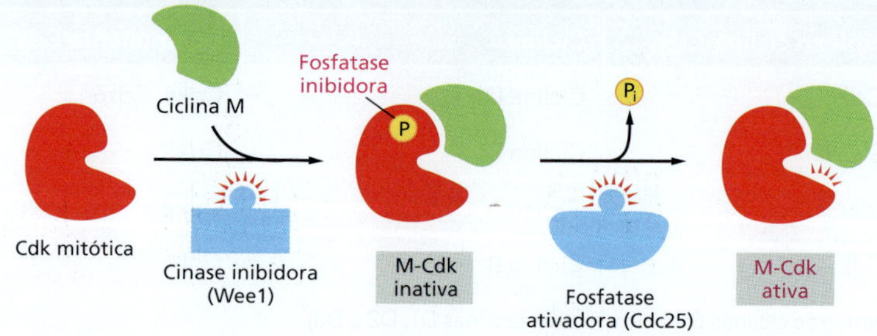

Figura 18-10 Para que o complexo M-Cdk seja ativo, os fosfatos inibidores devem ser removidos. Logo que o complexo ciclina M-Cdk é formado, ele é fosforilado em dois locais adjacentes por uma proteína-cinase inibidora chamada Wee1. (Para simplificar, apenas um fosfato inibidor é mostrado). Essa modificação mantém M-Cdk em um estado inativo até que esses fosfatos sejam removidos por uma proteína-fosfatase ativadora chamada Cdc25. Ainda não está claro como o momento crítico da etapa de ativação da fosfatase Cdc25, mostrado aqui, é controlado.

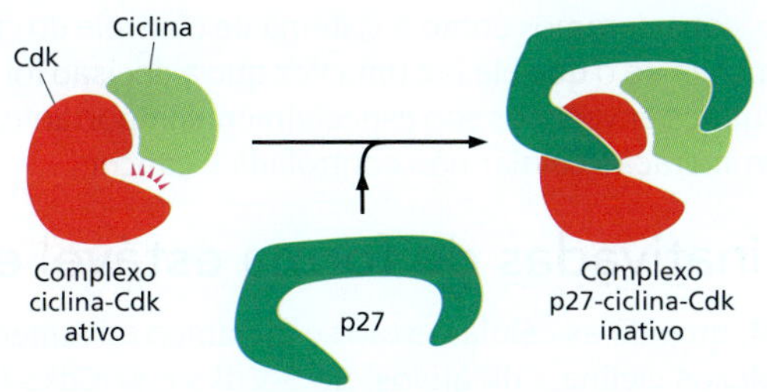

Figura 18-11 A atividade de uma Cdk pode ser bloqueada pela ligação de uma inibidora de Cdk. Neste exemplo, a proteína inibidora (chamada p27) se liga a um complexo ciclina-Cdk ativado. A sua ligação impede que a Cdk fosforile proteínas-alvo necessárias para a progressão de G_1 para a fase S.

do ciclo. Por exemplo, ele somente permite o início da fase S se as condições do meio forem apropriadas; somente inicia a mitose depois que o DNA foi completamente replicado; e somente inicia a segregação dos cromossomos depois que os cromossomos duplicados estiverem corretamente alinhados no fuso mitótico.

Para realizar essa verficação, o sistema de controle utiliza uma combinação dos mecanismos que descrevemos. Na transição G_1-para-S, inibidores de Cdk são usados para impedir que as células entrem na fase S e repliquem seu DNA (ver Figura 18-11). Na transição G_2-para-M, o sistema reprime a ativação de M-Cdk por meio da inibição de fosfatases necessárias para ativar a Cdk (ver Figura 18-10). E ele pode atrasar a finalização da mitose pela inibição da ativação de APC, evitando assim a degradação da ciclina M (ver Figura 18-9).

Esses mecanismos, resumidos na **Figura 18-12**, permitem que a célula tome "decisões" sobre progredir ou não no ciclo celular. Na próxima seção, analisamos em mais detalhes como o sistema de controle do ciclo celular decide se uma célula em G_1 deve se comprometer com o processo de divisão celular.

FASE G_1

Além de ser um período de elevada atividade metabólica, crescimento celular e reparo, G_1 é um ponto importante de tomada de decisões para a célula. Com base nos sinais intracelulares que fornecem informação sobre o tamanho da célula, e nos sinais extracelulares que refletem o meio, a maquinaria de controle do ciclo celular pode pausar a célula de forma transitória em G_1 (ou em um estado não proliferativo prolongado, G_0), ou permitir que ela se prepare para entrar na fase S de outro ciclo celular. Uma vez passada essa transição crítica G_1-para-S, a célula costuma prosseguir por todo o resto do ciclo celular rapidamente – em geral dentro de 12 a 24 horas nos mamíferos. Portanto, nas leveduras, a transição G_1-para-S às vezes é chamada de *Start* (Início), pois a passagem por ela representa um comprometimento para completar um ciclo celular inteiro (**Figura 18-13**).

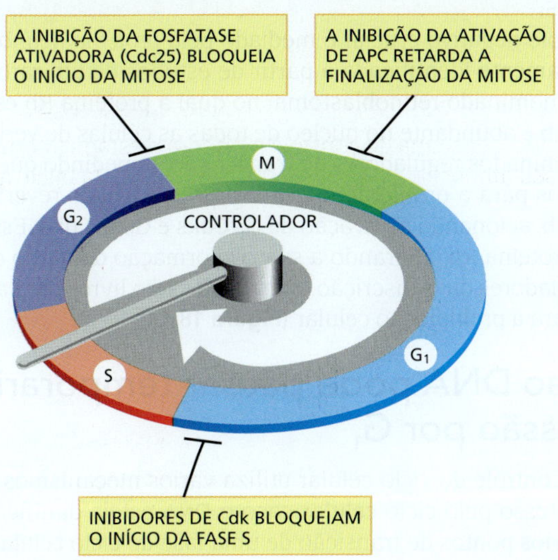

Figura 18-12 O sistema de controle do ciclo celular utiliza vários mecanismos para pausar o ciclo em pontos específicos.

Figura 18-13 A transição de G_1 para a fase S oferece à célula uma encruzilhada. A célula pode prosseguir para completar outro ciclo celular, pausar transitoriamente até que as condições estejam adequadas ou interromper o ciclo celular – temporariamente em G_0, ou permanentemente no caso de células terminalmente diferenciadas.

Nesta seção, consideramos como o sistema de controle do ciclo celular decide entre essas opções – e o que ele faz uma vez que a decisão foi tomada. Os mecanismos moleculares envolvidos são especialmente importantes, já que defeitos podem levar à proliferação celular não controlada e câncer.

Cdks são inativadas de forma estável em G_1

Durante a fase M, quando as células estão se dividindo ativamente, a célula está repleta de complexos ciclina-Cdk ativos. Se S-Cdks e M-Cdks não forem desativados no final da fase M, a célula imediatamente replicará seu DNA e iniciará outro ciclo de divisão, sem perder qualquer tempo significativo nas fases G_1 ou G_2. Essa rápida passagem pelo ciclo costuma ser observada em alguns embriões jovens, onde as células diminuem de tamanho a cada divisão celular, tendo pouco tempo para crescer nos intervalos.

Para conduzir a célula a partir da agitação da fase M para a tranquilidade relativa de G_1, a maquinaria de controle do ciclo celular deve inativar seu inventário de S-Cdk e M-Cdk. Isso ocorre pela eliminação de todas as ciclinas existentes, pelo bloqueio da síntese de novas ciclinas e pela atividade de proteínas inibidoras de Cdk para inibir a atividade de qualquer complexo ciclina-Cdk remanescente. O uso de mecanismos múltiplos torna esse sistema de repressão robusto, assegurando que essencialmente toda atividade de Cdk seja suprimida. Tal inativação maciça reajusta o sistema de controle do ciclo celular e gera uma fase G_1 estável, durante a qual a célula pode crescer e monitorar seu meio antes de se comprometer com um novo ciclo de divisão.

Os mitógenos promovem a produção de ciclinas que estimulam a divisão celular

Como regra, as células de mamíferos apenas irão se multiplicar se forem estimuladas por sinais extracelulares, chamados de *mitógenos*, produzidos por outras células. Se privadas de tais sinais, o ciclo celular permanece em G_1; se a célula é privada de mitógenos por tempo suficiente, ela interrompe o ciclo celular e entrará em um estado não proliferativo, no qual a célula pode permanecer por dias ou semanas, meses ou mesmo pelo tempo de vida do organismo, como descrevemos em breve.

> **QUESTÃO 18-3**
>
> Por que você acha que as células desenvolveram uma fase especial G_0 para sair do ciclo celular, em vez de apenas parar em G_1 e não iniciar para a fase S?

A reversão da interrupção do ciclo celular – ou de certos estados não proliferativos – exige o acúmulo de ciclinas. Os mitógenos agem ativando vias de sinalização celular que estimulam a síntese de ciclinas G_1, ciclinas G_1/S e outras proteínas envolvidas na síntese de DNA e duplicação dos cromossomos. O acúmulo dessas ciclinas aciona uma onda de atividade de G_1/S-Cdk, que por fim remove os controles negativos que, caso contrário, bloqueiam a progressão de G_1 para a fase S.

Um controle negativo crucial é mediado pela *proteína Retinoblastoma* (*Rb*). Rb foi primeiramente identificada a partir de estudos de um raro tumor ocular da infância denominado retinoblastoma, no qual a proteína Rb está ausente ou é defeituosa. Rb é abundante no núcleo de todas as células de vertebrados, onde se liga a determinados reguladores de transcrição, impedindo que ativem os genes necessários para a proliferação celular. Os mitógenos revertem a inibição mediada por Rb, acionando a ativação de G_1-Cdks e G_1/S-Cdks. Esses complexos fosforilam a proteína Rb, alterando a sua conformação de modo que ela se dissocie dos reguladores da transcrição, que então estão livres para ativar os genes necessários para a proliferação celular (**Figura 18-14**).

O dano ao DNA pode pausar temporariamente a progressão por G_1

O sistema de controle do ciclo celular utiliza vários mecanismos distintos para pausar o progresso pelo ciclo celular caso o DNA esteja danificado. Isso pode ocorrer em vários pontos de transição de uma fase do ciclo celular para a próxi-

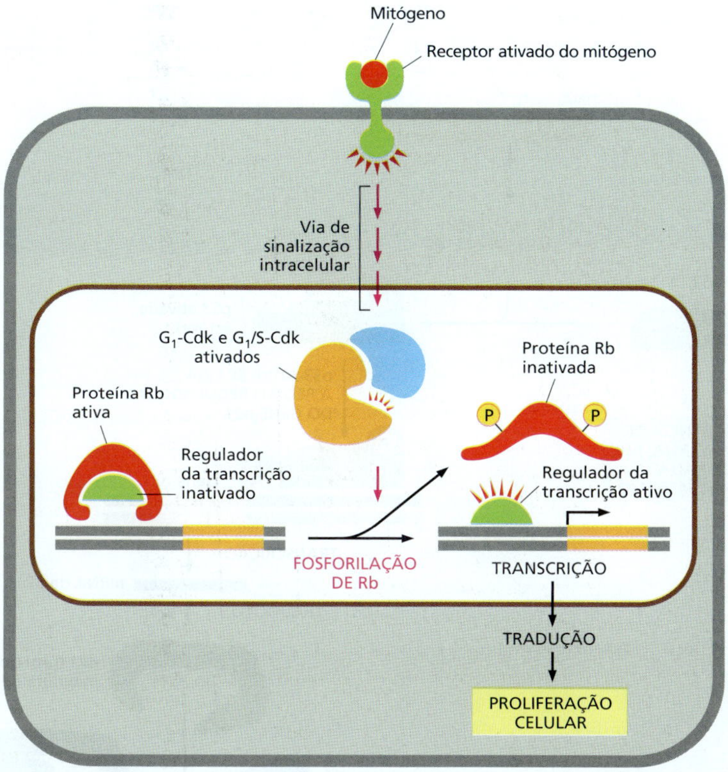

Figura 18-14 Um modo pelo qual os mitógenos estimulam a proliferação celular é mediante inibição da proteína Rb. Na ausência dos mitógenos, a proteína Rb desfosforilada mantém reguladores específicos da transcrição em um estado inativo; esses reguladores da transcrição são necessários para estimular a transcrição de genes-alvo que codificam proteínas necessárias à proliferação celular. A ligação dos mitógenos a receptores da superfície celular ativa as vias de sinalização intracelular que levam à formação e ativação dos complexos G_1-Cdk e G_1/S-Cdk. Esses complexos fosforilam, e assim inativam, a proteína Rb, liberando os reguladores de transcrição que ativam a transcrição de genes necessários à proliferação celular.

ma. O mecanismo que opera na transição G_1-para-S, que impede que a célula replique o DNA danificado, é especialmente bem compreendido. Os danos ao DNA em G_1 causam um aumento tanto na concentração como na atividade de uma proteína, chamada de **p53**, um regulador da transcrição que ativa a transcrição de um gene que codifica uma proteína inibidora de Cdk chamada de p21. A proteína p21 se liga aos complexos G_1/S-Cdk e S-Cdk, impedindo que eles conduzam a célula para a fase S (**Figura 18-15**). O aprisionamento do ciclo celular em G_1 permite que a célula tenha tempo para reparar o DNA danificado antes de replicá-lo. Se o dano ao DNA for muito severo para ser reparado, p53 pode induzir a célula a iniciar o processo de morte celular programada, chamado de *apoptose*, que discutimos adiante. Caso p53 não esteja presente ou esteja defeituosa, a replicação do DNA danificado conduz a uma alta taxa de mutações e à produção de células que tendem a se tornar cancerosas. Mutações no gene *p53* são encontradas em cerca da metade de todos os cânceres humanos (**Animação 18.3**).

As células podem retardar a divisão por períodos prolongados, entrando em estados especializados de não divisão

Como mencionado anteriormente, as células podem retardar a progressão do ciclo celular em pontos específicos de transição, para esperar por condições adequadas ou para reparar DNA danificado. Elas também podem interromper o ciclo celular por períodos prolongados – de maneira temporária ou permanentemente.

A decisão mais radical que um sistema de controle do ciclo celular pode tomar é interromper o ciclo celular permanentemente. Tal decisão tem especial importância em organismos multicelulares. Muitas células no corpo humano param de se dividir permanentemente quando se diferenciam. Nessas células com *diferenciação terminal*, como células nervosas ou musculares, o sistema de controle do ciclo celular é totalmente desmantelado, e os genes que codificam ciclinas e Cdks relevantes são inativados de modo irreversível.

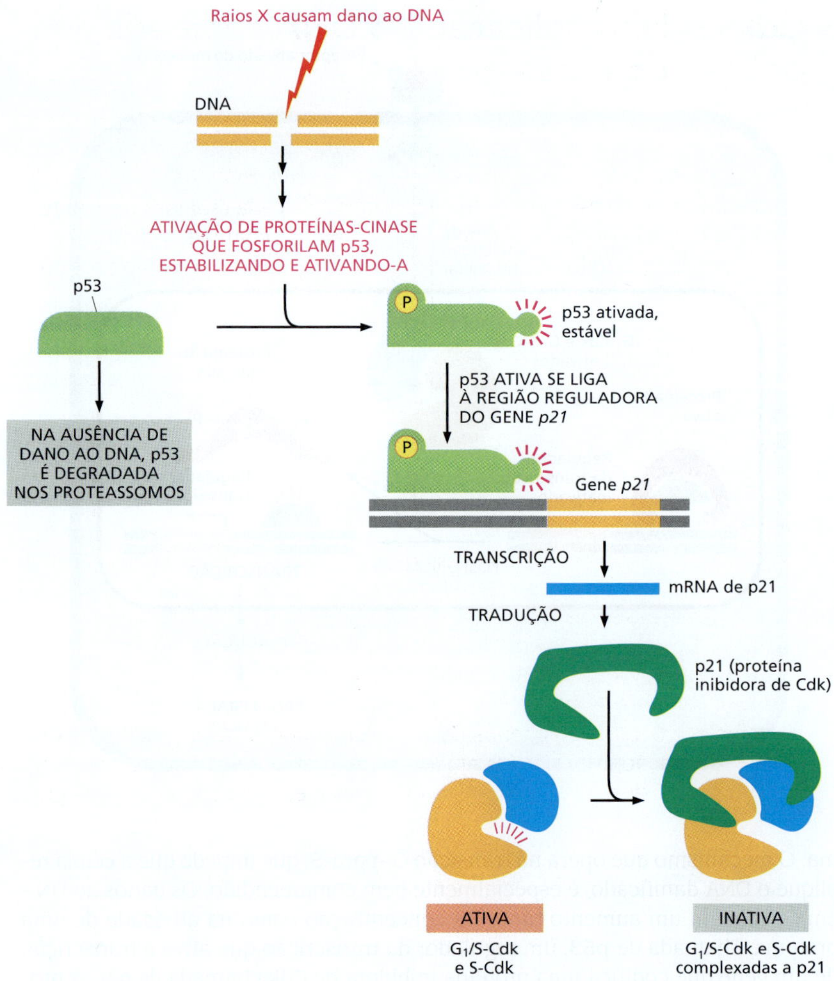

Figura 18-15 O dano ao DNA pode interromper o ciclo celular em G_1. Quando o DNA é danificado, proteínas-cinase específicas respondem ativando a proteína p53 e impedindo a sua rápida degradação. Desse modo, a proteína p53 ativada se acumula e estimula a transcrição do gene que codifica a proteína p21 inibidora de Cdk. A proteína p21 se liga a G_1/S-Cdk e a S-Cdk e os inativa, de forma que o ciclo celular é interrompido em G_1.

> **QUESTÃO 18-4**
>
> Quais podem ser as consequências caso uma célula replique seu DNA danificado antes de repará-lo?

Na ausência de sinais apropriados, outros tipos celulares interrompem o do ciclo celular apenas temporariamente, entrando em um estado de repouso chamado G_0. Eles mantêm a capacidade de reativar rapidamente o controle do ciclo celular e se dividir outra vez. A maioria das células hepáticas, por exemplo, está em G_0, mas pode ser estimulada para proliferar se o fígado sofrer algum dano.

A maior parte da diversidade nas taxas de divisão celular no corpo adulto depende da variação no tempo que a célula permanece em G_0 ou em G_1. Alguns tipos de células, incluindo as hepáticas, em geral se dividem apenas uma ou duas vezes por ano, enquanto certas células epiteliais no intestino se dividem mais do que duas vezes por dia para renovar o revestimento do intestino continuamente. Muitas das nossas células estão entre esses dois pontos: elas podem se dividir caso surja a necessidade, mas isso em geral não é frequente.

FASE S

Antes que a célula se divida, ela deve replicar seu DNA. Como discutimos no Capítulo 6, essa replicação deve ocorrer com extrema acuidade para minimizar o risco de mutações na próxima geração de células. De igual importância, cada nucleotídeo no genoma deve ser copiado uma vez – e somente uma vez – para evitar os efeitos danosos da multiplicação gênica. Nesta seção, consideramos os elegantes mecanismos moleculares pelos quais o sistema de controle do ciclo celular inicia a replicação do DNA e, ao mesmo tempo, impede que a replicação ocorra mais de uma vez por ciclo celular.

S-Cdk inicia a replicação do DNA e impede a repetição do processo

Como qualquer tarefa monumental, a configuração dos cromossomos para replicação requer certa preparação. Para as células eucarióticas, essa preparação inicia-se cedo em G_1, quando o DNA é preparado para a replicação por meio do recrutamento de proteínas para os locais ao longo de cada cromossomo onde a replicação terá início. Essas sequências nucleotídicas, chamadas de *origens de replicação*, servem como locais de ligação para as proteínas e os complexos proteicos que controlam e realizam a síntese de DNA.

Um desses complexos proteicos, chamado de *complexo de reconhecimento da origem* (ORC, do inglês *origin recognition complex*), permanece ligado às origens de replicação durante todo o ciclo celular. Na primeira etapa do início da replicação, ORC recruta uma proteína denominada Cdc6, cuja concentração aumenta nas etapas iniciais de G_1. Juntas, essas proteínas ligam as DNA-helicases que abrirão a dupla-hélice e preparam a origem de replicação. Uma vez que este *complexo pré-replicativo* esteja no lugar, a origem de replicação está pronta para iniciar o processo.

O sinal para iniciar a replicação vem a partir de S-Cdk, o complexo ciclina-Cdk que ativa a fase S. O complexo S-Cdk é formado e ativado no final de G_1. Durante a fase S, ele ativa as DNA-helicases no complexo pré-replicativo e promove a associação do restante das proteínas que formam *a forquilha de replicação* (ver Figura 6-19). Dessa forma, S-Cdk essencialmente ativa o início da replicação do DNA (**Figura 18-16**).

O complexo S-Cdk não apenas desencadeia o início da síntese de DNA na origem de replicação; ele também ajuda a impedir a repetição desse processo. Isso é feito pela fosforilação de Cdc6, o que marca esta proteína para a degra-

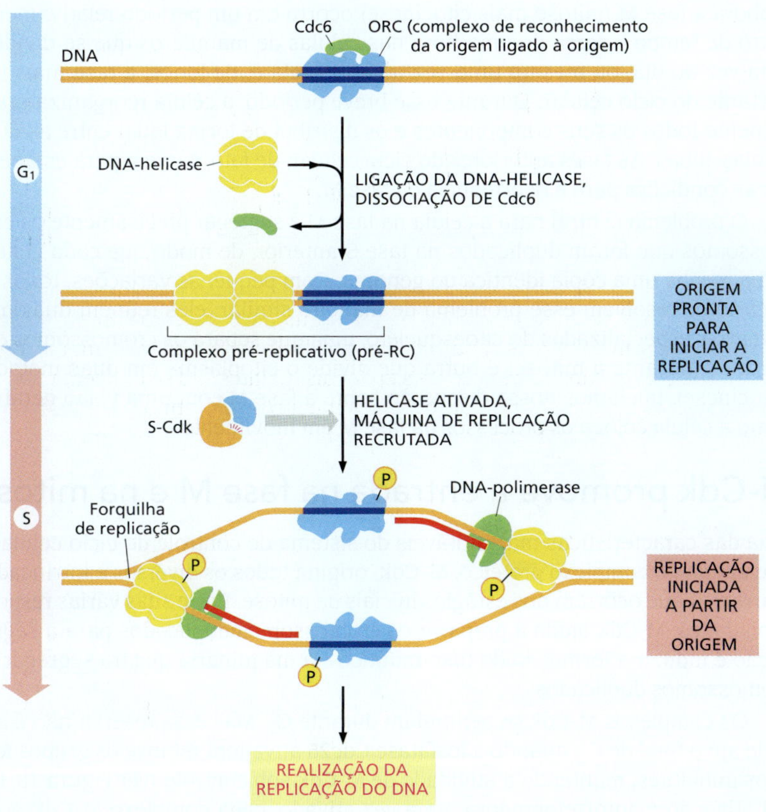

Figura 18-16 O início da replicação do DNA ocorre em duas etapas. Durante G_1, Cdc6 se liga ao ORC, e juntas essas proteínas ligam um par de DNA-helicases para formar um complexo pré-replicativo. No início da fase S, S-Cdk desencadeia o início da replicação a partir da origem de replicação pronta, promovendo a formação do complexo da DNA-polimerase (*verde*) e a ligação de outras proteínas (não mostrado) que iniciam a síntese de DNA na forquilha de replicação (discutido no Capítulo 6). O complexo S-Cdk também bloqueia a repetição desse processo, pela fosforilação de Cdc6, o que marca essa proteína para degradação (não mostrado).

dação. A eliminação de Cdc6 ajuda a assegurar que a replicação do DNA não possa iniciar novamente durante o mesmo ciclo celular.

A replicação incompleta pode pausar o ciclo celular em G_2

Na seção anterior, descrevemos como o dano ao DNA sinaliza ao sistema de controle do ciclo celular para atrasar o progresso ao longo da transição G_1-para-S, impedindo que a célula replique DNA danificado. Mas e se erros ocorrerem durante a replicação do DNA – ou se a replicação não estiver completa? Como a célula impede sua divisão, com DNA que está incorreta ou incompletamente replicado?

Para resolver esses problemas, o sistema de controle do ciclo celular utiliza um mecanismo que pode retardar o início da fase M. Como vimos na Figura 18-10, a atividade do complexo M-Cdk é inibida pela fosforilação em determinados sítios. Para que a célula progrida para a mitose, esses grupos fosfatos inibidores devem ser removidos por uma proteína-fosfatase ativadora denominada Cdc25. Quando o DNA é danificado ou replicado de forma incompleta, a própria Cdc25 é inibida, impedindo a remoção desses grupos fosfato inibidores. Em consequência, M-Cdk permanece inativo e a fase M não é iniciada até que a replicação do DNA esteja completa e qualquer dano ao DNA seja reparado.

Uma vez que a célula tenha replicado seu DNA com sucesso na fase S e progredido por G_2, ela está pronta para entrar na fase M. Durante esse período relativamente curto, a célula dividirá seu núcleo (mitose) e então seu citoplasma (citocinese; ver Figura 18-2). Nas próximas três seções, descrevemos os eventos que ocorrem durante a fase M. Primeiro, apresentamos uma breve visão geral da fase M como um todo e então discutimos, na sequência, a mecânica da mitose e da citocinese, com foco nas células animais.

FASE M

Embora a fase M (mitose mais citocinese) ocorra em um período relativamente curto de tempo – cerca de uma hora nas células de mamíferos que se dividem uma vez ao dia, ou mesmo uma vez ao ano –, ela é, de longe, a fase mais importante do ciclo celular. Durante esse breve período, a célula reorganiza praticamente todos os seus componentes e os distribui de forma igual entre as duas células-filhas. As fases anteriores do ciclo celular, de fato, servem para estabelecer as condições para a ocorreência da fase M.

O problema central para a célula na fase M é segregar precisamente os cromossomos que foram duplicados na fase S anterior, de modo que cada célula-filha receba uma cópia idêntica do genoma. Com pequenas variações, todos os eucariotos resolvem esse problema de maneira similar: eles reúnem duas maquinarias especializadas do citoesqueleto, uma que separa os cromossomos duplicados (durante a mitose) e outra que divide o citoplasma em duas metades (citocinese). Iniciamos nossa discussão sobre a fase M com uma visão geral de como a célula coloca os processos da fase M em movimento.

M-Cdk promove a entrada na fase M e na mitose

Uma das características mais notáveis do sistema de controle do ciclo celular é que um único complexo proteico, M-Cdk, origina todos os diversos e intrincados rearranjos que ocorrem nos estágios iniciais da mitose. Entre suas várias responsabilidades, M-Cdk ajuda a preparar os cromossomos duplicados para a segregação e induzir a formação do fuso mitótico – a maquinaria que irá segregar os cromossomos duplicados.

Os complexos M-Cdk se acumulam durante G_2. Mas essa reserva não é ativada até o final de G_2, quando a fosfatase Cdc25 ativadora remove os grupos fosfatos inibidores, mantendo a atividade de M-Cdk sob controle (ver Figura 18-10). Tal ativação é autorreforçadora: uma vez ativado, cada complexo M-Cdk pode ativar indiretamente complexos M-Cdk adicionais – fosforilando e ativando mais Cdc25 (**Figura 18-17**). M-Cdk ativado também inibe a cinase inibidora Wee1 (ver Figura 18-10), promovendo a produção adicional de M-Cdk ativado. A consequência geral é que, uma vez que a ativação de M-Cdk se inicia, ela promove um aumento explosivo na atividade de M-Cdk, o que promove a transição da célula abruptamente de G_2 para a fase M.

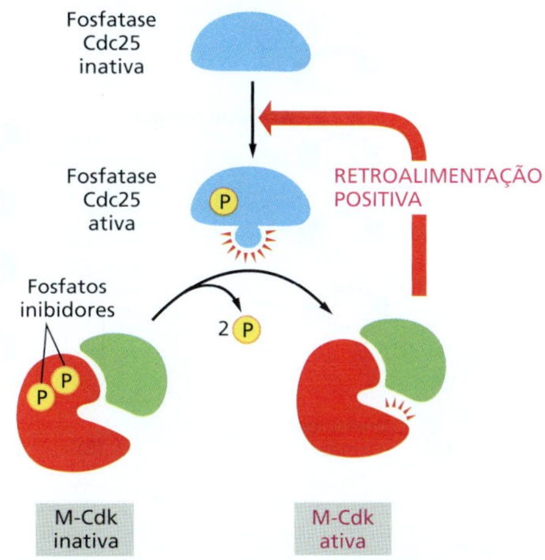

Figura 18-17 O complexo M-Cdk ativado indiretamente ativa mais M-Cdk, criando um ciclo de retroalimentação positiva. Uma vez ativado, M-Cdk fosforila e assim ativa mais a fosfatase ativadora de Cdk (Cdc25). Agora, essa fosfatase pode ativar mais M-Cdk pela remoção dos grupos fosfatos inibidores da subunidade Cdk.

As coesinas e condensinas ajudam a organizar os cromossomos duplicados para a separação

Quando as células entram na fase M, os cromossomos duplicados se condensam, tornando-se visíveis sob o microscópio como estruturas semelhantes a filamentos. Complexos proteicos, denominados **condensinas**, ajudam a realizar essa **condensação dos cromossomos**, que reduz os cromossomos mitóticos a corpos compactos que podem ser mais facilmente segregados no volume interno limitado da célula em divisão. A formação dos complexos de condensina sobre o DNA é acionada pela fosforilação das condensinas por M-Cdk.

Mesmo antes da condensação dos cromossomos mitóticos, o DNA replicado é tratado de um modo que permite que as células possam manter sob controle as duas cópias de cada cromossomo. Logo depois que um cromossomo é duplicado durante a fase S, as duas cópias se mantêm fortemente unidas. Cada uma dessas cópias idênticas – chamadas de **cromátides-irmãs** – contém uma molécula de DNA de fita dupla, e suas proteínas associadas. As cromátides-irmãs são mantidas juntas por complexos proteicos chamados de **coesinas**, que se formam ao longo do comprimento de cada cromátide à medida que o DNA é replicado. Essa coesão entre cromátides-irmãs é crucial para a segregação adequada dos cromossomos e é completamente rompida apenas no final da mitose para permitir que as cromátides-irmãs sejam separadas pelo fuso mitótico. Defeitos na coesão das cromátides-irmãs levam a erros grandes na segregação dos cromossomos. Nos humanos, tais erros na segregação levam a números anormais de cromossomos, como em indivíduos com a síndrome de Down, que têm três cópias do cromossomo 21.

As coesinas e condensinas estão relacionadas estruturalmente, e acredita-se que ambas formem estruturas em anel ao redor do DNA cromossômico. Mas enquanto as coesinas ligam as duas cromátides-irmãs (**Figura 18-18A**), as condensinas se ligam a cada cromátide-irmã no início da fase M e ajudam cada uma das duplas-hélices a se enrolar em uma forma mais compacta (**Figura 18-18B e C**). Juntas, essas proteínas ajudam a organizar os cromossomos replicados para a mitose.

Diferentes associações de estruturas do citoesqueleto realizam a mitose e a citocinese

Depois que os cromossomos duplicados se condensaram, duas maquinarias citoesqueléticas complexas se associam em sequência para realizar os dois processos mecânicos que ocorrem na fase M. O fuso mitótico realiza a divisão nuclear (mitose), e, em células animais e vários eucariotos unicelulares, o *anel contrátil* realiza a divisão citoplasmática (citocinese) (**Figura 18-19**). Ambas as estruturas se dissociam rapidamente depois de terem realizado suas tarefas.

O fuso mitótico é composto de microtúbulos e várias proteínas que interagem com eles, incluindo as proteínas motoras associadas aos microtúbulos (discutidas no Capítulo 17). Em todas as células eucarióticas, o fuso mitótico é responsável por separar os cromossomos replicados e alocar uma cópia de cada cromossomo para cada célula-filha.

O *anel contrátil* consiste principalmente em filamentos de actina e miosina, arranjados em um anel ao redor do equador da célula (ver Capítulo 17). Ele inicia sua formação ao final da mitose logo abaixo da membrana plasmática. Quando o anel se contrai, ele puxa a membrana para o interior, dividindo a célula em duas (ver Figura 18-19). Discutimos adiante como as células vegetais, que possuem parede celular, dividem seu citoplasma por um mecanismo bem diferente.

QUESTÃO 18-5

Uma pequena quantidade de citoplasma isolada de uma célula em mitose é injetada em um oócito de rã não fertilizado, fazendo o oócito entrar na fase M (ver Figura 18-7A). Uma amostra do citoplasma do oócito injetado é então coletada e injetada em um segundo oócito, fazendo essa célula também entrar na fase M. O processo é repetido várias vezes até que, essencialmente, nada da amostra da proteína original permaneça, e, mesmo assim, o citoplasma coletado do último em uma série de oócitos injetados ainda é capaz de promover o início da fase M sem diminuição da eficiência. Explique essa observação notável.

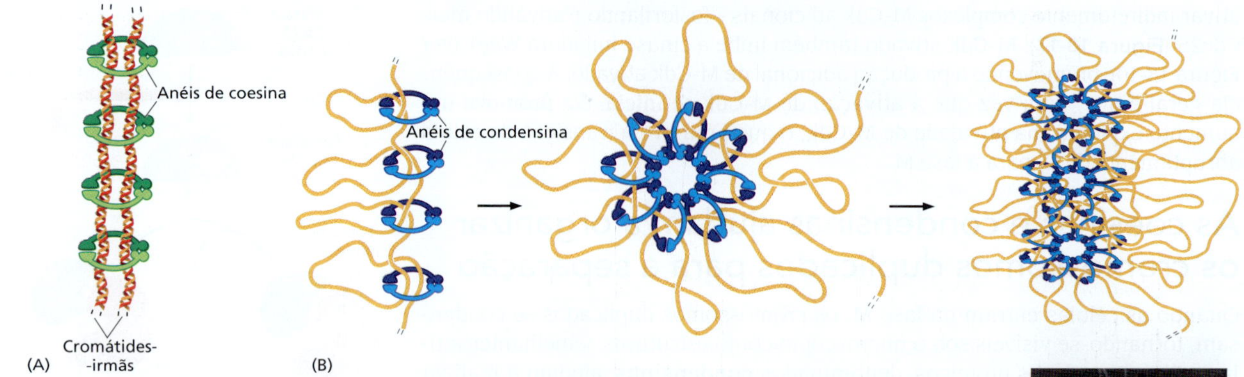

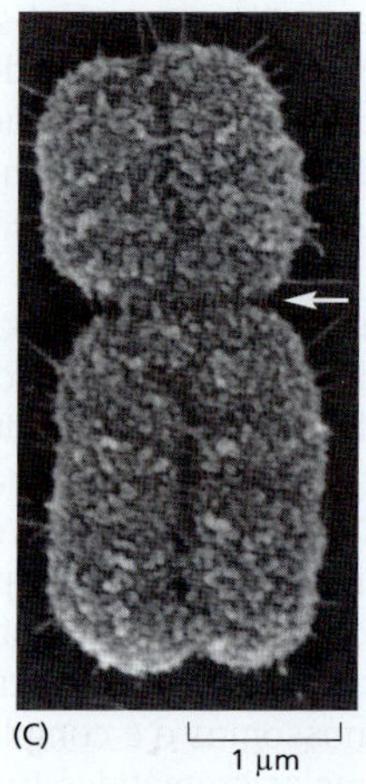

Figura 18-18 As coesinas e condensinas ajudam a organizar os cromossomos duplicados para a segregação. (A) As coesinas ligam as duas cromátides-irmãs adjacentes em cada cromossomo duplicado. Acredita-se que elas formem grandes anéis proteicos que circundam as cromátides-irmãs, impedindo que estas se separem, até que os anéis sejam desfeitos no final da mitose. (B) As condensinas ajudam a enrolar cada cromátide-irmã (em outras palavras, cada dupla-hélice de DNA) em uma estrutura menor mais compacta que pode ser mais facilmente segregada durante a mitose. (C) Uma micrografia eletrônica de varredura de um cromossomo mitótico replicado, que consiste em duas cromátides-irmãs ligadas em toda a sua extensão. A região de constrição (*seta*) é o centrômero, onde cada cromátide se ligará ao fuso mitótico, que separa as cromátides-irmãs ao final da mitose. (C, cortesia de Terry D. Allen.)

A fase M ocorre em estágios

Embora a fase M ocorra como uma sequência contínua de eventos, ela é tradicionalmente dividida em uma série de seis estágios. Os primeiros cinco estágios da fase M – prófase, prometáfase, metáfase, anáfase e telófase – constituem a **mitose**, a qual é originalmente definida como o período no qual os cromossomos estão visíveis (pois estão condensados). A *citocinese*, que constitui o estágio final da fase M, inicia-se antes que a mitose termine. Os estágios da fase M estão resumidos no **Painel 18-1** (p. 622-623). Em conjunto, eles formam uma sequência dinâmica na qual vários ciclos independentes – envolvendo os cromossomos, o citoesqueleto e os centrossomos – são coordenados para produzir duas células-filhas geneticamente idênticas (**Animação 18.4** e **Animação 18.5**).

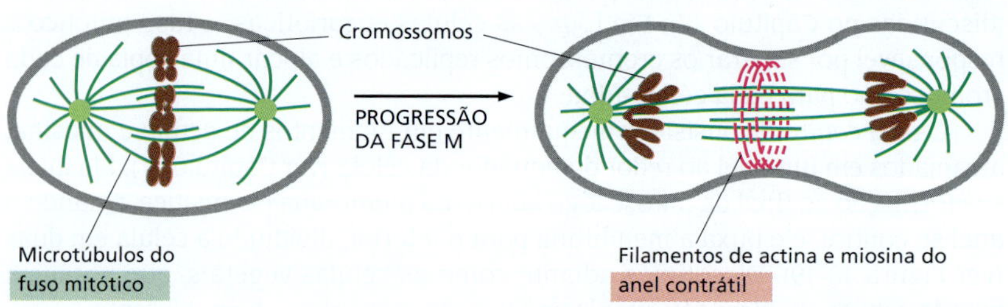

Figura 18-19 Duas estruturas transitórias do citoesqueleto realizam a fase M nas células animais. O fuso mitótico é formado inicialmente para separar os cromossomos duplicados. A seguir, ocorre a formação do anel contrátil para dividir a célula em duas. O fuso mitótico é composto por microtúbulos, ao passo que o anel contrátil é composto por filamentos de actina e miosina. As células vegetais usam mecanismos bastante distintos para dividir o citoplasma, como consideramos adiante.

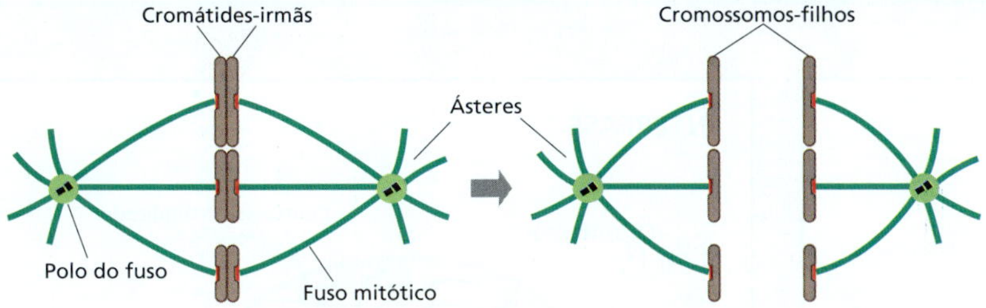

Figura 18-20 As cromátides-irmãs se separam no início da anáfase. O fuso mitótico então puxa os cromossomos resultantes para os polos opostos da célula.

MITOSE

Antes do início da divisão celular, ou mitose, cada cromossomo foi duplicado e consiste em duas cromátides-irmãs idênticas, mantidas unidas ao longo de seu comprimento pelas proteínas coesinas (ver Figura 18-18A). Durante a mitose, as proteínas coesinas são clivadas, as cromátides-irmãs se separam, e os cromossomos-filhos resultantes são puxados para os polos opostos da célula pelo fuso mitótico (**Figura 18-20**). Nesta seção, consideramos como o fuso mitótico é formado e como ele atua. Discutimos como a instabilidade dinâmica dos microtúbulos e a atividade das proteínas motoras associadas aos microtúbulos contribuem tanto para a formação do fuso, como para a capacidade de segregar os cromossomos duplicados. Então consideramos o mecanismo que opera durante a mitose para assegurar a separação sincronizada desses cromossomos. Finalmente, discutimos como os núcleos-filhos se formam.

Os centrossomos são duplicados para auxiliar a formação dos dois polos do fuso mitótico

Antes do início da fase M, dois eventos críticos devem ser completados: o DNA deve ser totalmente replicado e, em células animais, o centrossomo deve ser duplicado. O **centrossomo** é o principal *centro organizador de microtúbulos* das células animais. Ele se duplica de modo que possa promover a formação dos dois polos do fuso mitótico, de maneira que cada célula-filha possa receber seu próprio centrossomo.

A duplicação do centrossomo inicia-se ao mesmo tempo em que a replicação do DNA. O processo é desencadeado pelas mesmas Cdks – G_1/S-Cdk e S-Cdk – que iniciam a replicação do DNA. Inicialmente, quando o centrossomo se duplica, ambas as cópias permanecem unidas como um único complexo ao lado do núcleo. Entretanto, quando a mitose se inicia, os dois centrossomos se separam, e cada um irradia um arranjo radial de microtúbulos chamado de **áster**. Os dois ásteres se movem para os polos opostos do núcleo para formar os dois polos do fuso mitótico (**Figura 18-21**). O processo de duplicação e separação dos centrossomos é conhecido como o **ciclo do centrossomo**.

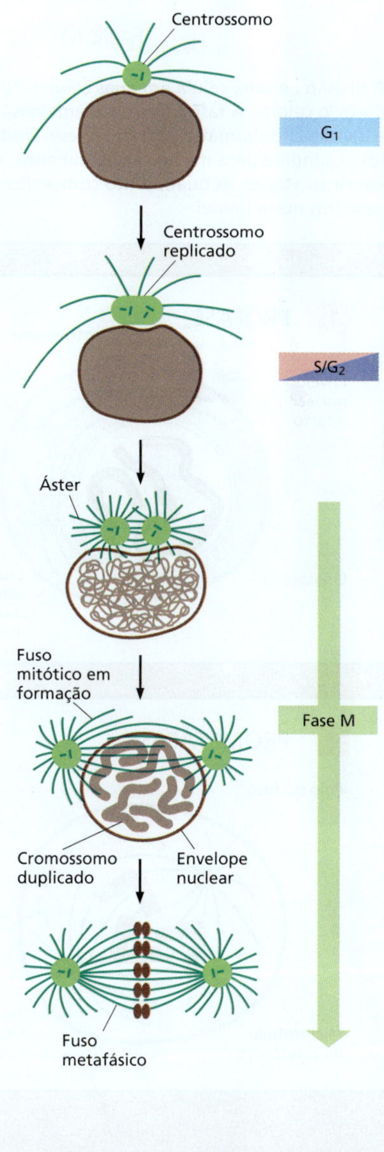

Figura 18-21 O centrossomo nas células interfásicas se duplica para formar os dois polos do fuso mitótico. Na maioria das células animais em interfase (G_1, S e G_2), um par de centríolos (mostrado aqui como um par de *barras verde-escuras*) está associado com a matriz do centrossomo (*verde-claro*), que promove a nucleação do crescimento do microtúbulo. (O volume da matriz do centrossomo está exagerado neste diagrama por questões de clareza.) A duplicação do centrossomo se inicia no começo da fase S e se completa no final da fase G_2. No início, os dois centrossomos permanecem unidos, mas no princípio da fase M, eles se separam e cada um faz a nucleação do seu próprio áster de microtúbulos. Os centrossomos então se deslocam e se distanciam, e os microtúbulos que interagem entre os dois ásteres, preferencialmente, alongam-se para formar o fuso mitótico bipolar com um áster em cada polo. Quando o envelope nuclear é desfeito, os microtúbulos do fuso são capazes de interagir com os cromossomos duplicados.

DIVISÃO CELULAR E O CICLO CELULAR

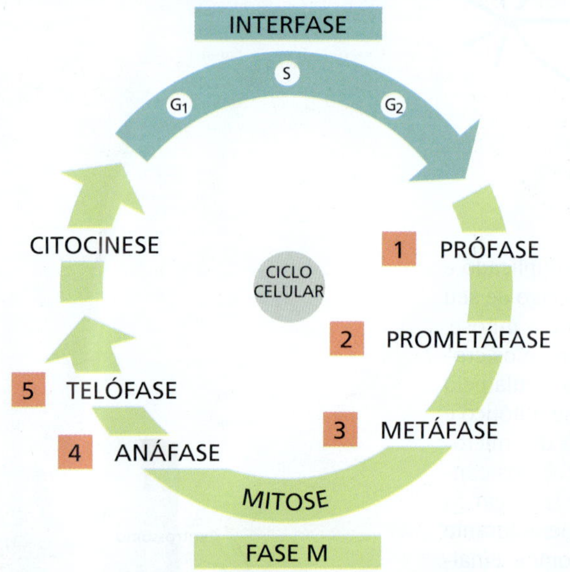

A divisão de uma célula em duas células-filhas ocorre na fase M do ciclo celular. A fase M consiste em divisão nuclear, ou mitose, e divisão citoplasmática, ou citocinese. Nesta figura, a fase M foi expandida para melhor entendimento. A mitose é dividida em cinco etapas, as quais, junto com a citocinese, estão descritas neste painel.

INTERFASE

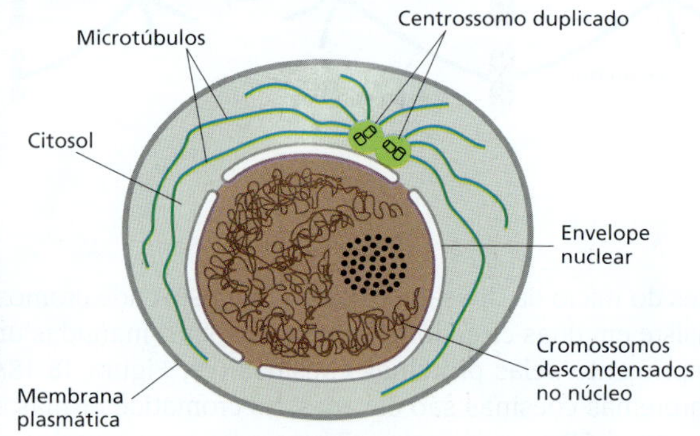

Durante a interfase, a célula aumenta de tamanho. O DNA dos cromossomos é replicado, e o centrossomo é duplicado.

Nas micrografias ópticas de células animais em divisão, mostradas neste painel, os cromossomos estão corados de *laranja*, e os microtúbulos, de *verde*.

(Micrografias cortesia de Julie Canman e Ted Salmon; "Metáfase" da capa de J. Cell. Sci. 115(9), 2002, com permissão de The Company of Biologists Ltd; "Telófase" de J.C. Canman et al., *Nature* 424:1074-1078, 2003, com permissão de Macmillan Publishers Ltd.)

MITOSE

1 PRÓFASE

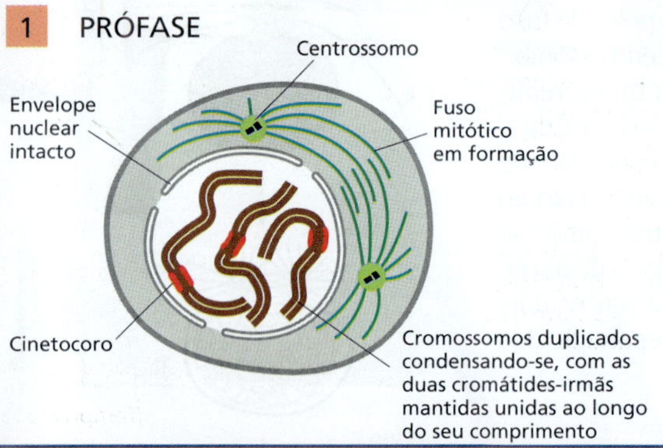

Na prófase, os cromossomos replicados, cada um consistindo em duas cromátides-irmãs intimamente associadas, se condensam. Fora do núcleo, o fuso mitótico se forma entre os dois centrossomos, os quais começaram a se separar. Para simplificar, apenas três cromossomos estão desenhados.

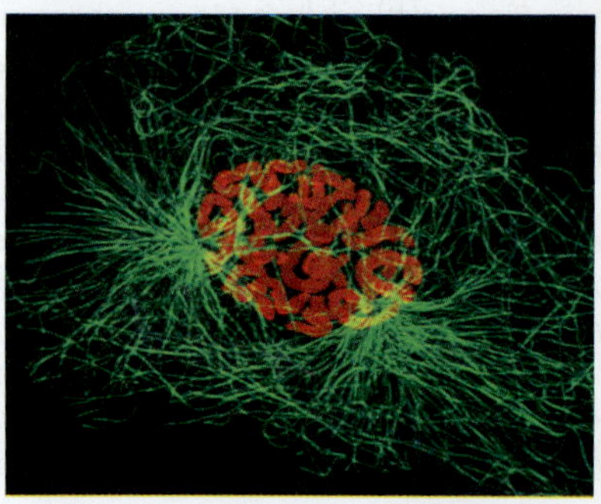

Tempo = 0 min

MITOSE

2 PROMETÁFASE

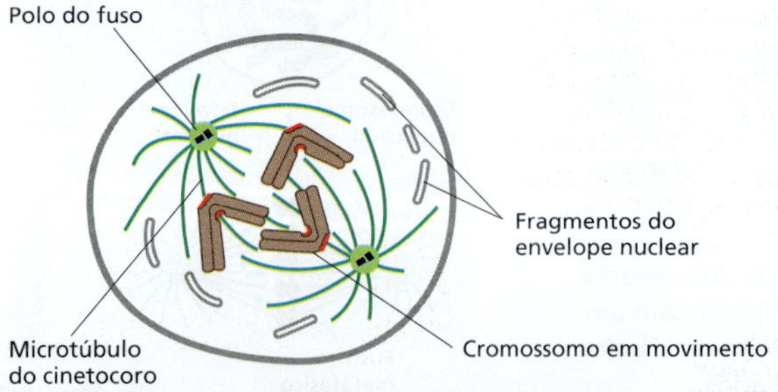

A prometáfase se inicia repentinamente com a fragmentação do envelope nuclear. Os cromossomos podem agora se ligar aos microtúbulos do fuso pelo cinetocoro, e sofrem movimentos ativos.

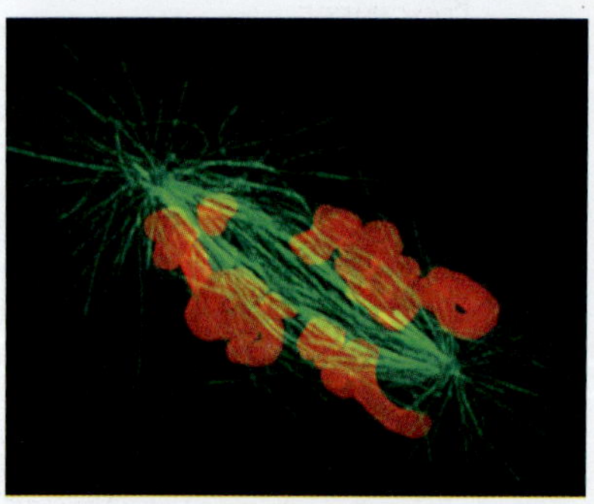

Tempo = 79 min

MITOSE

3 METÁFASE

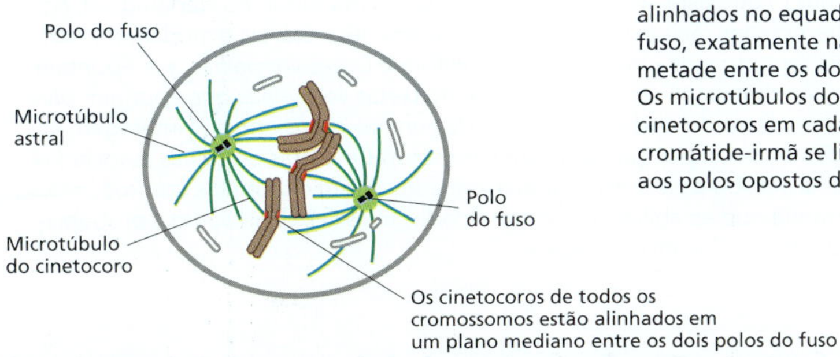

Na metáfase, os cromossomos estão alinhados no equador do fuso, exatamente na metade entre os dois polos. Os microtúbulos dos cinetocoros em cada cromátide-irmã se ligam aos polos opostos do fuso.

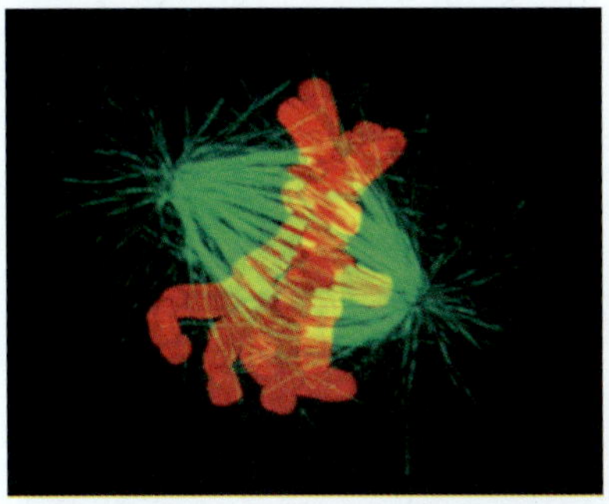

Tempo = 250 min

MITOSE

4 ANÁFASE

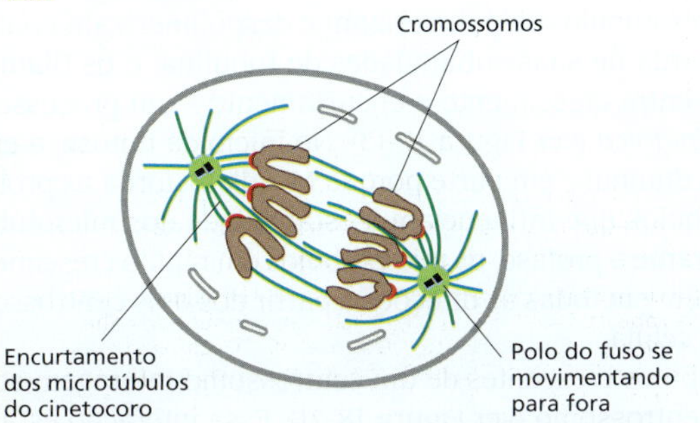

Na anáfase, as cromátides-irmãs se separam sincronicamente, e cada uma delas é puxada lentamente para o polo do fuso ao qual está ligada. Os microtúbulos do cinetocoro encurtam, e os polos do fuso também se distanciam, contribuindo para a segregação dos cromossomos.

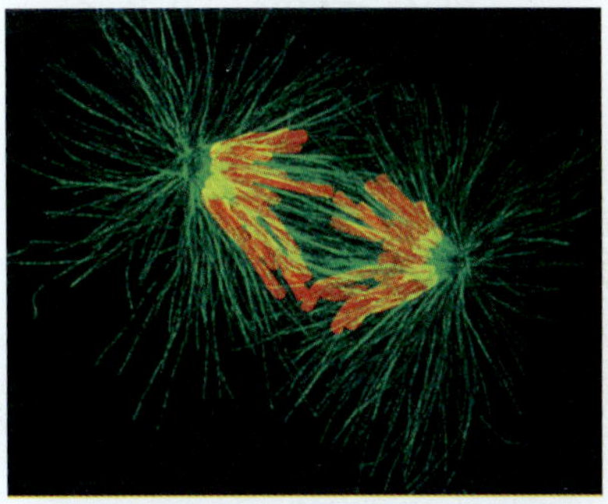

Tempo = 279 min

MITOSE

5 TELÓFASE

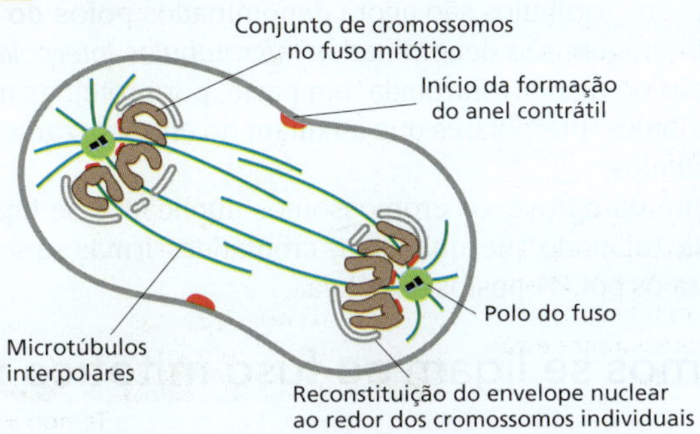

Durante a telófase, os dois conjuntos de cromossomos chegam aos polos do fuso. Um novo envelope nuclear é formado em torno de cada conjunto, completando a formação dos dois núcleos e marcando o fim da mitose. A divisão do citoplasma começa com a formação do anel contrátil.

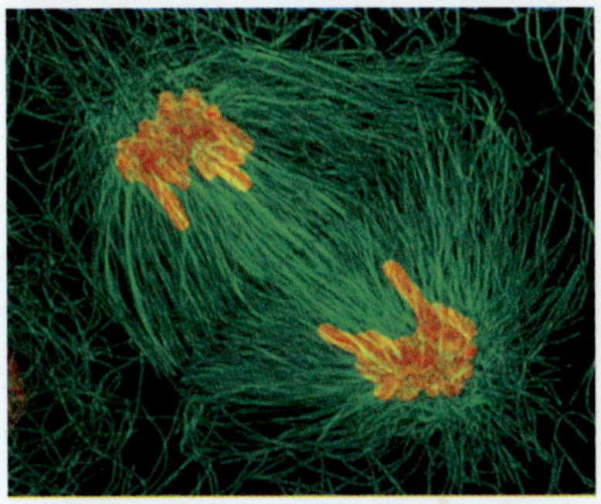

Tempo = 315 min

CITOCINESE

CITOCINESE

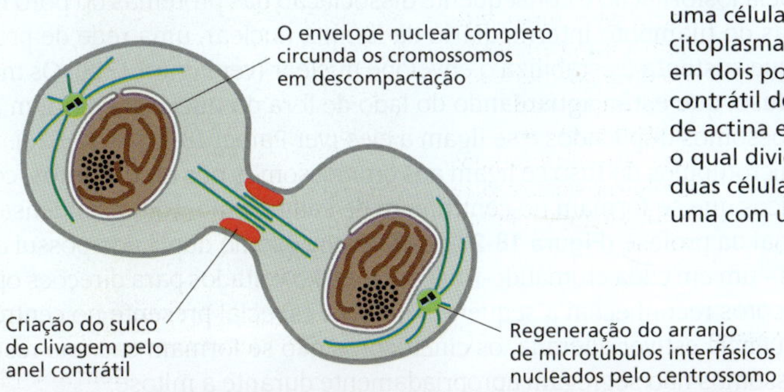

Durante a citocinese de uma célula animal, o citoplasma é dividido em dois por um anel contrátil de filamentos de actina e miosina, o qual divide a célula em duas células-filhas, cada uma com um núcleo.

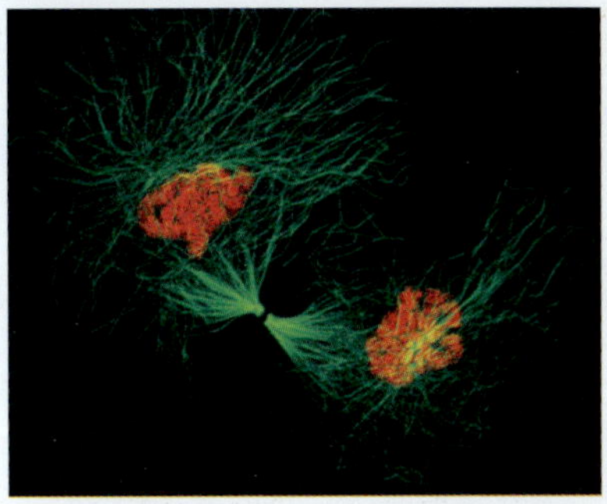

Tempo = 362 min

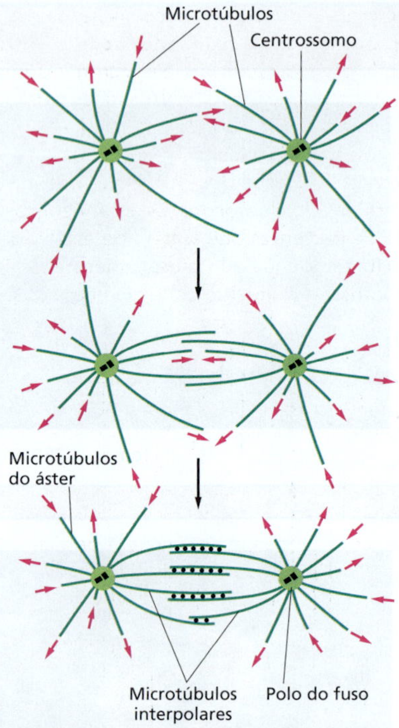

Figura 18-22 O fuso mitótico bipolar é formado pela estabilização seletiva dos microtúbulos que interagem entre si. Novos microtúbulos crescem a partir dos dois centrossomos em diversas direções. As duas extremidades de um microtúbulo (por convenção, denominadas extremidades mais [+] e menos [-]) apresentam propriedades diferentes, e é a extremidade menos (-) que está ancorada ao centrossomo (discutido no Capítulo 17). As extremidades mais (+) livres são dinamicamente instáveis e mudam de maneira repentina de um crescimento uniforme (*setas vermelhas que apontam para fora*) para um rápido encurtamento (*setas vermelhas que apontam para dentro*). Quando dois microtúbulos de centrossomos opostos interagem na região de sobreposição, as proteínas motoras e outras proteínas associadas aos microtúbulos fazem o entrecruzamento dos microtúbulos (*pontos pretos*), de forma que estabilizam as extremidades mais (+), diminuindo a probabilidade de sua despolimerização.

A formação do fuso mitótico se inicia na prófase

O fuso mitótico começa a se formar na **prófase**. Essa formação do fuso altamente dinâmico depende de propriedades notáveis dos microtúbulos. Como discutido no Capítulo 17, os microtúbulos se polimerizam e despolimerizam continuamente pela adição ou perda de suas subunidades de tubulina, e os filamentos individuais se alternam entre crescimento e encurtamento – um processo chamado de *instabilidade dinâmica* (ver Figura 17-13). No início da mitose, a estabilidade dos microtúbulos diminui – em parte porque M-Cdk fosforila as proteínas associadas aos microtúbulos que influenciam a estabilidade dos microtúbulos. Como consequência, durante a prófase, os microtúbulos em rápido crescimento e encurtamento se estendem em todas as direções a partir dos dois centrossomos, explorando o interior da célula.

Alguns dos microtúbulos crescentes de um centrossomo interagem com os microtúbulos do outro centrossomo (ver Figura 18-21). Essa interação estabiliza os microtúbulos, impedindo sua despolimerização, e os liga a dois grupos de microtúbulos unidos para constituir a estrutura básica do **fuso mitótico**, que apresenta uma forma bipolar característica (**Animação 18.6**). Os dois centrossomos que dão origem a esses microtúbulos são agora denominados **polos do fuso**, e os microtúbulos que interagem são denominados *microtúbulos interpolares* (**Figura 18-22**). A formação do fuso é controlada, em parte, por proteínas motoras associadas aos microtúbulos interpolares que auxiliam no entrecruzamento dos dois grupos de microtúbulos.

No estágio seguinte da mitose, os cromossomos duplicados se ligam aos microtúbulos do fuso de tal modo que, quando as cromátides-irmãs se separam, elas serão puxadas para os polos opostos da célula.

Os cromossomos se ligam ao fuso mitótico na prometáfase

A **prometáfase** se inicia repentinamente com a dissociação do envelope nuclear, o qual é rompido em várias vesículas pequenas de membrana. Esse processo é iniciado pela fosforilação e consequente dissociação das proteínas do poro nuclear e proteínas do filamento intermediário da lâmina nuclear, uma rede de proteínas fibrosas que sustenta e estabiliza o envelope nuclear (ver Figura 17-8). Os microtúbulos do fuso, que estão aguardando do lado de fora do núcleo, agora têm acesso aos cromossomos duplicados e se ligam a eles (ver Painel 18-1, p. 622-623).

Os microtúbulos do fuso se ligam aos cromossomos nos **cinetocoros**, complexos proteicos que se formam no centrômero de cada cromossomo condensado durante o final da prófase (**Figura 18-23**). Cada cromossomo duplicado possui dois cinetocoros – um em cada cromátide-irmã – que estão voltados para direções opostas. Os cinetocoros reconhecem a sequência de DNA especial presente no centrômero: se tal sequência estiver alterada, os cinetocoros não se formam e, como resultado, os cromossomos não segregam apropriadamente durante a mitose.

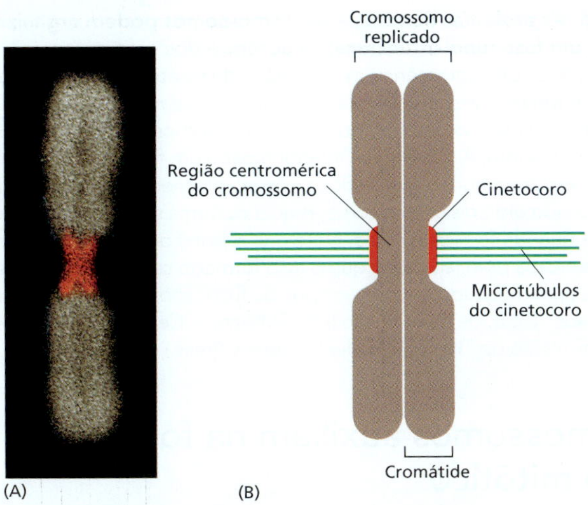

Figura 18-23 Os cinetocoros ligam os cromossomos ao fuso mitótico. (A) Micrografia de fluorescência de um cromossomo mitótico duplicado. O DNA está corado com um corante fluorescente, e os cinetocoros estão corados em *vermelho* com anticorpos fluorescentes que reconhecem as proteínas do cinetocoro. Esses anticorpos são de pacientes que sofrem de esclerodermа (uma doença que causa superprodução progressiva de tecido conectivo na pele e em outros órgãos), os quais, por motivos desconhecidos, produzem anticorpos contra suas próprias proteínas do cinetocoro. (B) Desenho esquemático de um cromossomo mitótico mostrando suas duas cromátides-irmãs ligadas aos microtúbulos do cinetocoro, que se liga ao cinetocoro por suas extremidades mais (+). Cada cinetocoro forma uma placa na superfície do centrômero. (A, cortesia de B.R. Brinkley.)

Uma vez que o envelope nuclear foi fragmentado, um microtúbulo aleatório que encontra um cinetocoro vai se ligar a este, capturando assim o cromossomo. Esse microtúbulo do cinetocoro liga o cromossomo a um polo do fuso (ver Figura 18-23 e Painel 18-1, p. 622-623). Como os cinetocoros das cromátides-irmãs estão voltados para direções opostas, eles tendem a se ligar aos microtúbulos de polos opostos do fuso, de modo que cada cromossomo duplicado se liga aos dois polos do fuso. A ligação aos polos opostos, chamada de **biorientação**, gera tensão sobre os cinetocoros, que estão sendo puxados para direções opostas. Essa tensão sinaliza para os cinetocoros-irmãos de que eles estão ligados de forma correta e estão prontos para serem separados. O sistema de controle do ciclo celular monitora essa tensão para assegurar a ligação correta do cromossomo (ver Figura 18-3), uma medida de segurança que discutimos detalhadamente em breve.

O número de microtúbulos ligados a cada cinetocoro varia entre as espécies: cada cinetocoro humano liga 20 a 40 microtúbulos, por exemplo, ao passo que o cinetocoro de levedura liga apenas um microtúbulo. As três classes de microtúbulos que formam o fuso mitótico estão coloridas diferentemente na **Figura 18-24**.

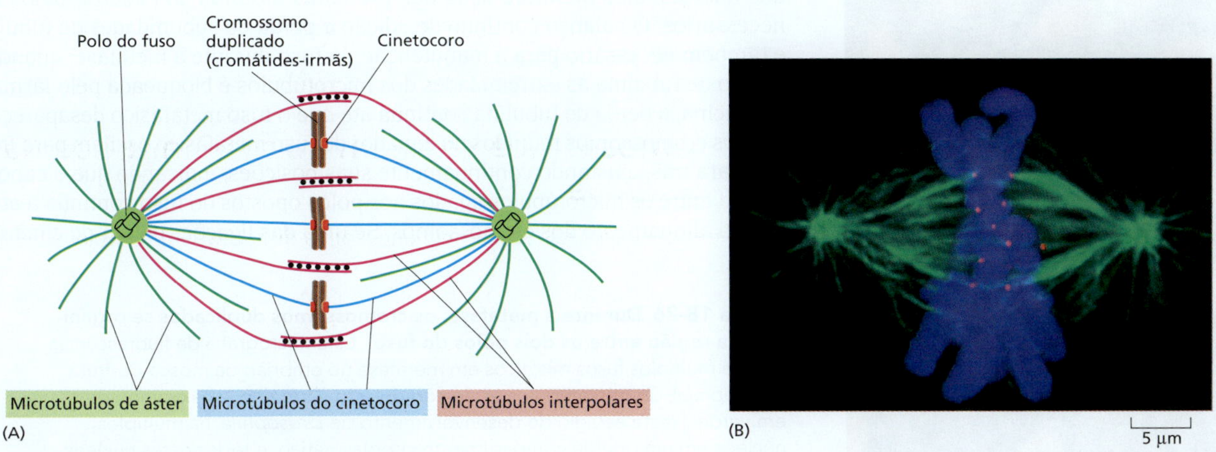

Figura 18-24 Três classes de microtúbulos compõem o fuso mitótico. (A) Desenho esquemático de um fuso com os cromossomos ligados, mostrando os três tipos de microtúbulos do fuso: os microtúbulos de áster, os microtúbulos do cinetocoro e os microtúbulos interpolares. Na realidade, os cromossomos são maiores do que o mostrado, e normalmente múltiplos microtúbulos são ligados a cada cinetocoro. (B) Micrografia de fluorescência dos cromossomos na placa metafásica de um fuso mitótico real. Nesta imagem, os cinetocoros estão marcados em *vermelho*, os microtúbulos, em *verde*, e os cromossomos, em *azul*. (B, de A. Desai, *Curr. Biol.* 10:R508, 2000. Com permissão de Elsevier.)

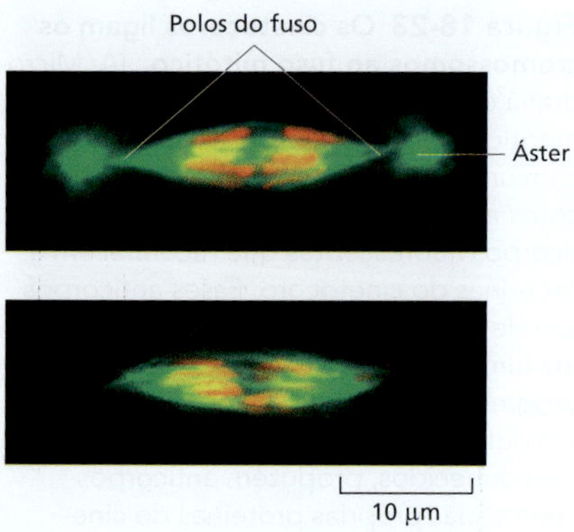

Figura 18-25 As proteínas motoras e os cromossomos podem organizar a formação de um fuso bipolar funcional na ausência dos centrossomos. Nestas micrografias de fluorescência de embriões do inseto *Sciara*, os microtúbulos estão corados em *verde*, e os cromossomos, em *vermelho*. A micrografia superior mostra um fuso normal gerado com centrossomos em um embrião fertilizado normalmente. A micrografia inferior mostra um fuso formado sem centrossomos em um embrião que iniciou o desenvolvimento sem fertilização e por isso está desprovido de centrossomo, o qual costuma ser fornecido pelo espermatozoide quando fertiliza o óvulo. Note que o fuso com centrossomos possui um áster em cada polo, ao passo que o fuso formado sem centrossomos não possui áster. Como mostrado, ambos os tipos de fusos são capazes de segregar os cromossomos. (De B. de Saint Phalle e W. Sullivan, *J. Cell Biol.* 141:1383–1391, 1998. Com permissão de The Rockefeller University Press.)

Os cromossomos auxiliam na formação do fuso mitótico

Os cromossomos são mais do que passageiros passivos no processo de formação do fuso: eles podem estabilizar e organizar os microtúbulos em fusos mitóticos funcionais. Nas células sem centrossomos – incluindo todos os tipos de células vegetais e alguns de células animais –, os próprios cromossomos centralizam a associação dos microtúbulos, e as proteínas motoras então movem e organizam os microtúbulos e cromossomos em um fuso bipolar. Mesmo nas células animais que normalmente têm centrossomos, um fuso bipolar ainda pode ser formado dessa maneira se os centrossomos são removidos (**Figura 18-25**). Nas células com centrossomos, os cromossomos, as proteínas motoras e os centrossomos trabalham juntos para constituir o fuso mitótico.

Os cromossomos se alinham no equador do fuso durante a metáfase

Durante a prometáfase, os cromossomos duplicados, agora ligados ao fuso mitótico, iniciam seu movimento para um lado e para outro. Finalmente, eles se alinham no equador do fuso, a uma distância equivalente entre os dois polos, formando a *placa metafásica*. Esse evento define o início da **metáfase** (**Figura 18-26**). Embora as forças que atuam para trazer os cromossomos para o equador não sejam bem compreendidas, tanto o crescimento contínuo e o encurtamento dos microtúbulos quanto a ação das proteínas motoras dos microtúbulos são necessários. O balanço contínuo de adição e perda de subunidades de tubulina e também necessário para a manutenção do fuso durante a metáfase: quando a adição de tubulina às extremidades dos microtúbulos é bloqueada pelo fármaco colchicina, a perda de tubulina continua até que o fuso metafásico desapareça.

Os cromossomos reunidos no equador do fuso metafásico oscilam para frente e para trás, ajustando continuamente suas posições, indicando que o cabo de guerra entre os microtúbulos ligados aos polos opostos do fuso continua a atuar após o alinhamento dos cromossomos. Se uma das ligações do par de cinetoco-

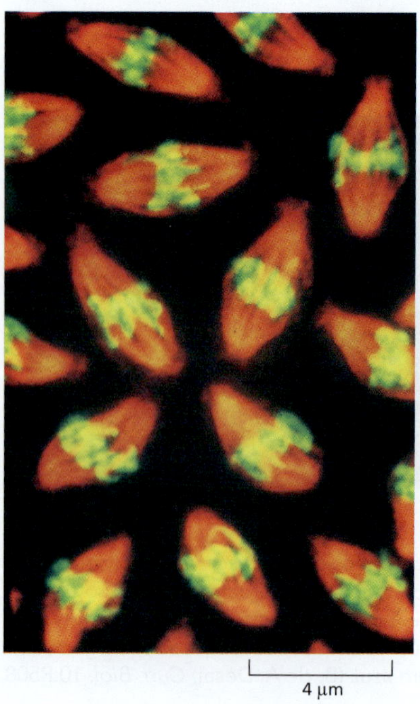

Figura 18-26 Durante a metáfase, os cromossomos duplicados se organizam na região entre os dois polos do fuso. Esta micrografia de fluorescência mostra múltiplos fusos mitóticos em metáfase no embrião da mosca-da-fruta (*Drosophila*). Os microtúbulos estão corados em *vermelho*, e os cromossomos, em *verde*. Neste estágio do desenvolvimento de *Drosophila*, há múltiplos núcleos em um grande compartimento citoplasmático, e todos esses núcleos se dividem sincronicamente; por isso todos os núcleos aqui mostrados estão no mesmo estágio, de metáfase, do ciclo celular (**Animação 18.7**). Os fusos da metáfase em geral são representados em duas dimensões, como aqui; entretanto, quando observados em três dimensões, os cromossomos são visualizados agrupados em uma região semelhante a uma placa no equador do fuso – assim denominada placa metafásica. (Cortesia de William Sullivan.)

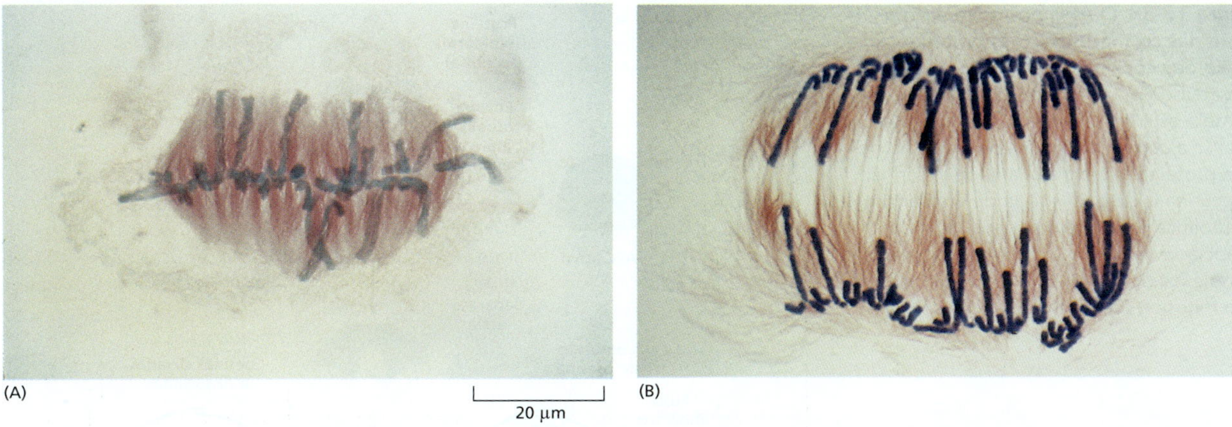

Figura 18-27 As cromátides-irmãs se separam na anáfase. Na transição da metáfase (A) para anáfase (B), as cromátides-irmãs (coradas em *azul*) se separam subitamente, permitindo que os cromossomos resultantes se movam em direção aos polos opostos, como visto nestas células vegetais coradas com anticorpos marcados com ouro para marcar os microtúbulos (*vermelho*). As células vegetais em geral não possuem centrossomos e, portanto, apresentam os polos do fuso menos definidos do que as células animais (ver Figura 18-34). Os polos do fuso estão presentes aqui, nas partes superior e inferior de cada micrografia, embora não possam ser vistos. (Cortesia de Andrew Bajer.)

ros for artificialmente danificada por um feixe de *laser* durante a metáfase, o cromossomo duplicado inteiro imediatamente se move em direção ao polo ao qual ele permaneceu ligado. Da mesma forma, se a ligação entre as cromátides-irmãs é rompida, as duas cromátides se separam e se movem para polos opostos. Esses experimentos mostram que os cromossomos duplicados não são simplesmente depositados na placa metafásica. Eles ficam suspensos lá sob tensão. Na anáfase, essa tensão separará as cromátides-irmãs.

A proteólise desencadeia a separação das cromátides-irmãs na anáfase

A **anáfase** inicia-se abruptamente com o rompimento das ligações de coesina que mantêm as cromátides-irmãs unidas (ver Figura 18-18A). Essa liberação permite que cada cromátide – agora considerada um cromossomo – seja puxada para o polo do fuso ao qual está ligada (**Figura 18-27**). Esse movimento segrega os dois grupos de cromossomos idênticos para as extremidades opostas do fuso (ver Painel 18-1, p. 622-623).

A ligação pela coesina é rompida por uma protease chamada de *separase*. Antes do início da anáfase, essa protease é mantida em um estado inativo por uma proteína inibidora chamada *securina*. No início da anáfase, a securina é marcada para ser degradada pelo APC – o mesmo complexo proteico, discutido antes, que marca a ciclina M para degradação. Uma vez que a securina é degradada, a separase está livre para romper as ligações por coesina (**Figura 18-28**).

Os cromossomos segregam-se durante a anáfase

Uma vez que as cromátides-irmãs se separam, os cromossomos resultantes são puxados para o polo do fuso ao qual estão ligados. Todos se movimentam a uma mesma velocidade, que normalmente é de cerca de 1 μm por minuto. O movimento é consequência de dois processos independentes que dependem de diferentes partes do fuso mitótico. Os dois processos são denominados *anáfase A* e *anáfase B* e ocorrem mais ou menos simultaneamente. Na anáfase A, os microtúbulos do cinetocoro encurtados e os cromossomos ligados se movem em direção aos polos. Na anáfase B, os próprios polos do fuso se separam, segregando os dois conjuntos de cromossomos (**Figura 18-29**).

QUESTÃO 18-6

Se uma fina agulha de vidro for usada para manipular um cromossomo dentro de uma célula viva durante o início da fase M, é possível enganar os cinetocoros das duas cromátides-irmãs e fazê-los se ligar ao mesmo polo do fuso. Esse arranjo é, normalmente, instável, mas as ligações podem ser estabilizadas se a agulha for usada com cuidado para puxar os cromossomos de modo que os microtúbulos ligados a ambos os cinetocoros (e ao mesmo polo do fuso) estejam sob tensão. O que isso sugere a respeito do mecanismo pelo qual os cinetocoros normalmente se tornam ligados e permanecem ligados aos microtúbulos de polos opostos do fuso? Essas observações são compatíveis com a possibilidade de que um cinetocoro seja programado para se ligar aos microtúbulos de um determinado polo do fuso? Explique sua resposta.

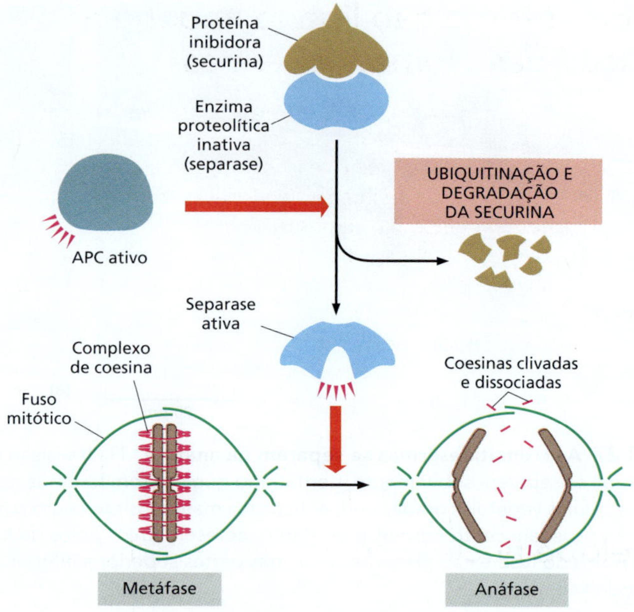

Figura 18-28 O APC promove a separação das cromátides-irmãs pela degradação das coesinas. O APC desencadeia indiretamente a clivagem das coesinas que mantêm as cromátides-irmãs unidas. Ele catalisa a ubiquitinação e a degradação de uma proteína inibidora chamada securina. A securina inibe a atividade de uma enzima proteolítica chamada separase; quando dissociada da securina, a separase cliva os complexos de coesinas, permitindo que o fuso mitótico separe as cromátides-irmãs.

Acredita-se que a força motora para os movimentos da anáfase A seja fornecida principalmente pela perda das subunidades de tubulina a partir de ambas as extremidades dos microtúbulos dos cinetocoros, e que as forças motoras na anáfase B sejam fornecidas por dois conjuntos de proteínas motoras – membros das famílias da cinesina e da dineína – operando em diferentes tipos de microtúbulos do fuso (ver Figura 17-21). As proteínas cinesina atuam sobre os longos microtúbulos interpolares sobrepostos, deslizando os microtúbulos dos polos opostos um sobre o outro no equador do fuso e empurrando os polos dos fusos para longe um do outro. As proteínas dineína, ancoradas ao córtex celular que sustenta a membrana plasmática, separam os polos (ver Figura 18-29B).

Figura 18-29 Dois processos segregam os cromossomos-filhos na anáfase. Na *anáfase A*, os cromossomos-filhos são puxados para os polos opostos à medida que os microtúbulos do cinetocoro se despolimerizam. A força que coordena esse movimento é gerada, principalmente, no cinetocoro. Na *anáfase B*, os dois polos do fuso se afastam como resultado de duas forças distintas: (1) o alongamento e o deslizamento dos microtúbulos interpolares um sobre o outro separam os dois polos, e (2) forças exercidas para fora sobre os microtúbulos de áster em cada polo do fuso empurram os polos para longe um do outro, em direção do córtex celular. Acredita-se que todas essas forças dependam da ação das proteínas motoras associadas aos microtúbulos.

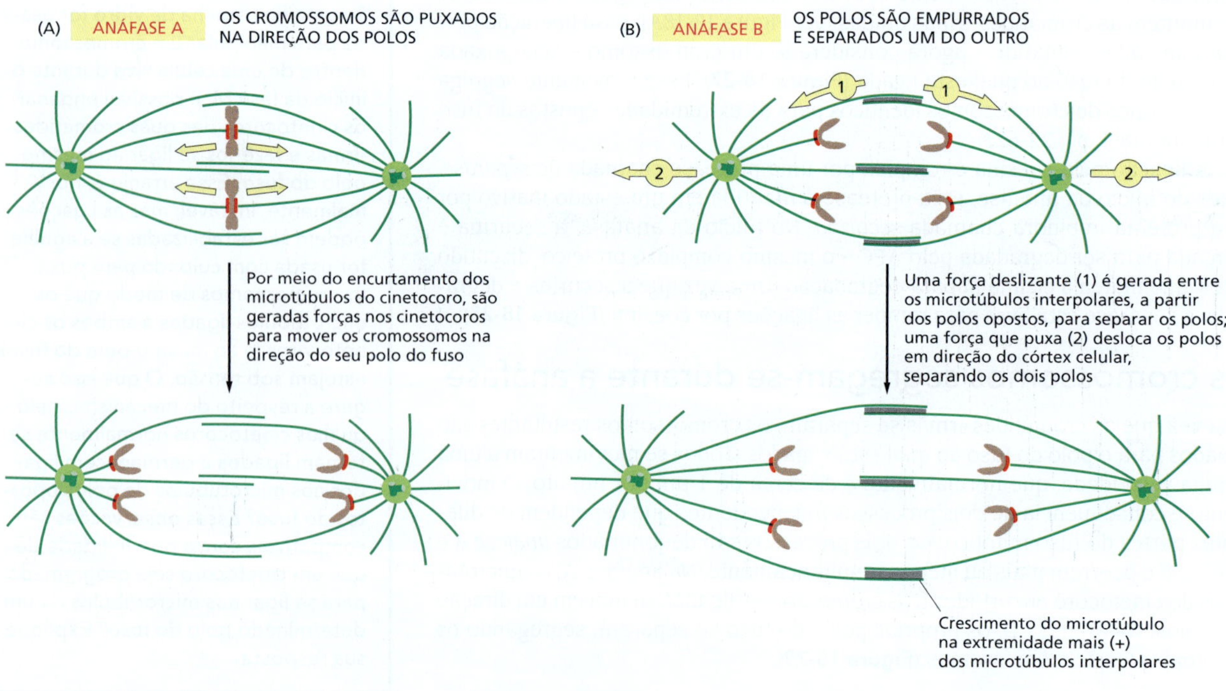

Um cromossomo não ligado impede a separação das cromátides-irmãs

Se uma célula em divisão está para começar a segregar seus cromossomos antes de todos os cromossomos estarem ligados apropriadamente ao fuso, uma célula-filha receberia um conjunto incompleto de cromossomos, e a outra filha receberia um cromossomo excedente. Ambas as situações poderiam ser letais. Assim, uma célula em divisão deve assegurar que cada cromossomo esteja ligado de forma apropriada ao fuso antes de completar a mitose. Para monitorar a ligação do cromossomo, a célula faz uso de um sinal negativo: cromossomos não ligados enviam um sinal de parada para o sistema de controle do ciclo celular. Embora apenas alguns detalhes sejam conhecidos, o sinal inibe o progresso ao longo da mitose por meio do bloqueio da ativação do APC (ver Figura 18-28). Sem APC ativo, as cromátides-irmãs permanecem unidas. Assim, nenhum dos cromossomos duplicados pode ser separado até que todos os cromossomos se tenham posicionado corretamente sobre o fuso mitótico. Este *ponto de verificação de formação do fuso* controla o início da anáfase, assim como o término da mitose, como mencionado anteriormente (ver Figura 18-12).

O envelope nuclear se forma novamente durante a telófase

No final da anáfase, os cromossomos-filhos já se separaram em dois conjuntos iguais em cada polo do fuso. Durante a **telófase**, o estágio final da mitose, o fuso mitótico se dissocia, e o envelope nuclear é reconstituído ao redor de cada conjunto cromossômico para gerar os dois núcleos-filhos (**Animação 18.8**). No início, as vesículas da membrana nuclear se agrupam ao redor dos cromossomos individuais e então se fusionam para formar o novo envelope nuclear (ver Painel 18-1, p. 622-623). Durante esse processo, as proteínas do poro nuclear e as laminas nucleares que foram fosforiladas durante a prometáfase são agora desfosforiladas, o que permite que se associem e que o envelope nuclear e a lamina se formem novamente (**Figura 18-30**). Uma vez refeito o envelope nuclear, os poros bombeiam proteínas nucleares para seu interior, o núcleo se expande, e os cromossomos compactados relaxam para seu estado interfásico. A transcrição gênica agora pode ocorrer, como consequência dessa descompactação. Um novo núcleo foi criado, e a mitose é completada. Tudo o que falta para a célula é completar sua divisão em duas células-filhas individuais.

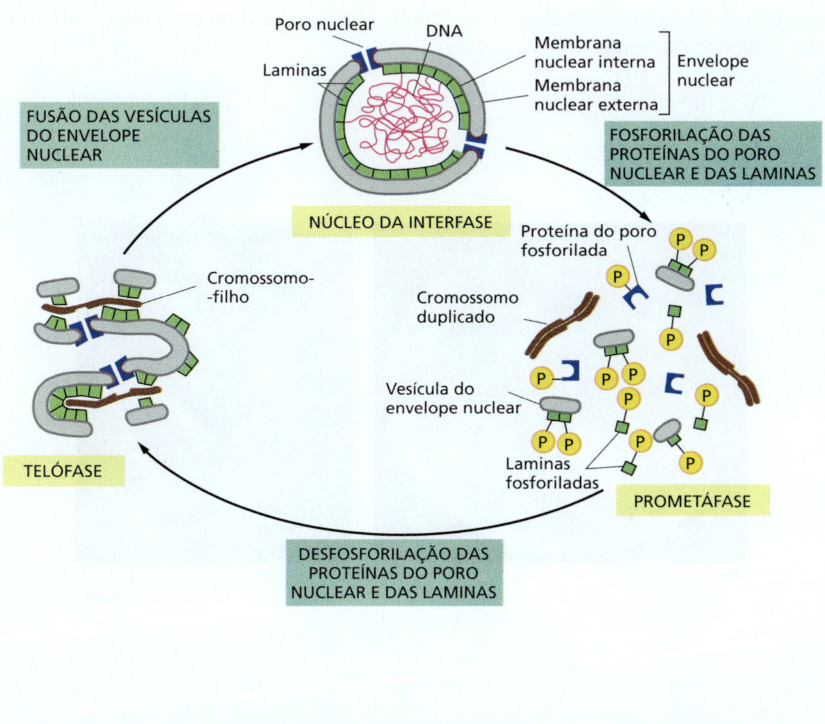

Figura 18-30 O envelope nuclear é fragmentado e formado novamente durante a mitose. A fosforilação das proteínas do poro nuclear e das laminas promove a fragmentação do envelope nuclear na prometáfase. A desfosforilação dessas proteínas na telófase reverte o processo.

QUESTÃO 18-7

Considere os eventos que levam à formação do novo núcleo na telófase. Como as proteínas nucleares e citosólicas se tornam apropriadamente reorganizadas para que o novo núcleo contenha as proteínas nucleares, mas não as proteínas citosólicas?

CITOCINESE

A **citocinese**, processo pelo qual o citoplasma é clivado em dois, completa a fase M. Em geral, esse processo se inicia na anáfase, mas só se completa quando os dois núcleos-filhos se formam na telófase. Enquanto a mitose depende de uma estrutura transitória formada por microtúbulos, o fuso mitótico, a citocinese nas células animais depende de uma estrutura transitória formada por filamentos de actina e miosina, o *anel contrátil* (ver Figura 18-19). No entanto, o plano de clivagem e o momento da citocinese são determinados pelo fuso mitótico.

O fuso mitótico determina o plano da clivagem citoplasmática

O primeiro sinal visível da citocinese nas células animais é o enrugamento e a formação de um sulco na membrana plasmática que ocorre durante a anáfase (**Figura 18-31**). O sulco, invariavelmente, ocorre no plano perpendicular ao eixo mais longo do fuso mitótico. Esse posicionamento assegura que o *sulco de clivagem* divida a célula entre os dois conjuntos de cromossomos segregados, de modo que cada célula-filha receba um conjunto idêntico e completo de cromossomos. Se, logo após o aparecimento do sulco, o fuso mitótico for propositalmente deslocado (usando uma fina agulha de vidro), o sulco desaparece, e logo se forma outro em uma posição correspondente à nova localização e à orientação do fuso. Entretanto, uma vez que o processo de geração do sulco já tenha iniciado, a clivagem continua mesmo que o fuso mitótico seja artificialmente retirado da célula ou despolimerizado com colchicina.

Como o fuso mitótico determina a posição do sulco de clivagem? O mecanismo ainda permanece incerto, mas há indícios de que, durante a anáfase, os microtúbulos interpolares sobrejacentes que formam o *fuso central* recrutam e ativam proteínas que sinalizam ao córtex celular para iniciar a formação do anel contrátil em uma posição mediana entre os polos do fuso. Como tais sinais se originam no fuso da anáfase, esse mecanismo também contribui para definir o momento da citocinese no final da mitose.

Quando o fuso mitótico está em uma posição central na célula – a situação mais comum da maioria das células em divisão –, as duas células-filhas produzidas serão de igual tamanho. Durante o desenvolvimento embrionário, contudo, há algumas situações nas quais a célula em divisão movimenta seus fusos mitóticos para uma posição assimétrica, e, como consequência, o sulco cria duas células-filhas que diferem em tamanho. Na maioria dessas *divisões assimétricas*, as células-filhas também diferem nas moléculas que herdam e normalmente irão dar origem a diferentes tipos celulares.

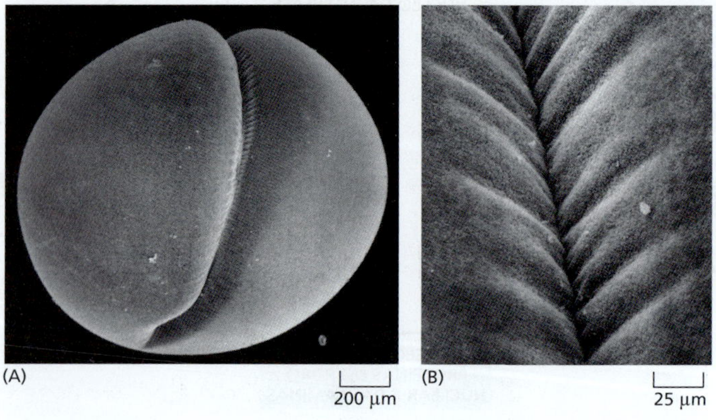

Figura 18-31 O sulco de clivagem é formado pela ação de um anel contrátil abaixo da membrana plasmática. Nesta micrografia eletrônica de varredura de um óvulo fertilizado de rã, em divisão, o sulco de clivagem está incomumente bem definido. (A) Uma vista com pouco aumento da superfície do óvulo. (B) Uma vista com maior aumento do sulco de clivagem. (De H.W. Beams e R.G. Kessel, *Am. Sci.* 64:279–290, 1976. Com permissão de Sigma Xi.)

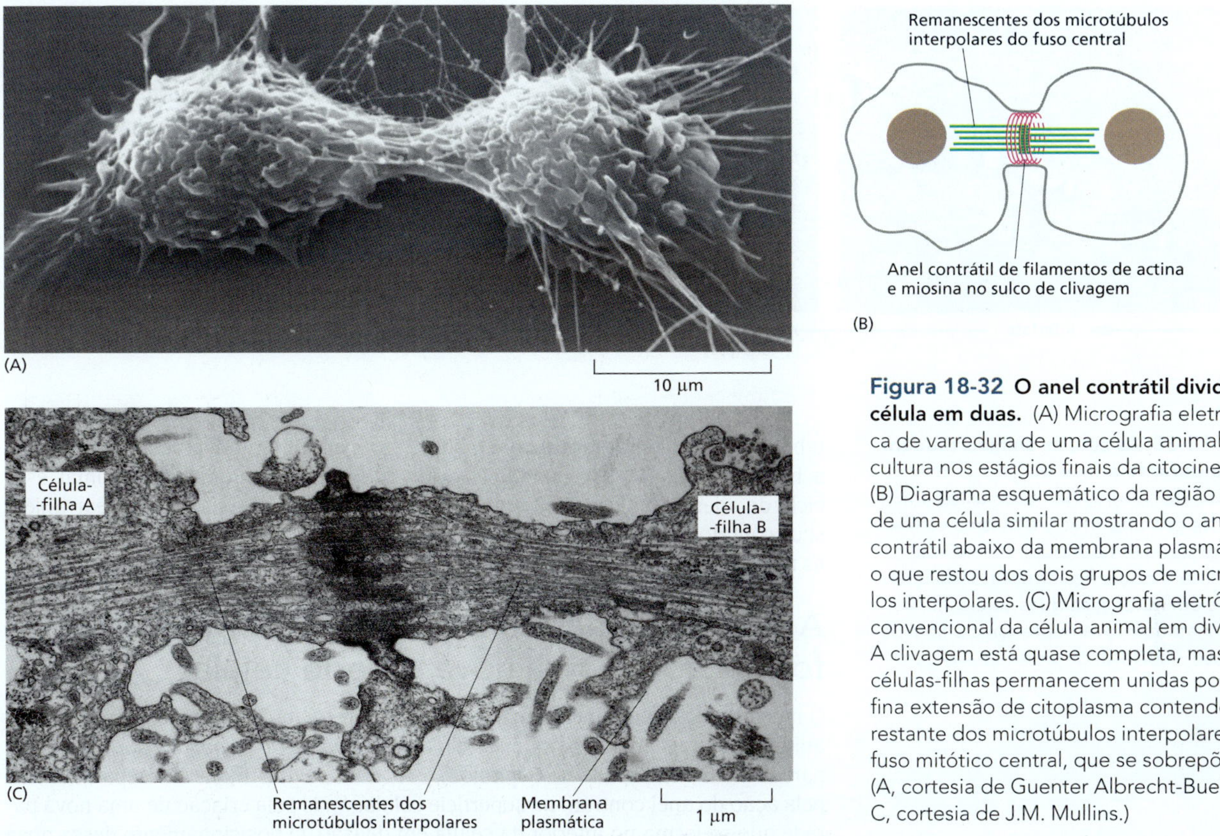

Figura 18-32 O anel contrátil divide a célula em duas. (A) Micrografia eletrônica de varredura de uma célula animal em cultura nos estágios finais da citocinese. (B) Diagrama esquemático da região central de uma célula similar mostrando o anel contrátil abaixo da membrana plasmática e o que restou dos dois grupos de microtúbulos interpolares. (C) Micrografia eletrônica convencional da célula animal em divisão. A clivagem está quase completa, mas as células-filhas permanecem unidas por uma fina extensão de citoplasma contendo o restante dos microtúbulos interpolares do fuso mitótico central, que se sobrepõem. (A, cortesia de Guenter Albrecht-Buehler; C, cortesia de J.M. Mullins.)

O anel contrátil das células animais é composto por filamentos de actina e miosina

O **anel contrátil** é composto, principalmente, por uma sobreposição de arranjos de filamentos de actina e miosina (**Figura 18-32**). Ele se forma na anáfase e está ligado às proteínas associadas à membrana na face citoplasmática da membrana plasmática. Uma vez formado, o anel contrátil é capaz de exercer uma força suficientemente grande para curvar uma fina agulha de vidro inserida na célula antes da citocinese. Grande parte dessa força é gerada pelo deslizamento dos filamentos de actina contra os filamentos de miosina. Entretanto, diferentemente da associação estável dos filamentos de actina e miosina nas fibras musculares, o anel contrátil é uma estrutura transitória: ele se forma para realizar a citocinese, fica cada vez menor à medida que a citocinese progride e se dissocia completamente uma vez que a célula foi clivada em duas.

A divisão celular de muitas células animais é acompanhada por várias mudanças na forma da célula e por um decréscimo na aderência da célula às células adjacentes, à matriz extracelular, ou a ambas. Essas mudanças resultam, em parte, da reorganização dos filamentos de actina e de miosina no córtex celular, sendo uma delas a formação do anel contrátil. Fibroblastos de mamíferos em cultura, por exemplo, tornam-se achatados durante a interfase, em consequência dos contatos adesivos fortes que os fibroblastos fazem com a superfície sobre a qual estão crescendo – denominada *substrato*. Contudo, quando as células entram na fase M, elas se tornam arredondadas. Em parte, as células alteram sua forma porque algumas proteínas da membrana plasmática, responsáveis pela ligação das células ao substrato – as *integrinas* (discutidas no Capítulo 20) –, tornam-se fosforiladas e perdem sua capacidade de adesão. Uma vez finalizada a citocinese, as células-filhas res-

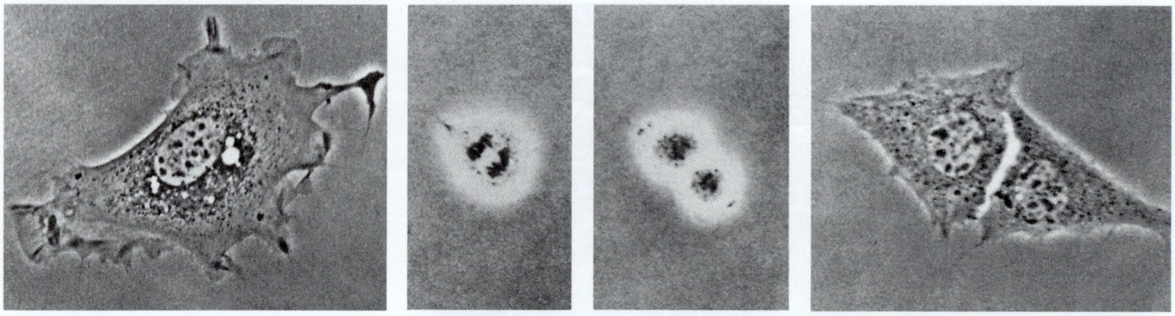

Figura 18-33 As células animais mudam a forma durante a fase M. Nestas micrografias de culturas de fibroblastos em divisão de camundongos, a mesma célula foi fotografada em períodos sucessivos. Note como a célula fica arredondada quando entra em mitose; as duas células-filhas ficam achatadas novamente após o final da citocinese. (Cortesia de Guenter Albrecht-Buehler.)

tabelecem seu contato forte com o substrato e adquirem novamente um formato achatado (**Figura 18-33**). Quando as células se dividem em um tecido animal, esse ciclo de adesão e dissociação provavelmente permite que as células rearranjem seus contatos com as células adjacentes e com a matriz extracelular, de modo que as novas células produzidas pela divisão celular possam se acomodar no tecido.

A citocinese nas células vegetais envolve a formação de uma nova parede celular

O mecanismo da citocinese em plantas superiores é muito diferente do das células animais, provavelmente porque as células vegetais são circundadas por uma rígida parede celular (discutida no Capítulo 20). As duas células-filhas são separadas não pela ação do anel contrátil na superfície celular, mas pela criação de uma nova parede que se forma no interior da célula em divisão. O posicionamento dessa nova parede determina precisamente a posição das duas células-filhas em relação às células adjacentes. Assim, os planos de divisão celular, junto com o aumento da célula, determinam a forma final da planta.

A nova parede celular inicia sua formação no citoplasma entre os dois conjuntos de cromossomos segregados no início da telófase. O processo de geração é coordenado por uma estrutura denominada **fragmoplasto**, a qual é formada pelos remanescentes dos microtúbulos interpolares no equador do antigo fuso mitótico. Pequenas vesículas delimitadas por membrana, em sua maioria derivadas do aparelho de Golgi e preenchidas com polissacarídeos e glicoproteínas necessárias para a matriz da parede celular, são transportadas, juntamente com os microtúbulos, para o fragmoplasto. Aqui elas se fusionam para gerar uma estrutura em forma de disco delimitada por membrana, que se expande para fora por meio da fusão de outras vesículas até alcançar a membrana plasmática e a parede celular original, dividindo assim a célula em duas (**Figura 18-34**). Mais tarde, as microfibrilas de celulose são depositadas na matriz para completar a construção da nova parede celular.

As organelas delimitadas por membranas devem ser distribuídas para as células-filhas quando uma célula se divide

As organelas, como as mitocôndrias e os cloroplastos, não podem se formar espontaneamente a partir de cada um de seus componentes; elas surgem somente do crescimento e da divisão das organelas preexistentes. Do mesmo modo, o retículo endoplasmático (RE) e o aparelho de Golgi derivam de fragmentos de organelas preexistentes. Então, como as diversas organelas delimitadas por membrana se segregam quando a célula se divide de maneira que cada célula-filha receba algumas dessas organelas?

As mitocôndrias e os cloroplastos estão, em geral, presentes em grande número e serão facilmente herdados se, em média, seu número simplesmente dobrar

QUESTÃO 18-8

Desenhe um esquema detalhado da formação da nova parede celular que separa as duas células-filhas quando uma célula vegetal se divide (ver Figura 18-34). Em particular, mostre onde as proteínas de membrana das vesículas derivadas do aparelho de Golgi irão se localizar, indicando o que acontece com a parte da proteína na membrana da vesícula de Golgi que está exposta para o interior da vesícula de Golgi. (Recorra ao Capítulo 11 se você precisar lembrar a estrutura da membrana.)

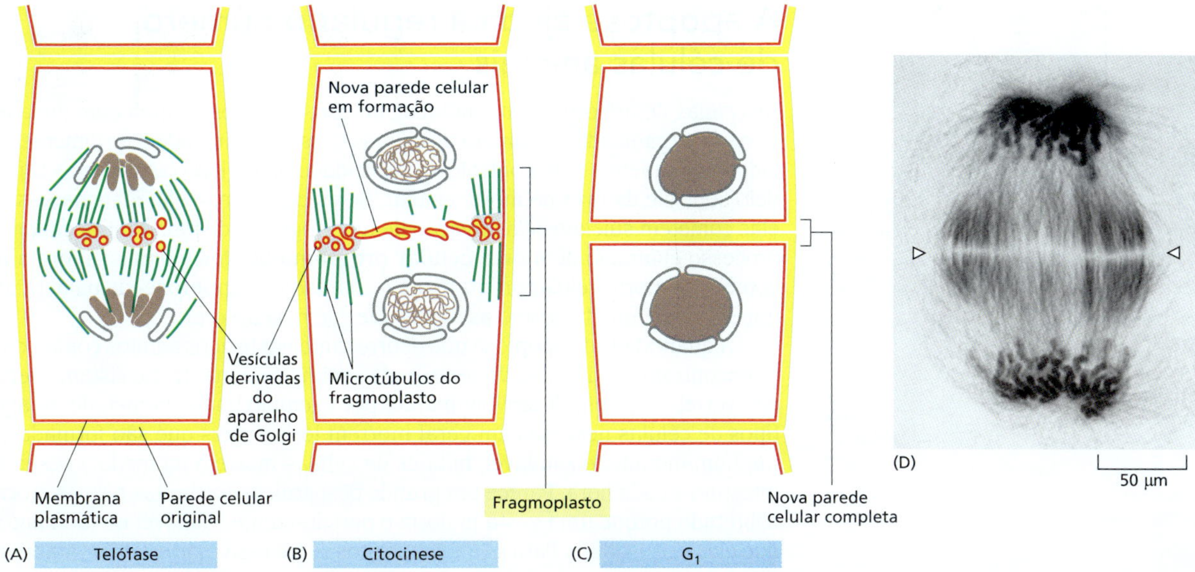

Figura 18-34 A citocinese em uma célula vegetal é organizada por uma estrutura especializada composta por microtúbulos denominada fragmoplasto. No início da telófase, após a segregação dos cromossomos, uma nova parede celular inicia sua reestruturação no interior da célula no equador do antigo fuso (A). Os microtúbulos interpolares do fuso mitótico que permanecem na telófase formam o *fragmoplasto* e guiam as vesículas, derivadas do aparelho de Golgi, na direção do equador do fuso. As vesículas, que são preenchidas com material da parede celular, fundem-se para dar origem à nova parede celular em crescimento, que cresce para fora até alcançar a membrana plasmática e a parede celular original (B). A membrana plasmática preexistente e a membrana que envolve a nova parede celular (ambas mostradas em *vermelho*) se fundem, separando completamente as duas células-filhas (C). Uma micrografia óptica de uma célula vegetal em telófase é mostrada em (D) no estágio correspondente a (A). A célula foi corada para mostrar tanto os microtúbulos como os dois conjuntos de cromossomos-filhos segregados nos dois polos do fuso. A localização da nova parede celular em crescimento está indicada pelas setas. (D, cortesia de Andrew Bajer.)

a cada ciclo celular. O RE das células interfásicas é contínuo com a membrana nuclear e é organizado pelos microtúbulos do citoesqueleto (ver Figura 17-20A). Quando a célula entra na fase M, a reorganização dos microtúbulos libera o RE; na maioria das células, o RE liberado permanece intacto durante a mitose e é cortado em dois durante a citocinese. O aparelho de Golgi se fragmenta durante a mitose; os fragmentos se associam aos microtúbulos do fuso por meio de proteínas motoras, passando para as células-filhas com o alongamento do fuso na anáfase. Outros componentes da célula – incluindo as outras organelas delimitadas por membrana, os ribossomos e todas as proteínas solúveis – são herdados aleatoriamente quando a célula se divide.

Tendo discutido como as células se dividem, voltamos agora ao problema geral de como o tamanho de um animal ou de um órgão é determinado, o que nos leva a considerar como o número e o tamanho das células são controlados.

CONTROLE DO NÚMERO E DO TAMANHO DAS CÉLULAS

Um óvulo fertilizado de camundongo e um óvulo fertilizado humano são semelhantes em tamanho – cerca de 100 μm de diâmetro. Mas um camundongo adulto é muito menor do que um humano adulto. Quais são as diferenças no controle do comportamento celular em humanos e camundongos que geram essas grandes diferenças no tamanho? A mesma pergunta fundamental pode ser feita sobre cada órgão e tecido no corpo de um indivíduo. Qual ajustamento do comportamento celular explica o comprimento da tromba de um elefante ou o tamanho do seu cérebro ou do seu fígado? Essas questões estão sem resposta, mas, no mínimo, é possível dizer quais devem ser os ingredientes dessa resposta. Três processos fundamentais determinam em grande parte o tamanho dos órgãos e do corpo: crescimento celular, divisão celular e morte celular. Cada um desses processos, por sua vez, depende de programas intrínsecos à célula individual e é regulado por sinais oriundos de outras células no corpo.

Nesta seção, discutimos inicialmente como os organismos eliminam as células indesejadas por uma forma de morte celular programada, chamada de *apoptose*. Então discutimos como sinais extracelulares equilibram a morte celular, o crescimento celular e a divisão celular – ajudando assim a controlar o tamanho de um animal e seus órgãos. Concluímos a seção com uma breve discussão sobre os sinais extracelulares que ajudam a manter tais processos sob controle.

QUESTÃO 18-9

Acredita-se que o aparelho de Golgi seja repartido entre as células-filhas durante a divisão celular por uma distribuição aleatória de fragmentos que são criados durante a mitose. Explique por que a divisão aleatória dos cromossomos não funcionaria.

A apoptose ajuda a regular o número de células animais

As células de um organismo multicelular são membros de uma comunidade altamente organizada. O número de células nessa comunidade é fortemente regulado – não apenas pelo controle da velocidade da divisão celular, mas também pelo controle da taxa de morte celular. Se as células não são mais necessárias, elas cometem suicídio pela ativação de um programa de morte intracelular – um processo chamado de **morte celular programada**. Nos animais, a forma mais comum de morte celular programada é chamada de **apoptose** (da palavra grega que significa "queda", como as folhas que caem da árvore).

A quantidade de apoptose que ocorre tanto em tecidos adultos como nos que se encontram em desenvolvimento pode ser impressionante. No sistema nervoso dos vertebrados em desenvolvimento, por exemplo, mais da metade de alguns tipos de células nervosas em geral morrem logo depois que são formadas. Em um humano adulto saudável, bilhões de células morrem na medula óssea e no intestino a cada hora. Parece um grande desperdício que tantas células morram, sobretudo porque uma vasta maioria é perfeitamente saudável no momento em que elas se suicidam. Para quais propósitos serve essa morte celular massiva?

Em alguns casos, as respostas são claras. Patas de camundongos – e nossas próprias mãos e pés – são esculpidas pela apoptose durante o desenvolvimento embrionário: elas começam como estruturas em forma de pá, e os dedos individuais das mãos e dos pés se separam apenas quando as células entre eles morrem (**Figura 18-35**). Em outros casos, as células morrem quando a estrutura que elas criam não é mais necessária. Quando um girino muda para uma rã na metamorfose, as células na cauda morrem, e a cauda que não é necessária para a rã desaparece (**Figura 18-36**). Nesses casos, as células que não são necessárias morrem por apoptose.

Em tecidos adultos, a morte celular faz o balanço exato da divisão celular, a não ser que o tecido esteja crescendo ou se encolhendo. Se uma parte do fígado é removida em um rato adulto, por exemplo, as células do fígado proliferam para compensar a perda. De modo oposto, se um rato é tratado com fenobarbital, que estimula a divisão das células hepáticas, o fígado aumenta. Entretanto, quando o tratamento com fenobarbital é interrompido, a apoptose no fígado aumenta muito até que o órgão tenha voltado ao tamanho original, normalmente dentro de uma semana. Assim, o fígado é mantido com um tamanho constante pela regulação tanto da taxa de morte celular quanto da taxa de divisão celular.

A apoptose é mediada por uma cascata proteolítica intracelular

As células que morrem como consequência de uma doença aguda em geral incham e se rompem, extravasando todo o seu conteúdo sobre as suas células adjacentes, um processo chamado de *necrose celular* (**Figura 18-37A**). Essa erupção aciona uma resposta inflamatória potencialmente danosa. Em contraste, uma célula que sofre apoptose morre de modo limpo, sem danificar as suas células

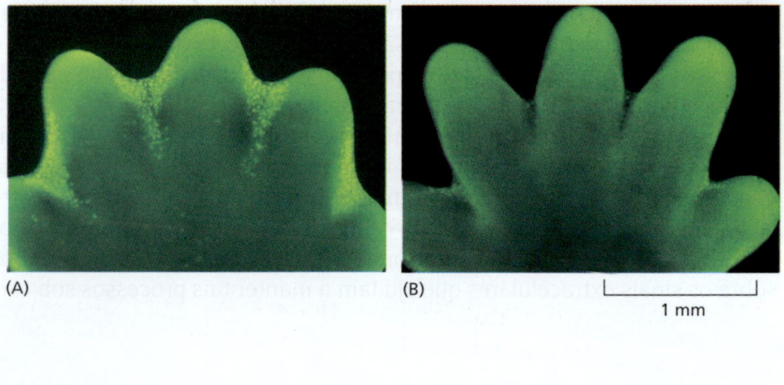

Figura 18-35 A apoptose nas patas de um camundongo em desenvolvimento "esculpe" os dedos. (A) A pata neste embrião de camundongo foi tratada com um corante que marca especificamente células que sofreram apoptose. As células apoptóticas aparecem como *pontos verdes-claros* entre os dedos em desenvolvimento. (B) Essa morte de células elimina o tecido entre os dedos em desenvolvimento, como visto na pata mostrada um dia mais tarde. Aqui, poucas células apoptóticas podem ser observadas – demonstrando o quão rapidamente as células apoptóticas podem ser eliminadas de um tecido. (De W. Wood et al., *Development* 127:5245–5252, 2000. Com permissão de The Company of Biologists Ltd.)

Figura 18-36 Enquanto um girino se transforma em uma rã, as células na sua cauda são induzidas a sofrer apoptose. Todas as alterações que ocorrem durante a metamorfose, incluindo a indução da apoptose na cauda do girino, são estimuladas por um aumento no hormônio tireoidiano no sangue.

adjacentes. Uma célula no processo de apoptose pode desenvolver saliências irregulares – ou *bolhas* – sobre sua superfície; mas então encolhe e condensa (**Figura 18-37B**). O citoesqueleto colapsa, o envelope nuclear se fragmenta, e o DNA do núcleo se quebra em fragmentos (**Animação 18.9**). O mais importante é que a superfície da célula é alterada de tal forma que ela imediatamente atrai células fagocíticas, em geral células fagocíticas especializadas chamadas macrófagos (ver Figura 15-32B). Essas células englobam a célula em apoptose antes que ela extravase o seu conteúdo (**Figura 18-37C**). Essa remoção rápida da célula moribunda evita as consequências danosas da necrose celular e também permite que os componentes orgânicos da célula em apoptose sejam reciclados pela célula que a ingere.

A maquinaria molecular responsável pela apoptose, que parece ser similar na maioria das células animais, envolve uma família de proteases chamadas **caspases**. Essas enzimas são produzidas na forma de precursores inativos, chamados *pró-caspases*, que são ativados em resposta a sinais que induzem a apoptose (**Figura 18-38A**). Dois tipos de caspases trabalham juntos para promover a apoptose. As *caspases iniciadoras* clivam e, assim, ativam as *caspases executoras* em etapas subsequentes dessa via. Algumas dessas caspases executoras

QUESTÃO 18-10

Por que você acha que a apoptose ocorre por um mecanismo diferente daquele da morte celular que acontece na necrose celular? Quais poderiam ser as consequências se a apoptose não fosse realizada dessa forma tão precisa e ordenada, por meio da qual a célula se destrói a partir de seu interior e evita o vazamento do seu conteúdo para o espaço extracelular?

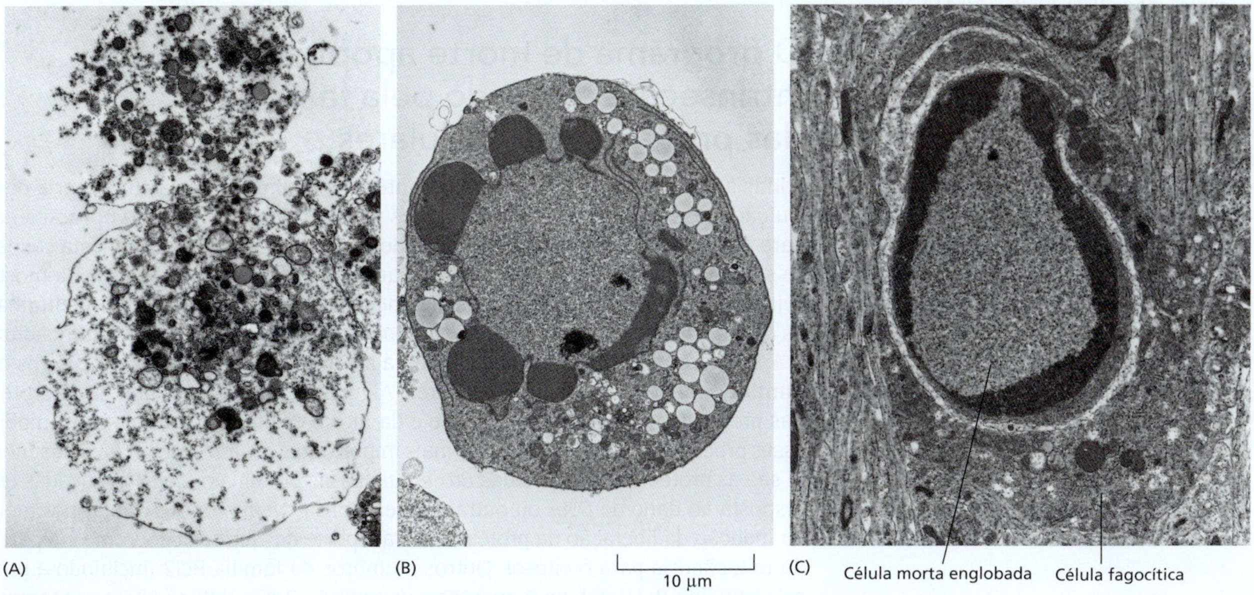

Figura 18-37 As células que sofrem apoptose morrem de forma rápida e ordenada. Micrografias eletrônicas mostrando células que morreram por necrose (A) ou por apoptose (B e C). As células em (A) e em (B) morreram em uma placa de cultura, e a célula em (C) morreu em um tecido em desenvolvimento e foi englobada por uma célula fagocítica. Note que a célula em (A) parece ter explodido, e aquelas em (B) e (C) se condensaram, mas parecem relativamente intactas. Os grandes vacúolos vistos no citoplasma da célula em (B) são uma característica variável da apoptose. (Cortesia de Julia Burne.)

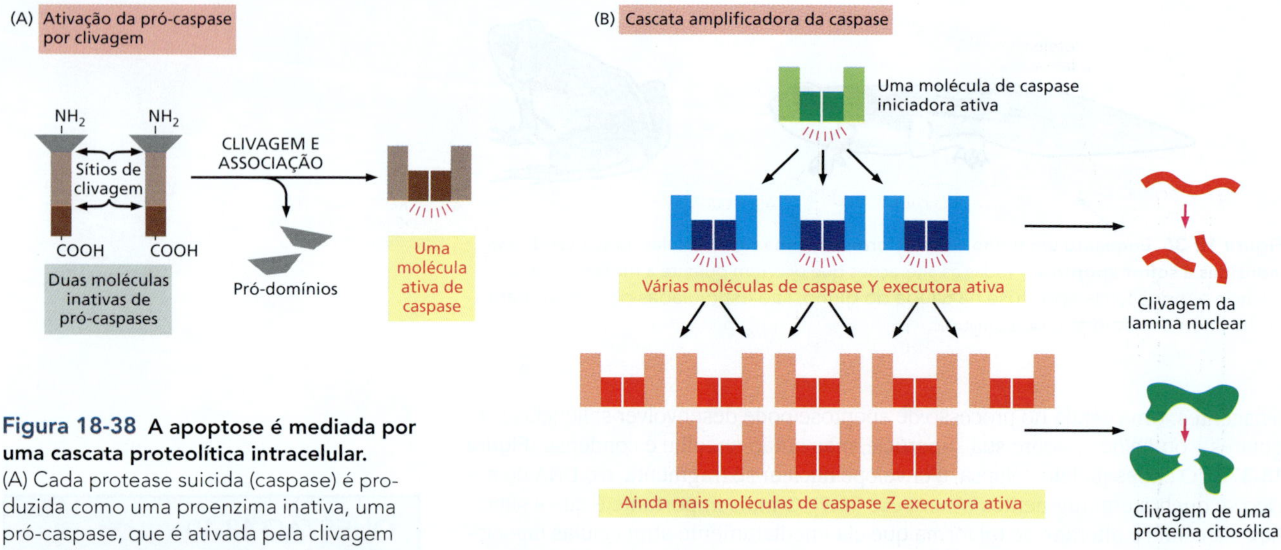

Figura 18-38 A apoptose é mediada por uma cascata proteolítica intracelular. (A) Cada protease suicida (caspase) é produzida como uma proenzima inativa, uma pró-caspase, que é ativada pela clivagem proteolítica por outro membro da mesma família de proteases. Dois fragmentos clivados a partir de cada uma das duas moléculas de pró-caspases se associam para formar uma caspase ativa, que é composta por duas subunidades pequenas e por duas subunidades grandes; os dois pró-domínios normalmente são descartados. (B) Cada molécula de caspase iniciadora ativada pode clivar várias moléculas de pró-caspases executoras, ativando-as desse modo, e estas podem então ativar mais moléculas de pró-caspases. Assim, uma ativação inicial de um pequeno número de moléculas de caspases iniciadoras pode conduzir, via reação de amplificação em cadeia (uma cascata), a uma ativação explosiva de um grande número de moléculas de caspases executoras. Algumas das caspases executoras ativadas degradam então inúmeras proteínas-chave na célula, como as laminas nucleares, levando à morte controlada da célula. A cascata proteolítica inicia-se quando as pró-caspases iniciadoras são ativadas, como discutimos em breve.

então ativam mais executoras, promovendo uma cascata proteolítica cada vez maior; outras degradam proteínas-chave na célula (**Figura 18-38B**). Por exemplo, uma caspase executora tem como alvo as proteínas lamina que formam a lâmina nuclear, que sustenta o envelope nuclear; essa clivagem causa o rompimento irreversível da lâmina nuclear, o que permite que as nucleases entrem no núcleo e degradem o DNA. Assim, a célula é degradada de forma rápida e ordenada, e seus restos rapidamente capturados e digeridos por outra célula.

A ativação do programa de apoptose, como início de um novo estágio do ciclo celular, é normalmente controlada de maneira tudo-ou-nada. A cascata das caspases não é apenas destrutiva e autoamplificadora, mas também irreversível; uma vez que a célula chega a um ponto crítico ao longo da via para destruição, ela não pode voltar atrás. Portanto, é importante que a decisão de morte celular seja fortemente controlada.

O programa de morte apoptótica intrínseco é regulado pela família Bcl2 das proteínas intracelulares

Todas as células animais nucleadas contêm os mecanismos da sua própria destruição: nessas células, as pró-caspases inativas ficam esperando por um sinal para degradar a célula. Portanto, não é de surpreender que a atividade da caspase seja fortemente regulada na célula para assegurar que o programa de morte seja mantido sob controle até que seja necessário – por exemplo, para eliminar as células que são supérfluas, estão no local errado ou estão muito danificadas.

As principais proteínas que regulam a ativação das caspases são membros da **família Bcl2** de proteínas intracelulares. Alguns membros dessa família de proteínas promovem a ativação da caspase e da morte celular, enquanto outros inibem esses processos. Dois dos membros mais importantes da família de indução da morte são as proteínas denominadas *Bax* e *Bak*. Essas proteínas – que são ativadas em resposta ao dano de DNA ou outras lesões – promovem a morte celular por meio da indução da liberação da proteína de transporte de elétrons citocromo *c* a partir da mitocôndria para o citosol. Outros membros da família Bcl2 (incluindo a própria proteína Bcl2) inibem a apoptose, impedindo Bax e Bak de liberar citocromo *c*. O equilíbrio entre as atividades dos membros da família Bcl2 pró-apoptóticos e antiapoptóticos determina se uma célula de mamífero vive ou morre por apoptose.

As moléculas de citocromo *c* liberadas a partir das mitocôndrias ativam as pró-caspases iniciadoras – e induzem a morte celular – por meio da promoção da

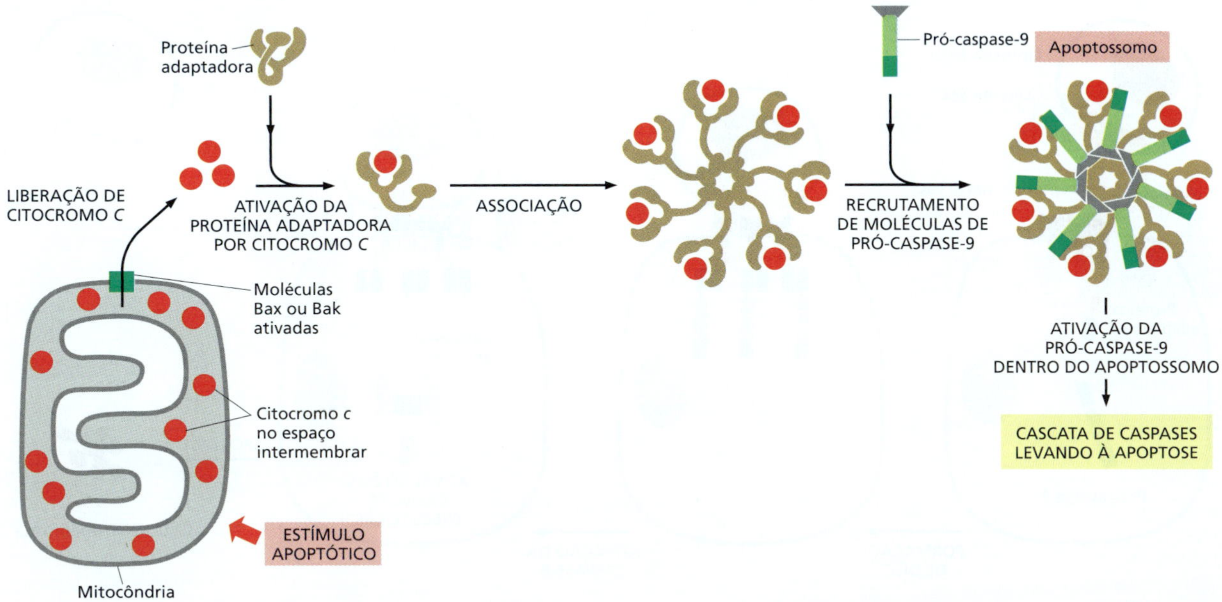

Figura 18-39 Bax e Bak são membros promotores de morte da família Bcl2 de proteínas intracelulares que podem desencadear a apoptose por meio da liberação de citocromo *c* a partir das mitocôndrias. Quando as proteínas Bak ou Bax são ativadas por um estímulo apoptótico, elas se agregam na membrana mitocondrial externa, levando à liberação de citocromo *c* por um mecanismo desconhecido. O citocromo *c* é liberado no citosol do espaço intermembranar da mitocôndria (junto com outras proteínas nesse espaço – não mostrado). Acontece então a ligação de citocromo *c* a uma proteína adaptadora, formando um complexo de sete braços. Esse complexo então recruta sete moléculas de uma pró-caspase iniciadora específica (pró-caspase-9) para formar uma estrutura denominada apoptossomo. As proteínas pró-caspase-9 se tornam ativadas no apoptossomo e então ativam as pró-caspases executoras no citosol, provocando uma cascata de caspases e apoptose.

formação de um grande complexo proteico semelhante a um cata-vento de sete braços chamado de *apoptossomo*. O apoptossomo então recruta e ativa uma determinada pró-caspase iniciadora, que em seguida aciona uma cascata de caspases que leva à apoptose (**Figura 18-39**).

Sinais extracelulares também podem induzir apoptose

Às vezes o sinal para cometer suicídio não é gerado internamente, mas em vez disso são oriundos de uma célula adjacente. Alguns desses sinais extracelulares ativam o programa de morte celular afetando a adjacente de membros da família Bcl2 de proteínas. Outros estimulam a apoptose mais diretamente, pela ativação de um conjunto de proteínas receptoras da superfície celular conhecidas como *receptores de morte*.

Um receptor de morte particularmente bem compreendido, chamado *Fas*, está presente na superfície de vários tipos celulares de mamíferos. A ativação de Fas é feita por uma proteína ligada à membrana chamada de *ligante Fas*, presente na superfície de células imunes especializadas, denominadas *linfócitos killer* (matadores). Essas células matadoras ajudam a regular as respostas imunes pela indução da apoptose em outras células imunes indesejadas ou que não são mais necessárias – e a ativação de Fas é uma das maneiras de fazerem isso. A ligação do ligante Fas ao seu receptor aciona a formação de um complexo de sinalização indutor de morte, o qual inclui pró-caspases iniciadoras específicas que, quando ativadas, disparam uma cascata de caspases que leva à morte celular (**Figura 18-40**).

As células animais requerem sinais extracelulares para sobreviver, crescer e se dividir

Em um organismo multicelular, o destino das células individuais é controlado por sinais oriundos de outras células. As células devem crescer antes de se dividir para que um tecido cresça ou para que ocorra substituição celular. Nutrientes não são suficientes para que uma célula animal sobreviva, cresça e se divida. A célula também precisa receber sinais químicos a partir de outras células, normalmente adjacentes a ela. Tais controles asseguram que a célula sobreviva apenas enquanto houver necessidade e se divida apenas quando outra célula for necessária, seja para permitir o crescimento tecidual ou para a reposição de células.

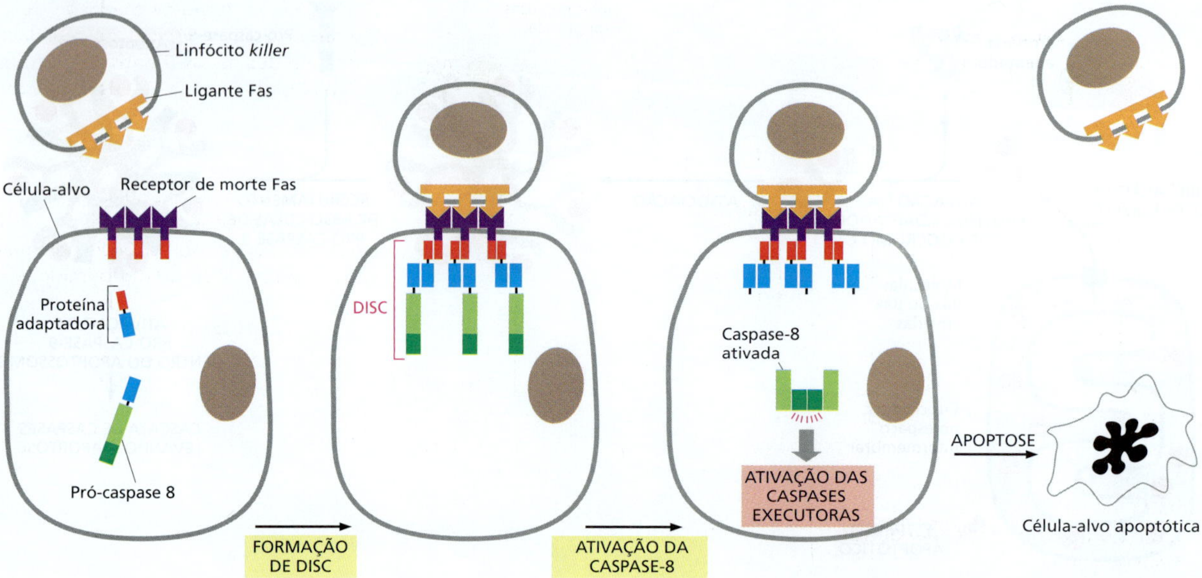

Figura 18-40 Os receptores de morte ativados iniciam uma via de sinalização intracelular que leva à apoptose. O ligante Fas na superfície de um linfócito *killer* ativa os receptores Fas na célula-alvo. Isso aciona a associação de um conjunto de proteínas intracelulares em um complexo de sinalização indutor da morte (DISC, do inglês *death-inducing signaling complex*), que inclui uma pró-caspase iniciadora específica (pró-caspase-8 ou 10). As pró-caspases clivam e ativam umas às outras, e as caspases ativas resultantes então ativam as pró-caspases executoras no citosol, levando a uma cascata proteolítica de caspases e apoptose.

Muitas das moléculas de sinalização extracelular que influenciam a sobrevivência celular, o crescimento celular e a divisão celular são proteínas solúveis secretadas por outras células ou proteínas ligadas à superfície de outras células ou da matriz extracelular. Embora a maioria atue positivamente para estimular um ou mais desses processos celulares, algumas atuam negativamente para inibir um determinado processo. As proteínas-sinal que atuam positivamente podem ser classificadas, com base na sua função, em três categorias principais:

1. **Fatores de sobrevivência** promovem a sobrevivência celular, sobretudo pela supressão da apoptose.
2. **Mitógenos** estimulam a divisão celular, principalmente pelo fato de reverterem os mecanismos intracelulares que bloqueiam a progressão do ciclo celular.
3. **Fatores de crescimento** estimulam o crescimento celular (um aumento no tamanho e na massa celular) promovendo a síntese e inibição da degradação de proteínas e outras macromoléculas.

Essas categorias não são mutuamente exclusivas, já que várias moléculas de sinalização têm mais do que uma dessas funções. O termo "fator de crescimento" costuma ser utilizado como uma expressão geral para descrever uma proteína com qualquer um desses papéis. Na verdade, a expressão "crescimento celular" em geral é usada de forma inapropriada para significar um aumento no número de células, que é mais corretamente chamado de "proliferação celular".

Nas próximas três seções, examinamos cada um desses tipos de moléculas de sinalização.

Os fatores de sobrevivência suprimem a apoptose

As células animais precisam de sinais de outras células para sobreviverem. Se privadas desses fatores de sobrevivência, as células ativam um programa de suicídio intracelular dependente de caspases e morrem por apoptose. Essa necessidade de sinais oriundos de outras células para a sobrevivência ajuda a assegurar que as células sobrevivam apenas quando e onde forem necessárias. Vários tipos de células nervosas, por exemplo, são produzidos em excesso no sistema nervoso em desenvolvimento, e então competem por quantidades limitadas de fatores de sobrevivência que são secretados pelas células-alvo com as quais fazem contato.

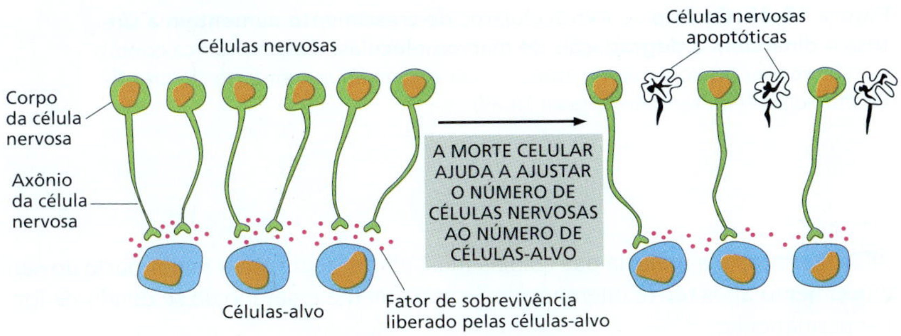

Figura 18-41 A morte celular pode ajudar a ajustar o número de células nervosas em desenvolvimento ao número de células-alvo com as quais elas fazem contato. Se mais células nervosas são produzidas do que pode ser suportado pela quantidade limitada de fatores de sobrevivência liberados pelas células-alvo, algumas células irão receber quantidades insuficientes de fatores de sobrevivência para manter seu programa de suicídio suprimido, e sofrerão apoptose. Essa estratégia de superprodução seguida de seleção pode ajudar a assegurar que todas as células-alvo estejam conectadas a células nervosas e que as células nervosas "extras" sejam automaticamente eliminadas.

As células nervosas que recebem fatores de sobrevivência suficientes vivem, ao passo que as outras morrem por apoptose. Assim, o número de células nervosas sobreviventes é ajustado automaticamente de acordo com o número de células com as quais elas se conectam (**Figura 18-41**). Acredita-se que uma dependência semelhante de sinais de sobrevivência, secretados por células adjacentes, ajude a controlar o número de células em outros tecidos, tanto durante o desenvolvimento como na vida adulta.

Os fatores de sobrevivência costumam atuar pela ativação de receptores da superfície celular. Uma vez ativados, os receptores acionam vias de sinalização intracelular que mantêm o programa de morte apoptótica suprimido, normalmente pela regulação de membros da família Bcl2 de proteínas. Alguns fatores de sobrevivência, por exemplo, aumentam a produção de Bcl2, uma proteína que suprime a apoptose (**Figura 18-42**).

Os mitógenos estimulam a divisão celular promovendo o início da fase S

A maioria dos mitógenos consiste em proteínas de sinalização secretadas que se ligam a receptores da superfície celular. Quando ativados pela ligação do mitógeno, esses receptores ativam várias vias de sinalização intracelular (discutido no Capítulo 16) que estimulam a divisão celular. Como vimos anteriormente, essas vias de sinalização atuam principalmente pela liberação de moléculas de controle intracelular que bloqueiam a transição da fase G_1 do ciclo celular para a fase S (ver Figura 18-14).

A maioria dos mitógenos foi identificada e caracterizada por seus efeitos em células em cultura. Um dos primeiros mitógenos identificados dessa maneira foi o *fator de crescimento derivado de plaquetas*, ou *PDGF* (do inglês, *platelet-derived growth factor*), cujos efeitos são semelhantes aos de vários outros descobertos desde então. Quando os coágulos de sangue são formados (em uma lesão, por exemplo), as plaquetas sanguíneas incorporadas nos coágulos são estimuladas a liberar PDGF. Este então se liga ao receptor tirosina-cinase (discutido no Capítulo 16) nas células sobreviventes no local da ferida, estimulando-as, com isso, a proliferar e auxiliar na cicatrização da ferida. De modo semelhante, se parte do fígado é perdida em uma cirurgia ou lesão aguda, um mitógeno denominado *fator de crescimento de hepatócitos* ajuda a estimular as células hepáticas sobreviventes a proliferarem.

Os fatores de crescimento estimulam as células a crescerem

O crescimento de um organismo ou órgão depende tanto do crescimento celular como da divisão celular. Se as células se dividirem sem crescer, elas ficarão progressivamente menores e não haverá um aumento total na massa celular. Nos organismos unicelulares, como leveduras, tanto o crescimento celular quanto a divisão celular exigem apenas nutrientes. Nos animais, ao contrário, tanto o crescimento celular como a divisão celular dependem de sinais oriundos de outras células. O crescimento celular, diferentemente da divisão celular, não depende do sistema de controle do ciclo celular. De fato, muitas células animais, incluindo cé-

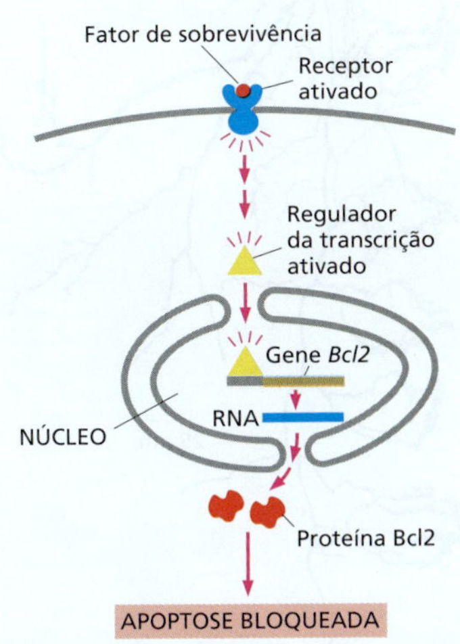

Figura 18-42 Fatores de sobrevivência muitas vezes suprimem a apoptose pela regulação dos membros da família Bcl2. Neste caso, o fator de sobrevivência se liga a receptores da superfície celular que ativam uma via de sinalização intracelular, a qual, por sua vez, ativa um regulador da transcrição no citosol. Essa proteína se move para o núcleo, onde ativa o gene que codifica Bcl2, uma proteína que inibe a apoptose.

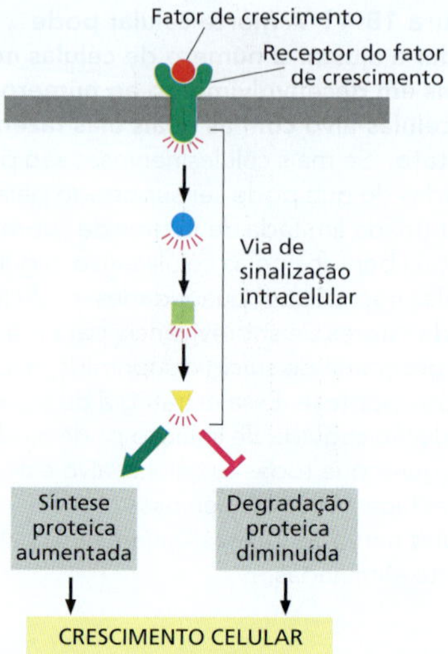

Figura 18-43 Os fatores extracelulares de crescimento aumentam a síntese e diminuem a degradação de macromoléculas. Essa mudança conduz a um aumento líquido das macromoléculas e, consequentemente, ao crescimento celular (ver também Figura 16-39).

lulas nervosas e a maioria das células musculares, realizam a maior parte do seu crescimento após ter se diferenciado terminalmente e parado de se dividir de forma permanente.

Assim como a maioria dos fatores de sobrevivência e mitógenos, a maioria dos fatores extracelulares de crescimento se liga a receptores da superfície celular que ativam vias de sinalização intracelular. Essas vias levam ao acúmulo de proteínas e outras macromoléculas. Os fatores de crescimento tanto aumentam a taxa de síntese dessas moléculas como diminuem sua taxa de degradação (**Figura 18-43**).

Algumas proteínas de sinalização extracelular, incluindo PDGF, podem atuar tanto como fatores de crescimento quanto como mitógenos, estimulando o crescimento celular e a progressão do ciclo celular. Essas proteínas ajudam a assegurar que as células mantenham o seu tamanho apropriado à medida que proliferam.

Em comparação com a divisão celular, existem surpreendentemente poucos estudos de como o tamanho da célula é controlado nos animais. Em consequencia, continua sendo um mistério como os diferentes tipos de células em um mesmo animal são tão diferentes em tamanho (**Figura 18-44**).

Algumas proteínas de sinalização extracelular inibem a sobrevivência, a divisão ou o crescimento da célula

As proteínas de sinalização extracelular que discutimos até agora – fatores de sobrevivência, mitógenos e fatores de crescimento – atuam positivamente para aumentar o tamanho de órgãos e organismos. No entanto, algumas proteínas de sinalização extracelular atuam opondo-se a esses reguladores positivos, e assim inibem o crescimento do tecido. A *miostatina*, por exemplo, é uma proteína-sinal secretada que normalmente inibe o crescimento e a proliferação das células precursoras (mioblastos) que se fundem para formar as células musculares esqueléticas durante o desenvolvimento dos mamíferos. Quando o gene que codifica a miostatina é eliminado em camundongos, os seus músculos crescem em tamanho várias vezes maior do que o normal, pois tanto o número quanto o tamanho das células musculares estão aumentados. Notavelmente, duas raças bovinas que foram cruzadas para terem músculos exacerbados apresentaram mutações no gene que codifica a miostatina (**Figura 18-45**).

Os cânceres são semelhantes aos produtos de mutações que deixam as células livres dos controles "sociais" normais que atuam na sobrevivência, no crescimento e na proliferação celular. Como as células cancerosas costumam ser menos dependentes de sinais provenientes de outras células do que as células normais, elas podem sobreviver por mais tempo, crescer mais e dividir-se mais

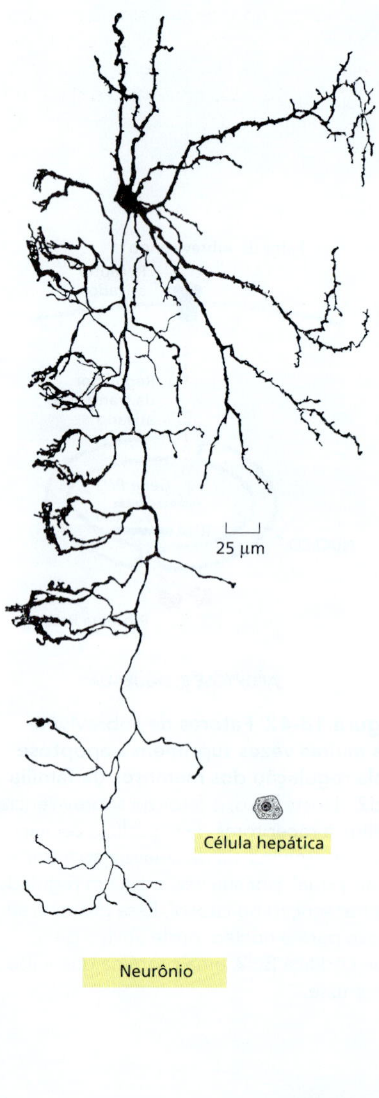

Figura 18-44 As células em um animal podem ser muito diferentes em tamanho. O neurônio e a célula hepática mostrados aqui foram desenhados na mesma escala e ambos contêm a mesma quantidade de DNA. Um neurônio cresce progressivamente após ter se diferenciado terminalmente e parado de se dividir de forma permanente. Durante esse tempo, a proporção entre citoplasma e DNA aumenta muito – por um fator de mais de 10^5 para alguns neurônios. (Neurônio adaptado de S. Ramón y Cajal, Histologie du Système Nerveux de l'Homme et de Vertébrés, 1909–1911. Paris: Maloine; reimpresso, Madrid: C.S.I.C., 1972.)

(A)

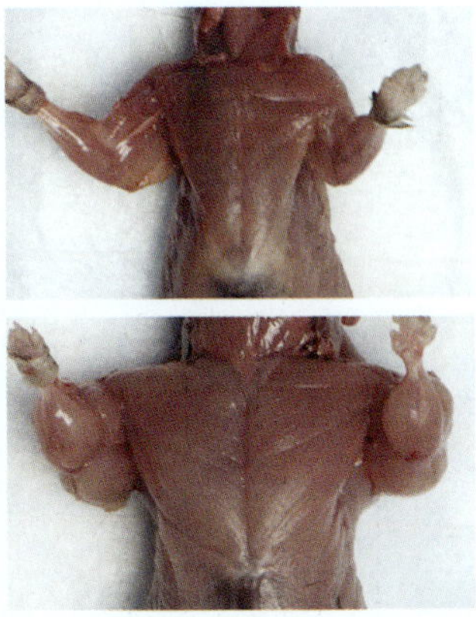

(B)

Figura 18-45 A mutação do gene *miostatina* leva a um aumento dramático na massa muscular. (A) Este Belgium Blue foi produzido por criadores de gado, e apenas recentemente se observou que ele possui uma mutação no gene *miostatina*. (B) Camundongos intencionalmente deficientes no mesmo gene também apresentaram, de forma notável, músculos exacerbados. Um camundongo normal é mostrado no topo para comparação com o mutante mostrado abaixo. (A, de H.L. Sweeney, *Sci. Am.* 291:62–69, 2004. Com permissão de Scientific American. B, de S.-J. Lee, *PLoS ONE* 2:e789, 2007.)

do que as células adjacentes normais, produzindo tumores que podem matar seu hospedeiro (ver Capítulo 20).

Em nossas discussões sobre divisão celular, até agora nos concentramos muito nas divisões comuns que produzem duas células-filhas, cada uma com um complemento total e idêntico ao material genético da célula-mãe. Entretanto, existe um tipo de divisão celular diferente e altamente especializado chamado meiose, que é necessário para a reprodução sexuada nos eucariotos. No próximo capítulo, descrevemos as características especiais da meiose e como ela dá suporte aos princípios genéticos que definem as leis da hereditariedade.

CONCEITOS ESSENCIAIS

- **O ciclo celular eucariótico consiste em várias fases distintas. Na interfase, a célula cresce e o DNA do núcleo é replicado; na fase M, o núcleo se divide (mitose), seguido pelo citoplasma (citocinese).**
- **Na maioria das células, a interfase consiste em uma fase S quando o DNA é duplicado, e duas fases de intervalo – G_1 e G_2. Essas fases de intervalo dão à célula em proliferação mais tempo para crescer e se preparar para os eventos da fase S e da fase M.**
- **O sistema de controle do ciclo celular coordena os eventos do ciclo celular, ativando e desativando, de forma sequencial e cíclica, as partes apropriadas da maquinaria do ciclo celular.**
- **O sistema de controle do ciclo celular depende de proteínas-cinase dependentes de ciclina (Cdks), que são ciclicamente ativadas pela ligação de proteínas ciclina e pela fosforilação e desfosforilação; quando ativadas, as Cdks fosforilam proteínas-chave na célula.**
- **Diferentes complexos ciclina-Cdk acionam diferentes etapas do ciclo celular: M-Cdk conduz a célula para mitose; G_1-Cdk a conduz por G_1; G_1/S-Cdk e S-Cdk a conduzem para a fase S.**
- **O sistema de controle também utiliza complexos proteicos, como APC, para promover a degradação de reguladores específicos do ciclo celular em determinados estágios do ciclo.**
- **O sistema de controle do ciclo celular pode pausar o ciclo em pontos de transição específicos para assegurar que as condições intra e extracelulares sejam favoráveis e que cada etapa seja completada antes que a próxima se inicie. Alguns desses mecanismos de controle se baseiam nos inibidores de Cdk que bloqueiam a atividade de um ou mais complexos ciclina-Cdk.**
- **O complexo S-Cdk inicia a replicação do DNA durante a fase S e ajuda a assegurar que o genoma seja copiado apenas uma vez. O sistema de controle do ciclo celular pode atrasar a progressão do ciclo celular durante G_1 ou a fase S para impedir que as células repliquem DNA danificado. Ele também pode atrasar o início da fase M para assegurar que a replicação do DNA esteja completa.**

- Os centrossomos se duplicam durante a fase S e se separam durante G_2. Alguns dos microtúbulos que se desenvolvem a partir dos centrossomos duplicados interagem para formar o fuso mitótico.
- Quando o envelope nuclear se fragmenta, os microtúbulos do fuso capturam os cromossomos duplicados e os puxam para direções opostas, posicionando os cromossomos no equador do fuso na metáfase.
- A separação repentina das cromátides-irmãs na anáfase permite que os cromossomos sejam puxados para os polos opostos; esse movimento ocorre pela despolimerização dos microtúbulos do fuso e por proteínas motoras associadas aos microtúbulos.
- O envelope nuclear é reconstituído ao redor dos dois conjuntos de cromossomos segregados para formar os dois novos núcleos, completando, assim, a mitose.
- Nas células animais, a citocinese é mediada por um anel contrátil de filamentos de actina e miosina, os quais se associam no meio do caminho entre os polos do fuso; nas células vegetais, ao contrário, uma nova parede celular é formada no interior da célula-mãe para dividir o citoplasma em dois.
- Nos animais, os sinais extracelulares regulam o número de células por meio do controle da sobrevivência celular, crescimento celular e proliferação celular.
- A maioria das células animais precisa de sinais de sobrevivência oriundos de outras células para evitar a apoptose – uma forma de suicídio celular mediado por uma cascata de caspases proteolíticas; tal estratégia ajuda a assegurar que as células sobrevivam apenas quando e onde forem necessárias.
- As células animais proliferam apenas quando estimuladas por mitógenos extracelulares produzidos por outras células; os mitógenos inibem os mecanismos normais intracelulares que bloqueiam a progressão de G_1 ou G_0 para a fase S.
- Para que um organismo ou órgão cresça, as células devem crescer, bem como se dividir. O crescimento das células animais depende de fatores extracelulares de crescimento, que estimulam a síntese proteica e inibem a degradação das proteínas.
- Algumas moléculas de sinalização extracelular inibem, ao invés de promoverem a sobrevivência celular, crescimento celular ou divisão celular.
- As células cancerosas não seguem esses controles "sociais" normais do comportamento celular e, assim, crescem mais rapidamente, dividem-se mais e vivem mais do que as suas células adjacentes normais.

TERMOS-CHAVE

anel contrátil
anáfase
apoptose
áster
biorientação
caspase
Cdk (proteína-cinase dependente de ciclina)
centrossomo
ciclina
ciclina G_1
ciclina G_1/S
ciclina M
ciclina S
ciclo celular
ciclo do centrossomo
cinetocoro
citocinese
coesina
complexo promotor de anáfase (APC)
condensação dos cromossomos
condensina
cromátide-irmã
família Bcl2
fase G_1
fase G_2
fase M
fase S
fator de crescimento
fator de sobrevivência
fragmoplasto
fuso mitótico
G_1-Cdk
G_1/S-Cdk
interfase
M-Cdk
metáfase
mitose
mitógeno
morte celular programada
p53
polo do fuso
prometáfase
proteína inibidora de Cdk
prófase
S-Cdk
sistema de controle do ciclo celular
telófase

TESTE SEU CONHECIMENTO

QUESTÃO 18-11

Quanto tempo levaria aproximadamente para que um único óvulo humano fertilizado produzisse um grupo de células, por meio de repetidas divisões, pesando 70 kg, se cada célula pesa 1 nanograma logo após a divisão celular e se cada ciclo celular leva 24 horas? Por que leva mais tempo do que isso para produzir um humano adulto de 70 kg?

QUESTÃO 18-12

O ciclo celular mais curto de todas as células eucarióticas – ainda mais curto do que o de muitas bactérias – ocorre em muitos embriões animais jovens. Essas divisões de clivagem acontecem sem qualquer aumento significativo no peso do embrião. Como isso ocorre? Qual a fase do ciclo celular que você espera que seja mais reduzida?

QUESTÃO 18-13

Um dos importantes efeitos biológicos de uma alta dose de radiação ionizante é a interrupção da divisão celular.

A. Como isso ocorre?

B. O que acontece se uma célula tem uma mutação que impede que ela interrompa a divisão celular depois de ser irradiada?

C. Quais poderiam ser os efeitos dessa mutação se a célula não for irradiada?

D. Um humano adulto que já alcançou a maturidade morrerá dentro de poucos dias depois de receber uma dose de radiação alta o bastante para interromper a divisão celular. O que isso lhe diz (além de que se devem evitar altas doses de radiação)?

QUESTÃO 18-14

Se as células forem cultivadas em um meio de cultura contendo timidina radioativa, a timidina será covalentemente incorporada ao DNA das células durante a fase S. O DNA radioativo pode ser detectado nos núcleos de células individuais por autorradiografia (i.e., colocando uma emulsão fotográfica sobre as células, as células radioativas ativarão a emulsão e se revelarão como pontos pretos quando observadas sob microscópio). Considere um experimento simples no qual as células são marcadas radioativamente por esse método apenas durante um curto período (cerca de 30 minutos). O meio com timidina radioativa é então substituído por um meio contendo timidina não marcada, e permite-se que as células cresçam durante mais algum tempo. Em diferentes momentos de tempo após a substituição do meio, as células são examinadas sob o microscópio. A fração de células em mitose (que pode ser facilmente reconhecida, pois as células se arredondaram e seus cromossomos estão condensados), que têm DNA radiativo nos seus núcleos, é então determinada e representada em função do tempo depois da marcação com timidina radioativa (**Figura Q18-14**).

A. Todas as células (incluindo as células em todas as fases do ciclo celular) contêm DNA radioativo depois do procedimento de marcação?

B. Inicialmente não existem células mitóticas que contêm DNA radioativo (ver Figura Q18-14). Por que isso ocorre?

C. Explique a elevação e a queda e então a nova elevação da curva.

D. Estime o comprimento da fase G_2 a partir deste gráfico.

QUESTÃO 18-15

Uma das funções de M-Cdk é causar uma queda brusca na concentração de ciclina M no intervalo correspondente à metade da fase M. Descreva as consequências dessa súbita diminuição e sugira possíveis mecanismos pelos quais isso pode ocorrer.

QUESTÃO 18-16

A Figura 18-5 mostra o aumento da concentração de ciclina e o aumento da atividade de M-Cdk nas células à medida que elas avançam pelo ciclo celular. É notável que a concentração de ciclina aumente de forma lenta e constante, ao passo que a atividade de M-Cdk aumenta bruscamente. Como você acha que essas diferenças surgiram?

QUESTÃO 18-17

Qual é a ordem na qual ocorrem os seguintes eventos durante a divisão celular:

A. anáfase
B. metáfase
C. prometáfase
D. telófase
E. fase da lua
F. mitose
G. prófase

Quando ocorre a citocinese?

QUESTÃO 18-18

O tempo de vida de um microtúbulo nas células de mamíferos, entre sua formação pela polimerização e seu desaparecimento espontâneo pela despolimerização, varia com o estágio do ciclo celular. Em uma célula em ativa proliferação, o tempo médio é de 5 minutos na interfase e de 15 segundos na mitose. Se o tamanho médio de um microtúbulo na interfase for de 20 μm, qual seria o seu tamanho durante a mitose, supondo que as taxas de crescimento dos microtúbulos em razão da adição de subunidades de tubulina nas duas fases sejam as mesmas?

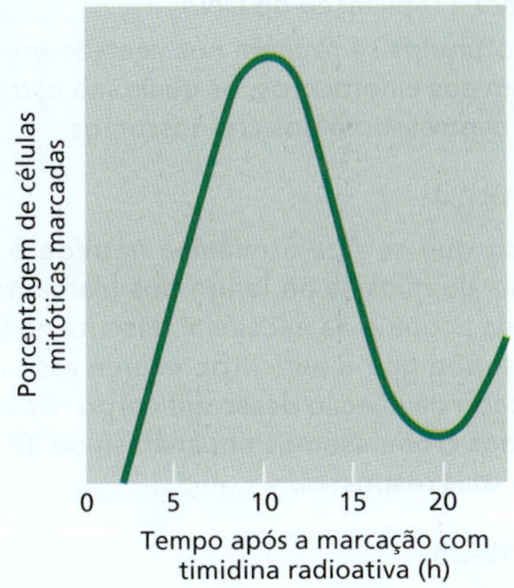

Figura Q18-14

QUESTÃO 18-19

Acredita-se que o equilíbrio entre as proteínas motoras direcionadas para a extremidade mais (+) e as direcionadas para a extremidade menos (-) que se ligam aos microtúbulos interpolares na região de sobreposição do fuso mitótico auxilie na determinação do comprimento do fuso. Como cada tipo de proteína motora contribui para a determinação do tamanho do fuso?

QUESTÃO 18-20

Faça um esquema dos principais estágios da mitose usando o Painel 18-1 (p. 622-623) como guia. Desenhe uma cromátide-irmã com uma cor e a siga ao longo da mitose e da citocinese. Qual é o evento que compromete essa cromátide com uma célula-filha em particular? Uma vez comprometido, esse fenômeno pode ser revertido? O que pode influenciar esse comprometimento?

QUESTÃO 18-21

O movimento polar dos cromossomos durante a anáfase A está associado ao encurtamento dos microtúbulos. Em particular, os microtúbulos despolimerizam nas suas extremidades, as quais estão ligadas aos cinetocoros. Desenhe um modelo que explique como um microtúbulo pode encurtar e gerar força permanecendo firmemente ligado ao cromossomo.

QUESTÃO 18-22

Raramente, as duas cromátides-irmãs de um cromossomo replicado são segregadas na mesma célula-filha. Como isso pode acontecer? Quais seriam as consequências de tais erros mitóticos?

QUESTÃO 18-23

Quais das seguintes afirmativas estão corretas? Explique sua resposta.

A. Os centrossomos são replicados antes do início da fase M.
B. Duas cromátides-irmãs surgem pela replicação do DNA do mesmo cromossomo e permanecem pareadas até se alinharem na placa metafásica.
C. Os microtúbulos interpolares se ligam em suas extremidades e por isso são contínuos de um polo do fuso ao outro.
D. A polimerização e a despolimerização dos microtúbulos e as proteínas motoras dos microtúbulos são todas necessárias para a replicação do DNA.
E. Os microtúbulos se reúnem nos centrômeros e então se conectam aos cinetocoros, os quais são estruturas da região do centrossomo dos cromossomos.

QUESTÃO 18-24

Um anticorpo que se liga à miosina impede o movimento das moléculas de miosina ao longo dos filamentos de actina (a interação da actina e da miosina é descrita no Capítulo 17). Como você supõe que o anticorpo exerça esse efeito? Qual seria o resultado da injeção desse anticorpo nas células (A) no movimento dos cromossomos em anáfase ou (B) na citocinese? Explique suas respostas.

QUESTÃO 18-25

Observe com cuidado a micrografia eletrônica da Figura 18-37. Descreva as diferenças entre as células que morreram por necrose e as que morreram por apoptose. Como a fotografia confirma as diferenças entre os dois processos? Justifique sua resposta.

QUESTÃO 18-26

Quais das seguintes afirmativas estão corretas? Explique sua resposta.

A. As células não avançam de G_1 para a fase M do ciclo celular, a não ser que haja nutrientes suficientes para completar um ciclo celular inteiro.
B. A apoptose é mediada por proteases intracelulares especiais, uma das quais cliva laminas nucleares.
C. Neurônios em desenvolvimento competem por quantidades limitadas de fatores de sobrevivência.
D. Algumas proteínas de controle do ciclo celular de vertebrados funcionam quando expressas em células de leveduras.
E. A atividade enzimática de uma proteína Cdk é determinada tanto pela presença de uma ciclina ligada como pelo estado de fosforilação de Cdk.

QUESTÃO 18-27

Compare as regras do comportamento celular em um animal com as regras que determinam o comportamento humano na sociedade. O que aconteceria a um animal se as suas células se comportassem como as pessoas normalmente se comportam em nossa sociedade? As regras que determinam o comportamento celular poderiam ser aplicadas à sociedade humana?

QUESTÃO 18-28

No seu laboratório de pesquisa secreta, o Dr. Lawrence M. é responsável pela tarefa de desenvolver uma cepa de ratos do tamanho de cães para ser enviada aos territórios inimigos. Em sua opinião, qual das seguintes estratégias o Dr. M. deveria seguir para aumentar o tamanho dos ratos?

A. Bloquear a apoptose.
B. Bloquear a função de p53.
C. Produzir em grandes quantidades os fatores de crescimento, os mitógenos ou os fatores de sobrevivência.
D. Obter uma carteira de habilitação para motorista de táxi e mudar de profissão.

Explique as possíveis consequências de cada opção.

QUESTÃO 18-29

O PDGF é codificado por um gene que pode causar câncer quando expresso de maneira não apropriada. Por que os cânceres não surgem em lesões onde o PDGF é liberado a partir de plaquetas?

QUESTÃO 18-30

O que você supõe que ocorra em células mutantes que

A. não podem degradar a ciclina M?
B. sempre expressam altos níveis de p21?
C. não podem fosforilar Rb?

QUESTÃO 18-31

As células do fígado proliferam tanto em pacientes alcoolistas quanto em pacientes com tumores hepáticos. Quais são as diferenças nos mecanismos pelos quais a proliferação celular é induzida nessas doenças?

19

Reprodução sexuada e o poder da genética

As células individuais se reproduzem pela replicação de seu DNA e posterior divisão em duas novas células. Esse processo básico de proliferação celular ocorre em todas as espécies existentes – seja nas células de organismos pluricelulares, seja em células de vida livre, como é o caso de bactérias e leveduras – e permite que cada célula passe sua informação genética para as gerações futuras.

No entanto, a reprodução de organismos pluricelulares – seja um peixe ou uma mosca, seja uma pessoa ou uma planta – é uma situação muito mais complicada. Ela implica ciclos elaborados de desenvolvimento nos quais todas as células, tecidos e órgãos do organismo devem ser gerados de novo a partir de uma única célula. Esta célula inicial não é uma célula qualquer. Ela possui uma origem muito peculiar: na maioria das espécies animais e vegetais, ela é produzida pela união de duas células que vêm de dois indivíduos completamente distintos, uma mãe e um pai. Como resultado desta fusão celular – um evento central para a *reprodução sexuada* –, dois genomas se encontram para formar o genoma de um novo indivíduo. Os mecanismos que controlam a herança genética em organismos que se reproduzem sexuadamente são, portanto, diferentes e mais complexos do que aqueles que operam em organismos que passam sua informação genética assexuadamente, por simples divisão celular ou por brotamento, para um novo indivíduo.

Neste capítulo, analisamos a biologia celular da reprodução sexuada. Discutimos as vantagens do sexo para os organismos, e descrevemos como isso ocorre. Examinamos as células reprodutivas produzidas por machos e fêmeas, e exploramos a forma especializada de divisão celular, denominada *meiose*, que gera essas células. Discutimos como Gregor Mendel, um monge austríaco do século XIX, deduziu as regras básicas da herança genética, estudando a descendência de plantas de ervilha. Por fim, descrevemos como os cientistas exploram a genética da reprodução sexuada para obter dados a respeito da biologia humana, da origem dos seres humanos e dos fundamentos moleculares das doenças humanas.

OS BENEFÍCIOS DO SEXO

A maioria das criaturas que nos circundam se reproduz sexuadamente. No entanto, muitos organismos, em especial aqueles invisíveis a olho nu, podem gerar prole sem recorrer ao sexo. A maioria das bactérias e outros organismos unicelulares multiplica-se por simples divisão celular (**Figura 19-1**). Diversas plantas também se reproduzem assexuadamente, gerando esporos multicelulares que mais tarde se separam de sua genitora dando origem a plantas independentes. Mesmo no reino animal, existem espécies que podem procriar sem sexo. A hidra produz indivíduos jovens por brotamento (**Figura 19-2**). Certos vermes, quando divididos em dois, podem regenerar as "porções que faltam" para formar dois indivíduos completos. Em algumas espécies de insetos, lagartos e até mesmo

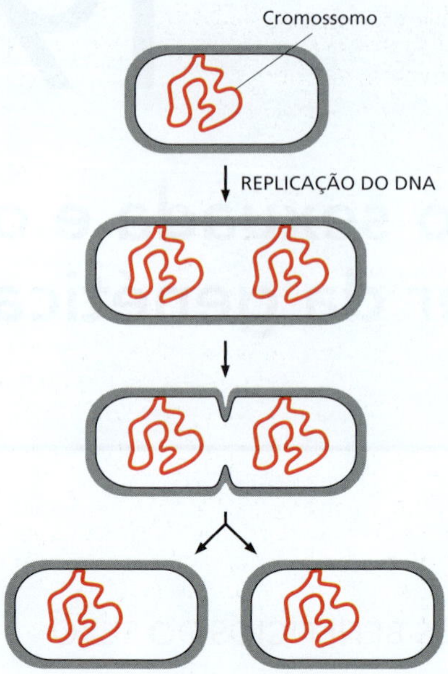

Figura 19-1 As bactérias se reproduzem pela simples divisão celular. A divisão de uma bactéria em duas células-filhas leva de 20 a 25 minutos sob condições ideais de crescimento.

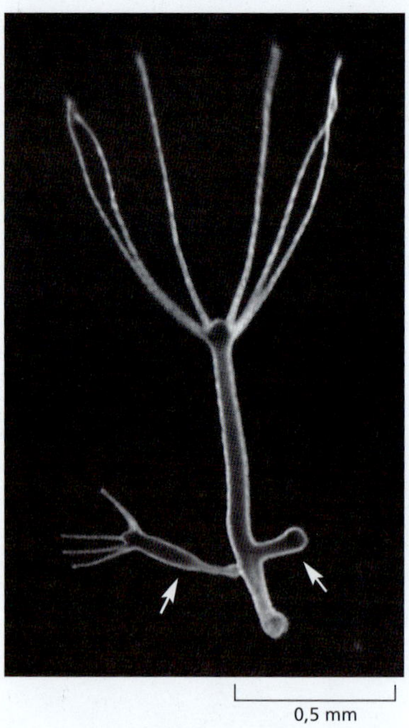

Figura 19-2 A hidra se reproduz por brotamento. Esta forma de reprodução assexuada envolve a produção de brotos (*setas*), que crescem para originar uma progênie geneticamente idêntica ao seu genitor. Por fim, os brotamentos se desconectam do organismo parental e vivem de maneira independente. (Cortesia de Amata Hornbruch.)

pássaros, as fêmeas podem botar ovos que se desenvolvem por *partenogênese* – sem a contribuição de machos, espermatozoides ou fecundação – em filhas saudáveis que também podem se reproduzir por esse mesmo processo.

Mas, embora essas formas de **reprodução assexuada** sejam simples e diretas, elas originam descendentes geneticamente idênticos ao organismo parental. A **reprodução sexuada**, por outro lado, envolve a mistura do DNA de dois indivíduos diferentes para a produção de uma nova geração com indivíduos não apenas distintos entre si, mas também distintos de ambos os genitores. Esse sistema de reprodução parece ser extremamente vantajoso, visto que a grande maioria das plantas e dos animais o adotou.

A reprodução sexuada envolve tanto células diploides quanto células haploides

Os organismos que se reproduzem sexuadamente em geral são *diploides*: cada célula contém dois conjuntos de cromossomos, um herdado de cada genitor. Visto que ambos os genitores são membros da mesma espécie, o conjunto de cromossomos *materno* e o conjunto de cromossomos *paterno* são muito semelhantes. A diferença mais nítida entre eles refere-se aos *cromossomos sexuais*, que, em algumas espécies, distinguem os machos das fêmeas. Com exceção desses cromossomos sexuais, as versões *maternas* e *paternas* de cada cromossomo – denominadas **homólogos** maternos e paternos – carregam o mesmo conjunto de genes. Cada célula diploide, por conseguinte, possui duas cópias de cada gene (exceto para aqueles encontrados nos cromossomos sexuais, que podem estar presentes em apenas uma cópia).

Entretanto, diferentemente da maioria das células de um organismo diploide, as células especializadas que desempenham a principal função na reprodução sexuada – as **células germinativas** ou **gametas** – são *haploides*: elas contêm apenas um conjunto de cromossomos. Na maioria dos organismos, os machos e as fêmeas produzem tipos diferentes de gametas. Nos animais, um gameta é grande e não apresenta locomoção própria, sendo denominado *óvulo*; o outro é pequeno e apresenta locomoção própria, sendo denominado *espermatozoide* (**Figura 19-3**). Esses dois gametas haploides distintos se unem para regenerar uma célula diploide, chamada de óvulo fertilizado, ou *zigoto*, que tem cromossomos tanto da mãe quanto do pai. O zigoto assim produzido se desenvolve em um novo indivíduo, o qual apresenta um conjunto diploide de cromossomos que é distinto tanto de um quanto do outro genitor (**Figura 19-4**).

No caso da maior parte dos animais pluricelulares, incluindo os vertebrados, quase todo o ciclo de vida ocorre sob a forma diploide. As células haploides existem apenas por um curto período e são altamente especializadas para a sua função de embaixadoras genéticas. Esses gametas haploides são gerados a partir de células diploides precursoras por uma forma especializada de divisão reducionista chamada *meiose*, um processo que discutimos em breve. Essa linhagem celular precursora, dedicada apenas à produção das células germinativas, é denominada **linhagem germinativa**. As **células somáticas**, as quais compõem o restante do organismo, não estão envolvidas no processo de formação dos descendentes (**Figura 19-5** e ver Figura 9-3). De certa maneira, as células somáticas existem apenas para auxiliar as células da linhagem germinativa a sobreviver e a se propagar.

Assim, o ciclo de reprodução sexuada envolve uma alternância entre células haploides, cada uma carregando um conjunto de cromossomos, e gerações de células diploides, cada uma carregando dois conjuntos de cromossomos. Uma vantagem de tal arranjo é que ele permite que os organismos que se reproduzem sexuadamente deem origem a descendentes geneticamente distintos, como discutimos a seguir.

A reprodução sexuada gera diversidade genética

A reprodução sexuada produz novas combinações de cromossomos. Durante a meiose, os conjuntos de cromossomos paternos e maternos presentes nas células germinativas diploides são distribuídos em grupos de cromossomos individuais nos gametas. Cada gameta receberá uma mistura de homólogos maternos e pa-

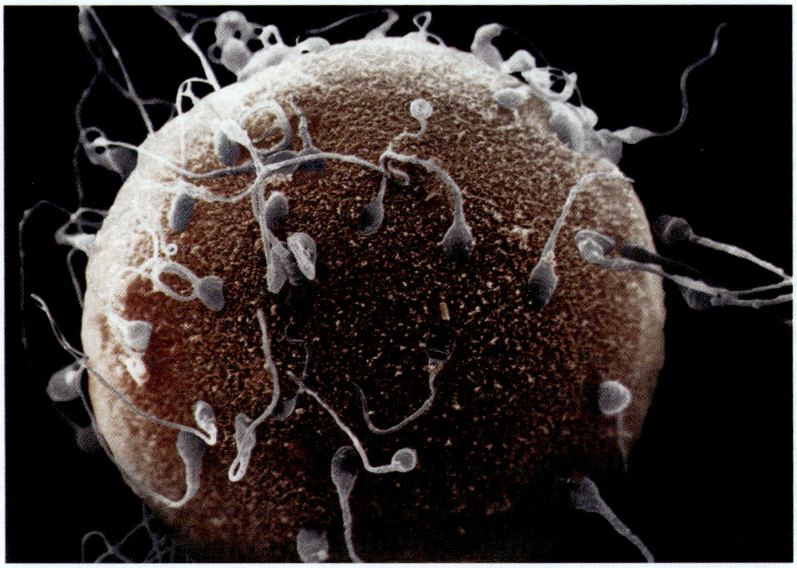

Figura 19-3 Apesar de sua imensa diferença em tamanho, os espermatozoides e os óvulos contribuem igualmente para as características genéticas dos descendentes. Essa diferença em tamanho entre os gametas femininos e masculinos (o óvulo contém uma grande quantidade de citoplasma, ao passo que o espermatozoide é praticamente desprovido de citoplasma) é consistente com o fato de o citoplasma não ser a base da herança. Se esse fosse o caso, a contribuição das fêmeas para as características da prole seria muito maior do que a contribuição dos machos. A figura ilustra uma micrografia eletrônica de varredura de um óvulo com espermatozoides humanos aderidos à sua superfície. Embora diversos espermatozoides estejam ligados ao óvulo, apenas um irá fertilizá-lo. (Cortesia de David M. Phillips/Photo Researchers, Inc.)

ternos; quando os genomas de dois gametas se combinam durante a fecundação (ou fertilização), eles dão origem a um zigoto que contém um complemento cromossômico único e característico.

No entanto, se os homólogos maternos e paternos possuem os mesmos genes, qual é a lógica de ocorrência dessa distribuição cromossômica? Uma resposta é que, embora o conjunto de genes de cada homólogo seja equivalente, a versão paterna e materna de cada gene não o é. Os genes existem em versões variantes, denominadas **alelos**. Para qualquer gene, muitos alelos diferentes podem estar presentes no "conjunto gênico" de uma espécie. A existência desses alelos variantes significa que as duas cópias de um determinado gene presentes em um dado indivíduo provavelmente são diferentes tanto uma da outra quanto das cópias que estão presentes em outros indivíduos. O que torna um indivíduo dentro de uma espécie geneticamente único é a herança de diferentes combinações de alelos. E com seus ciclos de diploidia, meiose, haploidia e fusão celular, o sexo desfaz combinações anteriores de alelos e gera novas combinações.

A reprodução sexuada também gera diversidade genética por meio de outro mecanismo – a recombinação genética. Discutimos esse processo, que "embaralha" a informação genética em cada cromossomo durante a meiose, um pouco mais tarde.

A reprodução sexuada dá uma vantagem competitiva aos organismos em um ambiente passível de alterações

Os processos que geram diversidade genética durante a meiose operam de maneira aleatória, conforme discutimos em breve. Isso significa que os alelos que um indivíduo recebe de seus pais são tão suscetíveis de representar uma alteração para

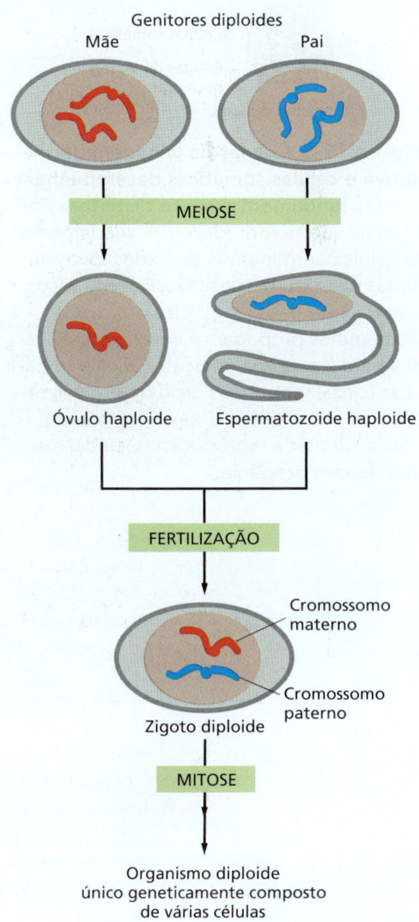

Figura 19-4 A reprodução sexuada envolve tanto células haploides quanto células diploides. O espermatozoide e o óvulo são produzidos por meiose de células germinativas diploides. Durante a fertilização, um óvulo haploide e um espermatozoide haploide se fundem para formar um zigoto diploide. Para simplificar, apenas um cromossomo está ilustrado em cada gameta, e o espermatozoide foi bastante aumentado. Os gametas humanos têm 23 cromossomos, e o óvulo é muito maior do que o espermatozoide (ver, por exemplo, a Figura 19-3).

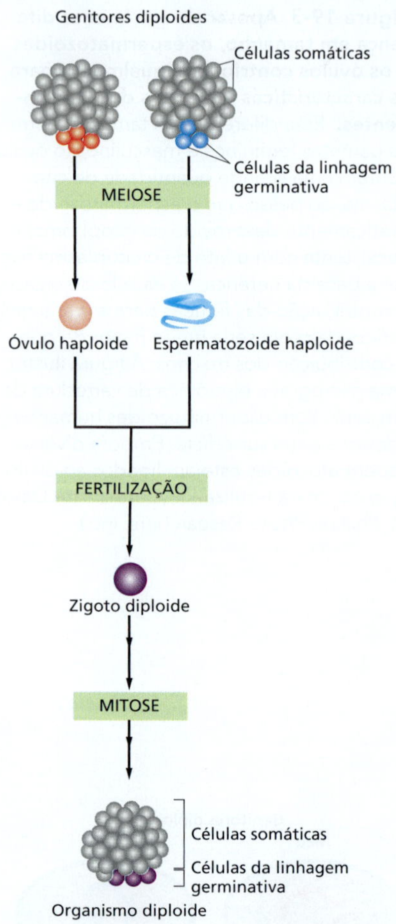

Figura 19-5 Células da linhagem germinativa e células somáticas desempenham tarefas fundamentalmente distintas. Em animais que se reproduzem sexuadamente, as células germinativas diploides, determinadas no início do desenvolvimento, dão origem a gametas haploides por meiose. Os gametas propagam a informação genética para a próxima geração. Células somáticas (*cinza*) formam o corpo do organismo e, como consequência, são necessárias para sustentar a reprodução sexuada, mas não deixam progênie.

pior como uma mudança para melhor. Por que, então, a capacidade de testar novas combinações genéticas confere aos indivíduos que se reproduzem sexuadamente uma vantagem competitiva em relação aos indivíduos que se reproduzem por processos assexuados? Essa questão continua a intrigar os pesquisadores de genética de populações; no entanto, uma das vantagens aparentes é que a reorganização da informação genética pela reprodução sexuada pode auxiliar uma espécie a sobreviver em um ambiente cuja variabilidade não é previsível. Se dois genitores produzem vários filhos com uma ampla gama de combinações de genes, eles aumentam a probabilidade de que pelo menos um dos seus descendentes tenha uma combinação de características necessárias para a sobrevivência em diferentes condições ambientais. Eles serão mais propensos, por exemplo, a sobreviver a infecções por bactérias, vírus e parasitas, que estão continuamente sofrendo alterações em uma batalha evolutiva interminável. Esta aposta genética pode explicar por que mesmo organismos unicelulares, como as leveduras, eventualmente engajam-se em uma forma simples de reprodução sexuada. Caracteristicamente, as leveduras se utilizam desse comportamento como alternativa para a divisão celular comum quando existe certa pressão e risco de restrição de nutrientes. As leveduras com um defeito genético que as impede de se reproduzir sexuadamente apresentam uma capacidade reduzida de evoluir e adaptar-se quando sujeitas a condições de estresse.

A reprodução sexuada também pode ser vantajosa em função de outra situação. Em qualquer população, novas mutações ocorrem continuamente, dando origem a novos alelos, e muitas dessas novas mutações podem ser deletérias. A reprodução sexuada pode acelerar a eliminação desses alelos deletérios e auxiliar mediante processos que impeçam que eles se acumulem na população. Por meio do acasalamento apenas com machos mais bem adaptados, as fêmeas selecionam as boas combinações de alelos e fazem com que as combinações ruins sejam perdidas e desapareçam dessa população de maneira mais eficiente do que se observaria por meio de outros sistemas. De acordo com essa hipótese, a qual é sustentada por alguns cálculos cuidadosos de custo-benefício, a reprodução sexuada é favorecida, pois os machos podem atuar como dispositivos de filtragem genética: os machos que obtêm sucesso no acasalamento permitem que os melhores – e apenas os melhores – conjuntos de genes sejam passados para a próxima geração, ao passo que os machos que não conseguem se acasalar atuam como uma "lata de lixo" genética – uma forma de descartar da população os conjuntos de genes não adequados. Obviamente, sobretudo no caso de organismos sociais, é preciso reconhecer que os machos podem às vezes tornar-se úteis de outras maneiras.

Quaisquer que sejam as vantagens, o sexo foi nitidamente favorecido na evolução. Na próxima seção, revisamos as características centrais desta forma popular de reprodução, começando com a meiose, o processo pelo qual os gametas são formados.

MEIOSE E FERTILIZAÇÃO

A compreensão atual do ciclo fundamental de eventos envolvidos na reprodução sexuada cresceu a partir de descobertas relatadas em 1888, quando Theodor Boveri observou que ovos fertilizados de um nematelminto parasita continham quatro cromossomos, ao passo que os gametas (espermatozoides e óvulos) desse mesmo parasita continham apenas dois. Esse estudo foi o primeiro a demonstrar que os gametas são **haploides** – eles contêm um único conjunto de cromossomos. Todas as outras células do organismo, incluindo-se as células da linhagem germinativa que dão origem aos gametas, são **diploides** – elas contêm dois conjuntos de cromossomos, um de origem materna e o outro de origem paterna. Por conseguinte, espermatozoides e óvulos devem ser produzidos por um tipo especial de divisão celular "redutora", na qual o número de cromossomos seja reduzido exatamente à metade (ver Figura 19-4). O termo **meiose** foi cunhado para descrever essa forma de divisão celular; ele tem como origem uma palavra grega que significa "diminuição" ou "redução".

A partir dos experimentos de Boveri com parasitas e outros organismos, ficou evidente que o comportamento dos cromossomos, que nessa época eram considerados como simples corpos microscópicos com função desconhecida, apresentava paralelos com o padrão de herança, onde cada um dos dois genitores contribui equitativamente para a determinação das características de sua progênie, apesar da enorme diferença de tamanho existente entre óvulos e espermatozoides (ver Figura 19-3). Esta foi a primeira indicação de que os cromossomos continham o material hereditário. O estudo da reprodução sexuada e da meiose, portanto, tem um papel fundamental na história da biologia celular.

Nesta seção, descrevemos a biologia celular da reprodução sexuada a partir de um ponto de vista moderno, concentrando-nos sobretudo na elaborada dança dos cromossomos que ocorre quando a célula realiza a meiose. Iniciamos nosso estudo com uma revisão geral sobre como a meiose distribui os cromossomos para os gametas. A seguir, observamos com mais detalhes como ocorre a recombinação entre um par de cromossomos e como eles são segregados em células germinativas durante a meiose, redistribuindo, assim, os genes de origem materna e paterna sob novas combinações. Também discutimos o que acontece quando a meiose segue um caminho errado. Por fim, consideramos rapidamente o processo de fertilização, no qual os gametas se unem para a formação de um indivíduo novo e geneticamente distinto.

A meiose envolve um ciclo de replicação de DNA seguido por dois ciclos de divisão celular

Antes de uma célula diploide se dividir por mitose, ela duplica seus dois conjuntos de cromossomos. Tal duplicação permite que um conjunto completo de cromossomos – incluindo um conjunto materno completo mais um conjunto paterno completo – seja transmitido para cada célula-filha (discutido no Capítulo 18). Embora a meiose, em última análise, divida pela metade esse complemento cromossômico diploide, originando gametas haploides que carregam um único conjunto de cromossomos, ela também tem início com um ciclo de duplicação cromossômica. A subsequente redução no número de cromossomos ocorre porque esse único ciclo de duplicação é seguido por duas divisões celulares sucessivas, sem que ocorra nova duplicação do DNA (**Figura 19-6**). É possível argumentar que a meiose poderia ocorrer por uma simples modificação da divisão celular mitótica: se a replicação do DNA (fase S) fosse completamente omitida, um único ciclo de divisão celular poderia diretamente produzir duas células haploides. No entanto, por motivos ainda desconhecidos, este não é o procedimento da meiose.

A meiose tem início em células diploides especializadas da linhagem germinativa residentes nos ovários ou nos testículos. Assim como as células somáticas, essas células germinativas são diploides; cada uma contém duas cópias de cada cromossomo – um homólogo paterno, herdado do pai do organismo, e um homólogo materno, herdado de sua mãe. No primeiro passo da meiose, todos esses cromossomos são duplicados, e as cópias resultantes permanecem fortemente ligadas entre si, como ocorre durante a mitose normal (ver "Prófase" no Painel 18-1, p. 622-623). A próxima fase do processo, contudo, é característica da meiose. No início, cada cromossomo paterno duplicado localiza e, em seguida, liga-se ao homólogo materno duplicado correspondente, em um processo chamado de *pareamento*. O pareamento garante que os homólogos segregarão corretamente durante as duas divisões celulares subsequentes e que cada um dos gametas finais receberá um conjunto haploide completo de cromossomos.

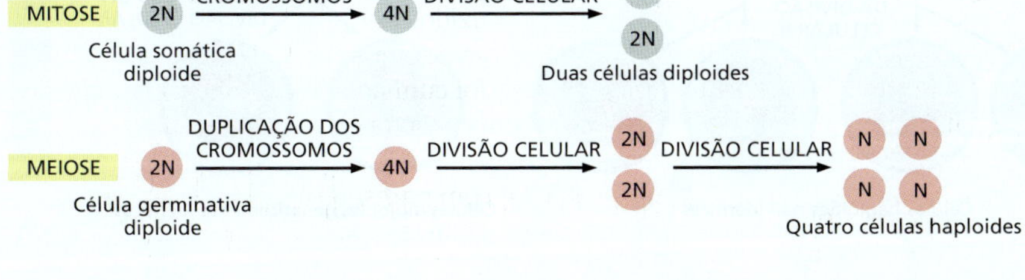

Figura 19-6 Tanto a mitose quanto a meiose começam com um ciclo de duplicação cromossômica. Na mitose, tal duplicação é seguida por um único ciclo de divisão celular, gerando duas células diploides. Na meiose, a duplicação dos cromossomos de uma célula da linhagem germinativa diploide é seguida por dois ciclos de divisão celular, sem replicação adicional de DNA, produzindo quatro células haploides. *N* representa o número de cromossomos na célula haploide.

Em conjunto, as duas divisões celulares meióticas sucessivas, chamadas de divisão meiótica I (*meiose I*) e divisão meiótica II (*meiose II*), segregam um conjunto completo de cromossomos para cada uma das quatro células haploides produzidas. Uma vez que a distribuição de cada homólogo às células-filhas haploides é aleatória, cada um dos gametas resultantes apresentará um conjunto que é uma mistura diferente de cromossomos paternos e maternos.

Dessa forma, a meiose produz quatro células geneticamente distintas que contêm a metade do número original dos cromossomos presentes na célula germinativa parental. A mitose, em contraste, produz duas células-filhas geneticamente idênticas. A **Figura 19-7** sumariza os eventos moleculares que distinguem esses dois tipos de divisão celular – diferenças estas que agora discutimos em

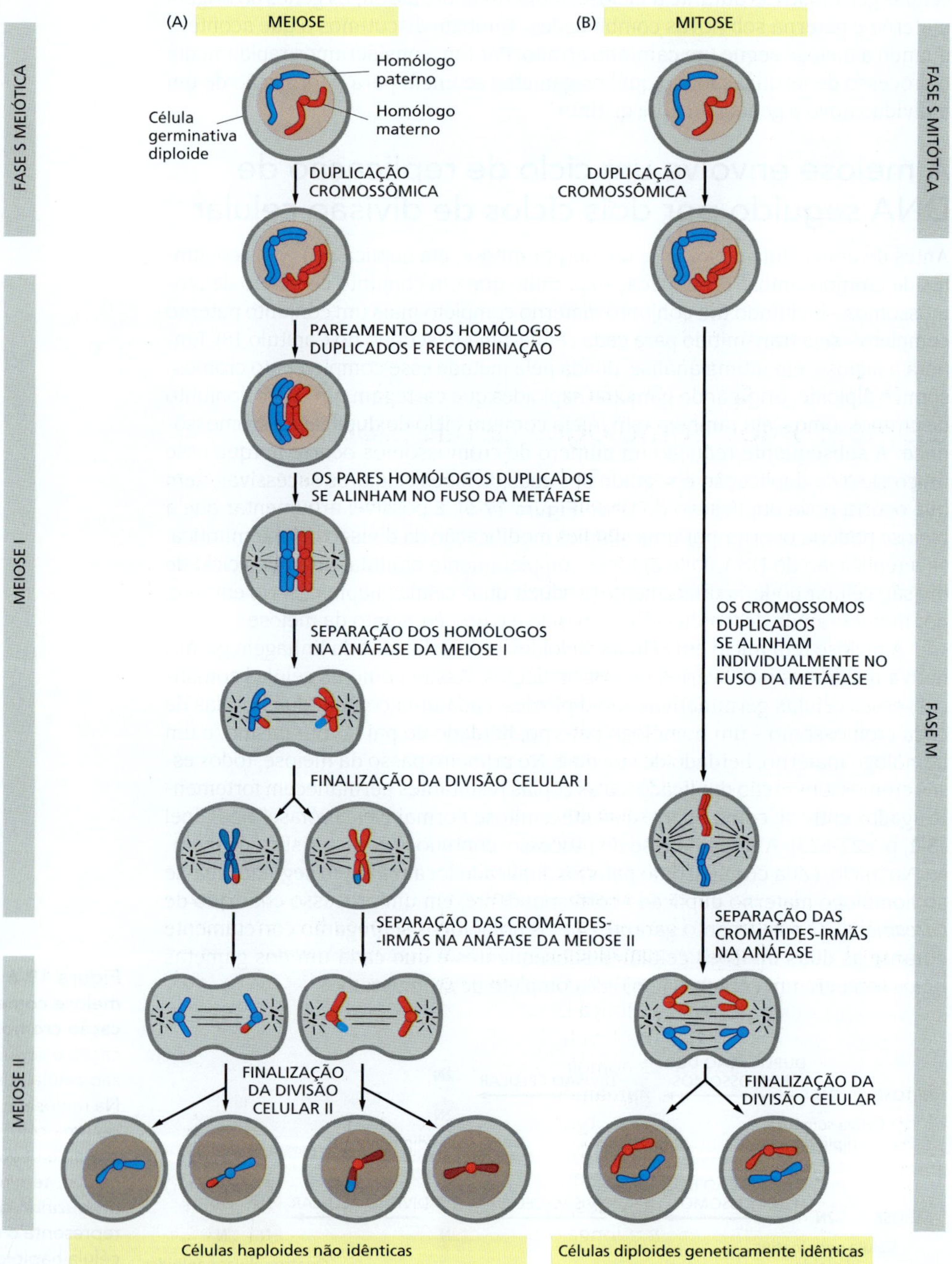

Figura 19-7 A meiose gera quatro células haploides diferentes, ao passo que a mitose produz duas células diploides idênticas. Como na Figura 19-4, apenas um par de cromossomos homólogos está ilustrado. (A) Na meiose, duas divisões celulares são necessárias após a duplicação de cromossomos para produzir células haploides. Cada célula diploide que entra em meiose produz quatro células haploides, ao passo que (B) cada célula diploide que se divide por mitose produz duas células diploides. Embora a mitose e a meiose II geralmente ocorram em um período de algumas horas, a meiose I pode durar dias, meses ou mesmo anos em razão do grande período de tempo despendido em prófase I.

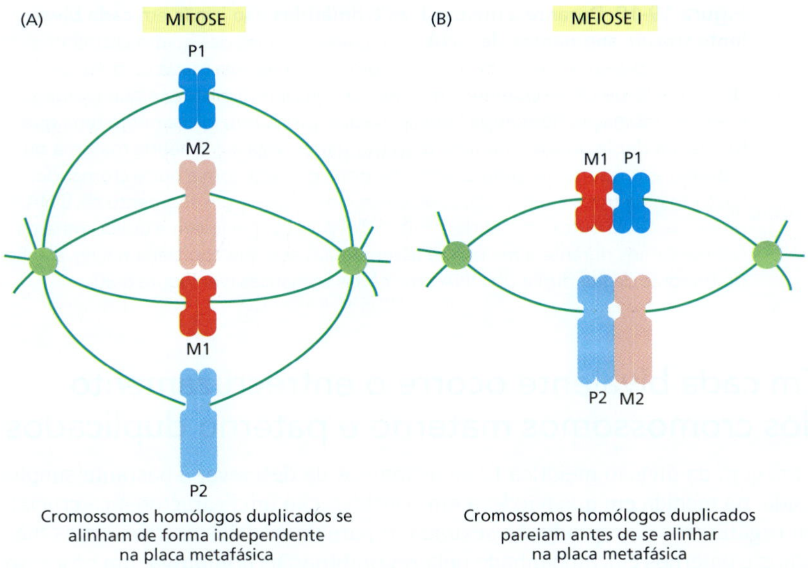

Figura 19-8 Durante a meiose, os cromossomos homólogos duplicados pareiam antes de se alinhar no fuso meiótico. (A) Na mitose, os cromossomos materno (M) e paterno (P) duplicados se alinham de forma independente na placa metafásica; cada um consiste em um par de cromátides-irmãs, que serão separadas pouco antes de a célula se dividir. (B) Em contraste, na divisão I da meiose, os homólogos materno e paterno duplicados pareiam muito antes de se alinhar na placa metafásica. Os homólogos materno e paterno separam-se durante a primeira divisão meiótica, e as cromátides-irmãs separam-se durante a meiose II. Os fusos mitótico e meiótico estão ilustrados em *verde*.

maior detalhe, começando com o pareamento específico dos cromossomos paternos e maternos na meiose.

A meiose requer o pareamento dos cromossomos homólogos duplicados

Como já mencionado, antes da divisão de uma célula eucariótica, seja por meiose ou mitose, há a necessidade da duplicação de todos os seus cromossomos. As cópias gêmeas de cada cromossomo replicado, denominadas **cromátides-irmãs**, permanecerão no início fortemente unidas entre si. No entanto, o modo pelo qual esses cromossomos duplicados serão manipulados difere entre a meiose e a mitose. Na mitose, como discutimos no Capítulo 18, os cromossomos duplicados alinham-se, em fila, na placa metafásica (**Figura 19-8A**). À medida que a mitose continua, ocorre a separação e a segregação das cromátides-irmãs, cada uma seguindo para uma das duas células-filhas.

Na meiose, todavia, a necessidade de reduzir pela metade o número de cromossomos é uma demanda extra para a maquinaria de divisão celular. Para garantir que cada uma das quatro células haploides produzidas por meiose receba uma única cromátide-irmã de cada conjunto de cromossomos, uma célula germinativa deve manter o controle de ambos os **cromossomos homólogos** (materno e paterno). A célula mantém esse controle por meio do **pareamento** dos homólogos replicados antes que estes se alinhem na placa metafásica (**Figura 19-8B**). Cada pareamento dá origem a uma estrutura chamada **bivalente**, forma sob a qual todas as quatro cromátides-irmãs ficam unidas até que a célula esteja pronta para divisão (**Figura 19-9**). Os homólogos maternos e paternos serão separados durante a divisão meiótica I, e as cromátides-irmãs individuais serão separadas durante a divisão meiótica II.

O mecanismo pelo qual os homólogos (e os dois cromossomos sexuais) reconhecem seu par durante o pareamento é uma questão ainda não completamente compreendida. Em muitos organismos, a associação inicial depende de uma interação entre sequências de DNA materno e paterno complementares que estão presentes em inúmeros sítios amplamente dispersos ao longo dos cromossomos homólogos. Uma vez formados, os bivalentes são muito estáveis: eles permanecem associados durante a longa prófase da meiose I, uma fase que pode durar anos em alguns organismos.

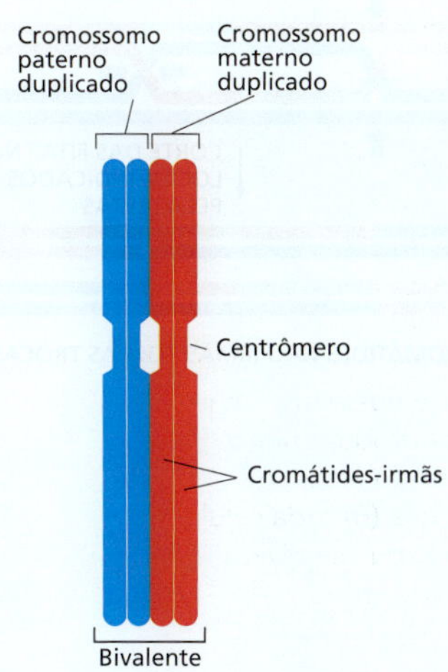

Figura 19-9 Os cromossomos materno e paterno duplicados pareiam durante a meiose I para formar bivalentes. Cada bivalente contém quatro cromátides-irmãs e é formado durante a prófase da meiose I, bem antes de ocorrer ligação ao fuso meiótico.

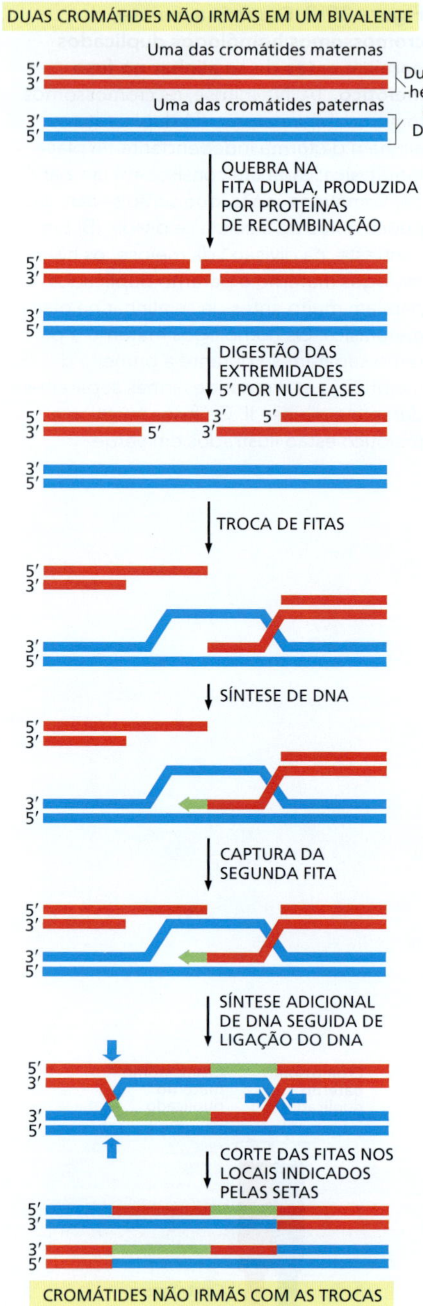

Figura 19-10 Durante a meiose I, as cromátides não irmãs em cada bivalente trocam segmentos de DNA. Aqui, apenas duas das quatro cromátides-irmãs do bivalente são ilustradas, cada uma delas representada como uma dupla-hélice de DNA. Durante a meiose, os complexos proteicos que realizam essa recombinação homóloga (não ilustrados) produzem inicialmente uma quebra na fita dupla do DNA de uma das cromátides (seja a cromátide materna ou paterna) e, em seguida, promovem uma troca cruzada com a outra cromátide. Quando essa troca é resolvida, cada cromátide conterá um segmento de DNA proveniente da outra cromátide. Muitos dos passos que levam a trocas entre os cromossomos durante a meiose se assemelham aos que coordenam a reparação de quebras da fita dupla do DNA em células somáticas (ver Figura 6-30).

Em cada bivalente ocorre o entrecruzamento dos cromossomos materno e paterno duplicados

A imagem da divisão meiótica I que acabamos de descrever é bastante simplificada, na medida em que não leva em consideração uma característica crucial. Em organismos de reprodução sexuada, o pareamento dos cromossomos maternos e paternos é acompanhado pela **recombinação homóloga**, um processo no qual duas sequências nucleotídicas idênticas ou muito semelhantes trocam informação genética. No Capítulo 6, discutimos como a recombinação homóloga é usada para a reparação de cromossomos danificados, nos quais houve perda de informação genética. Esse tipo de reparo utiliza informações de uma dupla-hélice de DNA intacta para restaurar a sequência de nucleotídeos danificada do homólogo recém-duplicado (ver Figura 6-30). Um processo semelhante ocorre quando cromossomos homólogos pareiam durante a longa prófase da primeira divisão meiótica. Na meiose, no entanto, a recombinação ocorre entre as cromátides não irmãs em cada bivalente (e não entre as cromátides-irmãs idênticas, dentro de cada cromossomo duplicado). Em consequência, há troca física de segmentos cromossômicos homólogos entre os homólogos paterno e materno em um processo complexo de várias etapas chamado de **entrecruzamento** (ou *crossing-over*) (**Figura 19-10**).

O entrecruzamento é facilitado pela formação de um *complexo sinaptonêmico*. Conforme os homólogos duplicados pareiam, este elaborado complexo de proteínas ajuda a manter o bivalente unido e alinha os homólogos de modo que a troca de fitas possa facilmente ocorrer entre as cromátides não irmãs. Cada uma das cromátides de um homólogo duplicado (i.e., cada uma destas duplas-hélices de DNA extremamente longas) pode fazer uma troca com uma ou ambas as cromátides do outro cromossomo no bivalente. O complexo sinaptonêmico também ajuda a espaçar os eventos de troca que ocorrem ao longo de cada cromossomo.

Ao término da prófase I, o complexo sinaptonêmico terá se dissociado, permitindo que os homólogos estejam separados ao longo de quase toda a sua extensão. No entanto, cada bivalente permanece unido por pelo menos um **quiasma**, estrutura nomeada a partir da letra grega chi, χ, que apresenta formato semelhante a uma cruz. Cada quiasma corresponde a uma troca entre duas cromátides não irmãs (**Figura 19-11A**). A maioria dos bivalentes contém mais de um quiasma, indicando que múltiplas trocas podem ocorrer entre cromossomos homólogos (**Figura 19-11B e C**). Em oócitos humanos, as células que dão origem ao óvulo, uma média de dois a três eventos de troca ocorre em cada bivalente (**Figura 19-12**).

As trocas durante a meiose são a principal fonte de diversidade genética em espécies que se reproduzem sexuadamente. Por meio de uma redistribuição dos constituintes genéticos de cada um dos cromossomos nos gametas, o entrecruzamento ajuda a produzir indivíduos com novas combinações de alelos. O entrecruzamento também possui um segundo papel importante na meiose. Ao manter os cromossomos homólogos unidos durante a prófase I, os quiasmas ajudam a garantir que os homólogos maternos e paternos segregarão corretamente na primeira divisão meiótica, como discutimos a seguir.

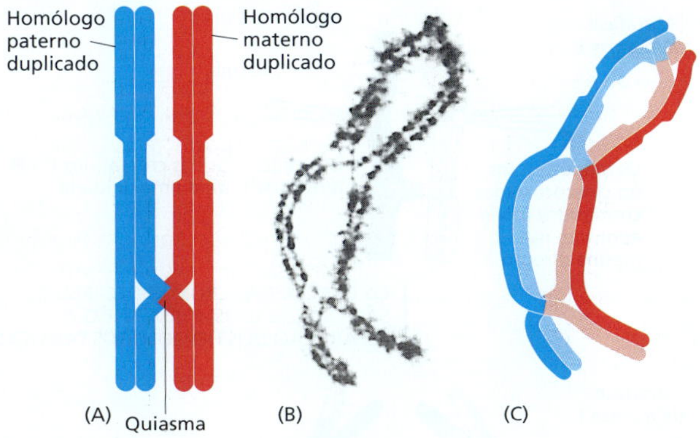

Figura 19-11 Eventos de troca criam quiasmas entre cromátides não irmãs em cada bivalente. (A) Representação esquemática de homólogos pareados com ocorrência de um evento de troca, originando um único quiasma. (B) Micrografia de um bivalente de gafanhoto com três quiasmas. (C) Conforme os homólogos maternos e paternos começam a se separar na meiose I, quiasmas como os aqui ilustrados ajudam a manter o bivalente unido. (B, cortesia de Bernard John.)

O pareamento cromossômico e o entrecruzamento asseguram a segregação adequada dos homólogos

Na maioria dos organismos, o entrecruzamento durante a meiose é necessário para a correta segregação dos dois homólogos duplicados para os dois núcleos-filhos distintos. Os quiasmas criados por eventos de troca mantêm os homólogos maternos e paternos unidos até que o fuso os separe durante a anáfase I da meiose. Antes da anáfase I, os dois polos do fuso tracionam (puxam) os homólogos duplicados em direções opostas, e os quiasmas resistem a esta tração (**Figura 19-13A**). Assim, o quiasma ajuda a posicionar e estabilizar os bivalentes na placa metafásica.

Além dos quiasmas, que mantêm os homólogos maternos e paternos unidos, as proteínas *coesinas* (descritas no Capítulo 18) mantêm as cromátides-irmãs coladas umas às outras ao longo de seu comprimento na meiose I (ver Figuras 19-11B e 18-18). No início da anáfase I, as proteínas coesinas que unem os braços dos cromossomos são abruptamente degradadas. Esta liberação permite a separação dos braços e a consequente separação dos homólogos recombinados (**Figura 19-13B**). Tal liberação é necessária porque, se os braços não se separassem, os homólogos maternos e paternos duplicados permaneceriam presos uns aos outros pelos segmentos de DNA homólogos que foram trocados.

A segunda divisão meiótica produz células-filhas haploides

Para separar as cromátides-irmãs e produzir células com uma quantidade haploide de DNA, um segundo ciclo de divisão, a meiose II, ocorre logo após o primeiro, sem replicação adicional do DNA e sem qualquer período significativo de interfa-

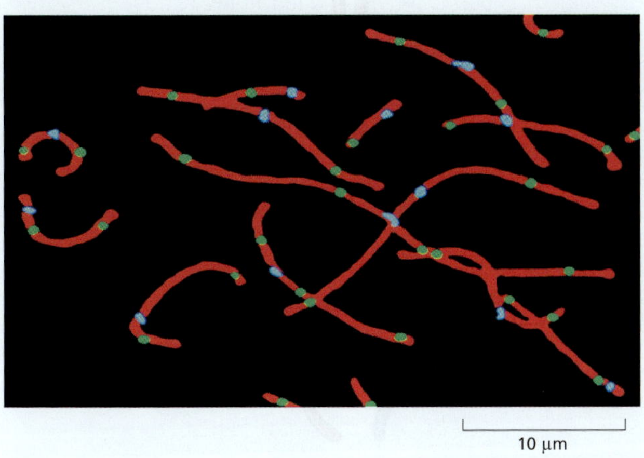

Figura 19-12 Várias trocas podem ocorrer entre os cromossomos homólogos duplicados em um bivalente. A micrografia de fluorescência mostra uma preparação de cromossomos de um oócito humano (precursor dos óvulos) na fase em que as quatro cromátides – tanto as dos homólogos maternos quanto paternos – ainda encontram-se fortemente associadas: cada segmento longo único (corado em *vermelho*) é um bivalente e contém quatro duplas-hélices de DNA. Sítios de entrecruzamento estão marcados pela presença de uma proteína (coloração *verde*) que atua como um componente-chave da maquinaria de recombinação meiótica. A coloração *azul* marca a posição dos centrômeros (ver Figura 19-9). (De C. Tease et al., *Am J. Hum Genet* 70: 1469-1479, 2002. Com permissão de Elsevier.)

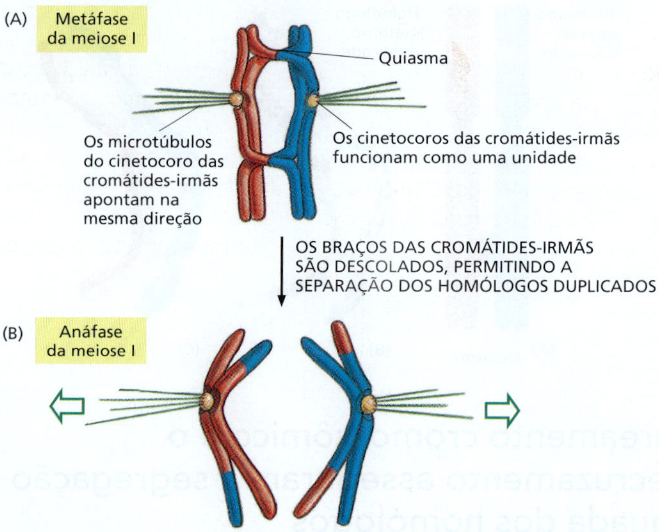

Figura 19-13 Os quiasmas ajudam a garantir a segregação adequada dos homólogos duplicados durante a primeira divisão meiótica. (A) Na metáfase da meiose I, os quiasmas criados pelo entrecruzamento mantêm os homólogos maternos e paternos unidos. Nessa fase, as proteínas coesinas (não ilustradas) mantêm as cromátides-irmãs grudadas ao longo de toda a sua extensão. Os cinetocoros das cromátides-irmãs atuam como uma única unidade na meiose I, e os microtúbulos que se ligam a eles apontam para o mesmo polo do fuso. (B) Na anáfase da meiose I, as coesinas que mantêm os braços das cromátides-irmãs unidos são degradadas repentinamente, permitindo que os homólogos sejam separados. As coesinas no centrômero continuam a manter as cromátides-irmãs unidas enquanto os homólogos são separados.

se. Um fuso meiótico forma-se e os cinetocoros de cada par de cromátides-irmãs ligam-se aos microtúbulos do cinetocoro que apontam em direções opostas, como se estivessem em uma divisão mitótica comum. Na anáfase da meiose II, as coesinas específicas da meiose remanescentes e localizadas no centrômero são degradadas, e as cromátides-irmãs são atraídas para diferentes células-filhas (**Figura 19-14**). Todo o processo está ilustrado na **Animação 19.1**.

Os gametas haploides contêm informação genética reorganizada

Mesmo considerando que eles compartilham os mesmos genitores, não existem dois irmãos geneticamente iguais (a menos que eles sejam gêmeos idênticos). Tais diferenças genéticas têm início muito antes do espermatozoide encontrar o óvulo, quando a meiose I produz dois tipos de rearranjos genéticos aleatórios.

Em primeiro lugar, como vimos, os cromossomos paternos e maternos são embaralhados e distribuídos de maneira aleatória durante a meiose I. Embora os cromossomos sejam cuidadosamente distribuídos de modo que cada célula receba uma, e apenas uma, cópia de cada cromossomo, a escolha entre o homólogo

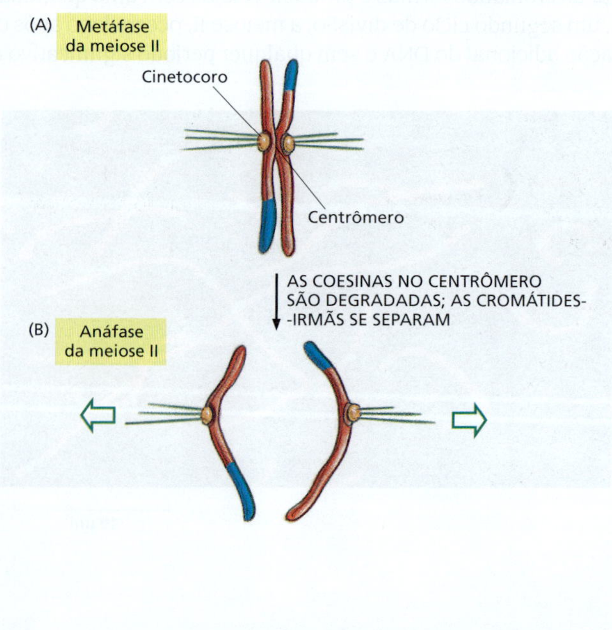

Figura 19-14 Na meiose II, assim como na mitose, os cinetocoros de cada cromátide-irmã atuam independentemente, permitindo que as duas cromátides-irmãs sejam atraídas para polos opostos. (A) Na metáfase da meiose II, os cinetocoros das cromátides-irmãs apontam em direções opostas. (B) Na anáfase da meiose II, as coesinas que mantêm as cromátides-irmãs unidas pelo centrômero são degradadas, permitindo que os microtúbulos do cinetocoro puxem as duas cromátides-irmãs para polos opostos.

materno ou paterno é feita ao acaso, como no jogo de cara ou coroa com uma moeda. Assim, cada gameta contém alguns cromossomos de origem paterna e alguns de origem materna (**Figura 19-15A**). Essa distribuição aleatória depende apenas da forma como cada bivalente é posicionado quando se alinha sobre o fuso durante a metáfase da meiose I. O fato de o homólogo materno ou paterno ser capturado pelos microtúbulos de um polo ou do outro depende de que lado do bivalente ele está quando os microtúbulos se conectam ao seu cinetocoro (ver Figura 19-13). Visto que a orientação de cada bivalente no momento de sua captura é completamente aleatória, a distribuição de cromossomos de origem paterna e materna também o será.

Graças a essa distribuição aleatória de homólogos maternos e paternos, um indivíduo poderia, em princípio, produzir 2^n gametas geneticamente diferentes, em que n é o número haploide de cromossomos. Com 23 cromossomos para escolher, cada ser humano, por exemplo, poderia produzir, teoricamente, 2^{23} ou $8{,}4 \times 10^6$ gametas geneticamente distintos. O número real de diferentes gametas que cada pessoa pode produzir, no entanto, é muito maior do que esse, pois o entrecruzamento que ocorre durante a meiose fornece uma segunda fonte de segregação genética aleatória. Ocorrem, em média, entre duas e três trocas entre cada par de homólogos humanos, gerando novos cromossomos com novas combinações de alelos maternos e paternos. Visto que o entrecruzamento ocorre em regiões mais ou menos aleatórias sobre o cromossomo, cada meiose produzirá quatro conjuntos inteiramente novos de cromossomos (**Figura 19-15B**).

A distribuição aleatória dos cromossomos maternos e paternos, junto com a mistura genética promovida pelo entrecruzamento, proporciona uma fonte de variação genética quase ilimitada aos gametas produzidos por um único indivíduo. Considerando-se que cada pessoa é formada pela fusão desses gametas produzidos por dois indivíduos completamente diferentes, a riqueza da variabilidade humana que vemos ao nosso redor não deve nos surpreender, mesmo se estivermos considerando apenas membros de uma única família.

QUESTÃO 19-1

Por que você acha que os organismos não usam apenas as primeiras fases da meiose (até e incluindo a divisão celular da meiose I) para a divisão mitótica normal de células somáticas?

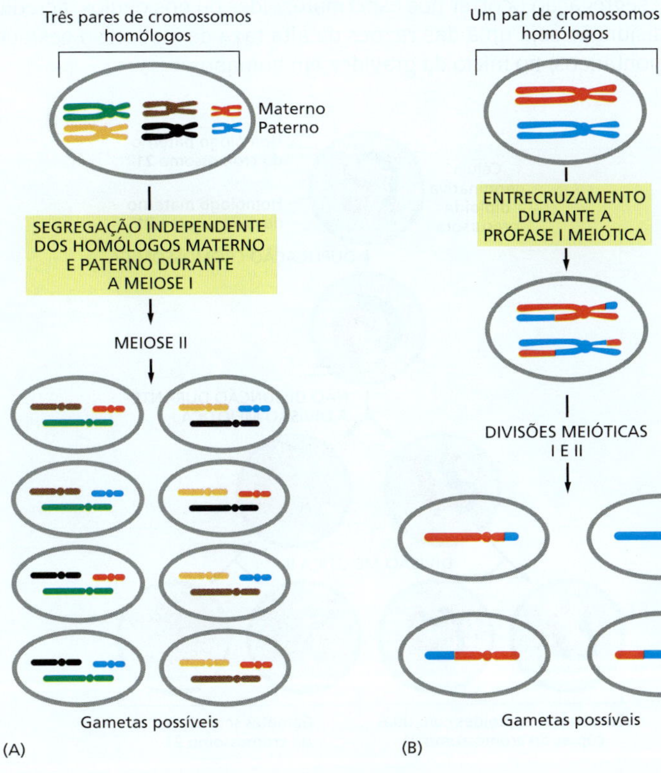

Figura 19-15 Dois tipos de segregação genética geram novas combinações cromossômicas durante a meiose. (A) A segregação independente de cromossomos homólogos maternos e paternos durante a meiose produz 2^n diferentes gametas haploides em um organismo que possui n cromossomos. Neste exemplo, n é igual a 3, e existem 2^3, ou 8, diferentes gametas possíveis. Para simplificar, não foi ilustrado o entrecruzamento nesse esquema. (B) O entrecruzamento durante a prófase I meiótica promove a troca de segmentos de DNA entre cromossomos homólogos e consequentemente redistribui os genes em cada cromossomo específico. Para simplificar, apenas um par de cromossomos homólogos foi ilustrado. Em todas as meioses ocorre tanto a distribuição independente dos cromossomos como o entrecruzamento.

A meiose não é à prova de erros

A distribuição de cromossomos que ocorre durante a meiose é um feito admirável do controle molecular: em humanos, cada meiose exige que a célula inicial mantenha um controle absoluto de 92 cromossomos (23 pares, cada um dos quais previamente duplicados) e que ocorra a distribuição de um conjunto completo para cada gameta. Assim, não é de admirar que possam ocorrer erros na distribuição dos cromossomos durante esse processo complexo.

Às vezes, os homólogos não conseguem separar-se de forma adequada – um fenômeno conhecido como *não disjunção*. Como resultado, algumas das células haploides produzidas não possuem um determinado cromossomo, ao passo que outras apresentam mais do que uma cópia desse mesmo cromossomo. Se utilizados para a fecundação, tais gametas darão origem a embriões anormais, a maioria dos quais não se desenvolverá. Alguns, no entanto, sobreviverão. Por exemplo, a *síndrome de Down* – um transtorno associado com deficiência cognitiva e características físicas anormais – é causada pela presença de uma cópia extra do cromossomo 21. Essa falha resulta da não disjunção de um par de cromossomos 21 durante a meiose, o que leva à formação de um gameta que contém duas cópias desse cromossomo, em vez de uma (**Figura 19-16**). Quando esse gameta anormal se funde com um gameta normal durante a fecundação, o embrião gerado conterá três cópias do cromossomo 21, em vez de duas. Esse desequilíbrio cromossômico gera uma dose extra das proteínas codificadas pelo cromossomo 21 e, assim, interfere no desenvolvimento adequado do embrião e nas funções normais no adulto.

A frequência de erros de segregação de cromossomos durante a produção de gametas humanos é incrivelmente alta, em particular no sexo feminino: ocorre não disjunção em cerca de 10% das meioses em oócitos humanos, dando origem a óvulos que contêm um número errado de cromossomos (uma condição denominada *aneuploidia*). A aneuploidia ocorre menos em espermatozoides humanos, possivelmente em função da ocorrência de um controle de qualidade mais rigoroso durante o seu desenvolvimento em comparação ao que ocorre durante o desenvolvimento dos óvulos. Acredita-se que, se há uma falha durante a meiose em células masculinas, mecanismos de controle do ciclo celular são ativados, bloqueando a meiose e induzindo morte celular via apoptose. Independentemente de o erro de segregação ocorrer nos espermatozoides ou nos óvulos, acredita-se que a não disjunção seja uma das razões da alta taxa de insucesso gestacional (abortos espontâneos) no início da gravidez em humanos.

QUESTÃO 19-2

Desconsiderando-se os efeitos das trocas sobre os cromossomos, um indivíduo humano pode, em princípio, produzir $2^{23} = 8,4 \times 10^6$ gametas geneticamente diferentes. Quantas dessas possibilidades podem de fato ser produzidas na vida média de (A) uma mulher e (B) um homem, considerando que as mulheres produzem um óvulo por mês durante os seus anos férteis, enquanto os homens podem produzir centenas de milhões de espermatozoides a cada dia?

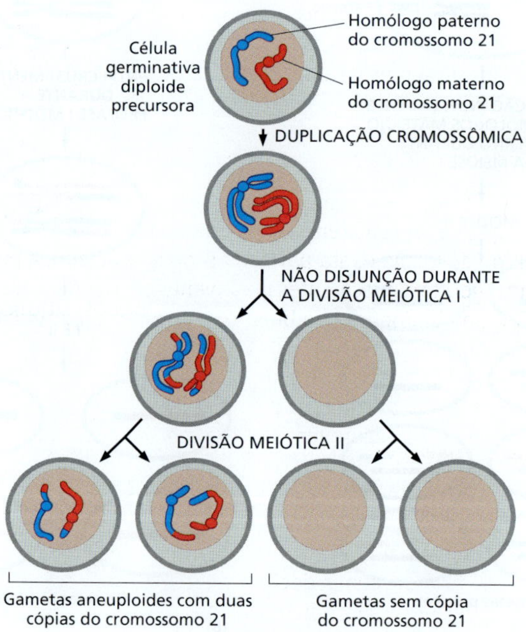

Figura 19-16 Erros na segregação cromossômica durante a meiose podem resultar em gametas com número incorreto de cromossomos. Neste exemplo, as cópias maternas e paternas do cromossomo 21 duplicado não conseguem sofrer uma separação normal durante a primeira divisão meiótica. Em consequência, dois dos gametas não recebem cópia alguma do cromossomo, enquanto os outros dois gametas recebem duas cópias em vez da cópia única adequada. Os gametas que recebem um número incorreto de cromossomos são chamados de gametas aneuploides. Se um deles participar do processo de fecundação, o zigoto resultante também terá um número anormal de cromossomos. Uma criança que recebe três cópias do cromossomo 21 terá síndrome de Down.

A fertilização reconstitui um genoma diploide completo

Depois de ter visto como os cromossomos são divididos durante a meiose para formar células germinativas haploides, consideramos agora brevemente como eles são reunidos no processo da **fertilização** (ou fecundação) para gerar um novo zigoto com um conjunto diploide de cromossomos.

Dos 300 milhões de espermatozoides humanos ejaculados durante um ato sexual, apenas cerca de 200 alcançam a região de fertilização no oviduto. Os espermatozoides são atraídos para um óvulo por sinais químicos liberados tanto pelo óvulo quanto pelas células de suporte que o rodeiam. Ao encontrar o óvulo, um espermatozoide deve migrar por uma camada protetora de células e, em seguida, ligar-se a, e atravessar, o revestimento do óvulo, chamado de *zona pelúcida*. Finalmente, o espermatozoide deve ligar-se à membrana plasmática que delimita o óvulo e fundir-se a ela (**Figura 19-17**). Apesar de a fertilização em geral ocorrer por meio desse processo de fusão entre espermatozoide e óvulo, ela também pode ser alcançada artificialmente pela injeção de um espermatozoide diretamente no citoplasma de um óvulo; esse processo costuma ser utilizado em clínicas de fertilização assistida quando existe algum problema que impede a fusão natural do espermatozoide com o óvulo.

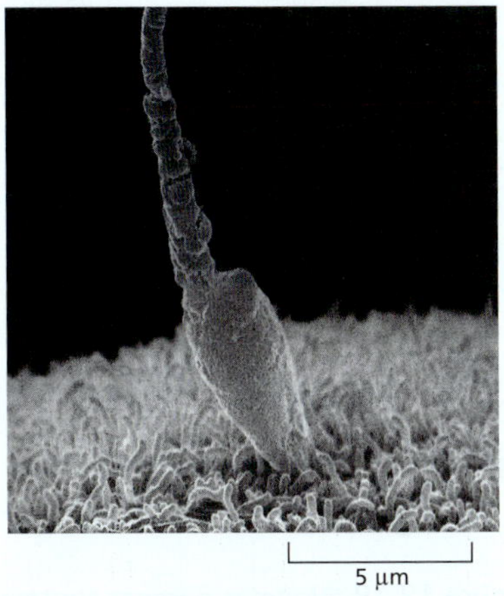

Figura 19-17 Um espermatozoide se liga à membrana plasmática de um óvulo. Micrografia eletrônica de varredura de um espermatozoide humano entrando em contato com um óvulo de *hamster*. O óvulo teve sua zona pelúcida retirada, expondo sua membrana plasmática, a qual é revestida por microvilosidades. Tais preparações de óvulos de *hamster* são algumas vezes utilizadas em clínicas de infertilidade para determinar se os espermatozoides de um indivíduo são capazes de penetrar em um óvulo. Os zigotos resultantes desse teste não são viáveis. (Cortesia de David M. Phillips.)

Embora diversos espermatozoides possam ligar-se a um mesmo óvulo (ver Figura 19-3), normalmente apenas um se fundirá com a membrana plasmática e introduzirá seu DNA no citoplasma do óvulo. O controle de tal etapa é de especial importância, pois garante que o óvulo fertilizado – também chamado de **zigoto** – contenha dois, e apenas dois, conjuntos de cromossomos. Existem diversos mecanismos que evitam que mais de um espermatozoide fertilize um único óvulo. Em um desses mecanismos, o primeiro espermatozoide a penetrar induz a liberação de uma onda de íons Ca^{2+} no citoplasma do óvulo. Esse fluxo de Ca^{2+}, por sua vez, desencadeia a secreção de enzimas que causam um "endurecimento" da zona pelúcida, o que impede que outros espermatozoides penetrem no óvulo. A onda de Ca^{2+} também ajuda a desencadear o desenvolvimento do óvulo fecundado. Para assistir a uma onda de cálcio induzida pela fertilização, ver **Animação 19.2**.

O processo de fertilização só estará completo, no entanto, quando os dois núcleos haploides (denominados *pronúcleos*) estiverem unidos e combinarem seus cromossomos gerando um único núcleo diploide. Logo após a fusão dos pronúcleos, a célula diploide começa a se dividir, formando uma bola de células que, por meio de ciclos repetidos de divisão celular e diferenciação, dará origem a um embrião e, finalmente, a um organismo adulto. A fertilização marca o início de um dos fenômenos mais incríveis de toda a biologia – o processo pelo qual um zigoto unicelular dispara o programa de desenvolvimento que dirige a formação de um novo indivíduo.

MENDEL E AS LEIS DA HERANÇA

Em organismos que se reproduzem assexuadamente, o material genético do genitor é transmitido de forma exata para sua progênie. Assim, a prole é geneticamente idêntica ao genitor único. Antes do advento de Mendel e de seus trabalhos com ervilhas, alguns biólogos acreditavam que a herança na espécie humana apresentava esse mesmo padrão (**Figura 19-18**).

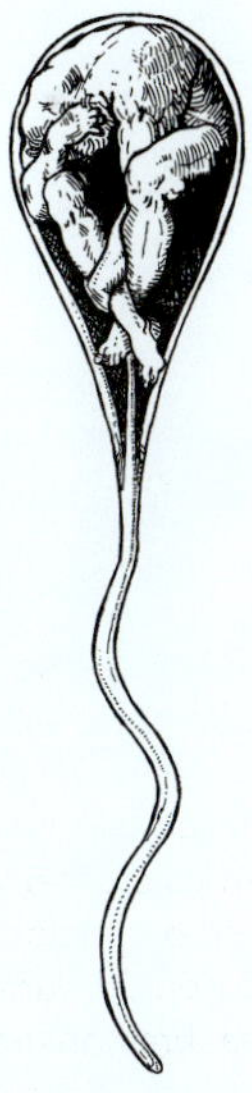

Figura 19-18 Uma teoria incorreta da hereditariedade sugeria que as características genéticas eram transmitidas unicamente pelo pai. Em apoio a essa teoria específica de herança uniparental, alguns pesquisadores, nos primórdios do uso da microscopia, alegavam ter sido capazes de detectar um pequeno ser humano completamente formado encolhido no interior da cabeça de espermatozoides.

Mesmo que se diga que as crianças são semelhantes a seus genitores, elas não são "cópias em papel carbono" da mãe ou do pai . Graças aos mecanismos da meiose que acabamos de descrever, o sexo embaralha conjuntos preexistentes de informação genética, misturando os alelos em novas combinações, e produz descendentes que tendem a exibir uma mistura de traços derivados de ambos os genitores, bem como novas características. A capacidade de acompanhar as características que mostram alguma variação de uma geração para outra permitiu que os geneticistas começassem a decifrar as regras que governam a hereditariedade em organismos que se reproduzem sexuadamente.

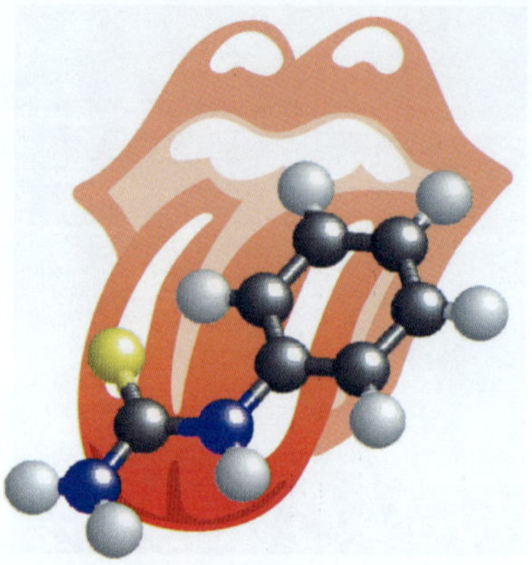

Figura 19-19 Algumas pessoas sentem esse sabor; outras, não. A capacidade de perceber o sabor do produto químico feniltiocarbamida (PTC) é controlada por um único gene. Embora os geneticistas soubessem desde os anos de 1930 que a insensibilidade ao PTC é uma característica hereditária, apenas em 2003 é que os investigadores identificaram o gene responsável por essa característica, o qual codifica um receptor do gosto amargo. Pessoas insensíveis produzem uma proteína receptora de PTC que contém substituições de aminoácidos que, se imagina, reduzem a atividade do receptor.

As características mais fáceis de seguir são aquelas de fácil visualização ou mensuração. Em humanos, incluem-se nesta categoria características como a tendência para espirrar quando se é exposto ao sol, a presença de lóbulos da orelha ligados ou pendentes, ou a capacidade para detectar certos sabores ou odores (**Figura 19-19**). Obviamente, as leis da herança genética não foram descobertas pela observação dos lóbulos da orelha de humanos, mas seguindo-se características em organismos fáceis de cruzar e que produzem um grande número de descendentes. Gregor Mendel, o pai da genética, estudou principalmente ervilhas. No entanto, cruzamentos experimentais semelhantes podem ser realizados em moscas-da-fruta, vermes, cães, gatos, ou qualquer planta ou animal que possua as características de interesse, pois as mesmas leis básicas da herança genética aplicam-se a todos os organismos de reprodução sexuada: das ervilhas aos seres humanos.

Nesta seção, descrevemos as bases da herança genética em organismos de reprodução sexuada. Analisamos como o comportamento dos cromossomos durante a meiose – sua segregação nos gametas que então se unem de maneira aleatória para formar uma prole geneticamente distinta e característica – explica as leis da herança genética, a princípio evidenciadas por experimentação. Mas, primeiro, discutimos como Mendel, por meio do cruzamento de ervilhas no jardim de seu mosteiro, desvendou essas leis há mais de 150 anos.

Mendel estudou características que são herdadas de forma descontínua

Mendel escolheu estudar plantas de ervilha porque elas são fáceis de cultivar em grande número e podem ser criadas em um pequeno espaço, como o existente no jardim de uma abadia. Ele controlava as plantas a serem cruzadas removendo o espermatozoide (pólen) de uma planta e esfregando-o nas estruturas femininas de outra. Esta cuidadosa polinização cruzada dava a Mendel certeza sobre a ancestralidade de cada planta de ervilha que ele examinava.

Mas talvez o mais importante para os objetivos de Mendel fosse o fato de as plantas de ervilha apresentarem diferentes variedades. Por exemplo, uma linhagem de ervilhas apresenta flores púrpuras, ao passo que outra apresenta flores brancas. Uma variedade produz sementes (ervilhas) com pele lisa, outra produz ervilhas enrugadas. Mendel escolheu avaliar sete características distintas (a cor da flor e o formato da ervilha, por exemplo), facilmente observáveis, e, mais importante, herdadas de forma descontínua: por exemplo, as plantas têm ou flores púrpura ou flores brancas, mas não apresentam colorações intermediárias (**Figura 19-20**).

Mendel descartou teorias alternativas de herança genética

Os experimentos de cruzamento realizados por Mendel foram bastante diretos e simples. Ele começou com estoques geneticamente puros, ou plantas de "linhagens puras", que produziam sempre descendentes da mesma variedade sob autofertilização (ou autofecundação). Se ele seguisse a cor da ervilha, por exemplo, ele usava plantas com ervilhas amarelas que sempre produziram descendentes com ervilhas amarelas, e plantas com ervilhas verdes que sempre produziram descendentes com ervilhas verdes.

Os antecessores de Mendel haviam usado organismos que apresentavam variação em diversas características. Esses investigadores muitas vezes se complicavam ao tentar caracterizar descendentes cuja aparência era tão complexa que não podia ser facilmente comparada com a de seus genitores. Porém, a abordagem diferencial de Mendel consistiu na observação de uma única característica por vez. Em um experimento típico, ele realizava a polinização cruzada de duas de suas variedade puras. Ele então registrava a herança da característica selecionada na próxima geração. Por exemplo, Mendel cruzou plantas produtoras de ervilhas amarelas com plantas produtoras de ervilhas verdes e verificou que toda a descendência híbrida resultante, chamada de primeira prole, ou geração F_1, era composta por ervilhas amarelas (**Figura 19-21**). Ele obteve um resultado

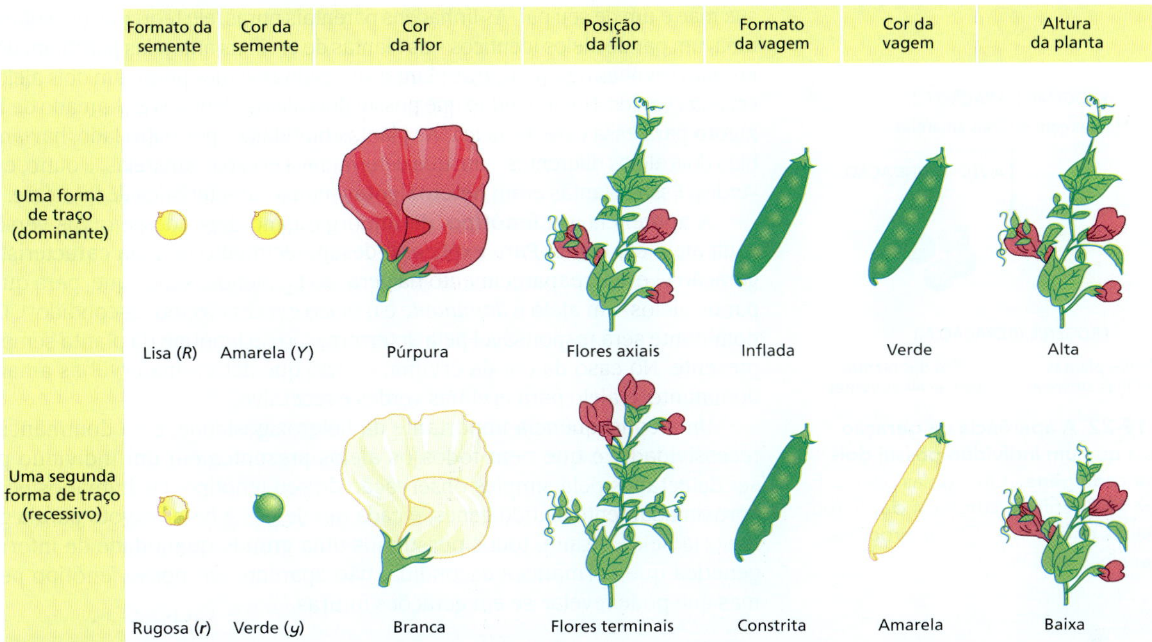

Figura 19-20 Mendel estudou sete características herdadas de modo descontínuo. Para cada característica, as plantas apresentam uma ou outra forma, sem intermediários entre elas. Como analisamos a seguir, uma das variantes de cada característica é dominante, e a outra é recessiva.

semelhante para cada traço ou característica: todos os híbridos da F_1 se assemelhavam a apenas um dos seus dois genitores.

Se Mendel tivesse interrompido suas observações neste ponto, apenas na geração F_1, ele poderia ter desenvolvido algumas ideias bastante equivocadas sobre a natureza da hereditariedade: estes resultados parecem apoiar a teoria de herança uniparental, que afirma que a aparência da prole irá coincidir com um dos genitores (ver, por exemplo, a Figura 19-18). Felizmente, Mendel levou adiante seus experimentos de cruzamento e no passo seguinte cruzou as plantas da F_1 entre elas (ou permitiu que houvesse autofecundação) e examinou os resultados.

Os experimentos de Mendel revelaram a existência de alelos dominantes e recessivos

Uma questão óbvia surge ao observarmos a prole dos experimentos iniciais de fertilização cruzada de Mendel, como os mostrados na Figura 19-21: o que aconteceu com as características que desapareceram na geração F_1? Teriam as plantas parentais que produziam ervilhas verdes, por exemplo, de algum modo, sido incapazes de contribuir geneticamente para a sua prole? Para resolver essa questão, Mendel permitiu que as plantas F_1 sofressem autofecundação. Se a característica para produção de ervilhas verdes tivesse sido perdida, então as plantas F_1 seriam capazes de produzir apenas ervilhas amarelas na próxima geração, a geração F_2. Em vez disso, ele descobriu que a "característica desaparecida" reaparecia: apesar de três quartos da prole de uma geração F_2 serem compostos por ervilhas amarelas, um quarto era composto por ervilhas verdes (**Figura 19-22**). Mendel observou esse mesmo tipo de comportamento em cada uma das outras seis características que ele examinou.

Levando essas observações em consideração, Mendel propôs que a herança de características é governada por fatores hereditários (que hoje chamamos de genes), e que esses fatores ocorrem em versões alternativas que são as bases das variações observadas nas características herdadas. O gene que definia a coloração da ervilha, por exemplo, existia em duas "versões" – uma que direcionava a produção de ervilhas amarelas e outra que produzia as verdes. Tais versões alternativas de um gene agora são chamadas de *alelos*, e toda a coleção de alelos em um indivíduo – seu componente genético – é conhecida como seu **genótipo**.

O grande avanço conceitual de Mendel foi propor que, para cada característica, um organismo deve herdar duas cópias, ou alelos, de cada gene – um proveniente de

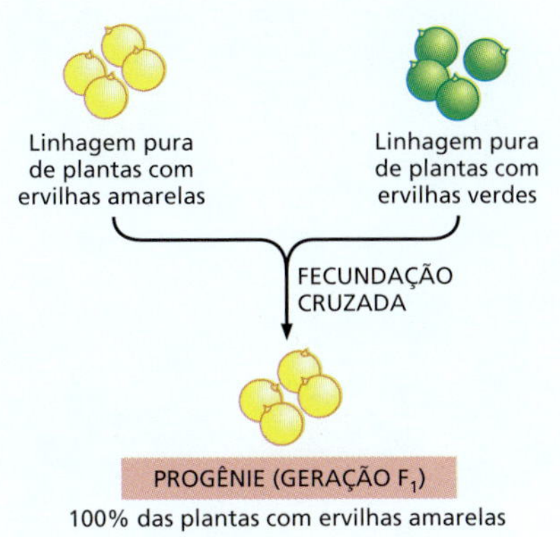

Figura 19-21 Variedades de linhagens puras, quando cruzadas entre si, produzem prole híbrida que se assemelha a um dos genitores. Nesse caso, plantas de uma linhagem pura, produtora de ervilhas verdes, cruzadas com plantas de uma linhagem pura produtora de ervilhas amarelas, sempre produzem prole com ervilhas amarelas.

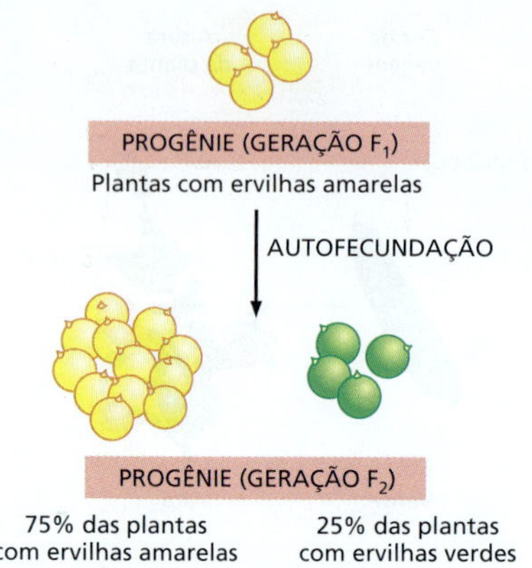

Figura 19-22 A aparência da geração F_2 mostra que um indivíduo possui dois alelos de cada gene. Quando as plantas F_1 da Figura 19-21 sofrem autofecundação (ou são cruzadas entre elas), 25% da progênie produz ervilhas verdes.

sua mãe e um de seu pai. As linhagens parentais puras, ele teorizou, possuíam, cada uma, um par de alelos idênticos – as plantas de ervilhas amarelas possuíam dois alelos para ervilhas amarelas, e as plantas de ervilhas verdes possuíam dois alelos para ervilhas verdes. Um indivíduo que possui dois alelos idênticos é chamado de **homozigoto** para essa característica. As plantas híbridas F_1, por outro lado, haviam recebido dois alelos diferentes – um que determinava ervilhas amarelas, e outro, ervilhas verdes. Essas plantas eram **heterozigotas** para a característica de interesse.

A aparência, ou **fenótipo**, de um organismo depende de quais versões de cada alelo ele herda. Para explicar o desaparecimento de uma característica na geração F_1 e seu reaparecimento na geração F_2, Mendel supôs que, para qualquer par de alelos, um alelo é *dominante* e o outro é *recessivo* (ou "escondido"). O alelo dominante será responsável pela determinação do fenótipo da planta sempre que presente. No caso da cor da ervilha, o alelo que determina ervilhas amarelas é dominante; o alelo para ervilhas verdes é recessivo.

Uma consequência importante da heterozigosidade, e da dominância e da recessividade, é que nem todos os alelos presentes em um indivíduo podem ser detectados pela simples observação de seu fenótipo. Os humanos possuem aproximadamente 30.000 genes, e cada um de nós é heterozigoto para a grande maioria deles. Assim, todos possuímos uma grande quantidade de informação genética que permanece escondida, não aparente em nosso fenótipo pessoal, mas que pode revelar-se em gerações futuras.

Cada gameta carrega um único alelo para cada característica

A teoria de Mendel – de que, para cada gene, um indivíduo herdará uma cópia de sua mãe e uma cópia de seu pai – nos leva a algumas questões organizacionais. Se um organismo possui duas cópias de cada gene, como ele transmite apenas uma cópia para sua progênie? E como esses conjuntos de genes se reencontram e se unem novamente na prole resultante?

Mendel postulou que, quando os espermatozoides e os óvulos eram formados, as duas cópias de cada gene presentes em um genitor seriam separadas, ou segregariam, de tal maneira que cada gameta receberia apenas um alelo para cada característica. Para as plantas de ervilha, cada ovo (óvulo) e cada espermatozoide (pólen) receberia apenas um alelo para a cor da ervilha (amarelo ou verde), um alelo para a forma da ervilha (lisa ou enrugada), um alelo para a cor da flor (púrpura ou branca), e assim por diante. Durante a fecundação, o espermatozoide transportando um ou outro alelo deve unir-se a um óvulo transportando uma das variantes do alelo para produzir um ovo ou zigoto fertilizado com dois alelos. Qual espermatozoide se unirá a qual óvulo durante o processo de fecundação é algo devido absolutamente ao acaso.

Este princípio da hereditariedade é apresentado na primeira lei de Mendel, a **lei de segregação**. Ele afirma que os dois alelos para cada característica separam-se (ou segregam) durante a formação dos gametas e, em seguida, se unem de modo aleatório – um de cada genitor – durante a fecundação. De acordo com essa lei, as plantas híbridas F_1 com ervilhas amarelas produzem duas classes de gametas: a metade dos gametas herdará o alelo para ervilhas amarelas, e a metade restante herdará o alelo para ervilhas verdes. Quando as plantas híbridas sofrerem autopolinização, essas duas classes de gametas irão se unir aleatoriamente. Como consequência, quatro diferentes combinações de alelos podem ocorrer na prole F_2 (**Figura 19-23**). Um quarto das plantas F_2 receberá dois alelos que determinam ervilhas verdes; essas plantas obviamente, originarão ervilhas verdes. Um quarto das plantas receberá dois alelos que determinam ervilhas amarelas e produzirá ervilhas amarelas. No entanto, metade das plantas herdará um alelo para ervilhas verdes e um alelo para ervilhas amarelas. Visto que o alelo para ervilhas amarelas é dominante, essas plantas – assim como seus genitores heterozigotos F_1 – produzirão ervilhas amarelas. No cômputo geral, três quartos da prole produzirão ervilhas amarelas e um quarto produzirá ervilhas verdes. Assim, a lei da segregação de Mendel é capaz de explicar a relação 3:1 que ele observou nas plantas da geração F_2.

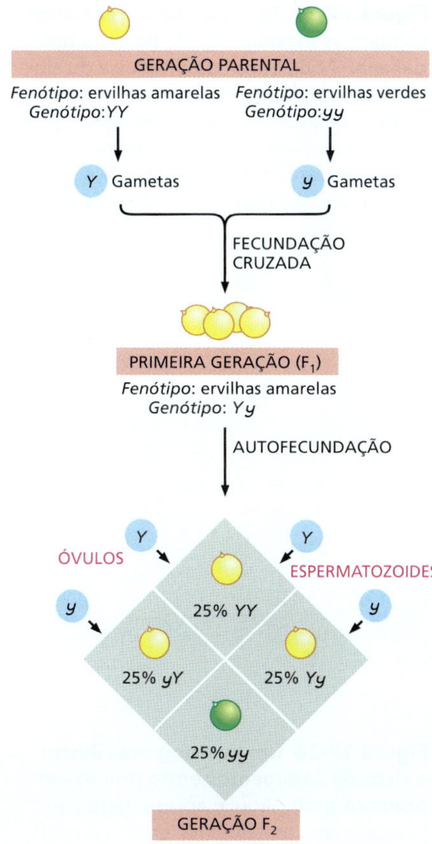

Figura 19-23 Plantas parentais produzem gametas contendo, cada um, um alelo para cada característica; o fenótipo da prole depende da combinação dos alelos recebidos. Nesta figura podemos observar tanto o genótipo quanto o fenótipo das plantas de ervilha que foram cruzadas nos experimentos ilustrados nas Figuras 19-21 e 19-22. As plantas da linhagem pura de ervilhas amarelas produzem apenas gametas que contêm *Y*, ao passo que as plantas da linhagem pura de ervilhas verdes produzem apenas gametas que contêm *y*. A progênie F_1 de um cruzamento entre esses genitores produz apenas ervilhas amarelas, e apresenta um genótipo *Yy*. Quando essas plantas híbridas são cruzadas umas com as outras, 75% da prole produz ervilhas amarelas, e 25% da prole produz ervilhas verdes. A caixa cinza na parte inferior, chamada de diagrama de Punnett em homenagem a um matemático britânico, discípulo de Mendel, permite acompanhar a segregação dos alelos durante a formação dos gametas e predizer os resultados de experimentos de cruzamento como o descrito na Figura 19-22. De acordo com o sistema desenvolvido por Mendel, letras maiúsculas indicam um alelo dominante, e letras minúsculas, um alelo recessivo.

A lei da segregação de Mendel se aplica a todos os organismos de reprodução sexuada

A lei da segregação de Mendel foi capaz de explicar os dados para todas as características que ele examinou em plantas de ervilha, e ele replicou suas descobertas básicas com plantas de milho e feijão. Além disso, as regras que governam a herdabilidade não se limitam às plantas: elas se aplicam a todos os organismos que se reproduzem sexuadamente (**Figura 19-24**).

Considere um fenótipo em humanos que seja resultante da ação de um único gene. A principal forma de *albinismo* – albinismo tipo II – é uma condição rara, herdada de maneira recessiva em diferentes animais, inclusive em humanos. Do mesmo modo que as plantas de ervilha que produzem sementes verdes, os albinos são homozigotos recessivos: seu genótipo é *aa*. O alelo dominante do gene (denominado *A*) codifica uma enzima envolvida na produção de melanina, o pigmento responsável pela maior parte da cor castanha e preta presente no cabelo, na pele e na retina do olho. Como o alelo recessivo codifica uma versão dessa enzima com baixa atividade ou completamente inativa, os albinos têm cabelos brancos, pele branca e pupilas rosadas, pois a falta de melanina nos olhos permite que a coloração vermelha da hemoglobina nos vasos sanguíneos da retina seja visível.

O albinismo é herdado da mesma forma que qualquer outra característica recessiva, incluindo as características das ervilhas verdes de Mendel. Se um homem albino do tipo II (genótipo *aa*) tem filhos com uma mulher albina do tipo II (também *aa*), todos os seus filhos serão albinos (*aa*). No entanto, se um homem não albino (*AA*) se casa e tem filhos com uma mulher albina (*aa*), seus filhos serão todos heterozigotos (*Aa*) e com pigmentação normal (**Figura 19-25**). Se dois indivíduos não albinos com um genótipo *Aa* começarem uma família, cada um dos seus filhos terá uma chance de 25% de ser albino (*aa*).

Naturalmente, os humanos em geral não possuem grupos familiares grandes o suficiente para que possamos observar com exatidão as frequências mendelia-

Figura 19-24 A lei da segregação de Mendel se aplica a qualquer organismo de reprodução sexuada. Cães são cruzados visando especificamente ao melhoramento de certas características fenotípicas, incluindo uma gama diversificada de tamanho do corpo, coloração da pelagem, formato da cabeça, comprimento do focinho, posição da orelha e padrões de pelo. Os cientistas têm realizado análises genéticas em dezenas de raças de cães para procurar os alelos responsáveis por essas características caninas comuns. Um único gene que codifica um fator de crescimento foi associado ao tamanho do corpo, e três genes adicionais respondem pelo comprimento do pelo, seu aspecto liso ou encaracolado, e a presença ou ausência de acessórios – espessamentos das sobrancelhas e barbicha – em quase todas as raças de cães. (Cortesia de Ester Inbar.)

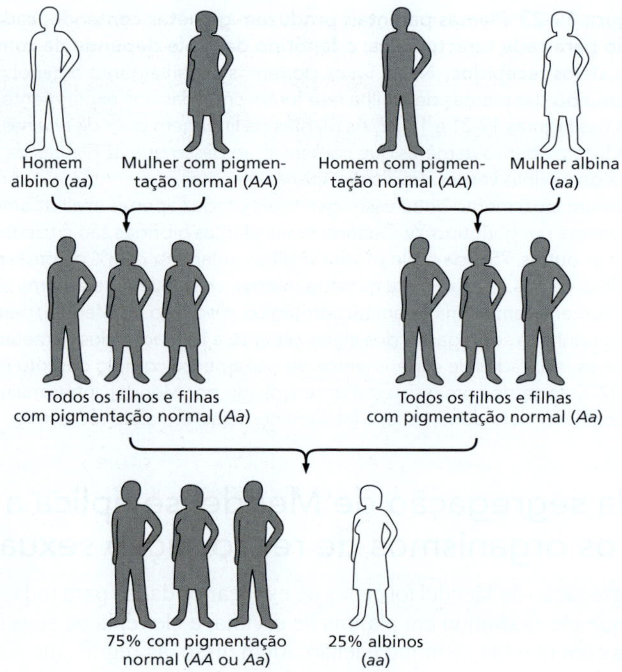

Figura 19-25 Todos os alelos recessivos seguem as mesmas leis de herança mendeliana. Aqui, traçamos a herança do albinismo do tipo II, uma característica recessiva em humanos associada a um único gene. Observe que indivíduos com pigmentação normal podem ser homozigotos (*AA*) ou heterozigotos (*Aa*) para o alelo dominante A.

nas. (Para a maioria de seus experimentos, Mendel chegou às suas conclusões após o cruzamento e a análise de milhares de plantas de ervilhas.) Os geneticistas que seguem a herança de características específicas em humanos contornam esse problema ao trabalharem com um grande número de famílias, ou com várias gerações de poucas grandes famílias, e ao estabelecerem **heredogramas** que mostram o fenótipo de cada membro da família para a característica relevante. A **Figura 19-26** mostra o heredograma de uma família que abriga um alelo recessivo para surdez. Ela também ilustra uma consequência prática importante das leis de Mendel: casamentos entre primos em primeiro grau apresentam um risco muito maior de gerar crianças homozigotas para uma mutação recessiva deletéria.

Alelos para diferentes características segregam de forma independente

Mendel deliberadamente simplificou o problema da hereditariedade ao começar seus experimentos de cruzamento estudando a herança de uma única característica de cada vez, pelos chamados *cruzamentos mono-híbridos*. Ele então voltou sua atenção para cruzamentos multi-híbridos, examinando a herança simultânea de duas ou mais características aparentemente não relacionadas.

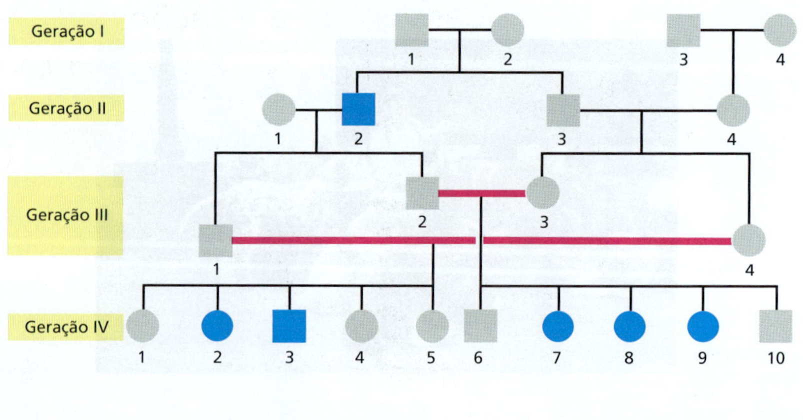

Figura 19-26 Um heredograma ilustra o risco de casamentos entre primos em primeiro grau. Aqui é apresentado um heredograma real de uma família na qual está presente uma mutação recessiva rara causadora de surdez. De acordo com o convencionado, os *quadrados* representam indivíduos do sexo masculino, e os *círculos* representam mulheres. Membros da família que apresentam o fenótipo de surdez estão indicados por símbolos *azuis*, ao passo que membros que não apresentam surdez estão em *cinza*. Uma linha *preta* horizontal entre um homem e uma mulher representa um cruzamento entre indivíduos não aparentados, e uma linha *rosa* horizontal representa um cruzamento entre parentes consanguíneos. A progênie de cada cruzamento está ilustrada na linha abaixo do respectivo cruzamento, em ordem de nascimento, da esquerda para a direita.

Indivíduos pertencentes à mesma geração estão numerados sequencialmente da esquerda para a direita para possibilitar sua identificação. Na terceira geração desse heredograma, por exemplo, o indivíduo 2, um homem não afetado, casa com uma prima em primeiro grau, indivíduo 3, também não afetada. Três de seus cinco filhos (indivíduos 7, 8 e 9, na quarta geração) apresentam surdez. Também na terceira geração, o indivíduo 1, irmão do indivíduo 2, também se casa com uma prima em primeiro grau (indivíduo 4, irmã de 3). Dois de seus cinco filhos apresentam surdez. (Adaptada de Z.M. Ahmed et al., *BMC Med. Genet.* 5:24, 2004. Com permissão de BMC Medical Genetics.)

Na situação mais simples, um *cruzamento di-híbrido*, Mendel seguia a herança de duas características ao mesmo tempo: por exemplo, a forma e a coloração da ervilha. No caso da cor da ervilha, já vimos que o amarelo é dominante sobre o verde; para a forma da ervilha, a lisa é dominante sobre a rugosa (ver Figura 19-20). O que aconteceria quando plantas que diferiam em ambas as características estudadas fossem cruzadas? Novamente, Mendel deu início a seus estudos com linhagens parentais puras: a linhagem dominante produzia ervilhas amarelas lisas (seu genótipo era *YYRR*), e a linhagem recessiva produzia ervilhas verdes rugosas (*yyrr*). Uma das possibilidades é que ambas as características, cor e formato das sementes, fossem transmitidas dos parentais para sua prole como se estivessem ligadas em um mesmo bloco. Em outras palavras, as plantas sempre produziriam ou ervilhas amarelas e lisas ou verdes e rugosas. A outra possibilidade é que a cor e a forma da ervilha fossem herdadas de maneira independente, ou seja, em algum momento plantas que produzissem uma nova mistura das características – ervilhas amarelas rugosas ou ervilhas verdes lisas – deveriam surgir.

Todas as plantas da geração F_1 apresentaram o fenótipo esperado: ervilhas amarelas e lisas. No entanto, esse resultado também poderia ocorrer se os alelos parentais estivessem ligados. Quando as plantas F_1 foram submetidas à autofecundação, os resultados ficaram mais claros: os dois alelos para a cor da semente segregaram independentemente dos dois alelos para a forma da semente, produzindo quatro diferentes fenótipos de ervilha: amarela e lisa; amarela e rugosa; verde e lisa; e verde e rugosa (**Figura 19-27**). Mendel testou as sete características que havia selecionado para seus estudos com ervilhas em diferentes combinações de duas a duas e sempre observou uma frequência fenotípica característica de 9:3:3:1

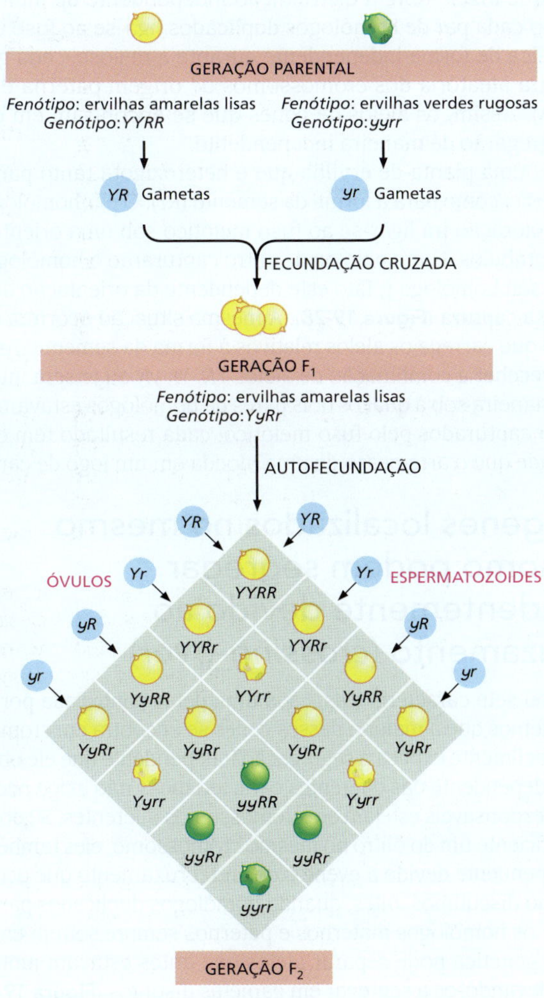

Figura 19-27 Um cruzamento di-híbrido (duas características) demonstra que os alelos podem segregar de forma independente. Os alelos que segregam independentemente são distribuídos nos gametas em todas as combinações possíveis. Assim, é igualmente possível encontrar o alelo *Y* com o alelo *R* ou com o alelo *r* nos gametas; e o mesmo vale para o alelo *y*. Portanto, quatro classes de gametas são produzidas em números aproximadamente iguais: *YR*, *Yr*, *yR* e *yr*. Quando esses gametas combinam-se de modo aleatório para produzir a geração F_2, os fenótipos de ervilha resultantes são amarela e lisa; amarela e rugosa; verde e lisa; e verde e rugosa em uma proporção de 9:3:3:1.

na geração F_2. A segregação independente de cada par de alelos durante a formação dos gametas é a segunda lei de Mendel – a **lei da distribuição independente**.

O comportamento dos cromossomos durante a meiose fundamenta as leis da herança de Mendel

Até o momento, mencionamos alelos e genes como se fossem entidades etéreas, sem matéria. Hoje sabemos que os "fatores" de Mendel – que denominamos genes – são transportados nos cromossomos, os quais são distribuídos durante a formação dos gametas e novamente reunidos, sob novas combinações, nos zigotos, quando ocorre a fecundação. Os cromossomos, portanto, fornecem a base física para as leis de Mendel, e seu comportamento durante a meiose e a fertilização, que discutimos antes, explica perfeitamente essas leis.

Durante a meiose, os homólogos maternos e paternos, e os genes que eles contêm, pareiam e, em seguida, separam-se uns dos outros conforme são distribuídos entre os gametas. Estas cópias cromossômicas maternas e paternas possuirão diferentes variantes, ou alelos, de muitos dos genes que carregam. Considere, por exemplo, uma planta heterozigota para ervilhas amarelas (*Yy*). Durante a meiose, os cromossomos que carregam os alelos *Y* e *y* serão separados, dando origem a dois tipos de gametas haploides, aqueles que conterão o alelo *Y* e aqueles que conterão o alelo *y*. Em uma planta com autofecundação, esses gametas haploides se unirão para produzir os indivíduos diploides da próxima geração – que podem ser *YY*, *Yy* ou *yy*. Em conjunto, os mecanismos meióticos que distribuem os alelos entre os gametas e a combinação dos gametas na fecundação fornecem a base física para a lei da segregação de Mendel.

Mas e o que dizer sobre a distribuição independente de múltiplas características? Como cada par de homólogos duplicados liga-se ao fuso e alinha-se na placa metafásica de forma independente durante a meiose, cada gameta herdará uma mistura aleatória dos cromossomos de origem paterna e materna (ver Figura 19-15A). Assim, os alelos de genes que se encontram em cromossomos diferentes segregarão de maneira independente.

Considere uma planta de ervilha que é heterozigota tanto para a coloração das sementes (*Yy*) como para a forma da semente (*Rr*). O par homólogo carregando os alelos de coloração irá ligar-se ao fuso meiótico sob uma orientação determinada: os microtúbulos de um polo ou de outro capturarão o homólogo que contém o alelo *Y* ou o seu homólogo *y*, fato este dependente da orientação do bivalente no momento dessa captura (**Figura 19-28**). A mesma situação ocorrerá em relação ao par homólogo que carrega os alelos relativos à forma da semente. Assim, o fato do gameta final receber a combinação de alelos *YR*, *Yr*, *yR* ou *yr* será inteiramente dependente da maneira sob a qual os dois pares de homólogos estavam posicionados quando foram capturados pelo fuso meiótico; cada resultado tem o mesmo grau de aleatoriedade que o arremesso de uma moeda em um jogo de cara ou coroa.

Mesmo genes localizados no mesmo cromossomo podem segregar independentemente devido ao entrecruzamento (*crossing-over*)

Mendel estudou sete características, cada uma delas controlada por um gene distinto. Hoje sabemos que a maioria desses genes se encontra em cromossomos diferentes, o que facilmente explica a segregação independente que ele observou. Mas a segregação independente das diferentes características não exige necessariamente que os genes responsáveis estejam em cromossomos diferentes. Se dois genes estão distantes o suficiente um do outro no mesmo cromossomo, eles também segregarão de forma independente devido a eventos de entrecruzamento que ocorrem durante a meiose. Como discutimos antes, quando homólogos duplicados pareiam para gerar bivalentes, os homólogos maternos e paternos sempre sofrem entrecruzamento. Essa troca genética pode separar alelos que antes estavam juntos no mesmo cromossomo, levando-os a segregar em gametas distintos (**Figura 19-29**). Sabemos

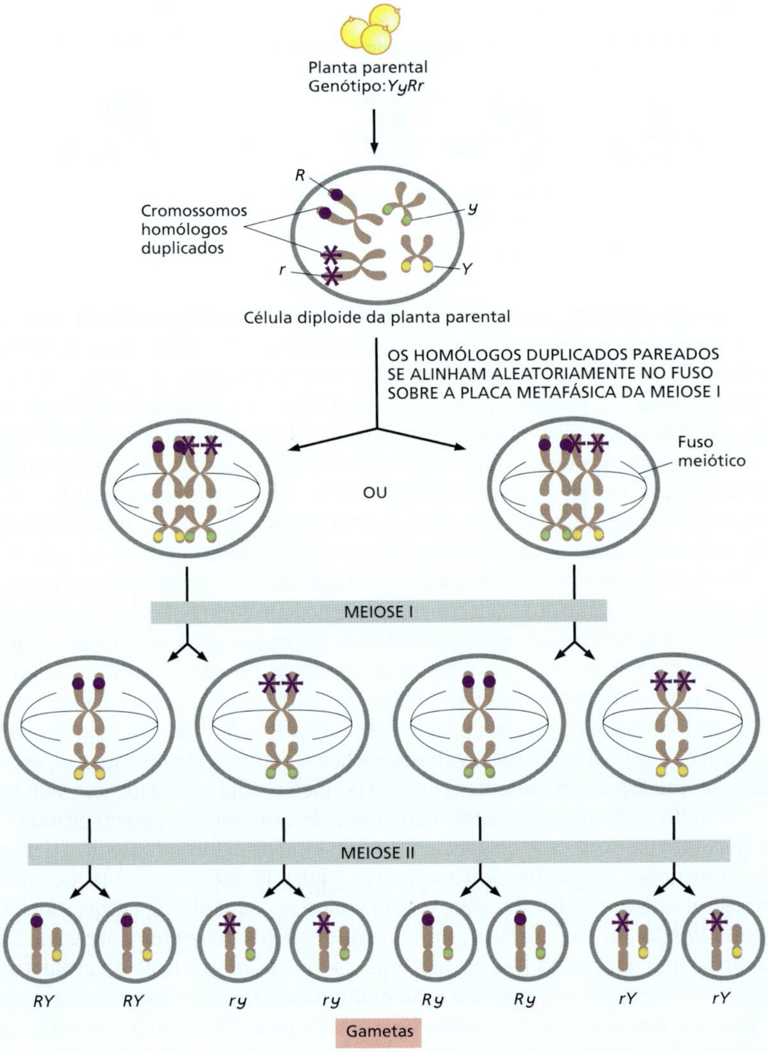

Figura 19-28 A separação dos cromossomos homólogos duplicados durante a meiose explica as leis da segregação e da distribuição independente de Mendel. Aqui ilustramos a distribuição independente de alelos para a cor da semente, amarela (*Y*) e verde (*y*), e para a forma da semente, lisa (*R*) e rugosa (*r*), como um exemplo de como dois genes em diferentes cromossomos segregam independentemente. Embora não estejam ilustradas as trocas, elas não afetariam a distribuição independente dessas características, pois os dois genes se encontram em cromossomos diferentes.

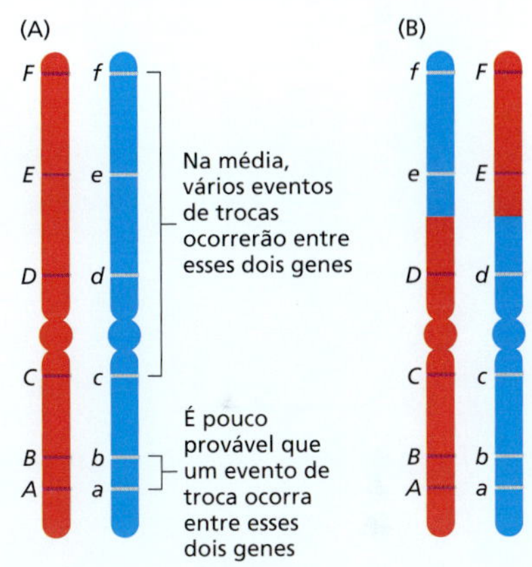

Figura 19-29 Genes que estão suficientemente distantes em um mesmo cromossomo segregarão independentemente. (A) Visto que vários eventos de *crossing-over* ocorrem de modo aleatório sobre cada cromossomo durante a prófase da meiose I, dois genes no mesmo cromossomo obedecerão à lei da distribuição independente de Mendel se estiverem suficientemente distantes um do outro. Assim, por exemplo, há uma alta probabilidade de que trocas ocorram ao longo da região entre *C/c* e *F/f*, ou seja, um gameta portador do alelo *F* estará junto ao alelo *c* ou ao alelo *C* um número equivalente de vezes. Em contraste, os genes *A/a* e *B/b* estão muito próximos e, portanto, existe apenas uma pequena chance de que um entrecruzamento ocorra entre eles: dessa forma, é mais provável que o alelo *A* seja herdado junto com o alelo *B*, e o alelo *a* com o alelo *b*. A partir da frequência de recombinação, é possível estimar a distância entre os genes. (B) Um exemplo de uma troca que separou os alelos *C/c* e *F/f*, mas não os alelos *A/a* e *B/b*.

hoje, por exemplo, que os genes para a forma da ervilha e para a coloração da vagem que Mendel estudou estão localizados no mesmo cromossomo, mas, por estarem suficientemente distantes, eles segregam de forma independente.

Nem todos os genes segregam de maneira independente conforme a segunda lei de Mendel. Se os genes estão posicionados muito próximos um do outro em um cromossomo, eles serão potencialmente herdados em bloco, como uma unidade. Por exemplo, em razão da sua proximidade, os genes humanos associados ao daltonismo e à hemofilia são caracteristicamente herdados em bloco. Por meio da medida de frequência de co-herdabilidade dos genes, os geneticistas podem determinar se dois genes específicos residem no mesmo cromossomo e, caso tal situação ocorra, qual a distância que os separa. Essas medidas de *ligação genética* foram utilizadas para mapear a posição relativa dos genes nos cromossomos de diferentes organismos. Tais **mapas genéticos** foram essenciais para o isolamento e a caracterização de genes mutantes responsáveis por doenças genéticas humanas, como a fibrose cística.

Mutações em genes podem causar a perda ou o ganho de funções

Mutações produzem alterações hereditárias na sequência do DNA. Elas podem ter várias origens (discutidas no Capítulo 6) e podem ser classificadas pelo efeito que têm sobre a função do gene. Mutações que reduzem ou eliminam a atividade de um

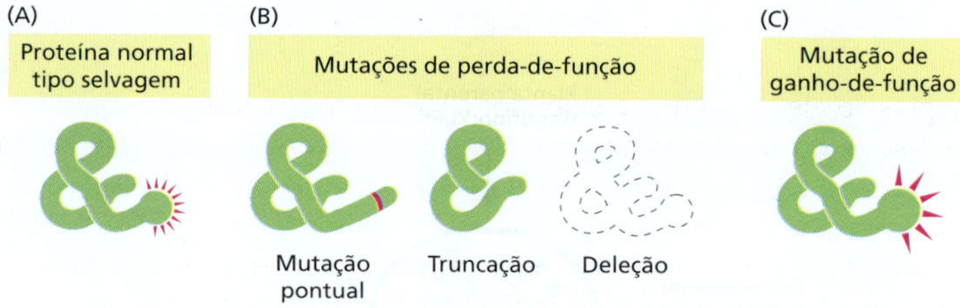

Figura 19-30 Mutações em genes codificadores de proteínas podem afetar o produto proteico de diversas maneiras. (A) Neste exemplo, a proteína normal ou "tipo selvagem" tem uma função específica indicada pelos *raios vermelhos*. (B) Diversas mutações de perda-de-função diminuem ou eliminam tal atividade. (C) Mutações de ganho-de-função aumentam essa atividade, como indicado, ou levam a um aumento na quantidade da proteína normal (não ilustrado).

gene são denominadas **mutações de perda-de-função** (**Figura 19-30**). Um organismo no qual ambos os alelos do gene possuem mutações de perda-de-função em geral exibirá um fenótipo anormal – diferente do fenótipo mais frequente (embora a diferença possa ser, por vezes, sutil e de difícil detecção). Em contraste, o heterozigoto, que possui um alelo mutante e um alelo normal, "tipo selvagem", geralmente terá uma quantidade de produto de gene ativo suficiente para um funcionamento normal e para a manutenção do fenótipo normal. Assim, as mutações de perda-de-função costumam ser recessivas, pois, para a maioria dos genes, uma diminuição da quantidade normal do produto do gene em até 50% apresenta pouco impacto.

No caso das ervilhas de Mendel, o gene que define o formato da semente codifica uma enzima que auxilia a conversão de açúcares em moléculas ramificadas de amido. O alelo tipo selvagem dominante, *R*, produz uma enzima ativa que o alelo mutante recessivo, *r*, não é capaz de produzir. Devido à ausência dessa enzima, as plantas homozigotas para o alelo *r* contêm mais açúcar e menos amido do que as plantas que possuem o alelo dominante *R*, o que lhes dá uma aparência rugosa (ver Figura 19-20). As ervilhas-de-cheiro comercializadas nos supermercados são muitas vezes mutantes rugosas do mesmo tipo estudado por Mendel.

As mutações que aumentam a atividade de um gene ou do seu produto, ou que resultam na expressão do gene em circunstâncias inapropriadas, são denominadas **mutações de ganho-de-função** (ver Figura 19-30). Essas mutações costumam ser dominantes. Por exemplo, como vimos no Capítulo 16, certas mutações no gene *Ras* geram uma forma da proteína que está permanentemente ativa. Considerando que a proteína Ras normal está envolvida no controle da proliferação celular, a proteína mutante leva a uma multiplicação celular inadequada mesmo na ausência dos sinais normalmente necessários para estimular a divisão celular, e desse modo promove o desenvolvimento tumoral. Cerca de 30% de todos os cânceres humanos envolvem mutações dominantes de ganho-de-função no gene *Ras*.

Cada um de nós carrega muitas mutações recessivas potencialmente prejudiciais

Como vimos no Capítulo 9, as mutações fornecem uma fonte de reserva para a atuação da evolução. Elas podem alterar a capacidade de adaptação de um organismo, tornando-o mais ou menos capaz de sobreviver e/ou de deixar descendentes. A seleção natural determina se essas mutações devem ser preservadas: aquelas que conferem uma vantagem seletiva a um organismo tendem a ser perpetuadas, enquanto aquelas que comprometem a adaptabilidade ou a capacidade de procriar de um organismo tendem a ser perdidas.

A grande maioria das mutações ao acaso ou é neutra (não apresenta efeito no fenótipo) ou é deletéria. Uma mutação deletéria dominante, ou seja, que exerce os seus efeitos negativos quando presente mesmo em uma única cópia, será eliminada assim que surgir. Em um caso extremo, se um organismo mutante não é capaz de se reproduzir, a mutação que provoca esta incapacidade será eliminada da população mutante quando o indivíduo morrer. No caso de mutações deletérias recessivas, a situação é um pouco mais complicada. Quando uma mutação deste tipo surge, ela em geral estará presente em uma única cópia. O organismo portador da mutação pode gerar progênie de maneira tão eficiente quanto qualquer outro indivíduo; a maioria da descendência herdará uma única cópia da mutação e também será aparentemente saudável. No entanto, conforme esse indivíduo e seus descendentes começarem a acasalar entre eles, alguns herdarão duas cópias do alelo mutante e exibirão um fenótipo anormal.

Se esses indivíduos homozigotos forem incapazes de se reproduzir, duas cópias do alelo mutante serão eliminadas da população. No final das contas, será atingido um equilíbrio, em que a taxa de aparecimento de novas mutações no gene se iguala à velocidade em que estes alelos mutantes são perdidos por meio de acasalamentos que produzem indivíduos homozigotos mutantes anormais. Como consequência, muitas mutações recessivas prejudiciais estão presentes em indivíduos heterozigotos em uma frequência surpreendentemente alta, embora indivíduos homozigotos para o fenótipo deletério sejam raros. Assim, a forma mais comum de surdez hereditária (devido a mutações em um gene que codifica uma proteína das junções tipo fenda; ver Figura 20-29) ocorre em cerca de um em cada 4.000 nascimentos, mas em torno de um em cada 30 humanos é portador de um alelo mutante de perda-de-função do gene.

QUESTÃO 19-3

Imagine que cada cromossomo sofre apenas um evento de troca em cada cromátide durante cada meiose. Como seriam co-herdadas as características que são determinadas por genes que se encontram em extremidades opostas, em um mesmo cromossomo, em comparação com a co-herança observada para genes situados em dois cromossomos distintos? Compare essa situação com o observado na vida real.

A GENÉTICA COMO FERRAMENTA EXPERIMENTAL

Ao compreendermos como os cromossomos transmitem as informações genéticas de uma geração para a seguinte, não apenas desmistificamos as bases da herança: essa compreensão uniu a ciência da genética a outras ciências da vida, como a biologia celular, a bioquímica, a fisiologia e a medicina. A **genética** nos proporcionou uma poderosa ferramenta para desvendar as funções específicas dos genes e para compreender como variações nesses genes estão na base das diferenças entre uma espécie e outra, ou entre indivíduos dentro de uma mesma espécie. Tal conhecimento também trouxe benefícios práticos, pois a compreensão das bases genéticas e biológicas das doenças pode ajudar a estabelecer melhores diagnósticos, tratamentos e métodos de prevenção.

Nesta seção, descrevemos a *abordagem genética clássica* para a identificação de genes e para a determinação de sua influência no fenótipo de organismos experimentais, como leveduras ou moscas. O processo começa com a geração de um grande número de mutantes e a identificação dos raros indivíduos que apresentam um fenótipo de interesse. Ao analisar esses indivíduos mutantes raros e seus descendentes, podemos rastrear os genes responsáveis pelo fenótipo e descobrir o que esses genes normalmente fazem e como as mutações que alteram a sua atividade afetam a aparência e o comportamento do organismo.

Tecnologias modernas, sobremaneira os novos métodos de sequenciamento e comparação de sequências genômicas, tornaram possível a análise dos genótipos de um grande número de indivíduos, incluindo humanos. Na parte final desta seção, discutimos como a análise de moléculas de DNA coletadas de famílias e populações humanas de todo o mundo está fornecendo pistas sobre nossa história evolutiva e sobre os genes que influenciam a nossa suscetibilidade a doenças.

A abordagem genética clássica teve início com a mutagênese aleatória

Antes do advento da tecnologia de DNA recombinante (apresentada no Capítulo 10), muitos genes eram identificados e caracterizados por meio da observação dos processos interrompidos quando da mutação desses genes. Esse tipo de análise começa com o isolamento de mutantes que apresentam um fenótipo incomum ou de interesse: moscas-da-fruta com olhos brancos ou asas enroladas, ou que sofrem paralisia quando expostas a altas temperaturas, por exemplo. Em seguida, uma análise reversa, partindo do fenótipo anormal, determina a alteração no DNA responsável por esse fenótipo. Esta **abordagem genética clássica**, ou seja, a busca de fenótipos mutantes e o isolamento dos genes responsáveis pelo fenótipo, é mais facilmente exequível em "organismos-modelo" que se reproduzem rapidamente e que são passíveis de manipulação genética, como bactérias, leveduras,

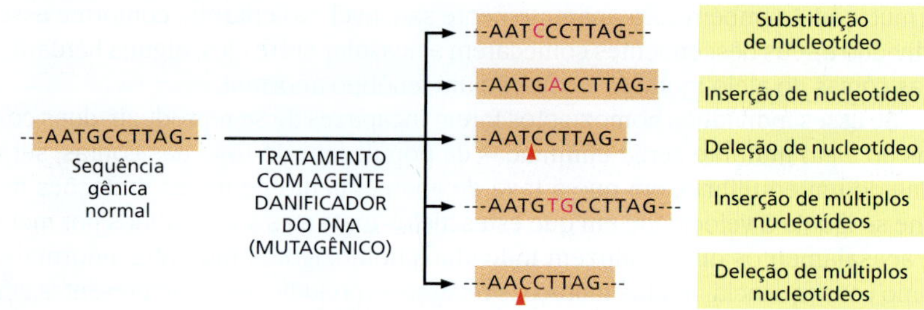

Figura 19-31 Existem diferentes formas de mutações. Diferentes agentes mutagênicos tendem a provocar diferentes tipos de alterações. Alguns tipos de mutação comuns estão ilustrados aqui. Outros exemplos incluem alterações em grandes segmentos de DNA, como deleções, duplicações e rearranjos cromossômicos (não ilustrados).

vermes nematódeos, peixe-zebra e moscas-da-fruta. Uma breve revisão dessa abordagem clássica é apresentada no **Painel 19-1** (p. 669).

Embora possamos encontrar mutantes espontâneos com fenótipos interessantes pela triagem de uma coleção de milhares ou de milhões de organismos naturais, o processo pode ser muito mais eficiente se gerarmos mutações artificialmente com agentes que danificam o DNA, chamados de *agentes mutagênicos*. Agentes mutagênicos distintos induzem diferentes tipos de mutações no DNA (**Figura 19-31**). Nem todas as mutações produzirão uma alteração perceptível no fenótipo. No entanto, se tratarmos um grande número de organismos com agentes mutagênicos, podemos rapidamente gerar coleções de mutantes, aumentando as chances de encontrar um fenótipo interessante, como discutimos a seguir.

Triagens genéticas identificam mutantes deficientes em processos celulares específicos

Uma **triagem genética** em geral envolve a análise de milhares de indivíduos que foram submetidos ao processo de mutagênese para identificar aqueles poucos que apresentam o fenótipo alterado de interesse. Por exemplo, para a identificação de genes envolvidos no metabolismo celular, devemos triar células de bactérias ou leveduras submetidas ao processo de mutagênese, selecionando aquelas que perderam a capacidade de crescer ou proliferar na ausência de um aminoácido específico ou de outro nutriente determinado.

Mesmo genes envolvidos em fenótipos complexos, como o comportamento social, podem ser identificados por triagens genéticas de organismos multicelulares. Por exemplo, cientistas identificaram e isolaram um gene que afeta o comportamento de alimentação em vermes pela triagem de animais que se alimentavam isoladamente, e não em grupos, como os indivíduos do tipo selvagem (**Figura 19-32**).

Avanços em tecnologias modernas tornaram possível a realização de triagens genéticas de amplo espectro, no genoma completo, em coleções (ou bibliotecas) de indivíduos em que quase todos os genes codificadores de proteínas haviam sido individualmente inativados. Além disso, essas bibliotecas mutantes muitas vezes podem ser triadas usando-se procedimentos automatizados. Por exemplo, os investigadores utilizaram interferência de RNA (explicado na Figura 10-34) para

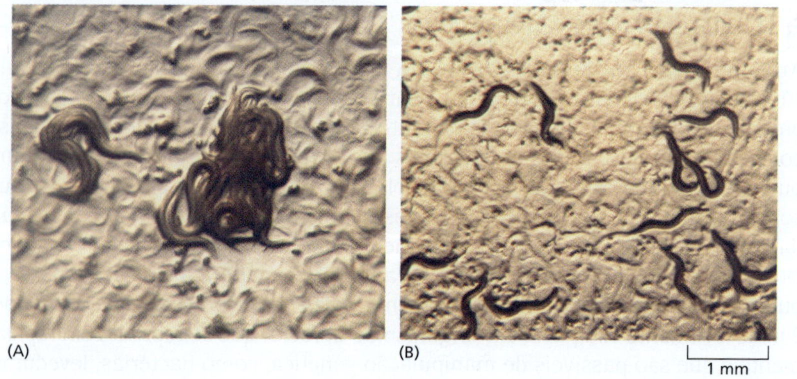

Figura 19-32 Triagens genéticas podem ser usadas para identificar mutações que afetam o comportamento de um animal. (A) *C. elegans* do tipo selvagem engajados em processo de alimentação conjunta. Os nematódeos nadam até encontrar outros animais e só então iniciam o processo de alimentação. (B) Nematódeos mutantes se alimentam isoladamente. (Cortesia de Cornelia Bargmann, capa da *Cell* 94, 1998. Com permissão de Elsevier.)

GENES E FENÓTIPOS

Genes: uma unidade funcional de herança, correspondente a um segmento de DNA que codifica uma proteína ou uma molécula de RNA não codificadora.

Genoma: o conjunto de sequências de DNA do organismo.

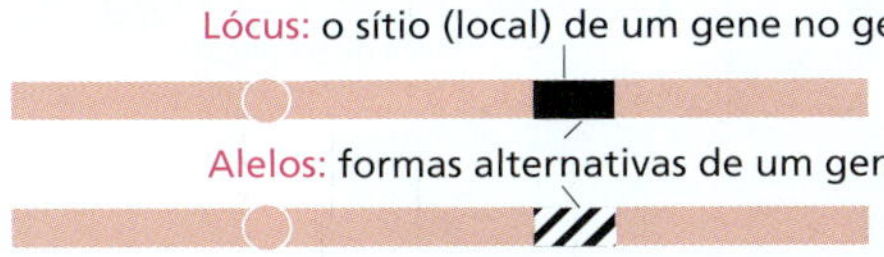

Tipo selvagem: a forma normal, que ocorre naturalmente

Mutante: diferente do tipo selvagem em razão de uma alteração genética (mutação)

GENÓTIPO: o conjunto específico de alelos que forma o genoma de um indivíduo

FENÓTIPO: as características visíveis ou funcionais de um indivíduo

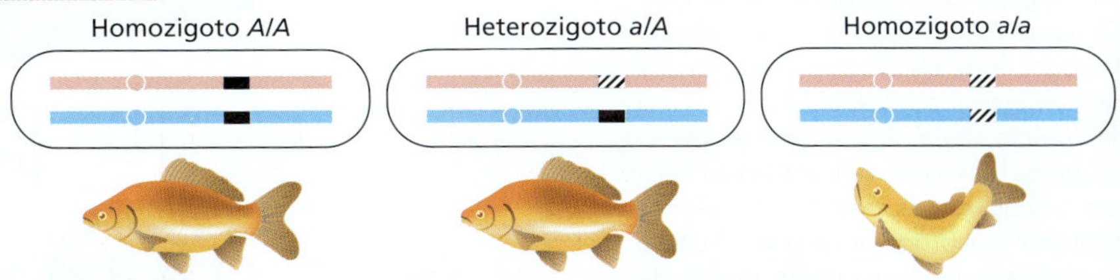

O alelo *A* é dominante (em relação ao alelo *a*); o alelo *a* é recessivo (em relação ao alelo *A*)

No exemplo acima, o fenótipo do heterozigoto é igual ao de um dos homozigotos; nos casos em que o fenótipo do heterozigoto difere de ambos os homozigotos, os dois alelos são denominados codominantes.

MEIOSE E MAPEAMENTO GENÉTICO

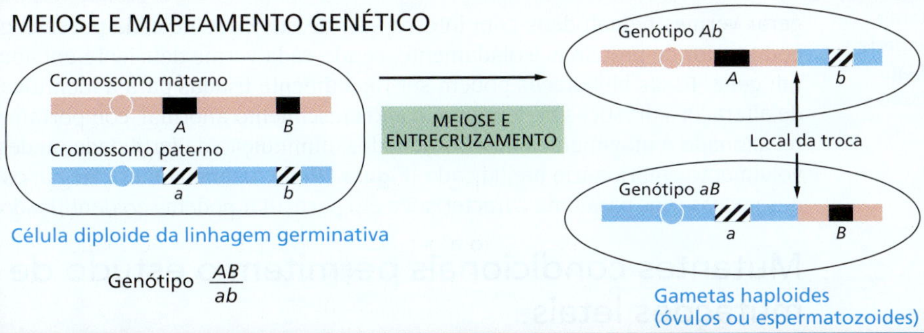

Quanto maior a distância entre dois lócus em um cromossomo, maior é a chance de eles serem separados por um *crossing-over* (entrecruzamento) que ocorra em uma região qualquer entre eles. Se dois genes são dessa forma reorganizados em x% dos gametas, diz-se que eles estão separados em um cromossomo por uma distância de mapeamento genético de x unidades de mapa (ou x centimorgans).

UM OU DOIS GENES?

Dadas duas mutações que produzem o mesmo fenótipo, como podemos determinar se essas mutações se encontram no mesmo gene? Se as mutações são recessivas (como frequentemente é o caso), a resposta pode ser encontrada por meio de um teste de complementação.

No tipo mais simples de teste de complementação, um indivíduo homozigoto para uma mutação é cruzado com um indivíduo homozigoto para a outra mutação. O fenótipo da prole pode esponder à nossa questão.

COMPLEMENTAÇÃO:
MUTAÇÕES EM DOIS GENES DIFERENTES

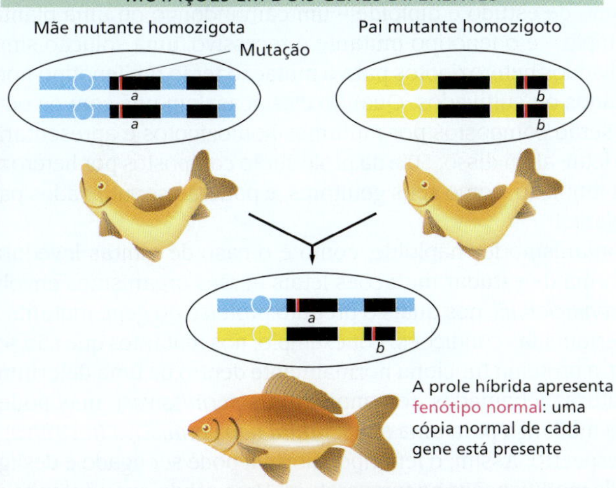

A prole híbrida apresenta fenótipo normal: uma cópia normal de cada gene está presente

AUSÊNCIA DE COMPLEMENTAÇÃO:
DUAS MUTAÇÕES INDEPENDENTES NO MESMO GENE

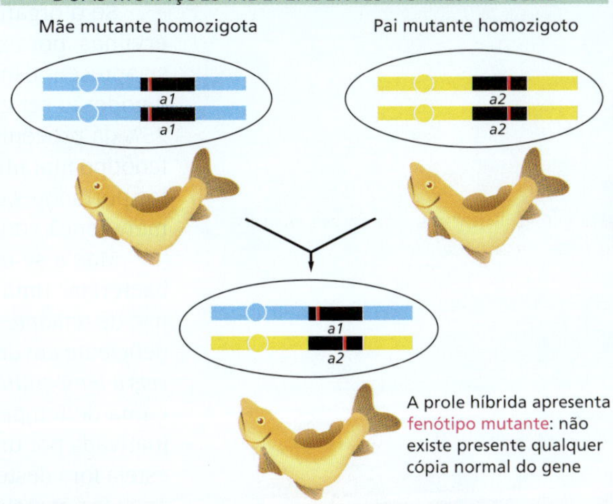

A prole híbrida apresenta fenótipo mutante: não existe presente qualquer cópia normal do gene

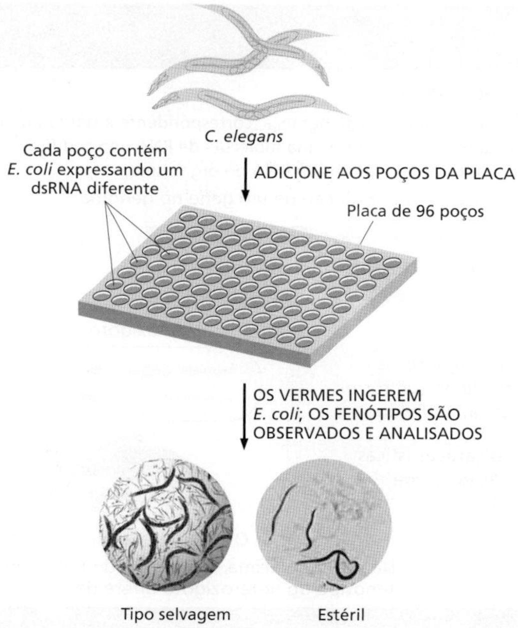

Figura 19-33 A interferência de RNA fornece um método conveniente para a realização de triagens genéticas de amplo espectro do genoma. Neste experimento, cada poço de uma placa de 96 poços foi preenchido com *E. coli* que produzem um RNA de interferência de fita dupla (ds) diferente. As *E. coli* são a dieta-padrão para *C. elegans* criados em laboratório. Cada RNA de interferência pareia com a sequência de nucleotídeos de um único gene de *C. elegans*, inativando-o. Cerca de 10 vermes são adicionados a cada poço, onde eles ingerem as bactérias geneticamente modificadas. A placa é incubada durante vários dias, o que dá tempo para que os RNAs inativem seus genes-alvo e para que os vermes cresçam, acasalem e produzam sua progênie. A placa é então examinada em um microscópio, que pode ser controlado roboticamente, para a triagem de genes que afetam a capacidade dos vermes para sobreviver, reproduzir-se, desenvolver-se, ou outros fatores comportamentais. Na figura estão ilustrados vermes do tipo selvagem ao lado de um mutante que mostra uma diminuição da capacidade de reprodução. (De B. Lehner et al., *Nat. Genet.* 38:896–903, 2006. Com permissão de Macmillan Publishers Ltd.)

gerar vermes nematódeos com interrupção de atividade de cada possível gene codificador de proteínas isoladamente, sendo cada verme deficiente em apenas um gene. Essas bibliotecas podem ser rapidamente triadas para a identificação de alterações drásticas no fenótipo, como crescimento anormal, comportamento relacionado a movimentos descoordenados, diminuição da fertilidade ou desenvolvimento embrionário prejudicado (**Figura 19-33**). Usando tal estratégia, os genes necessários para uma característica em particular podem ser identificados.

Mutantes condicionais permitem o estudo de mutações letais

As triagens genéticas representam uma poderosa abordagem para o isolamento e a caracterização de mutações compatíveis com a vida – aquelas que alteram a aparência ou o comportamento de um organismo sem o matar. Um problema surge, no entanto, se quisermos estudar genes essenciais, absolutamente necessários para os processos celulares fundamentais, como a síntese de RNA ou a divisão celular. Defeitos nesses genes costumam ser letais, ou seja, são necessárias estratégias especiais para isolar e propagar tais mutantes: se os mutantes não podem ser acasalados, não é possível estudar os seus genes.

Se o organismo de estudo é diploide – um camundongo ou uma planta de ervilhas, por exemplo – e o fenótipo mutante é recessivo, uma solução simples se apresenta. Indivíduos heterozigotos para a mutação terão um fenótipo normal e poderão ser criados ou cultivados. Quando eles acasalam uns com os outros, 25% da progênie serão compostos por mutantes homozigotos e apresentarão o fenótipo mutante letal; além disso, 50% da prole serão compostos por heterozigotos portadores da mutação, como seus genitores, e poderão ser utilizados para a manutenção do plantel.

Mas e se o organismo for haploide, como é o caso de muitas leveduras e bactérias? Uma forma de estudar mutações letais nesses organismos envolve o uso de *mutantes condicionais*, nos quais o produto proteico do gene mutante só é deficiente em determinadas condições. Por exemplo, nos mutantes que são *sensíveis à temperatura*, a proteína funciona normalmente dentro de uma determinada gama de temperaturas (chamadas de temperaturas *permissivas*), mas pode ser inativada por uma mudança para uma *temperatura não permissiva* (*restritiva*) que esteja fora deste espectro. Assim, o fenótipo anormal pode ser ligado e desligado apenas por meio de modificações na temperatura. Uma célula que contenha uma

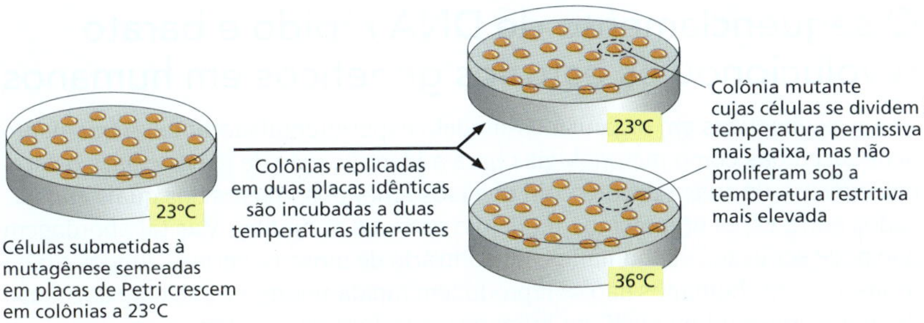

Figura 19-34 Mutantes sensíveis à temperatura são úteis para a identificação de genes e proteínas envolvidos em processos essenciais para a célula. Neste exemplo, células de levedura foram tratadas com um agente mutagênico, plaqueadas sobre uma placa de cultura a uma temperatura relativamente baixa e cultivadas para proliferarem, formando colônias. As colônias foram então transferidas para duas placas de Petri idênticas pelo uso da técnica denominada réplica em placas (*replica plating*). Uma dessas placas foi incubada à temperatura mais baixa e a outra foi incubada a uma temperatura mais alta. As células que contêm uma mutação sensível à temperatura em um gene essencial para a proliferação podem ser facilmente identificadas, pois sofrem divisão sob temperatura permissiva, mas não à temperatura mais alta, restritiva.

mutação sensível à temperatura em um gene essencial pode ser propagada à temperatura permissiva e, em seguida, induzida a expressar seu fenótipo mutante por uma alteração para uma temperatura restritiva (**Figura 19-34**).

Diferentes bactérias mutantes sensíveis à temperatura foram isoladas para identificar os genes que codificam as proteínas bacterianas necessárias para a replicação do DNA; os investigadores trataram grandes populações de bactérias com agentes mutagênicos e depois triaram as células, selecionando aquelas que haviam parado de sintetizar DNA quando aquecidas de 30°C a 42°C. Do mesmo modo, mutantes de levedura sensíveis à temperatura foram usados para identificar várias proteínas envolvidas na regulação do ciclo celular (ver Como Sabemos, p. 30-31) e no transporte de proteínas ao longo da via secretória (ver Figura 15-28).

Um teste de complementação revela se duas mutações estão no mesmo gene

Uma triagem genética em larga escala pode revelar muitos organismos mutantes com o mesmo fenótipo. Estas mutações podem afetar o mesmo gene ou podem afetar diferentes genes que atuam em um mesmo processo. Como poderemos distinguir entre essas duas possibilidades? Se as mutações são recessivas e levam a uma perda de função, um **teste de complementação** pode revelar se elas afetam o mesmo ou diferentes genes.

No tipo mais simples de teste de complementação, um indivíduo homozigoto para uma mutação recessiva é acasalado com um indivíduo homozigoto para a outra mutação. Se as duas mutações afetam o mesmo gene, a prole desse cruzamento apresentará o fenótipo mutante, pois carregará apenas cópias defeituosas do gene em questão. Se, ao contrário, as mutações afetam genes diferentes, a prole resultante apresentará o fenótipo do tipo selvagem, normal, pois ela possuirá uma cópia normal (e uma cópia mutante) de cada gene (ver Painel 19-1, p. 669).

Sempre que o fenótipo normal é restaurado neste tipo de teste, os alelos herdados dos dois genitores são chamados de complementares um ao outro (**Figura 19-35**). Por exemplo, os testes de complementação de mutantes identificados durante triagens genéticas revelaram que são necessários cinco genes para que as células de levedura sejam capazes de digerir o açúcar galactose, que 20 genes são necessários para a *E. coli* construir um flagelo funcional, e que muitas centenas de genes são essenciais para o desenvolvimento normal de um verme nematódeo adulto a partir de um óvulo fertilizado.

Figura 19-35 Um teste de complementação pode revelar que mutações em dois genes diferentes são responsáveis pelo mesmo fenótipo anormal. Quando um pássaro albino (branco) de uma linhagem foi acasalado com um pássaro albino de uma linhagem diferente, a prole resultante apresentou coloração normal. Esta restauração da plumagem de tipo selvagem implica que as duas linhagens brancas apresentam ausência de coloração devido a mutações recessivas em genes diferentes. (De W. Bateson, *Mendel's Principles of Heredity*, 1st ed. Cambridge, UK: Cambridge University Press, 1913. Com permissão de Cambridge University Press.)

O sequenciamento de DNA rápido e barato revolucionou os estudos genéticos em humanos

Triagens genéticas em organismos-modelo experimentais foram extremamente bem-sucedidas como metodologias para a identificação de genes e para o estabelecimento de suas relações com diversos fenótipos, muitos dos quais conservados entre esses organismos-modelo e os seres humanos. Mas tal abordagem não pode ser usada em humanos. Ao contrário de moscas, vermes, fungos e bactérias, os seres humanos não se reproduzem rapidamente, e é evidente que o uso de mutagênese intencional em humanos está fora de questão. Além disso, um indivíduo com um defeito grave em um processo essencial como a replicação do DNA iria morrer muito antes do nascimento, ou seja, antes de podermos avaliar o fenótipo.

No entanto, os humanos são um grupo atraente para estudos genéticos. Em função do imenso tamanho da população humana, mutações espontâneas não letais surgiram muitas vezes em todos os genes humanos. Uma proporção substancial dessas mutações permanece nos genomas dos humanos atuais. As mutações mais deletérias são descobertas quando os indivíduos mutantes procuram auxílio médico, um comportamento exclusivamente humano.

Com os recentes avanços que permitiram o sequenciamento de genomas humanos inteiros de forma rápida e pouco dispendiosa, podemos agora identificar essas mutações e estudar sua evolução e herança com abordagens que eram impossíveis até poucos anos atrás. Ao comparar as sequências de milhares de genomas humanos de diferentes partes do mundo, podemos agora identificar diretamente as diferenças de DNA que distinguem um indivíduo do outro. Tais diferenças nos dão pistas sobre nossas origens evolutivas e podem ser usadas para explorar as raízes das doenças.

Blocos ligados de polimorfismos foram transmitidos adiante pelos nossos ancestrais

Quando comparamos as sequências de múltiplos genomas humanos, descobrimos que dois indivíduos quaisquer diferem em cerca de 1 a cada 1.000 pares de nucleotídeos. A maioria dessas variações é comum e relativamente inofensiva. Quando duas sequências variantes coexistem na população e ambas são comuns, essas variantes são denominadas **polimorfismos**. Muitos dos polimorfismos resultam da substituição de um único nucleotídeo, sendo chamados de **polimorfismos de nucleotídeo único**, ou **SNPs** (**Figura 19-36**). Os demais polimorfismos são, em grande parte, devidos a inserções ou deleções, e são chamados de *indels* quando a alteração é pequena, ou *variantes do número de cópias* (*CNVs*) quando ela é grande.

Embora essas variantes comuns possam ser encontradas ao longo de todo o genoma, elas não estão aleatoriamente, ou independentemente, distribuídas. Na verdade, elas tendem a se organizar em grupos denominados **blocos de haplótipos**, combinações de polimorfismos ou outros marcadores de DNA que são herdados como uma unidade.

QUESTÃO 19-4

Quando dois indivíduos de diferentes subpopulações endocruzadas e isoladas de uma determinada espécie são cruzados, sua progênie geralmente apresenta o chamado "vigor híbrido": ou seja, a prole se apresenta mais robusta, saudável e fértil do que qualquer um dos genitores. Você pode sugerir uma possível explicação para este fenômeno?

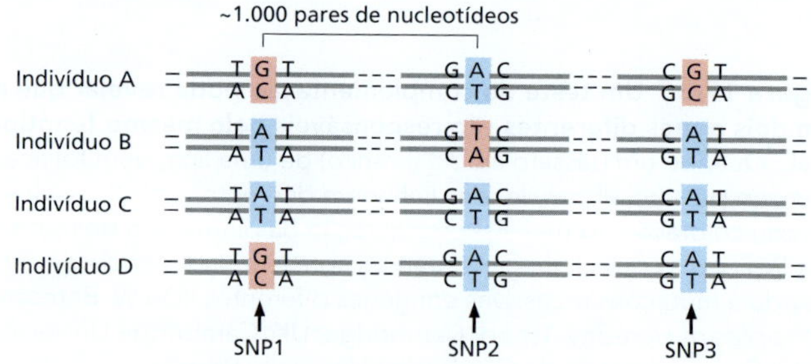

Figura 19-36 Polimorfismos de nucleotídeo único (SNPs) são locais no genoma onde dois ou mais nucleotídeos variantes alternativos são comuns na população. A maior parte desse tipo de variação no genoma humano se localiza em regiões cuja alteração não afeta significativamente a função de um gene.

Para entender por que existem tais blocos de haplótipos, precisamos considerar nossa história evolutiva. Acredita-se que os humanos modernos evoluíram a partir de uma população relativamente pequena, possivelmente de cerca de 10.000 indivíduos, que existia na África em torno de 60.000 anos atrás. Entre esse pequeno grupo de nossos ancestrais, algumas pessoas possuíam um determinado conjunto de variantes genéticas, enquanto outras possuíam conjuntos distintos. Os cromossomos de um ser humano atual apresentam uma combinação embaralhada de segmentos de cromossomos de diferentes membros desse pequeno grupo ancestral. Visto que apenas cerca de duas mil gerações nos separam desses antepassados, houve a manutenção de grandes segmentos de tais cromossomos ancestrais, que passaram dos genitores para a prole, sem que os eventos de trocas que ocorrem durante a meiose tenham sido capazes de separá-los. (Lembre-se, apenas poucos eventos de trocas ocorrem entre cada par de cromossomos homólogos [ver Figura 19-12]).

Consequentemente, certas sequências de DNA – e os polimorfismos a elas associados – foram herdadas em grupos ligados, apresentando pouco rearranjo genético entre as gerações. Estes são os blocos de haplótipos. Assim como os genes, que existem em diferentes formas alélicas, os blocos de haplótipos também ocorrem sob um número limitado de variantes comuns na população humana, cada uma representando uma combinação de polimorfismos de DNA transmitidos a partir de um antepassado distante, em particular.

Nossas sequências genômicas fornecem pistas de nossa história evolutiva

Um exame detalhado dos blocos de haplótipos fornece informações intrigantes sobre a história das populações humanas. Novos alelos de genes são continuamente gerados por mutação; muitas destas variantes serão neutras, na medida em que não afetam o sucesso reprodutivo do indivíduo. Tais variantes têm a chance de se tornar comuns na população. Quanto maior o tempo transcorrido desde a origem de um alelo relativamente comum, como um SNP, menor será o bloco de haplótipos existente em torno dele: ao longo de muitas gerações, terão existido muitas chances para que eventos de trocas tenham separado um alelo antigo dos demais polimorfismos adjacentes. Assim, pela comparação do tamanho dos blocos de haplótipos de diferentes populações humanas, é possível estimar quantas gerações transcorreram desde a origem de uma mutação neutra específica. Combinando essas comparações genéticas com achados arqueológicos, os cientistas traçaram nossa história, partindo de um pequeno conjunto de ancestrais, e deduziram as mais prováveis rotas utilizadas por nossos antepassados quando eles deixaram a África (**Figura 19-37**).

Estudos mais recentes, comparando as sequências genômicas de seres humanos atuais com as sequências de Neanderthais e de outro grupo relacionado extinto, do sul da Sibéria, sugerem que a nossa saída da África foi um pouco mais complicada. Entre os humanos atuais, alguns compartilham uma pequena porcentagem de sequências de nucleotídeos com esses humanos arcaicos, suge-

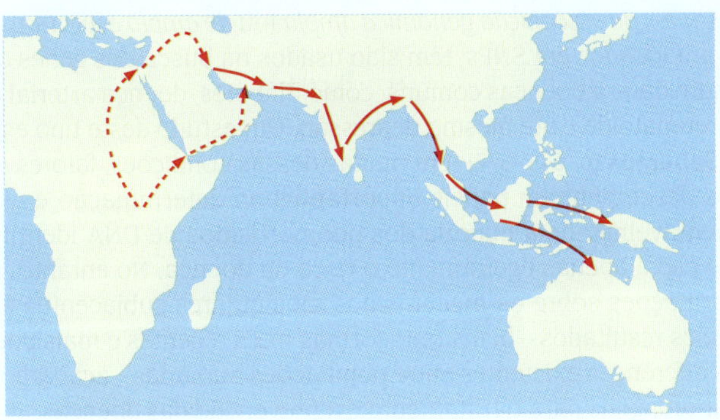

Figura 19-37 As populações humanas que atualmente se encontram dispersas pelo mundo se originaram na África há cerca de 60.000 a 80.000 anos. O mapa ilustra as rotas das primeiras migrações humanas bem-sucedidas. As linhas pontilhadas indicam duas rotas alternativas de saída da África que os nossos antepassados parecem ter utilizado. Estudos sobre o tamanho dos blocos de haplótipos sugerem que os europeus modernos são descendentes de uma população ancestral pequena que existiu há 30.000 a 50.000 anos. Blocos de haplótipos na população da Nigéria são significativamente menores, indicando que a população nigeriana se estabeleceu antes da europeia. Esses dados estão em concordância com dados arqueológicos que sugerem que os ancestrais dos atuais nativos australianos (*setas vermelhas sólidas*) – e as populações atuais da Europa e do Oriente Médio (rotas migratórias não ilustradas) – estabeleceram-se há cerca de 45.000 anos. (Modificada de P. Forster e S. Matsumura, *Science* 308:965–966, 2005. Com permissão de AAAS.)

rindo que alguns de nossos ancestrais acasalaram com os seus vizinhos durante sua caminhada pelo planeta.

Análises genômicas também podem ser usadas para estimar quando e onde os humanos adquiriram mutações que conferiram uma vantagem evolutiva específica, como a resistência a uma dada infecção. Tais mutações favoráveis acumularão rapidamente na população, pois os indivíduos que as carregam terão mais chances de sobreviver a uma epidemia e passar a mutação a seus descendentes. Uma análise de haplótipos pode ser usada para "datar" o aparecimento desse tipo de mutação favorável. Se ela surgiu há relativamente pouco tempo na população, terão ocorrido menos oportunidades para que processos de recombinação tenham separado as sequências do DNA em seu entorno, de modo que o bloco de haplótipos circundante será grande.

Essa situação é vista em dois alelos que conferem resistência à malária. Tais alelos são comuns na África, onde a malária é frequente. Eles estão inseridos em blocos de haplótipos anormalmente grandes, sugerindo um surgimento recente no conjunto gênico africano: um deles provavelmente há cerca de 2.500 anos e o outro há cerca de 6.500 anos. Assim, a análise de genomas humanos modernos pode identificar eventos importantes na história humana antiga, incluindo a exposição inicial a infecções específicas.

Polimorfismos podem auxiliar a busca por mutações associadas a doenças

O estudo de polimorfismos também pode ter relevância prática para a saúde humana. CNVs, indels e SNPs podem ser utilizados como marcadores para a construção de mapas genéticos humanos ou para o direcionamento de buscas de mutações que predispõem os indivíduos a uma doença específica. Mutações que dão origem, repetidamente, a anormalidades raras, mas claramente definidas, como o albinismo ou a surdez congênita, podem muitas vezes ser identificadas pelo estudo de famílias afetadas. Doenças devidas a um único gene, ou monogênicas, com frequência são referidas como doenças *mendelianas*, pois o seu padrão de herança é tão fácil de seguir quanto os padrões das ervilhas rugosas ou das flores púrpura que foram estudados por Mendel. No entanto, no caso de várias doenças comuns, as raízes genéticas são mais complexas. Em vez de um único alelo de um único gene, essas doenças são o resultado da combinação de pequenas contribuições de múltiplos genes. Para essas condições *multigênicas*, como é o caso do diabetes ou da artrite, estudos populacionais são muitas vezes usados para rastrear genes que aumentam o risco de contrair a doença.

Em estudos populacionais, os investigadores coletam amostras de DNA de um grande número de pessoas que têm a doença e as comparam com amostras de um grupo de pessoas que não apresentam a doença. Eles buscam variantes – SNPs, por exemplo – que sejam mais comuns entre as pessoas que têm a doença. Visto que sequências de DNA adjacentes no cromossomo são herdadas em conjunto, a presença de tais SNPs pode indicar que um alelo que aumenta o risco para a doença está próximo (**Figura 19-38**). Embora, em princípio, a doença possa ser causada pelo próprio SNP estudado, é muito mais provável que o responsável seja uma alteração simplesmente relacionada a esse SNP.

Tais *estudos de associação genômica ampla* (ou *de amplo espectro*), que a princípio estavam focados em SNPs, têm sido usados na busca dos genes que predispõem os indivíduos a doenças comuns, como diabetes, doença arterial coronariana, artrite reumatoide e até mesmo depressão. Um estudo deste tipo está descrito em **Como Sabemos** (p. 676-677). Em muitas dessas condições, fatores ambientais e genéticos desempenham papéis importantes na determinação da suscetibilidade. Lamentavelmente, a maioria dos polimorfismos de DNA identificados até o momento eleva apenas ligeiramente o risco da doença. No entanto, ao promoverem informações sobre os mecanismos moleculares subjacentes às doenças comuns, esses resultados – bem como formas mais recentes e mais poderosas de analisar as diferenças existentes entre populações humanas – acabarão levando a melhores abordagens para o tratamento e a prevenção das doenças.

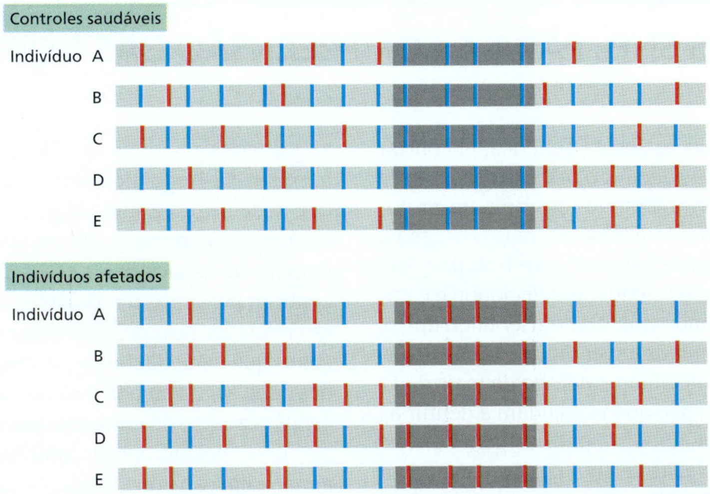

Figura 19-38 Os genes que afetam o risco de desenvolvimento de uma doença comum podem muitas vezes ser rastreados por sua ligação a SNPs. No exemplo, o padrão de SNPs foi comparado entre dois grupos de indivíduos, um grupo de controles saudáveis e um grupo de indivíduos afetados por uma determinada doença comum. Um segmento de um cromossomo típico está ilustrado. Para a maioria dos sítios polimórficos neste segmento, o acaso determina a presença de uma (barras verticais *vermelhas*) ou outra (barras verticais *azuis*) das variantes do SNP; e a mesma aleatoriedade é vista tanto para o grupo de controle quanto para os indivíduos afetados. No entanto, na porção do cromossomo que está sombreada em *cinza-escuro*, há uma tendência: a maioria dos indivíduos normais possui a variante *azul* dos SNPs e a maioria dos indivíduos afetados possui as variantes *vermelhas* dos SNPs. Essa situação sugere que a região contém, ou está muito próxima a, um gene que está geneticamente ligado a essas variantes vermelhas dos SNPs e que predispõe à doença. Tal abordagem, com a utilização de controles cuidadosamente selecionados e de milhares de indivíduos afetados, pode ajudar a rastrear genes relacionados à doença, mesmo quando eles conferem apenas um pequeno aumento ao risco de desenvolvimento da condição estudada.

A genômica está acelerando a descoberta de mutações raras que nos predispõem a doenças graves

As variantes genéticas que nos permitiram acompanhar as migrações de nossos antepassados e identificar alguns dos genes que aumentam o risco de desenvolvimento de doenças são bastante comuns. Elas surgiram há muito tempo, em nosso passado evolutivo, e ainda estão presentes, de uma forma ou de outra, em uma parcela substancial (1% ou mais) da população. Acredita-se que tais polimorfismos respondam por cerca de 90% das diferenças entre o genoma de dois indivíduos quaisquer. Mas quando tentamos ligar essas variantes comuns a diferenças na suscetibilidade a doenças ou a outras características hereditárias, como a altura, descobrimos que elas não apresentam tanto poder preditivo como havíamos imaginado: assim, por exemplo, a maioria confere aumentos relativamente pequenos – menos de duas vezes – no risco de desenvolvimento de uma doença comum.

Em oposição aos polimorfismos, variantes raras de DNA (muito menos frequentes do que os SNPs) podem ter grandes efeitos sobre o risco de desenvolvimento de algumas doenças comuns. Por exemplo, várias mutações diferentes de perda-de-função, cada uma delas individualmente rara, foram descritas como fortemente responsáveis pela predisposição para esquizofrenia e autismo. Muitas delas são mutações *de novo*, que surgiram de maneira espontânea nas células germinativas de um dos progenitores. O fato de que essas mutações surgem espontaneamente e com certa frequência pode ajudar a explicar a permanência desses distúrbios comuns entre nós – cada um deles observado em cerca de 1% na população – mesmo considerando que os indivíduos afetados deixam poucos ou nenhum descendente. Essas mutações raras, que podem surgir em um de centenas de genes diferentes, podem aumentar significativamente o risco de autismo e esquizofrenia, e poderiam explicar grande parte da sua variabilidade clínica. Visto que a seleção natural as mantém como raras, a maioria dessas variantes, com um grande efeito sobre o risco, não seria identificada por estudos de associação genômica ampla.

QUESTÃO 19-5

Em uma recente análise automatizada, milhares de SNPs localizados ao longo do genoma foram analisados em conjuntos de amostras de DNA humano, os quais haviam sido separados em grupos de acordo com a idade. Para a maioria desses sítios, não houve alteração na frequência relativa das diferentes variantes em relação ao aumento de idade. Às vezes, embora raramente, a frequência de uma variante particular em uma posição diminuía progressivamente para pessoas com mais de 50 anos de idade. Qual das possíveis explicações a seguir lhe parece mais plausível?

A. O nucleotídeo identificado pelo SNP nessa posição é instável e muta ao longo do envelhecimento.
B. As pessoas nascidas há mais de 50 anos pertencem a uma população com tendência à perda dessa variante do SNP.
C. A variante desse SNP altera um importante produto gênico de tal forma que ocorre redução da expectativa de vida em humanos, ou ela se encontra ligada a um alelo adjacente que possui esse mesmo efeito.

O USO DOS SNPs PARA A COMPREENSÃO DAS DOENÇAS HUMANAS

Para as doenças que têm suas raízes na genética, encontrar o gene ou genes responsáveis pode ser o primeiro passo para um melhor diagnóstico e tratamento, e mesmo para protocolos de prevenção. A tarefa não é simples, mas o acesso a polimorfismos como SNPs pode auxiliar este trabalho. Em 1999, um grupo internacional de cientistas selecionou e catalogou 300.000 SNPs – os polimorfismos de nucleotídeo único, comuns entre a população humana (ver Figura 19-36). Hoje, o banco de dados cresceu e inclui um catálogo de mais de 17 milhões de SNPs. Esses SNPs não apenas ajudam a definir as diferenças entre um indivíduo e outro; para os geneticistas, eles também servem como placas de sinalização que podem indicar e apontar o caminho rumo aos genes envolvidos em doenças humanas comuns, como diabetes, obesidade, asma, artrite e até mesmo situações como o desenvolvimento de cálculos biliares e a síndrome das pernas inquietas.

Construindo um mapa

Uma forma pela qual os SNPs têm facilitado a busca de alelos que predispõem a doenças envolve seu uso como marcadores físicos necessários para a construção de mapas genéticos de ligação detalhados. Um mapa genético de ligação indica as posições relativas de diferentes genes. Esses mapas se baseiam na frequência de co-herança de dois alelos – algo que pode ser determinado pela observação da frequência de ocorrência conjunta, em um indivíduo, das características fenotípicas associadas a esses dois alelos. Genes que se encontram próximos um do outro, no mesmo cromossomo, serão herdados em conjunto com muito mais frequência do que genes que estão distantes. A distância relativa entre dois genes pode ser calculada pela frequência de separação dos dois genes por meio de entrecruzamentos (ver Painel 19-1, p. 669).

Esse mesmo tipo de análise pode ser usado para determinar a ligação entre um SNP e um alelo. Basta simplesmente observar a co-herança do SNP com um determinado fenótipo, como uma doença hereditária, por exemplo. Se tal ligação for encontrada, isso indica que a mutação responsável pelo fenótipo é o próprio SNP ou, mais provavelmente, que ela se encontra perto desse SNP (**Figura 19-39**). E tendo em vista que conhecemos a localização exata na sequência do genoma humano de cada SNP que examinamos, a ligação nos indica em que vizinhança a mutação causal reside especificamente. Uma análise mais detalhada do DNA nessa região, em busca de deleções, inserções ou outras anormalidades funcional-

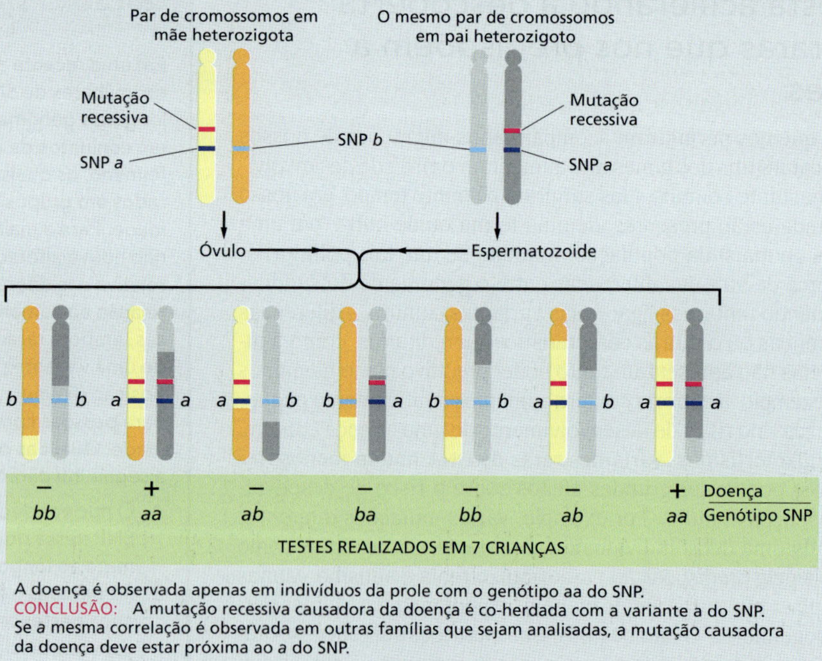

Figura 19-39 A análise de SNPs pode propiciar a identificação da posição de uma mutação que causa uma doença genética. Nesta abordagem, estudou-se a herança conjunta de um fenótipo humano específico (no caso, uma doença genética) e um grupo determinado de SNPs. A figura ilustra a lógica utilizada em um caso comum de uma família em que ambos os genitores são portadores de uma mutação recessiva. Se os indivíduos com a doença, e apenas esses indivíduos, forem homozigotos para um determinado SNP, é provável que o SNP e a mutação recessiva que provoca a doença estejam próximos no mesmo cromossomo, como ilustrado. Para provar que uma ligação aparente é estatisticamente significativa, um grupo relativamente grande de indivíduos dessas famílias deverá ser examinado. Pela análise de mais indivíduos e pelo uso de mais SNPs, será possível localizar a mutação com exatidão. Hoje, o sequenciamento de genoma completo para encontrar a mutação pode ser tão rápido e barato quanto esta metodologia.

mente importantes na sequência do DNA de indivíduos afetados, poderá então levar à identificação precisa do gene crítico.

Esse tipo de análise de ligação costuma ser realizado em famílias que apresentam uma grande tendência ao desenvolvimento de uma determinada doença – quanto maior a família, melhor. O método funciona ainda melhor quando existe uma relação simples de causa e efeito, do tipo em que um gene mutante em particular causa, de forma direta e confiável, o transtorno, como é o caso, por exemplo, do gene mutante que provoca a fibrose cística. Mas a maioria das doenças comuns não é assim. Em geral, muitos fatores afetam o risco da doença, alguns genéticos, alguns ambientais e alguns apenas resultantes do acaso. Nestas condições, uma abordagem diferente é necessária para a identificação dos genes de risco.

Estabelecendo associações

Os *estudos de associação genômica ampla* (*genome-wide association studies*) nos permitem descobrir variantes genéticas comuns que afetam o risco de doenças comuns, mesmo que cada variante altere apenas ligeiramente a suscetibilidade. Visto que as mutações que eliminam a atividade de um gene essencial possuem provavelmente um efeito devastador na capacidade de adaptação de um indivíduo mutante, elas tendem a ser eliminadas da população pela seleção natural e são observadas apenas raras vezes. As variantes genéticas que alteram apenas levemente a função de um gene, por outro lado, são muito mais comuns. Ao rastrear essas variantes comuns, ou polimorfismos, podemos trazer à tona alguns dos genes que contribuem para a biologia das doenças comuns.

Os estudos de associação genômica ampla utilizam marcadores genéticos, como SNPs, que estão distribuídos por todo o genoma para comparar diretamente as sequências de DNA de duas populações: indivíduos que têm uma determinada doença *versus* aqueles que não têm essa doença. A abordagem identifica SNPs que estão mais presentes nas pessoas que têm a doença do que seria esperado ao acaso.

Consideremos o caso da *degeneração macular relacionada à idade* (*DMRI*), uma doença degenerativa da retina que é a principal causa de cegueira nos idosos. Com o intuito de identificar variações genéticas associadas à DMRI, pesquisadores analisaram um painel de cerca de 100.000 SNPs distribuídos pelo genoma. Eles determinaram a sequência de nucleotídeos de cada um desses SNPs em 96 indivíduos com DMRI e em 50 indivíduos que não a tinham. Entre os 100.000 SNPs, eles descobriram que um SNP em particular estava presente em uma frequência significativamente superior nos indivíduos que tinham a doença (**Figura 19-40**).

O SNP estava localizado em um gene denominado *Cfh* (*fator H do complemento*). Porém, o SNP estava localizado em um íntron desse gene e não parecia exercer qualquer efeito sobre o produto proteico. Tal SNP, por conseguinte, não parecia ser ele próprio responsável pelo aumento da suscetibilidade à DMRI. No entanto, ele direcionou a atenção dos pesquisadores para o gene *Cfh*. Eles então sequenciaram de novo a região em busca de polimorfismos adicionais que poderiam ter sido herdados com mais frequência por indivíduos com DMRI, em conjunto com o SNP que já havia sido identificado. Eles identificaram três variantes que afetavam a sequência de aminoácidos da proteína Cfh. Uma delas substituía uma histidina por uma tirosina em um sítio específico na proteína, e estava fortemente associada com a doença (além de quase sempre estar junto com o SNP original que havia colocado os investigadores na pista do gene *Cfh*). Indivíduos que possuíam duas cópias do alelo de risco apresentavam uma chance de cinco a sete vezes maior de desenvolver DMRI do que indivíduos que possuíam um alelo diferente do gene *Cfh*.

Várias outras equipes de pesquisa, usando uma abordagem semelhante de associação genética, também sugeriram o envolvimento de variantes do *Cfh* como fatores de suscetibilidade ao desenvolvimento de DMRI, o que reforçou a hipótese de que o gene *Cfh* tinha algo a ver com a biologia da doença. A proteína Cfh faz parte do sistema do complemento; ela ajuda a evitar que o sistema se torne hiperativo, uma condição que pode provocar inflamação e danos nos tecidos. Curiosamente, os fatores de risco ambientais associados à doença – tabagismo, obesidade e idade – também afetam a inflamação e a atividade do sistema complemento. Assim, seja qual for o mecanismo específico pelo qual o gene *Cfh* influencia o risco de desenvolvimento da DMRI, a descoberta de que o sistema do complemento é essencial nessa situação pode levar a novos testes para diagnóstico precoce e abre novas vias potenciais para o tratamento dessa doença.

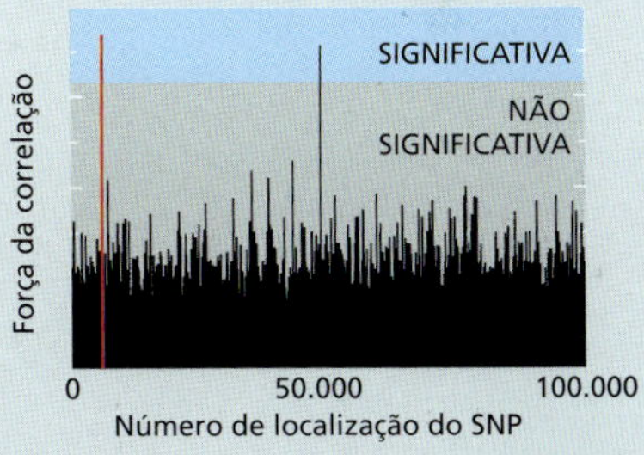

Figura 19-40 Estudos de associação genômica ampla identificam variações no DNA que são significativamente mais frequentes em pessoas que possuem uma determinada doença. Nesse estudo, os cientistas examinaram mais de 100.000 diferentes SNPs em cada um dos 146 indivíduos. O eixo do x, no gráfico, mostra a posição relativa de cada SNP no genoma, começando à esquerda com os SNPs do cromossomo 1. O eixo do y mostra um índice de correlação de cada SNP analisado com a DMRI. A região *azul* indica um ponto de corte para uma significância estatística correspondente a >5%, ou seja, a probabilidade de que os achados da correlação encontrada entre o conjunto de 100.000 SNPs testados correspondam a uma correlação ao acaso. O SNP marcado em *vermelho* é o que levou à identificação do gene relevante, *Cfh*. A associação inicial de outro SNP prevalente (*preto*) com a doença desapareceu quando experimentos adicionais de sequenciamento da região foram realizados. (Adaptada de R.J. Klein et al., *Science* 308:385–389, 2005. Com permissão de AAAS.)

Atualmente, com a redução dos custos para o sequenciamento de DNA, a forma mais eficiente e barata para a identificação dessas mutações raras de grande efeito é o sequenciamento de todos os éxons (o *exoma*) ou até mesmo o sequenciamento do genoma completo de indivíduos afetados e de seus genitores e irmandades como controles. Embora o sequenciamento do exoma não seja capaz de identificar as variações não codificadoras que afetam a regulação do gene, a maioria das mutações raras de grande efeito até agora descritas encontram-se no interior dos éxons; ao contrário, as variações comuns e de pequeno efeito foram encontradas principalmente em sequências não codificadoras.

Os esforços referentes ao sequenciamento de exomas e genomas estão evidenciando muitas variantes genéticas até então desconhecidas, tanto em associação a doenças quanto em populações aparentemente saudáveis. Um estudo recente sugere que cada um de nós abriga cerca de 100 mutações de perda-de-função em genes codificadores de proteínas, 20 das quais eliminam a atividade de ambas as cópias gênicas, indicando que os humanos realmente não precisam de todos os genes para seu desenvolvimento e funcionamento como um organismo "normal".

CONCEITOS ESSENCIAIS

- **A reprodução sexuada envolve a alternância cíclica entre os estados diploide e haploide: as células germinativas diploides se dividem por meiose para formar os gametas haploides, e os gametas haploides provenientes de dois indivíduos se fundem na fecundação para formar uma nova célula diploide – o zigoto.**
- **Durante a meiose, os homólogos paterno e materno são distribuídos entre os gametas de tal modo que cada gameta recebe uma cópia de cada cromossomo. Visto que a segregação desses homólogos ocorre de maneira aleatória e que ocorrem entrecruzamentos entre eles, muitos gametas geneticamente diferentes podem ser produzidos por um único indivíduo.**
- **Além de aumentar a diversidade genética, o entrecruzamento auxilia a segregação adequada dos cromossomos durante a meiose.**
- **Embora muitas das características mecânicas da meiose sejam semelhantes àquelas presentes na mitose, o comportamento dos cromossomos é diferente: a meiose gera quatro células haploides geneticamente distintas após duas divisões celulares consecutivas, ao passo que a mitose dá origem a duas células diploides geneticamente idênticas por meio de uma única divisão celular.**
- **Mendel desvendou as leis da hereditariedade por meio do estudo da herança de uma pequena quantidade de características descontínuas em plantas de ervilha.**
- **A lei da segregação de Mendel postula que os alelos de origem materna e paterna para cada característica são separados um do outro durante a formação dos gametas e, a seguir, são reunidos aleatoriamente durante a fecundação.**
- **A lei da distribuição independente de Mendel afirma que, durante a formação dos gametas, diferentes pares de alelos segregam independentemente um do outro.**
- **O comportamento dos cromossomos durante a meiose corrobora ambas as leis de Mendel.**
- **Se dois genes estão próximos em um cromossomo, eles tendem a ser herdados como uma unidade; se eles estão distantes, em geral serão separados por entrecruzamento. A frequência com que dois genes são separados por trocas pode ser usada para a construção de um mapa genético que mostra a ordem dos genes no cromossomo.**
- **Alelos mutantes podem ser dominantes ou recessivos. Se uma única cópia do alelo mutante altera o fenótipo de um indivíduo que também possui um alelo de tipo selvagem, o alelo mutante é dominante; caso contrário, ele é recessivo.**
- **Testes de complementação indicam se duas mutações que produzem o mesmo fenótipo afetam o mesmo gene ou genes diferentes.**
- **Organismos mutantes podem ser gerados pelo tratamento de animais com agentes mutagênicos que produzem danos no DNA. Esses mutantes podem, a seguir, ser triados para a identificação de fenótipos de interesse e, como objetivo final, para o isolamento dos genes responsáveis por esses fenótipos.**

- Com a possível exceção dos gêmeos monozigóticos ou idênticos, não existem dois seres humanos que compartilhem o mesmo genoma. Cada um de nós carrega um conjunto único de polimorfismos – variações na sequência de nucleotídeos que, em alguns casos, contribuem para os nossos fenótipos individuais.
- Alguns dos polimorfismos comuns – incluindo SNPs, indels e CNVs – podem ser usados como marcadores para o mapeamento genético.
- O genoma humano é composto por grandes blocos de haplótipos – segmentos da sequência de nucleotídeos que foram transmitidos de forma intacta desde nossos ancestrais distantes e, na maioria dos indivíduos, ainda não foram separados por trocas. O tamanho relativo de um bloco de haplótipos específico pode dar pistas sobre a nossa história evolutiva.
- Estudos de sequenciamento de DNA estão identificando um número crescente de mutações raras que podem aumentar significativamente o risco de desenvolvimento das doenças humanas mais comuns.

TERMOS-CHAVE

abordagem genética clássica
alelo
bivalente
bloco de haplótipos
cromossomo homólogo
cromátide-irmã
crossing-over (entrecruzamento)
célula germinativa
célula somática
diploide
fenótipo
fertilização
gameta
genética
genótipo
haploide
heredograma
heterozigoto
homozigoto
homólogo
lei da distribuição independente
lei da segregação
linhagem germinativa
mapa genético
meiose
mutação de ganho-de-função
mutação de perda-de-função
pareamento
polimorfismo
quiasma
reprodução assexuada
reprodução sexuada
segregação
SNP (polimorfismo de nucleotídeo único)
teste de complementação
triagem genética
troca
troca homóloga
zigoto

TESTE SEU CONHECIMENTO

QUESTÃO 19-6

É fácil compreender como mutações deletérias em bactérias, que apresentam uma única cópia de cada gene, são eliminadas por seleção natural: a bactéria afetada morre, e a mutação é, assim, eliminada da população. Os eucariotos, no entanto, possuem duas cópias da maioria de seus genes – ou seja, são diploides. Com frequência, um indivíduo com duas cópias normais de um gene (homozigoto normal) não é passível de ser distinguido fenotipicamente de um indivíduo que possui uma cópia normal e uma cópia defeituosa do gene (heterozigoto). Nesses casos, a seleção natural pode atuar apenas contra um indivíduo que possua duas cópias do gene defeituoso (homozigoto defeituoso). Considere uma situação em que uma forma defeituosa de um gene seja letal em homozigose, mas não apresente efeito em heterozigose. Tal mutação pode ser eliminada da população por seleção natural? Justifique sua resposta.

QUESTÃO 19-7

Quais das seguintes afirmativas estão corretas? Explique sua resposta.

A. Os óvulos e os espermatozoides dos animais contêm genomas haploides.
B. Durante a meiose, os cromossomos se posicionam de tal modo que cada célula germinativa receberá uma única cópia de cada um dos diferentes cromossomos.
C. Mutações que ocorrem durante a meiose não são transmitidas para a próxima geração.

QUESTÃO 19-8

O que pode provocar uma não disjunção cromossômica que resulte em duas cópias do mesmo cromossomo na mesma célula-filha? Quais seriam as consequências da ocorrência desse evento (a) na mitose e (b) na meiose?

QUESTÃO 19-9

Por que as cromátides-irmãs devem permanecer pareadas na divisão I da meiose? Sua resposta pode ser usada para desenvolver uma boa estratégia visando a uma eficiência maior durante a lavagem de pares de meias?

QUESTÃO 19-10

Diferencie os seguintes termos genéticos:

A. Gene e alelo.
B. Homozigoto e heterozigoto.
C. Genótipo e fenótipo.
D. Dominante e recessivo.

QUESTÃO 19-11

Você recebeu três ervilhas rugosas, as quais serão denominadas A, B e C, e plantou cada uma dessas sementes obtendo uma planta madura. Após a autopolinização dessas três plantas, houve produção apenas de ervilhas rugosas.

A. Considerando que você sabe que o fenótipo de ervilha rugosa é recessivo, resultando de uma mutação de perda-de-função, o que poderá dizer a respeito do genótipo de cada planta?
B. Você poderia concluir com segurança que as três diferentes plantas possuem uma mutação no mesmo gene?
C. Caso sua resposta em B seja negativa, como você poderia eliminar a possibilidade de que cada planta carrega uma mutação em um gene diferente, apesar de todas as mutações conferirem o mesmo fenótipo, ou seja, ervilhas rugosas?

QUESTÃO 19-12

O avô de Susana era surdo e transmitiu essa forma hereditária de surdez para diferentes membros da família, como ilustrado na **Figura Q19-12**.

A. Essa mutação é mais provavelmente de caráter dominante ou recessivo?
B. Essa mutação ocorreu em um cromossomo autossômico ou em um cromossomo sexual? Por quê?
C. Uma análise completa de SNPs foi realizada em todos os 11 netos (quatro afetados e sete não afetados). Comparando todos os resultados desses 11 SNPs, você esperaria encontrar um bloco de haplótipos, em torno do gene crítico, de que tamanho? Como você detectaria esse bloco de haplótipos?

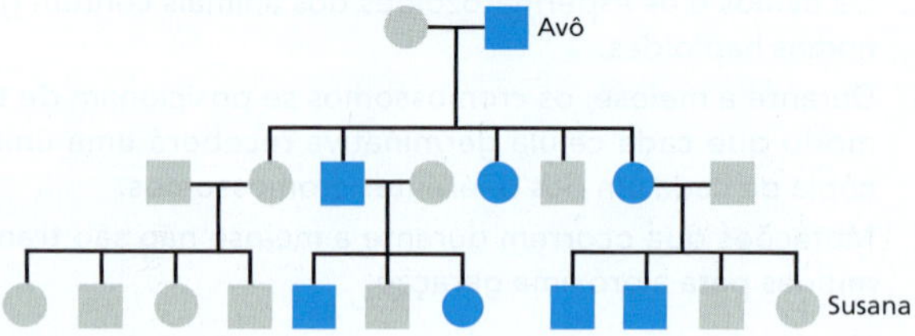

Figura Q19-12

QUESTÃO 19-13

Considerando-se que a mutação causadora de surdez na família ilustrada na Figura 19-26 é bastante rara, qual é o genótipo mais provável de cada uma das quatro crianças na geração II?

QUESTÃO 19-14

No heredograma ilustrado na **Figura Q19-14**, o primeiro indivíduo nascido em cada uma das três gerações é a única pessoa afetada por uma doença dominante geneticamente herdada, D. Seu amigo conclui que a primeira criança nascida tem maior probabilidade de herdar o alelo mutante *D* do que as crianças geradas posteriormente.

A. De acordo com as leis de Mendel, essa conclusão é plausível?
B. Qual é a probabilidade de ocorrência, ao acaso, do evento descrito?
C. Que tipo de dados adicionais seriam necessários para você testar a hipótese enunciada por seu amigo?
D. Existe alguma forma de a hipótese formulada por seu amigo estar correta?

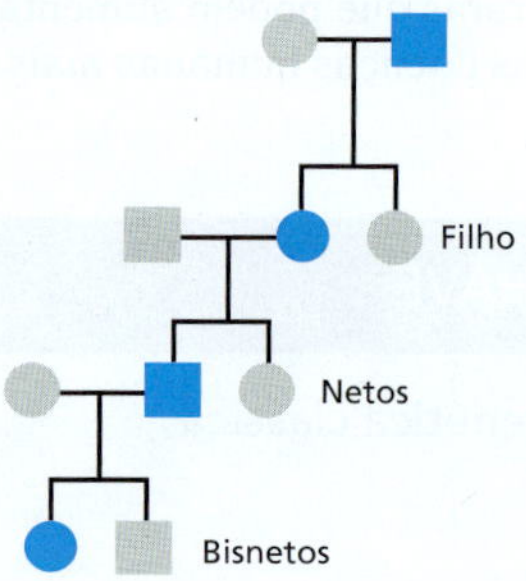

Figura Q19-14

QUESTÃO 19-15

Suponha que uma pessoa em cada 100 seja portadora de uma mutação recessiva fatal, e que bebês homozigotos para a mutação morram logo após seu nascimento. Em uma população na qual ocorrem 1.000.000 de nascimentos por ano, quantos bebês nascerão com essa condição homozigota fatal nesse mesmo período?

QUESTÃO 19-16

Determinadas mutações são chamadas de *mutações dominante-negativas*. O que você pode inferir sobre a ação dessas mutações? Explique a diferença entre uma mutação dominante-negativa e uma mutação de ganho-de-função.

QUESTÃO 19-17

Discuta a seguinte afirmativa: "Provavelmente não teríamos qualquer informação sobre a importância da insulina como hormônio regulador se sua ausência não estivesse associada à terrível doença conhecida como diabetes em humanos. São as drásticas consequências de sua ausência que impulsionaram os primeiros esforços no sentido da identificação da insulina e do estudo de sua função normal na fisiologia."

QUESTÃO 19-18

Os estudos genéticos iniciais em *Drosophila* estabeleceram os alicerces de nosso atual conhecimento dos genes. Os drosofilistas foram capazes de gerar moscas mutantes com uma enorme diversidade de alterações fenotípicas facilmente identificáveis. Alterações da cor normal vermelho-tijolo dos olhos das moscas são um marco nessa história, pois o primeiro mutante encontrado por Thomas Hunt Morgan foi uma mosca com olhos brancos (**Figura Q19-18**). Desde esse período, um grande número de moscas mutantes com olhos de cores intermediárias foi isolado, e esses mutantes receberam nomes que desafiam o próprio conceito de cor: granada, rubi, escarlate, cereja, coral, damasco, camurça amarela e rósea. As mutações responsáveis por esses fenótipos de coloração dos olhos são todas recessivas. Para determinar se as mutações afetam o mesmo gene ou genes diferentes, moscas homozigotas para cada mutação foram cruzadas umas com as outras, em pares, e a coloração dos olhos de sua progênie foi analisada. Na **Tabela Q19-18**, um sinal + ou – indica o fenótipo das moscas produzidas como progênie do acasalamento entre a mosca listada na parte superior da tabela e a mosca listada na coluna da esquerda. A coloração dos olhos tipo selvagem (vermelho-tijolo) está anotada como (+), e as demais colorações como (-).

A. Como se pode explicar que moscas com dois tipos diferentes de coloração dos olhos – rubi e branco, por exemplo – possam dar origem a uma progênie que possui em sua totalidade olhos vermelho-tijolo?
B. Quais mutações correspondem a alelos do mesmo gene e quais afetam genes diferentes?
C. Como diferentes alelos do mesmo gene podem originar diferentes colorações nos olhos?

QUESTÃO 19-19

O que são polimorfismos de nucleotídeo único (SNPs) e como eles podem ser usados para posicionar um gene mutante por meio de análises de ligação?

TABELA Q19-18 Análise de complementação de mutações de coloração dos olhos em *Drosophila*

Mutação	Branca	Granada	Rubi	Escarlate	Cereja	Coral	Damasco	Camurça amarela	Rósea
Branca	–	+	+	+	–	–	–	–	+
Granada		–	+	+	+	+	+	+	+
Rubi			–	+	+	+	+	+	+
Escarlate				–	+	+	+	+	+
Cereja					–	–	–	–	+
Coral						–	–	–	+
Damasco							–	–	+
Camurça amarela								–	+
Rósea									–

+ indica que a progênie de um cruzamento entre indivíduos apresentando as colorações de olhos indicadas são fenotipicamente normais; – indica que a coloração dos olhos da progênie é anormal.

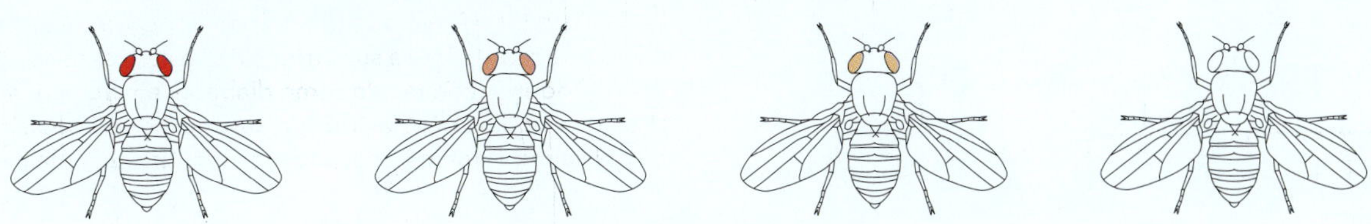

Vermelho-tijolo Moscas com olhos de outras colorações Branco

Figura Q19-18

20

Comunidades celulares: tecidos, células-tronco e câncer

As células são os alicerces dos organismos multicelulares. Essa parece uma afirmativa simples, mas levanta questões profundas. As células não são como os tijolos: elas são pequenas e sensíveis. Como elas podem ser usadas para constituir uma girafa ou uma árvore gigante? Cada célula é circundada por uma fina membrana com menos de uma centena de milésimos de milímetros de espessura e depende da integridade dessa membrana para sobreviver. Como, então, as células podem ser mantidas juntas firmemente, com suas membranas intactas, para formar músculos que levantam o peso de um elefante? O maior mistério de todos – se as células são os alicerces – é onde estão o construtor e os planos do arquiteto? Como são produzidos todos os diferentes tipos celulares em uma planta ou animal, com cada uma em seu local adequado em um padrão muito elaborado (**Figura 20-1**)?

A maioria das células em um organismo multicelular está organizada em conjuntos cooperativos denominados **tecidos**, como o nervoso, o muscular, o epitelial e o conectivo encontrados nos vertebrados (**Figura 20-2**). Neste capítulo, iniciamos discutindo a arquitetura dos tecidos do ponto de vista mecânico. Veremos que os tecidos são compostos não apenas de células, com sua estrutura interna de filamentos do citoesqueleto (discutido no Capítulo 17), mas também de **matriz extracelular**, que é secretada pelas próprias células ao seu redor, e essa matriz fornece o apoio aos tecidos de sustentação, como o osso ou a madeira. As células podem ser mantidas unidas pela matriz extracelular ou diretamente ligadas uma à outra. Portanto, também analisamos as *junções celulares* que unem as células nos tecidos flexíveis e móveis dos animais. Essas junções transmitem as forças do citoesqueleto de uma célula para outra, ou do citoesqueleto de uma célula para a matriz extracelular.

Porém, há muito mais na organização dos tecidos do que somente a mecânica. Assim como as construções necessitam de encanamento, linhas telefônicas e outros complementos, os tecidos animais requerem vasos sanguíneos, nervos e outros componentes formados por uma variedade de tipos celulares especializados. Todos os componentes dos tecidos devem estar adequadamente organizados e coordenados, e muitos deles exigem manutenção e renovação contínua. As células morrem e devem ser substituídas por novas células do tipo correto, no lugar certo e em número adequado. Na terceira seção deste capítulo, discutimos como esses processos estão organizados, bem como a função crucial que as *células-tronco*, células indiferenciadas de autorrenovação, desempenham na renovação e no reparo de alguns tecidos.

Os distúrbios na renovação dos tecidos são uma das principais preocupações médicas, e aqueles devidos a um comportamento errôneo de células mutantes são os responsáveis pelo desenvolvimento do *câncer*. Na última seção deste capítulo e praticamente do livro como um todo, discutimos o câncer. Seu estudo

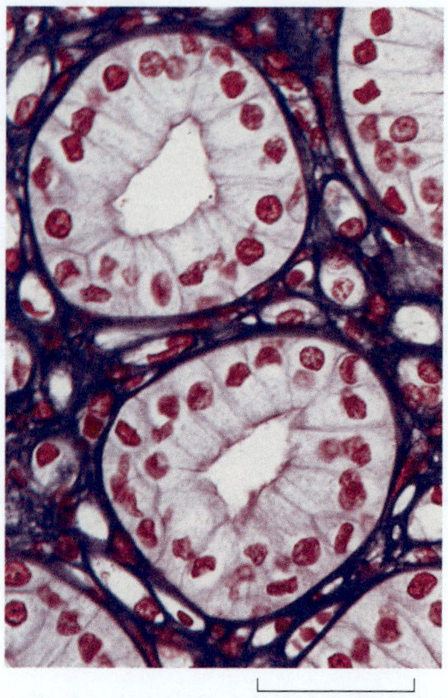

Figura 20-1 Os organismos multicelulares são constituídos de grupos organizados de células. Esta secção de células dos ductos coletores renais foi corada com uma combinação de corantes, hematoxilina e eosina, em geral empregados na histologia. Cada ducto é formado por células "principais" fortemente unidas (com os núcleos corados em *vermelho*), que constituem o tubo epitelial, visto neste corte transversal como um anel. Os ductos estão embebidos em uma matriz extracelular, corada em *roxo* e povoada por outros tipos celulares. (De P.R. Wheater et al., Functional Histology, 2nd ed. London: Churchill Livingstone, 1987.)

requer uma síntese do conhecimento das células e dos tecidos em vários níveis, desde a biologia molecular do reparo do DNA até os princípios da seleção natural e da organização social das células em tecidos. Muitos avanços fundamentais na biologia celular têm sido obtidos das pesquisas sobre o câncer, e a biologia celular básica por sua vez continua aprofundando nossa compreensão acerca das doenças e proporcionando a renovação do otimismo em torno do seu tratamento.

MATRIZ EXTRACELULAR E TECIDOS CONECTIVOS

As plantas e os animais evoluíram sua organização multicelular de maneira independente, e seus tecidos são construídos com base em diferentes princípios. Os animais caçam outros seres vivos e muitas vezes são caçados por outros animais, e, para isso, devem ser fortes e ágeis. Eles devem possuir tecidos capazes de movimentos rápidos, e as células que compõem esses tecidos devem ser capazes de gerar e transmitir força e mudar de forma rapidamente. Por outro lado, as plantas são sedentárias. Seus tecidos são mais ou menos rígidos, embora suas células sejam fracas e frágeis se isoladas da matriz de sustentação que as circunda.

Nas plantas, a matriz de sustentação é denominada **parede celular**, uma estrutura em formato de caixa que circunda, protege e restringe a forma de cada célula (**Figura 20-3**). As próprias células vegetais é que sintetizam, secretam e controlam a composição dessa matriz extracelular. Uma parede celular pode ser espessa e dura, como a madeira, ou delgada e flexível, como as folhas. No entanto, o princípio da construção do tecido é o mesmo nos dois casos: muitas caixas finas são unidas com uma delicada célula em seu interior. Na verdade, como vimos no Capítulo 1, foi uma densa massa de câmaras microscópicas que Robert Hooke viu em uma corte de cortiça, há três séculos, que inspirou o termo "célula".

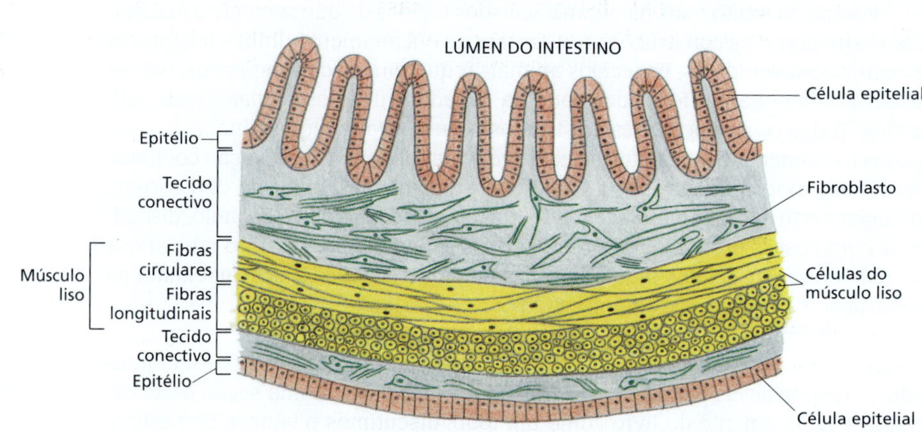

Figura 20-2 As células são organizadas em tecidos. Desenho simplificado de uma secção transversal de parte da parede do intestino de um mamífero. Este órgão longo em forma de tubo é constituído por tecidos epiteliais (em *vermelho*), tecido conectivo (em *verde*) e tecido muscular (em *amarelo*). Cada tecido é uma associação organizada de células que são unidas por adesões célula-célula, matriz extracelular ou ambas.

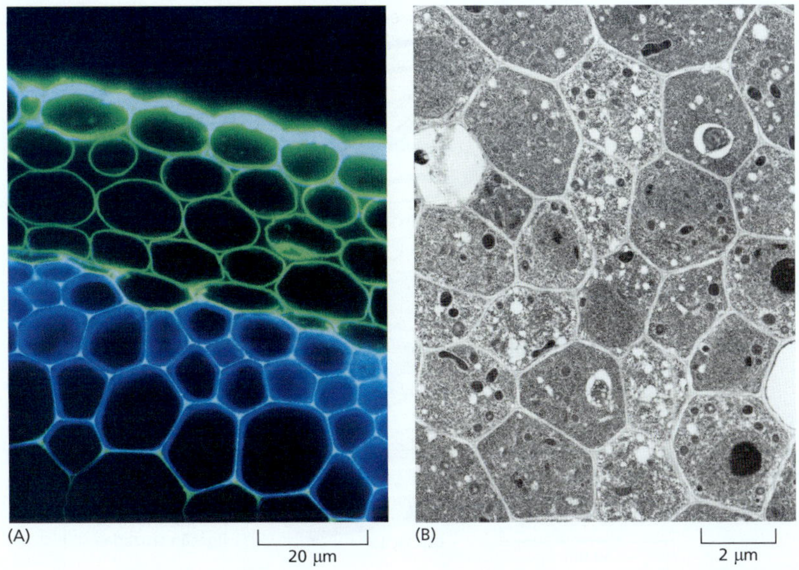

Figura 20-3 Os tecidos vegetais são reforçados pela parede celular. (A) Corte transversal de parte do caule da planta *Arabidopsis* tratado com corantes fluorescentes que marcam dois polissacarídeos de parede celular distintos: a celulose em *azul* e a pectina em *verde*. As células não são coradas e estão invisíveis nesta preparação. As regiões ricas em celulose e pectina aparecem em branco. A pectina predomina nas camadas externas de células, as quais possuem apenas a parede celular primária (depositada durante o crescimento celular). A celulose é mais abundante nas camadas internas, as quais possuem parede celular secundária mais rígida e espessa (depositada após a finalização do crescimento celular). (B) As células e sua parede celular são vistas claramente nesta micrografia eletrônica de células jovens das raízes da mesma planta. Essas células são bem menores que aquelas do caule, como pode ser observado nas diferentes barras de escala das duas micrografias. (Cortesia de Paul Linstead.)

Os tecidos animais são mais diversos. Como os tecidos vegetais, eles consistem em células e matriz extracelular, mas esses componentes estão organizados de diferentes formas. Em alguns tecidos, como o osso ou o tendão, a matriz extracelular é abundante e mecanicamente essencial. Em outros tecidos, como o músculo ou a epiderme, a matriz extracelular é escassa, e os próprios citoesqueletos das células suportam a carga mecânica. Iniciamos com uma breve discussão sobre as células e os tecidos vegetais antes de falarmos sobre os animais.

As células vegetais possuem paredes externas resistentes

Uma célula vegetal nua, cuja parede foi artificialmente retirada, é delicada e vulnerável. Ela pode ser mantida viva com cuidados em cultura, mas é facilmente rompida, e mesmo uma pequena redução na força osmótica do meio de cultura pode causar o inchaço e o rompimento da célula. Seu citoesqueleto não possui os filamentos intermediários que resistem à tensão, como os encontrados nas células animais e, consequentemente, quase não apresenta resistência elástica. Portanto, a parede externa é essencial.

A parede celular vegetal deve ser resistente, mas não necessariamente rígida. O intumescimento osmótico da célula, limitado pela resistência da parede celular, pode manter a parede distendida, e uma massa dessas câmaras intumescidas unidas forma um tecido semirrígido (**Figura 20-4**), como no caso de uma alface tenra. Se faltar água, as células encolhem e as folhas murcham.

A maioria das células recém-formadas, em um vegetal multicelular, produz no início uma fina *parede celular primária* capaz de expandir-se lentamente para acomodar o crescimento celular subsequente (ver Figura 20-3B). A força que coordena o crescimento celular é a mesma que mantém a folha de alface tenra – a pressão de turgescência, denominada *pressão de turgor*, que se desenvolve em razão de um desequilíbrio osmótico entre o interior da célula da planta e sua vizinhança. Uma vez que o crescimento celular cessa e a parede celular não precisa mais se expandir, uma *parede celular secundária* costuma ser produzida (ver Figura 20-3A), tanto pelo espessamento da parede primária quanto pela deposição de novas camadas com diferentes composições abaixo das camadas mais antigas. Quando as células vegetais se tornam especializadas, elas em geral produzem tipos de parede especialmente adaptados: paredes cerosas à prova d'água

Figura 20-4 Micrografia eletrônica de varredura mostrando as células de uma folha de alface tenra. As células intumescidas pela pressão osmótica são mantidas unidas por suas paredes celulares. (Cortesia de Kim Findlay.)

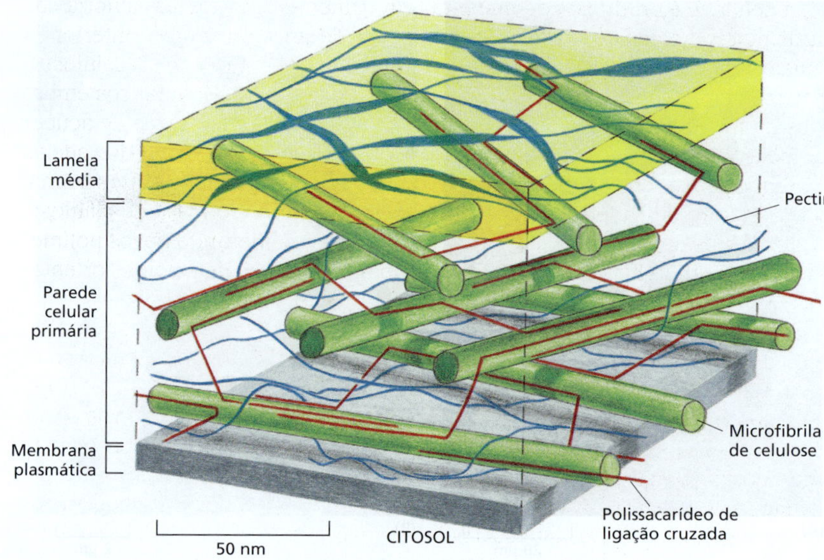

Figura 20-5 Modelo em escala mostrando a porção da parede primária da célula vegetal. As barras *verdes* representam as microfibrilas de celulose que proporcionam a força de tensão. Outros polissacarídeos (linhas *vermelhas*) fazem a ligação cruzada das microfibrilas de celulose, e o polissacarídeo pectina (fitas *azuis*) preenche os espaços entre as microfibrilas, proporcionando resistência à compressão. A lamela média (em *amarelo*) é rica em pectina e é a camada que cimenta uma parede celular à outra.

para as células epidérmicas da superfície da folha; paredes duras, espessas e lenhosas para as células do xilema do caule, e assim por diante.

As microfibrilas de celulose conferem resistência à tração para a parede celular das células vegetais

Como todas as matrizes extracelulares, as paredes celulares dos vegetais obtêm sua força elástica das longas fibras orientadas ao longo das linhas de estresse. Nas plantas superiores, as longas fibras em geral são compostas pelo polissacarídeo *celulose*, a macromolécula orgânica mais abundante do planeta. Essas **microfibrilas de celulose** estão trançadas com outros polissacarídeos e algumas proteínas estruturais, todas unidas para formar uma estrutura complexa que resiste à compressão e tensão (**Figura 20-5**). No tecido lenhoso, uma rede altamente intercruzada de *lignina* (um polímero complexo formado por grupos de alcoóis aromáticos) é depositada nessa matriz, tornando-a mais rígida e à prova d'água.

Para que a célula vegetal cresça ou mude sua forma, a parede celular precisa se esticar ou se deformar. Em função da resistência ao estiramento das microfibrilas de celulose, sua orientação controla a direção na qual a célula em crescimento irá aumentar. Se, por exemplo, elas estiverem organizadas circunferencialmente como em um cinto, a célula crescerá de modo mais fácil em comprimento do que em circunferência (**Figura 20-6**). Controlando o modo como sua parede é depositada, a célula vegetal regula sua própria forma e assim a direção do crescimento do tecido ao qual pertence.

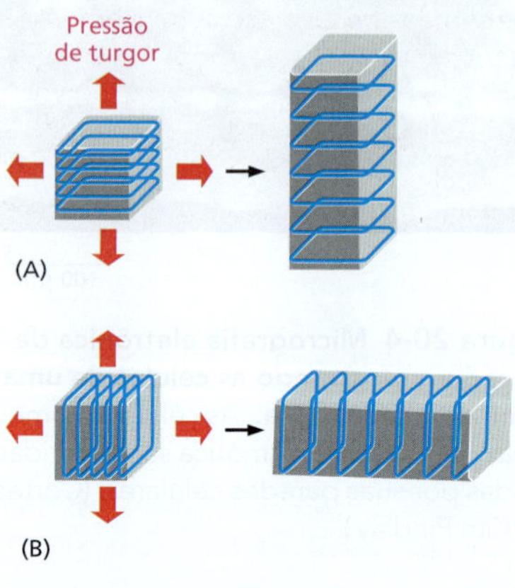

Figura 20-6 A orientação das microfibrilas de celulose na parede celular vegetal influencia a direção do alongamento da célula. As células em (A) e (B) começam com formas idênticas (aqui mostradas como *cubos*), mas com diferentes orientações das microfibrilas de celulose em suas paredes. Embora a pressão de turgor seja uniforme em todas as direções, cada célula tende a se alongar em uma direção perpendicular à orientação das microfibrilas, as quais possuem grande força elástica. A forma final de um órgão, como um broto, é determinada pela direção na qual as células se expandem.

A celulose é produzida de maneira radicalmente diferente da maioria das outras macromoléculas extracelulares. Em vez de ser produzida no interior da célula e depois exportada por exocitose (discutido no Capítulo 15), a celulose é sintetizada na superfície externa da célula por complexos enzimáticos embebidos na membrana plasmática. Estes transportam os monômeros de açúcar por meio da membrana plasmática e os incorporam em uma série de cadeias de polímeros em crescimento nos seus pontos de ligação com a membrana. Cada conjunto de cadeias agrupa-se formando uma microfibrila de celulose. Os complexos enzimáticos se movem na membrana, liberando novos polímeros e depositando atrás deles uma trilha de microfibrilas de celulose orientadas (**Figura 20-7A**).

Os caminhos seguidos pelos complexos enzimáticos dirigem a orientação na qual a celulose é depositada na parede celular, mas o que direciona o complexo enzimático? Logo abaixo da membrana plasmática, os microtúbulos estão alinhados exatamente com as microfibrilas de celulose do lado externo da célula (**Figura 20-7B**). Esses microtúbulos atuam como vias que ajudam a guiar o movimento dos complexos enzimáticos (**Figura 20-7C**). Nesse caminho curiosamente indireto, o citoesqueleto controla a forma da célula vegetal e a modelagem dos tecidos vegetais. Veremos que as células animais usam seu citoesqueleto para controlar a arquitetura dos tecidos de maneira muito mais direta.

QUESTÃO 20-1

As células no caule de uma planta que está crescendo no escuro orientam seus microtúbulos horizontalmente. Como você acha que isso afetará o crescimento da planta?

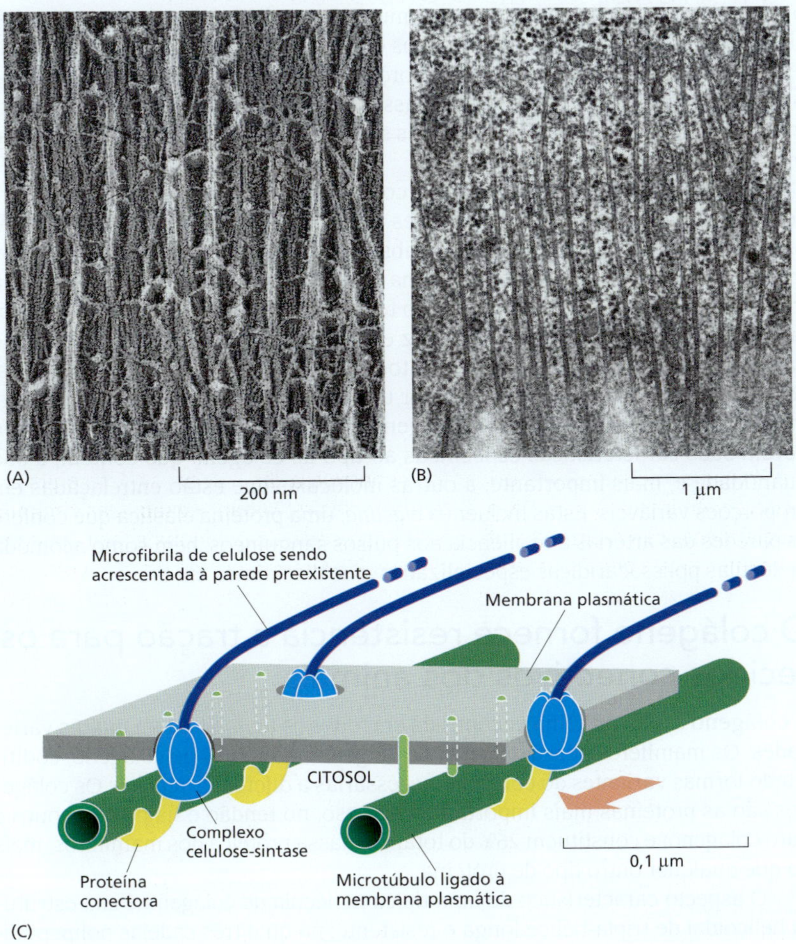

Figura 20-7 Os microtúbulos ajudam a dirigir a deposição de celulose na parede celular vegetal. As micrografias eletrônicas mostram (A) as microfibrilas de celulose orientadas na parede celular vegetal e (B) os microtúbulos logo abaixo da membrana plasmática da célula vegetal. (C) A orientação das microfibrilas de celulose extracelular recém-depositadas (*azul-escuro*) é determinada pela orientação dos microtúbulos intracelulares subjacentes (*verde-escuro*). Os grandes complexos de enzimas *celulose-sintase* são proteínas integrais da membrana que sintetizam as microfibrilas de celulose continuamente na porção externa da membrana plasmática. As extremidades distais das rígidas microfibrilas integram-se na textura da parede celular, e seu alongamento, na outra extremidade, empurra o complexo de sintase no plano da membrana plasmática por proteínas transmembrânicas (seta *vermelha*). O arranjo cortical de microtúbulos ligados à membrana plasmática por meio das proteínas transmembrânicas (barras verticais *verdes*) ajuda a determinar a direção na qual as microfibrilas serão depositadas. (A, cortesia de Brian Wells e Keith Roberts; B, cortesia de Brian Gunning.)

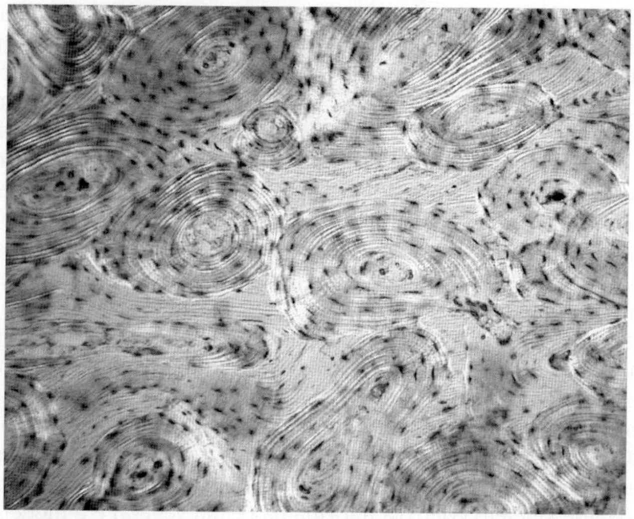

Figura 20-8 A matriz extracelular é repleta de tecido conectivo como o osso. Nesta micrografia, as células em uma secção transversal de osso parecem pequenos objetos escuros semelhantes a formigas embebidos na matriz óssea, a qual ocupa a maior parte do volume do tecido e fornece toda a sua força mecânica. As faixas claras e escuras alternadas são as camadas de matriz contendo o colágeno orientado (que se torna visível com o auxílio de luz polarizada). Cristais de fosfato de cálcio (não visíveis) preenchem os interstícios entre as fibrilas de colágeno produzindo uma matriz óssea resistente à compressão e à tensão, como no concreto reforçado.

Os tecidos conectivos dos animais consistem principalmente em matriz extracelular

Tradicionalmente, são distinguidos quatro principais tipos de tecidos animais: o conectivo, o epitelial, o nervoso e o muscular. A diferença na arquitetura básica ocorre entre o tecido conectivo e os demais. No **tecido conectivo**, a matriz extracelular é abundante e suporta a força mecânica. Nos outros tecidos, como o epitelial, a matriz extracelular é escassa, e as células são unidas diretamente umas às outras, sendo que elas mesmas suportam a força mecânica. Consideramos primeiro o tecido conectivo.

Os tecidos conectivos animais são consideravelmente variáveis. Eles podem ser rígidos e flexíveis, como os tendões ou a derme, duros e densos, como os ossos, elásticos e com capacidade de absorver choques, como a cartilagem, ou macios e transparentes, como a gelatina que preenche o interior dos olhos. Em todos esses exemplos, a maior parte do tecido é ocupada pela matriz extracelular, e as células que produzem a matriz estão espalhadas em seu interior como passas em um pudim (**Figura 20-8**). Em todos esses tecidos, a resistência elástica, seja forte ou fraca, é conferida não por um polissacarídeo, como nos vegetais, mas por uma proteína fibrosa, o colágeno. Os vários tipos de tecido conectivo devem suas características específicas ao tipo de colágeno que contêm, à sua quantidade e, mais importante, a outras moléculas que estão entrelaçadas em proporções variáveis. Estas incluem a *elastina*, uma proteína elástica que confere às paredes das artérias a resiliência aos pulsos sanguíneos, bem como acomoda moléculas polissacarídicas especializadas, que discutimos em breve.

O colágeno fornece resistência à tração para os tecidos conectivos dos animais

O **colágeno** é uma proteína encontrada em todos os animais e tem muitas variedades. Os mamíferos possuem cerca de 20 genes diferentes de colágeno, codificando formas variantes do colágeno necessárias a diferentes tecidos. Os colágenos são as proteínas mais importantes no osso, no tendão e na pele (o couro é puro colágeno) e constituem 25% do total da massa proteica dos mamíferos, mais do que qualquer outro tipo de proteína.

O aspecto característico de uma típica molécula de colágeno é sua estrutura helicoidal de tripla-hélice longa e resistente, na qual três cadeias polipeptídi-

QUESTÃO 20-2

Mutações nos genes que codificam o colágeno costumam apresentar consequências prejudiciais, resultando em doenças incapacitantes graves. Mutações particularmente devastadoras são aquelas que alteram as glicinas, necessárias a cada três posições na cadeia polipeptídica do colágeno de maneira que possa constituir o bastão característico em forma de tripla-hélice (ver Figura 20-9).

A. Você acha que as mutações no colágeno serão incapacitantes somente se uma das duas cópias do gene do colágeno for alterada?
B. Uma observação intrigante é que a alteração de um resíduo de glicina por outro aminoácido será mais incapacitante se ocorrer na região aminoterminal do domínio que forma o bastão. Sugira uma explicação para isso.

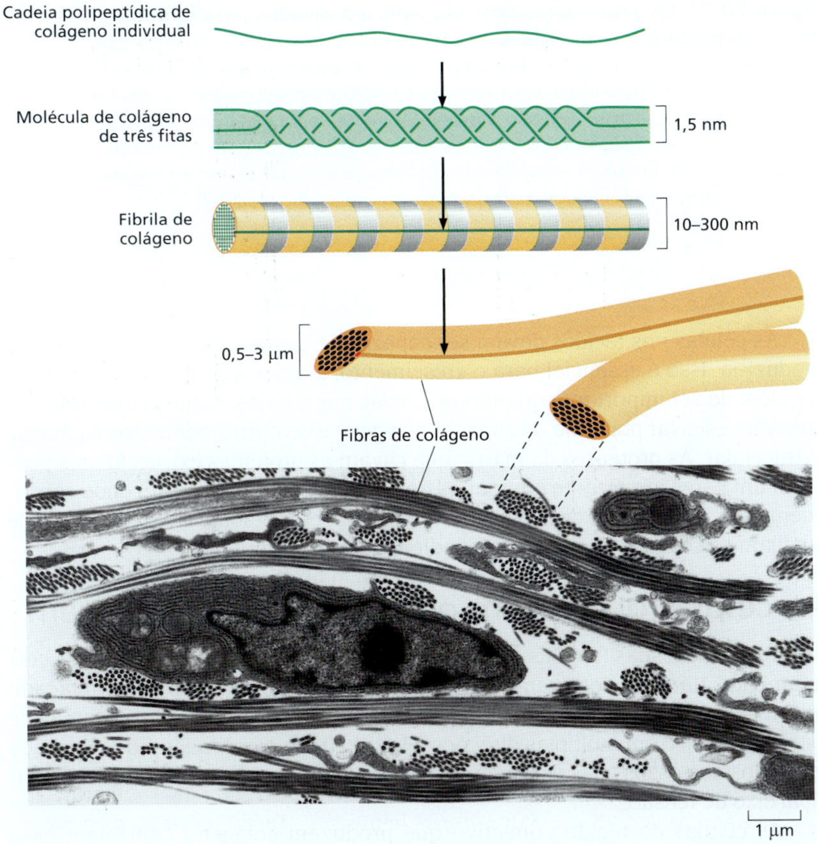

Figura 20-9 As fibrilas de colágeno estão organizadas em feixes. O desenho mostra as etapas da reunião do colágeno, passando das cadeias polipeptídicas individuais, à formação da molécula de colágeno de três fitas, então às fibrilas e, por fim, às fibras. A micrografia eletrônica mostra o colágeno completamente formado no tecido conectivo da pele de um embrião de galinha. As fibrilas estão organizadas em feixes (fibras), algumas na direção do plano do corte, outras em ângulos retos. A célula na micrografia é um fibroblasto, que secreta colágeno e outros componentes da matriz extracelular. (Fotografia de C. Ploetz et al., *J. Struct. Biol.* 106:73–81, 1991. Com permissão de Elsevier.)

cas de colágeno se enroscam uma na outra como uma corda (ver Figura 4-29A). Alguns tipos de moléculas de colágeno, por sua vez, reúnem-se em polímeros organizados denominados *fibrilas de colágeno*, que são finos cabos de 10 a 300 nm de diâmetro e muitos micrômetros de comprimento. Estas podem unir-se em *fibras colágenas* ainda mais espessas (**Figura 20-9**). Outros tipos de moléculas de colágeno decoram a superfície das fibrilas de colágeno e ligam as fibrilas umas às outras e aos outros componentes da matriz extracelular.

As células do tecido conectivo que produzem e habitam a matriz extracelular recebem vários nomes de acordo com o tecido: na pele, no tendão e em outros tecidos conectivos elas são denominadas **fibroblastos** (**Figura 20-10** e ver Figura 20-9); no osso, elas são denominadas *osteoblastos*. Elas produzem tanto o colágeno quanto outras macromoléculas da matriz. Quase todas essas moléculas são sintetizadas intracelularmente e então secretadas na forma-padrão, por exocitose (discutido no Capítulo 15). Fora das células, elas se reúnem em grandes agregados coesivos. Se a união ocorrer prematuramente, antes da secreção, a célula se torna obstruída com seus próprios produtos. No caso do colágeno, as células evitam esse risco secretando moléculas de colágeno na forma precursora denominada *pró-colágeno*, com extensões de peptídeos adicionais em cada extremidade que impedem a reunião prematura em fibrilas de colágeno. Enzimas extracelulares, denominadas proteinases pró-colágeno, clivam essas extensões terminais, permitindo a união somente após as moléculas terem saído para o espaço extracelular (**Figura 20-11**).

Algumas pessoas possuem um defeito genético em uma dessas proteinases ou no próprio pró-colágeno, e suas fibrilas de colágeno não conseguem se unir da maneira correta. Como resultado, seus tecidos conectivos possuem uma força de tensão mais baixa e são extraordinariamente elásticos (**Figura 20-12**).

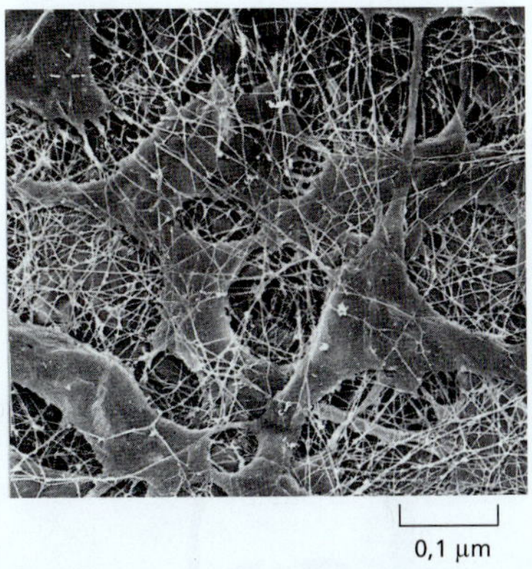

Figura 20-10 Os fibroblastos produzem a matriz extracelular de alguns tecidos conectivos. A micrografia eletrônica de varredura mostra fibroblastos e fibras de colágeno do tecido conectivo da córnea de um rato. Outros componentes que normalmente formam um preenchimento gelatinoso hidratado entre os espaços das fibrilas e fibras de colágeno foram removidos por tratamento enzimático e ácido. (De T. Nishida et al., *Invest. Ophthalmol. Vis. Sci.* 29:1887–1890, 1988. Com permissão de ARVO.)

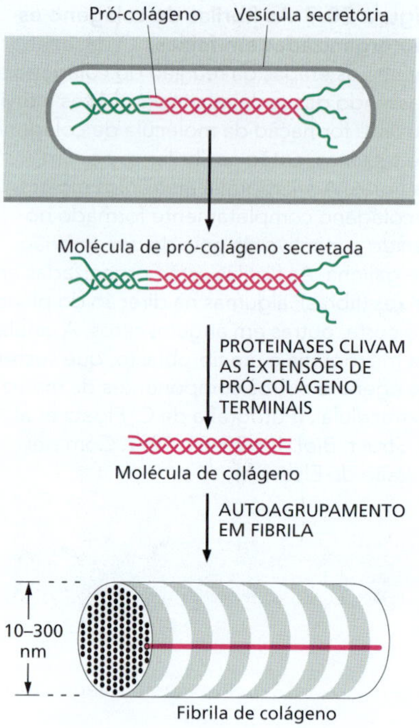

Figura 20-11 Os precursores pró-colágeno são clivados para formar o colágeno maduro fora da célula. O colágeno é sintetizado como uma molécula de pró-colágeno que possui peptídeos não estruturados nas suas extremidades. Esses peptídeos impedem que o colágeno se una em fibrilas no interior dos fibroblastos. Quando o pró-colágeno é secretado, uma enzima extracelular remove seus peptídeos terminais, produzindo moléculas maduras de colágeno. Então essas moléculas podem se agrupar de modo organizado para formar as fibrilas de colágeno (ver também Figura 20-9).

As células nos tecidos devem ser capazes de degradar a matriz, bem como produzi-la. Isso é essencial para o crescimento, a renovação e o reparo do tecido, além de ser importante quando as células migratórias, como os macrófagos, precisam escavar por meio do espesso colágeno e de outros polímeros da matriz extracelular. As proteases da matriz que clivam as proteínas extracelulares possuem um papel importante em muitas doenças, variando da artrite, onde contribuem para a quebra da cartilagem nas articulações afetadas, até o câncer, onde auxiliam as células cancerosas a invadir os tecidos normais.

As células organizam o colágeno que secretam

Para realizarem suas funções, as fibrilas de colágeno devem estar alinhadas corretamente. Na pele, por exemplo, elas são tecidas em um padrão entrelaçado ou em camadas alternadas com diferentes orientações para resistir às forças de estresse elástico em múltiplas direções (**Figura 20-13**). Nos tendões, que ligam os músculos aos ossos, elas estão alinhadas em feixes paralelos ao longo do principal eixo de tensão.

As células do tecido conectivo que produzem colágeno controlam essa orientação, primeiro depositando o colágeno de maneira orientada e então rearranjando-o. Durante o desenvolvimento dos tecidos, os fibroblastos trabalham o colágeno que secretam, arrastando-se sobre ele e puxando-o, auxiliando na sua compactação em camadas e delineando os feixes. Esse papel mecânico dos fibroblastos no modelamento da matriz de colágeno foi demonstrado em cultura de células. Quando os fibroblastos são misturados com uma rede de fibrilas de colágeno orientadas ao acaso, formando um gel nas placas de cultura, os fibroblastos puxam a rede para sua vizinhança, envolvendo o colágeno e compactando-o. Se dois pequenos pedaços de tecido embrionário contendo fibroblasto são colocados em um gel de colágeno distantes um do outro, o colágeno interposto se organiza em uma densa banda de fibras alinhadas que conectam os dois fragmentos de tecido (**Figura 20-14**). Os fibroblastos migram para fora dos fragmentos de tecido ao longo das fibras alinhadas. Assim, os fibroblastos influenciam o alinhamento das fibras de colágeno, e, por sua vez, as fibras de colágeno afetam a distribuição dos fibroblastos. Provavelmente, os fibroblastos desempenham um papel similar na geração da matriz extracelular de longo alcance no interior do organismo, auxiliando na formação dos tendões, por exemplo, e das densas e resistentes camadas de tecido conectivo que envolvem e conectam a maioria dos órgãos. A migração dos fibroblastos também é importante na cicatrização de feridas (**Animação 20.1**).

Figura 20-12 A formação inadequada do colágeno pode causar uma hiperelasticidade da pele. James Morris, "o homem da pele elástica", a partir de uma fotografia tirada em 1890. A pele anormalmente elástica é decorrente de uma síndrome genética que causa um defeito na reunião das fibrilas de colágeno. Em alguns indivíduos, essa condição ocorre pela falta de colagenase que converte o pró-colágeno em colágeno.

As integrinas unem a matriz externa de uma célula com o citoesqueleto interno

Se as células empurram e se arrastam sobre a matriz, elas devem ser capazes de se ligar a ela. As células não se ligam bem ao colágeno desguarnecido. Outra proteína de matriz extracelular, a **fibronectina**, fornece a ligação. Uma parte da molécula de fibronectina se liga ao colágeno, e a outra forma um sítio de ligação para a célula (**Figura 20-15A e B**).

As células se ligam à fibronectina por uma proteína receptora denominada **integrina**, que se estende na membrana plasmática celular. Quando o domínio extracelular da integrina se liga à fibronectina, o domínio intracelular (por uma série de moléculas adaptadoras) se liga a um filamento de actina do interior da célula (**Figura 20-15C**). Sem essa ancoragen interna ao citoesqueleto, as integrinas seriam extirpadas da frouxa bicamada lipídica da membrana plasmática quando a célula tentasse se movimentar sobre a matriz extracelular.

A formação e a dissociação das ligações nas duas extremidades da molécula de integrina é que permitem que a célula rasteje ao longo de um tecido, agarrando-se à matriz na sua porção anterior e liberando a porção posterior (ver Figura 17-33). As integrinas coordenam essa manobra de "agarra e solta" por meio de extraordinárias alterações conformacionais. A ligação a uma molécula em um lado da membrana plasmática faz a molécula de integrina se esticar em um estado ativado e estendido, de modo que ela possa atuar como uma conexão entre diferentes moléculas nos lados opostos, um efeito que atua nas duas direções por meio da membrana (**Figura 20-16**). Assim, uma molécula de sinalização intracelular pode ativar a integrina no lado do citosol, fazendo-a alcançar e agarrar uma estrutura extracelular. Igualmente, a ligação a uma estrutura externa pode iniciar vias de sinalização intracelular por meio da ativação das proteínas-cinase que se associam com a extremidade intracelular da integrina. Desse modo, as ligações externas da célula ajudam a regular se ela vai viver ou morrer e – caso sobreviva – se vai crescer, se dividir ou se diferenciar.

Os seres humanos produzem, pelo menos, 24 tipos de integrinas, e cada uma reconhece distintas moléculas extracelulares e possui funções diversas, dependendo do tipo celular onde se encontra. Por exemplo, as integrinas nos leucócitos ajudam as células a rastejarem para fora dos vasos sanguíneos para os locais de infecção, de modo a poderem combater os micróbios. Os indivíduos que não possuem esse tipo de integrina desenvolvem uma doença denominada *deficiência da adesão de leucócitos* e sofrem de repetidas infecções bacterianas. Uma forma distinta de integrina é encontrada nas plaquetas, e os indivíduos que não possuem tal integrina sangram excessivamente porque suas plaquetas não podem se ligar ao fator de coagulação necessário na matriz extracelular.

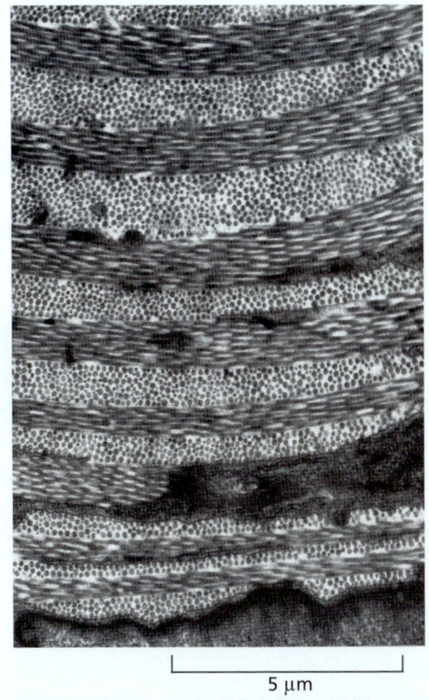

Figura 20-13 As fibrilas de colágeno da pele estão organizadas em um padrão semelhante a um compensado. A micrografia eletrônica de uma secção transversal da pele de um girino mostra camadas sucessivas de fibrilas depositadas quase em ângulos retos umas com as outras (ver também Figura 20-9). Essa organização é também encontrada no osso maduro e na córnea. (Cortesia de Jerome Gross.)

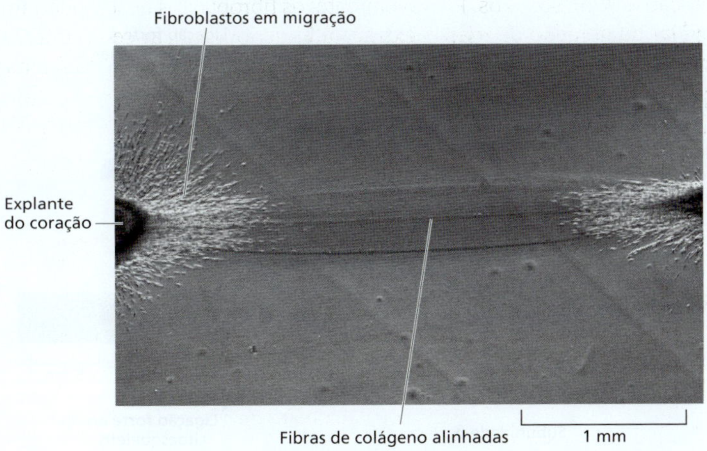

Figura 20-14 Os fibroblastos influenciam o alinhamento das fibras colágenas. Esta micrografia mostra a região entre dois pedaços do coração de um embrião de galinha (rico em fibroblastos, assim como as células do músculo cardíaco) cultivados em gel de colágeno por quatro dias. Um denso feixe de fibras de colágeno alinhadas se formou entre os dois pedaços, provavelmente como consequência da migração dos fibroblastos para fora dos explantes, empurrando o colágeno. Nos outros locais da placa de cultura, o colágeno permanece desorganizado e desalinhado, com aparência cinza uniforme. (De D. Stopak e A.K. Harris, *Dev. Biol.* 90:383–398, 1982. Com permissão de Elsevier.)

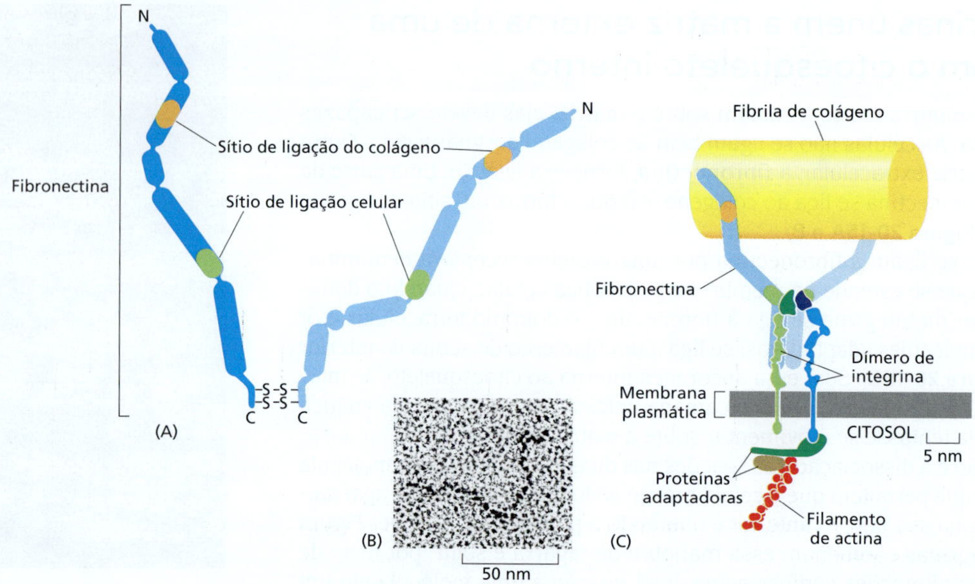

Figura 20-15 As proteínas integrina e fibronectina ajudam a ligar a célula à matriz extracelular. As moléculas de fibronectina do lado externo da célula se ligam às fibrilas de colágeno. As integrinas da membrana plasmática ligam-se às fibronectinas, prendendo-as ao citoesqueleto, no interior da célula. (A) Diagrama e (B) micrografia eletrônica de uma molécula de fibronectina. (C) Ligação transmembrânica mediada por uma integrina (dímero *azul* e *verde*). A molécula de integrina transmite a tensão por meio da membrana plasmática: ela está ancorada dentro da célula via proteínas adaptadoras ao citoesqueleto de actina e do lado externo via fibronectina às outras proteínas da matriz extracelular, como a fibrila de colágeno apresentada. A integrina aqui representada liga a fibronectina ao filamento de actina no interior da célula. Outras integrinas podem conectar diferentes proteínas extracelulares ao citoesqueleto (normalmente aos filamentos de actina, mas algumas vezes aos filamentos intermediários). (B, de J. Engel et al., *J. Mol. Biol.* 150:97–120, 1981. Com permissão de Elsevier.)

Géis de polissacarídeos e proteínas preenchem os espaços e resistem à compressão

Enquanto o colágeno confere força elástica para resistir à tensão, um grupo completamente diferente de macromoléculas, na matriz extracelular dos tecidos animais, fornece a função complementar, resistindo à compressão. Estes são os **glicosaminoglicanos** (**GAGs**), cadeias de polissacarídeos carregadas negativamente formadas por unidades repetidas de dissacarídeos (**Figura 20-17**). Os GAGs costumam estar covalentemente ligados a uma proteína central para formar os

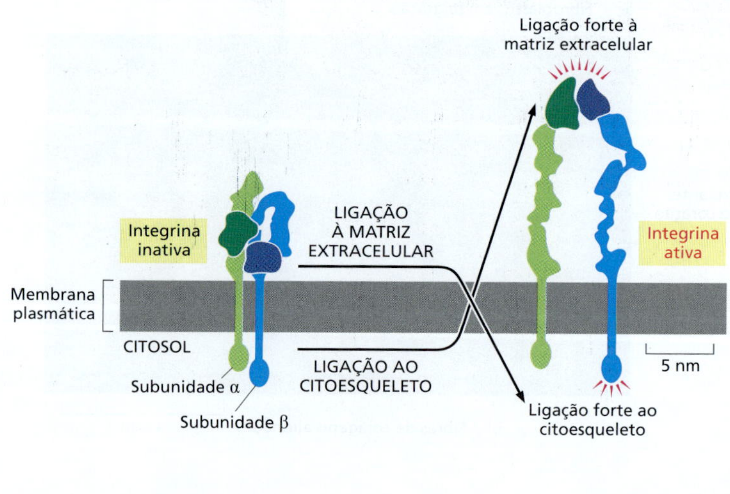

Figura 20-16 Uma proteína integrina passa para uma conformação ativa quando se liga a moléculas localizadas na porção externa ou interna da membrana plasmática. Uma proteína integrina é formada por duas subunidades distintas: α (*verde*) e β (*azul*), as quais podem alterar sua forma entre pregueada e inativa para estendida e ativa. A mudança para o estado ativo pode ser desencadeada pela ligação a uma molécula da matriz extracelular (como a fibronectina) ou a proteínas adaptadoras intracelulares que então ligam a integrina ao citoesqueleto (ver Figura 20-15). Nos dois casos, a mudança conformacional altera a integrina de modo que sua extremidade oposta rapidamente forma uma ligação de equilíbrio com a estrutura adequada. Desse modo, a integrina cria uma ligação mecânica por meio da membrana plasmática. (Baseada em T. Xiao et al., *Nature* 432:59–67, 2004. Com permissão de Macmillan Publishers Ltd.)

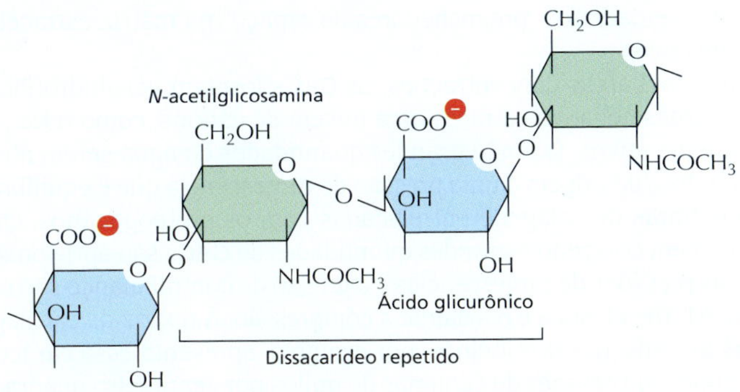

Figura 20-17 Os glicosaminoglicanos (GAGs) são formados por unidades repetidas de dissacarídeos. O hialuronano, um GAG relativamente simples, consiste em uma única cadeia longa de até 25.000 unidades repetidas de dissacarídeos, cada uma portando uma carga negativa (*vermelho*). Como em outros GAGs, um dos monômeros de açúcar (*verde*) de cada unidade de dissacarídeo é um açúcar amino. Muitos GAGs possuem cargas negativas adicionais, frequentemente a partir dos grupos sulfatos (não apresentados).

proteoglicanos, que são extremamente diversos em tamanho, forma e química. Em geral, muitas cadeias de GAGs estão ligadas a uma única proteína central que, por sua vez, pode estar ligada, em uma extremidade, a outro GAG, criando um enorme agregado assemelhando-se a uma escova de mamadeira, com peso molecular na casa dos milhões (**Figura 20-18**).

Nos tecidos conectivos densos e compactos, como os tendões e os ossos, a proporção de GAG é pequena, e a matriz é composta quase exclusivamente de colágeno (ou, no caso dos ossos, de colágeno e cristais de fosfato de cálcio). No outro extremo, a substância semelhante a um gel do interior dos olhos consiste quase exclusivamente em um tipo específico de GAG, mais água, com apenas uma pequena quantidade de colágeno. Em geral, os GAGs são bastante hidrofílicos e tendem a adotar conformações extremamente estendidas que ocupam um grande volume com relação à sua massa (ver Figura 20-18). Assim, os GAGs

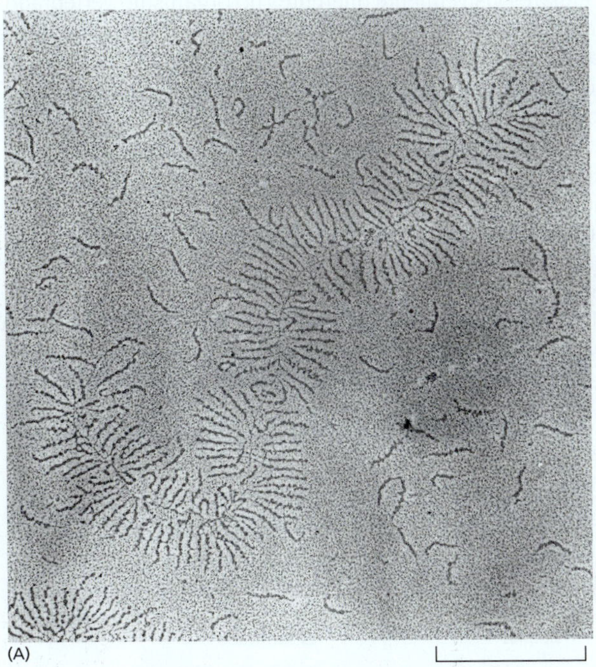

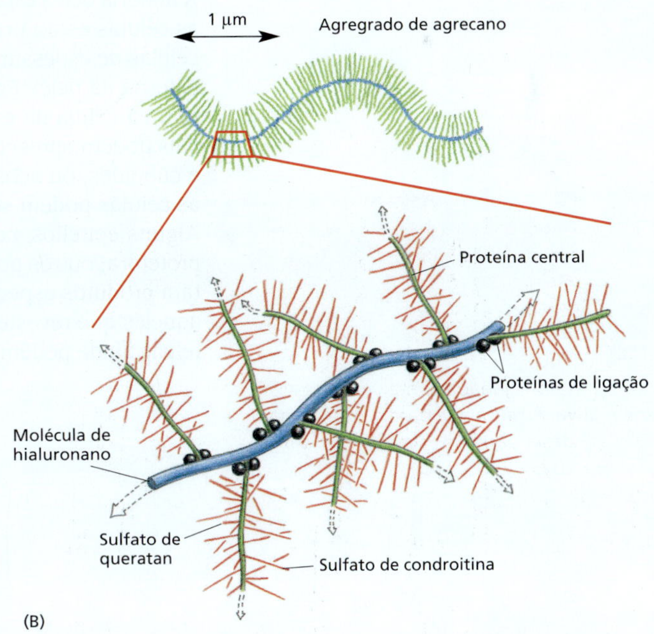

Figura 20-18 Os proteoglicanos e os GAGs podem formar grandes agregados. (A) Micrografia eletrônica de um agregado de cartilagem espalhado em uma superfície plana. Muitas subunidades livres, grandes moléculas de proteoglicanos, também podem ser visualizadas. (B) Desenho esquemático de um agregado gigante ilustrado em (A), mostrando como ele é formado por GAGs (*vermelho* e *azul*) e proteínas (*verde* e *preto*). A massa de tal complexo pode ser de 10^8 dáltons ou mais e ocupa um volume equivalente ao de uma bactéria, o qual é cerca de 2×10^{-12} cm^3. (A, cortesia de Lawrence Rosenberg.)

atuam como verdadeiros "preenchedores de espaço" na matriz extracelular dos tecidos conectivos.

Mesmo em baixas concentrações, os GAGs formam géis hidrofílicos: suas múltiplas cargas negativas atraem uma nuvem de cátions, como o Na^+, que são osmoticamente ativos, fazendo grandes quantidades de água serem absorvidas pela matriz. Isso dá origem a uma pressão de turgescência que é equilibrada pela tensão das fibras de colágeno entrelaçadas com os proteoglicanos. Quando a matriz é rica em colágeno e grandes quantidades de GAGs são aprisionadas nessa trama, as pressões de turgescências e a tensão de contrabalanço são enormes. Tal matriz é forte, elástica e resistente à compressão. A matriz da cartilagem que reveste as articulações dos joelhos, por exemplo, apresenta essa característica: ela pode suportar pressões de centenas de quilos por centímetro quadrado.

QUESTÃO 20-3

Os proteoglicanos são caracterizados pela abundância de cargas negativas nas suas cadeias de açúcares. Como as propriedades dessas moléculas difeririam se as cargas negativas não fossem abundantes?

Os proteoglicanos desempenham muitas funções sofisticadas, além de fornecer um espaço hidratado ao redor das células. Eles podem formar géis e poros de tamanho e densidade de carga variados que atuam como filtros para regular a passagem de moléculas para o meio extracelular. Eles podem ligar fatores de crescimento secretados e outras proteínas que atuam como sinais extracelulares para as células. Também podem bloquear, apoiar ou guiar a migração celular pela matriz. De todas essas formas, os componentes da matriz influenciam o comportamento das células, frequentemente as mesmas células que produziram a matriz – uma interação recíproca que tem importantes efeitos na diferenciação celular e na disposição das células em um tecido. Ainda há muito a ser aprendido a respeito da maneira pela qual as células tecem o tapete de moléculas da matriz e como atuam e organizam as mensagens químicas que elas depositam neste intrincado tecido bioquímico.

CAMADAS EPITELIAIS E JUNÇÕES CELULARES

Há mais de 200 tipos celulares visivelmente diferentes no organismo vertebrado. A maioria deles está organizada em **epitélios** – camadas multicelulares nas quais as células estão unidas lado a lado. Em alguns casos, a camada possui muitas células de espessura, ou seja, é *estratificada*, como na epiderme (a camada mais externa da pele). Em outros casos, trata-se de um *epitélio simples*, com somente uma célula de espessura, como o que reveste o intestino. As células epiteliais podem apresentar várias formas: podem ser altas e colunares, atarracadas e cuboides, ou achatadas e escamosas (**Figura 20-19**). Dentro de uma camada, as células podem ser todas do mesmo tipo ou uma mistura de tipos diferentes. Alguns epitélios, como a pele, podem simplesmente atuar como uma barreira protetora; outros podem exercer funções bioquímicas complexas. Alguns secretam produtos especializados, como hormônios, leite ou lágrimas; outros, como aqueles que revestem o intestino, podem absorver nutrientes. Alguns tipos epiteliais ainda podem detectar sinais, como os fotorreceptores na retina dos olhos

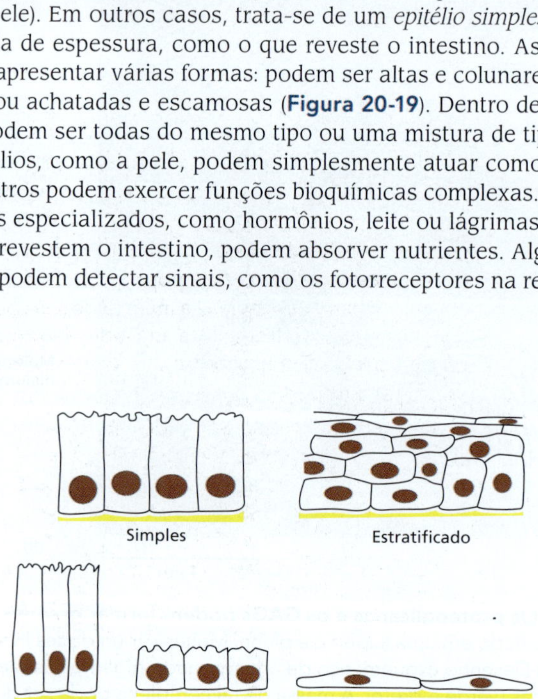

Figura 20-19 As células podem ser unidas de diferentes maneiras para formar uma camada epitelial. São apresentados cinco tipos básicos de epitélios.

que detectam a luz, ou as células ciliadas auditivas da orelha, que detectam o som (ver Figura 12-27). Apesar dessas e de outras variações, pode-se reconhecer uma série de padrões estruturais característicos compartilhados por quase todas as células epiteliais animais. A organização das células epiteliais é tão trivial que parece óbvio; no entanto, requer uma série de dispositivos especializados, como veremos, comuns a uma ampla variedade de tipos celulares epiteliais.

Os epitélios recobrem a superfície externa do corpo e revestem todas as cavidades internas, e devem ter sido uma característica precoce na evolução dos animais. As células são unidas em uma camada epitelial, criando uma barreira com a mesma significância para os organismos multicelulares que a membrana plasmática para uma célula única. Ela mantém algumas moléculas dentro e outras fora do organismo; captura nutrientes e exporta resíduos; contém receptores para os sinais ambientais; e protege o interior do organismo dos microrganismos invasores e da perda de líquidos.

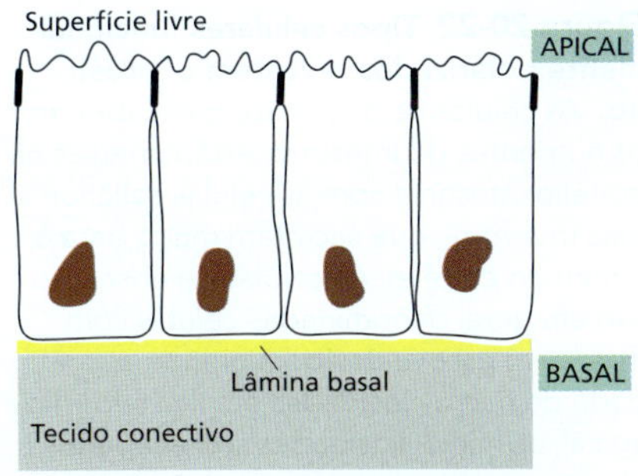

Figura 20-20 Uma camada de células epiteliais possui uma superfície apical e uma basal. A superfície basal se apoia sobre uma camada especializada de matriz extracelular denominada lâmina basal, e a superfície apical é livre.

As camadas epiteliais são polarizadas e repousam na lâmina basal

Uma camada epitelial possui duas faces: a superfície **apical** é livre e exposta ao ar ou a um fluido aquoso. A superfície **basal** é ligada a uma camada de tecido conectivo denominada lâmina basal (**Figura 20-20**). A **lâmina basal** consiste em uma fina e forte camada de matriz extracelular composta, principalmente, de um tipo especializado de colágeno (colágeno tipo IV) e uma proteína denominada *laminina* (**Figura 20-21**). A laminina fornece os locais de adesão para as moléculas de integrina na membrana plasmática basal das células epiteliais, desempenhando um papel de ligação como o da fibronectina nos outros tecidos conectivos.

As faces apicais e basais do epitélio são quimicamente diferentes, refletindo a organização polarizada de cada célula epitelial: cada uma delas possui uma porção superior e uma porção inferior, com propriedades e funções distintas. Essa polaridade é crucial para a função epitelial. Considere, por exemplo, um epitélio simples colunar que reveste o intestino delgado dos mamíferos. Ele consiste, sobretudo, em dois tipos celulares misturados: células de absorção, que capturam os nutrientes, e células caliciformes (assim denominadas em razão da sua forma), que secretam o muco que protege e lubrifica o revestimento do intestino

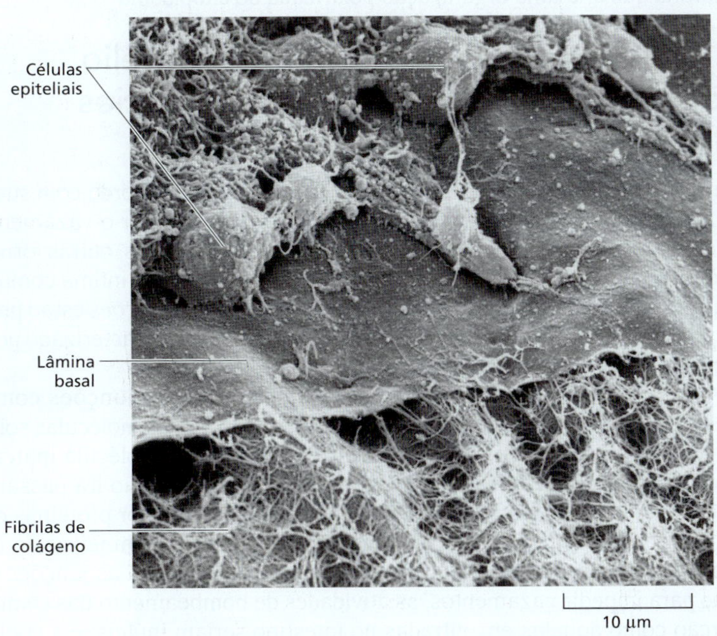

Figura 20-21 A lâmina basal sustenta a camada de células epiteliais. Micrografia eletrônica de varredura de uma lâmina basal da córnea de um embrião de galinha. Algumas das células epiteliais foram removidas para expor a superfície superior da lâmina basal em forma de manto que parece uma onda em razão do colágeno tipo IV e de proteínas lamininas. Uma rede de outras fibrilas de colágeno do tecido conectivo subjacente interage com a face inferior da lâmina. (Cortesia de Robert Trelstad.)

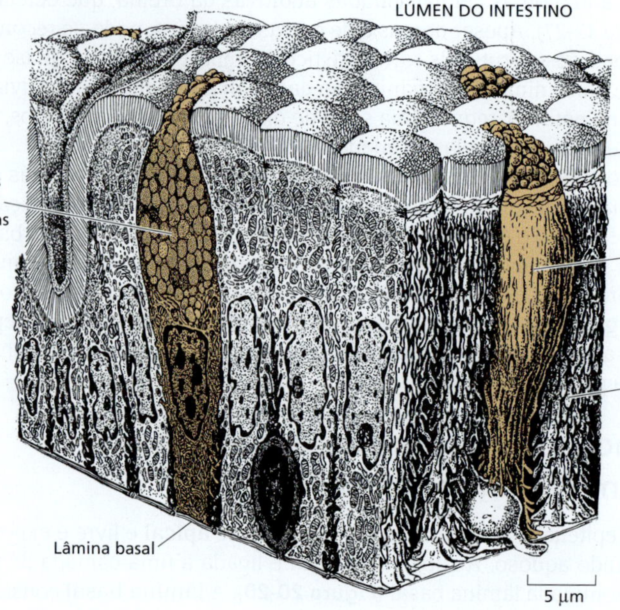

Figura 20-22 Tipos celulares funcionalmente polarizados revestem o intestino. As células de absorção, que capturam os nutrientes do intestino, estão imersas no epitélio intestinal com as células caliciformes (*marrom*), que secretam muco para o lúmen do epitélio. As células de absorção são em geral denominadas *células com borda em escova* devido à grande quantidade de microvilosidades em sua superfície apical; as microvilosidades servem para aumentar a área apical da membrana plasmática para o transporte de pequenas moléculas para o interior da célula. As células caliciformes possuem forma de cálice em função da massa de vesículas secretórias que distendem o citoplasma na sua região apical. (Adaptada de R. Krstić, Human Microscopic Anatomy. Berlin: Springer, 1991. Com permissão de Springer-Verlag.)

(**Figura 20-22**). Os dois tipos celulares são polarizados. As células de absorção importam as moléculas nutritivas do lúmen do intestino pela sua superfície apical e exportam essas moléculas pela lâmina basal para os tecidos subjacentes. Para fazer isso, as células de absorção necessitam de diferentes grupos de proteínas de transporte nas suas membranas plasmáticas basais e apicais (ver Figura 12-14). As células caliciformes também devem ser polarizadas, mas de maneira distinta. Elas devem sintetizar muco e então secretá-lo somente em sua extremidade apical (ver Figura 20-22). O aparelho de Golgi, as vesículas secretórias e o citoesqueleto estão polarizados para que isso seja possível. Para os dois tipos de células epiteliais, a polaridade celular depende das junções que as células formam umas com as outras e com a lâmina basal. Estas, por sua vez, controlam a organização de um sistema elaborado de proteínas intracelulares associadas à membrana que cria uma organização polarizada do citoplasma.

As junções compactas tornam o epitélio impermeável e separam suas superfícies apical e basal

As **junções celulares** epiteliais podem ser classificadas de acordo com sua função. Algumas fornecem uma vedação compacta para impedir o vazamento de moléculas ao longo do epitélio pelos espaços entre suas células; outras fornecem ligações mecânicas fortes; e outras, ainda, um tipo especial de íntima comunicação química. Na maioria dos epitélios, todos esses tipos de junções estão presentes ao mesmo tempo. Como veremos, cada tipo de junção é caracterizado por sua própria classe de proteínas de membrana

A função de vedação é realizada (nos vertebrados) pelas **junções compactas**. Essas junções selam as células vizinhas de modo que as moléculas solúveis em água não podem vazar facilmente entre elas. Se uma molécula marcada é adicionada a um lado da camada de células epiteliais, ela não irá passar pela junção compacta (**Figura 20-23A e B**). A junção é formada por proteínas denominadas *claudinas* e *ocludinas*, as quais estão organizadas em feixes ao longo das linhas das junções, criando o lacre (**Figura 20-23C**). Sem as junções compactas para impedir vazamentos, as atividades de bombeamento das células de absorção como aquelas encontradas no intestino seriam inúteis, e a composi-

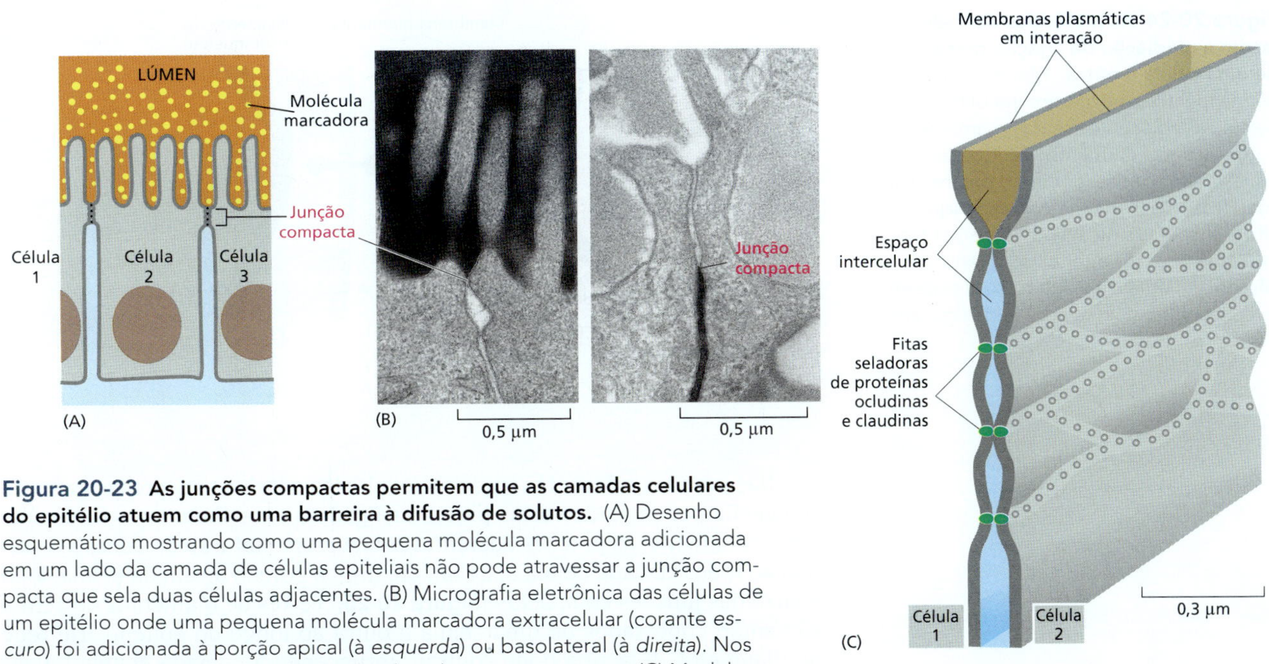

Figura 20-23 As junções compactas permitem que as camadas celulares do epitélio atuem como uma barreira à difusão de solutos. (A) Desenho esquemático mostrando como uma pequena molécula marcadora adicionada em um lado da camada de células epiteliais não pode atravessar a junção compacta que sela duas células adjacentes. (B) Micrografia eletrônica das células de um epitélio onde uma pequena molécula marcadora extracelular (corante *escuro*) foi adicionada à porção apical (à *esquerda*) ou basolateral (à *direita*). Nos dois casos, a molécula marcadora é detida pela junção compacta. (C) Modelo da estrutura da junção compacta mostrando como as células são seladas pelas ramificações das fitas de proteínas transmembrânicas denominadas claudinas e ocludinas (*verde*), nas membranas plasmáticas das células em interação. Cada tipo de proteína se liga ao mesmo tipo na membrana oposta (não apresentado). (B, cortesia de Daniel Friend.)

ção do líquido extracelular seria a mesma nos dois lados do epitélio. As junções compactas também desempenham um papel importante na polaridade de cada célula epitelial. Primeiro, as junções compactas ao redor da região apical de cada célula impedem a difusão de proteínas, mantendo o domínio apical da membrana plasmática diferente do domínio basal (ou basolateral) (ver Figura 11-32). Segundo, em muitos epitélios, as junções compactas são os locais da reunião dos complexos de proteínas intracelulares que controlam a polaridade apical-basal do interior da célula.

As junções ligadas ao citoesqueleto unem firmemente as células epiteliais umas às outras e à lâmina basal

As junções celulares que mantêm o epitélio unido, pela formação de ligações mecânicas, são de três principais tipos. As *junções aderentes* e os *desmossomos* ligam uma célula epitelial à outra, enquanto os *hemidesmossomos* ligam as células epiteliais à lâmina basal. Todas essas junções fornecem a força mecânica pela mesma estratégia: as proteínas que formam a adesão celular atravessam a membrana plasmática e estão ligadas no interior da célula aos filamentos do citoesqueleto. Assim, os filamentos do citoesqueleto são presos em uma rede que se estende de uma célula à outra por toda a extensão do tecido epitelial.

As junções aderentes e os desmossomos são formados ao redor das proteínas transmembrânicas que pertencem à família das **caderinas**. A molécula de caderina da membrana plasmática de uma célula se liga diretamente a uma molécula de caderina idêntica na membrana plasmática da célula vizinha (**Figura 20-24**). Tais ligações entre moléculas semelhantes são denominadas ligações *homofílicas*. No caso das caderinas, a ligação requer a presença de Ca^{2+} no meio extracelular, o que explica o nome dessas proteínas.

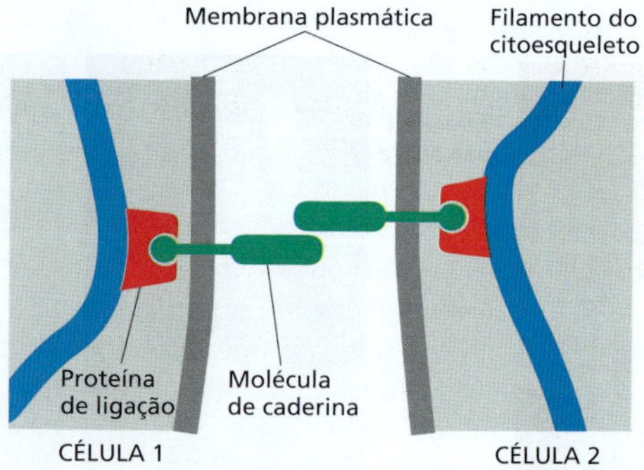

Figura 20-24 As moléculas de caderina fazem a mediação da ligação mecânica de uma célula à outra. Moléculas de caderina idênticas na membrana plasmática de células adjacentes se ligam umas às outras extracelularmente; dentro das células, elas são ligadas, por meio de proteínas ligadoras, aos filamentos do citoesqueleto – filamentos de actina ou filamentos intermediários de queratina. Quando as células tocam umas nas outras, suas caderinas se concentram nesses pontos de ligação (**Animação 20.2**).

Nas **junções aderentes**, cada molécula de caderina está presa dentro de sua célula por meio de várias proteínas ligadoras aos filamentos de actina. Frequentemente, as junções aderentes formam um cinturão de adesão contínuo ao redor de cada célula epitelial, próximo à porção apical da célula, logo abaixo das junções compactas (**Figura 20-25**). Feixes de filamentos de actina são então conectados de uma célula à outra ao longo do epitélio. Tal rede de filamentos de actina pode contrair, fornecendo à camada epitelial a capacidade de desenvolver tensão e mudar sua forma de maneira notável. Ao encolher a superfície apical de uma camada epitelial ao longo de um eixo, a camada pode enrolar-se sobre si mesma formando um tubo (**Figura 20-26A e B**). Alternativamente, ao encolher sua superfície apical em todas as direções, a camada pode invaginar em um cálice e por fim criar uma vesícula esférica se desprendendo do restante do epitélio (**Figura 20-26C**). Movimentos epiteliais como esses são importantes no desenvolvimento embrionário, onde criam estruturas como o tubo neural (ver Figura 20-26B), o qual dá origem ao sistema nervoso central, e a vesícula da lente, que dá origem à lente dos olhos (ver Figura 20-26C).

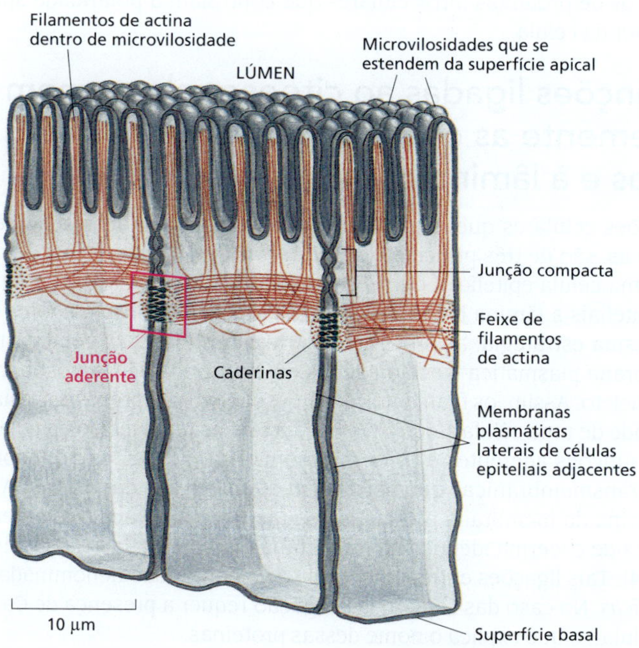

Figura 20-25 As junções aderentes formam cinturões de adesão ao redor das células epiteliais no intestino delgado. Um feixe contrátil de filamentos de actina percorre a superfície citoplasmática da membrana plasmática próximo ao ápice de cada célula. Esses feixes estão ligados aos das células adjacentes por meio das moléculas de caderina transmembrânica (ver Figura 20-24).

Em um **desmossomo**, um grupo diferente de moléculas de caderina conecta os *filamentos de queratina*, os filamentos intermediários encontrados especificamente nas células epiteliais (ver Figura 17-5). Feixes de filamentos de actina, semelhantes a uma corda, cruzam o citoplasma e se soldam aos feixes de filamentos de queratina das células adjacentes por meio dos desmossomos (**Figura 20-27**). Esse arranjo confere grande força elástica à camada epitelial e é particularmente abundante no epitélio resistente e exposto como o da epiderme.

As bolhas são um lembrete doloroso de que não é suficiente que as células da epiderme estejam ligadas fortemente umas às outras: elas também devem estar ancoradas ao tecido conectivo subjacente. Como observado antes, a ancoragem é mediada pelas integrinas na membrana plasmática basal das células. Os domínios extracelulares dessas integrinas se ligam à laminina na lâmina basal. Dentro das células, as caudas das integrinas estão ligadas aos filamentos de queratina, criando uma estrutura que se assemelha superficialmente a meio desmossomo. Essas uniões das células epiteliais à lâmina basal abaixo delas são, portanto, chamadas de **hemidesmossomos** (**Figura 20-28**).

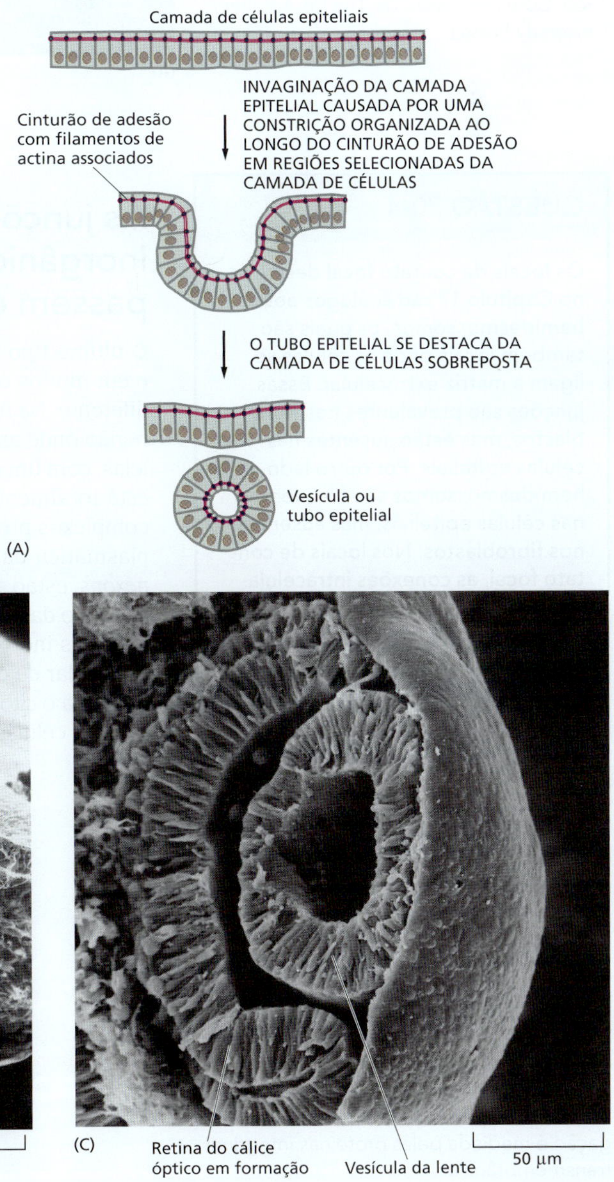

Figura 20-26 As camadas epiteliais podem ser dobradas para formar um tubo ou uma vesícula. A contração dos feixes apicais dos filamentos de actina ligados de uma célula à outra pelas junções aderentes faz as células contraírem seus ápices. Dependendo do fato de a contração da camada epitelial ser orientada ao longo de um eixo ou ser igual em todas as direções, o epitélio irá se enrolar formando um tubo, ou invaginar formando uma vesícula. (A) O diagrama mostra como a contração apical ao longo de um eixo de uma camada epitelial pode fazer essa camada formar um tubo. (B) Micrografia eletrônica de varredura de um corte transversal no tronco de um embrião de galinha de dois dias mostrando a formação do tubo neural pelo processo apresentado em (A). Parte da camada epitelial que reveste a superfície do embrião se espessou e enrolou pela contração apical. As dobras opostas estão quase se fundindo, e a seguir a estrutura irá se desprender para formar o tubo neural. (C) Micrografia eletrônica de varredura de um embrião de galinha mostrando a formação do cálice óptico da lente. Um segmento do epitélio da superfície sobre o cálice óptico em formação tornou-se côncavo e desprendeu-se como uma vesícula separada: a vesícula da lente, dentro do cálice óptico. Este processo é coordenado por um estreitamento apical das células epiteliais em todas as direções. (B, cortesia de Jean-Paul Revel; C, cortesia de K.W. Tosney.)

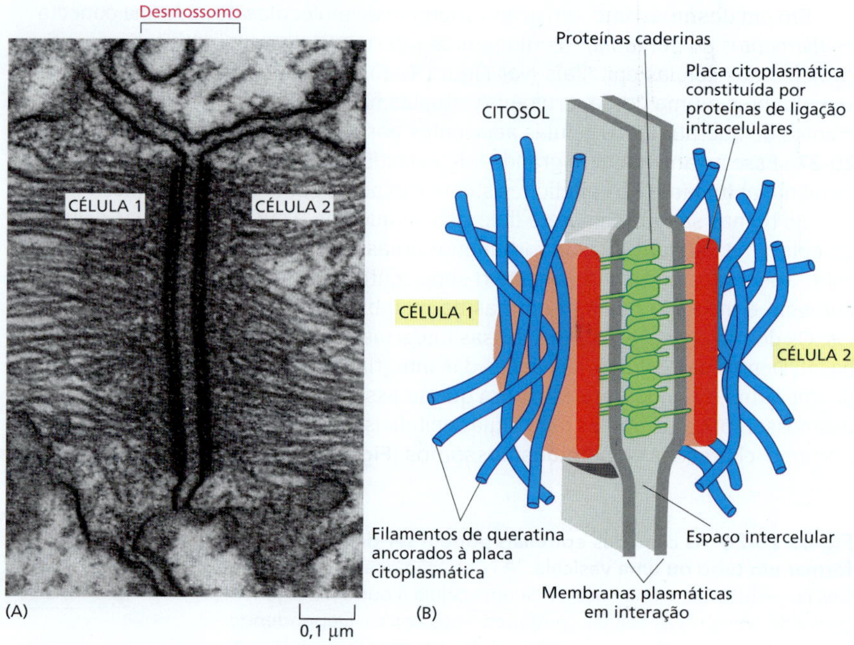

Figura 20-27 Os desmossomos ligam os filamentos intermediários de queratina de uma célula epitelial à outra. (A) Micrografia eletrônica de um desmossomo unindo duas células na epiderme da pele de um tritão, mostrando a ligação dos filamentos de queratina. (B) Desenho esquemático de um desmossomo. Na superfície citoplasmática de cada membrana plasmática que interage, encontra-se uma densa placa composta por uma mistura de proteínas de ligação intracelulares. Um feixe de filamentos de queratina está ligado à superfície de cada placa. As caudas citoplasmáticas das proteínas caderinas transmembrânicas se ligam à face externa de cada placa. Seus domínios extracelulares interagem para manter as células unidas. (A, de D.E. Kelly, *J. Cell Biol.* 28:51–72, 1966. Com permissão de The Rockefeller University Press.)

QUESTÃO 20-4

Os locais de contato focal descritos no Capítulo 17 são análogos aos hemidesmossomos, os quais são também locais onde as células se ligam à matriz extracelular. Essas junções são prevalentes nos fibroblastos, mas estão ausentes nas células epiteliais. Por outro lado, os hemidesmossomos são frequentes nas células epiteliais, mas ausentes nos fibroblastos. Nos locais de contato focal, as conexões intracelulares são realizadas com os filamentos de actina, enquanto nos hemidesmossomos as conexões são com os filamentos intermediários. Por que você acha que esses dois diferentes tipos celulares se ligam de modo distinto à matriz extracelular?

As junções tipo fenda permitem que íons inorgânicos citosólicos e pequenas moléculas passem de uma célula para outra

O último tipo de junção celular epitelial, encontrado em quase todo o epitélio e em muitos outros tipos de tecidos animais, tem uma função completamente diferente. Na microscopia eletrônica, esta **junção tipo fenda** aparece como uma região onde as membranas das duas células estão próximas e exatamente paralelas, com um espaço bem estreito de 2 a 4 nm entre elas. Entretanto, a fenda não está totalmente vazia; ela é atravessada por extremidades salientes de muitos complexos proteicos transmembrânicos idênticos que se situam na membrana plasmática das duas células justapostas. Esses complexos, denominados *conéxons*, estão alinhados de ponta a ponta formando canais preenchidos de água ao longo das duas membranas plasmáticas (**Figura 20-29A**). Os canais permitem que íons inorgânicos e pequenas moléculas solúveis em água (até uma massa molecular de cerca de 1.000 dáltons) passem diretamente do citosol de uma célula para o citosol da outra. Isso cria um acoplamento metabólico e elétrico entre as duas células. As junções tipo fenda entre as células do músculo cardíaco, por

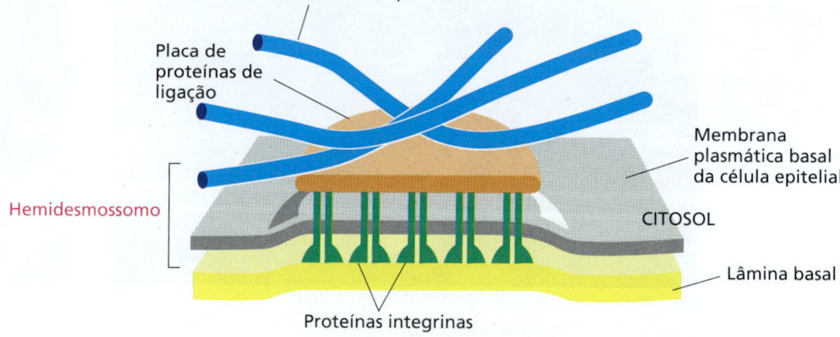

Figura 20-28 Os hemidesmossomos ancoram os filamentos de queratina de uma célula epitelial à lâmina basal. A ligação é mediada pelas proteínas integrinas transmembrânicas.

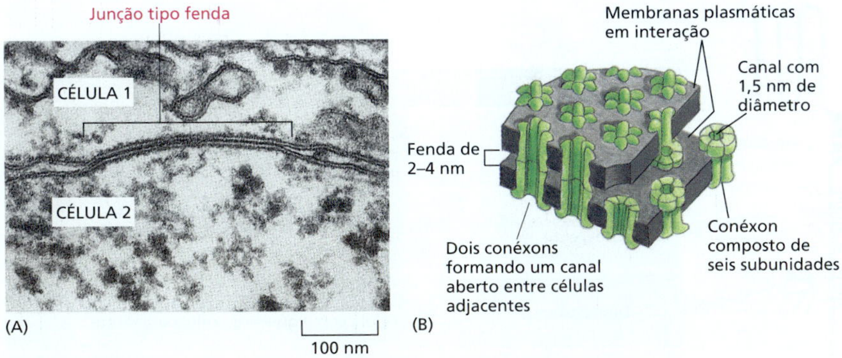

Figura 20-29 As junções tipo fenda proporcionam um canal de comunicação direta entre duas células adjacentes. (A) Micrografia eletrônica de camada delgada de uma junção tipo fenda entre duas células em cultura. (B) Modelo de uma junção tipo fenda. O desenho mostra a interação das membranas plasmáticas de duas células adjacentes. As membranas justapostas são penetradas por grupos de proteínas denominadas *conéxons* (*verde*), cada um formado por seis subunidades proteicas idênticas. Dois conéxons se unem através da fenda intercelular para formar um canal aquoso conectando o citosol das duas células. (A, de N.B. Gilula, in Cell Communication [R.P. Cox, ed.], p. 1–29. New York: Wiley, 1974. Com permissão de John Wiley & Sons, Inc.)

exemplo, proporcionam o acoplamento elétrico que permite que ondas elétricas de excitação se espalhem sincronicamente por todo o coração, ativando a contração coordenada das células que produz cada batimento cardíaco.

As junções tipo fenda, em muitos tecidos, podem se abrir ou fechar em resposta aos sinais extra ou intracelulares. O neurotransmissor dopamina, por exemplo, reduz a comunicação da junção tipo fenda de uma classe de neurônios da retina em resposta ao aumento da intensidade da luz (**Figura 20-30**). Essa redução da permeabilidade da junção tipo fenda altera o padrão de sinalização elétrica e ajuda a retina a alternar o uso dos bastonetes fotorreceptores, os quais são ótimos detectores de luz baixa, para o uso dos cones fotorreceptores, os quais detectam cor e detalhes finos com alta intensidade luminosa. A função das junções tipo fenda, e de outras junções encontradas nas células animais, estão resumidas na **Figura 20-31**.

Os tecidos vegetais não possuem esses tipos de junções celulares que discutimos até agora, pois suas células são unidas por sua parede celular. Entretanto, curiosamente, eles possuem uma estrutura semelhante à junção tipo fenda. O citoplasma das células vegetais adjacentes é conectado por pequenos canais comunicantes denominados **plasmodesmas**, que se estendem pela parede celular. Ao contrário dos canais das junções tipo fenda, os plasmodesmas são canais citoplasmáticos alinhados com a membrana plasmática (**Figura 20-32**). Portanto, nas plantas, o citoplasma, em princípio, é contínuo de uma célula para outra. Pequenas moléculas inorgânicas e mesmo macromoléculas, incluindo algumas proteínas e RNAs reguladores, podem passar pelo plasmodesma. O tráfego controlado dos reguladores de transcrição e RNAs reguladores de uma célula para outra é importante no desenvolvimento das plantas.

QUESTÃO 20-5

As junções tipo fenda são estruturas dinâmicas que, assim como os canais iônicos convencionais, são controladas: elas podem se fechar por uma mudança conformacional reversível em resposta a alterações celulares. A permeabilidade das junções tipo fenda é reduzida em segundos, por exemplo, quando a concentração de Ca^{2+} intracelular aumenta. Discuta por que essa forma de regulação pode ser importante para manter um tecido saudável.

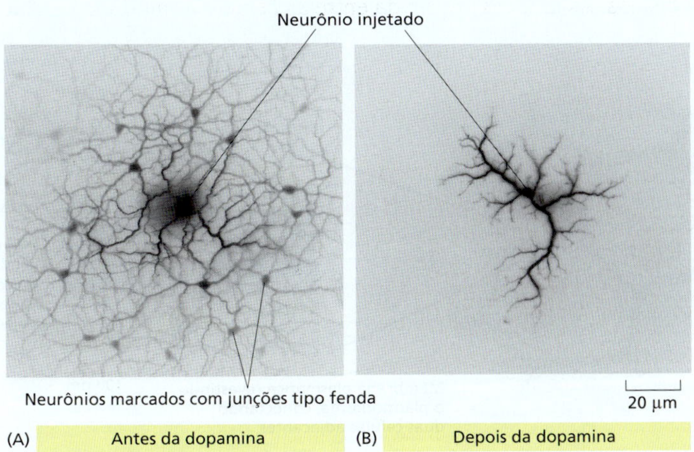

Figura 20-30 Sinais extracelulares podem regular a permeabilidade das junções tipo fenda. (A) Um neurônio da retina de um coelho (centro) foi injetado com um corante que passa facilmente pela junção tipo fenda. O corante difunde-se rapidamente da célula injetada, marcando os neurônios circundantes, os quais estão conectados pelas junções tipo fenda. (B) Tratamento da retina com o neurotransmissor dopamina antes que a injeção do corante reduza a permeabilidade das junções tipo fenda e impeça que o corante se espalhe. (Cortesia de David Vaney.)

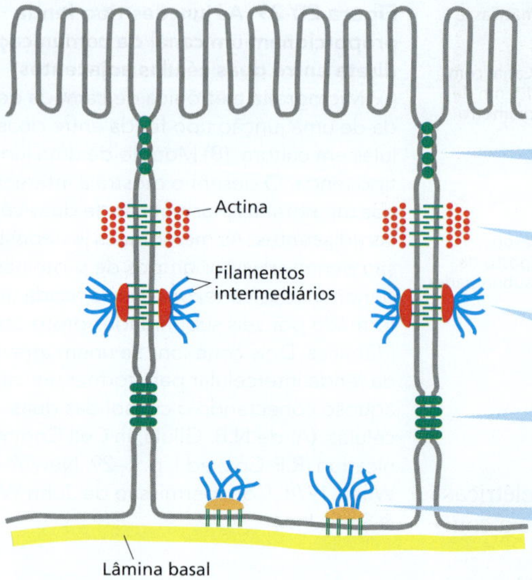

Nome	Função
Junção compacta	Sela as células vizinhas na camada epitelial impedindo que moléculas extracelulares passem entre elas; auxilia na polarização celular.
Junção aderente	Une um feixe de actina de uma célula a um feixe similar na célula adjacente.
Desmossomo	Une os filamentos intermediários de uma célula com aqueles da célula adjacente.
Junção tipo fenda	Forma canais que permitem que pequenas moléculas intracelulares solúveis em água, incluindo íons inorgânicos e metabólitos, passem de uma célula para outra.
Hemidesmossomo	Ancora os filamentos intermediários de uma célula à lâmina basal

Figura 20-31 Vários tipos de junções celulares são encontrados nos epitélios animais. As junções compactas são peculiares ao epitélio. Os outros tipos também ocorrem, de forma modificada, em vários tecidos não epiteliais.

MANUTENÇÃO E RENOVAÇÃO DOS TECIDOS

Não podemos contemplar a organização dos tecidos sem ficarmos perplexos com tais estruturas e padrões surpreendentes são formados. Esta questão suscita outra ainda mais desafiadora – um quebra-cabeças que é um dos mais antigos e fundamentais de toda a biologia: como um organismo multicelular complexo é gerado a partir de um único óvulo fertilizado?

No processo de desenvolvimento, o óvulo fertilizado divide-se repetidas vezes dando origem a um clone de células – cerca de 10.000.000.000.000 nos seres humanos –, todas contendo, essencialmente, o mesmo genoma, mas especializadas de diferentes maneiras. Esse clone possui uma estrutura. Ele pode tomar a forma de uma margarida ou um carvalho, um ouriço-do-mar, uma baleia ou um camundongo (**Figura 20-33**). A estrutura é determinada pelo genoma contido no óvulo fertilizado. A sequência linear de nucleotídeos A, G, C e T no DNA coordena a produção de vários tipos celulares distintos, cada um expressando um grupo diferente de genes e organizado em um padrão tridimensional preciso e intrincado que se forma durante o desenvolvimento.

Embora a estrutura final do corpo de um animal possa ser extremamente complexa, ele é produzido por um repertório limitado de atividades celulares. Um exemplo de todas essas atividades foi discutido nas primeiras páginas deste livro. As células crescem, dividem-se, migram e morrem. Elas formam ligações mecânicas e produzem forças que ligam as camadas epiteliais. Diferenciam-se ativando

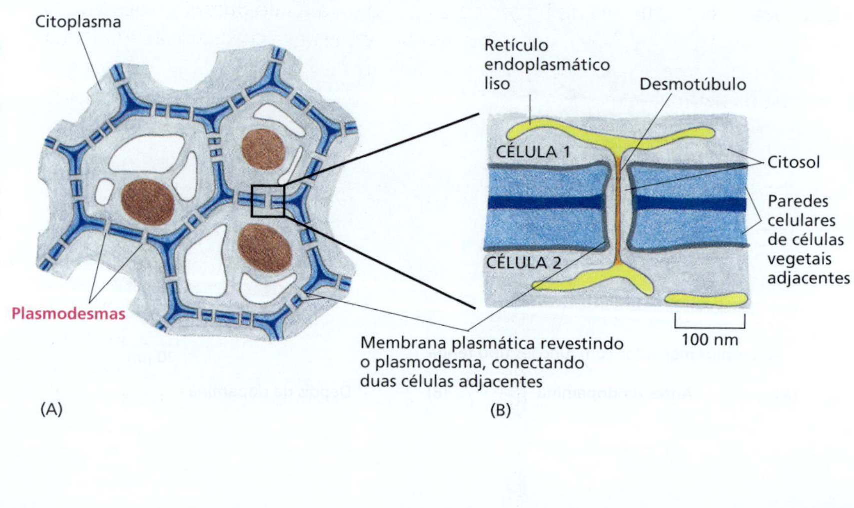

Figura 20-32 As células vegetais estão conectadas via plasmodesmas. (A) Os canais citoplasmáticos dos plasmodesmas perfuram a parede celular das células vegetais, conectando o interior de todas as células da planta. (B) Cada plasmodesma está alinhado com a membrana plasmática comum às duas células conectadas. O plasmodesma normalmente contém uma fina estrutura tubular, o desmotúbulo, derivado do retículo endoplasmático liso.

Figura 20-33 O genoma do óvulo fertilizado determina a estrutura final do clone de células que ele irá originar. (A e B) Um óvulo fertilizado de ouriço-do-mar dá origem a um ouriço-do-mar; (C e D) um óvulo fertilizado de camundongo dá origem a um camundongo. (A, cortesia de David McClay; B, cortesia do Alaska Department of Fish and Game; C, cortesia de Patricia Calarco, a partir de G. Martin, *Science* 209:768–776, 1980, com permissão de AAAS; D, cortesia do US Department of Agriculture, Agricultural Research Service.)

ou inibindo a produção de um grupo específico de proteínas e RNAs reguladores. Produzem sinais moleculares que influenciam as células adjacentes e respondem aos sinais moleculares que as células adjacentes lhes enviam. Elas lembram os efeitos de sinais que receberam previamente e se tornam, de forma progressiva, cada vez mais especializadas nas características que adotaram. O genoma, idêntico em quase todas as células, define as regras pelas quais essas várias atividades celulares possíveis são desenvolvidas. Por meio desse funcionamento em cada célula individualmente, o genoma coordena todo o processo intrincado pelo qual um organismo multicelular é gerado a partir de um óvulo fertilizado. As **Animações 1.1**, **20.3** e **20.4** são exemplos de como se inicia o desenvolvimento dos embriões de uma rã, uma mosca-da-fruta e um peixe-zebra, respectivamente.

Para os biólogos do desenvolvimento, o desafio é explicar como os genes coordenam toda a sequência dos eventos inter-relacionados que vão do óvulo fertilizado até o organismo adulto. Não respondemos a esta questão aqui: não temos espaço suficiente para fazê-lo de forma justa, mesmo atualmente conhecendo-se muito a respeito da base biocelular e genética do desenvolvimento. No entanto, as mesmas atividades básicas que se combinam para criar o organismo durante o desenvolvimento continuam também no organismo adulto, onde novas células são produzidas de modo contínuo com padrões precisamente controlados. É esse tópico mais limitado que discutimos nesta seção, focalizando a organização e a manutenção dos tecidos dos vertebrados adultos.

Os tecidos são misturas organizadas de muitos tipos celulares

Embora os tecidos especializados em nosso organismo difiram em muitos aspectos, eles apresentam algumas necessidades básicas, em geral fornecidas por uma mistura de tipos celulares, como ilustrado para a pele na **Figura 20-34**. Como já discutido, todos os tecidos precisam de força mecânica, que costuma ser proporcionada por um suporte ou uma rede de tecido conectivo povoado por fibro-

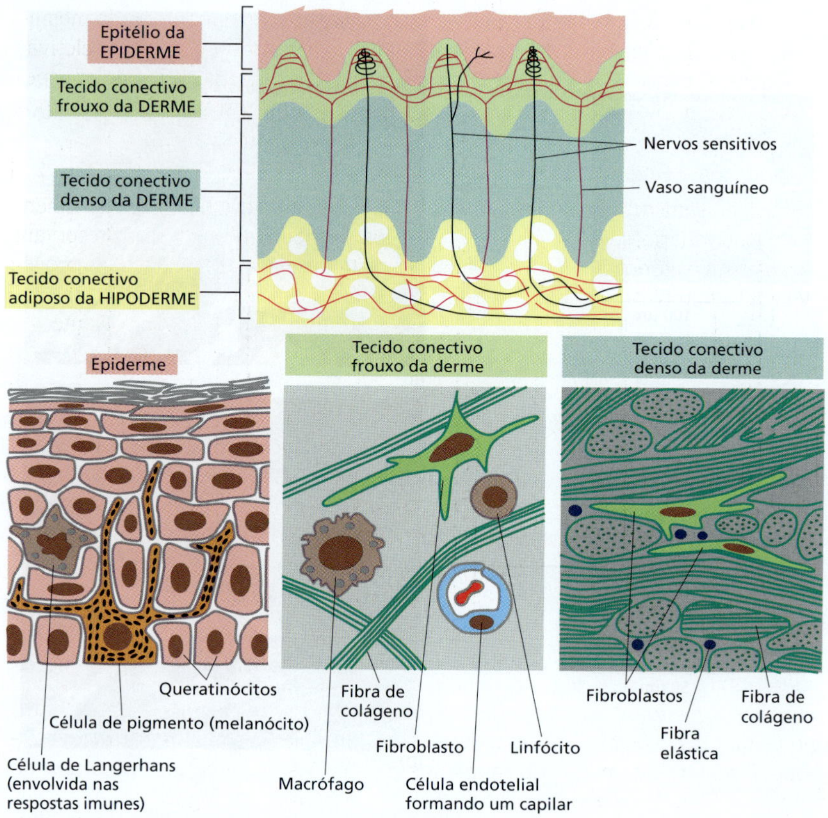

Figura 20-34 A pele dos mamíferos é constituída por vários tipos celulares. Diagrama esquemático mostrando a arquitetura celular das principais camadas da pele grossa. A pele pode ser considerada um grande órgão composto por dois tecidos principais: o tecido epitelial (a *epiderme*) na porção mais externa e o tecido conectivo na região interna. A porção mais externa da epiderme é formada por células mortas achatadas, cujas organelas intracelulares desapareceram (ver Figura 20-37). O tecido conectivo é formado por uma *derme* resistente (da qual se origina o couro) e uma *hipoderme* subjacente adiposa. A derme e a hipoderme são ricas em vasos sanguíneos e nervos; alguns desses nervos se estendem até a epiderme, como apresentado.

blastos. Nesse tecido conectivo, os vasos sanguíneos são revestidos por células endoteliais que satisfazem às necessidades de oxigênio, nutrientes e eliminação de resíduos. Igualmente, a maioria dos tecidos é inervada por axônios das células nervosas, os quais estão envolvidos pelas células de Schwann, que podem se enrolar ao redor dos axônios proporcionando isolamento elétrico. Os macrófagos se livram das células mortas ou danificadas e de outros restos indesejados, e os linfócitos e outros leucócitos combatem a infecção. A maioria desses tipos celulares se origina fora do tecido, invadindo-o no início do desenvolvimento (células endoteliais, axônios de células nervosas e células de Schwann) ou continuamente durante a vida do organismo (macrófagos e outros leucócitos).

Uma estrutura de suporte semelhante é necessária para manter as principais células especializadas de muitos tecidos: por exemplo, as células contráteis dos músculos, as células secretoras das glândulas, ou as células formadoras do sangue da medula óssea. Quase todos os tecidos são, portanto, uma mistura intrincada de muitos tipos celulares que devem permanecer diferentes uns dos outros enquanto coexistem em um mesmo ambiente. Além disso, em quase todos os tecidos adultos, as células estão morrendo continuamente e sendo substituídas. Apesar dessa confusão de substituição celular e renovação dos tecidos, a organização dos tecidos deve ser preservada.

Três principais fatores contribuem para tornar possível essa estabilidade estrutural.

1. *Comunicações celulares*: cada tipo de célula especializada monitora continuamente seu ambiente para sinais recebidos de outras células e ajusta seu comportamento de acordo. De fato, a sobrevivência da maioria das células depende de tais sinais sociais (discutidos no Capítulo 16). Essa comunicação assegura que novas células sejam produzidas e sobrevivam somente quando e onde forem necessárias.

2. *Adesão celular seletiva*: como os diferentes tipos celulares possuem diferentes caderinas e outras moléculas de adesão celular na sua membrana plasmáti-

ca, eles tendem a se manter unidos seletivamente a outras células do mesmo tipo por ligações homofílicas. Eles podem também formar ligações seletivas a determinados tipos celulares e a componentes da matriz extracelular específicos. A seletividade dessas adesões celulares impede que diferentes tipos celulares sejam caoticamente misturados em um tecido.

3. *Células de memória*: como vimos no Capítulo 8, padrões especializados de expressão gênica, despertados por sinais que atuaram durante o desenvolvimento embrionário, são estavelmente mantidos, de modo que as células preservam de forma autônoma suas características distintas e as passam para sua progênie. Os fibroblastos se dividem para produzir mais fibroblastos, as células endoteliais se dividem para produzir mais células endoteliais e assim por diante.

Diferentes tecidos são renovados em diferentes velocidades

A taxa e o padrão de *renovação celular* nos tecidos variam enormemente. Em um extremo temos o tecido nervoso, no qual muitas das células nervosas duram a vida inteira sem serem substituídas. No outro extremo está o epitélio intestinal, no qual as células são substituídas a cada três a seis dias. Entre esses extremos, há um espectro de diferentes taxas e estilos de substituição celular e renovação dos tecidos. O osso (ver Figura 20-8) possui um período de reposição de cerca de 10 dias nos humanos, envolvendo a renovação da matriz e das células. A matriz óssea velha é lentamente eliminada por uma série de células denominadas *osteoclastos*, semelhantes aos macrófagos, e a nova matriz é depositada por outro tipo celular, os *osteoblastos*, semelhantes aos fibroblastos. Novos eritrócitos são produzidos continuamente, nos humanos, por células precursoras formadoras do sangue na medula óssea. Eles são liberados na circulação sanguínea, onde recirculam continuamente por cerca de 120 dias antes de serem removidos e destruídos no fígado e no baço. Na pele, a camada externa da epiderme é continuamente descamada e substituída pelas células das camadas mais internas, de modo que a epiderme é renovada a cada dois meses. E assim por diante.

Nossa vida depende desses processos de renovação. Uma grande dose de radiação ionizante bloqueia a divisão celular e impede a renovação: dentro de poucos dias, o revestimento do intestino, por exemplo, torna-se destituído de células, causando uma diarreia devastadora e provocando a perda de água característica da doença de radiação aguda.

Claramente, deve haver mecanismos de controle elaborados para manter um equilíbrio entre produção e perda celular normal do organismo adulto sadio. O câncer se origina da violação desses controles, permitindo que as células, nos tecidos de autorrenovação, sobrevivam e proliferem em excesso. Portanto, para entender o câncer, é importante compreender o controle social normal de substituição celular que é alterado por essa condição.

As células-tronco fornecem um suprimento contínuo de células terminalmente diferenciadas

A maioria das células especializadas ou **diferenciadas** que necessitam de substituição contínua são, por si só, incapazes de se dividir. Os eritrócitos, as células epidérmicas da superfície da pele e as células caliciformes e de absorção do epitélio intestinal são exemplos desse tipo. Tais células são referidas como *terminalmente diferenciadas*: elas se encontram no final de seu desenvolvimento.

As células que substituem as células terminalmente diferenciadas que são perdidas são produzidas a partir de um estoque de *células precursoras* em proliferação, as quais, em geral, são derivadas de um número menor de **células-tronco** de autorrenovação. As células-tronco e as células precursoras em proliferação são retidas nos tecidos correspondentes junto às células diferenciadas. As células-tronco não são diferenciadas e podem dividir-se sem limites (ou ao menos

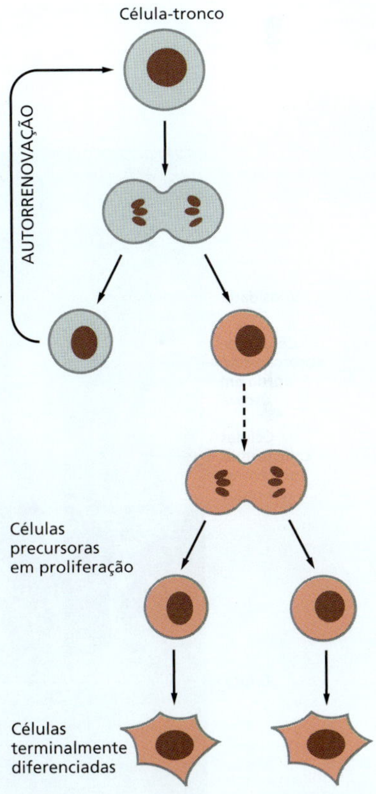

Figura 20-35 Quando uma célula-tronco se divide, cada célula-filha pode manter-se como célula-tronco ou prosseguir e tornar-se terminalmente diferenciada. As células terminalmente diferenciadas em geral se desenvolvem de células precursoras que se dividem um número limitado de vezes antes de diferenciar. As divisões das células-tronco também podem dar origem a duas células-tronco ou duas células precursoras, desde que o conjunto de células-tronco seja mantido.

QUESTÃO 20-6

Por que a radiação ionizante interrompe a divisão celular?

pelo tempo de vida do organismo). Quando a célula-tronco se divide, cada célula-filha tem uma escolha: ou ela permanece como célula-tronco, ou se encaminha para uma via que leva à diferenciação terminal, normalmente por meio de uma série de divisões de células precursoras (**Figura 20-35**). A tarefa das células-tronco e das células precursoras não é a de desempenhar as funções especializadas das células diferenciadas, mas sim de produzir as células que o farão. As células-tronco em geral estão em pequeno número e frequentemente possuem uma aparência indefinível, o que as torna de difícil identificação. Embora as células-tronco e as células precursoras não sejam diferenciadas, não obstante apresentam uma restrição no desenvolvimento: sob condições normais, elas expressam de modo estável uma série de reguladores de transcrição que asseguram que sua progênie diferenciada será do tipo celular adequado.

O padrão de substituição celular varia de acordo com o tecido no qual se encontra a célula-tronco. No revestimento do intestino delgado, por exemplo, as células de absorção e as células secretoras estão arranjadas como um epitélio de camada simples que reveste a superfície das estruturas semelhantes a dedos, as vilosidades que se projetam para o lúmen do intestino. Esse epitélio é contínuo com o epitélio que reveste as *criptas*, que descem até o tecido conectivo subjacente (**Figura 20-36A**). As células-tronco localizam-se próximas à base das criptas, onde originam as células precursoras em proliferação, as quais migram para a parte superior no plano da camada epitelial. À medida que se movem para a par-

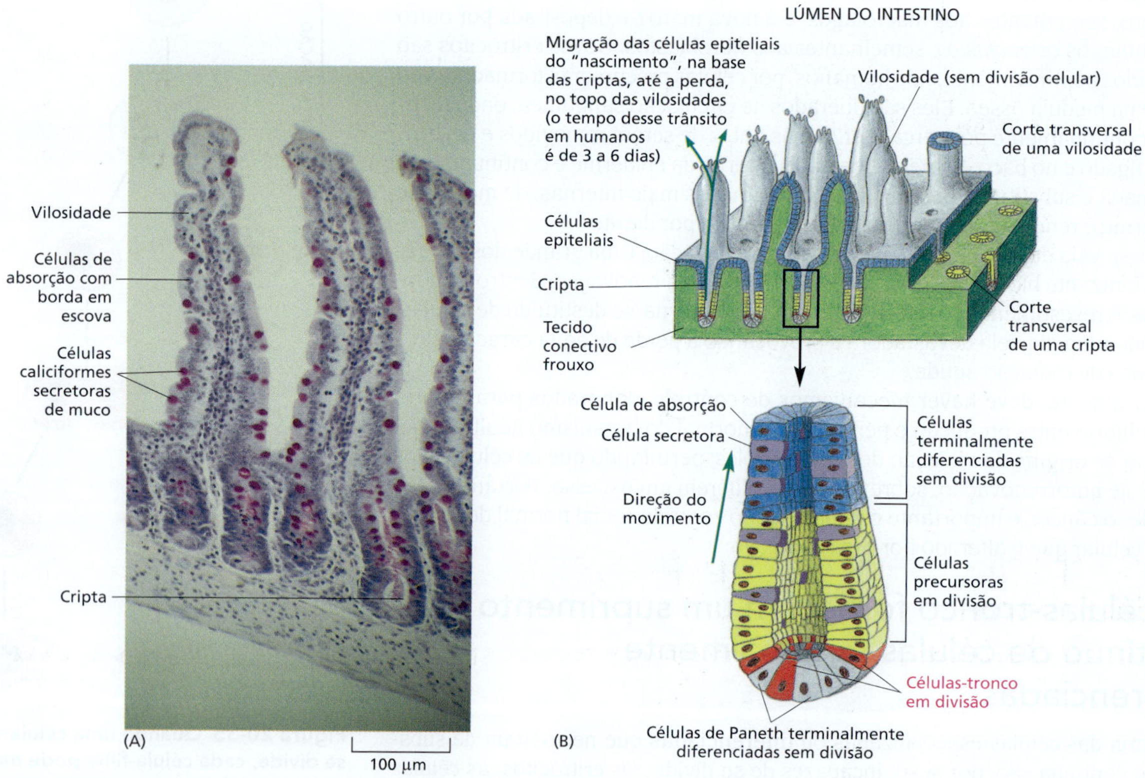

Figura 20-36 A renovação ocorre continuamente no epitélio que reveste o intestino do mamífero adulto. (A) Micrografia de uma secção de parte do revestimento do intestino delgado mostrando as vilosidades e as criptas. As células caliciformes secretoras de muco (coradas em *roxo*) estão dispersas entre as células de absorção com borda em escova no epitélio que reveste as vilosidades. Quantidades menores de outros dois tipos celulares secretores – as células endócrinas (não mostrado), que secretam hormônios intestinais, e as células de Paneth, que secretam proteínas antibacterianas – também estão presentes e derivam das mesmas células-tronco. (B) Desenho mostrando o padrão de renovação e proliferação das células-tronco e células precursoras. As células-tronco dão origem, sobretudo, às células precursoras em proliferação que se movem continuamente em direção ao topo e se diferenciam terminalmente em células secretoras ou células de absorção, as quais são desprendidas na extremidade das vilosidades. As células-tronco também originam as células de Paneth terminalmente diferenciadas que permanecem na base das criptas.

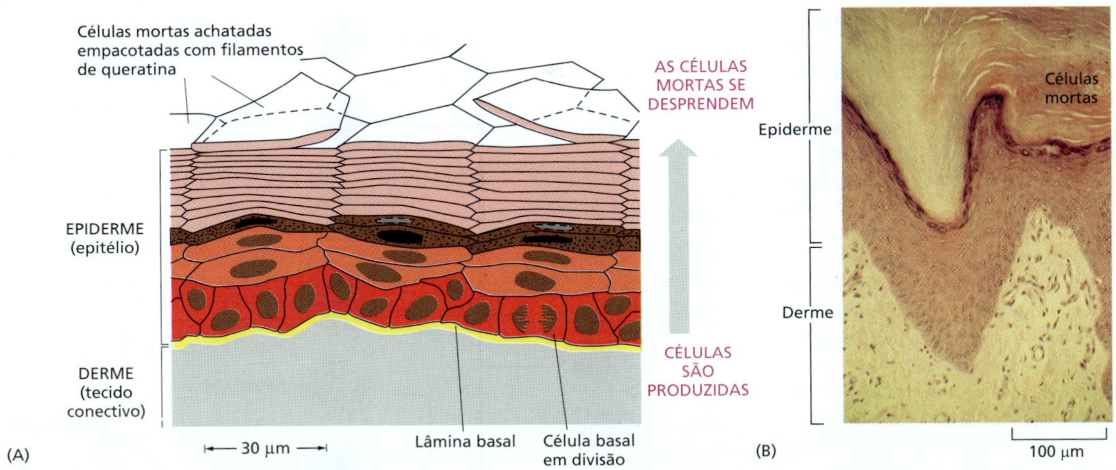

Figura 20-37 A epiderme da pele é renovada a partir das células-tronco de sua lâmina basal. (A) A camada basal contém uma mistura de células-tronco e células precursoras em divisão que são produzidas a partir das células-tronco. Após emergirem da camada basal, as células precursoras param de se dividir e se movem para fora à medida que se diferenciam. Finalmente, as células sofrem uma forma especial de morte celular: o núcleo e outras organelas se desintegram, e as células encolhem em forma de escamas achatadas, empacotadas com filamentos de queratina. Enfim, as escamas são perdidas na superfície da pele. (B) Micrografia óptica de uma secção transversal da planta de um pé humano corado com hematoxilina e eosina.

te superior, as células precursoras se diferenciam terminalmente em células de absorção ou células secretoras, as quais se desprendem no lúmen do intestino e morrem quando atingem a extremidade superior das vilosidades (**Figura 20-36B**).

Um exemplo contrastante é a epiderme, um epitélio estratificado. Na epiderme, as células-tronco em proliferação e as células precursoras estão confinadas à camada basal, aderidas à lâmina basal. As células em diferenciação se movem para fora do local de origem, em direção perpendicular ao plano da camada celular. As células terminalmente diferenciadas e seus restos são, por fim, desprendidos da superfície da pele (**Figura 20-37**).

Muitas vezes, um único tipo de célula-tronco dá origem a diversos tipos de progênie diferenciada. As células-tronco do intestino, por exemplo, produzem células de absorção, células caliciformes e outros tipos de células secretoras. O processo de formação das células sanguíneas, ou *hematopoiese*, fornece um exemplo extremo desse fenômeno. Todos os diferentes tipos de células sanguíneas – tanto os eritrócitos que transportam o oxigênio quanto vários tipos de leucócitos que combatem infecções (**Figura 20-38**) – derivam de uma *célula-tronco hematopoiética* comum encontrada na medula óssea (**Figura 20-39**).

Sinais específicos mantêm a população de células-tronco

Todos os sistemas de células-tronco requerem mecanismos de controle para assegurar que novas células sejam produzidas nos locais corretos e em número adequado. Os controles dependem dos sinais extracelular compartilhados entre as células-tronco, suas descendentes e outros tipos de células da vizinhança. Esses sinais, e as vias de sinalização intracelular que eles ativam, classificam-se em um surpreendentemente pequeno número de famílias, correspondendo a uma meia dúzia de mecanismos de sinalização básicos, alguns dos quais apresentados no Capítulo 16. Esses poucos mecanismos são empregados com frequência e em diferentes combinações, evocando distintas respostas em diferentes contextos, tanto no embrião quanto no adulto.

Quase todos esses mecanismos de sinalização contribuem para o desafio de manter a organização complexa de um sistema de células-tronco como o do intestino. Portanto, uma classe de moléculas de sinalização conhecida com **proteínas Wnt** atua promovendo a proliferação das células-tronco e das células

QUESTÃO 20-7

Por que você acha que as células epiteliais que revestem o intestino são renovadas frequentemente, ao passo que a maioria dos neurônios dura toda a vida do organismo?

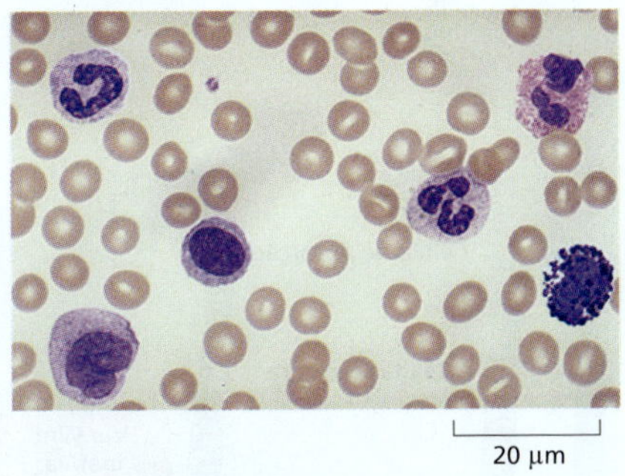

Figura 20-38 O sangue contém vários tipos celulares circulantes, todos derivados de um único tipo de célula-tronco. Amostra de esfregaço de sangue em uma lamínula de microscópio, fixada quimicamente (ver Painel 1-1, p. 10) e corada com hematoxilina, que reage com os ácidos nucleicos. A análise ao microscópio revelou inúmeros pequenos eritrócitos, que não possuem DNA. As células maiores coradas em roxo são diferentes tipos de leucócitos: linfócitos, eosinófilos, basófilos, neutrófilos e monócitos. Esfregaços sanguíneos desse tipo são rotineiramente usados como testes clínicos em hospitais. (Cortesia de Peter Takizawa.)

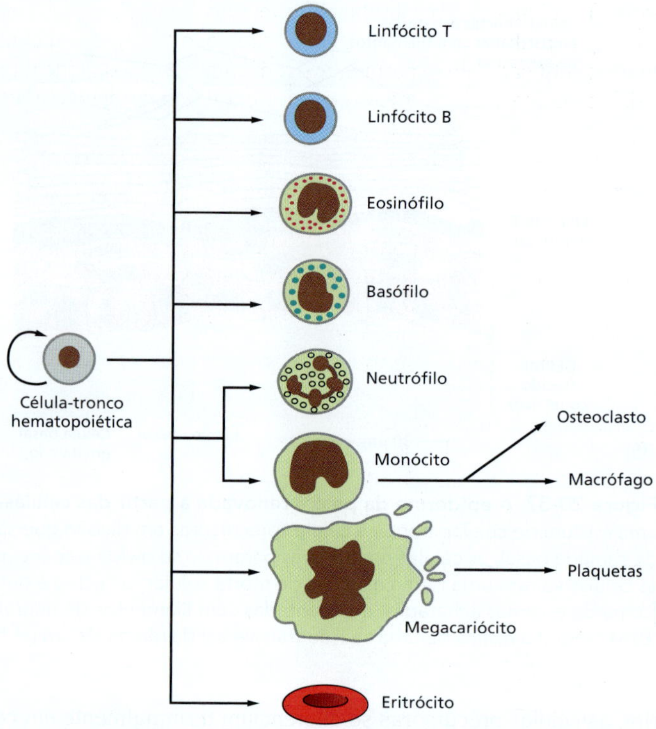

Figura 20-39 A célula-tronco hematopoiética divide-se para dar origem a mais células-tronco e células precursoras (não mostrado) que proliferam e se diferenciam nas células sanguíneas maduras encontradas na circulação. Os macrófagos, encontrados em muitos tecidos do organismo, e os osteoclastos, que digerem a matriz óssea, são produzidos pelas mesmas células precursoras, assim como vários outros tipos celulares não apresentados neste diagrama. Os megacariócitos dão origem às plaquetas sanguíneas por meio da descamação de fragmentos celulares (**Animação 20.5**). Um grande número de moléculas de sinalização extracelular já conhecidas atua em vários pontos dessa linhagem de células para controlar a produção de cada tipo celular e manter o número adequado de células precursoras e células-tronco.

precursoras na base das criptas intestinais (**Figura 20-40**). Além disso, as células das criptas produzem outros sinais que atuam a longa distância para impedir a ativação da via Wnt fora das criptas. Elas também trocam outros sinais para controlar sua diversificação, de modo que algumas se diferenciam em células secretoras enquanto outras se tornam células de absorção.

Alterações desses mecanismos de sinalização perturbam a estrutura do revestimento do intestino. Em particular, como analisamos adiante, defeitos na regulação da sinalização Wnt estão relacionados com as formas mais comuns de câncer intestinal humano.

As células-tronco podem ser usadas para reparar os tecidos danificados ou perdidos

Como as células-tronco podem proliferar indefinidamente e produzir descendentes que se diferenciam, elas proporcionam a renovação contínua dos tecidos normais e o reparo de tecidos perdidos por lesões. Por exemplo, transfundindo algumas células-tronco hematopoiéticas em um camundongo cujas próprias células-tronco foram destruídas por irradiação, é possível repovoar completamente o animal com novas células sanguíneas e livrá-lo da morte por anemia, infecção ou ambas. Uma estratégia similar é usada no tratamento da leucemia humana com irradiação (ou fármacos citotóxicos) seguida de transfusão de células da medula óssea.

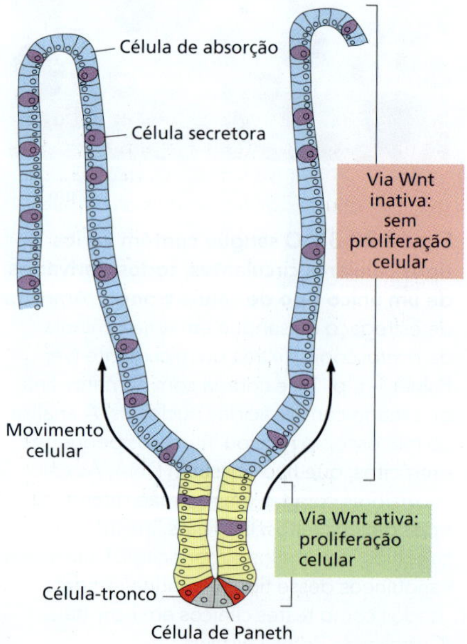

Figura 20-40 A via Wnt de sinalização ajuda a controlar a produção de células diferenciadas a partir das células-tronco das criptas intestinais. A sinalização Wnt mantém a proliferação nas criptas. As proteínas Wnt são secretadas pelas células na base e ao redor das criptas, sobretudo as células de Paneth, uma subclasse de células secretoras terminalmente diferenciadas que são produzidas a partir das células-tronco do intestino, mas que migram para a base das criptas, em vez de se moverem para a ponta das vilosidades. As células de Paneth possuem dupla função: elas secretam peptídeos antimicrobianos para manter a infecção sob controle e, ao mesmo tempo, fornecem os sinais para manter a população de células-tronco das quais elas derivam.

Embora as células-tronco obtidas diretamente dos tecidos adultos, como a medula óssea, já tenham provado seu valor clínico, outro tipo de célula-tronco, inicialmente identificada em experimentos com camundongos, pode ter potencial ainda maior, tanto para o tratamento quanto para a compreensão das doenças humanas. Por meio da cultura de células, é possível obter de embriões precoces de camundongos uma classe extraordinária de células-tronco, denominadas **células-tronco embrionárias**, ou **células ES** (de *embryonic stem cells*). Sob condições adequadas, essas células podem ser mantidas em proliferação indefinidamente em cultura e ainda conservar o potencial de desenvolvimento, sendo por isso chamadas de **pluripotentes**. Se as células das placas de cultura forem colocadas novamente em um embrião, elas podem dar origem a todos os tecidos e tipos celulares do corpo, incluindo as células germinativas. Suas descendentes no embrião serão capazes de se integrar perfeitamente em qualquer local que venham a ocupar, adotando o comportamento e as características que as células normais teriam nesse ambiente. Essas células também podem ser induzidas a se diferenciar em cultura em uma grande variedade de tipos celulares (**Figura 20-41**).

Células com propriedades similares àquelas células ES de camundongos podem ser obtidas de embriões humanos precoces, criando um suprimento potencialmente inesgotável de células que podem ser usadas para substituir ou reparar o tecido humano maduro danificado. Experimentos com camundongos sugerem que será possível, em um futuro próximo, usar as células ES para substituir as fibras do músculo esquelético que degeneraram em vítimas de distrofia muscular, as células nervosas degeneradas em pacientes com doença de Parkinson, as células secretoras de insulina que são destruídas no diabetes tipo 1 e as células do músculo cardíaco que morreram durante um ataque cardíaco. Talvez, um dia, seja possível desenvolver órgãos inteiros a partir das células ES, por meio de uma recapitulação do desenvolvimento embrionário (**Figura 20-42**).

Entretanto, há vários obstáculos a serem ultrapassados antes que esses sonhos se tornem realidade. Um dos maiores problemas refere-se à rejeição imune: se as células transplantadas forem geneticamente diferentes daquelas do paciente no qual serão enxertadas, elas serão rejeitadas e destruídas pelo sistema imune. Além das dificuldades práticas científicas, há as preocupações éticas acerca do uso de embriões humanos e os propósitos para os quais as células ES humanas podem ser empregadas. Uma inquietação, por exemplo, é o uso das células para clonagem humana. Mas o que isso significa exatamente?

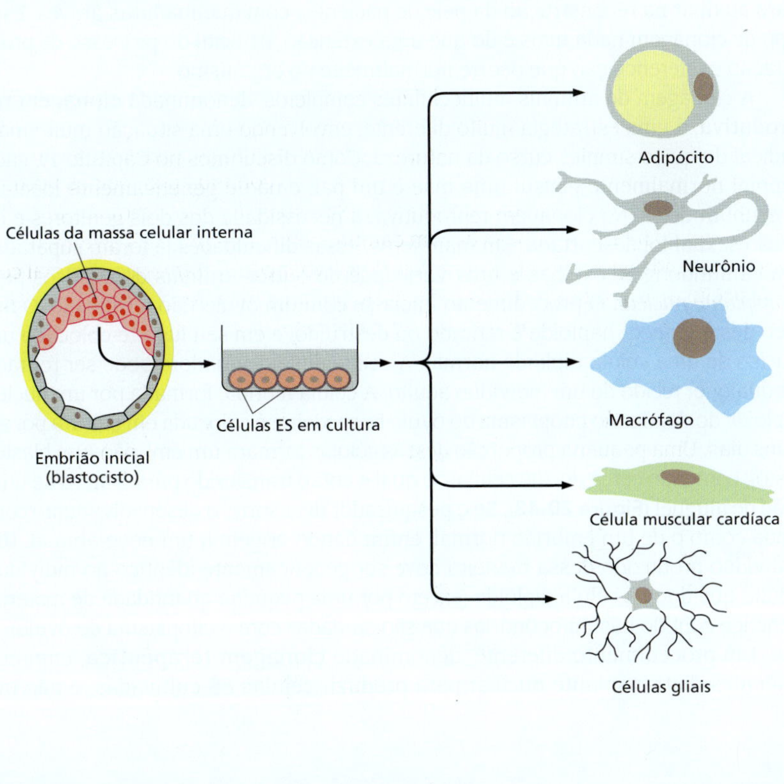

Figura 20-41 As células ES derivadas de embrião podem dar origem a todos os tipos de células e tecidos do organismo. As células ES são obtidas da massa celular interna de um embrião inicial e podem ser mantidas indefinidamente como células-tronco pluripotentes em cultura. Se elas forem colocadas de volta em um embrião, elas irão se integrar perfeitamente e se diferenciar para se adequarem a qualquer ambiente onde forem inseridas. De maneira alternativa, essas células podem ser induzidas a se diferenciar, em cultura, em tipos celulares específicos desde que recebam as moléculas de sinalização extracelular adequadas. (Animação 20.6). (Baseada nos dados de E. Fuchs e J.A. Segré, *Cell* 100:143–155, 2000. Com permissão de Elsevier.)

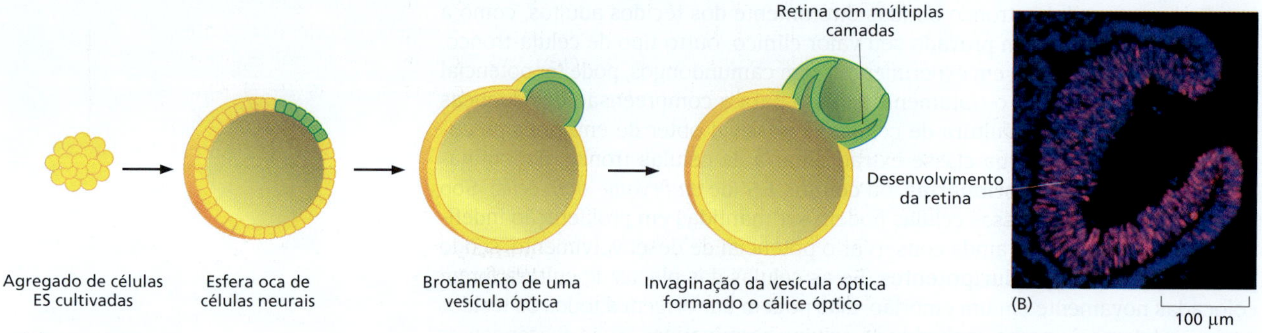

Figura 20-42 As culturas de ES podem formar órgãos tridimensionais. (A) Notavelmente, sob condições adequadas, as células ES de camundongos em cultura podem proliferar, diferenciar-se e formar uma estrutura tridimensional como o olho, o qual inclui uma retina com múltiplas camadas, com organização similar àquela formada *in vivo*. (B) Micrografia fluorescente do cálice óptico formado por células ES em cultura. A estrutura inclui uma retina em desenvolvimento, contendo múltiplas camadas de células neurais, as quais produzem uma proteína (*rosa*) que atua como marcador do tecido da retina. (A, adaptada de M. Eiraku e Y. Sasai, *Curr. Opin. Neurobiol.* 22: 768–777, 2012; B, de M. Eiraku et al., *Nature* 472:51–56, 2011. Com permissão de Macmillan Publishers Ltd.)

A clonagem terapêutica e a clonagem reprodutiva são estratégias muito distintas

O termo "clonagem" tem sido empregado de forma confusa como um termo abreviado para vários tipos de procedimentos distintos, sobremaneira em debates públicos a respeito dos aspectos éticos da pesquisa com células-tronco. Assim, é importante entender as distinções.

Como os biólogos definem o termo, um clone é simplesmente uma série de células ou indivíduos que são, em essência, geneticamente idênticos em todos os seus descendentes a partir de uma célula ancestral. O tipo mais simples de clonagem é a clonagem de células em placas de cultura. Por exemplo, podemos obter uma única célula-tronco epidérmica e deixá-la proliferar em cultura para obter um grande clone de células epidérmicas geneticamente idênticas. Tais células podem ser usadas para auxiliar na reconstrução da pele de pacientes com queimaduras graves. Esse tipo de clonagem nada mais é do que uma extensão artificial do processo de proliferação e diferenciação que ocorre normalmente no organismo.

A clonagem de animais multicelulares completos, denominada **clonagem reprodutiva**, é uma estratégia muito diferente, envolvendo uma situação muito mais radical do que o simples curso da natureza. Como discutimos no Capítulo 19, cada animal normalmente possui uma mãe e um pai, e não é geneticamente idêntico a nenhum deles. Na clonagem reprodutiva, a necessidade dos dois genitores e da união sexual foi descartada. Em mamíferos, essas dificuldades já foram superadas em camundongos, ovelhas e uma variedade de outros animais domésticos pelo *transplante nuclear*. O procedimento inicia-se com um óvulo não fertilizado. O núcleo deste gameta haploide é retirado ou destruído, e em seu lugar é colocado um núcleo de uma célula diploide normal. A célula diploide doadora pode ser retirada de qualquer tecido de um indivíduo adulto. A célula híbrida, formada por um núcleo diploide do doador no citoplasma do óvulo hospedeiro, é colocada em cultura por alguns dias. Uma pequena proporção dessas células formará um embrião (um blastocisto), contendo cerca de 200 células, o qual é então transferido para o útero de uma mãe de aluguel (**Figura 20-43**). Se o pesquisador tiver sorte, o desenvolvimento continua como o de um embrião normal, enfim dando origem a um novo animal. Um indivíduo produzido dessa maneira deve ser geneticamente idêntico ao indivíduo adulto que doou a célula diploide (exceto por uma pequena quantidade de material genético contido nas mitocôndrias que são herdadas com o citoplasma do óvulo).

Um procedimento diferente, denominado **clonagem terapêutica**, emprega a técnica de transplante nuclear para produzir células ES cultivadas, e não um

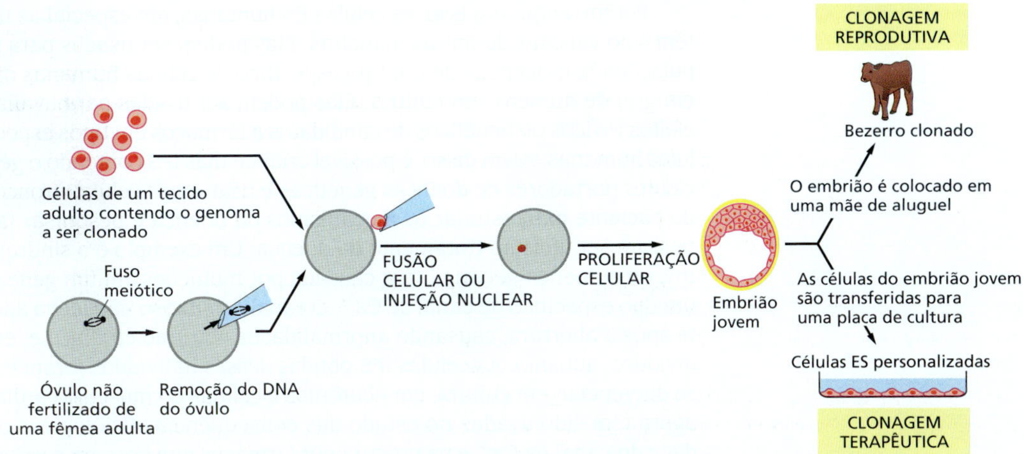

Figura 20-43 O transplante nuclear pode ser empregado para "clonagem" em dois sentidos muito distintos da palavra. Na clonagem reprodutiva, é produzido um novo indivíduo multicelular; na clonagem terapêutica, somente células (células ES especializadas) são produzidas. Os dois procedimentos iniciam-se com o transplante nuclear, no qual o núcleo retirado de uma célula adulta é transferido para o citoplasma de um óvulo sem núcleo para criar uma célula com características embrionárias, mas que possui os genes de uma célula adulta.

animal clonado (ver Figura 20-43). Essa estratégia é um método elaborado para produzir *células ES personalizadas*, com o objetivo de gerar vários tipos celulares que podem ser usados para a regeneração dos tecidos ou para estudar os mecanismos das doenças. Como as células obtidas são geneticamente quase idênticas à célula doadora original, elas podem ser enxertadas novamente no indivíduo do qual o núcleo doador foi obtido, minimizando a rejeição imune. Entretanto, o transplante nuclear é tecnicamente muito difícil e apenas recentemente seu emprego tem sido possível para produzir células ES humanas personalizadas. Além do mais, esse procedimento exige o fornecimento de óvulos humanos, o que suscita questões éticas. Na verdade, o transplante nuclear em óvulos humanos é proibido em alguns países.

As células-tronco pluripotentes induzidas proporcionam uma fonte conveniente de células semelhantes às células ES humanas

Os problemas associados com a produção de células ES personalizadas por transplante nuclear agora podem ser superados por uma estratégia alternativa, na qual as células são obtidas dos tecidos adultos, cultivadas e reprogramadas para um estado semelhante ao das células ES por meio da indução da expressão de um conjunto de três reguladores de transcrição denominados Oct3/4, Sox2 e Klf4. Este tratamento é suficiente para transformar fibroblastos em células com quase todas as propriedades das células ES, incluindo a capacidade de proliferar indefinidamente, se diferenciar em diversos tipos e colaborar com qualquer tecido (**Figura 20-44**). Essas células semelhantes a ES são denominadas **células-tronco pluripotentes induzidas** (**células iPS**, do inglês *induced pluripotent stem cells*). Entretanto, a taxa de conversão é baixa – somente uma pequena proporção dos fibroblastos passa pela transformação –, e há várias preocupações a respeito da segurança da implantação, em humanos, de células com um histórico de desenvolvimento anormal. Muitas pesquisas precisam ser feitas para que tal estratégia possa ser usada no tratamento das doenças humanas.

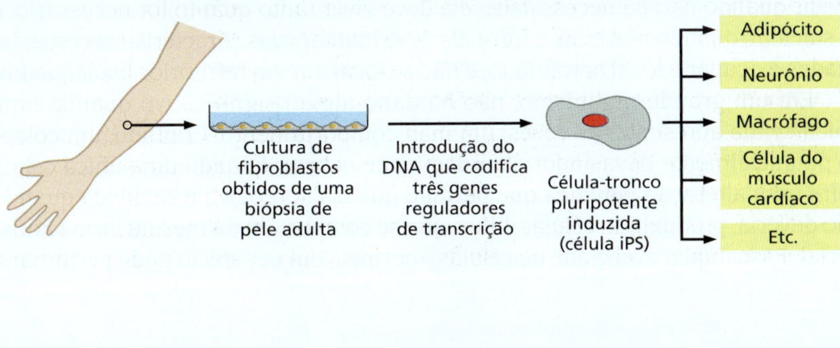

Figura 20-44 As células-tronco pluripotentes induzidas (células iPS) podem ser produzidas pela transformação de células isoladas de tecidos adultos em cultura. Neste exemplo, os genes que codificam vários reguladores de transcrição normalmente expressos nas células ES são introduzidos nos fibroblastos em cultura, usando como vetores vírus manipulados geneticamente. Após algumas semanas em cultura, uma pequena proporção dos fibroblastos se transforma em células que se assemelham e se comportam como células ES e possuem a mesma capacidade das células ES de se diferenciarem em qualquer tipo de célula do organismo.

Porém, enquanto isso, as células ES humanas, em especial as iPS humanas, têm sido valiosas de outras maneiras. Elas podem ser usadas para produzir populações homogêneas de um tipo específico de células humanas diferenciadas, em grande número, em cultura. Elas podem ser usadas para avaliar potenciais efeitos tóxicos ou benéficos de candidatos a fármacos em tipos específicos de células humanas. Além disso, é possível criar células iPS contendo o genoma de pacientes portadores de doenças genéticas e usar essas células-tronco específicas do paciente para estudar os mecanismos da doença e pesquisar fármacos que possam ser úteis no tratamento da doença. Um exemplo é a síndrome de Timothy, uma doença genética rara causada por mutações em um gene que codifica um tipo específico de canal de Ca^{2+}. O canal defeituoso não fecha adequadamente após a abertura, causando anormalidades no ritmo cardíaco e, em alguns indivíduos, autismo. As células iPS obtidas desses indivíduos foram estimuladas a se diferenciar, em cultura, em neurônios e células do músculo cardíaco, as quais agora têm sido usadas no estudo das consequências fisiológicas da anormalidade do canal de Ca^{2+} e na procura por fármacos que possam corrigir o defeito.

Além disso, experimentos com células-tronco pluripotentes têm permitido esclarecer alguns dos muitos mistérios não resolvidos da biologia do desenvolvimento e das células-tronco, incluindo os mecanismos responsáveis pelas características especializadas da maioria das células nos tecidos adultos de modo notavelmente estável sob condições normais.

CÂNCER

Os seres humanos pagam um preço por terem tecidos que podem ser reparados e renovados. Os delicados mecanismos de ajuste que controlam esses processos podem falhar, levando ao rompimento catastrófico das estruturas teciduais. O **câncer** está em primeiro lugar entre as doenças de renovação dos tecidos, o qual, junto com doenças infecciosas, má nutrição, guerra e doenças cardíacas, constituem as principais causas de morte nas populações humanas. Na Europa e na América do Norte, por exemplo, uma em cada cinco pessoas irá morrer de câncer.

O câncer surge da violação das regras básicas do comportamento celular social. Para que se possa compreender a origem e o progresso dessa doença, e para desenvolver tratamentos, temos de revisar todos os nossos conhecimentos de como as células atuam e interagem nos tecidos. Reciprocamente, muito do que sabemos sobre as células e sobre a biologia dos tecidos foi descoberto como consequência do resultado da pesquisa sobre o câncer. Nesta seção, consideramos as causas e os mecanismos do câncer, os tipos de comportamento celular anormal que contribuem para sua progressão e o que podemos esperar do uso de nossa compreensão para evitar esse mau funcionamento das células e, portanto, a doença. Embora haja vários tipos de câncer, cada um com propriedades distintas, referimo-nos a eles em conjunto pelo termo genérico "câncer", pois eles possuem determinados princípios em comum.

As células cancerosas proliferam, invadem e produzem metástases

Quando o tecido cresce e se renova, cada célula deve adequar seu comportamento conforme as necessidades do organismo como um todo. A célula deve se dividir somente quando novas células de seu tipo são necessárias, abstendo-se de se dividir quando não há necessidade; ela deve viver tanto quanto for necessário, e se suicidar, quando não mais o for; e ela deve manter suas características especializadas e ocupar o local apropriado, e não se localizar em territórios inadequados.

Em um grande organismo, não há dano algum significativo quando uma única célula apresenta, às vezes, um mau comportamento. Contudo, um colapso potencialmente devastador da ordem pode ocorrer quando uma única célula sofre uma alteração genética que permite que ela sobreviva e se divida quando não deveria, produzindo células-filhas que se comportam da mesma forma antissocial. Esse implacável clone de células anormais em expansão pode perturbar a

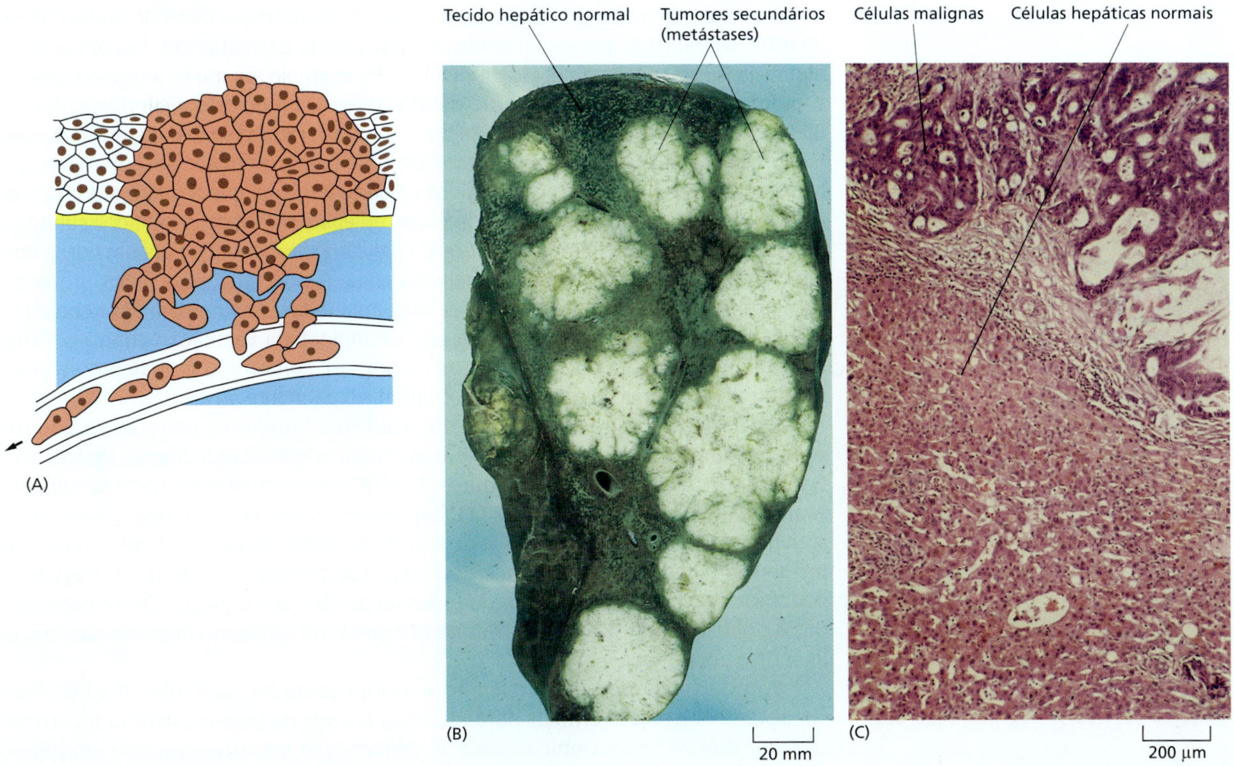

Figura 20-45 **Os cânceres invadem os tecidos circundantes e frequentemente produzem metástases para locais distantes.** (A) Para formar uma colônia em um novo local, chamado de tumor secundário ou metástase, as células de um tumor primário em um epitélio em geral devem atravessar a lâmina basal, migrar pelo tecido conectivo e entrar nos vasos sanguíneos ou linfáticos. Então, elas devem sair da circulação sanguínea ou linfática e se acomodar, sobreviver e proliferar no novo local. (B) Tumores secundários em um fígado humano, originando-se de um tumor primário de cólon. (C) Fotografia em maior aumento de um dos tumores secundários, corado diferencialmente para mostrar o contraste entre as células normais do fígado e as células tumorais. (B e C, cortesia de Peter Isaacson.)

organização do tecido e, por fim, do organismo como um todo. É essa catástrofe que ocorre no câncer.

As células cancerosas são definidas por duas propriedades hereditárias: elas e sua progênie (1) proliferam desafiando as restrições normais e (2) invadem e colonizam territórios reservados para outras células (**Animação 20.7**). É a combinação dessas características de desvio social que cria o perigo letal. As células que apresentam a primeira propriedade, mas não a segunda, proliferam em excesso mas permanecem agrupadas em uma massa única, formando um tumor. Mas, nesse caso, diz-se que o tumor é *benigno*, e ele em geral pode ser removido completamente por cirurgia. Um tumor só é canceroso quando suas células têm a capacidade de invadir os tecidos vizinhos, e nesse caso diz-se que ele é *maligno*. As células de um tumor maligno com essas propriedades invasivas costumam se desprender do tumor primário e entrar na circulação sanguínea ou nos vasos linfáticos, onde formam tumores secundários, ou **metástases**, em outros locais do organismo (**Figura 20-45**). Quanto mais o câncer se dissemina, mais difícil é sua erradicação.

Estudos epidemiológicos identificam causas evitáveis de câncer

A prevenção é sempre melhor do que a cura, mas, para prevenir o câncer, precisamos conhecer suas causas. Fatores do nosso ambiente ou aspectos da nossa vida ativam a doença e fazem com que ela se desenvolva? Se sim, quais são eles? As respostas a essas questões são obtidas, principalmente, a partir de *estudos epidemiológicos*, isto é, da análise estatística de populações humanas, investigando fatores que se correlacionam com a incidência das doenças. Tal estratégia tem fornecido fortes evidências de que o ambiente desempenha um papel importante como agente causador da maioria dos casos de câncer. Os tipos de câncer que são comuns em uma população, por exemplo, variam de país para país, e estudos dos indivíduos migrantes mostraram que são os fatores do local onde vivem, e não de onde vieram, que determinam seu risco de desenvolver câncer.

Embora ainda seja difícil descobrir quais os fatores específicos do ambiente ou do estilo de vida que são significantes, e muitos ainda permanecem desconhecidos, alguns já foram precisamente identificados. Por exemplo, há muito tempo foi observado que o câncer cervical, que ocorre no epitélio que reveste a cérvice (colo) do útero, era muito mais comum em mulheres com experiência sexual do que naquelas inexperientes, sugerindo uma causa relacionada com a atividade sexual. Agora sabemos, com base em modernos estudos epidemiológicos, que a maioria dos casos de câncer cervical depende de uma infecção do epitélio com determinados subtipos de um vírus comum, denominado *vírus do papiloma humano* (ou papilomavírus humano). Esse vírus é transmitido via relação sexual e pode, algumas vezes, provocar uma proliferação descontrolada das células infectadas. Assim, com esse conhecimento, podemos prevenir a infecção, por exemplo, pela vacinação contra o vírus do papiloma. Essa vacina agora já está disponível, conferindo grande proteção se administrada em jovens antes de se tornarem sexualmente ativos.

Entretanto, na grande maioria dos cânceres humanos, não parece que os vírus estejam envolvidos. Como veremos, o câncer não é uma doença infecciosa. Dados epidemiológicos revelam que outros fatores aumentam o risco de câncer. A obesidade é um desses fatores. O tabagismo é outro: o fumo é responsável não somente por quase todos os casos de câncer de pulmão, mas também aumenta a incidência de vários outros cânceres, como o de bexiga. Ao cessar o tabagismo, podemos prevenir cerca de 30% de todas as mortes por câncer. Não se conhece outra política de prevenção ou tratamento que teria tamanho impacto nas taxas de morte por câncer.

Como explicamos adiante, embora os fatores ambientais afetem a incidência de câncer e sejam críticos para algumas formas da doença, estaria incorreto concluir que eles são a única causa de câncer. Não importa o quanto tentamos prevenir o câncer com uma vida saudável, nunca seremos capazes de erradicá-lo por completo. Para desenvolver tratamentos efetivos, precisamos compreender profundamente a biologia das células cancerosas e os mecanismos responsáveis pelo crescimento e pela disseminação dos tumores.

O câncer se desenvolve pelo acúmulo de mutações

O câncer é fundamentalmente uma doença genética. Ele surge como consequência de mudanças patológicas na informação contida no DNA. Ele difere de outras doenças genéticas por apresentar, sobretudo, mutações somáticas, que são aquelas que ocorrem nas células somáticas do organismo, em oposição às mutações que ocorrem nas linhagens germinativas, as quais são transmitidas por meio das células germinativas a partir das quais o organismo multicelular, como um todo, se desenvolve.

Muitos dos agentes identificados conhecidos por contribuírem para o câncer, incluindo a radiação ionizante e muitos carcinógenos químicos, são mutagênicos: eles causam mudanças na sequência de nucleotídeos do DNA. Porém mesmo em um ambiente livre de tabaco, radioatividade e todos os outros agentes mutagênicos externos que nos preocupam, as mutações podem ocorrer de modo espontâneo como resultado de limitações fundamentais na precisão da replicação e no reparo do DNA (discutido no Capítulo 6). Na verdade, carcinógenos ambientais que não o fumo provavelmente são responsáveis por uma pequena fração das mutações responsáveis pelo câncer, e a eliminação desses fatores de risco externos ainda nos deixaria suscetíveis à doença.

Embora o DNA seja replicado e reparado com grande precisão, ocorre em média um erro a cada 10^9 ou 10^{10} nucleotídeos copiados, como discutimos no Capítulo 6. Isso significa que as mutações espontâneas ocorrem a uma taxa estimada de 10^{-6} a 10^{-7} mutações por gene por divisão celular, mesmo sem a presença de agentes externos. Ocorrem cerca de 10^{16} divisões celulares no corpo humano durante o tempo médio de vida; portanto, é provável que cada gene individual adquira uma mutação em mais de 10^9 ocasiões distintas em cada indivíduo. Desse ponto de vista, o problema do câncer parece não ser por que ele ocorre, mas sim por que ele ocorre tão raramente.

A explicação é que é preciso mais de uma mutação para transformar uma célula normal em uma célula cancerosa. O número exato de mutações necessárias ainda é motivo de discussão, mas para muitos cânceres completamente estabelecidos pode ser pelo menos 10 e, como veremos, elas devem afetar o tipo certo de gene. Essas mutações não ocorrem todas ao mesmo tempo, mas sequencialmente, em geral por um período de vários anos.

Portanto, o câncer é a doença mais frequente da idade avançada, porque leva muito tempo para que um clone de células – aquelas derivadas de uma célula fundadora comum – acumule um grande número de mutações (ver Figura 6-32). Na realidade, a maioria das células cancerosas humanas não apenas contém muitas mutações, mas também é geneticamente instável. A **instabilidade genética** resulta de mutações que interferem na replicação precisa e na manutenção do genoma e, portanto, aumenta a taxa de mutação. Às vezes, o aumento da taxa de mutação pode resultar de um defeito em uma das várias proteínas necessárias para o reparo de danos no DNA ou que corrigem erros durante a replicação do DNA. Outras vezes, pode ocorrer um defeito nos mecanismos de verificação do ciclo celular que em geral impedem que uma célula com DNA danificado tente se dividir antes que tenha finalizado o reparo (discutido no Capítulo 18). Algumas vezes, pode haver uma falha na maquinaria da mitose, que pode provocar dano, perda ou ganho cromossômicos. Essas potenciais fontes de instabilidade genética estão resumidas na **Tabela 20-1**.

TABELA 20-1 Vários fatores podem contribuir para a instabilidade genética
Defeitos na replicação do DNA
Defeitos no reparo do DNA
Defeitos nos mecanismos de verificação do ciclo celular
Erros durante a mitose
Números cromossômicos anormais

A instabilidade genética pode gerar cromossomos extras, bem como quebras e rearranjos cromossômicos – anormalidades grosseiras que podem ser observadas em um cariótipo (**Figura 20-46**). Isso também pode induzir o desenvolvimento do câncer, como discutimos a seguir.

As células cancerosas evoluem apresentando crescentes vantagens competitivas

As mutações que levam ao câncer não incapacitam as células mutantes. Ao contrário, elas fornecem a essas células uma vantagem competitiva em relação às células vizinhas. Tal vantagem das células mutantes leva ao desastre do organismo como um todo. Com o crescimento, a população inicial de células mutantes evolui lentamente: ocorrem novas mutações ao acaso, algumas favorecidas pela seleção natural porque aumentam a proliferação e sobrevivência celular. Esse processo de mutações aleatórias seguido de seleção culmina na geração de células cancerosas que se tornam descontroladas na população de células que formam o organismo, alterando sua estrutura regular (**Figura 20-47**).

Fatores ambientais não mutagênicos e estilo de vida, como a obesidade, podem favorecer o desenvolvimento de câncer pela alteração das pressões seleti-

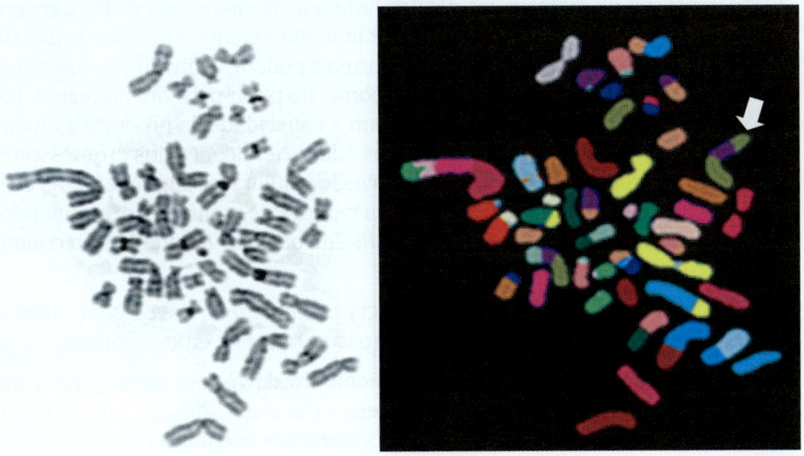

(A) (B)

Figura 20-46 As células cancerosas frequentemente possuem cromossomos anormais refletindo sua instabilidade genética. No exemplo aqui mostrado, os cromossomos foram preparados a partir de células de câncer de mama em metáfase, espalhados em uma lâmina e corados com (A) coloração geral para DNA e (B) uma combinação de corantes fluorescentes que conferem uma cor para cada cromossomo humano. A coloração (apresentada com cores falsas) mostra múltiplas translocações, incluindo um cromossomo (seta *branca*) que sofreu duas translocações, de modo que agora possui dois segmentos do cromossomo 8 (*verde-oliva*) e um segmento do cromossomo 17 (*roxo*). O cariótipo também contém 48 cromossomos, em vez do número normal, que é 46. Tais anormalidades no número de cromossomos podem ainda causar erros na segregação cromossômica durante a divisão celular, de modo que o grau de alteração genética se torna ainda pior (ver Tabela 20-1). (Cortesia de Joanne Davidson e Paul Edwards.)

QUESTÃO 20-8

Cerca de 10^{16} divisões celulares ocorrem no corpo humano durante a vida do indivíduo; mesmo assim, o corpo de um adulto consiste em cerca de 10^{13} células. Por que esses dois números são tão diferentes?

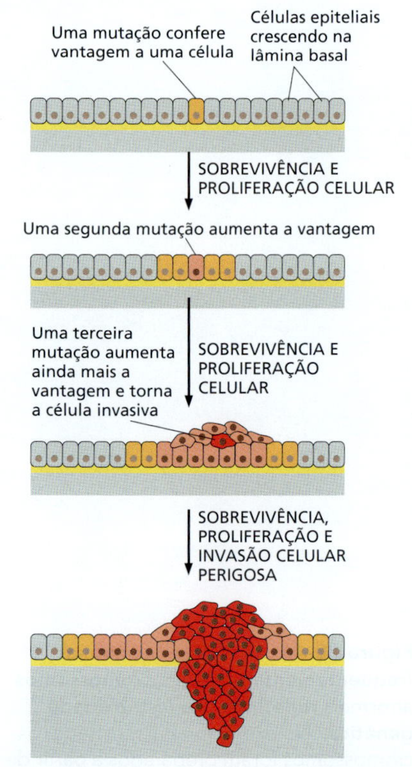

Figura 20-47 Os tumores desenvolvem-se por ciclos repetidos de mutações, proliferação e seleção natural. O resultado final é um tumor completamente maligno. Em cada passo, uma única célula sofre uma mutação que aumenta sua capacidade proliferativa, ou de sobrevivência, ou ambas, de modo que a progênie se torna um clone dominante no tumor. A proliferação desse clone acelera o próximo passo da progressão do tumor, aumentando o tamanho da população de células com risco de sofrerem mutações adicionais. Alguns cânceres possuem múltiplos clones malignos, cada um com seu próprio conjunto de mutações, além de uma série de mutações comuns que refletem a origem do tumor a partir de uma célula mutante fundadora (não apresentado).

vas que atuam nos tecidos. Um excesso de nutrientes circulantes, ou o aumento anormal de hormônios, mitógenos ou fatores de crescimento, por exemplo, podem auxiliar células com mutações perigosas a sobreviver, crescer e proliferar. Por fim, surgem células que possuem todas as anormalidades necessárias para se desenvolver como câncer.

Para ser bem-sucedida, uma célula cancerosa deve adquirir uma gama completa de propriedades anormais – uma coleção de comportamentos subversivos. Uma célula precursora em proliferação no epitélio que reveste o intestino, por exemplo, deve sofrer mudanças que lhe permitam continuar se dividindo, quando ela normalmente deveria parar de fazê-lo (ver Figura 20-36). Essa célula e sua progênie devem ser capazes de evitar a morte celular, deslocar as células vizinhas e atrair suprimento sanguíneo suficiente para nutrir o tumor em crescimento. Para que as células tumorais se tornem invasivas, elas devem ser capazes de se desprender da camada de células epiteliais e digerir seu caminho ao longo da lâmina basal até o tecido conectivo subjacente. Para se espalhar até outros órgãos e formar *metástases*, elas devem ser capazes de entrar e sair da circulação sanguínea ou linfonodos e se estabelecer, sobreviver e proliferar em novos locais (ver Figura 20-45).

Diferentes cânceres exigem diferentes combinações de propriedades. Mesmo assim, descrevemos uma relação de características gerais que distinguem as células cancerosas das células normais.

1. As células cancerosas possuem uma dependência reduzida de sinais de outras células para sua sobrevivência, crescimento e divisão. Isso acontece porque elas costumam conter mutações nos componentes das vias de sinalização celular que em geral respondem a tais estímulos. Uma mutação ativadora no gene *Ras* (discutido no Capítulo 16), por exemplo, pode causar uma sinalização intracelular para proliferação mesmo na ausência de um estímulo extracelular que normalmente seria necessário para ativar o *Ras*, como uma campainha que toca sem ninguém apertar o botão.
2. As células cancerosas podem sobreviver a níveis de estresse e alterações internas que fariam as células normais se suicidarem por apoptose. Essa evasão do suicídio com frequência é resultado de mutações em genes que regulam o programa de morte intracelular responsável pela apoptose (discutido no Capítulo 18). Por exemplo, cerca de 50% de todos os cânceres humanos possuem uma mutação de inativação no gene *p53*. A proteína p53 atua, normalmente, como parte de uma resposta aos danos no DNA que faz as células com DNA danificado pararem de se dividir (ver Figura 18-15) ou morrerem por apoptose. Quebras cromossômicas, por exemplo, se não corrigidas, em geral causarão o suicídio celular, mas se a célula possui um defeito em p53, ela pode sobreviver e se dividir, criando células-filhas anormais com potencial para mais danos.
3. Ao contrário da maioria das células humanas normais, as células cancerosas podem, com frequência, proliferar indefinidamente. Em cultura, a maioria das células somáticas humanas normais poderá se dividir por um número limitado de vezes e, a partir desse ponto, irá parar permanentemente. Isso ocorre, em parte, porque elas perderam a capacidade de produzir a enzima *telomerase*, de modo que os telômeros nas extremidades dos cromossomos encurtam progressivamente a cada divisão celular (ver página 210). As células cancerosas costumam romper essa barreira de proliferação, reativando a produção da telomerase, permitindo, assim, que elas mantenham o comprimento dos telômeros indefinidamente.
4. A maioria das células cancerosas é geneticamente instável, com taxas de mutações muito aumentadas e números anormais de cromossomos.
5. As células cancerosas são anormalmente invasivas, em parte porque lhes faltam determinadas moléculas de adesão, como as caderinas, que ajudam a manter as células normais nas suas localizações adequadas.

6. As células cancerosas possuem um metabolismo anormal que as torna ávidas por nutrientes, que são empregados para sua biossíntese e crescimento, e não pela geração de energia por fosforilação oxidativa.
7. As células cancerosas podem sobreviver e proliferar em locais anormais, ao passo que a maioria das células normais morreria se localizadas em lugares inadequados. Esta colonização de território desconhecido pode resultar da capacidade das células cancerosas de produzir seus próprios sinais de sobrevivência extracelulares e suprimir seu programa de apoptose (como descrito no item 2).

Para compreender a biologia molecular do câncer, precisamos identificar as mutações responsáveis por essas propriedades anormais.

Duas principais classes de genes são críticas para o câncer: os oncogenes e os genes supressores de tumor

Os investigadores empregaram várias estratégias para rastrear os genes e mutações críticos para o câncer, desde o estudo dos vírus causadores de câncer em galinhas até o acompanhamento de famílias nas quais um tipo específico de câncer ocorre frequentemente. Embora muitos dos mais importantes desses genes já tenham sido identificados, a procura por outros ainda continua.

Em muitos genes críticos para o câncer, as mutações perigosas são aquelas que tornam a proteína codificada hiperativa. Essas *mutações de ganho-de-função* têm um efeito dominante. Apenas uma cópia do gene precisa ser mutada para causar problemas. O gene mutante resultante é chamado de **oncogene**, e a forma normal correspondente do gene é chamada de **proto-oncogene** (**Figura 20-48A**). A **Figura 20-49** mostra as diversas maneiras pelas quais um proto-oncogene pode ser transformado no seu oncogene correspondente.

Em outros genes, o perigo reside em mutações que destroem a sua atividade. Essas *mutações de perda-de-função* são, geralmente, recessivas. Ambas as cópias do gene devem ser perdidas ou inativadas antes que seu efeito possa ser observado. O gene normal é denominado **gene supressor de tumor** (Figura 20-48B). Além dessas mudanças genéticas, os genes supressores de tumor também podem ser silenciados por *alterações epigenéticas* que modificam a expressão gênica sem alterar a sequência de nucleotídeos do gene (como discutido no

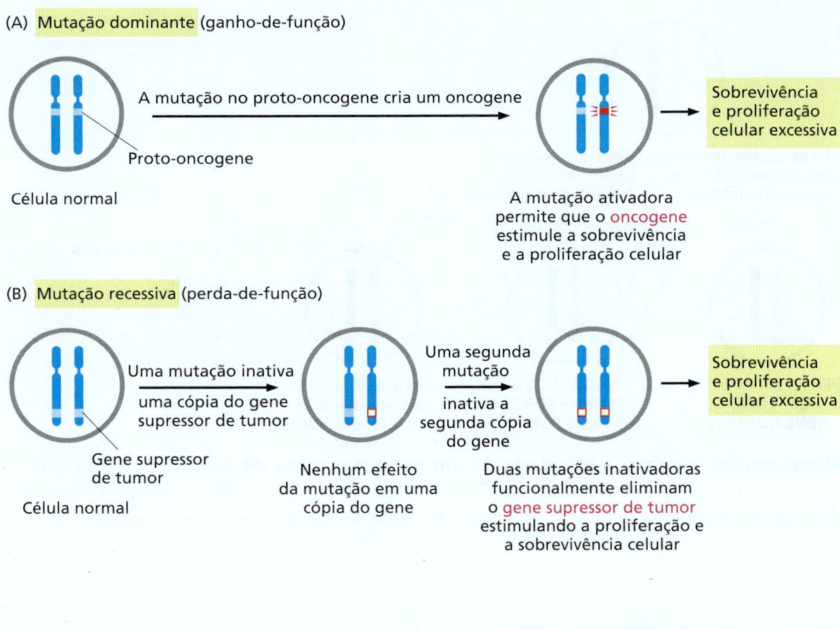

Figura 20-48 Os genes que são críticos para o câncer são classificados como proto-oncogenes ou genes supressores de tumor conforme a mutação perigosa seja dominante ou recessiva. (A) Os oncogenes atuam de forma dominante: uma mutação de ganho-de-função em uma única cópia do proto-oncogene pode fazer a célula se transformar em uma célula cancerosa. B) Mutações de perda-de--função em genes supressores de tumor geralmente atuam de maneira recessiva: a função de ambas as cópias do gene deve ser perdida para levar uma célula ao câncer. Neste diagrama, os genes normais estão representados pelos *quadrados azuis-claros*, as mutações ativadoras pelos *retângulos vermelhos preenchidos* e as mutações inativadoras pelos *retângulos vermelhos sem preenchimento*.

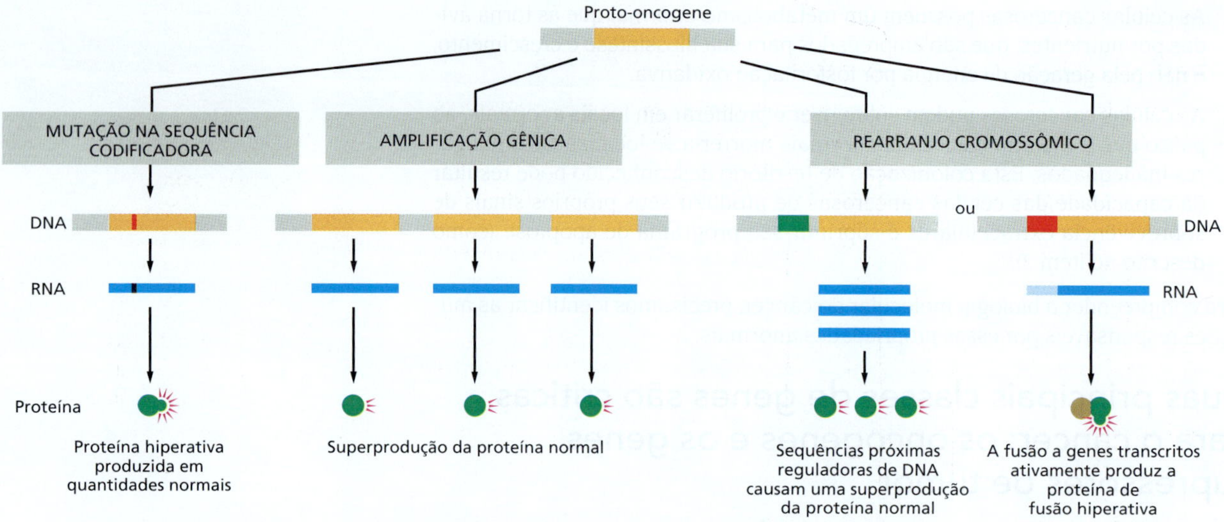

Figura 20-49 Vários tipos de alterações genéticas podem transformar um proto-oncogene em um oncogene. Em cada caso, as alterações levam a um aumento da função gênica, isto é, uma mutação de ganho-de-função.

Capítulo 8). Acredita-se que as alterações epigenéticas silenciem alguns genes supressores de tumor na maioria dos cânceres humanos. A **Figura 20-50** destaca algumas das maneiras pelas quais a atividade de um gene supressor de tumor pode ser perdida.

Diversos proto-oncogenes e genes supressores de tumor codificam proteínas de várias classes distintas, correspondendo aos muitos tipos de comportamentos aberrantes apresentados pelas células cancerosas. Algumas dessas proteínas estão envolvidas em vias de sinalização que regulam a sobrevivência, crescimento ou divisão celular. Outras atuam no reparo do DNA, medeiam a resposta de danos no DNA, modificam a cromatina ou auxiliam na regulação do ciclo celular ou apoptose. Outras, ainda, como as caderinas, estão envolvidas na adesão celular ou em outras propriedades críticas para a metástase, ou têm funções que até o momento não entendemos corretamente.

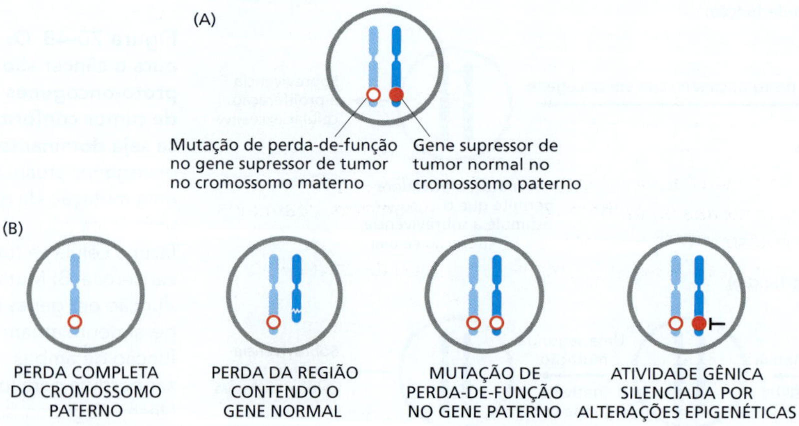

Figura 20-50 Diversos tipos de eventos genéticos podem eliminar a atividade de um gene supressor de tumor. Observe que as duas cópias do gene devem ser perdidas para que sua função seja eliminada. (A) Célula na qual a cópia do gene supressor materno é inativada devido a uma mutação de perda-de-função. (B) A mesma célula onde a cópia paterna do gene foi inativada de diversas formas.

As mutações causadoras de câncer são classificadas em poucas vias fundamentais

Do ponto de vista de uma célula cancerosa, os oncogenes e os genes supressores de tumor, e as mutações que os afetam, são duas faces da mesma moeda. Tanto a ativação de um oncogene quanto a inativação de um gene supressor de tumor podem promover o desenvolvimento do câncer. Ambos os tipos de mutações estão atuando na maioria dos cânceres. Ao classificar os genes críticos para o câncer, parece que o tipo de mutação, de ganho ou perda-de-função, é menos importante do que a via na qual ele atua.

Técnicas rápidas e de baixo custo para o sequenciamento do DNA têm proporcionado uma quantidade sem precedentes de informações acerca das mutações que atuam em vários tipos de cânceres. Agora podemos comparar sequências genômicas completas do tumor de um paciente com a sequência genômica das células não cancerosas do mesmo paciente – ou das células cancerosas que migraram para outro local do organismo. Juntando os dados de muitos pacientes, podemos começar a elaborar listas exaustivas com os genes que são fundamentais para classes específicas de câncer; e pela análise dos dados de um único paciente, podemos deduzir a "árvore genealógica" de suas células cancerosas, mostrando como as descendentes de uma única célula original fundadora evoluíram e se diversificaram à medida que elas se multiplicaram e migraram para diferentes locais.

Uma descoberta notável foi que muitos dos genes mutados em tumores individuais são classificados em um pequeno número de vias reguladoras fundamentais: aqueles que coordenam a iniciação da proliferação celular, que controlam o crescimento celular e que regulam a resposta celular aos danos no DNA e ao estresse. Por exemplo, em quase todos os casos de glioblastoma – o tipo mais comum de tumor encefálico –, as mutações afetam essas três vias fundamentais, e as mesmas vias são alteradas, de uma forma ou de outra, em quase todos os cânceres humanos (**Figura 20-51**). Em um determinado paciente, apenas um único gene tende a ser mutado em cada via, mas nem sempre é o mesmo gene: é a sub ou superatividade da via que importa para o desenvolvimento do câncer, não o modo pelo qual ocorreu essa alteração. Como os mesmos três sistemas de controle fundamentais estão alterados em inúmeros tipos de câncer, parece que sua desregulação deve ser o ponto crucial para o sucesso da maioria dos cânceres.

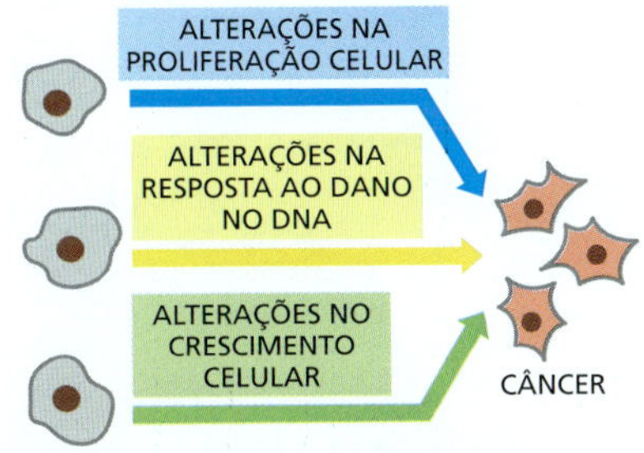

Figura 20-51 Três vias reguladoras fundamentais estão alteradas na maioria dos cânceres humanos. Essas vias regulam a proliferação e o crescimento celular e a resposta celular aos danos no DNA ou ao estresse.

O câncer colorretal ilustra como a perda de um gene supressor de tumor pode causar o câncer

O câncer colorretal fornece um exemplo bem estudado de como um supressor de tumor pode ser identificado e a sua função no crescimento do tumor determinada. O câncer colorretal surge no epitélio que reveste o cólon e o reto, sendo que a maioria dos casos ocorre em pessoas idosas sem qualquer causa hereditária aparente. Uma pequena proporção dos casos, entretanto, ocorre em famílias que são excepcionalmente propensas à doença e apresenta um início precoce. Em um grupo de tais famílias "predispostas", os indivíduos afetados desenvolvem câncer colorretal no início da vida adulta, e o início de sua doença é prenunciado pelo desenvolvimento de centenas ou milhares de pequenos tumores, chamados pólipos, no epitélio que reveste o cólon e o reto.

Ao estudar essas famílias, os pesquisadores rastrearam o desenvolvimento dos pólipos a uma deleção ou inativação de um gene supressor de tumor denominado *APC* (do inglês *Adenomatous Polyposis Coli*). (Observe que a proteína codificada por esse gene é diferente do complexo promotor da anáfase, que também recebe a abreviação APC, discutido no Capítulo 18.) Os indivíduos afetados herdam uma cópia mutante e uma cópia normal do gene. Embora uma cópia normal do gene seja suficiente para o comportamento normal das células, todas as células desses indivíduos estão a apenas um passo mutacional para a perda total da função gênica (em comparação com dois passos para uma pessoa que herda duas cópias normais do gene). Os tumores surgem a partir de células que sofreram uma mutação somática que inativa a cópia boa restante do gene. Como o número de novas mutações necessárias é menor, a doença atinge esses indivíduos mais precocemente.

E a maioria dos pacientes com câncer colorretal? Aqueles que herdaram duas cópias normais do gene *APC* e não apresentam a condição hereditária de câncer ou qualquer história familiar significativa? Quando seus tumores são analisados, ocorre que em mais de 60% dos casos as células tumorais perderam ou inativaram as duas cópias desse gene, provavelmente por duas mutações somáticas independentes, embora as células normais dos tecidos adjacentes apresentem as duas cópias normais do gene *APC*.

Todas essas descobertas identificam claramente o *APC* como um gene supressor de tumor e, conhecendo a sua sequência e fenótipo mutante, pode-se começar a decifrar como a sua perda ajuda a iniciar o desenvolvimento do câncer. Como descrito em **Como Sabemos** (p. 722-723), o gene *APC* codifica uma proteína inibidora que em geral restringe a ativação da via de sinalização Wnt, a qual está envolvida na estimulação da proliferação celular das criptas que revestem o intestino (ver Figura 20-40). Quando o *APC* é perdido, a via é hiperativada, e as células epiteliais proliferam em excesso, produzindo pólipos (**Figura 20-52**). Dentro dessa massa crescente de tecido, ocorrem mais mutações, resultando, algumas vezes, em câncer invasivo (**Figura 20-53**).

A compreensão da biologia celular do câncer abre caminho para novos tratamentos

Quanto mais compreendemos os truques que as células cancerosas usam para sobreviver, proliferar e se propagar, melhores as nossas chances de encontrar maneiras de combatê-las. A tarefa tornou-se mais desafiadora porque as células cancerosas são altamente mutáveis e, como ervas daninhas ou parasitas, rapidamente desenvolvem resistência aos tratamentos utilizados para exterminá-las. Além disso, como as mutações surgem aleatoriamente, é provável que cada caso de câncer tenha sua própria combinação de genes mutados. Até em um mesmo paciente, as células tumorais não contêm alterações genéticas idênticas. Portanto, não há um único tratamento eficaz para todos os pacientes, nem para todas as células de câncer do mesmo paciente. E o fato de que, em geral, os cânceres não são detectados até que o tumor primário tenha alcançado um diâmetro de 1 cm ou mais – momento em que centenas de milhões de células já estão geneticamente alteradas e muitas vezes já começaram a produzir metástases (**Figura 20-54**) – torna o tratamento ainda mais difícil.

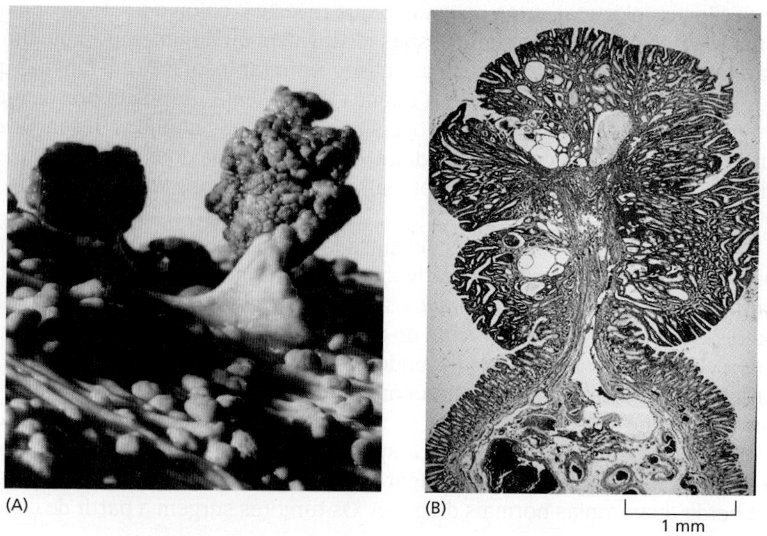

Figura 20-52 O câncer colorretal frequentemente tem início com a perda do gene supressor de tumor *APC*, o que leva ao crescimento de pólipos. (A) Milhares de pequenos pólipos, e alguns muito maiores, são vistos no revestimento do cólon de um paciente com uma mutação hereditária no *APC* (enquanto indivíduos sem uma mutação no *APC* podem ter um ou dois pólipos). Por meio de mutações adicionais, alguns desses pólipos irão progredir e se tornar cânceres invasivos, a não ser que o tecido seja removido cirurgicamente. (B) Corte transversal de um pólipo. Observe a grande quantidade de profundas invaginações epiteliais, que correspondem às criptas de células proliferativas completamente anormais. (A, cortesia de John Northover e Cancer Research UK; B, cortesia de Anne Campbell.)

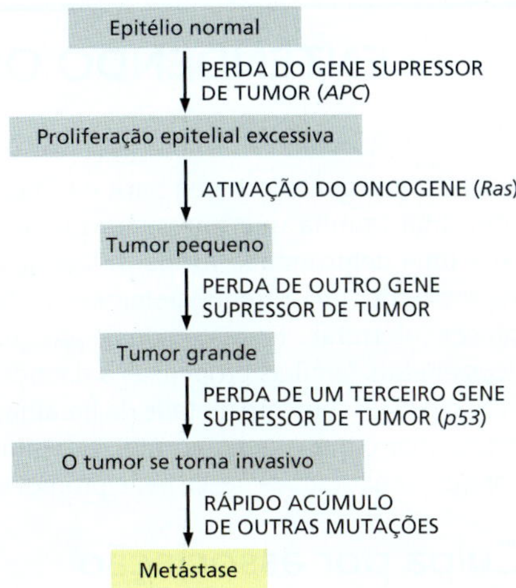

Figura 20-53 Um pólipo no revestimento epitelial do cólon ou do reto, causado pela perda do gene *APC*, pode progredir para o câncer por acúmulo de mutações adicionais. O diagrama mostra a sequência de mutações que podem causar um caso típico de câncer colorretal. Após uma mutação inicial, todas as mutações subsequentes ocorrem aleatoriamente em uma única célula que já havia adquirido uma mutação. Uma sequência de eventos, conforme descrito, ocorre, normalmente, entre 10 e 20 anos ou mais. Embora a maioria dos cânceres colorretais inicie com a perda do gene supressor de tumor *APC*, a sequência subsequente de mutações é variável; mesmo assim, muitos pólipos nunca se tornam cancerosos.

Mesmo assim, apesar dessas dificuldades, um número cada vez maior de cânceres pode ser tratado de forma eficaz. A cirurgia permanece uma estratégia bastante eficiente em muitos casos, e as técnicas cirúrgicas estão melhorando continuamente. Se uma célula cancerosa não se espalhar, o câncer pode ser curado apenas com cirurgia de excisão. Quando a cirurgia falha, é possível usar terapias com base nas peculiaridades intrínsecas das células cancerosas. A falta de mecanismos de controle do ciclo celular normais, por exemplo, pode ajudar a tornar as células cancerosas particularmente vulneráveis a danos no DNA: enquanto uma célula normal irá interromper sua proliferação até que os danos sejam reparados, uma célula cancerosa pode seguir em frente, independentemente, produzindo células-filhas que podem morrer porque herdam muitas quebras não reparadas em seus cromossomos. Provavelmente por essa razão, as células cancerosas podem, com frequência, ser mortas por doses de radioterapia ou quimioterapia que danifica o DNA, mas que deixam as células normais relativamente intactas.

A cirurgia, a radiação e a quimioterapia são tratamentos já há muito tempo estabelecidos, mas muitas abordagens inovadoras também estão sendo implementadas com entusiasmo. Em alguns casos, como com a perda de uma resposta normal ao dano no DNA, a mesma característica que contribui para tornar a célula cancerosa perigosa também a torna vulnerável, permitindo que os médicos a matem com um tratamento devidamente focalizado. Alguns cânceres de mama e ovário, por exemplo, devem sua instabilidade genética à ausência de uma proteína (Brca1 ou Brca2) necessária ao reparo preciso de quebras na fita dupla de DNA (discutido no Capítulo 6); as células cancerosas sobrevivem contando com tipos alternativos de mecanismos de reparo de DNA. Fármacos que inibem um desses mecanismos alternativos de reparo do DNA matam as células cancerosas aumentando sua instabilidade genética a tal ponto que as células morrem por fragmentação cromossômica durante a tentativa de divisão. As células normais, que possuem o mecanismo de reparo de quebra de fita dupla intacto, praticamente não são afetadas, e os fármacos parecem ter poucos efeitos colaterais.

Outro conjunto de estratégias visa ao uso do sistema imune para matar as células tumorais, aproveitando-se das moléculas de superfície celular específicas dos tumores para direcionar o ataque. Os anticorpos que reconhecem essas moléculas dos tumores podem ser produzidos *in vitro* e injetados no paciente para marcar as células tumorais para destruição. Outros anticorpos, visando às células do sistema imune, podem promover a eliminação das células cancerosas neutralizando as moléculas de superfície celular inibidoras que mantêm as células NK sob controle. Estes últimos anticorpos têm sido notavelmente eficazes em ensaios clínicos e, em princípio, devem ser úteis para o tratamento de vários tipos de câncer.

Em alguns cânceres, é possível atingir diretamente os produtos de oncogenes específicos bloqueando sua ação, ocasionando a morte das células cancerosas. Na leucemia mieloide crônica (LMC), o mau comportamento das células cancerosas depende de uma proteína mutante de sinalização intracelular (uma tirosina-cinase), que faz as células proliferarem quando não deveriam. Uma mo-

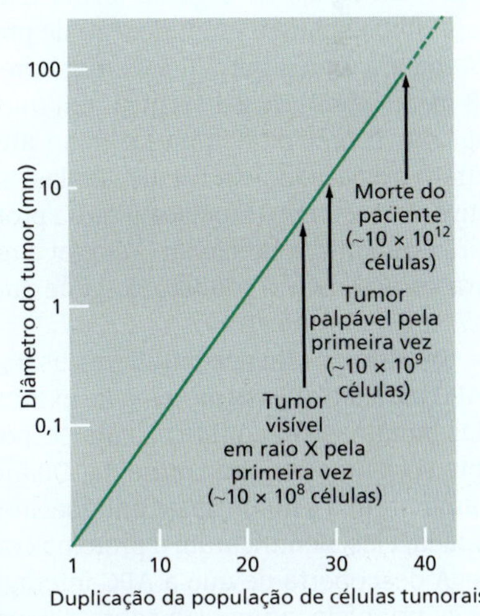

Figura 20-54 Um tumor em geral não é diagnosticado até que tenha crescido, atingindo milhões de células. O crescimento típico de um tumor é descrito no gráfico em escala logarítmica. Podem passar anos até que o tumor se torne detectável. O tempo de duplicação de um tumor de mama típico, por exemplo, é de, aproximadamente, 100 dias.

ENTENDENDO OS GENES CRÍTICOS PARA O CÂNCER

A busca por genes críticos para o câncer às vezes começa com uma família que apresenta predisposição hereditária para uma determinada forma da doença. O *APC* – um gene supressor de tumor frequentemente deletado ou inativado no câncer colorretal – foi rastreado na procura por defeitos genéticos em tais famílias propensas à doença. Entretanto, identificar o gene é somente metade da batalha. O próximo passo é determinar o que o gene normal faz em uma célula normal e por que as alterações nesse gene promovem o câncer.

Culpa por associação

Determinar o que o gene – ou seu produto – faz dentro da célula não é uma tarefa simples. Imagine isolar uma proteína não caracterizada e saber que ela atua como uma proteína-cinase. Tal informação não revela como essa proteína funciona no contexto de uma célula viva. Quais as proteínas que são fosforiladas pelas cinases? Em quais tecidos ela está ativa? Qual é a sua função no crescimento, no desenvolvimento ou na fisiologia do organismo? Uma quantidade considerável de informações adicionais é necessária para compreender o contexto biológico de atuação das cinases.

A maioria das proteínas não atua isoladamente: elas interagem com outras proteínas dentro da célula. Assim, uma forma de começar a decifrar o papel biológico de uma proteína é identificar seus padrões de ligação. Se uma proteína não caracterizada interagir com uma proteína cuja função celular é conhecida, é possível que a função da proteína desconhecida esteja de alguma forma relacionada. O método mais simples para a identificação de proteínas que se ligam fortemente uma a outra é a coimunoprecipitação (ver Painel 4-3, p. 164-165). Nessa técnica, um anticorpo é usado para capturar e precipitar uma proteína-alvo específica de um extrato preparado pela lise de células. Se essa proteína-alvo estiver fortemente associada a outra proteína, a proteína parceira também irá precipitar. Esta foi a estratégia empregada para caracterizar o produto do gene *Adenomatous Polyposis Coli, APC*.

Dois grupos de pesquisadores usaram anticorpos contra a APC para isolar essa proteína de extratos preparados de células humanas em cultura. Os anticorpos capturaram a APC junto com uma segunda proteína. Quando os pesquisadores examinaram a sequência de aminoácidos dessa proteína associada, eles identificaram a proteína como β-catenina.

A descoberta de que a APC interagia com a β-catenina levou, no início, a um erro sobre o papel da APC no câncer colorretal. Em mamíferos, a β-catenina foi primeiramente conhecida por sua função nas junções aderentes, onde atua como uma ponte que conecta as proteínas caderinas que atravessam a membrana até o citoesqueleto intracelular de actina (ver, por exemplo, Figura 20-24). Assim, por algum tempo, os cientistas pensaram que a APC poderia estar envolvida na adesão celular. Mas dentro de poucos anos, observou-se que a β-catenina também desempenhava outra função completamente distinta. É esta função inesperada que acabou por ser a relevante para a compreensão da função da APC no câncer.

Moscas sem asas

Pouco tempo antes da descoberta de que a APC se ligava à β-catenina, os biólogos do desenvolvimento, trabalhando com a mosca-da-fruta, a *Drosophila*, tinham observado que a proteína β-catenina humana era muito semelhante, na sequência de aminoácidos, a uma proteína de *Drosophila* denominada Armadillo. A Armadillo era conhecida por ser uma proteína-chave na via de sinalização que desempenha um papel importante no desenvolvimento normal das moscas. A via é ativada pela família Wnt de proteínas de sinalização extracelular, cujo membro fundador foi denominado *Wingless*, por seu fenótipo mutante nas moscas. As proteínas Wnt se ligam a receptores da superfície celular, ativando a via de sinalização intracelular que leva à ativação de um conjunto de genes que influenciam o crescimento, a divisão e a diferenciação celular. Mutações em qualquer uma das proteínas dessa via provocam erros no desenvolvimento que rompem o plano corporal básico da mosca. A mutação menos devastadora implica a não formação de asas da mosca durante seu desenvolvimento. Entretanto, a maioria das mutações resulta na morte do embrião. Em ambos os casos, o dano é devido aos efeitos na expressão gênica. Isso sugere fortemente que a Armadillo e a sua homóloga vertebrada, a β-catenina, não estavam apenas envolvidas na adesão celular, mas de algum modo mediavam o controle da expressão gênica por meio da via de sinalização Wnt.

Embora a via Wnt tenha sido descoberta e estudada profundamente na mosca-da-fruta, constatou-se mais tarde que ela controla diversos aspectos do desenvolvimento dos vertebrados, incluindo camundongos e humanos. Algumas das proteínas da via Wnt atuam de maneira semelhante em *Drosophila* e em vertebrados. A ligação direta entre a β-catenina e a expressão gênica se tornou clara em estudos com células de mamíferos. Da mesma forma que a APC podia ser usada como "isca" para determinar sua β-catenina correspondente por imunoprecipitação, a β-catenina podia ser usada como isca para identificar a próxima proteína na via de sinalização. Descobriu-se que essa era uma proteína reguladora da transcrição denominada LEF-1/TCF, ou apenas TCF. Observou-se também que havia uma correspondente em *Drosophila* na via Wnt, e uma combinação da genética de *Drosophila* e biologia celular de mamíferos revelou como atua o mecanismo de controle gênico.

A Wnt transmite seu sinal promovendo o acúmulo de β-catenina livre (ou, nas moscas, da Armadillo), isto é, uma β-catenina que não está ligada às junções celulares. Essa proteína livre migra do citoplasma para o núcleo. Ali, ela se liga à proteína reguladora de transcrição TCF, criando um complexo que ativa a transcrição de vários genes responsivos a Wnt, incluindo genes cujos produtos estimulam a proliferação celular (**Figura 20-55**).

Ocorre que a APC regula a atividade dessa via, facilitando a degradação da β-catenina e, assim, impedindo-a de ativar a TCF nas células que não receberam sinais da via Wnt (ver Figura 20-55A). A perda de APC permite o aumento da concentração da β-catenina, de modo que TCF é ativada e os genes responsivos a Wnt são ativados, mesmo na ausência de um sinal de Wnt. Mas como isso promove o desenvolvimento do câncer colorretal? Para responder a essa pergunta, os pesquisadores usaram camundongos que não possuíam *TCF4*, um membro da família gênica *TCF* que é expresso, especificamente, no revestimento epitelial do intestino.

Contos da cripta

Embora pareça contraintuitivo, uma das formas mais diretas de se saber o que um gene normalmente faz é ver o que acontece no organismo quando esse gene está ausente. Se o processo que está ausente ou alterado for identificado, pode-se então começar a decifrar a função gênica.

Considerando esse fato, os pesquisadores produziram camundongos nocautes nos quais o gene que codifica a TCF4 foi interrompido. A mutação é letal. Camundongos que não possuem TCF4 morrem logo após o nascimento. No entanto, os animais mostraram uma anormalidade interessante no intestino. As criptas intestinais, que contêm as células-tronco responsáveis pela renovação do revestimento intestinal (ver Figura 20-36), não se desenvolviam. Os pesquisadores concluíram que a TCF4 é, normalmente, responsável pela manutenção do conjunto de células-tronco do intestino em proliferação.

Quando a APC não está presente, vemos o outro lado da moeda: sem a APC para promover sua degradação, ocorre um acúmulo de β-catenina em quantidades excessivas, a qual se liga ao regulador de transcrição TCF4, superativando os genes responsivos a TCF4. Isso induz à formação de pólipos pela promoção da proliferação inadequada das células-tronco do intestino. As células da progênie diferenciadas continuam a ser produzidas e descartadas no lúmen do intestino, mas a população de células das criptas cresce com mais rapidez do que a capacidade do mecanismo de descarte. O resultado é o alargamento das criptas e um aumento estável no número de criptas. A massa de tecido em crescimento protubera para o interior do intestino como um pólipo (ver Figura 20-52 e **Animação 20.8**). Entretanto, muitas mutações adicionais são necessárias para transformar este tumor primário em um câncer invasivo.

Mais de 60% dos tumores colorretais humanos possuem uma mutação no gene *APC*. Na minoria dos tumores que mantêm a APC funcional, cerca de um quarto apresenta mutações que ativam a β-catenina. Essas mutações tendem a produzir proteínas β-catenina mais resistentes à degradação e assim produzem o mesmo efeito que a perda da APC. De fato, mutações que aumentam a atividade da β-catenina foram encontradas em uma grande variedade de outros tipos de tumores, incluindo melanomas, câncer de estômago e câncer de fígado. Assim, os genes que codificam proteínas que atuam na via de sinalização Wnt fornecem múltiplos alvos para mutações que podem estimular o desenvolvimento do câncer.

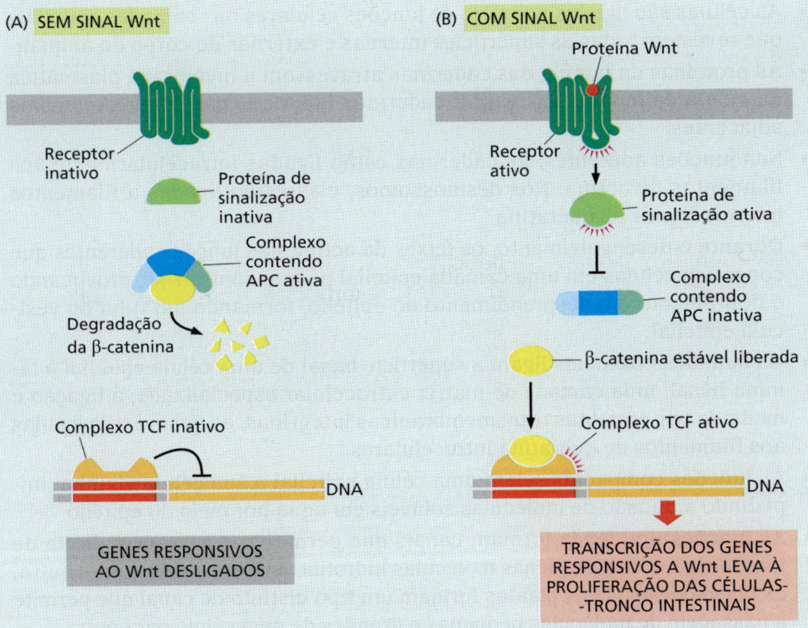

Figura 20-55 A proteína APC mantém a via de sinalização Wnt inativa quando as células não estão expostas à proteína Wnt. Isso ocorre pela promoção da degradação da molécula de sinalização β-catenina. Na presença de Wnt ou na ausência de APC ativa, a β-catenina livre torna-se abundante e combina-se com o regulador de transcrição TCF, causando a transcrição dos genes responsivos a Wnt e, em última análise, a proliferação das células-tronco nas criptas intestinais (ver Figura 20-40). No cólon, mutações que inativam APC levam à formação de tumores por causa da ativação excessiva da via de sinalização Wnt.

Figura 20-56 O medicamento imatinibe bloqueia a atividade de uma proteína oncogênica hiperativa, inibindo o crescimento de cânceres que dependem dessa proteína. A estrutura de um complexo de imatinibe (*azul* sólido) com o domínio de tirosina-cinase da proteína Abl (diagrama de fita) conforme determinado por cristalografia por raios X. (De T. Schindler et al., Science 289: 1938-1942, 2000. Com permissão de AAAS.)

lécula de fármaco pequena, denominada imatinibe, bloqueia a atividade desta cinase mutante hiperativa (**Figura 20-56**). Os resultados têm sido um grande sucesso: em muitos pacientes, a proliferação anormal e a sobrevivência das células leucêmicas são fortemente inibidas, proporcionando muitos anos de sobrevida livre de sintomas. O mesmo medicamento também é eficaz em alguns cânceres que dependem de oncogenes semelhantes.

Com esses exemplos, podemos esperar que nossa compreensão moderna da biologia molecular do câncer em breve nos permitirá conceber tratamentos racionais eficazes para outras formas de câncer. Ao mesmo tempo, a pesquisa sobre o câncer nos ensinou muitas lições importantes a respeito da biologia celular básica. As aplicações desse conhecimento vão muito além do tratamento do câncer, dando-nos uma visão sobre a forma como funciona todo o mundo vivo.

CONCEITOS ESSENCIAIS

- Os tecidos são compostos de células e matriz extracelular.
- Nos vegetais, cada célula circunda a si mesma com matriz extracelular na forma de uma parede celular composta principalmente por celulose e outros polissacarídeos.
- Uma pressão de turgescência osmótica na parede celular das plantas mantém o tecido vegetal túrgido.
- As microfibrilas de celulose, na parede celular vegetal, conferem resistência à tração, ao passo que outros componentes polissacarídicos resistem à compressão.
- A orientação da deposição das microfibrilas de celulose controla a orientação do crescimento das células dos tecidos vegetais.
- Os tecidos conectivos dos animais fornecem suporte mecânico; esses tecidos consistem, sobretudo, em matriz extracelular secretada por células imersas e escassamente dispersas.
- Na matriz extracelular de animais, a resistência à tração é fornecida pela proteína fibrosa colágeno, enquanto os glicosaminoglicanos (GAGs), covalentemente ligados às proteínas para formar os proteoglicanos, atuam como agentes de preenchimento espacial, proporcionando resistência à compressão.
- As proteínas transmembrânicas integrinas ligam as proteínas da matriz extracelular como o colágeno e a fibronectina, ao citoesqueleto intracelular das células que fazem contato com a matriz.
- As células são ligadas por meio de junções celulares nas camadas epiteliais que revestem todas as superfícies internas e externas do corpo do animal.
- As proteínas da família das caderinas atravessam a membrana plasmática da célula epitelial e se ligam a caderinas idênticas nas células epiteliais adjacentes.
- Nas junções aderentes, as caderinas estão ligadas intracelularmente aos filamentos de actina. Nos desmossomos, elas estão ligadas a filamentos intermediários de queratina.
- Durante o desenvolvimento, os feixes de actina nas junções aderentes que conectam células em uma camada epitelial podem contrair-se, provocando o dobramento e o desprendimento do epitélio, formando um tubo ou vesícula epitelial.
- Os hemidesmossomos ligam a superfície basal de uma célula epitelial à lâmina basal, uma camada de matriz extracelular especializada; a ligação é mediada por proteínas transmembrânicas integrinas, as quais estão ligadas aos filamentos de queratina intracelulares.
- As junções compactas selam uma célula epitelial à sua célula vizinha, impedindo a difusão de moléculas solúveis em água por meio do epitélio.
- As junções tipo fenda formam canais que permitem a passagem direta de íons inorgânicos e pequenas moléculas hidrofílicas de uma célula para outra; os plasmodesmas das plantas formam um tipo distinto de canal que permite a passagem de moléculas pequenas e grandes de uma célula para outra.

- A maioria dos tecidos dos vertebrados são misturas complexas de tipos celulares que estão sujeitos à renovação contínua.
- Os tecidos de um animal adulto são mantidos e renovados pelos mesmos processos básicos que os produzem em um embrião: proliferação, movimento e diferenciação celular. Como no embrião, esses processos são controlados pela comunicação intercelular, adesão seletiva célula-célula e memória celular.
- Em muitos tecidos que não estão em divisão, as células terminalmente diferenciadas são geradas a partir de células-tronco, em geral por meio da proliferação de células precursoras.
- As células-tronco embrionárias (células ES) podem proliferar indefinidamente em cultura e permanecer capazes de se diferenciar em qualquer tipo de célula no corpo – isto é, elas são pluripotentes.
- As células-tronco pluripotentes induzidas (células iPS), que se assemelham a células ES, podem ser produzidas a partir de células de tecidos humanos adultos por meio da expressão artificial de um pequeno conjunto de reguladores de transcrição.
- As células cancerosas não obedecem às restrições que normalmente asseguram que as células sobrevivam e proliferem apenas quando e onde deveriam e não invadam regiões às quais não pertencem.
- Os cânceres surgem do acúmulo de várias mutações em uma única linhagem de células somáticas; eles são geneticamente instáveis, apresentando taxas de mutação aumentadas e, muitas vezes, anomalias cromossômicas.
- Ao contrário da maioria das células humanas normais, as células cancerosas normalmente expressam a telomerase, que lhes permite proliferar indefinidamente sem perder DNA da extremidade de seus cromossomos.
- A maioria das células cancerosas humanas possui mutações no gene *p53*, o que permite que elas sobrevivam e se dividam mesmo com danos em seu DNA.
- As mutações que promovem o câncer podem fazê-lo mediante conversão de proto-oncogenes em oncogenes hiperativos ou inativação de genes supressores de tumor.
- O sequenciamento de genomas de câncer revelou que a maioria dos cânceres possui mutações que subvertem as mesmas três vias principais, que controlam a proliferação celular, o crescimento celular e a resposta ao estresse e danos no DNA. Em diferentes casos de cânceres, tais vias são subvertidas de diferentes maneiras.
- Conhecendo as anormalidades moleculares responsáveis por um determinado tipo de câncer, é possível desenvolver tratamentos especificamente focalizados.

TERMOS-CHAVE

apical
basal
caderina
clonagem reprodutiva
clonagem terapêutica
colágeno
câncer
célula-tronco
célula-tronco embrionária (ES)
célula-tronco pluripotente induzida (iPS)
desmossomo
epitélio
fibroblasto
fibronectina
gene supressor de tumor
glicosaminoglicano (GAG)
hemidesmossomo
instabilidade genética
integrina
junção aderente
junção celular
junção compacta
junção tipo fenda
lâmina basal
matriz extracelular
metástase
microfibrila de celulose
oncogene
parede celular
plasmodesma
pluripotente
proteoglicano
proteína Wnt
proto-oncogene
tecido
tecido conectivo

TESTE SEU CONHECIMENTO

QUESTÃO 20-9

Quais das seguintes afirmativas estão corretas? Explique sua resposta.

A. As junções tipo fenda conectam o citoesqueleto de uma célula à célula vizinha ou à matriz extracelular.

B. Uma folha murcha pode ser comparada a um pneu vazio de bicicleta.

C. Em razão da sua estrutura rígida, os proteoglicanos podem suportar uma grande quantidade de força de compressão.

D. A lâmina basal é uma camada especializada de matriz extracelular à qual as camadas de células epiteliais estão ligadas.

E. As células da epiderme são descamadas continuamente e renovadas a cada poucas semanas. Para uma tatuagem permanente, portanto, é necessário depositar o pigmento abaixo da epiderme.

F. Embora as células-tronco não sejam diferenciadas, elas são especializadas e, portanto, dão origem somente a tipos celulares específicos.

QUESTÃO 20-10

Qual(is) das seguintes substâncias você espera que se espalhe(m) de uma célula para outra por meio (a) das junções tipo fenda e (b) dos plasmodesmas: ácido glutâmico, mRNA, AMP cíclico, Ca^{2+}, proteínas G e fosfolipídeos da membrana plasmática?

QUESTÃO 20-11

Discuta a seguinte afirmativa: "Se uma célula vegetal tivesse filamentos intermediários para fornecer a força elástica à célula, sua parede celular seria dispensável."

QUESTÃO 20-12

Por meio da troca de pequenos metabólitos e íons, as junções tipo fenda proporcionam uma ligação metabólica e elétrica entre as células. Por que você acha que os neurônios se comunicam por sinapses e não pelas junções tipo fenda?

QUESTÃO 20-13

A gelatina é constituída basicamente de colágeno, o qual é responsável pela notável força elástica do tecido conectivo. Esse é o ingrediente básico da gelatina. Como já deve ter percebido muitas vezes, quando você está comendo gelatina com sabor de morango, a gelatina não apresenta muita força elástica. Por quê?

QUESTÃO 20-14

"A estrutura de um organismo é determinada pelo genoma que o óvulo contém". Qual é a evidência em que essa afirmativa se baseia? Um amigo lhe desafia e sugere que você substitua o DNA do óvulo de uma cegonha por DNA humano para ver se nasce um bebê humano. Como você lhe responderia?

QUESTÃO 20-15

A leucemia, isto é, um câncer que surge das mutações que causam a produção excessiva de leucócitos, apresenta um surgimento mais precoce do que outros tipos de câncer. Proponha uma explicação para isso.

QUESTÃO 20-16

Considere cuidadosamente o gráfico da **Figura Q20-16**, que mostra os casos de câncer de cólon diagnosticados a cada 100.000 mulheres por ano em função da idade. Por que a curva desse gráfico é tão abrupta e repentina, se as mutações ocorrem a uma frequência semelhante durante a vida de uma pessoa?

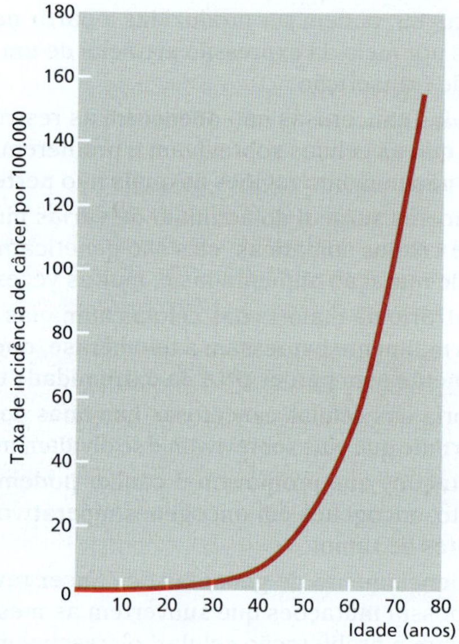

Figura Q20-16

QUESTÃO 20-17

Pessoas que fumam grande quantidade de cigarros ou trabalhadores industriais expostos por um tempo limitado a carcinógenos químicos que induzem mutação no DNA normalmente não iniciam o desenvolvimento de câncer característico de seu hábito ou ocupação até 10, 20 ou mais anos após a exposição. Sugira uma explicação para esse longo atraso.

QUESTÃO 20-18

Altos níveis do hormônio sexual feminino estrogênio aumentam a incidência de algumas formas de câncer. Assim, alguns tipos de anticoncepcionais mais antigos que continham concentrações elevadas de estrogênio foram banidos porque aumentavam o risco de câncer do revestimento uterino. Transexuais masculinos que usam preparações de estrogênio para terem uma aparência feminina apresentam um risco aumentado de câncer de mama. Altos níveis de androgênio (hormônio sexual masculino) aumentam o risco de algumas outras formas de câncer, como o câncer de próstata. Pode-se deduzir que o estrogênio e o androgênio são mutagênicos?

QUESTÃO 20-19

O câncer é hereditário?

Respostas

Capítulo 1

RESPOSTA 1-1 A tentativa de definir vida em termos de propriedades é uma tarefa ilusória, como sugerido por este exercício de definição (**Tabela R1-1**). Aspiradores de pó são objetos bastante organizados, tomam matéria e energia do meio e transformam a energia em movimento, respondendo ao estímulo do operador assim que solicitados. Por outro lado, eles não podem se reproduzir ou crescer, nem se desenvolver – mas os animais velhos também não podem. Batatas não são particularmente responsivas a estímulos, e assim por diante. É curioso que as definições-padrão de vida em geral não mencionem que os organismos vivos sobre a Terra são basicamente compostos por moléculas orgânicas, nem que a vida se baseia em carbono. Como sabemos, os tipos-chave de "macromoléculas de informação" – DNA, RNA e proteína – são os mesmos para cada espécie viva.

TABELA R1-1 Definições de "vida" plausíveis para um aspirador de pó, uma batata e um humano

Características	Aspirador de pó	Batata	Humano
1. Organização	Sim	Sim	Sim
2. Homeostase	Sim	Sim	Sim
3. Reprodução	Não	Sim	Sim
4. Desenvolvimento	Não	Sim	Sim
5. Energia	Sim	Sim	Sim
6. Responsividade	Sim	Não	Sim
7. Adaptação	Não	Sim	Sim

RESPOSTA 1-2 A maioria das alterações aleatórias no modelo de um sapato resultaria em defeitos repreensíveis: sapatos com múltiplos saltos, sem sola ou com tamanhos inadequados obviamente não seriam vendidos e, portanto, seriam selecionados contrariamente pelas forças do mercado. Outras alterações seriam neutras, como pequenas variações na cor ou no tamanho. Uma minoria de alterações, entretanto, poderia resultar em sapatos mais desejáveis: ranhuras profundas em uma sola anteriormente lisa, por exemplo, criariam sapatos que se comportariam melhor em condições úmidas; a perda dos saltos altos poderia produzir sapatos mais confortáveis. O exemplo ilustra que alterações ao acaso podem levar a melhoras significativas se o número de tentativas for grande o bastante e pressões seletivas forem impostas.

RESPOSTA 1-3 É extremamente improvável que você tenha criado um novo organismo nesse experimento. É muito mais provável que um esporo do ar tenha caído no seu meio, germinado e dado origem às células que você observou. Na metade do século XIX, Louis Pasteur inventou um aparelho inteligente para contestar a crença, então amplamente aceita, de que a vida poderia aparecer de forma espontânea. Ele demonstrou que frascos selados nunca germinaram qualquer coisa se fossem previamente esterilizados com calor. Ele superou as objeções daqueles que apontaram a falta de oxigênio, ou daqueles que sugeriram que essa esterilização pelo calor mataria o princípio gerador de vida, utilizando um frasco especial com um delgado "pescoço de cisne", que foi desenvolvido para impedir que os esporos do ar contaminassem a cultura (**Figura R1-3**). As culturas nesses frascos nunca mostraram qualquer sinal de vida; entretanto, eles eram capazes de sustentar vida, como poderia ser demonstrado pela introdução da "poeira" a partir do pescoço na cultura.

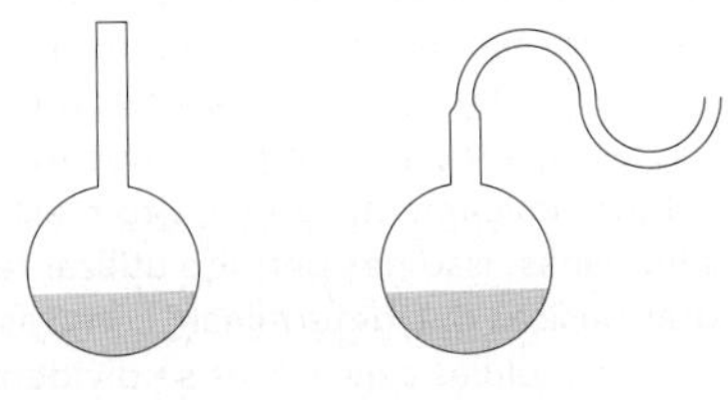

Figura R1-3

RESPOSTA 1-4 6×10^{39} (= 6×10^{27} g/10^{-12} g) de bactérias teriam a mesma massa que a Terra. E $6 \times 10^{39} = 2^{t/20}$, de acordo com a equação que descreve o crescimento exponencial. A resolução dessa equação para *t* resulta em *t* = 2.642 minutos (ou 44 horas). Isso representa apenas 132 tempos de geração(!), e 5×10^{14} tempos de geração bacteriana se passaram durante os últimos 3,5 bilhões de anos. Obviamente, a massa total de bactérias sobre esse planeta em nenhum lugar está próxima à massa da Terra. Isso ilustra que o crescimento exponencial pode ocorrer apenas durante pouquíssimas gerações, isto é, por diminutos períodos de tempo comparados com a evolução. Em qualquer cenário realístico, a disponibilidade de alimento rapidamente se torna limitante.

Esse cálculo simples nos mostra que a capacidade para crescer e dividir-se rapidamente, quando o alimento é abundante, é apenas um fator na sobrevivência de uma espécie. O alimento em geral é escasso, e indivíduos da mesma espécie têm de competir uns com os outros pelas fontes limitadas. A seleção natural favorece mutantes que vencem a competição ou que encontram meios de explorar fontes de alimento que os seus vizinhos são incapazes de utilizar.

RESPOSTA 1-5 Pela incorporação de substâncias, como partículas de alimento, as células eucarióticas podem sequestrá-las para se alimentar de maneira eficiente. As bactérias, ao contrário, não têm como capturar massas de alimento; elas podem exportar substâncias que ajudam a quebrar as substâncias do alimento no ambiente, mas os produtos desse trabalho devem, então, ser compartilhados com outras células presentes no mesmo local.

RESPOSTA 1-6 A microscopia óptica convencional é muito mais fácil de ser utilizada e requer instrumentos muito mais simples. Objetos que têm 1 μm de tamanho podem ser facilmente resolvidos; o menor limite de resolução é de 0,2 μm, que é um limite teórico imposto pelo comprimento de onda da luz visível. A luz visível não é destrutiva e passa prontamente através da água, tornando possível observar células vivas. A microscopia eletrônica, por outro lado, é muito mais complicada, tanto na preparação da amostra (que precisa ser cortada em secções muito finas, corada com metal pesado elétron-denso e completamente desidratada) quanto na natureza do instrumento. As células vivas não podem ser observadas em um microscópio eletrônico. No entanto, a resolução da microscopia eletrônica é muito mais alta, e objetos biológicos tão pequenos quanto 1 nm podem ser resolvidos. Para observar qualquer detalhe estrutural, microtúbulos, mitocôndrias e bactérias deveriam ser analisados por microscopia eletrônica. Entretanto, é possível corá-los com corantes específicos e então determinar sua localização por microscopia óptica; se o corante for fluorescente, os objetos corados podem ser vistos com alta resolução em um microscópio de fluorescência.

RESPOSTA 1-7 Como as operações básicas das células são tão similares, muitas foram compreendidas a partir de estudos em sistemas-modelo. A levedura é um bom sistema-modelo porque as células de levedura são muito mais simples do que as células humanas de câncer. Podemos fazer crescer células sem muitos custos e em vastas quantidades, e podemos manipulá-las geneticamente e bioquimicamente com muito mais facilidade do que as células humanas. Isso nos permite utilizar leveduras para decifrar as regras básicas que determinam como as células se dividem e crescem. As células cancerosas se dividem quando não deveriam (e por isso dão origem a tumores), e uma compreensão básica de como a divisão celular costuma ser controlada é, portanto, relevante para o problema do câncer. O National Cancer Institute, a American Cancer Society e diversas outras instituições que se dedicam a encontrar uma cura para o câncer fomentam fortemente a pesquisa básica em vários aspectos da divisão celular em diferentes sistemas-modelo, incluindo as leveduras.

RESPOSTA 1-8 Confira as suas respostas utilizando o Glossário e o Painel 1-2 (p. 25).

RESPOSTA 1-9

A. Falsa. A informação hereditária é codificada no DNA da célula, que por sua vez especifica suas proteínas (via RNA).

B. Verdadeira. As bactérias não possuem um núcleo.

C. Falsa. As plantas são compostas por células eucarióticas que contêm cloroplastos como organelas citoplasmáticas. Acredita-se que os cloroplastos tenham derivado evolutivamente de células procarióticas.

D. Verdadeira. O número de cromossomos varia de um organismo para outro, mas é constante em todas as células (exceto células germinativas) do mesmo organismo.

E. Falsa. O citosol é o citoplasma sem as organelas delimitadas por membrana.

F. Verdadeira. O envelope nuclear é uma membrana dupla, e as mitocôndrias são delimitadas por uma membrana interna e uma externa.

G. Falsa. Os protozoários são organismos unicelulares e por isso não têm tecidos ou tipos celulares diferentes. Entretanto, eles têm uma estrutura complexa com partes altamente especializadas.

H. Relativamente verdadeira. Peroxissomos e lisossomos contêm enzimas que catalisam a degradação de substâncias produzidas no citosol ou captadas pela célula. Entretanto, pode-se argumentar que várias dessas substâncias são degradadas para gerar moléculas de alimento e, como tal, certamente não são "indesejáveis".

RESPOSTA 1-10 Um encéfalo pesa em média 10^{-9} g (= 1.000 g/10^{12}). Como 1 g de água ocupa 1 mL = 1 cm^3 (= 10^{-6} m^3), o volume de uma célula é 10^{-15} m^3 (= 10^{-9} g × 10^{-6} m^3/g). Considere que a raiz cúbica origina um comprimento lateral de 10^{-5} m, ou 10 μm (10^6 μm = 1 m) para cada célula. A página do livro tem uma superfície de 0,057 m^2 (= 21 cm × 27,5 cm), e cada célula ocupa uma área de $10^{-10}m^2$ (10^{-5}m × 10^{-5}m). Consequentemente, 57 × 10^7 (= 0,057 $m^2/10^{-10}$ m^2) células se encaixam nesta página quando espalhadas como uma única camada. Dessa forma, 10^{12} células iriam ocupar 1.750 páginas (= 10^{12}/[57 × 10^7]).

RESPOSTA 1-11 Nessa célula vegetal, A é o núcleo, B é o vacúolo, C é a parede celular, e D é um cloroplasto. A barra de escala representa cerca de 10 μm, a largura do núcleo.

RESPOSTA 1-12 Os três principais filamentos são os filamentos de actina, os filamentos intermediários e os microtúbulos. Os filamentos de actina estão envolvidos no movimento celular rápido, e são os filamentos mais abundantes em uma célula muscular; os filamentos intermediários fornecem estabilidade mecânica e são os filamentos mais abundantes nas células epidérmicas da pele; e os microtúbulos funcionam como "trilhas" para movimentos intracelulares e são responsáveis pela separação dos cromossomos durante a divisão celular. Outras funções de todos esses filamentos são discutidas no Capítulo 17.

RESPOSTA 1-13 As células mutantes levam apenas 20 horas, isto é, menos de um dia, para se tornarem mais abundantes na cultura. Utilizando a equação fornecida na questão, vimos que o número das células bacterianas originais ("tipo selvagem") no tempo *t* minutos, depois que a mutação ocorreu, é de $10^6 \times 2^{t/20}$. O número de células mutantes no tempo *t* é de $1 \times 2^{t/15}$. Para descobrir quando as células mutantes "alcançam" as células do tipo selvagem, simplesmente temos de igualar esses dois números entre si (isto é, $10^6 \times 2^{t/20} = 2^{t/15}$). Tomando o logaritmo de base 10 em ambos os lados dessa equação e resolvendo-a para *t*, o resultado é *t* = 1.200 minutos (ou 20 horas). Nesse momento, a cultura contém 2×10^{24} células ($10^6 \times 2^{60} + 1 \times 2^{80}$). Como consequência, 2×10^{24} células bacterianas, cada uma pesando 10^{-12} g, iriam pesar 2×10^{-12} g (=2×10^9 kg ou 2 milhões de toneladas!). Este experimento só é possível em teoria.

RESPOSTA 1-14 As bactérias continuamente adquirem mutações no seu DNA. Na população das células expostas ao veneno, uma ou algumas células podem conter uma mutação que as torna resistentes à ação da droga. Antibióticos que são tóxicos para bactérias, por se ligarem a certas proteínas bacterianas, por exemplo, não funcionariam se a proteína tivesse uma superfície levemente alterada de modo que a ligação ocorresse de forma mais fraca ou não ocorresse. Essa bactéria mutante continuaria a se dividir rapidamente enquanto seus parentes cresceriam devagar. A bactéria resistente ao antibiótico logo se tornaria a espécie predominante na cultura.

RESPOSTA 1-15 $10^{13} = 2^{(t/1)}$. Portanto, levaria apenas 43 dias (*t* = 13/log(2)]. Isso explica por que alguns cânceres podem progredir rapidamente. Entretanto, várias células cancerosas se dividem de forma muito mais lenta ou morrem por causa das suas anormalidades internas ou porque elas não têm suprimento de sangue suficiente; por isso, a progressão real do câncer costuma ser mais lenta.

RESPOSTA 1-16 As células vivas se desenvolveram a partir de matéria não viva, mas cresceram e se replicaram. Da mesma forma como o material do qual elas se originaram, elas são governadas pelas leis da física, da termodinâmica e da química. Assim, por exemplo, elas não podem criar energia *de novo* ou formar estruturas ordenadas sem o gasto de energia livre. Podemos compreender quase todos os eventos celulares, como metabolismo, catálise, polimerização da membrana e replicação de DNA, como reações químicas complicadas que podem ser reproduzidas experimentalmente, manipuladas e estudadas em tubos de ensaio.

Apesar dessa redutibilidade fundamental, uma célula viva é mais do que a soma das suas partes. Não podemos misturar proteínas, ácidos nucleicos e outros compostos aleatoriamente em um tubo de ensaio, por exemplo, e obter uma célula. A célula funciona em virtude da sua estrutura organizada, e isso é um produto da sua história evolutiva. As células sempre se originam a partir de células preexistentes, e a divisão da célula-mãe passa tanto os constituintes químicos como estruturas para as suas filhas. A membrana plasmática, por exemplo, nunca tem de se formar *de novo*, mas cresce pela expansão de uma membrana preexistente; sempre existirá um ribossomo, em parte composto por proteínas cuja função é sintetizar mais proteínas, incluindo aquelas que sintetizem mais ribossomos.

RESPOSTA 1-17 Em um organismo multicelular, diferentes células adquirem funções especializadas e cooperam umas com as outras, de modo que nenhum tipo celular precise realizar todas as atividades por si mesmo. Por meio dessas divisões do trabalho, os organismos multicelulares são capazes de explorar fontes de alimento que são inacessíveis para organismos unicelulares. Uma planta, por exemplo, pode alcançar o solo com suas raízes para captar água e nutrientes, enquanto, ao mesmo tempo, acima do solo ela pode captar energia solar e CO_2 a partir do ar. Pela proteção de suas células reprodutoras com outras células especializadas, o organismo multicelular pode desenvolver novas maneiras de sobreviver em meios hostis ou de se manter afastado de predadores. Quando o alimento se esgota, ele deve ser capaz de preservar suas células reprodutoras, permitindo que elas saquem recursos armazenados por seus companheiros – ou até mesmo canibalizar parentes (um processo comum, na verdade).

RESPOSTA 1-18 O volume e a área de superfície são $5{,}24 \times 10^{-19}$ m^3 e $3{,}14 \times 10^{-12}$ m^2 para a célula bacteriana, e $1{,}77 \times 10^{-15}$ m^3 e $7{,}07 \times 10^{-10}$ m^2 para a célula animal, respectivamente. A partir desses números, as proporções entre superfície e volume são de 6×10^6 m^{-1} e 4×10^5 m^{-1}, respectivamente. Em outras palavras, embora a célula animal tenha um volume 3.375 vezes maior, a sua superfície de membrana está aumentada apenas 225 vezes. No entanto, se as membranas internas forem incluídas no cálculo, as relações entre superfície e volume de ambas as células são aproximadamente iguais. Dessa forma, por causa das suas membranas internas, as células eucarióticas podem crescer em tamanho e ainda manter uma área de membrana grande o suficiente, que – como discutimos com mais detalhes nos capítulos posteriores – é necessária para várias funções essenciais.

RESPOSTA 1-19 Existem várias linhas que evidenciam a existência de um ancestral comum. A análise de células vivas atuais mostra um surpreendente grau de similaridade nos componentes básicos que formam as operações internas de células diferentes em outros aspectos. Diversas vias metabólicas, por exemplo, são conservadas de uma célula para outra, e os compostos que compõem os ácidos nucleicos e as proteínas são os mesmos em todas as células vivas. Ainda assim, é fácil imaginar que uma escolha diferente de compostos (p. ex., aminoácidos com diferentes cadeias laterais) teria funcionado da mesma maneira. De modo semelhante, não é incomum observar que proteínas importantes têm uma estrutura detalhada muito similar em células procarióticas e eucarióticas. Teoricamente, haveria várias vias diferentes para sintetizar proteínas que poderiam realizar as mesmas funções. Evidências claras mostram que a maioria dos processos teve origem apenas uma vez e então foi refinada durante a evolução para se ajustar às necessidades particulares das células especializadas e organismos específicos.

No entanto, parece bastante improvável que a primeira célula tenha sobrevivido para se tornar a célula primordial fundadora do mundo vivo atual. Como a evolução não é um processo direto com uma progressão intencional, é mais provável que tenha existido um vasto número de células experimentais malsucedidas que se replicaram durante um tempo e então se extinguiram porque não puderam se adaptar às alterações no ambiente, ou não puderam sobreviver em competições com outros tipos de células. Podemos, então, especular que a célula ancestral primordial foi uma célula "sortuda" que acabou em um meio relativamente estável no qual ela teve uma chance de se replicar e se desenvolver.

RESPOSTA 1-20 Ver **Figura R1-20**.

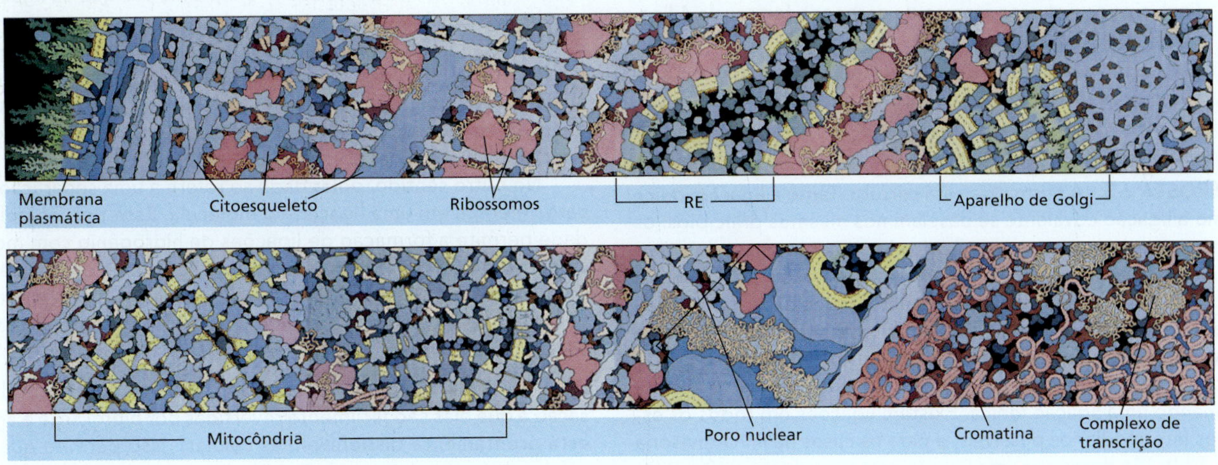

Figura R1-20 Cortesia de D. Goodsell.

RESPOSTA 1-21 Uma inspeção rápida poderá revelar cílios na superfície da célula; a sua presença confirmaria que a célula é um eucarioto. Se você não os observar, terá de procurar por outras características distintivas. Se tiver sorte, poderá ver a célula se dividindo. Observe-a então com as lentes corretas, e você poderá ver cromossomos mitóticos condensados, o que de novo lhe confirmaria que a célula é eucariótica. Fixe a célula e a marque com um corante para DNA: se este estiver contido em um núcleo, a célula é um eucarioto; caso não consiga visualizar um núcleo bem definido, a célula poderá ser um procarioto. De maneira alternativa, marque-a com anticorpos fluorescentes que se ligam a actina ou tubulina (proteínas que são altamente conservadas nos eucariotos, mas ausentes nas bactérias). Embeba-a, corte-a e observe-a com um microscópio eletrônico: você pode ver organelas como mitocôndrias dentro da sua célula? Tente corá-la com a coloração de Gram, que é específica para moléculas na parede celular de algumas classes de bactérias. Contudo, todos esses testes podem falhar, e você continua em dúvida. Para uma resposta definitiva, você poderia tentar analisar as sequências das moléculas de DNA e RNA que ela contém, usando os sofisticados métodos descritos adiante neste livro. As sequências de moléculas bastante conservadas, como aquelas que formam os componentes centrais dos ribossomos, fornecem uma assinatura molecular que pode lhe informar se a sua célula é um eucarioto, uma bactéria ou uma arqueia. Caso não detecte RNA, você provavelmente não está observando uma célula, mas sim uma porção de sujeira.

Capítulo 2

RESPOSTA 2-1 As chances são excelentes, em virtude da enormidade do número de Avogadro. A xícara original continha um mol de água, ou 6×10^{23} moléculas, e o volume dos oceanos da Terra, convertido para centímetros cúbicos, é de $1,5 \times 10^{24}$ cm^3. Depois de misturada, há em média 0,4 molécula de água antiga por cm^3 ($6 \times 10^{23}/1,5 \times 10^{24}$), ou 7,2 moléculas em 18 g do Oceano Pacífico.

RESPOSTA 2-2

A. O número atômico é 6; o peso atômico é 12 (= 6 prótons e 6 nêutrons).

B. O número de elétrons é 6 (= ao número de prótons).

C. A primeira camada pode acomodar 2 elétrons, e a segunda camada, 8 elétrons. Portanto, o carbono necessita de 4 elétrons adicionais (ou deve doar 4 elétrons) para ter a camada mais externa completa. O carbono é mais estável quando ele compartilha 4 elétrons adicionais com outros átomos (inclusive com outros átomos de carbono), formando 4 ligações covalentes.

D. O carbono 14 tem 2 nêutrons adicionais no seu núcleo. Uma vez que as propriedades químicas de um átomo são determinadas pelos seus elétrons o comportamento do carbono 14 é idêntico ao do carbono 12.

RESPOSTA 2-3 A afirmativa está correta. Tanto a ligação iônica como a ligação covalente se baseiam nos mesmos princípios: os elétrons podem ser compartilhados igualmente entre dois átomos que estejam interagindo, formando uma ligação covalente apolar; os elétrons podem ser compartilhados de maneira desigual entre dois átomos que estejam interagindo, formando uma ligação covalente polar; ou, então, os elétrons podem ser perdidos completamente por um átomo e ganhos pelo outro átomo, formando uma ligação iônica. Existem ligações em todos os estados intermediários possíveis, e para os casos na linha divisória fica arbitrário descrever uma ligação como covalente muito polar ou como ligação iônica.

RESPOSTA 2-4 A afirmativa está correta. A ligação hidrogênio-oxigênio das moléculas de água é polar, de modo que os átomos de oxigênio carregam mais carga negativa do que os átomos de hidrogênio. Essas cargas negativas parciais são atraídas pelos íons sódio carregados positivamente, mas são repelidas pelos íons cloreto carregados negativamente.

RESPOSTA 2-5

A. O íon hidrônio (H_3O^+) é resultante da dissociação da água em prótons e íons hidroxila. Cada próton se liga a uma molécula de água formando um íon hidrônio ($2H_2O \rightarrow H_2O + H^+ + OH^- \rightarrow H_3O^+ + OH^-$). Em pH neutro, isto é, na ausência de qualquer ácido que forneça mais íons H_3O^+ ou de base que forneça mais íons OH^-, as concentrações de íons H_3O^+ e OH^- são iguais. Sabe-se que, na neutralidade, o pH = 7,0 e, portanto, a concentração de H^+ é 10^{-7} M. A concentração de H^+ se iguala à concentração de H_3O^+.

B. Para calcular a relação entre íons H_3O^+ e moléculas de H_2O, é necessário saber a concentração das moléculas de água. O peso molecular da água é 18 (= isto é, 18 g/mol), e um litro de água pesa 1 kg. Portanto, a concentração de água é 55,6 M (= 1.000 [g/L]/[18 g/mol], e a relação de íons H_3O para moléculas de H_2O é de $1,8 \times 10^{-9}$(= $10^{-7}/55,6$); isto é, menos de duas moléculas de água em um bilhão estão dissociadas em pH neutro.

RESPOSTA 2-6 A síntese de uma macromolécula com uma estrutura determinada exige que, em cada posição de um aminoácido, apenas um estereoisômero seja usado. Mudar um aminoácido da forma L para a sua forma D resultaria em uma proteína diferente. Então, se na síntese de uma proteína para cada aminoácido fosse utilizada uma mistura aleatória de formas D e L, a sequência de aminoácidos não especificaria uma única estrutura, mas muitas estruturas diferentes (seriam formadas 2^N estruturas diferentes, sendo que N é o número de aminoácidos da proteína). O motivo pelo qual os L-aminoácidos foram selecionados na evolução como unidades exclusivas para formar proteínas é um mistério. Pode-se imaginar uma célula na qual certos aminoácidos (ou mesmo todos) fossem usados na forma D para formar proteínas, desde que em cada proteína fosse usado exclusivamente um mesmo tipo de estereoisômeros.

RESPOSTA 2-7 O termo "polaridade" pode ser usado com dois significados. Um deles refere-se à assimetria de direcionalidade – por exemplo, nos polímeros lineares, como os polipeptídeos (que possuem um N-terminal e um C-terminal) ou os ácidos nucleicos (que têm extremidades 3' e 5'). Uma vez que as ligações covalentes que ligam duas subunidades se formam apenas entre os grupos amino e carboxila dos aminoácidos em um polipeptídeo e entre as extremidades 3' e 5' dos nucleotídeos nos ácidos nucleicos, os polipeptídeos e os ácidos nucleicos sempre têm duas extremidades diferentes, o que confere à cadeia uma polaridade química definida.

No outro sentido, polaridade se refere a uma separação da carga elétrica em uma ligação ou molécula. Esse tipo de polaridade permite a formação de ligações de hidrogênio com moléculas de água, e como a solubilidade em água, ou hidrofilicidade, de uma molécula depende do fato de que ela seja polar; então, nesse sentido, o termo "polar" também é usado para indicar a solubilidade em água.

RESPOSTA 2-8 A principal vantagem das reações de condensação é que elas são facilmente revertidas por hidrólise (e a água está prontamente disponível nas células). Isso permite que as células degradem suas macromoléculas (ou macromoléculas de organismos que tenham sido ingeridos como alimento) e recuperem as subunidades intactas de modo que elas possam ser "recicladas", isto é, usadas para formar novas macromoléculas.

RESPOSTA 2-9 Muitas das funções que as macromoléculas realizam se baseiam na capacidade que elas têm de se associarem e se dissociarem de outras moléculas rapidamente. Isso permite que as células, por exemplo, remodelem o seu interior quando se movem ou se dividem, e transportem componentes de uma organela a outra. Ligações covalentes seriam muito estáveis para esse tipo de propósito e precisariam de uma enzima específica para romper cada tipo de ligação.

RESPOSTA 2-10

A. Verdadeira. Todos os núcleos são compostos por prótons carregados positivamente e nêutrons não carregados. A única exceção é o núcleo de hidrogênio, que consiste em apenas um próton.

B. Falsa. Os átomos são eletricamente neutros. O número de prótons carregados positivamente é sempre equilibrado por um número igual de elétrons carregados negativamente.

C. Verdadeira, mas apenas para o núcleo das células (ver Capítulo 1), e não para o núcleo atômico discutido neste capítulo.

D. Falsa. Os elementos podem ter diferentes isótopos, que diferem apenas no número de seus nêutrons.

E. Verdadeira. Em certos isótopos, o grande número de nêutrons desestabiliza o núcleo, que se decompõe em um processo denominado decaimento radioativo.

F. Verdadeira. Os exemplos incluem grânulos de glicogênio, um polímero de glicose encontrado nas células do fígado, e gotículas de gordura, formadas por agregados de triacilgliceróis, encontradas nas células adiposas.

G. Verdadeira. Individualmente, essas ligações são fracas e facilmente rompidas pela energia cinética, mas, uma vez que interações entre duas macromoléculas envolvem um grande número dessas ligações, a ligação total pode ser forte, e, como as ligações de hidrogênio se formam apenas entre grupos posicionados corretamente nas moléculas que interagem, elas são muito específicas.

RESPOSTA 2-11

A. Uma molécula de celulose tem um peso molecular de $n \times$ (12[C] + 2 × 1[H] + 16[O]). Não conhecemos o valor de n, mas é possível determinar a proporção com que cada elemento contribui individualmente para o peso da celulose. A contribuição dos átomos de carbono é de 40% [= 12/(12 + 2 + 16) × 100%]. Como consequência, 2 g (40% de 5 g) de átomos de carbono estão contidos na celulose que faz esta página. O peso atômico do carbono é 12 g/mol, e existem 6×10^{23} átomos ou moléculas em um mol. Assim, 10^{23} átomos de carbono [= (2 g/12 [g/mol]) × 6×10^{23} (moléculas/mol)] formam esta página.

B. O volume desta página é de 4×10^{-6} m^3 (= 21,2 cm × 27,6 cm × 0,07 mm), o que corresponde ao volume de um cubo com lados de 1,6 cm (= $\sqrt[3]{4 \times 10^{-6}}$ m^2). Uma vez que sabemos, com base na parte A desta questão, que a página contém 10^{23} átomos de carbono, a geometria nos diz que há cerca de $4{,}6 \times 10^7$ átomos de carbono (= $\sqrt[3]{10^{23}}$) alinhados ao longo de cada lado desse cubo. Portanto, na celulose, cerca de 200.000 átomos de carbono (= $4{,}6 \times 10^7 \times 0{,}07 \times 10^{-3}$ m/1,6 $\times 10^{-2}$ m) perfazem a espessura desta página.

C. Se empilhados, 350.000 átomos de carbono com diâmetro igual a 0,2 mm, seriam mais espessos que esta página, com 0,07 mm de espessura.

D. Existem duas razões para a diferença de 1,7 vezes no resultado dos dois cálculos: (1) o carbono não é o único átomo da celulose; e (2) o papel não é um reticulado atômico com moléculas de celulose encaixadas precisamente (como ocorre no caso do diamante, onde os átomos de carbono estão organizados com toda a precisão), mas sim um emaranhado aleatório de fibras.

RESPOSTA 2-12

A. O preenchimento das três camadas de elétrons, contando do núcleo para fora, é 2, 8 e 8.

B. O hélio já tem nível completamente preenchido, o oxigênio ganha 2, o carbono ganha 4 ou perde 4, o sódio perde 1 e o cloro ganha 1.

C. O hélio, com sua camada eletrônica totalmente ocupada, é quimicamente inerte. Já o sódio e o cloro são extremamente reativos e facilmente formam os íons Na^+ e Cl^-, que formam ligações iônicas, produzindo NaCl (sal de cozinha).

RESPOSTA 2-13 O fato de uma substância ser um líquido ou gás em determinada temperatura depende das forças de atração entre as suas moléculas. H_2S é um gás à temperatura ambiente e H_2O é um líquido porque as ligações de hidrogênio que mantêm a associação entre as moléculas de H_2O não se formam entre as moléculas de H_2S. O átomo de enxofre é muito maior do que o átomo de oxigênio e, em razão desse tamanho maior, os elétrons da camada mais externa não são atraídos tão fortemente pelo núcleo do átomo de enxofre como ocorre no átomo de oxigênio. Como resultado, a ligação hidrogênio-enxofre é muito menos polar do que a ligação hidrogênio-oxigênio. Em função da reduzida polaridade, o enxofre, nas moléculas de H_2S, não atrai tão fortemente os átomos de hidrogênio das moléculas de H_2S adjacentes, de modo que não há formação de ligações de hidrogênio, que são predominantes na água.

RESPOSTA 2-14 O diagrama das reações está na **Figura R2-14**, onde R_1 e R_2 são cadeias laterais de aminoácidos.

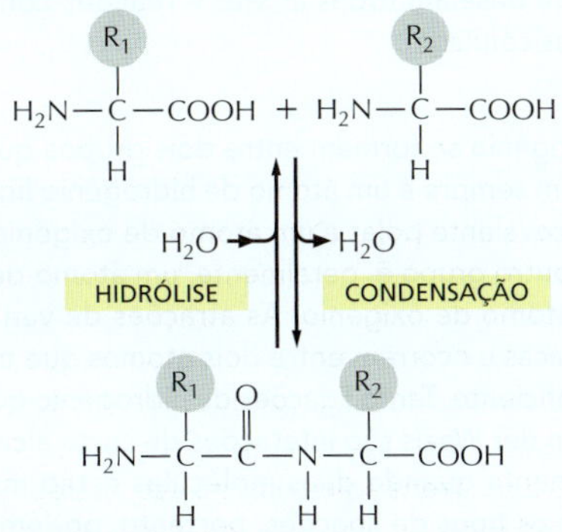

Figura R2-14

RESPOSTA 2-15

A. Falsa. As propriedades das proteínas dependem tanto dos aminoácidos que elas contêm quanto da ordem na qual eles estão ligados. A diversidade das proteínas se deve ao número praticamente ilimitado de maneiras pelas quais os 20 diferentes aminoácidos podem se combinar em sequências lineares.

B. Falsa. Em soluções aquosas, os fosfolipídeos se associam em bicamadas por forças não covalentes. Portanto, bicamadas lipídicas não são macromoléculas.

C. Verdadeira. A cadeia principal dos ácidos nucleicos é composta por riboses (ou desoxirribose no DNA) e grupos fosfato, alternadamente. A ribose e a desoxirribose são açúcares.

D. Verdadeira. Cerca da metade dos 20 aminoácidos de ocorrência natural tem cadeias laterais hidrofóbicas. Nas proteínas enoveladas, muitas dessas cadeias laterais estão voltadas para o interior da proteína enovelada na forma globular porque elas são repelidas pela água.
E. Verdadeira. As caudas hidrocarbonadas hidrofóbicas contêm apenas ligações apolares. Assim, elas não podem participar de ligações de hidrogênio e são repelidas pela água. Os princípios que regem esse fenômeno estão mais detalhados no Capítulo 11.
F. Falsa. O RNA contém as quatro bases listadas, mas o DNA contém T no lugar de U. T e U são muito semelhantes, diferindo apenas por um grupo metila.

RESPOSTA 2-16

A. (a) 400 (= 20^2); (b) 8.000 (= 20^3); (c) 160.000 (= 20^4).
B. Uma proteína com peso molecular de 4.800 dáltons é composta por aproximadamente 40 aminoácidos. Portanto, há $1{,}1 \times 10^{52}$ (= 20^{40}) diferentes maneiras de sintetizar esta proteína. Cada molécula individual de proteína pesa 8×10^{-21} g (= $4.800/6 \times 10^{23}$); assim, uma mistura contendo apenas uma de cada uma das moléculas possíveis pesa 9×10^{31} g (= 8×10^{-21} g $\times$ $1{,}1 \times 10^{52}$), o que é 15.000 vezes maior do que a massa total do planeta Terra (que pesa 6×10^{24} kg). De fato, seria preciso um recipiente realmente grande.
C. Uma vez que a maioria das proteínas presentes na célula é maior do que a proteína usada nesse exemplo, é evidente que apenas uma fração muito pequena das possíveis sequências de aminoácidos é usada pelas células vivas.

RESPOSTA 2-17 Como todas as células vivas são compostas por substâncias químicas e como todas as reações químicas (estejam elas em uma célula viva ou em um tubo de ensaio) seguem as mesmas regras, a compreensão dos princípios químicos básicos é fundamental para entender a biologia celular. Por essa razão, nos próximos capítulos, há referências frequentes a esses princípios, nos quais se baseiam todas as vias e reações complicadas que ocorrem nas células.

RESPOSTA 2-18

A. Ligações de hidrogênio se formam entre dois grupos químicos específicos; um sempre é um átomo de hidrogênio ligado por uma ligação covalente polar a um átomo de oxigênio ou de nitrogênio; o outro grupo é, geralmente, um átomo de nitrogênio ou um átomo de oxigênio. As atrações de van der Waals são mais fracas e ocorrem entre dois átomos que estejam próximos o suficiente. Tanto ligações de hidrogênio quanto atrações de van der Waals são interações de curto alcance que ocorrem somente quando duas moléculas estão muito próximas. Ambos os tipos de ligações, portanto, podem ser considerados um ajuste fino de uma interação, isto é, ajudam a posicionar corretamente duas moléculas, uma em relação à outra, depois que elas tenham sido aproximadas pela difusão.
B. Nos três exemplos podem ocorrer atrações de van der Waals. Ligações de hidrogênio podem formar-se apenas em (c).

RESPOSTA 2-19 Ligações não covalentes podem ser formadas entre subunidades ligadas covalentemente de macromoléculas como polipeptídeos ou cadeias de RNA e determinam o enovelamento da cadeia em uma forma única e característica. Essas ligações não covalentes incluem ligações de hidrogênio, interações iônicas, atrações de van der Waals e interações hidrofóbicas. Por serem fracas, essas interações podem ser rompidas com relativa facilidade de modo que a maioria das macromoléculas pode ser desnaturada pelo aquecimento, que aumenta a energia térmica.

RESPOSTA 2-20 Moléculas anfipáticas possuem uma extremidade hidrofílica e outra hidrofóbica. A porção hidrofílica pode fazer ligações de hidrogênio com moléculas de água, mas a porção hidrofóbica é repelida pela água porque ela interfere com a estrutura da água. Consequentemente, as porções hidrofóbicas das moléculas anfipáticas tendem a ficar expostas ao ar na interface ar-água, ou, no interior de uma solução aquosa, elas sempre se agregam entre si para minimizar o contato com moléculas de água (ver **Figura R2-20**).

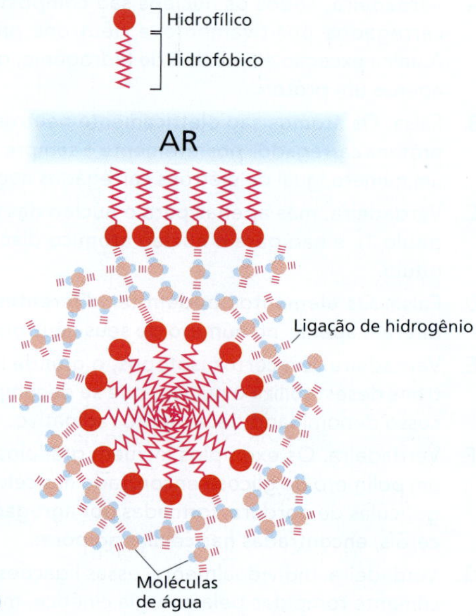

Figura R2-20

RESPOSTA 2-21

A,B. Tanto (A) quanto (B) são fórmulas corretas do aminoácido fenilalanina. Na fórmula (B), a fenilalanina está mostrada na forma ionizada, a forma que existe em soluções aquosas, quando o grupo amino básico está protonado e o grupo ácido carboxílico está desprotonado.
C. Incorreta. Nessa estrutura de ligação peptídica, está faltando o átomo de hidrogênio ligado ao nitrogênio.
D. Incorreta. Nessa fórmula, a base adenina contém uma ligação dupla a mais, criando um átomo de carbono com cinco valências e um átomo de nitrogênio com quatro.
E. Incorreta. Nessa fórmula, o trifosfato de nucleosídeo deveria ter dois átomos de oxigênio a mais, um entre cada um dos átomos de fósforo.
F. Essa é a fórmula correta do etanol.
G. Incorreta. A água não forma ligações de hidrogênio com átomos de hidrogênio que estejam ligados a átomos de carbono. Essa incapacidade de formar ligações de hidrogênio torna as cadeias hidrocarbonadas hidrofóbicas, isto é, com aversão à água.
H. Incorreta. Na e Cl formam uma ligação iônica, Na^+Cl^-, mas o desenho mostra uma ligação covalente.
I. Incorreta. O átomo de oxigênio atrai mais os elétrons do que o átomo de carbono. Portanto, a polaridade das duas ligações deve ser invertida.
J. Essa é a estrutura correta da glicose.

K. Quase correta. É mais exato mostrar que apenas um hidrogênio é perdido do grupo $-NH_2$, e que o grupo –OH é perdido do grupo –COOH.

Capítulo 3

RESPOSTA 3-1 A equação representa o processo básico da fotossíntese, que ocorre como um grande conjunto de reações individuais catalisadas por muitas enzimas específicas. Como os açúcares são moléculas mais complicadas do que CO_2 e H_2O, a reação gera um estado mais ordenado nas células. Seguindo a segunda lei da termodinâmica, esse aumento de ordem deve ser acompanhado de um grande aumento de desordem, que acontece porque o calor gerado em muitas das etapas ao longo da via leva à geração dos produtos esquematizados nesta equação.

RESPOSTA 3-2 Oxidação é definida como remoção de elétrons, e redução representa um ganho de elétrons. Assim, (A) é uma oxidação e (B) é uma redução. O carbono colorido em *vermelho* em (C) permanece basicamente sem modificação; o carbono adjacente, entretanto, perde um átomo de hidrogênio (i.e., um elétron e um próton), tornando-se assim oxidado. O carbono em *vermelho* em (D) torna-se oxidado porque ele perde um átomo de hidrogênio, enquanto o átomo de carbono em *vermelho* em (E) torna-se reduzido porque ele ganha um átomo de hidrogênio.

RESPOSTA 3-3

A. Os dois lados da moeda, H e T, têm igual probabilidade. Assim sendo, não há força motora, isto é, nenhuma diferença de energia, que favoreça na direção de H para T ou vice-versa. Portanto, nessa reação $\Delta G^0 = 0$. Contudo, a reação ocorre se o número de moedas H e T que estiver na caixa não for igual. Nesse caso, a diferença entre as concentrações de H e T cria uma força motora e $\Delta G \neq 0$. Quando a reação atinge o equilíbrio, isto é, quando o número de H e de T for igual, $\Delta G = 0$.

B. A quantidade de agitação corresponde à temperatura, pois resulta do movimento "cinético" das moedas. A energia de ativação da reação é a energia a ser gasta para levantar as moedas, isto é, para mantê-las na vertical, e, então, elas poderão cair deixando um dos lados para cima. A chacoalhase poderia acelerar a mudança de cara para coroa por diminuir a energia necessária para levantar as moedas; a chacoalhase poderia, por exemplo, ser um ímã que, suspenso sobre a caixa, ajudasse a levantar as moléculas. A chacoalhase não afetaria o ponto final de equilíbrio (com igual número de H e de T), mas aumentaria a velocidade do processo que leva ao equilíbrio, porque, com a chacoalhase, mais moedas poderiam levantar e cair para um dos lados.

RESPOSTA 3-4 Ver **Figura R3-4**. Observe que $\Delta G°_{X \to Y}$ é positivo, enquanto $\Delta G°_{Y \to Z}$ e $\Delta G°_{X \to Z}$ são negativos. O gráfico também mostra que $\Delta G°_{X \to Z} = \Delta G°_{X \to Y} + \Delta G°_{Y \to Z}$. A partir das informações dadas na Figura 3-12 não é possível saber a altura da barreira da energia de ativação; então ela foi desenhada em uma altura arbitrária (linhas sólidas). As energias de ativação seriam diminuídas por enzimas que catalisassem essas reações, aumentando portanto as velocidades da reação (linhas pontilhadas), mas as enzimas não mudariam os valores de $\Delta G°$.

RESPOSTA 3-5 As velocidades das reações podem ser limitadas (1) pela concentração dos substratos, isto é, a frequência com que as moléculas de CO_2 colidem com o sítio ativo da enzima; (2) por quantas dessas colisões têm energia suficiente para levar a reação adiante; e (3) por quão rápido a enzima pode liberar os produtos da reação e assim ficar livre para ligar mais CO_2. O diagrama da **Figura R3-5** mostra que a enzima diminui a barreira da energia de ativação de modo que mais moléculas de CO_2 possuem energia suficiente para sofrer a reação. A área da curva do ponto A para energia infinita ou do ponto B para energia infinita indica o número total de moléculas que reagem sem e com a presença da enzima, respectivamente. Embora o desenho não esteja em escala, a relação entre essas duas áreas seria 10^7.

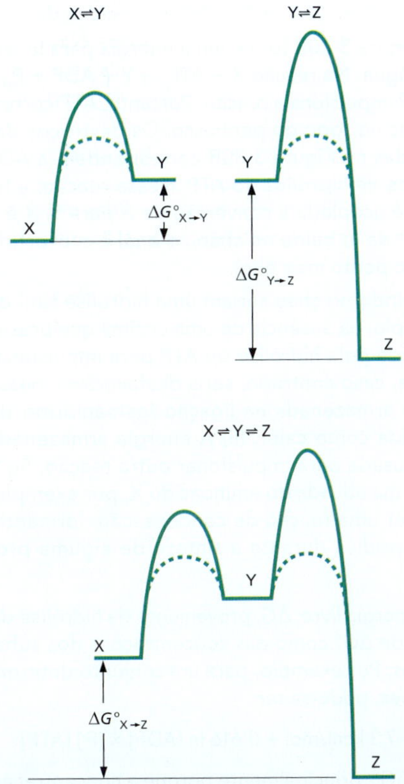

Figura R3-4

RESPOSTA 3-6 Todas as reações são reversíveis. Caso o composto AB possa se dissociar para produzir A e B, também deve ser possível que A e B se associem para formar AB. A predominância de uma das duas reações depende da constante de equilíbrio da reação e das concentrações de A, B e AB (discutido na Figura 3-19). Supõe-se que, quando essa enzima foi isolada, sua atividade foi detectada quando A e B estavam presentes em quantidades relativamente grandes e medindo a quantidade de AB gerada. Entretanto, pode-se supor que na célula exista uma grande quantidade de AB e, nesse caso, a enzima efetivamente catalisaria AB → A + B. (Essa questão baseou-se em exemplos reais nos quais enzimas foram isoladas e denominadas de acordo com a reação em uma direção, porém mais tarde se observou que elas catalisavam a reação inversa nas células vivas.)

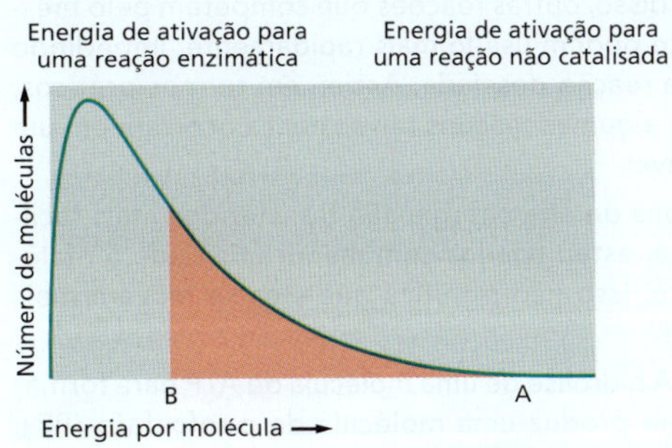

Figura R3-5

RESPOSTA 3-7

A. As pedras da Figura 3-30B fornecem a energia para levantar o balde de água. Na reação X + ATP → Y + ADP + P_i, a hidrólise de ATP impulsiona a reação. Portanto, ATP corresponde às pedras no topo do penhasco. Os destroços das pedras quebradas na Figura 3-30B correspondem a ADP e P_i, os produtos da hidrólise do ATP. Nessa reação, a hidrólise do ATP é acoplada à conversão de X para Y. X é o material de partida (o balde no chão), o qual é convertido em Y (o balde no ponto mais alto).

B. (i) As pedras caindo no chão seriam uma hidrólise fútil de ATP – por exemplo, na ausência de uma enzima que usasse a energia liberada pela hidrólise de ATP para impulsionar uma reação que, caso contrário, seria desfavorável; nesse caso, a energia armazenada na ligação fosfoanidrido do ATP seria perdida como calor. (ii) A energia armazenada em Y pode ser usada para impulsionar outra reação. Se Y representa a forma ativada do aminoácido X, por exemplo, ela poderá sofrer uma reação de condensação, formando uma ligação peptídica durante a síntese de alguma proteína.

RESPOSTA 3-8 A energia livre, ΔG, proveniente da hidrólise do ATP, depende tanto de $\Delta G°$ como das concentrações dos substratos e dos produtos. Por exemplo, para um conjunto determinado de concentrações, pode-se ter

$$\Delta G = -12 \text{ kcal/mol} = -7{,}3 \text{ kcal/mol} + 0{,}616 \ln [ADP] \times [P_i] [ATP]$$

ΔG é menor do que ΔG^0, principalmente porque a concentração de ATP nas células é alta (na faixa de milimolar) e a concentração de ADP é baixa (na faixa de 10 μM). Portanto, o termo da concentração nessa equação é menor do que 1, e o seu logaritmo é um número negativo. $\Delta G°$ é uma constante da reação e não varia em função das condições da reação. ΔG, por outro lado, depende das concentrações de ATP, ADP e fosfato, que podem variar entre as células.

RESPOSTA 3-9 As reações B, D e E precisam ser acopladas a outras reações, energicamente favoráveis. Em cada caso, são formadas estruturas com alto grau de organização, muito mais complexas e que possuem ligações com mais energia do que o material de partida. De maneira oposta, a reação A é uma reação catabólica que leva os compostos a um estado de baixa energia e que ocorre espontaneamente. Os trifosfatos de nucleosídeos da reação C contêm energia suficiente para impulsionar a síntese de DNA (ver Figura 3-41).

RESPOSTA 3-10

A. Praticamente verdadeira, mas, rigorosamente falando, falsa. Pelo fato de as enzimas acelerarem a velocidade, mas não alterarem o equilíbrio da reação, esta sempre ocorrerá na ausência de enzima, embora com uma velocidade muito baixa. Além disso, outras reações que competem pelo mesmo substrato podem usá-lo mais rapidamente, impedindo mais ainda a reação desejada. Assim, em termos práticos, sem enzima, algumas reações talvez nunca ocorram em um grau apreciável.

B. Falsa. Elétrons de alta energia são transferidos mais facilmente, isto é, estão ligados com menor afinidade à molécula doadora. Isso não significa que eles se movam mais rapidamente.

C. Verdadeira. A hidrólise de uma molécula de ATP para formar AMP também produz uma molécula de pirofosfato (PP_i), que, por sua vez, é hidrolisada em duas moléculas de fosfato. Essa segunda reação libera praticamente a mesma quantidade de energia que a hidrólise inicial do ATP, chegando quase a dobrar a produção de energia total.

D. Verdadeira. A oxidação é a remoção de elétrons, o que reduz o diâmetro do átomo de carbono.

E. Verdadeira. O ATP, por exemplo, pode doar tanto energia química quanto um grupo fosfato.

F. Falsa. As células vivas têm um tipo particular de química no qual a maioria das oxidações consiste em eventos de liberação de energia. Sob diferentes condições, entretanto, como em uma atmosfera que contenha hidrogênio, reduções podem vir a ser eventos que liberam energia.

G. Falsa. Todas as células, incluindo as dos animais de sangue quente e de sangue frio, irradiam quantidades comparáveis de calor como consequência das suas reações metabólicas. No caso das células bacterianas, por exemplo, isso fica evidente quando um monte de esterco esquenta.

H. Falsa. A constante de equilíbrio da reação X ↔ Y permanece invariável. Se Y é removido por uma segunda reação, mais X é convertido em Y, de modo que a relação entre X e Y permanece constante.

RESPOSTA 3-11 A diferença de energia livre (ΔG^0) entre Y e X devido a três ligações de hidrogênio é –3 kcal/mol. (Observe que a energia livre de Y é menor do que a de X, porque há necessidade de gasto de energia para romper as ligações e converter Y em X. Portanto, o valor de ΔG^0 para a transição X → Y é negativo.) A constante de equilíbrio para a reação é cerca de 100 (da Tabela 3-1, p. 98), isto é, no equilíbrio existem cerca de 100 vezes mais moléculas de Y do que de X. A adição de três ligações de hidrogênio aumenta $\Delta G°$ para –6 kcal/mol e aumenta a constante de equilíbrio por cerca de mais 100 vezes para 10^4. Portanto, diferenças relativamente pequenas em energia podem ter um efeito importante sobre o equilíbrio.

RESPOSTA 3-12

A. A constante de equilíbrio é definida como $K = [AB]/([A] \times [B])$. Os colchetes indicam concentração. Assim, se as concentrações de A, B e AB forem 1 μM (10^{-6} M) cada uma, K será 10^6 litros/mol [= $10^{-6}/(10^{-6} \times 10^{-6})$].

B. De maneira semelhante, se A, B e AB forem cada um de 1 nM (10^{-9} M), então K será 10^9 litros/mol.

C. Este exemplo ilustra como proteínas que interagem entre si e que estão presentes nas células em baixas concentrações precisam ligar-se umas às outras com afinidade maior para que uma proporção significativa de moléculas fique ligada no equilíbrio. Nesse caso específico, uma diminuição de 1.000 vezes na concentração (de μM para nM) exige que a constante de equilíbrio aumente 1.000 vezes para manter o complexo proteico AB na mesma proporção (correspondendo a –4,3 kcal de energia livre; ver Tabela 3-1). Isso corresponde a cerca de 4 ou 5 ligações de hidrogênio extras.

RESPOSTA 3-13 A afirmativa é correta. O critério para definir se uma reação ocorre espontaneamente é ΔG, e não ΔG^0, e leva em consideração a concentração dos componentes que reagem. Uma reação com ΔG^0 negativo, por exemplo, não ocorrerá de maneira espontânea sob condições nas quais já haja excesso de produtos, isto é, os produtos estão em uma concentração maior do que a concentração no equilíbrio. Uma reação com ΔG^0 positivo poderá ocorrer espontaneamente no sentido direto em condições nas quais haja um grande excesso de substrato.

RESPOSTA 3-14

A. Um máximo de 57 moléculas de ATP (= 686/12) corresponde à energia total liberada pela oxidação completa de glicose a CO_2 e H_2O.

B. A eficiência energética total da produção de ATP seria de cerca de 53%, calculada como a razão entre o número de moléculas de ATP de fato produzidas (30 moléculas) dividido pelo número de moléculas de ATP que seriam obtidas se toda a energia armazenada na molécula de glicose pudesse ser armazenada como energia química no ATP (57 moléculas).

C. Na oxidação de 1 mol de glicose, 322 kcal (os restantes 47% das 686 kcal disponíveis em uma molécula de glicose que não foram armazenados como energia química no ATP) são liberadas como calor. Essa quantidade de energia poderia aquecer o corpo de uma pessoa em 4,3°C (= 322 kcal/75 kg). Essa quantidade de calor é significativa, considerando que uma elevação de 4°C na temperatura leva a uma febre que deixa a pessoa prostrada e que 1 mol (180 g) de glicose não é mais do que duas xícaras de açúcar.

D. Se o rendimento energético fosse apenas 20%, em vez dos 47% do exemplo anterior, 80% da energia disponível seria liberada como calor e deveria ser dissipada do corpo. A produção de calor seria 1,7 vez maior do que a normal, e o corpo sofreria um superaquecimento.

E. A fórmula química da ATP é $C_{10}H_{12}O_{13}N_5P_3$, portanto o seu peso molecular é de 503 g/mol. O corpo humano em repouso hidrolisa cerca de 80 mols (= 40 kg/0,503 kg/mol) de ATP em 24 horas (isso corresponde à liberação de cerca de 1.000 kcal de energia química). Uma vez que cada mol de glicose fornece 30 mols de ATP, essa quantidade de energia poderia ser produzida pela oxidação de 480 g de glicose (= 180 g/mol × 80 mols/30).

RESPOSTA 3-15 Este cientista é, definitivamente, um charlatão. As 57 moléculas de ATP armazenariam 684 kcal (= 57 × 12 kcal) de energia química. Isso implica que a eficiência da produção de ATP a partir de glicose teria sido superior a 99%. Esse impossível grau de eficiência não deixaria energia alguma para ser liberada como calor, e essa liberação é necessária segundo as leis da termodinâmica.

RESPOSTA 3-16

A. Sabe-se, a partir dos dados da Tabela 3-1 (p. 98), que uma diferença de energia livre de 4,3 kcal/mol corresponde a uma constante de equilíbrio de 10^{-3}, isto é, $[A^*]/[A] = 10^{-3}$. Então, no equilíbrio a concentração de A* é 1.000 vezes menor do que a concentração de A.

B. A relação entre A e A* não pode ser modificada. A diminuição da barreira da energia de ativação com uma enzima aceleraria a velocidade da reação, isto é, faria com que, em um mesmo tempo, mais moléculas fossem convertidas de A → A* e de A* → A, mas isso não afetaria a relação de A → A* no equilíbrio.

RESPOSTA 3-17

A. Provavelmente será seguro comer o cogumelo mutante. A hidrólise de ATP fornece em torno de –12 kcal/mol de energia. Essa quantidade de energia altera o ponto de equilíbrio da reação por um fator enorme: cerca de 10^8 vezes (a Tabela 3-1, p. 98, mostra que –5,7 kcal/mol correspondem a uma constante de equilíbrio de 10^4; assim –12 kcal/mol correspondem a cerca de 10^8. Observe que, no caso de reações acopladas, as energias são aditivas e que as constantes de equilíbrio são multiplicadas). Como consequência, se a energia da hidrólise de ATP não puder ser utilizada pela enzima, o envenenamento será 10^8 vezes menor. Esse exemplo ilustra que o acoplamento de uma reação à hidrólise de uma molécula carreadora ativada pode mudar drasticamente o ponto de equilíbrio.

B. Seria um risco consumir esse organismo mutante. A diminuição da velocidade da reação não afetaria o ponto de equilíbrio, e se a reação pudesse ocorrer por tempo longo o suficiente, o cogumelo provavelmente estaria repleto de veneno. É possível que a reação nunca atinja o equilíbrio, mas não seria bom correr o risco.

RESPOSTA 3-18 A enzima A é benéfica. Ela permite a interconversão de duas moléculas carreadoras de energia, ambas necessárias na forma de trifosfato para muitas reações metabólicas. Todo o ADP formado é rapidamente convertido em ATP, e é dessa maneira que as células mantêm uma relação ATP/ADP alta. Devido à ação da enzima A, denominada nucleotídeo-fosfocinase, parte do ATP é usada para manter a relação GTP/GDP igualmente alta.

A enzima B seria altamente prejudicial para as células. As células usam NAD^+ como aceptor de elétrons nas reações catabólicas e devem manter altas concentrações nessa forma do carreador à medida que ele é utilizado nas reações que degradam glicose produzindo ATP. Por outro lado, NADPH é utilizado como um doador de elétrons nas reações biossintéticas e é mantido em altas concentrações nas células para permitir a síntese de nucleotídeos, ácidos graxos e outras moléculas essenciais. Caso a enzima B esgotasse as reservas celulares de NAD^+ e de NADPH, haveria redução tanto das reações do catabolismo como das reações biossintéticas.

RESPOSTA 3-19 Uma vez que as enzimas são catalisadores, as reações enzimáticas devem ser termodinamicamente factíveis. A enzima apenas diminui a barreira da energia de ativação, e essa barreira limita a velocidade com que a reação ocorre. O calor confere mais energia cinética ao substrato, e assim uma fração maior de substrato pode ultrapassar a barreira da energia de ativação. Entretanto, muitos substratos possuem muitas maneiras diferentes pelas quais eles podem reagir, e todas essas reações potenciais serão aumentadas pelo calor. Uma enzima, ao contrário, age seletivamente e facilita apenas uma determinada reação que foi selecionada durante a evolução para ser útil para a célula. Portanto, o calor não pode substituir a função de uma enzima, e a canja quente deve exercer seus apregoados efeitos benéficos por um mecanismo que ainda é desconhecido.

RESPOSTA 3-20

A. Quando $[S] << K_M$, o termo $([S]+ K_M)$ se aproxima de K_M. Portanto, a equação é simplificada para velocidade = $V_{máx}[S]/K_M$ e a velocidade é proporcional à [S].

B. Quando $[S] = K_M$, o termo $([S]/[S] + K_M)$ se iguala a ½. Assim, a velocidade da reação é metade da velocidade máxima $V_{máx}$.

C. Se $[S] >> K_M$, o termo $([S] + K_M)$ tende a [S]. Assim, $[S]/([S] + K_M)$ é igual a 1 e a reação ocorre com sua velocidade máxima $V_{máx}$.

RESPOSTA 3-21 A concentração do substrato é 1 mM. Esse valor pode ser obtido substituindo os valores na equação. Entretanto, é mais simples observar que a velocidade desejada (50 μmol/s) é exatamente metade da velocidade máxima ($V_{máx}$) e então a concentração do substrato se iguala a K_M. Os dois gráficos solicitados estão mostrados na **Figura R3-21**. Um gráfico de 1/velocidade *versus* 1/[S] é uma linha reta, porque o rearranjo da equação-padrão produz a equação da Questão 3-23B.

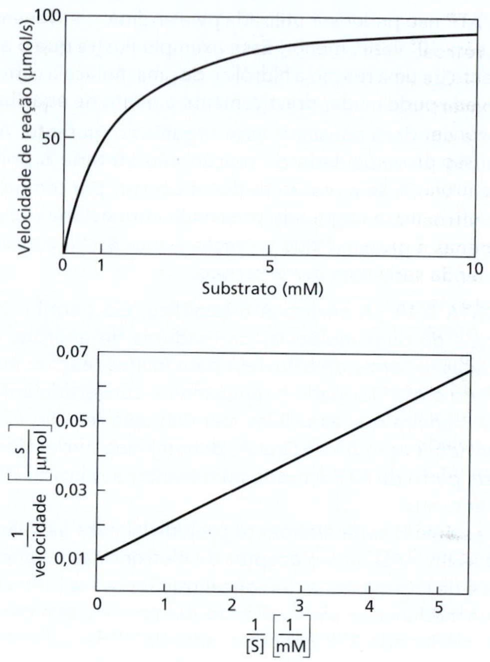

Figura R3-21

RESPOSTA 3-22 Se [S] for muito menor do que K_M, o sítio ativo da enzima está predominantemente desocupado. Se [S] for muito maior do que K_M, a velocidade da reação é limitada pela concentração de enzima (porque a maior parte dos sítios catalíticos estará totalmente ocupada).

RESPOSTA 3-23

A,B. Os dados no quadro foram utilizados para construir a curva vermelha e a linha vermelha na **Figura R3-23**. Pelo gráfico, verifica-se que K_M é 1 μM, e a $V_{máx}$ é 2 μmol/min. Note que os dados são muito mais fáceis de interpretar no gráfico linear, pois a curva em (A) se aproxima de, mas nunca atinge, $V_{máx}$.

C. É importante que apenas uma pequena quantidade de produto seja produzida, pois, do contrário, a velocidade da reação diminuiria, à medida que o substrato diminuísse e o produto se acumulasse. Assim, as velocidades medidas seriam menores do que deveriam ser.

D. Se K_M aumenta, a concentração de substrato necessária para produzir a metade da velocidade máxima aumenta. Como mais substrato é necessário para produzir a mesma velocidade, a reação catalisada pela enzima foi inibida pela fosforilação. Os dados esperados para a enzima fosforilada são a curva verde e a linha verde na Figura R3-23.

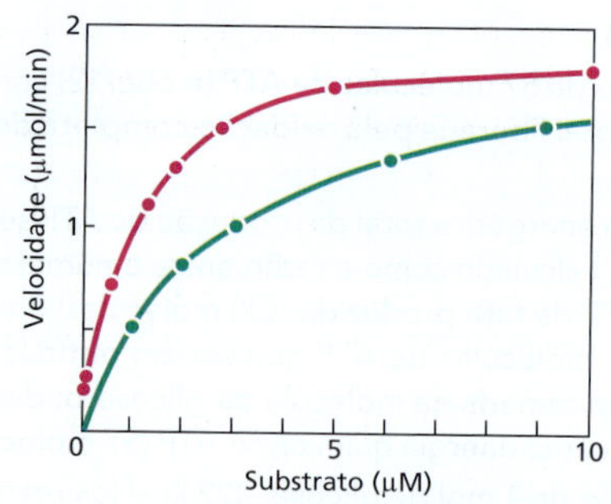

DADOS PARA A E B

[S] (μM)	$\frac{1}{[S]}\left[\frac{1}{\mu M}\right]$	Velocidade (μmol/min)	$\frac{1}{\text{velocidade}}\left[\frac{min}{\mu mol}\right]$
0,08	12,50	0,15	6,7
0,12	8,30	0,21	4,8
0,54	1,85	0,70	1,4
1,23	0,81	1,1	0,91
1,82	0,56	1,3	0,77
2,72	0,37	1,5	0,67
4,94	0,20	1,7	0,59
10,00	0,10	1,8	0,56

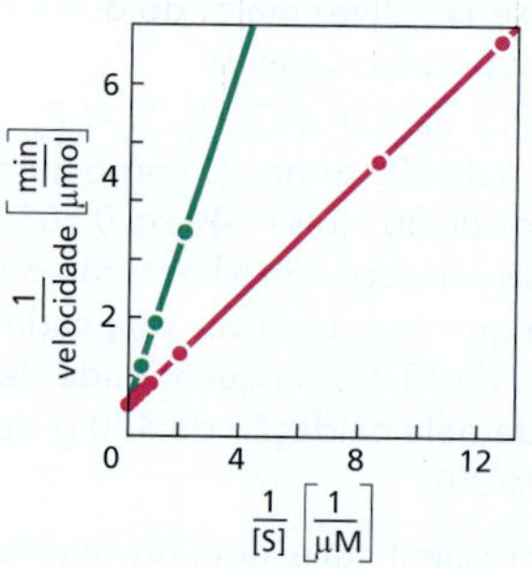

Figura R3-23

Capítulo 4

RESPOSTA 4-1 A ureia é uma pequena molécula orgânica que funciona de maneira eficiente tanto como doador de ligação de hidrogênio (por meio de seus grupos $-NH_2$) quanto como aceptor de ligação de hidrogênio (por meio de seus grupos –C=O). Desse modo, a ureia pode colocar-se entre as ligações de hidrogênio que estabilizam moléculas proteicas, desestabilizando sua estrutura. Além disso, as cadeias laterais apolares da proteína são mantidas unidas no interior da estrutura enovelada, pois elas romperiam a estrutura da água se expostas. Em altas concentrações de ureia, a rede de ligações de hidrogênio formada por moléculas de água se torna desorganizada, diminuindo as forças hidrofóbicas. As proteínas desnaturam na presença de ureia em consequência desses dois fenômenos.

RESPOSTA 4-2 A sequência é composta por aminoácidos apolares intercalados e polares ou carregados. A fita resultante em uma folha β será polar em um de seus lados e hidrofóbica no outro. Essa fita provavelmente será circundada por outras estruturas similares, formando uma folha β com uma face polar e uma hidrofóbica. Em uma proteína, essa folha β (chamada de anfipática, do grego *amphi*, "dos dois tipos", e *pathos*, "paixão", em função das suas duas superfícies com propriedades diferentes) estará posicionada de modo que sua face hidrofóbica esteja voltada para o interior da proteína e sua face polar esteja na superfície, exposta à água.

RESPOSTA 4-3 Mutações benéficas a um organismo são selecionadas na evolução pelo fato de conferirem vantagens na sua reprodução ou sobrevivência. Por exemplo, a mutação pode conferir melhor aproveitamento das fontes de alimento; maior resistência às dificuldades ambientais; ou maior capacidade de atrair um parceiro para a reprodução sexuada. Em contraste, proteínas que não conferem vantagens são danosas aos organismos, uma vez que a energia metabólica necessária para a sua síntese é um desperdício de energia. Caso essas proteínas mutantes sejam produzidas em excesso, a síntese de proteínas normais será prejudicada, pois a capacidade de síntese de uma célula é limitada. Em casos mais graves, uma proteína mutante pode interferir no funcionamento normal da célula; uma enzima mutante que ainda consiga ligar uma molécula carreadora ativada, mas não realiza a catálise da reação, por exemplo, pode competir pela quantidade limitada dessa molécula carreadora, inibindo o processo normal. A seleção natural tem grande impacto na degradação e na eliminação de proteínas mutantes sem função ou deletérias.

RESPOSTA 4-4 Agentes redutores fortes que rompam todas as pontes S-S causariam a dissociação de todos os filamentos de queratina. Fios de cabelo individuais seriam enfraquecidos e quebrariam. Agentes redutores fortes são comercializados na forma de cremes depilatórios. No entanto, agentes redutores suaves são utilizados em tratamentos que alisam ou enrolam o cabelo, o último exigindo materiais que enrolem o cabelo. (Ver **Figura R4-4**.)

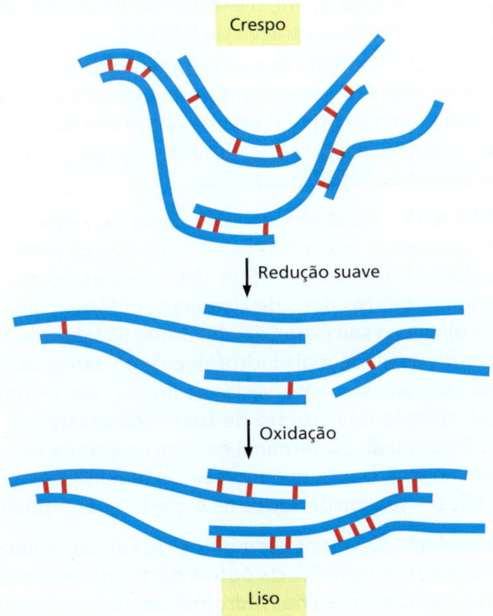

Figura R4-4

RESPOSTA 4-5 Ver **Figura R4-5**.

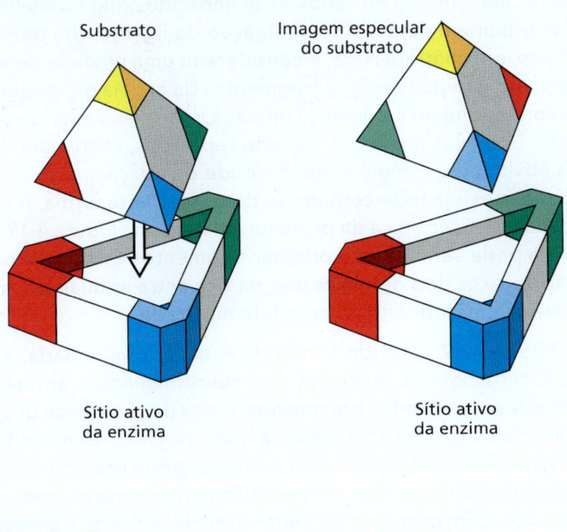

Figura R4-5

RESPOSTA 4-6

A. A retroalimentação negativa de Z que afeta a reação de B → C aumentaria o fluxo na via B → X → Y → Z, pois a conversão de B em C está inibida. Portanto, quanto maior a concentração de Z, maior o estímulo para a produção de Z. Isso provavelmente resultaria em uma amplificação descontrolada desta via.

B. A retroalimentação negativa de Z afetando Y → Z inibiria apenas a produção de Z. Neste esquema, no entanto, X e Y ainda seriam produzidos em taxas normais, mesmo que estes intermediários não sejam mais necessários. Essa via é, portanto, menos eficiente do que a mostrada na Figura 4-38.

C. Se Z fosse um controlador positivo na etapa B → X, quanto maior a síntese de Z, mais a conversão de B em X seria estimulada, favorecendo a via produtora de Z. Isso resultaria em uma amplificação da síntese de Z similar à descrita em (A).

D. Se Z fosse um controlador positivo da etapa B → C, então o acúmulo de Z induziria a via para a maior produção de C. Essa é uma segunda maneira possível, além daquela mostrada na figura, de equilibrar a distribuição de compostos entre duas ramificações de uma mesma via.

RESPOSTA 4-7 Tanto a ligação quanto a fosforilação de nucleotídeos podem induzir mudanças alostéricas em proteínas. Esse processo pode ter múltiplas consequências, como alterações na atividade enzimática, mudanças significativas na forma e mudança na afinidade da proteína por outras proteínas ou por pequenas moléculas. Ambos os mecanismos são versáteis. Uma vantagem da ligação de nucleotídeos é a maior velocidade com que pequenas moléculas se difundem para a proteína; as mudanças estruturais que acompanham o funcionamento de proteínas motoras, por exemplo, requerem a reposição rápida de nucleotídeos. Se os diferentes estados conformacionais de uma proteína motora fossem controlados por fosforilação, por exemplo, uma proteína-cinase teria de se difundir a cada passo, um processo muito mais lento, ou estar associada permanentemente à proteína motora. A vantagem da fosforilação é que ela requer apenas um aminoácido da superfície da proteína, e não um sítio de ligação específico. Fosfatos podem ser adicionados a diferentes cadeias laterais de aminoácidos em uma mesma proteína (desde que existam proteínas-cinase específicas para tal), aumentando significativamente a complexidade de regulação possível para uma mesma proteína.

RESPOSTA 4-8 Ao trabalhar juntas como um complexo, as três proteínas contribuem para a especificidade (pela ligação direta ao cofre e à chave). Elas contribuem para o posicionamento correto das demais proteínas e formam uma estrutura mecânica que lhes permite desempenhar uma função que não seriam capazes de realizar individualmente (a chave é ligada por duas proteínas, por exemplo). Suas funções em geral são controladas no tempo (p. ex., a ligação de ATP a uma subunidade supre a demanda de outra molécula de ATP hidrolisada a ADP por outra subunidade).

RESPOSTA 4-9 A α-hélice é dextrógira. As três fitas que compõem a grande folha β são antiparalelas. Não há "nós" na cadeia polipeptídica, provavelmente porque um nó poderia interferir no enovelamento da proteína na sua conformação tridimensional, logo após sua síntese.

RESPOSTA 4-10

A. Verdadeira. Apenas algumas cadeias laterais de aminoácidos fazem parte do sítio ativo. O resto da proteína mantém a cadeia polipeptídica na sua conformação correta, fornecendo sítios de ligação adicionais para fins regulatórios, além de situar a proteína na célula.

B. Verdadeira. Algumas enzimas formam ligações covalentes com seus substratos (ver painéis centrais da Figura 4-35); entretanto, em todos os casos, a enzima volta à sua conformação original após a reação.

C. Falsa. As folhas β podem, em princípio, conter qualquer número de fitas, pois as duas fitas que compõem a estrutura básica da folha β podem formar ligações de hidrogênio com outras fitas (folhas β encontradas nas proteínas conhecidas possuem de 2 a 16 fitas).

D. Falsa. É verdade que a especificidade da molécula de anticorpo está contida exclusivamente nas alças de polipeptídeo na sua superfície; no entanto, tais alças são compostas pela cadeia leve e pela cadeia pesada (ver Figura 4-33).

E. Falsa. Os arranjos lineares possíveis de aminoácidos que originam proteínas enoveladas estáveis são tão poucos que muitas das novas proteínas surgem a partir de alterações das proteínas já existentes.

F. Verdadeira. Enzimas alostéricas costumam se ligar a uma ou mais moléculas que funcionam como reguladoras em sítios distintos do sítio ativo.

G. Falsa. Embora ligações não covalentes individuais sejam fracas, diversas dessas ligações em conjunto são o principal contribuinte para a estrutura tridimensional das macromoléculas.

H. Falsa. A cromatografia de afinidade separa macromoléculas pela interação com ligantes específicos, e não pela sua carga.

I. Falsa. Quanto maior uma organela, maior é a força centrífuga sobre ela, e mais rápida a sua sedimentação, mesmo que haja mais resistência por atrito com o líquido por onde se move.

RESPOSTA 4-11 Em uma α-hélice e nas fitas centrais de uma folha β, todos os grupos N–H e C=O da cadeia principal do polipeptídeo estão ligados por ligações de hidrogênio. Tal característica confere grande estabilidade a esses elementos de estrutura secundária e permite que se formem em várias proteínas diferentes.

RESPOSTA 4-12 Não. Ela não teria a mesma estrutura, nem uma estrutura parecida, pois a ligação peptídica possui uma polaridade. Olhando dois aminoácidos sequenciais em uma cadeia polipeptídica, o que está mais próximo da porção N-terminal contribui com o grupo carboxila, e o outro aminoácido contribui com o grupo amino da ligação peptídica que os une. A alteração da ordem colocaria as cadeias laterais em diferentes posições em relação à cadeia principal polipeptídica, alterando o modo como a proteína se enovela.

RESPOSTA 4-13 Uma vez que são necessários 3,6 resíduos de aminoácidos para completar uma volta em uma α-hélice, essa sequência de 14 aminoácidos poderia formar quase quatro voltas completas. Isso é notável porque os resíduos de aminoácidos polares e hidrofóbicos estão distribuídos de modo que todos os resíduos polares estejam em um lado da α-hélice, enquanto todos os resíduos hidrofóbicos estejam do lado oposto. É provável que essa α-hélice anfipática esteja exposta à superfície da proteína, com sua face hidrofóbica voltada para o interior. Duas hélices desse tipo podem enrolar-se uma sobre a outra conforme mostrado na Figura 4-16.

RESPOSTA 4-14

A. ES representa o complexo enzima-substrato.

B. Enzima e substrato estão em equilíbrio entre os estados livre e ligado; uma vez ligada à enzima, a molécula de substrato pode se dissociar (por isso, a seta bidirecional) ou ser convertida em produto. Quando o substrato é convertido em produto (com a liberação concomitante de energia livre), a reação é direcionada para frente, como indicado pela seta unidirecional.

C. A enzima é o catalisador e, portanto, é liberada sem modificações após a reação; assim, E aparece nas duas pontas da equação.

D. Com frequência, um dos produtos da reação é suficientemente semelhante ao substrato de modo que ele também é capaz de se ligar à enzima. Uma enzima ligada ao seu produto (no complexo EP, por exemplo) não está disponível para catalisar a reação; assim, o excesso de P inibe a reação pela diminuição da concentração de E livre.

E. O composto X atuaria como um inibidor da reação e trabalharia de maneira semelhante formando um complexo EX. Contudo, uma vez que P precisa ser produzido para então inibir a reação, ele demora mais para agir do que X, o qual já está presente desde o seu início.

RESPOSTA 4-15 Os aminoácidos polares Ser, Ser-P, Lys, Gln, His e Glu podem ser encontrados na superfície da proteína, e os aminoácidos hidrofóbicos Leu, Phe, Val, Ile e Met, no seu interior. A oxidação de dois resíduos de cisteína para formar uma ligação dissulfeto elimina o seu potencial de formar ligações de hidrogênio, tornando-os ainda mais hidrofóbicos; portanto, as ligações dissulfeto em geral são observadas no interior das proteínas. Independentemente da natureza de suas cadeias laterais, os aminoácidos N-terminal e C-terminal contêm grupos carregados (os grupos amino e carboxila que marcam as terminações da cadeia polipeptídica) e são encontrados na superfície da proteína.

RESPOSTA 4-16 Diversos elementos de estrutura secundária não são estáveis se isolados de outras partes da cadeia polipeptídica. Fragmentos de regiões hidrofóbicas, que costumam estar protegidos no interior da proteína enovelada, estariam expostos à água em uma solução aquosa; esses fragmentos tenderiam a se agregar de modo não específico e não apresentariam estrutura definida, estando incapazes de participar da ligação de ligantes, mesmo que contenham todos os aminoácidos que normalmente contribuiriam para o sítio de ligação do ligante. Um domínio proteico, em contrapartida, é considerado uma unidade de enovelamento independente, e fragmentos da cadeia polipeptídica que correspondam a domínios intactos irão se enovelar corretamente. Domínios proteicos, quando separados, costumam reter suas atividades, como a especificidade de ligação, caso o sítio de ligação esteja todo contido no domínio. Dessa forma, o local da cadeia polipeptídica da proteína mostrada na Figura 4-19, em que ela pode ser clivada e originar fragmentos estáveis, é na ligação entre os dois domínios (i.e., na alça entre as duas α-hélices no canto inferior direito da estrutura mostrada).

RESPOSTA 4-17 Devido à falta de estrutura secundária, a região C-terminal das proteínas dos neurofilamentos apresenta constantes movimentos brownianos. A alta densidade de grupos fosfato de carga negativa significa que a região C-terminal também experimenta interações de repulsão, o que provoca seu distanciamento da superfície do neurofilamento como as cerdas de uma escova. Em micrografias eletrônicas de um corte transversal de um axônio, a região ocupada pela porção C-terminal aparece como uma região clara ao redor de cada neurofilamento, com a exclusão de organelas e outros neurofilamentos.

RESPOSTA 4-18 A inativação da enzima pelo calor sugere que a mutação originou uma enzima com estrutura menos estável. Por exemplo, uma ligação de hidrogênio que normalmente é formada entre as cadeias laterais de dois aminoácidos pode ter sido eliminada porque a mutação substitui um desses aminoácidos por outro que não forma ligações de hidrogênio. A falta dessa ligação, que costuma manter a cadeia polipeptídica enovelada corretamente, provoca a desnaturação parcial ou completa da proteína em temperaturas em que normalmente seria estável. Cadeias polipeptídicas desnaturadas com aumento da temperatura em geral formam agregados e raras vezes retornam à estrutura inicial ativa quando a temperatura é baixada.

RESPOSTA 4-19 A proteína motora mostrada na figura pode mover-se com a mesma facilidade tanto para a direita quanto para a esquerda e não terá um movimento direcionado. Se uma das etapas for acoplada à hidrólise de ATP (p. ex., se para soltar um dos "pés" da enzima for necessário ligar uma molécula de ATP, e para ligar esse "pé" novamente for necessário hidrolisar a molécula de ATP ligada), então a proteína terá um movimento unidirecional que requer o consumo contínuo de ATP. Note que, em princípio, não faz diferença qual etapa é acoplada à hidrólise de ATP (**Figura R4-19**).

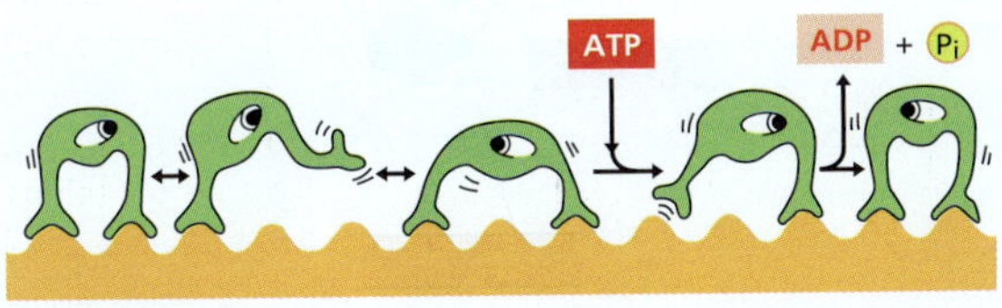

Figura R4-19

RESPOSTA 4-20 A migração lenta de moléculas pequenas através de uma coluna de gel-filtração ocorre porque as moléculas menores têm acesso a muito mais espaços na matriz porosa da coluna do que as moléculas maiores. No entanto, é importante que o fluxo de tampão na coluna seja lento o suficiente para que as moléculas pequenas tenham tempo de se difundir nos espaços formados pela matriz da coluna. Com taxas de fluxo muito rápidas, todas as moléculas se deslocariam rapidamente ao redor da matriz, e não através dela, o que faria moléculas grandes e pequenas saírem juntas da coluna.

RESPOSTA 4-21 A α-hélice na figura é dextrógira, e a super-hélice é levógira. Isso ocorre em função da posição das cadeias laterais dos aminoácidos hidrofóbicos na α-hélice.

RESPOSTA 4-22 Os átomos que compõem o sítio ativo de uma proteína devem estar precisamente posicionados para encaixar as moléculas a que se ligam. As suas posições dependem, por sua vez, do correto posicionamento das cadeias laterais dos aminoácidos que ocupam o centro de uma proteína, mesmo distantes do sítio de ligação. Portanto, até uma pequena alteração no centro de uma proteína é capaz de inibir a sua função pela indução de alterações na conformação do seu sítio de ligação.

Capítulo 5

RESPOSTA 5-1

A. Falsa. A polaridade da fita de DNA normalmente se refere à orientação da cadeia principal de açúcares e fosfatos, sendo que uma extremidade contém o grupo fosfato e a outra o grupo hidroxila.

B. Verdadeira. Os pares de bases G-C são mantidos unidos por três ligações de hidrogênio, e os pares de bases A-T são unidos por somente duas.

RESPOSTA 5-2 Um octâmero de histona ocupa cerca de 9% do volume do núcleo. O volume do núcleo é:

$V = 4/3 \times 3{,}14 \times (3 \times 10^3\ \text{nm})^3$
$V = 1{,}13 \times 10^{11}\ \text{nm}^3$

O volume de um octâmero de histona é:

$V = 3{,}14 \times (4{,}5\ \text{nm})^2 \times (5\ \text{nm}) \times (32 \times 10^6)$
$V = 1{,}02 \times 10^{10}\ \text{nm}^3$

A proporção do volume do octâmero de histona com relação ao volume nuclear é de 0,09; portanto, o octâmero de histona ocupa cerca de 9% do volume nuclear. O DNA também ocupa cerca de 9% do volume nuclear; assim, juntos, eles ocupam cerca de 18% do volume do núcleo.

RESPOSTA 5-3 Diferentemente da maioria das proteínas, as quais acumulam trocas de aminoácido durante a sua evolução, as funções das proteínas histonas envolvem quase todos os seus aminoácidos, de modo que uma alteração em qualquer posição seria deletéria para a célula.

RESPOSTA 5-4 Os homens possuem apenas uma cópia do cromossomo X em suas células; um portador de um gene defeituoso, assim, não possui cópia de reserva. As mulheres, por sua vez, possuem duas cópias do cromossomo X em suas células, cada uma herdada de cada genitor, de modo que uma cópia defeituosa do gene de um cromossomo X em geral pode ser compensada pela cópia normal no outro cromossomo. Esse é o caso dos genes que causam daltonismo. Entretanto, durante o desenvolvimento das fêmeas, um cromossomo X de cada célula é inativado mediante compactação em heterocromatina, inativando a expressão gênica daquele cromossomo (ver Figura 5-30). Isso ocorre aleatoriamente em cada célula das fêmeas com um ou outro cromossomo X, e, portanto, algumas células irão expressar a cópia mutante do gene, e outras irão expressar a cópia normal. Isso resulta em uma retina onde, em média, metade das células tipo cone é sensível à cor e, portanto, as mulheres portadoras do gene mutante em um dos cromossomos X verão objetos coloridos com resolução reduzida.

Para que uma mulher seja daltônica, ela deve ter os dois genes defeituosos, herdados de cada um dos genitores. Seu pai deve ser portador da mutação no seu cromossomo X e, pelo fato de ser a única cópia do gene que ele possui, deve ser daltônico. Sua mãe podia ser portadora do gene defeituoso em um ou ambos os cromossomos X: se ela possuir o gene nos dois cromossomos, ela seria daltônica; se ela tiver o gene em um dos cromossomos, ela teria visão de cores, mas com resolução reduzida, como descrito anteriormente. Vários tipos diferentes de daltonismo hereditário são encontrados na população humana, e essa questão se aplica a apenas um tipo.

RESPOSTA 5-5

A. A fita complementar é 5′-TGATTGTGGACAAAAATCC-3′. As fitas de DNA pareadas possuem polaridades opostas, e a convenção é escrever uma única fita de DNA na direção 5′-3′.

B. O DNA é constituído por quatro nucleotídeos (100% = 13% A + *x*% T + *y*% G + *z*% C). Como o A pareia com o T, eles são representados em proporções equimolares no DNA. Portanto, o DNA bacteriano em questão contém 13% de timidina. Isso deixa 74% [= 100% – (13% + 13%)] para G e C, os quais também pareiam suas bases em proporções equimolares. Assim $y = z = 74/2 = 37$.

C. Uma molécula de DNA de fita simples que possui *N* nucleotídeos de comprimento pode apresentar qualquer sequência de 4^N possíveis, mas o número de moléculas de DNA de fitas duplas é mais difícil de calcular. Muitas das sequências de fitas simples 4^N serão o complemento de outra sequência possível da lista. Por exemplo, 5′-AGTCC-3′ e 5′-GGACT-3′ formam a mesma molécula de DNA de fita dupla e contam como uma única possibilidade de fita dupla. Se *N* é um número ímpar, então cada sequência de fita simples irá complementar outra sequência da lista, de modo que o número de sequências de fita dupla será $0{,}5 \times 4^N$. Se *N* for um número par, então haverá um pouco mais do que isso, pois algumas sequências serão autocomplementares (como 5′-ACTAGT-3′), e o número real de sequências pode ser calculado como $0{,}5 \times 4^N + 0{,}5 \times 4^{N/2}$.

D. Para especificar uma única sequência com *N* nucleotídeos de comprimento, 4^N deve ser maior do que 3×10^6. Assim, $4^N > 3 \times 10^6$, resolvendo esta equação $N > \ln(3 \times 10^6)/\ln(4) = 10{,}7$. Assim, em média, a sequência de 11 nucleotídeos de extensão é única no genoma. Fazendo os mesmos cálculos para o tamanho do genoma de uma célula animal, obtém-se uma extensão mínima de 16 nucleotídeos. Isso mostra que uma sequência relativamente curta pode marcar uma única posição no genoma e é suficiente, por exemplo, para servir como uma marca de identidade para um gene específico.

RESPOSTA 5-6 Se as bases erradas fossem incorporadas frequentemente no genoma durante a replicação do DNA, a informação genética poderia não ser herdada de maneira correta. A vida, como a conhecemos, não seria possível. Embora essas bases possam formar pares por meio de ligações de hidrogênio como indicado, elas não se acomodam na estrutura de dupla-hélice. O ângulo no qual o resíduo A é ligado à cadeia principal de açúcar-fosfato é muito diferente no par A-C, e o espaçamento entre os dois fosfatos da fita é maior do que no par A-G, onde dois grandes anéis de purina interagem. Como resultado, é energeticamente desfavorável incorporar uma base errada no DNA, e tal erro ocorre apenas raramente.

RESPOSTA 5-7

A. As bases V, W, X e Y podem formar uma molécula de dupla-hélice como o DNA, com propriedades praticamente idênticas às do DNA genuíno. V sempre irá parear com X, e W com Y. Portanto, as macromoléculas podem ser derivadas de um organismo vivo que emprega o mesmo princípio para replicar seu genoma que aquele usado pelos organismos na Terra. Em princípio, bases diferentes, como V, W, X e Y, podem ter sido selecionadas durante a evolução na Terra como os blocos que formam o DNA. (Da mesma forma, há mais cadeias laterais de aminoácidos possíveis do que a série de 20 que compõem as proteínas selecionadas pela evolução.)

B. Nenhuma das bases V, W, X ou Y pode substituir A, T, G ou C. Para preservar a distância entre o açúcar-fosfato das fitas da dupla-hélice, uma pirimidina sempre deve parear com uma purina (ver, por exemplo, Figura 5-6). Assim, as oito combinações possíveis seriam V-A, V-G, W-A, W-G, X-C, X-T, Y-C e Y-T. Entretanto, devido às posições dos aceptores e doadores de elétrons nas ligações de hidrogênio, nenhum par de base estável poderia ser formado com qualquer uma dessas combinações, como mostrado para o par entre V e A na **Figura R5-7**, onde somente uma ligação de hidrogênio pode ser formada.

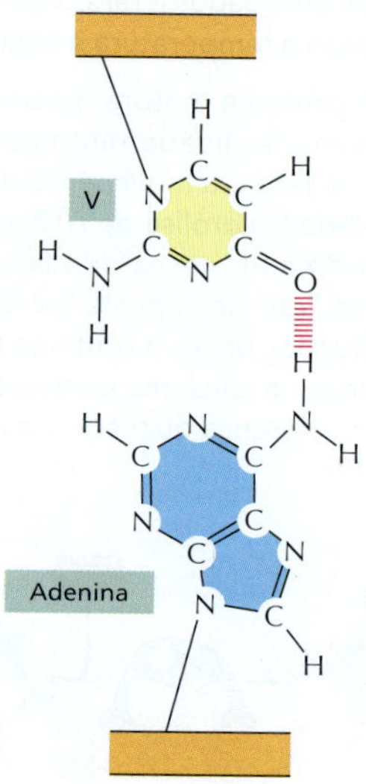

Figura R5-7

RESPOSTA 5-8 Como as duas fitas são mantidas unidas por ligações de hidrogênio entre as bases, a estabilidade de uma dupla-hélice de DNA é muito dependente do número de ligações de hidrogênio que podem ser formadas. Assim, dois parâmetros determinam a estabilidade: o número de pares de nucleotídeos e o número de ligações de hidrogênio que cada par de nucleotídeos pode formar. Como mostrado na Figura 5-6, o par A-T forma duas ligações de hidrogênio, e o par G-C forma três ligações de hidrogênio. Portanto, a hélice C (contendo um total de 34 ligações de hidrogênio) iria se dissociar na temperatura mais baixa, a hélice B (contendo um total de 65 ligações de hidrogênio) seria a próxima a se dissociar, e a hélice A (contendo um total de 78 ligações de hidrogênio) se dissociaria por último. A hélice A é a mais estável, em grande parte devido ao seu elevado conteúdo de GC. De fato, o DNA de organismos que crescem em ambientes de temperatura extrema, como certos procariotos de águas termais, possui um conteúdo de GC alto fora do comum.

RESPOSTA 5-9 O DNA deve ser aumentado por um fator de 2,5 $\times 10^6$ (= $5 \times 10^{-3}/2 \times 10^{-9}$ m). Assim, a extensão do cordão seria de 2.500 km. Isso é aproximadamente a distância de Londres a Istambul, de São Francisco à cidade do Kansas, de Tóquio ao extremo sul de Taiwan e de Melbourne a Cairns. Nucleotídeos adjacentes estariam a cerca de 0,85 mm de distância (correspondente à espessura de 12 páginas deste livro). Um gene que possui 1.000 nucleotídeos de extensão teria cerca de 85 cm de comprimento.

RESPOSTA 5-10

A. São necessários dois *bites* para especificar cada par de nucleotídeos (p. ex., 00, 01, 10 e 11 seriam os códigos binários para os quatro diferentes nucleotídeos, cada um pareado com seu correspondente apropriado).

B. O genoma humano inteiro (3×10^9 pares de nucleotídeos) poderia ser armazenado em dois CDs ($3 \times 10^9 \times 2$ *bits*/$4{,}8 \times 10^9$ *bites*).

RESPOSTA 5-11

A. Verdadeira.

B. Falsa. As partículas do cerne do nucleossomo possuem cerca de 11 nm de diâmetro.

RESPOSTA 5-12 As definições dos termos podem ser encontradas no Glossário. O DNA se liga a proteínas especializadas para formar a *cromatina*. No primeiro nível de compactação, as *histonas* formam o cerne ou *core* dos *nucleossomos*. No nucleossomo, o DNA é enrolado quase duas vezes ao redor desse *core*. Entre as divisões nucleares, isto é, na interfase, a *cromatina* dos *cromossomos interfásicos* está em uma forma relativamente relaxada no núcleo, embora algumas de suas regiões, a *heterocromatina*, permaneçam densamente condensadas e transcricionalmente inativas. Durante a divisão nuclear, isto é, na mitose, os cromossomos replicados tornam-se condensados em *cromossomos mitóticos*, que são transcricionalmente inativos e organizados para serem facilmente distribuídos entre as duas células-filhas.

RESPOSTA 5-13 As colônias são aglomerados de células que se originaram de uma única célula fundadora e cresceram por meio de divisões celulares. Na colônia inferior da Figura Q5-13, o gene *Ade2* está inativado quando localizado próximo ao telômero, mas aparentemente pode ativar-se espontaneamente em algumas células, as quais então ficam brancas. Uma vez ativado em uma célula, o gene *Ade2* continuará ativo nas células descendentes, resultando em grupos de células brancas (os setores brancos) da colônia. Esse resultado mostra que a inativação do gene posicionado próximo ao telômero pode ser revertida e que essa mudança é passada para as outras gerações. Tal mudança na expressão do *Ade2* provavelmente resulta de uma descompactação espontânea da estrutura da cromatina ao redor do gene.

RESPOSTA 5-14 Na micrografia eletrônica, é possível detectar regiões de cromatina de duas densidades diferentes; as regiões mais escuras correspondem à heterocromatina, e as regiões menos condensadas da cromatina são mais claras. Grande parte da cromatina em A está na forma condensada de heterocromatina, transcricionalmente inativa, enquanto a maior parte da cromatina em B está descondensada e, portanto, potencialmente ativa transcricionalmente. O núcleo em A é de um reticulócito, um precursor de eritrócitos, que é dedicado principalmente à produção de uma única proteína, a hemoglobina. O núcleo em B é de um linfócito, o qual está ativamente transcrevendo muitos genes diferentes.

RESPOSTA 5-15 A hélice A é dextrógira. A hélice C é levógira, e a hélice B tem uma fita levógira e uma fita dextrógira. Há várias maneiras de se saber para que lado gira uma hélice. Para uma hélice orientada verticalmente, como as da Figura Q5-15, se as fitas da frente voltam-se para a direita, a hélice é dextrógira; caso elas se voltem para a esquerda, a hélice é levógira. Quando você sentir-se confortável para identificar a lateralidade de uma hélice, você vai ficar surpreso ao notar que quase 50% das hélices de "DNA" mostradas nas propagandas são levógiras, assim como um número surpreendentemente elevado das hélices mostradas nos livros. Incrivelmente, uma versão da hélice B foi usada na propaganda de uma famosa conferência internacional celebrando os 30 anos de aniversário da descoberta da hélice do DNA.

RESPOSTA 5-16 A taxa de compactação em um *core* do nucleossomo é 4,5 [(147 pb × 0,34 nm/pb)/(11 nm) = 4,5]. Se há 54 pb adicionais do DNA de ligação, então a taxa de compactação para as "contas em um colar" de DNA é 2,3 [(201 pb × 0,34 nm/pb)/(11 nm + {54 pb × 0,34 nm/pb}) = 2,3]. Esse primeiro nível de compactação representa somente 0,023% (2,3/10.000) do total da compactação que ocorre na mitose.

Capítulo 6

RESPOSTA 6-1

A. A distância entre as forquilhas de replicação 4 e 5 é de cerca de 280 nm, correspondendo a 824 nucleotídeos (= 280/0,34). Essas duas forquilhas de replicação iriam colidir em cerca de 8 segundos. As forquilhas 7 e 8 afastam-se uma da outra e portanto nunca iriam colidir.

B. O tamanho total do DNA mostrado na micrografia eletrônica é de cerca de 1,5 µm, correspondendo a 4.400 nucleotídeos. Isso corresponde a somente 0,002% [= (4.400/$1{,}8 \times 10^8$) x 100%] do DNA total em uma célula da mosca.

RESPOSTA 6-2 Ainda que o processo pareça um desperdício, não é possível realizar autocorreção nas etapas iniciais da síntese dos iniciadores. Para produzir um novo iniciador em um segmento de DNA de fita simples, um nucleotídeo deve ser adicionado no lugar adequado e então acoplado a um segundo e a um terceiro, e assim por diante. Ainda que esses primeiros nucleotídeos fossem perfeitamente pareados com a fita molde, eles iriam se ligar com uma afinidade muito baixa, e por conseguinte seria difícil distinguir bases corretas de incorretas por uma primase hipotética com atividade de autocorreção; a enzima iria portanto travar. A tarefa da primase é a de apenas "polimerizar nucleotídeos que se liguem razoavelmente bem com o molde sem se preocupar muito com a precisão". Mais tarde, essas sequências são removidas e substituídas pela DNA-polimerase, que usa o DNA recém-sintetizado (e portanto que passou pela autocorreção) como seu iniciador.

RESPOSTA 6-3

A. Sem a DNA-polimerase, nenhuma replicação poderia ocorrer. Iniciadores de RNA seriam adicionados à origem de replicação.

B. A DNA-ligase une os fragmentos de DNA que são produzidos na fita retardada. Na ausência da ligase, as fitas de DNA recém-replicadas permaneceriam como fragmentos, mas nenhum nucleotídeo ficaria faltando.

C. Sem o grampo deslizante, a DNA-polimerase se separaria frequentemente do molde de DNA. Em princípio, ela poderia se ligar novamente e continuar a replicar, mas o desacoplamento e reassociação continuados iriam consumir tempo e, desse modo, retardariam muito a replicação do DNA.

D. Na ausência das enzimas de excisão de RNA, os fragmentos de RNA iriam permanecer covalentemente ligados aos fragmentos de DNA recém-replicados. Nenhuma ligação iria ocorrer, porque a DNA-ligase não iria ligar DNA a RNA.

A fita retardada iria, portanto, consistir em fragmentos compostos tanto de RNA quanto de DNA.

E. Sem a DNA-helicase, a DNA-polimerase iria travar, porque ela não pode separar as fitas do DNA molde à frente dela. Pouco ou nenhum DNA seria sintetizado.

F. Na ausência da primase, os iniciadores de RNA não poderiam iniciar a fita líder e tampouco a fita retardada. Assim, a replicação do DNA não seria iniciada.

RESPOSTA 6-4 Os danos ao DNA pelas reações de desaminação e depurinação ocorrem de forma espontânea. Esse tipo de dano não é o resultado de erros de replicação, sendo portanto igualmente provável que ocorra em qualquer uma das fitas. Se as enzimas de reparo de DNA reconhecessem tais danos somente em fitas recém-sintetizadas de DNA, metade dos defeitos não seria corrigida. Assim sendo, esta afirmativa é incorreta.

RESPOSTA 6-5 Se a fita velha fosse "reparada" usando a fita nova que contém um erro de replicação como molde, então o erro iria se tornar uma mutação permanente no genoma. A informação anterior seria apagada nesse processo. Portanto, se as enzimas de reparo não distinguissem entre as duas fitas, haveria apenas 50% de chances de que um erro de replicação qualquer fosse corrigido.

RESPOSTA 6-6 O argumento está severamente equivocado. Não se pode transformar uma espécie em outra simplesmente introduzindo mutações aleatórias no seu DNA. É muito improvável que as 5.000 mutações que iriam se acumular a cada dia na ausência de enzimas de reparo de DNA fossem se localizar exatamente nas posições correspondentes às diferenças entre as sequências de DNA de humanos e chimpanzés. É bastante provável que, em uma frequência de mutação tão alta, muitos genes essenciais seriam inativados, levando à morte celular. Além disso, nosso corpo é construído por cerca de 10^{13} células. Para você se transformar em um macaco, não apenas uma, mas muitas dessas células deveriam ser mudadas. E, ainda assim, muitas dessas mudanças deveriam ocorrer durante o desenvolvimento para desencadear modificações no seu plano corporal (fazendo seus braços maiores que suas pernas, por exemplo).

RESPOSTA 6-7

A. Falsa. Moléculas de DNA-polimerase idênticas catalisam a síntese de DNA nas fitas líder e retardada em uma forquilha de replicação bacteriana. A forquilha de replicação é assimétrica porque a fita retardada é sintetizada em fragmentos que são depois unidos.

B. Falsa. Somente os iniciadores de RNA são removidos por uma nuclease de RNA; fragmentos de Okazaki são pedaços de DNA recém-sintetizado na fita retardada que são por fim unidos pela DNA-ligase.

C. Verdadeira. Com a autocorreção, a DNA-polimerase possui uma taxa de erro de um erro em 10^7 nucleotídeos polimerizados; 99% desses erros são corrigidos pelas enzimas de reparo do mau pareamento de DNA, resultando em uma taxa de erro final de um em 10^9.

D. Verdadeira. Mutações iriam se acumular rapidamente, inativando muitos genes.

E. Verdadeira. Se um nucleotídeo danificado também ocorresse naturalmente no DNA, a enzima de reparo não teria como identificar o dano. Ela teria portanto apenas uma probabilidade de 50% de determinar a fita correta.

F. Verdadeira. Em geral, múltiplas mutações de tipos específicos devem se acumular em uma linhagem celular somática para produzir um câncer. Uma mutação em um gene que codifica uma enzima de reparo de DNA pode tornar uma célula mais propensa a acumular novas mutações, acelerando, dessa forma, o surgimento do câncer.

RESPOSTA 6-8 Com uma única origem de replicação, que dispara duas DNA-polimerases em direções opostas no DNA, cada uma se movendo a 100 nucleotídeos por segundo, o número de nucleotídeos replicados em 24 horas será de $1{,}73 \times 10^7$ (= $2 \times 100 \times 24 \times 60 \times 60$). Para replicar todos os 6×10^9 nucleotídeos do DNA na célula nesse período, portanto, seriam necessárias pelo menos 348 (= $6 \times 10^9/1{,}73 \times 10^7$) origens de replicação. As estimadas 10 mil origens de replicação no genoma humano são portanto mais do que suficientes para satisfazer esse requerimento mínimo.

RESPOSTA 6-9

A. O trifosfato de didesoxicitosina (ddCTP) é idêntico ao dCTP, exceto pelo fato de não conter o grupo 3′-hidroxila no anel do açúcar. O ddCTP é reconhecido pela DNA-polimerase como dCTP e é incorporado no DNA; entretanto, como ele não possui o grupo 3′-hidroxila crucial, sua adição a uma fita de DNA crescente cria uma extremidade que impede a adição de novos nucleotídeos. Portanto, se ddCTP for adicionado em grande excesso, novas fitas de DNA serão sintetizadas até que o primeiro G (o nucleotídeo complementar ao C) seja encontrado na fita molde. O ddCTP será então incorporada em vez de C, e a extensão desta fita será terminada.

B. Se ddCTP for adicionado a cerca de 10% da concentração de dCTP disponível, existe uma probabilidade de 1 em 10 de ser incorporado sempre que um G for encontrado na fita molde. Portanto, uma população de fragmentos de DNA será sintetizada, e a partir de seus tamanhos poderíamos deduzir onde os resíduos G estão localizados na fita molde. Essa estratégia é a base de métodos usados para determinar a sequência de nucleotídeos em um trecho de DNA (discutido no Capítulo 10).

O mesmo fenômeno químico é explorado por um fármaco, 3′-azido-3-desoxitimidina (AZT), comumente usado em pacientes infectados pelo HIV para tratar a Aids. O AZT é convertido nas células na forma trifosfatada e é incorporado no DNA viral que está sendo sintetizado. Como o fármaco não possui um grupo 3′-OH, ele bloqueia a síntese e replicação do DNA do vírus. O AZT inibe preferencialmente a replicação viral porque a transcriptase reversa possui maior afinidade pelo fármaco do que por trifosfato de timidina; DNA-polimerases celulares humanas não apresentam tal preferência.

C. O monofosfato de didesoxicitosina (ddCMP) não possui o grupo 5′-trifosfato assim como o grupo 3′-hidroxila do anel do açúcar. Portanto, ele não pode fornecer a energia que impulsiona a reação de polimerização de nucleotídeos em DNA e dessa forma não será incorporado no DNA que está sendo replicado. A adição deste composto não deve afetar a replicação do DNA.

RESPOSTA 6-10 Ver **Figura R6-10**.

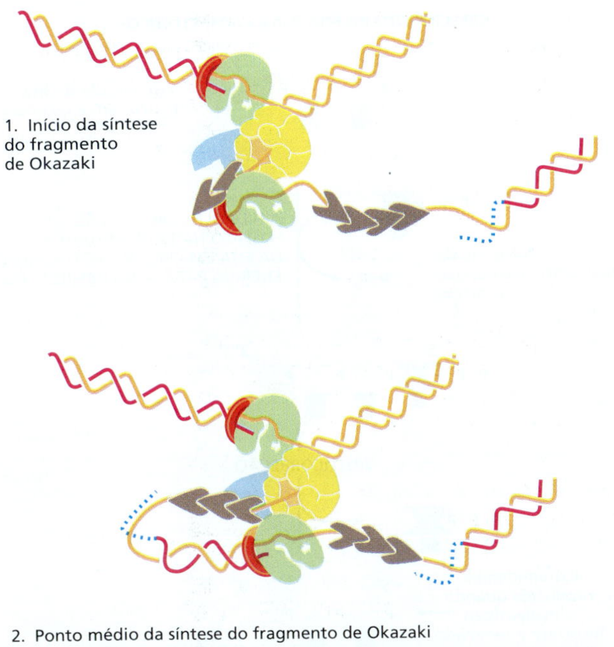

Figura R6-10

RESPOSTA 6-11 Ambas as fitas do cromossomo bacteriano contêm 6 × 10^6 nucleotídeos. Durante a polimerização de trifosfatos de nucleosídeos no DNA, duas ligações fosfoanidrido são quebradas para cada nucleotídeo adicionado: o trifosfato de nucleosídeo é hidrolisado para produzir o monofosfato de nucleosídeo adicionado na fita de DNA que está sendo sintetizada, e o pirofosfato liberado é hidrolisado a fosfato. Portanto, 1,2 × 10^7 ligações de alta energia são hidrolisadas durante cada ciclo de replicação do DNA bacteriano. Isso requer 4 × 10^5 (= 1,2 × 10^7/30) moléculas de glicose, o que pesa 1,2 × 10^{-16} g (= 4 × 10^5 moléculas × 180 g/mol/6 × 10^{23} moléculas/mol), correspondendo a 0,01% do peso total da célula.

RESPOSTA 6-12 A afirmativa está correta. Se o DNA nas células somáticas não for suficientemente estável (i.e., se ele acumular mutações muito rapidamente), o organismo morre (de câncer, por exemplo), e como muitas vezes é possível que isso ocorra antes de o organismo poder se reproduzir, a espécie seria extinta. Se o DNA nas células reprodutivas não for estável o suficiente, muitas mutações iriam se acumular e ser transmitidas para as gerações futuras, de modo que a espécie não seria mantida.

RESPOSTA 6-13 Como mostrado na **Figura R6-13**, timina e uracila não possuem grupos amino e, portanto, não podem ser desaminadas. A desaminação de adenina e guanina produz anéis de purina que não são encontrados em ácidos nucleicos convencionais. Em contraste, a desaminação de citosina produz uracila. Por isso, se uracila fosse uma base que ocorresse naturalmente no DNA (como é no RNA), as enzimas de reparo não poderiam distinguir se uma uracila é a base apropriada ou se ela surgiu por desaminação espontânea da citosina. Entretanto, esse dilema não precisa ser enfrentado, pois timina, em vez de uracila, é usada no DNA. Assim, se uma base uracila é encontrada no DNA, ela pode ser automaticamente reconhecida com uma base danificada e então excisada e substituída por citosina.

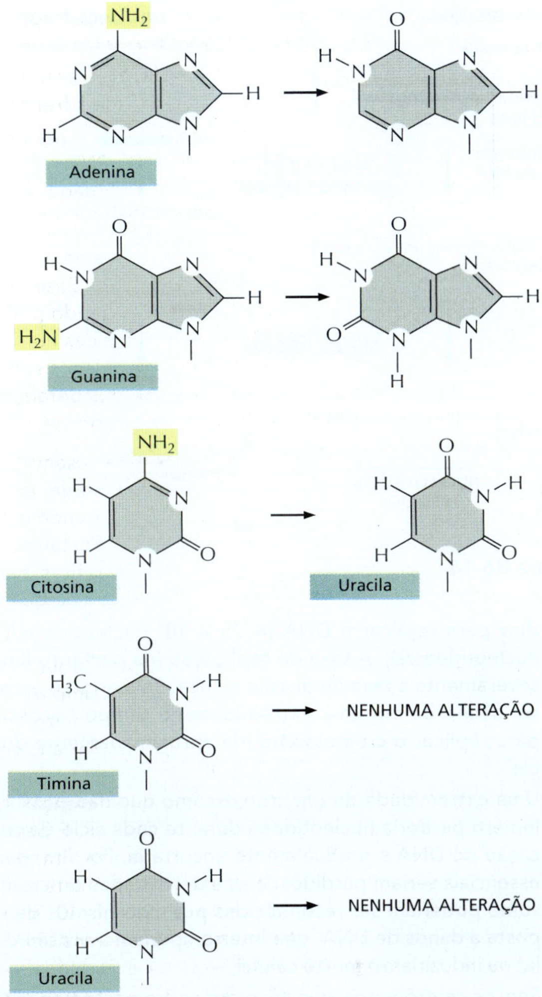

Figura R6-13

RESPOSTA 6-14

A. Como a DNA-polimerase requer uma 3'-OH para sintetizar DNA, sem os telômeros e a telomerase, as extremidades dos cromossomos lineares iriam encurtar durante cada ciclo de replicação do DNA (**Figura R6-14**). Para os cromossomos bacterianos, que não possuem extremidades, esse problema não existe; sempre haverá um grupo 3'-OH disponível que atuará como iniciador para a DNA-polimerase que substitui o iniciador de RNA por DNA. Telômeros e telomerase impedem o encurtamento dos cromossomos porque eles estendem a extremidade 3' de uma fita de DNA (ver Figura 6-22). Essa extensão do molde da fita retardada fornece o "espaço" para iniciar os fragmentos de Okazaki finais.

B. Como mostrado na Figura R6-14, telômeros e telomerase ainda seriam necessários mesmo se o último fragmento da fita retardada fosse iniciado pela primase na porção final da extremidade 3' do DNA cromossômico, uma vez que o iniciador de RNA deve ser removido.

RESPOSTA 6-15

A. Se a única origem de replicação estivesse localizada exatamente no centro do cromossomo, levaria mais de 8

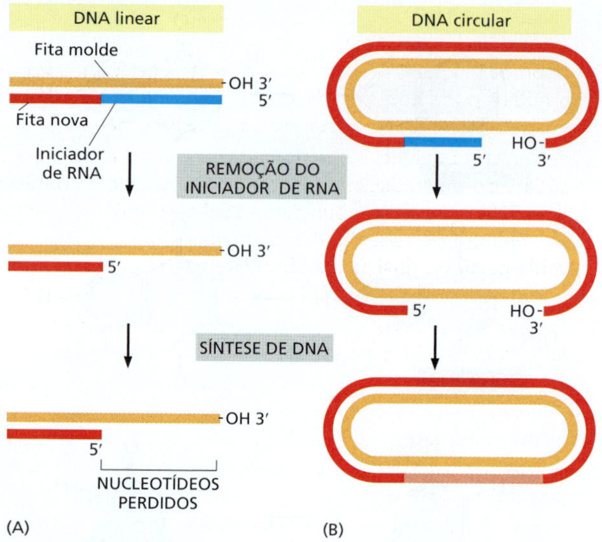

Figura R6-14

dias para replicar o DNA [= 75 × 10^6 nucleotídeos/(100 nucleotídeos/s)]. A taxa de replicação iria portanto limitar severamente a taxa de divisão celular. Se a origem estivesse localizada em uma extremidade, o tempo necessário para replicar o cromossomo iria aproximadamente duplicar.

B. Uma extremidade de um cromossomo que não possui telômero perderia nucleotídeos durante cada ciclo de replicação do DNA e gradualmente encurtaria. Por fim, genes essenciais seriam perdidos, e as extremidades do cromossomo poderiam ser reconhecidas por mecanismos de resposta a danos de DNA, que interromperiam a divisão celular ou induziriam a morte celular.

C. Sem os centrômeros, que ancoram os cromossomos mitóticos ao fuso mitótico, os dois novos cromossomos que resultam da duplicação cromossômica não seriam particionados precisamente entre as duas células-filhas. Portanto, muitas células-filhas morreriam, uma vez que não receberiam o conjunto completo de cromossomos.

RESPOSTA 6-16 A adição de cada nucleotídeo por uma polimerase hipotética que sintetizasse DNA na direção reversa 3′-5′ exigiria a energia fornecida pela hidrólise da ligação fosfato de alta energia que estaria presente na extremidade 5′ da cadeia que está sendo sintetizada – em vez de estar presente na extremidade 5′ do nucleotídeo precursor que será incorporado, como de fato fazem as DNA-polimerases. Se um nucleotídeo incorporado incorretamente fosse removido de tal cadeia crescente, a síntese de DNA iria travar, uma vez que não haveria ligações de alta energia restantes na extremidade 5′ da cadeia que servissem de combustível para mais polimerização (ver **Figura R6-16**).

Capítulo 7

RESPOSTA 7-1 Talvez a resposta mais adequada tenha sido dada pelo próprio Francis Crick, que cunhou o termo na metade da década de 1950: "Eu chamei essa ideia de dogma central por duas razões, penso eu. Eu já havia utilizado a óbvia palavra hipótese para a hipótese da sequência, a qual propõe que a informação genética está codificada na sequência de bases do DNA, e, além disso, eu queria sugerir que essa nova suposição era mais

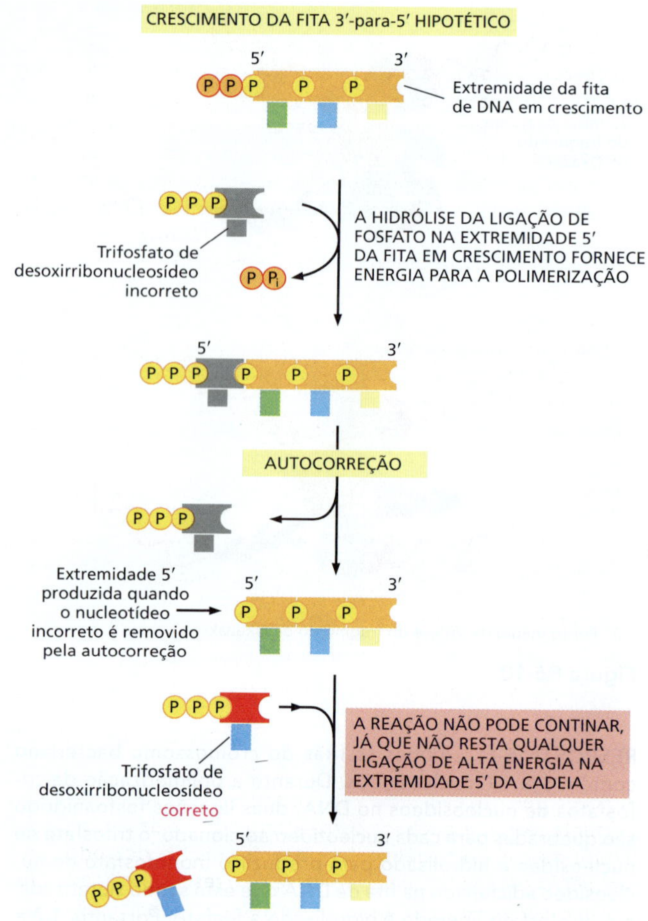

Figura R6-16

central e mais poderosa... Como se viu, o uso da palavra dogma causou mais confusões do que deveria. Vários anos mais tarde Jacques Monod salientou que eu parecia não compreender o uso correto da palavra dogma, que se refere a uma crença sobre a qual não se pode colocar dúvidas. Eu havia considerado isso de uma forma relativamente vaga, mas, como sempre pensei que todas as crenças religiosas não apresentam bases fundamentais exatas, usei a palavra com a conotação que ela possuía para mim, e não como ela de fato era, e simplesmente apliquei-a a uma grande hipótese que, apesar de plausível, possuía pouco embasamento experimental direto naquela época". (Francis Crick, *What Mad Pursuit: A Personal View of Scientific Discovery.* Basic Books, 1988.)

RESPOSTA 7-2 Na realidade, as RNA-polimerases não estão se movendo na micrografia, pois elas foram fixadas e revestidas com partículas metálicas durante a preparação da amostra para a microscopia eletrônica. No entanto, antes de serem fixadas, elas se moviam da esquerda para a direita, conforme indicado pelo crescimento gradual dos transcritos de RNA. Os transcritos de RNA são mais curtos, pois dão início a um processo de dobramento (i.e., adquirem uma estrutura tridimensional) conforme são sintetizados (ver, por exemplo, a Figura 7-5), ao passo que o DNA está sob a forma de uma dupla-hélice estendida.

RESPOSTA 7-3 À primeira vista, poderíamos imaginar que a atividade catalítica de uma RNA-polimerase usada para a transcrição poderia substituir a DNA-primase. No entanto, se pensarmos melhor, existem alguns fortes impedimentos. (1) A RNA-polimerase usada para a produção do iniciador requer iniciação de síntese em intervalos de algumas centenas de bases, o que é muito mais frequente do que o espaçamento comum de promotores sobre o DNA. A iniciação deveria, portanto, proceder de forma independente de promotores, ou seriam necessários muito mais promotores sobre o DNA; em ambos os casos, haveria problemas para o controle da transcrição. (2) Na mesma linha, os iniciadores de RNA usados na replicação de DNA são muito mais curtos do que os mRNAs. Como consequência, a RNA-polimerase teria de proceder a terminações com muito mais frequência do que durante uma transcrição. A terminação teria de ocorrer espontaneamente, ou seja, sem a necessidade de uma sequência terminadora sobre o DNA, ou então muitos terminadores deveriam estar presentes. Mais uma vez, ambos os cenários seriam problemáticos no que diz respeito ao controle da transcrição. Apesar de ser potencialmente possível superar esses problemas pela ligação de proteínas controladoras especiais à RNA-polimerase durante a replicação, o problema já foi resolvido durante a evolução pelo uso de enzimas diferentes com propriedades especializadas. Alguns pequenos vírus de DNA, no entanto, utilizam a RNA-polimerase do hospedeiro para a síntese de iniciadores de DNA para sua própria replicação.

RESPOSTA 7-4 Esse experimento demonstra que o ribossomo não controla nem fiscaliza qual aminoácido está conectado a um tRNA. Após o acoplamento de um aminoácido a um tRNA, o ribossomo incorporará "cegamente" esse aminoácido na posição indicada pelo pareamento entre códon e anticódon. Podemos, portanto, concluir que uma parcela significativa da correção de leitura do código genético, isto é, a correlação do códon em um mRNA e do seu aminoácido correto, é responsabilidade das enzimas sintetases que associam corretamente os tRNAs e os aminoácidos.

RESPOSTA 7-5 O mRNA terá uma polaridade 5′-para-3′ oposta à polaridade da fita de DNA que funcionou como molde. Assim, a sequência de mRNA será 5′– GAAAAAAGCCGUUAA-3′. O aminoácido N-terminal codificado por GAA é um ácido glutâmico. UAA especifica um códon de terminação; portanto, o aminoácido C-terminal é codificado por CGU e corresponde a uma arginina. Observe que a convenção na escrita de uma sequência de um gene é fornecer a sequência da fita de DNA que *não* é utilizada como molde para a síntese do RNA; essa sequência é idêntica à do transcrito de RNA, excetuando-se os Ts escritos nos locais onde no RNA estarão Us.

RESPOSTA 7-6 A primeira afirmativa é provavelmente correta: acredita-se que o RNA tenha sido o primeiro catalisador de autorreplicação e, nas células modernas, ele não é mais autorreplicativo. No entanto, podemos discutir se isso representa um "rebaixamento". Atualmente, o RNA desempenha diversos papéis na célula: como mensageiro, como adaptador para a síntese de proteínas, como iniciador para a replicação do DNA e como catalisador de algumas das reações mais fundamentais, sobretudo no *splicing* do RNA e na síntese proteica.

RESPOSTA 7-7

A. Falsa. Os ribossomos podem produzir qualquer proteína que seja especificada por um dado mRNA que esteja sendo traduzido. Após a tradução, os ribossomos são liberados do mRNA e podem iniciar a tradução de um mRNA diferente. É verdade, entretanto, que um ribossomo só pode fazer um tipo de proteína de cada vez.

B. Falsa. Os mRNAs são traduzidos como polímeros lineares; não existe a necessidade de assumirem qualquer estrutura dobrada em particular. A formação de tais estruturas sobre o mRNA pode inibir a tradução, pois o ribossomo terá de desdobrar o mRNA para ter acesso à sua mensagem.

C. Falsa. As subunidades ribossomais trocam de parceiro após cada ciclo de tradução. Quando um ribossomo é liberado do mRNA, suas duas subunidades se dissociam e se inserem no conjunto de subunidades pequenas e grandes disponíveis a partir do qual novos ribossomos são formados para a tradução de um novo mRNA.

D. Falsa. Os ribossomos são organelas citoplasmáticas, mas não estão individualmente delimitados por membrana.

E. Falsa. A posição do promotor determina o sentido no qual ocorre a transcrição e qual das fitas de DNA será usada como molde. A transcrição rumo ao sentido oposto daria origem a um mRNA com uma sequência completamente diferente (e provavelmente sem significado algum).

F. Falsa. O RNA contém uracila, mas não timina.

G. Falsa. O nível de uma proteína depende da taxa de sua síntese e degradação, mas não de sua atividade catalítica.

RESPOSTA 7-8 Visto que a deleção no mRNA Lacheinmal é interna, é provável que ela seja originária de um defeito no *splicing* do mRNA. A interpretação mais simples é que o gene *Lacheinmal* contém um éxon de tamanho igual a 173 nucleotídeos (identificado como "E2" na **Figura R7-8**), e que esse éxon seja perdido durante o processamento de um precursor do mRNA (pré-mRNA) mutante. Isso poderia ocorrer, por exemplo, se a mutação alterasse o sítio de *splicing* 3′ no íntron precedente ("I1") de tal forma que ele não mais fosse reconhecido pela maquinaria de *splicing* (uma alteração na sequência CAG mostrada na Figura 7-19 poderia fazê-lo). O snRNP iria procurar o próximo sítio de *splicing* 3′ disponível, que se encontra na extremidade 3′ do próximo íntron ("I2"), e a consequente reação de *splicing* removeria E2 juntamente com I1 e I2, resultando em um mRNA menor. O mRNA seria então traduzido em uma proteína defeituosa, levando à deficiência de Lacheinmal.

Visto que 173 nucleotídeos não constituem um número completo de códons, a ausência deste éxon do mRNA irá deslocar a fase de leitura na junção de *splicing*. Portanto, a proteína Lacheinmal seria produzida corretamente apenas até o final do éxon E1. À medida que o ribossomo começasse a traduzir a sequência do éxon E3, ele entraria em uma fase de leitura diferente e, por conseguinte, produziria uma sequência proteica não mais relacionada à sequência Lacheinmal normalmente codificada pelo éxon E3. Provavelmente, o ribossomo logo encontraria um códon de terminação, o qual, em sequências de RNA que não codificam proteína, ocorre, em média, uma vez a cada 21 códons (existem três códons de terminação em 64 códons possíveis no código genético).

RESPOSTA 7-9 Tanto a sequência 1 quanto a sequência 4 codificam o peptídeo Arg-Gly-Asp. Visto que o código genético é redundante, diferentes sequências nucleotídicas podem codificar a mesma sequência de aminoácidos.

RESPOSTA 7-10

A. Incorreta. As ligações são não covalentes, e sua formação não exige gasto de energia.

B. Correta. O aminoacil-tRNA entra no ribossomo, no sítio A, e forma ligações de hidrogênio com o códon no mRNA.

C. Correta. O ribossomo se move ao longo do mRNA, e os tRNAs que já doaram seu aminoácido para a cadeia poli-

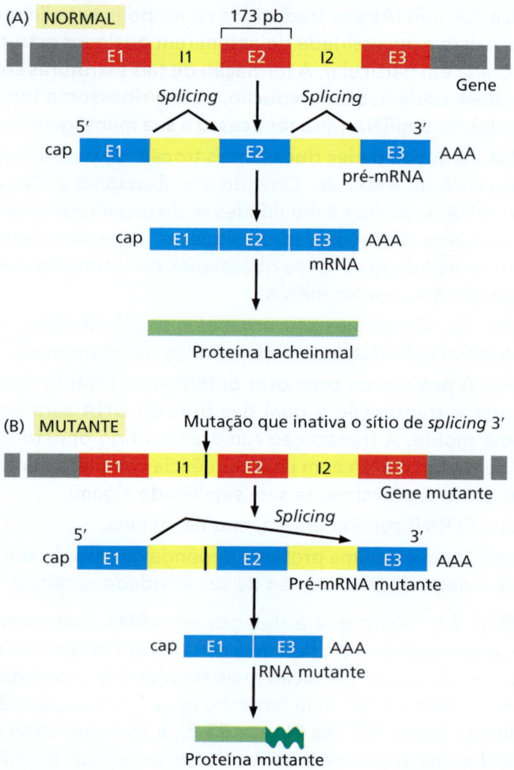

Figura R7-8

peptídica em crescimento são liberados do ribossomo e do mRNA. A liberação ocorre dois ciclos após a entrada do tRNA no ribossomo (ver Figura 7-34).

RESPOSTA 7-11 *Replicação*. Definição do dicionário: a criação de uma cópia exata; definição da biologia molecular: o ato de duplicação do DNA. *Transcrição*. Definição do dicionário: o ato de reescrever, fazer uma cópia, principalmente de uma forma física para outra; definição da biologia molecular: o ato de copiar a informação estocada no DNA em RNA. *Tradução*. Definição do dicionário: o ato de colocar palavras em um idioma diferente; definição da biologia molecular: o ato de polimerizar aminoácidos em uma sequência linear definida a partir de informação dada pela sequência linear dos nucleotídeos de um mRNA. (Observe que *translation*, o termo em inglês para "tradução", é também usado com um sentido bastante diferente, tanto na linguagem comum quanto na linguagem científica, para indicar movimento de um lugar para outro.)*

RESPOSTA 7-12 Com quatro nucleotídeos diferentes à disposição, um código composto por dois nucleotídeos poderia especificar 16 aminoácidos (= 4^2), e um código triplo no qual a posição dos nucleotídeos não é importante poderia especificar 20 diferentes aminoácidos (= 4 possibilidades de 3 bases idênticas + 12 possibilidades de 2 bases iguais e uma diferente + 4 possibilidades de 3 bases diferentes). Em ambos os casos, esse número máximo de aminoácidos deveria ser reduzido em pelo menos 1, considerando-se a necessidade de determinação de códons de terminação específicos. É relativamente fácil imaginar como um código de dois nucleotídeos poderia ser traduzido por um mecanismo similar ao utilizado em nosso planeta por tRNAs que possuíssem apenas duas bases relevantes em sua alça anticódon. No entanto, fica mais difícil imaginar como a composição nucleotídica de um segmento de três nucleotídeos poderia ser traduzida sem levar em consideração sua ordenação, pois o sistema de formação de pares de bases não poderia ser utilizado: um AUG e um UGA, por exemplo, não poderiam estabelecer pareamento com o mesmo anticódon.

RESPOSTA 7-13 É provável que, nas células primordiais, o pareamento entre códons e aminoácidos fosse menos exato do que o existente nas células atuais. A característica do código genético descrita na questão pode ter permitido que as células iniciais tolerassem essa inexatidão, permitindo a existência de relações menos precisas entre conjuntos de códons mais ou menos similares e aminoácidos semelhantes. Podemos facilmente imaginar que o pareamento entre códons se tenha tornado cada vez mais exato, paulatinamente, conforme a maquinaria de tradução evoluía rumo àquela que encontramos nas células atuais.

RESPOSTA 7-14 O códon de Trp é 5′-UGG-3′. Assim, um tRNA-Trp normal contém a sequência 5′-CCA-3′ em sua alça anticódon (ver Figura 7-30). Se esse tRNA contém uma mutação tal que altere seu anticódon para <u>U</u>CA, ele reconhecerá um códon UGA e conduzirá à incorporação de um resíduo de triptofano em vez de provocar o término da tradução. No entanto, diversas outras sequências codificadoras de proteínas contêm códons UGA como seus códons normais de terminação, e esses códons serão também afetados pelo tRNA mutante. Dependendo da competição entre o tRNA alterado e os fatores de liberação da tradução normais (Figura 7-38), algumas dessas proteínas serão produzidas com aminoácidos adicionais em suas extremidades C-terminais. O tamanho adicional dependerá do número de códons que o ribossomo encontrar antes de chegar a um códon de terminação não UGA sobre o mRNA, na fase de leitura em que a proteína está sendo traduzida.

RESPOSTA 7-15 Uma forma efetiva de fazer a reação ocorrer é por meio da remoção de um dos produtos, de tal modo que a reação reversa não possa ocorrer. O ATP contém *duas* ligações de alta energia que conectam os três grupos fosfato. Na reação ilustrada, PP_i é liberado, consistindo em dois grupos fosfato ligados por uma dessas ligações de alta energia. Assim, PP_i pode ser hidrolisado com um ganho considerável de energia livre, sendo, dessa maneira, eficientemente removido. Isso ocorre de forma rápida nas células e, como resultado, as reações que produzem e a seguir hidrolisam PP_i são praticamente irreversíveis (ver Figura 3-40).

RESPOSTA 7-16

A. Uma molécula de titina é composta por 25.000 (3.000.000/120) aminoácidos. Portanto, são necessárias cerca de 3,5 horas [(25.000/2) × (1/60) × (1/60)] para a síntese de uma única molécula de titina nas células musculares.

B. Devido ao seu grande tamanho, a probabilidade de produzir uma molécula de titina sem que ocorra um único erro é de apenas 0,08 [$=(1\text{-}10^{-4})^{25.000}$]; ou seja, apenas 8 a cada 100 moléculas de titina sintetizadas são livres de erro. Em contraste, mais de 97% das proteínas de tamanho médio sintetizadas são produzidas corretamente.

C. A taxa de erro limita o tamanho das proteínas que podem ser sintetizadas de forma exata. Desse modo, se toda a proteína ribossômica eucariótica fosse sintetizada sob a forma

*N. de T. Em português, usamos nesse contexto o termo "translação".

de uma única molécula, uma grande proporção (87%) dessa proteína ribossômica gigante hipotética potencialmente apresentaria pelo menos um erro. É então mais vantajoso produzir as proteínas ribossômicas individualmente, pois, assim, apenas uma pequena proporção de cada tipo de proteína será defeituosa, e essas poucas moléculas ruins podem ser individualmente eliminadas por proteólise para assegurar-se de que não existirão defeitos no ribossomo, como um todo.

D. Para calcular o tempo necessário para a síntese do mRNA da titina, você precisaria conhecer o tamanho de seu gene, o qual provavelmente deve conter muitos íntrons. A transcrição somente dos éxons (25.000 × 3 = 75.000 nucleotídeos) requer em torno de 42 minutos [(75.000/30) × (1/60)]. Visto que os íntrons podem ser extremamente grandes, o tempo necessário para a transcrição do gene completo será provavelmente bem maior.

RESPOSTA 7-17 Mutações como as descritas em (B) e (D) costumam ser as mais deletérias. Em ambos os casos, a fase de leitura será alterada e, visto que essa alteração da fase de leitura ocorre próximo ao começo ou no meio da sequência codificadora, grande parte da proteína conterá uma sequência diferente e/ou truncada de aminoácidos. Em contraste, a alteração da fase de leitura que ocorre próximo à extremidade final da sequência codificadora, como descrito em (A), resultará em uma proteína com sequência praticamente correta que poderá ser funcional. A deleção de três nucleotídeos consecutivos, como em (C), leva à deleção de um aminoácido, mas não altera a fase de leitura. O aminoácido deletado poderá ou não ser importante para o dobramento ou a atividade da proteína; muitas vezes, esse tipo de mutação é silencioso, isto é, apresenta pouca ou nenhuma consequência para o organismo. A substituição de um nucleotídeo por outro, como em (E), com muita frequência é completamente isenta de consequências. Em alguns casos, ela não provocará alteração na sequência de aminoácidos da proteína; em outros casos, ela pode alterar um único aminoácido, e na pior das situações, ela pode criar um novo códon de terminação, dando origem a uma proteína truncada.

Capítulo 8

RESPOSTA 8-1

A. A transcrição do óperon do triptofano não seria mais regulada pela ausência ou presença de triptofano; as enzimas estariam permanentemente ativadas nos cenários (1) e (2) e permanentemente inativadas no cenário (3).

B. Nos cenários (1) e (2), as moléculas do repressor de triptofano normal iriam restaurar completamente a regulação das enzimas de biossíntese de triptofano. Ao contrário, a expressão da proteína normal poderia não ter efeito no cenário (3), porque o operador do triptofano permaneceria ligado à proteína mutante, mesmo na presença do triptofano.

RESPOSTA 8-2 Podem ocorrer contatos entre a proteína e as extremidades dos pares de bases que estão expostos no sulco maior do DNA (**Figura R8-2**). Esses contatos sequência-específicos podem incluir ligações de hidrogênio com o oxigênio em destaque, nitrogênio e átomos de hidrogênio, assim como interações hidrofóbicas com o grupo metila na tiamina (*amarelo*). Note que o arranjo de doadores de ligação de hidrogênio (*azul*) e aceptores de ligação de hidrogênio (*vermelho*) de um par T-A é diferente do arranjo do par C-G. De modo similar, o arranjo de doadores e aceptores de ligação de hidrogênio dos pares A-T e G-C seria diferente um do outro e dos dois pares mostrados na figura. Essas diferenças permitem o reconhecimento de sequências de DNA específicas via sulco maior. Além dos contatos mostrados na figura, as atrações eletrostáticas entre as cadeias laterais dos aminoácidos positivamente carregados da proteína e os grupos fosfato negativamente carregados da cadeia principal de DNA em geral estabilizam as interações DNA-proteína.

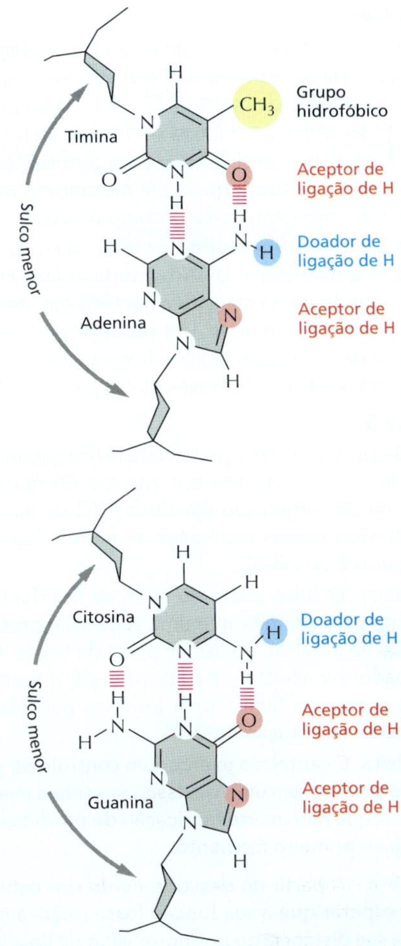

Figura R8-2

RESPOSTA 8-3 Proteínas de curvamento podem ajudar a aproximar regiões distantes de DNA que normalmente fariam contato apenas de forma ineficiente (**Figura R8-3**). Tais proteínas são encontradas tanto em procariotos quanto em eucariotos e estão envolvidas em muitos exemplos de regulação da transcrição.

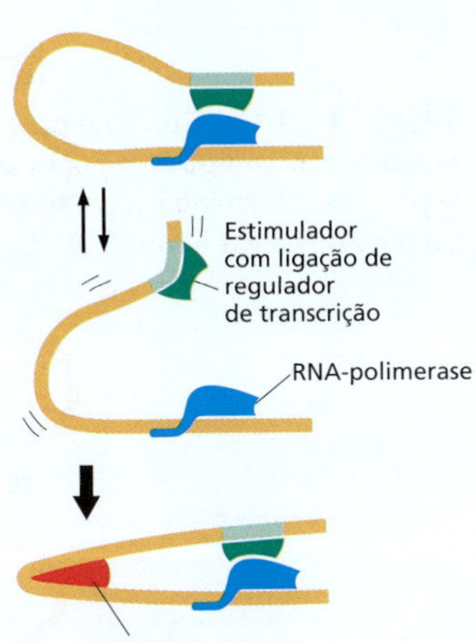

Figura R8-3

RESPOSTA 8-4

A. A luz UV desencadeia a troca do estado de prófago para o estado lítico: quando a proteína c1 é destruída, Cro é produzida e inibe a produção de novas c1. O vírus inicia a produção das proteínas do envelope, e novas partículas são produzidas.

B. Quando a luz UV é desligada, o vírus permanece no estado lítico. Assim, c1 e Cro formam um mecanismo de regulação gênica que "memoriza" o seu estado prévio.

C. Esse mecanismo faz sentido no ciclo de vida viral: a luz UV tende a danificar o DNA bacteriano (ver Figura 6-24), transformando dessa maneira a bactéria em um hospedeiro não confiável para o vírus. Um prófago viral irá, portanto, alterar-se para o estado lítico e deixará a célula irradiada na procura de novas células hospedeiras para infectar.

RESPOSTA 8-5

A. Verdadeira. Os mRNAs procarióticos frequentemente são transcritos a partir de óperons inteiros. Os ribossomos podem começar a tradução em sítios AUG de início em posições internas nessas moléculas de mRNA "policistrônico" (ver Figuras 7-36 e 8-6).

B. Verdadeira. O sulco maior do DNA de fita dupla é largo o suficiente para permitir que uma superfície proteica, como uma face de α-hélice, acesse os pares de bases. As sequências doadora e aceptora de ligações de H no sulco maior podem então ser "lidas" pela proteína para determinar a sequência e orientação do DNA.

C. Verdadeira. É vantajoso exercer um controle no ponto mais precoce possível em uma via. Isso conserva a energia metabólica porque não ocorre fabricação de produtos desnecessários já no primeiro momento.

RESPOSTA 8-6 A partir do descobrimento dos estimuladores, poder-se-ia esperar que a sua função fosse relativamente independente da sua distância do promotor (sítio de ligação da RNA-polimerase) – possivelmente enfraquecendo quando a distância aumentasse. A característica surpreendente dos resultados (os quais foram adaptados de um experimento real) é a periodicidade: o estimulador tem atividade máxima em certas distâncias do sítio de ligação da RNA-polimerase (50, 60 ou 70 nucleotídeos), mas é quase inativo em distâncias intermediárias (55 ou 65 nucleotídeos). A periodicidade de 10 sugere que o mistério possa ser explicado considerando a estrutura da dupla-hélice de DNA, a qual se aproxima muito de 10 pares de bases por volta. Assim, colocando um estimulador na região oposta à do DNA promotor (**Figura R8-6**), ficaria mais difícil para o ativador que se liga a ele interagir com as proteínas ligadas ao promotor. Em distâncias maiores, há mais DNA para absorver a torção do DNA, e este efeito diminui.

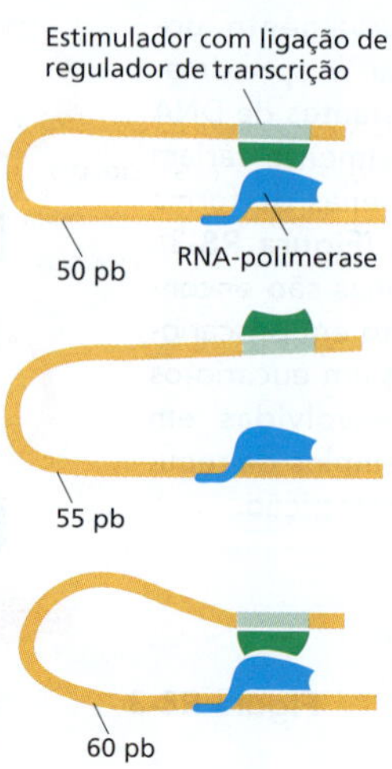

Figura R8-6

RESPOSTA 8-7 A afinidade do repressor dimérico λ pelo seu local de ligação é a soma de todas as interações formadas pelos domínios de ligação ao DNA. Um domínio de ligação ao DNA individual fará somente a metade dos contatos e fornecerá apenas a metade da energia de ligação de um dímero. Assim, embora a concentração dos domínios de ligação esteja inalterada, eles não estão mais acoplados, e suas afinidades individuais pelo DNA são fracas o suficiente para que eles não possam permanecer ligados. Como resultado, os genes para o crescimento lítico são ativados.

RESPOSTA 8-8 A função desses genes *Arg* é sintetizar arginina. Quando a arginina é abundante, a expressão de genes biossintéticos deve ser inativada. Se ArgR atuar como um repressor gênico (o que ele faz na realidade), então a ligação da arginina deveria aumentar a sua afinidade para os seus sítios reguladores, permitindo-lhe ligar-se e inibir a expressão gênica. Se ArgR, ao contrário, atuar como um ativador gênico, então se espera que a ligação da arginina reduza a sua afinidade para os seus sítios reguladores, impedindo a sua ligação e inibindo a expressão dos genes *Arg*.

RESPOSTA 8-9 Os resultados desse experimento favorecem o modelo de alça de DNA, o qual não seria afetado pela ponte proteica (contanto que permita que o DNA se curve, o que ele faz). O modelo de sondagem ou sítio de entrada, contudo, provavelmente seria afetado pela natureza da ligação entre o estimulador e o promotor. Se as proteínas se ligam no estimulador e sondam até o promotor, elas deveriam atravessar a ponte proteica. Se tais proteínas são direcionadas para explorar o DNA, é provável que elas tenham dificuldades de sondar através da barreira.

RESPOSTA 8-10 O resultado mais definitivo mostra que uma única célula diferenciada retirada de um tecido especializado pode recriar um organismo inteiro. Isso prova que a célula deve conter toda a informação necessária para produzir todo um organismo, incluindo todos os seus tipos celulares especializados. Experimentos desse tipo são resumidos na Figura 8-2.

RESPOSTA 8-11 Em princípio, você poderia criar 16 tipos celulares diferentes com 4 proteínas de regulação gênica (todos os 8 tipos celulares mostrados na Figura 8-17, mais outros 8 criados pela adição de uma proteína de regulação da transcrição). MyoD por si só é suficiente para induzir a expressão gênica músculo-específica somente em certos tipos celulares, como alguns tipos de fibroblastos. Assim, a ação de MyoD é compatível com o modelo mostrado na Figura 8-17: se as células musculares forem especificadas, por exemplo, pela combinação das proteínas de regulação da transcrição 1, 3 e MyoD, então a adição de MyoD converteria apenas dois dos tipos celulares da Figura 8-17 (células F e H) em músculo.

RESPOSTA 8-12 A indução de um ativador transcricional que estimule a sua própria síntese pode criar um circuito de retroalimentação positiva que pode produzir memória celular. A síntese contínua autoestimulada, que pode levar à síntese do ativador A, pode, em princípio, durar muitas gerações celulares, servindo como uma memória de um evento em um passado distante. Em contrapartida, a indução de um repressor transcricional que inibe sua própria síntese cria um ciclo de retroalimentação negativa que assegura que a resposta ao estímulo transitório será também transitória. Como o repressor R inibe a sua própria síntese, a célula rapidamente retornará ao estado que existia antes do sinal transitório.

RESPOSTA 8-13 Muitas proteínas de regulação gênica estão continuamente sendo produzidas na célula; ou seja, a sua expressão é constitutiva, e a atividade da proteína é controlada por sinais de dentro ou fora da célula (p. ex., a disponibilidade de nutrientes, como para o repressor do triptofano, ou por hormônios, como para o receptor de glicocorticoides), dessa forma ajustando o programa transcricional para as necessidades fisiológicas da célula. Além disso, uma dada proteína de regulação gênica em geral controla a expressão de muitos genes diferentes. Os reguladores transcricionais são frequentemente usados em várias combinações e podem afetar a atividade uns dos outros, aumentando, assim, ainda mais o repertório regulador possível com um conjunto limitado de proteínas. Entretanto, a célula dedica uma grande fração do seu genoma ao controle da transcrição: estima-se que 10% de todos os genes nas células eucarióticas codificam reguladores transcricionais.

Capítulo 9

RESPOSTA 9-1 Quando se trata de informação genética, deve-se atingir um equilíbrio entre estabilidade e variação. Se a taxa de mutação fosse muito alta, uma espécie acabaria morrendo, porque todos os seus indivíduos acumulariam mutações em genes essenciais para a sua sobrevivência. E para uma espécie ser bem-sucedida – em termos evolutivos –, os membros individuais devem ter uma boa memória genética; isto é, deve haver alta fidelidade na replicação do DNA. Ao mesmo tempo, variações ocasionais são necessárias para a espécie adaptar-se às alterações das condições. Caso a mudança leve a uma melhora, ela persistirá pela seleção; caso seja neutra, ela pode acumular ou não; porém, se a mudança for desastrosa, o organismo que foi o infeliz alvo de um experimento da natureza morrerá, mas a espécie sobrevive.

RESPOSTA 9-2 Em organismos unicelulares, o genoma é a linhagem germinativa, e qualquer modificação é passada para a próxima geração. Por outro lado, em organismos multicelulares, a maioria das células é composta por células somáticas e não contribui para a próxima geração. Assim, a modificação daquelas células por transferência horizontal de genes não apresentaria consequência para a próxima geração. As células da linhagem germinativa são normalmente protegidas no interior dos organismos multicelulares, minimizando seus contatos com células estranhas, vírus e DNA, isolando, dessa forma, a espécie dos efeitos da transferência horizontal de genes. Todavia, a transferência horizontal de genes é possível em organismos multicelulares. Por exemplo, genomas de algumas espécies de insetos contêm DNA que foi horizontalmente transferido de bactérias que os infectam.

RESPOSTA 9-3 É improvável que qualquer gene comece a existir perfeitamente otimizado para a sua função. Genes de RNA ribossômico variaram muito desde a primeira vez em que apareceram na Terra. Porém, isso deve ter sido em um estágio bem inicial de uma célula ancestral comum (ver Figura 9-23). A partir de então, tem havido muito menos margem para mudanças desde que o RNA ribossômico (e outros genes altamente conservados) possuem esse papel fundamental nos processos biológicos. No entanto, o ambiente em que um organismo se encontra é mutável, de maneira que nenhum gene consegue ser ideal indefinidamente. Portanto, há de fato diferenças significativas nos RNAs ribossômicos entre as espécies.

RESPOSTA 9-4 Cada vez que outra cópia de um transpóson é inserida em um cromossomo, a alteração pode ser neutra, benéfica ou prejudicial ao organismo. Como a seleção atua contra os indivíduos que acumulam mutações prejudiciais, a proliferação dos transpósons é controlada pela seleção natural. Caso surgisse um transpóson capaz de proliferação descontrolada, a viabilidade do organismo hospedeiro dificilmente seria mantida. Por essa razão, a maioria dos transpósons evoluiu no sentido de se mover muito raramente. Muitos transpósons, por exemplo, produzem, nos raros picos de síntese, quantidades muito pequenas de transposase, a enzima necessária a seu movimento.

RESPOSTA 9-5 Os vírus não existem como organismos de vida livre; eles não têm metabolismo, não se comunicam com outros vírus e não podem se reproduzir. Portanto, não apresentam os atributos normalmente associados à vida. Na verdade, podem até ser cristalizados. Uma vez dentro das células, eles redirecionam a biossíntese celular normal para a produção de mais cópias de si mesmos. Portanto, o único aspecto de "vida" que os vírus apresentam é sua capacidade de promover sua própria reprodução quando dentro da célula.

RESPOSTA 9-6 Os elementos genéticos móveis poderiam fornecer oportunidades para eventos de recombinação homóloga, causando, assim, rearranjos genômicos. Eles poderiam inserir-se nos genes, possivelmente obliterando sítios de *splicing* e, portanto, alterando a proteína produzida pelo gene. Eles poderiam também inserir-se em uma região reguladora de um gene, onde a inserção entre um estimulador e um sítio de início de transcrição poderia bloquear a função do estimulador e assim reduzir o nível de expressão de um gene. Além disso, o elemento genético móvel poderia, ele mesmo, conter um estimulador e assim alterar o tempo e a posição no organismo onde o gene é expresso.

RESPOSTA 9-7 Com a sua capacidade de facilitar recombinações genéticas, os elementos genéticos móveis quase certamente desempenharam um papel importante na evolução dos organismos modernos. Eles podem facilitar as duplicações gênicas e a criação de novos genes por meio do embaralhamento de éxons, e podem alterar a maneira pela qual os genes existentes são expressos. Embora a transposição de um elemento genético móvel possa ser danosa para um organismo individual – se, por exemplo, ele inibir a atividade de um gene crítico –, esses elementos genéticos móveis são provavelmente benéficos para a espécie como um todo.

RESPOSTA 9-8 Em torno de 7,6% de cada gene é convertido em mRNA [(5,4 éxons/gene × 266 pares de nucleotídeos/éxon)/(19.000 pares de nucleotídeos/gene) = 7,6%]. Genes que codificam proteínas ocupam cerca de 28% do cromossomo 22 [(700 genes x 19.000 pares de nucleotídeos/gene)/(48 x 10^6 pares de nucleotídeos) = 27,7%]. Entretanto, mais de 90% desse DNA é composto por íntrons.

RESPOSTA 9-9 Esta afirmativa é provavelmente verdadeira. Por exemplo, quase metade do DNA humano é composta de elementos geneticamente móveis inativos; e apenas cerca de 9% do genoma humano parecem estar sob seleção positiva. Entretanto, é possível que pesquisas futuras descubram uma função para alguma porção aparentemente sem importância do nosso DNA.

RESPOSTA 9-10 O agrupamento HoxD está empacotado com sequências reguladoras complexas e extensas que controlam a expressão de cada um dos seus genes no tempo e lugar corretos durante o desenvolvimento. Acredita-se que a inserção de elementos genéticos móveis no agrupamento HoxD tenha sofrido seleção negativa porque ela destruiria a regulação adequada dos genes residentes.

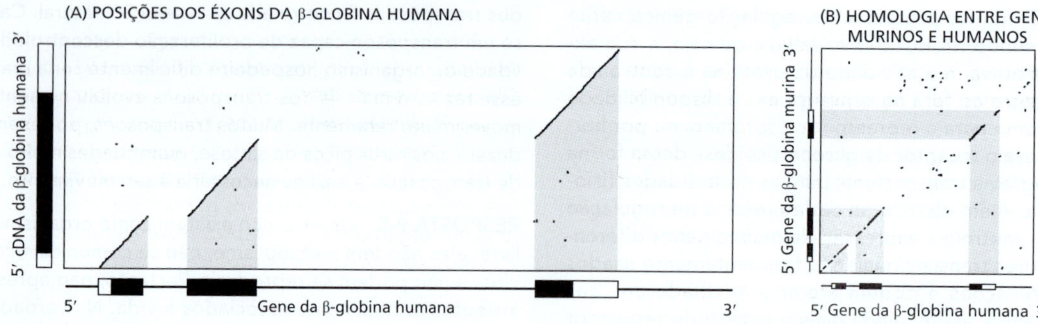

Figura R9-11

RESPOSTA 9-11

A. Os éxons no gene da β-globina humana correspondem às posições de similaridade de sequência (nesse caso, de identidade) com o cDNA, o qual é uma cópia direta do mRNA e, portanto, não contém íntrons. Os íntrons correspondem às regiões entre os éxons. As posições dos íntrons e éxons no gene da β-globina humana estão indicadas na **Figura R9-11A**. Também são mostradas (em barras brancas) as sequências presentes no mRNA da β-globina madura (e no gene) que não são traduzidas em proteína.

B. A partir da posição dos éxons, como definido na Figura R9-11A, está claro que os dois primeiros éxons do gene da β-globina humana possuem equivalentes, com sequência similar, no gene da β-globina murina (Figura R9-11B). Entretanto, somente a primeira metade do terceiro éxon do gene da β-globina humana é semelhante ao gene da β-globina de camundongo. A porção similar do terceiro éxon contém sequências que codificam proteína, ao passo que a porção que é diferente representa a região 3' não traduzida do gene. Como essa porção do gene não codifica proteína (nem contém sequências reguladoras extensas), sua sequência não é conservada e as sequências humanas e de camundongo divergiram uma da outra.

C. Os genes da β-globina humana e murina também são similares na extremidade 5', como indicado pelo grupo de pontos ao longo da mesma diagonal no primeiro éxon (Figura R9-11B). Essas sequências correspondem a regiões reguladoras localizadas cadeia acima em relação aos sítios de início de transcrição. Sequências funcionais, as quais estão sob pressão seletiva, divergem de forma muito mais lenta do que sequências sem função.

D. O gráfico diagonal mostra que o primeiro íntron é praticamente do mesmo tamanho nos genes humano e de camundongo, mas o comprimento do segundo íntron é sensivelmente diferente (Figura R9-11B). Se os íntrons fossem do mesmo tamanho, os segmentos alinhados que representam a similaridade de sequência estariam na mesma diagonal. A maneira mais fácil de testar a colinearidade dos segmentos alinhados é inclinar a página e olhar ao longo da diagonal. É impossível predizer a partir dessa comparação se a mudança em tamanho é devida ao encurtamento do íntron do camundongo ou ao alongamento do íntron humano, ou a alguma combinação dessas possibilidades.

RESPOSTA 9-12 Algoritmos computacionais que identifiquem éxons são matérias complexas, como você deve imaginar. Para identificar genes desconhecidos, esses programas combinam informações estatísticas derivadas de genes conhecidos, como:

1. Um éxon que codifique uma proteína possuirá uma fase de leitura aberta. Se a sequência de aminoácidos codificada por essa fase de leitura aberta corresponde a uma sequência de uma proteína de um banco de dados, existe uma alta probabilidade de que seja um éxon autêntico.
2. As fases de leitura em éxons adjacentes no mesmo gene irão combinar-se corretamente quando as sequências de íntrons são omitidas.
3. Éxons internos (excluindo o primeiro e o último) possuirão sinais de *splicing* em cada extremidade; na maior parte dos casos (98,1%), estes sinais serão AG nas extremidades 5' dos éxons e GT nas extremidades 3'.
4. Os múltiplos códons para a maioria dos aminoácidos individuais não são usados com igual frequência. Esse assim chamado "viés de codificação" pode ser determinado para auxiliar no reconhecimento dos éxons verdadeiros.
5. Éxons e íntrons possuem distribuições de tamanho características. O comprimento médio dos éxons nos genes humanos é em torno de 120 pares de nucleotídeos. Os íntrons tendem a ser muito maiores: um comprimento médio de aproximadamente 2 kb em regiões genômicas com 30 a 40% de conteúdo GC e um comprimento médio de cerca de 500 pares de nucleotídeos em regiões com conteúdo GC acima de 50%.
6. O códon de iniciação para a síntese proteica (quase sempre ATG) possui uma associação estatística com nucleotídeos adjacentes que parecem aumentar o seu reconhecimento por fatores de tradução.
7. O éxon terminal possuirá um sinal (mais comumente AATAAA) para clivagem e poliadenilação próximo à extremidade 3'.

A natureza estatística dessas características, acompanhada da baixa frequência de informação codificante no genoma (2 a 3%) e da frequência de *splicing* alternativo (estimada em 95% dos genes humanos), torna especialmente impressionante que os algoritmos atuais possam identificar cerca de 70% dos éxons individuais no genoma humano. Como ilustrado na Figura 9-37, a abordagem da bioinformática costuma estar acompanhada dos dados de experimentos, como aqueles obtidos por meio de RNA Seq.

RESPOSTA 9-13 Não é simples determinar a função de um gene a partir do zero, e também não existe receita universal para se fazer isso. Entretanto, há uma variedade de questões-padrão que ajudam a delimitar as possibilidades. A seguir, listamos algumas dessas questões.

Em quais tecidos o gene é expresso? Se o gene for expresso em todos os tecidos, é provável que apresente uma função geral. Caso ele seja expresso em um ou poucos tecidos, a sua função provavelmente é mais especializada, talvez relacionada às funções especializadas dos tecidos. Se o gene for expresso no embrião, mas não no adulto, ele pode desempenhar uma função no desenvolvimento.

Em qual compartimento da célula a proteína é encontrada? Conhecer a localização subcelular da proteína – núcleo, membrana plasmática, mitocôndria, etc. – também pode auxiliar a sugerir categorias de função potencial. Por exemplo, uma proteína que está localizada na membrana plasmática provavelmente seja um transportador, um receptor ou outro componente de uma via de sinalização, uma molécula de adesão, etc.

Quais são os efeitos das mutações no gene? Mutações que eliminam ou modificam a função do produto gênico também podem fornecer indicações da função. Por exemplo, se o produto gênico é fundamental durante certo período do desenvolvimento, o embrião mutante frequentemente irá morrer naquele estágio ou desenvolver anormalidades óbvias. A não ser que a anormalidade seja muito específica, costuma ser difícil deduzir a função. Com frequência, as ligações são indiretas, tornando-se aparentes somente após a função gênica ser conhecida.

Com quais outras proteínas a proteína codificada interage? Ao desempenharem suas funções, as proteínas em geral interagem com outras proteínas envolvidas no mesmo ou em processos relacionados. Se uma proteína que interaja pode ser identificada, e se sua função já é conhecida (por pesquisas prévias ou buscas em bancos de dados), o número de possíveis funções pode ser diminuído de forma drástica.

Mutações em outros genes podem alterar os efeitos da mutação no gene desconhecido? Procurar por mutações pode ser uma metodologia muito poderosa para investigar a função de genes, sobretudo em organismos como bactérias e leveduras, os quais possuem sistemas genéticos simples. Embora seja de execução muito mais difícil em camundongos, esse tipo de metodologia pode, no entanto, ser usado. O fundamento dessa estratégia é análogo àquele em que procuramos por interações proteicas: genes que interagem geneticamente – de forma que o fenótipo duplo mutante seja mais seletivo do que os mutantes individuais – estão muitas vezes envolvidos no mesmo processo ou em processos bem semelhantes. A identificação de um dos genes que interagem entre si (e o conhecimento de sua função) fornece uma importante indicação da função do gene desconhecido.

A abordagem de cada uma dessas questões exige conhecimentos experimentais especializados e comprometimento substancial do investigador. Não é de admirar que progressos sejam feitos de forma muito mais rápida quando uma indicação da função gênica pode ser encontrada simplesmente pela identificação de um gene semelhante de função conhecida em um banco de dados. À medida que mais e mais genes são estudados, essa estratégia se tornará cada vez mais eficaz.

RESPOSTA 9-14 Em uma sequência muito longa e aleatória de DNA, cada um dos 64 diferentes códons será gerado com igual frequência. Como 3 dos 64 códons são códons de terminação, espera-se que eles ocorram a cada 21 códons (64/3 = 21,3) em média.

RESPOSTA 9-15 Em princípio, a resistência a mutações do código genético sugere que ele foi formado por forças de seleção natural. Uma consideração básica que parece razoável é a de que a resistência a mutações é uma característica importante do código genético. Esse raciocínio sugere que deve ter sido um acidente de sorte mesmo – grosseiramente uma chance em um milhão – tropeçar em um código tão à prova de erros como o nosso.

Mas isso tudo não é tão simples! Se a resistência a mutações é uma característica essencial para qualquer código que possa suportar a complexidade de organismos como os humanos, então os únicos códigos que *poderíamos* observar são aqueles resistentes a erros. Um acidente estático menos favorável, dando origem a um código propenso a erros, limitaria a complexidade da vida a organismos demasiadamente simples, que nunca seriam capazes de contemplar o seu próprio código genético. Esse fato é semelhante ao princípio antrópico da cosmologia: muitos universos podem ser possíveis, mas poucos são compatíveis com vida que possa ponderar a natureza do universo.

Além dessas considerações, existem amplas evidências de que o código não é estático, e assim poderia responder às forças da seleção natural. Versões desviantes do código genético padrão têm sido identificadas nos genomas mitocondrial e nuclear de vários organismos. Em cada caso, um ou poucos códons têm adquirido um novo significado.

RESPOSTA 9-16 Todos esses mecanismos contribuem para a evolução de novos genes codificadores. A, B, C e E foram discutidos no texto. Estudos recentes indicam que certos pequenos genes codificadores de proteínas resultaram de regiões não traduzidas do genoma, de forma que D também é uma escolha correta.

RESPOSTA 9-17

A. Como as trocas sinônimas não alteram a sequência de aminoácidos da proteína, elas normalmente não afetam a adaptabilidade geral do organismo e, portanto, não são selecionadas. Por outro lado, as trocas não sinônimas, as quais substituem o aminoácido original por um novo, podem alterar a função da proteína codificada e modificar a adaptabilidade do organismo. Uma vez que a maioria das substituições de aminoácidos é deletéria para a função da proteína, elas sofrem seleção negativa.

B. Praticamente todas as substituições de aminoácidos na proteína histona H3 são deletérias e, portanto, sofrem seleção negativa. A extrema conservação da histona H3 sugere que a sua função é muito conservada, provavelmente em razão de interações extensas com outras proteínas e com o DNA.

C. A histona H3 claramente não está em um sítio "privilegiado" no genoma, pois ela sofre alterações nucleotídicas sinônimas na mesma taxa aproximada de outros genes.

RESPOSTA 9-18

A. Os dados na árvore filogenética (ver Figura Q9-18) refutam a hipótese de que os genes de hemoglobina de plantas tenham surgido por transferência horizontal. Considerando as partes mais familiares da árvore, vemos que as hemoglobinas dos vertebrados (peixes a humanos) têm aproximadamente as mesmas relações filogenéticas que as próprias espécies. As hemoglobinas de plantas também formam um grupo distinto que mostra relações evolutivas conhecidas, como cevada, uma monocotiledônea, divergindo antes do feijão, alfafa e lótus, as quais são todas dicotiledôneas (e legumes). O gene básico da hemoglobina, então, existe há muito tempo na evolução. A árvore filogenética da Figura Q9-18 indica que os genes de hemoglobina nas plantas modernas e nas espécies animais foram herdados de um ancestral comum.

B. Se os genes de hemoglobina de plantas tivessem surgido por transferência horizontal a partir de um nematódeo, então as sequências de plantas teriam se agrupado com as sequências dos nematódeos na árvore filogenética da Figura Q9-18.

RESPOSTA 9-19 Em cada linhagem humana, novas mutações serão introduzidas em uma taxa de 10^{-10} alterações por nucleotídeo por geração celular, e a diferença entre duas linhagens humanas irá aumentar para o dobro dessa taxa. Para acumular 10^{-3} diferenças por nucleotídeo, portanto, levará $10^{-3}/(2 \times 10^{-10})$ gerações celulares, correspondendo a $(1/200) \times 10^{-3}/(2 \times 10^{-10}) = 25.000$ gerações humanas, ou 750.000 anos. Certamente, não descendemos de um par de humanos ancestrais geneticamente idênticos; em vez disso, é provável que todos descendamos de uma pequena população fundadora de humanos que já era geneticamente diversa. Uma análise mais sofisticada sugere que essa população fundadora existiu há cerca de 150.000 anos.

RESPOSTA 9-20 O vírus da Aids (o vírus da imunodeficiência humana, HIV) é um retrovírus e, portanto, sintetiza DNA a partir de um RNA molde usando a transcriptase reversa. Isso provoca mutações frequentes no genoma viral. Os pacientes com Aids em geral apresentam diversas formas variantes do HIV, que são geneticamente diferentes do vírus original que os infectou. Esse fato traz grandes problemas no tratamento da infecção: os fármacos que bloqueiam enzimas virais essenciais funcionam apenas temporariamente, porque novas cepas de vírus resistentes a esses fármacos surgem rapidamente por mutações. As RNA-replicases (enzimas que sintetizam RNA usando RNA como molde) também não possuem mecanismo de verificação. Portanto, os vírus de RNA que replicam seus genomas diretamente (i.e., sem utilizar um DNA intermediário) também sofrem mutações frequentes. Nesses vírus, há uma tendência a produzir alterações nas proteínas do capsídeo, e assim um vírus mutado aparece como "novo" para o sistema imune; dessa forma, o vírus não é suprimido pela imunidade produzida pela versão anterior. Isso explica em parte as novas cepas do influenzavírus (vírus da gripe) e os vírus do resfriado comum que surgem regularmente.

Capítulo 10

RESPOSTA 10-1 A presença de uma mutação em um gene não significa necessariamente que a proteína que ele codifica será defeituosa. Por exemplo, a mutação poderia transformar um códon em outro que continua especificando o mesmo aminoácido e, dessa forma, não haveria alteração da sequência de aminoácidos da proteína. Ou a mutação pode causar uma alteração de um aminoácido para outro na proteína, mas em uma posição que não é importante para o seu enovelamento ou para a função da proteína. Para avaliar a probabilidade de que tal mutação poderia originar uma proteína defeituosa, é essencial a informação sobre as mutações conhecidas da β-globina que são encontradas em humanos. Você poderia, por isso, querer saber a alteração precisa do nucleotídeo no seu gene mutante, e se essa alteração tem alguma consequência conhecida ou previsível na função da proteína codificada. Se o seu parceiro tem duas cópias normais do gene da globina, 50% dos seus filhos carregariam o seu gene defeituoso.

RESPOSTA 10-2

A. A digestão com EcoRI produz dois produtos:

```
5'-AAGAATTGCGG   AATTCGGGCCTTAAGCGCCGCGTCGAGGCCTTAAA-3'
3'-TTCTTAACGCCTTAA   GCCCGGAATTCGCGGCGCAGCTCCGGAATTT-5'
```

B. A digestão com HaeIII produz três produtos:

```
5'-AAGAATTGCGGAATTCGGG   CCTTAAGCGCCGCGTCGAGG   CCTTAAA-3'
3'-TTCTTAACGCCTTAAGCCC   GGAATTCGCGGCGCAGCTCC   GGAATTT-5'
```

C. A sequência não contém sítio de clivagem para HindIII.

D. A digestão com as três enzimas consequentemente produz:

```
5'-AAGAATTGCGG   AATTCGGG   CCTTAAGCGCCGCGTCGAGG   CCTTAAA-3'
3'-TTCTTAACGCCTTAA   GCCC   GGAATTCGCGGCGCAGCTCC   GGAATTT-5'
```

RESPOSTA 10-3 A bioquímica de proteínas ainda é muito importante, pois fornece o elo entre a sequência de aminoácidos (que pode ser deduzida a partir de sequências de DNA) e as propriedades funcionais da proteína. Ainda não somos capazes de prever o enovelamento de uma cadeia polipeptídica a partir da sua sequência de aminoácidos, e na maioria dos casos a informação em relação à função da proteína, como a sua atividade catalítica, não pode ser deduzida apenas a partir da sequência do gene. Em vez disso, tal informação deve ser obtida de forma experimental, analisando bioquimicamente as propriedades das proteínas. Ademais, a informação estrutural que pode ser deduzida a partir de sequências de DNA é necessariamente incompleta. Não podemos, por exemplo, predizer com acuidade as modificações covalentes da proteína, o processamento proteolítico, a presença de pequenas moléculas ligadas com alta afinidade ou a associação da proteína com outras subunidades. Além disso, não podemos predizer com precisão os efeitos que essas modificações podem ter sobre a atividade proteica.

RESPOSTA 10-4

A. Após um ciclo adicional de amplificação, existirão 2 fragmentos marcados em cinza, 4 em verde, 4 em vermelho e 22 em amarelo; após um segundo ciclo adicional, existirão 2 fragmentos marcados em cinza, 5 em verde, 5 em vermelho e 52 em amarelo. Desse modo, os fragmentos de DNA marcados em amarelo aumentam de forma exponencial e finalmente excederão os outros produtos da reação. O seu comprimento é determinado pela sequência de DNA que cobre a distância entre os dois oligonucleotídeos iniciadores mais o comprimento dos oligonucleotídeos.

B. A massa de uma molécula de DNA de 500 pares de nucleotídeos de comprimento é $5,5 \times 10^{-19}$ g [= 2 × 500 × 330 (g/mol)/6×10^{23} (moléculas/mol)]. Ignorando as complexidades dos primeiros ciclos da reação de amplificação (que produz produtos mais longos que por fim fazem uma contribuição insignificante para o DNA total amplificado), essa quantidade de produto aproximadamente duplica para cada etapa de amplificação. Desse modo, 100×19^{-9} g = $2^N \times 5,5 \times 10^{-19}$ g, onde N é o número de ciclos de amplificação da reação. Resolvendo essa equação para $N = \log(1,81 \times 10^{11})/\log(2)$ resulta em $N = 37,4$. Assim, apenas cerca de 40 ciclos de amplificação são suficientes para amplificar o DNA por PCR a partir de uma única molécula até uma quantidade que pode ser prontamente manipulada e analisada bioquimicamente. Todo esse procedimento é automatizado e leva apenas algumas horas no laboratório.

RESPOSTA 10-5 Se a proporção de trifosfatos de didesoxirribonucleosídeos para trifosfatos de desoxirribonucleosídeos estiver aumentada, a polimerização do DNA é terminada mais frequentemente, e, por isso, fitas mais curtas de DNA são produzidas. Tais condições são favoráveis para determinar sequências curtas de nucleotídeos que estão próximas ao iniciador de DNA utilizado na reação. Ao contrário, a diminuição da proporção entre trifosfatos de didesoxirribonucleosídeos para trifosfatos de desoxirribonucleosídeos produzirá fragmentos mais longos de DNA, o que permite determinar sequências nucleotídicas mais distantes a partir do iniciador.

RESPOSTA 10-6 Embora várias explicações sejam possíveis, a mais simples é que a sonda de DNA tenha hibridizado predominantemente com seu mRNA correspondente, que costuma estar presente em muito mais cópias por célula do que o gene. As diferentes extensões de hibridização provavelmente refletem diferentes níveis de expressão gênica. Talvez cada um dos diferentes tipos celulares que compõem o tecido expressem o gene em um nível diferente.

RESPOSTA 10-7 Como a maioria dos genes de mamíferos, é possível que o gene para atratase contenha íntrons. As bactérias não contêm a maquinaria de *splicing* necessária para remover os íntrons, e, desse modo, a proteína correta não pode ser expressa a partir do gene. Para a expressão da maioria dos genes de mamíferos em células bacterianas, uma versão do cDNA do gene deve ser utilizada.

RESPOSTA 10-8

A. Falsa. Sítios de restrição são encontrados aleatoriamente pelo genoma, tanto nas sequências dos genes como entre os genes.

B. Verdadeira. O DNA tem uma carga negativa em cada fosfato, conferindo ao DNA uma carga geral negativa.

C. Falsa. Os clones isolados a partir de bibliotecas de cDNA não contêm sequências promotoras. Essas sequências não são transcritas e, portanto, não fazem parte das moléculas de mRNA que são utilizadas como molde para produzir cDNAs.

D. Verdadeira. Cada reação de polimerização produz DNA de fita dupla que deve, a cada ciclo, ser desnaturado para permitir que novos iniciadores hibridizem, de maneira que a fita de DNA possa ser copiada novamente.

E. Falsa. A digestão do DNA genômico com nucleases de restrição que reconhecem sequências de quatro nucleotídeos produz fragmentos que têm *em média* 256 nucleotídeos de comprimento. Entretanto, o comprimento real dos fragmentos produzidos varia consideravelmente para mais e para menos.

F. Verdadeira. A transcriptase reversa é necessária para inicialmente copiar o mRNA em DNA de fita simples, e a DNA-polimerase é então necessária para sintetizar a segunda fita de DNA.

G. Verdadeira. Utilizando um número suficiente de STRs, indivíduos podem ter um "perfil digital" único (ver Figura 10-18).

H. Verdadeira. Se as células do tecido não trancreverem o gene de interesse, ele não estará representado na biblioteca de cDNA preparada a partir desse tecido. Entretanto, ele estará representado em uma biblioteca genômica preparada a partir do mesmo tecido.

RESPOSTA 10-9 A. A sequência de DNA, da extremidade 5′ para a extremidade 3′, é lida iniciando-se na base do gel, onde os fragmentos menores de DNA migram. Cada banda é o resultado da incorporação do trifosfato de didesoxirribonucleosídeo apropriado, e, como esperado, não existem duas bandas que tenham a mesma mobilidade. Isso permite que se determine a sequência de DNA pela leitura das bandas em ordem, de baixo para cima, e atribuindo o nucleotídeo correto de acordo com a canaleta onde a banda se encontra.

A sequência de nucleotídeos da fita superior (**Figura R10-9A**) foi obtida diretamente a partir dos dados da Figura Q10-9, e a fita inferior foi deduzida a partir das regras de complementaridade do pareamento de bases.

B. A sequência de DNA pode ser, então, traduzida em uma sequência de aminoácidos utilizando o código genético. Entretanto, existem duas fitas de DNA que podem ser transcritas em RNA e três possíveis fases de leitura para cada fita. Portanto, existem seis sequências de aminoácidos que, em princípio, podem ser codificadas por essa extensão de DNA. Das três fases de leitura possíveis a partir da fita superior, apenas uma não é interrompida por um códon de terminação (blocos *amarelos* na Figura R10-9B). A partir da fita inferior, duas das três fases de leitura também têm códons de terminação (não mostrado). A terceira fase corresponde à seguinte sequência:

SerAlaLeuGlySerSerGluAsnArgProArgThrProAlaArg
ThrGlyCysProValTyr

Não é possível, a partir dessas informações, dizer qual das duas fases abertas de leitura corresponde à proteína real codificada por esse segmento de DNA. Que experimento adicional poderia distinguir entre essas duas possibilidades?

RESPOSTA 10-10

A. A clivagem do DNA genômico humano com HaeIII geraria cerca de 11×10^6 fragmentos diferentes [$= 3 \times 10^9/4^4$] e, com EcoRI, em torno de 730.000 fragmentos diferentes [$= 3 \times 10^9/4^6$]. Também existirão alguns fragmentos adicionais gerados porque os cromossomos maternos e paternos são muito similares, mas nunca idênticos na sequência de DNA.

B. Um conjunto de fragmentos de DNA que se sobrepõe será gerado. Bibliotecas construídas a partir dos conjuntos de fragmentos de genoma que se sobrepõem são valiosas, pois podem ser utilizadas para ordenar sequências clonadas com relação à sua ordem original no genoma e, dessa forma, obter a sequência de DNA de uma longa extensão de DNA (ver Figura 10-26).

RESPOSTA 10-11 Pela comparação das posições com os marcadores de tamanho, constatamos que o tratamento com EcoRI produz dois fragmentos, um de 4 kb e outro de 6 kb; o tratamento com HindIII produz um fragmento de 10 kb; e o tratamento com EcoRI + HindIII produz três fragmentos de 6 kb, 3 kb e 1 kb. Isso resulta em um comprimento total de 10 kb calculado como a soma dos fragmentos em cada canaleta. Assim, a molécula original de DNA deve ter 10 kb (10.000 pares de nucleotídeos) de comprimento. Como o tratamento com HindIII produz um fragmento de 10 kb de comprimento, pode ser que o DNA original seja uma molécula de DNA sem sítios de restrição para HindIII. Contudo, podemos descartar essa possibilidade pelos resultados da digestão com EcoRI + HindIII. Sabemos que a clivagem apenas com EcoRI produz dois fragmentos, de 6 kb e 4 kb, e, na digestão dupla, esse fragmento de 4 kb é clivado por HindIII em um fragmento de 3 kb e um de 1 kb. Portanto, o DNA contém um único sítio de clivagem para HindIII, e, por isso, ele deve ser circular, já que apenas um único fragmento de 10 kb é produzido quando ele é cortado somente com HindIII. A ordenação dos sítios de clivagem em um DNA circular para originar os tamanhos de fragmentos apropriados produz o mapa ilustrado na **Figura R10-11**.

(A) 5′-TATAAACTGGACAACCAGTTCGAGCTGGTGTTCGTGGTCGGTTTTCAGAAGATCCTAACGCTGACG-3′
3′-ATATTTGACCTGTTGGTCAAGCTCGACCACAAGCACCAGCCAAAAGTCTTCTAGGATTGCGACTGC-5′

(B) 5′ Fita superior do DNA 3′

TATAAACTGGACAACCAGTTCGAGCTGGTGTTCGTGGTCGGTTTTCAGAAGATCCTAACGCTGACG

1 TyrLysLeuAspAsnGlnPheGluLeuValPheValValGlyPheGlnLysIleLeuThrLeuThr

2 IleAsnTrpThrThrSerSerSerTrpCysSerTrpSerValPheArgArgSer Arg Ar

3 ThrGlyGlnProValArgAlaGlyValArgGlyArgPheSerGluAspProAsnAlaAsp

Figura R10-9

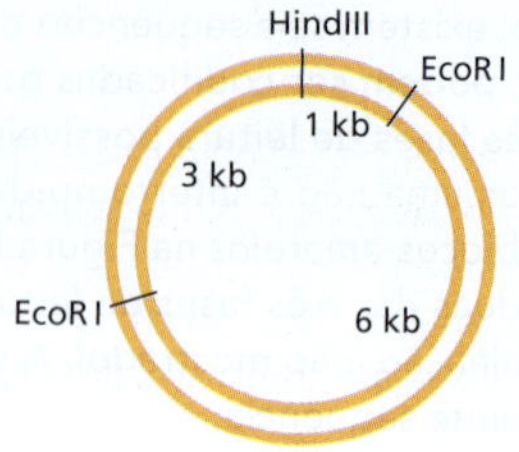

Figura R10-11

RESPOSTA 10-12

A. O código genético é degenerado e existe mais de um códon possível para cada aminoácido, com exceção do triptofano e da metionina. Dessa forma, para detectar uma sequência nucleotídica que codifica a sequência de aminoácidos da proteína, várias moléculas de DNA devem ser sintetizadas e reunidas para assegurar que a mistura conterá uma molécula que pareie exatamente com a sequência de DNA do gene. Para as três sequências peptídicas dadas nesta questão, as seguintes sondas devem ser sintetizadas (bases alternativas na mesma posição são mostradas entre parênteses):

`Peptídeo 1:`

`5'-TGGATGCA(C,T)CA(C,T)AA(A,G)-3'`

Em razão das três degenerações duplas, você precisaria de oito (= 2^3) sequências de DNA diferentes na mistura.

`Peptídeo 2:`

`5'(T,C)T(G,A,T,C)(A,T)(G,C)(G,A,T,C)(A,C)G(G,A,T,C)(T,C)T(G,A,T,C)(A,C)G(G,A,T,C)-3'`

A mistura que representa a sequência do peptídeo n° 2 é muito mais complicada. Leu, Ser e Arg são, cada um, codificados por seis códons diferentes; desse modo, você precisaria sintetizar uma mistura de 7.776 (= 6^5) moléculas de DNA diferentes.

`Peptídeo 3:`

`5'-TA(C,T)TT(C,T)GG(G,A,T,C)ATGCA(A,G) - 3'`

Em função das três degenerações duplas e uma com quatro possibilidades, você precisaria de 32 (= $2^3 \times 4$) sequências diferentes na mistura.

Você, presumivelmente, usaria primeiro a sonda n° 1 para testar a sua biblioteca por hibridização. Como existem apenas oito sequências de DNA possíveis, a proporção de uma sequência correta para as incorretas é maior, dando-lhe uma melhor chance de encontrar um clone que combine. A sonda n° 2 praticamente não tem uso, porque apenas 1/7.776 do DNA na mistura hibridizaria perfeitamente com o seu gene de interesse. Você poderia usar a sonda n° 3 para verificar se o clone que obteve está correto. Quaisquer clones de bibliotecas que hibridizem com as sondas n° 1 e n° 3 provavelmente contêm o gene de interesse.

B. Saber que a sequência peptídica n° 3 contém o último aminoácido da proteína é uma informação valiosa porque significa que as outras duas sequências peptídicas devem estar antes dela, isto é, devem estar localizadas mais próximas da extremidade N-terminal da proteína. Conhecer essa ordem é importante, porque iniciadores de DNA podem ser estendidos pela DNA-polimerase apenas a partir das suas extremidades 3'; por isso, as extremidades 3' dos dois iniciadores devem estar "frente a frente" durante a reação de amplificação por PCR (ver Figura 10-14). Um iniciador de PCR com base na sequência peptídica n° 3 deve, portanto, ser a sequência complementar da sonda n° 3 (de modo que a sua extremidade 3' corresponda ao primeiro nucleotídeo da sequência complementar ao códon Trp):

`5'-(TC)TGCAT(G,A,T,C)CC(G,A)AA(G,A)TA-3'`

Como descrito anteriormente, esse iniciador teria 32 sequências de DNA diferentes, das quais apenas uma combinaria perfeitamente com o gene. A sonda n° 1 poderia ser a sua escolha para o segundo iniciador. A sonda n° 2, novamente em razão da sua alta degeneração, seria a escolha muito menos apropriada.

C. As extremidades do produto de amplificação final são derivadas dos iniciadores, que têm 15 nucleotídeos de comprimento cada um. Dessa forma, um segmento de 270 nucleotídeos do cDNA do gene foi amplificado. Isso codificará 90 aminoácidos; a adição de aminoácidos codificados pelos iniciadores origina uma sequência que codifica uma proteína de 100 aminoácidos. É improvável que isso represente o gene inteiro. Entretanto, para sua satisfação, você pode notar que CTATCACGCTTTAGG codifica a sequência peptídica n° 2. Portanto, essa informação confirma que o seu produto de PCR na verdade codifica um fragmento de uma proteína que você isolou originalmente.

RESPOSTA 10-13 Os produtos compreenderão um grande número de diferentes moléculas de DNA de fita simples, uma para cada nucleotídeo na sequência. Entretanto, cada molécula de DNA terá uma das quatro cores, dependendo de qual dos didesoxirribonucleotídeos terminou a reação de polimerização daquela cadeia. A separação por eletroforese em gel gerará uma sequência de bandas, cada uma com um nucleotídeo a mais, e a sequência pode ser lida a partir da ordem das cores (**Figura R10-13**). O método descrito aqui é a base para a estratégia do sequenciamento de DNA utilizada na maioria das máquinas de sequenciamento automatizadas (ver Figura 10-21).

RESPOSTA 10-14

A. Clones de cDNA não poderiam ser usados porque não existe sobreposição entre os clones de cDNA de genes adjacentes.

B. Tal sequência repetitiva de DNA pode confundir a varredura de cromossomos, porque a varredura poderia parecer ramificar-se em várias direções diferentes de uma só vez. A estratégia geral para evitar esses problemas é utilizar clones genômicos que são suficientemente longos para sobrepassarem as sequências repetitivas de DNA.

RESPOSTA 10-15

A. As crianças 2 e 8 têm padrões idênticos de STR e, por isso, devem ser gêmeos idênticos. As crianças 3 e 6 também têm padrões idênticos de STR e também devem ser gêmeos idênticos. Os outros dois grupos de gêmeos devem ser gêmeos fraternos, pois seus padrões de STR não são idênticos. Gêmeos fraternos, como qualquer outro par de

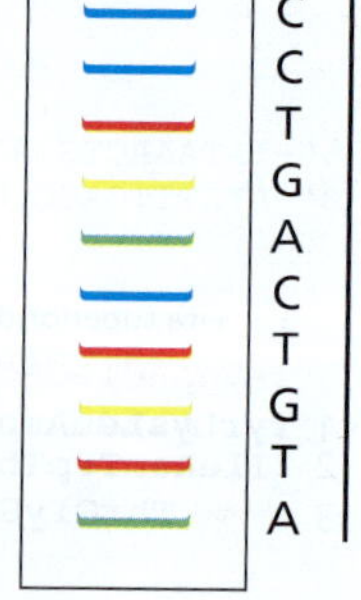

Figura R10-13

irmãos nascidos dos mesmos genitores, terão aproximadamente metade do seu genoma em comum. Assim, cerca de metade do polimorfismo de STR em gêmeos fraternos será idêntico. Utilizando esse critério, você pode identificar as crianças 1 e 7 como gêmeos fraternos e as crianças 4 e 5 como gêmeos fraternos.

B. Você poderia parear as crianças aos seus genitores utilizando o mesmo tipo de análise dos polimorfismos de STR. Cada banda presente na análise de uma criança deveria ter uma banda correspondente em um ou outro dos genitores, e, em média, cada criança compartilhará metade dos seus polimorfismos com cada um deles. Assim, o grau de pareamento entre cada criança e cada genitor será aproximadamente o mesmo daquele entre os gêmeos fraternos.

RESPOSTA 10-16 Bactérias mutantes que não produzem a proteína-gelo provavelmente surgiram muitas vezes na natureza. Todavia, as bactérias que produzem a proteína-gelo têm uma leve vantagem no crescimento sobre aquelas que não a produzem; assim, seria difícil encontrar tais mutantes na natureza. A tecnologia de DNA recombinante facilita muito a obtenção desses mutantes. Nesse caso, as consequências, tanto vantajosas como desvantajosas, de usar um organismo geneticamente modificado são quase indistinguíveis daquelas dos mutantes naturais. De fato, cepas bacterianas e de leveduras têm sido selecionadas por séculos para características genéticas desejáveis que as tornem adequadas para aplicações em escala industrial, como a produção de queijo e de vinho. Entretanto, as possibilidades da tecnologia de DNA recombinante são infinitas, e, como com qualquer tecnologia, existe um risco limitado de consequências imprevistas. Portanto, a experimentação com DNA recombinante é controlada, e os riscos de projetos individuais são cuidadosamente avaliados por bancas de críticos antes que as permissões sejam concedidas. Nosso conhecimento está tão avançado que as consequências de algumas alterações, como a interrupção de um gene bacteriano no exemplo citado, podem ser preditas com certeza razoável. Outras aplicações, como a terapia com genes da linhagem germinativa para corrigir doenças humanas, poderão ter muito mais consequências complexas e exigirão muito mais anos de pesquisa e debates éticos para determinar se um tratamento com essa metodologia poderá, por fim, ser utilizado.

Capítulo 11

RESPOSTA 11-1 A água é um líquido, e, portanto, as ligações de hidrogênio entre as moléculas de água não são estáticas; elas são continuamente formadas e rompidas por agitação térmica. Quando uma molécula de água está próxima a uma molécula hidrofóbica, ela tem seus movimentos mais restritos e menos "vizinhos" com quem interagir, já que não pode formar ligações de hidrogênio na direção da molécula hidrofóbica. Desse modo, ela formará ligações de hidrogênio com um número mais limitado de moléculas adjacentes. A ligação com menos parceiras resulta em uma estrutura mais ordenada da água, que representa a estrutura em arcabouço da Figura 11-9. Essa estrutura está relacionada com a estrutura do gelo, embora seja mais transitória, menos organizada e com uma rede menos extensa do que o menor dos cristais de gelo. A formação de qualquer estrutura ordenada diminui a entropia do sistema e é energeticamente desfavorável (discutido no Capítulo 3).

RESPOSTA 11-2 (B) é a analogia correta para a disposição da bicamada lipídica, pois é a repulsão da água, e não as forças de atração entre moléculas lipídicas, que está envolvida. Caso as moléculas lipídicas formassem ligações umas com as outras, a bicamada lipídica seria menos fluida e poderia até se tornar rígida, dependendo da intensidade das interações.

RESPOSTA 11-3 A fluidez da bicamada é limitada a um plano: moléculas lipídicas podem difundir-se lateralmente, mas não podem mudar de uma monocamada para a outra. Tipos específicos de moléculas lipídicas inseridas em uma monocamada ali permanecem, a menos que sejam transferidas ativamente pela enzima flipase.

RESPOSTA 11-4 Tanto em α-hélices quanto em barris β, as ligações peptídicas polares da cadeia principal polipeptídica podem ser completamente protegidas do meio hidrofóbico da bicamada lipídica pelas cadeias laterais de aminoácidos hidrofóbicos. Ligações de hidrogênio internas, entre as ligações peptídicas, estabilizam α-hélices e barris β.

RESPOSTA 11-5 O grupo sulfato no SDS é carregado e, portanto, hidrofílico. Os grupos OH e C-O-C no Triton X-100 são polares; eles podem formar ligações de hidrogênio com moléculas de água e são, portanto, hidrofílicos. Ao contrário, as porções azuis dos detergentes são cadeias hidrocarbonadas ou anéis aromáticos, nenhum dos quais tem grupos polares que poderiam formar ligações de hidrogênio com moléculas de água, sendo, portanto, hidrofóbicos. (Ver **Figura R11-5**.)

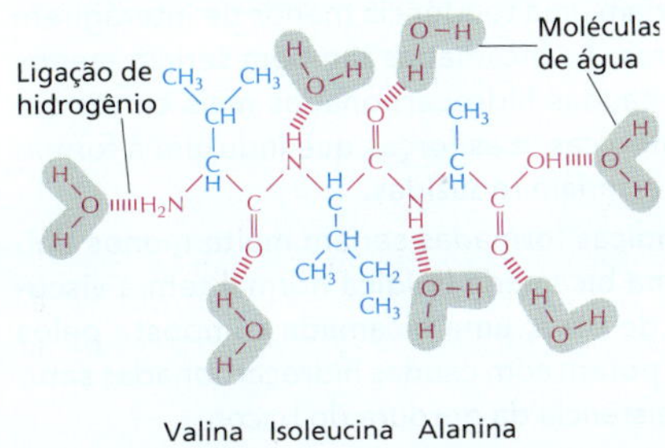

Figura R11-5

RESPOSTA 11-6 Algumas moléculas das duas proteínas transmembrânicas estão ancoradas a filamentos de espectrina do córtex celular. Essas moléculas não são livres para rotar ou difundir no plano da membrana. Há mais proteínas de membrana do que locais de ancoragem no córtex; dessa forma, algumas proteínas transmembrânicas não são ancoradas e podem tanto rotar quanto difundir livremente no plano da membrana. De fato, medidas acerca da mobilidade de proteínas mostram que há duas populações diferentes de proteínas transmembrânicas, as que são ancoradas e as que são livres.

RESPOSTA 11-7 As diferentes maneiras pelas quais as proteínas de membrana podem ter seus movimentos restritos são resumidas na Figura 11-31. A mobilidade das proteínas de membrana é drasticamente reduzida se elas estiverem ligadas a outras proteínas como as do córtex celular ou da matriz extracelular. Algumas proteínas podem ser confinadas em domínios de membrana por barreiras, como as junções compactas. A fluidez da bicamada lipídica não é afetada de modo significativo pela ancoragem de proteínas de membrana; as moléculas lipídicas fluem ao redor das proteínas de membrana ancoradas, como a água flui em torno dos pilares de pontes.

RESPOSTA 11-8 Todas as afirmativas estão corretas.

A, B, C, D. A bicamada lipídica é fluida porque as moléculas lipídicas podem realizar todos esses movimentos.

E. Os glicolipídeos estão principalmente restritos à monocamada de membranas não voltadas para o citosol. Alguns glicolipídeos específicos, como o fosfatidilinositol (discutido no Capítulo 16), são encontrados especificamente na monocamada citosólica.

F. A redução de ligações duplas (por hidrogenação) permite que as moléculas lipídicas saturadas resultantes se empacotem de modo mais firme umas com as outras, aumentando a sua viscosidade – o que transforma o óleo em margarina.

G. Exemplos incluem as diversas enzimas de membrana envolvidas na sinalização celular (discutido no Capítulo 16).

H. Os polissacarídeos são os principais constituintes do muco e do limo; o glicocálice, que é feito de polissacarídeos e oligossacarídeos, é um importante lubrificante, por exemplo, para células que delimitam vasos sanguíneos ou que circulam na corrente sanguínea.

RESPOSTA 11-9 Em um líquido bidimensional, as moléculas são livres para se mover apenas em um plano; em um líquido normal, as moléculas podem se mover nas três dimensões.

RESPOSTA 11-10

A. Você teria um detergente. O diâmetro da cabeça do lipídeo seria muito maior do que a cauda hidrocarbonada, e a forma da molécula seria um cone, e não um cilindro; as moléculas se agregariam formando micelas, e não bicamadas.

B. As bicamadas lipídicas formadas seriam muito mais fluidas, pois as caudas teriam uma tendência menor de interagirem umas com as outras. As bicamadas também seriam menos estáveis, pois as caudas hidrocarbonadas mais curtas seriam menos hidrofóbicas, e as forças que induzem a formação da bicamada estariam reduzidas.

C. As bicamadas lipídicas formadas seriam muito menos fluidas. Enquanto uma bicamada lipídica normal tem a viscosidade do azeite de oliva, uma bicamada composta pelos mesmos lipídeos, porém com caudas hidrocarbonadas saturadas, teria a consistência da gordura do bacon.

D. As bicamadas lipídicas formadas seriam muito mais fluidas. Como o arranjo dos lipídeos seria menos compacto, haveria mais lacunas, e a bicamada seria mais permeável a pequenas moléculas solúveis em água.

E. Se assumirmos que as moléculas lipídicas estão misturadas, a fluidez da membrana não será modificada. Nessas bicamadas, entretanto, as moléculas lipídicas saturadas tendem a se agregar, pois podem empacotar-se de maneira muito mais eficaz umas com as outras, formando assim bolsões de fluidez reduzida. A bicamada não teria então propriedades uniformes na sua superfície. Essa segregação não ocorre nas membranas de células normais, pois cada cabeça hidrofílica tem uma cauda saturada e uma cauda insaturada ligadas a ela.

F. As bicamadas lipídicas formadas não teriam suas propriedades modificadas. Cada molécula lipídica agora atravessaria toda a extensão da membrana, com cada uma das "cabeças" em um dos lados da membrana. Essas moléculas lipídicas são encontradas nas membranas de bactérias termofílicas, que podem habitar águas com temperaturas próximas ao ponto de ebulição. Essas bicamadas não se desfazem em temperaturas elevadas, como em geral ocorre com as membranas, pois a bicamada original é covalentemente ligada como uma única estrutura.

RESPOSTA 11-11 As moléculas fosfolipídicas têm formato ligeiramente cilíndrico. As moléculas de detergente têm formato cônico. Uma molécula de fosfolipídeo com apenas uma cauda hidrocarbonada, por exemplo, seria um detergente. Para transformar um fosfolipídeo em um detergente, seria necessário aumentar sua cabeça hidrofílica e remover uma de suas caudas de modo que possa formar micelas. As moléculas de detergente também costumam ter caudas hidrocarbonadas mais curtas do que as moléculas fosfolipídicas. Isso as deixa ligeiramente solúveis em água, e as moléculas de detergente podem sair e retornar às micelas em meios aquosos. Por esse motivo, algumas moléculas de monômeros de detergente sempre estão presentes em soluções aquosas e podem permear a bicamada lipídica de uma membrana celular e solubilizar suas proteínas (ver Figura 11-26).

RESPOSTA 11-12

A. Existem cerca de 4.000 moléculas de lipídeos, cada uma com 0,5 nm de diâmetro, entre as duas extremidades de uma célula bacteriana. Se uma molécula lipídica em uma extremidade da célula se deslocar em linha reta, ela precisa de apenas 4×10^{-4} segundos (= 4.000×10^{-7}) para chegar à extremidade oposta. Na realidade, porém, a molécula lipídica se desloca de modo aleatório e precisaria de um tempo consideravelmente mais longo. Podemos calcular o tempo necessário aproximado a partir desta equação: $t = x^2/2D$, onde x é a distância média percorrida, *t* é o tempo medido, e D é a constante do coeficiente de difusão. Inserindo os valores x = 0,5 nm e $t = 10^{-7}$ segundos, obtemos D = $1{,}25 \times 10^{-7}$ cm^2/s. Utilizando esse valor na mesma equação, mas com distância x = 2×10^{-4} cm (= 2 μm), obtemos *t* = 1,6 segundos.

B. De modo semelhante, se uma bola de pingue-pongue troca de lugar com as bolas adjacentes a cada 10^{-7} segundos e se desloca de modo linear, ela atingiria a parede oposta em $1{,}5 \times 10^{-5}$ segundos (deslocando-se a 1.440.000 km/h). No entanto, a trajetória aleatória demoraria mais. Utilizando a equação acima, calculamos a constante D sendo, neste caso, igual a 8×10^7 cm^2/segundos, e o tempo necessário para se deslocar 6 m em cerca de 2 ms (= $600^2/(1{,}6 \times 10^8)$).

RESPOSTA 11-13 Proteínas transmembrânicas ancoram a membrana plasmática ao córtex celular subjacente, reforçando a membrana para que ela resista às forças a que é submetida quando os eritrócitos são bombeados pelos pequenos vasos sanguíneos. Proteínas transmembrânicas também transportam nutrientes e íons através da membrana plasmática.

RESPOSTA 11-14 As faces hidrofílicas das cinco α-hélices transmembrânicas oriundas das diferentes subunidades estarão agregadas formando um poro que atravessa a bicamada lipídica e é delimitado pelas cadeias laterais dos aminoácidos hidrofílicos (**Figura R11-14**). Íons podem atravessar este poro hidrofílico sem entrar em contato com as caudas hidrofóbicas dos lipídeos da bicamada. As cadeias laterais hidrofóbicas na face oposta das α-hélices interagem com as caudas hidrofóbicas dos lipídeos.

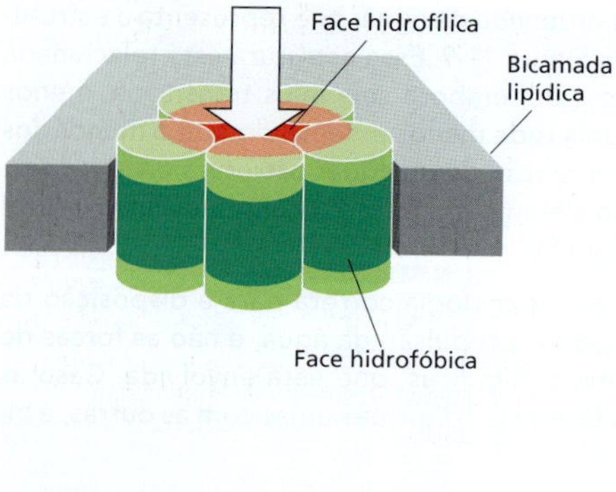

Figura R11-14

RESPOSTA 11-15 Existem cerca de 100 moléculas de lipídeo (fosfolipídeo + colesterol) para cada molécula proteica na membrana [= (2/50.000)/(1/800 + 1/386)]. Uma proporção de proteína/lipídeo similar é encontrada em várias membranas celulares.

RESPOSTA 11-16 A fusão de membranas não altera a orientação das proteínas de membrana e de seus marcadores coloridos: a porção de cada proteína transmembrânica que está exposta ao citosol permanece exposta ao citosol, e a porção exposta ao meio externo permanece exposta ao meio externo, independentemente da difusão das proteínas misturadas (**Figura R11-16**). A uma temperatura de 0°C, a fluidez da membrana é reduzida, e a mistura das proteínas de membrana é significativamente retardada.

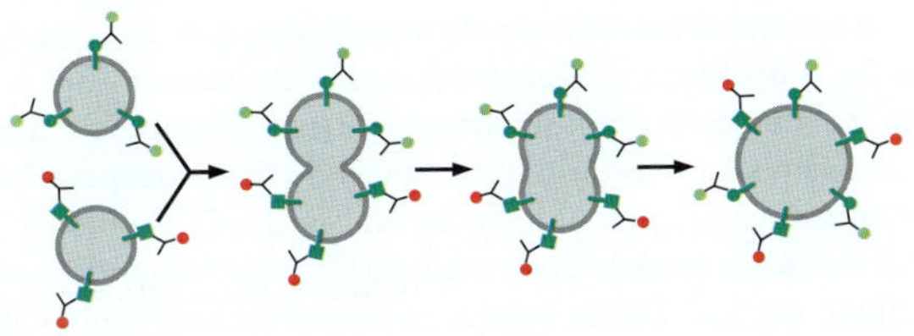

Figura R11-16

RESPOSTA 11-17 A exposição de cadeias laterais de aminoácidos hidrofóbicos à água é energeticamente desfavorável. Há duas maneiras de sequestrar essas cadeias laterais da água para atingir um estado energeticamente mais favorável. Primeiro, esses aminoácidos podem formar segmentos proteicos transmembrânicos na bicamada lipídica. Isso requer cerca de 20 aminoácidos sequenciais na cadeia polipeptídica. A outra forma é manter esses aminoácidos no interior da cadeia polipeptídica enovelada. Essa é uma das maiores forças que mantêm uma cadeia polipeptídica como uma única estrutura tridimensional. Nos dois casos, as forças hidrofóbicas na bicamada lipídica ou no interior da proteína baseiam-se nos mesmos princípios.

RESPOSTA 11-18 (A) Os peixes antárticos vivem em temperaturas abaixo de zero e são animais de sangue frio. Para manter a fluidez das membranas, nessas temperaturas, eles possuem uma alta porcentagem incomum de fosfolipídeos insaturados.

RESPOSTA 11-19 A sequência B é a que mais provavelmente formará uma hélice transmembrânica. Essa sequência é composta sobretudo por aminoácidos hidrofóbicos e pode, portanto, estar integrada à bicamada lipídica de modo estável. A sequência A contém muitos aminoácidos polares (S, T, N, Q), e a sequência C possui muitos aminoácidos carregados (K, R, H, E, D) que seriam energeticamente desfavoráveis no interior hidrofóbico de uma bicamada lipídica.

Capítulo 12

RESPOSTA 12-1

A. O movimento de um soluto mediado por um transportador pode ser descrito por uma equação estritamente análoga:

equação 1: $T + S \rightleftarrows TS \rightarrow T + S^*$

onde S é o soluto, S* é o soluto no outro lado da membrana (i.e., embora ainda seja a mesma molécula, ela agora se localiza em um ambiente diferente), e T é o transportador.

B. Essa equação é útil porque descreve uma etapa de ligação, a qual é seguida de uma etapa de transferência. O tratamento matemático dessa equação seria muito similar ao descrito para as enzimas (ver Figura 3-24). Assim, os transportadores são caracterizados por um valor de K_M que descreve sua afinidade por um soluto e um valor de $V_{máx}$ que descreve sua taxa máxima de transferência.

Para ser mais preciso, a mudança conformacional do transportador poderia ser incluída no esquema de reação

equação 2: $T + S \rightleftarrows TS \rightleftarrows T^*S^* \rightarrow T^* + S^*$

equação 3: $T \rightleftarrows T^*$

onde T* é o transportador após a mudança conformacional que expõe seu sítio de ligação de soluto no outro lado da membrana. Esse cálculo exige uma segunda equação (3) que permite ao transportador retornar à sua conformação inicial.

C. As equações não descrevem o comportamento dos canais porque os solutos que atravessam os canais não se ligam a eles do mesmo modo que um substrato se liga a uma enzima.

RESPOSTA 12-2 Se a bomba de Na^+ não estiver funcionando na sua capacidade completa por estar parcialmente inibida por ouabaína ou digitálico, o gradiente eletroquímico de Na^+ que a bomba gera é menos acentuado do que nas células não tratadas. Como resultado, o antiporte de Ca^{2+}/Na^+ funciona com menos eficácia, e o Ca^{2+} é removido da célula mais lentamente. Quando o próximo ciclo de contração muscular começa, ainda há um nível elevado de Ca^{2+} restante no citosol. Portanto, a entrada do mesmo número de íons Ca^{2+} na célula leva a uma concentração de Ca^{2+} mais alta do que nas células não tratadas, o que, por sua vez, provoca uma contração muscular mais forte e de duração mais longa. Como as bombas de Na^+ desempenham funções essenciais em todas as células animais, tanto para manter o balanço osmótico como para gerar o gradiente de Na^+ usado para acionar muitos transportadores, os fármacos são venenos mortais se forem administrados em quantidade excessiva.

RESPOSTA 12-3

A. As propriedades definem um transportador agindo como um simporte.

B. Nenhuma propriedade adicional precisa ser especificada. A característica importante que propicia o acoplamento dos dois solutos é que a proteína não pode alterar sua conformação se somente um dos dois solutos estiver ligado. O soluto B, que está movendo o transporte do soluto A, está em excesso no lado da membrana a partir do qual o transporte se inicia e, portanto, ocupa seu sítio de ligação na maior parte do tempo. Nesse estado, o transportador é impedido de alternar a sua conformação até que uma molécula de soluto A se ligue, o que acontecerá ocasionalmente. Estando ambos os sítios de ligação ocupados, o transportador altera a conformação. Agora exposto ao outro lado da membrana, o sítio de ligação do soluto B está na maior parte vazio, porque há pouco dele na solução nesse lado da membrana. Embora o sítio de ligação do soluto A esteja sendo agora ocupado com mais frequência, o transportador pode se alterar novamente somente depois que o soluto A também for descarregado.

C. Um antiporte poderia ser similarmente construído com uma proteína transmembrânica com as seguintes propriedades. Ele possui dois sítios de ligação, um para o soluto A e um para o soluto B. A proteína pode sofrer uma mudança conformacional, alterando-se entre dois estados: ou ambos os sítios de ligação estão expostos exclusivamente em um lado da membrana, ou ambos estão expostos exclusivamente no outro lado. A proteína pode alternar entre os dois estados apenas se um sítio de ligação estiver ocupado, mas não se ambos os sítios de ligação estiverem ocupados ou vazios.

Note que essas regras descritas em B e C fornecem um modelo alternativo àquele mostrado na Figura 12-14. Assim, em princípio, há dois modos possíveis de acoplar o transporte de dois solutos: (1) proporcionar sítios cooperativos de ligação de soluto e permitir que o transportador se altere aleatoriamente entre os dois estados, como mostrado na Figura 12-14, ou (2) permitir a ligação independente de ambos os solutos e condicionar a alteração entre os dois estados à ocupação dos sítios de ligação. Uma vez que a estrutura de um transportador acoplado ainda não foi determinada, não sabemos qual dos dois mecanismos esses transportadores usam.

RESPOSTA 12-4

A. Cada um dos picos retangulares corresponde à abertura de um único canal que permite a passagem de uma corrente pequena. Você percebe a partir do registro que os canais presentes no fragmento de membrana se abrem e se fecham frequentemente. Cada canal permanece aberto por um período muito curto e um tanto variável, cerca de 10 milissegundos em média. Quando abertos, os canais permitem que uma corrente pequena com uma amplitude única (4 pA; um picoampére = 10^{-12} A) passe. Em um momento, a corrente é duplicada, indicando que dois canais no mesmo fragmento de membrana se abriram de forma simultânea.

B. Se a acetilcolina fosse omitida ou adicionada à solução do lado de fora da pipeta, você mediria apenas a corrente basal. A acetilcolina deve se ligar à porção extracelular do receptor de acetilcolina no fragmento de membrana para permitir que o canal se abra com frequência suficiente para a detecção; no fragmento de membrana mostrado na Figura 12-24, somente, o lado citoplasmático do receptor está exposto à solução fora do microeletrodo.

RESPOSTA 12-5 O potencial de equilíbrio do K^+ é de –90 mV [= 62 mV $\log_{10}$ (5 mM/140 mM)], e o de Na^+ é de +72 mV [= 62 mV $\log_{10}$ (145 mM/10 mM)]. Os canais de vazamento de K^+ são os principais canais iônicos abertos na membrana plasmática da célula em repouso, e eles permitem que o K^+ alcance o equilíbrio; o potencial de membrana da célula é, assim, próximo de –90 mV. Quando os canais de Na^+ se abrem, o Na^+ entra rapidamente, e, como resultado, o potencial de membrana inverte sua polaridade a um valor mais próximo de +72 mV, o valor de equilíbrio para o Na^+. Após o fechamento dos canais de Na^+, os canais de vazamento de K^+ permitem que o K^+, agora não mais em equilíbrio, saia da célula até que o potencial de membrana seja restaurado ao valor de equilíbrio para o K^+, cerca de –90 mV.

RESPOSTA 12-6 Quando o potencial de membrana em repouso de um axônio (negativo no interior) aumenta para um valor limiar, os canais de Na^+ controlados por voltagem na vizinhança imediata se abrem e permitem um influxo de Na^+. Isso despolariza a membrana adicionalmente, levando à abertura de mais canais de Na^+ controlados por voltagem, incluindo aqueles na membrana plasmática adjacente. Cria-se uma onda de despolarização que se propaga rapidamente ao longo do axônio, denominada potencial de ação. Como os canais de Na^+ se tornam inativados logo depois que abrem, o efluxo de K^+ pelos canais de K^+ controlados por voltagem e pelos canais de vazamento de K^+ pode restaurar rapidamente o potencial de repouso da membrana. (114 palavras)

RESPOSTA 12-7 Se o número de receptores funcionais de acetilcolina for reduzido pelos anticorpos, o neurotransmissor (acetilcolina) que é liberado dos terminais nervosos não pode (ou pode apenas fracamente) estimular a contração do músculo.

RESPOSTA 12-8 Embora a concentração de Cl^- fora das células seja muito maior do que dentro, quando os canais de Cl^- controlados por transmissor se abrem na membrana plasmática de um neurônio pós-sináptico em resposta a um neurotransmissor inibitório, bem pouco Cl^- entra na célula. Isso ocorre porque a força motriz para o influxo de Cl^- através da membrana é próxima de zero no potencial de repouso da membrana, que se opõe ao influxo. Se, entretanto, o neurotransmissor excitatório abre canais de Na^+ na membrana pós-sináptica ao mesmo tempo em que um neurotransmissor inibitório abre canais de Cl^-, a despolarização resultante causada pelo influxo de Na^+ fará o Cl^- se mover para dentro da célula através dos canais de Cl^-, neutralizando o efeito do influxo de Na^+. Desse modo, os neurotransmissores inibitórios suprimem a produção de um potencial de ação ao tornar muito mais difícil a despolarização da membrana da célula-alvo.

RESPOSTA 12-9 Por analogia à bomba de Na^+ mostrada na Figura 12-9, o ATP poderia ser hidrolisado e doar um grupo fosfato ao transportador quando – e somente quando – ele tiver o soluto ligado na face citosólica da membrana (etapa 1 → 2). A ligação do fosfato desencadearia uma mudança conformacional imediata (etapa 2 → 3), capturando, dessa forma, o soluto e o expondo ao outro lado da membrana. O fosfato seria removido da proteína quando – e somente quando – o soluto tiver se dissociado, e o transportador agora vazio e não fosforilado se alternaria de volta para a conformação inicial (etapa 3 → 4) (**Figura R12-9**).

RESPOSTA 12-10

A. Falsa. A membrana plasmática contém proteínas transportadoras que conferem permeabilidade seletiva a muitas moléculas carregadas (mas não todas). Em contrapartida, uma bicamada lipídica pura desprovida de proteínas é altamente impermeável a todas as moléculas carregadas.

B. Falsa. Os canais não possuem bolsos de ligação para os solutos que passam através deles. A seletividade de um canal é obtida pelo tamanho do poro interno e pelas regiões carregadas na entrada do poro que atraem ou repelem íons de carga apropriada.

C. Falsa. Os transportadores são mais lentos. Eles possuem propriedades similares às enzimas, isto é, ligam-se a solutos e precisam sofrer mudanças conformacionais durante seu ciclo funcional. Isso limita a velocidade máxima de transporte para cerca de 1.000 moléculas de soluto por segundo, ao passo que os canais podem dar passagem a até 1.000.000 de moléculas de soluto por segundo.

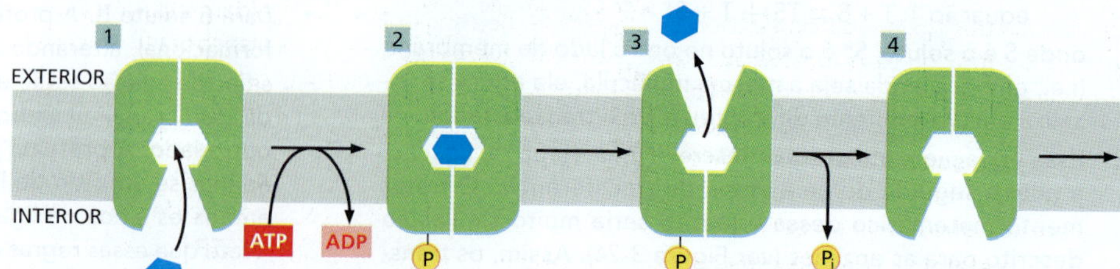

Figura R12-9

D. Verdadeira. A bacteriorrodopsina de algumas bactérias fotossintetizantes bombeia H^+ para fora da célula, utilizando a energia capturada da luz visível.

E. Verdadeira. A maioria das células animais contém canais de vazamento de K^+ em suas membranas plasmáticas que estão predominantemente abertos. A concentração de K^+ dentro da célula ainda permanece mais alta do que fora, pois o potencial de membrana é negativo e, portanto, inibe o escape do K^+ positivamente carregado. O K^+ também é continuamente bombeado para dentro da célula pela bomba de Na^+.

F. Falsa. Um simporte se liga a dois solutos diferentes no mesmo lado da membrana. Inverter sua posição não o transformaria em um antiporte, o qual também deve ligar-se a solutos diferentes, mas em lados opostos da membrana.

G. Falsa. O pico de um potencial de ação corresponde a uma alteração transitória do potencial de membrana de um valor negativo a um positivo. O influxo de Na^+ faz o potencial de membrana primeiro se mover em direção a zero e então se inverter, tornando a célula positivamente carregada em seu interior. Por fim, o potencial de repouso é restaurado por um efluxo de K^+ através dos canais de K^+ controlados por voltagem e dos canais de vazamento de K^+.

RESPOSTA 12-11 As permeabilidades são N_2 (pequeno e apolar) > etanol (pequeno e ligeiramente polar) > água (pequena e polar) > glicose (grande e polar) > Ca^{2+} (pequeno e carregado) > RNA (muito grande e carregado).

RESPOSTA 12-12

A. Ambos acoplam o movimento de dois solutos diferentes por meio da membrana celular. Os simportes transportam ambos os solutos na mesma direção, enquanto os antiportes transportam os solutos em direções opostas.

B. Ambos são mediados por proteínas de transporte de membrana. O transporte passivo de um soluto ocorre "a favor da correnteza" (favoravelmente), na direção de seu gradiente de concentração ou eletroquímico, ao passo que o transporte ativo ocorre "contra a correnteza" (desfavoravelmente) e, portanto, necessita de uma fonte de energia. O transporte ativo pode ser mediado por transportadores, mas não pelos canais, ao passo que o transporte passivo pode ser mediado pelos dois.

C. Ambos os termos descrevem gradientes através da membrana. O potencial de membrana se refere ao gradiente de voltagem; o gradiente eletroquímico é uma composição do gradiente de voltagem e do gradiente de concentração de um soluto carregado específico (íon). O potencial de membrana é definido independentemente do soluto de interesse, enquanto um gradiente eletroquímico se refere a um soluto específico.

D. Uma bomba é um transportador especializado que utiliza a energia para transportar um soluto contra a correnteza – contra um gradiente eletroquímico para um soluto carregado ou gradiente de concentração para um soluto não carregado.

E. Ambos transmitem sinais elétricos por meio de elétrons em fios ou movimentos iônicos através da membrana plasmática nos axônios. As linhas são feitas de cobre, os axônios, não. O sinal que passa ao longo de um axônio não diminui de força, porque é autoamplificador, ao passo que o sinal em uma linha diminui ao longo da distância (pelo escape de corrente através do revestimento isolante).

F. Ambos afetam a pressão osmótica em uma célula. Um íon é um soluto que carrega uma carga.

RESPOSTA 12-13 Uma ponte permite a passagem, em sucessão constante, de veículos sobre a água; a entrada pode ser projetada para excluir, por exemplo, caminhões muito grandes e pode ser intermitentemente fechada ao tráfego por um portão. Por analogia, os canais controlados permitem que íons passem através da membrana celular, impondo restrições de tamanho e de carga.

Já uma balsa carrega os veículos em um lado do corpo d'água, os atravessa e os descarrega no outro lado – um processo lento. Durante o carregamento, veículos específicos podem ser selecionados da fila de espera porque se acomodam particularmente bem no deque de carros. Em analogia, os transportadores se ligam a solutos de um lado da membrana e, então, após um movimento conformacional, os liberam do outro lado. Uma ligação específica seleciona as moléculas a serem transportadas. Como no caso do transporte acoplado, às vezes você precisa aguardar até que a balsa esteja cheia antes de poder partir.

RESPOSTA 12-14 A acetilcolina está sendo transportada para dentro das vesículas por um antiporte de H^+/acetilcolina na membrana da vesícula. O gradiente de H^+ que move a captação é gerado por uma bomba de H^+ movida por ATP na membrana da vesícula, que bombeia H^+ para dentro da vesícula (por isso a dependência da reação de ATP). O aumento do pH da solução que banha as vesículas diminui a concentração de H^+ na solução, aumentando, dessa forma, o gradiente exterior à membrana da vesícula, explicando a velocidade aumentada de captação de acetilcolina.

RESPOSTA 12-15 O gradiente de voltagem através da membrana é cerca de 150.000 V/cm (70×10^{-3} V/$4{,}5 \times 10^{-7}$ cm). Esse campo elétrico extremamente potente está próximo do limite em que os materiais isolantes – como a bicamada lipídica – se desintegram e deixam de funcionar como isolantes. O grande campo indica a grande quantidade de energia que pode ser armazenada nos gradientes elétricos através da membrana, bem como as forças elétricas extremas que as proteínas podem sofrer na membrana. Uma voltagem de 150.000 V descarregaria instantaneamente em um arco ao longo de um espaço de 1 cm de largura (i.e., o ar seria um isolante insuficiente para essa força de campo).

RESPOSTA 12-16

A. Nada. O ATP é necessário para impulsionar a bomba de Na^+.

B. O ATP fica hidrolisado, e o Na^+ é bombeado para dentro das vesículas, gerando um gradiente de concentração de Na^+ através da membrana. Ao mesmo tempo, o K^+ é bombeado para fora das vesículas, gerando um gradiente de concentração de K^+ de polaridade oposta. Quando todo o K^+ fosse bombeado para fora da vesícula ou o ATP acabasse, a bomba pararia.

C. A bomba iniciaria um ciclo de transporte e então pararia. Como todos os passos da reação devem ocorrer de forma estritamente sequencial, a desfosforilação e a alteração conformacional que a acompanha não podem ocorrer na ausência de K^+. Portanto, a bomba de Na^+ ficaria parada no estado fosforilado, aguardando indefinidamente por um íon potássio. O número de íons sódio transportados seria muito pequeno, porque cada molécula da bomba teria funcionado somente uma única vez.
Experimentos semelhantes, em que se excluíam íons específicos e se analisavam as consequências, foram usados para determinar a sequência de etapas por meio da qual a bomba de Na^+ funciona.

D. O ATP ficaria hidrolisado, e o Na^+ e o K^+ seriam bombeados através da membrana, como descrito em (B). Contudo, as moléculas da bomba que se situam na membrana na orientação inversa seriam completamente inativas (i.e., elas não bombeariam íons na direção oposta – como se poderia erroneamente supor), porque o ATP não teria acesso ao sítio dessas moléculas onde a fosforilação ocorre, que é normalmente exposto no citosol. O ATP é altamente carregado e não pode cruzar as membranas sem a ajuda de transportadores específicos.

E. O ATP se torna hidrolisado, e o Na^+ e o K^+ são bombeados através da membrana, como descrito em (B). Contudo, o K^+ imediatamente flui de volta para dentro das vesículas através dos canais de vazamento de K^+. O K^+ se move a favor do gradiente de concentração de K^+ formado pela ação da bomba de Na^+. Com cada K^+ que se move para dentro da vesícula através do canal de vazamento, uma carga positiva é movida através da membrana, estabelecendo um potencial de membrana que é positivo no interior das vesículas. Por fim, o K^+ cessará de fluir pelos canais de vazamento quando o potencial de membrana equilibrar o gradiente de concentração de K^+. O cenário descrito aqui é uma ligeira simplificação: na verdade, a bomba de Na^+ das células de mamíferos move três íons sódio para fora das células para cada dois íons potássio que ela bombeia, movendo, desse modo, uma corrente elétrica através da membrana e dando uma pequena contribuição adicional ao potencial de membrana de repouso (que, portanto, corresponde apenas a aproximadamente um estado de equilíbrio para o K^+ que se move via canais de vazamento de K^+).

RESPOSTA 12-17 Os canais iônicos podem ser controlados por ligante, por voltagem ou mecanicamente (por estresse).

RESPOSTA 12-18 A célula possui um volume de 10^{-12} litros (= 10^{-15} m^3) e, assim, contém 6×10^4 íons cálcio (= 6×10^{23} moléculas/mol × 100 × 10^{-9} mols/litro × 10^{-12} litros). Portanto, para elevar a concentração intracelular de Ca^{2+} cinquenta vezes, outros 2.940.000 íons cálcio têm de entrar na célula (note que, na concentração de 5 μM, há 3×10^6 íons na célula, dos quais 60.000 já estão presentes antes de os canais serem abertos). Como cada um dos 1.000 canais permite a passagem de 10^6 íons por segundo, cada canal precisa permanecer aberto por somente 3 milissegundos.

RESPOSTA 12-19 As células animais direcionam a maioria dos processos de transporte por meio da membrana plasmática com o gradiente eletroquímico de Na^+. O ATP é necessário para abastecer a bomba de Na^+ para manter o gradiente de Na^+.

RESPOSTA 12-20

A. Se o H^+ for bombeado através da membrana para dentro dos endossomos, um gradiente eletroquímico de H^+ se forma – composto tanto de um gradiente de concentração de H^+ quanto de um potencial de membrana, com o interior da vesícula positivo. Esses dois componentes aumentam a energia que é armazenada no gradiente e que deve ser fornecida para gerá-lo. O gradiente eletroquímico limitará a transferência de mais H^+. Se, entretanto, a membrana também contiver canais de Cl^-, o Cl^- negativamente carregado no citosol irá fluir para dentro dos endossomos e diminuir seu potencial de membrana. Por isso, torna-se energeticamente menos dispendioso bombear mais H^+ através da membrana, sendo que o interior dos endossomos pode tornar-se mais ácido.

B. Não. Como explicado em (A), alguma acidificação ainda ocorreria em sua ausência.

RESPOSTA 12-21

A. Ver **Figura R12-21A**.

B. As velocidades de transporte do composto A são proporcionais à sua concentração, indicando que o composto A pode difundir-se através das membranas por conta própria. É provável que o composto A seja o etanol, porque ele é uma molécula pequena e relativamente apolar que pode difundir-se de maneira rápida pela bicamada lipídica (ver Figura 12-2). Já as velocidades de transporte do composto B se saturam em concentrações altas, indicando que o composto B é transportado através da membrana por algum tipo de proteína de transporte de membrana. As velocidades de transporte não podem aumentar além de uma velocidade máxima na qual essa proteína pode funcionar. É provável que o composto B seja o acetato, porque ele é uma molécula carregada que não poderia cruzar a membrana sem a ajuda de uma proteína de transporte de membrana.

C. Para o etanol, o gráfico mostra uma relação linear entre a concentração e a velocidade de transporte. Assim, a 0,5 mM a velocidade de transporte seria 10 μmol/min, e a 100 mM a velocidade de transporte seria 2.000 μmol/min (2 mmol/min).

Para o movimento de acetato mediado por proteínas transportadoras, a relação entre a concentração, S, e a velocidade de transporte pode ser representada pela equação de Michaelis-Menten, que descreve as reações enzimáticas simples:

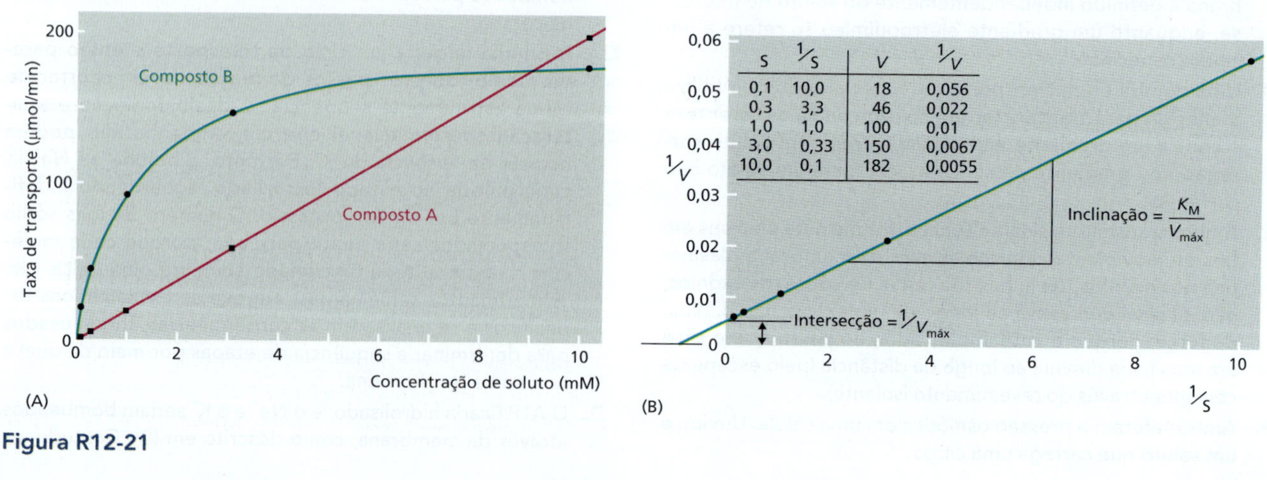

Figura R12-21

equação 1: velocidade de transporte = $V_{máx} \times S/[K_M + S]$

Lembre-se do Capítulo 3 (ver Questão 3-20, p. 118): para determinar a $V_{máx}$ e o K_M, é utilizado um truque no qual a equação de Michaelis-Menten é transformada de forma que seja possível traçar um gráfico dos dados como uma linha reta. Uma transformação simples gera a

equação 2: 1/velocidade = $(K_M/V_{máx})$ (1/S) + $1/V_{máx}$

(i.e., uma equação do tipo $y = ax + b$)

O cálculo de 1/velocidade e 1/S para os dados fornecidos, plotados em um novo gráfico, como na **Figura R12-21B**, dá uma linha reta. K_M (= 1,0 mM) e $V_{máx}$ (= 200 µmol/min) são determinados a partir da intersecção da linha com o eixo y $(1/V_{máx})$ e a partir de sua inclinação $(K_M/V_{máx})$. O conhecimento dos valores de K_M e $V_{máx}$ permite calcular as taxas de transporte para 0,5 mM e 100 mM de acetato usando a equação (1). Os resultados são 67 µmol/min e 198 µmol/min, respectivamente.

RESPOSTA 12-22 O potencial de membrana e a alta concentração extracelular de Na^+ propiciam uma grande força motriz eletroquímica e um grande reservatório de íons Na^+, de modo que a maior parte dos íons Na^+ entra na célula quando os receptores de acetilcolina se abrem. Os íons Ca^{2+} também entrarão na célula, mas seu influxo é muito mais limitado em razão da sua concentração extracelular mais baixa. (A maioria do Ca^{2+} que entra no citosol para estimular a contração muscular é liberada de armazenamentos intracelulares, como discutimos no Capítulo 17). Devido à alta concentração intracelular de K^+ e a direção oposta do potencial de membrana, haverá pouco, se algum, movimento de íons K^+ com a abertura de um canal catiônico.

RESPOSTA 12-23 A diversidade dos canais iônicos controlados por neurotransmissor é algo bom para a indústria farmacêutica, visto que há a possibilidade de desenvolvimento de novos fármacos específicos para cada tipo de canal. Cada um dos diversos subtipos desses canais é expresso em um conjunto limitado de neurônios. Tal variação limitada de expressão torna possível, em princípio, descobrir ou projetar novos fármacos que afetam subtipos específicos de receptores presentes em um conjunto selecionado de neurônios, tendo como alvo, assim, funções encefálicas específicas com maior especificidade.

Capítulo 13

RESPOSTA 13-1 Para manter a glicólise em funcionamento, as células precisam regenerar NAD^+ a partir de NADH. Não existe um modo eficiente de fazer isso sem a fermentação. Na ausência de NAD^+ regenerado, a etapa 6 da glicólise (a oxidação do gliceraldeído-3-fosfato a 1,3-bifosfoglicerato – Painel 13-1, p. 428-429) não poderia ocorrer e o produto gliceraldeído-3-fosfato iria acumular. O mesmo ocorreria em células incapazes de produzir lactato ou etanol: tampouco seriam capazes de regenerar NAD^+, e portanto a glicólise seria bloqueada na mesma etapa.

RESPOSTA 13-2 O arseniato, e não o fosfato, é ligado na etapa 6 da glicólise para formar 1-arseno-3-fosfoglicerato (**Figura R13-2**). Devido à sua sensibilidade à hidrólise em água, a ligação de alta energia é destruída antes que a molécula que a contém possa difundir para chegar à enzima seguinte. O produto da hidrólise, 3-fosfoglicerato, é o mesmo produto normalmente formado na etapa 7 pela ação da fosfoglicerato-cinase. Mas como a hidrólise ocorre de modo não enzimático, a energia liberada pela quebra da ligação de alta energia não pode ser capturada para gerar ATP. Na Figura 13-7, portanto, a reação correspondente à seta apontada para baixo ainda ocorreria, mas a roda que fornece o acoplamento à síntese de ATP está ausente. O arseniato desperdiça energia metabólica por desacoplar muitas reações de transferência de fosfato pelo mesmo mecanismo, razão pela qual ele é tão venenoso.

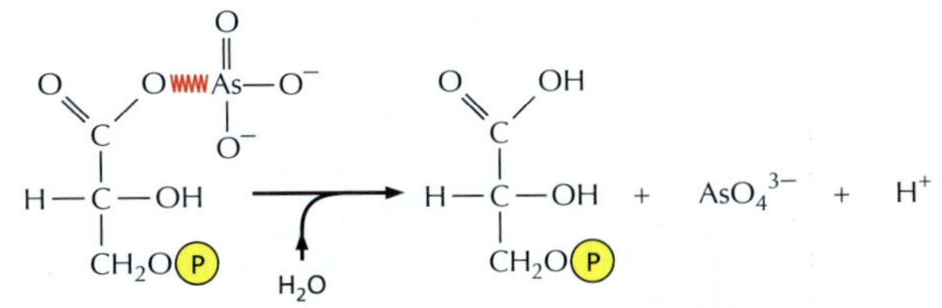

Figura R13-2

RESPOSTA 13-3 A oxidação dos ácidos graxos quebra a cadeia carbonada em unidades de dois carbonos (grupos acetila) que são ligados à CoA. Ao contrário, durante a biogênese, os ácidos graxos são sintetizados por meio da união de grupos acetila. Portanto, a maior parte dos ácidos graxos tem um número par de átomos de carbono.

RESPOSTA 13-4 Como a função do ciclo do ácido cítrico é aproveitar a energia liberada durante a oxidação, é vantajoso decompor a reação global em quantas etapas forem possíveis (ver Figura 13-1). Usando um composto de dois carbonos, a química disponível seria muito mais limitada, e seria impossível gerar tantos intermediários.

RESPOSTA 13-5 É verdade que os átomos de oxigênio retornam como parte do CO_2 para a atmosfera. O CO_2 liberado das células, entretanto, não contém aqueles átomos de oxigênio específicos que foram consumidos como parte do processo de fosforilação oxidativa e convertidos em água. Pode-se mostrar isso diretamente por meio da incubação de células vivas em uma atmosfera que inclui oxigênio molecular contendo o isótopo ^{18}O do oxigênio em vez do isótopo mais abundante naturalmente, o ^{16}O. Portanto, os átomos de oxigênio nas moléculas de CO_2 liberadas não são diretamente provenientes da atmosfera, mas de moléculas orgânicas que a célula primeiramente produziu e então oxidou como combustível (ver parte superior da primeira página do Painel 13-2, p. 434-435).

RESPOSTA 13-6 O ciclo continua porque intermediários são restabelecidos, quando necessário, pelas reações que conduzem ao ciclo do ácido cítrico (ao invés de partirem dele). Uma das reações mais importantes desse tipo é a conversão de piruvato em oxalacetato pela enzima piruvato-carboxilase:

$$\text{piruvato} + CO_2 + ATP + H_2O \rightarrow$$
$$\text{oxalacetato} + ADP + P_i + 2H^+$$

Esse é um dos muitos exemplos de como as vias metabólicas são coordenadas cuidadosamente para funcionarem em conjunto a fim de manter concentrações apropriadas de todos os metabólitos necessários para a célula (ver **Figura R13-6**).

RESPOSTA 13-7 Os átomos de carbono nas moléculas de açúcar já são parcialmente oxidados, ao contrário dos átomos de carbono contidos nas cadeias acila dos ácidos graxos (com exceção dos primeiros átomos de carbono dessas cadeias). Portanto, dois átomos de carbono provenientes da glicose são perdidos como CO_2 durante a conversão de piruvato a acetil-CoA, e somente quatro dos seis átomos de carbono da molécula de açúcar são recuperados e podem entrar no ciclo do ácido cítrico, onde a maior parte da energia é capturada. Em contrapartida, todos os átomos de carbono de um ácido graxo são convertidos em acetil-CoA.

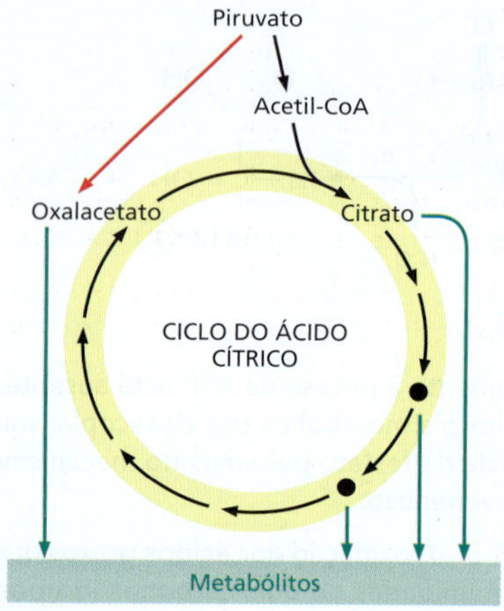

Figura R13-6

RESPOSTA 13-8

A. Falsa. Se esse fosse o caso, então a reação seria inútil para a célula. Nenhuma energia química seria aproveitada de uma forma útil (p. ex., ATP) para ser usada em processos metabólicos. (No entanto, as células estariam bem aquecidas e passando bem.)

B. Falsa. Nenhum processo de conversão de energia pode ser 100% eficiente. Lembre-se de que a entropia no universo sempre deve aumentar, e para a maioria das reações isso é conseguido por meio da liberação de calor.

C. Verdadeira. Os átomos de carbono na glicose estão em um estado reduzido quando comparados com aqueles no CO_2, no qual eles se encontram completamente oxidados.

D. Falsa. A reação de fato produz alguma água, mas a água é tão abundante na biosfera que essa água produzida não é mais do que uma "gota no oceano".

E. Verdadeira. Se tivesse ocorrido em somente uma etapa, então toda a energia seria liberada de uma única vez e seria impossível aproveitá-la de maneira eficiente para impulsionar outras reações, como a síntese de ATP.

F. Falsa. O oxigênio molecular (O_2) é usado apenas na última etapa da reação.

G. Verdadeira. As plantas convertem CO_2 em açúcares por meio da coleta de energia da luz durante a fotossíntese. O_2 é produzido no processo e liberado na atmosfera pelas células vegetais.

H. Verdadeira. Células em crescimento anaeróbico usam a glicólise para oxidar açúcares a piruvato. Células animais convertem piruvato a lactato, e nenhum CO_2 é produzido; células de levedura, entretanto, convertem piruvato a etanol e CO_2. É esse gás CO_2, liberado das células de levedura durante a fermentação, que faz a massa do pão crescer e que deixa a cerveja e o espumante carbonados.

RESPOSTA 13-9 Darwin exalou o átomo de carbono, que portanto deveria ser um átomo de carbono de uma molécula de CO_2. Após despender algum tempo na atmosfera, a molécula de CO_2 deve ter entrado em uma célula vegetal, onde foi "fixada" pela fotossíntese e convertida em parte de uma molécula de açúcar. Ainda que seja certo que essas etapas iniciais devam ter ocorrido desse modo, a partir daí existem muitos caminhos diferentes que o átomo de carbono pode ter tomado. O açúcar pode ter sido degradado pela célula vegetal em piruvato ou acetil-CoA, por exemplo, que então pode ter participado de reações biossintéticas para a síntese de um aminoácido. O aminoácido poderia ter sido incorporado em uma proteína vegetal, talvez uma enzima ou uma proteína responsável pela síntese da parede celular. Você poderia ter comido folhas deliciosas da planta na sua salada, e digerido a proteína no seu intestino para produzir aminoácidos novamente. Após passar por sua circulação sanguínea, o aminoácido poderia ter sido incorporado por um eritrócito em desenvolvimento para produzir suas próprias proteínas, como a hemoglobina em questão. Se quisermos, é claro, podemos tornar nosso cenário de cadeia alimentar mais complicado. A planta, por exemplo, poderia ter sido comida por um animal que, por sua vez, foi consumida por você durante o almoço. Além disso, como Darwin morreu há mais de 100 anos, o átomo de carbono poderia ter passado por esse caminho várias vezes. Em cada ciclo, entretanto, ele deveria ter iniciado novamente como gás CO_2 completamente oxidado e entrado no mundo vivo seguindo sua redução durante a fotossíntese.

RESPOSTA 13-10 As leveduras crescem muito melhor de modo aeróbico. Sob condições anaeróbicas elas não conseguem realizar fosforilação oxidativa e portanto devem produzir todo o seu ATP por meio da glicólise, que é menos eficiente. Embora uma molécula de glicose resulte em um ganho líquido de duas moléculas de ATP durante a glicólise, o uso adicional do ciclo do ácido cítrico e da fosforilação oxidativa aumenta o rendimento energético para cerca de 30 moléculas de ATP.

RESPOSTA 13-11 A quantidade de energia livre armazenada na ligação fosfato na creatina-fosfato é maior do que nas ligações anidrido no ATP. A hidrólise da creatina-fosfato pode, portanto, ser diretamente acoplada à produção de ATP.

$$\text{creatina-fosfato} + \text{ADP} \rightarrow \text{creatina} + \text{ATP}$$

A $\Delta G°$ para essa reação é –3 kcal/mol, indicando que ela prossegue rapidamente para a esquerda, como escrito.

RESPOSTA 13-12 A extrema conservação da glicólise é uma das evidências de que todas as células atuais são derivadas de uma única célula fundadora, como discutido no Capítulo 1. As reações elegantes da glicólise, portanto, teriam evoluído apenas uma única vez, e então teriam sido herdadas à medida que as células evoluíram. A invenção posterior da fosforilação oxidativa possibilitou a captura de 15 vezes mais energia do que a que seria possível apenas pela glicólise. Essa eficiência admirável se aproxima do limite teórico e, como resultado, praticamente elimina a possibilidade de aperfeiçoamentos posteriores. Assim, a geração de vias alternativas não iria resultar em vantagens reprodutivas óbvias que poderiam ter sido selecionadas durante a evolução.

RESPOSTA 13-13 Se uma glicose produz 30 ATPs, então, para gerar 10^9 moléculas de ATP, seriam necessárias $1 \times 10^9/30 = 3{,}3 \times 10^7$ moléculas de glicose e $6 \times 3{,}3 \times 10^7 = 2 \times 10^8$ moléculas de oxigênio. Portanto, em um minuto a célula iria consumir $2 \times 10^8/(6 \times 10^{23})$ ou $3{,}3 \times 10^{-16}$ mols de oxigênio, que ocupariam $3{,}3 \times 10^{-16} \times 22{,}4 = 7{,}4 \times 10^{-15}$ litros na forma gasosa. O volume da célula é de 10^{-15} metros cúbicos ($= (10^{-5})^3$), o que equivale a 10^{-12} litros. A célula portanto consome cerca de 0,7% do seu volume de gás O_2 a cada minuto, ou o seu volume de gás O_2 em 2 horas e 15 minutos.

RESPOSTA 13-14 Cada uma das reações possui valores de ΔG negativos e são portanto energeticamente favoráveis (ver Figura R13-14 para diagramas de energia).

RESPOSTA 13-15

A. Piruvato é convertido em acetil-CoA, e o átomo de ^{14}C marcado é liberado como gás $^{14}CO_2$ (ver Figura 13-10A).

B. Seguindo o átomo marcado com ^{14}C ao longo de cada reação no ciclo, mostrado no Painel 13-2 (p. 434-435), você vai des-

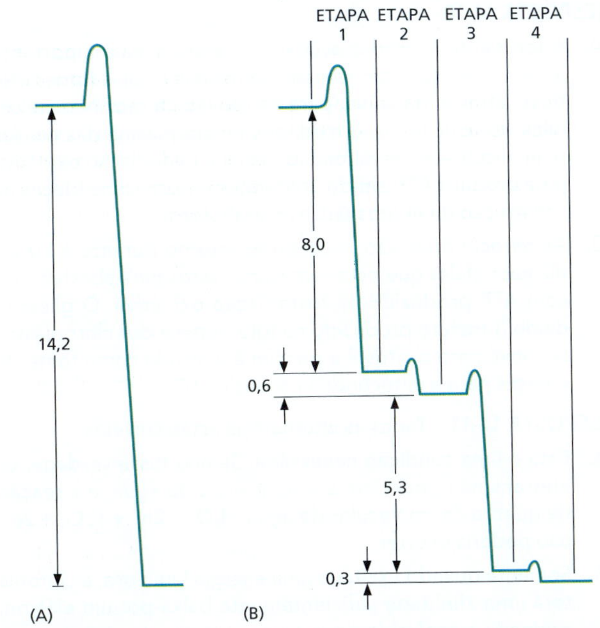

Figura R13-14

cobrir que a marcação de ^{14}C adicionada seria recuperada quantitativamente no oxalacetato. A análise também revelaria, entretanto, que ela não se encontra mais no grupo ceto, mas no grupo metileno do oxalacetato (**Figura R13-15**).

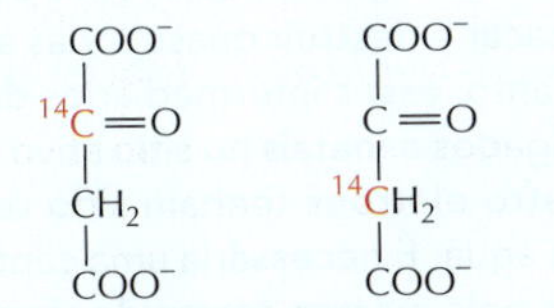

Figura R13-15

RESPOSTA 13-16 Na presença de oxigênio molecular, a fosforilação oxidativa converte a maioria do NADH celular em NAD^+. Uma vez que a fermentação requer NADH, ela é severamente inibida pela disponibilidade de gás oxigênio.

Capítulo 14

RESPOSTA 14-1 Tornando as membranas permeáveis a prótons, o DNP colapsa – ou diminui, em concentrações muito reduzidas – o gradiente de prótons através da membrana mitocondrial interna. As células continuam a oxidar moléculas de alimento para fornecer elétrons de alta energia para a cadeia transportadora de elétrons, mas o H^+ bombeado através da membrana flui de volta para o interior da mitocôndria em um ciclo inútil. Como resultado, a energia dos elétrons não pode ser capturada para a síntese de ATP, sendo liberada como calor. Pacientes que recebem pequenas doses de DNP perdem peso porque suas reservas de gordura são utilizadas mais rapidamente para alimentar a cadeia transportadora de elétrons. O processo inteiro apenas "desperdiça" energia como calor. Um mecanismo semelhante de produção de calor é utilizado naturalmente em tecidos especializados formados por células de gordura marrom, as quais são abundantes em recém-nascidos humanos e em animais hibernantes. Essas células possuem numerosas mitocôndrias que vazam parte de seus gradientes de H^+ de volta, através da membrana, com o único propósito de manter o organismo aquecido. Essas células são marrons por apresentarem grandes quantidades de mitocôndrias, as quais possuem altas concentrações de proteínas pigmentadas, como os citocromos.

RESPOSTA 14-2 A membrana mitocondrial interna é o local da fosforilação oxidativa e produz a maior parte do ATP da célula. As cristas são porções da membrana interna da mitocôndria que estão dobradas para dentro. As mitocôndrias que possuem alta densidade de cristas têm maior área de membrana interna e maior capacidade de realizar a fosforilação oxidativa. O músculo cardíaco gasta grandes quantidades de energia durante as suas contínuas contrações; entretanto, as células da pele possuem uma demanda energética menor. Portanto, um aumento na densidade das cristas aumenta a capacidade de produzir ATP na célula do músculo cardíaco. Esse é um exemplo marcante de como as células ajustam a abundância de seus componentes de acordo com a necessidade.

RESPOSTA 14-3

A. O DNP colapsa completamente o gradiente eletroquímico de prótons. Íons H^+ bombeados para um dos lados da membrana fluem livremente de volta e, por conseguinte, nenhuma energia pode ser armazenada através da membrana para promover a síntese de ATP.

B. Um gradiente eletroquímico é composto por dois componentes: um gradiente de concentração e um potencial eletroquímico. Se a membrana, com nigericina, torna-se permeável ao K^+, esse íon será conduzido para o interior da matriz pelo potencial eletroquímico da membrana interna (internamente negativa, externamente positiva). O influxo do K^+ positivamente carregado irá eliminar o potencial elétrico da membrana. Em contrapartida, o componente de concentração do gradiente de H^+ (a diferença de pH) não é afetado pela nigericina. Portanto, apenas parte da força motriz que faz os íons H^+ fluírem de volta para a matriz, de forma energeticamente favorável, é perdida.

RESPOSTA 14-4

A. Uma turbina dessas trabalhando em reverso é uma bomba de água gerando eletricidade, o que é análogo ao que a ATP-sintase se torna quando utiliza a energia da hidrólise do ATP para bombear prótons contra o gradiente eletroquímico através da membrana mitocondrial interna.

B. A ATP-sintase deveria esquivar-se quando a energia que ela pode obter do gradiente de prótons é igual à ΔG necessária para produzir ATP; nesse ponto de equilíbrio, não existirá ganho líquido na síntese de ATP nem consumo líquido de ATP.

C. Quando as células utilizam todo o ATP, a razão ATP/ADP na matriz cai abaixo do ponto de equilíbrio, como descrito, e a ATP-sintase utiliza a energia armazenada no gradiente de prótons para sintetizar ATP, visando restaurar a razão ATP/ADP original. De forma contrária, quando o gradiente eletroquímico de prótons cai abaixo do ponto de equilíbrio, a ATP-sintase utiliza ATP da matriz para restaurar esse gradiente.

RESPOSTA 14-5 Um par de elétrons promove o bombeamento de 10 H^+ através da membrana quando passa de NADH a O_2 ao longo dos três complexos respiratórios. São necessários 4 H^+ para produzir cada ATP: três para a síntese a partir do ADP e um para exportar o ATP para o citosol. Entretanto, 2,5 moléculas de ATP são sintetizadas a partir de cada molécula de NADH.

RESPOSTA 14-6 Podemos descrever quatro papéis essenciais das proteínas nesse processo. Primeiro, o ambiente químico fornecido pelas cadeias laterais de aminoácidos da proteína ajusta o potencial redox de cada íon de Fe de modo que os elétrons possam ser transferidos em uma ordem definida a partir de um componente para o próximo, desfazendo-se de sua energia em pequenas etapas e tornando-se mais firmemente ligados ao longo do processo. Segundo, as proteínas posicionam os íons Fe de forma que os elétrons possam mover-se de maneira eficiente entre eles. Terceiro, as proteínas evitam que os elétrons saltem uma etapa intermediária; desse modo, como aprendemos para outras enzimas (discutido no Capítulo 4), elas canalizam o fluxo de elétrons ao longo de uma via definida. Quarto, as proteínas acoplam o movimento dos elétrons, a favor de sua redução energética, ao bombeamento de prótons através da membrana, coletando, dessa forma, a energia que é liberada e armazenando-a em um gradiente de prótons que é então utilizado para produzir ATP.

RESPOSTA 14-7 Não seria produtivo utilizar o mesmo carreador em duas etapas. Se a ubiquinona, por exemplo, pudesse transferir elétrons diretamente para o citocromo *c*-oxidase, o complexo citocromo *c*-redutase seria muitas vezes evitado quando os elétrons fossem transferidos da NADH-desidrogenase. Dada a grande diferença no potencial redox entre a ubiquinona e o citocromo *c*-oxidase, uma grande quantidade de energia seria liberada como calor e, assim, seria desperdiçada. A transferência direta de elétrons entre a NADH-desidrogenase e o citocromo *c* iria, de maneira semelhante, fazer o complexo citocromo *c*-redutase ser evitado.

RESPOSTA 14-8 Os prótons bombeados através da membrana mitocondrial interna para o interior do espaço intermembranar se equilibram com o citosol, o qual funciona como um grande dreno de H^+. Tanto a matriz mitocondrial quanto o citosol possuem muitas reações metabólicas que necessitam de um pH próximo à neutralidade. A diferença de concentração de H^+, o ΔpH, que pode ser alcançada entre a matriz mitocondrial e o citosol é, por conseguinte, relativamente pequena (menos de uma unidade de pH). Muito da energia armazenada no gradiente eletroquímico de prótons da mitocôndria se deve ao potencial da membrana (ver Figura 14-15). Em contrapartida, os cloroplastos possuem um compartimento menor, no qual os íons H^+ são bombeados. Diferenças de concentração muito maiores podem ser atingidas (até milhares de vezes, ou 3 unidades de pH), e a maior parte da energia armazenada no gradiente de H^+ do tilacoide se deve à diferença na concentração de H^+ entre o espaço do tilacoide e o estroma.

RESPOSTA 14-9 NADH e NADPH diferem pela presença de um único grupo fosfato. O fosfato do NADPH gera uma pequena diferença de formato em NADH, permitindo que tais moléculas sejam reconhecidas por diferentes enzimas, e, assim, entreguem seus elétrons para alvos diferentes. Essa divisão de trabalho é importante, pois o NADPH tende a estar envolvido em reações biossintéticas, nas quais os elétrons de alta energia são utilizados para produzir moléculas biológicas ricas em energia. O NADH, por outro lado, está envolvido em reações que oxidam moléculas de alimento ricas em energia para produzir ATP. No interior da célula, a razão NAD^+ e NADH é mantida elevada, considerando que a razão de $NADP^+$ e NADPH é mantida baixa. Isso fornece uma abundância de NAD^+ que age como um agente oxidante, e uma abundância de NADPH que age como redutor – necessários para suas funções especiais no catabolismo e no anabolismo, respectivamente.

RESPOSTA 14-10

A. A fotossíntese produz açúcares – sendo o mais importante a sacarose – que são transportados das células fotossintéticas, através da seiva, para as células da raiz. Nessas células, os açúcares são oxidados no citoplasma das células pela glicólise e nas mitocôndrias pela fosforilação oxidativa para produzir ATP, sendo utilizados também como blocos na construção de muitos outros metabólitos.

B. As mitocôndrias são necessárias mesmo durante a luz do dia nas células que possuem cloroplastos para abastecê-las com ATP produzido na fosforilação oxidativa. O gliceraldeído 3-fosfato produzido na fotossíntese dos cloroplastos se move para o citosol e por fim é utilizado como fonte de energia para a mitocôndria produzir ATP.

RESPOSTA 14-11 Todas as alternativas estão corretas.

A. Esta é uma condição necessária. Se não fosse verdade, os elétrons não poderiam ser removidos da água, e a reação de quebra das moléculas de água ($H_2O \rightarrow 2H^+ + ½\, O_2 + 2e^-$) não poderia ocorrer.

B. Somente quando excitada pela energia luminosa, a clorofila terá uma afinidade suficientemente baixa por um elétron, podendo transferi-lo a um transportador de elétrons que tenha uma baixa afinidade por elétrons. Essa transferência permite que a energia do fóton seja aproveitada como energia que pode ser utilizada em conversões químicas.

C. Pode-se afirmar que esse é um dos mais importantes obstáculos que deve ter sido superado durante a evolução da fotossíntese: moléculas de oxigênio parcialmente reduzidas, como as do radical superóxido O_2^-, são perigosamente reativas e irão atacar e destruir quase todas as moléculas biológicas. Entretanto, esses intermediários devem permanecer fortemente ligados a metais no sítio ativo da enzima até que todos os quatro elétrons tenham sido removidos de duas moléculas de água. É necessária uma captura sequencial de quatro fótons pelo mesmo centro de reação.

RESPOSTA 14-12

A. Verdadeira. NAD^+ e as quinonas são exemplos de compostos que não possuem íons metálicos, mas podem participar da transferência de elétrons.

B. Falsa. O potencial se deve aos prótons (H^+) que são bombeados através da membrana a partir da matriz para o espaço intermembranar. Os elétrons permanecem ligados a carreadores de elétrons na membrana mitocondrial interna.

C. Verdadeira. Ambos os componentes contribuem para a força motriz que torna energeticamente favorável que o H^+ flua de volta para o interior da matriz.

D. Verdadeira. Ambos se movem rapidamente no plano da membrana.

E. Falsa. Não somente as plantas necessitam de mitocôndrias para produzir ATP nas células que não possuem cloroplastos, como nas células da raiz, como as mitocôndrias também produzem a maior parte do ATP citosólico em todas as células vegetais.

F. Verdadeira. O funcionamento fisiológico da clorofila exige que ela absorva luz; o grupamento heme ocorre somente como um composto colorido gerando a cor vermelha do sangue.

G. Falsa. A clorofila absorve luz e transfere a energia na forma de um elétron energizado. Entretanto, o ferro do grupamento heme é um simples carreador de elétrons.

H. Falsa. A maior parte do peso seco de uma árvore provém do carbono derivado do CO_2 que foi fixado durante a fotossíntese.

RESPOSTA 14-13 Ocorre a captura de três prótons. O valor preciso de ΔG para a síntese de ATP depende da concentração de ATP, ADP e P_i (como descrito no Capítulo 3). Quanto maior a razão de concentração entre ATP e ADP, mais energia é capturada para produzir ATP adicional. Entretanto, valores menores do que 11 kcal/mol se aplicam a células que estão em condições de elevado gasto de energia e, consequentemente, com redução na razão normal de ATP/ADP.

RESPOSTA 14-14 Se nenhum O_2 está disponível, todos os componentes da cadeia transportadora de elétrons da mitocôndria se acumularão nas suas formas *reduzidas*. Isso ocorre porque os elétrons originados de NADH entram na cadeia, mas não conseguem ser transferidos para o O_2. A cadeia transportadora de elétrons fica paralisada, com todos os seus componentes na forma reduzida. Se o oxigênio é rapidamente restabelecido, os carreadores de elétrons no citocromo *c*-oxidase se tornarão *oxidados antes* daqueles da NADH-desidrogenase. Isso ocorre porque, após a adição do oxigênio, o citocromo *c*-oxidase doará seus elétrons diretamente para o O_2, tornando-se oxidado. Então, com o tempo, a onda de aumento de oxidação voltará para o início, a partir do citocromo *c*-oxidase, pelos componentes da cadeia transportadora de elétrons, com cada componente recuperando a oportunidade de transferir os seus elétrons para os componentes à frente.

RESPOSTA 14-15 Quando oxidada, a ubiquinona se torna reduzida pegando dois elétrons e também dois prótons da água (Figura 14-23). Sob oxidação, esses prótons são liberados. Se ocorrer a redução em um dos lados da membrana e a oxidação no outro lado, um próton é bombeado através da membrana para cada elétron transportado. Assim, o transporte de elétrons pela ubiquinona contribui diretamente para gerar o gradiente de H^+.

RESPOSTA 14-16 As bactérias fotossintéticas e as células vegetais utilizam elétrons originados na reação $2H_2O \rightarrow 4e^- + 4H^+ + O_2$ para reduzir $NADP^+$ a NADPH, o qual então é utilizado para produzir metabólitos úteis. Se os elétrons fossem utilizados para H_2, em vez de O_2, as células perderiam todos os benefícios originados da reação, pois os elétrons não tomariam parte em reações metabolicamente úteis.

RESPOSTA 14-17

A. A troca de soluções cria um gradiente de pH através da membrana do tilacoide. O fluxo de íons H^+ em favor de seu potencial eletroquímico impulsiona a ATP-sintase, a qual converte ADP em ATP.

B. Nenhuma luz é necessária, pois o gradiente de H^+ é estabelecido artificialmente, sem a necessidade de a cadeia transportadora de elétrons ser promovida pela luz.

C. Nada. O gradiente de H^+ estaria na direção errada; a ATP-sintase não funcionaria.

D. O experimento forneceu evidências que confirmam o modelo quimiosmótico, mostrando que um gradiente de H^+ sozinho é suficiente para promover a síntese de ATP.

RESPOSTA 14-18

A. Quando as vesículas são expostas à luz, os íons H^+ (originados da H_2O) que foram bombeados para o interior das vesículas pela bacteriorrodopsina fluem de volta para fora por meio da ATP-sintase, promovendo a formação de ATP na solução que circunda a vesícula, em resposta à luz.

B. Se as vesículas tiverem vazamentos, nenhum gradiente de H^+ poderá ser formado; assim, a ATP-sintase não funcionará.

C. O uso de componentes a partir de organismos amplamente divergentes pode ser uma ferramenta experimental poderosa. Como as duas proteínas são provenientes de origens diferentes, é improvável que elas formem uma interação funcional direta. Entretanto, o experimento sugere fortemente que o transporte de elétrons e a síntese de ATP sejam eventos separados. Portanto, essa abordagem é válida.

RESPOSTA 14-19 O potencial redox da $FADH_2$ é muito baixo para transferir elétrons para o complexo NADH-desidrogenase, mas elevado o suficiente para transferir elétrons para a ubiquinona (Figura 14-24). Portanto, os elétrons da $FADH_2$ podem entrar somente nessa etapa da cadeia transportadora de elétrons (**Figura R14-19**). Como o complexo NADH-desidrogenase é preterido, menos íons H^+ são bombeados através da membrana e menos ATP é produzido. Esse exemplo mostra a versatilidade da cadeia transportadora de elétrons. Acredita-se que a capacidade de utilizar diferentes fontes de elétrons, a partir do meio ambiente, para sustentar o transporte eletrônico tenha sido uma característica essencial no início da evolução da vida.

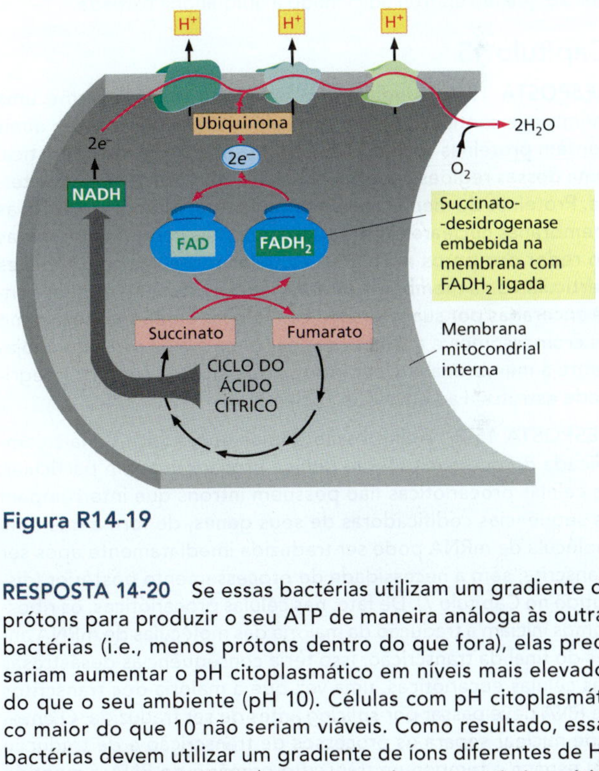

Figura R14-19

RESPOSTA 14-20 Se essas bactérias utilizam um gradiente de prótons para produzir o seu ATP de maneira análoga às outras bactérias (i.e., menos prótons dentro do que fora), elas precisariam aumentar o pH citoplasmático em níveis mais elevados do que o seu ambiente (pH 10). Células com pH citoplasmático maior do que 10 não seriam viáveis. Como resultado, essas bactérias devem utilizar um gradiente de íons diferentes de H^+, como um gradiente de Na^+, em um acoplamento quimiosmótico entre o transporte de elétrons e a ATP-sintase.

RESPOSTA 14-21 As alternativas A e B estão corretas. A alternativa C está incorreta porque as reações químicas que ocorrem em cada ciclo são completamente diferentes, ainda que o efeito líquido seja o mesmo, como esperado para uma simples reversão.

RESPOSTA 14-22 Esse experimento sugere um modelo de duas etapas para o funcionamento da ATP-sintase. De acordo com esse modelo, o fluxo de prótons através da base da ATP-sintase promove a rotação da cabeça, a qual ocasiona a síntese de ATP. Em seus experimentos, os autores tiveram sucesso em desacoplar essas duas etapas. Se a rotação mecânica da cabeça é suficiente para produzir ATP na ausência de qualquer gradiente de prótons, a ATP-sintase é um mecanismo proteico que funciona, de fato, como uma "turbina molecular". Esse experimento é muito excitante, pois ele demonstraria diretamente a relação entre o movimento mecânico e a atividade enzimática. Não existe dúvida de que ele seria publicado e que se tornaria um "clássico".

RESPOSTA 14-23 Somente sob a condição (E) é observada a transferência de elétrons, com o citocromo *c* tornando-se reduzido. Uma porção da cadeia transportadora de elétrons foi reconstituída nesta mistura, de modo que os elétrons podem fluir na direção energeticamente favorável a partir da ubiquinona reduzida para o complexo citocromo *c*-redutase e para o citocromo *c*. Embora energeticamente favorável, a transferência em (A) não pode ocorrer de modo espontâneo na ausência do complexo citocromo *c*-redutase que catalisa essa reação. Não ocorre fluxo de elétrons nos outros experimentos, mesmo na presença ou não do complexo citocromo *c*-redutase: nos experimentos (B) e (F), tanto a ubiquinona quanto o citocromo *c* estão oxidados; nos experimentos (C) e (G), ambos estão reduzidos; e nos experimentos (D) e (H) o fluxo de elétrons é energeticamente desfavorável porque um elétron no citocromo *c* reduzido possui uma energia livre menor do que um elétron adicionado a ubiquinona oxidada.

Capítulo 15

RESPOSTA 15-1 Ainda que o envelope nuclear forme uma membrana contínua, ele possui regiões especializadas, as quais contêm proteínas especiais e têm uma aparência característica. Uma dessas regiões especializadas é a membrana nuclear interna. Proteínas de membrana podem, de fato, difundir-se entre as membranas nucleares interna e externa, nas conexões formadas ao redor dos poros nucleares. Aquelas proteínas com funções particulares na membrana interna, no entanto, estão geralmente ancoradas por sua interação com outros componentes, como os cromossomos e a lâmina nuclear (uma malha proteica subjacente à membrana nuclear interna que ajuda a conferir integridade estrutural ao envelope nuclear).

RESPOSTA 15-2 A expressão gênica eucariótica é mais complicada do que a expressão gênica procariótica. Em particular, as células procarióticas não possuem íntrons que interrompem as sequências codificadoras de seus genes, de forma que uma molécula de mRNA pode ser traduzida imediatamente após ser transcrita, sem a necessidade de processamento posterior (discutido no Capítulo 7). De fato, nas células procarióticas, os ribossomos iniciam a tradução da maioria das moléculas de mRNA antes do final da transcrição. Isso teria consequências desastrosas nas células eucarióticas, uma vez que a maioria dos transcritos de RNA deve passar por *splicing* antes de ser traduzida. O envelope nuclear separa os processos de transcrição e de tradução em espaço e tempo: um transcrito primário de RNA é mantido no núcleo até que seja propriamente processado para formar um mRNA maduro, e somente então ele pode deixar o núcleo para ser traduzido pelos ribossomos.

RESPOSTA 15-3 Uma molécula de mRNA é ligada à membrana do RE pelos ribossomos que a estão traduzindo. Essa população de ribossomos, entretanto, não é estática; o mRNA é continuamente movido pelo ribossomo. Aqueles ribossomos que tenham terminado a tradução se dissociam da extremidade 3′ do mRNA e da membrana do RE, mas o mRNA permanece ligado por outros ribossomos, recém recrutados do conjunto citosólico, que se ligam à extremidade 5′ do mRNA e ainda o estão traduzindo. Dependendo do seu comprimento, existem cerca de 10 a 20 ribossomos ligados a cada molécula de mRNA ligada à membrana.

RESPOSTA 15-4

A. A sequência-sinal interna funciona como uma âncora de membrana, como mostrado na Figura 15-17. Uma vez que não há uma sequência de parada de transferência, no entanto, a terminação carboxílica da proteína continua a ser translocada para o lúmen do RE. A proteína resultante, dessa forma, tem seu domínio N-terminal no citosol, seguido de um único segmento transmembrânico, e um domínio C-terminal no lúmen do RE (**Figura R15-4A**).

B. A sequência-sinal N-terminal inicia a translocação do domínio N-terminal da proteína até a translocação ser encerrada por uma sequência de parada de transferência. Um domínio citosólico é sintetizado até que a sequência de início da transferência inicie a translocação novamente. A situação agora se assemelha àquela descrita em (A), e o domínio C-terminal da proteína é translocado ao lúmen do RE. A proteína resultante, dessa forma, transpassa a membrana duas vezes. Tanto o seu domínio N-terminal quanto o seu domínio C-terminal estão no lúmen do RE, e um domínio em forma de alça entre as duas regiões transmembrânicas está exposto no citosol (**Figura R15-4B**).

C. Seria necessária uma sequência-sinal clivada, seguida por uma sequência interna de finalização de transferência, acompanhada de pares de sequências de início e fim de transferência (**Figura R15-4C**).

Esses exemplos demonstram que topologias proteicas complexas podem ser obtidas por variações e combinações simples de dois mecanismos básicos mostrados nas Figuras 15-16 e 15-17.

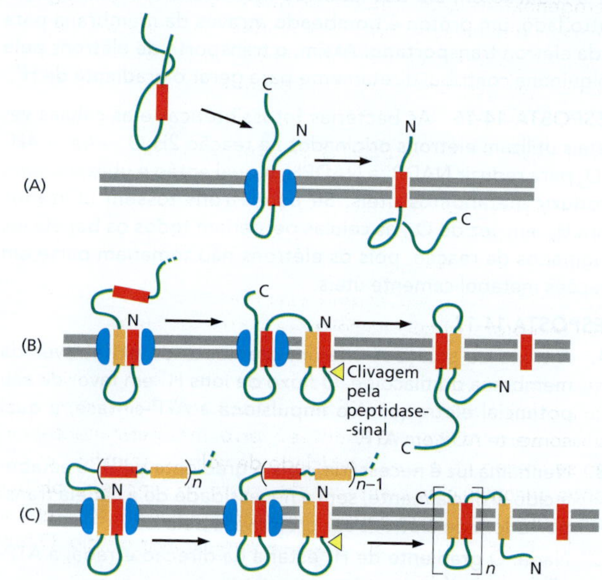

Figura R15-4

RESPOSTA 15-5

A. O revestimento de clatrina não pode ser formado na ausência de adaptinas que liguem a clatrina à membrana. Sob altas concentrações de clatrina e sob condições iônicas apropriadas, os revestimentos de clatrina se formam em solução, mas são cápsulas vazias, sem outras proteínas e sem membrana. Isso mostra que a informação para formar o revestimento de clatrina está contida nas suas próprias moléculas, as quais são, portanto, capazes de realizar sua própria associação.

B. Sem clatrina, as adaptinas ainda se ligam a receptores da membrana, mas o revestimento de clatrina não é formado, e, portanto, as invaginações profundas em vesículas revestidas por clatrina não são produzidas.

C. Invaginações profundas revestidas por clatrina são formadas na membrana, mas elas não se destacam para dar origem a vesículas (ver Figura R15-13).

D. Células procarióticas não realizam a endocitose. Uma célula procariótica, portanto, não contém receptores com caudas citosólicas apropriadas que possam mediar a ligação da adaptina. Dessa forma, a clatrina não pode ligar-se, o revestimento de clatrina não pode ser formado.

RESPOSTA 15-6 As cadeias de açúcares pré-polimerizadas permitem melhor controle de qualidade. As cadeias oligossacarídicas polimerizadas podem ter sua precisão verificada antes de serem adicionadas à proteína; se ocorresse um erro na adição individual de açúcares à proteína, toda a proteína teria de ser descartada. Uma vez que muito mais energia é necessária para construir uma proteína do que para construir uma cadeia oligossacarídica curta, essa é uma estratégia muito mais econômica. Tal dificuldade se torna aparente à medida que a proteína se move para a superfície celular: ainda que as cadeias de açúcares sejam continuamente modificadas por enzimas em vários compartimentos da via secretória, essas modificações costumam ser incompletas e resultam em considerável heterogeneidade das glicoproteínas que deixam a célula. Essa heterogeneidade é largamente devida ao acesso restrito que as enzimas têm às estruturas ramificadas dos açúcares anexados à superfície das proteínas. A heterogeneidade também explica por que glicoproteínas são mais difíceis de estudar do que proteínas purificadas ou não glicosiladas.

RESPOSTA 15-7 Agregados de proteínas secretórias se formariam no RE, assim como eles se formam na rede *trans*-Golgi. Como a agregação é específica de proteínas secretórias, as proteínas do RE seriam excluídas dos agregados que, finalmente, seriam degradados.

RESPOSTA 15-8 A transferrina sem Fe ligado não interage com seu receptor e circula na corrente sanguínea até captar um íon Fe. Uma vez que o ferro está ligado, o complexo transferrina-ferro pode ligar-se ao receptor de transferrina na superfície de uma célula e sofrer endocitose. Sob as condições ácidas do endossomo, a transferrina libera seu ferro, mas permanece ligada ao seu receptor, o qual é reciclado de volta à superfície celular, onde encontra o ambiente de pH neutro do sangue. O pH neutro causa dissociação da transferrina do receptor na circulação, onde ela pode captar outro íon Fe para repetir o ciclo. O ferro liberado no endossomo, como o LDL na Figura 15-33, move-se para o lisossomo, de onde é transportado para o citosol. O sistema permite a captação de ferro de forma eficiente ainda que a concentração deste no sangue seja extremamente baixa. O ferro ligado à transferrina é concentrado na superfície celular pela ligação a receptores de transferrina; ele se torna ainda mais concentrado nas invaginações das membranas revestidas por clatrina, as quais concentram os receptores de transferrina. Dessa maneira, a transferrina circula entre o sangue e os endossomos, entregando o ferro que as células necessitam para crescer.

RESPOSTA 15-9

A. Verdadeira.

B. Falsa. As sequências-sinal que direcionam as proteínas ao RE contêm uma porção central de oito ou mais aminoácidos hidrofóbicos. A sequência mostrada aqui contém muitos aminoácidos com cadeias laterais hidrofílicas, incluindo os aminoácidos carregados His, Arg, Asp e Lys, e os aminoácidos hidrofílicos não carregados Gln e Ser.

C. Verdadeira. Caso contrário, eles não poderiam ancorar na membrana-alvo correta ou recrutar um complexo de fusão a um sítio de ancoragem.

D. Verdadeira.

E. Verdadeira. As proteínas lisossômicas são selecionadas na rede *trans*-Golgi e empacotadas em vesículas transportadoras que as entregam aos endossomos tardios. Se não fossem selecionadas, elas entrariam por descuido em vesículas transportadoras que se movem constitutivamente para a superfície celular.

F. Falsa. Os lisossomos também digerem organelas internas por autofagia.

G. Falsa. As mitocôndrias não participam do transporte vesicular, e, portanto, glicoproteínas *N*-ligadas, que são exclusivamente sintetizadas no RE, não podem ser transportadas para as mitocôndrias.

RESPOSTA 15-10 Elas devem conter também um sinal de localização nuclear. As proteínas com sinal de exportação nuclear se movem entre o núcleo e o citosol. Um exemplo é a proteína A1, a qual se liga às moléculas de mRNA no núcleo e as guia pelos poros nucleares. Uma vez no citosol, um sinal de localização nuclear assegura que a proteína A1 seja reimportada, de forma que possa participar da exportação de outras moléculas de mRNA.

RESPOSTA 15-11 O influenzavírus entra na célula por endocitose e é entregue aos endossomos, onde encontra um pH ácido que ativa sua proteína de fusão. A membrana viral então se funde com a membrana do endossomo, liberando o genoma viral no citosol (**Figura R15-11**). NH_3 é uma molécula pequena que penetra prontamente a membrana. Dessa forma, pode entrar em todos os compartimentos intracelulares, incluindo os endossomos, por difusão. Uma vez em um compartimento que tem um pH ácido, NH_3 se liga a H^+ para formar NH_4^+, que é um íon carregado e, portanto, não pode atravessar a membrana por difusão. Íons NH_4^+, portanto, acumulam-se nos compartimentos ácidos, aumentando seu pH. Quando o pH do endossomo é aumentado, os vírus são ainda endocitados, mas uma vez que a proteína de fusão viral não pode ser ativada, os vírus não podem entrar no citosol. Lembre-se disso na próxima vez que estiver gripado e tiver acesso a um estábulo.

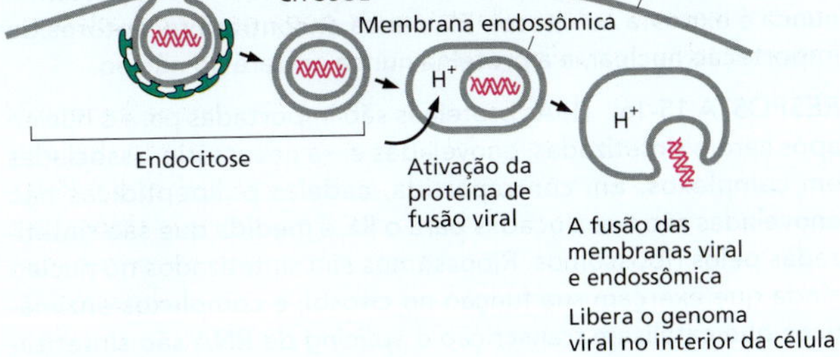

Figura R15-11

RESPOSTA 15-12

A. O problema é que vesículas contendo dois tipos diferentes de v-SNAREs em sua membrana poderiam ancorar-se em qualquer de duas diferentes membranas.

B. A resposta a esse enigma ainda não é conhecida, mas podemos prever que as células tenham meios de ativar e inibir a capacidade de ancoragem das SNAREs. Isso pode ser realizado por outras proteínas que sejam, por exemplo, co-empacotadas com as SNAREs no RE em vesículas transportadoras e facilitem a interação da v-SNARE correta com a t-SNARE na rede *cis*-Golgi.

RESPOSTA 15-13 A transmissão sináptica envolve a liberação de neurotransmissores por exocitose. Durante esse evento, a membrana da vesícula sináptica se funde com a membrana plasmática dos terminais nervosos. Para fazer novas vesículas sinápticas, a membrana deve ser recuperada da membrana plasmática por endocitose. Esse processo de endocitose é bloqueado se a dinamina for defeituosa, uma vez que essa proteína parece ser necessária para destacar as vesículas endocíticas revestidas por clatrina. O primeiro indício para decifrar o papel da dinamina veio de microfotografias eletrônicas de sinapses de moscas mutantes (**Figura R15-13**). Note que há muitas invaginações em forma de cantil da membrana plasmática, representando estruturas revestidas por clatrina profundamente invaginadas que não podem se destacar da membrana. Os colares visíveis ao redor dos pescoços dessas invaginações são compostos por dinaminas mutantes.

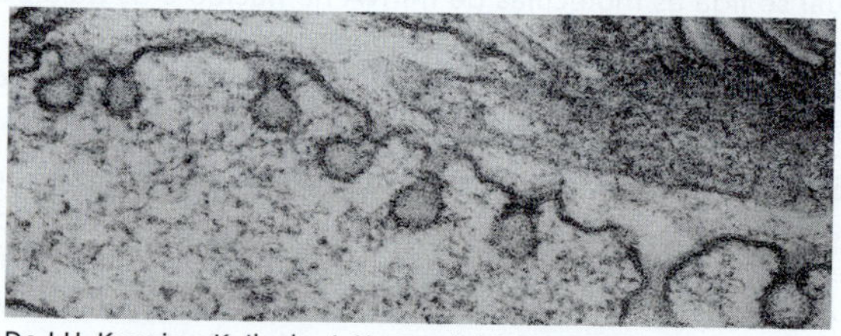

De J.H. Koenig e K. Ikeda, *J. Neurosci.* 9:3844–3860, 1989. Com permissão de The Society for Neuroscience.

Figura R15-13

RESPOSTA 15-14 As duas primeiras afirmativas são corretas. A terceira, não. O correto seria: "Como o conteúdo do lúmen ou qualquer outro compartimento nas vias secretórias ou endocíticas nunca se mistura com o citosol, as proteínas que entram nesta via nunca precisam ser importadas novamente."

RESPOSTA 15-15 A proteína é translocada para o RE. Sua sequência-sinal para o RE é reconhecida assim que emerge do ribossomo. O ribossomo, então, liga-se à membrana do RE, e o polipeptídeo crescente é transferido por um canal de translocação por todo o RE. A sequência de localização nuclear, portanto, nunca é exposta ao citosol. Ela nunca encontrará receptores de importação nuclear, e a proteína nunca entrará no núcleo.

RESPOSTA 15-16 (1) As proteínas são importadas para o núcleo após serem sintetizadas, enoveladas e, se necessário, associadas em complexos. Em contrapartida, cadeias polipeptídicas não enoveladas são translocadas para o RE à medida que são sintetizadas pelos ribossomos. Ribossomos são sintetizados no núcleo ainda que exerçam sua função no citosol, e complexos enzimáticos que catalisam transcrição e *splicing* de RNA são sintetizados no citosol ainda que exerçam sua função no núcleo. Dessa forma, tanto os ribossomos como esses complexos enzimáticos precisam ser transportados por poros nucleares intactos. (2) Os poros nucleares são portões, os quais estão sempre abertos a pequenas moléculas; em contraste, os canais de translocação da membrana do RE estão normalmente fechados e se abrem apenas após o ribossomo se anexar à membrana e a cadeia polipeptídica em translocação selar o canal a partir do citosol. É importante que a membrana do RE permaneça impermeável a pequenas moléculas durante o processo de translocação, uma vez que o RE é o principal depósito de Ca^{2+} da célula, e a liberação de Ca^{2+} no citosol deve ser bastante controlada (discutido no Capítulo 16). (3) Sinais de localização nuclear não são clivados após a importação das proteínas para o núcleo; em contrapartida, peptídeos-sinal do RE costumam ser clivados. Sinais de localização nuclear são necessários para a reimportação repetida de proteínas nucleares após estas terem sido liberadas no citosol durante a mitose, quando o envelope nuclear se desfaz.

RESPOSTA 15-17 A mistura transitória dos conteúdos nuclear e citosólico durante a mitose sustenta a ideia de que o interior nuclear e o citosol são de fato relacionados evolutivamente. Na verdade, pode-se considerar o núcleo como um subcompartimento do citosol que se tornou delimitado por um envelope nuclear, com acesso apenas através dos poros nucleares.

RESPOSTA 15-18 A explicação vigente é que uma única mudança de aminoácido na proteína causa uma pequena malformação, de forma que, apesar de ainda ser ativa como inibidor de protease, ela é impedida por proteínas chaperonas do RE de deixar essa organela. Ela, portanto, se acumula no lúmen do RE e é finalmente degradada. Interpretações alternativas poderiam ter sido que (1) a mutação afeta a estabilidade da proteína na corrente sanguínea, de maneira que ela é degradada mais rapidamente no sangue do que a proteína normal, ou (2) a mutação inativa a sequência-sinal do RE e impede a entrada da proteína no RE. (3) Outra explicação poderia ser a de que a mutação altera a sequência para criar um sinal de retenção no RE, que teria retido a proteína mutante no RE. Pode-se distinguir entre essas possibilidades usando anticorpos contra a proteína marcadores por fluorescência, ou expressar a proteína como uma fusão com GFP para monitorar seu transporte nas células (ver Como Sabemos, p. 512-513).

RESPOSTA 15-19 Comentário: "A Dra. Outonalimb propõe o estudo da biossíntese de 'esquecendo', uma proteína de significativo interesse. A hipótese principal na qual a proposta se baseia, no entanto, requer sustentação adicional. Em particular, é questionável se 'esquecendo' é de fato uma proteína secretada, como proposto. As sequências-sinal do RE são normalmente encontradas na porção N-terminal. Sequências hidrofóbicas C-terminais seriam expostas fora do ribossomo somente após a síntese proteica já haver terminado e não poderiam, portanto, ser reconhecidas por um SRP durante a tradução. É, portanto, improvável que 'esquecendo' seja translocada por um mecanismo dependente de SRP, e possa, dessa forma, permanecer no citosol. A Dra. Outonalimb deve considerar estas observações quando submeter um pedido revisado".

RESPOSTA 15-20 O aparelho de Golgi pode ter evoluído de porções especializadas da membrana do RE. Essas regiões do RE poderiam ter se destacado, formando um compartimento novo (**Figura R15-20**), o qual ainda se comunica com o RE por transporte vesicular. Para que o recém-evoluído compartimento de Golgi fosse útil, as vesículas transportadoras também deveriam ter evoluído.

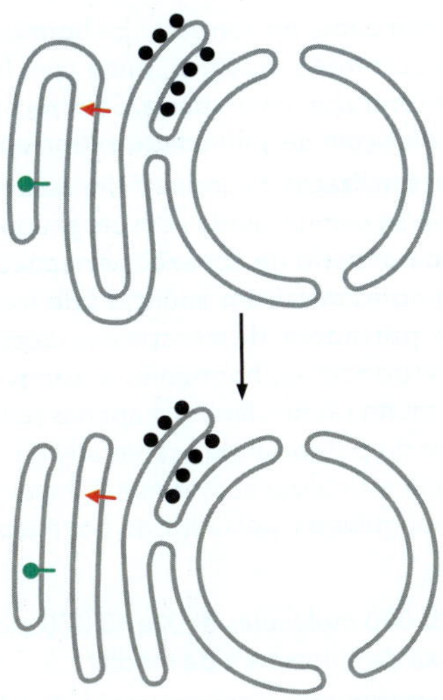

Figura R15-20

RESPOSTA 15-21 Essa é uma questão do tipo "ovo e galinha". Na verdade, a situação nunca surge nas células atuais, ainda que tenha representado um problema considerável para as primeiras células que evoluíram. Novas membranas celulares são fabricadas pela expansão de membranas existentes, e o RE nunca é fabricado *de novo*. Sempre haverá um fragmento de RE com canais de translocação para integrar novos canais de translocação. A herança, portanto, não está limitada à propagação do genoma; as organelas de uma célula também devem ser passadas de geração para geração. De fato, os canais de translocação do RE podem ser rastreados até os canais de translocação estruturalmente relacionados na membrana plasmática procariótica.

RESPOSTA 15-22

A. Espaço extracelular
B. Citosol
C. Membrana plasmática
D. Revestimento de clatrina
E. Membrana da vesícula revestida por clatrina profundamente invaginada
F. Partículas de carga capturadas
G. Lúmen da vesícula revestida por clatrina profundamente invaginada

RESPOSTA 15-23 Um único ciclo incompleto de importação nuclear ocorreria. Como o transporte nuclear é promovido pela hidrólise de GTP, em condições de energia insuficiente o GTP seria todo utilizado e nenhuma Ran-GTP estaria disponível para descarregar a proteína carga do seu receptor de importação nuclear no momento da chegada ao núcleo (ver Figura 15-10). Incapaz de liberar sua carga, o receptor de importação nuclear ficaria preso no poro nuclear e não retornaria ao citosol. Como a proteína carga nuclear não seria liberada, ela não seria funcional e nenhuma importação adicional ocorreria.

Capítulo 16

RESPOSTA 16-1 A maioria das moléculas de sinalização parácrina possui uma vida muito curta após serem liberadas pelas células sinalizadoras: elas são degradadas por enzimas extracelulares ou são captadas rapidamente pelas células-alvo adjacentes. Além disso, algumas aderem à matriz extracelular e, dessa forma, são impedidas de difundir-se a grandes distâncias.

RESPOSTA 16-2 Os grupos polares são hidrofílicos, e o colesterol seria hidrofóbico demais para ser um hormônio eficaz sozinho porque tem apenas um grupo –OH polar. Visto que é quase insolúvel em água, ele não poderia se mover facilmente pelo líquido extracelular como um mensageiro de uma célula para outra, a não ser que fosse transportado por proteínas específicas.

RESPOSTA 16-3 A proteína poderia ser uma enzima que produz um grande número de pequenas moléculas de sinalização intracelular como o AMP cíclico ou o GMP cíclico. Ou ela poderia ser uma enzima que modifica um grande número de proteínas-alvo intracelulares, por exemplo, por fosforilação.

RESPOSTA 16-4 No caso do receptor para hormônios esteroides, um complexo com proporção 1:1 entre hormônio e receptor se liga ao DNA para inibir ou ativar a expressão gênica. Portanto, não existe amplificação entre a interação com o ligante e a regulação da transcrição. A amplificação ocorre mais tarde, porque a transcrição de um gene dá origem a várias moléculas de RNA mensageiro que são traduzidas gerando muitas moléculas de proteína (discutido no Capítulo 7). No caso dos receptores acoplados a canais iônicos, um único canal iônico permite a passagem de milhares de íons durante o tempo em que estiver aberto. Isso funciona como a etapa de amplificação nesse tipo de sistema de sinalização.

RESPOSTA 16-5 A proteína G mutante seria ativada de forma quase contínua, visto que o GDP se dissociaria espontaneamente, permitindo a ligação do GTP mesmo na ausência de um receptor GPCR ativado. As consequências para a célula seriam, por isso, semelhantes às causadas pela toxina do cólera, a qual modifica a subunidade α de G_S de forma que ela não pode mais hidrolisar GTP e se inativar. Ao contrário do caso da toxina do cólera, contudo, a proteína G mutante não ficaria ativada de modo permanente: ela seria inativada normalmente, mas se tornaria ativa de novo, de forma instantânea, no momento em que o GDP se dissociasse e um GTP se ligasse a ela.

RESPOSTA 16-6 A degradação rápida mantém baixa a concentração intracelular de AMP cíclico. Quanto mais baixos forem os níveis de AMP cíclico, maior e mais rápido será o aumento alcançado após a ativação da adenilato-ciclase, a qual sintetiza novas moléculas do mensageiro. Se você tiver R$ 100,00 no banco e depositar mais R$ 100,00, você terá dobrado o seu saldo. Se você tiver somente R$ 10,00 no início e depositar R$ 100,00, você terá aumentado 10 vezes seu saldo, um aumento proporcionalmente muito maior com o mesmo valor de depósito.

RESPOSTA 16-7 Lembre-se de que a membrana plasmática constitui uma área relativamente pequena quando comparada com o total de superfícies de membranas em uma célula (discutido no Capítulo 15). O retículo endoplasmático é especialmente abundante e se expande a todo o volume celular como uma vasta rede de tubos e lâminas de membrana. O Ca^{2+} armazenado no retículo endoplasmático pode ser, por isso, distribuído por todo o citosol. Isso é importante porque a remoção rápida desse íon do citosol pelas bombas impede a difusão do Ca^{2+} a distâncias significativas no citosol.

RESPOSTA 16-8 Cada uma das reações envolvidas em um esquema de amplificação deve ser "desligada" para que a via de sinalização restaure seu nível de repouso. Todos esses "pontos de regulação" são igualmente importantes.

RESPOSTA 16-9 A ligação dos anticorpos aos receptores pode induzir a agregação desses últimos na superfície da célula, porque os anticorpos possuem dois sítios de ligação ao antígeno. Isso é o mesmo que ativar os receptores tirosina-cinase, os quais são ativados por dimerização. No caso dos receptores tirosina-

-cinase, a agregação permite que os domínios de cinase dos receptores individuais fosforilem receptores adjacentes. A ativação dos receptores acoplados à proteína G é mais complicada, porque o ligante tem de induzir uma determinada mudança de conformação. Somente anticorpos muito especiais mimetizam suficientemente bem um ligante receptor para induzir a mudança de conformação que ativa o receptor.

RESPOSTA 16-10 Quanto mais etapas uma via de sinalização intracelular tiver, mais locais a célula tem para regular a via, amplificar o sinal, integrar os sinais oriundos de vias diferentes e disseminar o sinal ao longo de vias divergentes (ver Figura 16-13).

RESPOSTA 16-11

A. Verdadeira. A acetilcolina, por exemplo, reduz o batimento das células musculares cardíacas porque se liga a um receptor acoplado à proteína G e estimula a contração das células musculares esqueléticas por se ligar a um receptor de acetilcolina diferente, que é um receptor acoplado a um canal iônico.

B. Falsa. A acetilcolina tem vida curta e exerce seus efeitos localmente. O prolongamento de sua vida pode ser desastroso. Os compostos que inibem a enzima acetilcolinesterase, a qual costuma degradar a acetilcolina nas sinapses neuromusculares, são extremamente tóxicos. Por exemplo, o gás nervoso sarin, usado em guerra química, é um inibidor da acetilcolinesterase.

C. Verdadeira. Os complexos $\beta\gamma$ sem nucleotídeo ligado podem ativar canais iônicos, e as subunidades α com GTP ligado podem ativar enzimas. A proteína G trimérica com GDP ligado corresponde à forma inativa.

D. Verdadeira. O fosfolipídeo de inositol que é clivado para produzir IP_3 possui três grupos fosfato, e um deles liga o açúcar ao diacilglicerol. O IP_3 é gerado por uma única reação de hidrólise (ver Figura 16-27).

E. Falsa. A calmodulina percebe, mas não regula, os níveis intracelulares de Ca^{2+}.

F. Verdadeira. Ver Figura 16-40.

G. Verdadeira. Ver Figura 16-32.

RESPOSTA 16-12

1. Você esperaria um alto nível basal de atividade de Ras porque ela não pode ser inativada de maneira eficiente.
2. Como algumas moléculas de Ras já têm GTP ligado, sua atividade em resposta a um sinal extracelular seria maior do que o normal, mas estaria sujeita a saturação quando todas as suas moléculas fossem convertidas na forma ligada a GDP.
3. A resposta a um sinal seria mais lenta, porque o aumento de Ras ligada a GTP dependente de sinal ocorreria em um nível basal elevado de Ras ligada a GTP preexistente (ver Questão 16-6).
4. O aumento na atividade de Ras em resposta a um sinal seria também prolongado em comparação com a resposta em células normais.

RESPOSTA 16-13

A. Ambos os tipos de sinalização podem ocorrer a longa distância: os neurônios podem enviar potenciais de ação ao longo de axônios muito longos (pense nos axônios no pescoço da girafa, por exemplo), e os hormônios são transportados pela corrente sanguínea para todo o organismo. A concentração das moléculas-sinal é alta porque os neurônios secretam grande quantidade de neurotransmissores na sinapse, um espaço pequeno e bem definido entre duas células. Por isso, os receptores só precisam se ligar aos neurotransmissores com baixa afinidade. Ao contrário, os hormônios estão muito diluídos na corrente sanguínea, onde com frequência circulam em concentração muito baixa. Seus receptores, por isso, ligam-se a eles com uma afinidade extremamente alta.

B. Enquanto a sinalização neuronal é um assunto privado, com um neurônio se comunicando com um grupo selecionado de células-alvo por meio de conexões sinápticas específicas, a sinalização hormonal é um anúncio público, com qualquer célula-alvo portadora de receptores apropriados sendo capaz de responder ao hormônio no sangue. A sinalização neuronal é muito rápida, limitada apenas pela velocidade de propagação do potencial de ação e atividade das sinapses, ao passo que a sinalização hormonal é mais lenta, limitada pelo fluxo sanguíneo e pela difusão por maiores distâncias.

RESPOSTA 16-14

A. Existem 100.000 moléculas de X e 10.000 moléculas de Y na célula (= taxa de síntese x vida média).

B. Depois de um segundo, a concentração de X terá aumentado em 10.000 moléculas. Por isso, um segundo após sua síntese aumentar, a concentração de X será de 110.000 moléculas por célula – o que representa um aumento de 10% em sua concentração em relação ao valor antes do aumento da síntese. A concentração de Y também aumenta em 10.000 moléculas, o que representa um aumento total de duas vezes em sua concentração (para simplificar, podemos omitir a degradação nessa estimativa porque X e Y são relativamente estáveis durante o período de um segundo).

C. Em razão do aumento proporcionalmente maior de Y, esta é a molécula sinalizadora preferencial. Esse cálculo ilustra um princípio inesperado, mas importante: o tempo necessário para que ocorra o efeito de um sinal recebido é determinado pelo tempo de vida da molécula sinalizadora.

RESPOSTA 16-15 A informação transmitida por uma via de sinalização celular está contida na *concentração* do mensageiro, seja ele uma molécula pequena ou uma proteína fosforilada. Portanto, para permitir a detecção de uma mudança na concentração, o mensageiro original tem de ser rapidamente degradado e ressintetizado. Quanto mais curta for a vida média da população de mensageiros, mais rápida é a resposta do sistema a mudanças. A comunicação humana se baseia em mensagens que são distribuídas somente uma vez e que em geral não são interpretadas por sua abundância, mas por seu *conteúdo*. Assim, é um erro matar os mensageiros, pois eles podem ser usados mais de uma vez.

RESPOSTA 16-16

A. O receptor tirosina-cinase mutante sem seu domínio extracelular de interação com o ligante é inativo. Ele não pode ligar os sinais extracelulares, e sua presença não interfere no funcionamento do receptor normal (**Figura R16-16A**).

B. O RTK mutante sem seu domínio intracelular também é inativo, mas sua presença bloqueia a sinalização pelos receptores normais. Quando uma molécula-sinal se liga a qualquer um dos receptores, ela induz sua dimerização. Deve acontecer dimerização entre dois receptores normais para que possam ser fosforilados mutuamente e ativados. Contudo, na presença de um excesso de receptores mutantes, os receptores normais formarão dímeros mistos, cujos domínios intracelulares não podem ser ativados porque seu parceiro é mutante e não possui o domínio de cinase (**Figura R16-16B**).

RESPOSTA 16-17 A afirmativa é correta. Ao interagir com o ligante, as hélices transmembrânicas dos receptores de múltipla passagem, como os receptores acoplados à proteína G, são sub-

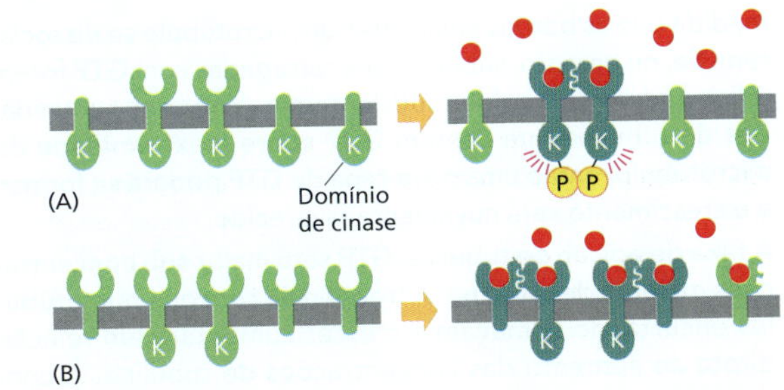

Figura R16-16

metidas a um rearranjo uma em relação à outra (**Figura R16-17A**). Essa mudança na conformação é percebida no lado citosólico da membrana em função de uma alteração no arranjo das alças citoplasmáticas. Um segmento transmembranar único não é suficiente para transmitir o sinal pela membrana. Nesse caso, não é possível a ocorrência de rearranjos na membrana a partir da interação com o ligante. Os receptores de passagem única, como os receptores tirosina-cinase, tendem a dimerizar quando interagem com o ligante, o que causa a aproximação dos seus domínios enzimáticos intracelulares, podendo, então, ocorrer a fosforilação mútua e a consequente ativação (**Figura R16-17B**).

RESPOSTA 16-18 A ativação em ambos os casos depende de proteínas que catalisem a troca GDP-GTP na proteína G ou na proteína Ras. Enquanto os GPCRs ativados realizam sua função diretamente nas proteínas G, os receptores ligados a enzimas, quando ativados por fosforilação, agrupam múltiplas proteínas

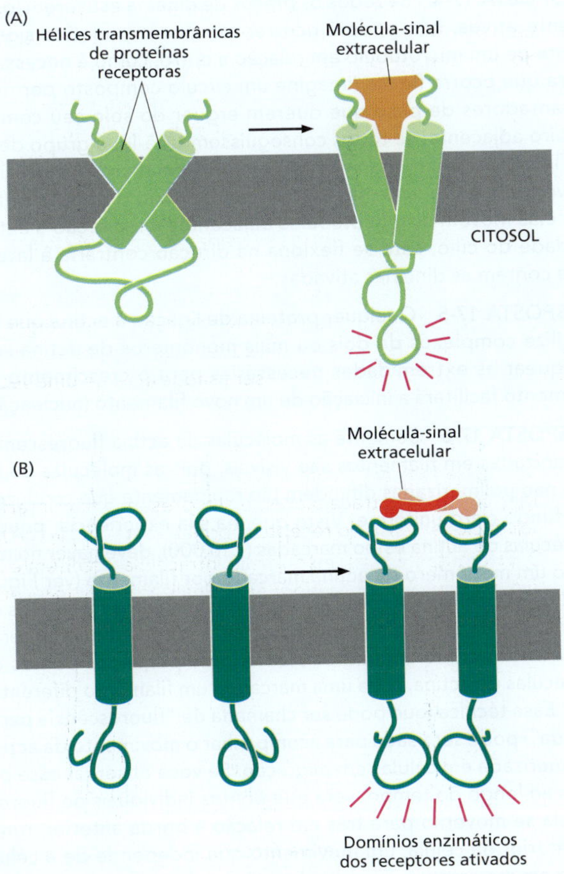

Figura R16-17

de sinalização em um complexo; uma delas é uma proteína adaptadora que recruta um fator de troca de nucleotídeos de guanina que cumpre sua função na Ras.

RESPOSTA 16-19 Visto que a concentração citosólica de Ca^{2+} é muito baixa, um influxo de relativamente poucos íons leva a grandes mudanças na sua concentração citosólica. Assim, um aumento de dez vezes no Ca^{2+} citosólico pode ser alcançado pelo aumento da concentração na faixa de micromolar, o que seria obtido com muito menos íons do que seriam necessários para mudar significativamente a concentração de um íon muito mais abundante como o Na^+. No músculo, uma mudança maior do que dez vezes na concentração citosólica do Ca^{2+} pode ser obtida em milissegundos, pela liberação do íon dos seus estoques intracelulares no retículo sarcoplasmático, uma tarefa que seria difícil de realizar se fossem necessárias mudanças na faixa de milimolar.

RESPOSTA 16-20 Em um organismo multicelular, como um animal, é importante que as células sobrevivam somente quando e onde forem necessárias. Tornar as células dependentes de sinais de outras células pode ser uma forma simples de garantir isso. Uma célula no lugar errado, por exemplo, provavelmente falhará em receber os sinais de sobrevivência de que precisa (pois suas vizinhas não são as adequadas) e portanto sofrerá morte celular. Essa estratégia pode ser útil também na regulação do número de células: se a célula do tipo A depende de um sinal de sobrevivência enviado pela célula do tipo B, o número de células B poderia controlar o número de células A pela produção de uma quantidade limitada do sinal de sobrevivência, de modo que somente um determinado número de células A pudesse sobreviver. De fato, há evidências da existência desse mecanismo de regulação do número de células – tanto nos tecidos em desenvolvimento quanto nos adultos (ver Figura 18-41).

RESPOSTA 16-21 Os canais de Ca^{2+} ativados pelo Ca^{2+} criam um circuito de retroalimentação positiva: quanto mais Ca^{2+} é liberado, mais canais se abrem. Por essa razão, o sinal de Ca^{2+} no citosol é propagado de forma explosiva por toda a célula muscular, assegurando, assim, que todos os filamentos de miosina-actina se contraiam quase sincronicamente.

RESPOSTA 16-22 K2 ativa K1. Se K1 for ativada de maneira permanente, é observada uma resposta independentemente da condição de K2. Se a ordem for invertida, K1 deveria ativar K2, o que não pode acontecer, porque, em nosso exemplo, K2 possui uma mutação que leva à inativação.

RESPOSTA 16-23

A. Os três exemplos de vias de sinalização até o núcleo são (1) sinal extracelular → RTK → proteína adaptadora → proteína ativadora de Ras → MAP-cinase-cinase-cinase → MAP-cinase-cinase → MAP-cinase → regulador de transcrição; (2) sinal extracelular → GPCR → proteína G → fosfolipase C → IP_3 → Ca^{2+} → calmodulina → CaM-cinase → regulador de transcrição; (3) sinal extracelular → GPCR → proteína G → adenilato-ciclase → AMP cíclico → PKA → regulador de transcrição.

B. Um exemplo de uma via de sinalização direta para o núcleo é Delta → Notch → cauda de Notch clivada → transcrição

RESPOSTA 16-24 Quando a PI 3-cinase é ativada por um receptor tirosina-cinase ativado, ela fosforila um fosfolipídeo de inositol específico na membrana plasmática. Este então recruta, para a membrana, Akt e outra proteína-cinase que auxilia na fosforilação e ativação da Akt. Uma terceira cinase, que está associada permanentemente à membrana, também auxilia na ativação de Akt (ver Figura 16-35).

RESPOSTA 16-25 Acredita-se que animais e plantas tenham evoluído para a multicelularidade independentemente, e, por isso, espera-se que tenham desenvolvido alguns mecanismos de sinalização distintos para a comunicação entre as células. Por outro lado, considera-se que as células animais e vegetais tenham evoluído de uma célula eucariótica ancestral comum, de modo que se esperaria que as plantas e os animais compartilhassem alguns mecanismos de sinalização intracelular que o ancestral utilizava para responder ao seu meio ambiente.

Capítulo 17

RESPOSTA 17-1 Células que migram rapidamente de um lugar para outro, como as amebas (A) e os espermatozoides (F), em geral não necessitam de filamentos intermediários em seu citoplasma, visto que não desenvolvem ou não são submetidos a grandes forças de tensão. Células vegetais (G) são submetidas constantemente às forças do vento e da água, mas resistem a essas forças por intermédio de suas paredes celulares rígidas, em vez de utilizarem seu citoesqueleto. Células epiteliais (B), células da musculatura lisa (C) e os longos axônios de neurônios (E) são exemplos de células ricas em filamentos intermediários citoplasmáticos, os quais evitam que elas se rompam quando distendidas ou comprimidas pelos movimentos dos tecidos adjacentes.

Todas as células eucarióticas listadas possuem filamentos intermediários, pelo menos em sua lâmina nuclear. As bactérias, como é o caso da *Escherichia coli* (D), no entanto, não possuem qualquer filamento intermediário.

RESPOSTA 17-2 Dois dímeros de tubulina possuem uma menor afinidade um em relação ao outro (em razão de um número mais limitado de sítios de interações) do que um dímero de tubulina em relação à extremidade de um microtúbulo (onde existem vários sítios possíveis de interação, tanto no caso de adição de dímeros de tubulina em um protofilamento extremidade a extremidade quanto no que se refere às interações laterais dos dímeros de tubulina com subunidades de tubulina presentes em protofilamentos adjacentes, o que dá origem à forma semelhante a um anel do microtúbulo em secção). Assim, para que seja iniciada a formação de um microtúbulo a partir do zero, uma quantidade suficiente de dímeros de tubulina deve ser agrupada e permanecer tempo suficiente em união para que novas moléculas de tubulina sejam adicionadas a esse grupo inicial. Apenas quando uma quantidade suficiente de dímeros de tubulina tiver sido adicionada é que a ligação de uma nova subunidade será favorecida. A formação desses "sítios de nucleação" iniciais, como consequência, é rara e não ocorrerá espontaneamente sob as concentrações celulares normais de tubulina.

Os centrossomos contêm anéis de γ-tubulina pré-organizados (nos quais as subunidades de γ-tubulina são mantidas em união por meio de interações laterais muito mais fortes do que as interações que podem ser formadas pela $\alpha\beta$-tubulina) aos quais os dímeros de $\alpha\beta$-tubulina podem ligar-se. As condições de ligação dos dímeros de $\alpha\beta$-tubulina se assemelham àquelas relativas à adição na extremidade de um microtúbulo organizado. Os anéis de γ-tubulina no centrossomo podem, portanto, ser considerados como sítios de nucleação permanentemente pré-associados.

RESPOSTA 17-3

A. O microtúbulo está encurtando pois perdeu sua capa de GTP, isto é, as subunidades de tubulina de sua extremidade estão todas sob a forma ligada a GDP. Subunidades de tubulina associadas a GTP, presentes na solução, ainda serão adicionadas a essa extremidade, mas terão uma vida curta – ou porque hidrolisarão seu GTP ou porque serão perdidas à medida que as bordas adjacentes do microtúbulo se dissociarem. Se, no entanto, subunidades carregadas com GTP forem adicionadas com rapidez suficiente para cobrir as subunidades de tubulina que contêm GDP sobre a extremidade do microtúbulo, então uma nova capa de GTP poderá se formar, e o crescimento será novamente favorecido.

B. A taxa de adição de tubulina-GTP será maior sob concentrações maiores de tubulina. A frequência com que microtúbulos encurtando começam a crescer aumentará em relação direta ao aumento das concentrações de tubulina. A consequência disso é que o sistema é autorregulável: quanto mais microtúbulos sofrerem encurtamento (levando a uma concentração maior de tubulina livre), com mais frequência os microtúbulos começarão de novo a crescer. De forma inversa, quanto mais microtúbulos estiverem em crescimento, mais baixas ficarão as concentrações de tubulina livre, e a taxa de adição de tubulina-GTP será diminuída. Em um determinado momento, a hidrólise de GTP alcançará a tubulina-GTP recentemente adicionada, a capa de GTP será destruída, e o microtúbulo reverterá para um estado de encurtamento.

C. Se apenas GDP estiver presente, os microtúbulos continuarão a diminuir e por fim desaparecerão, pois dímeros de tubulina com GDP possuem uma afinidade muito baixa uns em relação aos outros e não serão estavelmente adicionados aos microtúbulos.

D. Se GTP está presente, mas não pode ser hidrolisado, os microtúbulos continuarão a crescer até o esgotamento completo das subunidades livres de tubulina disponíveis.

RESPOSTA 17-4 Se todos os braços de dineína estiverem igualmente ativos, não poderá ocorrer movimento relativo significante de um microtúbulo em relação a outro, como é necessário para que ocorra flexão (imagine um círculo composto por nove levantadores de peso que querem erguer do solo seu companheiro adjacente: se todos conseguissem fazê-lo, o grupo deveria levitar!). Assim, algumas poucas moléculas de dineína ciliar devem ser seletivamente ativadas em um lado do cílio. Conforme elas movem os microtúbulos adjacentes em direção à extremidade do cílio, este se flexiona na direção contrária à lateral que contém as dineínas ativadas.

RESPOSTA 17-5 Qualquer proteína de ligação à actina que estabilize complexos de dois ou mais monômeros de actina sem bloquear as extremidades necessárias para o crescimento do filamento facilitará a iniciação de um novo filamento (nucleação).

RESPOSTA 17-6 Somente as moléculas de actina fluorescentes organizadas em filamentos são visíveis, pois as moléculas de actina não polimerizadas difundem tão rapidamente que produzem um fundo claro uniforme. Visto que, na sua experiência, poucas moléculas de actina estão marcadas (1:10.000), deve haver no máximo um monômero de actina marcado por filamento (ver Figura 17-29). O lamelipódio, como um todo, possui muitos filamentos de actina, alguns dos quais se sobrepõem e consequentemente serão visualizados como um padrão aleatório de pequenos pontos de moléculas de actina, cada uma marcando um filamento diferente.

Essa técnica (que pode ser chamada de "fluorescência particulada") pode ser usada para acompanhar o movimento da actina polimerizada em células em migração. Se você observar esse padrão ao longo do tempo, verá que pontos individuais de fluorescência se moverão para trás em relação à borda anterior, rumo ao interior da célula, um movimento que independe de a célula estar em movimento. Esse movimento retrógrado ocorre porque monômeros de actina são adicionados aos filamentos em suas extremidades mais (+), sendo perdidos nas extremidades menos (-) (onde estão sendo despolimerizados) (ver Figura 17-35B). Na realidade, os monômeros de actina "se movem ao longo" dos filamentos de actina, um fenômeno denominado *treadmilling*. Foi demonstrado que o *treadmilling* ocorre tanto em filamentos de actina isolados em solução quanto em microtúbulos dinâmicos, como aqueles presentes em um fuso mitótico.

RESPOSTA 17-7 As células contêm proteínas de ligação à actina que enfeixam e interligam os filamentos de actina (ver Figura 17-32). Os filamentos que se estendem a partir de lamelipódios e filopódios se tornam firmemente conectados à rede de filamentos do córtex celular, o que fornece a ancoragem mecânica necessária para que os filamentos em crescimento, semelhantes a bastões, deformem a membrana celular.

RESPOSTA 17-8 Apesar de as subunidades serem de fato mantidas unidas por meio de ligações não covalentes que são individualmente fracas, existe uma grande quantidade dessas ligações distribuída entre um número extremamente grande de filamentos. Consequentemente, o estresse exercido pela elevação de um objeto pesado por um ser humano sofre dispersão entre tantas subunidades que sua resistência de interação não é excedida. Por analogia, um único fio de seda não é resistente o suficiente para sustentar um ser humano; no entanto, uma corda tecida a partir de fios de seda poderá desempenhar essa tarefa.

RESPOSTA 17-9 Ambos os filamentos são compostos por subunidades na forma de dímeros proteicos que são mantidos unidos por meio de interações de supertorção. Além disso, em ambos os casos, os dímeros polimerizam por meio de seus domínios supertorcidos formando filamentos. No entanto, enquanto os dímeros de filamentos intermediários se associam cabeça a cabeça, consequentemente criando um filamento que não apresenta polaridade, todas as moléculas da mesma metade de um filamento de miosina estão orientadas com suas cabeças apontando para a mesma direção. Essa polaridade é necessária para que elas sejam capazes de desenvolver a força contrátil no músculo.

RESPOSTA 17-10

A. As moléculas sucessivas de actina em um filamento de actina são idênticas em posição e conformação. Após a ligação inicial de uma proteína (como a troponina) ao filamento de actina, não seria possível que uma segunda molécula dessa proteína pudesse reconhecer exatamente o sétimo monômero em um filamento de actina nu. A tropomiosina, no entanto, se liga ao longo de um filamento de actina abarcando exatamente sete monômeros e, desse modo, fornece uma "régua" molecular que mede o comprimento de sete monômeros de actina. A troponina se torna posicionada por meio da ligação às extremidades regularmente espaçadas das moléculas de tropomiosina.

B. Íons de cálcio influenciam a geração de força no sistema actina-miosina apenas se ambas – troponina (para ligar os íons cálcio) e tropomiosina (para transmitir a informação ao filamento de actina de que a troponina possui cálcio associado) – estiverem presentes. (i) A troponina não pode ligar-se à actina na ausência de tropomiosina. O filamento de actina ficará permanentemente exposto à miosina, e o sistema estará ativo de forma contínua, independentemente da presença ou da ausência de íons cálcio (uma célula muscular estará, como consequência, permanentemente contraída, sem que haja possibilidade de regulação). (ii) A tropomiosina irá ligar-se à actina e bloquear completamente a ligação da miosina; o sistema ficará inativo de forma permanente, independentemente da presença de cálcio, visto que a tropomiosina não é afetada diretamente pelo cálcio. (iii) O sistema irá contrair em resposta aos íons cálcio.

RESPOSTA 17-11

A. Verdadeira. Um movimento contínuo do RE rumo à periferia é necessário; na ausência de microtúbulos, o RE colapsa em direção ao centro da célula.

B. Verdadeira. A actina é necessária para a produção do anel contrátil que provoca a clivagem física entre as duas células-filhas, ao passo que o fuso mitótico que separa os cromossomos é composto por microtúbulos.

C. Verdadeira. Ambas as extensões estão associadas a proteínas transmembrânicas que formam protrusões a partir da membrana plasmática e permitem que a célula forme novos pontos de ancoragem sobre o substrato.

D. Falsa. Para provocar a flexão, o ATP é hidrolisado pelas proteínas motoras dineína que estão ligadas ao microtúbulos mais externos no flagelo.

E. Falsa. As células não podem se dividir sem que ocorram rearranjos de seus filamentos intermediários; no entanto, muitas células em diferenciação terminal e células de longa duração, como os neurônios, possuem filamentos intermediários estáveis que, até o momento, não foram observados em despolimerização.

F. Falsa. A taxa de crescimento é independente do tamanho da capa de GTP. As extremidades mais (+) e menos (-) apresentam diferentes taxas de crescimento, pois possuem sítios de ligação fisicamente distintos para a adição de subunidades de tubulina; a taxa de adição de tubulina difere entre as duas extremidades.

G. Verdadeira. Ambos são belos exemplos de como a mesma membrana pode apresentar regiões altamente especializadas para uma função determinada.

H. Falsa. O movimento da miosina é ativado pela fosforilação da miosina ou pela ligação de cálcio à troponina.

RESPOSTA 17-12 O tempo médio necessário para que uma pequena molécula (como o ATP) difunda por uma distância de 10 μm é dado pelo seguinte cálculo:

$$(10^{-3})^2/(2 \times 5 \times 10^{-6}) = 0{,}1 \text{ segundo}$$

De forma semelhante, uma proteína necessitaria de 1 segundo, e uma vesícula, de 10 segundos, em média, para percorrer 10 μm. Uma vesícula necessitaria em média de 10^9 segundos, ou mais de 30 anos, para difundir até a extremidade de um axônio de 10 cm de comprimento. Esse valor torna óbvia a necessidade da evolução das cinesinas e de outras proteínas motoras para transportar moléculas e organelas ao longo dos microtúbulos.

RESPOSTA 17-13 (1) As células animais são muito maiores e apresentam formato muito mais diversificado, além de não possuírem parede celular. Os elementos do citoesqueleto são necessários para fornecer resistência mecânica e formato na ausência de uma parede celular. (2) As células animais, e todas as demais células eucarióticas, possuem um núcleo cuja morfologia e posição dentro da célula são mantidas pelos filamentos intermediários; as laminas nucleares conectadas à membrana nuclear interna sustentam e dão forma à membrana nuclear, e uma rede de filamentos intermediários reveste o núcleo e se estende no citosol. (3) As células animais podem movimentar-se por meio de um processo que requer alteração na morfologia. Os filamentos de actina e a proteína motora miosina são necessários para essas atividades. (4) As células animais possuem um genoma muito maior do que as células bacterianas; tal genoma está fragmentado em diversos cromossomos. Na divisão celu-

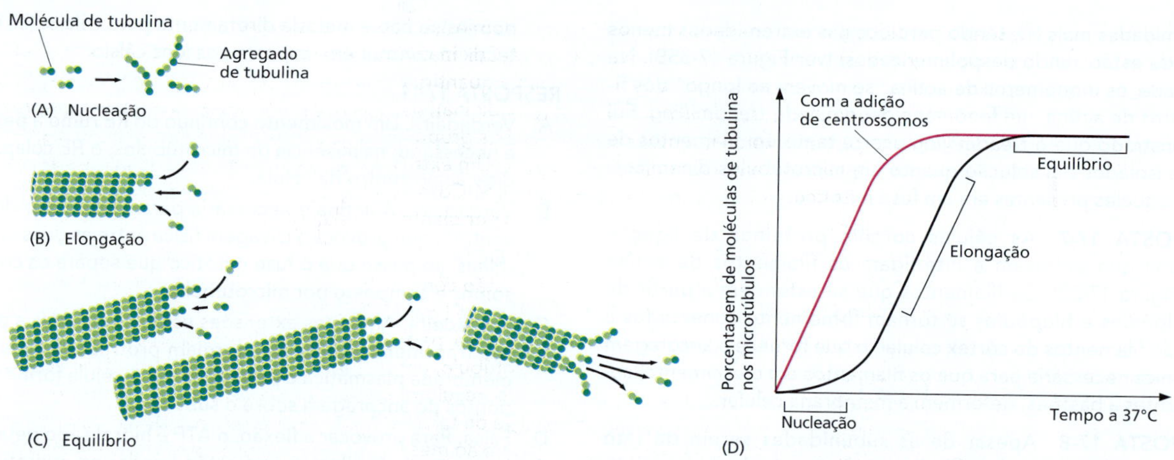

Figura R17-19

lar, os cromossomos devem ser exatamente distribuídos entre as células-filhas, o que requer a atuação dos microtúbulos que formam o fuso mitótico. (5) As células animais possuem organelas internas. O seu posicionamento na célula é dependente de proteínas motoras que se movem ao longo dos microtúbulos. Um exemplo excepcional é o transporte a longas distâncias de vesículas delimitadas por membrana (organelas) ao longo dos microtúbulos em um axônio que pode ter um comprimento de até 1 metro, no caso dos neurônios que se estendem da medula espinal rumo aos nossos pés.

RESPOSTA 17-14 As extremidades de um filamento intermediário não são distinguíveis entre elas, pois os filamentos são formados a partir da associação de tetrâmeros simétricos feitos de dois dímeros supertorcidos. Assim, contrastando aos microtúbulos e aos filamentos de actina, os filamentos intermediários não apresentam polaridade.

RESPOSTA 17-15 Os filamentos intermediários não apresentam polaridade; suas extremidades são quimicamente idênticas. Seria, portanto, difícil imaginar como uma proteína motora hipotética que se ligasse em uma região central de um filamento poderia identificar e definir uma direção. Tal proteína motora seria igualmente capaz de se ligar ao filamento e rumar para qualquer das extremidades.

RESPOSTA 17-16 A catanina quebra os microtúbulos em fragmentos, ao longo de seu comprimento e em posições distantes de suas capas de GTP. Os fragmentos formados possuem, portanto, tubulina-GDP em suas extremidades expostas e rapidamente sofrem despolimerização. Desse modo, a catanina fornece uma possibilidade de rápida destruição dos microtúbulos existentes.

RESPOSTA 17-17 A divisão celular depende da capacidade de os microtúbulos polimerizarem e despolimerizarem. Isso fica mais evidente quando consideramos que a formação do fuso mitótico requer a despolimerização prévia de outros microtúbulos celulares para a disponibilização da tubulina livre necessária para a construção do fuso. Essa reorganização não é possível em células tratadas com paclitaxel, ao passo que em células tratadas com colchicina a divisão é bloqueada em razão da impossibilidade de formação do fuso. Em um nível mais sutil, porém não menos importante, ambos os fármacos bloqueiam a instabilidade dinâmica dos microtúbulos e, como consequência, interferem no desempenho do fuso mitótico, isso considerando que ele tenha sido adequadamente formado.

RESPOSTA 17-18 As proteínas motoras são unidirecionais em sua ação. As cinesinas sempre se movem rumo à extremidade mais (+) de um microtúbulo, e as dineínas, rumo à extremidade menos (-). Assim, se as moléculas de cinesina estão ligadas ao vidro, apenas os motores individuais que possuem a orientação correta em relação ao microtúbulo que se posiciona sobre elas podem ligar-se ao microtúbulo e exercer uma força sobre ele para empurrá-lo para frente. Visto que a cinesina se move em direção à extremidade mais (+) do microtúbulo, o microtúbulo sempre se deslocará com sua extremidade menos (-) para frente, sobre a lamínula.

RESPOSTA 17-19

A. A fase A corresponde a uma fase de retardo, durante a qual as moléculas de tubulina organizam-se para formar centros de nucleação (**Figura R17-19A**). A nucleação é seguida por um aumento rápido (fase B) até um limite, conforme os dímeros de tubulina são adicionados às extremidades dos microtúbulos em crescimento (**Figura R17-19B**). Na fase C, o equilíbrio é alcançado, encontrando-se alguns microtúbulos em crescimento, enquanto outros estão encurtando rapidamente (**Figura R17-19C**). A concentração de tubulina livre é constante nesse ponto, pois a polimerização e a despolimerização estão balanceadas (ver também Questão 17-3, p. 577).

B. A adição de centrossomos introduz sítios de nucleação que eliminam a fase de retardo A conforme ilustrado na curva vermelha da Figura R17-19D. A velocidade de crescimento dos microtúbulos (i.e., a inclinação da curva na fase B, de extensão) e o patamar de equilíbrio de tubulina livre permanecem inalterados, pois a presença de centrossomos não afeta as taxas de polimerização ou despolimerização.

RESPOSTA 17-20 As extremidades do microtúbulo que está encurtando estão visivelmente esfiapadas, e os protofilamentos individualmente parecem separar-se e sofrer enrolamento conforme suas extremidades sofrem despolimerização. Assim, essa microfotografia sugere que a capa de GTP (a qual é perdida nos microtúbulos que estão encurtando) mantém os protofilamentos adequadamente alinhados uns com os outros, talvez pelo fortalecimento das interações laterais entre as subunidades de $\alpha\beta$-tubulina quando estas se encontram sob a forma ligada a GTP.

RESPOSTA 17-21 A citocalasina interfere na formação do filamento de actina, e seu efeito sobre a célula demonstra a importância da actina para a locomoção celular. O experimento com colchicina mostra que os microtúbulos são necessários para dar uma polaridade à célula, que, então, determina qual extremidade corresponderá à borda anterior (ver Figura 17-14). Na ausência de microtúbulos, as células ainda são capazes de realizar os movimentos em geral associados à locomoção celular, como a extensão de lamelipódios. No entanto, na ausência de polaridade, estes serão exercícios inúteis, pois ocorrerão indiscriminadamente em todas as direções.

Anticorpos se ligam fortemente ao antígeno correspondente (nesse caso, a vimentina) (ver Painel 4-2, p. 146-147). Quando ligado, um anticorpo pode interferir na função do antígeno, impedindo-o de interagir de maneira adequada com outros componentes celulares. Portanto, o experimento de injeção de anticorpos sugere que os filamentos intermediários não são necessários nem para a manutenção da polaridade celular nem para a maquinaria motriz.

RESPOSTA 17-22 Tanto (B) quanto (C) podem completar corretamente a sentença. O resultado direto do potencial de ação em uma membrana plasmática é a liberação de Ca^{2+} no citosol a partir do retículo sarcoplasmático; as células musculares são induzidas a contrair por essa rápida elevação de Ca^{2+} citosólico. Os íons de cálcio em altas concentrações se ligam à troponina, o que, por sua vez, faz a tropomiosina se mover e expor os sítios de ligação à miosina sobre os filamentos de actina. (A) e (D) estão erradas, pois o Ca^{2+} não possui efeito sobre a dissociação da cabeça de miosina do filamento de actina, o que é resultado da hidrólise de ATP. Também não existe qualquer papel do Ca^{2+} na manutenção da estrutura do filamento de miosina.

RESPOSTA 17-23 Apenas (D) está correta. Sob contração, os discos Z se aproximam, e nem os filamentos de actina, nem os de miosina, contraem (ver Figuras 17-41 e 17-42).

Capítulo 18

RESPOSTA 18-1 Como todas as células surgem por divisão a partir de outra célula, essa afirmação está correta assumindo que "primeira divisão celular" se refere à divisão, com sucesso, da célula fundadora a partir da qual toda a vida que conhecemos derivou. Provavelmente existiram várias outras tentativas malsucedidas de iniciar a cadeia da vida.

RESPOSTA 18-2 As células no pico B contêm o dobro de DNA daquelas no pico A, indicando que elas contêm DNA replicado, ao passo que as células no pico A contêm DNA não replicado. Entretanto, o pico A contém células que estão em G_1, e o pico B contêm células que estão em G_2 e mitose. As células na fase S começaram, mas não terminaram, a síntese de DNA. Portanto, elas têm várias quantidades intermediárias de DNA e são encontradas na região entre os dois picos. A maioria das células está em G_1, indicando que essa é a fase mais longa do ciclo celular (ver Figura 18-2).

RESPOSTA 18-3 Para organismos multicelulares, o controle da divisão celular é extremamente importante. Células individuais não devem proliferar, a não ser que seja para benefício de todo o organismo. O estado G_0 oferece proteção contra a ativação aberrante da divisão celular, pois o sistema de controle do ciclo celular não está organizado. Se, por outro lado, uma célula acabou de entrar em G_1, ela ainda conteria todo o sistema de controle do ciclo celular e poderia ser induzida a se dividir. A célula também teria de retomar a "decisão" de não se dividir quase que continuamente. Para entrar de novo no ciclo celular a partir de G_0, uma célula deve sintetizar novamente todos os componentes ausentes.

RESPOSTA 18-4 A célula replicaria o seu DNA danificado e, por isso, introduziria mutações nas duas células-filhas quando a célula se dividisse. Essas mutações poderiam aumentar as chances da progênie das células-filhas afetadas de, por fim, se tornarem células cancerosas.

RESPOSTA 18-5 Antes da injeção, os oócitos de rã devem conter M-Cdk inativo. Após a injeção do citoplasma na fase M, a pequena quantidade de M-Cdk ativo no citoplasma injetado ativa o M-Cdk inativo, ativando a fosfatase ativadora (Cdc25), que remove os grupos fosfato inibidores do M-Cdk inativo (ver Figura 18-17). Um extrato do segundo oócito, agora na fase M, conterá tantos M-Cdks ativos quanto o extrato citoplasmático original, e assim por diante.

RESPOSTA 18-6 O experimento mostra que os cinetocoros não estão conectados a um ou ao outro polo do fuso; os microtúbulos se ligam aos cinetocoros que são capazes de alcançar. Entretanto, para que os cromossomos permaneçam ligados a um microtúbulo, uma tensão deve ser exercida. A tensão é, normalmente, resultado de forças opostas dos polos do fuso. A necessidade de tal tensão assegura que, se dois cinetocoros-irmãos se ligarem ao mesmo polo do fuso, de modo que não haja geração de tensão, uma ou as duas conexões serão perdidas, e os microtúbulos do polo do fuso oposto terão outra chance de se ligar de forma apropriada.

RESPOSTA 18-7 Lembre-se da Figura 18-30: o novo envelope nuclear é formado na superfície dos cromossomos. Uma sobreposição muito próxima do envelope com os cromossomos impede o aprisionamento das proteínas citosólicas entre os cromossomos e o envelope. As proteínas nucleares são, então, seletivamente importadas pelos poros nucleares, causando a expansão do núcleo e mantendo a composição proteica característica.

RESPOSTA 18-8 As membranas das vesículas de Golgi se fundem para formar parte das membranas plasmáticas das duas células-filhas. O interior das vesículas, que está preenchido com material da parede celular, torna-se a nova matriz da parede celular que separa as duas células-filhas. As proteínas da membrana das vesículas de Golgi se tornam as proteínas da membrana plasmática. Aquelas porções das proteínas que estão voltadas para o lúmen da vesícula de Golgi estarão expostas na nova parede celular (**Figura R18-8**).

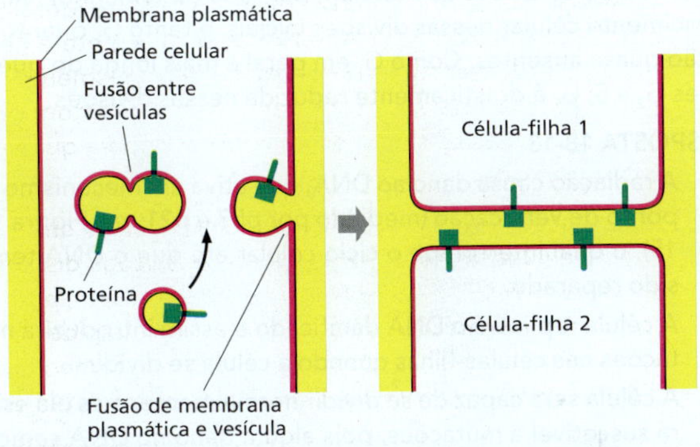

Figura R18-8

RESPOSTA 18-9 Em um organismo eucariótico, a informação genética de que o organismo necessita para sobreviver e reproduzir está distribuída entre os múltiplos cromossomos. Portanto, é crucial que cada célula-filha receba uma cópia de cada cromossomo quando uma célula se divide. Se uma célula-filha receber cromossomos a mais ou a menos, os efeitos são normalmente deletérios ou até mesmo letais. Somente duas cópias de cada cromossomo são produzidas pela replicação na mitose. Se a célula distribuísse os cromossomos ao acaso no momento da divisão, seria pouco provável que cada célula recebesse precisamente uma cópia de cada cromossomo. Por outro lado, o aparelho de Golgi se fragmenta em minúsculas vesículas, todas similares, e, pela distribuição aleatória, é muito provável que cada célula-filha receba um número aproximadamente igual dessas vesículas.

RESPOSTA 18-10 Como a apoptose ocorre em ampla escala tanto nos tecidos em desenvolvimento quanto nos tecidos adultos, ela não deve acionar reações de alarme que em geral estão associadas ao dano celular. O dano tecidual, por exemplo, leva à liberação de moléculas-sinal que estimulam a proliferação de células adjacentes de modo que a ferida cicatrize. Ele também provoca a liberação de sinais que podem causar uma reação inflamatória destrutiva. Além disso, a liberação do conteúdo intracelular poderia produzir uma resposta imune contra moléculas que normalmente não são encontradas pelo sistema imune. Tais reações seriam autodestrutivas se elas ocorressem em resposta à morte celular massiva que ocorre no desenvolvimento normal.

RESPOSTA 18-11 Como a população celular cresce de forma exponencial, duplicando seu peso a cada divisão celular, o peso de um grupo de células após *N* divisões celulares é $2^N \times 10^{-9}$ g. Portanto, 70 kg (70×10^3 g) = $2^N \times 10^{-9}$ g, ou $2^N = 7 \times 10^{13}$. O logaritmo de ambos os lados permite resolver a equação para *N*. Portanto, $N = \ln (7 \times 10^{13}) / \ln 2 = 46$; i.e., levaria apenas 46 dias se as células proliferassem exponencialmente. No entanto, a divisão celular nos animais é rigidamente controlada, e a maioria das células do organismo humano para de se dividir quando se torna altamente especializada. O exemplo demonstra que a proliferação celular exponencial ocorre apenas por breves períodos, mesmo durante o desenvolvimento embrionário.

RESPOSTA 18-12 Muitos óvulos são grandes e contêm componentes celulares armazenados em número suficiente para muitas divisões celulares. As células-filhas que se formam durante a primeira divisão celular após a fertilização são progressivamente menores em tamanho e assim podem ser formadas sem a necessidade de novas proteínas ou síntese de RNA. Visto que as células normais em divisão continuarão crescendo continuamente nas fases G_1, G_2 e S até que tenham dobrado de tamanho, não há crescimento celular nessas divisões iniciais, e tanto G_1 quanto G_2 estão quase ausentes. Como G_1 em geral é mais longa do que as fases G_2 e S; G_1 é drasticamente reduzida nessas divisões.

RESPOSTA 18-13

A. A radiação causa dano ao DNA, que ativa um mecanismo de ponto de verificação (mediado por p53 e p21; ver Figura 18-15), o qual interrompe o ciclo celular até que o DNA tenha sido reparado.

B. A célula replicará o DNA danificado e assim introduzirá mutações nas células-filhas quando a célula se dividir.

C. A célula será capaz de se dividir normalmente, mas ela estará suscetível a mutações, pois algum dano no DNA sempre ocorre como resultado da irradiação natural causada, por exemplo, pelos raios cósmicos. O mecanismo de ponto de verificação mediado por p53 é necessário principalmente como uma segurança contra os efeitos devastadores do acúmulo de danos no DNA, mas não para o avanço natural do ciclo celular nas células não danificadas.

D. A divisão celular em humanos é um processo progressivo que não cessa até alcançar a maturidade, sendo necessário para a sobrevivência. Eritrócitos e células epiteliais da pele ou revestindo o intestino, por exemplo, estão constantemente sendo produzidos pela divisão celular para abastecer as necessidades do corpo. A cada dia, seu corpo produz cerca de 10^{11} novos eritrócitos.

RESPOSTA 18-14

A. Apenas as células que estavam na fase S do seu ciclo celular (i.e., aquelas células produzindo DNA) durante os 30 minutos de marcação, contêm DNA radioativo.

B. Inicialmente, as células mitóticas contêm DNA não radioativo, pois essas células não estavam realizando síntese de DNA durante o período de marcação. Na verdade, leva em torno de duas horas para que a primeira célula mitótica marcada apareça.

C. O aumento inicial da curva corresponde às células que estavam quase terminando a replicação do DNA quando a timidina radioativa foi adicionada. A curva aumenta à medida que mais células marcadas entram em mitose; o pico corresponde àquelas células que recém começaram a fase S quando a timidina radioativa foi adicionada. As células marcadas então saem da mitose e são substituídas por células mitóticas não marcadas, que ainda não estavam na fase S durante o período de marcação. Após 20 horas, a curva começa a aumentar novamente, pois as células marcadas realizam um segundo ciclo de mitose.

D. As primeiras duas horas de intervalo antes que qualquer célula mitótica marcada apareça correspondem à fase G_2, que é o tempo entre o final da fase S e o início da mitose. As primeiras células marcadas observadas em mitose são aquelas que estavam quase terminando a fase S (síntese de DNA) quando a timidina radioativa foi adicionada.

RESPOSTA 18-15 A perda de ciclina M leva à inativação de M-Cdk. Como resultado, suas proteínas-alvo se tornam desfosforiladas por fosfatases, e as células saem da mitose: elas despolimerizam o fuso mitótico, formam novamente o envelope nuclear, descondensam seus cromossomos e assim por diante. A ciclina M é degradada pelo mecanismo dependente da ubiquitina nos proteassomos, e a ativação de M-Cdk leva à ativação de APC, que ubiquitina a ciclina, mas com um atraso substancial. Como discutido no Capítulo 7, a ubiquitinação marca as proteínas para serem degradadas nos proteassomos.

RESPOSTA 18-16 A ciclina M se acumula de forma gradual à medida que é constantemente sintetizada. Conforme se acumula, ela tende a formar complexos com as moléculas Cdk mitóticas que estão presentes. Depois de certo nível mínimo ter sido alcançado, uma quantidade suficiente de M-Cdk foi formada, de modo que ela é ativada pelas cinases e fosfatases apropriadas que a fosforilam e desfosforilam. Uma vez ativado, M-Cdk atua para aumentar a atividade da fosfatase ativadora; essa retroalimentação positiva conduz a uma ativação explosiva de M-Cdk (ver Figura 18-17). Assim, o acúmulo de ciclina M atua como um lento mecanismo de disparo, o que por fim ajuda a acionar a autoativação explosiva de M-Cdk. A degradação rápida da ciclina M interrompe a atividade de M-Cdk, e um novo ciclo de acúmulo de M-Cdk tem início.

RESPOSTA 18-17 A ordem é G, C, B, A e D. Juntos, esses cinco passos são referidos como mitose (F). Nenhum passo da mitose é influenciado pelas fases da lua (E). A citocinese é o último passo da fase M, a qual se sobrepõe com a anáfase e a telófase. Tanto a mitose quanto a citocinese fazem parte da fase M.

RESPOSTA 18-18 Se a taxa de crescimento dos microtúbulos é a mesma nas células em interfase e nas células mitóticas, sua duração é proporcional ao seu tempo de vida. Assim, o tamanho médio dos microtúbulos na mitose é de 1 μm (= 20 μm × 15 s/300 s).

RESPOSTA 18-19 Conforme mostra a **Figura R18-19**, a sobreposição dos microtúbulos interpolares dos polos opostos do

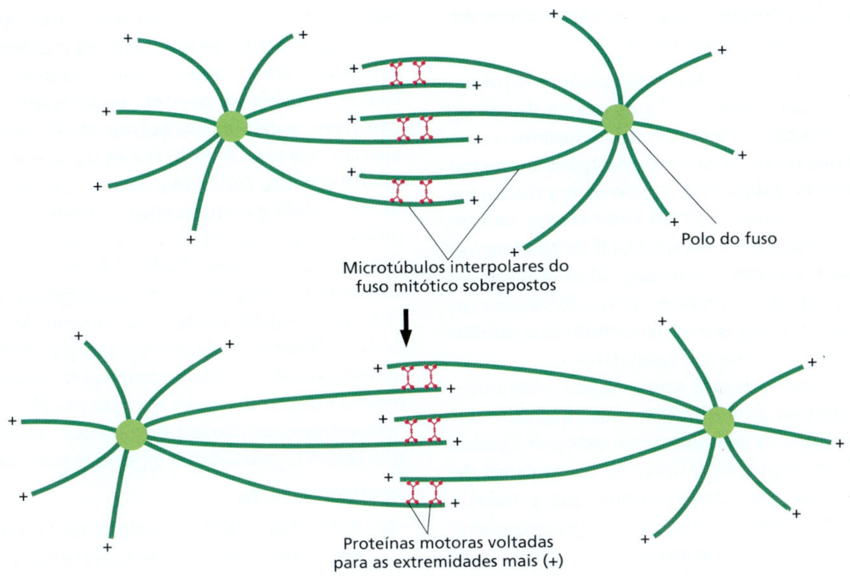

Figura R18-19

fuso possui suas extremidades mais (+) apontando em direções opostas. As proteínas motoras voltadas para as extremidades mais (+) fazem ligações cruzadas com os microtúbulos adjacentes antiparalelos e tendem a mover os microtúbulos na direção que irá separar os dois polos do fuso, como mostrado na figura. As proteínas motoras das extremidades menos (-) também fazem ligação cruzada nos microtúbulos adjacentes antiparalelos, mas se movem na direção oposta, tendendo a aproximar os polos do fuso (não mostrado).

RESPOSTA 18-20 Uma cromátide-irmã se torna comprometida quando um microtúbulo de um polo do fuso se liga ao cinetocoro da cromátide. A ligação do microtúbulo ainda é reversível, até que um segundo microtúbulo, do outro polo do fuso, se ligue ao cinetocoro da sua cromátide-irmã parceira, de modo que o cromossomo duplicado fique sob tensão mecânica pelas forças que puxam dos dois polos. A tensão assegura que os dois microtúbulos permaneçam ligados ao cromossomo. A posição da cromátide na célula no momento da fragmentação do envelope nuclear influenciará para qual polo do fuso a cromátide será puxada, pois é provável que o cinetocoro se ligue ao polo do fuso para o qual está voltado.

RESPOSTA 18-21 Ainda não está confirmado o que determina o movimento dos cromossomos na direção dos polos durante a anáfase. Em princípio, dois modelos possíveis poderiam explicar tal movimento (**Figura R18-21**). No modelo mostrado em (A), as proteínas motoras associadas com o cinetocoro se deslocam em direção à extremidade menos (-) do microtúbulo em despolimerização, carregando os cromossomos na direção do polo. Embora esse modelo seja atraentemente simples, há poucas evidências de que as proteínas motoras sejam necessárias para o movimento dos cromossomos durante a anáfase. Ao contrário, evidências experimentais atuais dão bastante suporte ao modelo resumido em (B). Em tal modelo, o movimento dos cromossomos é determinado pelas proteínas do cinetocoro que se agarram às laterais do microtúbulo em despolimerização. Essas proteínas costumam se desprender – e se prender – ao microtúbulo do cinetocoro. Como as subunidades de tubulina continuam a se dissociar, o cinetocoro deve deslizar na direção

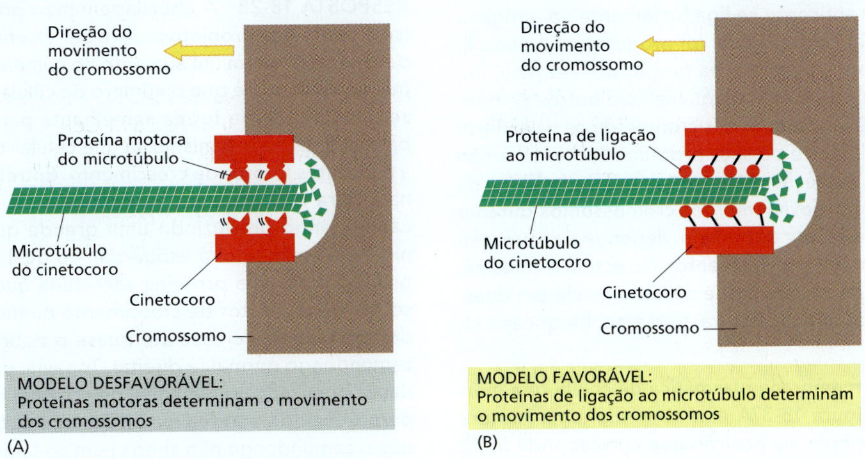

Figura R18-21

dos polos para manter sua aderência sobre a extremidade em retração do microtúbulo que está encurtando.

RESPOSTA 18-22 As duas cromátides-irmãs podem ir para a mesma célula-filha por várias razões. (1) Se os microtúbulos ou suas conexões com o cinetocoro forem rompidos durante a anáfase, ambas as cromátides poderão ser puxadas para o mesmo polo e, assim, para a mesma célula-filha. (2) Se os microtúbulos do mesmo polo do fuso se ligarem aos dois cinetocoros, os cromossomos serão puxados para o mesmo polo. (3) Se as coesinas que ligam as cromátides-irmãs não forem degradadas, o par de cromátides pode ser puxado para o mesmo polo. (4) Se um cromossomo duplicado nunca for ligado a um microtúbulo e for deixado fora do fuso, ele ficará em uma das células-filhas.

Seria esperado que alguns desses erros no processo mitótico ativassem um mecanismo de verificação que retarde o início da anáfase até que todos os cromossomos estejam ligados adequadamente a ambos os polos do fuso. Tal mecanismo de "verificação da formação do fuso" deve permitir que a maioria dos erros de ligação dos cromossomos seja corrigida, o que é uma das razões para esses erros serem raros.

As consequências de duas cromátides-irmãs permanecerem na mesma célula-filha costumam ser terríveis. Uma célula-filha poderia conter somente uma cópia de todos os genes de um cromossomo, e a outra célula-filha, três cópias. A dose do gene alterado, levando a mudanças na quantidade de mRNA e proteínas produzidas, é frequentemente prejudicial para a célula. Além disso, há a possibilidade de que a célula com uma única cópia do cromossomo possa ser defeituosa para um gene importante, um defeito que em geral estaria encoberto pela presença da cópia boa do gene no outro cromossomo que está faltando.

RESPOSTA 18-23

A. Verdadeira. Os centrossomos se replicam durante a interfase, antes do início da fase M.

B. Verdadeira. As cromátides-irmãs se separam somente no início da anáfase.

C. Falsa. As extremidades dos microtúbulos interpolares se sobrepõem e se ligam umas às outras por meio das proteínas (incluindo as proteínas motoras) que fazem uma ponte entre os microtúbulos.

D. Falsa. Os microtúbulos e suas proteínas motoras não atuam na replicação do DNA.

E. Falsa. Para uma afirmação correta, os termos "centrômero" e "centrossomo" devem ser trocados.

RESPOSTA 18-24 O anticorpo se liga fortemente ao antígeno (nesse caso, a miosina) contra o qual foi produzido. Quando ligado, um anticorpo pode interferir na função do antígeno, impedindo-o de interagir de forma adequada com outros componentes celulares. (A) O movimento dos cromossomos na anáfase depende dos microtúbulos e de suas proteínas motoras, e não da actina ou miosina. A injeção de um anticorpo antimiosina na célula não terá efeito no movimento dos cromossomos durante a anáfase. (B) A citocinese, por outro lado, depende da formação e da contração de um anel de filamentos de actina e miosina, o qual forma o sulco de clivagem que divide a célula em duas. A injeção de anticorpos antimiosina irá, portanto, bloquear a citocinese.

RESPOSTA 18-25 A membrana plasmática da célula que morreu por necrose na Figura 18-37A está rompida; uma ruptura clara é visível, por exemplo, na posição que corresponde às 12 horas em um relógio. Observa-se o conteúdo celular, na maior parte restos de membrana e do citoesqueleto, sendo extravasado nas imediações por meio da membrana rompida. O citosol está levemente corado, já que a maioria dos componentes celulares solúveis foi perdida antes que a célula fosse fixada. Ao contrário, a célula que sofreu apoptose na Figura 18-37B está envolta por uma membrana intacta, e o seu citosol está densamente corado, indicando uma concentração normal dos componentes celulares. Entretanto, o interior da célula é notavelmente diferente do de uma célula normal. Particularmente característica são as grandes "bolhas" formadas a partir do núcleo, provavelmente como resultado da fragmentação da lâmina nuclear. O citosol também contém várias vesículas grandes, redondas, de origem desconhecida, envolvidas por membranas, que em geral não são vistas em células saudáveis. A fotografia confirma visualmente a noção de que a necrose envolve lise celular, e as células que sofrem apoptose permanecem relativamente intactas até que sejam fagocitadas e digeridas por outra célula.

RESPOSTA 18-26

A. Falsa. Não existe transição de G_1 para a fase M. Entretanto, a afirmação estaria correta para a transição de G_1 para a fase S, onde as próprias células avançam para o ciclo de divisão.

B. Verdadeira. A apoptose é um processo ativo realizado por proteases especiais (caspases).

C. Verdadeira. Acredita-se que esse mecanismo ajuste o número de neurônios ao número de células-alvo específicas com as quais os neurônios se conectam.

D. Verdadeira. Uma conservação evolutiva incrível!

E. Verdadeira. A associação de uma proteína Cdk com uma ciclina é necessária para a sua atividade (por isso, o nome de cinase dependente de ciclina). Além disso, a fosforilação em locais específicos e a desfosforilação em outros locais na proteína Cdk são necessárias para que o complexo ciclina-Cdk seja ativo.

RESPOSTA 18-27 As células em um animal devem comportar-se para o bem do organismo como um todo – em uma extensão muito maior do que as pessoas geralmente agem para o bem da sociedade. No contexto de um organismo, o comportamento não social levaria a uma perda da organização e ao câncer. Várias das regras que as células devem obedecer seriam inaceitáveis em uma sociedade humana. A maioria das pessoas, por exemplo, se mostraria avessa a se matar para o bem da sociedade, mas as células o fazem todo o tempo.

RESPOSTA 18-28 A abordagem mais provável para o sucesso (se é assim que o objetivo deve ser chamado) é o plano C, que deveria resultar em um aumento no número de células. O problema, obviamente, é que o número de células de cada tecido deve ser aumentado de forma semelhante para manter proporções balanceadas no organismo, já que células diferentes respondem a diferentes fatores de crescimento. Entretanto, como mostrado na **Figura R18-28**, a abordagem teve um sucesso limitado. Um camundongo produzindo uma grande quantidade de hormônio de crescimento (*à esquerda*) – o qual atua para estimular a produção de uma proteína secretada que atua como fator de sobrevivência, fator de crescimento ou mitógeno, dependendo do tipo celular – cresce até quase o dobro do tamanho de um camundongo normal (*à direita*). Todavia, para alcançar essa mudança duplicada no tamanho, o hormônio de crescimento foi superproduzido de forma massiva (cerca de 50 vezes mais). E note que o camundongo não chega nem ao tamanho de um rato, muito menos de um cão.

Cortesia de Ralph Brinster

Figura R18-28

As outras abordagens têm problemas conceituais:

A. O bloqueio da apoptose pode conduzir a defeitos no desenvolvimento, uma vez que o desenvolvimento do rato requer a morte seletiva de várias células. Não é provável que um animal viável fosse obtido.

B. O bloqueio da função de p53 eliminaria um importante ponto de verificação do ciclo celular, que detecta danos no DNA e interrompe o ciclo, de modo que a célula possa reparar o dano; a remoção de p53 aumentaria as taxas de mutação e levaria ao câncer. Camundongos sem p53 em geral se desenvolvem normalmente, mas morrem de câncer ainda jovens.

C. Dadas as circunstâncias, a troca de profissão não seria uma opção ruim.

RESPOSTA 18-29 Uma liberação limitada de PDGF, por demanda, em uma lesão, aciona a divisão celular de células adjacentes por uma quantidade de tempo limitada, até que o PDGF seja degradado. Isso é diferente da liberação contínua de PDGF a partir de células mutantes, onde PDGF é produzido em altos níveis de forma não controlada. Além disso, as células mutantes que produzem PDGF, muitas vezes de maneira não apropriada, expressam o seu próprio receptor para PDGF, de modo que elas podem estimular a sua própria proliferação, promovendo, assim, o desenvolvimento de câncer.

RESPOSTA 18-30 Todos os três tipos de células mutantes não seriam capazes de se dividir. As células

A. entrariam em mitose, mas não seriam capazes de sair da mitose.

B. ficariam permanentemente em G_1, pois os complexos ciclina-Cdk seriam inativados.

C. não seriam capazes de ativar a transcrição dos genes necessários para a divisão celular, pois as proteínas reguladoras dos genes seriam constantemente inibidas pela Rb não fosforilada.

RESPOSTA 18-31 No alcoolismo, as células do fígado proliferam, pois o órgão está muito lesionado, e os danos ocorrem em razão das grandes quantidades de álcool que precisam ser metabolizadas. Essa necessidade por mais células hepáticas ativa os mecanismos de controle que costumam regular a proliferação celular. A não ser que esteja muito danificado, o fígado em geral voltará ao tamanho normal depois que os pacientes pararem de beber em excesso. Ao contrário, em um tumor no fígado, as mutações suprimem o controle da proliferação celular normal, e, como resultado, as células se dividem e se mantêm em divisão de modo descontrolado, o que é fatal.

Capítulo 19

RESPOSTA 19-1 Apesar de cada célula possuir uma quantidade diploide de DNA no final da primeira divisão meiótica, existe efetivamente apenas um conjunto haploide de cromossomos (que estão duplicados) em cada célula, representando apenas um dos homólogos de cada cromossomo (lembre-se, no entanto, de que uma certa mistura já deve ter ocorrido durante o entrecruzamento). Visto que os cromossomos maternos e paternos de um dado par possuirão versões diferentes (alelos diferentes) para a maioria dos genes, essas células-filhas não serão geneticamente idênticas; cada uma delas, portanto, terá perdido ou a versão de origem paterna, ou a versão de origem materna de cada um dos cromossomos. Em contraste, as células somáticas, que se dividem por mitose, herdam um conjunto diploide completo de cromossomos, e cada célula-filha é geneticamente idêntica às demais e herda tanto as cópias de genes maternos quanto paternos. A função dos gametas produzidos pela meiose é a de misturar e reorganizar os repertórios de genes durante a reprodução sexuada, e, dessa forma, cada gameta apresenta uma vantagem por possuir uma constituição genética relativamente diferente dos demais. Por outro lado, o papel das células somáticas é o de formar um organismo que contenha os mesmos genes em todas as células, mantendo em cada uma delas tanto a informação genética de origem materna quanto a de origem paterna.

RESPOSTA 19-2 Uma mulher produz em geral menos de 1.000 óvulos maduros ao longo de sua vida (12 ao ano por cerca de 40 anos); esse número corresponde a menos de um décimo de possíveis gametas, excluindo-se os efeitos do entrecruzamento meiótico. Um homem produz bilhões de espermatozoides ao longo de sua vida, portanto, em princípio, cada possível combinação cromossômica é testada várias vezes.

RESPOSTA 19-3 Para simplificar, consideraremos uma situação na qual um pai possui genes para duas características dominantes, M e N, em uma de suas duas cópias do cromossomo 1. Se esses dois genes estiverem posicionados em extremidades opostas do cromossomo e ocorrer apenas um evento de troca por cromossomo, como postulado na questão, metade de seus filhos deverá expressar a característica M, e a outra metade deverá expressar a característica N – e nenhum dos filhos se assemelhará ao pai em termos da expressão simultânea de ambas as características. Essa situação descrita é muito diferente da realidade, onde múltiplos eventos de troca ocorrem em cada cromossomo, fazendo com que as características M e N sejam herdadas como se estivessem em cromossomos distintos. Construindo-se um diagrama de Punnett semelhante ao ilustrado na Figura 19-27, podemos observar que, considerando-se essa última situação, mais próxima da realidade, esperaríamos que um quarto dos filhos expressassem ambas as características do pai, um quarto expressasse apenas a característica M, um quarto expressasse apenas a característica N e um quarto não expressasse qualquer das características.

RESPOSTA 19-4 O endocruzamento tende a gerar indivíduos homozigotos para muitos genes. Para descobrir as razões desse fenômeno, considere o caso extremo em que ocorre endocruzamento pelo acasalamento entre irmão e irmã (como entre os Faraós do antigo Egito): visto que os genitores são muito próximos, existe uma alta probabilidade de que os alelos maternos e paternos herdados pelos filhos sejam idênticos. O endocruzamento continuado por várias gerações dá origem a indivíduos muito semelhantes e homozigotos em praticamente todos os lócus. Em função da aleatoriedade dos mecanismos de herança, existe uma grande probabilidade de que alguns alelos deletérios se tornem prevalentes na população, conferindo uma menor capacidade adaptativa aos indivíduos. Em outra população pequena endocruzada, o mesmo pode acontecer, mas é provável que um conjunto distinto de alelos deletérios se torne mais prevalente. Quando indivíduos provenientes de duas populações endocruzadas distintas se acasalarem, a prole herdará da mãe, por exemplo, os alelos deletérios para os genes *A*, *B* e *C*, mas os alelos não deletérios dos genes correspondentes do pai. De forma complementar, a prole herdará do pai os alelos deletérios para os genes *D*, *E* e *F*, mas os alelos não deletérios dos genes correspondentes da mãe. A maioria das mutações deletérias é recessiva. Como a progênie híbrida é heterozigota para todos esses genes, escapará dos efeitos deletérios observados nos genitores.

RESPOSTA 19-5 Apesar de, em princípio, qualquer uma das três explicações poder justificar o resultado observado, A e B podem ser excluídas por serem praticamente impossíveis.

A. Não existe relato de qualquer instabilidade no DNA que seja tão grande a ponto de ser detectada em uma análise de SNPs como proposto. De qualquer forma, a hipótese pressupõe um decréscimo constante na frequência do SNP em relação à idade, e não uma queda brusca de frequência que tenha início apenas aos 50 anos de idade.
B. Os genes humanos mudam de forma muito lenta ao longo do tempo (a menos que uma migração em massa da população responda por um afluxo de indivíduos geneticamente diferentes). As pessoas nascidas há 50 anos serão, em média, geneticamente iguais à população que nasce hoje.
C. Essa hipótese está correta. Um SNP com tais propriedades foi usado na descoberta de um gene que parece causar um aumento substancial na probabilidade de morte devido a complicações cardíacas.

RESPOSTA 19-6 A seleção natural *per se* não é suficiente para eliminar genes letais recessivos de uma população. Considere a seguinte linha de raciocínio: indivíduos homozigotos defeituosos podem resultar apenas como prole de um acasalamento entre dois indivíduos heterozigotos. Pelas leis da genética mendeliana, a prole de um acasalamento entre heterozigotos apresentará uma razão de 1 homozigoto normal: 2 heterozigotos: 1 homozigoto defeituoso. Assim, estatisticamente, indivíduos heterozigotos sempre serão mais numerosos do que indivíduos homozigotos para a característica defeituosa. Embora a seleção natural elimine de maneira eficiente os genes defeituosos em indivíduos homozigotos por meio da morte, ela não pode atuar na eliminação dos genes defeituosos em indivíduos heterozigotos, pois eles não afetam o fenótipo. A seleção natural manterá a frequência do gene defeituoso baixa na população, mas, na ausência de qualquer outro efeito, existirá sempre um reservatório de genes defeituosos sob a forma de indivíduos heterozigotos.

Sob baixas frequências de um gene defeituoso, outro fator poderá entrar no jogo – o acaso. Variações ao acaso podem levar a um aumento ou a uma diminuição da frequência de indivíduos heterozigotos (e consequentemente da frequência do gene defeituoso). Ao acaso, a progênie de um acasalamento entre heterozigotos pode ser toda normal, o que eliminaria o gene defeituoso dessa linhagem. Um aumento na frequência de um gene defeituoso é contraposto pela seleção natural; no entanto, a diminuição não é contraposta e pode, por acaso, levar à eliminação do gene defeituoso da população. Por outro lado, novas mutações estão ocorrendo de maneira contínua, ainda que em baixas frequências, criando novas cópias de alelos recessivos deletérios. Em uma população suficientemente grande, será atingido um equilíbrio entre a geração de novas cópias do alelo por mutação e sua eliminação pela morte dos homozigotos.

RESPOSTA 19-7

A. Verdadeira.
B. Verdadeira.
C. Falsa. Mutações que ocorrem durante a meiose podem propagar-se, a menos que elas deem origem a gametas não viáveis.

RESPOSTA 19-8 Duas cópias do mesmo cromossomo podem ir para a mesma célula-filha se as conexões com os microtúbulos se quebrarem antes que as cromátides-irmãs tenham sido separadas. Outra possibilidade é que microtúbulos do mesmo polo do fuso se conectem a ambos os cinetocoros do cromossomo. Como consequência, uma célula-filha receberia apenas uma cópia de todos os genes transportados nesse cromossomo, e a outra célula-filha receberia três cópias. O desequilíbrio dos genes nesses cromossomos em comparação com os genes em todos os demais cromossomos levaria a um desequilíbrio nos níveis proteicos, o que, na maioria dos casos, é prejudicial para a célula. Se esse tipo de erro acontecer na meiose, no processo de formação dos gametas, ele será transmitido para todas as células do organismo. Por exemplo, um tipo de deficiência intelectual nomeada síndrome de Down resulta da presença de três cópias do cromossomo 21 em todas as células nucleadas do organismo.

RESPOSTA 19-9 A meiose tem início com a duplicação do DNA, originando uma célula que contém quatro cópias de cada cromossomo. Essas quatro cópias devem ser distribuídas igualmente durante as duas divisões sequenciais da meiose para a formação de quatro células haploides. As cromátides-irmãs permanecem pareadas para que (1) as células resultantes da primeira divisão recebam conjuntos completos de cromossomos e (2) os cromossomos possam ser distribuídos igualmente na segunda divisão meiótica. Se as cromátides-irmãs não permanecessem pareadas, seria impossível distinguir, na segunda divisão meiótica, as cromátides equivalentes, e, portanto, seria muito difícil garantir que exatamente uma cópia de cada cromátide fosse direcionada para cada célula-filha. A manutenção das cromátides pareadas durante a primeira divisão meiótica é, portanto, uma forma fácil de realizar um acompanhamento das cromátides.

Esse princípio biológico sugere que você deva unir os pares de meias que deseja lavar antes de colocá-los na máquina de lavar roupas. Dessa forma, a difícil tarefa de localizar as meias e reorganizá-las em pares – e os inevitáveis erros que acontecem nesse processo – não será mais necessária.

RESPOSTA 19-10

A. Um gene corresponde a uma fita de DNA que codifica uma proteína ou um RNA funcional. Um alelo é uma forma alternativa de um gene. Em uma população costumam existir vários alelos "normais", cujas funções são indistinguíveis. Além destes, existem vários alelos raros que levam a defeitos em diferentes graus. No entanto, um indivíduo possui normalmente um máximo de dois alelos de cada gene.
B. Diz-se que um indivíduo é homozigoto se os dois alelos do gene são idênticos. Um indivíduo é heterozigoto se os dois alelos para o gene em questão são diferentes. Um indivíduo pode ser heterozigoto para o gene A e homozigoto para o gene B.
C. O genótipo é o conjunto específico de alelos presentes no genoma de um indivíduo. Na prática, no caso de organismos estudados em laboratório, o genótipo é comumente especificado como uma lista de diferenças conhecidas entre o indivíduo e o tipo selvagem, considerado como padrão e que ocorre naturalmente. O fenótipo é a descrição das características visíveis de um indivíduo. O fenótipo costu-

ma ser uma lista de diferenças das características existentes entre o indivíduo e o tipo selvagem.

D. Um alelo *A* é dominante (em relação ao alelo *a*) se a presença, mesmo de uma única cópia de *A*, é suficiente para afetar o fenótipo, ou seja, se heterozigotos (com genótipo *Aa*) são distintos em aparência de homozigotos *aa*. Um alelo *a* é recessivo (em relação ao alelo *A*) se a presença de uma única cópia não faz diferença no fenótipo, ou seja, se indivíduos *Aa* não diferem de indivíduos *AA*. Se o fenótipo dos indivíduos heterozigotos difere de ambos os fenótipos homozigotos, diz-se que os alelos são codominantes.

RESPOSTA 19-11

A. Visto que as plantas de ervilha são diploides, qualquer planta pertencente a uma linhagem pura deve possuir duas cópias mutantes do mesmo gene – ambas apresentando perda de função.

B. Não, o mesmo fenótipo pode ser produzido por mutações em diferentes genes.

C. Se cada planta possuir uma mutação em um gene distinto, a situação poderá ser revelada por testes de complementação (ver Painel 19-1, p. 669). Quando a planta A for cruzada com a planta B, todas as plantas da F1 produzirão apenas sementes lisas. O mesmo tipo de resultado será obtido quando a planta B for cruzada com a planta C, ou quando a planta A for cruzada com a planta C. Já um cruzamento entre duas plantas de linhagens puras que carregam mutações de perda-de-função no mesmo gene deve produzir apenas plantas com ervilhas rugosas. Isso é verdadeiro se as próprias mutações encontram-se em diferentes partes do gene.

RESPOSTA 19-12

A. É provável que a mutação seja dominante, pois aproximadamente metade da progênie nascida de um genitor afetado – em cada um dos três casamentos com parceiros saudáveis – apresenta surdez, e é pouco provável que todos esses parceiros saudáveis sejam portadores heterozigotos da mutação.

B. A mutação está presente em um autossomo. Se a mutação estivesse em um cromossomo sexual, apenas a progênie do sexo feminino poderia ser afetada (considerando-se que a mutação se originou em um gene do cromossomo X do avô), ou apenas a progênie do sexo masculino seria afetada (considerando-se que a mutação se originou em um gene do cromossomo Y do avô). Na verdade, o heredograma revela que tanto homens quanto mulheres herdaram a forma mutante do gene.

C. Suponha que a mutação estivesse presente em uma das duas cópias do cromossomo 12 do avô. Cada uma dessas cópias do cromossomo 12 deve apresentar diferentes padrões de SNPs, visto que uma delas foi herdada de seu pai e a outra de sua mãe. Cada uma das cópias do cromossomo 12 que foi passada para os netos atravessou duas meioses – uma meiose a cada geração.

Visto que dois ou três eventos de entrecruzamento ocorrem por cromossomo durante uma meiose, cada cromossomo herdado por um neto foi submetido a aproximadamente cinco trocas desde seu avô, o que o dividiu em seis segmentos. Um padrão idêntico de SNPs deve existir na vizinhança do gene responsável pela surdez (seja ele qual for), em cada um dos quatro netos afetados; além disso, esse padrão de SNPs deve ser claramente distinto do padrão que existe na vizinhança do mesmo gene em cada um dos sete netos normais para a característica em questão. Esses SNPs formam um bloco de haplótipos excepcionalmente grande – que se estende por um sexto do comprimento do cromossomo 12. (Um quarto do DNA de cada neto terá sido herdado do avô, correspondendo a cerca de 70 segmentos desse comprimento, espalhados ao longo dos 46 cromossomos presentes nos netos.)

RESPOSTA 19-13 O indivíduo 1 pode ser tanto heterozigoto (+/-) quanto homozigoto para o alelo normal (+/+). O indivíduo 2 deve ser homozigoto para o alelo recessivo da surdez (-/-). (Ambos os genitores deste indivíduo devem ter sido heterozigotos, pois tiveram um filho surdo.) O indivíduo 3 é, quase com certeza, heterozigoto (+/-) e responsável pela transmissão do alelo mutante para seus filhos e netos. Visto que o alelo mutante é raro, o indivíduo 4 provavelmente é homozigoto para o alelo normal (+/+).

RESPOSTA 19-14 Seu amigo está errado.

A. As leis de Mendel, e a compreensão exata que atualmente temos em relação aos mecanismos que as condicionam, eliminaram muitas concepções falsas relativas à hereditariedade humana. Uma delas era a de que um primogênito teria chances distintas dos demais filhos de herdar determinadas características de seus genitores.

B. A probabilidade de ocorrência ao acaso de tal heredograma é de um quarto por geração, ou seja, de um em 64 nas três gerações ilustradas.

C. Dados referentes a uma amostragem maior de membros da família, ou de outras gerações, rapidamente nos revelariam que o padrão regular observado nesse heredograma em especial surgiu ao acaso.

D. Um resultado oposto, se tivesse forte significância estatística, sugeriria o envolvimento de algum processo de seleção: por exemplo, genitores que tivessem um primogênito afetado poderiam optar mais frequentemente por uma triagem genética nas gestações subsequentes e, onde a prática é legalizada, interromper seletivamente as gestações em que se observasse o comprometimento do feto. Como consequência, menos fetos afetados ocorreriam nos nascidos não primogênitos.

RESPOSTA 19-15 Cada portador é um heterozigoto, e 50% de seus espermatozoides ou óvulos possuirão o alelo letal. Portanto, quando dois portadores se casam, existe uma chance de 25% de que um bebê herde o alelo letal de ambos os genitores e apresente o fenótipo fatal. Visto que uma em cada 100 pessoas é portadora, um casal em cada 10.000 (100 x 100) será um casal de portadores (supondo uma aleatoriedade na formação dos casais). As demais situações sendo equivalentes, um em cada 40.000 bebês nascerá com o defeito, o que corresponde a 25 bebês em um total de um milhão de nascimentos por ano.

RESPOSTA 19-16 Uma mutação dominante-negativa resulta em um produto gênico mutante que interfere na função de um produto gênico normal, causando um fenótipo de perda-de-função, mesmo na presença de uma cópia normal do gene. Por exemplo, se uma proteína forma um hexâmero, e a proteína mutante é capaz de interagir com as subunidades normais e inibir a função do hexâmero, a mutação será dominante. A capacidade de um único alelo defeituoso de determinar o fenótipo é a razão pela qual ele é denominado dominante. Uma mutação de ganho-de-função aumenta a atividade de um gene ou o torna ativo em circunstâncias inadequadas. A alteração na atividade frequentemente apresenta consequências fenotípicas, razão pela qual essas mutações são em geral dominantes.

RESPOSTA 19-17 Essa afirmativa é, em princípio, verdadeira. O diabetes é uma das primeiras doenças a serem descrita pelos humanos, datando da época da Grécia antiga. O próprio nome da doença vem da palavra grega para sifão, a qual era usada para descrever um dos principais sintomas: "A doença foi denominada diabetes, pois seu comportamento era o de um sifão, convertendo o corpo humano em uma pipa para o transvasamento de humores líquidos" (em outras palavras, os pacientes não tratados têm sede constante, que é contrabalançada pelo excesso de urina). Se não existisse doença, o papel da insulina poderia ter passado despercebido por um longo tempo. É verdade que, em um dado momento, teríamos compreendido sua função – e hoje provavelmente já a conheceríamos. De qualquer forma, é inquestionável o papel das doenças no direcionamento de nossos esforços rumo à compreensão das moléculas. Ainda hoje, a busca de soluções voltadas para a cura de doenças humanas é a principal força direcionadora da pesquisa biomédica.

RESPOSTA 19-18

A. Como salientado na **Figura R19-18**, se moscas defeituosas em diferentes genes forem acasaladas, sua progênie possuirá um gene normal em cada lócus. No caso de um acasalamento entre uma mosca de olhos rubi e uma mosca de olhos brancos, cada indivíduo da progênie herdará uma cópia funcional do gene *white* de um dos genitores e uma cópia normal do gene *ruby* do outro genitor. Observe que o alelo normal do gene *white* produz olhos vermelho-tijolo e a forma mutante do gene produz olhos-brancos. Visto que cada um dos alelos mutantes é recessivo em relação a seu alelo selvagem correspondente, a progênie apresentará um fenótipo tipo selvagem – olhos vermelho-tijolo.

B. *Garnet*, *ruby*, *vermilion* e *carnation* se complementam mutuamente e aos vários alelos do gene *white* (i.e., quando essas moscas mutantes são acasaladas entre elas, produzem moscas com coloração normal dos olhos). Assim, cada uma dessas mutações se encontra em um gene distinto. Em contraste, *white*, *cherry*, *coral*, *apricot* e *buff* não são complementares; assim, elas devem representar alelos do mesmo gene, o qual foi denominado *white* (branco). Portanto, esses nove diferentes mutantes de cor de olhos definem cinco genes distintos.

C. Diferentes alelos do mesmo gene, assim como os cinco alelos do gene *white*, frequentemente resultam em fenótipos distintos. Diferentes mutações comprometem a função de um produto gênico sob formas distintas, dependendo do local da mutação. Alelos que não produzem qualquer molécula funcional (alelos nulos), mesmo que sejam resultantes de alterações em diferentes sequências do DNA, levam ao mesmo fenótipo.

RESPOSTA 19-19 SNPs são diferenças em um único nucleotídeo entre indivíduos, para as quais duas ou mais variantes são encontradas em alta frequência na população. Na população humana, os SNPs ocorrem no genoma em uma frequência de aproximadamente 1 a cada 1.000 nucleotídeos. Muitos SNPs foram identificados e mapeados em diferentes organismos, incluindo vários milhões no genoma humano. SNPs, que podem ser detectados por sequenciamento ou por hibridização com oligonucleotídeos, servem também como marcadores físicos cuja localização genômica é conhecida. A busca de um gene mutante pode ser feita pelo acompanhamento de acasalamentos e pela correlação da presença do gene com a herança simultânea de variantes específicas de SNPs, resultando na delimitação mais fina da sua potencial localização em uma região cromossômica que contenha apenas poucos genes. Esses genes candidatos podem então ser testados em relação à presença de uma mutação que possa responder pelo fenótipo mutante original (ver Figura 19-38).

Capítulo 20

RESPOSTA 20-1 A orientação horizontal dos microtúbulos está associada à orientação horizontal das microfibrilas de celulose depositadas na parede celular. O crescimento das células será, portanto, na direção vertical, expandindo a distância entre as microfibrilas de celulose sem esticar essas fibras. Dessa forma, o

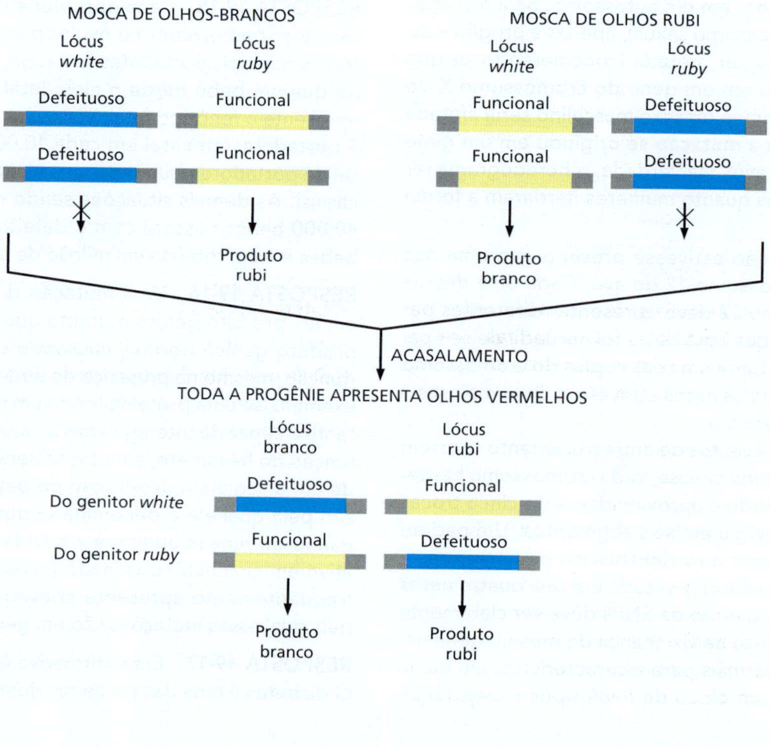

Figura R19-18

caule irá alongar rapidamente. No ambiente natural típico, isso vai acelerar a emergência do escuro para o claro.

RESPOSTA 20-2

A. Como as três cadeias de colágenos devem unir-se para formar a tripla-hélice, um defeito na molécula irá impedir a união, mesmo que uma cadeia normal de colágeno esteja presente. As mutações no colágeno são dominantes, isto é, elas têm um efeito deletério mesmo na presença de uma cópia normal do gene.

B. As diferenças na gravidade das mutações resultam da polaridade do processo de associação. Os monômeros de colágeno se associam em um bastão de tripla-hélice a partir de suas porções aminoterminais. Uma mutação nas primeiras glicinas permite a formação de bastões curtos, e mutações localizadas mais adiante no gene permitem a formação de bastões mais longos e normais.

RESPOSTA 20-3 A capacidade marcante de inchar e ocupar um grande volume depende das cargas negativas. Estas atraem uma nuvem de íons positivos, comandada por Na^+, o qual, por osmose, absorve uma grande quantidade de água, fornecendo aos proteoglicanos suas propriedades típicas. Polissacarídeos não carregados, como a celulose, o amido e o glicogênio, por outro lado, são facilmente compactados em fibras ou grânulos.

RESPOSTA 20-4 Os locais de contato focal são comuns no tecido conectivo, onde os fibroblastos exercem forças de tração na matriz extracelular, e, nas culturas de células, observa-se o rastejamento das células. As forças que empurram a matriz ou que dirigem os movimentos rastejantes são geradas pelos filamentos de actina do citoesqueleto. No epitélio maduro, os locais de contato focal são menos proeminentes, porque as células são fixas e não precisam rastejar sobre a lâmina basal, nem empurrá-la.

RESPOSTA 20-5 Suponha que uma célula esteja danificada de modo que sua membrana plasmática vaze. Os íons presentes em altas concentrações no líquido extracelular, como Na^+ e Ca^{2+}, entram rapidamente nas células e os preciosos metabólitos vazam. Se a célula permanecer conectada às suas vizinhas saudáveis, estas também irão sofrer dano. No entanto, o influxo de Ca^{2+} na célula alterada provoca o fechamento imediato da sua junção tipo fenda, isolando a célula e impedindo que o dano se espalhe.

RESPOSTA 20-6 A radiação ionizante (de alta energia) atravessa a matéria, expulsando elétrons de suas órbitas e quebrando as ligações químicas. Ela cria quebras e outros danos no DNA, fazendo com que a célula interrompa o ciclo celular (discutido no Capítulo 18). Se o dano for tão grave que não pode ser reparado, a célula se torna permanentemente em repouso e sofre apoptose, isto é, ela ativa o programa suicida.

RESPOSTA 20-7 As células epiteliais do intestino estão expostas a um ambiente muito hostil contendo enzimas digestivas e outras substâncias que variam drasticamente de um dia para outro, dependendo da alimentação. As células epiteliais também formam a primeira linha de defesa contra componentes potencialmente danosos e mutagênicos que são únicos em nosso ambiente. A renovação rápida protege o organismo das consequências danosas quando as células danificadas ou doentes são eliminadas. Se uma célula epitelial começa a dividir de forma inadequada, como resultado de mutação, por exemplo, ela e sua progênie indesejável serão descartadas naturalmente no ápice das vilosidades. Mesmo que essas mutações ocorram com frequência, elas raras vezes dão origem a um câncer.

Por outro lado, um neurônio vive em um ambiente extremamente protegido, isolado do ambiente externo. Sua função depende de um sistema complexo de conexões com outros neurônios – um sistema que é criado durante o desenvolvimento e que não é fácil de reconstruir se um neurônio morrer subsequentemente.

RESPOSTA 20-8 Cada divisão celular gera uma célula adicional. Assim, se a célula nunca for perdida nem descartada do organismo, o número de células no corpo deve ser igual ao número de divisões mais uma. O número de divisões é 1.000 vezes maior que o número de células porque, durante a vida do indivíduo, a cada célula mantida no organismo, 1.000 células são descartadas por mecanismos como apoptose.

RESPOSTA 20-9

A. Falsa. As junções tipo fenda não são conectadas ao citoesqueleto. Seu papel é proporcionar uma comunicação célula-célula permitindo que pequenas moléculas passem de uma célula à outra.

B. Verdadeira. Murchando, a pressão de turgor da célula vegetal é reduzida, e, consequentemente, a parede celular, tendo elasticidade mas pouca força de compressão, como um pneu, não fornece mais rigidez.

C. Falsa. Os proteoglicanos podem suportar grande força de compressão, mas não possuem uma estrutura rígida. Sua propriedade de preenchimento espacial resulta de sua tendência de absorver grandes quantidades de água.

D. Verdadeira.

E. Verdadeira.

F. Verdadeira. As células-tronco expressam estavelmente genes de controle que asseguram que suas células-filhas sejam do tipo celular diferenciado adequado.

RESPOSTA 20-10 Pequenas moléculas citosólicas, como o ácido glutâmico, o AMP cíclico e íons Ca^{2+}, passam facilmente pelas junções tipo fenda e plasmodesmas, ao passo que grandes macromoléculas citosólicas, como o mRNA e as proteínas G, são excluídas. Os fosfolipídeos da membrana plasmática se difundem no plano da membrana pelos plasmodesmas, porque as membranas plasmáticas das células adjacentes são contínuas através dessas junções. Esse tráfego não é possível pelas junções tipo fenda, porque as membranas das células conectadas permanecem separadas.

RESPOSTA 20-11 As plantas são expostas a mudanças extremas no ambiente, as quais são acompanhadas por grandes flutuações nas propriedades osmóticas da sua vizinhança. Uma rede de filamentos intermediários, como conhecemos das células animais, não seria capaz de fornecer suporte osmótico completo para a célula. Os pontos de ligação esparsos semelhantes a botões de pressão não seriam capazes de impedir o rompimento da membrana em resposta à grande pressão osmótica aplicada no interior da célula.

RESPOSTA 20-12 As ações potenciais podem passar de célula a célula pelas junções tipo fenda. As células musculares cardíacas são conectadas dessa forma, assegurando que elas contraiam sincronicamente quando estimuladas. Entretanto, esse mecanismo de passar os sinais de uma célula para outra é limitado. Como discutimos no Capítulo 12, as sinapses são muito mais sofisticadas e permitem que sinais sejam modulados e integrados com outros sinais recebidos pela célula. Assim, as junções tipo fenda são simples ligações entre componentes elétricos, e as sinapses são dispositivos interruptores complexos, permitindo que o sistema de neurônios realize cálculos.

RESPOSTA 20-13 Para fazer gelatina, ela é fervida em água, a qual desnatura as fibras de colágeno. Com o resfriamento, as fibras desordenadas do emaranhado solidificam em um gel. Na verdade, esse gel se assemelha ao colágeno, já que é inicialmente secretado por fibroblastos. Somente quando as fibras ficam alinhadas, agrupadas e ligadas de modo cruzado é que elas irão adquirir a capacidade de resistir às forças de tração.

RESPOSTA 20-14 A evidência de que o DNA é o projeto que especifica todas as características estruturais de um organismo se baseia na observação de que pequenas mudanças no DNA por mutações resultam em mudanças no organismo. Embora o DNA forneça o plano que especifica a estrutura, esses planos precisam ser executados durante o desenvolvimento. Isso requer um ambiente apropriado (um bebê humano não encaixaria na casca de um ovo de cegonha), nutrição adequada e ferramentas corretas (como os reguladores transcricionais necessários para o início do desenvolvimento), organização espacial apropriada (como as assimetrias no óvulo requerem diferenciação celular adequada durante as primeiras divisões celulares), e assim por diante. Assim, a herança não é restrita à passagem do DNA de um organismo para outro, porque o desenvolvimento exige que condições apropriadas sejam fornecidas pelos genitores. Apesar de tudo, quando todas essas condições são satisfeitas, o plano arquivado no genoma irá determinar a estrutura do organismo que será construído.

RESPOSTA 20-15 Os neutrófilos circulam na corrente sanguínea e migram para dentro e para fora dos tecidos, realizando sua função normal de proteger o organismo contra infecções: elas são naturalmente invasivas. Uma vez que ocorra uma mutação que altere o controle normal da produção dessas células, não há necessidade de mutações adicionais para que tais células se espalhem pelo corpo. Assim, o número de mutações que devem acumular-se para dar origem à leucemia é menor do que para outros tipos de câncer.

RESPOSTA 20-16 A forma da curva reflete a necessidade do acúmulo de múltiplas mutações em uma célula antes de ocorrer o câncer. Se uma única mutação fosse suficiente, o gráfico seria uma linha reta horizontal. A probabilidade da ocorrência de uma determinada mutação e, portanto, de câncer deveria ser a mesma em qualquer idade. Se duas mutações específicas fossem necessárias, o gráfico seria uma linha reta subindo logo na origem: a segunda mutação teria a mesma probabilidade de ocorrer em qualquer momento, mas irá tornar-se célula cancerosa somente se já tiver ocorrido uma mutação na mesma linhagem, e a probabilidade de que essa primeira mutação ocorra será proporcional à idade do indivíduo. A curva abrupta mostrada no gráfico sobe aproximadamente na quinta década, o que indica que mais de duas mutações foram necessárias antes do início do câncer. Não é fácil dizer com precisão quantas, em razão das formas complexas do desenvolvimento do câncer. Mutações sucessivas podem alterar o número e o comportamento celular e, portanto, modificar a probabilidade de mutações subsequentes e das pressões seletivas que direcionam a evolução do câncer.

RESPOSTA 20-17 Mutações são induzidas durante a exposição a um carcinógeno, mas o número de mutações relevantes em uma célula em geral não é suficiente para converter diretamente essas células em câncer. Ao longo dos anos, a célula se torna predisposta ao câncer pelo acúmulo de mutações induzidas de forma progressiva. Por fim, uma delas irá se tornar uma célula cancerosa. O longo período entre a exposição e o câncer torna muito difícil acusar legalmente os produtores de cigarro ou de carcinógenos industriais pelos danos causados por seus produtos.

RESPOSTA 20-18 Por definição, um carcinógeno é uma substância que promove a ocorrência de um ou mais tipos de câncer. Os hormônios sexuais podem, portanto, ser classificados como carcinógenos naturais. Embora a maioria dos carcinógenos atue diretamente causando mutações, os seus efeitos são exercidos de outra forma. Os hormônios sexuais aumentam a taxa de divisão celular e o número de células em órgãos sensíveis ao hormônio, como a mama, o útero e a próstata. O primeiro efeito aumenta a taxa de mutações por célula, porque as mutações, independentemente dos fatores ambientais, são geradas de modo espontâneo durante a replicação do DNA e a segregação dos cromossomos. O segundo efeito aumenta o número de células em risco. Dessa e possivelmente de outras maneiras, os hormônios podem favorecer o desenvolvimento de câncer, mesmo que não causem mutação diretamente.

RESPOSTA 20-19 Em geral, não. O câncer não é uma doença hereditária. Ele surge de novas mutações que ocorrem nas células somáticas, em vez de mutações que herdamos de nossos genitores. Raros tipos de câncer apresentam um fator de risco hereditário, de modo que os pais e seus filhos apresentam a mesma predisposição a uma determinada forma da doença. Isso ocorre, por exemplo, em famílias portadoras de uma mutação que elimina uma das duas cópias do gene supressor de tumor *APC*; a criança então herda uma propensão ao câncer colorretal. Tendências hereditárias mais amenas são observadas em outros tipos de câncer, incluindo o câncer de mama, mas os genes responsáveis por esses efeitos são, ainda, em sua maioria, desconhecidos.

Glossário

acetil-CoA (acetilcoenzima A)
Molécula carreadora ativada que doa átomos de carbono de seu grupo acetila transferível para diversas reações metabólicas, incluindo o ciclo do ácido cítrico e a biossíntese de ácidos graxos; o grupo acetila está ligado à coenzima A (CoA) por uma ligação tioéster que libera grande quantidade de energia na sua hidrólise.

ácido
Uma molécula que libera um próton quando dissolvida em água; tal dissociação gera íons hidrônio (H_3O^+), diminuindo o valor do pH.

ácido desoxirribonucleico – *ver* **DNA**

ácido graxo

Molécula composta por um ácido carboxílico ligado a uma longa cauda de hidrocarbonetos. Usado como a principal fonte de energia durante o metabolismo e como um ponto de partida para a síntese de fosfolipídeos. (*Ver* Painel 2-4, p. 72-73.)

ácido nucleico
Macromolécula que consiste em uma cadeia de nucleotídeos unidos por ligações fosfodiéster; RNA ou DNA.

acoplamento quimiosmótico
Mecanismo que utiliza a energia armazenada em um gradiente de prótons transmembrânico para promover um processo que requer energia, como a síntese de ATP, ou o transporte de uma molécula por meio da membrana.

açúcar
Uma substância feita de carbono, hidrogênio e oxigênio com fórmula geral $(CH_2O)_n$. Um carboidrato ou sacarídeo. O "açúcar" de uso no dia a dia é a sacarose, um dissacarídeo de gosto doce composto de glicose e frutose.

adaptação
Ajuste da sensibilidade após estímulos repetidos; permite que uma célula ou organismo registre pequenas alterações de um sinal apesar da presença de níveis elevados de estimulação.

adenilato-ciclase
Enzima que catalisa a formação de AMP cíclico a partir de ATP; importante componente de algumas vias de sinalização intracelular.

ADP (5′-difosfato de adenosina)
Nucleosídeo-difosfato produzido pela hidrólise do fosfato terminal da molécula de ATP. (*Ver* Figura 3-31.)

alça de retroalimentação positiva
Uma importante forma de regulação na qual o produto final de uma reação ou via estimula a atividade continuada; controla uma variedade de processos biológicos, incluindo atividade enzimática, sinalização celular e expressão gênica.

álcool
Composto orgânico contendo um grupo hidroxila (-OH) ligado a um átomo de carbono saturado, por exemplo, etanol. (*Ver* Painel 2-1, p. 66-67.)

aldeído
Composto orgânico reativo que contém o grupo HC=O, por exemplo, gliceraldeído. (*Ver* Painel 2-1, p. 66-67.)

alelo
Forma alternativa de um gene; para um gene específico, diversos alelos podem existir no conjunto gênico de uma espécie.

alfa-hélice (α-hélice)
Padrão de enovelamento, presente em diversas proteínas, onde uma única cadeia polipeptídica se enovela em seu próprio eixo, formando um cilindro rígido estabilizado por ligações de hidrogênio estabelecidas a cada quatro aminoácidos.

alostérico
Descreve uma proteína que pode existir em múltiplas conformações, dependendo da ligação de uma molécula (ligante) em um sítio de ligação diferente do sítio de catálise; a alteração de uma conformação para outra geralmente altera a atividade de proteína ou a sua afinidade pelo ligante.

amida
Molécula que contém o grupo funcional –$CONH_2$. (*Ver* Painel 2-1, p. 66-67.)
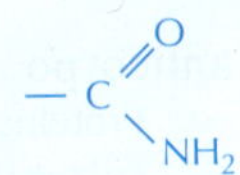

amido
Polissacarídeo composto exclusivamente de unidades de glicose, utilizado como fonte de energia nas células vegetais.

amina
Molécula que contém o grupo funcional amino ($-NH_2$). (*Ver* Painel 2-1, p. 66-67.)

aminoácido
Pequena molécula orgânica que contém um grupo amino e um grupo carboxila; unidade básica das proteínas. (*Ver* Painel 2-5, p. 74-75.)

aminoacil-tRNA-sintetase
Enzima que liga o aminoácido correto a uma molécula de tRNA para formar uma molécula de aminoacil-tRNA "carregada" durante a síntese de proteínas.

aminoterminal – *ver* **N-terminal**

AMP (5′-monofosfato de adenosina)
Nucleotídeo produzido pela hidrólise energeticamente favorável dos dois grupos fosfatos terminais de uma molécula de ATP, uma reação que promove a síntese de DNA e RNA. (*Ver* Figura 3-40.)

AMP cíclico (cAMP)
Pequena molécula de sinalização intracelular gerada a partir de ATP em resposta a estímulos hormonais dos receptores de superfície celular.

anabolismo
Conjunto de vias metabólicas onde grandes moléculas são formadas a partir de moléculas menores.

anaeróbio
Descreve célula, organismo ou processo metabólico que ocorre na ausência de ar ou, mais precisamente, na ausência de oxigênio molecular.

anáfase
Etapa da mitose em que os dois conjuntos de cromossomos são separados e se deslocam para extremidades opostas da célula em divisão.

anel contrátil
Estrutura composta por filamentos de actina e miosina que formam um anel em torno da célula em divisão, separando-a em duas.

anel de tubulina-γ
Complexo proteico nos centrossomos a partir do qual os microtúbulos crescem.

anfipática
Que tem regiões hidrofóbicas e hidrofílicas, como uma molécula de fosfolipídeo ou de um detergente.

ânion
Íon de carga negativa, como Cl^- ou CH_3COO^-.

anticódon
Conjunto de três nucleotídeos consecutivos em uma molécula de RNA transportador que reconhece, mediante pareamento de bases, o códon de três nucleotídeos em uma molécula de RNA mensageiro; tal interação ajuda a promover o transporte do aminoácido correto para a cadeia polipeptídica nascente.

anticorpo
Proteína produzida pelos linfócitos B em resposta a uma molécula estranha ou organismo invasor. Liga-se fortemente à molécula ou célula estranha, inativando-a ou marcando-a para a destruição.

antígeno
Molécula ou fragmento de uma molécula que é reconhecido por um anticorpo.

antiparalelo
Descreve duas estruturas similares arranjadas em orientações opostas, como as duas fitas de uma dupla-hélice de DNA.

antiporte
Tipo de transportador acoplado que transporta dois íons diferentes ou moléculas pequenas através de uma membrana em direções opostas, simultaneamente ou em sequência.

aparelho de Golgi
Organela delimitada por membrana nas células eucarióticas que modifica proteínas e lipídeos sintetizados no retículo endoplasmático e os distribui para o transporte a outros locais da célula.

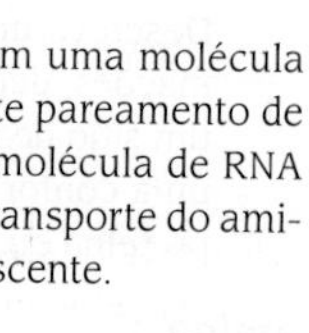

APC – *ver* **complexo promotor de anáfase** (do inglês *anaphase-promoting complex*)

apical
Descreve a região superior, ou ápice, de uma célula, estrutura ou órgão; em uma célula epitelial, por exemplo, corresponde à superfície oposta à base, ou superfície basal.

apolar
Descreve uma molécula que não apresenta o acúmulo local de cargas positivas ou negativas; geralmente é insolúvel em água.

apoptose
Forma de morte celular programada altamente controlada, que permite que células desnecessárias ou indesejáveis sejam eliminadas de um organismo adulto ou em desenvolvimento.

Archaea
Uma das duas divisões de procariotos, em geral encontrada em ambientes hostis, como fontes de águas termais ou com alta salinidade. (*Ver também* ***Bacteria***.)

árvore filogenética
Diagrama ou "árvore da família" mostrando a história evolutiva de um grupo de organismos ou proteínas.

áster
Sistema, em forma de estrela, de microtúbulos que derivam do centrossomo ou do polo do fuso mitótico.

ativador
É uma proteína que se liga a uma região reguladora específica do DNA para permitir a transcrição de um gene adjacente.

ativador de transcrição
É uma proteína que se liga a uma região reguladora específica do DNA para permitir a transcrição de um gene adjacente.

átomo
A menor partícula de um elemento que ainda retém suas propriedades químicas distintivas; composto por um núcleo de carga positiva, circundado por uma nuvem de elétrons de carga negativa.

ATP (5´-trifosfato de adenosina)
Molécula que atua como principal carreador de energia nas células; este nucleosídeo-trifosfato é composto por adenina, ribose e três grupos fosfato. (*Ver* Figura 2-24.)

ATP-sintase
Complexo enzimático associado à membrana que catalisa a formação de ATP a partir de ADP e fosfato inorgânico durante a fosforilação oxidativa e a fotossíntese.

atração de van der Waals
Interação não covalente fraca, devida a cargas elétricas flutuantes, que ocorre entre dois átomos dentro de uma curta distância.

atração eletrostática
Força que promove a atração de átomos opostamente carregados. Exemplos incluem ligações iônicas e a atração entre moléculas contendo ligações covalentes polares.

autocorreção
O processo pelo qual a DNA-polimerase corrige seus próprios erros enquanto se move ao longo do DNA.

autofagia
Mecanismo pelo qual a célula "come a si mesma", digerindo moléculas e organelas que estão danificadas ou são obsoletas.

axônio
Extensão longa e fina que conduz sinais elétricos a partir do corpo de uma célula nervosa em direção às células-alvo distantes.

Bacteria
Uma das duas divisões dos procariotos; algumas espécies são patogênicas. O termo (bactéria) é utilizado, algumas vezes, para

se referir a qualquer microrganismo procariótico, embora os procariotos também incluam arqueias, organismo de relação distante às bactérias. (*Ver também*, ***Archaea***.)

bacteriorrodopsina
Proteína pigmentada encontrada em abundância na membrana plasmática da arqueia halófita *Halobacterium halobium*; desloca prótons para fora da célula em resposta à luz.

basal
Localizado próximo à base; oposto de apical.

base
Molécula que aceita um próton quando dissolvida em água; termo também utilizado para descrever purinas e pirimidinas contendo nitrogênio no DNA e RNA.

biblioteca de cDNA
Conjunto de fragmentos de DNA sintetizados a partir de moléculas de mRNA presentes em um tipo celular específico.

biblioteca de DNA
Coleção de moléculas de DNA clonadas, representando um genoma inteiro (biblioteca genômica) ou cópias dos mRNAs produzidos por uma célula (biblioteca de cDNA).

biblioteca de DNA genômico
Conjunto de moléculas clonadas de DNA que representa o genoma completo de uma célula.

bicamada lipídica
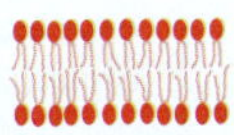
Par delgado de camadas justapostas, composto principalmente de moléculas de fosfolipídeos, que forma a base estrutural de todas as membranas celulares.

biorientação
Ligação simétrica de um par de cromátides-irmãs no fuso mitótico, de modo que uma cromátide do cromossomo duplicado se liga a um dos fusos do polo e a outra cromátide se liga ao polo oposto.

biossíntese
Processo catalisado por enzimas onde moléculas complexas são formadas a partir de substâncias simples pelas células vivas; também chamado anabolismo.

bivalente
Estrutura formada quando um cromossomo duplicado se pareia com seu cromossomo homólogo no início da meiose; contém quatro cromátides-irmãs.

bloco haplótipo
Combinação de alelos ou outros marcadores de DNA que são herdados como uma unidade, e não são separados pela recombinação gênica, ao longo de diversas gerações.

bomba
Transportador que utiliza uma fonte de energia, como hidrólise de ATP ou luz solar, para mover um soluto de forma ativa por meio da membrana contra seu gradiente eletroquímico.

bomba acoplada
Transportador ativo que utiliza o movimento de um soluto contra seu gradiente eletroquímico para promover o transporte contra o gradiente de outro soluto pela mesma membrana.

bomba de Ca^{2+}
Transportador ativo que utiliza energia fornecida pela hidrólise de ATP para remover ativamente Ca^{2+} do citosol da célula.

bomba de Na^+ (bomba de sódio)
Transportador encontrado na membrana plasmática da maioria das células animais que bombeia ativamente Na^+ para fora da célula e K^+ para dentro, usando a energia derivada da hidrólise de ATP.

bomba de prótons (H^+)
Transportador que move ativamente H^+ pela membrana celular, gerando assim um gradiente que pode ser usado pela célula, por exemplo, para importar outros solutos.

bomba de sódio – *ver* **bomba de Na^+**

cabeça – *ver* **apical**

cadeia de transporte de elétrons
Uma série de moléculas carreadoras de elétrons embebidas na membrana que facilita o movimento de elétrons de um nível mais alto para um nível mais baixo de energia, como na fosforilação oxidativa e na fotossíntese.

cadeia lateral
Porção de um aminoácido não envolvido na formação das ligações peptídicas; sua identidade química fornece a cada aminoácido suas propriedades únicas.

cadeia principal de polipeptídeo
Sequência repetida de átomos (–N–C–C–) que forma o cerne de uma molécula proteica e na qual as cadeias laterais dos aminoácidos estão ligadas.

caderina
Membro da família de proteínas dependentes de Ca^{2+} que medeia a ligação de uma célula a outra em tecidos animais.

calmodulina (CaM)
Pequena proteína de ligação a Ca^{2+} que modifica a atividade de diversas proteínas-alvo em resposta à alteração da concentração de Ca^{2+}.

caloria
Unidade de calor. Equivale à quantidade de calor necessária para aumentar a temperatura de 1 grama de água em 1°C.

CaM – *ver* **calmodulina**

camada de carboidrato
Uma camada protetora de resíduos de açúcar, incluindo as porções de polissacarídeos dos proteoglicanos e oligossacarídeos ligados a moléculas de proteínas ou lipídeos, sobre a superfície externa de uma célula. Também conhecida como glicocálice.

camundongo nocaute
Camundongo geneticamente modificado no qual um gene específico foi inativado, por exemplo, pela introdução de uma deleção no seu DNA.

canal

Proteína que forma um poro hidrofílico transversal à membrana, por meio do qual pequenas moléculas ou íons podem difundir-se passivamente de modo seletivo.

canal controlado mecanicamente
Um canal iônico que permite a passagem de íons selecionados através da membrana em resposta a uma perturbação física.

canal controlado por ligante
Canal de íons que é estimulado para abrir por meio da ligação de uma pequena molécula, como um neurotransmissor.

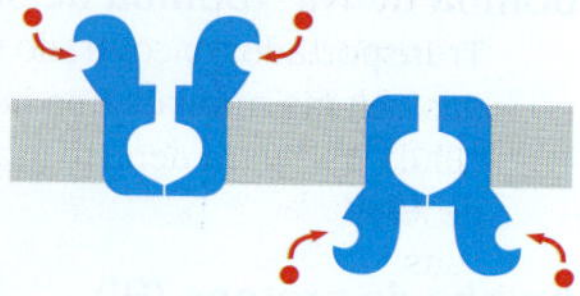

canal controlado por voltagem
Proteína de canal que permite a passagem de íons selecionados, como Na^+, através da membrana em resposta a alterações no potencial de membrana. Encontrado sobretudo em células eletricamente excitáveis como células nervosas e musculares.

canal de Na^+ controlado por voltagem
Proteína na membrana plasmática de células eletricamente excitáveis que abrem em resposta à despolarização da membrana, permitindo que Na^+ entre na célula. É responsável pelo potencial de ação nestas células.

canal de vazamento de K^+
Canal iônico permeável à K^+ que oscila de modo aleatório entre o estado aberto e o fechado; amplamente responsável pelo potencial de membrana de repouso nas células animais.

canal iônico
Proteína transmembrânica que forma um poro através da bicamada lipídica, por meio do qual íons inorgânicos específicos podem se difundir a favor de seus gradientes eletroquímicos.

canal iônico controlado por transmissores
Proteína receptora transmembrânica ou complexo proteico que abre em resposta à ligação de um neurotransmissor, permitindo a passagem de um íon inorgânico específico; sua ativação pode acionar um potencial de ação em uma célula pós-sináptica.

canal iônico controlado por voltagem
Proteína que permite a passagem seletiva de determinados íons através da membrana em resposta a uma alteração no potencial de membrana. Encontrado sobremaneira em células eletricamente excitáveis como células nervosas e musculares.

câncer
Doença causada pela proliferação celular anormal e descontrolada, seguida pela invasão e colonização de locais no corpo normalmente reservados a outros tipos celulares.

capeamento do RNA
Modificação da extremidade 5′ de um transcrito de RNA em maturação pela adição de um nucleotídeo atípico.

carboidrato
Termo geral para açúcares e compostos relacionados à fórmula geral $(CH_2O)_n$. (*Ver* Painel 2-3, p. 70-71.)

carboxiterminal – *ver* **C-terminal**

cariótipo
Arranjo ordenado do conjunto completo de cromossomos de uma célula, dispostos de acordo com seu tamanho, formato e número.

carreador ativado
Pequena molécula que armazena energia ou grupos químicos em uma forma que pode ser transferida para diferentes reações metabólicas. Exemplos incluem ATP, acetil-CoA e NADH.

carreador de elétron
Molécula capaz de aceitar um elétron de uma molécula com afinidade eletrônica fraca e transferi-lo para uma molécula com afinidade eletrônica mais forte.

cascata – *ver* **cascata de sinalização**

cascata de sinalização
Sequência de reações proteicas ligadas, muitas vezes incluindo fosforilação e desfosforilação, que carrega informações dentro da célula, com frequência amplificando um sinal inicial.

caspase
Família de proteases que, quando ativada, medeia a destruição de células por apoptose.

catabolismo
Conjunto de reações catalisadas por enzimas por meio do qual moléculas complexas são degradadas em moléculas mais simples, com liberação de energia; os intermediários dessas reações são, em alguns casos, chamados de catabólitos.

catalisador
Substância que acelera uma reação química pela diminuição da sua energia de ativação; as enzimas desempenham este papel nas células.

catálise
A aceleração de uma reação química pela ação de um catalisador; praticamente todas as reações em uma célula requerem essa assistência para que ocorram nas condições presentes nos organismos vivos.

cátion
Íon de carga positiva, como Na^+ ou $CH_3NH_3^+$.

célula
A unidade básica a partir da qual todos os organismos vivos são compostos; consiste em uma solução aquosa de moléculas orgânicas delimitada por uma membrana.

célula fagocítica
Célula, como macrófagos ou neutrófilos, que é especializada em captar partículas ou microrganismos pela fagocitose.

célula germinativa
Tipo de célula em um organismo diploide que carrega apenas um conjunto de cromossomos e é especializada para a reprodução sexuada. Um espermatozoide ou um óvulo; também chamados de gametas.

célula somática
Qualquer célula que faz parte do corpo de uma planta ou animal que não é uma célula germinativa ou precursor da linhagem germinativa.

célula-tronco
Célula relativamente não diferenciada, autorrenovadora que produz células-filhas que podem se diferenciar em tipos celulares mais especializados ou manter o potencial de desenvolvimento da célula-mãe.

célula-tronco embrionária (células ES)
Tipo celular não diferenciado derivado de uma massa celular interna de um embrião inicial de mamífero e capaz de se diferenciar e dar origem a todos os tipos de células especializadas em um organismo adulto.

célula-tronco pluripotente
Célula capaz de dar origem a qualquer um dos tipos celulares especializados no corpo.

célula-tronco pluripotente induzida (célula iPS)
Célula somática que foi reprogramada para ser semelhante e ter comportamento similar às células-tronco embrionárias (ES) mediante introdução artificial de um conjunto de genes que codifica reguladores de transcrição específicos.

celulose
Polissacarídeo estrutural que consiste em longas cadeias de unidades de glicose ligadas covalentemente. Fornece força tênsil às paredes celulares vegetais.

centríolo
Pequeno arranjo cilíndrico de microtúbulos, geralmente encontrado em pares no centro de um centrossomo nas células animais. Também presente na base de cílios e flagelos, onde é chamado de corpúsculo basal.

centro de reação
Nas membranas fotossintéticas, um complexo proteico que contém um par especializado de moléculas de clorofila que fazem as reações fotoquímicas para converter a energia dos fótons (luz) em elétrons de alta energia para o transporte pela cadeia fotossintética transportadora de elétrons.

centro ferro-enxofre
Complexo metálico presente em carreadores de elétrons que operam nas etapas iniciais da cadeia transportadora de elétrons; possui afinidade relativamente fraca por elétrons.

centrômero
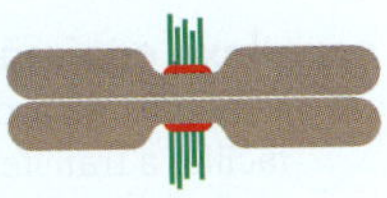
Sequência especializada de DNA que permite que os cromossomos duplicados sejam separados durante a fase M; pode ser identificado como a região de constrição em um cromossomo mitótico.

centrossomo
Centro organizador de microtúbulos que se encontra próximo ao núcleo nas células animais; durante o ciclo celular essa estrutura se duplica para formar os dois polos do fuso mitótico.

ciclina
Proteína de regulação cuja concentração aumenta e diminui em momentos específicos do ciclo celular eucariótico; as ciclinas ajudam a controlar a progressão das etapas do ciclo celular por meio da sua ligação a proteínas-cinase dependentes de ciclina (Cdks).

ciclina G_1
Proteína reguladora que ajuda a passagem da célula ao longo da primeira fase de intervalo do ciclo celular, até a fase S.

ciclina G_1/S
Proteína reguladora que ajuda a iniciar a fase S do ciclo celular.

ciclina M
Proteína reguladora que se liga à Cdk mitótica para formar M-Cdk, o complexo proteico que aciona a fase M do ciclo celular.

ciclinas S
Proteína reguladora que ajuda a dar início à fase S do ciclo celular.

ciclo celular
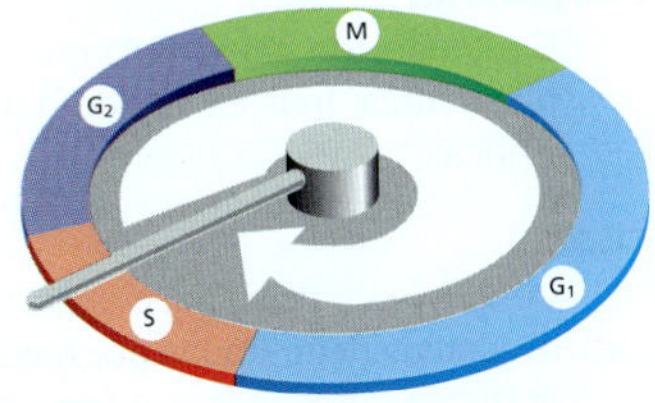

Sequência ordenada de eventos por meio da qual uma célula duplica seu conteúdo e se divide em duas.

ciclo do ácido cítrico
Série de reações que gera grande quantidade de NADH pela oxidação de grupos acetila, derivados de moléculas oriundas de alimentos, em CO_2. Nas células eucarióticas, esta via central do metabolismo ocorre na matriz mitocondrial.

ciclo do centrossomo
Processo de duplicação dos centrossomos (durante a interfase) e de separação dos dois novos centrossomos (no início da mitose) para formar os polos do fuso mitótico.

cílio
Estrutura composta por microtúbulos presente na superfície de diversas células eucarióticas, semelhante a fios de cabelo; quando presente em grande quantidade, o seu batimento coordenado pode promover o movimento de líquidos sobre a superfície celular, como no epitélio dos pulmões.

cinase – *ver* **proteína-cinase**

cinesina
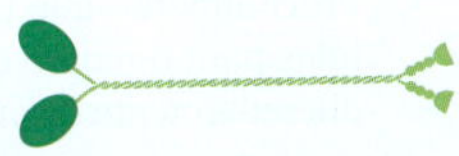
Grande família de proteínas motoras que utiliza a energia da hidrólise de ATP para se deslocar em direção à extremidade mais (+) de um microtúbulo.

cinetocoro
Complexo proteico que se associa sobre o centrômero de um cromossomo mitótico condensado; local ao qual os microtúbulos do fuso se ligam.

cis
No mesmo lado.

citocina
Pequena molécula de sinalização, sintetizada e secretada pelas células, que atua nas células adjacentes alterando seu comportamento. Geralmente uma proteína, polipeptídeo ou glicoproteína.

citocinese
Processo pelo qual o citoplasma de uma célula animal ou vegetal se divide em dois para formar células-filhas individuais.

citocromo
Proteína ligada à membrana, colorida, contendo heme, que transfere elétrons durante a respiração celular e fotossíntese.

citocromo *c*-oxidase
Complexo proteico que atua como transportador final de elétrons na cadeia respiratória; remove elétrons do citocromo *c* e os transfere para uma molécula de O_2 para dar origem a uma molécula de H_2O.

citoesqueleto
Sistema de filamentos proteicos no citoplasma de uma célula eucariótica que confere a forma da célula e a capacidade de movimento diferenciado. Seus componentes mais abundantes são filamentos de actina, microtúbulos e filamentos intermediários.

citoplasma
Conteúdos de uma célula que estão envolvidos pela membrana plasmática, mas excluindo o núcleo no caso das células eucarióticas.

citosol
Conteúdo do principal compartimento do citoplasma, excluindo organelas delimitadas por membrana, como retículo endoplasmático e mitocôndria. A fração da célula mantida após a remoção da membrana, dos componentes do citoesqueleto e das outras organelas.

clatrina
Proteína que compõe o revestimento de um tipo de vesícula transportadora originada a partir do aparelho de Golgi (na via secretória extracelular) ou a partir da membrana plasmática (na via endocítica interna).

clonagem de DNA
Produção de diversas cópias idênticas de uma sequência de DNA.

clonagem reprodutiva
A produção artificial de cópias geneticamente idênticas de um animal pelo transplante, por exemplo, do núcleo de uma célula somática para um óvulo sem núcleo fertilizado.

clonagem terapêutica
Procedimento que utiliza o transplante nuclear para gerar células para o reparo de tecidos e outros propósitos semelhantes, diferentemente de produzir indivíduos multicelulares inteiros.

clorofila
Pigmento verde que absorve luz e desempenha papel central na fotossíntese.

cloroplasto
Organela especializada, em algas e plantas, que contém clorofila e é o local onde ocorre a fotossíntese.

código genético
Conjunto de regras por meio do qual a informação contida em uma sequência de nucleotídeos de um gene e da sua molécula de RNA correspondente é traduzida em uma sequência de aminoácidos de uma proteína.

códon
Grupo de três nucleotídeos consecutivos que especifica um aminoácido particular, ou que inicia ou finaliza a síntese de proteínas; aplica-se aos nucleotídeos em uma molécula de mRNA ou à sequência codificadora do DNA.

coenzima A
Pequena molécula utilizada para transportar e transferir grupos acetila necessários para um grande número de reações metabólicas, como a síntese de ácidos graxos. (*Ver também* **acetil-CoA** e Figura 3-36.)

coesina
Complexo proteico que mantém as duas cromátides-irmãs unidas após a duplicação do DNA durante o ciclo celular.

colágeno
Proteína fibrosa, composta por três cadeias, que é o principal componente da matriz extracelular e dos tecidos conectivos; é a principal proteína dos tecidos animais, e diferentes formas podem ser observadas na pele, tendões, ossos, cartilagens e vasos sanguíneos.

colesterol
Molécula lipídica curta e rígida, presente em grandes quantidades na membrana plasmática das células animais, onde torna a bicamada lipídica menos flexível.

complementaridade
Descreve duas superfícies moleculares que interagem com alta afinidade e formam ligações não covalentes entre elas. Exemplos incluem pares de bases complementares, como A e T, e as duas fitas complementares de uma molécula de DNA.

complexo
Conjunto de macromoléculas que se associam umas às outras por meio de ligações não covalentes para formar uma estrutura maior com função específica.

complexo antena
Nos cloroplastos e em bactérias que realizam fotossíntese, parte do fotossistema ligado à membrana que captura energia da luz solar; possui um arranjo de proteínas que ligam centenas de moléculas de clorofila e outros pigmentos fotossensíveis.

complexo de reconhecimento de origem (ORC)
Associação de proteínas que está ligada ao DNA nas origens de replicação nos cromossomos eucarióticos durante o ciclo celular.

complexo de remodelagem da cromatina
Enzima (geralmente composta por múltiplas subunidades) que utiliza a energia da hidrólise de ATP para modificar o arranjo dos nucleossomos nos cromossomos eucarióticos, alterando a acessibilidade do DNA subjacente a outras proteínas, incluindo as proteínas envolvidas com a transcrição do DNA.

complexo enzimático respiratório
Conjunto de proteínas na membrana mitocondrial interna que facilita a transferência de elétrons de alta energia do NADH para água enquanto bombeia prótons para o espaço intermembranar.

complexo promotor de anáfase (APC)
Complexo proteico que promove a separação das cromátides-irmãs e coordena a degradação programada de proteínas que controlam a progressão do ciclo celular; o complexo que catalisa a marcação dos seus alvos com uma cadeia de poliubiquitina; ou ubiquitinação.

complexo proteico—*ver* **complexo**

comprimento de ligação
Distância média entre dois átomos que interagem em uma molécula, geralmente mediante uma ligação covalente.

condensação – *ver* **condensação cromossômica**

condensação cromossômica
Processo pelo qual um cromossomo duplicado se condensa em uma estrutura mais compacta antes da divisão celular.

condensina
Complexo proteico que ajuda a configurar os cromossomos duplicados para a segregação, tornando-os mais compactos.

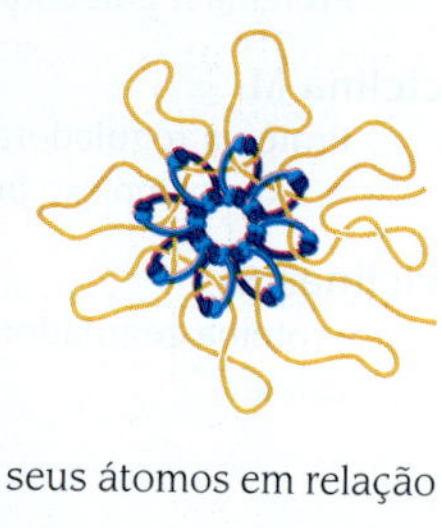

conformação
Estrutura tridimensional precisa de uma proteína ou outra macromolécula, baseada na localização espacial dos seus átomos em relação uns aos outros.

constante de equilíbrio *(K)*
Para uma reação química reversível, a proporção de substratos e produtos quando as taxas de reação direta e inversa são iguais. (*Ver* Tabela 3-1, p. 98.)

constante de Michaelis (K_M)
Concentração do substrato na qual uma enzima trabalha na metade do máximo da sua velocidade; serve como medida do quão forte o substrato está ligado.

controle combinatório
Descreve como grupos de reguladores da transcrição atuam em conjunto para regular a expressão de um único gene.

controle pós-transcricional
Regulação da expressão gênica que ocorre depois de a transcrição de um gene ter iniciado; exemplos incluem *splicing* de RNA e interferência de RNA.

corpúsculo basal – *ver* **centríolo**

córtex celular
Camada especializada do citoplasma sobre a face interna da membrana plasmática. Nas células animais, é rico em filamentos de actina que controlam o formato da célula e seu movimento.

cristalografia por raios X
Técnica utilizada para determinar a estrutura tridimensional de uma molécula proteica pela análise do padrão produzido quando um feixe de raios X é passado por um arranjo ordenado de proteína.

cromátide – *ver* **cromátide-irmã**

cromátide-irmã
Cópia de um cromossomo, produzida pela replicação do DNA, que permanece ligada a outra cópia.

cromatina
Complexo de DNA e proteínas que compõe o cromossomo nas células eucarióticas.

cromatografia
Técnica utilizada para separar moléculas individuais em uma mistura complexa, baseada em sua massa, carga, ou capacidade de se ligar a um grupo químico específico. Em uma forma comum desta técnica, a mistura passa por uma coluna preenchida por um material que se liga à molécula-alvo, ou a deixa passar.

cromossomo
Estrutura longa e filamentosa composta por DNA e proteínas que contém a informação genética de um organismo; torna-se visível como uma entidade individual quando uma célula animal ou vegetal se prepara para se dividir.

cromossomo homólogo
Em uma célula diploide, uma das duas cópias de um cromossomo específico, uma originada do pai e a outra mãe.

cromossomo interfásico
Condição em que os cromossomos de uma célula eucariótica se encontram quando a célula está entre divisões; mais estendidos e transcricionalmente ativos do que os cromossomos mitóticos.

cromossomo mitótico
Cromossomo duplicado bastante condensado no qual os dois cromossomos novos (também chamados de cromátides-irmãs) ainda estão mantidos juntos pelo centrômero. Estrutura que os cromossomos adotam durante a mitose.

cromossomo sexual
Tipo de cromossomo que determina o sexo de um indivíduo e direciona o desenvolvimento de características sexuais. Nos mamíferos, os cromossomos X e Y.

cromossomo X
O maior dos dois cromossomos sexuais de mamíferos. As células dos machos contêm um, e as das fêmeas contêm dois.

cromossomo Y
O menor dos dois cromossomos sexuais de mamíferos. Presente em cópia única apenas nas células dos machos, contém genes que direcionam o desenvolvimento de órgãos e características sexuais masculinas.

C-terminal (carboxiterminal)
A extremidade de uma cadeia polipeptídica que possui um grupo carboxila livre (–COOH).

dálton
Unidade de massa molecular. Definida como 1/12 da massa do átomo de carbono 12 ($1{,}66 \times 10^{-24}$ g); aproximadamente igual à massa de um átomo de hidrogênio.

dendrito
Estrutura curta e ramificada que se estende a partir da superfície de uma célula nervosa e recebe sinais oriundos de outros neurônios.

desmossomo
Junção célula-célula especializada, geralmente formada entre duas células epiteliais, que conecta os filamentos de queratina semelhantes a cordas ou cabos de células adjacentes, gerando força tênsil.

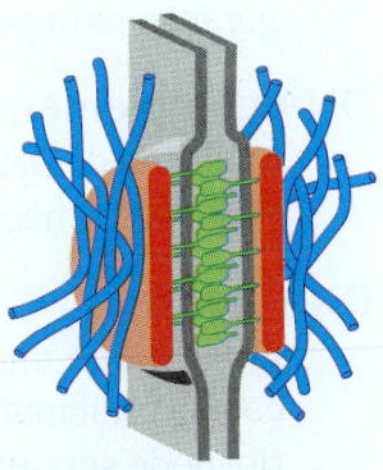

desnaturação
Indução de alterações drásticas na estrutura de uma macromolécula pela sua exposição a condições extremas, como altas temperaturas e agentes químicos. Em geral resulta na perda da função biológica.

despolarização
Alteração no potencial de membrana, tornando-o menos negativo.

detergente
Substância saponácea utilizada para solubilizar proteínas de membrana.

diacilglicerol (DAG)
Pequena molécula mensageira gerada pela clivagem de fosfolipídeos de inositol da membrana em resposta a sinais extracelulares. Ajuda a ativar a proteína-cinase C.

diferenciação
Processo pelo qual a célula passa por alterações progressivas e coordenadas para um tipo celular mais especializado, mediado por alterações em grande escala na expressão gênica.

difusão
Processo pelo qual moléculas e pequenas partículas se deslocam de um local a outro via movimentos aleatórios mediados pela temperatura.

dímero
Uma molécula composta por duas subunidades estruturalmente similares.

dineína
Proteína motora que utiliza a energia da hidrólise de ATP para se deslocar em direção à extremidade menos (-) de um microtúbulo. Uma forma da proteína é responsável pelo curvamento dos cílios.

diploide
Descreve uma célula ou organismo que contém dois conjuntos de cromossomos homólogos, cada um herdado de um genitor. (*Ver também* **haploide**)

dispositivo molecular
Proteína de sinalização intracelular que altera entre os estados ativo e inativo em resposta ao recebimento de um sinal.

divergência
Diferenças de sequência que se acumulam ao longo do tempo em segmentos de DNA derivados de uma sequência ancestral comum.

divisão celular
Separação de uma célula em duas células-filhas. Nas células eucarióticas, compreende a divisão do núcleo (mitose), seguida pela divisão do citoplasma (citocinese).

DNA (ácido desoxirribonucleico)
Polinucleotídeo de fita dupla, formado por duas cadeias individuais de unidades de desoxirribonucleotídeo ligadas covalentemente. Serve como informação genética que é transmitida de geração para geração.

DNA complementar (cDNA)
Molécula de DNA sintetizada a partir de uma molécula de mRNA e, portanto, não apresenta íntrons presentes no DNA genômico.

DNA-ligase
Enzima que une as extremidades livres oriundas da quebra da cadeia principal de uma molécula de DNA; na rotina de laboratório, pode ser utilizada para unir dois fragmentos de DNA.

doador de elétron
Molécula que doa elétrons com facilidade, se tornando oxidada.

dogma central
O princípio de que o fluxo de informação genética passa do DNA para o RNA e para a proteína.

domínio
Pequena região discreta de uma estrutura; em uma proteína, um segmento que se enovela em uma estrutura compacta e estável. Em uma membrana, região da bicamada com composição de lipídeos e proteínas característica.

domínio de membrana
Região funcional e estruturalmente especializada na membrana de uma célula ou organela; em geral caracterizada pela presença de proteínas específicas.

domínio proteico
Segmento de uma cadeia polipeptídica que pode se dobrar em uma estrutura compacta estável e que normalmente realiza uma função específica.

dupla-hélice
A estrutura típica de uma molécula de DNA onde duas fitas polinucleotídicas complementares se enrolam ao redor de si mesmas com pareamento de bases entre as fitas.

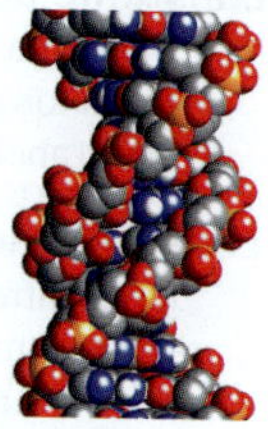

duplicação gênica e divergência
Processo pelo qual novos genes têm origem; envolve a geração acidental de uma cópia adicional de um segmento de DNA contendo um ou mais genes, seguida pelo acúmulo de mutações que, ao longo do tempo, alteram a função do gene original ou da sua cópia.

elemento
Substância que não pode ser quebrada em qualquer outra forma química; composta de um único tipo de átomo.

elemento genético móvel
Segmento curto de DNA que pode se mover, algumas vezes por meio de um intermediário do RNA, de um local no genoma para outro; uma importante fonte de variação genética na maioria dos genomas. Também chamado de transpóson.

elemento *L1*
Tipo de retrotranspóson que constitui 15% do genoma humano; também denominado *LINE-1*.

eletroforese
Técnica para a separação de uma mistura de proteínas ou fragmentos de DNA, colocando-os em um gel polimérico e submetendo-os a um campo elétrico. As moléculas migram pelo gel em diferentes velocidades, dependendo do seu tamanho e carga.

elétron
Partícula subatômica de carga negativa que ocupa o espaço em torno do núcleo de um átomo (e^-).

embaralhamento de éxons
Mecanismo de evolução de novos genes; neste processo, as sequências codificadoras de diferentes genes são unidas, dando origem a uma proteína com uma combinação inédita de domínios.

endocitose
Processo pelo qual as células absorvem materiais pela invaginação da membrana plasmática, que circunda o material ingerido em uma vesícula delimitada por membrana. (*Ver também* **pinocitose** e **fagocitose**.)

endocitose mediada por receptor
Mecanismo de captação seletiva de material pelas células animais em que uma macromolécula se liga ao receptor na membrana plasmática e entra na célula em vesículas revestidas por clatrina.

endossomo
Compartimento delimitado por membrana em células eucarióticas, por meio do qual o material ingerido por endocitose é transportado até os lisossomos.

energia de ativação
Energia que deve ser adquirida por uma molécula para que uma reação química ocorra.

energia de ligação
A força da ligação química entre dois átomos, medida pela energia em quilocalorias necessária para quebrá-la.

energia livre (G)
Energia que pode ser utilizada para realizar trabalho, como promover uma reação química.

engenharia genética – *ver* **tecnologia de DNA recombinante**

entrecruzamento
Processo em que dois cromossomos homólogos são clivados em locais correspondentes e unidos outra vez para dar origem a dois cromossomos recombinantes que trocaram fisicamente segmentos de DNA. Também chamado de: permutação e permuta.

entropia
Quantidade termodinâmica que mede o grau de desordem de um sistema.

envelope nuclear
Membrana dupla que envolve o núcleo. Consiste em membranas interna e externa trespassadas por poros nucleares.

enzima
Uma proteína que catalisa uma reação química específica.

epitélio
Camada de células que cobrem ou revestem uma superfície externa ou cavidade interna do corpo.

equação de Nernst
Equação que relaciona as concentrações de um íon inorgânico nos dois lados de uma membrana permeável com o potencial de membrana no qual não haveria movimento algum do íon através da membrana.

equilíbrio
Condição na qual as taxas direta e inversa de uma reação química são iguais, de modo que não há alteração química total.

escala de pH
Concentração de íons hidrogênio em uma solução, expressa como logaritmo. Assim, uma solução ácida com pH 3 conterá 10^{-3} M de íons hidrogênio.

***Escherichia coli* (*E. coli*)**
Bactéria em forma de bastonete, normalmente encontrada no cólon dos humanos e outros mamíferos, e bastante usada na pesquisa biomédica.

especificidade
Afinidade seletiva de uma molécula por outra que permite que as duas se liguem ou reajam, mesmo na presença de um vasto excesso de espécies moleculares não relacionadas.

espectrometria de massa
Técnica para determinar a massa exata de cada peptídeo presente em uma amostra de proteína purificada ou mistura proteica.

espectroscopia de ressonância magnética nuclear (RMN)
Técnica utilizada para determinar a estrutura tridimensional de uma proteína em solução.

estado de transição
Estrutura que se forma transitoriamente durante o curso de uma reação química; nesta configuração, a molécula possui a energia livre mais alta, e não é mais um substrato, mas ainda não é um produto.

estimulador
Sequência reguladora de DNA à qual os reguladores da transcrição se ligam, influenciando a taxa de transcrição de um gene que pode estar localizado a milhares de pares de base de distância.

estroma
Em um cloroplasto, o grande espaço interior que contém as enzimas necessárias para incorporar CO_2 nos açúcares durante o estágio de fixação de carbono na fotossíntese; equivalente à matriz de uma mitocôndria.

estrutura primária
Sequência de aminoácidos de uma proteína.

estrutura quaternária
Estrutura completa formada por múltiplas cadeias polipeptídicas em interação em uma molécula proteica.

estrutura secundária
Padrão de dobramento regular de uma molécula polimérica. Em proteínas, refere-se a α-hélices e folhas β.

estrutura terciária
Estrutura tridimensional completa de uma proteína totalmente dobrada.

eubactéria
O termo apropriado para bactérias de ocorrência comum, usado para distingui-las das arqueias.

eucarioto
Um organismo cujas células possuem núcleo distinto e citoplasma.

eucromatina
Um dos dois estados principais em que a cromatina ocorre em uma célula em interfase. Forma prevalente em regiões do DNA ricas em genes, onde sua estrutura menos compacta permite que proteínas envolvidas na transcrição acessem o DNA. (*Ver também* **heterocromatina**.)

evolução
Processo de modificação gradual e adaptação que ocorre nos organismos vivos ao longo de gerações.

exocitose
Processo pelo qual a maioria das moléculas é secretada por uma célula eucariótica. Essas moléculas são empacotadas em vesículas delimitadas por membrana que se fundem com a membrana plasmática, liberando seu conteúdo para o meio externo.

éxon
Segmento de um gene eucariótico que é transcrito em RNA e expresso; codifica a sequência de aminoácidos de parte de uma proteína.

expressão gênica
Processo por meio do qual um gene dá origem a um produto que é útil para a célula ou organismo mediante controle da síntese de uma proteína ou de uma molécula de RNA com atividade específica.

FAD – *ver* **FADH$_2$**

FADH$_2$ (flavina-adenina dinucleotídeo reduzido)
Molécula carreadora de elétrons de alta energia produzida pela redução de FAD durante o metabolismo de moléculas derivadas de alimentos, incluindo ácidos graxos e acetil-CoA.

fagocitose
O processo pelo qual partículas são engolfadas ("comidas") por uma célula. Proeminente nas células predatórias, como *Amoeba proteus*, e em células do sistema imune dos vertebrados, como macrófagos.

família Bcl-2
Grupo de proteínas intracelulares relacionadas que regulam a apoptose; alguns membros dessa família promovem a morte celular, e outros a inibem.

família da proteína Rho
Família de pequenas GTPases monoméricas que controlam a organização do citoesqueleto de actina.

família de proteínas (ou família proteica)
Grupo de polipeptídeos que compartilha uma sequência de aminoácidos ou uma estrutura tridimensional semelhante, refletindo uma origem evolutiva comum. Membros individuais muitas vezes possuem funções relacionadas, porém distintas, como as cinases que fosforilam proteínas-alvo diferentes.

família gênica
Conjunto de genes relacionados que teve origem em um processo de duplicação gênica e divergência.

fase de leitura
Uma das três possíveis maneiras pela qual um conjunto de tripletes sucessivos de nucleotídeos pode ser traduzido em proteína, dependendo de qual nucleotídeo serve como ponto de início.

fase de leitura aberta (ORF)
Sequência longa de nucleotídeos que não contém códons de terminação; utilizada para identificar potenciais sequências no DNA codificadoras de proteínas.

fase G$_1$
Fase de intervalo 1 do ciclo celular eucariótico, entre o final da citocinese e o início da síntese de DNA.

fase G$_2$
Fase de intervalo 2 do ciclo celular eucariótico, entre o final da síntese de DNA e o início da mitose.

fase M
Período do ciclo celular eucariótico durante o qual o núcleo e o citoplasma se dividem.

fase S
Período durante um ciclo celular eucariótico em que o DNA é sintetizado.

fator de crescimento
Molécula de sinalização extracelular que estimula a célula a aumentar seu tamanho e massa. Exemplos incluem o fator de crescimento epidérmico (EGF) e o fator de crescimento derivado de plaquetas (PDGF).

fator de iniciação
Proteína que promove a associação apropriada de ribossomos com o mRNA e é necessária para a iniciação da síntese de proteínas.

fator de iniciação de tradução
Proteína que promove a associação apropriada de ribossomos com o mRNA e é necessária para a iniciação da síntese de proteína.

fator de sobrevivência
Molécula-sinal extracelular que deve estar presente para suprimir a apoptose.

fator de transcrição
Termo indiscriminadamente aplicado para qualquer proteína necessária para iniciar ou regular a transcrição em eucariotos. Inclui os reguladores da transcrição assim como os fatores gerais de transcrição.

fatores gerais de transcrição

Proteínas que se associam aos promotores de vários genes eucarióticos próximos ao local de início da transcrição e colocam a RNA-polimerase na posição correta.

fenótipo
Características observáveis de uma célula ou organismo.

fermentação
A quebra de moléculas orgânicas sem o envolvimento de oxigênio molecular. Esta forma de oxidação gera menos energia do que a respiração celular aeróbica.

fertilização
A fusão de dois gametas – espermatozoide e óvulo – para dar origem a um novo organismo.

fibroblasto
Tipo celular que produz a matriz extracelular rica em colágeno nos tecidos conectivos como pele e tendões. Prolifera-se rapidamente em tecidos lesionados e em cultura de tecidos.

fibronectina
Proteína da matriz extracelular que ajuda as células a se ligarem à matriz, atuando como elo de conexão que se liga à molécula de integrina da superfície celular, em uma extremidade, e a componentes da matriz, como o colágeno, na extremidade oposta.

filamento de actina

Filamento proteico fino e flexível composto por uma cadeia de moléculas globulares de actina; principal constituinte de todas as células eucarióticas, este componente do citoesqueleto é essencial para o movimento celular e para a contração das células musculares.

filamento de miosina
Polímero composto de moléculas de miosina-II em interação; a interação com actina promove a contração no músculo e em células não musculares.

filamento de queratina
Classe de filamento intermediário abundante nas células epiteliais, onde proporciona força tênsil; principal componente estrutural de cabelos, penas e unhas.

filamento intermediário
Elemento fibroso do citoesqueleto, de cerca de 10 nm de diâmetro, que forma uma rede semelhante a cabos nas células animais; ajuda as células a resistirem às forças tensoras externas.

filopódio
Extensão contendo actina, delgada e longa, sobre a superfície de uma célula animal. Algumas vezes tem função exploratória, como em um cone de crescimento.

fita líder
Na forquilha de replicação, a fita de DNA que é produzida pela síntese contínua na direção 5′ para 3′.

fita retardada
Na forquilha de replicação, a fita de DNA que é sintetizada de modo descontínuo em curtos fragmentos separados que depois são unidos para formar uma nova fita líder.

fixação de carbono
Processo por meio do qual as plantas verdes e outros organismos fotossintéticos incorporam átomos de carbono em açúcares, a partir de dióxido de carbono atmosférico. O segundo estágio da fotossíntese.

fixação de nitrogênio
Conversão de gás nitrogênio a partir da atmosfera para dentro de moléculas contendo nitrogênio por bactérias do solo e cianobactérias.

flagelo
Estrutura longa capaz de propelir uma célula ao longo do meio líquido por meio de batimentos rítmicos. Os flagelos das células eucarióticas são versões mais longas dos cílios; os flagelos bacterianos são completamente diferentes, sendo construções menores e mais simples.

folha beta (folha β)
Padrão de enovelamento encontrado em muitas proteínas, em que regiões próximas da cadeia polipeptídica se associam por ligações de hidrogênio para formarem uma estrutura rígida e achatada.

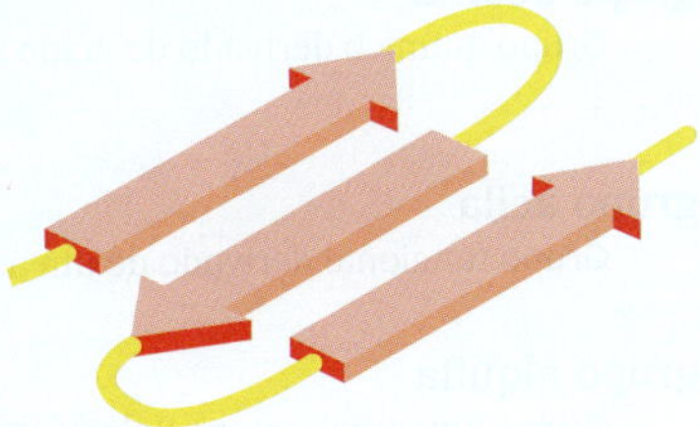

forquilha de replicação
Junção em forma de Y gerada no local onde o DNA está sendo replicado.

fosfatidilcolina
Fosfolipídeo comum presente em abundância na maioria das membranas celulares; utiliza colina ligada a um fosfato como seu grupo cabeça.

fosfoinositídeo-3-cinase (PI-3-cinase)
Enzima que fosforila os inositol-fosfolipídeos na membrana plasmática, o que gera sítios de ancoragem para proteínas de sinalização intracelular que promovem o crescimento e a sobrevivência celular.

fosfolipase C
Enzima associada à membrana plasmática que gera duas moléculas de pequenos mensageiros em resposta à ativação.

fosfolipídeo
Principal tipo de molécula lipídica em muitas membranas celulares. Geralmente composto de duas caudas de ácidos graxos ligadas a um de vários grupos polares contendo fosfato.

fosfolipídeo de inositol
Componente lipídico menor das membranas plasmáticas e que faz parte da via de transdução de sinais em células eucarióticas; a sua clivagem gera duas pequenas moléculas mensageiras, IP_3 e diacilglicerol.

fosforilação de proteínas
Adição covalente de um grupo fosfato a uma cadeia lateral de uma proteína, catalisada por uma proteína-cinase; serve como forma de regulação que normalmente altera a atividade ou as propriedades da proteína-alvo.

fosforilação oxidativa
Processo nas bactérias e mitocôndrias em que a formação de ATP é dirigida pela transferência de elétrons das moléculas dos nutrientes para o oxigênio molecular.

fosforilação – *ver* **fosforilação de proteínas**

fotossíntese
O processo pelo qual plantas e algumas bactérias usam a energia da luz solar para promover a síntese de moléculas orgânicas a partir do dióxido de carbono e da água.

fotossistema
Grande complexo multiproteico contendo clorofila que captura energia solar e a converte em energia química; consiste em um conjunto de complexos antena e um centro de reação.

fragmento de Okazaki
Pequena sequência de DNA produzida na fita retardada durante a replicação do DNA. Fragmentos adjacentes são rapidamente unidos pela DNA-ligase para formar uma fita líder de DNA.

fragmoplasto
Em uma célula vegetal em divisão, estrutura composta de microtúbulos e vesículas de membrana que guiam a formação de uma nova parede celular.

fuso mitótico
Arranjo de microtúbulos e moléculas associadas que se forma entre os polos opostos de uma célula eucariótica durante a mitose e separa os conjuntos de cromossomos duplicados para longe um do outro.

G, ΔG, $\Delta G°$ – *ver* **energia livre, variação de energia livre**

G_1/S-Cdk
Complexo proteico cuja atividade desencadeia o início da fase S do ciclo celular; composto por uma ciclina G_1/S e uma proteína-cinase dependente de ciclina (Cdk).

G_1-Cdk
Complexo proteico cuja atividade induz a passagem da célula ao longo da primeira fase de intervalo do ciclo celular, composto por uma ciclina G_1 e uma proteína-cinase dependente de ciclina (Cdk).

gameta
Tipo de célula em um organismo diploide que carrega apenas um conjunto de cromossomos e é especializada para a reprodução sexuada. Espermatozoide ou óvulo, também chamados de células germinativas.

GDP (5´-difosfato de guanosina)
Nucleotídeo que é produzido pela hidrólise do fosfato terminal de GTP, uma reação que também produz fosfato inorgânico.

gene
Unidade hereditária que contém instruções que determinam as características, ou fenótipo, de um organismo; em termos moleculares, um segmento de DNA que determina a produção de uma proteína ou de uma molécula funcional de RNA.

gene homólogo – *ver* **homólogos**

gene supressor de tumor
Gene que em um tecido normal inibe o comportamento canceroso. A perda ou inativação de ambas as cópias de tal gene de uma célula diploide pode fazê-la se dividir como uma célula cancerosa.

gene-repórter
Gene que codifica uma proteína cuja atividade é facilmente monitorada de maneira experimental; utilizado para estudar o padrão de expressão de um gene-alvo ou a localização do seu produto proteico.

genética
O estudo dos genes, da hereditariedade e da variação que origina as diferenças entre os organismos vivos.

genoma
A informação genética total presente em todos os cromossomos de uma célula ou organismo.

genótipo
A composição genética de uma célula ou organismo, incluindo os alelos (variantes genéticas) que possui.

glicocálice
Camada protetora de carboidratos na superfície externa da membrana plasmática, formada pelos resíduos de açúcar das glicoproteínas de membrana, proteoglicanos e glicolipídeos.

glicogênio
Polímero ramificado composto de modo exclusivo por unidades de glicose utilizadas para armazenar energia nas células animais. Grânulos deste material são especialmente abundantes nas células hepáticas e musculares.

glicolipídeo
Molécula de lipídeo da membrana que possui uma curta cadeia de carboidratos ligada à porção apical hidrofílica.

glicólise
Conjunto de reações catalisadas por enzimas nas quais açúcares são parcialmente degradados e sua energia é capturada pelos carreadores ativados ATP e NADH. (Literalmente, "quebra de açúcar".)

gliconeogênese
Conjunto de reações catalisadas por enzimas responsável pela síntese de glicose a partir de pequenas moléculas orgânicas como piruvato, lactato ou aminoácidos; na verdade, o inverso da glicólise.

glicoproteína
Qualquer proteína com uma ou mais cadeias de oligossacarídeos ligadas covalentemente. Inclui a maioria das proteínas secretadas e a maioria das proteínas expostas na superfície externa da membrana plasmática.

glicosaminoglicano (GAG)
Cadeia polissacarídica capaz de formar um gel que atua como "preenchedor de espaços" na matriz extracelular dos tecidos conectivos; atua na resistência à compressão em tecidos animais.

glicose
Açúcar de seis carbonos que tem um papel importante no metabolismo das células vivas. Armazenada na forma polimérica como glicogênio em células animais e como amido nas células vegetais. (*Ver* Painel 2-3, p. 70-71.)

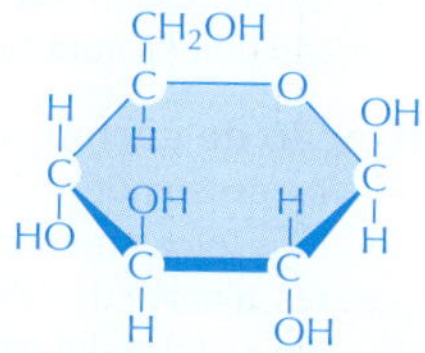

gordura
Tipo de lipídeo utilizado pelas células vivas para armazenar energia metabólica. Composto principalmente de triacilglicerol. (*Ver* Painel 2-4, p. 72-73.)

gradiente eletroquímico
Força motora que determina em qual direção um íon irá se deslocar através da membrana; composta pela influência combinada do gradiente de concentração de íons e do potencial de membrana.

grupamento – *ver* **grupo químico**

grupo acetila
Grupo químico derivado do ácido acético.

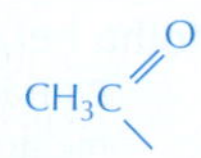

grupo acila
Grupo funcional derivado de um ácido carboxílico.

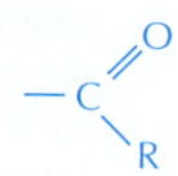

grupo alquila
Grupo funcional composto inteiramente por átomos de carbono e hidrogênio de ligação simples, como metila ($-CH_3$) ou etila ($-CH_2CH_3$).

grupo amino
Grupo funcional ($-NH_2$) derivado da amônia. Pode aceitar um próton e apresentar carga positiva em solução aquosa. (*Ver* Painel 2-1, p. 66-67.)

grupo carbonila
Átomo de carbono ligado a um átomo de oxigênio por uma ligação dupla. (*Ver* Painel 2-1, p. 66-67.)

grupo carboxila
Átomo de carbono ligado a um átomo de oxigênio por uma ligação dupla a um grupo hidroxila ($-COOH$). Em soluções aquosas, age como um ácido fraco. (*Ver* Painel 2-1, p. 66-67.)

grupo metila ($-CH_3$)
Grupo químico hidrofóbico derivado do metano (CH_4). (*Ver* Painel 2-1, p. 66-67.)

grupo químico
Combinação de átomos, como um grupo hidroxila ($-OH$) ou grupo amino ($-NH_2$), com propriedades químicas e físicas distintas que influenciam o comportamento da molécula em que se encontra.

grupo sulfidrila (–SH, tiol)
Grupo químico que contém enxofre e hidrogênio encontrado no aminoácido cisteína e em outras moléculas. Os dois podem se unir e produzir uma ligação dissulfeto.

GTP (5′-trifosfato de guanosina)
Nucleosídeo-trifosfato utilizado na síntese de RNA e DNA. Assim como a molécula de ATP, atua como um carreador ativado em algumas reações de transferência de energia. Tem um papel especial na associação dos microtúbulos, na síntese de proteína e na sinalização celular.

GTPase monomérica
Pequena proteína de ligação à GTP, de uma única subunidade. Proteínas dessa família, como Ras e Rho, são parte de várias vias de sinalização diferentes.

haploide
Descreve uma célula ou organismo com apenas um conjunto de cromossomos, como um espermatozoide ou uma bactéria. (*Ver também* **diploide**.)

hélice
Estrutura alongada cujas subunidades se enrolam de modo regular em torno de um eixo central, como uma escada espiral.

hemidesmossomo
Estrutura que ancora as células epiteliais à lâmina basal, abaixo destas.

herança epigenética
A transmissão de um padrão hereditário de expressão gênica de uma célula para a sua progênie sem que haja alteração da sequência de nucleotídeos do DNA.

hereditariedade
A transmissão de características genéticas dos genitores para a progênie.

heredograma
Gráfico mostrando a linha de descendência, ou ancestralidade, de um organismo individual.

heterocromatina
Região altamente condensada de um cromossomo em interfase; em geral pobre em genes e de transcrição inativa. (*Ver também* **eucromatina**.)

heterozigoto
Que possui alelos diferentes para um gene específico.

hibridização
Técnica experimental onde duas fitas complementares de ácidos nucleicos se aproximam e formam ligações de hidrogênio, dando origem a uma dupla-hélice; utilizada para a detecção de sequências específicas de nucleotídeos, seja DNA ou RNA.

hibridização *in situ*
Técnica na qual uma sonda de RNA ou DNA de fita simples é usada para localizar uma sequência complementar de nucleotídeos em um cromossomo, célula, ou tecido; utilizada no diagnóstico de doenças genéticas ou para o estudo da expressão gênica.

hidrofílico
Molécula, ou parte de uma molécula, que forma ligações de hidrogênio com a água rapidamente, permitindo que se dissolva; literalmente "amante da água".

hidrofóbico
Molécula, ou parte de uma molécula, não carregada e apolar, que forma poucas ou nenhuma ligação de hidrogênio com as moléculas de água e, portanto, não se dissolve em água; literalmente "com medo da água".

hidrólise
Reação química que envolve a clivagem de uma ligação covalente e o concomitante consumo de água (o –H é adicionado a um dos produtos da clivagem, e seu –OH é adicionado ao outro); o inverso da reação de condensação.

hidroxila (–OH)
Grupo químico composto por um átomo de hidrogênio ligado a um oxigênio, como em um álcool. (*Ver* Painel 2-1, p. 66-67.)

histona
Uma das proteínas altamente conservadas em torno das quais o DNA se enrola para formar os nucleossomos, estruturas que representam o nível mais fundamental de empacotamento da cromatina.

histona-desacetilase
Enzima que remove os grupos acetila dos resíduos de lisina presentes nas histonas; a sua atividade geralmente permite o empacotamento da cromatina em uma estrutura mais condensada.

homólogo
Um gene, cromossomo, ou qualquer estrutura com alta similaridade a outra como resultado de ancestralidade comum. (*Ver também* **cromossomo homólogo**.)

homólogos
Descreve genes, cromossomos, ou qualquer estrutura com alta similaridade como resultado de origem evolutiva comum. Também pode se referir às semelhanças entre sequências de proteínas ou sequências de ácidos nucleicos.

homozigoto
Que possui alelos idênticos para um gene específico.

hormônio
Molécula de sinalização extracelular que é secretada e transportada pela circulação sanguínea (em animais) ou pela seiva (em plantas) até os tecidos-alvo, onde exercem atividade específica.

hormônio esteroide
Molécula-sinal hidrofóbica relacionada ao colesterol; pode passar pela membrana plasmática para interagir com receptores intracelulares que afetam a expressão gênica da célula-alvo. Exemplos incluem estrogênio e testosterona.

in vitro
Termo utilizado por bioquímicos para descrever um processo que ocorre em um extrato isolado livre de células. Também empregado por biólogos celulares para descrever células crescendo em cultura, e não em um organismo.

in vivo
Em uma célula ou organismo intacto. (Latim: "em vida".)

inibição por retroalimentação
Uma forma de controle metabólico em que o produto final de uma cadeia de reações enzimáticas reduz a atividade de uma enzima no início da via.

iniciador
Na replicação do DNA, uma extensão curta de RNA produzida no início da síntese de cada fragmento de DNA; esses fragmen-

tos de RNA são removidos subsequentemente e preenchidos por DNA.

iniciador de RNA – *ver* **iniciador**

inorgânico
Que não é composto por átomos de carbono e hidrogênio.

inositol
Molécula de açúcar com seis grupos hidroxila que forma a estrutura básica dos fosfolipídeos de inositol, que podem atuar como moléculas de sinalização ligadas à membrana.

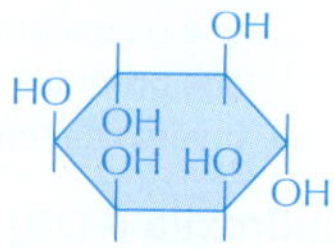

inositol 1,4,5-trifosfato (IP_3)
Pequena molécula de sinalização intracelular que desencadeia a liberação de Ca^{2+} do retículo endoplasmático no citosol; produzida quando uma molécula de sinalização ativa a proteína fosfolipase C ligada à membrana.

insaturado
Descreve uma molécula orgânica que contém uma ou mais ligações duplas ou triplas entre seus átomos de carbono.

instabilidade dinâmica
A alteração rápida entre crescimento e encurtamento em microtúbulos.

instabilidade genética
Aumento da taxa de mutação, geralmente causado por defeitos no sistema que controla a replicação correta e a manutenção do genoma; as mutações resultantes podem levar ao desenvolvimento de câncer.

integrina
Família de proteínas transmembrânicas presente na superfície celular que permite que as células formem e rompam ligações com a matriz extracelular, possibilitando que se desloquem ao longo de um tecido.

interação hidrofóbica
Tipo de ligação não covalente que aproxima as regiões hidrofóbicas de moléculas dissolvidas, minimizando a perturbação da rede de ligações de hidrogênio da água; ajuda a manter unidos os fosfolipídeos de membrana e a manter as proteínas enoveladas em uma estrutura compacta e globular.

interfase
Período longo do ciclo celular entre uma mitose e outra. Inclui as fases G_1, S e G_2.

interferência de RNA (RNAi)
Mecanismo celular ativado por moléculas de RNA de fita dupla que resulta na destruição de RNAs que contêm uma sequência de nucleotídeos similares. É amplamente explorado como uma ferramenta experimental para impedir a expressão de genes selecionados (silenciamento gênico).

íntron
Sequência não codificadora em um gene eucariótico que é transcrita em uma molécula de RNA e então removida no processo de *splicing* de RNA para produzir mRNA.

íon
Um átomo que possui carga elétrica, positiva ou negativa.

íon hidrogênio
Íon de carga positiva gerado pela remoção de um elétron de um átomo de hidrogênio; termo geralmente utilizado para se referir a um próton (H^+) em solução aquosa. A sua presença é a razão da acidez. (*Ver* Painel 2-2, p. 68-69.)

íon hidrônio (H_3O^+)
A forma obtida por um próton (H^+) em solução aquosa.

isômero (estereoisômero)
Uma de duas ou mais substâncias que contém os mesmos átomos e que possui a mesma fórmula molecular que outra (como $C_6H_{12}O_6$), mas que difere no arranjo espacial de seus átomos. Isômeros ópticos são imagens especulares um do outro.

isótopo
A variante de um elemento que possui o mesmo número de prótons, mas diferente massa atômica. Alguns são radioativos.

junção aderente
Junção celular que ajuda a manter as células epiteliais unidas em uma camada única de epitélio; os filamentos de actina no interior da célula ligam-se à face citoplasmática.

junção celular
Região especializada de conexão entre duas células ou entre uma célula e a matriz extracelular.

junção compacta
Junção célula-célula que sela células epiteliais adjacentes, impedindo a passagem da maioria das moléculas dissolvidas de um lado para outro da camada epitelial.

junção tipo fenda
Em tecidos animais, conexões especializadas entre células adjacentes por meio das quais íons e pequenas moléculas podem se difundir de uma célula para a outra.

K^+
Íon potássio – o íon de carga positiva mais abundante nas células vivas.

K_M
A concentração de substrato em que uma enzima trabalha na metade da sua velocidade máxima. Valores altos de K_M em geral indicam que a enzima se liga ao substrato com afinidade relativamente baixa.

lamelipódio
Extensão dinâmica semelhante a uma folha sobre a superfície de uma célula animal, especialmente de uma que esteja migrando em uma superfície.

lâmina basal
Fina camada de matriz extracelular secretada pelas células epiteliais; onde as células se depositam.

lâmina nuclear
Camada fibrosa sobre a superfície interna da membrana nuclear interna formada por uma rede de filamentos intermediários feitos de laminas nucleares.

lei da distribuição independente
Postula que, durante a formação do gameta, os alelos para diferentes características segregam independentemente um do outro; segunda lei da hereditariedade de Mendel.

lei da segregação
Postula que os alelos paternos e maternos para uma característica se separam um do outro durante a formação do gameta e então se reúnem durante a fertilização; primeira lei da hereditariedade de Mendel.

levedura
Termo comum para algumas famílias de fungos eucarióticos unicelulares utilizadas como organismos-modelo. Incluem espécies usadas para fermentar a cerveja e fazer pão, bem como espécies que causam doenças.

ligação – *ver* **ligação química**

ligação covalente
Ligação química estável entre dois átomos formada pelo compartilhamento de um ou mais pares de elétrons.

ligação de alta energia
Ligação covalente cuja hidrólise libera uma grande quantidade de energia livre sob as condições existentes em uma célula. Exemplos incluem a ligação fosfodiéster no ATP e a ligação tioéster na acetil-CoA.

ligação de hidrogênio
Uma interação não covalente fraca entre um átomo de hidrogênio de carga positiva, em uma molécula, e um átomo de carga negativa, como nitrogênio ou oxigênio, em outra molécula; tais interações são essenciais para a estrutura e propriedades da água.

ligação dupla
Ligação química formada quando dois átomos compartilham quatro elétrons.

ligação fosfodiéster
Ligação covalente forte que forma o esqueleto ou cadeia principal das moléculas de DNA e RNA; liga o carbono 3′ de um açúcar ao carbono 5′ de outro. (*Ver* Figura 2-26.)

ligação iônica
Interação formada quando um átomo doa elétrons a outro; esta transferência de elétrons torna ambos os átomos eletricamente carregados.

ligação não covalente
Associação química que não envolve o compartilhamento de elétrons; sozinhas são relativamente fracas, mas podem se somar para produzir interações específicas bastante fortes entre as moléculas. Exemplos são as ligações de hidrogênio e as atrações de van der Waals.

ligação peptídica
Ligação química entre o grupo carbonila de um aminoácido e o grupo amino de um segundo aminoácido. (*Ver* Painel 2-5, p. 74-75.)

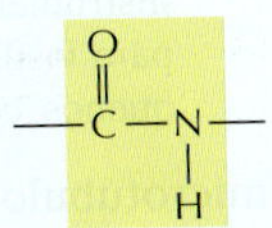

ligação química
Compartilhamento de elétrons que mantêm dois átomos unidos. Os tipos encontrados em células vivas incluem ligação iônica, ligação covalente e ligação de hidrogênio.

ligação tioéster
Ligação de alta energia formada pela reação de condensação entre um grupo ácido (acila) e um grupo tiol (–SH); vista, por exemplo, na acetil-CoA e em vários complexos enzima-substrato.

ligante
Termo geral para uma molécula que se liga a um sítio específico de uma proteína.

ligase
Enzima que religa quebras que surgem na cadeia principal de uma molécula de DNA; no laboratório, pode ser usada para ligar dois fragmentos de DNA.

linfócito
Glóbulo branco do sangue que faz a mediação da resposta imune para moléculas estranhas (antígenos). Pode ser um tipo celular B secretor de anticorpos ou um tipo celular T que reconhece e finalmente elimina células infectadas.

linhagem celular
População de células derivadas de uma planta ou animal e capaz de se dividir indefinidamente em cultura.

linhagem germinativa
A linhagem de células reprodutivas que contribui para a formação de uma nova geração de organismos, distinguindo-se das células somáticas, que constituem o corpo e não deixam descendentes na próxima geração.

lipídeo
Molécula orgânica que é insolúvel em água, mas se dissolve prontamente em solventes orgânicos apolares; em geral contém longas cadeias hidrocarbonadas ou múltiplos anéis. Uma classe, os fosfolipídeos, forma a base estrutural de membranas biológicas.

lisossomo
Organela delimitada por membrana que degrada proteínas e organelas exauridas e outros materiais inúteis, assim como moléculas captadas por endocitose; contém enzimas digestivas que normalmente são mais ativas no pH ácido encontrado dentro destas organelas.

lisozima
Enzima que quebra as cadeias de polissacarídeos que formam as paredes celulares de bactérias; encontrada em várias secreções, incluindo saliva e lágrimas.

locomoção celular
Movimento ativo de uma célula de um local para outro.

lúmen
O espaço dentro de uma estrutura oca ou tubular; pode se referir à cavidade em um tecido ou ao interior de uma organela.

macrófago
Célula encontrada nos tecidos animais que defende contra infecções pela ingestão dos micróbios invasores por um processo de fagocitose; derivada de um tipo de glóbulo branco do sangue.

macromolécula
Polímero construído a partir de subunidades ligadas covalentemente; inclui proteínas, ácidos nucleicos e polissacarídeos com uma massa molecular maior do que alguns milhares de dáltons.

mapa genético
Uma representação gráfica da ordem dos genes nos cromossomos, distribuídos de acordo com a quantidade de recombinações que ocorrem entre eles.

MAP-cinase
Proteína-cinase ativada por mitógeno. Molécula de sinalização que é a última cinase em uma sequência de três cinases chamada de módulo de sinalização da MAP-cinase.

máquina proteica
Grande grupo de moléculas proteicas que funcionam como uma unidade para realizar uma série complexa de atividades biológicas, como a replicação do DNA.

massa atômica
A massa de um átomo expressa em dáltons, a unidade de massa atômica que se aproxima da massa de um átomo de hidrogênio.

massa molecular
O peso de uma molécula expresso em dáltons, a unidade de massa atômica que se aproxima da massa de um átomo de hidrogênio.

matriz
Compartimento interno grande dentro de uma mitocôndria.

matriz extracelular
Rede complexa de polissacarídeos (como glicosaminoglicanos ou celulose) e proteínas (como colágeno) secretada pela célula. Um componente estrutural do tecido que também influencia no seu desenvolvimento e fisiologia.

M-Cdk
Complexo proteico que aciona a fase M do ciclo celular; consiste em uma ciclina M mais uma proteína-cinase mitótica dependente de ciclina (Cdk).

mediador local
Molécula-sinal secretada que age em pequenas áreas sobre células adjacentes.

meiose
Tipo especializado de divisão celular pelo qual os óvulos e espermatozoides são produzidos. Duas divisões nucleares sucessivas com apenas um ciclo de replicação do DNA geram quatro células-filhas haploides a partir de uma célula diploide.

membrana
Fina camada de moléculas de lipídeos e proteínas associadas que envolve todas as células e que limita muitas organelas eucarióticas.

membrana plasmática
Bicamada lipídica contendo proteína que circunda uma célula viva.

memória celular
A capacidade de uma célula diferenciada, e suas células derivadas, de manter a sua identidade.

metabolismo
A soma total das reações químicas que ocorrem nas células de organismos vivos.

metáfase
Estágio da mitose em que cromossomos são ligados firmemente ao fuso mitótico e dispostos no centro do fuso, mas ainda não foram segregados para os polos opostos.

metástase
A disseminação de células cancerosas a partir do local inicial do tumor para formar tumores secundários em outros locais do corpo.

metilação de DNA
Adição enzimática de grupos metila às bases de citosina no DNA; tal modificação covalente em geral inativa genes pela atração de proteínas que bloqueiam a expressão gênica.

metodologia genética clássica
Técnicas experimentais utilizadas para isolar genes responsáveis por um fenótipo de interesse.

micro-
No sistema métrico, prefixo denotando 10^{-6}.

microarranjo de DNA
Uma superfície sobre a qual uma grande quantidade de sequências curtas de moléculas de DNA (geralmente dezenas de milhares) foi imobilizada em um padrão ordenado. Cada um desses fragmentos de DNA atua como uma sonda para um gene específico, permitindo que a atividade de milhares de genes seja monitorada ao mesmo tempo.

microfibrila de celulose
Filamento longo e fino de celulose que reforça a parede celular vegetal.

micrografia
Qualquer fotografia ou imagem digital captada por um microscópio. Pode ser uma micrografia óptica ou uma micrografia eletrônica, dependendo do tipo de microscópio utilizado.

micrômetro
Unidade de comprimento igual a um milionésimo (10^{-6}) de um metro ou 10^{-4} centímetros.

microRNA (miRNA)
Pequeno RNA não codificador que controla a expressão gênica pelo pareamento de bases com um mRNA específico para regular sua estabilidade e sua tradução.

microscópio
Instrumento para a visualização de objetos extremamente pequenos. Um microscópio óptico utiliza um feixe de luz visível e é usado para observar células e organelas. Um microscópio eletrônico utiliza um feixe de elétrons e pode ser usado para analisar objetos tão pequenos como moléculas individuais.

microscópio de fluorescência
Instrumento usado para visualizar amostras marcadas com corantes fluorescentes; as amostras são iluminadas com comprimentos de onda que excitam os marcadores, estimulando sua fluorescência.

microscópio eletrônico
Instrumento que ilumina a amostra utilizando feixes de elétrons para visualização e magnificação de estruturas de objetos pequenos, como organelas e grandes moléculas.

microtúbulo
Longa estrutura cilíndrica composta da proteína tubulina. Utilizado por células eucarióticas para organizar seu citoplasma e direcionar o transporte intracelular das macromoléculas e organelas.

mili
No sistema métrico, prefixo que significa 10^{-3}.

miofibrila
Estrutura cilíndrica longa que constitui o elemento contrátil de uma célula muscular; construída a partir de arranjos de feixes

muito organizados de actina, miosina e outras proteínas acessórias.

miosina
Tipo de proteína motora que usa o ATP para conduzir os movimentos ao longo dos filamentos de actina. Um subtipo interage com actina para formar os feixes contráteis espessos do músculo esquelético.

miosina-I
Tipo mais simples de miosina, presente em todas as células; consiste em uma cabeça única de ligação a actina e uma cauda que pode se ligar a outras moléculas ou organelas.

miosina-II
Tipo de miosina que existe como dímero com duas cabeças de ligação a actina e uma cauda superenrolada; pode se associar para formar longos filamentos de miosina.

mitocôndria
Organela delimitada por membrana, com o tamanho aproximado de uma bactéria, onde ocorre a fosforilação oxidativa e produção da maior parte do ATP nas células eucarióticas.

mitógeno
Uma molécula de sinalização extracelular que estimula a proliferação das células.

mitose
Divisão do núcleo de uma célula eucariótica.

módulo de sinalização da MAP-cinase
Conjunto de três proteínas-cinase ligadas funcionalmente que permite que as células respondam a moléculas de sinalização extracelulares que estimulam a proliferação; inclui uma proteína-cinase ativada por mitógeno (MAP-cinase), uma cinase MAP-cinase e uma cinase cinase MAP-cinase .

mol
A quantidade de uma substância, em gramas, que é igual ao seu peso molecular; essa quantidade irá conter 6×10^{23} moléculas da substância.

molde
Uma estrutura molecular que serve como padrão para a produção de outras moléculas. Por exemplo, uma fita de DNA direciona a síntese da fita de DNA complementar.

molécula
Grupo de átomos ligados por ligações covalentes.

molécula de DNA recombinante
Molécula de DNA composta de sequências de DNA de diferentes fontes.

molécula de sinalização extracelular
Qualquer molécula presente fora da célula que pode evocar a resposta dentro da célula quando a molécula se liga a uma proteína receptora.

molécula de sinalização intracelular
Molécula que faz parte do mecanismo de transdução e transmissão de sinais no interior da célula.

molécula orgânica
Composto químico que contém carbono e hidrogênio.

monômero
Molécula pequena que pode ser ligada a outras moléculas de um tipo similar para formar uma molécula maior (polímero).

morte celular programada
Uma forma fortemente controlada de suicídio celular que permite que as células que não são necessárias ou são indesejadas sejam eliminadas de um organismo adulto ou em desenvolvimento; também chamada de apoptose.

mundo de RNA
Período hipotético na história inicial da Terra no qual se acredita que as formas de vida usavam RNA para armazenar informação genética e catalisar reações químicas.

mutação
Alteração permanente produzida aleatoriamente na sequência nucleotídica do DNA.

mutação de ganho-de-função
Alteração genética que aumenta a atividade de um gene ou o torna ativo em circunstâncias inapropriadas; tais mutações geralmente são dominantes.

mutação de perda-de-função
Alteração genética que reduz ou elimina a atividade de um gene. Tais mutações costumam ser recessivas: o organismo pode funcionar normalmente enquanto conservar no mínimo uma cópia normal do gene afetado.

mutação pontual
Alteração em um único par de nucleotídeos em uma sequência de DNA.

mutagênese sítio-dirigida
Técnica em que uma mutação pode ser feita em um determinado sítio do DNA.

Na^+
Íon sódio – um íon carregado positivamente que é um dos principais constituintes das células vivas.

NAD^+ (nicotina-adenina dinucleotídeo)
Carreador ativado que aceita o íon hidreto (H^-) de uma molécula doadora, produzindo assim NADH. Amplamente usado na quebra de moléculas de açúcar, produzindo energia. (*Ver* Figura 3-34.)

NADH
Carreador ativado amplamente utilizado na quebra, produtora de energia, de moléculas de açúcar. (*Ver* Figura 3-34.)

NADPH (fosfato de nicotina-adenina dinucleotídeo)
Carreador ativado bastante relacionado a NADH e utilizado como um doador de elétrons nas vias biossintéticas. No processo, ele é oxidado à $NADP^+$. (*Ver* Figura 3-35.)

nanômetro
Unidade de comprimento que representa 10^{-9} (um bilionésimo de) metros; comumente utilizado para medir moléculas e organelas.

neurônio
Célula excitável eletricamente que integra e transmite informação como parte do sistema nervoso; uma célula nervosa.

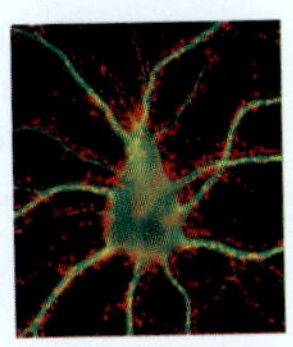

neurotransmissor
Pequena molécula de sinalização secretada por uma célula nervosa em uma sinapse para transmitir informação a uma célula pós-sináptica. Exemplos incluem acetilcolina, glutamato, GABA e glicina.

nocaute gênico
Animal modificado geneticamente no qual um gene específico foi inativado.

N-terminal (aminoterminal)
A extremidade de uma cadeia polipeptídica que carrega um grupo α-amino livre.

nuclease de restrição
Enzima que pode clivar uma molécula de DNA em uma sequência curta específica de nucleotídeos. Muito usada na tecnologia de DNA recombinante.

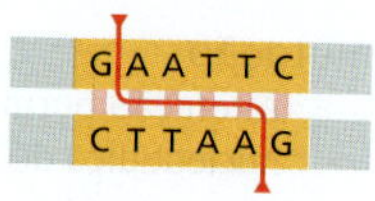

núcleo
Na biologia, refere-se à estrutura arredondada e proeminente que contém o DNA de uma célula eucariótica. Em química, refere-se ao centro denso carregado positivamente de um átomo.

nucléolo
Grande estrutura dentro do núcleo onde o RNA ribossômico é transcrito e as subunidades ribossomais são associadas.

nucleosídeo
Molécula formada por um composto com anel contendo nitrogênio ligado a um açúcar, ribose (no RNA) ou desoxirribose (no DNA).

nucleossomo
Unidade estrutural, semelhante a uma esfera, de um cromossomo eucariótico composto de uma curta extensão de DNA enrolada em torno de um centro de proteínas histonas; inclui uma partícula central nucleossomal (DNA mais proteína histona) junto a um segmento de DNA de ligação que mantém as partículas do centro unidas.

nucleotídeo
Bloco de construção básico de ácidos nucleicos, DNA e RNA; inclui um nucleosídeo com uma série de um ou mais grupos fosfato ligados ao seu açúcar.

número de Avogadro
O número de moléculas em um mol, a quantidade de uma substância que é igual ao seu peso molecular em gramas, aproximadamente 6×10^{23}.

número de renovação
O número de moléculas de substrato que uma enzima pode converter em produto por segundo.

oligo-
Prefixo que discrimina um pequeno polímero (oligômero). Pode ser feito de aminoácidos (oligopeptídeo), açúcares (oligossacarídeo) ou nucleotídeos (oligonucleotídeo).

oncogene
Um gene que, quando ativado, tem potencialidade para tornar uma célula cancerosa. Em geral uma forma mutante de um gene normal (proto-oncogene) envolvido no controle do crescimento ou da divisão celular.

optogenética
Técnica que utiliza luz para controlar a atividade de neurônios nos quais foram introduzidos artificialmente canais iônicos controlados pela luz.

organela
Estrutura discreta ou subcompartimento de uma célula eucariótica que é especializada em realizar determinada função. Exemplos incluem a mitocôndria e o aparelho de Golgi.

organela delimitada por membrana
Qualquer organela em uma célula eucariótica que está envolta por uma membrana de bicamada lipídica, por exemplo, o retículo endoplasmático, o aparelho de Golgi e o lisossomo.

organismo transgênico
Planta ou animal que incorporou de modo estável no seu genoma um ou mais genes derivados de outra célula ou organismo.

organismo-modelo
Um ser vivo selecionado para estudos intensivos como representante de um grande grupo de espécies. Exemplos incluem o camundongo (representando os mamíferos), a levedura *Saccharomyces cerevisiae* (representando um eucarioto unicelular) e *Escherichia coli* (representando as bactérias).

origem de replicação
Sequência de nucleotídeos na qual a replicação de DNA é iniciada.

osmose
Movimento passivo da água por meio da membrana celular de uma região onde a concentração de água é alta (pois a concentração de solutos é baixa) para uma região onde a concentração de água é baixa (e a concentração de solutos é alta).

oxidação
Remoção de elétrons de um átomo, como ocorre durante a adição de oxigênio a um átomo de carbono ou quando um hidrogênio é removido de um átomo de carbono. O oposto de redução. (*Ver* Figura 3-11.)

óxido nítrico (NO)
Molécula-sinal gasosa de atuação local que se difunde pelas membranas celulares para afetar a atividade de proteínas intracelulares.

p53
Regulador da transcrição que controla a resposta celular ao dano de DNA, impedindo a célula de entrar na fase S até que o dano tenha sido reparado, ou induzindo a célula a cometer suicídio se o dano for muito extenso; mutações no gene que codifica esta proteína são encontradas em vários cânceres humanos.

par de bases
Dois nucleotídeos complementares em uma molécula de RNA ou DNA que são mantidos unidos por ligações de hidrogênio – por exemplo, G com C, e A com T ou U.

par redox
Duas moléculas que podem ser interconvertidas pelo ganho ou perda de um elétron; por exemplo, NADH e NAD^+.

pareamento
Na meiose, o processo pelo qual um par de cromossomos homólogos duplicados se liga para formar uma estrutura contendo quatro cromátides-irmãs.

parede celular
Camada fibrosa, mecanicamente forte, depositada pela célula na parte externa da membrana plasmática. Presente na maioria das plantas, bactérias, algas e fungos, porém ausente na maioria das células animais.

pequena molécula de sinalização intracelular
Nucleotídeo, lipídeo, íon ou outra pequena molécula gerada ou liberada em resposta a um sinal extracelular. Exemplos incluem cAMP, IP_3 e Ca^{2+}. Também chamadas de segundos mensageiros.

pequena ribonucleoproteína nuclear (snRNP)
Complexo feito de RNA e proteína que reconhece os sítios de corte do RNA e participa na química do *splicing*; juntos, esses complexos formam o cerne do spliceossomo.

pequeno mensageiro – *ver* **segundo mensageiro**

pequeno RNA de interferência (siRNA)
Pequena extensão de RNA produzida a partir de RNA de fita dupla durante o processo de interferência de RNA. Forma pares de base com sequências idênticas em outros RNAs, levando à inativação ou destruição do RNA-alvo.

pequeno RNA nuclear (snRNA)
Molécula de RNA de cerca de 200 nucleotídeos que participa no *splicing* do RNA.

peroxissomo
Pequena organela delimitada por membrana que contém enzimas que degradam lipídeos e destroem toxinas.

peso molecular
Soma dos pesos atômicos em uma molécula; como razão de massas moleculares, é um número sem unidades.

pinocitose
Tipo de endocitose em que materiais solúveis são captados do ambiente e incorporados em vesículas para a digestão. (Literalmente, "bebida da célula".)

pirimidina
Composto nitrogenado de seis anéis encontrado no DNA e no RNA. Exemplos são timina, citosina e uracila. (*Ver* Painel 2-6, p. 76-77.)

piruvato
Metabólito de três carbonos que é o produto final da degradação glicolítica da glicose; fornece uma ligação crucial ao ciclo do ácido cítrico e a muitas vias de biossíntese.

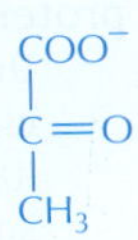

plasmídeo
Pequenas moléculas de DNA circulares que se replicam independentemente do genoma. Muito usado como vetor para clonagem de DNA.

plasmodesma
Junção entre células que conecta uma célula vegetal a outra; consiste em um canal de citoplasma revestido por membrana.

plasticidade sináptica
A capacidade de uma sinapse em ajustar sua potência por um período prolongado, para mais ou para menos, dependendo do seu uso; acredita-se que tenha um papel importante no aprendizado e na memória.

pluripotente
Capaz de dar origem a qualquer tipo de célula ou tecido.

polar
Em química, descreve uma molécula ou ligação na qual os elétrons estão distribuídos de forma desigual.

polaridade
Uma assimetria inerente que permite que uma extremidade de um objeto seja distinguida da outra; pode se referir a uma molécula, um polímero (como um filamento de actina), ou mesmo uma célula (p. ex., uma célula epitelial que reveste o intestino delgado de mamíferos).

poliadenilação
Adição de múltiplos nucleotídeos de adenina à extremidade 3′ de uma molécula de mRNA recém-sintetizada.

polimerase
Termo geral para uma enzima que catalisa a adição de subunidades a um polímero de ácido nucleico. A DNA-polimerase, por exemplo, faz o DNA, e a RNA-polimerase faz o RNA.

polímero
Longa molécula produzida pela ligação covalente de múltiplas subunidades idênticas ou similares (monômeros).

polimorfismo
Sequência de DNA para a qual duas ou mais variantes estão presentes em alta frequência na população em geral.

polimorfismo de nucleotídeo único (SNP)
Forma de variação genética na qual uma porção da população difere de outra em termos de um nucleotídeo encontrado em determinada posição no genoma.

polinucleotídeo
Uma cadeia molecular de nucleotídeos ligados por uma série de ligações fosfodiéster. Uma fita de RNA ou DNA.

polipeptídeo; cadeia polipeptídica
Polímero linear composto de múltiplos aminoácidos. Proteínas são compostas de uma ou mais cadeias polipeptídicas longas.

polirribossomo
Molécula de RNA mensageiro à qual múltiplos ribossomos estão ligados e engajados na síntese proteica.

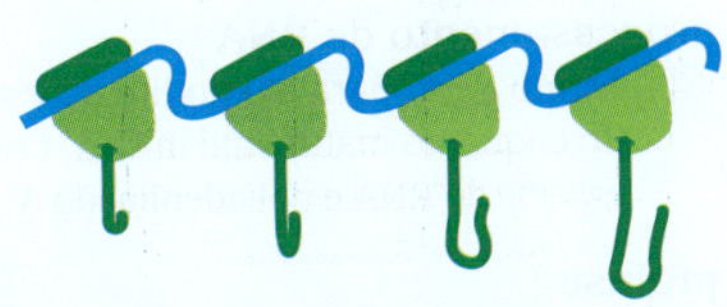

polissacarídeo
Polímero linear ou ramificado composto de açúcares. Os exemplos são glicogênio, ácido hialurônico e celulose.

polo do fuso
Centrossomo a partir do qual microtúbulos se irradiam para formar o fuso mitótico.

ponte dissulfeto
Ligação cruzada covalente formada entre grupos sulfidrila presentes em duas cadeias laterais de cisteína; geralmente utilizada para reforçar a estrutura de uma proteína de secreção ou para unir duas proteínas distintas.

ponto de verificação
Mecanismo pelo qual o sistema de controle do ciclo celular pode regular a progressão ao longo do ciclo, garantindo que as condições sejam favoráveis e que cada processo seja completado antes de progredir para a próxima fase.

poro nuclear
Canal pelo qual grandes moléculas selecionadas se movem entre o núcleo o citoplasma.

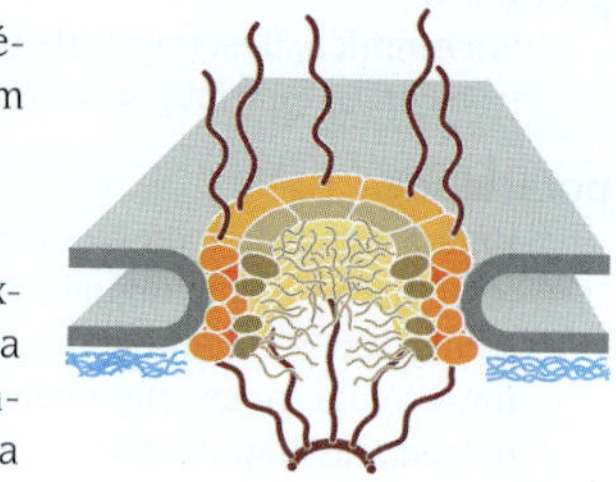

potencial de ação
Deslocamento da onda de excitação elétrica causado pela despolarização rápida, transitória e autopropagável da membrana plasmática em um neurônio ou outras células excitáveis; também chamado de impulso nervoso.

potencial de membrana
Diferença de voltagem através da membrana em razão de um leve excesso de íons positivos em um lado e de íons negativos no outro.

potencial de repouso da membrana
Diferença de voltagem através da membrana plasmática quando a célula não é estimulada.

potencial redox
Medida da tendência de determinado par redox em doar ou aceitar elétrons.

pressão de turgor
Força exercida sobre a parede celular de uma planta quando a água entra na célula por osmose; evita que a planta murche.

primase
Uma RNA-polimerase que utiliza DNA como molde para produzir um fragmento de RNA que serve como iniciador para síntese de DNA.

procarioto
Principal categoria de células vivas distintas pela ausência de um núcleo. Os procariotos incluem as arqueias e as eubactérias (comumente chamadas de bactérias).

processamento de RNA
Termo geral para as modificações que o mRNA precursor sofre enquanto matura até mRNA. Costuma incluir capeamento 5′, *splicing* do RNA e poliadenilação 3′.

prófase
Primeiro estágio da mitose, durante o qual os cromossomos duplicados se condensam e o fuso mitótico se forma.

progressiva
Descreve a capacidade para catalisar reações consecutivas ou sofrer múltiplas alterações conformacionais sem liberar um substrato. Exemplos incluem a replicação pela DNA-polimerase ou o movimento de proteínas motoras envolvidas no transporte, como a cinesina.

prometáfase
Estágio da mitose no qual o envelope nuclear é degradado e os cromossomos duplicados são capturados pelos microtúbulos do fuso; precede a metáfase.

promotor
Sequência de DNA que inicia a transcrição gênica; inclui sequências reconhecidas pela RNA-polimerase.

protease
Enzima que degrada as proteínas pela hidrólise de suas ligações peptídicas.

proteassomo
Grande máquina proteica que degrada proteínas que estão danificadas, maldobradas ou que não são mais necessárias para a célula; suas proteínas-alvo são marcadas para destruição principalmente pela ligação de uma curta cadeia de ubiquitina.

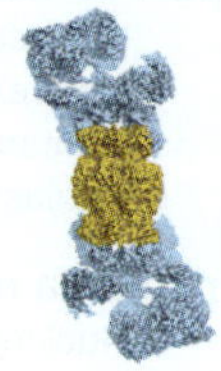

proteína
Polímero composto por aminoácidos que dá às células seu formato e estrutura e realiza a maioria de suas atividades.

proteína associada a microtúbulos
Proteína acessória que se liga a microtúbulos; pode estabilizar os filamentos dos microtúbulos, ligá-los a outras estruturas da célula ou transportar vários componentes ao longo do seu comprimento.

proteína chaperona
Molécula que auxilia proteínas em vias produtivas de enovelamento, ajudando-as a se enovelarem corretamente e evitando que formem agregados no interior da célula.

proteína de ligação à actina
Proteína que interage com monômeros ou filamentos de actina para controlar a formação, a estrutura e o comportamento dos filamentos e das redes de actina.

proteína de ligação ao GTP
Proteína de sinalização intracelular cuja atividade é determinada pela sua associação a GTP ou GDP. Inclui as proteínas G triméricas e as GTPases monoméricas, como Ras.

proteína de membrana
Uma proteína associada com a bicamada lipídica de uma membrana celular.

proteína de transporte de membrana
Qualquer proteína transmembrânica que fornece uma porta de passagem para o movimento de substâncias selecionadas através da membrana.

proteína fibrosa
Proteína de formato alongado e filamentar, como o colágeno ou filamentos de queratina.

proteína G
Uma proteína de ligação ao GTP associada à membrana envolvida na sinalização intracelular; composta por três subunidades, esta intermediária geralmente é ativada pela ligação de um hormônio ou outro ligante ao receptor transmembrânico.

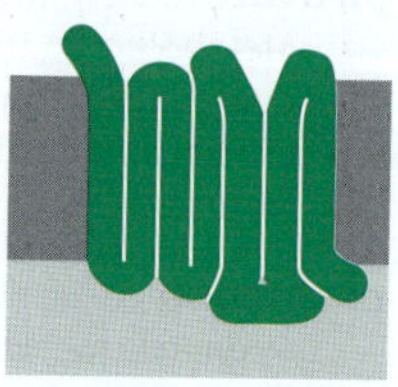

proteína globular
Qualquer proteína cuja cadeia polipeptídica se enovele em uma forma compacta e globular. Inclui a maior parte das enzimas.

proteína inibidora de Cdk
Proteína reguladora que bloqueia a formação ou a atividade dos complexos ciclina-Cdk, retardando a progressão entre as fases G_1 e S do ciclo celular.

proteína motora
Proteína como a miosina ou a cinesina que usa a energia derivada da hidrólise do ATP para propelir-se ao longo de um filamento proteico ou molécula polimérica.

proteína Rab
Família de pequenas proteínas de ligação ao GTP presentes na superfície de vesículas transportadoras e organelas que servem como marcador molecular para ajudar a assegurar que as vesículas transportadoras se fundam apenas com a membrana correta.

proteína verde fluorescente (GFP)
Proteína fluorescente, isolada de uma água-viva, que é utilizada experimentalmente como marcador para o monitoramento da localização e do movimento de proteínas em células vivas.

proteína Wnt
Membro de uma família de moléculas-sinal extracelulares que regulam a proliferação e migração celular durante o desenvolvimento embrionário e que mantêm as células-tronco em um estado de proliferação.

proteína-cinase
Enzima que catalisa a transferência de um grupo fosfato do ATP para uma cadeia lateral específica de aminoácidos em uma proteína-alvo.

proteína-cinase C (PKC)
Enzima que fosforila proteínas-alvo em resposta a um aumento de diacilglicerol e íons Ca^{2+}.

proteína-cinase dependente de AMP cíclico (proteína-cinase A, PKA)
Enzima que fosforila proteínas-alvo em resposta a um aumento na concentração do AMP cíclico intracelular.

proteína-cinase dependente de calmodulina/Ca^{2+} (CaM-cinase)
Enzima que fosforila proteínas-alvo em resposta a um aumento na concentração de íons Ca^{2+} mediante sua interação com a proteína ligante de Ca^{2+} calmodulina.

proteína-cinase dependente de ciclina (Cdk)
Enzima que, quando em complexo com uma proteína ciclina reguladora, pode desencadear diversos eventos do ciclo de divisão celular por meio da fosforilação de proteínas-alvo específicas.

proteína-fosfatase
Enzima que catalisa a remoção de um grupo fosfato a partir de uma proteína, muitas vezes com alta especificidade para o sítio fosforilado.

proteoglicano
Molécula que consiste em uma ou mais cadeias de glicosaminoglicanos ligadas a uma proteína central; esses agregados podem formar géis que regulam a passagem de moléculas pelo meio extracelular e guiam a migração celular.

proteólise
Degradação de uma proteína por uma protease.

proteômica
Estudo em grande escala da estrutura e função das proteínas.

próton
Partícula carregada positivamente encontrada no núcleo de cada átomo; também, outro nome para o íon hidrogênio (H^+).

proto-oncogene
Gene que, quando mutado ou superexpresso, pode transformar uma célula normal em uma cancerosa.

protozoário
Eucarioto unicelular móvel, não fotossintético, de vida livre.

purina
Composto nitrogenado com duplo anel encontrado no DNA e no RNA. Exemplos são a adenina e a guanina. (*Ver* Painel 2-6, p. 76-77.)

quiasma
Conexão em forma de X entre cromossomos homólogos pareados durante a meiose; representa um local de recombinação entre duas cromátides não irmãs.

quilocaloria (kcal)
Unidade de calor igual a 1.000 calorias. Muitas vezes usada para expressar a energia contida nos alimentos ou moléculas: as forças de ligação, por exemplo, são medidas em kcal/mol. Uma unidade alternativa bastante usada é o quilojoule.

quilojoule (kJ)
Unidade-padrão de energia igual a 0,239 quilocalorias.

química orgânica
O ramo da química que estuda compostos feitos de carbono. Inclui essencialmente todas as moléculas com as quais as células vivas são feitas, exceto água e íons de metal como Na^+.

quinona
Pequena molécula lipossolúvel carreadora de elétrons encontrada nas cadeias respiratória e fotossintética transportadoras de elétrons. (*Ver* Figura 14-23.)

Ras
Proteína de uma grande família de pequenas proteínas de ligação ao GTP (GTPases monoméricas) que ajudam a retransmitir sinais a partir de receptores da superfície celular para o núcleo. Muitos cânceres humanos contêm uma forma mutante superativa da proteína.

reação acoplada
Par de reações químicas associadas onde a energia livre liberada por uma reação é utilizada para promover a outra reação.

reação de condensação
Reação química na qual uma ligação covalente é criada entre duas moléculas com a expulsão de uma molécula de água; utilizada para formar polímeros, como proteínas, polissacarídeos e ácidos nucleicos.

reação de fase escura
Na fotossíntese, conjunto de reações que produz açúcar a partir de CO_2; tais reações, também chamadas de fixação de carbono, podem ocorrer na ausência de luz solar.

reação em cadeia da polimerase (PCR)
Técnica para amplificar regiões selecionadas de DNA por múltiplos ciclos de síntese de DNA; pode produzir bilhões de cópias de determinada sequência em questão de horas.

reação luminosa
Na fotossíntese, um conjunto de reações que converte a energia da luz solar em energia química na forma de ATP e NADPH.

reação redox
Uma reação em que elétrons são transferidos de uma espécie química para outra. Uma reação de oxidação-redução.

receptor
Proteína que reconhece e responde a uma molécula-sinal específica.

receptor acoplado a canal iônico
Proteína receptora transmembrânica, ou complexo proteico, que se abre em resposta à ligação de um ligante em sua face externa, permitindo a passagem de íons inorgânicos específicos.

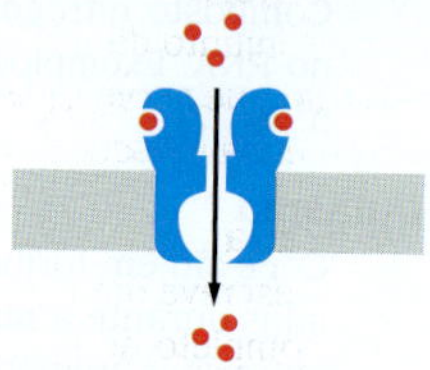

receptor acoplado à enzima
Proteína transmembrânica que, quando estimulada pela associação de um ligante, ativa uma enzima intracelular (uma enzima individual ou parte do próprio receptor).

receptor acoplado à proteína G (GPCR)
Receptor de superfície celular que se associa a uma proteína trimérica intracelular de ligação ao GTP (proteína G) após a sua ativação por um ligante extracelular. Tais receptores estão embebidos na membrana por sete segmentos de α-hélices transmembrânicas.

receptor de elétron
Átomo ou molécula que aceita elétrons, se tornando reduzido.

receptor de serina/treonina-cinase
Receptor acoplado a enzima que fosforila proteína-alvo nas serinas e treoninas.

receptor de tirosina-cinase (RTK)
Receptor acoplado a enzima no qual o domínio intracelular possui uma atividade de tirosina-cinase, que é ativada pela ligação do ligante ao domínio extracelular do receptor.

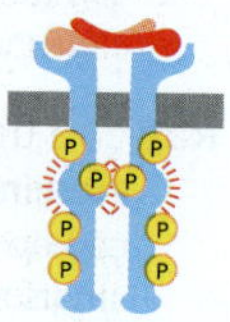

receptor nuclear
Proteína dentro de uma célula eucariótica que, ao se ligar a uma molécula-sinal, entra no núcleo e regula a transcrição.

recombinação
Processo no qual ocorre uma troca de informação genética entre dois cromossomos ou moléculas de DNA. A recombinação mediada por enzima pode ocorrer naturalmente nas células vivas ou em um tubo de ensaio usando DNA e enzimas purificadas que quebrem e religuem as fitas de DNA.

recombinação homóloga
Mecanismo pelo qual as quebras na fita dupla de uma molécula de DNA podem ser reparadas sem erros; utiliza uma cópia não danificada, duplicada, ou o cromossomo homólogo como molde para o reparo. Durante a meiose, o mecanismo resulta em troca de informação genética entre os homólogos materno e paterno.

recombinação sítio-específica
Tipo de troca genética na qual um segmento de DNA é inserido em outro em determinada sequência de nucleotídeos; não requer muita similaridade entre as duas sequências de DNA participantes, que podem estar em moléculas de DNA diferentes ou dentro de uma única molécula de DNA.

rede *cis*-Golgi
Porção do aparelho de Golgi que recebe material do retículo endoplasmático.

rede *trans*-Golgi (TGN)
Porção do aparelho de Golgi, mais distante do retículo endoplasmático, a partir da qual proteínas e lipídeos saem para os lisossomos, vesículas secretórias ou superfície celular.

redução
Adição de elétrons a um átomo, como ocorre durante a adição de hidrogênio a um átomo de carbono ou a remoção de oxigênio deste. O oposto de oxidação. (*Ver* Figura 3-11.)

registro *patch-clamp*
Técnica utilizada para monitorar a atividade dos canais de íons em uma membrana; envolve a formação de uma vedação hermética entre a ponta de um eletrodo de vidro e uma pequena região da membrana celular, e a manipulação do potencial de membrana pela variação da concentração dos íons no eletrodo.

regulador de transcrição
Proteína que se liga especificamente a uma sequência de DNA reguladora e está envolvido no controle de ativação e desativação de um gene.

reparo de DNA
Termo coletivo para os processos enzimáticos que corrigem alterações deletérias que afetam a continuidade ou a sequência de uma molécula de DNA.

reparo do mau pareamento
Mecanismo para reconhecimento e correção de nucleotídeos pareados de forma incorreta – aqueles que não são complementares.

replicação de DNA
O processo pelo qual uma cópia de uma molécula de DNA é feita.

repressor
Uma proteína que se liga a uma região reguladora específica do DNA para impedir a transcrição de um gene adjacente.

repressor de transcrição
Uma proteína que se liga a uma região reguladora específica do DNA para impedir a transcrição de um gene adjacente.

repressor do triptofano
Nas bactérias, um regulador da transcrição que, na presença de triptofano, desliga a produção das enzimas de biossíntese do triptofano por sua ligação à região promotora que controla a expressão desses genes.

reprodução assexuada
Tipo de reprodução onde a prole tem origem a partir de um único organismo, produzindo indivíduos geneticamente idênticos ao organismo parental; inclui brotamento, fissão binária e partenogênese.

reprodução sexuada
Modo de reprodução no qual os genomas de dois indivíduos são misturados para produzir um indivíduo que é geneticamente distinto de seus genitores.

respiração
Termo geral para qualquer processo em uma célula em que a captação de oxigênio molecular (O_2) está acoplada à produção de CO_2.

respiração celular
Processo pelo qual as células obtêm a energia armazenada nas moléculas de alimento; geralmente acompanhado pela absorção de O_2 e liberação de CO_2.

resposta de proteína desenovelada (UPR)
Programa molecular acionado pelo acúmulo de proteínas mal-dobradas no retículo endoplasmático. Permite que as células expandam o retículo endoplasmático e produzam mais da ma-

quinaria molecular necessária para restabelecer o dobramento e processamento proteico corretos.

retículo endoplasmático (RE)
Compartimento labiríntico delimitado por membran, no citoplasma de células eucarióticas, onde lipídeos e proteínas são sintetizados.

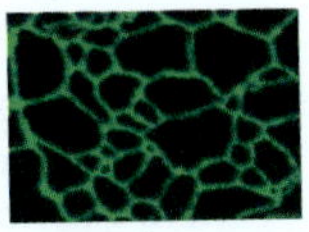

retículo endoplasmático liso
Região do retículo endoplasmático que não se associa a ribossomos; envolvido na síntese de lipídeos.

retículo endoplasmático rugoso
Região do retículo endoplasmático associada a ribossomos e envolvida na síntese de proteínas secretadas e ligadas à membrana.

retrotranspóson
Tipo de elemento genético móvel que se move por ser primeiro transcrito em uma cópia de RNA que é então convertida novamente em DNA pela transcriptase reversa e inserida em outra região dos cromossomos.

retrovírus
Vírus de RNA que replica em uma célula, primeiro sintetizando um DNA de fita dupla intermediário que se integra no cromossomo da célula.

ribossomo
Grande complexo macromolecular composto de RNAs ribossômicos e proteínas ribossomais, que traduzem o RNA mensageiro em proteína.

ribozima
Uma molécula de RNA com atividade catalítica.

RNA (ácido ribonucleico)
Molécula produzida pela transcrição do DNA; normalmente de fita simples, é um polinucleotídeo composto de subunidades ribonucleotídicas ligadas covalentemente. Serve a uma variedade de funções estruturais, catalíticas e reguladoras nas células.

RNA longo não codificador
Classe de moléculas de RNA com mais de 200 nucleotídeos de comprimento que não codificam proteínas.

RNA mensageiro (mRNA)
Molécula de RNA que determina a sequência de aminoácidos de uma proteína.

RNA regulador
Molécula de RNA que tem um papel no controle da expressão gênica.

RNA ribossômico (rRNA)
Molécula de RNA que forma o cerne estrutural e catalítico do ribossomo.

RNA transportador (tRNA)
Pequena molécula de RNA que serve como um adaptador que "lê" um códon em um mRNA e adiciona o aminoácido correto à cadeia polipeptídica crescente.

RNA-polimerase
Enzima que catalisa a síntese de uma molécula de RNA a partir de um molde de DNA usando precursores de nucleosídeos-trifosfato.

RNA-Seq
Técnica de sequenciamento utilizada para determinar diretamente a sequência de nucleotídeos de uma coleção de RNAs.

sarcômero
Conjunto de filamentos de actina e miosina bastante organizado que serve como unidade contrátil de uma miofibrila em uma célula muscular.

saturada
Descreve uma molécula orgânica que contém um complemento completo de hidrogênio; em outras palavras, sem ligações duplas ou triplas de carbono-carbono.

S-Cdk
Complexo proteico cuja atividade inicia a replicação do DNA; consiste em uma ciclina S mais uma proteína-cinase dependente de ciclinas (Cdk).

secreção
Produção e liberação de uma substância de uma célula.

segregação
Durante a divisão celular, o processo pelo qual os cromossomos duplicados são organizados e então separados em conjuntos de cromossomos que serão herdados por cada uma das células-filhas.

segundo mensageiro
Pequena molécula de sinalização intracelular gerada ou liberada em resposta a um sinal extracelular. Exemplos incluem cAMP, IP_3 e Ca^{2+}.

seleção de purificação
Preservação de uma sequência de nucleotídeos específica dirigida pela eliminação de indivíduos que carregam mutações que interferem em sua função.

sequência
A ordem linear de monômeros em uma grande molécula, por exemplo os aminoácidos em uma proteína ou nucleotídeos no DNA; codifica informação que especifica a função biológica precisa de uma macromolécula.

sequência *Alu*
Família de elementos genéticos móveis que compõe cerca de 10% do genoma humano; essa sequência curta e repetitiva não é móvel por si só, e exige enzimas codificadas por outros elementos para sua transposição.

sequência de aminoácidos
A ordem das subunidades de aminoácidos em uma cadeia proteica. Algumas vezes, chamada de estrutura primária de uma proteína.

sequência de desordem intrínseca
Região de uma cadeia polipeptídica que não apresenta estrutura definida.

sequência de DNA regulador
Sequência de DNA à qual um regulador da transcrição se liga para determinar quando, onde e em qual quantidade um gene deverá ser transcrito em RNA.

sequenciamento didesóxi ou sequenciamento de Sanger
Método-padrão para a determinação da sequência de nucleotídeos de DNA; utiliza DNA-polimerase e um conjunto de nucleotídeos de terminação de cadeia.

sequência-sinal
Sequência de aminoácidos que direciona uma proteína a um local específico na célula, como o núcleo ou a mitocôndria.

serina/treonina-cinase
Enzima que fosforila proteínas-alvo nas serinas ou treoninas.

simbiose
Associação íntima entre dois organismos de diferentes espécies em que ambos adquirem uma vantagem seletiva de longo prazo.

simporte
Transportador que transfere dois solutos diferentes pela membrana celular na mesma direção.

sinalização celular
Os mecanismos moleculares pelos quais as células detectam e respondem a estímulos externos e enviam mensagens para outras células.

sinapse
Junção especializada onde uma célula nervosa se comunica com outra célula (como uma célula nervosa, célula muscular ou célula glandular), normalmente via um neurotransmissor secretado por uma célula nervosa.

sintenia conservada
A preservação da ordem e localização dos genes em genomas de espécies distintas.

sistema de controle do ciclo celular
Rede de proteínas de regulação que controla a progressão ordenada de uma célula eucariótica ao longo das fases da divisão celular.

sistema de endomembranas
Rede interconectada de organelas delimitadas por membrana em uma célula eucariótica; inclui retículo endoplasmático, aparelho de Golgi, lisossomos, peroxissomos e endossomos.

sítio ativo
Porção da superfície de uma enzima que se liga a uma molécula de substrato e catalisa sua transformação química.

sítio de ligação
Região da superfície de uma proteína; em geral uma cavidade, ou sulco, que interage com outra molécula (um ligante) por meio da formação de múltiplas ligações não covalentes.

SNARE
Uma das famílias de proteínas de membrana responsável pela fusão seletiva de vesículas com a membrana-alvo no interior da célula.

soluto
Qualquer substância que é dissolvida em um líquido. O líquido é chamado de solvente.

spliceossomo
Grande conjunto de moléculas de RNA e proteínas que cortam fora os íntrons do pré-mRNA no núcleo das células eucarióticas.

***splicing* alternativo (ou encadeamento alternativo)**
Produção de diferentes moléculas de mRNAs (e proteínas) a partir de um mesmo gene, pelo *splicing* diferencial dos seus transcritos de RNA.

***splicing* de RNA**
Processo no qual as sequências de íntrons são cortadas das moléculas de RNA no núcleo durante a formação de um RNA mensageiro maduro. Também denominado encadeamento de RNA.

substituição gênica
Técnica que substitui uma forma mutante de um gene pela sua forma normal para estudo da função desse gene.

substrato
Molécula sobre a qual uma enzima atua.

substratum
Superfície sólida onde uma célula se adere.

subunidade
Um monômero que forma parte de uma molécula maior, como um resíduo de aminoácido em uma proteína ou um resíduo de nucleotídeo em um ácido nucleico. Também pode referir-se a uma molécula completa que faz parte de uma molécula maior. Muitas proteínas, por exemplo, são compostas de múltiplas cadeias polipeptídicas, cada uma delas é uma subunidade de proteína.

super-hélice
Estrutura estável e cilíndrica formada pelo enrolamento de duas ou mais α-hélices ao redor de si próprias. Também denominada superenrolamento, supertorção ou superespiralização.

tampão
Mistura de ácidos e bases fracas que mantém o pH de uma solução por meio da liberação ou ligação de prótons.

tecido
Associação cooperativa de células e matriz unidas para formar uma fábrica multicelular distinta com uma função específica.

tecido conectivo
Tecidos como ossos, tendões e derme da pele, onde a matriz extracelular constitui a principal parte do tecido e realiza a sustentação mecânica.

tecnologia de DNA recombinante
A coleção de técnicas pelas quais segmentos de DNA de diferentes origens são combinados para fazer um novo DNA. DNAs recombinantes são bastante usados na clonagem de genes, em modificação genética de organismos e geralmente em biologia molecular.

telófase
Estágio final da mitose em que dois conjuntos de cromossomos separados se descondensam e se tornam envoltos pelo envelope nuclear.

telomerase
Enzima que alonga os telômeros, sintetizando as sequências nucleotídicas repetitivas encontradas nas extremidades dos cromossomos eucarióticos.

telômero
Sequência nucleotídica repetitiva que cobre as extremidades dos cromossomos lineares. Contrapõe-se à tendência do cromossomo a se encurtar a cada ciclo de replicação.

terminação nervosa
Estrutura no final de um axônio que sinaliza para outro neurônio ou célula-alvo.

teste de complementação
Experimento genético que determina se duas mutações associadas com o mesmo fenótipo estão presentes no mesmo gene ou em genes diferentes.

tilacoide
Em um cloroplasto, o saco achatado semelhante a um disco cujas membranas contêm as proteínas e pigmentos que convertem energia solar em energia química durante a fotossíntese.

tipo selvagem
Típica forma não mutante de uma espécie, gene ou característica, como ela ocorre na natureza.

tirosina-cinase
Enzima que fosforila as tirosinas de proteínas-alvo.

traço complexo
Uma característica hereditária cuja transmissão para a progênie parece não obedecer às leis de Mendel. Tais características, como a altura, por exemplo, geralmente resultam de interações de múltiplos genes.

tradução
Processo pelo qual a sequência de nucleotídeos em uma molécula de RNA mensageiro direciona a incorporação de aminoácidos nas proteínas.

trans
Além, ou no outro lado.

transcrição
Processo no qual a RNA-polimerase utiliza uma fita de DNA como molde para sintetizar uma sequência complementar de RNA.

transcrição de DNA - *ver* **transcrição**

transcriptase reversa
Enzima que faz uma cópia da fita dupla de DNA a partir de uma molécula molde de fita simples de RNA. Presente nos retrovírus e como parte da maquinaria de transposição dos retrotranspósons.

transcrito de RNA
Molécula de RNA produzida pela transcrição que é complementar a uma fita do DNA.

transcrito primário—*ver* **transcrição**

transdução de sinal
Conversão de um impulso ou estímulo de uma forma física ou química para outra. Em biologia celular, o processo em que uma célula responde a um sinal extracelular.

transferência gênica horizontal
Processo pelo qual o DNA é transferido do genoma de um organismo para outro, mesmo entre indivíduos de espécies diferentes. Diferente da transferência gênica "vertical", que se refere à transferência de informação genética dos genitores para a prole.

transformação
Processo em que as células captam moléculas de DNA de seus arredores e então expressam genes naquele DNA.

transportador
Proteína de transporte de membrana que movimenta um soluto por meio da membrana celular ao sofrer uma série de alterações conformacionais.

transporte ativo
Movimento de um soluto por uma membrana contra o seu gradiente eletroquímico; requer aporte de energia, como a energia derivada da hidrólise de ATP.

transporte passivo
Movimento espontâneo de um soluto a favor do seu gradiente de concentração por meio da membrana celular via uma proteína de transporte da membrana, como um canal ou um transportador.

transporte vesicular
Movimento de material entre organelas na célula eucariótica via vesículas delimitadas por membranas.

transpóson
Nome geral para segmentos curtos de DNA que podem mover-se de um local para outro no genoma. Também conhecido como elemento genético móvel.

triacilglicerol
Composto feito de três caudas de ácidos graxos ligadas covalentemente ao glicerol. Forma de armazenamento de gordura, o principal constituinte das gotículas de gordura nos tecidos animais (nos quais os ácidos graxos estão saturados) e do óleo vegetal (no qual os ácidos graxos na sua maioria são insaturados).

tRNA iniciador
Molécula especial de tRNA que iniciação a tradução de uma molécula de mRNA no ribossomo. Ele sempre carrega o aminoácido metionina.

tubulina
Proteína da qual os microtúbulos são feitos.

união de extremidades não homólogas
Mecanismo rápido e sujo para reparo de quebras de dupla-fita no DNA que envolve a aproximação rápida, o corte e a reunião de duas extremidades quebradas; resulta na perda de informação no local do reparo.

valência
Número de elétrons que um átomo precisa ganhar ou perder (por meio de compartilhamento de elétrons ou transferência de elétrons) para conseguir uma camada externa preenchida. Por exemplo, Na deve perder um elétron, e Cl deve ganhar um elétron. Esse número também é igual ao número de ligações simples que o átomo pode formar.

variação de energia livre (ΔG)
"Delta *G*": em uma reação química, a diferença de energia livre entre as moléculas de substrato e de produto. Um valor negativo alto de ΔG indica que a reação tem uma tendência forte a ocorrer. A variação padrão de energia livre ($\Delta G°$) é a modificação da energia livre medida em uma condição definida de concentração, temperatura e pressão.

variação no número de cópias (**CNV**, do inglês *copy-number variation*)
Longo segmento de DNA, com 1.000 pares de nucleotídeos ou mais, que é duplicado ou está ausente em um determinado genoma (quando comparado a uma sequência genômica de "referência").

varredura genética
Técnica experimental utilizada para identificação de um conjunto de mutações correspondentes a um fenótipo específico.

vesícula
Pequeno saco esférico, delimitado por membrana, no citoplasma de uma célula eucariótica.

vesícula revestida
Pequena vesícula delimitada por membrana que apresenta uma camada distinta de proteínas na face citosólica. É formada a partir de uma região revestida por proteínas da membrana da célula.

vesícula secretória
Organela envolvida por membrana em que moléculas destinadas para a secreção são estocadas antes da liberação. Algumas vezes são chamadas de grânulos secretórios pela coloração escura do seu conteúdo, o que faz a organela visível como um objeto sólido pequeno.

vesícula sináptica
Pequenos sacos de membrana preenchidos com neurotransmissores que liberam seu conteúdo por exocitose em uma sinapse.

vesícula transportadora
Vesícula de membrana que carrega proteínas de um compartimento intracelular para outro, por exemplo, do retículo endoplasmático para o aparelho de Golgi.

vetor
Molécula de DNA que é utilizada como veículo para carregar um fragmento de DNA para dentro de uma célula receptora com o objetivo de clonagem gênica; exemplos incluem plasmídeos, vírus modificados geneticamente e cromossomos artificiais.

via anabólica
Série de reações catalisadas por enzimas onde grandes moléculas biológicas são sintetizadas a partir de subunidades menores; geralmente requer aporte de energia.

via de sinalização intracelular
O conjunto de proteínas e pequenas moléculas que atuam como segundos mensageiros e que interage entre si para transmitir um sinal a partir da membrana celular até seu destino final no citoplasma ou no núcleo.

via metabólica
Reações enzimáticas interconectadas em sequência nas quais o produto de uma reação é o substrato da próxima.

vírus
Partícula que se constitui de ácidos nucleicos (RNA ou DNA), envolta por uma capa de proteína e capaz de se replicar dentro de uma célula hospedeira e se espalhar de célula para célula. Muitas vezes, a causa de doenças.

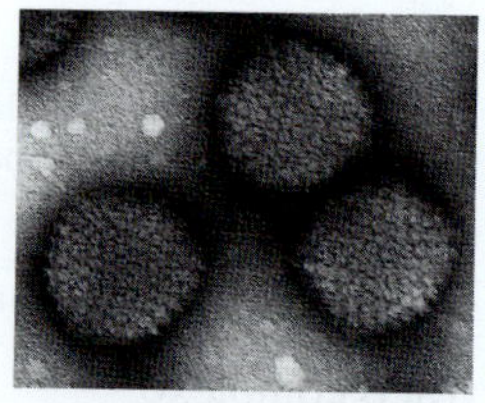

$V_{máx}$
A taxa máxima de uma reação enzimática, alcançada quando os sítios ativos de moléculas de enzimas na amostra estão completamente ocupados pelo substrato.

zigoto
Célula diploide produzida pela fusão de um gameta masculino e um gameta feminino. É um óvulo fertilizado.

Índice

Nota: As letras F e T após os números das páginas se referem a uma Figura ou a uma Tabela que aparecem em uma página separada do texto principal.

A

E

F

G

H

M

N

U